Heinrich Schmitt
Andreas Heene

HOCHBAU KONSTRUKTION

Die Bauteile und das Baugefüge
Grundlagen des heutigen Bauens

12., überarbeitete und erweiterte Auflage

Mit 3850 Abbildungen

vieweg

Die Deutsche Bibliothek – CIP-Einheitsaufnahme

Schmitt, Heinrich:
Hochbaukonstruktion: die Bauteile und das Baugefüge;
Grundlagen des heutigen Bauens / Heinrich Schmitt; Andreas Heene. –
12., überarb. und erw. Aufl. – Braunschweig;
Wiesbaden: Vieweg, 1993
ISBN 978-3-528-78854-4 ISBN 978-3-322-85719-4 (eBook)
DOI 10.1007/978-3-322-85719-4
NE: Heene, Andreas:

6., durchgesehene und völlig überarbeitete Auflage 1977
7., durchgesehene Auflage 1978
8., durchgesehene Auflage 1980
9., durchgesehene Auflage 1981
Nachdruck 1982
10., neubearbeitete Auflage 1984
Nachdruck 1985
11., neubearbeitete Auflage 1988
Nachdruck 1990
12., überarbeitete und erweiterte Auflage 1993

Ursprünglich erschienen bei Friedr. Vieweg & Sohn Verlagsgesellschaft mbH, Braunschweig / Wiesbaden, 1993
Softcover reprint of the hardcover 12th edition
Der Verlag Vieweg ist ein Unternehmen der Verlagsgruppe Bertelsmann International.

Gesamtherstellung: Lengericher Handelsdruckerei, Lengerich
Gedruckt auf säurefreiem Papier

ISBN 978-3-528-78854-4

Heinrich Schmitt
Andreas Heene

HOCHBAU KONSTRUKTION

Inhalt

Bautenschutz

Decken

Dächer

Schornstein und Heizanlage

Vorwort zur 1. Auflage

Mit der Baukonstruktionslehre beginnt die Ausbildung des Architekten; denn auch der kleinste verwirklichungsreife Entwurf setzt die Kenntnis der konstruktiven Möglichkeiten voraus. Die Beschäftigung mit den Problemen der Konstruktion endigt aber nicht mit dem Studium, sondern begleitet den Architekten durch sein ganzes Berufsleben. Laufend gibt es Neuerungen, das Gebiet wird immer weitläufiger und komplizierter, und schlechte Erfahrungen zwingen den Architekten, seine Kenntnisse und Fähigkeiten immer weiter zu vertiefen.

Neben der grundlegenden Bedeutung der Standsicherheit und Haltbarkeit unserer Bauten, sozusagen der moralischen Seite der Sache, die sich von selbst verstehen sollte, gibt es aber für den Architekten noch eine andere für ihn ebenso wichtige Beziehung zur Konstruktion: die ästhetische. Denn Konstruktion ist auch Form und Gestalt und somit für den Architekten Ausdrucksmittel.

Während die Baustoffe und konstruktiven Grundlagen des Bauens durch die ganze Zeit der historischen handwerklichen Kulturen bis zum Ausklang des Klassizismus im wesentlichen die gleichen geblieben waren, schuf der Einbruch des technischen Zeitalters durch neue Materialien, wie z. B. Formstahl, Stahlbeton, Spiegelglas etc., durch Einsatz von Maschinen, durch die Ausbildung der wissenschaftlichen Statik, durch die wissenschaftliche Erforschung der Baustoffe und deren fabrikmäßige Massenherstellung und durch die Erforschung der Bau-Vorgänge und des Betriebes die moderne Bautechnik mit ihren rationellen Verfahren. Mit der Industrialisierung kamen auch neue Bauaufgaben, welchen der Historizismus des 19. Jahrhunderts mit seinem Versuch, die alten Bauformen wieder zu beleben, nicht mehr gerecht werden konnte. Auf künstlerischem Gebiet stellte der Historizimus die erste erschreckte Antwort der durch den Einbruch der Technik sich bedroht fühlenden konservativen geistigen und politischen Schichten und Mächte dar.

Um die Jahrhundertwende setzte mit der Abkehr vom Historizismus die Rückbesinnung ein auf die natürlichen Quellen aller Formschöpfung: die Funktion und die materialgerechte Konstruktion. So entstand der moderne Begriff der „Zweckform". Die Leitidee des Funktionalismus, nun auf den gesamten Bauorganismus angewandt, schuf die Voraussetzung zur schöpferischen konstruktiven und gestalterischen Bewältigung der neuen Bauaufgaben vom Industriebau bis zum Wohnungsbau.

Während in der Zeit vor und nach dem Ersten Weltkrieg die Bemühungen um die neue Zweckform und ihre Grundlagen vorwiegend auf empirischem und publizistischem Weg erfolgten, schritten die Bauforschung und das Typen- und Normenwesen nur langsam vorwärts. Erst die Zeit nach dem Zweiten Weltkrieg ließ bei uns die damals gepflanzten Früchte reifen. Die letzten Jahre nach der Währungsreform brachten sogar auf dem Gebiet der bisher traditionellen Bauweisen, wie z. B. dem Mauerwerksbau, erhebliche Fortschritte, was sich am besten zeigt, wenn man etwa die alten Vorschriften der Bauordnungen über Mauerdicken mit den Angaben der neuen DIN-Blätter vergleicht. Das gesamte Bauwesen erfordert immer mehr vertiefte Kenntnisse und das Einarbeiten auf Gebieten, die man früher kaum dem Namen nach kannte, wie z. B. dem Schall-, Wärme- und Feuchtigkeitsschutz u. a. m.

Und so entstand dieses Buch aus den täglichen Erfordernissen der Praxis, um der Praxis wieder zu dienen. Wenn technisches Wissen und Können sich auf natürliche Weise entfalten sollen, kann es nur so geschehen, daß man sich eingehend um die grundlegenden Konstruktionen bemüht und von diesen aus selbständig denken und gestalten lernt. Alle technischen Fortschritte und Neuerungen sind dann nur neue Zweige am alten Baum. Man muß den Bau verstehen lernen aus dem Kräftespiel seiner Glieder, aus den Eigenarten der Bauteile und ihrer Zusammenfügung, also aus dem gesamten Baugefüge. Den roten Faden auf allen konstruktiven Gebieten aufzufinden und aufzuzeigen, bemüht sich dieses Buch. Auf ausgefallene Konstruktionen und Beispiele wurde darum verzichtet. Wer die Grundlagen sicher beherrscht, kann sich erfahrungsgemäß leicht in alle Sonderfälle einarbeiten.

Die gestalterische Anwendung der konstruktiven Möglichkeiten wurde bewußt knapp gehalten, einmal, weil in den Architekturzeitschriften Beispiele in Hülle und Fülle zu finden sind, zum andern, weil gründliche konstruktive Kenntnisse auch den Weg frei machen zu ihrer selbständigen gestalterischen Handhabung, wenn die Begabung dafür vorhanden ist.

Wenn man heute die verschiedenen Gebiete der Baukonstruktion bearbeitet, kann man sich nicht mehr nur auf die eigene, wenn auch ausgedehnte Erfahrung und Praxis verlassen. Neben dem Studium der einschlägigen Literatur muß man sich mit Fabrikanten, Spezialisten und Handwerkern unterhalten, muß bei Fragen, die mehr oder überwiegend in den Arbeitsbereich des Bauingenieurs gehören, sich dort Rat und Belehrung holen und braucht zuerst und zuletzt auch fähige Mitarbeiter. Allen, die mich mit ihren Kenntnissen und ihrem Rat unterstützten, besonders aber meinen langjährigen Mitarbeitern, Herrn Architekt Kurt Grillparzer und Herrn Architekt Lothar Rathner, sei an dieser Stelle der Dank für ihre eindringende und sorgfältige Mitarbeit ausgesprochen.

Im Dezember 1955 — Prof. Heinrich Schmitt, Architekt

Vorwort zur 11. Auflage

Dieses seit langem besonders in der Architektenausbildung bewährte Buch kann ohne Zweifel als Standardwerk bezeichnet werden. Die Neuordnung der vorliegenden, gründlich überarbeiteten 11. Auflage bewahrt den Anspruch des Buches, das Detail immer im Zusammenhang mit dem Bau als Ganzem zu sehen; sie erweitert und aktualisiert das Werk aus den Erfahrungen der baulichen Praxis grundlegend. Das revidierte Inhaltsverzeichnis erschließt den Band ebenso wie das völlig neue Schlagwortverzeichnis wesentlich besser und präziser als bislang. Gerade dem Studenten präsentiert sich der ‚Schmitt/Heene' auch deswegen als tägliches Handwerkszeug beim selbständigen Konstruieren – nicht auf der Grundlage fertiger Details, sondern nach der Beschreibung der korrekten Richtung vieler Lösungswege. Der ‚Schmitt/Heene' ist damit nach wie vor kein Vorlagen-Buch, sondern orientiert auf selbständige und kritische Aneignung beim Entwickeln konstruktiver Einzelheiten und Zusammenhänge. Schon diese Konzeption sorgt dafür, daß das Buch erheblich länger Bestand hat als Fachliteratur, die kurzfristig an den Stand der Entwicklung anzuschließen hofft.

Die gründlich überarbeitete neue Auflage enthält unter anderem ein völlig neues Kapitel zum baulichen Brandschutz mit vielen Zeichnungen zu prinzipiellen Detailausbildungen sowie neue Tabellen, die in kürzester Zeit die Dimensionierung von Bauteilen und deren Brandschutz erlauben, eine klare Gliederung und Erläuterung der Brandschutz- und Materialklassifizierungen sowie materialspezifische Einzelheiten zum Brandschutz von Holz, Stahl und Stahlbeton.

Das Kapitel ‚Baugefüge' ist völlig neu konzipiert und berücksichtigt die jüngsten Erkenntnisse auf dem Gebiet der integrierten Gebäude- und Haustechnikkonzepte.

Im ‚Stahlbau'-Bereich sind neue Verbindungsmittel und Fragen des Korrosionsschutzes eingearbeitet worden.

Dachtragwerke aus Holz wurden neu geordnet und komplettiert.

Der große Bereich Bauphysik wurde in den einzelnen Abschnitten stärker ausgebaut und speziell darauf abgestimmt, einfache konstruktive Lösungen zu finden. Dabei ist oft festzustellen, daß man durchaus auf althergebrachte Konstruktionen zurückkommt.

In diesem Zusammenhang wurden auch neue Abschnitte über Dachbegrünungen und Grasdächer aufgenommen.

Im ganzen zeichnet sich die neue Auflage darüber hinaus dadurch aus, daß die Zuordnung von textlicher Darstellung und Bildmaterial entschieden verbessert wurde. Zahlreiche Abbildungen sind überarbeitet und aktualisiert worden, und vieles, das als im Prinzip zu ‚theoretisch' angesehen wurde, wurde zugunsten des nachvollziehbaren, brauchbaren Praxisbezugs aufgegeben.

Der ‚Schmitt/Heene' präsentiert sich mithin als namentlich für die Ausbildung unentbehrliches Hilfsmittel. Das Werk ist nach wie vor eine Grundlage für das Studium. Es bewährt sich jedoch auch in der beruflichen Praxis, insofern es an Prinzipiellem zusammenfaßt, was in der großen Anzahl von Details, neuen Vorschlägen, Industrieprodukten, wie sie die Fachpresse ununterbrochen feilbietet, unübersichtlich zu werden droht.

An einigen Stellen wurde bewußt Raum freigehalten, um in Folgeauflagen weitere Aktualisierungen aufnehmen zu können, ohne das gesamte Buch zu ändern.

Die Aktualisierung einiger Sachgebiete war nur durch die Mitarbeit von Bauindustrie, beratenden Ingenieuren und Handwerkern möglich, denen ich an dieser Stelle für ihre Unterstützung danken möchte.

Mein besonderer Dank gilt Herrn Dipl.-Ing. Wolfram Becker für die Teilüberarbeitung des Kapitels „Brandschutz" sowie Herrn Bolsinger von der Fa. Gartner, Gundelfingen, und den Firmen Braas + Co. und Eternit AG.

Frühjahr 1988 — Andreas Heene

Vorwort zur 12. Auflage

Die vorliegende 12. Auflage wurde wieder in entscheidenden Punkten überarbeitet und aktualisiert. So flossen eine Menge baupraktischer Erfahrungen ein, genauso neue Formen und Produkte. Eine komplette Neuordnung und Bearbeitung erfuhren die Kapitel „Geneigtes Dach" und „Schallschutz". Die völlige Neubearbeitung des letztgenannten Kapitels erfolgte durch Herrn Dipl.-Ing. Wolfgang Beck, Großsachsen, dem ich für diese umfangreiche Arbeit zu besonderem Dank verpflichtet bin.

München, im Januar 1993 — Andreas Heene

Einleitung

Anwendung der Gesetzlichen Einheiten im Bauwesen

Am 2. Juli 1969 wurde das „Gesetz über Einheiten im Meßwesen" verabschiedet. Grundlage der Gesetzlichen Einheiten ist das „Internationale Einheitensystem" (SI-Einheiten, von Système International d'Unités).

Nach der „Ausführungsverordnung zum Gesetz über Einheiten im Meßwesen" vom 26. Juni 1970 sind am 31. Dezember 1977 alle Übergangsfristen für die Anwendung früher gebräuchlicher Einheiten abgelaufen.

In der Zwischenzeit sind im Deutschen Normenwerk und anderen technischen Regelwerken die meisten Unterlagen auf die neuen Einheiten umgestellt worden. Trotzdem gibt es noch wertvolle ältere Fachliteratur mit den früheren Einheiten, so daß hier einige Gegenüberstellungen aufgeführt sind.

SI-Einheiten

Basisgröße	Basiseinheit	Einheitenzeichen
Länge	(das) Meter	m
Masse	(das) Kilogramm	kg
Zeit	(die) Sekunde	s
Elektrische Stromstärke	(das) Ampere	A
Thermodynamische Temperatur	(das) Kelvin	K
Lichtstärke	(die) Candela	cd

Abgeleitete SI-Einheiten

werden durch Produkte und/oder Quotienten von Basiseinheiten gebildet. Sie sind immer mit dem Zahlenfaktor 1 (kohärent) verbunden.

Beispiel:

$1\ m \cdot 1\ m = 1\ m^2$

$1\ m \cdot 1\ s^{-1} = 1\ m/s$

$1\ kg \cdot 1\ m^{-3} = 1\ kg/m^3$

Einige abgeleitete SI-Einheiten haben besondere Namen und Einheitenzeichen.

Beispiele:

$1\ kg \cdot m/s^2$	$= 1\ N$	(Newton)	Kraft
$1\ N \cdot m$	$= 1\ J$	(Joule)	Energie, Arbeit, Wärmemenge
$1\ J/s$	$= 1\ W$	(Watt)	Wärmestrom
$1\ N/m^2$	$= 1\ Pa$	(Pascal)	Druck, mechanische Spannung
$1\ s^{-1}$	$= 1\ Hz$	(Hertz)	Frequenz
$1\ W/A$	$= 1\ V$	(Volt)	Elektrische Spannung
$1\ V/A$	$= 1\ \Omega$	(Ohm)	Elektrischer Widerstand

Der Grad Celsius, Einheitenzeichen °C, darf als besonderer Name für das Kelvin verwendet werden.

Der Zusammenhang zwischen Kelvin- und Celsius-Temperaturangaben ist aus nebenstehender Darstellung ersichtlich. Temperaturunterschiede sollten immer in Kelvin angegeben werden.

Bei der Schreibweise der Celsius-Temperatur gehört die Einheit zusammen, also +20 °C, nicht +20° C.

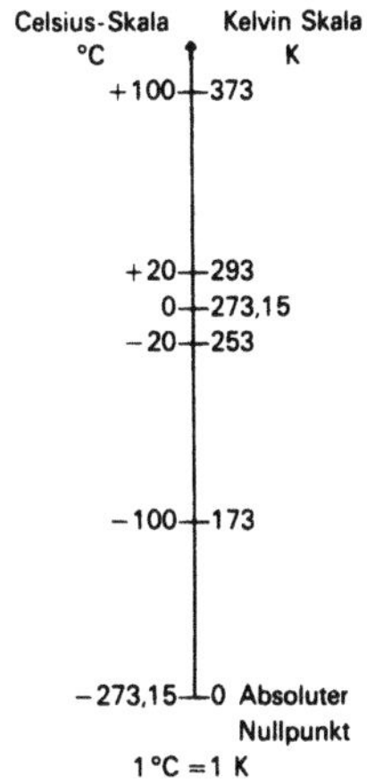

Zur Rechen- und Schreibvereinfachung dürfen für dezimale Vielfache und dezimale Teile Vorsätze und Vorsatzzeichen verwendet werden.

Für das	Zehnerpotenz	Vorsatz	Vorsatzzeichen
Trillionenfache	10^{18}	Exa	E
Billiardenfache	10^{15}	Peta	P
Billionenfache	10^{12}	Tera	T
Milliardenfache	10^{9}	Giga	G
Millionenfache	10^{6}	Mega	M
Tausendfache	10^{3}	Kilo	k
Hundertfache	10^{2}	Hekto	h
Zehnfache	10^{1}	Deka	da
Zehntel	10^{-1}	Dezi	d
Hundertstel	10^{-2}	Zenti	c
Tausendstel	10^{-3}	Milli	m
Millionstel	10^{-6}	Mikro	µ
Milliardstel	10^{-9}	Nano	n
Billionstel	10^{-12}	Piko	p
Billiardstel	10^{-15}	Femto	f
Trillionstel	10^{-18}	Atto	a

Es darf immer nur ein Vorsatz verwendet werden.

Bei zusammengesetzten Einheiten soll nur bei einer Einheit ein Vorsatz verwendet werden, z. B. nicht daN/cm^2, sondern N/cm^2.

Gesetzliche Einheiten mit besonderen Einheitennamen und Einheitenzeichen, die aus Vorsätzen für dezimale Vielfache oder dezimale Teile gebildet sind:

Bar	$1\ bar = 10^5\ PA$
Liter	$1\ l = 10^{-3}\ m^3$
Tonne	$1\ t = 10^3\ kg$

Umrechnungstafeln

Die Umstellung der früheren Krafteinheit auf die gesetzliche erfolgt durch einen Umrechnungsfaktor:

1 kp ≈ 9,81 N.

Um nun die vielen vorhandenen Tabellenwerke und ähnliche Fachliteratur nicht umrechnen zu müssen, hat der Ausschuß für Einheitliche Technische Baubestimmungen (ETB-Ausschuß) beim DIN 1977 beschlossen, eine Näherung zuzulassen, wonach

1 kg ≈ 10 N bzw. 0,1 kp ≈ 1 N

gesetzt werden darf. Die Abweichung beträgt etwa 2%.
Bis auf den Stahlbau haben sich alle Fachgebiete des Bauwesens dieser Regelung angeschlossen.
Eine Übersicht über die Zusammenhänge der Einheiten in einzelnen Fachgebieten geben die Tabellen 1 bis 10.

Tabelle 1
Umrechnungstabelle dezimaler Vielfacher und dezimaler Teile gesetzlicher Längeneinheiten

	m	dm	cm	mm
1 m =	1	10 10^1	100 10^2	1000 10^3
1 dm =	0,1 10^{-1}	1	10 10^1	100 10^2
1 cm =	0,01 10^{-2}	0,1 10^{-1}	1	10 10^1
1 mm =	0,001 10^{-3}	0,01 10^{-2}	0,1 10^{-1}	1

Beispiele

1 cm (Zentimeter) = 0,1 dm = 10^{-1} dm
1 km (Kilometer) = 10 hm = 1000 m = 10^3 m
1 hm (Hektometer) = 0,1 km = 100 m = 10^2 m
1 m (Meter) = 0,001 km = 10^{-3} km = 0,01 hm = 10^{-2} hm
1 µm (Mikrometer) = 0,001 mm = 10^{-3} mm = 10^{-6} m
1 nm (Nanometer) = 10^{-9} m
1 pm (Pikometer) = 10^{-12} m

Tabelle 2
Umrechnungstabelle dezimaler Vielfacher und dezimaler Teile gesetzlicher Flächeneinheiten

	m^2	dm^2	cm^2	mm^2
1 m^2 =	1	100 10^2	10000 10^4	1000000 10^6
1 dm^2 =	0,01 10^{-2}	1	100 10^2	10000 10^4
1 cm^2 =	0,0001 10^{-4}	0,01 10^{-2}	1	100 10^2
1 mm^2 =	0,000001 10^{-6}	0,0001 10^{-4}	1 10^{-2}	1

Beispiele

1 mm^2 (Quadratmillimeter) = 0,0001 dm^2 = 10^{-4} dm^2
1 km^2 (Quadratkilometer) = 100 ha = 10^2 ha = 10000 a
= 10^4a = 1000000 m^2 = 10^6 m^2
1 ha (Hektar) = 0,01 km^2 = 10^{-2} km^2 = 100 a = 10^2 a = 10000 m^2
= 10^4 m^2
1 a (Ar) = 0,0001 km^2 = 10^{-4} km^2 = 0,01 ha = 10^{-2} ha = 100 m^2 = 10^2 m^2

Tabelle 3
Umrechnungstabelle dezimaler Vielfacher und dezimaler Teile gesetzlicher Volumeneinheiten

	m^3	dm^3 (l)	cm^3 (ml)	mm^3
1 m^3 =	1	1000 10^3	1000000 10^6	1000000000 10^9
1 dm^3 = (= 1 l)	0,001 10^{-3}	1	1000 10^3	1000000 10^6
1 cm^3 = (= 1 ml)	0,000001 10^{-6}	0,001 10^{-3}	1 (= 1 ml)	1000 10^3
1 mm^3 =	0,000000001 10^{-9}	0,000001 10^{-6}	0,001 10^{-3}	1

Beispiele

1 dm^3 (Kubikdezimeter) = 1 l (Liter) = 1000000 mm^3 = 10^6 mm^3
1 m^3 (Kubikmeter) = 10 hl = 1000 l = 10^3 l = 10000 dl = 10^4 dl
1 hl (Hektoliter) = 0,1 m^3 = 100 l = 10^2 l = 1000 dl = 10^3 dl
1 dl (Deziliter) = 0,0001 m^3 = 10^{-4} m^3 = 0,001 hl = 0,1 l = 10^{-1} l

Tabelle 4
Umrechnungstabelle dezimaler Vielfacher und dezimaler Teile gesetzlicher Gewichtseinheiten (Masseneinheiten)

	g	kg	t
1 g =	1	0,001 10^{-3}	0,000001 10^{-6}
1 kg =	1000 10^3	1	0,001 10^{-3}
1 t =	1000000 10^6	1000 10^3	1

Beispiele

1 kg (Kilogramm) = 0,001 t = 10^{-3} t
1 t (Tonne) = 1 Mg (Megagramm)
1 Mt (Megatonne) = 10^6 t = 10^9 kg
1 dt (Dezitonne) = 0,1 t = 10^{-1} t = 100 kg = 10^2 kg
1 mg (Milligramm) = 0,001 g = 10^{-3} g = 10^{-6} kg

Tabelle 5
Umrechnungstabelle für Einheiten von Druckhöhen (Flüssigkeitssäulen) und Druck mit 1 kg/m^2 = 1 mm WS ≈ 10 N/m^2; 1 Torr = 1 mm Hg. (→ Druckhöhe)

	µbar	mbar	bar	Pa (N/m^2)
1 mm WS = (= 1 kg/m^2 ≈ 10 N/m^2)	100	0,1	0,0001	10
1 m WS = 100 cm WS = (= 0,1 at = 0,1 kp/cm^2 ≈ 10 N/cm^2)	100000	100	0,1	10000
10 m WS = (= 1 at = 1 kp/cm^2 ≈ 10 N/cm^2)	1000000	1000	1	100000
1 mm Hg (mm QS) = (= 1 Torr)	1330	1,33	0,00133	133

Beispiel:
50 · 10^{-3} Torr = 1,33 · 50 · 10^{-3} mbar = 66,5 µbar;
13,3 · 10^{-3} mbar = 10 · 10^{-3} Torr.

Tabelle 6
Umrechnungstabelle für Druckeinheiten bei Gasen, Dämpfen, Flüssigkeiten (Fluiden) mit 1 Pa = 1 n/m³ ≈ $\frac{1}{9,81}$ kp/m² = 0,102 kp/m², einschl. Druckhöhe

	bar	Pa (N/m²)	kp/m²	at (kp/cm³)	atm	Torr
1 bar = (= 0,1 MPA)	1 (= 1000 mbar)	1000000 = 10^5	10200	1,02	0,987	750
1 Pa = (= 1 N/m²)	10^{-5} (= 10^{-2} mbar = 0,01 mbar)	1	0,102	0,102 · 10^{-4}	0,987 · 10^{-5}	0,0075
1 kp/m² =	9,81 · 10^{-5}	9,81	1	10^{-4}	0,968 · 10^{-4}	0,0736
1 at = (= 1 kp/cm²)	0,981	98100	10000	1	0,968	736
1 atm = (= 760 Torr)	1,013 (= 1013 mbar)	101325	10330	1,033	1	760
1 Torr = $\left(= \frac{1}{760} \text{ atm}\right)$	0,00133	133	13,6	0,00136	0,00132	1

1 kp/cm² ≈ 0,981 bar ≈ 1 bar
1 kN/m² ≈ 0,0102 kp/cm²; 100 kN/m² ≈ 1,02 kp/cm² ≈ 1 bar
1 dyn/cm² = 0,1 Pa = 0,1 N/m² = 1 µbar (≈ 10^{-6} · 1,02 kp/cm²)
1 mbar = 0,760/1,01325 Torr = 0,75006168 Torr ≈ 0,750 Torr
10 at ≈ 10 bar = 1 N/mm² = 1 mPa;

Tabelle 7
Umrechnungstabelle für Einheiten der mechanischen Spannung mit 1 PA = 1 N/m² ≈ $\frac{1}{9,81}$ kp/m² = 0,102 kp/m²

	N/mm²	Pa	kN/m² (kPa)	kp/cm²	kp/mm²
1 N/mm² = (= 1 MPa)	1	1000000	1000	10,2	0,102
1 Pa = (= 1 N/m²)	10^{-6}	1	0,001	0,102 · 10^{-4}	0,102 · 10^{-6}
1 kN/m² = (= 1 kPa)	0,001	1000	1	0,0102	0,102 · 10^{-3}
1 kp/cm² =	0,0981	98100	98,1	1	0,01
1 kp/mm² =	9,81	9810000	9810	100	1

1 kp/m² ≈ 0,01 kN/m²; 1 kp/cm² ≈ 0,1 N/mm².
1 MN/m² = 1 MPA = 1 N/mm² = 100 N/cm², 1 N/cm² = 0,01 N/mm²:

Tabelle 8
Umrechnungstabelle für Druckeinheiten mit Benzugsflächen in mm² und cm²

	N/mm²	N/cm²	cN/mm²	cN/cm²
1 N/mm² = (= 1 MPa)	1 10^2	100 10^2	100 10^4	10000
1 cN/mm² =	0,01 10^{-2}	1	1	100 10^2
1 N/cm² =	0,01 10^{-2}	1	1	100 10^2
cN/cm² =	0,0001 10^{-4}	0,01 10^{-2}	0,01 10^{-2}	1

Beispiele:

1 N/m² = 10^4 N/cm² = 10^6 N/mm² = 1 Pa = 10^{-5} bar
1 N/mm² ≈ 0,102 kp/mm² (= 10,2 kp/cm²) ≈ 10 bar = N/cm²;
1 bar = 0,1 N/mm²

Tabelle 9
Umrechnungstabelle für Einheiten von Energie, Arbeit, Wärmemenge mit $1\ N \cdot m = \frac{1}{9,81}\ kp \cdot m = 0,102\ kp \cdot m$

	J	kJ	kW · h	kcal	PS · h	kp · m
1 J = (= 1 N · m = 1 W · s)	1	0,001	$2,78 \cdot 10^{-7}$	$2,39 \cdot 10^{-4}$	$3,78 \cdot 10^{-7}$	0,102
1 kJ = (= 1 kW · s)	1000	1	$2,78 \cdot 10^{-4}$	0,239	$3,77 \cdot 10^{-4}$	102
1 kW · h =	3600000	3600	1	860	1,36	$367 \cdot 10^{3}$
1 kcal =	$4,2 \cdot 10^{3}$	4,2	0,00116	1	0,00158	427
1 PS · h =	$2,65 \cdot 10^{6}$	$2,65 \cdot 10^{3}$	0,736	632	1	270000
1 kg · m =	9,81	0,00981	$2,72 \cdot 10^{-6}$	0,00234	$3,7 \cdot 10^{-6}$	1

$1\ W \cdot h = 3,6\ kJ$; $1\ kW \cdot h = 3,6 \cdot 10^{6}\ W \cdot s = 3,6 \cdot 10^{3}\ kW \cdot s = 3,6\ MJ$

Tabelle 10
Umrechnungstabelle der Einheiten für Leistung, Energiestrom, Wärmestrom als Quotient aus Energie und Zeit (zeitbezogene Energie), mit
$1\ N \cdot m/s = \frac{1}{9,81}\ kp \cdot m/s = 0,102\ kp \cdot m/s$

	W	kW	kcal/s	kcal/h	kp · m/s	PS
1 W = (= 1 N · m/s) = 1 J/s)	1	0,001	$2,39 \cdot 10^{-4}$	0,860	0,102	0,00136
1 kW =	1000	1	0,239	860	102	1,36
1 kcal/s =	4190	4,19	1	3600	427	5,69
1 kcal/h =	1,16	0,00116	$\frac{1}{3600}$	1	0,119	0,00158
1 kp · m/s =	9,81	0,00981	0,00234	8,34	1	0,0133
1 PS =	736	0,736	0,176	632	75	1

$1\ kp \cdot m/s = 3600\ kp \cdot m/h$ $\quad$ $1\ kcal/s \approx 4,2\ kJ/s = 4,2\ kW$
$1\ Mp \cdot m/s = 1000\ kp \cdot m/s = 10000\ N \cdot m/s = 10000\ J/s = 10\ kW$
$1\ Gcal/h \approx 4,2 \cdot 10^{6}\ kJ/h \approx 1,2 \cdot 10^{3}\ kW = 1,2\ MW$
$1\ kJ/h = 1000\ J/3600\ s = \frac{1}{3,6}\ W = 0,2778\ W \approx 0,3\ W$; $1\ MJ/h = \frac{1}{3,6}\ kW.$

Grundsätzliches zu den DIN-Normen

In den DIN-Normen sind sämtliche im Bauwesen verwendeten Begriffe und Bezeichnungen erfaßt sowie alle Baustoffe und Bauteile nach ihrer Herstellung, ihren Eigenschaften und ihrer Verwendung geregelt. Ohne ihre Kenntnis kann kein Bau mehr entworfen oder gar ausgeführt werden. Bei Rechtsstreiten wird ihre Einhaltung überprüft. Es kommt sogar vor, daß in manchen Fällen ihre Einhaltung nicht genügt, wenn z. B. die Beanspruchung über den Normalfall hinausgeht oder wenn neue technische Erkenntnisse anzuwenden wären. Der Architekt kommt also heute nicht mehr ohne Studium der jeweils neuen DIN-Normen herum, was nicht ohne eine Sammlung aller wesentlichen Normblätter möglich ist. Wenn eine Norm durch einen Normen-Entwurf außer Kraft gesetzt wird, ist dieser zu beachten, da er bereits als technischer Standard Gültigkeit hat. Zu dem vorliegenden Buche kann also nur auf die jeweiligen Normen hingewiesen oder durch Auszüge zum Studium der gesamten Norm angeregt werden, um zu wissen, wo man gegebenenfalls nachzuschlagen hat.

Gründung

Bezeichnungen der Bodenarten nach DIN 18300

Alte Bezeichnungen		Neue Bezeichnungen	
Klasse 2.21	Mutterboden	Klasse 1	Oberboden
Klasse 2.22	Wasserhaltender Boden	Klasse 2	Fließende Bodenarten
Klasse 2.23	leichter Boden	Klasse 3	leicht lösbare Bodenarten
Klasse 2.24	Mittelschwerer Boden		
Klasse 2.25	bündiger mittelschwerer Boden	Klasse 4	mittelschwer lösbare Bodenarten
Klasse 2.26	schwerer Boden	Klasse 5	schwer lösbare Bodenarten
Klasse 2.27	leichter Fels	Klasse 6	leicht lösbarer Fels
Klasse 2.28	schwerer Fels	Klasse 7	schwer lösbarer Fels

Baugrund

Die Fundamente sind die untersten tragenden Teile eines Bauwerks. Sie haben die Aufgabe, alle auftretenden Lasten (Eigengewicht, Nutzlast, Schnee- und Windlast) in das Erdreich abzuleiten. Voraussetzung einer einwandfreien Gründung ist die genaue Kenntnis des Baugrundes.
Folgende Fragen sollten schon vor der endgültigen Entscheidung für ein Baugelände geklärt sein:

Welche Bodenarten sind vorhanden, und in welcher Tiefe liegen sie?
In welcher Tiefe befindet sich tragfähiger Boden, und wie groß ist seine Mächtigkeit?
Höchster Grundwasserstand?
Ist mit Setzungen zu rechnen?
Besteht Frost- oder Ausspülgefahr des Baugrundes?
Enthält der Boden betonschädliche Stoffe?
Kann der Boden als Baustoff Verwendung finden?

Die Errichtung eines Bauwerkes stört den Gleichgewichtszustand des Bodens. Es ist Aufgabe der Bodenmechanik, die Wechselwirkungen zwischen Baugrund und Bauwerk zu erfassen, um Schäden durch zu große oder unregelmäßige Setzungen zu verhüten bzw. die Voraussetzungen für die Standsicherheit zu gewährleisten.
Früher baute man allein „auf" Erfahrung mit manchmal unter- oder auch überdimensionierten Gründungskörpern. Doch waren Sondertechniken wie Bodenverfestigung und Pfahlgründung zur Erhöhung der Tragfähigkeit des Bodens schon seit vielen Jahrhunderten bzw. Jahrtausenden bekannt, z. B. die Holzpfahlgründungen römischer Brücken und mittelalterlicher Dome oder die Stabilisierung bindiger Böden durch ungelöschten Kalk in China. Mit der Entwicklung der wissenschaftlichen Statik mit neuen Baustoffen wie Stahl und Stahlbeton, mit neuen statischen Systemen und Bauaufgaben ergab sich die Notwendigkeit, aber auch erst die Möglichkeit, die Gründung der Bauwerke sicherer und wirtschaftlicher zu gestalten; denn wirtschaftliche Gründe oder örtliche Bindungen verhindern in der Regel, schlechten Baugrund zu verbessern oder ihm aus dem Wege zu gehen. Erst die Klarheit über die gegebenen Baugrundverhältnisse und die Wechselwirkungen zwischen Bauwerk und Baugrund, d. h. die Auswertung einer eingehenden Bodenuntersuchung oder der vorliegenden örtlichen Erfahrungen und die Ermittlung der auftretenden Bauwerkslasten erlauben Gründungsart, Gründungstiefe und die Abmessungen der Gründungskörper endgültig zu bestimmen.

Arten des Baugrundes

Als Boden bezeichnet man die Verwitterungsrinde der Erdkruste. Man unterscheidet zwischen:
Erdstoffen, die auf primärer Lagerstätte ruhen, also über dem Gestein, aus dem sie durch Verwitterung entstanden sind und deshalb auch keine Entmischung zeigen, und Erdstoffen, die auf sekundärer Lagerstätte ruhen. Diese werden durch Eigenbewegung,

z. B. an Hängen, durch Wasser, Wind und Eis verlagert. Bei der Verlagerung auf kurze Entfernung findet nur eine geringe Entmischung statt, während bei größeren Entfernungen meist eine starke Trennung der Korngrößen zu beobachten ist. Nachstehende Tabelle gibt Auskunft über die Beschaffenheit und Tragfähigkeit der verschiedenen Bodenarten:

	Guter Baugrund 300–800 kN/m^2	Mittelguter Baugrund 150–300 kN/m^2	Schlechter Baugrund 0,0–150 kN/m^2
	Fels (bis 4000 kN/m^2		
Nicht bindige Böden	Kies Kiessand Grobsand	Feinsand Mittelsand	
Bindige Böden	Trockener Ton Trockener Lehm Trockener Mergel	Feuchter Ton Feuchter Lehm Mergel	
			Muttererde, Löß, Schlamm, Knollenmergel, Torf, Moorerde, aufgeschütteter Boden, Mehlsand.

Fels

gilt als sehr guter Baugrund. Die zulässige Bodenpressung ist in DIN 1054 für Felsboden mit geringer Klüftung in gesundem, unverwittertem Zustand und günstiger Lagerung mit 1500–4000 kN/m^2 (15 bis 40 kp/cm^2) angegeben. Bei stärkerer Zerklüftung oder ungünstiger Lagerung sind diese Werte entsprechend herabzusetzen. Bei undurchlässigen Gesteinen wie Granit, Basalt, Kalkstein, kristallinem Schiefer und feinkörnigem Sandstein braucht die Frosttiefe nicht berücksichtigt zu werden, da keine Frostgefahr besteht. Wasserdurchlässige, poröse Felsarten wie Tuff, Bims und körniger Sandstein sind jedoch über die Frostgrenze einer stetig fortschreitenden Verwitterung ausgesetzt. Hier ist eine frostfreie Gründung notwendig.

Gewachsene Böden

Nichtbindige Böden (Lockergesteine)

Kies, Kiessand und Sand bezeichnet man als nichtbindige Böden. Sie besitzen keine Kohäsion (Verkittung der Einzelkörner) und sind wasserdurchlässig. Die Tragfähigkeit wächst mit den Korngrößen und der Dichte der Lagerung.
Das auf natürlichem Wege zerkleinerte Gesteinsmaterial bezeichnet man je nach Größe als Geröll, Kies oder Sand.

Geröll

ist die Ansammlung von groben Steintrümmern mit einem Durchmesser > 70 mm. Es kann je nach Entstehungsart, Eigenschaften des Gesteins und Lagerungsdichte mit 300 bis 800 kN/m^2 (3–8 kp/cm^2) belastet werden.

Kies

besteht aus Gesteinstrümmern von 2 bis 63 mm Durchmesser; hierbei unterscheidet man Feinkies mit 2 bis 6,3 mm, Mittelkies mit 6,3 bis 20 mm und Grobkies mit 20 bis 63 mm.
Während man stark abgerundeten und glattflächigen Kies vorwiegend in Flußtälern findet, sind die Kiese der norddeutschen Glazialablagerung meist eckig geformt. Bei Kies kann mit einer Tragfähigkeit von ungefähr 400 kN/m^2 (4 kp/cm^2) gerechnet werden. Sie erhöht sich bei tieferliegenden Schichten, denn hier findet man durch die Auflast der oberen Schichten und eventuelle Grundwassereinwirkung eine festere Lagerung vor.

Kiessand

ist ein Gemisch von Kies und Sand. Vorausgesetzt, daß Kiessand aus $^1/_3$ Raumteilen Kies besteht, kann er wie Kies belastet werden.

Sand

besteht aus Gesteinsteilen von < 2 mm Durchmesser. Er findet sich wie Kies hauptsächlich in Flußtälern oder in den norddeutschen Moränengebieten.
Mit einer zulässigen Bodenpressung von 300 kN/cm^2 (3 kp/cm^2) und einer Korngröße von 0,6 bis 2 mm zählt Grobsand noch zum guten Baugrund, während Fein- und Mittelsand mit Korngrößen von 0,06 bis 0,6 mm nur mit 200 kN/m^2 (2 kp/cm^2) gepreßt werden darf. Wie bei Kies wächst die Tragfähigkeit bei tieferliegenden Schichten.
Das Verhältnis des Volumens der Festmasse zum Volumen der Hohlräume bezeichnet man als Porenvolumen. Es gibt also an, zu wieviel Prozent ein Material aus Hohlräumen besteht. Bei gleichkörnigem Sand schwankt der Prozentsatz zwischen 25% und 50%, bei ungleichkörnigem Kiessand zwischen 15% und 30%.

Bindige Böden

Tone, Lehme und Mergel sind kohärente Erdstoffe. Die Kohäsion beruht auf der Verkittung der Körner miteinander und vergrößert sich mit zunehmendem Tongehalt. Ein ähnlicher Zusammenhalt des Korngerüstes kann durch die Kapillarität erzeugt werden. Durch den Gehalt an kleinen und kleinsten Korngrößen entstehen feinste Poren, die eine große Kapillarität erzeugen. Durch diese engen Poren setzen bindige Böden dem Eindringen von Wasser erheblichen Widerstand entgegen. Bei unreinen, mit Sand vermischten Böden kann die Wasserdurchlässigkeit beträchtlich erhöht sein. Reine Ton- und Lehmböden lassen Wasser nur langsam eindringen, geben es aber auch durch Bodenpressung der Fundamentkörper nur langsam wieder ab. Mit zunehmender Feuchtigkeit werden bindige Böden immer weicher, und ihre Tragfähigkeit sinkt erheblich. Um zu beurteilen, ob sie als guter, mittelguter oder schlechter Baugrund anzusprechen sind, kann das Schrumpfmaß einer Bodenart ermittelt werden. Nach „Scheidig" wird ein Zylinder des naturfeuchten Erdstoffes getrocknet und das Schrumpfmaß in Prozent errechnet.

Schrumpfmaß kleiner als	5%	guter Baugrund
Schrumpfmaß	5–10%	mittelguter Baugrund
Schrumpfmaß größer als	10%	schlechter Baugrund
Schrumpfmaß größer als	15%	sehr schlechter Baugrund.

Das Porenvolumen von weichen bis zu festen Tonen liegt etwa zwischen 70% und 15%, bei Lehm zwischen 40% und 25%.

4.1. Kennbuchstaben für die Hauptbestandteile und Nebenbestandteile

G Kies (Grant) — O Organische Beimengungen
S Sand — H Torf (Humus)
U Schluff — F Mudde (Faulschlamm)
T Ton — K Kalk

4.2. Kennbuchstaben für kennzeichnende bodenphysikalische Eigenschaften

4.2.1. Korngrößenverteilung (siehe Abschnitt 3.2)

W weitgestufte Korngrößenverteilung — E enggestufte Korngrößenverteilung — I intermittierend gestufte Korngrößenverteilung

4.2.2. Plastische Eigenschaften (siehe Abschnitt 3.3)

L leicht plastisch — M mittel plastisch — A ausgeprägt plastisch

4.2.3. Zersetzungsgrad von Torfen (siehe Abschnitt 6.2.3.2)

N nicht bis kaum zersetzter Torf — Z zersetzter Torf

Tabelle 1 Bodenklassifizierung; Gruppeneinteilung der Böden für bautechnische Zwecke (Klassifikation der Lockergesteine)

1	2	3	4		5	6	7
Hauptgruppen	Definition und Bezeichnung: Korngrößenanteile in Gew.-% ≦ 0,06 mm	> 2 mm	Gruppen		Kurzzeichen Gruppensymbol	Erkennungsmerkmale	Beispiele
Grobkörnige Böden	≦ 5	> 40	Kies	enggestufte Kiese	GE	steile Körnungslinie infolge Vorherrschens eines Korngrößenbereichs	Fluß- und Strandkies Terrassenschotter Moränenkies vulkanische Schlacke und Asche
				weitgestufte Kies-Sand-Gemische	GW	über mehrere Korngrößenbereiche kontinuierlich verlaufende Körnungslinie	
				intermittierend gestufte Kies-Sand-Gemische	GI	treppenartig verlaufende Körnungslinie infolge Fehlens eines oder mehrerer Korngrößenbereiche	
		≦ 40	Sand	enggestufte Sande	SE	steile Körnungslinie infolge Vorherrschens eines Korngrößenbereiches	Dünen- und Flugsand Talsand (Berliner Sand) Beckensand Tertiärsand
				weitgestufte Sand-Kies-Gemische	SW	über mehrere Korngrößenbereiche kontinuierlich verlaufende Körnungslinie	Moränensand Terrassensand Strandsand
				intermittierend gestufte Sand-Kies-Gemische	SI	treppenartig verlaufende Körnungslinie infolge Fehlens eines oder mehrerer Korngrößenbereiche	
Gemischtkörnige Böden	5 bis 40	> 40	Kies-Schluff-Gemische	5 bis 15 Gew.-% ≦ 0,06 mm	GU	weit oder intermittierend gestufte Körnungslinie Feinkornanteil ist schluffig	Verwitterungskies Hangschutt lehmiger Kies Geschiebelehm
				15 bis 40 Gew.-% ≦ 0,06 mm	$G\bar{U}$		
			Kies-Ton-Gemische	5 bis 15 Gew.-% ≦ 0,06 mm	GT	weit oder intermittierend gestufte Körnungslinie Feinkornanteil ist tonig	
				15 bis 40 Gew.-% ≦ 0,06 mm	$G\bar{T}$		
		≦ 40	Sand-Schluff-Gemische	5 bis 15 Gew.-% ≦ 0,06 mm	SU	weit oder intermittierend gestufte Körnungslinie Feinkornanteil ist schluffig	Flottsand
				15 bis 40 Gew.-% ≦ 0,06 mm	$S\bar{U}$		Auelehm Sandlöss
			Sand-Ton-Gemische	5 bis 15 Gew.-% ≦ 0,06 mm	ST	weit oder intermittierend gestufte Körnungslinie Feinkornanteil ist tonig	lehmiger Sand Schleichsand
				15 bis 40 Gew.-% ≦ 0,06 mm	$S\bar{T}$		Geschiebelehm Geschiebemergel

1	2	3	4			5	6			7
	Definition und Bezeichnung						Erkennungsmerkmale			
Hauptgruppen	Feinkornanteile in Gew.-% ≦ 0,06 mm	Lage zur A-Linie (siehe Bild 4)	Gruppen		w_f in Gew.-%	Kurzzeichen Gruppensymbol	Trockenfestigkeit	Reaktion beim Schüttelversuch	Plastizität beim Knetversuch	Beispiele
Feinkörnige Böden	> 40	$w_{fa} \leqq 4$ Gew.-% oder unterhalb der A-Linie	Schluff	leicht plastische Schluffe	≦ 35	UL	niedrige	schnelle	keine bis leichte	Löß Hochflutlehm
				mittelplastische Schluffe	35 bis 50	UM	niedrige bis mittlere	langsame	leichte bis mittlere	Seeton Beckenschluff
		$w_{fa} \geqq 7$ Gew.-% und oberhalb der A-Linie	Ton	leicht plastische Tone	≦ 35	TL	mittlere bis hohe	keine bis langsame	leichte	Geschiebemergel Bänderton
				mittelplastische Tone	35 bis 50	TM	hohe	keine	mittlere	Lößlehm Beckenton Keupermergel
				ausgeprägt plastische Tone	> 50	TA	sehr hohe	keine	ausgeprägte	Tarras Septarienton Juraton
organogene[1)] und Böden mit organischen Beimengungen	> 40	$w_{fa} \geqq 7$ Gew.-% und unterhalb der A-Linie	nicht brenn- oder nicht schwelbar	Schluffe mit organischen Beimengungen und organogene[1)] Schluffe	35 bis 50	OU	mittlere	langsame bis sehr schnelle	mittlere	Seekreide Kieselgur Mutterboden
				Tone mit organischen Beimengungen und organogene[1)] Tone	> 50	OT	hohe	keine	ausgeprägte	Schlick Klei
	≦ 40			grob- bis gemischtkörnige Böden mit Beimengungen humoser Art		OH	Beimengungen pflanzlicher Art, meist dunkle Färbung, Modergeruch, Glühverlust bis etwa 20 Gew.-%			Mutterboden
				grob- bis gemischtkörnige Böden mit kalkigen, kieseligen Bildungen		OK	Beimengungen nicht pflanzlicher Art, meist helle Färbung, leichtes Gewicht, große Porosität			Kalksand Tuffsand
organische Böden			brenn- oder schwelbar	nicht bis mäßig zersetzte Torfe		HN	an Ort und Stelle aufgewachsene (sedentäre) Humusbildungen	Zersetzungsgrad 1 bis 5, faserig, holzreich, hellbraun bis braun		Niedermoortorf Hochmoortorf Bruchwaldtorf
				zersetzte Torfe		HZ		Zersetzungsgrad 6 bis 10 schwarzbraun bis schwarz		
				Mudden (Sammelbegriff für Faulschlamm, Gyttja, Dy, Sapropel)		F	unter Wasser abgesetzte (sedimentäre) Schlamme aus Pflanzenresten, Kot und Mikroorganismen, oft von Sand, Ton und Kalk durchsetzt, blauschwarz oder grünlich bis gelbbraun, gelegentlich dunkelgraubraun bis blauschwarz, federnd, weichschwammig			Mudde Faulschlamm
Auffüllung			Auffüllung aus natürlichen Böden; jeweiliges Gruppensymbol in eckigen Klammern			[ ]				
			Auffüllung aus Fremdstoffen			A				Müll Schlacke Bauschutt Industrieabfall

[1)] unter Mitwirkung von Organismen gebildete Böden

Ton

kommt fast überall in Deutschland vor. Er gilt, solange er in trockenem Zustand und einer Mächtigkeit von mindestens 3 m anfällt, als guter Baugrund und kann mit 300 kN/m² (3 kp/cm²) belastet werden. Ton ist vor Nässe, die aufweicht, und Frost, der auflockert, zu schützen. Auch durch allzu große Austrocknung, z. B. unter Heizanlagen, entsteht eine Verminderung der Tragfähigkeit.
Feuchter Ton kann je nach Wassergehalt mit 0 bis 150 kN/m² (0 bis 1,5 kp/cm²) gepreßt werden.
Ton soll 50% bis 80% Teilchen von weniger als 0,01 mm Durchmesser enthalten. Ist der Gehalt geringer, so spricht man von magerem Ton oder Lehm. Bei magerem Ton sind die Sandkörnchen, die seine Magerkeit bedingen, zu klein, um sie noch fühlen zu können. Im Lehm sind sie gröber und daher noch fühlbar.

Lehm

ist also ein inniges Gemenge von Ton und Sand. Mit geringem Tongehalt bezeichnet man ihn als mager und mit hohem als fett. In trokkenem Zustand und bei genügender Mächtigkeit kann Lehm wie Ton mit 300 kN/m² (3 kp/cm²) gepreßt werden. Mit zunehmendem Wassergehalt sinkt auch bei Lehm die zulässige Bodenpressung.

Mergel

ist ein Gemenge von Ton, Lehm und 10% bis 90% Kalk. Trockener Mergel zeigt die gleiche Widerstandsfähigkeit gegen Pressung wie trockener Ton und Lehm. Mit hohem Kalkgehalt kann er diese sogar übersteigen. Er ist allerdings gegen Wasser empfindlich, da es den Kalk ausschwemmt.

Organische Bodenarten

Die rein organischen Bodenarten setzen sich aus Resten mehr oder weniger stark zersetzter Pflanzen mit Resten tierischer Organismen zusammen. Je nach dem Grad der Zersetzung unterscheidet man „nicht bis mäßig zersetzten Torf", sofern noch Pflanzenreste (Moos oder ähnliches) in größerer Menge erkennbar und „stark zersetzten Torf", sofern nur noch lockere, im einzelnen nicht mehr erkennbare, meist dunkel gefärbte Bestandteile vorhanden sind. Bodenarten mit nennenswertem organischem Anteil, meist von feiner ton- oder schluffähnlicher Beschaffenheit, werden als „Mudden" bezeichnet.
Bei organischen Bodenarten mit mineralischen Anteilen werden diese durch Eigenschaftswörter zum Ausdruck gebracht, z. B.
Mudde, tonig
Mudde, stark sandig
Torf, schwach feinsandig.
Treten die organischen Bestandteile als Beimengung auf, so werden die Eigenschaftswörter „torfig" oder „muddig" verwendet, gegebenenfalls auch die Begriffe „schwach" oder „stark". Es kann auch der Sammelbegriff „organisch" gebraucht werden.
Die humushaltige, durchlüftete, Kleinlebewesen enthaltende oberste Bodenschicht wird als Mutterboden bezeichnet. Reiner Humus kommt als Mutterboden nur selten vor. Gewöhnlich ist der Mutterboden eine Mischung aus Humus und mineralischen Bodenarten.

Aufgeschütteter Boden

hat nur dann eine Tragfähigkeit bis zu 250 kN/m² (2,5 kp/cm²), wenn es sich um eingeschlemmten Sand oder Kies handelt. Aufgefüllter Ton oder Lehm sind als Baugrund unbrauchbar. Bei sonstigen aufgefüllten Böden ist mit mehr oder weniger starken Setzungen zu rechnen.

Untersuchung des Baugrundes

Voraussetzung zur Festlegung der Gründungsart und -tiefe ist die genaue Kenntnis der Beschaffenheit des vorhandenen Baugrundes. Zu diesem Zwecke sollte schon vor Planungsbeginn eine Bodenuntersuchung vorgenommen werden, da ungünstige Gründungsverhältnisse die Baukosten erheblich verteuern. Die Kosten einer eingehenden Bodenuntersuchung fallen demgegenüber nicht ins Gewicht.

Untersuchungsvorgang

Nur bei genügender Vertrautheit mit den örtlichen Geländeverhältnissen oder bei leichten Bauten kann auf eine Bodenuntersuchung verzichtet werden.
Erdkundungsbohrungen dienen der Voruntersuchung eines größeren Baugeländes. Dabei müssen zunächst Hauptbohrungen in größeren Abständen und schachbrettartiger Anordnung so tief geführt werden, bis eine tragfähige Schicht von ausreichender Mächtigkeit nachgewiesen ist. Zur genaueren Deutung der gewonnenen Ergebnisse werden dann Zusatzbohrungen oder Sondierungen zwischengeschaltet. Zu berücksichtigen sind dabei:
- Zusammenhänge anstehender Erdformationen (geologische Karten 1 : 25000),
- Grundwasserverhältnisse und deren jahreszeitliche Schwankungen,
- Erfahrungen von gegebenenfalls bestehenden Bauwerken.

Schürfungen und Bohrungen für einzelne Bauwerke führt man innerhalb und in der nächsten Umgebung der Gebäudegrundfläche durch. Sie sind auf dem Grundriß so zu verteilen, daß auch eventuelle Unebenheiten bei einzelnen Bodenschichten aufgedeckt werden. Ihr Abstand soll nicht größer als 25 m sein.
Über die Mindestbohrtiefe ist in DIN 1054 folgendes ausgesagt:

3.2.2
In gewachsenem, nicht felsigem Untergrund genügt im allgemeinen eine Tiefe, die – von der Fundamentsohle ab gerechnet – bei Einzelgründungskörpern (auch Streifenfundamente, Fundamente unter Kranbahnen, Kaimauern, Brückenwiderlagern und dergleichen) das Dreifache, bei Plattengründungen das Eineinhalbfache der Sohlbreite, in beiden Fällen aber mindestens 6 m beträgt.
Bei Bauwerken mit mehreren Gründungskörpern, deren Einfluß sich in den tieferen Schichten überlagert, soll die Bohrtiefe – von der Gründungssohle ab gerechnet – gleich der dreifachen größten Breite der Gründungskörper oder gleich der eineinhalbfachen Bauwerksbreite gewählt werden, wobei der ungünstigere Wert maßgebend ist. Außerdem muß die Bohrtiefe bis mindestens 6 m unter Gründungssohle reichen.

3.2.5
Bei Pfahlgründungen sind die Bohrtiefen von der Pfahlfußebene an zu rechnen, wobei die in Abschnitt 3.2.2 genannte Bohrtiefe um etwa ein Drittel verringert werden darf.

Bodenproben

Bodenproben sind nach DIN 4021 bei jedem Wechsel der Bodenbeschaffenheit, mindestens aber alle 1,0–1,5 m zu entnehmen. Die Ergebnisse sind in Schichtenverzeichnissen nach DIN 4022 aufzuzeichnen. Während bei kleineren Bauten die Tragfähigkeiten der Bodenschichten meistens mit den in DIN 1054 (s. S. 10/11) angegebenen Werten bestimmt werden können, ist es bei größeren Bauwerken und unsicherem Boden erforderlich, ungestörte Bodenproben zu entnehmen und die Tragfähigkeit der Schichten mittels erdstoffphysikalischer Untersuchungen feststellen zu lassen. Die Entnahme- und Verpackungsvorschriften sollten vor Beginn der Bodenuntersuchung von den Versuchsanstalten eingeholt werden.

Schürfung

Am einfachsten und aufschlußreichsten geschieht die Untersuchung des Baugrundes durch Ausheben einer Schürfgrube. Wegen des erforderlichen Zeit- und Arbeitsaufwandes und evtl. notwendig werdender Verzimmerung und Wasserhaltung sind Schürfgruben nur bis zu Tiefen von 2–3 m gebräuchlich. Für Baugrunduntersuchungen nach DIN 1054, Gründung von Hochbauten, genügt sie, wegen der geforderten Mindesttiefe von 6 m, nicht, allenfalls für Streckenaufschlüsse im Tiefbau. Schürfungen haben den Vorteil, daß eine unmittelbare Prüfung der Bodenschichten möglich ist. Ferner entsteht bei der Entnahme keine Mischung der Bodenarten, und die Lagerungsverhältnisse sowie eventuelle Wasserzutritte sind deutlich zu erkennen.

SCHÜRFGRUBE
UND ENTNAHME UNGESTÖRTER BODENPROBEN

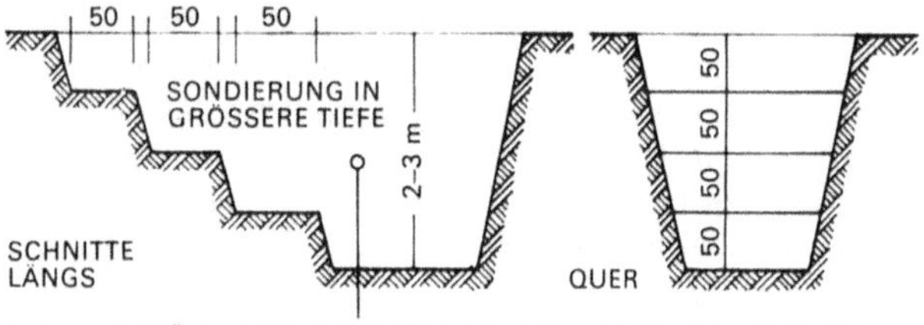

NICHT GEBRÄUCHLICH BEI GRÖSSEREN TIEFEN, WEGEN GROSSEN AUSHUBVOLUMENS BEI ABBÖSCHUNGEN BZW. NOTWENDIG WERDENDEM VERBAU

Sondierung

Als einfachstes Verfahren für Voruntersuchungen in geringen Tiefen, z. B. über Fels, eignen sich Schlagsondierungen mit Sondiereisen oder Peilstangen, Stahlstangen von 2–4 m Länge mit schlanker Spitze. Sie sind leicht und rasch in den Boden einzuschlagen, erbringen aber nur geringe Probemengen der durchstoßenen Schichten.
Ramm- oder Schlagsondierungen arbeiten mit verbreitertem Rammkopf und Rammbär. Durch Messung von Schlagzahl und Eindringtiefe lassen sich aus dem Rammfortschritt Rückschlüsse über Lagerungsdichte und Tragfähigkeit des Baugrundes ohne Probenentnahme ziehen. Bei Tiefen über 8 m beeinflussen allerdings das Gestängeeigengewicht und die Mantelreibung am Sondenstab und Rammkopf den Schlageffekt und damit die Ergebnisse ungünstig.
Schwierigkeiten bereiten auch größere Steine im Untergrund, die hohe Festigkeit vortäuschen. Rammsondierungen sind insbesondere in Verbindung mit Bohrungen anwendbar, wobei jeweils vor dem weiteren Bohrfortschritt mit Spezialsonden Festigkeitsprüfungen und Bodenproben vom ungestörten Boden entnommen werden.
Bei Drucksondierungen wird eine Meßsonde kontinuierlich in den Untergrund gepreßt. Damit können ohne Probenentnahme bereits gute Anhaltswerte über die Festigkeit des Baugrundes gewonnen werden, da Spitzendruck, Mantelreibung und Gesamtwiderstand genau zu erfassen sind.
Flügelsonden dienen der Ermittlung der Scherfestigkeit ungestörter Schichtenfolgen bindiger Böden.

Bohrung

Bohrungen gestatten schnelleres Arbeiten, kosten verhältnismäßig wenig und sind überall anwendbar. Es lassen sich große Tiefen erreichen, und etwa vorhandenes Grundwasser behindert die Arbeiten nicht. Allerdings ist es nicht möglich, die Lagerungsverhältnisse so genau festzustellen wie bei Schürfungen.

Wenn geringe Bohrtiefen für Baugrundaufschlüsse ausreichen, werden Handbohrgeräte oder leichte, auf Fahrzeuge montierte Drehbohrgeräte, eingesetzt. Zur Entnahme ungestörter Gesteinsproben (Bohrkerne) ist aber maschinelle Bohrung unerläßlich. Das Bohrgerät besteht aus Bohrer, Gestänge, Bohrrohren, Bohrgerüst und Fördervorrichtung.
Je nach Beschaffenheit des vorhandenen Bodens und nach der Bohrtiefe verwendet man verschiedene Arten von Bohrern:
- Tellerbohrer nur zum Vorbohren in Mutterboden, Sand und Kies.
- Zylinderbohrer ebenfalls für lockere Bodenarten.
- Spiralbohrer zum Vorbohren in hartem Boden oder Geröll.
- Schappe (Löffelbohrer) geschlossen, für Mischboden aus Sand, Lehm und dgl.
- Schappe offen, für festen bindigen Boden aus Lehm, Ton und Mergel.

DREHBOHRER

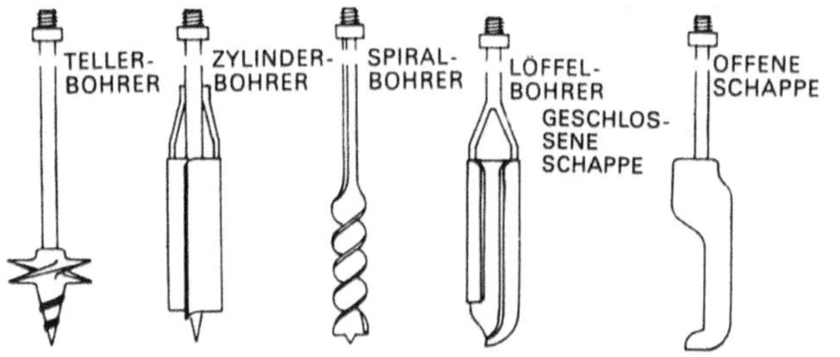

BOHRGESTÄNGE

BOHRROHR

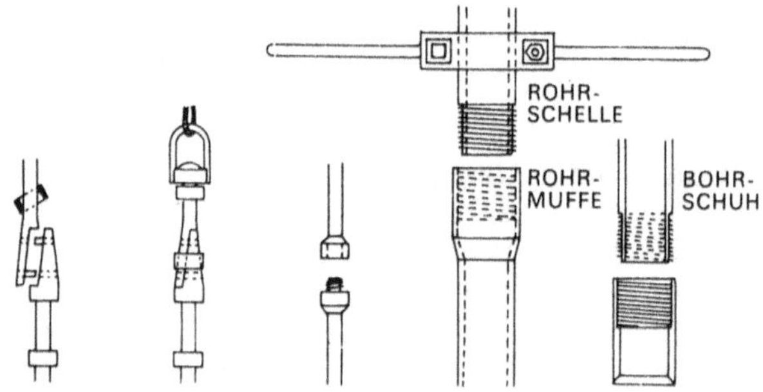

Diese sogenannten Drehbohrer werden von Hand (je nach Situation 2–4 Mann je Gerät) oder maschinell eingedreht und zur Förderung des Bohrgutes mit der Winde gezogen. Harte Schichten sind mit einem Fallmeißel vorzulockern.
Die Bohrer werden je nach Bohrtiefe durch Gestänge verlängert und in das Erdreich eingedreht. Das Gestänge besteht meistens aus 5 m langen Stahlstangen, die durch Schrauben oder Blattschloß miteinander verbunden werden. Um ein Zusammenfallen des Bohrloches bei schlechtem Boden zu vermeiden, bringt man eine „Verrohrung" ein. Die Verbindung der 1,5 bis 5 m langen Bohrrohre erfolgt durch Schraubmuffen mit Hilfe von Rohrklemmen.
Damit die Bohrrohre dem immer tiefer greifenden Bohrer nachsinken, werden sie belastet oder durch Hin- und Herdrehen mittels Kreuzholz und Hebelarm zum Tiefersinken gebracht. Nach beendigter Bohrung und Förderung des Bohrguts werden die Mantelrohre wieder gezogen.
Für Bohrungen in sehr weichen und wasserführenden Schichten eignen sich besonders am Seil hängende Ventilbohrer (Schlammbüchse) oder Kolbenbohrer, die man mehrmals auf die Sohle des Bohrloches fallen läßt, wobei sie sich mit Erdreich füllen (Freifallbohrung). Beim Hochziehen schließt sich das Ventil, bzw. hält der Kolben das Bohrgut in der Büchse fest. Das mit dem Erdreich gefüllte zylindrische Rohr kann dann über Gelände gehoben und entleert werden.
Zum Durchstoßen von Felsschichten benützt man Meißel. Sie werden an eine am Seil hängende und als Gewicht dienende Schwer-

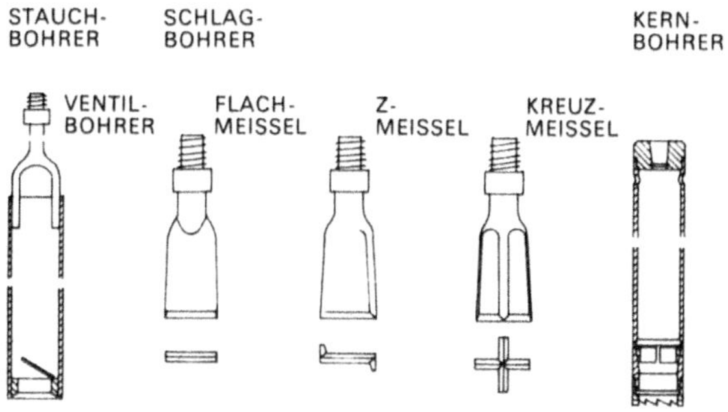

stange geschraubt und in kurzen Stößen auf und ab bewegt (Freifallbohrung). Das Fördern des zerkleinerten Gesteins geschieht dann wieder mit Ventil- oder Kolbenbohrern. Ungestörte Bohrproben werden in Gestein mit Hilfe des Kernbohrers maschinell ausgefräst.

Verhalten des Baugrundes

Der Baugrund verformt sich durch die von der Last des Bauwerkes hervorgerufenen Kräfte entsprechend seiner Zusammendrückbarkeit und seiner Scherfestigkeit. Die Druckausbreitung im Erdreich zeigt, daß Spannungen aus der Bauwerkslast mit zunehmender Tiefe abnehmen und unter der Mitte von Fundamentflächen am größten sind.

Druckausbreitung

Die allgemein übliche Annahme, daß sich der Druck eines Gründungskörpers unter einem Druckverteilungswinkel von 45° gleichmäßig ausbreitet, trifft im großen und ganzen das Wesen der Druckausbreitung und -verteilung. Man rechnet dabei mit gleichmäßig nach der Tiefe zu schichtweise abnehmenden Drücken.

MÖGLICHE DRUCKAUSBREITUNG IM GEFÜGE DES BAUGRUNDES

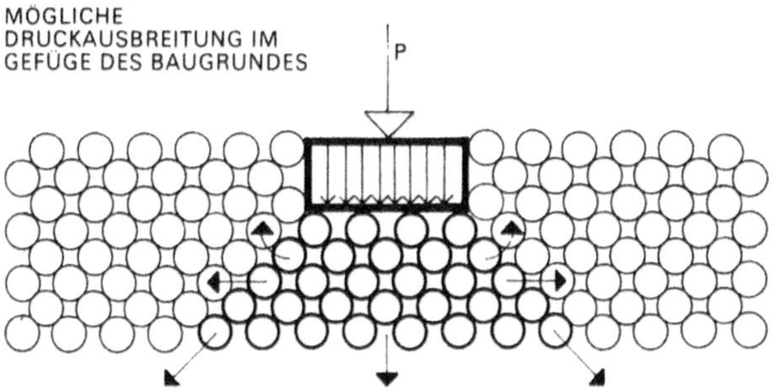

KOHÄSION UND REIBUNG DES BODENS VERTEILEN UND ZERLEGEN DIE SPANNUNGEN DER GRÜNDUNGSSOHLE IN DRUCK-, ZUG-, VERTIKAL- UND HORIZONTALKOMPONENTEN

DRUCKAUSBREITUNG UNTER 45° (VEREINFACHENDE ANNAHME)

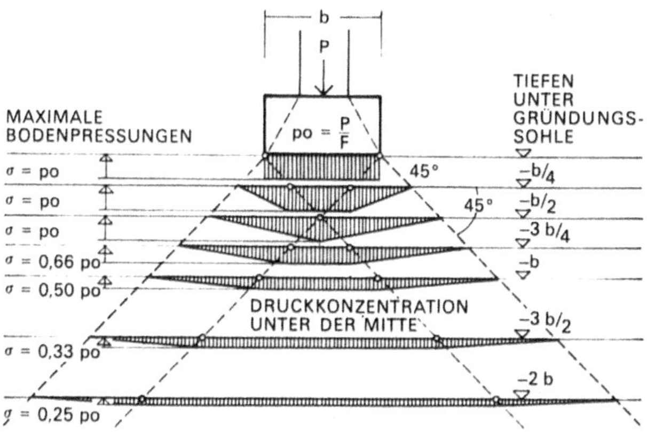

Eingehende Untersuchungen von Kögler und Scheidig zeigten jedoch, daß der genaue Verlauf der Linien gleichen Druckes (Isobaren) wesentlich komplizierter ist.

Die Isobaren haben nahezu Kreisform. Ihr Durchmesser wächst mit der Größe der Lastfläche. Man stellte fest, daß von zwei Lastflächen verschiedener Größe bei gleicher Bodenpressung die größere in viel stärkerem Maße in die Tiefe wirkt als die kleinere. Bei gleicher Bodenpressung wächst das Setzungsmaß folglich mit der Fundamentfläche. Darum kann durch eine Probebelastung das spätere Setzungsmaß des Bauwerks nur schwer festgestellt werden. Ein Vergleich zeigt, daß man sich mit der Annahme der Druckverteilung unter 45° auf der sicheren Seite bewegt.

Da der Baugrund jedoch nicht vollelastisch im Sinne des Hookschen Gesetzes ist, haben die Isobaren eine mehr oder minder gestreckte Form, weshalb auch von der „Druckzwiebel" gesprochen wird.

VERGLEICH DER DRUCKAUSBREITUNG UNTER 45° MIT DEN ISOBAREN

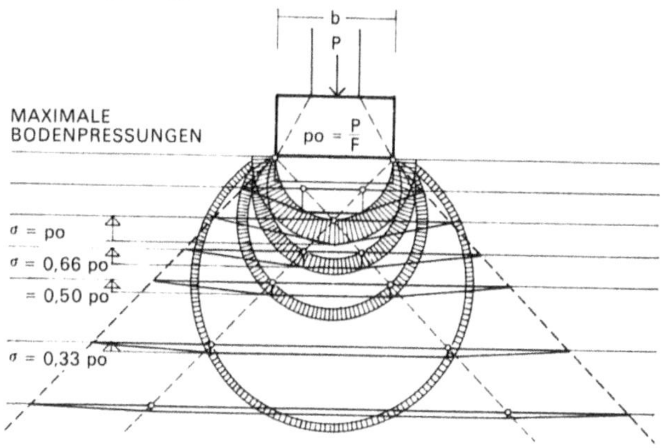

DRUCKZWIEBELVERGLEICH
TROTZ GLEICHER BODENPRESSUNG IN GRUNDUNGSSOHLE GRÖSSERE TIEFENWIRKUNG BREITEREN FUNDAMENTES

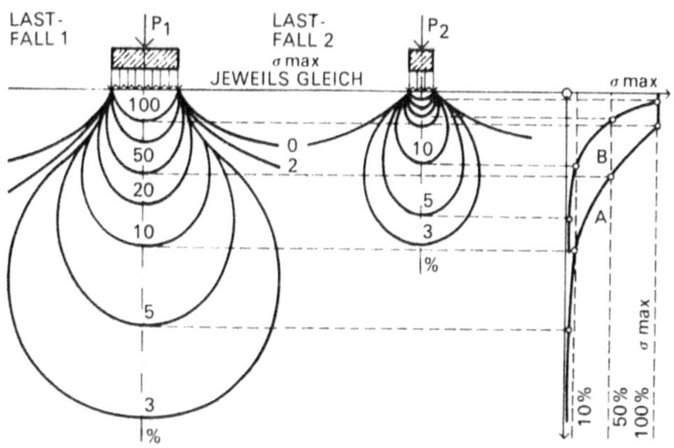

ISOBAREN DER DRUCKZWIEBELN: LINIEN GLEICHER TEILSPANNUNGEN IN % DER MAX. BODENPRESSUNG INNERHALB DER GRUNDUNGSFUGE

SPANNUNGEN UNTER FUNDAMENT-ACHSE

Setzungen

Die Ursachen für die Setzungen der Bauwerke liegen zunächst in der Zusammendrückbarkeit der belasteten Bodenschichten, die nach ihrer Beschaffenheit und Stärke verschieden ist. Ungleiche und starke Setzungen sind schädlich, gleichmäßige dagegen nicht. Das Ausmaß der Setzungen kann sich aber noch ganz erheblich durch folgende Umstände vergrößern:

- seitliches Ausweichen des Bodens,
- Verdichten der Bodenstruktur durch Erschütterungen (Verkehrsmittel, Maschinen usw.),
- Grundwassererhöhung oder -absenkung,
- Austrocknen des Bodens (unter Heizanlagen),
- natürliche oder künstliche Aushöhlungen,
- Rutschungen,
- chemische Veränderungen des Untergrundes,
- Heben durch Frost und Senken beim Auftauen.

Die Zeitdauer der Setzungen ist sehr verschieden. Während bei nichtbindigen Böden der Setzungsprozeß meistens nach der Vollendung des Bauwerkes und nach Aufbringen der Nutzlast abgeschlossen ist, kann er bei bindigen Böden weit über die Bauzeit hinausreichen, sich oft über Jahrzehnte, infolge Veränderung von Grundwasserverhältnissen sogar über Jahrhunderte auswirken. Ursache und Maßstab für die „Konsolidierung" eines bindigen Baugrunds ist das Einpendeln eines veränderten Porenwassergehaltes.

Gleichmäßige Setzungen

Im allgemeinen sind gleichmäßige Setzungen eines Bauwerks unschädlich. Sie treten mehr oder weniger stark auf, wenn folgende Bedingungen erfüllt sind:
Fundamente frostfrei gegründet.
Tragfähiger, gleichmäßig geschichteter Baugrund von genügender Mächtigkeit ist vorhanden.
Druckausbreitungen benachbarter Lastkörper überschneiden sich nicht.
Alle Gebäudeteile zusammengesetzter Baukörper haben gleichgroße Eigen- und Nutzlasten und sind in gleicher Tiefe gegründet.
Bei gleichem Boden auch gleiche Gründungsart.
Bei gleichen Lasten Annahme gleicher Bodenspannungen.
Boden weicht seitlich nicht aus.

GLEICHMASSIGE SETZUNGEN

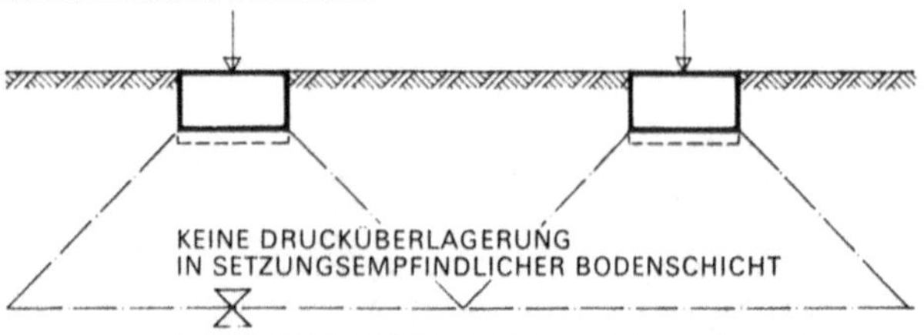

NICHT SETZUNGSEMPFINDLICHE BODENSCHICHT

UNGLEICHMÄSSIGE SETZUNGEN

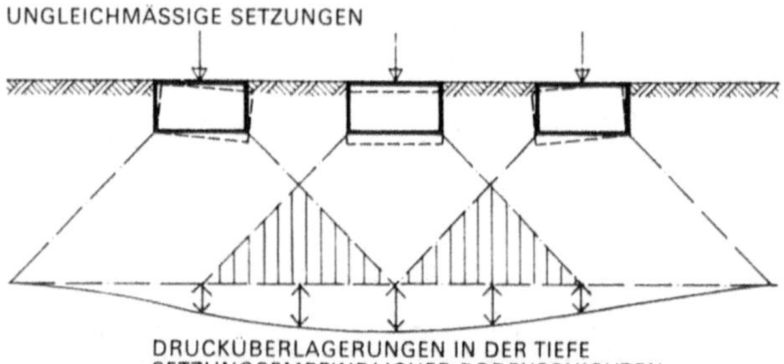

DRUCKÜBERLAGERUNGEN IN DER TIEFE SETZUNGSEMPFINDLICHER BODENSCHICHTEN

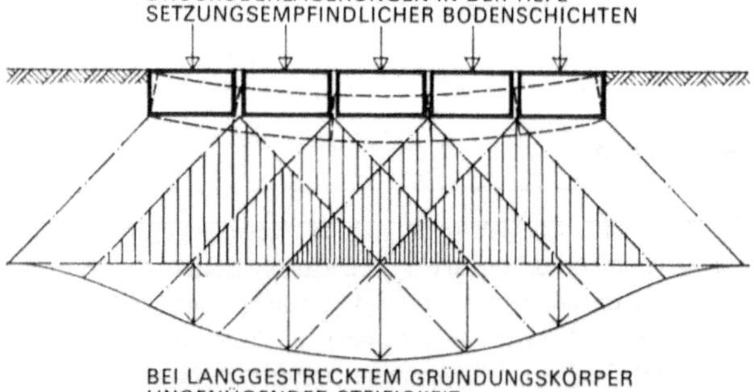

BEI LANGGESTRECKTEM GRÜNDUNGSKÖRPER UNGENÜGENDER STEIFIGKEIT

Wenn Veränderungen des Baugrundes chemischer Art oder durch Erschütterungen, Rutschungen, Austrocknung usw. stattfinden, dann müssen sie gleichmäßig auf das gesamte Bauwerk verteilt sein.
Wird nur eine dieser Bedingungen nicht erfüllt, so muß mit ungleichen und auch starken Setzungen gerechnet werden. Diese können sich schädlich auswirken, da sie schon bei geringer Verschiedenheit zu Fundamentbrüchen und Bildung von Setzrissen führen. Die Beseitigung dieser Schäden ist dann sehr schwierig und mit hohen Kosten verbunden.

Ungleichmäßige Setzungen

Abgesehen von Setzungen und Rißbildungen infolge unregelmäßiger Bodenschichtung sind durch Drucküberlagerung unter benachbarten Gebäuden, selbst bei gleichmäßigem Baugrund, ungleiche Setzungen zu erwarten.

GEGENSEITIGE BEEINFLUSSUNG BENACHBARTER BAUWERKE IN SETZUNGSEMPFINDLICHEM BAUGRUND

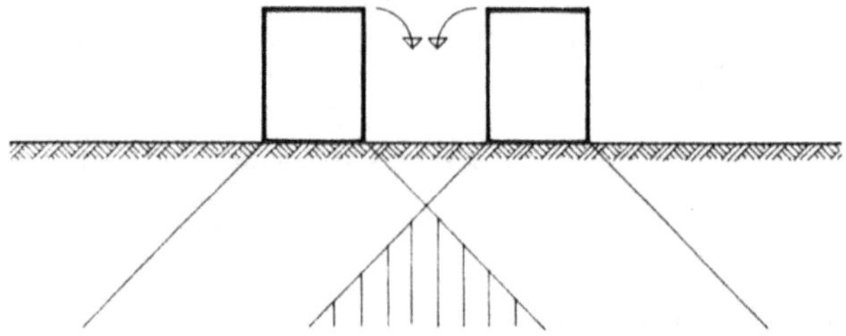

GLEICHZEITIG ERRICHTETE GEBÄUDE NEIGEN SICH GEGENEINANDER

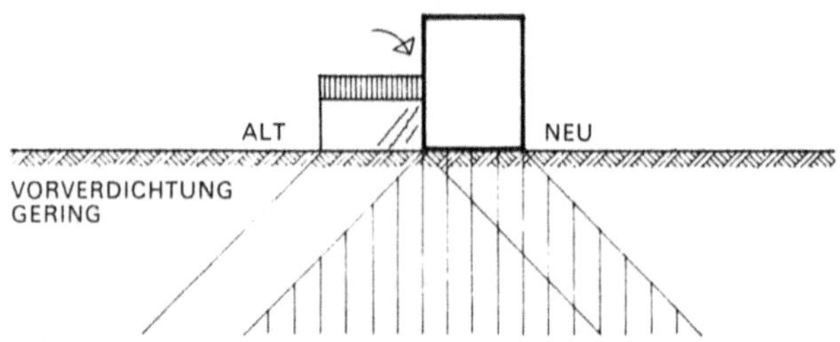

NEIGUNG DES ALTBAUS ZUM NEUBAU (RISS-SCHÄDEN)

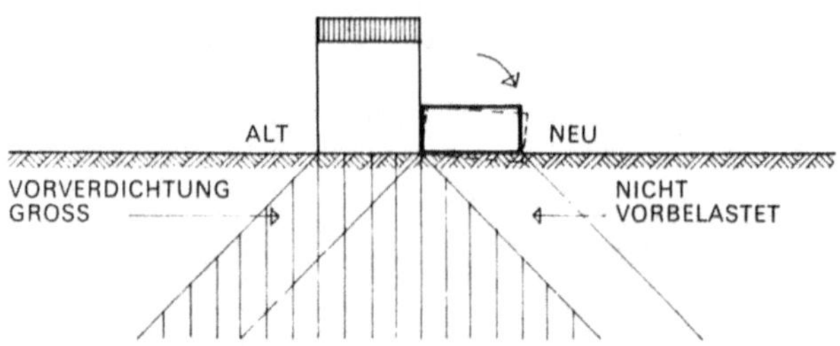

UNGLEICHE SETZUNGEN DES NEUBAUS

Auch Bauten, die mit Abstand parallel zueinander stehen, können von ungleichen Setzungen betroffen werden, weil im Baugrund von der Tiefe an, die ihrem Abstand entspricht, Spannungsüberlagerungen auftreten. Die Bauten neigen sich gegeneinander. Dies gilt besonders auch für unmittelbar nebeneinander errichtete Bauten. Entscheidend für das Setzungsverhalten sind in solchen Fällen Größe der Baukörper und verschiedene Bauzeiten. Unter Altbauten hat sich der Baugrund verdichtet. Steht ein Neubau teilweise auf vorverdichtetem Baugrund, so wird sich die Seite über dem unverdichteten Baugrund stärker setzen. Nur bei wesent-

lich größerer Masse des Neubaues wird die Setzung durch den Altbau unbeeinflußt bleiben. In diesem Falle wird der Altbau zum Kippen gegen den Neubau und zu Rißschäden neigen.
Lange Bauwerke verhalten sich wie unmittelbar nebeneinander errichtete Einzelbauten, d. h. infolge von Drucküberlagerungen sind die Spannungen unter der Gebäudemitte am größten, was in setzungsempfindlichem, wenn auch gleichmäßigem Baugrund in der Baumitte zu stärkeren Setzungen und Bauschäden führen kann.

Grundbruch

Mit zunehmender Belastung vergrößern sich nicht nur Bodenpressung und Setzung vertikal. Infolge der Druckausbreitung wird der Baugrund auch seitlich zusammengedrückt: Unter dem Gründungskörper bildet sich ein Keil verdichteten Baugrunds, der den Boden seitwärts verdrängt, verdichtet und sogar aufwölben kann. Die Sicherheit gegen Grundbruch wächst mit dem Raumgewicht und der Scherfestigkeit des Baugrundes, ferner mit zunehmender Fundamentbreite und Einbindetiefe, da breitere Fundamente in größere Tiefe wirken, und die seitliche Auflast durch den Erddruck mit der Einbindung im umgebenden Baugrund wächst. Ansteigen des Grundwassers und Exzentrizität der Belastung vermindern die Grundbruchsicherheit. Am Hang oder an einem Geländesprung kann Grundbruch die Ursache für das Abrutschen von Erdmassen sein: Man spricht hier von Gelände- bzw. Böschungsbruch.

GRUNDBRUCH

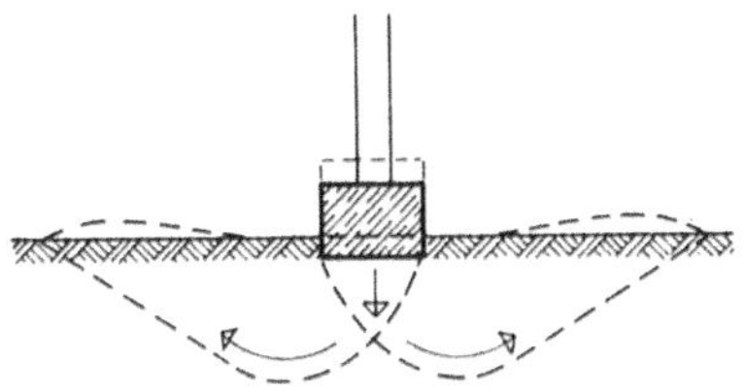

BÖSCHUNGSBRUCH

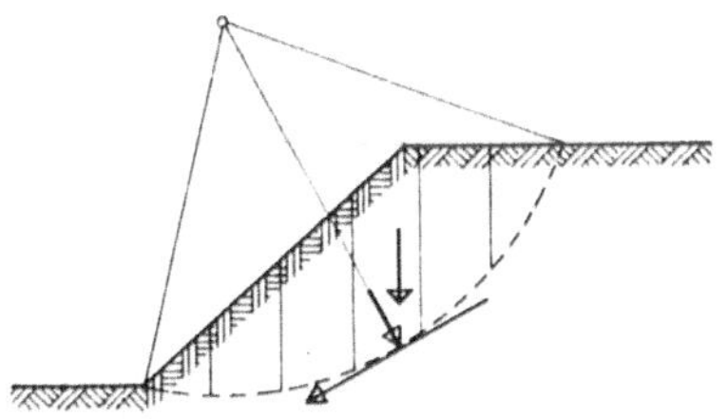

GELÄNDEBRUCH

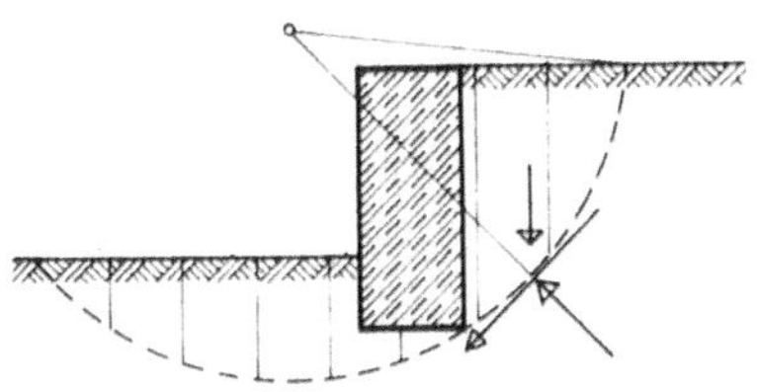

Zulässige Bodenpressung

Besteht über die Beschaffenheit des Baugrundes Klarheit, dann sind die zulässigen Bodenpressungen der unter der Gründungssohle liegenden Bodenschichten zu bestimmen.
Die zulässige Pressung einer Bodenart darf stets nur als ein Teil ihrer Tragfähigkeit (Bruchlast) angenommen werden. Wird die Tragfähigkeit überschritten, dann bricht der Boden. Es erfolgt ein ruckartiges Setzen, der Boden weicht seitlich aus und erfährt rings um das Bauwerk einen Auftrieb. Bei kleinen Grundflächen weicht der Boden leichter aus als bei großen. Die zulässigen Bodenpressungen sind deshalb auch abhängig von der Gründungstiefe und der Gründungsbreite. Andererseits wächst infolge der Druckausbreitung bei gleicher Bodenpressung das Setzungsmaß mit der Fundamentbreite, da die Spannungen in größere Tiefe wirken. Die zulässigen Bodenpressungen sind deshalb nicht nur abhängig von der Beschaffenheit des Baugrundes, sondern auch von der Setzungsempfindlichkeit des zu errichtenden Bauwerkes sowie von der Breite seiner Fundamente und deren Einbindetiefe.
Zu ermitteln sind die zulässigen Bodenpressungen nach DIN 1054, Abschnitt 4.2 und 4.3.
Es wird unterschieden zwischen „Regelfällen", bei denen die Verwendung von Tabellenwerten ausreicht, und Fällen, in denen die zulässige Bodenpressung über eine Setzungs- und Grundbruchuntersuchung zu berechnen ist.
Mit solchen Ermittlungen wird der Architekt immer erfahrene Spezialisten beauftragen. Es bleibt Aufgabe des Statikers und (in schwierigen Fällen) eines Bodenmechanikers, die vorliegenden Verhältnisse zu begutachten, um zulässige Bodenpressung und richtige Fundamentausbildung festzulegen. Manchmal läßt sich die natürliche Beschaffenheit des Baugrundes auch durch mechanische Verdichtung oder chemische Verfestigung verbessern.
Die Angaben der DIN 1054 zur Ermittlung der zulässigen Bodenpressungen sind im folgenden auszugsweise wiedergegeben.

Die zulässige Belastung von Flächengründungen ist bei lotrechter Belastung begrenzt durch die für das Bauwerk erträglichen Setzungen bzw. Setzungsunterschiede und durch die Grundbruchsicherheit unter Beachtung der Ausmittigkeit und Neigung der Resultierenden sowie der Belastungsgeschwindigkeit. Bei Schrägbelastung muß außerdem eine ausreichende Sicherheit gegen Gleiten vorhanden sein.
Im Regelfall kann die zulässige Belastung von Flächengründungen mit Hilfe von Tabellenwerten nach Abschnitt 4.2 ermittelt werden, wobei eine Grundbruchberechnung entfällt. Eine Setzungsberechnung wird nur dann erforderlich, wenn der Einfluß benachbarter Fundamente groß wird. Wenn die Voraussetzungen nach Abschnitt 4.2 nicht gegeben sind oder überschritten werden sollen, ist ein genauerer Nachweis nach Abschnitt 4.3 erforderlich.

4.2 Ermittlung der zulässigen Bodenpressung für Regelfälle mit Hilfe von Tabellenwerten

Können die Eigenschaften des Betons aufgrund von Baugrunderkundungen nach Abschnitt 3 zuverlässig eingeschätzt werden, so dürfen die zulässigen Bodenpressungen nach den Abschnitten 4.2.1 und 4.2.2 bestimmt werden, wenn:

a) die Baugrundverhältnisse mindestens bis in eine Tiefe unter Gründungssohle annähernd gleichmäßig sind, die der zweifachen Fundamentbreite entspricht und Geländeoberfläche und Schichtgrenze annähernd waagerecht verlaufen;
b) das Fundament nicht überwiegend oder regelmäßig dynamisch beansprucht wird.

Ist die Einbindetiefe auf allen Seiten des Gründungskörpers größer als 2 m, so darf die Bodenpressung um die Spannung erhöht werden, die sich aus der der Mehrtiefe entsprechenden Bodenbelastung ergibt. Dabei gilt Abschnitt 4.1.2, letzter Satz, sinngemäß.
Sind die Voraussetzungen a) und b) nicht gegeben, so ist nach Abschnitt 4.3 zu verfahren, sofern es sich nicht um Fels handelt.

4.2.1 Zulässige Bodenpressung bei nichtbündigem Baugrund

Die Angaben gelten für nichtbindigen Boden nach Abschnitt 2.1.1.1 bei einer Tragfähigkeit, die vorhanden ist bei

a) einer Lagerungsdichte $D \geqq 0{,}3$ in
   - eng gestuften grobkörnigen Böden (Bodengruppe SE und GE nach DIN 18196, Ausgabe Juni 1970) mit einem Ungleichförmigkeitsgrad $U \leqq 3$ sowie
   - gemischtkörnigen Böden mit geringem Feinkornanteil, d. h. mit bis zu 15 Gew.-% Körnern $\leqq$ 0,06 mm (Bodengruppen SU, GU, GT nach DIN 18196, Ausgabe Juni 1970) mit einem Ungleichförmigkeitsgrad $U \leqq 3$;
b) einer Lagerungsdichte $D \geqq 0{,}45$ in
   - eng-, weit- und intermittierend gestuften grobkörnigen Böden (Bodengruppen SE, SW, SI, GE, GW, GI nach DIN 18196, Ausgabe Juni 1970) mit $U > 3$ sowie
   - gemischtkörnigen Böden mit geringem Feinkornanteil, d. h. mit bis zu 15 Gew.-% Körnern $\leqq$ 0,06 mm, (Bodengruppen SU, GU, GT nach DIN 18196, Ausgabe Juni 1970) mit einem Ungleichförmigkeitsgrad $U > 3$.

Der Nachweis hierzu ist nach örtlicher Erfahrung, durch Sondieren oder durch Probennahme und Laborversuche zu erbringen.

Die Werte der Tabellen 1 und 2 gelten ferner nur für Fundamente mit lotrechtem und mittigem Lastangriff. Bei außermittigem Lastangriff ist die Fundamentfläche auf eine Teilfläche A' zu verkleinern, deren Schwerpunkt der Lastangriffspunkt ist. Bei Rechteckfundamenten sind die Seitenlängen dieser Teilfläche den Fundamentseiten parallel und gegenüber den Fundamentseitenlängen um die doppelte Größe der Lastexzentrizität verkleinert. Die zulässige Sohlpressung ist dann auf die kleinere der reduzierten Seitenlängen b' zu beziehen.

Die zulässige Bodenpressung ist nach Abschnitt 4.3 zu bestimmen, wenn:

c) bei Fundamenten, bei denen außer lotrechten Lasten V auch waagerechte Lasten H angreifen ($H/V = \tan \delta_s$), die Einbindeteile $t < 1{,}4\, b \tan \delta_s$ (b Fundamentbreite) ist,
d) der maßgebende Grundwasserspiegel höher als die Fundamentsohle liegt und die kleinste Einbindetiefe $t < 0{,}8$ m bzw. $t < b$ ist.

4.2.1.1 Zulässige Bodenpressung für setzungsempfindliche Bauwerke (siehe Tabelle 1)

Bei Bauwerken, deren Fundamente sich nicht unabhängig voneinander setzen können, sondern die in ihrem Setzungsverhalten durch den Überbau wechselseitig beeinflußt werden (statisch unbestimmt gelagerte Konstruktionen, z. B. Wohn- und Geschäftshäuser), oder bei denen ungleichmäßige Setzungen schädlich sind oder die Nutzung beeinträchtigen, sind für Streifenfundamente die zulässigen Bodenpressungen nach Tabelle 1 zu verwenden.

Tabelle 1 Nichtbindiger Baugrund und setzungsempfindliches Bauwerk

Kleinste Einbindetiefe des Fundaments m	Zulässige Bodenpressung in kN/m² bei Streifenfundamenten mit Breiten b bzw. b' von 0,5 m	1 m	1,5 m	2 m	2,5 m	3 m
0,5	200	300	330	280	250	220
1	270	370	360	310	270	240
1,5	340	440	390	340	290	260
2	400	500	420	360	310	280
bei Bauwerken mit Gründungstiefen t ab 0,3 m und mit Fundamentbreiten b ab 0,3 m	150					

Zwischenwerte dürfen in der Tabelle geradlinig eingeschaltet werden. Wenn bei ausmittiger Belastung die kleinere reduzierte Seitenlänge $b' < 0{,}5$ m wird, dürfen die Tabellenwerte hierfür geradlinig extrapoliert werden.

Die angegebenen Bodenpressungen können zu Setzungen führen, die bei Fundamentbreiten bis 1,5 m ein Maß von etwa 1 cm, bei breiteren Fundamenten ein Maß von etwa 2 cm nicht übersteigen. Bei wesentlicher gegenseitiger Beeinflussung benachbarter Fundamente können sich die Setzungen vergrößern.

Bei Fundamentbreiten zwischen 3 m und 5 m müssen die Werte in der letzten Spalte der Tabelle 1 um 10% je Meter zusätzlicher Fundamentbreite vermindert werden, falls solche Fundamente überschläglich mit Hilfe von Werten nach der Tabelle bemessen werden. Die so ermittelten Werte für Erhöhung und Abminderungen gelten als Tabellenwerte.

Bei größeren Fundamentbreiten als 5 m ist nach Abschnitt 4.3 vorzugehen.

4.2.1.2 Zulässige Bodenpressung für setzungsunempfindliche Bauwerke (siehe Tabelle 2)

Die Werte nach Tabelle 2 dürfen für Streifenfundamente verwendet werden, deren Setzung für die Konstruktion des Bauwerks unschädlich ist.

Tabelle 2 Nichtbindiger Baugrund und setzungsunempfindliches Bauwerk

Kleinste Einbindetiefe des Fundaments m	Zulässige Bodenpressung in kN/m² bei Streifenfundamenten mit Breiten b bzw. b' von 0,5 m	1 m	1,5 m	2 m
0,5	200	300	400	500
1	270	370	470	570
1,5	340	440	540	640
2	400	500	600	700
bei Bauwerken mit Gründungstiefen t ab 0,3 m und mit Fundamentbreiten b ab 0,3 m	150			

Zwischenwerte dürfen geradlinig eingeschaltet werden. Wenn bei ausmittiger Belastung die kleinere reduzierte Seitenlänge $b' < 0{,}5$ m wird, dürfen die Tabellenwerte geradlinig extrapoliert werden. Die Werte für die Fundamentbreite 2 m dürfen auch bei größeren Breiten angewendet werden.

Die genannten Bodenpressungen können bei Fundamentbreiten bis 1,5 m zu Setzungen von etwa 2 cm, bei breiteren Fundamenten zu wesentlich größeren Setzungen führen.

Bei wesentlicher gegenseitiger Beeinflussung benachbarter Fundamente können sich die Setzungen vergrößern.

Die nach Abschnitt 4.2.1.2 ermittelten Werte gelten als Tabellenwerte für Erhöhungen nach Abschnitt 4.2.1.3 oder Abminderungen nach Abschnitt 4.2.1.4.

4.2.2 Zulässige Bodenpressungen bei bindigem Baugrund

Die Werte in den Tabellen 3 bis 6 gelten für Streifenfundamente auf einem bindigen Boden von steifem ($0{,}75 < I_c < 1{,}0$), halbfestem ($I_c \geqq 1$) oder festem Zustand, der durch die Baumaßnahmen nicht beeinträchtigt werden darf. Dabei darf das Verhältnis von $H:V$ nicht größer als 1:4 sein. Wegen der Definition der Zustandszahl I_c (Konsistenzzahl) siehe DIN 18122 Teil 1, Ausgabe April 1976, Abschnitt 3.4.

Anmerkung: Die Zustandsform eines bindigen Bodens kann im Feldversuch wie folgt ermittelt werden (siehe DIN 4022 Teil 1, Ausgabe November 1969, Abschnitt 9):

a) Breiig ist ein Boden, der beim Pressen in der Faust zwischen den Fingern hindurchquillt.
b) Weich ist ein Boden, der sich leicht kneten läßt.
c) Steif ist ein Boden, der sich schwer kneten, aber in der Hand zu 3 mm dicken Röllchen ausrollen läßt, ohne zu reißen oder zu zerbröckeln.
d) Halbfest ist ein Boden, der beim Versuch, ihn zu 3 mm dicken Röllchen auszurollen, zwar bröckelt und reißt, aber doch noch feucht genug ist, um ihn erneut zu einem Klumpen formen zu können.

e) Fest (hart) ist ein Boden, der ausgetrocknet ist und dann meist heller aussieht. Er läßt sich nicht mehr kneten, sondern nur zerbrechen. Ein nochmaliges Zusammenballen der Einzelteile ist nicht mehr möglich.

Bei einem Untergrund von steifer Konsistenz setzt die Anwendung der Tabellenwerte voraus, daß die Fundamentbelastung nur allmählich wächst. Wird das Fundament innerhalb sehr kurzer Zeit voll belastet oder ist die Konsistenz des Baugrunds weicher als steif, so ist die zulässige Bodenpressung nach Abschnitt 4.3 und unter Berücksichtigung des auftretenden Porenwasserüberdrucks zu bestimmen. Für breiige und weiche Böden können hier keine allgemeinverbindlichen Werte angegeben werden.
Die Werte in den Tabellen 3 bis 6 sind ferner nicht auf Bodenarten anwendbar, bei denen ein plötzlicher Zusammenbruch des Korngerüstes zu befürchten ist.

Die Bodenarten können, z. B. um den Anteil an Sand, Schluff und Ton des Bodens abzuschätzen, nach DIN 4022 Teil 1, Ausgabe November 1969, Abschnitt 8.2 und 8.3, durch einfache Feldversuche eingeordnet werden.
Die Werte der Tabellen 3 bis 6 gelten nur für Fundamente mit mittigem Lastangriff. Bei außermittigem Lastangriff ist die Fundamentfläche wie in Abschnitt 4.2.1 auf eine Teilfläche A' zu verkleinern, deren Schwerpunkt der Lastangriffspunkt ist. Die zulässige Sohlpressung ist dann auf die kleinere der reduzierten Seitenlängen zu beziehen.

Die in Tabellen 3 bis 6 angegebenen Bodenpressungen können bei mittig belasteten Fundamenten zu Setzungen in der Größenordnung von 2 bis 4 cm führen (siehe hierzu Abschnitt 2.3.1). Bei außermittig belasteten Fundamenten treten Verkantungen auf, deren Betrag erforderlichenfalls nachgewiesen werden muß.

Bei wesentlicher gegenseitiger Beeinflussung benachbarter Fundamente können sich für die Setzungen größere Werte ergeben.
Bei Fundamentbreiten zwischen 2 und 5 m müssen die Werte der Tabellen 3 bis 6 um etwa 10% je Meter zusätzlicher Fundamentbreite vermindert werden, falls solche Fundamente überschläglich nach den Werten dieser Tabellen bemessen werden. Bei größeren Fundamentbreiten ist nach Abschnitt 4.2.3 vorzugehen.

Bei Rechteckfundamenten mit einem Seitenverhältnis unter 2 und bei Kreisfundamenten dürfen die Werte der Tabellen 3 bis 6 bzw. die für größere Fundamentbreiten ermittelten Tabellenwerte um 20% erhöht werden.
Die in Abhängigkeit von der Einbindetiefe genannten Werte in den Tabellen 3 bis 6 können bei anderen Einbindetiefen durch geradlinig eingeschaltete Zwischenwerte ergänzt werden.

In Ergänzung zu den Tabellen 3 bis 6 dürfen für kleinere Bauten (siehe Abschnitt 4.1.1) bei Streifenfundamenten mit Breiten von $b \geqq 0{,}2$ m und Einbindetiefen $t \geqq 0{,}5$ m mit einer zulässigen mittleren Bodenpressung von 80 kN/m² gerechnet werden.

Tabelle 3 Reiner Schluff [1)]

Kleinste Einbindetiefe des Fundaments m	Zulässige Bodenpressung in kN/m² bei Streifenfundamenten mit Breiten *b* bzw. *b'* von 0,5 bis 2 m und steifer bis halbfester Konsistenz
0,5	130
1	180
1,5	220
2	250

1) Entspricht der Bodengruppe UL nach DIN 18 196

Erfüllen Schüttungen nach Abschnitt 2.1.3.2 die in den Abschnitten 4.2.1 bzw. 4.2.2 genannten Voraussetzungen und ist für die bindigen Böden eine Proctordichte von 100% nach DIN 18127 (Vornorm) vorhanden, so dürfen die Werte nach den Tabellen 1 bis 6 bei der Bemessung der auf ihnen zu gründenden Fundamente verwendet werden. Das gilt auch bei einem Gehalt an organischen Stoffen, der die in Abschnitt 2.1.1.3 genannten Anteile von 3 bzw. 5% nicht überschreitet.

Tabelle 4 Gemischtkörniger Boden, der Korngrößen vom Ton- bis in den Sand-, Kies- oder Steinbereich enthält (z.B. Sand- oder Geschiebemergel, Geschiebelehm) [1)]

Kleinste Einbindetiefe des Fundaments	Zulässige Bodenpressung in kN/m² bei Streifenfundamenten mit Breiten *b* bzw. *b'* von 0,5 bis 2 m und einer Konsistenz		
m	steif	halbfest	fest
0,5	150	220	330
1	180	280	380
1,5	220	330	440
2	250	370	500

1) Entspricht den Bodengruppen SU, ST, ST, GU, GT

Tabelle 5 Tonig schluffiger Boden [1)]

Kleinste Einbindetiefe des Fundaments	Zulässige Bodenpressung in kN/m² bei Streifenfundamenten mit Breiten *b* bzw. *b'* von 0,5 bis 2 m und einer Konsistenz		
m	steif	halbfest	fest
0,5	120	170	280
1	140	210	320
1,5	160	250	360
2	180	280	400

1) Entspricht den Bodengruppen UM, TL und TM

Tabelle 6 Fetter Ton [1)]

Kleinste Einbindetiefe des Fundaments	Zulässige Bodenpressung in kN/m² bei Streifenfundamenten mit Breiten *b* bzw. *b'* von 0,5 bis 2 m und einer Konsistenz		
m	steif	halbfest	fest
0,5	90	140	200
1	110	180	240
1,5	130	210	270
2	150	230	300

1) Entspricht der Bodengruppe TA nach DIN 18 196

Tabelle 7 Fels

Lagerungszustand	Zulässige Bodenpressung in kN/m² [1)] bei Flächengründungen und dem Zustand des Gesteins	
	nicht brüchig, nicht oder nur wenig angewittert	brüchig oder mit deutlichen Verwitterungsspuren
Fels in gleichmäßig festem Verband	4000	1500
Fels in wechselnder Schichtung oder klüftig	2000	1000

1) 1 kN/m² = 0,010 kp/cm²

4.2.4 Zulässige Bodenpressungen bei Flächengründungen auf Fels

Besteht der Baugrund aus gleichförmigem beständigem Fels in ausreichender Mächtigkeit, so dürfen die Bodenpressungen bei Flächengründungen die in Tabelle 7 angegebenen Werte erreichen, sofern das Gestein die dort angegebenen Eigenschaften aufweist, eine einwandfreie Ableitung der Lasten in tiefere Schichten gewährleistet ist und eine Verschlechterung der Felseigenschaften infolge von Baumaßnahmen ausgeschlossen ist.
Zwischenwerte dürfen entsprechend den örtlichen Erfahrungen eingeschaltet werden.
Die zulässigen Bodenpressungen sind im Einvernehmen mit einem sachverständigen Institut festzulegen, wenn

a) die Einstufung des Baugrunds als Fels unklar ist;
b) geologisch unübersichtliche Verhältnisse vorliegen;
c) der Fels stark gestört ist;
d) an Hängen die Neigung der Gebirgsschichtung und -klüftung nur wenig von der des Geländes abweicht;
e) die Felsoberfläche mehr als 30° geneigt ist;
f) höhere Bodenpressungen als in der Tabelle 7 angegeben zugrundegelegt werden sollen.

Ein sachverständiges Institut ist auch immer dann hinzuzuziehen, wenn die Gefahr eines Grundbruchs nicht ausgeschlossen werden kann, z. B. bei Gründungen an Felskanten.

4.3 Ermittlung der zulässigen Bodenpressung durch Setzungs- und Grundbruchuntersuchungen

Die in den Tabellen 1 bis 6 als zulässig angegebenen Werte dürfen überschritten werden, wenn die zu erwartenden Setzungen unschädlich sind und die Standsicherheit des Bauwerks rechnerisch nachgewiesen wird. Der gleiche Nachweis ist zu führen, wenn der Baugrund die in Abschnitt 4.2 genannten Bedingungen nicht erfüllt.

4.3.1 Ermittlung der Setzungen

Für den Nachweis der Setzungen wird auf die Empfehlungen in DIN 4019 Blatt 1 und Blatt 2 verwiesen. Mit Rücksicht auf die in Abschnitt 2.3.1.2 erwähnte geringe Bedeutung kurzzeitig wirkender Kräfte genügt es, bei bindigem Baugrund nur die ständigen und die wahrscheinlich langfristig wirkenden Verkehrslasten bei der Ermittlung der Kräfte anzusetzen. Ferner sind die Bodenspannungen aus benachbarten Fundamenten, Bauwerken oder Schüttungen unter Umständen bei der Setzungsberechnung mit zu berücksichtigen.

4.3.2 Ermittlung der Grundbruchsicherheit

Für die Ermittlung der Grundbruchsicherheit bei Flachgründungen wird auf die Empfehlungen in DIN 4017 Blatt 1 und DIN 4017 Blatt 2 verwiesen, für den Nachweis der Geländebruchsicherheit auf DIN 4084 Blatt 1. Bei Flächengründungen mit großer Einbindetiefe (z. B. Brunnengründungen) braucht die Grundbruchsicherheit in der Regel nicht nachgewiesen zu werden.

4.3.3 Probebelastungen

Probebelastungen zur Bestimmung der Steifezahl des Bodens dürfen nur im Zusammenhang mit der Bodenuntersuchung nach Abschnitt 3 vorgenommen werden. DIN 4020 ist zu beachten. Größe und zeitlicher Verlauf der Setzungen sind bei Be- und Entlastung festzustellen. Das Abklingen der Setzung muß bei jeder Laststufe abgewertet werden.
Bei der Auswertung werden die Steifezahlen aus den gemessenen Setzungen errechnet. Da Probebelastungen wegen ihrer geringen Tiefenwirkung in der Regel nur Aufschluß über das Verhalten der oberen Bodenschicht geben, ist ein unmittelbarer Rückschluß von den bei der Probebelastung gemessenen Setzungen auf die Bauwerkssetzungen unzulässig. Ebenso lassen sich Probebelastungen nur dann für Setzungsberechnungen heranziehen, wenn an Hand der Bohrergebnisse gewährleistet ist, daß sich die setzungsempfindlichste Schicht des Bodenprofils an der Oberfläche befindet.
Bei kleinen Lastflächen ist auf ein seitliches Ausweichen des Bodens zu achten.

4.3.4 Setzungsbeobachtungen

Aus den Ergebnissen von Setzungsmessungen nach DIN 4107 an benachbarten, bereits fertiggestellten Bauten lassen sich bei gleicher Bodenbeschaffenheit Schlüsse auf das Setzungsverhalten des Baugrunds und das ungefähre Maß der voraussichtlichen Setzungen ziehen. Durch Auswertung von Setzungsmessungen, die zu verschiedenen Zeitpunkten während der Errichtung solcher Bauwerke vorgenommen wurden, und an Hand der vorhandenen Bohrergebnisse kann auch die mittlere Steifezahl für die von der zusätzlichen Kraft beanspruchten Bodenschichten des – unter Umständen ungleichmäßig zusammengesetzten – Baugrunds berechnet werden. Dazu müssen aber die tatsächlichen (also nicht nur die in der statischen Berechnung angesetzten) Bauwerkslasten und gegebenenfalls ihre Einwirkungsdauer bekannt sein. Diese Steifezahl kann dann zur Berechnung der voraussichtlichen Setzung des zu errichtenden Gebäudes unter Berücksichtigung seiner Tiefenwirkung dienen.

Bodenfrost

Die Temperatur des Erdreiches wenige Meter unter Gelände ist konstant 280 K (ca. 7 °C), unabhängig von den jahreszeitlichen Temperaturschwankungen der Oberfläche. In die obersten Bodenschichten dringt dagegen bei Außenlufttemperaturen unter 273 K (0 °C) der Frost ein, um so tiefer, je niedriger die Temperaturen sind, je länger sie anhalten und je größer die Wärmeleitfähigkeit des Bodens ist. Wasser im Erdreich gefriert und vergrößert dabei sein Volumen um $^1/_{11}=9\%$.

BODENFROST IN BINDIGEN BÖDEN
NACH BRESKOW

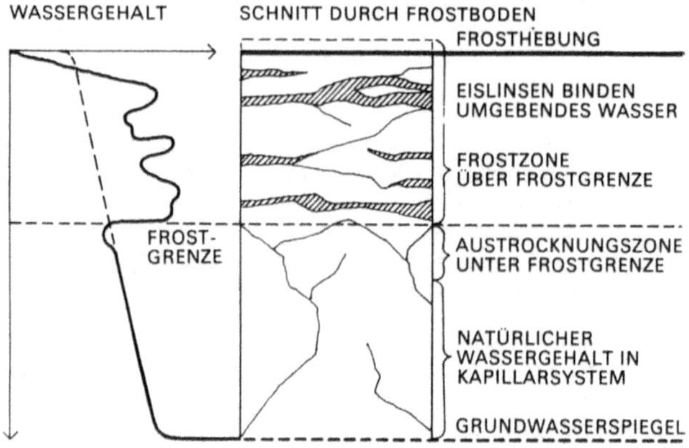

Die Art der Eisbildung und ihre Auswirkung ist in bindigen und nichtbindigen Böden verschieden. In Böden mit tonigen Bestandteilen bilden sich senkrecht zur Richtung der Frosteindringung Eislinsen und -bänder, die ein Heben und Schieben der Bodenschichten verursachen. Bei nichtbindigen Böden wie Sand, Kiessand und Kies werden die einzelnen Körner von den Eiskristallen umschlossen, wobei sich auch von Wasser gefüllte Böden nicht heben. Die Gründungstiefe in nichtbindigen Böden kann man deshalb etwas herabsetzen.
Die Fundamentsohle muß unter der Frosttiefe liegen. Diese ist je nach den klimatischen Verhältnissen örtlich verschieden und beträgt in Deutschland 1,3 m bis 1,8 m. Die früher angenommene Frosttiefe von 0,8 m bis 1,2 m hat sich in den strengen Wintern 1928/29 und 1941/42 als zu gering erwiesen und führte zum Teil zu schweren Schäden.
Mit der Forderung der DIN 1054, daß die Gründungssohle frostfrei liegen muß, kann die zugleich angegebene Mindesttiefe von 0,8 m unter Gelände daher noch nicht allgemein ausreichende Sicherheit gegen Bodenfrost bieten. Gegebenenfalls sind vor Frosteinbruch während der Bauzeit Baugruben bereits zu verfüllen und Öffnungen in Kellerwänden zu verschließen.

Baugrube

Wenn Bäume, Sträucher usw. auf dem Baugrubengelände entfernt und die zu erhaltenden Bäume verwahrt sind, können die Gebäudefluchten genau eingemessen werden. Ist die Baugrube durch ein Schnurgerüst abgesteckt, so wird mit dem Aushub begonnen.

Aushub der Baugrube

Die Humusschicht wird abgehoben und in Mieten so gelagert, daß sie mit dem Bauschutt nicht vermischt werden kann. Die Mieten legt man in Nord-Süd-Richtung an und deckt sie im Sommer mit Reisig oder Rasenstücken gegen Sonnenbestrahlung ab.
Die Aushubarbeiten erfolgen heute auch bei kleineren Bauvorhaben maschinell: Löffelbagger, Planierraupe, auch Kräne und Fahrzeuge mit Greifer oder Schaufeleinrichtung kommen zum Einsatz. Nur Nacharbeiten oder schmale Fundamentschlitze unterhalb der Baugrubensohle werden noch von Hand ausgeführt. Gegründet werden muß auf ungestörtem Baugrund. Unter Umständen ist daher nach maschinellem Aushub die Gründungssohle mit Sand oder Kies abzugleichen und mit dem Rüttler sorgfältig zu verdichten. Im freien Gelände wird die Baugrube meistens abgeböscht. Lediglich bei Tiefen bis 1,25 m und je nach den Bodenverhältnissen kann auf ein Abböschen oder Abstützen der Baugrubenwand verzichtet werden. Für das Abböschen in größerer Tiefe gelten nach DIN 4124 je nach Bodenart folgende Böschungswinkel:

a) Nichtbindiger oder weicher bindiger Boden	45°
b) Steifer oder halbfester bindiger Boden	60°
c) Leichter Fels	80°
d) Schwerer Fels	90°

ABGEBÖSCHTE BAUGRUBENWAND MIT SCHNURGERÜST

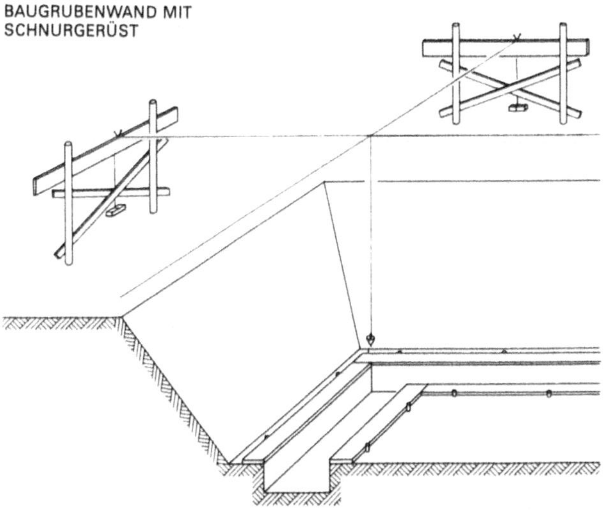

Werden bei tieferen Baugruben die Ausschachtungsarbeiten von Hand ausgeführt, so sind in Wurfhöhe Bermen von 50 bis 100 cm Breite anzulegen und die Böschungskanten durch aufgelegte Bohlen gegen Einrutschen zu schützen. Kann man die Baugrubenwand nicht abböschen, z. B. bei Baugruben an Straßen, oder wird die Masse des Aushubs zu groß, dann sprießt man die Wände teilweise oder ganz ab.
Zur Erstellung der Kelleraußenwände ist die Baugrube um einen lichten Arbeitsraum von mindestens 50 cm ringsum größer zu halten. Gemessen wird zwischen der Außenkante der Kellerverschalung und dem Böschungsfuß bzw. der Innenkante einer verkleideten Baugrubenwand, um den nötigen Bewegungsraum zu gewährleisten.

AUSHUBPROFILE NACH DIN 4124

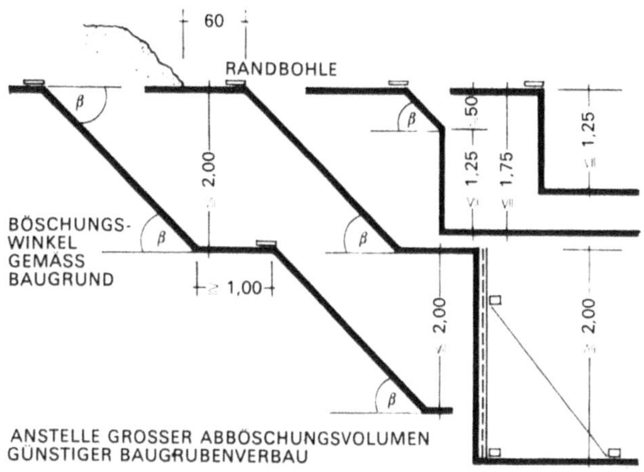

ARBEITSRAUM IN DER BAUGRUBE

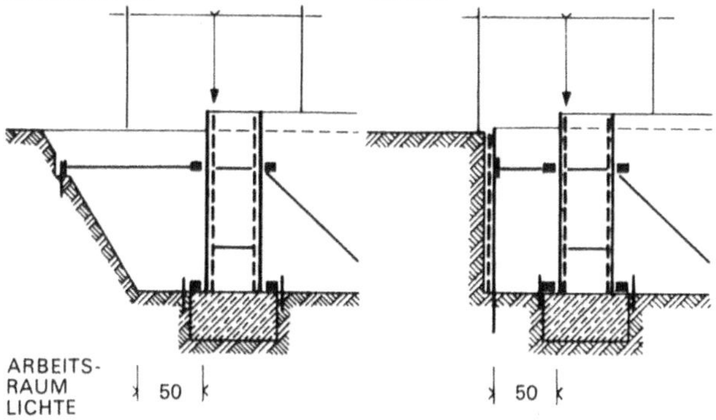

Verbau der Baugrube

Bei beengten Grundstücksverhältnissen, z. B. in Baulücken, an Straßenfluchten oder bei großer Baugrubentiefe, wenn Aushub und Wiederverfüllung wegen ihres Volumens einen unverhältnismäßig hohen Aufwand bedeuteten, sind Baugruben ganz oder teilweise durch einen Verbau zu verkleiden und abzustützen.

Schalwände

Man unterscheidet waagrechten und senkrechten Verbau: Beim waagrechten werden mit fortschreitendem Aushub Bohlen horizontal untereinandergefügt. Der Verbau darf höchstens 1–2 Bohlenbreiten hinter dem Aushub zurückbleiben und ist durch Brusthölzer und Steifen oder Schrägsprießen zu sichern. In locker gelagerten oder weichen Böden, die auf Bohlenhöhe nicht stehen, wählt man einen senkrechten Verbau. Holzbohlen oder Kanaldielen werden dem Aushub voraus senkrecht eingetrieben. Die Einbindetiefe unter Baugrubensohle muß dabei in jedem Bauzustand mindestens 30 cm betragen. Nur in schmalen Baugruben und in Gräben läßt sich der Verbau durch Steifen zwischen den beiden Seiten abstützen. Schrägabsteifungen behindern bei zunehmender Baugrubenbreite und -tiefe den Arbeitsraum. Durch einen Verbau zwischen eingerammten Pfosten kann die Schalung im anstehenden Erdreich außerhalb der Baugrube verankert werden. Bei offenen Baugruben größerer Tiefe, insbesondere auch in Baulücken, müssen tragfähigere Baugrubenabstützungen angewandt werden.

SCHALWÄNDE

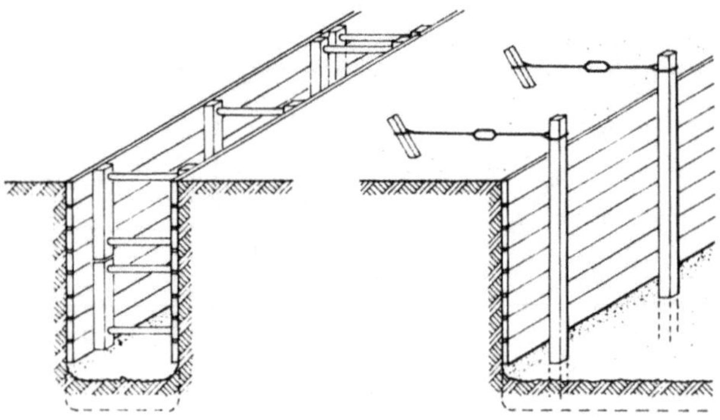

WAAGERECHTER VERBAU

ABSTEIFUNG HINTER VORGERAMMTEN PFOSTEN

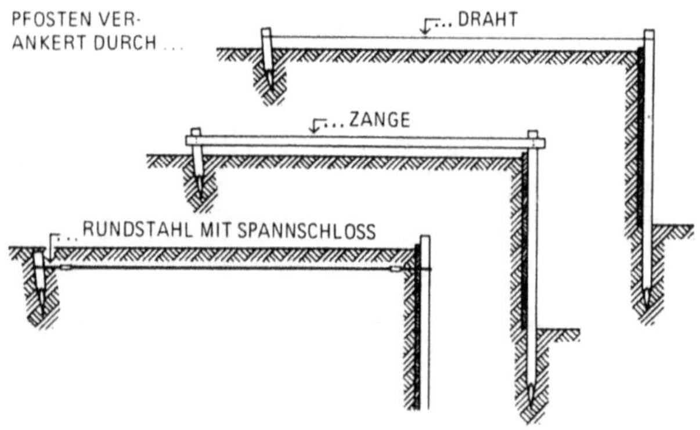

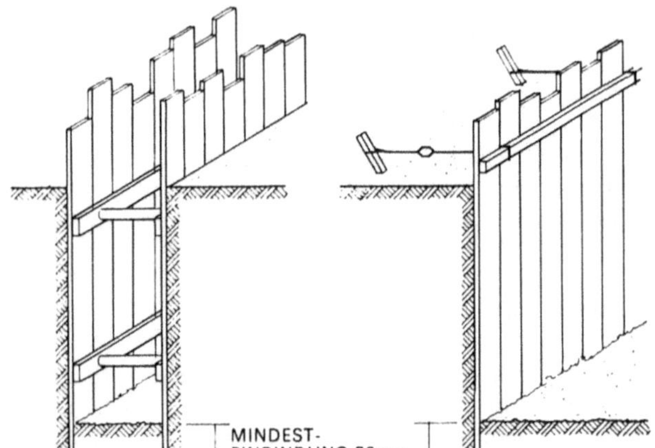

SENKRECHTER VERBAU

RÜCKWÄRTIGE VERANKERUNG

Trägerbohlwände

Dieser waagrechte Verbau mit Bohlen, Kant- oder Rundhölzern zwischen eingerammten, ggf. in Bohrlöchern eingebrachten Stahlträgern wird auch „Berliner Verbau" genannt. Nach Fertigstellung der Grundbauwerke werden mit der Wiedereinfüllung und Verdichtung des Erdreiches die Bohlen entnommen und die Träger gezogen.

BERLINER VERBAU

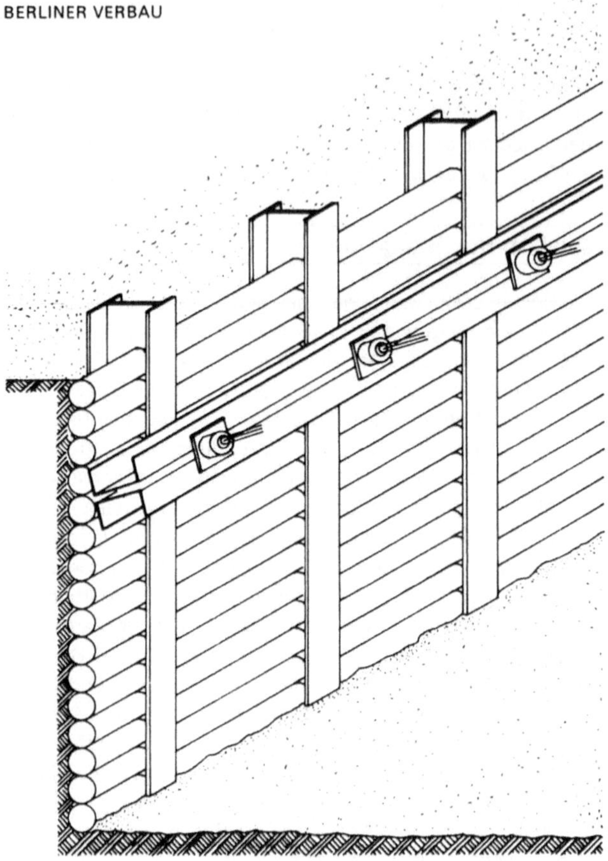

Spundwände

Stahlspundwände haben die zuvor gebräuchlichen Holzstülp- und Holzspundwände abgelöst. Diese wurden aus dem senkrechten Verbau für Baugruben im Grundwasser entwickelt, wo größere Dichtigkeit gegen Wasserandrang und Ausspülen des Bodens gefordert war.

Stahlspundwände sind widerstandsfähiger, vielmals verwendbar und lassen sich wegen ihres geringeren Querschnittes leicht rammen und ziehen. Sie ermöglichen bei höherer Belastbarkeit größere Längen, d. h. größere Baugrubentiefen durch die Einspannung im Erdreich. Ihre Profilschlösser gewährleisten eine hohe Dichtigkeit und gute Kraftübertragung zwischen den Einzelprofilen. Als Rammgeräte dienen je nach Situation und Bodenbeschaffenheit schnellschlagende Rammhämmer oder Vibrationsbären. Bei den Vibrationsgeräten muß außer dem Spitzenwiderstand nur eine geringe Gleitreibung überwunden werden. Sie arbeiten daher in Sand und Kies sowie leichten bindigen Böden bei hoher Rammgeschwindigkeit (bis zu 10 m/min) wesentlich geräuschärmer als die schlagenden und fallenden Rammbären. Spundwände, die ihre Aufgabe als vorübergehende Stützkonstruktion erfüllt haben, werden wieder gezogen. Dies ist um so schwieriger, je länger sie im Erdreich ruhten. Hilfsgeräte sind hierfür statisch und dynamisch wirkende Zugvorrichtungen oder Vibrationsbären.

STAHLSPUNDWÄNDE

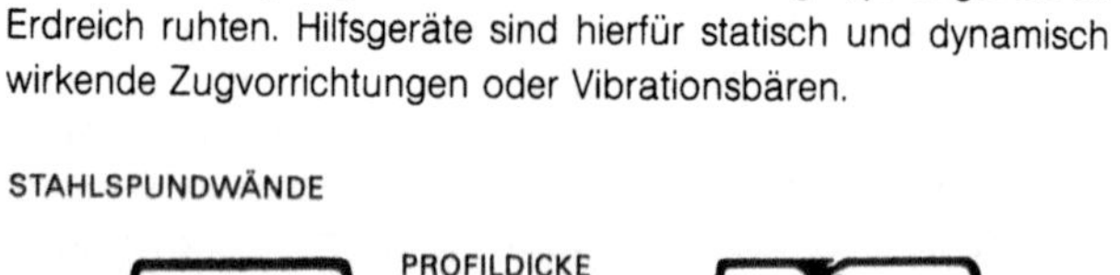

„LARSSEN"
DORTMUND-HOERDER
HÜTTENVEREIN A.-G.
DORTMUND

„KLÖCKNER" PROFIL II
KLÖCKNER WERKE A.-G.
OSNABRÜCK

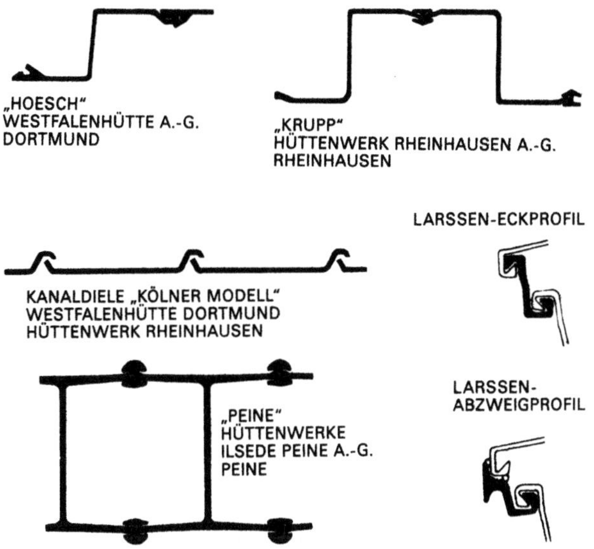

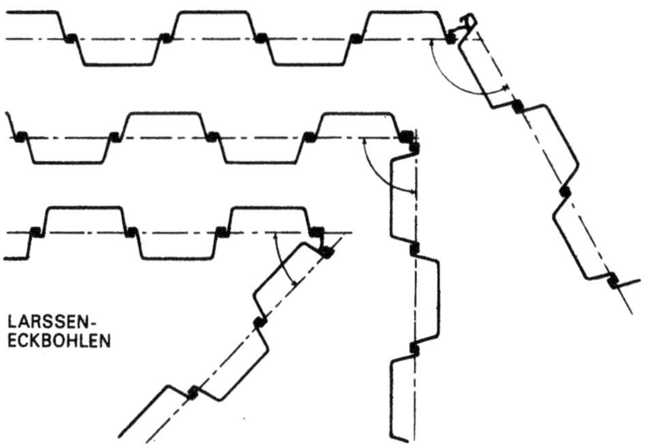

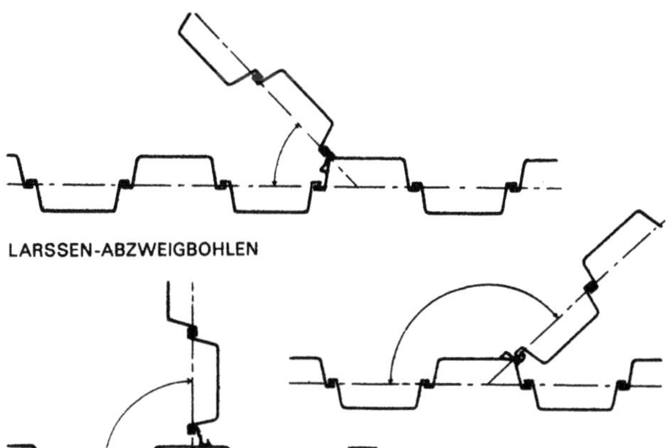

Bohrpfahlwände

Die geringste Geräusch- und Schwingungsbelästigung verursachen Bohrpfahl- und Schlitzwände. Man kann sie im Gegensatz zum Verbau aus Schal- und Spundwänden außerdem als tragende Bauteile in die Konstruktion des zu errichtenden Bauwerks einbeziehen. Bei den Pfahlwänden unterscheidet man je nach Anordnung der Pfähle:

- Tangentialwände,
- Wände in Sekantenbauweise,
- Verbauwände.

Hierfür wurden Großbohrpfähle entwickelt, die Durchmesser von 50 cm bis über 2 m haben können und nach den jeweiligen statischen Erfordernissen (Erddruck, Gebäudelasten, mögliche Verankerung oder Absteifung) bemessen und bewehrt werden.

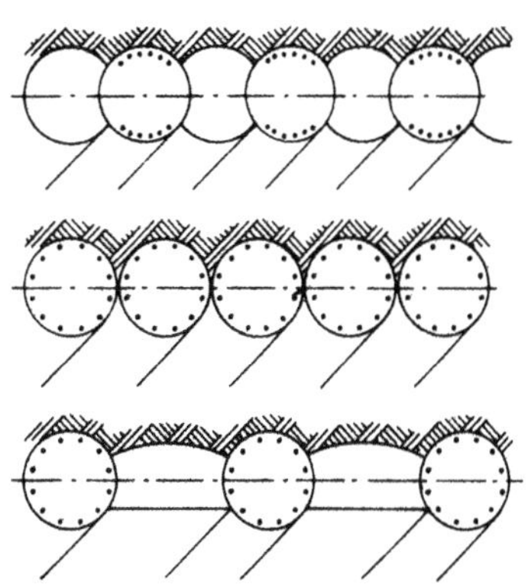

Außer Stützkonstruktionen gegen hohe Erd- und Fundamentlasten entlang tiefer Baugruben können sie bereits gründender und tragender Bauteil sein. Der zur Herstellung der Großbohrpfähle maschinentechnisch bedingte Mindestabstand zwischen Pfahlachse und einer bestehenden Bauflucht beträgt ca. 80 cm. Bezüglich weiterer Einzelheiten der Pfahlherstellung siehe Seite 23.

Schlitzwände

Voraussetzung für die Herstellung und Rentabilität des Schlitzwandverbaues ist die Verwendung einer Stützflüssigkeit, die das Erdreich beim Aushub des Erdschlitzes und während des Betoniervorganges ohne Verwendung einer Schalung zu stützen vermag. Auch Schlitzwände können wie Bohrpfahlwände in ihrer Bewehrung und Dicke (nicht unter 50 cm) so bemessen werden, daß praktisch jede Baugrubentiefe damit abzusichern ist.
Die Erdschlitze werden durch die immer auf Geländehöhe zu haltende Stützflüssigkeit hindurch mit Spezialgreifern ausgehoben und nach Einbringen der Bewehrung wie beim Unterwasserbetonieren abschnittweise wieder verfüllt. Die verdrängte Stützflüssigkeit wird dabei abgesaugt und zur Wiederverwendung aufbereitet. Je nach der konstruktiv und statisch erforderlichen Wandstärke und -höhe werden mit fortschreitendem Aushub der Baugrube dann nachträglich Absteifungen oder Erdanker notwendig. Eine weitergehende Unterfangung benachbarter, wenig tief gegründeter Bauwerke kann unterbleiben. Außer als Baugrubenumschließung, Unterfangung und tragende Konstruktion kann eine Schlitzwand auch als druckwasserhaltende Dichtungswand ausgeführt werden.

Stützflüssigkeiten

Bei diesen sogenannten thixotropen Flüssigkeiten handelt es sich um gallertartige Ton-Suspensionen, Feststoffe (Na-Bentonite), die sich durch hohe Quellfähigkeit und Wasserbindekraft auszeichnen. Der hydrostatische Druck der Stützflüssigkeit wirkt dem Erddruck der beim Aushub angeschnittenen Erdschichten entgegen. Wichtig ist die Anpassung einer je nach Bodenart und Körnung zu wählenden Fließgrenze der Suspension. Sie stützt den Boden ab einer bestimmten Korngröße und verhindert das Versickern in umgebendes Erdreich. Lediglich bis zum Einpendeln eines Gleichgewichtszustandes dringt die Suspension noch mehr oder weniger weit in das umgebende Erdreich ein.

SCHLITZWANDVERBAU
HERSTELLUNGSVORGANG

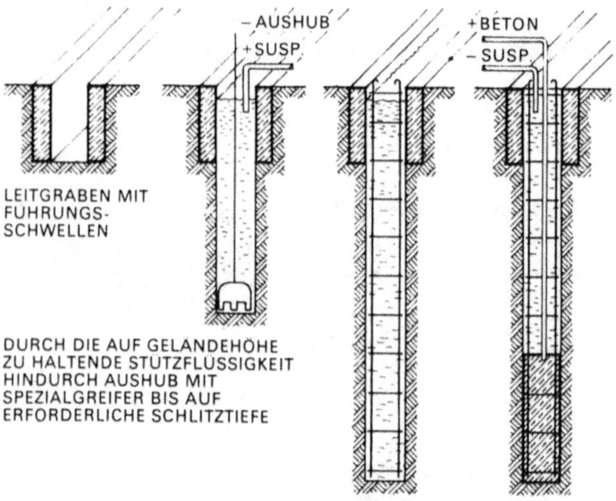

BETONIERVORGANG WIE BEI UNTERWASSERBETON ZUGLEICH ABSAUGEN DER VERDRÄNGTEN STÜTZFLÜSSIGKEIT

Das erklärt, weshalb dieses Verfahren in allen natürlich vorkommenden Bodenarten und den meisten künstlichen Anschüttungen anwendbar ist. Grundwasser wird rechnerisch berücksichtigt: Ein aus dem Druck der Bentonitsuspension abzüglich des Grundwasserdrucks resultierender Flüssigkeitsdruck wird dem unter Auftrieb stehenden Boden entgegengesetzt. Fließendes Grundwasser kann dabei wie stehendes behandelt werden. Infolge Erosion durch fließendes Grundwasser wird allenfalls der Verbrauch an Suspension erhöht, nicht aber die Standfestigkeit beeinträchtigt.
Nicht allein beim Schlitzwandverbau, auch zur Herstellung von Großbohrpfählen ohne Mantelrohr sowie bei Abteufen größerer Schächte zur Verringerung der Reibung zwischen Erdreich und vorzutreibendem Schachtmantel kommen Stützflüssigkeiten zum Einsatz.

Bodenverfestigung

Zur Baugrubenabstützung und Unterfangung unmittelbar angrenzender, weniger tief gegründeter Bauwerke ist in rolligen Böden auch die chemische Bodenverfestigung eine Alternative. Bei der Enge innerstädtischer Baugrundstücke ermöglicht diese eine optimale Ausnutzung der verfügbaren Grundstücksfläche zwischen bestehenden Baufluchten auch im Bereich tiefer zu gründender Untergeschosse.
Durch chemische Injektion können alle rolligen wasserdurchlässigen Böden verfestigt werden. Je nach Kornzusammensetzung wählt man verschiedene Verfahren (Monosol-, Monodur-, Joosten-

BAUGRUBENABSTÜTZUNG
UND UNTERFANGUNG
DURCH EINE BODENVERFESTIGUNG

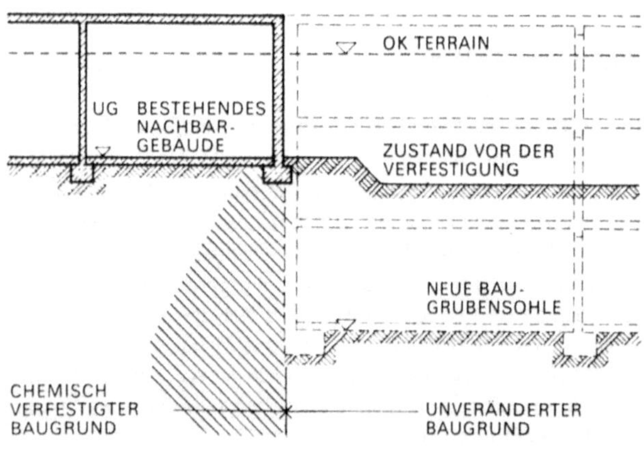

und Zementierverfahren): Chemikalien bzw. Zemente werden durch Injektionsrohre in den Baugrund unterhalb der bestehenden Fundamente eingepreßt. Es bildet sich ein künstlicher Gesteinskörper, dessen optimale Form, Größe und Würfelfestigkeit zuvor durch eine statische Berechnung zu bestimmen ist, sobald über Sondierungen und Laborversuche die örtlichen Gegebenheiten festgestellt sind.
Im Zuge des Aushubs kann der verfestigte Baugrund unterhalb der benachbarten Baufluchten senkrecht abgetragen werden. Außer etwaiger Absteifung oder Rückverankerungen nach der Statik erübrigt sich jeglicher weitere Verbau. Gegebenenfalls können wegen der relativ einfachen maschinellen Einrichtungen (verglichen mit Pfahlwand und Schlitzwandverbau) die Arbeiten zur Unterfangung und zum Baugrubenverbau bereits vor dem Aushub von benachbarten Kellergeschossen aus vorgenommen werden.
Im Zusammenhang mit der Baugrubenabstützung durch Bodenverfestigung sei jedoch beachtet, daß im Bereich der Gründungssohle gleichmäßige Baugrundverhältnisse zu erhalten bzw. zu schaffen sind, da sonst mit ungleichmäßigen Setzungen gerechnet werden muß.

Absteifung und Verankerung

Bei großen Baugrubentiefen und hohen Belastungen ist es meist unwirtschaftlich, einen Baugrubenverbau allein auf Einspannung im Erdreich zu dimensionieren. Die einfache Absprießung gegen eine gegenüberliegende Seite ist nur bei schmalen Baugruben möglich, darüber hinaus verringern die notwendig werdenden Abmessungen einer weitgespannten oder gegen die Baugrubensohle abgestützten Verstrebung innerhalb der Baugrubensohle den Bewegungsraum, auf den insbesondere ein maschineller Aushub angewiesen ist.

RÜCKWÄRTIGE VERANKERUNG
DURCH INJEKTIONSANKER

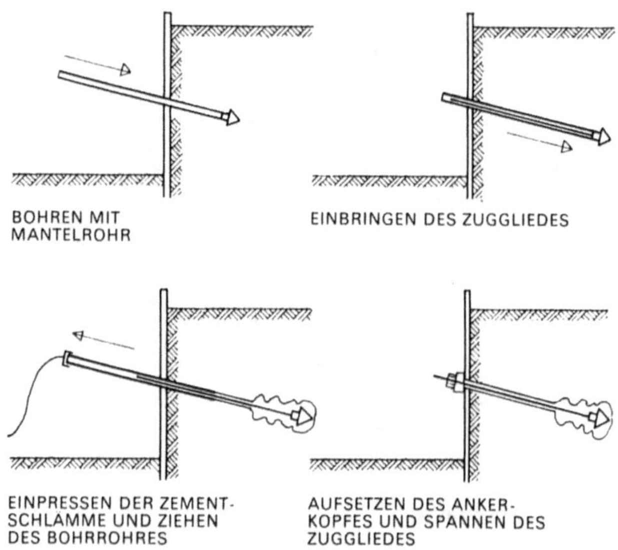

Bei einer rückwärtigen Verankerung in das anstehende Erdreich bleibt die Baugrube dagegen vollständig frei. Durch das Einbringen mehrerer Ankerreihen im Zuge des Aushubs kann völlig unbehindert praktisch auf jede – nach statischer Berechnung gesicherte – Baugrubentiefe abgegraben werden. Der Statiker bestimmt nach den örtlichen Gegebenheiten die Anzahl und Länge der Anker, die zur Sicherung gegen den anstehenden Erddruck sowie gegen Böschungs- und Geländebruch erforderlich sind.

Man unterscheidet sogenannte Verpreß- oder Injektionsanker für vorübergehende Zwecke und solche für bleibende Maßnahmen (Ankerpfähle), die vor allem eine ausreichende Korrosionssicherheit besitzen müssen. Für kurzzeitige Beanspruchung und Ankerlängen bis über 20 m im Baugrubenverbau sind flexible, mehradrige Spannstähle gebräuchlich.
Die statisch geforderte Ankerlänge wird zunächst je nach Bodenart vorgebohrt oder vorgerammt, grundsätzlich aber verrohrt. Nach Einführen der Spannstähle und Anschluß der Verpreßschraube an das Bohrrohr wird unter Ziehen der Verrohrung Zementsuspension eingepreßt, bis die 4–6 m lange, eigentlich tragende Verankerungsstrecke sicher im zementgebundenen Erdreich gebettet ist. Nach etwa 5 Tagen Abbindezeit erfolgt hydraulisch die Spannung der Spanndrähte. Die am Ankerkopf auftretenden Kräfte (bis über 0,5 MN [50 Mp]) werden unmittelbar über Kopfplatten oder über Gurte auf die Verbaukonstruktion und das abzustützende Erdreich übertragen.

Trockenlegung der Baugrube

Im Grundwasserbereich sind Baugruben entweder ringsum und von unten gegen den Wasserandrang abzudichten, oder es sind Maßnahmen zu ergreifen, um den Grundwasserspiegel unter die Baugrubensohle abzusenken. Bei nur geringfügiger Unterschreitung des Grundwasserspiegels genügt unter Umständen eine seitliche Abdichtung in Verbindung mit offener Wasserhaltung, d. h. Dränung der Sohle und Anlage eines Pumpensumpfes.

Grundwasserabsenkung durch Rohrfilterbrunnen

Durch das Ansetzen einer entsprechenden Anzahl Rohrfilterbrunnen rings um die Baugrube senkt man den Grundwasserspiegel 30 bis 50 cm unter Gründungssohle ab, so daß die Gründungs- und Abdichtungsarbeiten im Trockenen ausgeführt werden können. So erspart man die Abdichtung der Baugrubenwände und -sohle und umgeht ferner die Gefahr der Bodenauflockerung bzw. des Bodenauftriebs. Eine Grundwasserabsenkung ist nur möglich bei körnigen Böden wie Sand, Kiessand oder Kies.
Mittels Rohrfilterbrunnen und Saugpumpe läßt sich im allgemeinen eine Absenkung von 3 bis 4 m erreichen.

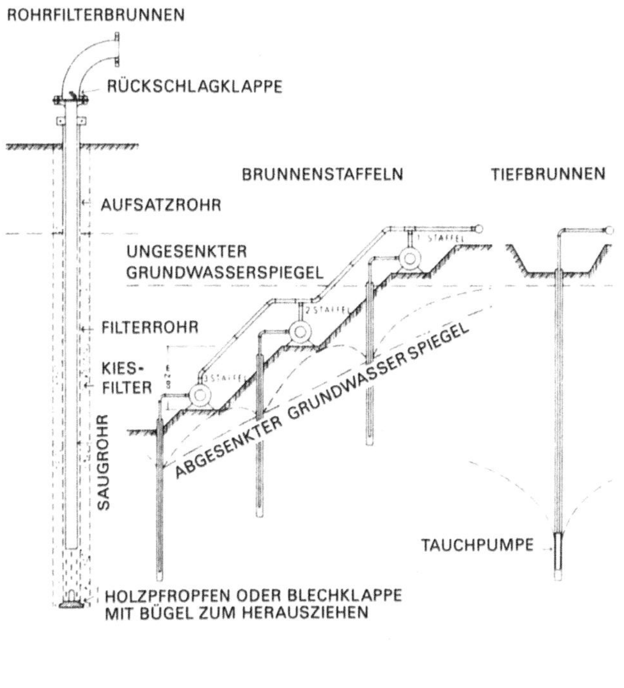

Der Einbau eines Brunnens geschieht in folgenden Arbeitsgängen:
- Einbohren eines Mantelrohres (wie bereits im Abschnitt „Bodenuntersuchungen" beschrieben),
- Einsetzen der Filterrohre,
- Aufschrauben eines über Gelände reichenden Aufsatzrohres; bei tonhaltigen Böden: Ausfüllen des Raumes zwischen Mantel- und Filterrohr mit Kies,
- Ziehen des Mantelrohres,
- Einhängen des Saugrohres mit Rückschlagklappe,
- Anschließen der Saugpumpe.

Für Absenkungstiefen über 3 bis 4 m müssen Brunnenstaffeln eingebaut werden. Eine Staffel besteht aus einer Anzahl von Rohrfilterbrunnen mit Saugpumpen, die auf gleicher Höhe rings um die Baugrube anzuordnen sind und das Grundwasser zunächst auf 3 bis 4 m absaugen. Bis zu dieser Tiefe kann man nun die Baugrube ausheben und setzt dann einen zweiten Ring von Brunnen, der im Stande ist, das Grundwasser um weitere 3 bis 4 m abzusenken. Bei drei und mehr Staffeln wird diese Brunnenart allerdings unwirtschaftlich. Für große Absenkungstiefen verwendet man meistens Tiefbrunnen mit einer elektrisch betriebenen Tauchpumpe, die das Wasser durch Druck hebt.

Grundwasserabsenkung durch Vakuumbrunnen

In Feinsand und Schluff anstehendes Grundwasser fließt durch Schwerkraft allein nicht mehr aus, sondern wird durch Adhäsion in den Hohlräumen zwischen den Körnern festgehalten. Es bedarf eines Vakuums, welches das Grundwasser an das Filterrohr zieht. Dies erfordert ein absolut luftdichtes Rohrleitungsnetz. Da der Feinsand dabei weiter verdichtet wird, beschränkt sich der Wirkungsbereich und damit der Höchstabstand der einzelnen Vakuumfilter auf ca. 1 m. Die Rohrfilter für den Vakuumbrunnen sind (durch Einspülung, nicht durch Bohrung) so tief niederzubringen, bis die Filteroberkante ca. 1 m unter Baugrubensohle liegt.

Grundwasserabsenkung durch Elektro-Osmose

Für noch feinporigere bindige Böden ist ein Elektro-Osmose-Verfahren entwickelt worden, bei welchem das Grundwasser statt durch atmosphärische Druckgefälle durch das Gefälle eines Gleichstroms zur Kathode hin (Filterrohr eines Rohrbrunnens) ins Fließen gebracht wird. Der Wirkungsbereich kann hier je nach Boden und Spannungsgefälle bis zu 5 m∅ betragen. Das Verfahren ist jedoch teuer und wird nur angewandt, wenn andere Möglichkeiten versagen.

Offene Wasserhaltung mit Pumpensumpf

Eine offene Wasserhaltung mit Pumpensumpf kommt zur Anwendung bei:
- geringen Absenkungstiefen des Grundwasserspiegels,
- schwachem bis mittelstarkem Wasserandrang,
- bindigem, wasserführendem oder grobkörnigem Boden (nicht bei feinkörnigem Sand, da Gefahr der Schwimmsandbildung).

Beim Aushub der Baugrube treibt man die Pumpensümpfe stets etwas voran, um hier das anfallende Wasser sammeln und je nach Menge ausschöpfen oder auspumpen zu können. Diese Pumpensümpfe werden als Ausbuchtungen der Baugrube angelegt. Ihre Anzahl, Größe und Tiefe richtet sich nach der zu erwartenden Wassermenge. Um eine völlig trockene Baugrube zu erhalten, ist eine Dränageschicht, auch Kies, Schlacke oder dgl., von etwa 20 cm Stärke über der ganzen Baugrubensohle einzubringen, durch welche das anfallende Grundwasser zum Pumpensumpf abfließen kann. Die Wirkung der Dränageschicht kann durch eingebettete Sickerleitungen oder Dränrohre noch verbessert werden.

PUMPENSUMPF

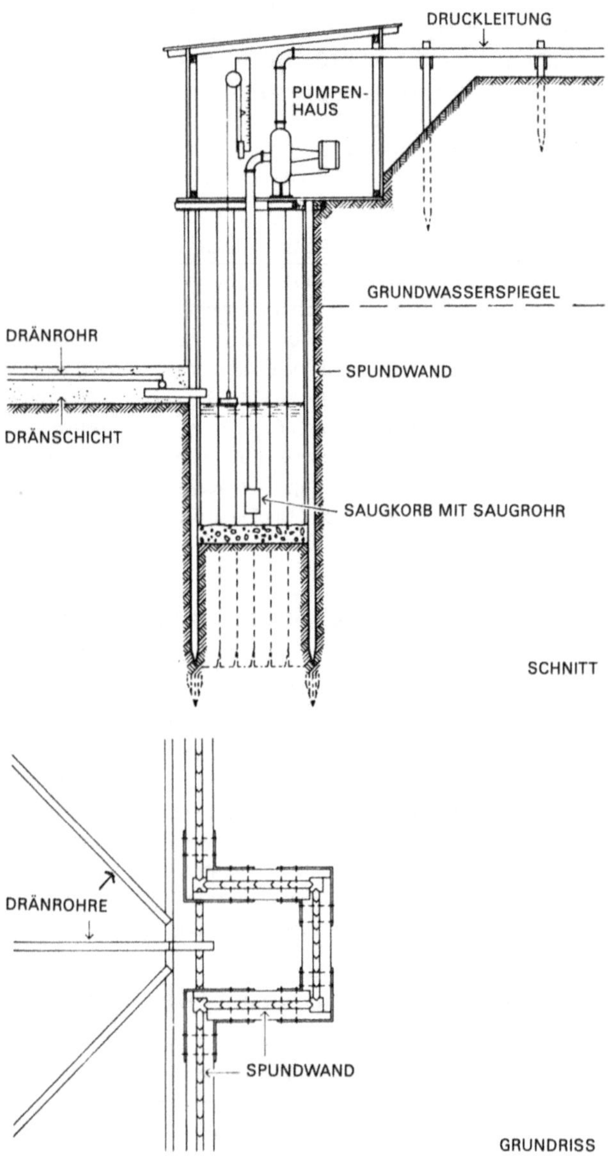

Abdichten der Baugrubenwände

Durch einen dichten Verbau, wie z. B. Spundwand-, Bohrpfahl- oder Schlitzwandverbau sind Baugrubenwände nicht nur gegen Einsturz, sondern zugleich auch gegen den seitlichen Wasserandrang und die Ausspülung des Erdreiches ausreichend zu sichern. Dies gilt auch für eine Baugrubenumschließung mittels des Gefrierverfahrens in stark wasserführendem, nicht standfestem Baugrund. Aus dem Bergbau übernommen, bewährte sie sich vor allem bei großen Tiefen, engen Baugruben und der Gefahr einer Ausschwemmung feinkörniger Schichten. Durch entsprechende Anordnung von Gefrierbohrungen, ähnlich einer Baugrundinjektion, kann eine selbsttragende und grundwasserdichte Frostkörperwand um die auszuhebende Baugrube gelegt werden.

Abdichten der Baugrubensohle

Je nach der erforderlichen Tiefe und Größe der Baugrube, der Baugrundbeschaffenheit und dem Grundwasserandrang wird man geeignete Maßnahmen zur Abdichtung der Baugrubensohle oder Entwässerung des Baugrundes gegeneinander abwägen müssen.

Abdichten durch Bodenverfestigung

Bei Sand- und Kiesböden mit größerem Grundwasserandrang kann eine Bodenverfestigung außer zur Baugrubenabstützung zur Erhöhung der Tragfähigkeit wie zur Abdichtung der Baugrubensohle wirtschaftlich und vorteilhaft sein. Die Art der Sohlenverfestigung ist darüber hinaus in Verbindung mit anderen dichten Baugrubenumschließungen möglich. Das bei diesen Verfahren innerhalb der Baugrube eingeschlossene Grundwasser wird mit fortschreitendem Aushub jeweils abgepumpt.

Abdichten durch Unterwasserbeton

Wasserhaltungskosten können auch dadurch erspart werden, daß nach Ausführung der seitlichen Baugrubenumschließung der Aushub und das Einbringen einer abdichtenden Fundamentplatte unter Wasser ausgeführt wird, wenn sich diese Gründungsart ohnehin anbietet.

Mit zunehmender Einbindetiefe wächst infolge des Auftriebes und des Wasserdrucks die erforderliche Fundamentplattendicke (Umkehrung der Deckenbelastung), weshalb dieses Verfahren vor allem bei kleinen Grundflächen oder nur mäßiger Unterschreitung des Grundwasserspiegels zur Anwendung kommt. Je größer die Wasserhöhe, d. h. die Einbindung im Grundwasser, um so mächtiger muß die einzubringende Betonschicht sein. Dies gilt unabhängig von allen konstruktiven Belastungen und von der Tragfähigkeit des Baugrundes für alle Fundamente, die unter Auftrieb im Grundwasser stehen. Zu beachten ist beim Unterwasserbetonieren insbesondere:

- daß in der Baugrube keinerlei Strömungen herrschen, was eine dichte Baugrubenumschließung voraussetzt,
- daß der Grundwasserstand innerhalb und außerhalb der Baugrube gleich hoch ist, da sonst durch die entstehende Strömung die Bindemittel aus der freien Betonmischung ausgewaschen werden,
- daß der Beton nicht frei durch das Wasser fällt, sondern in Trichtern, Betontrommeln oder Rohren bis zur Schütthöhe hinabgelassen wird,
- daß die Betonmasse durch geeignete Kornzusammensetzung der Zuschläge, durch Zugabe von genügend Binde- und Dichtungsmitteln nach dem Erhärten möglichst dicht ist, und
- daß das Wasser in der Baugrube erst nach ausreichender Erhärtung des Betons ausgepumpt wird.

ABDICHTUNG DER BAUGRUBENSOHLE
OHNE WASSERHALTUNG

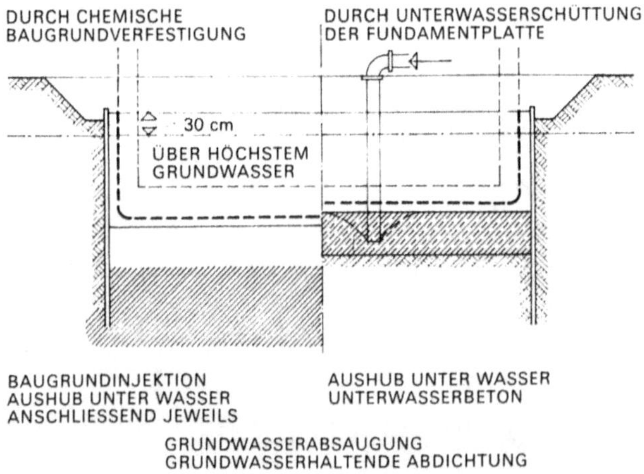

Gründungsarten

Durch die Fundamente werden die Lasten des Bauwerkes auf den tragfähigen Baugrund übertragen, wobei je nach dessen Lage zur Gebäudesohle Flach- oder Tiefgründungen auszuführen sind.
Kommt ein Gebäude unmittelbar auf tragfähigem Baugrund zu stehen, so ist eine Flachgründung möglich. Stehen jedoch tragfähige Schichten ausreichender Mächtigkeit erst in größerer Tiefe an, müssen die Gebäudelasten durch eine Tiefgründung auf diese abgetragen werden. Wenn tragfähiger Baugrund durch wirtschaftlich vertretbare Maßnahmen nicht erreichbar ist, so bleibt als letzte, teuerste Möglichkeit nur noch eine schwebende oder schwimmende Gründung übrig. Das erhellt, wie wesentlich die Gründungskosten abhängig sind von Baugrundverhältnissen und Gebäudelast, und daß durch sie gegebenenfalls der Standort und sogar das Bauvorhaben überhaupt noch in Frage gestellt werden können.

Flachgründung

Die Belastbarkeit des Baugrundes ist mit Ausnahme von Fels gemeinhin geringer als die der tragenden Baustoffe. Deshalb muß die abzutragende Gebäudelast durch fußförmige Verbreiterungen oder Fundamentplatten unter der Wand- und Stützenkonstruktion auf eine größere Fläche im Baugrund verteilt werden. Man spricht daher neben „Flachgründung" auch von „Flächengründung". Je nach Baugrundverhältnissen, Bauwerkskonstruktion und Bauwerklast werden zur Lastabtragung auf unmittelbar erreichbarem Baugrund folgende Flachgründungen unterschieden:

- Streifenfundamente unter Wänden,
- Einzelfundamente unter Stützen und Maschinen,
- Plattenfundamente und Fundamentroste zur Verbesserung der Lastverteilung.

Fundamentmaterial

Alle Gründungskörper stehen unter dauernder Einwirkung der Erdfeuchtigkeit und häufig auch chemisch aggressiver Stoffe. Für einfache Fundamente kommen hauptsächlich Stampfbeton (in frostfreier Tiefe), Schwerbetonsteine, Natursteine, Hartbrandziegel, Klinker und Kalksandsteine in Frage. Gewöhnliche Mauerziegel (MZ 100 und MZ 150) „faulen", d. h. sie sind nicht feuchtigkeitsbeständig.
Die Bindemittel müssen hydraulisch sein, da sie unter Einwirkung der Feuchtigkeit und häufig unter Wasser abbinden müssen. Für Mauerwerk in normaler Feuchtigkeit genügt Schwarzkalkmörtel oder Kalk-Zementmörtel; für Arbeiten unter Wasser ist nur reiner Zementmörtel (Portlandzement) geeignet.

Fundamentsohle

Für die Ausbildung der Fundamentsohle von Flachgründungen gilt: Sie muß frostfrei liegen, d. h. je nach lagebedingter Frostgefährdung mindestens 80 bis 150 cm unter Gelände. In der ausgehobenen unverfüllten Baugrube sind während dieses Bauzustandes gegebenenfalls besondere Dämm-Maßnahmen vorzunehmen. Die Fundamentsohle liegt normalerweise waagerecht, nur wenn wesentliche Horizontalkräfte auf ein Bauwerk einwirken, wird sie zur Erhöhung der Gleitsicherheit gegen die resultierende Last geneigt (Stützmauern). Sie kann in fallendem Gelände, um den Aushub zu verringern, abgetreppt werden, wenn es die Nutzung des Untergeschosses erlaubt. Dies gilt auch, wenn tragfähiger Baugrund nicht horizontal unter dem Gelände ansteht.
In der Regel ist unterhalb der eigentlichen Fundamentsohle als Sicherheit gegen Schwächung des Querschnittes und Verunreinigung durch den Baugrund eine Sauberkeitsschicht von 5–10 cm Stärke einzubringen: z. B. Magerbeton, Ziegelflachschicht oder verdichtete Sand- und Kiesschüttung.

MINDESTENS FROSTFREIE GRÜNDUNGSTIEFE
UNABHÄNGIG VON BAUGRUND UND GELÄNDEFORMATION

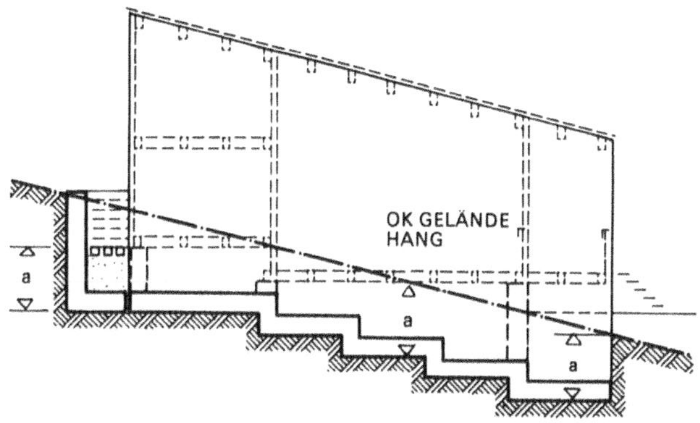

Streifen- und Einzelfundamente

Zur Gründung von Mauern werden Streifenfundamente, bei Stützen meistens Einzelfundamente mit rechteckigem, abgetrepptem oder konisch verjüngtem Querschnitt angeordnet. Die Breite der Gründungskörper ergibt sich aus der gegebenen Belastung, der Druckfestigkeit des Materials und der zulässigen Bodenpressung (DIN 1054). Hierbei sind jedoch Gründungstiefe, Gebäudefläche, zulässiges Setzungsmaß usw., wie bereits im Abschnitt „Zulässige Bodenpressung" behandelt, zu berücksichtigen. Wenn die erforderliche Fundamentbreite bekannt ist, ergibt sich die Höhe des Gründungskörpers wie folgt:
Druckverteilungswinkel bei Mauerwerk mit Kalk-Zementmörtel und Stampfbeton = 60 °; bei Mauerwerk aus Kalksandsteinen mit reinem Zementmörtel = 45 °.
Aus praktischen Gründen bemißt man die geringste Höhe der Betonfundamente mit ca. 30 cm (eine Schütthöhe).
Bei größeren Fundamenthöhen treppt man unter Berücksichtigung des Druckverteilungswinkels ab.

BESTIMMUNG DER FUNDAMENTHÖHE BEI STAMPFBETON

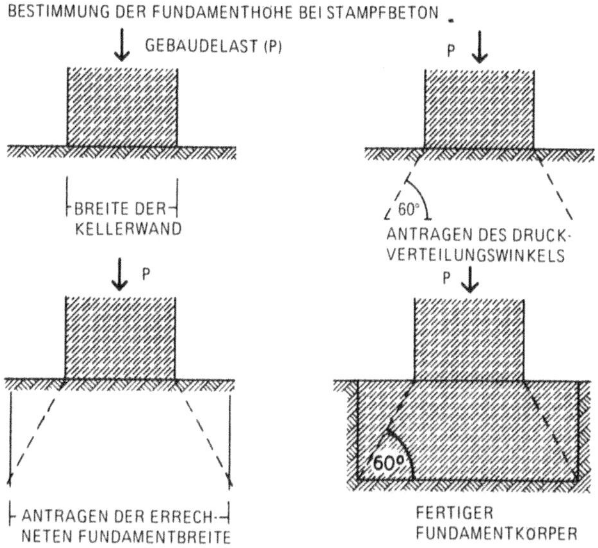

Die Stampfbetonfundamente lassen sich meistens ohne Schalung herstellen. Die Wände der Fundamentgräben sticht man senkrecht ab und bringt die Mischung in Schichten von ≦30 cm ein. Falls die Wände einrutschen, oder bei Abtreppung muß geschalt werden. Eine leichte Fundamentverbreiterung durch Unterstechen bei festem Boden ist möglich. Die Abtreppung bei Vollziegelmauerwerk erfolgt unter 45 °.
Wird trotz Abtreppung ein Fundamentkörper zu groß, dann sind Fundamentplatten wirtschaftlicher.
Streifenfundamente müssen in ihrer Länge nicht unbedingt auf gleicher durchlaufender Sohlentiefe ruhen, wenn der tragfähige Baugrund an seiner Oberfläche einen unebenen Verlauf zeigt; in solchen Fällen kann man senkrecht abtreppen.
Müssen Fundierungsarbeiten unterbrochen werden, dann ist es zweckmäßig, in Schichthöhe senkrecht abzutreppen und einige Verbindungseisen einzulegen. Vor dem Weiterbetonieren werden die Anschlußflächen gereinigt und mit Zementmilch eingeschlämmt.
Einseitig auskragende Fundamente sollten stets biegesteif mit der aufgehenden Wand verbunden werden, um einem Verkanten und damit der Gefahr von Setzungen infolge ungleicher Sohlspannungen zu begegnen.
Im übrigen kann man durch eine rostartige Verbindung aller Fundamentstreifen und den Verbund mit aufgehenden Stahlbetonwänden die Steifigkeit erhöhen, um gleichmäßige Setzungen zu erzwingen.

BEI AUSMITTIGER FUNDAMENTBELASTUNG
BIEGESTEIFE VERBINDUNG MIT AUFGEHENDER WAND

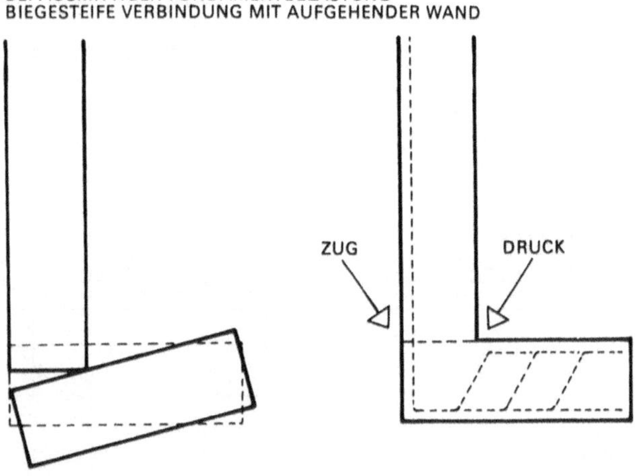

STREIFEN- UND EINZELFUNDAMENTE

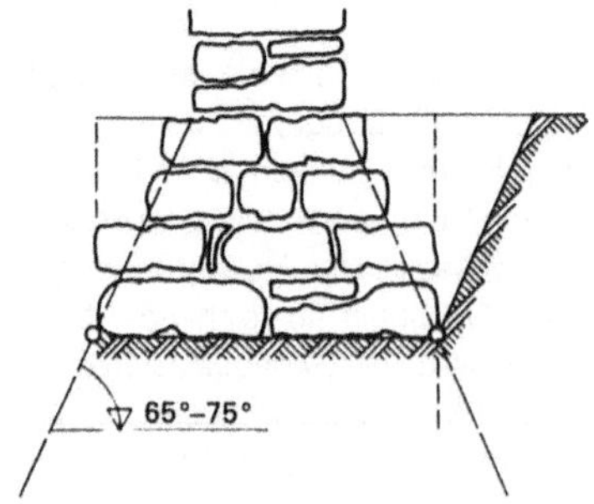

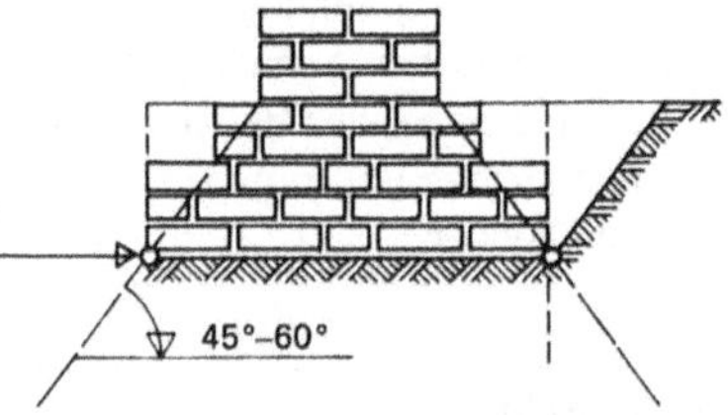

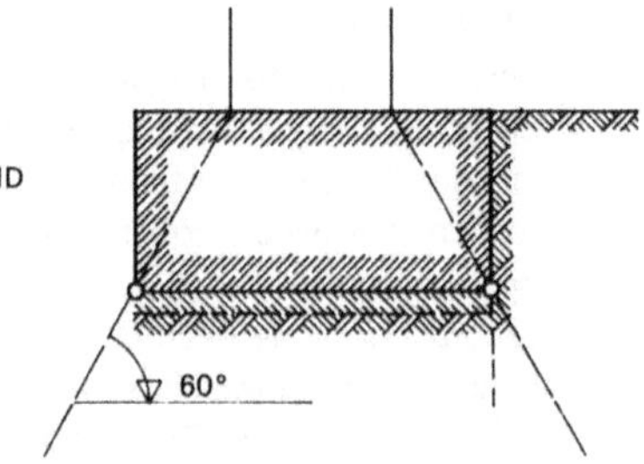

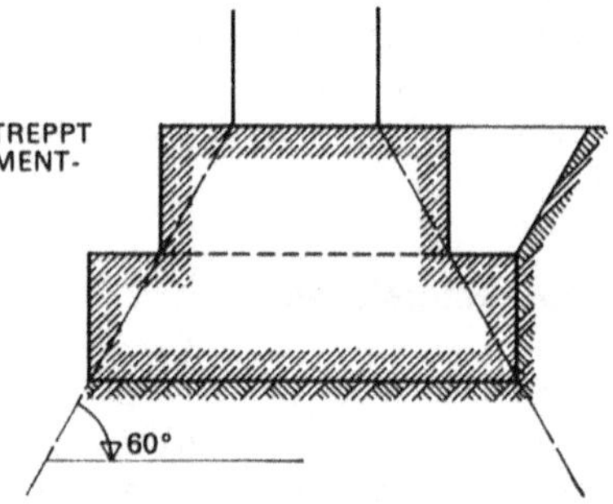

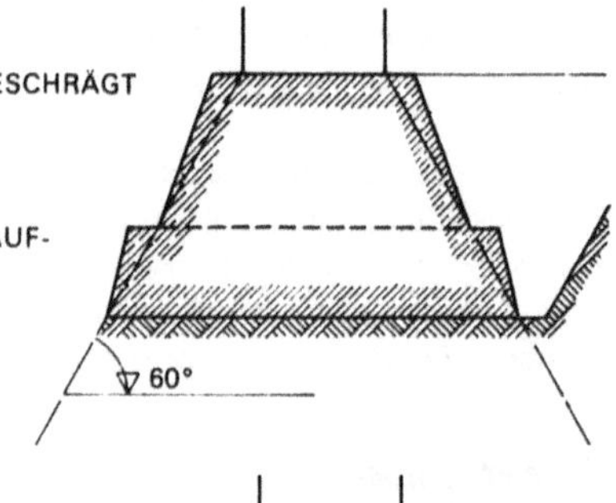

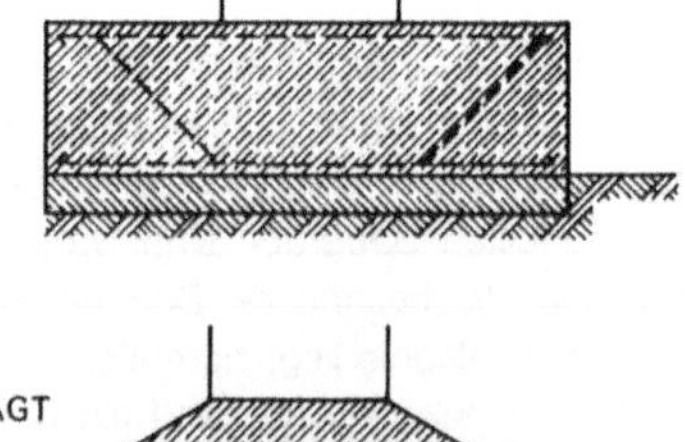

Plattenfundamente

führt man aus:
- wenn aufgrund der errechneten Fundamentbreiten mit einer Überschneidung der Druckausbreitung (Tiefensetzung) gerechnet werden muß,
- wenn ungleiche Setzungen bei unregelmäßig geschichtetem Baugrund zu erwarten sind,
- wenn ein Gebäude auf schlechtem Baugrund von großer Mächtigkeit zu errichten und eine stehende Pfahlgründung durch übergroße Pfahllängen mit zu hohen Kosten verbunden wäre. Eine weitere Verringerung des Setzungsmaßes ist möglich, wenn die Platte auf einen schwebenden Pfahlrost gesetzt wird.

SANDSCHÜTTUNG

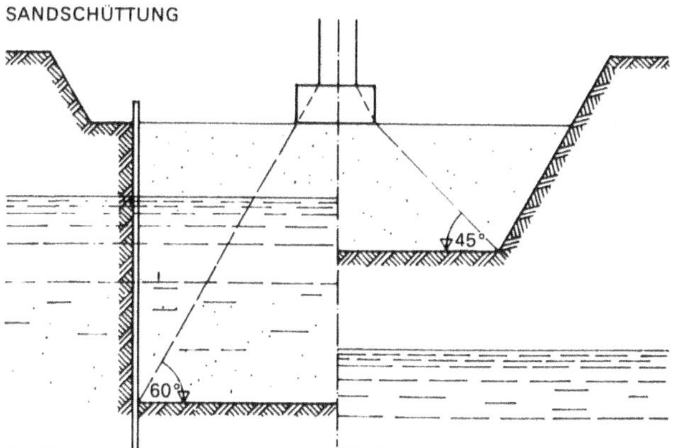

UNTER HÖCHSTEM GRUNDWASSER — ÜBER HÖCHSTEM GRUNDWASSER

PLATTENFUNDAMENT

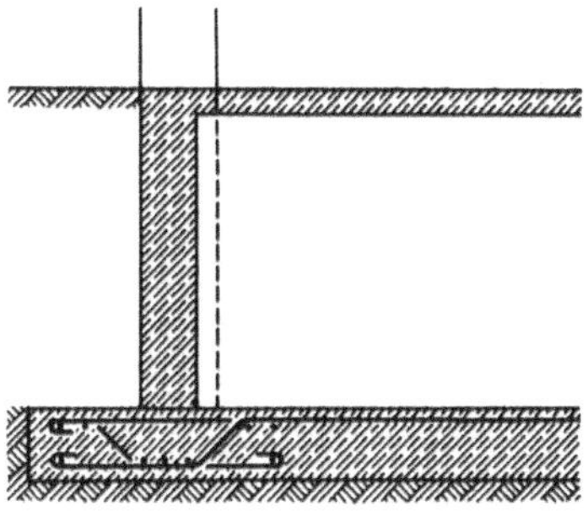

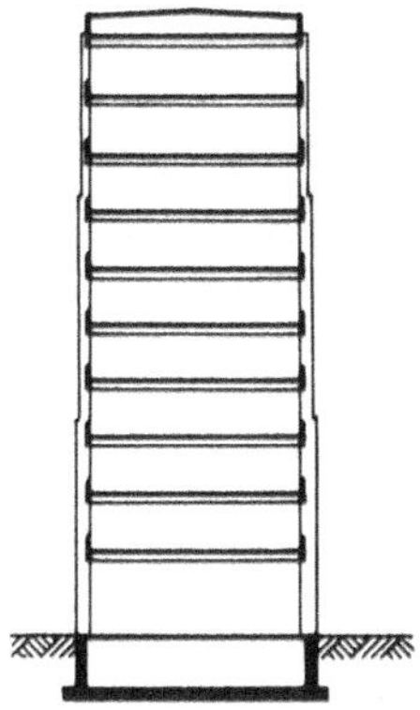

Bei dieser Gründungsart verteilt sich die gesamte Gebäudelast über eine Stahlbetonplatte auf die gesamte Gründungsfläche, wodurch starke und ungleiche Setzungen verringert werden können.
Soweit bei Gebäuden die Gefahr besteht, daß Setzungen durch Ausquetschen einer weichen Bodenschicht unmittelbar unter dem Bauwerk nach der Seite hin zustande kommen, läßt sich durch Schlagen einer Spundwand eine gewisse Sicherung erzielen.
Plattenfundamente erhalten in Umkehrung der Deckenbelastung eine obenliegende Hauptbewehrung gegen Baugrundgegendruck und Grundwasserauftrieb, unterhalb abzutragender Wand- und Stützenlasten auch eine untere Bewehrung, um ungleiche Durchbiegungen soweit wie möglich auszuschließen. Größere Spannweiten erfordern größere Plattenstärken oder obenliegende Aussteifungsrippen. Größtmögliche Steifigkeit bei geringerem Materialbedarf ist analog der Hohlkörperdecke durch Einbetonieren von Hohl- und Füllkörpern zu erzielen.

Sand-, Kies- und Steinschüttungen

In Grundwasser, Moorboden oder anderen nicht tragfähigen Bodenschichten mit betonschädlichen Bestandteilen kann durch eine verdichtete Sand-, Kies- oder Steinschüttung der Boden tragfähiger gemacht bzw. die eigentliche Gründungstiefe reduziert werden.
Der ungeeignete Baugrund wird ausgehoben und durch die Schüttung ersetzt. In weichen Böden und im Grundwasser ist die Schüttung zuvor durch Spundwände vor dem Auseinanderfließen zu schützen. Steinschüttungen aus grobem Material versenkt man in moorigen Böden und in offenem Wasser durch ihr Eigengewicht auf tragfähigeren Grund.

Tiefgründung

Ist guter Baugrund erst in größerer Tiefe vorhanden, so sucht man durch Pfahl- oder Brunnengründung diese tragende Schicht zu erreichen.
Bei der Pfeilergründung, einer älteren Gründungsart, entstehen durch Aushub und Verbau der Baugrube sowie durch das Hochmauern der Pfeiler hohe Kosten. Daher wird heute die billigere Pfahl- oder Brunnengründung bevorzugt.

Pfahlgründung

Man unterscheidet zwischen stehender Gründung (erster und zweiter Ordnung) und schwimmender Gründung, welche auch als schwebende Gründung bezeichnet wird.
Bei der stehenden Gründung erster Ordnung stecken die Pfahlspitzen in einer tragfähigen Bodenschicht, unter der keine weiteren nachgiebigen Schichten mehr folgen. Diese Art der Gründung ist von allen Pfahlgründungen die beste und sicherste. Die wirkenden Kräfte werden hauptsächlich durch den Spitzendruck (Spitzendruckpfähle), weniger durch die Mantelreibung aufgenommen.
Von einer schwimmenden (schwebenden) Pfahlgründung spricht man, wenn die Pfähle keinen tragfähigen Baugrund erreichen, sondern in stark zusammendrückbaren Schichten allein durch Reibungen schwebend verharren. Bei solcher Pfahlgründung ist stets mit langzeitigen Setzungen zu rechnen. Die Pfähle müssen darum möglichst tief in den nachgiebigen Baugrund eingreifen. Pfahllängen kürzer als die Bauwerksbreite genügen erfahrungsgemäß nicht.
Schwimmende Pfahlgründungen sind nach Möglichkeit zu vermeiden. Sie werden allenfalls angewandt, wenn die nachgiebigen Schichten mit zunehmender Tiefe fester und tragfähiger werden, so daß geringere Setzungen zu erwarten sind als bei einer Flächengründung.

Bemessung von Pfahlgründungen

Auszug aus DIN 1054:

5.2.1 Pfahlgründungen sind im allgemeinen so zu bemessen, daß die Kräfte aus dem Bauwerk allein durch die Pfähle auf den Baugrund übertragen werden. Wesentliche waagerechte Kraftanteile können außer durch Schrägstellung der Pfähle (Schrägpfähle, Pfahlblöcke) auch durch flachliegende Verankerungskonstruktionen, z. B. Ankerpfähle, Ankerplatten oder Ankerwände sowie in Sonderfällen durch biegesteife Ausbildung der Pfähle aufgenommen werden. Die möglichen waagerechten Verschiebungswege sind dabei zu berücksichtigen.

STEHENDE GRÜNDUNG 1. ORDNUNG

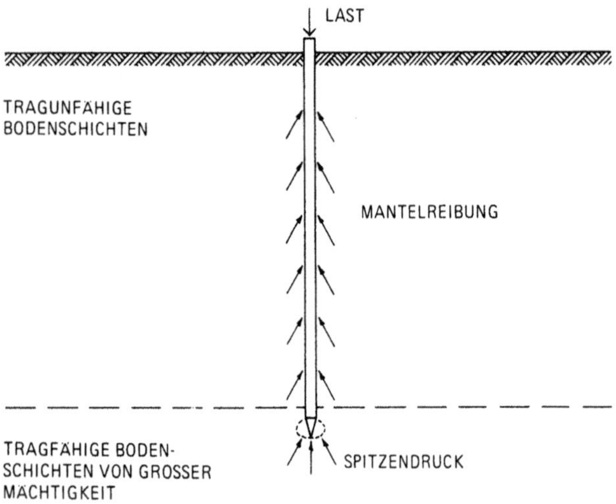

STEHENDE GRÜNDUNG 2. ORDNUNG

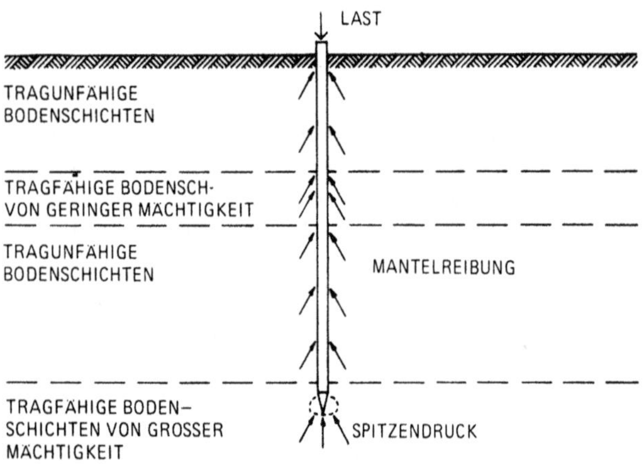

SCHWEBENDE GRÜNDUNG

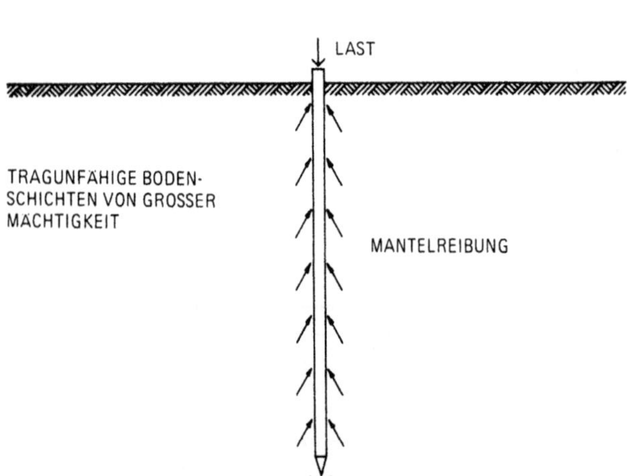

5.2.3 Bei Pfahlgruppen darf die Summe der Druckkräfte den Baugrund im Mittel nicht höher beanspruchen, als es nach Abschnitt 4.3 für eine Flächengründung in der für die Aufnahme der Druckkräfte maßgebenden Tiefe zulässig wäre. Dabei ist zu beachten, daß sich die Setzung einer durch Pfähle gestützten Konstruktion aus der Setzung dieser Flächengründung (siehe Abschnitt 4.3.1) und der Setzung des Einzelpfahls zusammensetzt. Die für den Vergleich zugrunde zu legende Fläche ist durch eine Linie zu umgrenzen, die um den dreifachen Pfahlschaftdurchmesser außerhalb der Achsen der Randpfähle verläuft. Schrägpfähle werden dabei nur insoweit mit einbezogen, als ihre Spitzen nicht weiter von den Spitzen der lotrechten Randpfähle nach außen hin entfernt sind, als dem mittleren Abstand der Lotpfähle entspricht.

5.2.5 Gründungspfähle sollen überwiegend in Richtung ihrer Achse beansprucht werden. Die Überleitung der Kräfte vom Bauwerk in die Pfähle ist nachzuweisen. Die Anschlüsse sind sorgfältig auszubilden.

5.2.7 Die Pfähle müssen ausreichend tief im tragfähigen Boden stehen, z. B. bei mitteldicht oder dicht gelagerten Kies- und Sandböden im allgemeinen etwa 3 m, sofern nicht aus anderen Gründen eine größere Einbindelänge erforderlich oder in sehr dichten oder festen Böden eine kleinere Einbindelänge ausreichend oder empfehlenswert ist.
Eine möglichst gleichmäßige Gründungstiefe ist anzustreben. Ist eine Tiefenstaffelung benachbarter Pfähle nicht zu vermeiden, so sollen die tieferen Pfähle vor den flacheren Pfählen eingebracht werden.

5.2.10 Frei stehende Pfähle sind auf Knicksicherheit zu untersuchen, wobei darauf zu achten ist, daß Knicklängen und Auflagerbedingungen richtig angenommen werden. Selbst breiige Bodenschichten verhindern das Ausknicken.

5.3 Maßgebende Einflüsse auf die Tragfähigkeit der Pfähle
Die Tragfähigkeit eines Pfahls hängt ab von den Bodenarten und ihren Eigenschaften, den Grundwasserverhältnissen, der Einbindelänge in die tragfähigen Schichten, der Mächtigkeit der Deckschichten, der Pfahl-Form und Querschnittsfläche, dem Pfahlbaustoff, der Beschaffenheit der Mantelfläche und der Ausbildung des Pfahlfußes, der Pfahlstellung und dem Pfahlabstand sowie der Einbringungsart.
Außerdem sind die Einflüsse der Zeit, der negativen Mantelreibung, der seitlichen Flächenbelastung und der dynamischen Beanspruchung gegebenenfalls zu beachten.

5.3.1 Einfluß der Zeit
Die Tragfähigkeit gerammter Pfähle, bei denen die Mantelreibung einen entscheidenden Anteil am Tragvermögen hat, kann besonders in feinsandigen, schluffigen und tonigen Böden noch längere Zeit nach dem Rammen anwachsen.

5.3.2 Negative Mantelreibung
Ein Pfahl kann durch negative Mantelreibung zusätzlich beansprucht werden, wenn sich die oberen Bodenschichten setzen. Die Auswirkung negativer Mantelreibung auf das Bauwerk kann durch entsprechende Ausbildung der Pfähle und durch Wahl größerer Pfahlabstände verringert werden.

5.3.3 Einfluß seitlicher Flächenbelastung
Wird neben einer Pfahlgründung auf einer weichen Bodenschicht oberhalb des tragfähigen Baugrunds eine ausgedehnte Flächenbelastung (etwa in Form einer Aufschüttung) ungleichmäßig aufgebracht, können waagerechte Bewegungen des weichen Bodens ausgelöst werden. Die Pfähle werden dabei zusätzlich auf Biegung beansprucht.

5.3.4 Einfluß von dynamischen Beanspruchungen
Nennenswerte Schwingungen oder Erschütterungen können eine Abnahme der Pfahltragfähigkeit bzw. Zunahme der Setzungen bewirken.

5.4 Zulässige Belastung von Pfählen aus Probebelastungen
Probebelastungen von Druckpfählen sind, falls keine vergleichbaren Belastungsergebnisse vorliegen, immer dann durchzuführen, wenn

a) die Pfähle höher belastet werden sollen, als es die Bestimmungen über die zulässige Belastung von Rammpfählen (nach DIN 4026) oder von Bohrpfählen (nach DIN 4014) zulassen;
b) der tragfähige Baugrund nicht mindestens durch ausreichend dicht gelagerte nichtbindige oder annähernd halbfeste bindige Böden in ausreichender Mächtigkeit gebildet wird;
c) beim Einbringen der Pfähle in der vorgesehenen Gründungstiefe Zweifel an deren Belastbarkeit auftauchen.

Die Tragfähigkeit von Zugpfählen und Ankerpfählen ist – abgesehen von Fällen geringfügiger Beanspruchung – immer durch Probebelastungen nachzuweisen (nach DIN 4014 und nach DIN 4026). Eine Ausnahme bilden gerammte Zugpfähle nach DIN 4026.

5.5 Zulässige Belastung von Druckpfählen aus Erfahrungswerten
Bei einfachen Bodenverhältnissen und häufig verwendeten Planarten gelten die in DIN 4014 Teil 1, Ausgabe August 1975, Abschnitt 13 für Bohrpfähle, in DIN 4014 Teil 2, Tabellen 1 bis 4 (z. Z. noch Entwurf) für Großbohrpfähle und in DIN 4026, Ausgabe August 1975, Abschnitt 8 für Rammpfähle zusammengestellten Belastungen.
Bei Pfahlgründungen auf Fels dürfen, soweit in den vorgenannten Normen nichts anderes angegeben ist, die rechnerischen Pressungen in den Pfahlaufstandflächen die Werte der Tabelle 7 in Abschnitt 4.2.4 bis zu 100% überschreiten. Nach Möglichkeit soll der Pfahl mindestens 0,5 m in den Fels einbinden.

5.6 Zulässige Belastung von Pfählen aus Berechnungsverfahren
Die zulässige Belastung von Pfählen darf im allgemeinen nicht mit erdstatischen oder empirischen Berechnungsverfahren ermittelt werden.
Empirische Verfahren können nur dann zugelassen werden, wenn sie auf Grund örtlicher Erfahrungen unter genau festgelegten Voraussetzungen anerkannt oder aufgrund von Probebelastungen als zuverlässig nachgewiesen sind.
Über Rammformeln siehe DIN 4026, Abschnitt 9.2.

Pfahlherstellung

Zu unterscheiden sind nach Art der Herstellung Fertigpfähle und Ortbetonpfähle.

Fertigpfähle

Die Holzpfähle der Pfahlbauten sind die älteste Form der Fertigpfähle. Heute werden Fertigpfähle zur Erzielung höherer Tragfähigkeit und Sicherheit gegen Fäulnis und Schädlingsbefall in der Regel aus Stahl oder Stahlbeton gefertigt. Sie werden in den Baugrund gerammt, eingepreßt, eingespült oder eingeschraubt. Die beim Einbringen von Rammpfählen auftretenden Erschütterungen können an benachbarten Gebäuden, auch Gleiskörpern, zu Setzungs- und Rißschäden führen. Den Rammungen müssen eingehende Probebohrungen vorausgehen, um die genaue Lage der tragfähigen Bodenschichten unter dem zu errichtenden Gebäude festzustellen. Werden nicht alle Unebenheiten der Gründungsschicht erkannt, dann ist damit zu rechnen, daß nicht alle Pfähle in tragfähigem Baugrund zu stehen kommen und daher das Bauwerk schädliche Setzungen erleidet. Die Gründung mit Rammpfählen ist auch dann zum Scheitern verurteilt, wenn die Pfahlspitzen auf größere Felsbrocken oder auf harte Zwischenschichten von geringer Mächtigkeit stoßen.

Holzpfähle

werden heute nur noch selten verwendet. Sie haben den Nachteil, daß sie immer unter Wasser stehen müssen, um gegen Fäulnis geschützt zu sein. Daß sie jedoch unter diesen Bedingungen eine große Dauerhaftigkeit besitzen, ist an jahrhundertealten Bauwerken, die auf Holzpfählen gegründet sind, zu sehen. Erst in den letzten Jahrzehnten entstanden durch die Senkung des Grundwasserspiegels Schäden an diesen Pfahlrosten.

FERTIGPFÄHLE – RAMMPFÄHLE

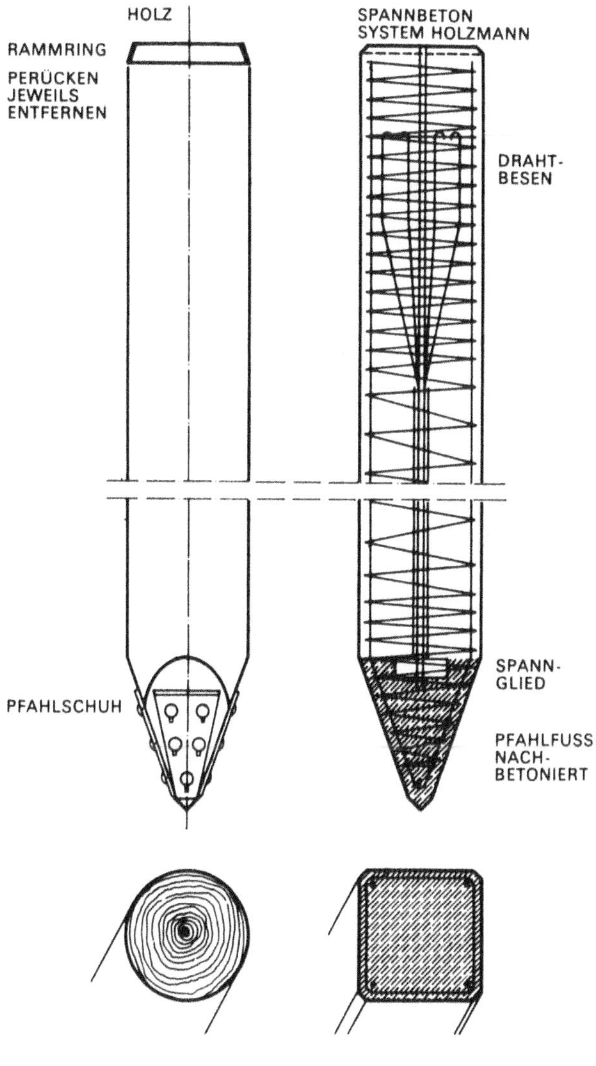

Stahlpfähle

kommen wegen der hohen Kosten nur selten zur Anwendung. Als Querschnitt verwendet man meistens doppelwandige Spundbohlen (Peinerprofil, Kastenprofil) oder einwandige Spundbohlen.

Stahlbetonpfähle

sind tragfähiger als Holzpfähle und haben wie die Stahlpfähle den Vorteil, daß ihre Einschlagtiefe in keiner Weise vom Grundwasserspiegel abhängig ist. Sie werden als Voll- oder Hohlpfähle in den verschiedensten Längen hergestellt. Knickgefahr ist nur bei Pfählen in Schlamm, Moor und ähnlich weichen Böden zu berücksichtigen. Bei Stahlbetonrammpfählen besteht die Gefahr, daß sie beim Bewegen und Rammen Haarrisse bekommen, durch welche Säuren oder Salze zu den Stahleinlagen gelangen und diese zerstören können. Zur Verringerung der Rißgefährdung beim Transport- und Rammvorgang werden heute meist Spannbetonpfähle hergestellt und größere Abmessungen als Hohlpfähle in Teillängen vorgefertigt. So wurden z. B. zur Gründung der Maracaibo-Brücke Hohlpfähle bis zu 60 m Länge bei 91,4 cm Außendurchmesser niedergebracht.

Ortbetonpfähle

werden dagegen erst im Baugrund, in einem durch Rammen oder Bohren geschaffenen Pfahlloch hergestellt. Sie bringen zunächst den Vorteil, daß die Pfahldimensionen auf den Rammwiderstand bzw. auf den Befund der erbohrten Schichten abgestimmt werden können; außerdem entfällt der schwierige Transport der Fertigpfähle.

SYSTEM SIMPLEX

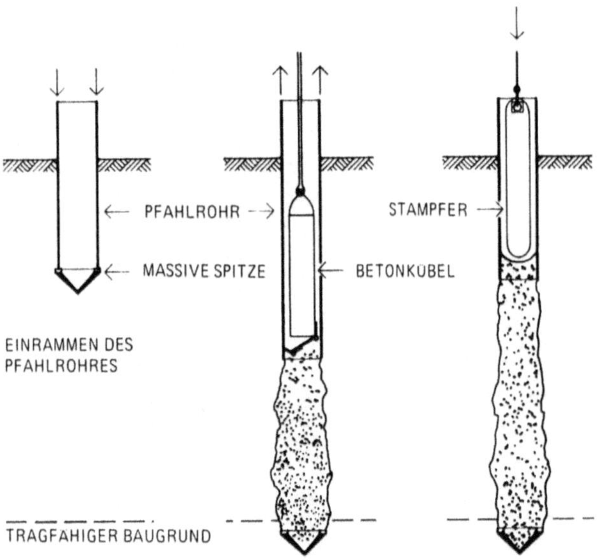

EINFÜLLEN UND STAMPFEN DES BETONS UNTER GLEICHZEITIGEM ZIEHEN DES PFAHLROHRES

Die unterschiedlichen Herstellungssysteme zielen auf die Erhöhung der Tragfähigkeit:

- Verbessern der Tragfähigkeit des Baugrundes unterhalb der Pfahlspitze durch Verdichtung oder Verfestigung,
- Ausfräsen eines Pfahlfußes oder
- Einpressen des Vergußbetons unter hohem Druck zur Schaffung eines Pfahlfußes und einer wulstigen Pfahloberfläche, womit zugleich der anstehende Baugrund verdichtet wird.

Durch Pfahlfuß und Verpressung des Pfahlschachtes gegen den Baugrund ist die Möglichkeit gegeben, den Pfahl nicht nur als Stützpfahl, sondern auch als vorgespannten Zugpfahl einzusetzen.

Gerammte oder eingepreßte Ortbetonpfähle

Gerammt oder eingepreßt wird hier ein Mantelrohr mit Pfahlspitze oder Betonpfropfen zur Schaffung eines Pfahlloches und Abstützung des Erdreiches. Dabei wird der Baugrund unter der Pfahlspitze verdichtet und seitlich verdrängt. Durch Einpressen des Betons unter Ziehen des Mantelrohres ist damit eine wesentlich höhere Mantelreibung gegeben, als sie gerammten Fertigpfählen eigen ist.

SYSTEM FRANKI

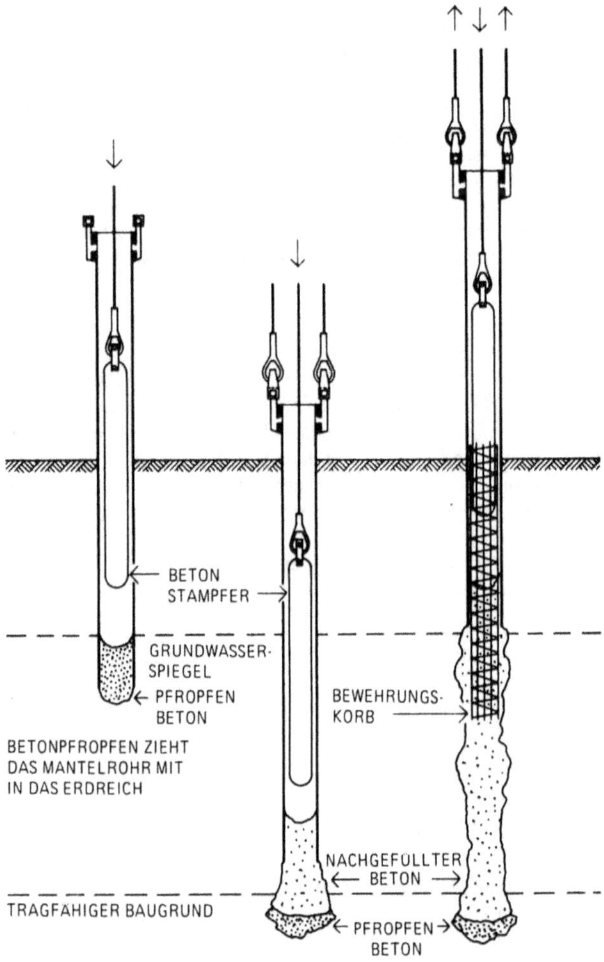

MANTELROHR WIRD FESTGEHALTEN, PFROPFENBETON UND NACHGEFÜLLTER BETON WERDEN WEITER GESTAMPFT

EINSTAMPFEN DES PFAHLBETONS UNTER GLEICHZEITIGEM ZIEHEN DES MANTELROHRES

Bohrpfähle

Gegenüber den Rammpfählen bieten die gebohrten Ortbetonpfähle weitere Vorteile. Sie erfordern zunächst nur einen einfachen Dreibock als Bohrgerüst und keine schweren Rammen. Jegliche Erschütterung des Baugrundes wird vermieden, so daß Bohrpfähle selbst in unmittelbarer Nähe von Gebäuden angesetzt werden können. Bei Anwendung besonderer Bohrgeräte ist es sogar möglich, Pfähle bei beschränkten Raumverhältnissen, z. B. in Kellerräumen, zum Unterfangen von Fundamenten herzustellen.

SYSTEM BRECHTEL

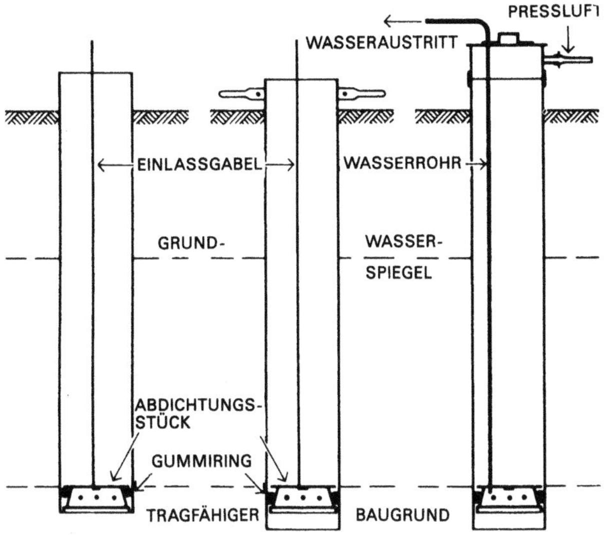

EINSETZEN DES AB-DICHTUNGSSTÜCKES WENN PFAHLROHR BIS AUF TRAGFÄHIGEN BAUGRUND ABGE-SENKT IST

ANZIEHEN DES AB-DICHTUNGSSTÜCKES ZWECKS VOLLKOMMENER ABDICHTUNG DES PFAHLROHRES GEGEN EINDRINGENDES GRUND-WASSER

AUSBLASEN DES GRUNDWASSERS MITTELS DRUCKLUFT

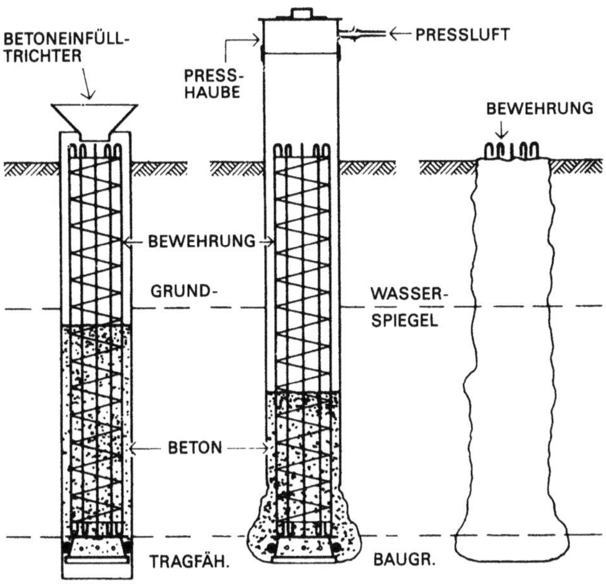

EINSETZEN DES AR-MIERUNGSKORBES UND EINFÜLLEN DES BETONS.

ABPRESSEN DES BE-TONS MITTELS DRUCK-LUFT UND HEBEN DES PFAHLROHRES

FERTIGER PRESS-BETONPFAHL

Durch die Bohrung können die Bodenschichten einwandfrei beurteilt und die zweckentsprechenden Pfahllängen zuverlässig bestimmt werden. Felsbrocken oder harte Zwischenschichten bilden für Bohrpfähle kein Hindernis, da sie mit entsprechenden Bohrwerkzeugen leicht zu durchfahren sind.

Wie bei der Verrohrung von Untersuchungsbohrungen wird auch bei Pfahlbohrungen mit dem Tiefergreifen des Bohrers bzw. Greifers ein Mantelrohr mitgeführt, das ein Einfallen des Bohrloches verhindern soll. Wegen des höheren Reibungswiderstandes großkalibriger Pfahlbohrungen kommen hierbei Vibrations-, Schlag- oder Hydraulik-, Dreh- und Preßvorrichtungen zum Einsatz.

Die Verwendung einer thixotropen Stützflüssigkeit (s. Seite 15) erübrigt selbst im Grundwasserbereich das Einbringen und spätere Ziehen von Mantelrohren. Infolge der rauhen, unverrohrt hergestellten Pfahlwand und durch Einstampfen der Betonschüttung ist eine ausgezeichnete Mantelreibung gegeben. Normalerweise wird unterhalb des Grundwasserspiegels jedoch verrohrt. Entweder ist dann der Beton im Unterwasserbetonierverfahren mit Trichter zu schütten oder das Wasser während des Betoniervorgangs aus dem Bohrrohr zu pumpen.

Bei den Preßbetonpfählen wird – nach Einbringen der Bewehrung und Aufsetzen einer Preßhaube – mittels Preßluft das Grundwasser aus dem Pfahlloch verdrängt. Zugleich wird dabei das Mantelrohr hochgedrückt, der Betonmörtel gegen die Pfahlwand gepreßt und verhindert, daß einstürzendes Erdreich den Pfahlquerschnitt einschnürt.

Pfahlrost

Die unter einem Bauwerk angeordnete Summe der Pfähle wird als Pfahlrost bezeichnet. Die Pfahlköpfe übernehmen unmittelbar oder über eine lastverteilende Fundamentkonstruktion die Lasten des Bauwerkes.

Die Bewehrung der Pfähle und der sie verbindenden Bauteile der Streifen-, Einzel- oder Plattenfundamente greifen ineinander. Bei Stahlbetonfertigpfählen muß dazu die Bewehrung am Pfahlkopf nach dem Rammen zunächst freigelegt werden. Pfähle sind so zu stellen, daß sie nur in Achsrichtung und nicht auf Biegung beansprucht werden. Unter Hochbauten stehen sie in der Regel lotrecht, doch werden bei großen Pfahllängen und wesentlichen

VORAUSSETZUNGEN NACH DIN 4014
MINDESTEINBINDUNG VON BOHRPFÄHLEN
IN TRAGFÄHIGEN SCHICHTEN

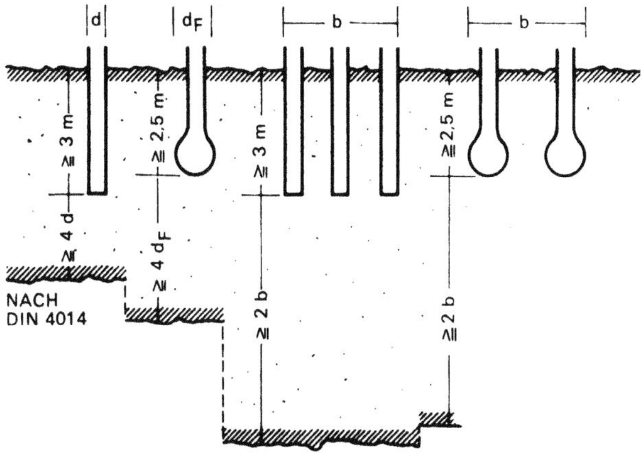

MINDESTMÄCHTIGKEIT TRAGFÄHIGER SCHICHTEN UNTERHALB VON BOHRPFÄHLEN

Horizontalkräften (über 3% der Vertikallasten) auch Schrägpfähle eingebracht. Da die Horizontalkräfte im Zusammenwirken von Wind-, Erd- und Verkehrslasten, von Wasserdruck und Strömung auch veränderlich sein können, werden Schrägpfähle meist als Druck- und Zugpfähle ausgebildet und miteinander gekoppelt. Von Pfahlwänden abgesehen, sind Pfähle in möglichst großem Abstand und bei Nachbarreihen mit gegenseitigem Versatz anzuordnen, um den Baugrund so gleichmäßig wie möglich zu belasten.

MINDESTABSTAND VON BOHRPFÄHLEN
(GILT NICHT FÜR PFAHLWÄNDE)

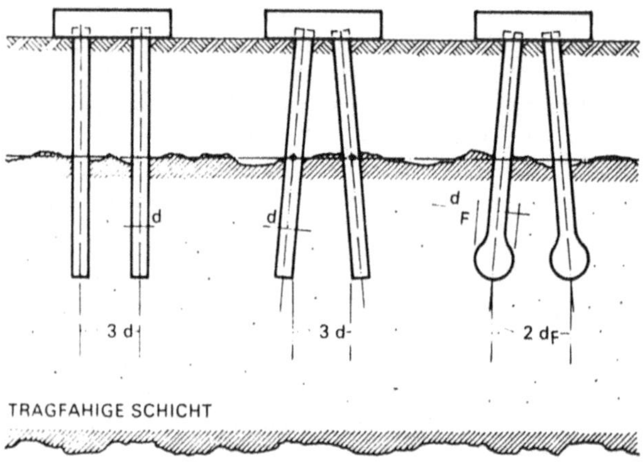

Großbohrpfähle

Die Entwicklung der Bohrtechnik erlaubt heute Großbohrpfähle mit einem Durchmesser bis zu 2,50 m herzustellen, die das Vielfache der Tragfähigkeit ganzer Pfahlbündel erbringen können (bis über 10 MN [1000 Mp]). Sie sind eher der nachfolgenden Brunnengründung zuzuordnen als den „gebohrten" Pfählen. Neben den wesentlich geringeren Herstellungskosten je Mp Tragfähigkeit bieten die großen Pfahldurchmesser größere Sicherheit, um auch Horizontalkräfte und Biegemomente aufnehmen zu können.
Die Mantelrohre aus Stahl werden unter mechanischen Dreh- und Rüttelbewegungen von hydraulischen Hebelvorrichtungen oder druckluftbetriebenen Drehschwingen, welche die Mantelreibung kurzzeitig aufheben, mit fortschreitendem Aushub vorgetrieben.
Der Einsatz von Drehschwingen erfordert kein Bohrgerüst, lediglich eine Kompressor- und Baggerausrüstung. Er ist aber infolge der hin- und herschlagenden Schwingen, selbst bei Schallschutzmaßnahmen, geräuschintensiver als hydraulische Führungs- und Verrohrungseinrichtungen. Zum Aushub werden Greifbagger, bei harten Böden schwere Fallmeißel, bei Wasserandrang und entsprechender Körnung auch Kiespumpen zur Förderung des Abraumes eingesetzt. Der Betoniervorgang und das gleichzeitige Ziehen des Mantelrohres erfolgen wie bei Bohrpfählen.

SYSTEM HOCHSTRASSER-WEISE
HW-PFAHL

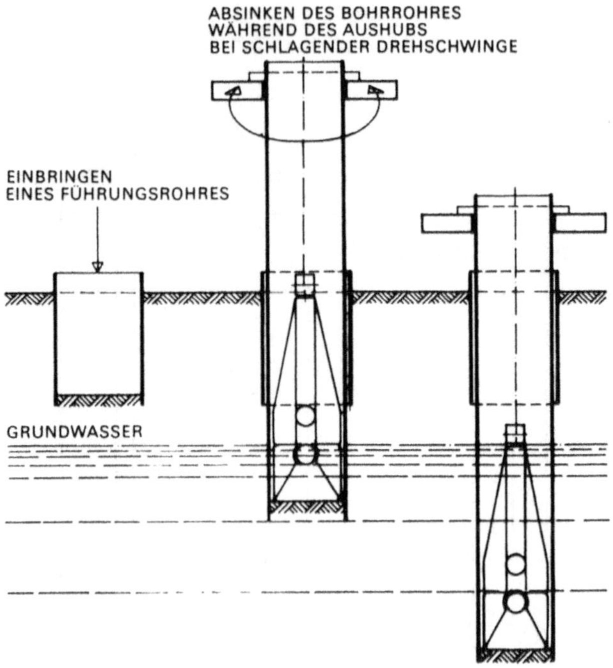

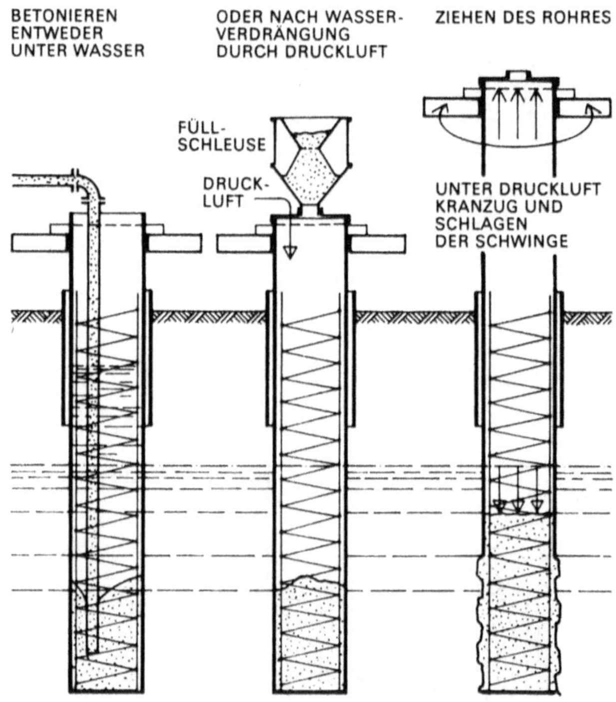

Brunnengründung

Die Gründung auf Senkbrunnen ist eine alte Gründungsart, die auch heute, allerdings mit anderen Materialien, noch manchmal ausgeführt wird. Während man früher die Brunnen mauerte, verwendet man heute meist Hohlzylinder aus Stahlbeton oder Stahlrohre. Die Stahlbetonrohre werden durch Ausbohren bis auf tragfähigen Baugrund abgesenkt und mit Beton ausgestampft. Der Verbrauch an Stahl ist sehr gering, da eine Bewehrung nur in den Mantelrohren und im Kopf des Brunnens als Verbindung mit der aufgelegten Fundamentplatte notwendig ist. Der Verbrauch an Beton ist groß. Die Ausführung von Brunnen mit Stahlrohren, die mit dem fortschreitenden Betoniervorgang wieder gezogen werden, entspricht genau der Herstellung von Großbohrpfählen (siehe oben).

AUSBAGGERN EINES BRUNNENS

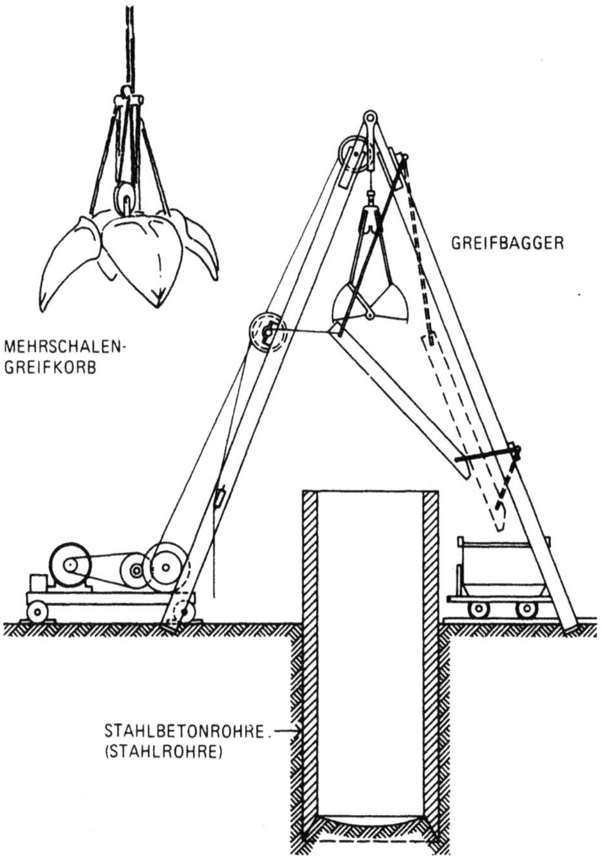

Sicherungsmaßnahmen

Zur Verhütung von Setzungsschäden u. a., nicht nur an neu zu errichtenden, sondern auch an bestehenden oder benachbarten Bauwerken, seien abschließend jene Maßnahmen zusammengefaßt, die zur Vermeidung oder Sanierung von Bauschäden den Gründungsbereich eines Bauwerkes betreffen.

Maßnahmen zur Verhütung schädlicher Setzungen

Sind starke Setzungen aufgrund hoher Gebäudelasten und geringer Tragfähigkeit des Baugrundes zu erwarten, so ist je nach Mächtigkeit dieser schlecht tragenden Bodenschicht die Ausführung der Fundamente verschieden.
Wurde durch Bodenuntersuchung festgestellt, daß tragfähiger Baugrund schon in 1 bis 2 m Tiefe vorliegt, so hebt man am besten die obere Schicht ab und gründet entsprechend tiefer.
Findet sich tragfähiger Baugrund erst in größerer Tiefe, so ist zu überlegen, ob die zu erwartenden starken Setzungen durch eine Pfahl- oder Brunnengründung zu vermeiden oder durch ein Plattenfundament zu verringern sind. Eine Herabsetzung der Bodenpressung, also eine Vergrößerung der Sohlfläche, bringt nur dann einen Erfolg, wenn es sich um ausgesprochene Seichtsetzungen handelt. Bei nichtbindigen Böden lassen sich starke Setzungen durch Verdichtung oder Verfestigung dieser Schichten verhindern.
Sand-, Feinsand- und Kiesboden kann bis zu 1 m Tiefe durch Schwingrüttler und bis zu 30 m Tiefe durch das Rütteldruckverfahren verdichtet werden.
Ein Verfestigen dieser Bodenarten ist durch Einspritzen von Chemikalien nach Dr. Joosten möglich.
Mehlsande, Schluff und Löß lassen sich nur durch Entwässerung und Vorbelasten verfestigen.
Bei bindigen Böden kann man das Maß der Setzungen durch langsames Bauen herabsetzen, wobei die eingeschlossenen Wasserteilchen nach unten und seitlich ausweichen können.
Der Mittelteil langer Baukörper ist durch die Summierung der Drücke stärkeren Setzungen ausgesetzt als die Enden. Dies führt zu schädlichen Setzungen, zu deren Vermeidung es folgende Möglichkeiten gibt:
Unterteilung des Baukörpers durch Setzungsfugen. Die einzelnen Bauteile können sich getrennt voneinander setzen. Die Ausbildung der Setzungsfugen ist jedoch oft sehr schwierig, da diese eine noch größere Breite als die Dehnungsfugen haben müssen, um unter allen Umständen wirksam zu sein.

SUMMIERUNG DER DRÜCKE UNTER DER BAUWERKSMITTE

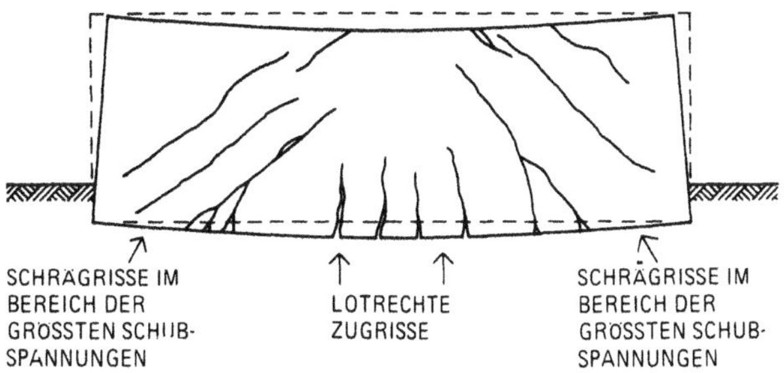

UNTERTEILUNG EINES BAUKÖRPERS
DURCH SETZUNGSFUGEN

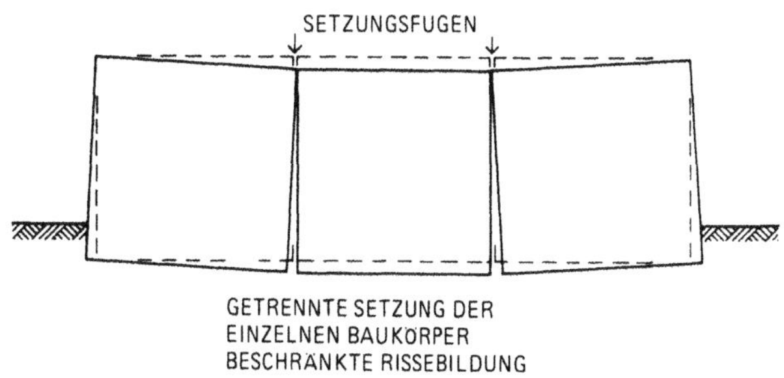

BEMESSUNG DER FUNDAMENTBREITEN MIT
VERSCHIEDEN GROSSEN BODENPRESSUNGEN

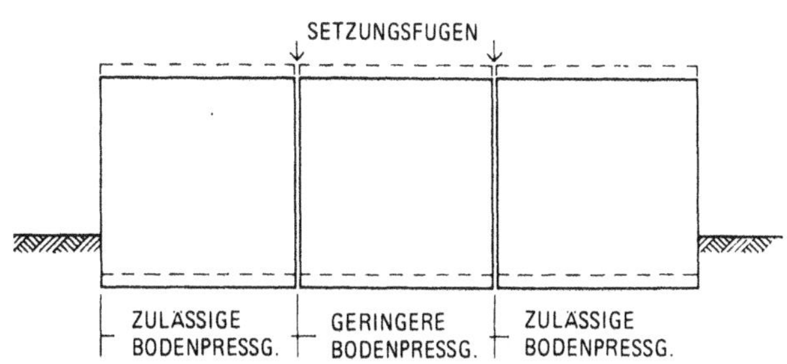

Bemessung der Fundamentbreite für die Außenteile mit der zulässigen Bodenpressung des vorhandenen Baugrundes. Für die Fundamentbreiten des Mittelteils nimmt man eine entsprechend geringere Bodenpressung an, wodurch man gleiche Spannungen im Baugrund und somit auch ein gleiches Setzungsmaß erreicht.

Die beste Lösung ergibt sich, wenn zwischen einzelnen Baukörpern Gelenke eingeschaltet werden können (z. B. Treppenhäuser).

GELENKWIRKUNG VON VERBINDUNGSKÖRPERN

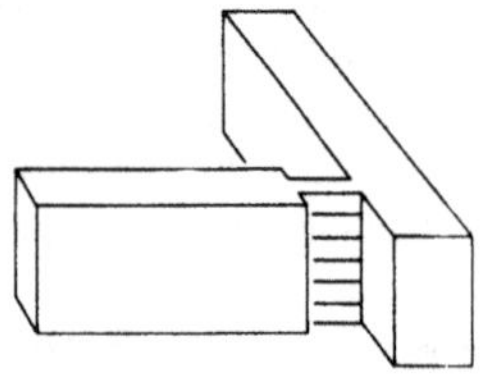

UNABHÄNGIGE SETZUNG DER EINZELNEN BAUKÖRPER

Sind durch verschieden große Baulasten ungleiche Setzungen auf gleichmäßig geschichtetem Baugrund zu erwarten, so kann man bei genügend langer Bauzeit den schweren Baukörper zuerst errichten und in der Setzung voraneilen lassen, ehe der leichtere angeschlossen wird. Muß eine kurze Bauzeit eingehalten werden, so kann man auch hier die Fundamentbreiten für die einzelnen Baukörper nach verschieden großen Bodenpressungen bemessen oder Gelenke anordnen.

Fundamentunterfangung

Wenn Neubauten unterhalb der Gründungssohle unmittelbar bei benachbarten Altbauten gegründet werden sollen, sind die Altbaufundamente zuvor zu unterfangen, d. h. auf die Gründungstiefe des Neubaus tieferzuführen oder durch eine Stützkonstruktion dauerhaft abzustützen. Zur Abstützung kommen, je nach den Verhältnissen, Spundwände, Schlitzwände, Bohrpfahlwände oder chemische Baugrundverfestigungen ggf. mit rückwärtiger Verankerung in Frage, die im Abschnitt „Verbau der Baugrube" (s. Seite 13) bereits ausführlich behandelt wurden.

Die Unterfangung durch Tieferführen der Altbaufundamente wie auch eine Stützkonstruktion sind durch statische Berechnung abzusichern, wobei neben dem Nachweis der Grundbruch- und Standsicherheit auch Setzungen des Altbaus infolge von Drucküberlagerungen oder etwaigen Grundwasserabsenkungen zu berücksichtigen sind.

Ohne Abstützung darf kein Fundament auf ganzer Länge bis zur Sohle freigelegt werden. Mindestens 50 cm über Fundamentsohle muß eine Berme von 2 m Breite verbleiben, von der aus unter 30° weiter abgeböscht werden kann.

Zur Unterfangung wird die Fundamentsohle abschnittsweise freigeschachtet, über 1,25 m Tiefe verbaut und ein Beton- oder Mauerwerkspfeiler auf der neuen Gründungssohle erstellt. Die Länge eines Unterfangsabschnittes soll nicht über 1,25 m, der Abstand zum nächstfolgenden mindestens das 1,5fache der notwendigen Ausschachtungstiefe betragen.

Um das Nachsetzen unterfangener Fundamente geringzuhalten, sind die einzelnen Pfeiler mittels hydraulischer Pressen oder durch Keile gegen die alte Fundamentsohle zu verspannen. Dann erst wird die Anschlußfuge mit Beton verpreßt; nach Erhärtung des Betons wird die hydraulische Presse entfernt und die verbliebene Aussparung ausgefüllt.

Bei größeren Absenkungstiefen und wegen Verzögerung des Bauablaufs durch eine abschnittsweise vorzunehmende Unterfangung, zumal Wände, die zu unterfangen sind, auch abgestützt werden müssen, sind andere Maßnahmen zu treffen: Der tragfähige Verbau, der nach rückwärts ins Erdreich verankert werden kann, erübrigt die Unterfangung und läßt den Bewegungsraum der Baugrube frei. Er bedarf jedoch einer höheren maschinellen Ausrüstung.

ABSTÜTZUNG UND UNTERFANGUNG BESTEHENDER GIEBEL

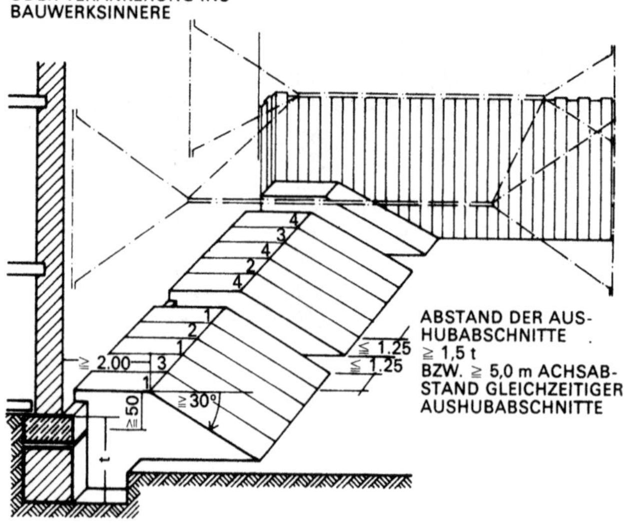

SICHERUNG DURCH ABSCHNITTSWEISE UNTERFANGUNG BEI GERINGFÜGIGER TIEFERGRÜNDUNG VON LÜCKENBAUTEN

SICHERUNG DURCH TRAGENDEN VERBAU BEI GRÖSSERER TIEFERGRÜNDUNG

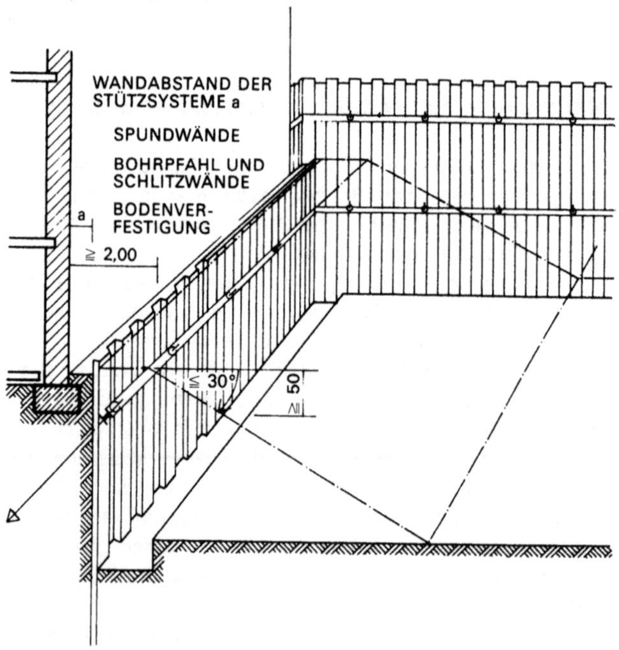

Maßnahmen zur Korrektur eingetretener Setzungen

Auch die Sicherung von Bauwerken, bei denen infolge Überbeanspruchung des Baugrundes, gesunkenen Grundwasserspiegels oder Erschütterungen, z. B. durch nahegelegenen Lastwagen- oder Schiffahrtsverkehr, erst im Laufe der Zeit unerwartete Setzungen eintraten, gehört hierher. Wenn nicht eine Bodenverfestigung, hydraulische Hebung und Verpressung der Fundamentsohle Erfolg verspricht, ist durch eine nachträgliche Tiefgründung die Bauwerkslast auf tieferliegende tragfähigere Schichten des Baugrundes abzutragen. Auf diese Weise können sowohl flach- als auch tiefgegründete Bauwerke unterfangen und evtl. hydraulisch in die ursprüngliche Höhenlage bzw. Horizontale rückversetzt werden.
Da die Maßnahmen immer unter räumlich beschränkten Verhältnissen durchzuführen und Erschütterungen möglichst zu vermeiden sind, kommen hier nur Ortbeton-Bohrpfähle in Frage, die unterhalb oder neben den bestehenden Gründungskörper eingebracht werden. Durch einzuziehende Unterfangungsbalken werden die Bauwerkslasten auf die Pfahlköpfe übertragen. Zur Hebung werden, wie zuvor beschrieben, hydraulische Pressen zwischen Unterfangung und Bauwerk eingefügt und die zum Ausgleich erforderliche Hubdifferenz mit Beton unterfüttert.

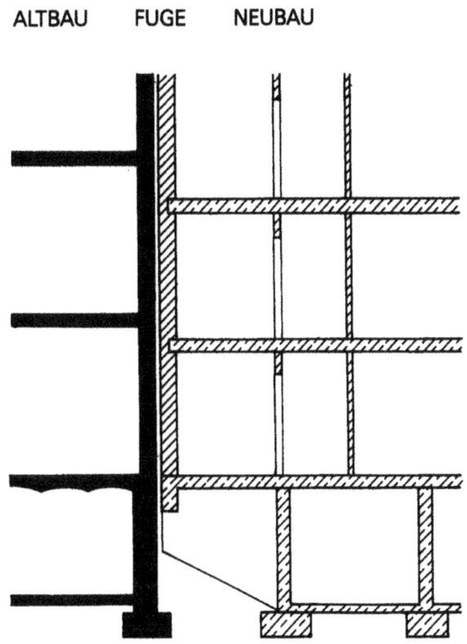

ANBAU MITTELS KRAGSCHEIBE

Gründungen neben Altbauten

Bei einer Gründung neben bestehenden Gebäuden sollte man die Fundamente nicht unmittelbar neben die Haustrennwand setzen, sondern mit der tragenden Kelleraußenwand einen Abstand von 2–3 m wahren.
Die eigentliche Haustrennwand wird ab Erdgeschoß auf der auskragenden Kellerdecke errichtet. Als Kragarme dienen je nach statischen Erfordernissen Betonbalken oder scheibenförmige Keller-Längswände. Welches System zur Anwendung kommt, richtet sich nach den statischen Erfordernissen und der Grundrißgestaltung.
Durch den Abstand der Fundamente von Alt- und Neubau ergeben sich die Überlagerungen der Druckzwiebeln erst in größerer Tiefe, was eine geringere Setzungsneigung beim Altbau bewirkt.
Bei besonders komplizierten Bodenverhältnissen kann man zusätzlich auf Pfählen gründen, um die Lasten des Neubaues in noch tiefere Schichten einzuleiten.

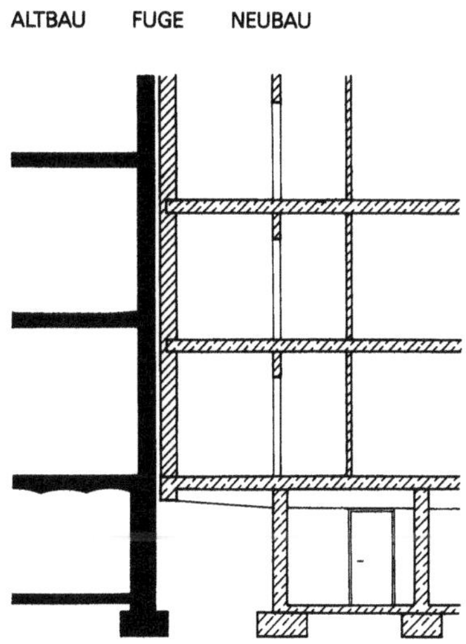

ANBAU MITTELS KRAGBALKEN

Bautenschutz

BEANSPRUCHUNGEN DES BAUWERKS

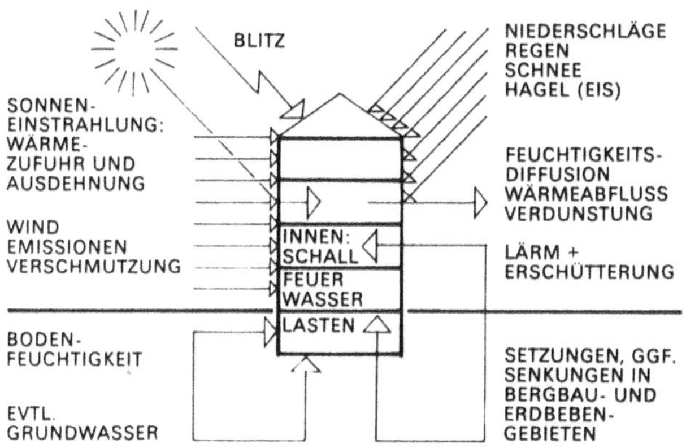

Der Mensch sucht und findet Schutz in seinen Bauten. Er muß diese aber ihrerseits gegen eine Reihe schädlicher und gefährlicher Einwirkungen schützen.

Von außen wird der Bestand der Bauten bedroht:
- durch Witterungseinflüsse,
- durch in der Luft enthaltene Schadstoffe,
- durch Feuchtigkeit und Wasser unter der Erde,
- durch Erschütterungen und Lärmbelästigung,
- durch Feuerübertragung und Blitz.

Im Gebäudeinnern können Schäden und Belästigungen eintreten:
- durch Wasser (Sanitärinstallation und Warmwasserheizung),
- durch zu hohen Feuchtigkeitsgehalt der Raumluft und mancher Bauteile,
- durch Erschütterungen und Lärm, die in den Bauten entstehen,
- durch Feuer und Explosion.

Neue Bedürfnisse und eine erhebliche Ausweitung des Baumarktes bei gleichzeitigem starkem Rückgang des Bauhandwerkernachwuchses drängten auf eine Rationalisierung und Technisierung des Bauablaufes. So entstanden neue, von den altbewährten traditionellen, aber arbeitsintensiven Bauweisen abweichende Bauverfahren und Baustoffe und damit die Gefahr neuer Mängel und Schäden. Deren Verhinderung und Beseitigung ist Aufgabe der Bauphysik. Ohne bauphysikalische Kenntnisse und Forschungen lassen sich heute Probleme des Bautenschutzes nicht mehr lösen.

Feuchtigkeitsschutz

Der größte Teil der Bauschäden ist auf die Einwirkung von Feuchtigkeit zurückzuführen. Diese gefährdet den Bestand der Bauteile und setzt deren Wärmeschutzwirkung erheblich herab. Die Aufgaben des Feuchtigkeitsschutzes bestehen deshalb in der Abwehr oder Verhütung der unmittelbaren schädlichen Einwirkung von Wasser und Feuchtigkeit auf Bauteile und Baustoffe und in der Ergänzung bzw. Erhöhung des Wärmeschutzes.

Feuchtigkeitsschäden

Es hängt von den Eigenschaften der Baustoffe und ihrer Anwendung ab, in welchem Grade die Feuchtigkeit den Bauten schaden kann. Schadensursache ist bei steinigen und pflanzlichen Baustoffen die Saugfähigkeit ihres Porengefüges und gegebenenfalls die Lösbarkeit ihrer festen Grundstoffe. Metallische Baustoffe sind der Korrosion unterworfen. Ihrer Natur nach zeigt sich die Feuchtigkeit seltener als unmittelbare Gefahr, sondern tritt häufiger in ihren Begleit- und Folgeerscheinungen zutage. Sie zwingt daher zu vorausschauenden Maßnahmen. Die Durchfeuchtung von Wänden und Decken kann unmittelbar als Nässe hervortreten und Putz, Anstriche und Tapeten zerstören, benachbarte Hölzer und Metalle gefährden und lagernde Güter verderben. Auch werden Ausblühungen von Steinen und Mörtel sowie das Wachstum von Krankheitskeimen und Schwammarten gefördert. Erreicht der Frost die durchfeuchteten Bauteile, so kann die Volumenvermehrung des in den Poren und Ritzen gefrierenden Wassers früher oder später zu ihrer Zerstörung führen und den Bestand und die Standsicherheit des Gebäudes bedrohen. Zu diesen Schäden kommt in jedem Falle der erhöhte Verlust an Wärme (Brennstoff), welchen feuchte, raumumschließende Bauteile verursachen. Bei Durchfeuchtung eines Baustoffes wird die Luft durch Wasser aus den Poren verdrängt, und es verdampft Wasser in den Poren. Da Wasser eine 25mal so große Wärmeleitfähigkeit hat als Luft in winzigen Poren, so wird bei einer Durchfeuchtung die Wärmeleitfähigkeit des Stoffes wesentlich erhöht, sein Wärmeschutz also entsprechend herabgesetzt. Dies macht sich am stärksten bei durchfeuchteten Dämmstoffen bemerkbar. Sinngemäß bewirkt also jeder Feuchtigkeitsschutz eines Bauteiles gleichzeitig die Erhaltung oder eine Erhöhung seines Wärmeschutzes.
Betreffen die vorbeschriebenen Schäden sowohl steinige als auch pflanzliche Baustoffe, so kommt bei Hölzern hinzu, daß sie je nach Feuchtigkeitsgehalt quellen oder schwinden. Hölzerne Bauteile, Möbel, Fußböden und Wandbekleidungen können sich werfen und verziehen, hinter Schränken an Außenwänden kann sich Schimmel bilden, und als schlimmste Folge sind Fäulnis und Hausschwamm zu befürchten. Während der ständige Wechsel von Durchfeuchtung und Trockenheit Holz zerstört, erreicht völlig von Wasser umschlossenes Holz ein besonders hohes Alter, wie seit über tausend Jahren im Grundwasser stehende Eichenpfähle alter Grundbauten beweisen.

Manche Metalle, insbesondere der normale Baustahl, werden unter der Einwirkung von Feuchtigkeit, von Schadstoffen aus der Luft und bei konstruktiver Verbindung mit edleren Metallen in ihrem Bestand unmittelbar bedroht. Die hohe Ausnutzung, z. B. tragender Stahlbauteile, ist nur unter der Voraussetzung möglich, daß sie sorgfältig und dauerhaft gegen Korrosion geschützt werden (siehe Kapitel „Stahlbau"). Für das elektro-chemische Verhalten von Metallen gilt, daß zwei verschiedene, leitend verbundene Metalle mit einem Elektrolyt (saure, basische oder salzhaltige Lösung) ein elektrisches Element bilden. Es entstehen Ströme, wobei durch Ionenwanderung das unedlere Metall zersetzt wird, und zwar um so stärker, je weiter die beiden Metalle in der elektrolytischen Spannungsreihe auseinanderstehen.

Unedel edel
– Mg, Al, Mn, Zn, Cr, Fe, Ni, Sn, Pb, Cu, Ag –

Man spricht von Kontaktkorrosion. Da Regenwasser sauer ist (Kohlensäure der Luft und Schwefelsäure aus Abgasen) und bei Erwärmung harten Wassers mit dem Kesselstein auch Kohlensäure freigesetzt wird, sollen insbesondere im Freien und in Warmwasseranlagen verschiedene Metalle nicht unmittelbar miteinander in Berührung kommen.

Feuchtigkeitsarten

Wasser und Feuchtigkeit können in folgenden Formen dem Bauwerk schaden:
Feuchtigkeit, die von außen an das Bauwerk andringt:
Niederschlagsfeuchtigkeit, Oberflächenwasser, Sickerwasser, Bodenfeuchtigkeit, Grundwasser, Schichtenwasser, Druckwasser,
im Bauwerk enthaltene Feuchtigkeit:
Baufeuchtigkeit, Dauerfeuchtigkeit,
Im Bauwerk entstehende Feuchtigkeit:
Nutzwasser, Tauwasser.

Begriffserläuterung:

Niederschlagsfeuchtigkeit: Regen und Schnee, die unmittelbar auf das Bauwerk auftreffen.

Oberflächenwasser: Durch Regen und andere Niederschläge – auch Schmelzwasser – entstandenes Wasser, das auf der Erdoberfläche abfließt bzw. versickert.

Schmelzwasser: Durch schmelzenden Schnee oder schmelzendes Eis gebildetes Wasser.

Sickerwasser: In die Erde sickerndes Oberflächenwasser, zwischen geneigten oder senkrechten Erdschichten (Geschieben) in die Tiefe sickerndes Grundwasser.

Bodenfeuchtigkeit: Im Erdreich enthaltene Feuchtigkeit, die aus dem Grundwasser hochgesaugt oder durch Regen und andere Niederschläge (Oberflächenwasser) verursacht sein kann.

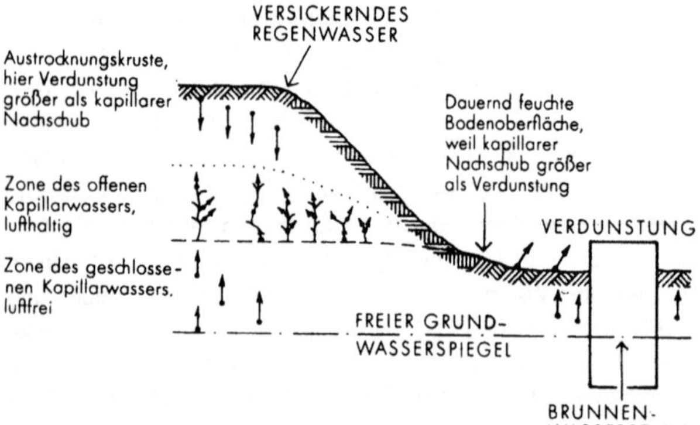

Grundwasser: Das die Hohlräume der lockeren Erdschichten und Gesteine voll ausfüllende Wasser. In offenen Bohrlöchern usw. bildet es eine freie Oberfläche, den Grundwasserspiegel. Je nach der Bodenbeschaffenheit ist fast immer ein Grundwasserstrom vorhanden, der – z. B. im Gebirge – auch größere Geschwindigkeiten erreichen kann. Unter dem Grundwasser befinden sich undurchlässige Erdschichten, die das tiefere Absinken des Grundwassers verhindern. Wo Grundwasser an die Erdoberfläche tritt, entsteht Quellwasser.

Schichtenwasser: Grundwasser in mehreren Erdschichten übereinander (Grundwasserstockwerke), die durch undurchlässige Erdschichten getrennt sind.

Druckwasser: Grundwasser, Schichtenwasser oder Oberflächenwasser, das auf Bauteile im Boden einen Druck ausübt.

Baufeuchtigkeit: Mit den Baustoffen und durch das Bauen (Mauern, Betonieren, Putzen) in die Bauteile hineingelangte Feuchtigkeit.

Brauchwasser (Nutzwasser): Gebrauchswasser in Naßräumen wie Küchen, Bädern und Toiletten, Spritzwasser, Putzwasser.

Luftfeuchtigkeit: Feuchtigkeit, die als Wasserdampf in Luft in unsichtbar gasförmigem Aggregatzustand enthalten ist.

Sättigungsfeuchtigkeit: Maximale Wasserdampfmenge (in g/m³), die abhängig von der jeweiligen Temperatur in gasförmigem Aggregatzustand in Luft, aber auch in Bauteilen, noch gehalten werden kann, ohne als Nebel oder Niederschlag ausgefällt zu werden.

Relative Luftfeuchtigkeit (Feuchtigkeitsgrad der Luft): In % ausgedrücktes Verhältnis des bei einer bestimmten Temperatur vorhandenen Wasserdampfgehaltes der Luft (absoluter Feuchtigkeitsgehalt in g/m³) zu dem bei dieser Temperatur höchstmöglichen Wasserdampfgehalt (Sättigungsgehalt/100 = absolut vorhandene Feuchtigkeitsmenge in g/m³).

Taupunkt: die Temperatur, bei welcher die in der Luft absolut vorhandene Feuchtigkeitsmenge zum Sättigungsgehalt wird. Bei weiterer Abkühlung fällt infolge Kondensation die überschüssige Feuchtigkeitsmenge als Nebel und Niederschlag aus.

Tauwasser: Feuchtigkeit, die sich auf und in Bauteilen oder anderen Gegenständen sowie in Luft als Wasser niederschlägt, wenn ihre Temperatur unter den Taupunkt abkühlt. Der weitverbreitete Ausdruck „Schwitzwasser" ist physikalisch unkorrekt, weil es sich um einen Durchdringungsvorgang handelt.

Kondenswasser: In der neuen Ausgabe der DIN 4108, (08.81), kommt dieser Begriff nicht mehr vor.
Nach den Regeln der theoretischen Physik gibt es „Kondensation" nur bei reinen Gasen. Weder Luft noch Wasserdampf sind reine Gase.
Nach dieser Begriffsregelung spricht man nunmehr bei der Wasserentstehung sowohl auf der Oberfläche als auch im Innern von Bauteilen von Tauwasserbildung bzw. von Tauwasser.

Praktische Dauerfeuchtigkeit (Gleichgewichtsfeuchtigkeit): derjenige Feuchtigkeitsgehalt eines Baustoffes (gemessen in Gewichts- oder Volumen-%), der sich entsprechend den umgebenden Luftfeuchte- und Temperaturbedingungen im inneren Gefüge eines Baustoffes nach Austrocknung der Baufeuchtigkeit einstellt. Je nach seiner Porosität bzw. Dichte pendelt sich im Zusammenspiel von Wasserdampfdiffusion, Kondensation, Verdunstung und kapillarer Saugfähigkeit ein hygroskopisches Gleichgewicht ein, das man auch als Eigenfeuchtigkeit bezeichnet.

Feuchtigkeit im Erdreich

Im Erdreich ist fast immer Feuchtigkeit vorhanden. Versickerndes Niederschlagswasser, Saugwasser aus dem Grundwasser, Haft- oder Kapillarwasser, das Adhäsionswirkung an den Bauteilen oder im Baugrund zurückhält, wird durch Kapillarwirkung auch in poröse Baustoffe eindringen, ohne daß die Bauteile einem Wasserdruck ausgesetzt sind. Richtlinien für die Abdichtung gegen diese Bodenfeuchtigkeit, gegen im Erdreich vorhandenes nichtdrückendes Wasser enthält DIN 4117. Bei bindigen Böden und an Hängen reichen die darin behandelten Maßnahmen aber nur dann aus, wenn durch eine wirksame Dränung vermieden wird, daß sich drückendes Wasser sammelt.

Gestautes Sickerwasser und Grundwasser üben auf die benetzten Bauteile einen Druck aus, dem nur durch weiterreichende Maßnahmen entgegengewirkt werden kann. Für den Schutz der Bauwerke gegen drückendes Wasser gilt DIN 4031 mit den Richtlinien für wasserdruckhaltende Abdichtungen.

Erst nachträglich wurde die DIN 4122 „Abdichtung gegen nichtdrückendes Oberflächenwasser und Sickerwasser" für den Anwendungsbereich zwischen der kapillaren Bodenfeuchtigkeit und dem anhaltenden Druckwasser eingeführt. Sie gilt für die Abdichtung mit Bitumen-, Metall- und Kunststoffbahnen gegen nachdrückendes Wasser, und zwar in tropfbar-flüssiger Form (im Gegensatz zum Kapillarwasser), z. B. Niederschlagswasser, Sikkerwasser oder Brauchwasser, das im allgemeinen auf Abdichtungen keinen oder nur vorübergehend einen geringfügigen hydrostatischen Druck auszuüben vermag. Daher lassen sich gewisse Überschneidungen in der Anwendung von DIN 4122 mit den Normen DIN 4117 einerseits und DIN 4031 andererseits nicht vermeiden. Ob z. B. Wände eines Bauwerkes nach DIN 4117 gegen Bodenfeuchtigkeit oder nach DIN 4122 gegen Sickerwasser abzudichten sind, richtet sich nach der Wasserempfindlichkeit und Durchlässigkeit des zu schützenden Bauteiles, nach etwaiger Gefährdung durch Risse und den Folgen für die Nutzbarkeit eines Bauwerkes.

Feuchtigkeit und Schadstoffe

Nicht nur die Feuchtigkeit selbst, auch alle in dieser Feuchtigkeit gelösten und transportierten Schadstoffe können auf Bauteile und Baustoffe in der Luft wie im Erdreich einwirken. Die Gefahren für Beton und Mörtel als die Hauptbaustoffe unserer Bauwerke behandelt DIN 4030, „Beurteilung betonangreifender Wässer, Böden und Gase", woraus die folgenden Abschnitte entnommen sind.

2 Betonangreifende Stoffe und ihre Wirkung

Wässer und Böden können Beton angreifen, wenn sie:
- freie Säuren (siehe Abschnitt 2.1)
- Sulfid (siehe Abschnitt 2.1.2)
- Sulfat (siehe Abschnitt 2.2)
- bestimmte Magnesiumsalze (siehe Abschnitt 2.3)
- Ammoniumsalze (siehe Abschnitt 2.4) oder
- bestimmte organische Verbindungen (siehe Abschnitt 2.6)

enthalten.

Darüber hinaus wirken Wässer angreifend, wenn sie besonders weich sind (siehe Abschnitt 2.5).

Gase können in Verbindung mit Feuchtigkeit Beton angreifen, wenn sie:
- Schwefelwasserstoff (siehe Abschnitt 2.1.2) oder
- Schwefeldioxid (siehe Abschnitt 2.1.3)

enthalten.

2.1 Saure Wässer, d. h. Wässer, die freie Säuren enthalten, wirken lösend auf den Zementstein und auf carbonathaltige Zuschläge. Wässer mit freien Säuren sind an einem pH-Wert kleiner als 7 erkennbar. Als betonangreifend gelten sie bei pH-Werten kleiner als 6,5. Die am häufigsten vorkommenden Säuren sind in den Abschnitten 2.1.1 bis 2.1.4 aufgeführt.

pH kleiner als 7 = sauer
pH gleich 7 = neutral
pH größer als 7 = basisch

2.1.1 Freie Mineralsäuren sind im allgemeinen starke Säuren, wie z. B. Schwefel-, Salz- und Salpetersäure, und wirken lösend auf den Zementstein und auf carbonathaltige Zuschläge.

2.1.2 Schwefelwasserstoff ist eine schwache Säure und wirkt als solche weniger auf den Beton ein. Er kann jedoch gasförmig in trockenen Beton eindringen oder sich im Wasserfilm auf feuchtem Beton lösen und bei Luftzutritt
Schwefelsäure (siehe Abschnitt 2.1.1) und Sulfate (siehe Abschnitt 2.2) bilden.
Auch wasserunlösliche Sulfide (z. B. Pyrit, Markasit) können bei Zutritt von Luftsauerstoff und Feuchtigkeit allmählich zu Sulfaten und freier Schwefelsäure oxydiert werden.

2.1.3 Schwefeldioxid, das hauptsächlich in Verbrennungsgasen enthalten ist, kann gasförmig in trockenen Beton eindringen oder sich im Wasserfilm auf feuchtem Beton lösen, schweflige Säure und Sulfite und in Gegenwart von Sauerstoff Schwefelsäure (siehe Abschnitt 2.1.1) und Sulfate (siehe Abschnitt 2.2) bilden.

2.1.4 Die kalklösende Kohlensäure greift Beton vornehmlich durch Lösen des Calciumhydroxids in ähnlicher Weise an wie andere schwache Säuren. Da der pH-Wert allein kein Maß für die Konzentration der kalklösenden Kohlensäure ist, muß sie gesondert bestimmt werden (siehe Abschnitt 5.2.9).

2.1.5 Freie organische Säuren, wie z. B. Essig-, Milch- und Buttersäure (siehe Abschnitt 3.1.6), lösen Calcium aus den Bestandteilen des Zementsteins unter Bildung des entsprechenden Salzes heraus. Der Angriff von organischen Säuren ist im allgemeinen weniger stark als der anorganischer Säuren. Einzelne organische Säuren (z. B. Oxalsäure, Weinsäure) können sogar Schutzschichten bilden.

Huminsäuren sind für erhärteten Beton im allgemeinen wenig gefährlich. Sie können jedoch in besonderen Fällen ihre Wasserstoffionen gegen die Kationen neutraler Salze austauschen und somit freie, hauptsächlich anorganische Säuren bilden. Das Erhärten frischen Betons kann schon beeinträchtigt werden, wenn geringe Mengen an Humusstoffen auf ihn einwirken.

2.2 Sulfate setzen sich mit einigen Calcium- und Aluminiumverbindungen des Zementsteins zu Calciumaluminatsulfat oder Gips um, die Treiben hervorrufen.

2.3 Magnesiumsalze, z. B. Magnesiumsulfat und -chlorid, lösen Calciumhydroxid aus dem Zementstein, wobei sich u. a. Magnesiumhydroxid als weiche, gallertartige Masse bildet. Bei Magnesiumsulfat ist außerdem der Sulfatangriff (siehe Abschnitt 2.2) zu beachten.

2.4 Ammoniumsalze, außer Ammoniumcarbonat, -oxalat und -fluorid, lösen vorwiegend Calciumhydroxid aus dem Zementstein, wobei Ammoniak frei wird und sich in Wasser löst. Bei Ammoniumsulfat wirkt außerdem das Sulfat (siehe Abschnitt 2.2). Ammoniak greift den Beton nicht an.

2.5 Weiche Wässer (siehe DIN 19640 – Härte eines Wassers; Begriffe und Maßeinheiten) mit einer Gesamthärte unter 1,1 mval/l bzw. 3 °d, d. h. Wässer, die gar keine oder nur sehr wenig gelöste Calcium- und/oder Magnesiumsalze enthalten, können Calciumhydroxid des Zementsteins lösen. Sie greifen jedoch wasserundurchlässigen Beton (siehe DIN 1045) praktisch nicht an.

2.6 Fette und Öle wirken je nach ihrer Herkunft, chemischen Zusammensetzung und physikalischen Beschaffenheit verschieden auf den Beton ein.

2.6.1 Pflanzliche und tierische Fette und Öle können den Beton angreifen, weil sie als Ester der Fettsäuren mit dem Calciumhydroxid des Zementsteins fettsaure Calciumsalze (Kalkseifen) bilden. Ihr Angriffsvermögen auf wasserundurchlässigen Beton (siehe DIN 1045) ist jedoch zu vernachlässigen.

2.6.2 Mineralöle und -fette greifen den Beton nicht an, wenn sie frei von Säuren und pflanzlichen oder tierischen Fetten und Ölen sind.

2.6.3 Von den Steinkohlenteerölen enthalten im allgemeinen die Mittel- und Schweröle Phenol (Carbolsäure) und dessen Homologe, die unter Bildung von Phenolaten den Beton angreifen können. Ihr Angriffsvermögen auf wasserundurchlässigen Beton (siehe DIN 1045) ist jedoch zu vernachlässigen.

3 Vorkommen der betonangreifenden Stoffe

3.1 Wässer

3.1.1 Meerwasser enthält als betonangreifende Bestandteile vorwiegend Magnesium und Sulfat. Ostsee und Nordsee haben annähernd die in Tabelle 1 angegebene Zusamensetzung.

Tabelle 1 Zusammensetzung von Meerwasser

Bestandteile	Nordsee (Helgoland)	Ostsee (Kieler Bucht)
Na^+	11 050 mg/l	4 980 mg/l
K^+	400 mg/l	180 mg/l
Ca^{2+}	430 mg/l	190 mg/l
Mg^{2+}	1 330 mg/l	600 mg/l
Cl^-	19 890 mg/l	8 960 mg/l
SO_4^{2-}	2 780 mg/l	1 250 mg/l
*p*H-Wert	> 8	> 7

Der Gesamtsalzgehalt beträgt in der Nordsee, ähnlich wie im Atlantischen Ozean, etwa 36000 mg/l, in der Ostsee (Kieler Bucht) im Jahresmittel etwa 16000 mg/l.

3.1.2 Gebirgs- und Quellwässer sind oft chemisch sehr rein (siehe Abschnitt 2.5). Sie enthalten jedoch gelegentlich kalklösende Kohlensäure (siehe Abschnitt 2.1.4).

3.1.3 Moorwässer enthalten als betonangreifende Bestandteile oft kalklösende Kohlensäure (siehe Abschnitt 2.1.4), Sulfate (siehe Abschnitt 2.2) sowie organische Säuren (siehe Abschnitt 2.1.5).

3.1.4 Grundwasser enthält oft kalklösende Kohlensäure, Sulfat und Magnesium. Schwefelwasserstoff, Ammonium und angreifende organische Verbindungen kommen in höherer Konzentration nur in solchen Grundwässern vor, die durch Abwässer verunreinigt sind.

3.1.5 Flußwasser kann sehr rein sein; es kann aber auch die im Abschnitt 2 aufgeführten Stoffe enthalten. Die Konzentrationen liegen jedoch im allgemeinen im nicht angreifenden Bereich.

3.1.6 Abwässer können anorganische und organische angreifende Bestandteile enthalten, und zwar Mineralsäuren und organische Säuren sowie deren Salze.
In Industrie-Abwässern können diese Bestandteile in größeren Mengen vorliegen, in häuslichen Abwässern liegen die Konzentrationen im allgemeinen im nicht angreifenden Bereich.
Die Abwässer der chemischen Industrie können die im Abschnitt 2 aufgeführten Bestandteile auch in höheren Konzentrationen enthalten.
In den Abwässern der Zellstoffwerke, Galvanisieranstalten und Beizereien treten neben Mineralsäuren verschiedene anorganische Verbindungen auf, unter anderem Sulfate. Das Kokereiabwasser ist durch Ammoniumsalze, Sulfat und Phenole verunreinigt.
Die Abwässer der Zucker-, Papier-, Farben-, Weinessig- und Konservenfabriken, von Brennereien, Gerbereien, Molkereien und Anlagen zur Grünfutterherstellung enthalten in erster Linie organische Säuren, und zwar u. a. Ameisen-, Essig-, Milch- und Buttersäure.

3.2 Böden

3.2.1 Sulfathaltige Böden treten vorwiegend in Zechstein, Trias-, Jura- und Tertiärformationen auf, deren Ablagerungen Anhydrit und Gips führen. Die leichter löslichen Sulfate, wie z. B. Magnesiumsulfat und Natriumsulfat, kommen vorzugsweise in der Umgebung von Salzstöcken vor.

3.2.2 Moorböden (Torf) und Faulschlamm enthalten im wesentlichen die im Abschnitt 3.1.3 angegebenen Stoffe. Außerdem können Moorböden, Faulschlamm und Tonböden Eisensulfide (Pyrit, Markasit) enthalten (siehe Abschnitt 2.1.2).

3.2.3 Aufschüttungen industrieller Abfallprodukte, Schutt, Müll und Kehricht sowie Schlacken- und Berghalden, können je nach Herkunft einige der im Abschnitt 2 aufgeführten Stoffe in größeren Mengen enthalten. Sickerwässer aus derartigen Schüttungen können folglich auch betonangreifend sein.

3.3 Gase
Verbrennungsgase und Abgase der Industrie können freie Mineralsäuren (siehe Abschnitt 2.1.1), organische Säuren (siehe Abschnitt 2.1.5), Schwefeldioxid (siehe Abschnitt 2.1.3) und Schwefelwasserstoff (siehe Abschnitt 2.1.2) enthalten. Beim Unterschreiten des Taupunktes können sich angreifende Lösungen bilden. Außerdem ist damit zu rechnen, daß sich die gasförmigen Bestandteile in den Niederschlägen (Regen und Schnee) lösen und auf diese Weise auf Beton einwirken.
Im Abgas enthaltene Feststoffe, z. B. Sulfate, können sich im Kondensat lösen. Das in Verbrennungsgasen angereicherte Kohlendioxid wirkt nicht betonangreifend; es kann jedoch eine verstärkte Carbonatisierung des Betons bewirken und gegebenenfalls den Korrosionsschutz der Bewehrung beeinträchtigen.

Abdichtungsmaterialien

Als Material für die Ausführung von Abdichtungsarbeiten stehen bituminöse Stoffe und Bahnen ggf. mit Metallfolien oder Glasfaservlieseinlage sowie schweißbare Bahnen aus thermoplastischem Kunststoff zur Verfügung. Unter Zusatz von Dichtungsmitteln können auch unmittelbar wasserundurchlässige Baustoffe wie Sperrmörtel oder Sperrbeton hergestellt werden. Sie sind jedoch durch Risse gefährdet und erfordern besondere Vorkehrungen an Arbeitsfugen und Anschlußstellen.
Der sichere und zuverlässige Schutz von Bauwerken gegen Feuchtigkeit und Schadstoffe jeglicher Art unter Terrain ist deshalb nur zu gewährleisten, wenn die Eigenschaften der Abdichtungsmaterialien und die Erfordernisse ihrer richtigen Anwendung in Planung und Ausführung gleichermaßen berücksichtigt werden.

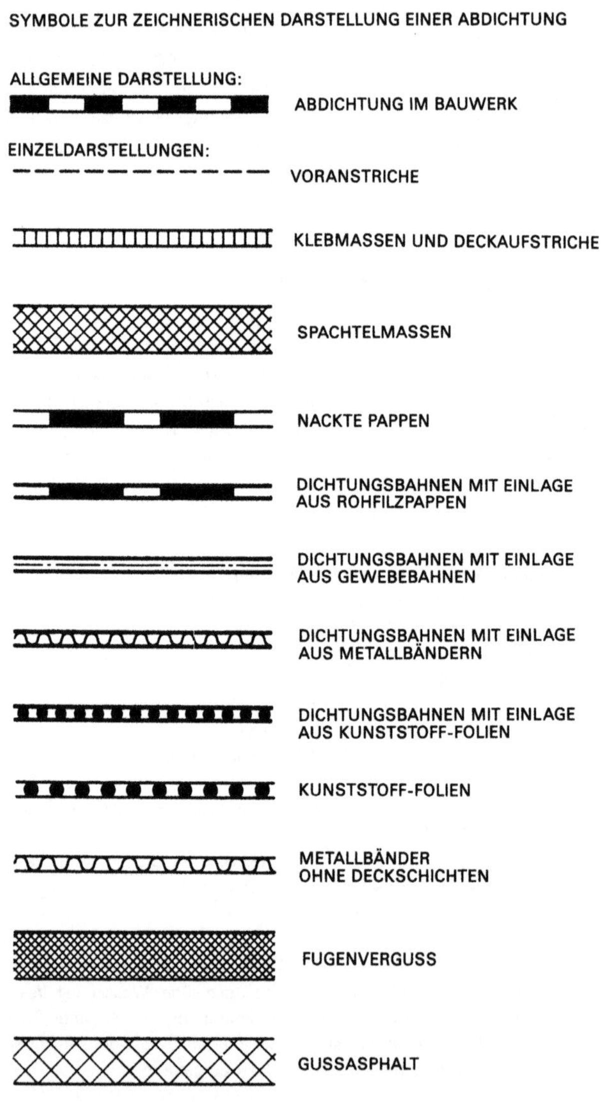

Bituminöse Stoffe

Der älteste Abdichtungsstoff ist der Asphalt; wie zahlreiche Aufzeichnungen, Berichte und Ausgrabungen, hauptsächlich in Vorderasien, beweisen, spielte der Asphalt schon im 3. Jahrtausend v. Chr. im Bauwesen eine bedeutende Rolle. Mauern und Fußböden in babylonischen Tempeln und Palästen oder Uferbefestigungen zeigen, daß man schon damals die Klebekraft und die wasserabweisenden Eigenschaften des Asphaltes kannte und ihn als Mauermörtel und zu Abdichtungsarbeiten verwendete.

Asphalt

ist ein natürliches oder künstliches Gemisch von Bitumen und Mineralstoffen. Dabei sind unter Bitumen zu verstehen die in Schwefelkohlenstoff löslichen Anteile der Naturasphalte und Asphaltgesteine und die Erdölrückstände.
Die bekanntesten Vorkommen der Naturasphalte sind die auf der Insel Trinidad und in der Provinz Bermudez in Südamerika. Auf Trinidad bildet der Asphalt einen etwa 40 ha großen und 40 m tiefen See, dessen Spiegel trotz des starken Abbaues seit dem Jahre 1851 nur unwesentlich abgesunken ist. Aus der Tiefe werden immer neue heißflüssige Asphaltmengen nachgedrückt. Der Trinidadasphalt enthält etwa 40% Bitumen, 30% Mineralstoffe und 30% Wasser; er ist also sehr bitumenreich und daher sehr zähflüssig.
Der Bermudez-Asphalt bildet ebenfalls einen See und ist dem Trinidad-Asphalt ähnlich.
Beide Asphalte haben einen hohen Schwefelgehalt von 6%, wodurch sie sich hauptsächlich von Erdöl-Bitumen unterscheiden. In Form von Asphaltkalksteinen findet sich Naturasphalt in der Schweiz (Val de Travers), Italien (Sizilien), Frankreich (Lobsann), Jugoslawien (Dalmatien) und in Deutschland bei Vorwohle-Eschershausen im Weserkreis Holzminden. Der Vorwohler Asphalt ist ein mit Bitumen gleichmäßig durchtränkter Kalkstein, der bergmännisch im Untertagebau abgebaut und in den Asphaltfabriken aufbereitet wird.
Der deutsche Naturasphalt kommt als Naturasphaltrohmehl, Naturasphaltmastix und Stampfasphaltplatten in den Handel.
Für Abdichtungszwecke wird Naturasphaltmastix, ein Gemisch von Bitumen und Naturasphaltmehl mit 16 und 22% Bitumengehalt verwendet.

Bitumen

Es ist zu unterscheiden zwischen natürlichem Bitumen und Erdölbitumen.
Unter natürlichem Bitumen versteht man das reine, mineralfreie Bindemittel im Naturasphalt.
Erdölbitumen stellt eine kolloide Dispersion der verschiedensten Erdölharze in Mineralöl dar und ist somit kein einheitlicher Stoff mit gleichbleibenden Eigenschaften. Diese sind vielmehr weitgehend abhängig von der Art des Erdöls, aus welchem das Bitumen durch Destillation gewonnen wurde, sowie von dessen Weiterbehandlung. Bei mittlerer Temperatur verhält sich Bitumen allgemein wie eine zähe Flüssigkeit und ist leicht verformbar. Bei tiefen Temperaturen und insbesondere bei plötzlicher mechanischer Beanspruchung besitzt es spröden Charakter. Geblasene Bitumensorten weisen einen höheren Elastizitätsbereich auf als jene Massen, die im normalen Destillationsverfahren gewonnen werden; sie sind demnach gegen Temperaturschwankungen weniger empfindlich.
Bitumen besitzt eine gute Widerstandsfähigkeit gegen verdünnte organische Säuren und Basen. Es ist jedoch zu beachten, daß es durch Einwirkung dieser Stoffe wie auch durch Wasser mit der Zeit quellen kann. Von Ölen und Fetten wird Bitumen zunächst angequollen und später völlig erweicht und gelöst. Unter der Einwirkung von Sauerstoff und verstärkt durch gleichzeitige Einwirkung von Licht wird das Stoffgemisch Bitumen physikalisch und chemisch umfassend verändert, d. h. gealtert. Auch durch längeres Erhitzen ändern sich die Eigenschaften von Bitumen.

Steinkohlenteerpech

ist eine kolloide Dispersion der verschiedensten Teerharze in Teerölen. Es wird bei der Destillation des Steinkohlenrohteeres als Rückstand gewonnen. Man erhält dabei mit fortschreitender Destillation Weichpech, mittelhartes und Hartpech. Die Temperaturempfindlichkeit der Steinkohlenweichpeche als bituminöse Abdichtungsmaterialien ist deutlich größer als diejenige von Destillationsbitumen. Steinkohlenteerweichpeche besitzen eine etwas geringere Wasseraufnahmefähigkeit als Bitumen.
Obwohl sie kein Bitumen enthalten, werden Steinkohlenteerpeche als „bituminös" bezeichnet, da sie nach Farbe und Zähigkeitscharakter bitumenähnlich sind. Ihrer Herkunft und chemischen Zusammensetzung nach haben sie aber nichts miteinander zu tun. Gegenüber chemischen Einflüssen und Temperaturschwankungen reagieren sie verschieden.

Voranstrichmittel

Bituminöse Anstriche müssen unter den Deckaufstrichen einen bituminösen, dünnflüssigen, kalt streichbaren Voranstrich erhalten, der infolge seiner Dünnflüssigkeit in die Poren des Untergrundes eindringt und Unebenheiten der Oberfläche sorgfältiger auskleidet, als dies durch die zähflüssigeren Deckaufstriche geschehen kann.
Voranstrichmittel sind: Bitumenlösung, Steinkohlenteerpechlösung und verdünnte Wasseremulsionen von Bitumen oder Steinkohlenteerpech.
Bitumen- und Steinkohlenteerpechlösungen, bei denen die Grundstoffe in organischen Lösungsmitteln, beispielsweise Benzolen, gelöst sind, verwendet man nur auf lufttrockenem Untergrund. Ist der Untergrund noch feucht, wenn die Dichtungsanstriche aufgetragen werden müssen, so nimmt man die verdünnten Bitumen- oder Steinkohlenteerpechemulsionen. Trockenen Untergrund bei diesen Mitteln anzufeuchten ist zweckmäßig. Emulsionen sind frostempfindlich, während bei Lösungen wegen der leichten Entflammbarkeit erhöhte Vorsicht walten muß.
Voranstrich und Deckaufstriche sollen jeweils aus den gleichen Grundstoffen bestehen, entweder Bitumen oder Teerpech.

Deckaufstrichmittel

Nach dem Voranstrich sind stets mehrere Deckaufstriche auszuführen, mindestens zwei heißflüssige, bei kaltflüssigen aber drei, weil die Auftragsstärke bei kalt streichbaren Materialien nach dem Verdunsten des Lösungsmittels bzw. des Wassers bei Emulsionen nicht unbeträchtlich vermindert wird.
Kalt zu verarbeitende Aufstriche sind Lösungen und Emulsionen von Bitumen und Steinkohlenteerpech.
Heiß verarbeitet werden, nachdem sie durch Erhitzen streichbar gemacht wurden, Bitumen und Steinkohlenteerpech, ohne („ungefüllt") oder mit feinstgemahlenen, mineralischen Füllstoffen („gefüllt"), z. B. Kalksandstein-, Quarz- oder Schiefermehlen. Die heißflüssigen Deckaufstriche eignen sich speziell für weniger ebenen und rauhen Untergrund; insbesondere genügen nur diese bei unverputztem Mauerwerk in Verbindung mit einem kaltflüssigen Voranstrich.
Die Dichtungsanstriche bieten gegen seitliches Eindringen von Bodenfeuchtigkeit in Wände, die das Erdreich berühren, im allgemeinen ausreichenden Schutz.

Spachtelmassen

Widerstandsfähiger als Dichtungsanstriche, vor allem gegen Beschädigungen beim Verfüllen der Baugrube, sind Spachtelabdichtungen. Sie bedürfen aber längerer Austrocknungszeit. Gegen Erdfeuchtigkeit werden sie zweilagig in insgesamt mindestens 6 mm Stärke über einem Voranstrich aufgetragen.
Kalt zu verspachteln sind zähplastisch gelöstes oder emulgiertes Bitumen oder Steinkohlenteerpech.
Heiß aufgespachtelt werden gefülltes Bitumen und Steinkohlenteerpech sowie Spachtelmassen aus Naturasphaltmastix.

Klebemassen

zur Herstellung der Hautdichtungen sind Bitumen und Steinkohlenteer-Sonderpech; sie werden heiß verarbeitet. Von Ausnahmefällen abgesehen, wird man Hautdichtungen nur als wasserdruckhaltende Dichtungen ausführen. Klebemassen und Dichtungsbahnen sollen den gleichen bituminösen Grundstoff enthalten. Hautdichtungen mit Kunststoffolien werden mit Spezialklebern der Folienhersteller und Spezialbitumen ausgeführt, das keine folienschädlichen Bestandteile enthalten darf.

Dichtungspappen

Zur Herstellung von Bitumen- und Teerpappen verwendet man Rohpappe nach DIN 52117 oder Wollfilzpappe nach DIN 52119. Diese Pappen werden aus faserigen Textilabfällen gewonnen und nach ihrem Grammgewicht je qm als 333er oder 500er Pappen bezeichnet. In getränktem Zustand bezeichnet man sie als nackte Bitumen- bzw. Teerpappen. Nackte Bitumenpappe ist in DIN 52129 genormt und wird in Rollen von 20 m Länge und 1 m Breite geliefert. Nackte Teerpappe nach DIN 52126 ist in Rollen von 10 m Länge und 1 m Breite im Handel.
Für die horizontale Abdichtung gegen aufsteigende Feuchtigkeit, die die Bauteile vollständig voneinander trennt, sind – um dennoch größtmögliche Reibung in der betroffenen Ebene zu erzielen – beidseitig besandete Teerdachbahnen nach DIN 52121, Bitumendachbahnen nach DIN 52128, Teer-Sonderdachbahnen und Teer-Bitumendachbahnen nach DIN 52140 zu verwenden. Aus dem gleichen Grunde dürfen diese als horizontale Sperrschichten weder aufgeklebt noch miteinander verklebt werden.

Dichtungsbahnen (DIN 18190)

Wasserdicht werden die nackten Pappen erst durch einen ein- oder zweiseitigen Anstrich mit Bitumenmasse. Man bezeichnet sie dann als Dichtungsbahnen (333er oder 500er).
Zur Herstellung von Dichtungsbahnen wird auch Jutegewebe als Einlage benützt. Das Rohjutegewebe wiegt 0,333 kg/m² in ungetränktem und 0,500 kg/m² in getränktem Zustand. Das getränkte Jutegewebe wird wasserdicht durch einen Überzug mit einer Dichtungsmasse. Die Jutegewebebahnen sind in Rollen von 10–30 m Länge und 1 m Breite im Handel. Bei einer Mindestdicke von 3 mm sollen sie ein Gewicht von 3,2 kg/m² haben. Sie sind dehnbarer und biegsamer als Bitumen- und Teerpappen und daher für Bauwerksteile mit oft geknickten Abdichtungsflächen besonders geeignet.
Bei Dichtungsbahnen aus Wollfilzpappe und Jutegewebe ist zu beachten, daß sie im Kontakt mit Wasser schon nach kurzer Zeit quellen, faulen oder verrotten, wenn nicht besondere Vorkehrungen getroffen werden. Deshalb verwendet man heute meistens Einlagen aus Glasvlies (V13).
Glasgewebebahnen bestehen aus einer Bitumenschicht die durch ein Glasgewebe bewehrt ist. Die Bitumenschicht wird dadurch transportabel und verarbeitbar gemacht. Der Vorteil der Glasgewebebahnen gegenüber den Dichtungspappen besteht darin, daß das Glasgewebe keine Feuchtigkeit aufnimmt, also nicht verrotten kann und keine Wellen hervorruft.
Bei Dichtungsbahnen mit Bleifolieneinlage wird die Folie zwischen zwei getränkte Wollfilzpappen eingeklebt (Schutz gegen säure- und alkalihaltige Wässer) und die Außenseiten werden nochmals mit einer Bitumenmasse überzogen. Fabrikfertige Bahnen mit Bleifolieneinlage werden in Längen von 5–10 m und Breiten von 1 m geliefert. Sie sollen bei einer Dicke von 5,5 mm ein Mindestgewicht von 7,5 kg/m² haben.
Dichtungsbahnen mit Einlagen aus Aluminiumfolien sind empfindlich gegen Einwirkung alkalischer Medien, wie sie in der Bautechnik überall gegeben sind, während Dichtungsbahnen mit Einlagen aus Bleifolien durch saure, insbesondere auch kohlensaure Wässer zerstört werden können.

Thermoplastische Kunststoffbahnen

Für die Abdichtung von Bauwerken gegen Bodenfeuchtigkeit, Grundwasser, Oberflächenwasser und selbst gegen Einwirkung aggressiver Chemikalien im Laborbau kommen in zunehmendem Maße thermoplastische Kunststoffe wie Polyvinylchlorid weich (PVC), Polyisobutylen (PIB) u. a. zur Verwendung. Es handelt sich hier um organische, makromolekulare Kohlenstoffverbindungen auf der Basis der Petrochemie (Erdöl und Erdgas) mit sehr guten chemischen und physikalischen Eigenschaften. Von diesen seien besonders die hohe Dehnbarkeit und chemische Widerstandsfähigkeit neben ihrer leichten und sauberen Verarbeitbarkeit genannt. Diese sogenannten Thermoplaste oder Plastomere sind in einem bestimmten Temperaturbereich formbare Kunststoffe. Ihr innerer Zusammenhalt beruht meist auf Polymerisation = Verknüpfen oder Aneinanderwachsen gleichartiger Moleküle zu Molekülketten. Durch Temperaturerhöhung wird die Beweglichkeit dieses Zusammenhaltes vergrößert. Die Eigenschaften dieser Materialien sind damit wohl temperaturabhängig, sie erleiden unter den üblichen witterungsbedingten Temperaturschwankungen jedoch keine bleibenden Veränderungen. Durch Glasfasergewebeeinlage oder-beschichtung kann darüber hinaus ihre mechanische Festigkeit zusätzlich erhöht werden. Der Temperaturanwendungsbereich wird mit ca. 243–353 K (–30 bis + 80 °C) angegeben.
Bei Abkühlung werden die Folien allmählich härter, was aber erst bei Temperaturen von etwa 243 K (–30 °C) an unter scharfer Knickbeanspruchung zum Bruche führen kann. Beim Erwärmen erfolgt Zunahme der Plastizität, wodurch eine gute Verformbarkeit der Folie gegeben ist. Bei noch weitergehender Erwärmung (oberhalb von 473 K (200 °C) erweichen die Folien so weit, daß sie auch heiß schweißbar sind. Im allgemeinen wird das Material jedoch bei Normaltemperatur durch die sogenannte Quellschweißung zu großflächigen homogenen Dichtungsplanen „kalt verschweißt“: Die Teilbahnen sind am Überlappungsstoß mit einem Quellmittel anzulösen und anschließend gegeneinander zu verpressen. Dieses Dichtungsmaterial wird nur einlagig in bestimmter Dicke (0,3–3,0 mm) verwendet, auf waagerechten Flächen lose verlegt oder mit Spezialbitumen punktweise geheftet und nur auf senkrechten Flächen vollflächig verklebt. Das bedeutet allerdings auch, daß die Dichtigkeit einer Abdichtung letztlich von der Ausführung der Naht- und Anschlußstellen dieser einen Lage abhängt.
Zu beachten ist, daß im Kontakt mit Benzinen, Fetten, Ölen, manchen Lacklösungsmitteln und teerhaltigen Klebstoffen die meisten

dieser Folien wie bituminöse Abdichtungsstoffe angequollen und allmählich zerstört werden. Sie zeigen jedoch bei Einwirkung natürlicher, saurer oder alkalischer Wässer keinerlei Quellung, weshalb sich im Einbauzustand ihre Einpressung zwischen steifen Bauteilen erübrigt. Sie sind verrottungsfest und widerstandsfähig auch gegenüber dem Einfluß des Sauerstoffs, d. h. alterungsbeständig.
Zur Frage der Lebensdauer dieser Folien ist zu sagen, daß entsprechende Erfahrungen bisher einen Zeitraum von 30 Jahren umfassen. Folien, die 1939 zur Abdichtung von Stollenbauten verwendet und vor kurzer Zeit stellenweise im Zuge von Umbauarbeiten wieder ausgebaut wurden, zeigten trotz Lagerung in stark wasserhaltigem Gebirge keinerlei Veränderung ihrer äußeren Beschaffenheiten und ihrer mechanischen Eigenschaften. Diese Befunde stehen in Übereinstimmung mit Rückschlüssen, die aus dem chemischen Aufbau des Foliengrundmaterials gezogen werden können. Die Ergebnisse der fortlaufenden Prüfungen an den Folien unter schweren chemischen Bedingungen rechtfertigen die Auffassung, daß das Material als unbegrenzt haltbar angesehen werden kann. Hinsichtlich der Brennbarkeit verhält es sich wie Gummimischungen.

Sperrputz

Abdichtungen gegen Bodenfeuchtigkeit werden auch in Sperrputz ausgeführt. Dies ist ein Zementmörtel, dessen Sperrwirkung durch geeignete Zusammensetzung und Zusatz eines Dichtungsmittels, wie z. B. Ceresit, Sika oder Tricosal, erreicht wird. Ein Raumteil Zement kommt auf zwei bis drei Raumteile Sand. Das Größtkorn des Zuschlags soll 3 mm sein; der Anteil des Feinsandes bis 1 mm Korngröße soll bei 55%, der Anteil der mehlfeinen Stoffe bis 0,2 mm Korngröße bei 20% liegen.
Sperrputz muß 20 mm stark und in mindestens zwei Lagen aufgetragen sein. Die untere Lage darf beim Anwurf der folgenden Lagen noch nicht erhärtet sein; treten Arbeitsunterbrechungen ein, so sind Überlappungen von 20 bis 30 cm auszuführen. Ist ein Anstrich vorgesehen, so muß die Oberfläche abgerieben werden, darf jedoch nicht geglättet sein.

Sperrbeton

Schutz gegen Erdfeuchtigkeit und Druckwasser können auch wasserundurchlässig in Sperrbeton ausgeführte Bauteile bieten. Kellergeschosse und Fundamente (wenn eine Bewehrung die horizontale Absperrung nicht zuläßt), Wasserbauten, Schwimmbecken und dgl. werden damit ausgeführt. Sperrbeton empfiehlt sich auch bei Sichtbetonbauwerken in Industriegebieten und dort, wo sonst aggressive Stoffe in Luft und Niederschlagsfeuchtigkeit den Bestand des Betons und der Bewehrung gefährden.
Bei kompliziert geformten Baukörpern (z. B. mehrfachen Abtreppungen am Hang) sollte der gesamte Gründungskörper bis zum Sockelbereich in Sperrbeton ausgebildet werden, da die Ausführung einer geklebten Abdichtung zu kompliziert ist.
Da die Sperrzusätze den Beton ganz durchdringen, sind sie wirksamer als Dichtungsanstriche oder farblose Oberflächentränkmittel, wie z. B. Fluate. Biegespannungen sollte Sperrbeton allerdings nicht ausgesetzt sein, da das unvermeidlich Haarrisse verursacht, durch die Feuchtigkeit und schädliche Stoffe eindringen können. Um die Kapillarwirkung durch Haarrisse auszuschalten, bietet bei hohen Beanspruchungen ein Dichtungsanstrich zusätzliche Sicherheit.
Sperrbeton kann aber nur dann nach der Einsparung umfangreicher sonstiger Abdichtungsmaßnahmen wirksam sein, wenn ein Beton besonders guter Zusammensetzung gewährleistet ist. Die Kornzusammensetzung soll im besonders guten Bereich der Sieblinienkurven nach DIN 1045 liegen. Bei einem Größtkorn von 30 mm sind mindestens 50% Sand der Körnung 0–7 mm und 5% mehlfeine Stoffe bis 0,2 mm als Anteil an Zuschlaggesamtgewicht gefordert. Bei hohem Wasserdruck ist bis zu 10% Feinstkornanteil notwendig. Entspricht dem der natürliche Zuschlag nicht, so wird man Steinmehl, Quarzmehl, Traß oder ähnliche porenfüllende Feinzuschläge verwenden. Im allgemeinen ist ein Zementgehalt von >300 kg je cbm fertigen Betons erforderlich. Unzweckmäßig zusammengesetzter Beton läßt sich auch durch Dichtungsmittel nicht wasserdicht machen.
Die Dichtungsstoffe dürfen die übrigen Betoneigenschaften nicht beeinträchtigen. Sie bedürfen einer Zulassung. Die Wirkung der Dichtungsmittel beruht zum Teil auf Füllung und Verstopfung der

ARBEITSFUGE BEI SPERRBETON
STOSS VON WAND UND SOHLE EINES KELLERGESCHOSSES BEZIEHUNGSWEISE EINES BEHÄLTERS

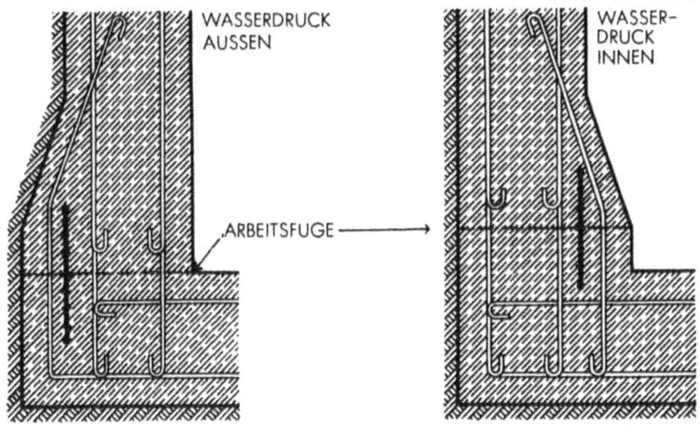

DEHNUNGSFUGENBAND

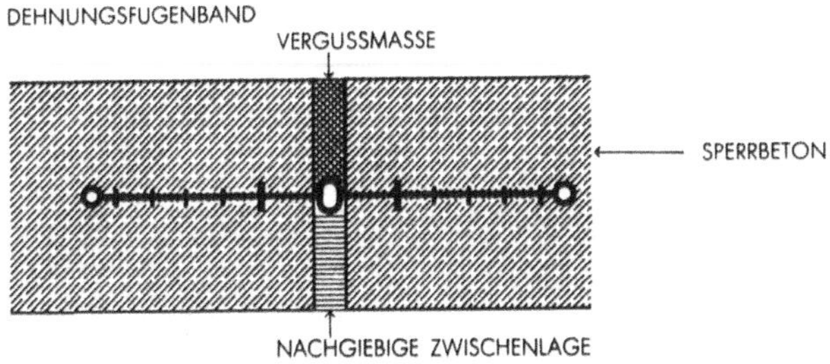

im Beton vorhandenen Mikroporen, durch Unterstützung der vollständigen chemischen Wasserbindung und Auskristallisation der Zementleime beim Abbindeprozeß. Darüber hinaus wirken sie porenfüllend durch ihr sehr feines Korn. Bisweilen ist eine gewisse Wasseraufnahme Voraussetzung für den Dichtungsvorgang, wenn z. B. die Zusätze durch Quellung in den Poren ihre abdichtende Wirkung (auch gegen höchste Wasserdrücke) ausüben. Andere Dichtungsmittel haben nur wasserabweisende Wirkung, verstopfen die Poren nicht und lassen deshalb die Wasserdampfdiffusion bzw. den Feuchtigkeitsausgleich unbehindert.
Für die Ausbildung von Dehn- und Arbeitsfugen, denen bei Sperrbeton besondere Bedeutung zukommt, wurden dehnbare und druckhaltende Fugenbänder aus thermoplastischen Kunststoffen geschaffen, die für verschiedene Beanspruchung in mehreren Größen und Stärken zur Verfügung stehen.

Schutz vor Bodenfeuchtigkeit

Die im Erdreich enthaltene Feuchtigkeit, ob sie von Regen-, Schnee- oder Nutzwasser herrührt oder durch Bodenschichten aus dem Grundwasser hochgesaugt wurde, sucht in alle Bauteile, die das Erdreich berühren (Gründungskörper, Kellerwände), einzudringen und in ihnen hochzusteigen. Maßgebend für den Grad der Durchfeuchtung ist die Saugfähigkeit, also das Porengefüge der verwendeten Baustoffe. Da die Feuchtigkeit immer aus den grobporigen in die feinporigen Schichten dringt (nie umgekehrt), ist es von Belang, wie die Poren zueinander liegen. In Kellerräumen, die einer großen Raumfeuchtigkeit bedürfen – z. B. Wein- und Bräukeller –, ist es günstig, wenn die kleineren Poren innen und die größeren Poren an der Wandaußenseite liegen können. Dort wäre es falsch, die Kellerwände abzudichten, es ist lediglich notwendig, den Feuchtigkeitszutritt zu den oberen Geschoßwänden zu sperren. Die Kellerwände müssen in diesem Falle auch im durchfeuchteten Zustand frostbeständig sein (mindestens B 25 oder frostbeständiges Natursteinmauerwerk mit hydraulischen Bindemitteln).

Kellerräume, in denen nässeempfindliche Güter lagern oder sich dauernd Menschen aufhalten, müssen feuchtigkeitsundurchlässige oder abgedichtete Wände und Böden haben. Die Abdichtung soll nicht nur die Durchfeuchtung der Wände unterbinden, sondern diese auch gegen den Angriff schädlicher Stoffe des Erdreichs schützen. Eine gute Abdichtung erlaubt gleichzeitig die Verwendung von Wandbaustoffen, die zwar tragfähig genug, jedoch im durchfeuchteten Zustand nicht frostbeständig sind (z. B. B 10 und B 15). In diesem Falle sind Standsicherheit und Lebensdauer eines Bauwerks von der Güte und der sorgfältigen Ausführung der Abdichtung unmittelbar abhängig.

Waagerechte Abdichtung in Wänden

Bei nicht unterkellerten Gebäuden sind sowohl die Außen- als auch die Innenwände etwa 30 cm über Gelände gegen das Aufsteigen von Bodenfeuchtigkeit zu sichern.

Bei unterkellerten Gebäuden erhalten die Kelleraußenwände zwei horizontale Sperrschichten, die eine oberhalb des Kellerfußbodens, die andere unterhalb der Kellerdecke, die etwa 30 cm über Gelände liegen sollte (Spritzwasserhöhe). Kommt in Ausnahmefällen diese Abdichtung tiefer oder sogar unter Gelände zu liegen, so ist in Spritzwasserhöhe eine zusätzliche Sperrschicht notwendig.

Für die Innenwände unterkellerter Gebäude genügt normalerweise die untere Abdichtung, die 10 bis 15 cm über dem Kellerfußboden gegen die Feuchtigkeit von unten schützt. Die Abdichtung unterhalb der Kellerdecke empfiehlt sich dennoch auch für die Innenwände, obwohl sie die Bestimmungen in DIN 4117 nicht vorsehen. Diese oberen Sperrschichten schützen nämlich die Kellerdecke und alle darüberliegenden Bauteile gegen Feuchtigkeit, die oberhalb der unteren Sperrschicht in das Bauwerk eindringen kann, entweder infolge Undichtheiten der seitlichen senkrechten und unteren waagerechten Abdichtung oder infolge Überflutung durch unvorhergesehenes Ansteigen des Grundwassers oder durch Stauwasser, z. B. bei bindigem Boden nach langen Regenfällen.

Zum Schutz beim Herstellen der Kellerdecke ist die Sperrschicht unterhalb dieser nach DIN 4117 um mindestens eine Steinschicht darunter zu verlegen. Obgleich diese Abdichtungen keine Spezialisten erfordern, müssen sie doch mit größter Sorgfalt ausgeführt und mit Vorsicht behandelt werden, da schon kleine Schäden in der Sperrschicht schwerwiegende Folgen über das ganze Bauwerk mit sich bringen können.

In der Regel werden die waagerechten Sperrschichten aus Dachpappen, Dichtungsbahnen oder -folien gebildet. Sie trennen die Massivbauteile eines Baues völlig voneinander. Damit in dieser Ebene größtmöglicher Reibungswiderstand erreicht wird, dürfen die Bahnen weder auf dem Untergrund noch miteinander verklebt werden. Ist es statisch notwendig, so sind die Abdichtungen stufenförmig anzuordnen, damit waagerechte Kräfte übertragen werden können. Die Abdichtung darf hierbei nicht unterbrochen werden. Kehlen und Kanten sind aus- bzw. abzurunden.

Über die Normbestimmungen hinausgehend, ist es empfehlenswert, anstelle einer Lage 500er Pappe Dichtungsbahnen mit

SCHEMA DER ABDICHTUNG GEGEN BODENFEUCHTIGKEIT

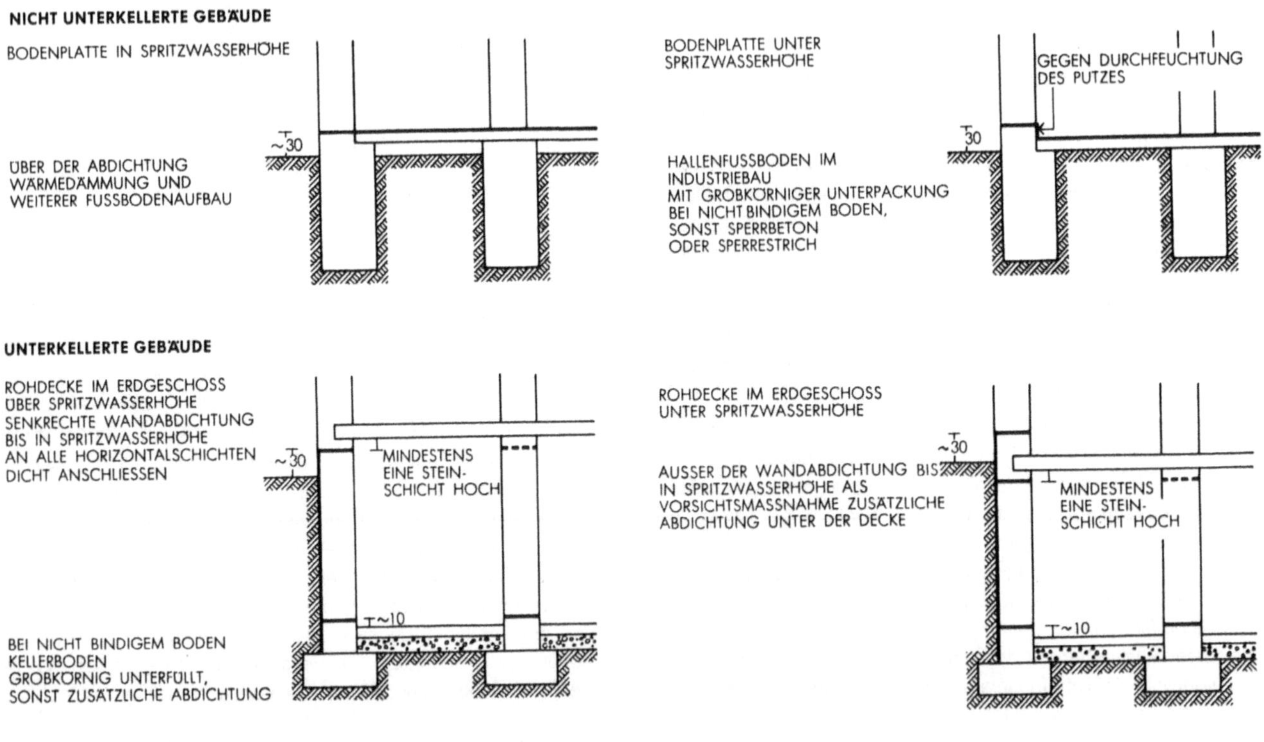

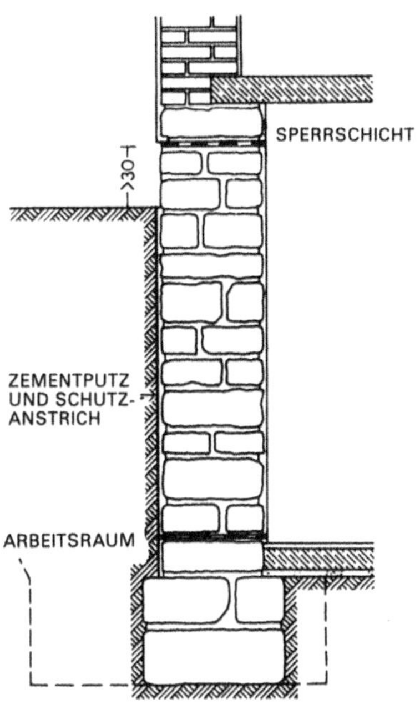

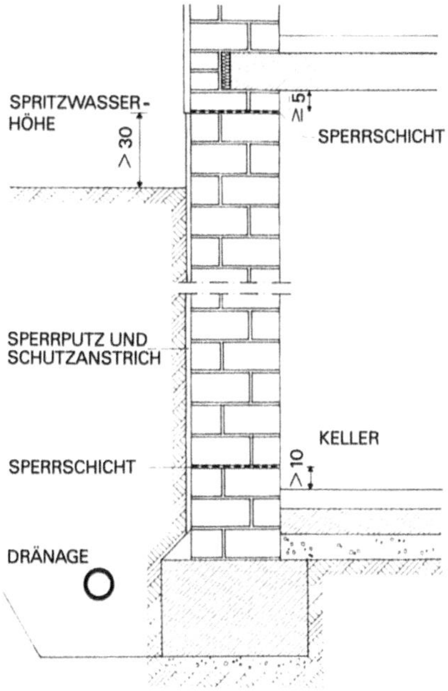

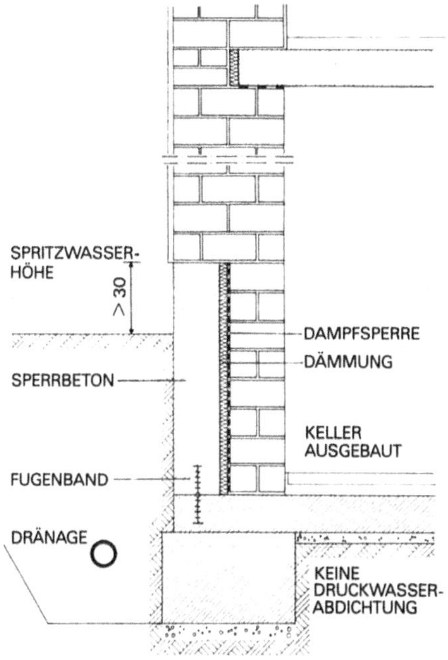

mindestens 10 cm Überlappung oder zwei Lagen 333er Pappe zu verlegen, deren Stöße um etwa einen Meter versetzt sind. Das bietet größere Sicherheit gegen unbemerkt gebliebene Beschädigungen; zugleich dürfte es die Kapillarwirkung verhindern, die bei nur 10 cm Überlappung Feuchtigkeit in das Bauwerk ziehen kann. Die Unterlagsflächen müssen sauber, waagerecht und eben, ggf. durch ein Mörtelbett abgeglichen sein. Die Sperrschichten sollen auch über den Innenputz greifen, um hier eine Feuchtigkeitsbrücke zu verhindern.

Bei Stampfbetonwänden wird die untere Sperrschicht nach dem Einbringen und Abgleichen der ersten Lage Betonmörtel in etwa 30 cm Höhe über dem Fundamentstreifen verlegt. Bei gemauerten Wänden liegt sie über der entsprechenden Steinschicht, die insbesondere bei Bruchsteinmauerwerk sorgfältig mit einer Mörtelschicht abgeglichen sein muß.

Wenn bei Stahlbetonbauten die waagerechten Sperrschichten nicht außerhalb des Bewehrungsbereiches angeordnet werden können, stellt man die Kellerwände in Sperrbeton her. Durch solchen Sperrbeton müßten zwar auch die senkrechten Sperrschichten an den Außenwänden entfallen können, doch ist ein bituminöser Anstrich auch hier von Nutzen, um mögliche Haarrisse zu überbrücken, durch die Feuchtigkeit sowie stahl- und betonschädliche Stoffe aus dem Erdreich eindringen können.

Waagerechte Abdichtung unter Fußböden

Fußböden von Aufenthaltsräumen und Lagerräumen, die trocken gehalten werden müssen, sind gleichfalls gegen aufsteigende Bodenfeuchtigkeit zu schützen. Bei durchlässigem Baugrund, geringer Niederschlagsfeuchtigkeit und tiefliegendem Grundwasserspiegel genügt eine grobkörnige Unterfüllung in 15–20 cm Stärke. Bei ungünstigeren Feuchtigkeitsverhältnissen und in dauernd bewohnten Räumen mit einem Fußbodenaufbau, der auch ausreichenden Wärmeschutz bieten muß, sind weiterreichende Abdichtungsmaßnahmen nötig.

Die Abdichtung des Fußbodens ist zur Vermeidung von Feuchtigkeitsbrücken bis an die unteren waagerechten Sperrschichten hochzuführen. Kanten, Ecken und Kehlen sind mit etwa 4 cm Radius ab- bzw. auszurunden.

FUSSBODENABDICHTUNG

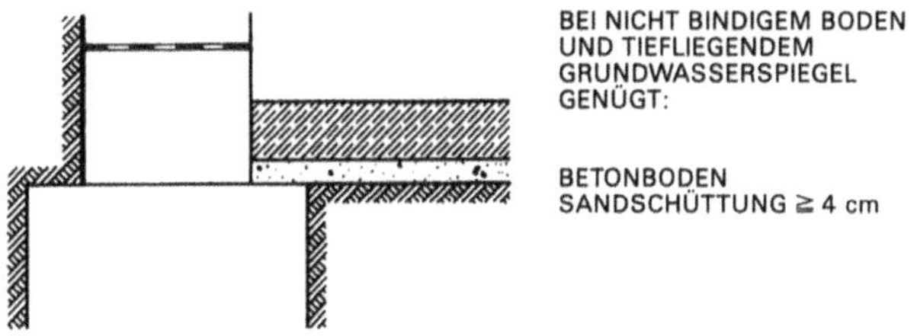

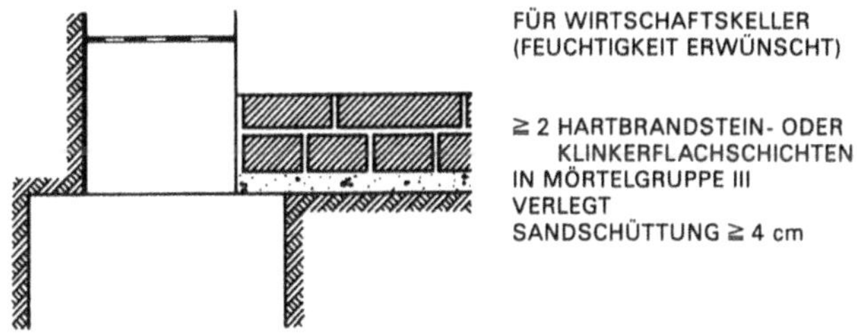

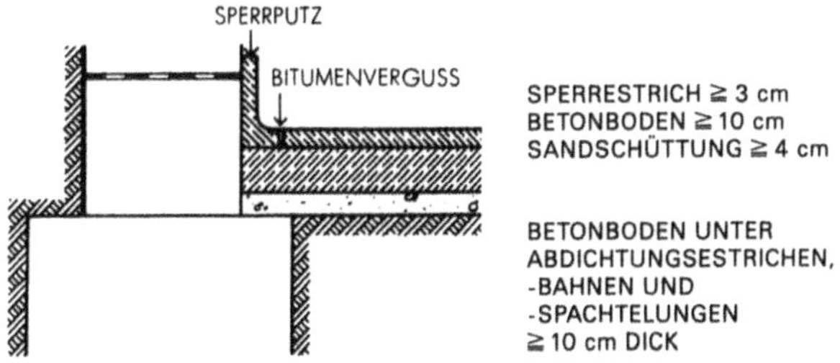

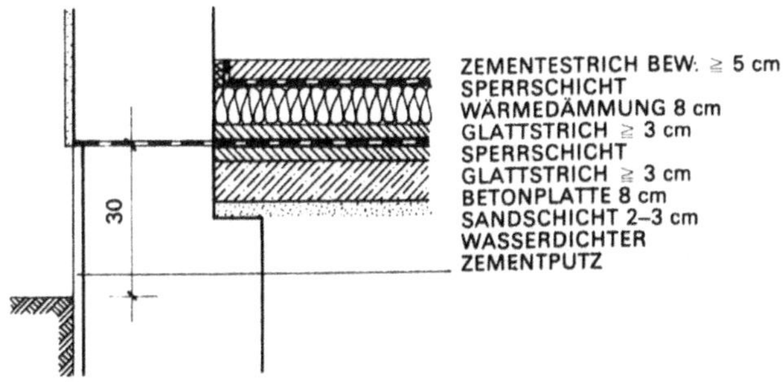

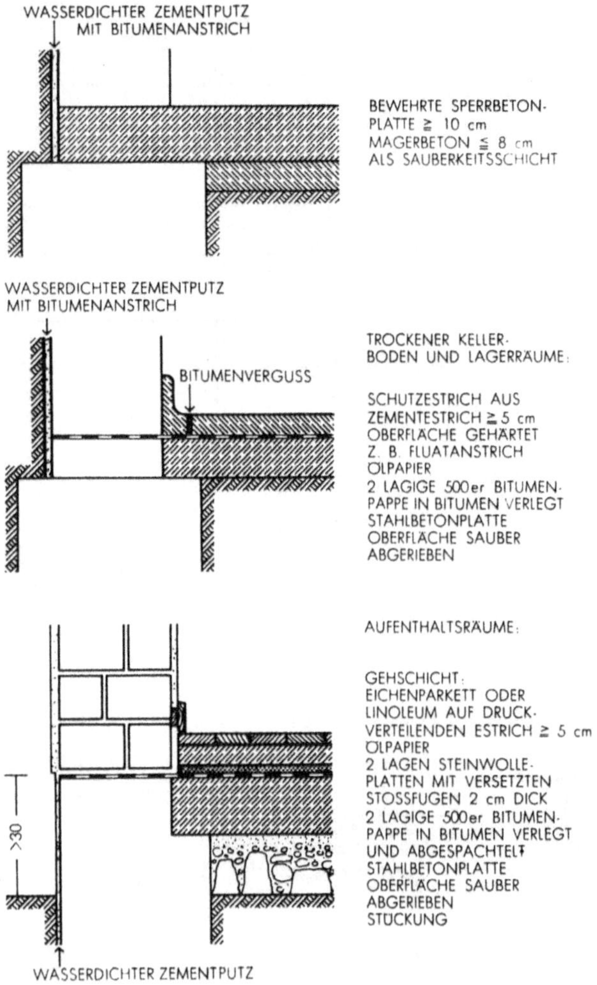

Sperrbeton von mindestens 10 cm Stärke kann unmittelbar auf dem Untergrund aufgebracht werden. Abdichtungen durch ein Klinkerpflaster in zwei gegeneinander versetzten Flachschichten werden mit Mörtelgruppe III im Mörtelbett auf dem Untergrund verlegt.

Hautabdichtungen, Spachteldichtungen und Sperrestrich, der mindestens 3 cm dick sein muß, erfordern eine Unterlage aus Magerbeton, mindestens 8 cm stark, oder ein Ziegelpflaster, das mit Mörtel zu ebnen oder abzureiben ist.

Pappen, 500er einlagig, besser aber 333er in zwei Lagen, und Dichtungsbahnen werden mit mindestens 10 cm Überlappung vollflächig verklebt und mit einem Deckaufstrich aus Klebemasse versehen.

Es können auch heiß zu verarbeitende Spachtelmassen verwendet werden, die zweilagig in je 6 mm Stärke aufgetragen werden.

Auf Haut- und Spachteldichtungen ist ein feinkörniger Schutzbeton mit einem Zementgehalt von 300 kg je cbm fertigen Betons in 4–5 cm Stärke notwendig. Statt dessen kann auch eine andere Schutzschicht, wie Gußasphalt oder ein Plattenbelag im Mörtelbett ausgeführt werden. Sind Wärmedämmschichten anzuordnen, so werden die Dämmplatten unmittelbar auf der Abdichtung aufgeklebt bzw. in dem Deckaufstrich oder der Spachtelmasse verlegt. Bei der Herstellung der Schutzschicht dürfen sie nicht durchfeuchtet werden, weshalb vor dem Auftragen eines Schutzestrichs auf der Dämmschicht Folien, Asphaltpapier oder dgl. zu verlegen sind.

Senkrechte Abdichtung von Außenwänden

Zur Abdichtung gegen seitlich eindringende Feuchtigkeit erhalten die Außenflächen der Kellerumfassungswände Schutzanstriche, die dicht an die untere Sperrschicht anschließen und etwas übergreifen müssen. Die Schutzanstriche müssen einen zusammenhängenden, geschlossenen, deckenden Film ergeben, der auf dem Untergrund fest haftet. Ein ebener, sauberer Untergrund erleichtert das Auftragen der Anstriche. Betonwände sind von Staub und losen Körnern zu reinigen, gemauerte Wände müssen mit Zementmörtel verputzt werden. Beton, Mauerwerks- und Putzmörtel sollen vor dem Anstrich ausreichend erhärtet, Ausblühungen beendet und beseitigt sein, ehe die betreffende Fläche gestrichen wird; andernfalls können sie den Dichtungsfilm abdrücken.

Die Anstriche werden im allgemeinen von Hand mit breiten Malerpinseln oder Bürsten in 2 oder 3 Lagen aufgetragen. Jede Lage muß vor dem Aufbringen der nächsten völlig getrocknet sein. Die Arbeiten sollen bei trockenem Wetter ausgeführt und bei Regen unterbrochen werden.

Die Lebensdauer dieser Abdichtungsanstriche ist beschränkt; die Widerstandsfähigkeit des Mauerkörpers bzw. eines schützenden Zementverputzes ist deshalb nach wie vor erwünscht. Besondere Sorgfalt ist bei dem Hinterfüllen der Wände anzuraten. Der Boden darf erst eingefüllt werden, wenn die Schutzanstriche ausreichend trocken und fest sind; nicht vollgedeckte Stellen sind nachzustreichen. Beim Einfüllen ist jede reibende oder schürfende Beanspruchung des Dichtungsanstriches zu vermeiden. Es ist zweckmäßig, unmittelbar an der gestrichenen Wandfläche nur Sand, Lehm oder Erde frei von Kies, Splitt oder Geröll anzuschütten.

Widerstandsfähiger sind gegen derartige Beschädigungen Spachtel- oder Hautdichtungen. Als Wanddichtungen werden die Spachtelmassen nach einem kaltflüssigen Voranstrich in mindestens 2 Lagen von je 3 mm Stärke aufgespachtelt. Hautdichtungen sind ein- oder zweilagig auszuführen. Ihre Anwendung ist insbesondere bei wenig durchlässigen Böden als zusätzliche Sicherungsmaßnahme neben einer Dränung und in Gebieten großer Niederschlagsmengen auch bei durchlässigem Baugrund ratsam.

Die beste und wirksamste Maßnahme zur Trockenhaltung von Außenwänden unter Terrain ist jedoch, Dränage- und Lüftungsschichten anzulegen oder das Erdreich durch Stützwände ganz von der Kellerwand fernzuhalten. Durch Hohlsteine oder gewellte Vorsatzschalen ist mit der Entlüftungsmöglichkeit zugleich die Dränage gegeben – beim Einbau von Hartschaum-Dränageplatten entfällt die Entlüftung. Auf die Dichtung der Wand kann bei Verwendung von Dränagen nicht verzichtet werden – im Gegensatz zum wandhohen Luft- bzw. Lichtschacht mit Anschluß an die Entwässerung.

Senkrechte Abdichtung am Gebäudesockel

Am stärksten ist stets der Gebäudesockel gefährdet. Er ist sowohl dem von den Geschoßaußenwänden herabfließenden Wasser als auch dem Spritzwasser und dem auf dem Erdreich liegenden Schnee und dem Frost ausgesetzt. Der Frostbereich umfaßt den gesamten Außenwandstreifen von Gefriertiefe (ca. 0,80 bis 1,20 m unter Gelände) bis Spritzwasserhöhe (ca. 0,30 m über Gelände). An dieser Stelle muß man die Kelleraußenwand entweder in voller Stärke in einem geeigneten Baustoff ausführen oder aber sie durch eine Verkleidung mit wetterbeständigen, wasserabweisenden Platten, Vorsatzbeton oder Zementputz schützen. Abdichtende Anstriche allein können zu leicht mechanisch beschädigt werden. Vorsatzbeton wird in einem besseren Mischungsverhältnis und unter Zusatz eines Dichtungsmittels hergestellt. Die Zuschlagstoffe kann man unter verschiedenen Arten von Steinsplitt auswählen. Der Vorsatzbeton wird in etwa 4 cm Stärke angetragen und nach dem Erhärten steinmetzmäßig bearbeitet, besser aber als Sichtbeton ausgeführt, um Haarrisse durch die Erschütterung bei nachträglicher Bearbeitung zu verhüten.

ABDICHTUNGSSTOFFE		Dichte des Festkörpers kg/dm³ *)	Verbrauchsmengen*) in kg/dm² bei einer Lage	zwei Lagen	drei Lagen	Arbeitsgänge
Voranstrichmittel (nur kalt zu verarbeiten)	Bitumen-Lösung	≈ 1,0	≈ 0,3	–	–	1
	Steinkohlenteer-Pech-Lösung	≈ 1,2	≈ 0,3	–	–	
	Bitumen-Emulsion	1,1 bis 1,3	≈ 0,3	–	–	
	Steinkohlenteer-Pech-Emulsion	1,4 bis 1,6	≈ 0,3	–	–	
Deckaufstrichmittel kalt zu verarbeiten	Bitumen-Lösung	1,0 bis 1,6	–	–	0,75 bis 1,0	3
	Steinkohlenteer-Pech-Lösung	1,2 bis 1,9	–	–	0,75 bis 1,15	
	Bitumen-Emulsion	1,1 bis 1,3	–	–	1,15 bis 1,5	
	Steinkohlenteer-Pech-Emulsion	1,4 bis 1,6	–	–	1,25 bis 1,9	
Deckaufstrichmittel heiß zu verarbeiten	Bitumen, ungefüllt oder gefüllt	1,0 bis 1,5	–	2,5 bis 3,5	–	2
	Steinkohlenteer-Pech, ungefüllt oder gefüllt	1,2 bis 1,8	–	2,5 bis 4,0	–	
Spachtelmasse kalt zu verarbeiten	Bitumen, gelöst oder emulgiert	1,1 bis 1,8	–	2,5 bis 4,0	–	2
	Steinkohlenteer-Pech, gelöst oder emulgiert	1,4 bis 2,0	–	2,5 bis 4,0	–	
Spachtelmasse heiß zu verarbeiten	Bitumen, gefüllt	≈ 2,0	–	20,0 bis 30,0	–	2
	Steinkohlenteer-Pech, gefüllt	≈ 2,0	–	20,0 bis 30,0	–	

*) Die ungefüllten Abdichtungsstoffe liegen in der Nähe der unteren, die gefüllten Abdichtungsstoffe in der Nähe der oberen angegebenen Werte.

Eine Klinkerverkleidung des Sockels muß mit Abstand vor der Kellerwand stehen. Der entstehende Luftschacht muß mit der Außenluft verbunden und entwässert sein. Werden die Klinker im Verband mit der Kellerwand vermauert, so ist eine Durchfeuchtung des Sockels zu erwarten. Die glasige Oberfläche der Klinker geht keine Verbindung mit dem Zementmörtel ein. Schon beim Abbinden entstehen Haarrisse, durch welche die Feuchtigkeit zu den viel feineren Poren der Hintermauerungssteine eindringt.
Die massive Kellerdecke sollte man ohne zwingenden Grund nicht über dem Sockel nach außen durchführen und auch nicht in der Erscheinung dem Sockel zuordnen. Besser ist es, wenn die Sockelfläche unter der oberen horizontalen Sperrschicht der Kelleraußenwand endet. Eine äußere Vormauerung vor dem Deckenauflager bietet dem Außenputz den erwünschten gleichartigen Untergrund, außerdem ist es vorteilhaft, wie bei allen übrigen massiven Geschoßdecken, durch eine Dämmplatte den Wärmeabfluß aus dem Deckenkörper zu verzögern.

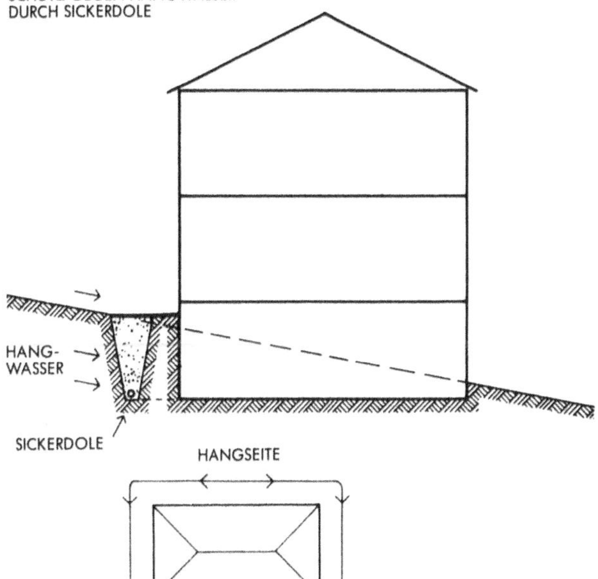

Senkrechte Abdichtung am Hang

Bei Bauten am Hang ist auf der Bergseite mit Wasserandrang zu rechnen. Eine Abdichtung durch Zementputz und Schutzanstrich genügt nicht. Als zusätzliche Maßnahme muß noch eine Sickerdole angelegt werden, die das Wasser von der Hauswand fernhält. Das anfallende Hangwasser sinkt in der Sickerdole ab, wird in Höhe der Fundamentsohle durch eine Entwässerungsleitung (Dränung) aufgefangen und um das Bauwerk herum abgeleitet. (Dränrohre sind heute meistens aus Kunststoff, mit Durchmessern von 4–20 cm; sie werden im Gefälle verlegt.)
Besser und sicherer ist eine Abdichtung mit bituminösen oder thermoplastischen Abdichtungsstoffen, wie sie unter „Abdichtungsarbeiten" näher beschrieben sind.
Auch ein um das Haus geführter Graben (gegebenenfalls tiefgezogener, umlaufender Lichtschacht) mit Gefälle oder Ablaufkanalisation kann der Aufnahme und Ableitung der in abschüssigem Gelände anfallenden Wassermassen dienen. Der höchste Punkt der Sohle dieses Grabens darf nicht über dem Niveau des Kellerfußbodens liegen.

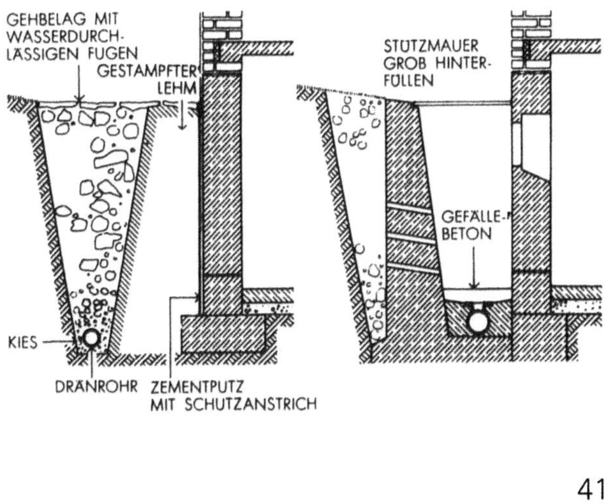

Zusatzmaßnahmen unter Terrain

Bei der Durchbildung von Fußböden und Wänden bewohnter Untergeschoßräume muß man wegen der verschiedenen Wärmestände der vom Erdreich berührten Flächen gegenüber denen, die nur von der Luft umspült sind, entsprechende konstruktive Maßnahmen treffen. Da das Erdreich außerhalb des Frostbereiches eine durchschnittliche Jahrestemperatur von ungefähr 280 K (7 °C) aufweist, ist auf allen Flächen, die damit in Berührung stehen, die Gefahr eines Tauwasserniederschlages gegeben. Besonders im Sommer bei hoher Lufttemperatur und hoher relativer Luftfeuchtigkeit können Wände und Fußböden mit Tauwasser bedeckt sein. Häufig trifft man in solchen Räumen auf muffigen Geruch und Schwärzepilze.
Um diese Übelstände zu vermeiden, benötigen solche Fußböden und Wände oder Wandteile neben dem Feuchtigkeitsschutz eine angemessene Wärmedämmung. Auch bei Wänden, die im Gebäudeinnern liegen, steigt die Bodenkälte von den Fundamenten auf. Hier ist bis auf eine Höhe von mindestens 30 cm über dem Fußboden eine zusätzliche Wärmedämmung geboten. Stehen Außenwände mit dem Erdreich in Berührung, so muß man hier bis mindestens 30 cm über O. K. Erdreich einen Wärmeschutz anordnen. Gut eignet sich hierfür die Steinwollerohrmatte, die als Unterlage eine Lüftungspappe erhält.

Schutz vor Grundwasser und Druckwasser

Kommt ein Teil eines Baues unterhalb des höchstmöglichen Grundwasserspiegels zu liegen, dann muß er, um ein Eindringen von Grundwasser zu verhüten, als wasserdichte Wanne ausgeführt werden.
Die gleiche Maßnahme kann in ebenem Gelände bei bindigem Boden und bei Fehlen einer Abflußmöglichkeit für eine Sickerdole mit Dränung notwendig werden. Hier entstehen durch den Baugrubenaushub und das Wiederauffüllen manchmal Verhältnisse, die einem Wasserbecken gleichen. Auch wenn der Verfüllboden eingestampft ist, wird er oft nicht so dicht und wenig wasserdurchlässig sein wie das gewachsene Erdreich. Innerhalb dieser Baugrube staut sich bei Regenfällen Sickerwasser, das auf den Baukörper einen Druck ausübt, ähnlich als ob der Bau so tief im Grundwasser stünde. Beim Eintauchen eines Körpers in Flüssigkeit wird hydrostatischer Druck wirksam, der senkrecht auf alle Oberflächen gleichermaßen einwirkt. Nach dem Archimedischen Prinzip hängt seine Größe von der Eintauchtiefe, also der Druckhöhe der verdrängten Wassersäule ab, nicht jedoch von der Wassermenge, die den Körper umgibt. Die einfachen Abdichtungsmaßnahmen gegen Erdfeuchtigkeit bieten gegen diesen hydrostatischen Druck natürlich keinen ausreichenden Widerstand. In abfallendem Gelände sorgt man durch eine Sickerdole mit Dränrohr für ein Ableiten des Sickerwassers, ehe es zu Stauwasserdruck kommen kann. Wo in ebenem Gelände aber eine Anschlußmöglichkeit für die Dränung fehlt, wird eine wasserdichte Wanne um den ganzen Baukörper unter Gelände ausgeführt werden müssen, wenn nicht ganz auf Kellerräume verzichtet wird. Unter solchen Verhältnissen können nur auf diese Weise nasse und zeitweilig unbenutzbare Kellergeschosse vermieden werden.
Vor Beginn der Abdichtungsarbeiten muß die Baugrube eines Gebäudeteils, der gegen Grundwasser abzudichten ist, ausgehoben und trockengelegt werden. Bei der Trockenlegung durch Grundwasserabsenkung oder offene Wasserhaltung sind stets Ersatzpumpen bereitzuhalten, um einen Wassereinbruch und damit eine Gefährdung der Abdichtungsarbeiten durch etwaiges Aussetzen der Pumpen zu vermeiden. Ein Rohrfilterbrunnen in der Baugrube kann den gleichen Zweck erfüllen. Bei plötzlichem Versagen der Wasserhaltung kann das von unten gegen die Sohle drückende Wasser durch die Brunnenöffnung in die Wanne eindringen und diese überfluten. Ein Abheben und Beschädigen der Sohlenabdichtung wird so vermieden.
Am leichtesten lassen sich solche Gründungsarbeiten im Herbst ausführen, da in dieser Jahreszeit mit dem niedrigsten Stand des Grundwasserspiegels gerechnet werden kann. Trockenlegung der Baugrube siehe Seite 17.

Grundwasserwannen

Die Möglichkeiten der konstruktiven Durchbildung einer Grundwasserwanne sind schon bei der Planung zu überlegen. Die damit verbundenen Abdichtungsarbeiten sollen von Fachfirmen ausgeführt werden, denn nur eine sorgfältige Arbeit gewährleistet eine einwandfreie und dauerhafte Abdichtung; eine nachträgliche Behebung von Schäden ist dagegen manchmal überhaupt nicht oder nur unter hohen Baukosten möglich.
Die Abdichtung kann nur senkrecht zu ihrer Ebene gerichtete Kräfte aufnehmen. Um andersartige Beanspruchungen, die auch durch Risse infolge Wärmedehnung, Setzungen und Erschütterungen auftreten können, möglichst zu verhindern, sind ausreichende konstruktive Maßnahmen in den berührenden Bauteilen notwendige Voraussetzung für eine dauerhafte Wirksamkeit der Abdichtung, wenn Fundamentkörper in tieferen Bodenschichten zu verankern sind und dann unterhalb der Abdichtungsunterlage liegen.
Die Abdichtungsmaßnahmen sind bis mindestens 30 cm über den höchsten Grundwasserstand durchzuführen. Dies reicht jedoch nur aus, wenn langjährige Beobachtungen der Bestimmung des höchsten Grundwasserstandes zugrunde liegen. Bei bindigem Boden sind gegen Stauwasserdruck die Maßnahmen bis 30 cm über die endgültige Geländeoberfläche auszudehnen.
Die Abdichtung sollte möglichst von außen – von der Seite des wirkenden Wasserdruckes – aufgebracht werden, damit das Druckwasser sie gegen den massiven Baukörper preßt, den die Dichtungshaut dann ganz umschließt. Diese Außenabdichtung ist jedoch bei nachträglichen Abdichtungsarbeiten an bestehenden Bauwerken nur unter großen Kosten bzw. überhaupt nicht mehr ausführbar.
In solchen Fällen, wo ein Steigen des Grundwasserstandes die nachträgliche Abdichtung des Kellermauerwerks erforderlich macht, bringt man die Abdichtungshaut von innen auf das Kellermauerwerk auf. Diese „Innenabdichtung" gilt jedoch nur als Notlösung, die man bei Neubauten nie anwenden sollte.
Bei der Außenabdichtung liegt die Abdichtungshaut außerhalb des Kellermauerwerks.
Die Ausführung einer Grundwasserwanne, bei welcher die Abdichtungshaut von innen auf eine Schutzwand, die man als erste errichtet, aufgeklebt wird, geschieht in folgenden Arbeitsgängen:

1. Einbringen einer Sohle aus Magerbeton von 15–20 cm Dicke als Abdichtungsunterlage. In Verbindung mit Fundamenten gegebenenfalls Bewehrung und höhere Betongüte.
2. Hochführen einer 1/2 Stein dicken Wand als Schutzschicht und Unterlage für die Wandabdichtung bis mindestens 30 cm über den höchstmöglichen Grundwasserstand.
3. Glätten der Abdichtungsunterlage (Sohle und Schutzwand) mit Zementmörtel bzw. -estrich. Ecken und Kanten gut ausrunden.
4. Aufkleben der Dichtung.
5. Einlegen einer Trennschicht (bituminierte, nackte Pappe, paraffiniertes Papier usw.) zur Verhinderung einer festen Verhaftung mit der Schutzschicht.
6. Einbringen einer Schutzschicht über der Abdichtungshaut in 5–10 cm Dicke.

7. Betonieren der Kellersohle (Stampf- oder Stahlbeton).
8. Betonieren oder Mauern der Kellerumfassungswände.

Vorteile: Dichtungshaut in geschlossenem Zusammenhang, in engen Baugruben auszuführen und ohne Arbeitsraum außerhalb der Bauwerksgrundfläche.

Nachteile: Nach der Fertigstellung der Wanne ist ein Ausbessern etwaiger Schäden an der Wanddichtung nicht mehr möglich, da die Abdichtungshaut an die Schutzwand geklebt ist und beim Abreißen derselben zerstört wird. Grundwasser kann die Dichtung von ihrem Klebeuntergrund loslösen.

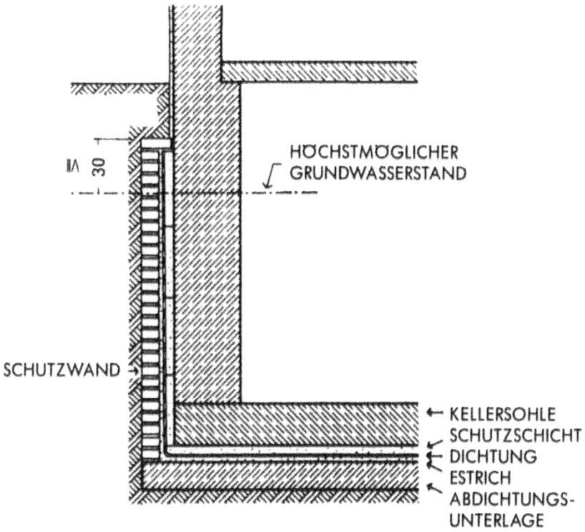

Die Ausführung einer Grundwasserwanne, bei welcher die Abdichtungshaut von außen auf die Kellerumfassungswände geklebt wird, geschieht wie folgt:

1. Einbringen einer Sohle aus Magerbeton von 15–20 cm Dicke als Abdichtungsunterlage. In Verbindung mit Fundamenten gegebenenfalls Bewehrung und höhere Betongüte. Abdichtungsunterlage reicht je nach der erforderlichen Anzahl Dichtungslagen über die Gebäudeflucht hinaus.
2. Glätten der Abdichtungsunterlage.
3. Aufkleben der Sohlenabdichtung über die Gebäudeflucht hinaus, je nach der erforderlichen Anzahl der Dichtungslagen.
4. Einlegen einer Trennschicht (bituminierte, nackte Pappe, paraffiniertes Papier usw.) zur Verhinderung einer festen Verhaftung mit der Schutzschicht.
5. Einbringen einer Schutzschicht über der Abdichtungshaut in 5–10 cm Dicke.
6. Betonieren der Kellersohle (Stampf- oder Stahlbeton).
7. Betonieren der Mauern der Kellerumfassungswände.
8. Glätten derselben.
9. Aufkleben der Wandabdichtung unter sorgfältigster Ausführung des Anschlusses mit der Sohlenabdichtung.
10. Anordnung einer Trennschicht über der Wandabdichtung.
11. Betonieren der Schutzschicht über dem Stoß der Wand- und Sohlenabdichtung.
12. Vormauern einer $^{1}/_{2}$ Stein dicken Schutzwand im Abstand von 4–6 cm. Zugleich vorsichtiges Ausstampfen der Fuge mit erdfeuchtem Zementmörtel und Hinterfüllen der Schutzwand.

Vorteile: Ausbesserungsarbeiten an der Dichtungshaut sind möglich, da sie auf die Kellerumfassungswände aufgeklebt ist und die Schutzwand ohne Beschädigung der Dichtung abgetragen werden kann. Der Wasserdruck bewirkt durch Anpressung eine vergrößerte Haftung der Abdichtungshaut auf den Kellerwänden bzw. dem Klebeuntergrund.

Nachteile: Gefährdeter Stoß zwischen Sohlen- und Wandabdichtung. Größere Baugrube erforderlich, weil der Stoß über die Gebäudeflucht hinausgreift.

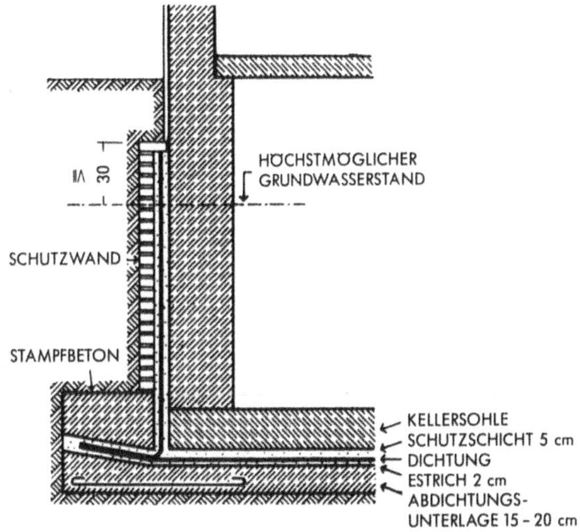

Bei der Innenabdichtung wird die Abdichtungshaut von innen auf das Kellermauerwerk aufgebracht. Die Innenabdichtung ist nur als eine Notlösung für die Abdichtung bestehender Bauwerke zu betrachten, da sie folgenden Nachteil hat: Das Grundwasser drückt durch den Fußboden bzw. die Kellerwände auf die Dichtung und versucht, diese von der Klebeunterlage abzuheben. Die Dichtung muß also immer eine entsprechende Einspannung durch einen sogenannten Innentrog erhalten.

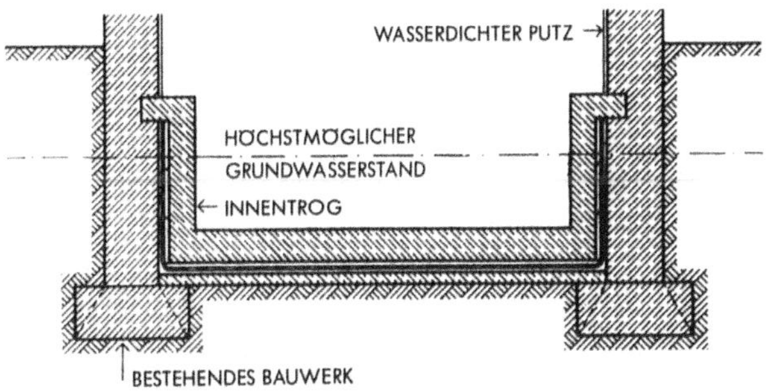

Dieser Innentrog besteht aus einer genügend schweren Sohle, welche die Dichtungshaut gegen den von unten andrängenden Wasserdruck belastet, und den Trogwänden aus Mauerwerk, Stahl- oder Stampfbeton, welche die seitliche Abdichtungshaut einspannen.

Abdichtungsuntergrund und Schutz der Dichtungshaut

Voraussetzungen einer zuverlässigen und dauerhaften Grundwasserabdichtung sind – abgesehen von der Sorgfalt der eigentlichen Abdichtungsarbeiten – ein materialgerechter Abdichtungsuntergrund ebenso wie ein sorgsamer Schutz der empfindlichen Dichtungshaut vor Weiterführung der anschließenden Rohbauarbeiten.
Da Grundwasserwannen schwierig herzustellen sind, bemüht man sich schon bei der Planung, den Grundriß der Wanne einfach zu gestalten und Knicke im Abdichtungsuntergrund zu vermeiden.

Die Abdichtungsunterlage muß zur Aufnahme der Dichtungshaut vollkommen eben, trocken und druckwasserfrei sein. Gemauerte Schutzwände sind mit einer mindestens 1 cm dicken Mörtelschicht abzuglätten. Die Sohle überzieht man mit einem Estrich unter sorgfältigster Ab- und Ausrundung aller Ecken und Kanten. Der Ausrundungsradius soll 6–10 cm betragen.

Absätze in der Abdichtungsunterlage sind, wenn möglich, durch Abschrägungen von 30° abzugleichen.

Absätze > 1 m sind unter Einschaltung von Gegengefälle von 1:100 abzutreppen. Die Abschrägung kann in diesem Falle auch unter 45° erfolgen.

Kann aus baulichen Gründen keine Abschrägung erfolgen, dann ist die Einpressung der Abdichtung durch Telleranker zu gewährleisten. Mit dem Setzen der Hinterfüllung muß gerechnet werden. Um eine Entspannung der Abdichtungshaut der oberen Kellersohle zu vermeiden, muß man die Abdichtungsunterlage bewehren.

Bei großen Einzellasten sind Sohlenvertiefungen (Tröge oder Wannen) anzuordnen.

Die seitliche Schutzwand muß dünn und elastisch (1/2 Stein dick) sein, um den Erd- und Wasserdruck gleichmäßig auf die Abdichtungshaut übertragen zu können und um die zumindest bei bituminösen Abdichtungen nötige Einpressung zwischen Schutzwand (Schale) und Kellerumfassungswänden (Wanne) zu erzielen. Aus diesen Gründen soll auch die Hinterfüllung der Schale unmittelbar nach Fertigstellung der gesamten Grundwasserwanne auf das sorgfältigste ausgeführt werden. Überall dort, wo ein festes Anpressen der Abdichtung an die Kellerumfassungswände nicht vorliegt, z. B. bei hohen freistehenden Schutzwänden, oder an Stellen, wo aus baulichen Gründen eine ausreichende Hinterfüllung nicht möglich ist, muß man die Schale fest durch Telleranker mit der Wand verankern. Stülp- oder Spundwände sind nach der Herstellung der Grundwasserwanne zu ziehen, da sie den notwendigen Erd- und Wasserdruck von der Schale fernhalten.

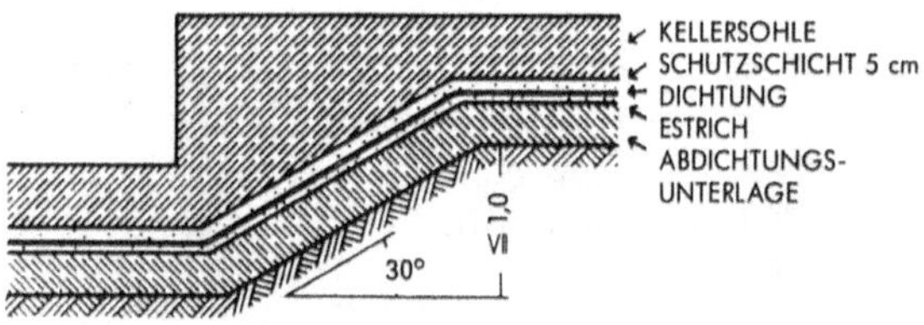

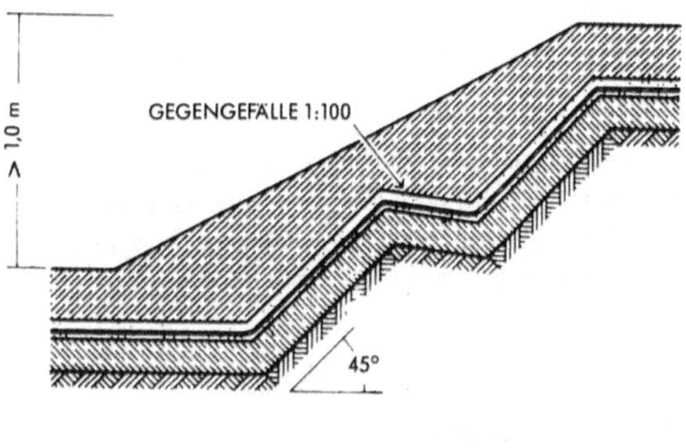

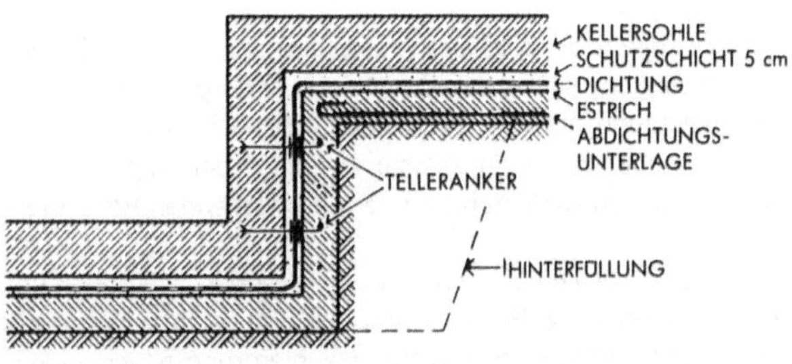

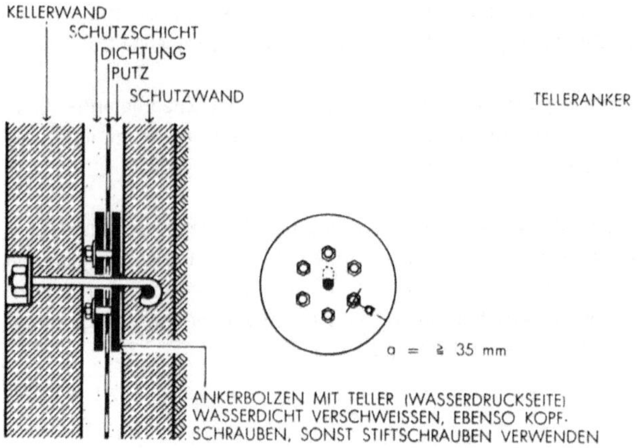

SOHLENVERTIEFUNG BEI GROSSEN EINZELLASTEN

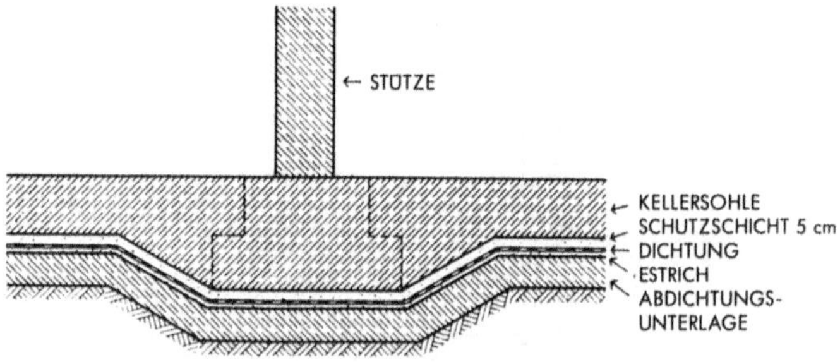

Die freistehenden gemauerten Schutzwände dürfen durch höchstens 1/2 Stein vorspringende Vorlagen verstärkt werden, damit der Wasserdruck dennoch möglichst gleichmäßig auf die Dichtungshaut einwirken kann.

Senkrechte äußere Schutzschichten sind durch Pappe von den waagrechten Schutzschichten zu trennen; außerdem sind die senkrechten Schutzschichten durch senkrechte Fugen mit Pappeinlage in Feldern von 5–10 m und an den Ecken zu unterteilen. Auf jeden Fall müssen Bauwerksfugen auch durch die Schutzschicht führen. Dehnungsfugen dürfen nie auf vertikale Ecken der Abdichtung zulaufen.

Um die fertiggestellte Abdichtungshaut vor Beschädigungen beim Betonieren der Wannensohle und -wände zu schützen, muß gleich nach Beendigung der Klebearbeiten eine Schutzschicht aufgebracht werden. Zwischen Abdichtungshaut und Schutzschicht sollte man stets bituminierte, nackte Pappe, paraffiniertes Papier und dgl. als Trennschicht einlegen, um ein festes Verhaften des Mörtels mit der Abdichtungshaut zu verhindern. Die Schutzschicht muß mindestens 5 cm dick sein. Auf der Wannensohle kann sie aus einer dünnen Lage Mörtel (Mischungsverhältnis 1:5) und einer weiteren Lage Feinbeton bestehen. Anstelle der Feinbetonschicht, in die auch oft eine Lage Stahldrahtgewebe eingelegt wird, kann man auch eine Schicht Hartbrandziegel oder Betonplatten verlegen. Die Schutzschicht an den Wannenwänden kann aus einer 1/2 Stein dicken Ziegelwand oder aus Betonplatten bestehen. Bei großer Wandhöhe ist ein Umfallen der Platten durch eingelegte Stahlstäbe zu verhindern.

Die Ausbildung der Wannensohle richtet sich nach dem durch die Grundwasserhöhe bestimmten Druck des aufsteigenden Wassers. Bei Wasserhöhen bis 50 cm über Kellerfußbodenoberkante kann die Sohle in Stampfbeton ausgeführt werden. Damit die Stampfbetonschicht den Wasserdruck durch das Eigengewicht aufnehmen kann, muß sie ungefähr eine Dicke von $0{,}5 \cdot h$ aufweisen, wobei h der Höhenunterschied zwischen Kellersohle und höchstmöglichem Grundwasserstand ist.

Bei größeren Wasserhöhen ist die Ausbildung der Wannensohle als Stahlbetonplatte mit kreuzweiser Bewehrung, als Hohlplatte oder Balkenrost (Umkehrung der Balkendecke) wirtschaftlicher, sofern nicht durch engen Abstand aufgehender Wandscheiben die ausreichende Steifigkeit der Bodenplatte zu erzielen ist. Insbesondere vor Beginn jeglicher Bewehrungsarbeiten muß der widerstandsfähige und ausreichend tragfähige Schutz einer Dichtungshaut gewährleistet sein.

Abdichtungen aus bituminösen Pappen, Dichtungsbahnen und Metallbändern

Für Material und Ausführung von wasserdruckhaltenden bituminösen Abdichtungen gilt allgemein DIN 4031, bei nur geringer oder kurzzeitiger Druckwasserbelastung auch DIN 4122.
Die Abdichtungshaut wird in mehreren Lagen nackter Pappen oder feinbesandeter Dichtungsbahnen auf den festen Untergrund aufgeklebt. Zur Verstärkung können als Zwischenlagen Weichkupferfolien in Mindeststärken von 0,1 mm eingeschaltet werden, sofern nicht Dichtungsbahnen mit Metallfolieneinlage hierzu verwendet werden.
Die mehrlagige bituminöse Abdichtungshaut bietet gegenüber einlagigen Dichtungen aus thermoplastischen Kunststoffolien den Vorteil größerer Sicherheit gegen Ausführungsungenauigkeiten, obgleich das bituminöse Material selbst weniger widerstandsfähig gegen mechanische Einwirkungen ist als thermoplastische Kunststoffe.
Die Anzahl der Lagen der Abdichtungshaut richtet sich sowohl nach der Eintauchtiefe des Bauwerkes in m unter dem höchsten Grundwasserspiegel als auch nach der Einpressung der Dichtungshaut kN/m² (kp/cm²), die größere Anzahl der Lagen ist dabei jeweils maßgebend.
Bemessung nach der Tiefe des Bauwerkes unter dem höchsten Grundwasserspiegel:

a) oberhalb des höchsten Grundwasserstandes	3 Lagen
b) unterhalb des höchsten Grundwasserstandes	
bzw. unter Gelände	
bei bindigem Boden	
bis 3 m	3 Lagen
von 3 bis 6 m	4 Lagen
von 6 bis 12 m	5 Lagen
über 12 m	6 Lagen

Bemessung nach der Einpressung:

bis 50 kN/m²	(bis 0,5 kp/cm²)	3 Lagen
50 bis 100 kN/m²	(0,5 bis 1,0 kp/cm²)	4 Lagen
100 bis 200 kN/m²	(1,0 bis 2,0 kp/cm²)	5 Lagen
200 bis 500 kN/m²	(2,0 bis 5,0 kp/cm²)	6 Lagen

Die Längsstöße mehrlagiger Abdichtungen müssen um eine halbe Bahnbreite versetzt werden. Die Querstöße sind ebenfalls versetzt anzuordnen. An allen Stößen werden die Bahnen mit 10 cm Überdeckung verlegt.
In Kehlen sollten alle Lagen der Dichtung gestoßen werden, um ein hohlraumfreies Auskleben der Kehle zu gewährleisten.
Mit dreilagiger Dichtung sind Dehnungsfugen bis 10 mm Weite zu überbrücken, mit vierlagiger Dichtung u. U. bis 15 mm.
Bei größeren Weiten muß die Abdichtung durch Bleche verstärkt werden. Die Bleche sollen mindestens 0,2 mm dick und 30 cm breit sein und so beiderseits der Fuge etwa 15 cm in die Dichtungshaut eingreifen.
Alle Durchbrechungen der Abdichtung wie Brunnentöpfe, Rohrdurchführungen, Telleranker usw. sind auf das sorgfältigste auszuführen.

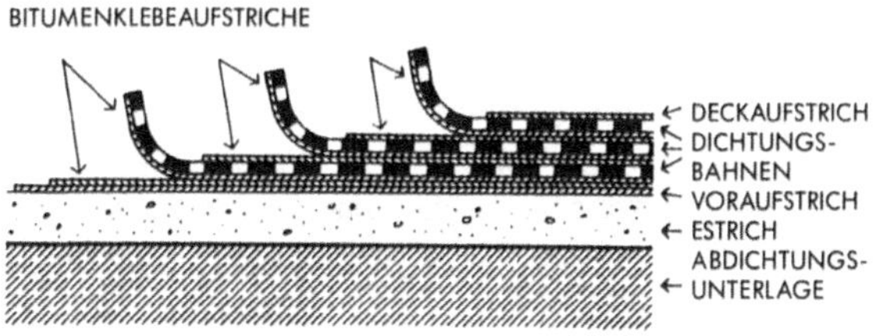

SCHUTZWAND ALS ABDICHTUNGSUNTERLAGE

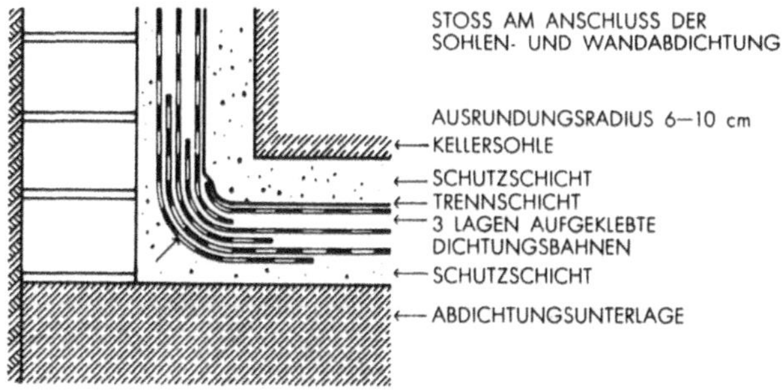

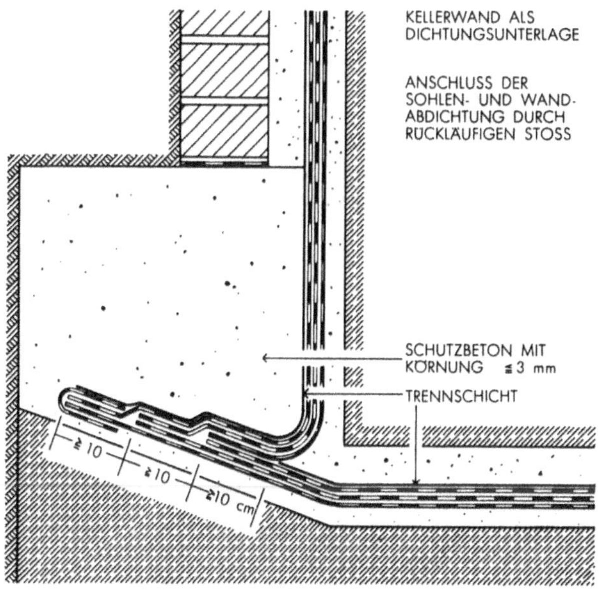

Eindichtungen mittels Dichtungsschellen sollten vermieden und dafür sogenannte Flanschabdichtungen verwendet werden. Die Flansche müssen genügend breit sein, um die Dichtung aufkleben zu können. Der Abstand von der Außenkante des Flansches bis zur Mitte des Schraubenbolzens soll 85 mm nicht unterschreiten. Die Flansche sind beim Einbau bündig mit der Abdichtungsunterlage zu verlegen.
Das Einlegen einer Bleimanschette zwischen den einzelnen Dichtungsbahnen verhindert ein Abscheren derselben beim Aufeinanderpressen der Flansche. Der Durchmesser der Manschette sollte mindestens 10 cm größer sein als der Flanschdurchmesser.
Die Brunnentöpfe, die man für den Einbau von Rohrfilterbrunnen in die Baugrubensohle einsetzt, werden nach Fertigstellung der Grundwasserwanne und nachdem die Filterrohre gezogen bzw. die Bohrlöcher mit Kies ausgefüllt sind, durch einen Blindflansch mit Gummiring verschlossen.
Die Abdichtung darf nur auf Druck beansprucht werden. Sie muß darüber hinaus dauernd mit einem im Einzelfall ausreichenden Flächendruck zwischen festen Bauteilen eingepreßt sein, wobei in

Tiefen unter 2 m ein Mindestdruck von 0,01 MN/m² (0,1 kp/cm²) gewährleistet sein muß, ohne den Wasserdruck in Rechnung zu stellen. Die Belastung darf 500 kN/m² (5 kp/cm²) nicht überschreiten und muß gleichmäßig verteilt sein oder stetig verlaufen. Die Höchsttemperatur, der die Abdichtungshaut ausgesetzt sein darf, liegt um mindestens 15° unterhalb des Erweichungspunktes der Klebemasse (nach Krämer-Sarnow), höchstens aber bei 313 K (40 °C). Gegebenenfalls sind Dämm- oder Kühlmaßnahmen erforderlich. Bei Temperaturen unter 277 K (4 °C) und bei Niederschlägen dürfen Abdichtungsarbeiten ohne Schutzvorkehrungen nicht mehr ausgeführt werden.

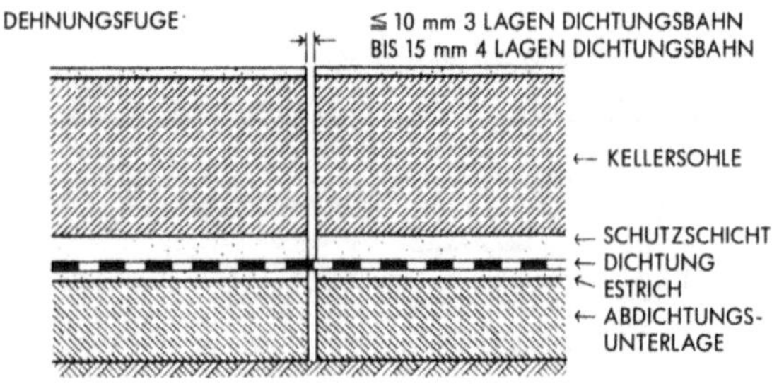

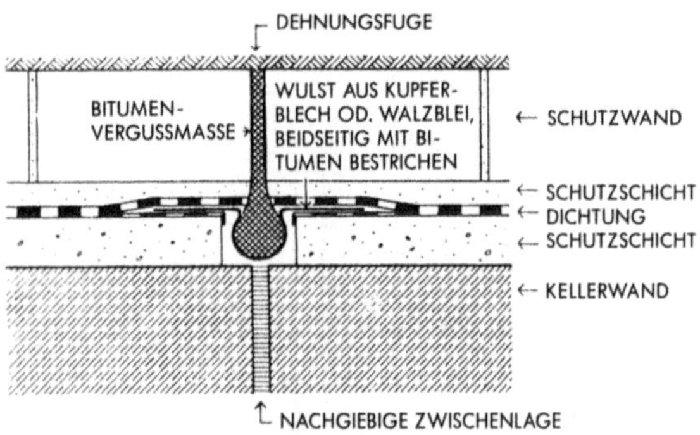

EINDICHTUNG EINES ROHRDURCHBRUCHS

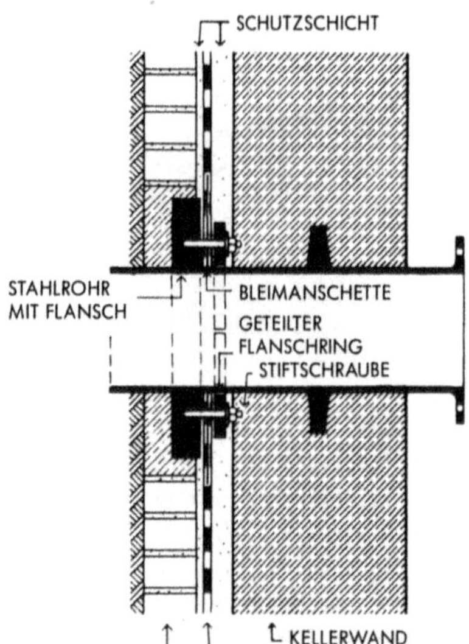

BRUNNENTOPF-EINDICHTUNG

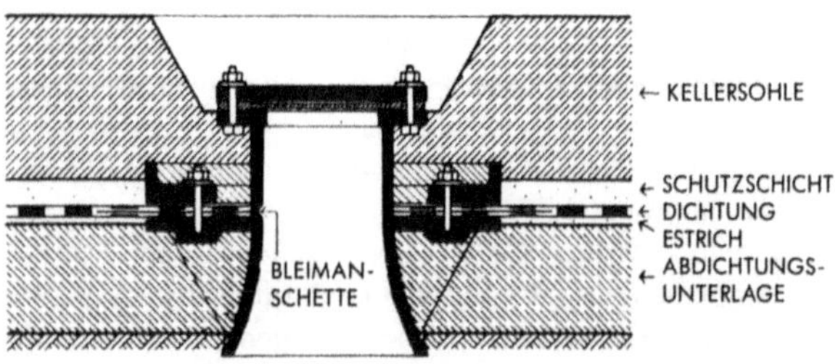

Abdichtungen aus thermoplastischen Kunststoffbahnen (DIN 18190)

Im Gegensatz zur bituminösen Abdichtung, welche mehrerer Trägerlagen für mehrfache Dichtungsanstriche bedarf, sind homogene und einlagig zu verschweißende Kunststoffbahnen bereits selbst die Abdichtung. Sie benötigen weder eine Einpressung noch unbedingt eine Verklebung mit dem Untergrund, noch einen Deckanstrich. Sie werden nur an senkrechten Flächen vollflächig verklebt und müssen durch eine abdeckende Schutzbahn lediglich vor mechanischer Beschädigung und Kontakt mit plastischem Mörtel und Beton bewahrt werden.

Die Dichtigkeit einlagig verlegter Materialien hängt damit von sorgfältiger Ausführung der Nahtstellen und Stöße ab, die nur durch Quellschweißung hergestellt werden darf. An Nähten und Stößen sind Kunststoffolien mindestens 5–6 cm zu überdecken. Bei etwaiger Verklebung auf dem Untergrund muß dieser Bereich von Klebemasse absolut freigehalten werden. Die Quellverschweißung ist vor starker Erwärmung, z. B. Sonneneinstrahlung, zu schützen.

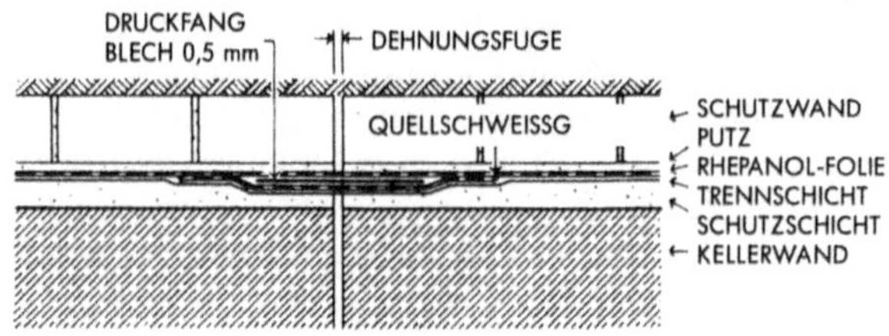

Im Bereich der Kreuzungen von Stößen und Nähten müssen die Ränder der unteren Bahnen bei Folien über 1 mm Stärke abgebügelt werden. An negativen und positiven Ecken ist eine Verstärkungskappe gleichen Materials und gleicher Dicke aufzuschweißen. Auch Fugen bedürfen einer zusätzlichen Verstärkung u. U. mit metallischer Zwischenlage.

Bei Durchdringung der Dichtungshaut durch Rohrleitungen, Abläufe, Anker und dgl. kommt wie bei bituminösen Bahnen das Flanschdichtungssystem zur Anwendung. Es sollten auch hier zwischen Fugen, Ecken, Kehlen und Kanten bis zum Rand der Durchdringung ≧ 35 cm zur Verfügung stehen. Damit die einlagige Dichtungsbahn zwischen den Flanschen nicht beschädigt oder ausgepreßt werden kann, sind beidseitig elastische Manschettenringe mit einzuklemmen.

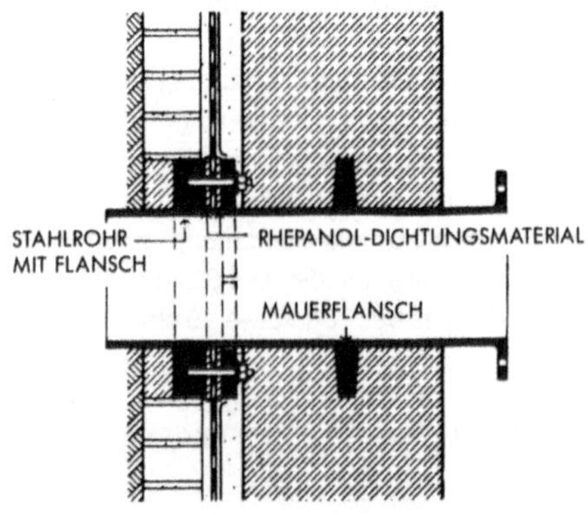

Die Dichtigkeit von geschweißten Verbindungsstellen kann ggf. durch Einblasen von Druckluft in einem bei der Schweißung freigehaltenen Luftkanal oder bei Einlage eines Erdungsleiters auch mittels Hochspannungsprüfgerät nachträglich überprüft werden. Diese Verfahren werden im allgemeinen jedoch nur bei werkstattmäßiger Vorbereitung großflächiger Dichtungsbahnen angewandt.
Da bei unmittelbarer Berührung der Folien mit plastischem Mörtel und Beton die natürliche Dehnfähigkeit des Folienmaterials eingeschränkt und bei Rißbildung die Folie mitzerstört würde, ist vor Aufbringen der Schutzschichten das Auflegen oder Aufkleben der Schutzbahnen als Trennlage eine unumgängliche Forderung.

Abdichtungen aus Spachtelmassen

Um die Arbeitsintensität und Risiken handwerklicher Bahnenverlegung zu verringern, wurden schon frühzeitig Abdichtungen mit Spachtel- und Vergußmassen auf der Basis von Asphaltmastix ausgeführt. Sie erfordern ein ausreichend elastisch bleibendes Material und entsprechende Materialstärke, um Risse aus dem festhaftenden Untergrund schadlos zu überbrücken. Mit der Weiterentwicklung dieses Verfahrens auf der Basis von spritzbaren Kunststoffen werden sich noch weitere Möglichkeiten zur Ausführung zuverlässiger Bauwerksabdichtungen ergeben. Hier sei nur die Herstellung der grundwasserhaltenden Asphaltmastixabdichtung kurz umrissen.
Die Mastixabdichtung kann weder quellen noch faulen (wie es bei ungenügend eingespannten Dichtungspappen oder -bahnen oft vorkommt), da sie keine verrottbaren Bestandteile enthält. Infolge ihrer plastischen Eigenschaften eignet sie sich besonders für oft geknickte Abdichtungsunterlagen. Auch bei Mauerwerken mit größeren Setzungen hat sich die Mastixabdichtung schon bewährt, da sie die langsamen Bewegungen des Bauwerks mitmacht, ohne undicht zu werden.

MASTIXABDICHTUNG
BEI BETONIERTEN KELLERWÄNDEN

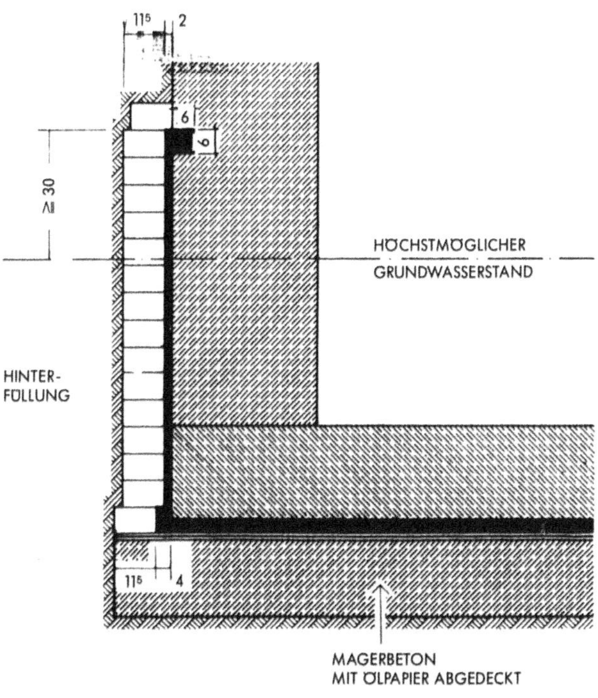

Es ist zu unterscheiden zwischen der wasserdruckhaltenden und der wasserabweisenden Mastixabdichtung. Eine wasserdruckhaltende, 20 mm dicke Mastixabdichtung entspricht einer vierlagigen Klebedichtung aus 500er Wollfilzpappe. Sie wid in der „Trogtechnik" ausgeführt.
Die Sperrschicht aus 22%igem Naturasphaltmastix wird auf einer 10–20 cm dicken, mit Ölpapier abgedeckten Magerbetonschicht aufgebracht und erhält zum Schutz gegen mechanische Beschädigungen eine 20 mm dicke Schutzschicht aus Asphaltmastix von gleicher oder geringerer Güte. Auf die Schutzschicht betoniert man die Kellersohle und setzt die Kellerumfassungswände darauf. Feuchtigkeit verursacht Poren- und Blasenbildung. Da die in den Poren des Betons vorhandene Feuchtigkeit beim Aufbringen heißer Asphaltmasse zum Verdampfen gebracht wird und dieser Dampf das Haften der Abdichtung am Beton verhindern würde, darf die Abdichtung erst auf die Umfassungswände aufgebracht werden, wenn die äußere Schicht des Betons bzw. der Fugen genügend ausgetrocknet ist.
Die Abdichtung der Umfassungswände stellt man im Gußverfahren her. Die Gießform wird von einer 1/2 Stein dicken, trocken (ohne Mörtel) gemauerten Wand gebildet.

Feuchtigkeit aus Niederschlag

Im Erdreich steht das Bauwerk unter mehr oder weniger gleichbleibenden Bedingungen. Beispielsweise bleibt die Bodentemperatur von einer gewissen Tiefe an abhängig von der Dichte und Wasserdurchlässigkeit des Bodens ganzjährig mit etwa 280 K (7 °C) ebenso konstant wie die spezifische Feuchtigkeit.
Auf die Gebäudeoberfläche über Terrain dagegen wirken alle kurz- und langfristig wechselnden Witterungseinflüsse ein: Sonnenbestrahlung, Temperaturwechsel, Regen, Schnee, Eis. Hier liegen die Ursachen für die meisten Bauwerksschäden am Dach und an den Außenwänden.
In mitteleuropäischen Breiten rechnet man mit kurzfristigen Spitzenwerten der örtlich unterschiedlichen Regenspende von 100 l/sec × ha, bis zu 300 l/sec × ha in Ausnahmesituationen. Letzteres entspricht je Minute Niederschlagsdauer wohl nur 2 mm (=2 l) Niederschlag je qm Grundfläche, die vom Dach, aus dem Bereich der Fassade und von befestigtem Terrain in das Kanalnetz abgeführt werden müssen. Doch bei Unwetterkatastrophen, Wolkenbrüchen, manchmal in Verbindung mit Hagelschlag, kann der Abfluß behindert und in kurzer Zeit eine Wasserstandshöhe von 70 mm und mehr erreicht werden, die jedes Abflußsystem überfordert. Wo immer sich Wasser stauen und sammeln kann, z. B. auf Dachflächen mit innenliegender Entwässerung, ist deshalb durch Aufkantungen für entsprechenden Stauraum und ggf. Überlauf nach außen zu sorgen.
Das Grundprinzip der Regenableitung von Dach und Wand ist das Übergreifen der oberen Teile über die unteren. Problematisch bleiben alle horizontalen Flächen, auf denen sich Wasser sammeln, aufschlagen oder versprühen kann. Solche manchmal unvermeidlichen Vor- und Rücksprünge – wie etwa Fensterbrüstungen – sind stets aus wetterfestem Material mit entsprechenden Aufkantungen und Tropfnasen auszuführen bzw. mit solchem Material abzudecken.

Niederschlag und Verwitterung

Die schädigenden Einflüsse des Außenklimas lassen sich zwar nicht ausschalten, doch ihre Auswirkungen auf das Bauwerk durch die Verwendung geeigneter Materialien und konstruktiver Vorkehrungen weitgehend eindämmen. Im Verwitterungsprozeß wirken mechanische (physikalische) und chemische (anorganische und organische) Faktoren zusammen.

Mechanisch-physikalische Verwitterung

- Quellen und Schwinden von Baustoffen unter wechselnden Feuchteeinflüssen;
- Frostgefährdung in Abhängigkeit vom Wasseraufnahmevermögen (Sprengwirkung durch Volumenvergrößerung des Wassers bei Umwandlung in Eis um 1/11;
- Temperaturspannungen, die abhängig sind von Material – Farbe (Wärmeabsorption) und Dichte (Wärmeleitung und -abstrahlung);
- Niederschlag unter Windeinwirkung (Schlagregen und Hagelschlag);
- Sprengwirkung kristallisierender eingedrungener und ausgelaugter Salze durch Volumenvermehrung (Kristallisationsdruck);
- UV-Bestrahlung, welche zu Auslaugung und Versprödung, insbesondere von Kunststoffmaterialien führt.

Chemische Verwitterung

Abgesehen von den Emissionen chemischer Industrie, in erster Linie Kohlen- und Schwefeldioxyde, welche bei der Vielzahl der Verbrennungprozesse in unserer Umwelt anfallen und die sich mit Niederschlags- und Luftfeuchtigkeit zu aggressiven Säuren verbinden. Ihre Wirkungen lassen sich daran erkennen, daß in unseren Städten Bauwerke aus natürlichen und künstlichen Steinen schon im Zeitraum weniger Jahrzehnte in ihrem Bestand bedroht werden, während sie sich vom Mittelalter bis in unser Jahrhundert ohne sichtliche Veränderung erhalten hatten. Die Säuren waschen nicht nur die Oberfläche aus, sondern führen zu einer Krustenbildung, die die eingedrungene aggressive Feuchtigkeit festhält und innere Zersetzung fortschreiten läßt.

Organische Verwitterung

Flechten als Symbiose von Algen und Pilzen wirken in die Poren von Materialoberflächen hinein, wo sie Wasser speichern und bei der Assimilation mit Kohlendioxyd und Sauerstoff anreichern. Dies führt unter Luftmangel und Staubeintritt durch Humusbildung zu weiterer Zerstörung ebenso wie zum weiteren Aufbau der Pflanze selbst. Tierische Verunreinigungen, beispielsweise am Gebäudesockel oder in Horizontalbereichen von Fassaden, können sowohl Nährboden für organische Verwitterung als auch selbst Ursache chemischer Verwitterung sein.
Im folgenden werden nur die Grundsätze des Schutzes gegen Niederschlagsfeuchtigkeit und die Probleme des Wärmeschutzes behandelt. Die Einzelheiten der Wand- und Dachkonstruktionen sind in den Kapiteln Außenwände – bzw. Dachdeckung – enthalten.

Schutz durch das Dach

Die erste Forderung des Feuchtigkeitsschutzes für ein Gebäude ist ein wasserableitendes und wasserundurchlässiges Dach sowie eine ordnungsgemäße Abführung der anfallenden Wassermengen. Die alten schuppenförmigen Dachdeckungen mit Holzschindeln oder Ziegeln – auch Strohdeckungen gehören dazu – begrenzten die jeweils zulässigen Dachneigungen mit Mindest- und Höchstmaßen. Erst die miteinander verklebten oder verschweißten Bahnenbeläge ermöglichten flachere, ja horizontale Dächer.
Bauphysikalisch unterscheiden wir Kalt- und Warmdächer. Das Kaltdach ist eine „mehrschalige" Dachkonstruktion, deren obere Schale als „Schirm" von der Außenluft unterlüftet, nur den Feuchtigkeitsschutz zu erbringen hat, während die untere Schale den Raumabschluß bildet und Wärmedämmung bietet.

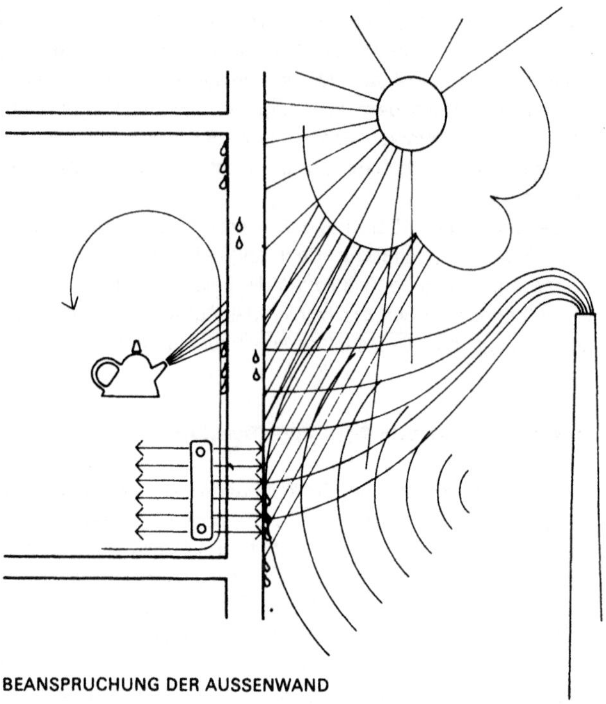

BEANSPRUCHUNG DER AUSSENWAND

Das Warmdach ist eine „mehrschichtige" Verbundkonstruktion, deren Schichten unmittelbar auf der Dachdecke aufliegen und neben der Feuchtigkeitsabdichtung auch die Wärmedämmung und den Ausgleich von Temperaturspannungen zu gewährleisten haben.

Schutz durch die Außenwand

Im traditionellen Mauerwerksbau und im massiven Holzbau wurden alle Anforderungen, welche an die Außenwand zu stellen sind, vom homogenen Wandquerschnitt entsprechender Dicke gleichermaßen erfüllt.
Heute ist die Außenwand ähnlich dem Dachaufbau überwiegend eine mehrschichtige oder mehrschalige Konstruktion, zusammengefügt aus verschiedenen Materialien, die für die jeweiligen Teilfunktionen – Tragen, Dämmen, Dichten – optimal geeignet sind und exakt dimensioniert, in bestimmter Reihenfolge einander zugeordnet werden. (Siehe auch Kapitel „Wärmeschutz", DIN 4108, Teil 3: Schlagregenschutz von Wänden.)

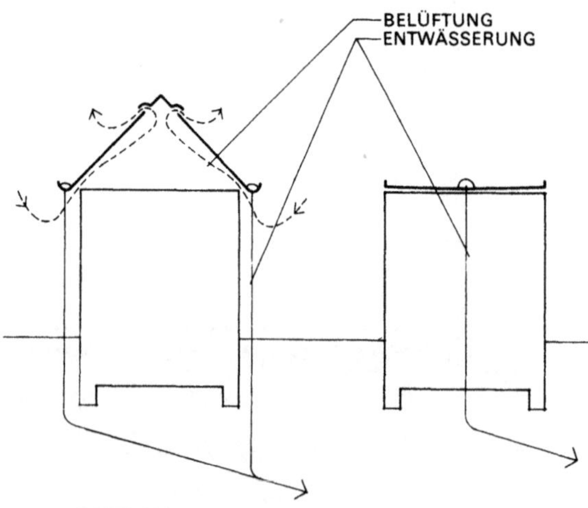

Bei der Wahl einer Außenwandkonstruktion greifen mehr als bei anderen Bauteilen konstruktive und wirtschaftliche Überlegungen ineinander. Es geht hier nicht nur um niedrige Material- und Lohnkosten, um Größe, Gewicht und Anzahl der Teilelemente, um die Anzahl der einzusetzenden Gewerke und der Arbeitsgänge, um Fertigung und Montage in Fabrik oder auf der Baustelle, sondern entscheidend auch um die Kosten für die Heizung und die Unterhaltung eines Gebäudes. Im Gegensatz zur einmaligen Investition von Baukosten handelt es sich hier um laufende betriebliche Ausgaben über die gesamte Lebensdauer eines Bauwerks hinweg. Deshalb rechtfertigt nicht falschverstandene Fassadenkosmetik, sondern nur längerfristige Wirtschaftlichkeit beim Kostenvergleich, u. U. auch höhere Investitionen für die Außenwandkonstruktion. Auf Dauer wird durch hohe Alterungsbeständigkeit oder leichte Auswechselbarkeit, durch geringen Verschmutzungsgrad oder leichte Reinigungsmöglichkeit, z. b. durch Balkone, an Unterhaltskosten gespart, wie durch eine Verbesserung der Wärmedämmung an Heizkosten. Konstruktiv unterscheiden wir wie bei der Dachkonstruktion ein- oder mehrschalige Außenwände mit oder ohne Hinterlüftung einer Verkleidung. Die Einzelheiten eines materialgerechten Wandaufbaues sind dem Kapitel „Außenwände" zugeordnet, hier seien abschließend nur die verschiedenen Möglichkeiten der Fassadenausbildung aufgezählt:
Sichtmauerwerk oder Sichtbeton, Anstriche, Spachtelungen oder Putze, Verkleidungen mit Keramik, Naturstein oder Kunststeinplatten, mit Holz, Metall, mit Asbestzement-, Kunststoff- oder Glaselementen.

Feuchtigkeit im Bauwerk

Die Menge der im Bauwerk enthaltenen und entstehenden Feuchtigkeit resultiert einmal aus der Verarbeitungs- und Restfeuchtigkeit der Baustoffe, zum anderen aus der Nutzungsart und dem Raumklima eines Bauwerks. Sie pendelt sich für jeden Baustoff abhängig von seinem inneren Gefüge und seiner Einbausituation im Laufe der Gebäudenutzung ein und schwankt lediglich bei Außenbauteilen und unsachgemäßer Konstruktion mit dem jahreszeitlichen Witterungswechsel. Hier stehen Feuchtigkeitsgehalt und Wärmedämmung in so unmittelbarem Zusammenhang, daß auch im folgenden die Maßnahmen des Wärmeschutzes und die des Feuchtigkeitsschutzes eng ineinandergreifen.

Baufeuchtigkeit

Die mit dem Bauvorgang in ein Bauwerk eingebrachte Feuchtigkeit ist unmittelbar beeinflußt von den zur Verwendung kommenden Baustoffen, von ihrer Verarbeitungsweise auf der Baustelle und von den Witterungsbedingungen während ihrer Lagerung und während der Bauzeit.
Je geringer diese Baufeuchtigkeit ist und je schneller sie austrocknet, um so weniger Schaden kann sie am vollendeten Bauwerk anrichten. Je eher sie sich der Dauerfeuchtigkeit im Einbauzustand angleicht – auch Luftausgleichs- oder Eigenfeuchtigkeit genannt –, desto schneller kann gebaut werden. Das Ziel der Entwicklung ist ein weitgehend ohne Baufeuchtigkeit errichteter Montagebau, dessen Teile – auf Abruf vom Lager geliefert – bereits im Zustand der Dauerfeuchtigkeit zusammengefügt werden können und dessen Ausbau ebenfalls in Trockenbauweise erfolgt. Feuchtigkeit während des Bauvorgangs ist damit im wesentlichen auf Niederschlag im ungeschützten Bauzustand beschränkt.
Der hemmende Einfluß der Baufeuchtigkeit macht sich zwangsläufig bei örtlich gefügten und geschütteten Bauteilen am stärksten bemerkbar. Skelettbauten schneiden dabei günstiger ab als Massivbauten, Stahlskelette wiederum besser als Betonskelette, zumal mittlerweile auch eine feuerbeständige Ummantelung weitgehend in Trockenbauweise hergestellt werden kann. Holzskelette und Holztafelbau, deren Teile trocken im Zustand der Dauerfeuchtigkeit montiert werden, sind die Frühform des modernen Montagebaues.

Im Bauwerk verarbeitete Wassermenge		
Bauteil	Dicke	l/m^3
Zweiseitig verputzte Wand aus Vollziegeln in Kalk-Zementmörtel	1 Stein 1,5 Stein	19 25
Zweiseitig verputzte Wand aus Leichtbetonhohlblöcken in Kalk-Zementmörtel	1 Stein 1,5 Stein	12 17
Betonwand, unverputzt	50 cm	52
Stahlbetonplattendecke, unterseitig verputzt	12,5 cm	30

Läßt sich der Grad der Baufeuchtigkeit einmal schon durch die Wahl des Baugefüges beeinflussen, so sucht man ihn weiter durch die Verwendung vorgefertigter Bauteile und durch die zeitliche Entflechtung der feuchtigkeitsbringenden von den feuchtigkeitsempfindlichen Arbeiten zu vermindern. Alle feuchtigkeitsbringenden Bauteile sollen möglichst frühzeitig im Rohbauabschnitt hergestellt werden und dieser selbst in der trockenen Jahreszeit liegen. Massive Außenwände erhalten nötigenfalls nur die statisch erforderliche Dicke, während ihr Wärmeschutz durch hochwertige trockene Dämmstoffe auf das erwünschte Maß gebracht wird. Man vermauert wenig saugende und großformatige Steine, um den Mörtelbedarf zu senken. Massivdecken werden als Teil- und Vollmontagedecken mit Deckenfüllkörpern aus Leichtbeton oder gebranntem Ton ausgeführt. Auf diese Weise sucht man die Bauzeiten um die Fristen für Herstellen, Erhärten und Trocknen zu verkürzen. Eine weitere Verkürzung der Bauzeit ist durch künstliche Bauaustrocknung mittels Koksöfen, Warmlufterzeugern usw. zu erreichen. Schließlich bilden auch alle Holzschutzmaßnahmen, wie die Imprägnierung von Hölzern und der Schutz von Holzbauteilen (z. B. Balkenauflager) durch feuchtigkeitssperrende Unterlagen, Lüftungsmöglichkeiten usw. einen wesentlichen Bestandteil des Schutzes gegen die Baufeuchtigkeit.

Nutzwasser

Zu der im Bauwerk entstehenden Feuchtigkeit gehört auch das Nutzwasser. Man kann ihm unmittelbar durch Abdichten, Abweisen und Ableiten begegnen. Besonders wichtig ist die richtige Ausführung der Wand- und Bodenentwässerung in Küchen, Bädern, Duschzellen, Pissoirräumen, Waschküchen und allen anderen Feuchträumen für gewerbliche, öffentliche oder industrielle Zwecke. Die „nassen Decken und Wände" werden durch Sperrschichten abgedichtet und mit wasserabweisenden Platten oder dergleichen belegt.
Sperrschichten und Beläge müssen gleiches Gefälle erhalten. Abdichtungen hinter Wandplatten erfüllen ihren Zweck nur dann, wenn sie über den Wasseraustritt der Zapfhähne, Brausenköpfe oder Wasserspüler hochreichen. Andernfalls kann, besonders bei vorspringenden Sockelplatten bzw. Wandanschlüssen von Wasch- und Spülbecken, das durch die Fugen (oder Risse) eindringende Wasser die betreffende Wand und angrenzende Bauteile durchfeuchten.
Man sollte die Wandplatten in jedem Falle bündig mit dem oberen und seitlichen Wandputz einsetzen und auch die Plattenoberfläche ohne vorspringende Staub- und Wasserkanten ausbilden. Dabei ist

den Wandanschlüssen von Wasch-, Spül-, Ausgußbecken u. dgl. besondere Sorgfalt zuzuwenden. Von der Wand abgesetzte Becken umgehen den Wandanschluß, stellen aber keine endgültige Lösung dar. Das an die Wand spritzende Wasser fließt hinter den Becken zum Fußboden ab und muß ständig entfernt werden. Besser ist es, wenn das Spritzwasser unmittelbar in das Becken zurückfließen kann, ohne in die Wand einzudringen.
Für die Abdichtung von Fußböden in Feuchträumen gelten folgende Grundregeln: Gehschicht, Sperrschicht und deren Untergrund müssen in gleichem Gefälle zum Bodeneinlauf entwässern. Die Sperrschicht muß an allen vertikalen Wand-, Stützen-, Rohrflächen usw. soweit hochreichen, daß mit Sicherheit kein Wasser hinter oder unter sie gelangen kann.
Damit man die Fußbodendichtung an Wänden, Stützen usw. seitlich ohne Bruch hochführen kann, werden die Kehlen sofort im

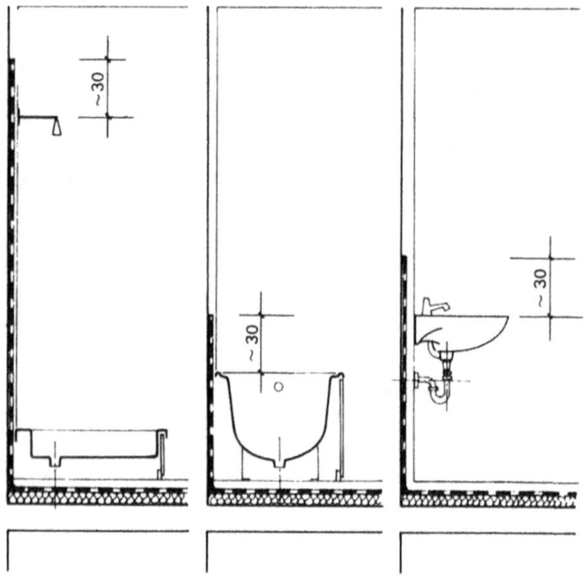

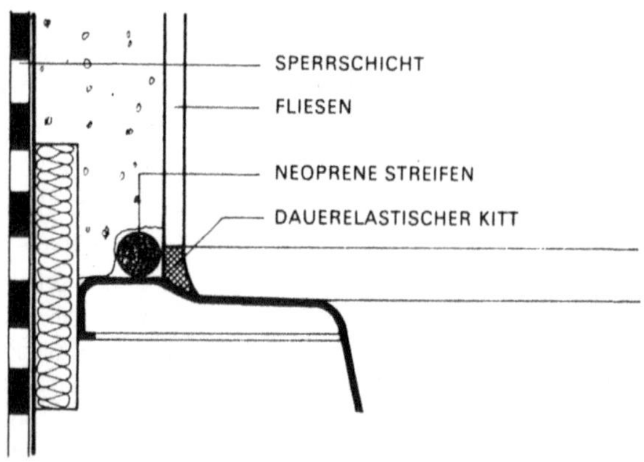

WANDANSCHLUSSPROFIL FÜR BADEWANNE MIT NACH OBEN GESTELLTEN RAND

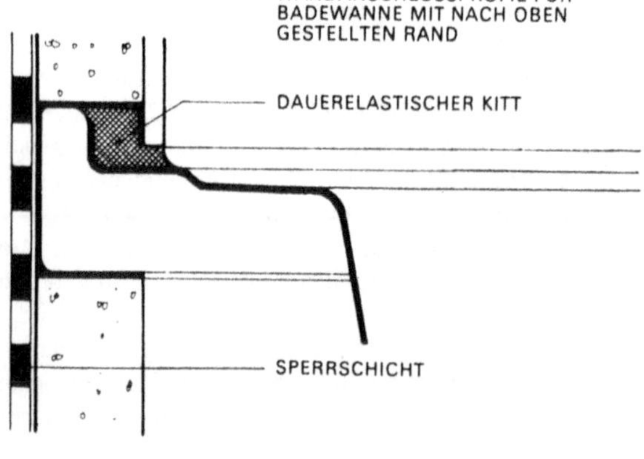

Beton oder Estrich ausgerundet. Durch die Decke führende Leitungsrohre sind mit Rohrhülsen aus Blech oder besser aus Wahlblei zu versehen. Die Rohrhülsen müssen genügend große Manschetten haben, damit man gut mit den Dichtungsbogen anschließen kann. Bei Heizungs- und Warmwasserrohren ist zwischen Rohr und Abdichtungshülse eine Wärmeisolierung, z. B. Korkschalen, notwendig. Wo mehrere Rohre beisammenstehen, ist es einfacher, sie mit einem Betonsockel mit runder Kehle zu umgeben. Dann kann man dort die Dichtung wie an Wänden und Stützen seitlich hochführen.
Wenn irgend möglich sollten jedoch im Entwurf die Naßräume zusammengelegt werden. Das erlaubt nicht nur, auch die Installationen zusammenzufassen und bei mehrgeschossigen Bauten in gemeinsamem Schacht zu führen, sondern bündelt und schirmt die Geräusche besser ab, die von Wasserinstallationen und Sanitärräumen immer ausgehen. Durch diesen Installationsschacht wird eine Vielzahl von Deckendurchbrüchen auf einen einzigen reduziert, der neben den Frisch- und Abwasserleitungen auch die Lüftungskanäle innenliegender Sanitärräume aufnehmen kann. Vormontierte Installationsblöcke lassen sich als geschlossene Fertigteile bereits mit dem Rohbau hochziehen. Ob in Schächten (von Wänden und Verkleidungen umschlossen) oder in vorgefertigen Sanitärblöcken geführt, sind Installationen gebündelt am Deckendurchbruch einfacher gegen Feuchtigkeit und Schallübertragung zu isolieren als das Einzelrohr.

Luftfeuchtigkeit

Heute wird in den Wohnungen erheblich mehr Feuchtigkeit entwickelt als in früheren Zeiten; dieser Trend ist noch nicht zum Stillstand gekommen, so daß für die Zukunft mit einer weiteren Steigerung zu rechnen ist. Hauptursachen sind der steigende Wasserverbrauch in Küchen und Bädern, die Abscheidung von Wasser beim Betrieb von Gasgeräten (etwa 1 l pro cbm Gas), häufig mangelhafte Belüftung der Räume und eine erheblich höhere Temperatur als in den alten Zeiten der Ofenheizung. Während Warmwasserheizungen beispielsweise die Feuchtigkeit im Raum halten, führte die Ofenheizung die warme, feuchte Raumluft ab, saugte dafür kalte, trockenere Luft durch Fenster- und Türritzen an und sorgte damit gleichzeitig für die Lufterneuerung (Sauerstoffzufuhr).
Diese negativen Tendenzen wurden noch verstärkt durch die Verkleinerung der Räume und Verringerung der Raumhöhe. Entscheidend ist auch die Belegungsdichte eines Raumes, da ein Mensch am Tag zwischen 1 und 2 Liter Wasserdampf abgibt. Demnach wird der Feuchtigkeitsgehalt in stark belegten kleinen Räumen bzw. Wohnungen höher sein als in großen. Die einfachste Maßnahme zur Entfeuchtung von Räumen ist eine ausreichende Lüftung. Je kleiner ein Raum und je stärker er belegt ist, desto mehr muß man lüften bzw. desto höher liegt auch in klimatisierten Räumen der stündlich erforderliche Luftwechsel.

Relative Luftfeuchtigkeit

In der Luft ist immer eine mehr oder weniger große Menge unsichtbaren Wasserdampfes enthalten, die sich je nach der herrschenden Temperatur und dem Druck ändert. Der für eine bestimmte Temperatur höchstmögliche Wasserdampfgehalt der Luft heißt Sättigungsgehalt; er übt den Sättigungsdruck aus. Sättigungsgehalt und Sättigungsdruck steigen und fallen mit der Temperatur. Meist ist nur ein gewisser Prozentsatz des Sättigungsgehaltes bzw. Sättigungsdruckes vorhanden, den man als Feuchtigkeitsgrad der Luft oder relative Feuchtigkeit bezeichnet.

Wasserdampfsättigungsdruck bei Temperaturen von 30,9 bis −20,9 °C

Temperatur °C	Wasserdampfsättigungsdruck Pa .0	.1	.2	.3	.4	.5	.6	.7	.8	.9
30	4244	4269	4294	4319	4344	4369	4394	4419	4445	4469
29	4006	4030	4053	4077	4101	4124	4148	4172	4196	4219
28	3781	3803	3826	3848	3871	3894	3916	3939	3961	3984
27	3566	3588	3609	3631	3652	3674	3695	3717	3793	3759
26	3362	3382	3403	3423	3443	3463	3484	3504	3225	3544
25	3169	3188	3208	3227	3246	3266	3284	3304	3324	3343
24	2985	3003	3021	3040	3059	3077	3095	3114	3132	3151
23	2810	2827	2845	2863	2880	2897	2915	2932	2950	2968
22	2645	2661	2678	2695	2711	2727	2744	2761	2777	2794
21	2487	2504	2518	2535	2551	2566	2582	2598	2613	2629
20	2340	2354	2369	2384	2399	2413	2428	2443	2457	2473
19	2197	2212	2227	2241	2254	2268	2283	2297	2310	2324
18	2065	2079	2091	2105	2119	2132	2145	2158	2172	2185
17	1937	1950	1963	1976	1988	2001	2014	2027	2039	2052
16	1818	1830	1841	1854	1866	1878	1889	1901	1914	1926
15	1706	1717	1729	1739	1750	1762	1773	1784	1795	1806
14	1599	1610	1621	1631	1642	1653	1663	1674	1684	1695
13	1498	1508	1518	1528	1538	1548	1559	1569	1578	1588
12	1403	1413	1422	1431	1441	1451	1460	1470	1479	1488
11	1312	1321	1330	1340	1349	1358	1367	1375	1385	1394
10	1228	1237	1245	1254	1262	1270	1279	1287	1296	1304
9	1148	1156	1163	1171	1179	1187	1195	1203	1211	1218
8	1073	1081	1088	1096	1103	1110	1117	1125	1133	1140
7	1002	1008	1016	1023	1030	1038	1045	1052	1059	1066
6	935	942	949	955	961	968	975	982	988	995
5	872	878	884	890	896	902	907	913	919	925
4	813	819	825	831	837	843	849	854	861	866
3	759	765	770	776	781	787	793	798	803	808
2	705	710	716	721	727	732	737	743	748	753
1	657	662	667	672	677	682	687	691	696	700
0	611	616	621	626	630	635	640	645	648	653
−0	611	605	600	595	592	587	582	577	572	567
−1	562	557	552	547	543	538	534	531	527	522
−2	517	514	509	505	501	496	492	489	484	480
−3	476	472	468	464	461	456	452	448	444	440
−4	437	433	430	426	423	419	415	412	408	405
−5	401	398	395	391	388	385	382	379	375	372
−6	368	365	362	359	356	353	350	347	343	340
−7	337	336	333	330	327	324	321	318	315	312
−8	310	306	304	301	298	296	294	291	288	286
−9	284	281	279	276	274	272	269	267	264	262
−10	260	258	255	253	251	249	246	244	242	239
−11	237	235	233	231	229	228	226	224	221	219
−12	217	215	213	211	209	208	206	204	202	200
−13	198	197	195	193	191	190	188	186	184	182
−14	181	180	178	177	175	173	172	170	168	167
−15	165	164	162	161	159	158	157	155	153	152
−16	150	149	148	146	145	144	142	141	139	138
−17	137	136	135	133	132	131	129	128	127	126
−18	125	124	123	122	121	120	118	117	116	115
−19	114	113	112	111	110	109	107	106	105	104
−20	103	102	101	100	99	98	97	96	95	94

Die in der Luft enthaltene Feuchtigkeit kann absolut in g/m³ oder relativ in % des höchstmöglichen Wasserdampfaufnahmevermögens (Sättigungsgehalt abhängig von der jeweiligen Lufttemperatur) angegeben werden. Warme Luft kann mehr Feuchtigkeit in Form unsichtbaren Wasserdampfes aufnehmen als kühle Luft, was bei gleichem absolutem Wassergehalt einer geringeren relativen Luftfeuchtigkeit bzw. einem geringeren Feuchtigkeitsgrad entspricht. Den folgenden Tabellen ist der wirkliche Feuchtigkeitsgehalt der Luft (in g/m³) abhängig von der relativen Luftfeuchtigkeit und von der Temperatur sowie vom jeweils zuzuordnenden Wasserdampfsättigungsdruck bzw. -teildruck zu entnehmen. Die Zusammenhänge zwischen relativer Luftfeuchtigkeit, Temperatur und menschlichem Wohlbefinden sind im Abschnitt Mensch und Raumklima ausführlicher dargestellt.

Tauwasserbildung

Wird Luft mit einem bestimmten Feuchtigkeitsgehalt soweit abgekühlt, daß das Verhältnis der vorhandenen Wasserdampfmenge gleich der aufnehmbaren Sättigungsmenge dieses Temperaturstandes ist, dann hat sie den Sättigungszustand 100% Luftfeuchtigkeit erreicht. Die Temperatur, bei welcher dies eintritt und überschüssiger Wasserdampf als sichtbarer Nebel oder Niederschlag ausfällt, bezeichnet man als Taupunkt-Temperatur oder einfacher als „Taupunkt".

Hat das Dampf-Luftgemisch in einem Raum z. B. die Temperatur von 298 K (+ 25 °C), dann kann der unsichtbare Wasserdampfgehalt der Luft höchstens 23,07 g/m³ betragen. Enthält die Luft bei dieser Temperatur jedoch nur 15,39 g Wasserdampf je m³, so beträgt ihr Feuchtigkeitsgrad 66,7%; sie kann also bis zur Sättigung noch 23,07−15,39 = 7,68 g Wasserdampf je m³ aufnehmen. Wird Wasserdampf gestört, so erfolgt ein Niederschlag der überschüssigen Flüssigkeit als Nebel oder Tau. Dieser Gleichgewichtszustand kann aber auch durch Abkühlung des Gemisches gestört werden. Es wird dann sofort so viel Flüssigkeit aus dem gesättigten Wasserdampf-Luftgemisch ausgeschieden, bis das Gemisch wieder im thermischen Gleichgewicht ist. Wird z. B. Luft mit der Temperatur 298 K (25 °C) und dem Feuchtigkeitsgrad 66,7% abgekühlt, so sinkt ihre Wasserdampf-Aufnahmefähigkeit, was gleichbedeutend ist mit dem Ansteigen ihres Feuchtigkeitsgrades, der schließlich bei 291 K (+ 18 °C) den Wert 100% und damit den Taupunkt dieses Gemisches erreicht. Wird diese Luft beispielsweise auf 283 K (+10 °C) abgekühlt, also ihr Taupunkt unterschritten, so kann sie die 15,39 g Wasserdampf je m³ nicht mehr halten, sondern höchstens noch 9,42 g/m³. Sie ist übersättigt, und es fällt 15,39–9,42 = 5,97 g Tauwasser je m³ aus, welches sich tropfenförmig an den Oberflächen der raumumschließenden Bauteile niederschlägt. Die Tauwasserbildung ist um so größer, je mehr die Luft abgekühlt wird.

Als Beispiel dieser Oberflächenkondensation begegnet uns Tauwasser während der Wintermonate in Form von Niederschlag und Eisblumen auf der Innenseite von Fensterscheiben, auf der Innenseite von Außenwänden oder Dachdecken. Insbesondere in Räumen mit höherer Luftfeuchtigkeit, wie Küchen und Bädern, Ställen, Schwimmhallen, Wäschereien und Produktionsräumen der Textilindustrie, während der Sommermonate in Form der Eiskristalle auf Kühlflächen oder als Feuchtigkeitsniederschlag in kühlen Kellerräumen oder auf Kaltwasserleitungen. Die Bezeichnung „Schwitzwasser" ist wohl anschaulich, doch physikalisch nicht korrekt, da es sich nicht um einen Verdunstungsvorgang dieser Oberflächen mit nachfolgender Kondensation handelt.

Wegen der Tauwassergefahr sollten Räume mit hoher Luftfeuchtigkeit nicht mit kühlen Räumen in unmittelbarer Verbindung stehen. Zwischen Bädern und in der Regel kühlen Schlafräumen sollte ein Innenflur oder Schrankraum als Schleuse geschaltet sein.

Die Wärmedämmung der Außenbauteile muß zumindest so bemessen sein, daß auch im ungünstigen Extremfall die innere Oberflächentemperatur über der Taupunkttemperatur liegt. Der Berechnung der Wärmedämmung sind deshalb die möglichen Extremtemperaturen (253 K [-20 °C]) und die auftretenden Höchstwerte der inneren Raumluftfeuchte zugrunde zu legen.

Liegen Naßräume mit hoher Luftfeuchtigkeit hinter der Außenwand, so kann eine Wärmedämmung allein eine oberflächliche Feuchtigkeitskondensation oft nicht verhindern. Die Abführung der feuchten Luft und weitere konstruktive Maßnahmen gegen eine Durchfeuchtung der Wand sind hier notwendig. Die Kondensation des Wasserdampfes aus dampfförmigem in flüssigen Aggregatzustand kann nämlich nicht nur als Niederschlag oder Nebel im Raum oder im Freien sichtbar auftreten, sondern auch im Innern von Bauteilen selbst. Zur Unterscheidung von der sichtbaren Tauwasserbildung ist für diese unsichtbare Feuchtigkeitsausscheidung der eigentliche Oberbegriff „Kondenswasser" gebräuchlicher.

Wasserdampfdiffusion

Wie alle Gase sucht auch Wasserdampf von Stellen höheren Druckes zu Stellen niedrigeren Druckes zu entweichen, sowohl durch Öffnungen und Fugen als auch durch die geschlossenen Flächen von Bauteilen, soweit sie dampfdurchlässig sind. Dabei fließt dieser Dampfstrom analog zum Wärmestrom von der wärmeren zur weniger warmen Seite, in der Regel also von innen nach außen. Bei Kühlräumen und infolge anhaltender sommerlicher Aufheizung, insbesondere bei Dachflächen, verläuft er in umgekehrter Richtung, also von außen nach innen. Im Gegensatz zum Wärmestrom fließt dieser Dampfstrom jedoch sehr langsam. Kurzzeitige Temperaturspitzen beeinflussen einen Diffusionsvorgang kaum. Innerhalb des Tagesablaufes kann der Dampfstrom den gerade herrschenden Dampfdruckverhältnissen durchaus entgegenlaufen. Deshalb werden den Dampfdiffusionsberechnungen weniger die Extremtemperaturen als vielmehr längerfristige Durchschnittstemperaturen zugrunde gelegt, beispielsweise 263 K (-10 °C) für die Wintermonate und 293 K (+20 °C) für die Sommermonate.

Dampfdruckverhältnisse

Wohl ist ein normaler Wasserdampfgehalt der Luft von 0,1–0,2-Volumen-% nur ein untergeordneter Bestandteil der Atmosphäre, doch darf er in seinen Auswirkungen auf das Feuchtigkeitsverhalten und damit die Wärmedämmeigenschaften unserer Baustoffe nicht unterschätzt werden. Je höher die Lufttemperatur ist, desto größer ist der einem Sättigungsgehalt zugehörige Sättigungsdruck des Wasserdampfes. Im allgemeinen herrscht jedoch eine geringere relative Luftfeuchtigkeit, weshalb sich im gleichen Verhältnis der Sättigungsdampfdruck innerhalb der Luft bzw. eines Bauteiles zu einem Teildampfdruck (Partialdampfdruck) verringert. Dementsprechend ist der tatsächliche Dampfdruck eine noch kleinere Komponente des Luftdruckes. Doch im Zusammenwirken mit dem atmosphärischen Druck und seinen meteorologisch bedingten Veränderungen sind Dampfdruck und Wasserdampfdiffusion bauphysikalisch nicht zu vernachlässigende Größen.

Zum Vergleich seien diese Größen und ihre Maßeinheiten einander gegenübergestellt

Der Luftdruck resultiert aus dem Gewicht der wirksamen Luftsäule, die entscheidend nur durch die Dichte und Verteilung der Elemente Stickstoff (78%), Sauerstoff (21%), Kohlenstoff (0,04%) bestimmt wird. Seine Schwankungen sind beeinflußt von der Temperatur als Folge der Sonneneinstrahlung und von der Höhe der Luftsäule, d. h. der Höhenlage des Ortes über dem Meeresspiegel, nicht vom Feuchtigkeitsgehalt der Luft. Diese ist wie die großräumliche Luftbewegung und die Wetterlage nur eine Folge der Veränderung der Temperatur. Je nach Hochdruck- oder Tiefdruckwetterlage pendelt der Luftdruck um die barometrische Atmosphäre 1 atm = 760 mm Hg (Quecksilbersäule), auch mit Torr bezeichnet nach dem italienischen Physiker Torricelli. Während die Metereologie daneben mit 750 mm Hg = 1000 Millibar (mb) rechnet, sind in Technik und Bauphysik vor allem die Dimensionen N/m² = 1 Pa oder at (ehemals kp/cm²) gebräuchlich.

Bei einem Umrechnungsfaktor von 13,6 (spez. Gewicht des Quecksilbers) entsprechen 760 mm Hg bzw. Torr = 10330 mm WS (Wassersäule) und damit 103300 N/m² bzw. 1,033 kp/cm² = 1,033 at. Die üblichen Dampfdruckunterschiede zwischen Innen- und Außenraum von etwa 20 mm Hg (abhängig von Temperatur und Feuchtigkeitsgehalt) wirken demnach nur in einer Größenordnung von 3000 N/m² = 0,003 MN/m² (0,03 kp/cm²) auf die Konstruktion ein.

Die Umwandlung des Wassers im Verdunstungsprozeß bedeutet jedoch eine Volumenvergrößerung bis zum 1600fachen, d. h. 1 g = 1 cm³ Wasser verwandeln sich in 1,6 l Dampf. Dies erklärt, weshalb nach Eindringen von Feuchtigkeit in eine Konstruktion (z. B. Flachdach) unter anhaltender Sonneneinstrahlung Dampfdruckverhältnisse auftreten können, die sich der absoluten Größe des Luftdruckes nähern, dem Wasserdampfsättigungsdruck bei Siedetemperatur = 760 mm Hg oder 103300 N/m² (1,03 kp/cm²). Zahlreiche Bauschäden haben hier ihre Ursache.

Wenn bei falschem Bauteilaufbau Feuchtigkeit wohl eindringen, doch wegen behinderter Dampfdiffusion nicht ausreichend wieder verdunsten kann und sich speichert, werden durch den Dampfdruck mechanische Kräfte wirksam. Sie sind eine Folge der Volumenvermehrung bei der Umwandlung von Feuchtigkeit, sowohl im Falle der Verdunstung als auch der Eisbildung.

Tauwasserausscheidung

Herrscht zu beiden Seiten eines Bauteils unterschiedlicher Dampfdruck, so dringt Wasserdampf von der Seite des höheren Dampfdruckes nach der Seite mit niedrigerem Dampfdruck durch den Bauteil hindurch.

Der Umfang dieses Austausches richtet sich nach dem jeweiligen Dampfdruckgefälle und der Dampfdurchlässigkeit der Baustoffe (Diffusionswiderstandsfaktoren). Durchweg bieten gut wärmedämmende Baustoffe aufgrund ihres grobporigen Gefüges der Wasserdampfdiffusion einen geringeren Widerstand als dichtgefügte. Der in die Poren eines Baustoffes eingedrungene Was-

serdampf folgt den gleichen Gesetzen wie im freien Raum. Analog dem Temperaturverlauf in der Wand sind für den Querschnitt die möglichen Höchstwerte des Sättigungsdampfdruckes bestimmt, bis zu denen keine Kondensation stattfindet. Wo der aus den Dampfdruckverhältnissen zwischen innen und außen resultierende tatsächliche Teil-Dampfdruck den Sättigungsdampfdruck erreicht, kommt es zu innerer Kondensation, da der Teildampfdruck nie über dem Sättigungsdampfdruck liegen kann. Man spricht von der Kondensebene oder Kondenszone (K-Zone). Dies ist der Bereich, in welchem die Kurve des Teildampfdruckes die des Sättigungsdrukkes berührt. Diese Tatsache ist insbesondere für alle leichten Bauweisen und überall dort von entscheidender Bedeutung, wo der Wärmeschutz tragender Bauteile durch zusätzliche Dämmschichten auf das notwendige Maß erhöht werden muß. Mit einer Kondensatausscheidung geht jeweils eine kapillare Weiterleitung der Feuchtigkeit einher, welche die Wärmedämmwirkung eines Baustoffes vermindert: Die K-Zone wird sich innerhalb des Bauteilquerschnitts immer weiter nach innen verlagern. Eine unzureichend gegen innere Kondensatausscheidung dimensionierte und durchfeuchtete Wärmedämmschicht wird einen Bauteil so stark auskühlen lassen, daß die K-Zone einen immer größeren Bereich des Querschnitts erfaßt. Wie bei oberflächlicher Tauwasserbildung oder ungenügend ausgetrockneter Baufeuchte sind Schimmelbefall, Ablösung von Tapeten und Anstrichen sowie Schäden an Einrichtungsgut sichtbare Folgen.
Doch nicht allein in der Feuchtigkeitsanreicherung während des Winters, auch die Verdunstung des inneren Kondensats und die Austrocknung während des Sommers sind ein Vorgang der Dampfdiffusion. Einem Jahresdrittel mit möglicher Feuchtigkeitsanreicherung infolge winterlichen Dampfdruckgefälles steht in unseren Breiten eine etwa doppelt so lange sommerliche Austrocknungsperiode gegenüber. Bei mehrschichtigen Bauteilen mit außenseitig dampfdichteren Baustoffen, z. B. den Deckbahnen der Flachdächer oder Keramikverkleidungen von Außenwänden, kann dieser Verdunstungsprozeß jedoch behindert werden. Sobald im Jahresrhythmus mehr Feuchtigkeit in einen Bauteil eindringt als zu verdunsten vermag, wird sich mit den Jahren ein immer höherer Feuchtigkeitsgehalt einstellen. Mehrschichtige Bauteile sollten deshalb so aufgebaut sein, daß der Diffusionswiderstand der Baustoffe von innen nach außen abnimmt. Durch zusätzliche Anordnung von Dampfsperren oder Hinterlüftung dampfdichter äußerer Verkleidungen müssen diese Verhältnisse ggf. geschaffen werden, um vollständigen Feuchtigkeitsausgleich auf Dauer zu gewährleisten. Bei der rechnerischen Überprüfung von Wänden wird deshalb näherungsweise die Feuchtigkeitsmenge bestimmt, die im Winter kondensiert. Sie soll 500 g/m² nicht übersteigen. Weiter wird geprüft, ob diese Kondensatmenge im Sommer wieder austrocknet.

Praktische Dauerfeuchtigkeit

Wie in der Luft, so ist in sämtlichen nicht völlig dampfdichten Baustoffen immer eine gewisse Mindestfeuchtigkeit enthalten. Mit der Austrocknung der Herstellungsfeuchte wird sich je nach vorherrschender Nutzungs- und Luftfeuchtigkeit aufgrund der Durchlässigkeit gegenüber Wasserdampf und der kapillaren Leit- bzw. Saugfähigkeit der Baustoffe ein hygroskopisches Gleichgewicht einpendeln. Dieser jahreszeitlich schwankende praktische Feuchtigkeitsgehalt wird deshalb als Gleichgewichts- oder Dauerfeuchtigkeit bezeichnet. Es ist eine Feuchtigkeit, die auch bei fachgerechter Ausführung nicht zu vermeiden ist und die das Wärmedämmverhalten noch nicht entscheidend mindert. Nach DIN 52012 ist sie zu ermitteln als derjenige Wassergehalt, der in 90% aller Fälle nicht überschritten wird.
Der „lufttrockene" Zustand eines Stoffes ist durch seine hygroskopischen Eigenschaften bestimmt. Abhängig von Temperatur und Luftfeuchtigkeit lagern sich Wassermoleküle an Oberflächen, binden sich im Stoffinnern und fallen in den feinsten Kapillaren infolge Dampfdruckabsenkung aus. Hierzu gehört auch die erwünschte Absorptionsfähigkeit von Bauteiloberflächen, von Putzen, Anstrichen, Tapeten, Stoffen und sonstigem Einrichtungsgut bei kurzzeitigen Schwankungen der Luftfeuchtigkeit mit etwaiger Tauwasserbildung. Sie wird ebenso rasch wieder abgegeben.
Die kapillare Saugfähigkeit resultiert aus dem Druckunterschied in wassergefüllten Kapillaren infolge Kohäsion und Adhäsion. Je kleiner die Kapillarradien, desto größer sind die wirksamen Kräfte und desto gleichmäßiger und rascher wird ein Feuchtigkeitsaustausch stattfinden. Je grobporiger Baustoffe sind, desto weniger saugfähig und desto feuchtigkeitsträger sind sie. Feinporiges Ziegelmaterial und grobporiger Bimsbeton entsprechen in ihren Eigenschaften diesen beiden Extremen.
Hauptaufgabe des Feuchtigkeitsschutzes, speziell bei den Außenbauteilen über und unter dem Erdreich, bleibt deshalb, die Einwirkung von Feuchtigkeit soweit von Baustoffen abzuhalten, daß zumindest über den jahreszeitlichen Rhythmus hinweg das Gleichgewicht zwischen Feuchtigkeitsanreicherung und Feuch-

Praktische Feuchtegehalte von Baustoffen (DIN 4103, Teil 4)

Zeile	Stoffe	Praktischer Feuchtegehalt 1) volumenbezogen 2) u_v %	masse-bezogen u_m %
1	Ziegel	1,5	–
2	Kalksandsteine	5	–
3	Beton mit geschlossenem Gefüge mit dichten oder porigen Zuschlägen	5	–
4 – 4.1	Leichtbeton mit haufwerksporigem Gefüge mit dichten Zuschlägen nach DIN 4226 Teil 1	5	–
4 – 4.2	Leichtbeton mit haufwerksporigem Gefüge mit porigen Zuschlägen nach DIN 4226 Teil 2	4	–
5	Gasbeton	3,5	–
6	Gips, Anhydrit	2	–
7	Gußasphalt, Asphaltmastix	≈ 0	≈ 0
8	Anorganische Stoffe in loser Schüttung; Expandiertes Gesteinglas (z. B. Blähperlit)	–	5
9	Mineralische Faserdämmstoffe aus Glas-, Stein-, Hochofenschlacken- (Hütten-)Fasern	–	5
10	Schaumglas	≈ 0	≈ 0
11	Holz, Sperrholz, Spanplatten, Holzfaserplatten, Holzwolle-Leichtbauplatten, Schilfrohrplatten und -matten, Organische Faserdämmstoffe	–	15
12	Pflanzliche Faserdämmstoffe aus Seegras, Holz-, Torf- und Kokosfasern und sonstigen Fasern	–	15
13	Korkdämmstoffe	–	10
14	Schaumkunststoffe aus Polystyrol, Polyurethan (hart)	–	5

1) Unter praktischem Feuchtegehalt versteht man den Feuchtegehalt, der bei der Untersuchung genügend ausgetrockneter Bauten, die zum dauernden Aufenthalt von Menschen dienen, in 90% aller Fälle nicht überschritten wurde.
2) Der volumenbezogene Feuchtegehalt bezieht sich auch bei Lochsteinen, Hohldielen oder sonstigen Bauelementen mit Lufthohlräumen immer auf das Material allein ohne die Hohlräume.

tigkeitsabgabe nicht so gestört werden kann, daß ihr Wärmedämmvermögen auf Dauer darunter leidet.
Die sich an den Oberflächen bildenden und aufgesaugten Tauwassermengen sind (von unzweckmäßigen Konstruktionen abgesehen) in der Regel um ein Vielfaches größer als die eigentlichen inneren Kondensatmengen. Sie müssen gegebenenfalls durch ausreichende Wärmedämmung und richtigen Aufbau der Bauteile so klein wie möglich gehalten werden, um Feuchtigkeitsschäden am Bauwerk und seiner Ausstattung zu verhindern.
Es ist notwendig, diese Gesichtspunkte schon in der Planung zu berücksichtigen, um spätere schwierige und teure Abhilfemaßnahmen zu ersparen. Die Ursachen von Feuchtigkeitsschäden im Bauwerk hängen auch eng zusammen mit der Grundriß- und Querschnittsgestaltung der Bauten, mit der Wahl der Baustoffe und Ausführung der Bauteile, mit der Nutzung der einzelnen Räume sowie mit der Art ihrer Beheizung und Lüftung.

Trockenlegung von durchfeuchtetem Mauerwerk

Durchfeuchtetes Mauerwerk tritt vor allem bei Altbauten ohne vorschriftsmäßige Horizontalabdichtung auf. Die Mauerfeuchtigkeit verschlechtert nicht nur die ohnehin schlechte Wärmedämmung alter Gebäude, sondern wirkt auch als Transportmedium für bauschädliche Salze, vorrangig Sulfate, Chloride, Nitrate und wasserlösliche Carbonate. Durch die Versalzung des Mauerwerkes tritt eine Zermürbung der Baustoffe ein, was sich in Oberflächenzerstörungen des entsprechenden Wandteiles äußert (Abschieferungen, Zerstörung des Putzes, Abhebung von Anstrichfilmen).
In fast allen Fällen sind die Schäden nur durch Einbau einer Horizontaldichtung zu beheben, Hilfsmittel wie Belüftungsröhrchen oder -Kanäle bzw. das Elektroosmose-Verfahren sind untauglich, wie die Erfahrung zeigt. Nach dem heutigen Stand der Technik bieten sich mechanische und chemische Trockenlegungsverfahren an.

Mechanische Verfahren
Durch Aufstemmen oder Aufsägen des Mauerwerkes wird eine horizontale Fuge geschaffen, in die eine Dichtungsschicht aus Kunststoff- oder Bitumenfolie, Kunststoff- oder bitumenbeschichteter Metallfolie oder auch aus Blei- oder Edelstahlblechen eingebaut wird. Dichtungen aus speziellen Sperrmörteln sind ebenso möglich.

Maueraustauschverfahren
Das Mauerwerk wird in Abschnitten von ca. 1 m Länge und 2–3 Steinschichten Höhe im Bereich der vorgesehenen Abdichtungen herausgebrochen. Dann erfolgt das Ausmauern oder Ausmörteln der Öffnung, bis eine ebene Lagerfläche für die Dichtung entsteht. Nach deren Einbau wird der verbleibende Querschnitt satt ausgemauert, die Mörtelfugen werden verdichtet, um nachfolgende Setzungen der Mauer so gering wie möglich zu halten. Bei Wiederholung des Vorganges in den folgenden Abschnitten ist darauf zu achten, daß die Dichtungen sich ca. 10 cm überlappen. Bei schadhaftem oder versalzenem Mauerwerk sollten die schadhaften Bereiche gleich mit ausgetauscht werden.
Dieses Verfahren wird oft in Eigenleistung ausgeführt, ein Fachmann sollte auf jeden Fall hinzugezogen werden.

Unterfangung der Fundamente
Hierbei müssen die Fundamente abschnittsweise mit wasserdichtem Beton unterfangen werden, verbunden mit einer vertikalen Abdichtung der erdberührenden Bauteile. Dieses Verfahren ist sehr teuer aufgrund des nötigen Aushubes und der Abfangungen. Es kann bei unsachgemäßer Ausführung zu größeren Setzungen des Gebäudes führen.

Mauersägeverfahren
Bei diesem, etwa 100 Jahre alten Verfahren wird die Mauer mit speziellen Sägen oder Trennscheiben horizontal durchgeschnitten und aufgekeilt. Nach Einlegen der Dichtung wird die verbleibende Fuge mit Mörtel verpreßt.

V-Schnittverfahren
Es entspricht prinzipiell dem Mauersägeverfahren, allerdings wird das Mauerwerk in zwei Arbeitsgängen jeweils hälftig mit einer Trennscheibe aufgeschnitten. Vor dem zweiten Schnitt auf der Gegenseite wird der erste mit wasserdichtem Mörtel vergossen. Dieses Dichtungsverfahren ergibt, wenn überhaupt, nur geringe Nachsetzungen des Gebäudes.

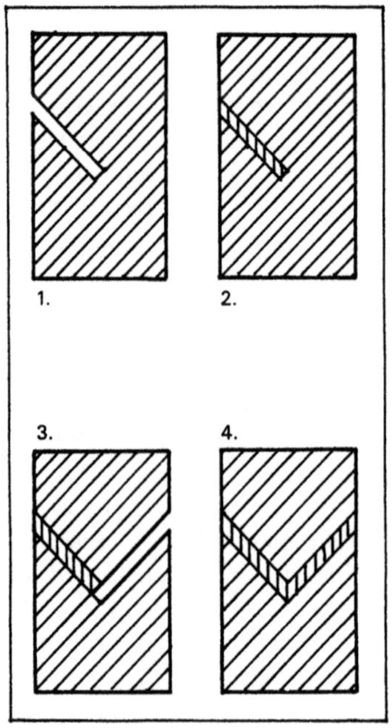

SCHEMATISCHE DARSTELLUNG
DES V-SCHNITT-VERFAHRENS

1. ERSTER SCHNITT
2. VERFÜLLUNG MIT MÖRTEL
3. ZWEITER SCHNITT
4. VERFÜLLUNG MIT MÖRTEL

Chromstahlblechverfahren
Bei diesem etwa 15 Jahre alten Verfahren werden mit speziellen Rüttelgeräten Chromstahlwellbleche überlappend ins Mauerwerk gerammt. Die Bleche können allerdings nur in geraden Lagerfugen zwischen den Steinen eingerammt werden; bei Bruchsteinmauerwerk usw. ist die Anwendung dieses Verfahrens nicht möglich. Bei stark versalzenem Mauerwerk (Chloride) muß anstelle des Chromstahles der teurere Molybdänstahl eingesetzt werden. Setzungen sind bei dieser Methode fast ausgeschlossen, allerdings sollte das Mauerwerk in einem Zustand sein, der keine Schäden durch das Eintreiben der Bleche erwarten läßt (Statiker!).

Chemische Verfahren
Dabei handelt es sich um Injektionsverfahren, bei denen eine Dichtungschemikalie durch Bohrlöcher mit oder ohne Druck ins Mauerwerk eingebracht wird. Der Abstand und die Tiefe der Bohrungen richten sich nach der Porösität des Steinmaterials und dem Eindringungsvermögen des Dichtungsmittels, damit eine ununterbrochene Dichtungsschicht im Mauerkörper erreicht wird.

Wärmeschutz

Bei der Überarbeitung dieses Kapitels und seiner Probleme war mir Herr Ing. Bernd Ruckdeschel, Ludwigshafen, eine wertvolle Hilfe.

Die DIN 4108 „Wärmeschutz" im Hochbau versteht unter diesem Unterbegriff des Bautenschutzes alle Maßnahmen zur Verringerung des Wärmeflusses zwischen dem Raum- und dem Außenklima einerseits und zwischen Räumen unterschiedlicher Temperaturen andererseits. Wenngleich die Norm die wärmetechnischen Grundbegriffe allgemein berücksichtigt, beschränkt sie sich in den baulichen Maßnahmen doch nur auf die Minderung des Wärmeverlustes und seiner Begleiterscheiningen während der kalten Jahreszeit.

Darüber hinaus ist Wärmeschutz jedoch in größerem Zusammenhang jahreszeitlichen Witterungswechsels und menschlichen Wohlbefindens zu sehen. Es geht darum, die negativen Einflüsse sowohl zu starken Wärmeentzugs als auch zu starker Wärmezufuhr vom Menschen selbst, von Einrichtungs- und Lagergütern und in gewissem Maße auch von der Baukonstruktion fernzuhalten:

- Niedrige Temperaturen mindern das Wohlbefinden und führen zu Krankheiten,
- hohe Temperaturen führen zu Leistungsabfall und gefährden ebenfalls die Geundheit,
- ungenügende Abschirmung der Außentemperaturen, welche auch Güter gefährden und den Ablauf von Produktionsprozessen stören können, erfordert einen höheren laufenden Aufwand für Heiz- und Kühlmaßnahmen,
- große Temperaturschwankungen führen bei vielen Baustoffen zu erheblichen zusätzlichen Materialspannungen und Formveränderungen, die zur Ursache von Schäden an Innen- und Außenbauteilen werden können.

Bevor daraus die baulichen Folgerungen zu ziehen sind, einerseits zur Minderung des Wärmeentzuges, andererseits zur Minderung der Wärmeeinstrahlung, seien die physikalischen Vorgänge des Wärmeaustausches und die Zusammenhänge zwischen menschlichem Wohlbefinden und den Komponenten des Raumklimas erläutert.

Vorgang des Wärmeaustausches

Zwischen zwei Körpern oder Medien unterschiedlicher Temperatur findet ein unvermeidlicher Wärmeaustausch statt, der durch keine Maßnahme gänzlich verhindert, sondern nur in seiner Stärke und Zeitdauer beeinflußt werden kann. Die Wärme fließt dabei unabhängig von der Temperaturhöhe immer zur relativ kühleren Seite hin. Sie ist nicht, allenfalls nur zeitlich begrenzt, zu speichern und muß zur Vermeidung eines Wärmeverlustes durch Wärmeerzeugung immer wieder ersetzt werden.

Streng physikalisch gesehen gibt es keine „Kälte", sondern nur Wärme oberhalb der absoluten Tiefsttemperatur. Gleichwohl sind in der Technik auch die Begriffe der Kälte und des Kälteschutzes gebräuchlich, und zwar in Zusammenhang mit Einrichtungen, in denen künstlich Kälte erzeugt werden muß, z. B. Kühlgeräte oder Kühlbauten. Doch liegt auch hier ein echtes Problem des Wärmeschutzes darin, das Eindringen der Außentemperatur in einen kühl zu haltenden Innenraum zu mindern. Da dies durch Dämmaßnahmen nicht gänzlich zu verhindern ist, muß durch eine zumindest zeitweilige Kälteerzeugung eingedrungene Wärme immer wieder beseitigt werden.

Der natürliche Vorgang des Wärmeaustausches zum Ausgleich zwischen Wärme und Kälte kann auf vielfache Weise geschehen:

- durch Wärmestrahlung,
  sobald sich zwei Körper unterschiedlicher Temperatur gegenüberstehen: Je höher die Temperatur, desto kleiner ist die Wellenlänge der Wärmestrahlung. Sie ist nicht an einen stofflichen Träger gebunden und durchdringt auch den luftleeren Raum. Ein angestrahlter Körper wird je nach Raumtemperatur, nach Struktur- und Oberflächenbeschaffenheit einen Teil der auftreffenden Strahlungsenergie zurückwerfen (Reflexion), einen Teil in Wärme zurückverwandeln (Absorption) und einen Teil hindurchlassen (Transmission). Extreme sind der absolut schwarze Körper, der alle auftretende Strahlungsenergie absorbiert, und der ideale Spiegel, der sie reflektiert, ohne sich zu erwärmen.

- durch Wärmeleitung
  in Materie, wobei die Wärme von Teilchen zu Teilchen wandert, Moleküle unterschiedlicher Temperatur, und damit unterschiedlicher kinetischer Energie, prallen aufeinander, tauschen dabei die Energie aus, ohne jedoch die Lage zueinander zu verändern. Je höher die Temperatur liegt, desto stärker ist die Bewegung der Moleküle eines Mediums, welche nur mit Erreichen des absoluten Temperatur-Nullpunktes bei 0 K (−273,16 °C) zur Ruhe kommen. Alle Stoffe leiten Wärme, abhängig von ihrer Dichte mit unterschiedlicher Geschwindigkeit, je dichter sie sind, desto schneller.

- durch Wärmemitführung (Konvektion)
  (erfolgt nur in Gasen und Flüssigkeiten). Die hier gegeneinander leicht verschieblichen Stoffteilchen führen die über Wärmestrahlung und -leitung empfangene Wärmeenergie mit sich fort, entweder durch Auftrieb infolge des geringeren Gewichtes wärmerer Teilchen oder auch durch künstliche Strömungen, wie bei Heizungs- und Klimaanlagen.

- durch Strahlung
  wenn die in Dampf gebundene und mitgeführte Wärmeenergie bei Kondensation, sei es in Luft oder innerhalb von Bauteilen, wieder freigesetzt wird. Mit der Feuchtigkeitsausscheidung in Bauteilen geht durch ein größeres Wärmeleitvermögen auch ein größerer Wärmeverlust einher.

Wärmehaushalt des Menschen

Der menschliche Körper steht in einem dauernden Wärmeaustausch mit seiner Umgebung. Die Grundnährstoffe der Nahrungsmittel – Eiweiß, Fett und Kohlehydrate – werden mit Hilfe von inneren Stoffwechselvorgängen abgebaut und liefern bei dem Verbrennungsprozeß die Wärme, die zur Aufrechterhaltung der normalen Körpertemperatur erforderlich ist. Diese beträgt beim Menschen, wie bei den Säugetieren, im Tagesmittel 310,36 K (37,2 °C).

Die Temperatur im Körperinneren verträgt nur geringe Schwankungen. Eine Abkühlung unter 305 K (32 °C) und eine Erwärmung über 315 K (42 °C) führen zum Tode. Die Haut und die Gliedmaßen vertragen jedoch größere Temperaturschwankungen. Die gleichmäßige Körpertemperatur wird durch den Kreislauf des Blutes in allen Körperteilen bewirkt. Ihre etwas schwankende Höhe und Konstanz wird durch das Verhältnis von Wärmeabgabe zur Wärmeentwicklung bestimmt. Die erzeugte freiwerdende Energie wird in Watt gemessen.

Die Wärmeabgabe eines Erwachsenen beträgt:

im Schlaf	ca. 87,0 W
in Ruhestellung	ca. 92,8 W
bei leichter Tätigkeit, z. B. Büroarbeit	ca. 116,0 W
bei mittelschwerer körperlicher Arbeit	ca. 232,0 W
bei schwerer körperlicher Arbeit kann sie bis auf	ca. 580 W

und mehr ansteigen.

Der Wärmeaustausch des menschlichen Körpers mit seiner Umgebung geht auf 4 Wegen vor sich:

1. Durch die Atmung zu 25–30%:
   Beim Atmen saugt der Mensch frische Luft (und damit auch Sauerstoff) ein und gibt erwärmte Luft und Feuchtigkeit ab.
2. Durch Konvektion zu 25–30%:
   Auch bei der Wärmemitführung über die Haut an die Luft wird durch Verdunstung Feuchtigkeit ausgeschieden.
3. Durch Wärmeabstrahlung zu 35–40%:
   Sie geht, wie alle Strahlung, mit Lichtgeschwindigkeit vor sich und wird mehr durch die Oberflächentemperatur des Körpers als durch die Lufttemperatur beeinflußt. Sie geht immer vom wärmeren zum kälteren Körper und wird teils absorbiert, teils wieder zurückgestrahlt. Der Anteil der Abstrahlung an der Gesamtwärmeabgabe des Körpers ist größer als der durch Atmung oder Konvektion.
4. Durch Ausscheidungen zu 5–10%.

Witterungseinflüsse

In Mitteleuropa sind die Umweltbedingungen je nach Jahreszeit, Wetterbedingungen und landschaftlichen Gegebenheiten sehr verschieden.
Im Winter muß man mit ca. –30 °C (243 K) rechnen. Im Sommer können dagegen die Temperaturen der Luft im Schatten auf 30–35 °C (303–308 K), unter Sonneneinstrahlung sogar auf 60–70 °C (333–343 K) und mehr steigen. Damit nähern sich die Lufttemperaturen der Körpertemperatur und übersteigen sie bei Sonneneinstrahlung beträchtlich. Das Maß der Sonneneinstrahlung hängt von der Tages- und Jahreszeit, abgesehen von der Bewölkung, Luftfeuchtigkeit und von der Reinheit bzw. der Verschmutzung der Luft ab. Von Bedeutung ist schließlich noch die meteorologisch wie landschaftlich bedingte Abkühlung während der Nacht.

Winterverhältnisse

Im Winter beträgt die Differenz zwischen der Luft- und der Körpertemperatur in Extremfällen bis zu 60° und mehr. Der Mensch ist in der kalten Jahreszeit durch zu große Wärmeabgabe gefährdet. Dagegen hilft er sich zunächst durch Tragen warmer Kleidung, während der Organismus sich schützt, indem er alle regulierenden Vorgänge sozusagen auf Winterschlafeinstellung laufen läßt. Der menschliche Körper paßt sich in gewissem Umfang im Winter also an kühle Temperaturen an. Sobald bei sinkenden Lufttemperaturen das Gefühl des „Unbehagens", in diesem Falle des Frierens, eintritt, schließen sich die Poren der Haut, ihre Oberflächentemperatur vermindert sich, die Verdunstung sinkt, und die kapillare Kreislaufperipherie wird gedrosselt. Die Haut wird blasser, es kommt zur vermehrten Durchblutung mit gesteigerter Venenfüllung. Dadurch erscheint die Haut bläulich, die feinen Körperhärchen stellen sich auf (Gänsehaut) und verstärken den Wärmeschutz.

Sommerverhältnisse

Umgekehrt wirken die sommerlichen Wetterverhältnisse auf den Körper. Haben wir Lufttemperaturen von über 298 K (25 °C) im Schatten, so wird der Wärmeaustausch des menschlichen Körpers mit seiner Umgebung behindert. Kommt noch Sonneneinstrahlung oder andere Wärmeeinstrahlung, z. B. von heißen Maschinen, hinzu, so wird sie eventuell unterbunden, oder es erfolgt ein gefährlicher Wärmestau.
Als Schutz gegen diese Beanspruchungen ist die Kreislaufperipherie des Körpers an die Hitze adaptiert, die Haut und die Schleimhäute werden stärker durchblutet, und alle regulierenden Vorgänge laufen sozusagen auf Hochtouren. In dieser Jahreszeit ist der Mensch darum sehr kälteempfindlich.
Gegen die Behinderung des Wärmeaustausches hilft sich der Körper durch Öffnen der Hautporen, gegebenenfalls durch Schweißbildung. Die Wärmeabgabe durch Konvektion sinkt, und der Anteil der Verdunstung an der Gesamtwärmeabgabe wird verstärkt.
Der gleiche Effekt tritt auch bei niedrigen Lufttemperaturen ein, wenn durch schwere Arbeit die Wärmeabgabe des Körpers erheblich steigt und die Konvektion der Luft zur Herstellung des Gleichgewichtes in der Wärmeabgabe nicht genügt.

Behaglichkeitsempfinden

Beide Extreme, der zu große Wärmeverlust im Winter und die behinderte Wärmeabgabe in der Sommerzeit, rufen beim Menschen ein Gefühl des Unbehagens hervor. Zwischen diesen Extremen gibt es nun – vorzugsweise an manchen Frühlings- und Spätsommertagen, allerdings auch nur stundenweise – Wetterbedingungen, Lufttemperaturen und Sonneneinstrahlungen, die im Menschen ein ausgesprochenes Gefühl des Wohlbehagens oder Wohlbefindens auslösen.
Der Begriff des „Wohlbefindens" läßt sich ebensowenig genau definieren wie der der Gesundheit. Zunächst gibt es individuelle Unterschiede, dann spielt das Alter eine Rolle. Alte Menschen frieren leichter als junge. Schließlich ist auch die Abhärtung und die Adaptation an gewisse Wärmezustände von Bedeutung. Menschen, die z. B. längere Zeit in Afrika lebten, frieren noch bei Temperaturen, bei denen wir schon schwitzen. Unter diesen Vorbehalten und Einschränkungen kann man sagen, daß Wohlbefinden der Zustand ist, bei dem alle regulierenden körperlichen Vorgänge mit geringstem Energieaufwand ablaufen, d. h. wenn die Wärmeerzeugung des Körpers mit der Wärmeabgabe an seine Umgebung das Gleichgewicht hält. Dieser Zustand tritt in unseren Klimazonen in Ruhestellung bei einer Lufttemperatur von ca. 293–295 K (20–22 °C) ein. Bei zusätzlicher Strahlungseinwirkung können sich diese Verhältnisse ändern. Jedermann weiß, daß man im Hochgebirge mitten im Winter um die Mittagszeit und in windgeschützten Winkeln Sonnenbäder nehmen kann. Daß Zeitepoche und Gewohnheit dabei auch eine Rolle spielen, mag man daran ersehen, daß etwa nach dem Ersten Weltkrieg Wohnraumtemperaturen von 291–293 K (18–20 °C) bei der Berechnung von Warmwasserheizungen zugrunde gelegt wurden.
Für den heute höheren Wärmebedarf gibt es eine Reihe von Gründen. Um einige zu nennen:
Bequemere, leichter regulierbare Heizsysteme, geringere Raumluftfeuchtigkeit, leichtere Kleidung, Tendenz zur Schlankheit (Minderung des Fettpolsters), Änderung der Ernährung, Entgleisung des Vegetativums und Disregulation der Anpassungsvorgänge.

Regelung des Raumklimas

Wollen wir dem Menschen Räume zum längeren oder dauernden Aufenthalt schaffen, so müssen wir sozusagen künstlich die Wetterbedingungen schöner Frühlings- oder Spätsommertage herstellen. Solche Verhältnisse ergeben das erwünschte Raumklima. Als solches bezeichnet man das thermische Zusammenspiel von Außenwand, Fensteranteil, Innenwänden, Fußboden und Decke mit der Heizung, Lüftung oder Klimatisierung in ihren Auswirkungen auf Lufttemperatur, Luftfeuchtigkeit und Luftzirkulation des Raumes.

Heizung

Das Behaglichkeitsgefühl in einem Raum tritt erfahrungsgemäß dann ein, wenn bei unseren üblichen Konvektionsheizungen (Warmwasserheizungen, Öfen, Elektrospeicher) die Temperatur der Raumluft 293–295 K (20–22 °C) und die Oberflächentemperatur von Fußböden, Wänden und Decken bei 290–291 K (17–18 °C) liegt. Haben wir es mit reinen oder überwiegend mit Strahlungsheizungen zu tun, so tritt das Gefühl des Wohlbehagens bereits bei einer Lufttemperatur von 290–291 K (17–18 °C) ein.
Lufttemperatur und Temperatur der Raumflächen können sich nur in gewissen Grenzen gegenseitig ersetzen. Liegt z. B. die Oberflächentemperatur der Wände nur bei 283–286 K (10–13 °C), so kann eine höhere Temperatur der Raumluft diesen Mangel nicht ausgleichen, weil dem menschlichen Körper in der Nähe der Wand zu viel Wärme durch Abstrahlung gegen die kühle Fläche entzogen wird. Der umgekehrte Weg, die Erhöhung der Temperatur der raumumschließenden Flächen bei gleichzeitiger Senkung der Raumlufttemperatur, ist besser und geschieht bei den verschiedenen Arten von Strahlungsheizungen. Zunächst erzeugt man aber immer unter den Fenstern und vor Gasflächen einen Warmluftschleier, was meistens über Heizkörper geschieht. Warmwasserheizkörper geben ihre Wärme zu ca. 70% durch Konvektion und ca. 30% durch Strahlung ab. Strahlungsheizungen können als Fußboden-, Wand- oder Deckenstrahlungsheizungen oder auch kombiniert eingebaut werden. Dabei ist zu beachten, daß die Oberfläche des Fußbodens nur 298–301 K (25–28 °C), die einer geheizten Wand oder Decke <308–313 K (35–40 °C) aufweisen darf. Die Raumlufttemperatur genügt dann mit 291 K (18 °C). Jenes Heizsystem wirkt auf den Menschen am angenehmsten, dessen Raumflächentemperaturen gleichmäßig und mäßig sind und der natürlichen Wärmeabgabe des Menschen optimal entsprechen. Die Strahlungsheizungen, vorab die Fußbodenheizung, kommen diesem Ideal am nächsten. Sie halten die Raumfläche „fußwarm", mit der der Mensch den direktesten Kontakt hat. Von Deckenheizungen ist jedoch grundsätzlich abzuraten, da hier eine Wärmeverteilung im Raum entsteht, die nicht dem Behaglichkeitsempfinden des Menschen entspricht.
Alle Strahlungsheizungen, die die Massen der Wand- und Deckenkörper erwärmen, haben den Nachteil der Trägheit. Sie passen sich plötzlichen Frosteinbrüchen und Temperatursteigerungen nur langsam an, d. h., man kann bei Wetterumschlag noch stundenlang frieren oder unter zu großer Wärme leiden.
Wie man im Winter eine Heizung benötigt, so braucht man in der heißen Sommerzeit Maßnahmen gegen Sonnen- und Hitzeeinstrahlung sowie zur Senkung der Raumlufttemperatur. Die Erzeugung eines angenehmen Raumklimas an heißen Sommertagen bei leichten Bauweisen und großen Fenstern ist nur mit großem Aufwand zu erreichen. Wenn natürliche Lüftung und Luftbewegung keine ausreichende Erleichterung mehr bringen, muß durch Kühlung die eingedrungene Wärmeenergie wieder beseitigt werden, wobei mit einem Vielfachen der Kosten gegenüber der winterlichen Wärmeerzeugung zu rechnen ist.

EINFLUSSFAKTOREN AUF DAS BEHAGLICHKEITSEMPFINDEN

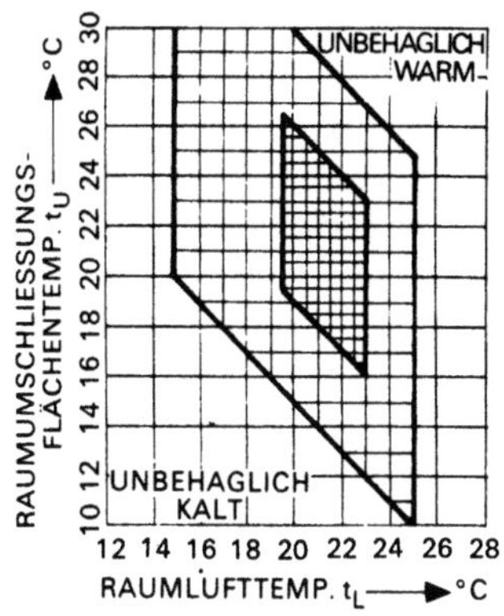

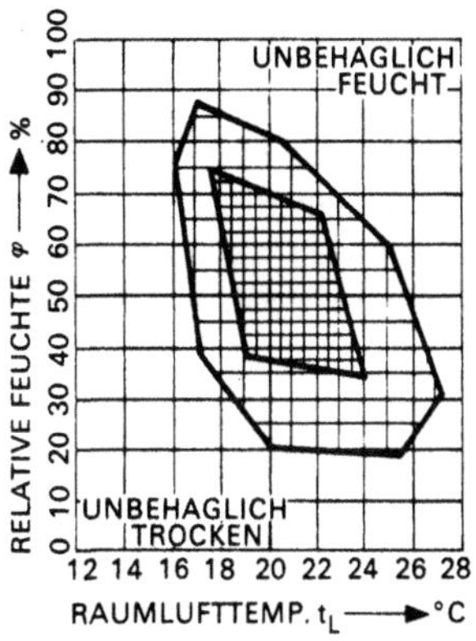

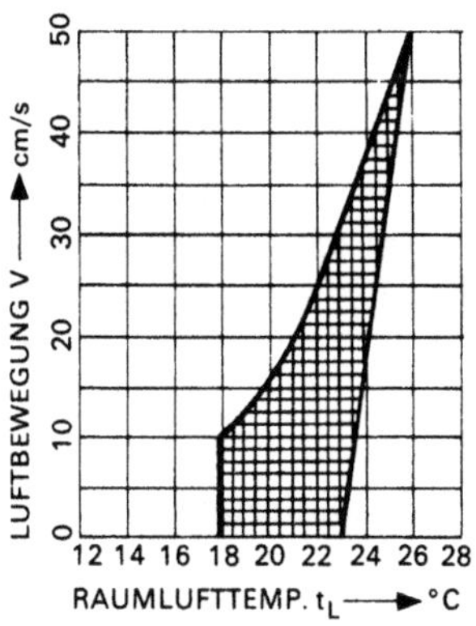

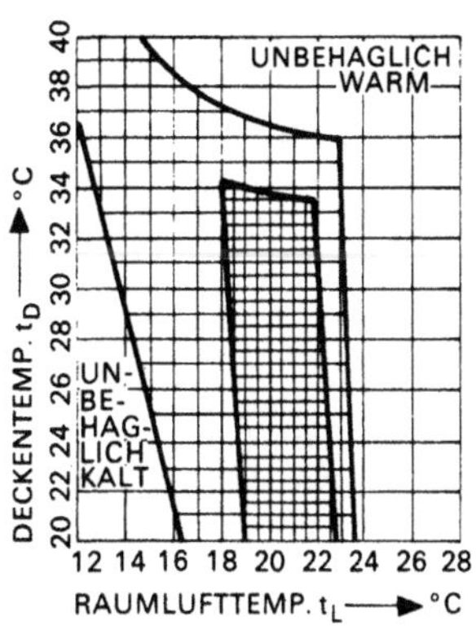

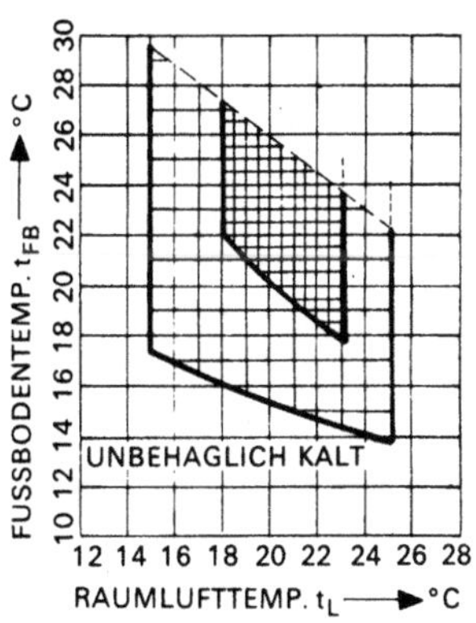

Lüftung

Die Luft setzt sich bekanntlich wie folgt zusammen:

Stickstoff	78 Vol. %
Sauerstoff	21 Vol. %
Kohlensäure	0,03–0,04 Vol. %
Wasserdampf	0,01 Vol. %

Von dem eingeatmeten Sauerstoff gibt der Mensch wieder 17,5% durch Ausatmen ab. Außerdem atmet er 3–4,5% Kohlensäure aus und verdunstet bei

293 K (20 °C) Raumtemperatur 35 g/h
295 K (22 °C) Raumtemperatur 45 g/h
298 K (25 °C) Raumtemperatur 60 g/h

Bei dem begrenzten Luftraum unserer Wohn- und Arbeitsräume muß daher für eine entsprechende Lufterneuerung gesorgt werden. Das betrifft, neben der Beseitigung der Luftverunreinigung, wie Rauch und Geruch usw., vor allem die Entfernung des Wasserdampfes und der angereicherten Kohlensäure. Ein Kohlensäuregehalt von 0,20% kann noch als unbedenklich gelten, einer von 4% wirkt bereits tödlich.
Am wohlsten fühlt sich der Mensch bei einer relativen Luftfeuchtigkeit zwischen 35 und 65%. 30% werden als zu trocken empfunden und reizen die Schleimhäute durch die Staubteile der Luft. 70% und mehr werden als schwül und feuchtschwül empfunden und hemmen die erforderliche Wärmeabgabe.
Die relative Luftfeuchtigkeit ändert sich mit steigender oder fallender Temperatur. Je mehr Menschen in einem Raum sind, um so mehr Feuchtigkeit führen sie der Luft zu. Zur Herabsetzung des Feuchtigkeitsgehaltes tragen normalerweise schon die Undichtigkeiten der Fenster und Türen bei, die einen ein- bis zweimaligen stündlichen Luftwechsel, also die Zufuhr trockener Luft, bringen. Den Rest besorgt man über die Fensterbelüftung, die sowieso zur Abführung der verbrauchten Luft, wie zur Zufuhr von Sauerstoff erforderlich ist. Bei Küchen und Bädern, deren relative Luftfeuchtigkeit oft bis zum Sättigungsgrad geht oder ihn überschreitet, beläßt man es meistens nicht bei der Fensterlüftung, sondern ordnet zusätzlich Lüftungskamine an.

Klimatisierung

Zur Erzeugung eines optimalen Raumklimas benötigt man eine Klimaanlage mit Lufterneuerung, Luftreinigung, Be- oder Entfeuchtung, Lufterwärmung oder -kühlung. Ihr Einbau, der schon Rohbaukonstruktion und Gescnoßhöhen beeinflußt, und ihr Betrieb ist aber so teuer, daß sie bis heute nur in besonderen Bauten, wie z. B. Großraumbüros, die auf natürliche Weise nicht mehr belüftet werden können, wissenschaftlichen Instituten, Labors und anspruchsvollen Hotels usw., eingebaut werden. Bei der Raumkühlung ist an heißen Tagen stets zu beachten, daß der Körper im Sommer auf hohe Lufttemperatur adaptiert ist, so daß die angenehme Raumtemperatur des Winters von 293–295 K (20–22 °C) an Hochsommertagen als zu kühl empfunden wird.
Bei einer äußeren Lufttemperatur von

298 K (25 °C) soll die Raumluft	ca. 296 K (23 °C)
303 K (30 °C)	ca. 298 K (25 °C)
305 K (32 °C)	ca. 299 K (26 °C) betragen.

Bei Klimaanlagen spielt auch die Luftbewegung eine bedeutende Rolle für das Wohlbehagen. Während die Geschwindigkeit an den Ausblasöffnungen der Decke oder in den Raumkanten von der erforderlichen Wurfweite abhängt, muß sie an den Arbeitsplätzen so gering sein, daß sie nicht als Zug empfunden wird. Sie darf bei 294 K (21 °C) <20 cm/sec und bei 299 K (26 °C) <50 cm/sec betragen.
Trotz aller Feinregulierungen einer Klimaanlage wird man aber nie eine 100%ige Zufriedenheit aller im Raum Tätigen erzielen können. Die individuellen Unterschiede im Wärmebedarf wird man immer durch leichtere oder wärmere Kleidung ausgleichen müssen. Für das Wohlbefinden von Bedeutung ist schließlich noch, daß das Raumklima nicht absolut konstant bleibt (thermische Konstanz ermüdet), sondern eine gewisse Schwankungsbreite aufweist, um den Kreislauf anzuregen. In unseren Wohn- und Arbeitsräumen fehlen normalerweise Klimaanlagen.
In Bauten, in denen vorwiegend körperliche Arbeit geleistet wird, oder in bestimmten Produktionsstätten, Lagerbauten usw., können die Bedingungen des Raumklimas wesentlich anders sein als in Büro- und Wohnbauten. Das kann Folgen für die Durchbildung von Wänden und Decken, für die ganze Baukonstruktion und vor allem für die Heizung und Lüftung haben. Man wird die jeweils beste Lösung aufgrund von Betriebserfahrungen, in Zusammenarbeit mit Spezialisten, ggf. auch unter medizinischer Beratung suchen müssen.

Schutzmaßnahmen gegen Wärmeabfluß

Da der Wärmeabfluß (Wärmeverlust) aus dem Gebäudeinnern an kühlere Außenluft nicht gänzlich verhindert werden kann, muß er durch künstliche Wärmezufuhr bzw. Wärmeerzeugung in den einzelnen Räumen ausgeglichen werden. Der Dimensionierung der Öfen, Heizgeräte oder Heizkörper, ebenso wie der Größe und Leistung einer Heizzentrale, liegt die Berechnung des Wärmebedarfes nach DIN 4701 zugrunde. Der Wärmebedarf entspricht dem Wärmeverlust des Gebäudes als Summe der Verhältnisse in den einzelnen Räumen. Der daraus resultierende erforderliche Aufwand ist von folgenden Faktoren abhängig:

- vom Großklima des Standortes (Wärmedämmgebiet);
- von der Lage des Bauwerks zu Sonne und Wind (Orientierung);
- vom nutzungsbedingten Innenklima der einzelnen Räume des Bauwerks;
- vom Verhältnis zwischen Volumen zur Oberfläche des Bauwerks;
- von der Wärmedurchlässigkeit seiner Außenbauteile, der Wände, der Fenster, der Türen, der Decke über dem obersten vollgenutzten Geschoß, wie der Decke bzw. dem Boden unter dem untersten Vollgeschoß;
- von Bedienungskomfort und Anpassungsfähigkeit der Temperaturregelung;
- vom Preis der zur Wärmeerzeugung verwendeten Energie.

Von diesen teilweise vorgegebenen Größen ist der Wärmedurchlaß der Außenbauteile das entscheidendste Kriterium, welches die Planung berücksichtigen muß. Nur so ist der Wärmeverlust, und damit der erforderliche Wärmebedarf, niedrig zu halten.
Je geringer die Oberfläche eines Bauwerks im Verhältnis zu seinem Rauminhalt ist, desto geringer ist seine Wärmeabgabe.
Da eine Nordseite ohne die Möglichkeit zusätzlicher Sonneneinstrahlung jedoch stärker auskühlen wird als die Ost-, Süd- und Westseite, hat schließlich auch die Gebäudeorientierung ihren Einfluß auf den Wärmebedarf eines Gebäudes (s. Kapitel „Sonnenschutz").
Je größer der Temperaturunterschied zwischen Außen- und Innenklima ist, und je höher der Preis für die Wärmeerzeugung liegt, desto größere Aufmerksamkeit ist dem Wärmeschutz der Außenbauteile in der Planung zu widmen. Einmalige Mehrinvestitionen für verbesserte Wärmeschutzmaßnahmen werden nicht nur als Einsparungen bei den laufenden Kosten der Wärmeerzeugung, sondern bereits bei den Heizanlagekosten zu Buche schlagen.

Mindest- und Vollwärmeschutz

Mit der DIN 4108 „Wärmeschutz im Hochbau" wird jedoch nur ein Mindestmaß an baulichen Maßnahmen vorgeschrieben für alle raumumschließenden Bauteile von Räumen und Gebäuden, welche dem dauernden Aufenthalt von Menschen dienen. Diese Mindestforderungen baulichen Wärmeschutzes müssen in der Baueingabe zur Erlangung der Baugenehmigung mit Nachweis erfüllt sein. Als Bemessungsgrundlage für diese Mindestforderun-

gen ging man ursprünglich davon aus, daß ein Tauwasserniederschlag an den inneren Raumumschließungsflächen bei einer relativen Luftfeuchtigkeit von 70% auch nach nächtlicher Auskühlung verhindert werden muß, um Schäden an der Gesundheit des Menschen, wie am Bauwerk selbst, abzuwenden. Durch diesen Mindestwärmeschutz sind jedoch weder optimale Bedingungen für das Raumklima noch auf die Dauer für die Wirtschaftlichkeit gegeben.
Durch die Neufassung der DIN 4108 (Aug. 81) wurden diese Anforderungen erhöht.
Handelt es sich um zu vermietende Räume, so ist ein Bauherr geneigt, möglichst billig zu bauen, während der Mieter möglichst niedrige Mieten zahlen will; eine Rechnung, die volkswirtschaftlich gesehen nicht aufgeht. Baukosten sind einmalige Kosten, wobei Verzinsung, Amortisation und Abschreibung natürlich zu berücksichtigen sind. Heizkosten sind aber laufende Ausgaben, die sich nicht amortisieren.
Im Laufe der letzten Jahrzehnte sind die Ansprüche an ein behagliches Wohnklima erheblich gestiegen. Bei dem Mindestwärmeschutz kann das aber nur teilweise durch eine verstärkte Heizung erreicht werden, teilweise deshalb, weil eine erhöhte Lufttemperatur die Wärmeabstrahlung an eine Außenwand im Winter, oder bei Räumen unterschiedlicher Wärmestände, nicht voll ausgleichen kann.
Um ein möglichst angenehmes Raumklima zu schaffen, ist es deshalb erforderlich, die Oberflächentemperatur der Raumumschließungsflächen zu erhöhen. Dies trägt zur Steigerung des Behaglichkeitsgefühls am meisten bei. Die Oberflächentemperaturen im Raume sollen den Außentemperaturen möglichst langsam, etwa mit dem Rhythmus von Tag und Nacht folgen, d. h. die Raumumschließungsflächen bzw. -körper sollen in Wärmeaufnahme und -abgabe möglichst träge, also gute Wärmespeicher sein, von klimatisierten Räumen jedoch abgesehen.

Optimaler Wärmeschutz

Nach aller Erfahrung ist es geraten, zur Verbesserung des Raumklimas in Wohnbauten und ähnlichen Gebäuden die Wärmedämmung über die Forderungen der DIN 4108 hinaus zu steigern. Ein erhöhter Wärmeschutz – vorzugsweise alle Außenflächen eines Bauwerkes betreffend – verursacht zunächst eine Erhöhung der Baukosten. Dieser Kostenerhöhung gegenüber steht eine Senkung der Heizkosten. Soll der zusätzliche Wärmeschutz wirtschaftlich sein, so müssen die Einsparungen an Heizungsaufwand mindestens die Zinsen und Amortisationskosten für den erhöhten Bauaufwand decken. Liegt der Heizaufwand aber noch unter dieser Grenze, so ergeben sich nach der Tilgung des erhöhten Bauaufwands, meistens nach 5–8 Jahren, laufende Einsparungen. Zur Erreichung dieses Zieles gibt es kein einfaches Rezept, da zu viele und verschiedenartige Faktoren mitsprechen.
Die besten Erfolge in der Wärmedämmung einer Außenwand erzielt man, wenn der raumseitig liegende tragende und wärmespeichernde Teil nach den Erfordernissen der Statik bemessen und ein hochleistungsfähiger Dämmstoff, z. B. Hartschaum, außen davorgesetzt und durch eine Wetterschale geschützt wird. Mit einer Dämmschicht von wenigen cm können so k-Werte von

$$1{,}39\text{–}1{,}32 \left(\frac{\mathrm{W}}{\mathrm{m}^2 \cdot \mathrm{K}}\right)$$

erzielt werden. Ähnlich wie bei den Außenwänden verhalten sich die Probleme der Wärmedämmung bei den Flachdächern, speziell den sogenannten Warmdächern.
Für die Bemessung der Dämmschichtstärke sind die verwendeten Heizstoffe entscheidend. Je teurer das Heizmaterial, um so besser muß die Dämmschicht in ihrer Wirkung sein. Als Brennstoffe kommen heute – in der Reihenfolge der steigenden Preise – nur noch Öl, Erdgas und Elektrizität in Frage.
Um etwa eine Elt-Heizung noch wirtschaftlich zu gestalten, muß die Wärmedämmung gegenüber einer Ölheizung wesentlich verstärkt werden; vor allem ist eine höhere Speicherkapazität der Bauteile erwünscht. Welche Dämmstoffstärken im Einzelfalle angemessen sind, muß jeweils ermittelt werden.
Da die Jahres-Isothermen nur wenig voneinander abweichen, kann der Heizaufwand über mehrere Heizperioden hinweg als ziemlich konstant betrachtet werden.

Grundbegriffe des Wärmeschutzes

Nachfolgend sind die hauptsächlichsten Begriffe des Wärmeschutzes nach DIN 4108 von 1981 angegeben:
Unter „Wärmeschutz im Hochbau" versteht man alle Maßnahmen zur Verringerung der Wärmeübertragung zwischen Räumen und der Außenluft und zwischen Räumen mit verschiedenen Temperaturen.

Wärmeleitung
Wärmeübertragung von Teilchen zu Teilchen in festen, flüssigen und gasförmigen Körpern.

Wärmemitführung (Konvektion)
Wärmeübertragung durch Umwälzung warmer und kalter Flüssigkeit- oder Gasteilchen (Luft).

Wärmestrahlung
Wärmeübertragung infolge Strahlung zwischen den Oberflächen fester Körper, die durch Luft getrennt sind.

Wärmemenge
Einheit der Wärmemenge ist die Wattsekunde ($\mathrm{W} \cdot \mathrm{s} = 1\ \mathrm{J}$). Sie ist die Wärmemenge, die erforderlich ist, um 1 kg Wasser bei atmosphärischem Druck von +14,5 °C auf +15,5 °C zu erwärmen.

Wärmeleitfähigkeit
Die Wärmeleitfähigkeit ist eine Eigenschaft des jeweiligen Stoffes. Die Wärmeleitzahl (Wärmeleitkoeffizient) „λ" gibt an, welche Wärmemenge in $\mathrm{W} \cdot \mathrm{s}$ im Beharrungszustand stündlich durch 1 m² einer Schicht des Stoffes fließt, wenn das Temperaturgefälle in Richtung des Wärmestromes 1 °C beträgt.

Einheit: $\frac{\mathrm{W}}{\mathrm{m} \cdot \mathrm{K}}$

Gleichwertige (äquivalente) Wärmeleitfähigkeit bei Luftschichten
Der Wert der gleichwertigen Wärmeleitzahl (λ) wird außer von der Wärmeübertragung auch durch die Wärmemitführung und -Strahlung zwischen den Begrenzungsflächen bestimmt.

Einheit: $\frac{\mathrm{W}}{\mathrm{m} \cdot \mathrm{K}}$

Wärmedurchlässigkeit
Wärmedurchlässigkeit kennzeichnet die Wärmeübertragung einer Stoffschicht von der Dicke d in m. Der Wärmedurchlaßkoeffizient Λ gibt die Wärmemenge in W an, die stündlich durch 1 m² der Schicht bei einem Temperaturunterschied von 1 °C zwischen den beiden Oberflächen strömt.

Einheit: $\frac{\mathrm{W}}{\mathrm{m}^2 \cdot \mathrm{K}}$

Wärmedurchlaßwiderstand (Wärmedämmwert) $\frac{1}{\Lambda}$ Kehrwert der Wärmedurchlaßzahl Λ

Einheit: $\frac{\mathrm{m}^2 \cdot \mathrm{K}}{\mathrm{W}}$

Wärmeübergang
Der Wärmeübergang kennzeichnet die Wärmeübertragung zwischen der Oberfläche eines Bauteiles und der angrenzenden Luft unter der Wirkung von Wärmeleitung, Wärmemitführung und Wärmestrahlung. Die Wärmeüber-

gangszahl α (Wärmeübergangskoeffizient) gibt an, welche Wärmemenge in W · s im Beharrungszustand stündlich zwischen 1 m² der Oberfläche eines Bauteiles und der angrenzenden Luft übertragen wird, wenn zwischen beiden ein Temperaturunterschied von 1 °C besteht.

Einheit: $\frac{W}{m^2 \cdot K}$

Wärmeübergangswiderstand $\frac{1}{\alpha}$

Kehrwert der Wärmeübergangszahl α

Einheit: $\frac{m^2 \cdot K}{W}$

Wärmedurchgang

Der Wärmedurchgang kennzeichnet die Wärmeübertragung eines Bauteiles unter Berücksichtigung der Wärmedurchlässigkeit und der Wärmeübergänge (z. B. zwischen Raumluft und Außenluft).

Die Wärmedurchgangszahl (Wärmedurchgangskoeffizient) K gibt an, welche Wärmemenge in W im Beharrungszustand stündlich durch1 cm² des Bauteils übertragen wird, wenn zwischen der beiderseits angrenzenden Luft ein Unterschied von 1 °C besteht.

Einheit: $\frac{W}{m^2 \cdot K}$

Wärmedurchgangswiderstand $\frac{1}{K}$

Kehrwert der Wärmedurchgangszahl K

Einheit: $\frac{m^2 \cdot K}{W}$

Wärmespeicherung

Speicherung von Wärmemengen in einem Körper oder Bauteil bei seiner Erwärmung. Die Speicherung steigt mit dem Unterschied zwischen der Temperatur des Bauteils und der Temperatur der umgebenden Luft und der spezifischen Wärmekapazität. (Masse und Gewicht des Bauteils.)

Spezifische Wärmekapazität „c"

(spezifische Wärme)

Wärmemenge, die erforderlich ist, um die Temperatur von 1 kg eines Stoffes um 1 °C zu erhöhen.

Einheit: $\frac{J}{kg \cdot K}$

Feuchtigkeitsgrad (relative Feuchtigkeit der Luft) in % ausgedrücktes Verhältnis des bei einer bestimmten Temperatur vorhandenen Wasserdampfgehaltes (absoluter Feuchtigkeitsgehalt in g/m³) zu dem bei dieser Temperatur höchstmöglichen Wasserdampfgehalt (Sättigungsgehalt in g/m³) der Luft.

Taupunkt t_s

Temperatur, bei welcher der vorhandene (absolute) Feuchtigkeitsgehalt der Luft bei Abkühlung zum Sättigungsgehalt wird (relative Luftfeuchtigkeit 100%). Wird die Luft unter den Taupunkt abgekühlt, so scheidet sie Wasser in Tropfenform aus (Tau, Wasserdampfniederschlag).

Tauwasser

Feuchtigkeit, die sich aus der Luft an Bauteilen niederschlägt, wenn sich die Luft unter ihren Taupunkt abkühlt. Auch evtl. in Bauteilen, besonders in mehrschichtigen, deren Schichten unzweckmäßig hintereinander angeordnet sind.

Anordnung von Wärmedämmschichten

Die Lage der Wärmedämmschicht hat an sich keinen Einfluß auf die im stationären Wärmeleitvorgang ermittelte Gesamtwärmedämmung einer Außenwand. Sie beeinflußt jedoch die instationären Wärmeleitvorgänge in einem großen Maße. Deutlich wird das am Beispiel einer gemauerten Außenwand, die einen zusätzlichen Wärmeschutz mit EPS-Hartschaum erhält. Bei gleichem Wärmedurchlaßwiderstand beträgt das Temperaturamplitudenverhältnis bei innenliegender Wärmedämmschicht $A_i/A_a = 0{,}23$

bei außenliegender Wärmedämmschicht $A_i/A_a = 0{,}024$

Das Beispiel zeigt, wie sehr die bei hinterlüfteten Fassaden außenliegende Dämmschicht zu einem gleichmäßigen Raumklima beiträgt.

Der nachträgliche Wärmeschutz von Gebäuden ist dort erwünscht, wo an sich erhaltenswerte Bausubstanz noch ohne die heute als notwendig erachtete Wärmedämmung ist. Solche nachträglichen Arbeiten an bestehenden Bauten sind in ihrer Abwicklung immer einfach, wenn möglichst wenig in die Nutzung eingegriffen werden muß.

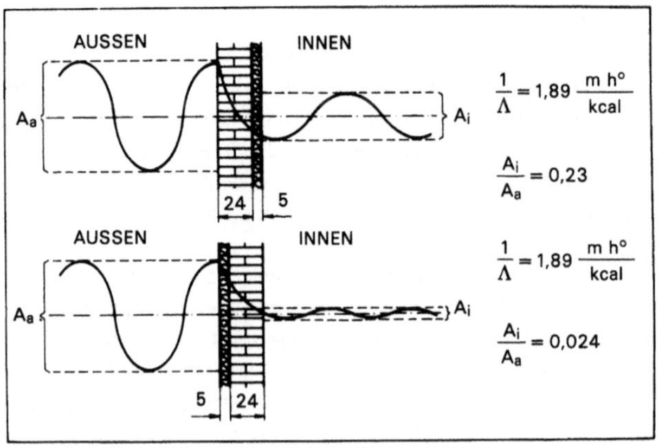

Bild: Temperaturamplitudenverhältnis A_i/A_a bei innen- und außenliegender Wärmedämmschicht

Wärmebedarf von Gebäuden

Gebäude	Besonderheiten	Flächenbez. Wärmebedarf in W/m²
Altbauten ohne Wärmedämmung	mit großer Geschoßhöhe	150
	mit normaler Geschoßhöhe	120
Gebäude ab ca. Baujahr 1960, teilweise Wärmedämmung und Zweifach-Verglasung	mit großem Fensteranteil	100
	mit normalem Fensteranteil	90
Neubauten mit guter Wärmedämmung und Zweifach-Verglasung	bestehende Gebäude	80

Die Tabelle gibt überschlägliche Anhaltswerte für den flächenbezogenen Wärmebedarf eines Gebäudes an.

Diese Anhaltswerte beziehen sich auf eine Außentemperatur von –15 °C in nicht windstarken Gegenden. Bei höheren Anforderungen sind die Werte entsprechend nach oben zu korrigieren.

Bei Ein- und Zweifamilienhäusern in freier Lage erhöhen sich die Werte um ca. 10%.

Bei Wohnungen in Mehrfamilienhäusern und in Reihenhäusern (nicht Reihen-Endhaus) verringern sich die Werte um ca. 10%.

Mindeswerte der Wärmedurchlaßwiderstände $1/\Lambda$ Maximalwerte der Wärmedurchgangskoeffizienten von Bauteilen (mit Ausnahme leichter Bauteile nach Tabelle 2)

Spalte		1		2		3	
				2.1	2.2	3.1	3.2
Zeile		Bauteile		Wärmedurchlaßwiderstand $1/\Lambda$		Wärmedurchgangskoeffizient k	
				im Mittel	an der ungünstigsten Stelle	im Mittel	an der ungünstigsten Stelle
				$m^2 \cdot K/W$		$W/(m^2 \cdot K)$	
1	1.1	Außenwände [1]	allgemein	0,55		1,39;1,32 [2]	
	1.2		für kleinflächige Einzelbauteile (z.B. Pfeiler) bei Gebäuden mit einer Höhe des Erdgeschoßfußbodens (1. Nutzgeschoß) ≤ 500 m über NN	0,47		1,56; 1,47 [2]	
2	2.1	Wohnungstrennwände [3] und Wände zwischen fremden Arbeitsräumen	in nicht zentralbeheizten Gebäuden	0,25		1,96	
	2.2		in zentralbeheizten Gebäuden [4]	0,07		3,03	
3		Treppenraumwände [5]		0,25		1,96	
4	4.1	Wohnungstrenndecken [3] und Decken zwischen fremden Arbeitsräumen [6] [7]	allgemein	0,35		1,64 [8]; 1,45 [9]	
	4.2		in zentralbeheizten Bürogebäuden [4]	0,17		2,33 [8]; 1,96 [9]	
5	5.1	Unterer Abschluß nicht unterkellerter Aufenthaltsräume [6]	unmittelbar an das Erdreich grenzend	0,90		0,93	
	5.2		über einen nicht belüfteten Hohlraum an das Erdreich grenzend			0,81	
6		Decken unter nicht ausgebauten Dachräumen [6] [10]		0,90	0,45	0,90	1,52
7		Kellerdecken [6] [11]		0,90	0,45	0,81	1,27
8	8.1	Decken, die Aufenthaltsräume gegen die Außenluft abgrenzen [6]	nach unten [12]	1,75	1,30	0,51; 0,50 [2]	0,66; 0,65 [2]
	8.2		nach oben [13] [14]	1,10	0,80	0,79	1,03

1) Die Zeile 1 gilt auch für Wände, die Aufenthaltsräume gegen Bodenräume, Durchfahrten, offene Hausflure, Garagen (auch beheizte) oder dergleichen abschließen oder an das Erdreich angrenzen. Zeile 1 gilt nicht für Abseitenwände, wenn die Dachschräge bis zum Dachfuß gedämmt ist (siehe Abschnitt 4.2.1.8).

2) Dieser Wert gilt für Bauteile mit hinterlüfteter Außenhaut.

3) Wohnungstrennwände und -trenndecken sind Bauteile, die Wohnungen voneinander oder von fremden Arbeitsräumen trennen.

4) Als zentralbeheizt im Sinne dieser Norm gelten Gebäude, deren Räume an eine gemeinsame Heizzentrale angeschlossen sind, von der ihnen die Wärme mittels Wasser, Dampf oder Luft unmittelbar zugeführt wird.

5) Die Zeile 3 gilt auch für Wände, die Aufenthaltsräume von fremden, dauernd unbeheizten Räumen trennen, wie abgeschlossenen Hausfluren, Kellerräumen, Ställen, Lagerräumen usw. Die Anforderung nach Zeile 3 gilt nur für geschlossene, eingebaute Treppenräume; sonst gilt Zeile 1.

6) Bei schwimmenden Estrichen ist für den rechnerischen Nachweis der Wärmedämmung die Dicke der Dämmschicht im belasteten Zustand anzusetzen.
Bei Fußboden- oder Deckenheizungen müssen die Mindestanforderungen an den Wärmedurchlaßwiderstand durch die Deckenkonstruktion unter- bzw. oberhalb der Ebenen der Heizfläche (Unter- bzw. Oberkante Heizrohr) eingehalten werden. Es wird empfohlen, die Wärmedurchlaßwiderstände $1/\Lambda$ über diese Mindestanforderungen hinaus zu erhöhen.

7) Die Zeile 4 gilt auch für Decken unter Räumen zwischen gedämmten Dachschrägen und Abseitenwänden bei ausgebauten Dachräumen.

8) Für Wärmestromverlauf von unten nach oben.

9) Für Wärmestromverlauf von oben nach unten.

10) Die Zeile 6 gilt auch für Decken, die unter einem belüfteten Raum liegen, der nur bekriechbar oder noch niedriger ist, sowie für Decken unter belüfteten Räumen zwischen Dachschrägen und Abseitenwänden bei ausgebauten Dachräumen (bezüglich der erforderlichen Belüftung siehe DIN 4108 Teil 3.

11) Die Zeile 7 gilt auch für Decken, die Aufenthaltsräume gegen abgeschlossene, unbeheizte Hausflure o.ä. abschließen.

12) Die Zeile 8.1 gilt auch für Decken, die Aufenthaltsräume gegen Garagen (auch beheizte), Durchfahrten (auch verschließbare) und belüftete Kriechkeller abgrenzen.

13) Siehe auch DIN 18 530 (Vornorm).

14) Zum Beispiel Dächer und Decken unter Terrassen.

Anwendungskurzzeichen der Dämmstoffe

W	Wärmedämmstoffe, nicht druckbelastet, z.B. Kerndämmung, Dachschrägen usw.
WD	Wärmedämmstoffe, druckbelastet, z.B. unter druckbelasteten Böden, Umkehrdächer usw.
WS	Wärmedämmstoffe mit erhöhter Belastbarkeit, z.B. Frostschutz unter Fundamenten.
WZ	Wärmedämmstoffe mit leichter Zusammendrückbarkeit, z.B. in Wand- und Deckenhohlräumen.
WV	Wärmedämmstoffe mit Beanspruchung auf Abreiß- und Scherfestigkeit, z.B. für Vorsatzschalen ohne Unterkonstruktion.
T	Dämmstoffe für den Trittschallschutz.

Dämmstoffdicken nach der neuen Wärmeschutzverordnung

Anhand der wichtigsten Bauteile zeigen wir, welche Dämmschichtdicken – nach der Bauteilmethode – für die aufgeführten Kontruktionen vorzusehen sind.

Quelle: Reinhold & Mahla

Bauteile	Konstruktionsaufbau	Mindestdämmschichtdicke bzw. k-Wert nach neuer Wärmeschutzverordnung ab 1. Januar 1984		Wärmeleitfähigkeitsgruppe
		Dicke in mm	k-Wert $W/(m^2 \cdot K)$	
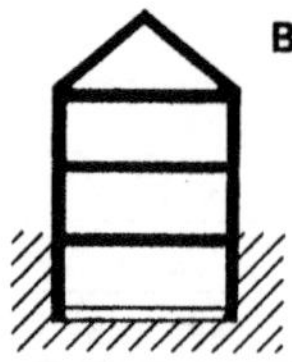 **Bodenplatte gegen Erdreich**	Betonplatte ca. 10 cm dick	**60**	0,55	0,40
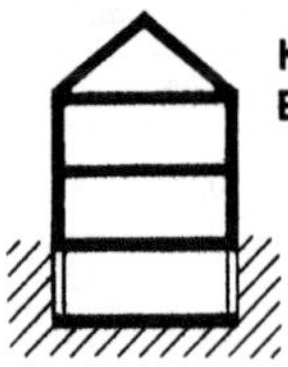 **Keller-Außenwand gegen Erdreich**	Kelleraußenwand aus Normalbeton 24 cm dick	**60**	0,55	0,40
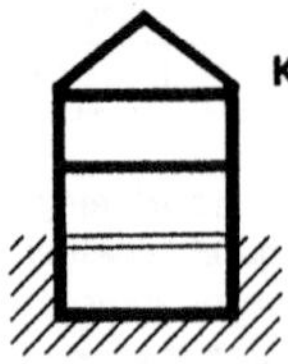 **Kellerdecke**	Stahlbetondecke schwimmender Estrich auf Estrich-Dämmplatten	**60**	0,55	0,40
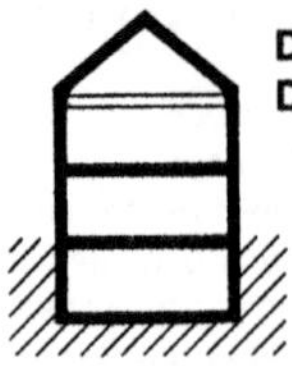 **Decke gegen nicht ausgebautes Dachgeschoß**	Stahlbetondecke Deckenputz	**140**	0,30	0,40
	Stahlbetondecke Deckenputz	**110**	0,30	0,35
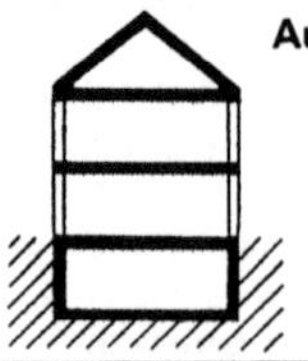 **Außenwand gegen Luft**	Mauerwerk aus KS 1,6; 24 cm dick, Holzfenster (30 % Flächenanteil pro (Geschoß); KF alt = 3,5; KF neu = 3,1	**80**	1,20 km (W+F)	0,40
 **Decke über offener Durchfahrt**	Stahlbetondecke; Dämmung unterseitig, mit Gipskartonplatten abgedeckt	**140**	0,30	0,40
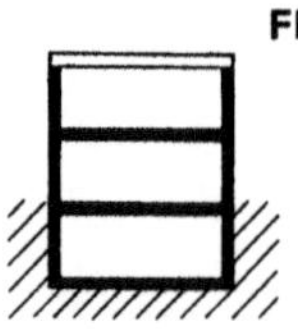 **Flachdach massiv**	Stahlbetondecke Deckenputz	**120**	0,30	0,35
 **Steildach hinterlüftet**	Dämmstoff zwischen Sparren od. Hilfshölzern ca. 10–12 % Holzanteil, Holzverkleidung innen auf Konterlattung.	**140**	0,30	0,40
	Dämmstoff oberhalb der Sparren, Holzverkleidung innen	**100**	0,30	0,35

Wärme- und feuchteschutztechnische Kennwerte

Rechenwerte der Wärmeleitfähigkeit und Richtwerte der Wasserdampf-Diffusionswiderstandszahlen (DIN 4108, Teil 4)

Zeile	Stoff	Rohdichte oder Rohdichteklassen 1) 2) kg/m³	Rechenwert der Wärmeleitfähigkeit λ_R 3) W/(m · K)	Richtwert der Wasserdampf-Diffusionswiderstandszahl μ 4)
4 Mauerwerk einschließlich Mörtelfugen				
4.1	Mauerwerk aus Mauerziegeln nach DIN 105 Teil 1 bis Teil 4			
4.1.1	Vollklinker, Hochlochklinker, Keramikklinker	1800 2000 2200	0,81 0,96 1,20	50/100
4.1.2	Vollziegel, Hochlochziegel	1200 1400 1600 1800 2000	0,50 0,58 0,68 0,81 0,96	5/10
4.1.3	Leichthochlochziegel mit Lochung A und Lochung B nach DIN 105 Teil 2	700 800 900 1000	0,36 0,39 0,42 0,45	5/10
4.1.4	Leichthochlochziegel W nach DIN 105 Teil 2	700 800 900 1000	0,30 0,33 0,36 0,39	5/10
4.2	Mauerwerk aus Kalksandsteinen nach DIN 106 Teil 1 und Teil 2	1000 1200 1400	0,50 0,56 0,70	5/10
		1600 1800 2000 2200	0,79 0,99 1,10 1,30	15/25
4.3	Mauerwerk aus Hüttensteinen nach DIN 398	1000 1200 1400 1600 1800 2000	0,47 0,52 0,58 0,64 0,70 0,76	70/100
4.4	Mauerwerk aus Gasbeton-Blocksteinen nach DIN 4165	500 600 700 800	0,22 0,24 0,27 0,29	5/10
4.5	Mauerwerk aus Betonsteinen			
4.5.1	Hohlblocksteine aus Leichtbeton nach DIN 18 151 mit porigen Zuschlägen nach DIN 4226 Teil 2 ohne Quarzsandzusatz 7)			
4.5.1.1	2-K-Steine, Breite ≤ 240 mm 3-K-Steine, Breite ≤ 300 mm 4-K-Steine, Breite ≤ 365 mm	500 600 700 800 900 1000 1200 1400	0,29 0,32 0,35 0,39 0,44 0,49 0,60 0,73	5/10
4.5.1.2	2-K-Steine, Breite = 300 mm 3-K-Steine, Breite = 365 mm	500 600 700 800 900 1000 1200 1400	0,29 0,34 0,39 0,46 0,55 0,64 0,76 0,90	5/10
4.5.2	Vollsteine und Vollblöcke aus Leichtbeton nach DIN 18 152			
4.5.2.1	Vollsteine (V)	500 600 700 800 900 1000 1200 1400	0,32 0,34 0,37 0,40 0,43 0,46 0,54 0,63	5/10
		1600 1800 2000	0,74 0,87 0,99	10/15
4.5.2.2	Vollblöcke (Vbl) (außer Vollblöcken S-W aus Naturbims nach Zeile 4.5.2.3 und aus Blähton nach Zeile 4.5.2.4)	500 600 700 800 900 1000 1200 1400	0,29 0,32 0,35 0,39 0,43 0,46 0,54 0,63	5/10
		1600 1800 2000	0,74 0,87 0,99	10/15
4.5.2.3	Vollblöcke S-W aus Naturbims Bis zur Regelung in DIN 18 152 *) dürfen Vollblöcke aus Naturbims mit Schlitzen (S) mit dem Zusatzbuchstaben W bezeichnet werden, wenn sie folgende Bedingungen erfüllen: a) Zuschläge Als Zuschlag ist ausschließlich Naturbims zu verwenden. Zumischungen von anderen Zuschlägen nach DIN 18 152/12.78, Abschnitt 4.2, zweiter Absatz, und Abschnitt 6.1, zweiter Absatz, sind nicht zulässig. b) Form Die Schlitze der Vollblöcke müssen stets mit einem Deckel abgeschlossen sein. Griffhilfen sind nicht zulässig. Es sind stets Stirnseitennuten anzuordnen. c) Maße Es dürfen nur Vollblöcke nach DIN 18 152/12.78, Tabelle 2, Zeilen 9 bis 12, Spalten 1 bis 8, verwendet werden. d) Kennzeichnung Die Kennzeichnung nach DIN 18 152 muß durch die Buchstaben S-W ergänzt werden.	500 600 700 800	0,20 0,22 0,25 0,28	5/10
4.5.2.4	Vollblöcke S-W aus Blähton Bis zur Regelung in DIN 18 152 *) dürfen Vollblöcke aus Blähton mit Schlitzen (S) mit dem Zusatzbuchstaben W bezeichnet werden, wenn sie die folgenden Bedingungen erfüllen: a) Zuschläge Als Zuschlag ist Blähton zu verwenden. Zumischungen von anderen Zuschlägen nach DIN 18 152/12.78, Abschnitt 4.2, zweiter Absatz, und Abschnitt 6.1, zweiter Absatz, sind mit Ausnahme von Naturbims nicht zulässig. b) Form Die Schlitze der Vollblöcke müssen stets mit einem Deckel abgeschlossen sein. Griffhilfen sind nicht zulässig. Es sind stets Stirnseitennuten anzuordnen. c) Maße Es dürfen nur Vollblöcke nach DIN 18 152/12.78, Tabelle 2, Zeilen 9 bis 12, Spalten 1 bis 8, verwendet werden. d) Kennzeichnung Die Kennzeichnung nach DIN 18 152 muß durch die Buchstaben S-W ergänzt werden.	500 600 700 800	0,22 0,24 0,27 0,31	5/10

*) Z.Z. Entwurf

Zeile	Stoff	Rohdichte oder Rohdichteklassen [1] [2] kg/m³	Rechenwert der Wärmeleitfähigkeit λ_R [3] W/(m · K)	Richtwert der Wasserdampf-Diffusionswiderstandszahl μ [4]
4.5.3	Hohlblocksteine und T-Hohlsteine aus Normalbeton mit geschlossenem Gefüge nach DIN 18 153			
4.5.3.1	2-K-Steine, Breite ≤ 240 mm 3-K-Steine, Breite ≤ 300 mm 4-K-Steine, Breite ≤ 365 mm	(≤ 1800)	0,92	
4.5.3.2	2-K-Steine, Breite = 300 mm 3-K-Steine, Breite = 365 mm	(≤ 1800)	1,3	
5 Wärmedämmstoffe				
5.1	Holzwolle-Leichtbauplatten nach DIN 1101 [8] Plattendicke ≥ 25 mm = 15 mm	 (360 bis 480) (570)	 0,093 0,15	2/5
5.2	Mehrschicht-Leichtbauplatten nach DIN 1104 Teil 1 aus Schaumkunststoffplatten nach DIN 18 164 Teil 1 mit Beschichtungen aus mineralisch gebundener Holzwolle Schaumkunststoffplatte Holzwolleschichten (Einzelschichten) Dicke ≥ 10 bis < 24 mm ≥ 25 mm Holzwolleschichten (Einzelschichten) mit Dicken < 10 mm dürfen zur Berechnung des Wärmedurchlaßwiderstandes 1/Λ nicht berücksichtigt werden (siehe DIN 1104 Teil 1)	 (≥ 15) (460 bis 650) (360 bis 460) (800)	 0,040 0,15 0,093	20/70
5.3	Schaumkunststoffe nach DIN 18 159 Teil 1 und Teil 2 an der Baustelle hergestellt			
5.3.1	Polyurethan (PUR)-Ortschaum nach DIN 18 159 Teil 1	(≥ 37)	0,030	30/100
5.3.2	Harnstoff-Formaldehydharz (UF)-Ortschaum nach DIN 18 159 Teil 2	(≥ 10)	0,041	1/3
5.4	Korkdämmstoffe Korkplatten nach DIN 18 161 Teil 1 Wärmeleitfähigkeitsgruppe 045 050 055	(80 bis 500)	0,045 0,050 0,055	5/10
5.5	Schaumkunststoffe nach DIN 18 164 Teil 1 [9]			
5.5.1	Polystyrol (PS)-Hartschaum Wärmeleitfähigkeitsgruppe 025 030 035 040		0,025 0,030 0,035 0,040	
	Polystyrol-Partikelschaum	(≥ 15) (≥ 20) (≥ 30)		20/50 30/70 40/100
	Polystyrol-Extruderschaum	(≥ 25)		80/300
5.5.2	Polyurethan (PUR)-Hartschaum Wärmeleitfähigkeitsgruppe 020 025 030 035	(≥ 30)	0,020 0,025 0,030 0,035	30/100
5.5.3	Phenolharz (PF)-Hartschaum Wärmeleitfähigkeitsgruppe 030 035 040 045	(≥ 30)	0,030 0,035 0,040 0,045	30/50
5.6	Mineralische und pflanzliche Faserdämmstoffe nach DIN 18 165 Teil 1 [9] Wärmeleitfähigkeitsgruppe 035 040 045 050	(8 bis 500)	0,035 0,040 0,045 0,050	1
5.7	Schaumglas nach DIN 18 174 Wärmeleitfähigkeitsgruppe 045 050 055 060	(100 bis 150)	0,045 0,050 0,055 0,060	[5]

Zeile	Stoff	Rohdichte oder Rohdichteklassen [1] [2] kg/m³	Rechenwert der Wärmeleitfähigkeit λ_R [3] W/(m · K)	Richtwert der Wasserdampf-Diffusionswiderstandszahl μ [4]
6 Holz und Holzwerkstoffe [10]				
6.1	Holz			
6.1.1	Fichte, Kiefer, Tanne	(600)	0,13	40
6.1.2	Buche, Eiche	(800)	0,20	
6.2	Holzwerkstoffe			
6.2.1	Sperrholz nach DIN 68 705 Teil 2 bis Teil 4	(800)	0,15	50/400
6.2.2	Spanplatten			
8 Sonstige gebräuchliche Stoffe [11]				
8.1	Lose Schüttungen [12], abgedeckt			
8.1.1	aus porigen Stoffen: Blähperlit Blähglimmer Korkschrot, expandiert Hüttenbims Blähton, Blähschiefer Bimskies Schaumlava	 (≤ 100) (≤ 100) (≤ 200) (≤ 600) (≤ 400) (≤ 1000) ≤ 1200 ≤ 1500	 0,060 0,070 0,050 0,13 0,16 0,19 0,22 0,27	
8.1.2	aus Polystyrolschaumstoff-Partikeln	(15)	0,045	
8.1.3	aus Sand, Kies, Splitt (trocken)	(1800)	0,70	
8.2	Fliesen	(2000)	1,0	
8.3	Glas	(2500)	0,80	
8.4	Natursteine			
8.4.1	Kristalline metamorphe Gesteine (Granit, Basalt, Marmor)	(2800)	3,5	
8.4.2	Sedimentsteine (Sandstein, Muschelkalk, Nagelfluh)	(2600)	2,3	
8.4.3	Vulkanische porige Natursteine	(1600)	0,55	
8.5	Böden (naturfeucht)			
8.5.1	Sand, Kiessand		1,4	
8.5.2	Bindige Böden		2,1	
8.6	Keramik und Glasmosaik	(2000)	1,2	100/300
8.7	Wärmedämmender Putz	(600)	0,20	5/20
8.8	Kunstharzputz	(1100)	0,70	50/200
8.9	Metalle			
8.9.1	Stahl		60	
8.9.2	Kupfer		380	
8.9.3	Aluminium		200	
8.10	Gummi (kompakt)	(1000)	0,20	

1) Die in Klammern angegebenen Rohdichtewerte dienen nur zur Ermittlung der flächenbezogenen Masse, z.B. für den Nachweis des sommerlichen Wärmeschutzes.

2) Die bei den Steinen genannten Rohdichten sind Klassenbezeichnungen nach den entsprechenden Stoffnormen.

3) Die angegebenen Rechenwerte der Wärmeleitfähigkeit λ_R von Mauerwerk dürfen bei Verwendung von werksmäßig hergestellten Leichtmauermörteln aus Zuschlägen mit porigem Gefüge nach DIN 4226 Teil 2 ohne Quarzsandzusatz – bei einer Festmörtelrohdichte ≤ 1000 kg/m³ – um 0,06 W/(m · K) verringert werden, jedoch dürfen die verringerten Werte bei Gasbeton-Blocksteinen nach Zeile 4.4 sowie bei Vollblöcken S-W aus Naturbims und Blähton nach den Zeilen 4.5.2.3 und 4.5.2.4 die Werte der entsprechenden Zeilen 2.3 sowie 2.4.2.1 und 2.4.2.2 nicht unterschreiten.

4) Es ist jeweils der für die Baukonstruktion ungünstigere Wert einzusetzen. Bezüglich der Anwendung der μ-Werte siehe DIN 4108 Teil 3 und Beispiele in DIN 4108 Teil 5.

5) Praktisch dampfdicht. Nach DIN 52 615 Teil 1: $s_d \geq 1500$ m.

6) Bei Quarzsandzusatz erhöhen sich die Rechenwerte der Wärmeleitfähigkeit um 20 %.

7) Die Rechenwerte der Wärmeleitfähigkeit sind bei Hohlblocksteinen mit Quarzsandzusatz für 2-K-Steine um 20 % und für 3-K-Steine und 4-K-Steine um 15 % zu erhöhen.

8) Platten der Dicken < 15 mm dürfen wärmeschutztechnisch nicht berücksichtigt werden (siehe DIN 1101).

9) Bei Trittschalldämmplatten aus Schaumkunststoffen oder aus Faserdämmstoffen wird bei sämtlichen Erzeugnissen der Wärmedurchlaßwiderstand 1/Λ auf der Verpackung angegeben (siehe DIN 18 164 Teil 2 und DIN 18 165 Teil 2).

10) Die angegebenen Rechenwerte der Wärmeleitfähigkeit λ_R gelten für Holz quer zur Faser, für Holzwerkstoffe senkrecht zur Plattenebene. Für Holz in Faserrichtung sowie für Holzwerkstoffe in Plattenebene ist näherungsweise der 2,2fache Wert einzusetzen, wenn kein genauerer Nachweis erfolgt.

11) Diese Stoffe sind hinsichtlich ihrer wärmeschutztechnischen Eigenschaften nicht genormt. Die angegebenen Wärmeleitfähigkeitswerte stellen obere Grenzwerte dar.

12) Die Dichte wird bei losen Schüttungen als Schüttdichte angegeben.

Rechenwerte der Wärmedurchgangskoeffizienten für Verglasungen (k_V) und für Fenster und Fenstertüren einschließlich Rahmen (k_F)

Spalte	1	2	3	4	5	6	7
Zeile	Beschreibung der Verglasung	Verglasung[1)] k_V W/(m² · K)	Fenster und Fenstertüren einschließlich Rahmen k_F für Rahmenmaterialgruppe[2)] W/(m² · K)				
			1	2.1	2.2	2.3	3[3)]
1 Unter Verwendung von Normalglas							
1.1	Einfachverglasung	5.8	5.2				
1.2	Isolierglas mit ≥ 6 bis ≤ 8 mm Luftzwischenraum	3,4	2,9	3,2	3,3	3,6	4,1
1.3	Isolierglas mit > 8 bis ≤ 10 mm Luftzwischenraum	3,2	2,8	3,0	3,2	3,4	4,0
1.4	Isolierglas mit > 10 bis ≤ 16 mm Luftzwischenraum	3,0	2,6	2,9	3,1	3,3	3,8
1.5	Isolierglas mit zweimal ≥ 6 bis ≤ 8 mm Luftzwischenraum	2,4	2,2	2,5	2,6	2,9	3,4
1.6	Isolierglas mit zweimal > 8 bis ≤ 10 mm Luftzwischenraum	2,2	2,1	2,3	2,5	2,7	3,3
1.7	Isolierglas mit zweimal > 10 bis ≤ 16 mm Luftzwischenraum	2,1	2,0	2,3	2,4	2,7	3,2
1.8	Doppelverglasung mit 20 bis 100 mm Scheibenabstand	2,8	2,5	2,7	2,9	3,2	3,7
1.9	Doppelverglasung aus Einfachglas und Isolierglas (Luftzwischenraum 10 bis 16 mm) mit 20 bis 100 mm Scheibenabstand	2,0	1,9	2,2	2,4	2,6	3,1
1.10	Doppelverglasung aus zwei Isolierglaseinheiten (Luftzwischenraum 10 bis 16 mm) mit 20 bis 100 mm Scheibenabstand	1,4	1,5	1,8	1,9	2,2	2,7
3	Glasbausteinwand nach DIN 4242 mit Hohlglasbausteinen nach DIN 18 175						3,5

1) Bei Fenstern mit einem Rahmenanteil von nicht mehr als 5 % (z.B. Schaufensteranlagen) kann für den Wärmedurchgangskoeffizienten k_F der Wärmedurchgangskoeffizient k_V der Verglasung gesetzt werden.

2) Die Einstufung von Fensterrahmen in die Rahmenmaterialgruppen 1 bis 3 ist wie folgt vorzunehmen:

Gruppe 1: Fenster mit Rahmen aus Holz, Kunststoff (siehe Anmerkung) und Holzkombinationen (z.B. Holzrahmen mit Aluminiumbekleidung) ohne besonderen Nachweis.
Fenster mit Rahmen aus beliebigen Profilen, wenn der Wärmedurchgangskoeffizient des Rahmens mit $k_R \leq 2{,}0$ W/(m² · K) aufgrund von Prüfzeugnissen nachgewiesen worden ist (siehe Abschnitt 1 mit Fußnote 2).
Anmerkung: In die Gruppe 1 sind Profile für Kunststoff-Fenster nur dann einzuordnen, wenn die Profilausbildung vom Kunststoff bestimmt wird und eventuell vorhandene Metalleinlagen nur der Aussteifung dienen.

Gruppe 2.1: Fenster mit Rahmen aus wärmegedämmten Metall- oder Betonprofilen, wenn der Wärmedurchgangskoeffizient des Rahmens mit $2{,}0 < k_R \leq 2{,}8$ W/(m² · K) aufgrund von Prüfzeugnissen nachgewiesen worden ist (siehe Abschnitt 1 mit Fußnote 2).

Gruppe 2.2: Fenster mit Rahmen aus wärmegedämmten Metall- oder Betonprofilen, wenn der Wärmedurchgangskoeffizient des Rahmens mit $2{,}8 < k_R \leq 3{,}5$ W/(m² · K) aufgrund von Prüfzeugnissen nachgewiesen worden ist (siehe Abschnitt 1 mit Fußnote 2) oder wenn die Kernzone der Profile die in der folgenden Tabelle 3A angegebenen Merkmale aufweist.

3) Bei Verglasungen mit einem Rahmenanteil ≤ 15 % dürfen in der Rahmenmaterialgruppe 3 (Spalte 7, ausgenommen Zeile 1.1) die k_F-Werte um 0,5 W/(m² · K) herabgesetzt werden.

Rechenwerte der Wärmedurchlaßwiderstände von Luftschichten[1)]

Lage der Luftschicht	Dicke der Luftschicht mm	Wärmedurchlaßwiderstand $1/\Lambda$ m² · K/W
lotrecht	10 bis 20	0,14
	über 20 bis 500	0,17
waagerecht	10 bis 500	0,17

1) Die Werte gelten für Luftschichten, die nicht mit der Außenluft in Verbindung stehen, und für Luftschichten bei mehrschaligem Mauerwerk nach DIN 1053 Teil 1.

Wärmedurchlaßwiderstände von Decken

Spalte	1	2	3	4
Zeile	Bezeichnung und Darstellung	Dicke *s* mm	Wärmedurchlaßwiderstand $1/\Lambda$ $m^2 \cdot K/W$ im Mittel	an der ungünstigsten Stelle
1 Stahlbetonrippen- und Stahlbetonbalkendecken nach DIN 1045 mit Zwischenbauteilen nach DIN 4158				
1.1	Stahlbetonrippendecke (ohne Aufbeton, ohne Putz) 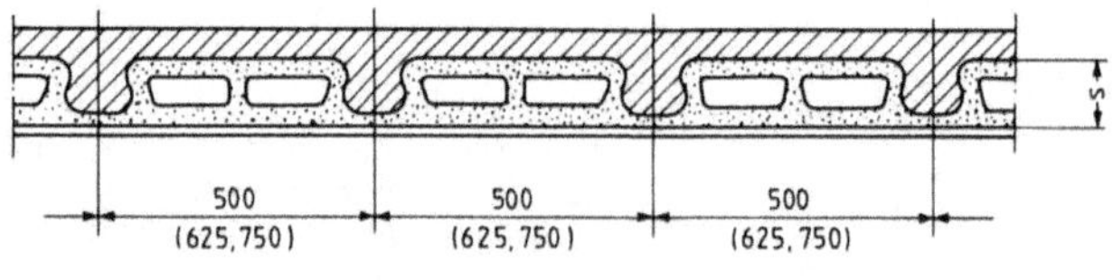 	120 140 160 180 200 220 250	0,20 0,21 0,22 0,23 0,24 0,25 0,26	0,06 0,07 0,08 0,09 0,10 0,11 0,12
1.2	Stahlbetonbalkendecke (ohne Aufbeton, ohne Putz) 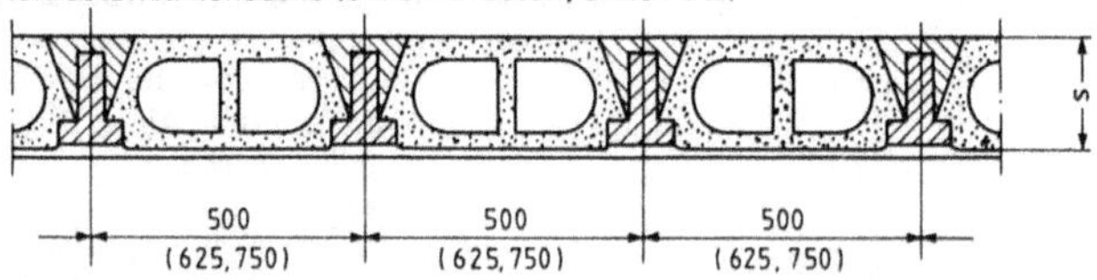 	120 140 160 180 200 220 240	0,16 0,18 0,20 0,22 0,24 0,26 0,28	0,06 0,07 0,08 0,09 0,10 0,11 0,12
2	Stahlbetonrippen- und Stahlbetonbalkendecken nach DIN 1045 mit Deckenziegeln nach DIN 4160			
2.1	Ziegel als Zwischenbauteile nach DIN 4160 ohne Querstege (ohne Aufbeton, ohne Putz) 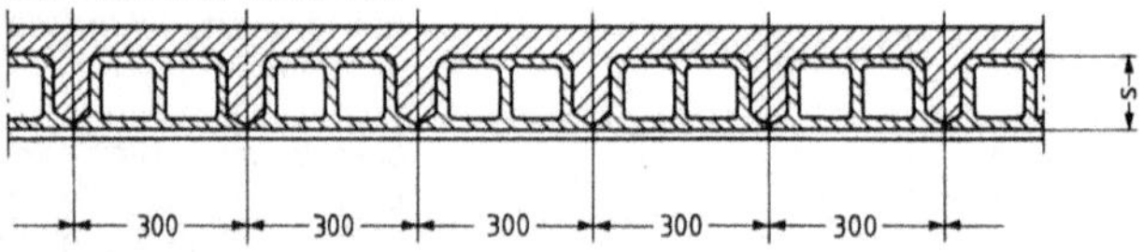 	115 140 165	0,15 0,16 0,18	0,06 0,07 0,08
2.2	Ziegel als Zwischenbauteile nach DIN 4160 mit Querstegen (ohne Aufbeton, ohne Putz) 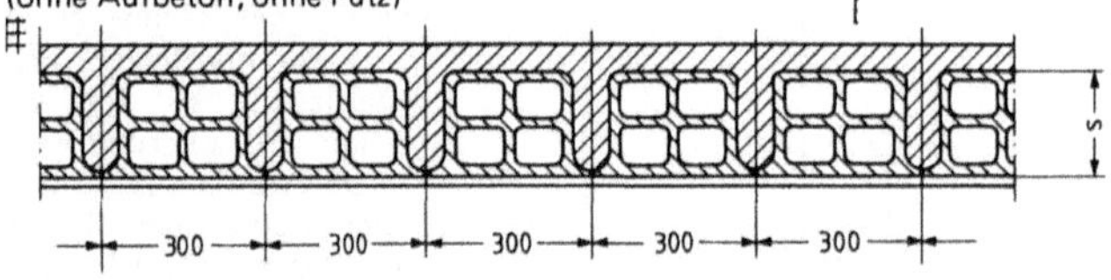 	190 225 240 265 290	0,24 0,26 0,28 0,30 0,32	0,09 0,10 0,11 0,12 0,13
3 Stahlsteindecken nach DIN 1045 aus Deckenziegeln nach DIN 4159				
3.1	Ziegel für teilvermörtelbare Stoßfugen nach DIN 4159 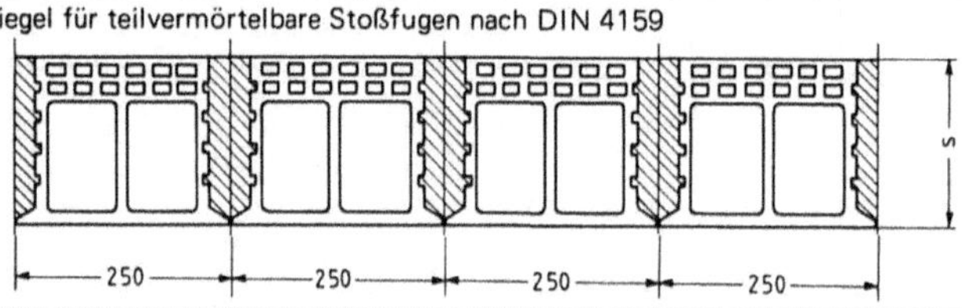 	115 140 165 190 225 240 265 290	0,15 0,18 0,21 0,24 0,27 0,30 0,33 0,36	0,06 0,07 0,08 0,09 0,10 0,11 0,12 0,13
3.2	Ziegel für vollvermörtelbare Stoßfugen nach DIN 4159 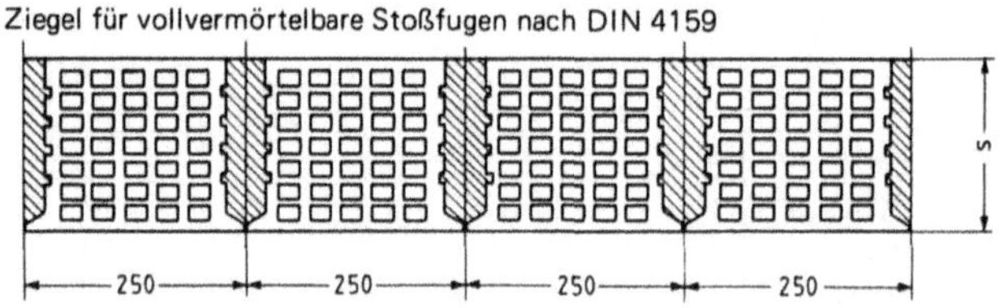 	115 140 165 190 225 240 265 290	0,13 0,16 0,19 0,22 0,25 0,28 0,31 0,34	0,06 0,07 0,08 0,09 0,10 0,11 0,12 0,13
4 Stahlbetonhohldielen nach DIN 1045				
	(ohne Aufbeton, ohne Putz) 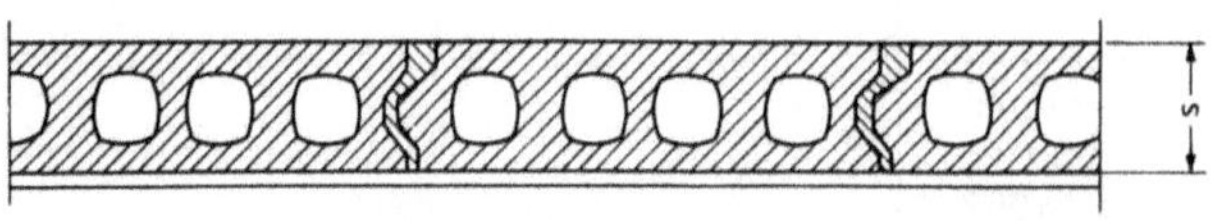 	65 80 100	0,13 0,14 0,15	0,03 0,04 0,05

Schlagregenschutz von Wänden

4.1 Allgemeines

Bei Beregnung kann Wasser in Außenbauteile durch Kapillarwirkung eindringen. Außerdem kann unter dem Einfluß des Staudruckes bei Windanströmung durch Spalten, Risse und fehlerhafte Stellen im Bereich der gesamten der Witterung ausgesetzten Flächen Wasser in oder durch die Konstruktion geleitet werden.

Maßnahmen zur Begrenzung der kapillaren Wasseraufnahme von Außenbauteilen können darin bestehen, daß der Regen an der Außenoberfläche des wärmedämmenden Bauteils durch eine wasserdichte oder mit Luftabstand vorgesetzte Schicht abgehalten wird oder, daß die Wasseraufnahme durch wasserabweisende oder wasserhemmende Putze an der Außenoberfläche oder durch Schichten im Innern der Konstruktion vermindert oder auf einen bestimmten Bereich (z. B. Vormauerschicht) beschränkt wird. Dabei darf aber die Wasserabgabe (Verdunstung) nicht unzulässig beeinträchtigt werden.

Nach Einstufung in die zugehörige Beanspruchungsgruppe nach Abschnitt 4.2 ist sicherzustellen, daß das Niederschlagswasser schnell und sicher wieder abgeleitet wird (z. B. durch Anordnung von Dachüberständen, Abdeckungen und Sperrschichten, Fensteranschläge).

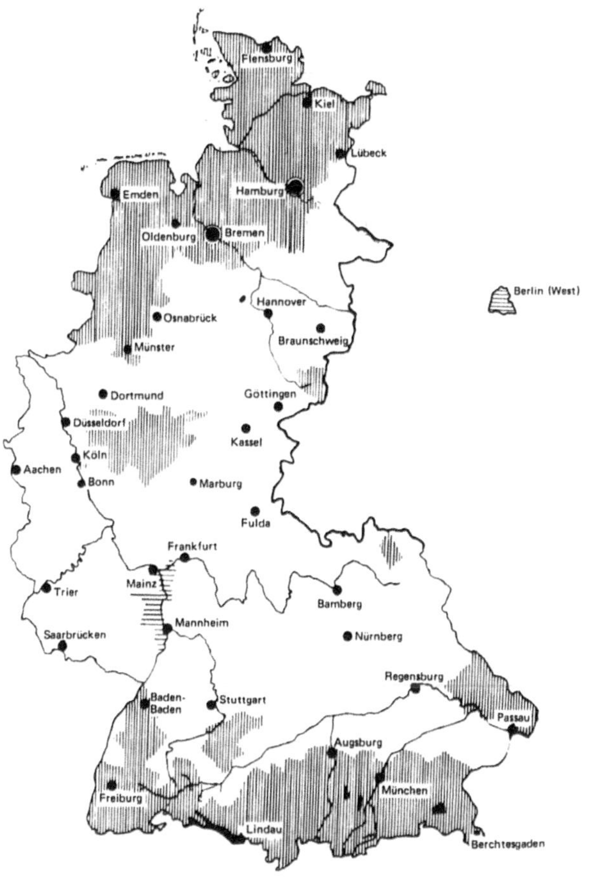

DIN 4108 Teil 3

Jahresniederschlag unter 600 mm

Jahresniederschlag zwischen 600 und 800 mm

Jahresniederschlag über 800 mm
(im norddeutschen Küstengebiet (windreich) über 700 mm)

Regenkarte zur überschläglichen Ermittlung der durchschnittlichen Jahresniederschlagsmengen

4.2 Beanspruchungsgruppen

Die Beanspruchung von Gebäuden oder von einzelnen Gebäudeteilen durch Schlagregen wird durch die Beanspruchungsgruppen I, II oder III definiert. Bei der Wahl der Beanspruchungsgruppe sind die regionalen klimatischen Bedingungen (Regen, Wind), die örtliche Lage und die Gebäudeart zu berücksichtigen. Die Beanspruchungsgruppe ist daher im Einzelfall festzulegen. Hierzu dienen folgende Hinweise:

Beanspruchungsgruppe I

Geringe Schlagregenbeanspruchung:

Im allgemeinen Gebiete mit Jahresniederschlagsmengen unter 600 mm sowie besonders windgeschützte Lagen auch in Gebieten mit größeren Niederschlagsmengen.

Beanspruchungsklasse II

Mittlere Schlagregenbeanspruchung:

Im allgemeinen Gebiete mit Jahresniederschlagsmengen von 600 bis 800 mm sowie windgeschützte Lagen auch in Gebieten mit größeren Niederschlagsmengen. Hochhäuser und Häuser in exponierter Lage in Gebieten, die aufgrund der regionalen Regen- und Windverhältnisse einer geringen Schlagregenbeanspruchung zuzuordnen wären.

Beanspruchungsgruppe III

Starke Schlagregenbeanspruchung:

Im allgemeinen Gebiete mit Jahresniederschlagsmengen über 800 mm sowie windreiche Gebiete auch mit geringeren Niederschlagsmengen (z. B. Küstengebiete, Mittel- und Hochgebirgslagen, Alpenvorland). Hochhäuser und Häuser in exponierter Lage in Gebieten, die aufgrund der regionalen Regen- und Windverhältnisse einer mittleren Schlagregenbeanspruchung zuzuordnen wären.

Anmerkung: Für die Ermittlung der Jahresniederschlagsmengen kann z. B. als Anhalt die in der DIN 4108.T3 enthaltene Regenkarte dienen.

4.3 Hinweise zur Erfüllung des Schlagregenschutzes

4.3.1 Außenwände

Beispiele für die Anwendung genormter Wandbauarten in Abhängigkeit von der Schlagregenbeanspruchung gibt die folgende DIN-Tabelle, die andere Bauausführungen entsprechend gesicherter praktischer Erfahrungen nicht ausschließt.

Beispiele für die Zuordnung von genormten Wandbauarten und Beanspruchungsgruppen

<table>
<tr><th>Spalte</th><th>1</th><th>2</th><th>3</th></tr>
<tr><td>Zeile</td><td>Beanspruchungsgruppe I
geringe Schlagregenbeanspruchung
Mit Außenputz ohne besondere Anforderung an den Schlagregenschutz nach DIN 18 550 Teil 1
verputzte</td><td>Beanspruchungsgruppe II
mittlere Schlagregenbeanspruchung
Mit wasserhemmendem Außenputz nach DIN 18 550 Teil 1 oder einem Kunstharzputz*)
verputzte</td><td>Beanspruchungsgruppe III
starke Schlagregenbeanspruchung
Mit wasserabweisendem Außenputz nach DIN 18 550 Teil 1 oder einem Kunstharzputz*)
verputzte</td></tr>
<tr><td>1</td><td>– Außenwände aus Mauerwerk, Wandbauplatten, Beton o.a.
– Holzwolle-Leichtbauplatten, ausgeführt nach DIN 1102 (mit Fugenbewehrung)
– Mehrschicht-Leichtbauplatten, ausgeführt nach DIN 1104 Teil 2 (mit ganzflächiger Bewehrung)</td><td colspan="2">– Außenwände aus Mauerwerk, Wandbauplatten, Beton o.a.
– Holzwolle-Leichtbauplatten, ausgeführt nach DIN 1102 (mit Fugenbewehrung)
oder
– Mehrschicht-Leichtbauplatten mit zu verputzenden Holzwolleschichten der Dicken ≥ 15 mm, ausgeführt nach DIN 1104 Teil 2 (mit ganzflächiger Bewehrung)
– Mehrschicht-Leichtbauplatten mit zu verputzenden Holzwolleschichten der Dicken < 15 mm, ausgeführt nach DIN 1104 Teil 2 (mit ganzflächiger Bewehrung) unter Verwendung von Werkmörtel nach DIN 18 557</td></tr>
<tr><td>2</td><td>Einschaliges Sichtmauerwerk nach DIN 1053 Teil 1, 31 cm dick 1)</td><td>Einschaliges Sichtmauerwerk nach DIN 1053 Teil 1, 37,5 cm dick 1)</td><td>Zweischaliges Verblendmauerwerk mit Luftschicht nach DIN 1053 Teil 1 2);
Zweischaliges Verblendmauerwerk ohne Luftschicht nach DIN 1053 Teil 1 mit Vormauersteinen</td></tr>
<tr><td>3</td><td></td><td>Außenwände mit angemörtelten Bekleidungen nach DIN 18 515</td><td>Außenwände mit angemauerten Bekleidungen mit Unterputz nach DIN 18 515 und mit wasserabweisendem Fugenmörtel 3);
Außenwände mit angemörtelten Bekleidungen mit Unterputz nach DIN 18 515 und mit wasserabweisendem Fugenmörtel 3)</td></tr>
<tr><td>4</td><td></td><td></td><td>Außenwände mit gefugedichter Betonaußenschicht nach DIN 1045 und DIN 4219 Teil 1 und Teil 2</td></tr>
<tr><td>5</td><td></td><td></td><td>Wände mit hinterlüfteten Außenwandbekleidungen nach DIN 18 515 und mit Bekleidungen nach DIN 18 516 Teil 1 und Teil 2 4)</td></tr>
<tr><td>6</td><td></td><td>Außenwände in Holzbauart unter Beachtung von DIN 68 800 Teil 2 mit 11,5 cm dicker Mauerwerks-Vorsatzschale 5)</td><td>Außenwände in Holzbauart unter Beachtung von DIN 68 800 Teil 2
a) mit vorgesetzter Bekleidung nach DIN 18 516 Teil 1 und Teil 2 4) oder
b) mit 11,5 cm dicker Mauerwerks-Vorsatzschale mit Luftschicht 5) 6)</td></tr>
</table>

*) Eine Norm ist in Vorbereitung.

1) Übernimmt eine zusätzlich vorhandene Wärmedämmschicht den erforderlichen Wärmeschutz allein, so kann das Mauerwerk in die nächsthöhere Beanspruchungsgruppe eingeordnet werden.

2) Die Luftschicht muß nach DIN 1053 Teil 1 ausgebildet werden. Eine Verfüllung des Zwischenraumes als Kerndämmung darf nur nach hierfür vorgesehenen Normen durchgeführt werden oder bedarf eines besonderen Nachweises der Brauchbarkeit, z.B. durch allgemeine bauaufsichtliche Zulassung.

3) Wasserabweisende Fugenmörtel müssen einen Wasseraufnahmekoeffizienten $\omega \leq 0{,}5$ kg/(m$^2 \cdot$ h$^{1/2}$) aufweisen, ermittelt nach DIN 52 617 (z.Z. noch Entwurf).

4) Z.Z. noch Entwürfe, es gelten z.Z. die „Richtlinien für Fassadenbekleidungen mit und ohne Unterkonstruktion".

5) Durch konstruktive Maßnahmen (z.B. Abdichtung des Wandfußpunktes, Ablauföffnungen in der Vorsatzschale) ist dafür zu sorgen, daß die hinter der Vorsatzschale auftretende Feuchte von den Holzteilen ferngehalten und abgeleitet wird (über Ausführungsbeispiele ist ein Beiblatt zu DIN 68 800 Teil 2 in Vorbereitung).

6) Die Luftschicht muß mindestens 4 cm dick sein. Die Vorsatzschale ist unten und oben mit Lüftungsöffnungen zu versehen, die jeweils eine Fläche von mindestens 150 cm^2 auf etwa 20 m^2 Wandfläche haben. Bezüglich ausreichender Belüftung für den Tauwasserschutz siehe DIN 68 800 Teil 2.
Für den Nachweis des Wärmeschutzes und der Tauwasserbildung an der raumseitigen Oberfläche dürfen jedoch die Luftschicht und die Vorsatzschale nicht in Ansatz gebracht werden.

Taupunkttemperatur ϑ_s der Luft in Abhängigkeit von Temperatur und relativer Feuchte der Luft

Lufttemperatur ϑ °C	Taupunkttemperatur ϑ_s[1] in °C bei einer relativen Luftfeuchte von													
	30 %	35 %	40 %	45 %	50 %	55 %	60 %	65 %	70 %	75 %	80 %	85 %	90 %	95 %
30	10,5	12,9	14,9	16,8	18,4	20,0	21,4	22,7	23,9	25,1	26,2	27,2	28,2	29,1
29	9,7	12,0	14,0	15,9	17,5	19,0	20,4	21,7	23,0	24,1	25,2	26,2	27,2	28,1
28	8,8	11,1	13,1	15,0	16,6	18,1	19,5	20,8	22,0	23,2	24,2	25,2	26,2	27,1
27	8,0	10,2	12,2	14,1	15,7	17,2	18,6	19,9	21,1	22,2	23,3	24,3	25,2	26,1
26	7,1	9,4	11,4	13,2	14,8	16,3	17,6	18,9	20,1	21,2	22,3	23,3	24,2	25,1
25	6,2	8,5	10,5	12,2	13,9	15,3	16,7	18,0	19,1	20,3	21,3	22,3	23,2	24,1
24	5,4	7,6	9,6	11,3	12,9	14,4	15,8	17,0	18,2	19,3	20,3	21,3	22,3	23,1
23	4,5	6,7	8,7	10,4	12,0	13,5	14,8	16,1	17,2	18,3	19,4	20,3	21,3	22,2
22	3,6	5,9	7,8	9,5	11,1	12,5	13,9	15,1	16,3	17,4	18,4	19,4	20,3	21,2
21	2,8	5,0	6,9	8,6	10,2	11,6	12,9	14,2	15,3	16,4	17,4	18,4	19,3	20,2
20	1,9	4,1	6,0	7,7	9,3	10,7	12,0	13,2	14,4	15,4	16,4	17,4	18,3	19,2
19	1,0	3,2	5,1	6,8	8,3	9,8	11,1	12,3	13,4	14,5	15,5	16,4	17,3	18,2
18	0,2	2,3	4,2	5,9	7,4	8,8	10,1	11,3	12,5	13,5	14,5	15,4	16,3	17,2
17	- 0,6	1,4	3,3	5,0	6,5	7,9	9,2	10,4	11,5	12,5	13,5	14,5	15,3	16,2
16	- 1,4	0,5	2,4	4,1	5,6	7,0	8,2	9,4	10,5	11,6	12,6	13,5	14,4	15,2
15	- 2,2	- 0,3	1,5	3,2	4,7	6,1	7,3	8,5	9,6	10,6	11,6	12,5	13,4	14,2
14	- 2,9	- 1,0	0,6	2,3	3,7	5,1	6,4	7,5	8,6	9,6	10,6	11,5	12,4	13,2
13	- 3,7	- 1,9	- 0,1	1,3	2,8	4,2	5,5	6,6	7,7	8,7	9,6	10,5	11,4	12,2
12	- 4,5	- 2,6	- 1,0	0,4	1,9	3,2	4,5	5,7	6,7	7,7	8,7	9,6	10,4	11,2
11	- 5,2	- 3,4	- 1,8	- 0,4	1,0	2,3	3,5	4,7	5,8	6,7	7,7	8,6	9,4	10,2
10	- 6,0	- 4,2	- 2,6	- 1,2	0,1	1,4	2,6	3,7	4,8	5,8	6,7	7,6	8,4	9,2

[1] Näherungsweise darf geradlinig interpoliert werden.

Verordnung über einen energiesparenden Wärmeschutz bei Gebäuden

(Wärmeschutzverordnung – Wärmeschutz V)

Vom 24. Februar 1982

Aufgrund des § 1 Abs. 2, der §§ 4 und 5 sowie des § 7 Abs. 6 des Energieeinsparungsgesetzes vom 22. Juli 1976 (BGBl. I S. 1873), geändert durch Gesetz vom 20. Juni 1980 (BGBl. I S. 701), verordnet die Bundesregierung mit Zustimmung des Bundesrates:

1. Abschnitt

Gebäude mit normalen Innentemperaturen

§ 1 Anwendungsbereich

Bei der Errichtung der nachstehend genannten Gebäude ist zum Zwecke der Energieeinsparung ein baulicher Wärmeschutz nach den Vorschriften dieses Abschnittes auszuführen:
1. Wohngebäude,
2. Büro- und Verwaltungsgebäude,
3. Schulen, Bibliotheken,
4. Krankenhäuser, Pflegeheime, Entbindungs- und Säuglingsheime und Aufenthaltsgebäude in Justizvollzugsanstalten,
5. Gebäude des Gaststättengewerbes,
6. Waren- und sonstige Geschäftshäuser,
7. Betriebsgebäude, die nach ihrem üblichen Verwendungszweck auf Innentemperaturen von mindestens 19 °C beheizt werden; ausgenommen sind
a) Betriebsgebäude, die nach ihrem üblichen Verwendungszweck ihren Heizenergiebedarf überwiegend durch die im Inneren des Gebäudes anfallende Abwärme decken,
b) Unterglasanlagen und Kulturräume im Gartenbau
8. Gebäude, die eine nach den Nummern 1 bis 7 gemischte oder ähnliche Nutzung aufweisen.

§ 2 Begrenzung des Wärmedurchgangs

(1) Der Wärmedurchgang durch die gegen die Außenluft, das Erdreich oder Gebäudeteile mit wesentlich niedrigeren Innentemperaturen abgrenzenden Bauteile beheizter Räume ist in der Weise zu begrenzen, daß die in Anlage 1 Nr. 1 bis 8 genannten Wärmedurchgangskoeffizienten nicht überschritten werden.
(2) Außenliegende Fenster und Fenstertüren von beheizten Räumen sind mindestens mit Isolier- oder Doppelverglasungen auszuführen. Der Wärmedurchgangskoeffizient dieser Fenster und Fenstertüren darf 3,1 W/(m² K) nicht überschreiten; dies gilt nicht für Glasbausteine. Bei großflächigen Verglasungen darf von den Sätzen 1 und 2 nach Maßgabe der Anlage 1 Nr. 5 abgewichen werden.
(3) Der Wärmedurchgangskoeffizient für Außenwände im Bereich von Heizkörpern darf den Wert der nichttransparenten Außenwände des Gebäudes nicht überschreiten. Werden Heizkörper vor außenliegenden Fensterflächen angeordnet, sind zur Verringerung der Wärmeverluste geeignete Abdeckungen an der Heizkörperrückseite vorzusehen. Bei Flächenheizungen in Bauteilen, die beheizte Räume gegen die Außenluft, das Erdreich oder Gebäudeteile mit wesentlich niedrigeren Innentemperaturen abgrenzen, ist der Wärmedurchgang nach Anlage 1 Nr. 6 zu begrenzen.
(4) Soweit die Gebäude mit einer raumlufttechnischen Anlage ausgestattet werden, bei der die Luft selbsttätig auf bestimmte Werte gekühlt wird, ist der Energiedurchgang bei Fenstern und Fenstertüren im Sommer nach Maßgabe der Anlage 1 Nr. 7 zu begrenzen.

§ 3 Begrenzung der Wärmeverluste bei Undichtheiten

(1) Die Fugendurchlaßkoeffizienten der außenliegenden Fenster und Fenstertüren von beheizten Räumen dürfen die in Anlage 2 genannten Werte nicht überschreiten.
(2) Die sonstigen Fugen in der wärmeübertragenden Umfassungsfläche müssen dauerhaft und entsprechend dem Stand der Technik luftundurchlässig abgedichtet sein.

2. Abschnitt

Gebäude mit niedrigen Innentemperaturen

§ 4 Anwendungsbereich

(1) Bei der Einrichtung von Betriebsgebäuden, die nach ihrem üblichen Verwendungszweck auf eine Innentemperatur von mehr als 12 °C und weniger als 19 °C und jährlich mehr als 4 Monate beheizt werden, ist zum Zwecke der Energieeinsparung ein baulicher Wärmeschutz nach den Vorschriften dieses Abschnittes auszuführen.
(2) Dies gilt nicht für
1. Betriebsgebäude, die nach ihrem üblichen Verwendungszweck den Heizenergiebedarf überwiegend durch die im Innern des Gebäudes anfallende Abwärme decken,
2. Werkstätten, Werkhallen und Lagerhallen, die nach ihrem üblichen Verwendungszweck großflächig und langandauernd, offengehalten werden müssen,
3. Unterglasanlagen und Kulturräume im Gartenbau.

§ 5 Begrenzung des Wärmedurchgangs

(1) Der Wärmedurchgang durch die gegen die Außenluft, das Erdreich oder Gebäudeteile mit wesentlich niedrigeren Innentemperaturen abgrenzenden Bauteile beheizter Räume ist in der Weise zu begrenzen, daß die in Anlage 3 genannten Wärmedurchgangskoeffizienten nicht überschritten werden.
(2) Wird für außenliegende Fenster und Fenstertüren in beheizten Räumen Einfachverglasung vorgesehen, so ist der Wärmedurchgangskoeffizient für diese Bauteile mit mindestens 5,2 W/(m² K) anzunehmen.
(3) Soweit die Gebäude mit einer raumlufttechnischen Anlage ausgestattet werden, bei der die Luft selbsttätig auf bestimmte Werte erwärmt und gekühlt oder befeuchtet wird, ist mindestens Isolier- oder Doppelverglasung nach § 2 Abs. 2 vorzusehen. Wird die Luft selbsttätig auf bestimmte Werte gekühlt, ist der Energiedurchgang bei Fenstern und Fenstertüren im Sommer nach Maßgabe der Anlage 1 Nr. 7 zu begrenzen.
(4) Für die Begrenzung des Wärmedurchgangs bei
1. Außenwänden im Bereich von Heizkörpern gilt § 2 Abs. 3 Satz 1 und 2 entsprechend,
2. Flächenheizungen in Außenbauteilen gilt § 2 Abs. 3 Satz 3 entsprechend.

§ 6 Begrenzung der Wärmeverluste bei Undichtheiten

(1) Die Fugendurchlaßkoeffizienten der außenliegenden Fenster und Fenstertüren von beheizten Räumen dürfen den in Anlage 2, Tabelle 1, Zeile 1 genannten Wert nicht überschreiten.
(2) Die sonstigen Fugen in der wärmeübertragenden Umfassungsfläche müssen dauerhaft und entsprechend dem Stand der Technik luftundurchlässig abgedichtet sein.

3. Abschnitt

Gebäude für Sport- und Versammlungszwecke

§ 7 Anwendungsbereich

Bei der Errichtung von Gebäuden, die sportlichen oder Versammlungszwecken dienen und auf eine Innentemperatur von mindestens 15 °C und jährlich mehr als 3 Monate beheizt werden, ist ein baulicher Wärmeschutz nach den Vorschriften dieses Abschnitts auszuführen. Dies gilt nicht für Kirchen.

§ 8 Begrenzung des Wärmedurchgangs

(1) Der Wärmedurchgang durch die gegen die Außenluft, das Erdreich oder Gebäudeteile mit wesentlich niedrigeren Innentemperaturen abgrenzenden Bauteile beheizter Räume ist in der Weise zu begrenzen, daß die in Anlage 1 Nr. 1 bis 8 genannten Wärmedurchgangskoeffizienten nicht überschritten werden.
(2) Der Wärmedurchgangskoeffizient der außenliegenden Fenster und Fenstertüren ist entsprechend § 5 Abs. 2 anzunehmen, er darf bei Hallenbädern den in § 2 Abs. 2 genannten Wert nicht überschreiten.
(3) Für die Begrenzung des Wärmedurchgangs bei
1. Außenwänden im Bereich von Heizkörpern gelten § 2 Abs. 3 Satz 1 und 2 entsprechend,
2. Flächenheizungen in Außenbauteilen gilt § 2 Abs. 3 Satz 3 entsprechend.
(5) Für die an das Erdreich grenzenden Bauteile ohne zusätzliche Dämmung gelten die Wärmedurchgangskoeffizienten nach Anlage 3 Nr. 3.

§ 9 Begrenzung der Wärmeverluste bei Undichtheiten

(1) Die Fugendurchlaßkoeffizienten der außenliegenden Fenster und Fenstertüren von beheizten Räumen dürfen den in Anlage 2, Tabelle 1, Zeile 1, bei Hallenbädern den in Anlage 2, Tabelle 1, Zeile 2 genannten Wert nicht überschreiten.
(2) Die sonstigen Fugen in der wärmeübertragenden Umfassungsfläche müssen dauerhaft und entsprechend dem Stand der Technik luftundurchlässig abgedichtet sein.

4. Abschnitt

Bauliche Änderungen bestehender Gebäude

§ 10 Begrenzung des Wärmedurchgangs

(1) Bei den in den Absätzen 2 bis 4 genannten baulichen Änderungen von Gebäuden nach dem 1. bis 3. Abschnitt ist zum Zwecke der Energieeinsparung ein baulicher Wärmeschutz nach den Vorschriften dieser Absätze auszuführen.
(2) Bei der baulichen Erweiterung eines Gebäudes um mindestens einen beheizten Raum sind die bei der Errichtung von Gebäuden geltenden Anforderungen dieser Verordnung für den neuen Gebäudeteil einzuhalten.
(3) Soweit in Gebäuden nach Abschnitt 1 oder 3 bei beheizten Räumen, Kellerdecken, Wände und Decken gegen unbeheizte Räume, Außenwände oder außenliegende Fenster und Fenstertüren erstmalig eingebaut oder ersetzt werden oder soweit Decken unter nicht ausgebauten Dachräumen oder Decken (einschließlich Dachschrägen), welche die Räume nach oben oder unten gegen die Außenluft abgrenzen, erstmalig eingebaut, ersetzt oder erneuert werden, sind die in Anlage 1 Nr. 9 genannten Anforderungen einzuhalten. Dies gilt nicht, wenn die Anforderungen für zu errichtende Gebäude erfüllt werden oder wenn sich die Ersatz- oder Erneuerungsmaßnahme auf weniger als 20 vom Hundert der Gesamtfläche der jeweiligen Bauteile nach Spalte 1 der Tabelle 3 der Anlage 1 erstreckt.
(4) Soweit raumlufttechnische Anlagen, bei denen die Luft selbsttätig auf bestimmte Werte erwärmt und gekühlt oder befeuchtet wird, nachträglich eingebaut werden, sind die außenliegenden Fenster und Fenstertüren der von diesen Anlagen versorgten Räume mindestens mit Isolier- oder Doppelverglasungen auszuführen.
(5) Die Überwachung der Erfüllung der Anforderungen an den baulichen Wärmeschutz bei den baulichen Maßnahmen nach den Absätzen 3 und 4 entfällt.

5. Abschnitt

Ergänzende Vorschriften

§ 11 Gebäude mit gemischter Nutzung

Bei Gebäuden, die nach der Art ihrer Nutzung nur zu einem Teil den Vorschriften des 1., 2., 3. oder 4. Abschnitts unterliegen, gelten die Vorschriften des jeweiligen Abschnitts nur für die entsprechenden Gebäudeteile.

§ 12 Andere Vorschriften

(1) Soweit andere Rechtsvorschriften über den baulichen Wärmeschutz höhere Anforderungen stellen, bleiben sie unberührt.
(2) Für Gebäude nach dieser Verordnung, für die nach Landesrecht keine Mindestanforderungen an den Wärmeschutz gelten, sind für die gegen die Außenluft oder Gebäudeteile mit wesentlich niedrigeren Innentemperaturen abgrenzenden Bauteile die Anforderungen der DIN 4108, Teil 2 – Wärmeschutz im Hochbau –, Ausgabe August 1981, Tabellen 1 und 2 zu beachten, soweit sich nach dieser Verordnung geringere Anforderungen ergeben. Die Norm ist im Beuth-Verlag GmbH, Berlin und Köln, erschienen und beim Deutschen Patentamt in München archivmäßig gesichert niedergelegt.

§ 13 Ausnahmen

(1) Diese Verordnung gilt nicht für Gebäude, die dazu geeignet und bestimmt sind, wiederholt aufgestellt und zerlegt zu werden, wie Traglufthallen und Zelte, sowie für unterirdische Bauten.
(2) Von den Anforderungen dieser Verordnung sind Gebäude oder bauliche Änderungen ausgenommen, für die bis zum 1. Januar 1984 der Bauantrag gestellt oder die Bauanzeige erstattet worden ist. Für diese Gebäude gelten weiterhin die Anforderungen der Wärmeschutzverordnung vom 11. August 1977 (BGBl. I S. 1554).
(3) Genehmigungs- und anzeigefreie Bauvorhaben sind von den Anforderungen dieser Verordnung ausgenommen, wenn mit der Bauausführung bis zum 1. Januar 1984 begonnen wird.
(4) Die Landesregierung oder die von ihr bestimmte Stelle läßt auf Antrag Ausnahmen von dieser Verordnung zu, soweit die Begrenzung der Energieverluste durch andere bauliche Maßnahmen im gleichen Umfang erreicht wird wie nach dieser Verordnung.

§ 14 Härtefälle

Von den Anforderungen dieser Verordnung kann auf Antrag befreit werden, soweit sie im Einzelfall wegen besonderer Umstände durch einen unangemessenen Aufwand oder in sonstiger Weise zu einer unbilligen Härte führen.

§ 15 Berlin-Klausel

Diese Verordnung gilt nach § 14 des Dritten Überleitungsgesetzes in Verbindung mit § 10 des Energieeinsparungsgesetzes auch im Land Berlin.

§ 16 Inkrafttreten

(1) Diese Verordnung tritt am 1. Januar 1984 in Kraft, soweit sich nicht aus Absatz 3 etwas anderes ergibt.
(2) Gleichzeitig tritt die Wärmeschutzverordnung vom 11. August 1977 außer Kraft.
(3) Die Vorschriften des § 12 Abs. 2 sowie der Anlage 1 Nr. 3 treten am 1. März 1982 in Kraft; gleichzeitig treten in der Wärmeschutzverordnung vom 11. August 1977 § 11 Abs. 2, Anlage 1 Nr. 3 sowie Anlage 1 Nr. 5 außer Kraft.

Bonn, den 24. Februar 1982

Anlage 1

Anforderungen zur Begrenzung des Wärmedurchgangs (Transmissionswärmeverluste) bei Gebäuden mit normalen Innentemperaturen
Die Begrenzung der Transmissionswärmeverluste ist entweder nach Nr. 1 oder Nr. 2 nachzuweisen.

1. Anforderungen an den Wärmedurchgangskoeffizienten in Abhängigkeit von A/V (Verhältnis der wärmeübertragenden Umfassungsfläche zum hiervon eingeschlossenen Bauwerksvolumen)

Tabelle 1
Maximale mittlere Wärmedurchgangskoeffizienten $k_{m,\,max}$ in Abhängigkeit vom Verhältnis A/V

A/V[1]) in m^{-1}	$k_{m,\,max}$ in $W/(m^2\,K)$
≦0,22	1,20
0,30	1,00
0,40	0,86
0,50	0,78
0,60	0,73
0,70	0,69
0,80	0,66
0,90	0,63
1,00	0,62
≧1,10	0,60

[1]) Zwischenwerte sind nach folgender Gleichung zu ermitteln:

$$k_{m,\,max} = 0{,}45 + 0{,}165 \cdot \frac{1}{A/V} \text{ in } W/(m^2\,K)$$

Die in Tabelle 1 in Abhängigkeit vom Wert A/V (Nr. 1.1 und 1.2) angegebenen maximalen mittleren Wärmedurchgangskoeffizienten $k_{m,\,max}$ dürfen nicht überschritten werden.

1.1 Berechnung der wärmeübertragenden Umfassungsfläche A

Die wärmeübertragende Umfassungsfläche A eines Gebäudes wird wie folgt ermittelt:
$$A = A_W + A_F + A_D + A_G + A_{DL}$$
Dabei bedeuten
A_W die Fläche der an die Außenluft grenzenden Außenwände, im ausgebauten Dachgeschoß auch die Fläche der Abseitenwände zum nicht wärmegedämmten Dachraum.
Es gelten die Gebäudeaußenmaße. Gerechnet wird von der Oberkante des Geländes oder, falls die unterste Decke über der Oberkante des Geländes liegt, von der Oberkante dieser Decke bis zu der Oberkante der obersten Decke oder der Oberkante der wirksamen Dämmschicht.
A_F die Fensterfläche (Fenster, Fenstertüren, Dachfenster); sie wird aus den lichten Rohbaumaßnahmen ermittelt.
A_D die wärmegedämmten Dach- oder Dachdeckenflächen.
A_G die Grundfläche des Gebäudes, sofern sie nicht an die Außenluft grenzt; sie wird aus den Gebäudeaußenmaßen bestimmt. Gerechnet wird die Bodenfläche auf dem Erdreich oder bei unbeheizten Kellern die Kellerdecke. Werden Keller beheizt, sind in der Gebäudegrundfläche A_G neben der Kellergrundfläche auch die erdberührten Wandflächenanteile zu berücksichtigen.
A_{DL} die Deckenfläche, die das Gebäude nach unten gegen die Außenluft abgrenzt.

1.2 Berechnung der A/V-Werte

Der Quotient A/V wird ermittelt, indem man die nach Nr. 1.1 errechnete wärmeübertragende Umfassungsfläche A eines Gebäudes durch das von dieser Umfassungsfläche eingeschlossene Bauwerksvolumen V teilt.

1.3 Berechnung des mittleren Wärmedurchgangskoeffizienten k_m

Der mittlere Wärmedurchgangskoeffizient

$$k_m = \frac{Q_T}{A \cdot \Delta\Theta}$$

gibt die Transmissionswärmeverluste Q_T in Watt an, die je m^2 wärmeübertragender Umfassungsfläche A des Gebäudes und je Kelvin Temperaturdifferenz $\Delta\Theta$ zwischen Innen- und Außenluft aus dem Gebäudeinnern abfließen.
Für den mittleren Wärmedurchgangskoeffizient k_m gilt:

$$k_m = \frac{k_W \cdot A_W + k_F \cdot A_F + 0{,}8 \cdot k_D \cdot A_D + 0{,}5 \cdot k_G \cdot A_G + k_{DL} \cdot A_{DL}}{A}$$

wobei k_W, k_F, k_D, k_G und k_{DL} die zu wählenden Wärmedurchgangskoeffizienten der zugehörigen unter Nr. 1.1 erläuterten Flächenanteile bedeuten.
1.3.1 Bei angrenzenden Gebäudeteilen mit wesentlich niedrigerer Raumtemperatur (z. B. außenliegende Treppenräume, Lagerräume) dürfen die abgrenzenden Flächen durch ein besonderes Glied $0{,}5k_{AB} \cdot A_{AB}$ im Zähler und ein solches A_{AB} im Nenner erfaßt werden. Hierbei werden diese besonderen Gebäudeteile bei der Ermittlung des Quotienten A/V nicht berücksichtigt.
1.3.2 Für die Wärmedurchgangskoeffizienten von außenliegenden Türen mit Gesamtflächen bis 5 m^2 ohne Verglasung oder mit einem Glasflächenanteil bis 10% dürfen die Werte k_W der sie umgebenden Wandflächen angesetzt werden. Für außenliegende Türen mit Gesamtflächen bis 5 m^2 und einem Glasflächenanteil über 10% und für außenliegende Türen mit Gesamtflächen über 5 m^2 darf mit einem Wärmedurchgangskoeffizienten gleich 5,2 $W/(m^2\,K)$ gerechnet werden, wenn keine genauere Ermittlung des k-Wertes erfolgt.
Bei außenliegenden Türen mit einem Glasanteil über 10%, die unmittelbar in beheizte Räume führen, sind Doppel- oder Isolierverglasungen einzubauen.
1.3.3 Dachfenster in der Dachfläche, die nicht mehr als 4% der Deckenflächen (einschließlich Dachschrägen) betragen, die beheizte Räume nach oben abschließen, brauchen beim Nachweis des Wärmeschutzes nicht berücksichtigt zu werden. Diese Fenster müssen § 2 Abs. 2 genügen.

2. Anforderungen an den Wärmedurchgangskoeffizienten für einzelne Außenbauteile

Die Anforderungen zur Begrenzung der Transmissionswärmeverluste gelten als erfüllt, wenn für die wärmeübertragenden Außenbauteile von beheizten Räumen die in Tabelle 2 aufgeführten maximalen Wärmedurchgangskoeffizienten nicht überschritten werden.

Tabelle 2
Wärmedurchgangskoeffizienten für einzelne Außenbauteile

Zeile	Bauteile		max. Wärmedurchgangskoeffizient in W/(m² K)
1.1	Außenwände einschl. Fenster und Fenstertüren	Gebäude, deren Grundriß¹) ein Quadrat mit einer Seitenlänge von 15 m nicht umschreibt (Abb. 1 und Abb. 2)	$k_{m,W+F} \leqq 1{,}20$
1.2		Gebäude, deren Grundriß¹) ein Quadrat mit einer Seitenlänge von 15 m umschreibt (Abb. 3)	$k_{m,W+F} \leqq 1{,}50$
2	Decken unter nicht ausgebauten Dachräumen und Decken (einschließlich Dachschrägen), die Räume nach oben und unten gegen die Außenluft abgrenzen.		$k_D \leqq 0{,}30$²)
3	Kellerdecken, Wände und Decken gegen unbeheizte Räume sowie Decken und Wände, die an das Erdreich grenzen.		$k_G \leqq 0{,}55$

¹) Für die Einordnung in die Zeilen 1.1 bis 1.2 ist das Vollgeschoß zugrunde zu legen, das den kleinsten Wert k_{W+F} ergibt. Bei geschoßweise unterschiedlichen äußeren Grundrißabmessungen darf geschoßweise verfahren werden.
²) Die Regelung für Dachfenster nach Nr. 1.3.3 gilt entsprechend.

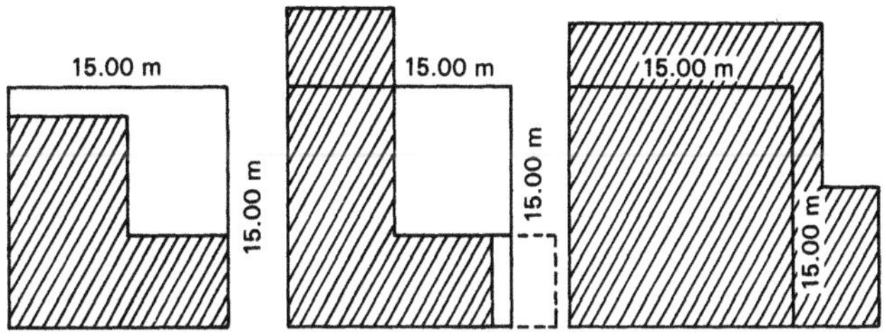

Abb. 1 Abb. 2 Abb. 3

2.1 Berechnung des mittleren Wärmedurchgangskoeffizienten für Außenwände
Der mittlere Wärmedurchgangskoeffizient $k_{m,W+F}$ der Außenwände ergibt sich aus folgender Gleichung:

$$k_{m,W+F} = \frac{k_W \cdot A_W + k_F \cdot A_F}{A_W + A_F}$$

Die Flächen A_W und A_F sowie die Wärmedurchgangskoeffizienten k_W und k_F sind nach Nr. 1.1 und 1.3 zu ermitteln.

3. Berechnung der Wärmedurchgangskoeffizienten

Die Berechnung der Wärmedurchgangskoeffizienten k erfolgt nach den allgemein anerkannten Regeln der Technik. Der Bundesminister für Raumordnung, Bauwesen und Städtebau weist durch Bekanntmachung im Bundesanzeiger auf Veröffentlichungen sachverständiger Stellen über die jeweils allgemein anerkannten Regeln der Technik hin.
Rechenwerte der Wärmeleitfähigkeit, der Wärmeübergangs- und Wärmedurchlaßwiderstände sowie der Wärmedurchgangskoeffizienten für Fenster und Fenstertüren dürfen für die Berechnung des Wärmeschutzes verwendet werden, wenn sie im Bundesanzeiger bekanntgemacht worden sind.
Die Wärmedurchgangskoeffizienten für Fenster und Fenstertüren sind von Prüfanstalten zu ermitteln, die im Bundesanzeiger bekanntgemacht worden sind.

4. Ermittlung des k_G-Wertes bei großen Gebäudegrundflächen

Bei Decken und Wänden, die an das Erdreich grenzen, dürfen für Gebäudegrundflächen von mehr als 1250 m² die Werte k_G nach Anlage 3 Tabelle 2 angewendet werden.

5. Großflächige Verglasungen

Bei großflächigen Verglasungen kann in begründeten Fällen, insbesondere bei einer durch die Art des Gebäudes vorgegebenen besonderen Nutzung (z. B. große Schaufenster) und bei herstellungstechnischen Erfordernissen, von den Anforderungen nach Nr. 3 und § 2 Abs. 2 Satz 1, § 5 Abs. 2 oder § 8 Abs. 2 (außer Hallenbädern) abgewichen werden. Für die Berechnung nach Nr. 1 oder 2 darf für diese Flächen ein Rechenwert für den Wärmedurchgangskoeffizienten von mindestens 1,75 W/(m² K) angenommen werden, wenn keine genauere Ermittlung des k-Wertes erfolgt.

6. Begrenzung des Wärmedurchgangs bei Flächenheizungen

Bei Flächenheizungen darf der Wärmedurchgangskoeffizient der Bauteilschichten zwischen der Heizfläche und der Außenluft, dem Erdreich oder Gebäudeteilen mit wesentlich niedrigeren Innentemperaturen den Wert 0,45 W/(m² K) nicht überschreiten.

7. Begrenzung des Energiedurchgangs bei Gebäuden mit einer raumlufttechnischen Anlage mit Kühlung

Zur Begrenzung des Energiedurchgangs bei Sonneneinstrahlung darf das Produkt ($g_F \cdot f$) aus Gesamtenergiedurchlaßgrad g_F und Fensterflächenanteil f unter Berücksichtigung ausreichender Belichtungsverhältnisse den Wert 0,25 (bei beweglichem Sonnenschutz in geschlossenem Zustand) nicht überschreiten. Ausgenommen sind nach Norden orientierte oder ganztägig beschattete Fenster. Werden zur Erfüllung der Anforderung Sonnenschutzvorrichtungen verwendet, sind diese mindestens teilweise beweglich anzuordnen. Hierbei muß durch den beweglichen Anteil des Sonnenschutzes ein Abminderungsfaktor z von kleiner oder gleich 0,5 erreicht werden. Die Anforderung nach Satz 1 gilt als erfüllt, wenn für einen Fensterflächenanteil f von höchstens 65 vom Hundert ein beweglicher Sonnenschutz mit einem Abminderungsfaktor z von kleiner oder gleich 0,5 eingebaut wird.
Die Berechnung der Werte ($g_F \cdot f$) erfolgt nach DIN 4108 Teil 2 – Wärmeschutz im Hochbau –, Ausgabe 1981, Abschnitt 7.

8. Berechnung bei aneinandergereihten Gebäuden

8.1 Bei aneinandergereihten Gebäuden (Reihenhäuser, Doppelhäuser), ist der Nachweis der Begrenzung der Transmissionswärmeverluste für jedes Gebäude zu führen.
8.2 Bei einem Nachweis nach Nr. 1 werden die Gebäudetrennwände als nicht wärmedurchlässig angenommen und bei der Ermittlung der Werte A und A/V nicht berücksichtigt. Werden beheizte Teile eines Gebäudes (z. B. Anbauten) getrennt berechnet, gilt Satz 1 sinngemäß für die Trennfläche der Gebäudeteile. Bei Gebäuden mit zwei Trennwänden darf zusätzlich der mittlere Wärmedurchgangskoeffizient $k_{m,W+F}$ für Außen-

wände (einschließlich Fenster und Fenstertüren) den Wert 1,6 W/(m² K) nicht überschreiten.

8.3 Bei einem Nachweis nach Nr. 2 bleiben die Gebäudetrennwände unberücksichtigt. Gebäude mit zwei Trennwänden dürfen in Zeile 1.2 Tabelle 2 eingeordnet werden. Bei gegeneinander versetzten Gebäuden ist der zulässige Wert $k_{m,W+F}$ entsprechend dem geringeren Anteil der Gebäudetrennwände zwischen den Werten der Zeile 1.2 Tabelle 2 und der Zeile 1.1 Tabelle 2 einzuschalten.

8.4 Ist die Nachbarbebauung nicht gesichert, müssen die Trennwände unbeschadet der Berechnung nach Nr. 8.2 und Nr. 8.3 mindestens den Mindestwärmeschutz für Außenwände nach § 12 Abs. 2 aufweisen.

9. Anforderungen zur Begrenzung des Wärmedurchgangs bei erstmaligem Einbau, Ersatz oder Erneuerung von Außenbauteilen bestehender Gebäude

9.1 Bei erstmaligem Einbau oder Ersatz von Außenbauteilen bestehender Gebäude dürfen die in Tabelle 3 Spalte 2 aufgeführten maximalen Wärmedurchgangskoeffizienten nicht überschritten werden. Diese Anforderungen gelten als erfüllt, wenn die in Tabelle 3 Spalte 3 angegebenen Dämmstoffdicken eingehalten werden.

9.2 Werden Decken unter nicht ausgebauten Dachräumen und Decken (einschließlich Dachschrägen), die Räume nach oben oder unten gegen die Außenluft abgrenzen, in der Weise erneuert, daß

a) die Dachhaut (einschließlich vorhandener Dachverschalungen unmittelbar unter der Dachhaut) ersetzt wird,

b) Bekleidungen in Form von Platten oder plattenartigen Bauteilen, wenn diese nicht unmittelbar angemauert, angemörtelt oder geklebt werden, oder Verschalungen angebracht werden oder

c) Dämmschichten eingebaut werden,

gelten die Anforderungen nach Tabelle 3 Zeile 3.

Tabelle 3
Begrenzung des Wärmedurchgangs bei erstmaligem Einbau, Ersatz und bei Erneuerung von Bauteilen

Zeile	Bauteile	max. Wärmedurchgangskoeffizienten W/(m² K)¹)	erf. Mindestdämmstoffdicke ohne Nachweis²)
1	Außenwände	0,60	50 mm
2	Fenster	Doppel- oder Isolierverglasung	
3	Decken unter nicht ausgebauten Dachräumen und Decken (einschl. Dachschrägen), die Räume nach oben oder unten gegen Außenluft abgrenzen	0,45	80 mm
4	Kellerdecken und Decken gegen Erdreich, Wände und Decken, die an unbeheizte Räume grenzen	0,70	40 mm

¹) Der Wärmedurchgangskoeffizient kann unter Berücksichtigung vorhandener Bauteilschichten ermittelt werden.

²) Die Dickenangabe bezieht sich auf eine Wärmeleitfähigkeit $\lambda = 0{,}04$ W/(mK). Bei einzubauenden Dämmstoffen oder Baustoffen anderer Wärmeleitfähigkeiten sind die Dämmstoffdicken entsprechend anzugleichen. Vorhandene Mineralfaser- oder Schaumkunststoffe dürfen mit einer Wärmeleitfähigkeit von 0,04 W/(mk) bewertet werden.

Anlage 2

Anforderungen zur Begrenzung der Wärmeverluste infolge Undichtheiten

1. Die Fugendurchlaßkoeffizienten der Fenster und Fenstertüren dürfen die Werte der Tabelle 1 nicht überschreiten.

2. Der Nachweis der Fugendurchlaßkoeffizienten der Fenster und Fenstertüren nach Nr. 1 erfolgt durch Prüfzeugnis einer im Bundesanzeiger bekanntgemachten Prüfanstalt.

3. Auf einen Nachweis nach Nr. 2 Tabelle 1 Zeile 1 kann verzichtet werden für Holzfenster mit Profilen nach DIN 68121 – Holzfenster – Profile –, Ausgabe März 1973. Die Norm ist im Beuth-Verlag GmbH, Berlin und Köln, erschienen und beim Deutschen Patentamt in München archivmäßig gesichert niedergelegt.

4. Auf einen Nachweis nach Nr. 2 und Tabelle 1 Zeile 1 und 2 kann nur bei Beanspruchungsgruppen A und B (d. h. bis Gebäudehöhen von 20 m) verzichtet werden für alle Fensterkonstruktionen mit umlaufender, alterungsbeständiger, weichfedernder und leicht auswechselbarer Dichtung.

5. Fenster ohne Öffnungsmöglichkeiten und feste Verglasungen sind nach dem Stand der Technik dauerhaft und luftundurchlässig abzudichten.

6. Zur Gewährleistung einer aus Gründen der Hygiene und Beheizung erforderlichen Lufterneuerung sind stufenlos einstellbare und leicht regulierbare Lüftungseinrichtungen zulässig. Diese Lüftungseinrichtungen müssen im geschlossenen Zustand der Tabelle 1 genügen. Soweit in anderen Rechtsvorschriften, insbesondere dem Bauordnungsrecht der Länder, Anforderungen an die Lüftung gestellt werden, bleiben diese Vorschriften unberührt.

Tabelle 1
Fugendurchlaßkoeffizient a für Fenster und Fenstertüren

Zeile	Geschoßzahl	Fugendurchlaßkoeffizient a in $\frac{m^3}{h \cdot m \cdot (daPa)^{2/3}}$ Beanspruchungsgruppe nach DIN 18055¹)²)	
		A	B und C
1	Gebäude bis zu 2 Vollgeschossen	2,0	–
2	Gebäude mit mehr als 2 Vollgeschossen	–	1,0

¹) Beanspruchungsgruppe A: Gebäudehöhe bis 8 m
B: Gebäudehöhe bis 20 m
C: Gebäudehöhe bis 100 m

²) Das Normblatt DIN 18055 – Fenster; Fugendurchlässigkeit, Schlagregendichtheit und mechanische Beanspruchung; Anforderungen und Prüfung – Ausgabe Oktober 1981 – ist im Beuth-Verlag GmbH, Berlin und Köln, erschienen und beim Deutschen Patentamt in München archivmäßig gesichert niedergelegt.

Anlage 3

Anforderungen zur Begrenzung des Wärmedurchgangs (Transmissionswärmeverluste) bei Gebäuden mit niedrigen Innentemperaturen

1. Die in Tabelle 1 in Abhängigkeit vom Wert A/V (Anlage 1, Nr. 1.1 und Nr. 1.2) angegebenen maximalen mittleren Wärmedurchgangskoeffizienten $k_{m,max}$ dürfen nicht überschritten werden.

2. Der mittlere Wärmedurchgangskoeffizient k_m wird unter Anwendung der Berechnungsgrundlagen nach Anlage 1 ermittelt.

3. Bei der Berechnung von k_m sind für nicht unterkellerte Gebäude oder Gebäudeteile ohne Wärmedämmung des Fußbodens die in Tabelle 2 in Abhängigkeit von der Gebäudegrundfläche angegebenen Wärmedurchgangskoeffizienten k_G anzunehmen.

Tabelle 1
Maximale mittlere Wärmedurchgangskoeffizienten $k_{m,max}$ in Abhängigkeit vom Verhältnis A/V

A/V¹) in m^{-1}	$k_{m,max}$¹) in W/m² K)
≦0,22	1,35
0,30	1,18
0,40	1,06
0,50	0,99
0,60	0,94
0,70	0,91
0,80	0,89
0,90	0,87
≧1,00	0,85

¹) Zwischenwerte sind nach folgender Gleichung zu ermitteln:

$$k_{m,max} = 0{,}71 + \frac{0{,}14}{A/V} \text{ in W/(m}^2\text{ K)}$$

Tabelle 2
Wärmedurchgangskoeffizient k_G für unteren Gebäudeabschluß gegen Erdreich

Gebäudegrundfläche A_G in m²	k_G¹) in W/(m² K)
≦ 100	2,15
500	1,26
1000	1,00
1500	0,87
2000	0,79
2500	0,74
3000	0,69
5000	0,58
≧8000	0,50

¹) Zwischenwerte sind nach folgender Gleichung zu ermitteln:

$$k_G = 10 / \sqrt[3]{A_G}$$

Sonnenschutz

Im engeren Sinne versteht man unter Sonnenschutz nur die Abschirmung der Außenflächen, insbesondere der Fenster, vor zu starker Sonneneinstrahlung bzw. Blendung. Im weiteren Sinne zählen jedoch alle Vorkehrungen zur Stabilisierung des Innenraum-Klimas, wie die Einrichtung einer Luftkühlung oder Klimaanlage, das Bauen mit wärmespeichernden Massen im Gebäudeinneren oder die Orientierung eines Bauwerks und die Bemessung seiner Öffnungen zu den Sonnenschutzmaßnahmen, welche es unter dem Oberbegriff Bautenschutz zu berücksichtigen gilt.

Sonneneinstrahlung

Die Sonnenstrahlen wirken psychisch und physisch auf das Befinden des Menschen ein. Sonnenschein kann erwünscht und anregend, mit wachsender Stärke aber auch belästigend, ja schädigend und gefährdend wirken. Der Mensch kann im Freien erheblich mehr Sonne vertragen, als wenn er ihr hinter dem Fenster im Raum stillsitzend ausgesetzt ist. Im Freien bedingt die eigene Bewegung, wie auch die Luftbewegung, daß die Körperoberfläche die aufgenommene Wärme durch Konvektion und Verdunstung leichter abgibt als im geschlossenen Raum. Die Menschen reagieren nicht gleichartig, sondern verschieden je nach Gewöhnung, Konstitution, Alter und Geschlecht auf die Energieeinstrahlung der Sonne. Menschen mit gut durchbluteten peripheren Gefäßen ertragen dabei mehr als solche mit schlechterer Durchblutung.
Nun kann Sonnenstrahlung nicht nur direkt, sondern durch Beeinflussung des Raumklimas auch indirekt auf das Wohlbefinden des Menschen einwirken. Gerade die zwar ausreichend wärmedämmenden, aber wenig wärmespeichernden Leichtbauweisen und die großflächigen Verglasungen moderner Architektur führen bei unbehinderter und ununterbrochener Sonneneinstrahlung schnell zu unerträglicher Aufheizung der Luft, der Wand- und der Deckenmasse im Gebäudeinnern. Dieser Vorgang ist in den wenigen Sonnenstunden der Wintermonate erwünscht, da er den Heizungsaufwand vermindert, der den Wärmeverlust nach draußen auszugleichen hat. Unerwünscht ist der Zustrom von Wärme dagegen im Sommer, wenn infolge fehlender Temperaturdifferenzen Wärme weder durch Außenbauteile und Lüftungsmaßnahmen nach draußen abgeführt noch durch Speicherung im Gebäudeinneren ausgeglichen werden kann. Die künstliche Beseitigung von Wärme ist etwa um das 6fache teurer als ihre Erzeugung. Zur Erhaltung eines erträglichen Raumklimas ist deshalb der Sonnenschutz bei der Bauorientierung, der Gestaltung der Außenbauteile, aber auch des inneren Baugefüges mit zu überlegen. Um die Wirksamkeit von Sonnenschutzmaßnahmen richtig einschätzen zu können, ist die Erinnerung an einige astronomische, geographische und physikalische Zusammenhänge unerläßlich.

Astronomische Bedingungen

Die Sonne bewegt sich bekanntlich nur scheinbar um die Erde. Die Rotation der Erde um ihre eigene Achse bedingt die wechselnden Sonnenhöhen im Tagesablauf und den Wechsel von Tag und Nacht sowie den Wechsel der Jahreszeiten. Da die Rotationsachse der Erde nicht senkrecht zu ihrer Umlaufbahn steht, sondern um 23,5° von dieser abweicht und diese Neigung auch räumlich beibehält, werden die nördliche und die südliche Erdhälfte zu verschiedenen Zeiten und mit wechselnder Intensität von den Parallelstrahlen des Sonnenlichtes getroffen. Demgegenüber ist die aus der elliptischen Erdumlaufbahn resultierende veränderliche Entfernung zur Sonne von untergeordneter Bedeutung.

ERDBEWEGUNG IM JAHRESLAUF
UMLAUF

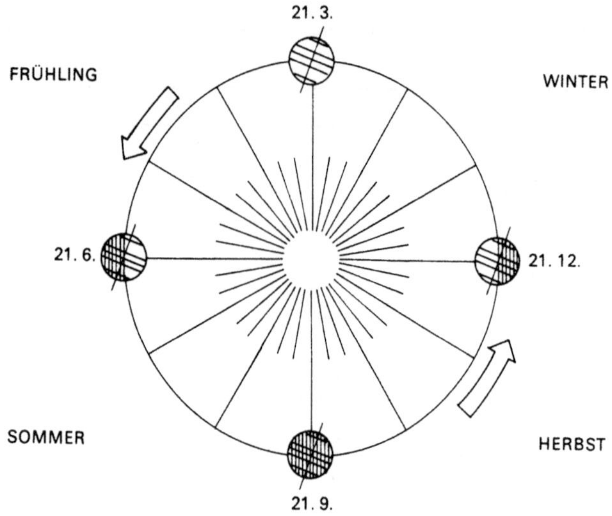

ERDBEWEGUNG IM TAGESLAUF
(ZEIT: WINTERSONNENWENDE)
ROTATION

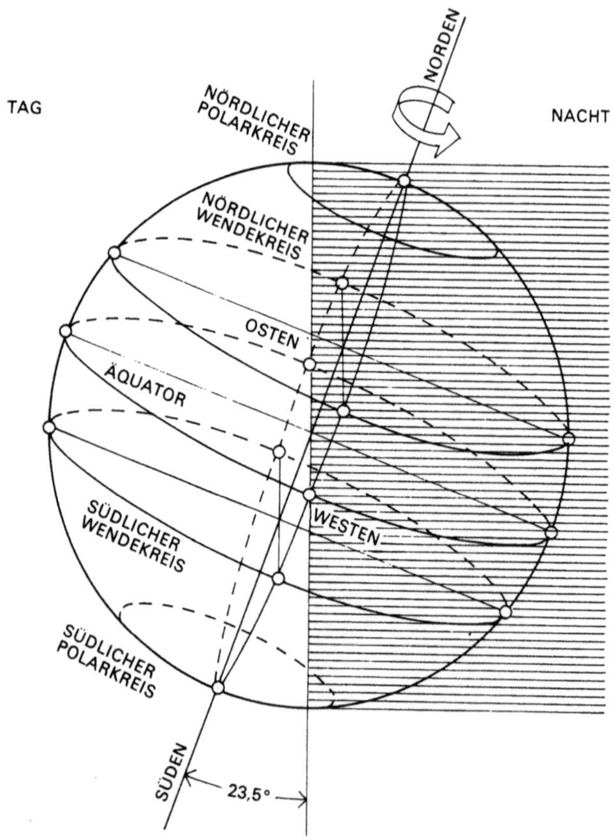

Bei Größenordnungen des mittleren Abstandes von ca. 150 Mill. km und des Sonnendurchmessers von 1,4 Mill. km gegenüber nur 12756 km des Erddurchmessers betragen die Schwankungen der Sonnenentfernung nur ±1,67% = 2,5 Mill. km. Sie sind deshalb für die Intensität des Strahlungsstromes nur unwesentlich.

Strahlungsintensität

Die von der Sonne ausgehende Strahlungsenergie beträgt vor Eintritt in die Erdatmosphäre 1392 W/m² (1200 kcal/m²h) (Solarkonstante). Die Wirkung dieser direkten Sonnenstrahlung auf eine Fläche ist zunächst von der Neigung dieser Fläche zur Sonne bzw. vom Einfallswinkel der Strahlung abhängig. Je weiter wir uns auf der Erdoberfläche den Polarkreisen und damit der Rotationsachse nähern, desto flacher ist dieser Einstrahlungswinkel und auf eine desto größere Fläche verteilt sich die gleiche Strahlenenergie. Die Polkappen der Erde werden nur von Streiflicht getroffen und liegen bis zu einem halben Jahr im Eigenschatten der Erdkugel. Innerhalb der Polarkreise steigt die Sonne zur Wintersonnenwende auch mittags nicht über den Horizont, während sie zur Sommersonnenwende auch mitternachts nicht darunter versinkt. Mit dem flacheren Einfallswinkel verlängert sich außerdem der Weg der Strahlen durch die Atmosphäre bis zur Erdoberfläche. Die kurzwellige, teils sichtbare, teils ultraviolette unsichtbare Strahlung wird dabei nicht nur in ihrer Stärke verändert. Die auf die Erdatmosphäre treffende direkte Strahlungsenergie von 1392 W/m² (1200 kcal/m²h) wird teilweise als indirekte Strahlung reflektiert (diffuses Himmelslicht), teilweise absorbiert als langwellige Wärmestrahlung an die Erdoberfläche abgegeben und kann in mitteleuropäischen Breiten kaum noch zur Hälfte die Erdoberfläche erreichen.

Geographische Einflüsse

Die Festlands- und Wassermassen der Erdoberfläche reflektieren und absorbieren die auftreffenden Strahlen und geben sie als langwellige Wärmeenergie nach den Gesetzen der Wärmeleitung und Wärmestrahlung an die bodennahen Schichten der Lufthülle wieder ab. Infolge dieser Temperaturträgheit der Erdoberfläche hinken die Höchsttemperaturen der Luft den auslösenden Höchstsonnenständen deutlich nach, was sowohl im Verlauf eines Tages als auch in der Abfolge der Jahreszeiten zu beobachten ist.
Die Orte gleicher geographischer Breite sind der Sonne im Verlauf eines Tages unter gleichen Einfallswinkeln und mit gleicher Dauer ausgesetzt. Der Extremfall senkrechter Einstrahlung ist für Orte zwischen den Wendekreisen jährlich zweimal gegeben. Dann steht die Sonnenbahn senkrecht über dem Horizont. In dieser Zone kann die Sonne im Verlauf des Jahres sowohl von Süden als auch von Norden einfallen. Unterschiede in der Intensität der Sonnenstrahlung auf gleichem Breitengrad selbst an klaren Tagen entstehen durch die Topographie und Höhenlage über dem Meeresspiegel, durch Luftfeuchtigkeit, Luftbewegung und nicht zuletzt durch Verunreinigung der Luft. Wegen der ungleichen großmaßstäblichen Verteilung von Wasser- und Landmassen entsprechen die Klimazonen und Windgürtel der Erde daher nur annähernd den Zonen gleicher Sonneneinstrahlung.

Sonnenstand und Besonnungsdauer

Die Stellung der Sonne auf ihrer scheinbaren Bahn über dem Horizont läßt sich für jeden Standort der Erde mit Hilfe eines räumlichen Koordinationssystems (Himmelskugel) genau beschreiben. Die Horizontebene zwischen den vier Himmelsrichtungen bildet die Grundebene. Senkrecht auf ihr wandern die Ebenen der Höhenkreise durch Zenit, Nadir und den jeweiligen Standort der Sonne. Durch Winkelangaben in diesen ebenen Koordinatensystemen ist der Sonnenstand für jeden Standort und für jeden Zeitpunkt räumlich festgelegt.

STRAHLUNGSINTENSITÄT

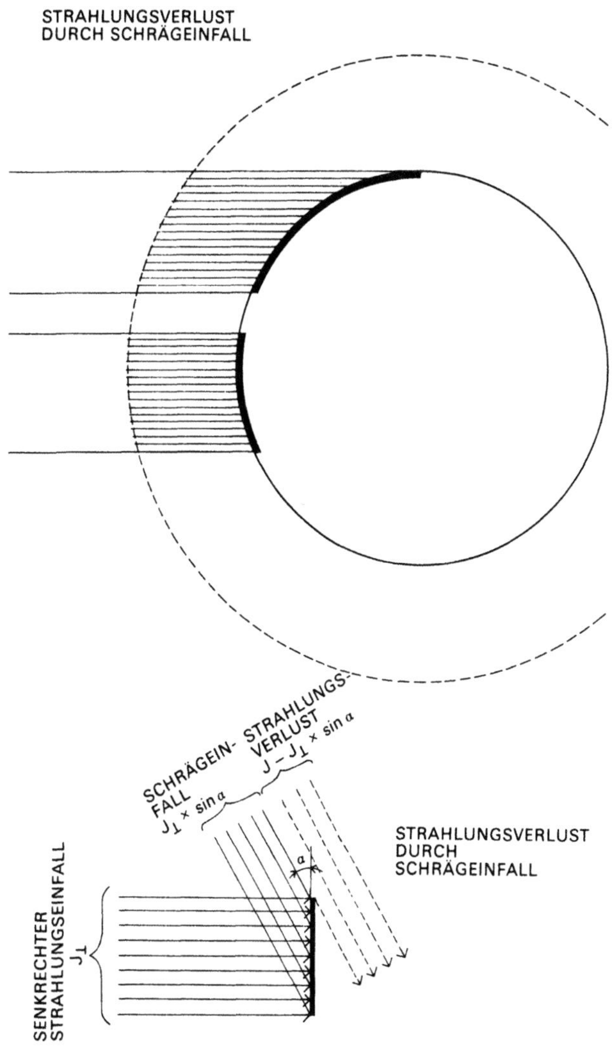

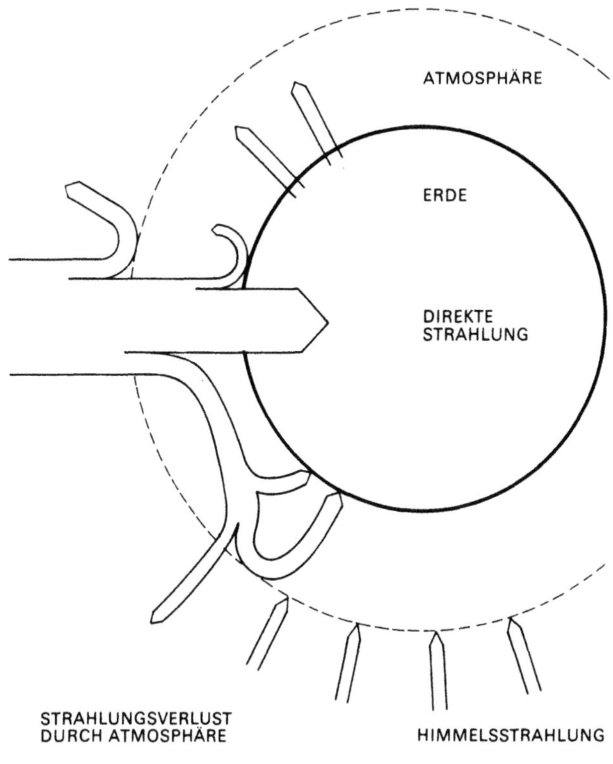

SONNENHÖHE h UND EINFALLSWINKEL h'

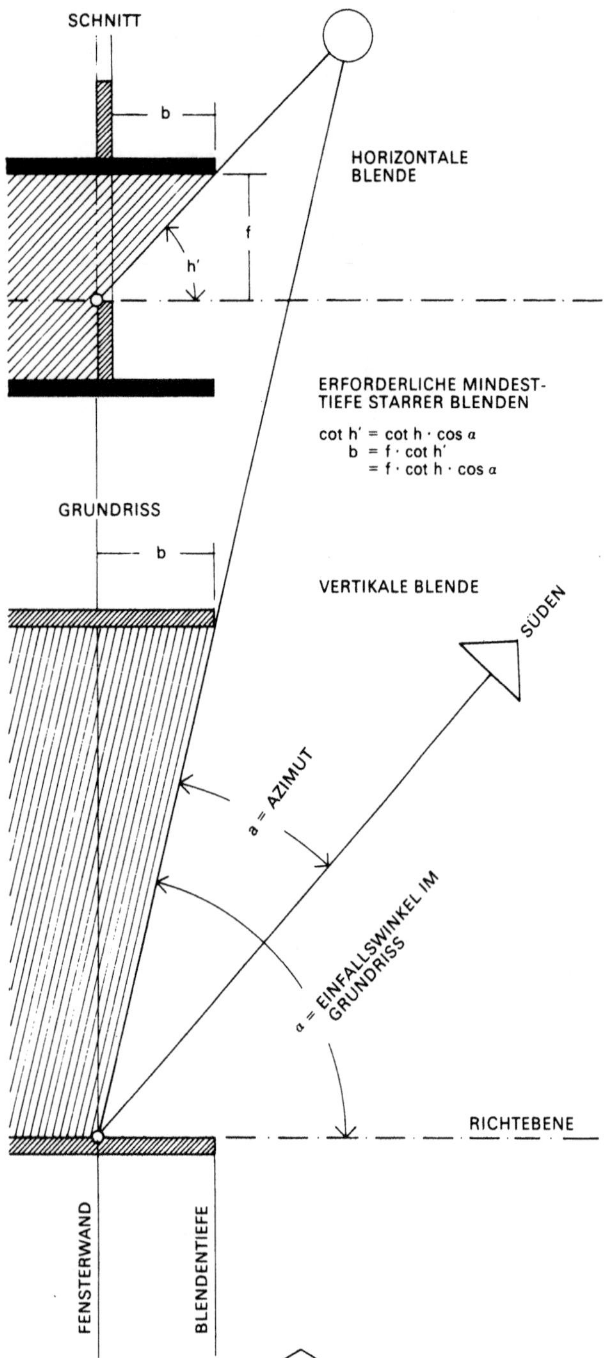

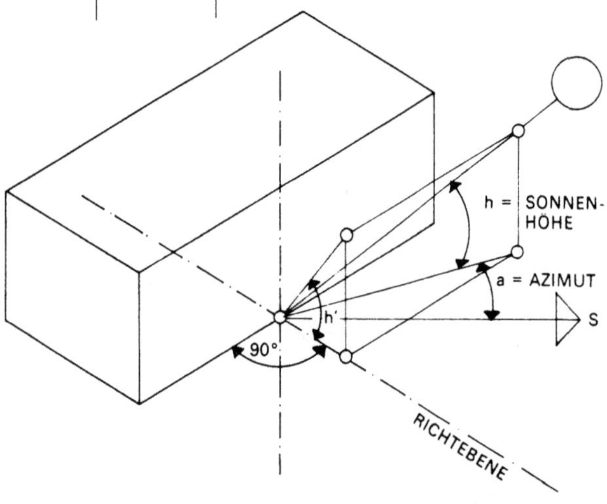

Azimut = Abweichung der Sonne von der Südrichtung in der Horizontebene, gemessen als Winkel zwischen Ostmeridian und Höhenkreis.

Sonnenhöhe h = Erhebungswinkel der Sonne auf dem Höhenkreis über der Horizontebene.

Entsprechend den Bewegungen der Erde um die eigene Achse wie um die Sonne und in Abhängigkeit von der geographischen Breite verändern sich mit der Sonne Azimut und Sonnenhöhe laufend. Nicht mit der Sonnenhöhe zu verwechseln ist der Einfallswinkel h'

h' = Projektion der Sonnenhöhe h bei schrägem Sonneneinfall auf eine Ebene senkrecht zur angestrahlten Fläche und zum Horizont.

ENTNOMMEN AUS:
C. KRAUSE: AUSSENWANDSYSTEME
VERLAGSGESELLSCHAFT R. MÜLLER,
KÖLN-BRAUNSFELD

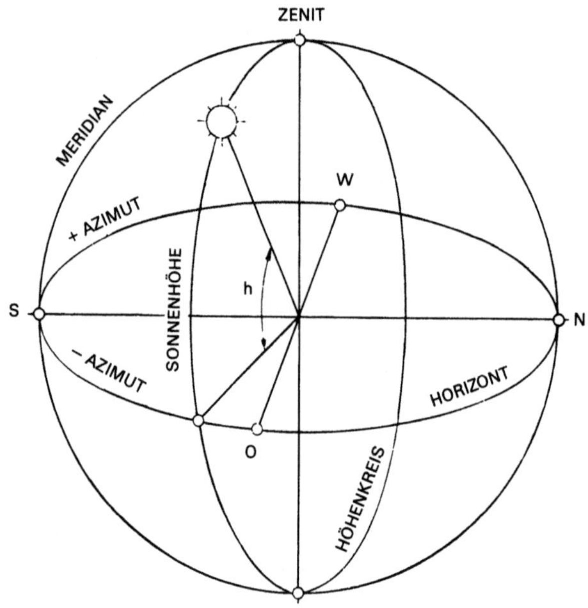

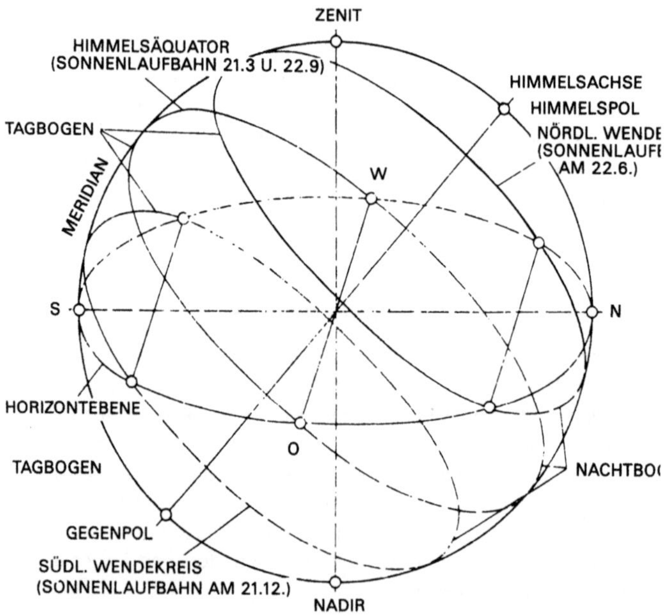

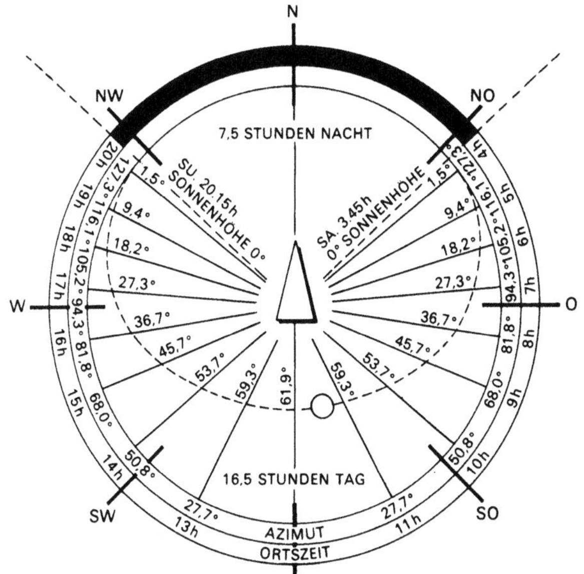

SONNENBAHN ZUR ZEIT DER SOMMERSONNENWENDE (~21. JUNI) LÄNGSTER TAG DES JAHRES 51,5° NÖRDL. BREITE (DORTMUND - HALLE)

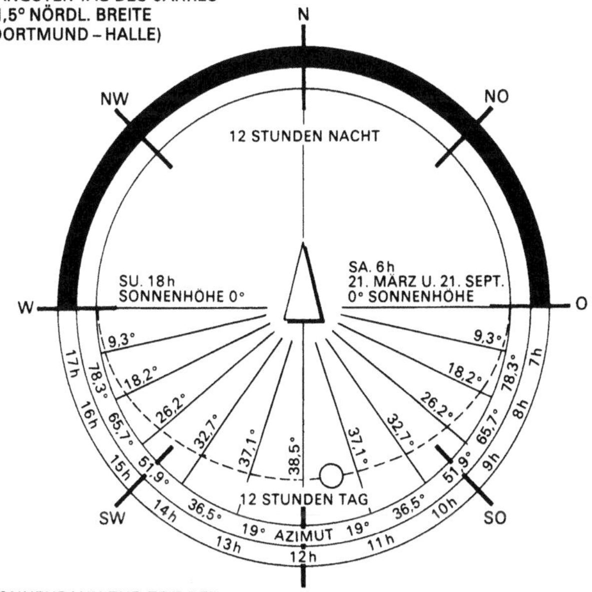

SONNENBAHN ZUR ZEIT DER FRÜHJAHR-TAGUNDNACHTGLEICHE (ANNÄHERND 21. MÄRZ) HERBST-TAGUNDNACHTGLEICHE (ANNÄHERND 23. SEPTEMBER)

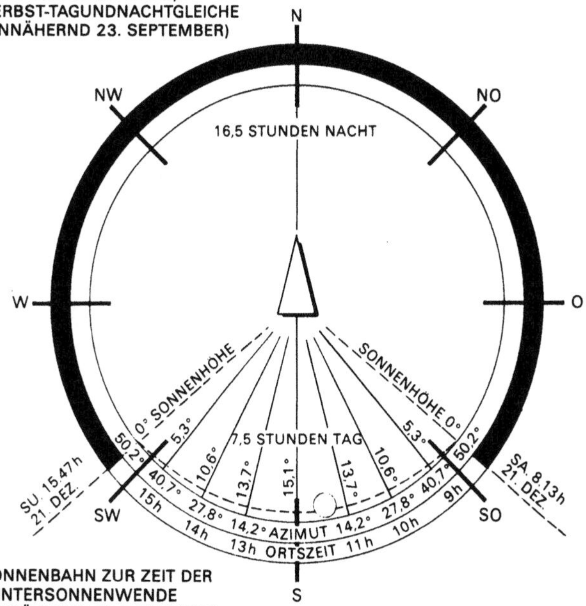

SONNENBAHN ZUR ZEIT DER WINTERSONNENWENDE (ANNÄHERND 21. DEZEMBER)

Es gibt verschiedene Systeme von Sonnenstandsdiagrammen, die erlauben, für eine bestimmte geographische Breite Azimut und Sonnenhöhe mehr oder weniger genau für alle Stunden und Jahreszeiten abzulesen. Anschaulicher sind Sonnenstandsdiagramme für nur einzelne ausgezeichnete Tage, wie die Sonnenwenden, sowie die Tag- und Nachtgleichen. Sie erlauben für jede Orientierung eines geplanten Gebäudes Sonnenstand und Besonnungsdauer unmittelbar abzulesen. Auch die Verschattung zurückspringender Gebäudeteile läßt sich danach durch einfache Grund- und Aufrißprojektionen für die extremen Besonnungsverhältnisse graphisch leicht ermitteln.

Sonnenschutzmaßnahmen

Aufgrund des zuvor Gesagten wird die Planung von Sonnenschutzmaßnahmen der jeweiligen örtlichen Verhältnisse folgende Faktoren zu berücksichtigen haben, um durch bauliche Vorkehrungen den Aufwand für technische Anlagen so gering wie möglich zu halten:

- zweckmäßigste Orientierung des Bauwerks;
- Orientierung, Anzahl und Größe der Fenster;
- Art des Baugefüges;
- Fassadenausbildung;
- Sonnenschutzeinrichtungen.

Unter den gegebenen Möglichkeiten sind die den jeweiligen Verhältnissen angemessenen Schutzmaßnahmen nach folgenden Kriterien auszuwählen und in die Konstruktion der Außenwand und der Fenster miteinzubeziehen:

- Abschirmung unerwünschter Strahlung, um Aufheizung und Blendung innerhalb eines Gebäudes auszuschalten, insbesondere in der heißen Jahreszeit;
- große Reflexion, jedoch geringe Absorption der direkt einfallenden Strahlung, d. h. möglichst helle reflektierende Farben;
- Umwandlung des direkten Sonnenlichtes in diffuses Licht zur gleichmäßigen Raumausleuchtung, unter Vermeidung von Blendung.
  Andererseits möglichst geringe Verschattung des Rauminnern durch die Sonnenschutzeinrichtungen, um an trüben Tagen, insbesondere im Winterhalbjahr, noch eine natürliche Tageslichtausleuchtung zu gewährleisten;
- möglichst geringe Helligkeitsunterschiede zwischen der Verschattungskonstruktion und dem vom Raum aus sichtbaren Himmel;
- Möglichkeit der Fensteraussicht;
- Öffnungsmöglichkeit von Fenstern bei nicht klimatisierten Räumen zur Lüftung;
- Reinigungsmöglichkeit der Fenster;
- wirksame Steuerungsmöglichkeit der Sonnenschutzeinrichtung, insbesondere bei klimatisierten Gebäuden, um die Betriebskosten der Lüftungs- und kühltechnischen Anlagen möglichst niedrig zu halten;
- Widerstandsfähigkeit gegen mechanische Beschädigungen durch unsachgemäße Bedienung, ebenso wie durch Witterungseinflüsse.

Einfluß der Gebäudeorientierung

Das Terrain und alle horizontalen Flächen eines Bauwerks, soweit sie nicht im Schatten höherer Objekte liegen, sind unter zu- und abnehmenden Einfallswinkeln von Sonnenaufgang bis Sonnenuntergang den Sonnenstrahlen ausgesetzt. Die Gebäudeorientierung ist für die Strahlungsintensität auf flachen Dächern deshalb bedeutungslos. Entscheidend ist hier nur der Sonneneinfallswinkel, und zwar der Höchststand zur Mittagszeit. Diese kann zwischen den

Wendekreisen das Maximum von 90 ° erreichen, in mitteleuropäischen Breiten nur wenig über 60 °, zur Wintersonnenwende noch etwa 15 °, während der nördliche Polarkreis dann nur Streiflicht erhält.
Für alle geneigten Dachflächen und unterschiedlich der Sonne zugewandten senkrechten Gebäudewände ist dagegen nicht der höchste Sonnenstand, sondern der auf die Fläche bezogene steilste Einfall, d. h. die Lage zur Himmelsrichtung, entscheidend. Die Diagramme der stündlichen direkten Sonneneinstrahlung auf senkrechte Flächen (nach Freymuth), abhängig von der Tageszeit bzw. der Orientierung der Wandflächen, zeigen, daß dort, wo die Entscheidungsmöglichkeit noch gegeben ist und wo nicht anderen Kriterien mehr Gewicht beizumessen ist, die wirksamste Sonnenschutzmaßnahme bereits in der Gebäudeorientierung liegt.
Die Hauptorientierung eines Bauwerks nach Süden und Norden erfordert zwar den geringsten Aufwand an Sonnenschutzmaßnahmen, ergibt aber heiz- und klimatechnisch zwei sehr verschiedene Gebäudehälften. Die Südwand trifft unter größtem Einfallswinkel während der kritischen Sommermonate weniger Strahlungsintensität als im Frühjahr und Herbst unter zwar flacherem, aber auf die Fläche bezogen ganztägig steilerem Einfall der Strahlung. Die geringfügige Bestrahlung der Nordseite während der langen Tage des Sommers kann in der Regel vernachlässigt werden.
Bei der Orientierung nach Osten und Westen sind dagegen zwei Gebäudeseiten in den ohnehin heißen Sommermonaten einer höheren Strahlungsintensität ausgesetzt als die Südseite. Während der Sommermonate trifft auf der Westseite außerdem die größte Strahlungsintensität mit der täglichen Temperaturspitze der Außenluft zusammen; nur im Winter, wenn die Sonnenstrahlung erwünscht ist, haben diese Lagen ihre Vorteile.
Südost- und Südwestseiten empfangen in den Monaten März bis Oktober eine Einstrahlung, deren Höchstwerte zwischen denen der Süd- und der Ost- bzw. Westseite liegen.
Die Nordost- und Nordwestseiten dagegen erhalten nur während dreier Sommermonate eine stärkere Einstrahlung, die etwa jener der Südseite entspricht, sich jedoch mehr als vier Stunden früher bzw. später einstellt.
Bei den weiteren Überlegungen der Sonnenschutzmaßnahmen gilt, daß es einfacher ist, die hohe Südsonne abzuschirmen als die flachere Ost- und Westsonne, deren Höhe sich vor allem schneller verändert und von Sonnenschutzmaßnahmen begleitet werden muß.

Einfluß der Bauwerksoberfläche

Mehr noch als die Orientierung hat die Aufteilung der Fassade in Wand- und Fensterflächen, die Größe der Fenster bezüglich des dahinterliegenden Raumes und ihr Anteil an der gesamten Fassadenfläche Einfluß auf die Folgen der Sonneneinstrahlung. Die Dimensionierung der Fenster und der übrige Fassadenaufbau bestimmen zusammen mit der Temperaturstabilität des Gebäudeinnern die Auswirkungen der Sonneneinstrahlung auf das Raumklima. Die Außenlufttemperaturen, die Belegungsdichte und die Lüftungsmöglichkeiten der Räume spielen beim heutigen Stand der Haustechnik eine nachgeordnete Rolle.

Verglasung

Die Durchlässigkeit des normalen Fensterglases für die direkte Sonnenstrahlung liegt bei 90%. Bereits ab einem Fensterflächenanteil von 30% an der Gesamtfassade sind deshalb Maßnahmen für den Sonnenschutz geboten, der möglichst außen vor dem Fenster liegen sollte. Die durch das ungeschützte Fensterglas eingedrungene kurzwellige Strahlungsenergie erwärmt die angestrahlten Flächen im Innenraum, welche diese Wärme in Form langwelliger Stralung an die Luft bzw. kühleren Raumflächen durch Konvektion und Strahlung wieder abgeben. Das Fensterglas ist für den Rückweg solcher langwelliger Strahlung über 2,8 μm jedoch undurchdringlich. Sie verbleibt damit im Raum, wo sich unter anhaltender Einstrahlung die Raumtemperatur aufschaukelt und der bekannte „Treibhauseffekt" entsteht.
Durch die Glaszusammensetzung bzw. eine besondere Oberflächenbehandlung können die Anteile von Durchlässigkeit, Absorption und Reflexion beeinflußt werden.
Absorptionsgläser reflektieren und absorbieren einen größeren Anteil als das Normalglas. Dies bedeutet neben geringerer Durchlässigkeit im sichtbaren Bereich eine stärkere allmähliche Erwärmung des Glases und damit eine verzögerte Wärmeabgabe an den Raum. Je größer der Anteil der Durchlässigkeit im sichtbaren Bereich gegenüber dem UV- und IR-Bereich ist, desto weniger sind die Lichtverhältnisse im Rauminnern beeinträchtigt.
Durch Reflexionsgläser versucht man Strahlung besonders im IR-Bereich wirksamer zu reflektieren, wodurch allerdings auch die Durchlässigkeit der Strahlung im sichtbaren Bereich weiter vermindert wird.
Die Wirksamkeit aller Sonnenschutzgläser muß deshalb im Einzelfall gegen die Minderung der Tageslichtausbeute abgewogen werden, der nicht immer, z. B. bei Großraumbüros, gleiche Bedeutung beizumessen ist. Die Verwendung von Sonnenschutzgläsern als vorgehängten hinterlüfteten Blenden vor der Fassade verbessert die Tageslichtausleuchtung gegenüber Vorrichtungen aus schattenwerfendem, undurchsichtigem Material wesentlich, ohne daß dabei die Sonnenschutzwirkung beeinträchtigt würde.

Wandflächen

Die Wirkung der Sonneneinstrahlung auf eine geschlossene Außenwandfläche ist unerheblich gegenüber ihrem Einfluß auf die Fensteröffnungen. Je weniger sich auf einer Wandinnenseite die Schwankungen der Außentemperatur abzeichnen, desto bessere Puffereigenschaften sind auch gegenüber den Temperaturspitzen durch Sonneneinstrahlung gegeben. Einschalige Konstruktionen mit großer Masse bei ausreichender Wärmedämmung, z. B. Mauerwerk 36,5 cm oder mehrschalige Wandelemente mit schwerer Innenschale, schaffen die besten Verhältnisse. Eine hinterlüftete Fassadenverkleidung kann die äußeren Temperaturspitzen durch

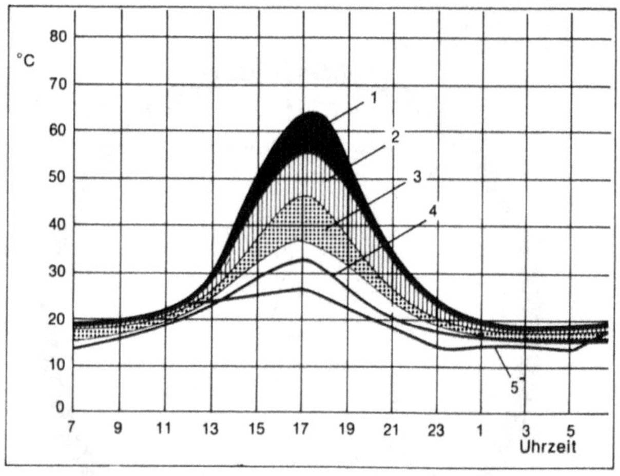

Oberflächentemperaturen von Außenputz auf einer 30 cm dicken Westwand aus Bimshohlblockmauerwerk bei starker Sonnenstrahlung im Hochsommer (nach Reiher).
1 bei schwarzer Oberfläche, 2 bei starkfarbiger Oberfläche,
3 bei hellen Farben, 4 bei weißer Oberfläche,
5 Temperatur der Außenluft
(H. W. Bobran, Handbuch der Physik)

Sonneneinstrahlung weiter mildern, obgleich sie dabei selbst aufgeheizt wird. Von Nachteil sind dunkelfarbige Fassadenanstriche, insbesondere bei einschaligen Konstruktionen. Mit der Erhöhung der Strahlenabsorption wird sich infolge eines größeren Temperaturgefälles zwischen außen und innen auch der Wärmedurchgang von außen nach innen merklich erhöhen. Hier können je nach Dicke und Wärmespeichervermögen des Baustoffes zwischen weißen und schwarzen Oberflächen Temperaturdifferenzen bis zu 50 ° auftreten.
Im Gegensatz zu den trägeren Heizsystemen mit Heizkörpern als Wärmequelle (die Kühlung fehlt) kann sich eine Klimaanlage mit genau bemessener Lufttemperatur rasch den sich ändernden Sonnen- und Wetterverhältnissen anpassen. Schwere wärmeschluckende Wände sind in diesem Falle von Nachteil, da sie den Eintritt des Heiz- oder Kühleffekts einer Klimaanlage verzögern. Bei geplanten oder vorhandenen Klimaanlagen sind deshalb leichte, wärmereflektierende Wände von Vorteil.

Dachflächen

Während flache Dächer der Sonne unverschattet ganztägig unter wechselndem Einfallswinkel ausgesetzt sind, werden geneigte Dachflächen nur zeitweilig, jedoch unter steilerem Einfallswinkel getroffen.
Beim Flachdach kann durch Ausbildung eines Wannendaches mit Kiesschüttung und hochliegendem Einlauf oder sogar durch eine Wasserschicht durch Strahlenreflexion bzw. Verdunstungskühlung einer Aufheizung wirksam begegnet werden.
Bei leichten geneigten Dächern ist eine Abschirmung mangels Wärmespeicherkapazität auch bei mehrschaliger Konstruktion nur schwer zu erreichen. Ungünstig ist aus dieser Sicht der ausgebaute Dachraum. Selbst eine ausreichende Hinterlüftung der Dachschale erreicht nicht die Wirkung jenes Schutzes, den das Steildach über einem nicht ausgebauten Dachraum darstellt. Allgemein gilt aber auch für Dachflächen, daß durch helle Deckmaterialien oder reflektierende Beschichtungen ein Aufheizen wesentlich vermindert werden kann.
Bei Hallen mit extremer Oberfläche bezogen auf den Rauminhalt ist die Ausbildung als Shedhalle nach wie vor die beste Lösung, die bei entsprechender Orientierung jeglichen Sonneneinfall durch die Glasflächen vermeidet. Zudem ist durch strömungstechnisch günstigen Dachquerschnitt die natürliche Ableitung der durch die Dachschale eingedrungenen Wärme unmittelbar möglich. Ungünstiger hinsichtlich des Sonnenschutzes sind Flachdächer mit Oberlichtern. Wenngleich sich ihre Größe bei Lichtkuppen auf ein Mindestmaß beschränken läßt, ist ein Sonnenschutz technisch kompliziert.

Verschattungskonstruktionen

Der Schutz gegen die Südsonne läßt sich am leichtesten bewerkstelligen. Um zur vollen Wirkung zu gelangen, muß der Sonnenschutz vor dem Fenster von Luft umspült liegen. Ohne den Raum zu stark zu beschatten, kann man bei reiner Südlage feststehende horizontale Lamellenblenden anordnen. Den Abstand der Lamellen vergrößert man mit dem Abstand von der Fassade. Die Ausführung erfolgt gewöhnlich in Leichtmetall. Feststehende Blenden haben den Vorteil, keinerlei Bedienung und kaum einer Wartung zu bedürfen, weshalb sie, z. B. für Schulen, besonders geeignet sind. Auch bei anderen Gebäudearten, vor allem bei durchgehenden Fensterbändern, werden sie gerne angewendet.
Häufiger als feststehende Blenden werden aber die sogenannten Jalousetten, die sich für alle Himmelsrichtungen eignen, ausgeführt. Die dünnen Lamellen bestehen aus beschichtetem Leichtmetall. Wegen der Lichtreflexion sollen sie eine möglichst helle Farbe haben. Da sie beweglich sind, kann man sie jedem Sonnenstand anpassen und damit auch den Lichteinfall nach Belieben regulieren. Die Fensterflügel können ungehindert zur Lüftung geöffnet werden. Liegen die Jalousetten zwischen Doppelscheiben, so sind sie zwar wetter- und schmutzgeschützt, verlieren aber an Wirksamkeit, da sie einen Teil der aufgenommenen Sonnenwärme in den Raum abstrahlen. In manchen Fällen, z. B. bei biologischen Labors, muß man diese Konstruktion trotzdem anordnen, um über das Wochenende die Räume vor plötzlichen Sonneneinstrahlungen und die empfindlichen Jalousetten vor Unwetter und Stürmen zu schützen. Bei innenliegenden Jalousetten wird die Wirkung als Sonnenschutz noch weiter herabgesetzt. Schwerer, solider, aber auch teurer in der Konstruktion sind Leichtmetallrolläden mit verstellbaren Lamellen.
Liegen die Fenster nach Osten oder nach Westen, so bieten feststehende horizontale Lamellenblenden keinen genügenden Sonnenschutz mehr. In den Sommermonaten kann die kräftige tiefstehende Ost- und Westsonne damit nicht abgeschirmt werden. Es helfen dann nur über die ganze Fensterfläche reichende, drehbare horizontale oder vertikale Lamellen. Dabei erweisen sich die üblichen Jalousetten wieder als die wirtschaftlichste Ausführung.
Nach Bedarf lassen sich zu den äußeren Sonnenschutzanlagen noch weitere Vorkehrungen gegen Sonne und Wärmeeinstrahlung treffen. Gegen unmittelbare kurzzeitige Sonneneinstrahlung können auch leicht durchlässige Innenrollos oder Vorhänge helfen, doch weder Gläser noch Vorhänge können den außenliegenden Sonnenschutz ersetzen.
Auch Balkone und Loggien, alle starken Fassadengliederungen und -staffelungen sind schließlich den Sonnenschutzmaßnahmen zuzuordnen. Ihre Wirksamkeit beschränkt sich jedoch auf die Südsonne bzw. einen bestimmten Einfallswinkel und macht damit zusätzliche Maßnahmen je nach innerer Temperaturstabilität nicht generell entbehrlich.

Hinweise auf den sommerlichen Wärmeschutz sind auch in der DIN 4108 vom August 1981 enthalten.

Brandschutz

Brandgefährdung

Als der Mensch das Feuer zur Bereitung seiner Nahrung und zum Schutze gegen Witterung und Kälte ins Haus holte, brachte dieser Kulturfortschritt auch Gefahr und Bedrohung für sein Leben, seine Güter und sein Haus. Die Gefahr wuchs mit der Vergrößerung der Ansiedlungen zu Dörfern und Städten. Die Häuser waren in unseren Breiten nicht nur aus brennbarem Material – durchweg Holz-errichtet, sondern auch mit leicht entzündlichen Stoffen wie Stroh, Schilf oder Holzschindeln gedeckt, sogar die Kamine waren aus Holz.

Die Brandgefahr war in den alten Städten so groß, daß Flächenbrände, ja die Einäscherung ganzer Städte keine Seltenheit waren. Manche wurden mehrmals durch Feuer vernichtet.

Das Bestreben, die Gefahr der Brandübertragung zu verringern, beeinflußte stark den mittelalterlichen Städtebau. Man stellte die einzelnen Häuser mit kleinen Abständen, dem sogenannten „Bauwich", giebelseitig zur Straße. Straßenzüge mit giebelseitig aneinandergereihten Häusern gab es erst nach Einführung der Brandmauern und der „harten Bedachung", besonders der Ziegeldächer. Diese setzten sich bei bürgerlichen Bauten in größerem Umfang erst im Laufe des 18. Jahrhunderts durch. Noch zu Goethes Zeiten war das halbe Weimar mit Stroh gedeckt. Die Brandgefahr war in den alten Städten so groß, daß Flächenbrände, ja die Einäscherung ganzer Städte keine Seltenheit waren. Manche wurden mehrmals durch Feuer vernichtet. Solange die Löschmöglichkeiten gleich null waren, behalf man sich mit vorbeugenden Maßnahmen. Der Nachtwächter beaufsichtigte die Stadt und mahnte die Bürger, Feuer und Licht zu löschen, ehe sie sich zur Ruhe begaben.

Die Hauptgefahr liegt heute, nachdem das Holz als wichtigster Baustoff verdrängt wurde, weniger als früher in der Brennbarkeit von Baustoffen als in der Zunahme der Brandgefährdung durch brennbare und leicht entflammbare Lagergüter und ihrem Abbrandverhalten. Wert und Menge der gelagerten Güter beeinflussen entscheidend die Höhe eines Brandschadens.

Der Brandvorgang ist ein Oxydationsprozeß, der in Gang kommt und anhält, wenn brennbare Stoffe über ihre Zündtemperatur erwärmt werden und durch Luftzutritt genügend Sauerstoff nachgeführt wird. Dabei entsteht durch Wärmeleitung, Wärmestrahlung und Konvektion ein Wärmeaustausch, der die Ausdehnung des Brandherdes auf umgebendes mögliches Brandgut vorantreibt. Brandgefahr entsteht innerhalb von Gebäuden durch Funkenflug, offenes Feuer, Herde, Öfen und Kamine, durch Selbstentzündung leichtentzündlicher Stoffe unter Hitzeeinwirkung, durch Kurzschluß in elektrischen Anlagen oder durch Explosion von Gasen, von außerhalb durch Funkenflug aus Schornsteinen, Feuerübergriff, Blitzeinschlag oder Einsturz.

Entwicklung des Brandschutzes

Durch die Bauordnungen des vorigen Jahrhunderts konnte erreicht werden, daß zumindest in den Städten die Gebäude generell vertikal durch feuerwiderstandsfähige Bauteile unterteilt wurden. Die Decken der häufig vielgeschossigen Wohngebäude waren auch weiterhin Holzbalkendecken ohne nennenswerte Feuerwiderstandsdauer; lediglich die Kellerdecken wurden aus Steingewölben hergestellt, teilweise zwischen ungeschützte Stahlträger gespannt, sie hatten deshalb nur begrenzte Feuerwiderstandsfähigkeit. Mit dieser Bauweise wurde zwar die Brandübertragung auf das benachbarte oder gegenüberliegende Gebäude verhindert oder wenigstens beachtlich verzögert, es mußte jedoch das Ausbrennen des vom Brand betroffenen Gebäudes in Kauf genommen werden.

Erst nach den Erfahrungen des Zweiten Weltkrieges wurde systematisch auch bei Wohngebäuden mit mehr als zwei Vollgeschossen die horizontale Unterteilung durch feuerwiderstandsfähige Decken durchgesetzt. Diese Maßnahme, die in den siebziger Jahren durch die Entwicklung von Methoden zur feuerwiderstandsfähigen Abschottung haustechnischer Anlagen ergänzt wurde, soll die Brandauswirkung auf eine Nutzungseinheit, z. B. auf eine Wohnung, beschränken.

Durch bauliche Maßnahmen wird eine Brandentstehung in Räumen jedoch nur begrenzt verhindert. Zündquellen sind durch die Verwendung von Energien, durch Fahrlässigkeit beim Umgang mit offenem Feuer oder beim Rauchen, um nur einige Beispiele zu nennen, stets vorhanden. Der Gebäudeinhalt, z. B. das Mobiliar, unterliegt üblicherweise keinen brandsicherheitlichen Anforderungen; es besteht größtenteils aus brennbaren Werkstoffen, deren Bestandteile meistens zuerst gezündet werden. Sicherheitsgerechtes Bauen kann allerdings in erheblichem Maße die Auswirkungen eines entstandenen Brandes mindern und die Gefährdung begrenzen.

Aufgaben des Brandschutzes

Der bauliche Brandschutz ist in nahezu allen Stadien und in vielen Bereichen der Gebäudeplanung zu berücksichtigen. Dies gilt vor allem für

- die Funktion und Nutzung des Gebäudes
- seine Größe und bauliche Ausbildung
- die Gefährdung der Umgebung im Brandfall

Eine Baukonstruktion muß im Brandfall mindestens so lange ihre Standfestigkeit und Tragfähigkeit bewahren, bis Menschen und ggf. auch Tiere in Sicherheit gebracht und wirksame Feuerbekämpfungsmaßnahmen durchgeführt werden können. Deshalb gehört zum Brandschutz neben der Gewähr für eine ausreichende Feuerwiderstandsdauer der Bauteile auch die Verminderung der Brandgefahr durch planerische, bauliche und betriebliche Vorkehrungen, die Verhütung der Brandentstehung und -ausbreitung, Sicherung der Flucht-, Rettungs- und Angriffswege für die Feuerwehr und die Brandbekämpfung.

Die Rangfolge der Ziele aller Brandschutzmaßnahmen hat sich trotz neuer Bauweisen und neuer Feuerlöschmöglichkeiten bis heute nicht geändert:

vorrangig:	Schutz und Rettung von Menschen und Tieren sowie des Eigentums Dritter;
nachgeordnet:	Eindämmung des Schadens am Bauwerk und Sicherung von Sachwerten.

Die Kosten für die vorrangigen Brandschutzanforderungen lassen sich nicht gegen den erreichbaren Nutzen abwägen. Sie werden allenfalls durch die technischen Möglichkeiten begrenzt. Die Akzente liegen auf der Sicherung der Fluchtwege, auf ausreichender Standsicherheit der Konstruktion durch Bildung von Brandabschnitten, Abzugsmöglichkeiten für Rauch und Hitze und Verhinderung des Feuerübergriffs auf andere Bauten.

Trotz dieser Maßnahmen kann ein Bauwerk im Brandfall Schaden nehmen. Ob sich zusätzliche für den Sachverhalt lohnen, z. B. automatische Brandmeldeanlagen, Brandbekämpfungseinrichtungen und Brandabschnitte, ist, soweit sie nicht vorgesehen sind, eine wirtschaftliche Überlegung. Sie betreffen die Relation zwischen der Verzinsung der Investitionskosten und den Versicherungsprämien für einen möglichen Brandschaden sowie die

Bewertung der Kosten und Verluste durch Betriebsunterbrechung. Gerade bei Industriebauten kommt es darauf an, alle Maßnahmen wie Brandmeldeanlagen, Sprinkleranlagen, Werksfeuerwehr und baulichen Brandschutzmaßnahmen (z. B. Brandabschnitte) miteinander zu verknüpfen, um ein sicheres und wirtschaftliches Brandschutzkonzept zu erreichen.
Die Absprache mit den Behörden kann auch ganz erhebliche Baukostensenkungen zur Folge haben, weil es dadurch möglich wird, den Brandschutz ganz speziell auf die Planung abzustimmen. Erfolgt dies nicht, werden von den zuständigen Ämtern im Genehmigungsverfahren zu Recht die hohen, vorschriftsmäßigen Anforderungen pauschal gestellt. Als Beratungsstellen kommen in Frage: Feuerwehr, Landesamt für Brand- und Katastrophenschutz (Personenrettung) und Brandversicherung (Gebäudeschutz), Baubehörden.

Vorschriften und Begriffe

Allgemein verbindliche Bauvorschriften zur Verhütung von Bränden wurden erst mit den Bauordnungen der verschiedenen Länder in der ersten Hälfte des 19. Jahrhunderts eingeführt. Da das schnelle Wachsen der Städte in erster Linie die Beschaffung von Wohnraum betraf, bezogen sich die Bau- und Brandverhütungsvorschriften fast ausschließlich auf den Wohnbau und verwandte Gebäudearten. Sie waren aus überkommenen Erfahrungen abgeleitet und stützten sich nicht auf wissenschaftliche Erkenntnisse und gezielte Forschung. So war beispielsweise die Minimalgröße der Hinterhöfe in der Preußischen Bauordnung allein nach dem Wendekreis der Berliner Feuerwehrleitern festgelegt worden.
Erst die fortschreitende Industrialisierung und mit ihr die Vielfalt neuer Gebäudetypen und nicht zuletzt die Herstellung und allgemeine Verwendung neuer Baustoffe und Bauarten sowie die Fortentwicklung der Brandschutztechnik führten zur Differenzierung der bau- und feuerpolizeilichen Vorschriften. Die Anforderungen an den baulichen Brandschutz sind heute in den Bauordnungen der Länder auf der Grundlage der Musterbauordnung enthalten. Es ist jedoch zu beachten, daß diese Regelungen in Details gerade im Hinblick auf den Brandschutz nicht in allen Ländern der Bundesrepublik Deutschland einheitlich sind. Der Planverfasser muß sich dementsprechend mit dem speziellen Regelwerk des Landes, in dem das Bauvorhaben verwirklicht werden soll, befassen. Für das allgemeine Verständnis wird auf die jeweiligen Kommentare zu den Bauordnungen verwiesen.
Die neuen Landesbauordnungen werden durch Verwaltungsvorschriften besonders im Hinblick auf brandsicherheitliche Anforderungen ergänzt.
Diese bauaufsichtlichen Bestimmungen gelten zwar für sämtliche Gebäude. Für „bauliche Anlagen und Räume besonderer Art oder Nutzung" können jedoch wegen des Brandschutzes besondere Anforderungen gestellt werden; es können auch Erleichterungen gestattet werden, soweit es der Einhaltung der Vorschriften nicht bedarf.
Es kann abgeleitet werden, daß die Landesbauordnungen und die zugehörigen Verwaltungsvorschriften direkt für Wohngebäude und die meisten Bürobauten bis zur Hochhausgrenze gelten, weil in den Bauordnungen eine Reihe Gebäude und Räume besonderer Art oder Nutzung beispielhaft aufgezählt ist. Als solche sind besonders zu erwähnen:

- Hochhäuser: Gebäude, bei denen der Fußboden mindestens eines Aufenthaltsraumes mehr als 22 m über der Geländeoberfläche liegt (Hochhaus-Verordnung).
- Geschäftshäuser: Gebäude mit einer oder mehreren Verkaufsstätten, die einen oder mehrere Verkaufsräume haben, z. B. Warenhäuser, Einkaufszentren, Verbrauchermärkte. Nach der Geschäftshaus-Verordnung (GhVO) sind besondere Anforderungen bei einer Nutzfläche von mehr als 2000 m^2 enthalten.
- Versammlungsstätten: bauliche Anlagen, die für die gleichzeitige Anwesenheit vieler Menschen bei Veranstaltungen bestimmt sind, z. B. Kinos, Theater, Mehrzweckhallen, Sportstätten und größere Hörsäle.
  Besondere Anforderungen regelt die Versammlungsstätten-Verordnung (VStättVO) in Abhängigkeit von der Zahl der Besucher oder etwaiger besonderer Nutzungsart.
- Gaststätten: Bauliche Anlagen für Schank-, Speisewirtschaften oder für Beherbergungsbetriebe (Gaststätten-Bau-VO).
- Krankenhäuser, Säuglingsheime (Krankenhaus-Bau-VO).
- Altenpflegeheime.
- Schulen (Bauaufsichtliche Richtlinie für Schulen).
- Garagen: Großgaragen (über 1000 m^2), Mittelgaragen (100–1000 m^2), Kleingaragen (bis 100 m^2) (Garagen-VO und Ausführungsanweisung zur GarVO).
- Bauliche Anlagen und Räume von großer Ausdehnung: z. B. Industriebauten, Lagerhallen, Messehallen.
- Bauliche Anlagen und Räume mit erhöhter Brand-, Explosions- oder Verkehrsgefahr, z. B. Lackfabriken/Spritzlackierräume, Anlagen zur Lagerung oder zum Abfüllen brennbarer Flüssigkeiten, Feuerwerksfabriken und -lager, Tankstellen.
- Fliegende Bauten: Bauliche Anlagen, die wiederholt aufgestellt und abgebaut werden, z. B. Karusselle, Tribünen, Zirkuszelte (Richtlinien für den Bau und Betrieb Fliegender Bauten).
- Büro- und Verwaltungsgebäude: Nur wenn es sich um größere bauliche Anlagen handelt, in denen sich eine nicht unerhebliche Zahl von Personen aufhält.

Um sicherzustellen, daß die Ziele des baulichen Brandschutzes erreicht werden, werden nach den bauaufsichtlichen Bestimmungen Anforderungen gestellt

- an das Brandverhalten der Baustoffe (Baustoffklassen)
- an die Feuerwiderstandsdauer der Bauteile (Feuerwiderstandsklassen)
- an die Dichtheit von Abschlüssen (z. B. Türen, Tore)
- an den Rauchabzug

Diese Anforderungen sind allgemein, d. h. verbal definiert in den DIN-Normen für das Bauwesen. Sie werden real definiert durch Begriffe, Prüfverfahren und prüftechnische Anforderungen, die für Baustoffe, Bauteile und Sonderbauteile mit besonderen Prüfbedingungen und Anforderungen festgelegt worden sind.
Die für die Prüfung des Brandverhaltens von Baustoffen und Bauteilen und ihre Klassifizierung bedeutsamste Norm ist DIN 4102.
Für die Bewertung der Dichtheit von Abschlüssen wird die neue Norm für Rauchschutztüren, DIN 18095, von maßgebendem Einfluß werden. Damit ist erstmals der Begriff „dichtschließend" durch ein Prüfverfahren real definiert.
Nachdem für Rauchabzüge die Norm DIN 18232 erarbeitet worden ist, steht für ihre Prüfung und Bewertung ebenfalls ein objektiver Maßstab zur Verfügung.
Einen Hinweis für die notwendige Rauchabzugsfläche kann man der Vornorm DIN 18230, Teil 1, sowie den Landesbauordnungen entnehmen.
Der praktizierende Architekt wird es nicht vermeiden können, diese umfangreichen Normen einmal aufmerksam zu studieren, um zu wissen, wo er gegebenenfalls nachzuschlagen hat. Erfahrungsgemäß ist es ratsam – von Routinebauten abgesehen –, einen Entwurf vor der Fertigstellung mit der zuständigen Bauaufsichtsbehörde zu besprechen, um alle zu erwartenden Auflagen in den Plan einzuarbeiten. Bei der Planung industrieller oder großge-

werblicher Anlagen ist auch die rechtzeitige Besprechung mit dem technischen Beratungsdienst der von dem Bauherrn gewählten führenden Versicherungsgesellschaft oder mit der Brandverhütungsstelle des zuständigen öffentlich-rechtlichen Sachversicherers zweckmäßig, um eine Optimierung der Prämien für die Industrie-, Feuer- und Feuer-Betriebsunterbrechungsversicherung für den Bauherrn zu erreichen.

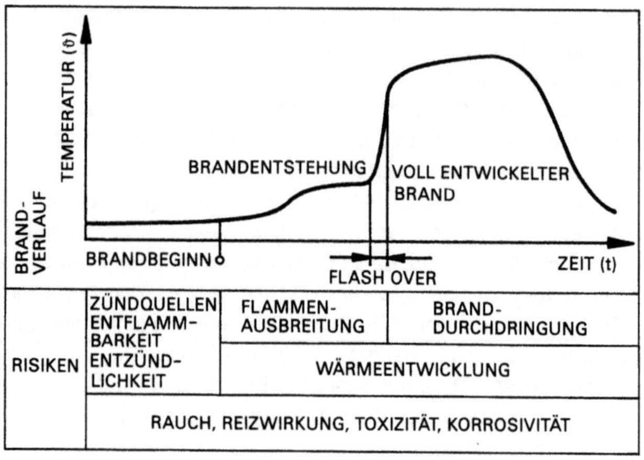

Qualitative Zuordnung von Risiken zum Verlauf von Bränden

Klassifizierung von Baustoffen und Bauteilen

Die Beurteilung von Baustoffen und Bauteilen erfolgt in ihrem Anwendungszustand nach dem Verhalten unter Feuerbeanspruchung. Es ist üblich geworden, den ungestörten Brandverlauf in einem Gebäude qualitativ als Temperaturanstieg in einem Raum in Abhängigkeit von der Zeit darzustellen und die den Beurteilungsmaßstäben zugrunde zu legenden Risiken bestimmten Phasen der Brandentwicklung zuzuordnen.
Die Verfahren zur Prüfung des Brandverhaltens von Baustoffen und Bauteilen müssen zwei Phasen des Brandes zugeordnet werden, nämlich
- der Entstehungsphase vom Brandbeginn bis zum Feuerübersprung im Raum
- der Phase des voll entwickelten Brandes, an der sich weitgehend alle brennbaren Stoffe in dem Raum am Brand beteiligen.

Bei der Bewertung des Verhaltens von Baustoffen in der Brandentstehungsphase spricht man von dem „Brandverhalten von Baustoffen“, die Klassifizierung erfolgt in den Klassen A 1 bis B 3. Dieser Begriff und seine Klassifizierung umfaßt Risiken wie Entzündlichkeit, Flammenausbreitung an der Baustoffoberfläche oder durch brennendes Abfallen sowie Wärmeentwicklung. Dazu kommen, in Fällen der Klassifizierung von Baustoffen der Klasse A (nicht brennbar) auch Brandparallelerscheinungen wie Entwicklung von Rauch und giftigen Brandgasen.
In der Phase des voll entwickelten Brandes spricht man vom „Brandverhalten von Bauteilen“, die Klassifizierung erfolgt durch die Klassen F 30 bis F 180 (bzw. T, G, W, L bei Sonderbauteilen). Dieser Begriff umfaßt Risiken wie Branddurchdringung in andere Gebäudebereiche, Verlust der Tragfähigkeit und Standfestigkeit von Konstruktionen – er ist synonym zu dem Begriff „Feuerwiderstandsfähigkeit von Bauteilen“.

Begriffe und Klassifizierung des Brandverhaltens von Baustoffen und Bauteilen

	bauaufsichtliche Anforderung	Kurzbezeichnung	Prüfnorm DIN	Bemerkungen
Baustoffe	nichtbrennbar	A 1 A 2	4102, Teil 1 4102, Teil 1	teilweise prüfzeichenpflichtig prüfzeichenpflichtig
	schwerentflammbar Baustoffe allgemein Fußbodenbeläge	B 1 B 1	4102, Teil 1 –	weitgehend prüfzeichenpflichtig prüfzeichenpflichtig
	normalentflammbar: Baustoffe allgemein Fußbodenbeläge (alternativ)	B 2 B 2 (T-b)	4102, Teil 1 66081	
	leichtentflammbar	B 3	4102, Teil 1	weitgehend verboten
Bauteile	feuerhemmend feuerbeständig	F 30 F 90	4102, Teil 2	Baustoffabhängige Klassifizierungen von Wänden, Decken, Stützen
	Brandwände	–	4102, Teil 3	
	Feuerschutzabschlüsse	T 30 T 90	4102, Teil 5	Türen nach Zulassungsbescheid Türen nach DIN 18082
	Verglasungen Feuerschutzabschlüsse feuerhemmend, feuerbeständig gegen Feuer widerstandsfähig	F 30, F 90 G 30, G 90	4102, Teil 2 4102, Teil 5	
	Abschlüsse in Fahrschachtwänden	–	4102, Teil 5	
	nichttragende Außenwände	W 30, W 40	4102, Teil 3	
	Durchführung durch Wände oder Decken (F-Bauteile): Rohre, Installationskanäle	R 1	4102, Teil 11	
	Lüftungsleitungen Klappen in Lüftungsleitungen	L K	4102, Teil 6	teilweise zulassungspflichtig DIN 18017
	Kabel	–	(4102, T 9 + 12)	zulassungspflichtig
	harte Bedachung	–	4102, Teil 7	in Überarbeitung
	Rauchabzüge	RA	18232, Teil 3	Wärmeabzüge
	Abbrandfaktoren	m	18230, Teil 2	

Baustoffklassen

Alle Baustoffe werden unabhängig von ihrer Stoffart in gleicher Weise beurteilt.
Die Bewertung von Baustoffen hat unter dem Gesichtspunkt ihrer späteren Anwendung im Bauwesen zu erfolgen. Diese Bedingung hat erhebliche Konsequenzen für den Probenaufbau bei der Prüfung und die Zahl der Versuche, die zu ihrer Klassifizierung auszuführen sind.
Baustoffe, die nicht in unmittelbarem Verbund verwendet werden, sind als Einzelbaustoff in der kleinsten und größten Dicke, ggf. auch in kleinster und größter Dichte zu bewerten. Dabei ist zu berücksichtigen, ob sie mit freiliegender Kante, beispielsweise als vorgehängte Fassade, oder mit abgedeckter Kante, beispielsweise als Verglasung angewendet werden.
Handelt es sich dagegen um Verbundbaustoffe, wie z. B. Sandwich-Elemente, oder solche, die erst auf der Baustelle im Verbund angewendet werden, beispielsweise aufgeklebte Wandverkleidungen, ist bei der Prüfung dieser Baustoffverbund direkt zu beurteilen.

Nichtbrennbare Baustoffe (A)

Baustoffe, die als nichtbrennbar klassifiziert sind, dürfen, außer bei Schornsteinen, an allen Stellen eines Bauwerkes verwendet werden. Dabei wird hinsichtlich ihrer Verwendbarkeit nicht zwischen den Klassen A 1 und A 2 unterschieden.
Als nichtbrennbar gelten ohne besonderen Nachweis alle Baustoffe aus Metall oder rein mineralischen Bestandteilen ohne organische Zusätze.
Für die Baupraxis hat sich jedoch als unnötig erschwerend und aus brandschutztechnischer Sicht als nicht notwendig erwiesen, die Baustoffklasse auf ausschließlich anorganische Stoffe zu begrenzen. Entsprechend den Anforderungen nach DIN 4102, Teil 1, entscheidet deshalb nicht die stoffliche Zusammensetzung allein über die Zuordnung zu Baustoffklassen, sondern das Ergebnis der Prüfungen nach dieser Norm. In Erzeugnissen der Baustoffklasse A 2 (nicht brennbar) und zumindest bei den prüfzeichenpflichtigen Baustoffen der Klasse A 1 sind stets brennbare Bestandteile enthalten. Sie kommen in diesen Fällen beispielsweise als Bindemittel, Klebstoffe, Beschichtungen, Zuschlagstoffe oder Zusatzstoffe zur Anwendung, ihr Anteil ist jedoch relativ gering. Die Begrenzung richtet sich nach dem Anforderungsprofil an Baustoffe der Klasse A; verschiedentlich ergibt sie sich beispielsweise aus dem Heizwert oder den Anforderungen bei Prüfung der Brandparallelerscheinungen wie Rauch und Toxizität der Brandgase.

Schwer entflammbare Baustoffe (B 1)

Für die Einreihung von Baustoffen in die Klasse B 1 ist vor allem die Materialzusammensetzung ausschlaggebend; das Material selbst muß „schwer entflammbar" sein, unabhängig von seiner Dicke.
Die Einreihung von brennbaren Baustoffen in die Baustoffklasse B 1 (schwer entflammbar) ist von erheblicher Bedeutung für ihre Anwendung, denn nach den bauaufsichtlichen Bestimmungen wird in bestimmten Fällen die Forderung erhoben, daß Baustoffe mindestens schwer entflammbar sein müssen. Diese Anforderung wird beispielsweise nach Ausführungsverordnungen zu den Bauordnungen oder Richtlinien für die Verwendung brennbarer Baustoffe im Hochbau erhoben, ebenso in den speziellen Vorschriften für den Bau und den Betrieb von Krankenhäusern, Gaststätten, Geschäftshäusern, Versammlungsstätten, Hochhäusern, Schulen und Garagen. Bei Verwendung von Baustoffen im Freien kann die Anforderung „schwer entflammbar" erhoben werden für:

- Außenwandverkleidungen
- Unterkonstruktion von Außenverkleidungen
- Dämmstoffe unter Außenwandverkleidungen
- Außenwände
- lichtdurchlässige Bauteile
- Dachschalungen
- Lüftungsanlagen
- Wände oder Dächer
- in Fugen zwischen raumabschließenden Wänden;

bei ihrer Verwendung im Gebäudeinneren als:
- Wand- und Deckenverkleidung
- Unterkonstruktion von Verkleidungen
- Dämmschicht unterhalb von Decken
- Einbau in Rettungswegen
- Ausschmückung oder Dekoration
- Vorhang
- Lüftungsleitung, Abluftleitung
- Rohrleitung
- Baustoff für Installationsschächte.

Diese Aufstellung bedeutet nicht, daß für solche Baustoffanwendungen generell die Anforderung „schwer entflammbar" gestellt wird, sondern daß in bestimmten Fällen baulicher Art oder Nutzung, möglicherweise auch regional unterschiedlich, die Anforderung „schwer entflammbar" erhoben wird.
Sofern Baustoffe zumindest schwer entflammbar (Klasse B 1) sein müssen, bedürfen sie eines Prüfzeichens (PA-III-Zeichen) des Instituts für Bautechnik, Berlin, wenn sie nicht schon in DIN 4102, Teil 4, klassifiziert sind.

Normal entflammbare Baustoffe (B 2)

Die Einreihung von Baustoffen in die Klasse B 2 ist in besonderer Weise von ihrer Dicke abhängig. Baustoffe aus Holz und Holzwerkstoffen gelten in einer Dicke ab 2 mm als normal entflammbar, für viele Kunststoffe ohne Brandschutzausrüstung liegt die Mindestdicke im Bereich von 0,6–1 mm. Bei Baustoffen mit Brandschutzausrüstung ist die Grenzdicke erheblich geringer. Durch Unterschreitung dieser Werte ergibt sich die Klasse B 3 (leicht entflammbar).
Die meisten neueren Bauordnungen verbieten die Verwendung von leicht entflammbaren Baustoffen; dies gilt nicht, wenn sie in Verbindung mit anderen Baustoffen nicht leicht entflammbar sind. Es ist zwar entsprechend dieser Bestimmung nicht ausgeschlossen, Baustoffe der Klasse B 3 in den Handel zu bringen, wenn sichergestellt ist, daß sie nur so eingebaut werden können, daß sie anschließend nicht mehr als leicht entflammbar zu bewerten sind. Diese Regelung wirkt sich in der Praxis jedoch nur auf Hilfsbaustoffe, beispielsweise lösungsmittelhaltige Klebstoffe aus, deren Anwendung unumgänglich ist.
Durch die Gestaltung der entsprechenden Baunormen für plattenförmige Baustoffe, Bahnen und Folien in Verbindung mit entsprechender Qualitätskontrolle wurde seit vielen Jahren erreicht, daß keine leicht entflammbaren Baustoffe in den Handel kommen.

Kennzeichnung der Baustoffe

Abgesehen von einigen Ausnahmen müssen alle Baustofffe hinsichtlich ihres Brandverhaltens gekennzeichnet sein. Die Art der Kennzeichnung richtet sich in erster Linie nach den Angaben im Prüfbescheid (Klassen B 1 und A 2, ggf. A 1) und – falls keine Prüfzeichenpflicht besteht – nach dem Prüfungszeugnis einer anerkannten Prüfanstalt (Klassen B 2, ggf. A 1).

Klassifizierung von Baustoffgruppen

Baustoffklasse	Baustoffgruppen	Kennzeichnung	Fundstelle
A1	Metalle, Beton, Ziegel, Kalksandsteine, Natursteine, Glas, keramische Platten	–	DIN 4102, T. 4
	mineralische Bauplatten	DIN 4102 – A1	Prüfungszeugnis des Baustofferzeugers
	Mineralfaserplatten, Silikatplatten, Wärmedämmverbund-systeme, Kleber, Putze, Gewebe	PA-III 4.xxx und DIN 4102 – A1	IfBt-Mitteilungen
A2	Gipskartonplatten, Gipsfaserplatten, Faserzementplatten, Glasfasergewebe, Polystyrolbeton und Erzeugnisse, die auch bei A1 genannt sind	PA-III 4.xxx und DIN 4102 – A2	IfBt-Mitteilungen
B1	Holzwolleleichtbauplatten, PVC hart-Rohre/Formstücke Fußbodenbeläge aus Eichenparkett oder PVC	DIN 4102 – B1	DIN 4102, T.4
	Dämmstoffe aus Kunststoffen (PS, PUR, PF, PE, PVC), Mineralfasern (Steinwolle, Glas), Verbunddämmstoffe Wärmedämmverbundsysteme, Dämmputze, Kunstharz-putze, Platten, Profile, Bahnen, Folien mit oder ohne Faser/Gewebeeinlage/Kunststoffe (PVC, PE, PTFE, Chlorkautschuk, PP, PC, GF-UP) Gipskartonverbundplatten, Schichtpreßstoffplatten Holzwerkstoffplatten, Karton, Papier, Textilien, Gewebe, Vliese Anstriche, Kleber, Beschichtungen	PA-III 2.xxx	IfBt-Mitteilungen
	Feuerschutzmittel für Textilien Feuerschutzmittel für Holz	PA-III 1.xxx PA-III 3.xxx	IfBt-Mitteilungen
	Fußbodenbeläge	PA-III 6.xxx	IfBt-Mitteilungen
B2	Holz und Holzwerkstoffplatten (Dichte über 400 kg/m^3) mit Dicke über 2 mm	–	DIN 4102, T.1
	dekorative kunststoffbeschichtete Holzfaserplatten/ Flachpreßplatten Rohre und Formstücke (PE, ABS/ASA) GF-UP (Dicke über 1,3 mm) Platten/Formteile (PE, PMMA, PP, Dicke über 1,4 mm) Dachpappen und Dichtungsbahnen	DIN 4102 – B2	DIN 4102, T.4
	alle übrigen Baustoffe und Verbundbaustoffe oder Bau-stoffverbund u.a. verschiedene unter B1 genannte Erzeugnisse ohne oder mit geringer Brandschutz-ausrüstung	DIN 4102 – B2	Prüfungszeugnis des Baustofferzeugers
B3	derartige Baustoffe dürften seit Jahren nicht mehr im Handel sein	DIN 4102 – B3 leichtentflammbar	–

Feuerwiderstandsklassen

Zur Verhinderung und Behinderung der Brandausbreitung in einem Gebäude ist nicht die Brennbarkeit seiner Baustoffe, sondern die Feuerwiderstandsdauer der Bauteile maßgebend. Diese ist nicht nur abhängig vom Baustoff, sondern auch von den Abmessungen und dem Querschnitt des Bauteils, seiner statischen Beanspruchung sowie von der Brandangriffsmöglichkeit.

Die Feuerwiderstandsdauer wird in Minuten ausgedrückt, wobei diese Dauer in Minuten hinter den Buchstaben der Bauteilbezeichnung F, T, G, W, K gestellt wird. Die so entstehende Bezeichnung (z. B F30) darf nur auf klassifizierte oder geprüfte Bauteile angewendet werden.
Die Bauteile der F-Klasse umfassen alle Standard-Konstruktionen wie Wände, Decken usw., während die anderen Klassen für Sonderbauteile gelten (T = Türen/Abschlüsse, G = Gläser, W = Außenwände nichttragend, L = Lüftungsleitungen). Die gefor-

derte Qualität der Bauteile richtet sich in erster Linie nach der Gebäudenutzung, der Höhe sowie der Ausdehnung eines Gebäudes. Selbstverständlich sind auch die Rettungswege von den übrigen Räumen eines Gebäudes durch Bauteile mit klassifizierbarer Feuerwiderstandsdauer zu trennen.

Bauteile der F-Klassen

Im Sinne der DIN 4102, Teil 2, handelt es sich hier um jene Teile des Bauwerkes, welche tragende, aussteifende und raumtrennende Funktionen während der ersten Brandphase und der folgenden Rettungs- und Feuerbekämpfungsmaßnahmen zu erfüllen haben, wie Wände, Decken, Treppen, Balken und Unterzüge, Pfeiler und Stützen.

Die Feuerwiderstandsdauer eines Bauteiles ist definiert als die Mindestzeit in Minuten, während der ein Bauteil den gestellten Anforderungen nach DIN 4102, Teil 2, entspricht. Die erreichte Feuerwiderstandsdauer wird durch die Feuerwiderstandsklasse gekennzeichnet.

Die in DIN 4102, Teil 4, aufgeführten Bauteile sind ohne weiteren Nachweis in der dort angegebenen Feuerwiderstandsklasse verwendbar. Für Bauteile, die darin nicht berücksichtigt sind, muß die Feuerwiderstandsklasse durch mindestens zwei Brandversuche nachgewiesen werden.

Zur Einordnung in die Feuerwiderstandsklassen müssen die Bauteile während der Feuerbeanspruchung den folgenden Anforderungen genügen.

Feuerwiderstandsklassen und bauaufsichtliche Benennung

Feuerwiderstandsdauer in Minuten	Feuerwiderstandsklasse nach DIN 4102 Teil 2 Tab. 1	Baustoffklasse nach DIN 4102 T.1 der in den geprüften Bauteilen verwendeten Baustoffe für		Benennung nach DIN 4102 Teil 2 Tab. 2 Bauteile der	Kurzbezeichnung	Bauaufsichtliche Benennung
		wesentliche Teile 1)	übrige Bestandteile, die nicht unter den Begriff der vorstehenden Spalte fallen			
≥ 30	F 30	B	B	Feuerwiderstandsklasse F30	F 30–B	feuerhemmend (fh)
		A	B	Feuerwiderstandsklasse F30 und in den wesentlichen Teilen aus nichtbrennbaren Baustoffen 1)	F 30–AB	feuerhemmend und in den tragenden Teilen aus nichtbrennbaren Stoffen
		A	A	Feuerwiderstandsklasse F 30 und aus nichtbrennbaren Baustoffen	F 30–A	feuerhemmend und aus nichtbrennbaren Stoffen
≥ 60	F 60	B	B	Feuerwiderstandsklasse F60	F 60–B	feuerhemmend (fh)
		A	B	Feuerwiderstandsklasse F60 und in den wesentlichen Teilen aus nichtbrennbaren Baustoffen 1)	F 60–AB	feuerhemmend und in den tragenden Teilen aus nichtbrennbaren Stoffen
		A	A	Feuerwiderstandsklasse F60 und aus nichtbrennbaren Baustoffen	F 60–A	feuerhemmend und aus nichtbrennbaren Stoffen
≥ 90	F 90	B	B	Feuerwiderstandsklasse F90	F 90–B	
		A	B	Feuerwiderstandsklasse F90 und in den wesentlichen Teilen aus nichtbrennbaren Baustoffen 1)	F 90–AB	feuerbeständig 2)
		A	A	Feuerwiderstandsklasse F90 und aus nichtbrennbaren Baustoffen	F 90–A	feuerbeständig und aus nichtbrennbaren Stoffen
≥ 120	F120	B	B	Feuerwiderstandsklasse F120	F120–B	
		A	B	Feuerwiderstandsklasse F120 und in den wesentlichen Teilen aus nichtbrennbaren Baustoffen 1)	F120–AB	feuerbeständig 2)
		A	A	Feuerwiderstandsklasse F120 und aus nichtbrennbaren Baustoffen	F120–A	feuerbeständig und aus nichtbrennbaren Stoffen
≥ 180	F180	B	B	Feuerwiderstandsklasse F180	F180–B	
		A	B	Feuerwiderstandsklasse F180 und in den wesentlichen Teilen aus nichtbrennbaren Baustoffen 1)	F180–AB	
		A	A	Feuerwiderstandsklasse F180 und aus nichtbrennbaren Baustoffen	F180–A	hochfeuerbeständig (hfb)

1) Zu den wesentlichen Teilen gehören:

a) alle tragenden oder aussteifenden Teile, bei nichttragenden Bauteilen auch die Bauteile, die deren Standsicherheit bewirken (z.B. Rahmenkonstruktionen von nichttragenden Wänden),

b) bei raumabschließenden Bauteilen eine in Bauteilebene durchgehende Schicht, die bei der Prüfung nach dieser Norm nicht zerstört werden darf. Bei Decken muß diese Schicht eine Gesamtdicke von mindestens 50 mm besitzen; Hohlräume im Inneren dieser Schicht sind zulässig.

Bei der Beurteilung des Brandverhaltens der Baustoffe können Oberflächen-Deckschichten oder andere Oberflächenbehandlungen außer Betracht bleiben.

2) In Nordrhein-Westfalen auf dem Wege der Befreiung möglich. In Rheinland-Pfalz nicht gültig.

nach „Brandschutz mit Knauf", Auflage 85.

Bauteile mit besonderen Anforderungen (Sonderbauteile)

Für verschiedene Bauteilkonstruktionen sind die grundlegenden Anforderungen nach DIN 4102, Teil 2, entweder bestimmungsgemäß nicht generell erfüllbar, z. B. bei Feuerschutzabschlüssen und Kabelabschottungen, oder es sind besondere Anforderungen an die Prüfung der Bauteile oder das Brandverhalten der Baustoffe zu stellen, z. B. bei Brandwänden oder nichttragenden Außenwänden. Wegen der besonderen Bedingungen werden diese Konstruktionen in die Gruppe der „Sonderbauteile" eingereiht, auf die im folgenden eingegangen werden soll.

Feuerschutzabschlüsse (T)

Feuerschutzabschlüsse sind Türen und andere bewegliche Abschlüsse, wie Klappen, Rolläden und Tore. Sie müssen stets selbstschließend sein und sollen den Durchgang des Feuers durch die Öffnung verhindern. Weil sie in der Randzone nicht alle Anforderungen an F-Bauteile erfüllen (Bodenspalt, höhere Randtemperatur), werden sie entsprechend der Zeit ihrer Feuerwiderstandsdauer in die Klassen T 30, T 60, T 90, T 120 und T 180 eingeteilt.

Die meisten auf dem Markt befindlichen Feuerschutzabschlüsse sind nichtgenormte Konstruktionen, die vom Institut für Bautechnik einzeln zugelassen worden sind. Sie sind mit dem Überwachungszeichen und der Zulassungsnummer gekennzeichnet.

Die Vielfalt der zugelassenen Feuerschutzabschlüsse ist sehr groß. Sie können praktisch in allen marktüblichen Klassen aus Stahl oder aus Holz bestehen. Feuerschutzabschlüsse dürfen jetzt auch mit F-Verglasungen versehen werden. Sie können heute alle betrieblichen und ästhetischen Anforderungen erfüllen. Durch Feuerschutztore kann man praktisch alle betrieblich notwendigen Öffnungen verschließen, auch solche, die für die gleichzeitige Durchfahrt von zwei Lastwagen erforderlich sind.

Für besondere betriebliche Zwecke kann es notwendig sein, die Feuerschutzabschlüsse ständig oder während der Betriebszeit stets offen zu halten. Während man sich früher in diesen Fällen des natürlich unzulässigen Holzkeils bediente, können heute Rauchmelder oder thermisch auslösbare zugelassene Feststelleinrichtungen diese Funktion erfüllen.

Neben der Vielzahl zugelassener Feuerschutzabschlüsse sind auch genormte einflügelige Stahltüren T 30-1 mit begrenztem Größenbereich nach DIN 18082, Teil 1, auf dem Markt. Für den Einbau der Feuerschutztüren wurde DIN 18093 vorbereitet.

Abgesehen von einigen baulichen Anlagen und Räumen besonderer Art oder Nutzung wird an Feuerschutztüren nach den bauaufsichtlichen Bestimmungen in der Regel eine Klassenstufe der Feuerwiderstandsfähigkeit weniger gefordert als für die umgebenden raumabschließenden Bauteile:

- Abschlüsse in F 30-Wänden: keine Anforderungen an die Feuerwiderstandsfähigkeit (Ausnahmen: F 30-Trennwände)
- Abschlüsse in F 90-Wänden: T 30
- Abschlüsse in Brandwänden: T 90

Die nach DIN 4102, Teil 5, vorgesehenen weiteren T-Klassen haben nur im Industriebau oder im konkreten Einzelfall eine gewisse Bedeutung.

Die Anforderungen an Abschlüsse können in manchen Fällen durchaus verhandelbar sein. Speziell im Denkmalschutz muß nicht grundsätzlich die „Norm-Brandschutztür" anstelle einer alten, wertvollen Tür eingebaut werden. Gerade hier können durch Verhandlungen sehr wohl vertretbare Lösungen ermöglicht werden mit einer Anpassung des Brandschutzkonzeptes oder der Verbesserung und Abwandlung bestehender Konstruktionen.

Sollen von bauaufsichtlich zugelassenen sinngemäß abgeleitete Konstruktionen oder Eigenentwicklungen ohne Einzelzulassung verwendet werden, bedarf es der schriftlichen Genehmigung der Behörde bzw. des Sachversicherers.

FALSCH EINGEBAUTE FEUERSCHUTZTÜR MIT UNVOLLSTÄNDIG EINGEPUTZTER ZARGE

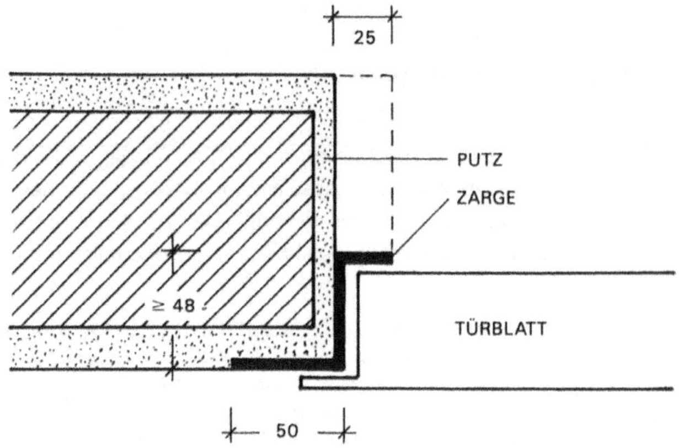

RICHTIG EINGEBAUTE FEUERSCHUTZTÜR

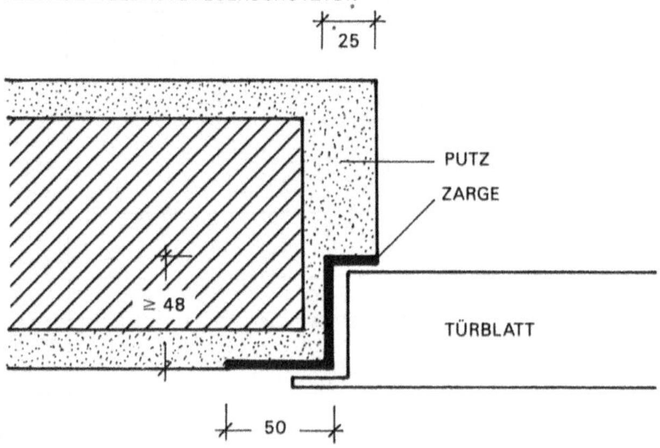

FEUERSCHUTZTÜR MIT AUSGEGOSSENER UMFASSUNGSZARGE

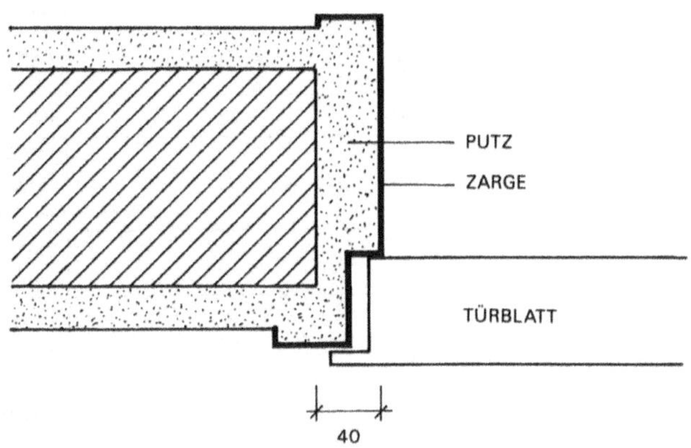

Abschlüsse in feuerbeständigen Fahrschachtwänden

In Fahrschachtwänden der Feuerwiderstandsklasse F 90 dürfen nur Türen oder andere Abschlüsse (z. B. bei Lastenaufzügen) eingebaut werden, durch die Feuer und Rauch nicht in andere Geschosse übertragen werden. Es handelt sich dabei immer um Abschlüsse der Klassifizierung F.

Abschlüsse in F 90-Fahrschachtwänden erfüllen nur im System mit den Wänden die brandschutztechnischen Anforderungen. Außerdem muß eine geeignete, dauernd wirksame Entlüftung des Fahrschachtes vorhanden sein. Auch der Fahrkorb muß überwiegend aus Baustoffen der Klasse A bestehen.
Die Fahrschachttüren sind nach DIN 18091 auszubilden – dort sind auch Angaben zur Verwendung brennbarer Werkstoffe, die im Fahrkorb vorhanden sein dürfen, zu finden. Andere Bauarten der Fahrschachttüren sind vom Institut für Bautechnik zugelassen worden.

Rauchschutztüren

Die Norm 18095 sieht zwei Arten von Rauchschutztüren vor:

Rauchschutztüren für die üblichen Anwendungen in Wohnungen, Büros, Industriebauten

DIN 18095 – 1-A (einflügelig)
DIN 18095 – 2-A (zweiflügelig).

Bei diesen Brandschutztüren ist der untere Türspalt nicht besonders abgedichtet. Diese Türen erfüllen die bauaufsichtlichen Anforderungen an dichtschließende (rauchdichte) Abschlüsse.

Rauchschutztüren für höhere Anforderungen an die Dichtheit, bei denen auch der untere Türspalt über dem Fußboden besonders abgedichtet ist, beispielsweise durch ein Dichtungssystem, das sich automatisch beim Öffnen der Tür anhebt. Diese Türen widerstehen auch größerem Druckaufbau auf einer Seite. Sie werden bezeichnet mit

DIN 18095 – 1-B (einflügelig)
DIN 18095 – 2-B (zweiflügelig).

Beide Arten von Rauchschutztüren werden lediglich bei einer Temperatur von 200° C auf Dichtheit geprüft. Sie können deshalb nicht anstelle von Feuerschutzabschlüssen der T-Klassen eingesetzt werden. Die Industrie hat jedoch bereits auch Feuerschutzabschlüsse entwickelt, die neben hinreichender Feuerwiderstandsfähigkeit (T 30, T 90) auch die Anforderungen an Rauchschutztüren nach DIN 18095 erfüllen. Damit ist ein weiterer Beitrag zur Minderung der Rauchausbreitung in Gebäuden geleistet worden.

Verglasungen (G, F)

Die üblichen Verglasungen von Fenstern und Türen mit Floatglas bieten keinen nennenswerten Schutz gegen einen voll entwickelten Brand. Sie zerspringen bereits nach wenigen Minuten; dies gilt auch für einfache Sicherheitsgläser mit gezielt erzeugten Eigenspannungen.

G-Verglasungen (DIN 4102, Teil 5)

G-Verglasungen aus Drahtspiegelglas, Drahtgußglas, vorgespannten Gläsern, Glaskeramik und Glasbausteinen halten bei Feuerbeanspruchung die Einbauöffnung verschlossen und verhindern den Durchtritt von Flammen und heißen Rauchgasen. Sie bieten jedoch keinen wesentlichen Schutz gegen den Durchgang der Wärmestrahlung, und sie erwärmen sich auch auf der dem Brand abgekehrten Seite deutlich über den zulässigen Grenzwert für F-Bauteile, so daß dort brennbare Materialien gezündet werden können. Diese Verglasungen können deshalb nicht als feuerhemmend (F 30) oder feuerbeständig (F 90) bezeichnet werden, sondern sie werden in die Klassen G 30, G 60, G 90 etc. eingereiht. Diese Klassifizierung erfolgt natürlich für die G-Verglasung im eingebauten Zustand, d. h. als komplettes System mit Rahmen, Verkittung, Verklotzung oder Verstiftung. Beim Einbau in Mauerwerk oder in Beton sind ebenfalls die Randbedingungen für den Einbau zu beachten. Da G-Verglasungen generell zulassungspflichtig sind, sind die festgelegten Einbaubedingungen stets den Zulassungsbescheiden des Instituts für Bautechnik zu entnehmen. Bei der Verwendung von G-Verglasungen ist generell zu beachten, daß sich in dem Bereich der möglicherweise durchtretenden Wärmestrahlung keine brennbaren Baustoffe oder brennbaren Werkstoffe des Gebäudeinhaltes befinden bzw. daß die Verglasung im Bereich von Rettungswegen erst ab einer Höhe von 1,80 m eingebaut werden darf.

F-Verglasungen (DIN 4102, Teil 2)

Seit dem Beginn der 70er Jahre werden in zunehmendem Umfang vollwertige Brandschutzverglasungen angeboten, die bei der Brandbeanspruchung alle Anforderungen an feuerhemmende (F 30) oder feuerbeständige (F 90) Bauteile erfüllen. Diese Verbundgläser enthalten eine Kernschicht, die unter Hitzeeinwirkung aufschäumt und dadurch den Wärmedurchgang so wirksam behindert, daß sie im eingebauten Zustand vollwertig in die F-Klassen nach DIN 4102, Teil 2, eingereiht werden können. Diese feuerhemmenden bzw. feuerbeständigen Verglasungen der Klassen F 30, F 90 etc. können deshalb an allen Stellen des Bauwerkes eingesetzt werden, an denen feuerhemmende oder feuerbeständige Bauteile gefordert sind. Sie dürfen auch als Verglasungen von Feuerschutztüren verwendet werden. Inzwischen existieren auch schon Zulassungen für ganze F 30-Glastrennwände mit Hartholzprofilen. Die gesamte Detailausbildung für Anschlüsse und Glashalterung ist festgelegt, die Gesamtgröße und Teilung sind in gewissen maßlichen Grenzen variabel. Solche Trennwände sind wegen der zu verwendenden Brandschutzgläser sehr teuer, eröffnen aber die Möglichkeit, das Holz auch dort einsetzen zu können, wo es die Gestaltung erfordert und bisher immer nur Norm-Stahlprofile möglich waren.
Die Einbaubedingungen sind den Zulassungsbescheiden des Instituts für Bautechnik zu entnehmen.

Nichttragende Außenwände (W)

Während Wände im Gebäudeinneren, die in die F-Klassen eingereiht werden sollen, die Anforderungen bei der Feuerbeanspruchung auf jeder der beiden Seiten erfüllen müssen, ist bei Außenwänden diese Feuerbeanspruchung lediglich auf ihre Gebäudeinnenseite anzuwenden. Dagegen ist die Feuerbeanspruchung auf der Gebäudeaußenseite entsprechend den tatsächlichen Bedingungen, die sich durch die aus Fenstern herausschlagenden Flammen ergeben, deutlich geringer. Bei Brandbeanspruchung an der Gebäudeinnenseite wird lediglich das Erhalten der Stabilität der Außenwände gefordert.
Nichttragende Außenwände wie Fensterbrüstungen und Ausfachungen, die unter den geminderten Bedingungen und Anforderungen geprüft worden sind, werden in die Klassen W 30, W 90 usw. eingereiht; sie entsprechen den bauaufsichtlichen Anforderungen an „gegen Feuer widerstandsfähige nichttragende Außenwände".
Für tragende Außenwände können diese Erleichterungen nicht in Anspruch genommen werden, weil ihr Versagen erheblich weiter reichende Konsequenzen hat, als bei nichttragenden

Außenwänden zu erwarten ist. Sofern tragende Außenwände gleichzeitig von beiden Seiten beansprucht werden können, müssen sie beidseitig die Anforderungen nach DIN 4102, Teil 2, erfüllen. Um den Feuerüberschlag zu verhindern, fordern die bauaufsichtlichen Vorschriften, daß Außenwände in bestimmten Bandbreiten feuerwiderstandsfähig sind (Sturz + Deckenhöhe + Brüstung = Feuerüberschlagsweg = mind. 1 m); dies gilt z. B. im Zwischendeckenbereich übereinanderliegender Brandabschnitte in Hochhäusern. Der Feuerüberschlag kann dabei auch durch auskragende Decken, Fluchtbalkone oder Sonnenschutz verhindert werden.

Brandwände

Nur Brandwände können Brandabschnitte unterteilen. Sie müssen in der Regel vom Fundament aufgehend senkrecht übereinanderstehend bis mindestens 30 cm über Dach geführt werden.

Nach einigen der neueren Landesbauordnungen sind auch versetzt geführte Brandwände zulässig, wenn die Verbindung zwischen der unteren und der oberen Brandwand durch eine Decke der Feuerwiderstandsklasse F 90-A erfolgt. Von den Geschossen unterhalb dieser Decke zu den darüber befindlichen Geschossen darf kein Feuerschlag durch Fenster hindurch an der Gebäudeaußenfront möglich sein. Es ist wohl auch selbstverständlich, daß die unterstützenden Bauteile dieser Decke entsprechend den Brandwänden ausgebildet sein müssen, d. h. F 90-A mit erhöhter mechanischer Widerstandsfähigkeit.

Während früher die Bauart von Brandwänden nach den Bauordnungen geregelt war, erfolgt heute die Beurteilung von Brandwänden nach DIN 4102, Teil 3. Danach müssen Brandwände der Feuerwiderstandsklasse F 90-A entsprechen und eine gegenüber F 90-Wänden erheblich erhöhte Widerstandsfähigkeit gegen seitliche Stoßbeanspruchung besitzen. Aussteifungen von Brandwänden müssen ebenfalls aus F 90-A-Bauteilen bestehen.

Durch die Realdefinition des Begriffes „Brandwand" wurde einer Reihe weiterer Bauarten die Einstufung als Brandwand ermöglicht. Dadurch wird sowohl der Fertigteil-Bauweise Rechnung getragen als auch dem Architekten ermöglicht, die Brandwände konform mit der Bauart der übrigen Gebäudeteile auszuführen.

Im übrigen sind bei Brandwänden nur in begrenztem Umfang Durchführungen abgeschotteter Leitungen, Rohre, Kanäle etc. zulässig.

Brandwände sind bei Gebäuden bis zu 3 Vollgeschossen bis unmittelbar unter die Dacheindeckung zu führen, bei Gebäuden über der 7 m-Grenze (> 3 Vollgeschosse) sind sie mindestens 30 cm über Dach zu führen, wenn eine harte Bedachung verwendet wird.

Leitungsführungen durch Brandwände und sonstige Brandschutzabschlüsse müssen der Klasse F 90 entsprechen.

Da Brandschutzklappen und Leitungsdurchführungen recht teuer sind, ist besonders bei hochinstallierten Industriebauten darauf zu achten, daß alle Brandabschnitte und Leitungsführungen schon in der Vorplanung aufeinander abgestimmt werden, um unnötigen Aufwand zu vermeiden.

Da die Blechanschlüsse der Dacheindeckung sowieso 10 cm oder besser 15 cm hochgeführt werden müssen, empfiehlt sich die Verblechung der gesamten Brandwand mit der Abdeckung. Eine über Dach verputzte Wand wird meistens rissig durch die unterschiedlichen Temperaturspannungen innen und außen und führt damit oft zu Bauschäden, auch weil auf dem Dach selten kontrolliert wird. Falls die Brandwand in Höhe der Dachhaut eine beidseits auskragende, mindestens 50 cm breite Stahlbetonplatte F 90 besitzt, braucht sie nur bis unmittelbar unter die Dachhaut geführt zu werden.

Die Brandwand muß bei über Eck zusammenstoßenden Gebäuden mindestens 5 m über die Ecke hinausragen (Ausnahme bei Eckwinkeln über 120°).

Baustoffe für Brandwände	Mindestdicke in mm	
	einschalig	zweischalig
Mauerwerk		
nach DIN 1053 Teil 1, gemauert in Mörtelgruppe II, IIa oder III bei Verwendung von		
Steinen der Rohdichteklasse > 1,2	240	2 X 175
Steinen der Rohdichteklasse ≤ 1,2 und > 0,8	290	2 X 190
Steinen der Rohdichteklasse ≤ 0,8	290	2 X 240
Ziegelfertigbauteile		
nach DIN 1053 Teil 4 unter Verwendung von		
Hochlochtafeln mit Ziegeln für vollvermörtelbare Stoßfugen	165	2 X 165
Verbundtafeln mit einer Ziegelschicht	190	2 X 165
Verbundtafeln mit zwei Ziegelschichten	240	2 X 165
Normalbeton		
Unbewehrter Beton nach DIN 1045	200	2 X 180
Bewehrter Beton nach DIN 1045 in Form von		
nichttragenden, liegend oder stehend angeordneten Wandplatten	120	2 X 100
tragenden Wandplatten oder Ortbeton	140*)	2 X 140*)
Leichtbeton		
mit haufwerksporigen Gefüge nach DIN 4232 der		
Rohdichteklasse > 1,2	250	2 X 200
Rohdichteklasse ≤ 1,2	300	2 X 200
Gasbeton		
Bewehrter Gasbeton nach DIN 4223 E mind. der Festigkeitsklasse GB 4,4 mit einer Rohdichte > 600 kg/m³ in Form von		
nichttragenden, liegend oder stehend angeordneten Wandplatten	175	2 X 175
tragenden, stehend angeordneten Wandplatten	200*)	2 X 200*)

*) Sofern infolge hoher Wandspannungen keine größeren Werte gefordert werden (siehe DIN 4102, Teil 4, Tabelle 37 bzw. Tabelle 40).

BRANDWÄNDE IM EINSPRINGENDEN WINKEL VON GEBÄUDEN

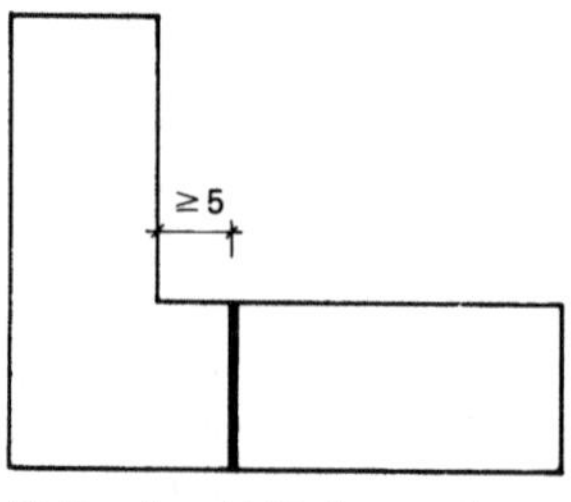

Die Brandwand ist ≥ 5 m von der inneren Ecke entfernt anzuordnen.

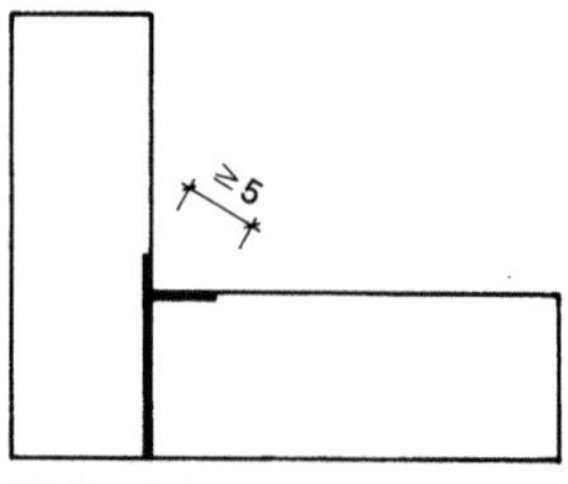

Die Brandwand ist nach beiden Seiten zu verlängern.

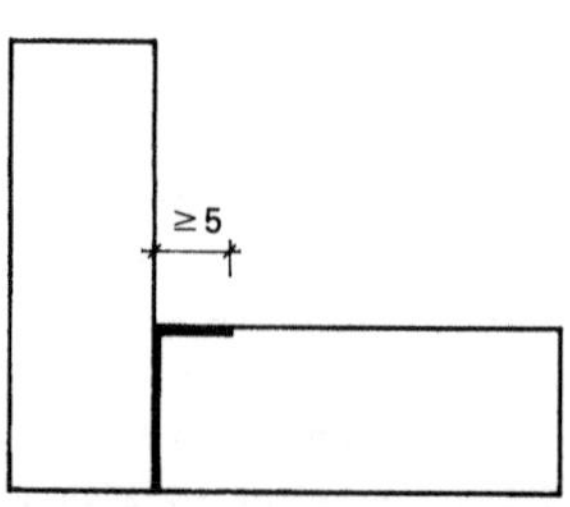

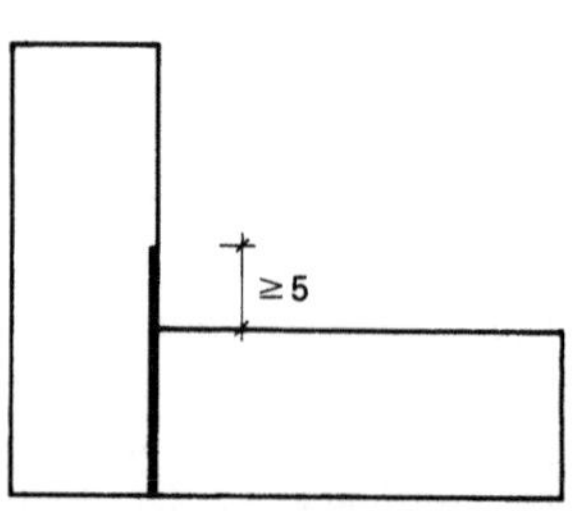

Die Brandwand in der inneren Ecke ist nach einer der beiden Seiten um ≥ 5 m zu verlängern.

Bei Gebäuden mit unterschiedlichen Höhen muß die Brandwand bis unter die Dachhaut des höheren Gebäudes reichen.

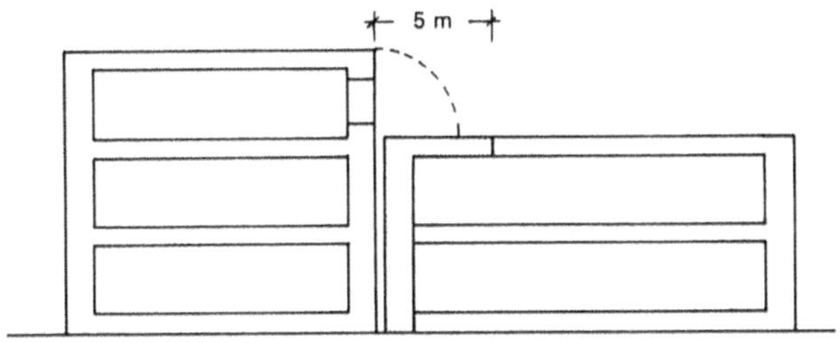

Bei Anordnung der Brandwand im niedrigeren Gebäude muß die Dachdecke in Brandwandqualität ausgeführt werden.

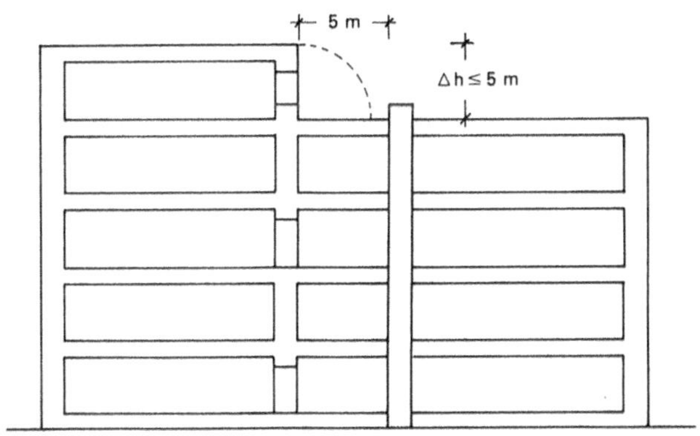

Bei geringen Höhenunterschieden der Gebäude können Brandwände auch in einer Entfernung von 5 m zum höheren Bau errichtet werden.

DETAILAUSBILDUNG DER BRANDWÄNDE

Für die konstruktive Ausbildung von Brandwänden sind im folgenden einige der üblichen Detaillösungen aufgeführt, wie sie von Brandschutzbehörden und Sachversicherern empfohlen werden.

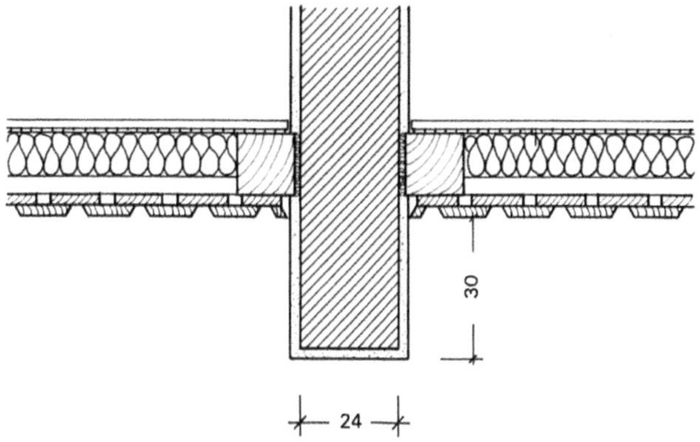

Brandwand zwischen Außenwänden in Holzkonstruktion

Da Bauteile aus brennbaren Baustoffen eine Brandwand nicht überbrükken dürfen, ist diese 30 cm vor die Außenwand zu führen.

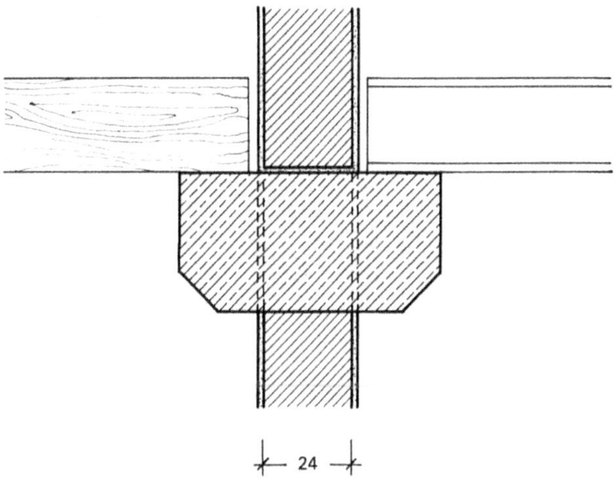

Trennung von Pfetten

Für die Trennung von Pfetten aus Holz oder Stahl sind im Brandwandbereich Beton- oder auch Stahlkonsolen einzubauen. Zu beachten ist, daß nicht durch eine Verbindung von Pfette und Auflager im Brandfall die herabfallende Pfette die Brandwand umwerfen kann.

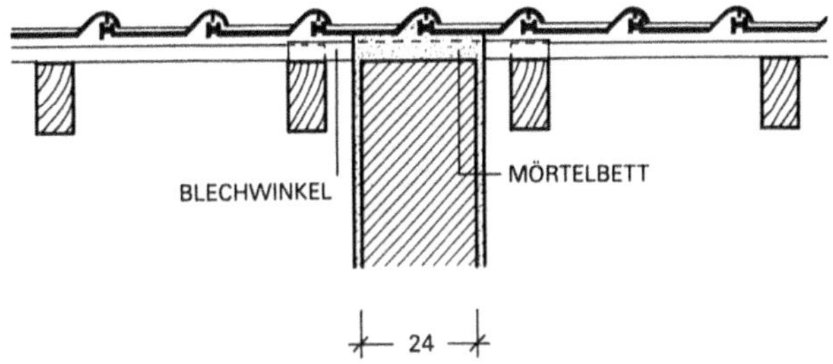

Bei Gebäuden bis zu drei Vollgeschossen genügt es, die Brandwände bis unmittelbar unter die Dacheindeckung zu führen. Brennbare Bauteile wie z. B. Dachlatten dürfen nicht über die Wand hinwegführen; sie sind durch Blechwinkel zu ersetzen. Die Dacheindeckung ist vollflächig aufzumörteln.

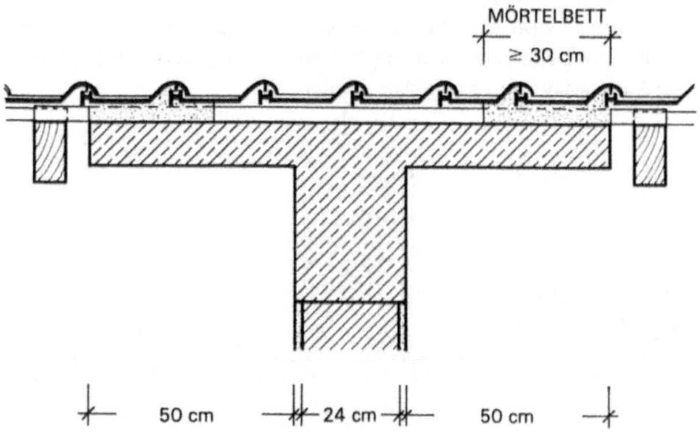

Bei Gebäuden mit mehr als drei Vollgeschossen können Brandwände im Dachbereich auch durch eine zweiseitig auskragende Stahlbetonplatte abgeschlossen werden, wenn die Überdachführung der Wand unerwünscht ist.

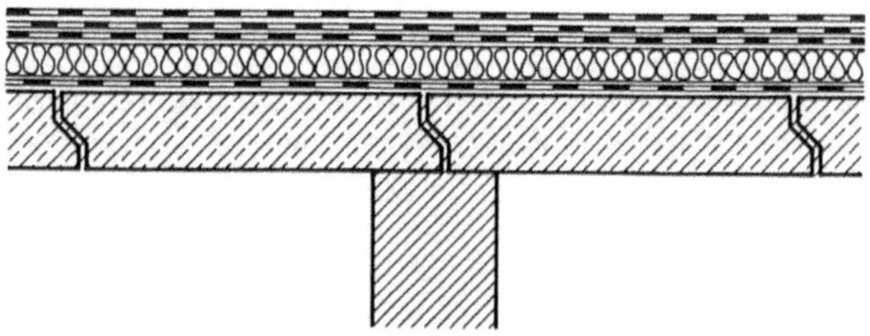

Besteht die Dachdecke im gesamten Gebäudebereich aus Ortbeton oder Betonfertigteilen F 90, so handelt es sich um eine Branddecke. Die Brandwand darf hier von brennbaren Dacheindeckungen überbrückt werden.

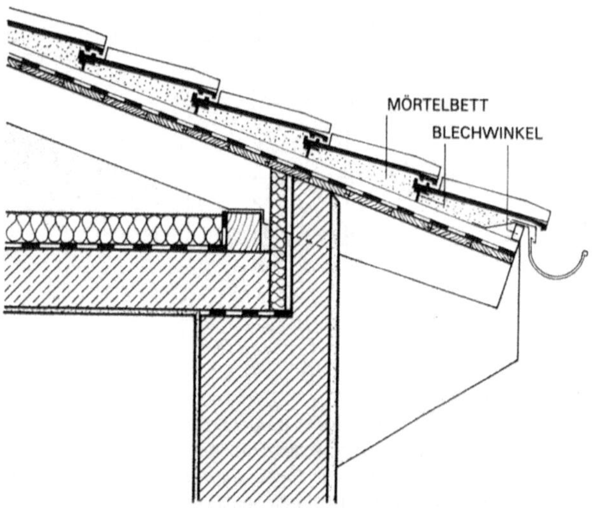

Hölzerne Dachüberstände, Vordächer und ähnliche Bauteile sind durch feuerbeständige Auskragungen in Brandwanddicke zu trennen (Brandwandvorkopf). Gleiches gilt für die Überdachführung der Brandwand.

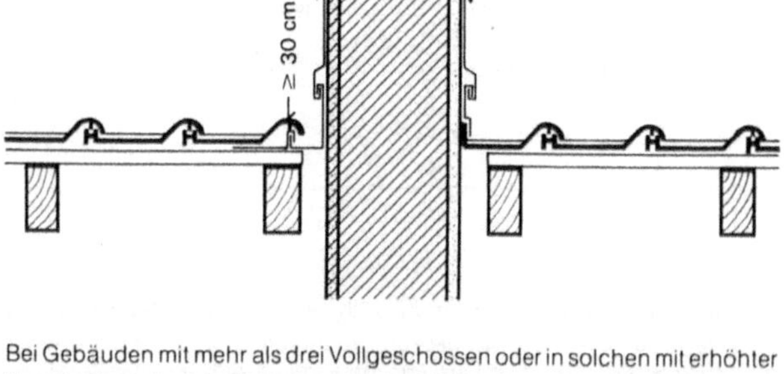

Bei Gebäuden mit mehr als drei Vollgeschossen oder in solchen mit erhöhter Brandgefahr sind die Brandwände mindestens 30 cm über Dach zu führen, empfohlen werden 80–120 cm.

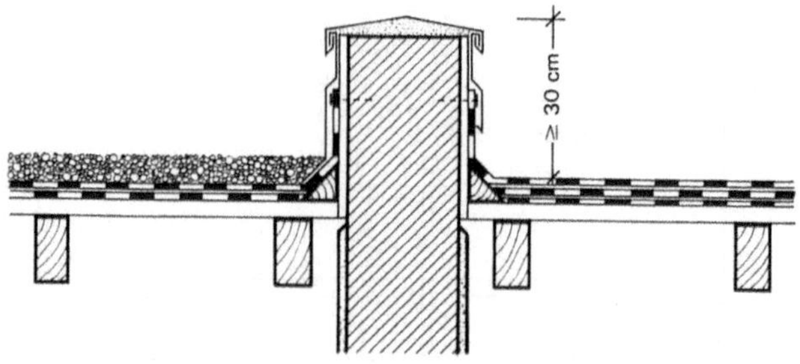

Bei Dachbahnen-Eindeckung sollten die Brandwände mindestens 30 cm über Dach geführt werden.

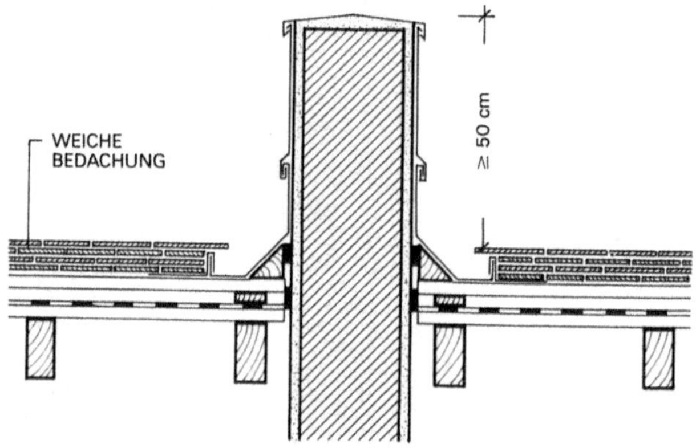

Bei Gebäuden mit „weicher" Bedachung sind die Brandwände mindestens 50 cm über Dach zu führen.
„Weich" ist jede brennbare Bedachung, für die nicht nachgewiesen wurde, daß sie gegen Flugfeuer und strahlende Wärme widerstandsfähig ist. Darunter fallen z. B. Holzschindeln, verschiedene Dachbahnen, Strohdächer. Andere Dachdeckungen wie z. B. beschieferte Bitumenschindeln gelten mit entsprechender Zulassung als „harte" Dacheindeckung.

TRAPEZPROFILDÄCHER

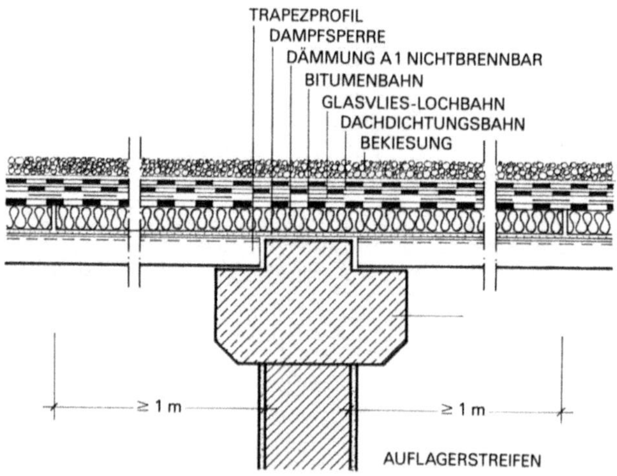

Eine Unterdachführung der Brandwand zwischen oder in Gebäuden (Brandabschnitte) sollte nur dort in Betracht kommen, wo eine Bekiesung des Daches vorgesehen ist. Die Wärmedämmung sollte über der Brandwand und je 1 m links und rechts davon aus nicht brennbaren Baustoffen bestehen (A 1), z. B. Foamglas.
Die Trapezprofile sind im Bereich der Brandwand getrennt und liegen auf einem Auflagerstreifen aus Stahlbeton.

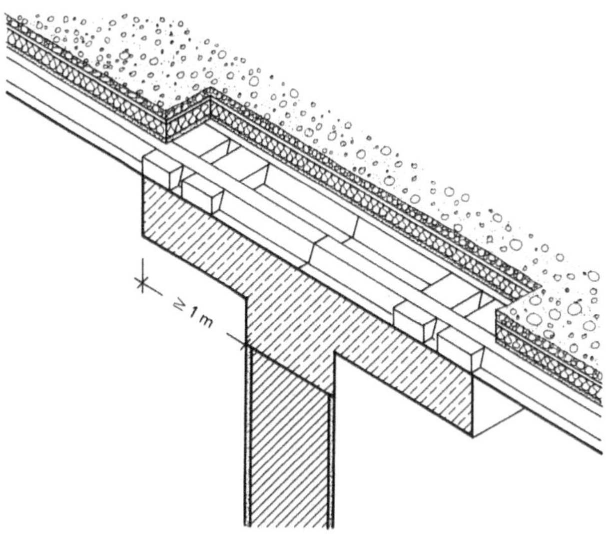

Unter Dach endende Brandwand bei einem Trapezprofildach. Um ein Durchdringen des Brandes durch die Profilsicken zu verhindern, müssen diese oben und unten mit nichtbrennbaren Profilfuttern verschlossen werden.

Komplextrennwände

Während nach den bauaufsichtlichen Bestimmungen Brandwände die höchste Stufe der brandschutztechnischen Trennung von Gebäudeabschnitten darstellen, haben die Sachversicherer im Rahmen der Industrie-Feuer-Versicherung den Begriff „Kompextrennwände" eingeführt. Sie sind im Baurecht nicht aufgeführt und haben deshalb keine baurechtliche, sondern eine versicherungsrechtliche Bedeutung. Diese Wände trennen baulich zwei Abschnitte (Komplexe) eines Gebäudes, die nach unterschiedlichen Tarifen versichert werden.

Komplextrennwände müssen ohne Versatz vom Fundament durch alle Geschosse gehen bis mindestens 50 cm über das Dach oder die Shedspitze des höheren Gebäudes hinausragen oder bei feuerbeständigem Dach an dieses anschließen. Ein Versetzen würde ihrer Anerkennung als Komplexe trennende Wand entgegenstehen. Sie müssen der Feuerwiderstandsklasse F 180-A entsprechen und eine gegenüber Brandwänden noch erhöhte mechanische Widerstandsfähigkeit gegen horizontale Stoßbeanspruchung besitzen. In der Praxis wirken sich diese erhöhten Anforderungen durch die vergrößerte Dicke der Wände aus.

Dachöffnungen müssen von Komplextrennwänden mindestens 7 m entfernt sein. Brennbare Baustoffe und Bauteile dürfen in Komplextrennwände weder eingreifen noch diese überbrücken. Dies gilt nicht für brennbare Dachbahnen oder brennbare Dämmstoffe auf öffnungslosen, feuerbeständigen Dächern.

Stehen zwei durch eine Komplextrennwand getrennte Gebäude im Winkel zueinander, müssen die anstoßenden Außenwände feuerbeständig sein; sie dürfen keine oder nur feuerbeständig geschützte Öffnungen besitzen und keine herausragenden, brennbaren Bauteile haben. Außenwände, welche diese Forderungen nicht erfüllen, müssen in Luftlinie mindestens 7 m voneinander entfernt sein. Die übrigen Anforderungen, die an Brandwände gestellt werden, sind auch bei der Errichtung der Komplextrennwände zu berücksichtigen.

Die Durchführung von Rohren, Leitungen, Kabel etc. durch Komplextrennwände ist praktisch nicht möglich, wenn diese Wände ihren Status nicht verlieren sollen. Feuerschutzabschlüsse T 90 werden in begrenzter Zahl und Größe in Komplextrennwänden nach den Regeln der Sachversicherer akzeptiert (4 Öffnungen mit insgesamt nicht mehr als 22 m² pro Geschoß).

Baustoffe für Komplextrennwände	Mindestdicke in mm	
	einschalig	zweischalig
Mauerwerk nach DIN 1053 Teil 1, gemauert in Mörtelgruppe II, IIa oder III		
Voll- oder Hochlochziegel nach DIN 105	365	2 X 240
Hüttensteine nach DIN 398 Teil 1	365	2 X 240
Kalksandsteine nach DIN 106 Teil 1	365	2 X 240
Voll- bzw. Hohlblocksteine aus Leichtbeton nach DIN 18152	365	2 X 240
Voll- bzw. Hohlblocksteine aus Leichtbeton nach DIN 18151	365	2 X 240
Hohlblock- oder T-Hohlsteine nach DIN 18153	365	2 X 240
Hohlblocksteine aus Beton nach DIN 18153 E	365	2 X 240
Gasbeton-Blocksteine nach DIN 4165	365	2 X 240
Gasbeton-Planblocksteine (im Dünnbettmörtel)	365	2 X 240
Ziegelfertigbauteile nach DIN 1053 Teil 4	240	2 X 165
Stahlbeton bei Verwendung von Normalbeton entsprechend DIN 1045 bei einer		
– max. Randspannung $\sigma_R \leq 0{,}5\,\beta_R$	200	2 X 180
– max. Randspannung $\sigma_R \leq 1{,}0\,\beta_R$	300	2 X 170
Bewehrter Gasbeton nach DIN 4223; Festigkeitsklasse mind. GB 4.4		
liegend angeordnete Wandplatten	250	2 X 200
stehend angeordnete Wandplatten	300	2 X 200

Durchführungen

In zahlreichen Fällen, insbesondere bei Gebäuden über der „7 m-Grenze" dürfen haustechnische Anlagen durch Bauteile, an die Anforderungen hinsichtlich der Feuerwiderstandsfähigkeit gestellt werden, nur hindurchgeführt werden, wenn eine Übertragung von Feuer und Rauch nicht zu befürchten ist oder entsprechende Vorkehrungen hiergegen getroffen werden.

Derartige haustechnische Anlagen sind insbesondere
- elektrische Leitungen, Steuerleitungen,
- Rohre,
- Installationsschächte und -kanäle,
- Lüftungsleitungen, raumlufttechnische Anlagen, Warmluftheizungen,
- schienengebundene Fördereinrichtungen.

Der erforderliche Brandschutz kann bei diesen haustechnischen Anlagen im Prinzip auf zwei Wegen erreicht werden, nämlich durch
- direkte Schutzmaßnahmen in der Ebene des durchdrungenen Bauteils. Dies kann z. B. bei Lüftungsleitungen oder Fördereinrichtungen durch Sicherung der Öffnung mittels eines im Brandfall auslösenden Verschlusses (Brandschutzklappe) erreicht werden. Für die Durchführungen von Kabeln oder Rohren gibt es entsprechende, zugelassene Kabel- oder Rohrabschottungen.
- Schutzmaßnahmen innerhalb der Brandabschnitte durch Ummantelung oder Verkleidung der betreffenden haustechnischen Anlage.

Bei aufwendigen haustechnischen Installationen ist es sinnvoll, die Anlagen in eigenen Brandabschnitten in Kellern oder Dachzentralen zusammenzufassen und die Versorgungsleitungen

in brandbeständigen Schächten zu führen, die dem Brandabschnitt der Anlage zugeordnet werden. Kostenintensive Durchführungen werden hier nur noch bei der Anbindung des betreffenden Geschosses notwendig.
Die Feuerwiderstandsfähigkeit der Abschlüsse in haustechnischen Anlagen oder ihre Abschottung muß der Feuerwiderstandsklasse des durchdrungenen Bauteils entsprechen.

Dächer

Bei Dächern ist zwischen dem Brandverhalten der Bedachung und der Feuerwiderstandsfähigkeit der Dachkonstruktion einschließlich ihrer unterstützenden Bauteile zu differenzieren.
Unter der Bedachung ist die regenschützende Dachhaut zu verstehen, deren Verhalten einschließlich vorhandener Dämmschichten und Unterkonstruktionen bei einer von außen einwirkenden Brandbeanspruchung nach DIN 4102, Teil 7, bewertet wird. Dächer, die diese Anforderungen erfüllen, gelten als „widerstandsfähig gegen Flugfeuer und strahlende Wärme"; dieser Begriff ist identisch mit „harter Bedachung".
Die Grundüberlegung dieser Bewertung ist die Begrenzung des Brandüberschlages auf benachbarte Gebäude durch Zünden der Dachdeckung durch Funkenflug oder strahlende Wärme. Damit soll die Brandausbreitung über die Dächer und das Durchdringen des Brandes vom Dach ins Gebäudeinnere verhindert werden.
Als harte Bedachung gelten z. B. Dachziegel, Betondachsteine, Schieferdeckungen und auch beschieferte Bitumenschindeln oder Dachbahnen mit entsprechender Zulassung sowie bekieste Dachkonstruktionen.
Unter die weichen Bedachungen fallen Stroh- oder Reetdächer und Holzschindeldeckungen.
Solche Überlegungen gelten natürlich nicht für Dachdeckerarbeiten, die mit dem Brenner auf dem Dach ausgeführt werden, wie z. B. bei Bitumen-Dachbahnendeckungen. In der Herstellungsphase kann man hier nicht von harten Bedachungen sprechen, diese Klassifizierung wird erst erreicht, wenn die Bekiesung aufgebracht ist oder die letzte Lage als harte Bedachung zugelassen ist.
Bei Wohngebäuden geringer Höhe oder Gebäuden mit vergleichbarer Nutzung sind Dächer mit „weicher Bedachung", z. B. aus Gründen des Denkmalschutzes, bei erheblich vergrößerten Gebäudeabständen gestattet. Im Industriebau dürfen Teilflächen aus „weicher Bedachung" als Lichtbänder oder Lichtkuppeln hergestellt werden; dabei sind Randabstände, Abstände von Brandwänden, Abstände zwischen diesen Teilflächen und die Begrenzung ihrer Flächen zu beachten.
An Dächer werden in der Regel keine Anforderungen hinsichtlich ihrer Feuerwiderstandsfähigkeit, d. h. bei einem Brand im Gebäudeinnern, gestellt; dies gilt sowohl für das Tragwerk (Pfetten, Sparren, Stützen etc.) als auch für die Unterkonstruktion (Schalung, Trapezprofile etc.). Wegen der gerade bei Dächern häufig unrichtigen Anwendung des Sprachgebrauchs auf brandschutztechnische Forderungen sei also klargestellt: Falls der obere Abschluß eines Raumes gleichzeitig das Dach ist, z. B. bei einem Flachdach oder einem Steildach mit ausgebautem Dachraum, dann gelten für dieses Bauteil die Anforderungen an Dächer und nicht die an Decken!
In einigen besonderen Situationen werden jedoch Anforderungen an die Feuerwiderstandsfähigkeit von Dächern, und zwar bei innenseitiger Feuerbeanspruchung, gestellt:

- wenn Dächer an höhere Anbauten mit höher liegenden Fenstern anschließen
- bei aneinandergebauten giebelständigen Gebäuden, d. h. deren Giebel zur Straße weist
- wenn aufgrund der Anordnung der Dächer die Übertragung eines Brandes auf andere Gebäudeteile oder Gebäude zu befürchten ist
- wenn das Einstürzen der Dachkonstruktion zur Erhaltung der Rettungswege oder der Löschmaßnahmen verhindert werden muß.

Ein besonderer Problempunkt ergibt sich bei durchlüfteten Dachkonstruktionen, die von anderen Gebäudebereichen über Rettungswege wie Flure und Treppenhäuser verlaufen. Wenn die Dachkonstruktion z. B. F 30 ausgebildet ist, die Belüftungsschicht aber raumseitig der F 30-Beplankung liegt, kann ein Brand durch die Belüftungsebene über die Wand von oben her in das Treppenhaus übergreifen. In solchen Fällen ist entweder unter der Lüftungsschicht eine Bekleidung entsprechender Klassifizierung anzubringen oder der Rettungsweg mit einer Betonplatte abzuschließen, um den Brandüberschlag zu verhindern.

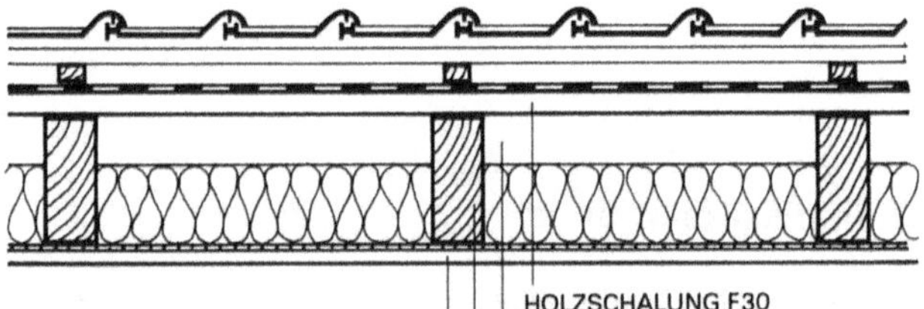

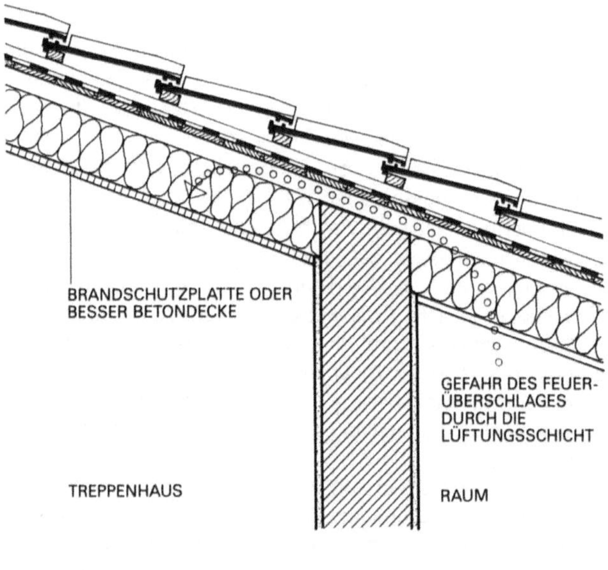

Im Bereich des Industriebaues ist die Verwendung wärmegedämmter Stahltrapezprofildächer auf ungeschützten Stahlkonstruktionen verbreitet. An diese Dächer werden üblicherweise keine besonderen Anforderungen bezüglich der Feuerwiderstandsfähigkeit gestellt. Für Fälle, bei denen auch der vorbeugende Brandschutz dieser Dächer durch konstruktionsspezifische Maßnahmen verbessert werden soll, ohne die Aufwendungen für F 30-Konstruktionen zu treffen, wurden von der Vereinigung zur Förderung des Deutschen Brandschutzes (VFDB) Empfehlungen ausgearbeitet, die auch vom Verband der Sachversicherer (VdS) übernommen worden sind. Sie betreffen insbesondere die Ausbildung der Stahlkonstruktion sowie Abschottungen unterhalb, innerhalb und oberhalb der Dächer.

Planerischer Brandschutz

betrifft in erster Linie das Bauwerk als Ganzes, seine städtebauliche Eingliederung und die innere Erschließung, soweit sie bereits im Vorentwurf festzulegen sind.

Ein etwaiges Schadenfeuer ist möglichst auf die unmittelbare Umgebung seines Entstehens, d. h. auf den Brandherd zu begrenzen, während ungefährdete Flucht- und Angriffswege die Sicherung von Menschenleben aus diesem Bereich ermöglichen müssen. Auch die Zugänglichkeit von Gebäudegruppen für Feuerwehrfahrzeuge zur Brandbekämpfung und Rettungsmaßnahmen von außen muß gesichert sein.

Durchfahrten für Feuerwehrfahrzeuge müssen eine Mindestabmessung von b = 3,0 m, h = 3,5 m besitzen. Ist die Durchfahrt länger als 12 m, muß die Breite ebenfalls 3,5 m betragen. Bei Einfahrten in engen Straßen kann sich die Breite vergrößern. Es ist dabei der Wenderadius der Fahrzeuge von 21,00 m zu beachten (s. DIN 14090). Fußgängerwege oder Fluchtwege von Notausgängen (z. B. Theater) erfordern eine zusätzliche Breite der Einfahrt.

Die Schwierigkeit der Feuerbekämpfung wächst auch mit steigender Gebäudehöhe. Von außen sind Lösch- und Rettungsmaßnahmen auf etwa 30 m Höhe begrenzt. Um bei Hochhäusern über 30 m die Löschmaßnahmen im Gebäudeinnern zu sichern, verlangen z. B. die neuen Hochhausrichtlinien von Hessen einen zusätzlichen Aufzug, der im Brandfall ausschließlich der Feuerwehr zur Verfügung steht. Dieser Feuerwehraufzug muß sich in einem eigenen Fahrschacht befinden, der von jedem Stockwerk aus durch einen im Brandfall ausreichend belüfteten Vorraum zugänglich ist. Die Kabine des Aufzugs muß aus nicht brennbaren Baustoffen bestehen, eine Grundfläche von > 1,00 m × 2,30 m haben und eine Gegensprechanlage zum Triebwerksraum und zu einem Raum im Erdgeschoß (z. B. Pförtnerloge) enthalten. Außerdem muß die Notstromanlage so gelegt und geschaltet sein, daß der Feuerwehraufzug bei Netzausfall ständig betriebsbereit ist.

Einer Brandausweitung auf eine unmittelbar angrenzende Bebauung sowie innerhalb großflächiger Bauwerke ist durch die bauaufsichtlich geforderte Unterteilung in Brandabschnitte zu begegnen, auf welche die Auswirkungen eines einmal entstandenen Brandes zunächst beschränkt bleiben sollen. Sie entsprechen im allgemeinen den Fluchtbereichen.

Fluchtwege

Jedem Brandabschnitt ist als Mindestforderung eine Fluchtmöglichkeit zuzuordnen. Der Fluchtweg soll geradlinig in höchstens 25–30 m Entfernung zu einem Ausgang ins Freie, zu einem Fluchtbalkon oder einem gegen den Feuerübergriff gesicherten notwendigen Treppenraum oder anderen Brandabschnitten führen. Je größer die Gefährdung des Menschen ist, desto kürzere Fluchtwege können gefordert werden, z. B. bei Laborbauten > 6 m, endend auf einem Fluchtbalkon mit Abstiegsleitern oder Innenflur, der über Treppenhäuser, Nottreppen oder -leitern im Abstand von 25–30 m zu entleeren ist. Zu messen ist der tatsächlich zurückzulegende Weg.

Der Fluchtweg darf durch Einrichtungs- oder Lagergut und durch die Türen nicht eingeengt werden. Die Mindestdurchgangsbreiten von Fluchtgassen, Fluren, Türen und Treppen sind abhängig von der Anzahl der auf sie angewiesenen Personen sowie von der etwaigen Einengung durch flankierend sich öffenende Türen, die grundsätzlich nur in Fluchtrichtung, ggf. in Nischen aufschlagen sollten.

Münden bei Geschoßbauten die Fluchtwege unmittelbar in Treppenhäuser, so muß für den Rauchabzug ausreichend gesorgt sein. Bei innenliegenden Treppenhäusern muß durch Überdruck, der allerdings das Öffnen der Türen erschwert, im Treppenhaus oder in vorgeschalteten Schleusen das Eindringen von Rauchgasen verhindert werden. Aus diesem Grunde dürfen im Hochhausbau die sogenannten Sicherheitstreppenhäuser nur über einen Balkon oder eine Loggia erreicht werden. Die zulässige Länge und Anordnung von Fluchtwegen sind nach den Landesbauordnungen unterschiedlich.

INDUSTRIEHALLEN UND EBENERDIGE BAUTEN

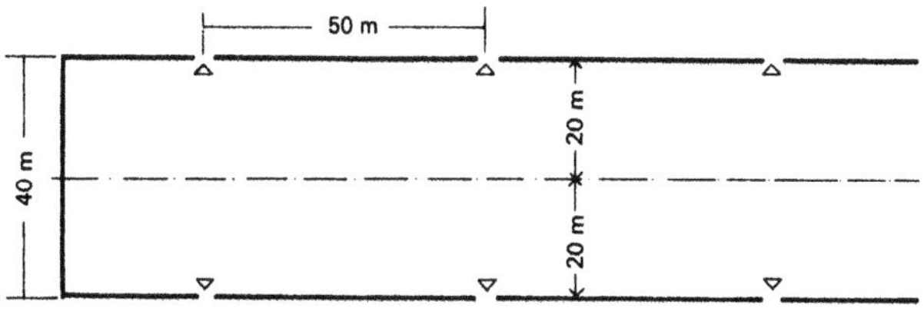

ZWEIBÜNDIGE INDUSTRIEANLAGE
MAXIMALE EINDRINGTIEFE 20 m, BEDINGT DURCH WURFWEITE EINES C-STRAHLROHRES ~15–20 m
HÖCHSTABSTAND ZUM NÄCHSTEN AUSGANG 25 m

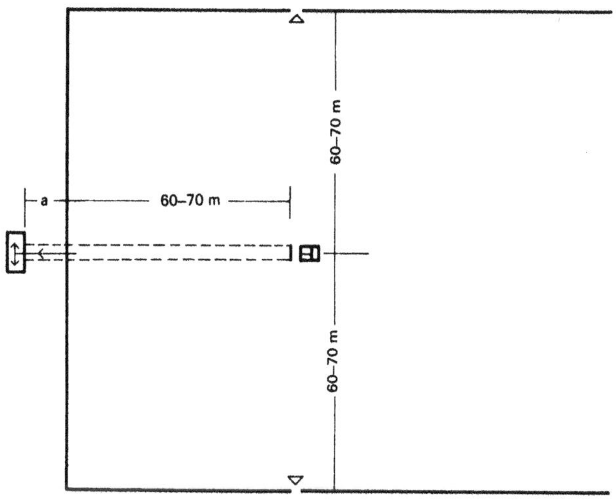

FABRIKHALLE MIT UNTERIRDISCHEM FLUCHTWEG
DER ABSTAND VON GEBÄUDEKANTE BIS INNENLIEGENDEM TREPPENHAUS BETRÄGT 60–70 m
DER ABSTAND DES AUSSENLIEGENDEN, MIT DEM TREPPENHAUS UNTERIRDISCH VERBUNDENEN NOTAUSSTIEGES BETRÄGT ³/₄ DER GEBÄUDEHÖHE BZW. LIEGT AUSSERHALB DES TRÜMMERSCHATTENS

GESCHOSSBAUTEN

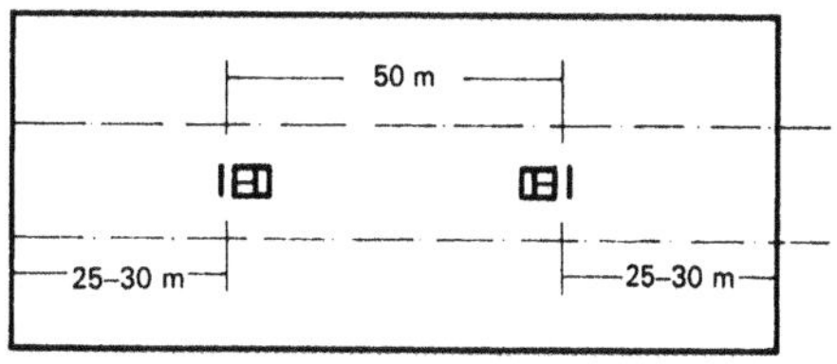

3-BÜNDIGE ANLAGEN MIT INNENLIEGENDEN TREPPENHÄUSERN
ABSTAND DER TREPPENHAUSEINGÄNGE 50 m, VOM GEBÄUDEENDE ~25 m

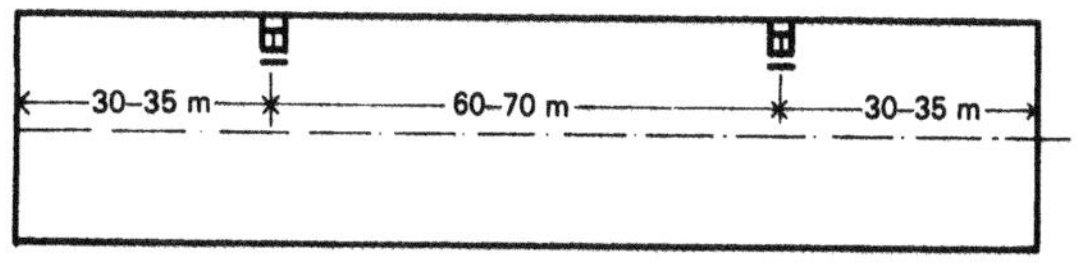

2-BÜNDIGE ANLAGE MIT AUSSENLIEGENDEM TREPPENHAUS
DER ABSTAND DER TREPPENHÄUSER BETRÄGT MAXIMAL 60–70 m, VOM GEBÄUDEENDE 30–35 m

WARENHÄUSER UND VERSAMMLUNGSRÄUME

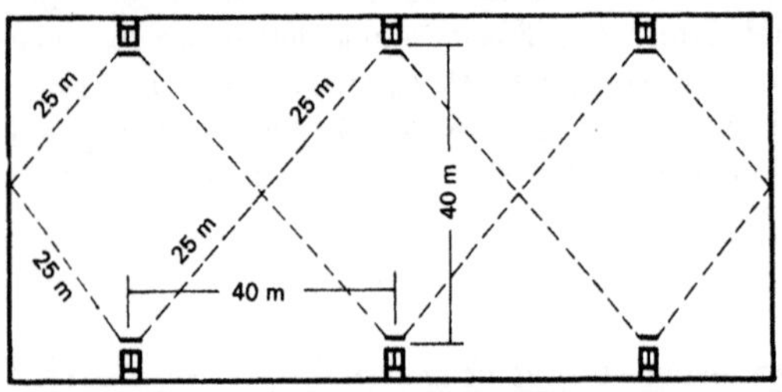

DAS TREPPENHAUS MUSS VON JEDEM PUNKT AUS ZU ERREICHEN SEIN IN MAXIMAL 25 m, AUSSERDEM SOLLEN DIE TREPPENHÄUSER UNTEREINANDER NICHT MEHR ALS 40 m ENTFERNT SEIN.

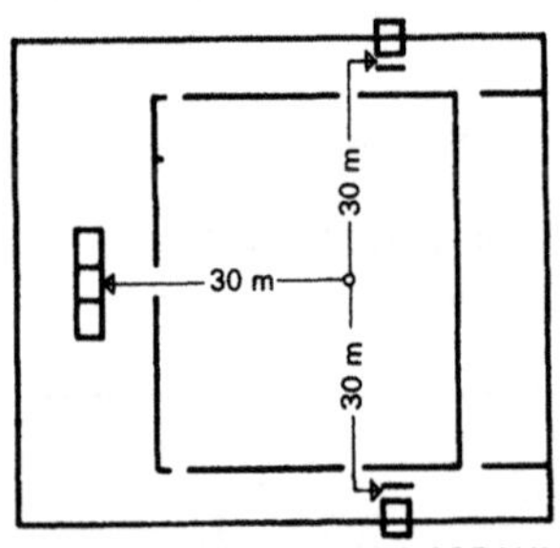

LIEGT DER VERSAMMLUNGSRAUM ÜBER DEM ERDNIVEAU, SO MÜSSEN MINDESTENS 2 TREPPENRÄUME VORHANDEN SEIN
DER TREPPENRAUM VON JEDEM PUNKT AUS VON NICHT MEHR ALS 30 m ERREICHBAR SEIN

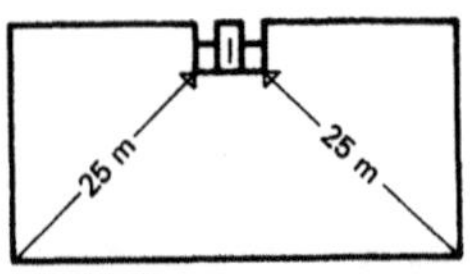

HOCHHAUSSICHERHEITSTREPPENHAUS
ZUNÄCHST SOLL DER TREPPENRAUM AN DER AUSSENSEITE DES GEBÄUDES LIEGEN UND MUSS IM ABSTAND VON 25 m ERREICHBAR SEIN

BRANDMAUERN UND FEUERBESTÄNDIGE WÄNDE IM WOHNUNGSBAU

DIESE MASSANGABEN SIND IN DEN JEWEILIGEN BUNDESLÄNDERN UNTERSCHIEDLICH UND GELTEN NICHT FÜR WOHNGEBÄUDE
EIN INNENLIEGENDER TREPPENRAUM ÜBER 3 VOLLGESCHOSSE MUSS MIT EINEM RAUCHSCHUTZ ABGESICHERT SEIN (§ 28 I a)

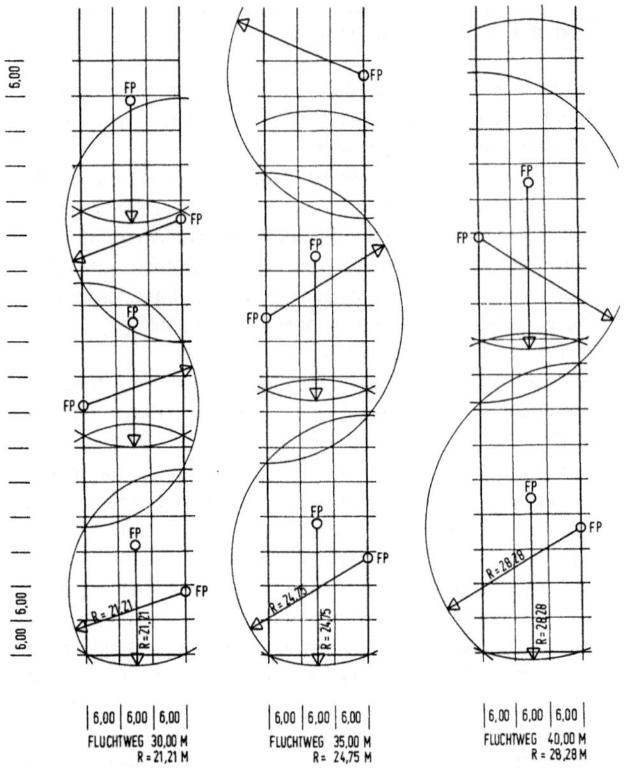

ANORDNUNG VON FESTPUNKTEN (FP) BZW. FEUERSCHUTZBEREICHEN (TREPPENHÄUSERN) IM GEBÄUDEINNEREN ODER PERIPHER IN ABHÄNGIGKEIT VON FLUCHTWEGENTFERNUNGEN

ANORDNUNG VON SICHERHEITSTREPPEN

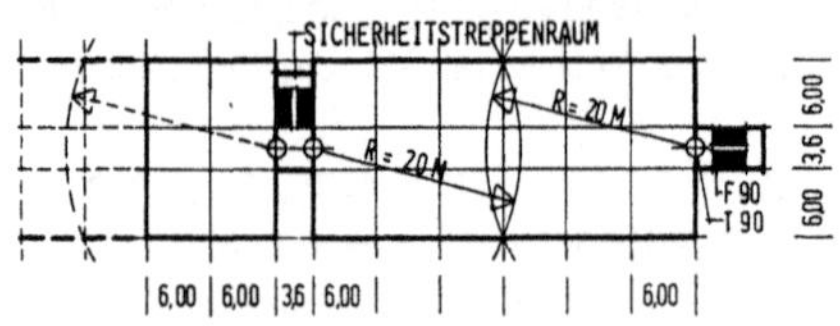

-RADIUS (R) VOM TREPPENRAUM = 20,00 M, FLUCHTWEG GRÖSSER 25,00 M - KLEINER 30,00 M.
-ANORDNUNG DER TREPPENRÄUME PERIPHER UND ZWISCHENLIEGEND

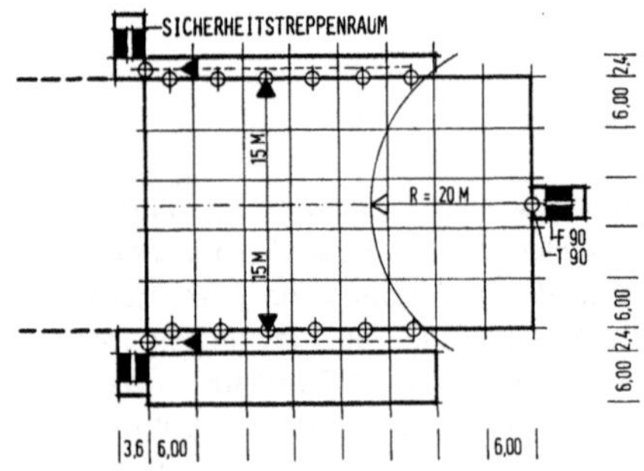

-RADIUS VOM TREPPENRAUM = 20,00 M UND FLUCHTWEGE ÜBER FLUCHTBALKONE.
-ANORDNUNG DER TREPPENRÄUME PERIPHER.

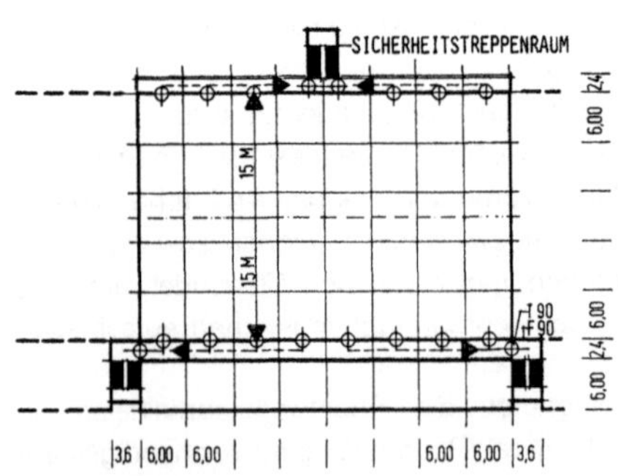

-FLUCHTWEGE ÜBER FLUCHTBALKONE.
-ANORDNUNG DER TREPPENRÄUME PERIPHER.
-JEWEILS WÄNDE F 90, TOREN T 90.

Anordnung der Fluchtwege

Bei linearen Gebäudestrukturen, hier mit dem Konstruktionsraster von 6,0 × 6,0 m, ergeben sich bestimmte Lokalisierungen für die vertikalen Fluchtwege (Treppenhäuser). Bei ihrer Anordnung vor dem Bau kann die Geschoßfläche durchgehend genutzt werden. Außenstehende Festpunkte sind aus Platzgründen nicht immer möglich, im Grundriß angeordnete Festpunkte blockieren jedoch die Verfügbarkeit der Geschoßfläche. Über grundrißliche Analysen müssen in der Vorentwurfsphase die optimalen Anordnungen geprüft werden.

Ein Planungsfehler, der sehr oft gemacht wird, ist, daß die Fluchtwege in den Fluchttreppenräumen von den auf das Podest aufgehenden Türen überschnitten werden, wodurch es beim fluchtartigen Verlassen des Gebäudes über die Treppe zu erheblichen Unfällen kommen kann (Kopfverletzungen, Sturz).

ANORDNUNG DER TÜREN (T90) IM TREPPENRAUM (F90)

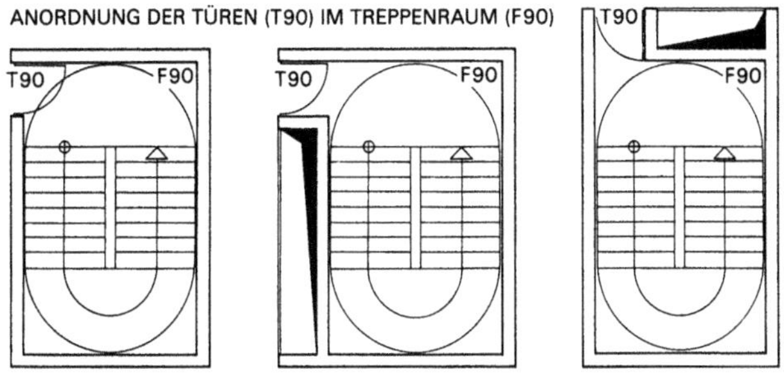

FALSCH RICHTIG RICHTIG

Erübrigt es sich an dieser Stelle, im Detail auf die verschiedenen Vorschriften einzugehen, so sollen dennoch einige grundlegende Gedanken zur Analyse der Fluchtwege vorgetragen werden.
Industrie- oder Anlagenbauten sind große Volumen, deren mehrfach durchbrochene Deckensysteme nicht als Brandbekämpfungsabschnitte herangezogen werden können. Auch die horizontale Ausdehnung ist aus prozeßtechnischer Sicht nicht begrenzbar auf Fluchtweglängen, d. h., es ist aus Gründen optimaler Aggregatanordnungen erforderlich, größere zusammenhängende Flächen zu erstellen, ohne behindernde feuerwiderstandsfähige Wände.
Das Ausbrechen eines Feuers kann z. B. im Erdgeschoß katastrophale Folgen haben, da dem Aufsteigen der Flammen und des Rauchs nach oben keine Widerstände entgegenstehen, ja oftmals wird die Rauchzugwirkung noch durch die offenen Montageöffnungen und Transportsysteme begünstigt. Es muß also außerordentlich dafür Sorge getragen werden, daß die Fluchtmöglichkeiten kurz sind und daß möglichst zwei Richtungen eingeschlagen werden können.
Da in den Geschoßebenen keine abgeschlossenen Flure, sondern nur offene Verkehrswege vorhanden sind, können diese durch entsprechende Auflagen offengehalten werden. Der Zugang zu den Fluchtwegtüren ist also punktuell zu sehen: Türen in die Treppenräume oder zu äußeren Fluchttreppen. Bei linearen Gebäudetypen ist die Anordnung der Fluchtwege unproblematisch, wenn beispielsweise zwei Festpunkte vorhanden sind. Alle Geschoßebenen liegen dann im Bereich der Fluchtradien (25 bzw. 30 m). Wird die Geschoßfläche größer, so müssen ab bestimmten Dimensionen zusätzliche Maßnahmen getroffen werden, z. B. Außentreppenräume oder Rettungstunnel. Äußere Fluchtbalkone entlang der Fassaden mit direktem Zugang zu den Festpunkten haben den Vorteil, daß der Fluchtwegradius zugunsten linearer Fluchtwege angelegt werden kann. Werden die Balkonlaufplatten in Beton ausgeführt, helfen diese zudem, den Feuerüberschlag von Geschoß zu Geschoß zu verzögern, sie wirken wie feuerwiderstandsfähige Brüstungen. Es empfiehlt sich in jedem Falle, nach Vorlage eines ersten Konzeptes dieses mit den Bauaufsichtsbehörden abzuklären, weil Fluchtbalkone nicht überall als solche akzeptiert werden.
Über die Anlage von zusätzlichen Feuerschutz- und -sicherheitsmaßnahmen soll hier nichts ausgesagt werden, da diese ja nach Sicherheitserfordernis höher oder niedriger angelegt werden können. Eine Orientierung bietet DIN 18230 (Baulicher Brandschutz im Industriebau).
Die Verantwortung des Planers ist groß, es geht um die Sicherheit des arbeitenden Personals und um die möglichst enge Eingrenzung eines Brandes.

Brandabschnitte horizontal

Damit sich ein Brand im Gebäudeinnern nicht ungehindert ausbreiten kann, muß es in Brandabschnitte unterteilt werden, wovon im Brandfall einer das maximal abbrennende Bauvolumen sein sollte. Brandabschnitte werden gebildet von Brandwänden und Branddecken. Nach der Musterbauordnung wird die Anordnung von Brandwänden in Abständen von höchstens 40 m gefordert, wobei hier von einer normalen Wohngebäudetiefe von maximal 15 m ausgegangen wird. In der Praxis wird jedoch bei ausgedehnten Gebäuden das Maß von 40 m in beiden Dimensionen gemessen, so daß sich eine Fläche von 1600 m² ergibt. Größere Abstände als 40 m können gestattet werden, wenn die Nutzung des Gebäudes es erfordert und keine Bedenken bezüglich des Personen- und Sachschutzes bestehen. Dazu müssen besondere Brandschutzmaßnahmen getroffen werden, wie z. B. automatische Feuerlöschanlagen (Sprinkler) oder der Einbau von Fluchttunnels.
Die Erfahrungen aus vielen Großbränden der letzten Jahrzehnte haben jedoch bewiesen, daß Großbauten mit hohen Brandlasten, brandgefährlichen Betriebsmitteln oder neuartigen Lagertechniken brandschutztechnisch nicht in den Griff zu bekommen sind, wenn trotz aller vorbeugenden Maßnahmen die Brandabschnitte über eine Größe von 5000 m² hinausgehen. Brandabschnitte bis 5000 m² sind bei guter Planung auch ohne Behinderung des Betriebsablaufes zu realisieren und stellen die Feuerwehr im Brandfall nicht vor unlösbare Aufgaben.
Ursprünglich kommen die Brandabschnitte aus dem Haus- und Wohnungsbau. Zwei Wohnungen müssen mindestens durch eine F 60- bis F 90-Wand, zwei Gebäude durch eine Brandwand im Sinne der DIN 4102, Teil 4, voneinander getrennt sein. Die Treppenräume sind bei Bauten $\geqq 3$ Geschossen als eigene Brandabschnitte zu betrachten und müssen durch fb-Wände in Brandmauerdicke, je nach Material abgetrennt sein. Für die Türen genügt hier die feuerhemmende (fh-)Ausführung, während die Öffnungen von Brandwänden sonst fb-Ausführung sowie selbsttätiges Schließen vorgeschrieben sind.
Heute werden in vielen baulichen Anlagen, man denke an Produktions-, Lager- oder Bürobauten, Warenhäuser, Großgaragen und Versammlungsstätten, großräumig zusammenhängende Nutzflächen bis zu 20000 qm erforderlich, bei welchen den Anforderungen des Brandschutzes in der traditionellen Weise mit Brandwänden und fb-Türen nicht mehr genügt werden kann. Die maximal zulässige Länge der Fluchtwege und damit die Anzahl und Entfernung von Notausgängen, Treppenhäusern und Fluchttunnels, die auch als Feuerangriffswege dienen, müssen nach wie vor eingehalten sein. Eine Brandbekämpfung nur von außen ist jedoch nicht mehr möglich. Anstelle der alten Brandabschnitte und fb-Wände tritt nun die Feuerbekämpfung im Gebäudeinnern durch fest eingebaute, stets betriebsbereite automatische Feuermelde- und Löschanlagen.

Brandabschnitte vertikal

Zu der Auflösung der Brandabschnitte innerhalb der Geschoßflächen kommt bei manchen Nutzungsarten, wie z. B. in Warenhäusern, Großgaragen oder bestimmten Produktionsbauten, auch noch die offene Verbindung der Geschosse untereinander über Rolltreppen, befahrbare Rampen oder über Deckenöffnungen für Apparate und Maschinen usw.
Da die Geschoßdecken horizontale Brandabschnitte darstellen, dürfen sie ohne besondere Vorkehrungen keine Öffnungen oder Durchbrüche erhalten, von den üblichen Installationsleitungen für Be- und Entwässerung, Heizung, Bad- und Küchenentlüftung

abgesehen. Deckendurchbrüche ab 400 cm², wie sie z. B. für Lüftungs- und Klimaanlagen und sonstige Rohrleitungen erforderlich werden, müssen nach den Richtlinien der Versicherer Brandschutzklappen erhalten. Bei großen Deckenöffnungen werden zur Gewähr der Brandsicherheit gegen das Übergreifen des Feuers von einem ins nächste Geschoß ausreichende automatische Feuerlöschanlagen erforderlich.
Außer über Deckendurchbrüche kann sich Feuer aber auch über die Fenster von einem Geschoß ins andere ausbreiten. Um dieser Gefahr zu begegnen, müssen an den Fassaden entsprechend hohe massive oder horizontale Wandstreifen durchlaufen (Fensterbrüstungen und Stürze) oder diese durch angemessene Maßnahmen von gleicher Wirkung, z. B. Kragplatten, ersetzt werden. Die Höhe eines solchen Massivstreifens wird gewöhnlich mit 1 m gefordert. Da die Brüstungshöhe zu öffnender Fenster > 90 cm beträgt, ergeben sich inclusive Decken- und Sturzhöhe, besonders noch bei abgehängten Decken, meistens größere Höhen.
Die Feuerwiderstandsdauer wird allgemein mit F 90 gefordert, so daß an die Stelle von Massivbrüstungen auch montierbare Fassadenelemente aus schwer entflammbaren Materialien treten können.
Soll eine Fassade nur niedrige Brüstungen erhalten oder gar bis zum Geschoßfußboden durchgehen, so ist auf eine andere Weise für den Brandschutz zu sorgen. An die Stelle der vertikalen Brüstung kann eine vorstehende horizontale Blende oder Kragplatte treten, die denselben Dienst leistet. Solche finden wir z. B. im Wohnungsbau bei Balkonen und Fenstertüren.

Baulich konstruktiver Brandschutz

Durch die Wahl der Baumaterialien und des für sie günstigsten Baugefüges, durch die Bemessung der tragenden Querschnitte und die Ausbildung der konstruktiven Details werden die Feuerwiderstandszeit und die Standsicherheit eines Bauwerkes verbessert. Für stark brandgefährdete Hallen wird man z. B. nicht gerade Holz als Konstruktionsmaterial wählen. Bei Hallen und Geschoßbauten durchschnittlicher Stützweiten und Deckenlasten sind im allgemeinen Stahlbetonkonstruktionen am kostengünstigsten, bei wachsenden Nutzlasten, Stützweiten und Binderabständen aus Gewichtsgründen häufig jedoch Stahlkonstruktionen. Durch die im Stahlbau meist erforderliche feuerbeständige Ummantelung der Stützen, Träger und beim Stockwerksbau auch der Decken, ergeben sich ein erhöhter Aufwand an Arbeitsleistung und zusätzliche Kosten zur Herstellung der erforderlichen Feuerbeständigkeit.
Die Wahl der Konstruktion – Stahl, Holz oder Stahlbeton – ist ebenso eng aus brandschutztechnischer Sicht zu beurteilen und zu entscheiden. Stahlbeton- und hinreichend dimensionierte Holzkonstruktionen weisen eine erhebliche Feuerwiderstandsdauer auf, während Stahlkonstruktionen nur mit Verkleidungen eine klassifizierbare (DIN 4102) Feuerwiderstandsfähigkeit besitzen. Bei der Beseitigung von Brandschäden bieten Holz- und Stahlkonstruktionen häufig gewisse Vorteile im Vergleich mit Stahlbeton. Betonkonstruktionen sollten auf alle Fälle gestrichen werden, um zu vermeiden, daß aggressive Dämpfe oder Löschwasser in die Kapillarität des Betongefüges eindringen und damit zu langsamen, aber um so gravierenderen Schäden führen können. Oft lassen erst umfangreiche Konstruktions- und Kostenvergleiche die für den Einzelfall wirtschaftlich günstigste Lösung finden. So kann es beispielsweise bei einem Vergleich von Stahl- zu Holzkonstruktion preiswerter sein, das Holz als Baustoff zu wählen, weil es durch seine Querschnitte bei richtiger Dimensionierung den Brandschutz fast gratis mitbringt – vorausgesetzt es ist als Baumaterial für das betreffende Gebäude zugelassen. Würde man eine vergleichbare Stahlkonstruktion wählen, so ist diese an sich meistens preiswerter, muß aber durch Brandschutzanstriche oder Bekleidungen geschützt werden, so daß sich der Kostenvorteil umkehrt.
Vor der Betrachtung der konstruktiven und baulichen Auswirkungen auf den Brandschutz soll zunächst der Zusammenhang mit dem Brandverhalten der Baustoffe unter Feuerbeanspruchung dargestellt werden. Außerdem sei auch hier auf den Teil 4 der DIN 4102 verwiesen, welcher die Einreihung der gebräuchlichsten Baustoffe und der daraus gefügten Bauteile in die Baustoff- bzw. Feuerwiderstandsklasse zum Gegenstand hat.

Brandschutz im Mauerwerksbau

Mauerwerk ist im allgemeinen aus nicht brennbaren Stoffen der Klasse A errichtet und trägt daher nicht zur Brandlast bei. Durch die großen Querschnitte besitzt es eine große Masse und Wärmespeicherfähigkeit, weswegen es sich im Brandfall nur langsam erwärmt und seine Tragfähigkeit lange behält.
Der 2. Weltkrieg mit seinen Flächenbränden brachte den schlimmsten, aber überzeugendsten Anschauungsunterricht über die Feuerwiderstandskraft der verschiedensten Mauerwerksarten. Dabei zeigte sich, daß z. B. Wände aus gebrannten Ziegeln von mehr als 1/2 Steinstärke, mit den üblichen Mörtelarten vermauert, unbeschädigt Brände überstanden. Teilweise war der Verputz abgefallen, was auf schlechte Haftung, manchmal auch auf die Wirkung des Löschwassers zurückzuführen war. Auch das vielfach zu beobachtende schalige Abspringen oder Ablösen einer Oberflächenschicht von etwa 3 cm Stärke hatte wohl seinen Grund im Auftreffen des Löschwassers, soweit es nicht die schalige Verdichtung der Steine durch die Ziegel-Strangpresse war.

	Mauerwerk aus	Feuerwiderstandsklasse				
		F30-A	F60-A	F90-A	F120-A	F180-A
Nichttragende Wände Mindestdicke d in mm	Gasbeton-Blocksteinen oder -Bauplatten nach DIN 4165 und DIN 4166 sowie Hohlblock- oder Vollsteinen bzw. Wandbauplatten aus Leichtbeton nach DIN 18 151, DIN 18 152, DIN 18 153 und DIN 18 162	75 (75)	75 (75)	100 (100)	125 (100)	150 (125)
	Mauerziegeln nach DIN 105 (Langlochziegel ausgenommen), Kalksandsteinen nach DIN 106 Teil 1 und Teil 2 und Hüttensteinen nach DIN 398	115 (71)	115 (71)	115 (115)	140 (115)	175 (140)
	Langlochziegeln nach DIN 105	115 (71)	115 (71)	140 (115)	175 (140)	190 (175)
Tragende Wände Mindeststärke d in mm	Gasbeton-Blocksteinen nach DIN 4165 und Hohlblock- oder Vollsteinen aus Leichtbeton nach DIN 18 151, DIN 18 152 und DIN 18 153 bei einer maximalen Druckspannung von $\sigma \leq 0{,}3$ N/mm²	115 (115)	150 (115)	150 (115)	150 (115)	175 (125)
	$\sigma \leq 1{,}0$ N/mm²	150 (115)	175 (150)	200 (175)	240 (200)	240 (200)
	$\sigma \leq 1{,}6$ N/mm²	175 (150)	200 (175)	240 (175)	300 (200)	300 (240)
	Mauerziegeln nach DIN 105, Kalksandsteinen nach DIN 106 Teil 1 und Teil 2 und Hüttensteinen nach DIN 398 bei einer maximalen Druckspannung $\sigma \leq 0{,}3$ N/mm²	115 (115)	115 (115)	115* (115)	140* (115)	175* (140)
	$\sigma \leq 1{,}4$ N/mm²	115 (115)	115 (115)	140 (115)	175 (140)	190 (175)
	$\sigma \leq 3{,}0$ N/mm²	115 (115)	140 (115)	140 (115)	190 (175)	240 (190)
Tragende Mauerpfeiler	Mindestquerschnitt d/b in mm/mm tragender Pfeiler bei einer maximalen Druckspannung $\sigma \leq 1{,}4$ N/mm² / $\sigma \leq 3{,}0$ N/mm²	240/240 240/240	240/300 300/365	240/365 365/365	300/365 365/365	365/365 365/365

* Bei Verwendung von Langlochziegeln gelten die Werte bei nichttragenden Wänden.
Die ( )-Werte gelten für beidseitig geputzte Wände. Putzstärke bei Mörtelgruppe P II und P IVc d ≥ 15 mm, Putzstärke bei Mörtelgruppe P IVa und P IVb d ≥ 10 mm.

Ein Verlust der Tragfähigkeit tritt im Brandfall nur selten durch Zerstörung der Steine ein, sondern durch Zerstörung des Fugenmörtels und durch eine langsame Verformung der Wände. Da Wände im Brandfall meistens nur einseitig beflammt werden, treten durch Spannungen und Materialzerstörungen Exzentrizitäten auf, die den geschwächten Querschnitt zusätzlich belasten. Überdies entstehen Belastungen aus Auflagerverschiebungen von Decken und durch deren temperaturbedingte Dehnung.
Als sehr widerstandsfähig erwiesen sich alle – auch dünne – Gipswände und Gipsputz, ebenso dünne Wände aus Bimsbeton. Auch andere Leichtbetone wie z. B. Gasbeton haben eine große Feuerwiderstandskraft.
Natursteine stehen im Brandverhalten gegen die vorgenannten Baustoffe zurück. Gerade an harten Gesteinen wie z. B. Granit springen unter Feuereinwirkung schalige Teile ab. Durch die Wirkung des Löschwassers wird diese Erscheinung noch verstärkt. Steine von geringer Stärke, wie z. B. frei aufliegende oder eingespannte Treppenstufen, springen unter der Einwirkung des Feuers, so daß sie für Fluchtwege ungeeignet sind. Auch freistehende Pfeiler sind in ihrer Tragkraft gefährdet. Nur die starken Natursteinmauern hielten, wie viele Ruinen zeigen, dem Feuer stand.

Brandschutz im Stahlbetonbau

Für die brandschutztechnische Klassifizierung von Betonbauteilen sind ihr Querschnitt, die Betonüberdeckung der Stahleinlagen sowie die statische Auslastung maßgebend.
Schwerbetone üblicher Kornzusammensetzung, die lufttrocken sind, erleiden unter Temperaturen bis zu 673 K (400 °C) nur unbedeutende Festigkeitsminderungen. Bei steigenden Temperaturen über 673 K (400 °C) treten jedoch Gefügelockerungen auf, die zu einem immer stärkeren Festigkeitsabfall führen.
Die Gründe: Physikalisch und chemisch gebundenes Wasser im Zement und den Zuschlagstoffen wird frei, und der entstehende Wasserdampf wirkt sprengend auf das Gefüge. Bei Temperaturen über 773 K (500 °C) ändern die in den Zuschlagstoffen vorhandenen Quarze ihre Kristallform, was eine sprunghafte Volumenänderung zur Folge hat. Auch die Ausdehnungen nicht quarzhaltiger Zuschlagstoffe verlaufen bei Temperaturen über 873 K (600 °C) nicht mehr linear.
Bei Stahlbeton kann das Versagen, die Verformung oder der Bruch eines Bauteiles unter Feuer auf verschiedenen Ursachen beruhen. Bei Plattenbalkendecken und Balken, wenn das Feuer z. B. von unten angreift, wird durch die Ausdehnung der untenliegenden Bewehrung ein Bruch in der Biegedruckzone eintreten können. Bei Stahlbetonplattendecken, bei welchen ja die Biegedruckzone überdimensioniert ist, wird ein Bruch nur durch ein Versagen der Zugbewehrung erfolgen.
Bei Stahlbetonbalken, die im allgemeinen keine großen Reserven in der Biegedruckzone haben, wird ein Bruch – durch Umlagerung der Kräfte – in dieser Zone erfolgen, ohne daß dabei sämtliche Stahleinlagen versagen müssen. Durch die Ausdehnung der Stahlbewehrung und die Abnahme des E-Moduls des Betons wird der ursprüngliche Spannungszustand verändert. Die Null-Linie wandert nach oben, die Betondruckspannung kann bis zur Überschreitung der Druckfestigkeit anwachsen. Es wird also zu Durchbiegungen, Verformungen und schließlich zum Bruch kommen. Die Gefahr des Abplatzens von Betondecken über der Bewehrung steigt mit dem Feuchtigkeitsgehalt des Betons, der Betondichte und der Schnelligkeit der Erwärmung. Bei freiliegenden Stahleinlagen tritt eine schnelle Temperatursteigerung ein, die den etwaigen Bruchvorgang erheblich beschleunigt.
Die Gefahr eines Bruches hängt auch von der Art des verwendeten Stahles und der Ausnützung seiner Spannung ab. Größere Druck- und Zugreserven erhöhen die Feuerwiderstandsdauer eines Bauteils. Hierzu kann auch eine Verstärkung der Betonüberdeckung der Stahleinlagen beitragen.
Die Betonüberdeckung der Stahleinlagen ist ebenso maßgebend für die Feuerwiderstandsdauer wie der Querschnitt und dessen statische Auslastung. Fehlende Betonüberdeckungen können auch durch Verputzen nach DIN 4102 T 4, Tabelle 2, ersetzt werden, was vor allem für Brandschutz-Nachrüstungen von bestehenden Gebäuden in Betracht kommt.
Bei Spannbeton-Konstruktionen wird bei Feuereinwirkung die Vorspannung abgebaut, wodurch die künstlich erzeugte Erhöhung der Tragfähigkeit verlorengeht. Spannbeton-Konstruktionen sind deshalb durch Feuer stärker gefährdet als die normalen Stahlbeton-Konstruktionen.

Feuerwiderstandsklassen und Mindestabmessungen von Betondecken

Vollplatten aus Normalbeton ohne Putzbekleidung und Estrich	F30-A	F60-A	F90-A	F120-A	F180-A
	Mindest-Plattenstärke in mm				
statisch bestimmte Lagerung 	60	80	100	120	150
statisch unbestimmte Lagerung 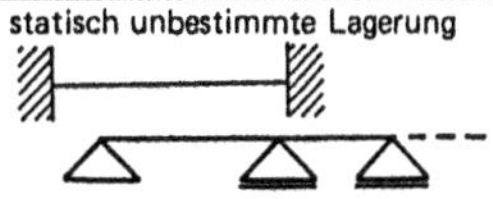	80	80	100	120	150

Bei Betonfeuchtigkeitsgehalten > 4 Gew.-% sowie bei sehr dichter Bewehrungsanordnung (Stababstände < 100 mm) sind die Mindestdicken zu vergrößern. Bei Platten mit mehrseitiger Brandbeanspruchung – z.B. bei auskragenden Platten – müssen die Mindestdicken ≥ 100 mm sein.

Punktförmig gestützte Platten ohne Estrich	F30-A	F60-A	F90-A	F120-A	F180-A
	Mindest-Plattenstärke in mm				
mit Stützenkopfverstärkung 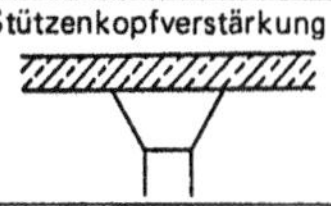	150	150	150	150	150
ohne Stützenkopfverstärkung 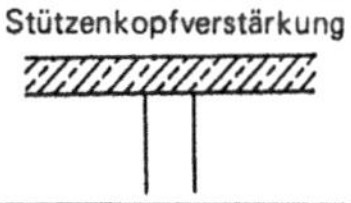	150	200	200	200	200

Feuerwiderstandsklassen und Mindestabmessungen von Betonwänden

Wände aus Normalbeton ohne Putzbekleidung	F30-A	F60-A	F90-A	F120-A	F180-A
	Mindest-Wanddicke in mm				
Nichttragende Wände	80	80	100	120	150
Tragende Wände mit einer maximalen Druckrandspannung					
$\sigma \leq 0{,}5\, \beta_R/2{,}1$	120	120	140	160	200
$\sigma \leq 1{,}0\, \beta_R/2{,}1$	120	140	170	220	300

Die Tabelle gibt nur Anhaltswerte, es sind zusätzlich die Bewehrungsabstände sowie Wandschlankheiten zu beachten. Bei Betonfeuchtigkeitsgehalten > 4 Gew.-% sowie bei Wänden mit sehr dichter Bewehrung (Stababstände < 100 mm) muß die Mindestdicke wenigstens 120 mm betragen. Bei beidseitig verputzten Wänden gelten eine Mindestwanddicke von 60 mm für nichttragende Wände, 80 mm für tragende Wände.

Brandschutz im Stahlbau

Die besonderen Eigenschaften des Baustoffes Stahl, seine hohe Biege-, Zug- und Druckfestigkeit, seine Streckgrenze und sein Elastizitätsmodul ändern sich mit steigenden Temperaturen. Dabei steigen seine Druck- und Zugfestigkeit bis 473–523 K (200–250 °C) zunächst noch an, um dann rasch abzufallen.

Wegen ihrer hohen Festigkeit haben die aus Stahl gefertigten Bauglieder zwar eine geringe Querschnittsfläche, wegen der zur Erhöhung der Steifigkeit erforderlichen Profilierung aber eine große Oberfläche. Bei feuergefährdeten Bauten sind darum stets an alle tragenden Stahlbauglieder zusätzliche Feuerschutzforderungen zu stellen.

Die zunehmende Vereinfachung und Verbilligung der Feuerschutzmaßnahmen und die weitergehende Verbesserung der Feuerlöscheinrichtungen dürften Anwendungsbereiche und Marktanteile des Stahlbaues jedoch erhöhen.

Stahlskelette ohne Ummantelung, welche die Leichtigkeit der Stahlbauten am klarsten in Erscheinung treten lassen, sind in der Regel nur im Industriebau möglich. Sie bedürfen zumindest eines widerstandsfähigen Korrosionsschutzes. Im allgemeinen ist das Stahlgerippe jedoch gleichermaßen gegen Korrosion wie gegen Brandeinwirkung zu schützen.

Eine vollständige Einbettung in Beton oder den Mörtel einer Ummauerung erfüllt diese Forderungen gleichzeitig. Solche Ummantelungen bedingen jedoch nicht nur eine Vergrößerung der Außenabmessungen des Skelettes, sondern durch hohe zusätzliche Belastung mit Eigengewicht notwendigerweise auch einen größeren tragenden Stahlquerschnitt.

Man sucht deshalb im modernen Stahlskelettbau durch leichtere bauliche Maßnahmen und betriebliche Vorkehrungen den Anforderungen des Brandschutzes zu genügen.

Aus der Brandgefährdung (Brandlast) ist die zu fordernde Schutzstufe abzuleiten. Ob dann Stahlbauteile ungeschützt bleiben können oder durch bauliche und betriebliche Maßnahmen ausreichend geschützt werden müssen, ist eine Frage ihrer Funktion, aber auch der Wirtschaftlichkeit im Hinblick auf die erforderliche Zeitdauer ihrer Funktionstüchtigkeit. Prinzip ist, daß im Brandfall Bauteile für eine befristete Zeit (Feuerwiderstandsdauer) ihre Funktion noch erfüllen können.

Unter den baulichen Schutzmaßnahmen sind zu unterscheiden:

- der direkte Schutz durch Ummantelungen, Verkleidungen, dämmschichtbildende Anstriche und Beschichtungen sowie Kernfüllungen oder Verbundbauweise,
- der indirekte Schutz durch Abschirmungen, z. B. Unterdecken, Schürzen und Brüstungen.

Zu den betrieblichen Vorkehrungen gehören:

- Trennung in Brandabschnitte, ortsfeste und bewegliche Feuerlöschanlagen, Wärmefühler sowie Wärme- und Rauchgas-Abzugseinrichtungen und Feuermeldeanlagen.

Maßgeblich für den Tragfähigkeitsverlust eines Stahlbauteiles ist seine Erwärmung. Da Stahlbauteile durch ihre filigrane Profilierung eine große Brandangriffsfläche bieten, wird die Klassifizierung der Feuerwiderstandsdauer nach dem Verhältnis U/A der beflammten Stahloberfläche zu seinem Volumen und den thermischen Eigenschaften der Verkleidung vorgenommen.

Ummantelungen und Bekleidungen

können örtlich hergestellt (geputzt, gespritzt, gegossen) oder aus vorgefertigten Platten und Formteilen gefügt werden. Grundmaterial ist jeweils Gips, Vermiculit, Perlit oder Fibersilikat. Als Korrosionsschutz genügt im allgemeinen eine Grundierung. Damit Hohlräume in Verkleidungen nicht als Kamine wirken, müssen sie mindestens alle 4 m durch Schotten entsprechender Schutzwirkung unterteilt werden. Ummantelungen und Bekleidungen müssen zudem löschwasserbeständig sein.

Nichttragende Betonummantelungen von Stützen müssen konstruktiv bewehrt sein und bei kastenförmigen Querschnitten eine Stärke von 4 cm, bei profilfolgenden Ummantelungen eine Stärke von 5 cm für F 90 aufweisen. Der Herstellungsaufwand gleicht allerdings dem einer voll einbetonierten Verbundstütze, die dann zudem ein besseres Trageverhalten bietet.

BRANDSCHUTZ VON STAHLTRÄGERN

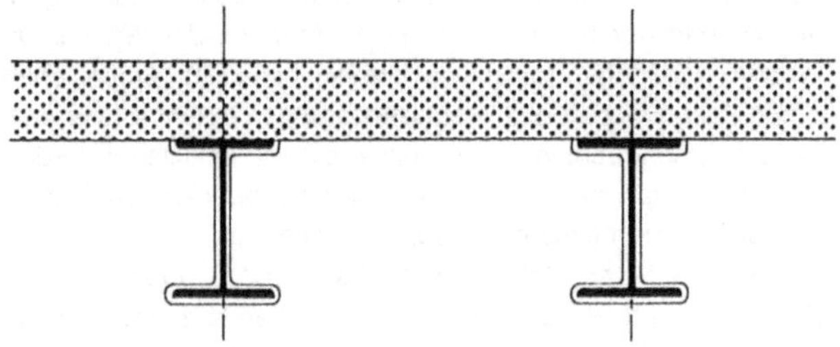

LIEGEN DIE STAHLTRÄGER FREI UNTER DER DECKE, SO MÜSSEN SIE FEUERBESTÄNDIG UMMANTELT WERDEN. PROFILFOLGENDE UMMANTELUNG

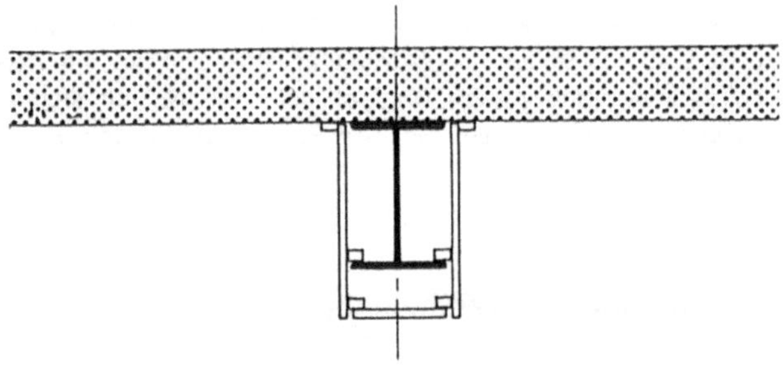

STAHLTRÄGER KÖNNEN AUCH KASTENFÖRMIG MIT SPEZIAL-BRANDSCHUTZPLATTEN UMMANTELT WERDEN

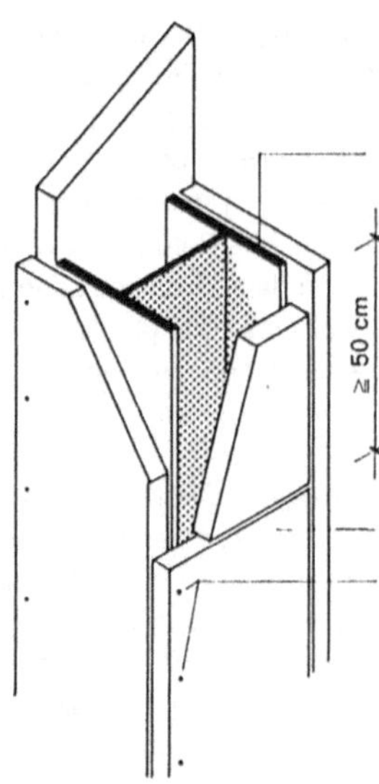

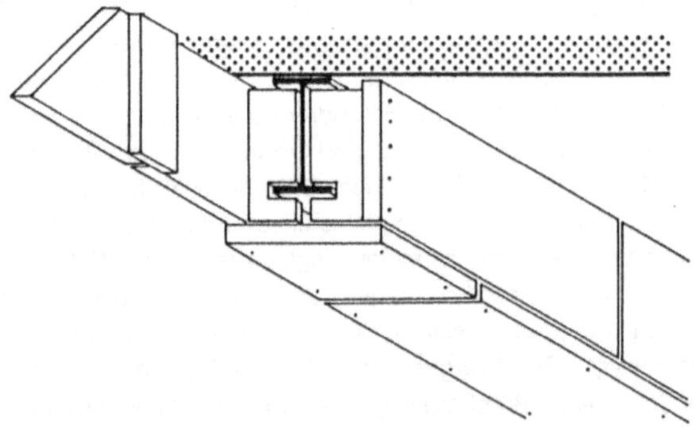

Profilfaktoren und Ummantelungsdicken in mm für Stützen aus HE-B-Profilen

Profil	Profilfaktor U/A m^{-1} kastenförmige Ummantelung	Vermiculite-Platten		Asbest-Silikat-Platten Fiber-Silikat-Platten+	
		F90	F120	F90	F120
180	110	30	50	25+	2 X 20+
200	102	25	35	20+	2 X 20+
240	91	25	35	20+	2 X 20+
260	88	20	30	20+	2 X 20+
HE-B 280	85	20	30	20+	2 X 20+
300	81	20	30	20+	2 X 20+
320	77	20	25	15	25+
340	75	20	25	15	25+
360	73	20	25	15	25+
180	68	15	25	15	20+
200	65	15	25	15	20+
240	52	15	20	15	20+
260	51	15	20	15	20+
HE-M 280	50	15	20	15	20+
300	43	15	20	12	15
320	43	15	20	12	15
340	43	15	20	12	15
360	44	15	20	12	15
400	45	15	20	12	15

Profilfaktoren und Ummantelungsdicken in mm für Träger aus HE-A und IPE-Profilen

Profil	Profilfaktor U/A m^{-1} dreiseitige Beflammung		Vermiculite-Spritzputz		Asbest-Silikat Platten Fiber-Silikat-Platten+		Mineralfaser-Spritzputz	
	p	k	F30	F90	F30	F90	F30	F90
160	222	120	10	30	8	20+	10	35
180	211	115	10	30	8	20+	10	35
200	200	108	10	30	8	20+	10	35
220	182	100	10	30	8	20+	10	35
HE-A 240	167	91	10	25	8	20+	10	30
260	160	88	10	25	8	20+	10	30
300	143	80	10	25	8	20+	10	30
340	121	72	10	25	8	20+	10	30
360	114	70	10	20	8	20+	10	25
200	234	175	10	30	8	25+	10	35
220	221	165	10	30	8	25+	10	35
240	205	153	10	30	8	20+	10	35
IPE 270	197	147	10	30	8	20+	10	35
300	188	139	10	30	8	20+	10	35
330	175	131	10	25	8	20+	10	30
360	163	122	10	25	8	20+	10	30

p: profilfolgend; k: kastenförmig

Anstriche und Beschichtungen

enthalten organische Bestandteile, die sich unter Hitzeeinwirkung aufblähen und ein Kohlenstoffgerüst hoher Dämmwirkung aufbauen. Die Alterungsbeständigkeit und die Widerstandsfähigkeit gegen Löschwasser bzw. Niederschlag und Atmosphärilien sind noch anstehende Probleme dieser besonders stahlbaugerechten Entwicklung. Bisher ist eine Feuerwiderstandsklasse F 30 (feuerhemmend) für Stahlbauteile im Normenversuch gesichert. Massivere Profile erbrachten in Versuchen mit dämmschichtbildenden Anstrichen schon eine Feuerwiderstandsdauer bis an die 60-Minuten-Grenze.

Kernfüllungen

Betonfüllungen in Stahlstützen erhöhen nicht nur die Tragkraft, sondern infolge höherer Wärmekapazität die Feuerwiderstandsdauer. Stahlstützen mit geschlossenem Querschnitt und Betonfüllung müssen im Abstand von $\leqq 5$ m mindestens 2 Löcher von zusammen 6 cm^2 Querschnitt erhalten, die auch eine etwaige Ummantelung durchdringen, damit im Brandfall im Beton entstehendes Kristallwasser als Dampf entweichen kann. Andernfalls würde ein Überdruck entstehen, der das Hohlprofil sprengen könnte.

Wasserfüllungen von Stützen bewirken durch Umlauf- und Verdampfungskühlung den dauerhaft wirksamsten Brandschutz, nachdem auch der Frost- und Korrosionsschutz als gelöst gelten können. Die wasserführenden Systeme müssen ständig mit Wasser gefüllt sein und über einen Vorrats- und Ausdehnungsbehälter mit der Atmosphäre in Verbindung stehen.

Abschirmungen

Unterdecken als indirekter Brandschutz einer Deckenrohkonstruktion können zugleich Aufgaben des Wärmeschutzes, des Schallschutzes sowie der Raumgestaltung erfüllen. Bei nicht brennbaren Haft- und Verankerungselementen ist durch Unterdecken auf Basis von Gips-, Vermiculit-, Perlit- oder Mineralfasermaterial bis zu 180 Minuten Feuerwiderstandsdauer der Gesamtdeckenkonstruktion zu erreichen. Die Dicke des Materials, seine Bekleidungsart, die Abhängetiefe und die Spannweite der Tragkonstruktion sind die entscheidenden Einflußgrößen.

Bei Hochdruckklimaanlagen sind Lüftungsöffnungen durch Brandschutzklappen abzusichern, während es bei Niederdruckanlagen mit geprüften Klimadecken und Belüftungslochung keiner besonderen Maßnahmen bedarf.

Schürzen und Brüstungen sollen das Überschlagen von Brandgasen und Flammen in höherliegende Geschosse verhindern. Bewegliche Schürzen werden wie z. B. Türen in Brandwänden oder Brandschutzklappen in Lüftungssystemen erst durch eine Schmelzkontakt-Auslösung in ihre wirksame Stellung gebracht.

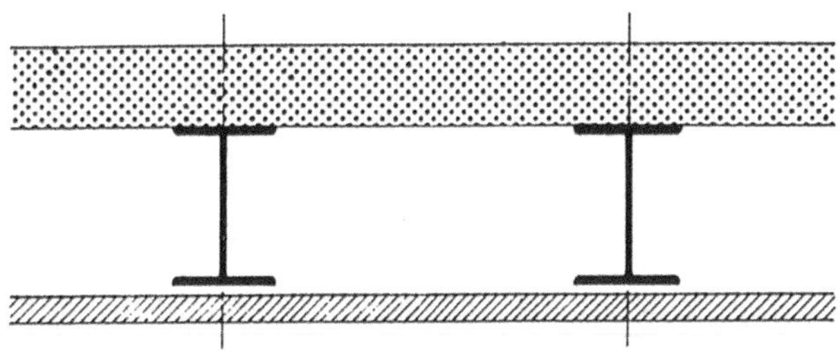

FÜR DIE GESAMTKONSTRUKTION BILDET EINE ABGEHÄNGTE DECKE EINEN SCHUTZ NACH DIN 4102. SO BRAUCHEN DIE TRÄGER NICHT UMMANTELT ZU WERDEN.

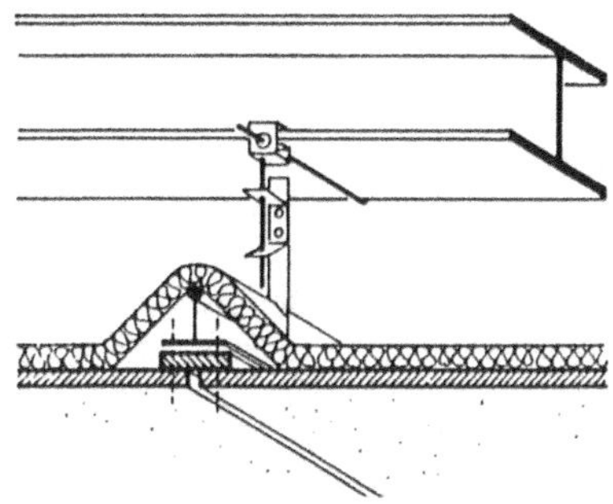

UNTERDECKE AUS 10 mm FASERZEMENT-PLATTEN UND 40 mm MINERALWOLLE-AUFLAGE (FEUERBESTÄNDIG F 90-A NACH DIN 4102)

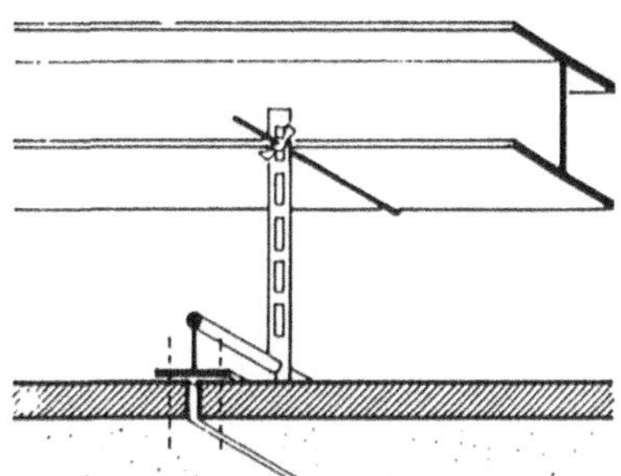

UNTERDECKE AUS $\geq$ 15 mm GIPSKARTON-PLATTEN (FEUERBESTÄNDIG F 90 NACH DIN 4102)

Brandschutz im Holzbau

Holz ist bei einer Hitze von 498 K (225 °C) entzündbar. Ab 603 K (330 °C) kann es sich selbst entzünden. Beim Brennen entsteht eine Schicht Holzkohle an der Oberfläche, die zunächst einen schnellen Fortschritt des Brandes behindert. Aber bei längerer Hitzeeinwirkung werden auch die inneren Holzschichten ergriffen. Somit widerstehen stärkere Holzquerschnitte dem Feuer besser als schwache. Brettbinder sind gefährdeter als solche aus Kanthölzern oder Leimkonstruktionen. Nadelhölzer bieten dem Feuer erheblich weniger Widerstand als Harthölzer. Eichene Treppenstufen z. B. bleiben im Feuer viel länger begehbar als Natursteinstufen, da diese zerspringen. Tritt die Brandbekämpfung rechtzeitig ein, so kann die Tragfähigkeit von Holzkonstruktionen, zumal solchen aus kräftigen Querschnitten, erhalten bleiben, denn im Gegensatz zu Stahlkonstruktionen erleiden die Konstruktionsglieder aus Holz keine Verformungen.

Die Klassifizierung für den Brandschutz von Bauteilen aus Holz ist in der DIN 4102 T 4 geregelt. Der Brandschutz kann prinzipiell auf 3 Arten erreicht werden:

- Durch Bekleidungen aus Spanplatten, Gipskarton oder speziellen Brandschutzplatten, die aber architektonisch nicht befriedigend sind.
- Durch entsprechende Bemessung des Querschnittes. Das Brandverhalten von Holzteilen ist stark von deren äußerer Form abhängig; je größer die Oberfläche bei gleichem Volumen, desto geringer die Feuerwiderstandsfähigkeit. Deshalb wirken sich auch die bei Vollholzteilen häufig vorkommenden Schwindrisse nachteilig auf deren Klassifizierung aus. Aus diesem Grund wird in der DIN 4102 T 4 zwischen Vollholz und dem rissefreien Brettschichtholz unterschieden. Eine weitere Einflußgröße neben dem Holzquerschnitt ist dessen statische Belastung.
- Durch chemische Feuerschutzmittel.
  Diese werden dann eingesetzt, wenn der vorhandene Holzquerschnitt und dessen Belastung nicht den geforderten Brandschutz erbringt.
  Man unterscheidet schaumschichtbildende Brandschutzanstriche und salzartige Imprägnierungen.

Brandschutzanstriche bilden unter Hitzeeinwirkung eine wärmeisolierende Schaumschicht, die das Abbrennen des Holzes verzögert. Entgegen früheren Annahmen ist die Wirkung dieser Mittel durch Alterung nicht gefährdet. Allerdings ist die Verträglichkeit mit den Voranstrichen, Holzschutzmitteln gegen Pilz- und Insektenbefall, zu überprüfen. Die Brandschutzanstriche sind nur bis F 30 zugelassen.

Die Bedeutung der salzartigen Brandschutzmittel ist mit der Entwicklung der schaumbildenden Anstriche zurückgegangen. Es handelt sich um Phosphatsalze, die die Bildung einer isolierenden Holzkohleschicht beschleunigen. Die nötigen Salzmengen lassen sich nur durch Kesseldruckimprägnierung einbringen.

Bei tragenden Bauteilen aus Holz erfolgt der Brandschutz wie bisher beschrieben, bei raumabschließenden oder aussteifenden Bauteilen wie Wänden, Decken und Dächern spielen die modernen Holzwerkstoffe wie Spanplatten, Sperrhölzer, zementgebundene Spanplatten sowie die Gipskartonplatten eine große Rolle. Aus ihnen lassen sich durch Bekleidungen alle Bauteile mit der der entsprechenden Feuerschutzklasse erstellen. Diese Konstruktionen kann man ausführlich der DIN 4102 T 4 entnehmen.

Ein genaues Studium der Norm kann erheblich zur Baukostensenkung bei Holzbauten beitragen, denn bei Decken und Dächern sind die statisch errechneten Querschnitte meist schon so groß, daß mit einer entsprechenden Ausbildung der darauﬂiegenden Schalung aus Massivholz oder Holzwerkstoffen der Brandschutz schon gewährleistet ist und keine unterseitigen Verkleidungen mehr nötig sind. Dieses System ist auch anzuwenden, wenn eine Konstruktion mit sichtbaren Holzbalken gewünscht wird.

Mindestabmessungen unbekleideter Balken aus Vollholz und brettschichtverleimter Balken

Feuerwiderstandsklasse		F30				F60			
Brandbeanspruchung		dreiseitig (b, h)		vierseitig		dreiseitig		vierseitig	
Biegespannung (N/mm²)		min b (mm)	min h (mm)	min b (mm)	min h (mm)	min b (mm)	min h (mm)	min b (mm)	min h (mm)
unbekleidete Balken aus Vollholz	13	150	260	160	300	300	520	320	600
	10	120	200	130	240	240	400	260	480
	7	90	160	100	200	200	320	220	400
	3	80	140	90	180	180	240	200	320
unbekleidete Balken aus Brettschichtholz	14	140	260	150	310	280	520	300	620
	11	110	200	120	250	220	400	240	500
	7	80	150	90	190	160	300	180	380
	3	80	120	80	160	140	220	160	300
Zwischenwerte der Biegespannungen dürfen geradlinig interpoliert werden.									

Eine weitere Problematik sind die Holzverbindungen. So erfüllt eine Schlitz-Zapfen-Verbindung zweier Holzbalken mit ausreichendem Brandschutzquerschnitt natürlich nicht automatisch die gleichen Anforderungen, da die Einzelquerschnitte der Verbindung nicht mehr ausreichen. Die Holzverbindungen sind deshalb auch in der DIN geregelt; zusätzlich gibt es aber auch Einzelzulassungen von Verbindungsteilen.

Klassifizierte Holzverbindungen F30-B

Verbindung	Einzelteile	Feuerwiderstandsklasse	Prüfzeugnis Nr.	Antragsteller
Firstgelenk	Stahlteile, Stabdübel	F30	78 1104	Entwicklungsgemeinschaft Holzbau (EGH), Schwanthaler Str. 79/II 8000 München 2
		F30, F90	80 1347	
Stahl-Zugglied	Stahlteile, Bolzen, Gekadübel	F30	81 1728	
Stützen-Zangen	Stabdübel	F30	81 1111	
	Dübel + Bolzen	F30		
Strebe-Balken Strebe-Stütze	Stirnversatz	F30	80 1284	
	Vorholz-Knaggen	F30		
Balken-Balken	Bilo-Balkenschuhe	F30	81 210	EGH Bierbach, BMF
	BMF-Balkenschuhe	F30	78 1690	EGH
	GH-Balkenschuhe	F30	G 83 7739	GH-Baubeschläge Hartmann GmbH, 4970 Bad Oeynhausen 2
Strebe-Balken	Holzlasche, Nägel	F30	81 211	Entwicklungsgemeinschaft Holzbau (EGH), Schwanthaler Str. 79/II 8000 München 2
	Holzlasche, Stabdübel	F30	81 1114	
	Sperrholzlasche, Stabdübel	F30	83 168	
	Stahllasche, Nägel	F30	81 1115	
	Stahllasche, Stabdübel	F30		
	Stahllasche, Stabdübel	F30	83 169	
	Stahlbleche, Nägel (System Greim)	F30	78 1660	
Balken-Stütze	Stahlteile, Bolzen, Stahldübel, Stabdübel	F30	83 170	

Amtliche Prüfstelle: TU Braunschweig

Sind die Holzverbindungen eines wertvollen Altbaubestandes nicht ausreichend, sollte die Konstruktion nicht von vornherein mit Brandschutzplatten „vernagelt" oder eine Brandschutzdecke untergehängt werden. Falls Brandschutzanstriche F 30 nicht ausreichen, empfiehlt sich intensives Verhandeln mit den Behörden zur Abstimmung des Brandschutzes.

Einflüsse des konstruktiven Gefüges

Bei der Wahl des Baustoffes sollte man auch etliche physikalische Gesichtspunkte berücksichtigen. Je größer die Masse der Bauteile und Bauglieder, desto größer ist ihre Wärmeaufnahmefähigkeit und desto länger ihre Feuerwiderstandsdauer. Dabei ist auch von Bedeutung, von wieviel Seiten das Feuer die Bauglieder angreifen kann.
Am meisten vom Feuerangriff bedroht sind freistehende Innenstützen, denn sie sind auf 4 Seiten dem Feuer und der Hitze ausgesetzt, Deckenbalken und -rippen auf 3 Seiten, Zwischenwände auf 2 Seiten. Von einer Seite dem Feuer ausgesetzt sind im allgemeinen Außenwände und Massivdeckenplatten, Bei Geschoßdecken mit unbrennbaren Bodenbelägen spielt die Feuereinwirkung von oben keine große Rolle, bei Außenwänden wird die Temperatur der Außenseite selbst bei übergreifendem Feuer durch den aufsteigenden Luftzug gemildert. Bei nicht brennbaren Dachbelägen wird auch die Dachdecke nur von der Raumseite her durch das Feuer beansprucht.
Die Feuerwiderstandskraft eines Bauteiles oder Baugliedes wird jedoch nicht nur durch seine Querschnittsfläche F, sondern auch durch seinen Umfang U bestimmt, wobei das Verhältnis U : F möglichst klein sein soll. Quadratische Stützen und Unterzüge sind demgemäß für die Feuerwiderstandsdauer günstiger als rechteckige, ebenso wie dickere Bauglieder immer ein günstigeres, d. h. kleineres U : F Verhältnis haben als dünnere. Das betrifft insbesondere profilierte Bauglieder. Am ungünstigsten ist das Verhältnis U : F bei Stahl- und Blechprofilen
Vom Standpunkt des Feuerwiderstandes sind Bauten mit Massivwänden und Stahlbetonplattendecken am günstigsten. Sind die Deckenplatten nach 2 Richtungen bewehrt und eingespannt oder über mehrere Deckenfelder durchlaufend, d. h. statisch unbestimmte Systeme, so bedeutet das für den Brandfall einen weiteren Vorteil.
Bei Skelettbauten sind stärker dimensionierte quadratische Säulen und Unterzüge – infolge weiterer Stützenstellung bzw. Spannweite – schwächeren Querschnitten bei engerer Stützenstellung überlegen. Aus der Sicht des Brandschutzes ist es vorteilhaft, die Außenwandstützen insbesondere bei Stahl vor die Fassade zu setzen und nur mit einer Seite dem Raum zuzukehren. Die Feuerwiderstandsdauer einer Außenstütze hängt damit wesentlich nur von der inneren Abschirmung und ihrem seitlichen Überstand ab.
Bei Stahlbetonskelettbauten genügen häufig für Stützen und Unterzüge der statisch erforderliche Querschnitt und die Stahlüberdeckung nicht, um der erforderlichen Feuerwiderstandsdauer zu genügen. Um diese herzustellen, wäre ein Putz von bestimmter Stärke und Zusammensetzung nötig. Dessen Aufbringung erfordert aber mehrere zusätzliche Arbeitsgänge. Hinzu kommt, daß bei der heutigen Schaltechnik glatte, ebene Oberflächen entstehen, auf denen Putze schlechter haften als auf den ehemals mit sägerauhen Schalbrettern hergestellten. Im Brandfalle können sie also leichter abplatzen und den zusätzlichen Feuerschutz zunichte machen. Um dem zu entgehen, ist es nach Kosten, Arbeitsaufwand und dem Effekt besser, die Betonüberdeckung der Bewehrung um ein festzulegendes Maß zu erhöhen.
Eine wesentliche Erhöhung der Feuerwiderstandsdauer ergibt sich bei statisch unbestimmten, also in gewissem Umfang verformbaren Systemen, seien es Schottenbauweisen mit örtlich hergestellten Stahlbetonwänden und Decken oder Skelettbauten aus Ortbeton. Auch ohne als solche gerechnet zu sein, ergeben sich Einspannungen von Stützen und Unterzügen und Verbundwirkungen von Unterzügen und Decken.
Dasselbe trifft in noch stärkerem Maße für Stahlskelettbauten zu. Solche Konstruktionssysteme mit ihren Tragfähigkeitsreserven erhöhen die Sicherheit gegen Einsturzgefahr, so daß man diese Bauten nach dem Ende eines Brandes ungefährdet betreten kann.
Im Stahlbau verbindet man z. B. bei Hallendächern die Pfetten und Träger möglichst kraftschlüssig, so daß im Brandfall eine Seilwirkung entsteht, welche die Sicherheit gegen Einsturz erhöht. Außerdem soll man bei Hallenbauten aus Stahl keine schweren massiven Dachplatten verwenden, sondern leichte wärmeisolierte Metalldächer, deren Teile durchgehend miteinander zu verbinden sind.
Eine zusätzliche Maßnahme, um die Brandwirkung auf Hallendächer, aber auch auf Dachdecken von Geschoßbauten zu mindern, ist die Anordnung von Wärme- und Rauchabzugsöffnungen. Anzahl und Größe dieser Dachöffnungen hängen hauptsächlich von der Brandlast ab und werden heute allgemein von der Brandschutzbehörde vorgeschrieben.

Bauliche Zusatzmaßnahmen

Wenn Bauglieder aufgrund ihrer Materialeigenschaften, ihrer Querschnittsgestalt und ihrer konstruktiven Verwendung die geforderte Widerstandsklasse nicht erbringen, müssen zusätzliche bauliche Schutzmaßnahmen dafür sorgen.
Zu unterscheiden ist dabei zwischen direktem Schutz durch

- Ummantelungen und Verkleidungen,
- dämmschichtbildende Anstriche und Beschichtungen,
- Kernfüllung von Hohlprofilen

  sowie dem indirekten Schutz durch
- Abschirmungen wie Unterdecken, Vorsatzschalen und Schürzen.

Die genormten örtlich hergestellten Ummantelungen, Unterdecken und Verkleidungen enthält DIN 4102.
Neben den geputzten oder gespritzten Ummantelungen und Abschirmungen ist mittlerweile eine Vielzahl vorgefertigter bzw. trocken zu verarbeitender Plattenelemente aus Vermiculite, Perlite, Gips, Asbestzement oder Mineralfaser auf dem Markt. Sie dürfen angewendet werden aufgrund allgemeiner bauaufsichtlicher Zulassung in der durch Prüfungszeugnis nach DIN 4102 ausgewiesenen Feuerwiderstandsklasse und unter den darin bestätigten Ausführungs- und Einbaurichtlinien.
Gleiches gilt für die unter Brandeinwirkung eine Dämmschicht bildenden Anstriche, Beschichtungen oder Folien. Sie stellen insbesondere für den Stahlbau eine werkstoffgerechte profilfolgende Ummantelung dar, deren Bestandteile unter Hitze aufblähen und ein Kohlenstoffgerüst gewisser Dämmwirkung bilden. Die Feuerwiderstandsklasse F 30–F 60 (feuerhemmend) kann bisher erreicht werden, doch ist die Entwicklung noch nicht abgeschlossen. Das Problem ist vor allem die zu fordernde Witterungsbeständigkeit der eingeschlossenen Treibmittel. Zur Gewähr eines ausreichenden Korrosionsschutzes braucht man außerdem selbst im Gebäudeinneren mindestens einen Grund- und einen zusätzlichen Deckanstrich.
Ebenso ist bei den vorgefertigten geschraubten Ummantelungen ein Korrosionsschutz von eingeschlossenen Stahlteilen nicht entbehrlich, doch genügt im allgemeinen ein Grundanstrich. Besondere Aufmerksamkeit erfordern jedoch die Hohlräume der kastenförmigen Ummantelungen: Wenngleich mit der Tiefe eines Hohlraums die Feuerwiderstandsdauer wächst, sollte zur Vermeidung von Konvektion und Kaminwirkung ca. alle 4 m eine Abschottung mit entsprechender Schutzwirkung zwischengeschaltet werden.

Betrieblicher Brandschutz

Funktionelle und produktionstechnische Anforderungen an Bauwerke können, was bauliche Maßnahmen betrifft, in Widerspruch stehen zu den verschiedenen Brandschutzbestimmungen der Landesbauordnungen. Betriebstechnische Gründe erfordern immer größere zusammenhängende Brandabschnitte.

Um den Brandschutzbestimmungen auch unter solchen Bedingungen Rechnung zu tragen, sind als Ersatz baulicher Maßnahmen in Abstimmung mit den zuständigen Brandschutzbehörden bestimmte betriebliche Vorkehrungen notwendig:

- Feuermeldeanlagen
- Regen- und Sprinkleranlagen
- sonstige automatische oder von Hand bediente Feuerlöscheinrichtungen
- Wärme- und Rauchabzugseinrichtungen
- Schutzzonen besonderer Verbote, z. B. Rauchverbot
- bestimmte Anforderungen an die nicht konstruktiven Ausbau- und Ausstattungsmaterialien
- Ordnung des Einrichtungs- und Lagergutes, die Trennung von Flucht- und Feuerbekämpfungsschneisen.

Da solche Maßnahmen nicht nur die Bau-, sondern auch die Betriebskosten beeinflussen und Nutzungsmöglichkeiten einschränken können, sind gerade sie durch Kosten-Nutzen-Vergleich auch im Verhältnis zu den Versicherungsprämien und bezüglich der Einbußen bei etwaigen Produktionsausfällen zu betrachten.

Brandmeldeanlagen

Die Erhöhung des Brandrisikos ist nur eine Folge der Häufung von Schadensfällen durch Unzulänglichkeit bestehender Bauwerke. Vor allem die heute darin konzentrierten hohen Sachwerte und ihr Ausfallrisiko bestimmen die Höhe von Brandschäden.

Die Frühwarnung im Brandfall ist zum ersten, die Einsatzfrist der Löschmaßnahmen zum zweiten Kriterium für die Höhe eines Brandschadens geworden. Manuelle Feuermelde- und Löscheinrichtungen sind nur noch bedingt tauglich. Automatische Brandmeldeanlagen gekoppelt mit automatischen Lösch- und Rauchabzugseinrichtungen reduzieren einen Brandschaden auf ein Minimum. Bei allen manuellen Löschmaßnahmen ist selbst bei Direktschaltung einer Frühwarnanlage zur Feuerwehrzentrale mit einer mehr oder minder langen Einsatzfrist zu rechnen.

Bei hochinstallierten Elektronikzentren mit einer Vielzahl von Kabel- und Schachtverbindungen in Hohlräumen und bei klimatisierten Gebäuden verwendet man Ionisationsrauchmelder oder optische Rauchmelder, die bereits in der Entstehungsphase erster Rauchschwaden ansprechen. Bei Extremforderungen, z. B. in klimatisierten Rechenanlagen, ordnet man auf je 10 bis 15 m^2 Betriebsfläche einen Ionisationsmelder an. An die Stelle eines jeden fünften Ionisationsmelders kann auch ein optischer Rauchmelder treten. Diese Kombination hat sich bewährt, weil bei Schwelbränden von Isoliermaterial weißer, heller, bei Stoffen und Papier dagegen dunkler Rauch entsteht.

Wärme- und Rauchabzugseinrichtungen

Die alte Auffassung, Gebäude im Brandfalle hermetisch abzuschließen, damit das Feuer aus Sauerstoffmangel verlösche, ist durch neuere Forschungen, insbesondere in England und Schweden widerlegt. Aufgestaute heiße Gase gefährden ungeschützte tragende Bauteile. Einsturzgefahr bedroht Menschenleben und Sachwerte auch außerhalb unmittelbarer Nachbarschaft des Brandherdes. Heiße Gase und Wasserdampf verursachen weitreichende Brandfolgeschäden. Die starke Verqualmung erschwert die Sicht und verhindert eine gezielte Brandbekämpfung. Eine ausreichende Frischluftzufuhr ist daher wichtig: Die schwere Frischluft dringt nach, sobald die spezifisch leichteren Brandgase entweichen können. Der Feuerangriff ist in relativ klarer Luft möglich und nicht durch entgegenschlagende Flammen und Rauchwolken behindert.

Solche Wärme- und Rauchabzugseinrichtungen werden je nach Gebäudeart, Brandbelastung und -risiko kombiniert als Lamellenlüfter oder auch als Lichtkuppeln mit Lüftungsmöglichkeit hergestellt. Sie sind gegebenenfalls mit der Feuermeldeanlage gekoppelt und automatisch gruppengesteuert. Die Normalbedienung von Lichtkuppeln als Lüftungs- und Rauchabzugsklappe erfolgt von Hand, elektro-hydraulisch oder pneumatisch. Je nach Brandausdehnung und Gebäudehöhe (Kaminwirkung) ist eine bestimmte Rauchabzugsfläche notwendig. Je gestreckter sich ein Brand bei gleicher Fläche entwickeln kann, desto größer ist die erforderliche Rauchabzugsfläche. Nach Hinkley und Thomas ist einer Berechnung daher nicht die Grundfläche, sondern der Umfang eines Brandabschnittes zugrundezulegen. Sie geben an:

Rauchabzugsfläche = Lüftungsfaktor × Umfang des Brandabschnittes.

Darin ist je nach Höhe des Gebäudes der Lüftungsfaktor

6 m	(jeweils von Fußboden	0,43
8 m	bis Mitte	0,34
12 m	Lüftungsöffnung)	0,25

Damit ist nicht nur die Rauchabzugsmöglichkeit, sondern insbesondere auch eine ausreichende Öffnungsgröße zur Wärmeableitung gegeben. Die Werte liegen um einiges über den Mindestforderungen, die im Entwurf zu DIN 18230 „Baulicher Brandschutz im Industriebau" und aus den verschiedenen Landesbauordnungen bisher abzuleiten sind.

1 Größen der Rauchabzugsöffnungen nach den Landesbauordnungen

I. Treppenräume

1. Allgemeiner Hochbau:
   In Gebäuden mit mehr als 4 Vollgeschossen und bei innenliegenden Treppenräumen ist an der obersten Stelle des Treppenraumes eine Rauchabzugsvorrichtung anzubringen, die vom Erdgeschoß aus zu öffnen sein muß. Es kann verlangt werden, daß die Rauchabzugsvorrichtung auch von anderen Stellen aus bedient werden kann.
   a) Größe der Rauch- und Wärmeabzugsöffnungen: 5% der Treppenraumgrundfläche, mindestens jedoch 0,5 qm;
   b) Sonstige Auflagen: keine.
2. Hochhäuser:
   Es kann verlangt werden, daß in Hochhäusern die Treppenräume mit Ausnahme der Sicherheitstreppenräume in Höhe der 22-m-Grenze und darüber nach jedem vierten Vollgeschoß in rauchdichte Abschnitte geteilt werden. Jeder Abschnitt ist mit einer Rauchabzugsvorrichtung zu versehen, die vom Erdgeschoß und vom obersten Treppenabsatz des darunterliegenden Abschnittes aus betätigt werden kann.
   a) Größe der Rauch- und Wärmeabzugsöffnungen: 5% der Treppenraumgrundfläche, mindestens jedoch 0,5 qm.
   b) Sonstige Auflagen: keine.
3. Industrieobjekte: wie unter I./1.
4. Versammlungsstätten:
   Treppenräume notwendiger Treppen, die durch mehr als zwei Geschosse führen, müssen an ihrer obersten Stelle eine Rauchabzugsvorrichtung mit einer Öffnung von mindestens 5% der Grundfläche des dazugehörigen Treppenraumes oder Treppenraumabschnittes, mindestens jedoch 0,5 qm haben. Die Vorrichtungen zum

Öffnen der Rauchabzüge müssen vom Erdgeschoß aus bedient werden können und an der Bedienungsstelle die Aufschrift „Rauchklappe" haben. An der Bedienungsvorrichtung muß erkennbar sein, ob die Rauchabzugsöffnungen offen oder geschlossen sind. Fenster dürfen als Rauchabzüge ausgebildet werden, wenn sie hoch genug liegen.

a) Größe der Rauch- und Wärmeabzugsöffnungen: 5% der Treppenraumgrundfläche, mindestens jedoch 0,5 qm.

b) Sonstige Auflagen: Es muß erkennbar sein, ob die Rauch- und Wärmeabzugsklappe geschlossen oder geöffnet ist.

II. Sonstige Räume

1. Geschäfts- und Lagerräume, Hallen, Werkstätten etc. im allgemeinen Hoch- und Industriebau:
   a) Größe der Rauch- und Wärmeabzugsöffnungen: ca. 1–2% der Raumgrundfläche, wobei Lüftungsflügel hochliegender Fensterflächen angerechnet werden können.
   b) Sonstige Auflagen: Eine Bedienungsstelle auf der Bühne, eine außerhalb.
2. Hochhäuser: wie unter II/1
3. Versammlungsräume:
   A. Fensterlose Versammlungsräume ohne Mittelbühne (z. B. Schulaula, Vortragsraum, Gaststätte)
      a) Größe der Rauch- und Wärmeabzugsöffnungen: 0,5 qm freier Abzugsquerschnitt auf 250 qm Grundfläche oder auf 250 Zuschauer 1 qm freier Abzugsquerschnitt, d. h. jeweils eine Rauch- und Wärmeabzugsklappe der Nenngröße 116/116.
      b) Auflagen: Die Bedienungsstellen der Rauch- und Wärmeabzugsklappen müssen außerhalb des Versammlungsraumes angebracht werden.
      Es muß erkennbar sein, ob die Rauch- und Wärmeabzugsklappe geschlossen oder geöffnet ist.
   B. Versammlungsräume mit Mittelbühnen
      a) Größe der Rauch und Wärmeabzugsöffnungen: 3% der Bühnengrundfläche ohne Seitenbühne.
      b) Anzahl der Bedienungsstellen: mindestens 2 Bedienungsstellen.
      c) Sonstige Anlagen: keine.
   C. Versammlungsräume mit Vollbühne (ab 150 qm Bühnengrundfläche)
      a) Größe der Rauch- und Wärmeabzugsöffnungen: Rauch- und Wärmeabzugsquerschnitt nach der Formel $R = 0{,}52F - 100$. Darin ist F = Bühnengrundfläche.
      b) Anzahl der Bedienungsstellen: Mindestens 2 Bedienungsstellen.
      c) Sonstige Auflagen: Wie unter B.c). Die Bedienungsstellen müssen gut erkennbar die Aufschrift „Rauchklappe" tragen. Darüber hinaus muß der Wirkungsbereich kenntlich sein, für den die Rauchklappe wirksam wird (z. B. Bühne). Es muß erkennbar sein, ob die Rauch- und Wärmeabzugsklappe geschlossen oder geöffnet ist.

(Zusammenstellung Klaus Esser KG, Düsseldorf.
In jedem Fall ist zu empfehlen, die Anlage von Rauch- und Wärmeabzugsklappen während der Planung mit der zuständigen Brandschutzbehörde durchzusprechen.)

Feuerlöscheinrichtungen

Der Brand als Oxydationsprozeß kommt in Gang, wenn brennbare Stoffe über die Entzündungstemperatur hinaus erwärmt werden und die nötige Sauerstoffzufuhr, meistens durch die Luft, vorhanden ist.

Daraus ergeben sich die beiden Möglichkeiten der Feuerbekämpfung:

- Abkühlung der brennenden Stoffe unter die Mindestverbrennungstemperatur,
- Unterbindung der Sauerstoffzufuhr, d. h. Störung des Mengenverhältnisses zwischen dem brennbaren Stoff und Sauerstoff.

Das seit undenklichen Zeiten gebräuchliche, auch heute noch wichtigste Feuerlöschmittel, ist das Wasser. Zu seiner Verdampfung braucht es sehr große Wärmemengen. So kann dem Brandherd so viel Wärme entzogen werden, daß seine Temperatur unter die Entzündungstemperatur sinkt. Durch das Überfluten der Brandoberfläche mit Wasser und Bildung von Wasserdampf kann außerdem die Sauerstoffzufuhr unterbunden und so der Brand erstickt werden.

Es gibt allerdings auch Brandfälle und Materialien, für welche Wasser nicht mehr genügt, sogar ein ungeeignetes, falsches und gefährliches Mittel wäre. Unzureichend ist Wasser bei sehr rasch und mit großer Heftigkeit sich ausbreitenden Bränden, fehl am Platz auch für manche brennbaren chemischen Stoffe und Produkte, wie für leicht brennbare Flüssigkeiten. Brennendes Benzin mit Wasser löschen zu wollen, würde zum Gegenteil der Feuerlöschung, nämlich zur Brandausweitung führen, da das leichtere Benzin auf dem Wasser schwimmt. Bei Fetten kann es zur Fettexplosion kommen.

Wegen der Schwierigkeit, den Brand von besonders feuergefährlichen Stoffen und hauptsächlich bei Flüssigkeiten zu bekämpfen, lagert man sie außerhalb der Bauten in Gruben, von Erdreich bzw. schützenden Mauern umgeben.

Brandbekämpfung von außen

Noch im 18. Jahrhundert war man gegen größere Brände machtlos. In der ersten Hälfte des 19. Jahrhunderts baute man die ersten Pumpenspritzen. Bessere Löschmöglichkeiten ergaben sich, als man die Städte mit Wasserleitungen versah. Motorspritzen erlauben heute, bei großen Wassermengen eine Wasserstrahlhöhe von ~ 73 m und eine Wasserwurfweite von ~ 54 m zu erreichen. Ortsfest eingebaute Anschlüsse für Hydranten (Unterflur- und Überflurhydranten), die in genügender Zahl in der Nähe aller Bauten vorhanden sein müssen, schaffen die Möglichkeit wirkungsvollerer Löscharbeiten. Zur örtlichen Feuerbekämpfung und der etwaigen Rettung von Menschen dienen außerdem die ausfahrbaren oder aufrichtbaren Feuerleitern, Drehleitern, Leiterbühnen und Telesteiger usw. (Arbeitshöhe bis zu 30 m). Um auch an höhere Bauten, die in Rasenflächen stehen, heranzukommen, muß durch Rasenpflaster ein befahrbarer Bereich für 10 t Achslast eingebaut werden.

Brandbekämpfung im Gebäude

Die traditionelle Art der Feuerbekämpfung von außen versagt aber gerade bei etlichen wichtigen neuzeitlichen Gebäudeformen, wie z. B. bei Großflächenbauten und Hochhäusern. Daneben gibt es Bauten, deren Betrieb neue, früher unbekannte Brandursachen und -möglichkeiten vor allem auch für örtlich beschränkte, aber manchmal heftige Brände mit sich bringen, die sich weder von außen, noch mit den üblichen Mitteln der Feuerwehr bekämpfen lassen. Wir können heute wohl unseren Bauten durch geeignete Materialien, bessere Konstruktionen und durch die Verbesserung der traditionellen Löschmethoden sowie die Entwicklung neuer Verfahren größere Feuerwiderstandsdauer geben. Die wichtigste Neuerung ist aber, daß sofort und wirksamer die Bekämpfung eines Feuers am Ort seiner Entstehung, also im Gebäudeinneren, durch automatische Feuermeldeanlagen und Löschmöglichkeiten einsetzen kann.

Man unterscheidet ortsfeste Löschanlagen und mobile Löschgeräte:

Hydranten

Im Treppenhaus oder in dessen Nähe werden Hydranten N. W. Ø 80 mm installiert und dazu Schränke mit 1–2 Schlauchtrommeln. Der Querschnitt der Steigleitungen wird nach der Anzahl der anzuschließenden Schlauchleitungen bestimmt. Die Schläuche haben einen inneren Durchmesser von 52 mm und eine Länge von 15 m. Die örtlichen Verhältnisse bestimmen Anzahl und Abstand der Hydranten. Es gilt DIN 14461.

Feuerlöschanlagen

sind fest installierte Einrichtungen, die im Brandfall automatisch durch Sensoren aktiviert werden. Es gibt sie je nach speziellem Einsatzbereich in folgenden Ausführungen:

- CO_2-Feuerlöschanlage (Löschgas)
- Pulver-Feuerlöschanlage
- Schaum-Feuerlöschanlage
- Sprühwasser-Feuerlöschanlage
- Sprinkleranlage.

Die gebräuchlichste Form ist die Sprinkleranlage. Darunter versteht man eine ortsfeste, selbsttätig wirkende Feuerlösch- und Brandmeldeanlage. Im Unterschied zur Sprühwasseranlage löscht sie nur am Brandentstehungsherd, während die Sprühwasseranlage im gesamten Wirkungsbereich schützt, also auch in Bereichen, wo es nicht brennt.

Sprinkleranlagen

Unter einer Sprinkleranlage versteht man eine Berieselungsanlage, deren Düsen sich im Brandfalle automatisch öffnen und gleichzeitig eine Feuermeldeanlage in Gang setzen. Das Rohrnetz wird unter der Decke angeordnet und muß aus 2 Quellen gespeist werden; normalerweise aus dem städtischen Wassernetz und einem Druckluftwasserbehälter. Dieser ist so zu bemessen, daß er die Anlage für mindestens 1 Stunde mit Löschwasser versorgt. Man rechnet durchschnittlich auf je 6–9 qm eine Düse. Die Sprühflächen der Düsen sollen sich überschneiden, so daß die gesamte Bodenfläche berieselt wird. Meistens werden die Sprinkleranlagen nach dem „Naßsystem" eingebaut. Dabei ist das Rohrnetz bis zu den „Sprinklern" mit Wasser gefüllt. Sind die Räume frostgefährdet, so wählt man das „Trockensystem". Bei solchen Anlagen reicht das Wasser nur bis zum Trockenalarmventil, während die Rohrleitungen zunächst mit Druckluft gefüllt sind.
Bei den üblichen Naßanlagen sind die „Sprinkler" (Sprühwasserdüsen) durch einen auf Wärmeeinwirkung reagierenden Mechanismus verschlossen. Bei der kritischen Raumtemperatur von ca. 343 K (70 °C) (in Sonderfällen auch höheren Temperaturen) öffnen sich die Ventile, und die Berieselung setzt ein. Es öffnen sich dabei nur die in der Nähe des Brandherdes liegenden Ventile, während die übrigen geschlossen bleiben. Würden sich mehr „Sprinkler" öffnen, als zur Löschung eines Brandes erforderlich sind, so könnte u. U. der Wasserschaden größer ausfallen als ein Brandschaden. Man rechnet im Normalfall mit einer Sprühleistung von 60 l Wasser pro Minute und Düse.
Als Verschlußmechanismen gibt es mehrere Ausführungen:

- Glasfaßtyp: Ein Glasfäßchen mit einer leichtsiedenden Flüssigkeit wird beim Erreichen der kritischen vorbestimmten Temperatur gesprengt und die Dichtung durch den Wasser- und Luftdruck von der Düse geschleudert;
- beim Schmelzlottyp wird die Verriegelung nach Erreichen der vorgesehenen Lotschmelztemperatur freigegeben und die Verriegelung des Verschlußmechanismus fortgeschleudert;
- beim Schmelzkristall- oder chemischen Typ verflüssigt sich beim Erreichen der feststehenden Schmelztemperatur schlagartig ein Salzkristall, der im festen Zustand ein vorgespanntes Abwurfglied blockiert.

Wenn Sprinkleranlagen angeordnet werden, so müssen sie nach den Richtlinien stets die ganze Gebäudefläche erfassen. Bei einer nur teilweisen Sprinklerung bestünde die Gefahr, daß bei Feuerentstehung und -übergriff von einem Nachbarbereich die Sprinkleranlage unterlaufen würde, d. h., daß sich zu viele „Sprinkler" öffnen und die Wasserzufuhr sich zu rasch erschöpft.

AUFBAU EINER SPRINKLER-ANLAGE

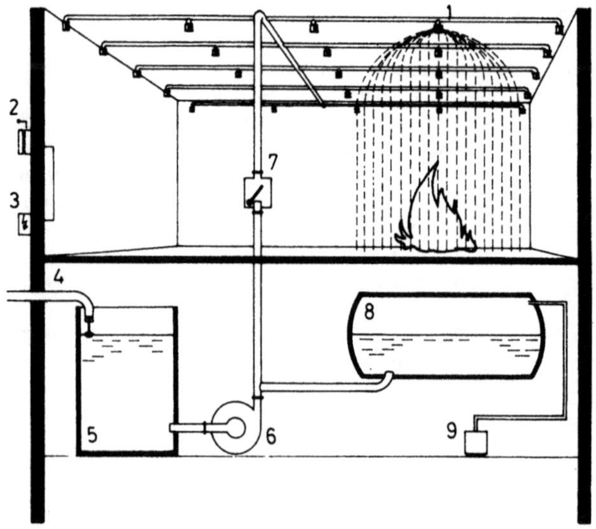

1 IM BRANDFALL ÖFFNEN SICH NUR IM UNMITTELBAREN BRANDBEREICH DIE SPRINKLER
2 DAS AUSSTRÖMENDE LÖSCHWASSER LÖST EIN ALARMZEICHEN AUS
3 IN DIE ALARMLEITUNG KANN EIN DRUCKSCHALTER FÜR DEN ELEKTRISCHEN ALARM EINGEBAUT WERDEN
4 VON EINEM STADT- ODER BETRIEBSWASSERANSCHLUSS WIRD EIN
5 ZWISCHENBEHÄLTER GESPEIST, AUS DEM DIE SPRINKLER-PUMPE
6 DAS LÖSCHWASSER IN DAS ROHRNETZ DRÜCKT
7 DAS WASSER STRÖMT DABEI DURCH DAS ALARMVENTIL
8 ALS WEITERE WASSERZUFUHR KANN EIN DRUCKLUFT-WASSERBEHÄLTER ZUR VERFÜGUNG STEHEN, IN DEM DURCH EINEN
9 LUFTKOMPRESSOR EIN DRUCKLUFTPOLSTER ERZEUGT WIRD

Als nachteilig erweisen sich auch zu große Geschoßhöhen, weil die Zeit bis zur Öffnung der „Sprinkler" mit der Raumhöhe wächst. Darum geht man mit dem Rohrnetz nicht gerne über 7 m Höhe. Bei besonderen Anlagen, wie Hochregallagern für Paletten, die oft eine Höhe von 30 m und mehr erreichen und deren Zwischenräume und Gänge wie Kamine wirken, verteilt man die Sprinkler nicht nur über die Grundfläche, sondern auch in der Höhe. Auf je 2 Palettenhöhen = 3 m ordnet man eine Sprinklerebene an.
Ungeeignet sind mit Wasser betriebene Sprinkleranlagen bei zu erwartender rascher Brandausbreitung, wie sie bei manchen chemischen Verfahren und Betrieben zu befürchten sind; ferner in Betrieben, in welchen mit leicht entzündlichen Flüssigkeiten gearbeitet wird, oder solche lagern, die mit Wasser nicht zu löschen sind. Für Labors, Chemikalienlager usw. baut man darum manchmal Sprinkleranlagen mit CO_2 als Löschmittel ein. Das Rohrsystem wird aus einer Batterie von Kohlesäureflaschen gespeist. Man rechnet auf je ca. 30 qm mit 1 Düse und mit einem Verbrauch von je 1 kg CO_2 auf 1 cbm.
Gesprinklerte Produktions- oder Lagerbauten, in denen gefährliche Stoffe lagern, sollte man in eine dichte Betonwanne stellen,

die nach der maximalen Löschwassermenge bemessen ist, wobei die Verdrängung des Lagergutes oder herabfallender Konstruktionsteile mit zu berücksichtigen ist. Nur so kann das Austreten verseuchten Löschwassers in die Umwelt verhindert werden.

Feuerlöscher

Man unterscheidet als mobile Löschgeräte nach DIN 14406 Handfeuerlöscher und Großgeräte. Als Löschmittel werden fast ausschließlich Kohlendioxyd und Löschpulver auf der Basis von Ammoniumsalzen des Phosphats und Sulphats (Vielzweckpulver) benutzt. Die Löschmittel müssen der Brandklasse entsprechen.

Normalpulver wirkt nur auf Oberflächenbrände, wie Flüssigkeiten, Fette usw. Vielzweckpulver eignet sich darüber hinaus auch für Glutbrände z. B. von Holz, Textilien und Kunststoffen. Anzahl und Anordnung der mobilen Feuerlöschgeräte müssen stets mit der aufsichtführenden Behörde festgelegt werden.

Anforderungen an das Brandverhalten von Dämmstoffen in den Bundesländern

Industrieverband Hartschaum e. V.
Ausgabe 1992

	Baden-Württemberg	Bayern	Berlin	Brandenburg Mecklenburg Sachsen Sachs.-Anh. Thüringen*)	Bremen	Hamburg
Vorschriften	LBO v. 28.11.83 AVO v. 02.04.84	LBO v. 02.07.82 DVO v. 02.07.82	LBO v. 28.02.85 RbBH v. 23.07.79	BauO v. 20.07.90 RbBH v. 20.07.90	LBO v. 23.03.83 DVO v. 31.03.83	LBO v. 01.07.86 BTA v. 01.03.91
Außenwände – Dämmschichten – außenseitig	freistehende Einfamilienhäuser: B 2 sonst. Gebäude B 1	≦2 VG: B 2 >2 VG: B 1 (4)	≦3 VG: B 2 >3 VG: B 1 (5)	Gebäude geringer Höhe: B 2 sonst. Gebäude: B 1	≦2 VG: B 2 (1) >2 VG: B 1	≦2 VG: B 2 (1) >2 VG: B 1 (5)
Außenwände – Dämmschichten – innenseitig (außer Brandw.)	B 2 (3)	≦2 VG: B 2 >2 VG: B 1 (4)	B 2	B 2	≦2 VG: B 2 >2 VG: B 1 (6)	B 2
Außenwände – Verkleidungen	Wohngebäude ≦2 VG, ≦2 Wohn.: B 2 sonst. Gebäude: B 1 (8)	≦3 VG: B 2 >3 VG: B 1	≦3 VG: B 2 >3 VG: B 1 (5)	≦2 VG: B 2 (1) sonst. Gebäude B 1	≦2 VG: B 2 (1) >2 VG: B 1	≦2 VG: B 2 (1) >2 VG: B 1 (5)
Wände u. Decken in Räumen – Dämmschichten	B 2	≦2 VG: B 2 >2 VG: B 1	B 2	B 2	≦2 VG: B 2 >2 VG: B 1 (6)	B 2
Wände u. Decken in Räumen – Verkleidung	B 2	B 2	B 2	B 2	≦2 VG: B 2 >2 VG: B 1 (6)	B 2
Dächer	B 2	B 2	B 2	B 2	B 2	B 2
Verkleidungen in Treppenräumen	Gebäude geringer Höhe: B 2 sonst. Gebäude: A	Wohngebäude: ≦3 VG: B 2 sonst. Gebäude: ≦2 VG: B 2 >2 VG: A	Wohngebäude mit ≦2 Wohnungen: B 2 sonst. Gebäude: A	Wohngebäude mit ≦2 Wohnungen: B 2 sonst. Gebäude: A	Wohngebäude mit ≦2 Wohnungen: B 2 sonst. Gebäude: A	Einfamilienhäuser: B 2 sonst. Gebäude: A
Verkleidungen in als Rettungsweg dienenden Fluren	Gebäude geringer Höhe: B 2 sonst. Gebäude: B 1	≦2 VG: B 2 >2 VG: B 1	≦2 VG: B 2 >2 VG: A	≦2 VG: B 2 >2 VG: A	≦ 2 VG: B 2 >2 VG: A	≦2 VG: B 2 >2 VG: A

Abkürzungen:

- *) Brandenburg, Mecklenburg-Vorpommern, Sachsen, Sachsen-Anhalt, Thüringen
- LBO Landesbauordnung (auch anstatt Bayerische, Hessische Bauordnung oder dgl.)
- AVO Ausführungsverordnung zur LBO
- DVO Durchführungsverordnungen zur LBO
- RbBH Richtlinien für die Verwendung brennbarer Baustoffe im Hochbau
- BTA Brandschutztechnische Auslegungen
- TVO Technische Durchführungsverordnung
- VV Verwaltungsvorschrift zur LBO
- VG Vollgeschosse

	Hessen	Niedersachsen	Nordrhein-Westfalen	Rheinland-Pfalz	Saarland	Schleswig-Holstein
Vorschriften	LBO v. 20.07.90 RbBh v. 04.02.91	LBO v. 06.06.86 DVO v. 11.03.87	LBO v. 26.06.84 VV v. 29.11.84	LBO v. 28.11.86	LBO v. 10.11.88 TVO v. 17.03.89	LBO v. 24.02.83 RbBH v. 28.05.79
Außenwände – Dämmschichten – außenseitig	≦2 VG: B 2 (1) >2 VG: B 1 (5)	≦2 VG: B 2 (1) >2 VG: B 1 (4)	Gebäude geringer Höhe: B 2 (1) sonst. Gebäude: B 1	B 2 / B 1 (3)	≦2 VG: B 2 (1) >2 VG: B 1 (5)	Gebäude geringer Höhe: B 2 sonst. Gebäude: B 1 (5)
Außenwände – Dämmschichten – innenseitig (außer Brandw.)	B 2	≦2 VG: B 2 (2) >2 VG: B 1 (4)	Gebäude geringer Höhe: B 2 (1) sonst. Gebäude: B 1	B 2 / B 1 (3)	B 2	B 2
Außenwände – Verkleidungen	≦2 VG: B 2 (1) >2 VG: B 1 (5)	≦2 VG: B 2 (7) >2 VG: B 1	Gebäude geringer Höhe: B 2 (1) sonst. Gebäude: B 1	B 2 / B 1 (3)	≦2 VG: B 2 (1) >2 VG: B 1 (5)	Gebäude geringer Höhe: B 2 (1) sonst. Gebäude: B 1 (5)
Wände u. Decken in Räumen – Dämmschichten	B 2	≦2 VG: B 2 (2) + (9) >2 VG: B 1 (6)	B 2	B 2	B 2	B 2
Wände u. Decken in Räumen – Verkleidung	B 2	≦2 VG: B 2 >2 VG: B 1 (6)	B 2	B 2	B 2	B 2
Dächer	B 2	B 2	B 2	B 2	B 2	B 2
Verkleidungen in Treppenräumen	Einfamilienhäuser: B 2 sonst. Gebäude: A	≦2 VG: B 2 >2 VG: A	Gebäude geringer Höhe: ≦ 2 Wo. B 2 sonst. Gebäude: A	Einfamilienhäuser: B 2 sonst. Gebäude: A	Einfamilienhäuser: B 2 sonst. Gebäude: A	Wohngebäude mit ≦2 Wohnungen: B 2 sonst. Gebäude: A
Verkleidungen in als Rettungsweg dienenden Fluren	≦2 VG: B 2 >2 VG: A	≦2 VG: B 2 >2 VG: A	Gebäude geringer Höhe: B 2 sonst. Gebäude: A	≦5 VG: B 2 >5 VG: A	≦2 VG: B 2 >2 VG: A	≦2 VG: B 2 >2 VG: A

Anmerkungen:

(1) wenn Vorkehrungen gegen Brandausbreitung getroffen,
(2) bei F 30 / F 90-Wänden B 1 erforderlich,
(3) ohne nähere Regelung,
(4) B 2 zulässig in mehrschaligen Wandtafeln, wenn eine Schale F 90 aus mineralischen Baustoffen und im übrigen Dämmschicht ≧6 cm dick durch mineralische Baustoffe geschützt,
(5) B 2 zulässig, wenn Bauteile F 90 an jeder Geschoßdecke ≧1,5 m auskragen,
(6) B 2 zulässig bei Wohn-, Büro- und Verwaltungsräumen oder ähnlicher Nutzung,
(7) nur wenn Grenzabstand ≧5 m
(8) B 2 zulässig, wenn Vorkehrungen gegen Brandausbreitung getroffen,
(9) B 1 erforderlich in Decken, die keine klassifizierte Feuerwiderstandsdauer haben müssen.

Brandschutzanforderungen an Bauteile nach den Landesbauordnungen

Entnommen aus BAKT Info Technik BS 1, Bundesarbeitskreis Trockenbau
Anmerkung: Die neuen Bundesländer haben die Musterbauordnung übernommen, die weitgehend der von Nordrhein-Westfalen entspricht.

Auszug aus der Landesbauordnung für Baden-Württemberg

Nr.	Bauteil Vorschrift	Geschoßzahl ≤ 2 1)	> 2 1)	≤ 3 1)	> 3	> 5	Hoch- haus
1. 1.1	**Dämmschichten** auf Außenwänden * B2 zulässig, wenn durch geeignete Maßnahhmen eine Brandausbreitung auf angrenzende Gebäude erschwert wird; ** bei aneinandergereihten Gebäuden müssen sie außerdem mit nichtbrennbaren Baustoffen verwahrt sein	B 1* **	B 1* **	B 1* **	B 1* **	B 1* **	(x)
1.2	in allgemein zugänglichen Fluren	B 1	B 1	B 1	B 1	B 1	(x)
1.3	in notwendigen Treppenräumen und ihren Ausgängen	A	A	A	A	A	(x)
2. 2.1	**Bekleidungen** von Außenwänden * B 2 zulässig, wenn durch geeignete Maßnahmen eine Brandausbreitung auf angrenzende Gebäude erschwert wird	B 1*	B 1*	B 1*	B 1	B 1*	(x)
2.2	in allgemein zugänglichen Fluren	B 1	B 1	B 1	B 1	B 1	(x)
2.3	in notwendigen Treppenräumen und ihren Ausgängen	A	A	A	A	A	(x)
3. 3.1	**Dachausbau** Trennwände in Dachräumen * für freistehende Wohngebäude mit nicht mehr als einer Wohnung keine Anforderung	F 30 B*	B 30 B	F 30 B	F 30 B	F 30 B	(x)
3.2	Dachflächen, die Aufenthaltsräume, ihre Zugänge und zugehörige Nebenräume abschließen, wenn über die Dachfläche eine Brandübertragung auf höherliegende Nutzungseinheiten mit Aufenthaltsräumen zu befürchten ist	F 30 B	F 30 B	F 30 B	F 30 B	F 30 B	(x)
4. 4.1	**Trennwände** von Wohngebäuden * mit nicht mehr als zwei Wohnungen ** für freistehende Wohngebäude mit nicht mehr als einer Wohnung keine Anforderung	F 30 B* **	F 30 B* **	F 30 B*			
4.2	zwischen Wohnungen sowie zwischen Wohnungen und anderen Räumen * in obersten Geschossen von Dachräumen ist F 30 B zulässig	F 90 AB*	F 90 AB*	F 90 AB*	F 90 AB*	F 90 AB*	(x)
4.3	Treppenraumwände in Verbindung mit Trennwänden, die feuerbeständig sein müssen, sowie in Untergeschossen * bei anderen Treppenraumwänden F 30 B zulässig	F 90 AB*	F 90 AB*	F 90 AB*	F 90 A	F 90 A	(x)
4.4	allgemein zugänglicher Flure	F 30 B	F 30 B	F 30 B	F 30 B	F 30 B	(x)
5. 5.1	**Decken** von Wohngebäuden * mit nicht mehr als zwei Wohnungen ** gilt nicht für oberste Geschosse von Dachräumen *** für freistehende Wohngebäude mit nicht mehr als einer Wohnung keine Anforderung	F 30 B* ** ***	F 30 B* ** ***	F 30 B* **	F 90 AB	F 90 AB	(x)
5.2	von Bürogebäuden * gilt nicht für oberste Geschosse von Dachräumen ** in Untergeschossen, bei denen keine Außenwand vollständig über der festgelegten Geländeoberfläche liegt: F 90 AB	F 30 B* **	F 30 B* **	F 30 B* **	F 90 AB	F 90 AB	(x)
6. 6.1	**Tragende und aussteifende Wände** von Wohngebäuden * mit nicht mehr als zwei Wohnungen ** gilt nicht für oberste Geschosse von Dachräumen *** für freistehende Wohngebäude mit nicht mehr als einer Wohnung keine Anforderung	F 30 B* ** ***	F 30 B* ** ***	F 30 B* **	F 90 AB	F 90 AB	(x)
6.2	von Bürogebäuden * gilt nicht für oberste Geschosse von Dachräumen ** in Untergeschossen, bei denen keine Außenwand vollständig über der festgelegten Geländeoberfläche liegt: F 90 AB	F 30 B* **	F 30 B* **	F 30 B* **	F 90 AB	F 90 AB	(x)

7.	**Außenwand**						
7.1	von Wohngebäuden * mit nicht mehr als zwei Wohnungen ** bei Abstand < 2,5 m zur Grundstücksgrenze oder Abstand < 5,0 m zu bestehenden oder baurechtlich zulässigen Gebäuden auf demselben Grundstück F 90 AB *** für freistehende Wohngebäude mit nicht mehr als einer Wohnung keine Anforderung	F 30 B******	F 30 B******	F 30 B***	F 90 AB	F 90 AB	(x)
7.2	von Bürogebäuden * bei Abstand < 2,5 m zur Grundstücksgrenze oder Abstand < 5,0 m zu bestehenden oder baurechtlich zulässigen Gebäuden auf demselben Grundstück, wie Brandwand	F 30 B*	F 30 B*	F 30 B*	F 90 AB	F 90 AB	(x)
7.3	nichttragende Außenwände * soweit nicht durch geeignete Maßnahmen ein Feuerüberschlag auf andere Geschosse verhindert wird	Keine Anforderungen	Keine Anforderungen	Keine Anforderungen	A* oder W30	A* oder W30	(x)

(x) für bauliche Anlagen und Räume besonderer Art oder Nutzung können im Einzelfall besondere Anforderungen gestellt werden. Bauliche Anlagen und Räume besonderer Art oder Nutzung sind insbesondere:
1. Geschäftshäuser ... ; 2. Hochhäuser ... ; 4. Büro- und Verwaltungsgebäude ...

1) Oberkante der Brüstung mindestens eines notwendigen Fensters oder mindestens einer zum Anleitern geeigneten Stelle nicht mehr als 8 m über der festgelegten Geländeoberfläche

Ausnahmeregelungen im Einzelfall sind möglich, wenn keine Bedenken hinsichtlich des Brandschutzes bestehen.

Auszug aus der Landesbauordnung für Bayern

Nr.	Bauteil Vorschrift	Geschoßzahl ≤ 2	 > 2	 ≤ 3	 > 3	 > 5	Hoch- haus
1.	**Dämmschichten**						
1.1	auf oder in Wänden und Decken in Wohngebäuden * auf oder in feuerhemmenden und feuerbeständigen Wänden und Decken B 1	B 2*	B 2*	B 2*	B 1	B 1	A
1.2	auf oder in Wänden und Decken in Bürogebäuden * auf oder in feuerhemmenden und feuerbeständigen Wänden und Decken B 1	B 2*	B 1	B 1	B 1	B 1	A
1.3	auf oder in Außenwänden (nichttragend) * gilt nicht, wenn eine Brandübertragung durch geeignete Vorkehrungen verhindert wird	B 2	A*	A*	A*	A*	A*
2.	**Bekleidungen**						
2.1	auf Wand- und Deckenflächen in Wohngebäuden * auf feuerhemmenden und feuerbeständigen Wänden und Decken B 1	Keine Anforderungen	Keine Anforderungen	B 2*	B 1	B 1	A
2.2	auf Wand- und Deckenflächen in Bürogebäuden * auf feuerhemmenden und feuerbeständigen Wänden und Decken B 1	B 2*	B 1	B 1	B 1	B 1	A
2.3	auf Wand- und Deckenflächen von Fluren	B 2	B 1	B 1	B 1	A	A
2.4	in Treppenräumen und ihren Ausgängen ins Freie	B 2	B 1	B 1	B 1	A	A
3.	**Dachgeschoß-Ausbau**						
3.1	Wände und Decken der Räume und Zugänge, die gegen nicht ausgebauten Dachraum abschließen * Ausnahmen zugelassen bei Wohngebäuden mit bis zu zwei Wohnungen	F 30 B*	F 30 B	F 30 B	F 30 B	F 30 B	F 30 B
4.	**Trennwände**						
4.1	zwischen Wohnungen sowie zwischen Wohnungen und fremden Aufenthaltsräumen	F 30 B	F 30 B	F 30 B	F 90 AB	F 90 AB	F 90 A
4.2	zwischen Räumen, bei denen mindestens einer so genutzt wird, daß erhöhte Brand- oder Explosionsgefahr besteht	F 90 AB	F 90 AB	F 90 AB	F 90 AB	F 90 AB	F 90 AB
4.3	zwischen Wohnungen oder Wohn- und Schlafräumen und land- und forstwirtschaftlichen oder gärtnerischen Betriebsgebäuden oder -räumen	F 90 AB	F 90 AB	F 90 AB	F 90 AB		
4.4	in Treppenräumen und ihren Ausgängen ins Freie * gilt nicht für Wohngebäude mit bis zu zwei Wohnungen ** in der Bauart von Brandwänden	F 90 AB*	F 90 A**	F 90 A**	F 90 A**	F 90 A**	F 90 A**
5.	**Decken**						
5.1	in Wohngebäuden * in Wohngebäuden mit bis zu zwei Wohnungen, soweit keine Aufenthaltsräume über 2. Vollgeschoß, nicht feuerhemmend zulässig	F 30 B*	F 30 B*	F 30 B*	F 90 AB	F 90 AB	F 90 AB
5.2	über Kellergeschossen von Wohngebäuden	F 30 B	F 30 B	F 30 B	F 90 AB	F 90 AB	F 90 AB
5.3	in Bürogebäuden	F 30 B	F 90 AB	F 90 AB	F 90 AB	F 90 AB	F 90 AB
5.4	über Kellergeschossen von Bürogebäuden	F 30 B	F 90 AB	F 90 AB	F 90 AB	F 90 AB	F 90 AB
5.5	über und unter Räumen mit erhöhter Brandgefahr	F 90 AB	F 90 AB	F 90 AB	F 90 AB	F 90 AB	F 90 AB
5.6	zwischen Wohnungen oder Wohn- und Schlaf räumen und land und forstwirtschaftlichen oder gärtnerischen Betriebsgebäuden oder räumen	F 90 AB	F 90 AB	F 90 AB	F 90 AB		
6.	**Tragende und aussteifende Wände**						
6.1	in Wohngebäuden * in Wohngebäuden mit bis zu zwei Wohnungen, soweit keine Aufenthaltsräume über 2. Vollgeschoß, nicht feuerhemmend zulässig	F 30 B*	F 30 B*	F 30 B*	F 90 AB	F 90 AB	F 90 AB
6.2	in Bürogebäuden	F 30 B	F 90 AB	F 90 AB	F 90 AB	F 90 AB	F 90 AB
7.	**Außenwände (nichttragend)** * gilt nicht, wenn eine Brandübertragung durch geeignete Vorkehrungen verhindert wird	Keine Anforderungen	A* oder W 30	A* oder W 30	A* oder W 30	A* oder W 30	A oder W 90

Ausnahmeregelungen im Einzelfall sind möglich, wenn keine Bedenken hinsichtlich des Brandschutzes bestehen.

Auszug aus der Landesbauordnung für Berlin

Nr.	Bauteil Vorschrift	Geschoßzahl ≤ 2	 > 2	 ≤ 3	 > 3	 > 5	Hoch- haus
1. 1.1	**Dämmschichten** auf oder in Wänden und Decken in Wohn-gebäuden * bei Einzel- und Doppelwohngebäuden in offener Bauweise B 2	B 1*	B 1	B 1	B 1	B 1	B 1
1.2	auf oder in Wänden und Decken in Bürogebäuden	B 1	B 1	B 1	B 1	B 1	B 1
2. 2.1	**Bekleidungen** auf Wand und Deckenflächen allgemein	B 2	B 2	B 2	B 2	B 2	B 2
2.2	auf Wandflächen von Treppenräumen und ihren Zugängen vom Freien	–	A	A	A	A	A
3.	**Dachgeschoß-Ausbau** Wände, Decken und Türen der Räume, ihre Zugänge und die zugehörigen Nebenräume, die gegen nicht ausgebauten Dachraum abschließen * gilt nicht für Einzel- und Doppelwohngebäude in offener Bauweise	F 30 B*	F 30 B	F 30 B	F 30 B	F 30 B	F 30 B
4. 4.1	**Trennwände** zwischen Wohnungen sowie zwischen Wohnungen und fremden Arbeitsräumen	F 90 AB	F 90 AB	F 90 AB	F 90 AB	F 90 AB	F 90 AB
4.2	zwischen Räumen, von denen mindestens einer so genutzt wird, daß eine erhöhte Brand- oder Zerknallgefahr besteht	F 90 AB	F 90 AB	F 90 AB	F 90 AB	F 90 AB	F 90 AB
4.3	zwischen Wohngebäuden oder Wohnräumen und landwirtschaftlichen Betriebsgebäuden oder Betriebsräumen	F 90 AB	F 90 AB	F 90 AB	F 90 AB	F 90 AB	F 90 AB
4.4	in Treppenräumen und ihren Zugängen vom Freien * und so dick wie Brandwände ** auf Einfamilienhäuser nicht anzuwenden	F 90 AB**	F 90 AB*	F 90 AB*	F 90 AB*	F 90 AB*	F 90 AB*
4.5	allgemein zugänglicher Flure, die als Rettungs wege dienen	Keine Anforderung	F 30 B	F 30 B	F 30 B	F 30 B	F 30 B
4.6	nichttragend - allgemein	Keine Anforderung	Keine Anforderung	Keine Anforderung	Keine Anforderung	Keine Anforderung	A
5. 5.1	**Decken** in Wohngebäuden * in Gebäuden mit zwei Vollgeschossen und einer Grundfläche > 500 m^2 F 30 AB	Keine Anforde-rungen*	F 30 AB	F 90 AB	F 90 AB	F 90 AB	F 90 AB
5.2	über Kellergeschossen von Wohngebäuden * Ein- und Zweifamilienhäuser F 30 AB	F 90 AB*	F 90 AB	F 90 AB	F 90 AB	F 90 AB	F 90 AB
5.3	in Bürogebäuden * in Gebäuden mit zwei Vollgeschossen und einer Grundfläche > 500 m^2 F 30 AB	Keine Anforde-rungen*	F 30 AB	F 90 AB	F 90 AB	F 90 AB	F 90 AB
5.4	über Kellergeschossen von Bürogebäuden	F 90 AB	F 90 AB	F 90 AB	F 90 AB	F 90 AB	F 90 AB
5.5	über und unter Räumen, wenn dies nach der Art ihrer Benutzung wegen des Brandschutzes erforderlich ist	F 90 AB	F 90 AB	F 90 AB	F 90 AB	F 90 AB	F 90 AB
5.6	zwischen Wohnungen und landwirtschaftlichen Betriebsräumen sowie zwischen Heizräumen und Aufenthaltsräumen	F 90 AB	F 90 AB	F 90 AB	F 90 AB		
6. 6.1	**Tragende und aussteifende Wände** in Wohngebäuden * nicht feuerhemmend zulässig bei Einzel und Doppelwohngebäuden mit bis zu zwei Vollgeschossen und mit bis zu zwei Wohnungen in offener Bauweise 1-geschossig ohne ausgebauten Dachraum 1 geschossig mit ausgebautem Dachraum nur im Bereich des Dachraumes 2-geschossig ohne ausgebauten Dachraum nur im Obergeschoß	F 30 B*	F 90 AB	F 90 AB	F 90 AB	F 90 AB	F 90 AB
6.2	in Bürogebäuden	F 30 B	F 90 AB	F 90 AB	F 90 AB	F 90 AB	F 90 AB
7.	**Außenwände (nichttragend)**	Keine Anforde-rungen	A oder W 30	A oder W 30	A oder W 30	A oder W 30	A oder W 90

Ausnahmeregelungen im Einzelfall sind möglich, wenn keine Bedenken hinsichtlich des Brandschutzes bestehen.

Auszug aus der Landesbauordnung für Bremen

Nr.	Bauteil Vorschrift	Geschoßzahl ≤ 2	 > 2	 ≤ 3	 > 3	 > 5	Hoch- haus
1. 1.1	**Dämmschichten** auf oder in Wänden und Decken (B 1 und B 2 kann gestattet werden, wenn wegen des Brandschutzes Bedenken nicht bestehen)	A	A	A	A	A	A
2. 2.1	**Bekleidungen** auf Wand und Deckenflächen allgemein (B 1 und B 2 kann gestattet werden, wenn wegen des Brandschutzes Bedenken nicht bestehen)	A	A	A	A	A	A
2.2	auf Wänden von Fluren, die als Rettungswege dienen	Keine Anforderung	Keine Anforderung	Keine Anforderung	Keine Anforderung	Keine Anforderung	A
3.	**Dachgeschoß-Ausbau** Wände, Decken und Türen der Räume, ihre Zugänge und die zugehörigen Nebenräume gegen den nicht ausgebauten Dachraum * gilt nicht für freistehende Wohngebäude mit nur einer Wohnung	F 30 B*	F 30 B	F 30 B	F 30 B	F 30 B	
4. 4.1	**Trennwände** zwischen Wohnungen sowie zwischen Wohnungen und fremden Arbeitsräumen sowie zwischen Wohnungen und allgemein zugänglichen Flurer.	F 90 AB	F 90 AB	F 90 AB	F 90 AB	F 90 AB	F 90 AB
4.2	zwischen Räumen von denen auch nur ein Raum so genutzt wird daß eine erhöhte Brand- oder Explosionsgefahr besteht	F 90 AB	F 90 AB	F 90 AB	F 90 AB	F 90 AB	F 90 AB
4.3	zwischen Wohngebäuden oder -räumen und landwirtschaftlichen Betriebsgebäuden oder -räumen	F 90 AB	F 90 AB	F 90AB	F 90 AB		
4.4	von Räumen notwendiger Treppen und ihrer Zugänge vom Freien * und so beschaffen wie Brandwände ** gilt nicht für Einfamilienhäuser	F 90 AB**	F 90 A*	F 90 A*	F 90 A*	F 90 A*	F 90 A*
4.5	in Fluren, die als Rettungswege dienen * gilt nicht für Wohngebäude mit nicht mehr als zwei Wohnungen und innerhalb abgeschlossener Wohnungen, wenn Rettung im Brandfall möglich	F 30 B*	F 30 B	F 30 B	F 30 B	F 90 AB	F 90 AB
5. 5.1	**Decken** in Wohngebäuden * in Gebäuden mit zwei Vollgeschossen und einer Grundfläche > 500 m^2 F 30 AB ** gilt nur für Decken über den Vollgeschossen	F 30 B*	F 30 B**	F 30 AB**	F 30 AB**	F 90 AB	F 90 AB
5.2	über Kellergeschossen von Wohngebäuden * in Wohngebäuden mit nicht mehr als zwei Wohnungen F 30 AB	F 90 AB*	F 90 AB	F 90 AB	F 90 AB	F 90 AB	F 90 AB
5.3	in Bürogebäuden * in Gebäuden mit zwei Vollgeschossen und einer Grundfläche > 500 m^2 F 30 AB	F 30 B*	F 30 AB	F 30 AB	F 30 AB	F 90 AB	F 90 AB
5.4	über Kellergeschossen von Bürogebäuden	F 90 AB	F 90 AB	F 90 AB	F 90 AB	F 90 AB	F 90 AB
5.5	über und unter Räumen, wenn dies nach der Art ihrer Benutzung wegen des Brandschutzes erforderlich ist	F 90 AB	F 90 AB	F 90 AB	F 90 AB	F 90 AB	F 90 AB
5.6	zwischen Wohnungen und landwirtschaftlichen Betriebsräumen	F 90 AB	F 90 AB	F 90 AB	F 90 AB		
6. 6.1	**Tragende und aussteifende Wände** in Wohngebäuden * nicht feuerhemmend zulässig in freistehenden Wohngebäuden bis zu insgesamt zwei Wohnungen – bei eingeschossigen Gebäuden ohne ausgebauten Dachraum – bei eingeschossigen Gebäuden mit ausgebautem Dachraum nur im Bereich des Dachraumes – bei zweigeschossigen Gebäuden ohne ausgebauten Dachraum nur im Obergeschoß	F 30 B*	F 90 AB	F 90 AB	F 90 AB	F 90 AB	F 90 AB
6.2	in Bürogebäuden	F 30 B	F 90 AB	F 90 AB	F 90 AB	F 90 AB	F 90 AB
7.	**Außenwände (nichttragend)**	Keine Anforderungen	A oder W 30	A oder W 30	A oder W 30	A oder W 30	A

Ausnahmeregelungen im Einzelfall sind möglich, wenn keine Bedenken hinsichtlich des Brandschutzes bestehen.

Auszug aus der Landesbauordnung für Hamburg

Nr.	Bauteil Vorschrift	Geschoßzahl ≤ 2	> 2	≤ 3	> 3	> 5	Hoch- haus
1.	**Dämmschichten**	Keine Anforde-rungen	Keine Anforde-rungen	Keine Anforde-rungen	Keine Anforde-rungen	Keine Anforde-rungen	Keine Anforde-rungen
2.	**Bekleidungen**						
2.1	auf Wand- und Deckenflächen in Wohngebäuden * B1 oder B2 zulässig, wenn wegen des Brandschutzes Bedenken nicht bestehen	A*	A*	A*	A*	A*	A
2.2	auf Wand- und Deckenflächen in Bürogebäuden * B 1 oder B 2 zulässig, wenn wegen des Brandschutzes Bedenken nicht bestehen	A*	A*	A*	A*	A*	A
2.3	auf Wand- und Deckenflächen von Fluren, die als Rettungswege dienen	A	A	A	A	A	A
2.4	auf Wandflächen in Treppenräumen und ihren Ausgängen ins Freie * bei Wohngebäuden bis zu zwei Geschossen B 1 oder B 2 zulässig	A*	A	A	A	A	A
3.	**Dachgeschoß-Ausbau** Wände, Decken und Türen der Räume und ihre Zugänge, die gegen Dachraum abschließen * gilt nicht für Einzel- und Doppelwohngebäude bis zu zwei Vollgeschossen	F 30 B*	F 30 B	F 30 B	F 30 B	F 30 B	F 30 B
4.	**Trennwände**						
4.1	zwischen Wohnungen sowie zwischen Wohnungen und allgemein zugänglichen Fluren	F 90 A	F 90 A	F 90 A	F 90 A	F 90 A	F 90 A
4.2	zwischen Wohnungen und Arbeitsräumen verschieden Nutzungsberechtigter sowie zwischen Arbeitsräumen verschieden Nutzungsberechtigter	F 90 A	F 90 A	F 90 A	F 90 A	F 90 A	F 90 A
4.3	zwischen Räumen, von denen mindestens einer so genutzt wird, daß eine erhöhte Brand- und Explosionsgefahr besteht	F 90 A	F 90 A	F 90 A	F 90 A	F 90 A	F 90 A
4.4	zwischen Wohngebäuden oder Wohnräumen und landwirtschaftlichen Betriebsräumen	F 90 A	F 90 A	F 90 A	F 90 A	F 90 A	F90 A
4.5	von Treppenräumen und ihren Ausgängen ins Freie * und so dick wie Brandwände ** Einfamilienhäuser keine Anforderungen	F 90 A**	F 90 A*	F 90 A*	F 90 A*	F 90 A*	F 90 A*
4.6	in Fluren, die als Rettungswege dienen * gilt nicht für Einfamilienhäuser	F 30 A*	F 30 A	F 90 A	F 90 A	F 90 A	F 90 A
5.	**Decken**						
5.1	in Wohngebäuden * in Gebäuden mit zwei Vollgeschossen und einer Grundfläche > 500 m^2 F 30 AB	Keine Anforde-rungen*	F 30 AB	F 30 AB	F 30 AB	F 90 AB	F 90 AB
5.2	über Kellergeschossen und oberstem Vollgeschoß von Wohngebäuden * Einfamilienhäuser F 30 AB	F 90 AB*	F 90 AB*	F 90 AB	F 90 AB	F 90 AB	F 90 AB
5.3	in Bürogebäuden * in Gebäuden mit zwei Vollgeschossen und einer Grundfläche > 500 m^2 F 30 AB	Keine Anforde-rungen*	F 30 AB	F 30 AB	F 30 AB	F 90 AB	F 90 AB
5.4	über Kellergeschossen von Bürogebäuden	F 90 AB	F 90 AB	F 90 AB	F 90 AB	F 90 AB	F 90 AB
5.5	über und unter Räumen, wenn dies nach der Art ihrer Nutzung wegen des Brandschutzes erforderlich ist	F 90 AB	F 90 AB	F 90 AB	F 90 AB	F 90 AB	F 90 AB
5.6	über und unter Geschäfts- und Gewerberäumen	F 90 AB	F 90 AB	F 90 AB	F 90 AB	F 90 AB	F 90 AB
5.7	zwischen Wohnungen und landwirtschaftlichen Betriebsräumen	F 90 AB	F 90 AB	F 90 AB	F 90 AB		
5.8	Decken allgemein zugänglicher Flure	F 30 AB	F 30 AB	F 30 AB	F 30 AB	F 90 AB	F 90 AB
6.	**Tragende und aussteifende Wände**						
6.1	in Wohngebäuden * Ausnahmen bei Einzel- und Doppelwohngebäuden zulässig, wenn 1. nicht mehr als zwei Wohnungen – und keine Wohnung ausschließlich im Obergeschoß – vorgesehen werden; 2. für das Gebäude selbst eine harte Bedachung vorgesehen ist und auch die Nachbargebäude eine harte Bedachung haben; 3. das Gebäude mindestens 5 m von den Grundstücksgrenzen und mindestens 10 m von bestehenden Gebäuden oder nach den baurechtlichen Vorschriften zulässigen künftigen Gebäuden entfernt errichtet wird.	F 90 A*	F 90 A	F 90 A	F 90 A	F 90 A	F 90 A
6.2	in Bürogebäuden	F 90 A	F 90 A	F 90 A	F 90 A	F 90 A	F 90 A
7.	**Außenwände (nichttragend)**	W 30	W 30	W 30	W 30	W 90	W 90

Ausnahmeregelungen im Einzelfall sind möglich, wenn keine Bedenken hinsichtlich des Brandschutzes bestehen.

Auszug aus der Landesbauordnung für Hessen

Nr.	Bauteil Vorschrift	Geschoßzahl ≤ 2	> 2	≤ 3	> 3	> 5	Hoch- haus
1. 1.1	**Dämmschichten** auf oder in Wänden und Decken in Wohngebäuden * auf oder in feuerhemmenden und feuerbeständigen Wänden und Decken B 1	B 2*	B 2*	B 2*	B 2*	B 2*	B 2*
1.2	auf oder in Wänden und Decken in Bürogebäuden	B 2	B 2	B 2	B 2	B 2	B 2
2. 2.1	**Bekleidungen** auf Wand und Deckenflächen in Wohngebäuden	B 2	B 2	B 2	B 2	B 2	B 2
2.2	auf Wand- und Deckenflächen in Bürogebäuden	B 2	B 2	B 2	B 2	B 2	B 2
2.3	auf Wand- und Deckenflächen von Fluren, die als Rettungswege dienen	Keine Anforderung	A	A	A	A	A
2.4	auf Wandflächen in Treppenräumen und ihren Ausgängen ins Freie * gilt nicht für eingeschossige freistehende Wohngebäude mit bis zu 2 Wohnungen	A*	A	A	A	A	A
3.	**Dachgeschoß-Ausbau** Wände, Decken und Türen der Räume, Zugänge und zugehöriger Nebenräume, die gegen nicht ausgebauten Dachraum abschließen * gilt nicht für eingeschossige freistehende Wohngebäude mit bis zu 2 Wohnungen	F 30 B*	F 30 B	F 30 B	F 30 B	F 30 B	F 30 B
4. 4.1	**Trennwände** zwischen Wohnungen sowie zwischen Wohnungen und fremden Aufenthaltsräumen	F 90 AB	F 90 AB	F 90 AB	F 90 AB	F 90 AB	F 90 AB
4.2	zwischen Räumen von denen mindestens einer so genutzt wird, daß eine erhöhte Brand- oder Explosionsgefahr besteht	F 90 AB	F 90 AB	F 90 AB	F 90 AB	F 90 AB	F 90 AB
4.3	zwischen Wohngebäuden und landwirtschaftlichen Betriebsgebäuden sowie zwischen dem Wohnteil oder Wohn- und Schlafräumen und dem landwirtschaftlichen Betriebsteil eines Gebäudes	F 90 AB	F 90 AB	F 90 AB	F 90 AB		
4.4	von Treppenräumen und ihren Ausgängen ins Freie * und so dick wie Brandwände ** Einfamilienhäuser keine Anforderungen	F 90 AB**	F 90 A*	F 90 A*	F 90 A*	F 90 A*	F 90 A*
4.5	in Fluren die als Rettungswege dienen	Keine Anforderung	F 30 B	F 30 B	F 30 B	F 30 B	F 30 B
5. 5.1	**Decken** in Wohngebäuden * in Gebäuden mit zwei Vollgeschossen und einer Grundfläche > 500 m² F 30 AB	Keine Anforderungen*	F 30 AB	F 30 AB	F 30 AB	F 90 AB	F 90 AB
5.2	über Kellergeschossen von Wohngebäuden * Ein- und Zweifamilienhäuser F 30 AB	F 90 AB*	F 90 AB	F 90 AB	F 90 AB	F 90 AB	F 90 AB
5.3	in Bürogebäuden * in Gebäuden mit zwei Vollgeschossen und einer Grundfläche > 500 m² F 30 AB	Keine Anforderungen*	F 30 AB	F 30 AB	F 30 AB	F 90 AB	F 90 AB
5.4	über Kellergeschossen von Bürogebäuden	F 90 AB	F 90 AB	F 90 AB	F 90 AB	F 90 AB	F 90 AB
5.5	über und unter Räumen, wenn dies nach der Art ihrer Benutzung wegen des Brandschutzes erforderlich ist	F 90 AB	F 90 AB	F 90 AB	F 90 AB	F 90 AB	F 90 AB
5.6	zwischen Wohnungen oder Wohn- und Schlafräumen und landwirtschaftlichen Betriebsräumen	F 90 AB	F 90 AB	F 90 AB	F 90 AB		
5.7	über Erdgeschoß von freistehenden Wohngebäuden bis zu 2 Wohnungen 1-geschossig mit ausgebautem Dachraum 2-geschossig ohne ausgebauten Dachraum	F 30 B					
6. 6.1	**Tragende und aussteifende Wände** in Wohngebäuden * nicht feuerhemmend zulässig bei freistehenden Wohngebäuden mit bis zu 2 Wohnungen 1-geschossig ohne ausgebauten Dachraum 1 geschossig mit ausgebautem Dachraum nur im Bereich des Dachraumes 2 geschossig ohne ausgebauten Dachraum nur im Obergeschoß	F 90 B*	F 90 AB	F 90 AB	F 90 AB	F 90 AB	F 90 AB
6.2	in Bürogebäuden	F 30 B	F 90 AB	F 90 AB	F 90 AB	F 90 AB	F 90 AB
7.	**Außenwände (nichttragend)** * bei Grenzabstand < 5 m; bei Abstand von gleichartigen Außenwänden anderer Gebäude < 10 m und Abstand von anderen Außenwänden < 8 m; wenn die Gebäude selbst und die Nachgebäude harte Bedachung haben: A oder W 30	Keine Anforderungen*	A oder W 30	A oder W 30	A oder W 30	A oder W 30	A

Ausnahmeregelungen im Einzelfall sind möglich, wenn keine Bedenken hinsichtlich des Brandschutzes bestehen.

Auszug aus der Landesbauordnung für Niedersachsen

Nr.	Bauteil Vorschrift	Geschoßzahl ≤ 2	> 2	≤ 3	> 3	> 5	Hochhaus
1.	**Dämmschichten**						
1.1	auf oder in Wänden * gilt nur für feuerhemmende und feuerbeständige Wände	B1*	B1	B1	B1	B1	A
1.2	auf Decken F 30 AB und F 90 AB bei	B2	B3	B3	B3	B3	
2.	**Bekleidungen**						
2.1	auf Wand- und Deckenflächen allgemein * bei Wohn-, Büro und Verwaltungsbauten B 2	B2	B1*	B1*	B1*	B1*	A
2.2	in Treppenräumen notwendiger Treppen, in notwendigen Fluren und in Ein und Ausgängen	B2	A	A	A	A	A
3.	**Dachgeschoß-Ausbau** Wände gegen übrigen Dachraum	F 30 B	F 30 B	F 30 B	F 30 B	F 30 B	F 30 B
4.	**Trennwände**						
4.1	zwischen Wohnungen sowie zwischen Wohnungen und fremden Arbeitsräumen, insbesondere gewerblich genutzten Räumen	F 90 AB	F 90 AB	F 90 AB	F 90 AB	F 90 AB	F 90 A
4.2	zwischen Wohnungen und notwendigen Fluren	F 90 AB	F 90 AB	F 90 AB	F 90 AB	F 90 AB	F 90 A
4.3	zwischen Räumen, von denen mindestens einer so genutzt wird, daß eine erhöhte Brand- oder Explosionsgefahr besteht	F 90 AB	F 90 AB	F 90 AB	F 90 AB	F 90 AB	F 90 A
4.4	zwischen Räumen, die dem Wohnen dienen, und landwirtschaftlichen Betriebsräumen	F 90 AB	F 90 AB	F 90 AB	F 90 AB		
4.5	notwendiger Flure * gilt nicht für Einfamilienhäuser	F 30 A*	F 30 A	F 30 A	F 30 A	F 30 A	F 90 A
4.6	in Treppenräumen * und so dick wie Brandwände	F 90 AB	F 90 A*	F 90 A*	F 90 A*	F 90 A*	F 90 A*
5.	**Decken**						
5.1	in Wohngebäuden * Decken über den Vollgeschossen	F 30 B	F 30 AB*	F 30 AB	F 30 AB	F 90 AB	F 90 AB
5.2	über Kellergeschossen von Wohngebäuden * in Wohngebäuden mit nicht mehr als zwei Vollgeschossen und nicht mehr als zwei Wohnungen F 30 AB	F 90 AB*	F 90 AB	F 90 AB	F 90 AB	F 90 AB	F 90 AB
5.3	in Bürogebäuden	F 30 B	F 30 AB	F 30 AB	F 30 AB	F 90 AB	F 90 AB
5.4	über Kellergeschossen von Bürogebäuden	F 90 AB	F 90 AB	F 90 AB	F 90 AB	F 90 AB	F 90 AB
5.5	zwischen Räumen, die dem Wohnen dienen, und landwirtschaftlichen Betriebsräumen	F 90 AB	F 90 AB	F 90 AB	F 90 AB		
5.6	oberste Decke, wenn keine Aufenthaltsräume über dieser liegen	Keine Anforderung	F 30 B	F 30 B	F 30 B	F 30 B	F 90 AB
6.	**Tragende und aussteifende Wände** allgemein	F 30 B	F 90 AB	F 90 AB	F 90 AB	F 90 AB	F 90 AB
7.	**Außenwände (nichttragend)** * gilt nicht für Gebäude bis zu zwei Vollgeschossen, wenn der Abstand der Außenwand zur Grundstücksgrenze ≥ 5 m ** B2 zulässig, soweit durchlaufende, feuerbeständige, mindestens 1,50 m über die Außenwand hinausragende Bauteile angebracht sind und soweit der Abstand der Außenwand zur Grundstücksgrenze ≥ 5 m *** B1 zulässig, soweit durchlaufende, feuerbeständige, mindestens 1,50 m über die Außenwand hinausragende Bauteile angebracht sind	A*** oder W 30	A** oder W 30	A** oder W 30	A** oder W 30	A** oder W 30	A*** oder W 90

Ausnahmeregelungen im Einzelfall sind möglich, wenn keine Bedenken hinsichtlich des Brandschutzes bestehen.

Auszug aus der Landesbauordnung für Nordrhein-Westfalen

Nr.	Bauteil Vorschrift	Geschoßzahl ≤ 2 1)	> 2 1)	≤ 3 1)	> 3	> 5	Hoch- haus
1.	**Dämmschichten** keine Angaben						
2. 2.1	**Bekleidungen** auf Wandflächen allgemein * B 2 möglich, wenn Unterseite der angrenzenden Decke A 1	B 2	B 2	B 2	B 2	B 2	B 1*
2.2	auf Deckenflächen allgemein * B 1 möglich, wenn angrenzende Wand-bekleidung B 1	B 2	B 2	B 2	B 2	B 2	A*
2.3	auf Wand- und Deckenflächen von Fluren, die als Rettungswege dienen * in wesentlichen Teilen aus nichtbrennbaren Baustoffen ** gilt nicht für Wohngebäude mit nicht mehr als zwei Wohnungen	Keine Anforde-rungen	A* **	A* **	A	A	A
2.4	auf Wand- und Deckenflächen in Treppenräumen * in wesentlichen Teilen aus nichtbrennbaren Baustoffen ** gilt nicht für Wohngebäude mit nicht mehr als zwei Wohnungen	Keine Anforde-rungen	A* **	A* **	A	A	A
3.	**Dachgeschoß-Ausbau** Wände, Decken und Türen der Räume, ihre Zugänge und die zugehörigen Nebenräume, die gegen den nicht ausgebauten Dachraum abschließen * gilt nicht für freistehende Wohngebäude mit nur einer Wohnung	F 30 B*	F 30 B	F 30 B	F 30 B	F 30 B	F 30 B
4. 4.1	**Trennwände** zwischen Wohnungen sowie zwischen Wohnun-gen und fremden Arbeitsräumen * Wohngebäude mit nicht mehr als zwei Woh-nungen F 30 B	F 60 AB*	F 60 AB	F 60 AB	F 90 AB	F 90 AB	F 90 AB
4.2	zwischen Räumen, von denen mindestens einer so genutzt wird, daß eine erhöhte Brandgefahr oder Explosionsgefahr besteht	F 90 AB	F 90 AB	F 90 AB	F 90 AB	F 90 AB	F 90 AB
4.3	zwischen Wohngebäuden und landwirtschaft-lichen Betriebsgebäuden sowie zwischen dem Wohnteil oder Wohn- und Schlafräumen und dem landwirtschaftlichen Betriebsteil eines Gebäudes	F 90 AB	F 90 AB	F 90 AB	F 90 AB	F 90 AB	F 90 AB
4.4	in Treppenräumen und ihren Ausgängen ins Freie * und so dick wie Brandwände ** gilt nicht für Wohngebäude mit nicht mehr als zwei Wohnungen	F 90 AB**	F 90 AB**	F 90 AB**	F 90 A*	F 90 A*	F 90 A*
4.5	in Fluren, die als Rettungswege dienen * gilt nicht für Wohngebäude mit nicht mehr als zwei Wohnungen	Keine Anforde-rungen	F 30 B*	F 30 B	F 30 AB	F 30 AB	F 30 AB
5. 5.1	**Decken** in Wohngebäuden * freistehende Wohngebäude mit nicht mehr als einer Wohnung keine Anforderung ** gilt nicht für eingeschossige Gebäude, wenn sich über der Decke nur das Dach oder ein nicht nutzbarer Dachraum befindet	F 30 B* **	F 30 AB	F 30 AB	F 30 AB	F 90 AB	F 90 AB
5.2	über Kellergeschossen von Wohngebäuden * freistehende Wohngebäude mit nicht mehr als einer Wohnung keine Anforderung ** in Wohngebäuden mit nicht mehr als zwei Wohnungen F 30 B	F 30 B*	F 90 AB**	F 90 AB**	F 90 AB	F 90 AB	F 90 AB
5.3	in Bürogebäuden * F 30 B zulässig, wenn an Deckenunterseite eine ausreichend widerstandsfähige Schicht aus nichtbrennbaren Stoffen	F 30 AB*	F 30 AB*	F 30 AB*	F 90 AB	F 90 AB	F 90 AB
5.4	über Kellergeschossen von Bürogebäuden	F 90 AB	F 90 AB	F 90 AB	F 90 AB	F 90 AB	F 90 AB
5.5	zwischen landwirtschaftlichen Betriebsräumen und Wohnungen oder Wohn- und Schlafräumen	F 90 AB	F 90 AB	F 90 AB	F 90 AB	F 90 AB	F 90 AB
6. 6.1	**Tragende und aussteifende Wände** in Wohngebäuden * freistehende Wohngebäude mit nicht mehr als einer Wohnung keine Anforderung ** in Kellergeschossen F 30 AB	F 30 B* **	F 90 AB	F 90 AB	F 90 AB	F 90 AB	F 90 AB
6.2	in Bürogebäuden * ≤ 2 Geschosse über Geländeoberfläche F 30 B zulässig ** in Kellergeschossen F 90 AB	F 30 AB* **	F 90 AB	F 90 AB	F 90 AB	F 90 AB	F 90 AB
7.	**Außenwände (nichttragend)**	Keine Anforde-rungen	Keine Anforde-rungen	Keine Anforde-rungen	A oder F 30	A oder F 30	A oder F 90

1) Oberkante Fußboden eines Geschosses mit Aufenthaltsräumen mehr als 7 m über Geländeoberfläche, die sich aus der Baugenehmigung oder den Festsetzungen des Bebauungsplanes ergibt, im übrigen die natürliche Geländeoberfläche.

Ausnahmeregelungen im Einzelfall sind möglich, wenn keine Bedenken hinsichtlich des Brandschutzes bestehen.

Auszug aus der Landesbauordnung für Rheinland-Pfalz

Nr.	Bauteil Vorschrift	Geschoßzahl ≤ 2	> 2 ≤ 3	> 3	> 5		Hoch- haus
1.	**Dämmschichten** keine Angaben						
2. 2.1	**Bekleidungen** auf Wänden von Treppenräumen und über Ausgänge ins Freie * gilt nicht für Einfamilienhäuser	A*	A	A	A	A	A
3.	**Dachgeschoß-Ausbau** Wände, Decken und Türen der Räume, ihre Zugänge und die zugehörigen Nebenräume, die gegen den nicht ausgebauten Dachraum abschließen * gilt nicht für Aufenthaltsräume im Dachraum eingeschossiger Gebäude, mit Ausnahme ihrer Zugänge	F 30 B*	F 30 B	F 30 B	F 30 B	F 30 B	F 30 B
4. 4.1	**Trennwände** zwischen Wohnungen sowie zwischen Wohnungen und fremden Arbeitsräumen * bei Gebäuden bis zu zwei Vollgeschossen und freistehenden eingeschossigen Wohngebäuden mit höchstens zwei Wohnungen Ausnahmen möglich	F 90 AB*	F 90 AB	F 90 AB	F 90 AB	F 90 AB	F 90 AB
4.2	zwischen Räumen, von denen mindestens einer so genutzt wird, daß eine erhöhte Brand- oder Zerknallgefahr besteht	F 90 AB	F 90 AB	F 90 AB	F 90 AB	F 90 AB	F 90 AB
4.3	zwischen Wohngebäuden und landwirtschaftlichen Betriebsgebäuden sowie zwischen dem Wohnteil oder Wohn- und Schlafräumen und dem landwirtschaftlichen Betriebsteil eines Gebäudes	F 90 AB	F 90 AB	F 90 AB	F 90 AB	F 90 AB	F 90 AB
4.4	von Treppenräumen und ihren Ausgängen ins Freie * und so dick wie Brandwände ** gilt nicht für Einfamilienhäuser	F 90 AB**	F 90 A*	F 90 A*	F 90 A*	F 90 A*	F 90 A*
4.5	notwendiger Flure * in Gebäuden mit mehr als einem Vollgeschoß	F 30 B*	F 30 B	F 30 B	F 30 B	F 30 A	F 90 AB
5. 5.1	**Decken** in Wohngebäuden * in Gebäuden mit zwei Vollgeschossen und einer Grundfläche > 500 m² F 30 AB	Keine Anforderungen*	F 30 AB	F 30 AB	F 30 AB	F 90 AB	F 90 AB
5.2	über Kellergeschossen von Wohngebäuden * für Einfamilienhäuser F 30 AB	F 90 AB*	F 90 AB	F 90 AB	F 90 AB	F 90 AB	F 90 AB
5.3	in Bürogebäuden * in Gebäuden mit zwei Vollgeschossen und einer Grundfläche > 500 m² F 30 AB	Keine Anforderungen*	F 30 AB	F 30 AB	F 30 AB	F 90 AB	F 90 AB
5.4	über Kellergeschossen von Bürogebäuden	F 90 AB	F 90 AB	F 90 AB	F 90 AB	F 90 AB	F 90 AB
5.5	über und unter Räumen, wenn dies nach der Art ihrer Benutzung wegen des Brandschutzes erforderlich ist	F 90 AB	F 90 AB	F 90 AB	F 90 AB	F 90 AB	F 90 AB
5.6	zwischen landwirtschaftlichen Betriebsräumen und Wohnungen oder Wohn- und Schlafräumen	F 90 AB	F 90 AB	F 90 AB	F 90 AB		
6. 6.1	**Tragende und aussteifende Wände** in Wohngebäuden und in Bürogebäuden	F 30 AB	F 90 AB	F 90 AB	F 90 AB	F 90 AB	F 90 AB
7.	**Außenwände (nichttragend)**	Keine Anforderungen	A oder W30	A oder W30	A oder W30	A oder W30	A oder W30

Ausnahmeregelungen im Einzelfall sind möglich, wenn keine Bedenken hinsichtlich des Brandschutzes bestehen.

Auszug aus der Landesbauordnung für Saarland

Nr.	Bauteil Vorschrift	Geschoßzahl ≤ 2	 > 2	 ≤ 3	 > 3	 > 5	Hoch- haus
1.	**Dämmschichten** allgemein B 1 oder B 2 kann gestattet werden	A	A	A	A	A	A
2. 2.1	**Bekleidungen** auf Wandflächen allgemein B 1 oder B 2 kann gestattet werden	A	A	A	A	A	A
2.2	auf Wandflächen von Treppenräumen und ihren Zugängen vom Freien	A	A	A	A	A	A
2.3	auf Wand- und Deckenflächen allgemein zugänglicher Flure	A	A	A	A	A	A
3.	**Dachgeschoß-Ausbau** Wände, Decken und Türen der Räume, ihre Zugänge und die zugehörigen Nebenräume, die gegen nicht ausgebauten Dachraum abschließen * gilt nicht für freistehende Wohngebäude mit bis zu zwei Wohnungen im Dachraum eingeschossiger Gebäude	F 30 B*	F 30 B	F 30 B	F 30 B	F 30 B	F 30 B
4. 4.1	**Trennwände** zwischen Wohnungen sowie zwischen Wohnungen und fremden Arbeitsräumen	F 90 AB	F 90 AB	F 90 AB	F 90 AB	F 90 AB	F 90 AB
4.2	zwischen Räumen, von denen mindestens einer so genutzt wird, daß eine erhöhte Brand- oder Explosionsgefahr besteht	F 90 AB	F 90 AB	F 90 AB	F 90 AB	F 90 AB	F 90 AB
4.3	zwischen Wohngebäuden und landwirtschaftlichen Betriebsgebäuden sowie zwischen dem Wohnteil oder Wohn- und Schlafräumen und dem landwirtschaftlichen Betriebsteil eines Gebäudes	F 90 AB	F 90 AB	F 90 AB	F 90 AB		
4.4	von Treppenräumen und ihren Zugängen vom Freien * und so dick wie Brandwände ** auf Einfamilienhäuser nicht anzuwenden	F 90 AB**	F 90 AB*	F 90 AB*	F 90 AB*	F 90 AB*	F 90 AB*
4.5	nichttragend – allgemein	Keine Anforderung	Keine Anforderung	Keine Anforderung	Keine Anforderung	Keine Anforderung	A
5. 5.1	**Decken** in Wohngebäuden * in Gebäuden mit zwei Vollgeschossen und einer Grundfläche > 500 m² F 30 AB	Keine Anforderungen*	F 30 AB	F 90 AB	F 90 AB	F 90 AB	F 90 AB
5.2	über Kellergeschossen von Wohngebäuden * Ein- und Zweifamilienhäuser F 30 AB	F 90 AB*	F 90 AB	F 90 AB	F 90 AB	F 90 AB	F 90 AB
5.3	in Bürogebäuden * in Gebäuden mit zwei Vollgeschossen und einer Grundfläche > 500 m² F 30 AB	Keine Anforderungen*	F 30 AB	F 90 AB	F 90 AB	F 90 AB	F 90 AB
5.4	über Kellergeschossen von Bürogebäuden	F 90 AB	F 90 AB	F 90 AB	F 90 AB	F 90 AB	F 90 AB
5.5	über und unter Räumen, wenn dies nach der Art ihrer Benutzung wegen des Brandschutzes erforderlich ist	F 90 AB	F 90 AB	F 90 AB	F 90 AB	F 90 AB	F 90 AB
5.6	zwischen landwirtschaftlichen Betriebsräumen und Wohnungen oder Wohn- und Schlafräumen	F 90 AB	F 90 AB	F 90 AB	F 90 AB	F 90 AB	F 90 AB
5.7	über Erdgeschoß von freistehenden Wohngebäuden mit bis zu zwei Wohnungen 1-geschossig mit ausgebautem Dachraum 2-geschossig ohne ausgebauten Dachraum	F 30 B					
6. 6.1	**Tragende und aussteifende Wände** in Wohngebäuden * nicht feuerhemmend zulässig bei freistehenden Wohngebäuden mit bis zu zwei Wohnungen 1-geschossig ohne ausgebauten Dachraum 1-geschossig mit ausgebautem Dachraum nur im Bereich des Dachraumes 2-geschossig ohne ausgebauten Dachraum nur im Obergeschoß	F 30 B*	F 90 AB	F 90 AB	F 90 AB	F 90 AB	F 90 AB
6.2	in Bürogebäuden	F 30 B	F 90 AB	F 90 AB	F 90 AB	F 90 AB	F 90 AB
7.	**Außenwände (nichttragend)** * bei Grenzabstand < 5 m; bei Abstand von gleichartigen Außenwänden anderer Gebäude < 10 m und Abstand von anderen Außenwänden < 8 m; wenn die Gebäude selbst und die Nachgebäude harte Bedachung haben: A oder W 30	Keine Anforderungen*	A oder W 30	A oder W 30	A oder W 30	A oder W 30	A

Ausnahmeregelungen im Einzelfall sind möglich, wenn keine Bedenken hinsichtlich des Brandschutzes bestehen.

Auszug aus der Landesbauordnung für Schleswig-Holstein

Nr.	Bauteil Vorschrift	Geschoßzahl ≤ 2	 > 2	 ≤ 3	 > 3	 > 5	Hoch- haus
1. 1.1	**Dämmschichten** von Außenwänden * Oberkante Brüstung notwendiger Fenster oder sonstiger zum Anleitern bestimmter Stellen > 8 m über festgelegter Geländeoberfläche ** gilt nicht, wenn Gefahr der Brandübertragung durch geeignete Vorkehrungen, wie mindestens 1,50 m vorkragende feuerbeständige Bauteile verhindert wird	Keine Anforde-rungen	Keine Anforde-rungen	B 1***	B 1**	B 1**	(x)
2. 2.1	**Bekleidungen** von Außenwänden * Oberkante Brüstung notwendiger Fenster oder sonstiger zum Anleitern bestimmter Stellen > 8 m über festgelegter Geländeoberfläche ** gilt nicht, wenn Gefahr der Brandübertragung durch geeignete Vorkehrungen, wie mindestens 1,50 m vorkragende feuerbeständige Bauteile verhindert wird	Keine Anforde-rungen	Keine Anforde-rungen	B 1***	B 1**	B 1**	(x)
3.	**Dachgeschoß-Ausbau** Wände, Decken und Türen der Räume, ihrer Zugänge und zugehörige Nebenräume gegen den nicht ausgebauten Dachraum * * gilt nicht für Aufenthaltsräume im Dachraum eingeschossiger, freistehender Wohngebäude mit nur einer Wohnung, soweit diese harte Bedachung haben	F 30 B*	F 30 B	F 30 B	F 30 B	F 30 B	(x)
4. 4.1	**Trennwände** zwischen Wohnungen sowie zwischen Wohnungen und fremden Räumen * wenn Oberkante der Brüstungen notwendiger Fenster und sonstiger zum Anleitern bestimmter Stellen mehr als 8 m über der festgelegten Geländeoberfläche liegt ** gilt nicht für freistehende Wohngebäude, für freistehende landwirtschaftliche Betriebsgebäude und Gewächshäuser	F 30 B**	F 30 B	F 90 AB*	F 90 AB	F 90 AB	(x)
4.2	zwischen Wohngebäuden und landwirtschaftlichen Betriebsgebäuden sowie zwischen dem landwirtschaftlichen Betriebsteil und dem Wohnteil eines Gebäudes	F 90 AB	F 90 AB	F 90 AB	F 90 AB		
4.3	von Treppenräumen und ihren Zugängen zum Freien * und in der Bauart von Brandwänden ** gilt nicht für Wohngebäude mit < 2 Wohnungen	F 90 A**	F 90 A*	F 90 A*	F 90 A*	F 90 A*	(x)
4.4	allgemein zugänglicher Flure	Keine Anforderung	F 30 A	F 30 A	F 30 A	F 30 A	F 30 A
5. 5.1	**Decken** in Wohngebäuden * gilt nicht für freistehende Wohngebäude mit nur einer Wohnung und für freistehende landwirtschaftliche Betriebsgebäude	F 30 B*	F 30 B*	F 30 B*	F 30 B	F 90 AB	(x)
5.2	zwischen dem landwirtschaftlichen Betriebsteil und dem Wohnteil eines Gebäudes	F 90 AB	F 90 AB	F 90 AB	F 90 AB		
6. 6.1	**Tragende und aussteifende Wände** allgemein * wenn Oberkante der Brüstung notwendiger Fenster oder sonstiger zum Anleitern bestimmter Stellen mehr als 8 m über der festgelegten Geländeoberfläche liegt ** gilt nicht für freistehende Wohngebäude mit nur einer Wohnung, für freistehende landwirtschaftliche Betriebsgebäude mit Gewächshäuser	F 30 B**	F 30 B**	F 90 AB**	F 90 AB	F 90 AB	(x)
7.	**Außenwände (nichttragend)** * wenn Oberkante der Brüstung notwendiger Fenster oder sonstiger zum Anleitern bestimmter Stellen mehr als 8 m über der festgelegten Geländeoberfläche liegt ** gilt nicht, wenn Gefahr der Brandübertragung durch geeignete Vorkehrungen, wie mindestens 1,50 m vorkragende feuerbeständige Bauteile verhindert wird	Keine Anforde-rungen	Keine Anforde-rungen	A*** oder W 30	A** oder W 30	A** oder W 30	(x)

(x) für bauliche Anlagen besonderer Art und Nutzung können im Einzelfall besondere Anforderungen gestellt werden.
Dies gilt insbesondere für:
1. Hochhäuser ... ; 4. Büro- und Verwaltungsgebäude ... ; 7. bauliche Anlagen und Räume von großer Ausdehnung oder mit erhöhter Brand-, Explosions- oder Verkehrsgefahr.

Ausnahmeregelungen im Einzelfall sind möglich, wenn keine Bedenken hinsichtlich des Brandschutzes bestehen.

Blitzschutz

Von Blitzschlägen bedroht sind die Menschen im Freien und in den Gebäuden, die Gebäude selbst und die darin befindlichen Güter. Vor der Erfindung des Blitzableiters gab es keinerlei Schutz vor diesen Gefahren. Heute können sie durch geeignete Maßnahmen ausgeschlossen werden.
Ein Blitz ist eine natürliche Entladung großen Ausmaßes zwischen verschieden geladenen Wolken oder zwischen einer Wolke und der Erde. Für Bauten und Menschen von Bedeutung sind nur Blitze, die zur Erde gehen. Ein Blitzschlag dauert ca. $^1/_{50}$ Sekunde, dabei können Spannungsdifferenzen von einigen hundert Millionen Volt bei Stromstärken bis zu 100000 A (Ampere) auftreten. Benjamin Franklin (1706–1790) erkannte 1752 als erster die elektrische Natur des Blitzes und wurde damit zum Erfinder des Blitzableiters. Danach setzte allmählich – zunächst an Türmen – der Bau von Blitzableitern ein. 1886 wurde in Deutschland der Blitzschutz durch eine Kommission des „Elektrotechnischen Vereins" (VDE) auf eine wissenschaftliche Basis gestellt. 1901 erschienen die „Leitsätze zum Schutz der Gebäude gegen den Blitz", 1924 das Taschenbuch „Blitzschutz", das heute in 8. Auflage vorliegt. Gegenüber den traditionellen Blitzschutzanlagen, etwa der Vorkriegszeit, müssen heute neue Erkenntnisse der Gewitterforschung und besonders unsere neuen Bauformen, Bauweisen und Materialien beachtet werden.

Wahrscheinlichkeit des Blitzeinschlages

In Tiefebenen muß man mit 10 bis 15 Gewittertagen, in Mittelgebirgen und im Alpenvorland etwa mit der doppelten Anzahl rechnen. Bei geschlossenen Bebauungen und Ortschaften von niedriger und gleichartiger Höhe ist die Gefahr eines Blitzeinschlages sehr gering. Sie steigt bei Höhen von etwa 15 m an und betrifft vor allem herausragende höhere Objekte und Bauteile, wie z. B. Dachaufbauten, Hausschornsteine usw. Man hat ermittelt, daß die Gefahr und Häufigkeit eines Blitzeinschlages etwa im Quadrat mit der zunehmenden Höhe wächst. Nach Untersuchungen in den USA ergaben sich nachstehende Zahlen:

Höhe in m	Einschläge im Jahr
65	0,5
130	1,5
260	4,4
330	10,0

Eine Untersuchung 1966 in Niedersachsen an 4000 Blitzschäden ergab folgende Verteilung der Einschlagstellen:

First und Giebel	1685 Blitzeinschläge
Schornsteine	1165
Antennen	394
Sonstige Dachteile	360
Fabrikschornsteine u. Kirchtürme	216
Benachbarte Bäume	80
Unbekannte Stellen incl. Freileitg.	110

Schutzbedürftige bauliche Anlagen

Als bauliche Anlagen, bei denen nach Lage, Bauart und Nutzung Blitzeinschlag leicht eintreten oder zu schweren Folgen führen kann, kommen in Betracht (vgl. die Bauordnungen der Bundesländer):

1. bauliche Anlagen, welche die Umgebung wesentlich überragen, wie Hochhäuser, hohe Türme und Schornsteine,
2. bauliche Anlagen, die besonders brand- oder explosionsgefährdet sind, wie große Holzbearbeitungsbetriebe, Mühlen, Lack- und Farbenfabriken, Munitions- und Zündholzfabriken, Feuerwerkereien, Munitions- und Sprengstofflager, Lager brennbarer Flüssigkeiten und Gasbehälter,
3. bauliche Anlagen besonderer Art oder Nutzung, in denen infolge der Ansammlung von Menschen bei einem Blitzschlag mit einer Panik zu rechnen ist, wie Versammlungsstätten (Theater, Lichtspieltheater, Sportanlagen, ortsfeste Zirkusse, Mehrzweckbauten, Bauten für den Gottesdienst), Warenhäuser, Krankenanstalten, Schulen, Wohnheime, Kasernen, Gefängnisse, Bahnhöfe, Schutzhütten, Versammlungszelte.
   Für Bahnhöfe der Bundesbahn siehe deren Dienstvorschriften!
4. sonstige bauliche Anlagen, die besonders brandgefährdet sind oder bei denen Kulturgüter geschützt werden sollen, wie einzeln stehende oder größere landwirtschaftliche Gehöfte, Gebäude mit weicher Bedachung, Anlagen unter Denkmalsschutz, Museen, Archive mit wertvollen Beständen.

Die Blitzschutzanlage soll bauliche Anlagen samt Inhalt sowie ihre Bewohner und Benutzer gegen Gefahren und Schäden durch Blitzeinschlag schützen. Gefahren und Schäden können vermieden werden, wenn die bauliche Anlage eine nach den „Allgemeinen Blitzschutz-Bestimmungen" (Teil 3) errichtete Blitzschutzanlage besitzt. Für Bemessung und Ausführung der Blitzschutzanlage sind maßgebend:
- elektrische Sicherheit
- Leitungsquerschnitte
- mechanische Festigkeit
- Korrosionsbeständigkeit
- berufliche Gestaltung
- wirtschaftliche Rücksichten.

Wirkungsweise der Blitzschutzanlage

Der englische Physiker und Chemiker M. Faraday (1791–1867) entdeckte 1836, daß in eine allseitig mit Blech oder Maschendraht umschlossene Hülle kein von außen wirkendes elektrisches Feld eindringen kann. Daher die Bezeichnung „Faradayscher Käfig". Nach diesem Prinzip werden unsere Blitzschutzanlagen konstruiert.
Eine gute Blitzschutzanlage muß folgende Forderungen erfüllen: Das Netz aus Metalldrähten (meistens verzinkter Rundstahl Ø 8 mm) muß unter sich eine gute Verbindung, mechanische Festigkeit, Witterungsbeständigkeit und einen ausreichenden Querschnitt für die Erdung besitzen. Kein Punkt der Dachfläche soll mehr als ca. 10 m von einer Auffangleitung entfernt sein. Alle Metallteile eines Daches, wie z. B. Antennen, Schneefanggitter, Dachrinnen und tunlichst auch Dunsthüte, sollen an die Auffangleitungen angeschlossen werden.
Entwurf und Konstruktion einer Blitzschutzanlage – von Routineaufgaben abgesehen – sind weder Sache des Architekten noch, wie früher üblich, des Dachdeckermeisters, sondern des Elektroingenieurs bzw. eines Blitzschutzspezialisten, im weiteren Sinne also eine Aufgabe der Haustechnik.
Geeignete konstruktive Maßnahmen zur Verbesserung des Blitzschutzes, ähnlich wie etwa die zur Verbesserung des Brandschutzes, gibt es nicht. Doch bieten die bei den heutigen Bauten vielfach verwendeten Metalle, besonders der Stahl, gute Ableitungsmöglichkeiten für Blitzeinschläge. Am besten sind hier natürlich Stahlgerippe, auch die Bewehrung von Stahlbetonkonstruktionen sowie alle metallenen Dachränder und Installationsleitungen. Alle diese Metallteile schließt man an die Erdleitungen an. Die Erdleiter verlegt man heute bei Neubauten allgemein in die Fundamentkörper.

AUFFANGLEITUNGEN

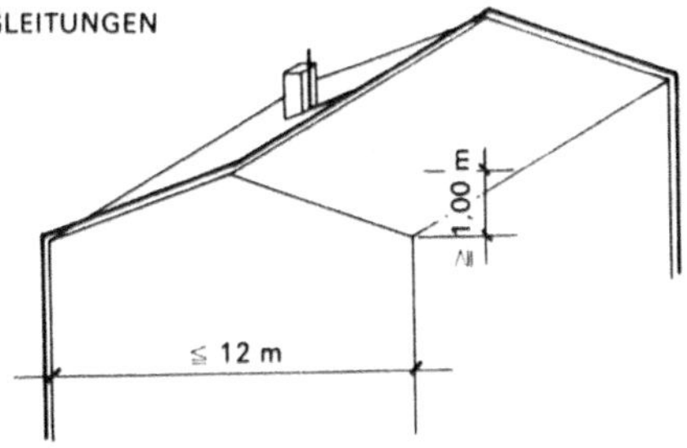

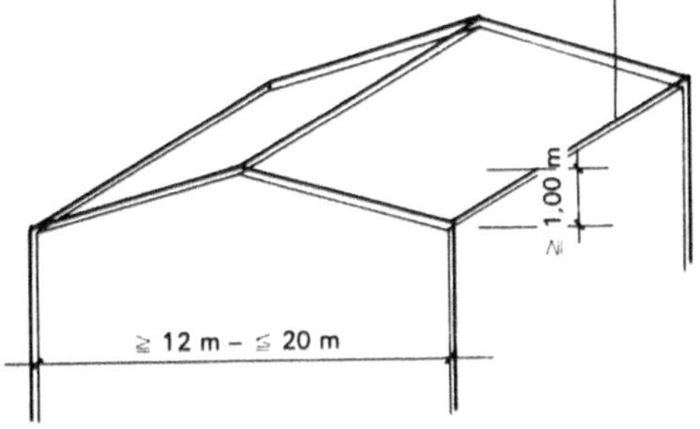

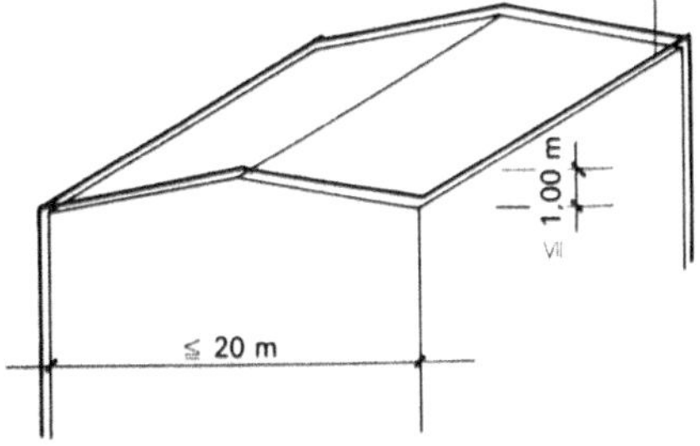

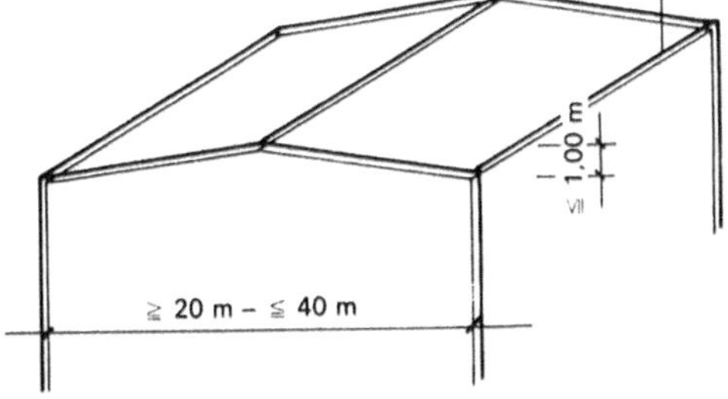

ABLEITUNG MIT ANSCHLUSS
AN RINGLEITUNG

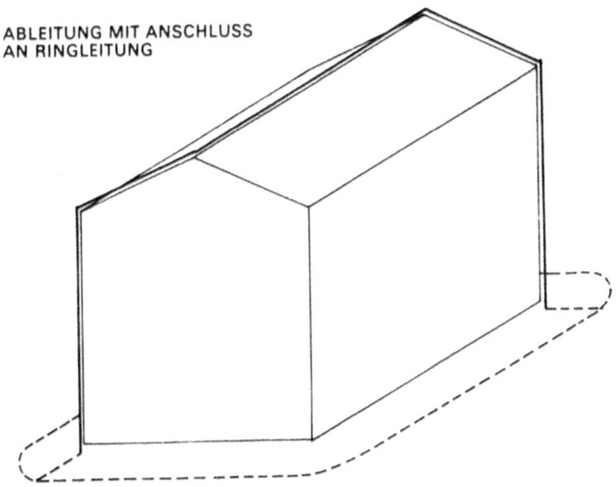

BLITZSCHUTZANLAGE FÜR
STAHLSKELETTBAU

DIE FIRSTLEITUNG SOLL BEI STAHLSKELETT-
BAUTEN MINDESTENS ALLE 20 m
MIT DER DACHKONSTRUKTION
VERBUNDEN SEIN

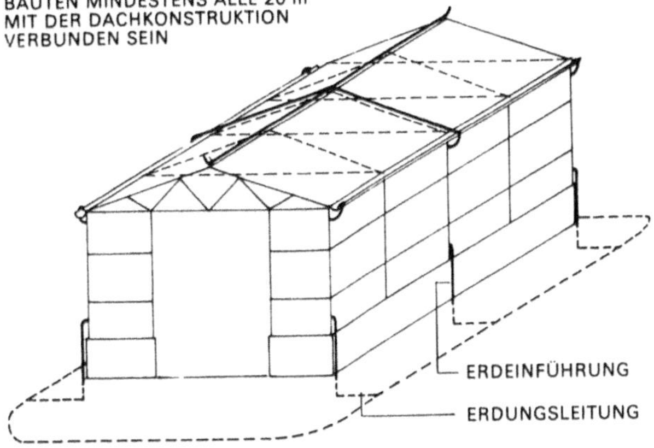

BLITZSCHUTZANLAGE FÜR
STAHLBETONBAU

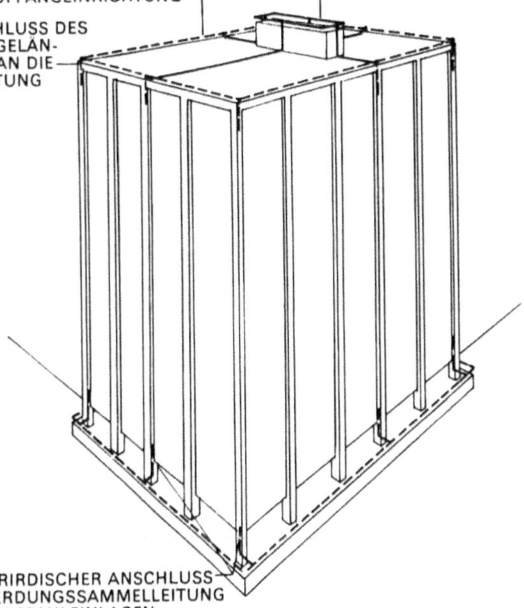

ERDUNG DER BLITZSCHUTZANLAGE
FUNDAMENTERDER-BANDSTAHL ≧ 3/35 mm
RUNDSTAHL ≧ ∅ 10 mm

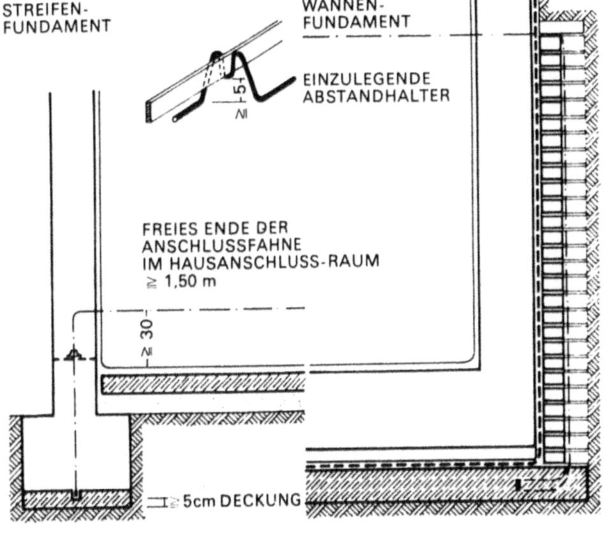

Schallschutz

Grundlagen

Das folgende Kapitel betrifft den Schallschutz im Hochbau, insbesondere im Wohnungsbau. Auf die Anwendung des Schallschutz im Industriebau zur Verminderung von betrieblichen Geräuschimmissionen wird nicht speziell eingegangen, hierfür sind besondere VDI-Richtlinien maßgebend.

Aus KS-Katalog

Der Architekt ist ist heute vielfach gezwungen, sich in Wissensgebiete einzuarbeiten, die seinem Beruf nicht unmittelbar angehören, und in denen er nie selbständig werden kann. Dies trifft besonders für das Gebiet des Schallschutzes und der ihm verwandten Probleme zu. Ein großer Teil unserer heutigen Bauten vermag nur einen ungenügenden Schutz gegen den störenden Schall zu bieten, wogegen viele Altbauten die gestellten Anforderungen manchmal besser erfüllen. Diese Tatsache liegt in der Entwicklung der leichten Bauweisen begründet, die den wirtschaftlichen Verhältnissen der letzten Jahrzehnte entsprechend immer mehr in den Vordergrund traten und weiter entwickelt wurden. Man suchte die Festigkeitseigenschaften der Baustoffe in möglichst hohem Maße auszunützen, um mit einem Minimum an Baustoff-, Arbeits- und Transportaufwand ein Maximum an umbauten Raum zu gewinnen. Wurden vor dem Ersten Weltkrieg nur dicke Vollziegelwände und schwere Holzbalkendecken ausgeführt, so können wir heute allgemein dünnere Wände und leichtere Decken bauen. Den erreichten bauwirtschaftlichen und herstellungstechnischen Vorteilen stehen jedoch die damit verbundenen Nachteile des geringen Schall- und Wärmeschutzes mit allen ihren Folgeerscheinungen gegenüber.

Auf dem Gebiet des Schallschutzes sind Forschung und Entwicklung in den letzten Jahrzehnten intensiviert worden und haben zu wesentlichen Erkenntnissen für die Praxis in bezug auf die Leichtbauweisen geführt. Der Grund für diesen späteren Aufschwung liegt in der Schwierigkeit der Prüf- und Berechnungsverfahren selbst und zum Teil wohl auch daran, daß die Aufwendungen für Schallschutzmaßnahmen nicht, wie beispielsweise beim Wärmeschutz unmittelbar durch Ersparnisse der Energie in Geldwert gemessen werden kann.

Ein ausreichender Schallschutz aller Wohn- und Arbeitsräume ist jedoch heute angesichts des ständigen Wachsens unserer technischen Lärmwelt dringend notwendig, wenn Leistungsfähigkeit und Gesundheit der darin lebenden Menschen erhalten bleiben sollen. Auch bei der Einhaltung der durch die Normen festgeschriebenen Anforderungen kann nicht erwartet werden, daß Geräusche von außen oder aus benachbarten Räumen nicht mehr wahrgenommen werden können. Die Anforderungen der Normen setzen voraus, daß in benachbarten Räumen keine ungewöhnlich starken Geräusche auftreten – die Notwendigkeit gegenseitiger Rücksichtnahme zur Vermeidung unnötigen Lärmes bleibt nach wie vor bestehen. Ein ungestörtes Wohnen kann also durch Einhaltung der Mindestanforderungen der Normen nicht in allen Fällen gewährleistet werden. Wird in besonderen Fällen ein höherer Schallschutz verlangt, muß man in jedem Fall über die Mindestanforderungen der Norm hinausgehen, was auch keine Schwierigkeiten bereitet, da der Stand der Technik schon heute diese Mindestanforderungen übertrifft.

Normen

Die jetzt gültige Norm für den baulichen Schallschutz, die DIN 4109, die den heutigen Stand der Technik wiedergibt, ist im November 1989 erschienen. Damit war eine lange Zeit der Rechtsunsicherheit zu Ende, da die alte Norm von 1962/63 schon lange nicht mehr den anerkannten Regeln der Technik entsprach und die zwischenzeitlich erschienenen Normentwürfe mit unausgereiften Anforderungen ebenfalls nicht überzeugen konnten.

Die Norm besteht aus folgenden Teilen:
- DIN 4109:
  Schallschutz im Hochbau, Anforderungen und Nachweise
- Beiblatt 1 zu DIN 4109:
  Schallschutz im Hochbau, Ausführungsbeispiele und Rechenverfahren
- Beiblatt 2 zu DIN 4109:
  Schallschutz im Hochbau, Hinweise für Planung und Ausführung. Vorschläge für einen erhöhten Schallschutz, Empfehlungen für den Schallschutz im eigenen Wohn- und Arbeitsbereich.

Die in der Norm gestellten Anforderungen sind Mindestwerte und müssen zwingend eingehalten werden. Wird darüber hinaus ein besserer Schallschutz gewünscht, erfordert dies eine ausdrückliche Vereinbarung zwischen Bauherr und Entwurfsverfasser, z. B. für die Ausführung der Vorschläge für einen erhöhten Schallschutz nach Beiblatt 2.

Die Festlegungen der Norm sind vom Planer baukonstruktiv umzusetzen und dienen dem Schutz von Menschen in Aufenthaltsräumen. Der Schallschutz umfaßt folgende Einsatzbereiche:
- Schutz vor Luftschall- oder Trittschallübertragung aus benachbarten fremden Räumen oder Bereichen,
- Schutz vor Lärm an haustechnischen Anlagen und aus Betrieben im selben Gebäude,
- Schutz vor Außenlärm wie Verkehrslärm, Lärm von Industrie- und Gewerbebetrieben, die mit den Aufenthaltsräumen baulich nicht verbunden sind.

Zweck und Anwendungsbereich

Der Anwendungsbereich des Schallschutzes wird in der Norm wie folgt definiert:

„Der Schallschutz in Gebäuden hat große Bedeutung für die Gesundheit und des Wohlbefinden des Menschen.

Besonders wichtig ist der Schallschutz im Wohnungsbau, da die Wohnung dem Menschen sowohl zur Entspannung und zum Ausruhen dient als auch den eigenen häuslichen Bereich gegenüber den Nachbarn abschirmen soll. Um eine zweckentsprechende Nutzung der Räume zu ermöglichen, ist auch in Schulen, Krankenanstalten sowie Beherbergungsstätten und Bürobauten der Schallschutz von Bedeutung.

In dieser Norm werden Anforderungen an den Schallschutz mit dem Ziel festgelegt, Menschen in Aufenthaltsräumen vor unzumutbaren Belästigungen durch Schallübertragung zu schützen. Außerdem ist das Verfahren zum Nachweis des geforderten Schallschutzes geregelt."

Grundbegriffe

Schall besteht aus mechanischen Schwingungen und Wellen eines elastischen Mediums, die vom Menschen im Frequenzbereich von ca. 16 Hz bis 16000 Hz wahrgenommen werden können. Schallausbreitung geht als Wellenbewegung vor sich, wobei ein angeregtes Stoffteilchen (Molekül) um seine ursprüngliche Lage schwingt. Es stößt an die benachbarten Teilchen, die ihrerseits in gleicher Weise zu schwingen beginnen, Schall ist also nicht Fortbewegung der Teilchen, sondern lediglich Weitergabe einer rhythmischen Bewegung. In der DIN 4109 wird für das Bauwesen nach Luftschall, Körperschall und Trittschall unterschieden.

Luftschall

Luftschall ist der in der Luft sich ausbreitende Schall.

Körperschall

Körperschall ist der in festen Stoffen sich ausbreitende Schall.

Trittschall

Trittschall ist eine Form des Körperschalles, der beim Begehen z. B. einer Decke entsteht und durch die Weitergabe im Bauteil in den darunterliegenden Räumen gehört werden kann.

Alle drei Schallarten stehen in enger Verknüpfung zueinander. So wird beispielsweise eine Luftschallwelle bei ihrem Auftreffen auf ein Bauteil dieses zum Schwingen anregen, womit eine Umwandlung in Körperschall stattgefunden hat. Bei Rückgabe dieser Schwingung im Bauteil an die Luft eines benachbarten Raumes entsteht wieder Luftschall, allerdings in verminderter Form, da die Konstruktion des durchdrungenen Bauteiles als „Bremse" wirkt. Abhilfe: Schwere Bauteile oder mehrschalige Bauteile planen. Körperschall ist eine Schallwelle, die direkt am Bauteil erzeugt wird und auch von diesem weitergegeben wird, auch wieder an die Luft, wo für das menschliche Ohr wieder Luftschall hörbar wird. Als Beispiel wären hier Heizungsrohre in Geschoßbauten anzuführen – Klopfen mit einem harten Gegenstand auf den Heizkörper ist über das starre Leitungsnetz im ganzen Haus zu hören.

Abhilfe: Das Bauteil darf Schall nicht weiterleiten, also Einbau elastischer Verbindungen und Befestigungen oder „Einpacken" der betroffenen Bauteile.

Gleiches gilt für den Trittschall. Auch hier muß, da es sich um einen Körperschall handelt, eine Entkoppelung vorgenommen werden durch weiche, federnde Schichten im Bodenaufbau, die eine Weiterleitung der Schallwelle nicht zulassen, da sie sich nur in festen Stoffen ausbreitet.

Schalltechnische Grundlagen

Ton und Geräusch

Einfacher oder reiner Ton ist die Schallschwingung mit sinusförmigem Verlauf.

Frequenz f **(Schwingungszahl)** nach dieser Norm ist die Anzahl der Schwingungen je Sekunde.

Mit zunehmender Frequenz nimmt die Tonhöhe zu. Eine Verdoppelung der Frequenz entspricht einer Oktave. In der Bauakustik betrachtet man vorwiegend einen Bereich von 5 Oktaven, nämlich die Frequenzen von 100 Hz bis 3150 Hz.

Hertz ist die Einheit der Frequenz 1/s; 1 Schwingung je Sekunde = 1 Hertz (Hz).

Geräusch ist der Schall, der aus vielen Teiltönen zusammengesetzt ist, deren Frequenzen nicht in einfachen Zahlenverhältnissen zueinander stehen; ferner Schallimpulse und Schallimpulsfolgen, deren Grundfrequenz unter 1 Hz liegt (z. B. Norm-Hammerwerk nach DIN 52210 Teil 1).

Die Frequenzzusammensetzung eines Geräusches wird ermittelt durch:

Oktavfilter-Analyse ist die Zerlegung eines Geräusches durch Filter in Frequenzbereiche von der Breite einer Oktave.

Terzfilter-Analyse ist die Zerlegung eines Geräusches durch Filter in Frequenzbereiche von der Breite einer Terz (Drittel-Oktave).

Anmerkung: Bei bauakustischen Prüfungen nach DIN 52210 Teil 1 bis Teil 7 werden nur Terzfilter verwendet.

Tonhöhe, wobei die Verdoppelung der Frequenz einer Zunahme der Tonhöhe um eine Oktave entspricht.

Die Größe des Ausschlages der Teilchen aus ihrer Ruhelage ist „ausschlaggebend" für die

Schalldruck und Schallpegel

Schalldruck p ist der Wechseldruck, der durch die Schallwelle in Gasen oder Flüssigkeiten erzeugt wird, und der sich mit dem statistischen Druck (z. B. dem atmosphärischen Druck der Luft) überlagert (Einheit: 1 Pa $\triangleq$ 10 µbar).

Schalldruckpegel L **(Schallpegel)** nach dieser Norm ist der zehnfache Logarithmus vom Verhältnis des Quadrats des jeweiligen Schalldrucks p zum Quadrat des festgelegten Bezugs-Schalldrucks p_0:

$$L = 10 \lg \frac{p^2}{p_0^2} \text{ dB} = 20 \lg \frac{p}{p_0} \text{ dB}$$

Der Effektivwert des Bezugs-Schalldruckes p_0 ist international festgelegt mit:

$$p_0 = 20\ \mu\text{Pa}$$

Der Schalldruckpegel und alle Schallpegeldifferenzen werden in Dezibel (Kurzzeichen dB) angegeben.

Dezibel ist ein wie eine Einheit benutztes Zeichen, das zur Kennzeichnung von logarithmierten Verhältnisgrößen dient. Der Vorsatz „dezi" besagt, daß die Kennzeichnung „Bel", die für den Zehnerlogarithmus eines Energieverhältnisses verwendet wird, zehnmal größer ist.

Anmerkungen: Von dem durch die Gleichung definierten Begriff des Schalldruckpegels sind die für die Schallempfindung gebräuchlichen Begriffe des Lautstärkepegels und der Lautheit zu unterscheiden.

Der Lautstärkepegel (phon) ist gleich dem Schalldruckpegel eines 1000-Hz-Tones, der beim Hörvergleich mit einem Geräusch als gleich laut wie dieses empfunden wird.

Die Lautheit (sone) gibt an, um wieviel mal lauter das Geräusch als ein 1000-Hz-Ton mit einem Schalldruckpegel von 40 dB empfunden wird.

Oberhalb von 40 dB wird eine Pegeländerung um 10 dB wie eine Verdoppelung bzw. Halbierung der Lautheit empfunden. Unterhalb von 40 dB führen schon kleinere Pegeländerungen zu einer Verdoppelung bzw. Halbierung der Lautheit.

Schallstärke $j = \frac{p^2}{\varrho \cdot c}$, die je Sekunde durch 1 cm^2 einer ebenen fortschreitenden Welle transportierte Schallenergie. Sie ist abhängig von

p dem Schalldruck

ϱ der Dichte des Mediums (z. B. Luft)

c der Schallgeschwindigkeit in diesem Medium. Der

Schalldruck ist der Effektivwert des Verdichtungsdrucks im Medium bei der Fortplanzung der Schwingungen – gemessen in 1 Pa ≙ 10 µbar (mikrobar). Dieser Druck überlagert sich dem statischen Druck (z. B. dem atmosphärischen Druck bei Luft). Durch Tonhöhe und Schalldruck ist eine Schallwelle charakterisiert. Die

Schallgeschwindigkeit, mit der sich die Wellenbewegung fortpflanzt, ist in Gasen und Flüssigkeiten bei allen Tonhöhen gleich und bestimmt durch die Dichte und Kompressibilität des Mediums. Die Ausbreitungsgeschwindigkeit der Biegewellen dagegen ist von der Höhe des Tones sowie dem Verhältnis Biegesteifigkeit zur Masse des schwingenden Körpers und damit auch von den Abmessungen und dem Material eines Bauteiles abhängig. Als

Wellenlänge $\lambda = \frac{\text{Schallgeschwindigkeit} \cdot c}{\text{Frequenz}}$ bezeichnet man den Abstand zwischen zwei gleichen Schwingungszuständen eines Teilchens. Sie wird mit zunehmender Frequenz kleiner, wie der Vergleich der Wellenlänge des Luftschalls mit der Biegewelle in einer Gipswand von 6 cm Dicke zeigt.

Die Wellenlänge ist für die Lärmbekämpfung von besonderer Bedeutung; sie wird mit zunehmender Frequenz kleiner, wie der Vergleich der Wellenlänge des Luftschalls mit der Biegewelle in einer Gipswand von 6 cm Dicke zeigt.

Die Wellenlänge ist für die Lärmbekämpfung von besonderer Bedeutung, weil

1. eine Biegewelle in den platten- und stabförmigen Bauteilen nur auftritt, wenn deren Dicke kleiner ist als die Biegewellenlänge, und
2. eine Schallabstrahlung nur erfolgen kann, wenn die Biegewellenlänge des schwingenden Bauteiles größer ist als die Wellenlänge im umgebenden Medium (Luft): Bei der sogenannten Grundfrequenz f_g sind beide Wellenlängen gleich groß (im Beispiel bei 500 Hz).

Lautstärke = Maß für die Schallempfindung, Maßeinheit: dB (A). Die Lautstärkeskala ist logarithmisch und für den Bezugston 1 000 Hz so gewählt, daß sie mit dem Schallpegel L (dB) übereinstimmt.

VERGLEICH DER WELLENLÄNGEN
BEI LUFTSCHALL- UND BIEGEWELLE IN ABHÄNGIGKEIT VON DER FREQUENZ

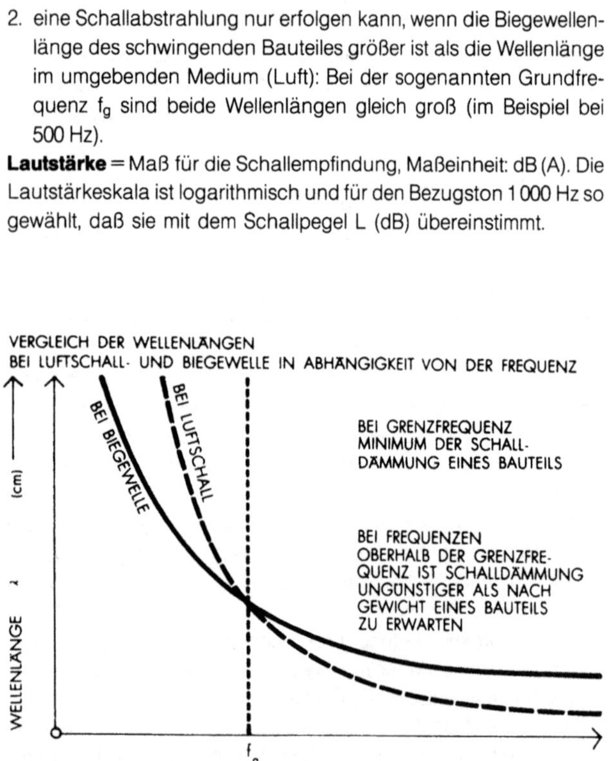

	Luftschallwelle		Biegewelle in 6 cm Gipsplatte	
Frequenz f	Wellenlänge λ	Ausbreitgeschwindigkeit c	Wellenlänge λ	Ausbreitgeschwindigkeit c
Hz	m	m/sec	m	m/sec
50	6,8	340	2,1	105
100	3,4	340	1,5	150
500	0,68	340	0,68	340
1000	0,34	340	0,48	480
5000	0,068	340	0,21	1050

Schallschutz in der Planung

Die Forderungen des Schallschutzes und bauliche Schallschutzmaßnahmen müssen bereits beim Entwurf berücksichtigt werden, da sie nachträglich nur aufwendiger und unter schwierigen Bedingungen herzustellen sind.

Bei der Entwurfplanung ist zunächst darauf zu achten, daß Schlafräume und andere Räume, die für geistige oder allgemein für Konzentration erfordernde Arbeit vorgesehen sind, wie Sitzungszimmer, Schulräume und Hörsäle – „ruhige Räume" –, möglichst wenig dem Lärm von Straßen, Garagen, Bahn- und Industrieanlagen usw. ausgesetzt werden. Räume, von denen besonders viele Geräusche ausgehen, wie Küchen, Bäder und Aborte – „laute Räume" –, sollen nicht an Wohn- und Schlafräume anderer Wohnungen angrenzen. Bei mehrgeschossigen Bauten sollten sie neben- und übereinanderliegen, nicht nur wegen einfacherer Installationsführung, sondern wegen der geringstmöglichen Schallausbreitung in ruhigere Wohnbereiche.

Man sollte bei allen Grundrißüberlegungen, soweit es sich verwirklichen läßt, nur Räume gleicher Nutzung unmittelbar an- oder übereinanderlegen.

Auch lärmerzeugende Teile haustechnischer Anlagen (z. B. Rohre für Wasser- und Abwasserleitungen, Gasleitungen, Müllschlucker und Fahrstuhlschächte) lege man nicht an Wände ruhiger Räume, besonders dann nicht, wenn die Wände dünn (leicht) sind. An Wohnungstrennwänden dürfen sie nur liegen, wenn auf der anderen Seite lärmunempfindliche Räume angrenzen (z. B. Arbeitsküchen, Aborte, Bäder, Abstellräume, Flure usw.). Aussparungen und Nischen in Wohnungstrenn- oder Treppenhauswänden sind zu vermeiden, insbesondere wo wohnruhige Räume dahinterliegen, da bereits durch einen kleinen Bereich größerer Schalldurchlässigkeit die Schalldämmung einer im übrigen richtig dimensionierten Wand vermindert wird.

Der Architekt hat bei der Bauplanung diese Vielzahl akustischer Probleme zu bedenken, die im folgenden nur zum Teil angeführt werden können. Die wirtschaftlichste Konstruktion wird in der Regel die sein, die möglichst viele der gestellten Forderungen gleichzeitig erfüllt.

Die Gesetzmäßigkeit der Schallfortpflanzung durch eine Wand oder Decke ist wesentlich komplizierter als die der Wärmeübertragung. Der Architekt kann nicht ohne weiteres auf die schalltechnischen Eigenschaften eines Bauteiles schließen und ist in jedem besonderen Fall auf die Mitarbeit spezialisierter Wissenschaftler angewiesen.

Die Anforderung der Norm für Wohnungstrennwände wurde gegenüber dem alten Wert um 1 dB auf $R'_w = 53$ dB angehoben, was im allgemeinen als ausreichend gelten kann, wenn der Grundgeräuschpegel tagsüber und nachts mehr als 30 dB (A) beträgt. Wird das Gebäude allerdings in einer Gegend mit niedrigerem Umgebungsgeräusch erstellt, kann der Grundgeräuschpegel in der einzelnen Wohnung 20 dB (A) oder weniger betragen, so daß trotz der

Lautstärken charakteristischer Geräusche

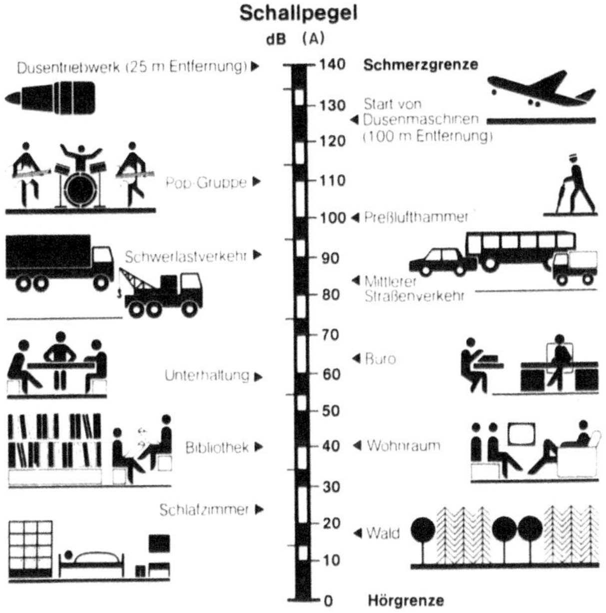

Einhaltung des Schallschutzes zur benachbarten Wohnung aus dieser Geräusche wahrnehmbar sein werden. Diese werden also unangenehm und störend empfunden und können zu Beschwerden führen.

Diese Abhängigkeiten zwischen unterschiedlichen Schalldämmungen (R'_w) einer Trennwand und Sprachverständlichkeit in Abhängigkeit vom Grundgeräuschpegel zeigt die folgende Tabelle.

Bewertes Schalldämm-Maß R_w und die Hörbarkeit von Sprache in Abhängigkeit vom Grundgeräuschpegel eines Raumes

Sprachverständlichkeit	erforderliches bewertetetes Schalldämm-Maß R_w in dB	
	Grundgeräusch 20 dB(A)	Grundgeräusch 30 dB(A)
nicht zu hören	67	57
zu hören, jedoch nicht zu verstehen	57	47
teilweise zu verstehen	52	42
gut zu verstehen	42	32

Der Entwurfsverfasser sollte im Rahmen seiner Sorgfaltspflicht den Bauherrn darauf hinweisen, daß es sich bei den Werten der DIN um Mindestanforderungen handelt und ihm mitteilen, daß ein höherer Schallschutz nach den Empfehlungen des Beiblattes 2 zur DIN 4109 möglich ist, jedoch gesondert vereinbart werden muß. Unbedingt ist der Bauherr aber auch auf die wirtschaftlichen Konsequenzen einer Entscheidung für den erhöhten Schallschutz hinzuweisen, da sich hieraus höhere Baukosten ergeben, weil der verbesserte Schallschutz selbstverständlich nicht umsonst zu bekommen ist. Insbesondere werden die Kosten verursacht durch aufwendigere Detailausbildungen und mehrschalige Wand- und Deckenaufbauten.

Bei Wohnungstrennwänden ist die Erfüllung der Mindestanforderung $R'_w = 53$ dB unproblematisch, da die konstruktiv sowieso nicht notwendige Wandstärke von 24 cm aus Steinen der Rohdichteklasse 1,8 mit beidseitigem 10 mm dickem Putz ausreicht, wenn die mittlere flächenbezogene Masse der flankierenden Bauteile $m'_{L,\,Mittel} \geq 300$ kg/m² beträgt (Vermeidung der Nebenwege – Schallübertragung). Wird eine 24 cm dicke Wand beidseitig mit 1,5 cm Putz angeführt, genügt die Stein-Rohdichteklasse 1,6.

Die wichtige Wahl des Schallschutzes ist wesentlich kritischer beim Bau von Einfamilien-, Doppel- und Reihenhäuser, weil diese häufig in sehr ruhiger Umgebung errichtet werden und sich damit innen sehr niedrige Grundgeräuschpegel einstellen, andererseits aber die Anforderungen der Bewohner an das eigenen Haus in ruhiger Lage entsprechend steigen. Geräusche aus dem Nachbarhaus werden sehr schnell als störend und unzumutbar empfunden und führen zu dauernden Beschwerden und Inanspruchnahme des Planers. Dieser ist daher gut beraten, in solchen Fällen bei der Planung die Vorschläge der DIN für den erhöhten Schallschutz zu berücksichtigen.

Innerhalb des eigenen Aufenthaltsbereiches der Bewohner ist der Schallschutz ebenso von Bedeutung, beispielsweise bei

- Schallempfindlichkeit einzelner Bewohner,
- unterchiedlichen Lebensgewohnheiten der Bewohner mit divergierenden Arbeits- und Ruhezeiten,
- unterschiedlicher Nutzung der Räume,
- Schallquellen in einzelnen Räumen.

Während der Schallschutz in fremden Bereichen in der Norm umfassend geregelt wird, werden hierfür in der Norm keinerlei Mindestanforderungen gestellt, trotzdem dürfte jedem Planer klar sein, daß eine Vernachlässigung des Schallschutzes der Räume untereinander erheblich den Wohnfrieden stören kann. Das Beiblatt 2 zur DIN 4109 gibt allerdings Empfehlungen für einen normalen und erhöhten Schallschutz. Für die Luft- und Trittschalldämmung von Bauten gegen Schallübertragung im eigenen Aufenthaltsbereich werden die empfohlenen Werte getrennt genannt für Wohngebäude und Verwaltungsgebäude. Weil es sich nicht um Mindestanforderungen handelt, sondern um Empfehlungen, müßten die Schallschutzmaßnahmen ausdrücklich zwischen Bauherr und Planer vereinbart werden, denn jeder Planer mit Erfahrung und solider Konstruktionsphilosophie wird diese Grundsätze schon aus konstruktiven Gründen einhalten. Vorsicht ist lediglich bei Bau- und

Vorschläge für den Schallschutz im eigenen Wohn- und Arbeitsbereich nach Beiblatt 2 DIN 4109

	Bauteile	Vorschläge für normalen Schallschutz		Vorschläge für erhöhten Schallschutz	
		R'_w dB	R'_w dB	TSM dB	
Wohngeb.	Wände ohne Türen zwischen „lauten“ und „leisen“ Räumen unterschiedlicher Nutzung, z. B. zwischen Wohn- und Kinderschlafzimmer	40	–	≧47	–
Büro- und Verwaltungsgebäude	Wände zwischen Räumen mit üblicher Bürotätigkeit	37	–	≧42	–
	Türen	27	–	≧52	–
	Wände zwischen Fluren und Räumen nach Zeile 2	37	–	≧42	–
	Türen	27	–	≧32	–
	Wände von Räumen für konzentrierte geistige Tätigkeit oder zur Behandlung vertraulicher Angelegenheiten, z. B. zwischen Direktions- und Vorzimmer	45	–	≧52	–
	Wände zwischen Fluren und Räumen für konzentrierte geistige Tätigkeiten	45	–	≧52	–

Planungstätigkeiten von Bauträgern und Generalunternehmern geboten, da hier auch kleinste Beträge „herausgespart“ werden. Die empfohlenen Werte für den normalen Schallschutz z. B. zwischen Wohn- und Kinderschlafzimmer lautet R'_w 49 dB, die Empfehlung für einen erhöhten Schallschutz $R'_w \geq 47$ dB. Hierfür genügt z. B. eine 11,5 cm dicke Wand aus Vollsteinen der Rohdichteklasse 1,8 mit beidseitig aufgebrachten 1,5 cm dickem Putz.

Den Schallschutz zwischen den Räumen regelt die VDI-Richtlinie 4100, wobei es sich auch hier nicht um verpflichtende Anforderungen im Sinne einer Norm handelt. Darin werden die Schallschutzklassen je nach Qualität des subjektiv empfundenen Schallschutzes in drei Klassen definiert. Die Kennwerte der untersten Schallschutzklasse 1 entsprechen den Anforderungen der DIN 4109. Bei Wahl eines höheren Schallschutzes sollte man dies unter Bezug auf diese Richtlinie vornehmen, weil dann eindeutige Werte und greifbare Anforderungen vorliegen, an die man sich in der Planung halten kann.

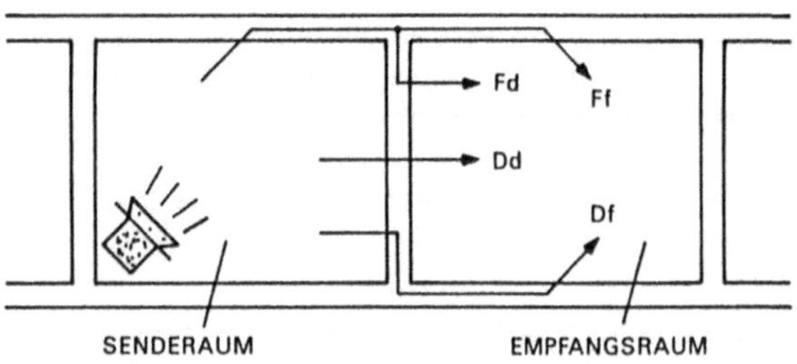

SENDERAUM

Dd Luftschall-Anregung des Trennelementes im Senderaum

Schallabstrahlung des Trennelementes in den Empfangsraum

Ff Luftschall-Anregung der flankierenden Bauteile des Senderaumes

teilweise Übertragung der Schwingungen auf flankierende Bauteile des Empfangsraumes

Fd Luftschall-Anregung der flankierenden Bauteile des Senderaumes

teilweise Übertragung der Schwingungen auf die flankierenden Bauteile des Empfangsraumes

EMPFANGSRAUM

Schallabstrahlung des Trennelementes in den Empfangsraum

Df Luftschall-Anregung des Trennelementes im Senderaum

teilweise Übertragung der Schwingungen auf die flankierenden Bauteile des Empfangsraumes

Schallabstrahlung dieser Bauteile in den Empfangsraum.

Mit den Großbuchstaben werden die Eintrittsflächen im Senderaum, mit den Kleinbuchstaben die Austrittsflächen im Empfangsraum gekennzeichnet, wobei D und d auf das direkte Trennelement, F und f auf die flankierenden Bauteile hinweisen.

Schalldämmung

Der allgemeinen Kennzeichnung der frequenzabhängigen Luftschalldämmung von Bauteilen mit einem Zahlenwert dient das bewertete Schalldämm-Maß R'_{wo}. Dieser Wert liegt für viele geprüfte Konstruktionen oder Bauteile fest, im Einzelfall kann jedoch er auch rechnerisch oder durch Versuch ermittelt werden. Von den gemessenen bzw. geprüften Bauteilen mit Wänden und Decken muß vom gemessenen, bewerteten Schalldämm-Maß R'_{wo} das Vorhaltemaß von 2 dB abgezogen werden, d. h. der gemessene Wert muß um mindestens 2 dB über dem geforderten Wert R'_w liegen. Dies ist deshalb erforderlich, weil im Prüfstandversuch niemals völlig realistische Werte ermittelt werden können, die Nebenwegeübertragung angrenzender Bauteile, Schallbrücken und Pfusch am Bau nicht einfließen. Das „Vorhaltemaß“ stellt also einen gewissen Sicherheitsfaktor dar.

Die folgenden Tabellen enthalten die Anforderungen an die Luft- und Trittschalldämmung von Bauteilen zum Schutz vor Schallübertragungen aus benachbarten Wohn- und Arbeitsbereichen. Die Werte gelten selbstsverständlich nicht nur für das Bauteil, also beispielsweise eine Wand, sondern ebenso für die darin angeordnete Tür, einen Installationsschlitz und ähnliches, so daß dieser Wert für die schwächste Stelle des betreffenden Bauteiles anzusetzen ist.

Erforderliche Luft- und Trittschalldämmung zum Schutz gegen Schallübertragung aus einem fremden Wohn- oder Arbeitsbereich

Tabelle 1 Geschoßhäuser mit Wohnungen und Arbeitsräumen

	Bauteile	Anforderung		Anmerkungen
		erf. R'_w dB	erf. $L'_{n,w}$ (erf. TSM)¹⁾ dB	
Decken	Decken unter allgemein nutzbaren Dachräumen, z. B. Trockenböden, Abstellräumen und ihren Zugängen	53	53 (10)	Bei Gebäuden mit nicht mehr als 2 Wohnungen betragen die Anforderungen erf. $R'_w = 52$ dB und erf. $L'_{n,w} = 63$ dB/erf. TSM = 0 dB.
	Wohnungstrenndecken (auch -treppen) und Decken zwischen fremden Arbeitsräumen bzw. vergleichbaren Nutzungseinheiten	54	53 (10)	Bei Gebäuden mit nicht mehr als 2 Wohnungen beträgt die Anforderungen erf. $R'_w = 52$ dB. Weichfedernde Bodenbeläge dürfen bei dem Nachweis der Anforderungen an den Trittschallschutz nicht angerechnet werden; in Gebäuden mit nicht mehr als 2 Wohnungen dürfen weichfedernde Bodenbeläge, z. B. nach Beiblatt 1 zu DIN 4109, Tabelle 18, berücksichtigt werden, wenn die Beläge auf dem Produkt oder auf der Verpackung mit dem entsprechenden ΔL_w (VM) nach Beiblatt 1 zu DIN 4109, Tabelle 18, bzw. nach Eignungsprüfung gekennzeichnet sind und mit der Werksbescheinigung nach DIN 50049 ausgeliefert werden.

Tabelle 1 Geschoßhäuser mit Wohnungen und Arbeitsräumen (Fortsetzung)

	Bauteile	Anforderung erf. R'_w dB	Anforderung erf. $L'_{n,w}$ (erf. TSM)[1)] dB	Anmerkungen
Decken	Decken über Kellern, Hausfluren, Treppenräumen unter Aufenthaltsräumen	52	53 (10)	Die Anforderung an die Trittschalldämmung gilt nur für die Trittschallübertragung in fremde Aufenthaltsräume, ganz gleich, ob sie in waagerechter, schräger oder senkrechter (nach oben) Richtung erfolgt. Weichfedernde Bodenbeläge dürfen bei dem Nachweis der Anforderungen an den Trittschallschutz nicht angerechnet werden.
	Decken über Durchfahrten, Einfahrten von Sammelgaragen und ähnliches unter Aufenthaltsräumen	55	53 (10)	
	Decken unter/über Spiel- oder ähnlichen Gemeinschaftsräumen	55	46 (17)	Wegen der verstärkten Übertragung tiefer Frequenzen können zusätzliche Maßnahmen zur Körperschalldämmung erforderlich sein.
	Decken unter Terrassen und Loggien über Aufenthaltsräumen	–	53 (10)	Bezüglich der Luftschalldämmung gegen Außenlärm siehe DIN 4109 Abschnitt 5
	Decken unter Laubengängen	–	53 (10)	Die Anforderung an die Trittschalldämmung gilt nur für die Trittschallübertragung in fremde Aufenthaltsräume, ganz gleich, ob sie in waagerechter, schräger oder senkrechter (nach oben) Richtung erfolgt.
	Decken und Treppen innerhalb von Wohnungen, die sich über zwei Geschosse erstrecken	–	53 (10)	Die Anforderung an die Trittschalldämmung gilt nur für die Trittschallübertragung in fremde Aufenthaltsräume, ganz gleich, ob sie in waagerechter, schräger oder senkrechter (nach oben) Richtung erfolgt. Weichfedernde Bodenbeläge dürfen bei dem Nachweis der Anforderungen an den Trittschallschutz nicht angerechnet werden. Die Prüfung der Anforderungen an das Trittschallschutzmaß nach DIN 52210 Teil 3 erfolgt bei einer gegebenenfalls vorhandenen Bodenentwässerung nicht in einem Umkreis von r = 60 cm. Bei Gebäuden mit nicht mehr als 2 Wohnungen beträgt die Anforderung erf. R'_w = 52 dB und erf. $L'_{n,w}$ = 63 dB (erf. TSM = 0 dB).
	Decken unter Bad und WC ohne/mit Bodenentwässerung	54	53 (10)	
	Decken unter Hausfluren	–	53 (10)	Die Aufforderung an die Trittschalldämmung gilt nur für die Trittschallübertragung in fremde Aufenthaltsräume, ganz gleich, ob sie in waagerechter, schräger oder senkrechter (nach oben) Richtung erfolgt. Weichfedernde Bodenbeläge dürfen bei dem Nachweis der Anforderungen an den Trittschallschutz nicht angerechnet werden.
Treppen	Treppenläufe und -podeste	–	58 (5)	Keine Anforderungen an Treppenläufe in Gebäuden mit Aufzug und an Treppen in Gebäuden mit nicht mehr als 2 Wohnungen.
Wände	Wohnungstrennwände und Wände zwischen fremden Arbeitsräumen	53	–	Wohnungstrennwände sind Bauteile, die Wohnungen voneinander oder von fremden Arbeitsräumen trennen.
	Treppenraumwände und Wände neben Hausfluren	52	–	Für Wände mit Türen gilt die Anforderung erf. R'_w (Wand) = erf. R_w (Tür) + 15 dB. Darin bedeutet erf. R_w (Tür) die erforderliche Schalldämmung der Tür nach Zeile 16 oder Zeile 17. Wandbreiten ≤ 30 cm bleiben dabei unberücksichtigt.
	Wände neben Durchfahrten, Einfahrten von Sammelgaragen u. ä.	55	–	
	Wände von Spiel- oder ähnlichen Gemeinschaftsräumen	55	–	
Türen	Türen, die von Hausfluren oder Treppenräumen in Flure und Dielen von Wohnungen und Wohnheimen oder von Arbeitsräumen führen	27	–	Bei Türen gilt nach Tabelle 1 erf. Rt_w.
	Türen, die von Hausfluren oder Treppenräumen unmittelbar in Aufenthaltsräumen – außer Flure und Dielen – von Wohnungen führen	37	–	

1) Zur Berechnung der bisher benutzten Größen TSM, TSM_{eq} und VM aus den Werten von $L'_{n,w}$, $L_{n,w,eq}$ und ΔL_w gelten folgende Beziehungen: $TSM = 63\ dB - L'_{n,w}$, $TSM_{eq} = 63\ dB - L_{n,w,eq}$, $VM = \Delta L_w$.

Tabelle 2 **Einfamilien-Doppelhäuser und Einfamilien-Reihenhäuser**				
	Bauteile	Anforderung		Anmerkungen
		erf. R'_w dB	erf. $L'_{n,w}$ (erf. TSM)[1] dB	
Decken	Decken	–	48 (15)	Die Anforderung an die Trittschalldämmung gilt nur für die Trittschallübertragung in fremde Aufenthaltsräume, ganz gleich, ob sie in waagerechter, schräger oder senkrechter (nach oben) Richtung erfolgt.
	Treppenläufe und -podeste und Decken unter Fluren	–	53 (10)	Bei einschaligen Haustrennwänden gilt: Wegen der möglichen Austauschbarkeit von weichfedernden Bodenbelägen nach Beiblatt 1 zu DIN 4109, Tabelle 18, die sowohl dem Verschluß als auch besonderen Wünschen der Bewohner unterliegen, dürfen diese bei dem Nachweis der Anforderungen an den Trittschallschutz nicht angerechnet werden.
Wände	Haustrennwände	57	–	

[1] Zur Berechnung der bisher benutzten Größen TSM, TSM_{eq} und VM aus den Werten von $L'_{n,w}$, $L_{n,w,eq}$ und ΔL_w gelten folgende Beziehungen: $TSM = 63\ dB - L'_{n,w}$, $TSM_{eq} = 63\ dB - L_{n,w,eq}$, $VM = \Delta L_w$.

Tabelle 3 **Beherbergungsstätten**				
	Bauteile	Anforderung		Anmerkungen
		erf. R'_w dB	erf. $L'_{n,w}$ (erf. TSM)[1] dB	
Decken	Decken	54	53 (10)	
	Decken unter/über Schwimmbädern, Spiel- oder ähnlichen Gemeinschaftsräumen zum Schutz gegenüber Schlafräumen	55	46 (17)	Wegen der verstärkten Übertragung tiefer Frequenzen können zusätzliche Maßnahmen zur Körperschalldämmung erforderlich sein.
	Treppenläufe und Podeste	–	58 (5)	Keine Anforderungen an Treppenläufe in Gebäuden mit Aufzug. Die Anforderung gilt nicht für Decken, an die in Tabelle 5, Zeile 1, Anforderungen an den Schallschutz gestellt werden.
	Decken unter Fluren	–	10	Die Anforderung an die Trittschalldämmung gilt nur für die Trittschallübertragung in fremde Aufenthaltsräume, ganz gleich, ob sie in waagerechter, schräger oder senkrechter (nach oben) Richtung erfolgt.
	Decken unter Bad und WC ohne/mit Bodenentwässerung	54	53 (10)	Die Anforderung an die Trittschalldämmung gilt nur für die Trittschallübertragung in fremde Aufenthaltsräume, ganz gleich, ob sie in waagerechter, schräger oder senkrechter (nach oben) Richtung erfolgt. Die Prüfung der Anforderungen an das Trittschallschutzmaß nach DIN 52210 Teil 3 erfolgt bei einer gegebenenfalls vorhandenen Bodenentwässerung nicht in einem Umkreis von r = 60 cm.
Wände	Wände zwischen – Übernachtungsräumen – Fluren und Übernachtungsräumen	47	–	
Türen	Türen zwischen Fluren und Übernachtungsräumen	32	–	Bei Türen gilt nach Tabelle 1 erf. R_w.

[1] Zur Berechnung der bisher benutzten Größen TSM, TSM_{eq} und VM aus den Werten von $L'_{n,w}$, $L_{n,w,eq}$ und ΔL_w gelten folgende Beziehungen: $TSM = 63\ dB - L'_{n,w}$, $TSM_{eq} = 63\ dB - L_{n,w,eq}$, $VM = \Delta L_w$.

Tabelle 4 Krankenanstalten, Sanatorien

	Bauteile	Anforderung erf. R'_w dB	Anforderung erf. $L'_{n,w}$ (erf. TSM)[1] dB	Anmerkungen
Decken	Decken	54	53 (10)	
	Decken unter/über Schwimmbädern, Spiel- oder ähnlichen Gemeinschaftsräumen	55	46 (17)	Wegen der verstärkten Übertragung tiefer Frequenzen können zusätzliche Maßnahmen zur Körperschalldämmung erforderlich sein.
	Treppenläufe und -podeste	–	58 (5)	Keine Anforderungen an Treppenläufe in Gebäuden mit Aufzug.
	Decken unter Fluren	–	53 (10)	Die Anforderungen an Trittschalldämmung gilt nur für die Trittschallübertragung in fremde Aufenthaltsräume, ganz gleich, ob sie in waagerechter, schräger oder senkrechter (nach oben) Richtung erfolgt.
	Decken unter Bad und WC ohne/mit Bodenentwässerung	54	53 (10)	Die Anforderungen an Trittschalldämmung gilt nur für die Trittschallübertragung in fremde Aufenthaltsräume, ganz gleich, ob sie in waagerechter, schräger oder senkrechter (nach oben) Richtung erfolgt. Die Prüfung der Anforderungen an das Trittschallschutzmaß nach DIN 52210 Teil 3 erfolgt bei einer gegebenenfalls vorhandenen Bodenentwässerung nicht in einem Umkreis von r = 60 cm.
Wände	Wände zwischen – Krankenräumen, – Fluren und Krankenräumen, – Untersuchungs- bzw. Sprechzimmern, – Flure und Untersuchungs- bzw. Sprechzimmern, – Krankenräumen und Arbeits- und Pflegeräumen	47	–	
	Wände zwischen – Operations- bzw. Behandlungsräumen, – Fluren und Operations- bzw. Behandlungsräumen	42	–	
	Wände zwischen – Räume der Intensivpflege, – Fluren und Räumen der Intensivpflege	37	–	
Türen	Türen zwischen – Untersuchungs- bzw. Sprechzimmern, – Fluren und Untersuchungs- bzw. Sprechzimmern	37	–	Bei Türen gilt nach Tabelle 1 erf. R_w.
	Türen zwischen – Fluren- und Krankenräumen, – Operations- bzw. Behandlungsräumen – Fluren und Operations- bzw. Behandlungsräumen		32	–

[1] Zur Berechnung der bisher benutzten Größen TSM, TSM_{eq} und VM aus den Werten von $L'_{n,w}$, $L_{n,w,eq}$ und ΔL_w gelten folgende Beziehungen: $TSM = 63\ dB - L'_{n,w}$, $TSM_{eq} = 63\ dB - L_{n,w,eq}$, $VM = \Delta L_w$.

Tabelle 5 Schulen und vergleichbare Unterrichtsbauten				
	Bauteile	Anforderung erf. R'_w dB	Anforderung erf. $L'_{n,w}$ (erf. TSM)[1] dB	Anmerkungen
Decken	Decken zwischen Unterrichtsräumen oder ähnlichen Räumen	55	53 (10)	
	Decken unter Fluren	–	53 (10)	Die Anforderungen an die Trittschalldämmung gilt nur für die Trittschallübertragung in fremde Aufenthaltsräume, ganz gleich, ob sie in waagerechter, schräger oder senkrechter (nach oben) Richtung erfolgt.
	Decken zwischen Unterrichtsräumen oder ähnlichen Räumen und „besonders lauten" Räumen (z. B. Sporthallen, Musikräume, Werkräume)	55	46 (17)	Wegen der verstärkten Übertragung tiefer Frequenzen können zusätzlich Maßnahme zur Körperschalldämmung erforderlich sein.
Wände	Wände zwischen Unterrichtsräumen oder ähnlichen Räumen	47	–	
	Wände zwischen Unterrichtsräumen oder ähnlichen Räumen und Fluren	47	–	
	Wände zwischen Unterrichtsräumen oder ähnlichen Räumen und Treppenräumen	52	–	
	Wände zwischen Unterrichtsräumen oder ähnlichen Räumen und „besonders lauten" Räumen (z. B. Sporthallen, Musikräumen, Werkräumen)	55	–	
Türen	Türen zwischen Unterrichtsräumen oder ähnlichen Räumen und Fluren	32	–	Bei Türen gilt noch Tabelle 1 erf. R_w.

[1] Zur Berechnung der bisher benutzten Größen TSM, TSM_{eq} und VM aus den Werten von $L'_{n,w}$, $L_{n,w,eq}$ und ΔL_w gelten folgende Beziehungen: $TSM = 63\ dB - L'_{n,w}$, $TSM_{eq} = 63\ dB - L_{n,w,eq}$, $VM = \Delta L_w$.

Erhöhte Anforderungen gelten für die Luftschalldämmung von Wänden zwischen besonders lauten und schutzbedürftigen Räumen. Zu den besonders lauten Räumen zählen folgende:

- Räume mit haustechnischen Anlagen, wenn der maximale Schallpegel des Luftschalles im Raum mehr als 75 dB (A) beträgt.
- Müllcontainerräume mit dazugehörigen Müllabwurfanlagen,
- Verkaufsstätten, Handwerks- oder Gewerbebetriebe, deren maximaler Raumschallpegel mehr als 75 dB (A) beträgt.
- Gaststätten, Cafés
- Kegelbahnen
- Küchen, Kantinen
- Sporthallen
- Musik- und Werkräume
- Theater- und Konzerträume

Zu den schutzbedürftigen Räumen zählen:

- Wohnräume
- Schlafräume in Wohnungen, Krankenhäusern und Sanatorien
- Unterrichtsräume
- Büroräume, Praxisräume, Sitzungszimmer und vergleichbare Arbeitsräume

Anforderungen an die Luft- und Trittschalldämmung von Bauteilen zwischen „besonders lauten" und schutzbedürftigen Räumen.				
Art der Räume	Bauteile	Bewertetes Schalldämm-Maß erf. R'_w dB: Schallpegel L_{AF} = 75 bis 80 dB (A)	Bewertetes Schalldämm-Maß erf. R'_w dB: Schallpegel L_{AF} = 81 bis 85 dB (A)	Bewerteter Norm-Trittschallpegel erf. $L'_{n,w}$ (Trittschallschutzmaß erf. TSM) dB
Räume mit „besonders lauten" haustechnischen Anlagen oder Anlageteilen	Decken, Wände	57	62	–
	Fußböden	—		43 (20)
Betriebsräume von Handwerks- und Gewerbebetrieben; Verkaufsstätten	Decken, Wände	57	62	–
	Fußböden	—		43 (20)
Küchenräume der Küchenanlagen von Beherbergungsstätten, Krankenhäusern, Sanatorien, Gaststätten, Imbißstuben und dergleichen	Decken, Wände	55		–
	Fußböden	—		43 (20)
Küchenräume wie vor, jedoch auch nach 22.00 Uhr in Betrieb	Decken, Wände	57		–
	Fußböden	—		33 (30)

Anforderungen an die Luft- und Trittschalldämmung von Bauteilen zwischen „besonders lauten" und schutzbedürftigen Räumen (Forts.)				
Art der Räume	Bauteile	Bewertetes Schalldämm-Maß erf. R'_w dB		Bewerteter Norm-Trittschallpegel erf. $L'_{n,w}$ (Trittschallschutzmaß erf. TSM) dB
		Schallpegel L_{AF} = 75 bis 80 dB(A)	Schallpegel L_{AF} = 81 bis 85 dB(A)	
Gasträume, nur bis 22.00 Uhr in Betrieb	Decken, Wände	55		–
	Fußböden	—		43 (20)
Gasträume (maximaler Schallpegel $L_{AF} \leq 85$ dB[A]), auch nach 22.00 Uhr in Betrieb	Decken, Wände	62		–
	Fußböden	—		33 (30)
Räume von Kegelbahnen	Decken, Wände	67		–
	Fußböden a) Keglerstube b) Bahn	— —		33 (30) 13 (50)
Gasträume (maximaler Schallpegel 85 dB[A] $\geq L_{AF} \leq 95$ dB[A]), z. B. mit elektroakustischen Anlagen	Decken, Wände	72		–
	Fußböden	—		28 (35)

Luftschalldämmung von einschaligen Bauteilen

Unter einschaligen Bauteilen versteht man Wände und Decken, die massiv über ihre ganze Dicke aus einem Material bestehen oder auch solche, deren Deckschichten fest mit dem Wandquerschnitt verbunden sind. Sie können bestehen aus:

a) einem einheitlichen Baustoff (z. B. Beton oder Mauerwerk),
b) mehreren Schichten verschiedener, aber in ihren mechanischen Eigenschaften einander ähnlicher Baustoffe, die fest miteinander verbunden sind (z. B. Mauerwerk und Putzschichten),
c) den unter a und b genannten Baustoffen, jedoch mit Hohlräumen (wie beispielsweise bei Lochziegeln oder Hohlblocksteinen).

Die einschalige Wand braucht also nicht homogen zu sein, vielmehr kann ein und dieselbe Wand bei tiefen Frequenzen als einschalige Wand und bei hohen Frequenzen als mehrschalige Wand schwingen.

Die Luftschalldämmung eines einschaligen Bauteils ist abhängig von seinem Flächengewicht. Daneben von der Biegesteifigkeit des Bauteils, die für das Dämmungsminimum bei der Grenzfrequenz maßgebend ist.

Die Erfüllung der Anforderungen an die Schalldämmung einschaliger Bauteile hängt nicht ausschließlich von ihrer flächenbezogenen Masse und Konstruktion ab, sondern auch von der Art und Ausführung der flankierenden Bauteile. Grundsätzlich entscheidend ist bei einschaligen Bauteilen die Masse, sie haben eine um so höhere Schalldämmung, je schwerer sie sind. Neben dem Flächengewicht ist auch die Biegesteifigkeit von großem Einfluß, beide Eigenschaften bewirken, daß eine Luftschallwelle nicht das Bauteil beschleunigen, d. h. bewegen kann und somit auch keine Schallabstrahlung im Nebenraum entsteht. Mauerwerk und Betondecken sind im schalltechnischen Sinn biegesteif, Gipskarton und Spanplatten sind es z. B. nicht.

Flächengewicht

Einschalige Bauteile dämmen um so besser, je schwerer sie sind. Abgesehen vom Grenzfall sehr leichter Wände und tiefer Frequenzen führt eine Gewichtsverdoppelung zu einer Zunahme des Schalldämm-Maßes um 6 dB. Hier zeigen sich die Grenzen der Schalldämmung mit Einfachwänden. Eine Wand beispielsweise mit einem Flächengewicht von 150 kg/m² hat eine mittlere Schalldämmung von etwa 40 dB. Verdoppelt man ihr Gewicht, so wird die Schalldämmung nur von 40 auf 46 dB erhöht. Wie später gezeigt wird, ließe sich der gleiche Effekt mit einer sehr viel leichteren Vorsatzschale erzielen. Der Einfluß des Bauteilgewichtes auf das mittlere Schalldämm-Maß ist in einer Grafik, siehe unten, dargestellt. Die Abhängigkeit des Luftschallschutzmaßes LSM vom Flächengewicht zeigt das andere Diagramm.

SCHALLDÄMMUNG EINSCHALIGER BAUTEILE
IN ABHÄNGIGKEIT VOM FLÄCHENGEWICHT

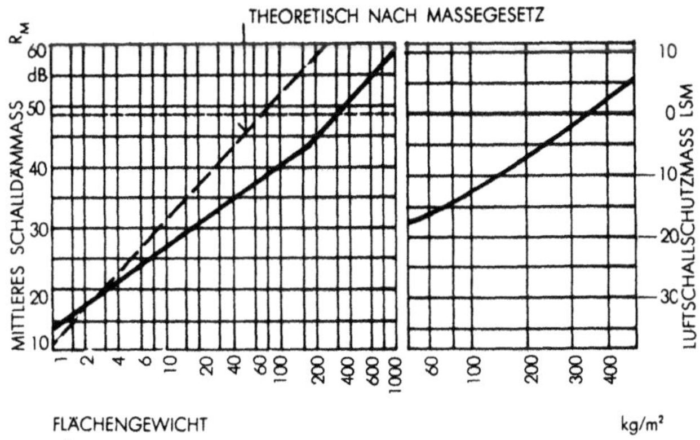

Größere Hohlräume (z. B. bei Hohlkörperdecken) können die Schalldämmung gegenüber gleich schweren Decken oder Wänden ohne Hohlräume wesentlich verringern. Dies ist bei der Einschätzung von Konstruktionen, die nicht in der DIN 4109, aufgeführt sind, zu beachten. Der Putz verbessert die Luftschalldämmung unporiger Decken oder Wände nur entsprechend seinem geringen Gewichtsanteil. Bei Wänden aus offenporigen Baustoffen (z. B. aus Einkornbeton) ist dagegen die Verbesserung sehr groß, da der Putz die von Raum zu Raum durchgehenden Luftkanäle schließt. Deshalb ist bei den Wänden mit durchgehenden Poren ein dichter Putz notwendig.

SPURANPASSUNG DER LUFTSCHALL- UND BIEGEWELLENLÄNGEN BEI SCHRÄGEM SCHALLEINFALL

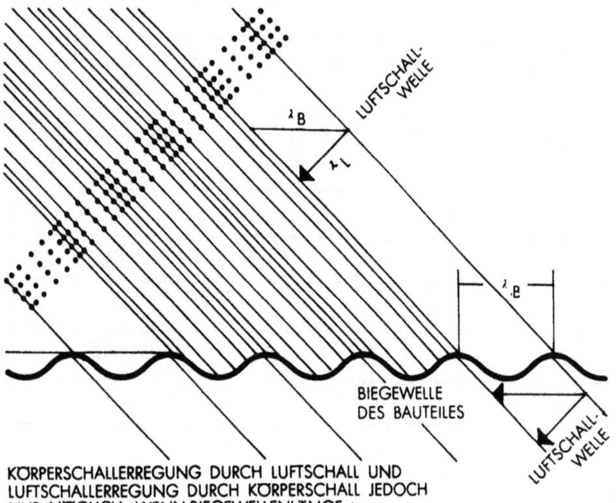

KÖRPERSCHALLERREGUNG DURCH LUFTSCHALL UND LUFTSCHALLERREGUNG DURCH KÖRPERSCHALL JEDOCH NUR MÖGLICH, WENN BIEGEWELLENLÄNGE λ_B GRÖSSER ALS LUFTSCHALLWELLENLÄNGE λ_L, WAS ÜBER DER GRENZFREQUENZ f_g EINTRITT.

Biegesteifigkeit

Die bei den hohen Frequenzen festzustellende beträchtliche Abweichung im ungünstigsten Sinne der gemessenen Kurven von der Kurve A (s. Diagramm), die dem Massegesetz entspricht, ist auf die Wirkung der Materialsteife zurückzuführen. Es macht sich der „Spuranpassungseffekt" bemerkbar: Schräg einfallende Wellen des Luftschalles regen Biegewellen der Wand an, wobei unter bestimmten Einfallswinkeln die Wellenlänge in der Wand der Luftschallwellenlänge entspricht.

Grenzfrequenz

Die Frequenz, oberhalb der die Spuranpassung (Koinzidenz) dämmungsmindernd auftritt, wird als Grenzfrequenz der Wand bezeichnet. Die Grenzfrequenz einer Wand gegebenen Gewichtes resultiert aus dem Verhältnis Masse zu Biegesteifigkeit. Für Platten gleichmäßigen Gefüges gilt näherungsweise

$$f_g \approx \frac{20000}{d} \cdot \sqrt{\frac{\varrho}{E_{dyn}}}\,\text{Hz.}$$

Hierin ist

E_{dyn} der Dynamische Elastizitätsmodul des Baustoffes in MN/m^2 = N/mm^2 (kp/cm^2)

D die Dicke der Platte in cm

ϱ die Dichte des Baustoffes in kg/m^3

Oberhalb der Grenzfrequenz f_g ist die Luftschalldämmung gegenüber dem Massegesetz vermindert. Außerdem führen oberhalb der Grenzfrequenz freie Biegeschwingungen des Bauteils (z. B. hervorgerufen durch Begehen, Türenschlagen und dergleichen) zu stärkerer Schallabstrahlung als unterhalb der Grenzfrequenz. Sie sollte also möglichst hoch liegen, d. h. die Masse sollte groß, die Biegesteife gering sein. Dieses Verhältnis läßt sich sowohl durch Veränderung der Steife bei gleichbleibender Masse als auch durch Änderung der Masse bei gleichbleibender Steife beeinflussen.

Bei Wänden mit geringer Biegesteifigkeit bei großer Rohdichte des Materials liegen Grunddämmung und Grenzfrequenz verhältnismäßig hoch. Da die Dämmung für höhere Frequenzen ansteigt, spielt ein Einbruch in der Dämmkurve über 1500 Hz keine wesentliche Rolle mehr. Wenn aber, wie bei 1/4 und 1/2 Stein dicken Ziegelwänden oder 5 bis 10 cm dicken Gips- und Bimssteinwänden, die Grenzfrequenz in den mittleren Hörbereich von 200 bis 400 Hz hineinrückt, treten empfindliche Einbußen auf.

Mit Hilfe der Sandwichkonstruktion, die aus zwei Deckschichten, z. B. Blech oder Hartfaserplatten, mit einer dicken Zwischenschicht aus einem Material mit hoher innerer Dämpfung besteht, können leichte Trennwände aufgebaut werden, die zwar statisch gesehen biegesteif sind, sich jedoch in ihrer dynamischen Eigenschaft wie biegeweiche Platten verhalten. Eine so aufgebaute Wand besitzt bei verhältnismäßig geringem Flächengewicht eine Schalldämmung, die annähernd dem Massegesetz entspricht.

BEEINFLUSSUNG DER BIEGESTEIFE DURCH EINFRÄSEN VON RILLEN ODER AUFSETZEN VON MASSEN

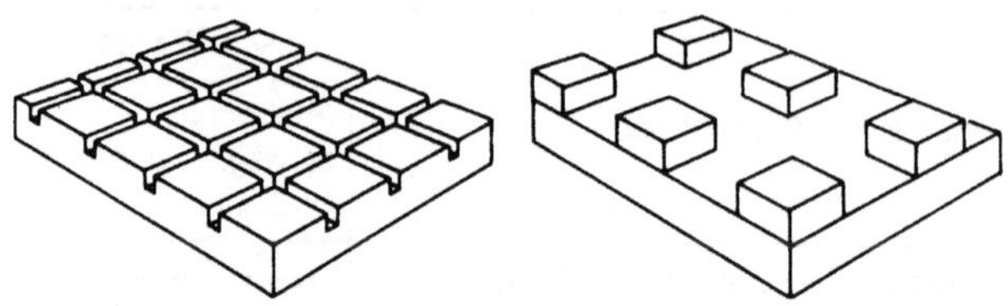

Ähnliche Wirkungen erreicht man mit den noch dünneren Sandwichkonstruktionen, bei denen zwei dünne Platten, vorzugsweise Stahlbleche, beidseitig auf eine Kunststoff-Folie mit großer innerer Dämpfung fest aufgebracht sind.

Erreicht werden:

52 dB:
17,5 cm Rohdichte 2,0 + 2 × 15 mm Putz
24,0 cm Rohdichte 1,6 + 2 × 10 mm Putz
24,0 cm Rohdichte 1,4 + 2 × 15 mm Putz

53 dB:
24,0 cm Rohdichte 1,8 mit oder ohne Putz
20,0 cm Rohdichte 2,0 + 2 × 20 mm Putz

55 dB:
24,0 cm Rohdichte 2,0 mit 2 × 10 mm Putz

57 dB:
30,0 cm Rohdichte 2,0 mit oder ohne Putz

67 dB:
2 × 11,5 cm Rohdichte 2,0 + 5 cm Trennfuge

Putzschichten auf dem Mauerwerk verbessern die Luftschalldämmung nur entsprechend ihrem Anteil auf das flächenbezogene Gewicht der Wand, wichtiger sind sie für die schalltechnische Dichtigkeit der Wand, da ein Mauerwerk ohne Putz nicht als dicht angesehen werden kann, was von unvollständigen Fugen oder mörtelfreien Stoßfugen herrührt. Kleinere Hohlräume in den Mauerziegeln sind schalltechnisch unerheblich, größere Hohlräume wie in Hohlkörperdecken haben einen geringen Schallschutz gegenüber gleich schweren Bauteilen ohne Hohlräume.

Die Übertragung des Luftschalles und Trittschalles über flankierende Bauteile zeigt das folgende Bild.

Vorteilhaft für die Schalldämmung ist, wenn die flankierenden Bauteile im schalltechnischen Sinne biegefest mit dem trennenden Bauteil verbunden sind. Eine biegefeste Verbindung z. B. wird erreicht durch einen im Mauerwerksverband verzahnten Wandanschluß, aber auch durch einen Stumpfstoß-Wandanschluß mit vermörtelter Wandanschlußfuge.

Bewertetes Schalldämm-Maß $R'_{w,R}$ einschaliger, biegesteifer Wände und Decken nach Beiblatt 1 DIN 4109[1)2)]

Zeile	Flächenbezogene Masse (Wandgewicht) kg/m²	Bewertetes Schalldämm-Maß $R'_{w,R}$[1)] dB
1	85[3)]	34
2	90[3)]	35
3	95[3)]	36
4	105[3)]	37
5	115[3)]	38
6	125[3)]	39
7	135	40
8	150	41
9	160	42
10	175	43
11	190	44
12	210	45
13	230	46
14	250	47
15	270	48
16	295	49
17	320	50
18	350	51
19	380	52
20	410	53
21	450	54
22	490	55
23	530	56
24	580	57
25[4)]	630	58
26[4)]	680	59
27[4)]	740	60
28[4)]	810	61
29[4)]	880	62
30[4)]	960	63
31[4)]	1040	64

1) Gültig für flankierende Bauteile mit einer mittleren flächenbezogenen Masse $m'_{L,M}$ von etwa 300 kg/m².

2) Meßergebnisse haben gezeigt, daß bei verputzten Wänden aus dampfgehärtetem Gasbeton und Leichtbeton mit Blähtonzuschlag mit Steinrohdichte ≤0,8 kg/m² bei einer fächenbezogenen Masse bis 250 kg/m² das bewertete Schalldämm-Maß um 2 dB höher angesetzt werden kann. Das gilt auch für zweischaliges Mauerwerk, sofern die flächenbezogene Masse der Einzelschale m' ≤250 kg/m² beträgt.

3) Sofern Wände aus Gips-Wandbauplatten nach DIN 4103 Teil 2 ausgeführt und am Rand ringsum mit 2 bis 4 mm dicken Streifen aus Bitumenfilz eingebaut werden, darf das bewertete Schalldämm-Maß R'_w um 2 dB höher angesetzt werden. Anmerkung: Die um 2 dB höheren Werte können unter gleichen Randbedingungen auch für KS-P7-Bauplatten angesetzt werden (bei Wandgewicht ≤ 150 kg/m²). Problematisch erscheint hierbei jedoch die nach DIN 4103 – Nichttragende Innenwände – notwendige seitliche Verankerung im Detail, die besonders sorgfältig ohne Schallbrücken ausgeführt werden muß.

4) Diese Werte gelten nur für die Ermittlung des Schalldämm-Maßes zweischaliger Wände aus biegesteifen Schalen.

Wandrohdichten einschaliger, biegesteifer Wände (Beiblatt 1 zu DIN 4109)

Zeile	Stein-Platten-Rohdichte[5)] kg/dm³	Wand-Rohdichte[6)7)] Normalmörtel kg/m³	Leichtmörtel (Rohdichte ≦1000 kg/m³) kg/m³	Dünnbettmörtel
1	2,2	2080	1940	2100
2	2,0	1900	1770	1900
3	1,8	1720	1600	1700
4	1,6	1540	1420	1500
5	1,4	1360	1260	1300
6	1,2	1180	1090	1100
7	1,0	1000	950	950
8	0,9	910	860	850
9	0,8	820	770	750
10	0,7	730	680	650
11	0,6	640	590	550
12	0,5	550	500	450
13	0,4	460	405	350

5) Werden Hohlblocksteine nach DIN 106 Teil 1, DIN 18151 und DIN 18153 umgekehrt vermauert und die Hohlräume satt mit Sand oder mit Normalmörtel gefüllt, so sind die Werte der Wand-Rohdichte um 400 kg/m³ zu erhöhen. Hinweis: Das Ausfüllen der Kammern in Hohlblocksteinen zum Erreichen einer höheren Wandrohdichte muß auf der Baustelle äußerst sorgfältig vorgenommen werden und ist mit entsprechendem Aufwand verbunden. Die Ausführung mit KS-Vollsteinen hoher Rohdichteklasse ist daher vorzuziehen.

6) Die angegebenen Werte sind für alle Formate der in DIN 1053 Teil 1 und DIN 4103 Teil 1 für die Herstellung von Wänden aufgeführten Steine bzw. Platten zu verwenden.

7) Dicke der Mörtelfugen von Wänden nach DIN 1053 Teil 1 bzw. DIN 4103. Bei Wänden aus dünnfugig zu verlegenden Plansteinen und -platten siehe Spalte „Dünnbettmörtel".

Beispiele für Mindest-Wanddicke und Steinrohdichteklasse von Wänden in üblicher Ausführung zur Erfüllung der Anforderung nach DIN 4109

Anforderungen nach DIN 4109 (Wandgewicht in kg/m²)	Wanddicke in cm	Steinrohdichteklassen Normalmörtel ohne Putz	Normalmörtel 2 × 10 mm Putz	Normalmörtel 2 × 15 mm Putz	Dünnbettmörtel ohne Putz	Dünnbettmörtel 2 × 10 mm Putz	Dünnbettmörtel 2 × 15 mm Putz
67 dB (490 kg/m²)	2 × 11,5 2 × 17,5	– 1,6	2,2 1,4	2,0 1,4	– 1,6	2,2 1,4	2,0 1,4
57 dB (580 kg/m²)	30	2,0	2,0	2,0	2,0	2,0	2,0
55 dB (490 kg/m²)	24 30	– 1,8	2,0 1,6	2,0 1,6	2,2 1,8	2,0 1,8	2,0 1,6
53 dB (410 kg/m²)	24	1,8	1,8	1,6	1,8	1,8	1,6
52 dB (380 kg/m²)	17,5 24	– 1,8	– 1,6	2,0 1,4	– 1,8	– 1,6	2,0 1,6
47 dB (250 kg/m²)	11,5 17,5	– 1,6	– 1,4	1,8 1,2	– 1,6	– 1,4	1,8 1,4
42 dB (160 kg/m²)	7 11,5	– 1,6	– 1,4	1,6 1,0	– 1,6	– 1,4	1,8 1,0
37 dB (105 kg/m²)	7	1,6	–	–	1,4	–	–

Schalldämm-Maße $R'_{w,R}$ und flächenbezogene Masse einschaliger KS-Wände mit Normalmörtel beidseitig geputzt je 15 mm dick

Stein-Rohdichte-klasse (Wandrohdichte kg/m³)	KS-Wände in Normalmörtel, beidseitig geputzt je 15 mm dick, $\varrho = 1{,}8$ kg/dm³ (je Seite 25 kg/m²) bewertetes Schalldämm-Maß $R'_{w,R}$ in dB bei Wanddicken in cm Wandgewicht in kg/m²							
	7	11,5	15	17,5	20	24	30	36,5
0,7 (730)	– –	40 134	– –	43 178	– –	46 225	48 269	50 316
0,8 (820)	– –	40 144	– –	44 194	– –	47 247	49 296	51 349
0,9 (910)	– –	41 155	– –	45 209	– –	48 268	50 323	52 382
1,0 (1 000)	– –	42 165	– –	45 225	– –	49 290	51 350	53 415
1,2 (1 180)	– –	44 186	– –	47 257	– –	50 333	53 404	54 481
1,4 (1 360)	– –	45 206	– –	48 288	– –	52 376	54 458	56 546
1,6 (1 540)	– –	46 227	– –	50 320	– –	53 420	55 512	57 612
1,8 (1 720)	42 170	47 248	49 308	51 351	51 364	54 463	56 566	59 678
2,0 (1 900)	43 183	48 269	50 335	52 383	53 430	55 506	58*) 620	60 744
2,2 (2 080)	– –	48 289	– –	53 414	– –	56 549	59*) 674	61 809

Schalldämm-Maße $R'_{w,R}$ in dB und flächenbezogene Masse einschaliger Wände mit Dünnbettmörtel ohne Putz

Stein-Rohdichte-klasse (Wandrohdichte kg/m³)	Wände in Dünnbettmörtel, ohne Putz bewertetes Schalldämm-Maß $R'_{w,R}$ in dB bei Wanddicken in cm Wandgewicht in kg/m²							
	7	11,5	15	17,5	20	24	30	36,5
0,7 (650)	– –	– 75	– –	38 114	– –	41 156	44 195	46 237
0,8 (750)	– –	34 86	– –	39 131	– –	43 180	45 225	48 274
0,9 (850)	– –	36 98	– –	41 149	– –	44 204	47 255	49 310
1,0 (950)	– –	37 109	– –	42 166	– –	46 228	48 285	51 347
1,2 (1 100)	– –	39 127	– –	44 193	– –	47 264	50 330	52 402
1,4 (1 300)	– –	41 150	– –	46 228	– –	49 312	52 390	54 475
1,6 (1 500)	– –	43 173	– –	47 263	– –	51 360	54 450	56 548
1,8 (1 700)	38 119	44 196	47 255	49 298	51 340	53 408	55 510	57 621
2,0 (1 900)	40 133	45 219	48 285	50 333	50 380	54 456	57 570	59 694
2,2 (2 100)	– –	46 242	– –	51 368	– –	55 504	58*) 630	60 767

Die folgenden Tafeln enthalten Schalldämm-Maße R'_w und die flächenbezogenen Massen einschaliger Wände in verschiedenen Ausführungen. Aus den Tafeln ist beispielsweise ersichtlich, welche Wände die Anforderungen von $m' = 220$ kg/m² für Installationswände erfüllen können.

Tafel: Schalldämm-Maße $R'_{w,R}$ und flächenbezogene Masse einschaliger Wände mit Normalmörtel ohne Putz

Stein-Rohdichte-klasse (Wandrohdichte kg/m³)	Wände in Normalmörtel, ohne Putz bewertetes Schalldämm-Maß $R'_{w,R}$ in dB bei Wanddicken in cm Wandgewicht in kg/m²							
	7	11,5	15	17,5	20	24	30	36,5
0,7 (730)	– –	34 84	– –	39 128	– –	43 175	45 219	48 266
0,8 (820)	– –	36 94	– –	40 144	– –	44 197	47 246	49 299
0,9 (910)	– –	37 105	– –	42 159	– –	45 218	48 273	50 322
1,0 (1 000)	– –	38 115	– –	43 175	– –	46 240	49 300	51 365
1,2 (1 180)	– –	40 136	– –	45 207	– –	48 284	51 354	53 431
1,4 (1 360)	– –	41 156	– –	46 238	– –	50 326	53 408	55 496
1,6 (1 540)	– –	43 177	– –	48 270	– –	51 370	54 462	56 562
1,8 (1 720)	38 120	44 198	47 258	49 301	51 344	53 413	55 516	58 628
2,0 (1 900)	40 133	45 219	48 285	50 333	52 380	54 456	57 570	59 694
2,2 (2 080)	– –	46 239	– –	51 364	– –	55 499	58*) 624	60 759

Tafel: Schalldämm-Maße $R'_{w,R}$ und flächenbezogene Masse einschaliger Wände mit Normalmörtel beidseitig geputzt je 10 mm dick

Stein-Rohdichte-klasse (Wandrohdichte (kg/m³)	Wände in Normalmörtel, beidseitig geputzt je 10 mm dick (je Seite 10 kg/m²) bewertetes Schalldämm-Maß $R'_{w,R}$ in dB bei Wanddicken in cm Wandgewicht in kg/m²							
	7	11,5	15	17,5	20	24	30	36,5
0,7 (730)	– –	37 104	– –	41 148	– –	44 195	46 239	48 286
0,8 (820)	– –	38 114	– –	42 164	– –	45 217	47 266	50 319
0,9 (910)	– –	39 125	– –	43 179	– –	46 238	49 293	51 352
1,0 (1 000)	– –	40 135	– –	44 195	– –	47 260	50 320	52 385
1,2 (1 180)	– –	41 156	– –	46 227	– –	49 303	51 374	54 451
1,4 (1 360)	– –	43 176	– –	47 258	– –	51 346	53 482	55 516
1,6 (1 540)	– –	44 197	– –	49 290	– –	52 390	55 482	57 582
1,8 (1 720)	40 140	45 218	48 278	50 321	51 364	53 433	56 536	58 648
2,0 (1 900)	41 153	46 239	49 305	51 353	53 400	55 476	57 590	59 714
2,2 (2 080)	– –	47 259	– –	52 384	– –	55 519	58*) 644	60 779

Korrekturwert $K_{L\,1}$

Weicht der Wert der mittleren flächenbezogenen Masse eines flankierenden Bauteiles von 300 kg/m² ab, sind für die Schalldämmung des trennenden Bauteiles die untenstehenden Korrekturwerte zu berücksichtigen.

Korrekturwerte für das erforderliche resultierende Schalldämmaß in Abhängigkeit vom Verhältnis $A_{(W+F)}/A_G$

$A_{(W+F)}/A_G$	2,5	2,0	1,6	1,3	1,0	0,8	0,6	0,5	0,4
Korrektur	+5	+4	+3	+2	+1	0	−1	−2	−3

$A_{(W+F)}$: Gesamtfläche des Außenbauteils eines Aufenthaltsraumes in m²

$A_{(G)}$: Grundfläche eines Aufenthaltsraums in m².

Massive Wände mit Vorsatzschalen

Die Luftschalldämmung von einschaligen, biegesteifen Wänden läßt sich durch biegeweiche Vorsatzschalen erheblich verbessern. Man unterscheidet bei den Vorsatzschalen zwei verschiedene Bauweisen:

- Unterkonstruktion und Vorsatzschale der Vorsatzschale direkt mit der massiven Wand verbunden
- Unterkonstruktion und Vorsatzschale frei stehend vor der massiven Wand ohne Verbindung zu dieser. Solche Vorsatzschalen sind schalltechnisch „federnd" vor der Wand befestigt, was z. B. auch durch eine Aufklebung der Schale mit Mineralfaserplatten auf der Wand erreicht wird. Die Werte folgender Tabelle gelten für die Massivwände mit einseitiger Vorsatzschale bei flankierenden Bauteilen mit mittlerer flächenbezogener Masse von 300 kg/m².

Bewertetes Schalldämm-Maß $R'_{w,R}$ von Massivwänden mit einer Vorsatzschale bei einer mittleren flächenbezogenen Masse der flankierenden Bauteile von 300 kg/m²

Flächenbezogene Masse der trennenden Massivwand	Bewertetes Schalldämm-Maß $R'_{w,R}$		
	ohne Vorsatzschale	mit Vorsatzschale Gruppe A	mit Vorsatzschale Gruppe B
kg/m²	dB	dB	dB
100	37	48	49
200	45	49	50
300	47	53	54
400	52	55	56
500	55	57	58

Beispiel: Einschalige Wand aus KS 1,8; einseitig verputzt Vorsatzschale nach Tafel 19/19, Gruppe B, Zeile 6

Masse der Massivwand = 217 kg/m²

$R'_{w,R}$ nach dieser Tafel = 50 dB

Korrekturwert $K_{L,1}$ für flankierende Bauteile mit $m'_{L,M}$ = 200 kg/m² = −2 dB (Tafel 19/10)

Anzurechnendes Schalldämm-Maß R'_w = 48 dB

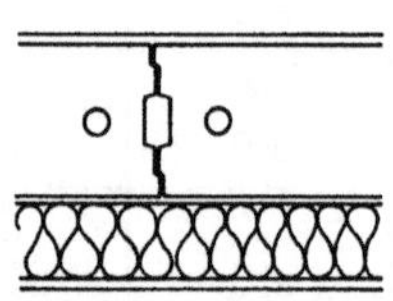

Anmerkung: Werden dagegen zum Beispiel aus Gründen der Wärmedämmung an einschalige, biegesteife Wände Dämmplatten hoher dynamischer Steifigkeit, z. B. nicht elastifizierte Hartschaumplatten, vollflächig oder punktweise angesetzt, so kann sich die Schalldämmung verschlechtern, wenn die Dämmplatten durch Putz oder Fliesen abgedeckt werden.

Mit Abstand vor einer starren Wand angeordnete dichte Platten bilden durch ihre Masse in Verbindung mit der Federung der eingeschlossenen Luft ein Schwingungssystem mit einer ausgeprägten Eigenfrequenz. Treffen Schallwellen mit Schwingungszahlen in der Nähe dieser Eigenfrequenz auf die Platte, so schwingt diese mit und leitet so Energie in den Hohlraum, wo sie durch die darin angeordneten Schluckstoffe verbraucht wird.

Resonatoren

Geschlossene Gefäße mit nur einer kleinen Öffnung stellen Helmholtz'sche Resonatoren dar. Diese haben eine scharf ausgeprägte Eigenfrequenz. Das Schwingungssystem kommt zustande durch die als Feder wirkende Luft im Gefäß mit der Masse der in der Öffnung (Resonatorhals) hin- und herschwingenden Luft. Eine Absorption ergibt sich durch die Reibungsverluste im Resonatorhals. Durch zusätzlich in der Nähe der Öffnung angebrachte reibungsvergrößernde poröse Stoffe kann die Schluckgradkurve wesentlich verbreitert und die Anordnung also für breite Frequenzbereiche wirksam gemacht werden.

Praktisch wird der Resonator als mit Löchern oder Schlitzen versehene Platte, welche mit Wand- oder Deckenabstand angebracht wird, ausgeführt.

Das Absorptionsmaterial wird dabei hinter der gelochten bzw. geschlitzten Platte eingebracht. Oft ist es zweckmäßig oder erwünscht, den ganzen Hohlraum auszufüllen. Bei richtiger Bemessung des Strömungswiderstandes an der Öffnung wird mit Resonatoren bei der Resonanzfrequenz der Absorptionsgrad 1,0 erreicht. Wird nur geringer Schluckgrad verlangt, so können breitere Kurven verwirklicht werden. Die Resonanzfrequenz ist

$$f_0 = \frac{c}{2\pi} \cdot \sqrt{\frac{\epsilon}{l' \cdot d}}$$

Hierin bedeuten

f_0 = die Resonanzfrequenz in Hz

c = die Schallgeschwindigkeit in cm/s

$l' = l + \frac{\pi}{2} \cdot 2r$ die Halslänge mit Mündungskorrektur

l = die Plattendicke (Lochtiefe) in cm

$2r$ = den Lochdurchmesser in cm

ϵ = den Lochflächenanteil in % (z. B. = 0,08 bei 8% Lochfläche)

d = den Wandabstand in cm

Bei tiefen Frequenzen werden große Schluckgrade durch große Wandabstände, große Plattendicken und kleine Lochflächenanteile erhalten. Für geringere Absorptionsgrade, aber breitere Schluckfrequenzbereiche sind, wie gezeigt werden kann, umgekehrt kleine Plattendicke und großer Lochflächenanteil wichtig, woraus die Notwendigkeit klar hervorgeht, möglichst große Wandabstände d anzuwenden.

Zwei typische Absorber mit Lochplattenresonatoren sind im Bild erläutert. In Anordnung 1 sind mit 8% geschlitzte Hartfaserplatten vor starrer Wand oder Decke auf einer 5 cm dicken Sillan-Schicht angebracht worden. Bei Schallschluckdecken mit gelochten Gipsplatten nach Anordnung 2 ergibt sich durch die größere Lochfläche von 12% eine etwas höhere Resonanzfrequenz. Hat die Abdeckplatte größere Lochflächenanteile als etwa 20%, so geht bei den üblichen Resonatortiefen unter 10 cm die Resonatorwirkung verloren. Es wirkt nur noch der poröse Schluckstoff. Die Lochplatte ist vollkommen schalldurchlässig. Kurve 1 im folgenden Bild oben gibt ein Beispiel hierfür. Die 5 cm dicke Mineralwolle-Schicht war bei einer Messung mit Hartfaserplatten mit 30% Lochflächenanteil abge-

SCHALLABSORPTIONSGRAD VON
2 LOCHPLATTENRESONATOREN

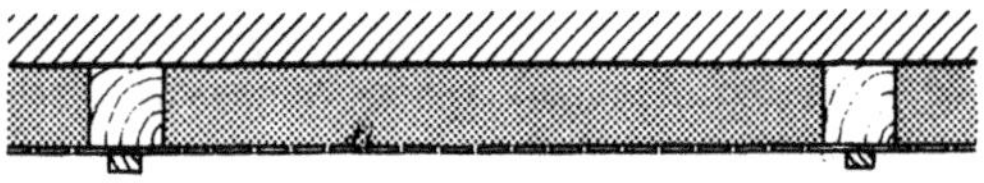

1 4 mm GESCHLITZTE HARTFASERPLATTEN – 8 % SCHLITZFLÄCHE
50 mm DECKENABSTAND
HOHLRAUM MIT MINERALFASER 100 kg/m2 GEFÜLLT

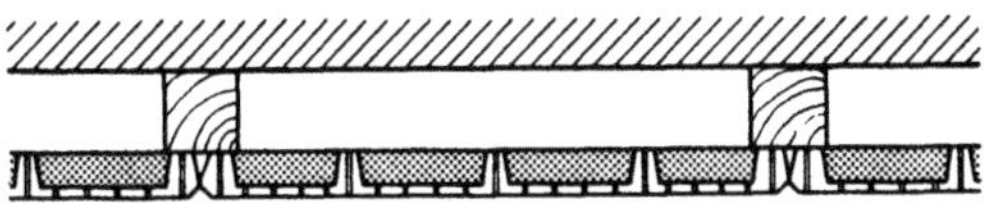

2 30 mm DICKE GIPSPLATTEN MIT 50 mm DECKENABSTAND, LOCHFLÄCHE 12 % – 4,5 mm LOCHDURCHMESSER, 6 mm LOCHLÄNGE

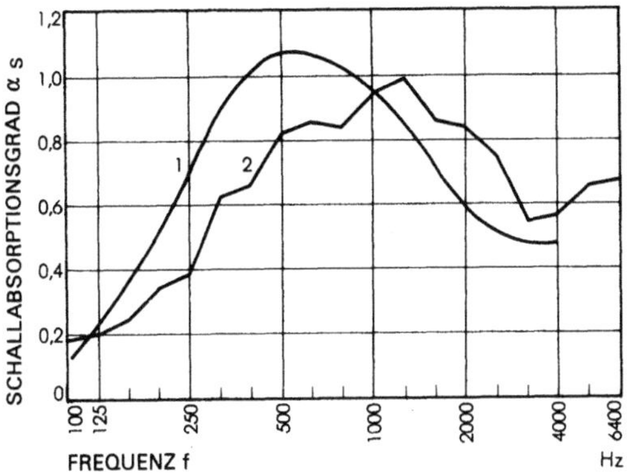

deckt, wobei gleichen Absorptionsgrade wie ohne jede Abdeckung festgestellt wurden. Diese Tatsache bietet ein wichtiges Hilfsmittel, die meist hochporösen und dabei oberflächlich wenig widerstandsfähigen Schluckstoffe mit Geweben, gelochten Folien, Stäben, Gittern oder Lochplatten abzudecken, um so ihre schallschluckenden Eigenschaften voll ausnützen zu können.

Die Anwendung dieses Prinzips bei Wänden liegt vor allen im Bereich von Vortragsräumen, Konzertsälen, wo aus akustischen Gründen der Schall im Raum absorbiert werden soll. Bei Bürogebäuden kommt das Prinzip des Resonators bei den heute sehr viel verwendeten abgehängten Deckensystemen zum Einsatz. Diese Decken bestehen aus Metallpaneelen oder -kassetten mit einer porösen Schallschluckerauflage und gewährleisten die geforderten Anforderungen an die Raumakustik sowie einen Teil des Schallschutzes vom darüberliegenden Geschoß.

Zweischalige Wände

Muß mit einschaligen Bauteilen eine hohe Schalldämmung erreicht werden, ergeben sich sehr hohe Flächengewichte, die z. B. für eine Reihenhaus-Trennwand bei über 500 kg/m² liegen und sowohl konstruktiv als auch wirtschaftlich kaum zu vertreten sind.

Zu vermeiden sind hohe Flächengewichte durch zweischalige Konstruktionen. Hierunter versteht man zwei einzelne Schalen, die durch eine dämpfende Luftschicht oder federnde Dämmungsplatten getrennt oder verbunden sind. Ausschlaggebend ist die schalltechnische Entkoppelung der beiden Schalen.

Man unterscheidet drei Prinzipien:

Prinzip A: Zwei schwere Schalen mit zwischenliegender federnder Trennschicht. Dieses Prinzip wird z. B. bei Reihenhaus-Trennwänden ausgeführt.

Prinzip B: Eine schwere Schale wird mit einer biegeweichen Vorsatzschale versehen. Dieses Prinzip wird für die Verbesserung der Schalldämmung von massiven Wänden vorgesehen.

Prinzip C: Zwei biegeweiche Schalen werden mit konstruktiven Zwischenbauteilen „federnd" verbunden. Diese Zwischenbauteile (Metallständer, Holzstiele) bzw. deren Federeigenschaften haben entscheidenden Einfluß auf die Schalldämmung. Solche Wände werden heute sehr häufig als Raumtrennwände in Gewerbe, Verwaltung und Industrie eingesetzt als Metallständerwände mit Gipskartonbeplankung.

Das bewertete Schalldämm-Maß zweischaliger Innenwände ist gleich dem Schalldämm-Maß der einschaligen Wand mit gleichem Flächengewicht. Für die durchgehende Trennfuge dürfen auf den ermittelten Wert + 12 dB aufgeschlagen werden.

Die Schalldämmung zweischaliger Bauteile wird durch starre Verbindungen (Schallbrücken) zwischen den Schalen wesentlich verschlechtert, z. B. durch Mörtelbrücken, durchbindende Steine, Rohrdurchführungen. Ist mindestens eine der beiden Schalen biegeweich, so sind einzelne feste, jedoch schmale Verbindungen zwischen den Schalen zulässig, wenn der Abstand zwischen den Verbindungsstellen mindestens 500 mm beträgt.

Bei mehrschaligen Wänden verbleibt stets eine Verbindung über die gemeinsame Randeinspannung. Auf diesem Wege wird der Schall vor allem bei Wänden aus zwei biegesteifen Schalen übertragen.

AUSFÜHRUNGSBEISPIELE FÜR ZWEISCHALIGE TRENNWÄNDE AUS ZWEI SCHWEREN, BIEGESTEIFEN SCHALEN MIT BIS ZUM FUNDAMENT DURCHGEHENDER TRENNFUGE

GRUNDRISS

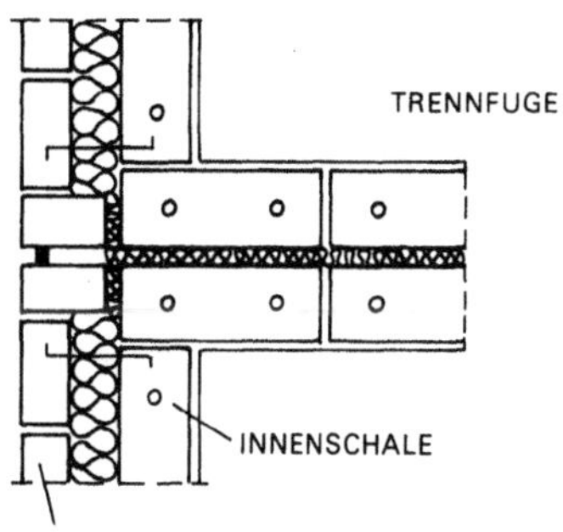

TRENNFUGE

A) SCHALENABSTAND 30 MM MIT DÄMMPLATTEN GERINGER DYNAMISCHER STEIFIGKEIT (MIN.-FASERPL.)

B) SCHALENABSTAND 40 BIS 70 MM, MIT ODER OHNE DÄMMPLATTEN

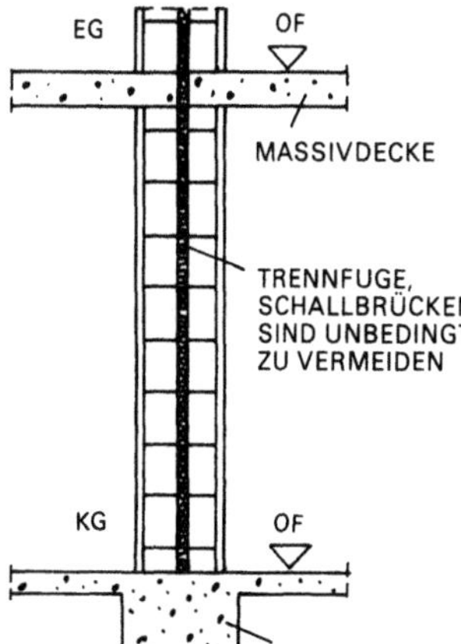

SCHNITT

Zweischalige Wände
a) mit Normalmörtel mit beidseitigem Putz

Schalen-dicke cm	Stein-Roh-dichte kg/dm³	Wand-gewicht einschl. beidseitigem Putz[1)] kg/m²	bewer-tetes Schalldämm-Maß $R'_{w.R}$ dB
2 × 11,5	2,0 1,8 1,6	458 416 374	67[2)] 65 63
2 × 15	2,0 1,8	590 536	69 68
2 × 17,5	2,0 1,8 1,6	686 622 560	71 70 68
2 × 24	2,0 1,8 1,6	932 846 760	74 73 72

1) $2 \times 10\,mm \mathrel{\hat{=}} 20\,kg/m^2$
2) 67 dB bei 5 bis 7 cm dicker Trennfuge oder 2 × 15 mm dickem Putz

b) mit Dünnbettmörtel ohne Putz

cm	kg/dm³	kg/m²	dB
2 × 11,5	2,0 1,8	437 391	67[1)] 64
2 × 15	2,0 1,8	570 510	69 67
2 × 17,5	2,0 1,8	665 595	70 69
2 × 20	2,0 1,8	760 680	72 71

1) mit 2 × 15 mm Putz: $R'_w = 67$ dB

Einfluß des Schalenabstandes auf das Schalldämm-Maß schlanker zweischaliger Haustrennwände

Zeile	Konstruktion	bewertetes Schall-dämm-Maß $R'_{w.R}$ dB
1	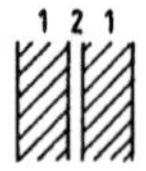 1 = 11,5 cm 1,8 2 = 3 cm Luftschicht	65
2	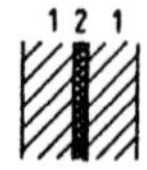 1 = 11,5 cm 1,8 2 = 3 cm Min-F.-Platten	66
3	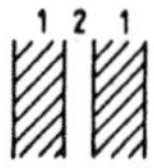 1 = 11,5 cm 1,8 2 = 7 cm Luftschicht	67
4	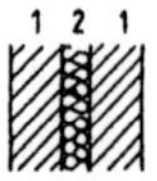 1 = 11,5 cm 1,8 2 = 7 cm Min-F.-Platten	68

Daher lohnt sich, beispielsweise bei Reihenhaus-Trennwänden, der Einbau zweier halbsteinstarker Ziegelwände in der Regel nur, wenn zwischen den Schalen eine über die ganze Haustiefe und -höhe durchgehende Fuge angeordnet wird, die die Flankenübertragung über angrenzende Decken und Wände unterbindet.

Außenbauteile

In der DIN 4109 ist nicht nur der Schallschutz aneinander angrenzender Räume geregelt, sondern auch der Schallschutz von Gebäuden vor Außenlärm, was in Anbetracht der steigenden Verkehrsdichte mit der damit verbundenen Zunahme der Schallemissionen zunehmende Relevanz für den Menschen erlangt. Die Anforderungen der DIN sollen sicherstellen, daß der von außen ins Gebäude eindringende Lärm so abgemindert wird, daß der zumutbare Schallpegel für die Aufenthaltsräume nicht überschritten wird.
Zu den Außenbauteilen zählen Wände, Fenster, Dächer usw.
Für die Festlegung der Mindestschalldämmung von Außenbauteilen gegenüber Außenlärm werden verschiedene Lärmpegelbereiche zugrundegelegt, die dem jeweiligen auftretenden Außenlärmpegel zuzuordnen sind. Die Anforderungen an den Schallschutz der der Lärmquelle abgewandten Gebäudeseite dürfen ohne Nachweis wie folgt abgemindert werden.
- um 5 dB (A) bei offener Bebauung
- um 10 dB (A) bei geschlossener Bebauung und bei Innenhöfen

Nebenwegübertragung von Schall

Wird das Schalldämmvermögen einer Wand oder Decke im ausgeführten Bau untersucht, so ergeben sich meist schlechtere Luftschalldämmwerte, als sie an der gleichen Wand- oder Deckenart im Laboratorium festgestellt wurden. Diese Erscheinungen sind entgegen ursprünglichen Annahmen nicht auf eine weniger sorgfältige Ausführung auf der Baustelle zurückzuführen, sondern dem Einfluß der übrigen Bauteile zuzuschreiben, wenngleich als erste Forderung eine durchgehende Luftverbindung über irgendwelche Undichtigkeiten zu unterbinden ist.
Schall wird zwischen zwei Räumen nicht nur über die Trennwände bzw. Trenndecken übertragen, sondern auch über Nebenwege, wie über die längsangrenzenden (flankierenden) Decken und Wände durch sogenannte Flankenübertragung oder Schall-Längsleitung, außerdem über Schächte, Kanäle, Installationsleitungen und bei tiefen Frequenzen selbst über Gründungen und den Untergrund. Von den Kanälen abgesehen, erfolgt die Nebenwegübertragung durch Ausbreitung von Körperschall, der durch Luftschall in einem lauten Raum angeregt wird und in einem ruhigen Raum wieder als Luftschall „abgestrahlt" wird.
Je geringer die unmittelbare Schallübertragung durch den trennenden Bauteil ist, um so mehr fällt die Flankenübertragung ins Gewicht. Es ist deshalb sinnlos, die Schalldämmung eines Bauteiles noch zu erhöhen, wenn der Schallpegel im abzuschirmenden Raum allein durch Nebenwegübertragung hervorgerufen wird.
Die Flankenübertragung wird beeinflußt durch die Masse, die Biegesteifigkeit und die innere Dämpfung der angrenzenden Bauteile, außerdem durch die Ausbildung der Stoßstellen zwischen den Trennwänden oder Trenndecken und den angrenzenden Bauteilen. Die Flankenübertragung ist um so größer, je leichter die angrenzenden Bauteile sind.

Außenlärm, Lärmpegelbereiche

Lärmpegelbereiche	0	I	II	III	IV	V	VI	VII
„Maßgebliche Außenlärmpegel"[1]) in dB(A)	≤50	51 bis 55	56 bis 60	61 bis 65	66 bis 70	71 bis 75	76 bis 80	≥80

Mindestwerte der Luftschalldämmung von Außenbauteilen (Wand, erforderlichenfalls Dach, Fenster) oder der resultierenden Schalldämmung

Lärmpegelbereich	„Maßgeblicher Außenlärmpegel" in dB(A)	Raumarten								
nach obenstehender Tabelle		Bettenräume in Krankenanstalten und Sanatorien			Aufenthaltsräume in Wohnungen, Übernachtungsräume in Beherbergungsstätten, Unterrichtsräume und ähnliches[1])			Büroräume[1]) und ähnliches		
		Mindestwerte des bewerteten Schalldämm-Maßes R'_w (für Außenwände) bzw. R_w (für Fenster) oder des resultierendenen Schalldämm-Maßes des Gesamtaußenbauteils $R'_{w,res}$								
		Außenwand R'_w dB	Fenster R_w dB	Gesamtaußenbauteil $R'_{w,res}$ dB	Außenwand R'_w dB	Fenster R_w dB	Gesamtaußenbauteil $R'_{w,res}$ dB	Außenwand R'_w dB	Fenster R_w dB	Gesamtaußenbauteil $R'_{w,res}$ dB
I	50 bis 55	35	30	32	35	25	–	35	25	–
II	56 bis 60	40	35	37	35	30	32	35	30	32
III	61 bis 65	45	40	42	40	35	37	35	30	32
IV	66 bis 70	50	45	47	45	40	42	35	35	35
V	71 bis 75	55	50	52	50	45	47	40	40	40
VI	76 bis 80	[2])	[2])	[2])	55	50	52	45	45	45
VII	>80	[2])	[2])	[2])	[2])	[2])	[2])	50	50	50

[1]) In Einzelfällen kann es wegen der unterschiedlichen Raumgrößen, Tätigkeiten und Innenraumpegel in Büroräumen und bestimmten Unterrichtsräumen (z. B. Werkräume) zweckmäßig oder notwendig sein, die Schalldämmung der Außenwände und Fenster gesondert festzulegen.

[2]) Die Mindestwerte sind hier aufgrund der örtlichen Gegebenheiten im Einzelfall festzulegen.

Flankenübertragung bei Luftschall

Die erreichbare Luftschalldämmung zwischen zwei Räumen ist durch Flankenübertragung begrenzt, so daß die günstigsten Luftschallschutzmaße LSM in der Regel nur etwa +2 bis +3 dB über den Mindestforderungen der DIN 4109 liegen können.
Möglichst geringe Flankenübertragung von Luftschall ist zu erreichen durch

a) hohes Flächengewicht aller, auch der angrenzenden einschaligen Bauteile;

b) geeignete zweischalige Ausbildung, wie schwimmende Estriche auf der Decke, biegeweiche Unterdecke, biegeweiche Vorsatzschalen entlang der Längswände, zweischalige Wände zwischen Gebäuden mit durchgehender Trennfuge;

c) Vermeiden bestimmter Resonanzen mitten im hörbaren Bereich bei mehrschaligen Bauteilen: Dämmplatten zur Wärmedämmung, jedoch mit hoher dynamischer Steifigkeit zwischen $5 \cdot 10^{-5}$ und $10 \cdot 10^{-2}$ N/m³ (5 und 1000 kp/cm³) unter Verputz können infolge Resonanz und Schall-Längsleitung den Luftschallschutz an sich genügender Bauteile entscheidend verschlechtern.

Wesentlich ist auch die Ausbildung der Stoßstellen benachbarter Bauteile. Zur Verminderung vertikaler Längsleitung dürfen zwischen Decken und belasteten Wänden aus statischen Gründen keine weichen Zwischenlagen eingelegt werden. Eine solche Maßnahme ist gegebenenfalls bei leichten nichttragenden Wänden zweckmäßig.
Die horizontale Längsleitung kann durch Fugen aufgehoben werden, wenn diese durch das ganze Gebäude gehen.
Diese Zusammenhänge sind vor allem für die Schalldämmung von Leichtbauweisen von Bedeutung. In den letzten Jahren wurde klargestellt, wie man bei Decken und Trennwänden von geringem Gewicht mit relativ einfachen Mitteln eine gute Schalldämmung erreichen kann. Nun zeigt es sich, daß diese gute Schalldämmung sich nur insoweit auswirken kann, als es die Schallübertragung entlang der Wände gestattet. Und diese Übertragung hängt nun wiederum vom Gewicht der Wände ab. Das Flächengewicht unserer Bauteile ist deshalb in viel allgemeinerem Sinne als bisher angenommen von Bedeutung für die Schalldämmung, da es die Größe der Schall-Längsleitung bestimmt.
Erst wenn alle angrenzenden einschaligen Bauteile ein Gewicht von $\geqq 400$ kg/m² haben, ist die Flankenübertragung durch Längsleitung unbedeutend gering.
Aus den vorstehenden Erläuterungen wird klar, daß bei besonders leichten Bauweisen die mit einfachen Mitteln mögliche Luftschalldämmung sehr bald erreicht ist. Dort hat die Isolierung einer Decke mit einem schwimmenden Estrich oder die Isolierung der Wand durch eine vorgesetzte zweite Schale nur eine geringe Verbesserung der Luftschalldämmung zur Folge. Soll trotzdem ein höherer Schallschutz erzielt werden, so muß man alle übrigen raumumschließenden Bauteile des betreffenden Raumes mit biegeweichen Platten (mit hoher Grenzfrequenz) verkleiden, welche die auf sie übertragenen Schwingungen nur stark geschwächt abstrahlen, so daß die Schallfortleitung entlang der Wände keinen nennenswerten Einfluß mehr ausüben kann.
Im Hausbau kann eine derartige Bauweise mit geringer Schall-Längsleitung dann wirtschaftlich sein, wenn sich die zweischalige Ausbildung der Wände zwangsläufig aus der Tragkonstruktion ergibt. Dies ist häufig bei Skelettbauten der Fall. Obwohl Skelettbauten im allgemeinen eine geringe Schalldämmung besitzen, können die erreichbaren Schalldämmwerte größer sein als in Massivbauten, wenn das Skelett mit Platten verkleidet wird, die eine genügend hohe Grenzfrequenz aufweisen.

FLANKENÜBERTRAGUNGSWEGE
LUFTSCHALL TRITTSCHALL

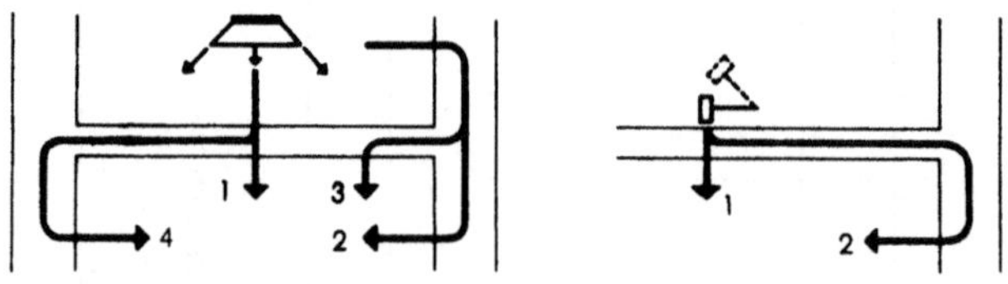

ROHDECKE OHNE ODER MIT HARTEM ODER WEICHEM BELAG | HARTEM BELAG

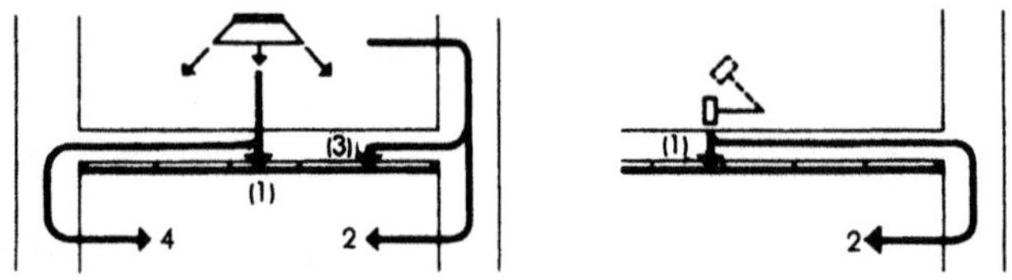

ROHDECKE MIT BIEGEWEICHER UNTERDECKE

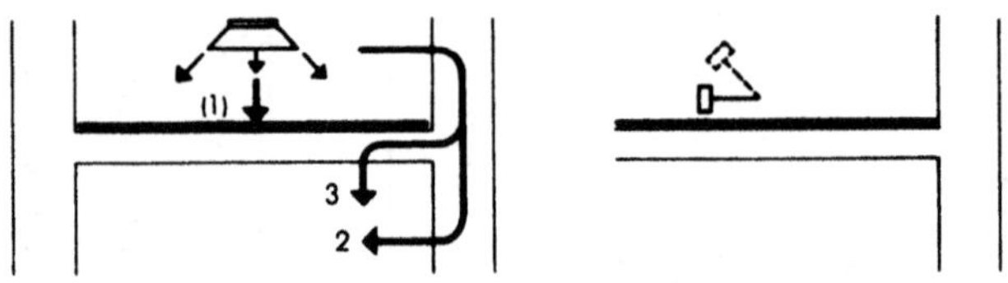

ROHDECKE MIT SCHWIMMENDEM ESTRICH | SCHWIMMENDEM ESTRICH ODER SEHR WEICHEM BELAG

Flankenübertragung bei Trittschall

Im Gegensatz zu Luftschall wird vom Trittschall nur ein einziger Bauteil – die Decke – unmittelbar zu Schwingungen angeregt. Die Fortleitung der auf dem Fußboden angeregten Schwingungen auf die Wände und andere Bauteile wird durch einen schwimmenden Estrich stark verringert. Die Nebenwegübertragung läßt sich daher in diesem Falle leicht unterbinden.
Während bei der Luftschalldämmung infolge der Flankenübertragung die Mindestforderungen in der Regel nur um wenige Dezibel überschritten bzw. mit verhältnismäßig großem Aufwand nur geringfügig verbessert werden können, ist der Trittschallschutz weit über die Mindestforderungen hinaus zu verbessern. Er ist von der Größe der Dämmwirkung der verwendeten Deckenauflage abhängig. Eine biegeweiche Unterdecke allein dämmt zwar den Hauptweg 1, vermindert aber nicht die Flankenübertragung des Weges 2. Wegen sogenannter Diagonalübertragung ist bei benachbarten Räumen ein Wechsel zwischen schwimmender Fußbodenkonstruktion und biegeweicher Unterdecke unratsam. Solche Unterdecken sollen daher nur zusätzlich neben schwimmendem Estrich bzw. weichfederndem Gehbelag verwendet werden; auch Bäder sollten schwimmenden Estrich erhalten.
Um die Nebenwege-Übertragung aus dem Estrich in die Wand zu verhindern, ist daher jeder schwimmende Estrich zur aufgehenden Wand mit einem umlaufenden Rand-Dämmstreifen zu versehen, der bis Oberkante Belag reichen muß und von Verunreinigungen (Mörtelbatzen u. ä.) freizuhalten ist, da sonst wieder Schallbrücken gebildet werden.

In Wohnhäusern auftretende Störgeräusche, die Ursache ihrer Übertragung und Hinweise für Abhilfemaßnahmen

Art der Störung	Ursache der Übertragung	Abhilfemaßnahmen
Durchhören von Sprache, Singen, Radio aus benachbarten Räumen	Luftschallübertragung über Trenndecken, Trennwände sowie durch Längsleitung; möglicherweise auch durch Lüftungsanlagen, Gaskamine o.ä.	Verbesserung der Luftschalldämmung der Trenndecken und -wände. Grenzen der Abhilfemaßnahmen wegen Längsleitung
Durchhören von Klavierspiel	Luftschallübertragung, meist verbunden mit einer Körperschallübertragung über Decke	wie bei 1 gegebenenfalls verbunden mit einer Erhöhung der Trittschalldämmung der Decke bzw. Körperschalldämmstoffe unter Klavierfüße. In normalen Wohnbauten z.Z. Durchhören noch nicht vermeidbar, wegen Schall-Längsleitung
Durchhören von Gehgeräuschen; Geräusche von Gegenständen, die auf den Fußboden fallen; Knarren von Schränken oder Betten; Schürgeräusche bei Einzelöfen	Trittschallübertragung (= Körperschallübertragung der Decken)	Verbesserung des Trittschallschutzes der Decken, z.B. durch Verwenden eines hochwertigen schwimmenden Estrichs; nahezu völliger Wegfall dieser Geräusche nur bei besonders guten Decken möglich
Durchhören von Schalterknipsen, von Schaltautomaten, Türenschlagen, Treppenbegehen	Körperschallanregung der Wände	Abhilfe nur an der Entstehungsstelle möglich (z.B. leise Schalter. Befestigen über Körperschall-Dämmstoffe); Störungen um so größer, je leichter die Wände
Geräusche von Wasserhahn, WC-Spüle, Gasdurchlauferhitzer u.ä.	Strömungsgeräusche, in der Armatur entstehend; über Rohrleitung als Körperschall fortgeleitet	leise Armaturen, geringer Leitungsdruck, Dämpfung der Rohrleitung, geeignete Grundrißausbildung
Spülgeräusche u.ä. aus Küchen	Körperschallübertragung auf Decken und Wände	Verbesserung des Trittschallschutzes der Küchendecke, keine feste Verbindung der Spüle mit Wand
Außengeräusche, z.B. Verkehrslärm	Luftschallübertragung über Fenster	Verbesserung der Luftschalldämmung von Fenstern
Lärm wird in dem Raum, in dem er entsteht, zu laut empfunden	zu große Halligkeit des Raumes (wegen geringer Schallabsorption)	Anbringen von schallschluckenden Verkleidungen an Decke und Wänden

Entnommen aus der Veröffentlichung der Forschungsgemeinschaft Bauen und Wohnen (FBW), Heft 75: Gösele/Schüle, „Schall, Wärme, Feuchtigkeit – Grundlagen, Erfahrungen und praktische Hinweise für den Hochbau", Bauverlag GmbH Wiesbaden/Berlin.

Schalldämmende Bauteile

Zur Schallabwehr sollte in jedem Fall den Maßnahmen der Schalldämmung der Vorzug vor der Schallabsorption gegeben werden. Es ist wirksamer, mit schalldämmenden Wänden das Eindringen von Störschall in einen Raum zu verhindern oder die Schallabstrahlung einer Störquelle zu unterbinden, als den Lärmpegel im Raum durch Anordnung schallabsorbierender Decken- und Wandverkleidungen herabzusetzen. Dem Abschnitt „Luftschalldämmung von einschaligen Bauteilen" entnehmen wir für eine Wand mit 15 kg/m² Flächengewicht ein mittleres Schalldämm-Maß von über 25 dB, wogegen bei der Behandlung der Lärmminderung durch Schallschluckung eine Abnahme des mittleren Schallpegels im Raum von nur 5 bis 10 dB mit unter Umständen wesentlich erhöhtem Aufwand für großflächige Schallschluckverkleidungen angeführt ist. Natürlich ist hierbei die ungleiche Aufgabenstellung zu berücksichtigen, denn die Absorptionsverkleidung wirkt für alle nicht in unmittelbarer Nähe des Beobachters im Raum vorhandenen Störstrahler, auch wenn viele lärmende Maschinen im Raum verteilt aufgestellt sind, die nicht mit schalldämmenden Wänden umgeben, also gekapselt werden können, weil sie ständig bedient, beobachtet oder manuell beschickt werden müssen. Sofern es sich also darum handelt, Geräusche nicht aus einem Raum austreten oder nicht von außen in ihn eintreten zu lassen, oder wenn Einzelstrahler, die keine Bedienung erfordern, gekapselt werden können, bedient man sich schalldämmender Bauteile.

Die Forderungen der DIN 4109 gelten für den Schallschutz durch Bauteile innerhalb von Gebäuden, für Haustrennwände sowie Wände und Decken an Gebäudedurchfahrten oder Einfahrten in Sammelgaragen, nicht dagegen für Außenwände. Deren Schalldämmung ist vor allem von der Dämmung ihrer Öffnungsflächen abhängig. Die zu stellenden Forderungen an den Schallschutz der Außenwand richten sich nach der Größe des Außenlärmpegels und nach dem höchstzulässigen Störpegel, der dadurch im Gebäude verursacht sein darf. Deshalb sind bei Schulen und Krankenhäusern, Theatern, Rundfunkstudios oder dergleichen in lärmerfüllter Umgebung besondere Aufmerksamkeit und die rechtzeitige Mitarbeit eines Akustikers geboten.

Anforderungen an Installationswände

Installationswände stellen einen schallschutztechnischen Problempunkt dar, weswegen ihrer Ausführung besondere Sorgfalt gewidmet werden muß.

Spezielle Anforderungen an den Schalldurchgang bestehen nicht, diese wären wohl auch praktisch nie zu verwirklichen, da sie schon theoretisch kaum faßbar sind. Der Einfachheit halber wird daher für die Wand eine flächenbezogene Masse von 220 kg/m² gefordert, da man davon ausgeht, daß schwere Wände durch Installationsgeräusche (= Körperschall) weniger angeregt werden als leichte Wände und sie damit auch weniger Schall abstrahlen. Besonders wichtig ist auch eine fachgerechte Montage der Leitungen ohne Schallbrükken, für die heute eine Vielzahl geeigneter Beschläge verfügbar ist, wie z. B. Leitungsumhüllungen, dämpfende Schellen und leise Armaturen. Wichtig ist hier vor allem die Entkoppelung von Leitung und Wand, so daß keine Schallbrücken entstehen und die Leitungen sozusagen „schwimmend" gelagert sind. Besonders wichtig ist auch, die schalltechnische Ummantelung von Leitungs-Fittings und den Armaturendurchgängen durch die Vorsatzschale, die von den Ausführenden gerne vergessen wird. Eine Nachrüstung von Installationswänden mit großen Schallemissionen ist praktisch nicht mehr möglich; auch Vorsatzschalen bringen häufig nicht den gewünschten Erfolg, da alle Armaturen und Leitungen verlängert werden müssen. Außerdem stellt jede Leitung, die in der Wand nicht schallgedämmt ist, eine Schallquelle an der Endarmatur im Raum dar.

Zulässige Wandschlitz-Abmessungen können auch den Abschnitt „Schlitze und Aussparungen" im Kapitel „Wände" entnommen werden. (Lektor: bitte prüfen und richtigstellen, ggf. Seitenhinweis?)
Gute schalltechnische Eigenschaften haben auch moderne Installationsblöcke, die in Vormauerungen eingebaut werden oder mit Spezialpaneelen verkleidet sind.

Schlitze und Aussparungen

Müssen Wände mit Schallschutz-Anforderungen für Installationen geschlitzt werden, ist zu beachten, daß solche Schlitze das Schalldämm-Maß um bis zu 2 dB vermindern können, auch wenn der Schlitz fachgerecht geschlossen und die Leitung richtig montiert wurde. Daher müssen alle Schlitze bereits in der Werksplanung genauestens mit dem Technikplaner festgelegt werden. Am besten sind gemauerte Schlitze, da diese auf jeden Fall an der geplanten Stelle ausgeführt werden, was bei gefrästen Schlitzen selten der Fall ist.
Bei Schiltzungen für die Wasserversorgung und die Abwasserleitungen müssen auch die Querschnitte der Schlitze ausreichend bemessen sein – bei zu enger Dimensionierung bilden sich meistens Schallbrücken von Wand und Putz zu Leitungsschellen, Muffen und ähnlichem.
Durch Einsetzen von Elektrodosen in einschalige Wände wird deren Schallschutz nicht gemindert, fachgerechte Ausführung vorausgesetzt.

Wandvorsatzschalen

Für Wände mit Flächengewichten um nur 100 kg/m² läßt sich das Schalldämmvermögen durch biegeweiche Vorsatzschalen verschiedener Konstruktionen ebenfalls auf ein Luftschallschutzmaß ≧0 dB verbessern. Insbesondere bei Bauten in Leichtbauweisen muß für die Wirksamkeit einer solchen Maßnahme jedoch gleichzeitig gewährleistet sein, daß der Luftschall nicht über angrenzende Bauteile als Körperschall weitergeleitet und wieder als Luftschall abgestrahlt werden kann (Schall-Längsleitung).
Vorsatzschalen, besonders in Trockenbauweise, eignen sich vor allem zur nachträglichen Verbesserung unbefriedigend dämmender Wände, soweit die „Randbedingungen" ausreichend erfüllt sind.
Doppelte Dicke, also auch doppeltes Gewicht einer Massivwand, ergibt um ca. 5 dB höhere mittlere Schalldämm-Maße, eine richtig konstruierte Vorsatzschale aber wenigstens 8 bis 15 dB.
Grundsätzlich ist bei der Dimensionierung der Schalen zu bedenken, daß je nach Elastizität und Stärke des Schalenmaterials eine bestimmte Mindestspannweite der Schalen zwischen Befestigungsvorrichtungen nicht unterschritten werden darf, wie dies auch für die Ausbildung von Unterdecken wichtig ist.
Im übrigen gelten für Wände mit Vorsatzschalen die gleichen Grundregeln, die für die zweischaligen Wände angegeben wurden.
Vielfach herrscht noch die Meinung, daß durch unmittelbares Aufkleben von porösen, schallschluckenden Platten oder sogar nur schallschluckender Tapeten die Schalldämmung einer Wand die Traghölzer unter Zwischenschaltung von Gummi-Metallelementen (Elasto-Puffern) befestigt. Das ganze Gewicht der Vorsatzschale wird von diesen Gummielementen aufgenommen. Zusätzlich können die Hölzer unten mit 20 mm dicken Korkplättchen unterlegt werden. Hier ist auch gezeigt, wie die Zusatzdämmung des Plattenmaterials nach dem System Brevunda BP durch rückseitig aufgeleimte Betonkörper unter Beibehaltung größter Biegeweichheit erhöht werden kann.

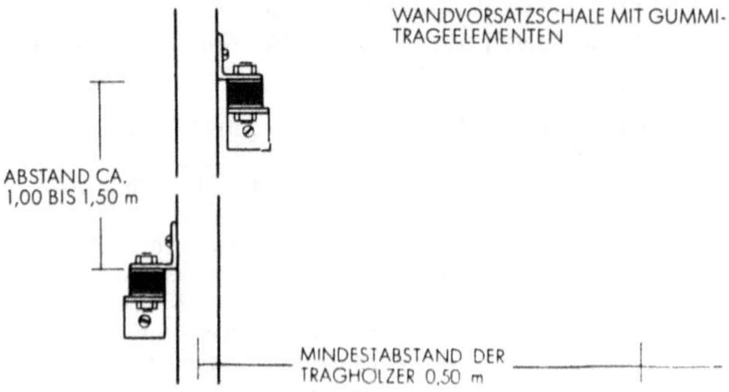

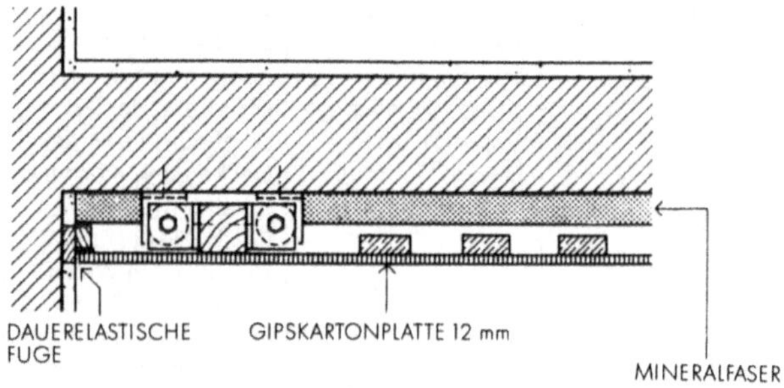

Stellwände

In Bürogebäuden ist man in neuerer Zeit häufig dazu übergegangen, Großräume zu schaffen, die man wegen Zuggefahr nicht mehr durch Fenster belüften kann. Solche durch die ganze Bautiefe gehenden Räume müssen klimatisiert werden. Befriedigende akustische Verhältnisse versucht man dabei durch Einbau stark schallabsorbierender Decken zu schaffen. Auch der Fußboden kann durch Spannteppiche wenigstens für die lästigen hohen Frequenzen zur Schallschluckung wesentlich beitragen. Außerdem entfallen damit Geh- und Scharrgeräusche vollständig. Zur Unterteilung derartiger Großräume können leichte, aus 1–2 m breiten Tafeln zusammensetzbare Stellwände dienen, die mit Höhen von 1,5 bis 2,2 m gebaut werden. Im einfachsten Fall sind diese Wände über Tischhöhe verglast, so daß sie einen guten Überblick über das gesamte Büro gestatten. Die Abschirmwirkung ist nur gering. Sie ist bedingt durch die Reflexion des Sprechschalles zum Boden und zur Decke, von wo stark geschwächte Reflexionswellen zurückkehren oder in den abgeteilten Raum hinter der Wand gelangen. Ein wesentlicher Teil wird aber über die Wand hinweggebeugt, weshalb mit derartigen Stellwänden nur Schallpegeldifferenzen zwischen 5 und 10 dB zu erzielen sind.
Nicht verglaste Wände aus Hartfaser- oder sonstigen dünnen Bauplatten, die beiderseits mit einer wenigstens 20 mm dicken Schallschluckschicht aus Mineralfaserplatten belegt und mit einem schalldurchlässigen dekorativen Gewebe abgedeckt sind, lassen unter günstigen Bedingungen etwa 15 dB Schallpegeldifferenz erreichen.

Versetzbare Montagewände

Werden höhere Ansprüche hinsichtlich der akustischen Trennung benachbarter Räume in Bürogeschossen gestellt, so müssen dicht an Fußboden und Decke angeschlossene Montagewände errichtet werden. Da bei Umstellung der Fabrikation Arbeitsgruppen vergrößert, andere verkleinert werden müssen, werden versetzbare Montagewände verlangt, die sich leicht demontieren und in kurzer Zeit an anderer Stelle im gleichen oder in einem anderen Stockwerk wieder einbauen lassen.

Bewertete Schalldämm-Maße R_w für Montagewände aus Gipskartonplatten mit Metallständern nach DIN 18183 mit umlaufend dichten Anschlüssen an Wänden und Decken (Rechenwerte)

<table>
<tr><th>Bautyp</th><th>Beplan-kungs-stärke s_B mm</th><th>C-Ständer-profil Steghöhe × Blechdicke mm</th><th>Mindest-abstand der Schalen s mm</th><th>Mindest-stärke Dämm-schicht s_D mm</th><th>R_w dB</th></tr>
<tr><td colspan="6">zweischalige Einfachständerwände</td></tr>
<tr><td rowspan="5">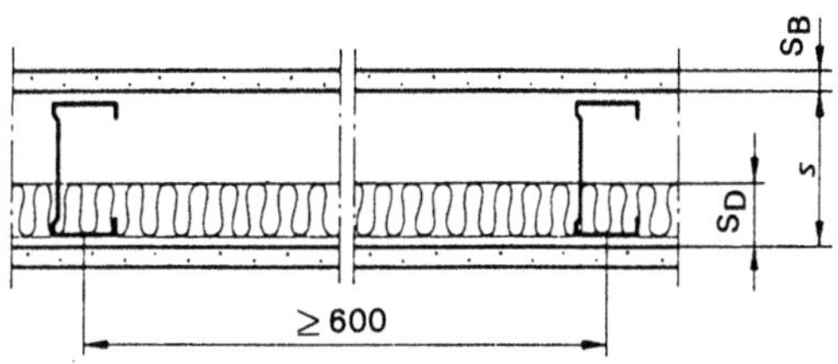
</td><td rowspan="5">12,5</td><td>CW 50 × 06</td><td>50</td><td>40</td><td>45</td></tr>
<tr><td>CW 75 × 06</td><td>75</td><td>40</td><td>45</td></tr>
<tr><td rowspan="3">CW 100 × 06</td><td>100</td><td>40</td><td>47</td></tr>
<tr><td>100</td><td>60</td><td>48</td></tr>
<tr><td>100</td><td>80</td><td>51</td></tr>
<tr><td rowspan="6">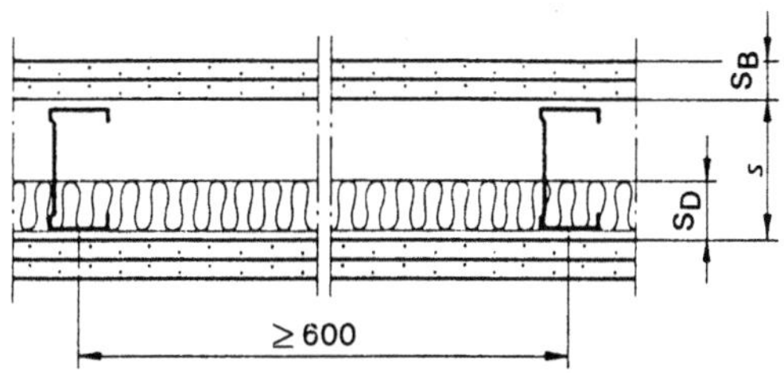
</td><td rowspan="6">2 × 12,5</td><td>CW 50 × 06</td><td>50</td><td>40</td><td>50</td></tr>
<tr><td rowspan="2">CW 75 × 06</td><td>75</td><td>40</td><td>51</td></tr>
<tr><td>75</td><td>60</td><td>52</td></tr>
<tr><td rowspan="3">CW 100 × 06</td><td>100</td><td>40</td><td>53</td></tr>
<tr><td>100</td><td>60</td><td>55</td></tr>
<tr><td>100</td><td>80</td><td>56</td></tr>
<tr><td rowspan="5">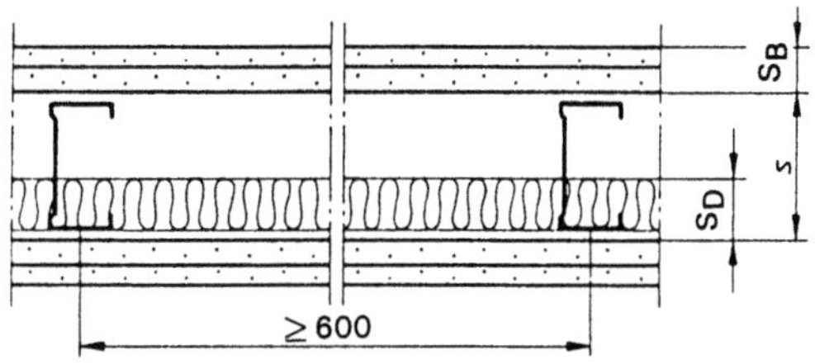
</td><td rowspan="5">15 + 12,5</td><td>CW 50 × 06</td><td>50</td><td>40</td><td>51</td></tr>
<tr><td rowspan="2">CW 75 × 06</td><td>75</td><td>40</td><td>52</td></tr>
<tr><td>75</td><td>60</td><td>53</td></tr>
<tr><td rowspan="2">CW 100 × 06</td><td>100</td><td>40</td><td>54</td></tr>
<tr><td>100</td><td>60</td><td>56</td></tr>
<tr><td rowspan="5">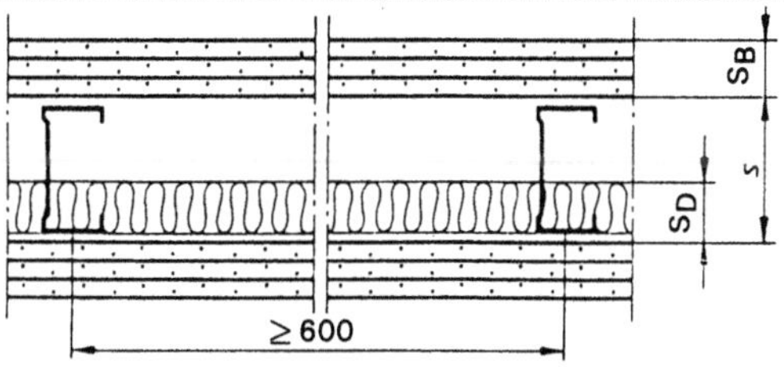
</td><td rowspan="5">3 × 12,5</td><td>CW 50 × 06</td><td>50</td><td>40</td><td>56</td></tr>
<tr><td>CW 75 × 06</td><td>75</td><td>60</td><td>55</td></tr>
<tr><td rowspan="3">CW 100 × 06</td><td>100</td><td>40</td><td>58</td></tr>
<tr><td>100</td><td>60</td><td>59</td></tr>
<tr><td>100</td><td>80</td><td>60</td></tr>
<tr><td colspan="6">zweischalige Doppelständerwände</td></tr>
<tr><td>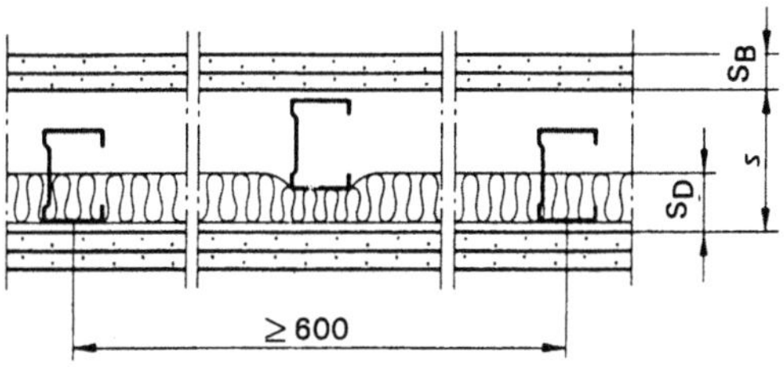
</td><td>2 × 12,5</td><td>CW 50 × 06 oder CW 75 × 06</td><td>100</td><td>40</td><td>59</td></tr>
<tr><td rowspan="4">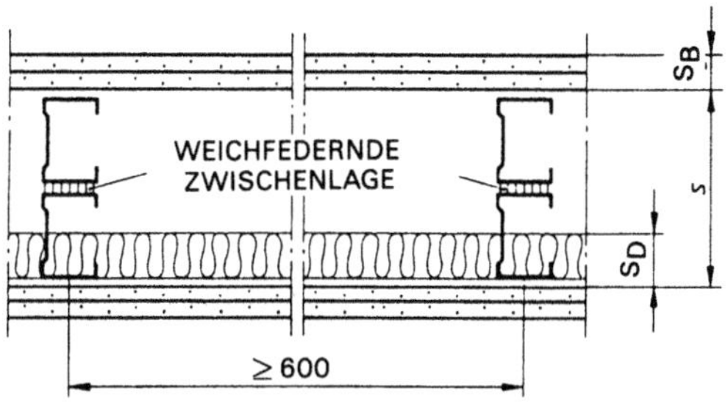
</td><td rowspan="4">2 × 12,5</td><td rowspan="2">CW 50 × 06</td><td rowspan="2">105</td><td>40</td><td>61</td></tr>
<tr><td>80</td><td>63</td></tr>
<tr><td rowspan="2">CW 100 × 06</td><td rowspan="2">205</td><td>40</td><td>63</td></tr>
<tr><td>80</td><td>65</td></tr>
</table>

Notwendige Voraussetzung für das Trennwandsystem sind leicht herausnehmbare oder feste Deckenstreifen vor jedem Außenwandpfeiler. Besondere Sorgfalt muß der Abdichtung des Deckenhohlraumes über diesen Deckenstreifen im ganzen Gebäude gewidmet werden. Die unter Umständen erst später aufzustellende Wand würde sonst durch die schallabsorbierende, aber in fast allen Fällen schalldurchlässige Unterdecke hindurch umgangen, ihre Schalldämmung würde also illusorisch werden. Die Montagewände sollen so an die Deckenstreifen, Wandpfeiler, den Fußboden und gleichartige Wandteile angeschlossen sein, daß nach Demontage höchstens Spuren hinterlassen werden, die auf einfachste Weise auszubessern sind. Meist werden die Wandelemente zwischen Decke und Fußboden verspannt. Dabei müssen sowohl Raumhöhendifferenzen als auch Boden- und Deckenunebenheiten zuverlässig dichtend ausgeglichen werden können.
Einfache, gegebenenfalls auch verglaste Holz-Elementwände mit ca. 10 kg/m^2 bieten mit ca. 20 dB mittlerem Schalldämm-Maß auch bei guter Abdichtung keinen ausreichenden Schutz gegen Mithören von Unterhaltungen oder von Telefongesprächen im Nebenraum. Auch sind gegenseitige Störungen durch ungewollte Schalleinwirkung nicht auszuschließen. Als Mindestschallpegeldifferenz ist gemittelt im normalen Hörfrequenzbereich von 100 bis 3200 Hz, zur Vermeidung gegenseitiger Störungen ein Wert von 35 dB anzusehen. Wände mit Schalldämm-Maßen bis 30 dB können in Räumen mit schwimmendem Estrich auf diesem montiert werden. Schon bei den etwas besseren Wänden mit 35 dB ist zu empfehlen, den Estrich unter der Wandschwelle längs aufzutrennen, da andernfalls die Schalldämmung infolge des in Form von Körperschall im Estrich unter der Wand hindurchgeleiteten Anteils herabgesetzt wird. Außerdem machen sich Körperschallerregungen, wie Stuhlrücken oder Gehen mit Stöckelschuhen, im Nebenraum unangenehm bemerkbar.
Demontierbare Wände mit 40–50 dB Schalldämmung müssen mit getrennten, beschwerten Schalen auf einem Ständerwerk befestigt werden. Es ist nicht einfach, für so leichte, hochdämmende Wände gleichwertige Türen zu bauen, weshalb derartige schalldämmende Wände meist nicht demontierbar ausgeführt werden.
Diese Wände dürfen auf schwimmendem Estrich nur aufgestellt werden, wenn dieser unter der Schwelle getrennt und die Ständer mit körperschalldämmenden Platten aus Kork oder Gummi unterlegt werden.

Metallständerwände

In den letzten Jahrzehnten wurde die Notwendigkeit der flexiblen Raumeinteilung etwas überschätzt und die Montagewände wurden durch verfeinerte Detailtechnik und die Erhöhung der Schallschutzanforderungen für die meisten Anwendungen zu teuer. Heute wird in Verwaltungsbauten fast nur noch mit Metallständerwänden gearbeitet, die aus einem verzinkten Blechständerwerk mit zwischenliegenden Dämmfilzen und einer beidseitigen ein- oder mehrlagigen Gipskartonbeplankung bestehen. Es handelt sich im Prinzip um „Wegwerfartikel", die sich durch den günstigen Preis auf dem Markt durchgesetzt haben. Es gibt von vielen Anbietern geprüfte Wandaufbauten für fast alle Anforderungen des Schall- und Brandschutzes. Auch sind für alle Fälle von Installationen, Türen, Fenstern usw. Regeldetails und fertige Bauteile auf dem Markt, so daß man fast von einem Baukastenprinzip sprechen kann. Um schalltechnisch einwandfreie Ausführungen zu gewährleisten, muß man aber die Regeldetails in allen Fällen auf das zu planende Gebäude anpassen, was auch eine gewissenhafte Detailplanung durch den Architekten verlangt.
Zusammenfassend seien hier für die Konstruktion schalldämmender Ständerwände folgende Regeln aufgestellt:

1. Verwendung dünner und möglichst schwerer biegeweicher Platten als Wandschalen
2. Möglichst großer Schalenabstand.
3. Das Ständerwerk ist so auszubilden, daß möglichst wenig Schallbrücken entstehen.
4. Das biegeweiche Schalenmaterial bedingt bei starrer Befestigung am Ständerwerk einen Abstand der Stiele von $\geqq$50 cm und Auflageflächen von $\leqq$5 cm Breite.
5. Hohlräume mit Schluckstoff ausfüllen, um Dämmungsminderung durch stehende Wellen bei den höheren Frequenzen auszuschalten.
6. Sorgfältige Ausführung, um vor allem Undichtigkeiten an Wand- und Deckenanschlüssen zu vermeiden.
7. Schalldämmende Wände nicht auf durchgehendem schwimmendem Estrich aufsetzen, auch nicht an leichte Wandschalen anschließen (z. B. Kaschierung von Installationsschächten).

Massivdecken

Die Luftschalldämmung von Massivdecken hängt von der flächenbezogenen Masse der Decke ab. Unterdecken und schwimmende Estriche und weichfedernde Gehbeläge verbessern den Schallschutz erheblich. Einen großen Einfluß haben auch die flankierenden Wände und die Art des Deckenauflages auf den Schallschutz. Die in den folgenden Tabellen angegebenen Werte gelten für Decken, deren flankierende Bauteile (Wände) eine mittlere flächenbezogene Masse von 300 kg/m^2 aufweisen. Weicht diese Masse davon um mehr als 25% ab, ist das bewertete Schalldämm-Maß gemäß der Korrekturwert-Tabelle abzuändern. Für den Schallschutz von Stahlbeton-Rippendecken ohne Unterdecken, Estrich und Füllkörper darf nur die flächenbezogene Masse der durchgehenden Deckenplatte berücksichtigt werden.

Holzbalkendecken

Während bei Massivdecken die Ermittlung der Schalldämmung über die flächenbezogene Masse und die verwendeten Gehbeläge oder Unterdecken relativ einfach ist, stellt sich dies bei den Holzbalkendecken schwieriger dar, weil sie nicht homogen konstruiert sind, sondern aus einer Vielzahl von Bauteilen mit unterschiedlichen Massen bestehen. Bei Holzbalkendecken ist es wesentlich schwieriger, einen guten Trittschallschutz zu erhalten als einen entsprechenden Luftschallschutz. Ist aber ein guter Trittschallschutz erreicht, kann man davon ausgehen, daß auch die Luftschalldämmung ausreichend ist.
Bei einer schalltechnisch günstigen Konstruktion muß auf jeden Fall die Decke aus zwei entkoppelten Schalen bestehen, entweder aus einem schwimmenden Gehbelag und Deckenkonstruktion oder aus einer Deckenkonstruktion mit direkt aufgebrachtem Gehbelag und darunterhängender Unterdecke.
Den besten Schallschutz bringen Decken mit hohem Flächengewicht, welche sich mit Sandfüllungen oder Betonplattenbelägen unter schwimmenden Estrichen einfach ausführen lassen. Auch Holzbalkendecken mit aufgelegten Beton- oder Ziegelfertigteilen, Aufbeton und schwimmendem Estrich ergeben hervorragende Dämmwerte.

Stahl-Verbunddecken

Obengesagtes gilt sinngemäß auch für Stahl-Verbunddecken, wobei hier besondere Sorgfalt auf die Entkoppelung der Stahlbauteile zu verwenden ist, um eine Schallübertragung (Längsleitung) zu vermeiden. Der Hauptanteil des Schallschutzes wird hier von der Stahlbeton-Druckplatte und den darüber angeordneten, am besten schwimmend verlegten Nutzschichten übernommen.

Massivdecken mit Hohlräumen

Stahlsteindecken nach DIN 1045 mit Deckenziegeln nach DIN 4159

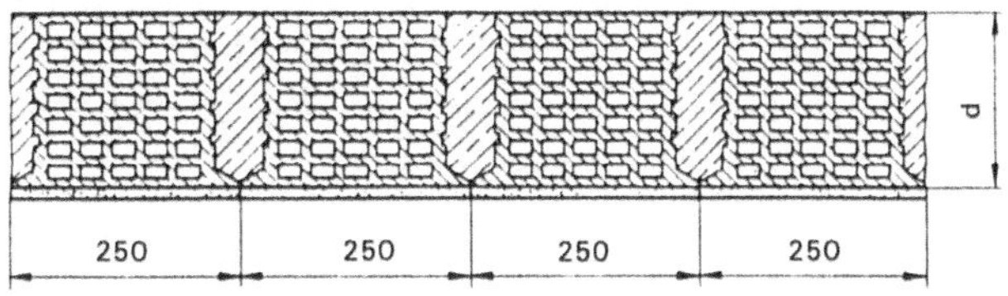

Stahlbetonrippendecken und -balkendecken nach DIN 1045 mit Zwischenbauteilen nach DIN 4158 oder DIN 4159

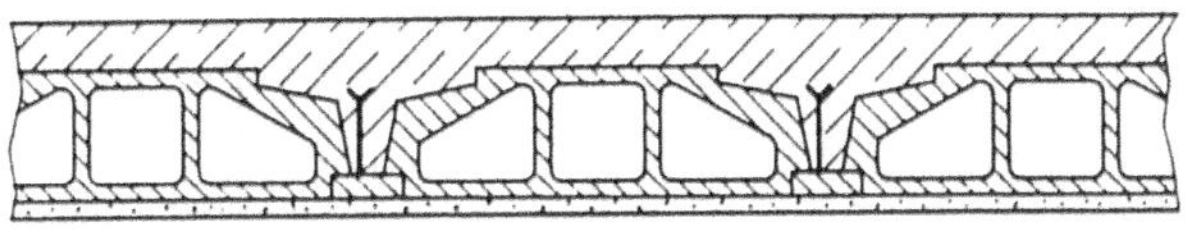

Massivdecken ohne Hohlräume

Stahlbeton-Vollplatten aus Normalbeton nach DIN 1045 oder aus Leichtbeton nach DIN 4219 Teil 1

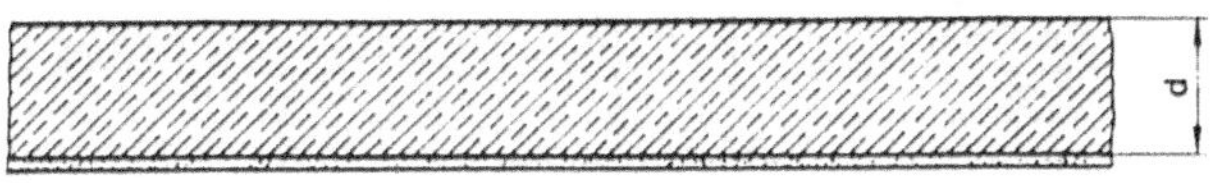

Gasbeton-Deckenplatten nach DIN 4223

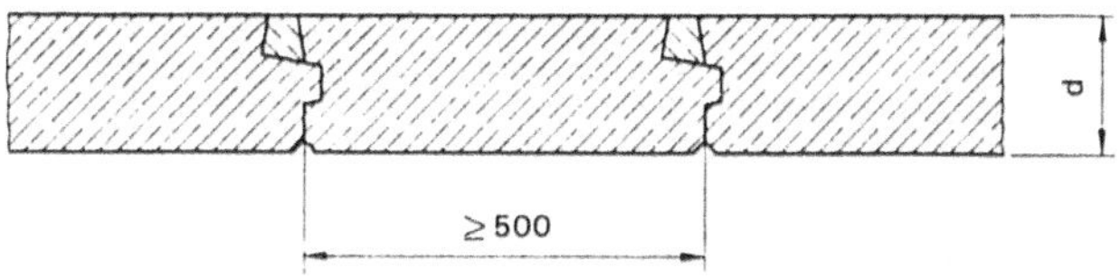

Massivdecken mit biegeweicher Unterdecke

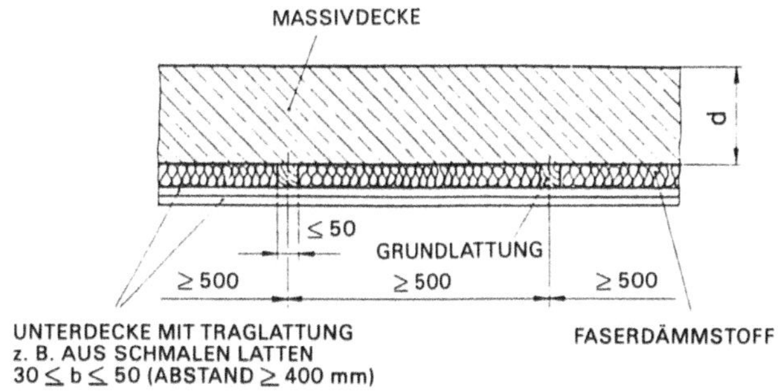

Stahlbetonrippendecken nach DIN 1045 oder Plattenbalkendecken nach DIN 1045 ohne Zwischenbauteile

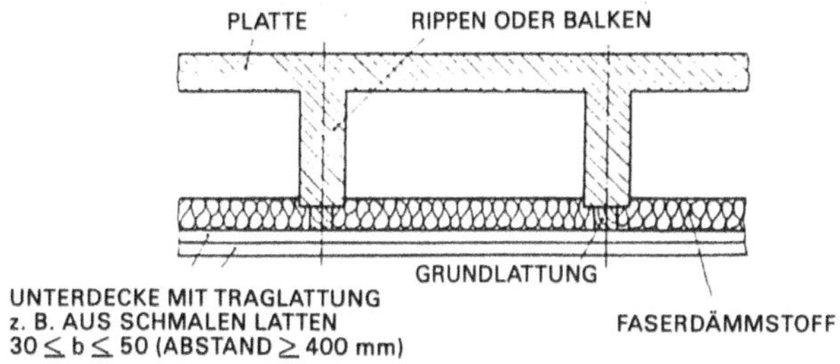

Bewertetes Schalldämm-Maß $R'_{w,R}$[1]) von Massivdecken (Rechenwerte)

Flächenbezogene Masse der Decke[3]) kg/m²	$R'_{w,R}$ dB[2])			
	Einschalige Massivdecke, Estrich und Gehbelag unmittelbar aufgebracht	Einschalige Massivdecke mit schwimmendem Estrich[4])	Massivdecke mit Unterdecke[5]), Gehbelag und Estrich unmittelbar aufgebracht	Massivdecke mit schwimmendem Estrich und Unterdecke
500	55	59	59	62
450	54	58	58	61
400	53	57	57	60
350	51	56	56	59
300	49	55	55	58
250	47	53	53	56
200	44	51	51	54
150	41	49	49	52

[1]) Zwischenwerte sind linear zu interpolieren. [2]) Gültig für flankierende Bauteile mit einer mittleren flächenbezogenen Masse $m'_{L,Mittel}$ von etwa 300 kg/m². Welche Bedingungen für die Gültigkeit der Tabelle 12 siehe Abschnitt 3.1. [3]) Die Masse von aufgebrachten Verbundestrichen oder Estrichen auf Trennschicht und vom unterseitigen Putz ist zu berücksichtigen. [4]) Und andere schwimmend verlegte Deckenauflagen, z. B. schwimmend verlegte Holzfußböden, sofern sie ein Trittschallverbesserungsmaß $\Delta L_w(VM) \geq 24$ dB haben. [5]) Biegeweiche Unterdecke nach Tabelle 11, Zeilen 7 und 8, oder akustisch gleichwertige Ausführungen.

Korrekturwerte $K_{L,1}$ für das bewertete Schalldämm-Maß $R'_{w,R}$ von biegesteifen Wänden und Decken als trennende Bauteile nach flankierenden Bauteilen mit der mittleren flächenbezogenen Masse $m'_{L,Mittel}$

<table>
<tr><th rowspan="2">Art des trennenden Bauteils</th><th colspan="7">$K_{L,1}$ in dB für mittlere fächenbezogene Massen $m'_{K,Mittel}$ in kg/m²</th></tr>
<tr><th>100</th><th>150</th><th>200</th><th>250</th><th>300</th><th>350</th><th>400</th></tr>
<tr><td>Einschalige, biegesteife Wände und Decken</td><td>−1</td><td>−1</td><td>−1</td><td>0</td><td>0</td><td>0</td><td>0</td></tr>
<tr><td>Massivdecken mit schwimmendem Estrich oder Holzfußboden</td><td rowspan="3">−4</td><td rowspan="3">−3</td><td rowspan="3">−2</td><td rowspan="3">−1</td><td rowspan="3">0</td><td rowspan="3">+1</td><td rowspan="3">+2</td></tr>
<tr><td>Massivdecken mit Unterdecke</td></tr>
<tr><td>Massivdecken mit schwimmendem Estrich und Unterdecke</td></tr>
</table>

Holzbalkendecken

Deckenaufbau		kg/m² Flächengewicht	Luftschallschutzmaß in dB: ohne Längsleitung (Labor)	Luftschallschutzmaß in dB: in Massivbauten	Luftschallschutzmaß in dB: in Holzskelett und Tafelbauten	Trittschallschutzmaße in dB: Gehbelag ohne Trittschalldämmung	Trittschallschutzmaße in dB: Gehbelag mit Trittschalldämmung (VM = 21 dB)
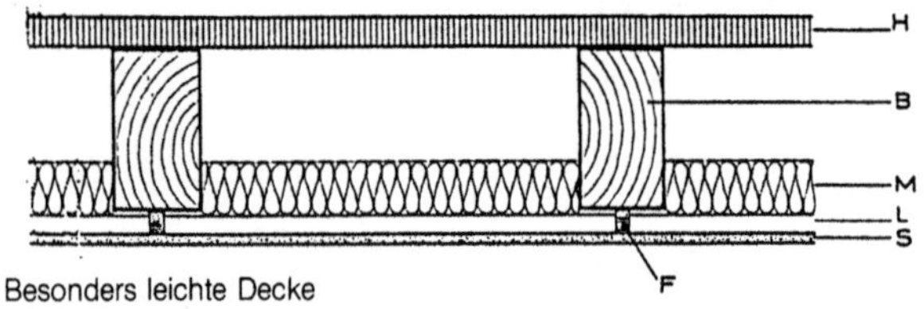 Besonders leichte Decke	38 mm Holzspanplatten H Holzbalken B; 60 mm Mineralwolle M Querleisten L an Federbügel F befestigt; 12,5 mm Gipskartonplatten	75	+1	±0	+1	−2	+6
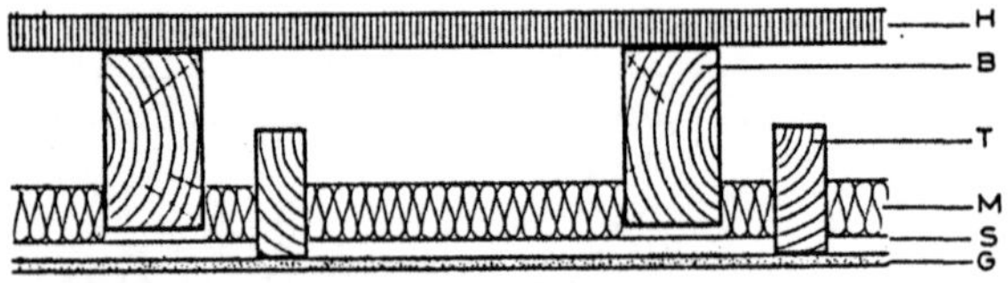 Besonders leichte Decke	38 mm Holzspanplatten H (oder Holzbohlen) Holzbalken B; 60 mm Mineralwolle M gesonderte Traghölzer T Querleisten L; 12,5 mm Gipskartonplatten 20 mm Sand S auf Gipskartonschale und Hohlraum mit Mineralwolle M gefüllt	110	+10	+3	ca. 8	+8	+13
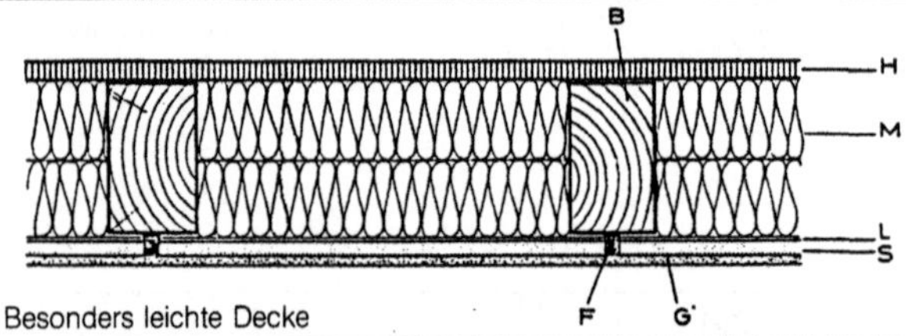 Besonders leichte Decke	25 mm Holzspanplatten H (oder Holzbohlen) Holzbalken B; 200 mm Mineralwolle Querleisten L mit Federbügeln F befestigt; 12,5 mm Gipskartonplatten G, darauf 20 mm Sand	110	+7	+3	ca. 6	+6	+13
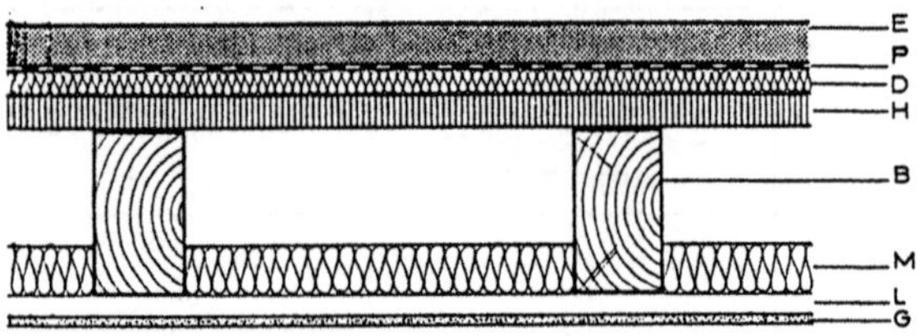 Holzbalkendecke mit schwimmend verlegten Belägen und glatter Untersicht	50 mm Zementestrich E Dachpappe P; 30/25 mm Mineralfaserplatten D; 38 mm Holzspanplatten H; Holzbalken B 60 mm Mineralwolle M; Querleisten L 12,5 mm Gipskartonplatten G	185	+12	+3	ca. 8	+9	+13
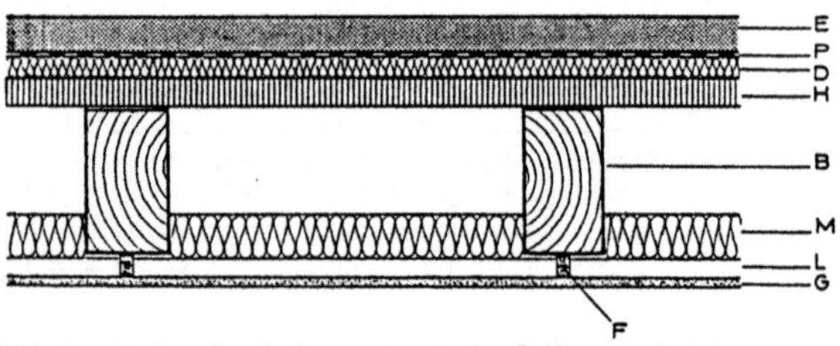 Holzbalkendecke mit schwimmend verlegten Belägen und glatter Untersicht	50 mm Zementestrich E Dachpappe P; 30/25 mm Mineralfaserplatten D; 38 mm Holzspanplatten H; Holzbalken B 60 mm Mineralwolle M; Querleisten L 12,5 mm Gipskartonplatten G; Querleisten L über Federbügel F befestigt	185	+17	+3	ca. 8	+13	+17
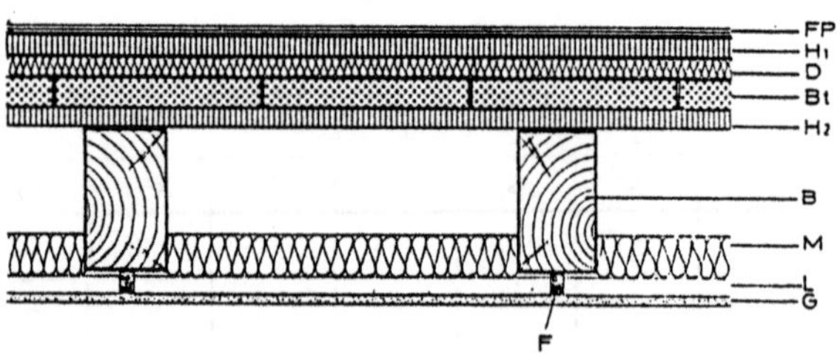 Holzbalkendecke mit schwimmend verlegten Belägen und glatter Untersicht	10 mm Fertigparkett FP; 25 mm Holzspanplatten H_1; 30/25 mm Mineralfaserplatten D; 40 mm Betonplatten, Bt, lose auf 3 mm Filz Fi verlegt; 38 mm Holzspanplatten H_2 Holzbalken B; 60 mm Mineralwolle M Querleisten L über Federbügel F befestigt; 12,5 mm Gipskartonplatten G	185	+14	+3	ca. 8	+26	–

Quelle: Entwicklungsgemeinschaft Holzbau

Holzbalkendecken

Deckenaufbau		kg/m² Flächengewicht	Luftschallschutzmaß in dB: ohne Längsleitung (Labor)	in Massivbauten	in Holzskelett und Tafelbauten	Trittschallschutzmaße in dB: Gehbelag ohne Trittschalldämmung	Gehbelag mit Trittschalldämmung (VM = 21 dB)
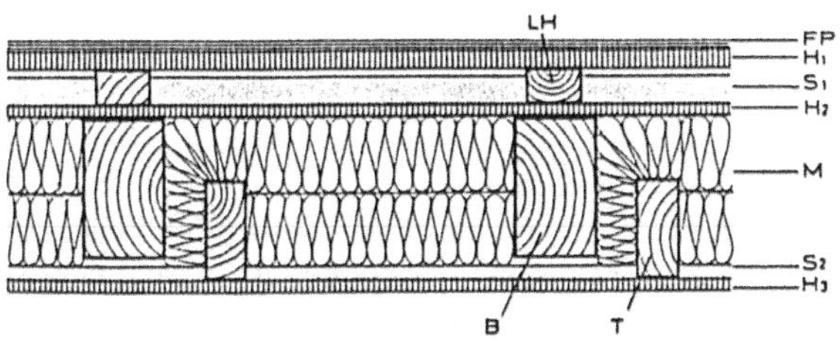 Holzbalkendecke mit schwimmend verlegten Belägen und glatter Untersicht	10 mm Fertigparkett FP 25 mm Holzspanplatten H_1 über 50/80 mm Lagerhölzer LH aufgelegt; dazwischen 40 mm Sand S_1; 16 mm Holzspanplatten H_2 Holzbalken B; Hohlraum mit Mineralwolle gefüllt gesonderte Traghölzer T; 16 mm Holzspanplatten H_3; darauf 20 mm Sand S_2	190	+11	+3	ca. 8	+17	–
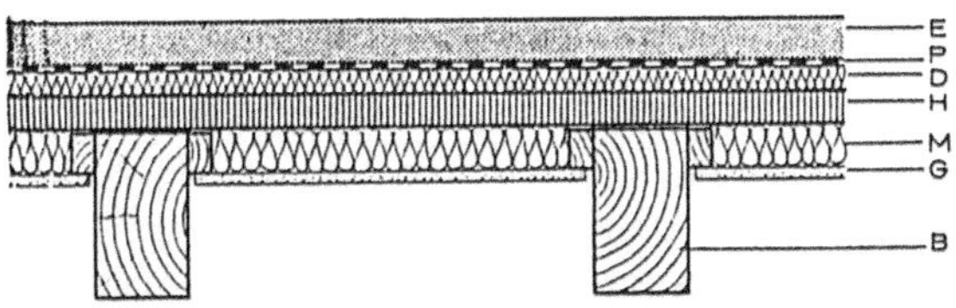 Holzbalkendecke mit unterseitig sichtbaren Balken	50 mm Zementestrich E Dachpappe P; 30/25 mm Mineralfaserplatten D; 38 mm Holzspanplatten H Holzbalken B zwischen den Balken 12,5 mm Gipskartonplatten G; 50 mm Mineralwolle im Hohlraum	180	+12	+3	ca. 8	+9	+13
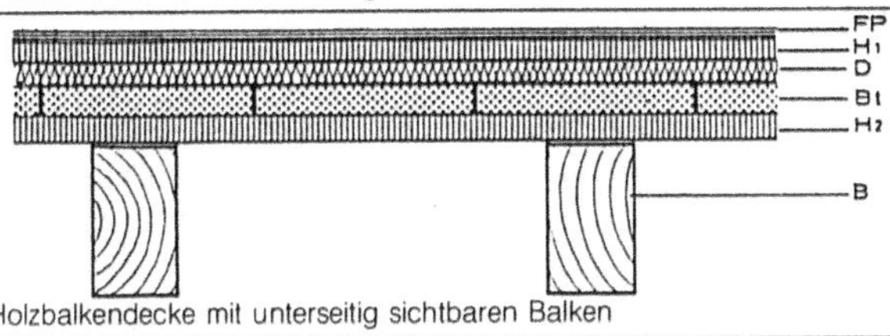 Holzbalkendecke mit unterseitig sichtbaren Balken	10 mm Fertigparkett FP; 25 mm Holzspanplatten H_1; 30/25 mm Mineralfaserplatten D; 80 mm Betonplatten Bt auf Filz Fi; 38 mm Holzspanplatten H_2 Holzbalken B	150	+7	+3	ca. 6	+11	–
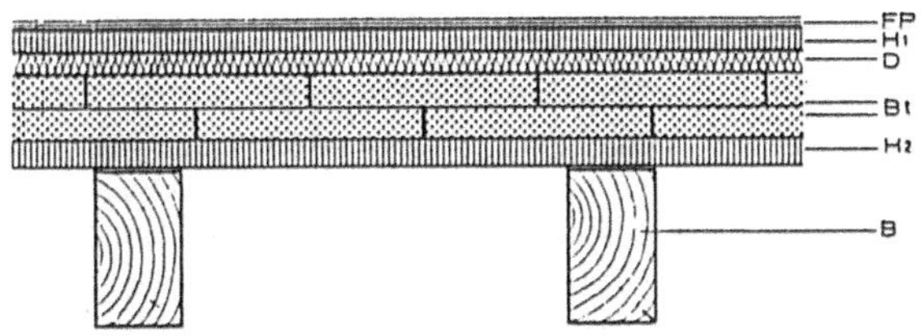 Holzbalkendecke mit unterseitig sichtbaren Balken	10 mm Fertigparkett FP; 25 mm Holzspanplatten H_1; 30/25 mm Mineralfaserplatten D; 80 mm Betonplatten Bt auf Filz Fi; 38 mm Holzspanplatten H_2 Holzbalken B, jedoch statt einer Lage zwei Lagen Betonplatten Bt	230	+9	+3	ca. 7	+15	–
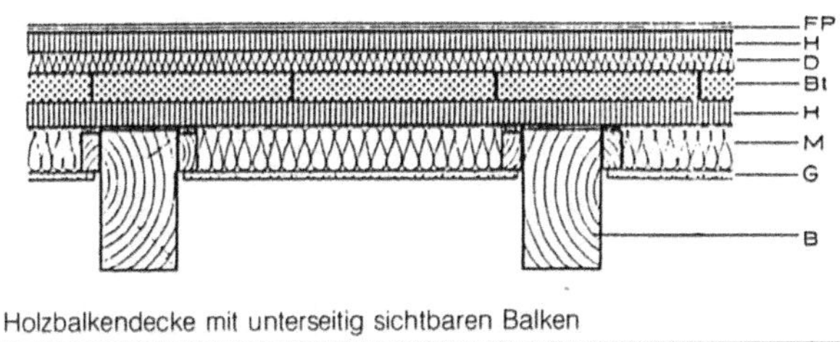 Holzbalkendecke mit unterseitig sichtbaren Balken	10 mm Fertigparkett FP; 25 mm Holzspanplatten H_1; 30/25 mm Mineralfaserplatten D; 80 mm Betonplatten Bt auf Filz Fi; 38 mm Holzspanplatten H_2 Holzbalken B, jedoch zwischen den Balken 12,5 mm Gipskartonplatten G darüber 60 mm Mineralwolle M	165	+11	+3	ca. 8	+17	–
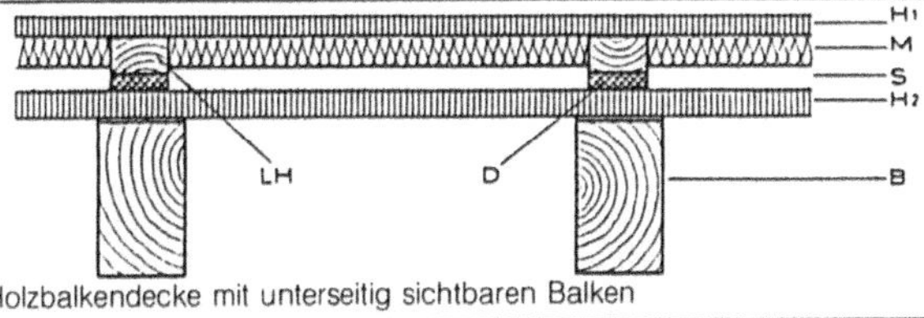 Holzbalkendecke mit unterseitig sichtbaren Balken	25 mm Holzspanplatten H_1, über Lagerhölzer LH auf Dämmstreifen D aufgelegt dazwischen 30 mm Sand S und 40 mm Mineralwolle M; 38 mm Holzspanplatten H_2 Holzbalken B	20	+6	+3	ca. 6	+4	+13

Unterdecken

Biegeweiche Unterdecken verbessern die Luftschall- und Trittschalldämmung einer Decke. Durch Unterdecken allein wird jedoch wegen der Nebenwegübertragung in der Regel kein ausreichender Trittschallschutz erzielt. Neben der Forderung nach biegeweichen Unterdecken und möglichst großen Abständen für ihre Befestigung ($\geqq$50 cm) muß insbesondere auf eine geringe Berührungsfläche an den Befestigungsstellen geachtet werden. Bei einbetonierten breiten Leisten müssen daher zusätzliche schmale Leisten in Längsrichtung oder besser in Querrichtung angeordnet werden. Hierauf kann verzichtet werden, wenn zwischen Unterdecke und Holzleiste weichfedernde Dämmstoffe (z. B. Faserdämmstoffe der Gruppe I nach DIN 18165) eingelegt werden. Ausführungen, wie sie die Abbildung zeigt, sind besonders ungünstig.

Auch an unterseitig glatte massive Rohdecken können Unterdecken zur Verbesserung des Luft- und Trittschallschutzes angebracht werden; es kommen sowohl auf gekreuztem Lattenrost angebrachte, zu verputzende Putzträgermatten, wie Rohrmatten, Rippenstreckmetall, Holzwolleleichtbauplatten oder Sillan-Stabilrohrmatten, als auch Verkleidungen mit Gipskarton- oder Hartfaserplatten in Frage. Bei letzteren muß auf einwandfreie Dichtung am Wandanschluß und an den Fugen besonders geachtet werden. Die beste Körperschalltrennung bieten an speziell konstruierten Deckenfederelementen aufgehängte Unterdecken. Diese werden für zweischalig errichtete Meßräume bevorzugt angewendet. Sie können in der Regel in Trockenbauweise mit Gipskartonplatten auch zur nachträglichen Verbesserung des Schallschutzes von Decken vorgesehen werden. In Verbindung mit einem schwimmenden Estrich auf der Oberseite wird bei jeder Rohdecke durch diese Konstruktion ein Luftschallschutzmaß von + 10 dB erreicht werden können, das nach der Vorschrift der DIN 4109 für Decken über Heizräumen, Maschinenräumen, Gaststätten, Kinos und dgl. gefordert ist, wenn die Räume darüber Wohnzwecken dienen. Verschiedene Abhängearten mit Dübeln, Schrauben oder einbetonierten Schalenankern und Ankerschienen sind möglich. An die Vorsatzschalen der Wände kann die federnd aufgehängte Unterdecke fest angeschlossen werden. Günstiger ist aber, um ein Aufreißen der Eckverbindung bei Schwingungen der weichfedernd aufgehängten Decke zu vermeiden, ein elastischer Anschluß über ein Moosgummiprofil oder einen mit dauerplastischer Masse gedichteten Spalt. Zur Vermeidung von Körperschallüberleitung kommt diese Anschlußart ausschließlich bei massiven Wänden ohne Vorsatzschale in Frage.

GEEIGNET

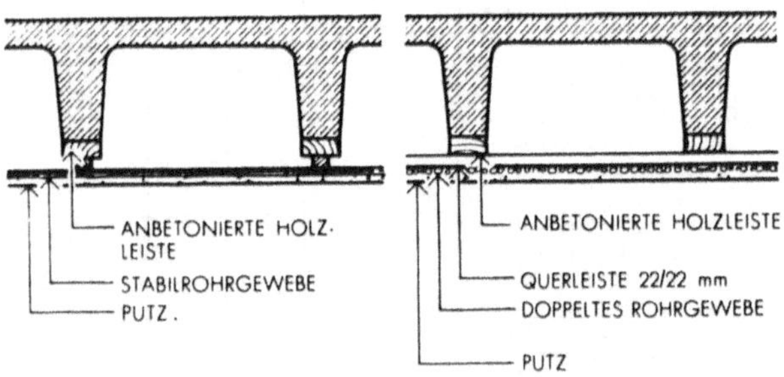

UNGEEIGNET

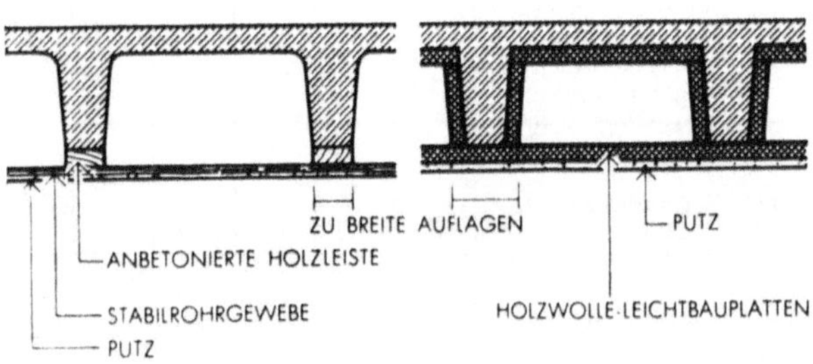

UNTERDECKE AUF GEKREUZTEM LATTENROST MIT WANDANSCHLUSS

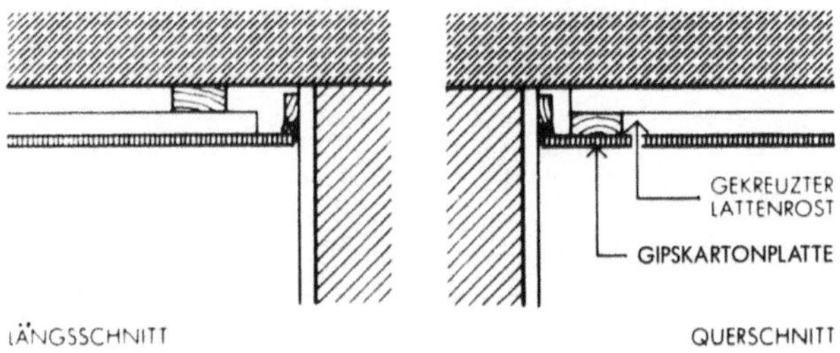

Schwimmender Estrich

Der schwimmende Estrich auf weichfedernder Dämmschicht ist eine Fußbodenkonstruktion, die sowohl den Trittschall- als auch den Luftschallschutz verbessert.

Richtlinien für die Ausführung enthält Teil 4 der DIN 18560. Besonders zu beachten ist, daß eine Dämmschicht auch ringsum an den Wänden hochgeführt werden muß, um den Übergang des als Körperschall weitergeleiteten Trittschalles an die angrenzenden Wände zu verhindern.

Die Materialien für die in Gebäuden naß auf einer Dämmschicht zu verlegenden Estriche sind Beton, Gips, Anhydrit, Steinholz und Asphalt. Auf der nachgiebigen Dämmschicht muß nach dem Erhärten eine tragfähige, lastverteilende Estrichplatte vorhanden sein. Die Dämmschicht darf an keiner Stelle zerstört oder unterbrochen sein. Bei der Herstellung wird zunächst die Rohdecke, wenn erforderlich, mit einer Schüttung aus trockenem Sand oder sonstigen Ausgleichsmassen abgeglichen und mit der Dämmschicht fugenlos belegt. Darauf kommt eine Abdeckung aus Bitumenpapier, Ölpapier, Pappe oder Kunststoff-Folie, damit Estrichmasse und Feuchtigkeit nicht eindringen und versteifend wirken können. An den Wänden werden Dämmstoffstreifen aufgestellt, die höher sind als die spätere Estrichoberkante. Davor wird das Abdeckpapier hochgezogen. Zuletzt wird der Estrich verlegt, verdichtet, abgezogen und geglättet. Betonestrich muß einige Tage feuchtgehalten werden durch Auflegen einer Kunststoff-Folie oder von feuchtzuhaltenden Sägespänen, da er andernfalls vor Beendigung des Abbindevorgangs schwindet und rissig wird. Nach dem Erhärten werden die überstehenden Randstreifen abgeschnitten. Der Gehbelag darf erst nach ausreichender Austrocknung aufgebracht werden. In den Bildern sind Wandanschlüsse eines schwimmenden Estrichs dargestellt. Die Ausführung mit dem bis auf die Rohdecke herunterreichenden Wandputz ist zuverlässiger, weil beim Herstellen des Estrichs – mit

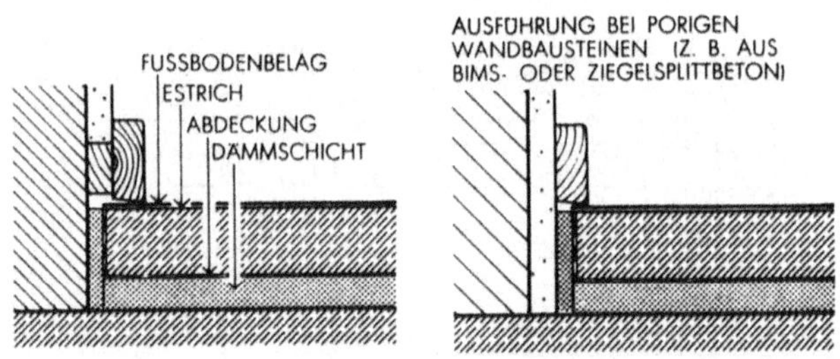

zunächst nach oben überstehenden Randdämmstreifen – fester Kontakt mit Wand oder Putz sicher vermieden wird. Bei porigem Wandmaterial wird außerdem bis zur Rohdecke herunter verputzt, damit direkter Schalldurchgang in den Nebenraum unterbunden ist. Bei Hartgußasphalt-Estrichen muß bei der Wahl der Dämmschicht den Materialeigenschaften Rechnung getragen werden. Um Eindrückung unter Punktlast zu vermeiden, soll die nach DIN 1996 gemessene Eindrucktiefe nicht über 0,5 mm betragen, und die Faserdämmstoffschichten dürfen in zusammengedrücktem Zustand höchstens 8 mm dick sein. Als zusätzliche Wärmedämmschichten können Holzwolleleichtbauplatten oder Holzfaserplatten ausreichender Härte auf oder unter den Faserstoffen verlegt oder aber eine höhere Ausgleichsschicht aus körnigen mineralischen Wärmedämmstoffen eingebracht werden. Die Mindestfestigkeiten und -dicken schwimmender Estriche auf Faserdämmstoffen oder elastischen Schaumkunststoffen sind in der Tabelle nach DIN 4109 Teil 4 zusammengestellt. Je dicker eine Dämmschicht gewählt wurde und je größer damit ihre Zusammendrückung ist, desto besser ist die Schalldämmung, um so dicker ist jedoch auch der Estrich für notwendig erachtet worden. Der Aufwand steigt also bei besserer Schalldämmung nicht nur durch die teure Dämmschicht, sondern auch durch den zu fordernden dickeren Estrich.

Als Dämmschicht sind auch Schaumkunststoffe nach DIN 18164 mit einer dynamischen Steifigkeit von $\leqq 3 \cdot 10^{-5}$ N/m³ ($\leqq 3$ kp/cm³) möglich. Die Schaumstoffe aus geschäumtem Polystyrol (Styropor) besitzen normalerweise jedoch trotz ihres minimalen Gewichtes wegen großer innerer Gerüststeifigkeit auch eine relativ hohe dynamische Steifigkeit ($6 \cdot 10^{-5} - 2 \cdot 10^{-4}$ N/m³ (6 – 20 kp/cm³), je nach Herstellungsbedingungen, Rohdichte und Plattendicke), d. h., sie sind als Platten aus dem ursprünglichen geschäumten Materialblock geschnitten zur Luft- und Trittschalldämmung nur sehr bedingt oder überhaupt nicht geeignet. Größere Elastizität ist diesem Material jedoch durch eine besondere Nachbehandlung oder Profilierung der geschnittenen Platten zu verleihen. Nur solche „elastischen“ Styroporplatten weisen eine dynamische Steifigkeit von $s' \leqq 3 \cdot 10^{-5}$ N/m³ ($\leqq 3$ kp/cm³) auf. Gußasphalt-Estrich ist in Verbindung mit Polystyrol-Schaumstoffen kaum oder nur unter Einhaltung bestimmter Vorsichtsmaßregeln zu verwenden.

In Feuchträumen und Erdgeschoßräumen ist es zweckmäßig, zusätzlich auf der Rohdecke eine Kunststoff-Folie als Feuchtigkeitssperre anzuordnen. Sollen in Küchen, Bädern und Toiletten Fliesenbeläge schwimmend angeordnet werden, so können die Fliesen nur im Mörtelbett auf dem zuvor hergestellten Betonestrich verlegt werden. In die Fuge zwischen dem Wandsockel und den Bodenfliesen wird ein weiches PVC-Profil eingeklebt.

FLIESENBELAG AUF SCHWIMMENDEM ESTRICH MIT KEHLSOCKEL

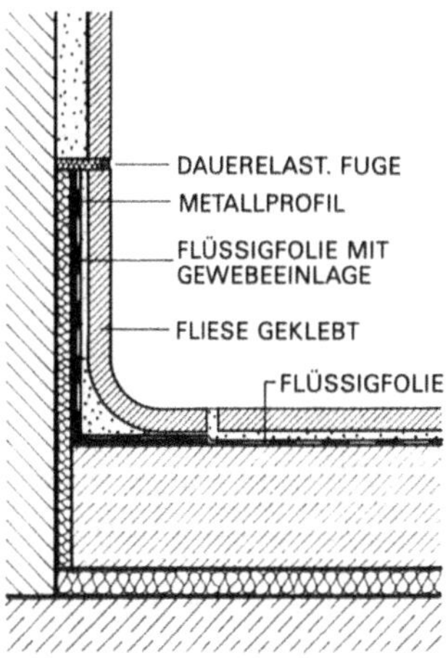

Eine bessere Dichtung erreicht man mit einem dauerplastischen Kittband zwischen Bodenfliesen und Wandsockelfliesen oder mit hochgelegter Dichtung über einem Kehlsockel. Schwimmende Fliesenbeläge erfordern größere Bauhöhe als schwimmender Estrich mit Gehbelag.

Um beim Innenausbau zu vermeiden, daß mit der Herstellung eines schwimmenden Estrichs noch einmal Feuchtigkeit in den Rohbau gelangt, werden „schwimmende“ Fußbodenkonstruktionen auch manchmal in Trockenbauweisen ausgeführt.

Bei der Planung von schwimmenden Estrichen in Bädern und Naßräumen sollte die Abdichtung unbedingt oberhalb der Dämmung liegen, d. h. über dem Estrich und unterhalb des Belages, damit sich die Dämmschicht nicht vollsaugen kann. Diese Abdichtungen lassen sich heutzutage sehr gut mittels sogenannter „Flüssigfolien“ herstellen oder mit dichtenden Fliesenklebern. Lediglich beweglichen Randbereich des Estrichs, den die Abdichtung überbrückt, sind diese Verstärkungen entsprechend dem System des Herstellers einzubauen.

Trittschallverbesserungsmaß $\Delta L_{w,R}(VM_R)$ von schwimmenden Estrichen auf Massivdecken (Rechenwerte)

Deckenauflagen; schwimmende Böden		Trittschallverbesserungsmaß $\Delta L_{w,R}$ (VM_R) dB mit hartem Bodenbelag	Trittschallverbesserungsmaß $\Delta L_{w,R}$ (VM_R) dB mit weichfederndem Bodenbelag¹) $\Delta L_{w,R} \geq 20$ dB ($VM_R \geq 20$ dB)
Schwimmende Estriche			
Gußasphaltestriche nach DIN 18560 Teil 2 (z. Z. Entwurf) mit einer flächenbezogenen Masse ≥ 45 kg/m² auf Dämmstoffen nach DIN 18164 Teil 2 oder DIN 18165 Teil 2 mit einer dynamischen Steifigkeit s' von höchstens	50 MN/m³	20	20
	40 MN/m³	22	22
	30 MN/m³	24	24
	20 MN/m³	26	26
	15 MN/m³	27	29
	10 MN/m³	29	32
Estriche nach DIN 18560 Teil 2 (z. Z. Entwurf) mit einer flächenbezogenen Masse $m' \geq 70$ kg/m² auf Dämmschichten aus Dämmstoffen DIN 18164 Teil 2 oder DIN 18165 Teil 2 mit einer dynamischen Steifigkeit s' von höchstens	50 MN/m³	22	23
	40 MN/m³	24	25
	30 MN/m³	26	27
	20 MN/m³	28	30
	15 MN/m³	29	33
	10 MN/m³	30	34

¹) Wegen der möglichen Austauschbarkeit von weichfedernden Bodenbelägen, die sowohl dem Verschleiß als auch besonderen Wünschen der Bewohner unterliegen, dürfen diese bei dem Nachweis der Anforderungen nach DIN 4109 nicht angerechnet werden.

Holzriemenfußboden

Holzfußböden auf Lagerhölzern verbessern sowohl die Luftschall- als auch die Trittschalldämmung einer Decke, insbesondere bei Zwischenschaltung weichfedernder Dämmschichten unter den Lagerhölzern.

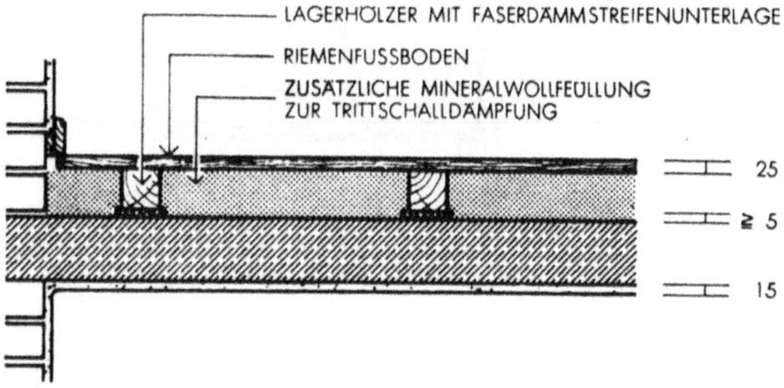

Bei dieser Anordnung können das Dröhnen und der Trittschallpegel im begangenen Raum durch eine porige und daher dämpfende Schüttung zwischen den Lagerhölzern (z. B. Schlacke, Faserdämmstoffe) herabgesetzt werden.

Schwimmendes Parkett

Unmittelbar auf eine Massivdecke aufgeklebt, verbessert Parkett weder die Trittschall- noch die Luftschalldämmung. Wird das Parkett auf eine federnde Dämmschicht verlegt (z. B. auf Weichfaserplatten und darunter noch eine Dämmschicht nach DIN 18164 und 18165), verbessert es die Trittschall-, aber nicht die Luftschalldämmung. Hohe Trittschall- und zugleich auch verbesserte Luftschalldämmung sind erst zu erreichen, wenn das Parkett auf mindestens 25 mm Holzwolleleichtbauplatten über Faserstoffen oder elastischen Schaumkunststoffen verlegt wird. Es darf dabei keine Klebemasse an den Dämmstoff gelangen, da dieser verhärten würde und Schallbrücken entstünden, weshalb sorgfältige Abdeckung der Dämmschicht mit Bitumenpapier oder dergleichen notwendig ist.

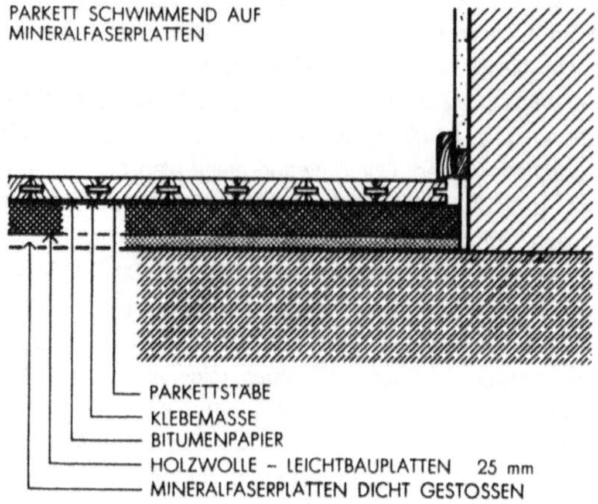

Weichfedernder Gehbelag

Nur die Trittschalldämmung, nicht aber die Luftschalldämmung, können die weichfedernden Gehbeläge ohne mehrschalige Unterkonstruktion verbessern. Unebenheiten der Rohdecke erfordern jedoch auch hier einen Ausgleichsestrich oder auf Ausgleichsschüttungen eine druckverteilende Unterkonstruktion. Die Verbesserung des Trittschallschutzes allein durch einen weichfedernden Gehbelag genügt dort, wo die Rohdecke eben ist und bereits ohne „schwimmende" Fußbodenkonstruktion eine nach DIN 4109 Teil 3 ausreichende Luftschalldämmung besitzt.
Gehgeräusche im begangenen Raum selbst lassen sich nur durch die weichfedernden Gehbeläge entscheidend vermindern, weshalb sie auch auf schwimmenden Fußböden ihre Bedeutung haben.

Trittschallverbesserungsmaß von weichfedernden Bodenbelägen für Massivdecken (Rechenwerte)

Deckenauflagen; weichfedernde Bodenbeläge		Trittschall-verbesserungsmaß $\Delta L_{w,R}$ (VM_R) dB
Linoleum-Verbundbelag	nach DIN 18173	14
PVC-Verbundbeläge		
PVC-Verbundbelag mit genadeltem Jutefilz als Träger	nach DIN 16952 Teil 1	13
PVC-Verbundbelag mit Korkment als Träger	nach DIN 16952 Teil 2	16
PVC-Verbundbelag mit Unterschicht aus Schaumstoff	nach DIN 16952 Teil 3	16
PVC-Verbundbelag mit Synthesefaser-Vliesstoff als Träger	nach DIN 16952 Teil 4	13
Textile Fußbodenbeläge		
Nadelfilz Dicke = 5 mm		20
Polteppiche		
Unterseite geschäumt, Normdicke a_{20} = 4 mm	nach DIN 53855 Teil 3	19
Unterseite geschäumt, Normdicke a_{20} = 6 mm	nach DIN 53855 Teil 3	24
Unterseite geschäumt, Normdicke a_{20} = 8 mm	nach DIN 53855 Teil 3	28
Unterseite ungeschäumt, Normdicke a_{20} = 4 mm	nach DIN 53855 Teil 3	19
Unterseite ungeschäumt, Normdicke a_{20} = 6 mm	nach DIN 53855 Teil 3	21
Unterseite ungeschäumt, Normdicke a_{20} = 8 mm	nach DIN 53855 Teil 3	24

Türen

Gewöhnliche, etwa 4 cm dicke Türen mit Blockrahmen und Füllung aus Holz oder Glas oder Sperrholztüren ergeben Schallpegeldifferenzen in den Räumen zu beiden Seiten von nur 15–20 dB. Wird für einwandfreie Falz- und Bodendichtung dieser Türen durch Anpressung an speziell eingebaute Moosgummiprofile gesorgt, so kann das Schalldämm-Maß auf 25 dB gesteigert werden.

Schalldämmende Holztüren werden einschalig aus schweren Materialien oder zweischalig mit nur an wenigen Punkten fest miteinander verbundenen Schalen gebaut und können in Holz- oder Stahlzargen mit einfacher oder doppelter Gummifalzdichtung angeschlagen werden. Mit 80 mm dickem Türblatt wird ein mittleres Schalldämm-Maß von etwa 32 dB erzielt. Die schwere schalldämmende Holztür mit 10 cm dickem Blatt und ringsherum angeordneter Schallschluckkammer ergibt Dämmwerte von 35–38 dB.

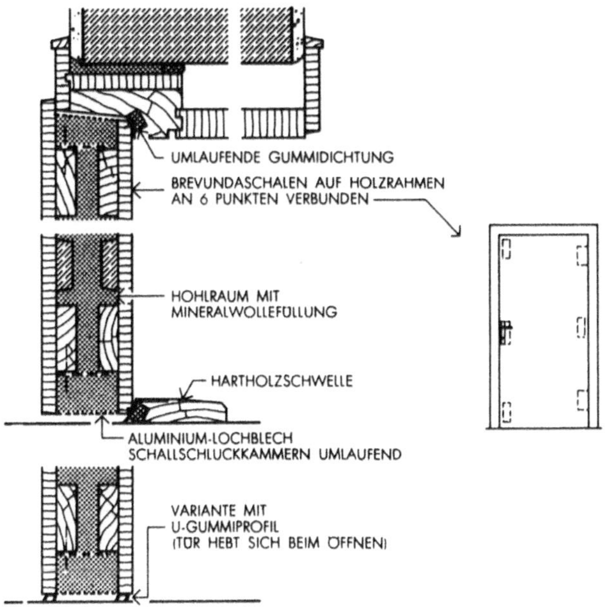

Da Holztüren durch Alterung und auch bei Feuchtigkeitsschwankungen zum Verziehen neigen, ist bei hochwertigen Ausführungen ein Anpreßverschluß zu empfehlen. Die Tür wird zunächst normal mit einrastender Falle geschlossen und danach durch Hochdrehen der Klinke gespannt. In vielen Fällen werden auch normale Keilfallenschlösser eingebaut, wobei die Pressung durch Zuwerfen der verhältnismäßig schweren Tür (ca. 40 kg/m²) beim jeweiligen Schließvorgang erzielt wird. Durch Anordnung der im Bild ersichtlichen Schallschluckkammer (BP) im Türblatt wird die Schalldämmwirkung unterstützt, denn bei nicht ganz dicht anliegendem Blatt bildet das Kammervolumen in Verbindung mit den beiden Anschlagschlitzen einen wirksamen Schalldämpfer. Hochwertig schalldämmende Türen sollen immer mit Schwellenanschlag versehen werden, da sich hiermit, gegebenenfalls in Verbindung mit einer Schneidendichtung, die zuverlässigsten Dichtungen erreichen lassen. Die handelsüblichen, automatisch wirkenden Bodendichtungen mit Anpreßleiste (Schall-Ex) gewährleisten in der Regel für schalldämmende Türen eine dauerhafte Wirkung, wenn sie entsprechend gewartet werden. Um den mechanischen Aufwand gering zu halten, werden flache Wulstschwellen, auf die unten im Türblatt eingebaute Gummileisten auflaufen, oder auf Keilringen beim Öffnen sich hebende Blätter, gleichfalls mit unten vorstehenden Flachgummidichtungsstreifen, bevorzugt.

Wird höchste Schalldämmung gefordert, so kommen ausschließlich Stahltüren in Stahlzargen mit einer Moosgummifalzdichtung in Frage. Eine bewährte Bauart für ca. 45 dB hat ein 50 mm dickes Türblatt aus zwei 2 mm dicken Stahlblechen. Eine wenigstens 25 mm hohe Schwelle muß angeordnet werden. Da sich das Stahltürblatt nicht verziehen kann, wird mit dem Anpreßverschluß eine dauerhafte Ausführung erzielt. Diese Stahltüren finden in Prüfständen und Meßräumen, aber auch in Büros und Arztzimmern Verwendung, wo höchste Dämmung gefordert wird, aber kein Platz für Schallschleusen verfügbar ist.

Übersteigt die Schalldämmung zwischen zwei Räumen 45 dB, so muß eine Schallschleuse angeordnet werden. Diese besteht aus einem Pufferraum und zwei schalldämmenden Türen. Wird der Schleusenraum an der Decke und an den Wänden schallabsorbierend verkleidet, so trifft nur ein Bruchteil der durch die erste Tür kommenden Schallenergie auf die zweite, weshalb die Dämmwerte beider Türen ohne wesentlichen Abstrich addiert werden können. Zwei Holztüren mit 80 mm dickem Blatt und 35 dB Mindestdämmung ergeben demnach mit der Schallschleuse etwa 60 dB mittleres Schalldämm-Maß.

SCHALLSCHLEUSE

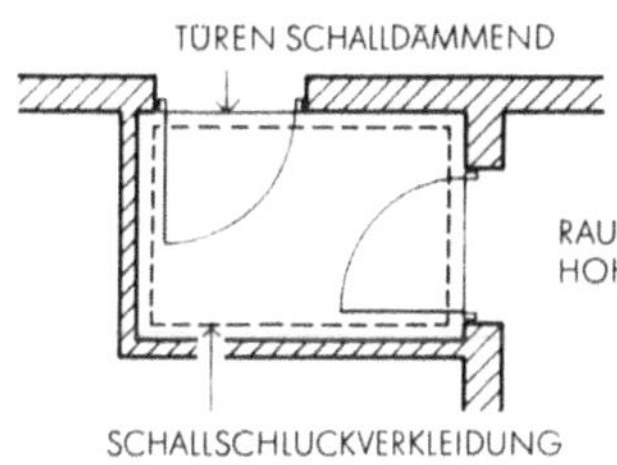

Mittlere Schalldämm-Maße von Türen

Türausführungen	mittleres Schalldämm-Maß (dB)
einfache, leichte Zimmertüren, ohne besondere Dichtungsmaßnahmen	15–22
schwer ausgeführte Zimmertüren mit zusätzlichen Falzdichtungen	25–30
schalldämmende Türen, Spezialausführungen	30–40
hochschalldämmende Türen (doppelschalige Stahlblechtüren für Rundfunk u. ä.)	40–50
zwei einfache Einzeltüren, hintereinander	40–45

Fenster

Alten Einfachfenstern aus Bauglas mit 3 mm Stärke wäre nach dem Flächengewicht ein mittleres Schalldämm-Maß von etwa 25 dB zuzuschreiben. Mit Scheiben, die als Festverglasungen in Holz- oder Stahlrahmen eingebaut sind, erreicht man bei senkrechtem Schalleinfall auch vergleichbare Dämmwerte. Bei schrägem Schalleinfall liegt die Schalldämmung (je nach dem Auftreffwinkel) jedoch mehr oder weniger unter den Werten nach dem sogenannten Massegesetz. Bei den üblichen Öffnungsflügeln entstehen außerdem so große Spalte, daß das Dämm-Maß auf 15 bis 20 dB sinkt. Etwas günstiger sind Verbund-Doppelflügel, die mit dem mehrfachen Falz auf 20 bis 25 dB kommen.

Die heute verwendeten, neuartigen Fensterkonstruktionen haben wesentlich bessere und vor allem konstante Schalldämmwerte. Man

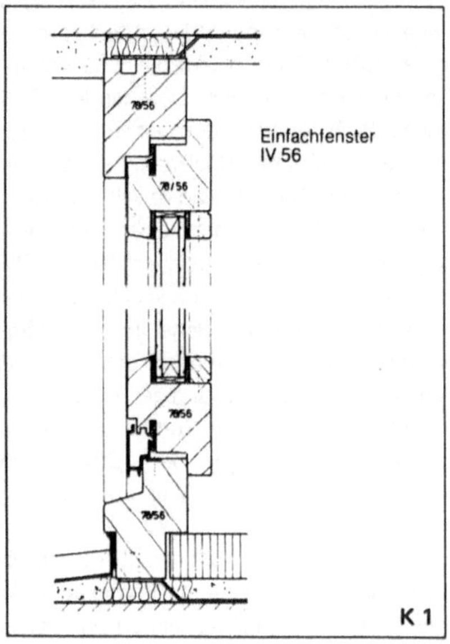

Profil:	IV 56
Öffnungsart:	Dreh- und Drehkippfenster
größte Flügelabmessung für Beanspruchungsgruppe C Breite/Höhe (cm):	130/150
zulässige Windbelastung bei einer Glasdicke von 4 mm:	1,32 kN/m²
Wärmedurchgangskoeffizient k (W/m²K):	2,6 (bei 12 mm SZR)
bewertetes Schalldämmaß R_w (dB):	30 – 34

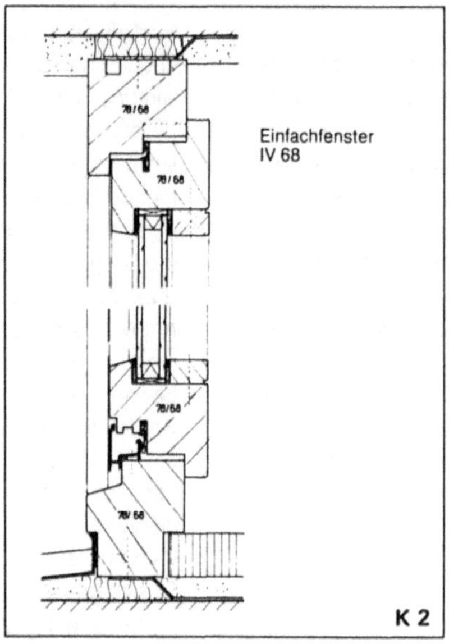

Profil:	IV 68
Öffnungsart:	Dreh- und Drehkippfenster
größte Flügelabmessung für Beanspruchungsgruppe C Breite/Höhe (cm):	140/170
zulässige Windbelastung bei einer Glasdicke von 4 mm:	1,32 kN/m²
Wärmedurchgangskoeffizient k (W/m²K):	2,6 (bei 12 mm SZR)
bewertetes Schalldämmaß R_w (dB):	30 – 34

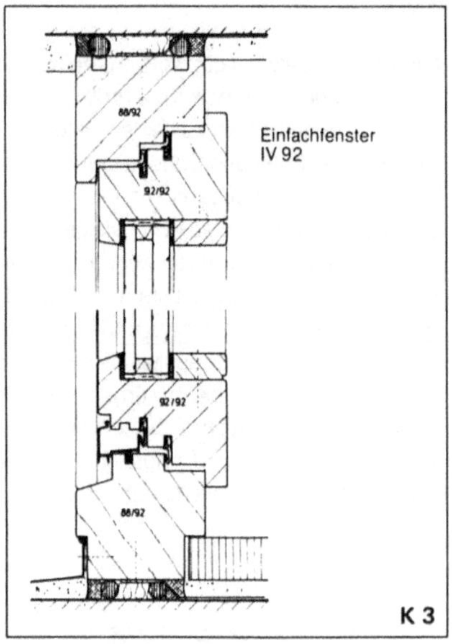

Profil:	IV 92
Öffnungsart:	Dreh- und Drehkippflügel
größte Flügelabmessung für Beanspruchungsgruppe C Breite/Höhe (cm):	160/190
zulässige Windbelastung bei einer Glasdicke von 4 mm:	1,32 kN/m²
Wärmedurchgangskoeffizient k (W/m²K):	2,6
bewertetes Schalldämmaß R_w (dB):	je nach Glas 35–44

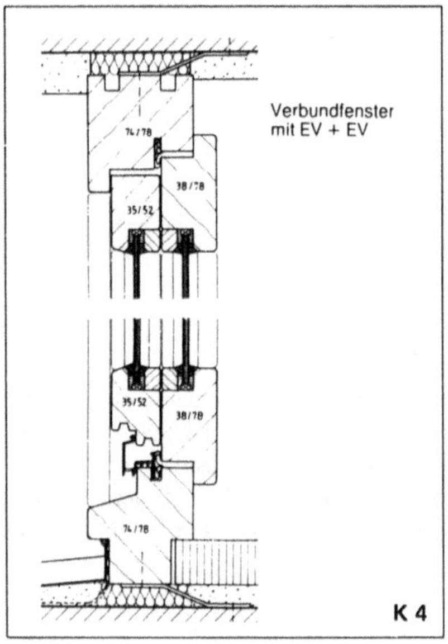

Profil:	DV 35/38
Öffnungsart:	Dreh- und Drehkippflügel
zulässige Windbelastung bei einer Glasdicke von 4 mm:	1,32 kN/m²
Wärmedurchgangskoeffizient k (W/m²K):	2,5
bewertetes Schalldämmaß R_w (dB):	30 – 34

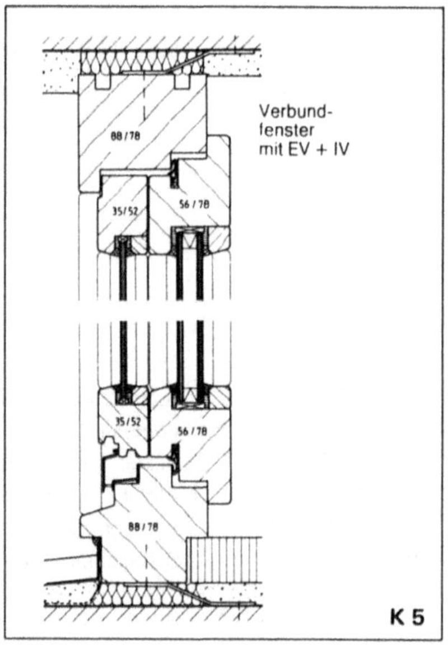

Profil:	DV 35/56
Öffnungsart:	Dreh- und Drehkippflügel
zulässige Windbelastung bei einer Glasdicke von 4 mm:	1,32 kN/m²
Wärmedurchgangskoeffizient k (W/m²K):	1,9
bewertetes Schalldämmaß R_w (dB):	35 – 39

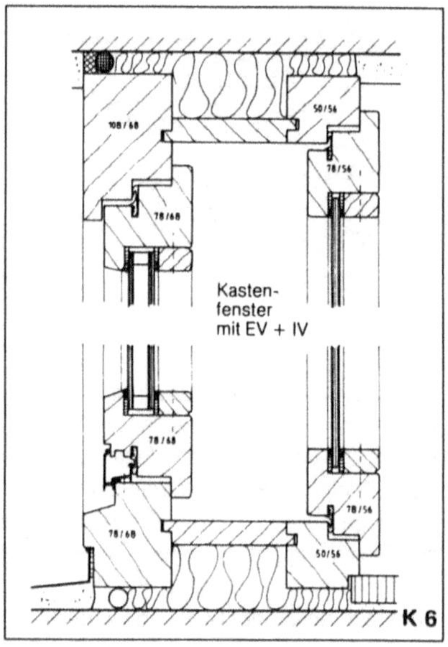

Profil:	Kastenfenster 68/56
Öffnungsart:	Dreh- und Drehkippflügel
größte Flügelabmessung für Beanspruchungsgruppe C Breite/Höhe (cm):	140/170
zulässige Windbelastung bei einer Glasdicke von 4 mm:	1,32 kN/m²
Wärmedurchgangskoeffizient k (W/m²K):	1,9
bewertetes Schalldämmaß R_w (dB):	40–49 je nach Glasdicken

teilt die Fensterkonstruktionen in vier Schallschutzklassen ein, wobei jede davon mit Fenstern aus Holz, Kunststoff, Aluminium oder Stahl zu erfüllen ist, da die Schalldämmung weniger vom Material als vielmehr von der Konstruktion abhängt. Ausschlaggebend ist die Zahl der Fälze und Dichtungen, der Luftzwischenraum zwischen den Gläsern und deren genau abgestimmte Bauart.

Fensterart	Mittlere Schalldämm-Maße von Fenstern DIN 4109/5 Tab. 3 ohne zusätzliche Dichtung	Mittlere Schalldämm-Maße von Fenstern DIN 4109/5 Tab. 3 mit zusätzlicher Dichtung
Einfachfenster	~ 20 dB	bis 25 dB
Verbundfenster	~ 25 dB	bis 30 dB
Kastendoppelfenster	~ 30 dB	bis 40 dB

Da jedes Gebäude mindestens vier Seiten hat, sollte man aus Kostengründen jede einzelne davon getrennt behandeln, da jede einem anderen Außenlärmpegel ausgesetzt ist. Das hat oft zur Folge, daß die Fassaden eines Bauwerkes zwei oder gar drei unterschiedliche Schallschutzklassen gegen den Außenlärm erhalten. Der Architekt muß dies entweder bei der Fassaden- und Baukörpergestaltung schon von vornherein berücksichtigen oder, z. B. bei einem Skelettbau, dafür sorgen, daß alle Fassaden trotz unterschiedlichen Schallschutzes ansichtsgleiche Fensterprofile haben. Hierzu ist es am sinnvollsten, wenn man sich von einer Fassadenbaufirma oder den Profilherstellern beraten läßt, die im allgemeinen jede Konstruktion ermöglichen, wenn der Architekt präzise Vorstellungen hat.

Geräuschprobleme können in Gebäuden an lärmerfüllten Straßen oder in der Nähe lärmender Industrieanlagen nur einwandfrei gelöst werden, wenn die Fenster nicht zu Lüftungszwecken geöffnet werden müssen. Dies bedeutet aber Vollklimatisierung dieser Gebäude.

Kastenfenster, die nach Art der Doppel- oder Mehrfachwände konstruiert sind, sollen wenigstens 10 cm Scheibenabstand aufweisen und wie die schalldämmenden Türen mit Schallschluckkammern ringsherum versehen werden. Die Gläser werden je nach den gestellten Forderungen bis zu 15 mm dick gewählt. Um Beschlagen der Glasflächen im Zwischenraum zu vermeiden, sind auswechselbare Entfeuchtungspatronen vorgesehen, die von außen gefüllt werden können. Sie reichen in den Luftraum der Schallschluckkammer hinein. Da bei völlig abgeschlossenem Luftraum zwischen den Scheiben mit einer Reinigung nur in großen Zeitabständen zu rechnen ist, wird kein besonderer Öffnungsflügel angeordnet. Zum Reinigen muß eine Scheibe nach Abschrauben der Deckleiste vorübergehend herausgenommen werden.

Hat man Doppelfenster in Doppelwände oder in Wände mit Vorsatzschale einzubauen, so soll bei einwandfreier Körperschalltrennung mit völlig getrennten Rahmen in jede Wandschale eine Scheibe eingesetzt werden.

In Fällen, wo nur Belichtung und keine unmittelbare Durchsicht ins Freie notwendig ist, bieten Glasbausteinwände, je nach Ausführung, mittlere Schalldämm-Maße zwischen 35 und 42 dB (bei Wanddicken von 50 bis 80 mm). Dies hat vor allem für Werkstattbauten seine Bedeutung, wo wenig Lärm nach außen dringen soll.

Glasbausteine können, da sie stets dicht verfugt sind, bezüglich der Schalldämmung nach dem Gewicht beurteilt werden. Das mittlere Schalldämm-Maß ist also der Kurve im Bild zu entnehmen.

Ausführungsbeispiele für Dreh-, Kipp-, und Drehkipp-Fenster und Festverglasungen mit bewerteten Schalldämm-Maßen R_W von 25 bis 45 dB (Mindestausführung)

Schallschutzklasse nach VDI 2719 (z. Z. Entwurf)	Bewertetes Schalldämm-Maß R_W dB	Fensterart und erforderliche Falzdichtung ① und ②			Gesamtscheibendicke mm	Scheibenzwischenraum mm
[1]	25	beliebig			Keine besonderen Anforderungen an Fenster, Scheibenabstand und -dicke	
[2]	30	Kastenfenster	Mit 2 Einfachscheiben	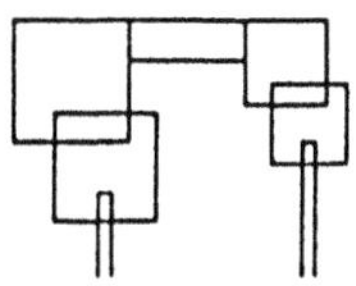	Keine Anforderungen an Scheibenabstand und -dicken	
		Verbundfenster	Mit 2 Einfachscheiben	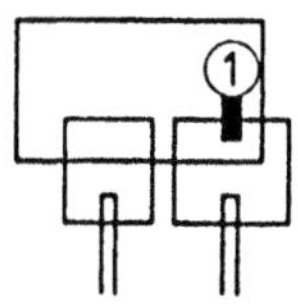	≥ 8	≥ 30
		Einfachfenster	Mit Isolierverglasung	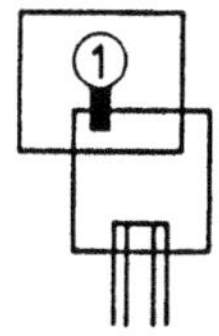	≥ 8 oder Isolierglas mit $R_W \geq 32$ dB	≥ 12
[3]	35	Verbundfenster	Mit 2 Einfachscheiben	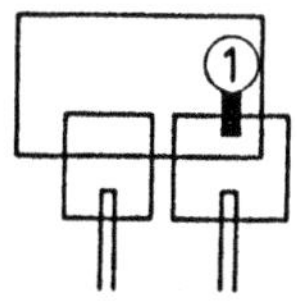	≥ 8	≥ 40
					≥ 6	≥ 60

Schallschutzklasse nach VDI 2719 (z. Z. Entwurf)	Bewertetes Schalldämm-Maß R_W dB	Fensterart und erforderliche Falzdichtung ① und ②		Gesamtscheibendicke mm	Scheibenzwischenraum mm
[3]	35	Einfachfenster	Mit 1 Einfach- und 1 Isolierglasscheibe 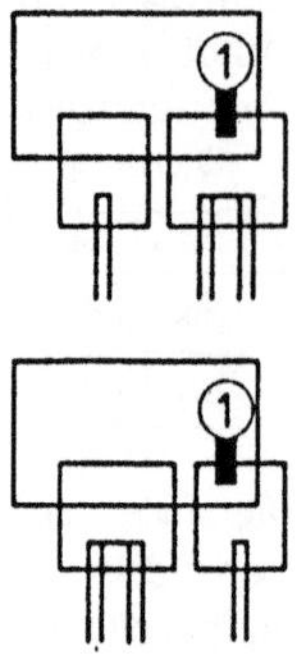	≥ 6 + 4/12/4	≥ 40
			Mit Isolierverglasung 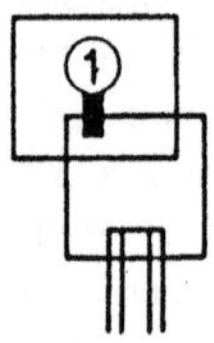	Isolierglas mit $R_W \geq 37$ dB	
[4]	40	Kastenfenster	Mit 2 Einfachscheiben 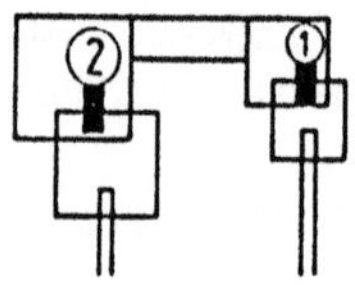	≥ 8	≥ 100
				≥ 10	≥ 80
			Mit 1 Einfach- und 1 Isolierglasscheibe 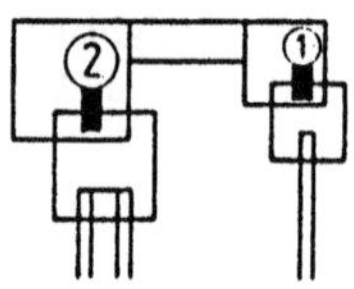	≥ 6 + 4/12/4	≥ 100
		Verbundfenster	Mit 2 Einfachscheiben 	≥ 14	≥ 50
				≥ 10	≥ 80
			Mit 1 Einfach- und 1 Isolierglasscheibe 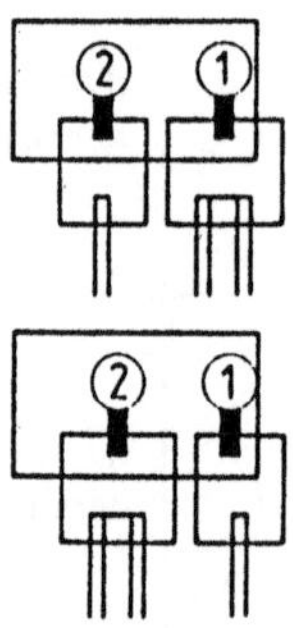	≥ 8 + 6/12/4	≥ 50
		Einfachfenster	Mit Isolierverglasung 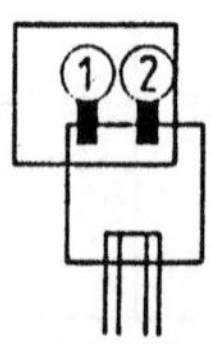	Isolierglas mit $R_W \geq 45$ dB	

Dächer

Dächer und Außenwände müssen auch auf den Schutz von Außenlärm dimensioniert werden. Beim Dach ist fast immer eine mehrschalige leichte Konstruktion gegeben für die in der DIN 9109 verschiedene Regelaufbauten zu finden sind. Auch beim Dach gilt, daß Flächengewicht durch nichts zu ersetzen ist. In Gebieten mit starkem Außenlärm empfiehlt sich daher die Wahl einer schweren Dachdeckung oder besser sogar eine tragende Dachkonstruktion an Stahlbetondecken, ein „Sargdeckel". Schwachstellen in solchen Konstruktionen bleiben allerdings immer Fenster und andere Durchbrüche, die eine intensive Detailarbeit erfordern.

Ausführungsbeispiele für belüftete oder nicht belüftete Flachdächer in Holzbauweise (Rechenwerte) (Maße in mm)

Dachkonstruktion	Verbindungsmittel1)	Erforderliche Kiesauflage S_K mm	$R'_{w,R}$ dB	Dachkonstruktion	Verbindungsmittel1)	Erforderliche Kiesauflage S_K mm	$R'_{w,R}$ dB
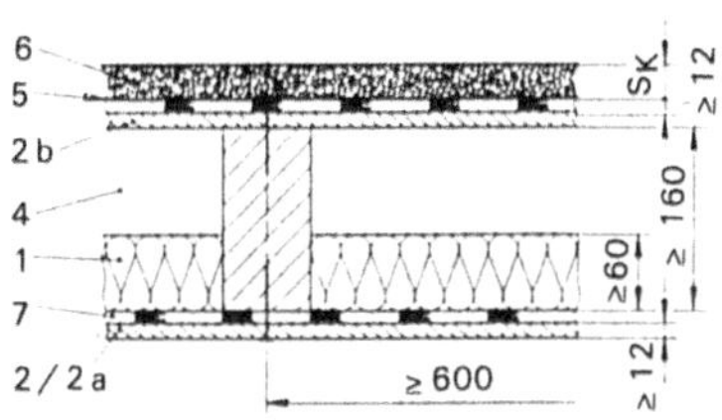	beliebig2)	–	35	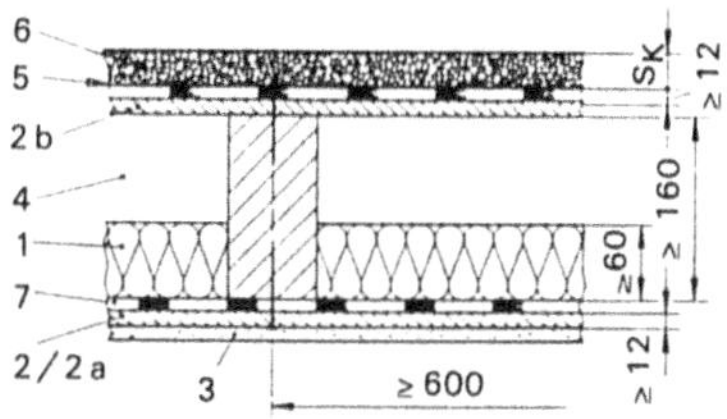	mechanisch3)	≥30	50
	beliebig2)	≥30	40				
	mechanisch3)	≥30	45				

1) Verbindungsmittel für die Befestigung von Beplankung und Rippe. 2) Mechanische Verbindungsmittel oder Verleimung.
3) Nur mechanische Verbindungsmittel, z. B. Nägel, Klammern.

Legende:
1 Faserdämmstoff 2 Spanplatten, Bau-Furniersperrholz, Gipskartonplatten oder Nut-Feder-Bretterschalung 2a Wie 2, jedoch mit Zwischenlattung 2b Spanplatten, Bau-Furniersperrholz, Nut-Feder-Bretterschalung 3 Spanplatten, Gipskartonplatten, Bretterschalung mit $m' \geq 8$ kg/m² 4 Hohlraum belüftet/nicht belüftet 5 Dachabdichtung 6 Kiesauflage 7 Dampfsperre

Ausführungsbeispiele für belüftete oder nichtbelüftete, geneigte Dächer in Holzbauweise (Rechenwerte) (in Maße in mm)

Dachkonstruktion	Dachdeckung nach Ziffer	$R'_{w,R}$ dB	Dachkonstruktion	Dachdeckung nach Ziffer	$R'_{w,R}$ dB
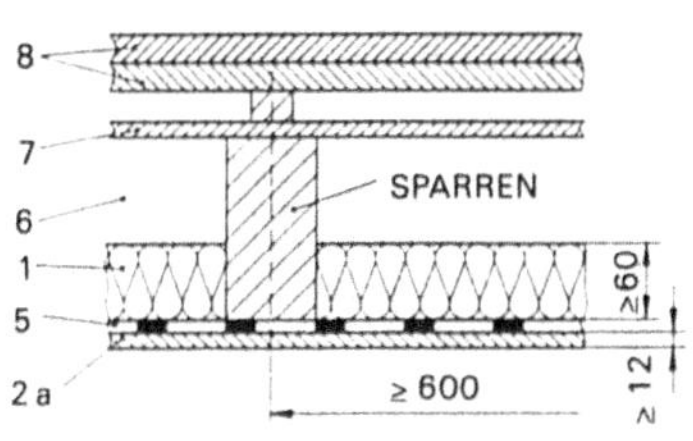	8	35	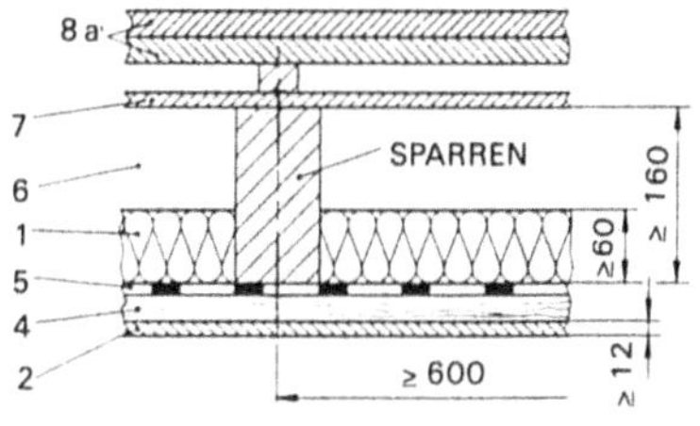	8a	45
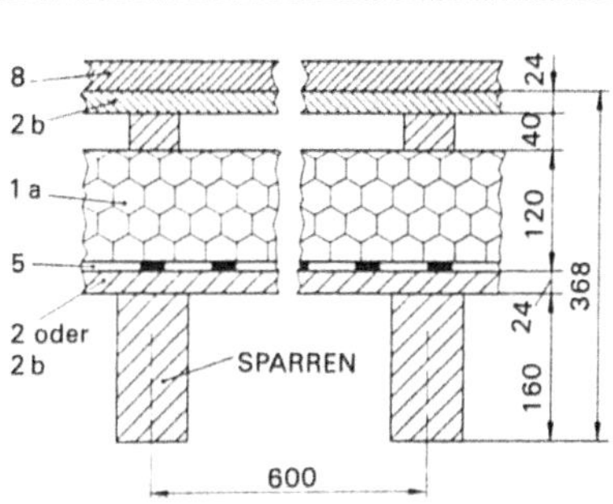	8	37	Legende: 1 Faserdämmstoff 1a Hartschaumplatten Typ WD oder WS und WD 2 Spanplatten oder Gipskartonplatten 2a Spanplatten oder Gipskartonplatten mit/ohne Zwischenlattung 2b Rauhspundschalung mit Nut und Feder, 24 mm 3 Bekleidung aus Holz, Spanplatten oder Gipskartonplatten mit $m' \geq 6$ kg/m² 4 Konterlattung 5 Dampfsperre 6 Hohlraum belüftet/nicht belüftet 7 Unterspannbahn oder Holzfaserplatten 8 Dachdeckung auf Querlattung und erforderlichenfalls Konterlattung 8a Wie 8, jedoch mit Anforderungen an die Dichtheit (z. B. Faserzementplatten auf Rauhspund ≥20 mm, Falzdachziegel, Betondachsteine, nicht verfalzte Dachziegel oder Dachsteine in Mörtelbettung)		

Treppen

In Treppenräumen werden besonders durch das Begehen der Treppenstufen und -podeste Geräusche in die Wohnungen übertragen. Da es schwierig ist, die Stufen schwimmend auf dem massiven Treppenlauf zu verlegen, empfiehlt es sich, den gesamten Treppenlauf entkoppelt zu lagern und mit Abstand von den Treppenraumwänden auszuführen. Bei Podesten sollte man auf einen schwimmenden Estrich oder andere trittschalldämmende Maßnahmen nicht verzichten, falls nicht auch sie – z. B. bei Ausführung als Fertigteil – mit Abstand von den Wänden, unter Zwischenschaltung von Dämmstreifen auf den Konsolen verlegt werden. Auch durch weichfedernde Gehbeläge kann die Trittschallübertragung aus Treppenräumen in Wohnräume herabgesetzt werden.
Für schallgedämmte Treppen unterscheidet man folgende Konstruktionen (siehe auch Kapitel Treppen):

Treppenpodeste

- aus Ortbeton, mit schalltechnisch entkoppeltem Auflager in der tragenden Wand. Diese Auflager führt man am besten mit Auflagertaschen aus, die als Spezial-Formteile zum Einmauern in die Wand erhältlich sind. Meist handelt es sich um Beton- oder Kunststoffteile mit einer Gummi-Einlage. Nach Fertigstellung der seitlichen Wände wird das Podest gegossen, es entstehen dann in den Formteilen Stahlbetondeckenauflager, die rundum „weich" gepolstert und somit schalltechnisch entkoppelt sind. Die Fuge Podest-Wandkante ist ebenfalls durch einen Dämmstreifen abzustellen.
- Fertigteilpodeste werden mittels weicher Auflagerstreifen auf tragende Unterzüge aufgelegt, die ohne Entkoppelung statisch mit der Treppenhauswand verbunden sind. Das Podest ist allerdings völlig entkoppelt an Auflager und am Rand, weil hier, bedingt schon durch die Montagemöglichkeit ein Spalt von ca. 4 cm erforderlich ist
- Podeste jeglicher Bauart mit schwimmendem Gehbelag. Hier ist nur die Nutzschicht schalltechnisch entkoppelt, nicht das Podest selbst, Gefahr der Schalleinleitung über die Rohbauteile in die angrenzenden Aufenthaltsbereiche, z. B. über Treppengeländer, die innen an den Rohbauteilen der Treppe befestigt werden müssen.

Treppenläufe

- aus Ortbeton, seitlicher Wandabstand, entkoppelte Auflagerung am Auflagerstreifen zum Podest
- als Fertigteil, seitlicher Wandabstand auch aus Montagegründen, entkoppelte Auflagerung am Auflagerstreifen zum Podest
- als Fertigteil mit integriertem Halbpodest, elastisches Auflager auf querlaufenden Unterzügen, die nicht schalltechnisch an der Treppenhauswand entkoppelt sind.

OPTISCH VORTEILHAFTE PODESTAUFLAGERUNG MITTELS AUFLAGERNASEN

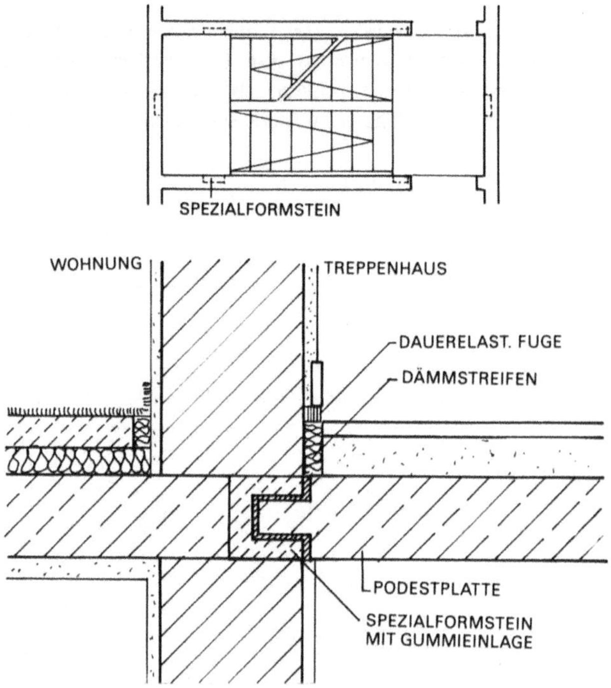

QUERGESPANNTE PODESTAUFLAGERUNG NACH DIN MITTELS KONSOLLEISTEN UND GUMMILAGER

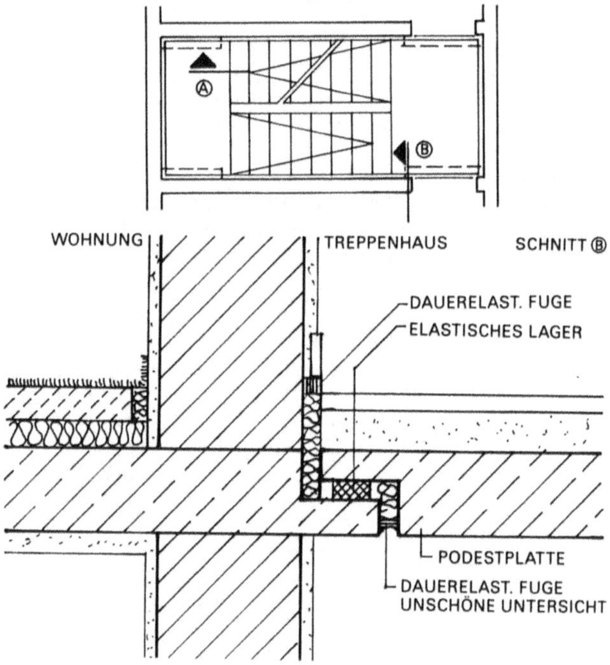

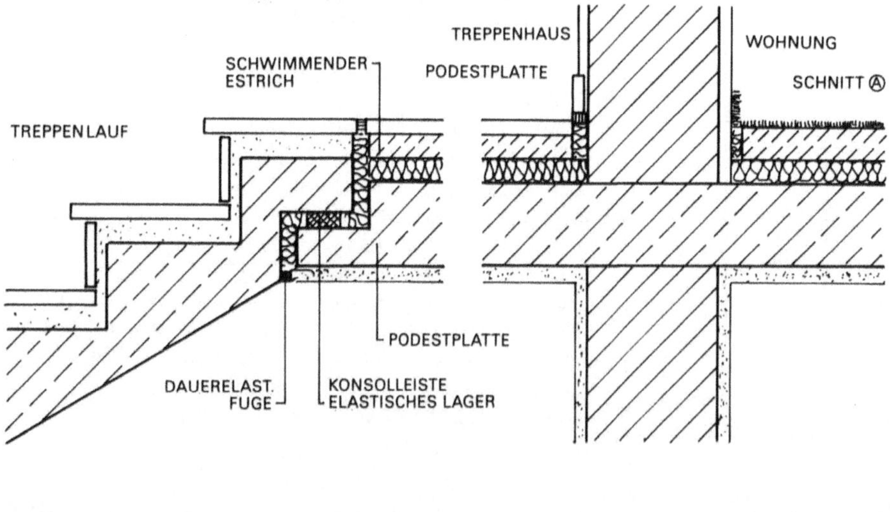

DURCHGEHEND BETONIERTE PODESTPLATTE MIT SCHWIMMENDEM ESTRICH. SCHALLTECHNISCH ENTKOPPELTE TREPPENLÄUFE AUF KONSOLLEISTE

Schallschluckung

Strahlt eine Schallquelle in einem Raum eine bestimmte Leistung aus, so wird sich nach kurzer Zeit ein konstanter Schallpegel einstellen. Gleichgewichtszustand herrscht, wenn an den Raumbegrenzungsflächen in jeder Zeiteinheit ebensoviel Energie verbraucht, also in Wärme umgesetzt oder fortgeleitet wird, wie die Schallquelle abgibt. Für diesen Energieverbrauch, welcher mit Schallschluckung oder Schallabsorption bezeichnet wird, ist die Oberflächenbeschaffenheit der Wände, der Decke und des Fußbodens maßgebend.

Schallabsorptionsgrad

ist das Verhältnis der nicht zurückgeworfenen (also der in Wärme umgesetzten oder durchgegangenen) zu der auf eine Wandfläche auffallenden Schallenergie. Er soll bei Schallschluckstoffen, z. B. zur Lärmminderung, möglichst hoch sein. Auch wird oft, besonders bei Nachhallregulierung zur Einstellung einer guten Hörsamkeit, eine bevorzugte Schluckung in bestimmten Frequenzbereichen, also der hohen, mittleren oder tiefen Töne, gefordert. Wegen der großen Wellenlänge (z. B. 3,4 m bei 100 Hz) sind bei den tiefen Tönen im allgemeinen viel tiefere Schluckschichten erforderlich als zur Schlukkung der hohen Töne. (Wellenlänge 10 cm bei 3400 Hz.) Es gibt drei Grundtypen von Schallschluckanordnungen:

Poröse Schallschlucker
Mitschwingende Platten (Platten-Resonatoren)
Resonatoren (mit Lochplatten)

Jede Type hat bestimmte Eigenschaften; darüber hinaus sind sinnvolle Kombinationen gleicher oder verschiedener Typen zur Erfüllung einer geforderten Frequenzabhängigkeit des Absorptionsgrades herstellbar.

Poröse Schallschlucker

In porösen Schichten mit (durchgehenden) kanalartigen Poren wird die Energie der eindringenden Schallschwingungen durch Reibung in Wärme umgesetzt. Mineralfaserschichten sind in dieser Hinsicht besonders geeignet.

Wesentliche Schluckgrade werden nur bei den hohen Tönen erreicht. Je dichter die Schluckstoffschicht ist, um so höher werden auch die Absorptionsgrade bei tieferen Frequenzen. Daneben hat die Porosität des Materials einen Einfluß, denn es ist verständlich, daß Schallwellen in eine Steinwolleschicht mit einem Porenanteil von 95 Vol. % leichter eindringen können als etwa in eine Holzweichfaserplatte mit nur 65% Porosität. Deren dichte Oberfläche bewirkt von vornherein eine Reflexion gewisser Energiebeträge. Kurve 1 im Diagramm gibt den Verlauf des Schluckgrades einer 5 cm dicken Mineralwolleschicht (ca. 100 kg/m³) in Abhängigkeit von der Tonhöhe wieder. Diese Hallraummessung ergab einen Absorptionsgrad über 1 für alle Frequenzen über 450 Hz, während für nur senkrechten Schalleinfall bei der Messung im Kundt'schen Rohr der Schluckgrad 0,9 erst bei 850 Hz erzielt wird.

Deckt man die poröse Absorptionsschicht mit gelochten Platten mit über 20% Lochflächenanteil ab, so wird die Absorption nicht verändert, da alle Schallwellen praktisch ungehindert hindurchtreten können. Erst wenn der Lochflächenanteil mit 8% wesentlich kleiner gewählt wird, fällt der Absorptionsgrad nach den hohen Frequenzen ab, weil diese kurzwelligen Schallstrahlen in den Feldern zwischen den Löchern reflektiert werden und so gar nicht an den Absorptionsstoff gelangen. Als Beispiele für dünnere Absorptionsschichten sind in Kurve 2 Meßergebnisse an 2 cm dicken Akustikplatten und in Kurve 3 von nur 1,1 cm dicken Platten dargestellt. Je dünner die unmittelbar vor einer starren Wand oder Decke angebrachte poröse Absorptionsschicht ist, um so mehr verschiebt sich der Bereich hoher Absorptionsgrade nach hohen Frequenzen.

Als poröse Absorptionsschicht wirkt z. B. Schallschluckputz. Er kann in einem Arbeitsgang mit einer Dicke von etwa 1 cm aufgetragen werden. Bei einem Raumgewicht von 400 kg/m³ des trockenen Putzes entsprechen die Porosität und der Absorptionsgrad, wie Kurve 4 zeigt, etwa dem weicher Holzschliffplatten. Infolge der geringeren Porosität liegt die Absorptionskurve des Novolan-Schallschluck-Putzes niedriger als die der auch nur etwa 1 cm dicken Mineralwolle-Platten.

Lärmminderung durch Schallschluckung

Der Wert schallschluckend ausgekleideter Arbeitsräume wird in zunehmendem Maße von Behörden, Industrie und Handel erkannt. Hier seien eine Anzahl von Betriebsräumen und Büros aufgezählt, für welche Schallschluckverkleidungen mit Rücksicht auf die Erhaltung der Arbeitskraft des Personals wichtig sind.

Fernsprechzentralen, Wählerämter, Hollerith-Maschinenräume, Buchungsmaschinenräume, Schreibmaschinenzimmer, Kegelbahnen, Gänge in Krankenhäusern und Schulen, Schalterhallen von Banken, Post, Bahn o. ä. Ämter, Empfangshallen in Industriebetrieben, Spinnereien, Webereien, Werkstätten für Feinmechanik, Kesselschmieden, Maschinenhallen, Motorenprüfstände, Schiffsmaschinenräume, Eisenbahnwagen, Diesel-Triebwagen, Motorenräume von Schienenfahrzeugen.

SCHALLABSORPTIONSGRAD VON HOLZ-WEICHFASER-AKUSTIKPLATTEN — GELOCHT, OHNE UND MIT WANDABSTAND

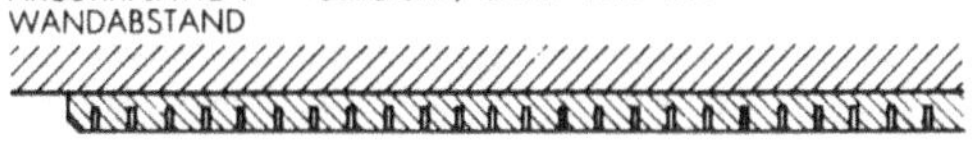

1 12—13 mm DICK
2 18—19 mm DICK AN STARRE WAND ODER DECKE GEKLEBT

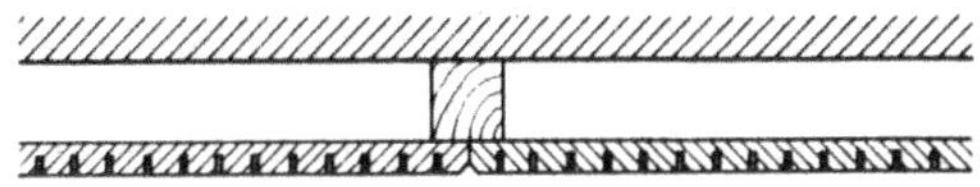

3 12—13 mm DICK MIT 50 mm ABSTAND VOR STARRE WAND
4 18—19 mm DICK ODER DECKE ANGEBRACHT

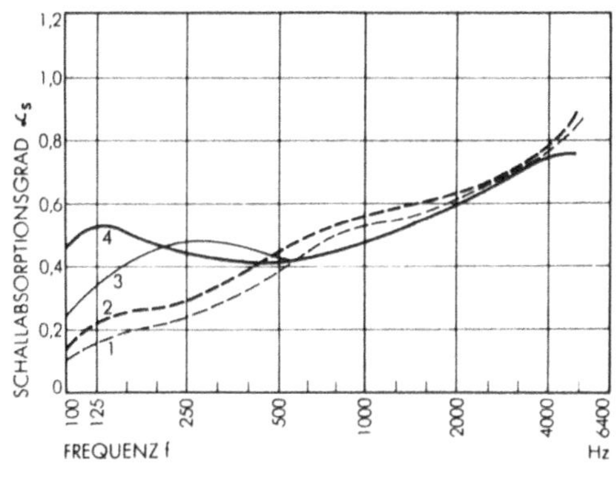

Hörsamkeit von Theater-, Konzert- und Vortragsräumen

Die Hörsamkeit in Räumen bis 1000 m^3 ohne elektro-akustische Einrichtungen sowie die Lärmminderung und Verständlichkeitsverbesserung in Räumen mit Büromaschinen, Großraumbüros, Schalterhallen und dergleichen behandelt DIN 18041 „Hörsamkeit in kleinen und mittelgroßen Räumen".
Vortragssäle, Musikzimmer, Senderäume, Theater und Lichtspielhäuser erfordern ganz bestimmte Hörsamkeitsverhältnisse, welche in erster Linie durch die vorhandene Nachhallzeit bestimmt sind. Es ist dies die Zeit, in welcher der Schallpegel in einem Raum nach dem Abschalten einer Schallquelle um 60 dB, also der Schalldruck auf $^1/_{1000}$ absinkt. Die

Nachhallzeit

ist ein Maß für das gesamte Schluckvermögen, „die äquivalente Absorptionsfläche", der Rauminnenflächen und hängt mit diesem nach der Sabine'schen Formel zusammen.

$$T = \frac{0{,}163 \cdot V}{\Sigma \alpha_s \cdot F} = \frac{0{,}163 \cdot V}{A} \text{ sec}$$

Darin sind T die Nachhallzeit in Sekunden, V das Luftvolumen des Raumes in m^3, α_s die Schluckgrade, F die Flächengrößen der einzelnen Wand-, Decken- oder sonstigen wesentlichen schallschluckenden Flächen im Raum. Die Messung der Nachhallzeit kann mit logarithmischen Schreibgeräten erfolgen, welche den Abfall des Schallpegels als Gerade erscheinen lassen; aus ihrer Steigung wird die Nachhallzeit entnommen. Die Erregung erfolgt mit Lautsprecher oder als Stoßerregung durch Abfeuern einer Pistole, wobei die einzelnen Frequenzbereiche durch Oktav- oder Terzfilter elektrisch ausgesiebt werden. Zur Vorausberechnung der Nachhallzeiten aus den bekannten oder angenommenen Absorptionsgraden der einzelnen Schluckflächen wird eine Zahlentafel aufgestellt, in welcher die Frequenzen 100–200–400... 6400 Hz in Oktavschritten angegeben sind. Darunter werden die jeweiligen Absorptionsgrade der einzelnen Flächen und ihre äquivalente Absorptionsfläche eingetragen. Deren Summe für alle Schluckflächen des Raumes ergibt nach der vorstehenden Formel mit dem Raumvolumen die voraussichtliche Nachhallzeit für jede Tonhöhe.
Um das Publikum in solchen Berechnungen zu berücksichtigen, muß der Absorptionsgrad, welcher meist in m^2 für eine Person angegeben wird, aber von der Zahl der Sitze je m^2 oder je m^3 Raumvolumen abhängt, bekannt sein. Als günstige akustische Voraussetzung kann bei Vortragssälen ein Luftvolumen von 3 bis 5 m^3 je Person gelten. Dieser Bereich gilt auch für Lichtspieltheater. Bei Konzertsälen und Theatern ist die Einhaltung eines Luftvolumens von 6 bis 9 m^3 je Person besonders wichtig. Zur Darbietung von Kirchenmusik sollen noch größere Lufträume zur Verfügung stehen. Die durchschnittliche Besetzung eines Saales bildet gleichfalls eine nötige Rechnungsgrundlage. Glatte Holzstühle ohne Polsterung absorbieren den Schall nur unwesentlich. Man hat aber für besetzte derartige Stühle etwa den gleichen Wert einzusetzen wie für besetzte Polsterstühle jeder Art. 0,25 m^2 äquivalente Absorptionsfläche bei den tiefen Frequenzen, ansteigend bis auf 0,45 m^2 bei den hohen Tönen, ergeben üblicherweise gute Resultate der Nachhallberechnung. Um den Einfluß der Besetzung des Saales auszuschalten, sind die Hersteller gebräuchlicher Polsterstühle (mit Klappsitz) bemüht, diese so auszubilden, daß sie unbesetzt die gleiche Schallschluckwirkung haben wie besetzt. Dies läßt sich nur bei Stühlen mit Hochpolsterung an Sitz und Rückenlehne verwirklichen. Für den Raum gibt es für den vorbestimmten Verwendungszweck eine günstige Nachhallzeit. Neben dem prüfbaren Einfluß der Verständlichkeit der Sprache auf den Zuhörerplätzen sind für die Festlegung dieser optimalen Nachhallzeiten, insbesondere für musikalische Darbietungen, psychologische Momente mitbestimmend. Außerdem ist die Raumgröße zu berücksichtigen. In großen Räumen werden etwas längere Nachhallzeiten als zulässig angesehen.

OPTIMALE NACHHALLZEITEN – ABHÄNGIG VON RAUMGRÖSSE UND ART DER DARBIETUNG

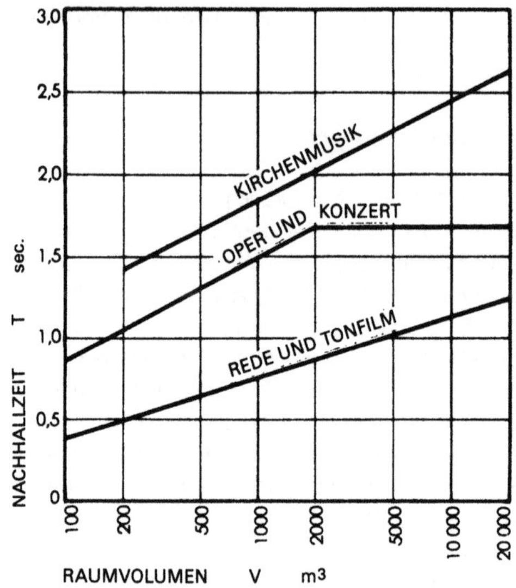

Im Bild sind die Meßergebnisse als optimal geltender Nachhallzeiten für verschiedene Darbietungen eingezeichnet, wobei zwischen Räumen für Kirchenmusik, Konzert und Sprache unterschieden ist. Die Nachhallzeiten liegen im Bereich von 0,5 bis 2,5 Sekunden. Bei Vortragsräumen und Lichtspieltheatern sind die kürzesten Werte einzustellen, Oper und Konzert erfordern mittlere, und bei Kirchenkonzerten sollen die längsten Nachhallzeiten vorhanden sein. Für Mehrzweckräume, in denen sowohl Musikveranstaltungen als auch Vorträge stattfinden, muß bei der akustischen Auslegung ein Kompromiß eingegangen werden. In der Regel stellt man die kürzere Nachhallzeit ein und benützt eventuell zeitweise Nachhallverlängerungsgeräte. Von besonderer Bedeutung ist ein solcher Kompromiß bei der akustischen Ausstattung von Kirchen. Hier hat sich der Erbauer zu entscheiden, ob den musikalischen Darbietungen, also Choralgesang, Orgelspiel und Kirchenkonzerten, welche lange Nachhallzeiten erfordern, oder dem gesprochenen Wort, der Predigt, in der nur teilweise besetzten Kirche, also kurzer Nachhallzeit der Vorrang zu geben ist. Die als günstig angesehenen Nachhallzeiten sollen im ganzen Frequenzbereich vorhanden sein. Ein Anstieg nach den tiefen Tönen hin um etwa 30–50% bei 100 Hz erscheint in vielen Fällen zulässig.

Raumgestaltung

Auch die Form hat Einfluß auf die akustische Qualität eines Raumes. So werden heute vielfach trichterförmige Erweiterungen von der Bühne zur Saalmitte verwirklicht, während nach hinten eine gewisse Sammlung der Schallwellen durch Verjüngung des Raumquerschnittes angestrebt wird. Nach hinten stark ansteigende Sitzreihen, oft ohne Ränge, kommen dem Bestreben entgegen, jedem Zuhörer einen möglichst großen Sektor der von der Bühne ausgehenden Schallstrahlung zukommen zu lassen.
Laufwegunterschiede zwischen direktem und reflektiertem Schallstrahl von mehr als 17 m ergeben Laufzeitdifferenzen von mehr als

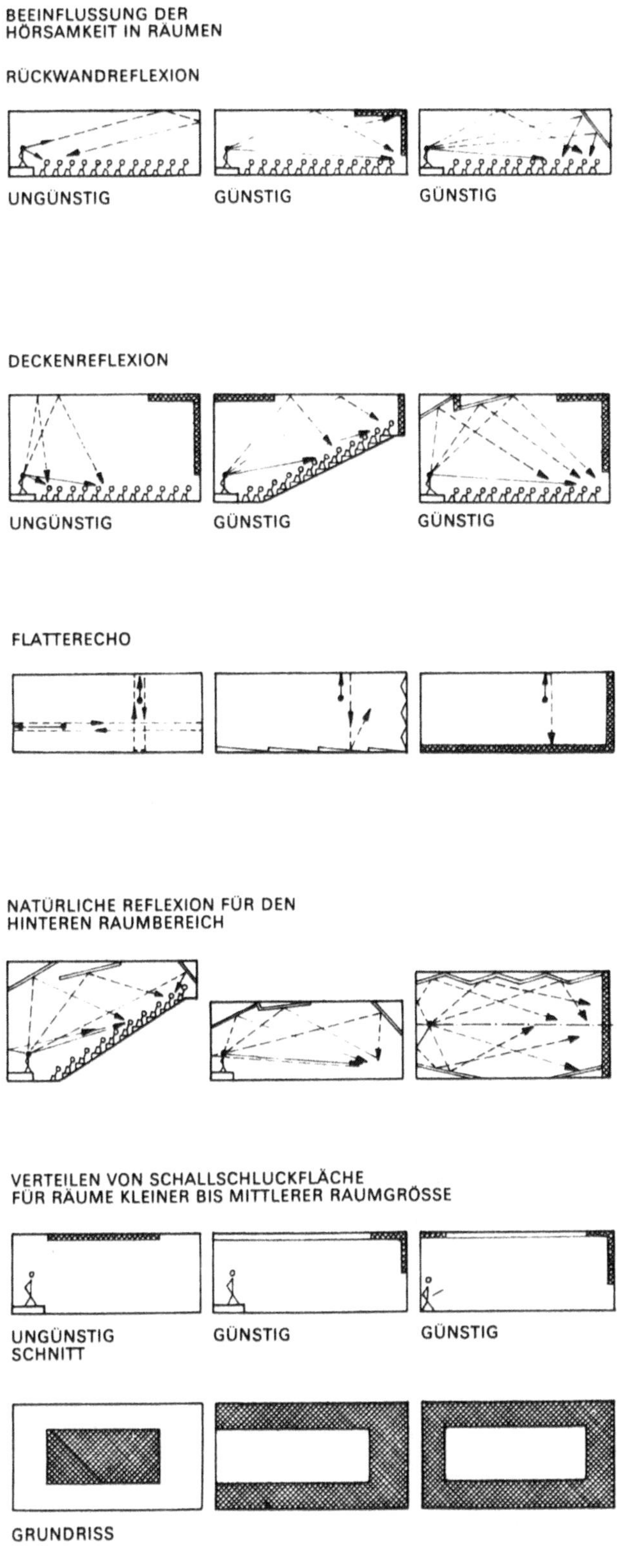

$^1\!/_{20}$ sec, die als Echo störend in Erscheinung treten. Dies ist besonders bei Sälen zu berücksichtigen, welche über 20 m lang sind. Im hinteren Raumbereich müssen hierbei Reflexionsflächen vermieden werden, welche etwa über die Decke einen Rückwurf auf die Bühne oder auf die vorderen Sitzreihen ergeben. Große Rückwandflächen sollen deshalb besonders für mittlere und hohe Töne stark schluckend gemacht werden. Das gleiche gilt für großflächige Balkonbrüstungen. Diese können auch durch Wölbung nach außen schallzerstreuend gestaltet werden. In den meisten Fällen, besonders aber, wenn es sich um lange, verhältnismäßig niedrige Räume handelt, ist es zweckmäßig, die außer Bestuhlung und Publikum erforderliche Schallschluckung an den Seitenwänden unterzubringen und die Decke zumindest in ihrem Mittelfeld reflektierend zu lassen. Damit wird größtmögliche Lautstärke für die hinteren Sitzreihen gewährleistet. Verfährt man in dieser Art, so ist auch die Gefahr der sprach- und musikentstellenden Flatterechos beseitigt. Diese sind Mehrfachreflexionen zwischen gleichlaufenden Wänden, hier zwischen den Seitenwänden, falls diese ohne Schluckverkleidung bleiben. Man muß aber beachten, daß Schallschluckmaßnahmen zu Nachhallzeitverkürzungen führen. Es kann daher besonders bei kleineren Sälen leicht geschehen, daß die Nachhallzeit im besetzten Zustand unter die im Bild angegebenen Werte absinkt. Ein zu großes Luftvolumen je Person in einem Saal ist daher weniger schädlich als ein zu kleines. Die langen Nachhallzeiten in großen Räumen lassen sich leicht durch schallabsorbierende Fächen, die gleichzeitig so angeordnet sind, daß störende Rückwürfe vermieden werden, verkürzen; in kleineren Räumen ist die Nachhallzeit oft so kurz, daß Schallschluckung zur Vernichtung echoerzeugender Rückwürfe nicht mehr möglich ist. Gewölbeartige konkav gekrümmte Flächen sollen nach Möglichkeit vermieden oder entweder mit sehr großem Krümmungsradius (flache Wölbung) oder mit sehr kleinem Radius ausgeführt werden, denn so gekrümmte Flächen wirken als Sammellinsen für die Schallwellen und verursachen ungleichmäßige Lautstärkenverteilung im Raum. Dagegen werden konvex gekrümmte in den Räumen vorstehende Wölbungen heute besonders in der Orchesternähe von Rundfunksenderäumen bevorzugt angewendet. Diese sogenannten polyzylindrischen, aus harten, reflektierenden Baustoffen hergestellten Flächen bewirken eine bessere Schallzerstreuung als ebene Flächen, was beim Rundfunk wesentlich ist, damit durch ein einziges Mikrofon alle Instrumente des Orchesters trotz der verschiedenen Entfernung in der Originallautstärke aufgenommen werden. Grundsätzlich soll auch die Wand hinter einem Sprecher und im Konzertsaal die Bühnenrückwand „schallhart", also stark reflektierend ausgeführt werden, damit die volle Schallenergie nutzbar in den Zuhörerraum gelangen kann. Maßnahmen, dem Schall eine bevorzugte Richtung auf die Zuhörerschaft zu geben, gibt es in mannigfaltiger Art. Einstellbare Reflexionsschirme hinter und über Orchesterbühnen, parabelförmige Schirme hinter Kanzeln in Kirchen sollen diesen Zweck erfüllen. Sie machen aber die Grundforderung nach einer passenden, nicht zu langen Nachhallzeit keinesfalls entbehrlich. In manchen Fällen läßt sich nur durch eine elektro-akustische Übertragungsanlage die Hörsamkeit verbessern. Man muß sich aber darüber klar sein, daß dies nur eine Notlösung darstellt. Bei den hohen Anforderungen an den Gehöreindruck in Theatern, Konzertsälen und Kirchen sollte die Hörsamkeit so gut sein, daß keine Lautsprecherübertragung notwendig ist.

Schallschluckende Bauteile

Während schalldämmende Bauteile den Schalldurchgang von einem Raum in den anderen verhindern sollen, reduzieren schallschluckende Bauteile den Schall in dem Raum, in dem er entsteht. Die Schallwellen dringen z. B. in poröse Wand- Boden- oder Deckenflächen ein und werden in den vielen kleinen Materialporen in Wärme umgewandelt, also geschluckt und nicht reflektiert. Schallschluckende Bauteile haben auch einen großen Einfluß auf die Akustik eines Raumes.
Abgehängte Decken mit schallschluckender Oberfläche sind nach ihrem physikalischen Prinzip schallschluckend, wirken aber durch den dahinterliegenden Deckenhohlraum als Resonatoren, die im Gesamtsystem mit der darüberliegenden konstruktiven Decke auch als schalldämmendes Bauteil wirken.

Schallschluckdecken

Zunächst wurden als poröse Deckenabsorber die Holzweichfaserplatten verwendet, die es in gelochter, parallel und kreuzweise geschlitzter Ausführung mit geweißter oder farbbehandelter Oberfläche gibt. Die Löcher oder Rillen reichen bis zu $^2/_3$ oder bis zur Hälfte der Plattendicke. Sie sollen die Schallwellen besser in die tieferen Faserschichten eindringen lassen. Bei etwa 10% Lochflächenanteil kann die Oberfläche der Platte mit einem dichten Überzug versehen oder mit einer durchgelochten dekorativen Hartfaserplatte beklebt werden ohne wesentliche Einbuße an Absorptionsfähigkeit.
Es gibt verschiedene Kunstharzkleber, insbesondere auf Neopren-Kautschuk-Basis, mit denen die Akustikplatten an Decken oder Wandputz und an Betonflächen angesetzt werden können. Bei letzteren muß auf Fettfreiheit geachtet werden, die nicht gewährleistet ist, wenn geölte Schalungsplatten bei der Errichtung Verwendung fanden. Da Weichfaserplatten bei wechselnder Feuchtigkeit schwinden und quellen, können Zugspannungen auf Putzschichten ausgeübt werden, die stellenweise Ausbrechen des Putzes und Ablösen der Platten zur Folge haben. Es ist deshalb zweckmäßig, die Platten zusätzlich zu nageln. Bessere Verhältnisse ergeben sich in bezug auf die Schallabsorption und die mechanische Haltbarkeit, wenn die Platten auf Holzleisten oder Metallprofilen, etwa auf einem kreuzweisen Rost mit fast 5 cm Abstand von der Decke oder Wand montiert werden.

Mineralfaser-Akustikplatten bestehen aus gepreßten Mineralfasern, die mit geringen Mengen eines nicht entflammbaren Kunstharzes gebunden sind. Dadurch sind sie unbrennbar. Da wegen der großen Porosität der Strömungswiderstand der Platte zu gering ist, wird die Oberfläche mit einem unregelmäßig aufgespritzten Belag teilweise abgedichtet, so daß die Absorption einen Optimalwert erreicht. Die 2 cm dicken Mineralfaser-Akustikplatten werden außerdem als Dekorationsplatten mit fast völlig abgedichteter, feinporöser Oberfläche hergestellt. Die Bilder zeigen den Aufbau- und die Absorptionskurve direkt geklebt und mit 25 mm Wand- oder Deckenabstand. Da Mineralfaser-Akustikplatten bei Änderung der Luftfeuchtigkeit weder schrumpfen noch quellen, können sie auch durch Kleben zuverlässig und dauerhaft befestigt werden. Ordnet man die teilweise porösen Platten oder die Dekorationsplatten mit 20 cm Abstand an, so ergeben sich Absorptionsgradkurven, die fast im ganzen Hörfrequenzbereich bei 0,9 bzw. 0,4 verlaufen.
Die nachstehend beschriebenen Schallschluckdecken aus Gips- oder Metallkassetten mit Mineralfasereinlage in den Formaten 33 × 33 cm bis 62,5 × 62,5 cm oder 50 × 100 cm, die Streifendecken mit Leichtmetall-Lamellen unter einer Tragkonstruktion mit lose aufgelegten Mineralfaserplatten oder schließlich die Rasterdecken, bei denen Schallschluckelemente vertikal gestellt als Gitterrost von der Decke abgehängt sind, entsprechen der Forderung nach teilweiser Demontierbarkeit der Decke und leichter Zugänglichkeit darüber verlegter Installationen. Die meisten von ihnen können außerdem als Lüftungsdecken eingerichtet werden.

Schallabsorptionsgrad verschiedener Wand- und Deckenverkleidungen

Verkleidung	Schallabsorptionsgrad bei den Frequenzen					
	125 Hz	250 Hz	500 Hz	1000 Hz	2000 Hz	4000 Hz
2 cm Mineralwolle-Putz	0,15	0,25	0,45	0,65	0,75	0,85
2,5 cm Zementspritzputz mit Vermiculite-Zusatz	0,05	0,1	0,2	0,55	0,6	0,55
Bimsbeton, unverputzt	0,15	0,4	0,6	0,6	0,6	0,6
11,5 cm Hochlochziegel, unverputzt, mit Löchern dem Raum zu, in 6 cm Hohlraum Mineralwolle	0,15	0,65	0,45	0,45	0,4	0,7
2,5 cm Holzwolle-Leichtbauplatten unmittelbar an der Wand	0,05	0,1	0,5	0,75	0,6	0,7
2,4 cm vor Wand, im Hohlraum Mineralwolle	0,15	0,7	0,65	0,5	0,75	0,7
20 mm Holzspanplatten, lockeres Gefüge, 3 cm Wandabstand	0,1	0,35	0,35	0,4	0,55	0,65
Holzfaserdämmplatten, gelocht oder mit Nuten versehen, auf 5 cm Holzleisten	0,15	0,3	0,3	0,4	0,5	0,6
Gipsdeckenplatten (unterseitig mit Öffnungen versehen, oberseitig Mineralwolle)	0,3	0,7	0,9	0,65	0,55	0,35
2 cm Steinwolleplatten mit leichtem Spritzbewurf in Flockenstruktur, unmittelbar aufgeklebt	0,02	0,13	0,49	0,86	0,99	0,94
1,5 cm Mineralfaserplatten, gelocht, dichte Ausführung, 20 cm Luftabstand	0,45	0,35	0,5	0,75	0,85	0,65
7 mm Teppichboden	0	0,05	0,1	0,3	0,5	0,6

Dekorative Schallschluckdecken lassen sich mit gelochten Gipsplatten herstellen, die mit Mineralfasern als Absorptionsstoff hinterlegt und rückseitig mit einer Metallfolie abgedeckt sind. Das Bild zeigt auf Holzleisten mit 5 cm Deckenabstand montierte Soundex-Platten. Die Einlegemontage und Aufhängung an Metallschienen haben sich für derartige Gipsdecken in letzter Zeit gut eingeführt. Damit verringern sich die Montagekosten, und die Decke besteht ganz aus nicht brennbarem Material.

SCHALLABSORPTIONSGRAD VON MINERALFASER-AKUSTIKPLATTEN

1 UNMITTELBAR AN DIE DECKE ODER WAND GEKLEBT

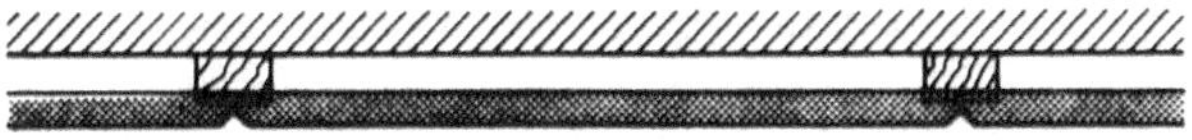

2 VOR LATTENROST MIT 2,5 cm ABSTAND

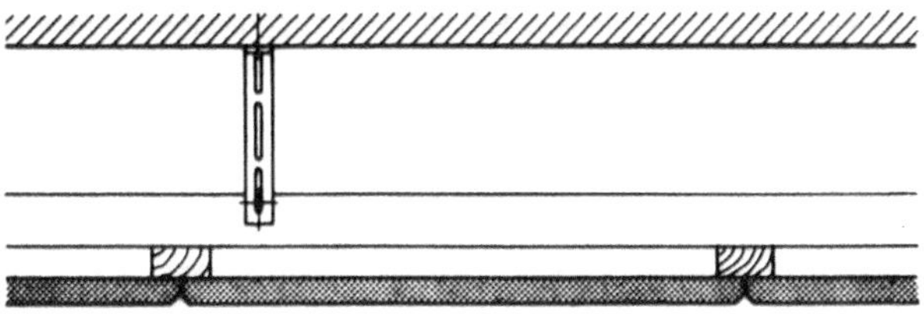

3 MIT 20 cm ABSTAND

Da die Gips-Platten rückseitig hygienisch abgedeckt sind, kann nach einem patentierten Verfahren Frischluft in den Deckenhohlraum eingeführt und durch die an den Gipsstegen angebrachten Löcher gleichmäßig verteilt senkrecht nach unten in den Raum eingeblasen werden. Es handelt sich also um eine zweckmäßige Lüftungsdecke mit bester Schallabsorption. Auch schallabsorbierende Deckenstrahlungsheizungen können mit Gips-Platten gebaut werden. Man ordnet die gelochten Gipsplatten ohne Mineralfasereinlage unter den Heizungsrohren an. Zur Schallschluckung und zur Vermeidung des Wärmeabflusses nach oben wird die Rohdecke unterseitig mit einer dicken Mineralfaserschicht belegt. Sowohl Mineralwollefilz mit unterseitig aufkaschierter gelochter Aluminiumfolie, die auch als Wärmereflektor wirkt, als auch auf Drahtgeflecht unter Zwischenlage von Al-Folienstreifen versteppte Mineralfasermatten können hierfür eingesetzt werden.

EINLEGEMONTAGE EINER GIPSPLATTEN-DECKE

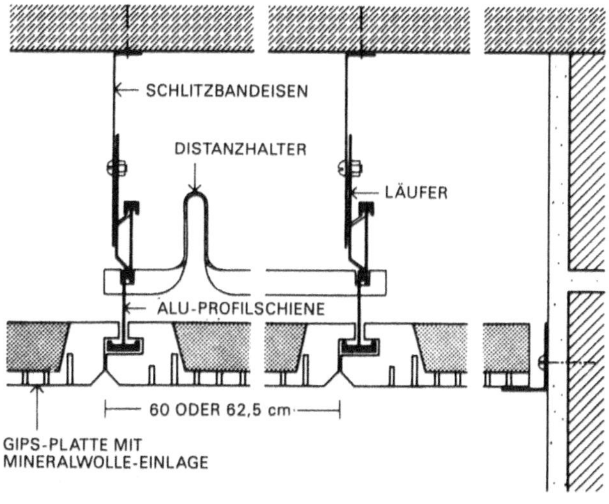

Metallkassetten aus aufgekantetem, perforiertem Blech mit Schluckstoffeinlage werden, dicht aneinandergestoßen, zu Schallschluckdecken zusammengesetzt. Die Aufkantung dient der Versteifung und der Aufhängung an Metallprofilen. Die Schluckstoffeinlage besteht in der Regel aus rückseitig mit Folie beklebten Mineralfaserplatten. Bei der dargestellten Decke sind die Kassetten aus kunststoffbeschichtetem Leichtmetall gefertigt. Streifendüsen sind entwickelt worden, die zwischen den Kassettenreihen eingesetzt, die Möglichkeit bieten, auch durch diese Decke den Raum zu belüften.

WABENAKUSTIKDECKE
MINDERUNG DES LÄRMPEGELS IN GROSSRÄUMEN DURCH SCHALLSCHLUCKUNG

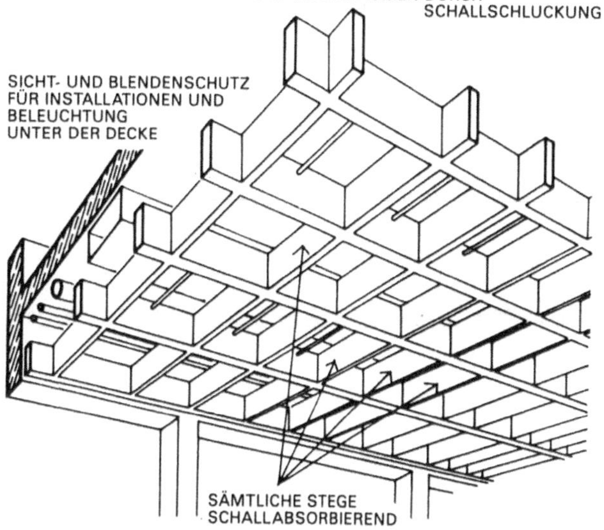

Wabenakustikdecken sind bestens für Großräume geeignete, hochwirksame Schallabsorptionsdecken. Ihr besonderer Vorzug ist die Lichtdurchlässigkeit. Die Schallschluckplatten werden nicht wie bei den herkömmlichen Verkleidungen parallel zur Decke montiert, sondern mit beliebiger Rasterform (quadratisch, rechteckig, dreiekkig oder in Streifen), mit 25 bis 100 cm Höhe senkrecht zu dieser. Unter Oberlichtern kann das Tageslicht fast ungehindert eintreten, und es ergibt sich eine blendfreie, diffuse Beleuchtung. Beleuchtungskörper können über dem Raster aufgehängt oder zur indirekten Ausleuchtung des Raumes in die Rasteroberseite unsichtbar eingelassen werden. Die bessere akustische Wirkung der Rasterdekke ist durch die beidseitige Beaufschlagung der Schluckstoffplatten mit Schallwellen bedingt. Bei gleichem Materialbedarf ergeben sich deshalb höhere Gesamtabsorption und erhöhte Wirkung im Bereich tiefer Frequenzen.
Wie schon bei der Behandlung der physikalischen Grundlagen der Schallabsorption angedeutet, gibt es für den Architekten eine Vielzahl von Möglichkeiten, zweckentsprechende Absorptionsverkleidungen herzustellen. Die porösen Absorber sollen schalldurchlässig abgedeckt sein. Die Abdeckung hat den hygienischen und ästhetischen Forderungen hinsichtlich Form und Farbe gerecht zu werden und muß mechanisch widerstandsfähig sein. Oft ist auch hinsichtlich Reinigung besonderen Ansprüchen Genüge zu leisten. Gelochte oder geschlitzte Platten, Geflechte und Gewebe aus Kunststoff, Textilien, Glas oder Metall und Holzstabgitter sind gebräuchliche Abdeckmaterialien.

Metallpaneeldecken

Die am weitesten verbreiteten Schallabsorptionsdecken sind die Metallpaneeldecken. Diese bestehen aus einer Metall-Unterbaukonstruktion, auf welche farbige Langpaneele mit einer Rasterbreite von 10, 15 und 20 cm eingeklemmt werden. Auf die Oberseite wird eine Mineralwolleplatte mit schwarzer Vlieskaschierung gelegt, die die

Schallschluckung gewährleistet. Verbesserte Werte bringen gelochte Metallpaneele. Diese Deckenbauart wird vorzugsweise in Verwaltungsgebäuden eingesetzt.
Bei Produktionshallen mit entsprechendem Lärmpegel hängt man poröse Schallschluck„bretter" von der Decke ab in Bereichen, wo lokal hohe Lärmemissionen entstehen. Eine sehr wirtschaftliche Maßnahme von Schallschluckung in Hallen ergeben Trapezprofilbleche, die den Dachaufbau tragen, wenn man sie in der Version mit gelochten Sickenflanken einbaut und den oberseitigen Hohlraum mit einem schwarzen Vlies auskleidet. Damit ergibt sich eine flächendeckende Schallschluckung im eigentlichen Tragwerk, eine untergehängte Decke kann entfallen.

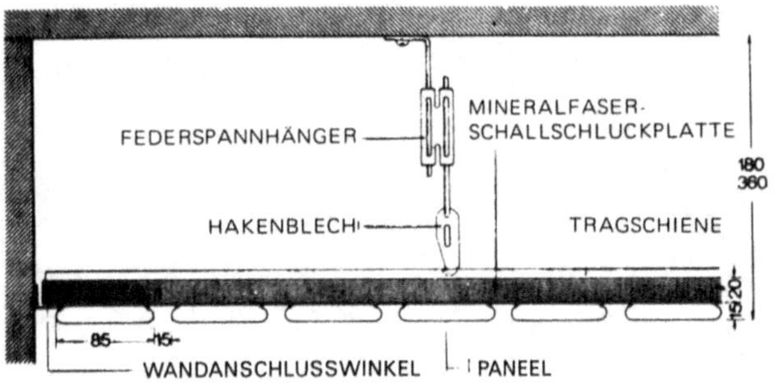

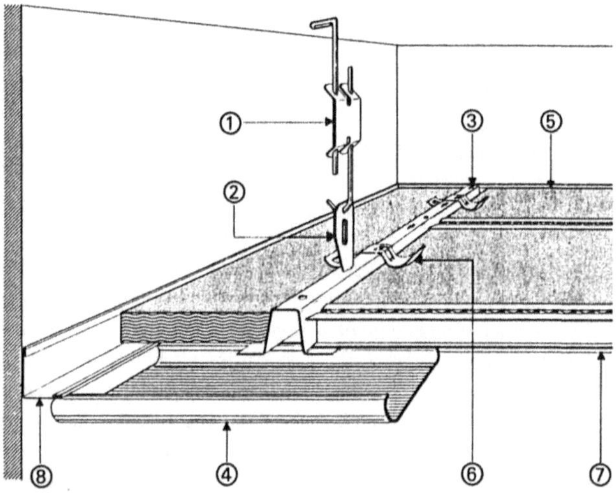

PANEEL-LÜFTUNGSDECKE MIT LEICHTMETALL-PANEELEN

1 Federspannhänger
2 Hakenblech
3 Tragschiene
4 Leichtmetall-Paneel, gelocht oder ungelocht
5 Mineral-Schallschluckplatte
6 Klemmfelder
7 Lüftungsschiene, Metall
8 Wandanschlußwinkel

Schallschluckmauerwerk

Auch unverputztes Mauerwerk trägt in gewissem Maße zur Schallschluckung bei. Der Wirkungsgrad der Schallabsorption hängt vom konstruktiven Aufbau der Wand ab. Neben der reinen Mauerwerksabsorption, abhängig von Material und Form des Ziegels sowie Fugenanteil und Fugentiefe, hat man beim Mauern auch die Möglichkeit, Resonatoren herzustellen, mit denen auch hohe Absorptionsgrade verwirklicht werden können.
Der Schallabsorptionsgrad einer unverputzten Vollziegelfläche aus porösen Ziegeln liegt etwa zwischen 0,05 und 0,2. Vorsatzschalen aus hochkant vermauerten Hochlochziegeln oder Gitterziegeln mit sehr hohem Lochflächenanteil wirken, insbesondere wenn sie mit Mineralfasermatten hinterlegt sind, stärker schallabsorbierend. Werden spezielle Gitterziegel mit hohem Lochflächenanteil von ca. 47% verwendet, so beträgt der Schallabsorptionsgrad bei einer Hohlraumtiefe von 5 cm hinter der Vorsatzschale etwa 0,8 oberhalb 400 Hz. Durch Vergrößerung des Abstandes läßt sich die Absorption bei tiefen Frequenzen vergrößern, wobei aber bei hohen Frequenzen die Absorption abnimmt. Diese Erscheinung beruht auf der Resonanzwirkung des Absorbers. Die Resonanzfrequenz läßt sich durch Variationen der Hohlraumtiefe und die Zahl der Löcher je Flächeneinheit variieren. Genormte Hochlochziegel sind wegen ihres geringen Lochflächenanteils nur bedingt für absorbierende Vorsatzschalen geeignet. Die maximale Schallabsorption tritt dann nur in einem schmalen Bereich auf, dessen Frequenz durch die Hohlraumtiefe und die Ziegeldicke bei vorgegebenem Lochflächenanteil bestimmt wird.
Neben den Gitterziegeln oder Hochlochziegeln wirken auch gelochte oder geschlitzte Gipskartonplatten, Sperrholzplatten oder Hartfaserplatten als Resonanzabsorber mit ähnlichen Eigenschaften, deren Bereich maximaler Absorption sich sehr weitgehend variieren läßt. Werden solche Verkleidungen eingesetzt, vor allem in Räumen, in denen es auf eine gute Hörsamkeit ankommt, ist zu empfehlen, die richtige Verteilung und Dimensionierung der schallabsorbierenden und schallreflektierenden Flächen durch einen Akustiker vornehmen zu lassen.

Schalldämpfung in Schächten und Kanälen

Durch die Schächte und Kanäle von Lüftungs-, Klima- oder Warmluftheizanlagen können sowohl Eigengeräusche der Anlagen als auch Geräusche zwischen gemeinsam angeschlossenen Räumen übertragen werden.
Durch Schächte, die an Räumen verschiedener Wohnungen angrenzen, kann sich die Luftschalldämmung von Wohnungstrennwänden und -decken unzulässig verschlechtern (Nebenwegübertragung).
Schallübertragungen von Raum zu Raum sind möglich:
1. Über Schachtöffnungen, selbst wenn diese mehrere Geschosse auseinanderliegen,
2. über Außenwände von Schächten und Schachtbatterien,
3. über die Innenwände von Schachtbatterien.

Diese Wege können sich überlagern. Die Schallübertragung über Schächte wird im wesentlichen beeinflußt:

a) durch die Längsdämpfung im Schacht.
Diese ist um so höher, je größer der Schallabsorptionsgrad der Schachtwandungen und je größer der Abstand zweier Schachtöffnungen ist. Je poriger die inneren Schachtwandungen und je größer der Abstand der Schachtöffnungen ist, um so geringer ist die Schallübertragung.
b) durch die Größe des Schachtquerschnitts und der Schachtöffnung zum Raum.
Je größer diese Flächen sind, um so größer ist die Schallübertragung.
c) durch die Wanddicke der Schächte.
Je dicker die Schachtwände, um so geringer ist die Schallübertragung.

In gewissem Umfang tragen auch Richtungswechsel und Querschnittssprünge zur Schalldämpfung innerhalb des Schachtes bei.
Über die Ausführung von Schächten und Kanälen, die den Mindestforderungen des Schallschutzes im Wohnungsbau entsprechen, s. DIN 4109.

Schalldämpfer für Rohrleitungen

In Lüftungs-, Klima- und Warmluftheizanlagen wird die Luft durch motorgetriebene Gebläse umgewälzt. Durch den Betrieb dieser Ventilatoren entstehen Geräusche, welche durch die Rohrleitungen in die belüfteten oder klimatisierten Räume dringen. Die Kanäle oder Schächte können gemauert und innen verputzt sein, aber auch unmittelbar aus Beton gegossen, einen Teil des Bauwerkes bilden. In der Regel werden jedoch dünnwandige Blechkanäle oder Asbestzementrohre mit rechteckigem oder rundem Querschnitt verlegt.
Die wirksamste Maßnahme, die Ausbreitung der Geräusche durch die Kanäle zu vermeiden, besteht in einer Bekleidung der inneren Kanalwandungen mit 20 bis 40 mm dicken Mineralwolleplatten. Geschieht dies bei Kanälen mit ca. 30 × 30 cm Querschnitt auf einer Länge von 4 bis 5 m, möglichst in einer winkelig geknickten Rohrstrecke, so kann in den meisten Fällen eine ausreichende Lärmminderung erzielt werden.
Sicherheit gegen das Mitreißen von Mineralwollefäden durch starke Luftströmungen ist durch eine Kunstharzimprägnierung der Oberfläche, welche den Schallschluckgrad nicht beeinträchtigt, gegeben. Um ganz sicher zu gehen, oder wenn zeitweise eine Reinigung erforderlich ist, kann ein Lochblechmantel auf der Schluckstoffschicht angeordnet oder eine gelochte Folie aufgeklebt werden. Auch mit aufkaschierten Bahnen aus Textil-, Draht- oder Mineralfaser-Seiden-Gewebe sind gute Schutzschichten herzustellen.
Sofern die Kanäle größere Abmessungen als 50 × 50 cm haben, oder wenn nur besonders kurze Strecken zur Schallschluckverkleidung zur Verfügung stehen, muß man die Strömung unterteilen. Zweckmäßigerweise werden spezielle Schalldämpfer eingebaut oder bauseits erweiterte Kanalstrecken geschaffen, die den Einbau typisierter Schalldämpferkulissen gestatten. Das Bild zeigt schematisch den Aufbau eines Relaxations-Schalldämpfers im Blechgehäuse mit Übergangsstücken auf den mindestens zweifachen Rohrleitungsquerschnitt des Schalldämpfers. Die Relaxations-Schalldämpfer sind zur stärkeren Erfassung der tieffrequenten Anteile des Störgeräusches entwickelt worden, da gerade dieser Frequenzbereich im Restgeräusch der Anlagen mit herkömmlichen Schalldämpfern zu

RELAXATIONSSCHALLDÄMPFER

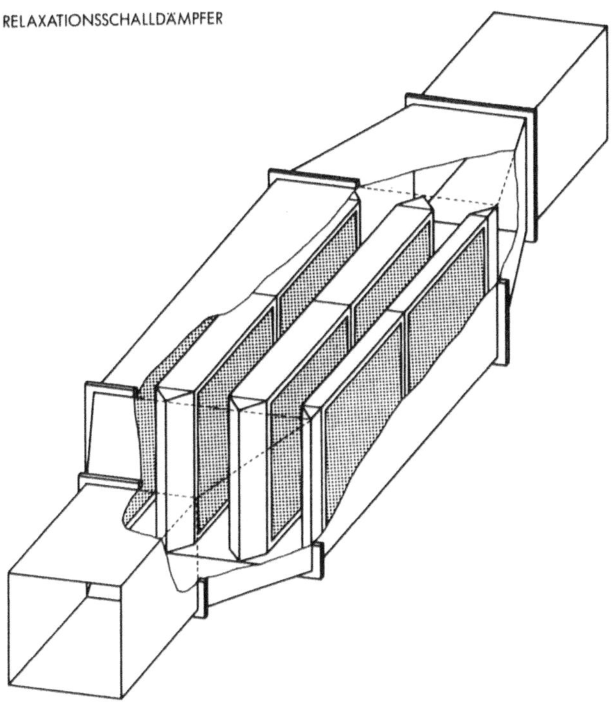

VERMINDERUNG DER SCHALLÜBERTRAGUNG IN LÜFTUNGSANLAGEN
(1) ÜBERTRAGUNG DES MASCHINENGERÄUSCHES
(2) ÜBERTRAGUNG DES LUFTSCHALLS VON RAUM ZU RAUM

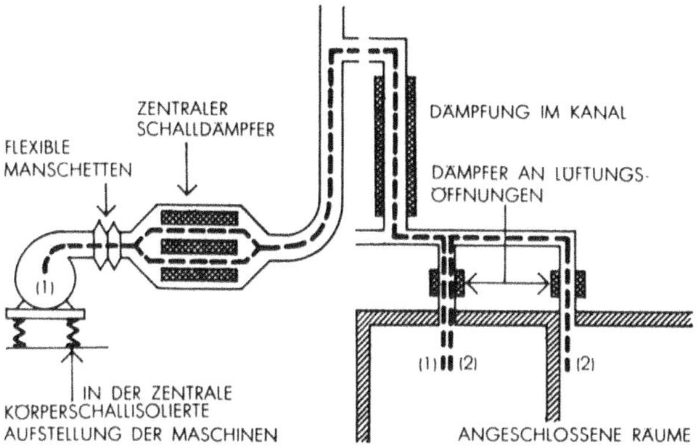

stark hervorgetreten ist. Je nach der zulässigen Störlautstärke im belüfteten Raum und der Stärke des Ausgangsgeräusches des Ventilators, das mit der Umlaufgeschwindigkeit des Laufrades steil ansteigt, werden Schalldämpfer mit Kulissenlängen von 1 bis 3 m notwendig sein. Für besondere Anwendungsfälle, etwa Schalldämpfung in Rohrleitungen von Industrie-Anlagen wie an Kreiskolbengebläsen, Kompressoren, Verbrennungsmotoren, Gasturbinenanlagen oder Dampfkessel-Abblasleitungen, ist es ratsam, Schallschutzfachleute heranzuziehen und sich nicht nur nach den Hersteller- und Einbaufirmen zu richten.
Sind mehrere benachbarte Räume an eine Lüftungsanlage angeschlossen, so genügt es in der Regel nicht, je einen gemeinsamen Schalldämpfer in die Sammelleitungen der Zu- und Abluft zu legen. Um Übertragung von Lärm und störendes oder unbefugtes Mithören von Sprache und Musik im Nebenraum zu unterbinden, müssen ausreichend dimensionierte Schalldämpfer auch in die Hauptleitung zwischen den beiden Räumen oder je ein Schalldämpfer in die Stichleitungen zu diesen Räumen angeordnet werden. Hierauf muß besonders bei Bürogebäuden, Rundfunkstudios und Prüfständen geachtet werden.
Die Schalldämpfer für Lüftungsanlagen erfordern nämlich in der Regel einen nicht unerheblichen Raumbedarf, der bereits bei der Planung berücksichtigt werden muß. Die Größe der Dämpfer richtet sich nach der erwünschten Geräuschminderung und nach der geförderten Luftmenge.

Körperschall und Erschütterungen

Schwingungen im hörbaren Frequenzbereich, welche sich in festen Körpern ausbreiten, werden als Körperschall bezeichnet. Die Fortleitung in den meist stab- oder plattenförmigen Bauteilen erfolgt bevorzugt in Form von Biegeschwingungen. Mechanische Schwingungen von Bauteilen mit niedrigerer Frequenz als etwa 16 Hz sind nicht mehr hörbar. Sie werden mit dem Tastsinn oder überhaupt unmittelbar körperlich wahrgenommen und als Erschütterung bezeichnet. Sie können Ausschläge bzw. Beschleunigungswerte erreichen, welche die Standsicherheit von Gebäuden in Frage stellen. Werden die Erschütterungen durch einen nichtlinearen Vorgang, wie z. B. Schlag oder Stoß, erzeugt, so treten gleichzeitig Vielfache der Grundfrequenz (Harmonische) auf, welche in den hörbaren Bereich fallen.

Die zumeist plattenförmigen, großflächigen Bauteile (Wände und Decken) oder Maschinenteile (Hauben oder Gehäuse) strahlen die in sie eingeleiteten Körperschallschwingungen wie große Lautsprechermembranen als Luftschall ab. Erschütterungs- und Schallbelästigungen sind also meist gleichzeitig vorhanden. Sie werden besonders unangenehm, wenn die Bauteile mit ihrer Resonanzschwingung erregt werden. Zweck und Ziel des Körperschall- bzw. Erschütterungsschutzes muß es demnach sein, die von Maschinen und Apparaten ausgehenden Schwingungen oder die sonstwie als Körperschall erzeugten Arbeitsgeräusche in möglichst geringem Maße entstehen zu lassen oder sie wenigstens auf ihren Herd zu beschränken. Man muß also die Fortleitung und Abstrahlung, sowohl der Erschütterungs- wie auch der hörbaren Wellen, möglichst verhindern.

Aufgaben des Erschütterungs- und Körperschallschutzes

a) Isolierung zwischen Straßen und Gebäuden
Hier ist die Fernhaltung von Verkehrserschütterungen mit Frequenzen unter 16 Hz kaum wirksam durchführbar. Sofern der Untergrund nicht aus Felsen besteht, kann die Ausbreitung der Oberflächenwellen durch einen bis zur Sohle des Gebäudefundaments reichenden Spalt oder einen offenen Graben zwischen Erregerstelle (z. B. Fahrbahn) und gestörtem Gebäude bekämpft werden. Der Spalt muß grundwasserfrei bleiben. Er darf allenfalls mit sehr weichfedernden, feuchtigkeitsunempfindlichen Materialien, wie Mineralfaser- oder Schaumkunststoffplatten, ausgefüllt werden.
Weil es sich in der Regel darum handelt, die Einwirkung einer Störquelle auf ein Gebäude oder auf ein empfindliches Gerät oder eine Maschine zu unterbinden, bezeichnet man dies als „Passiv--Isolierung".
Kommt es darauf an, die Überleitung von Körperschall auch im niederfrequenten Bereich zu verhindern, so ist es bei Rundfunkstudios und Schallmeßräumen üblich geworden, die inneren als selbsttragende Kasten ausgebildeten Räume der zweischaligen Gebäude auf Stahlfedern zu setzen. Diese können aus Längsdämmbügeln oder Schraubenfederisolatoren bestehen.

b) Passiv-Isolierung von Präzisionsmaschinen und empfindlichen Geräten
Walzenschleifmaschinen und andere Feinstbearbeitungsmaschinen sowie hochempfindliche Waagen und in gewissen Fällen auch Fernmeldeeinrichtungen müssen zur Erhaltung ihrer Arbeitsgenauigkeit vor den Einwirkungen von Verkehrserschütterungen, aber auch vor den von ihm gleichen oder in benachbarten Bauwerken aufgestellten groben Bearbeitungsmaschinen ausgehenden Störschwingungen geschützt werden. Dazu wird die Maschine oder der Apparat zusammen mit einem schweren Fundamentblock auf weiche Federn gesetzt.

c) Isolierung der von Maschinen und Hammerfundamenten auf gewachsenem Grund ausgehenden Störschwingungen
Dies bezeichnet man als „Aktiv-Isolierung". Der Erreger wird mit einem möglichst schweren Fundamentblock fest verbunden und dieser auf Federn gestellt.

d) Aktiv-Isolierung von leichteren Maschinen und anderen Schwingungs- und Körperschallerregern, die auf Gebäudedecken aufgestellt sind oder auf diese unmittelbar einwirken.
Hierbei müssen Resonanzen mit den Eigenfrequenzen der tragenden Decken vermieden werden. Schwere Fundamente kommen wegen der begrenzten Tragfähigkeit der Decken nicht in Frage. Meist sind nur flache Grundrahmen, nach Möglichkeit mit Beton ausgegossen, zulässig. Der Trittschallschutz, der zu dieser Art der Körperschallisolierung gehört, wurde in einem vorausgegangenen besonderen Abschnitt behandelt. Den Erschütterungsschutz im Bauwesen behandelt weitergehend DIN 4150.

Anwendungsgebiete der Körperschallisolierung

Schwimmender Estrich auf Massivdecken.
Mineralfaserplatten als Bodenunterlage in Holzbalkendecken
Unterlagen für Holzfußböden auf Massivdecken
Decken- und Wandauflagen in Skelettbauten
Körperschallisolierte Binderelemente für Doppelwände
Unterlagen für die Innenschale vollständig zweischaliger Bauten (Rundfunk)
Fundamente und Unterlagen für Arbeits- und Werkzeugmaschinen, Spinnereimaschinen und Webstühle, Rotationsdruckmaschinen, Stanzen, Pressen, Telefonzentralen, Schaltanlagen, Wählergestelle, Motoren, Kompressoren, Ventilatoren, Fallhämmer und Preßluft- oder Dampfhämmer, Büromaschinen.

Schwingungsisolierende Bauteile

Federelemente und Dämmschichten

Durch Unwuchten an rotierenden Maschinen sowie durch Beschleunigung und Verzögerung bei hin- und hergehenden Bewegungen und vor allem bei Stoßbeanspruchungen werden Kräfte ausgelöst, welche sich auf das Maschinengestell übertragen. Oft werden auch einzelne schwingungsfähige Teile der Maschinen durch Resonanzwirkung bei bestimmten Drehzahlen zu besonders starken Ausschlägen angeregt. Bei gegebener Kraft werden die Ausschläge einer Maschine um so kleiner, je größer ihre Masse ist. Es empfiehlt sich also, soweit dies möglich ist, die Maschinengrundplatte mit einer großen Masse (Fundamentblock) fest zu verhindern.
Um eine Kraftübertragung auf die Unterlage möglichst zu verhindern, muß die Maschine samt Fundament auf eine federnde Unterlage gesetzt werden. Dadurch entsteht ein schwingungsfähiges Gebilde mit einer definierten Eigenfrequenz.
Grundsätzlich ist für gute Dämmung eine möglichst tiefe Systemeigenfrequenz anzustreben. Dazu gehören große Massen auf weichen Federn. Die Masse der zu dämmenden Maschine wird deshalb bei stationären Anlagen meist durch Hinzufügen eines schweren Fundamentklotzes vergrößert. Die Maschine muß starr auf diesem Fundament verschraubt und vergossen werden, wodurch auch die Bewegungsausschläge der gemeinsamen Masse bei gleicher Anregung kleiner werden.
In nachstehender Zahlentafel sind die wichtigsten Daten gebräuchlicher Körperschalldämm-Mittel zusammengestellt. Danach sind mit Stahlfedern die niedrigsten Eigenfrequenzen, also die höchsten Dämmzahlen, zu erreichen. Oft ist aber ein ruhiger Stand der Maschine erwünscht, d. h. bei zusätzlichen Belastungen und Stößen soll das ganze Aggregat nicht wesentlich nachgeben. Auch sind den Leitungsanschlüssen an der Maschine große Ausschläge unzuträglich. Deshalb werden in Kombination mit Stahlfedern oft Flüssigkeits- und Reibungsdämpfer eingebaut. Da diese dämmungsmindernd wirken, ist es zweckmäßig, die härteren Unterlagen aus Gummi, Gummi-Metall oder Kork einzubauen. Gummi ist nicht volumenelastisch wie Kork, muß also immer in Einzelelementen oder in Form von speziellen Gummiformteilen oder als Noppenplatte angewandt werden, damit das Material bei der Zusammendrückung seitlich ausweichen kann.

DIE WICHTIGSTEN DATEN VON KÖRPERSCHALL-DÄMMITTELN						
Dämmittel	Raumgewicht kg/m³	Höchstbelastung MN/m² (N/mm²)	Elastizitätsmodul bei Höchstbelastung[1]) Statisch MN/m² (N/mm²)	Dynamisch MN/m² (N/mm²)	Niedrigste Eigenfrequenz ca. Hz	Verlustfaktor ca.
Mineralwolle-Filz	100	0,005	0,008	0,1–0,15	20–12	0,08
Mineralwolle-Platten	80–130	0,01	0,01–0,02	0,15–0,4	20–15	
Antipulsit Kork-Unterlagsplatte Type 0	70	0,02	0,12	1,0	12	0,1
Antipulsit Kork-Unterlagsplatte Type I	110	0,05	0,5	4,0		
Antipulsit Kork-Unterlagsplatte Type II	250	0,4	1,5	10,0		
Korkolit H = III	320	1,0	4,0	28,0		
Korkolit M	260	0,6	2,5	20,0		
Korkolit W	220	0,4	1,5	12,0		
Ferro-Kork	250	0,4	2,5	15,0		
Antremit	400	2,0	6,0	40,0		
Gummi Druck	1000	0,6	1,0–4,0[2])	1,2–12,0[2])	7	0,04[2])
Gummi Schub	–2000	0,3	0,4–1,3[2])	0,5–4,0[2])	4	–0,1
Stahlfedern	–	Für beliebige Werte herstellbar			0,1	0,0004

1) **Der E-Modul steigt mit zunehmender Belastung und erfahrungsgemäß auch mit der Schichtdicke. Die niedrigen Werte gelten bei Mineralwolle für die üblichen Trittschall-Dämmschichten.**

2) **Variable zwischen DVM Weichheit 100 und 40.**

Am einfachsten oder billigsten gestaltet sich der Einbau der matten- oder plattenförmigen Dämmschichten aus Mineralwolle oder Kork, weil die Fundamente unmittelbar auf ihnen betoniert werden können. Die Auswahl des Dämmittels erfolgt zunächst nach der zu fordernden Eigenfrequenz, welche in der Regel höchstens die Hälfte der Betriebsfrequenz $f = n/60$ (n = Maschinendrehzahl in U/min, f = Betriebsfrequenz in Hz) betragen soll.
Ob Mineralfasermatten, Mineralfaserplatten, eine bestimmte Sorte Korkolit- oder Antipulsit-Preßkorkplatten oder Ferro-Naturkork untergelegt werden, richtet sich nach der auftretenden Belastung. Die Fläche der Dämmstoffe soll so gewählt werden, daß etwa ihre höchstzulässige Belastung erreicht wird.
Für jeden Verwendungszweck muß aufgrund der spezifischen Belastungen und der Erregerschwingungszahlen bzw. Maschinendrehzahlen oder Stoßzahlen die Plattensorte und Plattendicke ermittelt werden.
Wenn nach der vorstehenden Anleitung die einzubauende Dämmunterlage aus Faserstoffschichten, Gummielementen, Korkplatten oder Stahlfedern ermittelt wurde, tritt die Frage des zweckmäßigsten Einbaues auf.

Faserstoffschichten

werden am häufigsten unter (schwimmendem) Estrich verwendet. Die Einbaurichtlinien gelten auch für leichte Maschinenfundamente, welche praktisch nur aus einer dünnen Betonplatte bestehen, auf der die Maschine montiert ist. Ebener Untergrund und eine Papierabdeckung sowie seitlich am Rand bzw. Luftschlitz hochgezogene Dämmschicht sind auch hier erforderlich. Eine wulstartige Umrandung ist zweckmäßig, damit seitliche Verschiebungen der Fundamentplatte unmöglich gemacht werden.

Kork-Unterlagsplatten

sollen nach den folgenden Hinweisen eingebaut werden. Auf dem Boden einer vorbereiteten Fundamentwanne, welche bei Maschinen mit schweren Stoßwirkungen besonders in der Sohle und im unteren Wandbereich zu armieren ist, werden die Korkplatten fugendicht ausgelegt. Falls mit Rücksicht auf den Grundwasserstand nötig, soll der Wannenboden zuvor abgedichtet werden. Zweckmäßigerweise wird dann auch auf der Korkplatte eine Sperrschicht angeordnet. Die vertikalen Fugen an den Plattenstößen dürfen aber keinesfalls mit Bitumen oder Mörtel gefüllt werden. Der Spalt zwischen Wanne und Fundament muß so breit sein, daß sich die Betonierschalung sicher und vollständig daraus entfernen läßt. Auch dürfen keine Mörtelreste und Steine hineinfallen. Deshalb wird der Spalt, wenn die Schalung entfernt ist, oben sofort durch eine Abdeckung geschlossen.
Entfaltet eine Maschine starke horizontale Kräfte, durch welche das Fundament verschoben werden könnte, so soll der Spalt ganz ausgefüllt werden, wozu in der Regel der pechgebundene Expansitkork genügt. Die Dämmwirkung ist aber besser, wenn der Luftspalt offen bleibt, denn die etwa schon beim Betonieren des Fundaments zwischengestellten Korkplatten übertragen durch Schub vertikale Kräfte und machen so die Gesamtfederung in dieser Richtung steifer, wodurch die Dämmwirkung verschlechtert wird.
Bei Maschinen mit geringen Stoßwirkungen oder leichten Maschinen, die auf Deckenplatten aufgestellt werden, ist statt der Schwingungsisolierung mit Korkplatten in einer Fundamentwanne auch ein Aufbaufundament möglich.

SCHWINGUNGSISOLIERUNG VON FUNDAMENTEN
WANNENFUNDAMENT AUF KORK ODER ELASTOMERPLATTEN

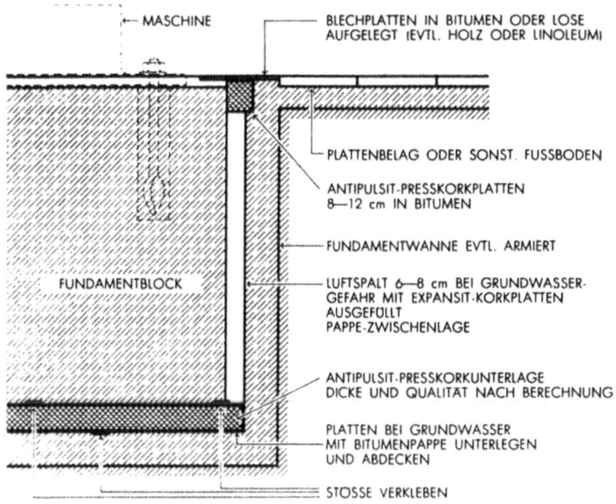

AUFBAUFUNDAMENT MIT KORKDÄMMSCHICHT
Z. B. UNTER VERDICHTERAGGREGAT

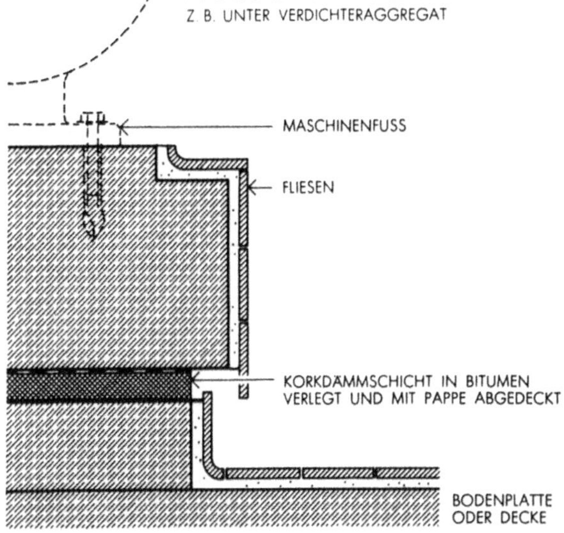

Gummielemente

sollen so angeordnet sein, daß sie Öl und Wasser nicht ausgesetzt und zur Reinigung zugänglich sind. Man wendet sie deshalb bevorzugt unter niedrigen freistehenden Fundamenten oder unmittelbar unter den Maschinenfüßen bzw. Rahmen an. Wo es möglich ist, sollte der Grundrahmen zur Massenvergrößerung mit Beton ausgegossen werden.
Metall-Gummielemente sind auch in Form von Schienen lieferbar. Sie können auf Schub oder Druck beansprucht werden.
Sehr einfach gestaltet sich die Anordnung von Gummi-Rillen- oder Warzenplatten unter Maschinenfüßen oder elastisch zu lagernden Platten. Sie sind bis 0,2 MN/m² (2 kp/cm²) belastbar. Wegen der geringen Dicke von nur 5 bzw. 10 mm ist nur beschränkte Isolierung im Körperschallbereich möglich.

FUNDAMENTPLATTE AUF GUMMIMETALLSCHIENEN

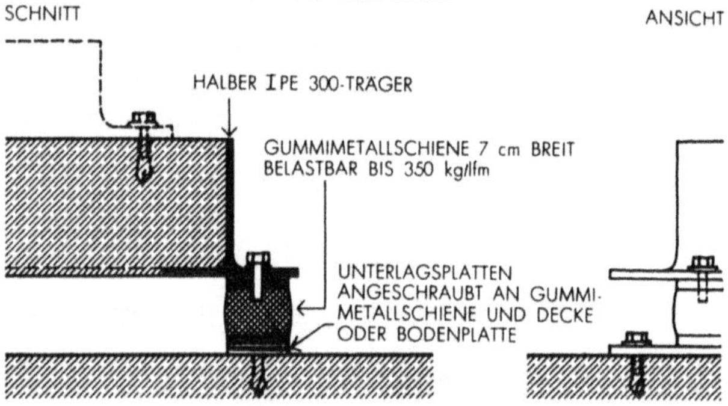

Stahlfedern

Zum Einbau von Stahlfedern werden große Fundamente mit einer Stahl-Tragkonstruktion versehen, so daß die Federelemente in der Nähe der Fundament-Oberkante unter einem flanschartigen Vorsprung nachträglich eingesetzt werden können und damit zugänglich bleiben. Bei leichten Maschinen wie Gebläsen mit Motor genügt eine flache Fundamentplatte, unter der Federisolatoren symmetrisch unter dem Schwerpunkt angeordnet sind. Die Abstände der Unterstützungspunkte müssen so gewählt werden, daß sich gleiche Momente ergeben, damit die horizontale Lage der Grundplatte sichergestellt ist.
Eine gute Dämmwirkung bei allen Frequenzen über 10 Hz ergeben 40 mm hohe, mäanderförmig gebogene Bandstahlfedern, die sogenannten Längsdämmbügel. Sie werden mit Breiten von 30 und 100 mm für Höchstbelastungen von 500 bis 3000 kg je lfm hergestellt. Diese Dämmbügel können als Unterlage für Fundamentplatten aller Art dienen. Bevorzugt werden sie aber bei zweischaligen Gebäuden, insbesondere bei Rundfunkstudios oder bei Schallmeßräumen, als Unterlagen für die inneren Wände und Böden eingesetzt.
Eine besondere Bauart der Dämmbügel dient als Unterlage für Schwingböden, die für Turn- und Gymnastikhallen eine weite Verbreitung gefunden haben. Mit diesen Dämmbügeln können ebenso weichfedernde Böden gebaut werden wie mit der sonst üblichen zweischaligen Holzbauart. Sind unter einem Fundament, welches eine schwere Maschine mit ungleichmäßiger Lastverteilung trägt, ringsherum Federelemente angeordnet, so würde sich das Ganze schief einstellen. Die Stahlfederisolatoren sind deshalb symmetrisch zum Schwerpunkt einer Maschine oder eines Aggregats unter dem Fundament einzubauen. Sie sind meist mit einer Einstellschraube versehen, mit der ein horizontaler Stand der Maschine genau einnivelliert werden kann. Um große Ausschläge bei Anregungen mit der System-Eigenfrequenz oder bei Stößen zu vermeiden, werden parallel zu den Federelementen Öldämpferkolben (ähnlich den Teleskop-Stoßdämpfern bei Motorfahrzeugen) angeordnet.

SCHWERE WANDVORSATZSCHALE AUF LÄNGSDÄMMBÜGELN

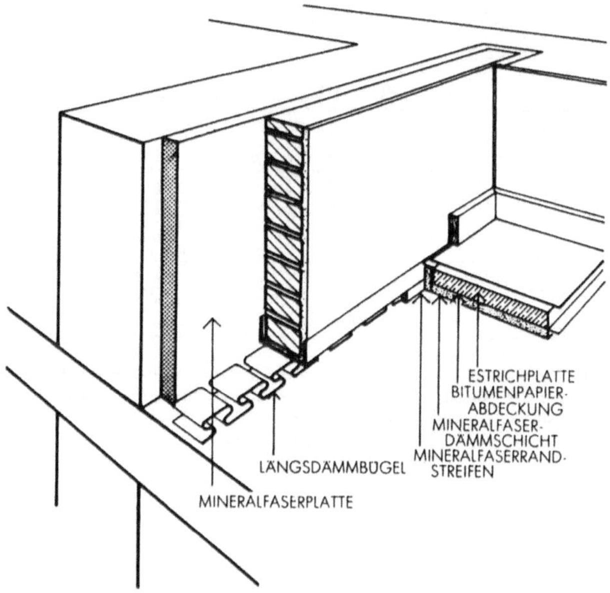

STAHLFEDERISOLATOREN UNTER LÜFTUNGSGERÄT

BEI VENTILATOR-AGGREGATEN WERDEN LÜFTER UND MOTOR AUF GEMEINSAMEN FUNDAMENTRAHMEN AUFGESTELLT. ANORDNUNG DES FEDERSATZES SYMMETRISCH ZUM GEMEINSAMEN SCHWERPUNKT

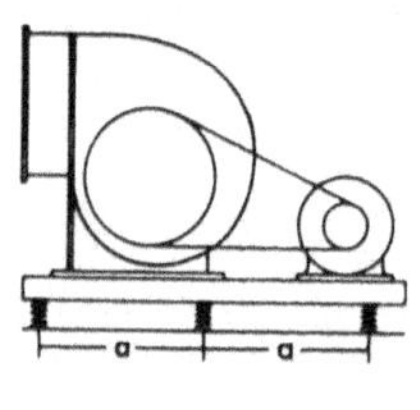

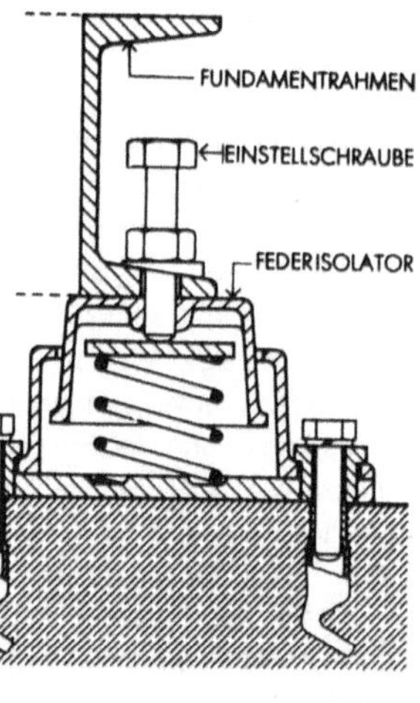

Es gibt auch sogenannte Komplexsätze, in denen Feder und Dämpferkolben vereinigt sind. Fundamente von Fallhämmern sowie von dampf- und preßluftbetriebenen schweren Hämmern müssen sorgfältig vorausberechnet werden.
Bei weichfedernd schwingungsisolierten Maschinen, Motoren, Pumpen oder Gebläsen sollen Übertragungsnebenwege, wie sie durch die angeschlossenen Leitungen für Wasser, Abgas, Luft sowie An- und Abtriebswellen gegeben sind, ausgeschaltet werden. Dazu dienen flexible Rohre, die bei Kalt- und Warmwasser aus Gummi oder Kunststoff, bei Dampf und Abgas aus Metallfaltenbälgen oder Metallschläuchen bestehen können. In manchen Fällen genügt es auch, nicht zu dicke Leitungsrohre rechtwinklig geknickt von der Maschine wegzuführen, so daß die Biegeelastizität der mindestens 1 m langen Rohrstücke ausreichende Weichheit ergibt. Fest angeschlossene Rohre dürfen nur mit flexiblen Rohrschellen am Gebäude befestigt werden. Bei Ventilatoren verhindern die Segeltuchstutzen die Schwingungsübertragung durch die Leitungen weitgehend. Für drehmomentübertragende Wellen sind nachgiebige Kupplungen handelsüblich.

Berechnungsgrundlagen

Zur Behandlung einer Körperschall-Isolieraufgabe sind als Berechnungsunterlagen genaue Angaben über folgende Punkte notwendig:

Was wird von der Isolierung verlangt?
Genügt Dämmwirkung für hörbare Frequenz oder wird auch Erschütterungsschutz gewünscht?

Aufstellungsort:
Auf gewachsenem Boden?
Wie ist der Untergrund beschaffen?
Grundwasserstand

In Stockwerken:
Deckenkonstruktion?
Art der Maschine, Anzahl, Grundfläche, Gewicht, Fußbelastung, Auflagefläche (Größe und Form), Drehzahl, Höhe, Lage des Schwerpunktes (Gewichtsverteilung), hin und her gehende Massen (dynamische Kräfte).

Bei Hämmern:
Fundamentgewicht und Form, möglichst mit Zeichnung. Gewichte von Gestell, Bär, Schabotte oder Amboß. Schlagzahl je Minute, Schlagenergie, Lagerung der Schabotte (Unterlage?), Entfernung von gestörten Objekten.
Art der vorgesehenen Gründung.

Schwingungsisolierung am Bauwerk

Erschütterungen resultieren auch aus Schwingungen des Erdreiches. Diese breiten sich wie der Schall vom Entstehungspunkt her kugelförmig aus.
Man unterscheidet:

1. Einmalige plötzliche Erschütterungen, wie sie z. B. durch Explosionen, Rammschläge oder gar Erdbeben entstehen.
2. Periodische und dauernde Erschütterungen. Sie werden hauptsächlich durch den Verkehr verursacht: der Schienenverkehr der Eisenbahnen, der Straßenbahnen und schließlich der motorisierte Verkehr, speziell der der Lastwagen in den Städten. Die Erderschütterungen bei Schienenverkehr entstehen besonders an den Schienenstößen, bei Straßen an Unebenheiten, Löchern und Stoßfugen der Straßendecken. Von schweren, vor allem stampfenden Maschinen können sich Erschütterungen auch über das Grundwasser kilometerweit fortpflanzen.

Die Messung der Erschütterungsstärke sowie Maßnahmen zum Schutz des Bauwerkes sind in der DIN 4150 „Erschütterungsschutz im Bauwesen" geregelt.

Mögliche Maßnahmen gegen die Übertragung von Erschütterungen auf Bauwerken

1. Lageplan
   Ohne bauliche Maßnahmen läßt sich die Übertragung von Erschütterungen meistens nur durch eine entsprechend große Entfernung des Bauwerkes vom Entstehungsherd verhindern. Schon bei der Wahl eines Bauplatzes oder am besten bei der Erstellung eines Lageplanes oder Bebauungsplanes sollte man wie bei der Vermeidung von Lärmstörungen (Lärm und Erschütterungen treten häufig gemeinsam auf) hierauf Rücksicht nehmen. Das betrifft besonders Krankenhäuser, Schulen und Wohngebiete.
2. Reduktion der Ursachen
   Läßt sich die Übertragung von Erschütterungen häufig nicht verhindern, so kann in den meisten Fällen ihre Stärke am Entstehungsort vermindert werden. Beispiele: Schienenstöße können unterfüttert oder, noch besser, verschweißt werden. Straßenoberflächen können ausgebessert, geglättet, Schlaglöcher und Querrinnen beseitigt werden, Maschinen ein entsprechend schweres Fundament und eine genau bemessene Federung erhalten.
3. Maßnahmen am Bau
   Ist bei einem Neubau trotzdem mit der Übertragung von Erschütterungen zu rechnen, so müssen die Maßnahmen dagegen schon bei der Untersuchung des Baugrundes beginnen. Diese muß auf größere Tiefe als normalerweise geführt werden. Außerdem ist der Boden auf seinen Widerstand gegen Einrütteln zu untersuchen. Die Fundamente sind so groß und schwer zu bemessen, daß keine unregelmäßigen Setzungen auftreten.
   Da die Schwingungen über die Fundamentsohlen auch die Kellerwände treffen, ist es erforderlich, die Kellerwände (Umfassungs-, Trag- und Zwischenwände) zu einem zusammenhängenden steifen Kastengefüge auszubilden. Alle Betonwände werden also wie in Bergsenkungsgebieten unten und oben armiert, so daß sie wie Balken wirken. Die Kellerdecke wird mit den Wänden kraftschlüssig verbunden.

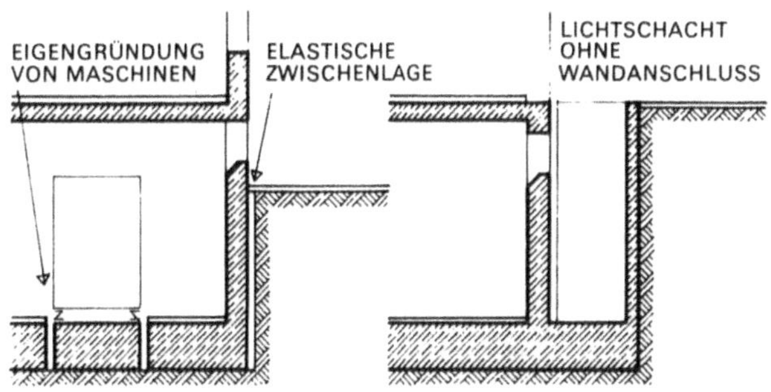

Wirkung auf die Bauwerke

Plötzliche Erschütterungen verursachen zusätzliche Spannungen in den Baugliedern und dem Baugefüge; länger anhaltende und dauernde Schwingungen und Vibrationen lockern das Gefüge der Baustoffe und Bauteile. Stimmt die Eigenschwingzahl eines Gebäudes mit der Schwingzahl des Erschütterungserregers überein, so werden die Schwingungen und damit die zusätzliche Spannung im Baugefüge erheblich verstärkt. Das macht sich mit zunehmender Gebäudehöhe immer stärker bemerkbar.
Durch Erschütterungen wird auch das Gefüge des Baugrundes gelockert, so daß es zu Fundamentsetzungen kommen kann, die gefährlich werden, wenn sie unregelmäßig vor sich gehen.

Um das Auftreffen der Schwingungen des Erdreiches auf die Umfassungswände zu verhindern, zieht man einen Graben auf die gesamte Baulänge gegen den Erschütterungsherd.
Je schwerer und homogener ein Bau in seinem Gefüge ist, um so besser widersteht er Erschütterungen. Bei Mauerwerk soll sich darum die Festigkeit des Mörtels möglichst der der Steine nähern. Bei Ziegelmauerwerk ist die Verwendung von Kalkzement oder Zementmörtel nach DIN 1053 geboten. Biegesteife Verbindungen sind immer besser als Gelenke.
Wenn Schwingungsübertragungen während der Errichtung eines Rohbaues festgestellt werden, so sind rechtzeitig Maßnahmen zur Verhütung möglicher Resonanzschwingungen zu überlegen. Die

Eigenschwingzahl eines Baues läßt sich rechnerisch nur annäherungsweise ermitteln. Manchmal bleibt nur die Möglichkeit, das Eigengewicht des Baues zu verändern, um Resonanzschwingungen zu verhüten. Man muß zunächst nach Fertigstellung der einzelnen Geschosse die Schwingungsübertragungen messen und, um sie zum Verschwinden zu bringen, gegebenenfalls den Bau um 1 Geschoß niedriger als vorgesehen ausführen oder ihn – wenn dies statisch möglich ist – um 1 oder 2 Geschosse erhöhen. Eigenschwingungen eines Baues bemerkt man in den obersten Geschossen eines hohen Gebäudes erst nach einem Aufenthalt von einigen Minuten. Rühren solche Erschütterungen von einer oder mehreren Maschinen her, so genügt es oft schon, deren Drehzahl oder -zahlen etwas zu verändern, um die Schwingungen zum Verschwinden zu bringen.

Wände

Die Begriffe „Wand“ und „Mauer“ werden heute vielfach synonym gebraucht, von beiden Begriffen ist „Wand“ der umfassendere.
Der Begriff „Wand“ hat seinen Ursprung im althochdeutschen Wort „wintan“. Er bedeutet winden – wenden – drehen und flechten. Die jungsteinzeitliche Flechtwerkwand, die aus einem mit Lehm beworfenen und bestrichenen Geflecht von Zweigen und Ästen bestand, ist die älteste Form einer Wand. Sie war nicht selbsttragend, sondern zwischen Pfosten gespannt und stellte somit nur einen Raumabschluß dar.
Der Begriff „Mauer“ geht auf das lateinische „murus“ zurück. Fast alle Fachausdrücke des Steinbaues und vieler Bauteile wurden uns mit der Kenntnis der römischen Bauweisen übermittelt und sprachlich umgeformt, z. B. Fenster, Keller, Pfeiler, Speicher, Ziegel usw. Der Begriff „Stein“ dagegen stammt aus dem Althochdeutschen.
Unter „Mauerwerk“ versteht man immer einen aus natürlichen oder künstlichen Steinen gefügten Körper. Da bei uns bis ins 18. Jahrhundert der Fachwerkbau vorherrschte und der darauf folgende Backsteinbau wegen seines manuellen Aufwandes stark im Rückgang begriffen ist, wird heute fast nur noch der Begriff „Wand“ gebraucht.
Man unterscheidet Wände nach ihrem Baumaterial, ihrer Herstellungsweise und ihrer baulichen oder statischen Funktion. Im folgenden betrachten wir zunächst Wände als tragende Bauteile, ihre Herstellung aus natürlichen oder künstlichen Steinen bzw. aus den verschiedenen Betonarten, danach Wände allgemein als Teile des Baugefüges, ihre unterschiedlichen Beanspruchungen und ihren konstruktiven Aufbau.

Wände aus Mauerwerk

Mit Natursteinen, Steinbrocken und Findlingen schichteten die frühen Menschen, noch ohne geeignete Werkzeuge, Mauern vor ihren bewohnten Höhlen. Mörtellose Mauern aus bearbeiteten Natursteinen von oft erstaunlichen Größen bis zu drei und vier Metern Länge finden sich bereits um 3000 v. Chr. bei den Ägyptern, sogenannte „Trockenmauern“, deren Fugen höchstens mit Erde gefüllt sind, finden sich, aus kleineren, „handgerechteren“ Steinen auch bei uns in großer Zahl, z. B. als Weinbergstützmauern. Selbst heute werden sie im Landschafts- und Gartenbau noch verwendet.
Eine Sonderentwicklung neben dem Steinbau mit Mörtelfugen stellen die ägyptischen und griechischen Tempelbauten dar, die mit exakt geschnittenen Fugen ohne jeden Mörtel errichtet wurden. Auch die Geschichte des Steinbaues mit vermörtelten Fugen, also homogenen, druckfesten Mauerkörpern, begann in Ägypten. Die Natursteine beherrschten seither – sowohl vermörtelt als auch unvermörtelt – die eigentliche Architekturgeschichte der öffentlichen Repräsentationsbauten bis zum Beginn des 20. Jahrhunderts. Wohnbauten aus Natursteinen dagegen waren selten, da sie im Vergleich zum Fachwerk- und Lehmbau zu teuer waren.
Bei den frühen Kulturen der Sumerer, Babylonier und Ägypter bot sich der Lehm als leicht zu formendes hauptsächliches Baumaterial an. Die Bauten aus getrockneten Lehmziegeln zählen darum zu den ältesten. Auch in Kleinasien, z. B. in Troja und in Griechenland, wurden Bauten aus Lehm errichtet. Die ersten Bauten aus gebrannten Ziegeln finden sich in Mesopotamien. Weiter entwickelt wurde das Ziegelmauerwerk von den Römern, die mit Hilfe ihres Traßmörtels sehr homogene und feste Mauerkörper schufen. Dabei wurden die Ziegel oft nur als Verblendmauerwerk oder als Durchschußschichten zusammen mit Natursteinen und Steinbrocken verwendet.
Die Entwicklung der modernen, auch heute noch gültigen Mauerverbände geht, wie z. B. die Anfänge der kausal-mechanischen Naturwissenschaft, auf die Renaissance zurück. Da Bauten aus Werksteinen einen erheblich größeren Arbeitsaufwand brauchen, fand der Mauerziegelbau eine steigende Bedeutung. Nur wo geeignete Natursteine sich in unmittelbarer Nähe fanden, also sozusagen zur Hand waren, hielten sich die Natursteinwände in ihrer einfachsten Form als verputzte Bruchsteinmauern bis ins 19. Jahrhundert. Etwa von dieser Zeit an, die eine Umstellung der Stahlerzeugung auf Steinkohle und Koks brachte, konnte auch das Brennen der „Backsteine“ in neuartigen Öfen eine erhebliche Leistungssteigerung erfahren.
Der „Backstein“ oder Mauerziegel wurde damit zu „dem Baumaterial“ für fast alle Bauaufgaben und blieb es bis etwa zur Mitte unseres Jahrhunderts. Die Härte des Maurerberufes, der bei Wind und Wetter im Freien ausgeübt werden muß, war es wohl, die den Nachwuchs immer spärlicher werden ließ, während die Bauaufgaben nach dem Zweiten Weltkrieg in einem nie gekannten Ausmaße wuchsen. Zunächst waren es gerade die handlichen, wieder verwendbaren Trümmersteine der zerbombten Städte, die einen ersten und raschen Wiederaufbau ohne große technische Hilfsmittel ermöglichten.
Trotz der Entwicklung von Lochsteinen, die bei größerem Format, aber noch vertretbarem Gewicht, die Mauerstärke verringern und die Arbeitseffizienz des einzelnen Maurers erheblich steigern half, traten bei stetig wachsenden Groß-Bauvorhaben und gleichzeitigem Facharbeiterschwund die handgemauerten Ziegelwände immer mehr zurück. Doch haben bis heute für Einzelbauvorhaben mäßiger Größe gebrannte und zementgebundene Mauersteine ihren Marktanteil behaupten können. Da man für die bisherigen Bauaufgaben des Backsteinmauerwerks kein Material kennt, das speziell für das Raumklima besser geeignet wäre als der gebrannte Ziegel, bemüht sich die Industrie, das Material in abgewandelter Form zur Herstellung großformatiger Fertigbauteile zu verwenden und weiterzuentwickeln.

Mörtel

Das Wort „Mörtel" leitet sich aus dem Lateinischen „mortarius" ab, worunter man die Pfanne verstand, in der Kalk gebrannt wurde. Als „Mörtel" bezeichnet man plastische Substanzen, die geeignet sind, die Lager- und Stoßfugen auch unebener oder unregelmäßiger Steine auszufüllen und durch einen Erhärtungsprozeß zu einem druckfesten Körper zu verbinden. Mörtel können auch dazu dienen, unebene Wandoberflächen zu glätten oder wetterempfindliche Außenwände zu schützen.

Die Römer entwickelten die Kenntnis der Mörtelzubereitung und der Mischungsverhältnisse weiter, über deren Anfänge bereits die Ägypter und Griechen verfügt hatten. Für ihre Gewölbekonstruktionen, Backsteinmauern, Aquädukte und Kloakenbauten usw. benötigten sie zudem einen wasserfesten Mörtel von genau bestimmten Mischungsverhältnissen. Zum gebrannten Kalk wurden gemahlener vulkanischer Tuff, Puzzolanerde, Traß oder auch gemahlene Ziegel beigegeben. Manchmal genügte schon tonhaltiger Kalk, um dem Mörtel hydraulische Eigenschaften zu geben. Von großer Bedeutung wurden auch die Qualität und Quantität des Sandes, den man bewußt, d. h. nach Erfahrung auswählte. Durch ein Gemisch von Mörtel, Stein- und Ziegelbrokken verstand man es, bereits eine Art Beton herzustellen, der seine Qualität an vielen alten Ruinen noch heute beweist.

Die Mörtelarten kann man, je nach Zusammensetzung und Art des Erhärtungsprozesses, einteilen in

- „Physikalische Mörtel", bei denen der Übergang vom breiartigen oder halbflüssigen Zustand in den festen durch Austrocknen oder Erstarren ohne chemischen Prozeß vor sich geht. Das trifft beispielsweise zu für: Lehmmörtel, Schamottemörtel, Asphaltmörtel und die neuen Klebemörtel auf Kunststoffbasis.
- „Chemische Mörtel", bei welchen der Erstarrungsvorgang als chemischer Prozeß abläuft. Hierzu zählen Kalkmörtel, Zementmörtel und Gipsmörtel. Auch Mischformen zwischen diesen Mörtelarten und verschiedenartigen Zusätzen sind häufig. Die chemischen Mörtelarten überwiegen auch heute noch.

Bindemittel

Kalk, Zement und Gips bezeichnet man als Bindemittel. Da reine Bindemittel (von Stuckgips abgesehen) beim Erhärten viele Risse erleiden, müssen sie in bestimmten Verhältnissen mit Sand vermischt, also gemagert werden. Über diese Aufgabe hinaus gibt der vom Bindemittel umhüllte Sand das „Stützgerüst" für den Mörtel und seine Druckfestigkeit ab.

Baukalk

ist in DIN 1060 genormt. Er entsteht durch Brennen von Kalksteinen unterhalb der Sintergrenze. In diesem Zustand bezeichnet man ihn als Branntkalk und, wenn er in Wasser gelöscht ist, als Löschkalk.

Handelsformen

Baukalke sind im Handel:
ungelöscht als Stückkalk oder feingemahlener Branntkalk, gelöscht als Kalkhydrat oder Kalkbrei.
Hydraulischer Kalk HK 25 und hochhydraulischer Kalk HK 50 sind ganz oder überwiegend gelöscht.
Die feingemahlenen Kalke werden in Säcken mit einem Inhalt von 40 kg ≈ 68 Liter oder 50 kg ≈ 85 Liter geliefert.

Kennzeichnung

Ungelöschter oder gelöschter Kalk in Pulverform muß die Kennzeichnung der Kalkart (z. B. Weißkalk, Dolomitkalk, Wasserkalk, hydraulischer Kalk, Romankalk) und die Bezeichnung „gelöscht" oder „ungelöscht" aufweisen. Daneben muß noch die Herstellerfirma, das Sackgewicht (40 kg oder 50 kg) und die Verarbeitungsvorschrift angegeben sein.

Werke, die sich der dauernden Überwachung der Festigkeit ihrer Erzeugnisse durch das Laboratorium des Vereins deutscher Kalkwerke (VDK) oder das staatliche Materialprüfungsamt unterworfen haben, setzen auf die Verpackung ihrer Erzeugnisse den DIN-Vermerk und das Gütezeichen.

Die Papiersäcke sind außerdem folgendermaßen gekennzeichnet:

Luftkalke und Wasserkalk mit	1 schwarzen Streifen
Hydraulischer Kalk HK 25 mit	2 schwarzen Streifen
Hochhydraulischer Kalk HK 50 und Romankalk mit	3 schwarzen Streifen

Beispiele für die Beschriftung von Säcken

Gütezeichen Baukalk, DIN 1060

Nach der chemischen Zusammensetzung und den Eigenschaften unterscheidet man:

1. Luftkalke, die nur an der Luft erhärten, und
2. Hydraulische Kalke, die auch unter Wasser erhärten.

1. Luftkalke
enthalten weniger als 10% lösliche, saure Bestandteile. Sie erhärten durch die Verbindung mit der Kohlensäure der Luft und durch Abgabe des freiwerdenden Wassers (Verdunsten).

Weißkalk
enthält mindestens 90% kohlensauren Kalk. Der Gehalt an Magnesiumoxyd muß weniger als 5% betragen. Je nach Höhe des Kalziumoxydgehaltes löscht er kräftig, ist ausgiebig und zeigt nach dem Löschen zu Kalkteig eine weiße oder schwachgetönte Färbung.

Karbidkalk
fällt bei der Acetylen-Gewinnung als Karbidbrei oder Karbidtrockenkalk an. Er darf, wenn das Herstellerwerk zugelassen ist, anstelle von gelöschtem Weißkalk verwendet werden.

Dolomitkalk (Graukalk)
enthält mindestens 90% Kalziumoxyd + Magnesiumoxyd. Der Gehalt an Magnesiumoxyd muß mehr als 5% betragen. Der Dolomitkalk löscht im allgemeinen träger als Weißkalk und zeigt nach dem Löschen eine grauweiße oder dunklere Färbung, daher der Name Graukalk.

2. Hydraulisch erhärtende Kalke
enthalten mehr als 10% lösliche, saure Bestandteile. Sie erhärten sowohl an der Luft als auch unter Feuchtigkeits- und Wassereinwirkung, erreichen raschere und höhere Festigkeiten als Luftkalke und werden fast ausschließlich pulverförmig in gekennzeichneten Säcken geliefert. Die Verarbeitungsvorschriften und Mörtelliegezeiten sind genau einzuhalten.

Wasserkalk
enthält 10 bis 15% lösliche, saure Bestandteile. Er löscht träge und hat eine Mindestdruckfestigkeit von 1 N/mm²
Hydraulischer Kalk HK 25 und
Hochhydraulischer Kalk HK 50
enthalten mindestens 15% lösliche, saure Bestandteile. Sie sind nur teilweise löschbar. Die Ziffern hinter der Abkürzung HK geben die Mindestdruckfestigkeit des Kalkes an.

Romankalk
ist ein HK 50 mit frühzeitigem Erstarrungsbeginn. Er löscht nicht ab.

Zement
ein hydraulisches Bindemittel, das entsteht, wenn geeignet zusammengesetzte Rohmassen aus Kalk, Kieselsäure, Tonerde und Eisenoxyd bis mindestens zur Sintergrenze gebrannt und – gegebenenfalls in Mischung mit Zusätzen – fein gemahlen werden. Er erreicht hohe Festigkeiten und ist wasserbeständig. Zusammensetzung und Eigenschaften der Zemente sind in den Zementnormen festgelegt. Alle Zemente, die den amtlichen Vorschriften entsprechen, heißen „Normenzemente". Außer den Normenzementen kennt man Mischbinder und einige nicht genormte Zementsorten.

Normenüberwachungszeichen

Normenzemente
Für Normenzemente gilt DIN 1164. Man unterscheidet nach der Zusammensetzung verschiedene Zementsorten.

Portlandzement (PZ)
wird durch Feinmahlen von Portlandzementklinkern hergestellt. Er bildet den Grundbestandteil aller Normenzemente.
Zwei besondere Arten des Portlandzementes sind der Erzzement und Dyckerhoff-Weiß. Beim Erzzement wird die Tonerde fast ganz durch Eisenoxyd oder andere Metalloxyde ersetzt. Aus diesem Grunde ist er gegen Meer- und Moorwasser widerstandsfähig. Hersteller des Erzzementes ist die Portlandzementfabrik Hemmor bei Hamburg. Dyckerhoff-Weiß ist ein eisenoxydarmer Portlandzement. Er hat eine reine weiße Farbe. Hersteller: Portlandzementfabrik Dyckerhoff.

Eisenportlandzement (EPZ)
erhält man durch gemeinsames Feinmahlen von insgesamt 70 Gewichtsteilen Portlandzementklinker und höchstens 30 Gewichtsteilen schnellgekühlter (hydraulischer) Hochofenschlacke.

Hochofenzement (HOZ)
erhält man durch gemeinsames Feinmahlen von 15 bis 69 Gewichtsteilen Portlandzement und entsprechend 85 bis 31 Gewichtsteilen schnellgekühlter (hydraulischer) Hochofenschlacke.
Alle Normenzemente sind in drei Güteklassen im Handel. Die Güteklassen bezeichnet man nach den Druckfestigkeiten, welche die vorschriftsmäßig hergestellten und gelagerten Normenmörtelproben nach 28 Tagen mindestens erreichen müssen.

Festigkeitsklassen

Festigkeitsklasse	Druckfestigkeit in N/mm² nach			
	2 Tagen min.	7 Tagen min.	28 Tagen min.	max.
25	–	10	25	45
35 L [1]	–	17,5	35	55
F [1]	10	–		
45 L [1]	10	–	45	65
F [1]	20	–		
55	30	–	55	–

[1] Portlandzement, Eisenportlandzement, Hochofenzement und Traßzement mit langsamerer Anfangserhärtung erhalten die Zusatzbezeichnung L, solche mit höherer Anfangsfestigkeit die Zusatzbezeichnung F.

Kennzeichnung
Die Verpackung, meist 3- oder 4fache Papiersäcke von 50 kg ≈ 42 l (γ = 1,2 kg/dm³) Inhalt, muß in deutlicher Schrift die Bezeichnung der Zementart, die Güteklasse, das Bruttogewicht, die Firma und die Marke tragen. Aufdruck und Farbe der Verpackung kennzeichnen die Güteklasse des Zementes:

Kennfarben für die Festigkeitsklassen

Festigkeitsklasse	Kennfarbe	Farbe des Aufdrucks
25	violett	schwarz
35 L 35 F	hellbraun	schwarz rot
45 L 45 F	grün	schwarz rot
55	rot	schwarz

Traßzement
Traßzement wird hergestellt durch gemeinsames, werkmäßiges Feinmahlen von 60 bis 80 Gew.-% Portlandzementklinker und entsprechend 40 bis 20 Gew.-% Traß unter Zusatz von Calciumsulfat.

Die Prozentangaben von Portlandzementklinker und Traß beziehen sich auf das Gesamtgewicht von Portlandzementklinker und Traß.

Mischbinder

Mischbinder (DIN 4207) sind hydraulische Bindemittel. Sie werden hergestellt durch fabrikmäßiges Vermahlen von hydraulischen Stoffen unter Zugabe von Anregern (Portlandzement, Weißkalk, Dolomitkalk, Gips oder Gemische dieser Stoffe).

Warenzeichen für Mischbinder

Der Energieaufwand bei der Herstellung von Mischbindern ist geringer als bei der Zementherstellung. Ferner können die hydraulischen Stoffe besser als bei Zement ausgenutzt werden. Mischbinder müssen nach DIN 4207 eine Mindestdruckfestigkeit von 15 N/mm² haben. Sie können den Zement überall dort ersetzen, wo für Bauteile geringere Festigkeiten genügen, als sie sich bei Verwendung von Zement ergeben würden.

Druckfestigkeit

Druckfestigkeit in N/mm²		
nach 7 Tagen min.	nach 28 Tagen min.	max.
7,5	15	35

Nicht genormte Zemente

1. Tonerdezement

ist der wichtigste der nicht genormten Zemente. In der BRD ist z. Zt. als einzige Marke der Tonerdezement „Rolandshütte" des Metallhüttenwerkes Lübeck im Handel. Er wird wie die übrigen Bindemittel verarbeitet, darf jedoch nicht mit anderen Zementen oder Kalk gemischt werden, da sonst Schnellbinder entstehen können. Die Verwendung von salzhaltigem Anmachwasser ist unzulässig.

2. Naturzemente

unterscheiden sich in der Herstellung von Portlandzement durch das Fehlen der künstlichen Aufbereitung des Rohmehls. Wegen ihrer schwankenden Festigkeiten sind sie nur für untergeordnete Zwecke zugelassen.

3. Präparierte Zemente

Zur Herstellung von „wasserdichtem" Mörtel sind einige Sonderzemente entwickelt worden, die bis zu einem gewissen Grad wasserabweisende Eigenschaften haben. Zemente dieser Art sind: Aquadom-Zement, Antiaqua-Zement, Siccofix-Zement usw.

Gips

Baugips ist in DIN 1168 genormt. Er besteht aus wasserhaltigem, schwefelsaurem Kalk ($CaSo_4 + 2H_2O$), dem durch Brennen das Kristallwasser teilweise oder ganz entzogen wird. Da Gips wasserlöslich ist, darf er nur im Innern der Gebäude Verwendung finden. Er kommt also als Bindemittel für Mauermörtel nicht in Frage. Wegen des schnellen Abbindens benützen ihn gewissenlose Handwerker gerne zum Versetzen von Eisenkloben, Eisengeländern, Gittern usw. an der Außenseite der Bauten. Das ist absolut zu verwerfen, da bei Wasserzutritt (Regen und Schnee) sich lösliche Salze bilden, die das Eisen zum Rosten bringen. Am Bau ist der Gips nur für Innenputzarbeiten und gelegentlich für Stuckarbeiten von Bedeutung.

Zuschlagstoffe

Als Zuschlagstoffe für Mauer- und Putzmörtel sind nur Sande aus festen, sauberen und frostbeständigen Gesteinen geeignet.

Mörtelsand

wird den Bindemitteln als Magerungsmittel zugesetzt, um das große Schwindmaß der reinen Bindemittel herabzusetzen.
Man unterscheidet:
Natursande (Gruben-, Fluß-, See- und Dünensande),
Brechsande (künstlich gebrochene Gesteine).
Die Korngrößen von 0,2–1 mm bezeichnet man als Mittelsand bzw. Brechfeinsand, die von 1–3 mm als Grobsand bzw. Brechgrobsand.

Zuschlag (Sand)

Der Zuschlag muß Sand mineralischen Ursprungs im Sinne von DIN 4226 sein. Er soll gemischtkörnig sein und darf keine schädlichen Bestandteile enthalten. Schädlich sind größere Mengen abschlämmbarer Bestandteile (z. B. Lehm, Ton) und Stoffe organischen Ursprungs (pflanzliche, humusartige Stoffe wie Kohlen-, Braunkohlenanteile usw.).
Als abschlämmbare Bestandteile werden Kornanteile unter 0,063 mm bezeichnet (siehe DIN 4226 Teil 1). Die Prüfung erfolgt gemäß DIN 4226 Teil 3, Ausgabe Dezember 1971, Abschnitt 3.6.1.1. Ist der Anteil an abschlämmbaren Bestandteilen höher als 8 Gew.-% oder wird bei der Prüfung nach DIN 4226 Teil 3, Ausgabe April 1983, Abschnitt 3.6.2.1 – Prüfung mit Natronlauge – eine tiefgelbe, bräunliche oder rötliche Verfärbung festgestellt, so muß die Brauchbarkeit des Zuschlages bei der Herstellung von Mörtel der Gruppen II, IIa und III durch eine Eignungsprüfung nachgewiesen werden.
Kornzusammensetzung und Kornform beeinflussen wesentlich die Eigenschaften des Mörtels.
Sande mit gemischten Korngrößen sind am günstigsten. Der Bindemittelbrei wirkt dann vorwiegend als Kittmasse zwischen den Sandkörnern. Der Bindemittelzusatz bleibt also gering.
Fehlt jedoch das Kleinkorn, dann wird ein Bindemittelüberschuß zum Füllen der Hohlräume erforderlich.

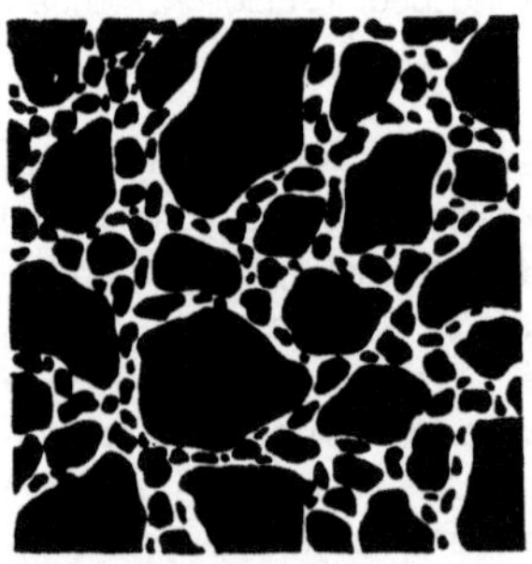

GEMISCHTE KORNGRÖSSEN

KLEINKORN FEHLT

EINKORNSAND (GROSSER HOHLRAUMANTEIL)

SAND MIT UNGÜNSTIGER KORNFORM

Auch Einkornsande (mit großem Hohlraumanteil) und verdichtungsunwillige Sande mit ungünstiger Kornform (flach, langsplittrig) erfordern einen hohen Bindemittelüberschuß. Am günstigsten ist ein gedrungenes, möglichst kubisches Korn.

Anmachwasser

Es macht den Mörtel geschmeidig und verarbeitungsfähig und löst den Abbinde- und Erhärtungsprozeß des Bindemittels aus. Hat man Leitungswasser zur Verfügung, so kann es unbedenklich benützt werden. Alle anderen Arten, wie z. B. Fluß-, Teich- Brunnen-, Grund-, Moor- und Meerwasser, muß man auf ihren etwaigen Gehalt an schädlichen Beimengungen untersuchen lassen. Bei Industrieabwässern ist größte Vorsicht geboten. Aus ihrer Verunreinigung kann man aber nicht auf ihre Verwendbarkeit schließen. Auch trübes Wasser kann unter Umständen brauchbar sein. Im allgemeinen ist ein geringer Gehalt an Sulfaten, Sulfiden, Kohlensäure usw. für den Abbindeprozeß nicht gefährlich. Eine gewissenhafte Untersuchung solcher Abwässer ist jedoch immer erforderlich.

Zusätze (DIN 1053)

Zusatzstoffe

Zusatzstoffe sind fein aufgeteilte Zusätze, die die Mörteleigenschaften beeinflussen und im Gegensatz zu den Zusatzmitteln in größerer Menge zugegeben werden. Sie dürfen das Erhärten des Bindemittels, die Festigkeit und die Beständigkeit des Mörtels sowie gegebenenfalls den Korrosionsschutz der Bewehrung im Mörtel bzw. von stählernen Verankerungskonstruktionen nicht beeinträchtigen. Als Zusatzstoffe dürfen nur Stoffe nach DIN 1060, DIN 4226 und DIN 51043 verwendet werden. Zusatzstoffe dürfen nicht auf den Bindemittelgehalt angerechnet werden, wenn die Mörtelzusammensetzung nach Tabelle 6 Seite 145 festgelegt wird.

Zusatzmittel

Zusatzmittel sind Zusätze, die Mörteleigenschaften durch chemische und/oder physikalische Wirkung ändern und in geringer Menge zugegeben werden, wie z. B. Luftporenbildner, Verflüssiger, Dichtungsmittel und Erstarrungsbeschleuniger, sowie solche, die den Haftverbund zwischen Mörtel und Stein günstig beeinflussen. Die Zusatzmittel dürfen nicht zu Schäden am Mörtel oder am Mauerwerk führen. Bei Mauerwerk mit Bewehrung oder mit stählernen Verankerungen dürfen nur Betonzusatzmittel mit Prüfzeichen verwendet werden. Da Zusatzmittel einige Eigenschaften positiv und u. U. gleichzeitig andere aber auch negativ beeinflussen können, ist vor Verwendung eines Zusatzmittels stets eine Mörtel-Eignungsprüfung durchzuführen.

Mörtelarten

Nach den jeweiligen Bindemitteln, die zur Herstellung des Mörtels verwendet werden, unterscheidet man:
- Kalkmörtel
- Zementmörtel
- Kalkzementmörtel
- Lehmmörtel
- Schamottemörtel
- Gipsmörtel

Als Mauermörtel verwendet man hauptsächlich Kalk-, Kalkzement- und Zementmörtel. Die neueren Bestimmungen für die Ausführung von Mauerwerk (DIN 1053) und für Wanddicken im Wohnungsbau (DIN 4106) erlauben eine weitgehende Ausnutzung der Mauerwerksfestigkeit, vorausgesetzt, daß die verwendeten Mörtelarten die in DIN 1053 geforderten Druckfestigkeiten besitzen. Es ist jedoch falsch, die Güte des Mörtels nur nach der Höhe seiner Druckfestigkeit einzuschätzen.
Je druckfester ein Mörtel ist, um so mehr nimmt seine Geschmeidigkeit ab. Mauerwerk mit einem weniger druckfesten, aber geschmeidigen Mörtel ist deshalb bruchsicherer, da der Mörtel wie ein Polster den durch Setzungen, Erschütterungen und Schwinden auftretenden Bewegungen nachgeben kann. Hochfester Mörtel läßt sich im allgemeinen auch weniger gut verarbeiten. Er füllt die Unebenheiten der Mauersteine nur unvollkommen aus und löst sich bei Erschütterungen, die durch das Aufsetzen der Mauersteine auf das frische Mauerwerk entstehen, leicht wieder von den Steinen. Aus diesen Gründen erreicht man mit hochfestem Mörtel meistens nur wenig höhere Mauerwerksfestigkeiten als mit einem weniger druckfesten, der geschmeidiger und elastischer ist, der ein gutes Wasserrückhaltevermögen besitzt und auch nach dem Versetzen der saugfähigen Mauersteine noch plastisch bleibt.
Um die vollen Festigkeiten zu erzielen, ist der Mauermörtel vor zu schnellem Austrocknen zu schützen. Wie wichtig es ist, das Annässen und die Plastizität des Mörtels aufeinander abzustimmen, geht aus dem erläuternden Text zum Normblatt DIN 1053 hervor. Die Mauersteine sind, der Saugfähigkeit des Materials und der Witterung entsprechend, so vorzunässen, daß sie dem Mörtel nur eine begrenzte Menge Wasser entziehen, wodurch eine gute Haftung zwischen Steinen und Mörtel entsteht. Dem Mörtel muß aber so viel Feuchtigkeit verbleiben, wie er zum Erhärten benötigt.
An Putzmörtel sind im wesentlichen die gleichen Anforderungen zu stellen. Einen wirksamen Witterungsschutz erhält man nur, wenn der Putz fest auf dem Untergrund haftet und frei von Rissen bleibt. Da das Mauerwerk elastisch ist, muß der Putz selbst auch elastisch sein, um die auftretenden Bewegungen des Putzuntergrundes aufnehmen zu können, ohne daß die Haftung am Untergrund verlorengeht oder Spannungsrisse entstehen. Für Putzarbeiten eignen sich also hauptsächlich Kalk- oder Kalkzementmörtel. Diese Mörtelarten ermöglichen auch für Räume, die dem dauernden Aufenthalt von Mensch oder Tier dienen, unbehinderten Luft- und Feuchtigkeitsaustausch durch das Mauerwerk.
Nur dort, wo ein wasserdichter Putz, z. B. bei Abdichtungen von Kellern, Behältern u. dgl., gefordert wird, verwendet man Zementmörtel. Er bildet eine dichte Putzschale, die ein „Atmen" des Mauerwerks verhindert.
Bei anhaltend nasser Witterung können wassergesättigte Steine im Mörtel „schwimmen", so daß sich der Mauerkörper deformiert. In diesem Falle muß man mit steifem Mörtel mauern.
Bei Frost darf Mauerwerk im Freien nicht hergestellt werden.

Kalkmörtel

wird aus Kalk, Mörtelsand und Anmachwasser durch Mischen von Hand oder in Mörtelmischmaschinen hergestellt. Er eignet sich als Mauer- und Putzmörtel für Bauteile, die normal beansprucht werden. Bei mäßiger Feuchtigkeitseinwirkung ist Wasserkalkmörtel dem Luftkalkmörtel vorzuziehen. Hochhydraulischer Kalk HK 50 kann wie Kalkzementmörtel verwendet werden.
Der Abbindeprozeß ist bei Luft- und Wasserkalkmörtel verschieden. Dem Luftkalkmörtel wird, nachdem er vermauert ist, zunächst durch die Mauersteine ein Teil des Anmachwassers entzogen, er verfestigt sich etwas, er „zieht an". Dann erfolgt der Abbindeprozeß und nach dessen Beendigung die Nacherhärtung. Durch Aufnahme von Kohlensäure, die sich aus dem Kohlendioxyd der Luft, dem Mörtelwasser und der Luftfeuchtigkeit bildet, erhärtet der gelöschte Kalk wieder zu Kalkstein.

Im Wasserkalkmörtel bindet in den ersten Tagen nach der Verarbeitung nur der Überschuß an freiem Kalk zu kohlensaurem Kalk ab. Der restliche Kalk geht mit der beim Brennen aufgeschlossenen Kieselsäure (Silizium) und dem Wasser unter mehr oder weniger starker Wärmeentwicklung eine Verbindung zu unlöslichem kieselsaurem Wasserkalk (Calziumhydrosilikat) ein. Dieser ist sehr hart; daher auch die größere Festigkeit des Wasserkalkes. Frische Wasserkalkmörtel sind vor zu raschem Austrocknen durch Wind, Hitze und Sonnenbestrahlung, aber auch vor starker Abkühlung zu schützen und längere Zeit nach dem Abbinden feuchtzuhalten.

Haarkalkmörtel

ist ein Kalkmörtel, dem Kälberhaare, Kuhhaare, Kaninchenhaare, Filzhaare, Kokosfasern oder ähnliche Stoffe beigemengt werden. Für 1 m^3 sind erforderlich: 370 l Kalkteig, 890 l Sand, 100 l Wasser und 5 kg Kälberhaare o. ä.
Haarkalkmörtel verwendet man dort, wo mit Rissebildung zu rechnen ist, die das Eindringen von Wasser ermöglichen würde, z. B. zwischen Fensterrahmen und Mauerwerk, an den Anschlußpunkten des Kaminkopfes zur Dachhaut und an Dachgaupen.

Zementmörtel

Als Mauermörtel ist er besonders für statisch stark beanspruchte und unter starker Feuchtigkeitseinwirkung stehende Bauteile geeignet. Als Putzmörtel wird der Zementmörtel hauptsächlich zur Abdichtung von Bauteilen gegen stärkere Feuchtigkeits- und Wassereinwirkung (Kellermauerwerk) verwendet.
Beim Herstellen des Zementmörtels werden die Grundstoffe Zement, Sand und Anmachwasser in Mörtelmischmaschinen gründlich miteinander vermischt. Fetter Zementmörtel bindet rasch; er bekommt jedoch beim Erhärten an der Luft leicht Schwindrisse. Magerer Zementmörtel bindet langsamer, ist wetterbeständiger, wird fester und zeigt bei sachgemäßer Behandlung keine Schwindrisse.
Der Abbinde- und Erhärtungsprozeß der Zemente ist ein chemisch-physikalischer Vorgang, der bis heute noch nicht völlig geklärt ist. Durch Verdunstung des Wassers und chemische Umwandlung erstarrt zunächst der Mörtel, er „bindet ab". Bei Normalbindern setzt der Abbindeprozeß frühestens nach einer Stunde ein. Bei den sogenannten Schnellbindern beginnt der Abbindeprozeß schon nach etwa 15 Minuten und ist nach 2 Stunden abgeschlossen.
Feinste Mahlung, starke Erwärmung des Zementes, des Sandes und des Wassers, Kochsalz, Alaune, Alkalien und manche Frostschutzmittel beschleunigen den Abbindeprozeß; Traßzusatz und Kälte verzögern ihn.
Dem Abbinden folgt das Erhärten des Zementmörtels. Die Kalksilikate des Zementes spalten sich durch Wasseraufnahme, scheiden sich als Gelee ab und kristallisieren. Die geleeartigen Zementteilchen ummanteln die Sandkörner und verbinden sie beim Kristallisieren unter Wasserabgabe und chemischer Umwandlung fest miteinander.

Kalkzementmörtel

ist ein Gemisch aus Kalk, Zement, Sand und Anmachwasser. Das Hauptbindemittel ist Löschkalk. Mit seiner Druckfestigkeit von 2,5 N/mm² (25 kp/cm²) und seiner Wetterbeständigkeit übertrifft der Kalkzementmörtel den Kalkmörtel, erreicht aber nicht die Festigkeit des Zementmörtels. Seinen Eigenschaften entsprechend wird er als Mauer- und Putzmörtel verwendet.

Mischungsverhältnisse

Auszug aus der DIN 1053

4.1.1. Allgemeines
Mauermörtel ist ein Gemisch von Zuschlag, Bindemittel und Wasser, ggf. auch Zusatzstoffe und Zusatzmittel.
Die Mauermörtel werden in die Mörtelgruppen I, II, IIa und III eingeteilt.

4.2. Mörtelzusammensetzung
Die Zusammensetzung der Mörtelgruppen ergibt sich aus Tabelle 6.

Tabelle 6 Mörtelzusammensetzung, Mischungsverhältnisse in Raumteilen

Mörtelgruppe		I				II			IIa		III 2)
Luft- und Wasserkalk	Kalkteig	1				1,5					
	Kalkhydrat		1				2		1		
Hydraulischer Kalk				1							
Hochhydraulischer Kalk, Putz- und Mauerbinder					1			1		2	
Zement						1	1		1	1	1
Sand 1) (Natursand)		4	3	3	4,5	8	8	3	6	8	4

1) Die Werte des Sandanteils beziehen sich auf den lagerfeuchten Zustand.
2) Der Zementgehalt darf nicht vermindert werden, wenn Zusätze zur Verbesserung der Verarbeitbarkeit verwendet werden.

Für die Mörtelzusammensetzungen der Mörtelgruppen II, IIa und III, die der Tabelle nicht entsprechen, sind Eignungsprüfungen durchzuführen, dabei muß die Mörteldruckfestigkeit Tabelle 7 entsprechen.

Tabelle 7 Anforderungen an die Mörteldruckfestigkeit

	1	2	3
	Mörtelgruppe	Druckfestigkeit in N/mm² nach 28 Tagen Einzelwert	Mittelwert
1	I	–	–
2	II	⩾ 20 (2)	⩾ 25 (2,5)
3	IIa	⩾ 40 (4)	⩾ 50 (5)
4	III	⩾ 80 (8)	⩾ 100 (10)

Baustoffbedarf

In der Praxis erfolgt die Angabe des Mischungsverhältnisses der Einfachheit wegen meistens nach Raumteilen; siehe Tabelle 6. Bei der Ermittlung des Baustoffbedarfes muß mit den Ausbeuteziffern gerechnet werden, die für die einzelnen Zuschlagstoffe und Bindemittel verschieden groß sind.
Erd- und grubenfeuchter Sand enthält an Hohlräumen etwa 40% seines Rauminhalts, so daß an fester Masse noch 60% verbleiben. Beim Zusatz von Wasser verringert sich die Raummenge des Sandes um etwa 5%, die Hohlräume betragen dann infolge des Näherrückens der Sandkörner nur noch 35%.
Man muß also die Hohlräume durch 0,35 m^3 Kittmasse, bestehend aus Bindemitteln und Wasser, ausfüllen, um 0,95 m^3 Mörtel zu erhalten. Werden mehr Bindemittel zugesetzt, so vergrößert sich die Mörtelmenge um den überschießenden Teil der Kittmasse. Wird dagegen weniger als 0,35 m^3 Kittmasse zugesetzt, so erhält man trotzdem noch 0,95 m^3 Mörtel. Dieser Mörtel ist allerdings weniger dicht und druckfest.

Die Angabe des Mischungsverhältnisses in Gewichtsteilen ist wesentlich genauer, die Ausführung auf der Baustelle jedoch umständlicher. Das Gesamtgewicht des Frischmörtels ist hier gleich der Summe der Gewichte von Bindemittel, Zuschlagstoff und Wasser.

Herstellung des Mörtels

Auszug aus der DIN 1053

4.3.1. Herstellung auf der Baustelle
Bei der Herstellung des Mörtels auf der Baustelle müssen Maßnahmen für die trockene und witterungsgeschützte Lagerung der Bindemittel, Zusatzstoffe und Zusatzmittel und eine saubere Lagerung des Zuschlags getroffen werden.
Für das Abmessen der Bindemittel und des Zuschlags, ggf. auch der Zusatzstoffe und der Zusatzmittel, sind bei den Mörtelgruppen II, IIa und III Waagen oder Zumeßbehälter zu verwenden, die eine gleichmäßige Mörtelzusammensetzung erlauben. Die Stoffe müssen in Mischern so lange gemischt werden, bis ein gleichmäßiges Gemisch entstanden ist.
Eine Mischanweisung ist deutlich sichtbar am Mischer anzubringen.

4.3.2. Herstellung im Werk
Für werkmäßig hergestellten Mörtel sind im Werk Eignungsprüfungen durchzuführen.
Beim Bezug des Mörtels aus dem Werk ist darauf zu achten, daß
a) jeder Lieferung ein Lieferschein beiliegt, aus dem eindeutig die Mörtelgruppe, das Mischungsverhältnis, die Art des verwendeten Bindemittels und ggf. die Art und Menge der Zusätze zu erkennen sind,
b) jeder Lieferung ggf. eine Anweisung über die Weiterbehandlung des gelieferten Mörtels bzw. Vormörtels beiliegt, z. B. Angabe der auf der Baustelle zuzugebenden Zementmenge in Raum- und Gewichtsteilen.

Bei der Weiterbehandlung des werkmäßig hergestellten Mörtels bzw. Vormörtels dürfen außer der erforderlichen Wasser- und ggf. Zementzugabe keine Zuschläge und Zusätze zugegeben werden.

4.4. Verarbeitung und Anwendung
Der Mörtel muß vor Beginn des Erstarrens verarbeitet sein. Beim Verarbeiten des Mauermörtels ist durch entsprechende Zusammensetzung und Konsistenz sicherzustellen, daß ohne besondere Schwierigkeiten vollfugig gemauert werden kann.
Dies gilt besonders für Mörtel der Gruppe III. Aus diesem Grunde können bei Verwendung von Mörteln der Gruppe III Zusätze zur Verbesserung der Verarbeitbarkeit und des Wasserrückhaltevermögens zugegeben werden.
Bei ungünstigen Witterungsbedingungen (Nässe, niedrige Temperaturen) ist mindestens ein Mörtel der Gruppe II zu verwenden.
Bei Verwendung der Mörtelgruppen sind die folgenden Beschränkungen zu beachten:

Mörtelgruppe I:
a) nicht zulässig für Gewölbe, bewehrtes Mauerwerk, Kellermauerwerk;
b) zulässig bis maximal 2 Vollgeschosse bei Wanddicken $d \geqq 24$ cm, wobei bei zweischaligen Wänden mit oder ohne durchgehende Luftschicht als Wanddicke die Dicke der inneren Wandschale gilt.

Mörtelgruppe II und IIa:

Diese Mörtelgruppen dürfen nicht zusammen auf einer Baustelle verwendet werden.
Nicht zulässig für Gewölbe und bewehrtes Mauerwerk.

Mörtelgruppe III:
Keine Beschränkung.

Sonstige Mörtelarten

Lehmmörtel

(DIN 1169) besteht aus geeignetem Lehm und Wasser. Er erhärtet durch Verdunsten des Wassers. Die Zumischung von Kälberhaaren, Schweineborsten, Stroh, Heu und Kuhmist mindert die Schwindrißgefahr.
Lehmmörtel kann verwendet werden:
als Fugenmörtel bei Fachwerkbauten mit Ausmauerung aus Lehm-, Ziegel- und Schwemmsteinen,
zum beiderseitigen Abputzen der mit Weidengeflecht ausgesetzten Gefache,
zum Ofen-, Herd- und Kesselbau und zu anderen Mauer- und Putzarbeiten.
Lehmmörtel ist nicht zulässig:
für Bauteile, die weniger als 50 cm über Gelände liegen, für Wände, die die Last von mehr als zwei Vollgeschossen zu tragen haben, für Wände mit einer Dicke $\leqq 11{,}5$ cm, wenn dem Lehmmörtel kein Zement zugesetzt wird;
für das Putzen von Außenwänden auf der Hauptwetterseite, von sonstigen Außenwänden mit Ausnahme eingeschossiger Gebäude, bei denen aber ein wasserabweisender Schutzanstrich auf dem Verputz erforderlich ist, von allen Wänden und Decken in Räumen mit hoher Luftfeuchtigkeit und Tauwasserbildung, wie Wasch- und Futterküchen, und von Mauerwerk aus Kalksandsteinen.

Schamottemörtel
ist ein Lehmmörtel, der aus Bindeton mit sehr hohem Erweichungspunkt und feinstem zum Magern dienenden Schamottemehl besteht. Er kann sehr hohen Hitzegraden ausgesetzt werden; man verwendet ihn deshalb zum Ausmauern von Öfen und Heizkesseln.

Gipsmörtel

Bei der Zubereitung von Gipsmörtel ist in erster Linie auf die Eigenschaften der Gipse zu achten. Gips muß man zuerst in Wasser einstreuen, bevor er mit Zuschlagstoffen gemischt wird.

Reinen Gipsmörtel,
bestehend aus Stuckgips und Wasser, verwendet man zu Glattputz, Vermauern von Dübeln in trocken bleibende Mauern, zur Ausführung von Stuckarbeiten usw. Er wird im Verhältnis von 10 kg Gips zu 6–7 l Wasser gemischt; um ihn etwas geschmeidiger zu machen, kann Weißkalk in geringen Mengen zugesetzt werden.

Gipssandmörtel
aus Gips, Sand und Wasser bindet langsamer ab als reiner Gipsmörtel. Er muß jedoch innerhalb 15–20 Minuten verarbeitet werden. Für Deckenputz mischt man 1 Sack Gips, 1 Sack Sand mit 1 l Weißkalk; für Wandputz 1 Sack Gips, $1^1/_2$ Sack Sand mit $1^1/_2$ l Weißkalk. Für Rabitzarbeiten ist Gipskalkmörtel besser geeignet als Gipssandmörtel. Gipssandmörtel erlangt aber eine größere Festigkeit und verdient deshalb als Decken- und Wandputzmörtel den Vorzug.

Gipskalkmörtel
besteht aus Weißkalkmörtel, dem ein für sich angerührter Gipsbrei unmittelbar vor der Verarbeitung zugesetzt wird. Für Gipskalkmörtel eignen sich Gipssorten, die als Stuckgips, Kesselgips, Ofenkesselgips oder Drehofengips bezeichnet werden. Er wird meistens im Mischungsverhältnis von 1 Teil Gips, 1 Teil Kalk und 3 Teilen Sand oder von 1 Teil Gips, 2 Teilen Kalk und 4 Teilen Sand hergestellt.

Gipskalkmörtel eignet sich für alle Wand- und Deckenputzarbeiten, d. h. er kann auf jedem Untergrund und auf jedem Putzträger verarbeitet werden.

Gipshaarkalkmörtel
wird im Mischungsverhältnis von 1 Teil Gips, 1 Teil Kalk, 3 Teilen Sand, 3 Händen voll Haare, 2 Kellen Leim und 2 Eimern Wasser hergestellt. Durch den Zusatz der Haare erhält er eine große Zähigkeit und eignet sich besonders zum Verputzen von Rabitzgewebe.

Stuckmörtel
wird in folgender Mischung hergestellt: 4,8 Teile Weißkalkteig, 4,8 Teile Stuckgips und 2,8 Teile Wasser. Man verwendet ihn hauptsächlich zum Ziehen von Gesimsen und Glätten von Wand- und Deckenputz.

Die Vorteile der Gipsputze und gipshaltigen Putze für Innenräume sind folgende:
Gute Haftung an artverschiedenen Hintergründen, z. B. Mauersteinen, Bauplatten, Holz, Eisen, Blech,
rasches Abbinden und darum schneller Arbeitsfortgang, Rissefreiheit, Porosität trotz großer Dichte und damit Durchlässigkeit für die im Raum verdunstende Feuchtigkeit nach außen, gute Wärme- und Schalldämmung, Stoßfestigkeit und Widerstandsfähigkeit gegen Feuer.
In Gips gelegte Eisen (Rabitzkonstruktionen, Eckschutzschienen, Rohrleitungen) rosten schnell, wenn der Gips wieder feucht wird oder nach dem Antragen zu lange naß bleibt. Rostschutzanstriche oder verzinktes Eisen schützen vor der Rostgefahr für die Dauer des Abbindens und Austrocknens.

Mauerwerk aus natürlichen Steinen

Gesteine

Wir verfügen in Deutschland über zahlreiche Natursteinarten, die sich für Bauzwecke eignen. Da die Steine vorwiegend in der näheren und weiteren Umgebung ihrer Fundorte verarbeitet werden, lernt ein Architekt meistens nur eine mehr oder minder beschränkte Anzahl von ihnen aus praktischer Erfahrung kennen und ihren Eigenarten gemäß sachkundig zu verarbeiten.
Nach der Art ihrer Entstehung unterscheiden wir Eruptivgesteine, die durch Erkaltung des feuerflüssigen Magmas, und Sedimentgesteine, die aus Ablagerung der Meere und Binnengewässer entstanden sind. Zwischen diesen beiden Hauptgruppen stehen die kristallinen Schiefer, die teils aus diesen, teils aus jenen unter hohem Gebirgsdruck und großer Wärmeentwicklung sich bildeten.

Eruptivgesteine

Granit
Von den Urgesteinen wird hauptsächlich Granit als hartes, wetterfestes Material als Bruchstein, Werkstein oder dünne Plattenverkleidung für Mauern, Treppenstufen, Gehweg-Randsteine und Pflastersteine verwendet. Obwohl Granit wie alle Urgesteine an sich amorph ist, spaltet er doch nach bestimmten Richtungen besser als nach anderen, da bei seiner Entstehung, der Abkühlung des feuerflüssigen Magmas, sich Spannungen in den Steinkörpern bildeten. Die Farbe des Granits ist etwa weißgrau, spielt aber je nach seiner Zusammensetzung mehr ins Rötliche oder Grünliche. Die Steine eines Bruches sind allgemein sehr einheitlich in ihrer Tönung. Andere Urgesteine, wie Porphyr und Melaphyr, werden meistens nur als Bruch- und Schottersteine gebraucht.

Basalt
Der grauschwarze, bläulich schimmernde Basalt, der in mehr oder minder regelmäßig zerklüfteten Formen ansteht, läßt sich wegen seiner großen Härte nur schwer bearbeiten und wird vorwiegend für Pflastersteine und Straßenschotter gebraucht.

Basaltlava
Die dunkelgraue, porige Basaltlava ist weniger hart als Basalt, sehr wetterfest und gut zu bearbeiten, weshalb man sie gerne als Sockelverkleidung verwendet.

Vulkanische Tuffe
Vulkanische Tuffe sind leichte, poröse Steine von gelblicher bis bräunlicher Farbe, die aufgrund ihrer Entstehung lagerhaft geschichtet sind. Da sie in bruchfeuchtem Zustand ziemlich weich sind, lassen sie sich gut behauen, erhärten aber später und sind wetterfest. Sie werden als Bruch- und als Werksteine verwendet.

Sedimentgesteine

Sandstein
Der am reichlichsten vorhandene und in fast zahllosen Brüchen erschlossene Naturstein ist der Sandstein. Sein Farbenspiel reicht von fast weißen über die gelben, grünlichen und roten bis zu den violetten Tönen. Die Steine sind teils schlichtfarbig, häufiger aber gebändert oder geflammt. Je nachdem die Sandkörnchen der Steine durch tonige und kalkige Teilchen oder durch eine kieselartige Substanz gebunden sind, gibt es weichere, wenig wetterfeste, oder härtere, sehr witterungsbeständige Steine. Da die weicheren leichter zu bearbeiten sind, werden sie von den Steinhauern zum Nachteil für die Dauerhaftigkeit des Baues den harten, kieseligen vorgezogen. Die Härte und Wetterfestigkeit der Sandsteine schwankt nicht nur innerhalb desselben Bruches, sondern oft sogar innerhalb derselben Felsenschicht. Darum ist bei ihrer Auswahl stets große Vorsicht geboten, ganz besonders dann, wenn sie in der Nähe von Industrie- oder Bahnanlagen verwendet werden sollen. Die mit schwefeliger Säure geschwängerte Luft wandelt die kalkigen Bindesubstanzen in schwefelsaure, also in Gips um. Da der Gips wasserlöslich ist, führt dies zur allmählichen Auflösung und Zerstörung der Steine. Die tonigen Bestandteile führen unter dem Wechsel des Gefrierens und Auftauens der feuchten Steine ebenfalls zu deren Zerstörung. Der Gehalt an tonigen Bestandteilen läßt sich an Steinproben schon durch den Geruchssinn feststellen, wenn man die Steine gut annäßt. Um ganz sicher zu gehen, ist es oft zweckmäßig, sich durch eine Laboratoriumsprüfung nach DVM 2101-2110 Gewißheit über die Eigenschaft der Steine zu verschaffen. Werden Sandsteine im Gebäudeinnern (aber nicht als Treppenstufen) verwendet, so braucht man an sie nicht die gleichen hohen Anforderungen zu stellen.
Sandsteine werden häufig als Bruchsteine und Werksteine für Wände und freistehende Mauern, aber selten als Platten für die Verkleidung dieser Mauern verwendet. Für stark begangene Treppenstufen eignen sich nur die härtesten kieseligen Steine.

Kalksteine:

Muschelkalk
Von den zahlreichen Kalksteinarten, die gegenüber den Sandsteinen nur in geringen Mengen anstehen, wird vorzugsweise der Muschelkalk, der aus versteinerten und verkitteten Muscheln besteht, als Werkstein und in Form dünner Platten verwendet. Er zeigt graugelbe, graue und graublaue Tönung, ist teils dicht, teils porös, hart und witterungsfest. Wegen seiner Härte wird er meistens gesägt und nicht wie die Sandsteine steinmetzmäßig zugerichtet.

Travertin
Der Travertin, der in den zwanziger Jahren geradezu ein Modestein zur Verkleidung von Fassaden und Innenwänden war, ist ebenfalls ein harter, wetterfester Kalkstein, mehr oder minder kavernös und von gebänderter gelblicher bis bräunlicher Farbe. Er wird meistens in Form dünner Platten versetzt. Als Werkstein findet er weniger Anwendung.

Marmor
Auch in Mitteleuropa besitzen wir eine Reihe von schön gefärbten und gezeichneten Marmorarten. Sie sind in unserem Klima nicht wetterbeständig und finden deshalb nur im Innern der Gebäude für Wände, Fußböden, Abdeckplatten usw. als dünne, gesägte Platten Verwendung.

Solnhofer Kalkschiefer
Ähnlich wie mit dem Marmor verhält es sich mit dem Solnhofer Kalkschiefer, der gut spaltbar ist und als bruchrauhe oder geschliffene Platten häufig für Fußböden, aber seltener als Wandverkleidung benützt wird. Für Küchen ist er allerdings nicht geeignet, da Fett- und Obstflecken sich nicht mehr beseitigen lassen, falls er nicht eingelassen wurde.
Im Freien sind Solnhofer Platten wegen ihrer ungenügenden Wetterfestigkeit nicht zu empfehlen.

Kristalline Schiefer

Von diesen Gesteinsarten ist nur der Gneis als Bruch- und Werkstein zu verwenden. Gneis ist hart, wetterbeständig und von grauweißer, bläulicher oder schwärzlicher Farbe.

Tabelle 12 Mindestdruckfestigkeiten der Gesteinsarten in N/mm^2

Gruppe	Gesteinsarten	Mindestdruck-festigkeit in N/mm^2
A	Kalksteine, Travertin, vulkanische Tuffsteine	20
B	Weiche Sandsteine (mit tonigem Bindemittel) u.dgl.	30
C	Dichte (feste) Kalksteine und Dolomite (einschl. Marmor) Basaltlava u.dgl.	50
D	Quarzitische Sandsteine (mit kieseligem Bindemittel), Grauwacke u.dgl.	80
E	Granit, Syenit, Diorit, Quarzporphyr. Melaphyr, Diabas u.dgl.	120

Verarbeitung der Natursteine

Für jedes Mauerwerk, welches der Witterung ausgesetzt ist, besonders solches, das unverputzt bleibt, sind nur gesunde, frostfeste Natursteine zu verwenden.
Lagerhafte Steine müssen so versetzt werden, daß sie auf ihrem natürlichen Lager ruhen und die Belastung stets senkrecht zur Lagerfuge angreift. In der Richtung ihres Lagers sind die Steine viel weniger druckfest und neigen zum Spalten. Steht die Schichtung parallel zur Außenwandfläche, so blättern die Steine unter dem Einfluß der Witterung häufig ab.
Bei Frost darf das Mauerwerk nur unter besonderen Schutzmaßnahmen ausgeführt werden.
Gefrorene Baustoffe dürfen nicht verwendet werden.
Auf gefrorenem Mauerwerk darf nicht weitergemauert werden. Durch den Einsatz von Salzen zum Auftauen können Schäden am Mauerwerk auftreten.
Frisches Mauerwerk ist vor Frost rechtzeitig zu schützen, z. B. durch Abdecken.
Mauerwerk, das durch Frost beschädigt ist, muß vor dem Weiterbau abgetragen werden.
Die Steinlänge soll mindestens gleich der Steinhöhe sein und bei Sandsteinen das 4- bis 5fache der Höhe nicht überschreiten, denn lange dünne Steine brechen leicht.
Natursteine müssen so zu einem Mauerkörper gefügt werden, daß bei einem guten Längs- und Querverband weder im Inneren noch im Äußeren der Wand durch mehrere Schichten gehende Fugen entstehen. In den Ansichtsflächen sollen nirgends mehr als drei Fugen zusammenstoßen. Die Stärke der Fugen ist je nach der Rauhheit des Materials zu beschränken und soll 3 cm nicht übersteigen. Mörtelnester sind zu vermeiden, und Hohlstellen sind im Inneren der Mauer und in den Ansichtsflächen mit allseits von Mörtel umhüllten Steinstücken auszuzwicken.

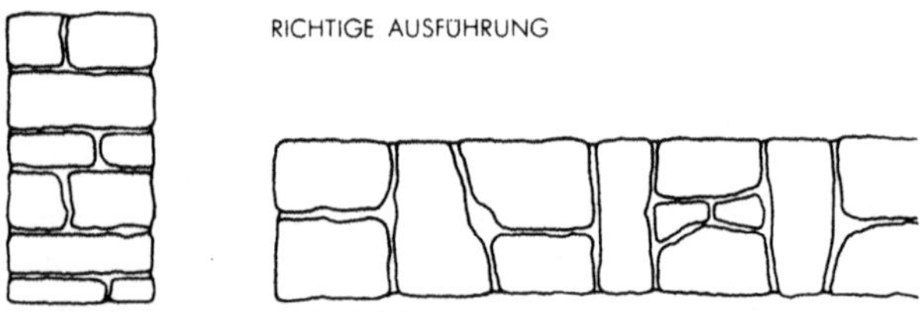

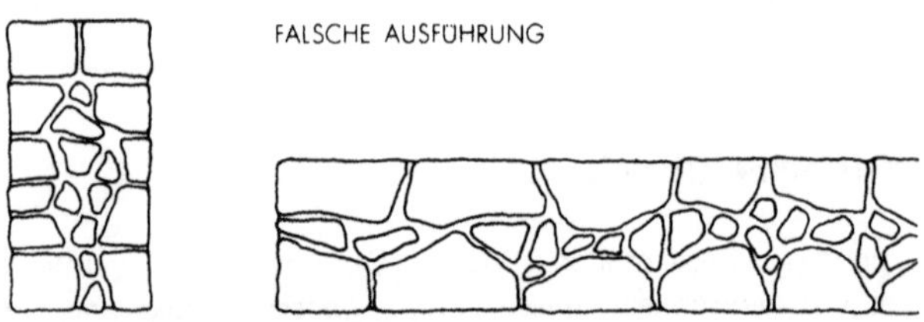

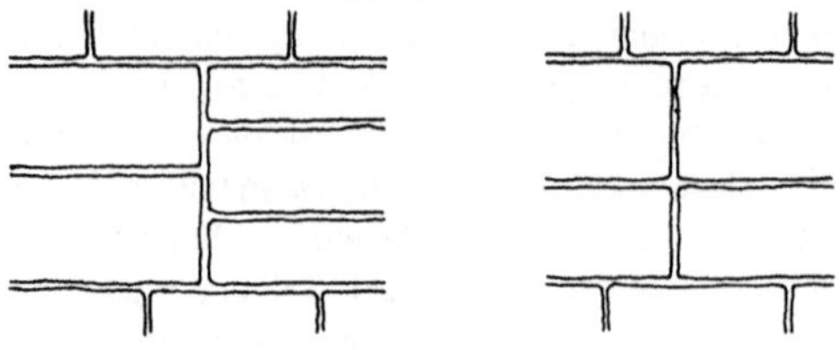

Die handwerksgerechte Ausführung des Natursteinmauerwerks verlangt ferner, daß

auf zwei Läufer mindestens ein Binder kommt oder Läufer- und Binderschichten miteinander abwechseln,

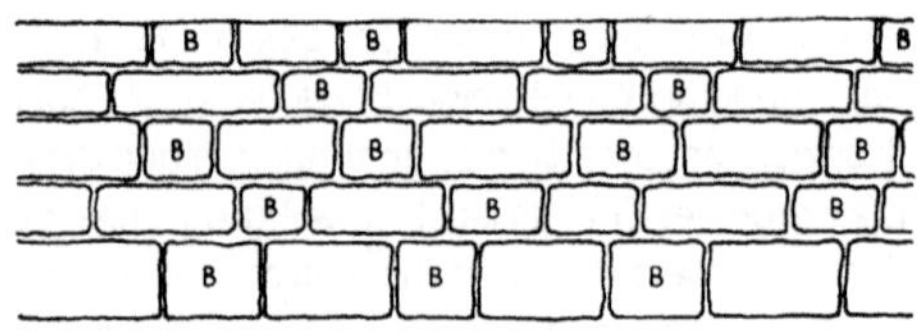

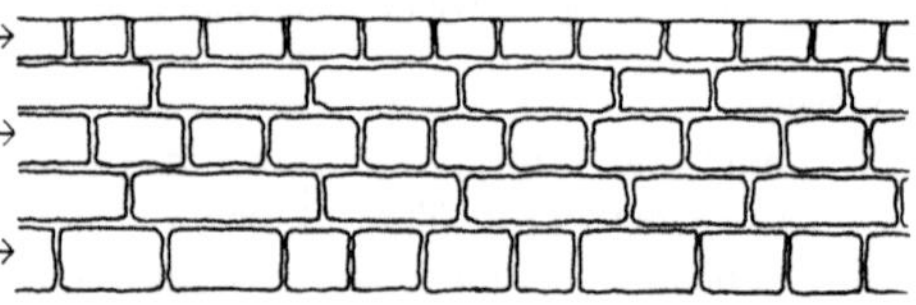

die Dicke (Tiefe) der Binder etwa das $1^1/_2$fache der Schichthöhe, mindestens aber 30 cm beträgt,
die Dicke (Tiefe) der Läufer etwa gleich der Schichthöhe ist.

LÄUFER

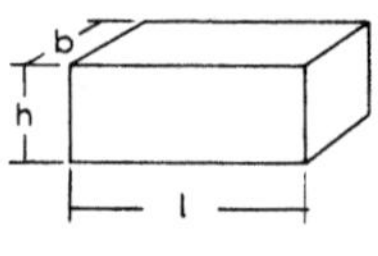

$l = h - 5h$
$b \sim h$

BINDER

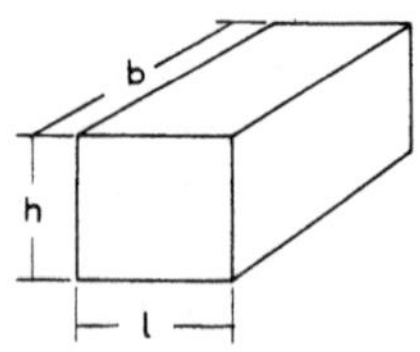

$b \sim 1{,}5h$
$b \geq 30\,cm$
$l \sim h - 2h$

PLATTE

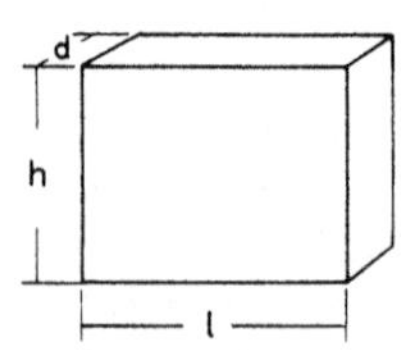

$d \geq 1/3\,h$
$d \geq 11{,}5\,cm$

die Überdeckung der Stoßfugen

bei Schichtenmauerwerk mindestens 10 cm und

bei Quadermauerwerk mindestens 15 cm beträgt und an den Ecken die größten Steine eingebaut werden.

Bei freistehenden zweihäuptigen Mauern sind beide Ansichtsflächen sorgfältig und so fluchtrecht wie möglich auszubilden.

ÜBERDECKUNG DER STOSSFUGEN

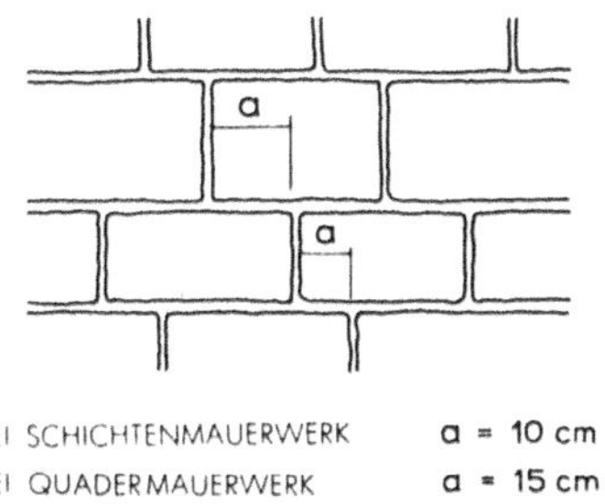

MÖRTELART IM NATURSTEINMAUERWERK

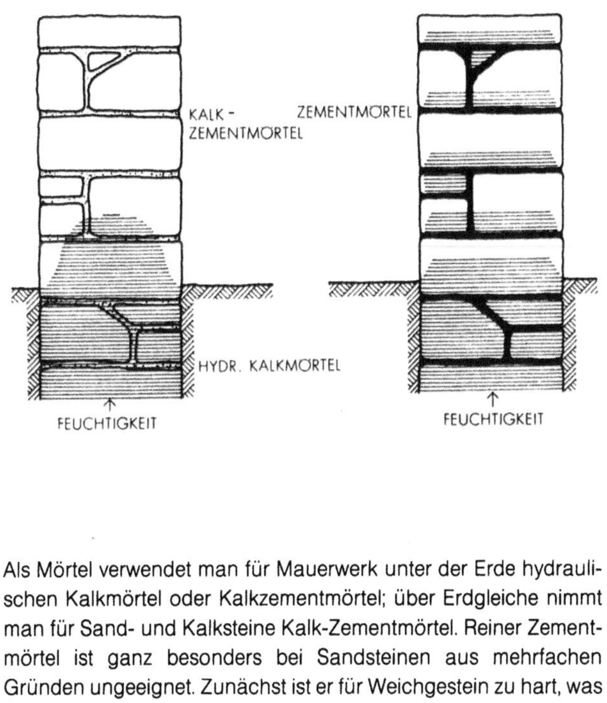

Als Mörtel verwendet man für Mauerwerk unter der Erde hydraulischen Kalkmörtel oder Kalkzementmörtel; über Erdgleiche nimmt man für Sand- und Kalksteine Kalk-Zementmörtel. Reiner Zementmörtel ist ganz besonders bei Sandsteinen aus mehrfachen Gründen ungeeignet. Zunächst ist er für Weichgestein zu hart, was manchmal zum Bruch einzelner Steine führen kann, dann hat er die unangenehme Eigenschaft, die Steine zu verfärben, wozu noch der unansehnliche, das gesamte Mauerbild beeinträchtigende schmutzig graue Fugenton kommt. Außerdem hemmen die durchgehend dichten Fugen, besonders die Lagerfugen, das Austrocknen der Wand, da die enthaltene oder aufgenommene Feuchtigkeit sich nicht verteilen, absinken und verdunsten kann, sondern in jeder Schicht festgehalten wird.

Je nachdem, wie die Steine verschränkt und versetzt werden, ergeben sich sowohl verschieden feste Mauerkörper wie auch verschiedenartige Flächenbilder.

Trockenmauerwerk

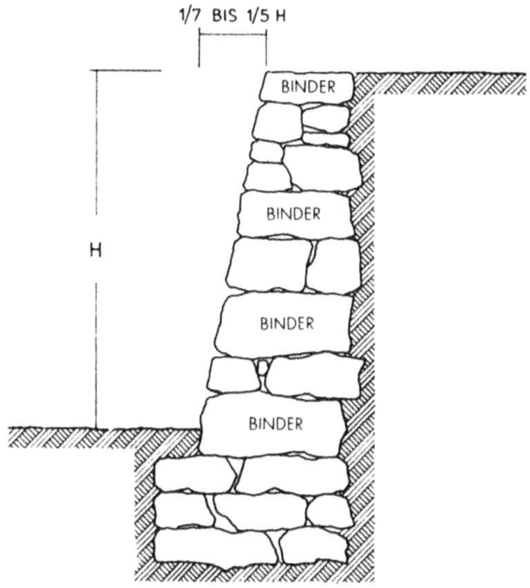

Die älteste bei uns vorkommende Art von Natursteinmauerwerk, die sich z. B. noch in Überresten alter Keltensiedlungen findet, ist das Trockenmauerwerk. Es wird ohne Verwendung von Mörtel (nur mit trockener Erde) unter geringer Bearbeitung in richtigem Verband so aneinandergefügt, daß möglichst enge Fugen und kleine Hohlräume verbleiben. Trockenmauern dürfen nicht belastet werden. Sie wirken lediglich durch ihr Gewicht gegen den anfallenden Erddruck, verhindern also das Abrutschen des dahinter befindlichen Erdkörpers. Deshalb bezeichnet man diese Mauern auch als „Schwergewichtsmauern".

Um sie gegen den Erddruck standfester zu machen, läßt man sie mit $^1/_7$ bis $^1/_5$ ihrer Höhe gegen das abzustützende Erdreich anlaufen. Ihre mittlere Dicke beträgt etwa $^1/_3$ ihrer Höhe und wird zweckmäßigerweise jeweils berechnet. Da die Erde durch das andringende Wasser und den Regen aus den Fugen gespült werden kann, muß die Mauer in gutem Verband geschichtet und so mit Steinsplittern und Brocken ausgezwickt werden, daß in dem Mauerkörper Spannung entsteht und er auch ohne fugenfüllende Erde formbeständig bleibt. Bei Stützmauern wird nur die freie Seite fluchtrecht ausgeführt, während die Bergseite je nach der unregelmäßigen Form der Steine uneben bleibt. Man bezeichnet eine solche Mauer darum als einhäuptig.

Durch diese Verzahnung an der Bergseite entsteht in der Fuge Mauer-Erdreich eine erhöhte Schubfestigkeit, die dem Vorkippen der Mauer bzw. dem Erddruck entgegenwirkt.

Als Raumgewicht des Trockenmauerwerks ist die Hälfte der Rohwichte des verwendeten Steines anzunehmen.

Ausgezwicktes Mauerwerk

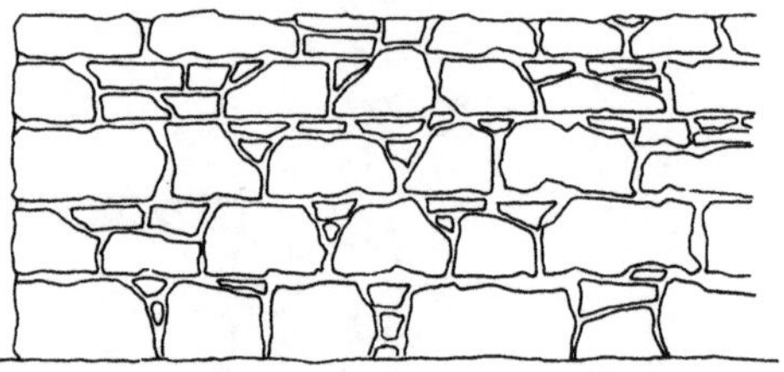

Bei dieser Mauerwerksart verzichtet man auf durchgehende Schichten und fügt die Steine, wie sie anfallen, wodurch ein lebendiges Flächenbild entsteht. Die Hohlräume werden mit allseits von Mörtel umhüllten Steinstücken ausgezwickt. Mit steigender Zahl und Unregelmäßigkeit der Fugen verringert sich jedoch die Festigkeit des Mauerkörpers. Er neigt seiner Struktur nach leicht zum Schieben, weshalb man ihn nach jeweils 1,00 bis 1,50 m Höhe auf die ganze Wanddicke und -länge abgleichen muß. Für die Mauerecken und -enden verwendet man die größten und bestgeformten Steine, die abwechselnd als Läufer und Binder versetzt werden.

Findlingsmauerwerk

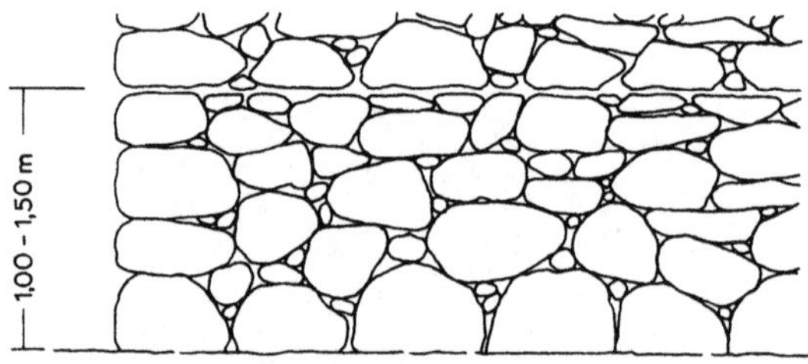

In Gegenden, in denen nur die sehr harten, als Moränegeschiebe rundgeschliffenen Findlinge anzutreffen sind, werden auch diese durch geschickte Verarbeitung zu Mauern von allerdings nur geringer Druckfestigkeit gefügt. Da sich Findlinge kaum bearbeiten lassen, vermauert man die kleineren Steine, wie sie vorkommen, und spaltet nur die größeren Blöcke. Mit solchen größeren Steinen, die durch die Spaltung eine gute Lagerfläche aufweisen, beginnt man den Aufbau der Mauer. Die entstehenden zahlreichen Hohlstellen werden mit passenden kleinen Steinen und Steinscherben ausgezwickt. Der Längs- und Querverband der Mauer bleibt, durch das Material bedingt, mangelhaft. Um ein Schieben der Wand zu verhindern, gleicht man das aufgehende Mauerwerk etwa nach 1,00 bis 1,50 m Höhe ab und beginnt jeden neuen Absatz wieder mit gespaltenen lagerhaften Steinen. Trotz des Auszwickens erfordert diese Mauerwerksart viel Mörtel, der wegen der runden Steinformen mit der Kelle auch breit über die Fugen gestrichen werden muß. Das Aufmauern darf nur langsam vor sich gehen, weil die harten Steine wenig Mörtelfeuchtigkeit aufnehmen.

Zyklopenmauerwerk

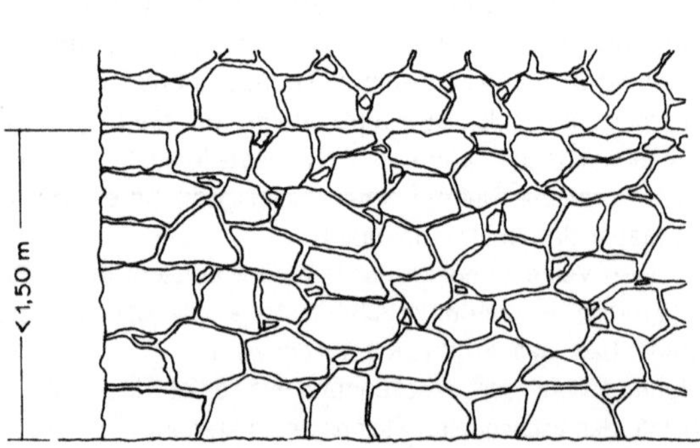

Die wenig bearbeiteten Bruchsteine, meist unregelmäßig geformte Hartsteine, werden ohne horizontale Lagerung satt in Mörtel verlegt. Die Struktur des Zyklopenmauerwerks spricht gegen jedes statische Gefühl. Es neigt stark zum Schieben und weist trotz der harten Steine keine nennenswerte Druckfestigkeit auf. Aus diesen Gründen wird es auch heute kaum mehr ausgeführt, war aber bezeichnenderweise in unserer baulich schlechtesten Epoche, Ende des 19. Jahrhunderts, sehr in Mode.

Bruchsteinmauerwerk

Die einfachste, billigste und darum häufigste Verwendungsart der Natursteine stellt das Bruchsteinmauerwerk dar. Man benutzt es vorwiegend für Stützmauern in Gärten, Weinbergen usw., für freistehende Einfriedigungsmauern und für Kellerwände. Für Geschoßmauerwerk werden Bruchsteine heute nur noch selten verwendet, denn die Wärmedämmung beträgt nur die Hälfte des Backsteinmauerwerks und erfordert darum große Wandstärken und einen hohen Arbeitsaufwand.
Bruchsteine ergeben sich als Abfall bei Steinsprengungen und durch Verkleinerung von Blöcken, die sich nach ihrer Form und Größe oder wegen etwaiger Fehler nicht für die Weiterbearbeitung als Werksteine eignen. Nach der Häufigkeit der Steinvorkommen werden Bruchsteinmauern vorwiegend in Sandstein, in geringerem Maße in Kalksteinen und Granit und den übrigen noch geeigneten Steinarten errichtet.
Da Bruchsteine vermauert und nicht wie Werksteine versetzt werden, findet die Größe der Steine ihre obere Grenze in dem Gewicht, das ein Mann noch bewältigen kann; ihre Form ergibt sich aus den Strukturеigentümlichkeiten des jeweiligen Materials. So spalten amorphe Steine, z. B. Diabas, sehr kurz, etwa im Verhältnis 1:1, manche lagerhaften Sandsteinarten bis etwa 1:5 und Gneis sogar bis etwa 1:10. Die beschränkte Steingröße und die dem betreffenden Material eigentümliche Bruchlänge bestimmen also das Erscheinungsbild der Mauerfläche. Bei der Ausführung von Bruchsteinmauerwerk sind folgende Gesichtspunkte zu beachten:
Die Steine werden möglichst in der anfallenden Form versetzt und nur in geringem Maße mit dem Steinhammer zugerichtet. Das gilt auch für die Ansichtsfläche der Steine. Ferner ist das Mauerwerk in seiner ganzen Dicke und in Absätzen von höchstens 1,50 m rechtwinklig zur Kraftrichtung abzugleichen.

Hammerrechtes Schichtenmauerwerk

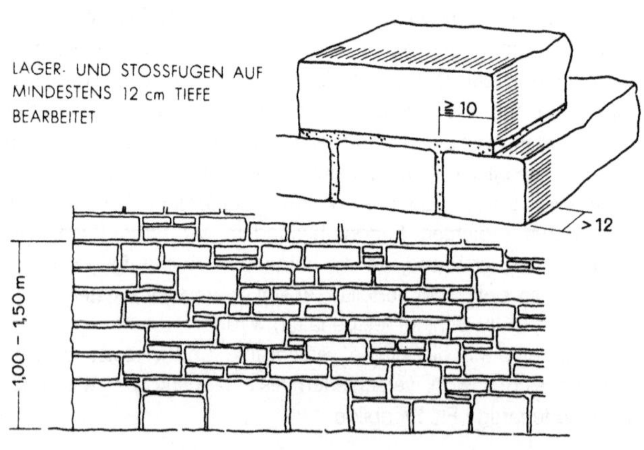

Die geringste, in Bruchsteinmauerwerk auszuführende Wanddicke beträgt ca. 50 cm bei 2häuptigem Mauerwerk.
Bei dieser Mauerwerksart erhalten die Steine auf mindestens 12 cm Tiefe bearbeitete Lager- und Stoßfugen, die ungefähr rechtwinklig zueinander stehen.
Die Schichthöhen dürfen innerhalb einer Schicht und in den verschiedenen Schichten wechseln. Das Mauerwerk ist in seiner ganzen Dicke nach jeweils 1,50 m Höhe rechtwinklig zur Kraftrichtung auszugleichen.
Je nachdem, ob die Steine in mehr gleicher oder sehr verschiedener Höhe anfallen, führt man das Mauerwerk als regelmäßiges bzw. unregelmäßiges Schichtenmauerwerk auf.

Regelmäßiges Schichtenmauerwerk

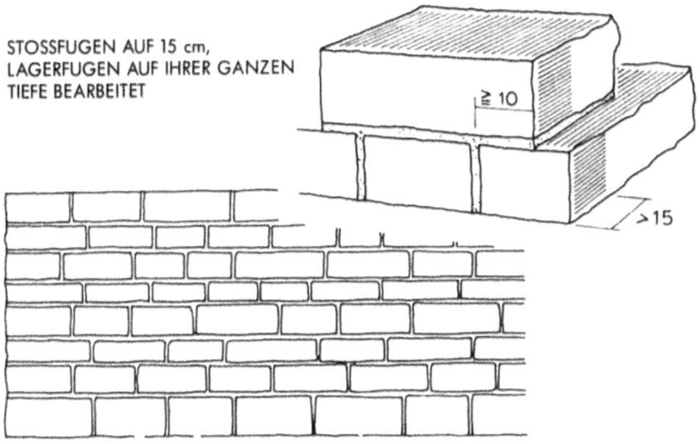

Die Stoß- und Lagerfugen, die zueinander und zur Oberfläche senkrecht stehen, werden bis mindestens 15 cm Tiefe bearbeitet. Die Fugen der Sichtflächen dürfen nicht weiter als 3 cm sein. Die Schichtböden dürfen innerhalb einer Schicht und in den verschiedenen Schichten in mäßigen Grenzen wechseln. Das Mauerwerk ist in seiner ganzen Dicke in Absätzen von höchstens 1,50 m rechtwinklig zur Kraftrichtung abzugleichen.

Unregelmäßiges Schichtenmauerwerk

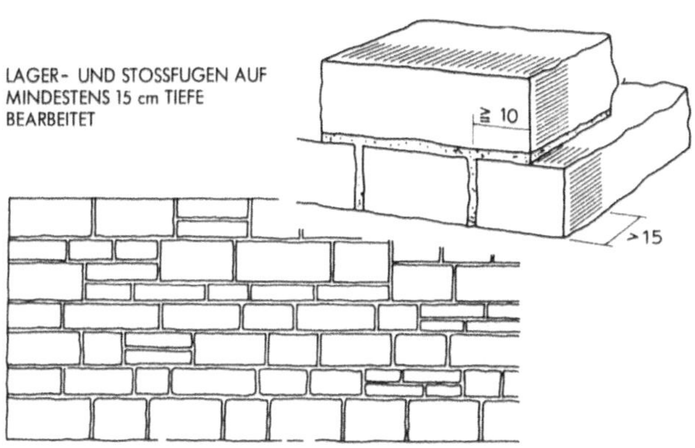

Die Stoß- und Lagerfugen stehen zueinander und zur Oberfläche senkrecht. Sie werden bis mindestens 15 cm Tiefe bearbeitet. Innerhalb einer Schicht darf die Höhe der Steine nicht wechseln; jede Schicht ist senkrecht zur Kraftrichtung abzugleichen.

Mischmauerwerk

Schon im Mittelalter hat man, um mit dem Steinmaterial haushälterisch umzugehen, bei dickeren Mauern den Steinabfall für den Mauerkern und die mehr oder minder sorgfältig bearbeiteten größeren Steine als Vormauerung benutzt. Der Kern stellte also eine Art Beton dar. Die Vormauerung muß aus mindestens 30% Bindersteinen bestehen. Die Binder sollen mindestens 24 cm dick (tief) sein und mindestens 10 cm in den Beton einbinden.
Heute verfahren wir sinngemäß ebenso, wenn wir als Hintermauerung einer bruchstein- oder hammerrechten Wand Stampfbeton benützen. Ein solches Mauerwerk wird am besten mit durchgehenden Schichten aufgeführt.
Anstelle einer vorderen Schalung versetzt man jeweils eine Steinreihe auf einer Fuge von ca. 3 cm Stärke.
Der Beton wird dann auf Schichthöhe eingebracht und gestampft, und so fort.
Die Fugen sind auf 3 cm Tiefe freizuhalten für das spätere Ausfugen mit Kalkzementmörtel.
Obgleich auf diese Weise die Steine einwandfrei in den Beton eingebunden werden, hat man in vielen Fällen nach längerer Zeit ein Loslösen des Betons von der Vormauerung beobachtet. Diese Erscheinung bleibt unbedenklich, wenn nicht der gesamte Mauerkörper schwer belastet ist.

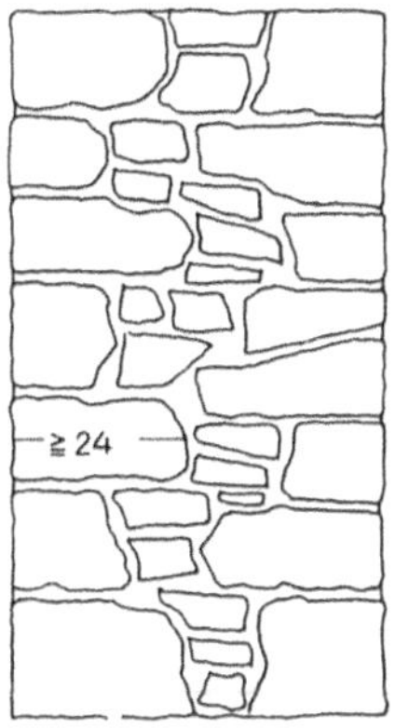

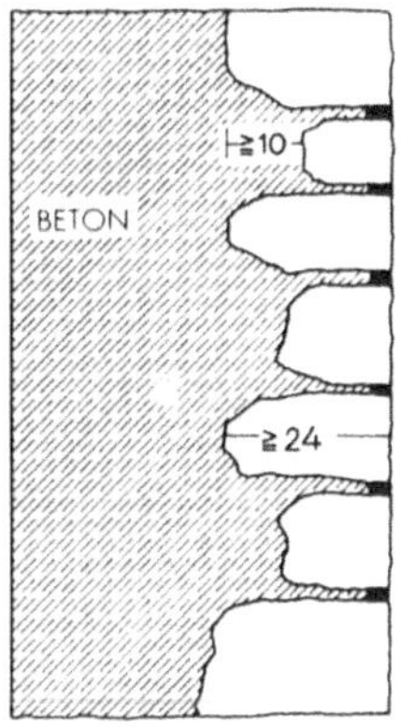

Bei der Hintermauerung mit Ziegeln muß jede dritte Natursteinschicht nur aus Bindern bestehen. Die Binder müssen auch hier mindestens 24 cm dick (tief) sein und mindestens 10 cm in die Hintermauerung eingreifen. Diese soll hinter den Bindern noch eine Dicke von 1 Stein haben, um einen Feuchtigkeitsdurchschlag und eine Abzeichnung der Binder auf dem Innenputz zu verhindern. Die Lagerfugen auf der Vorderseite sind mit den zahlreicheren Lagerfugen auf der Rückseite durch unterschiedliche Fugenweiten so auszugleichen, daß die Gesamtweite aller Fugen vorn und hinten innerhalb eines Geschosses möglichst gleich ist, damit sich der Mauerkörper gleichmäßig setzt.

Verputzen und Verfugen des Natursteinmauerwerks

Im Mittelalter und bis in die erste Hälfte des 19. Jahrhunderts hinein wurde das Natursteinmauerwerk der Geschosse bei Wohnhäusern und anderen wertvolleren Gebäuden stets verputzt. Besonders bei Sandsteinen, die feuchtigkeitsdurchlässig sind (wodurch die schon geringe Wärmedämmung weiter vermindert wird, und da ja in früheren Zeiten noch dazu die Isolierung gegen aufsteigende Feuchtigkeit fehlte), war diese Maßnahme wohl begründet. Heute entschließen wir uns nur schwer dazu, dieses schöne, wetterfeste Material mit seinem lebhaften Fugenspiel hinter einer Putzhaut zu verbergen. Wenn man aber eine Bruchsteinwand 1 Stein dick mit Backsteinen hintermauert und die Bruchsteine mit einem dichten Mörtel ausfugt, so wird ein Feuchtigkeitsdurchschlag verhindert, und wir können unserer Vorliebe für Materialwirkungen mit gutem Gewissen nachgeben. Die Verfugung muß mindestens auf eine Tiefe, die gleich der Fugenstärke ist, ausgeführt werden und soll nicht mit dem Fugeisen, sondern mit einem Holzspan geschehen, um glatte, speckig glänzende Fugen zu vermeiden.

Bei sehr rauhem Material und bei dunkelfarbigen Steinen eignet sich eine Zwischenlösung, die „Verbandelung", bei welcher man den Mörtel mit der Kelle breit über die Fugen und die zurückliegenden Steinteile und Steine streicht. Außer dem reizvollen Flächenbild erzielt man bei dunklen Steinen noch eine erwünschte Aufhellung des Flächentons. Die Mörtelfarbe darf aber nicht zu weit von der Steinfarbe abweichen, damit keine zu harte Zeichnung entsteht.

VERFUGT

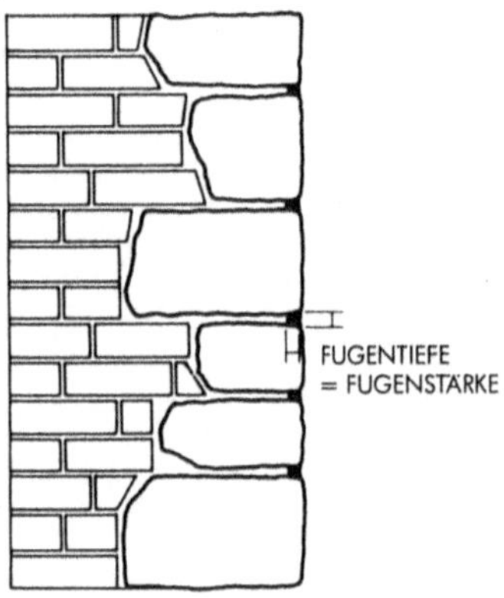

VERBANDELT

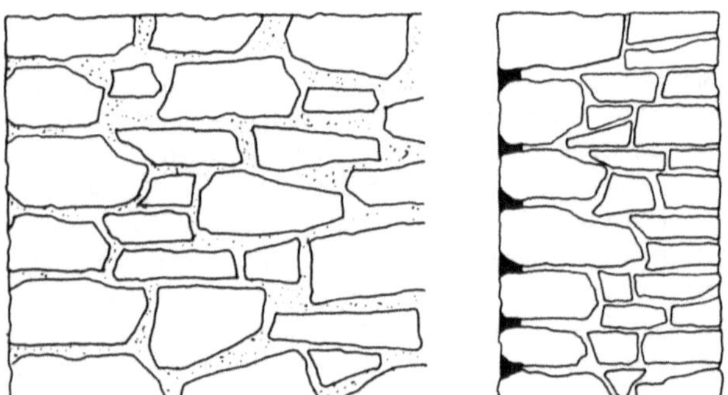

ANSICHT VERTIK. SCHNITT

Ausbildung der Stürze in Bruchstein- und Schichtenmauerwerk

Über kleineren Öffnungen bis ca. 1 m Spannweite genügt meistens die Überlage eines kräftigen Steinbalkens als Sturzausbildung. Wenn ein Steinbalken nicht mehr den geforderten Dienst leistet, so kann eine Spreizung auf einfache Weise den auf der Öffnung lastenden Druck ableiten.

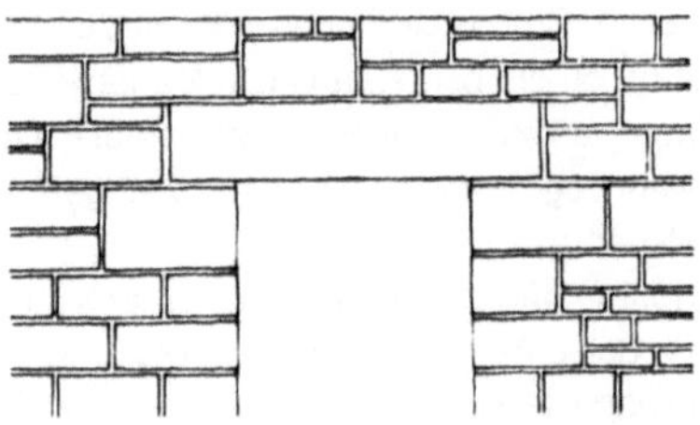

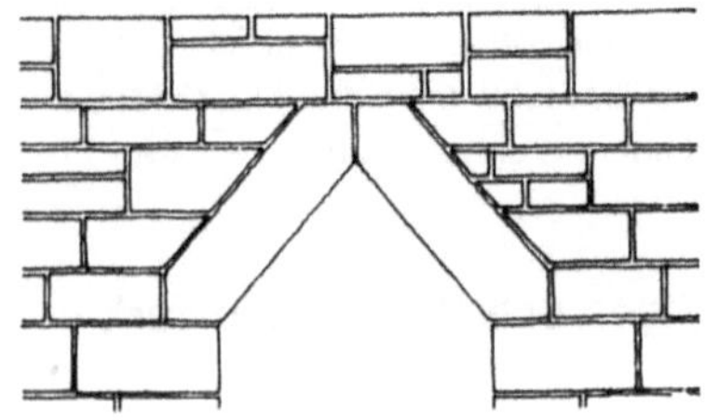

Bei größeren Freilagen oder höheren Lasten muß man aber einen gemauerten Sturz als flacheres oder höheres Segment, bei großen Öffnungen als halbkreis- oder parabelförmigen Bogen anordnen. Die Steine der Stürze und tragenden Bögen wählt man in ihrer Ansichtsbreite etwas geringer als die Schichthöhen, so daß der Sturz durch die zahlreicheren Fugen eine gewisse Elastizität erhält und gleichzeitig sein Anblick für das Auge eine gefälligere Gliederung zeigt, als sie schwere, plumpe Sturzsteine ergeben. Die Lagerfugen der Wölbesteine müssen stets auf die ganze Steintiefe bearbeitet werden, um eine gleichmäßige Druckübertragung zu gewährleisten. In gleicher Weise muß die innere Bogenseite der Steine behandelt werden, damit sie gut auf der Einrüstung ruht. Die äußere Bogenseite wird bei flachen und bei schwerbelasteten Stürzen wie die innere sauber bearbeitet. Die Widerlager der Stürze sollen wegen der Aufnahme des seitlichen Druckes stets kräftig gewählt werden.

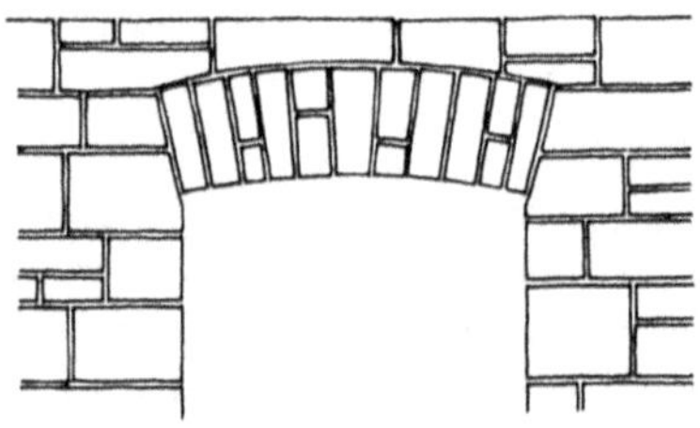

Im Bruchstein- und hammerrechten Schichtenmauerwerk kann man bei größeren Rundbögen die Wölbesteine verschieden hoch wählen und in das aufgehende Mauerwerk einbinden lassen. Bei schwer belasteten Bögen, z. B. bei Brücken, kann aber gerade in dem Gegensatz der sorgfältig bearbeiteten Bogensteine zu dem unregelmäßigen Mauerwerk ein ästhetischer Reiz liegen.

Mauerabdeckungen

Freistehende Natursteinmauern bedürfen je nach der Art und Wetterbeständigkeit ihres Materials entsprechend ausgebildeter Abdeckungen. Für diese Abdeckungen kommen natürlich nur dichte, frostsichere Steine in Frage. Man wählt sie nach Möglichkeit aus dem Steinmaterial der Wand, indem man die besten Steine von entsprechend großer Länge (zur Verminderung der Stoßfugenanzahl) aussucht.

ÜBERSTEHENDE ABDECKPLATTEN MIT WASSERNASEN

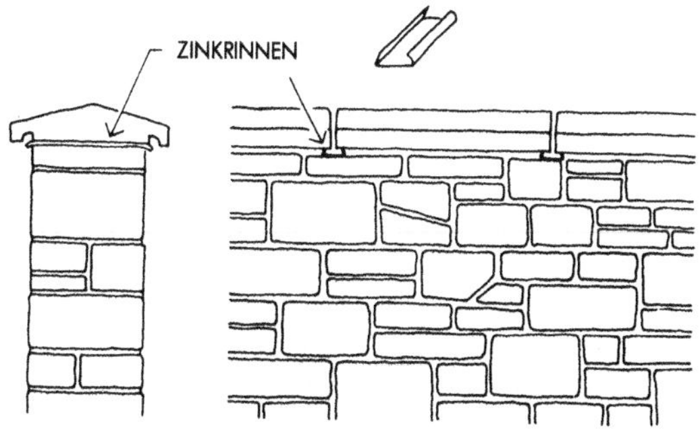

Sind die Steine der Mauer nicht frostbeständig, so müssen die steinmetzmäßig bearbeiteten Abdeckplatten überstehen und eine Wassernase erhalten. Soll das Eindringen von Wasser durch die Stoßfugen in den Mauerkörper mit Sicherheit vermieden werden, so kann man eingedrungenes Wasser durch kleine Zinkrinnen unter den Stoßfugen wieder nach außen ableiten.

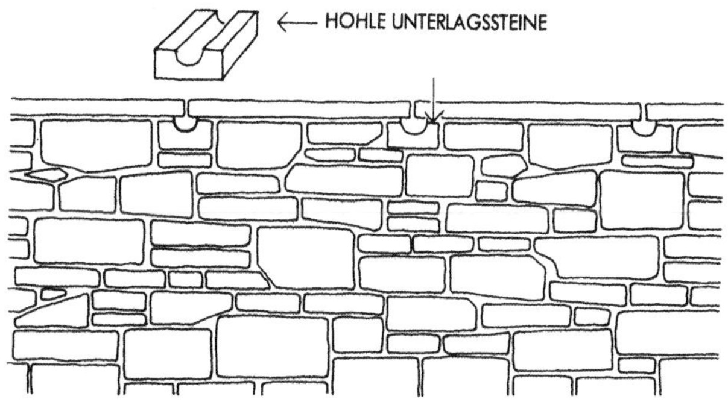

Anstelle von Zinkrinnen können auch entsprechend hohl gearbeitete Unterlagsteine unter die Fugenstöße treten, wodurch eine rhythmische Belebung der Abdeckung entsteht, die natürlich gleichlange Abdeckplatten voraussetzt. Mauern aus wetterfesten, frostsicheren Steinen bedürfen keiner über die Flucht vorstehenden Abdeckung. Man verwendet längere, häufig steinmetzmäßig

MAUERN AUS WETTERFESTEN, FROSTSICHEREN STEINEN

bearbeitete Steine, die je nach der gewünschten Wirkung im Querschnitt halbrund, dachförmig oder mit einseitigem Gefälle gestaltet werden. Solche Abdecksteine kann man auf dem abgeglichenen Mauerkörper versetzen oder auch in diesen einbinden lassen.

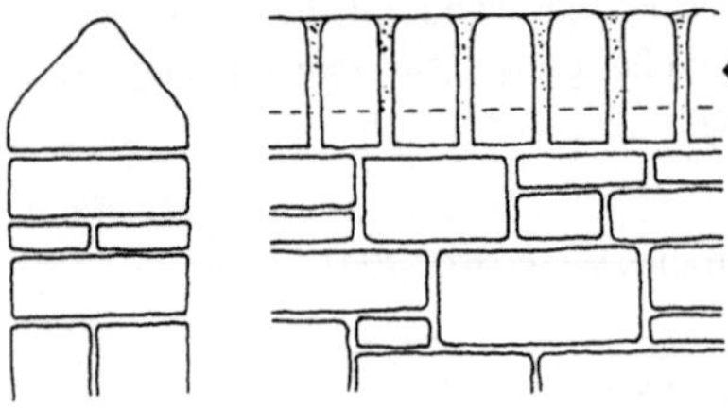

Besteht die Mauer aus sehr harten amorphen Steinen, die nur kurz brechen, so kann man sie mit einer Rollschicht aus dem gleichen Material abdecken. Die Stoßfugen müssen aber mit einem sehr dichten Mörtel gefüllt, und dieser muß breit über die Steine gestrichen werden, um das Eindringen des Wassers in die Fugen zu verhindern.

Quadermauerwerk (Werksteinmauerwerk)

Für die Herstellung von Quader- oder Werksteinmauerwerk verwendet man Natursteine, deren Lager-, Ansichts- und Seitenflächen und -kanten flucht- und winkelrecht in mehreren Arbeitsgängen steinmetzmäßig behauen werden.

Gewinnen und Bearbeiten der Werksteine
Die Blöcke für Werksteine werden in den Steinbrüchen entweder abgesprengt oder mit Schrotkeilen vom gewachsenen Fels abgeteilt oder durch Seilsägen aufgeschnitten und umgestürzt. Der Steinbrecher teilt dann durch Keile die Blöcke in die gewünschten Größen. Mit dem Bossierhammer „bossiert" er den bruchrauhen Stein, d. h. er bearbeitet ihn bis zu einem annähernd rechteckigen und geraden Werkstück, der sogenannten „Bosse", deren Abmessungen um einen „Arbeitszoll" (~3 cm auf allen Seiten) größer als die Maße des fertigen Steines sind.
Als Bosse wird das rohe Werkstück vom Steinhauer übernommen. Die Weiterbearbeitung geschieht heute durchweg im Steinbruch oder in dessen unmittelbarer Nähe, da sich bruchfeuchte Steine besser bearbeiten lassen als ausgetrocknete. Ferner verringert sich durch die weitere Bearbeitung das Transportgewicht.

«ERSEHEN» DER WERKSTEINE

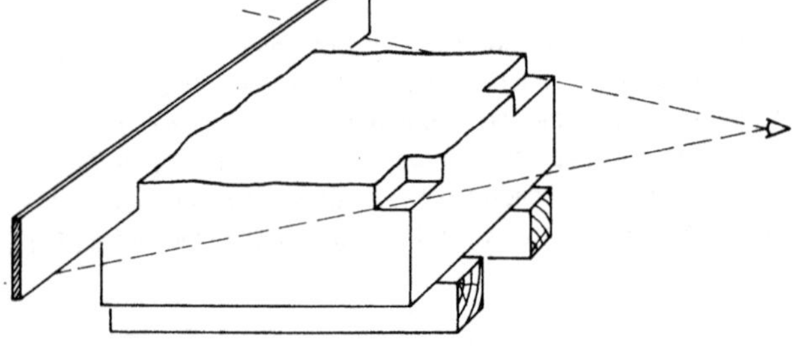

Der rohe Stein wird zunächst „aufgebankt", d. h. auf eine erhöhte Unterlage gebracht (Holzböcke, Steine usw.). Der Steinhauer reißt dann durch „Ersehen" die Kanten einer Lagerfläche an und umzieht den Stein mit einem 2 bis 3 cm breiten Randschlag mittels Kantenpreller und Zahneisen. Der verbleibende unbearbeitete Teil dieser Fläche, die „Bosse", bleibt nur selten stehen. Sie wird meistens mit dem Spitzeisen oder Zweispitz auf die Höhe des Randschlages gebracht. Sind alle Flächen des Werkstückes so behandelt, dann erfolgt die Bearbeitung der Sichtflächen je nach der gewünschten Art vom Groben ins Feine.

STEINMETZWERKZEUGE

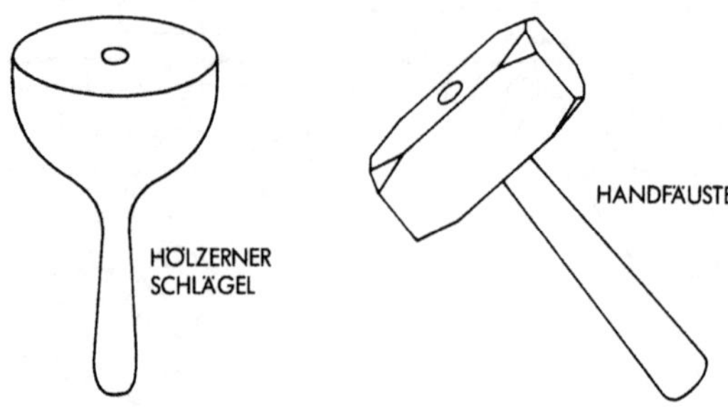

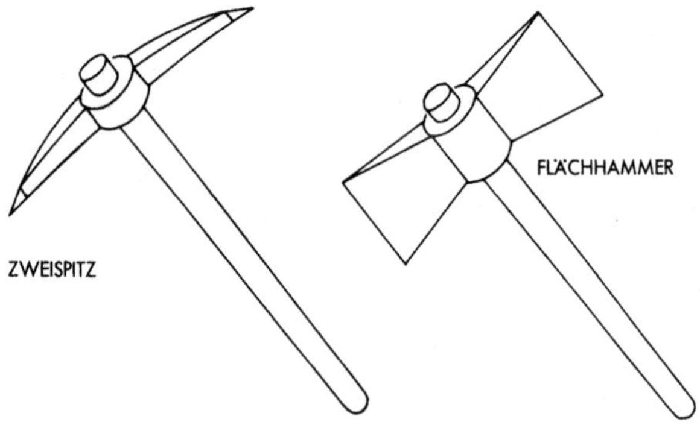

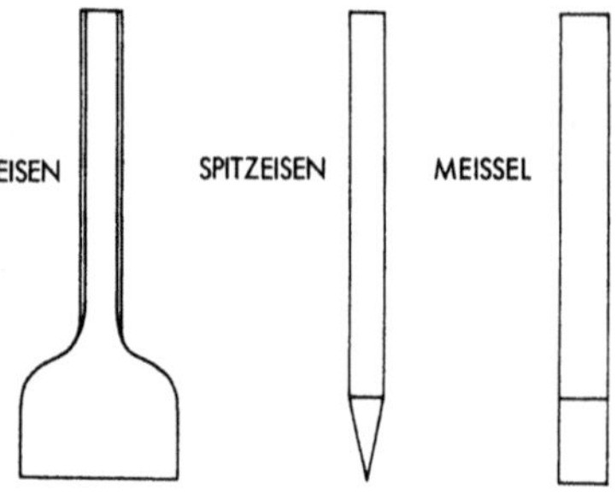

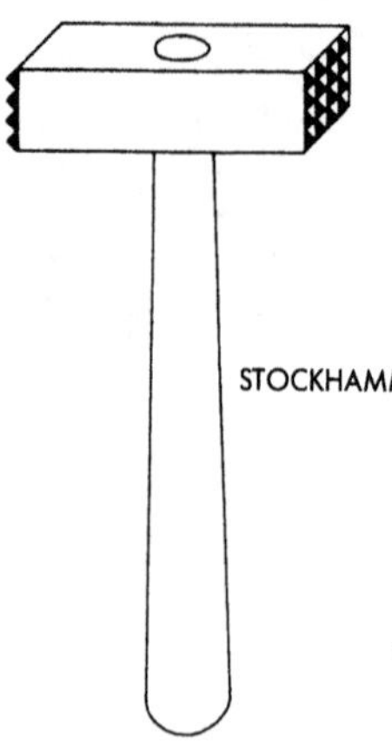

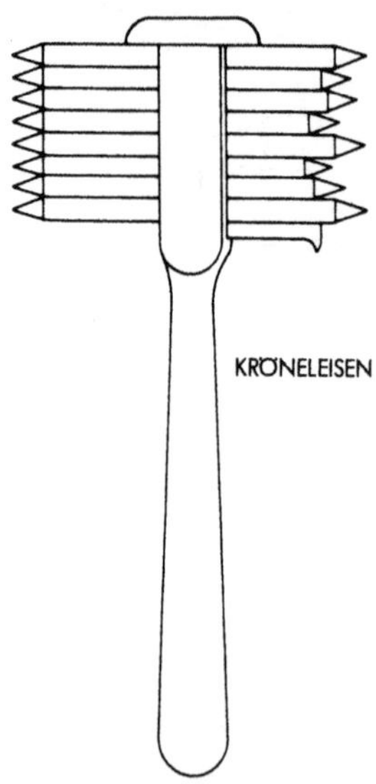

Sandsteine werden gespitzt, gekrönelt, geflächt, scharriert und geschliffen, Hartsteine in mehreren Arbeitsgängen gestockt, geschliffen und poliert. Schwache, dünne Steine können nur im Sandbett bearbeitet werden. Wenn hintermauert wird, beläßt man die Rückseite des Steines in gespitztem Zustand.

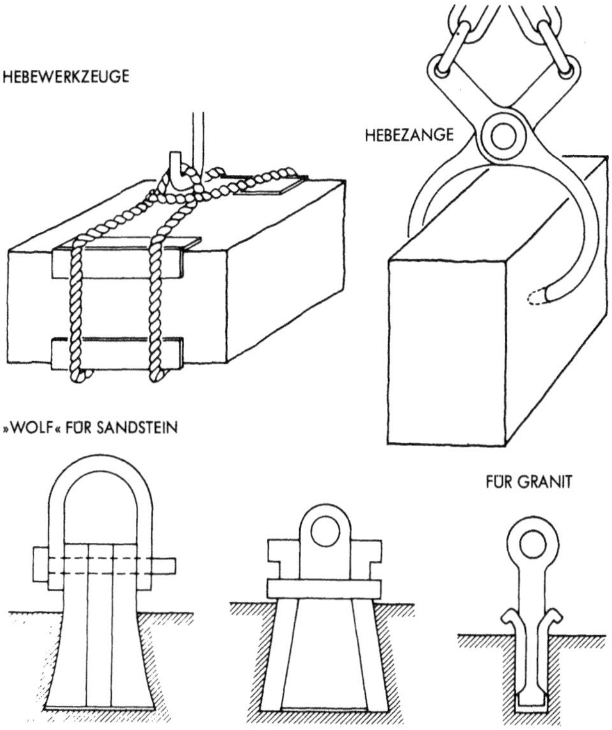

Versetzen der Werksteine

Die Kanten der im Steinbruch bearbeiteten Werksteine sind beim Transport auf die Baustelle gegen Bruch zu sichern. Dies geschieht durch Strohseile, die unter bzw. zwischen die Steine gelegt werden. Kleinere Steine versetzt man mit der Hebezange, schwere Steine hebt man mit dem „Wolf", der in Scherlöcher eingesetzt wird, die genau im Schwerpunkt der oberen Lagerfläche liegen müssen. Um diese schon im Steinbruch scharf passend schlagen zu können, überläßt man den Steinhauern ein Modell des Wolfes. Das Scherloch für Sandstein ist nach unten verbreitert. Der Wolf wird locker eingesetzt und mit nassem Sand festgeschlämmt. Das Scherloch für Granit ist rund und wird mit dem Steinbohrer eingebohrt.
Beim Versetzen werden die Steine zunächst probeweise auf zusammengefaltete Pappstückchen oder Schieferplättchen von Fugenstärke gesetzt, dann wieder gehoben, und danach erst wird das Mörtelbett aufgezogen. Die Fugenstärke beträgt etwa 4 bis 6 mm. Um das nochmalige Heben der Steine zu vermeiden, kann man die Lagerfugen auch nachträglich mit dünnflüssigem Mörtel ausgießen.

Kosten und Wirtschaftlichkeit des Werksteinmauerwerks

Die Kosten des Werksteinmauerwerks hängen von der Härte des Materials, der Zahl der Arbeitsgänge, also der gröberen oder feineren Flächenbearbeitung, und der Größe der Steine ab, denn die zu behandelnden Flächen wachsen mit der Anzahl der Steine, die auf den Kubikmeter Werkstein gehen.
Um die im Bruch in verschiedenen Größen anfallenden Blöcke wirtschaftlich auszunutzen, variiert man zweckmäßig die Schichthöhen und die Steinlängen. Sind große Flächen in Werkstein auszuführen, so können die Ausnützung des Materials noch weiter gesteigert und die Kosten gesenkt werden, wenn nur die verschiedenen Schichthöhen festgelegt, die einzelnen Steinlängen dagegen nicht vorgeschrieben, sondern nur durch Mindest- und Höchstmaße begrenzt werden. Ein Steinhauer nimmt dann an der Baustelle die ab und zu nötig werdenden Kürzungen vor.
Die teuerste Art der Werksteinverwendung stellt das „Quadermauerwerk" dar, das nur aus gleichgroßen Blöcken besteht und deshalb einen enormen Steinabfall bei der Auswahl und Bearbeitung der einzelnen Steine verursacht.

Naturstein und Bauausdruck

Wenn wir heute mit Natursteinen bauen, deren Bearbeitungsarten seit vielen Jahrhunderten entwickelt und abgeschlossen sind, so braucht und darf dies keineswegs zu historizistischen Bauerscheinungen führen. Schon deshalb nicht, weil sich diese schönen natürlichen Baustoffe aufs beste mit anderen Baustoffen, wie z. B. Stahlbeton, Metall, Spiegelglas u. dgl., verbinden lassen.
Es gibt Brüche, deren Steine eine durchgehend einheitliche Farbe zeigen, was für Granit, Muschelkalk und Travertin immer zutrifft, aber auch bei manchen Sandsteinarten vorkommt. Jedoch gerade bei letzteren treffen wir neben Brüchen mit gleichmäßig schlichtfarbenen Steinen auch solche mit sehr reichem verschiedenartigem Farbspiel. Bei großen Wänden gibt man derartigen Steinen den Vorzug, da gleichfarbene leicht eine „tote" Fläche ergeben. Deshalb ist es zweckmäßig, sich die Steine aus mehreren Brüchen zu beschaffen, um ein lebendigeres Farbenspiel zu erreichen.
Wertvolle und seltene Natursteine verwendet man heute in der Regel nur noch als dünne Platten, die die Wetterhaut bilden, aber keine statische Funktion mehr übernehmen oder vortäuschen.
Natursteinplatten werden nicht steinmetzmäßig zugerichtet, sondern mit der Steinsäge aus großen Blöcken geschnitten. Durch diese Herstellungsart spart man an Handwerksarbeit und nützt das Steinmaterial besser aus, da fast kein Bruch entsteht. Einzelheiten über Plattenverkleidungen aus Natur- und Kunststeinplatten siehe Kapitel „Außenwände".

Maßordnung des Mauerwerksbaus (DIN 4172)

Vorbemerkung

Die Entwicklung des Bauwesens, besonders im Hochbau, erfordert eine Maßordnung als Bemessungsgrundlage für die gesamte Baunormung. Durch sie wird die Anzahl der Größen von Baustoffen und Bauteilen verringert. Wenn nicht besondere Gründe die Wahl anderer Abmessungen erfordern, sind die Baunormzahlen der Maßordnung anzuwenden.

1. Begriffe

1.1 Baunormzahl: Baunormzahlen sind die Zahlen für Baurichtmaße und die daraus abgeleiteten Einzel-, Rohbau- und Ausbaumaße.

1.2 Baurichtmaß: Baurichtmaße sind zunächst theoretische Maße. Sie sind aber die Grundlage für die in der Praxis vorkommenden Baumaße. Sie sind nötig, um alle Bauteile planmäßig zu verbinden.

1.3 Nennmaß: Nennmaß ist das Maß, das die Bauten haben sollen. Es wird in der Regel in die Bauzeichnungen eingetragen. Nennmaße entsprechen bei Bauarten ohne Fugen den Baurichtmaßen. Bei Bauarten mit Fugen ergeben sich die Nennmaße aus den Baurichtmaßen abzüglich der Fugen.

2. Baunormzahlen

Reihen vorzugsweise für den Rohbau				Reihe vorzugsweise für Einzelmaße in cm	Reihen vorzugsweise für den Ausbau			
a	b	c	d	e	f	g	h	i
25	$\frac{25}{2}$	$\frac{25}{3}$	$\frac{25}{4}$	$\frac{25}{10} = \frac{5}{2}$	5	2 X 5	4 X 5	5 X 5
				2,5				
			$6\frac{1}{4}$	5	5			
		$8\frac{1}{3}$		7,5				
				10	10	10		
	$12\frac{1}{2}$		$12\frac{1}{2}$	12,5				
		$16\frac{2}{3}$		15	15			
			$18\frac{3}{4}$	17,5				
				20	20	20	20	
				22,5				
25	25	25	25	25	25			25
				27,5				
			$31\frac{1}{4}$	30	30	30		
		$33\frac{1}{3}$		32,5				
				35	35			
	$37\frac{1}{2}$		$37\frac{1}{2}$	37,5				
		$41\frac{2}{3}$		40	40	40	40	
			$43\frac{3}{4}$	42,5				
				45	45			
				47,5				
50	50	50	50	50	50	50		50
				52,5				
			$56\frac{1}{4}$	55	55			
		$58\frac{1}{3}$		57,5				
				60	60	60	60	
	$62\frac{1}{2}$		$62\frac{1}{2}$	62,5				
		$66\frac{2}{3}$		65	65			
			$68\frac{3}{4}$	67,5				
				70	70	70		
				72,5				
75	75	75	75	75	75			75
				77,5				
			$81\frac{1}{4}$	80	80	80	80	
		$83\frac{1}{3}$		82,5				
				85	85			
	$87\frac{1}{2}$		$87\frac{1}{2}$	87,5				
		$91\frac{2}{3}$		90	90	90		
			$93\frac{3}{4}$	92,5				
				95	95			
				97,5				
100	100	100	100	100	100	100	100	100

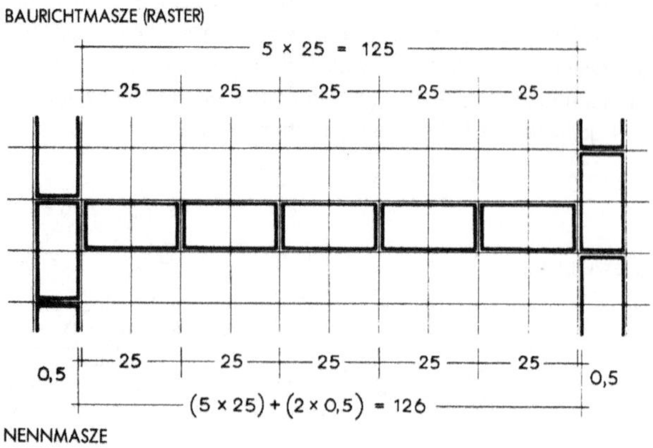

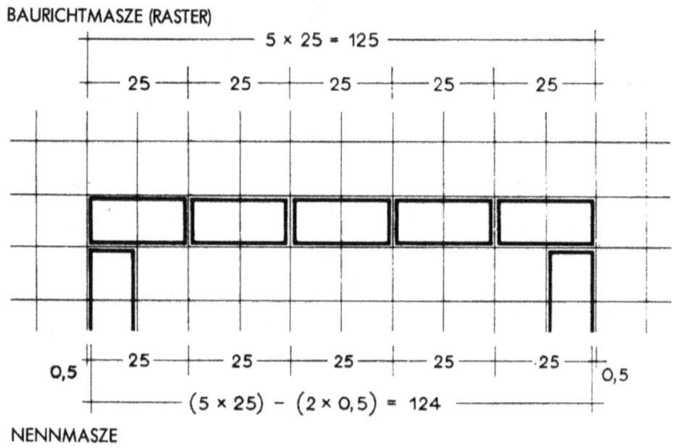

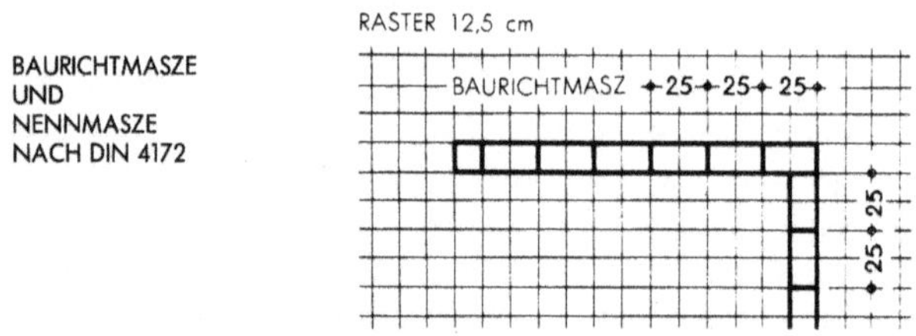

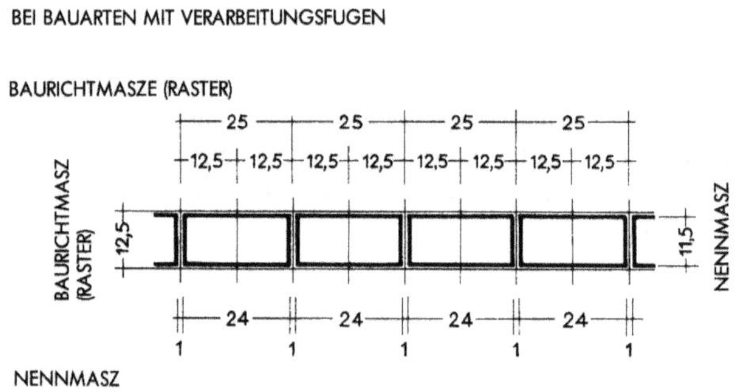

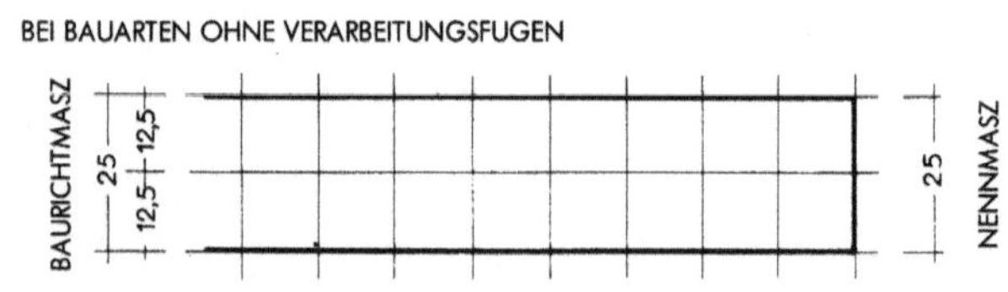

3. Kleinmaße

Kleinmaße sind Maße von 2,5 cm und darunter. Diese sind zu wählen in den Maßen:

2,5 cm; 2 cm; 1,6 cm; 1,25 cm; 1 cm;
8 mm; 6,3 mm; 5 mm; 4 mm; 3,2 mm;
2,5 mm; 2 mm; 1,6 mm; 1,25 mm; 1 mm.

4. Anwendung der Baunormzahlen

4.1 Baurichtmaße sind der Tafel zu entnehmen.
4.2 Nennmaße sind bei Bauarten ohne Fugen gleich den Baurichtmaßen. Sie sind ebenfalls der Tafel zu entnehmen. Beispiel:

Baurichtmaß für Dicke geschütteter Betonwände	= 25 cm
Nennmaß für Dicke geschütteter Betonwände	= 25 cm
Baurichtmaß Raumbreite	= 300 cm
Nennmaß Raumbreite	= 300 cm

4.3 Nennmaße bei Bauarten mit Fugen sind aus den Baurichtmaßen durch Abzug oder Zuschlag des Fugenanteiles abzuleiten. Beispiel:

Baurichtmaß Steinlänge	= 25 cm
Nennmaß Steinlänge	= 25 − 1 = 24 cm;
Baurichtmaß Raumbreite	= 300 cm
Nennmaß Raumbreite	= 300 + 1 = 301 cm.

4.4 Wenn es nicht möglich ist, alle Baumaße nach Baunormzahlen festzulegen, sollen die Baunormzahlen in erster Linie für die Festlegung der Berührungspunkte und -flächen mit anderen Bauteilen, die nach Baunormzahlen gestaltet sind, verwendet werden.

5. Fugen und Verband

Bauteile (Mauersteine, Bauplatten usw.) sind so zu bemessen, daß ihre Baurichtmaße im Verband Baunormzahlen sind. Verbandsregeln, Verarbeitungsfugen und Toleranzen sind dabei zu beachten.

Beispiel:	Baurichtmaß	Fuge	Nennmaß
Steinlänge	25 cm	1 cm	24 cm
Steinbreite	$\frac{25}{2}$ cm	1 cm	11,5 cm
Steinhöhe	$\frac{25}{3}$ cm	1,23 cm	7,1 cm
und	$\frac{25}{4}$ cm	1,05 cm	5,2 cm

Steinformate

Das Ausgangsmaß für die Bestimmung zweckmäßiger Ziegelgrößen war die Spannweite der Hand. Sie bestimmte die Breite der Vollziegel. Die großformatigen Lochziegel erhalten ihre Handlichkeit durch Aussparungen, die ein gutes Greifen oder das Einschieben eines besonderen Handgriffes ermöglichen.

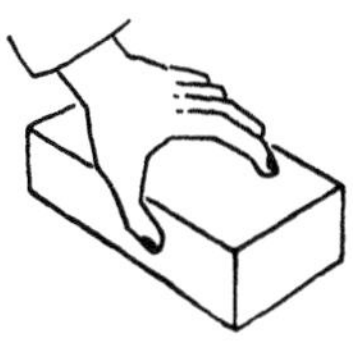

Zur Herstellung eines einwandfreien Mauerverbandes aus allen Vollziegeln neuer wie auch alter Formate mußte die Ziegellänge immer das Doppelte der Ziegelbreite + 1 Stoßfuge betragen. Die Höhe eines Ziegels steht in keiner unmittelbaren Beziehung zur Grundfläche und kann daher frei bestimmt werden. Seiner ornamentalen Verwendung sind dann allerdings Grenzen gesetzt.

Alte Steinformate

Das alte Reichsformat liegt mit seiner Breite von 12 cm noch gut in der Hand. Die Steinbreiten der meisten europäischen Länder weichen nicht viel von diesen Maßen ab und bewegen sich zwischen 10,5 und 13 cm. Die Ziegellänge beträgt 2 × 12 cm (Breite) + 1 cm (Stoßfuge) = 25 cm, die Ziegelhöhe 6,5 cm. Dieses sogenannte Reichsformat wurde 1852 unter Zugrundelegung des alten preußischen Zollmaßes geschaffen. Die Ziegellänge + Fuge wurde mit 10 preußischen Zoll = 26 cm, die Breite + Fuge mit 5 Zoll = 13 cm angenommen. Nach Abzug der Fugen ergab sich somit die Ziegelgröße von 25 × 12 cm. Die Höhe wurde mit 6,5 cm so bestimmt, daß die runde Zahl von 400 Ziegeln einschließlich des unvermeidlichen Bruches auf 1 m^3 Mauerwerk geht.
Das alte Reichsformat zeigt folgende praktische und ästhetische Nachteile: das Kopfmaß (Ziegelbreite + Fuge) = 13 cm geht nicht im Dezimalsystem auf und ergibt eine schlecht merkbare Zahlenreihe. Bei unverputzt bleibendem Mauerwerk erscheint es für seine Länge als zu hoch, außerdem läßt es sich nicht für eine ornamentale Durchbildung von Mauerflächen verwenden. Schon beim Abschluß einer Rollschicht stört es, daß 2 Schichten und 1 Fuge nicht mit der hochgestellten Ziegelbreite aufgehen, so daß der obere Abschlußstein stets flach geschrotet werden muß, was zeitraubend und schwierig ist. Mauersteine, die für eine allseitige Verwendung ohne Einschränkung geeignet sein sollen, müssen auch diese letzte Bedingung erfüllen. Ihre Höhe bemißt sich also: (Steinbreite–1 Lagerfuge) : 2. Das alte badische Format mit 27 × 13 × 6 cm und der alte bayerische „Königsstein" mit 29 × 14 × 6,5 cm erfüllten auch diese Forderung. Zählt man zu jeder Dimension noch eine Fuge von 1 cm, so ergibt sich mit dem Höhenmaß beginnend die Zahlenreihe von 7–14–28 cm bzw. 7,5–15–30 cm, also das Verhältnis von 1:2:4, das ein allseitig verwendbarer Mauerstein aufweisen muß. Bis heute werden derartig proportionierte Steine nur auf Bestellung angefertigt.

GEGENSEITIGE ABHÄNGIGKEIT DER ALTEN ZIEGELHÖHENMASSE

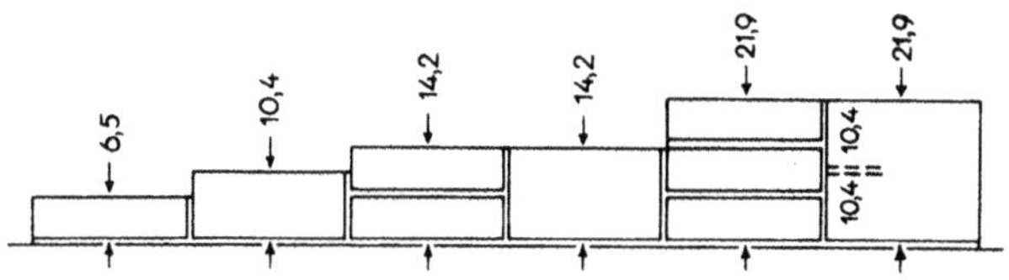

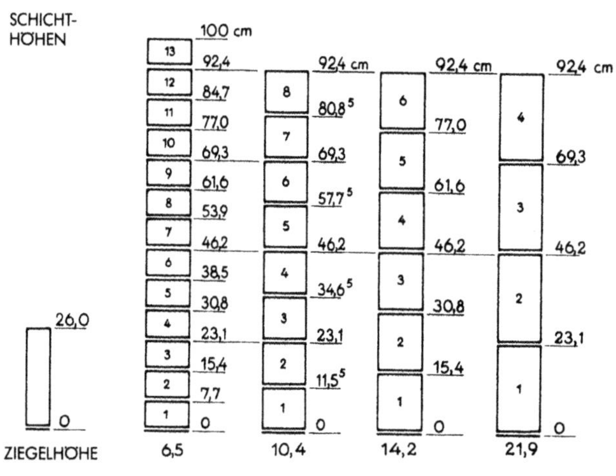

Neue Steinformate

Schon 1941 schlug Professor Neufert den sogenannten Oktametersteín mit den Abmessungen 24 × 11,5 × 6,5 cm vor. Die Steinhöhe von 6,5 cm sollte nach diesem Vorschlag beibehalten werden.
In DIN 105 wurden die Abmessungen der Voll- und Lochziegel, der neuen Maßordnung nach DIN 4172 entsprechend, wie folgt festgelegt:

Länge in cm	Breite in cm	Höhe in cm
24	11,5 17,5 24,0	5,2 7,1 11,3 15,5 17,5 23,8

Von diesen Ziegelmaßen sollten in der Regel nur folgende Vorzugsmaße hergestellt und verwendet werden:

		Länge in cm	Breite in cm	Höhe in cm
Dünnformat	DF	24	11,5	5,2
Normalformat	NF	24	11,5	7,1
$1\frac{1}{2}$ Normalformat	$1\frac{1}{2}$ NF	24	11,5	11,3
$2\frac{1}{2}$ Normalformat	$2\frac{1}{2}$ NF	24	17,5	11,3

Bei diesem neuen Steinformat beträgt die Steinbreite + Fuge $^1/_8$ m = 12,5 cm. Es ergibt sich also die leicht zu merkende Zahlenreihe von 12,5–25–37,5–50–62,5–75–100 cm usw., die also immer auf achtel, viertel, halbe, dreiviertel und ganze Meter ausgeht.

GEGENSEITIGE ABHÄNGIGKEIT DER NEUEN ZIEGELHÖHENMASZE

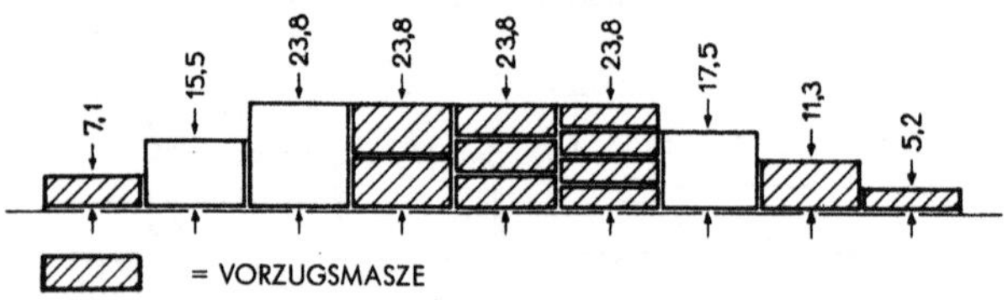

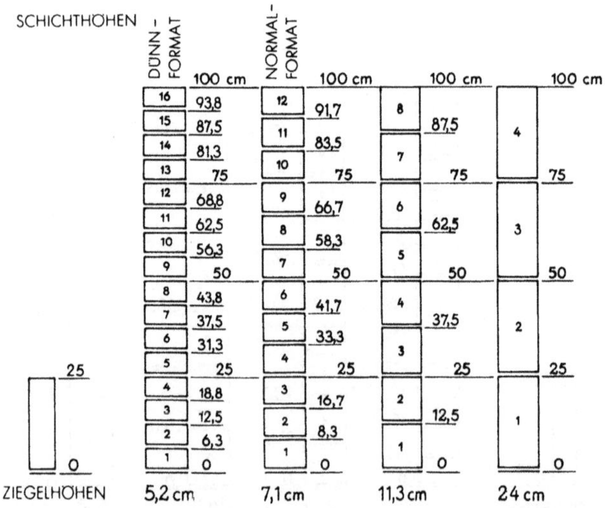

NEUE ZIEGELMASZE (NORMALFORMAT DIN 4172 ENTSPRECHEND)

ALTE ZIEGELMASZE (REICHSFORMAT)

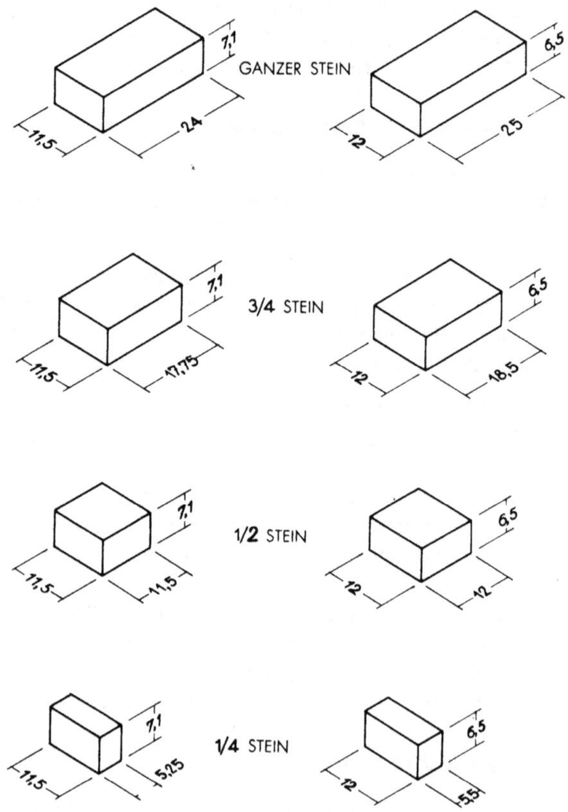

Mauerdicken – Mauerlängen

Stärke und Länge eines Mauerkörpers berechnen sich nach der Anzahl der Köpfe:
1 Kopf = 11,5 cm (Steinbreite) + 1 cm (Stoßfuge) = 12,5 cm (im alten Reichsformat: 1 Kopf = 12 cm + 1 cm Stoßfuge = 13 cm)

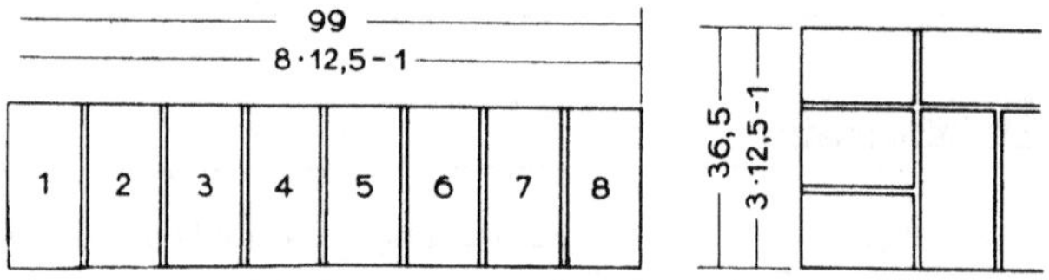

Mauerstärke und freie Länge = (x · 12,5 cm)−1 cm;
daher Mauermaße 11,5 cm; 24 cm; 36,5 cm; 49 cm usw.
(im alten Reichsformat (x · 13 cm)−1 cm;
daher Mauermaße 12 cm, 25 cm, 38 cm usw.).

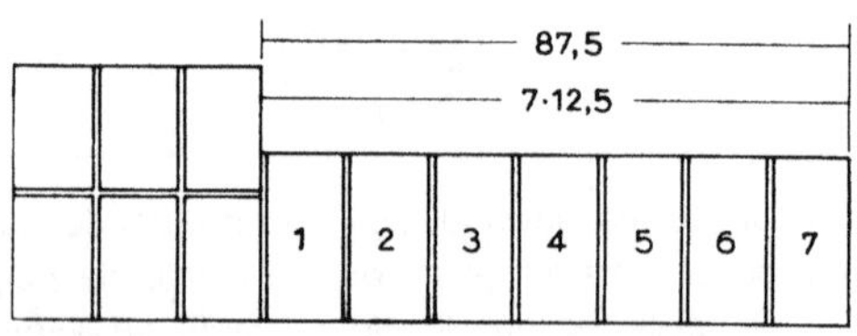

Angebaute Mauerlänge (Vorlagemaß) = x · 12,5 cm
(Reichsformat = x · 13 cm), Kopf- und Fugenanzahl sind gleich;

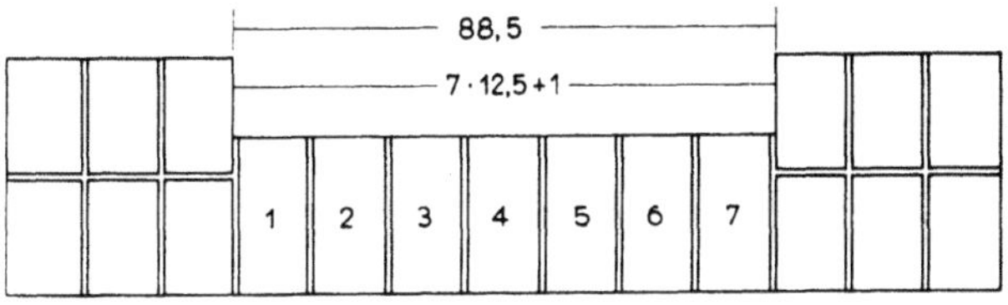

Eingebaute Mauerlänge (Innen- oder Lichtmaß) = (x · 12,5) + 1 cm (Reichsformat = (x · 13) + 1 cm); Fugenanzahl um 1 größer als Kopfzahl.

Bezeichnung der Steine, Fugen und Schichten

Die Steine, Fugen und Schichten haben nach ihrer Lage besondere Bezeichnungen.
Läufer liegen mit ihrer Längsseite, Binder mit ihrer Kopfseite parallel zur Mauerflucht.
Als Fuge bezeichnet man den mit Mörtel ausgefüllten Raum zwischen den Steinen. Liegen die Fugen horizontal bzw. quer zur Druckrichtung, so spricht man von Lagerfugen. Alle senkrecht verlaufenden Fugen nennt man Stoßfugen. Eine „Schicht" ist eine Lage von Steinen, die vom Maurer unter Berücksichtigung der Verbandsregeln verlegt wurde. Nach ihrer Steinlage unterscheidet man:

- Läuferschichten, die in ihrer Ansichtsfläche nur Läufer zeigen,
- Binderschichten, die in ihrer Ansichtsfläche nur Köpfe zeigen,
- Rollschichten, bei denen die Mauersteine auf ihren Längsseiten hochkant stehen, wodurch sich hohe Stoß- und kleine Lagerfugen ergeben. Die hohen Stoßfugen vergrößern die Haftfestigkeit der Steine untereinander. Hochkant stehende Steine sind bessere Druckverteilungskörper als flach liegende Steine, die bei größerer Last brechen können. Die Rollschicht ist deshalb günstig für Decken und Lastauflager, Mauer-, Brüstungs- und Gesimsabschlüsse. Durch schräg gestellte Rollschichten können Mauerflächen verspannt werden.

Bei Stromschichten sind die Steine der Flachschichten schräg zur Mauerflucht gelagert.
Bei Schränkschichten sind die Steine der Rollschichten in einem Winkel von 45° bis 60° schräg zur Mauerflucht gelagert.

LÄUFERSCHICHT

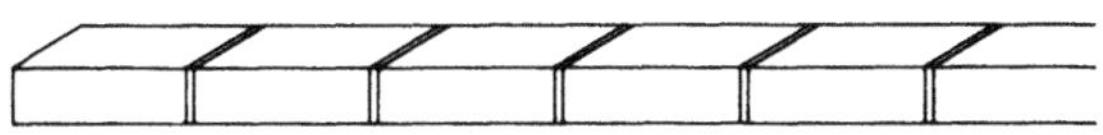

BINDERSCHICHT

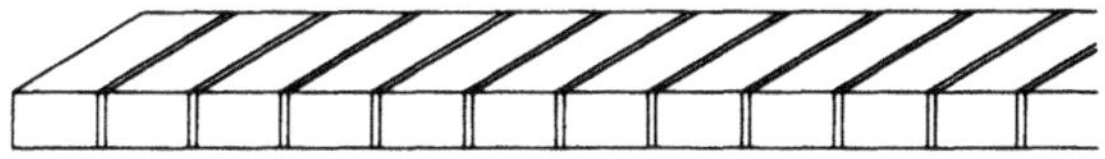

ROLLSCHICHT

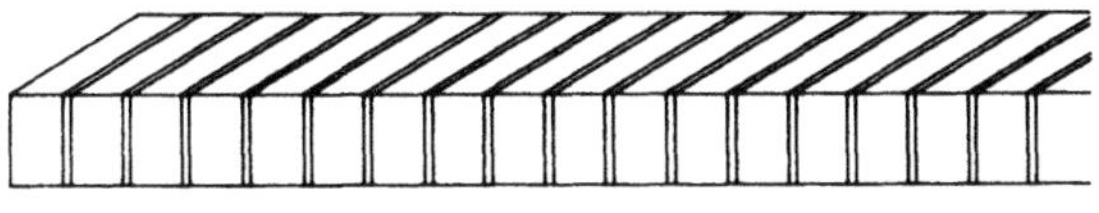

STROMSCHICHT

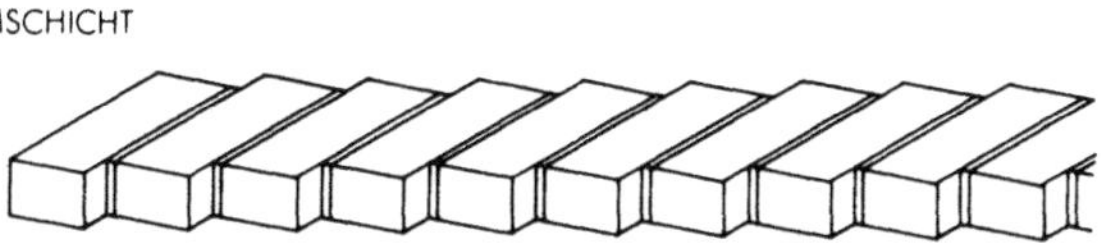

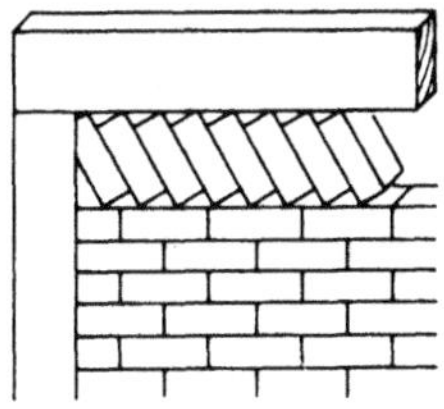

SCHRÄNKSCHICHT

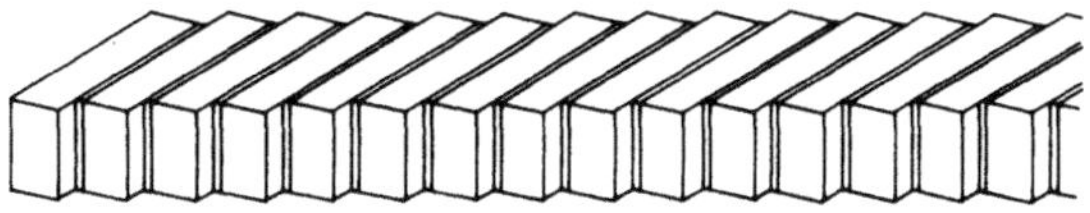

Maurerwerkzeuge

Zur Ausführung von Geschoßwänden aus Mauersteinen verwendet der Maurer auch heute noch die alten Handwerkzeuge wie Kelle, Hammer, Senkel, Wasserwaage. Hinzu kommt noch das Metermaß, die 5 m lange Meßlatte, die Schnur für die Angabe der Mauerflucht, die Setzlatte zum Aufsetzen der Wasserwaage und bei unverputzt bleibenden Bauten noch die Schichtlatte zum Einhalten gleicher Schichthöhen.

MAURERWERKZEUGE

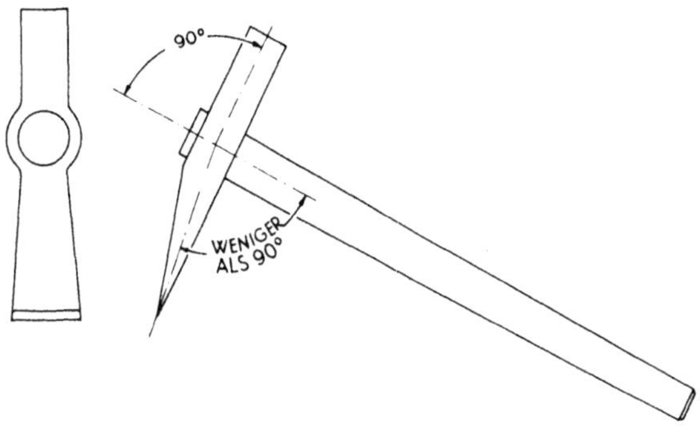

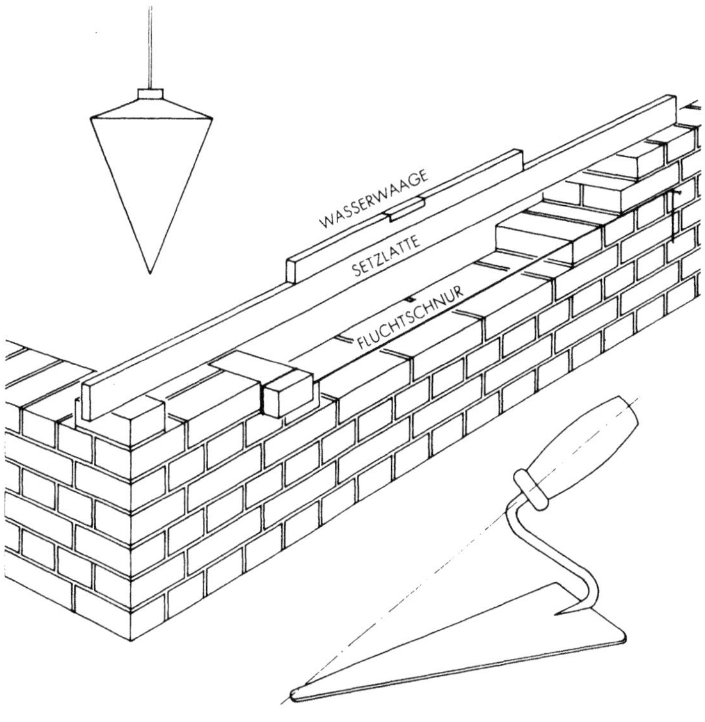

Handwerksgerechte Mauerverbände

Unter einem Verband versteht man das Zusammenfügen von Steinen zu einem Mauerkörper nach bestimmten Regeln, welche den Zusammenhalt der Teilelemente bzw. der Anschlüsse an Kreuzungen und Stößen gewährleisten müssen. Wenngleich im Bemühen um höhere Wirtschaftlichkeit von Mauerwerk durch Vergrößerung der Steinformate der Fugenanteil und der Arbeitsaufwand verringert werden konnten, so liegt doch allen Regelverbänden das Normalformat des Mauerziegels zugrunde. Die nachfolgenden Regeln zur Herstellung der Mauerverbände aus Vollziegeln sind deshalb als allgemein gültige Grundregeln zu betrachten:

- alle Schichten müssen horizontal liegen,
- es sind möglichst viele ganze Steine zu verwenden,
- im Innern der Mauer sind möglichst nur Binder zu verlegen,
- bei 1, $1^1/_2$ und 2 Stein dicken Mauern wechseln Läufer- und Binderschichten miteinander ab,
- Binderschichten zeigen in ihrer Ansichtsfläche nur Köpfe, an Mauerenden beginnt jede Läuferschicht mit soviel $^3/_4$ Steinen, als die Mauerdicke Köpfe zählt,
- es sollen möglichst viele Stoßfugen durch die ganze Mauerstärke hindurchgehen,
- die Stoß- und Zwischenfugen aufeinanderfolgender Schichten dürfen nicht übereinander liegen, sondern sich nur kreuzen, sie müssen um mindestens $^1/_4$ Stein gegeneinander versetzt sein,
- an Mauerecken, -kreuzungen und -stößen laufen die Läuferschichten stets durch, während die Binderschichten anschließen,
- von einer Innenecke darf in jeder Schicht nur eine Stoßfuge ausgehen,
- Fenster- und Türanschläge sind Mauerenden mit Vorsprüngen, diese Vorsprünge erhält man:
  - in der Binderschicht durch Versetzen eines Steines in der Größe des Vorsprunges und
  - in der Läuferschicht durch ein Vorschieben der Läufer.

Die Güte eines Verbandes hängt ab von seiner Widerstandsfähigkeit gegen Rissebildung.
Der Querverband aller Mauerverbände mit je $^1/_2$ Stein Überbindung ist sehr gut. Risse werden nur entstehen beim Ausknicken zu hoch belasteter Mauern. Die Knickfestigkeit von Mauerwerk wird jedoch fast nie überschritten, so daß im Querverband Risse kaum je auftreten. Risse im Längsverband sind häufiger. Sie entstehen z. B. durch ungleiche Setzungen des Baugrundes.
Entscheidend für die Widerstandsfähigkeit eines Verbandes gegen Rissebildung sind also der gefährdetere Längsverband und die Verzahnung. Je flacher die Abtreppung, um so besser der Längsverband.

Läufer- oder Schornsteinverband

Er besteht in allen Schichten aus Läufern und kommt nur bei $^1/_2$ Stein dicken Wänden bzw. Schornsteinen zur Ausführung. Die Überbindung, Verzahnung und Abtreppung beträgt jeweils $^1/_2$ Stein.

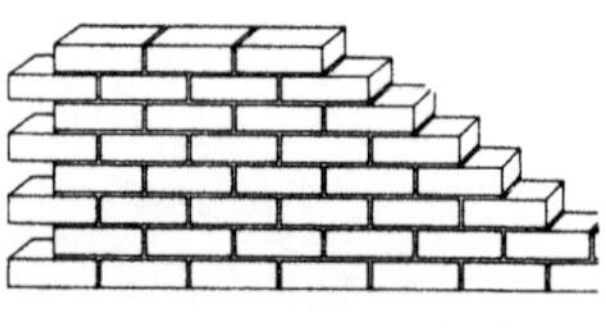

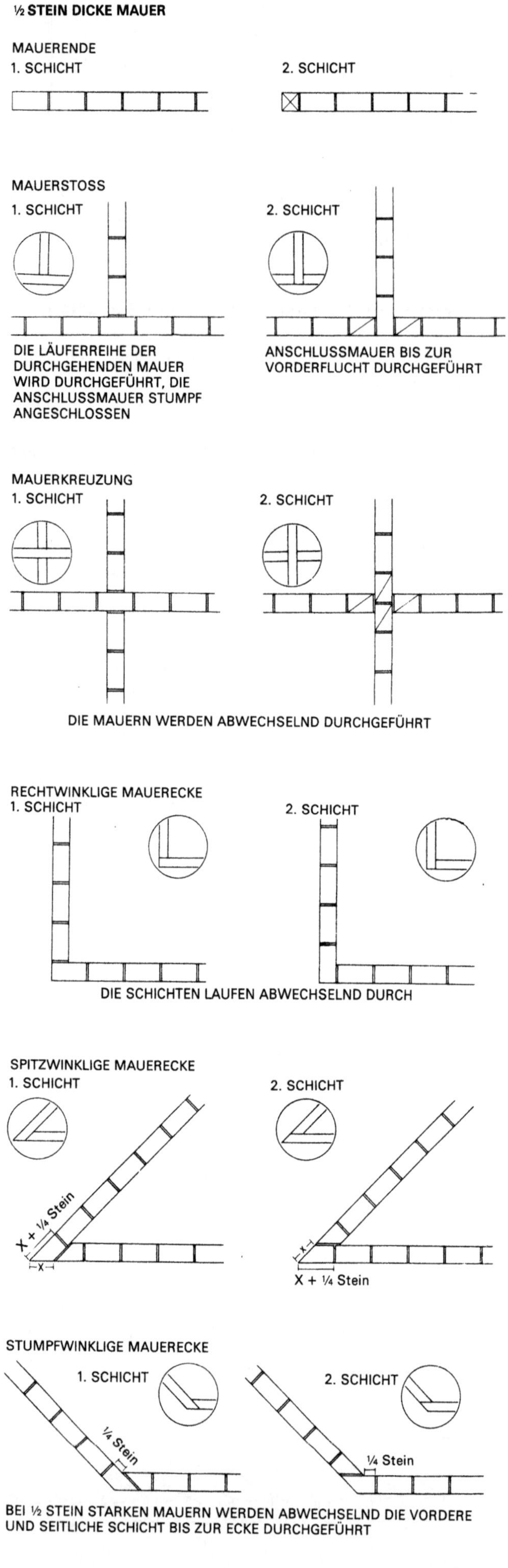

Binder- oder Kopfverband

Dieser Verband kommt nur für 1 Stein dicke Wände in Frage. Er besteht in allen Schichten nur aus Bindern, die sich gegenseitig um $^1/_4$ Steinlänge überbinden. Die Abtreppung des Längsverbandes ist steil. Er neigt daher zu Schrägrissen. Der Binderverband ist besonders geeignet für Rundmauern mit engem Radius – z. B. Fabrikschornsteine usw.

VERZAHNUNG ¼ Stein

ABTREPPUNG ¼ Stein

1 STEIN DICKE MAUER

MAUERENDE

1. SCHICHT 2. SCHICHT

JEDE 2. SCHICHT BEGINNT MIT 2 3/4 STEINEN

MAUERSTOSS

1. SCHICHT 2. SCHICHT

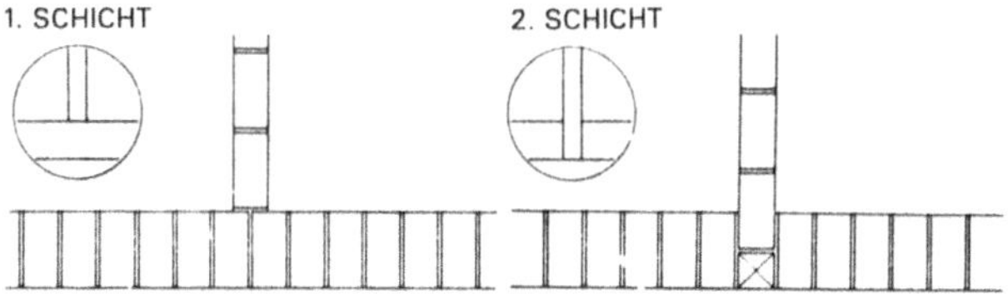

ANSCHLUSSMAUER STUMPF ANGESCHLOSSEN — ANSCHLUSSMAUER BIS ZUR VORDERFLUCHT DURCHGEFÜHRT

MAUERKREUZUNG

1. SCHICHT 2. SCHICHT

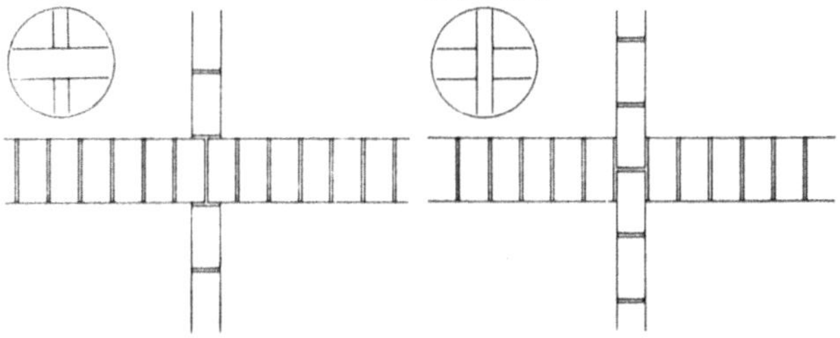

RECHTWINKLIGE MAUERECKE

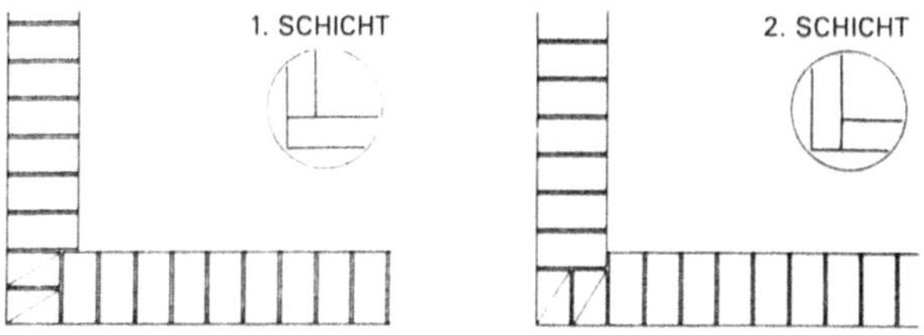

SPITZWINKLIGE MAUERECKE

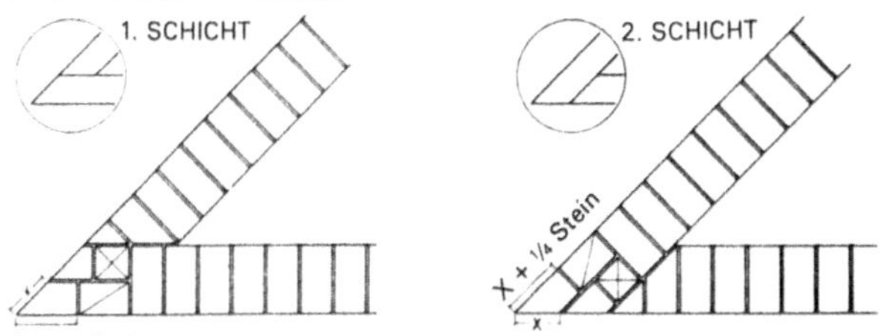

STUMPFWINKLIGE MAUERECKE

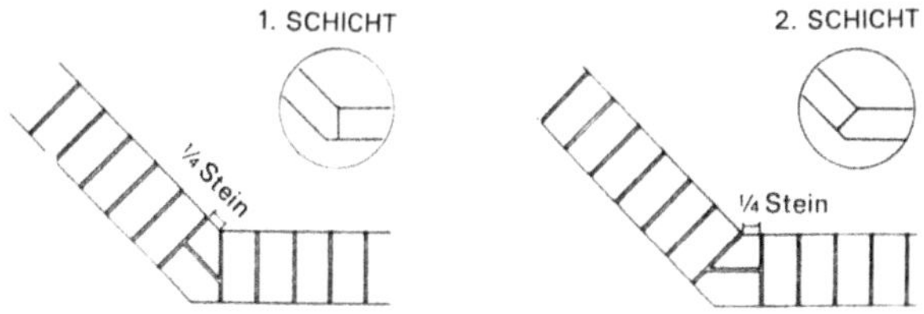

Blockverband

Beim Blockverband wechseln Läufer- und Binderschichten regelmäßig ab. Die Stoßfugen der Läuferschichten und die der Binderschichten liegen senkrecht übereinander. Die Überbindung und Verzahnung betragen $^1/_4$ Stein. Die Abtreppung ist flach, abwechselnd $^1/_4$ und $^3/_4$ Stein, und ergibt durch ihre Unregelmäßigkeiten einen sehr guten Längsverband. Das Flächenbild des Blockverbandes ist allerdings reizlos. Man wählt ihn deshalb nicht für sichtbar bleibendes Mauerwerk.

VERZAHNUNG ¼ Stein

ABTREPPUNG ¼ Stein

1 STEIN DICKE MAUER

MAUERENDE

1. SCHICHT 2. SCHICHT

MAUERSTOSS

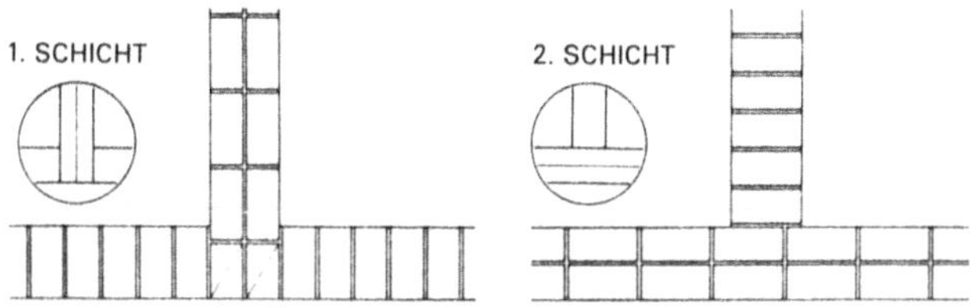

LÄUFERSCHICHT GEHT DURCH

MAUERKREUZUNG

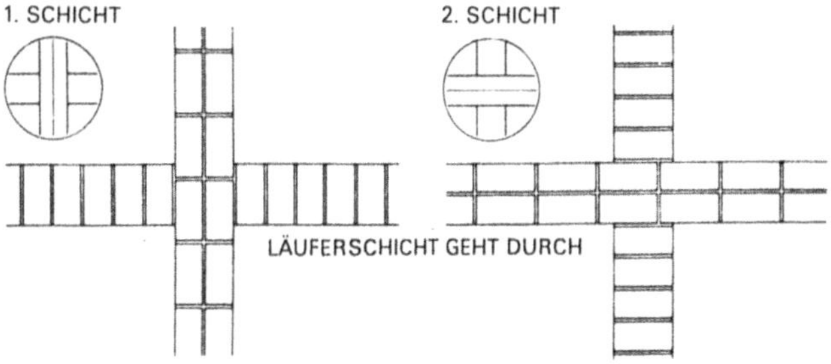

RECHTWINKLIGE MAUERECKE

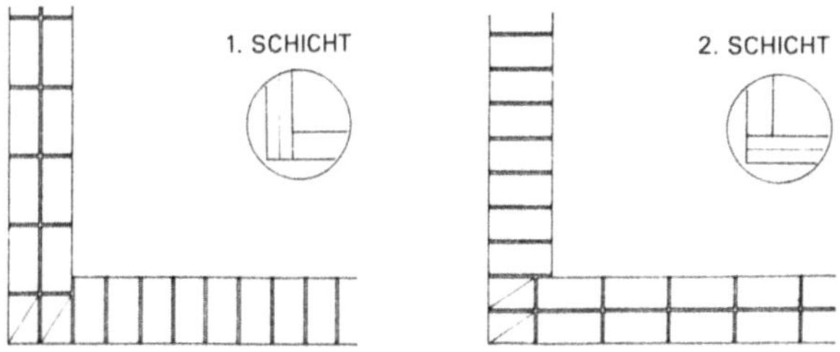

LÄUFERSCHICHT GEHT DURCH

SPITZWINKLIGE MAUERECKE

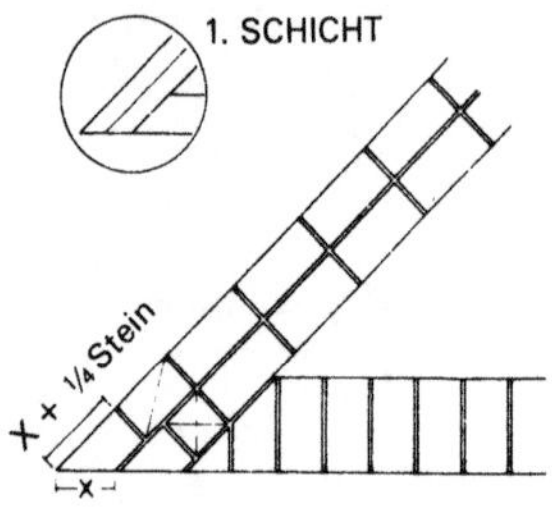

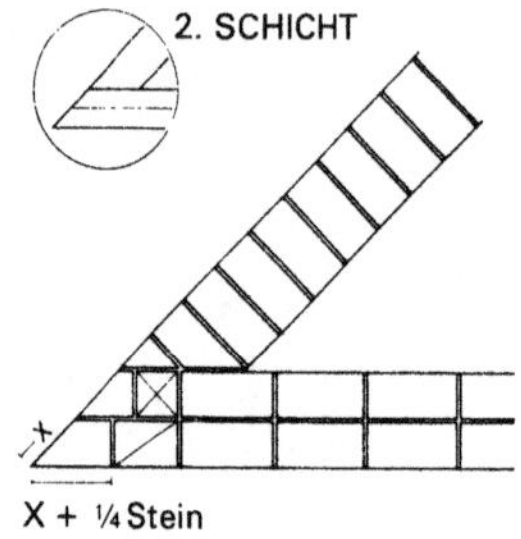

STUMPFWINKLIGE MAUERECKE

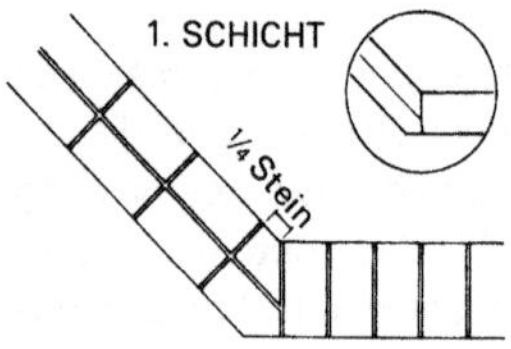

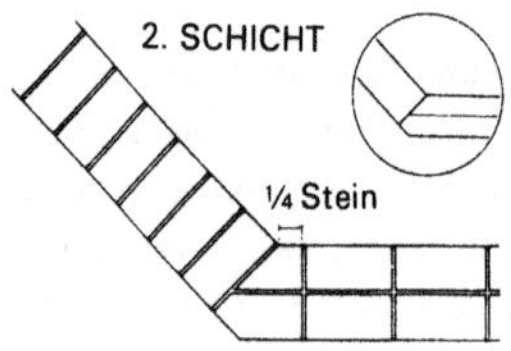

1 ½ STEIN DICKE MAUER

MAUERENDE

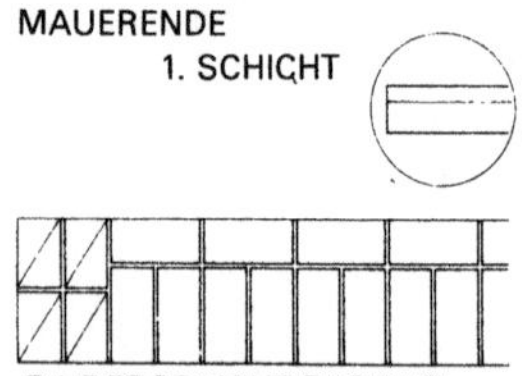

BINDERSCHICHT BEGINNT MIT 4 ¾ STEINEN

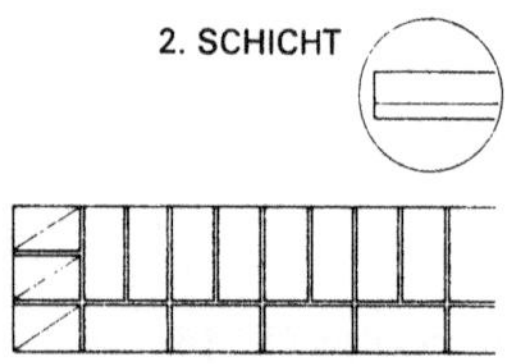

LÄUFERSCHICHT BEGINNT MIT 3 ¾ STEINEN

MAUERKREUZUNG

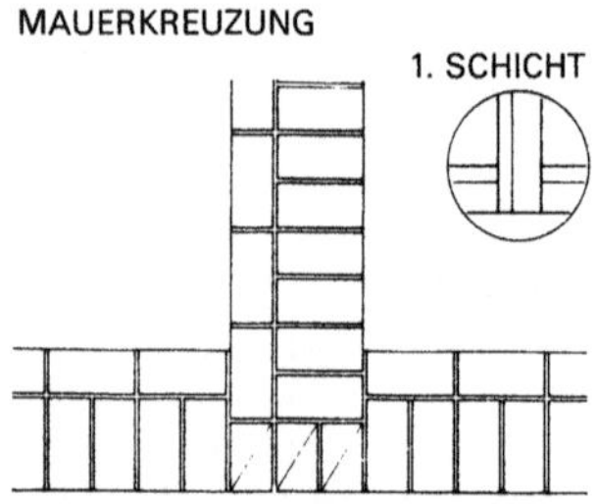

ANSCHLUSSWAND BIS ZUR VORDERFLUCHT DURCHGEFÜHRT

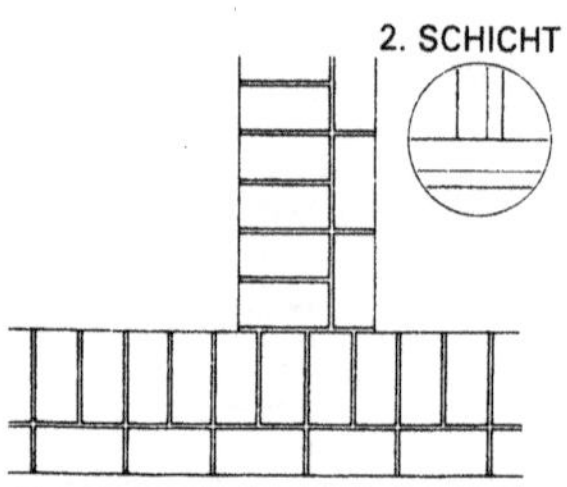

ANSCHLUSSWAND STUMPF ANGESTOSSEN

MAUERKREUZUNG

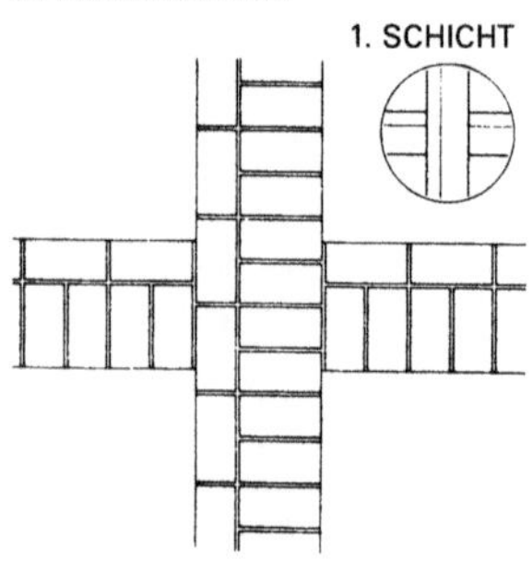

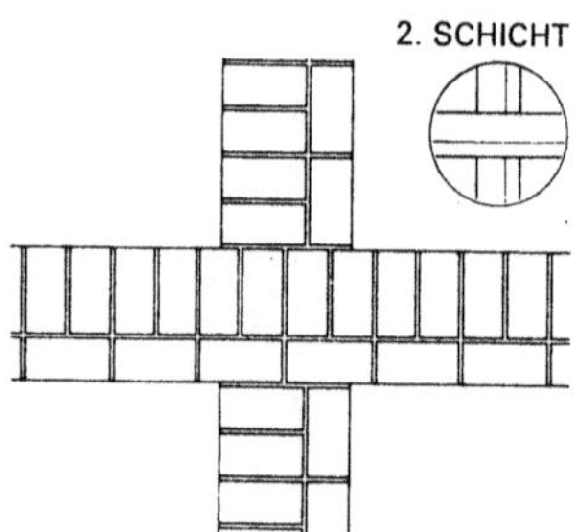

RECHTWINKLIGE MAUERECKE

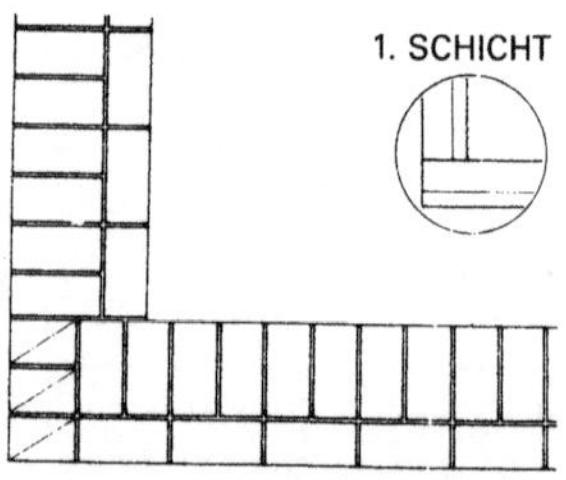

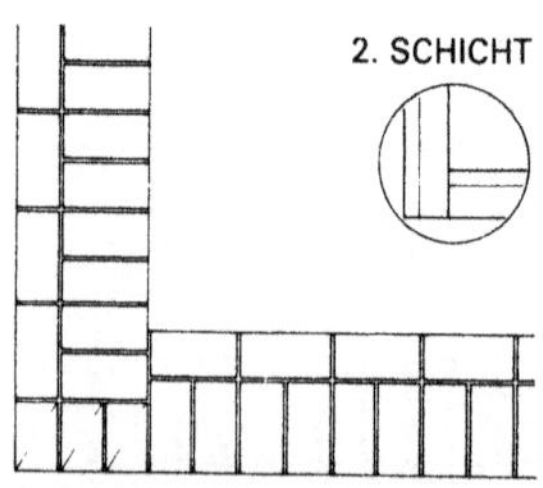

DIE SCHICHTEN LAUFEN ABWECHSELND DURCH

SPITZWINKLIGE MAUERECKE

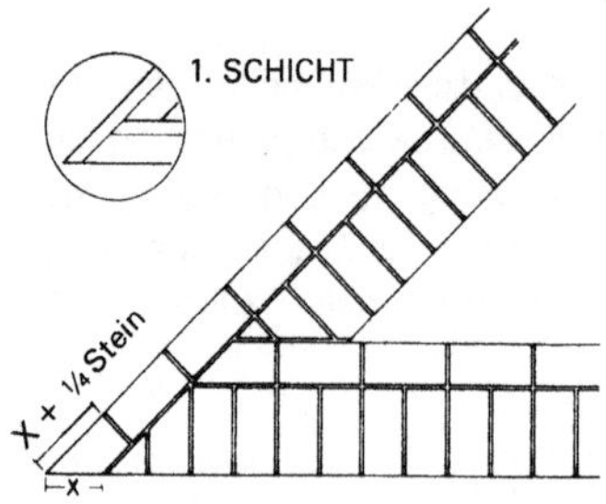

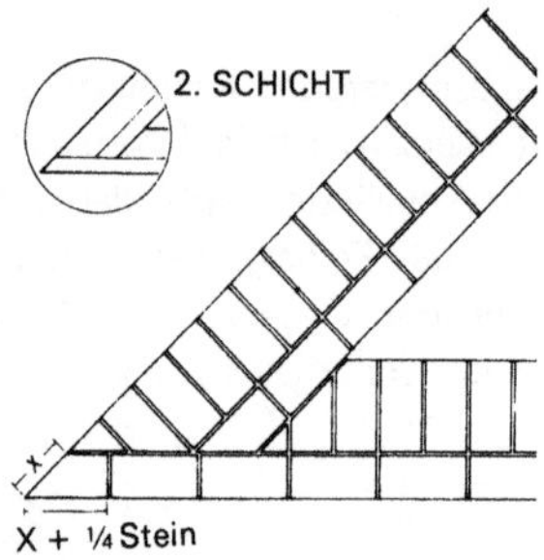

STUMPFWINKLIGE MAUERECKE

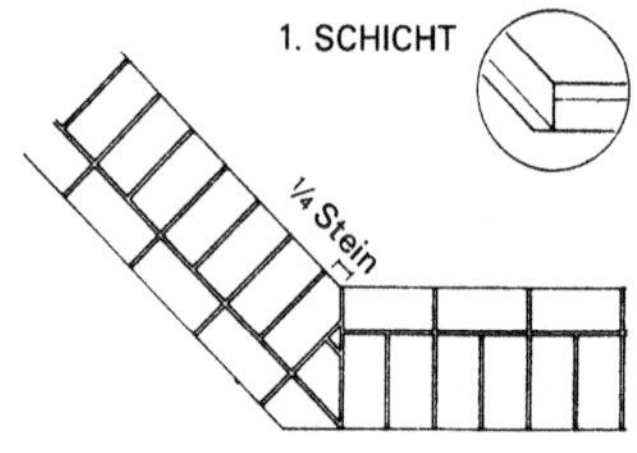

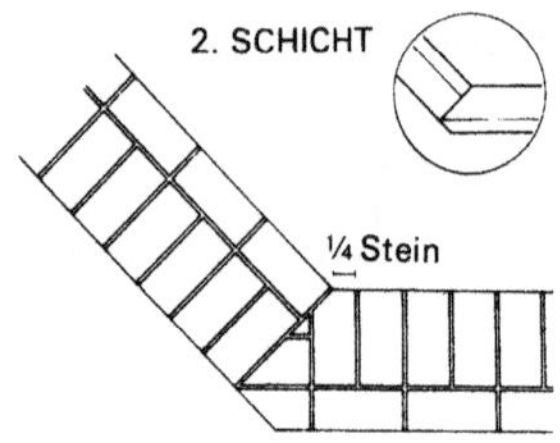

2 STEIN DICKE MAUER

MAUERENDE

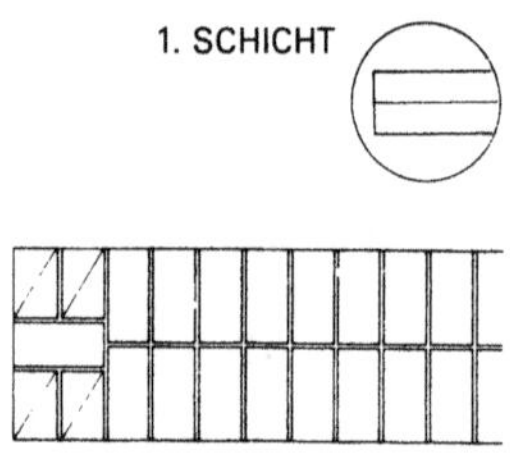

BINDERSCHICHT MIT 4 ¾ UND EINEM DAZWISCHEN-LIEGENDEN GANZEN STEIN

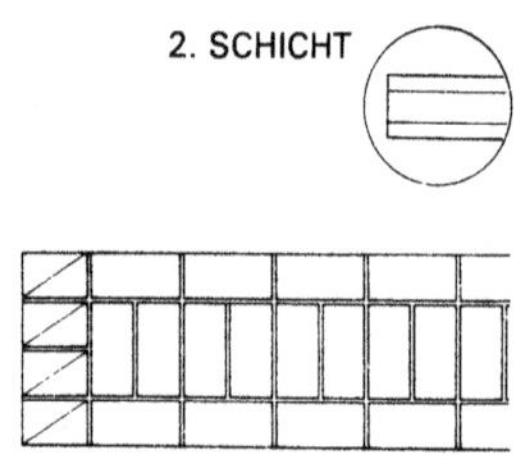

LÄUFERSCHICHT BEGINNT MIT 4 ¾ STEINEN

MAUERSTOSS

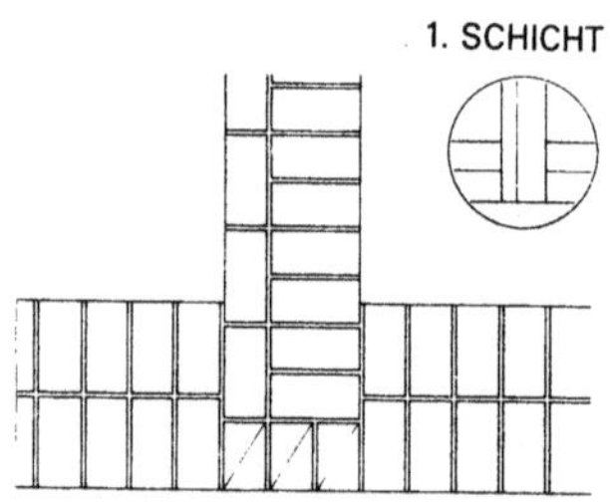

ANSCHLUSSWAND BIS ZUR VORDERFLUCHT DURCHGEFÜHRT

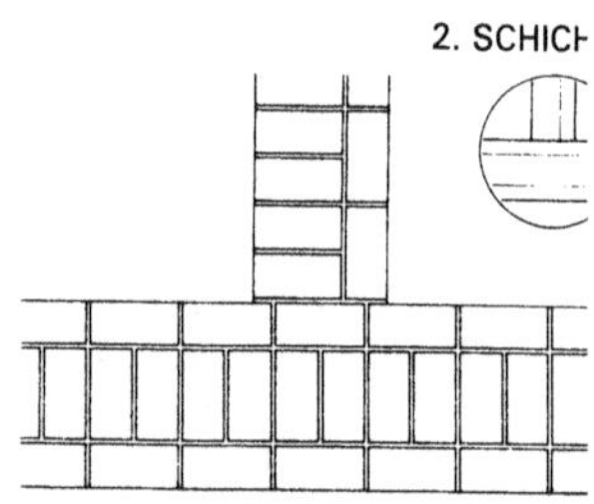

ANSCHLUSSWAND STUMPF GESTOSSEN

MAUERKREUZUNG

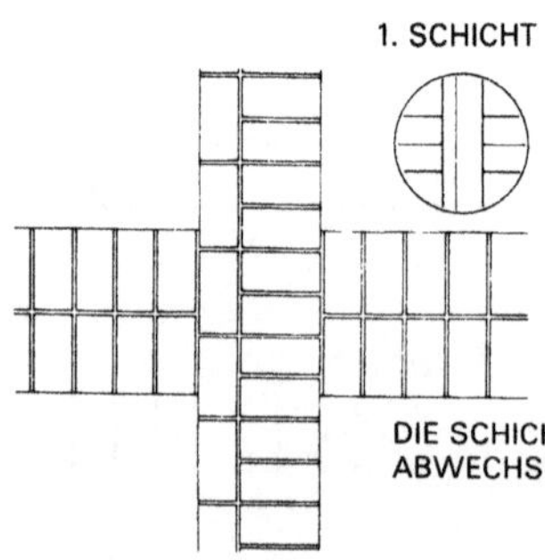

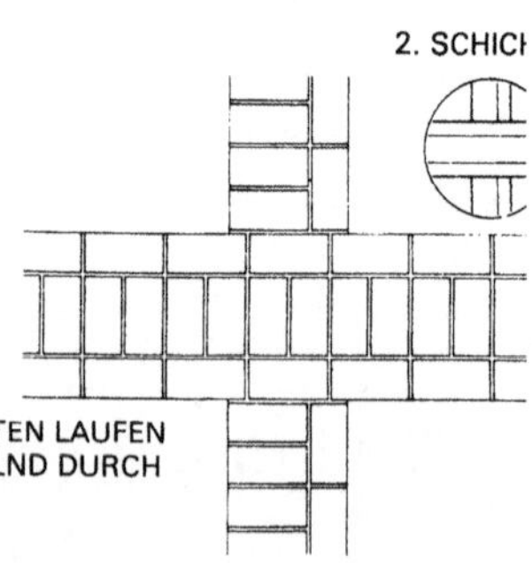

DIE SCHICHTEN LAUFEN ABWECHSELND DURCH

RECHTWINKLIGE MAUERECKE

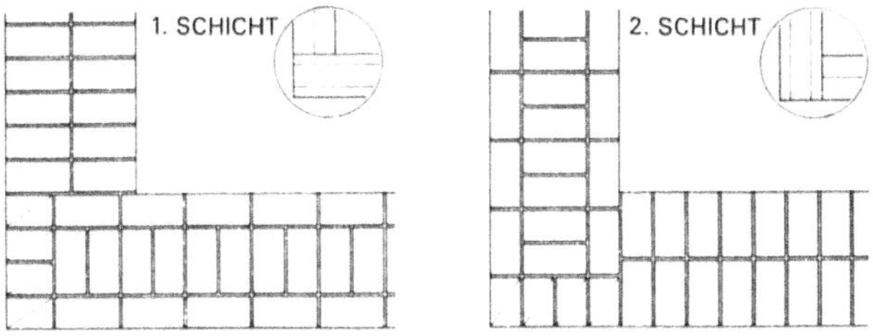

DIE SCHICHTEN LAUFEN ABWECHSELND DURCH

Kreuzverband

Auch beim Kreuzverband wechseln die Läufer- und Binderschichten regelmäßig ab. Sie sind jedoch gegeneinander so versetzt, daß sie sich erst nach jeweils 4 Schichten wiederholen. Die erste und zweite Schicht werden wie der Blockverband angelegt, die dritte Schicht wie die erste Schicht, jedoch sind die Stoßfugen um $^1/_2$ Stein versetzt. Bei der vierten Schicht (Läuferschicht) folgt auf den Anfänger ($^3/_4$ Stein) ein Kopf, dann erst folgen die Läufer. Die Stoßfugen der Binderschichten liegen also übereinander, während die Stoßfugen der Läuferschichten um $^1/_2$ Stein versetzt sind. Hieraus ergibt sich das für den Kreuzverband charakteristische Flächenbild, um dessentwillen ihm bei sichtbarem Mauerwerk der Vorzug vor dem Blockverband gegeben wird.
Beim Kreuzverband ist die Abtreppung $^1/_4$ Stein, die Verzahnung 2mal je $^1/_4$ Stein.
Sein Längsverband ist nicht so gut wie der des Blockverbandes. Der Kreuzverband ist deshalb empfindlich gegen Schrägrisse. Er hat jedoch eine gute Verzahnung gegen senkrechte Risse.

VERZAHNUNG
2 x ¼ Stein

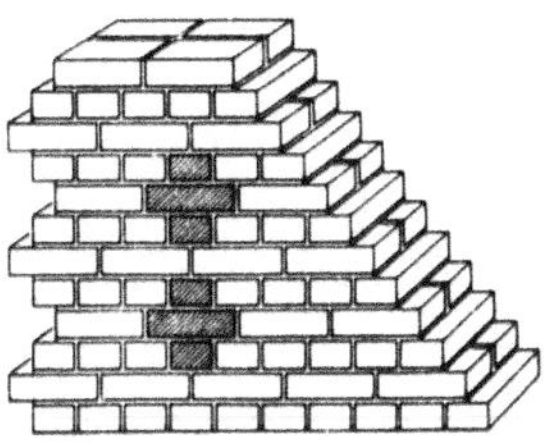

ABTREPPUNG
¼ Stein

1 STEIN DICKE MAUER

MAUERENDE

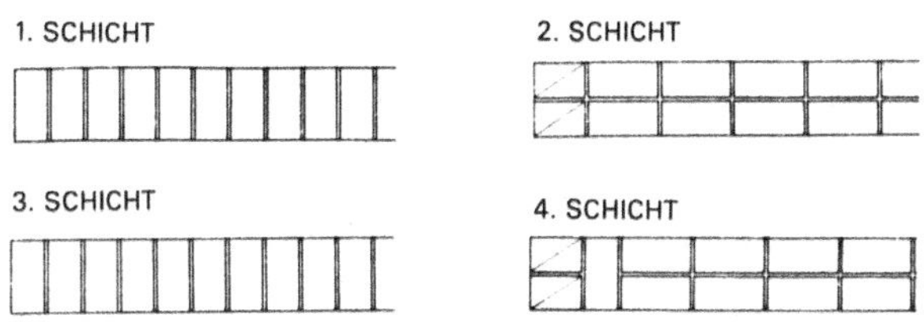

MAUERSTOSS

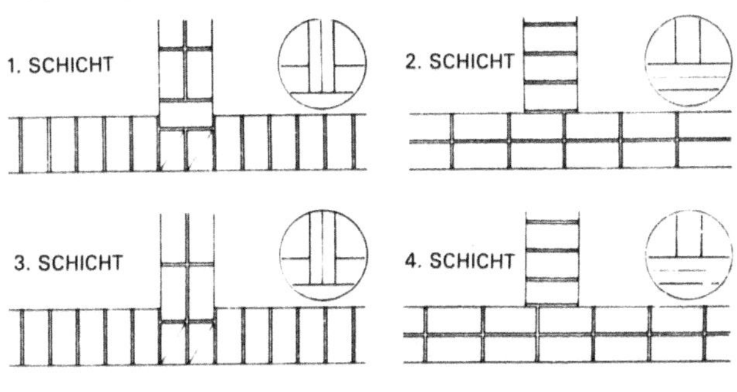

MAUERKREUZUNG

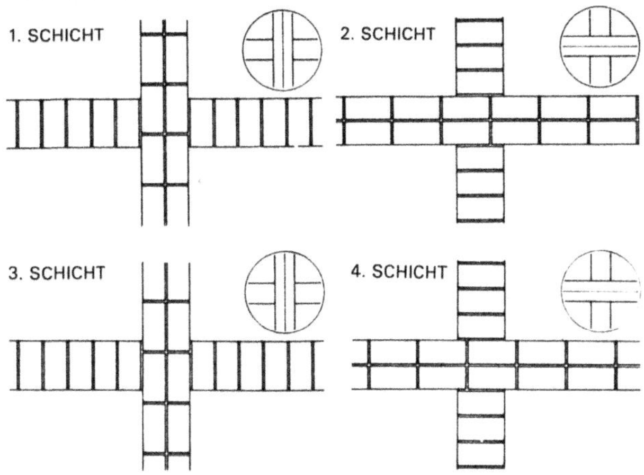

RECHTWINKLIGE MAUERECKE

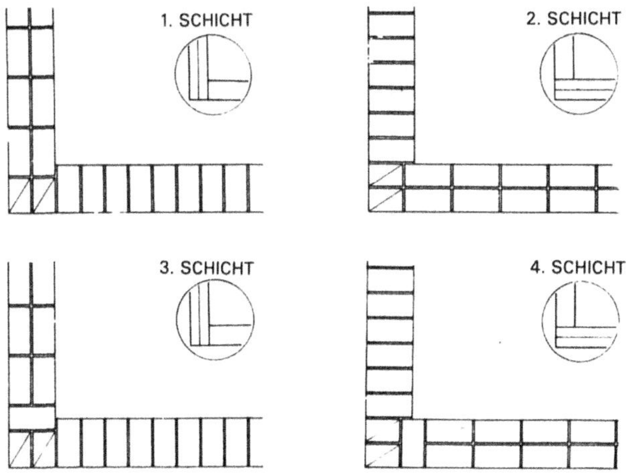

SPITZWINKLIGE MAUERECKE

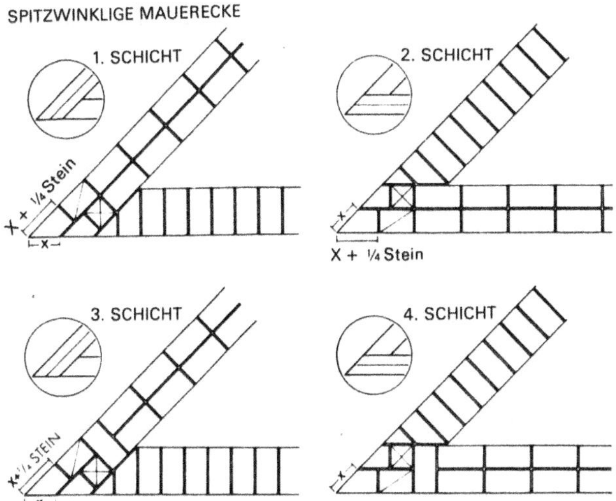

STUMPFWINKLIGE MAUERECKE

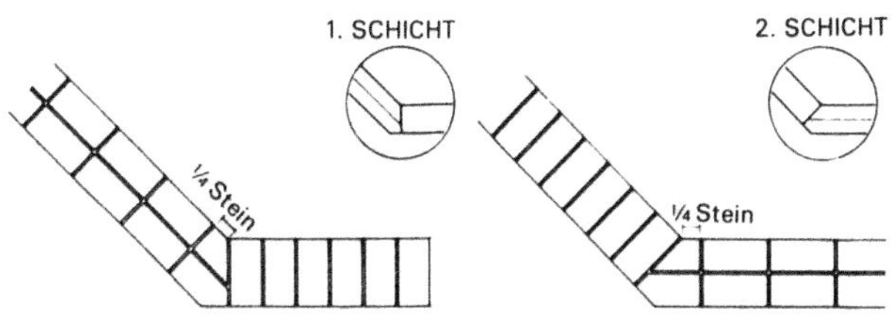

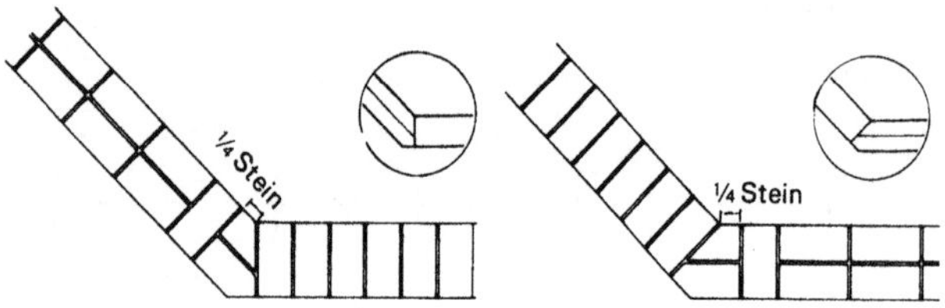

1 ½ STEIN DICKE MAUER

MAUERENDE

1. SCHICHT

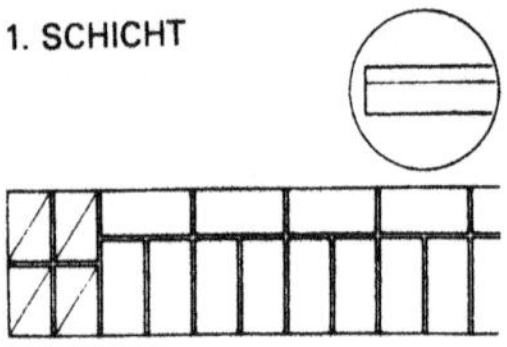

2. SCHICHT

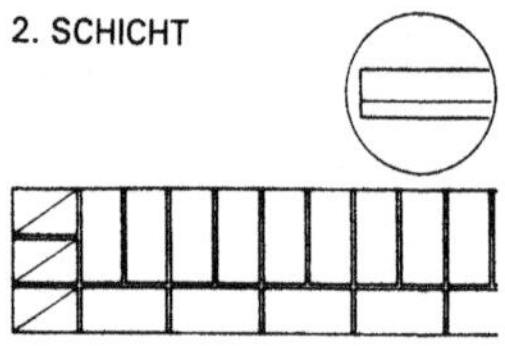

3. SCHICHT

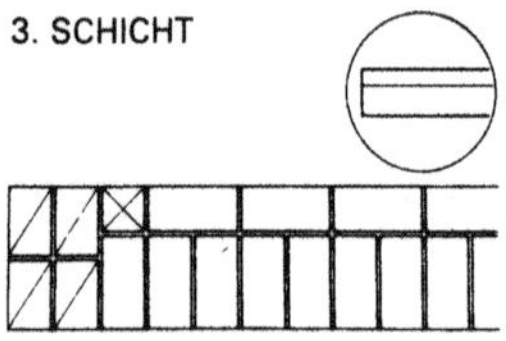

4. SCHICHT

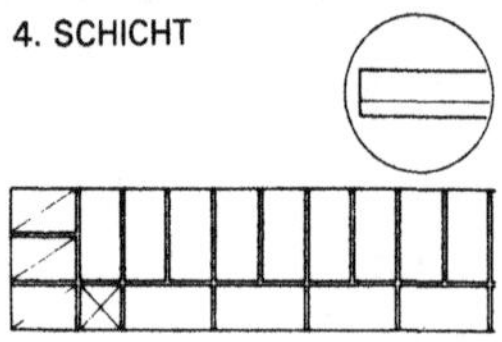

MAUERSTOSS

1. SCHICHT

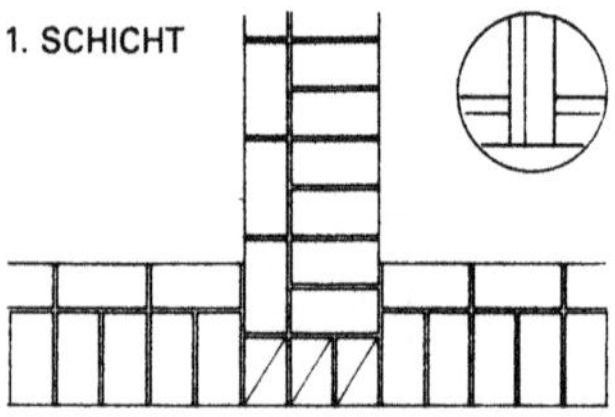

2. SCHICHT

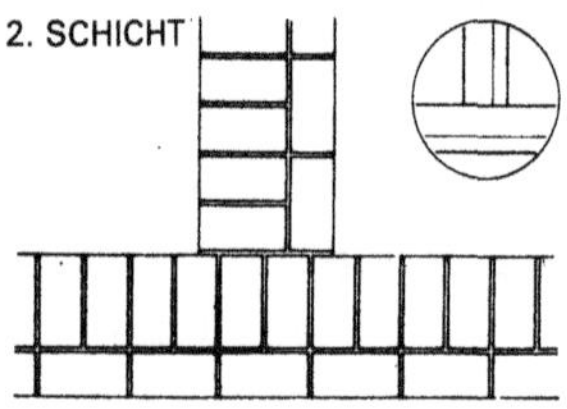

3. SCHICHT

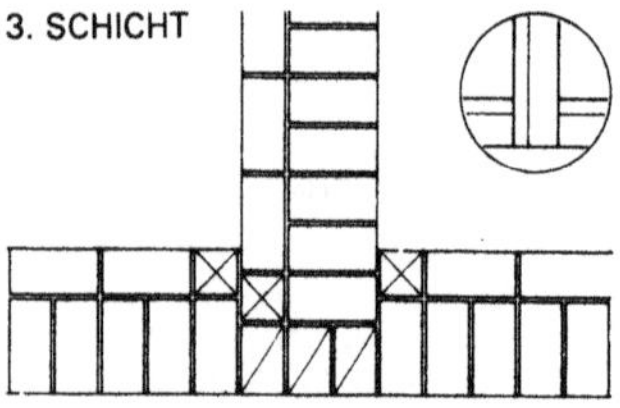

4. SCHICHT

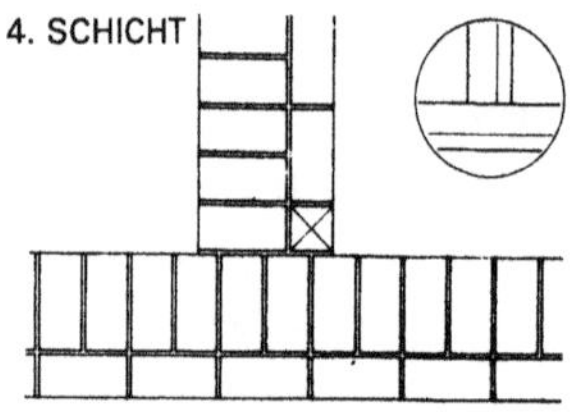

MAUERKREUZUNG

1. SCHICHT

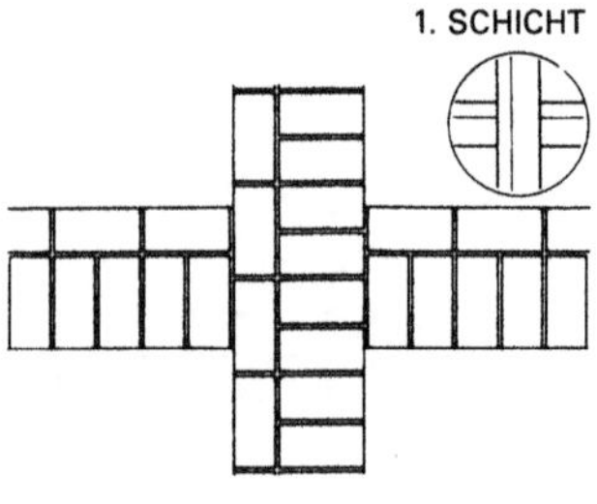

2. SCHICHT

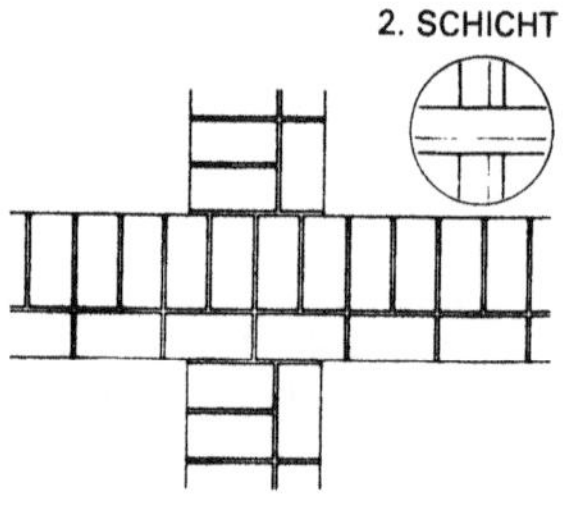

3. SCHICHT

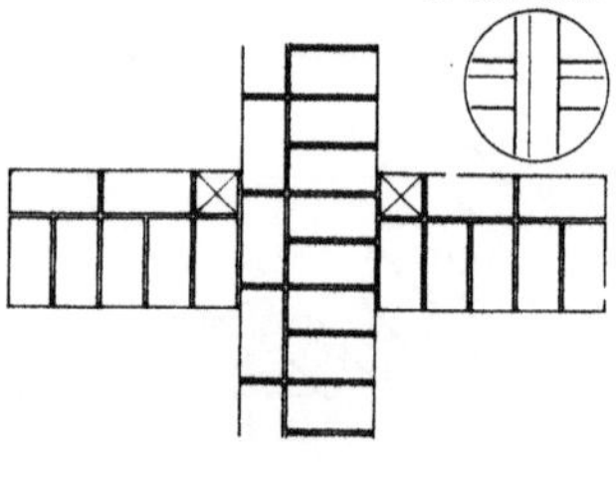

4. SCHICHT

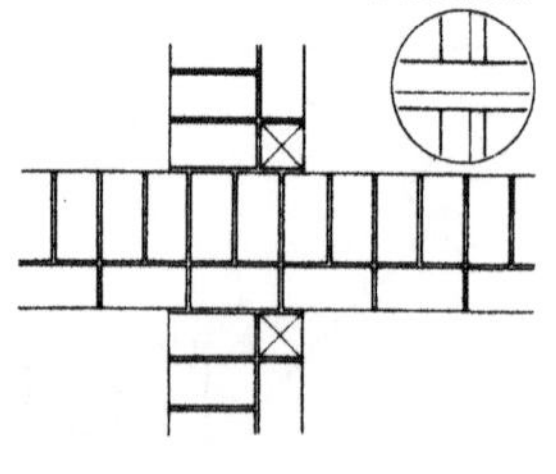

RECHTWINKLIGE MAUERECKE

1. SCHICHT

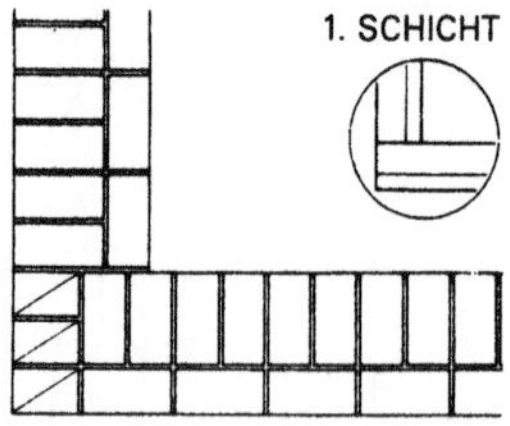

2. SCHICHT

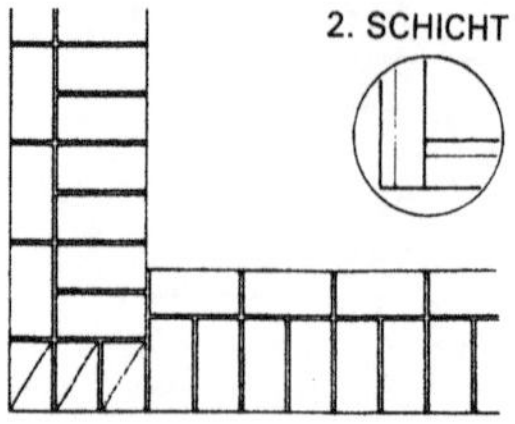

3. SCHICHT

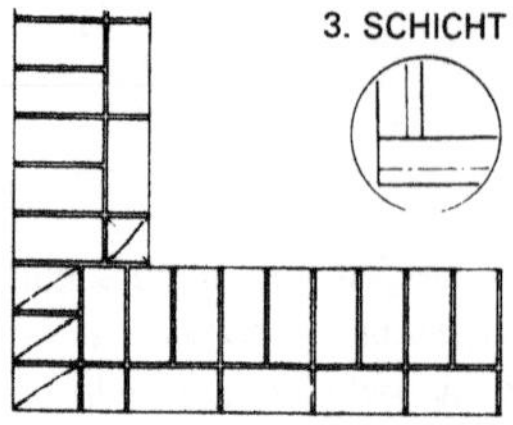

4. SCHICHT

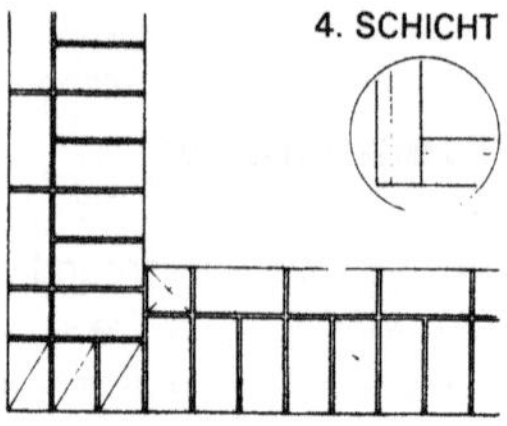

SPITZWINKLIGE MAUERECKE

1. SCHICHT

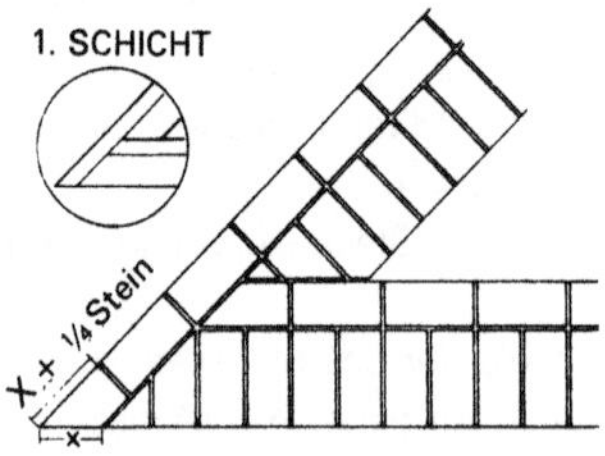

2. SCHICHT

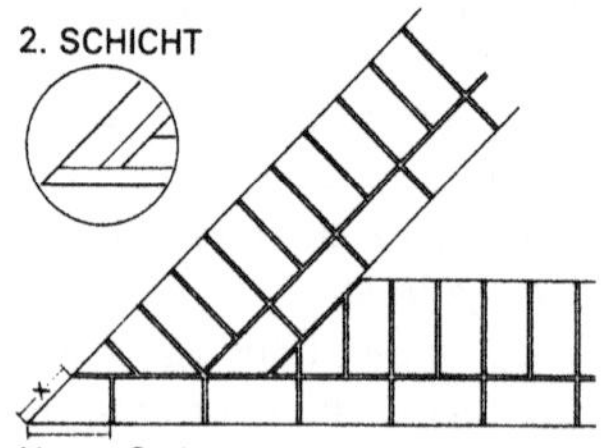

3. SCHICHT

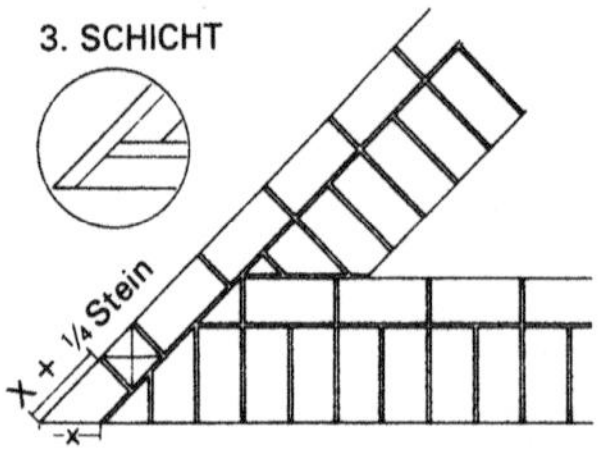

4. SCHICHT

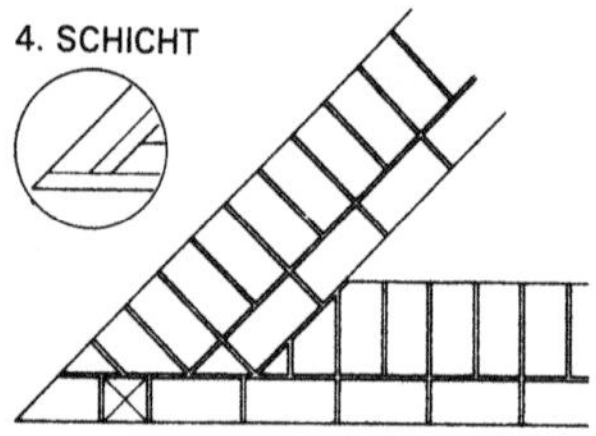

STUMPFWINKLIGE MAUERECKE

1. SCHICHT

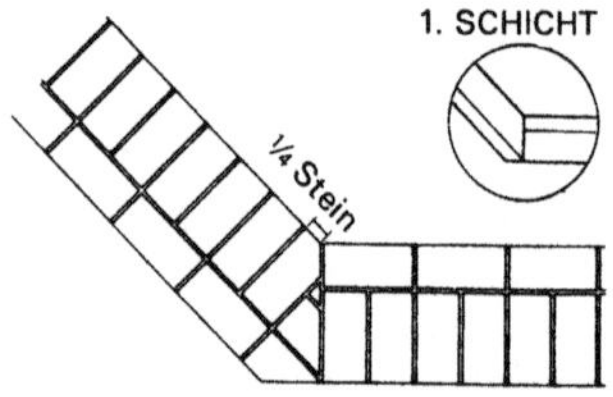

2. SCHICHT

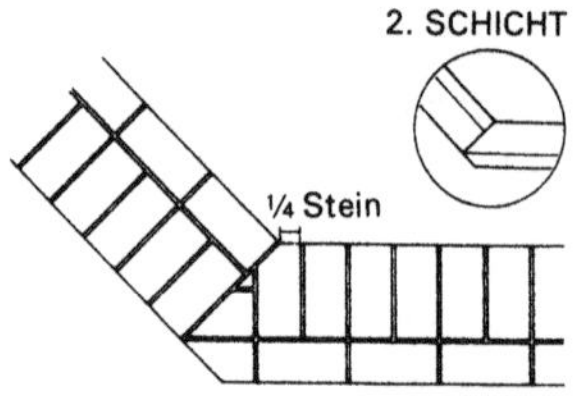

3. SCHICHT

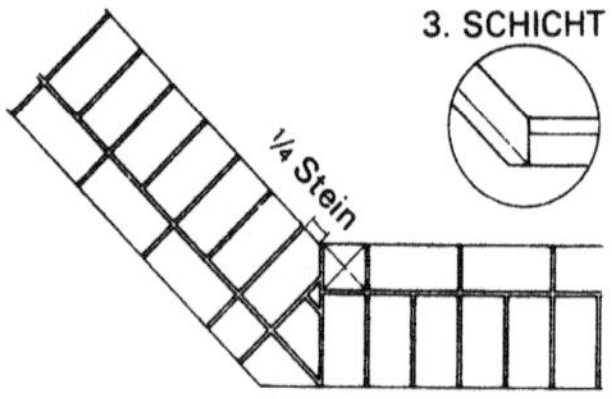

4. SCHICHT

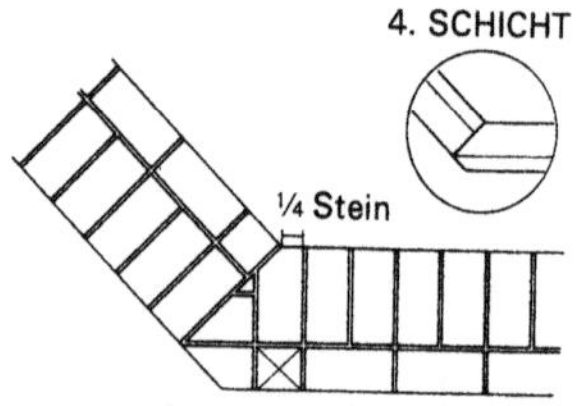

2 STEIN DICKE MAUER

MAUERENDE

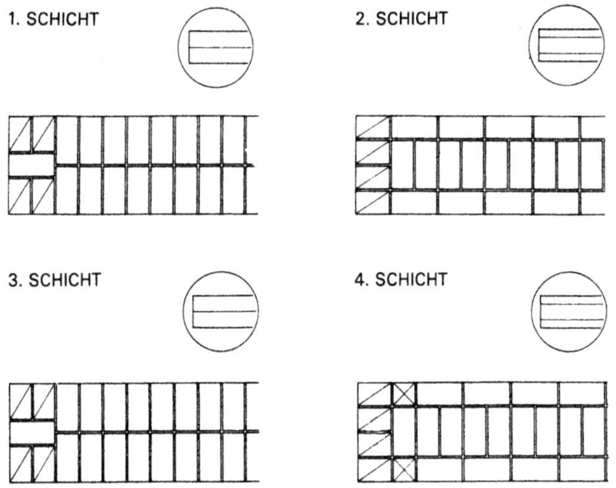

MAUERSTOSS

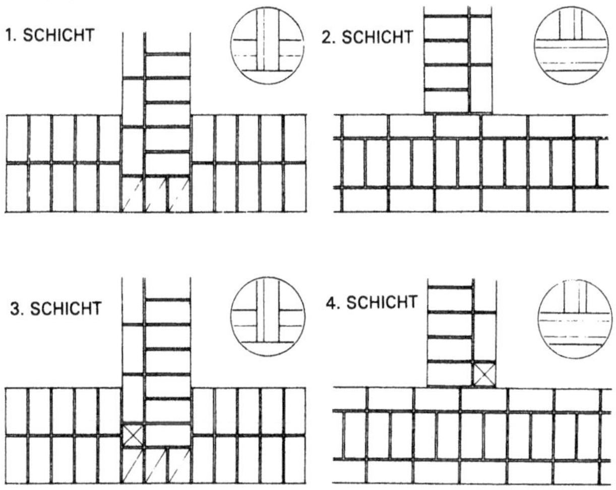

MAUERKREUZUNG

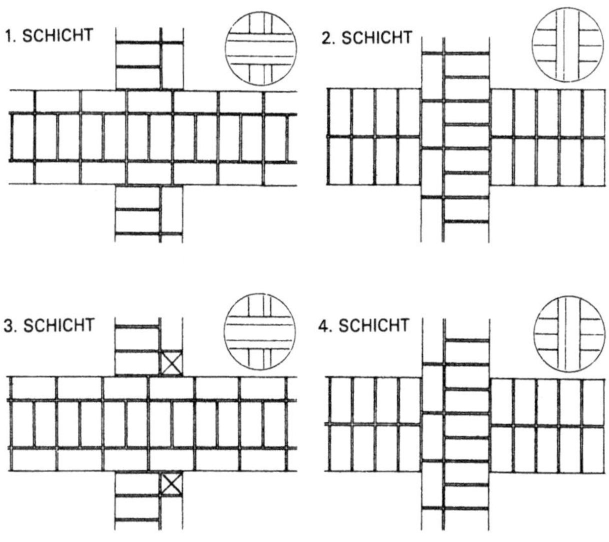

LÄUFERSCHICHT GEHT DURCH

RECHTWINKLIGE MAUERECKE

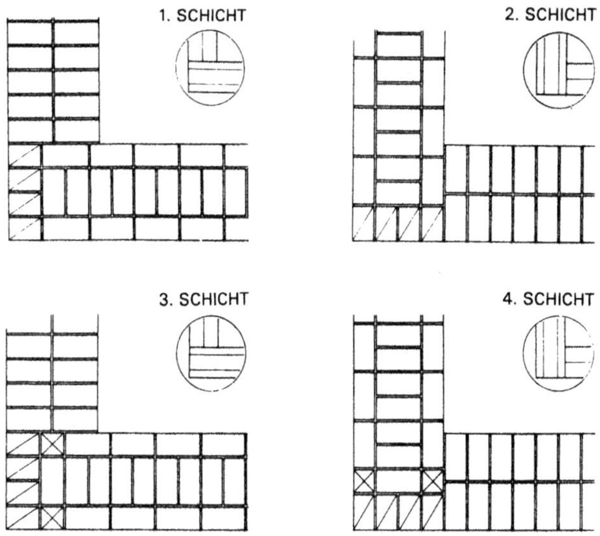

SPITZWINKLIGE MAUERECKE

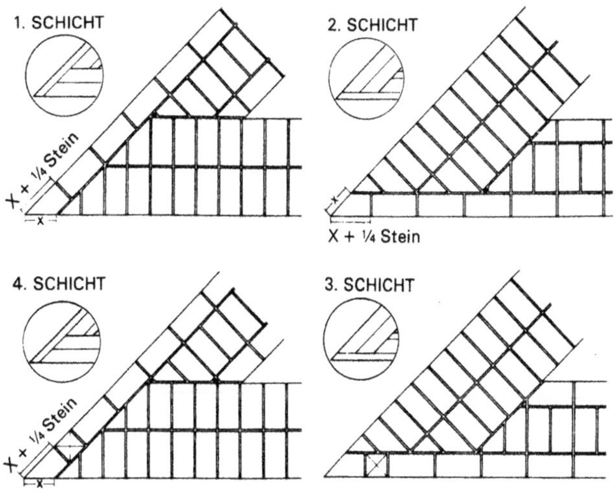

STUMPFWINKLIGE MAUERECKE

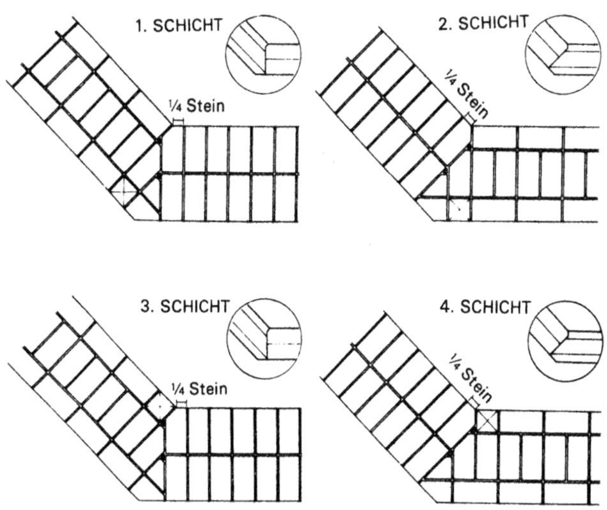

Historische Verbände

entsprechen nicht ganz den Verbandsregeln. Es fallen oft Fugen aufeinander. Sie erreichen deshalb auch nicht so hohe Mauerwerksfestigkeiten wie z. B. Block- und Kreuzverband, die erst in der Renaissance entstanden. Wegen dieser Nachteile werden die alten Verbandsarten heute nur noch für Füll- oder Verblendmauerwerk verwendet.

Holländischer oder flämischer Verband

Die Binderschichten sind die gleichen wie beim Block- oder Kreuzverband. In den Läuferschichten wird nach dem Läufer ein Binder eingeschoben. Bei $1^1/_2$ Stein dicken Wänden benötigt man viele $^3/_4$ Steine, wodurch ein großer Steinverbrauch entsteht. Die vielen Köpfe ergeben eine kleinliche Flächenstruktur.

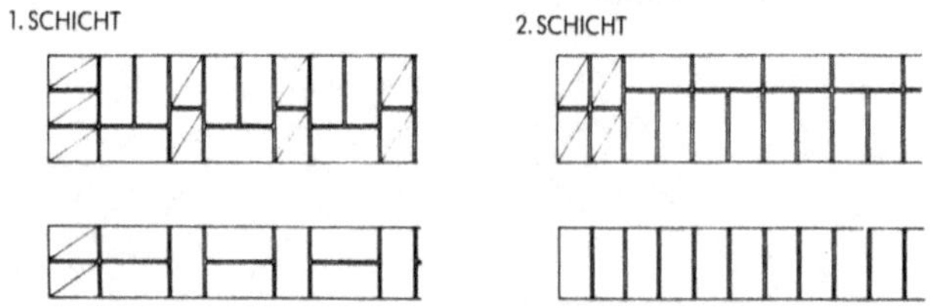

Gotischer oder polnischer Verband

In allen Schichten wechseln ständig Läufer und Binder. Der Verbrauch an Verblendsteinen ist gering. Der Verband bietet verschiedene Möglichkeiten der ornamentalen Durchbildung, besonders bei Verwendung von verschiedenfarbigen Steinen.

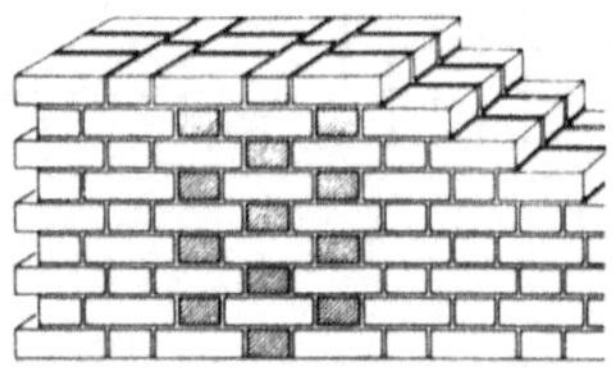

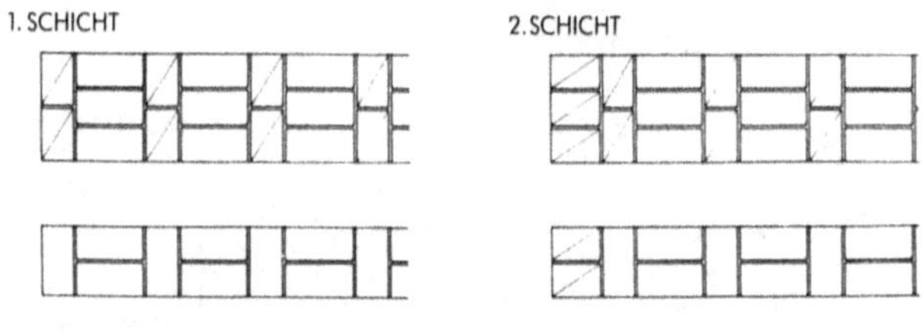

Märkischer oder wendischer Verband

Hier folgt gleichbleibend in allen Schichten auf zwei Läufersteine ein Binder. Der Verbrauch an Verblendsteinen ist geringer als beim Gotischen Verband. Die vielen Binder ergeben eine großzügige Flächenwirkung.

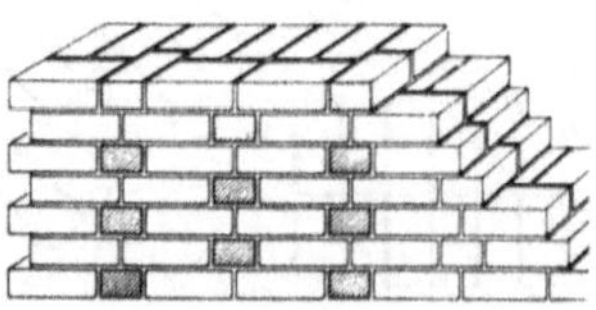

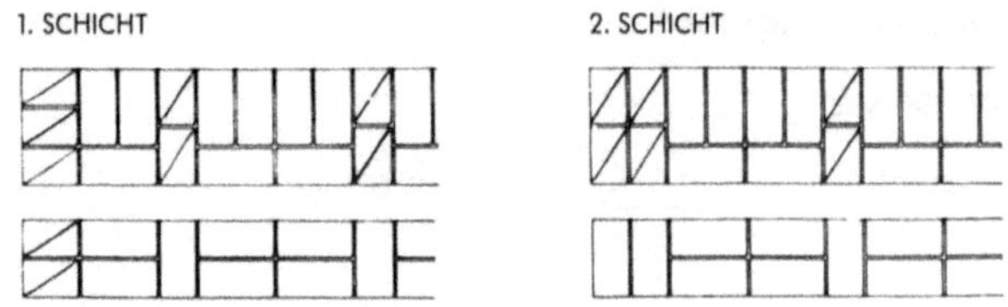

Amerikanischer Verband

Beim Amerikanischen Verband folgt auf drei oder mehrere Läuferschichten eine Binderschicht. Sein Flächenbild ist zügig und reizvoll, weshalb er sich für Verblendmauerwerk besonders gut eignet. Der Verbrauch an Verblendsteinen ist bei diesem Verband am geringsten.

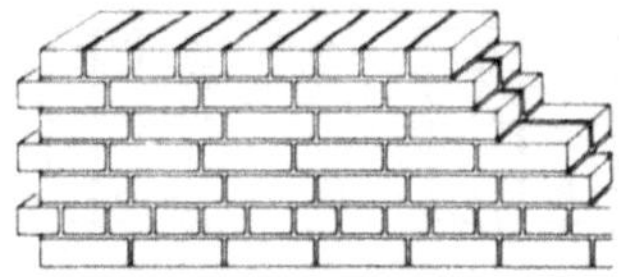

Wilder Verband

Die unregelmäßig abwechselnden Läufer und Binder ergeben ein lebhaftes, unruhiges Flächenbild. Fritz Schumacher z. B. verwendete diesen Verband in den Jahren 1913 bis 1916 am Museum für Hamburgische Geschichte. Der Wilde Verband wird nur in Sonderfällen angewendet.

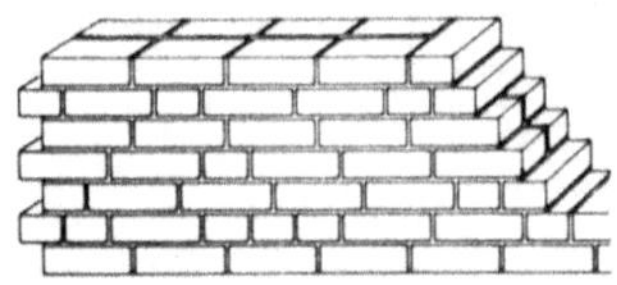

Zierverbände

Sichtbar bleibende Fachwerkwände aus Holz, Stahlbeton oder Stahl werden manchmal in Zierformen ausgemauert. Die Ausmauerung muß gut zwischen den Stielen verspannt sein. Für Zierverbände eignen sich nur Ziegel wie z. B. das alte badische Format (27 × 13 × 6 cm), der bayerische Königsstein (29 × 14 × 6,5 cm) und das neue Normalformat (24 × 11,5 × 7,1 cm) mit dem Abmessungsverhältnis: 1 : 2 : 4. 3 Schichten + 2 Fugen müssen also mit dem hochkant gestellten Ziegel aufgehen.

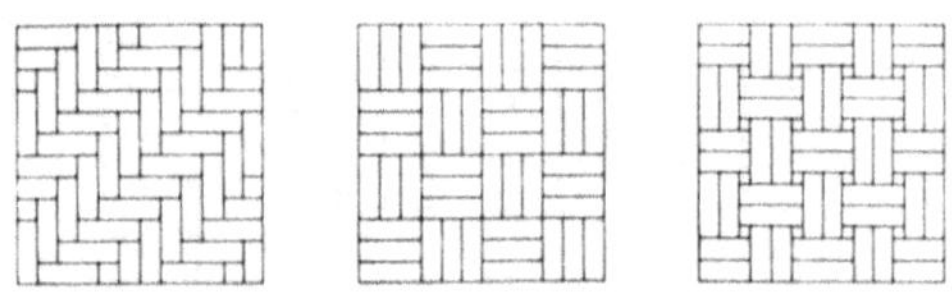

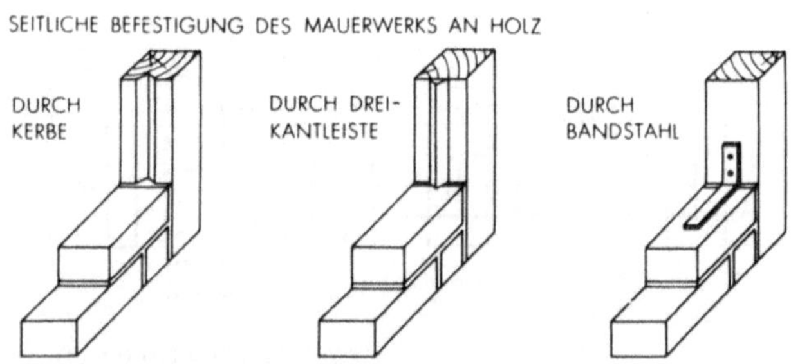

Ausführung des Mauerwerks

Mauernischen – Mauerschlitze

Mauernischen und -schlitze sind Aussparungen im Mauerwerk. Nischen ordnet man an zum Einbau von Heizkörpern, Wandschränken usw., Heizungs-, Be- und Entwässerungsrohre werden häufig in Mauerschlitze verlegt.
Bei Mauernischen und -schlitzen muß die verbleibende durchgehende Wand, die „Schildmauer", mindestens $^1/_2$ Stein dick bleiben. Siehe auch Kapitel: Mauerwerksbau, „Aussparungen und Schlitze".

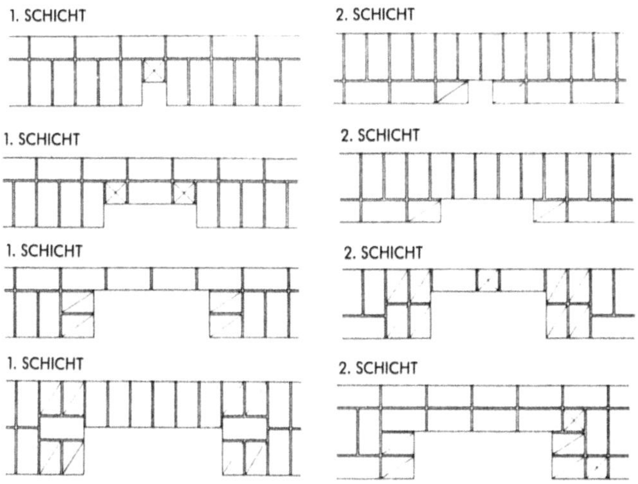

ÖFFNUNGSMASZE (n+1) FÜR MAUERZIEGEL IM REICHSFORMAT (25 x 12 x 6,5)

0,14	0,27	0,40	0,53	0,66	0,79	0,92	1,05	1,18

ÖFFNUNGSMASZE (n+1) FÜR MAUERZIEGEL NACH DIN 4172 (24 x 11,5 x 7,1)

0,13^{5}	0,26	0,38^{5}	0,51	0,63^{5}	0,76	0,88^{5}	1,01	1,13^{5}

WEITERE MASZE ÜBER 1 m MIT DENSELBEN DEZIMALSTELLEN

Mauervorlagen

Unter Mauervorlagen versteht man Mauervorsprünge, die zur Aussteifung durchgehender Mauern oder zur Aufnahme größerer Einzellasten aus Unterzügen und dergleichen dienen.

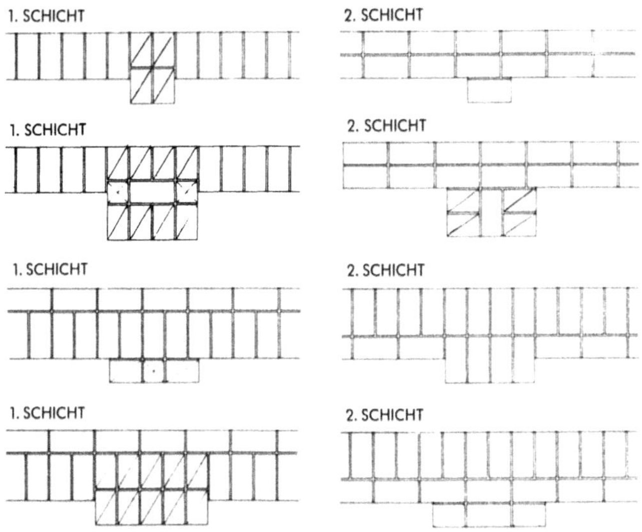

PFEILERMASZE (n−1) FÜR MAUERZIEGEL IM REICHSFORMAT (25 x 12 x 6,5)

0,25	0,38	0,51	0,64	0,77	0,90	1,03	1,16	1,29

PFEILERMASZE (n−1) FÜR MAUERZIEGEL NACH DIN 4172 (24 x 11,5 x 7,1)

0,24	0,36^{5}	0,49	0,61^{5}	0,74	0,86^{5}	0,99	1,11^{5}	1,24

WEITERE MASZE ÜBER 1 m MIT DENSELBEN DEZIMALSTELLEN

Pfeilerverbände

Quadratische Pfeiler haben in jeder Schicht den gleichen Verband, der jeweils um 90° versetzt wird.

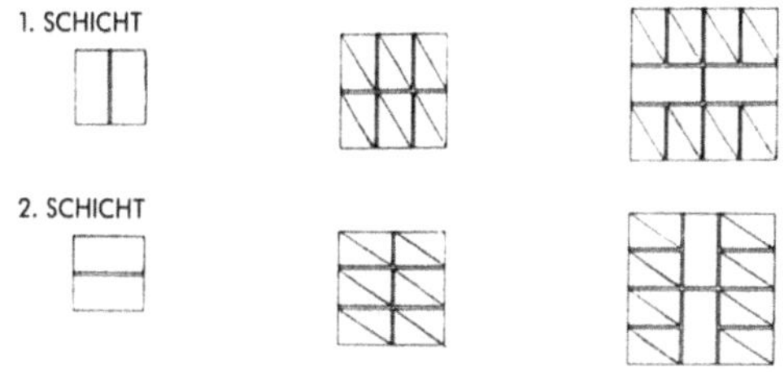

Quadratische 1 Stein dicke Pfeiler bestehen nur aus ganzen Steinen.
Beim 1 $^1/_2$ Stein dicken quadratischen Pfeiler bestehen die einzelnen Schichten aus 6 Stück $^3/_4$ Steinen.
Die 2 und 3 Stein dicken quadratischen Pfeiler ergeben bei Einhaltung der Verbandsregeln durch die große Anzahl $^3/_4$ Steine sehr viel Steinverschleiß.

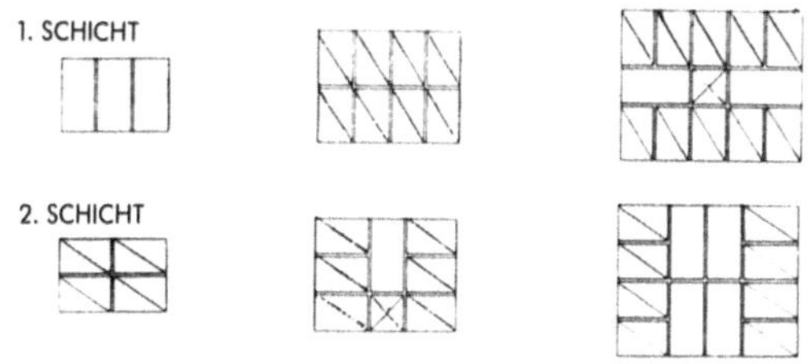

Bei rechteckigen Pfeilern betrachtet man die beiden schmalen Seiten als Mauerenden, legt an diesen so viele $^3/_4$Steine an, wie die Schmalseite Köpfe zählt und füllt den verbleibenden Zwischenraum mit ganzen oder halben Steinen aus.

Verfugen von Mauerwerk

Unverputzt bleibendes Mauerwerk aus wetterbeständigen Steinen ist zum Schutz gegen Witterungseinflüsse sorgfältig auszufugen. Bei der Behandlung der Fugen ist zu bedenken, daß sie nur eine technische Notwendigkeit darstellen. Dekorative Spielereien wie das Vor- und Zurückspringen der Fugen, um Schattenwirkung zu erzielen, sollten wegen der Verwitterungsgefahr unterbleiben. Die volle, glatte Fuge ist am günstigsten. Sie leitet das anfallende Regenwasser schnell ab und verhütet somit ein Eindringen von Feuchtigkeit in das Mauerwerk.
Beim Hochführen der Wände verwendet man am besten einen genügend dichten Mörtel, mauert vollfugig und streicht beim Anziehen des Mörtels die Fuge bündig mit den Steinen ab. Dazu nimmt man einen Holzspan oder einen rauhen, nassen Lappen.

MAUERFUGEN

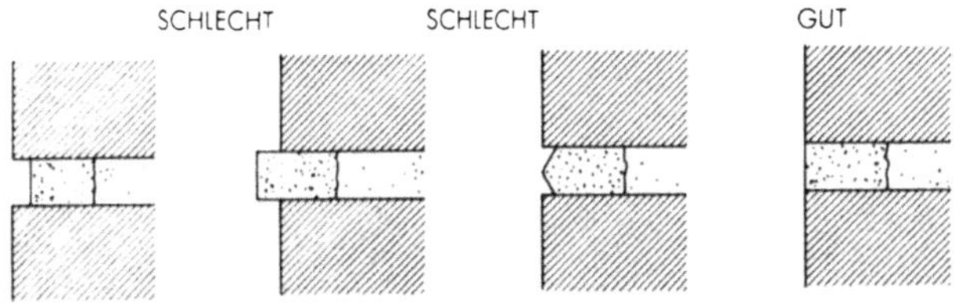

Wird die Verfugung, wie meistens bei Klinkermauerwerk, erst später vorgenommen, dann müssen die einzelnen Fugen etwa 2 cm tief ausgekratzt und mit Traßzementmörtel oder Zementmörtel mit Kalkzusatz ausgestrichen werden.
Wichtig ist auch der Farbton des Mörtels. Das helle Fugennetz hebt den Gesamtton einer Wand wesentlich und gibt ihm eine freundliche Note. Die Fugenfarbe darf aber nicht zu hart vom Steinton abstechen. Hat man etwa bei Verwendung von Graukalk oder dunklem Sand Schwierigkeiten in der Erzielung einer hellen Fuge, so kann ein Zusatz von weißem Zement nachhelfen. Der übliche graue Zement ergibt, besonders mit dunklem Sand, eine schmutzig graue, unansehnliche Farbe.

Anmauern an bestehendes Mauerwerk

Abtreppungen an Mauern sind nur dann auszuführen, wenn der anschließende Mauerteil kurz darauf angemauert wird und die Mauerhöhe gering ist.
Mauerhöhe gering ist.

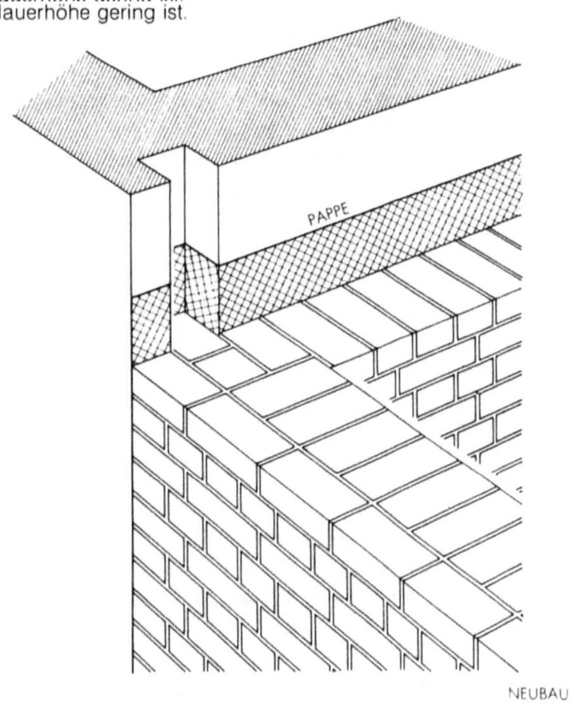

Bei großen Mauerhöhen, wenn die Abtreppung zu weit reichen würde, wendet man die Lochzahnung an. Der anschließende Mauerteil muß auch hier, um Risse zu vermeiden, kurz danach ausgeführt werden und in die Verzahnung mit Mörtel gut und fest einbinden, weil sich sonst die Körper einzeln setzen.
Soll ein Neubau an ein bestehendes Gebäude angefügt werden, so ist zu beachten, daß sich der Neubau noch setzt. Bei einer Verzahnung würden Risse entstehen. Um diese zu verhindern, fräst man in die bestehende Mauer einen 1/2 Stein tiefen Schlitz, in welchen das Mauerwerk des Neubaues eingreift, und in dem es bei Setzungen gleitet.

Ziegelpflaster

Zur Herstellung von Pflaster können Vollziegel verwendet werden. In Wirtschaftskellern, wo zur Frischhaltung von Naturprodukten eine mäßige Bodenfeuchtigkeit erwünscht ist, genügt eine einfache Ziegelflachschicht in Sand verlegt.

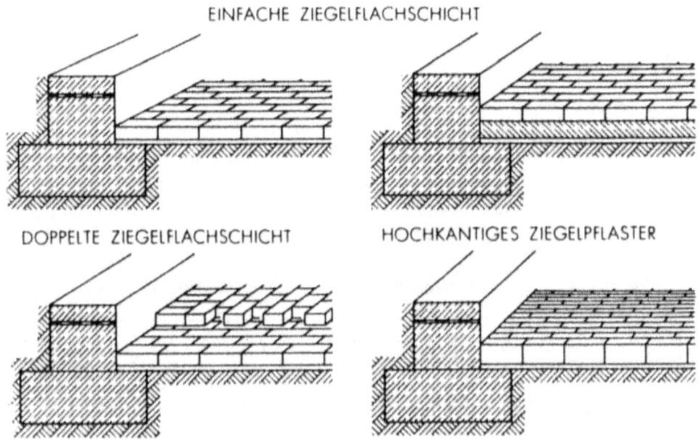

Bei stärkerer Belastung ordnet man eine doppelte Flachschicht an oder verlegt die Ziegel hochkant.
Die Ziegel sollen auf einem sorgfältig vorbereiteten 15 cm starken Sandbett trocken liegen. Die Fugen kann man mit dünnflüssigem reinem Kalkmörtel oder Kalk-Zementmörtel ausgießen. Der Untergrund des Pflasters wird vor dem Verlegen gut gestampft.

Mauerwerk aus gebrannten Steinen

Gebrannte Steine sind aus Lehm, Ton oder tonigen Massen geformte und gebrannte Ziegeleierzeugnisse. Die offizielle Bezeichnung lautet: „Mauerziegel". Sie sind in DIN 105 genormt. In der Praxis bezeichnet man sie jedoch meistens als Ziegelsteine oder Backsteine.
Die Herstellung und Verarbeitung gebrannter Steine war schon mehrere Jahrtausende v. Chr. in den Gebieten zwischen Euphrat und Tigris bekannt und gelangte später durch die Römer zu den germanischen Völkern, die in der Zeit der Gotik (Backsteingotik) den Ziegelbau zur höchsten Vollendung brachten. Ähnlich wie in der Renaissance der Naturstein über das Holz als Wandbaustoff siegte, verdrängte im Laufe des neunzehnten Jahrhunderts der gebrannte Stein fast alle früher gebräuchlichen Bauweisen. In früheren Zeiten wurden die Ziegel mit der Hand geformt, heute ist ihre Herstellung weitgehend mechanisiert. Hatten die alten Handstrichsteine durch die damaligen primitiven Brennmethoden eine ungleiche Härte und Festigkeit bei vielem Ausschuß, so zeigen die gut und gleichmäßig gebrannten Maschinensteine aus der Art ihrer Herstellung heraus einige Mängel, die wieder die Handstrichsteine nicht aufwiesen. Durch den Wanddruck des Mundstückes der Ziegelstrangpresse wird der Rand der Ziegel dichter und glatter, so daß sie ungleich trocknen und brennen, ein schaliges Gefüge erhalten und sich nicht so leicht teilen lassen wie Steine von gleichmäßiger Struktur. Die glatten Außenflächen machen sie zum schlechten Putzträger. Um diesen Nachteil zu beheben, nimmt man zweckmäßig die etwas rauhe Fläche, mit der sie beim Trocknen auf dem gesandelten Brett liegen, beim Mauern nach außen. Diese Maßnahme ist vor allem bei der Ausführung von Schlämmputz notwendig, da die dünne Schlämme auf den glatten Flächen nur schlecht haftet und durch den Regen leicht abgewaschen wird.

Vollziegel

Vollziegel werden meistens im Normal- oder Dünnformat hergestellt. Größere Vollziegelformate ergeben Schwierigkeiten beim Brennen und verlieren durch ein zu hohes Gewicht ihre Handlichkeit. Normal- und Dünnformat sind so aufeinander abgestimmt, daß 4 Schichten des Dünnformates gleich 3 Schichten des Normalformates sind.
Die Vollziegel dürfen zur Verringerung des Gewichtes, zur Erleichterung des Austrocknens und Brennens und zur besseren Teilbarkeit Löcher senkrecht zur Lagerfläche haben. Der Einzellochquerschnitt darf jedoch 6 cm^2, der Lochdurchmesser 20 mm, die Schlitzbreiten 15 mm und die Summe der Lochquerschnitte 15% der Lagerfläche nicht überschreiten.
Nach der Wetterbeständigkeit unterscheidet man:
- Vollziegel für verputztes Mauerwerk und
- Vollziegel für unverputztes Mauerwerk.

Vollziegel für verputztes Mauerwerk

Die Mauerziegel Mz 8 (100), Mz 12 (150) und Mz 20 (250) sind nicht frostbeständig und dürfen daher nur für Innenwände und verputzte Außenwände oder als sogenannte Hintermauerungssteine hinter wetterbeständigem Material verwendet werden.

Vollziegel für unverputztes Mauerwerk

Die Vormauerziegel VMz 8 (100), VMz 12 (150) und VMz 20 (250) und der bis zur Sinterung gebrannte Hochbauklinker KMz 28 (350) sind frostbeständig und werden deshalb bei sichtbar bleibendem Mauerwerk und als Vormauersteine vor nicht wetterbeständigem Steinmaterial verwendet. Klinker eignen sich wegen ihrer hohen Druckfestigkeit auch gut für statisch besonders beanspruchte Bauteile im Mauerwerksbau.

Ausführung des Mauerwerks aus Vollziegeln

Für Mauerwerk aus Vollziegeln gilt DIN 1053. Die Vollziegel müssen DIN 105 T1 entsprechen.
Alles Mauerwerk ist unter Berücksichtigung der Verbandsregeln waagerecht, fluchtrecht und lotrecht auszuführen. Bei der Herstellung von Wänden werden zunächst die Steine der ersten Schicht an Mauerenden, Mauerecken und Maueröffnungen „angelegt". Das Aufführen der Wände geschieht daraufhin unter ständigem Vorwärtstreiben der Eckverbände und Ausfüllen der dazwischenliegenden Mauerteile. Es ist darauf zu achten, daß die Mauerecken stets mit dem Senkel (Lot) überprüft und die Zwischenmauern genau nach der von Ecke zu Ecke gespannten Fluchtschnur gemauert werden. $^1/_2$ Stein und 1 Stein dicke Wände lassen sich freilich nur auf einer Seite nach der Schnur mauern. Erst von 1 $^1/_2$ Stein dicken Wänden ab lassen sich beide Seiten fluchtrecht ausführen. Gemauert wird vorwiegend von rechts nach links, da die rechte Hand die Kelle führt, während die linke den Stein setzt. Ein gewandter Maurer arbeitet fast ebenso gut von links nach rechts „über die Hand". Ist eine Schicht fertiggestellt, so werden die Stoßfugen satt mit Mörtel aufgefüllt. Porige und trockene Steine sind vor dem Vermauern anzufeuchten, weil sie sonst dem Mörtel das zur Kohlensäurebildung nötige Wasser entziehen. Stahlteile sind stets mit Zementmörtel, der gegen Rost schützt, einzumauern. Nach Fertigstellung der einzelnen Geschoßhöhen werden die Mauern mit Setzlatte und Wasserwaage nachgeprüft und abgeglichen.

Anmerkungen zur Tabelle „Vollziegel"
Die in der Tabelle angegebenen Baustoffmengen sind rechnerisch ermittelt. Die Verluste, die beim Transport und der Verarbeitung entstehen, wurden nicht berücksichtigt. Bei den Steinen rechnet man für unverwendbaren Bruch und Verlust je nach der Festigkeit des Materials etwa 2 bis 5%. Um den tatsächlichen Bedarf zu erhalten, sind die Tabellenwerte dementsprechend zu erhöhen.
Werden Lagerfugen stärker als 1,2 cm ausgeführt, dann vermindert sich der Bedarf an Steinen.
Beim Mörtel sind die Tabellenwerte, wie aus folgendem Beispiel zu ersehen ist, um 30 bis 35% zu erhöhen, um den tatsächlichen Bedarf zu erhalten:
1 m^3 Ziegelmauerwerk (Normalformat) enthält rechnungsmäßig 384 Ziegel zu 0,00196 m^3 = 0,7524 m^3 Steinmasse, so daß für Mörtelfugen 1,00 – 0,7524 = 0,2476 m^3 oder etwa 248 Liter verbleiben. Da jedoch der durchschnittliche Inhalt der handelsüblichen Steine nicht 0,00196 m^3, sondern nur etwa 0,00189 m^3 beträgt, vergrößert sich der Fugenanteil für 1 m^3 Ziegelmauerwerk auf 1,00 – (384 × 0,00189) = 0,2743 m^3 oder etwa 274 Liter.
Der kellengerecht hergestellte Mörtel wird nun beim Mauern zusammengedrückt und gibt bei seiner Verarbeitung einen Teil seines Wassergehaltes an die Ziegel ab. Dadurch verringert sich sein Rauminhalt um etwa 11,5%. Zu der rechnerisch ermittelten Mörtelmenge von 274 Litern sind also 11,5% hinzuzurechnen;

VORZUGSMAUERZIEGEL — DIN 105

VOLLZIEGEL

				Vollziegel Mz 8 (Mz 100)		Vollziegel Mz 12 (Mz 150)		Vollziegel Mz 20 (Mz 250)		Hochbauklinker Mz 28 (KMz 350)	
Format				Normal-Format	Dünn-Format	Normal-Format	Dünn-Format	Normal-Format	Dünn-Format	Normal-Format	Dünn-Format
Kennzeichen				keine		grün⁴)		weiß⁴)		keine	
Abmessungen	Länge		cm	24	24	24	24	24	24	24	24
	Breite		cm	11,5	11,5	11,5	11,5	11,5	11,5	11,5	11,5
	Höhe		cm	7,1	5,2	7,1	5,2	7,1	5,2	7,1	5,2
Steinrohwichte¹)	Mittelwert		kg/dm³	≦ 1,8		≦ 1,8		≦ 1,8		≧ 1,9	
Steingewicht			kg	3,3	2,5	3,3	2,5	3,3	2,5	4,0	3,0
Druckfestigkeit	Mittelwert		N/mm²	10		15		25		35	
	Kleinster Einzelwert		N/mm²	8		12		20		30	
Zulässige Druckspannung: Bei ≧ 24 cm dicken Wänden	Mörtelgruppen nach DIN 1053²)	I	N/mm²	0,6		0,8		1,0		–	
		II	N/mm²	0,9		1,2		1,6		2,2	
		III	N/mm²	1,2		1,6		2,2		3,0	
Zulässige Druckspannung: Bei < 24 cm dicken Wänden	Mörtelgruppen nach DIN 1053²)	I	N/mm²	0,4		0,6		0,7		–	
		II	N/mm²	0,6		0,8		1,1		1,5	
		III	N/mm²	0,8		1,1		1,5		2,0	
Frostbeständigkeit³)				nicht gefordert		nicht gefordert		nicht gefordert		gefordert	
Wärmeleitzahl des Mauerwerks			W/mK	0,79		0,79		0,79		1,04	
Berechnungsgewicht des Mauerwerks			kg/m³	1800		1800		1800		1900	

¹) Steinrohwichte

$$\gamma_{st} = \frac{G_{tr}}{V_{st}}$$

γ_{st} = Steinrohwichte (Steinraumgewicht)

G_{tr} = Trockengewicht des Steines

V_{st} = Steinvolumen

²) Mörtelgruppe nach DIN 1053

³) Sind Mz 8 (100), Mz 12 (150) und Mz 20 (250) frostbeständig, so gelten sie als Vormauerziegel VMz und bedürfen im Außenmauerwerk keines Verputzes

⁴) Kennzeichnung durch mindestens 20 mm breite Farbmarkierung:
Mz 12 (150): grün
Mz 20 (250): weiß
Kennzeichnung erfolgt nach dem Brand:
Auf ≦ 200 Ziegel 1 Gekennzeichneter

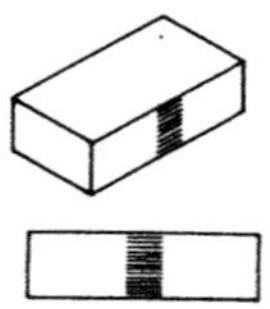

BAUSTOFFBEDARF		Verlustzuschläge Steine: 2—5% Mörtel: 30—35%		Normalformat 24×11×7,1	Dünnformat 24×11×5,2
Für 1 m²	½ Stein dicke Wand	Steine	Stück	48	64
		Mörtel	Liter	21	23
	1 Stein dicke Wand	Steine	Stück	96	128
		Mörtel	Liter	52	56
	1½ Stein dicke Wand	Steine	Stück	144	192
		Mörtel	Liter	82	89
Für 1 m³	Mauerwerk	Steine	Stück	384	512
		Mörtel	Liter	248	265

Anmerkung: Die in der Tabelle angegebenen Baustoffmengen sind rechnerisch ermittelt. Bei den Steinen ist der unverwendbare Bruch und beim Mörtel der Verlust, der bei der Herstellung und bei der Verarbeitung entsteht, n i c h t mit eingerechnet.

274 × (1 + 0,115) = 315 Liter Mörtel. Die Verluste bei Transport und Verarbeitung und durch unverwendbare Rückstände usw. betragen ungefähr 4%.
Es ergibt sich mithin für 1 m³ Ziegelmauerwerk ein praktischer Mörtelbedarf von 315 × (1 + 0,04) = 328 Liter, das sind ca. 30% mehr als die rein rechnerisch ermittelte Menge von 248 Litern.

Vor- und Nachteile des Vollziegelmauerwerks

Mauern aus gebrannten Vollziegeln sind druckfest, feuersicher, schalldämmend und besitzen eine gute Wärmespeicherfähigkeit. Vollziegel schwinden oder quellen nur unwesentlich, sind hinreichend porig, um den Durchfluß der zum Abbinden des Mörtels notwendigen Luft zu gestatten. Ihre Wärmedämmzahlen unterscheiden sich kaum von denen des Mörtels. Daher verhält sich das Vollziegelmauerwerk gegenüber Temperaturschwankungen wie ein einheitlicher Körper. Seine Masse und seine daraus resultierende ausgezeichnete Wärmespeicherfähigkeit sorgen für eine hohe Temperaturstabilität. Dies und ein nach dem Verdunsten der Baufeuchtigkeit überdurchschnittliches Feuchtigkeitsausgleichsvermögen beeinflussen das Raumklima insgesamt so günstig wie kaum ein moderner Baustoff.
Außer dem großen Aufwand an Arbeitszeit hat das Vollziegelmauerwerk für unsere heutigen Einsichten und Bedürfnisse jedoch noch weitere Nachteile.
Mit der großen Anzahl der Mörtelfugen bringen die kleinformatigen Vollziegel eine Menge Feuchtigkeit in das Mauerwerk, so daß zu dem langsamen Baufortschritt auch noch eine lange Trockenzeit hinzukommt, die insgesamt etwa 2 Jahre dauert. Neubauwohnungen sind immer feucht und erfordern bis zu ihrer vollständigen Austrocknung viel Heizung und Lüftung.
Vollziegel besitzen hohe Transportgewichte.
Ferner wird sehr oft die Druckfestigkeit des Vollziegelmauerwerks nicht voll ausgenutzt, so daß in dieser Hinsicht eine gewisse Materialverschwendung stattfindet.
Im Kleinhausbau z. B. erfordert der Wärmeschutz Mauerdicken, die einen großen Überschuß an Druckfestigkeit aufweisen und somit unwirtschaftlich sind. Auch im mehrgeschossigen Wohnhausbau wird die Druckfestigkeit eines Vollziegelmauerwerks meist nicht voll ausgenützt. Trotz seiner unumstrittenen bauphysikalischen Vorzüge wurde der Vollziegel nach dem Zweiten Weltkrieg deshalb aus ökonomischen Gründen durch die Lochziegel und sonstigen Leichtbausteine fast vollständig verdrängt.

Lochziegel

Auch für Lochziegel gilt DIN 105 Teil 1.
Als Lochziegel gelten gebrannte Steine, die senkrecht zu einer Begrenzungsfläche durchlocht sind, und deren Lochquerschnitt mehr als 15% der Lagerfläche beträgt. Die Löcher sollen möglichst gleichmäßig über die gelochte Fläche verteilt sein, ihre Querschnittsform ist beliebig. Mit ihren Druckfestigkeiten von 6–35 N/mm² liegen die Lochziegel im selben Bereich wie Vollziegel.

Man unterscheidet: Hochlochziegel
Langlochziegel.

Hochlochziegel

sind senkrecht zur Lagerfläche gelochte Ziegel. Nach den Lochgrößen ist zu unterscheiden:

Hochlochziegel A mit vielen kleinen Löchern und geringen Stegdicken (frühere Bezeichnungen: Wabenziegel, Viellochziegel, Zellenziegel).

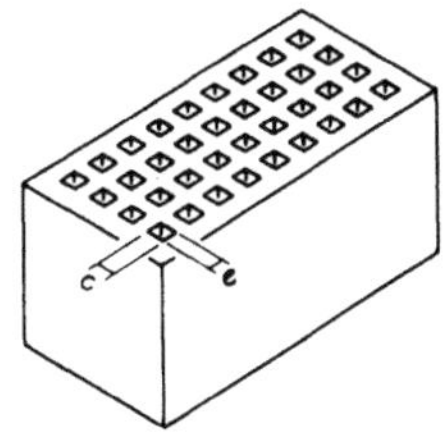

HOCHLOCHZIEGEL A
(BEISPIEL)
c x e ≦ 2,5 cm2
(MINDESTENS 36 LOCH)

Summe der Lochquerschnitte ≧ 15% der Lagerfläche
Einzellochquerschnitt ≧ 2,5 cm²
Lochzahl: ≧ 13 auf 100 cm²
≧ 36 auf Fläche 24 × 11,5 cm.

Hochlochziegel B mit einer geringen Anzahl von Löchern und größeren Stegstärken.

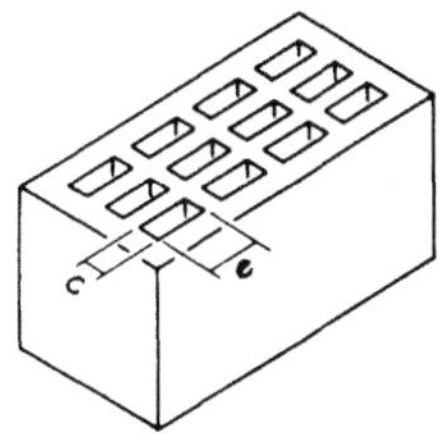

HOCHLOCHZIEGEL B
(BEISPIEL)
c x e ≦ 6 cm2
c ≦ 15 mm
(MINDESTENS 12 LOCH)

Summe der Lochquerschnitte ≧ 15% der Lagerfläche
Einzellochquerschnitt ≦ 6 cm²
Lochzahl: ≧ 5 auf 100 cm² oder
≧ 12 auf Fläche 24 × 11,5 cm.

SONDERFORMATE

HOCHLOCHZIEGEL 2¼ NF (3 DF)
HLZ A OD. HLZ B
17⁵ × 24 × 11³ cm

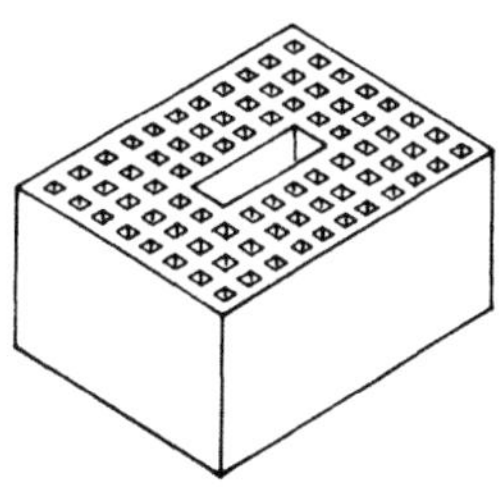

HOCHLOCHZIEGEL (BLOCKZIEGEL)
HLZ A OD. HLZ B 2,3 NF
14⁵ × 30 × 11³ cm

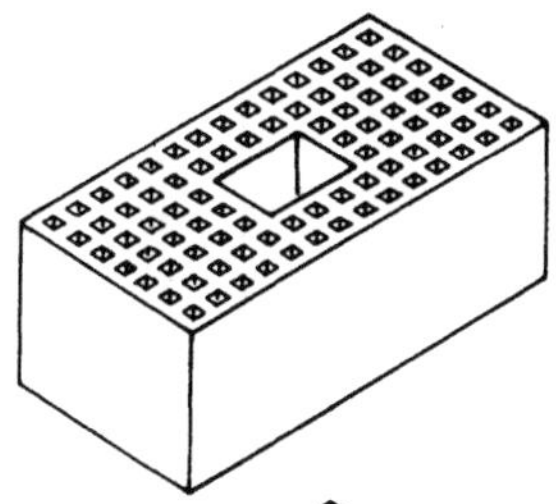

GROSSBLOCKZIEGEL
HOCHLOCHZIEGEL (BLOCKZIEGEL)
HLZ A OD. HLZ B 5,7 NF
24 × 30 × 17⁵ cm

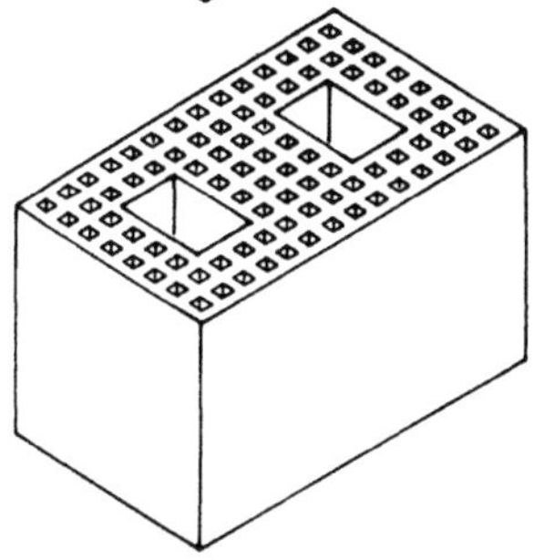

VORZUGSMAUERZIEGEL DIN 105

HOCHLOCHZIEGEL

HOCHLOCHZIEGEL				Hochlochziegel Hlz 8			Hlz 12			A oder B ³) Hlz 20			Hochlochziegel Hlz 8			Hlz 12			A oder B ³) Hlz 20			Hochloch-Klinker KHlz 28	
Kurzzeichen				HLz A 1,2/100 HLz B 1,2/100			HLz A 1,2/150 HLz B 1,2/150			HLz A 1,2/250 HLz B 1,2/250			HLz A 1,4/100 HLz B 1,4/100			HLz A 1,4/150 HLz B 1,4/150			HLz A 14/250 HLz B 14/250			KHLz 350	
Kennzeichen				keine			grün ⁴)			weiß ⁴)			keine			grün ⁴)			weiß ⁴)			keine	
Übliche Abmessungen	Länge		cm	24	24	24	24	24	24	24	24	24	24	24	24	24	24	24	24	24	24	24	24
	Breite		cm	11,5	11,5	17,5	11,5	11,5	17,5	11,5	11,5	17,5	11,5	11,5	17,5	11,5	11,5	17,5	11,5	11,5	17,5	11,5	11,5
	Höhe		cm	7,1	11,3	11,3	7,1	11,3	11,3	7,1	11,3	11,3	7,1	11,3	11,3	7,1	11,3	11,3	7,1	11,3	11,3	7,1	11,3
Steinhöchstgewicht			kg	2,6	4,1	6,2	2,6	4,1	6,2	2,6	4,1	6,2	2,9	4,7	7,1	2,9	4,7	7,1	2,9	4,7	7,1		
Steinrohwichte¹)	Mittelwert		kg/dm³	≦ 1,2			≦ 1,2			≦ 1,2			≦ 1,4			≦ 1,4			≦ 1,4			≦ 1,6	
Druckfestigkeit	Mittelwert		N/mm²	10			15			25			10			15			25			35	
	Kleinster Einzelwert		N/mm²	8			12			20			8			12			20			30	
Zulässige Druckspannung: Bei ≧ 24 cm dicken Wänden	Mörtelgruppen nach DIN 1053 ²)	I	N/mm²	0,6			0,8			1,0			0,6			0,8			1,0			–	
		II	N/mm²	0,9			1,2			1,6			0,9			1,2			1,6			2,2	
		III	N/mm²	1,2			1,6			2,2			1,2			1,6			2,2			3,0	
Zulässige Druckspannung: Bei > 24 cm dicken Wänden	Mörtelgruppen nach DIN 1053 ²)	I	N/mm²	0,4			0,6			0,7			0,4			0,6			0,7			–	
		II	N/mm²	0,6			0,8			1,1			0,6			0,8			1,1			1,5	
		III	N/mm²	0,8			1,1			1,5			0,8			1,1			1,5			2,0	
Frostbeständigkeit ³)				nicht gefordert									nicht gefordert									gefordert	
Wärmeleitzahl des Mauerwerks			W/mK	0,52									0,60									0,79	
Berechnungsgewicht des Mauerwerks			kg/m³	1 300									1 500									1 700	

MN/m² = N/mm²

¹) Steinrohwichte $\gamma_{st} = \frac{G_{tr}}{V_{st}}$

γ_{st} = Steinrohwichte (Steinraumgewicht)

G_{tr} = Trockengewicht des Steines

V_{st} = Steinvolumen

²) Mörtelgruppe nach DIN 1053

³) Sind HLz 100, HLz 150 und 250 frostbeständig, so gelten sie als Vormauer-Hochlochziegel VHLz und bedürfen im Außenmauerwerk keines Verputzes.

⁴) Kennzeichnung durch Farbmarkierung: HLz 150: grün, HLz 250: weiß
Vgl. Fußnote ³) Seite

Anmerkung:
Die in der Tabelle angegebenen Baustoffmengen sind rechnerisch ermittelt. Bei den Steinen ist der unverwendbare Bruch und beim Mörtel der Verlust, der bei der Herstellung und bei der Verarbeitung entsteht, nicht mitgerechnet.

BAUSTOFFBEDARF		Verlustzuschläge Steine: 2—5% Mörtel: 30—35%		24 x 11,5 x 7,1	24 x 11,5 x 11,3	24 x 17,5 x 11,3
Für 1 m²	11,5 cm dicke Wand	Steine	Stück	48	32	
		Mörtel	Liter	21	15	
	17,5 cm dicke Wand	Steine	Stück			32
		Mörtel	Liter			23
	24 cm dicke Wand	Steine	Stück	96	64	44
		Mörtel	Liter	52	40	31
	30 cm dicke Wand	Steine	Stück		32 +	32
		Mörtel	Liter		60	
	36,5 cm dicke Wand	Steine	Stück	144	96	
		Mörtel	Liter	82	65	
Für 1 m³	Mauerwerk	Steine	Stück	384	256	172
		Mörtel	Liter	248	201	188

Hochlochziegel werden in den Vorzugsgrößen (DIN 105) und für 24 cm dickes Mauerwerk auch noch mit den Abmessungen 24 × 24 × 11,3 hergestellt.
Für 30 cm dickes Mauerwerk verwendet man 17,5 cm und 11,5 cm breite Hochlochziegel [17,5 cm + 1,0 cm (Fuge) + 11,5 cm = 30 cm].

Langlochziegel

sind gleichlaufend zur Lagerfläche gelochte Ziegel.
Im Mörtelbereich darf die Schlitzbreite 15 mm, bei Kreisquerschnitten der Lochdurchmesser 20 mm nicht überschreiten. Mörtelbereich auf beiden Seiten (Stoßseiten) = 6 cm.
Langlochziegel werden wie die Hochlochziegel in den Vorzugsgrößen (DIN 105) und für 24 cm dickes Mauerwerk auch noch mit den Abmessungen 24 × 24 × 11,3 cm hergestellt. Da Langlochziegel nur im Läuferverband vermauert werden können und wegen ihrer Aussparungen parallel zur Lagerfläche ein weniger steifes Gefüge und damit geringere Druckfestigkeit aufweisen, haben sie sich gegenüber Hochlochziegeln nicht durchsetzen können.

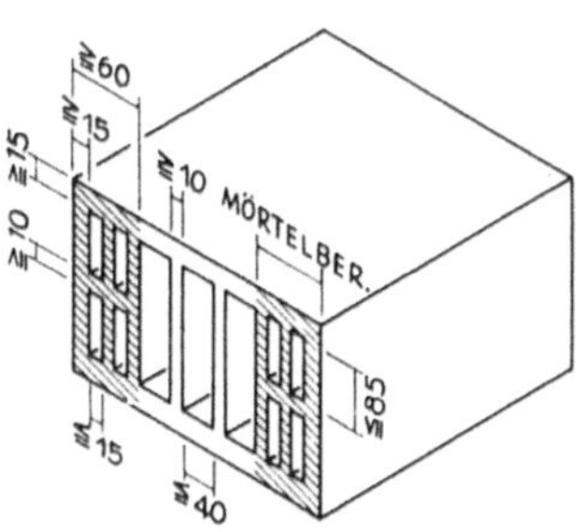

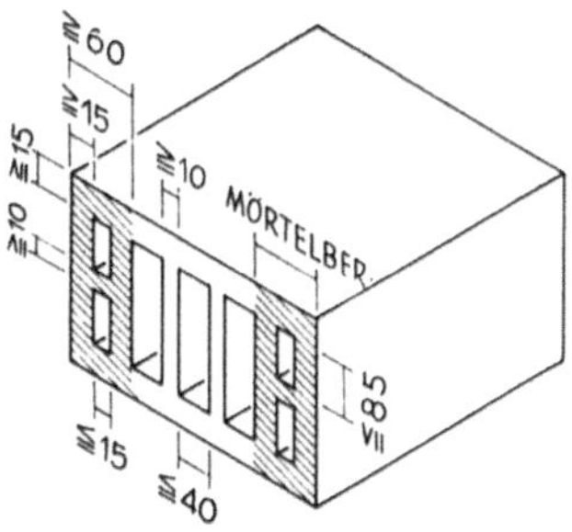

LANGLOCHZIEGEL (BEISPIEL)
MIT 2 LOCHREIHEN — MIT 1 LOCHREIHE
IN DEN ZU VERMÖRTELNDEN FLÄCHEN

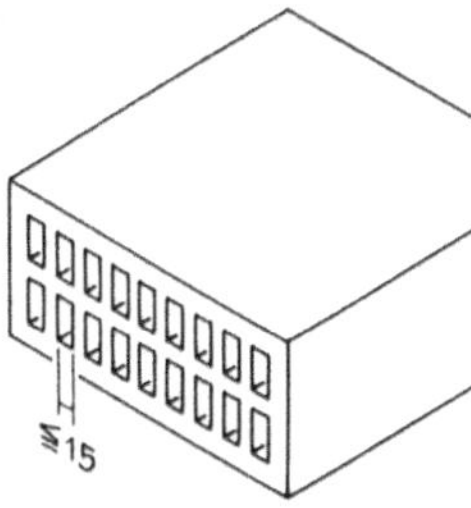

Langlochziegel (Beispiel) mit Lochreihen, die über die ganze Ziegelbreite vermörtelt werden können. Dieser Langlochziegel kann (an Ecken, Fensteranschlägen usw.) auch als Hochlochziegel B verarbeitet werden.

Ausführung des Mauerwerks aus Lochziegeln

Kleinformatige Hochlochziegel (24 × 11,5 × 7,1 cm) werden in denselben Verbandsarten wie Vollziegel vermauert. Hochlochziegel mit Breiten von 11,5 und 17,5 cm nebeneinanderliegend verwendet man für 30 cm dickes Mauerwerk. Die Ziegel werden dabei um 1/2 Stein versetzt, um durchgehende Stoßfugen zu vermeiden. Der Querverband der Wände ist allerdings schlecht, da sich die Ziegel in Querrichtung nur wenig überbinden.
Großformatige Hochlochziegel mit Breiten von 24 cm für 1 und 1 1/2 Stein dicke Mauern haben zum besseren Greifen in der Steinmitte Grifflöcher.

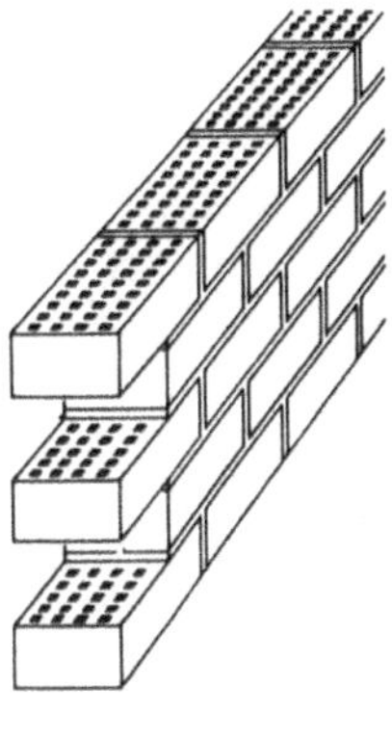

11,5 cm BREITE HOCHLOCHZIEGEL IM LÄUFERVERBAND

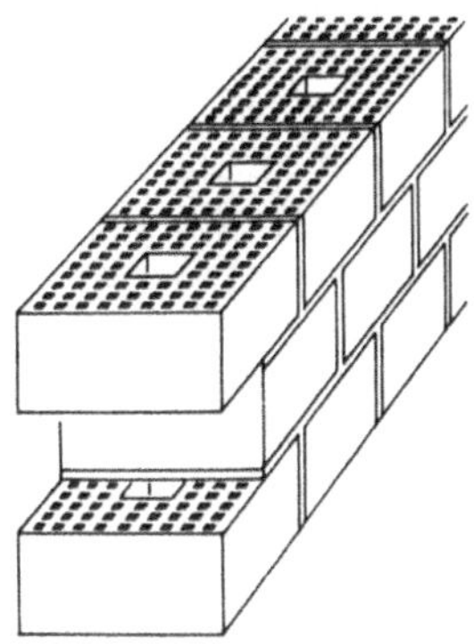

24 cm BREITE HOCHLOCHZIEGEL MIT GRIFFLÖCHERN

30 cm DICKES MAUERWERK

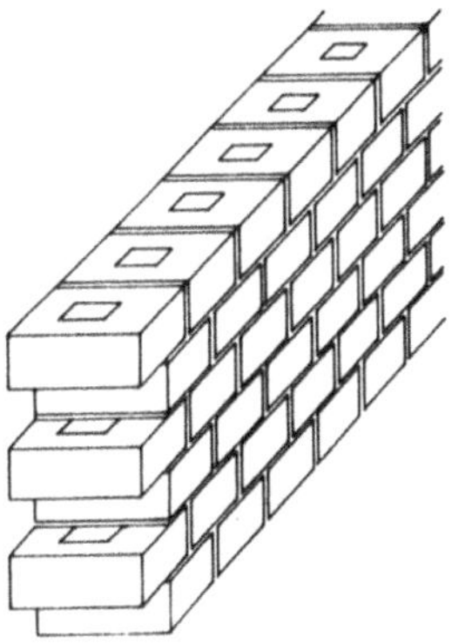

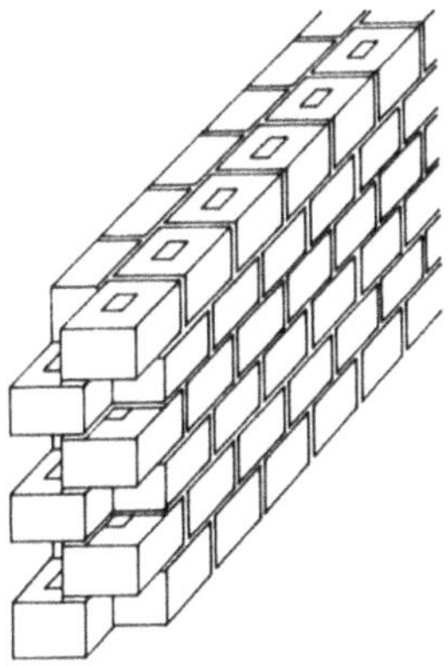

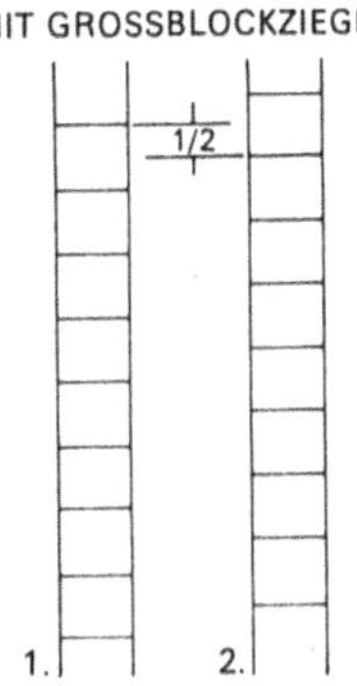

MIT GROSSBLOCKZIEGEL 30/24/11³

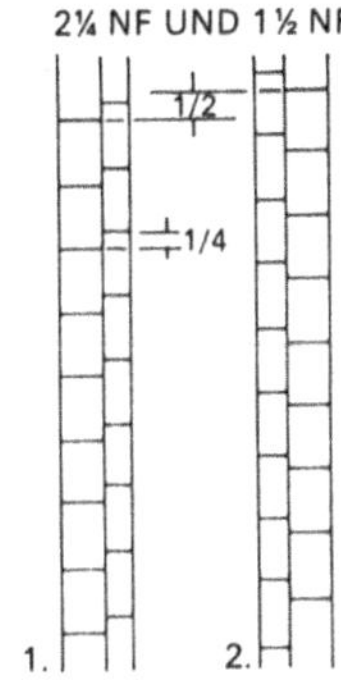

2¼ NF UND 1½ NF

Stemmarbeiten und Aussparungen im Lochziegelmauerwerk mit Dicken von 17,5 cm und weniger sind unzulässig. In dickeren Wänden sind nur senkrechte Aussparungen bis zu 3 cm Tiefe zulässig. (Siehe Kapitel: Mauerwerksbau, „Aussparungen und Schlitze")

Leicht-Hochlochziegel (Poroton)

DIN 105/Teil 2

POROTON-Ziegel werden – ohne chemische Bindemittel – aus Ton hergestellt. Dem aufbereiteten Rohton werden in einem speziellen Verfahren Polystyrolperlen, die zu etwa 98% aus Luft bestehen, beigemischt. Diese Perlen sind stabil und elastisch genug, um beim Einmischen in die Tonmasse ihre kugelige Form zu behalten. Bei Temperaturen bis 1000 °C verbrennen die Schaumstoffpartikel restlos und hinterlassen die für POROTON-Ziegel typischen gleichmäßig verteilten Poren. Sie gewährleisten den hohen Wärmeschutz und das günstige Diffusionsverhalten und sind frei von herstellungsbedingter Feuchtigkeit. Die Rohdichte dieser Ziegel beträgt höchstens 1,0 kg/dm³. Zur besseren Vermörtelung der Ziegel bzw. Blockziegel sind an den Stoßflächen Rillen und Mörteltaschen zulässig. Blockziegel haben an den Stoßfugen trapezförmige Nuten und Federn, die eine mörtellose Verzahnung der Steine ergeben. Diese Verringerung des Fugenanteiles kommt der Wärmedämmung ebenso zugute wie dem Arbeitsaufwand und dem Mörtelverbrauch.

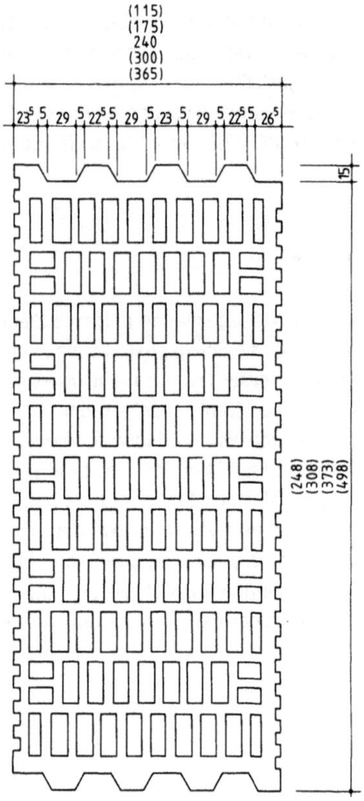

Poroton-Ziegel

Wanddicke cm		11,5			17,5		24,0			30,0			36,5
Abmessungen	B	11,5	11,5	11,5	17,5	17,5	24,0	24,0	24,0	30,0	30,0	30,0	36,5
	L	24,0	24,0	49,7	24,0	49,7	30,0	30,0	49,7	24,0	24,0	49,7	49,7
	H	7,1	11,3	23,8	11,3	23,8	11,3	23,8	23,8	11,3	23,8	23,8	23,8
Format/Kurzzeichen		NF	2 DF	7,5 DF	3 DF	12 DF	5 DF	10 DF	16 DF	5 DF	10 DF	20 DF	24 DF
Gewicht kg/Stck		1,6	2,5	10,5	3,5	16,5	6,5	13	22	6,5	13	27	34
Materialbedarf m²	Ziegel Stück	48	32	8	32	8	26	13	8	32	16	8	8
	Mörtel** ca. ltr.	28	22	12	32	22	42	28	26	55	35	32	38
Materialbedarf m³	Ziegel Stück	–	278	70	183	46	108	54	33	107	54	27	22
	Mörtel** ca. ltr.	–	191	104	183	126	175	117	108	183	117	107	104
Gewicht des Mauerwerkes KN/m²* incl. Putz		1,42	1,82	1,82	2,42	2,42	3,07	3,07	3,07	3,67	3,67	3,67	4,32
Druckfestigkeit N/mm²		15,0	15,0	15,0	15,0	7,5	15,0	7,5	7,5	15,0	7,5	7,5	5,0

Ziegelrohdichte kg/dm³	0,7	0,8	0,7	0,8	0,7	0,8	0,7	0,8	0,7	0,7	0,7	0,8	0,7	0,8	0,7	0,8	0,7	0,8	0,7	0,8	0,7	0,8	0,7	0,8
Wärmeleitzahl λ R W/mK***	0,38	0,41	0,38	0,41	0,28	0,34	0,38	0,41	0,28	0,34	0,38	0,41	0,28	0,34	0,28	0,34	0,38	0,41	0,28	0,34	0,28	0,34	0,28	0,34
Wärmedurchlaßwiderstand 1/Δ m² K/W	0,24	0,22	0,34	0,32	0,45	0,38	0,50	0,47	0,66	0,55	0,67	0,62	0,91	0,76	0,91	0,76	0,83	0,77	1,12	0,93	1,12	0,93	1,35	1,13
Wärmedurchgangskoeffizient K W/m² K	2,44	2,56	1,96	2,04	1,61	1,82	1,49	1,56	1,20	1,39	1,19	1,26	0,94	1,08	0,94	1,08	1,0	1,06	0,78	0,92	0,78	0,92	0,66	0,78
Wärmespeicherfähigkeit Q KJ/m² K	102	109	156	167	156	167	205	221	205	221	259	280	259	280	259	280	309	334	309	334	309	334	364	397
Auskühlzeit Stunden	10	10	15	15	15	15	28	29	38	34	48	48	65	59	65	59	71	71	96	86	96	86	137	125
Bewertetes Schalldämmmaß Rw	39	39	42	42	42	42	44	47	44	47	47	49	47	49	47	49	50	51	50	51	50	51	51	52
Luftschallschutzmaß LSM dB	–13	–13	–10	–10	–10	–10	–8	–5	–8	–5	–5	–8	–5	–3	–5	–3	–2	–1	–2	–1	–2	–1	–1	±0

* Berechnungsgewicht ohne Putz nach DIN 1055 + Zuschlag 2 KN/m³
** Theoretischer Bedarf mit Praxiszuschlägen
*** Gemäß Bescheid des Institutes für Bautechnik Berlin Nr. 23/2 vom 10.11.1975

Tafel 8 Einschaliges Mauerwerk aus POROTON-Ziegeln, und POROTON-Mörtel, beidseitig geputzt, außen POROTON-Wärmedämmputz 3 bzw. 5 cm dick

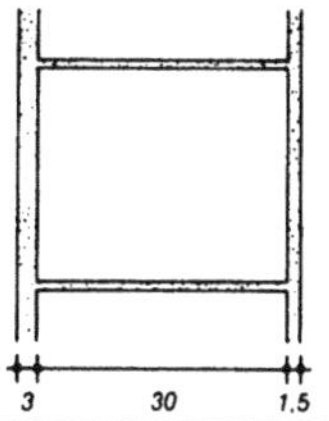

Wandaufbau Einschaliges Mauerwerk aus POROTON-Ziegeln und POROTON-Mörtel mit Innenputz und POROTON-Wärmedämmputz	Wanddicke	Ziegelrohdichte	Rechenwert der Wärmeleitfähigkeit Mauerwerk [2]	Rechenwert der Wärmeleitfähigkeit Innenputz	Rechenwert der Wärmeleitfähigkeit Wärmedämmputz [3]	Außenputzdicke 3 cm Wärmedurchlaßwiderstand	Außenputzdicke 3 cm Wärmedurchgangskoeffizient	Außenputzdicke 5 cm Wärmedurchlaßwiderstand	Außenputzdicke 5 cm Wärmedurchgangskoeffizient
	cm	kg/dm³	W/mK	W/mK	W/mK	m²K/W	W/m²K	m²K/W	W/m²K
	24,0	0,7	0,22	0,87	0,10	1,41	0,63	1,61	0,56
		0,8	0,28	0,87	0,10	1,17	0,74	1,37	0,65
	30,0	0,7	0,22	0,87	0,10	1,68	0,54	1,88	0,49
		0,8	0,28	0,87	0,10	1,39	0,64	1,59	0,57
	36,5	0,7	0,22	0,87	0,10	1,98	0,46	2,18	0,42
		0,8	0,28	0,87	0,10	1,62	0,56	1,82	0,50
	49,0	0,7	0,22	0,87	0,10	2,54	0,37	2,74	0,34
		0,8	0,28	0,87	0,10	2,07	0,45	2,27	0,41

Tafel 9 Zweischaliges Ziegelverblendmauerwerk mit Schalenfuge

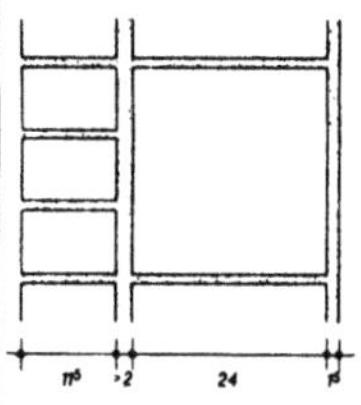

Wandaufbau Verblendschale: Verblender ϱ = 1,6 kg/dm³ Verblender ϱ = 1,8 kg/dm³ Schalenfuge ≥ 2,0 cm Innenschale: POROTON-Ziegel	Wanddicke Innenschale	Ziegelrohdichte Verblendschale	Ziegelrohdichte Innenschale	Rechenwert der Wärmeleitfähigkeit Verblendschale	Normalmörtel Rechenwert der Wärmeleitfähigkeit Innenschale [1]	Normalmörtel Wärmedurchlaßwiderstand	Normalmörtel Wärmedurchgangskoeffizient	POROTON-Mörtel Rechenwert der Wärmeleitfähigkeit Innenschale [2]	POROTON-Mörtel Wärmedurchlaßwiderstand	POROTON-Mörtel Wärmedurchgangskoeffizient
	cm	kg/dm³	kg/dm³	W/mK	W/mK	m²K/W	W/m²K	W/mK	m²K/W	W/m²K
	24,0	1,6	0,7	0,67	0,28	1,07	0,81	0,22	1,30	0,68
		1,6	0,8	0,67	0,34	0,92	0,92	0,28	1,07	0,81
	24,0	1,8	0,7	0,80	0,28	1,04	0,83	0,22	1,28	0,69
		1,8	0,8	0,80	0,34	0,89	0,94	0,28	1,04	0,83
	30,0	1,6	0,7	0,67	0,28	1,28	0,69	0,22	1,57	0,57
		1,6	0,8	0,67	0,34	1,09	0,80	0,28	1,28	0,69
	30,0	1,8	0,7	0,80	0,28	1,25	0,70	0,22	1,55	0,58
		1,8	0,8	0,80	0,34	1,06	0,81	0,28	1,25	0,70

Tafel 10 Zweischaliges Ziegelverblendmauerwerk mit Luftschicht

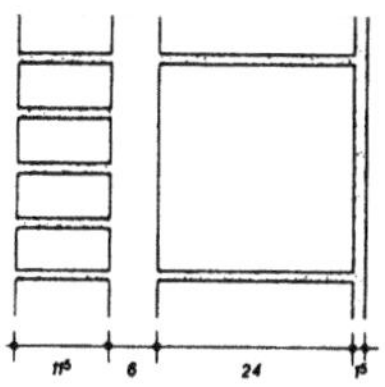

Wandaufbau Verblendschale: Verblender ϱ = 1,6 kg/dm³ Verblender ϱ = 1,8 kg/dm³ Luftschicht: 6 cm Innenschale: POROTON-Ziegel	Wanddicke Innenschale	Ziegelrohdichte Verblendschale	Ziegelrohdichte Innenschale	Rechenwert der Wärmeleitfähigkeit Verblendschale	Normalmörtel Rechenwert der Wärmeleitfähigkeit Innenschale [1]	Normalmörtel Wärmedurchlaßwiderstand	Normalmörtel Wärmedurchgangskoeffizient	POROTON-Mörtel Rechenwert der Wärmeleitfähigkeit Innenschale [2]	POROTON-Mörtel Wärmedurchlaßwiderstand	POROTON-Mörtel Wärmedurchgangskoeffizient
	cm	kg/dm³	kg/dm³	W/mK	W/mK	m²K/W	W/m²K	W/mK	m²K/W	W/m²K
	24,0	1,6	0,7	0,67	0,28	1,21	0,72	0,22	1,45	0,62
		1,6	0,8	0,67	0,34	1,06	0,81	0,28	1,21	0,72
	24,0	1,8	0,7	0,80	0,28	1,19	0,73	0,22	1,42	0,63
		1,8	0,8	0,80	0,34	1,04	0,83	0,28	1,19	0,73
	30,0	1,6	0,7	0,67	0,28	1,43	0,62	0,22	1,72	0,53
		1,6	0,8	0,67	0,34	1,24	0,71	0,28	1,43	0,62
	30,0	1,8	0,7	0,80	0,28	1,40	0,64	0,22	1,69	0,54
		1,8	0,8	0,80	0,34	1,21	0,72	0,28	1,40	0,64

Tafel 11 Zweischaliges Ziegelverblendmauerwerk mit Luftschicht und 6 cm Faserdämmplatte

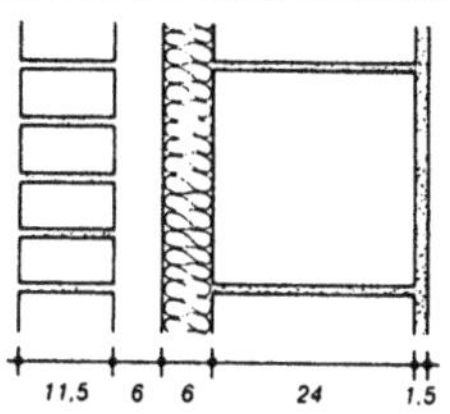

Wandaufbau Verblendschale: Verblender ϱ = 1,6 kg/dm³ Verblender ϱ = 1,8 kg/dm³ Luftschicht: 6 cm dick, Zu- und Abluftöffnungen jeweils 150 cm² bei 20 m² Wandfläche 6 cm mineralische Faserdämmplatte der Wärmeleitfähigkeitsgruppe 035 [4] Innenschale: POROTON-Ziegel	Wanddicke Innenschale	Ziegelrohdichte Verblendschale	Ziegelrohdichte Innenschale	Rechenwert der Wärmeleitfähigkeit Verblendschale	Rechenwert der Wärmeleitfähigkeit Dämmplatte [4]	Normalmörtel Rechenwert der Wärmeleitfähigkeit Innenschale [1]	Normalmörtel Wärmedurchlaßwiderstand	Normalmörtel Wärmedurchgangskoeffizient	POROTON-Mörtel Rechenwert der Wärmeleitfähigkeit Innenschale [2]	POROTON-Mörtel Wärmedurchlaßwiderstand	POROTON-Mörtel Wärmedurchgangskoeffizient
	cm	kg/dm³	kg/dm³	W/mK	W/mK	W/mK	m²K/W	W/m²K	W/mK	m²K/W	W/m²K
	17,5	1,6	0,7	0,67	0,035	0,28	2,70	0,35	0,22	2,87	0,33
		1,6	0,8	0,67	0,035	0,34	2,59	0,36	0,28	2,70	0,35
	17,5	1,8	0,7	0,80	0,035	0,28	2,67	0,35	0,22	2,84	0,33
		1,8	0,8	0,80	0,035	0,34	2,56	0,37	0,28	2,67	0,35
	24,0	1,6	0,7	0,67	0,035	0,28	2,93	0,32	0,22	3,16	0,30
		1,6	0,8	0,67	0,035	0,34	2,78	0,34	0,28	2,93	0,32
	24,0	1,8	0,7	0,80	0,035	0,28	2,90	0,32	0,22	3,14	0,30
		1,8	0,8	0,80	0,035	0,34	2,75	0,34	0,28	2,90	0,32

[1]) Nach Bescheid des Instituts für Bautechnik, Gesch.Z.: II 1 – 1.23/2 Ziegel: Länge ≥ 24,0 cm, Höhe ≥ 23,8 cm

[2]) Nach Bescheid des Instituts für Bautechnik, Gesch.Z.: II/1 – 1.23/2, abzüglich 0,06 W/mK nach Bescheid: Z 17.1 – 179

[3]) Nach Bescheid des Instituts für Bautechnik, Gesch.Z.: 23.3 – 99

[4]) Nach Bescheid des Instituts für Bautechnik, Gesch.Z.: Z 23.2 – 39

Luftschallschutz für ERLUS-Poroton-Außenwände

Querschnitt	Beschreibung	d (cm) Wanddicke Verbl. Schal.	Innen Schal.	ρ (kg/dm³) Steinrohdichte Verbl. Schal.	Innen Schal.	Flächen Gewicht kg/m²	Bewert. Schalld.-Maß R_w dB	Maßgeb. Außen-Lärmpeg. dB	Lärm-pegel bereich 0–V	Fluglärm-Zone 1*** Leq > 75 dB	2 Leq > 67 < 75 dB
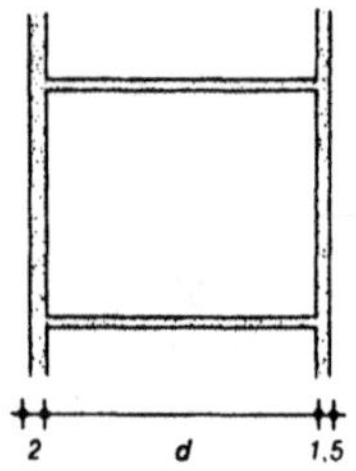	Einschaliges Ziegelmauerwerk mit Innen- und Außenputz		24		0,7	286	45	66–70	IV		2
			24		0,8	310	45	66–70	IV		2
			24		1,0	358	50	> 70	V		2
			24		1,2	406	50	> 70	V		2
			30		0,7	340	45	66–70	IV		2
			30		0,8	370	50	> 70	V		2
			30		1,0	430	50	> 70	V		2
			30		1,2	490	55	> 70	V	1	
			36,5		0,7	398	50	> 70	V		2
			36,5		0,8	435	50	> 70	V		2
			36,5		1,0	508	55	> 70	V	1	
			36,5		1,2	581	55	> 70	V	1	
			49		0,7	511	55	> 70	V	1	
	Innenputz		49		0,8	560	55	> 70	V	1	
	Erlus-POROTON		49		1,0	658	55	> 70	V	1	
	Außenputz		49		1,2	756	55	> 70	V	1	
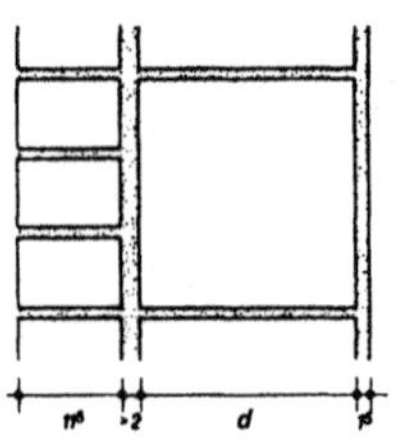	Zweischaliges Ziegelmauerwerk mit Verblendung und Schalenfuge	11,5	17,5	1,6	0,7	392	50	> 70	V		2
		11,5	17,5	1,6	0,8	410	50	> 70	V		2
		11,5	17,5	1,6	1,0	445	50	> 70	V		2
		11,5	17,5	1,6	1,2	480	55	> 70	V	1	
		11,5	24	1,6	0,7	451	50	> 70	V	1	2
		11,5	24	1,6	0,8	475	50	> 70	V	1	
		11,5	24	1,6	1,0	523	55	> 70	V	1	
		11,5	24	1,6	1,2	571	55	> 70	V	1	
	Innenputz	11,5	30	1,6	0,7	505	55	> 70	V	1	
	Erlus-POROTON	11,5	30	1,6	0,8	535	55	> 70	V	1	
	Schalenfuge	11,5	30	1,6	1,0	595	55	> 70	V	1	
	VMZ-KHLZ-KMZ	11,5	30	1,6	1,2	655	55	> 70	V	1	
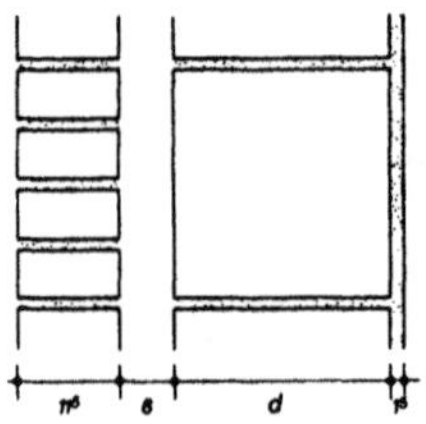	Zweischaliges	11,5	17,5	1,6	0,7	392	50	> 70	V		2
	Ziegelverblend- *	11,5	17,5	1,6	0,8	410	50	> 70	V		2
	mauerwerk mit Luftschicht	11,5	17,5	1,6	1,0	445	50	> 70	V		2
		11,5	17,5	1,6	1,2	480	55	> 70	V	1	
	**	11,5	24	1,6	0,7	451	50	> 70	V	1	2
	**	11,5	24	1,6	0,8	475	50	> 70	V	1	
		11,5	24	1,6	1,0	523	55	> 70	V	1	
		11,5	24	1,6	1,2	571	55	> 70	V	1	
	Innenputz	11,5	30	1,6	0,7	505	55	> 70	V	1	
	Erlus-POROTON	11,5	30	1,6	0,8	535	55	> 70	V	1	
	Luftschicht	11,5	30	1,6	1,0	595	55	> 70	V	1	
	VMZ-KHLZ-KMZ	11,5	30	1,6	1,2	655	55	> 70	V	1	

* Gemäß Prüfbereicht Nr. 75436 Techn. Universität Braunschweig LSM + 2 dB Flächengewicht ~ 420 kg/m²
** Gemäß Prüfbericht Nr. 70814 Techn. Universität Braunschweig LSM + 4 dB Flächengewicht ~ 380 kg/m²
*** § 5 Abs. 2 In der Fluglärm Schutzzone 1 dürfen Wohnungen nicht errichtet werden!

Leicht-Ziegel U-Schalen

Diese Spezialsteine können für Stürze, Ringanker, Stahlbetonstützen und Leitungsschächte verwendet werden.

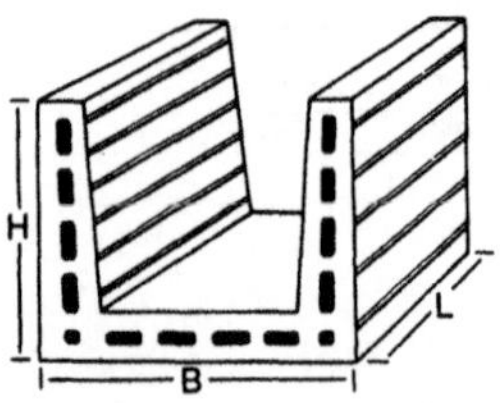

Außenmaße cm Breite B	Höhe H	Länge L	Stahlbetonquerschnitte cm lichte Breite	lichte Höhe	Gewicht kg/St.	Stückzahl pro Palette
24	24	25	16	20	8	70
30	24	25	22	20	9	70
36,5	24	25	28	20	10	46

Vor- und Nachteile des Lochziegelmauerwerks

Die technischen und wirtschaftlichen Unvollkommenheiten der Vollziegel führten zur Entwicklung der Lochziegel und Leichtziegel. Ihre Vorteile gegenüber Vollziegeln sind folgende:
Die ruhende Luft in den Hohlräumen erhöht die Dämmfähigkeit des Mauerwerks, so daß die Normalstärke der Ziegelaußenwand vermindert werden kann.
Die Hohlräume verringern das Gewicht des Ziegels, was die Herstellung größerer Formate gestattet. Die großformatigen Steine ergeben eine Ersparnis an Arbeitszeit und Mörtel, was zur Verbilligung der Baukosten führt. Ferner wird die Fugenzahl herabgesetzt, somit die Baufeuchtigkeit vermindert und die Austrocknungszeit verkürzt. Bei der Herstellung der Lochziegel werden durch die Hohlräume der Rohstoff besser ausgenützt, die Trocknung beschleunigt, der Brennprozeß verkürzt – also Energie gespart – und die Transportgewichte ermäßigt.
Nachteilig ist bei großen Steinen das Gewicht, das mit 10 kg die obere Grenze erreicht, die einem Einhandstein gesetzt ist. Tagelanges Arbeiten mit solchen Steinen führt zu Ermüdungserscheinungen.
Bei geringeren Mauerstärken, die die größere Wärmedämmfähigkeit der Lochziegel erlaubt, besteht größere Durchfeuchtungsgefahr, vor allem im Bereich der durchgehenden Lagerfugen, obgleich die Materialaussparungen den Wandquerschnitt verringern, der kapillar die Feuchtigkeit hindurchleiten kann. Die Hohlräume bieten der Wasserdampfdiffusion jedoch nur geringen Widerstand, und bei im allgemeinen nicht übermäßig großem Diffusionswiderstand des Ziegelmaterials ist die Abnahme des Dampfdruckes, das Dampfdruckgefälle, innerhalb der Wand nur gering. Der Wasserdampfgehalt der Wand kann groß sein, und in der kalten Jahreszeit schlägt sich leicht Tauwasser darin nieder, für dessen Aufnahme wenig Steinmaterial vorhanden ist. Die Wand wird durchfeuchtet und die Wärmedämmfähigkeit verringert.
So verlangt gerade Lochziegelmauerwerk stets eine Außenhaut, die neben Schutz gegen Niederschlagsfeuchtigkeit auch die Verdunstung von etwaigem Tauwasser ermöglicht. Dies kann ein guter Außenputz gewährleisten; am besten aber ist die vorgehängte hinterlüftete Wetterhaut. Bei dichter Außenschale ist auf der Innenseite unter Putz eine Dampfsperre von mehrfachem Diffusionswiderstand der Außenschale notwendig. Deshalb wird sich auch im allgemeinen bei Mauerwerk nur aus Vormauerlochziegeln ohne Außenputz der Vorteil geringerer Wandstärke wegen der größeren Durchfeuchtungsgefahr nicht nutzen lassen. Die Dämmwirkung der Wand ist dann vermindert, und das Fugennetz wird sich auf der verputzten Innenseite bald abzeichnen.

Einfluß auf die Verbandsregeln

Einige Grundforderungen, die an einen wirtschaftlich auszuführenden Mauerwerksverband zu stellen sind, formuliert Prof. Georg Staufenbiel, der den letztmöglichen Vereinfachungen nachging, folgendermaßen:

1. Der Mauerverband muß in allen Bauteilen mit einer möglichst kleinen Zahl von Teilstücken gemauert werden können.
2. Der Mauerverband ist so zu regeln, daß in den Endverbänden als unvermeidbare Teilstücke bevorzugt Viertel- und Halbsteine des Normalformates, aber möglichst wenig Dreiviertelsteine benötigt werden.
3. Die Aufmerksamkeit, mit der beim Mauern Verband gehalten werden muß, sollte den Maurer möglichst wenig belasten.
4. Je weniger Mauersteinformate auf einer Baustelle angewendet werden, desto wirtschaftlicher wird gemauert.

Nach DIN 1053 ist „Mauerwerk im Verband auszuführen, d. h. die Stoßfugen übereinanderliegender Schichten müssen versetzt sein. Eine geringe Fugendeckung kann jedoch zugelassen werden, sofern es sich um besondere bereits anerkannte Verbände handelt“. Die theoretisch strenge Ausbildung der Schulverbände, die für Mauerenden, Mauernischen, Anschlüsse und Kreuzungen gelten (vgl. S. 164) und konsequent jede Fugendekkung vermeiden, erfordert einen so großen Aufwand an Teilsteinen, daß er in vielen Fällen nicht mehr grundsätzlich vertreten werden kann.
Einschränkend ist jedoch aus der Sicht des Statikers zu beachten, daß eine Minderung der Festigkeitseigenschaften des Mauerwerkes infolge nicht versetzter, d. h. auf Mauerhöhe (Geschoßhöhe) durchgehender Mörtelfugen nur im Fall geringer statischer Funktion vertretbar ist, denn

- Mauerenden sind in der Regel durch Auflagelasten von Stürzen besonders hoch belastet. Ein einwandfreier Verband ist deshalb statisch von Wichtigkeit, insbesondere bei schmaleren Fensterpfeilern.
- Mauerecken und Maueranschlüsse erfordern meistens den Schulverband, mit Rücksicht auf die statisch wirksamen Kräfte aus verschiedenen Belastungen und Setzungen, außerdem wegen der Horizontalkräfte der Gebäudeaussteifung.

Wird das Ziegelmaterial bei vielgeschossigen Bauten statisch bis zur zulässigen Grenze ausgenützt, so darf der Mauerverband nicht die anfallenden Teilstücke enthalten, und die Schulverbände sind nach wie vor unentbehrlich. Ja in Extremfällen, z. B. bei Wohnhochhäusern, ist das Zurechtschlagen von Teilsteinen sogar unzulässig und die Verwendung vorgefertigter Teilsteine gefordert. Man vergleiche hierzu die Ausführungen zur Verwendung des Ziegelmaterials im Wohnhochhausbau im Kapitel „Hochhäuser als Wandbauten“.

Wirtschaftlichkeit des Ziegelmauerwerks

Durch die Anpassung der Steinformate an DIN 4172 – Maßordnung im Hochbau – sowie durch die Herstellung verschiedener sich ergänzender Formate und die Vervollkommnung der Baustelleneinrichtung hat die Industrie die Wirtschaftlichkeit des von Hand gefügten Mauerwerks zu steigern versucht. Begrenzt wird diese Entwicklung schließlich durch die handwerksmäßige Verarbeitung der Steine und die natürliche Leistungsgrenze des Maurers, die eine Leistungssteigerung mit Formaten über das $2^1/_4$fache Normalformat hinaus ($2^1/_4$ NF = 24 × 17,5 × 11,3 cm bei ca. 7 kg Gewicht) nicht mehr zuläßt. Die Überlegungen, wie die Wirtschaftlichkeit von Mauerwerk zu erhöhen sei, haben auch nicht die Regeln der althergebrachten Verbandslehre verschont, die auf einmal angezweifelt und in manchem Punkt als revisionsbedürftig erachtet werden.

Vorgefertigte Mauerziegelwände

Dem traditionellen Mauerwerk ist auch mit den Vereinfachungen, wie sie Staufenbiel vertritt, keine Zukunft mehr beschieden (Nachwuchsmangel). Die Ziegelindustrie beschäftigt sich darum seit längerem mit vorgefertigten Wandteilen aus Ziegelsteinen. Es steht zu erwarten, daß sich dieses vorzügliche altbewährte Material damit auch im Zeitalter des industriellen Bauens wird behaupten können. Besonders geformte Hochlochziegel werden mit Hilfe von Maschinen in der Fabrik zu Mauerkörpern von einer Standardbreite von 1,25 m und Geschoßhöhe von 2,50 bis 3,00 m gefügt, mit einem ersten Putz versehen und so an die Baustelle geliefert. Die unverputzten Wandstärken betragen 11,5, 17,5, 24 und 30 cm. Zu diesen Normgrößen können noch halbe Elemente von 62,5 cm Breite, ferner Ausgleichstafeln von 50, 75 und 100 cm und Brüstungselemente geliefert werden. Die Standardgröße von 1,25 m Breite und 30 cm Mauerstärke überschreitet nicht das Gewicht von 1,5 t, so daß die Elemente mit Tiefladern transportiert und mit üblichen Kränen versetzt werden können. Die Verbindung der Elemente erfolgt wie bei den Dreischichtenwänden aus Beton an den Stößen der Tafeln, indem durch seitlich vorstehende Ösen der Horizontalbewehrung Längseisen gesteckt und die röhrenförmige Aussparung dann mit Beton vergossen wird. Zwei weitere Rundstähle als vertikale Trageisen, die am oberen Ende des Elementes zu Schlaufen gebogen sind, dienen dem Heben und Versetzen durch den Kran. Die freibleibenden vertikalen Hohlräume können die Elt-Installation aufnehmen, so daß nur noch die Löcher für die Dosen zu bohren sind. Passend zu den Wandteilen werden auch Deckenelemente mit einem Höchstgewicht von 1,5 t geliefert.

Der Vorteil dieses Montageverfahrens liegt, vom Material ganz abgesehen, in der trockenen Bauweise, in der großen Freiheit, die durch die Ausgleichstafeln dem Planenden gegeben ist, sowie in dem geringen Aufwand an Baustelleneinrichtung und Baustellenarbeit. Es eignet sich sowohl für große als auch für kleinere Bauvorhaben und damit auch für kleinere und mittlere Bauunternehmungen, für mehrgeschossige und für Flachbauten, da nicht wie bei den Verfahren mit raumgroßen Wand- und Deckenelementen große Serien erforderlich sind.
Die verwendeten Ziegel entsprechen in ihren Abmessungen den Bestimmungen der DIN 105. Anstelle der Griffschlitze sind Aussparungen vorgesehen, die in der Wandtafel senkrecht durchlaufende Kanäle ergeben. In diesen Kanälen wird z. B. die Aufhang-Bewehrung untergebracht.

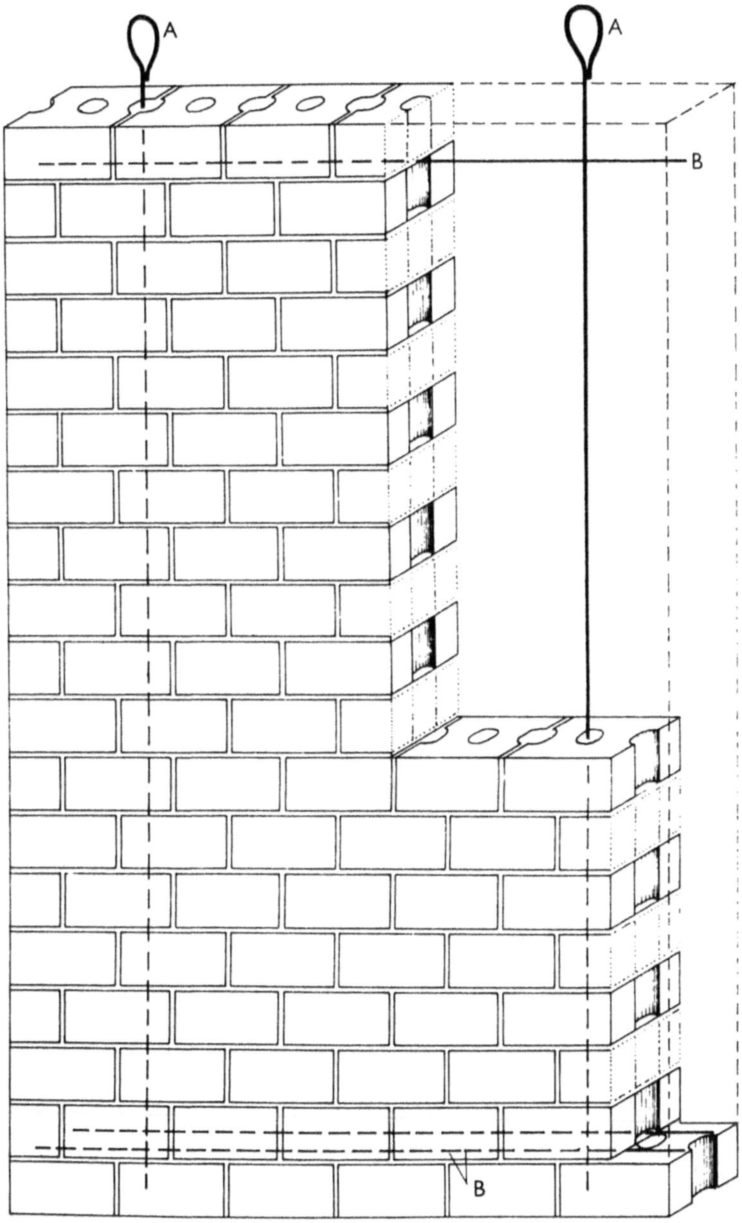

Systemskizze für Mauertafel
einschließlich Transportbewehrung

MONTAGEVERFAHREN

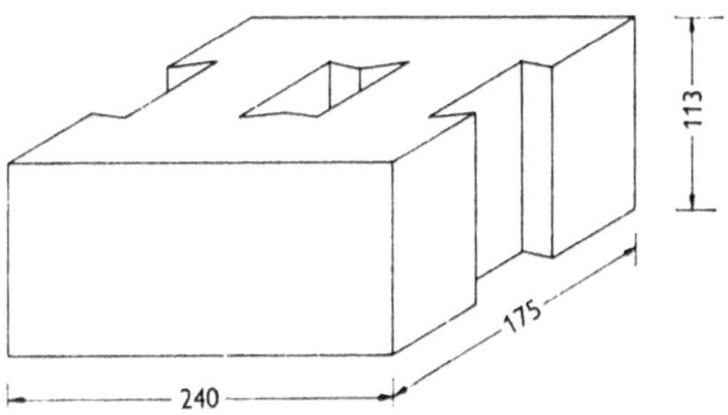

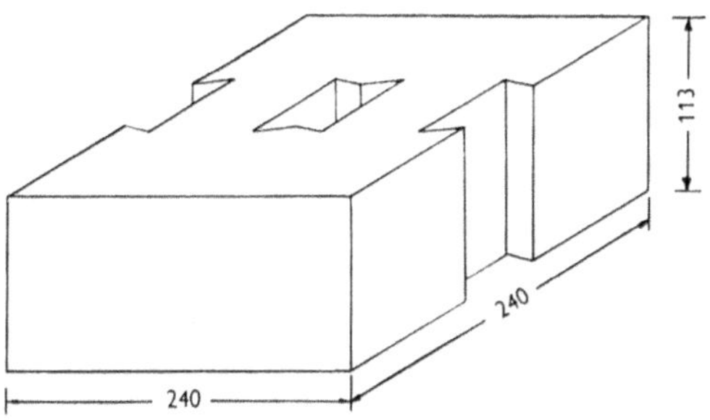

Reproduktionen aus Ziegel 1969/1970 Ziegelmontagebau nach System Bott

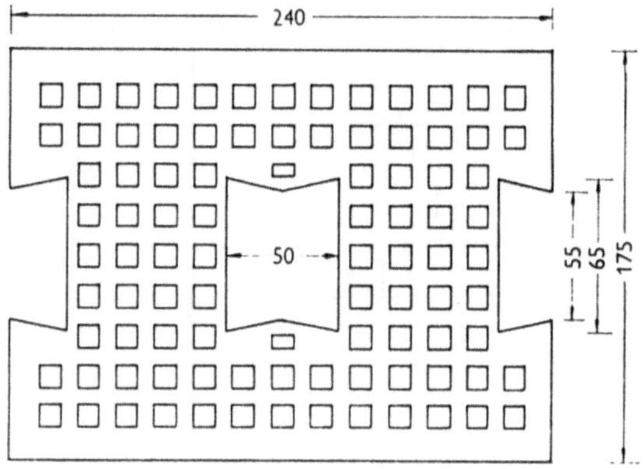

ZIEGEL 240 × 240 × 113, VERFAHREN BOTT

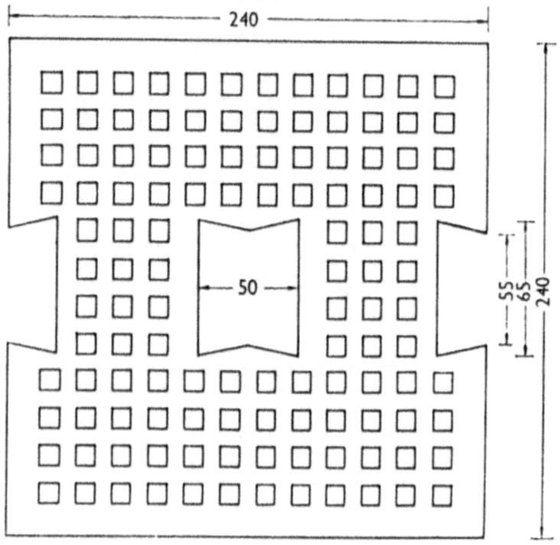

ZIEGEL 240 × 175 × 113, VERFAHREN BOTT

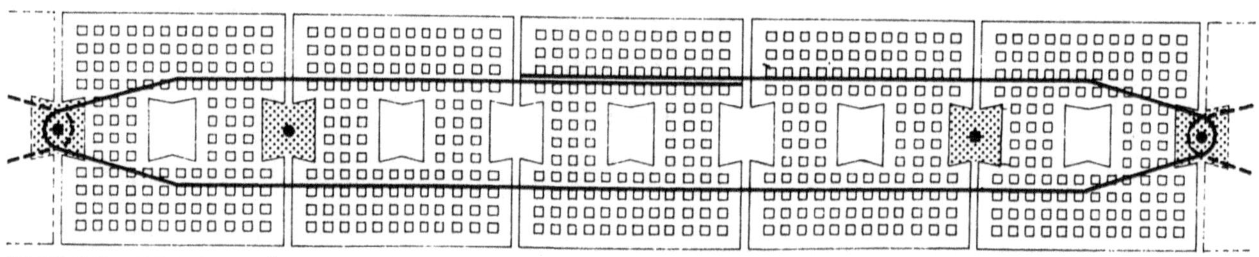

NORMALTAFEL MIT SEITLICHEN STÖSSEN, SYSTEM BOTT

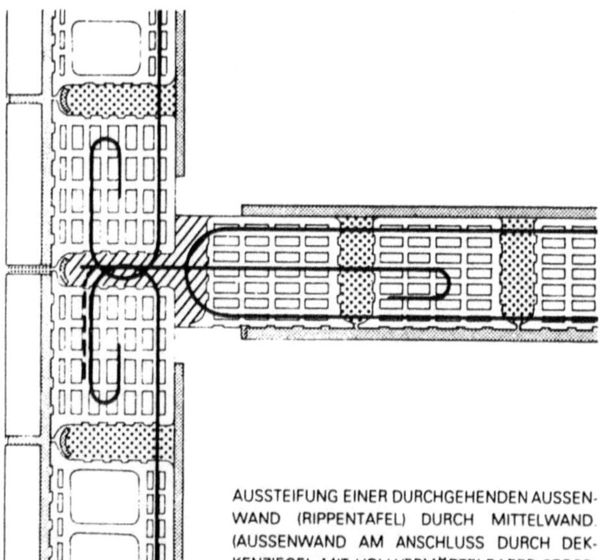

AUSSTEIFUNG EINER DURCHGEHENDEN AUSSENWAND (RIPPENTAFEL) DURCH MITTELWAND. (AUSSENWAND AM ANSCHLUSS DURCH DEKKENZIEGEL MIT VOLLVERMÖRTELBARER STOSSFUGE VERSTÄRKT.)

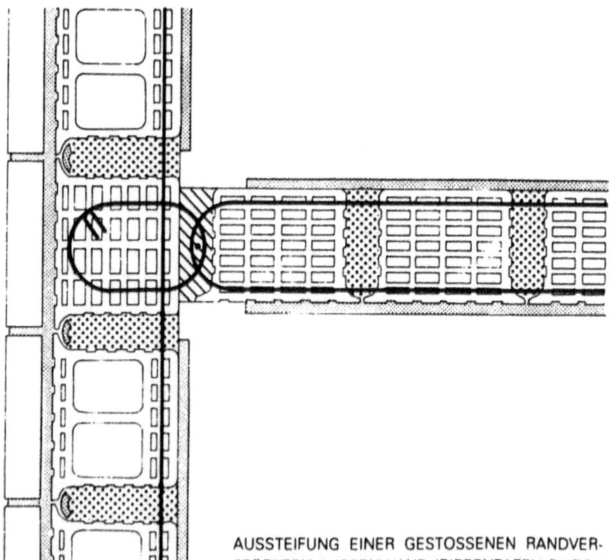

AUSSTEIFUNG EINER GESTOSSENEN RANDVERSTÄRKTEN AUSSENWAND (RIPPENTAFEL) DURCH MITTELWAND

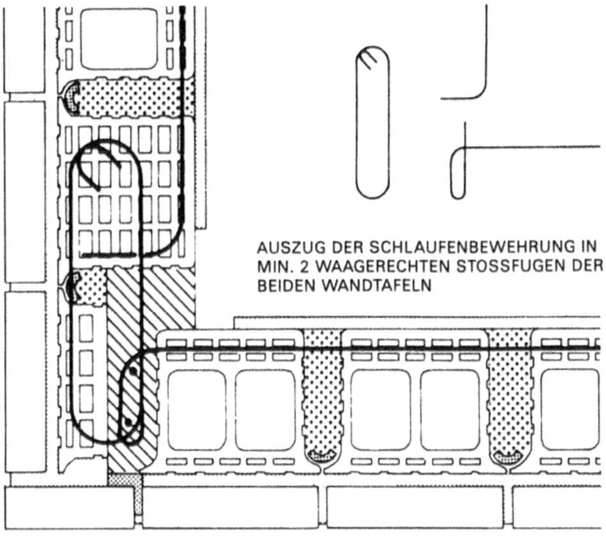

ECKAUSBILDUNG ZWEIER SICH AUSSTEIFENDER AUSSENWÄNDE (RIPPENTAFEL)

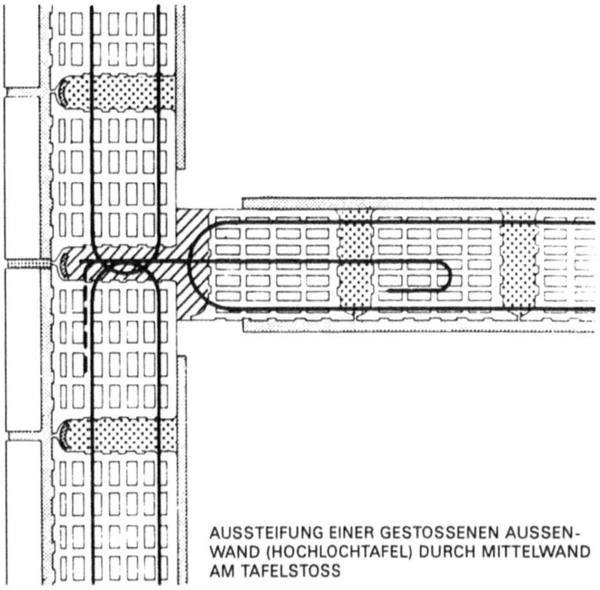

AUSSTEIFUNG EINER GESTOSSENEN AUSSENWAND (HOCHLOCHTAFEL) DURCH MITTELWAND AM TAFELSTOSS

BEWEHRTE SCHUBFESTE VERBINDUNG NICHT RAUMBREITER AUSSENWANDTAFELN MIT RAUHER STÄRKUNG (RIPPENTAFEL)

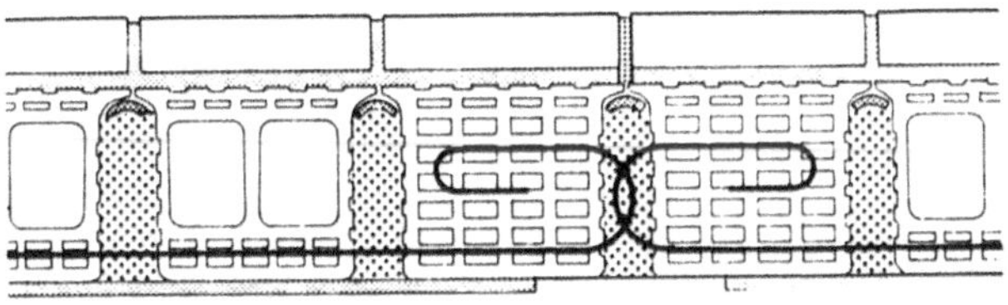

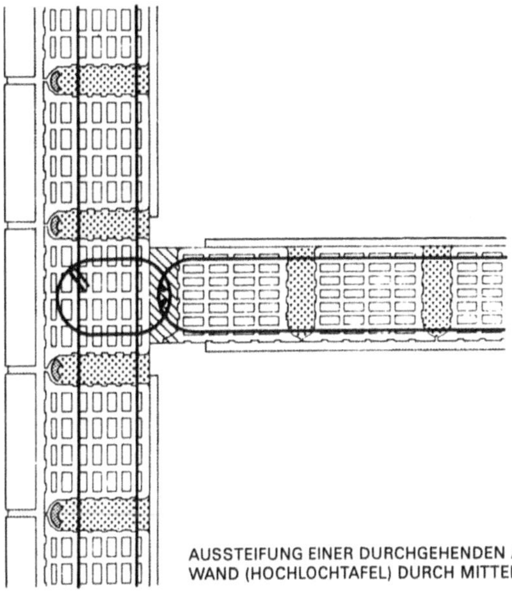

AUSSTEIFUNG EINER DURCHGEHENDEN AUSSENWAND (HOCHLOCHTAFEL) DURCH MITTELWAND

ECKAUSBILDUNG ZWEIER SICH AUSSTEIFENDER AUSSENWÄNDE (HOCHLOCHTAFEL)

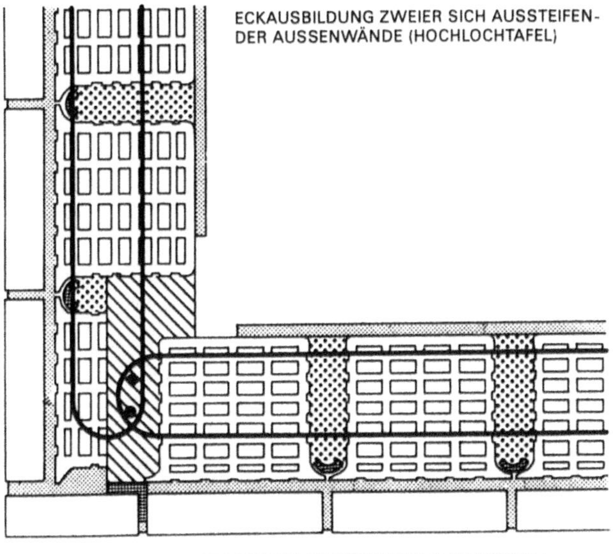

AUSSTEIFUNG EINER GESTOSSENEN AUSSENWAND (RIPPENTAFEL) DURCH MITTELWAND

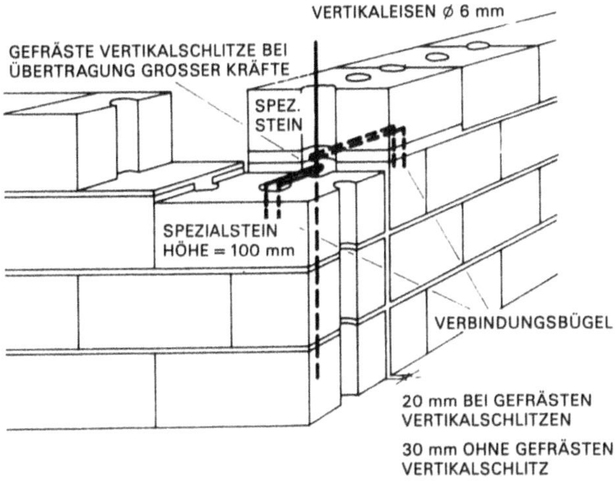

FÜR ECKVERBINDUNGEN UND ZWISCHENWANDANSCHLÜSSE WERDEN ANALOGE VERBINDUNGSBÜGEL UND SPEZIALSTEINE WIE BEI DEN GERADEN ELEMENTVERBINDUNGEN EINGEBAUT
VERBINDUNG VON MAUERTAFELN IN ECKEN UND BEI ZWISCHENWÄNDEN

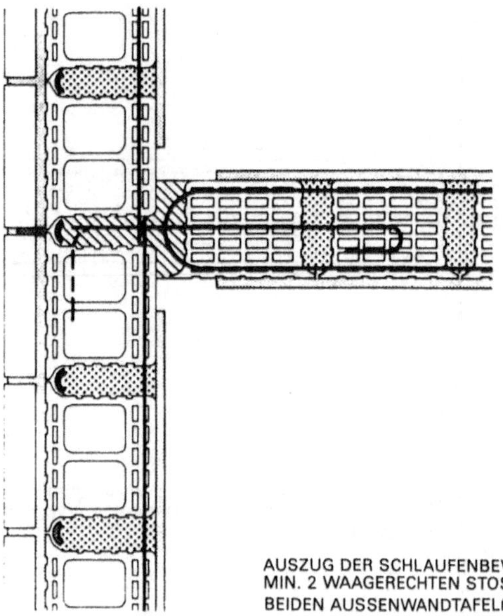

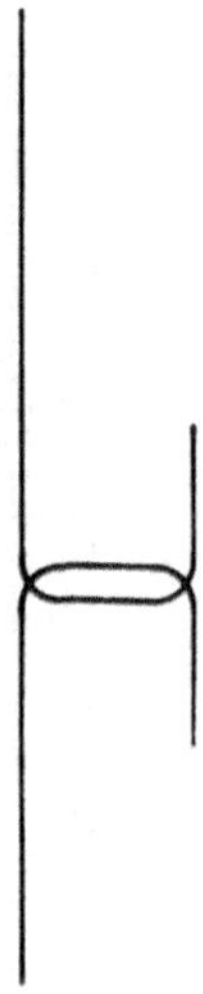

AUSZUG DER SCHLAUFENBEWEHRUNG IN MIN. 2 WAAGERECHTEN STOSSFUGEN DER BEIDEN AUSSENWANDTAFELN

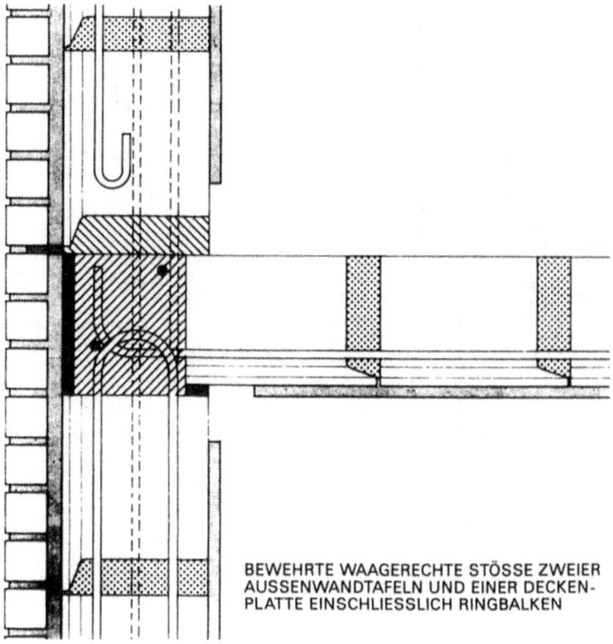

BEWEHRTE WAAGERECHTE STÖSSE ZWEIER AUSSENWANDTAFELN UND EINER DECKENPLATTE EINSCHLIESSLICH RINGBALKEN

NUTZBARER DRUCKQUERSCHNITT BEI WÄNDEN MIT ZIEGELN FÜR VOLLVERMÖRTELTE STOSSFUGEN (HOCHLOCHTAFEL)

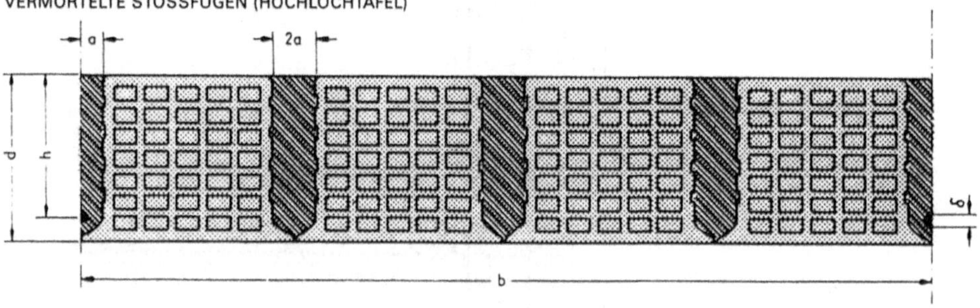

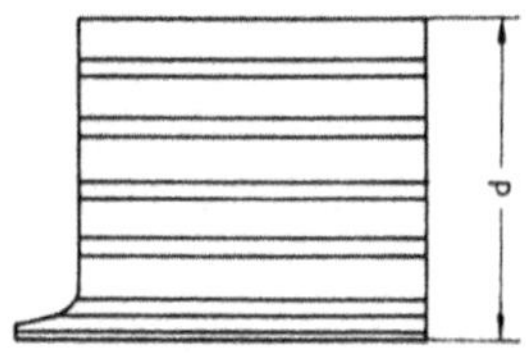

NUTZBARER DRUCKQUERSCHNITT BEI WÄNDEN MIT ZIEGELN FÜR TEILVERMÖRTELBARE STOSSFUGEN (RIPPENTAFEL)

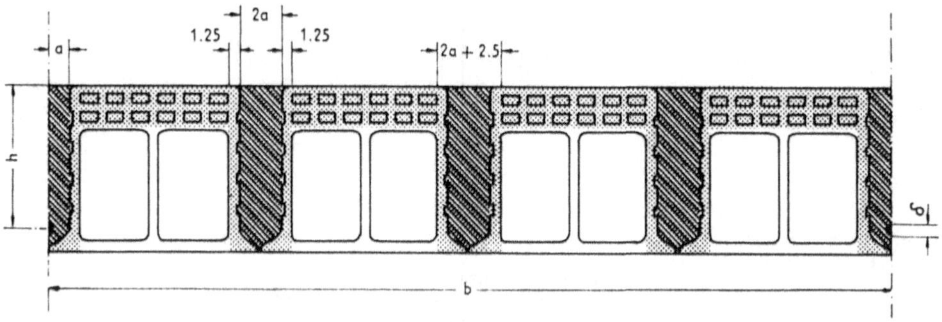

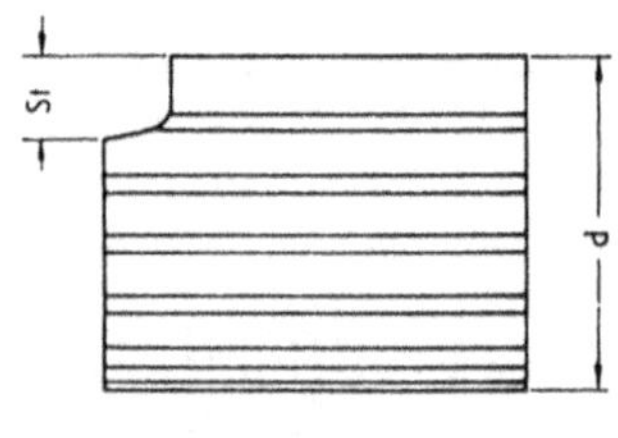

BEWEHRTE SCHUBFESTE VERBINDUNG NICHT RAUMBREITER AUSSENWANDTAFELN (RIPPENTAFEL)

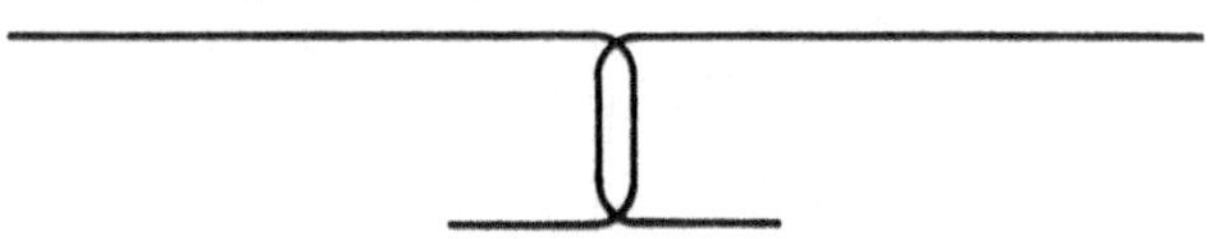

AUSZUG DER SCHLAUFENBEWEHRUNG IN MIN. 2 WAAGERECHTEN STOSSFUGEN DER BEIDEN WANDTAFELN

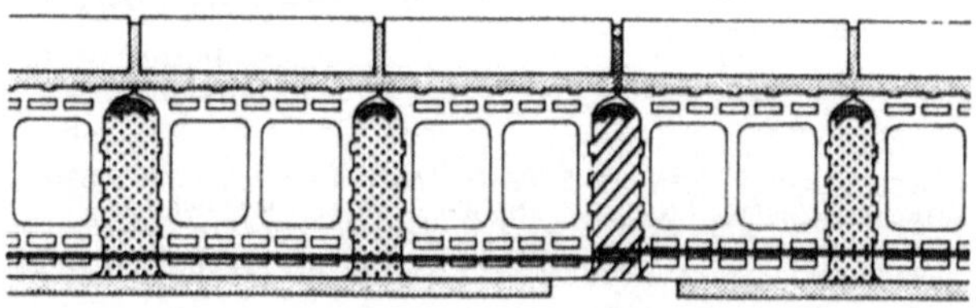

BEWEHRTE SCHUBFESTE VERBINDUNG NICHT RAUMBREITER AUSSENWANDTAFELN (HOCHLOCHTAFEL)

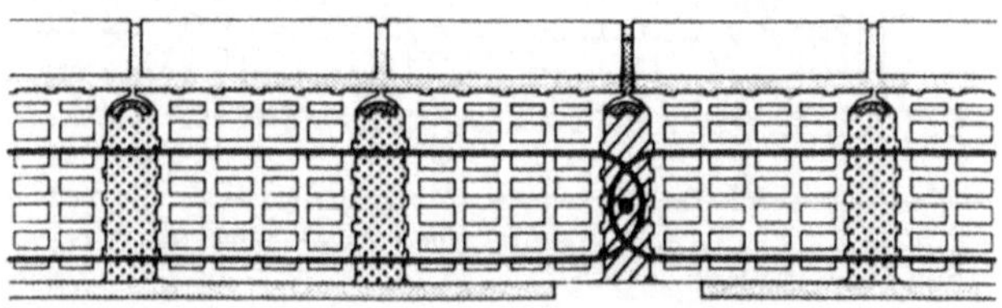

Mauerwerk aus bindemittelgebundenen Steinen

Bindemittelgebundene Steine bestehen aus einem Gemisch von Bindemitteln und Zuschlagstoffen.

Kalksandsteine

Das Material

Kalksandsteine sind Mauersteine, die aus Kalk und kieselsäurehaltigen Zuschlägen hergestellt, nach innigem Mischen verdichtet, geformt und unter Dampfdruck gehärtet werden. Die Zuschlagarten sollen DIN 4226 Teil 1 entsprechen. Die Verwendung von Zuschlagarten nach DIN 4226 Teil 2 ist zulässig, soweit hierdurch die Eigenschaften der KS-Steine nicht ungünstig beeinflußt werden. Die Beigabe von Wirkstoffen und Farbstoffen ist zulässig.
Kalksandsteine zeichnen sich dadurch aus, daß sie sich besonders maßgenau und formhaltig herstellen lassen. Sie werden deshalb in zunehmendem Maße für inneres und äußeres Sichtmauerwerk verwendet.
Durch hohe Druckfestigkeit, zur Zeit bis 35 N/mm², in Vorbereitung bis 75 N/mm², sind sie besonders für tragende Bauteile im Hochbau geeignet.
Wegen ihrer guten bauphysikalischen Eigenschaften – hoher Schallschutz, großes Wärmespeichervermögen, Atmungsaktivität – werden Kalksandsteine jedoch mehr und mehr auch für Ausfachungen von Stahl- und Stahlbetonskelettbauten als nichttragende Innen- und Außenwände in Schulen, Verwaltungsgebäuden, Krankenhäusern u. a. eingesetzt.

Kalksandsteine

DIN 106

Über die örtlich lieferbaren KS-Arten und -Formate mit den verschiedenen Eigenschaften geben die KS-Vertriebsgesellschaften, KS-Bauberatungen, Kalksandstein-Kontore und Kalksandsteinwerke Auskunft.

1. Kalksandvollsteine (KSV) sind Mauersteine, deren Querschnitt durch Lochung senkrecht zur Lagerfläche bis 15% gemindert sein darf. Steinhöhe ≦113 mm.

2. Kalksand-Lochsteine (KSL) sind, abgesehen von durchgehenden Grifföffnungen, fünfseitig geschlossene Mauersteine mit Lochungen senkrecht zur Lagerfläche über 15%. Steinhöhe ≦113 mm.

3. Kalksand-Blocksteine (KSBL) sind, abgesehen von durchgehenden Grifföffnungen, fünfseitig geschlossene Mauersteine mit einer Steinhöhe von >113 mm, deren Querschnitt durch Lochung senkrecht zur Lagerfläche bis zu 15% gemindert sein darf.

4. Hohlblocksteine (KHBL) sind, abgesehen von durchgehenden Grifföffnungen, fünfseitig geschlossene Mauersteine mit einer Steinhöhe von >113 mm, deren Querschnitt durch Lochung senkrecht zur Lagerfläche um mehr als 15% gemindert sein darf.

5. Griffhilfen sollen bei allen Seiten ≧2 DF angebracht werden. Griffhilfen dürfen auch als Grifftaschen in die Mörteltaschen mit einbezogen werden.

6. Mörteltaschen dürfen an Steinen angebracht werden. Sie sollen 15 mm tief und – gemessen an der Steinoberfläche – mindestens etwa über die halbe Steinbreite reichen. Bei einseitiger Anordnung der Mörteltaschen an nur einer Stirnfläche des Steines soll die Tiefe 30 mm sein.

GEGENSEITIGE ABHÄNGIGKEIT DER STEINHÖHEN
(N. ENTW. DIN 106)

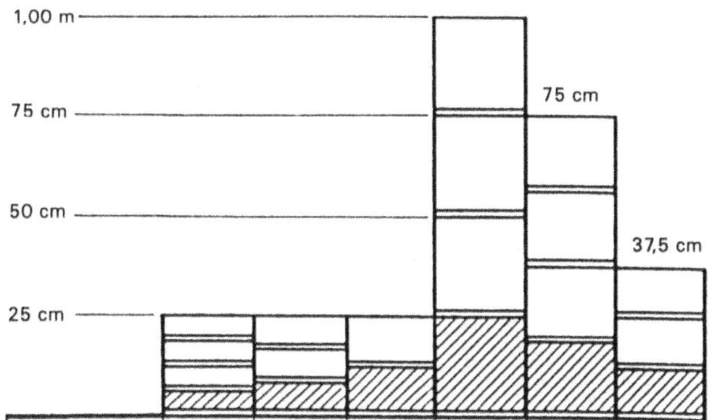

Steinhöhe in cm	5,2	7,1	11,3	23,8	17,5	11,3
Schichthöhe in cm	6,25	8,33	12,5	25,0	18,75	12,5
Schichten pro m	16	12	8	4	5 1/3	8

7. KS-Vormauersteine sind Kalksandsteine mindestens der Druckfestigkeitsklasse 12, die den Nachweis der Frostbeständigkeit erbracht haben. Als frostbeständig gelten sie, wenn nach 25 Frost-Tauwechseln an keinem Stein der Probe wesentliche Schäden zu beobachten sind.

8. KS-Verblender sind Kalksandsteine mindestens der Druckfestigkeitsklasse 20. An sie werden höhere Anforderungen hinsichtlich Maßabweichungen und Frostbeständigkeit als an Vormauersteine gestellt. Für die Herstellung der KS-Verblender werden besonders ausgewählte Rohstoffe verwendet. Sie gelten als frostbeständig, wenn nach 50 Frost-Tauwechseln an keinem Stein der Probe wesentliche Schäden zu beobachten sind.

Stein-Rohdichte

Rohdichteklasse	Mittelwert der Stein-Rohdichte 1) kg/dm³
0,6	0,51 bis 0,60
0,7	0,61 bis 0,70
0,8	0,71 bis 0,80
0,9	0,81 bis 0,90
1,0	0,91 bis 1,00
1,2	1,01 bis 1,20
1,4	1,21 bis 1,40
1,6	1,41 bis 1,60
1,8	1,61 bis 1,80
2,0	1,81 bis 2,00
2,2	2,01 bis 2,20

1) Einzelwerte dürfen die Klassengrenzen um nicht mehr als 0,1 kg/dm³ unter- bzw. überschreiten

BEISPIELE:

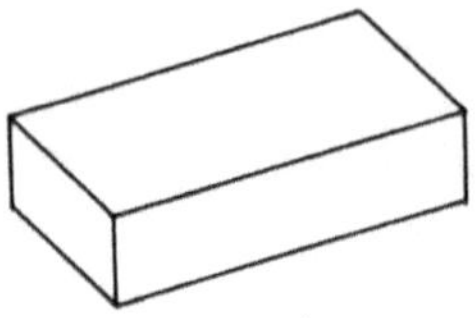

KALKSAND-VOLLSTEIN
KSV – DF
240 x 115 x 52

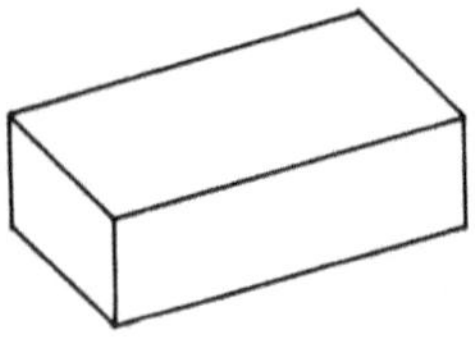

KALKSAND-VOLLSTEIN
KSV – NF
240 x 115 x 71

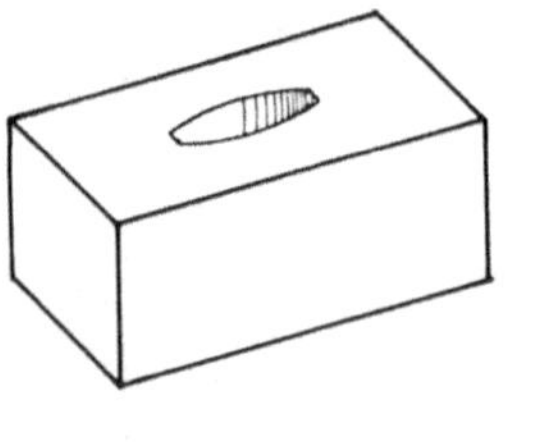

KALKSAND-VOLLSTEIN
KSV – 2DF
240 x 115 x 113
GRIFF-SCHLITZE DURCH-GEHEND

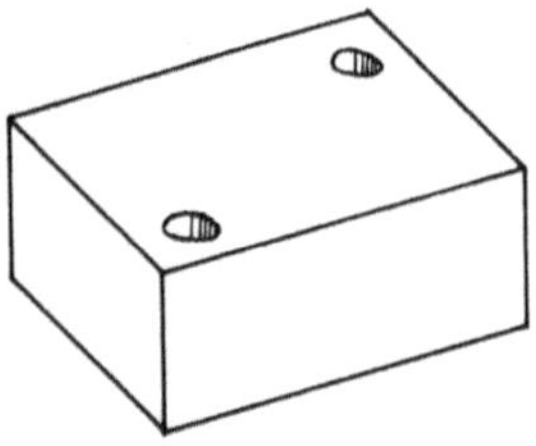

KALKSAND-VOLLSTEIN
KSV – 5 DF
240 x 300 x 113
GRIFF-LÖCHER DURCH-GEHEND

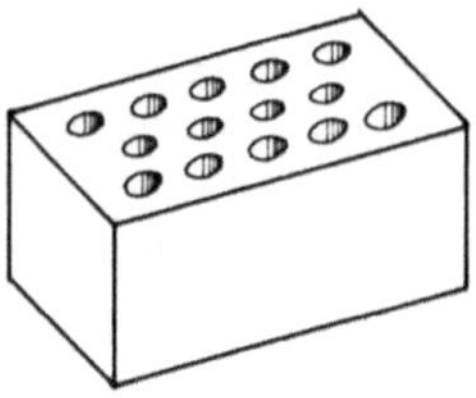

KALKSAND-LOCHSTEIN
KSL – 2DF
240 x 115 x 113
UNTER-SEITE

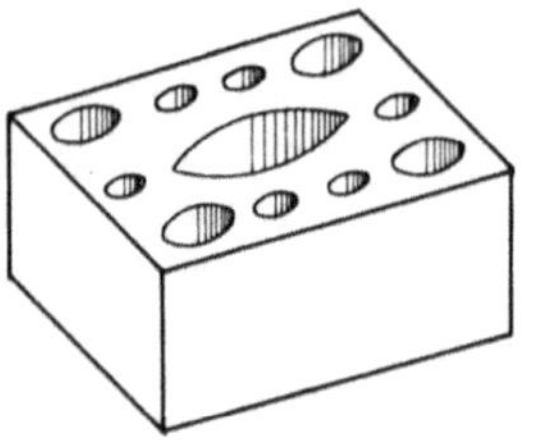

KALKSAND-LOCHSTEIN
KSL – 3DF
240 x 175 x 113
UNTERSEITE
GRIFF-SCHLITZE DURCH-GEHEND

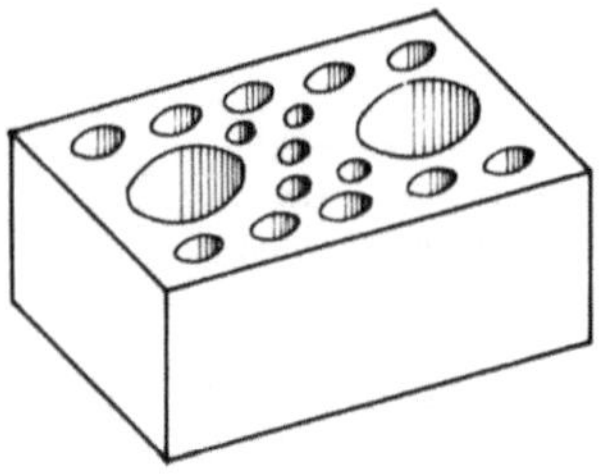

KALKSAND-LOCHSTEIN
KSL – 5DF
300 x 240 x 113
UNTER-SEITE

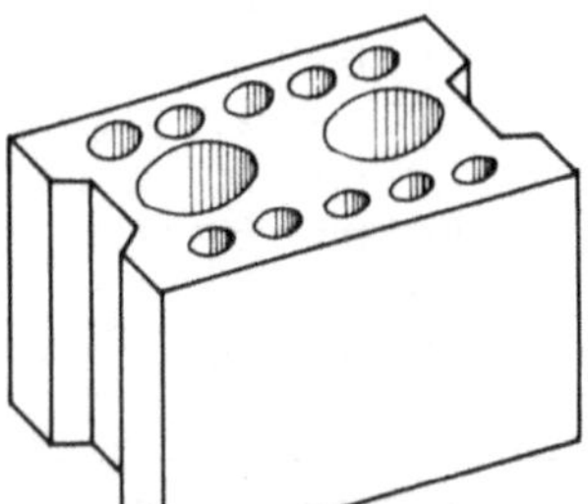

KALKSAND-HOHLBLOCKSTEIN
KSL – 10DF
300 x 240 x 238
UNTER-SEITE

Ausführung des KS-Mauerwerkes

Für die Ausführung des Kalksandstein-Mauerwerkes ist die DIN 1053 – Mauerwerk, Berechnung und Ausführung – maßgebend.

Stein- und Mörtelbedarf

für Kalksandstein-Mauerwerk je m² Wand.

Format	Steine/ Mörtel²)	Wanddicke in cm 11,5	17,5	24	30	36,5
Vollsteine (V) KSV²)						
DF (Dünnformat)	Stück	64	–	128	–	192
	Liter	26	–	62	–	99
NF (Normalformat)	Stück	48	–	96	–	144
	Liter	23	–	57	–	91
2 DF (2 Dünnformat)	Stück	32	–	64	32 2 DF	96
	Liter	17	–	44	+	72
3 DF (3 Dünnformat)	Stück	–	32	43	32 3 DF	–
	Liter	–	26	42	53	–
Lochsteine (V) KSL¹)						
2 DF (2 Dünnformat)	Stück	32	–	64	32 2 DF	96
	Liter	18	–	46	+	75
3 DF (3 Dünnformat)	Stück	–	32	43	32 3 DF	–
	Liter	–	27	43	56	–
5 DF (5 Dünnformat)	Stück	–	–	26	32	–
	Liter	–	–	36	48	–
Hohlblocksteine KSHbl						
7,5 DF (7,5 Dünnformat)	Stück	–	–	18	22	–
	Liter	–	–	28	37	–
10 DF (10 Dünnformat)	Stück	–	–	13	16	–
	Liter	–	–	24	31	–
16 DF (16 Dünnformat)	Stück	–	–	8	–	–
	Liter	–	–	23	–	–

¹) Fertigmörtel sind über die örtlich zuständigen Kalksandsteinkontore zu erfragen. ²) Mauermörtel nach DIN 1053

Mörtel für schlagregensicheres KS-Mauerwerk

Für schlagregenbeanspruchtes KS-Mauerwerk werden folgende Mörtelmischungsverhältnisse vorgeschlagen:

1	2	3	4	5	6	7
Mörtel-gruppe	Luftkalk und Wasserkalk		Hydraul. Kalk	Hochhydraul. Kalk, Putz u. Mauerbinder	Zement	Sand (Natur-sand)
	Kalkteig	Kalkhydrat				
II	1,5				1	8
		2			1	8
				1		3
IIa		1			1	6
				2	1	8

Dehnungsfugen

Bei einschaligen Außen- und Innenwänden darf der Dehnfugenabstand 25–30 m betragen. Frei stehende Mauern erhalten alle 6–8 m eine Dehnungsfuge, Attiken alle 4–6 m. Bei 2schaligem KS-Mauerwerk sind je nach Wandkonstruktion Bewegungsfugen in der Verblendschale in folgenden Abständen erforderlich:

Dehnungsfugen: Bei KS-Mauerwerk

Konstruktion	Abstand der Bewegungsfugen
zweischalig ohne Luftschicht	ca. 8–12 m
zweischalig mit Luftschicht	ca. 6– 8 m
mit Kerndämmung	ca. 5– 6 m
Bei den Richtwerten ist MG II zugrunde gelegt. Wird MG III verwendet, sind die Fugenabstände untereinander zu reduzieren.	

Zusätzliche Dehnungsfugen sind an den Gebäudeecken anzuordnen. Die Dehnungsfugen sind fachgerecht mit elastoplastischem Material abzudichten.

Einordnung in die Baunormen: Beispiele

	Kalksandsteine 1) nach DIN 106								Mauerwerk Berechnung und Ausführung DIN 1053			Lastannahmen für Bauten DIN 1055						Schallschutz im Hochbau DIN 4109						Wärmeschutz im Hochbau DIN 4108			Feuerschutz DIN 4102	
	Kalksandsteinarten			Steingewicht = kg Max. Transportgewicht = Tonnen für 1000 Steine					Zulässige Druckspannung in Mörtelgruppe in MN/m² = N/mm²			Berechnungsgewicht des Mauerwerks ohne Putz 2)						Bewertetes Schalldämmaß R'_w in dB (einschl. beiderseitigem Putz) bei einer Wanddicke (cm) von					Mindestwanddicke Wohnungstrenn- und Treppenhauswände	oberer Wert: *) Wärmedurchlaßwiderstand unterer Wert: Wärmedurchgangszahl (einschl. beiderseitigem Putz 3,0 + 1,5 cm KZM) bei einer Wand dicke (cm) von			Feuerbeständig in Mörtelgruppe II bei Mindestwanddicke von	Als Brandwans zugelassen ab
	Kurzbezeichnung	Steinrohdichte kg/dm³	Steindruckfestigkeit N/mm²	Formate					I	II	III	kg/m³	kg/m² bei Wanddicken von cm 11,5	17,5	24	30	36,5	11,5	17,5	24	30	36,5	cm	24	30	36,5	cm	cm
1	Kalksand-Vollsteine = KSV			DF	NF	2 DF	3 DF																					
1	KSV	2,00 /	28	3,0	4,1	6,5	–	–	–	2,2	3,0	2000	230	350	480	600	730	49 / −3	52 / ± 0	57 / + 5	58 / + 6	59 / + 7	24	0,26 / 2,37	0,32 / 2,08	0,39 / 1,86	11,5 [3]	24
2	KSV	2,00 /	20	3,0	4,1	6,5	–	–	1,0	1,5	2,2																	
3	KSV	2,00 /	12	3,0	4,1	6,5	–	–	0,8	1,2	1,8																	
4	KSV	1,80 /	28	2,7	3,7	5,9	9,0	–	–	2,2	3,0	1800	207	315	432	540	657	49 / −3	52 / ± 0	55 / + 3	57 / + 5	58 / + 6	24	0,29 / 2,23	0,34 / 1,96	0,41 / 1,73	11,5 [3]	24
5	KSV	1,80 /	20	2,7	3,7	5,9	9,0	–	1,0	1,5	2,2																	
6	KSV	1,80 /	12	2,7	3,7	5,9	9,0	–	0,8	1,2	1,6																	
7	KSV	1,60 /	20	2,4	3,3	5,3	8,0	–	1,0	1,6	2,2	1700	196	298	408	510	621	46 / −6	50 / −2	54 / + 2	56 / + 4	58 / + 6	24	0,34 / 2,12	0,42 / 1,71	0,51 / 1,49	11,5 [3]	24
8	KSV	1,60 /	12	2,4	3,3	5,3	8,0	–	0,8	1,2	1,6																	
9	KSV	1,60 /	6	2,4	3,3	5,3	8,0	–	0,8	0,9	1,2																	
	Kalksand-Lochsteine = KSL			DF	NF	2 DF	3 DF	5 DF																				
10	KSL	1,60 /	20	–	–	5,3	8,0	–	1,0	1,5	2,2	1700	196	298	406	510	621	46 / −6	50 / −2	54 / + 2	56 / + 4	58 / + 6	24	0,34 / 1,96	0,42 / 1,71	0,51 / 1,49	24,0	24
11	KSL	1,60 /	12	–	–	5,3	8,0	–	0,8	1,2	1,6																	
12	KSL	1,60 /	6	–	–	5,3	8,0	–	0,6	0,9	1,2																	
13	KSL	1,40 /	20	–	–	4,6	7,0	12,0	1,0	1,6	2,2	1500	173	263	360	450	548	44 / −8	49 / −3	52 / ± 0	55 / + 3	57 / + 5	24	0,39 / 1,81	0,47 / 1,57	0,48 / 1,37	24,0	24
14	KSL	1,40 /	12	–	–	4,6	7,0	12,0	0,8	1,2	1,6																	
15	KSL	1,40 /	6	–	–	4,6	7,0	12,0	0,6	0,9	1,2																	
16	KSL	1,20 /	12	–	–	4,0	6,0	10,3	0,8	1,2	1,5							44	48	51	54	56		–	–	–		
17	KSL	1,20 /	6	–	–	5,0	6,0	10,3	0,8	0,9	1,2	1400	161	245	336	420	511	−8	−4	−1	+ 2	+ 4	24 [4]	0,64	0,79	0,97	24,0	30
	Kalksand-Hohlblocksteine = KSHbl			10 DF	75 DF	12 DF	9 DF	9 DF																				
18	KSHbl	1,60 /	20	28,9	21,2	–	–	–	1,0	1,6	2,2	1700	=	296	406	510	621	46 / −6	50 / −2	54 / + 2	56 / + 4	58 / + 6	24	0,34 / 1,96	0,42 / 1,71	0,51 / 1,76	24,0	24
19	KSHbl	1,60 /	12	28,9	21,2	–	–	–	0,8	1,2	1,6																	
20	KSHbl	1,60 /	6	28,9	21,2	–	–	–	0,8	0,9	1,2																	
21	KSHbl	1,40 /	20	25,2	18,5	–	–	–	1,0	1,8	2,2	1500	=	263	360	450	548	44 / −8	49 / −3	52 / ± 0	55 / + 3	57 / + 5	24	0,39 / 1,81	0,47 / 1,58	0,48 / 1,37	24,0	24
22	KSHbl	1,40 /	12	25,2	18,5	–	–	–	0,8	1,2	1,6																	
23	KSHbl	1,40 /	6	25,2	18,5	–	–	–	0,6	0,9	1,2																	
24	KSHbl	1,20 /	12	21,8	15,8	26,7	19,6	19,4	0,8	1,2	1,6	1400	=	245	336	420	511	44	48	51	54	56	24 [4]	0,47	0,59	0,70	24,0	30
25	KSHbl	1,20 /	6	21,6	15,8	26,7	19,6	19,4	0,8	0,9	1,2							−8	−4	−1	+ 2	+ 4		1,81	1,33	1,16		
26	KSHbl	1,00 /	12	18,0	18,8	22,1	16,4	16,2	0,8	1,2	1,6	1200	=	210	268	360	450	–	47	50	52	55	30 [4]	0,52	0,65	0,77	24,0	30
27	KSHbl	1,00 /	6	18,0	18,8	22,1	16,4	16,2	0,8	0,9	1,2							–	−5	−2	± 0	+ 3		1,46	1,23	1,07		

*) Werte in m^2 K/W bzw. Wm^2K

1) Über die örtlich lieferbaren Kalksandsteinarten und -formate mit den verschiedenen Eigenschaftskombinationen geben die Kalksandsteinwerke und die Kalksandstein-Vertriebsgesellschaften Auskunft.
2) Zuschlag für 2 cm Außenputz – 36 kp/m²/Zulag für 1,5 cm Innenputz – 26 kp/m².
3) Innenputz: 2 cm Kalkgipsputz.
4) Empfohlen wird Wanddicke 24 cm mit zusätzlichen Wärmedämmaßnahmen.
5) Nur für Steine ohne Griffschlitz, sonst 240 mm. Nach einem neuen Prüfzeugnis sind auch 11,5 cm dicke Wände aus Kalksand-Lochsteinen feuerbeständig. Die Änderung der Norm ist beantragt.
6) Nur bei Berücksichtigung des Abschnitts 1.3.1.2 der DIN 4109 Bl. 3 Ausgabe September 1962, sonst 30 bzw. 36,5 cm.
7) Bei Verwendung von Kalksand-Vertriebsgesellschaften.
8) Werke in m^2 °K/W bzw. W/m^2 °K.

Tafel 2 KS-Außenwände – Wärme- und schallschutztechnische Daten

Für den exakten Nachweis wird empfohlen, die Rechenwerte der Wärmeleitfähigkeit (λ_R) von KS-Mauerwerk den anwendungstechnischen Informationen der örtlichen KS-Beratungs- bzw. Vertriebsgesellschaften zu entnehmen.

System	Dicke der Wärmedämmschicht	tragende Wand: Dicke	tragende Wand: Steinrohdichteklasse	k-Werte der Wand in $W/m^2 \cdot K$ – Wärmeleitfähigkeits-Gruppen der Dämmung: 035	040	055	Schallschutz R'_w
	cm	cm		035	040	055	dB
A. KS-PERFEKT **Kerndämmung mit Luftschicht (DIN 1053)** 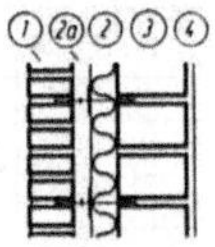 ① KS Vb-1,8 (λ = 0,99) ② Wärmedämmschicht ②a Luftschicht (1/Λ = 0,17) ③ tragende Innenschale ④ Innenputz d = 1,5 cm (λ = 0,70)	6	17,5	1,4 1,8	0,41 0,42	0,45 0,46	– –	66
		24	1,4 1,8	0,40 0,41	0,43 0,45	– –	
	8	17,5	1,4 1,8	0,33 0,34	0,37 0,38	– –	
		24	1,4 1,8	0,32 0,33	0,36 0,37	– –	
B. KS-PERFEKT **Kerndämmung ohne Luftschicht mit Dämmschüttung** 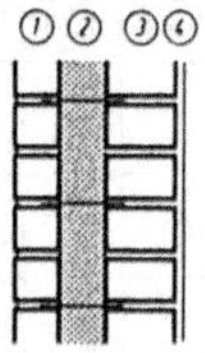 ① KS Vb-1,8 (λ = 0,99) ② Wärmedämmschicht ③ tragende Innenschale ④ Innenputz d = 1,5 cm (λ = 0,70)	6	17,5	1,4 1,8	– –	– –	0,61 0,63	68
		24	1,4 1,8	– –	– –	0,58 0,61	
	8	17,5	1,4 1,8	– –	– –	0,50 0,52	
		24	1,4 1,8	– –	– –	0,48 0,50	
	10	17,5	1,4 1,8	– –	– –	0,42 0,43	
		24	1,4 1,8	– –	– –	0,41 0,42	
	12	17,5	1,4 1,8	– –	– –	0,37 0,38	
		24	1,4 1,8	– –	– –	0,35 0,37	
C. KS-PERFEKT **Kerndämmung ohne Luftschicht mit Kerndämmplatten** 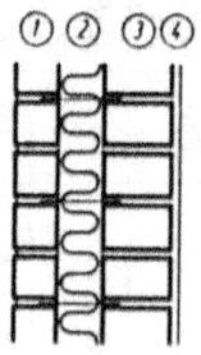 ① KS Vb-1,8 (λ = 0,99) ② Wärmedämmschicht ③ tragende Innenschale ④ Innenputz d = 1,5 cm (λ = 0,70)	8	17,5	1,4 1,8	0,35 0,36	0,39 0,40	– –	64/68
		24	1,4 1,8	0,34 0,35	0,38 0,39	– –	
	10	17,5	1,4 1,8	0,29 0,30	0,33 0,33	– –	
		24	1,4 1,8	0,29 0,29	0,32 0,33	– –	
	12	17,5	1,4 1,8	0,25 0,26	0,28 0,29	– –	
		24	1,4 1,8	0,25 0,25	0,27 0,28	– –	
D. KS + Thermohaut 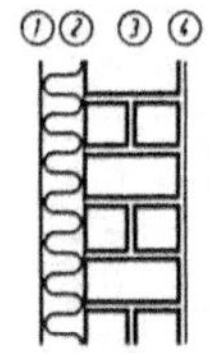 ① Kunstharzputz μ s ≤ 4,0 m ② Wärmedämmschicht ③ KS-Wand ④ Innenputz d = 1,5 cm (λ = 0,70)	6	24	1,4 1,8	– –	0,49 0,52	– –	51 53
	8		1,4 1,8	– –	0,40 0,41	– –	51 53
	10		1,4 1,8	– –	0,33 0,34	– –	51 53
	12		1,4 1,8	– –	0,28 0,29	– –	51 53
E. KS + Vorhangfassade 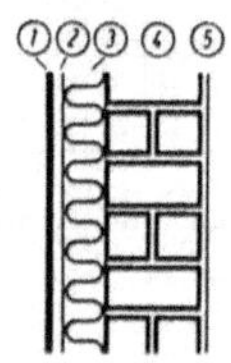 ① vorgeh. Fassadenelemente ② Hinterlüftung, Tragkonstruktion ③ Wärmedämmschicht ④ KS-Wand ⑤ Innenputz d = 1,5 cm (λ = 0,70)	6	24	1,4 1,8	0,44 0,46	0,48 0,51	– –	55 57
	8		1,4 1,8	0,35 0,36	0,39 0,40	– –	55 57
	10		1,4 1,8	0,29 0,30	0,33 0,34	– –	55 57
	12		1,4 1,8	0,25 0,26	0,28 0,29	– –	55 57
F. KS + Innendämmung 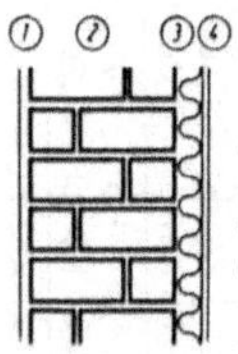 ① Außenputz (λ = 0,87) ② KS-Wand ③ Wärmedämmschicht ¹) ④ Gipskartonplatte d = 1,0 cm (λ = 0,21) mit Dampfbremse	6	24	1,4 1,8	– –	0,48 0,51	– –	53 56
		30	1,4 1,8	– –	0,46 0,49	– –	56 58
	8	24	1,4 1,8	– –	0,39 0,40	– –	53 56
		30	1,4 1,8	– –	0,37 0,39	– –	56 58

Anwendungsgebiete

Die Kalksandsteinindustrie ist zur Zeit der größte Mauersteinhersteller in Deutschland. Im Hochbau hatten Kalksandsteine schon seit vielen Jahrzehnten wegen ihrer hervorragenden Eigenschaften eine vorherrschende Stellung. Durch die zunehmende Trennung der Gebäudeaußenwände in Tragschicht, Dämmschicht und Schutzschicht kommen die vorteilhaften Eigenschaften der Kalksandsteine, die Exaktheit ihrer Maße, variable hohe Druckfestigkeiten und große Wärmespeicherfähigkeit voll zur Geltung. Für verputzte und verblendete Wände sowie für Ausfachungen in allen Bereichen des Hochbaus werden aus Gründen der Rationalisierung großformatige Kalksandsteine – KS-Hohlblocksteine und KS-Elemente – verwendet.

Da man zunehmend wieder mehr Freude am sichtbar gefugten Mauerwerk hat, werden Kalksandsteine für Außenverblendmauerwerk sowie für Innenwände und frei stehende Mauern in zunehmendem Maße eingesetzt.

Für Wände mit Sichtflächen sind 2 Arten der Verfugung möglich:

1. Fugenglattstrich,
   wobei der herausquellende Mörtel mit einem Stück Wasserschlauch o. ä. kurz nach dem Anziehen glattgestrichen wird;
2. nachträgliche Verfugung,
   wobei die 2–3 cm tief ausgekratzten Stoß- und Lagerfugen mit Fugmörtel verfüllt werden.

Vollfugig gemauert und mit einem Fugenglattstrich versehen, ist für Innenwände und Außenwände aus Kalksandstein-Sichtmauerwerk keine weitere Oberflächenbehandlung notwendig. Wird aus gestalterischen Gründen oder als Schutz gegen Verschmutzung ein Anstrich gewünscht, ist er nach verschiedenen Systemen als farblose Imprägnierung oder als deckender Anstrich möglich.

Kalksandleichtsteine

Die besonders gut wärmedämmenden Kalksandleichtsteine mit Steinrohdichten <1,00 kg/dm³ und Druckfestigkeiten von 2,5 bzw. 5,0 N/mm² (25 bzw. 50 kp/cm²) entsprechen in ihrer Zusammensetzung und Herstellung etwa dem Kalkleichtbeton-Material.

Format-Kurzzeichen

Format-Kurzzeichen 1)	Maße		
	Länge	Breite	Höhe
1 DF (Dünnformat)	240	115	52
NF (Normalformat)	240	115	71
2 DF	240	115	113
3 DF	240	175	113
4 DF	240	240	113
5 DF	300	240	113
6 DF	365	240	113
8 DF	240	240	238 2)
10 DF	300	240	238 2)
12 DF	365	240	238 2)
15 DF	365	300	238 2)
16 DF	490	240	238 2)
20 DF	490	300	238 2)

1) Bei Steinen der nicht aufgeführten Maßkombinationen sind statt der Format-Kurzzeichen die Maße in der Reihenfolge Länge X Breite X Höhe anzugeben, wobei die Steinbreite gleich der Mauerwerksdicke ist.

2) Bei Block- und Hohlblocksteinen ist bei der Bestellung die gewünschte Mauerwerksdicke hinter das Format-Kurzzeichen zu setzen, z.B. für eine Mauerwerksdicke von 240 mm (240): 12 DF (240).

Druckfestigkeit

Druckfestigkeitsklasse	Anforderungen an die Druckfestigkeit N/mm²	
	Mittelwert	kleinster Einzelwert
4	5,0	4,0
6	7,5	6,0
8	10,0	8,0
12	15,0	12,0
20	25,0	20,0
28	35,0	28,0
36	45,0	36,0
48	60,0	48,0
60	75,0	60,0

Schalldämmung einschaliger KS-Wände

Steinrohdichte kg/dm 1)	KS-Wände beidseitig geputzt 1)					KS-Sichtmauerwerk 2) beidseitig ohne Putz				
	Bewertetes Schalldämmaß R'w (dB) und Luftschallschutzmaß LSM (dB) bei Wanddicke (cm)									
	11,5	17,5	24	30	36,5	11,5	17,5	24	30	36,5
1,0	–	47	50	52	55	–	44	48	51	53
	–	−5	−2	0	+3	–	−8	−4	−1	+1
1,2	44	48	51	54	56	43	47	50	52	55
	−8	−4	−1	+2	+4	−9	−5	−2	0	+3
1,4	44	49	52	55	57	43	48	51	54	56
	−8	−3	0	+3	+5	−9	−4	−1	+2	+4
1,6	46	50	54	56	58	44	49	52	55	57
	−6	−2	+2	+4	+6	−8	−3	0	+3	+5
1,8	49	52	55	57	58	46	50	54	56	58
	−3	0	+3	+5	+6	−6	−2	+2	+4	+6
2,0	49	52	57	58	59	47	51	55	57	58
	−3	0	+5	+6	+7	−5	−1	+3	+5	+6

1) Mit 50 kg/m² in Rechnung gestellt.

2) Diese Schallschutz-Maße werden nur erreicht bei dichten Fugen

Luftschallschutz zweischaliger KS-Wände (DIN 4109 – Entwurf)

Schalendicke cm	Stein-Rohdichte kg/dm³	Wandgewicht einschl. beidseitigem Putz kg/m²	bewertetes Schalldämmaß R'_w dB
2 X 11,5	2,0	504	66
	1,8	458	65
	1,6	424	64
2 X 17,5	2,0	740	71
	1,8	680	70
	1,6	620	69
	1,4	560	68
2 X 24	2,0	996	75
	1,8	914	74
	1,6	832	72
	1,4	750	71
	1,2	654	70

Leichtbetonsteine

bestehen aus Betonarten, welche durch Beimengen von leichten Zuschlagstoffen oder durch Zusatz von Treibmitteln oder Schaumbildnern ein geringes Gewicht erhalten. Sie sind als Voll- und Hohlblocksteine im Handel.
Ihr Gewicht reicht von 0,5–1,8 kg/dm³

Vollsteine aus Leichtbeton

Vollsteine aus Leichtbeton sind Mauersteine ohne Kammern, hergestellt aus mineralischen Zuschlägen und hydraulischen Bindemitteln. Als Vollsteine werden Mauersteine mit einer Höhe bis 115 mm (siehe Tabelle 1) bezeichnet.
Vollblöcke aus Leichtbeton sind Mauersteine ohne Kammern, hergestellt aus mineralischen Zuschlägen und hydraulischen Bindemitteln. Als Vollblöcke werden Mauersteine mit einer Höhe von 238 mm bezeichnet.

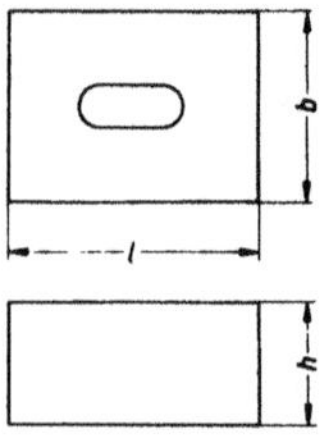

Bild 1. Vollstein mit Griffschlitz (Beispiel)

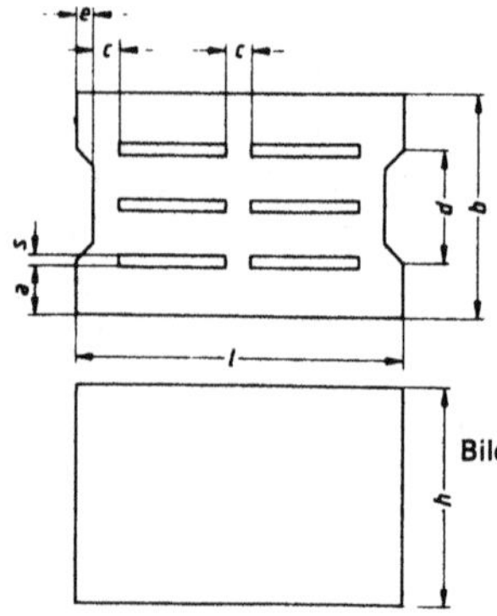

Bild 2. Geschlitzter Vollblock mit Stirnseitennut
Beispiel: l = 370 mm
b = 240 mm

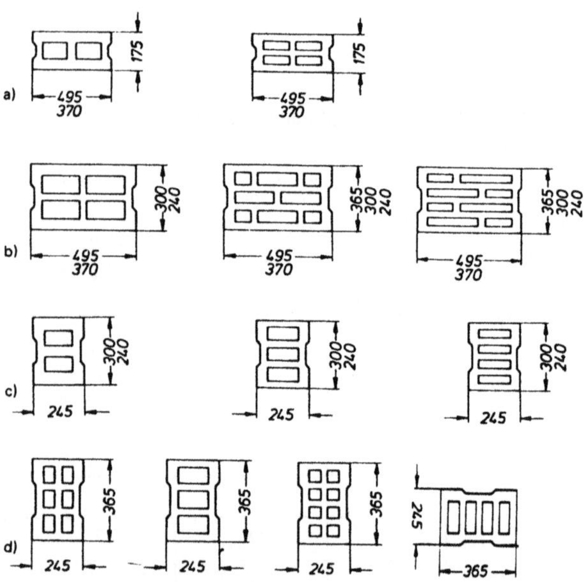

Bild 6. Querschnitte der Hohlblocksteine mit der jeweils erforderlichen Mindestanzahl von Querstegen. Die zusätzliche Anordnung weiterer Innenquerstege ist gestattet.

	isobims / isolath Leichtbetonsteine nach DIN — Hohlblocksteine aus Leichtbeton DIN 18 151, Vollsteine aus Leichtbeton DIN 18 152, Wandbauplatten aus Leichtbeton DIN 18 162: Kurzbezeichnung	Steindruckfestigkeit N/mm^2	Steinrohdichte kg/dm^3	Steinmaße (obere Zahl: Länge, untere Zahl: Höhe), cm Dicke: 17^5	24	30	36^5	Mauerwerk Berechnung und Ausführ DIN 1053, zulässige Druckspann in MEr. in MN/m N/mm: I	II
	isobims-Hohlblocksteine = Hbl								
1	Hbl	2 (25)(4)	0.5	$\frac{49^5}{23^8}$	$\frac{49^5}{23^8}$	$\frac{49^5}{23^8}$	$\frac{24^5}{23^8}$	0.3	0.5
2	Hbl	2 (25)	0.6	$\frac{49^5}{23^8}$	$\frac{49^5}{23^8}$	$\frac{49^5}{23^8}$	$\frac{24^5}{23^8}$	0.3	0.5
3	Hbl	2 (25)	0.8	$\frac{49/49^5}{23^8}$	$\frac{49/49^5}{23^8}$	$\frac{49/49^5}{23^8}$	$\frac{24/24^5}{23^8}$	0.3	0.5
4	Hbl	4 (50)	0.8	$\frac{49/49^5}{23^8}$	$\frac{49/49^5}{23^8}$	$\frac{49/49^5}{23^8}$	$\frac{49/49^5}{23^8}$	0.4	0.7
5	Hbl	4 (50)	0.9	$\frac{49}{23^8}$	$\frac{49}{23^8}$	$\frac{49}{23^8}$	$\frac{49}{23^8}$	0.4	0.7
	isolath-Kellerhohlblocksteine								
6	Hbl	4 (50)(4)	1.0	–	$\frac{49}{17^5}$	$\frac{49}{17^5}$	$\frac{24}{17^5/23^8}$	0.4	0.7
7	Hbl(3)	4 (50)	1.0	–	–	$\frac{24}{23^8}$	–	0.4	0.7
8	Hbl	4 (50)	1.2	$\frac{49}{17^5/23^8}$	$\frac{49}{17^5/23^8}$	$\frac{49}{17^5}$	$\frac{24}{17^5/23^8}$	0.4	0.7
9	Hbl(3)	4 (50)	1.2	–	–	$\frac{24}{23^8}$	–	0.4	0.7
10	Hbl	4 (50)	1.4	–	$\frac{49}{17^5}$	$\frac{49}{17^5}$	$\frac{24}{17^5/23^8}$	0.4	0.7
11	Hbl(3)	4 (50)	1.4	–	–	$\frac{24}{23^8}$	–	0.4	0.7
12	Hbl(3)	4 (50)	1.4	–	–	–	$\frac{30}{23^8}$	0.4	0.7
13	Hbl	6 (75)	1.4	–	$\frac{49}{17^5}$	$\frac{49}{17^5}$	$\frac{24}{17^5/23^8}$	0.6	0.9
14	Hbl(3)	6 (75)	1.4	–	–	$\frac{24}{23^8}$	$\frac{30}{23^8}$	0.6	0.9

	Vollsteine = V			7,1	9^5	11^5	14	17^5	24	30	I	II
15	V	2 (25)(4)	0.7	–	$\frac{24}{11^5}$	$\frac{24}{11^5}$	–	–	$\frac{30}{11^5}$	–	0.3	0.5
16	V	2 (25)	0.7	–	$\frac{49}{24}$	$\frac{49}{24}$	–	–	–	–	0.3	0.5
17	V	2 (25)	0.8	$\frac{24}{11^5}$	$\frac{24}{11^5}$	$\frac{24}{11^5}$	$\frac{24}{11^5}$	$\frac{24}{11^5}$	$\frac{30}{11^5}$	–	0.3	0.5
18	V	2 (25)	0.8	–	$\frac{49}{24}$	$\frac{49}{24}$	–	–	–	–	0.3	0.5
19	V	2 (25)	1.0	–	$\frac{24}{11^5}$	$\frac{24}{11^5}$	–	$\frac{24}{11^5}$	$\frac{30}{11^5}$	–	0.3	0.5
20	V	2 (25)	1.0	–	$\frac{49}{24}$	$\frac{49}{24}$	–	–	$\frac{36^5}{11^5}$	$\frac{49}{11^5}$	0.3	0.5
21	V	4 (50)	1.0	–	–	$\frac{24}{11^5}$	–	$\frac{24}{11^5}$	$\frac{30}{11^5}$	–	0.4	0.7
22	V	4 (50)	1.0	–	–	$\frac{36^5}{24}$	–	–	$\frac{49}{11^5}$	$\frac{49}{11^5}$	0.4	0.7
23	V	4 (50)	1.2	–	–	$\frac{49}{24}$	–	–	$\frac{30}{11^5}$	–	0.4	0.7
24	V	6 (75)	1.2	–	–	$\frac{24}{11^5}$	–	–	$\frac{30}{11^5}$	–	0.6	0.9
25	V	6 (75)	1.4	–	–	–	–	–	$\frac{30}{11^5}$	–	0.6	0.9
26	V	6 (75)	1.6	–	–	–	–	–	$\frac{30}{11^5}$	–	0.6	0.9
27	V	12 (159)	1.8	–	–	$\frac{24}{11^5}$	–	$\frac{24}{11^5}$	$\frac{30}{11^5}$	–	0.8	1.2

28	Wandplatten (Bimsdielen) = Wpl			mm: 50	60	70	I	II
	Wpl	Biegezugfestigkeit min. 1.0 MN/m^2	0.9		$\frac{99}{24/30}$			

29	isobims-U-Steine	17^5	24	30	I	II
	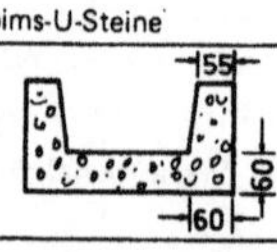		$\frac{24^5}{23^8}$			

Lastannahmen für Bauten DIN 1055					Wärmeschutz im Hochbau DIN 4108			Schallschutz im Hochbau DIN 4109										Brandschutz DIN 4102		Wärmespeicherfähigkeit Q			
Berechnungsgewicht des Mauerwerks ohne Putz (5) in kN/m^2					Wärmedurchgangszahl k (mit beidseitigem Putz) oberer Wert mit LM(1) unterer Wert mit NM(2)			Bewertetes Schalldämmaß R'_W in dB (einschließlich beidseitigem Putz) oberer Wert mit LM(1)										Feuerbeständig einschl. 2 x 1,5 cm Putz bei Mind. Wanddicken ab	als Brandwand zugelassen ab	einschließlich beidseitigem üblichem Putz in kJ/m^2K			
	cm Dicke							einschalig – cm Dicke							zweischalig					bei Wanddicken von cm			
kg/m^3	17^5	24	30	36^5	24	30	36^5	9^5	11^5	14	17^5	24	30	36^5	2 x 11^5	2 x 17^5	2 x 24	cm	cm	17^5	24	30	36^5
					Werte für 2 + 3 K(6)	3 K	3 K																
500	–	1.68	2.10	–	0.80 / 0.96	0.66 / 0.80	0.56 / 0.68	–	–	–	42 / 43	44 / 45	46 / 47	48 / 49	–	–	–	17^5	30	186	231	273	319
600	1.40	1.96	2.40	2.92	0.88 / 1.04	0.73 / 0.87	0.66 / 0.78	–	–	–	43 / 44	45 / 46	47 / 48	49 / 50	–	–	–	17^5	30	203	255	303	355
800	1.75	2.40	3.00	3.65	1.07 / 1.21	0.89 / 1.02	0.89 / 1.00	–	–	–	45 / 46	48 / 48	50 / 50	52 / 53	–	– / 52	– / 66	17^5	30	238	303	363	428
800	1.75	2.40	3.00	3.65	1.07 / 1.21	0.89 / 1.02	0.89 / 1.00	–	–	–	45 / 46	48 / 48	50 / 50	52 / 53	–	– / 52	– / 66	17^5	30	238	303	362	428
900	1.93	2.64	3.30	–	1.19 / 1.32	1.22 / 1.32	1.05 / 1.14	–	–	–	46 / 47	49 / 49	51 / 52	53 / 54	–	– / 54	– / 67	17^5	30	256	327	393	–
					Werte für 2 K(6)	2 K	3 K																
1000	–	2.88	3.60	4.68	1.30 / 1.43	1.38 / 1.47	1.19 / 1.28	–	–	–	–	50 / 50	52 / 53	54 / 55	–	–	– / 69	17^5	30	–	351	423	501
1000	–	2.88	3.60	4.68	1.30 / 1.43	1.38 / 1.47	1.19 / 1.28	–	–	–	–	50 / 50	52 / 53	54 / 55	–	–	– / 69	17^5	30	–	351	423	501
1200	2.45	3.36	4.20	5.11	1.59 / 1.66	1.59 / 1.69	1.39 / 1.47	–	–	–	–	– / 52	– / 54	– / 57	–	–	– / 71	17^5	30	–	399	483	574
1200	2.45	3.36	4.20	5.11	1.59 / 1.66	1.59 / 1.69	1.39 / 1.47	–	–	–	–	– / 52	– / 54	– / 57	–	–	– / 71	17^5	30	–	399	483	574
1400	–	3.84	4.80	5.84	1.79 / 1.89	1.79 / 1.89	1.59 / 1.64	–	–	–	–	– / 54	– / 57	– / 59	–	–	– / 73	17^5	24	–	447	543	647
1400	–	3.84	4.80	5.84	1.79 / 1.89	1.78 / 1.89	1.78 / 1.89	–	–	–	–	– / 54	– / 57	– / 59			– / 73	17^5	24	–	447	543	647
1400	–	3.84	4.80	5.84	1.79 / 1.89	1.78 / 1.89	1.78 / 1.89	–	–	–	–	– / 54	– / 57	– / 59	–	–	– / 73	17^5	24	–	447	543	647
1400	–	3.84	4.80	5.84	1.79 / 1.89	1.78 / 1.89	1.78 / 1.89	–	–	–	–	– / 54	– / 57	– / 59	–	–	– / 73	17^5	24	–	447	543	647
1400	–	3.84	4.80	5.84	1.79 / 1.89	1.78 / 1.89	1.78 / 1.89	–	–	–	–	– / 54	– / 57	– / 59	–	–	– / 73	17^5	24	–	447	543	647
								24 cm dicke (Wohnungstrennwand: isolath V12, 1.8 in 2, 3 + 5 DF)															
700	1.58	2.16	2.70	3.29	1.03 / 1.18	0.85 / 0.99	0.72 / 0.83	– / 38	– / 40	–	–	47 / 47	49 / 49	–	–	– / 51	– / 64	11^5	30	221	279	333	392
700	1.58	2.16	2.70	3.29	1.03 / 1.18	0.85 / 0.99	0.72 / 0.83	– / 38	– / 40	–	–	–	–	–	–	– / 51	– / 64	11^5	30	221	279	333	392
800	1.75	2.40	3.00	3.65	1.09 / 1.23	0.92 / 1.04	0.78 / 0.89	– / 39	– / 41	– / 43	45 / 46	48 / 48	50 / 50	–	–	– / 52	– / 66	11^5	30	238	303	363	428
800	1.75	2.40	3.00	3.65	1.09 / 1.23	0.92 / 1.04	0.78 / 0.89	– / 39	– / 41	–	–	–	–	–	–	–	–	11^5	30	238	303	363	428
1000	2.10	2.88	3.60	4.68	1.23 / 1.37	1.04 / 1.16	0.89 / 1.00	– / 41	– / 43	–	46 / 48	50 / 50	52 / 53	–	–	– / 64	– / 69	11^5	30	273	351	423	501
1000	2.10	2.88	3.60	4.68	1.23 / 1.37	1.04 / 1.16	0.89 / 1.00	– / 41	– / 43	–	–	50 / 50	52 / 53	54 / 55	–	– / 64	– / 69	11^5	30	273	351	423	501
1000	2.10	2.88	3.60	4.68	1.23 / 1.37	1.04 / 1.16	0.89 / 1.00	–	– / 43	–	–	50 / 50	52 / 53	–	–	– / 64	– / 69	11^5	30	273	351	423	501
1000	2.10	2.88	3.60	4.68	1.23 / 1.37	1.04 / 1.16	0.89 / 1.00	–	– / 43	–	–	50 / 50	52 / 53	– / 55	–	– / 64	– / 69	11^5	30	273	351	423	501
1200	2.45	3.36	4.20	5.11	1.41 / 1.54	1.19 / 1.32	1.03 / 1.12	–	– / 44	–	–	– / 52	– / 54	–	–	–	– / 71	11^5	30	308	399	483	574
1200	2.45	3.36	4.20	5.11	1.41 / 1.54	1.19 / 1.32	1.03 / 1.12	–	– / 44	–	–	– / 52	– / 54	–	–	–	– / 71	11^5	30	308	399	483	574
1400	2.89	3.84	4.80	5.84	1.59 / 1.69	1.35 / 1.45	1.18 / 1.27	–	–	–	–	– / 54	– / 57	–	–	– / 67	– / 73	11^5	24	343	447	543	647
1600	–	4.32	5.40	–	1.79 / 1.89	1.54 / 1.64	1.33 / 1.43	–	– / 47	–	–	– / 55	– / 58	–	–	–	– / 74	11^5	24	–	495	603	–
1800	3.50	4.80	6.00	–	1.96 / 2.04	1.72 / 1.82	1.52 / 1.59	–	– / 49	–	–	– / 57	– / 60	–	– / 65	– / 70	– / 74	11^5	24	413	543	662	–
								mm 50	60	70													
								35	36	38													
					bauseits 3 cm Polystyrol einlegen																		

1 = Leichtmauermörtel
2 = Normalmörtel
3 = Uni = Stein ohne Mörteltasche
4 = alte Bezeichnungen
5 = beidseitig Putz = ~ 55 kg
6 = Kammer

Hohlblocksteine aus Leichtbeton

sind in DIN 18151 genormt. Hohlblocksteine aus Leichtbeton nach DIN 18151 sind Mauersteine aus porigen, mineralischen Zuschlagstoffen und hydraulischen Bindemitteln mit fünfseitig geschlossenen Luftkammern. Als Zuschlagstoffe dienen: Naturbims, Hüttenbims (geschäumte Hochofenschlacke), Steinkohlenschlacke (Kesselschlacke), Ziegelsplitt, Sinterbims, Tuff, gebrochene porige Lavaschlacke, Blähton. Die Verwendung anderer poriger Zuschlagstoffe bedarf einer allgemeinen (bauaufsichtlichen) Zulassung.
Aus den Zuschlagstoffen ergibt sich die Bezeichnung der Steine. Durch die Hohlräume erzielt man ein mäßiges Steingewicht, spart an Rohstoffen und vermindert oder unterbindet die Feuchtigkeitsleitung der Steine. Die Hohlräume verringern die Wärmedämmfähigkeit in geringem Maße.

Ausführung des Mauerwerks aus Leichtbetonsteinen

Wände aus Leichtbeton-Vollsteinen werden im Läuferverband gemauert. Die Steinbreiten müssen also den Wanddicken entsprechen. Wände aus Leichtbeton-Hohlblocksteinen mauert man den größten Steinbreiten entsprechend bis zu 30 cm Dicke im Läuferverband und ab 36,5 cm Dicke (z. B. Kellerwände) im Binderverband. Die Hohlblocksteine werden mit der offenen Seite nach unten vermauert, damit die thermische Wirkung der Hohlräume gewährleistet ist. Werden die Hohlräume nach oben genommen, so lassen sich zwar die Steine leichter versetzen, aber beim Auftragen des Mörtels fällt ein Teil in die Hohlräume und geht verloren. Eine Erhöhung der Wärmedämmfähigkeit könnte durch Ausfüllen der Hohlräume mit porigen Baustoffen erzielt werden. Bei Sturzauflagern kann man die Druckfestigkeiten der Hohlblocksteine durch Ausfüllen der Steine mit Schwerbeton erhöhen. Das volle Vermörteln der hohen Stoßfugen ist schwierig. Deshalb besitzen die Steine an den Köpfen Vertiefungen, um die so verbreiterte Fuge nachträglich einwandfrei ausmörteln zu können.
Alle Außenwände aus Leichtbetonsteinen müssen nach DIN 1053 einen wasserabweisenden Putz erhalten.
Die großformatigen Leichtbetonsteine lassen sich schwer teilen oder zurechthauen. Ein einwandfreier Verband erfordert die Verwendung möglichst ganzer Steine oder fertiger Teilstücke oder Ergänzungssteine. Wirtschaftliches Bauen ist nur möglich, wenn schon beim Entwurf des Grundrisses und beim Mauern ein Raster von 12,5 cm (Richtmaß nach DIN 4172) eingehalten wird. Alle Stoßfugen müssen dabei auf einer Rasterlinie liegen. Abweichungen sind nur bei Mauerecken und beim Einbinden von 17,5 cm und 30 cm dicken Wänden zulässig, da diese Wanddicken nicht in den Raster von 12,5 cm passen. Beim Einhalten des Rasters wird das schwierige Behauen der großformatigen Steine vermieden. Wenn die Steine in jeder Schicht aufgehen, ist auch dem Maurer keine Gelegenheit gegeben, das Mauerwerk mit Vollziegeln auszuflikken. Flickmauerwerk ist immer schlecht. Die vermehrten Fugen bedeuten eine Schwächung sowohl für die Druckfestigkeit als auch für die Wärmedämmung. Ferner ergeben die verschiedenartigen Baustoffe einen unterschiedlichen Putzuntergrund.
49 cm lange Steine (Richtmaß 50 cm) für Wanddicken von 17,5, 24 und 30 cm werden in mittigem Verband gemauert. Die Steine der aufeinanderfolgenden Schichten überdecken sich dabei um 25 cm, was für die Tragfähigkeit des Mauerwerks, die Klarheit des Verbandes und somit für die Maurerleistung am günstigsten ist. Bei Einhaltung des Rasters werden bei 24 und 30 cm dicken Wänden ganze ($^8/_8$), halbe ($^4/_8$) und Viertel ($^2/_8$) Steine benötigt.
Bei Fensterpfeilern, Mauerecken, einbindenden Wänden u. ä. ist eine Überdeckung von 12,5 cm zulässig.
Bei 30 cm dicken Wänden werden im Bereich der einbindenden Wände und an den Ecken außer den ganzen, halben und viertel Steinen noch zwei besondere $^8/_8$ Ecksteine (nur bei Bimsbaustoffen) oder $^7/_8$ Steine benötigt. Letztere können durch Abhauen des Anschlages des $^8/_8$ Anschlagsteines gewonnen werden.
36,5 cm lange Steine (Richtmaß 37,5 cm) für Wanddicken von 24 und 30 cm werden in schleppendem Verband gemauert, d. h. die Steine der übereinanderliegenden Schichten greifen nicht bis zur Mitte, sondern nur bis zu einem Drittel der Steinlänge übereinander. Das bedeutet eine Überdeckung von 12,5 bzw. 25 cm. Eine Steinüberdeckung von 12,5 cm darf auch bei Fensterpfeilern, Mauerekken, einbindenden Wänden u. ä. nicht überschritten werden. Der schleppende Verband ist klar, übersichtlich und kommt mit den wenigsten Sonderformen aus. Ein teilbarer $^4/_6$ Stein, der in seinen Abmessungen dem $^4/_8$ Stein entspricht, genügt als Sonderstein.
24 cm lange Steine (Richtmaß 25 cm) für Wanddicken von 30 und 36,5 cm werden in mittigem Verband gemauert. Die Steine der aufeinanderfolgenden Schichten überdecken sich dabei um 12,5 cm. Bei Mauerecken von 30 cm und beim Einbinden von 17,5 und 30 cm dicken Wänden darf dieses Maß, wenn keine Ecksteine vorhanden sind, ausnahmsweise auf 6,25 cm ermäßigt werden.

Vor- und Nachteile des Mauerwerks aus Leichtbetonsteinen

Leichtbetonsteine sind der billigste Wandbaustoff. Sie besitzen eine sehr gute Wärmedämmfähigkeit.
Der Vorteil der Leichtbetonsteine besteht vor allem darin, daß es sie mit sehr verschiedenen Rohdichten gibt. Sie reichen von 500 kg/m³ bis zu 1800 kg/m³. Es ist also möglich, leichte Steine mit hoher Wärmedämmung und verhältnismäßig schwere Steine für hohe Schallschutzanforderungen und höhere Belastungen für die verschiedenartig beanspruchten Bauteile miteinander zu verbinden, also im allgemeinen für die Außenwände eines Baues leichtere Steine mit hoher Wärmedämmung zu wählen und für die Wände mit hohen Schallschutzanforderungen wie Treppenhaus-, Wohnungstrennwänden, Brandmauern etc. die schweren Steine mit der Rohdichte von 1800 kg/m³. Man kann natürlich die schweren Steine auch für die tragenden Außenwände benutzen, wodurch man einen höheren Schallschutz und eine größere Wärmespeicherfähigkeit erreicht, und für die erforderliche Wärmedämmung auf der Außenseite z. B. Polystyrolplatten anbringen. Solche 2- oder 3schichtigen Wände mit hinterlüfteter Außenhaut stellen zur Zeit die bauphysikalisch und raumklimatisch beste Lösung dar. Grundsätzlich sollte man aber stets für den ganzen Bau Steine mit gleichen Schichthöhen und gleichen Mörtel verwenden.

Gasbeton

Es gibt drei verschiedene Steinarten, die sich nach ihren Bindemitteln Zement-Kalk oder einer Mischung aus beiden unterscheiden. Neben dem deutschen Fabrikat der „Hebel-Steine“ stehen die schwedischen, die durch die Namen „Siporex“ und „Ytong“ gekennzeichnet sind.
Weitgehend vollautomatisch wird in modernen Fabrikanlagen dieser spezielle Leichtbeton entsprechend DIN 4164 gefertigt. Einfach ausgedrückt sieht die Herstellung wie folgt aus: Die Rohmischung aus Quarzsand mit Zement und Kalk als Bindemittel, Wasser und einem Treibmittel als Porenbildner, wird in große Formen gegossen. Durch maschinelles Schneiden des Rohblokkes entstehen die verschiedenen Bauteile, die anschließend unter Dampfdruck gehärtet werden und danach schon zur Baustelle transportiert und dort eingesetzt werden können.
Gasbeton ist ein Beton, als solcher anorganisch, massiv, unempfindlich gegen äußerliche Einflüsse wie Hitze, Kälte, Feuchtigkeit oder Fäulnis, also unverrottbar und besitzt darüber hinaus aufgrund seines porigen Gefüges besondere Eigenschaften.

Feuerbeständigkeit

Gasbeton ist ein nicht brennbarer Baustoff der Klasse A1 nach DIN 4102. Das bedeutet, Wände aus Gasbeton-Steinen sind ohne zusätzliche Feuerschutzmaßnahmen feuerhemmend F 30 ab 5 cm Dicke, beidseitig verputzt, feuerbeständig F 90 ab 10 cm Dicke bei Druckfestigkeit 3,5 MN/m² oder allgemein ab 12,5 cm Dicke.
Brandwände aus Gasbeton-Steinen, DIN 4165, müssen als Normalmauerwerk ≧30 cm, im Dünnbettmörtelverfahren laut Zulassung 25 cm dick sein.

Diffusionsverhalten

Gasbeton-Bauteile haben eine ausgezeichnete Wasserdampfdiffusion. Das heißt, daß die im Raum anfallende Luftfeuchtigkeit ausgleichend von der Wand aufgenommen und abgegeben wird. Diese Eigenschaft verbunden mit der hohen Wärmedämmung ergibt den Vorteil eines gesunden, behaglichen Raumklimas zu jeder Jahreszeit.

Trockenbauweise

Das Dünnbettmörtelverfahren ist ein Schritt zur Trockenbauweise, denn zum Versetzen von 1 m³ Mauerwerk werden nur 7 l Wasser – Anmachwasser – benötigt.

Druckfestigkeit

Gasbeton wird in verschiedenen Festigkeitsklassen hergestellt, und zwar in G-2 (G 25), G-4 (G 50) und G-6 (G 75). Bauteile dieser drei Festigkeitsklassen unterscheiden sich durch verschiedene Druckfestigkeiten: 2,5, 5,0 oder 7,5 MN/m² (N/mm²) und sind dementsprechend farblich gekennzeichnet (G-2 – grün, G-4 – blau, G-6 – rot).
Zulässige Druckspannungen in MN/m² (N/mm²) bei Blocksteinen und Plansteinen nach DIN 1053 Tab. 10.

Mörtelgruppe		II	IIa	III
Plansteine	G-2	–	–	0,6
Plansteine	G-4	–	–	1,0
Plansteine	G-6	–	–	1,2
Blocksteine	G-2	0,5	0,6	0,6
Blocksteine	G-4	0,7	0,8	1,0
Blocksteine	G-6	0,9	1,0	1,2

Bearbeitbarkeit

Gasbeton kann leicht bearbeitet werden. Er läßt sich mühelos mit einfachen Werkzeugen sägen, bohren, fräsen usw.

Technische Daten		z.B. Hebel-Bauteile bewehrt						z.B. Hebel-Bauteile unbewehrt					
Produkt		Dachplatten Deckenplatten		Wandplatten Großwandplatten Elemente		Wandtafeln		Plansteine Zwischenwandplatten (incl. 1 mm Mörtelfuge)			Blocksteine Bauplatten (incl. 10 mm Dämmörtel)		
Festigkeitsklasse Kennfarbe		GB3,3	GB4,4	GB3,3	GB4,4	GB3,3	GB4,4	G-2 G25 grün	G-4 G50 blau	G-6 G75 rot	G-2 G25 grün	G-4 G50 blau	G-6 G75 rot
Rohdichte max. nach DIN 4108 und Zulassung	kg/m³	600	700	600	700	600	700	500	600	800	500	600	800
Rechnungsgew. einschl. Bewehrung und Fugenverguß nach DIN u. Zul. bzw. Mauerwerk mit und ohne Fuge	kN/m³	7,2	8,4	7,0	8,0	7,0	8,0	5,0	6,0	8,0	5,3	6,2	8,1
Wärmeleitzahl nach DIN oder λ_R	W/mK	0,19	0,21	0,19	0,21	0,19	0,21	0,16	0,22	0,27	0,16	0,18	0,21
Druckfestigkeit	N/mm²	3,5	5	3,5	5	3,5	5	2,5	5	7,5	2,5	5	7,5
Grundwerte der zulässigen Druckspannungen gemäß DIN 1053 Tabelle 10													
bei Mörtelgruppe II	MN/m² (N/mm²)			0,5	0,7	0,5	0,7				0,5	0,7	0,9
bei Mörtelgruppe IIa											0,6	0,8	1,0
bei Mörtelgruppe III								0,6	1,0	1,2			
Wärmeausdehnungskoeffizient 8×10^{-6} m/mK = 0,008 mm/mK													

Gasbeton-Bauteile

Tragende Stürze GB 4,4
nach Zulassung (GSB 50)

Typ	Zulässige Belastung kN/m	Abmessungen cm Länge/Dicke/Höhe			Lichte Öffngs. breite cm	Gewicht pro Stck. ca. kg
TST 1.1.18	1,8	149	25	24	109	75
TST 1.1.12	1,2	174	25	24	134	88
TST 1.1.9	0,9	199	25	24	159	100
TST 1.2.18	1,8	149	30	24	109	90
TST 1.2.12	1,2	174	30	24	134	105
TST 1.2.9	0,9	199	30	24	159	120

Bei größeren Spannweiten:
örtlich Stahlbetonstürze einschalen, 5 cm dicke Plansteine zur Wärmedämmung und als verlorene Schalung einsetzen.

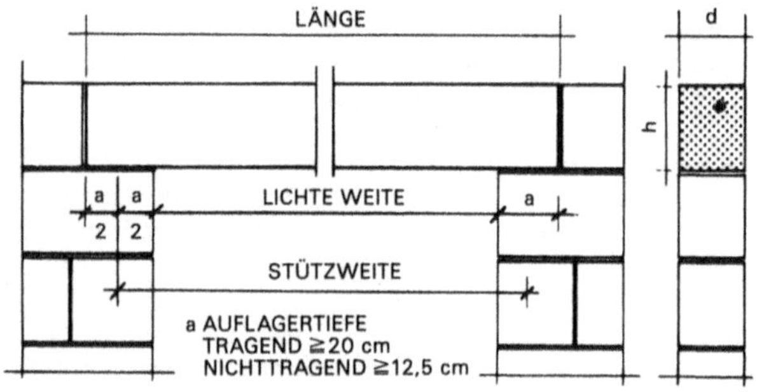

Nichttragende Stürze
GB 4,4 (GSB 50)

Typ	Zulässige Belastung kN/m	Abmessungen cm Länge/Dicke/Höhe			Lichte Öffngs. breite cm	Gewicht pro Stck. ca. kg
NST 1	2,0*	124	7,5	24	100	20
NST 2	2,0*	124	10,0	24	100	30
NST 3	2,0*	124	12,5	24	100	40

* aus reinen Mauerwerkslasten

Anwendung
Stürze werden zur Überbrückung von Tür- und Fensteröffnungen bei tragenden und nichttragenden Wänden verwendet. Die Stürze dürfen in Räumen, in denen chemische Einflüsse wirken, insbesondere Einflüsse, die den Korrosionsschutz der Bewehrung vermindern können, nicht eingebaut werden.
An der Einbindstelle in das Mauerwerk und unter Einzellasten darf keine höhere Druckspannung als 0,7 MN/m² (N/mm²) auftreten.

Wärmeleitzahl
Stürze GB 4,4 (GSB 50) Wärmeleitzahl: 0,21 W/mK

Deckenplatten
Anwendung:
1. Wohnungsbau
   a) Kellerdecken
   b) Geschoßdecken
2. Kommunal- und Bürobauten

DIN-Vorschriften und Zulassung:
DIN 1055 Lastannahmen für Bauten
DIN 4223 Bewehrte Dach- und Deckenplatten aus dampfgehärtetem Gasbeton

Richtlinie für Bemessung, Herstellung, Verwendung und Prüfung ist der gültige Zulassungsbescheid.

Technische Daten

Betongüte	GB 4,4 (GSB 50)
Rechnungsgewicht	= 8,40 kN/m³
Plattenlänge	= max. 6,00 m
Plattenbreite:	
Standard	= 62,5 cm und 60 cm
Minderbreiten möglich	= 25 bis 62,5 cm

d = Dicke in cm	Rechnungsgewicht kN/m²	Wärmeleitzahl W/mK
20,0	1,68	
22,5	1,89	0,21
25,0	2,10	

Rolladen

Fertigrolladenkasten mit Gasbeton-Schalsteinen.
Der Rolladenkasten dient als untere, der Gasbeton als aufgehende Schalung beim Betonieren des tragenden Ortbetonsturzes.
Den Sturz, wenn möglich, mit in die Decke einbeziehen.
Außen immer Gasbeton verwenden, damit ein gleichmäßiger Putzuntergrund vorhanden ist.

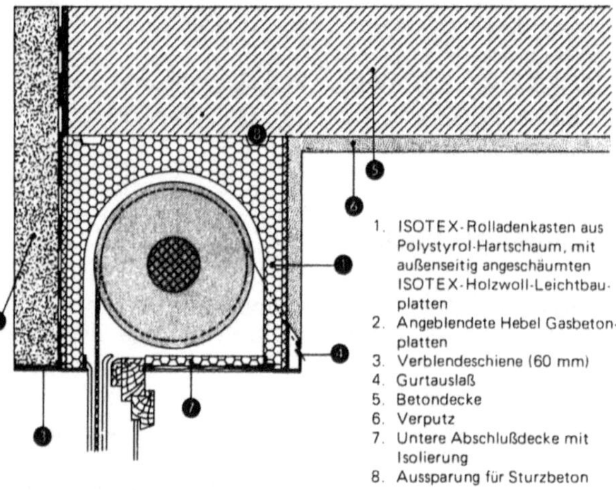

Allgemeine technische Hinweise

Keine Auskragungen (Balkone) möglich, bei zusätzlichen Lasten aus leichten Trennwänden
L. max. = 5,00 m
Lastenannahme (allgemein)
1. Fußbodenbelag q = 0,85–1,00 kN/m²
2. Verkehrslasten p = 2,00 kN/m²
3. Leichte Trennwände je nach Plan bzw. Zulassung und DIN 1055

Feuerschutz nach DIN 4102
F 30 generell
F 90 bei größerer Betonüberdeckung der Bewehrung

Fensterleibungen

Fensterleibungen werden ohne Anschlag gemauert. Fenster werden mit Blendrahmendübeln oder verzinkten Blechlaschen am Gasbeton sicher befestigt. Hierbei sind insbesondere die Bestimmungen der neuen Wärmeschutzverordnung, Anlage 2, Tab. 1, zu berücksichtigen (Fugendurchlaßkoeffizient).

Schallschutz einschaliger Wände

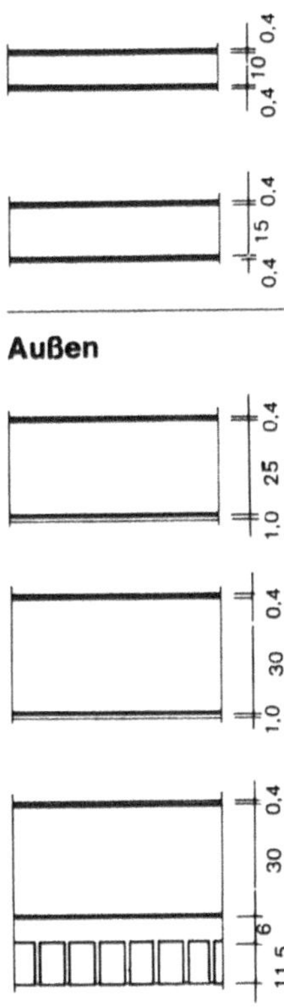

Konstruktionsaufbau	Gesamtdicke cm ca.	Gesamt-Gewicht kp/m² ca.	Bauschalldämmaß R'w dB ca.	Luftschallschutzmaß LSM dB ca.
Innen				
Glättputz 0,4 Gasbeton G-2 (G25) 10 Glättputz 0,4	10,8	63	34	- 18
Glättputz 0,4 Gasbeton G-4 (G50) 15 Glättputz 0,4	15,8	120	40	- 12
Außen				
Glättputz 0,4 Gasbeton G-2 (G25) 25 Strukturputz 1,0	26,5	161	43	
Glättputz 0,4 Gasbeton G-4 (G50) 30 Strukturputz 1,0	31,5	250	45	
Glättputz 0,4 Gasbeton G-2 (G25) 30 Luftschicht 6 Vormauerstein 11,5	48	357	50	

Schallschutz zweischaliger Wände

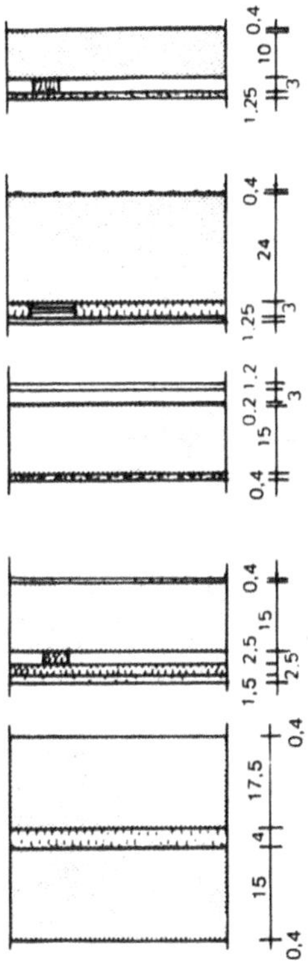

Konstruktionsaufbau	Gesamt-Dicke cm	Gesamt-Gewicht kp/m²	Mittl. Bauschalldämmaß R'W dB	Luftschallschutzmaß LSM dB
Glättputz 0,4 Gasbeton G-2 (G25) 10 Knauf Federstreifen 3 Knauf Perlgips 1,25	14,5	ca. 85	49	ca. -3
Glättputz 0,4 Gasbeton G-4 (G50) 24 Knauf Federstreifen m. Mineralfaserdammstoff 3 Gipskartonplatte 1,25	ca. 30,0	ca. 210	50	-2
Gipskartonplatte 1,2 Mineralfaserdämmplatte 3 Gasbeton G-4 (G50) 15 Glättputz 0,4	20,0	ca. 202	51	±0
Glättputz 0,4 Gasbeton G-4 (G50) 15 Holzwolle-Leichtbauplatten 2,5 Kalkgipsputz 1,5	23,0	ca. 190	54	ca. +2
Glättputz 0,4 Gasbeton G-4 (G50) 17,5 Mineralfaserdammplatte 4 Gasbeton G-4 (G50) 15 Glättputz 0,4	38,0	ca. 250	57	ca. +5

Schallschutz

Der Preis, den man für die gute Wärmedämmung des Gasbetons, wie bei allen Leichtsteinen, zahlen muß, ist sein geringer Schallschutz, der besonders nach den neuen, erhöhten Schallschutzanforderungen der DIN 4109 bei Mietshäusern zusätzlich bauliche Maßnahmen erfordert. Neben den Wohnungs- und Haustrennwänden sind davon besonders die Treppenhauswände betroffen, die mindestens entsprechende Vorsatzschalen benötigen.

Dämmörtel

Er verhindert die dunklen Streifen an der Wand, in denen sich im Mauerwerk häufig die Fugen abzeichnen. Sie entstehen, wenn bei Verwendung herkömmlichen Mauermörtels und hochwertigen Steinmaterials die innere Wandflächentemperatur im Bereich der Fuge viel niedriger ist als an den Steinflächen. Luftfeuchtigkeit schlägt sich an der kühlen Fuge nieder. Sie bindet Staub und verursacht dadurch unerwünschte dunkle Streifen. Sie zeigen, wo in einem hochwärmedämmenden Mauerwerk noch wärmedurchlässige Stellen sind. Durch sie fließt die Wärme wesentlich schneller ab als durch den Stein. Der Wärmeschutz einer Wand mit hochwertigen Gasbetonsteinen wird durch Verwendung normalen Fugenmörtels erheblich mehr beeinträchtigt, als dem Anteil der Fugen an der Wandfläche entspricht, und bei Verwendung von Dämmörtel mehr verbessert. Dies hängt damit zusammen, daß die Wärme den Weg des geringsten Widerstandes wählt. Z. B. beträgt der Fugenanteil an der Wandfläche bei Mauerwerk aus großformatigen Mauersteinen nur 6%. Demgegenüber ergibt sich durch Verwendung von Dämmörtel eine Verringerung des Wärmeverlustes im Wandbereich bis zu 17%.

Putzarbeiten auf Gasbeton

Der normale Außenputz ist für Gasbetonwände nicht geeignet. Man sollte nur einen von dem Gasbeton-Hersteller empfohlenen und meistens mitgelieferten Spezialputz verwenden. Hebel-Grundputz z. B. wird besonders wirtschaftlich auf Planstein- und Blocksteinwänden als Außenputz eingesetzt. Er läßt sich selbstverständlich auch innen und auf anderen Untergründen aufbringen. Hebel-Grundputz ersetzt Spritzbewurf und mehrlagigen Putzaufbau. Damit entspricht er der schnellen Gasbetonbauweise.
Hebel-Grundputz ist ein Fassadenputz auf Basis hydraulischer Bindemittel, plastifiziert, mit ähnlicher Ausdehnung und Wärmedämmung wie Gasbeton, da ein spezielles Gasbetongranulat eingesetzt wird. Ein Spritzbewurf bzw. Unterputz ist nicht erforderlich. Auch eine Grundierung kann entfallen.
Hebel-Grundputz ist wasserabweisend, aber wasserdampfdurchlässig, wärmedämmend, sehr spannungsarm, gut haftend und leicht zu verarbeiten.
Wärmeleitzahl $\lambda = 0{,}20$ W/mK

	Hebel-Gasbeton Produkte und Formate			Lastannahmen DIN 1055			Brandschutz DIN 4102	Wärmeschutz DIN 4108						Schallschutz DIN 4109		
	Abmessungen cm			Berechnungsgewicht incl. Putz (kN/m²)			Dicke der Brandwand cm	Durchlaßwiderstand 1/Λ (m² K/W)			Durchgangszahl k (W/m²/K)			Bewertetes Schalldämmaß (R'w in dB) incl. Putz		
Hebel Bauteile unbewehrt	Länge	Höhe	Dicke	G2	G4	G6		G2	G4	G6	G2	G4	G6	G2	G4	G6
Blocksteine (DIN 4165) Bauplatten (DIN 4166) mit Dämmörtel incl. Putze	49	24	5,0	0,77	0,81	0,91	ab 30	0,34	–	–	1,67	–	–	35	35	37
	und		7,5	0,90	0,97	1,11		0,50	–	–	1,32	–	–	36	37	39
	61,5		10,0	1,03	1,12	1,31		0,65	0,58	–	1,10	1,19	–	38	39	41
			12,5	1,16	1,28	1,51		0,81	0,72	–	0,93	1,02	–	39	40	42
			15,0	1,30	1,43	1,72		0,97	0,86	–	0,81	0,89	–	40	42	44
	Innen		17,5	1,43	1,59	1,92		1,12	1,00	–	0,72	0,79	–	42	43	45
	Außen		20,0	1,56	1,74	2,12		1,29	1,16	–	0,68	0,75	–	42	44	46
			24,0	1,77	1,99	2,44		1,54	1,38	0,93	0,58	0,65	0,91	44	45	47
			30,0	2,09	2,36	2,93		1,92	1,71	1,16	0,48	0,53	0,75	46	47	50
			37,5	2,49	2,83	3,54		2,39	2,13	1,43	0,39	0,43	0,63	48	49	52
Plansteine (lt. Zulassung) incl. Putze	50	25	5,0	0,75	0,80	0,90	ab 25	0,34	–	–	1,67	–	–	35	35	36
	und		7,5	0,88	0,95	1,10		0,50	–	–	1,32	–	–	36	37	38
	62,5		10,0	1,00	1,10	1,30		0,65	0,58	–	1,10	1,19	–	38	38	41
			12,5	1,13	1,25	1,50		0,81	0,72	–	0,93	1,02	–	39	40	42
			15,0	1,25	1,40	1,70		0,97	0,86	–	0,81	0,89	–	40	41	43
	Innen		17,5	1,38	1,55	1,90		1,12	1,00	–	0,72	0,79	–	41	42	45
	Außen		20,0	1,50	1,70	2,10		1,29	1,16	–	0,68	0,75	–	42	43	46
			25,0	1,75	2,00	2,50		1,54	1,38	0,93	0,58	0,65	0,91	44	45	48
			30,0	2,00	2,30	2,90		1,92	1,71	1,16	0,48	0,53	0,75	45	47	50
			37,5	2,38	2,75	3,50		2,39	2,13	1,43	0,39	0,43	0,63	47	49	52
Zwischenwandplatten	75	62,5	7,5	0,88	0,95	1,10		0,50	0,37	–	1,32	1,59	–	36	37	38
		und	10,0	1,00	1,10	1,30		0,65	0,48	–	1,10	1,35	–	38	38	41
	Innen	50	12,5	1,13	1,25	1,50		0,81	0,60	–	0,93	1,16	–	39	40	42

Zweischalige Wände Konstruktionsaufbau	Gesamtdicke cm	Gesamtgewicht kp/m²	Mittleres Bauschalldämmaß R'w db	Luftschall-Schutzmaß db
Glättputz Gasbeton G-2 (G25) Knauf Federstreifen Knauf Perlgips	14,5	ca. 85	49	ca. −3
Glättputz Gasbeton G-4 (G50) Knauf Federstreifen mit Mineralfaserdämmstoff Gipskartonplatte	ca. 30,0	ca. 210	50	−2
Gipskartonplatte Mineralfaserdämmplatte Gasbeton G-4 (G50) Glättputz	20,0	ca. 202	51	± 0
Glättputz Gasbeton G-4 (G50) Holzwolle-Leichtbauplatten Kalkgipsputz	23,0	ca. 190	54	ca. + 2
Glättputz Gasbeton G-4 (G50) Mineralfaserdämmplatte Gasbeton G-4 (G50) Glättputz	38,0	ca. 250	57	ca. + 5

Sämtliche bauphysikalischen Daten wurden den DIN-Normen oder dem gültigen Bundesanzeiger entnommen.

Rißbildung bei Leicht-Mauerwerk

Während bei den alten Backsteinbauten aus einheitlichem Material und dicken Wänden nur bei seltenen Fundamentbrüchen Baurisse auftraten, sind solche an Bauten unserer Zeit viel häufiger zu finden. Die Gründe dafür liegen zunächst in den aus wirtschaftlichen Notwendigkeiten leichteren Bauweisen und ihrer höheren statischen Beanspruchung. Dann in der Vielfalt der Baumaterialien wie z. B. Poroton, Leichtbeton – Gasbeton – und Kalksandsteinen und deren verschiedenen Größen, Dimensionen und Gewichte und ihren unterschiedlichen physikalischen Eigenschaften. Einschalige Wände auf der Südseite eines Baues dehnen sich in der Hitze stärker aus als die nach Norden gelegenen. Wände nach Westen wachsen unter der Regeneinwirkung stärker als solche auf der Ostseite. Die Innenwände, besonders die Tragwände sind stärker belastet als die Außenwände, haben aber durchweg über das ganze Jahr annähernd gleiche Temperaturen und nur geringen Feuchtigkeitsgehalt. Unter der hohen Lasteneinwirkung haben sie aber höhere Kriechmaße.

Um Rißbildungen zu vermeiden, muß man alle diese verschiedenartigen Eigenschaften und Beanspruchungen berücksichtigen. Die Außenwände stellt man heute meistens als 2- oder 3schalige Wände mit regensicherer Außendämmung her. Für die Innenwände, besonders die tragenden, sind Steine von gleicher Größe und Art, aber höherer Druckfestigkeit vorteilhaft, weil sie ein geringeres Kriechmaß (Verformung) haben und dadurch weniger zu Rissen neigen. Am wichtigsten ist aber, daß man einen Bau nur mit einem einheitlichen Material und Steinen gleicher Schichthöhe herstellt und nur einen einheitlichen Mörtel mit gleichen Fugenstärken verwendet. Wird hier kein einheitliches Steinmaterial verwendet, so ist mit der Entstehung von Setzrissen zu rechnen, weil z. B. das gebrannte Ziegelmaterial einer Außenwand im Gegensatz zu bindemittelgebundenen Steinen, wie sie bei Innenwänden oft verwendet werden, nach dem Einbau keinen Schwund mehr aufweist. Außen- und Innenwände sollen ein gleiches Setzmaß haben.

Wer Risse und ähnliche Bauschäden vermeiden möchte, sollte sich z. B. im Ziegel-Mauerwerksbau für 49 cm starke Außenwände entscheiden. Die Mehrkosten einer solchen soliden Mauerwerkskonstruktion werden durch die große Haltbarkeit und andere Vorteile mehr als aufgewogen.

Vom optimalen Wärmeschutz und guter Wärmespeicherung abgesehen, ergeben sich vor allem statische Vorteile. So kann das Deckenauflager (Stahlbeton) ohne Probleme 20 cm in die Wand einbinden, es bleibt nach außen noch genügend Platz für eine 5 cm starke Dämmung der Deckenstirn und eine 24 cm starke Vormauerung. Aus Durchbiegungen der Decke entstehende Aufkantungen im Deckenauflager werden durch dessen stabile Ausführung und die Auflasten des darüberliegenden Mauerwerks so abgefangen, daß in der Außenwand keine Risse entstehen.

Bei dünnen Außenwänden ist oft der Fehler zu beobachten, daß die Deckenstirn mit ihrer Dämmung nach außen durchbindet und verputzt ist. Durch die Bewegungen der Decke ständig wieder auftretende Risse sind hier kaum mehr zuverlässig zu beheben. Es ist deshalb empfehlenswert, vor jeder gedämmten Deckenstirn eine Vormauerung von mindestens 11,5 cm anzuordnen.

Ein zusätzlicher Vorzug des 49 cm starken Mauerwerkes ist, daß zumindest bei Ziegelwänden mit entsprechender Dämmung auf eine zusätzliche Wärmedämmung in Heizkörpernischen verzichtet werden kann, da durch die verbleibende Mauerstärke von 36,5 cm der erforderliche Wärmeschutz immer noch gewährleistet ist. Das gleiche gilt für andere Aussparungen oder Schlitze in Außenwänden.

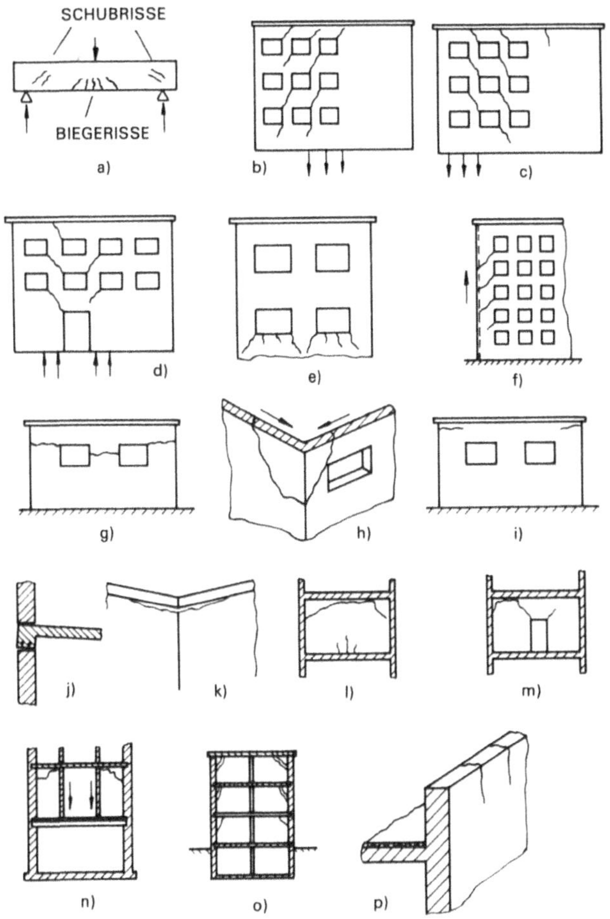

Bild: Rißursachen und Schadensformen in Bauteilen. a) Biege- und Schubrisse; b) und c) Setzungsrisse; d) Frosthebung; e) Spannungsriß durch Auflast; f) Risse infolge Wanddurchfeuchtung; g) Schwinden der Außenwand; h) und i) Temperaturdehnung der Dachdecke; j) Deckendurchbiegung; k) Deckenaufbiegung; l) und m) leichte Trennwand auf durchgebogener Decke; n) durchgebogene Kellerdecke; o) Schwinden der Innenwand; p) Attika oder Brüstung ohne Fugen.

Aus: F. Pilny „Risse und Fugen in Bauwerken"

Was man bei Wänden, besonders bei Wandöffnungen nicht machen darf, zeigt ein Bild aus der K. S: Mauerfibel (S. 66).

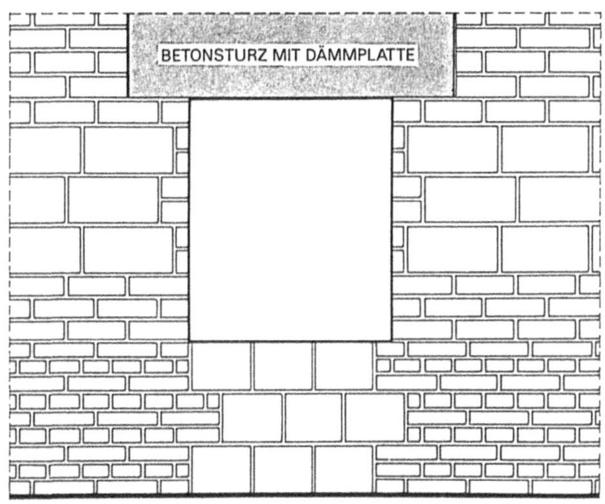

Mischmauerwerk innerhalb einer Wand

Mit dem Schutz gegen Rißbildungen beginnt man am besten schon bei der Ausführung der Fundamente, wenn eine durchgehende Fundamentplatte, z. B. wegen verschiedener Bodenhöhen, nicht in Frage kommt. Vorausgehen sollte eine gründliche Prüfung der tragenden Bodenschichten, oft unter Beauftragung eines Spezialisten. Die Fundamente werden am besten aus B 25 hergestellt mit entsprechender Bewehrung. Die Kellerwände, die heute gegen früher eine wesentlich geringere Stärke aufweisen, führt man ebenfalls in Beton aus und bewehrt sie mit Baustahlmatten. Zusammen mit einer Stahlbetonkellerdecke erhält man so einen steifen Kasten, auf dem die Wohngeschosse stehen. Die häufigen Rißbildungen von unten her sind damit ausgeschlossen. Nach je 12–15 m braucht man natürlich Dehnfugen, die mit Fugenbändern sicher zu schließen sind. Nur bei 1- und 2-geschossigen Häusern sollte man für die Keller-Außenwände evtl. die leichteren Blocksteine anwenden. (Siehe Kapitel „Dehnfugenabstände bei Wänden", Seite 234.)

Bewehrtes Mauerwerk

Auszug aus der DIN 1053

5.4.1 Anwendungsbereich

Werden die Zugspannungen bei auf Biegung beanspruchten Mauerwerkskörpern (z. B. bei kleineren Silos, bei Erddruck- und Windkräften) größer als nach Abschnitt 7.4.3 bzw. 7.5.3 zulässig, so ist eine Bewehrung aus Stählen nach DIN 488 Blatt 1, Ausgabe April 1972, Tabelle 1, anzuordnen. Der Mauerverband darf dadurch nicht gestört werden.

5.4.2 Allgemeine Anforderungen

Die Dicke der Wände darf 11,5 cm, die Steinfestigkeitsklasse 15 N/mm² (150 kp/cm²) nicht unterschreiten.

Stoß- und Lagerfugen sind mit äußerster Sorgfalt vollfugig zu mauern. Unterbrochene Stoßfugen sind in bewehrtem Mauerwerk nicht zulässig. Fugen mit Bewehrung dürfen nicht dicker als 2 cm werden.

Glatte und profilierte[1]) Stäbe müssen stets Endhaken erhalten. Die Stahleinlagen sind satt in Zementmörtel (Mörtelgruppe III) einzubetten. Dies gilt insbesondere auch für den Bereich der Endhaken.

In die Fugen dürfen nur Stäbe bis zu einem Durchmesser von 8 mm eingelegt werden. Der Abstand zwischen Bewehrung und Steinen muß mindestens 5 mm betragen. Für die Mörteldeckung senkrecht zur Wandoberfläche gelten die Abschnitte 13.2 und 13.3 von DIN 1045, Ausgabe Januar 1972, sinngemäß; die Mörteldeckung muß aber mindestens 15 mm sein.

1) Definition der Begriffe profilierte bzw. gerippte Stäbe siehe DIN 488 Blatt 1, Ausgabe April 1972, Abschnitt 3.2.2 bzw. 3.2.3.

Darüber hinaus können besondere Korrosionsschutzmaßnahmen erforderlich werden (z. B. in den Fällen nach DIN 1045, Ausgabe Januar 1972, Tabelle 10, Zeilen 3 und 4, oder z. B. bei schlagregenbeanspruchten, unverputzten Wänden mit außenliegender Bewehrung).

Wenn sich innerhalb einer Fuge die Bewehrungen kreuzen, dürfen nur Stäbe bis zu 5 mm Durchmesser verwendet werden, falls nicht an den Kreuzungsstellen besondere Maßnahmen ergriffen werden (z. B. Formsteine).

In waagerecht bewehrten Wänden sind mindestens 4 Bewehrungsstäbe je Meter Wandhöhe einzulegen, mindestens jedoch ist jede zweite Fuge zu bewehren.

Bei lotrecht bewehrten Wänden soll der Abstand zwischen den Bewehrungsstäben die doppelte Wanddicke nicht überschreiten, jedoch höchstens 35 cm betragen.

BEWEHRUNG JE 1 m WANDHÖHE NICHT UNTER 4 STÄBEN, MINDEST. ABER IN JEDER 2. FUGE

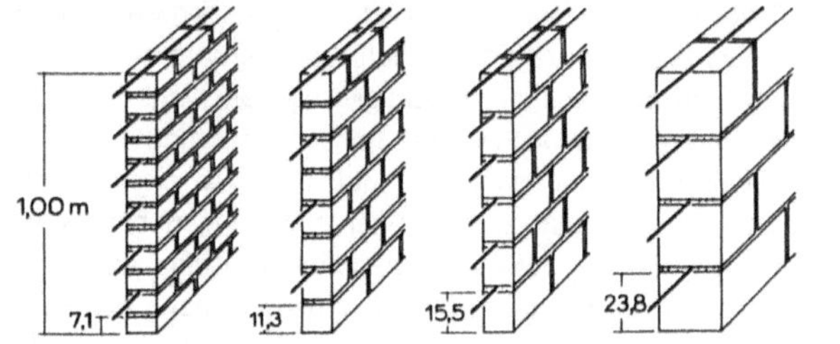

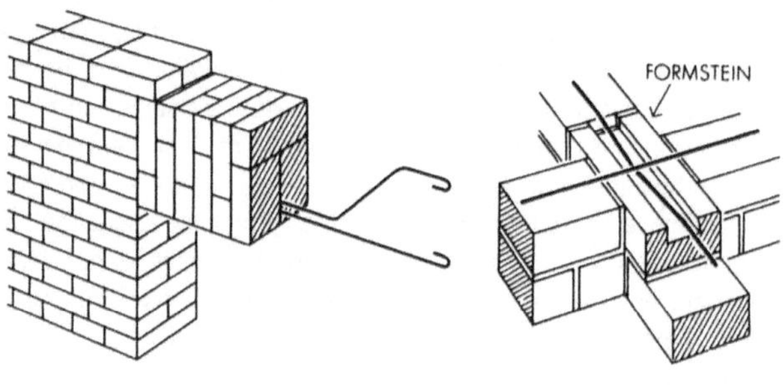

Beim Stoß von Bewehrungsstäben muß die Übergreifungslänge mindestens betragen:

a) bei glatten Stäben 100 cm,
b) bei profilierten Stäben 80 cm,
c) bei gerippten Stäben 60 cm.

Übergreifungsstöße sind zur Vermeidung von Stabkreuzungen an den Endhaken möglichst nur bei Verwendung gerippter Stäbe mit geraden Enden auszuführen.

Wegen der Verwendung von Zusatzmitteln siehe Abschnitt 4.1.4.2.

Wände aus Beton

Das französische Wort Beton leitet sich her vom lateinischen bitumen = Schlamm. Es bezeichnet ein künstliches Gestein, das aus einem Gemisch von Bindemitteln, mineralischen Zuschlagstoffen und Wasser durch chemische Reaktion, d. h. durch Erhärten des Zementleims entsteht. Die Bindemittel ummanteln die einzelnen Körner der Zuschlagstoffe und verkitten sie untereinander. Insofern unterscheidet sich der Beton nur durch die Korngröße (max. 63 mm) seiner Zuschlagstoffe vom Mörtel (max. 4 mm).

Das Bestreben, Steinmauern auf einfachere Weise zu erstellen als durch exakt zu bearbeitende oder im Mörtelbett zu verlegende Steine, geht auf die Römer zurück. Sie verstanden bereits durch Zugabe von Puzzolanerde (Provinz Neapel) oder Ziegelmehl ihren Kalkmörtel hydraulisch zu machen, so daß er auch unter Wasser, bei dicken Mauern ohne Luftzutritt erhärten konnte. Die Wände ihrer Hochbauten verfüllten sie zwischen den Außenschalen sorgfältig bearbeiteter oder vermauerter Steine mit einer Mischung aus Steinbruch und Mörtel.

Die Betontechnologie des Industriezeitalters beginnt in England mit der fabrikatorischen Herstellung und normierten Zusammensetzung des Zements (lat. caementrum = Bruchstein), den man nach dem verwendeten Kalkstein Portlandzement nannte. Als günstigstes Mischungsverhältnis erkannte man $^2/_3$ Kalk und $^1/_3$ Ton.

Seinen eigentlichen Siegeszug trat der Beton jedoch erst an, als man ihn zusammen mit Stahl verwendete. Gelegentliche Verbindungen von Eisen- oder Bronzestangen mit Gußmauerwerk fanden sich schon bei den Römern. Doch die technisch-wissenschaftliche Entwicklung des „Eisenbetons" – heute sagt man „Stahlbeton" – begann um die Mitte des 19. Jahrhunderts durch Engländer und Franzosen. Der Engländer Hyatt erkannte als erster die praktisch gleichen Ausdehnungskoeffizienten von Stahl und Beton, die richtige Lage der Bewehrung und damit das Prinzip, daß der Beton hauptsächlich die Druckkräfte und der Stahl die Zugkräfte aufzunehmen habe, ferner die Feuersicherheit des Stahlbetons.

Das entscheidende Patent für Eisenbeton erhielt der Pariser Gärtner Joseph Monier 1867. Seine Patente beziehen sich auf Behälter, Decken, Balken, Röhren und Eisenbahnschwellen. Er arbeitete noch ohne statische Kenntnisse und Theorien, welche erst in der Folge durch Ingenieure empirisch und rechnerisch aufgestellt bzw. begründet wurden.

Betoneigenschaften

Der Beton ist heute ein Baustoff von größter Variabilität, den man durch die Art und Zusammensetzung seines Gemisches den verschiedensten Erfordernissen anpassen kann. Da er ohne Materialverlust bei geringem Arbeitsaufwand in vorbereitete Formen gegossen wird, stellt er den Prototyp eines zeitgerechten Baustoffes dar, woraus sich seine beherrschende Stellung herleitet. Beton, vor allem Stahlbeton, ist bestens geeignet für schwerbelastete Bauglieder, Skelettbauweisen, Wände, Decken, Flächentragwerke usw.

Die Betonarten sind zunächst nach Rohdichten zu unterscheiden:

- Leichtbeton mit einer Rohdichte von höchstens 2 t/m³ bzw. kg/cm³. Neben Leichtzuschlägen wie Bims, geblähte Tone, Schlacken kommen auch porenbildende Schaumstoffgranulate oder Treibmittel zum Einsatz.

- Normalbeton mit einer Rohdichte von mehr als 2 t/m³ bis höchstens 2,8 t/m³, mit Sand und Kies als Zuschlag. In allen Fällen, in denen eine Verwechslung mit Leichtbeton oder Schwerbeton nicht möglich ist, wird nur von Beton gesprochen.

- Schwerbeton, früher Schwerstbeton, mit einer Rohdichte von mehr als 2,8 t/m³. Die Zuschläge enthalten Schwerspat, Magnesit oder Stahlschrott (ein Beton, der vor allem im Reaktorbau zum Einsatz kommt).

Die Druckfestigkeiten reichen je nach Zementanteil und Art der Zuschläge von 5,0 N/mm² bis über 60 N/mm² (50 kp/cm² bis über 600 kp/cm²). Nach Festigkeit werden unterschieden:

- Beton B I als Kurzbezeichnung für Beton der Festigkeitsklassen B 5 bis B 25.

- Beton II als Kurzbezeichnung für Beton der Festigkeitsklassen ab B 35 und höher sowie für Beton mit besonderen Eigenschaften.

Diese Kurzzeichen für Beton sind weiterhin gültig. Sie bezeichnen die Betongüten nach ihrer Druckfestigkeit.

Schließlich sei an die statischen und bauphysikalischen Eigenschaften des Betons, speziell der Betonwände, erinnert:

1. Tragfähigkeit, Druckfestigkeit
Die hohe und je nach Bedarf herstellbare Druckfestigkeit erlaubt erheblich geringere Wandstärken als beim Mauerwerksbau, beispielsweise 15 cm statt 24 cm. Daraus ergibt sich, je nach der Anzahl, d. h. dem Abstand der Wände, ein kleinerer oder größerer Gewinn an Nutzfläche.

2. Wärmedämmeigenschaften
Die Wärmespeicherfähigkeit des Betons ist aufgrund seines hohen Gewichtes sehr gut und ist besonders bei den Innenwänden der Erzeugung eines angenehmen Raumklimas dienlich. Die Wärmedämmfähigkeit ist aus dem gleichen Grunde jedoch gering, weshalb alle Betonaußenwände einer zusätzlichen Wärmedämmschicht bedürfen. Eine Voraussetzung für die Anwendung der wenig wärmedämmenden Betonwände innerhalb von Wohnungs- und ähnlichen Bauten ist das Vorhandensein einer Zentralheizung und damit etwa gleicher Wärmestände in benachbarten Räumen.

3. Schalldämmeigenschaften
Wegen seiner Dichte und seines hohen spezifischen Gewichtes hat der Beton eine sehr gute Luftschall-, aber eine schlechte Körperschalldämmung. Durch die Verbindung von Wänden und Decken benötigen alle Beton-Geschoßdecken eine zusätzliche Trittschalldämmung, die heute allgemein durch weiche Dämm-Matten und einen darüberliegenden schwimmenden Estrich ausgeführt wird.

Raumklima

Ein Nachteil der Betonwände für das Raumklima nichtklimatisierter Bauten ist seine geringe Fähigkeit zur Aufnahme und zum Austausch der Raumluftfeuchtigkeit im Vergleich zu gemauerten und verputzten Wänden. Um diesem Nachteil zu begegnen, tapeziert man am besten Wände und Decken mit saugenden Rauhfasertapeten. Zum Feuchtigkeitsaustausch können ferner beitragen: Vorhänge, Teppiche und Polstermöbel. Bei Küchen und Bädern ist stets eine zusätzliche Schwerkraft- oder mechanische Raumentlüftung erforderlich.

Baustoffe

Die Technologie des Baustoffes Beton, seine Bestandteile, seine Zusammensetzung, seine Verarbeitung und das Verhalten der Bauteile aus Beton sind umfassend in DIN 1045 „Beton- und Stahlbetonbau" behandelt.
Diese Norm hat die Bemessung und Ausführung von tragenden und aussteifenden Bauteilen aus unbewehrtem und bewehrtem Beton mit geschlossenem Gefüge zum Gegenstand. Sie richtet sich gleichermaßen an die betonverabeitenden Unternehmen, an die mit der Herstellung, Verarbeitung und Überwachung Betrauten wie an den Statiker, der die Bauteile berechnen, ihre Querschnitte bemessen und die Schal- und Bewehrungspläne für die Arbeit auf der Baustelle zu fertigen hat. Soweit es das Verständnis des Architekten erfordert, sind hier die wesentlichen Abschnitte der Norm – betreffend Zusammensetzung, Herstellung und Verarbeitung des Betons – auszugsweise wiedergegeben, jene Abschnitte, welche die Besonderheiten bewehrten Betons behandeln, dagegen erst bei „Stahlbetondecken" und „Gefüge des Wandbaues" oder beim „Stahlbetonskelettbau".
Zum Thema „Wände aus Beton" verweist die DIN 1045 außerdem auf folgende weitere Normen:

DIN 1048 Teil 1 Prüfverfahren für Beton; Frischbeton, Festbeton gesondert hergestellter Probekörper
Teil 2 –; Festbeton fertiger Bauwerke und Bauglieder

DIN 1164 Teil 1 Portland-, Eisenportland-, Hochofen- und Traßzement; Begriffe, Bestandteile, Anforderungen, Lieferung
Teil 2 –; Güteüberwachung
Teil 3 –; Bestimmung der Zusammensetzung
Teil 4 –; Bestimmung der Mahlfeinheit
Teil 5 –; Bestimmung der Erstarrungszeiten mit dem Nadelgerät
Teil 6 –; Bestimmung der Raumbeständigkeit mit dem Kochversuch
Teil 7 –; Bestimmung der Festigkeit
Teil 8 –; Bestimmung der Hydratationswärme mit dem Lösungskalorimeter

DIN 4030 Beurteilung betonangreifender Wässer, Böden und Gase

DIN 4031 Wasserdruckhaltende bituminöse Abdichtungen für Bauwerke; Richtlinien für Bemessung und Ausführung

DIN 4117 Abdichtung von Bauwerken gegen Bodenfeuchtigkeit; Richtlinien für die Ausführung

DIN 4187 Teil 2 Siebböden; Lochplatten für Prüfsiebe; Quadratlochung

DIN 4188 Teil 1 Siebböden; Drahtsiebböden für Prüfsiebe, Maße

DIN 4207 Mischbinder

DIN 4226 Teil 1 Zuschlag für Beton; Zuschlag mit dichtem Gefüge; Begriffe, Bezeichnung, Anforderungen und Überwachung
Teil 2 –; Zuschlag mit porigem Gefüge (Leichtzuschlag); Begriffe, Bezeichnung, Anforderungen und Überwachung
Teil 3 –; Prüfung von Zuschlag mit dichtem oder porigem Gefüge

DIN 4232 Tragende Wände aus Leichtbeton mit haufwerksporigem Gefüge; Ausführung und Bemessung

DIN 4235 Innenrüttler zum Verdichten von Beton; Richtlinien für die Verwendung

Vorläufige Richtlinien für die Prüfung von Betonzusatzmitteln zur Erteilung von Prüfzeichen.
Trockenbeton. Richtlinien für die Herstellung und Verwendung.

Bindemittel

(DIN 1045/6.1)

Zement
Für unbewehrten Beton der Festigkeitsklasse B 10 und höher und für Stahlbeton muß Zement nach DIN 1164 verwendet werden.

Mischbinder
Unbewehrter Beton der Festigkeitsklasse B 5 darf auch mit Mischbinder nach DIN 4207 hergestellt werden.

Liefern und Lagern der Bindemittel
Bindemittel sind beim Befördern und Lagern vor Feuchtigkeit zu schützen. Behälterfahrzeuge und Silos für Bindemittel dürfen keine Reste von Bindemitteln bzw. Zement anderer Art oder niedriger Festigkeitsklasse oder von anderen Stoffen enthalten; in Zweifelsfällen ist dies vor dem Füllen sorgfältig zu prüfen.

Betonzuschlag

Allgemeine Anforderungen
Betonzuschlag muß DIN 4226 entsprechen. Das Zuschlaggemisch soll möglichst grobkörnig und hohlraumarm sein. Das Größtkorn ist so zu wählen, wie Mischen, Fördern, Einbringen und Verarbeiten des Betons dies zulassen; seine Nenngröße darf $^1/_3$ der kleinsten Bauteilmaße nicht überschreiten. Bei engliegender Bewehrung oder geringer Betondeckung soll der überwiegende Teil des Zuschlags kleiner als der Abstand der Bewehrungsstäbe untereinander und von der Schalung sein.

Kornzusammensetzung des Betonzuschlags
Sieblinien und Kennwerte für den Wasseranspruch:
Die Kornzusammensetzung des Betonzuschlags wird durch Sieblinien (siehe Bilder 1 bis 4) und – wenn nötig – durch einen darauf bezogenen Kennwert für die Kornverteilung oder den Wasseranspruch[1])[2]) gekennzeichnet. Bei Zuschlag, der aus Korngruppen mit wesentlich verschiedener Gesteinsrohdichte zusammengesetzt wird, sind die Sieblinien nicht auf Massenanteile des Zuschlaggemisches, sondern auf Stoffraumanteile[3]) zu beziehen.
Die Zusammensetzung einzelner Korngruppen und des Betonzuschlags wird durch Siebversuche mit Prüfsieben (Maschensieben bzw. Quadratlochsieben) 0,25; 0,5; 1; 2; 4; 8; 16; 31,5[4]) und 63 nach DIN 4188 Teil 1 bzw. DIN 4187 Teil 2 ermittelt.

1) Z. B. F-Wert, Körnungsziffer, Feinheitsziffer, Feinheitsmodul, Sieblinienflächen, Wasseranspruchszahlen.
2) Zur Ermittlung der Kennwerte für die Kornverteilung oder den Wasseranspruch ist als Kornanteil bis 0,5 mm im allgemeinen der tatsächlich vorhandene Kornanteil zu berücksichtigen. Lediglich bei Vergleich der Kennwerte mit denen der Regelsieblinien ist in beiden Fällen der sich bei gradliniger Verbindung zwischen dem 0,25- und dem 1-mm-Prüfsieb bei 0,5 mm ergebende Kornanteil einzusetzen.
3) Die Stoffraumanteile sind die durch die Kornrohdichte geteilten Gewichtsanteile. An der Ordinatenachse der Sieblinienndarstellung ist dann statt „Siebdurchgang in Gew.-%" anzuschreiben „Siebdurchgang in Stoffraum-%".
4) Die Grenzkorngröße 32 mm wird geprüft mit dem Quadratlochsieb 31,5 mm nach DIN 4187 Blatt 2.

Stetige Sieblinien

Stetige Sieblinien von Korngemischen sollen zwischen den Sieblinien A und C, also in den Bereichen ③ und ④ der Bilder 1 bis 4, verlaufen. Dabei kennzeichnet der Bereich ③ zwischen den Sieblinien A und B günstige, der Bereich ④ zwischen B und C noch brauchbare Korngemische.
Abweichungen von der Sieblinie im Bereich über 8 mm wirken sich auf die Betoneigenschaften nur wenig aus.

Unstetige Sieblinien

Unstetige Sieblinien (Ausfallkörnungen), d. h. solche von Zuschlaggemischen, denen einzelne Korngruppen fehlen, sollen zwischen der unteren Grenzsieblinie U und der Sieblinie C der Bilder 1 bis 4 verlaufen.

Liefern und Lagern des Betonzuschlags

Der Betonzuschlag darf während des Transports und bei der Lagerung auf der Baustelle nicht durch andere Stoffe verunreinigt werden. Getrennt anzuliefernde Korngruppen sind auf der Baustelle so zu lagern, daß sie sich an keiner Stelle vermischen. Werkgemischter Zuschlag ist auf der Baustelle so zu entladen und zu lagern, daß er sich nicht entmischt.

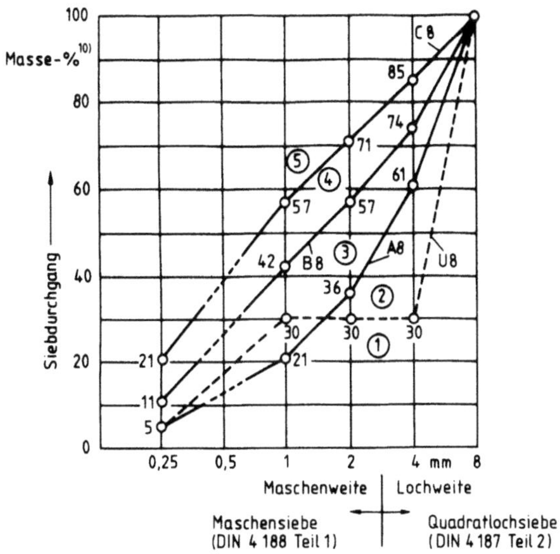

Sieblinien mit einem Größtkorn von 8 mm

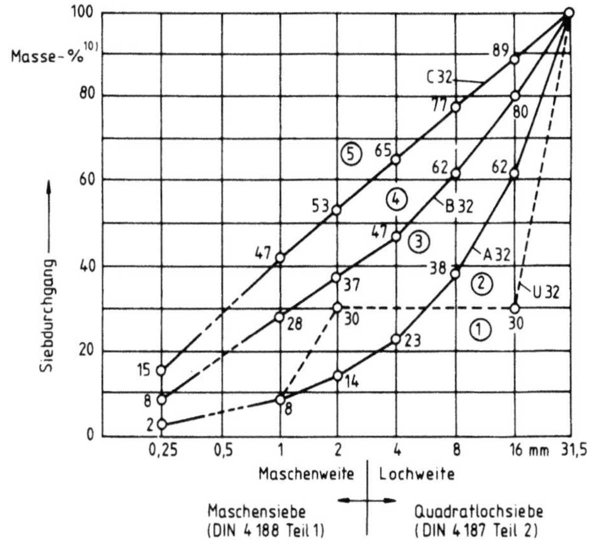

Sieblinien mit einem Größtkorn von 32 mm

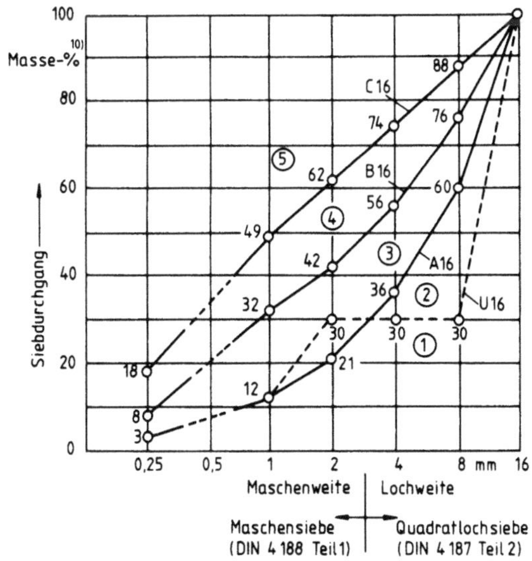

Sieblinien mit einem Größtkorn von 16 mm

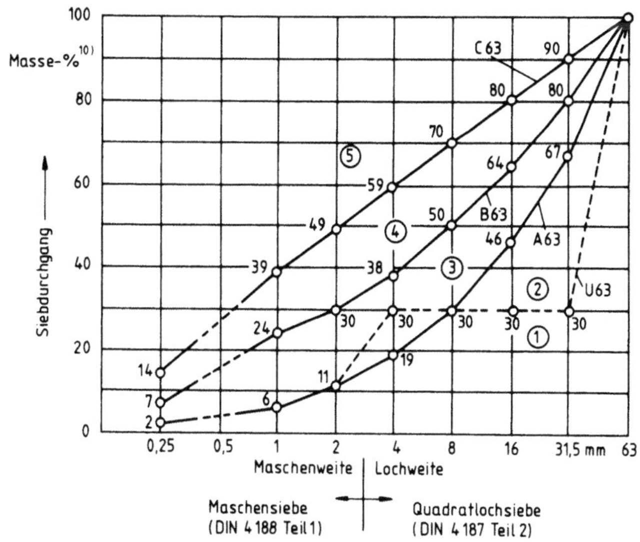

Sieblinien mit einem Größtkorn von 63 mm

Betonzusätze (DIN 1045/6.3)

Es werden Betonzusatzmittel und Betonzusatzstoffe unterschieden:
Zusatzmittel
sind Betonzusätze, die durch chemische oder physikalische Wirkung bzw. durch beides die Betoneigenschaften, z. B. Verarbeitbarkeit, Erstarrungs- und Erhärtungszeit, verändern, ohne daß sie als Volumenanteile von Bedeutung sind.
Für Beton und Zementmörtel – auch zum Einsetzen von Dübeln – dürfen nur Zusatzmittel mit gültigem Prüfzeichen und nur unter den im Prüfbescheid angegebenen Bedingungen verwendet werden[1]).
Chloride, chloridhaltige oder andere die Stahlkorrosion fördernde Stoffe dürfen Stahlbeton und Beton, der mit Stahlbeton in Berührung kommt, nicht zugesetzt werden.
Betonzusatzmittel werden verwendet, um bestimmte Eigenschaften des Betons günstig zu beeinflussen. Da sie jedoch zugleich andere wichtige Eigenschaften ungünstig verändern können, ist eine Eignungsprüfung für den damit herzustellenden Beton Voraussetzung für ihre Anwendung. Betonzusatzstoffe dürfen dem Beton zugegeben werden, wenn sie das Erhärten des Zements, die Festigkeit und die Beständigkeit des Betons sowie den Korrosionsschutz der Bewehrung nicht beeinträchtigen.
Betonzusatzstoffe, die nicht DIN 4226 oder einer dafür vorgesehenen Norm, wie z. B. DIN 51 043, entsprechen, dürfen nur verwendet werden, wenn für sie eine allgemeine bauaufsichtliche Zulassung vorliegt oder ein Prüfzeichen[1]) erteilt ist. Ein latenthydraulischer oder puzzolanischer Zusatzstoff darf auf den Zementgehalt nur angerechnet werden, soweit dies besonders geregelt ist, z. B. durch eine allgemeine bauaufsichtliche Zulassung oder durch Richtlinien.

Zugabewasser (DIN 1045/6.4)

Als Zugabewasser ist das in der Natur vorkommende Wasser geeignet, soweit es nicht Bestandteile enthält, die das Erhärten oder andere Eigenschaften des Betons ungünstig beeinflussen oder den Korrosionsschutz der Bewehrung beeinträchtigen, wie z. B. gewisse Industrieabwässer. Im Zweifelsfalle ist eine Untersuchung über seine Eignung zur Betonherstellung nötig.

Betonstahl (DIN 1045/6.6)

Durchmesser, Form, Festigkeitseigenschaften und Kennzeichnung von Betonstahl müssen DIN 488 entsprechen. Die dort geforderten Eigenschaften sind in Tabelle 6 wiedergegeben, soweit sie für die Verwendung von Betonstahl maßgebend sind.
Wird Betonstahl der Gruppe K bei der Verarbeitung warm behandelt, so darf er nur als Stahl BSt 220/340 (I) in Rechnung gestellt werden. Diese Einschränkung gilt jedoch nicht für die durch Schweißen nach DIN 4099 entstehende Wärme. Geglühter Draht bzw. gezogener Draht (z. B. für Bügel nach Abschnitt 18.8.2.1 mit einem Durchmesser von $d_s \geqq 3$ mm) muß die Eigenschaften von Betonstahl BSt 220/340 (I) bzw. BSt 420/500 (III) oder BSt 500/550 (IV) haben.

1) Prüfzeichen werden vom Institut für Bautechnik in Berlin erteilt für Betonverflüssiger BV, Luftporenbildner LP, Betondichtungsmittel DM, Erstarrungsverzögerer VZ, Erstarrungsbeschleuniger (auch Frostschutzmittel) BE und Einpreßhilfen EH und bestimmte Betonzusatzstoffe.

Tabelle 1 Festigkeitsklassen des Betons und ihre Anwendung

	1	2	3	4	5	6
	Betongruppe	Festigkeitsklasse des Betons	Nennfestigkeit[12]) β_{WN} (Mindestwert für die Druckfestigkeit β_{W28} jedes Würfels nach Abschnitt 7.4.3.5.2) N/mm²	Serienfestigkeit β_{WS} (Mindestwert für die mittlere Druckfestigkeit β_{Wm} jeder Würfelserie) N/mm²	Herstellung nach	Anwendung
1	Beton B I	B 5	5,0	8,0	Abschnitt 6.5.5	Nur für unbewehrten Beton
2		B 10	10	15		
3		B 15	15	20		Für unbewehrten und bewehrten Beton
4		B 25	25	30		
5	Beton B II	B 35	35	40	Abschnitt 6.5.6	
6		B 45	45	50		
7		B 55	55	60		

12) Der Nennfestigkeit liegt die 5 %-Fraktile der Grundgesamtheit zugrunde.

Tabelle 2 Konsistenzbereiche des Frischbetons

	1	2	3	4	5	6
	Konsistenzbereich	Eigenschaften des Feinmörtels	Eigenschaften des Frischbetons beim Schütten	Verdichtungsmaß v	Ausbreitmaß cm	Verdichtungsart
1	K 1 steifer Beton	etwas nasser als erdfeucht	noch lose	1,45 bis 1,26	–	kräftig wirkende Rüttler und/oder kräftiges Stampfen in dünner Schüttlage
2	K 2 plastischer Beton	weich	schollig bis knapp zusammenhängend	1,25 bis 1,11	≦ 40	Rütteln und/oder Stochern oder Stampfen
3	K 3 weicher Beton	flüssig	schwach fließend	1,10 bis 1,04	41 bis 50	Stochern und/oder leichtes Rütteln u.ä.

Anforderungen an die Zusammensetzung

(DIN 1045/6.5)

Festigkeitsklassen

Der Beton wird nach seiner bei der Güteprüfung im Alter von 28 Tagen an Würfeln mit 20 cm Kantenlänge ermittelten Druckfestigkeit in Festigkeitsklassen B 5 bis B 55 eingeteilt (siehe Tabelle 1). Die drei Würfel einer Serie müssen aus drei verschiedenen Mischerfüllungen stammen, bei Transportbeton – soweit möglich – aus verschiedenen Lieferungen derselben Festigkeitsklasse.
Eine bestimmte Würfeldruckfestigkeit kann auch für einen früheren Zeitpunkt als nach 28 Tagen entsprechend der vorgesehenen Beanspruchung erforderlich sein, z. B. für den Transport von Fertigteilen. Sie darf auch für einen späteren Zeitpunkt vereinbart werden, wenn dies z. B. durch die Verwendung von langsam erhärtendem Zement in besonderen Fällen zweckmäßig und mit Rücksicht auf die Beanspruchung zulässig ist.
Beton B 55 ist vor allem der werkmäßigen Herstellung von Fertigteilen in Betonwerken vorbehalten.
Ortbeton, der in Verbindung mit Stahlbetonfertigteilen als mittragend gerechnet wird, muß mindestens der Festigkeitsklasse B 15 entsprechen.

Konsistenz

Beim Frischbeton werden 3 Konsistenzbereiche unterschieden (siehe Tabelle 2). Innerhalb dieser Bereiche ist die Konsistenz gegebenenfalls durch ein bestimmtes Verdichtungs- oder Ausbreitmaß (siehe Spalten 4 und 5) genauer festzulegen (siehe DIN 1048 Teil 1).
Beton mit einem Konsistenzbereich weicher als K 3 darf nur als Fließbeton, der den Richtlinien für die Herstellung und Verarbeitung von Fließbeton entspricht, verwendet werden.

Mehlkorngehalt

Der Beton muß eine bestimmte Menge an Mehlkorn enthalten, damit er gut verarbeitbar ist und ein geschlossenes Gefüge erhält. Der Mehlkorngehalt setzt sich zusammen aus dem Zement, dem im Betonzuschlag enthaltenen Kornanteil 0 bis 0,25 mm und nötigenfalls einem möglichst gemischtkörnigen Zusatz dieser Korngruppe aus festen, nicht erweichbaren und die Beständigkeit des Betons nicht vermindernden natürlichen oder künstlichen Mineralstoffen. Ein ausreichender Mehlkorngehalt ist besonders wichtig bei Beton, der über längere Strecken oder in Rohrleitungen gefördert wird, bei Beton für dünnwandige, eng bewehrte Bauteile, bei wasserundurchlässigem Beton.
Im allgemeinen ist ein Mehlkorngehalt nach Tabelle 3 zweckmäßig.
Werden luftporenbildende Zusatzmittel verwendet, so ist ein kleinerer Mehlkorngehalt zweckmäßig und ausreichend.

Tabelle 3 Richtwerte für den Mehlkorngehalt

	1	2
	Größtkorn des Zuschlaggemisches mm	Mehlkorngehalt in 1 m^3 verdichteten Betons kg
1	8	525
2	16	450
3	32	400
4	63	325

Der Mehlkorngehalt soll möglichst auf das für die Verarbeitung notwendige Maß beschränkt werden, besonders bei Betoneigenschaften, die durch einen zu hohen Mehlkorngehalt nachteilig beeinflußt werden können, wie Frost-, Abnutzungs- und chemischer Widerstand.

Zusammensetzung der Betongruppe I (B 5–B 25)

Zementgehalt

Der Beton muß so viel Zement enthalten, daß die geforderte Druckfestigkeit und bei bewehrtem Beton ein ausreichender Schutz der Stahleinlagen vor Korrosion erreicht werden können.

Tabelle 4 Mindestzementgehalt für Beton BI bei Zuschlag mit einem Größtkorn von 32 mm und Zement der Festigkeitsklasse Z35 nach DIN 1164

	1	2	3	4	5
	Festigkeitsklasse des Betons	Sieblinienbereich des Zuschlags	Mindestzementgehalt in kg je m^3 verdichteten Betons für Konsistenzbereich		
			K 1 6)	K 2	K 3
1	B 5	günstig (3)	140	160	–
2		brauchbar (4)	160	180	–
3	B 10	günstig (3)	190	210	230
4		brauchbar (4)	210	230	260
5	B 15	günstig (3)	240	270	300
6		brauchbar (4)	270	300	330
7	B 25	günstig (3)	280	310	340
8		brauchbar (4)	310	340	380

6) Nur für unbewehrten Beton

Wird der Zementgehalt aufgrund einer Eignungsprüfung festgelegt, so muß er je m³ verdichteten Betons jedoch mindestens betragen:
100 kg bei unbewehrtem Beton und bei Stahlbeton mit Rücksicht auf den Korrosionsschutz der Stahleinlagen
240 kg bei Zement der Festigkeitsklasse Z 35 und höher,
280 kg bei Zement der Festigkeitsklasse Z 25.
Eine Eignungsprüfung ist bei Beton ohne Zusätze nicht erforderlich, wenn die Betonzusammensetzung mindestens den Bedingungen der Tabelle 4 und den folgenden Angaben entspricht:
Der Zementgehalt nach Tabelle 4 muß vergrößert werden um
15% bei Zement der Festigkeitsklasse Z 25
10% bei einem Größtkorn des Zuschlags von 16 mm
20% bei einem Größtkorn des Zuschlags von 8 mm.
Der Zementgehalt nach Tabelle 4 darf verringert werden um
höchstens 10% bei Zement der Festigkeitsklasse Z 45 und
höchstens 10% bei einem Größtkorn des Zuschlages von 63 mm.
Die Vergrößerungen des Zementgehalts müssen, die Verringerungen dürfen zusammengezählt werden; jedoch darf bei Stahlbeton der im dritten Absatz dieses Abschnittes angegebene Zementgehalt nicht unterschritten werden.

Zuschlaggemisch

Die Sieblinie des Zuschlags muß bei einer Zusammensetzung nach Tabelle 4 und den anschließenden Angaben stetig sein und zwischen den Sieblinien A und C der Bilder 1 bis 4 verlaufen. Sie

muß im günstigen Bereich (Sieblinienbereich [3]) liegen, wenn der in Tabelle 4 für den günstigen Sieblinienbereich angegebene Mindestzementgehalt angewendet wird.
Wird die Betonzusammensetzung aufgrund einer Eignungsprüfung festgelegt, so muß die dabei verwendete Kornzusammensetzung des Zuschlaggemisches bei der Herstellung dieses Betons eingehalten werden. Außer stetigen Sieblinien dürfen dann auch Ausfallkörnungen verwendet werden.
Ungetrennter Betonzuschlag aus Gruben oder Baggereien darf nur für Beton der Festigkeitsklassen B 5 und B 10 verwendet werden, sofern er den Anforderungen von DIN 4226 und seine Kornzusammensetzung den Anforderungen dieser Norm entsprechen.
Für Beton der Festigkeitsklassen B 15 und B 25 muß der Zuschlag wenigstens nach 2 Korngruppen, von denen eine im Bereich 0 bis 4 mm liegt, getrennt angeliefert und getrennt gelagert werden. Sie sind an der Mischmaschine derart zuzugeben, daß die geforderte Kornzusammensetzung des Gemisches entsteht. An Stelle getrennter Korngruppen darf bei Korngemischen mit einem Größtkorn bis zu 32 mm auch werkgemischter Betonzuschlag nach DIN 4226 Blatt 1 verwendet werden, wenn seine Kornzusammensetzung den Bedingungen des Abschnitts 6.2 entspricht.

Konsistenz

Die Konsistenz des Frischbetons ist unter Berücksichtigung der Verarbeitungsbedingungen am Bau (z. B. Art der Verdichtung) vor Baubeginn festzulegen.

Zusammensetzung der Betongruppe II B 35–B 55

Zementgehalt

Der erforderliche Zementgehalt ist aufgrund der Eignungsprüfung festzulegen. Er muß jedoch bei Stahlbeton mit Rücksicht auf den Korrosionsschutz der Stahleinlagen je m³ verdichteten Betons mindestens betragen

240 kg bei Zement der Festigkeitsklasse Z 35 und höher,
280 kg bei Zement der Festigkeitsklasse Z 25.

Zuschlaggemisch

Der Betonzuschlag, seine Aufteilung nach Korngruppen und die Kornzusammensetzung des Zuschlaggemisches müssen bei der Herstellung des Betons der Eignungsprüfung entsprechen.
Für stetige Kornzusammensetzungen des Zuschlaggemisches 0 bis 32 mm muß der Zuschlag nach mindestens 3, für unstetige nach mindestens 2 Korngruppen getrennt angeliefert, gelagert und zugegeben werden; eine der Korngruppen muß im Bereich 0 bis 2 mm liegen. Für Zuschlaggemische 0 bis 8 mm und 0 bis 16 mm genügt die Trennung in eine Korngruppe 0 bis 2 mm und eine größere Korngruppe.
Ein Mehlkornzusatz gilt nicht als Korngruppe.

Wasserzementwert (W/Z-Wert) und Konsistenz

Als Wasserzementwert (W/Z-Wert) wird das Verhältnis des Wassergehalts W zum Zementgewicht Z im Beton bezeichnet.
Der Beton darf mit keinem größeren Wasserzementwert hergestellt werden, als durch die Eignungsprüfung festgelegt worden ist. Erweist sich der Beton mit dieser Konsistenz für einzelne schwierige Betonierabschnitte als nicht ausreichend verarbeitbar und soll daher der Wassergehalt erhöht werden, so muß der Zementanteil im gleichen Gewichtsverhältnis vergrößert werden. Beides muß in der Mischmaschine geschehen.
Bei Stahlbeton darf der W/Z-Wert wegen des Korrosionsschutzes der Bewehrung bei Zement der Festigkeitsklasse Z 25 den Wert 0,65 und bei Zementen der Festigkeitsklassen Z 35 und höher den Wert 0,75 nicht überschreiten.

Verhalten von Beton

Jede gewünschte Festigkeit des erhärteten Betons kann durch geeignete Kornzusammensetzung, durch Zementzusatz und Wasser-Zementfakten mit ausreichender Genauigkeit vorherbestimmt werden. Ebenso sind rechnerisch die Wärmeausdehnung und die Formänderung unter Gebrauchslast zu ermitteln.
Formveränderungen und Spannungen erwachsen jedoch nicht nur aus Belastungs- und Temperatureinflüssen. Sie sind abhängig von der Zusammensetzung des Betons, von den äußeren Abmessungen der Betonbauteile, von den umgebenden Feuchtigkeits-, Temperatur- und Belastungsverhältnissen unmittelbar nach Erhärtung des Betons.
Im späteren Einbauzustand treten sie als Kriechen, Schwinden und Quellen des Betons noch wesentlich komplexer in Erscheinung.

Leichtbeton

Beton mit einem Raumgewicht 800–≦2000 kg/m³ bezeichnet man als Leichtbeton. Er besitzt eine größere Wärmedämmfähigkeit als Schwerbeton und eignet sich deshalb in Form von Mauersteinen oder Fertigteilen gut für den Wohnungsbau. Wegen seines Dämmvermögens und seines geringen Gewichtes wird er außerdem zur Herstellung von anderen Bauteilen, wie z. B. Deckenhohlkörpern, Platten usw., verwendet.

Baustoffe

Bindemittel
Den Bindemitteln entsprechend unterscheidet man Zement-Leichtbeton und Kalk-Leichtbeton.
Zur Herstellung von Zement-Leichtbeton werden ausschließlich Normenzemente nach DIN 1164 (Portland-, Eisenportland-, Hochofen-, Traßzement) verwendet, da Bindemittel von geringerer Bindekraft eine Erhöhung des Bindemittelanteils erfordern würden, was einer Verfüllung der Hohlräume und somit einer Herabsetzung der Wärmedämmfähigkeit gleichkäme.
Zur Herstellung von Kalk-Leichtbeton eignet sich hauptsächlich reiner, feingemahlener, magnesitarmer Kalk.

Zuschlagstoffe

Als Zuschlagstoffe für Leichtbeton eignen sich: Natur-, Hütten- und Sinterbims, Ziegelsplitt, porige Hochofen-, Lava- und Kesselschlacke, Lavakrotze, Blähton, Tonhohlkugeln, Synthoporit usw. Die Wärmedämmfähigkeit des Leichtbetons hängt ab von der Eigenporigkeit und Kornzusammensetzung der Zuschlagstoffe. Je kleiner und zahlreicher die Poren im Beton vorhanden und je gleichmäßiger sie darin verteilt sind, um so größer ist die Wärmedämmfähigkeit. Die zahlreichen Poren verringern gleichzeitig das Raumgewicht, aber auch die Druckfestigkeit des Leichtbetons. Die für eine gute Wärmedämmung erforderliche Haufwerksporigkeit wird zum Teil schon erreicht durch das Weglassen der Korngruppe 0 bis 3 mm. Eine größere Porigkeit ergibt sich, wenn man nur eine Korngruppe, 3 bis 7 mm, 7 bis 15 mm oder 15 bis 30 mm verwendet. Die Porigkeit wird um so besser, je weniger das Kleinkorn vom Großkorn abweicht. Korngruppen mit kleineren Unterschieden in den Korngrößen, wie z. B. 10 bis 15 mm, 15 mm bis 20 mm oder 20 bis 25 mm, eignen sich deshalb am besten.

Die Zuschlagstoffe für die Herstellung von Leichtbeton müssen frei sein von schädlichen Beimengungen. Sogenannte Schwerstoffe wie Beton, Zementmörtel, Natursteine, Keramik und Glas schädigen den Beton, wenn sie in größeren Mengen (mehr als 25%) in den Zuschlagstoffen enthalten sind. Schädlich sind ferner alle abschlämmbaren Bestandteile bei einem Gehalt von mehr als 3 Gew.-%, alle brennbaren Bestandteile von mehr als 20 Gew.-%, bezogen auf die Zuschlagstoffe in getrocknetem Zustand (bei 378 K [105 °C]) und ein Gesamtschwefelgehalt von mehr als 1,5 Gew.-%. Der im Hüttenbims als Calziumsulfid vorhandene Schwefel ist an Kalk gebunden und darum unschädlich.

Bei Gas- und Schaumbeton müssen die Zuschlagstoffe besonders feinkörnig sein. Der Durchgang durch das Sieb 0,09 DIN 4188 muß mindestens 30 Gewichts-% betragen. Es werden Feinsande, meist gemahlener Quarzsand oder andere feinkörnige Zuschlagstoffe, verwendet, wie Flugaschen, Ölschieferaschen, gemahlener Bimssand, Hochofenschlacken u. ä.

Zusätze

Um ein gleichmäßiges, feinporiges Betongefüge zu erhalten, werden gas- oder schaumbildende Zusätze beigegeben. Als gasbildende Zusätze gelten: Aluminiumpulver, Kalziumkarbidpulver, Wasserstoffsuperoxyd mit Chlorkalk als Beschleuniger u. a. Als schaumbildende Zusätze verwendet man besondere Seifenlösungen, Sulfo-Säuren, Kondensationsprodukte des Phenolaldehyds oder Emulsionen. Der luftporenbildende Schaum wird in Mischern vor dem Einfüllen in die Form erzeugt und muß bis zum Erhärten des Betons erhalten bleiben.

Für Herstellung, Verwendung und Prüfung von Gas- und Schaumbeton gilt DIN 4164. Hier unterscheidet man den „Porenbeton" in:

a) Beton, der in gespanntem Dampf erhärtet,

b) Beton, der bei erhöhter Temperatur in nicht gespanntem Dampf erhärtet,

c) Beton, der an der Luft erhärtet.

Für tragende Bauteile finden Gas- und Schaumbeton nur in Form dampfgehärteter Wandbausteine und Fertigbauteile Verwendung.

Verarbeitung

Leichtbeton wird in der Regel geschüttet (Schüttbeton). Außerdem stellt man aus ihm Mauersteine, Deckensteine, Balken, Platten usw. her.

Ausführliches über Mauersteine aus Leichtbeton siehe unter: „Mauerwerk aus gebundenen Steinen".

Die Anwendung der Güteklassen richtet sich nach den statischen und wärmetechnischen Anforderungen.

Tabelle 2 Rohdichteklassen

	1	2
	Rohdichte-klasse	Grenzen des Mittelwertes der Beton-Trockenrohdichte ρ_d in kg/dm³
1	1,0	0,80 bis 1,00
2	1,2	1,01 bis 1,20
3	1,4	1,21 bis 1,40
4	1,6	1,41 bis 1,60
5	1,8	1,61 bis 1,80
6	2,0	1,81 bis 2,00

DIN 4219, Teil 1 Leichtbeton und Stahlleichtbeton mit geschlossenem Gefüge

Tabelle 1 Festigkeitsklassen und ihre Anwendung

	1	2	3	4	5	6
	Betongruppe	Festigkeitsklasse des Leichtbetons	Nennfestigkeit β_{WN} N/mm²	Serienfestigkeit β_{WS} N/mm²	Anwendung	
1	Leichtbeton B I	LB 8	8,0	11	Für unbewehrte Bauteile. Als Stahlleichtbeton nur für Wände nach DIN 1045, Ausgabe Dezember 1978, Abschnitt 25.5.1 und für Fassaden- und Brüstungselemente, die durch Eigenlasten und Wind belastet werden	Nur bei vorwiegend ruhenden Lasten
2		LB 10	10	13		
3		LB 15	15	18	Unbewehrter Leichtbeton und Stahlleichtbeton	
4		LB 25	25	29	Unbewehrter Leichtbeton, Stahlleichtbeton und Spannleichtbeton	Auch bei nicht vorwiegend ruhenden Lasten
5	Leichtbeton B II	LB 35	35	39		
6		LB 45	45	49		
7		LB 55	55	59		

Dehnfugenabstände bei Wänden

Bauteile	Bauart	Fugenabstand a (in m)
Freistehende Wände	Ziegelmauerwerk im Schatten	= 20
	Ziegelmauerwerk von der Sonne bestrahlt	= 10
	Mauerwerk aus zementgebundenen Steinen, z.B. Hohlblocksteinen, Kalksandsteinen 5 im Schatten von der Sonne bestrahlt	 = 15 = 8
	Unbewehrter Beton im Schatten	= 8
	Unbewehrter Beton von der Sonne bestrahlt	= 3
Gebäudewände aus Ziegelsteinen	(Untere Grenze gilt bei Ortbetondecken, obere Grenze bei Stahlbetonfertigteilen und Holzbalkendecken)	= 15–30
Gebäude aus zementgebundenen Steinen oder Kalksandsteinen	(Untere Grenze gilt bei Ortbetondecken, obere Grenze bei Stahlbetonfertigteilen und Holzbalkendecken)	= 20–35
Stahlbetonskelett- und Hallenbauten	allgemein bei erhöhter Brand- und Zerknallgefahr	= 30–50 = 30
Flachdächer, Terrassen (die Fugen sind durch das darunterliegende Geschoß zu führen)	über gemauerten Wänden bei Wärmedämmung nach DIN 4108 bei stärkerer Dämmung (Nachweis) größere Fugenabstände nur, wenn Wärme und Schwindspannungen durch zusätzliche Bewehrung bei rechnerischem Nachweis aufgenommen oder die Auflager gleitend ausgebildet werden	= 10–12 = 10–15
Gesimse, auskragende Stahlbetonplatten, Balkone	bei ausreichender Dämmung ohne Dämmung (Zwischenfugen innerhalb der Gebäudefugen)	= 8 = 4
Estriche	auf Wärmedämmschichten mit Drahtgewebeeinlagen, von der Sonne bestrahlt	= 3–4

Nach: Ziegel Bauberatung

Wände als Bauteile

Aufgrund unserer statischen und bauphysikalischen Erkenntnisse und unseres Wirtschaftlichkeitsdenkens sind wir heute bestrebt, bei möglichst geringem Arbeits- und Materialaufwand die Aufgaben der Wände im Baugefüge genau zu bestimmen, zu differenzieren und danach die Wahl des geeigneten Materials und der Ausführungsart zu treffen.
Es handelt sich bei Bauten, die dem dauernden menschlichen Aufenthalt dienen, wie z. B. Wohn- und Verwaltungsbauten, Hotels usw., in der Hauptsache um folgende Wandarten:
- Außenwände
- Tragwände
- Haus-Trennwände und Treppenhauswände
- Raum-Trennwände
- Wände mit Installationsleitungen, z. B. für Bad und Küche.

Außenwände

Sie müssen im optimalen Maße folgende Eigenschaften besitzen:
- Druck-Standfestigkeit und Knicksicherheit
- Widerstandsfestigkeit gegen Erschütterungen und Schwingungen
- Feuersicherheit
- Wetterfestigkeit und Feuchtigkeitsschutz, Widerstandsfähigkeit gegen Industrieabgase
- Wärmedämmfähigkeit
- Schalldämmfähigkeit.

Tragwände

Sie sind stärker belastet als Außenwände, sollen eine gute Schalldämmfähigkeit und Wärmespeicherfähigkeit besitzen, während die Wärmedämmfähigkeit eine geringere Rolle spielt. Auch feuersicher müssen sie sein.

Treppenhaus- und Wohnungstrennwände

Soweit sie nicht auch als Tragwände herangezogen werden, müssen sie vor allem eine gute Schalldämmfähigkeit (55 dB), genügend Wärmedämmung (ungeheiztes Treppenhaus und eventuell ungeheizte Nachbarwohnung) und Feuersicherheit aufweisen.

Raumtrennwände

Sie haben normalerweise nur bei sogenannten Längswandtypen in gewissen Abständen eine statische Funktion, und zwar die der Aussteifung der Außen- und Tragwände. Ansonsten sind alle Leichtwandkonstruktionen brauchbar. Sie sollten aber bei benachbarten Wohn- und Büroräumen, Badezimmern usw. ausreichend schalldämmend sein.

Wände mit Installationsleitungen

In Wänden mit Rohrinstallationen (Badezimmer, Küche, WC) beeinträchtigen senkrechte, geschnittene oder eingestemmte Schlitze kaum die statische Festigkeit einer Wand, sofern sie nicht in dichter Folge und mit großen Querschnitten auftreten. Horizontale und schräge Schlitze sollten dagegen grundsätzlich vermieden werden. Installationen werden heute meist vor die Wand gesetzt und ausgemauert (Vorwandinstallation). Besonders ist bei Installationswänden auf ihre Lage im Grundriß und die Schalldämmung zu achten. (Siehe Kapitel „Mauerwerksbau, Aussparungen und Schlitze".)

Stützwände

Die Aufgabe der Stützwände besteht in der Abstützung von Erdkörpern, die steiler geböscht sind, als es nach ihrem natürlichen Ruhewinkel möglich wäre. Sie werden dabei auf Kippen und Gleiten beansprucht, da der Erddruck vorwiegend als horizontal gerichtete Kraft angreift. Der Erddruck hängt ab von der Größe und dem Gewicht des abgleitenden Erdkörpers. Größe und Gewicht hängen wiederum ab von der Bodenart, deren Beschaffenheit, Raumgewicht und Wassergehalt. Für die Ermittlung des Erddruckes gibt es heute eine ganze Reihe von Theorien und Verfahren, die den tatsächlichen, oft schwierigen Verhältnissen innerhalb der verschiedenen Bodenarten nahezukommen versuchen. Allgemein bedient man sich vereinfachter Annahmen und Formeln, die durchweg auf der alten Erddrucktheorie von Coulomb (1773) aufbauen. Eine allgemein anwendbare Art der Ermittlung des Erddruckes auf zeichnerischem Wege wird nachstehend gezeigt.

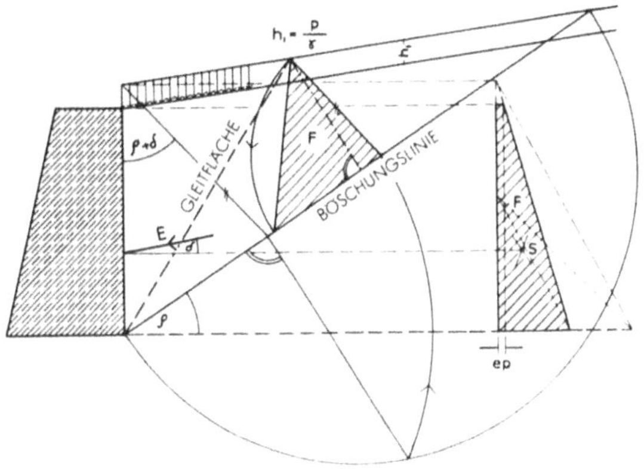

Verbindliche Angaben über das Berechnungsgewicht der einzelnen Bodenarten und Schüttgüter sowie des jeweils zugehörigen Winkels der inneren Reibung finden sich in DIN 1055, Teil 1. Im weiteren enthält das Normblatt nachstehende Bemessungsregeln:

1. Als Neigungswinkel der Oberfläche von Bodenarten und Schüttgütern zur Waagrechten ist stets der tatsächlich mögliche ungünstigste Winkel zugrunde zu legen.
2. Der Reibungswinkel zwischen der Hinterfüllung oder den Schüttgütern und der Stützwand ist entsprechend dem Feuchtigkeitsgrade der Hinterfüllung und der Rauhigkeit der Stützwand anzunehmen. In ungünstigen Fällen, z. B. bei stark durchnäßter Hinterfüllung oder bei sehr glatter Stützwand, ist der Reibungswinkel mit 0° in Rechnung zu stellen. In besonders günstigen Fällen darf er mit höchstens $^2/_3$ der im Normblatt festgelegten inneren Reibungswinkel angenommen werden (z. B. bei einer Hinterfüllung, die dauernd gegen Durchnässung geschützt ist, oder bei sehr rauher Stützwand).
3. Bei schmalen, dem Erddruck ausgesetzten Baukörpern, z. B. Pfeilern (Stützen), die in Böschungen stehen, genügt es nicht, bei der Ermittlung des Erddruckes die einfache Pfeilerbreite in Rechnung zu stellen. Im allgemeinen rechnet man mit der dreifachen Pfeilerbreite. Der Gegendruck der vor dem betreffenden Baukörper liegenden Erde darf nicht berücksichtigt werden.
4. Bei Bauwerken und Bauteilen ist die Sicherheit gegen Umkippen und Gleiten nachzuweisen. Günstig wirkende Verkehrslasten dürfen dabei nicht berücksichtigt werden. Der Erdwiderstand (passiver Erddruck) darf nicht in Rechnung gestellt werden, wenn die in Betracht kommenden Bauteile unter der Voraussetzung berechnet sind, daß waagerechte Verschiebungen nicht eintreten, oder wenn mit der Möglichkeit zu rechnen ist, daß die Erde dauernd oder vorübergehend entfernt wird. Kipp- und Gleitsicherheit müssen mindestens 1,5fach sein.

Stützwände kann man als reine Schwergewichtsmauern oder als ausgesteifte Wände ausführen.

SCHWERGEWICHTSMAUERN

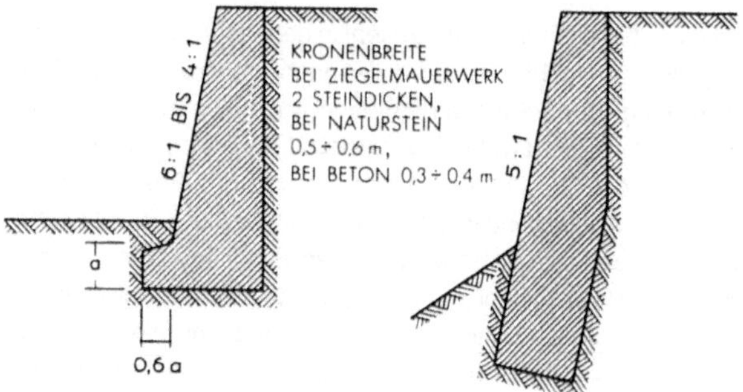

NORMALQUERSCHNITT NACH PETERSEN

STÜTZMAUER MIT SPARBOGEN

GUTE AUSNUTZUNG DER BAUSTOFFE, ABER VIEL SCHALUNGSARBEIT

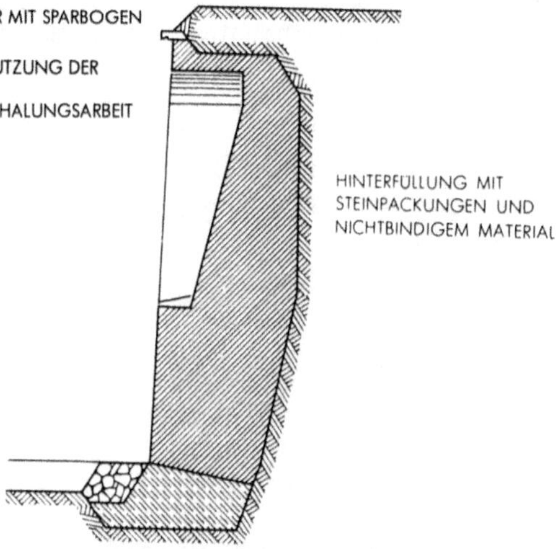

STÜTZWÄNDE AUS STAHLBETON

GERINGERE BAUSTOFFMASSE

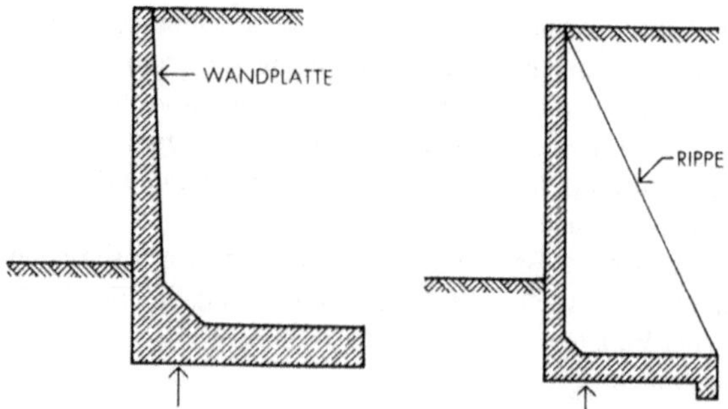

Grundplatte meist durchgehend
Wandplatte in Grundplatte eingespannt

L-förmiger Querschnitt
Wandplatten von erdseitig angeordneten dreieckförmigen Rippen od. Rahmen gestützt

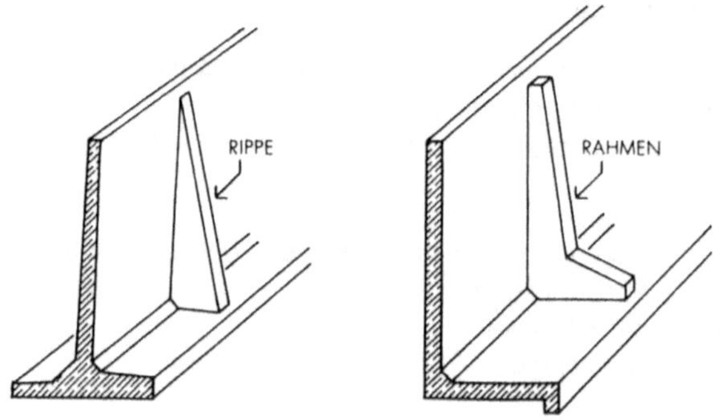

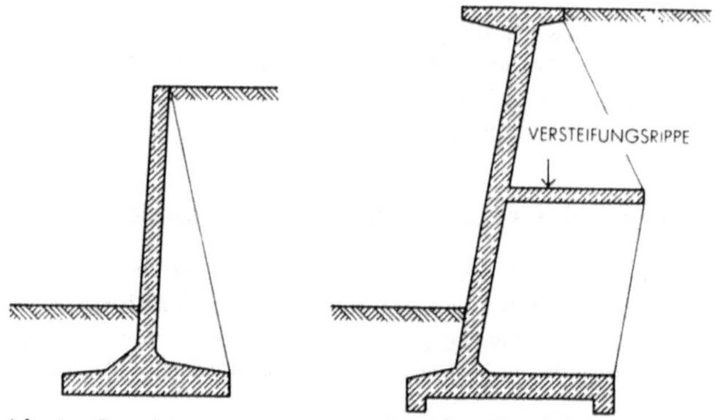

L-förmiger Querschnitt
Wandplatten von erdseitig angeordneten dreieckförmigen Rippen od. Rahmen gestützt

Bei größeren Mauerhöhen und Auflasten waagerechte Versteifungsrippen der Vorderwand, Verbreiterung der Mauerkrone

Schwergewichtsmauern wirken lediglich durch ihr Eigengewicht gegen anfallenden Erddruck. In dem Bestreben, die Maße solcher Mauerkörper möglichst günstig gegen den Erddruck anzusetzen, wurde schon eine ganze Reihe geeigneter Querschnittsformen entwickelt. Die einfachste, die sich in fast allen Fällen anwenden läßt, ist die von Petersen empfohlene. Bei komplizierteren Formen hebt sich die Ersparnis an Masse meist gegen den höheren Arbeitsaufwand auf. Wenn Schwergewichtsmauern unwirtschaftlich werden, kann man ausgesteifte Stützwände aus Mauerwerk, Beton oder Stahlbeton errichten.
Ein besonders wichtiger Punkt für den Bestand der Stützwände ist die Entwässerung ihrer Rückseite. Wasseransammlung hinter einer Stützwand erhöht den Erddruck und die Gleitgefahr und führt zu Frostschäden. Die notwendigen Vorkehrungen richten sich nach der Art des anstehenden Bodens. In bindigen Böden (z. B. Ton, Lehm, Mergel usw.) bilden sich senkrecht zur Richtung der Frosteindringung Eislinsen und -bänder, die ein Heben und Schieben des Bodens verursachen. Bei nichtbindigen Böden, wie Sand, Kies und auch Geröll, werden die einzelnen Körner von den Eiskristallen umschlossen, wobei sich auch mit Wasser gefüllte Böden nicht heben. Deshalb werden Stützmauern zweckmäßigerweise mit Steinpackungen und nichtbindigem Material hinterfüllt und am Fuße mittels quer durch die Mauer geführten Rohren oder gemauerten Durchlässen entwässert. Längere Stützwände trennt man in Abständen bis etwa 15 m durch Bewegungsfugen.
Stützwände können in starkem Maße das Bild der Landschaft beeinflussen. Am besten fügen sich Mauern aus Natursteinen der örtlichen Vorkommen ein. Werden sie als Trockenmauern geschichtet, so siedeln sich im Laufe der Zeit Pflanzen aus der Umgebung in der fugenfüllenden Erde an. Stützwände aus Beton oder Stahlbeton kann man mit Natursteinen verkleiden. Solche Verkleidungen sind jedoch nur von Dauer, wenn sie handwerksgerecht ausgeführt werden (siehe DIN 1053 Ziffer 6.2 und „Mauerwerk aus natürlichen Steinen"). Stützbauwerke aus sichtbarem Beton oder Stahlbeton stellen höchste Ansprüche an ihre Gestaltung. Befriedigend wirken Stützwände aus Beton mit stark farbigen Zuschlagstoffen in Korngrößen bis zu 100 mm (Geröllkies), die nach dem Abbinden und Erhärten mit dem Spitzeisen bearbeitet wurden (gestockter Beton). Durch das Spitzen werden die Steine an der Wandoberfläche gespalten, so daß ihre Struktur und Farbe hervortreten und sich eine schöne Patina bilden kann.
Auch die Größenbemessung der Stützwände spielt eine wichtige Rolle. Niedrige Stützwände wirken immer besser als hohe. Sind höhere Erdkörper abzustützen, so zieht man, wo es angeht, mehrere niedrige, treppenartig angeordnete Stützwände einer höheren vor.

Kellerwände

Zur Aufbewahrung der Wirtschaftsgüter und Unterbringung notwendiger Nebenräume, wie Waschküchen, Heizräume, Fahrradabstellräume usw., werden normalerweise alle Wohnhäuser unterkellert. Auch bei anderen Gebäudearten sind Keller oft erwünscht oder notwendig.

Die Kellerwände unterliegen anderen, zum Teil schwereren Anforderungen als die übrigen Geschoßwände. Die Kelleraußenwände bilden die Umschließung des Gebäudes gegen das Erdreich. Sie müssen dem anfallenden Erddruck und dem Eisdruck im Winter standhalten und je nach der Art des Baugefüges verschieden große Vertikallasten aufnehmen und über die Gründungskörper in den Baugrund ableiten. Dabei können die Kelleraußenwände auf Kippen und Gleiten und auf Druck und Biegung beansprucht werden. Sie sind der dauernden Einwirkung der Erdfeuchtigkeit und manchmal sogar des Wassers ausgesetzt. Häufig enthält der Boden auch Chemikalien, die die Wandbaustoffe angreifen. Die Bodenfeuchtigkeit und das Spritzwasser durchnässen den Sockel und können durch Auffrieren im Winter diesen Teil der Kellerwand allmählich zerstören. In Kelleraußenwände ist deshalb sowohl über dem Kellerfußboden als auch unter der Kellerdecke (um Spritzwasserhöhe über Gelände) eine horizontale Sperrschicht notwendig. Für Kellerinnenwände (auch Schornsteine) genügt eine Sperrschicht über dem Kellerfußboden. Zur Abdichtung gegen seitlich eindringende Feuchtigkeit erhalten die Außenflächen der Kellerumfassungswände Schutzanstriche. Einzelheiten über die Abdichtungsmaßnahmen gegen aufsteigende und seitlich eindringende Feuchtigkeit sind unter „Feuchtigkeitsschutz" näher beschrieben.

In der Erfüllung ihrer statischen Aufgaben wirken die Kelleraußenwände als Stütz- und Tragwände. Als Stützwände zeigen sie sich am klarsten bei Skelettbauten mit auskragenden Geschossen.

In diesem Falle müssen die Kellerwände genau wie Stützwände im Freien den gesamten anfallenden Erddruck aufnehmen, sie dürfen also weder kippen noch gleiten. Man kann sie als reine Schwergewichtswände aus Mauerwerk oder Beton in geeigneter Querschnittsform oder als ausgesteifte Stützwände aus Mauerwerk, Beton oder Stahlbeton herstellen. Sollen sie durch den Kellerfußboden am Gleiten gehindert werden, so ist dieser entsprechend zu bemessen.

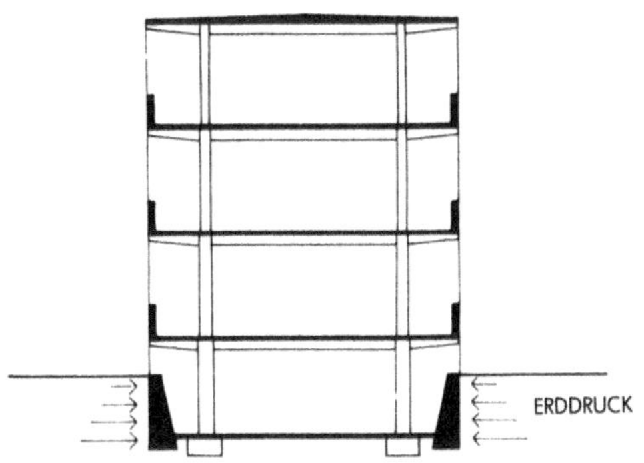

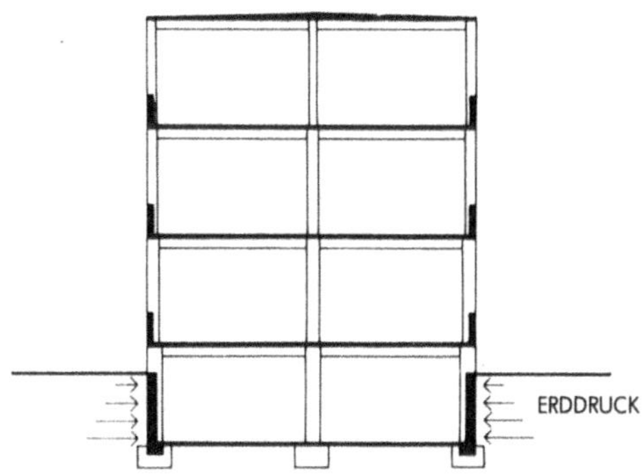

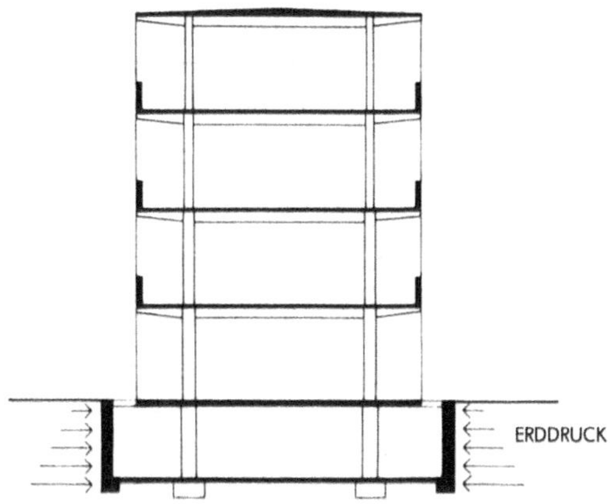

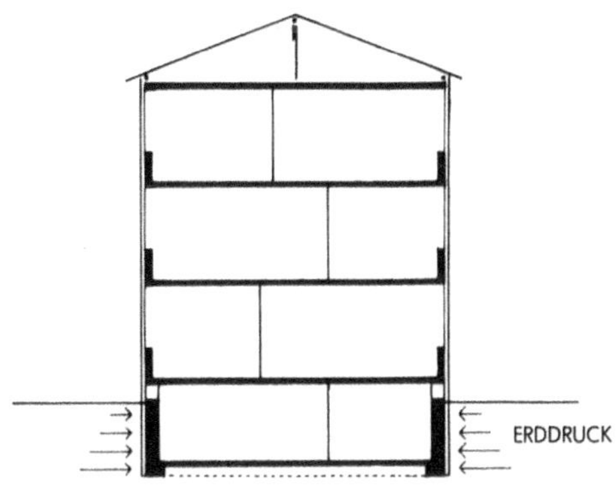

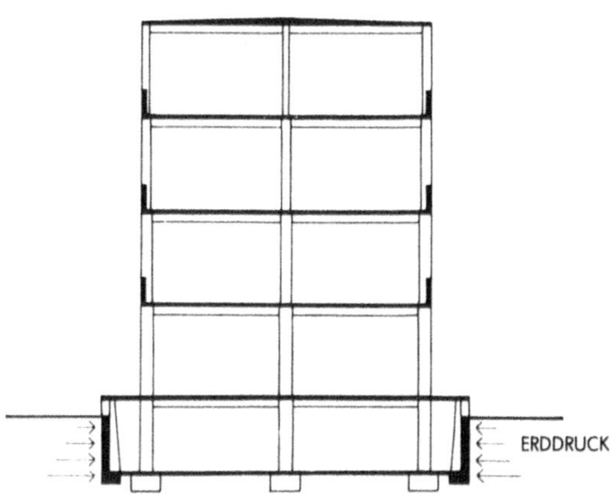

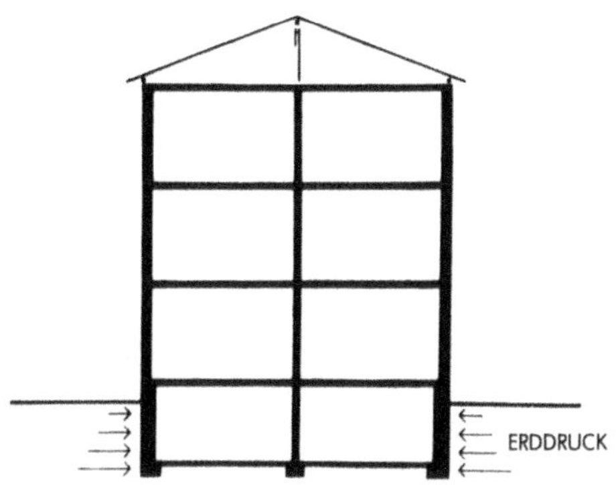

In der Mehrzahl der Fälle werden die Kelleraußenwände durch das Bauwerk selbst ausgesteift.
Kann sich die Kelleraußenwand oben an die Kellerdecke und unten an den Kellerfußboden anlehnen, so wirkt sie sinngemäß wie eine Platte auf zwei stützenden Scheiben. Bei großen Kellerhöhen wird man häufig die Außenwände bewehren, um ihre Stärke verringern zu können. Die Hauptbewehrung liegt hierbei auf der Wandinnenseite und verläuft lotrecht. Ist die Kellerdecke, wie z. B. bei Geschäftsbauten, von Lichtöffnungen durchbrochen, dann ist gegebenenfalls ein oberer Horizontalrahmen erforderlich.
Ist die Kelleraußenwand stark von Fenstern durchbrochen, so besteht die Gefahr, daß sich durch den Erddruck an den Fensterpfeilern horizontale Bruchrisse bilden oder gar die Wand eingedrückt wird. Zur Verhütung dieser Schäden kann man den Wandteil unterhalb der Öffnungen als freistehende Stützwand ausbilden. Will man nicht auf die Anlehnung an die Kellerdecke verzichten, so muß man die Wand entweder durch gemauerte Pfeilervorlagen oder durch stahlbewehrte Pfeiler vertikal aussteifen.
Bei Skelettbauten mit außenstehenden Stützen müssen diese auch den Erddruck aufnehmen, den die Kelleraußenwände an sie abgeben. Bei großen Stützabständen kann eine Bewehrung der Wände notwendig werden. Unter Umständen sind vertikale Aussteifungsrippen wirtschaftlicher.
Ähnliche Verhältnisse ergeben sich bei Massivbauten mit tragenden Querwänden. Aus den Grundrißbedürfnissen heraus stehen die Querwandscheiben meistens in engeren Abständen als die Stützen von Skelettbauten, so daß sie die Kelleraußenwände gut aussteifen. Zudem erhöhen die Vertikallasten aus den Umschließungswänden der oberen Geschosse die Kippsicherheit der Kelleraußenwände.
Die Kelleraußenwände von Massivbauten mit tragenden Längswänden erhalten sowohl Wand- als auch Decken- und Dachlasten. Obwohl diese Vertikallasten die Kippsicherheit der Kelleraußenwände erhöhen, ist auch hier mit Rücksicht auf ihre Knicksicherheit eine genügende Queraussteifung unerläßlich. Man führt zu diesem Zweck möglichst viele Trennwände bis zum Keller durch, wo man sie verstärkt. Entspricht dieser Bautyp den Bedingungen von DIN 4106, so können die jeweils erforderlichen Wanddicken unmittelbar aus den darin enthaltenen Tafeln für die verschiedenen Wandbaustoffe entnommen werden.

Kellerwände aus Mauerwerk

Sollen die Kelleraußenwände gemauert werden, so müssen sie bis 50 cm über Erdgleiche entweder aus Voll- oder Lochsteinen mit Druckfestigkeiten $\geqq 10$ N/mm² (100 kp/cm²) (Mauerziegel, Kalksandsteine, Hüttensteine, Schwerbetonsteine, wetterbeständige Natursteine) oder aus Leichtbetonsteinen nach DIN 18151 und DIN 18152 mit Druckfestigkeiten $\geqq 5$ MN/m² (50 kp/cm²) bestehen. Am besten eignen sich frostbeständige Steine. Gemauerte Kelleraußenwände erhalten als Feuchtigkeitsschutz einen wasserdichten Außenputz mit Dichtungsanstrich. Die Bindemittel für das Mauerwerk der Kelleraußenwände müssen hydraulisch sein. Es kommen also wie für gemauerte Fundamentkörper nur Mörtel der Gruppen II, IIa und III, wie z. B. Schwarzkalkmörtel, Kalkzementmörtel oder Zementmörtel, in Betracht. Näheres über die Ausführung der einzelnen Mauerwerksarten ist unter „Herstellung der Wände" ausgesagt.
Bei Kellerwänden darf der Nachweis auf Erddruck entfallen, wenn
a) die lichte Höhe des Kellergeschosses $\leqq 2{,}60$ m ist,
b) die Kellerdecke als Scheibe wirkt,
c) die Wände nach Abschnitt 3.3 der DIN 1053 ausgesteift sind,
d) die Dicken und Abstände der aussteifenden Wände der Tabelle 3 entsprechen,
e) im Einflußbereich des Erddruckes auf die Kellerwände die Verkehrslasten 5 kN/m² (500 kp/m²) nicht überschreiten und die Geländeoberfläche nicht ansteigt.
f) die Mindestwanddicken in Abhängigkeit von der Höhe des Geländes über dem Kellerfußboden nach Tabelle 1 der DIN 1053 eingehalten werden.

Tabelle 1
DIN 1053 Mindestwanddicken von Kellerwänden

	1	2	3
	Kellerwanddicken *d*	Höhe *h* des Geländes über dem Kellerfußboden bei senkrechter Wandbelastung (ständige Lasten) von	
		⩾ 5 Mp/m (50 kN/m)	< 5 Mp/m (50 kN/m)
	cm	m	m
1	36,5	2,50	2,00
2	30	1,75	1,40
3	24	1,35	1,00

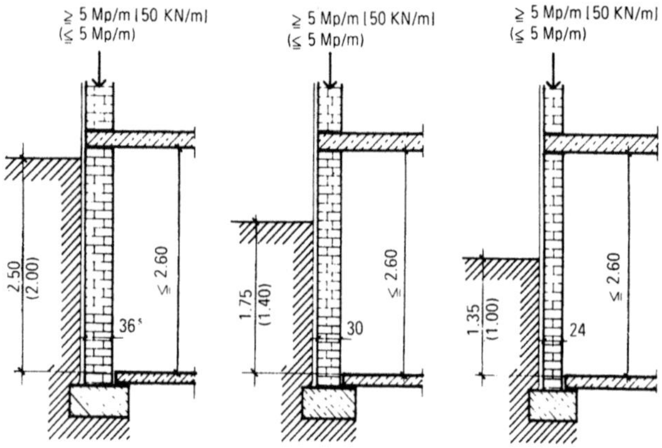

Kellerwände aus Beton

Kellerwände aus Stampfbeton werden im allgemeinen in den Betongüten B 10 und B 15 ausgeführt. Nach DIN 1047 sind diese Güteklassen des Betons nur für solche Kellerwände geeignet, die im durchfeuchteten Zustand keiner Frosteinwirkung ausgesetzt sind (Abdichtung); andernfalls ist Beton B 15 bzw. B 25 zu verwenden. Der Beton wird in zweiseitiger Schalung erdfeucht in Schichthöhen bis zu 30 cm eingebracht und gestampft oder gerüttelt. In sehr bindigen Böden, die sich senkrecht abstechen lassen und stehen bleiben, ist es möglich, mit einseitiger Schalung auszukommen. Das unmittelbare Anbetonieren an das Erdreich schließt jedoch eine äußere vertikale Abdichtung der Wand durch Anstrichmittel aus und bedingt dadurch die Verwendung dichteren Betons (höherer Zementgehalt, Dichtungszusätze).

Kellerwände aus Stahlbeton

Die Verwendung von Stahlbeton für Kellerwände richtet sich in erster Linie nach den statischen Anforderungen. Vornehmlich handelt es sich hierbei um die Ableitung vertikaler Lasten auf den Gründungskörper (z. B. bei Hochhäusern). Die Wände können hier auf Knickung beansprucht werden. Kelleraußenwände werden zu-

sätzlich durch Erddruck auf Biegung beansprucht, welcher für die Bemessung entscheidender ist als die Vertikalbelastung.
Die erforderliche Festigkeitsklasse des Betons ist nicht nur von der statischen Beanspruchung abhängig. Besonders bei Kelleraußenwänden sind die chemischen und physikalischen Einflüsse zu berücksichtigen. Aggressive Wässer im Erdreich greifen Beton und Bewehrung an, weshalb hier nach DIN 1045 größere Mindestüberdeckungen vorgeschrieben sind.

KELLERAUSSENWAND AUS STAMPFBETON
DRUCKSPANNUNG > 20 kp/cm² (2 MN/m²) (B 10) UND 30 kp/cm² (3 MN/m²) (B 15)

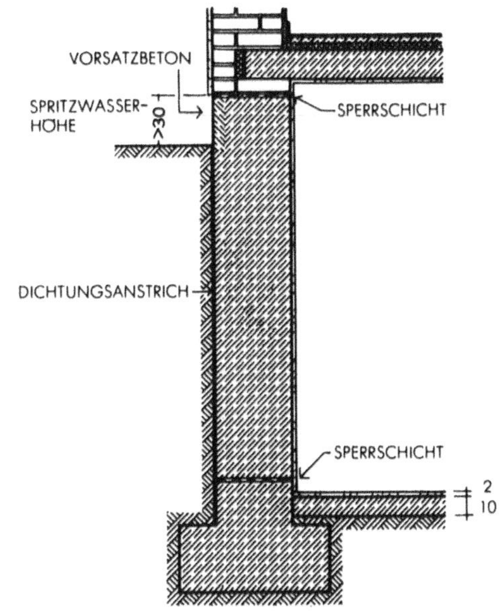

ZWEISEITIGE SCHALUNG (SCHEMA)

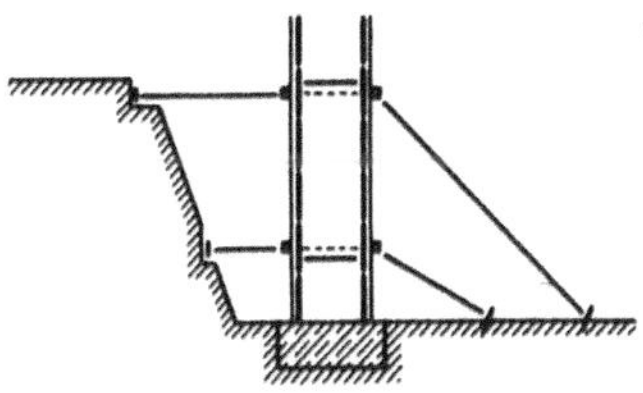

EINSEITIGE SCHALUNG (SCHEMA)

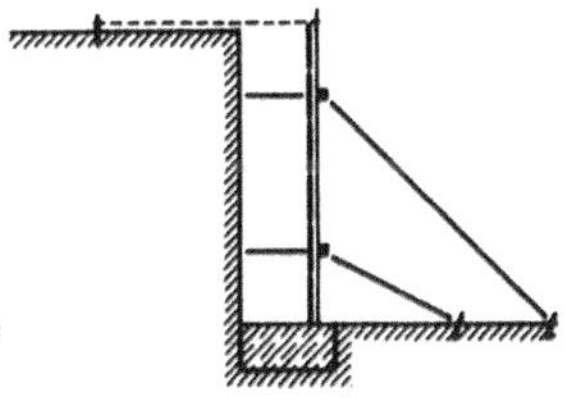

Kellerfenster und Lichtschächte

Die Größe der Kellerfenster wird durch den Verwendungszweck der dahinterliegenden Kellerräume bestimmt. Die Mindesthöhe eines hölzernen Kellerfensters beträgt ca. 30 cm, die eines Stahlfensters ca. 20 cm. Als seitlicher und oberer Anschlag genügen 5 cm.
In Wirtschaftskellern sollte man kleine Fenster anordnen, um die darin aufbewahrten Naturprodukte nicht allzu großen Temperaturschwankungen auszusetzen. Aus dem gleichen Grunde sucht man auch das Durchführen von Heizleitungen zu vermeiden.
Bei genügend hohem Sockel wird das Kellerfenster über Gelände liegen und mit zur äußeren Erscheinung des Baues beitragen. Befriedigend wirken Kellerfenster, über denen ein noch genügend hoher Sturz sichtbar bleibt, oder aber solche, die mit Sockeloberkante bündig sitzen. Die zweite Art ist vor allem bei Stahlbetondekken günstig, wo man den Fenstersturz zwar in die Decke legen, aber die Decke nicht nach außen durchführen möchte (Wärmedämmung). Ein vorgemauerter scheitrechter Bogen läßt sich auch als oberer Fensteranschlag benutzen.

KELLERFENSTER - LICHTSCHÄCHTE

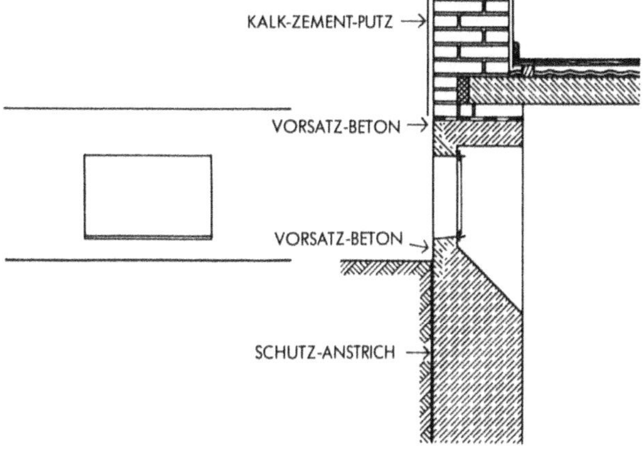

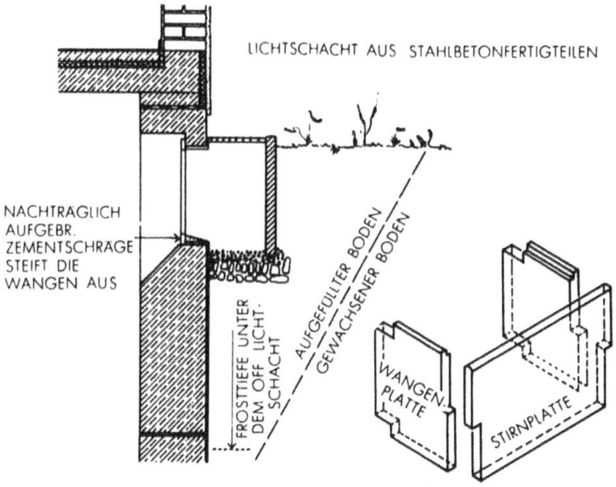

ENTNOMMEN AUS DER ZEITSCHRIFT »BAUWELT« HEFT 11/1956

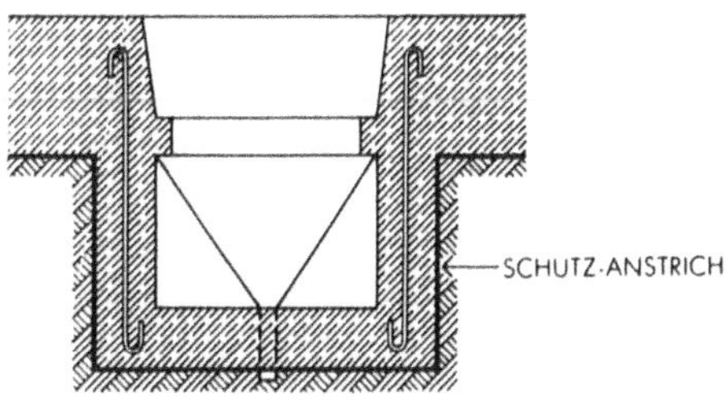

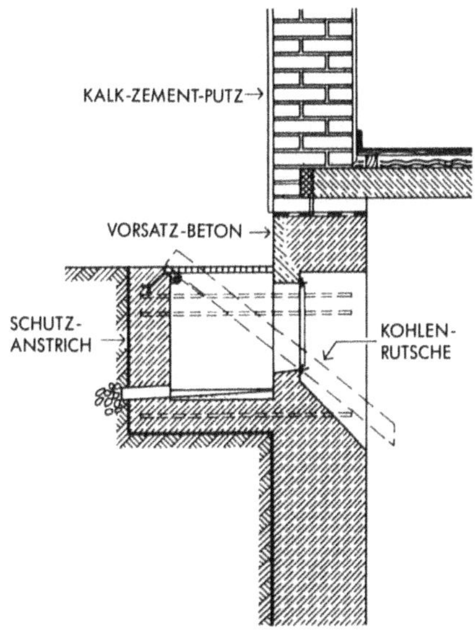

Es ist jedoch günstig, wenn die Unterkante eines Fenstersturzes so weit unter der Kellerdecke liegt, daß man hinter dem Sturz noch Horizontalleitungen (Ringleitungen) verlegen kann.
Ist der Sockel zu niedrig, so ordnet man die Kellerfenster unter Gelände an und setzt einen Lichtschacht davor. Fenster, die zum Teil unter der Erde sitzen, wirken ungünstig. Ein Lichtschacht muß fest mit der Kellerwand verbunden sein, damit er nicht abreißt, wenn sich der Bau setzt. Gemauerte Lichtschächte sitzen auf auskragenden Konsolen; betonierte werden mit Rundstählen angehängt, die man schon in die aufgehende Kellerwand so einlegt, daß sie später in die Lichtschachtwangen eingreifen. Die Ausladung eines Schachtes wähle man etwa gleich der Fensterhöhe. Die Lichtschächte sind in der gleichen Weise abzudichten wie die Kelleraußenwände. Man muß sie in einen darunterliegenden Sickerschacht entwässern, der das anfallende Wasser von der Kellerwand wegführt. Falls vor der Kellersohle eine Dränage eingebaut ist, empfiehlt es sich, an geeigneter Stelle einen oder mehrere Lichtschächte bis zur Kellersohle an die Dränage zu führen, damit eine Reinigungs- und Wartungsmöglichkeit für das Rohrsystem geschaffen wird. Zum Schutze vorbeigehender Personen muß jeder Lichtschacht mit einem Stahlrost abgedeckt werden, der gegen Abheben zu sichern ist.
Größere Fenster sind nur in Kellerräumen notwendig, die mehr Licht und Frischluft brauchen, wie z. B. Waschküchen, Heizräume, Lagerräume usw. Die notwendigen größeren Lichtschächte müssen entsprechend stärkere Wandungen erhalten.
Müssen im Kellergeschoß besonders lichtbedürftige Räume untergebracht werden, z. B. Werkstätten in Schulgebäuden, so legt man Lichtgräben mit Böschungen an. So angenehm diese für den Lichteinfall sind, so wirken sie jedoch in der äußeren Erscheinung ungünstig, da sie dem Gebäude eine unentschiedene Höhenstellung zum Gelände (Straße) geben.

Außenwände

Bei der Wahl einer Außenwandkonstruktion greifen mehr als bei anderen Bauteilen konstruktive und wirtschaftliche Überlegungen ineinander. Es geht hier nicht nur um niedrige Material- und Lohnkosten, um Größe, Gewicht und Anzahl der Teilelemente, um die Anzahl der einzusetzenden Gewerke und der Arbeitsgänge, um Fertigung und Montage in der Fabrik oder auf der Baustelle, sondern entscheidend auch um die Kosten für die Heizung und die Unterhaltung eines Gebäudes. Im Gegensatz zur einmaligen Investition von Baukosten handelt es sich hier um laufende betriebliche Ausgaben über die gesamte Lebensdauer eines Bauwerks. Deshalb rechtfertigt längerfristige Wirtschaftlichkeit beim Kostenvergleich höhere Investitionen für die Außenwandkonstruktion.
Im traditionellen Mauerwerksbau und im massiven Holzbau wurden alle Anforderungen, welche an die Außenwand zu stellen sind, vom homogenen Wandquerschnitt entsprechender Dicke gleichermaßen erfüllt.
Heute ist die Außenwand ähnlich dem Dachaufbau überwiegend eine mehrschichtige oder mehrschalige Konstruktion, zusammengefügt aus verschiedenen Materialien, die für die jeweiligen Teilfunktionen – Tragen, Dämmen, Dichten – optimal geeignet sind, und exakt dimensioniert, in bestimmter Reihenfolge einander zugeordnet werden.
Die verschiedenen Außenwandkonstruktionen können nach ihrem Aufbau und nach den Funktionen der einzelnen Schichten in drei Grundtypen eingeteilt werden:

- Einschichtige Wände
- Mehrschichtige Wände
- Mehrschalige Wände

AUFLÖSUNG DER AUSSENWANDFUNKTIONEN IN TRAGEN – DÄMMEN – DICHTEN

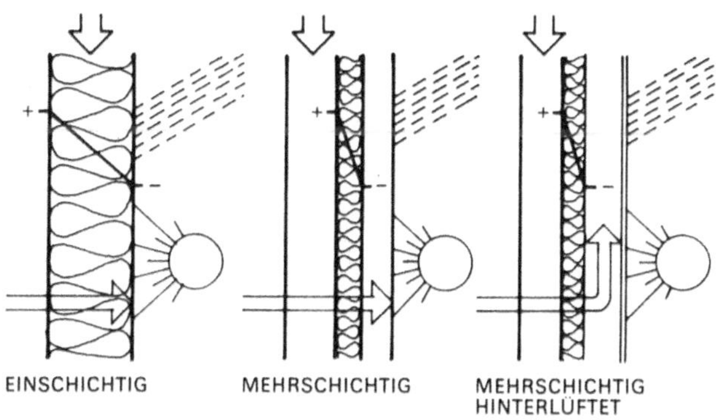

AUSSENWANDSYSTEME

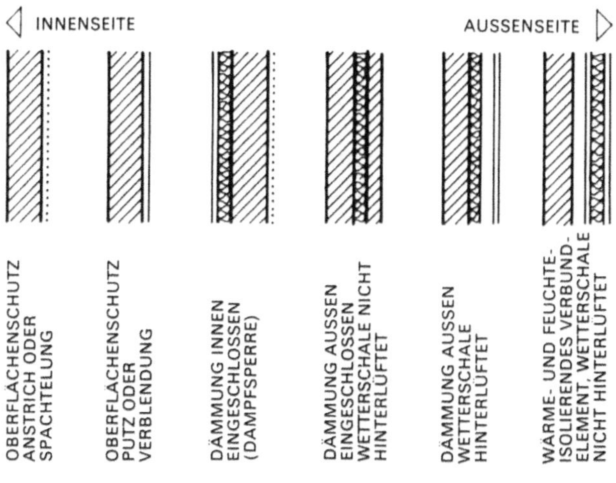

Sichtmauerwerk

Ziegelsichtmauerwerk ist uns aus der Römerzeit und dem hohen Mittelalter erhalten. Doch damals bestimmten Material-, Transport- und Lohnkosten noch nicht wie heute den Wandaufbau, sondern allein handwerklich überlieferte Erfahrung, die einen dauerhaften Wetterschutz und ausreichende statische Sicherheit beinhaltete. Wandstärke und Material, d. h. der mangels höherer Brenntemperaturen des Holzkohlenfeuers nicht gesinterte massive Ziegel, sowie die Verwendung hydraulischer (Preß-)Mörtel ergaben einen Mauerkörper, der bei einer gewissen Saug- und Quellfähigkeit auch einschalig schlagregendicht war und einen guten Feuchte-, Kälte- und Hitzeschild bildete. Eine Gesamtwandstärke von über 40 cm war früher Selbstverständlichkeit. Erst dem einschaligen im Verband gefugten Sichtmauerwerk (selbst in klimatisch günstigeren Breiten) blieb es vorbehalten, die Klinkerverblendung in Mißkredit zu bringen. Einschichtig, d. h. im Verband gemauert, 24 oder 30 cm dick – schließlich noch aus Lochziegeln mit zwangsläufig weniger Mörtelhaftfläche –, besitzt solches unverputztes Mauerwerk zu wenig Masse, um neben ausreichendem Wärme- und Feuchtigkeitsschutz auch den Wärme- und Feuchtigkeitsausgleich zwischen innen und außen zu leisten.
Geringe Speicherkapazität der stark gelochten Steine, ihre zwangsläufig geringere Mörtelhaftfläche, das dichte Gefüge des hochgesinterten Materials sind Nachteile, die in der modernen Baustofftechnologie mit dem Bemühen um geringen Rohstoffbedarf, schnelles Trocknen, schnellen Brennprozeß und verminderten Arbeitsaufwand erkauft wurden.
Die Außenwände dürfen, wenn sie unverputzt bleiben, nur aus frostbeständigen Vormauersteinen gemauert werden. Diese werden von der Industrie als Ziegel oder Kalksandsteine hergestellt und geliefert.
Alle übrigen Voll-, Loch- und Leichtbetonsteine sind nicht frostbeständig im Sinne der amtlichen Frostbeständigkeitsprüfungen und bedürfen deshalb je nach Niederschlagsart und -menge der betreffenden Gegend eines zusätzlichen Feuchtigkeitsschutzes, z. B. eines wasserabweisenden Außenputzes oder einer Verkleidung aus Brettern, Schindeln, Schiefer, Natur- und Kunststeinplatten oder aus gleichwertigen Baustoffen, wie beispielsweise Asbestzementplatten.
Chemische Bautenschutzmittel, d. h. wasserabweisende Oberflächenimprägnierungen – sie dürfen keinesfalls die Dampfdiffusion unterbinden –, sind keine verläßliche Sicherung für Sichtmauerwerk, allenfalls eine zusätzliche Maßnahme (auch zur Sanierung), die aber immer wieder erneuert werden muß.
Vorteilhaft sind Mörtelzusätze, die durch Quellen porenfüllend drückendes Wasser (Schlagregen) zurückhalten, ohne jedoch die Atmung der Wand zu beeinträchtigen.
Wasserabweisende (hydrophobe) Zusätze dürfen im Mörtel- oder Steinmaterial selbst keine Verwendung finden, da sie die Klebhaftung (Adhäsion) zwischen Stein und Mörtel und das Speichervermögen des Mauerwerks ausschalten, wobei durch die unvermeidlichen Kapillaren bei Schlagregen eine regelrechte Pumpwirkung einsetzen kann.
Bezüglich des Mörtels für regendichtes Mauerwerk sind über die in DIN 1053 verlangten Eigenschaften hinaus zusätzliche Forderungen gestellt. Der zu verarbeitende Sand muß möglichst gemischtkörnig und minimal haufwerkporig etwa folgender Kornzusammensetzung entsprechen.

Korngruppe	Anteil
0 –0,2 mm	10–20%
0,2–1,0 mm	30–40%
1,0–3,0 mm	40–60%

Fehlender Feinsandanteil ist durch Quarzmehl, Traßpulver o. ä. zu ersetzen, Schlackensande sind ungeeignet.
Zur Herstellung eines besonders plastischen Mörtels mit großer Geschmeidigkeit und Kohäsion, besserem Wasserhalte- und Klebevermögen sowie besserer Elastizität und Zähigkeit auch im verfestigten Zustand sind folgende Mischungsverhältnisse empfohlen:

Kalkzementmörtel Gruppe II (DIN 1053)

1 Rtl.	Portlandzement
2 Rtl.	Kalkhydrat
8 Rtl.	Sand

Traßkalkmörtel

1 Rtl.	hoch hydraulischer Traßkalk (fabrikfertig)
3,5 Rtl.	Sand 0–3 mm

Traßzementmörtel

0,5 Rtl.	Portlandzement
1 Rtl.	Kalkhydrat
1 Rtl.	Traßpulver
7 Rtl.	Sand 0–3 mm

Zementmörtel der Gruppe III, zu steife, zu magere, aber auch zu fette Mörtel sind für schlagregenbeanspruchtes Mauerwerk nicht verwendbar.
Nur die exakte Bemessung der Mörtelbestandteile und maschinelle Durchmischung verbürgen die notwendige Zusammensetzung und Homogenität. Je nach Witterung und Saugfähigkeit ist das Steinmaterial vorzunässen und mehr oder weniger geschmeidiger Mörtel zu verwenden. Es muß vermieden werden, daß beim Abbindeprozeß Schrumpfrisse zwischen Stein und Mörtel entstehen, weil zu frühzeitig die für die Mörtelleimbildung und Klebehaftung erforderliche Feuchtigkeit entzogen würde. Die gesinterten Klinker dagegen verlangen steiferen Mörtel, weil sonst der Mauerkörper, wie man sagt, „ins Schwimmen gerät". Voraussetzung für ein dauerhaftes, witterungsbeständiges Außenmauerwerk sind gewissenhaftes vollfugiges Mauern auf ganze Höhe und Tiefe des Mauerkörpers, vollflächige Überdeckungen der Lochquerschnitte und vor allem volle Mörtelhaftung.
Dies gilt insbesondere für die Außenfugen. Der ausquellende Mauermörtel sollte nur steinbündig mit einem Holzspan oder feuchten Lappen abgezogen werden. Das Verwenden einer Fugenkelle ist nicht ratsam, da dies an der gleichsam gebügelten Mörteloberfläche zu Bindemittelkonzentrationen führt, die zu Haarrissen neigen. Dies spricht auch gegen das nachträgliche Auskratzen und Verfugen, bei dem die ursprüngliche, ungestörte Mörtelhaftung am Stein nicht mehr zu erwarten ist.

5.1 Sichtmauerwerk für Außenwände
(Einschaliges Verblendmauerwerk)

Auszug aus der DIN 1053

Einschaliges Verblendmauerwerk, das mit der Hintermauerung im Verband ausgeführt wird, wird als Sichtmauerwerk bezeichnet.
Aus Gründen der Schlagregensicherheit muß insbesondere für Gebäude, die für den dauernden Aufenthalt von Menschen bestimmt sind, bei Sichtmauerwerk jede Mauerschicht mindestens zwei Steinreihen aufweisen, zwischen denen eine durchgehende, schichtweise versetzte, hohlraumfrei vermörtelte, 2 cm dicke Längsfuge verläuft (z. B. 37,5 cm statt 36,5 cm dickes Mauerwerk im Kreuz- oder Blockverband, siehe Bild 2).
Bei Sichtmauerwerk gehört die Verblendung zum tragenden Querschnitt. Für die zulässige Beanspruchung ist die im Querschnitt verwendete niedrigste Steinfestigkeitsklasse maßgebend.

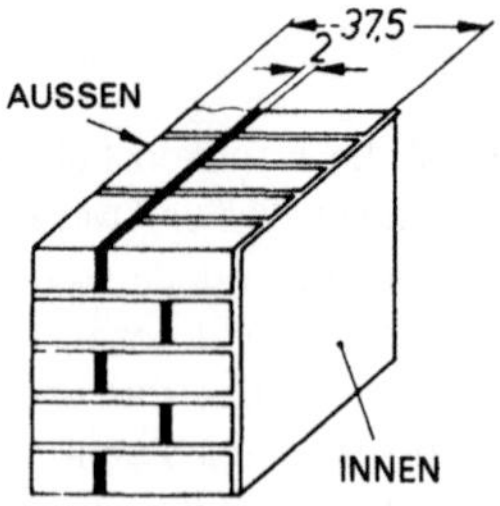

Bild 2: Schnitt durch eine 37,5 cm dicke, einschalige tragende Außenwand als Sichtmauerwerk (Prinzipskizze)

Einschaliges Sichtmauerwerk ist im gesamten Querschnitt vollfugig und haftschlüssig zu mauern.
Die Fugen der Sichtflächen sollen – soweit kein Fugenglattstrich ausgeführt wird – mindestens 1,5 cm tief flankensauber ausgekratzt und anschließend sachgemäß ausgefugt werden.

5.2 Zweischaliges Mauerwerk für Außenwände

5.2.1 Zweischaliges Mauerwerk mit Luftschicht
(Verblendschale oder geputzte Vormauerschale)

Bei Anordnung einer Außenschale mit durchgehender Luftschicht vor einer Innenschale (Hintermauerschale) ist folgendes zu beachten:

a) Beim Spannungsnachweis und bei der Wahl der Abstände aussteifender Querwände nach DIN 1053 Tabelle 3 Seite 293/3 ist als Wanddicke nur die Dicke der Innenschale anzunehmen.
b) Die Mindestdicke der Innenschalen ist nach Tabelle 8 anzunehmen. Die Außenschalen müssen mindestens 11,5 cm, die Luftschicht soll 6 cm dick sein.
c) Bei Anordnung einer zusätzlichen mattenförmigen oder plattenförmigen Wärmedämmschicht auf der Außenseite der Innenschale darf der lichte Abstand der Mauerwerksschalen 12 cm nicht überschreiten. Die Luftschicht muß in diesem Fall mindestens 4 cm dick sein. Es ist sicherzustellen, daß sie nicht durch Mörtelbrücken aus der Verblendschale eingeengt wird.
d) Bei zweischaligem Mauerwerk mit Luftschicht darf die Decke nur auf der Innenschale aufgelagert werden.

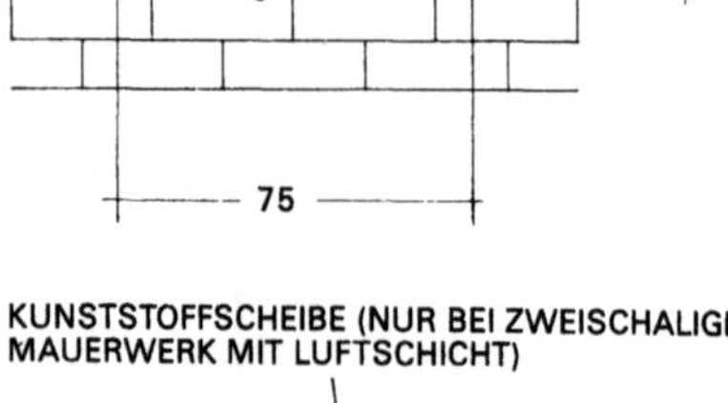

Bild 3: Drahtanker für zweischaliges Mauerwerk für Außenwände

Die Innenschalen und die Geschoßdecken sind an den Fußpunkten der Luftschichten gegen Feuchtigkeit zu schützen (siehe Bild 4). Die Dichtung ist im Bereich der Luftschicht im Gefälle nach außen zu verlegen. Auch über Fenster- und Türstürzen ist eine im Gefälle nach außen verlegte Sperrschicht anzubringen.

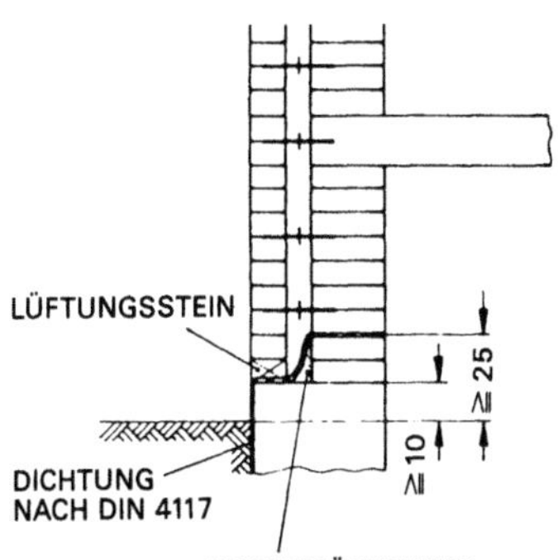

Bild 4: Untere Sperrschicht in zweischaligem Verblendmauerwerk mit Luftschicht (Prinzipskizze)

Beim Mauern ist der Fugenmörtel auch an der Hohlraumseite abzustreichen. Die Drahtanker sind von Mörtelbrücken freizuhalten. Die Luftschicht ist beim Hochmauern durch Abdecken oder andere geeignete Maßnahmen gegen herabfallenden Mörtel zu schützen.

Für die Ausbildung der Fugen der Sichtflächen siehe Abschnitt 5.1.

e) Die Mauerwerksschalen sind auf jedem Quadratmeter durch mindestens 5 Drahtanker aus nichtrostendem Stahl nach DIN 17440, Werkstoffnummer 14401, 14571 oder 14580, mit mindestens 3 mm Durchmesser zu verbinden.
In Wandbereichen, die mehr als 12 m über Gelände liegen oder bei einem Abstand der Mauerwerksschalen, der größer als 7 cm ist, muß der Durchmesser mindestens 4 mm betragen. Der lotrechte Abstand der Drahtanker soll 25 cm, der waagerechte Abstand 75 cm betragen. An allen freien Rändern (an Gebäudeecken, Öffnungen, entlang von Dehnungsfugen und an den oberen Enden der Außenschalen) sind zusätzlich mindestens 3 Drahtanker je Meter Randlänge anzuordnen. Die Drahtanker müssen in Form und Abmessung Bild 3 entsprechen.
Wird eine andere Art der Verankerung, als in Bild 3 dargestellt, verwendet, z. B. Verdübelung in den Steinen, so ist nachzuweisen, daß diese Verankerungsart eine Kraft von mindestens 100 kp (1 kN) bei 1,0 mm Schlupf je Drahtanker aufnehmen kann. Wird dieser Wert nicht erreicht, so ist die Anzahl der Drahtanker entsprechend zu erhöhen.
Die Drahtanker sind unter Beachtung ihrer statischen Wirksamkeit so auszubilden, daß sie keine Feuchtigkeit von der Außen- zur Innenschale leiten können (z. B. Aufschieben einer Kunststoffscheibe, siehe Bild 3).
f) Die Außenschale muß über ihre ganze Länge und Breite vollflächig aufgelagert sein.
Sie ist mindestens alle 12 m abzufangen. Ist die Außenschale nicht höher als zwei Geschosse, bzw. wird sie alle zwei Geschosse abgefangen, so darf sie bis zu einem Drittel ihrer Dicke über ihr Auflager vorstehen.
g) Die Luftschicht darf 10 cm über Erdgleiche beginnen und muß von dort bzw. von Oberkante Abfangungskonstruktion (siehe Abschnitt f) bis zum Dach bzw. bis Unterkante Abfangungskonstruktion ohne Unterbrechung hochgeführt werden.
h) Die Außenschalen sind jeweils unten und oben mit Lüftungsöffnungen zu versehen. Das gilt auch für die Brüstungsbereiche der Außenschalen. Die Lüftungsöffnungen sollen auf 20 m² Wandfläche (Fenster und Türen eingerechnet) eine Fläche von etwa 150 cm², jeweils unten und oben, haben.
i) In der Außenschale sollen senkrechte Dehnungsfugen angeordnet werden. Ihre Abstände richten sich nach der klimatischen Beanspruchung (Temperatur, Feuchtigkeit usw.), der Art der Baustoffe und der Farbe der äußeren Wandfläche. Darüber hinaus muß die freie Beweglichkeit der Außenschale auch in senkrechter Richtung gewährleistet sein. Die Dehnungsfugen sind mit einem geeigneten Material dauerhaft und dicht zu schließen.
Die unterschiedlichen Verformungen der Außen- und Innenschale sind insbesondere bei Gebäuden mit über mehrere Geschosse durchgehender Außenschale auch bei der Konstruktion der Türen und Fenster zu beachten. Die Mauerwerksschalen sind an ihren Berührungspunkten (z. B. Fenster- und Türanschlägen) durch eine wasserundurchlässige Sperrschicht zu trennen.

Tabelle 8 Mindestdicken der Innenschale bei zweischaligem Mauerwerk für Außenwände

	1	2	3
	Anzahl der zulässigen Vollgeschosse einschließlich ausgebautem Dachgeschoß	bei Decken, die nur einschalige Querwände belasten (Schottenbauart), und bei Massivdecken mit ausreichender Querverteilung der Lasten, z.B. nach DIN 1045	bei allen übrigen Decken
1	2	11,5 [7)]	24
2	≥ 3	17,5	24

7) Höchste zulässige lotrechte Verkehrslast einschließlich Zuschlag für leichte Trennwände p = 275 kp/m² (2,75 kN/m²)

5.2.2 Zweischaliges Mauerwerk ohne Luftschicht

(Zweischaliges Verblendmauerwerk)

Bei zweischaligem Mauerwerk ohne Luftschicht ist folgendes zu beachten:

a) Beim Spannungsnachweis ist als Wanddicke nur die Dicke der Innenschale (Hintermauerschale) anzusetzen. Bei der Wahl der Abstände aussteifender Querwände nach Tabelle 3 der DIN 1053 Seite 310 und der Ermittlung der Schlankheit ist als Wanddicke die um die halbe Dicke der Außenschale (Vormauerschale) vergrößerte Dicke der Innenschale, aufgerundet auf volle cm, anzusetzen.
b) Die Mindestdicke der Innenschalen ist nach Tabelle 8 anzunehmen. Die Außenschale muß mindestens 11,5 cm dick sein.
c) Bei zweischaligem Mauerwerk darf die Decke nur auf der Innenschale aufgelagert werden.
d) Für die Verankerung der Mauerwerksschalen gilt Abschnitt 5.2.1 e), Absätze 1 bis 3, jedoch genügen, unabhängig von der Wandhöhe, Drahtanker mit mindestens 3 mm Durchmesser.
e) Für die Auflagerung der Außenschale gilt Abschnitt 5.2.1 f).
f) Außenschale und Schalenfuge sind mit Mörtel der Mörtelgruppe II oder IIa auszuführen.

Die Außenschale ist vollfugig und haftschlüssig zu mauern. Die Schalenfuge zwischen Außen- und Innenschale soll 2 cm dick sein und ist beim Hochmauern schichtweise mit Mörtel zu vergießen. Die durch Verguß der Schalenfugen entstehende Mörtelscheibe darf nicht unterbrochen werden; das Durchstekken von Bindersteinen ist unzulässig.

An den freien Rändern der Außenschalen (an Gebäudeecken, Öffnungen, entlang von Dehnungsfugen und an den oberen Enden der Außenschalen) ist auf hohlraumfreien und geschlossenen Verguß besonders zu achten. Seitliches Austreten des Vergußmörtels ist durch entsprechende Maßnahmen zu verhindern. Wird die Außenschale zur Bildung von Innenanschlägen herangezogen, so soll zur Vermeidung von Durchfeuchtungen an der Rückseite dieser Anschlagzungen in Verlängerung der Mörtelscheibe eine Putzschicht gleicher Mörtelart aufgebracht werden (siehe Bild 5).

Für die Ausbildung der Fugen der Sichtflächen siehe Abschnitt 5.1.

Die Innenschale und die Geschoßdecken sind an den Fußpunkten der Außenschale, also auch über Oberkante Abfangungskonstruktion, und über Fenster- und Türstürzen gegen rückstauende Sickerfeuchtigkeit zu schützen (siehe Bild 6).

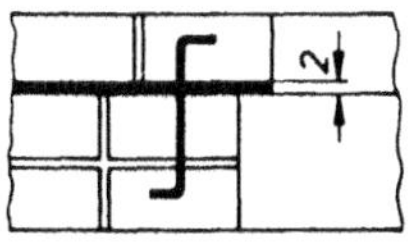

Bild 5: Waagerechter Schnitt durch die seitliche Fensterleibung eines zweischaligen Verblendmauerwerks ohne Luftschicht mit Außenschale als Innenanschlag (Prinzipskizze)

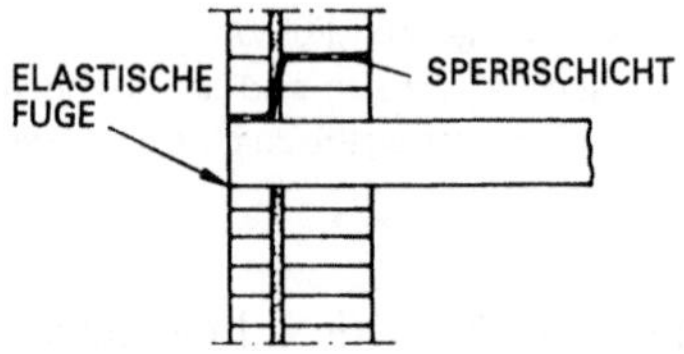

Bild 6: Sperrschicht über Abfangungskonstruktion der Außenschale bei zweischaligem Verblendmauerwerk ohne Luftschicht (Prinzipskizze). Die Wärmedämmung der Decke ist zu beachten (z. B. Konstruktionsleichtbeton)

Sichtbeton

Statisch ausreichende Querschnitte in Beton genügen selten allen an eine Außenwand zu stellenden Anforderungen. Erst die Verwendung von chemischen Dichtungszusätzen und Oberflächenanstrichen zum Schutz des Betons gegen Niederschlagsfeuchtigkeit und das Wissen um die Zusammenhänge von Wärmeschutz und Dampfdiffusion ermöglichte die Sichtbetonaußenwand. Gleichwohl ist sie in mitteleuropäischen Breiten nur unter Vorbehalten, d. h. besonderen bauphysikalischen Vorkehrungen, vertretbar.
Sichtbeton mit innenseitiger Wärmedämmung ist den Schwankungen der Außentemperatur und der Sonneneinstrahlung voll ausgesetzt. Da zugleich der Temperaturaustausch auf der Rückseite durch die Dämmung behindert ist – bei Kälte auch sein soll –, kommt den Fugen zum Ausgleich der Temperaturschwankungen bzw. den Arbeitsfugen bei der Sichtbetonwand besondere Bedeutung zu. Die innenseitige Wärmedämmung widerspricht dem physikalisch richtigen Aufbau mehrschichtiger Wände, bei dem der Dampfdiffusionswiderstand der Schichten von innen nach außen geringer werden sollte, um frühzeitige Kondensation und allmähliche Durchfeuchtung im inneren Wandbereich zu verhüten. Nur mit weitgehend dampfdichten Dämmstoffen (beispielsweise Schaumglas) oder einer Dampfsperre auf der Raumseite der Dämmung ist dies möglich. Andererseits genügt dieser Wandaufbau oft nicht mehr den Anforderungen, die vom Raumklima her zu stellen wären. Dampfsperre und Wärmedämmschicht verhindern den Feuchtigkeitsausgleich und die Wärmespeicherung in der Masse des tragenden Wandbaustoffes.
Nur außengedämmte Betonwände mit einer vorgehängten möglichst hinterlüfteten Schale als Wetterhaut erfüllen diese Bedingungen. Sichtbeton läßt sich bauphysikalisch konsequent deshalb in der Praxis nur bei mehrschichtigen Fertigteilelementen anwenden.

Anstriche

In der Fassadengestaltung finden Anstriche häufig Verwendung. Man kann sie in zwei Hauptgruppen einteilen:
Anstriche, die vorwiegend dem Schutz der Fassade dienen,
Anstriche, die hauptsächlich aus ästhetischen Gründen aufgebracht werden.
In beiden Fällen ist bei der Wahl der Anstrichstoffe Vorsicht geboten. Da heute zahlreiche anorganische und organische, natürliche und synthetische Anstrichmittel auf dem Markt sind, ist es notwendig, die an einen Anstrich zu stellenden Kriterien genau zu erarbeiten. Material und Beschaffenheit des Streichgrundes sowie die bauphysikalische Beanspruchung von innen (Wärme, Dampf) können dabei von größerer Bedeutung sein als die Wetterbeständigkeit.
Baustoffe, die durch ihr natürliches Aussehen zur Fassadengestaltung beitragen, z. B. Sichtmauerwerk, Sichtbeton, Holz usw., erhalten heute oft einen Schutzanstrich. Er soll das Eindringen von Wasser verhindern und damit die Gefahr von Frostschäden und Ausblühungen beseitigen und vor aggressiven Bestandteilen der Luft schützen.
Schutzanstriche und Imprägnierungen müssen beständig sein gegen UV-Strahlen und Witterungseinflüsse. Sie dürfen aber auf keinen Fall die Atmungsaktivität des Untergrundes beeinflussen.
Anstrichstoffe, die der farblichen Gestaltung einer Fassade dienen, sind neben ihrer Verträglichkeit mit dem Streichgrund und ihrer Witterungsbeständigkeit zusätzlich auf ihre Lichtechtheit und Deckkraft zu überprüfen.
Bei der Verarbeitung der vielzähligen Anstrichstoffe sind die Vorschriften der Herstellerfirmen genau zu befolgen.

Außenputz

Nach DIN 1053 (Mauerwerk) und DIN 18550 (Putz) muß Außenputz als Wetterhaut über nicht frostbeständigen Wandbaustoffen zweilagig und insgesamt = 2 cm dick ausgeführt werden.
Zur besseren Verklammerung dieses Putzkörpers mit dem Putzgrund – insbesondere bei glattem und wenig saugendem Mauerwerk – ist zuvor ein Zementspritzbewurf herzustellen. Er erfüllt seine Aufgabe aber nur, wenn er volldeckend angeworfen wird und ausreichend aushärten und nachschwinden kann, ehe der Unterputz aufgebracht wird, was je nach Witterung 3 bis 6 Wochen Zeit benötigt.
Der Unterputz, die untere Putzlage, ist die Pufferschicht, die die Unebenheiten des Untergrundes ausgleichen und die Spannungen durch die äußeren Witterungseinflüsse und die Bewegungen des Mauerwerks aufnehmen soll. Er muß geschmeidig und bei ausreichender Festigkeit so elastisch und porös sein, daß Risse im Putz vermieden werden und dennoch ein Luft- und Feuchtigkeitsaustausch durch die Wand stattfinden kann. Dafür sind die Mörtel der Gruppe I (Kalkmörtel) und II (Kalkzementmörtel) geeignet. Die Mischungsverhältnisse finden sich in der DIN 1053. Grundsätzlich gilt, daß der Unterputz mindestens die gleiche Festigkeit wie der spätere Oberputz erreichen soll. Man verwendet deshalb die hydraulischen Bindemittel, die den Abbindevorgang auch bei behinderter Kohlensäurezufuhr von außen ermöglichen. Der Oberputz, der sichtbare Struktur- und Farbträger, wird aufgebracht, wenn der Unterputz soweit erstarrt ist, daß er die neue Lage tragen kann. Die Oberfläche muß rauh abgezogen oder zuvor aufgerauht worden sein.
Durch geeignete Zusatzstoffe im Unterputz oder Anstriche auf dem Oberputz kann bei starker Witterungsbelastung dem Eintritt von Niederschlagsfeuchtigkeit zusätzlich entgegengewirkt werden. Die spezielle Eignung solcher Materialien ist wesentlich, denn durch sie darf die Atmungsfähigkeit des Wandaufbaus nicht unterbunden werden, sonst treten Feuchtigkeitsschäden durch von innen eindiffundierenden Wasserdampf auf. Dies gilt auch für sogenannte Edelputze, Deckschichten auf Kunststoffbasis, die besondere Witterungsbeständigkeit, Oberflächenstruktur und mechanische Abriebfestigkeit bieten sollen.
Schlämmputze, die das Fugenspiel des Mauerwerks durchscheinen lassen, sind keine Putze im Sinne der Norm. Sie setzen wie sichtbar bleibendes, unverputztes Mauerwerk die Verwendung frostbeständigen Steinmaterials voraus.
Putzarbeiten an Sockel und gemauerten Kelleraußenwänden werden bis 50 cm über Erdreich in Zementputz der Gruppe III ausgeführt. Sie erhalten im Erdreich gegen unvermeidliche Schwundrisse einen zwei-, besser dreilagigen bituminösen Dichtungsanstrich.

Thermohaut

Fassaden-„Vollwärmeschutz"-Systeme, oft als „Thermohaut" bezeichnet, dienen dazu, die Wärmedämmung von Außenwänden bei Alt- und Neubauten zu erhöhen, und zwar bis zum Dreifachen der in DIN 4108 geforderten Mindestwerte. Der erreichbare k-Wert reicht von 0,55–0,30 W/(m² · K).

Die Dämmplatten aus Hartschaum oder Mineralfaser (schwer entflammbar B 1) werden auf die Außenseite der Außenwände mit speziellen Klebemassen oder -mörteln bzw. mit Ankern oder Dübeln befestigt.

Bei Altbauten muß der alte Putz je nach Befund entfernt oder auch nur ein Voranstrich aufgebracht werden.

Auf die Dämmplatten wird eine Grundierungsmasse aufgebracht, in die ein Glasfaser-Armierungsgewebe eingedrückt wird. Die äußere Schicht bildet ein Mineralputz, der Kunstharzanteile enthält und in der Oberflächenbehandlung sowie der Farbgebung den üblichen Außenputzen entspricht.

Vorteile dieser Dämmsysteme sind: Heizkostenersparnis; Speichermasse der Außenwand raumseitig; keine Einzel-Dämm-Maßnahmen an Deckenauflagern nötig; dünnes Außenmauerwerk nur nach statischen Erfordernissen; nachträglicher Wärmeschutz bei Altbauten möglich.

Das Problem bei diesen Dämmsystemen ist, daß der weiche Dämmplattenuntergrund den härteren Außenputz trotz Armierung anfällig für mechanische Beschädigung macht; das gilt vor allem für das Erdgeschoß und den Sockelbereich, speziell bei Fassaden, die direkt an Gehwege oder Einfahrten grenzen. Wird der Putz beschädigt, kann Wasser eindringen und in der Dämmung oder dem Putz Schaden anrichten (Frost). Das gleiche Problem stellt sich auch bei allen Durchstoßpunkten, wie Regenrohrbefestigungen, Konsolen, Balkonplatten und Fensteranschlüssen. Eine Beschädigung erfordert einen hohen Reparaturaufwand, der nur von Spezialisten auszuführen ist: Flicken der Dämmplatte, Anschließen des Armierungsgewebes und Reparatur des Außenputzes.

Durch die fehlende Wärmeableitung aus dem Außenputz in die Außenwand muß der Putz sämtliche auftretenden Temperaturunterschiede (ca. 80°) und die damit verbundenen Ausdehnungen verkraften können, was bei mangelhafter Ausführung vor allem an den Gebäudeecken zu Rissen führen kann. Es empfiehlt sich deshalb, nur solche Dämmsysteme zu verwenden, für die entsprechende Erfahrungen und Prüfungen vorliegen.

Dämmputz

Die bei der Thermohaut genannten Probleme tauchen bei den sogenannten Dämmputzen kaum auf, allerdings haben diese eine wesentlich geringere Wärmedämmung. Sie bestehen aus einer fertig angelieferten Putzmischung, die Hartschaumperlen oder mineralische Zuschläge, wie Blähton oder Bims, enthält. Der Dämmputz wird je nach Stärke in einer oder in mehreren Lagen aufgebracht und am Schluß mit einem Außenputz versehen.

Durch den homogenen Aufbau aus mineralischem Material sind mechanische Beschädigungen des Putzes unproblematisch, da eingedrungene Feuchtigkeit wieder ausdiffundieren kann. Schadhafte Stellen sind leicht in Eigenleistung zu reparieren, sie müssen nur geputzt werden. Die Probleme mit Durchstoßpunkten und Anschlußdetails entfallen ebenfalls, da diese Stellen den üblichen Ausführungen entsprechen.

Wandbekleidung aus Natur- und Kunststein-, Klinker- und Steinzeugplatten

Wetterbeständige Natur- und Kunststeinplatten bieten einen vorzüglichen und dauerhaften Schutz der Außenwände. Außerdem machen sie ein Gebäude in seiner Erscheinung wertvoll und werden trotz ihrer verhältnismäßig hohen Kosten gerne verwendet. Eine Plattenverkleidung soll kein tragendes Werksteinmauerwerk nachahmen oder vortäuschen. Man versetzt darum die Platten entweder mit sich kreuzenden Fugen oder im Verband in solchen Größen und Formaten, daß sie stets als nicht tragende Verkleidung erkennbar sind. Die Fugen sind etwa 3–6 mm breit.

Natursteinplatten sind, je nach Festigkeit des Materials, bei Kalksteinen 2–4 cm, bei Sandsteinen etwa 6–10 cm dick. Kunststeinplatten bestehen aus Beton und einem Vorsatz aus zementgebundenem Werksteinsplitt und können in den verschiedensten Dicken und Größen hergestellt werden. Größere Platten erhalten eine Bewehrung gegen Bruch beim Transport. Die Maximalgröße der Platten ist abhängig von der Bruchgefahr des Materials und vom Plattengewicht. Die Platten sollen von 2 Männern ohne Hebewerkzeuge versetzt werden können.

Nach dem Zweiten Weltkrieg wurden im Zeichen zunehmenden Wohlstandes immer mehr Fassaden mit Platten verkleidet, mit Steinzeugplättchen, Kunststein- und Natursteinplatten. Am häufigsten findet man die Verkleidung mit Klinker- und Steinzeugplättchen verschiedener Größen. Nach den bisherigen Erfahrungen hat sich bei Steinzeugplättchen an Haftfestigkeit am besten bewährt die Größe von 5 × 5 cm mit 5 mm starken Fugen. Es ist nicht empfehlenswert, die Fugen zu dünn zu nehmen, weil sie sonst nicht mehr als tragende und haltende Mörtelstege wirken können.

UNTERSCHIEDLICHE FUGENANTEILE BEI VERSCHIEDENEN VERBLENDFORMATEN

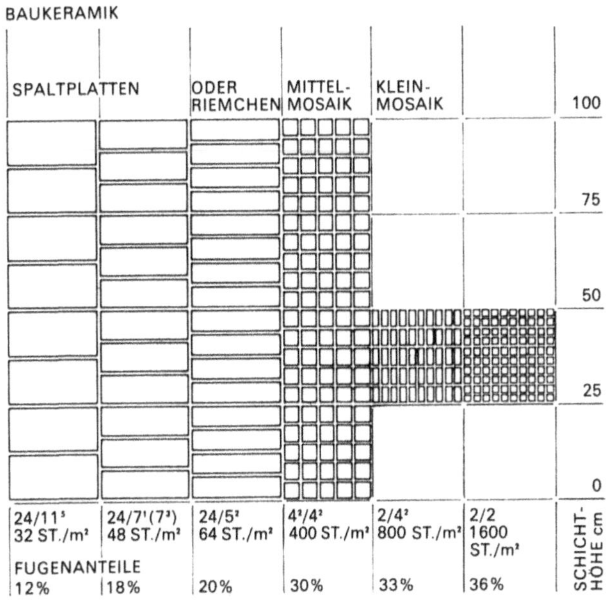

Gegen den Angriff von Atmosphärilien sind gesinterte oder glasierte Materialien am widerstandsfähigsten. Diese Plättchen sind auch frostbeständig.

Klinkerplatten sind überdies haarrissefrei, stoßfest, säure- und laugenbeständig. Mit Klinkerplatten verkleidete Mauerflächen erfordern keinerlei Unterhaltungskosten und verschmutzen in rußigen Fabrikstädten nicht so schnell wie beispielsweise verputzte Fassaden. Das Farbspiel der Klinkerplatten läßt auch große Mauerflächen lebendig und reizvoll erscheinen. Die Klinkerplatten

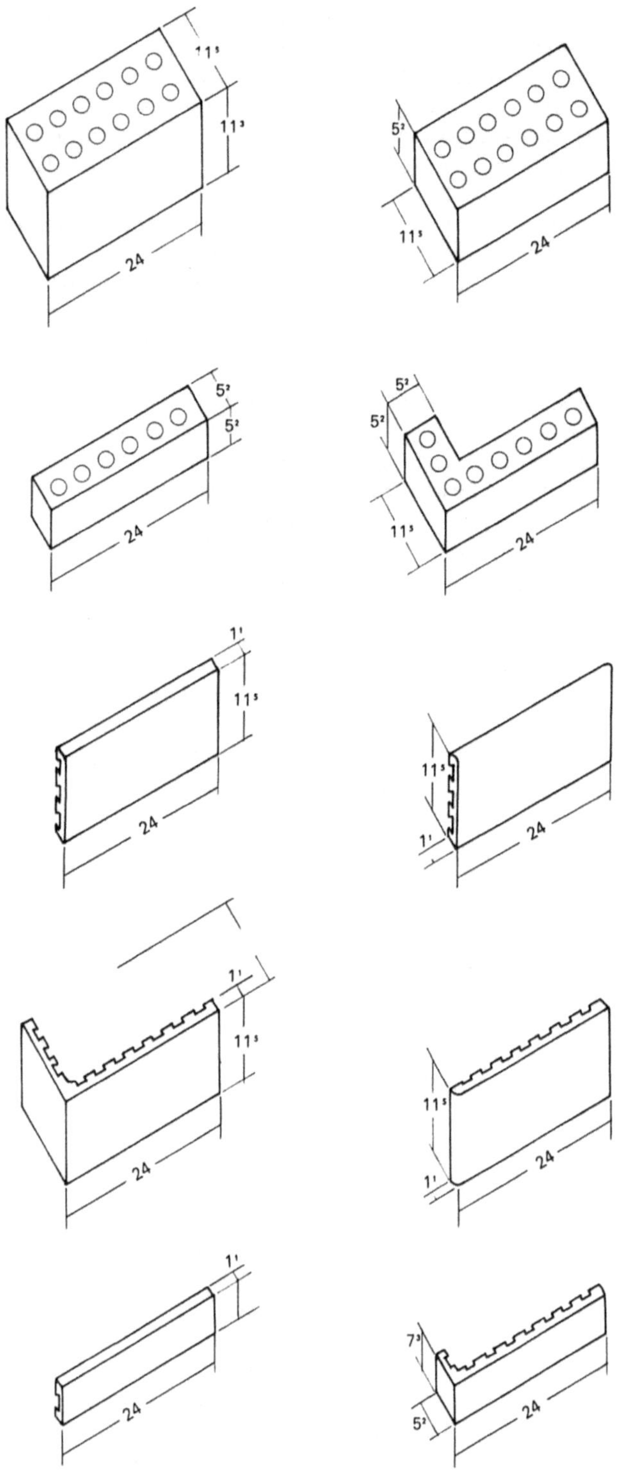

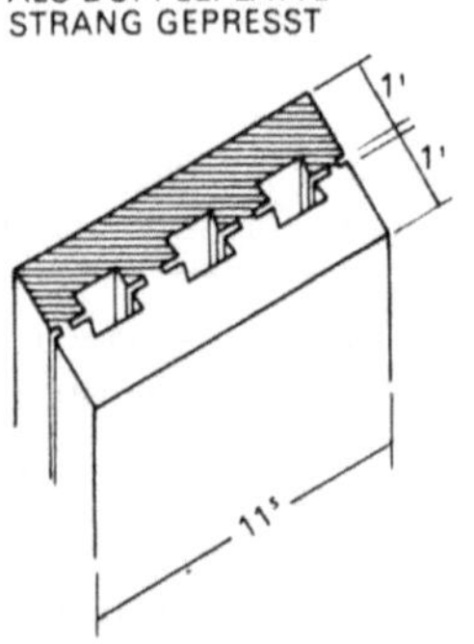

ALS DOPPELPLATTE STRANG GEPRESST

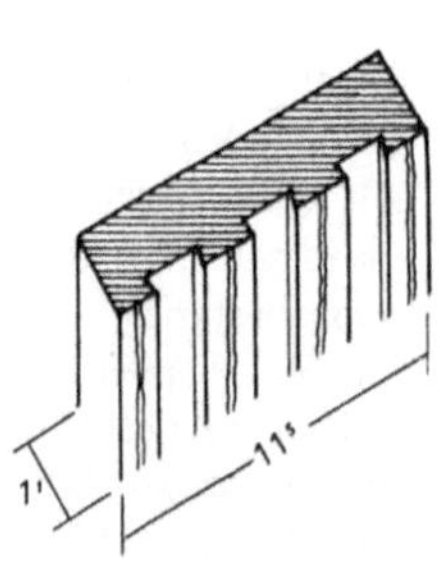

NACH DEM BRENNEN SPALTEN DER DOPPELPLATTE

werden in verschiedenen Formaten hergestellt und unmittelbar auf das Mauerwerk in Zementmörtel 1:4 verlegt. Fugenbreite 5–8 mm. Schwalbenschwanzförmige Rillen geben den Platten ein gutes Haftvermögen im Mörtelbett.

Oft schon nach ein bis zwei Jahren traten an manchen Bauten ernsthafte Schäden auf, sei es, daß die Plattenverkleidung zum Teil wieder abfiel oder daß auf der Innenseite der verkleideten Außenwände sich Feuchtigkeit zeigte. Die Ursachen derartiger Schäden können – von schlechter Handwerksarbeit abgesehen – mannigfacher Art sein, sind aber schließlich immer auf die Nichtbeachtung bauphysikalischer oder statischer Probleme und Anforderungen zurückzuführen.

In der Regel war die im Mörtelbett angesetzte Wetterhaut aus keramischem Material dampfdichter als die inneren Wandschichten. Das führte infolge Dampfdiffusion leicht zu einem Feuchtigkeitsstau hinter der Verkleidung, verminderter Wärmedämmung und Frostschäden. Dies und die zusätzlichen Temperaturschwankungen zwischen den Wandschichten belasteten die Mörtelverbindung extrem, insbesondere bei dunklem Plattenmaterial, das sich wesentlich stärker als helles Material aufheizt und ausdehnt.

Mit einer Dampfsperre auf der Raumseite, höherem Fugenanteil in der Oberfläche der Verkleidung (beispielsweise 5 mm Fugenbreite bei nur 5 × 5 cm Plattenformat), mit der Verwendung von hellen Platten und der Anordnung elastischer Dehnfugen zum Ausgleich der Temperaturschwankungen waren derart mehrschichtige, aber einschalige Außenwandkonstruktionen unter normalen Verhältnissen auch bauphysikalisch zu rechtfertigen.

Als besser setzte sich zunächst bei den großformatigen Natur- und Kunststeinplatten die an Metallankern vorgehängte und hinterlüftete Fassadenverkleidung durch. Sie ist ein zwingendes Gebot bei Verkleidung mit dunklem Plattenmaterial mit seinen höheren Wärmespannungen und seiner im Sommer sonst übermäßigen Wärmeübertragung nach innen.

Nicht nur in bezug auf Feuchtigkeitsschutz und Dampfdiffusion, sondern auch bezüglich der Wärmedämmung und des Ausgleichs der Bewegungsspannungen zwischen Tragwerk und Wetterhaut sind damit optimale Verhältnisse zu schaffen.

Diese Entwicklung führte schließlich zur Vorfertigung und serienmäßigen Herstellung von Fassadenelementen mit kleinformatigem keramischem Verblendmaterial, das industriell zu leichten, transportbewehrten Verblendschalen oder auch schweren dreischichtigen Fassadenplatten gefügt werden kann. Mit diesen ist einmal der problematische Wandaufbau bei bauseits in Mörtel zu verlegenden Plattenverkleidungen verbessert, andererseits auch der Lohnanteil gesenkt.

Richtlinien für das Versetzen und Verlegen von Naturwerksteinen

Herausgegeben vom Deutschen Naturwerksteinverband e. V. Würzburg
Fassung: 1978

2.1 Untergrund

Der Untergrund für äußere Bekleidungen muß wind- und wasserdicht vorbereitet sein. Ebenso müssen alle Anschlußstellen (z. B. Fenster und Türen) an dem Untergrund wind- und wasserdicht angeschlossen werden.

2.1.1 Vor Beginn der Arbeiten ist der Untergrund auf waagerechte und senkrechte Fluchtgenauigkeit zu überprüfen.

2.1.2 Verkleinert oder vergrößert sich die Ankerausladung (a), so ist der hierfür zutreffende Ankertyp zu verwenden. Sonderanker können erforderlich werden.

2.1.3 Der Verankerungsgrund muß vor dem Anbringen der Platten erhärtet und frei von Frost sein. An gefrorenen oder sonst geschädigten Bauteilen darf nicht versetzt werden. Siehe auch Ziffer 1.3.

2.1.4 Vor dem Aufmaß muß die Frage der Dicke der vorgesehenen außenseitigen Wärmedämmung und Feuchtigkeitsisolierung geklärt sein. Die hierfür

NATURSTEINVERKLEIDUNG HINTERLÜFTET

TRAGANKER IN VERTIKALFUGEN

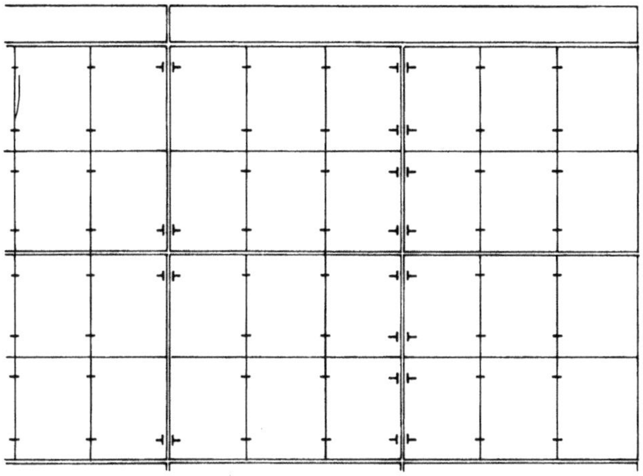

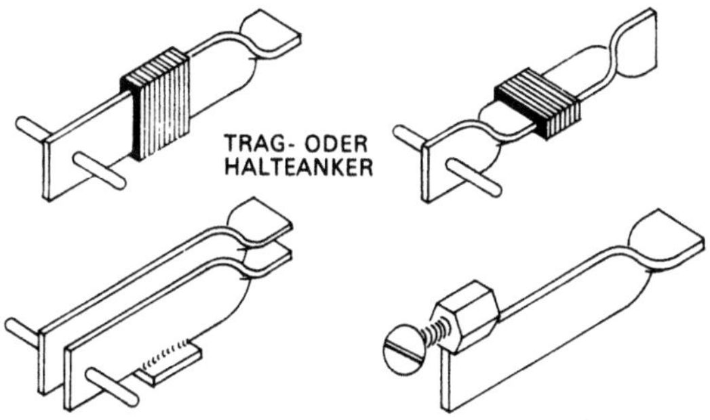

TRAGANKER IN HORIZONTALFUGEN

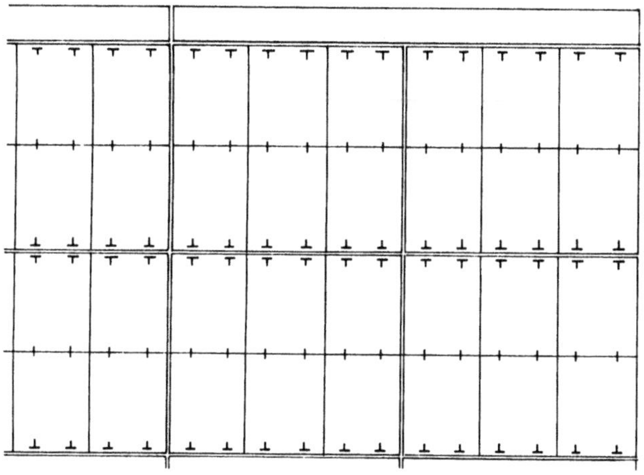

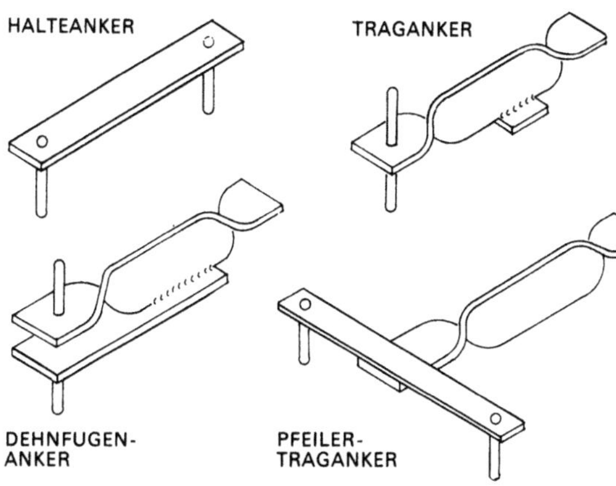

erforderliche und nicht tragende Mehrkonstruktion ist bei der Bemessung des Ankerquerschnittes zu berücksichtigen.

Die Bauleitung ist vor Ausführung der Versetzarbeiten darauf hinzuweisen, daß die Naturwerksteinfirma keine verantwortliche Überprüfung der bauseits angebrachten Wärmedämmung und Feuchtigkeitsisolierung vornehmen kann. Sichtbare Beschädigungen der bauseits angebrachten Dämmschicht werden der Bauleitung unverzüglich gemeldet. Vor dem Bohren der Verankerungslöcher sind aus der Dämmschicht über der Bohrstelle genügend große Aussparungen herauszuschneiden (ca. 10 × 10 cm) und nach dem Einsetzen der Anker wieder bündig einzusetzen.

2.1.5 Bei Außenarbeiten ist zu fordern, daß die Bauleitung für die Ableitung des auf den Dachflächen und sonstigen Vorflächen anfallenden Regenwassers sorgt.

2.2 Versetzarten

Voraussetzung für jede Versetzart ist eine einwandfreie Verankerung. Aufgrund der bis heute gewonnenen Erfahrungen können folgende Versetzarten empfohlen werden:

2.2.1 Ausführung: Volles Hintermörteln

Das volle Hintermörteln von Bekleidungen, mit Einzelabmessungen der Platten von in der Regel größer als 0,1 qm, sollte sich aufgrund der gesammelten Erfahrungen höchstens auf erdgeschossige Fassadenbekleidungen und dann wirklich nur auf stoß- und schlaggefährdete Fassadenteile und Pfeilerbekleidungen beschränken.

Der Hinterfüllmörtel soll ein Einkornmörtel sein mit Zuschlagstoffen von 7 mm Korngröße.

Das Hinterfüllen muß lagenweise erfolgen.

Eventuelle Feuchtigkeitsisolierungen im Bereich der Außenwand müssen auf der warmen Wandseite liegen, damit Kondensationsschäden ausgeschaltet werden.

Bei mit Mörtel hinterfüllten Bekleidungen darf die Wärmedämmung etwa vorhandener Dämmschichten im Bereich des Mauerwerks (z. B. Außendämmung von Stahlbetonteilen mit Holzwolle-Leichtbauplatten als verlorene Schalung) nicht unzulässig beeinträchtigt werden. Ein wasserdampfdurchlässiger Porenverschluß (Zement-Spritzwurf) ist vorher anzubringen (siehe auch DIN 18515 Abschnitt 1.7.1).

Ein geringer Zusatz an geeigneten plastifizierenden Mitteln zum Hinterfüll- und Fugenmörtel ist zulässig. Die spezifischen Materialeigenschaften und die sich daraus ergebenden Maßnahmen sind bei der Anwendung der Zusatzmittel zu beachten. Die Zusatzmittel dürfen die Mörteleigenschaften nicht nachteilig beeinflussen, den Wasserdampfdurchlaßwiderstand nicht erhöhen, Ausblühungen nicht begünstigen und keine Korrosion an Bewehrungsteilen hervorrufen (DIN 18515, Abschnitt 4.2.2).

Das in das poröse Mörtelbett von außen eindringende Niederschlagswasser und die vom Bauinneren her ausdiffundierende Baufeuchtigkeit und Kondenswasser müssen Ablaufmöglichkeit nach unten haben (Drainage). Die untere Plattenschicht sollte deshalb nicht unter Erdreich oder Gehsteig geführt werden.

2.2.1.1 Bei Sockel-, Erdgeschoß- und Pfeilerbekleidungsplatten kann ein volles Hintermörteln bei hierfür geeignetem Naturwerksteinmaterial durchgeführt werden, unter Beachtung der Verankerungsvorschriften. Siehe auch Ziffer 2.5.

2.2.1.2 Bei dicken Platten ab 6–8 cm Dicke ist ein volles Hintermörteln erforderlich, besonders wenn die Steine in Läufer- und Binderverband mit genügend Einbindemöglichkeit versetzt werden können.

2.2.1.3 Zum Hintermörteln soll, abhängig von der Gesteinsart, Kalk-, Zement-Mörtel (Mörtelgruppe II nach DIN 1053) oder Traßzement-Mörtel im gleichen Mischungsverhältnis, bei Jura und empfindlichen Gesteinen nur hydraulischer Kalkmörtel (Mörtelgruppe II nach DIN 1053) oder Traßzement-Kalkmörtel verwendet werden.

Der zu verwendende Zuschlagstoff muß rein, gewaschen, rundkörnig und frei von schädigenden Bestandteilen sein. Humushaltige, öl- oder kohlenhaltige Sande sind mörtelschädlich und deren Verwendung daher verboten (Verfärbung des Naturwerksteins).

Der Untergrund und die Rückseite der Werkstücke sind ausreichend anzufeuchten, damit dem Mörtel das zum Abbinden erforderliche Wasser nicht entzogen wird.

2.2.1.4 Ausführungsdicke

Gemäß ATV DIN 18332, Ziffer 3.6ff., beträgt die Dicke der Mörtelunterlage, einschließlich des Ausgleichens kleiner Unebenheiten, bis zu 20 mm. Die

Ausführungsdicke beträgt demnach 20 mm Mörtelbett und DIN-mäßige Rohbautoleranz, zuzüglich der vorgesehenen Plattendicke.
Ist ein dickeres Mörtelbett erforderlch, so sind die Mehrkosten zu vergüten. Größere Ankerquerschnitte sind bei Fassaden zu berücksichtigen. (Siehe auch Ziffer 2.1.2.)
Das anteilige Gewicht des Mörtels muß bei Ankertypenwahl zum Steinplattengewicht hinzugerechnet werden. Zement- und Zementtraßmörtel (nach DIN 1055, Lastannahmen für Bauten, Lagerstoffe, Baustoffe und Bauteile) = 2100 kg/m³ = 21 kg/m³ bei 1 cm Mörteldicke und Kalkzement- bzw. Kalktraßmörtel = 2000 kg/m³ = 20 kg/m²/1 cm.

2.2.2 Ausführung: Hinterlüftung

Alle Fassadenbekleidungen sollten, mit Ausnahme von besonders schlag- und stoßgefährdeten Fassadenteilen und Pfeilern, mit Hinterlüftung ausgeführt werden. Die Luftschicht in der Fassade muß *mindestens 20 mm* dick sein (DIN 18515 Abs. 2.00).
Um eine Luftzirkukation in der Belüftungszone zu gewährleisten, müssen am oberen und unteren Ende der Fassade sowie unter Fensterblechen horizontale Be- und Entlüftungsschlitze in Form von offenen Fugen mit einem Gesamtquerschnitt von 10–30 cm² je Quadratmeter Fassadenfläche (1–3‰) angeordnet werden. Bei höheren Fassaden und dort, wo der Untergrund aus Stoffen mit hoher Wasserdampfdurchlässigkeit bzw. Wasseraufnahmefähigkeit erstellt wurde, ist der höhere Belüftungswert anzunehmen oder gegebenenfalls Fugen offen zu lassen.
2.2.2.1 Der Mauerwerksuntergrund ist mit einem vollflächig deckenden Zementspritzwurf wasserabweisend zu versehen. Grobkörniger Sand als Zuschlagstoff ist zu verwenden. (Zementmörtel MV = 1:2 bis 1:3, Sandkörnungen 0–7 mm.)
2.2.2.2 Nach DIN 18515, Abs. 1.7.1
Besteht bei hinterlüfteten Bekleidungen der Untergrund aus luftdurchlässigen Wärmedämmstoffen, deren Dämmwirkung durch Luftdurchströmungen unzulässig beeinträchtigt werden kann, so müssen diese mit einem wasserdampfdurchlässigen Porenverschluß versehen werden, sofern bauseits keine Maßnahmen getroffen worden sind (siehe z. B. DIN 1102 „Holzwolle – Leichtbauplatten nach DIN 1101 im Hochbau, Richtlinien für die Verwendung") – vollflächig deckender Spritzwurf (siehe auch DIN 18515 Abschnitt 1.7.1).
2.2.2.3 Mineralfaserdämmplatten mit geringem Wasserdampfdiffusions-Widerstand sind anderen vorzuziehen. Sie müssen unverrottbar sein.
2.2.2.4 Wird die Entwässerung von Fassadenteilen hinter der Bekleidung durchgeführt, ist ein besonders oberflächig geschütztes Dämmaterial als außenseitige Wärmedämmung zu verwenden.
2.2.2.5 Das Versetzen auf Mörtelpunkten und Mörtelstreifen ist nicht statthaft (siehe 2.6 Verankerung).

2.4 Mindestdicken der Platten und Plattengrößen

Die Mindestdicke von Fassadenplatten bis zu 1,00 qm Größe beträgt 30 mm.
Jede Fassadenplatte ist nach folgenden Gesichtspunkten zu berechnen:
a) Lastaufnahme im Ankerdornloch
b) Biegezugfestigkeit (Eigengewicht, Winddruck und Windsog)
c) Seitenverhältnisse (Plattenbreite zu Plattenhöhe)
(vgl. im übrigen hierzu das Plattenbemessungsverfahren [Teil II])
2.4.1 Für Innenbekleidung kann abweichend eine Plattendicke von 2 cm vorgesehen werden.
2.4.2 Sockel- und Erdgeschoßbekleidungen befinden sich meist im Bereich der stoß- und schlaggefährdeten Fassadenteile. Die Mindestdicken nach Abs. 2.4 sind daher einzuhalten.

2.5 Verankerungsmaterial

Trage-, Halteanker, Abfangkonstruktionen, Schraubanker, Dorne und geschweißte Ankerkonstruktionen müssen für Außenarbeiten aus nichtrostenden Edelstählen bestehen. Nach DIN 18515 Abs. 2.2.1 müssen für Anker die Stahlsorten folgender Werkstoffnummern nach DIN 17440 verwendet werden.

1.4571 × 10 Cr/Ni Mo Ti-1810	1.4580 × 10 Cr/Ni Mo Nb-1810
oder	oder für Schrauben
	1.4401 × 5 Cr Ni Mo-1810.

2.5.1 Bei Außenarbeiten darf kein Draht zur Befestigung verwendet werden. Desgleichen ist die Verwendung von gegossenen Ankern sowie von Schieß- und Schlagdübeln untersagt.
2.5.2 Bei vollem Hintermörteln im schlag- und stoßgefährdeten Fassadenbereich ist die Verwendung von feuerverzinktem Stahl als Verankerungsmaterial abzulehnen, weil der dünne Zinküberzug beim Einbau solcher Anker leicht beschädigt werden kann. Die so verdeckten Verankerungen, durch verschiedene Belastungen beansprucht, sind außerdem dauernd den ungehindert über die poröse Hintermörtelung einwirkenden Aggressilien der Luftatmosphäre ausgesetzt.
2.5.3 Traganker, Halteanker und Abfangkonstruktionen müssen den statischen Erfordernissen entsprechen. Trageanker sollten nur hochkant in den Verankerungsgrund eingebracht werden.
2.5.4 Halteanker haben allgemein die Aufgabe, die auf den Trageankern sitzenden Platten (Werkstücke) vor dem Herauskippen zu schützen und haben die Kräfte aus Winddruck und Windsog zu übernehmen. Die Einbindetiefe und das fachgerechte Vermörteln sind deshalb zu beachten.

2.6 Verankerung

2.6.1 Jedes Werkstück einer Fassaden- und Wandbekleidung muß mit dem Untergrund standsicher verankert werden. Die Hintermörtelung darf nicht als tragend angenommen werden.

2.6.6.1 Jede zu verankernde Platte muß an vier Punkten befestigt sein. Die Tiefe der Dornlöcher muß mindestens 30 mm sein. Der Durchmesser der Dornlöcher bei eingemörtelten Ankerdornen soll mindestens 3–4 mm größer sein als der des Ankerdornes.
2.6.1.2 In der Vertikalfuge darf nur ein Trageanker eingebaut sein.
2.6.1.3 In der Horizontalfuge sind zwei Trageanker anzuordnen, die nach der unteren Platte keinen Zug- oder Druckkontakt haben dürfen.
2.6.1.4 Liegt ein versetzter Fugenschnitt vor und wird in den Horizontalfugen verankert, dann dürfen die Trageanker keine Dorneinbindung zu den unteren Platten haben (fehlende Bewegung).

2.6.2 Die vorgesehene Verankerungstechnik und deren statische Berechnung muß mit der Versetzzeichnung zur Ausführungsgenehmigung vorgelegt werden.

2.6.3 Die vorgesehene Verankerung muß in der Versetzzeichnung mit den Positionsnummern der statischen Berechnung oder mit der Typenbezeichnung typengeprüfter Anker eingetragen sein.

2.6.4 Bei freihängenden Untersichten können aufgehängte Platten bei starkem Straßenverkehr (infolge ständiger Erschütterungen) in den Ankerlöchern ausbrechen. Solche Platten dürfen nicht in eingebohrten Ankerdornlöchern aufgehängt werden, sondern es sind für die Aufhängung Spezialkonstruktionen notwendig.

2.6.5 Mit Steinkleber (Kunststoffklebern) auf Fassadenplatten geklebte Streifen, wie z. B. Profil- oder Leibungsstreifen, bedürfen einer zusätzlichen nichtrostenden Verdornung.

2.6.6 Ankerloch und Ankermörtel
Das Ankerloch (Bohrloch) im Verankerungsgrund muß die vorgeschriebene Tiefe für Trage- und Halteanker haben. Es soll sich nach innen schwalbenschwanzförmig öffnen.
2.6.6.1 Vor der Vermörtelung des Ankers und vor dem Anlegen erforderlicher Betonkissen ist das Ankerloch gut zu säubern, d. h. von staubförmigen und lockeren Mauerwerk- und Betonteilen zu befreien und genügend anzufeuchten, damit dem Ankermörtel das zum Abbinden erforderliche Wasser nicht entzogen wird.
Nur gründlich gereinigte und ausreichend angefeuchtete Ankerlöcher garantieren eine einwandfreie Festigkeit und Verbindung des Ankermörtels mit dem Verankerungsgrund.
2.6.6.2 Die Anker müssen im tragfähigen Verankerungsgrund ausreichend tief und sicher befestigt werden. Für die Befestigung ist Mörtel der Mörtelgruppe III nach DIN 1053 mit Zement nach DIN 1164 zu verwenden. Empfohlen werden Zemente mit höheren Frühfestigkeiten. (DIN 18515, Abschnitt 2.3.3.)
2.6.6.3 Die Verwendung von Gips, Tonerde-Schmelzzement, Mörtel- und Beton-Zusatzmittel (z. B. Frostschutzmittel, Abbindebeschleuniger, Zusatzmittel zur Erhöhung der Geschmeidigkeit des Mörtels, Luftporenbildner), die Chloride enthalten, ist verboten.
2.6.6.4 Es wird empfohlen, den Anker nach dem Einbringen des Mörtels im Ankerloch mit Steinen zu verkeilen und darauf zu achten, daß ein dichtes Mörtelpolster unter den Druckverteilerplättchen der Trageanker vorhanden ist. Auf die Notwendigkeit der angeschweißten Verteilerplättchen wird besonders hingewiesen.

2.6.7 Ankerdorne und Ankerdornlöcher in den Platten
Die Ankerdorne für die Trage- und Halteanker müssen bei Außenarbeiten

5 mm Durchmesser aufweisen und aus dem gleichen Material bestehen wie die Anker selbst (Ankertabellen).

2.6.7.1 Der Ankerdorndurchmesser und der Ankerdorneinband richten sich auch nach weiteren statischen Erfordernissen. Der Ankerdorneinband muß mindestens 25 mm, bei Weichgestein 35 mm sein.

2.6.7.2 Die Ankerdorne dürfen in Platten oder Werkstücke nicht mit dem Hammer eingeschlagen werden, weil sonst schädliche Spannungen im Stein entstehen können.

2.6.7.3 Ankerdornlöcher mit abgeplatzten Steinstellen dürfen nicht mit Akemi oder ähnlichem ausgekittet werden. Sie müssen an anderer geeigneter Stelle neu angelegt werden.

2.6.7.4 Ankerdornlöcher für die Aufnahme von Kunststoff-Gleitröhrchen richten sich nach dem Durchmesser des Ankerdorns und dem dazu entsprechenden Außendurchmesser des Gleitröhrchens. Der Röhrchen-Außendurchmesser beträgt bei einem

5 mm Ankerdorn = 7,4 mm

6 mm Ankerdorn = 8,7 mm

Glatt vollwandige und zentrisch gebohrte Ankerdornlöcher sind zur Aufnahme der Gleitröhrchen erforderlich. Der Bohrlochquerschnitt muß die meist 30 mm langen Gleitröhrchen einschließlich Kunststoffkleber aufnehmen.

Die Gleitröhrchen müssen mit geeignetem Kleber in die Bohrlöcher eingekittet werden.

2.6.7.5 Ankerdornlöcher für eingemörtelte Ankerdorne haben einen 3–4 mm größeren Bohrlochdurchmesser als die Ankerdorne. Sie sind ebenfalls 5 mm tiefer zu bohren, als der Ankerdorn einbindet.

2.6.7.6 Der Bohrlochabstand ist stets von der Bekleidungsplatten-Ansichtsfläche mit gleichem Abstand einzumessen.

2.6.7.7 Vor dem Eindrücken der Ankerdornenden sind die Ankerdornlöcher mit feinsandigem Zementmörtel oder anderen geeigneten Füllstoffen auszufüllen, bei Jura mit feinsandigem hochhydraulischem Kalkmörtel, ggf. mit Traßzementmörtel.

2.6.8 Bei Quarziten, Schiefern und ähnlichen spaltflächigen Materialien wird empfohlen, Ankerdornlöcher nur mit Diamanthohlbohrern herzustellen, um jede treibende und spaltende Wirkung auszuschließen. Auch sollen die Ankerdorne einen Durchmesser von mindestens 5 mm aufweisen, um den Lochleibungsdruck gering zu halten, da die Vertikallast in der natürlichen Spaltfläche wirkt.

2.6.9 Beim Befestigen von Trageankern und Halteankern an tragenden Stahlteilen (Trägern, Stützen und Unterzügen) muß die Stahlbauvorschrift DIN 1050 beachtet werden.

2.7 Fugen
Mörtelfugen, Elastische Fugen, Offene Fugen

2.7.1 Bei Fassadenbekleidungen wird empfohlen, Lager- und Stoßfugen nicht unter 4 mm auszuführen.

2.7.2 Auf ein gleichmäßiges Fugenbild ist zu achten.

2.7.3 Mörtelfugen (harte Fugen)

Mörtelfugen kommen bei Fassadenbekleidungen nur noch bei voller Hintermörtelung von besonders stoß- und schlaggefährdeten Fassadenteilen und Pfeilerbekleidungen zur Ausführung.

2.7.3.1 Sofern als Fugenabstandshalter nicht Bleiplättchen vorgeschrieben sind, sind Schiefer-, Kunststoff- oder Linolplättchen mindestens 1 cm hinter der Steinaußenkante in den Fugen zu verlegen. Die Dicke der Plättchen muß der Dicke der Fugen entsprechen.

2.7.3.2 Die Fugen müssen mit einem geeigneten Mörtel ausgefüllt werden, bei Jura mit hochhydraulischem Kalkmörtel. Er muß geschmeidig und gut verarbeitbar sein (Mischungsverhältnis = 1:3 bis 1:4).

Als Fugenmörtel ist ein nicht zu fetter und nicht zu feuchter Mörtel unter Zusatz von Quarzsand oder ein fertiger Fugenmörtel zu verwenden. Das Zuschlagskorn soll nicht größer als ein Drittel der Fugendicke sein.

2.7.3.3 Die Fugenflächen sind vor dem Verfugen sorgfältig von Mörtelresten zu reinigen und gut anzufeuchten.

2.7.3.4 Beim Verfugen ist darauf zu achten, daß der tieferliegende hintere Teil der Fuge absolut ausgefüllt wird. Die Fuge darf keinesfalls nur vorne zugestrichen werden und hinten hohl bleiben, sonst fällt der Mörtel früher oder später aus der Fuge heraus, und es kann Wasser eindringen.

2.7.4 Mit Dichtungsmassen geschlossene Fugen (elastische Fugen)

Plattenfugen – Plattendehnfugen – Anschlußfugen – Bautrennfugen

2.7.4.1 Die Plattenfugen sind mit geeigneten, beständigen, gut haftenden und nicht fleckenden Dichtungsmassen zu schließen (siehe auch DIN 18515, Abschnitt 2.3.1.2).

2.7.4.2 Plattenfugen, welche mit Dichtungsmassen geschlossen werden, müssen bedingt durch die Verarbeitungsmöglichkeit des Fugenmaterials mindestens 5 mm dick angeordnet werden.

Im allgemeinen richtet sich die Fugendicke nach den zu erwartenden Materialdehnungen (Tafel 1–9 C 13–21) und der Dauerdehnfähigkeit der Dichtungsmassen.

2.7.4.3 Der Fugengrund wird mit elastischem Füllstoffstreifen vorher ausgefüllt. Die Fülltiefe in der Plattenfuge beträgt bei den Dichtungsmassen mindestens 6 mm und entspricht der Fugendicke (bis 10 mm Fugenbreite).

2.7.4.4 Eventuelle Mörtelreste, die sich gegebenenfalls beim Einmörteln bzw. Einsetzen der Anker ergeben, sind von den Plattenkanten sauber zu entfernen.

Eine einwandfreie Haftung der Dichtungsmassen ist dann gewährleistet, wenn die Plattenkanten frei von jeglichem Staub sind. Eine zusätzliche Vorbehandlung der Steinkanten mit Haftprimer ist zu empfehlen. (Die Vorschriften der Herstellerfirma sind zu beachten.)

2.7.5 Plattendehnfugen

Dehnfugen in der Fassadenfläche sind immer erforderlich. Sie können offen bleiben oder elastisch geschlossen werden. Ihre Anordnung wird durch DIN 18515 und die jeweilige Befestigungs- bzw. Verankerungsart sowie durch die Materialeigenschaften bestimmt. Die Dehnfugendicke darf durch Anker nicht beinträchtigt werden (vgl. 2.7.9.2).

2.7.5.1 Unter Berücksichtigung der in DIN 18515, Abs. 1.6.2, genannten jahreszeitlichen Temperaturdifferenz von ± 50 K und den daraus zu erwartenden Materialdehnungen ist bei der Annahme von einer 10 mm dicken Dehnfuge und der daraus resultierenden beschädigungsfrei zumutbaren 20%igen Dauerdehnfähigkeit der Dichtungsmasse, bezogen auf die Dehnfugendicke, der entsprechende Dehnfugenabstand einzusetzen.

Da es sich nur um begrenzte Fassadenabschnitte handelt, meist Erdgeschoßbekleidungen, ist die horizontale Fugenbegrenzung im Abschluß des Erdgeschosses zu führen.

2.7.5.2 Die Dehnfugen müssen über die volle Hintermörtelung mit geeignetem Füllstreifen ausgelegt werden, bevor die Fuge mit Dichtungsmassen verschlossen wird.

2.7.5.3 Fugenabstandshalter, wie Holzkeile oder Unterlegeplättchen, und Mörtelreste müssen aus den Dehnfugen sorgfältig entfernt werden, damit jegliche Lastübertragung ausgeschlossen ist.

2.7.5.4 Für die Verankerung von hintermörtelten Platten über Dehnfugen müssen spezielle Dehnfugenanker verwendet werden.

2.7.5.5 Bei Fassaden aus kleinformatigen Platten oder Naturwerkstein-Riemchen mit satter Hintermörtelung sollen nach DIN 18515, Abs. 1.8.2, die horizontalen Dehnungsfugen so aufgeteilt werden, daß in jedem Geschoß in der Regel in Höhe der Unterkante Rohbaudecke bzw. unter Aufsatzflächen eine Fuge liegen soll. Auch im Bereich der Außen- und Innendecken sollen Dehnfugen angeordnet werden.

Nach Abs. 2.3.2 DIN 18515 richten sich die vertikalen Abstände dieser Dehnfugen nach den bauphysikalischen Gegebenheiten. Sie sollen nach Möglichkeit 6 m nicht überschreiten. Bei dunklen Materialien und bei hinter der Bekleidung vorhandenen Stoffen mit geringer Wärmeleitfähigkeit sind die Abstände entsprechend zu verringern.

Wenn nachweisbar geringere Bewegungen der Fugenränder zu erwarten sind, kann die Fugendicke bei kleineren Dehnfugenabständen verringert werden. Sie muß jedoch mindestens 5 mm betragen.

2.7.6 Anschlußfugen

2.7.6.1 Anschlußfugen an andere Baustoffe wie Holz, Metall, Glas und Beton dürfen nur als elastische Fugen von mindestens 5 mm Dicke ausgebildet werden.

2.7.6.2 Anschlüsse an bereits eingebaute Bauelemente (z. B. Fenster-, Beleuchtungs- und Reklamekonstruktionen u. a.) sowie Bekleidungen, die zwischen tragenden Bauteilen (z. B. vorkragenden Gesimsen oder Decken) eingespannt sind oder belastet werden könnten, müssen an den Untergrund angedichtet sein. Wünscht die Bauleitung auch eine Andichtung an die hinterlüftet ausgeführte Fassade, so darf diese auch nur elastisch in Fugen mit mind. 5 mm Dicke ausgeführt werden.

2.7.7 Gebäudetrennfugen

2.7.7.1 Im Bauwerk vorhandene Trennfugen müssen in der Bekleidung an gleicher Stelle und in gleicher Dicke übernommen werden.

An Trennfugen dürfen keine Mörtelbrücken entstehen. Geeignete Spezialprofile nach Anhang C-12 aus Metallen oder Kunststoffen können verwendet werden. Sie ermöglichen das Arbeiten in der Fuge.
Trennfugen können auch wie Plattendehnfugen mit Dichtungsmassen verschlossen werden.
2.7.7.2 Durchgehende Gebäudetrennfugen (z. B. zwischen Alt- und Neubauten) sollen als sogenannte Schiebefugen ausgeführt werden (siehe Anhang C-12).
2.7.7.3 Die Ausführung der Gebäudetrennfugen muß vor Beginn der Versetz- oder Verlegearbeiten geklärt sein.

2.7.8 Mit Dichtungsmassen geschlossene Plattenfugen (2.7.4) – Plattendehnfugen nach 2.7.5, Anschlußfugen nach 2.7.6 und Gebäudetrennfugen nach 2.7.7 – gehören grundsätzlich *nicht* zu den Nebenleistungen nach ATV DIN 18332 Ziffer 4.1.

2.7.9 Offene Fugen

2.7.9.1 Die Fugendicke soll 4 mm betragen.
2.7.9.2 Die Fugendicke ist zusätzlich zur Ankerstegdicke zu berücksichtigen, wobei ggf. der Ankersteg einseitig in den Werkstein eingelassen wird. Die Vorschriften der zur Anwendung kommenden Ankersysteme sind dabei zu beachten.
2.7.9.3 Der Verankerungsgrund sowie seine eventuelle äußere Wärmedämmung und seine Durchbrechungen, wie Fenster und Türen, müssen wasserdicht sein. Siehe Abschnitt 2.1 und 2.8.1.

2.8 Fenster-, Beleuchtungs- und Reklamekonstruktionen sowie Gerüste

Rahmenkonstruktionen, Rolläden, Beleuchtungen, Gerüsthaken, Reklame- oder sonstige Konstruktionen aus Metall, Holz und Kunststoffen dürfen niemals am Naturstein befestigt werden. Alle derartigen Konstruktionen sind am Rohbau zu befestigen (siehe auch Anhang C-9b).
2.8.1 Befestigungs- und Abdichtungsarbeiten für diese Konstruktionen gehören *nicht* zu den Nebenleistungen (ATV DIN 18332).

10. Reinigen

10.1. Die Natursteinoberflächen sollen mit reinem Wasser und Bürste abgewaschen und gereinigt werden. Andere Reinigungsmittel können verwendet werden, wenn sie erprobt sind. Mörtel- und steinzersetzende Reinigungs- und Pflegemittel sowie steinoberflächenschädigende Reinigungs- und Pflegemaschinen sind abzulehnen.
(Achten auf Fensterglas und gestrichene und eloxierte Metallteile!)

10.2 Zusätzliche Behandlungsmittel sollten nur dann verwendet werden, wenn einwandfreie Gutachten oder Erfahrungen über deren Eignung für den vorgesehenen Zweck vorliegen.

Wandbekleidung aus Holzverschalung

Holzverschalungen wurden ursprünglich nur in holzreichen Gegenden als Wetterschutz für Scheunen und andere untergeordnete Bauten ausgeführt. Die Unterkonstruktion war immer ein Fachwerk. Die Schalbretter, die noch von Hand geschnitten waren, nahm man in der jeweils anfallenden Breite, schmalere Bretter als Deckbretter oder Leisten. Die Bretter waren nicht „besäumt", so daß sich ein lebendiges Erscheinungsbild ergab. Nach außen wurde immer die „rechte" Brettseite (= Kernseite) genommen. Da das Holz nach damaligem Brauch mindestens 2 bis 3 Jahre lufttrocken auf Stapel saß und die Holzwand meistens noch durch einen großen Dachüberstand geschützt war, konnte sie leicht ein Alter von 100 oder auch 200 Jahren erreichen.
Heute stellen sich die Verhältnisse wesentlich anders dar: Holzverschalungen werden nicht nur in holzreichen Gegenden, sondern überall, und zwar durchweg aus ästhetischen Gründen, aus Freude an dem Material, meistens bei Einfamilienhäusern, als Schirm vor die tragenden Außenwände auf Lattenrosten angebracht.

UNTERKONSTRUKTIONEN

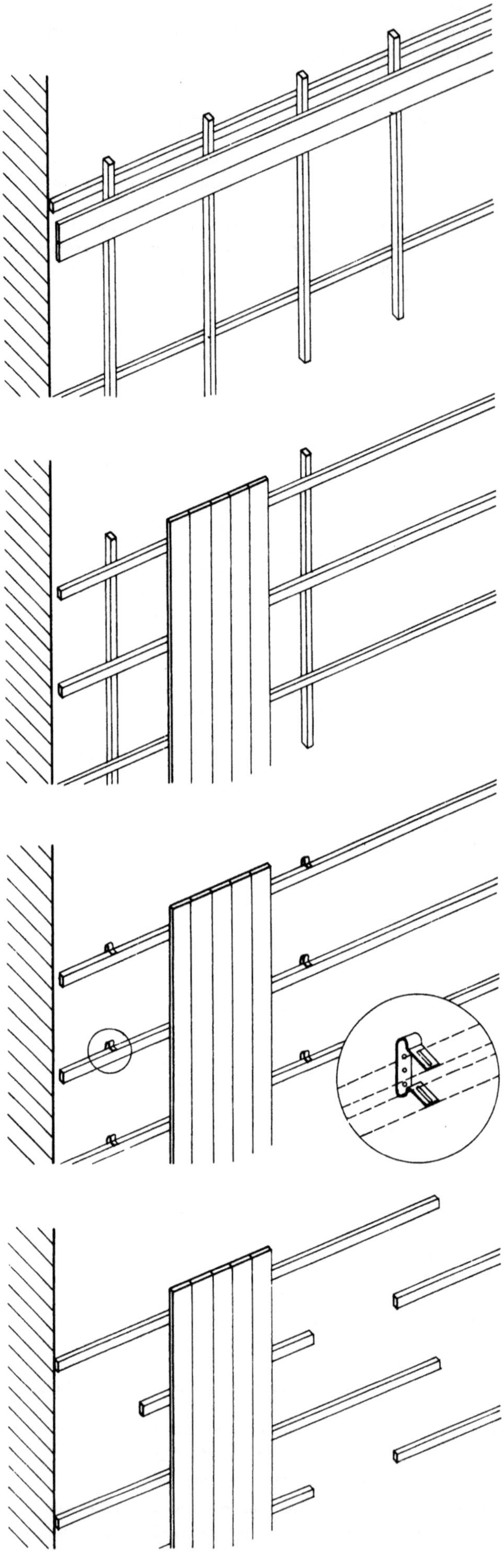

VERTIKALE HOLZVERKLEIDUNG

HORIZONTALE HOLZVERKLEIDUNG

STUMPFER STOSS
MIT DECKLEISTE

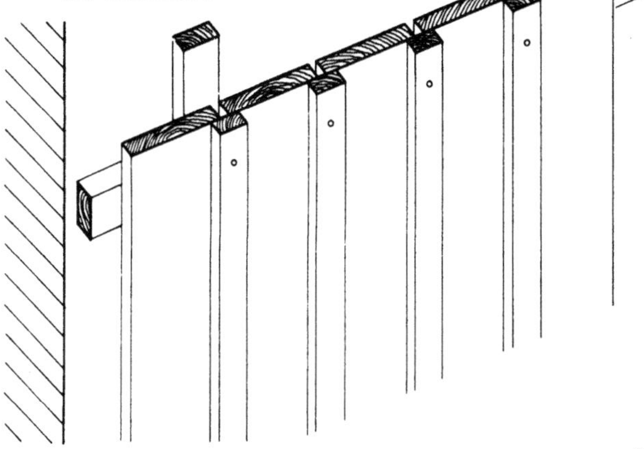

ÜBERFÄLZTER STOSS

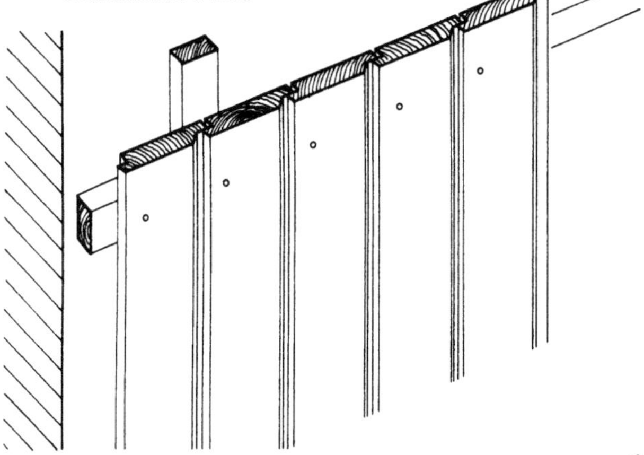

GESPUNDETER STOSS
VERDECKT GENAGELT

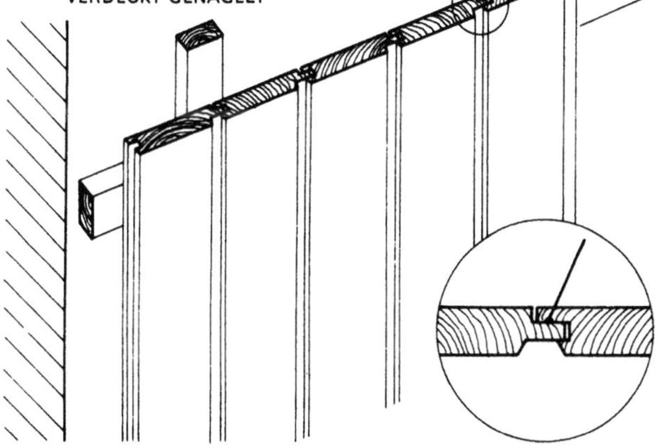

BEFESTIGUNG MIT
SPEZIALKRALLE

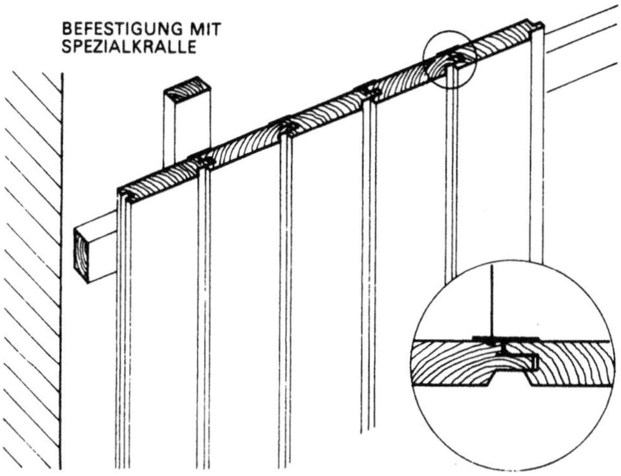

FALSCH. SICHTBAR GENAGELTE
STÜLPSCHALUNG

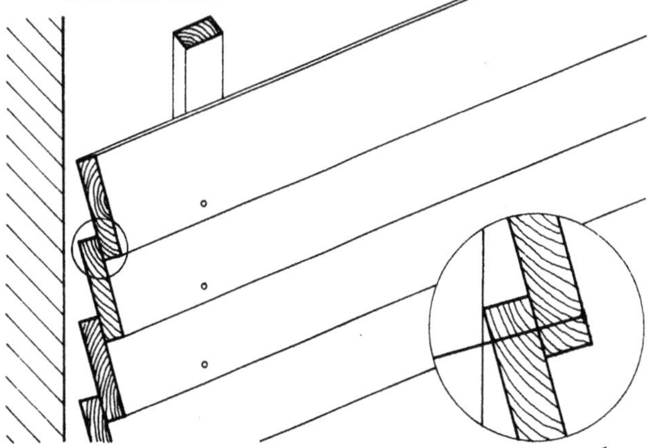

RICHTIG. SICHTBAR GENAGELTE
STÜLPSCHALUNG

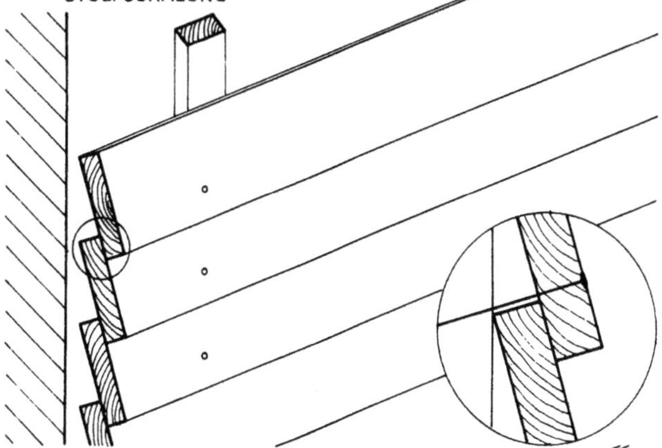

VERDECKTE BEFESTIGUNG
MIT KLEMMPROFIL

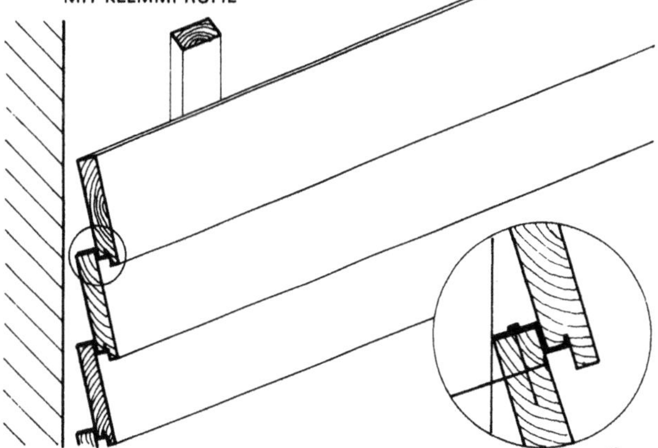

HOLZSCHINDELN
VERDECKT GENAGELT

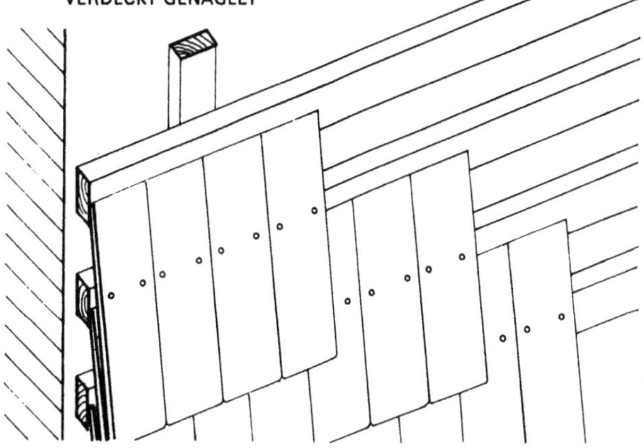

Wegen der heutigen Schnittweise der Bretter und wegen des meist fehlenden schützenden Dachüberstandes, der sich auf den Wetterseiten besonders stark bemerkbar macht, sollte man nur schmale Bretter von ca. 12 bis 14 cm Breite verwenden. Die Brettstärke soll gehobelt > 19 mm, besser 24 mm, betragen.
Zu überlegen ist zunächst, ob man vertikal oder horizontal verschalen soll. Bei vertikaler Verschalung kommt man – von Fensteröffnungen abgesehen – mit einer einheitlichen Brettlänge der Geschoßhöhe aus. Die Länge der Wand spielt keine Rolle. Bei horizontaler Verschalung bereitet die Verteilung der Längsstöße auf einer Wand oft gestalterische Schwierigkeiten.
Bevorzugt wird darum die vertikale Schalwand. Um die Bretter auf einer Massivwand befestigen zu können, braucht man einen Lattenrost, der einen Hinterlüftungsquerschnitt von ≧ 20 mm gewährleisten sollte. Da man die Bretter in ihrer Längsrichtung alle 60 bis 80 cm befestigen soll (Schrauben ist besser als Nageln), ergibt sich hierdurch der Lattenabstand in horizontaler oder vertikaler Richtung.
Für die Gestaltung des Erscheinungsbildes der Schalung gibt es mehrere Möglichkeiten, die sich auf die Profilierung der Schalbretter auswirken. Eine kräftige Plastik erzielt man mit senkrechter Schalung bei Verwendung von Deckbrettern (notfalls Deckleisten). Das Deckbrett soll das untere Brett um die Brettstärke überdecken.
Die „rechte Seite" der Bretter muß immer nach außen liegen. Jedes Brett darf in der Breite nur einmal genagelt sein, damit die Bretter sich frei bewegen (wachsen oder schwinden) können. Werden die Bretter genagelt oder mit Eisenschrauben befestigt, so zeigen sich auf dem Naturholz bald blauschwarze Streifen an den Nagel- oder Schraubstellen. Ratsam ist darum bei sichtbarer Befestigung die Verwendung von Leichtmetallschrauben, die diesen Übelstand vermeiden.
Will man breitere Bretter, z. B. 18 bis 24 cm, verwenden, so muß man, um dem Verwerfen vorzubeugen, die Bretter mit zwei Sägeschnitten auf halbe Brettstärke versehen. Diese Art der Schalung wird heute allerdings nur noch selten ausgeführt. Meistens wählt man die überfälzte oder die gespundete Schalung mit Brettern mäßiger Breite, etwa 12 cm breit. Die gespundete Schalung hat den Vorteil, im Erscheinungsbild keine Nagel- oder Schraubenköpfe zu zeigen.
Bei der horizontalen Verbretterung wird die überlappte Schalung oder Stulpschalung höchstens noch bei Schuppen oder ähnlichen untergeordneten Bauten ausgeführt. Sie ist die handwerklich einfachste, weil sie keinerlei Vorbereitung oder Profilierung der Schalbretter verlangt.

Wandbekleidung aus Faserzement-Platten

Unter den Namen Eternit, Fulgurit u. a. werden aus hochzugfesten Mineralfasern mit Zementbindern Profiltafeln und ebene Platten hergestellt, die sich gut als Wetterschale für Wand und Dach eignen. Sie sind naturfarben, hellgrau oder in verschiedenen Farben durchgefärbt bzw. oberflächenbeschichtet lieferbar und erfordern keine Pflege. Das anorganische, fäulnissichere Material ist witterungs- und frostbeständig, nicht brennbar und weitgehend widerstandsfähig auch gegen chemischaggressive Atmosphärilien. Seine Wärmeleitfähigkeit beträgt 0,46 W/mK, der Wärmeausdehnungskoeffizient 0,00001/ K. Wesentlicher ist das Schwund- und Dehnmaß zwischen dem Zustand der Wassersättigung (20 Gewichts-%) und dem der Luftausgleichsfeuchte (6 Gewichts-%):

- bei gepreßtem, nicht dampfgehärtetem Material ca. 1,35 mm/m
- bei gepreßtem, jedoch dampfgehärtetem Material ca. 0,80 mm/m.

Ebene Faserzement-Tafeln

- auf Holzlattung
  Holzlatten, horizontal oder vertikal, werden an Beton und Mauerwerk mit Holzschrauben und Dübeln oder durch Einschießen von Stahlbolzen befestigt. Sie dürfen eine wirksame Hinterlüftung der Fassade (ca. 2,5 cm Abstand) nicht verhindern, gegebenenfalls ist eine zusätzliche Konterlattung nötig. Bei horizontaler Verlegung kleinformatiger Platten kann auf die Konterlattung verzichtet werden, wenn die horizontalen Latten an den Stößen auf Abstand (mindestens 5 cm) gehalten werden. Die ebenen Faserzementtafeln schließlich werden mit vergüteten Holzschrauben oder nichtrostenden Spezialnägeln unmittelbar auf der Lattung bzw. unter Klemm- und Deckprofilen über den Plattenstößen befestigt.
- auf Faserzement-Tafelstreifen
  Als Alternative zu vertikaler Holzlattung werden auch Faserzement-Tafelstreifen mit einem Mindestquerschnitt von 100/12 mm verwendet. Sie sind mit Hilfe justierbarer Spezialbolzen in variablem Abstand (bis zu 5 cm) vor der Wand befestigt und tragen die Fassadentafeln an Holzschrauben in Spreizdübeln.
- auf Metallkonstruktionen
  Bei großformatigen Tafeln mit wesentlichen Maß- und Ausdehnungstoleranzen sind justierbare und beweglichere Verankerungssysteme notwendig. Dafür wurden verschiedene Metallkonstruktionen entwickelt, wobei die Tafeln entweder auf durchlaufenden Tragschienen oder punktweise auf Winkelkonsolen beweglich gelagert sind. Der Abstand vor der Wand ist justierbar, womit Ungenauigkeiten ausgeglichen und verschiedene Hinterlüftungstiefen eingestellt werden können. Mit solchen Steck- und Klemmverbindungen ist bei Plattendicken ab 12 mm zugleich eine rückseitige, von außen völlig unsichtbare, Verankerung zu realisieren.
- als verlorene Schalung
  Im Betonwandbau eignet sich die Verwendung von Faserzementtafeln im Verbund mit Wärmedämmplatten als verlorene Schalung, die nur eines Stützgerüstes bedarf. Um die Wirkungsweise einer nachträglich vorgehängten hinterlüfteten Vorsatzschale erzielen zu können, wurden profilierte Dämmplatten entwickelt, die hinter der Wetterschale den nötigen Lüftungsquerschnitt bilden. Eine unsichtbar bleibende Verankerung derart verwendeter Faserzementtafeln ist auch hierbei erst als Plattendicke von 12 mm möglich.

Fugenausbildung

Kleinformate mit einer Dicke ≦ 6 mm kann man doppelgedeckt, zweiseitig überstülpt, oder auch in regelrechter Schieferdeckung jeweils mit 3 bis 4 cm Höhen- und Seitenüberdeckung verlegen. Bei waagerecht gestülpter Verlegung genügen 3,5 cm Höhenüberdeckung, wenn die Platten auf senkrechten Latten (> 3/7 cm) oder Faserzementtafelstreifen gestoßen werden und Fugenbänder hinterlegt sind.
Tafeln mit einer Dicke ≧ 6 mm werden nicht mehr gestülpt, sondern gestoßen. Die Fugen können offen hinterlegt, dauerplastisch verspachtelt oder mit Deck- und Klemmprofilen ausgeführt werden. Bei großformatigen Tafeln mit nur teilweiser oder gar keiner Unterfütterung der Tafelstöße bedeutet die nachträgliche Abdichtung der Fugen nicht geringen zusätzlichen Aufwand. Wie bei den Werksteinverkleidungen wagte man schließlich auch bei Faserzement-Tafelverkleidungen vollständig offene Fugen. Aus optischen Gründen und wegen der notwendigen Toleranzen betrug die Fugenbreite etwa 10 mm. Bei einer Hinterlüftungstiefe von 5 bis 9 cm vor der wärmegedämmten Außenwand war damit auch in schlagregenreichen Küstengebieten die Aufgabe der Wetterhaut voll zu erfüllen, ohne daß es zu Durchfeuchtungserscheinungen und verminderter Wärmedämmung gekommen wäre. Nur wenn Fassaden über mehrere Geschosse ohne Unterbrechung durchlaufen, wird eine Hinterlegung der Vertikalfugen dringend angeraten.

UNTERKONSTRUKTION FÜR FASERZEMENT-FASSADEN-VERKLEIDUNG
SYSTEM: HARPENFELD

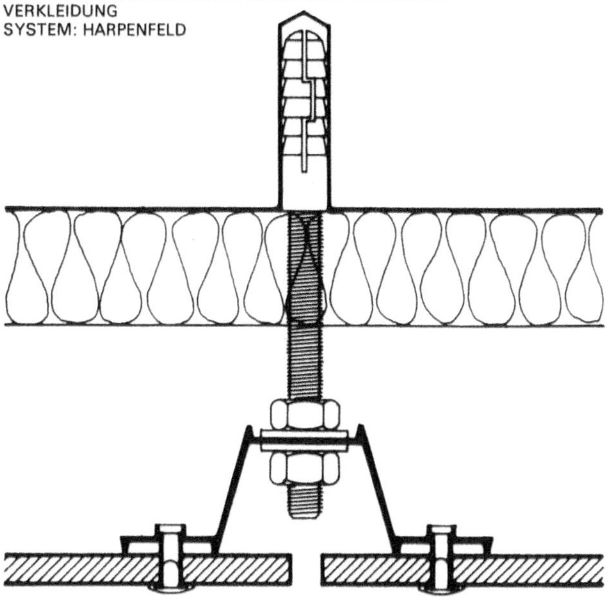

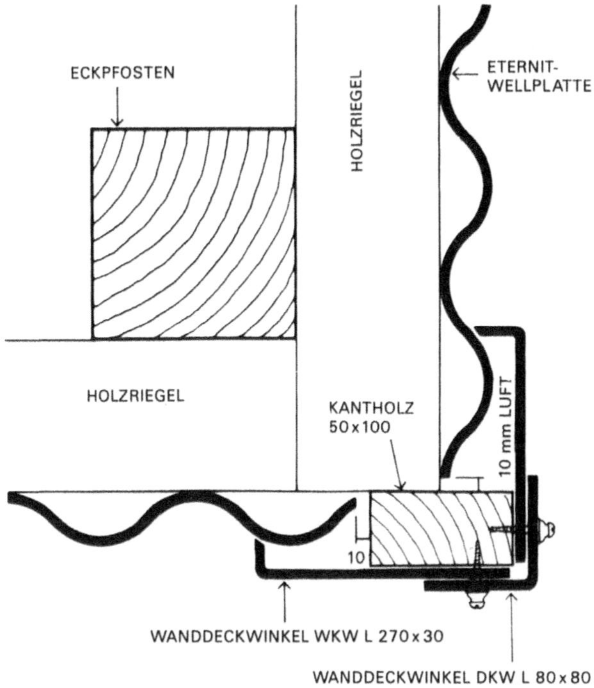

SYSTEM ICKLER

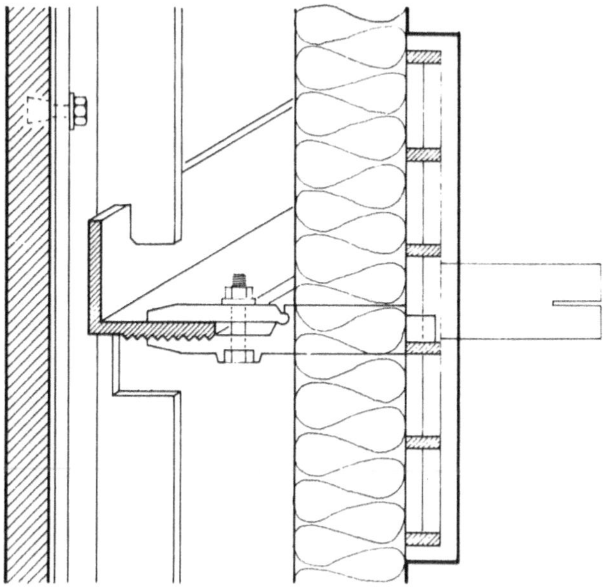

BEFESTIGUNG VON WELLPLATTEN AUF STAHLRIEGELN

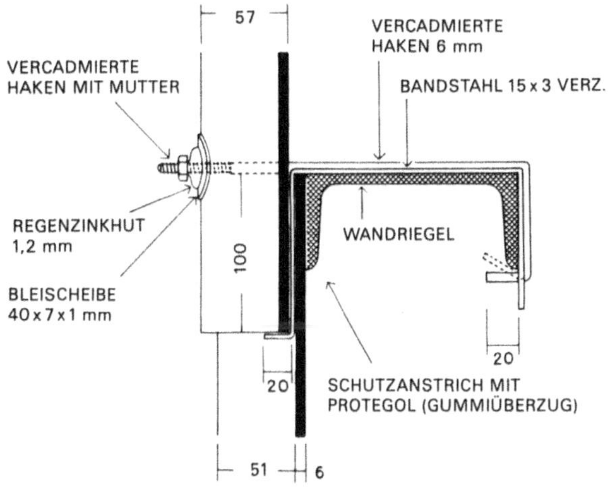

SYSTEM RICHTER

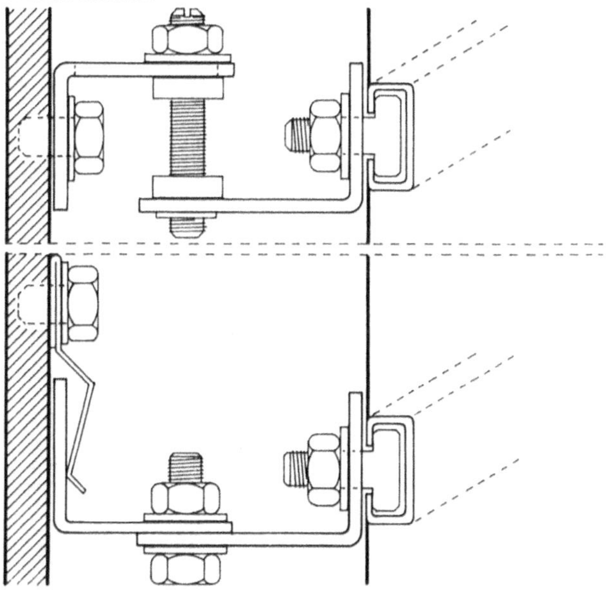

BEFESTIGUNG VON WELLPLATTEN AUF HOLZRIEGELN

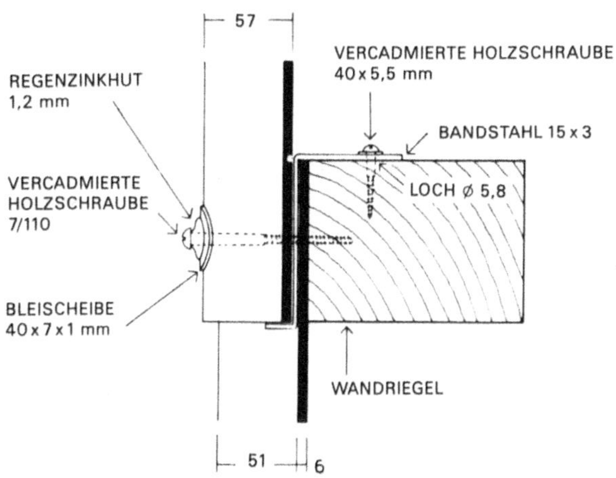

Spundwand- und Well-Faserzementtafeln

Profilierte Faserzementtafeln sind bei gleicher Materialstärke steifer als ebene Tafeln, was sich in größerer Belastbarkeit und damit in größeren Stützabständen sowie in einfacherer Unterkonstruktion auswirkt. Sie finden deshalb vor allem im leichten Gerippebau von Industrie- und landwirtschaftlichen Bauten als Wand- und Dachverkleidung ihren Einsatz.

Der allein durch die Profilierung gebildete Hinterlüftungsquerschnitt ermöglicht im Verbund mit Wärmedämmplatten zugleich eine denkbar einfache, ausreichende und physikalisch richtige Außenwandkonstruktion: ein Wetterschutz hinterlüftet und wärmedämmend, dessen Innenseite zudem schallschluckend ausgebildet sein kann.

Unterkonstruktion

Die Wellplatten werden auf hölzernen oder stählernen Wandriegeln befestigt, die man von außen auf den Wänden oder Stützen durchlaufend anbringt. Auf den geradlinigen Verlauf der Riegel ist zu achten, da schon geringfügige Durchbiegungen in der Ansichtsfläche eine unschön wirkende, wellenförmige Linie der Überdeckungskanten ergibt. Die Wandriegel müssen ausreichend stark sein, um ein Durchbiegen zu verhindern. Bei der Beriegelung eines Bauwerks sollen die Überdeckungskanten in einer Höhe um das ganze Gebäude laufen. Die Wandriegel sind deshalb an allen Gebäudefronten in gleicher Höhe durchlaufend anzubringen.

Die Abstände der Wandriegel untereinander richten sich nach der Welltafellänge. Die Tafeln sollen den oberen und unteren Riegel um etwa 10 cm überragen, damit die Befestigungsmittel noch genügend Halt haben.

Die Riegel müssen eine glatte Auflagerfläche bilden.

Überdeckung

Für die Längsüberdeckung genügen 10 cm.

Die Seitenüberdeckung beträgt wie bei der Dachdeckung $^1/_2$ Welle = 47 mm (bei Fulgurit 65 mm). Wenn die Wandlänge mit der Deckbreite nicht übereinstimmt, muß eine Tafel entsprechend dem Differenzmaß zugeschnitten werden. Ein Verteilen des Differenzmaßes auf die Seitenüberdeckungen der einzelnen Tafeln ist nicht zulässig.

Aufhängung und Befestigung

Wellplatten werden mit Aufhängehaken an die Unterkonstruktion gehängt und dann mittels Schraubkörper befestigt.

Zur Aufhängung verwendet man Bandstahlbügel von 15 × 3 mm. Sie übertragen das Eigengewicht der Platten auf die Wandriegel, vereinfachen den Verlegevorgang und gewährleisten eine gleichmäßige Längsüberdeckung von 10 cm bei allen Platten. Die Aufhängehaken werden auf Holzriegel aufgeschraubt und auf Stahlriegel eingehakt und angebogen. Die Aufhängung erfolgt bei Wellplatten > 160 cm durch je einen Haken im dritten Wellental. Bei Platten < 160 cm sind keine Aufhängehaken erforderlich. Die eigentliche Befestigung der Wellplatten erfolgt:

bei Holzriegeln durch Holzschrauben oder Gelenkapparate,

bei Stahlriegeln durch Hakenschrauben oder Gelenkapparate.

Für die Montage der Wellplatten sind im übrigen die Verlegeanleitungen der Herstellerfirmen zu beachten.

Wandbekleidung aus Metalltafeln

Weite Verbreitung fanden als Material für großflächige Wandbekleidung vorwiegend im Industriebau auch Bleche. Die Oberfläche kann nicht-rostend blank, einbrennlackiert, kunststoffbeschichtet oder emailliert sein. Da die ebene, dünn ausgewalzte Tafel zu wenig biege- und verwindungssteif ist, wird das Material normalerweise profiliert (Trapez-, Spundwand-, Vollprofile), randverstärkt, abgekantet oder als Deckschicht mehrschichtiger Verbundelemente über einem versteifenden wärmedämmenden Kern verwendet. Abgesehen von diesen mehrschichtigen sogenannten Sandwich-Tafeln müssen Fassadenverkleidungen aus Bechtafeln gut hinterlüftet vorgehängt werden, damit infolge von Dampfdiffusion Feuchtestau nicht das Wärmedämmvermögen der hinteren Wand mindern und Kondenswasser zu Schäden auf der Rückseite der Blechverkleidung oder ihrer Verankerung führen kann. Deshalb und wegen des besonderen Problems elektrolytisch bedingter Korrosion bei Berührungen verschiedener Metalle sollte für die Verankerungselemente einer Metallverkleidung möglichst nur gleiches Metall bzw. nur korrosionssicheres Material Verwendung finden.

FASSADENVERKLEIDUNG MIT VERBUNDELEMENTEN

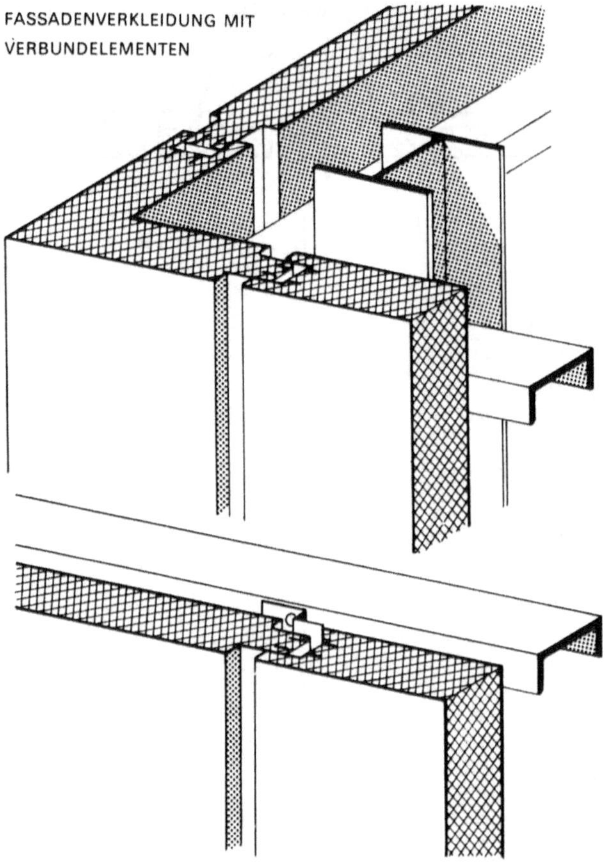

FASSADENVERKLEIDUNG MIT KASSETTENPROFILEN UND TRAPEZPROFILEN

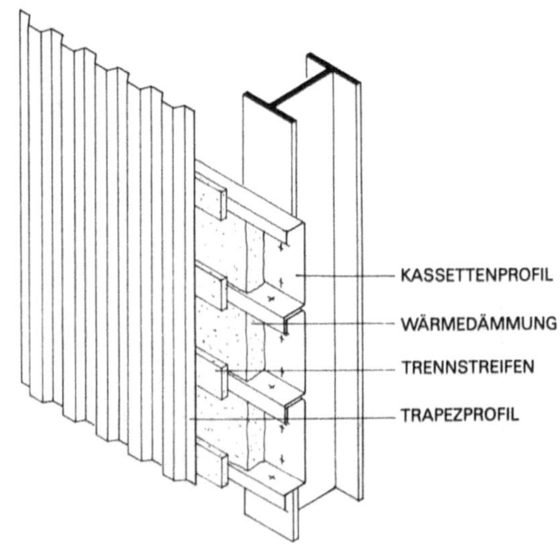

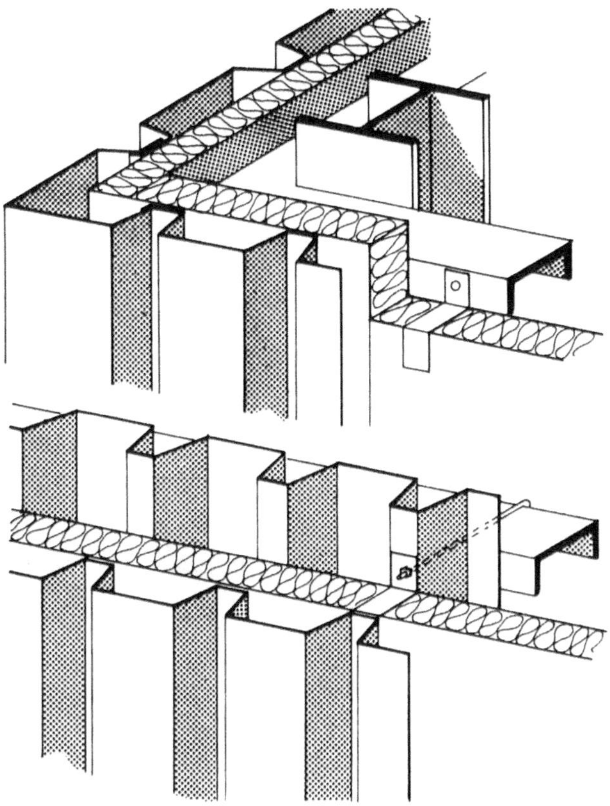

Vorhangwand – Curtainwall

Die Forderung nach Flexibilität, nach veränderlichen Raumbreiten bzw. zusammenhängenden Raumfluchten, die den modernen Skelettbau begründete, hat nicht zuletzt auch die Aufgaben der Außenwand verlagert. Nicht mehr tragend, nur noch Raumabschluß, Wetter- und Wärmeschutz, muß sie dem Winddruck standhalten und möglichst zahlreiche und regelmäßige Wandanschlußmöglichkeiten haben.

Wegen des geringen Gewichtes, das sich bis in die Fundamente günstig auswirkt, werden hierfür leichte Metallrahmenkonstruktionen bevorzugt, die mit Fenster- und wärmedämmenden Brüstungselementen ausgefacht sind. Sie können – von Geschoßdecke zu Geschoßdecke gespannt – zwischen die tragenden Stützen und Decken gestellt oder der Decken- und Stützenflucht regelrecht vorgehängt sein. Wenngleich solche „Vorhangwände", die wie eine Haut die übrige Konstruktion völlig umschließen, zahllos ausgeführt wurden und groß in Mode geraten waren, seien sie in diesem Zusammenhang nicht ohne Einschränkungen erwähnt.

Das Hauptproblem der Vorhangwände ist die schalltechnisch schwierige Abschottung der Geschosse und benachbarter Räume untereinander infolge Nebenwegübertragung durch Schallängsleitung und Schallbrücken. Hinzu kommen die Forderungen des Feuerschutzes, die feuerbeständige Fensterbrüstungen und Stützen oder auskragende Balkonplatten verlangen, was hinter der vorgehängten Fassadenhaut zusätzlich eine massive Konstruktion für Sturz und Brüstung erfordert.

Wandbekleidungen mit Glas

Auch Glas, das gegossen oder gewalzt, wetterbeständig und korrosionssicher, wasserundurchlässig und dampfdicht, nicht entflammbar und nicht brennbar ist, ist materialgerecht verarbeitet ein geeigneter Baustoff für die Wandbekleidung. Seine porenfreie Oberfläche wird weder von Säuren noch Laugen – ausgenommen Flußsäure und Silikone –, noch von der aggressiven Industrieatmosphäre angegriffen und ist leicht zu reinigen.

Durch eine besondere Temperaturbehandlung kann die Oberfläche gegenüber dem Kern vorgespannt werden, womit eine höhere Widerstandsfähigkeit gegen Biegung, Stoß und Temperaturspannungen erreicht wird. Beim Bruch entstehen dann statt der gefürchteten dolchförmigen Scherben nur noch körnige ungefährliche Bruchstücke. Bei den durchgefärbten, sogenannten opaken Gläsern ist zu berücksichtigen, daß sie einen erheblichen Teil der mit der Sonneneinstrahlung erzeugten Wärme schlucken. Insbesondere dunkelfarbige Opakgläser können sich dabei beträchtlich aufheizen.

Besonders gefährdet sind Doppelscheiben-Konstruktionen mit eingeschlossenem Luftkissen.

Um Risse infolge von Wärmespannungen zu vermeiden, ist auf die Scheibengröße, Hinterlüftung, elastische Lagerung im Profil und Verhütung einer Teilbeschattung zu achten, wenn nicht vorgespanntes Glas Verwendung findet.

Wie alle dampfdichten Wandbaustoffe ist auch Glas vor allem für hinterlüftete Wandschalen in Rahmenkonstruktion oder punktweiser Halterung zu empfehlen, wenn es nicht nur als Deckschicht vorgefertigter Verbundelemente auf dämmendem und stabilisierendem Kern zum Einsatz kommt.

Wandbekleidung mit Kunststoff

Entsprechend unserer technischen Entwicklung finden Kunststoffe als Baustoffe immer mehr Verwendung. Besonders geeignet sind profilierte Kunststoffplatten und -kassetten für Fassadenverkleidungen.

Manche Kunststoffe sind beständig gegen Witterungseinflüsse und aggressive Bestandteile der Luft. Aufgrund ihrer glatten Oberfläche wird die Verschmutzung auf ein Minimum reduziert.

Bei der Verwendung von Kunststoffen als Wetterschale ist deren hoher Wärmeausdehnungsfaktor zu beachten. Die Plattenformate dürfen darum nicht zu groß sein und sollen eine Form haben, die das Dehnungsverhalten günstig beeinflußt. Die Befestigungen müssen beweglich sein und die Dehnungen des Materials aufnehmen können.

Leichte Trennwände

Nach DIN 4103 gelten als leichte Trennwände alle Innenwände von geringer Dicke und geringem Gewicht, die keine wesentlichen Lasten zu tragen haben. Sie müssen raumbeständig sein, damit der dichte Anschluß an Wände und Decken gewährleistet ist. Außerdem sollen sie biege-, zug- und stoßfest sein. Man ordnet sie aus Gründen der Raumersparnis zwischen Räumen gleicher oder ähnlicher Bestimmung an. In der Form versetzbarer Montagewände bzw. Wandteile schaffen sie die Möglichkeit der veränderbaren Geschoßflächenaufteilung (Flexibilität). Darauf beruht ihre steigende Bedeutung und die große Zahl der angebotenen Konstruktionen.

Trennwände erhalten ihre Standfestigkeit in der Regel erst durch Befestigung an den umgebenden Bauteilen. Sie haben meistens keine besonderen Aufgaben des Wärme-, Schall- und Feuerschutzes zu erfüllen. Sie müssen aber, wie z. B. im Wandbau, gegebenenfalls zur Aussteifung tragender Wände herangezogen werden.

Baustoff- und Konstruktionsarten

Als Baustoff- und Konstruktionsarten kommen in Frage:

a) Massive Trennwände:
   Schwer- und Leichtbeton, in Ortbeton oder als Montageteile, gebrannte Ziegel, Kalksandsteine, Gipsplatten.
   Zementgebundene Holzwolleplatten von 5 cm Stärke kann man nur bedingt zu den Massivwänden zählen.

b) Gerippe- und Montagewände:
   verkleidete Holzgerippe
   verkleidete Metallrahmen

Die Verkleidung der Gerippe und Rahmen kann mit verschiedenen Materialien erfolgen, wie z. B. Gipsplatten, Spanplatten (gestrichen, kunststoffbeschichtet, furniert), mit Metallplatten oder Blech usw.

Die DIN 4103 gliedert die leichten Trennwände in Steinwände, Stahlsteinwände, Glassteinwände, Drahtputzwände, Anwurfwände, Stahlbetonwände, Plattenwände und Gerippewände.

AUSFÜHRUNGSMÖGLICHKEITEN LEICHTER TRENNWÄNDE

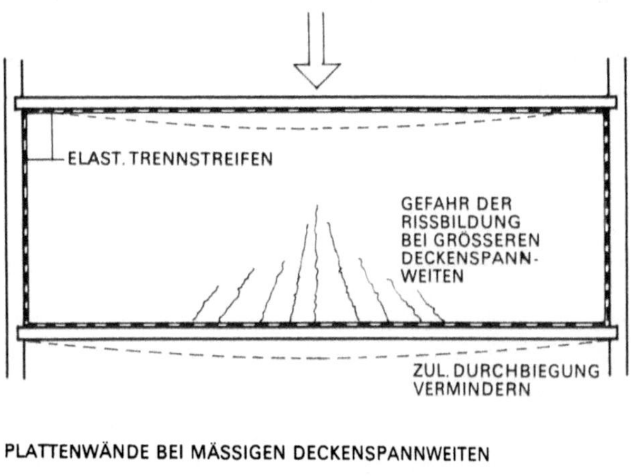

PLATTENWÄNDE BEI MÄSSIGEN DECKENSPANNWEITEN

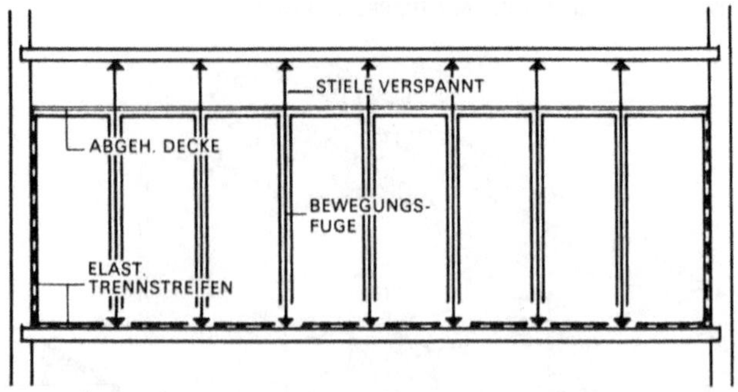

BEI GRÖSSEREN DECKENSPANNWEITEN IST DIE STATISCH ZUL. DURCHBIEGUNG MÖGLICHST ZU VERRINGERN. ANSTELLE VON PLATTENWÄNDEN SIND BESSER MONTAGEWÄNDE MIT VERSTEIFENDEN STIELEN

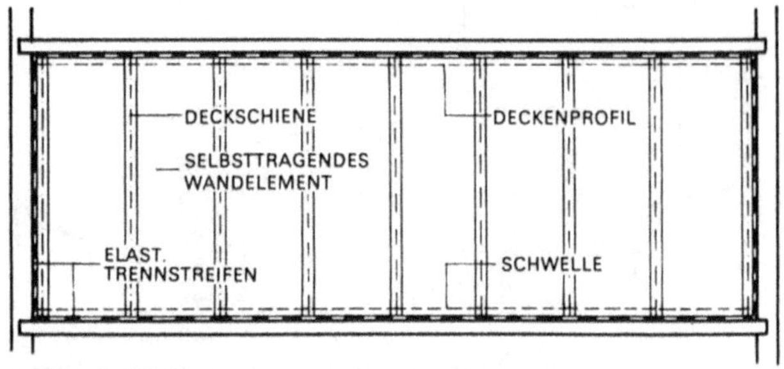

MONTAGETRENNWAND AUS SELBSTTRAGENDEN ELEMENTEN DURCH FUSS-SCHWELLE UND DECKENPROFIL GEHALTEN WEGEN BEWEGLICHKEIT DER EINZELELEMENTE FÜR ALLE DECKENSPANNWEITEN GEEIGNET

Zulässige Wandlängen und -höhen für zweiseitig angeschlossene Gipsplattenwände ohne Aussteifung mit beliebig vielen Türöffnungen.

Wanddicke in mm	Höhe/Länge in m		
	Anwendungsbereich I nach DIN 4103 E	Anwendungsbereich II nach DIN 4103 E	
60	Höhe 3.00 Länge unbegr.	–	3.00/ 4.00*
80	Höhe 4.00 Länge unbegr.	Höhe 3.00 Länge unbegr.	4.00/ 7.00*
100	Höhe 5.00 Länge unbegr.	Höhe 3.50 Länge unbegr.	5.00/ 10.00*

* Für vierseitig angeschlossene Wände mit höchstens einer Türöffnung bis 1,25 m breit.

Anwendungsbereich I:
Wände in Räumen mit geringer Menschenansammlung, z. B. Wohnungen, Hotels, Büro- und Krankenhäuser einschl. der Flure oder dgl.

Anwendungsbereich II:
Wände in Räumen mit größerer Menschenansammlung, z. B. Versammlungsräume, Schulräume, Hörsäle, Ausstellungs- und Verkaufsräume sowie Räume mit Höhenunterschieden der Fußböden von mehr als 50 cm.

Techn. Daten für Gipsplattenwände	Einheit	Wanddicke		
	mm	60	80	100
Gewicht pro m^2	kg	54	72	90
Format	mm	666/500	666/500	666/500
bewertetes Bauschalldämm-Maß-R'w	dB	32	35	37
Feuerschutz		F 30	F 120	F 180

Trennwände und Decken

Trennwände sitzen normalerweise in jedem Geschoß auf einer Massivdecke auf. Ist diese für eine Nutzlast von >500 kg/m² bemessen – was heute bei allen Büro- und ähnlichen Bauten der Fall ist –, so kann man sie bei einem üblichen Flächengewicht von 100–125 kg/m² an jeder beliebigen Stelle aufsetzen. Bei geringeren Nutzlasten, wie z. B. im Wohnungsbau mit 250 kg/m², ist das Wandgewicht einschließlich Putz nach DIN 1055 Blatt 2 nachzuweisen und durch einen gleichmäßig verteilten Zuschlag von 0,75 kN/m² zur Verkehrslast zu berücksichtigen. Bei Holzbalkendecken müssen Trennwände auf Stahlträgern sitzen oder, wenn die Trennwand in gleicher Dicke durch mehrere Geschosse hindurchgeht, in jedem 2. Geschoß durch einen Stahlträger abgefangen und in den übrigen Geschossen mit Streichbalken ausgesteift werden. Bei Stahlsteindecken oder Rippendecken sind unter Trennwänden von 100 kg/m² besonders bewehrte Massivstreifen anzuordnen.

Aussteifende Trennwände

Bei allen Wandbauarten muß man die tragenden Wände in gewissen Abständen durch Mauervorlagen oder Querwände aussteifen (siehe Kapitel „Baugefüge der Wandbauten"). Solche Wände müssen in sich selbst steif sein, um als aussteifende Scheiben zu wirken. Es kommen also nur Massivwände in Frage. In Beton genügt meistens eine Stärke von 10 cm, bei gemauerten Wänden 1/2 Stein = 11,5 cm. Diese Trennwände müssen mit den tragenden Wänden fest verbunden sein, Beton also durch übergreifende Bewehrungseisen in Trennwänden und Decken.

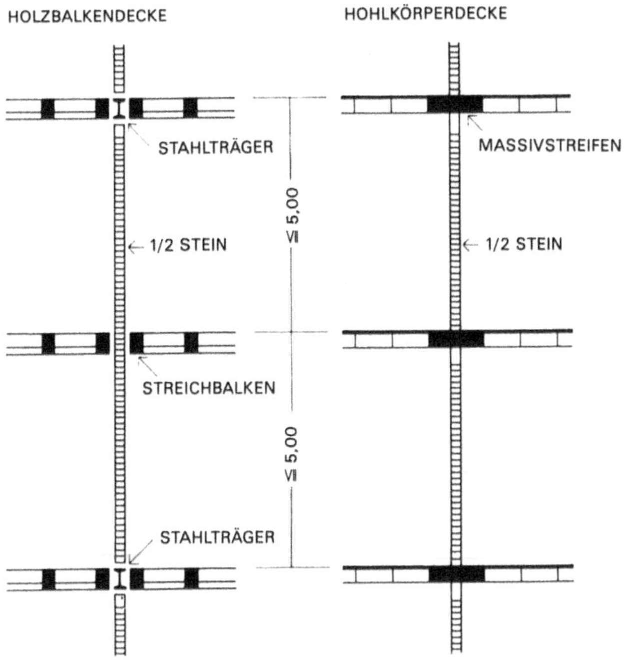

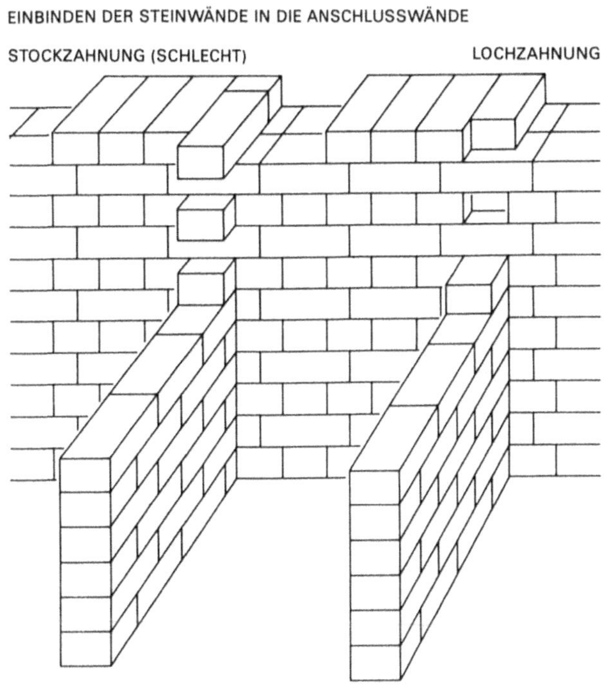

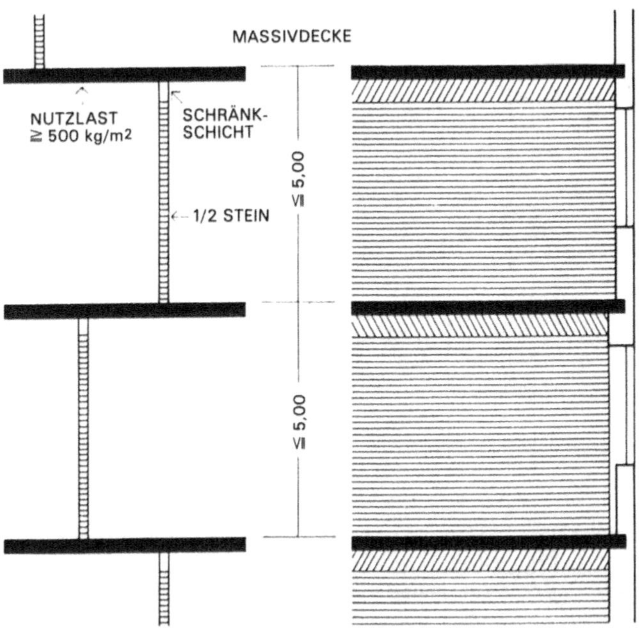

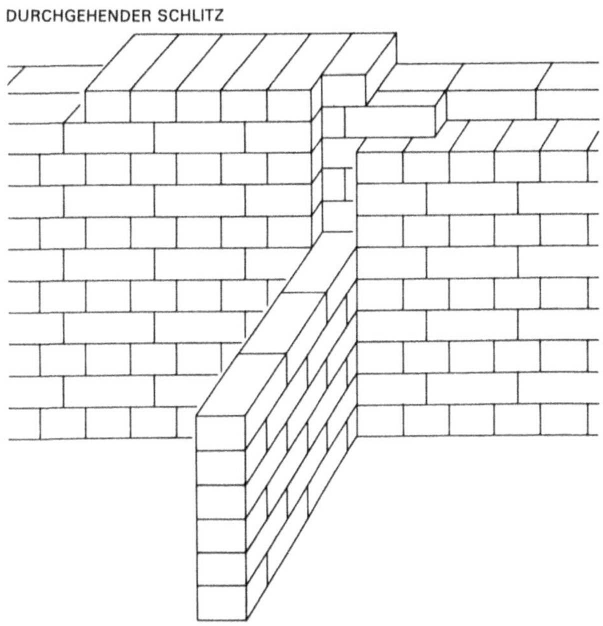

Bei Mauerwerksbauten sollen die aussteifenden Trennwände nach DIN 1053 zusammen mit den tragenden Wänden hochgeführt werden. Bei beiderseits ausgesteiften Mittelwänden ist eine Lochzahnung (die besser als eine Stockzahnung ist, bei der sich manchmal später Putzrisse abzeichnen) zulässig. Im Verband gemauerte Plattenwände sowie ausreichend verankerte vorgefertigte raumhohe Tafelwände und Strebewerke können ebenfalls als aussteifende Trennwände herangezogen werden.
Ist ein gleichzeitiges Hochmauern nicht möglich (die Arbeitsgerüste stehen dem häufig entgegen), so sind Zuganker mit Splinten von > 1,25 m Länge in Deckenhöhe und in den Drittelspunkten der Wandhöhe einzubauen. Bei bewehrten Wänden muß die Bewehrung in die angrenzenden Wände und Decken eingreifen und verankert sein.
Öffnungen in aussteifenden Wänden müssen 0,2 h der Geschoßhöhe, mindestens aber 50 cm von der ausgesteiften Wand entfernt sein.

Steinwände			
Mindestdicke ohne Putz (cm)		zulässige	
Neues Format	Altes Format	Höhe (m)	Länge (m)
11,5	12,0	5,00	6,00
11,3	10,4 9,5	4,50	6,00
7,1	6,5	2,50	4,50

Nichtaussteifende Trennwände

Hierzu verwendet man besonders im Wohnungsbau, aber auch in Büro- und anderen Bauten, bei welchen mit einer Änderung der Raumeinteilung kaum zu rechnen ist, gerne geschoßhohe Wandplatten aus Leichtbeton oder Gips. Sie haben durchweg eine Breite von 50 bzw. 62,5 cm und werden mit Spezialwerkzeugen montiert, verfugt oder ganzflächig überspachtelt und gestrichen. Um sie gut zwischen Fußboden und Decke einzuspannen, stellt man sie mit Klötzchen auf der Rohdecke auf und führt das obere Ende in eine vorgesehene Nut in der Decke ein. Dann erst wird die untere Fuge voll vermörtelt. Da die Herstellung einer Deckennut oft konstruktive Schwierigkeiten bereitet, werden die Platten häufig an ihrer Oberkante mit einer Nut versehen. An der Deckenuntersicht wird zuvor eine Holzleiste befestigt, die dann in die Nut eingreift. In die angrenzenden Wände sollen die Wandtafeln ebenfalls in Nuten eingefügt werden. Decken- oder Wandputz kann die Nuten ersetzen. Untereinander werden die Platten durch einen Klebemörtel verbunden.
Viel verwendet werden auch Gipsplatten, die mit Nut und Feder versehen sind.
Vom Arbeitsaufwand an der Baustelle her gesehen sind die gemauerten Trennwände am aufwendigsten. Hinzu kommt noch der Zeitaufwand für das Verputzen oder, falls dieser entfällt, für das Verfugen.
Günstiger im Arbeitsaufwand stellen sich die geschoßhohen Wandplatten und die Gipsplatten. Sind derartige Plattenwände ihrerseits wieder durch gleichartige Trennwände ausgesteift, so lassen sich die Anschlüsse an die tragenden Wände und die Decke einfach durch volles Verfugen mit Gipsmörtel herstellen.

Glasbausteinwände

werden aus gepreßten oder geblasenen, massiven oder hohlen Glasbausteinen hergestellt, die in den verschiedensten Formen im Handel sind. Glasbausteine sind so einzubauen, daß außer ihrem Eigengewicht keinerlei lotrechte Lasten zusätzliche Beanspruchungen in der Wand hervorrufen. Die Fugenflächen der Glasbausteine sind profiliert oder durch eine sandartige Schicht für den Mörtel „griffig" gemacht. Bei größeren Flächen sollen in jeder vierten Lagerfuge Bandstähle 2/30 mm oder in jeder dritten Lagerfuge dünne, flachgewalzte, verzinkte Streckmetallstreifen eingelegt werden.
Bei Glassteinwänden bis zu 1 m Breite und 3 m Höhe oder geringerer Breite und einer Fläche von höchstens 3 m² genügt es, wenn die Bewehrung in das angrenzende Mauerwerk eingreift. Bei größeren Flächen sind die Glassteinwände entweder in Mauerschlitze oder zwischen Holzrahmen zu verlegen.

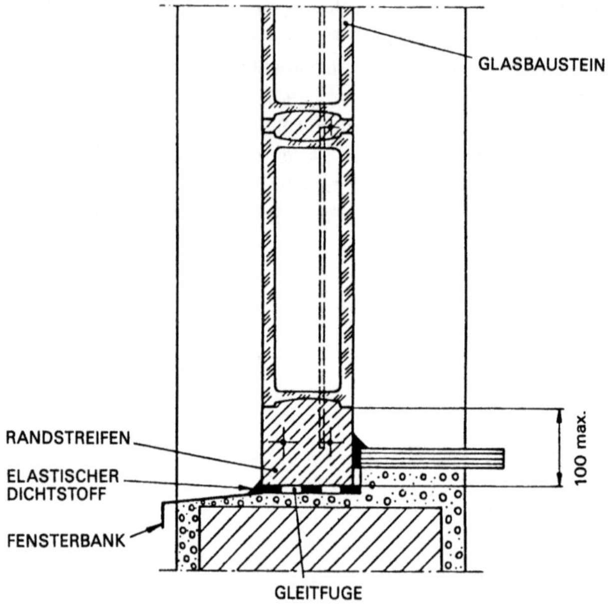

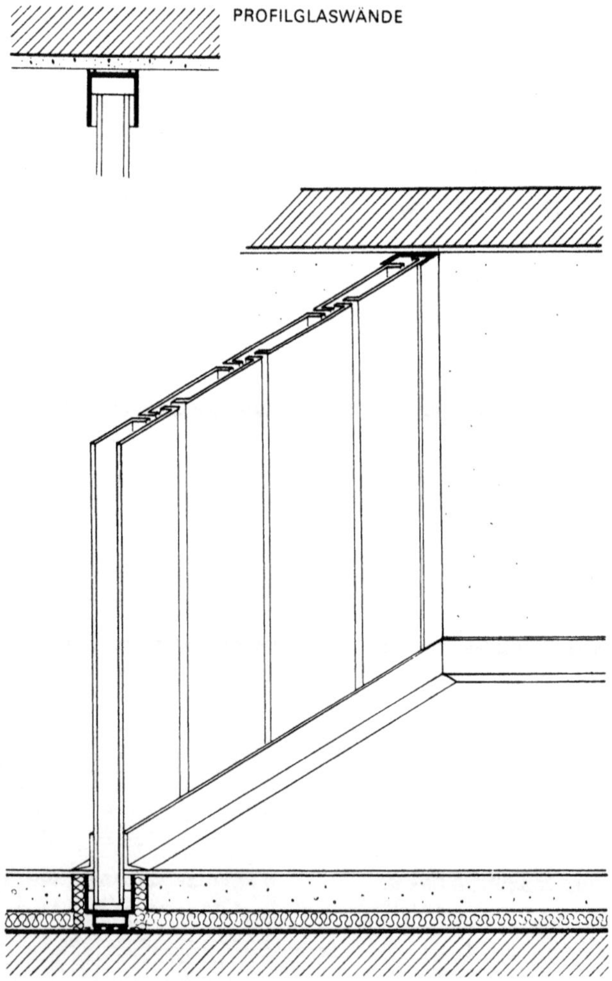

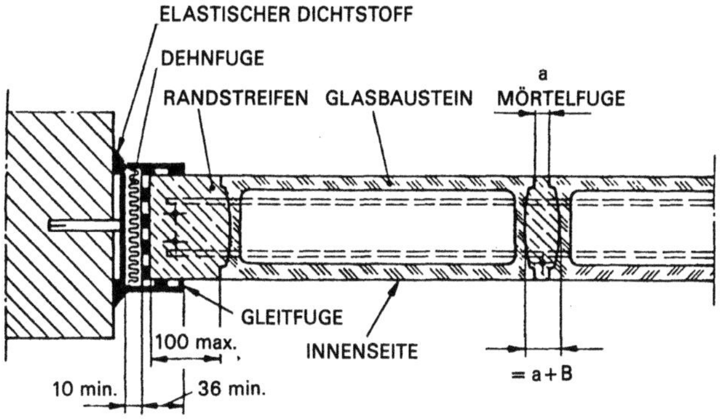

Glassteinwände			
	Mindestdicke (cm)	zulässige Höhe (m)	Länge (m)
Fläche des Glasfeldes bis 12 m²	9,3 bis 9,6	4,00	3,00
		3,00	4,00
		2,67	4,50
Fläche des Glasfeldes bis 10 m²	7,0 bis 8,0	4,00	2,50
		3,00	3,33
		2,50	4,00

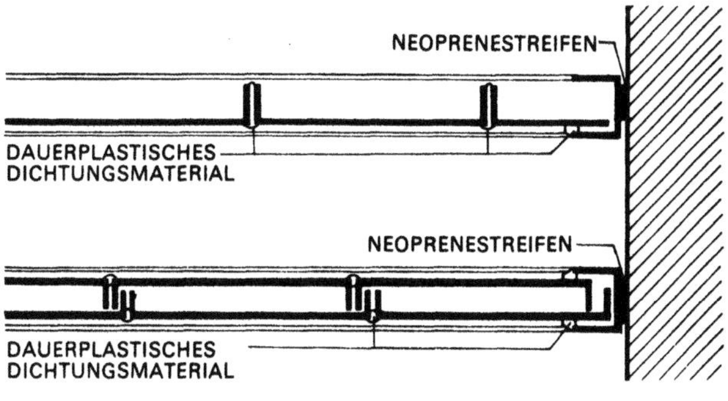

An den seitlichen Kanten und an der oberen Kante der Glassteinwände, ebenso bei eingebauten Türen sind Dehnungsfugen vorzusehen, die nicht mit Mörtel gefüllt werden dürfen, sondern nur mit Bitumenjute, Asphaltfilzpappe, geteerten Hanfstricken, mit Bitumenemulsion getränkten Glaswollestreifen oder wasserabweisend getränkten Holzfaser-Dämmplatten. Die Dehnfugen sind mit weichbleibendem Kitt abzudichten.
Türen und Lüftungsflügel in Stehverglasungen sind so einzubauen, daß durch sie keine zusätzlichen Beanspruchungen der Glassteinwand entstehen.

Drahtputzwände (Rabitzwände)

Die Bezeichnung Rabitz geht auf einen Berliner Maurermeister gleichen Namens zurück, der diese Konstruktion als erster bei frei aufgehängten Putzdecken verwendete. Drahtputzwände werden in Dicken von 3 bis 5 cm hergestellt. Bei 5 cm Dicke dürfen sie eine Höhe von 4 m und eine Länge von 6 m erhalten. Sie werden folgendermaßen ausgeführt: Rundstahl von 5 mm Ø wird senkrecht und waagerecht in Abständen von ≈50 cm an den angrenzenden Wänden und Decken befestigt. Die Stäbe sind an den Kreuzungspunkten mit Draht zu verbinden. Auf dem Rundstahlnetz ist Drahtgewebe mit 20/28 mm Maschenweite für Zementwände zu befestigen. Anstelle von Rabitzdrahtgewebe können auch Streckmetall, Ziegeldrahtgewebe oder ähnliche Baustoffe verarbeitet werden. Bei Verwendung von Baustahlrabitzmatten braucht man nur senkrechte Rundstähle in etwa 60 bis 65 cm Abstand anzuordnen. Die Gewebestreifen sind immer straff zu spannen und an den Längs- und Querstößen mit Bindedraht zu vernähen. Bei Gipswänden müssen Rundstahl und Gewebe gegen Rost geschützt sein. Der Mörtel hierfür besteht aus 1 Raumteil Gips, 1 Raumteil Kalk, 3 Raumteilen Sand und einem Zusatz von Kälberhaaren, welche dem Mörtel die nötige Zähigkeit verleihen. Das Anmachwasser erhält einen Zusatz von Leim, der die Abbindezeit des Mörtels regelt (verlängert). Man gibt 1 Kelle Leim und 1½ Hände Kälberhaare auf 1 Eimer Wasser, der gut durchgerührt werden muß, damit sich die Haarklumpen lösen. Der steife Mörtel wird mit der Kelle oder Kartätsche auf das Gewebe gedrückt. Die fertige Wand erhält beiderseits einen dünnen Überzug aus Gipsmörtel. Bei Zementwänden wird dem Mörtel Kalk zugesetzt, um ihn etwas geschmeidiger zu machen.

Anwurfwände

Anwurfwände werden gegen eine einseitige Tafelschalung mit geriffelter Oberfläche angeworfen. Wand- und Deckenanschlüsse sind durch Stahlbolzen von 5 mm Ø herzustellen. Weitere Stahleinlagen sind im allgemeinen nur über Öffnungen nötig. Sie werden zweckmäßig erst dann eingebracht, wenn die Wand in halber Dicke angeworfen ist. Stark beanspruchte Wände versieht man mit senkrechten 5 mm dicken Rundstahleinlagen in ≦1 m Abstand. Für den Mörtel sind Gips (etwa 450 kg Gips je m³) und Schlacke, Ziegelsplitt, Bims oder ähnliche Stoffe zu verwenden. Schlacken müssen frei von schädlichen Beimengungen sein; Braunkohlenschlacken dürfen nicht verwendet werden.

Anwurfwände		
Mindestdicke (cm)	zulässige Höhe (m)	Länge (m)
7,0	4,00	6,00
5,0	3,50	6,00

Stahlbetonwände

werden entweder als Anwurfwände auf einseitiger Schalung oder zwischen beiderseitiger Schalung hergestellt.
Für die angeworfene Wand ist Zementmörtel 1 : 4 mit einem geringen Kalkzusatz, für die gestampfte mindestens B 5 zu verwenden.
Die Rundstahlbewehrung ist wie bei der Drahtputzwand auszuführen und bildet Quadrate von etwa 50 cm Seitenlänge. Bei Wänden bis 10 cm Dicke genügt eine kreuzweise Bewehrung in der Mitte des Wandquerschnittes. Die zulässige Höhe und Länge für Stahlbetonwände bei einer Mindestdicke von 8 cm beträgt 6,00 m.
Für tragende Wände und aussteifende, nichttragende Querwände gelten jedoch besondere Bestimmungen.

Plattenwände

Die Platten sind in durchgehenden waagrechten Fugen im Verband zu versetzen, wenn die Form der Platten nicht einen anderen Verband bedingt (z. B. schmetterlingsförmige Platten). Alle Plattenwände werden an lotrechten Stielen errichtet, die als Lehre dienen und auf einer Wandseite aufzustellen sind. Die oberste Fuge zwischen Platten und Decke ist sorgfältig zu verkeilen und mit Mörtel auszufüllen, damit die Wand Spannung erhält. An den Seiten läßt man die Platten in 5 cm tiefe Mauerschlitze einbinden. Für Türöffnungen verwendet man vorwiegend Stahlblechzargen oder Stahlrahmen; Holzzargen eignen sich weniger. Platten mit einer glatten und einer rauhen Seite sind so zu versetzen, daß die rauhe Fläche abwechselnd auf beiden Wandseiten erscheint, damit der Putz auf beiden Seiten gut haftet.

Auf Massivdecken kann man Plattenwände an beliebiger Stelle aufsetzen, wenn nach DIN 1055 Teil 3, § 2 die zugrunde gelegte Verkehrslast um einen Zuschlag von 0,75 kN/m² erhöht wird. Bei Holzbalkendecken stellt man die schweren Plattenwände zweckmäßig auf Stahlträger, um einer Rissebildung vorzubeugen.

Wandart	Min.-Dicke ohne Putz in cm	zulässige Höhe in m	zulässige Länge in m
Plattenwände	10,0 7,5 5,0	4,50 3,50 3,00	6,00
Wände aus Tonhohlplatten (Hourdis) mit bewehrten Zwischenstützen	7,0	4,50	

TÜRÖFFNUNG IN EINER PLATTENWAND

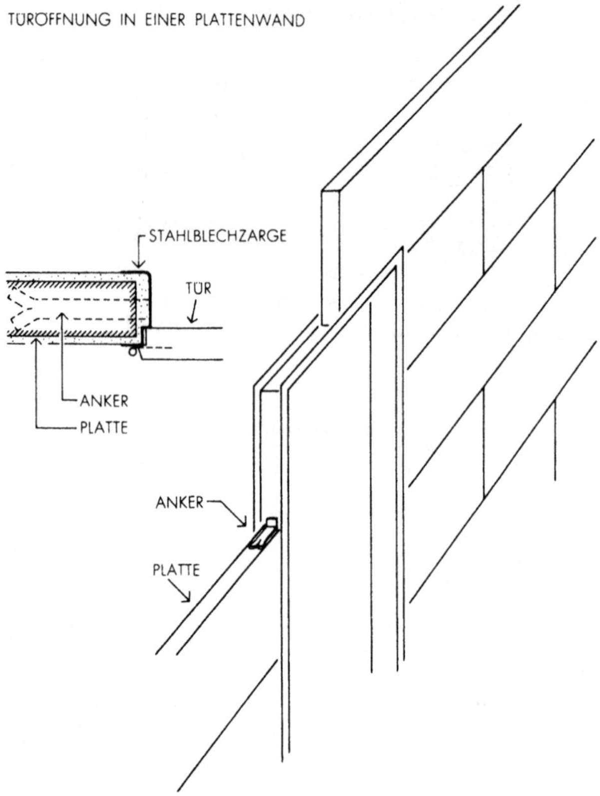

Plattenwände aus Holzwolle-Leichtbauplatten

die aus Holzwolle und mineralischen Bindemitteln hergestellt werden, sind in DIN 1101 genormt. Sie müssen rechtwinklig, planparallel und vollkantig sein, dürfen keine schädlichen Bestandteile enthalten und sind mit „DIN 1101" und dem Namen des Herstellers oder seinem eingetragenen Firmenzeichen zu kennzeichnen. Holzwolle-Leichtbauplatten sind in folgenden Abmessungen im Handel:

Dicke mm	15	25	35	50	75	100
Breite mm	500					
Länge mm	2000					

In Dicken von 5, 7,5 und 10 cm sind die Holzwolle-Leichtbauplatten auch zur Bildung einteiliger Plattenwände geeignet. Solche Wände erhalten über ihre gesamte Fläche eine diagonale Drahtverspannung, die im Putz eingebettet wird. Beide Wandseiten sind unmittelbar nacheinander zu verputzen, um ein Verziehen der Wand zu vermeiden.

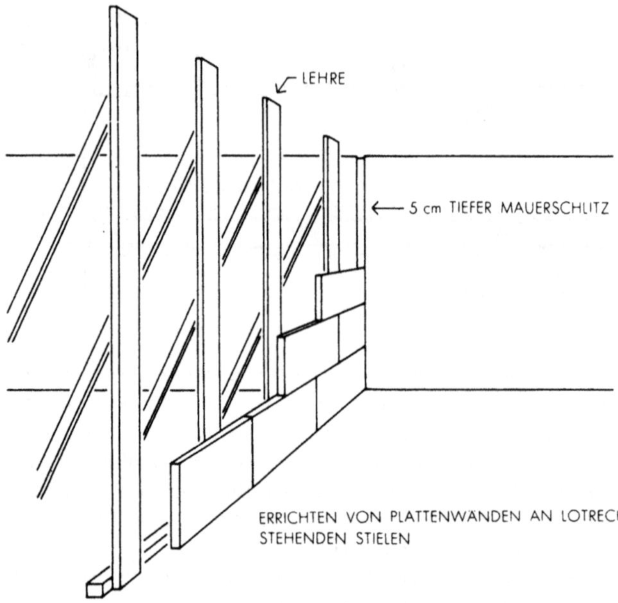

ERRICHTEN VON PLATTENWÄNDEN AN LOTRECH
STEHENDEN STIELEN

Plattenwände aus Gips

(DIN 18163) bestehen aus leichten Bauplatten, die mit Gips oder Anhydritbinder als Bindemittel und mit oder ohne organische oder anorganische leichte Füllstoffe hergestellt bzw. durch chemische Zusätze porig gemacht werden. Sie sind in folgenden Abmessungen im Handel:

Dicke mm	60			80		100	
Breite mm	500			500		500	
Länge mm	1000	666	500	666	500	666	500

Wandbauplatten aus Gips haben meistens glatte Seiten. Die Flächen der Stoß- und Lagerfugen dürfen glatt oder mit Nut und Feder ausgebildet sein. Die Platten werden mit Gipsmörtel versetzt. Alle Eisenteile, z. B. Türzargen, die mit Gipsmörtel in Berührung kommen, müssen zuvor einen rostsicheren Anstrich erhalten.

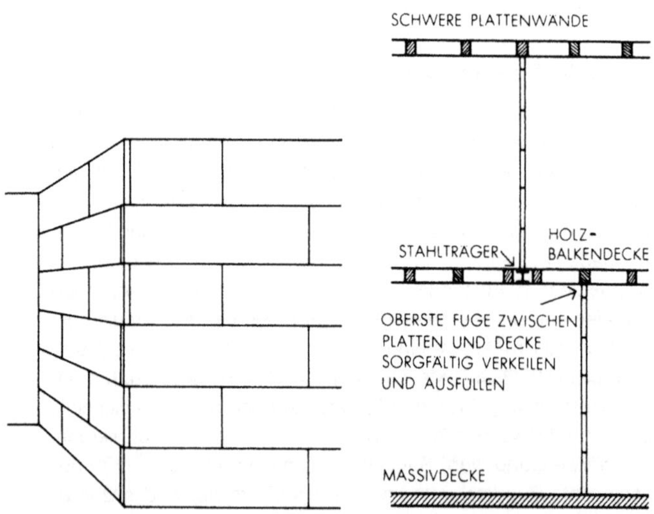

Plattenwände aus Leichtbeton (unbewehrt)

(DIN 18162) bestehen aus Bauplatten aus porigen, mineralischen Zuschlagstoffen und hydraulischen Bindemitteln. Sie sind in folgenden Abmessungen im Handel:

Dicke mm	50		60		70		100
Breite mm	240	320	240	320	240	320	240
Länge mm	990 (490)						490

Die Flächen der Stoß- und Lagerfugen dürfen glatt oder mit Nut und Feder versehen sein. Die 10 cm dicken Platten können auch mit Hohlräumen hergestellt werden. Wandbauplatten aus Leichtbeton werden mit Kalk-Zementmörtel versetzt.

EINSCHALIGE GIPSPLATTEN-
WAND AUS KLEINELEMENTEN

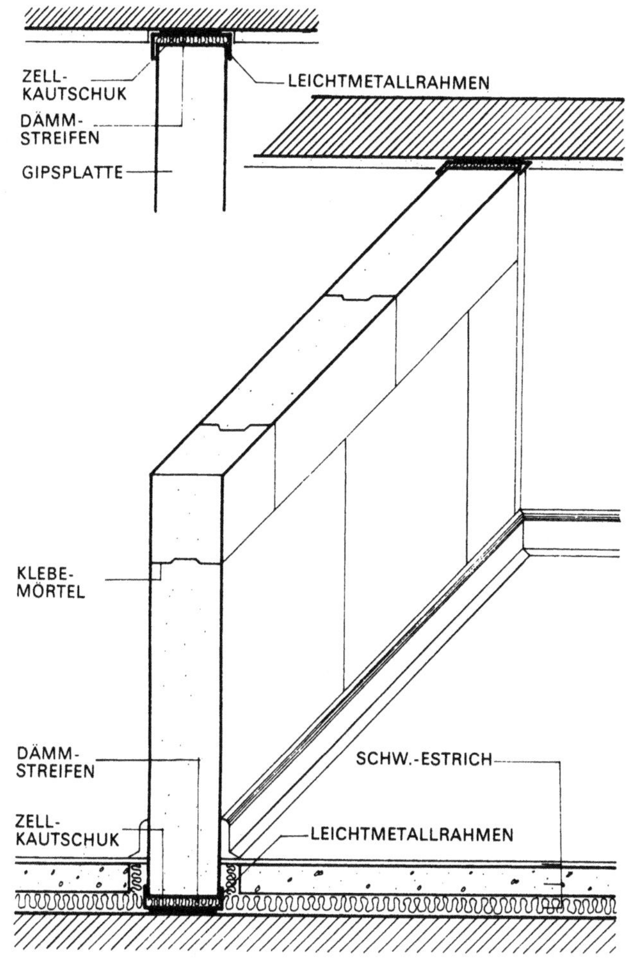

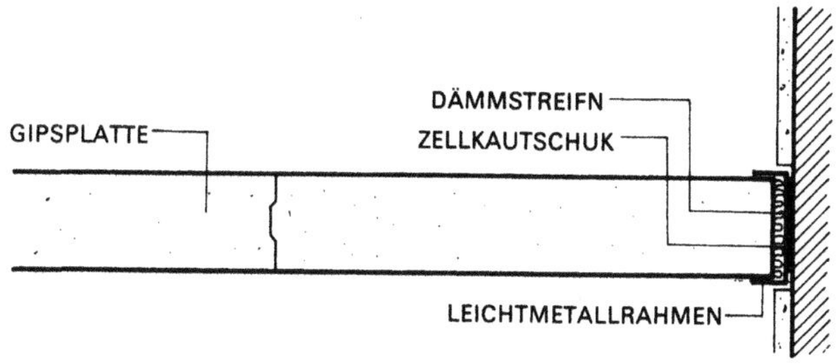

DREISCHALIGE GIPSPLATTEN-
WAND AUS RAUMHOHEN
ELEMENTEN

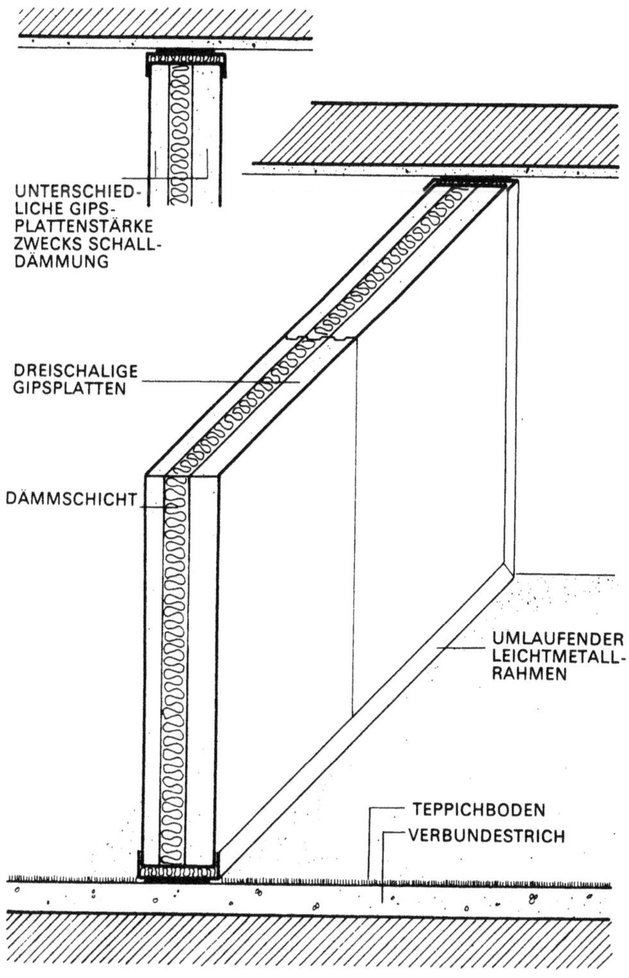

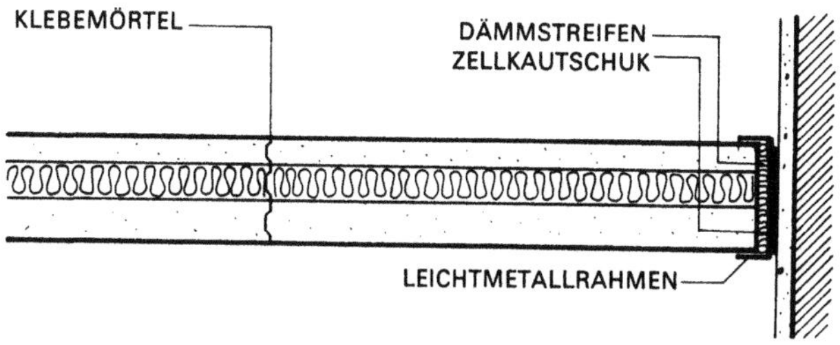

Holz-Skelettwände

bestehen aus einem Skelett, das ein- oder zweiseitig mit Platten verkleidet wird.

Als Holzskelett sind Kanthölzer zu verwenden. Die lotrechten Kanthölzer sind zu stellen:

bei Plattendicken bis zu 3,5 cm im Abstand von höchstens 67 cm, bei Plattendicken ≧ 5 cm im Abstand von höchstens 100 cm.

Die zulässige Höhe bei Skelettwänden mit 10 cm Stieldicke beträgt 4,00 m, die zulässige Länge 6,00 m. Bei Wänden mit 8 cm Stieldicke liegt die zulässige Höhe bei 3,50 m und die zulässige Länge bei 6,00 m.

Zur Verkleidung verwendet man Wandbauplatten aus Holzwolle, Gips oder Leichtbeton. die Platten werden mit oder ohne Mörtelfuge so versetzt, daß alle senkrechten Stöße auf die Stiele zu liegen kommen. Hier sind sie in etwa 15 cm Abstand zu nageln. 25 cm breite Platten sind also zweimal, 50 cm breite dreimal an jeden Stiel anzunageln. Als Nägel sind Drahtstifte nach DIN 1151 und Unterlagsscheiben von mindestens 20 mm Ø oder Leichtbauplattennägel nach DIN 1144 zu verwenden, die für Wandbauplatten aus Gips und bei Gipszusatz rostgeschützt sein müssen.

Alle Fugen müssen durch aufgenagelte, mindestens 8 cm breite Putzträger aus Metallgewebe oder ähnlichen Materialien gesichert werden. Auf Gipsplatten kann man auch Jutestreifen mit Gips aufkleben. In gleicher Weise sind alle Anschlüsse und Ecken zu sichern. Beim Zusammenstoß von Wänden sind die Stiele so zu stellen, daß alle Plattenenden in wechselndem Verband genagelt werden können. Skelette für Holzfaserplatten müssen auch Querriegel erhalten, damit alle Plattenränder aufliegen. Abstand der Stiele und Querriegel ≦ 50 cm, Fugenbreite 3 bis 5 mm. Nagelabstand vom Rande 1 cm, Nagelentfernung an den Außenkanten 10 cm, in der Fläche 20 cm. Holzfaserhartplatten werden nicht verputzt.

TRENNWANDSYSTEM IN HOLZKONSTRUKTION

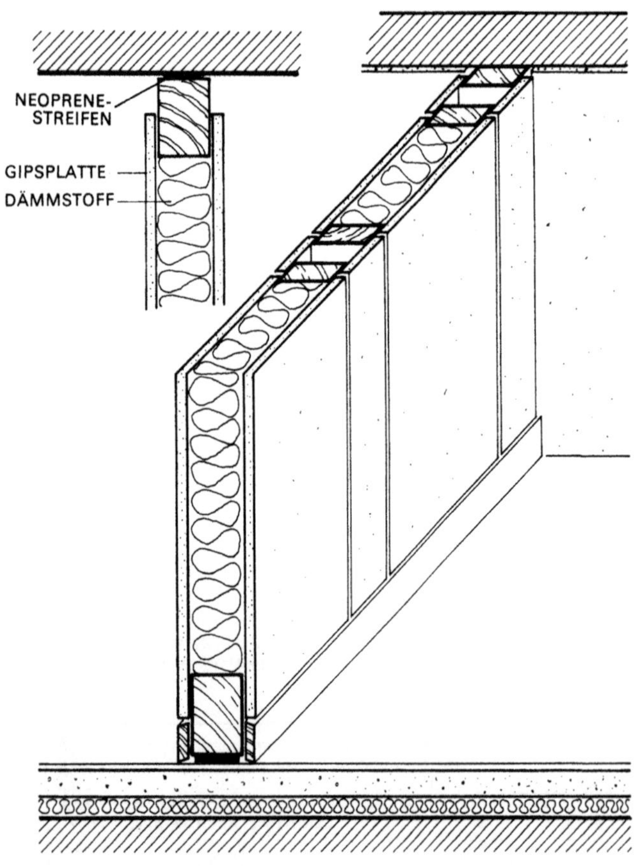

Holzfaserdämmplatten nagelt man an den Kanten in 12,5 cm Abstand und auf der Fläche im Abstand von 25 cm. Sie werden nur selten verputzt.

Bei Holzfaserhart- und Dämmplatten können die Fugen entweder offen mit schrägen Kanten behandelt oder auch mit Leisten abgedeckt werden.

Beim Überziehen der Holzfaserdämmplatten mit Tapeten oder Spachtelmasse sind die Fugen vorher mit 8 cm breiten Nesselstreifen zu überkleben.

Alle Trennwandarten, die noch einen Putz oder eine glättende Spachtelung benötigen, zählen zum Rohbau. Um die Erstellung dieser Trennwände zu beschleunigen, läßt man eventuell Türöffnungen bis zur Decke durchgehen, verzichtet also auf die Ausbildung eines Sturzes. Die Türzargen, an Boden und Decke befestigt, umgreifen und halten die Wandenden.

Bei Holzbalkendecken entlastet man die Decke durch Anordnung eines Sprengwerkes.

Eine Skelettwand muß, wenn kein Sprengwerk oder gleichwertiges Tragewerk vorhanden ist, auf einer durchgehenden Schwelle (Holz, Stahl oder Stahlbeton) ruhen, die nachweislich das Gewicht der Trennwand auf die Auflage übertragen kann, ohne die Decken zu belasten.

Holzskelettwände wurden früher meistens mit Holzwolleleichtbauplatten – was einen zusätzlichen Putzüberzug erforderlich machte – verkleidet. Um diesen und die damit verbundene zusätzliche Baufeuchtigkeit zu vermeiden, nimmt man heute Gipskartonplatten oder Spanplatten. Letztere können eventuell kunststoffbeschichtet sein. Gipskartonplatten erhalten einen Anstrich.

Technische und bauphysikalische Daten (Knauf)

	Einheit	Wanddicke mm			
		85	110	105	130
Holzständer h/b	mm	60/60		80/60	
max. Wandhöhe Anwendungsbereich I Anwendungsbereich II	 m m	 2,75 –	 3,25 2,75	 4,00 3,00	 4,50 4,00
Dicke der Beplankung je Seite	mm	12,5	12,5 + 12,5	12,5	12,5 + 12,5
Mineralfaserdämmstoff nach DIN 18 165, T.1 Typ WZ-w	mm	40			
Gewicht pro m²	kg	30	50	30	50
bewertetes Bauschall-dämm-Maß – R'w –	dB	37	40	37	40
Luftschallschutzmaß- – LSM –	dB	– 15	– 12	– 15	– 12
Feuerschutz bei Knauf-Feuerschutzplatten GK		30	60*	30	60*

* Bei Verwendung von Stein- oder Schlackenwolle im Wandhohlraum vollflächig, Dicke mindestens 40 mm, Gewicht 40 kg/m³

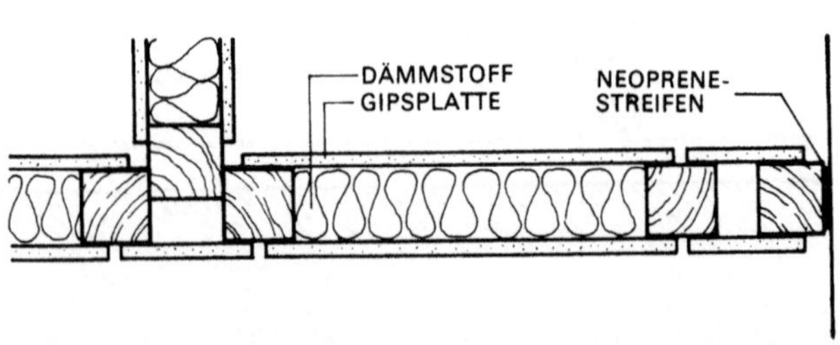

HOLZWOLLE-LEICHTBAUPLATTEN AUF GETRENNTER STÄNDER-KONSTRUKTION, GEPUTZT ODER GIPSPLATTENVERBUNDELEMENTE

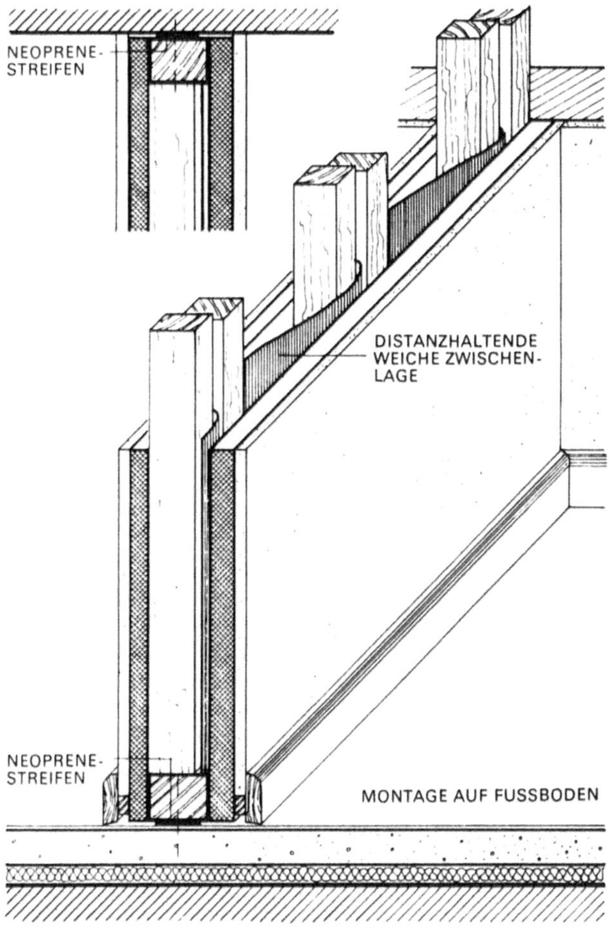

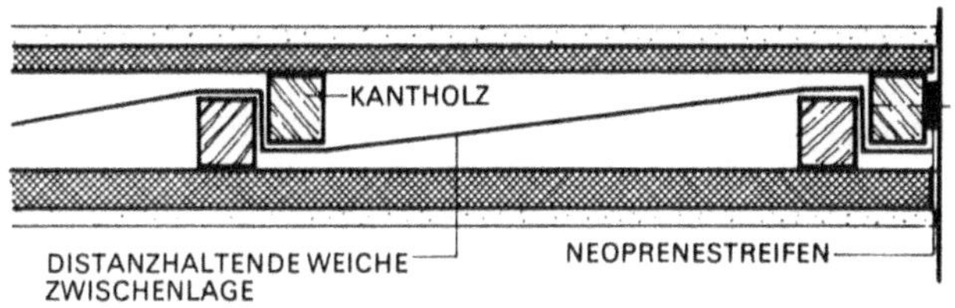

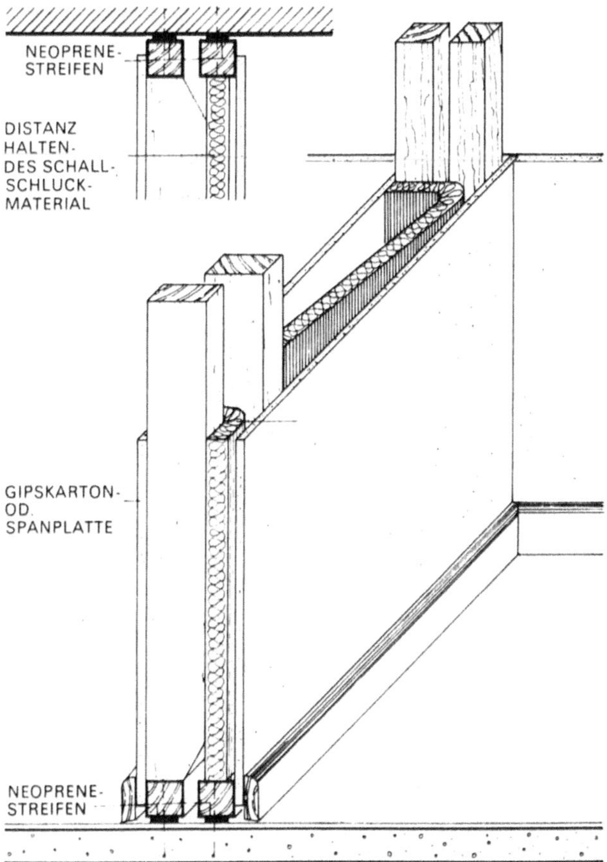

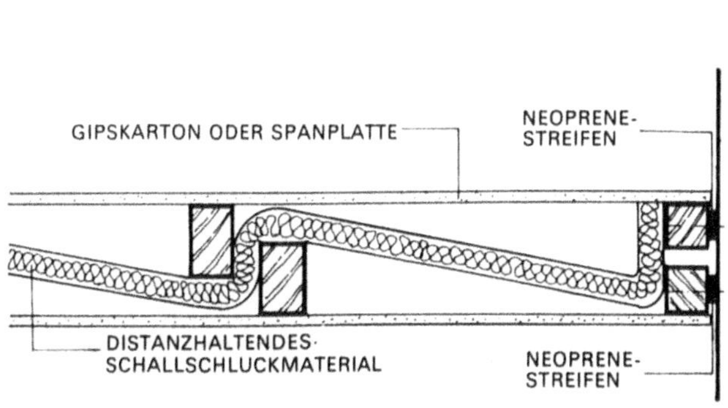

Montage-Trennwände

Darunter versteht man Leichtwände aus fertigen, ein- oder mehrschichtigen Elementen, die auswechselbar sind und zu neuen Kombinationen wieder zusammengesetzt werden können. Die Einzelelemente, eventuell mit Türöffnungen oder Glaseinsätzen (Fenster), bestehen aus verkleideten Holz- oder Metallrahmen. Sie zählen nicht mehr zum Rohbau, sondern werden erst in dem fast fertigen Bau auf den fertigen Fußboden versetzt und an den Wänden und der Decke befestigt. Sie bedürfen keinerlei Nacharbeiten mehr. Der Arbeitsaufwand an der Baustelle ist von allen Trennwandkonstruktionen der geringste. Sie sind allerdings auch die teuersten Wände. Ihre Ausführung ist überall da geboten, wo es gilt, möglichst kurze Bauzeiten zu erreichen und wo mit späteren Änderungen in der Geschoßflächenaufteilung zu rechnen ist. Zu dieser Wandgruppe können auch bewegliche Trennwände, wie z. B. Faltwände, gerechnet werden.
Auf dem Markt wird eine ganze Reihe ähnlicher Wandsysteme angeboten, die technisch weitgehend durchgereift sind. Sie arbeiten durchweg mit einheitlichen Breiten. Die Höhe der Wandelemente wird den jeweiligen lichten Raumhöhen angepaßt. Da die lichten Raumweiten selten ein Vielfaches der Elementbreiten sind, werden entsprechende Wandanschlußstücke gefertigt, wenn man sich nicht mit Deckleisten verschiedener Breiten helfen kann.

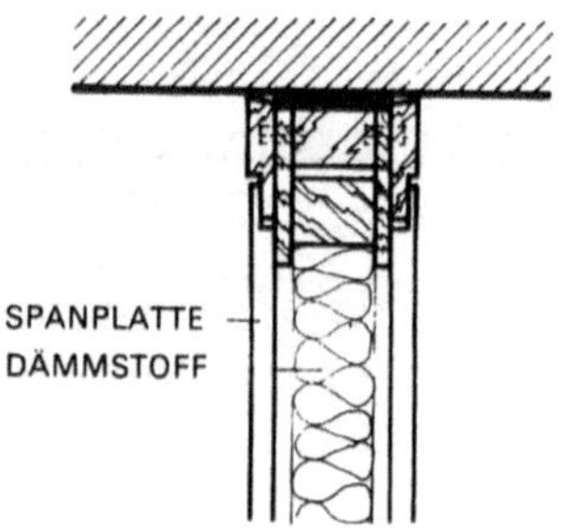

MONTAGE-TRENNWANDSYSTEM IN HOLZKONSTRUKTION

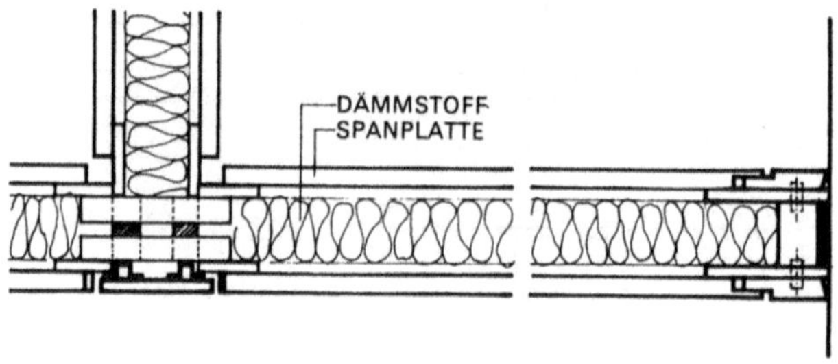

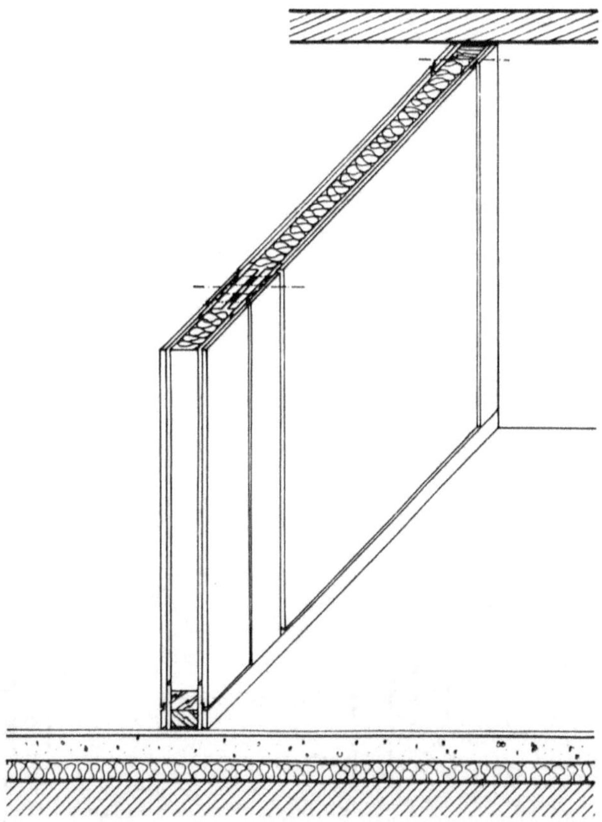

Metallständerwände

sind leichte, nichttragende Trennwände nach DIN 18183. Sie bestehen aus einem Tragwerk aus feuerverzinkten, U-förmigen Stahlblechprofilen und einer ein- oder zweilagigen Beplankung aus Gipskartonplatten. Ihr Anwendungsbereich liegt im Verwaltungsbau, Industriebau oder Dachgeschoßausbau, bedingt durch die leichte Veränderbarkeit, das geringe Gewicht und den Preisvorteil gegenüber anderen Wandkonstruktionen.
Die Befestigung der Wände erfolgt mittels U-förmigen Randprofilen am Boden und an der Decke, in die wiederum die vertikalen Ständerprofile eingesetzt und durch Blechschrauben gesichert werden. Nach Fertigstellung des gesamten Ständerwerkes mit seinen Anschlüssen werden Installationen eingebaut und die Beplankung aufgeschraubt, wobei darauf zu achten ist, daß die Stoßfugen auf den Metallständern liegen und bei zweilagigen Beplankungen gegeneinander zu versetzen sind.
Je nach Anforderungen des Schall- oder Brandschutzes werden während der Montage in den Wandhohlraum entsprechende Mineralwolledämmplatten eingelegt und befestigt.
Sollen an den Wänden schwere Hängeschränke oder Vergleichbares aufgehängt werden, sind auf vorgegebener Höhe entsprechende Verstärkungen bzw. Schraubmöglichkeiten wie z. B. Holzlatten einzubauen.

Die fertig beplankte Wand erhält an Ecken und Anschlußpunkten spezielle Kantenprofile und wird dann an diesen Stellen sowie an den Stoßfugen sauber gespachtelt. So ergibt sich ein ebener Untergrund für die Wandbekleidung, die z. B. aus Fliesen, Tapeten, Anstrichen oder Kunststoffbelägen bestehen kann.
Für spezielle Anforderungen sind geeignete Beplankungen zu verwenden, wie z. B. Feuchtraum- oder Brandschutzplatten; ebenso gibt es Ausführungen für die Anforderungen des Strahlenschutzes, der Schußsicherheit sowie der Abschirmung elektrischer Felder.
Von den Herstellern werden Metallständerwände als komplettes Bausystem angeboten mit allen Detaillösungen und Systembauteilen wie Türzargen und Türblättern, Verglasungen, Sockelleisten, Kehlsockel, Befestigungstechnik und Tragkonstruktionen für Sanitärgegenstände.

Die Vorteile der Metallständerwände sind
- schnelle, einfache und trockene Montage
- relativ geringes Gewicht (Belastung)
- ebene, fugenlose Wandfläche
- einfacher Abbruch bei Veränderungen der Raumaufteilung
- Luftschalldämmung
- Brandschutzeigenschaften
- komplettes Bausystem
- Kosten/Preise

Nachteile:
- Empfindlichkeit gegen mechanische Beanspruchungen, wie sie z. B. in Schulen auftreten können.
- Lasten an der Wand erfordern Hilfskonstruktionen mit präziser Vorplanung und Festlegung.

EINFACHSTÄNDERWAND
EINLAGIG BEPLANKT

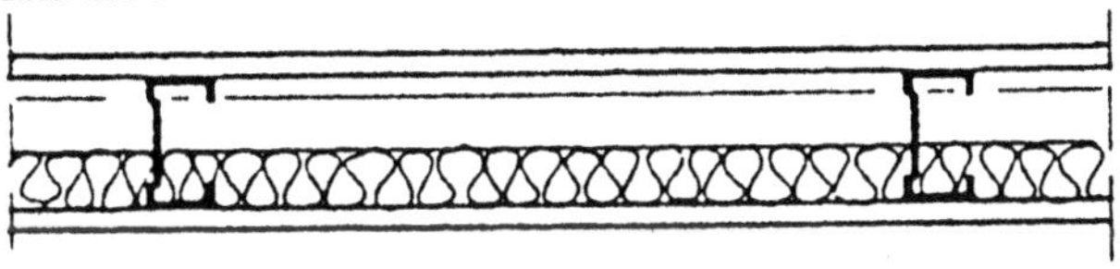

EINFACHSTÄNDERWAND
ZWEILAGIG BEPLANKT

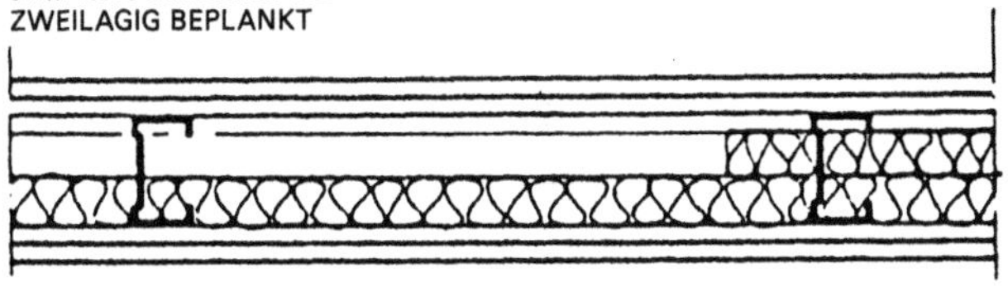

DOPPELSTÄNDERWAND
ZWEILAGIG BEPLANKT

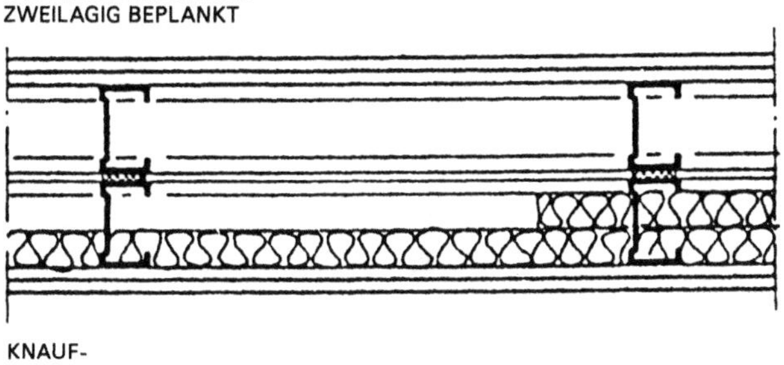

KNAUF-
FEUERSCHUTZWAND A 1

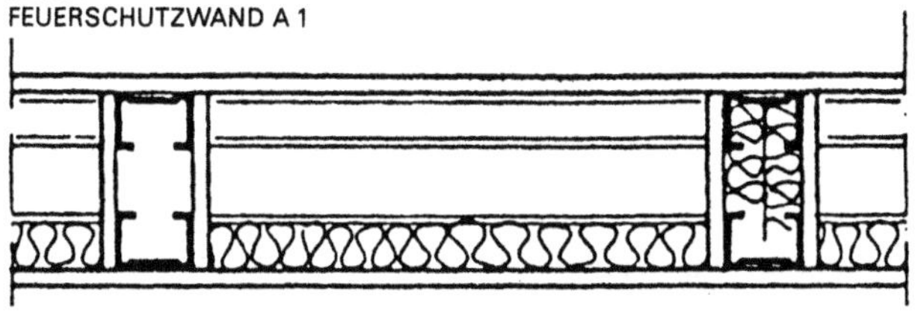

Tabelle 1 Knauf Metallständerwand, einfaches Ständerwerk, einfach beplankt

Technische Daten	Einheit	Wanddicke (mm) 75		100		125	
C-Ständerprofil h/b	mm	50/50		75/50		100/50	
Blechdicke	mm	0,6					
max. Wandhöhe							
Anwendungsbereich I	m	3,00		4,50		5,00	
Anwendungsbereich II	m	2,75		3,75		4,50	
Dicke der Beplankung je Seite	mm	12,5					
Gewicht pro m²	kg	ca. 25					
Wärmeschutz (mit Mineralfaser) 40 mm dick							
k-Wert	W/m² K	0,66		0,65			
Schallschutz							
Mineralfaserdämmstoff nach DIN 18165 T.1 Type Wz-w	mm	40	40	60	40	60	80
Bewertetes Bauschalldämm-Maß R'_w	dB	45	49	50	49	50	52
Feuerwiderstandsklasse max. F 30 A							

Tabelle 2 Knauf Metallständerwand, einfaches Ständerwerk, doppelt beplankt

Technische Daten	Einheit	Wanddicke (mm) 100/105	125/130	150/155
C-Ständerprofile h/b	mm	50/50	75/50	100/50
Blechdicke	mm	0,6		
max. Wandhöhe				
Anwendungsbereich I	m	4,00	5,50	6,00
Anwendungsbereich II	m	3,50	4,75	6,00
Dicke der Beplankung je Seite	mm	2 X 12,5 oder (15 + 12,5)		
Gewicht pro m²	kg	ca. 49		
Wärmeschutz (mit Mineralfaser) 40 mm dick				
k-Wert	W/m² K	0,61	0,60	
Schallschutz siehe Tabelle 1				
Feuerwiderstandsklasse				

Mineralfaserdämmstoff nach DIN 18165 T.1 Baustoffklasse A Schmelzpunkt ≥ 1000 °C Mindest-Rohdichte kg/m³	Mindest-Dicke mm	Knauf Bauplatte GKB Knauf Feuerschutzplatte GKF, Baustoffklasse A2 PA III 4.3 nach DIN 18180 und 18181 Dicke mm	
40	40	2 X 12,5 GKB	F30A
40	40	2 X 12,5 GKF	F60A
40	40	15 + 12,5 GKF	F90A
100	40	2 X 12,5 GKF	
50	60		
30	80		
40	40	2 X 18 GKF	F120A
100	60	2 X 15 GKF	
50	80		
100	60	3 X 12,5	F180A
50	80		

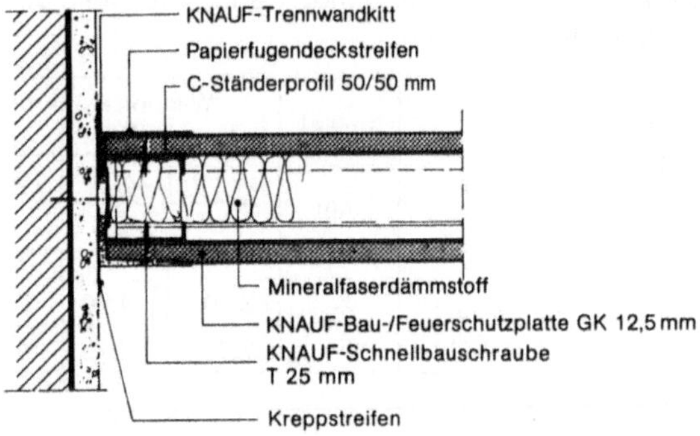

Anschluß an eine Massivwand

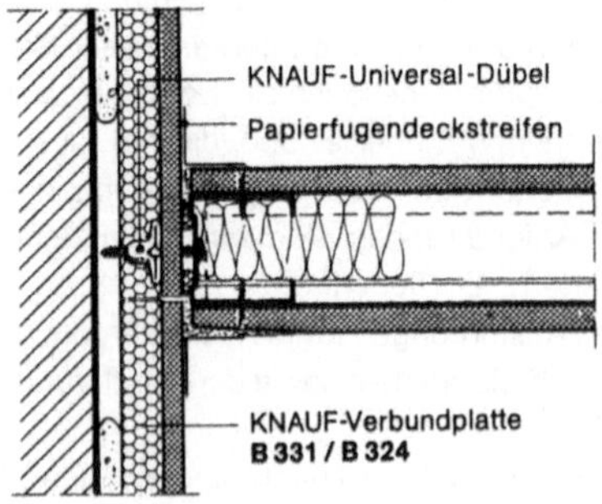

Anschluß an eine Vorsatzschale

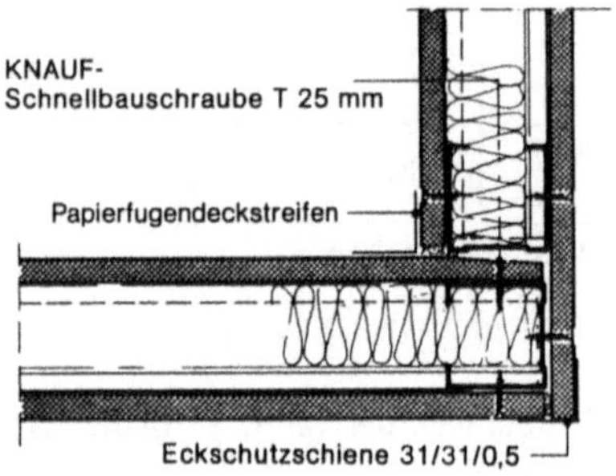

Eckausbildung einer einfach beplankten Wand

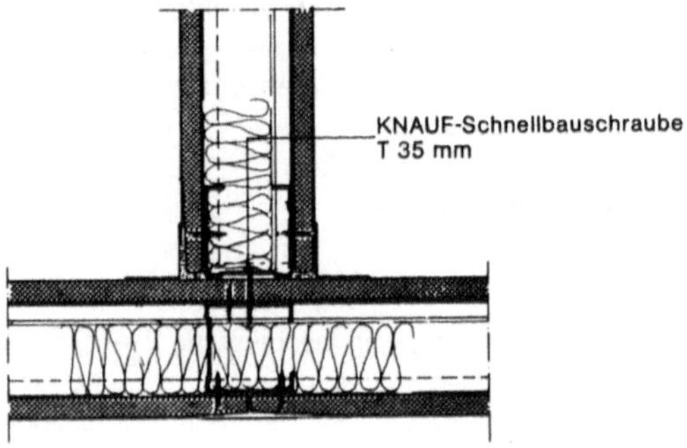

T-Verbindung
C-Ständerprofil gegen
C-Ständerprofil geschraubt

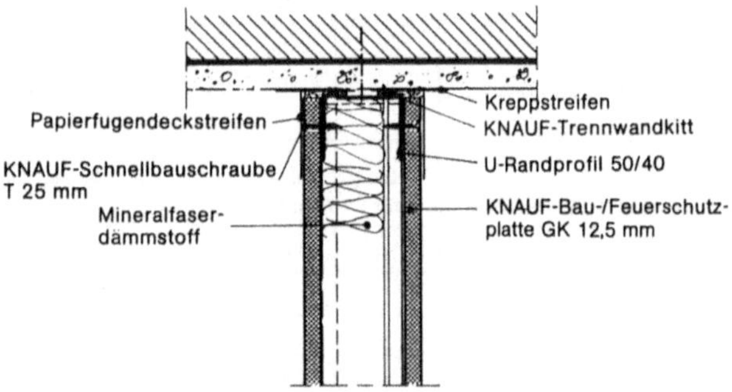

Anschluß an eine geputzte Massivdecke

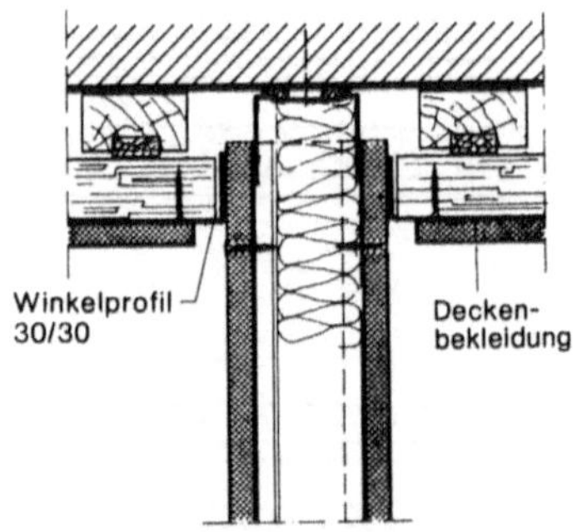

gleitender Deckenanschluß

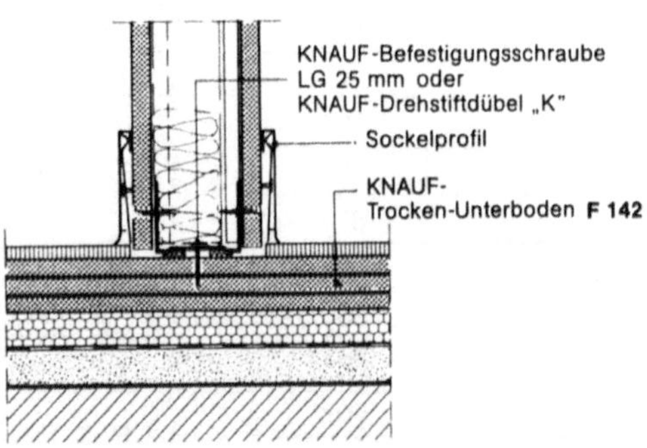

Fußbodenanschluß

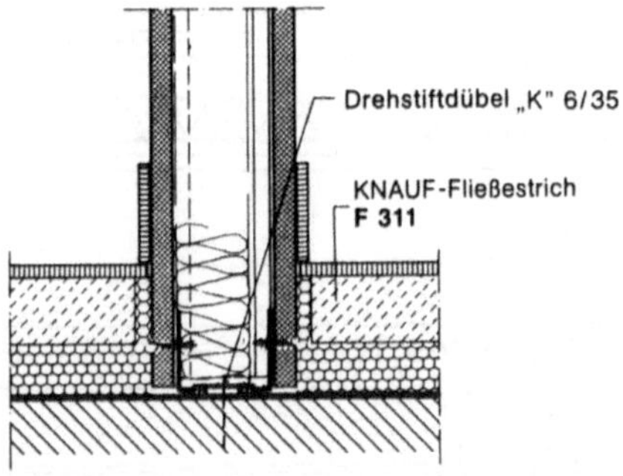

Fußbodenanschluß auf Rohdecke

Freitragende Trennwände

Genügt die Tragkraft einer Decke nicht, um das Gewicht einer Trennwand zu tragen, oder soll eine solche in einem fertigen Bau eingezogen werden, so muß man sie freitragend ausbilden. Erhält sie keinen Durchgang, so läßt sich ihr Gewicht durch einen über den Fußboden gelegten und in den tragenden Wänden aufruhenden Balken in Stahlbeton, Stahl oder Holz abfangen.
Komplizierter wird es, wenn die Wand einen Durchgang erhalten muß. Solche Wände, die man mit Beton, mit Ziegeln, Kalksandsteinen und Glasbausteinen herstellen kann, müssen nun frei tragen, ohne die Decke zu belasten. Zu diesem Zwecke wird in den angrenzenden tragenden Wänden ein entsprechendes Auflager vorgesehen. Stein- und Plattenwände werden horizontal und vertikal bewehrt. Die waagerechte Bewehrung muß fest mit den angrenzenden Wänden, die senkrechte mit den angrenzenden Decken verankert sein. Um während der Ausführung die Decke nicht über ihre Tragkraft hinaus zu belasten, wird sie bis zur Erhärtung und Tragfähigkeit der Wand entsprechend unterstützt.
Wird eine freitragende Wand durch eine Tür unterbrochen, so muß die verbleibende Sturzhöhe $^1/_5$ der gesamten Wandspannweite betragen, diese Höhe kann auf $^1/_8$ beschränkt werden, wenn unmittelbar über der Tür zwei Rundstähle von 5 mm eingelegt werden und diese in den angrenzenden Wänden besonders gut verankert sind. Eine nur waagerecht bewehrte Wand darf durch keine Tür unterbrochen werden.

Schallschutz

Nach DIN 4109 werden Anforderungen an die Luftschalldämmung bauaufsichtlich nur an Wohnungstrennwände gestellt. Es ist jedoch zu beachten, daß die ohnehin schon geringe Luftschalldämmung nicht auf ein unzumutbares Maß vermindert wird. Man denke an Räume neben Bad und WC, Schlafzimmer und Kinderzimmer oder Buroräume nebeneinander.
Der Luftschallschutz bei einschaligen Wänden steigt mit dem Gewicht, bei mehrschaligen Wänden steigt der Luftschallschutz mit der Anzahl der Wandschichten und mit dem Unterschied der Biegesteifigkeit der einzelnen Schalen. Außerdem beeinflußt der Abstand der einzelnen Schalen die Luftschalldämmfähigkeit.

Wärmeschutz

Die Bauvorschriften stellen an leichte Trennwände keine Anforderung hinsichtlich des Wärmeschutzes. Dennoch ist eine gute wärmedämmende Trennwand zwischen beheizten und unbeheizten Räumen von Vorteil. Es ist zu beachten: Bei einschaligen Wänden bringen leichte, poröse Baustoffe gute Wärmedämmwerte, bei mehrschaligen Wänden ergeben die Anzahl der Schichten und ihre Einzeldämmwerte den Gesamtdämmwert. Meistens bietet eine mehrschalige Wand einen guten Schall- und Wärmeschutz.

Brandschutz

Auch als Brandschutz sind manchmal Trennwände erforderlich. Wände aus entsprechend feuersicheren Materialien können die Anforderungen der DIN 4102 als feuerhemmend, feuerbeständig und hochfeuerbeständig erfüllen. Es ist jedoch zu beachten, daß die Zulassung nur für das beschriebene, amtlich geprüfte Gesamtprodukt einschließlich Stoßausbildung gilt und daß Öffnungen die Feuersicherheit beeinträchtigen können.

Montage und Flexibilität

Die Entscheidung für einen bestimmten Trennwandtyp hängt wesentlich von den Faktoren Montage und Flexibilität und von dem Gesamtpreis ab. Häufig sinken mit der Vereinfachung der Montage die Kosten einer Trennwand. Es bleibt aber in jedem Falle abzuwägen, welche Trennwandart die geeignetste und wirtschaftlichste ist.

Installationsmöglichkeiten

Fast jede Wand ist Träger irgendeines Installationselementes, vom Flachstromkabel angefangen bis zum Entwässerungsrohr in der Installationswand. Bei massiven Trennwänden ist die Verlegung von Leitungen nur mit Stemmen und Fräsen von Schlitzen und deren Schließen möglich, was Arbeitszeit und Geld kostet.
Wesentliche installationstechnische Vorteile bringen zwei- und mehrschalige Trennwände. Die Leitungen können im Innern der Wand verlaufen. Nur an den Antritts- und Zapfstellen wird die Bekleidung durchbrochen.

Einbau von Türen

Als Türzargen in Trennwände empfehlen sich in erster Linie Umfassungszargen aus Holz oder Stahl, denn sie schonen die gefährdeten Kanten im Türdurchgang. Die Zarge soll mit Wand und Decke fest verankert sein, um Erschütterungen in die tragenden Bauteile abzuleiten und die durch die Öffnung geschwächte Wand auszusteifen. Für die Türhöhe ist in DIN 18100 das Richtmaß 2,00 m angegeben. Doch ist man mehr und mehr, besonders im Wohnhausbau (lichte Raumhöhe 2,50 m), dazu übergegangen, Türzargen bis zur Decke zu führen. Man vereinfacht dadurch den Bauablauf.

Wandöffnungen

Fensteröffnungen

Die Behausungen der überwiegend im Freien lebenden Vorzeitmenschen hatten keine Fenster. Wie bei vielen heute noch lebenden Naturvölkern diente der Eingang ihrer Höhlen, Grubenhütten, Zelte usw. gleichzeitig der Belichtung und Belüftung des Raumes. Schon sehr bald jedoch wurden in den Wandungen der größeren Unterkünfte weitere Öffnungen angeordnet, um auch unter Dach lebensnotwendige Arbeiten verrichten zu können. Die Größe solcher Öffnungen war mit Rücksicht auf Klima und Sicherheit anfangs gering, nahm aber mit der Vervollkommnung der Verschlußmöglichkeiten mehr und mehr zu, bis man schließlich in unserer Zeit imstande war, Fenster von nahezu beliebiger Größe auszuführen. Es ist uns heute freigestellt, aus dieser von den vorzeitlichen Behausungen bis zu den „gläsernen" Häusern unserer Zeit reichenden Entwicklung alle beliebigen Maße herauszugreifen, die unseren jeweiligen Anforderungen genügen. Um für einen gegebenen Fall das richtige Maß auswählen zu können, ist es notwendig, sich über die bei der Bemessung und Gestaltung von Fenster- und Türöffnungen leitenden Gesichtspunkte und Grundregeln klar zu werden.

Lage im Gebäude

Stärke und Gleichmäßigkeit des Tageslichtes sind je nach Himmelsrichtung verschieden. Ost-, Süd- und Westlage ergeben die größte Helligkeit in den Räumen, aber auch sehr große Helligkeitsschwankungen. Die gleichmäßigste Beleuchtung ergibt sich in Räumen, die nach Norden liegen (Atelierlicht).
Die für einen Raum erforderliche Himmelslage richtet sich nach seiner Zweckbestimmung. In Wohn-, Schul-, Krankenräumen u. dgl. ist meistens unmittelbarer Einfall der Sonnenstrahlen erwünscht. Im Gegensatz zu solchen Räumen wird in manchen Betrieben nur große Helligkeit gefordert, während, wie z. B. in der Textilindustrie, eine unmittelbare Sonneneinstrahlung unerwünscht ist, da diese eine sichere Unterscheidung der Gewebefarben erschweren und zu deren Ausbleichen führen würde.
Die Ausleuchtung eines Raumes hängt neben seiner Lage zu den Himmelsrichtungen auch von seiner Lage zu benachbarten Gebäuden, Bäumen, Bergen usw. ab, die gegebenenfalls den Lichteinfall stark behindern können. DIN 5034 hat diese Einflüsse auf die Innenraumbeleuchtung mit Tageslicht und ihre Zusammenhänge zum Gegenstand. Die natürliche Raumausleuchtung bildet auch die Grundlage für die Bemessung der maximalen Gebäudehöhen und der Mindestgebäudeabstände in unseren Wohngebieten. Für deren Neuplanung bei Schulen und Krankenhäusern fordert man allgemein einen Abstand von B $\geqq 2$ H, was einem Lichteinfallwinkel von 27° und einem Öffnungswinkel im Erdgeschoßraum von etwa 4° entspricht. Bei verschiedenen Gebäudehöhen gilt der Mittelwert aus der Summe aller Höhen. In Stadtkerngebieten, wo wirtschaftliche Gründe zur Einschränkung zwingen, werden nach den Bauordnungen die Gebäudehöhen allgemein gleich den Straßenbreiten angepaßt, was einem Lichteinfallwinkel von 45° entspricht.
In reinen Wohn- und Mischgebieten schreiben die verschiedenen Landesbauordnungen auch verschiedene Gebäudeabstände vor. In Rheinland-Pfalz z. B. muß das Verhältnis von Gebäudehöhe zu Gebäudeabstand – von der Geländeoberfläche gemessen – 2:3 betragen. So verlangt also ein Haus von 10,00 m Gesimshöhe einen Gebäudeabstand von 15,00 m.

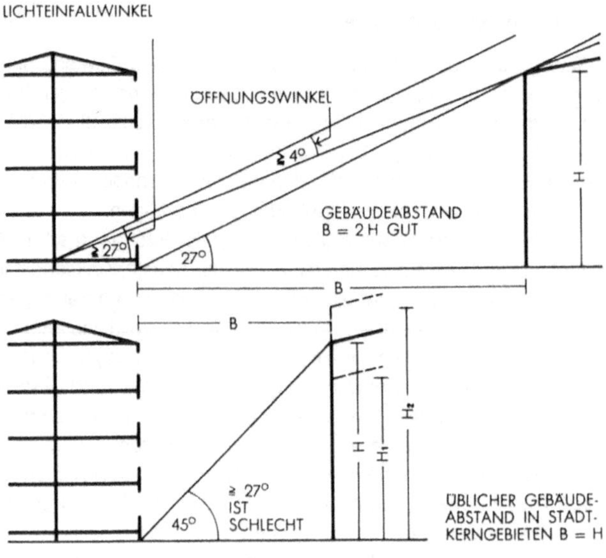

Innenraumbeleuchtung mit Tageslicht

In einem Raum mit Seitenlicht sind die Lichtverhältnisse sehr unterschiedlich. Abgesehen von wetterbedingten Helligkeitsschwankungen verringert sich die horizontale Beleuchtungsstärke im Raum vom Fenster bis zur „Himmelssichtlinie" – den Punkten auf der Meßebene (im allgemeinen 1 m über Fußboden), von denen aus kein Himmel mehr sichtbar ist – stark. In den tieferen Raumzonen hinter der Himmelssichtlinie wird sie dagegen wesentlich langsamer abnehmen, da hier nur gleichmäßiges reflektiertes Licht wirkt.
Es ist daher bei der Tagesbeleuchtung von Innenräumen im Gegensatz zur künstlichen Beleuchtung nicht sinnvoll, zur Bestimmung der Lichtverhältnisse im Raum von der mittleren Beleuchtungsstärke auszugehen, die etwa für das äußere Raumdrittel zutreffend ist. Wichtig ist jedoch die Festlegung ausreichender Lichtöffnungen gemäß der Nutzungsart eines Raumes im einzelnen und die genaue Vorherbestimmung einer Mindestbeleuchtungsstärke für bestimmte Punkte und Zonen des Raumes.
Ähnlich einem Berechnungsvorgang in der Statik, ist zu überprüfen, ob unter gegebenen Voraussetzungen die Beleuchtung die für die Nutzungsart mindestens erforderliche Stärke nicht unterschreitet. DIN 5034 enthält die Leitsätze für die „Innenraumbeleuchtung mit Tageslicht" und die notwendigen Berechnungsvorgänge. Hier seien nur die wesentlichen Voraussetzungen und Zusammenhänge angeführt.

Tageslicht

Im Sinne dieser Leitsätze ist Tageslicht das diffuse Licht des vollständig bedeckten Himmels. In unseren Breiten gibt es überall erheblich mehr Tagesstunden mit bedecktem Himmel als Sonnenstunden.

Tagesbeleuchtung im Freien

Dies ist die horizontale Beleuchtungsstärke gemessen in Lux, die auf einer vom gesamten Himmelsgewölbe beleuchteten waagerechten Fläche herrscht. Als Bezugswert für ausreichende Beleuchtungsverhältnisse im Innenraum, die letzten Endes mit einer Mindestbeleuchtungsstärke im Freien in Zusammenhang stehen, gilt jetzt $E_a = 5000$ Lux, was den Lichtverhältnissen an einem bedeckten Dezembertag etwa zwischen 10 und 14 Uhr entspricht. Hier beginnt und endet der „Tag" im Sinne der Norm. Die Beleuchtungsstärke unter der Sommersonne kann bis 150000 Lux betragen, während Mondlicht etwa 0,5 Lux erzeugt.

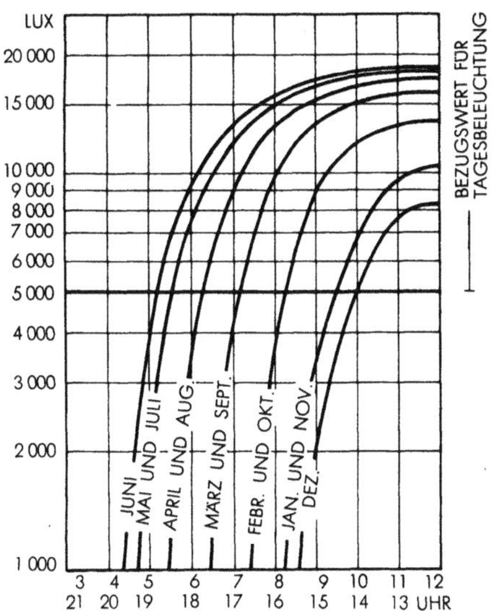

TÄGLICHER UND JAHRESZEITLICHER VERLAUF DER MITTLEREN HORIZONTAL-BELEUCHTUNG IM FREIEN

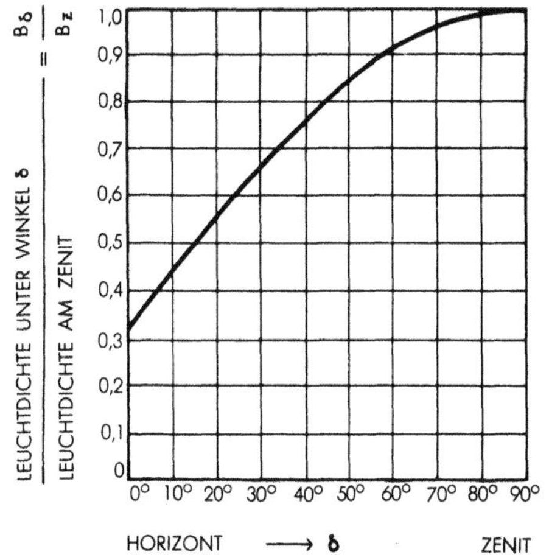

LEUCHTDICHTEABFALL DES BEDECKTEN HIMMELS VOM ZENIT ZUM HORIZONT

1 Lux (lx) = die Beleuchtungsstärke E einer Fläche, auf die die Lichtstrom-Einheit 1 „Lumen" in gleichmäßiger Verteilung auftrifft. Bei ungleichmäßiger Verteilung ist die mittlere Beleuchtungsstärke E_m das arithmetische Mittel der Werte, die für gleichmäßig verteilte Einzelpunkte gelten.

Der Lichtstrom ist die sichtbare Strahlungsleistung einer Lichtquelle.

1 Lumen (lm) = der Lichtstrom, der ausgestrahlt wird, wenn innerhalb des festgelegten Einheitsraumwinkels die Lichtstärke-Einheit 1 „Candela" herrscht.

1 Candela (cd) = die neue internationale Einheit der Lichtstärke. Hier liegt die Lichtstrahlung aus dem Hohlraum eines Thoroxyd-Rohres bei der Schmelztemperatur von Platin (2047° Kelvin) zugrunde, wobei die „Leuchtdichte" mit 60 Candelen/cm² Leuchtfläche festgesetzt ist. Candela verhält sich zur alten Lichtstärke-Einheit „Hefnerkerze" wie folgt: 1 Hk = 0,92 cd.

Die Leuchtdichte ist gegenüber der Beleuchtungsstärke das Maß für die Helligkeit einer leuchtenden Fläche. Es ist gleichgültig, ob die Fläche selbst Licht aussendet (Primärstrahler) oder Licht nur zurückwirft oder hindurchläßt (Sekundärstrahler).

1 Stilb (sb) = die Maßeinheit der Leuchtdichte für Primärstrahler.

1 Apostilb (asb) = die Maßeinheit der Leuchtdichte für Sekundärstrahler.

Lichttechnische Maßeinheiten siehe DIN 5031.

Beispiele von Leuchtdichten wichtiger Lichtquellen (in Stilb):

Vollmond	0,25
Klarer Himmel	0,4
Hochspannungsleuchtröhre	0,1 bis 0,8
Leuchtstofflampe	0,3 bis 0,6
Streichholz, Wachskerze	0,75
Glühlampe opalisiert	1 bis 5
Glühlampe innenmattiert	3 bis 50
Glühlampe Klarglas	200 bis 2000
Xenonlampe luftgekühlt (Osram)	30000 bis 65000
Quecksilber-Höchstdrucklampe	4000 bis 140000
Sonne	bis 220000

Leuchtdichte des Himmels

Sie fällt vom Zenit zum Horizont um etwa 70%. Die häufigsten Fälle des Lichteinfalls liegen zwischen 10° und 60°, d. h. im Bereich der stärksten Abnahme der Leuchtdichte. Die erhebliche Leuchtdichteminderung muß bei der Ermittlung der Fenstergrößen mit berücksichtigt werden.

Tageslichtquotient

Da das Tageslicht infolge meteorologischer Einflüsse stark schwankt, hat die Angabe von Beleuchtungsstärken für einen bestimmten Arbeitsplatz nur dann einen Sinn, wenn sie ins Verhältnis gesetzt wird zur gleichzeitig vorhandenen Beleuchtung im Freien. Dieses Verhältnis drückt der Tageslichtquotient $T = E_i/E_a$ in % aus. Sinngemäß wird dann die Mindestbeleuchtungsstärke, die für eine bestimmte Tätigkeit an diesem Platz herrschen muß, auf den festgelegten Niedrigstwert der Tagesbeleuchtung im Freien von $E_a = 5000$ Lux bezogen. Da hierbei das direkte Sonnenlicht nicht gewertet ist, sondern der gleichmäßig bedeckte Himmel vorausgesetzt wird, ist die Mindestbeleuchtung für den Raum von der Lage der Lichtöffnungen zur Himmelsrichtung unabhängig.

Die Tagesbeleuchtung eines Innenraumes setzt sich aus mehreren Anteilen zusammen, für deren Berechnung der Tageslichtquotient wie folgt aufgeteilt wird:

Himmelslichtanteil T_H
Außen-Reflexionsanteil T_V
Innen-Reflexionsanteil T_R

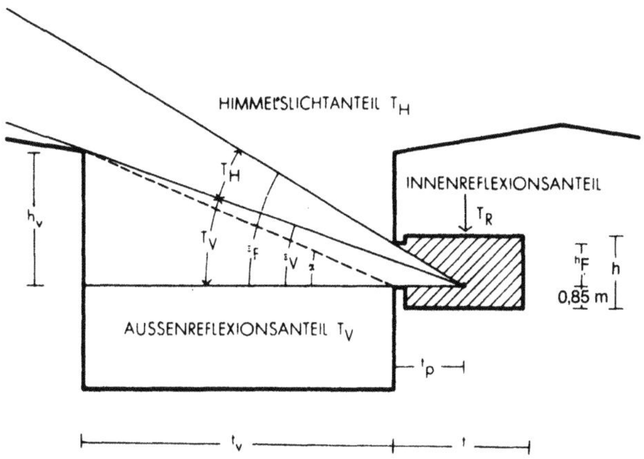

h = RAUMHÖHE
t = RAUMTIEFE
t_p = MESSTIEFE, ABSTAND DES PUNKTES AUF DER MESSEBENE IM ALLGEMEINEN 0,85 m ÜBER FUSSBODEN VON DER AUSSENSEITE DER FENSTERWAND
h_F = GLASHÖHE OBERHALB DER MESSEBENE
h_v = VERBAUUNGSHÖHE OBERHALB DER MESSEBENE
t_v = VERBAUUNGSABSTAND, VON DER AUSSENSEITE, BIS ZU DEN LICHTHINDERNISSEN
°V = VERBAUUNGSHÖHENWINKEL
°F = FENSTERHÖHENWINKEL
α = VERBAUUNGSABSTANDSWINKEL

Himmelslichtanteil T_H

Er wird beeinflußt durch den Leuchtdichteabfall des Himmelsgewölbes gegen den Horizont und die Lage der gegenüberliegenden Lichthindernisse, wie Verbauung, Berge, Wald usw., zum Meßpunkt im Raum, deren Einfluß auch graphisch und rechnerisch genau ermittelt werden kann.

Außen-Reflexionsanteil T_V

Das von der Verbauung reflektierte Licht, das unmittelbar auf den Meßpunkt trifft, hat bei kleinen Verbauungswinkeln auf die gesamte Beleuchtung nur geringen Einfluß; lediglich bei großen Verbauungswinkeln und hohen Reflexionsgraden der gegenüberliegenden Lichthindernisse wird der Außen-Reflexionsanteil nennenswert. Insbesondere gilt dies für die Raumzonen hinter der Himmelssichtlinie, wo die Beleuchtung nur durch Reflexion von innen und außen bestimmt wird.

Innen-Reflexionsanteil T_R

Er wird bestimmt von dem gesamten Lichtstrom, der durch das Fenster eintritt und im Innenraum reflektiert wird. Wesentlich ist deshalb vor allem das Verhältnis der Fläche der Fensteröffnung zu den Raumbegrenzungsflächen, die Reflexionseigenschaften der wirksamen Raumbegrenzungsflächen und der Verbauungsabstandswinkel α. Dieser Winkel entscheidet über die Größe des Lichtstroms von direktem bzw. reflektiertem Licht, das die Fensterfläche trifft.

Räume mit Seitenlicht

Wohnräume sind von der Beleuchtung her gesehen alle Aufenthaltsräume einer Wohnung. Um das individuelle Behaglichkeitsbedürfnis der Bewohner zu berücksichtigen und der farblichen Gestaltung eines Raumes weiten Spielraum zu lassen, geht man bei der Tageslichtplanung hier von einem niedrigen Reflexionsgrad der raumbildenden Flächen, also auch geringem Innenreflexionsanteil, aus. Nach hygienischen Gesichtspunkten ist die Beleuchtung eines Wohnraumes ausreichend, wenn in halber Raumtiefe an zwei Raumpunkten der Meßebene in mindestens 1 m Abstand von den Raumbegrenzungsflächen ein Tageslichtquotient T = 1% nicht unterschritten wird.

Art der Arbeit	Ansprüche an die Beleuchtung	Mindestwerte von Beleuchtungsstärke in Lux	Mindestwerte von Tageslichtquotient in %
grob	gering	50	1
mittelfein	mäßig	100	2
fein	hoch	250	5
sehr fein	sehr hoch	500	10

Dabei versteht man unter
mittelfeiner Arbeit: Küchenarbeit, Waschen, Sägen, Hobeln usw.;
feiner Arbeit: Lesen, Schreiben, Drucken, Nähen, Polieren usw.;
sehr feiner Arbeit: Zeichnen, graphische und feinmechanische Arbeiten.
In Arbeitsräumen muß jeder Arbeitsplatz während der gesamten Arbeitszeit die in DIN 5035 geforderte Mindestbeleuchtung haben. Ist dies durch Tageslicht allein nicht möglich, so muß durch Kunstlicht ergänzt werden. Jedoch soll an der ungünstigsten Stelle im Raum der Tageslichtquotient nicht unter 1% liegen.

Unterrichtsräume bedürfen an der ungünstigsten Stelle des Raumes eines Tageslichtquotienten von 2%, Zeichen-, Handarbeits-, Bastel-, Chemie- und Physiksäle von 5%. Hier soll der Anteil des reflektierten Lichtes groß sein, um eine möglichst gleichmäßige Raumausleuchtung zu gewährleisten. Es wird eine Gleichmäßigkeit der Beleuchtung von $E_{min} : E_m = 1:3$ gefordert. Krankenzimmer verlangen grundsätzlich gleiche Verhältnisse wie Wohnräume. Aus psychologischen Gründen ist eine Höhe der Fensterbrüstung etwa in Betthöhe wünschenswert.
Behandlungszimmer gelten als Arbeitsräume. Operationssäle stellen besonders hohe Ansprüche auch an die Beleuchtung, denen man nur durch künstliches Licht wird genügen können.

Räume mit Oberlicht

Großflächige Arbeitsräume lassen sich nur durch Oberlichter ausreichend mit Tageslicht ausstatten. Der Außenreflexionsanteil entfällt hier, und auch die Innenreflexion wird unbedeutend. Die Decken reflektieren nur, wenn sie vom Tageslicht getroffen sind, und die Wände und auch seitliche Lichtöffnungen sind allein in den Randzonen wirksam. Shedkonstruktionen ergeben in diesem Fall die günstigsten Beleuchtungsverhältnisse.
Der Einbau von Lichtkuppeln ermöglicht unter Dachdecken eine gleichmäßige und nahezu schattenfreie Ausleuchtung von oben her. Durch die hohe Lichtdurchlässigkeit des Plexiglases ist eine wesentlich geringere Lichtöffnungsfläche als beispielsweise bei Dachlaternen mit bewehrter Verglasung zu erreichen. Um den dichten Anschluß der Dachhaut sicherzustellen, werden die Kuppeln auf Aufsetzkränzen eingebaut. Die Deckendurchbrüche sind abzuschrägen.
Eng eingebaute Oberlichträume, z. B. Höfe, die als Saal genutzt werden, können nur durch große Glasflächen ausreichend Tageslicht empfangen.
Gute Reinigungsmöglichkeit ist bei Oberlichtern lichttechnisch notwendige Voraussetzung.

Größe, Form und Lage der Fensteröffnungen

Größe, Form und Lage der Fenster sind so zu wählen, daß das Tageslicht möglichst lange für die Raumausleuchtung genutzt werden kann; dabei dürfen jedoch – durch unwirtschaftliche Größe – keine übermäßigen Kosten für Bau, Instandhaltung, Heizung, Kühlung usw. entstehen, und es muß sich sowohl von außen als auch vom Gebäudeinnern gesehen eine ästhetisch befriedigende Lösung ergeben.
Bei Bemessung der Fensteröffnungen ist außer den Forderungen nach genügender Raumausleuchtung und Wirtschaftlichkeit auch zu berücksichtigen, wer sich in den betreffenden Räumen aufhalten wird. Der gesteigerte Licht- und Lufthunger, der dem Trieb zum Sport parallel geht, betrifft vorwiegend den Stadtmenschen, der sein Arbeitsleben in geschlossenen Räumen, Werkstätten, Hallen, Büros usw., mehr oder minder von der Natur abgeschlossen, verbringt. Die Menschen, die ganz oder fast immer ihr Tagwerk im Freien leisten, suchen dagegen mehr den schützenden, bergenden Raum und haben weniger Bedürfnis nach der visuellen Verbindung zur Außenwelt. Bei Stadtwohnungen wird man darum die Wohnraumfenster größer wählen als bei ländlichen Wohnungen und Siedlungen, wo man sich zweckmäßig mehr an die aus hygienischen Gründen gebotenen Mindestfenstergrößen hält.
Fenstergrößen und -formen sind für die äußere Erscheinung der Gebäude und für die Gestaltung der Innenräume von entscheidender Bedeutung. An ihnen erkennen wir auf den ersten Blick die verschiedenen Gebäudegattungen. Um den Charakter eines Baues eindeutig herauszuarbeiten, ist es notwendig, die Bemessung und Aufteilung der Fenster sorgfältig durchzuführen.

VERTEILUNG DER BELEUCHTUNGSSTÄRKE BEI EINEM MITTLEREN TAGESLICHTQUOTIENTEN Tm = 5% IN EINEM RAUM MIT SEITENFENSTER UND EINEM RAUM MIT LICHTKUPPELN

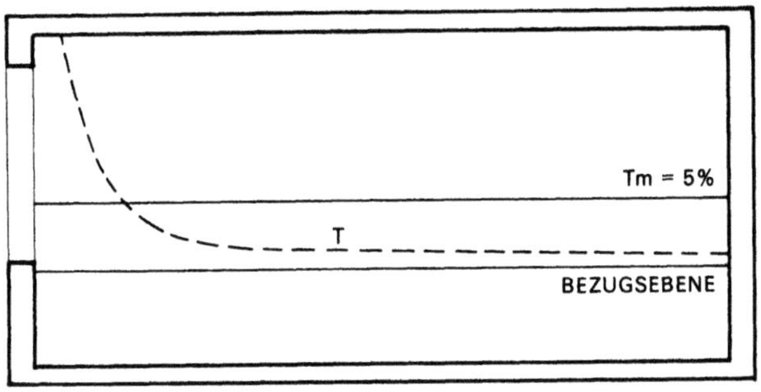

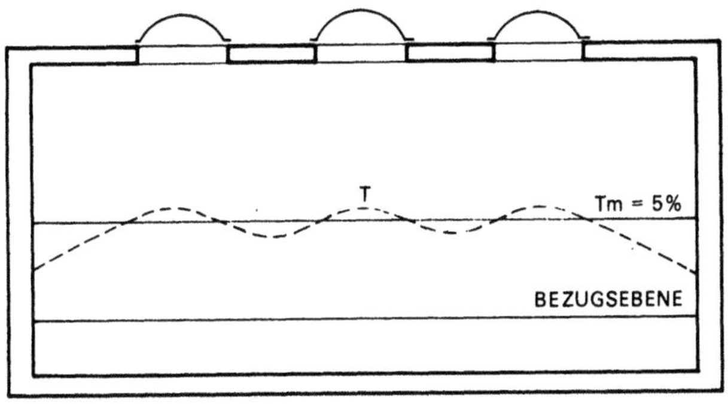

TAGESLICHTKURVEN

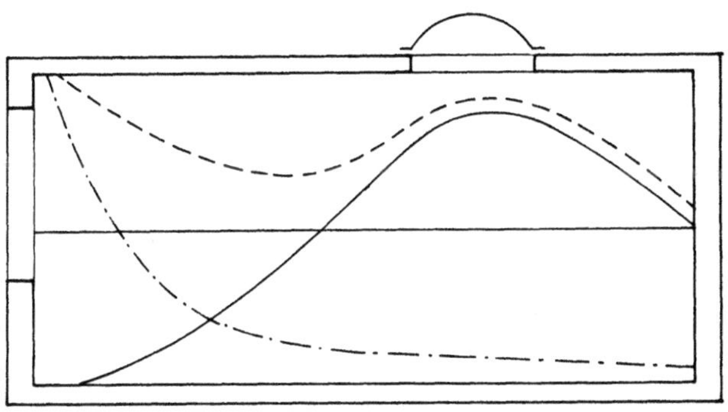

- - - - SEITENFENSTER MIT LICHTKUPPEL
-·-·- SEITENFENSTER
——— LICHTKUPPEL

NOTWENDIGE ÖFFNUNGEN FÜR GLEICHE BELEUCHTUNGSSTÄRKEN

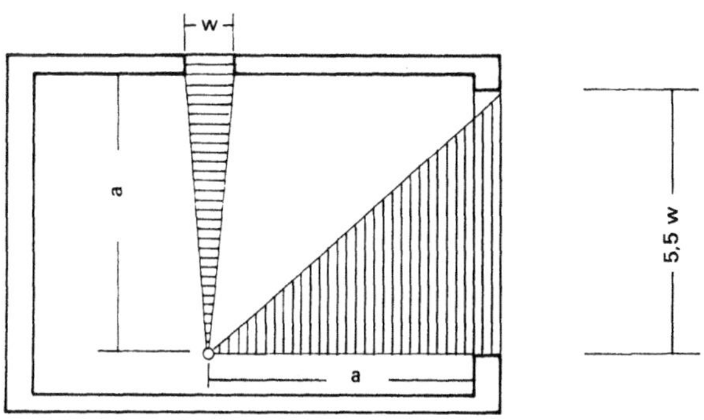

Die erforderliche Größe der Fensteröffnungen wird durch den Lichtbedarf des Gebäudes gemäß der Nutzungsart bestimmt. In DIN 5035 „Innenraumbeleuchtung bei künstlichem Licht" sind die Ansprüche an die Beleuchtung für die verschiedenen Nutzungsverhältnisse festgelegt. Auch die Tagesbeleuchtung muß diesen Mindestanforderungen genügen, soll sie allein den Raum ausreichend belichten und an den Arbeitsplätzen die jeweils erforderlichen Beleuchtungsverhältnisse schaffen.
Als Anhalt kann zunächst eine „Mindestfenstergröße" gelten, worunter man die Licht- und Scheibenfläche versteht, die erforderlich ist, um eine eben noch hinreichende Raum- oder Arbeitsplatzbeleuchtung zu erhalten.

Die Mindestfenstergröße kann bestimmt werden nach:
Faustregeln,
rechnerischen oder
graphischen Verfahren.

Nach Faustregeln soll die erforderliche geringste Lichtfläche in Wohnräumen
im Erdgeschoß $\geqq 1/8$
im 1. Obergeschoß $\geqq 1/9$
im 2. Obergeschoß $\geqq 1/10$
im 3. Obergeschoß $\geqq 1/11$
in allen weiteren Geschossen $\geqq 1/12$
der Fußbodenfläche betragen.
In Schul- und Krankenräumen rechnet man mit $1/8$ bis $1/3$ der Fußbodenfläche.

Die Faustregeln sind nur grobe Anhaltspunkte; denn die Beleuchtung im Innern des Gebäudes ist nicht nur von seiner eigenen Höhe, sondern auch von der Höhe der benachbarten Gebäude abhängig.
Die rechnerischen und graphischen Bestimmungsverfahren, z. B. nach Frühling, Büning und Arndt, berücksichtigen diese Verhältnisse weitgehend und geben genauere Hinweise auf die tatsächlich erreichbare Tageslichtbeleuchtung innerhalb eines Gebäudes, wobei jedoch eine mittlere Beleuchtungsstärke im Raum zugrunde gelegt ist.

Die Beleuchtungsverhältnisse eines Raumes verändern sich mit der Form und Lage der Lichtöffnungen.
Je breiter ein Fenster ist, um so gleichmäßiger wird die Gesamtbeleuchtung eines Raumes. Die Fensterbreite kann auf mehrere Lichtöffnungen verteilt werden. Die Breite der Pfeiler sollte jedoch $\leqq 1/4$ der Fensterbreiten sein.
Hohe und hochsitzende Fenster leuchten einen Raum in seiner Tiefe besser aus als niedrige oder niedrig sitzende. Die Sturzhöhe ist deshalb so gering wie möglich, höchstens aber mit 30 cm anzunehmen. Bei geringen Sturzhöhen wird ferner die Reflexionskraft der meist hellen Decken besser ausgenutzt. Fenster, die bis zur Decke reichen, sind also für die Belichtung am günstigsten.
Fensterbreiten und -höhen sind beleuchtungsmäßig keine gleichwertigen Faktoren. Will man bei gleicher Öffnungsgröße gleichwertig ausgeleuchtete Wohnräume in allen Geschossen, dann müßten in den untersten Geschossen hohe und schmale, in den oberen Geschossen breite und niedrige Fenster angeordnet werden.
Die Belichtung eines Raumes nimmt zu, wenn die Fensteröffnung aus der Raummitte näher an die Querwand herangeschoben wird. Sitzt die Öffnung jedoch zu nahe an der Querwand, so verschlechtert sich die Raumausleuchtung wieder, weil die Querwand nur Streiflicht erhält und nicht voll als Reflektor ausgenutzt wird.

Sonstige Einflüsse auf die Raumausleuchtung

Helle Wände und Decken verbessern die Gleichmäßigkeit der Raumbeleuchtung. Vorhänge setzen den Wirkungsgrad erheblich herab. Sie sind nur bei zu großer Helligkeit (Sonnenlicht) am Platze. Stark lichtdurchlässige Vorhänge, z. B. Scheibengardinen, Tüllvorhänge usw., verringern zwar den Wirkungsgrad, verbessern aber die Gleichmäßigkeit der Raumbeleuchtung.
Auch die Konstruktion des Fensters kann zur Verbesserung oder Verschlechterung der Raumbeleuchtung beitragen. Um bei zweiflügeligen Holzfenstern üblicher Bauart eine Lichtfläche (Scheibenfläche) von 1 m² zu erreichen, ist eine Fensterfläche von 1,415 m² notwendig. Bei Stahlfenstern genügt für die gleiche Lichtfläche eine Fensterfläche von 1,193 m².
Sprossen verringern die Lichtfläche. Balkone, Loggien, Gesimse und ähnliche Vorbauten beeinträchtigen die Beleuchtung der darunterliegenden Räume. Tiefe Fensterleibungen sind zu vermeiden oder abzuschrägen, damit sie den Lichteinfall nicht behindern.
Starke Besonnung kann durch Vordächer, Sonnenblenden u. dgl. abgeschwächt werden.

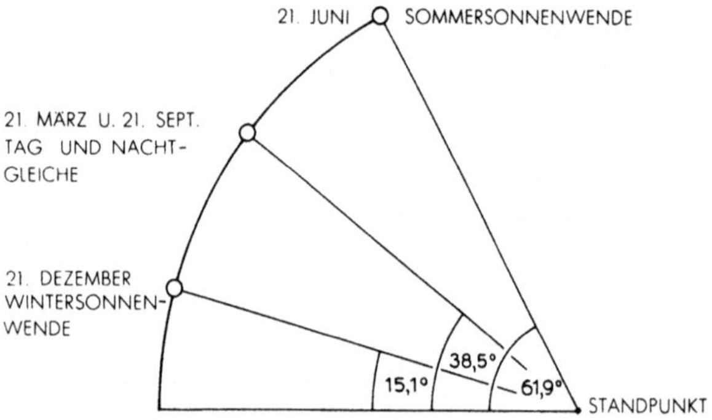

Wärmeschutzvergleiche

Die üblichen Fenster, auch Verbund- oder Kastenfenster, sind immer eine Quelle erhöhten Wärmeverlustes. Der Wärmedurchgangswert k einer 1 1/2 Stein dicken Leichtziegelwand beträgt z. B. 0,78 W/m² K, dagegen wird für ein Holzfenster mit Isolierverglasung ~ 2,9 W/m² K angesetzt. Der Vergleich zeigt, daß die Vergrößerung der Lichtfläche über die Mindestfenstergröße hinaus, besonders bei Einfachfenstern ohne Doppelscheiben, einen empfindlichen Mehraufwand für die Raumbeheizung erfordert. Die relativ hohen Wärmedurchgangswerte der Fenster mit einfacher Verglasung lassen sich durch Isolierverglasung vermindern. – Z. B. mit „Thermopane", bestehend aus zwei oder mehr Glastafeln, die in Verbindung mit einem Bleiprofil einen Luftraum luft- und feuchtigkeitsdicht abschließen; Spezialausführungen mit DIG-Kunststoffolieneinlage undurchsichtig, desgleichen die „Thermolux"-Doppelscheiben mit Glasgespinsteinlage.

Fenster als Gestaltungselemente

Die Anordnung und Formgebung der Fenster ist abhängig von der Konstruktion und der Zweckbestimmung der Bauten.
Aus schwachen, nicht sehr tragfähigen Wänden, wie sie heute im Kleinwohnungsbau fast ausschließlich vorkommen, wird man nur Fenster von bescheidener Größe mit entsprechend breiten Wandpfeilern ausschneiden können. Die Wandflächen überwiegen.
Bei tragfähigeren Wänden können in besonderen Fällen schmalere Pfeiler genügen oder auch größere Öffnungen ausgeschnitten werden. Das Kennzeichen aller Wandbauten sind aber stets größere zusammenhängende Wandflächen. Mischkonstruktionen mit Stützen sind möglich, doch mit Bedacht zu handhaben.

Skelettbauten erlauben nicht nur, sondern erfordern geradezu aus konstruktiven wie auch aus ästhetischen Gründen Fenster, die von Stütze zu Stütze reichen.
Auch die Oberflächenstruktur der Wand ist für ein geschultes Auge von Bedeutung für die Bemessung und Verteilung der Öffnungen. So erweist sich z. B. eine glatte helle Putzfläche als viel empfindlicher als eine Bruchsteinwand mit einem kräftig gliedernden Fugennetz.
Von großem Reiz kann der Gegensatz zwischen stark durchbrochenen und geschlossenen Wandflächen sein.
Für die plastische Erscheinung einer Wand ist die Reliefbildung durch die äußeren Fensterleibungen wichtig. Durch tiefe Leibungen werden die Fensteröffnungen stark betont. In Putzfassaden entsteht mit der Zunahme der Leibungstiefe leicht eine harte Wirkung. Unregelmäßige Fensteraufteilungen mit verschiedenartigen Größen verstärken diesen Eindruck. Setzt man die Fenster jedoch bündig in die Wandfläche, so können selbst große Freiheiten erträglich wirken.
So wichtig die Fensterbemessung und -anordnung für den Betrachtenden von außen ist, so wichtig ist sie auch vom Gebäudeinnern gesehen für den Bewohner und für die Gestaltung des Raumes.
Konstruktiv wird die Höhe eines normalen Fensters durch die Geschoßhöhe, die Brüstungs- und Sturzhöhe bestimmt. Nach menschlichen Maßen ergibt sich eine Brüstungshöhe von >90 cm. Bei dieser Höhe läßt sich noch gut ein Tisch (Höhe 80 cm) so an das Fenster rücken, daß dieses geöffnet werden kann. Die Höhe des Sturzes ergibt sich aus seiner Konstruktion, ob gemauert, betoniert oder aus Stahlträgern hergestellt. Rolladenkästen vergrößern die sichtbare Höhe des Sturzes.
Das entscheidende Maß für den Charakter eines Raumes bleibt seine Höhe. Hohe Räume laden zum Gehen und Stehen ein, niedrige zum Sitzen. Durch Variieren der Brüstungs- und Sturzhöhen kann der Eindruck noch verstärkt werden. Niedrige Brüstungen und etwas gedrückte Stürze vermehren die Neigung zum Niedersitzen. Auch der Ausblick ins Freie wird durch niedrige Brüstungen verbessert.
Eine verbreiterte Fensterbank kann als Blumenstand benutzt werden. Hierbei empfiehlt sich die Anordnung eines „unteren Kämpfers" und einer teilweisen Festverglasung, wobei jedoch hauptsächlich in oberen Geschossen an die Reinigung der Scheiben zu denken ist.

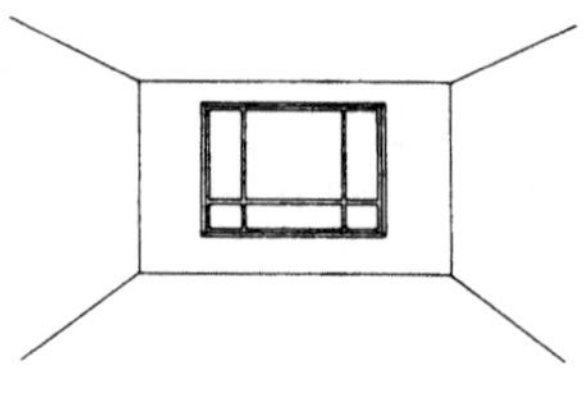

Voll verglaste Fenstertüren in Erdgeschoßbauten verbinden den Raum mit dem Freien. Wird die Fensterwand vollständig in Glas aufgelöst, so wird der Raum zur überdeckten Nische des Freiraumes.

Das Streben nach der Verbindung von Wohnraum und Außenwelt wurde manchmal bis zur illusionären Verwischung der Grenzen getrieben, indem man die Bepflanzung des Gartens in den Wohnraum führte (Neutra).

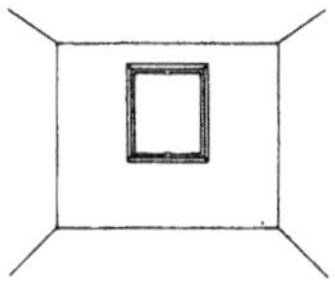

Einflügeliges Fenster in kleineren Wohnräumen. Sturzhöhe ≦30 cm. Brüstungshöhe 90 cm.

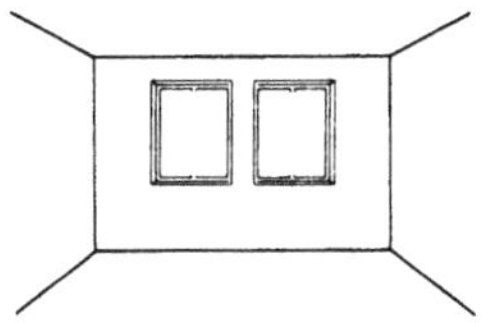

Lichtfläche auf zwei Öffnungen aufgeteilt. Pfeilerbreite ≦1/4 Fensterbreite. Breitere Pfeiler verschlechtern die Gleichmäßigkeit der Beleuchtung.

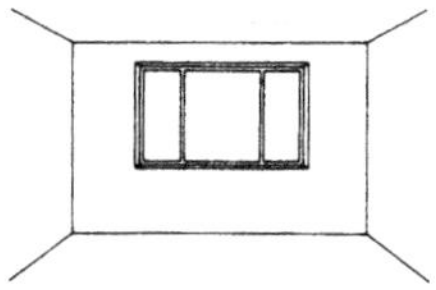

Eine breite Öffnung ist besser als zwei schmale. Gute gleichmäßige Beleuchtung. In größeren Räumen ist es jedoch zweckmäßig, die gesamte Fensterfläche in mehrere Fensteröffnungen zu zerlegen und je nach Anordnung der Arbeitsplätze gleichmäßig zu verteilen.

Schotten- und Skelettbauweisen erlauben ohne konstruktive Zusatzmaßnahmen weite und hohe Fensteröffnungen, die eine

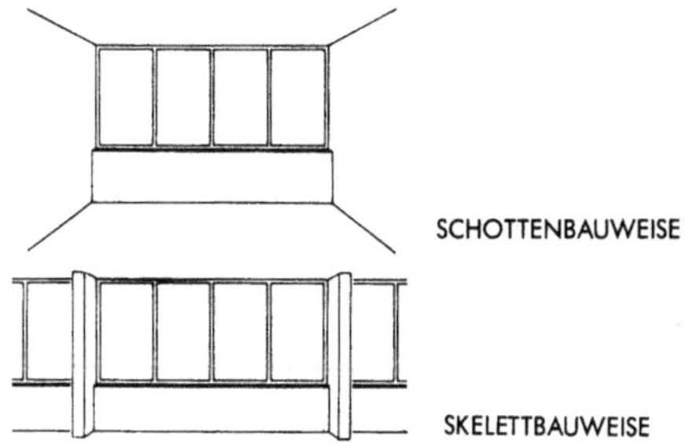

gleichmäßige und tiefe Raumausleuchtung ermöglichen. Günstig für Bürogebäude, Industriebauten usw.

Eine Erhöhung der Fensterbrüstung über das normale Maß hinaus schließt ein Zimmer mehr und mehr von der Außenwelt ab und verstärkt die räumliche Wirkung. In mäßigen Grenzen gehalten, kann dadurch ein Raum an Wohnlichkeit gewinnen, wie alte holländische Bilder zeigen.

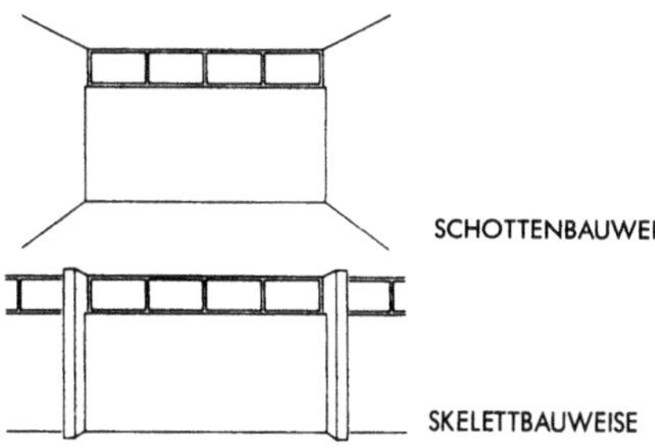

Reicht aber die Brüstung bis zur Augenhöhe oder darüber, so wird der Mensch auf sich und seine räumliche Umgebung zurückgewiesen.

Hochliegende Fenster im Massiv- oder Skelettbau ordnet man an, wenn die Außenwand als Stellfläche (z. B. Kleiderablage, Küchen usw.) oder Lagerfläche (z. B. Lagerhäuser) gebraucht wird, oder auch in Bauten, wo nur Beleuchtung, jedoch kein Ausblick nötig ist (z. B. Kirchen).

Bei hohen und weiten Räumen entsteht eine feierliche Wirkung (Kirchen), bei engen jedoch eine quälende.

Genormte Fensteröffnungen

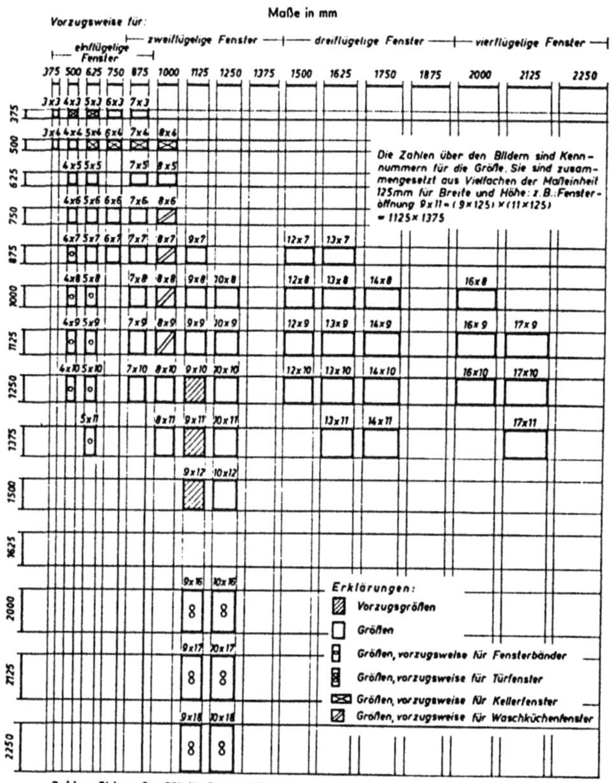

Rohbau-Richtmaße (RR) für Fensteröffnungen

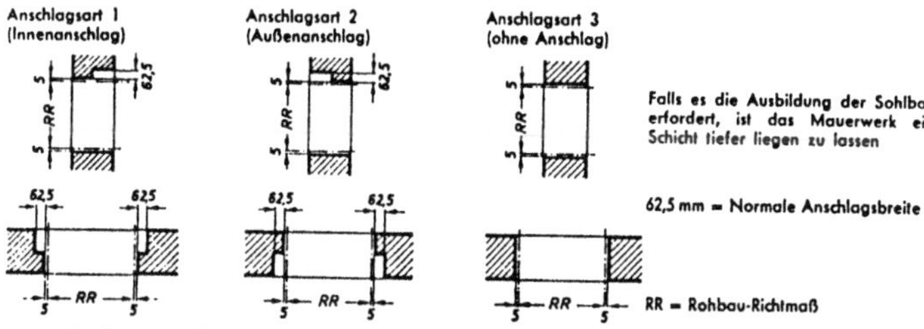

Anschlagsarten (Zeichnungsbeispiele entsprechen der Wandbauart mit Fugen)

Fensteröffnungen für Wohngebäude sind in DIN 18050 genormt. Der Wortlaut dieses Normblattes (Ausgabe 9.55) wird im Folgenden wiedergegeben.

1 Vorbemerkung

Die in dieser Norm angegebenen Größen für Fensteröffnungen stimmen mit DIN 4172 „Maßordnung im Hochbau" überein. Diese Norm gilt für sämtliche Fensterausführungen.

3 Maße

3.1 Im Bild sind die für den Wohnungsbau üblichen und vorteilhaften Öffnungsgrößen für Fenster und Türfenster zusammengestellt. In Übereinstimmung mit DIN 4172, Spalte B der Tafel, werden Rohbau-Richtmaße angegeben, aus denen die Nennmaße der Öffnungen abzuleiten sind.

3.2 Die Lage des Rohbau-Richtmaßes zum Fensteranschlag geht aus der folgenden Darstellung hervor.

3.3 In die Entwurfs- und Werkzeichnungen sind die Nennmaße einzutragen. Für den Vorentwurf genügt das Eintragen der Rohbau-Richtmaße entsprechend der Abbildung dieser Norm.

3.4 Die Beschränkung des Bedarfes auf wenige Größen ist wirtschaftlich und entspricht guter Baugepflogenheit.

Die in der Abbildung schraffierten Fenstergrößen sind Vorzugsgrößen.

3.5 Andere als die in der Abbildung dargestellten Fenstergrößen sollen nicht verwendet werden. Sind aber Ausnahmen notwendig, so sollen deren Rohbau-Richtmaße ganzzahlige Vielfache von 125 mm sein.

3.6 Fensteröffnungen sollen mit Lehren hergestellt werden[1].

4 Einzelheiten

4.1 Die Aufteilung, Sprossenteilung usw. der nach der Abbildung genormten Fenstergrößen ist freibleibend. Es ist deshalb in der Abbildung nur auf die für die angegebenen Größen übliche Anzahl von Fensterflügeln hingewiesen.

4.2 Die Einzelheiten der Profile, Fensterteile und des Einbaues werden in weiteren Normblättern[2] dargestellt.

5 Bezeichnung

Fensteröffnungen sind mit den in der Abbildung angegebenen Kennummern für die Öffnungsgröße (Breite × Höhe) und Anschlagsart oder mit den entsprechenden Rohbau-Richtmaßen zu bezeichnen. Beispiel für die Bezeichnung einer Fensteröffnung mit der Breite 1125 mm und der Höhe 1375 mm (Rohbau-Richtmaße) und einem Innenanschlag von 62,5 mm Breite: Fensteröffnung 9 × 11, Anschlagsart 1, DIN 18050.

1 Diese Norm läßt sich nur dann sinngemäß und wirtschaftlich anwenden, wenn die Anschlußmaße der Fensterflügel und Fensterrahmen nach DIN 18051 und DIN 18052 Blatt 1 und 2 verbindlich gelten. Der Rohbauhersteller ist also für die maßgenaue Herstellung der Fensteröffnung nach DIN 18050 verantwortlich; der Hersteller der Fenster ist nicht verpflichtet, vor der Fertigung der Fenster die Maße am Bau zu nehmen. (Vgl. DIN 18355 Bautischlerarbeiten.)

2 DIN 18051 „Holzfenster für den Wohnungsbau. Rahmengrößen für Blendrahmen- und Verbundfenster, Bandsitz"
DIN 18060 „Stahlfenster für den Wohnungsbau. Rahmengrößen, Flügelgrößen, Scheibengrößen, Verankerung"
DIN 18052 „Holzfenster für den Wohnungsbau. Einfachfenster"
DIN 18061 „Stahlfenster für den Wohnungsbau. Einfachfenster"
DIN 18053 „Holzfenster für den Wohnungsbau. Doppelfenster"
DIN 18062 „Stahlfenster für den Wohnungsbau. Verbundfenster"

Fensterumrahmungen

Fensterumrahmungen hatten früher und haben heute im Denkmalschutz wieder die Aufgabe, ebene und fluchtrechte Anschläge für die Blendrahmen zu schaffen. Sie sind deshalb bei bruchstein- und hammerrechtem Mauerwerk notwendig und bei Ziegelmauerwerk wenigstens zweckmäßig, da das unverputzte Mauerwerk keine ebenen Anschlagflächen ergibt. Bei Ziegelmauerwerk, Werksteinmauerwerk und Plattenverkleidungen wurden Fensterumrahmungen aus Werkstein auch häufig als belebendes Architekturglied der Fassaden verwendet. Solange man sie nur aus Natursteinen herstellen konnte, beschränkte sich ihre Anwendung vorzugsweise auf Gebiete mit entsprechenden Steinvorkommen und in steinarmen Gegenden auf Gebäude von architektonischer und öffentlicher Bedeutung. Erst das Aufkommen des billigeren Kunststeines führte zu ihrer weiten Verbreitung. Gestaltung und Bemessung der Fensterumrahmungen richten sich nach den Eigenschaften der verwendeten Steine, nach der Art der Wandkonstruktion, der Größe der Wandöffnungen und der beabsichtigten Reliefwirkung der Fenster. Eine vollständige Fensterumrahmung besteht aus der Sohlbank, den Gewänden und dem Sturz. Heute wird meistens nur eine einfache Sohlbank angeordnet; Gewände und Sturz, die früher mit mehr oder minder reicher Profilierung ausgeführt wurden, sind heute fast nur noch für die Baupflege von Bedeutung.

Die Sohlbank muß als untere Begrenzung der Maueröffnung das Regenwasser vom Fenster weg nach außen ableiten und gegebenenfalls die Gewände tragen. In ihrer Länge wird sie so bemessen, daß sie seitlich etwa 1/4 Stein in das Mauerwerk einbindet bzw. mit den Außenkanten der Gewände bündig abschließt. In der Breite liegt sie etwa 20–25 cm im Mauerwerk, bei Ziegelmauerwerk genau 24 cm = 1 Ziegellänge, und steht etwa 5 cm über die Wandflucht (Putzflucht) vor. Bei sichtbarem Bruchsteinmauerwerk, das ohnehin aus wetterfesten Steinen errichtet werden muß, erübrigt sich meistens eine vorstehende Sohlbank.

Die Sohlbank darf nur an ihren beiden Enden aufliegen. Unterhalb der Fensterlichte soll stets eine Hohlfuge bleiben, da vertikale Drücke der Gewände beim Setzen des Mauerwerks die Sohlbank auf Biegung beanspruchen würden. Diese Hohlfuge wird erst nach dem Setzen des Mauerkörpers beim Abrüsten vermörtelt.

Um auf der Sohlbank das Eindringen von Wasser in das Rauminnere zu verhindern und die Fugen der aufstehenden Gewändesteine zu schützen, erhält die Bank einen „Gewändestand", der genau dem Querschnitt der Gewände entspricht und den nötigen Raum zur Aufnahme des Fenstersetzholzes freiläßt.

Die Sohlbank erhält ferner eine Wasserschräge, die auf der Wetterseite mit etwa 10% Gefälle angenommen wird, auf beiden Seiten Wasserabweiser zum Schutz des Außenputzes gegen seitlich abfließendes und eine Wassernase gegen abtropfendes Wasser. Hinter der Sohlbank wird auf Brüstungstiefe und in 8–10 cm Stärke Beton aufgebracht, in den einige konisch geschnittene Hartholzdübel zur späteren Befestigung des Fensterbrettes eingefügt werden.

Die Gewände bilden die seitliche Begrenzung der Maueröffnung. Sie werden auf dem Gewändestand mit dünnen Fugen auf einen druckausgleichenden feinen Mörtel mit hydraulischem Kalk versetzt. Ein Verschieben verhindert man durch eingelassene Eisendollen, die man mit Blei vergießt, notfalls aber auch in Kalk-Zement-Mörtel eindrückt. Bei Fensterhöhen, die das Maß von ungefähr 1,50 m überschreiten, ist es wegen der Bruchgefahr beim Transport (hauptsächlich bei Natursteinen) notwendig, die Leibungstiefe oder den Querschnitt der Steine größer zu wählen oder die Länge der Gewände durch eingefügte Binder zu unterteilen.

Bei Fensterhöhen >2,0 m sollte man auf Binder nie verzichten, denn neben der Verminderung der Gewändelängen bringen sie noch den Vorteil, die Umrahmung fester mit dem umgebenden Mauerwerk zu verankern. Eine solche Verankerung ist besonders dann notwendig, wenn die Gewände noch Klappläden zu tragen haben und durch diese beim Öffnen und Schließen – zumal bei Sturm – erheblich beansprucht werden.

Der Sturzstein als obere Begrenzung der Maueröffnung wird auf die Gewände aufgesetzt und durch Dollen gesichert. Er ist durch einen Bogen oder Balken zu entlasten. Die Hohlfuge beim scheitrechten Bogen oder der etwas größere Hohlraum beim Segmentbogen darf wie bei der Sohlbank erst nach dem Setzen des Mauerkörpers vermörtelt bzw. ausgemauert werden.

Zur technischen Ehrlichkeit gehört es, und ein geschultes Materialempfinden verlangt es, jeweils die ganze notwendige Breite der Umrahmung zu zeigen und sie nicht, wie es häufig geschah, z. T. zu überputzen und nur einen schmalen Streifen sichtbar zu lassen, der besonders dem Charakter der weicheren Natursteine widerspricht. Das teilweise Überputzen der Umrahmungen hat ferner den Nachteil, daß der Putz auf den Werksteinen andersfarbig trocknet als auf dem Mauerwerk und leicht Putzrisse entstehen.

Um einen sauberen Anschluß des Außenputzes zu erhalten, läßt man die Steine der Umrahmung entweder vor oder hinter die Putzflucht zurückspringen. Ein Vorsprung von mehr als 5 mm ist jedoch wegen der Durchfeuchtungsgefahr auf der oberen Sturzkante nicht ratsam.

Die in der Ausführung einfachste Lösung, die Umrahmung putzbündig zu setzen, hat den Nachteil, daß bei den immer etwas abgerundeten oder gebrochenen Steinkanten ein sauberer Putzanschluß schwierig ist und der Putz von den Steinkanten abbröckelt. Bei jedem Materialwechsel sollte immer ein wenn auch geringer Fluchtwechsel angeordnet werden, weil man bei den üblichen Ungenauigkeiten der Ausführung nur auf diese Art saubere Anschlüsse und gleichzeitig reizvollere Erscheinungen erzielt. Anstelle eines Fluchtwechsels kann man aber auch bei Putzflächen durch eingelegte Putzprofile eine Nut um das Gewände ziehen.

FENSTERUMRAHMUNGEN

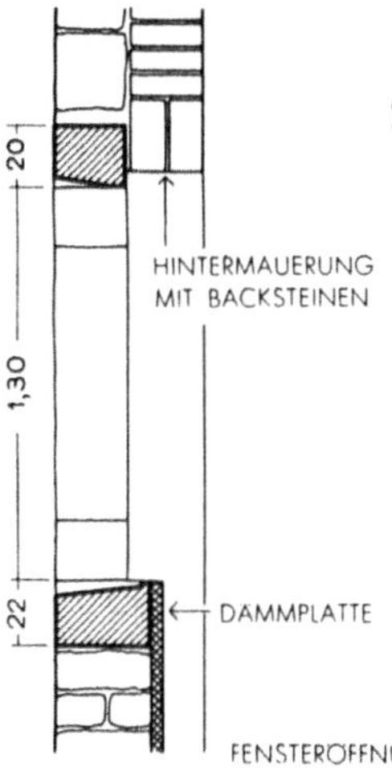

GEWÄNDESTAND

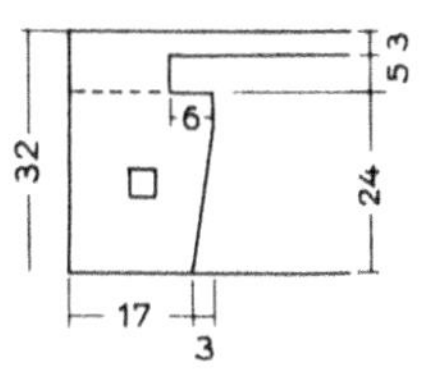

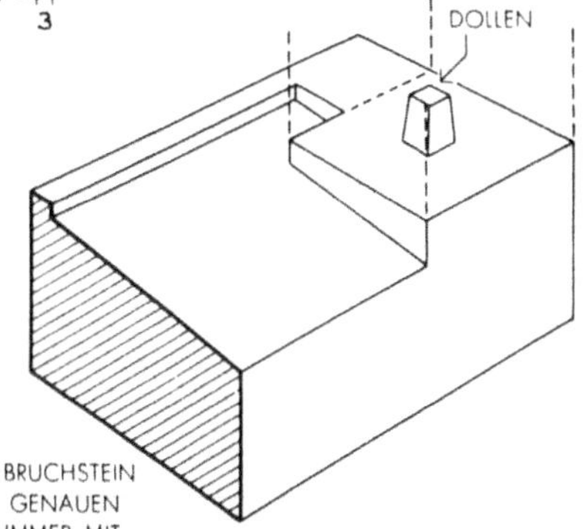

FENSTERÖFFNUNG IN BRUCHSTEIN
ZUR ERZIELUNG EINES GENAUEN
FENSTERANSCHLAGES IMMER MIT
GEWÄNDE. FENSTER IN BRUCHSTEINMAUERN ZIEMLICH KLEIN MIT TIEFER
LEIBUNG. DURCH BINDER MIT MAUERWERK VERBUNDEN. KEINE VORSPRING-
ENDE FENSTERBANK. GEWÄNDESICHTFLÄCHEN NUR GEKRÖNELT ODER
GEFLÄCHT, FENSTERANSCHLAG JEDOCH SCHARRIERT.

FENSTERGEWÄNDE AUS WEICHEM NATURSTEIN

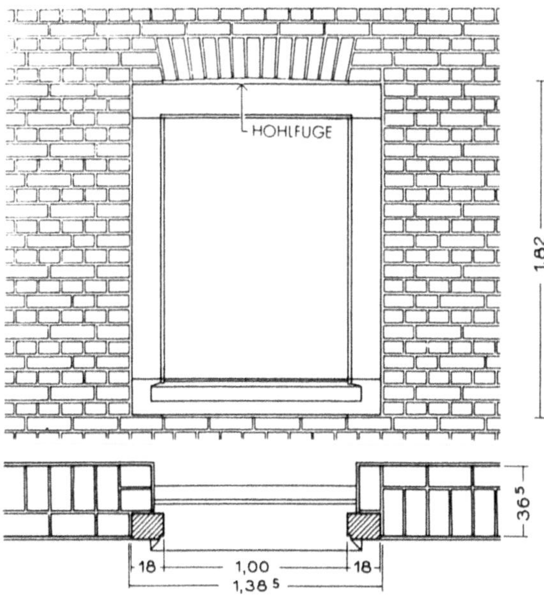

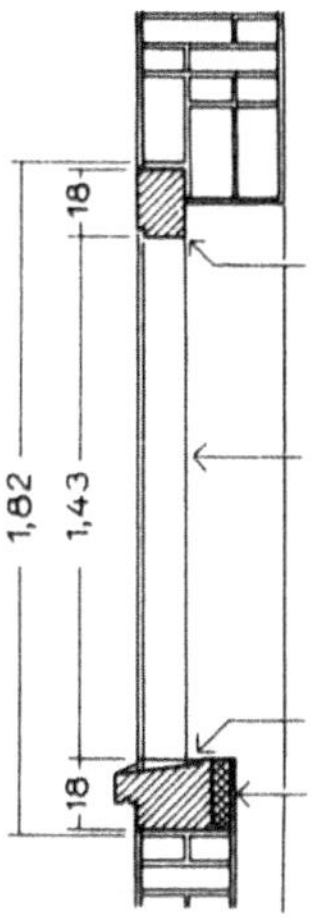

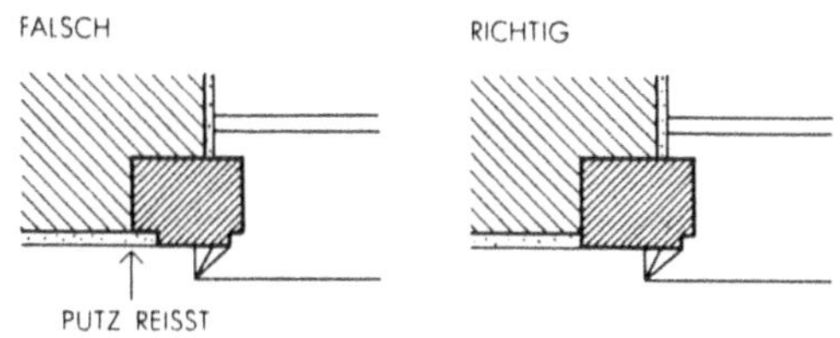

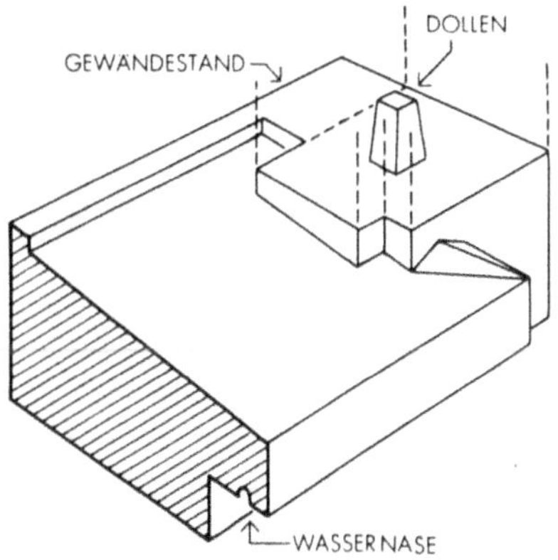

FENSTERGEWÄNDE AUS HARTEM NATURSTEIN ODER KUNSTSTEIN

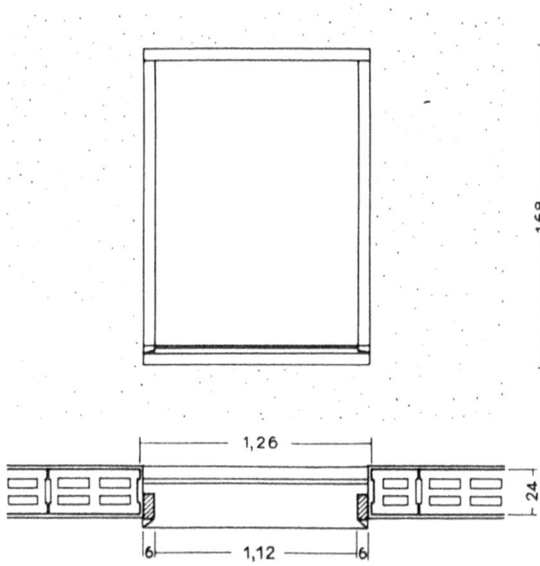

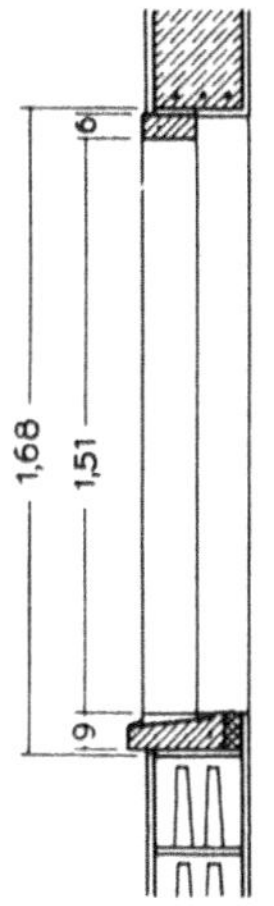

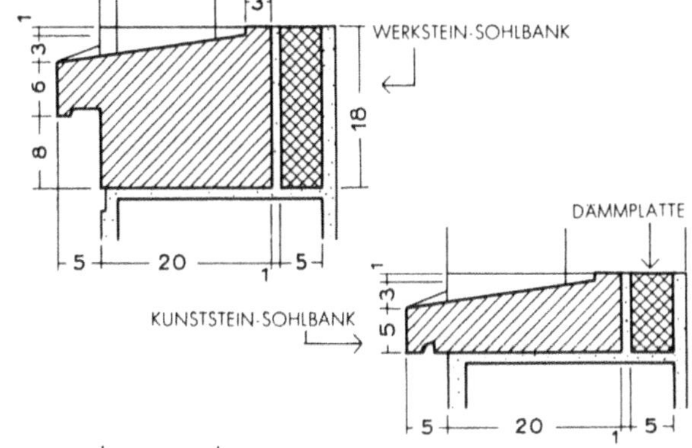

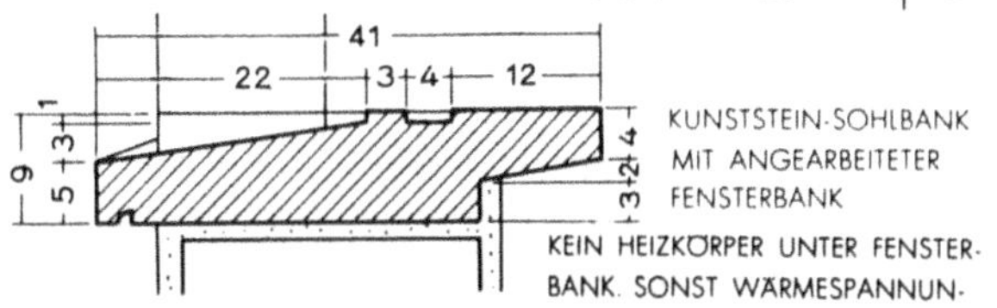

KEIN HEIZKÖRPER UNTER FENSTER-
BANK. SONST WÄRMESPANNUN-
GEN UND RISSBILDUNG MÖGLICH.

Türöffnungen

Türöffnungen müssen so bemessen und im Raum angeordnet sein, daß möglichst wenig Möbelstellfläche verlorengeht, denn Stellfläche ist kostbar, und Türen sind teurer als Mauerwerk.

Bei einflügeligen, viel begangenen Innentüren genügt für die Breite ein Rohbau-Richtmaß von 87,5 cm und bei einflügeligen Außentüren von 100 cm. Diese Breiten werden auch für den ungehinderten Transport von Möbeln ausreichen.

Für Keller- und Nebentüren (WC, Bad, Kammern) kommt man mit Rohbau-Richtmaßen von 75 und 62,5 cm aus.

Bei Verwendung von Massivholz-Blockzargen sollte man das nächstgrößere Richtmaß wählen.

Ob man eine Tür als eng oder weit empfindet, hängt auch von der Wanddicke ab. Öffnungen in sehr dicken Wänden, die aber im heutigen Bauen kaum mehr vorkommen, werden leicht als Schacht empfunden.

Liegt die Türöffnung in der Ecke eines Raumes, so sollte sie, vom Raum her gesehen, wenn sie nicht bis zur Decke reicht, in der Wandfläche sitzen. Zu diesem Zwecke hält man mindestens einen $3/4$ Stein breiten Abstand von der Querwand ein. Das Türblatt schlägt gegen die Querwand; ein Puffer verhindert das Anstoßen der Türklinke.

Ist die Türöffnung von der Querwand abgerückt, dann wählt man den Abstand so, daß er zur Aufstellung eines Möbelstückes genutzt werden kann. Darum ist es notwendig, schon beim Entwurf die spätere Möblierung des betreffenden Raumes und die Aufschlagsrichtung der Tür zu überlegen und in die Pläne einzutragen. Man öffnet eine Tür nie gegen die Wand, damit man nicht um den Türflügel herumgehen und ihn über den rechten Winkel hinaus öffnen muß, sondern man läßt sie „in den Raum hinein" aufgehen und damit in der Regel auch zum Licht. Der aufgehende Türflügel wirkt dann besonders bei hellem Anstrich als Reflektor und nicht als Schattenwand.

Überflüssige Türen sind vor allem in Kleinwohnungen zu vermeiden, und zwar nicht nur wegen des Gewinnes an Möbelstellfläche. Undurchbrochene Wandflächen lassen die Räume größer erscheinen, besonders wenn sie hell getönt sind.

Die Höhe von einflügeligen Türen ist in DIN 18100 mit einem Rohbau-Richtmaß von 200 cm festgelegt. Für Keller- und Nebentüren reicht auch 187,5 cm, denn Menschen, die in ihrer Größe diesen Maßen nahekommen, sind gewohnt, die Durchgangshöhen zu beachten.

Zweiflügelige, raumverbindende Türen sollten jedoch so hoch gemacht werden, wie es die jeweilige Sturzkonstruktion zuläßt, denn hohe Stürze wirken drückend.

Im Wohnungsbau bevorzugt man schmale Türen, um möglichst viel Möbelstellfläche zu erhalten.

In Verwaltungsgebäuden, Krankenhäusern, Schulen u. dgl. sollte das Öffnungsmaß $8 \times 16 = 100 \times 200$ nicht unterschritten werden.

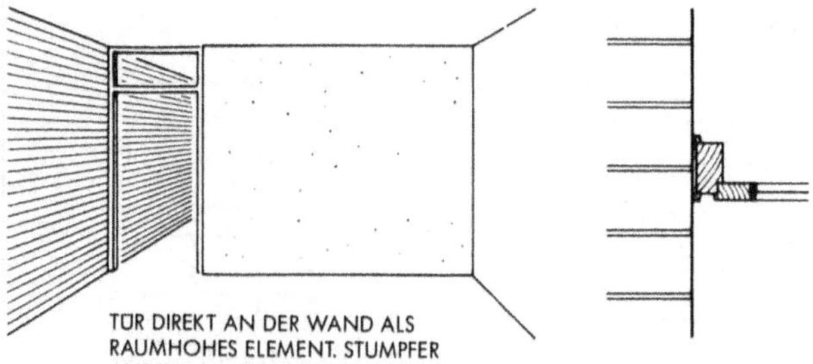

TÜR DIREKT AN DER WAND ALS RAUMHOHES ELEMENT. STUMPFER ANSCHLAG MITTELS BLOCKZARGE

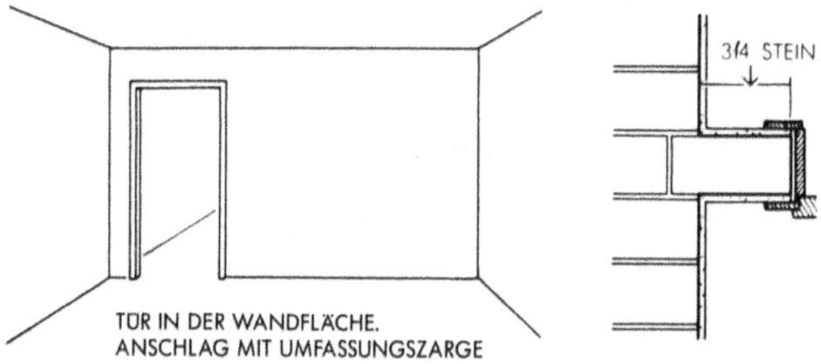

TÜR IN DER WANDFLÄCHE. ANSCHLAG MIT UMFASSUNGSZARGE

AUFSCHLAGEN DER TÜREN

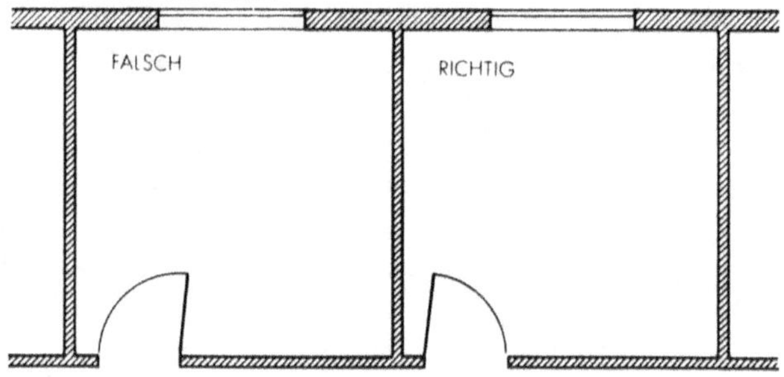

AUFSCHLAGEN DER TÜREN

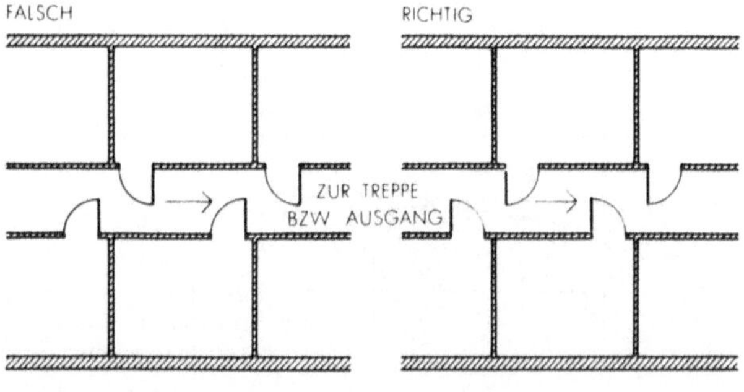

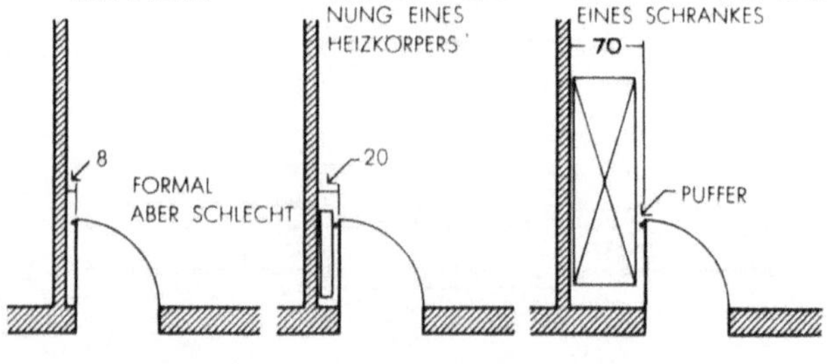

Genormte Türöffnungen

1 Anwendungsbereich

Diese Norm enthält Maße für Wandöffnungen, in welche Türen eingebaut werden können. Die Maße sind abgeleitet aus der „Maßordnung im Hochbau" nach DIN 4172 (Oktameterordnung).
Die Norm gilt für Mauerwerksbauten mit den üblichen Fugenbreiten, wie sie sich durch die Verwendung genormter Steinformate ergeben.
Sie darf auch für fugenlose Bauarten (z. B. Betonwände) angewandt werden (siehe Erläuterungen).

2 Maße, Vorzugsgrößen

Maße für Wandöffnungen für Türen sind Tabelle 1 zu entnehmen; die angegebenen Maße sind Baurichtmaße entsprechend DIN 4172.

A.1 Ableitung der Sollmaße aus den Baurichtmaßen
1. Festlegung: Stoßfuge 10 mm breit
2. Festlegung: waagerechte Bezugsebene ist die planmäßige Lage (Sollage) der Oberfläche des fertigen Fußbodens OFF (siehe DIN 18101)
3. Festlegung: Auswahl aus den nach DIN 18202 Teil 1, Ausgabe März 1969, Tabelle 1 zulässigen Abweichungen:
hier: ± 10 mm für die Breite
+ 10 mm
− 5 mm
für die Höhe

Im Rahmen dieser Norm gilt:
Baurichtmaß + 10 mm = Nennmaß der Wandöffnungsbreite
Baurichtmaß + 5 mm = Nennmaß der Wandöffnungshöhe
zulässiges Kleinstmaß = Baurichtmaß (Nennmaß − 10 mm Wandöffnungsbreite
Nennmaß − 5 mm für Wandöffnungshöhe)
zulässiges Größtmaß = Baurichtmaß + 20 mm für Wandöffnungsbreite (Nennmaß 10 mm)
Baurichtmaß + 15 mm für Wandöffnungshöhe (Nennmaß + 10 mm)

Beispiel:
Wandöffnung DIN 18100 − 875 × 2000
Größe im Baurichtmaß:
875 mm × 2000 mm (Eintrag in Entwurfszeichnung siehe DIN 1356 Teil 1 [z. B. Entwurf])
Größe im Nennmaß:
885 mm × 2005 mm (Eintrag in Ausführungszeichnung, siehe DIN 1356 Teil 1 [z. Z. Entwurf])
zulässiges Kleinstmaß: 875 mm × 2000 mm
zulässiges Größtmaß: 895 mm × 2015 mm
Anmerkung: Da sich die Nennmaße für die Höhe auf OFF beziehen, muß der Planer (Architekt) Überlegungen anstellen, wie er diese in Ausführungszeichnungen einträgt bzw. bei Ausschreibungen und ähnlichem berücksichtigt. Bei Bezug auf OFF ist die Anbringung von „Meterrissen" (Markierungen der Sollage des fertigen Fußbodens + 1000 mm an den Wänden) unumgänglich, da hiernach z. B. auch Feuerschutztüren und Türzargen usw. eingebaut werden (siehe auch DIN 18093 [z. Z. Entwurf], DIN 18111 Teil 1 [z. Z. Entwurf] sowie DIN 18360).

ZUSAMMENHANG ZWISCHEN RICHTMASS UND NENNMASS.
BEISPIEL FÜR DIE BREITE EINER TÜRÖFFNUNG MIT DEM ROHBAU-RICHTMASS 1000 mm NACH DIN 4172 (MASSORDNUNG IM HOCHBAU).

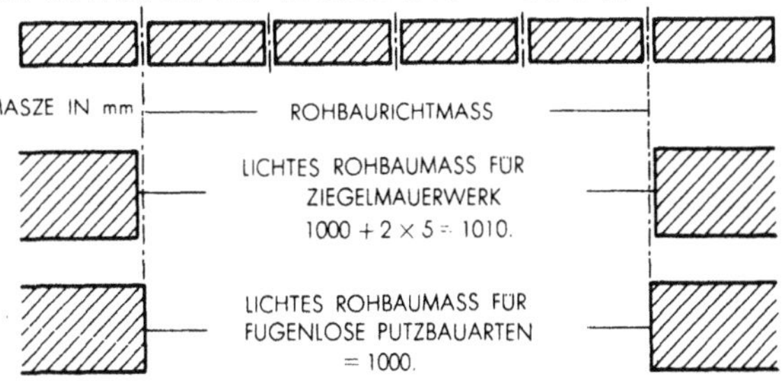

Tabelle 1: Maße nach DIN 4172 für Wandöffnungen

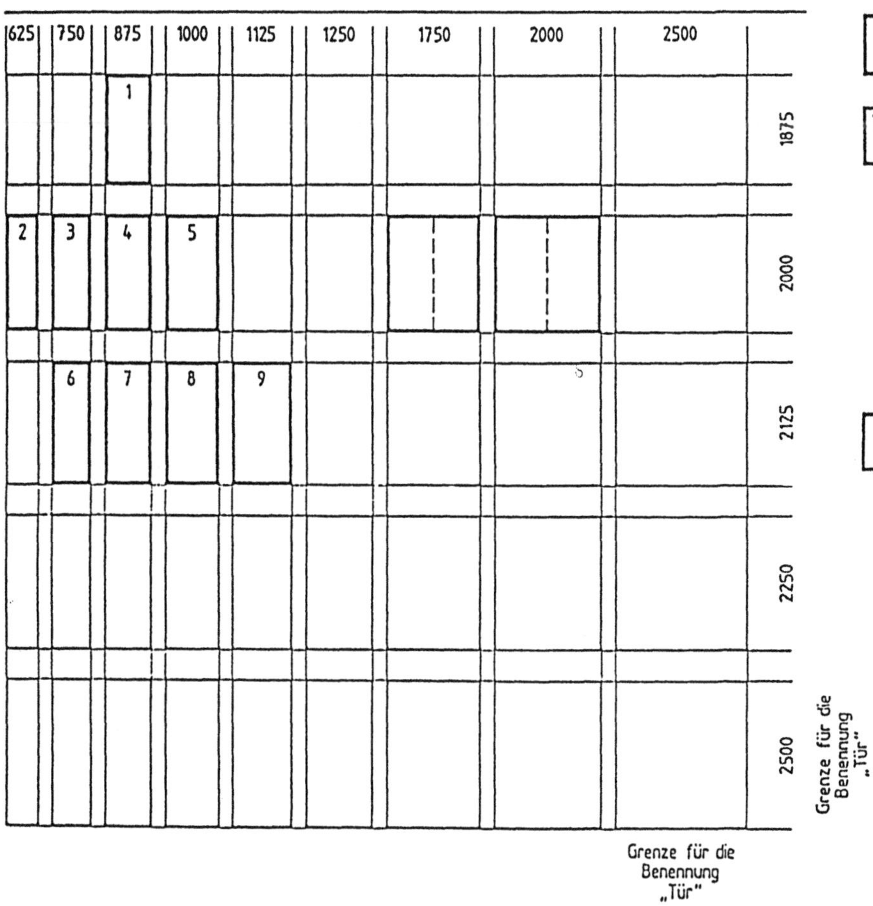

Dick umrandet: Vorzugsgrößen

Für die mit einer Ziffer gekennzeichneten Größen werden in DIN 18 101 genaue Maße für Zargen und Türblätter angegeben; die Zahl ist gleich der Zeilennummer in Tabell 1 der DIN 18 101.
In DIN 18 111 Teil 1 (z. Z. Entwurf) werden für diese Größen Stahlzargen genormt, allerdings nur für gefälzte Türblätter.

Wandöffnungen dieser Vorzugsgrößen sind im Regelfall zweiflügelig.

Türumrahmungen

Die vorgesehene Türart (Drehflügeltür, Schiebetür, Falltür o. a.) und die dazugehörige Unterkonstruktion sind bereits im Rohbau zu berücksichtigen.

Bei den durchweg dünnen Innenwänden mauert man meistens keinen Anschlag, sondern bereitet das Anbringen des Türblattes durch den Einbau einer „Zarge" oder das Einmauern von „Dübeln" vor. „Zarge" bedeutet ursprünglich: Seiteneinfassung, Umfassung, Rand. Man kann also demnach alle Türumrahmungen als Zargen bezeichnen.

Man unterscheidet Holz- und Stahlzargen. Die früher gebräuchlichen Betonzargen werden wegen ihres großen Gewichtes und ihrer Unwirtschaftlichkeit nicht mehr verwendet.

Holzzargen, die eine Bekleidung erhalten, werden vor dem Hochmauern der Wände aufgestellt, Futter und Bekleidung aber erst nach Beendigung der Rohbauarbeiten angebracht. Dreikantleisten oder Bankeisen halten die Zarge im Mauerwerk.

Die Stahlzargen stellen einen konstruktiv gleichwertigen Ersatz für die alten Blindtürstöcke dar. Stahlzargen werden vor dem Hochmauern der Wände vom Maurer aufgestellt und durch Anker im Mauerwerk gehalten. Sie bieten folgende Vorteile: Die Arbeiten der Putzer, Schreiner und Anschläger überschneiden sich nicht. Die Putzer finden stoßsichere Richtkanten vor. Das nachträgliche Beiputzen entfällt. Nach dem Abzug der Putzer kann also der Bau besenrein gefegt werden. Die Türen werden nicht beschmutzt, das bereits gestrichene Holz kommt nicht mit feuchtem Putz in Berührung und nimmt nur mehr wenig Feuchtigkeit aus der Luft auf. Um den harten Klang der Stahlzargen, besonders bei hohlgesperrten Türblättern, zu dämpfen, legt man Gummiwülste in die Türfälze ein.

Bei dicken Innenwänden werden Zargen, deren Breite der Wanddicke entspricht, unwirtschaftlich. Man verwendet deshalb stählerne Eckzargen bzw. hölzerne Sparzargen oder mauert einen Anschlag und setzt die Türen mit Blendrahmen wie Fenster ein.

Für Außentüren mauert man meistens einen Anschlag, stellt Betonzargen auf oder führt die Umrahmung in Naturstein bzw. Kunststein aus. Die Tür wird dann mit Blendrahmen eingesetzt.

Außentüren und Tore wurden schon in den historischen Stilepochen durchweg als Schmuckstücke der Gebäude ausgebildet. Nicht nur den Türblättern ließ man diese bevorzugte Behandlung angedeihen, sondern auch den Tür- und Toreinfassungen, die nach Möglichkeit in Werkstein ausgebildet wurden. Soweit es sich um die formale stilgebundene Gestaltung dieser Bauteile handelt, steht uns ihre Nachahmung nicht mehr an. Anders verhält es sich

SCHIEBETÜREN IN MAUERSCHLITZEN (TASCHEN) LAUFEND
BEI EINER 1 STEIN DICKEN WAND

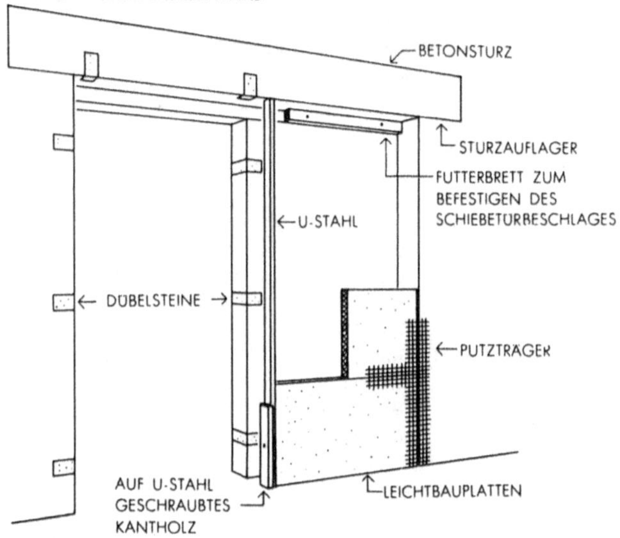

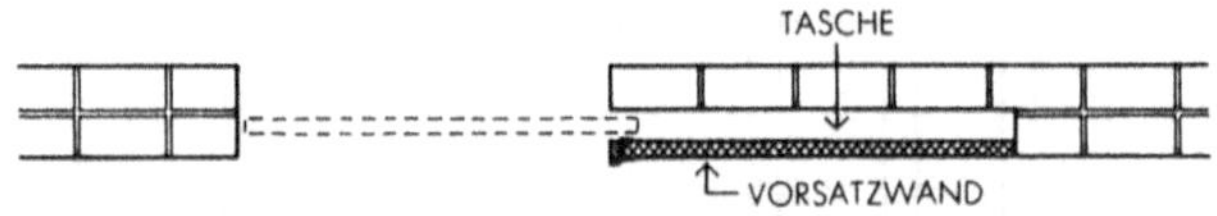

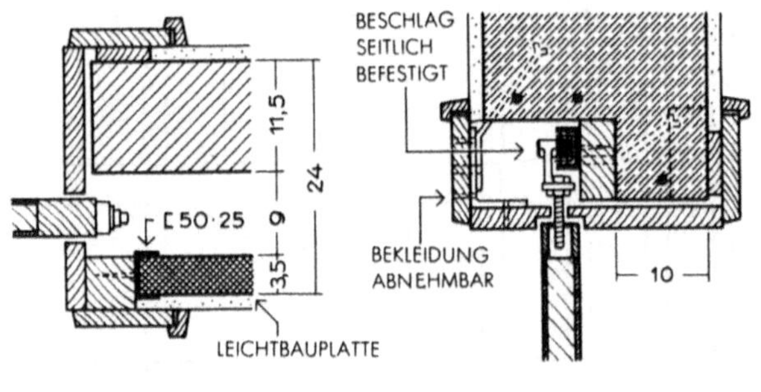

STAHLZARGEN

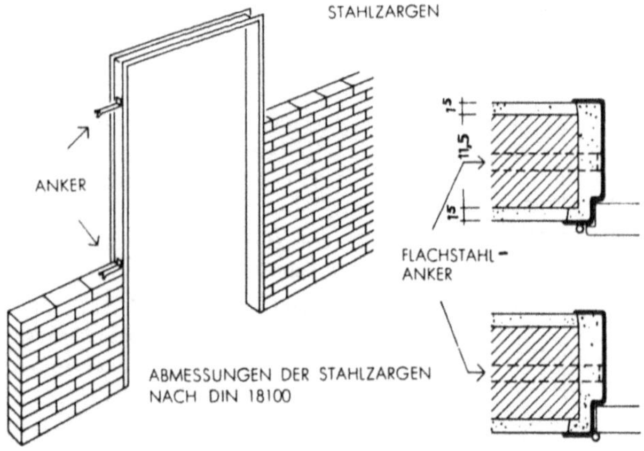

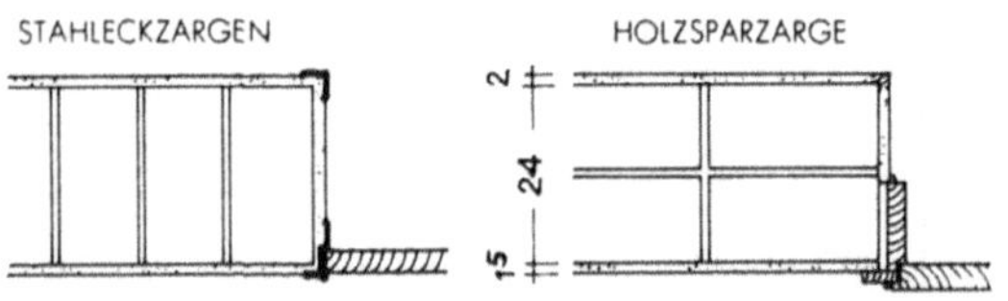

BLENDRAHMEN MIT ANSCHLAG ODER OHNE ANSCHLAG

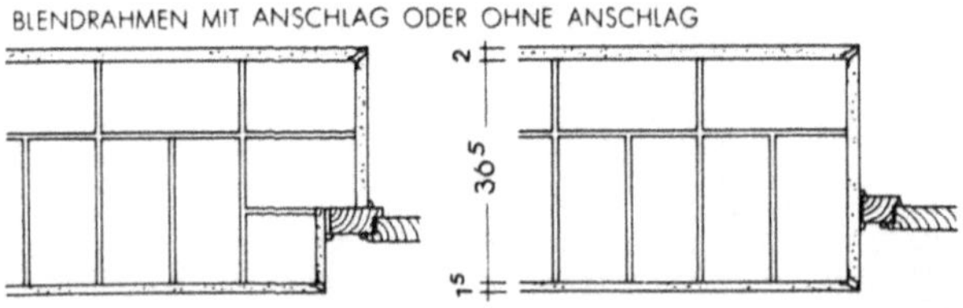

FALTTÜREN

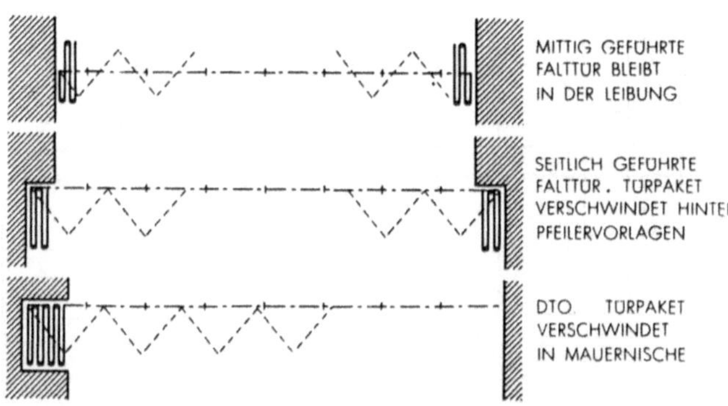

jedoch um die sachlichen Hintergründe. Heute wie damals ist es zweckmäßig, die Leibungen so tief zu machen, wie es die jeweilige Mauerdicke erlaubt, um Türen und Tore vor der Witterung zu schützen. Durch die kräftige Reliefwirkung wird gleichzeitig der Eingang betont.
Zur Trennung von Innenräumen, vor allem bei Küchen, verwendet man auch oft Schiebetüren, die gegenüber Drehflügeltüren den Vorteil haben, daß sie beim Öffnen keinen Raum beanspruchen. Vor der Wand laufende Schiebetüren sind meistens nur zweckbedingt. Sie werden bei beschränkten Raumverhältnissen in Nebenräumen ausgeführt.
Schiebetüren, die in Mauerschlitze, sogenannte Taschen, geschoben werden, erfordern entsprechende Wanddicken.
Beim Hochmauern der Wände bleibt eine Seite der Tasche zunächst offen; die andere Seite wird 1/2 Stein dick gemauert. Der Türsturz spannt sich nicht nur über die lichte Türweite, sondern auch über die auf einer bzw. zwei Seiten angeordneten Taschen. Der Rollenbeschlag wird in der Regel an dem Teil des Sturzes seitlich befestigt, der über der 1/2 Stein dicken Wand liegt. Erst dann schließt man die Tasche durch eine Leichtbauwand (Vorsatzwand). Die äußere Sicherung der Tragschiene mittels „Schuhen" hat den Vorteil, daß der Beschlag, ohne daß man die Vorsatzwand aufbrechen muß, wieder abgenommen werden kann. Die Tasche soll so tief sein, daß der Zwischenraum zwischen eingeschobener Tür und Mauerwerk noch die Anbringung der Arretierung erlaubt. Die Breite richtet sich nach der Anzahl der Flügel, die in die Tasche eingeschoben werden sollen. Es ist darauf zu achten, daß die einzelnen Flügel untereinander und gegenüber den Wänden noch genügend Spielraum haben, um ungehindert gleiten zu können.

BEI EINER 1/2 STEIN DICKEN WAND

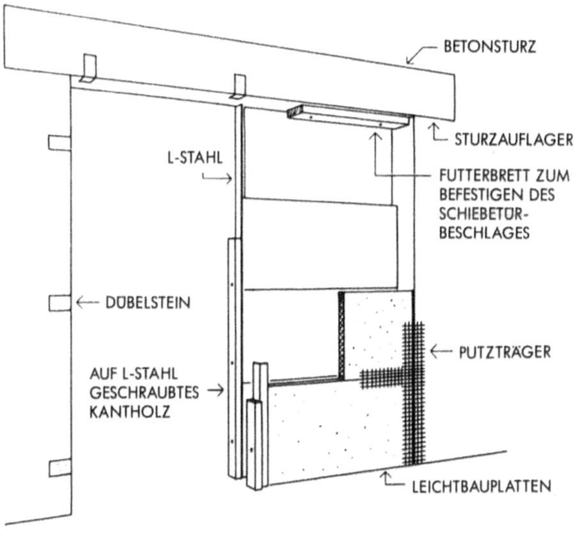

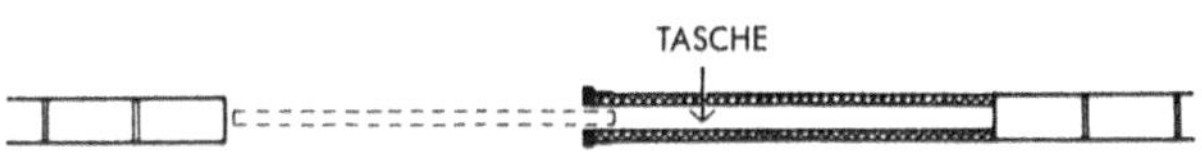

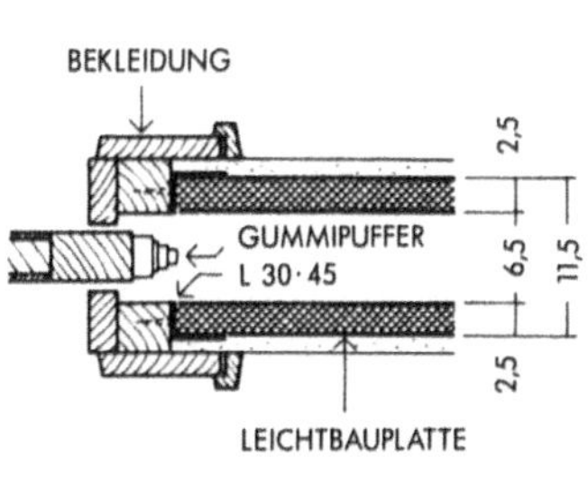

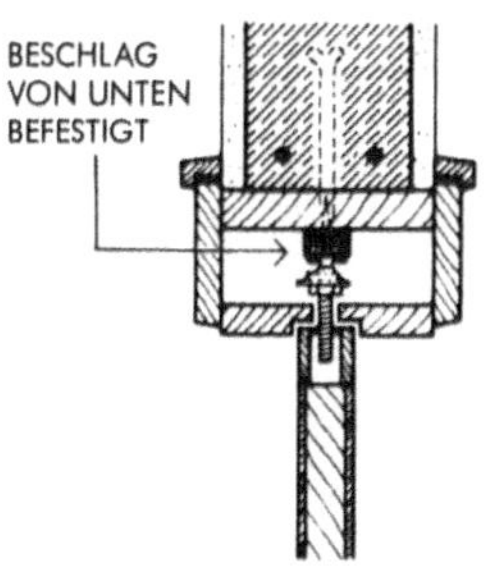

An Wanddicke kann gespart werden, wenn man die Wände der Taschen nicht mauert, sondern mit Holz oder dünnen Platten verkleidet. Der Rollenbeschlag wird dann unter dem Sturz, der sich über Türöffnung und Taschen spannt, befestigt.
Falttüren, eine Abart der Schiebetüren, verwendet man hauptsächlich zur Unterteilung großer Räume wie Festsäle, Restaurants usw. Sie schieben sich nicht in Mauertaschen wie Schiebetüren, sondern werden zusammengefaltet. Die einzelnen Teile legen sich dabei aufeinander und bilden sogenannte „Flügelpakete", die am besten in Mauernischen untergebracht werden.
Zum Überspannen der weiten Türöffnungen kommen Stahlbeton- oder Stahlträger in Frage. Die Anbringung der Beschläge an den Stürzen muß schon im Rohbau berücksichtigt werden.

Überdecken der Wandöffnungen

Maueröffnungen können durch Bögen oder Balken überdeckt werden. Die alten Bogenkonstruktionen wurden durch Stahlbetonstürze und Stahlträger verdrängt, die eine Verringerung der Konstruktionshöhe gestatten und wirtschaftlicher sind.
Da sich nun das Spektrum der Bauaufgaben um die Bereiche der Sanierung und Baupflege erweitert hat, ist es wieder wichtig geworden, sich über Form, Konstruktion und Tragkraft der alten Bogenkonstruktionen im klaren zu sein.

Bögen

Ein Bogen setzt die aufgenommenen Lasten an den Widerlagern als schräg gerichtete Auflagerkräfte ab. Innerhalb des Bogens treten nur Druckkräfte auf. Die statisch günstigste Form haben Bögen, die der Stützlinie (Parabel) folgen. Je flacher ein Bogen, um so größer die Schubkraft auf die Widerlager. Die Stärke der Widerlagsmauern muß also mit zunehmender Flachheit des Bogens wachsen. Sie kann vermindert werden durch große Auflasten oder Erhöhung des Eigengewichts der Widerlagsmauer (Verwendung schwerer Steine) und durch Verminderung der Schubkräfte (Verwendung möglichst leichter Wölbesteine).

Scheitrechter Bogen

Der scheitrechte Bogen besitzt keine große Tragkraft. Mit dieser Sturzform können daher nur Maueröffnungen bis etwa 1,50 m Lichtweite überdeckt werden. Bei genügender Konstruktionshöhe und keiner oder nur geringer Auflast über dem Bogen kann man noch Öffnungen bis etwa 2,00 m überspannen.
Der scheitrechte Bogen wird, wie die anderen Bogenformen, über einer „Lehre" gemauert und soll einen Stich von 1% seiner Stützweite erhalten, da sich gemauerte Stürze nach dem Ausschalen (frühestens 1 Woche nach der Herstellung) durch die Einwirkung der Auflast setzen. Als Stich bezeichnet man den Höhenunterschied vom Kämpfer zum Scheitel. Dieser Bogenstich wird durch ein entsprechendes Sandbett oder ein gewölbtes Brett gebildet. Alle Bögen werden von den Widerlagern zur Mitte hin gemauert. Auf den Scheitel muß der sogenannte Schlußstein treffen, der den Bogen verspannt. Die Zahl der benötigten Wölbesteine ist darum stets ungerade. Der Bogenrücken soll mit einer Lagerfuge des Mauerwerks zusammenfallen, der Kämpferpunkt dagegen nicht auf eine Lagerfuge des Widerlagers treffen, weil sonst ein spitzer, wenig tragfähiger Widerlagsstein entsteht.
Bei unverputzt bleibenden Bauten ist die sorgfältige Ausführung der Bögen durch eine genaue Steineinteilung auf dem Lehrdiel und durch radiales Mauern nach der im Bogenmittelpunkt befestigten Schnur unerläßlich. Je kleiner der Radius und je größer die Konstruktionshöhe des Bogens ist, um so keilförmiger

SCHEITRECHTER BOGEN

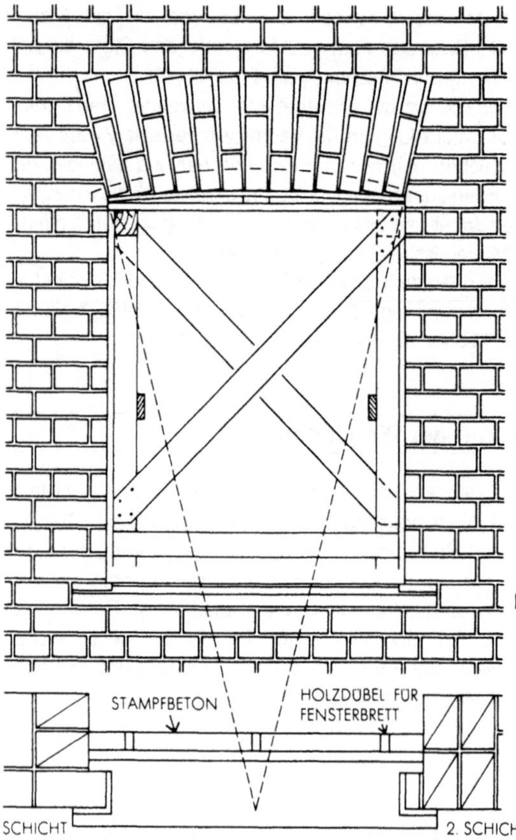

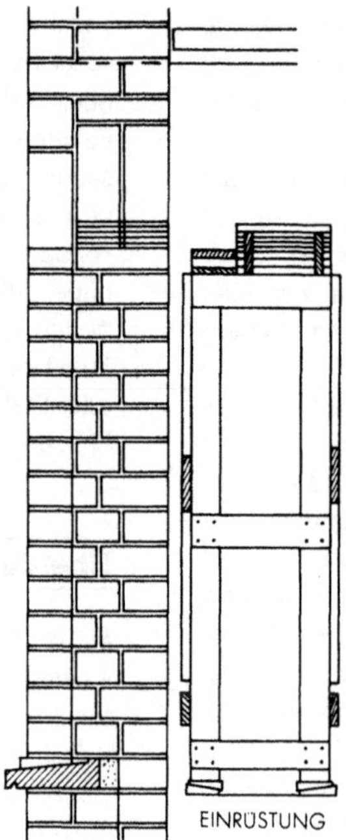

VERTIKALSCHICHT

SEGMENTBOGEN

BÖGEN OHNE ANSCHLAG

BÖGEN MIT ANSCHLAG

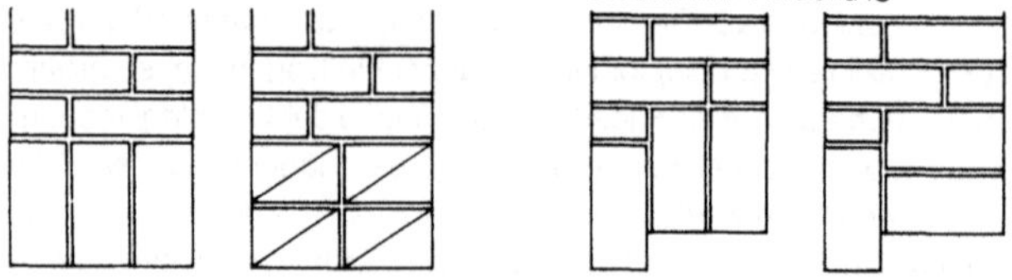

RUNDBÖGEN

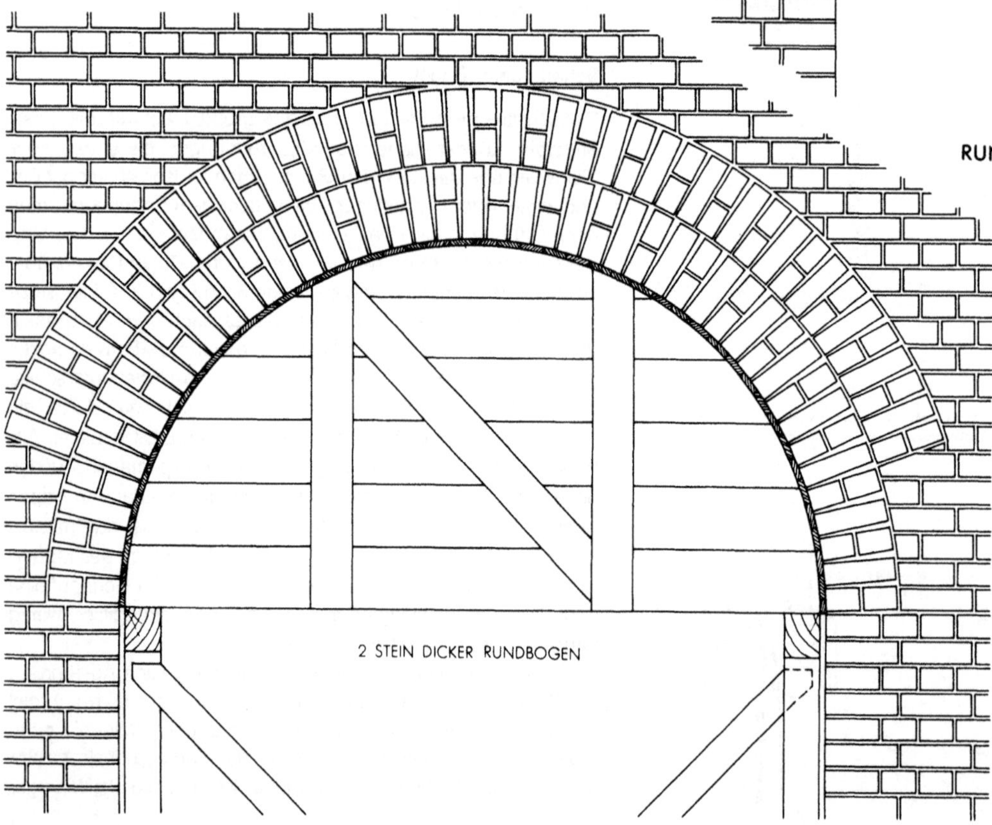

1 STEIN DICKER RUNDBOGEN
MIT AUSGEKRAGTEN WIDERLAGERN

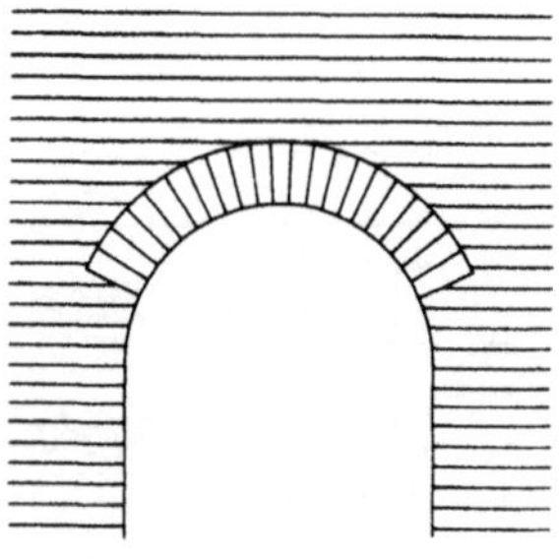

werden die Fugen. Sie sollen am Bogenrücken höchstens 2 cm und an der Leibung mindestens 0,5 cm dick sein.
Die Bogenstärke muß jeweils durch eine statische Untersuchung ermittelt werden, wenn keine Erfahrungswerte vorhanden sind.
Als Faustregel für die Bogenstärke gilt:

für Öffnungsweiten bis 0,80 m = 1 Stein
für Öffnungsweiten bis 1,20 m = $1\,^1/_2$ Stein

Bögen werden stets so gemauert, daß die Fugen nebeneinanderliegender Schichten nicht aufeinanderfallen, sondern sich kreuzen.
Bögen mit Anschlägen für Fenster oder Türen mauert man aus zwei hintereinanderliegenden Teilen. Den rückwärtigen Teil, der dabei die Deckenlast zu tragen hat, bildet man in einer tragfähigeren Sturzform, dem Segmentbogen, aus. Über dem Bogen müssen als Druckausgleich für aufzunehmende Einzellasten, z. B. Deckenbalken, noch mindestens zwei Schichten horizontal gemauert werden. Diese Art der Sturzausbildung erreicht dadurch eine meist unerwünschte Höhe.

Segmentbogen

Reicht die Tragkraft des scheitrechten Bogens nicht aus, so kann man segmentförmige Bögen mit kleinerer oder größerer Stichhöhe anordnen. Für Stützweiten unter 2 m mit geringer Auflast genügt ein flaches Segment, während Stützweiten bis 3 m eine größere Stichhöhe verlangen. Die Stichhöhe wird mit $^1/_6$ bis $^1/_{12}$ der Stützweite angenommen. Die Konstruktionshöhe hängt von der Stützweite, der Höhe des Stiches sowie der Auflast ab und muß durch eine statische Berechnung ermittelt werden, wenn keine Erfahrungswerte vorliegen. Je größer die Stützweite des Bogens, um so größer die erforderliche Konstruktionshöhe. Bis zu einer Stützweite von 1,75 m wird der Bogen im allgemeinen 1 bis $1\,^1/_2$ Stein stark ausgeführt; bis 3 m 2 Stein stark.
Würden bei Bögen mit kleinem Radius bzw. großen Stichhöhen die Fugen zu keilförmig, so verwendet man keilförmige Formsteine oder mauert mehrere übereinander gelagerte Bögen. Diese besitzen zusammen allerdings nicht die Tragfähigkeit eines einheitlichen Bogens. Wenn die oberen Bögen mehr Steine und Fugen als die unteren besitzen, kann es zum Schwinden des Mauerwerks, beim Ausschalen oder später zu ungleichen Setzungen kommen, so daß am Ende nur einer der Bögen trägt. Es ist deshalb zweckmäßig, nur den inneren bis zum Kämpfer zu führen und die folgenden äußeren alle mit gleicher Fugenzahl zu mauern.

Rundbogen

Zur Überdeckung weiter Maueröffnungen mit großen Auflasten wählt man die Form des vollen Rundbogens. Das Widerlager wird meistens ausgekragt, so daß der Kämpfer höher als der Bogenmittelpunkt zu liegen kommt. Die Bogenstärke ist durch statische Berechnung zu ermitteln. Erfahrungswerte sind:

bis 1,75 m Stützweite	1	Stein stark
1,75–3,00 m Stützweite	$1\,^1/_2$	Stein stark
3,00–6,00 m Stützweite	2	Stein stark

Mehrere übereinanderliegende Bögen sind wie beim Segmentbogen mit gleicher Fugenzahl zu mauern.

Balken

Der Balken setzt die aufgenommenen Lasten in senkrechten Drücken auf die Auflager ab. Über die Lastannahmen ist in DIN 1053 folgendes ausgesagt:
7.1 Lastannahmen
Bei Hoch- und Ingenieurbauten gilt DIN 1055, soweit bei Ingenieurbauten für die Verkehrslasten nicht Sondervorschriften maßgebend sind (z. B. für Kranlasten DIN 120) oder besondere Lasten berücksichtigt werden müssen. Bezüglich der Aufnahme der Windkräfte siehe Abschnitt 2.
7.11 Bei Sturz- oder Abfangeträgern unter Wänden braucht als Belastung nur das Gewicht des Teils der Wände eingesetzt zu werden, der durch ein gleichseitiges Dreieck über dem Träger umschlossen wird (s. Bild).
Gleichmäßig verteilte Deckenlasten oberhalb des Belastungsdreiecks bleiben bei der Bemessung der Träger unberücksichtigt. Deckenlasten, die innerhalb des Belastungsdreiecks als gleichmäßig verteilte Belastung auf das Mauerwerk wirken, (z. B. Dekkenplatten und Balkendecken mit Ballkenabständen ≦ 1,25 m), sind nur auf der Strecke, in der sie innerhalb des Dreiecks liegen, einzusetzen (s. Bild).

STURZ- ODER ABFANGTRÄGER UNTER WÄNDEN

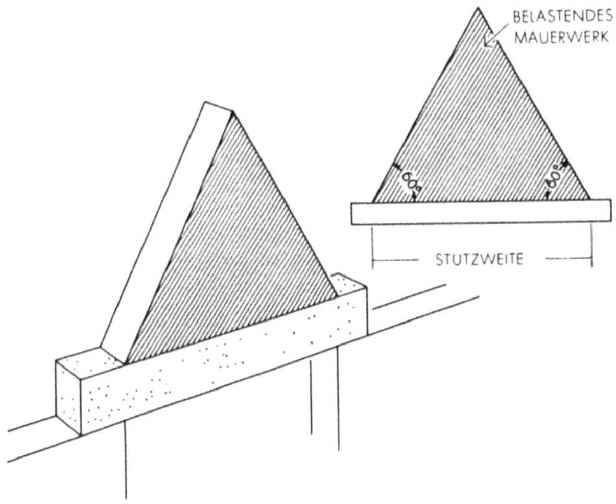

GLEICHMÄSSIG VERTEILTE DECKENLAST INNERHALB DES BELASTUNGSDREIECKS

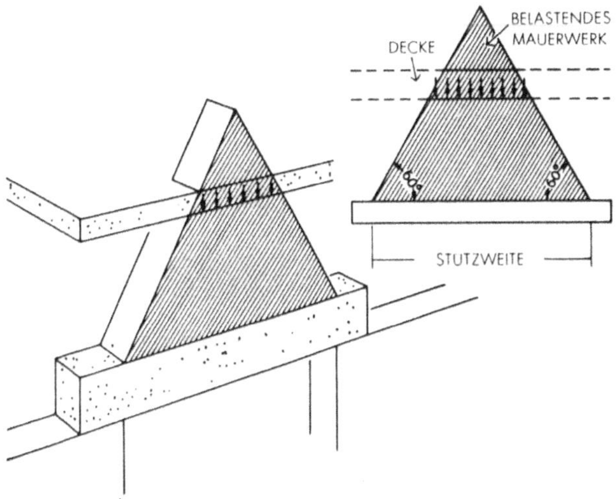

Für Einzellasten, z. B. von Unterzügen, die innerhalb oder in der Nähe des Belastungsdreiecks liegen, darf eine Lastverteilung von 60° angenommen werden (s. die Abbildungen). Liegen Einzellasten außerhalb des Belastungsdreiecks, so brauchen sie nur berücksichtigt zu werden, wenn sie noch innerhalb der Stützweite des Trägers und unterhalb einer Waagerechten angreifen, die 25 cm über der Dreieckspitze liegt.
Solchen Einzellasten ist das Gewicht des im Bild waagerecht schraffierten Mauerwerks zuzuschlagen.

EINZELLASTEN INNERHALB ODER IN DER NÄHE DES BELASTUNGSDREIECKS

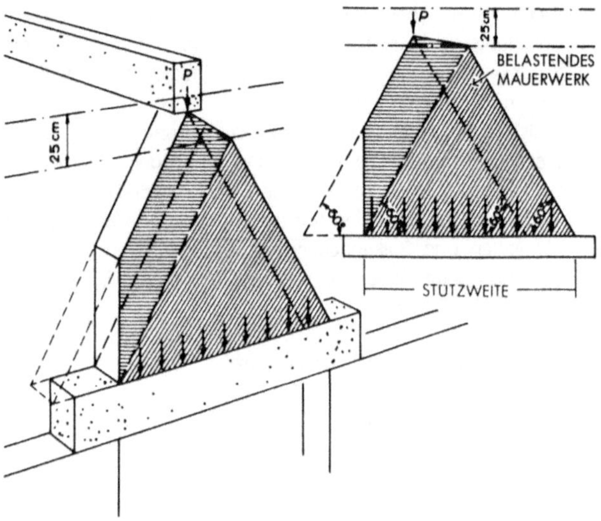

SCHALUNG UND BEWEHRUNG EINES STAHLBETONSTURZES

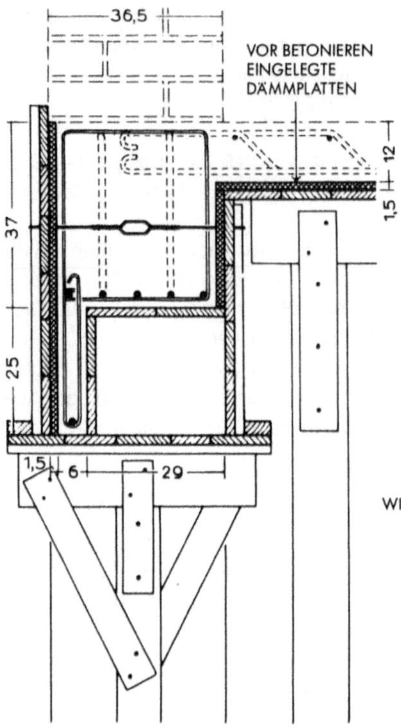

STAHLBETONSTURZ MIT RABITZSCHÜRZE

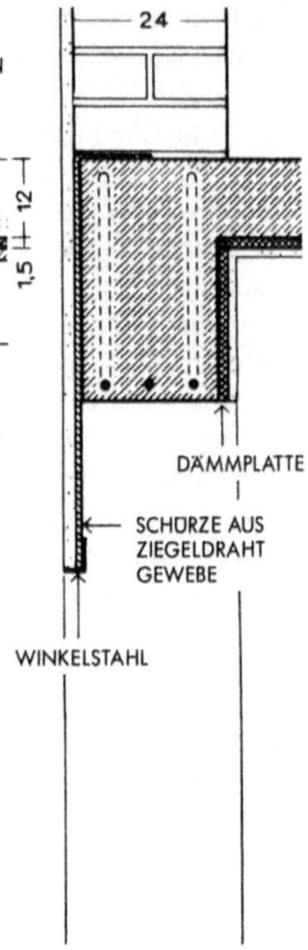

STÜRZE IN MAUERWERK AUS LEICHTBETONSTEINEN

BEWEHRTER STURZSTEIN

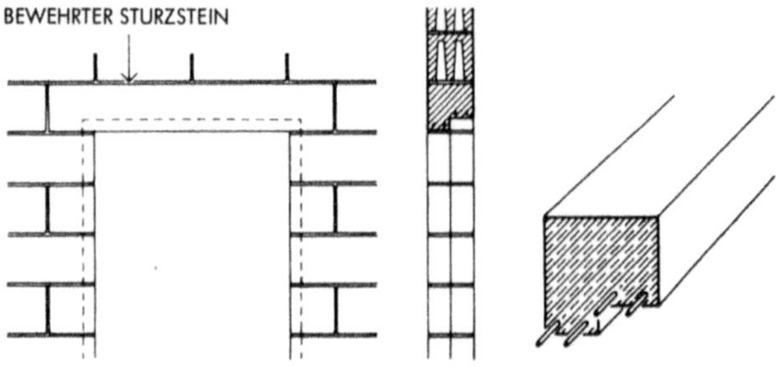

TROGFORMEN AUS LEICHTBETON

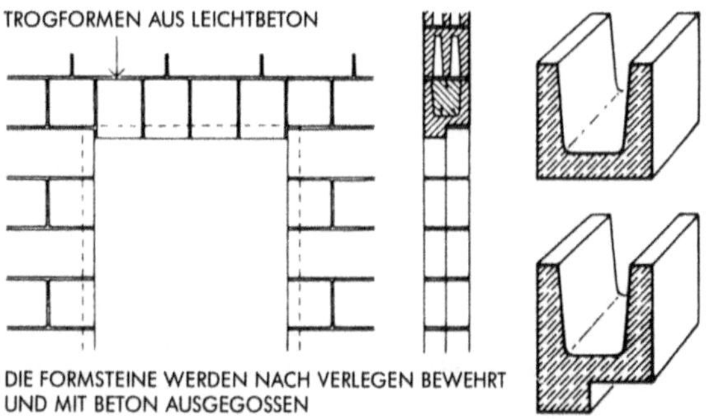

DIE FORMSTEINE WERDEN NACH VERLEGEN BEWEHRT UND MIT BETON AUSGEGOSSEN

Voraussetzung für die Anwendbarkeit des Abschnittes 7.11 ist, daß sich neben und oberhalb des Trägers und der Belastungsflächen eine Gewölbewirkung ausbilden kann, dort also keine störenden Öffnungen liegen.
Balken werden meistens in Stahlbeton örtlich hergestellt. Stürze aus Stahlträgern oder Fertigbetonbalken sind überall dort am Platze, wo auch für die Geschoßdecken Stahlträger, Holz- oder Stahlbetonbalken Verwendung finden. Werden die Decken jedoch aus Ortbeton hergestellt (Stahlbetonplatten- und Stahlbetonrippendecken), dann ist es vorteilhaft, den Sturz mitzubetonieren. Man erzielt dadurch geringere Konstruktionshöhen, weil die Decke zum Sturz hinzugerechnet werden kann.
Decke zum Sturz hinzugerechnet werden kann.

Verblendete Balken

Während bei Innenwänden eine Verblendung der Stürze nicht notwendig ist, sollten alle Balken in gemauerten Außenwänden stets verblendet werden, da volle Stahl- und Stahlbetonbalken als Wärmebrücken wirken. Sie zeichnen sich im Laufe der Zeit auf dem Außen- und Innenputz ab. Die Feuchtigkeit schlägt sich auf dem kälteren Sturz nieder, die in der Luft enthaltenen Staubteilchen setzen sich darauf ab, und allmählich bildet sich eine dunkle Fläche auf dem Wandputz oder der Tapete.
Aus diesen Gründen sollte eine dämmende Verkleidung der Stahl- oder Stahlbetonbalken nie unterbleiben.
Bei sichtbar bleibendem Außenmauerwerk verlangt zudem die Einheitlichkeit der Mauerfläche einen vorgeblendeten Sturz.
Anstelle des Stahlbetonbalkens kann man auch Fertigbetonstürze zur Abdeckung der Maueröffnungen verlegen, wenn geeignete Hebezeuge auf der Baustelle vorhanden sind.
Für Stürze im Mauerwerk aus Leichtbetonsteinen verwendet man am besten bewehrte Sturzsteine als Fertigteile aus Leichtbeton. Sie sind einfach zu versetzen und ergeben eine einheitliche Putzfläche. Bei Stahl- oder Stahlbetonstürzen werden Leichtbetonplatten vorgeblendet. Besser sind Trogformen aus Leichtbeton, die man anstelle der Holzschalung verwenden kann. Ähnliche Formsteine sind für fast alle Mauersteinarten lieferbar.

Decken

Der Begriff „Decke" hat seine sprachliche Wurzel in „Dach", da ursprünglich die Räume unmittelbar vom Dach überdeckt waren. Auch heute versteht man allgemein unter einer Decke zunächst den oberen Abschluß eines Raumes. Genaugenommen gilt dies jedoch nur noch für ausgesprochene Dachdecken; die Decken aller übrigen Geschosse haben zweifache Bedeutung. Sie bilden jeweils für das untere Geschoß die Decke und für das darüberliegende den Boden. Betrachtet man ein Geschoß als umschlossene Einheit, so ergibt sich, daß die Decken allgemein einen größeren Anteil der Raumumschließung bilden als die Umfassungswände. Schon aus dieser Überlegung ist zu erkennen, welche Bedeutung einer wirtschaftlichen und technisch guten Deckenkonstruktion zukommt. Decken sind, mit Ausnahme der Gewölbe und Schalen, horizontale Biegetragwerke und als solche an die Verwendung biegesteifer Bauglieder gebunden und nur bei geringem Eigengewicht wirtschaftlich. Die Bemessung des tragenden und aussteifenden Deckenquerschnittes kann deshalb nur statischen Gesichtspunkten folgen. Sollen Dämm- und Sperreigenschaften einer Decke höheren Anforderungen genügen, als es der tragende Querschnitt allein vermag, so muß man das Dämm- bzw. Sperrvermögen der Decke durch geeignete leichte Zusatzschichten erhöhen. Je nach ihrem vorwiegenden Aufgabenbereich unterscheidet man bei einer Decke folgende Schichten:

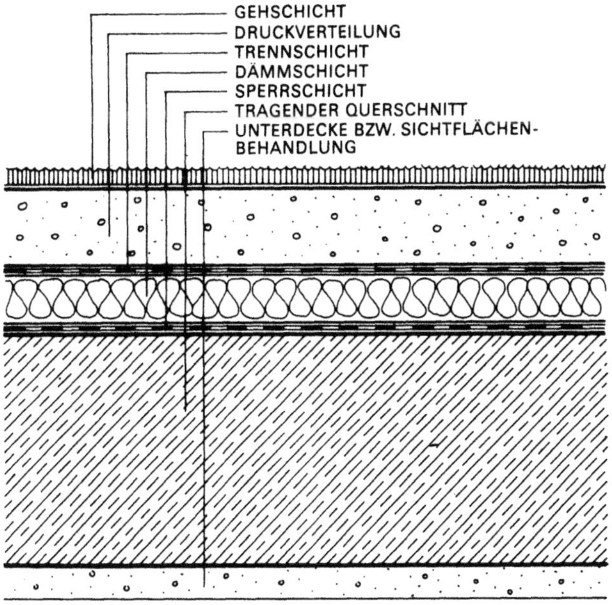

Rohdecke:	tragender und aussteifender Querschnitt
Zusatzschichten:	Gehschicht, druckverteilende Schicht, Dämmschicht, Sperrschicht, Unterdecke bzw. Untersicht als feuchtigkeitsaustauschende (oder abweisende), lichtrückwerfende, feuerhemmende oder schallschluckende Schicht.

Zahl und Aufeinanderfolge der Schichten sind je nach Zweck verschieden. Häufig kann eine Schicht mehrere Aufgaben gleichzeitig erfüllen oder andere ergänzen. Man ist bestrebt, möglichst viele der erforderlichen Eigenschaften in der Tragschicht und in der Gehschicht zu vereinen. Vom Gesichtspunkt der Schalltechnik aus stellt eine Decke eine oder mehrere Schalen dar, wobei eine Schale konstruktiv aus mehreren Schichten bestehen kann.

Anforderungen

Will man verschiedene Deckensysteme miteinander vergleichen, so muß man zunächst den Bereich ihrer Aufgaben nach Anzahl und Größe abgrenzen:
Für Produktions- und Lagerbauten der Industrie, z. B. werden häufig Decken für hohe Nutzlasten oder dynamische Beanspruchung gefordert, während ihr Schall- und Wärmeschutz keine große Rolle spielt. Dagegen können in Laboratorien, Kliniken, Büros, Theatern, Tonstudios usw. Schall- und Wärmeschutzforderungen die Konstruktion der Decken wesentlich beeinflussen.
Die Wahl einer Decke richtet sich neben ihrem Zweck und ihrer Beanspruchung vor allem nach ihrem Flächenpreis als fertige raumumschließende Scheibe, der sich aus den Kosten für die Rohdecke, die erforderlichen Dämm- und nötigenfalls Sperrschichten, die Gehschicht und die Untersicht zusammensetzt. So können besonders die zusätzlichen Dämm-Maßnahmen den Gesamtpreis einer Decke und damit auch die Auswahl der Rohdecke stark beeinflussen. Nur bei Beachtung all dieser Punkte ist ein endgültiger Vergleich der Decken nach ihrer Wirtschaftlichkeit möglich. Um jedoch einen Überblick über die konstruktiven Möglichkeiten im Massivdeckenbau zu gewinnen, ist es zweckmäßig, zunächst die Rohdecken ohne Zusatzschichten zu betrachten. Die erforderlichen Zusatzschichten lassen sich dann später leicht für verschiedene Rohdeckengruppen zusammenfassen.
Ein Vergleich der Trag- und Aussteifungsschichten bzw. -glieder der Decken, also der Rohdecken allein, muß vor allem statischen und herstellungsmäßigen Gesichtspunkten folgen. In vielen Fällen ist für die Wahl einer Rohdecke entscheidend, ob sie imstande ist, leichte Trennwände aufzunehmen, ob diese quer oder parallel zur Deckenspannrichtung angeordnet werden können, ob sie an beliebigen Stellen stehen dürfen, oder ob zur Aufnahme leichter Trennwände umfangreiche Vorkehrungen wie Auswechselungen, Verstärkungen, Streifen höherer Tragfähigkeit, zusätzliche Unterzüge usw. erforderlich werden.

Deckenarten

In der Bezeichnung der Decken ist eine Reihe von Begriffen gebräuchlich, anhand derer man nachstehende Ordnung finden kann. Man unterscheidet nach Verwendungszweck und -ort:

Innendecken

Geschoßdecken,
Wohnungstrenndecken,
Decken unter nicht ausgebauten Dachgeschossen,
Kellerdecken

Außendecken

Decken über offenen Durchfahrten,
Dachdecken (Steil- und Flachdächer),
Decken unter Terrassen bzw. unter Terrain
Tragvermögen:
Decken für übliche Verkehrslasten,
Decken für hohe Nutzlasten,
Decken, die auswechselbare Wände tragen,
Decken, die von Fahrzeugen und Maschinen erschüttert werden
Aussteifungsvermögen:
flächenstabile oder flächenlabile Deckenscheiben
Statisches System ihrer Trag- und Aussteifglieder bzw. -schichten:
Balkendecken,
Plattenbalkendecken,
Plattendecken
Baustoffe ihrer Trag- und Aussteifglieder bzw. -schichten:
Holzdecken, Massivdecken (Stein, Beton, Stahlbeton, Stahl)
Herstellungsart ihrer Trag- und Aussteifglieder bzw. -schichten:
örtlich hergestellte (betonierte, gemauerte) Decken,
Teilmontagedecken,
Vollmontagedecken
Dämmvermögen:
schalldämmende Decken (Luftschall, Trittschall, einschalige, zweischalige Decken),
wärmedämmende Decken
Sperrvermögen:
Naßdecken, Trockendecken,
feuchtigkeitsdurchlässige, -austauschende, -abweisende, -sperrende Decken.
Feuersicherheit:
feuerhemmende – feuerbeständige Decken
Gehschicht:
abnutzungsbeständig oder -unbeständig, fußkalt – fußwarm, schallhart – schallweich. Die Gehschicht wird meistens getrennt von der Decke, nur als Fußboden, betrachtet, kann aber bei der Beurteilung der gesamten Decke nicht außer acht gelassen werden, weil der Aufbau der Gehschicht das Dämmvermögen einer Decke entscheidend beeinflußt.
Untersicht:
ebene, gewölbte, gegliederte,
verputzte, verkleidete Decken
Lichtrückwurfvermögen:
stark – schwach rückwerfende Decken
Lichtdurchlässigkeit (Sonderfall):
dunkle (lichtundurchlässige) Dachdecken,
helle (lichtdurchlässige) Dachdecken, z. B. aus Glas – Stahlbeton.

Den brauchbarsten Vergleichsmaßstab für eine weitergehende Betrachtung erhält man wohl anhand der Beurteilung der Decken nach ihrer Eignung für die Belange des Wohnungsbaus, die auch auf die meisten anderen Gebäudearten übertragbar sind.
Im folgenden unterscheiden wir konstruktiv zunächst die Decken aus Holz und jene aus Stein, Stahl und Beton, zusammengefaßt unter dem Begriff „Massivdecken". Auch die modernen Deckenarten lassen sich letztlich auf den Tragmechanismus und die alten handwerklichen Erfahrungen im Bau von Holzbalkendecken und Steingewölben zurückführen.

Holzbalkendecken

Die Holzbalkendecke ist die älteste Deckenkonstruktion. Im Wohnungsbau war sie bis zu Beginn des vergangenen Krieges vorherrschend, weil sie, wenn auch keine besonders gute Schalldämmfähigkeit, so doch eine ausreichende Wärmedämmfähigkeit besitzt und in der Herstellung billig war. Den guten Eigenschaften stehen aber die Nachteile des Holzes als eines organischen Baustoffes gegenüber. Es kann von Schwamm und Fäulnis befallen werden und ist nicht feuersicher. Die in den Nachkriegsjahren ständig wachsende Bevorzugung der Massivdecken hat besonders hierin ihren Grund.
Heute beherrschen fast ausnahmslos die Massivdecken den Baumarkt, wenngleich unter den Leichtbauweisen des Montagebaues auch Decken aus Holzwerkstoffen ebenso wie Wände aus Holz zu finden sind. Doch nicht zuletzt im modernen Holzskelettbau, einem Ständerwerk aus Pfosten und Zangen, hat die Holzbalkendecke weiterhin ihre konstruktive Berechtigung, zumal die moderne Bauchemie die Anfälligkeit und besondere Gefährdung von Bauteilen aus Holz hat weiter mindern können.
Ein unveränderter Nachteil aller Holzbalkendecken ist das Fehlen einer lastverteilenden Druckplatte, so daß die Wirkung von Einzellasten nicht über mehrere Balkenfelder verteilt werden kann und die Decke leicht in Schwingung gerät. Außerdem tragen Holzbalkendecken aufgrund ihrer Struktur nur wenig zur Aussteifung des Baugefüges bei.

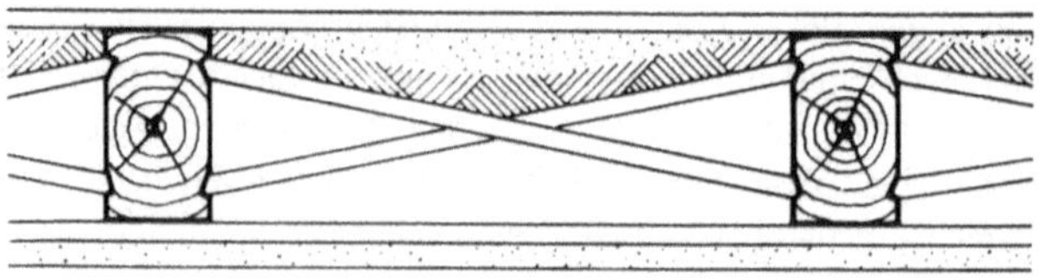

ALTE KREUZSTAKUNG

Die alte Konstruktion der „Kreuzstakung" sorgte einigermaßen für das Zusammenwirken der einzelnen Balken.

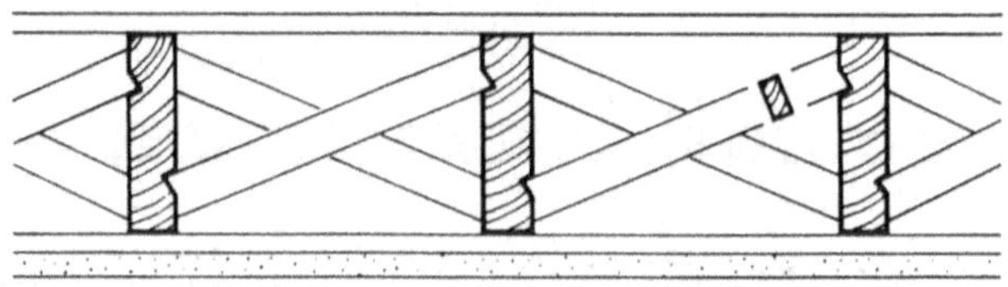

AMERIKANISCHE BOHLENDECKE

Sinngemäß dieselbe Konstruktion findet man bei modernen amerikanischen Holzskelettbauten, deren Decken aus schmalen Bohlen bestehen, die gegenseitig abgestützt sind.

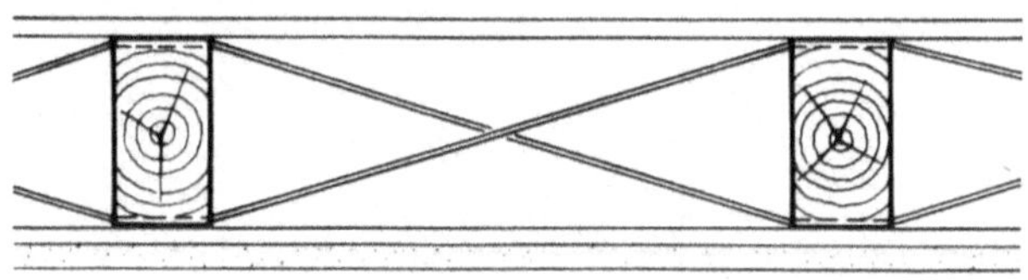

VERSPANNUNG DURCH FLACHEISENBÄNDER

Durch kreuzweise Verspannung mit Flacheisenbändern lassen sich aber bessere Resultate erzielen. Diese Maßnahme ist besonders dann notwendig, wenn die Balken etwas zu schwach gewählt sind und federn.
Der in DIN 4108, Tafel 3, für Wohnungstrenndecken geforderte Mindestwärmedämmwert $1/\Lambda = 0{,}47\ m^2\ K/W$ (im Mittel) wird von den üblichen Holzbalkendecken mit Stakung und Koksaschenfüllung im allgemeinen überschritten. Die Wärmedämmfähigkeit einer Holzbalkendecke kann man nötigenfalls noch weiter

erhöhen, wenn man als Putzträger 35 mm dicke Holzwolle-Leichtbauplatten verwendet.

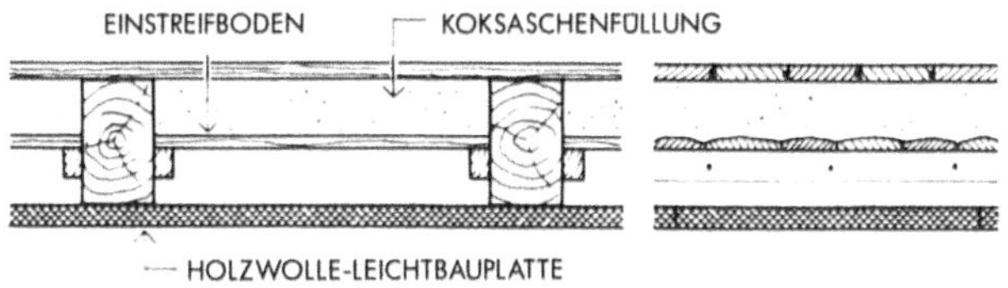

Holzwolle-Leichtbauplatte, wegen Schalldämmung aber besser „biegeweiche" Befestigung mit Abstandsleiste und Federklemme.

Die gute Schalldämmung der alten Holzbalkendecken beruhte auf ihrer schweren Ausführung. Die Schalldämmung der heute üblichen leichten Holzbalkendecke mit Lehm-, Schlacke- oder Sandfüllung genügt in der Regel nicht den schalltechnischen Mindestforderungen von DIN 4109. Die Schallübertragung erfolgt im wesentlichen Frequenzbereich hauptsächlich über die Balken. Ausfachungen der Balkenfelder werden also nur relativ geringe Verbesserungen der Schalldämmung bringen. Eine wirksame Verbesserung ergibt sich nur, wenn man entweder den Fußboden oder die Unterdecke von den Balken löst. Dies geschieht am besten durch die Anordnung von Dämmstreifen auf den Balken bzw. durch Befestigung der Unterdecke an besonderen Traghölzern.

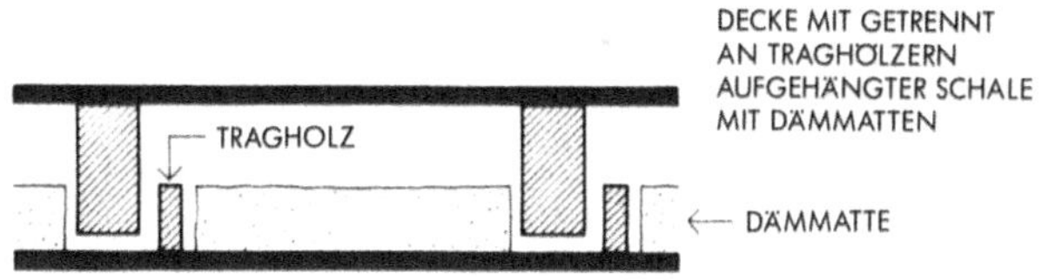

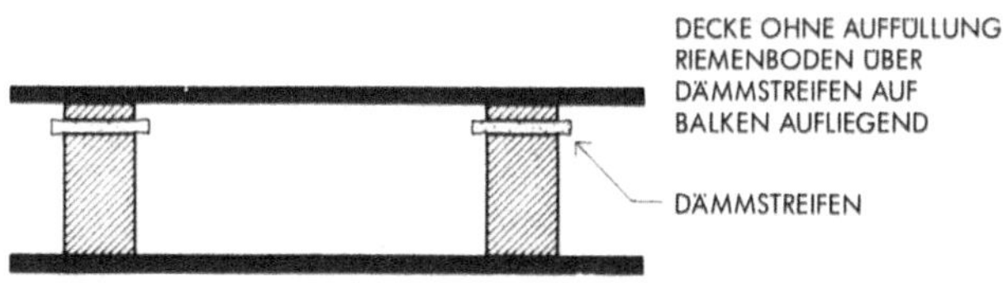

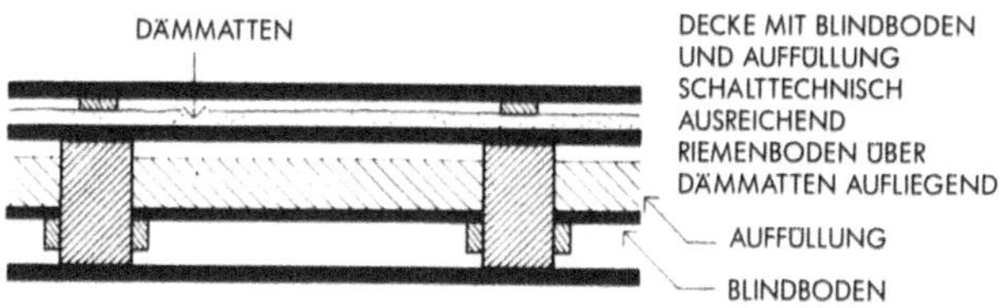

Balkenlage

Vor Ausführung der Balkenlage prüft der Zimmermann am Bau zunächst alle Maße des Grundrisses und stellt sie richtig. Auf dem Zimmerplatz wird dann aus unterfütterten Brettern ein sog. Schnürboden hergerichtet, die Wände, Schornsteine, Treppenöffnungen und dergleichen angerissen und die Balkenlage probeweise verlegt. Dann reißt der Zimmermann an allen Balken die Mauerkanten an, schneidet bzw. stemmt die Verbindungen der Hölzer und bringt die fertig abgebundene Balkenlage an den Bau. Dort werden zuerst, hart an der Brandmauer oder den Zwischenwänden, die „Streichbalken" verlegt, die gleichzeitig die Aufgabe haben, die durch mehrere Geschosse gehenden Querwände vor dem Ausknicken zu schützen. Da die Streichbalken nur die Last eines halben Balkenfeldes zu tragen haben, können sie in ihrer Breite schmaler als die Zwischenbalken gehalten werden. Unter 8 cm sollte man aber nicht gehen, um ein Werfen und Verziehen des Holzes zu vermeiden. Die Streichbalken sind wegen der Gefahr der Schwammbildung mit etwa 2,5 cm Abstand (Balkenlatte) von den Wänden zu verlegen. Den Zwischenraum stopft man am besten mit Glas- oder Steinwolle aus. Zwischen den Streichbalken werden dann die sogenannten „Haupt"- oder „Zwischenbalken" verlegt, für deren Abstände sich ein Maß von 70 bis 85 cm als statisch günstig erwiesen hat. Bei diesen Entfernungen genügen noch die üblichen Dicken der Fußbodenbretter von 22–24 mm.

Die Aussparungen für die Balkenauflager schwächen das Mauerwerk. Daher ist es ratsam, die Balkenabstände nicht zu eng zu wählen. Dies gilt besonders für die Balkenauflager in belasteten Innenwänden, deren tragender Mauerquerschnitt, z. B. durch versetzte Balkenstöße, empfindlich verringert werden kann.

Beim Einteilen und Verlegen der Deckenbalken wird immer von Bundseite zu Bundseite gemessen. Gegebenenfalls spielt auch die Deckenverkleidung für die Bemessung der Balkenabstände eine Rolle. Bei Verwendung von Dämmplatten z. B., bemißt man die Balkenabstände immer so, daß die Plattenstöße auf die Balken zu liegen kommen, so daß möglichst wenig Platten verschnitten werden müssen.

Beim Verlegen der Balkenlage ist ferner darauf zu achten, daß innerhalb eines Raumes die Balkenrichtung nicht wechselt, wenn die üblichen Langriemen- oder Schiffsböden, die quer zu den Balken liegen, verwendet werden sollen. Das gleiche gilt auch für die Unterkonstruktion der Putzdecke – die Verbretterung oder Lattung –, die zur Vermeidung von Putzrissen ebenfalls ihre Richtung innerhalb eines Raumes nicht ändern soll.

Zur Aussteifung des Wandgefüges muß die Decke zugfest mit den Umfassungswänden verankert werden. Ein Anker besteht aus einem Flacheisen mit einer geschmiedeten Öse, durch die ein Splint gesteckt wird. Nach DIN 1053 sollen die Anker im allgemeinen alle 2 m angeordnet werden. In Einzelfällen ist ein Abstand von 4 m erlaubt. Bei Wänden, die mit der Balkenlage gleichlaufen, müssen die Anker mindestens drei Balken erfassen.

Die Anker sind in vollen Wänden oder unter Fensterpfeilern anzubringen.

Um dem Holzgebälk eine lange Lebensdauer zu sichern, ist es notwendig, die Feuchtigkeit von den eingemauerten Balkenköpfen fernzuhalten, da das Hirnholz am meisten gefährdet ist. Die Balkenköpfe sind allseitig auf doppelte Auflagertiefe mit einem bewährten Holzschutzmittel zu streichen und auf eine abgeglichene, volle Ziegelschicht, die mit Pappe abgedeckt ist, zu legen. Die Balkenköpfe müssen trocken, und zwar so eingemauert werden, daß sie noch auf allen Seiten von Luft umspült sind. Ist die Vormauerung vor den Balkenköpfen, wie in den meisten Fällen, nur $^1/_2$ oder $^1/_4$ Stein dick, so muß man die Stirnseite des Balkenkopfes außer durch Anstrich zusätzlich durch eine Dämmplatte vor Schwitzwasser schützen.

Die Auflagertiefe der Deckenbalken wählt man in der Regel gleich der Balkenhöhe. Bei den üblichen Stützweiten von 4–5 m kann sie auf 20 cm, notfalls bis 15 cm beschränkt werden.

Eine gleichmäßige Aufteilung der Balken über die einzelnen Räume oder gar den ganzen Grundriß wird meistens durch Schornsteine oder Treppen unmöglich gemacht. In solchen Fällen sind sog. „Auswechslungen" erforderlich.

BALKENLAGE MIT DETAILS

(A) STREICHBALKEN

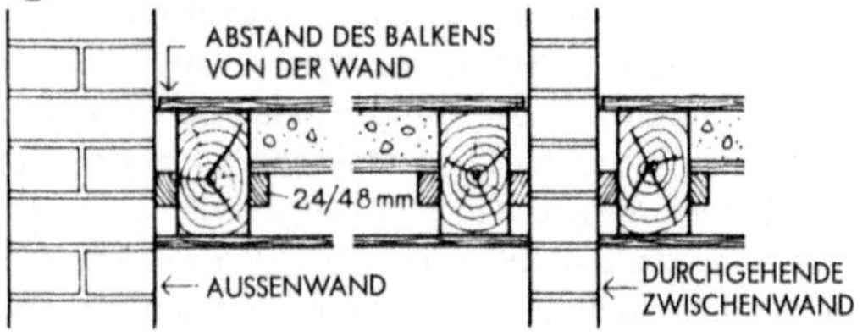

(B) MAUERANKER, BALKEN PARALLEL ZUR WAND

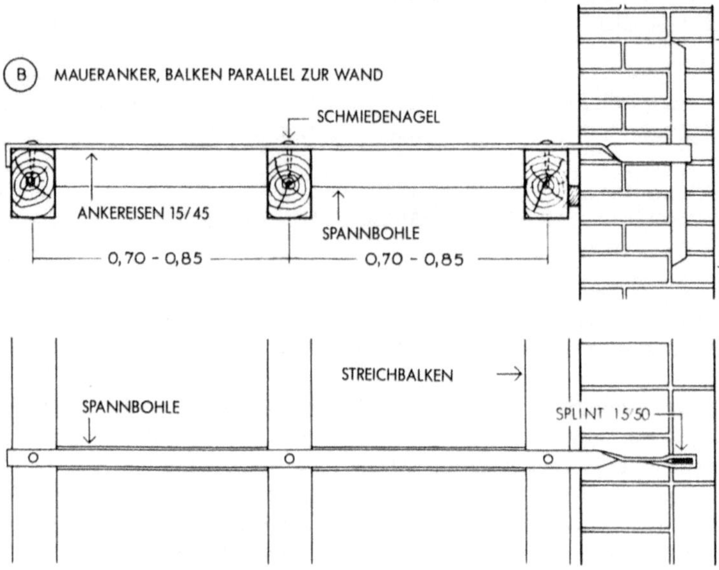

(C) KONSTRUKTION EINES UNTERZUGES

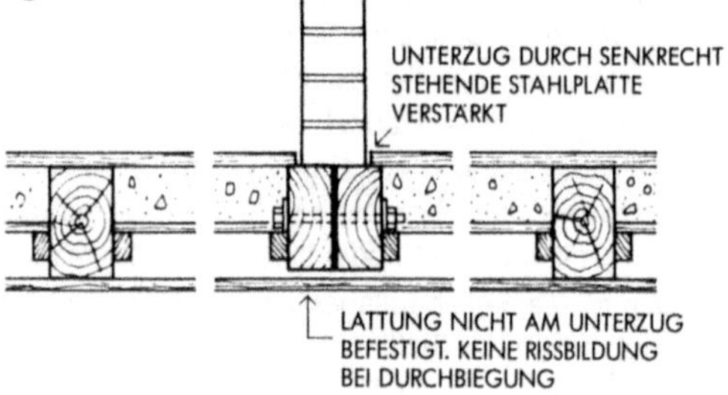

BALKENLAGE

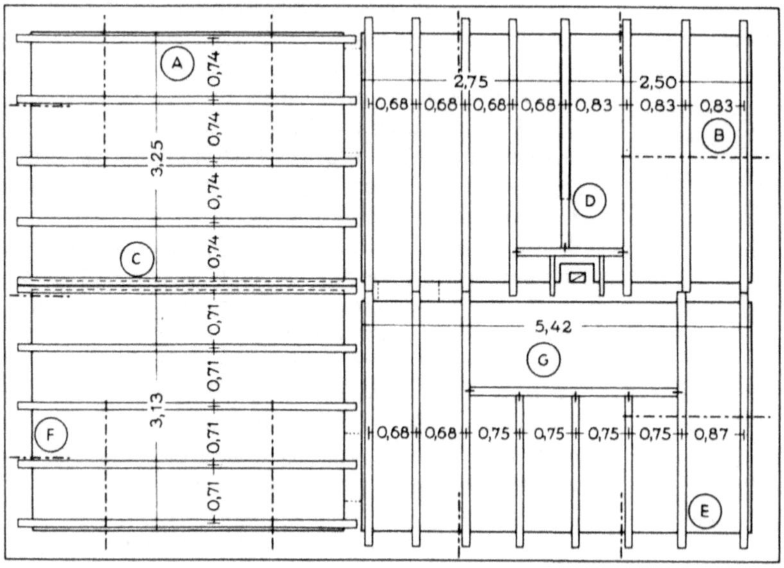

(D) BALKEN ÜBER ZWISCHENWAND

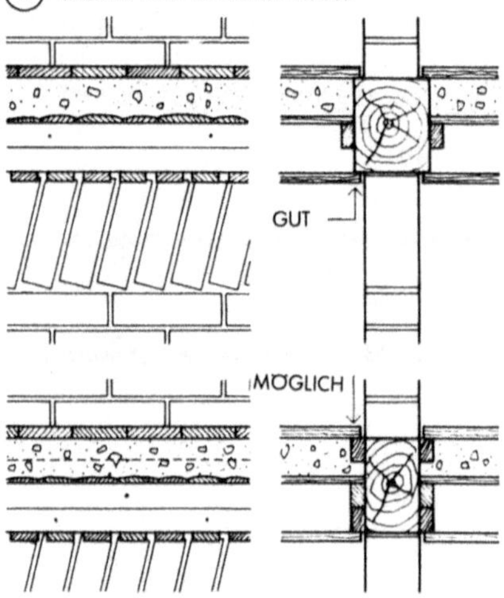

(E) BALKENAUFLAGER

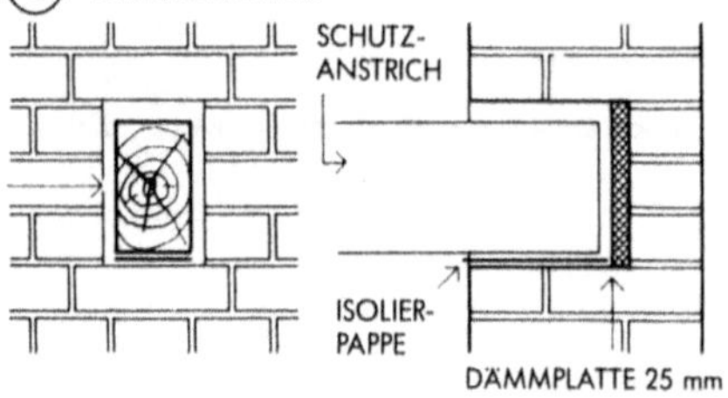

(F) MAUERANKER, BALKEN SENKRECHT ZUR WAND

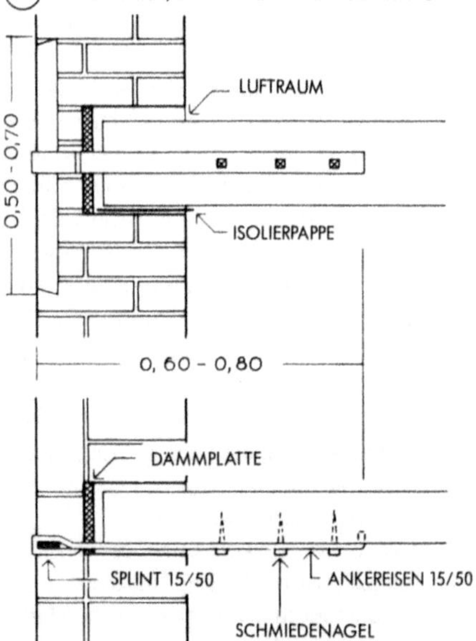

SCHORNSTEINAUSWECHSELUNG
SIEHE KAPITEL »SCHORNSTEINE«

(G) TREPPENAUSWECHSLUNG

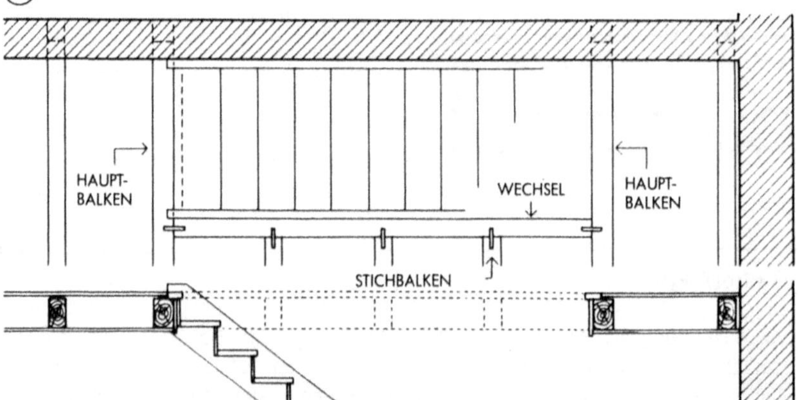

Bei Schornsteinauswechslungen ist die bauaufsichtliche Vorschrift zu beachten, daß jegliches Holzwerk mindestens 20 cm von der Innenkante der Schornsteinwange entfernt sein muß. Der Zwischenraum zwischen Schornsteinwange und Holzbalken wird ausbetoniert, besser jedoch mit Glas- oder Steinwolle ausgestopft.
Alle Balken, die mit einem Ende auf einer Mauer aufliegen, während das andere von einem „Wechselbalken" getragen wird, bezeichnet man als „Stichbalken". Verbindungshölzer zwischen zwei Wechselbalken heißen „Füllhölzer".
Wechselbalken, die von Stichbalken, großen Deckenfeldern und dgl. stark belastet werden, oder deren Querschnitt durch viele Anschlüsse geschwächt wird, sind entsprechend stärker zu bemessen. Dasselbe gilt für Balken, an die sich eine Treppe anlehnt oder aufstützt.
„Wandbalken" sind Deckenbalken, die den oberen Abschluß einer Innenwand bilden. Sie müssen, damit man die Deckenschalung einwandfrei annageln kann, die Wandflucht auf beiden Seiten um mindestens 3 cm überragen. Bei $^1/_2$ Stein dicken Wänden erfordert diese Maßnahme jedoch unwirtschaftliche Balkenbreiten. Um mit üblichen Balkenbreiten auszukommen, werden solche Wandbalken meistens mit Dachlatten seitlich aufgefüttert. Diese Lösung ist handwerklich nicht ganz einwandfrei. Innenwände sollten grundsätzlich nicht auf Deckenbalken aufgesetzt werden, da die Durchbiegung und das Schwinden der Balken leicht zur Rissebildung in der Wand führen. Besser ist es, solche Wände auf einen Stahlträger zu stellen und beiderseits Streichbalken anzuordnen.
Die Deckenbalkenlage über dem obersten Geschoß – die Dachbalkenlage – wird im Kapitel „Dächer" gezeigt.

Balkenquerschnitte

Das Eigengewicht einer fertigen Holzbalkendecke liegt zwischen 150 und 220 kg/m². Einschließlich der Nutzlast von 200 kg/m² (bei Wohnräumen) ist also mit einem Gesamtgewicht von 350–420 kg/m² zu rechnen. Daraus ergeben sich bei den üblichen Stützweiten Balkenquerschnitte, die sich nur aus ganzen Stämmen schneiden lassen. Als Holzqualität genügt im allgemeinen die Güteklasse II. Solange man die Balken mit dem Beil zurichtete, entstanden aus Gründen der Arbeitsersparnis vorwiegend quadratische Profile. Nach der Einführung der Sägegatter, welche die Verwertung der abfallenden Seitenbretter gestatteten, bevorzugte man Balkenquerschnitte mit dem statisch günstigeren Verhältnis von Breite zu Höhe, von etwa 3 : 4. In den letzten Jahren wurden häufig solche von 1 : 2 und noch schlankere empfohlen und aus ihrer Verwendung eine bedeutende Holzersparnis errechnet. Diesem Erfolg steht aber der Verbrauch stärkerer, wertvollerer Stämme gegen-

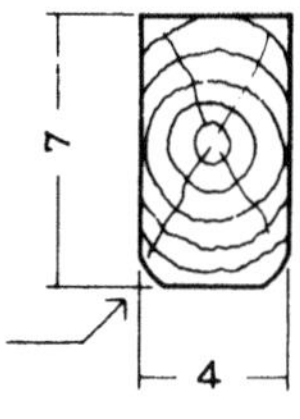

über. Geht man von der wirtschaftlichen Verwertung der Stammquerschnitte aus, so weist ein Querschnittsverhältnis von $1:\sqrt{2}=5:7$ das größte Widerstandsmoment und eines von $1:\sqrt{3}=4:7$ das größte Trägheitsmoment auf, das sich aus einem gegebenen Durchmesser schneiden läßt *(Kreß, Fonrobert)*. Beträgt die Querschnittshöhe eines Balkens weniger als $^1/_{16}$ seiner Stützweite, was fast immer zutrifft, so ist für seine Bemessung nicht mehr die Biegespannung, die vom Widerstandsmoment abhängt, sondern das Maß seiner Durchbiegung und damit das Trägheitsmoment maßgebend. Die Durchbiegung darf höchstens $^1/_{300}$ der Stützweite betragen.
Aus diesen Gründen wird man also Balkenquerschnitte bevorzugen, die etwa dem Verhältnis 4 : 7 entsprechen. Dieses Profil bringt gegenüber dem früher vielfach verwendeten Querschnittsverhältnis von 3 : 4 eine Holzersparnis von 10 bis 15%.
Im übrigen gilt DIN 104, Blatt 1, „Holzbalkendecken, Balken auf 2 Stützen. Berechnung".
Wichtig ist, daß sparsam bemessene Balken auch so verlegt werden, daß sie ihre volle Tragkraft entwickeln können. Die Randfasern eines Stammes haben eine höhere Zugfestigkeit als die Kernfasern, weil ein Baum in seiner Jugend rascher und mit breiteren, weicheren Jahresringen wächst als im zunehmenden Alter. Deshalb soll man die Balken stets so verlegen, daß die Randfasern und die Waldkante nach unten in die Zugzone zu liegen kommen. Wie Versuche ergeben haben, mindert die zulässige Waldkante der Schnittklasse II trotz der Querschnittsschwächung nicht die Tragfähigkeit eines Balkens, da die höhere Zugfestigkeit der Randfasern ausgleichend wirkt. Starke und zahlreiche Äste schwächen aber die Zugfestigkeit des Holzes beträchtlich. Man verlegt darum Balken mit diesen Fehlern möglichst so, daß die Äste oben in der Druckzone liegen. Ein Balken, der sich verzogen hat, wird mit seiner gewölbten Seite nach oben verlegt, so daß seine Wölbung der Durchbiegung entgegenwirkt.
Der nach dem vergangenen Kriege herrschende Holzmangel führte zur Entwicklung zahlreicher holzsparender Balkenquerschnitte (T- und Hohlbalken), die sich aber nicht durchsetzten.

Zwischendecke

Die Ausführung der Zwischendecke ist entscheidend für die Wärmedämmfähigkeit der Holzbalkendecke. Für die Schalldämmung ist sie in der heute üblichen Ausführung jedoch nur von geringer Bedeutung.
Die Zwischendecke bestand früher aus sog. Staken, die mit Strohlehm umwickelt waren und fast die ganze Balkenhöhe einnahmen. Auf den Lehmschlag kam nach dem Austrocknen noch eine etwa 3 cm dicke, trockene Sandschicht als sattes Auflager für den Fußboden. Diese sog. Wickelböden besaßen gute Dämmfähigkeiten, hatten aber ein hohes Gewicht und erforderten unwirtschaftliche Balkenquerschnitte.
Heute wird allenfalls noch die wesentlich leichtere und darum besonders schalltechnisch schlechtere „Einschubdecke" ausgeführt. Als Streifboden verwendet man Schwarten, die in die Balkenfelder auf seitlich an die Deckenbalken angenagelte Dachlatten gelegt werden. Sie erhalten eine 5–8 cm dicke Lehm- oder Schlackenbetonfüllung oder besser eine trockene Koksaschenfüllung; Lehm- und Schlackenbetonfüllung bringen unerwünschte Feuchtigkeit in die Decke. Dämmplatten, die anstelle von Schwarten in die Balkenfelder gelegt werden, ergeben eine trockene Zwischendecke und verkürzen damit die Bauzeit.

Unterdecke

Die Putzdecke, die in der Renaissance entstand, stellte auf einer Holzbalkendecke immer einen Fremdkörper dar. Sie verbessert aber die Wärme- und Schalldämmung sowie die Feuersicherheit der Decke und trägt durch ihr Lichtrückwurfvermögen zur besseren Raumausleuchtung bei. Bei ihrer Konstruktion galt es vor allem, die starre, unelastische Putzscheibe von der Balkenlage zu lösen, um Putzrisse, die durch das Arbeiten der Holzbalken leicht entstehen, zu vermeiden. Je weniger Berührungspunkte zwischen

ALTE HOLZBALKENDECKEN

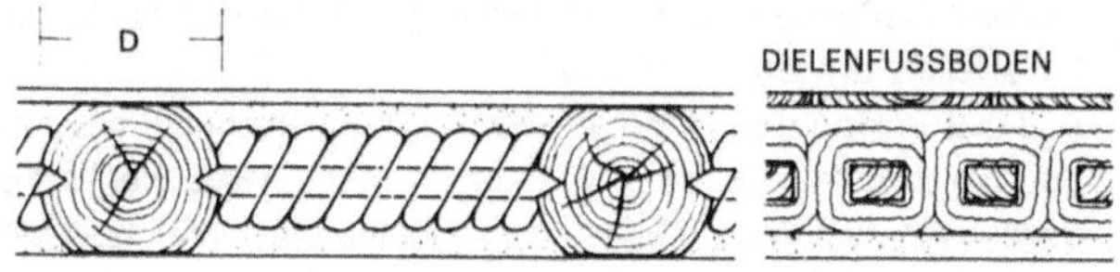

ALTE DECKE, AUFLAGER UND SICHTFLÄCHE VOM STAMMHOLZ ABGEBEILT, DECKENFELDER MIT BALKEN BÜNDIG GEPUTZT

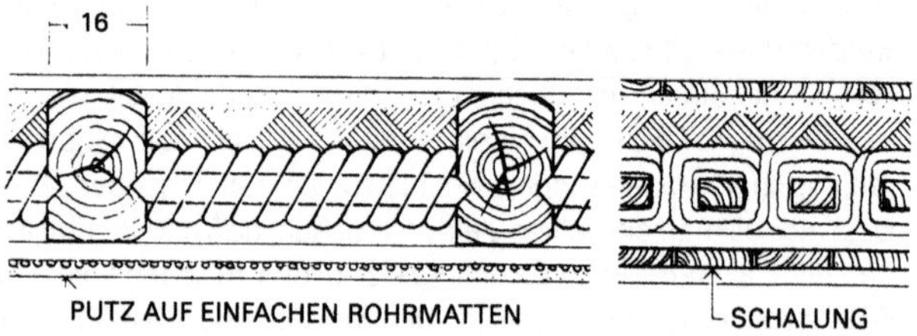

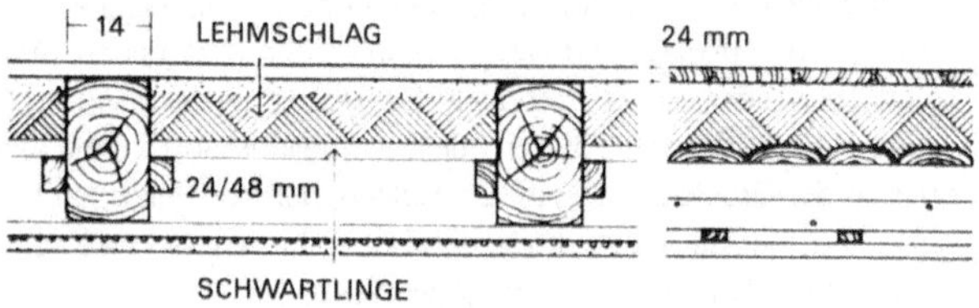

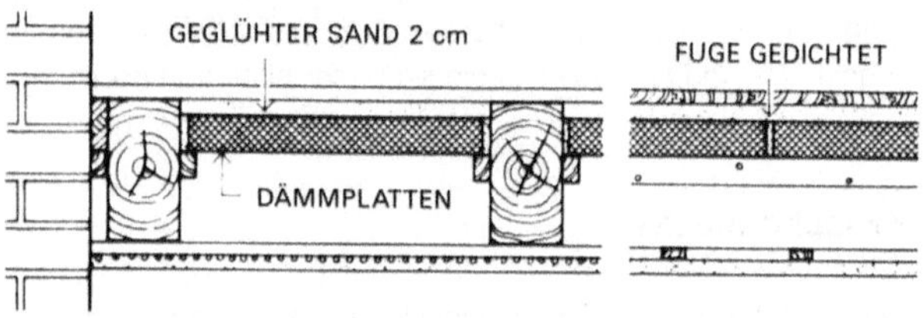

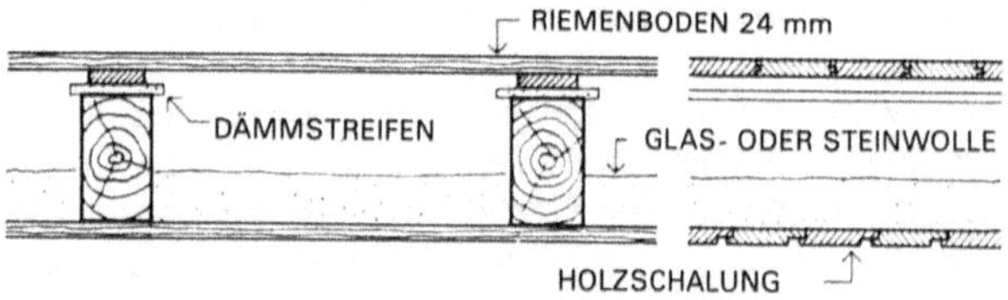

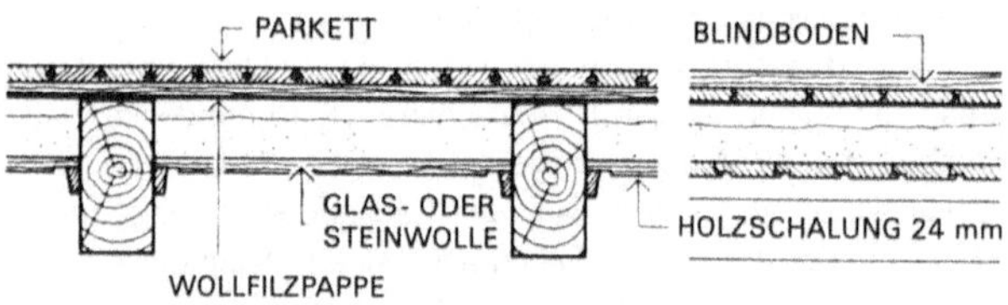

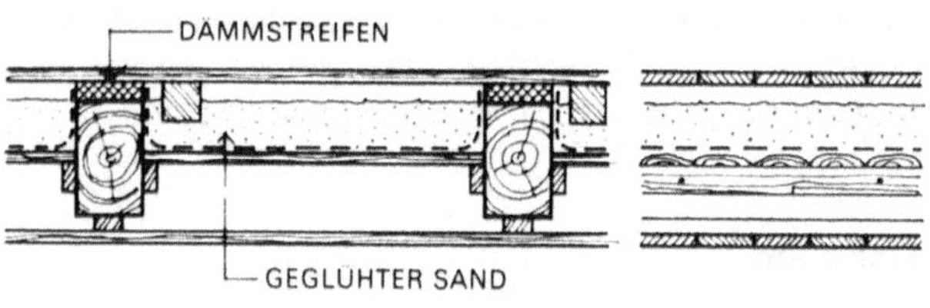

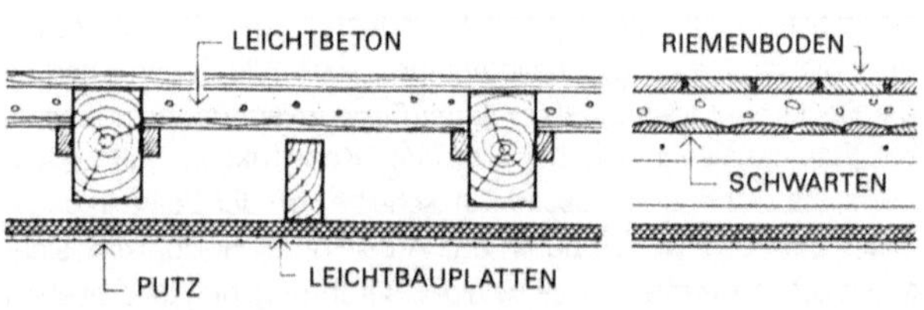

Putzschale und Balkenlage bestehen, um so rissefreier wird eine Putzdecke bleiben. Dies verbessert zugleich die Schalldämmung. Bei Holzbalkendecken ist es deshalb am günstigsten, wenn man auf die Balkenunterseite längslaufende Lättchen von 10 × 20 mm Querschnitt nagelt und quer zu diesen in Abständen von 25 cm Dachlatten von 24 × 48 mm. Gleichlaufend zu den Deckenbalken wird dann der Putzträger befestigt. Die Befestigung der Putzträger auf der Lattung und die Überdeckung ihrer Stöße sind sorgfältig auszuführen. Eine mit Sicherheit rissefreie Putzdecke erhält man nur, wenn eine Rabitzdecke ohne unmittelbare Berührung mit den Deckenbalken an diesen aufgehängt wird.

Heute jedoch werden Unterdecken in der Regel nicht mehr als Putzdecken, sondern in Trockenbauweisen mit Gipskarton- oder Spanplatten, Holzverschalung o. ä. hergestellt.

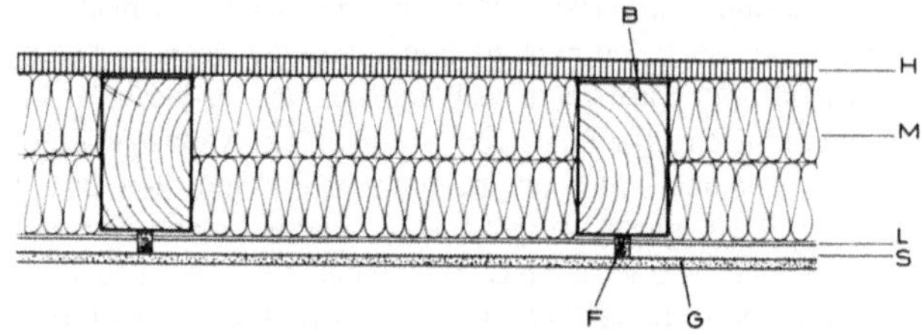

25 mm Holzspanplatten H (oder Holzbohlen); Holzbalken B; 200 mm Mineralwolle M; Querleisten L mit Federbügeln F befestigt; 12,5 mm Gipskartonplatten G, darauf 20 mm Sand S; geeignet für Einfamilienhaus.

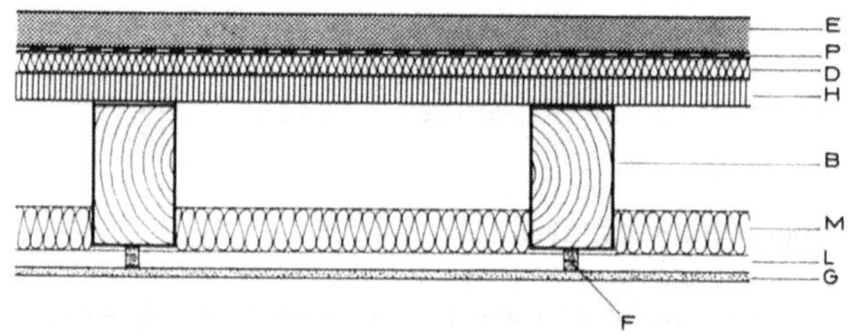

50 mm Zementestrich E; Dachpappe P; 30/25 mm Mineralfaserplatten D; 38 mm Holzspanplatten H; Holzbalken B; 60 mm Mineralwolle M; Querleisten L; 12,5 mm Gipskartonplatten G; Querleisten L über Federbügel F befestigt; gut geeignet als Wohnungstrenndecke.

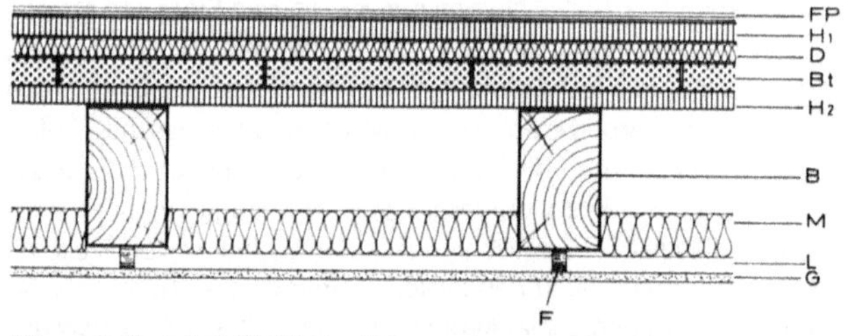

10 mm Fertigparkett FP; 25 mm Holzspanplatten H_1; 30/25 mm Mineralfaserplatten D; 40 mm Betonplatten, Bt, lose auf 3 mm Filz Fi verlegt; 38 mm Holzspanplatten H_2; Holzbalken B; 60 mm Mineralwolle M; Querleisten L über Federbügel F befestigt; 12,5 mm Gipskartonplatten G; hochschalldämmende Wohnungstrenndecke.

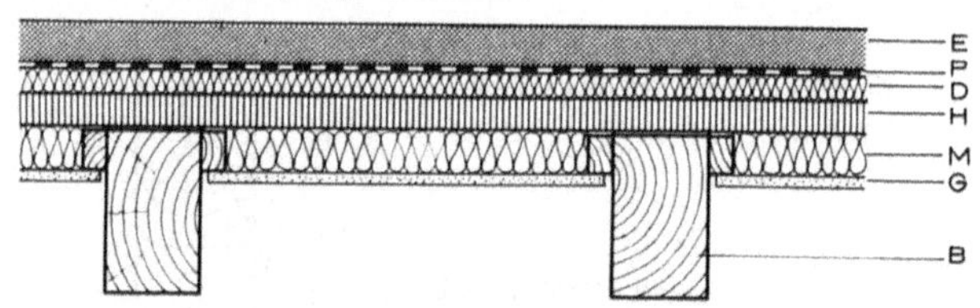

50 mm Zementestrich E; Dachpappe P; 30/25 mm Mineralfaserplatten D; 38 mm Holzspanplatten H; Holzbalken B, zwischen den Balken 12,5 mm Gipskartonplatten G; 50 mm Mineralwolle M im Hohlraum; geeignet als Wohnungstrenndecke (mit trittschalldämmendem Gehbelag).

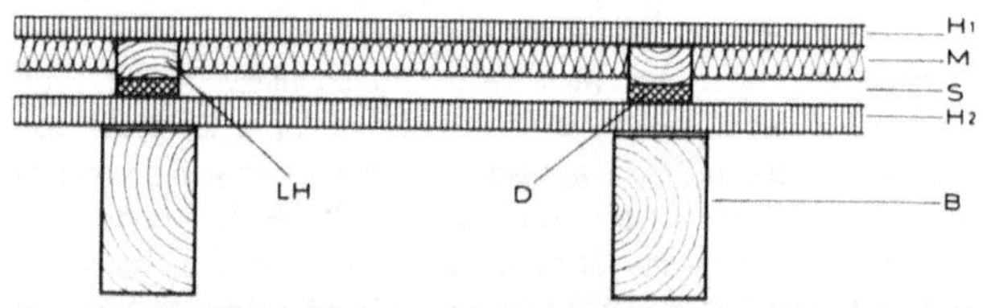

25 mm Holzspanplatten H_1, über Lagerhölzer LH auf Dämmstreifen D aufgelegt, dazwischen 30 mm Sand S und 40 mm Mineralwolle M; 38 mm Holzspanplatten H_2; Holzbalken B; geeignet für Einfamilienhaus.

Decken aus Stein, Beton und Stahl

Die Decken aus den nicht brennbaren massiven Baustoffen Stein, Beton und Stahl bzw. deren Verbund sind im folgenden, wie zunächst auch in den Normen, unter der Bezeichnung „Massivdecken" zusammengefaßt. Es sei hier bemerkt, daß dieser Begriff in der fachlichen Umgangssprache heute oft nur noch für die ebene Plattendecke aus Stahlbeton mit ungegliedertem Querschnitt verwendet wird.

Der Wunsch nach massiver Überdeckung der Räume ist schon sehr alt. In der Romanik wurden die ursprünglichen Holzbalkendecken der Kirchen aus Gründen der Sicherheit vor Feuer, Schwamm und Ungeziefer und wegen ihrer beschränkten Lebensdauer infolge Alterung fast ausnahmslos durch Gewölbe ersetzt. Diese Gewölbekonstruktionen waren wegen ihrer großen Bauhöhe und des hohen Baustoff- und Arbeitsaufwandes für den Wohnungsbau ungeeignet. Außerdem erforderten sie zusätzliche Maßnahmen zur Aufnahme ihrer horizontalen Auflagerkräfte. Infolgedessen fanden die Gewölbe trotz ihrer sonstigen Vorteile als feuersichere, hochbelastbare Stütztragwerke im Wohnungsbau nur beschränkte Anwendung. Sie dienten vorzugsweise der Überdekkung der feuchten Kellerräume, wo sich auch bei genügenden Auflasten durch die Tragwände der darüberliegenden Geschosse zusätzliche Maßnahmen zur Aufnahme des Gewölbeschubes erübrigten. Zur Überdeckung der Wohnräume hat man die Holz-

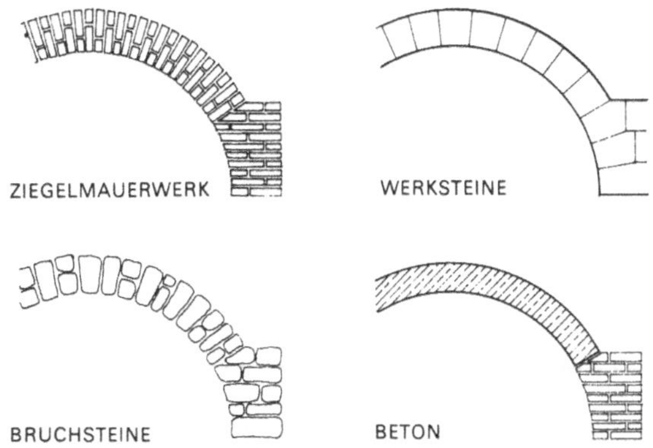

VERSCHIEDENE MATERIALIEN DES GEWÖLBEBAUES

balkendecken, die gegenüber den Gewölben bei geringer Bauhöhe nur vertikale Auflagerkräfte absetzen, aus dem Fachwerkbau in den Massivbau übernommen. Zweifellos hatte die baustoffliche Gegensätzlichkeit von Stein und Holz eine Fülle von Gestaltungsmöglichkeiten im Gefolge. Trotzdem aber blieb das Holz als Deckenbaustoff im Massivbau ein Fremdkörper. Die mit seinem Einbau verbundenen Nachteile haben dazu geführt, daß die durch die Erfindung des Stahlbetons möglich gewordenen, ebenen Massivdecken trotz ihres geringeren Schall- und Wärmedämmvermögens und ihrer höheren Kosten die Holzbalkendecken in den letzten Jahrzehnten allmählich verdrängt haben.

Die aussteifende Wirkung der Massivdecken ist besonders bei Skelettbauten aus Stahlbeton und Stahl entscheidend für deren Standsicherheit.

Ein weiterer Vorteil der meisten Massivdecken ist die Möglichkeit, ihre Durchlaufwirkung über mehrere Felder auszunützen. Hinzu kommt, daß sie im Gegensatz zu Holzbalkendecken keine Verringerung des tragenden Wandquerschnittes verursachen und trotz großer Stützweiten (über 5 m) und großer Belastungen (über 350 kg/m²) nur eine geringe Konstruktionshöhe einnehmen. Als Bauteile aus anorganischen Baustoffen fügen sich die Massivdecken harmonisch in den Steinwandbau ein. Sie sind feuerbeständig und erleiden bei Bränden nur in geringem Maße Löschwasserschäden. Sie sind unempfindlich gegen Feuchtigkeit und deshalb sicher vor Schwamm, Fäulnis und Ungeziefer. Ihre Lebensdauer ist praktisch unbegrenzt. Außerdem sind Massivdecken für die Herstellung fugenloser Fußböden und Deckenuntersichten geeignet und können ohne Schwierigkeiten durch Auflegen von Sperrschichten als völlig und dauernd wasserdichte Decken ausgebildet werden. Wenn die Massivdecken trotz dieser mannigfaltigen baulichen Vorteile doch nur verhältnismäßig langsam Eingang gefunden haben, so lag dies an ihren höheren Kosten und den zunächst üblich gewesenen Ausführungen begründet, die häufig zu Klagen über Hellhörigkeit und mangelnde Fußwärme Anlaß gaben. Doch lassen sich diese Mängel durch geeignete Dämmstoffe und Gehbeläge vermeiden.

Die Tragschichten bzw. -glieder der Massivdecken allein bieten abgesehen von guter Luftschalldämmung bei Flächengewichten >350 kg/m² nur einen ungenügenden Schall- und Wärmeschutz. Daher kommt dem Aufbau des Fußbodens und gegebenenfalls einer Unterdecke bauphysikalisch größte Bedeutung zu.

Die weiteren Nachteile der Massivdecken, ihr höheres Eigengewicht, der Schalungsverbrauch und die den Fortgang des Baues hemmenden Schalungsfristen wurden durch ständige Verbesserungen der Schalungsverfahren und Weiterentwicklung vorgefertigter Dekkenbauteile vermindert und überwunden.

Die Zahl der Massivdeckenkonstruktionen ist so groß, daß es nicht möglich ist, auf jede näher einzugehen. Sehr viele unterscheiden sich nur wenig voneinander, verfolgen dieselbe statische oder konstruktive Idee und haben vorwiegend örtliche Bedeutung. Sie sind je nach Lage der Materialvorkommen und der vorhandenen Transportmöglichkeiten heimisch und vielfach an einen gewissen Stand eingearbeiteter Fachkräfte oder an vorhandene Einrichtungen der Bauunternehmer gebunden.

Die verschiedenen Typen und Formen stehen in einem Wettbewerb, den nicht nur Lohn-, Energie- und Materialkosten bestimmen, sondern wesentlich auch die wechselseitigen Beziehungen zwischen Bauzeit, Schalungs-, Transport- und Montageaufwand, zwischen Konstruktionshöhe und Stahlbedarf.

Statische Systeme

Die statische Beurteilung der Massivdecken bezieht sich auf ihren fertig eingebauten Zustand, wogegen man herstellungsmäßig nach der Art ihres Einbaues unterscheidet. In den Zwischenstadien ihrer Herstellung können die Decken durchaus anderen statischen Gruppen angehören, so daß z. B. während ihrer Montage häufig besondere Vorkehrungen notwendig werden.

Es gibt drei statische Grundsysteme der Deckenscheibenbildung:
Balkendecken,
Plattenbalkendecken,
Plattendecken.
Diese Reihenfolge entspricht gleichzeitig dem zunehmenden Grade ihres Aussteifvermögens.

Balkendecken

In statischem Sinne Balkendecken sind Decken aus ganz oder teilweise vorgefertigten Balken ohne oder mit Zwischenbauteilen, die in der Spannrichtung der Balken nicht mittragen, z. B. auch Decken aus unmittelbar nebeneinanderliegenden Stahlbetonfertigteilen. Sie sind die Grundform der Montagedecken, vgl. auch die Holzbalkendecken.

TRAGWIRKUNG UND GEGENSEITIGE ABSTÜTZUNG
VON KREUZGEWÖLBEN
NACHF. HART
KUNST UND TECHNIK
DER WÖLBUNG

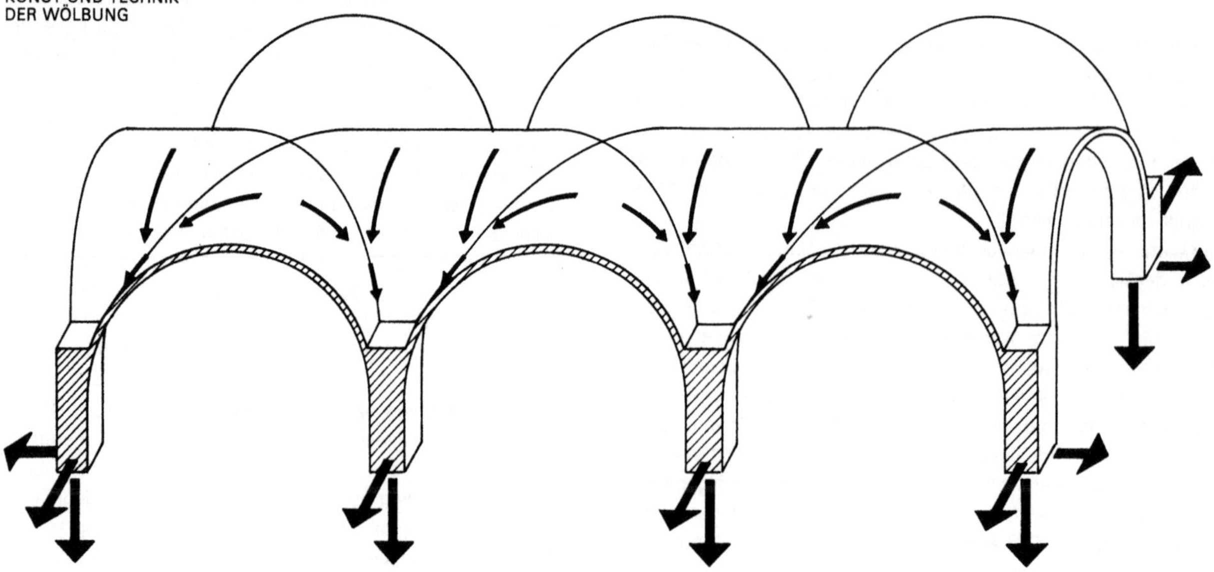

KRÄFTEVERLAUF UNTER KUPPELN

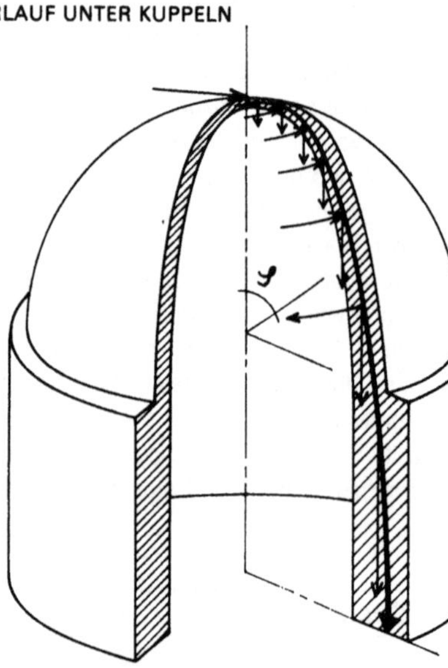

KRÄFTEVERLAUF IN EINER KUPPEL MIT
MASSIVEM WIDERLAGER

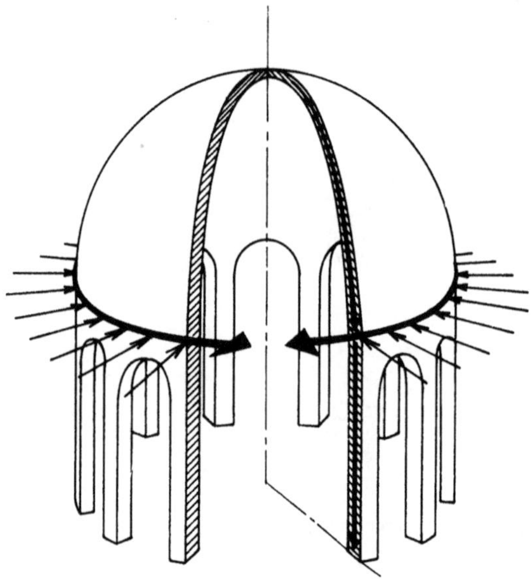

KRÄFTEVERLAUF IN EINER KUPPEL AUF TAMBOUR
MIT RINGANKER

TRAGWIRKUNG DER EINFACH GEKRÜMMTEN SCHALE
DREIFACH
TRAGSYSTEME
NACH ENGEL

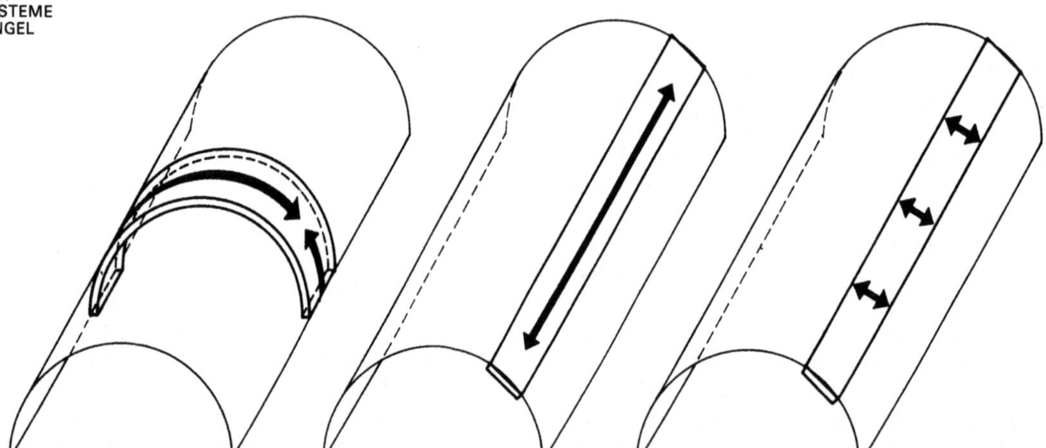

STÜTZBOGEN

SCHEIBE

PLATTE

Balken in Abständen verlegt

Jeder Balken trägt die Last eines Balkenfeldes. Die entstehenden Balkengefache werden durch quertragende Ausfachungen geschlossen, die ihre Lasten auf den Balken absetzen, also sinngemäß wie Nebenträger zwischen Haupttträgern wirken. Die Balkenausfachung kann massiv oder hohl sein, sie kann aus einem Stück oder mehreren Einzelteilen bestehen. Ihr Tragvermögen bestimmt die möglichen Balkenabstände.

BALKEN IN ABSTÄNDEN VERLEGT

Balken dicht nebeneinander verlegt

Jeder Balken trägt den von ihm selbst eingenommenen Teil der Decke. Die Querschnittsform der einzelnen Balken ist durchweg so gestaltet, daß bei Belastung jeder Balken seine Nachbarn zum Mittragen veranlaßt.

BALKEN DICHT NEBENEINANDER VERLEGT

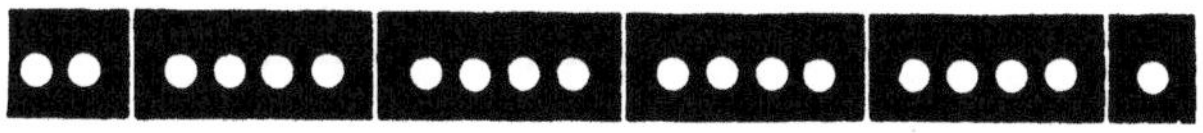

Plattenbalkendecken

Die Querschnittsform der Plattenbalkendecken entspricht einer typischen Stahlbetonkonstruktion. Der Druckquerschnitt besteht vorwiegend aus Beton und enthält nur soviel Stahl, wie zum Verbund mit dem Zugquerschnitt und für die Querverteilung der Lasten benötigt wird. Der Zugquerschnitt enthält dagegen nur wenig Beton, aber den Hauptanteil der Stahlbewehrung. Auf diese Weise wird eine günstige statisch wirksame Balkenhöhe und ein ausgewogenes Verhältnis von Tragvermögen zu Eigengewicht der Decke erreicht. Die theoretische Nullinie liegt unterhalb des massiven Plattenquerschnittes, so daß man von einer Druckplatte mit Zugrippen spricht, im übrigen aber die Decke nach den gleichen Grundsätzen wie die Plattendecke berechnen kann.

Plattenbalkendecken ohne Füllkörper

Vorstehend angeführte Decken sind als Grundform aller weiteren ihrer Art anzusehen. Druckplatte und Zugrippen sind im Fertigzustand unterseitig sichtbar. Ist eine ebene Untersicht erwünscht, so kann sie durch eine untergehängte Putzschale hergestellt werden, die bei sachgemäßer Anbringung gleichzeitig den Schallschutz der Decke erhöht.

PLATTENBALKENDECKEN OHNE FÜLLKÖRPER

Plattenbalkendecken mit nichttragenden Füllkörpern

Diese Decken stellen eine herstellungsmäßige Weiterentwicklung der örtlich betonierten Plattenbalkendecken dar. Die Füllkörper dienen nur als unterseitig ebene Schalkörper, die zwar die Gefache zwischen den Zugrippen ausfüllen, sich aber nicht an der Tragwirkung der fertigen Decke beteiligen. Sie können deshalb aus leichten Baustoffen von geringer Festigkeit bestehen und infolgedessen die Wärmedämmung der Rohdecke erhöhen.

PLATTENBALKENDECKEN MIT NICHTTRAGENDEN FÜLLKÖRPERN

Plattenbalkendecken mit längs- und quertragenden Füllkörpern

Die Füllkörper dieser Decken haben nicht nur die Aufgabe unterseitig ebener Schalkörper zu erfüllen, sondern auch gleichzeitig die Ortbeton-Druckplatten teilweise oder ganz zu ersetzen. Durch geeigneten Verbund mit den Ortbetonrippen sind sie also unmittelbar am Tragvermögen der Decken beteiligt und müssen deshalb aus genügend druckfesten Baustoffen (Beton oder gebranntem Ton) bestehen.

PLATTENBALKENDECKEN MIT LÄNGS- UND QUERTRAGENDEN FÜLLKÖRPERN

Plattendecken

Plattendecken werden auf geschlossener Schalung mit vollem Querschnitt örtlich betoniert oder als Fertigelemente bis zu Raumgröße versetzt. Eine Teilmontage mit vorgefertigter armierter Zugzone als verlorener Schalung bietet den Vorteil geringeren Transportgewichtes und erlaubt einfachere Hebezeuge als die Vollmontage mit raumgroßen Elementen. Nach einer Montageunterstützung wird bei ihnen die Druckzone örtlich aufbetoniert.
Plattendecken besitzen wegen ihres geschlossenen massiven Querschnitts größte Masse und Eigengewicht. Sie bieten daher bereits als Rohdecke eine höhere Luftschalldämmung als die anderen Decken. Bei annähernd quadratischer Deckenfläche läßt sich durch kreuzweise Bewehrung das günstigste Verhältnis von Konstruktionshöhe zu Spannweite erzielen.

PLATTENDECKEN

Hohlplattendecken

Große Spannweiten und hohe Belastung bedingen entsprechend dicke Decken. Zur Verringerung des Eigengewichts werden, wie im Brückenbau seit langem üblich, Decken mit röhrenförmigen Hohlräumen ausgeführt. Diese Hohlräume stellt man durch imprägnierte Papprohre oder Füllkörper aus Kunststoffschäumen her. Als Bewehrung können wie bei einer Vollbetondecke vorgefertigte Baustahlmatten verwandt werden.
Gegenüber anderen „aufgelösten" Deckenkonstruktionen hat die Hohlplatte den Vorteil einer ebenen Untersicht, geringerer Durchbiegung und besserer Scheibenwirkung.

HOHLPLATTENDECKE

Herstellungsarten

Nach der Art ihrer Herstellung unterscheidet man: örtlich hergestellte Decken und Montagedecken.
Welche dieser Herstellungsarten sich für eine Bauaufgabe am besten eignet, hängt ab von der Größe des Bauvorhabens, von der

verfügbaren Planungs- und Bauzeit, von den auftretenden Deckenbelastungen und der erforderlichen Deckensteifigkeit, nicht zuletzt aber auch von der Baustelleneinrichtung, von ihrer personellen Besetzung, von örtlich heimischen Baustoffen und Deckensystemen. Die Entscheidung hierüber verlagert sich mit der Weiterentwicklung sowohl der Schalmethoden als auch der Montagebauweisen mehr und mehr von Ausführung und Vergabe in den Planungsprozeß hinein.

Örtlich hergestellte Decken

Hierzu zählen alle Massivdecken, bei denen der gesamte Herstellungsvorgang auf der Baustelle vonstatten geht. Früher gemauert, heute betoniert, können sie sich jeder Grundrißform anpassen und sind an keinen Raster gebunden. Ortbetondecken können als monolithische Platten eventuell über mehrere Felder durchlaufend ausgebildet werden und ermöglichen die beste Verankerung und Aussteifung der Wände. Nachteilig sind der hohe Schalungsaufwand, die den Baufortschritt hemmenden Abstützungen während der Abbindefristen und die große Baufeuchtigkeit.

Montagedecken

Der Wunsch nach Massivdecken, die sich auf der Baustelle schnell und einfach herstellen lassen, nur wenig oder keine Schalung brauchen, nur geringe Feuchtigkeitsmengen in den Bau bringen und möglichst wenig Stahl erfordern, hat die Entwicklung der Montagedecken vorangetrieben. Die Deckenscheiben werden aus einzelnen Bauteilen gebildet, die, in Werkstätten unabhängig von der Witterung präzise angefertigt, trocken und termingemäß auf der Baustelle angeliefert und dort schnell zusammengefügt werden können. Diese Trennung von Fertigung und Zusammenbau von Bauteilen zu Baugliedern kann in verschiedenen Graden notwendig und wirtschaftlich sein. Je nach dem überwiegenden Anteil von Werkstatt- oder Baustellenarbeit unterscheidet man:
Teilmontagedecken und
Vollmontagedecken.
Die Wahl des einen oder anderen Montagegrades wird sich außer nach der Größe der Baustelle besonders nach den verfügbaren Hebezeugen richten, wie auch die Größe der vorgefertigten Bauteile in Beziehung zu dem möglichen Arbeitsfortgang stehen muß.

Teilmontage

Ein wesentliches Merkmal dieser Herstellungsart besteht darin, daß die vorgefertigten Deckenbauteile nur für einen Teil der auftretenden Belastungen bemessen sind und erst im Zusammenwirken mit Ortbeton das volle Tragvermögen der Decke erreicht wird. Teilmontagedecken sparen Schalung, brauchen aber eine Unterstützung während des Baues und dürfen erst nach Abbinden und ausreichendem Erhärten des Frischbetons belastet werden. Die Verbundwirkung von Fest- und Frischbeton hängt jedoch vom örtlichen Gelingen ab (Schwinden und Kriechen des Ortbetons).

Vollmontage

Alle Deckenbauteile, ob tragend oder ausfachend, werden vorgefertigt und voll tragfähig für die während der Montage und oft auch für die endgültig auftretenden Beanspruchungen bemessen. Sie werden ohne Unterstützung am Bau zusammengefügt und erfordern höchstens einen örtlichen Fugenverguß. Zur Erhöhung der Quersteifigkeit dieser Decken kann ein Überbeton notwendig werden, der jedoch nicht am Tragvermögen der Decken beteiligt ist. Statisch gesehen sind Montagedecken entweder Balkendecken oder Plattenbalkendecken. Auch Decken aus plattenförmigen Balken sind keine Platten-, sondern Balkendecken. Der Einbau vorgefertigter Balken verursacht keine Schwächung des tragenden Mauerwerks. Trotzdem ist ihre gebäudeaussteifende Wirkung verhältnismäßig gering. Deshalb muß man besonders sorgfältig auf eine wirksame Verankerung der Stahlbetonbalken mit den Wänden, z. B. durch Ortbetonringanker, achten. Zur Queraussteifung der Deckenbalken bzw. -rippen sind nötigenfalls Querrippen oder Überbeton mit Querbewehrung anzuordnen. Allgemein ist ein Überbeton als Queraussteifung jedoch unwirtschaftlich, wenn er nicht gleichzeitig als Untergrund des Gehbelages gebraucht wird. Einzelheiten über Auflagerung, Verankerung, Queraussteifung und Auswechselung der Montagedecken sind in DIN 1045 festgelegt. Der Anwendungsbereich der Montagedecken erstreckt sich hauptsächlich auf den Wohn-, Büro- und Geschäftshausbau, wo nur vorwiegend ruhende, gleichmäßig verteilte Lasten aufzunehmen sind. Für Fabriken und Werkstätten, wo mit dynamischen Beanspruchungen zu rechnen ist, sind sie nicht geeignet; auch nicht für Hofkellerdecken und nicht dort, wo schwere Einzellasten oder stärkere Erschütterungen auftreten.
Bei Verwendung der Montagedecken im Wohnungsbau ist es zweckmäßig, die tragende Mittelwand genau mittig zu setzen, so

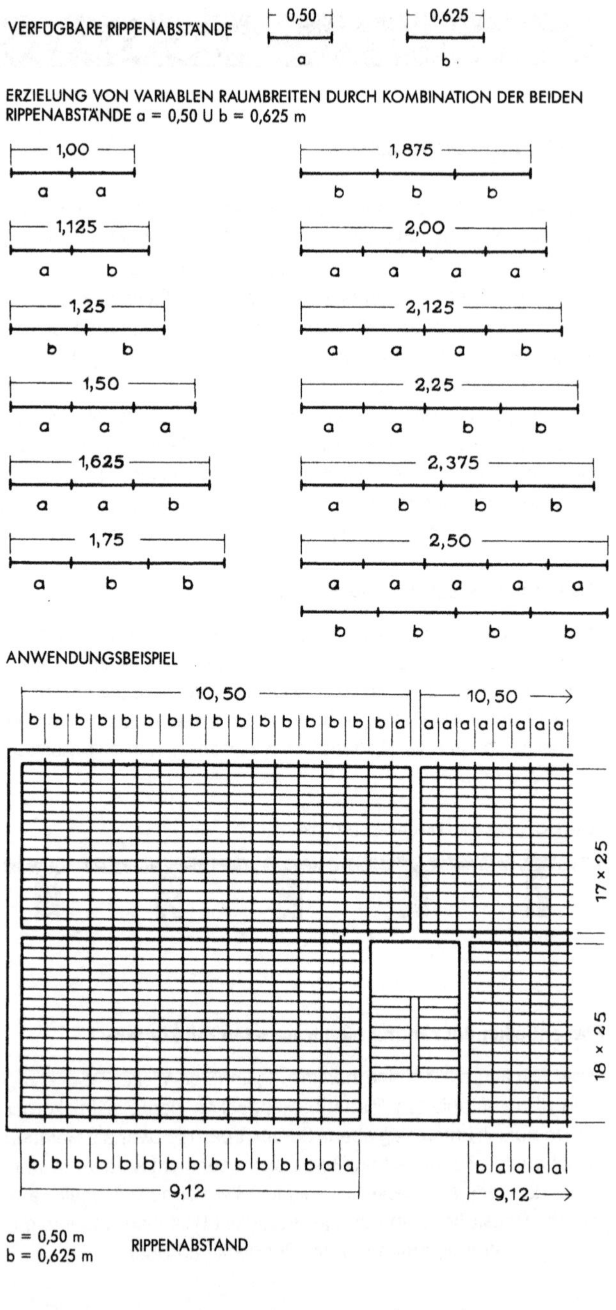

daß sich gleiche Stützweiten und somit einheitliche Balkenlängen ergeben. Die Raumtiefen wählt man nach einem Vielfachen der Füllkörperlängen, damit jegliche Schalarbeit vermieden wird. Die Raumbreiten bemißt man so, daß die nichttragenden Trennwände stets auf Balken zu stehen kommen, die zur Aufnahme dieser zusätzlichen Last ausreichend bewehrt sein müssen. Stehen nur Hohlkörper für Balkenabstände von 50 cm oder nur solche für Balkenabstände von 62,5 cm zur Verfügung, so kann dieser Modul für eine sparsame Bemessung der Raumbreiten zu grob sein.
Wenn jedoch Füllkörper und Rippen für Balkenabstände von 50 cm und 62,5 cm zur Verfügung stehen, ist eine rationelle Raumbreitenbemessung möglich. Durch Kombinierung beider Balkenabstände lassen sich von 1,50 m ab die Achsen der Raumbreiten laufend um je 12,5 cm steigern. Wie eine solche Decke zu planen ist, wird im umseitigen Beispiel gezeigt.

Stahlbetondecken

Die Betontechnologie und die allgemeinen Bestimmungen der DIN 1045 betreffend die Bemessung und Ausführung von tragenden und aussteifenden Bauteilen aus bewehrtem und unbewehrtem Beton mit geschlossenem Gefüge (Normal- und Schwerbeton) wurden, soweit sie die Zubereitung und Verarbeitung des Betons berührten, bereits im Abschnitt „Wände aus Beton" berücksichtigt.
Die Abschnitte der DIN 1045, welche die Anwendung speziell von bewehrtem Beton für biegebeanspruchte, biegesteife Bauteile, für Stahlsteindecken und Tragwerke aus Glasstahlbeton behandeln, sowie die einleitenden Abschnitte der Norm mit den behördlichen Auflagen werden erst hier auszugsweise wiedergegeben. Darüber hinaus verweist DIN 1045 in diesem Zusammenhang auf folgende weitere Normen:

DIN 488 Teil 1 Betonstahl; Begriffe, Eigenschaften, Werkkennzeichnung
Teil 2; Betonstabstahl, Abmessungen
Teil 3; Betonstabstahl, Prüfungen
Teil 4; Betonstahlmatten, Aufbau
Teil 5; Betonstahlmatten, Prüfungen
Teil 6; (Entwurf) Überwachung (Güteüberwachung)
Teil 7; (Entwurf) Nachweis der Schweißeignung von Betonstahl
Durchführung und Bewertung der Prüfungen
DIN 1055 Teil 1–6 Lastannahmen für Bauten
DIN 1084 Teil 1 Güteüberwachung im Beton- und Stahlbetonbau; Beton B II auf Baustellen
Teil 2; Fertigteile
Teil 3; Transportbeton
DIN 4028 Stahlbetondielen aus Leichtbeton
DIN 4099 Teil 1 Schweißen Betonstahl; Anforderungen und Prüfungen
DIN 4102 Teil 2; Brandverhalten von Baustoffen und Bauteilen; Begriffe, Anforderungen und Prüfungen von Bauteilen
DIN 4158 Zwischenbauteile aus Beton für Stahlbeton- und Spannbetondecken
DIN 4159 Ziegel für Decken und Wandtafeln, statisch mitwirkend
DIN 4160 Deckenziegel, statisch nicht mitwirkend
DIN 4187 Teil 2; Siebböden-Lochplatten für Prüfsiebe, Quadratlochung
DIN 4188 Siebböden: Drahtsiebböden für Analysensiebe, Maße
DIN 4243 Betongläser; Anforderungen, Prüfung
Stahlleichtbeton; Vorläufige Richtlinien für Bemessung und Ausführung.

Begriffe

DIN 1045, Abschnitte 2.1–2.2

Stahlbeton

Stahlbeton (bewehrter Beton) ist ein Verbundbaustoff aus Beton und Stahl (in der Regel Betonstahl) für Bauteile, bei denen das Zusammenwirken von Beton und Stahl für die Aufnahme der Schnittgrößen nötig ist.

Bewehrung

Bewehrungen heißen die Stahleinlagen im Beton, die für Stahlbeton erforderlich sind.
Biegesteife Bewehrung ist eine vorgefertigte Bewehrung, die aus stählernen Fachwerken oder profilierten Stahlleichtträgern gegebenenfalls mit werkmäßig hergestellten Gurtstreifen aus Beton besteht und gegebenenfalls auch für die Aufnahme von Deckenlasten vor dem Erhärten des Ortbetons verwendet wird.

Zwischenbauteile und Deckenziegel

Zwischenbauteile und Deckenziegel sind statisch mitwirkende oder nicht mitwirkende Fertigteile aus bewehrtem oder unbewehrtem Normal- oder Leichtbeton oder aus gebranntem Ton, die bei Balkendecken oder Stahlbetonrippendecken oder Stahlsteindecken verwendet werden (siehe DIN 4158, DIN 4159 und DIN 4160). Statisch mitwirkende Zwischenbauteile und Deckenziegel müssen mit Beton verfüllbare Stoßfugenaussparungen haben zur Gewährleistung der Druckübertragung in Balken- bzw. Rippenlängsrichtung und gegebenenfalls zur Aufnahme der Querbewehrung. Sie können über die volle Höhe der Rohdecke oder nur über einen Teil dieser Höhe reichen.

2.2.1 Lasten

Als Lasten werden in dieser Norm bezeichnet Einzellasten in kN sowie längen- und flächenbezogene Lasten in kN/m bzw. kN/m². Diese Lasten können z. B. Eigenlasten sein; sie können auch verursacht werden durch Wind, Bremsen u. ä.

2.2.2 Gebrauchslast

Unter Gebrauchslast werden alle Lastfälle verstanden, denen ein Bauteil im vorgesehenen Gebrauch unterworfen ist.

2.2.3 Bruchlast

Unter Bruchlast wird bei der Bemessung nach den Abschnitten 17.1 bis 17.4 die Last verstanden, unter der die Grenzwerte der Dehnungen des Stahles oder des Betons oder beider nach Abschnitt 17.2.1, Bild 13, rechnerisch erreicht werden.

2.2.4 Übliche Hochbauten

Übliche Hochbauten sind Hochbauten, die für vorwiegend ruhende, gleichmäßig verteilte Verkehrslasten $p \leqq 5$ kN/m² (siehe DIN 1055 Blatt 3) gegebenenfalls auch für Einzellasten $P \leqq 7{,}5$ kN und für Personenkraftwagen bemessen sind, wobei bei mehreren Einzellasten je m² kein größerer Verkehrslastanteil als 5,0 kN (500 kp) entstehen darf.

2.2.5 Zustand I

Zustand I ist der Zustand des Stahlbetons bei Annahme voller Mitwirkung des Betons in der Zugzone.

2.2.6 Zustand II

Zustand II ist der Zustand des Stahlbetons unter Vernachlässigung der Mitwirkung des Betons in der Zugzone.

2.2.7 Zwang

Zwang entsteht nur in statisch unbestimmten Tragwerken durch Kriechen, Schwinden und Temperaturänderungen des Betons, durch Baugrundbewegungen u. a. (siehe auch DIN 1080).

Bautechnische Unterlagen

DIN 1045, Abschnitte 3.1–3.4

Zu den bautechnischen Unterlagen gehören die wesentlichen Zeichnungen, die statische Berechnung und – wenn nötig wie in der Regel bei Bauten mit Stahlbetonfertigteilen – eine ergänzende Baubeschreibung sowie etwaige Zulassungs- und Prüfbescheide.

3.2 Zeichnungen

Die Abmessung der Bauteile und ihre Bewehrung sind durch Zeichnungen eindeutig und übersichtlich darzustellen. Die Zeichnungen müssen mit den Ergebnissen der statischen Berechnung übereinstimmen und alle für die Ausführung der Bauteile und für die Prüfung der Berechnungen erforderlichen Maße enthalten.
Auf zugehörige Zeichnungen ist hinzuweisen. Bei nachträglicher Änderung einer Zeichnung sind alle in Betracht kommenden Zeichnungen entsprechend zu berichtigen.
Auf den Zeichnungen sind insbesondere anzugeben:

a) die Festigkeitsklasse und – soweit erforderlich – besondere Eigenschaften des Betons.

Auf den Bewehrungszeichnungen sind außerdem anzugeben:

b) die Stahlsorten;
c) Anzahl, Durchmesser, Form und Lage der Bewehrungsstäbe und Baustellenschweißungen (z. B. gegenseitiger Abstand, Rüttellücken, Übergreifungslängen an Stößen und Verankerungslängen, z. B. an Auflagern, Anordnung und Ausbildung von Schweißstellen mit Angabe der Schweißzusatzwerkstoffe, Nahtausführung und Nahtabmessung);
d) die Betondeckung der Stahleinlagen (auch der Bügel) und die Unterstützungen der oberen Bewehrung;
e) die Mindestdurchmesser der Biegerollen.

Bei Verwendung von Fertigteilen sind ferner anzugeben:

f) die auf der Baustelle zusätzlich zu verlegende Bewehrung in gesonderter Darstellung;
g) die zur Zeit des Transports bzw. des Einbaues erforderliche Druckfestigkeit des Betons;
h) die Gewichte der einzelnen Fertigteile;
i) die Maßtoleranzen der Fertigteile und der Unterkonstruktion, soweit erforderlich;
k) die Aufhängung bzw. Auflagerung für Transport und Einbau.

3.2.2 Verlegepläne für Fertigteile

Bei Bauten mit Fertigteilen sind für die Baustelle Verlegepläne der Fertigteile mit den Positionsnummern der einzelnen Teile und eine Positionsliste anzufertigen. In dem Verlegeplan sind auch die beim Zusammenbau erforderlichen Auflagertiefen und die etwa erforderlichen Abstützungen der Fertigteile einzutragen.

3.2.3 Zeichnungen für Schalungs- und Traggerüste

Für Schalungs- und Traggerüste, für die eine statische Berechnung erforderlich ist, z. B. bei frei stehenden und bei mehrgeschossigen Schalungs- oder Traggerüsten, sind Zeichnungen für die Baustelle anzufertigen; ebenso für Schalungen, die hohen seitlichen Druck des Frischbetons aufnehmen müssen.

3.3 Statische Berechnungen

Die Standsicherheit und die ausreichende Bemessung der baulichen Anlage und ihrer Bauteile sind in der statischen Berechnung übersichtlich und leicht prüfbar nachzuweisen.

3.4 Baubeschreibung

Angaben, die für die Bauausführung oder für die Prüfung der Zeichnungen oder der statischen Berechnung notwendig sind, die aber aus den Unterlagen nicht ohne weiteres entnommen werden können, müssen in einer Baubeschreibung enthalten und – soweit erforderlich – erläutert sein.
Bei Bauten mit Fertigteilen sind Angaben über den Montagevorgang einschließlich zeitweiliger Stützungen, über das Ausrichten und über die während der Montage auftretenden, für die Sicherheit wichtigen Zwischenzustände erforderlich. Der Montagevorgang ist besonders genau zu beschreiben, wenn die Fertigteile nicht vom Hersteller, sondern von einem anderen zusammengebaut werden.

Baustoffe

DIN 1045, Abschnitte 6.6–6.7

Die Abschnitte 6.1–6.5, betreffend die Baustoffe und die Zusammensetzung des Betons, sind bereits im Kapitel „Wände" berücksichtigt.

6.6 Betonstahl

Durchmesser, Form, Festigkeitseigenschaften und Kennzeichnung von Betonstahl müssen DIN 488 entsprechen. Die dort geforderten Eigenschaften sind in Tabelle 6 wiedergegeben, soweit sie für die Verwendung von Betonstahl maßgebend sind.
Wird Betonstahl der Gruppe K bei der Verarbeitung warm behandelt, so darf er nur als Stahl BSt 220/340 (I) in Rechnung gestellt werden. Diese Einschränkung gilt jedoch nicht für die durch Schweißen nach DIN 4099 entstehende Wärme. Geglühter Draht bzw. gezogener Draht (z. B. für Bügel nach Abschnitt 18.8.2.1 mit einem Durchmesser von $d_s \geqq 3$ mm) muß die Eigenschaften von Betonstahl BSt 220/340 (I) bzw. BSt 420/500 (III) oder BSt 500/550 (IV) haben.

6.7 Andere Baustoffe und Bauteile

6.7.1 Zementmörtel für Fugen

Zementmörtel muß für Fugen bei Fertigteilen und Zwischenbauteilen folgende Bedingungen erfüllen:
Zement nach DIN 1164 der Festigkeitsklasse Z 35 F oder höher, Zementgehalt: mindestens 400 kg/m³ verdichteten Mörtels,
Zuschlag: gemischtkörniger, sauberer Sand 0 bis 4 mm.
Hiervon darf nur abgewichen werden, wenn im Alter von 28 Tagen an Würfeln von 10 cm Kantenlänge eine Würfelfestigkeit des Mörtels von mindestens 15 N/mm² (150 kp/cm²) nach DIN 1048 nachgewiesen wird.

6.7.2 Zwischenbauteile und Deckenziegel

Zwischenbauteile aus Beton müssen DIN 4158, solche aus gebranntem Ton und Deckenziegel müssen DIN 4159 oder DIN 4160 entsprechen.

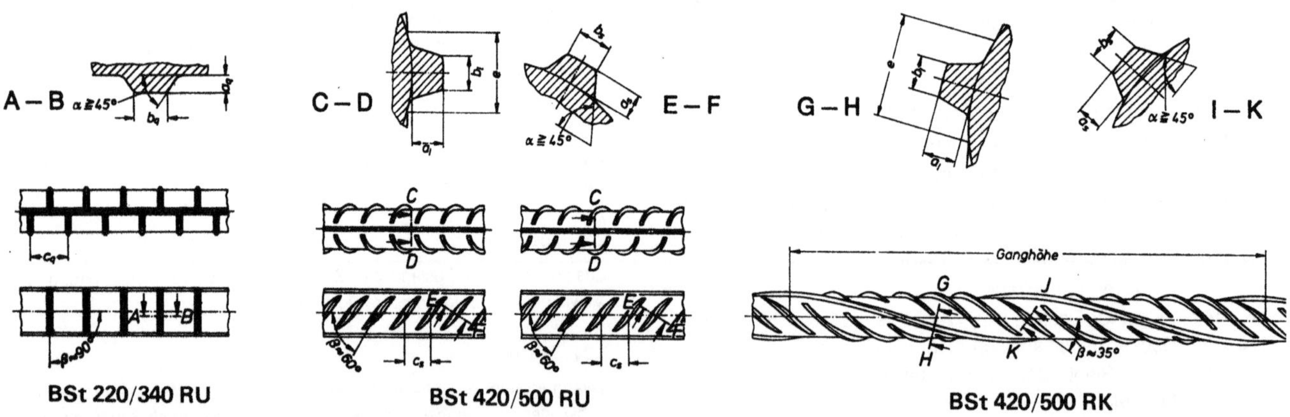

Kennzeichnungen von Betonrippenstählen nach DIN 488

Tabelle 6 Sorteneinteilung und Eigenschaften der Betonstähle

			1	2	3	4	5	6	7	8
	Verarbeitungsform		Betonstahlsorten: Betonstabstahl				Betonstahlmatte geschweißt			nicht geschweißt
	Oberflächengestaltung		glatt G	gerippt R: Querrippen	gerippt R: Schrägrippen		glatt G	profiliert P	gerippt R: Schrägrippen	
	Stahlherstellung		unbehandelt U			kalt verformt K				
	Kurzname		BSt 220/340 GU	BSt 220/340 RU	BSt 420/500 RU	BSt 420/500 RK	BSt 500/550 GK	BSt 500/550 PK	BSt 500/550 RK	BSt 500/550 RK
	Werkstoff-Nummer		1.0003	1.0005	1.0433	1.0431	1.0464	1.0465	1.0466	1.0466
	Kurzzeichen[16)]		I G	I R	III U	III K	IV G[17)]	IV P[17)]	IV R[17)]	IV RX
1	Nenndurchmesser d_s in mm		5 bis 28	6 bis 40	6 bis 28	6 bis 28	4 bis 12	4 bis 12	4 bis 12	6 bis 12
2	Streckgrenze β_S oder $\beta_{0,2}$ in N/mm² mindestens		220	220	420	420	500	500	500	500
3	Zugfestigkeit β_Z in N/mm² mindestens[19)]		340	340	500	500	550	550	550	550
4	Dauerschwingfestigkeit bei einer Schwingbreite $2\,\sigma_{A\,2\,\text{Mill}} = \sigma_0 - \sigma_u$ in N/mm²	gerade Stäbe	180	–	230	230	120[20)]	120[20)]	120[20)]	230
5		gekrümmte Stäbe $d_{br} = 15\,d_s$	180	–	200	200	120[20)]	120[20)]	120[20)]	200
6	Schweißeignung gewährleistet für Nenndurchmesser d_s in mm (siehe auch Tabelle 24 und DIN 4099 Teil 1[21)])	≦ 12	RA	RA	RA	RA, RP[23)]	RA, RP[22)]	RA, RP[22)]	RA, RP[22)]	RA, RP[22)]
		≧ 14		RA, E		RA, E, RP[23)]	–	–	–	–
7	Bruchdehnung δ_{10} in % mindestens		18	18	10	10	8	8	8	8
8	Knotenscherkraft S geschweißter Betonstahlmatten[24)]		–	–	–	–	0,35 $A_s \cdot \beta_S$	0,30 $A_s \cdot \beta_S$	0,30 $A_s \cdot \beta_S$	–
9	Dorndurchmesser für Faltversuch; Biegewinkel 180°		$2\,d_s$	–	–	–	$3\,d_s$	–	–	–
10	Biegerollendurchmesser beim Rückbiegeversuch für Nenndurchmesser d_s in mm	≦ 12	–	$4\,d_s$	$5\,d_s$	$5\,d_s$	–	$4\,d_s$	$4\,d_s$	$4\,d_s$
11		13 bis 18	–	$5\,d_s$	$6\,d_s$	$6\,d_s$	–	–	–	–
12		20 bis 28	–	$7\,d_s$	$8\,d_s$	$8\,d_s$	–	–	–	–
13		30 bis 40	–	$10\,d_s$	–	–	–	–	–	–

16) Für Zeichnungen und statische Berechnungen.
17) Für Ring- und Längsbewehrung in geschweißten Bewehrungskörben von Stahlbetonrohren und Stahlbetondruckrohren nach DIN 4035 und DIN 4036 auch als Betonstabstahl und in Ringen anwendbar.
18) Gilt für Toleranzen von A_s bis – 5 % (nach DIN 488 Teil 2, Tabelle 1); bei Toleranzen von mehr als – 5 % bis – 12 % muß die Streckgrenze entsprechend erhöht werden.
19) $\beta_Z \geqq 1{,}05\,\beta_S$ und außerdem $\beta_Z \geqq 1{,}05\,\beta_{0,2}$, wobei die bei den Prüfungen ermittelten Werte einzusetzen sind.
20) Nur erforderlich bei geschweißten Betonstahlmatten, die nach Abschnitt 17.8 bei nicht vorwiegend ruhender Belastung angewendet werden.
21) RA = Widerstands-Abbrennstumpfschweißen, E = Metall-Lichtbogenschweißen, RP = Widerstands-Punktschweißen.
22) Das Widerstands-Punktschweißen darf für die Herstellung der Betonstahlmatten nicht auf der Baustelle, sondern nur in überwachten Werken durchgeführt werden.
23) Das Widerstands-Punktschweißen darf für die Herstellung von Einzelpunktschweißungen nur in überwachten Werken durchgeführt werden (vergleiche DIN 4099 Teil 2).
24) Hierin bedeutet β_S = 500 N/mm² die für BSt 500/550 geforderte Mindeststreckgrenze. Wegen A_s siehe DIN 488 Teil 5.

Decken aus Stahlbeton-Fertigteilen

Auszug DIN 1045, Abschnitte 19.1–19.7

19.1 Bauten aus Stahlbetonfertigteilen

Für Bauten aus Stahlbetonfertigteilen und für die Fertigteile selbst gelten die Bestimmungen für entsprechende Bauten und Bauteile aus Ortbeton, soweit in den folgenden Abschnitten nichts anderes gesagt ist.

Auf die Einhaltung der Konstruktionsgrundsätze nach Abschnitt 15.8.1 ist bei Bauten aus Fertigteilen besonders zu achten. Tragende und aussteifende Fertigbauteile sind durch Bewehrung oder gleichwertige Maßnahmen miteinander und gegebenenfalls mit Bauteilen aus Ortbeton so zu verbinden, daß sie auch durch außergewöhnliche Beanspruchung (Bauwerkssetzungen, starke Erschütterungen, bei Bränden usw.) ihren Halt nicht verlieren.

19.2 Allgemeine Anforderungen an die Fertigteile

Stahlbetonfertigteile gelten als werkmäßig hergestellt, wenn sie in einem Betonfertigteilwerk (Betonwerk) hergestellt sind, das die Anforderungen des Abschnitts 5.3 erfüllt.

Bei der Bemessung der Stahlbetonfertigteile nach den Abschnitten 17.1 bis 17.5 sind die ungünstigen Beanspruchungen zu berücksichtigen, die beim Lagern und Befördern (z. B. durch Kopf-, Schräg- oder Seitenlage oder durch Unterstützung nur im Schwerpunkt) und während des Bauzustandes und im endgültigen Zustand entstehen können. Werden bei Fertigteilen die Beförderung und der Einbau ständig von einer mit den statischen Verhältnissen vertrauten Fachkraft überwacht, so genügt es, bei der Bemessung dieser Teile nur die planmäßigen Beförderungs- und Montagezustände zu berücksichtigen.

Für die ungünstigsten Beanspruchungen, die beim Befördern der Fertigteile bis zum Absetzen in die endgültige Lage entstehen können, darf der Sicherheitsbeiwert v für die Bemessung bei Biegung und Biegung mit Längskraft nach Abschnitt 17.2.2 vermindert werden auf $v_M = 1{,}3$. Fertigteile mit wesentlichen Schäden dürfen nicht eingebaut werden.

Die Bemessung für den Lastfall „Befördern" darf entfallen, wenn die Fertigteile nicht länger als 4 m sind. Bei stabförmigen Bauteilen ist jedoch die Druckzone stets mit mindestens einem 5 mm dicken Bewehrungsstab zu bewehren.

Zur Erzielung einer genügenden Seitensteifigkeit müssen Fertigteile, deren Verhältnis Länge/Breite größer als 20 ist, in der Zug- oder Druckzone mindestens zwei Bewehrungsstäbe mit möglichst großem Abstand besitzen.

19.3 Mindestabmessungen

Die Mindestdicke darf bei werkmäßig hergestellten Fertigteilen um 2 cm kleiner sein als bei entsprechenden Bauteilen aus Ortbeton, jedoch nicht kleiner als 4 cm. Die Plattendicke von vorgefertigten Rippendecken muß jedoch mindestens 5 cm sein. Wegen der Abmessungen von Druckgliedern siehe Abschnitt 25.2.1.

Unbewehrte Plattenspiegel von Kassettenplatten dürfen abweichend hiervon mit einer Mindestdicke von 2,5 cm ausgeführt werden, wenn sie nur bei Reinigungs- und Ausbesserungsarbeiten begangen werden und der Rippenabstand in der einen Richtung höchstens 65 cm und in der anderen bei B 25 höchstens 65 cm, bei B 35 höchstens 100 cm und bei B 45 oder Beton höherer Festigkeit höchstens 150 cm ist. Die Plattenspiegel dürfen keine Löcher haben.

19.4 Zusammenwirken von Fertigteilen und Ortbeton

Bei der Bemessung von durch Ortbeton ergänzten Fertigteilquerschnitten nach den Abschnitten 17.1 bis 17.5 darf so vorgegangen werden, als ob der Gesamtquerschnitt von Anfang an einheitlich hergestellt worden wäre; das gilt auch für nachträglich anbetonierte Auflagerenden. Voraussetzung hierfür ist, daß die unter dieser Annahme in der Fuge wirkenden Schubkräfte durch Bewehrungen nach den Abschnitten 17.5.4 und 17.5.5 aufgenommen werden und die Fuge zwischen dem ursprünglichen Querschnitt und der Ergänzung rauh oder ausreichend profiliert ausgeführt wird. Die Schubsicherung kann auch durch bewehrte Verzahnungen oder geeignete stahlbaumäßige Verbindungen vorgenommen werden.

Bei der Bemessung für Querkraft darf von der in Abschnitt 17.5.5 angegebenen Abminderung der Rechenwerte $\tau0$ nur in den in Abschnitt 19.7.2 angegebenen Fällen Gebrauch gemacht werden. Der Rechenwert $\tau0$ darf τ_{02} (siehe Tabelle 14, Zeile 2 bzw. 4) nicht überschreiten.

Werden im gleichen Querschnitt Fertigteile und Ortbeton oder auch Zwischenbauteile unterschiedlicher Festigkeit verwendet, so ist für die Bemessung des gesamten Querschnitts die geringste Festigkeit dieser Teile in Rechnung zu stellen, sofern nicht das unterschiedliche Tragverhalten der einzelnen Teile rechnerisch berücksichtigt wird.

19.5 Zusammenbau der Fertigteile

19.5.1 Sicherung im Montagezustand

Fertigteile sind so zu versetzen, daß sie vom Augenblick des Absetzens an – auch bei Erschütterungen – sicher in ihrer Lage gehalten werden; z. B. sind hohe Träger auch gegen Umkippen zu sichern.

19.5.2 Montagestützen

Fertigteile sollen so bemessen sein, daß sich keine kleineren Abstände der Montagestützen als 150 cm, bei Platten 100 cm ergeben.

Die Aufnahme negativer Momente über den Montagestützen braucht bei Plattendecken nach Abschnitt 19.7.6, Balkendecken nach Abschnitt 19.7.7, Plattenbalkendecken nach Abschnitt 19.7.5, Tabelle 26, Zeile 5, und Rippendecken nach Abschnitt 19.7.8 nicht nachgewiesen zu werden, wenn die Feldmomente unter Annahme frei drehbar gelagerter Balken auf zwei Stützen ermittelt werden. Decken mit biegesteifer Bewehrung nach Abschnitt 2.1.3.7 sind im Montagezustand stets als Balken auf zwei Stützen zu rechnen.

19.5.3 Auflagertiefe

Für die Mindestauflagertiefe im endgültigen Zustand gelten die Bestimmungen für entsprechende Bauteile aus Ortbeton. Bei nachträglicher Ergänzung des Auflagerbereichs durch Ortbeton muß die Auflagertiefe im Montagezustand unter Berücksichtigung möglicher Maßabweichungen mindestens 3,5 cm betragen. Diese Auflagerung kann durch Hilfsunterstützungen in unmittelbarer Nähe des endgültigen Auflagers ersetzt werden.

Die Auflagertiefe von Zwischenbauteilen muß mindestens 2,5 cm betragen. In tragende Wände dürfen nur Zwischenbauteile ohne Hohlräume eingreifen, deren Festigkeit mindestens gleich der des Wandmauerwerks ist.

19.5.4 Ausbildung von Auflagern und druckbeanspruchten Fugen

Fertigteile müssen im Endzustand an den Auflagern in Zementmörtel oder Beton liegen. Hierauf darf bei Bauteilen mit kleinen Abmessungen und geringen Auflagerkräften, z. B. bei Zwischenbauteilen von Decken und bei schmalen Fertigteilen für Dächer, verzichtet werden. An Stelle von Mörtel oder Beton dürfen andere geeignete ausgleichende Zwischenlagen verwendet werden, wenn nachteilige Folgen für Standsicherheit (z. B. Aufnahme der Querzugspannungen), Verformung, Schallschutz und Brandschutz ausgeschlossen sind.

Für die Berechnung der Mörtelfugen gilt Abschnitt 17.3.4. Die Zusammensetzung des Zementmörtels muß die Bedingungen von Abschnitt 6.7.1, die des Betons von Abschnitt 6.5 erfüllen.

Druckbeanspruchte Fugen zwischen Fertigteilen sollen mindestens 2 cm dick sein, damit sie sorgfältig mit Mörtel oder Beton ausgefüllt werden können. Wenn sie mit Mörtel ausgepreßt werden, müssen sie mindestens 0,5 cm dick sein.

Waagerechte Fugen dürfen dünner sein, wenn das obere Fertigteil auf einem frischen Mörtelbett abgesetzt wird, in dem die planmäßige Höhenlage des Fertigteils durch geeignete Vorrichtungen (Abstandhalter) sichergestellt wird.

19.6 Kennzeichnung

Auf jedem Fertigteil sind deutlich lesbar der Hersteller und der Herstellungstag anzugeben. Abkürzungen sind zulässig. Die Einbaulage ist zu kennzeichnen, wenn Verwechslungsgefahr besteht. Fertigteile von gleichen äußeren Abmessungen, aber mit verschiedener Bewehrung, Betongüte oder Betondeckung, sind unterschiedlich zu kennzeichnen.

Dürfen Fertigteile nur in bestimmter Lage, z. B. nicht auf der Seite liegend, befördert werden, so ist hierauf in geeigneter Weise, z. B. durch Aufschriften, hinzuweisen.

19.7 Geschoßdecken, Dachdecken und vergleichbare Bauteile mit Fertigteilen

19.7.1 Anwendungsbereich und allgemeine Bestimmungen

Geschoßdecken, Dachdecken und vergleichbare Bauteile mit Fertigteilen dürfen verwendet werden, soweit nachstehend nichts anderes bestimmt ist (siehe auch Abschnitt 19.7.5, Tabelle 26)

bei vorwiegend ruhender, gleichmäßig verteilter Verkehrslast (siehe DIN 1055 Blatt 3),

bei ruhenden Einzellasten, wenn hinsichtlich ihrer Verteilung der 1. Absatz von Abschnitt 20.2.5 eingehalten ist,

und bei Randlasten bis 7,5 kN (750 kp) (z. B. Personenkraftwagen),

aber nicht bei Fabriken und Werkstätten.

Für Decken mit Fertigteilen gelten die in den Abschnitten 19.7.2 bis 19.7.9 angegebenen zusätzlichen Bestimmungen und Vereinfachungen. Angaben über Regelausführungen für die Querverbindung von Fertigteilen in Abschnitt 19.7.5 gestatten die Wahl ausreichender Querverbindungsmittel in Abhängigkeit von der Höhe der Verkehrslast und der Deckenbauart.
Bei Geschoßdecken in Bauten aus vorgefertigten Wandtafeln müssen die einzelnen Deckentafeln mindestens so breit sein, daß in einem durch tragende oder aussteifende Wände begrenzten Raum höchstens 2 Fugen auftreten. Die Breite der Deckentafeln soll jedoch 2,0 m nicht unterschreiten. Geringere Breiten sind lediglich bei Treppenpodesten, Loggien und ähnlichem zulässig.

19.7.4 Deckenscheiben aus Fertigteilen
Eine aus Fertigteilen zusammengesetzte Decke gilt als tragfähige Scheibe, wenn sie im endgültigen Zustand eine zusammenhängende, ebene Fläche bildet, die Einzelteile der Decke in den Fugen druckfest miteinander verbunden sind und wenn die in der Scheibenebene wirkenden Lasten durch Bogen- oder Fachwerkwirkung zusammen mit den dafür bewehrten Randgliedern und Zugpfosten aufgenommen werden können. Die zur Fachwerkwirkung erforderlichen Zugpfosten können durch Bewehrungen gebildet werden, die in den Fugen zwischen den Fertigteilen verlegt und in den Randgliedern entsprechend Abschnitt 18 verankert werden. Die Bewehrung der Randglieder und Zugpfosten ist rechnerisch nachzuweisen.
Bei Deckenscheiben, die zur Ableitung der Windkräfte eines Geschosses dienen, darf auf die Anordnung von Zugpfosten verzichtet werden, wenn die Länge der kleineren Seite der Scheibe höchstens 10 m und die Länge der größeren Seite höchstens das 1,5fache der kleineren Seite beträgt, und wenn die Scheibe auf allen Seiten von einem Stahlbetonringanker umschlossen wird, dessen Bewehrung unter Gebrauchslast eine Zugkraft von mindestens 30 kN (3 Mp) aufnehmen kann (z. B. mindestens 2 Stäbe mit dem Durchmesser 12 mm oder eine Bewehrung mit gleicher Querschnittsfläche). Fugen, die von Druckstreben des Ersatztragwerks (Bogen oder Fachwerk) gekreuzt werden, müssen nach Abschnitt 19.4 ausgebildet werden, wenn die rechnerische Schubspannung unter Annahme gleichmäßiger Verteilung in den Fugen größer als 0,1 MN/m² (1 kp/cm²) ist.

Deckenscheiben in Bauten aus vorgefertigten Wand- und Deckentafeln

Bei Bauten aus vorgefertigten Wand- und Deckentafeln ohne Traggerippe sind zusätzlich zu der in Abschnitt 19.7.4.1 geforderten Scheibenbewehrung auch in allen Fugen über tragenden und aussteifenden Innenwänden Bewehrungen anzuordnen, die für eine Zugkraft von mindestens 15 kN (1,5 Mp) zu bemessen sind. Diese Bewehrungen sind mit der Scheibenbewehrung nach Abschnitt 19.7.4.1 und untereinander nach den Bestimmungen, die für eine Zugkraft von mindestens 15 kN (1,5 Mp) zu bemessen und Deckentafeln ist in den Zwischenfugen ebenfalls eine Bewehrung einzulegen, die für eine Zugkraft von mindestens 15 KN (1,5 Mp) zu bemessen und mit den übrigen Bewehrungen nach den Abschnitten 18.3 und 18.4.1 zu verbinden ist. Ist bei den vorgenannten Bewehrungen wegen einspringender Ecken o. ä. eine geradlinige Führung nicht möglich, so ist die Weiterleitung ihrer Zugkraft durch geeignete Maßnahmen sicherzustellen.

19.7.5 Querverbindung der Fertigteile
Wird eine Decke, Rampe oder ein ähnliches Bauteil durch nebeneinanderliegende Fertigteile gebildet, so muß durch geeignete Maßnahmen gewährleistet werden, daß an den Fugen aus unterschiedlicher Belastung der einzelnen Fertigteile keine Durchbiegungsunterschiede entstehen.
Ohne Nachweis darf eine ausreichende Querverteilung der Verkehrslasten vorausgesetzt werden, wenn die Mindestanforderungen der Tabelle 26 erfüllt sind; die notwendigen konstruktiven Maßnahmen dürfen auch durch wirksamere (z. B. IV statt III) ersetzt werden.
In den übrigen Fällen ist die Übertragung der Querkräfte in den Fugen unter Ausschluß der Zugfestigkeit des Betons (siehe Abschnitt 17.2.1) nachzuweisen. Dabei sind die Lasten in jeweils ungünstigster Stellung anzunehmen. Bei Decken, die unter Annahme gleichmäßig verteilter Verkehrslast berechnet werden, darf der rechnerische Nachweis der Querverbindung für eine entlang der Fugen wirkende Querkraft in Größe der auf 0,5 m Einzugsbreite wirkenden Verkehrslast geführt werden. Die Weiterführung dieser Kraft braucht in den anschließenden Bauteilen im allgemeinen nicht nachgewiesen zu werden. Nur wenn bei Plattenbalken die Fuge in die Platte fällt, ist nachzuprüfen, ob das von der Fugenkraft in der Platte ausgelöste Kragmoment das unter Vollast entstehende Moment übersteigt.
Bei Fertigteilen, die bei asymmetrischer Belastung instabil werden (z. B. bei einstegigen Plattenbalken, die keine Torsionsmomente abtragen können), ist die Querverbindung zur Sicherung des Gleichgewichts biegesteif auszubilden.
Die Kurzzeichen I bis V der Tabelle 26 bedeuten, geordnet nach ihrer Wirksamkeit für die Querverteilung, folgende konstruktive Maßnahmen:
I Mindestens 2 cm tiefe Nuten in den Fertigteilen an der Seite der Fugen nach Bild 41, die mit Mörtel nach Abschnitt 6.7.1 oder mit Beton mindestens Festigkeitsklasse B 15 ausgefüllt werden, so daß die Querkräfte auch ohne Inanspruchnahme der Haftung zwischen Mörtel und Fertigteil übertragen werden können.
Bei p ≧ 2,75 kN/m² (275 kp/m²) sind stets Ringanker anzuordnen.

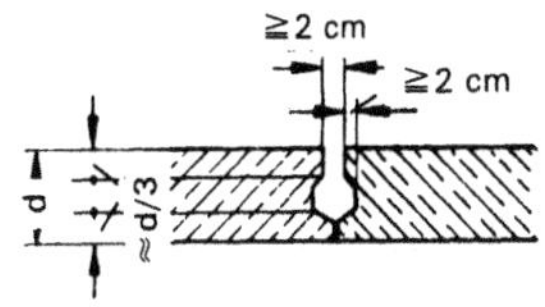

Beispiel für Fugen zwischen Fertigteilen

II Querbewehrung nach Abschnitt 20.1.6.3, 3. Satz, in einer mindestens 4 cm dicken Ortbetonschicht (z. B. nach Bild 42a) oder im Fertigteil mit Stoßausbildung (z. B. nach Bild 42b).

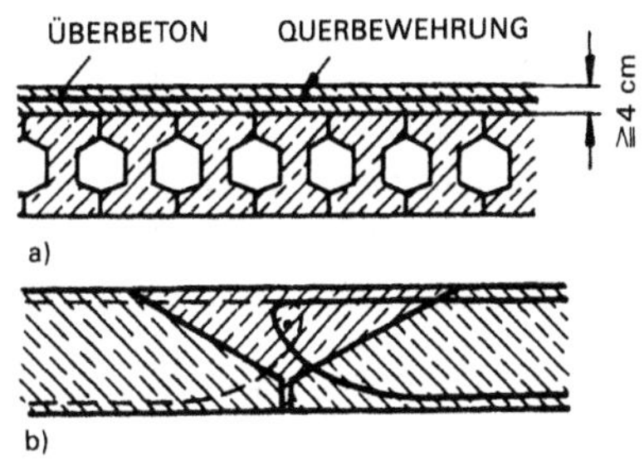

Beispiele für die Anordnung einer Querbewehrung

III Querbewehrung nach Abschnitt 20.1.6.3, 1. Satz, im Ortbeton unter Beachtung des Abschnitts 13.2 möglichst weit unten liegend (siehe Bild 43a) oder nach Abschnitt 19.7.6 gestoßen.

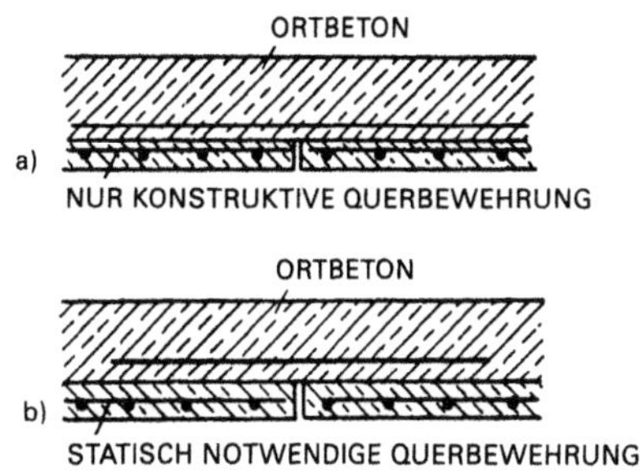

Beispiele für die Anordnung einer Querbewehrung

IV Querrippen nach Abschnitt 21.2.2.3. Die Querrippen sind bei Verkehrslasten über 3,5 kN/m² (350 kp/m²) für die vollen, sonst für die halben Schnittgrößen der Längsrippe zu bemessen. Sie sind etwa so hoch wie die Längsrippen auszubilden.
V wie IV, bei Stützweiten über 4 m jedoch stets mindestens 1 Querrippe.

19.7.6 Fertigplatten mit statisch mitwirkender Ortbetonschicht
Die Dicke der Ortbetonschicht muß mindestens gleich der Dicke der Fertigplatte sein und mindestens 5 cm betragen. Die Fertigplatten sollen in der Regel mindestens 1,5 m breit sein. Ihre Oberfläche muß rauh sein. Fertigplatten mit Breiten kleiner als 1,5 m sind außer als Paßplatten nur zulässig, wenn im Ortbeton eine durchgehende Querbewehrung nach Abschnitt 20.1.6.3 angeordnet wird.

Tabelle 26 Maßnahmen für die Querverbindung von Fertigteilen

	1	2	3	4	5
	Deckenart	vorwiegend ruhende Verkehrslasten			vorwiegend ruhende und nicht vorwiegend ruhende Verkehrslasten
		$p \leqq 350$ kp/m^2 1) (3,5 kN/m^2)	$p \leqq 500$ kp/m^2 (5,0 kN/m^2)	$p \leqq 1000$ kp/m^2 (10,0 kN/m^2)	p = unbeschränkt
		nicht in Fabriken und Werkstätten	auch in Fabriken und Werkstätten mit leichtem Betrieb	nicht in Fabriken mit schwerem Betrieb	auch in Fabriken und Werkstätten mit schwerem Betrieb
1	Dicht verlegte Fertigteile aller Art (Platten, Stahlbetonhohldielen, Balken, Plattenbalken) mit Ausnahme von Rippendecken	I	II	nur mit Nachweis	
2	Fertigplatten mit statisch mitwirkender Ortbetonschicht (siehe Abschnitt 19.7.6)	III	III	III	III nur mit durchlaufender Querbewehrung
3	Rippendecken mit ganz oder teilweise vorgefertigten Rippen und Ortbetonplatte oder mit statisch mitwirkenden Zwischenbauteilen und Rippendecken nach Abschnitt 21.2.1 mit Ortbetonrippen und statisch mitwirkenden Zwischenbauteilen oder Deckenziegeln	IV	IV	nicht zulässig	
4	Balkendecken aus ganz oder teilweise vorgefertigten Balken im Achsabstand von höchstens 1,25 m mit statisch nicht mitwirkenden Zwischenbauteilen	V	V	nicht zulässig	
5	Plattenbalkendecken a) mit Balken aus Ortbeton und Fertigplatten b) mit ganz oder teilweise vorgefertigten Balken und Ortbetonplatten c) mit vorgefertigten Balken und Fertigplatten	keine Maßnahme außer Nachweis der Durchlaufwirkung der Platte und ihrer biege- und schubfesten Verbindung mit dem Balken			
6	Raumgroße Fertigteile aller Art ohne Ergänzung durch Ortbeton	Bestimmungen für Bauteile aus Ortbeton maßgebend			

Bei einachsig gespannten Platten muß die Hauptbewehrung stets in der Fertigplatte liegen. Die Querbewehrung richtet sich nach Abschnitt 20.1.6.3. Sie kann in der Fertigplatte oder im Ortbeton angeordnet werden. Liegt die Querbewehrung in der Fertigplatte, so ist sie an den Plattenstößen nach den Abschnitten 18.3 und 18.4.1 zu verbinden, z. B. durch zusätzlich in den Ortbeton eingelegte oder dorthin aufgebogene Bewehrungsstäbe mit beidseitiger Übergreifungslänge $l_ü$ nach Abschnitt 18.4.1.2. Liegt die Querbewehrung im Ortbeton, so muß auch in der Fertigplatte eine Mindestquerbewehrung nach Abschnitt 20.1.6.3, 3. Satz, liegen.

Bei zweiachsig gespannten Platten ist die Feldbewehrung einer Richtung in der Fertigplatte die der anderen im Ortbeton anzuordnen. Bei der Ermittlung der Schnittgrößen solcher Platten darf die günstige Wirkung einer Drillsteifigkeit nicht in Rechnung gestellt werden.

Bei raumgroßen Fertigplatten kann die Bewehrung beider Richtungen in die Fertigplatten gelegt werden.

Wegen des Nachweises der Schubsicherung zwischen Fertigplatten und Ortbeton siehe Abschnitt 19.7.2.

19.7.7 Balkendecken mit Zwischenbauteilen und ohne solche

Balkendecken sind Decken aus ganz oder teilweise vorgefertigten Balken im Achsabstand von höchstens 1,25 m mit Zwischenbauteilen, die in der Längsrichtung der Balken nicht mittragen, oder Decken aus Balken ohne solche Zwischenbauteile, z. B. aus unmittelbar nebeneinander verlegten Stahlbetonfertigteilen.

Werden Balken am Auflager durch daraufstehende Wände (mit Ausnahme von leichten Trennwänden nach DIN 4103) belastet, und ist der lichte Abstand der Balkenstege kleiner als 25 cm, so muß der Zwischenraum zwischen den Balken am Auflager mit Beton gefüllt, darf also nicht ausgemauert werden. Balken mit obenliegendem Flansch und Hohlbalken müssen daher auf der Länge des Auflagers mit vollen Köpfen geliefert oder so ausgebildet werden, z. B. durch Ausklinken eines oberen Flanschteils, daß der Raum zwischen den Stegen am Auflager nach dem Verlegen mit Beton ausgefüllt werden kann.

Ortbeton zur seitlichen Vergrößerung der Druckzone der Balken darf bis zu einer Breite gleich der 1,5fachen Deckendicke und nicht mehr als 35 cm als statisch mitwirkend in Rechnung gestellt werden für die Aufnahme von Lasten, die aufgebracht werden, wenn der Ortbeton mindestens die Druckfestigkeit eines Betons B 15 erreicht hat und der Balken an den Anschlußfugen ausreichend rauh ist. Wegen des Nachweises des Verbundes zwischen Fertigteilbalken und Ortbeton siehe Abschnitt 19.7.2.

Stahlbetonrippendecken mit ganz oder teilweise vorgefertigten Rippen

Allgemeine Bestimmungen

Wegen der Begriffsbestimmung und der zulässigen Verkehrslast siehe Abschnitt 21.2.1. Vorgefertigte Streifen von Rippendecken müssen an jedem Längs- und Querrand eine Rippe haben.

Stahlbetonrippendecken mit statisch mitwirkenden Zwischenbauteilen

Die Stoßfugenaussparungen statisch mitwirkender Zwischenbauteile (siehe Begriffsbestimmung, Abschnitt 2.1.3.8) sind in einem Arbeitsgang mit den Längsrippen sorgfältig mit Beton auszufüllen.
Bei Rippendecken (siehe Abschnitt 21.2) mit statisch mitwirkenden Zwischenbauteilen darf eine Ortbetondruckschicht über den Zwischenbauteilen statisch nicht in Rechnung gestellt werden.
Als wirksamer Druckquerschnitt gelten die im Druckbereich liegenden Querschnittsteile der Stahlbetonfertigteile, des Ortbetons und von den statisch mitwirkenden Zwischenbauteilen der vermörtelbare Anteil der Druckzone. Für die Dicke der Druckplatte ist das Maß s_t (siehe DIN 4158 und DIN 4159) in Rechnung zu stellen, für die Stegbreite bei der Biegeabmessung nur die Breite der Betonrippe, bei der Schubbemessung die Breite der Betonrippe zuzüglich 2,5 cm.
Sollen in einem Bereich, in dem die Druckzone unten liegt, Zwischenbauteile als statisch mitwirkend in Rechnung gestellt werden, so dürfen nur solche mit voll vermörtelbarer Stoßfuge nach DIN 4159 oder untenliegende Schalungsplatten, Form GM nach DIN 4158, verwendet werden. Beim Übergang zu diesem Bereich sind die offenen Querschnittsteile der über die ganze Deckendicke reichenden Zwischenbauteile aus Beton zu verschalen. Schalungsplatten müssen ebenfalls voll vermörtelbare Stoßfugen haben. Auf die sorgfältige Ausfüllung der Stoßfugen mit Beton ist in diesen Fällen ganz besonders zu achten. Die statische Nutzhöhe der Rippendecken ist für diesen Bereich in der Rechnung um 1 cm zu vermindern.
Die Bemessung ist nach Abschnitt 17 so durchzuführen, als ob die ganze mitwirkende Druckplatte aus Beton der in Tabelle 27, Spalte 1, angegebenen Festigkeitsklasse bestünde. Wegen des Zusammenwirkens von Ortbeton und Fertigteil ist Abschnitt 19.4 zu beachten.
Die Mindestquerbewehrung gemäß Abschnitt 21.2.2.1 ist in den Stoßfugenaussparungen der Zwischenbauteile anzuordnen. Wegen Querrippen siehe Abschnitt 21.2.2.3.

Tabelle 28 Druckfestigkeiten der Zwischenbauteile und des Betons

	1	2	3
	Festigkeitsklasse des Betons in Rippen und Stoßfugen	Erforderliche Druckfestigkeit der Zwischenbauteile nach DIN 4158 (Ausg. Mai 1978) N/mm²	DIN 4159 (Ausg. April 1978) N/mm²
1	B 15	20	22,5
2	B 25	--	30

19.7.9 Stahlbetonhohldielen

Bei Stahlbetonhohldielen (Mindestabmessungen siehe Abschnitt 19.3) mit einer Breite bis zu 50 cm und einer Verkehrslast bis zu 3,5 kN m² (350 kp m²) darf auf eine Querbewehrung und auf Bügel verzichtet werden; die Schubspannung darf die Werte der Tabelle 14, Zeile 1 b, nicht überschreiten.

19.7.10 Vorgefertigte Stahlsteindecken

Bilden mehrere vorgefertigte Streifen von Stahlsteindecken die Decke eines Raumes, so sind zur Querverbindung Maßnahmen erforderlich, die denen nach Abschnitt 19.7.5 gleichwertig sind.

Plattendecken

Platten sind ebene Flächentragwerke, die quer zu ihrer Ebene belastet sind; sie können linienförmig oder auch punktförmig gelagert sein.
Form und Anordnung der stützenden Ränder oder Punkte bestimmen Größe und Richtung der Plattenschnittgrößen. Die folgenden Abschnitte beziehen sich auf Rechteckplatten. Für Platten abweichender Form (z. B. schiefwinklige oder kreisförmige Platten) mit linienförmiger Lagerung sind diese Bestimmungen sinngemäß anzuwenden. Für punktförmig gestützte Platten und für gemischt gestützte Platten im Bereich der punktförmigen Stützung siehe auch Abschnitt 22. Pilzdecke.
Je nach ihrer statischen Wirkung werden einachsig und zweiachsig gespannte Platten unterschieden.
Einachsig gespannte Platten tragen ihre Last im wesentlichen in einer Richtung ab (Spannrichtung). Beanspruchungen quer zur Spannrichtung, die aus der Behinderung der Querdehnung, aus der Querverteilung von Einzel- oder Streckenlasten oder durch eine in der Rechnung nicht berücksichtigte Auflagerung parallel zur Spannrichtung entstehen, brauchen nicht nachgewiesen zu werden. Diese Beanspruchungen sind jedoch durch konstruktive Maßnahmen zu berücksichtigen.
Einachsig gespannte Platten sind mit einer Querbewehrung zu versehen, deren Querschnitt je Meter mindestens 20% der für gleichmäßig verteilte Belastung im Feld erforderlichen Hauptbewehrung sein muß. Besteht die Querbewehrung aus einer anderen Stahlgruppe als die Hauptbewehrung, so ist ihr Querschnitt im umgekehrten Verhältnis ihrer Streckgrenzen zu vergrößern. Mindestens sind aber bei BSt 220/340 drei Bewehrungsstäbe mit Durchmesser $d_e = 7$ mm, bei BSt 420/500 drei Stäbe mit Durchmesser $d_e = 6$ mm und bei BSt 500/550 vier Stäbe mit Durchmesser $d_e = 4$ mm je Meter oder eine größere Anzahl von dünneren Stäben mit gleichem Gesamtquerschnitt je Meter anzuordnen.
Diese Querbewehrung genügt in der Regel auch zur Aufnahme der Querzugspannungen nach Abschnitt 18.3.1. Bei durchlaufenden Platten ist im Bereich der Zwischenauflager eine geeignete obere konstruktive Querbewehrung anzuordnen.
Bei zweiachsig gespannten Platten werden beide Richtungen für die Tragwirkung herangezogen. Vierseitig gelagerte Rechteckplatten, deren größere Stützweite nicht größer als das Zweifache der kleineren ist, sowie dreiseitig oder an 2 benachbarten Rändern gelagerte Rechteckplatten sind im allgemeinen als zweiachsig gespannt zu berechnen und auszubilden.
Werden sie zur Vereinfachung des statischen System als einachsig gespannt berechnet, so sind die aus den vernachlässigten Tragwirkungen herrührenden Beanspruchungen durch eine geeignete konstruktive Bewehrung zu berücksichtigen.
Wegen der Stützweite siehe Abschnitt 15.2.
Wegen vorgefertigter Bauteile siehe Abschnitt 19, insbesondere für Fertigteilplatten mit statisch mitwirkender Ortbetonschicht Abschnitt 19.7.6, für Balkendecken mit Zwischenbauteilen oder ohne solche Abschnitt 19.7.7.

20.1.2 Auflager

Die Auflagertiefe ist so zu wählen, daß die zulässigen Pressungen in der Auflagerfläche nicht überschritten werden und die erforderlichen Verankerungslängen der Bewehrung untergebracht werden können.
Die Auflagertiefe muß mindestens sein bei Auflagerung

a) auf Mauerwerk und auf Beton B 5 oder B 10 — 7 cm
b) auf Bauteilen aus Beton B 15 bis B 55 und auf Stahl — 5 cm
c) auf Trägern aus Stahlbeton oder Stahl, wenn seitliches Ausweichen der Auflager durch konstruktive Maßnahmen verhindert und die Stützseite der Platte nicht größer als 2,50 m ist — 3 cm

Auf geneigten Flanschen ist trockene Auflagerung unzulässig.

15.2 Stützweiten

Ist die Stützweite nicht schon durch die Art der Lagerung (z. B. Kipp- oder Punktlager) eindeutig gegeben, so gilt als Stützweite:
a) Bei Annahme frei drehbarer Lagerung der Abstand der vorderen Drittelpunkte der Auflagertiefe (Schwerpunkte der dreieckförmig angenommenen Auflagerpressung) bzw. bei sehr großer Auflagerlänge die um 5% vergrößerte Lichtweite. Der kleinere Wert ist maßgebend.
b) Bei Einspannung der Abstand der Auflagermitten oder die um 5% vergrößerte Lichtweite. Der kleinere Wert ist maßgebend.
c) Bei durchlaufenden Bauteilen der Abstand zwischen den Mitten der Auflage, Stützen oder Unterzüge.

Plattendecken

DIN 1045 Abschnitt 10.1 Mindestplattendicken

a) im allgemeinen — 7 cm

b) bei befahrbaren Platten für Personenkraftwagen — 10 cm
für schwerere Fahrzeuge — 12 cm

c) bei Platten, die nur ausnahmsweise, z. B. bei Ausbesserungs- oder Reinigungsarbeiten, begangen werden, z. B. Dachplatten — 5 cm

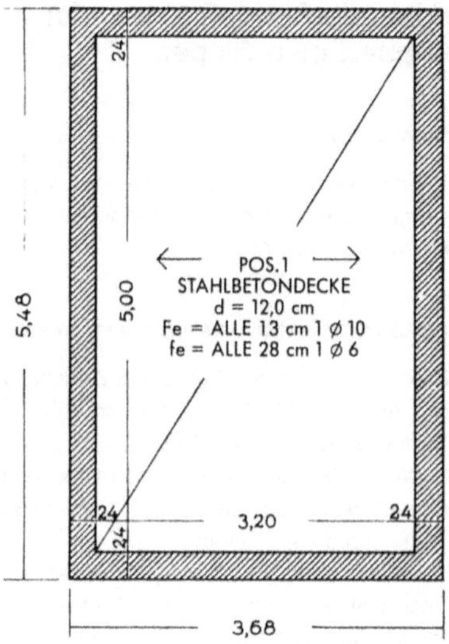

Hauptbewehrung in einer Richtung verlegt
Einachsig gespannte Platten

Ortbetondecke
Vollbetonplatte mit Bewehrung aus Einzelstäben oder Matten auf geschlossener Schalung hergestellt.
Dämmwerte einer 12,5 cm dicken Platte aus Schwerbeton

γ_r = 2500 kg/m³ B 25, 322 kg/m²
Luftschallschutzmaß – 1 dB
Trittschallschutzmaß – 16 dB
Rohdecken-Gruppe I DIN 4109
Wärmedämmzahl = 0,13 m² K/W (0,15 m²h°C(kcal)

POS. 1

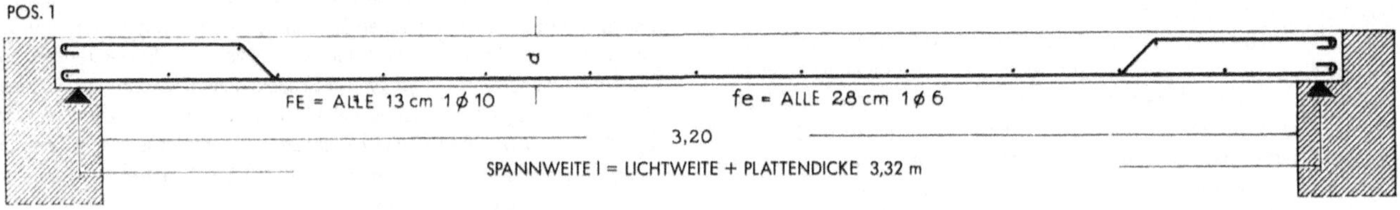

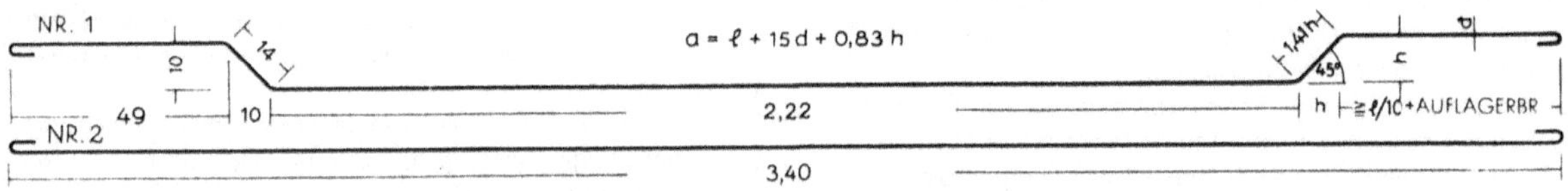

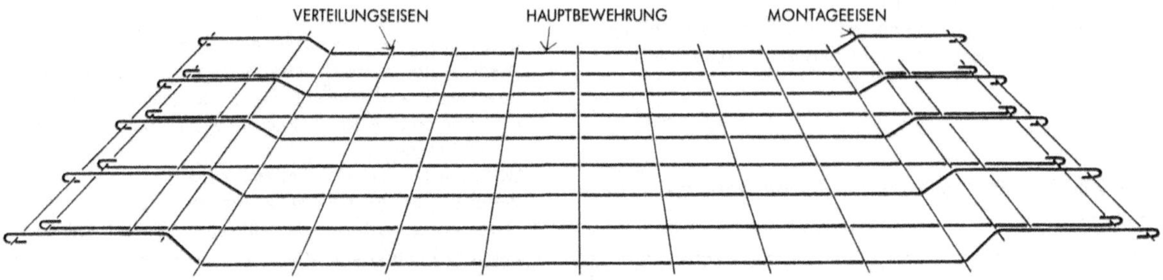

ETWA 1/2 BIS 2/3 DER HAUPTBEWEHRUNG WERDEN AUFGEBOGEN

DURCH VERSCHRÄNKTE HAUPTBEWEHRUNGSSTÄBE NUR EIN BIEGERPROFIL ERFORDERLICH

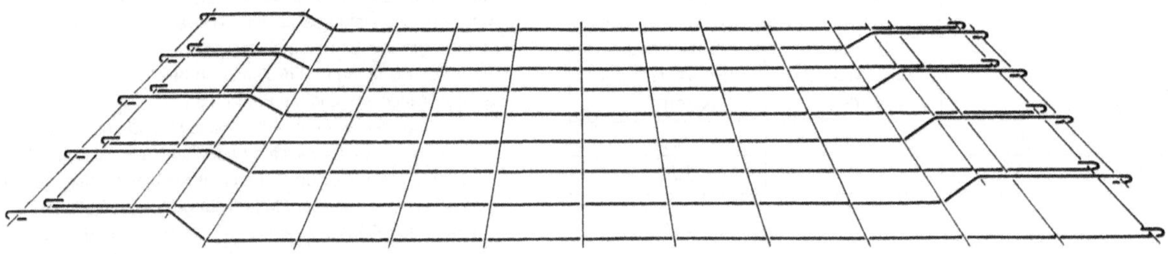

EISENLISTE							
Nr.	Stück	Ø	Form	Länge	Gesamt-Länge	Gewicht kg/m	Gewicht kg
1	20	10	(aufgebogen)	3,63	72,60	0,62	45,01
2	21	10	(gerade)	3,55	74,55	0,62	46,22
3	17	6	(gerade)	5,28	89,76	0,22	19,75
					+ 5% Verschnitt:		5,55
					Gesamtgewicht:		116,53

Bauaufsichtliche Mindestanforderungen an Decken nach DIN 4109
Luftschutzmaß mindestens 0 dB
Trittschallschutzmaß mindestens 0 dB
Wärmedämmzahl: ≧ 0,63 m² K/W (0,73 m²h°C/kcal)

Bemerkung: Die Darstellung der Bewehrung, die Bemessung und Hakenbildung, basiert auf dem kaum noch üblichen Baustahl I.

Baustahlgewebe GmbH, Düsseldorf, Jägerhofstraße 23

FREIAUFLIEGENDE PLATTE MIT KRAGARM

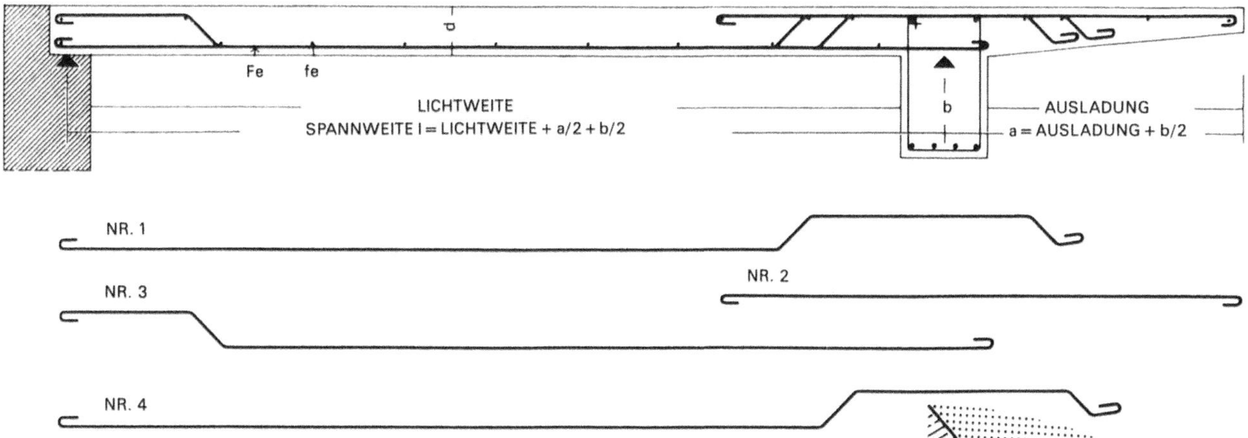

AUSBILDUNG DES UNTERZUGES

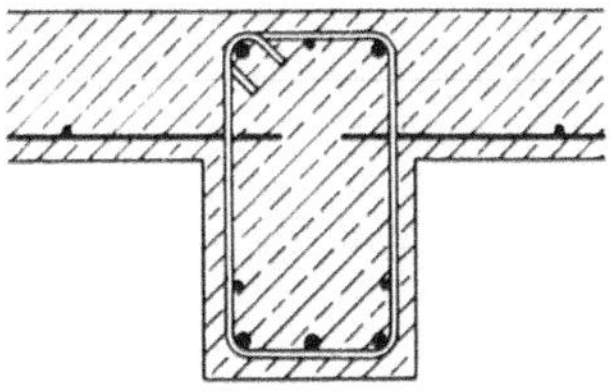

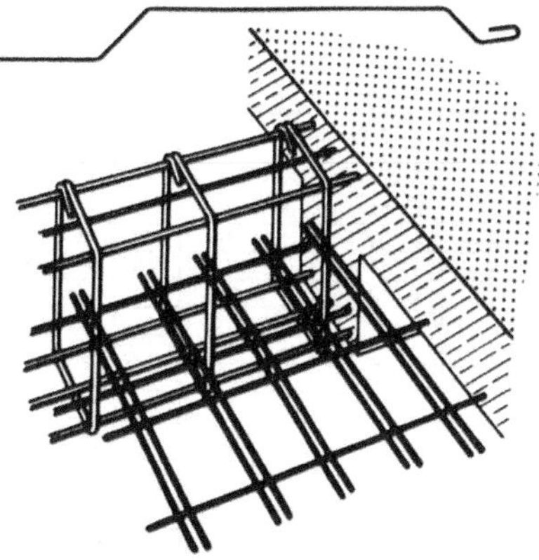

BEISPIEL: VERLEGUNG VON STAHLBETON-MATTEN

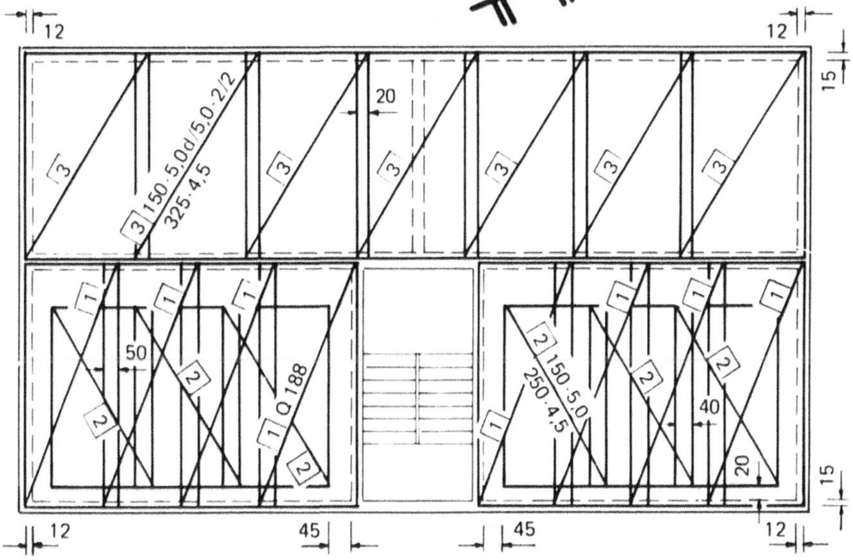

UNTERE BEWEHRUNG (FELDBEWEHRUNG)

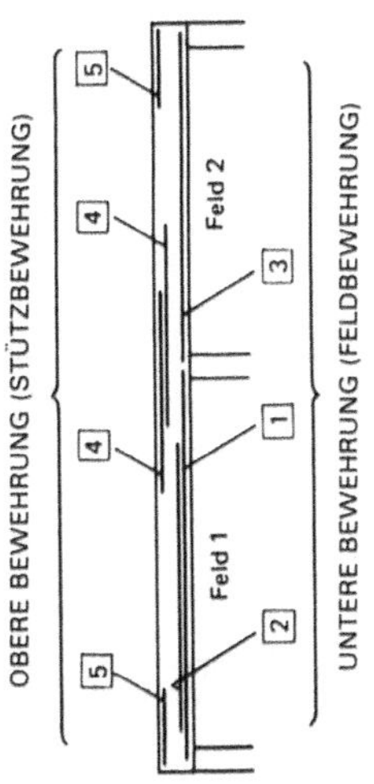

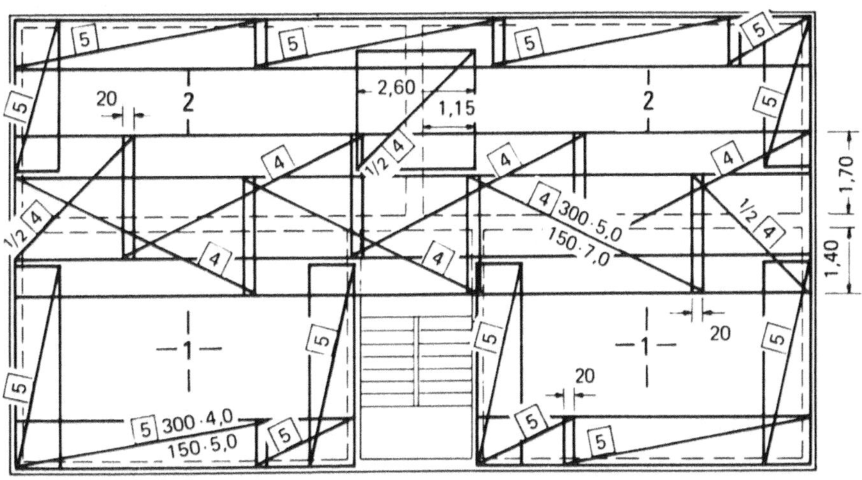

OBERE BEWEHRUNG (STÜTZBEWEHRUNG)

Mattenliste für

Betonstahlmatten BSt 500/550 RK nach DIN 488

Aufsteller:

Bauvorhaben: .... Kom.-Nr.: ....

.... Blatt: ....

Bauunternehmung: .... Datum: ....

.... Zeichg.-Nr.: ....

Bemerkungen	Pos.	Mattenanzahl	Mattenaufbau Längsrichtung / Querrichtung: Stababstand · ϕL_1/ϕQ_1 (innen) mm / ϕL_2/ϕQ_2 (Rand) mm – Anzahl links ϕL_2/ϕQ_2 Anfang / rechts ϕL_2/ϕQ_2 Ende	Länge/Breite m	Überstände Anfang $Ü_1$/$Ü_3$ links mm	Überstände Ende $Ü_2$/$Ü_4$ rechts mm	Gewicht Längsst./Querst. kg/Matte	Gesamtgewicht kg
			· / – /					
			Decke über Erdgeschoß-(10 x) /					
			· / – /					
			Feldbewehrung – unten /					
Feld 1	1	80	~~Q 188~~ · / – /	5,00			~~32,4~~	2592
			· / – /	2,15				
..	2	60	150 · 5,0 / – /	3,70	100	100	8,55	766
			250 · 4,5 / – /	2,25	75	75	4,22	
Feld 2	3	70	150 · 5,0d / 5,0 – 2 / 2	4,30	40	35	21,19	1802
			325 · 4,5 / – /	2,60	25	25	4,55	
			· / – /					
			Stützbewehrung – oben /					
Feld 1 – 2 bzw. 2 – 2	4	75	300 · 5,0 / – /	5,00	25	25	6,93	2522
			150 · 7,0 / – /	2,60	100	100	26,70	
Ränder (bauseits ablängen)	5	110	300 · 4,0 / – /	5,00	25	25	1,98	765
			150 · 5,0 / – /	0,95	25	25	4,97	
			· / – /					
			· / – /					
			· / – /					
			· / – /					
			· / – /					
			· / – /					
			· / – /					
			· / – /					
			· / – /					
			· / – /					
			· / – /					
			· / – /					

Beispiel für die Schreibweise einer Listenmatte

Längsrichtung	150 · 7,5 d / 7,5 – 3 / 4	6,70	125	175
Querrichtung	200 · 8,5 / 6,0 – 4 / 5	2,45	25	25

STAHLBETONPLATTENDECKE
DECKENDICKE d IN ABHÄNGIGKEIT VON DER STÜTZWEITE l UND DER VERKEHRSLAST p UNTER BERÜCKSICHTIGUNG DER MINDESTHÖHE NACH DIN 1045

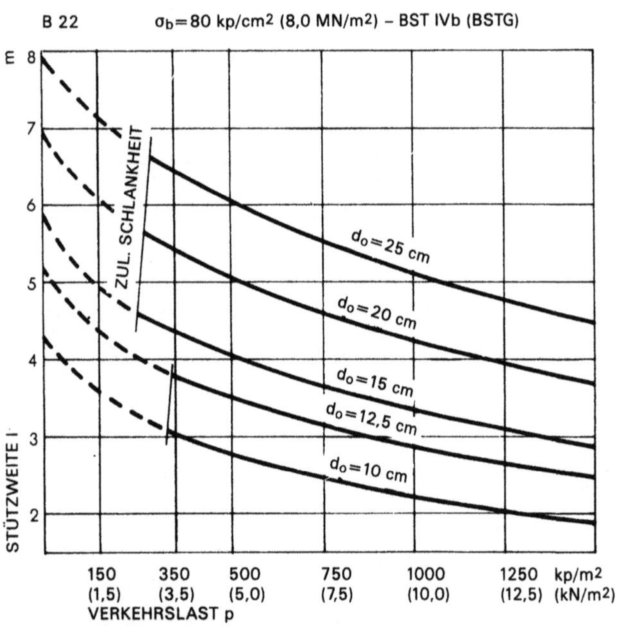

Sonstige plattenartige Bauteile nach DIN 1045
Auszug der Abschnitte 20.2, 20.3, 22.

Stahlsteindecken

20.2.1 Begriff

Stahlsteindecken sind Decken aus Deckenziegeln, Beton oder Zementmörtel und Betonstahl, bei denen das Zusammenwirken der genannten Baustoffe zur Aufnahme der Schnittgrößen nötig ist. Der Zementmörtel muß wie Beton verdichtet werden.

Stahlsteindecken sind aus Deckenziegeln mit einer Druckfestigkeit in Strangrichtung von 22,5 N/mm² (225 kp/cm²) oder von 30 N/mm² (300 kp/cm²) nach DIN 4159 und Beton mindestens der Festigkeitsklasse B 15 und mit einem Achsabstand der Bewehrung von höchstens 25 cm herzustellen.

Stahlsteindecken dürfen nur als einachsig gespannt gerechnet werden.

Für sie gelten die Bestimmungen von Abschnitt 20.1, soweit in den folgenden Abschnitten nichts anderes gesagt ist. Stahlsteindecken, die den Vorschriften dieses Abschnitts entsprechen, gelten als Decken mit ausreichender Querverteilung im Sinne von DIN 1055 Blatt 3.

20.2.2 Anwendungsbereich

Stahlsteindecken dürfen verwendet werden bei den unter a) bis c) angegebenen gleichmäßig verteilten und vorwiegend ruhenden Verkehrslasten nach DIN 1055 Blatt 3 und bei Decken, die nur mit Personenkraftwagen befahren werden. Decken mit Querbewehrung nach Absatz b) und c) dürfen auch bei Fabriken und Werkstätten mit leichtem Betrieb verwendet werden.

a) $p \leqq 3{,}5$ kN/m² (350 kp/m²) einschließlich dazugehöriger Flure bei voll- und teilvermörtelten Decken ohne Querbewehrung;

b) $p \leqq 5{,}0$ kN/m² (500 kp/m²)
bei teilvermörtelten Decken mit obenliegender Mindestquerbewehrung nach Abschnitt 20.1.6.3 in den Stoßfugenaussparungen der Deckenziegel;

c) $p =$ unbeschränkt
bei vollvermörtelten Decken mit untenliegender Mindestquerbewehrung nach Abschnitt 20.1.6.3 in den Stoßfugenaussparungen der Deckenziegel.

20.2.3 Auflager

Wegen der Auflagertiefe siehe Abschnitt 20.1.2. Werden Stahlsteindecken am Auflager durch daraufstehende Wände mit Ausnahme von leichten Trennwänden nach DIN 4103 belastet, so sind die Deckenauflager aus Beton mindestens der Festigkeitsklasse B 15 herzustellen.

Bei Stahlträgern muß der Auflagerstreifen über den Unterflanschen der Stahlträger voll aus Beton hergestellt werden. Stelzungen am Auflager müssen gleichzeitig mit der Stahlsteindecke hergestellt werden. Schmale, hohe Stelzungen sind zu bewehren.

20.2.4 Deckendicke

Die Dicke von Stahlsteindecken muß mindestens 9 cm betragen.

20.2.7 Bauliche Ausbildung

Die Deckenziegel sind mit durchgehenden Stoßfugen unvermauert zu verlegen. Sie müssen vor dem Einbringen des Betons so durchfeuchtet sein, daß sie nur wenig Wasser aus dem Beton oder Mörtel aufsaugen. Auf die volle Ausfüllung der Fugen und Rippen ist sorgfältig zu achten, besonders, wenn die Druckzone unten liegt.

In Bereichen, in denen die Druckzone unten liegt, müssen Deckenziegel mit vollvermörtelbarer Stoßfuge nach DIN 4159 verwendet werden, soweit hier nicht an Stelle der Deckenziegel Vollbeton verwendet wird. Das Eindringen des Betons in die Hohlräume der Deckenziegel ist durch geeignete Maßnahmen zu verhüten, damit eine ausreichende Verdichtung des Betons möglich ist und das Berechnungsgewicht der Decke nicht überschritten wird.

Stahlsteindecken zwischen Stahlträgern dürfen nur dann als durchlaufende Decken behandelt werden, wenn ihre Oberkante mindestens 4 cm über der Trägeroberkante liegt, so daß die oberen Stahleinlagen mit ausreichender Betondeckung durchgeführt werden können.

Glasstahlbeton

20.3.1 Begriff und Anwendungsbereich

Glasstahlbeton ist eine Bauart aus Beton, Betongläsern und Betonstahl, bei der das Zusammenwirken dieser Baustoffe zur Aufnahme der Schnittgrößen nötig ist.

Für Glasstahlbeton gelten die Bestimmungen für Stahlbetonplatten, soweit in den folgenden Abschnitten nichts anderes gesagt ist. Die Betongläser müssen DIN 4243 entsprechen.

Bauteile aus Glasstahlbeton dürfen nur als Abschluß gegen die Außenluft (Oberlicht, Abdeckung von Lichtschächten usw.) mit einer Verkehrslast von höchstens 5,0 kN/m² (500 kp/m²) und im allgemeinen nur für überwiegend auf Biegung beanspruchte Teile verwendet werden. Jedoch dürfen auch räum-

liche Bauteile aus Glasstahlbeton ausgeführt werden, wenn zylindrische, über die ganze Dicke reichende Betongläser verwendet werden. Eine Verwendung für Durchfahrten und befahrbare Decken ist ausgeschlossen. Werden Bauteile aus Glasstahlbeton in Sonderfällen befahren, so dürfen nur Betongläser nach DIN 4243, Tabelle 1, Form C verwendet werden. Diese dürfen jedoch nicht als statisch mitwirkend in Rechnung gestellt werden.
Bauteile aus Glasstahlbeton dürfen mit Ortbeton oder als Fertigteile ausgeführt werden. Hierzu siehe Abschnitt 19, insbesondere 19.7.9 sinngemäß.

20.3.2 Mindestanforderungen, bauliche Ausbildung und Herstellung

Die Betongläser müssen unmittelbar ohne Zwischenschaltung nachgiebiger Stoffe, wie Asphalt oder dgl., in den Beton eingebettet sein, so daß ein ausreichender Verbund zwischen Glas und Beton gewährleistet ist.
Hohlgläser müssen über die ganze Plattendicke reichen.
Betonrippen müssen bei einachsig gespannten Tragwerken mindestens 6 cm hoch, bei zweiachsig gespannten Tragwerken mindestens 8 cm hoch und in Höhe der Bewehrung mindestens 3 cm breit sein.
Alle Längs- und Querrippen müssen mindestens einen Bewehrungsstab mit einem Durchmesser von mindestens 6 mm erhalten.
Bauteile aus Glasstahlbeton müssen einen umlaufenden Stahlbetonringbalken mit geschlossener Ringbewehrung erhalten. Der Ringbalken darf innerhalb eines anschließenden Stahlbetonbauteils liegen. Breite und Dicke des Balkens müssen mindestens so groß wie die Dicke des Bauteils selbst sein. Die Ringbewehrung muß so groß sein wie die Bewehrung der Längsrippen. Die Bewehrung aller Rippen ist bis an die äußeren Ränder des umlaufenden Balkens zu führen.
Bauteile aus Glasstahlbeton sind durch besondere Maßnahmen vor erheblichen Zwangkräften aus der Gebäudekonstruktion zu schützen, z. B. durch nachgiebige Fugen.

Punktförmig gestützte Platten (Pilzdecken)

Pilzdecken sind Platten, die unmittelbar auf Stützen mit oder ohne verstärkten Kopf aufgelagert und mit den Stützen biegefest oder gelenkig verbunden sind. Lochrandgestützte Platten (z. B. Hubdecken) sind keine Pilzdecken im Sinne dieser Norm.

22.2 Mindestabmessungen

Die Platten müssen mindestens 15 cm dick sein.
Für die Stützen gilt Abschnitt 25.2.

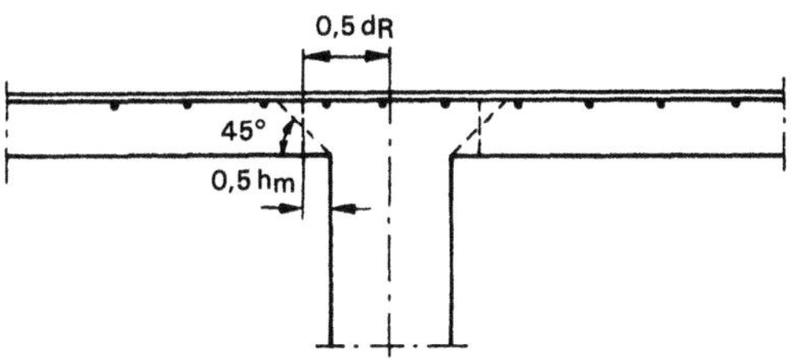

ohne Stützenkopfverstärkung

22.5.1.2 Punktförmig gestützte Platten mit Stützenkopfverstärkung

a) Wird eine Stützenkopfverstärkung ausgebildet, deren Länge $l_s \leqq h_s$ (siehe Bild 53) ist, so ist ein Nachweis der Sicherheit gegen Durchstanzen im Bereich der Verstärkung nicht erforderlich.
In Gleichung (40) darf für den größeren Klammerwert nicht mehr als der 1,5fache Betrag des kleineren Klammerwertes in Rechnung gestellt werden.
b) Wird eine Stützenkopfverstärkung ausgebildet, deren Länge $l_s > h_s$ und $\leqq 1{,}5 \cdot (h_m + h_s)$ ist, so ist die rechnerische Schubspannung τ_r so zu ermitteln, als ob entsprechend Absatz a) $l_s = h_s$ wäre.
c) Wird eine Stützenkopfverstärkung ausgebildet, deren Länge $l_s > 1{,}5\ (h_m + h_s)$ ist (siehe Bild 54), so ist τ_r sowohl im Bereich der Verstärkung als auch außerhalb der Verstärkung im Bereich der Platte zu ermitteln. Für beide Rundschnitte ist die Sicherheit gegen Durchstanzen nachzuweisen. Für den Nachweis im Bereich der Verstärkung gilt Abschnitt 22.5.1.1, wobei h_m durch h_r und d_r durch d_{ri} zu ersetzen ist; für die Ermittlung von τ_r gilt Gleichung (38). Bei schrägen oder ausgerundeten Stützenkopfverstärkungen darf für h_r nur die im Rundschnitt vorhandene Nutzhöhe eingesetzt werden.

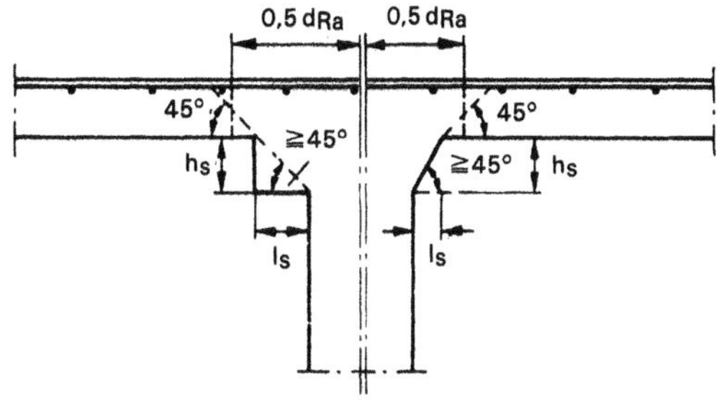

mit Stützenkopfverstärkung

22.6 Deckendurchbrüche

Werden in den Bereichen, in denen nach Bild 58 eine Schubbewehrung anzuordnen ist, Deckendurchbrüche vorgesehen, so dürfen ihre Grundrißabmessungen in Richtung des Umfanges bei Rundstützen bzw. der Seitenlängen bei rechteckigen Stützen nicht größer als $^1/_3 d_S$ (siehe Erläuterung zu Gleichung [43]), die Summe der Flächen der Durchbrüche nicht größer als ein Viertel des Stützenquerschnitts sein.
Der lichte Abstand zweier Durchbrüche bei Rundstützen muß auf dem Umfang der Stütze gemessen mindestens d_S betragen. Bei rechteckigen Stützen dürfen Durchbrüche nur im mittleren Drittel der Seitenlängen und nur jeweils an höchstens zwei gegenüberliegenden Seiten angeordnet werden.

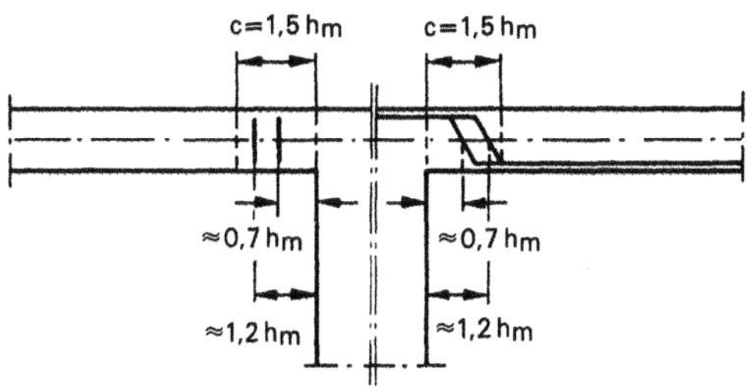

Pilzdecke ohne Stützenkopfverstärkung bei Durchstanzgefahr (Beispiel für Schubbewehrung)

Die nach Gleichung (43) ermittelte rechnerische Schubspannung τ_R ist um 50% zu erhöhen, wenn die größtzulässige Summe der Flächen der Durchbrüche ausgenutzt wird. Ist die Summe der Flächen der Durchbrüche kleiner als ein Viertel des Stützenquerschnitts, so darf der Zuschlag zu τ_R entsprechend linear vermindert werden.

Hohlplattendecke

Rohbau-Decke der Baustahlgewebe-GmbH

Deckendicke	≧23 bis 76 cm
Rohrdurchmesser dabei	≧10 bis 60 cm
Grund- und Regellänge	$^1/_1$ L = 2,40 m

Die Hohlkörper (Papprohre) werden mit Bügelkörben aus Baustahlgewebe und Steckstäben zu Rohrbatterien vormontiert, die sowohl an der Deckenschalung als auch an der Bewehrung gegen Auftrieb zu verankern sind. Anstelle der Hohlkörper werden auch Füllkörper aus Schaumkunststoffen verwendet.

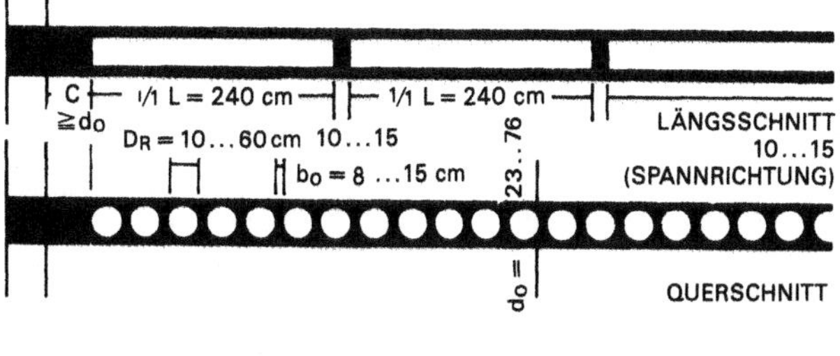

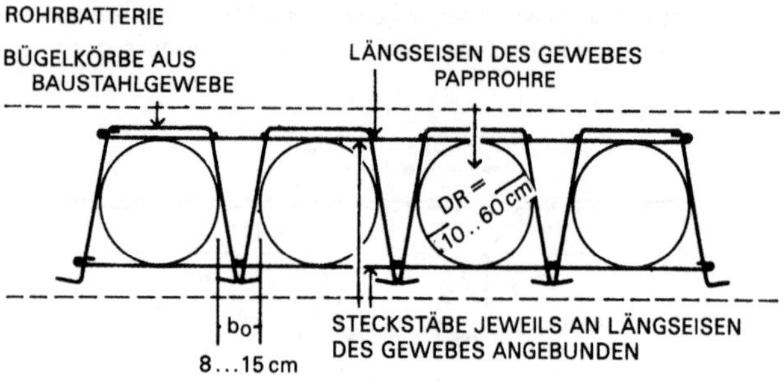

Balken, Plattenbalken und Rippendecken

Auszug DIN 1045 Abschnitte 21.1, 21.2

21.1 Balken und Plattenbalken

Balken sind überwiegend auf Biegung beanspruchte stabförmige Träger beliebigen Querschnitts.

Plattenbalken sind stabförmige Tragwerke, bei denen kraftschlüssig miteinander verbundene Platten und Balken (Rippen) bei der Aufnahme der Schnittgrößen zusammenwirken. Sie können als einzelne Träger oder als Plattenbalkendecken ausgeführt werden.

Für die Auflagertiefe von Balken und Plattenbalken gilt der erste Absatz des Abschnitts 20.1.2; sie muß jedoch mindestens 10 cm betragen. Für die Dicke der Platten von Plattenbalken gilt Abschnitt 20.1.3; sie muß jedoch mindestens 7 cm betragen.

Bei sehr schlanken Bauteilen ist auf die Stabilität gegen Kippen und Beulen zu achten.

21.1.2 Bewehrung

In Balken und in Stegen von Plattenbalken mit mehr als 1 m Höhe sind an den Seitenflächen Längsstäbe anzuordnen, die über die Höhe der Zugzone zu verteilen sind. Der Gesamtquerschnitt dieser Einlagen muß mindestens 8% des Querschnitts der Biegezugbewehrung betragen. Diese Bewehrung darf als Zugbewehrung mitgerechnet werden, wenn ihr Abstand zur Nullinie berücksichtigt und wenn sie nach Abschnitt 18.5.2 ausgebildet wird.

21.2 Stahlbetonrippendecken

21.2.1 Begriff und Anwendungsbereich

Stahlbetonrippendecken sind Plattenbalkendecken mit einem lichten Abstand der Rippen von höchstens 70 cm, bei denen kein statischer Nachweis für die Platten erforderlich ist. Zwischen den Rippen können unterhalb der Platte statisch nicht mitwirkende Zwischenbauteile nach DIN 4158 oder DIN 4160 liegen. An die Stelle der Platte können ganz oder teilweise Zwischenbauteile nach DIN 4158 oder DIN 4159 oder Deckenziegel nach DIN 4159 treten, die in Richtung der Rippen mittragen. Diese Decken sind für Verkehrslasten $p \leqq 5$ kN/m² (500 kp/m²) zulässig, und zwar auch bei Fabriken und Werkstätten mit leichtem Betrieb, aber nicht bei Decken, die von Fahrzeugen befahren werden, die schwerer als Personenkraftwagen sind. Einzellasten über 7,5 kN (750 kp) sind durch bauliche Maßnahmen (z. B. Querrippen) unmittelbar auf die Rippen zu übertragen.

Wegen der Rippendecken mit ganz oder teilweise vorgefertigten Rippen siehe Abschnitt 19.7.8. Dieser gilt sinngemäß auch für Abschnitt 21.2, soweit nachstehend nichts anderes gesagt ist.

21.2.2 Einachsig gespannte Stahlbetonrippendecken

21.2.2.1 Platte

Ein statischer Nachweis ist für die Druckplatte nicht erforderlich. Ihre Dicke muß mindestens $^1/_{10}$ des lichten Rippenabstandes, mindestens aber 5 cm betragen. Als Querbewehrung sind mindestens bei BSt 220/340 (I) drei Bewehrungsstäbe mit Durchmesser $d_e = 7$ mm, bei BSt 420/500 (III) drei Stäbe mit Durchmesser $d_e = 6$ mm und bei BSt 500/550 vier Stäbe mit Durchmesser $d_e = 4$ mm oder eine größere Anzahl von dünneren Stäben mit gleichem Gesamtquerschnitt je Meter anzuordnen.

21.2.2.2 Längsrippen

Die Rippen müssen mindestens 5 cm breit sein. Soweit sie zur Aufnahme negativer Momente unten verbreitert werden, darf die Zunahme der Rippenbreite b_0 nur mit der Neigung 1 : 3 in Rechnung gestellt werden. Die Längsbewehrung ist möglichst gleichmäßig auf die einzelnen Rippen zu verteilen. Am Auflager darf jeder zweite Bewehrungsstab aufgebogen werden, wenn in jeder Rippe mindestens zwei Stäbe liegen. Über den Innenstützen von durchlaufenden Rippendecken darf nur die durchgeführte Feldbewehrung als Druckbewehrung mit $\mu \leqq 1\%$ von F_b in Rechnung gestellt werden.

Die Druckbewehrung ist gegen Ausknicken, z. B. durch Bügel, zu sichern. In den Rippen sind Bügel nach Abschnitt 18.5.3.3 anzuordnen. Auf Bügel darf verzichtet werden, wenn die Verkehrslast 2,75 kN/m² (2765 kp/m²) und der Durchmesser der Längsbewehrung 16 mm nicht überschreiten, die Feldbewehrung von Auflager zu Auflager durchgeführt wird und die Schubbeanspruchung $\tau_0 \leqq \tau_{011}$ nach Abschnitt 17.5.4, Tabelle 14, Zeile 1 b, ist.

Im Bereich der Innenstützen durchlaufender Decken und bei Decken, die feuerbeständig sein müssen, sind stets Bügel anzuordnen.

Für die Auflagertiefe der Längsrippen gilt Abschnitt 21.1.1.

Wird die Decke am Auflager durch daraufstehende Wände (mit Ausnahme von leichten Trennwänden) belastet, so ist am Auflager zwischen den Rippen ein Vollbetonstreifen anzuordnen, dessen Breite gleich der Auflagertiefe und dessen Höhe gleich der Rippenhöhe ist. Er kann auch als Ringanker nach Abschnitt 19.7.4.1 ausgebildet werden.

21.2.2.3 Querrippen

In Rippendecken sind Querrippen anzuordnen, deren Mittenabstände bzw. deren Abstände vom Rand der Vollbetonstreifen die Werte a_Q der Tabelle 29 nicht überschreiten.

Bei Decken, die eine Verkehrslast $p \leqq 2{,}75$ kN/m² (275 kp/m²) und eine Stützweite bzw. eine Lichtweite zwischen den Rändern der Vollbetonstreifen bis zu 6 m haben, und bei den zugehörigen Fluren mit $p \leqq 3{,}5$ kN/m² (350 kp/m²) sind Querrippen entbehrlich; bei Verkehrslasten $p > 2{,}75$ kN/m² (275 kp/m²) oder bei Stützweiten bzw. Lichtweiten über 6 m ist mindestens eine Querrippe erforderlich.

Tabelle 29 Größter Querrippenabstand

	1		2	3
	Verkehrslast p		Abstand der Querrippen bei	
	kp/m²	(kN/m²)	$a_L \leq \frac{l}{8}$	$a_L > \frac{l}{8}$
1	≤ 275	2,75	–	12 d_0
2	> 275	2,75	10 d_0	8 d_0

Hierin sind: a_L Achsabstand der Längsrippen
l Stützweite der Längsrippen
d_0 Dicke der Rippendecke

STAHLBETONRIPPENDECKE
DECKENDICKE d IN ABHÄNGIGKEIT VON DER STÜTZWEITE l UND DER VERKEHRSLAST p UNTER BERÜCKSICHTIGUNG DER MINDESTHÖHE NACH DIN 1045

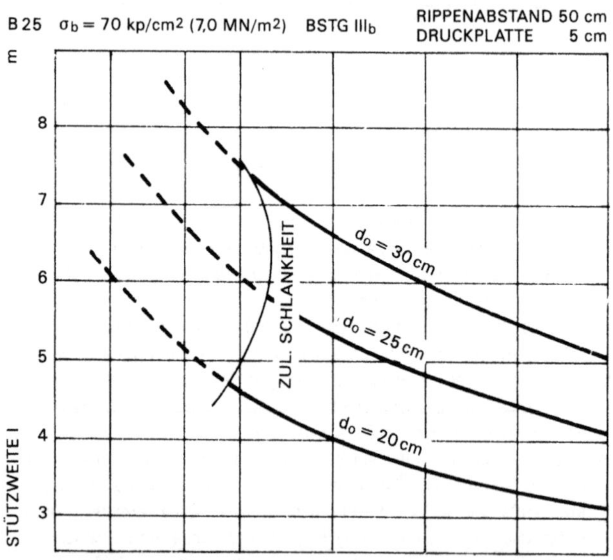

RAPIDDECKE

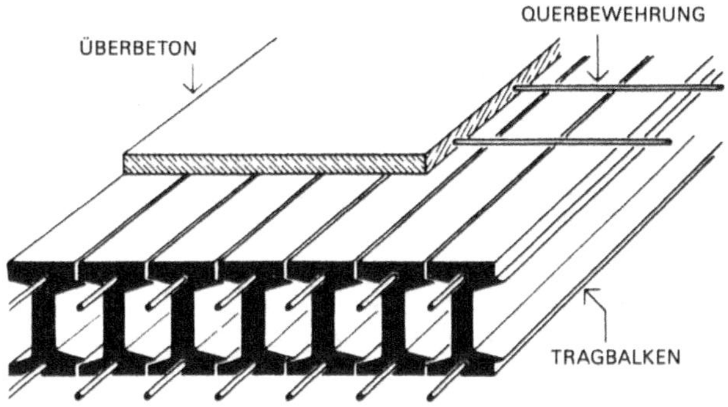

SEIBERT-STINNES-DECKE

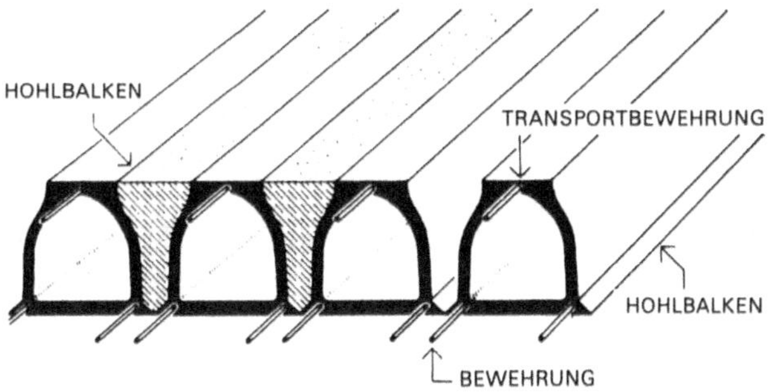

BÜRKLE-DECKE

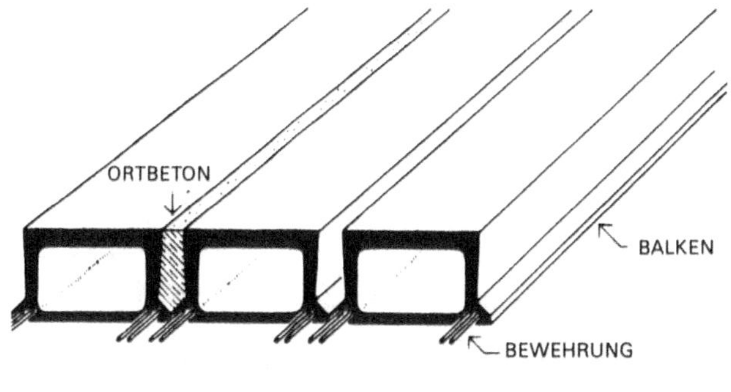

SCHÄFER-DECKE

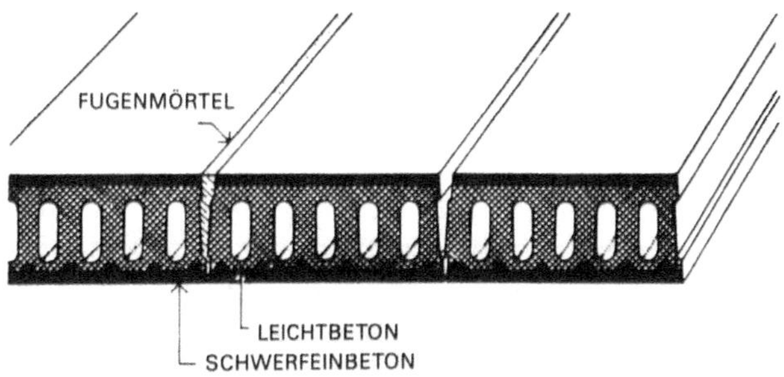

GASBETONELEMENTE

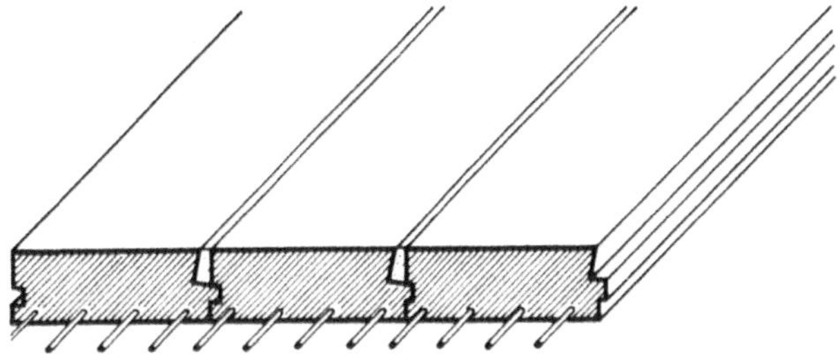

WIRKUNGSWEISE UND FERTIGUNGSSYSTEME DER PLATTENBALKENDECKE NACH HENNEBIQUE

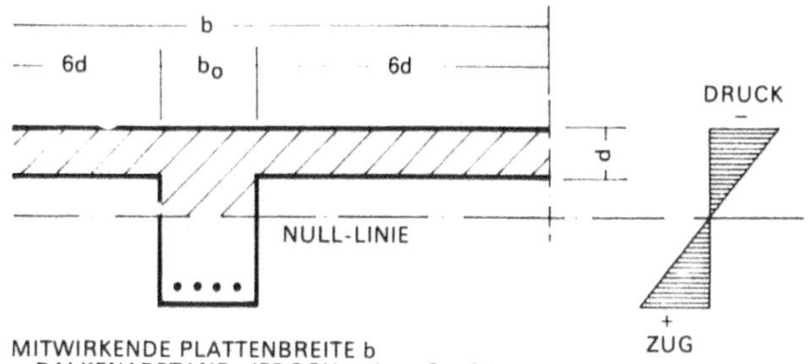

MITWIRKENDE PLATTENBREITE b
= BALKENABSTAND, JEDOCH $b_o + 2 \times 6d$

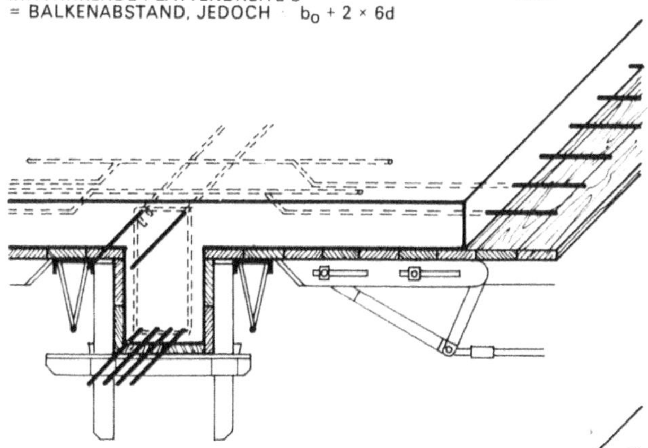

ORTBETON

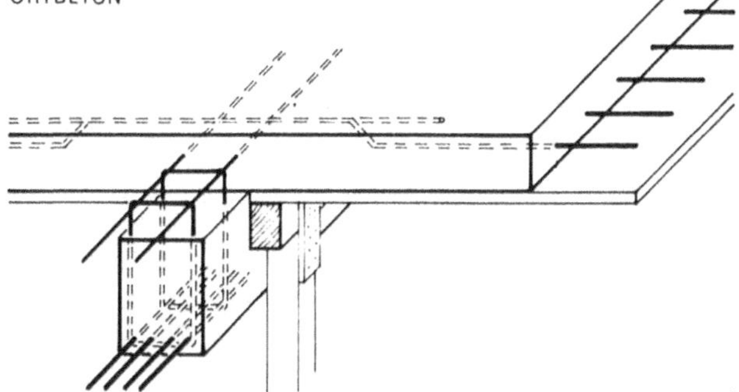

BALKEN TEILGEFERTIGT

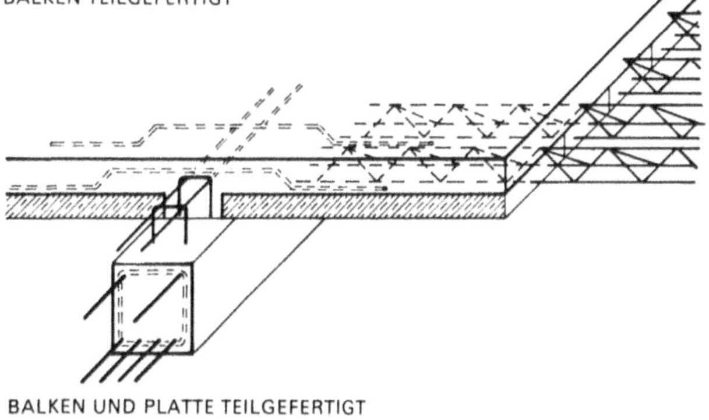

BALKEN UND PLATTE TEILGEFERTIGT

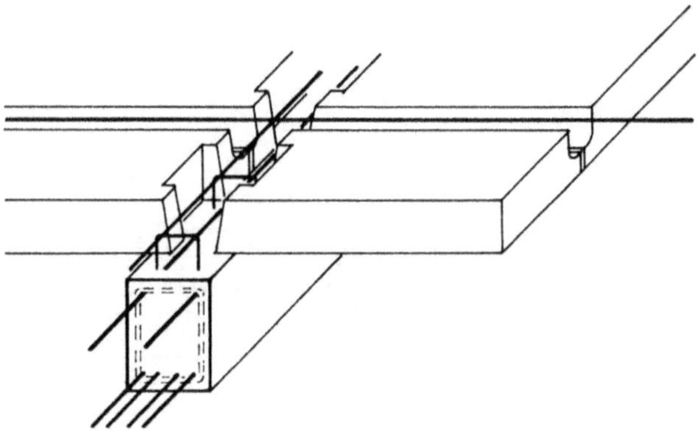

VOLLMONTAGE (NUR FUGENVERGUSS)

Die Querrippen sind bei Verkehrslasten über 3,5 kN/m² (350 kp/m²) für die vollen, sonst für die halben Schnittgrößen der Längsrippe zu bemessen. Diese Bewehrung ist unten, besser unten und oben, anzuordnen. Querrippen sind etwa so hoch wie Längsrippen auszubilden und zu verbügeln.

21.2.3 Zweiachsig gespannte Stahlbetonrippendecken
Bei zweiachsig gespannten Rippendecken sind die Regeln für einachsig gespannte Rippendecken sinngemäß anzuwenden. Insbesondere müssen in beiden Achsrichtungen die Höchstabstände und die Mindestabmessungen der Rippen und Platten nach den Abschnitten 21.2.2.1 bis 21.2.2.3 eingehalten werden.
Die Schnittgrößen sind nach Abschnitt 20.1.5 zu ermitteln. Die günstige Wirkung der Drillmomente darf nicht in Rechnung gestellt werden.

Stahlbetonrippendecken

Rippenabstand ≦70 cm (>70 cm = Plattenbalkendecke)
Rippenbreite ≧5 cm
Füllkörper statisch unwirksam.
Dicke der Druckplatte mind. 1/10 des lichten Rippenabstandes und mind. 5 cm.
Die Druckplattenstärke ist meist abhängig von Brand- bzw. Schallschutzanforderungen. Letztlich hängt hiervon die Gesamtstärke der Decke ab, da nur bestimmte Rippen-Schalkörperhöhen auf dem Markt sind.
Auflagertiefe der Rippen ≧15 cm. Füllkörper dürfen nicht in die Wände eingreifen.

Stahlbetonrippendecken ohne Füllkörper

Koenen-Decke

Ortbetondecke
Hauptbewehrung in einer Richtung und kreuzweise verlegt. Schalung: Streifenschalung im Rippenabstand mit Schalblechen. Übliche Rippenabstände 50 cm und 62,5 cm. Aus Gründen des Schallschutzes Putzträger in großen Abständen an der Rohdecke befestigen. Eigengewicht der Rohdecke bei Deckendicke 18,75 cm = 190 kg/m².
Dämmwerte einer 18,75 cm dicken Decke ohne Deckenputz:

Luftschallschutzmaß	– 6 dB
Trittschallschutzmaß	– 20 dB
Rohdecken-Gruppe I DIN 4109	

Wärmedämmzahl: 0,04 $\frac{m^2 K}{W}$

Dämmwerte einer 18,75 cm dicken Decke aus B 15 mit Deckenputz:

Luftschallschutzmaß	+2 dB
Trittschallschutzmaß	– 9 dB
Rohdecken-Gruppe II DIN 4109	

Wärmedämmzahl
mit Putzträger 0,26 $\frac{m^2 K}{W}$

STAHLBETONRIPPENDECKE
OHNE FÜLLKÖRPER AUF BLECHSCHALUNG BETONIERT

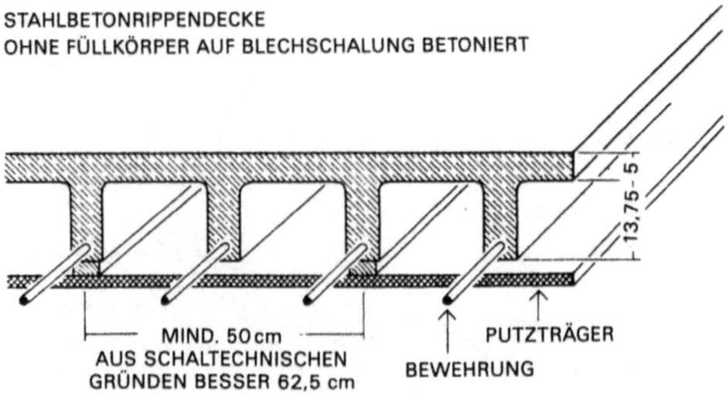

STAHLBETONRIPPENDECKE (KOENEN)
OHNE FÜLLKÖRPER AUF BLECHSCHALUNG BETONIERT

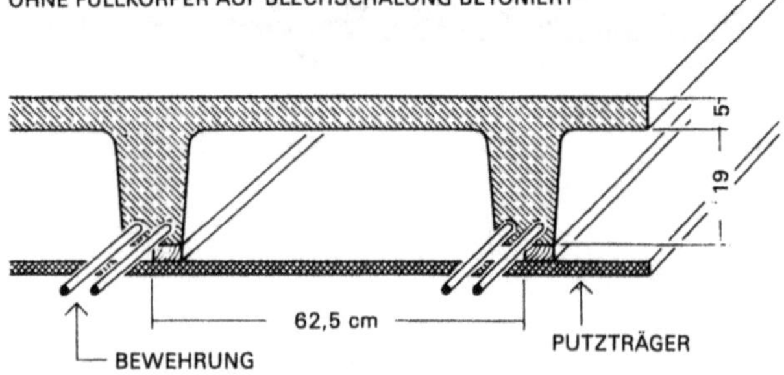

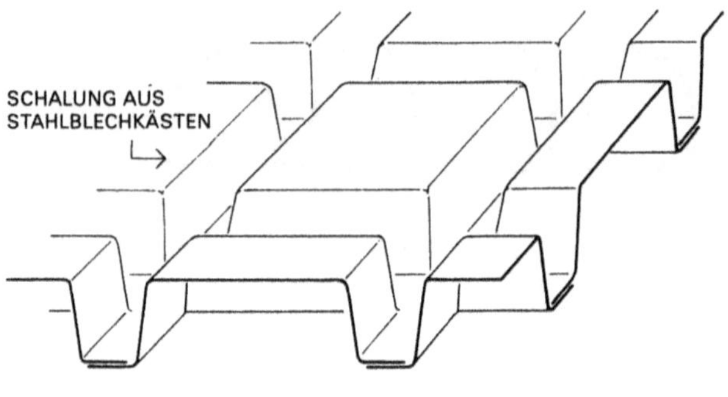

KAISER-MASSIVDECKE

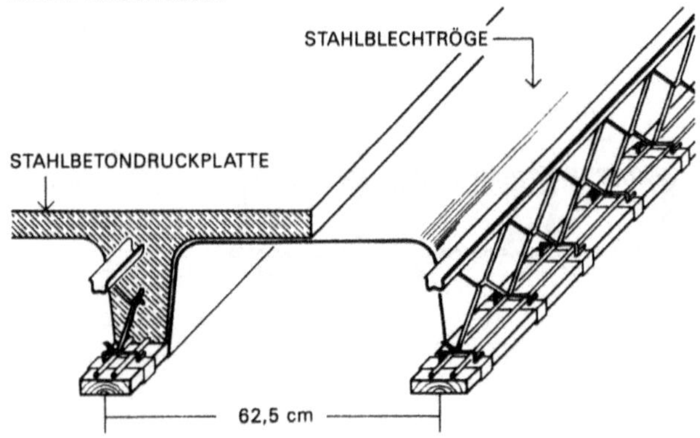

STAHLBETONRIPPENDECKE AUS TT-PLATTEN

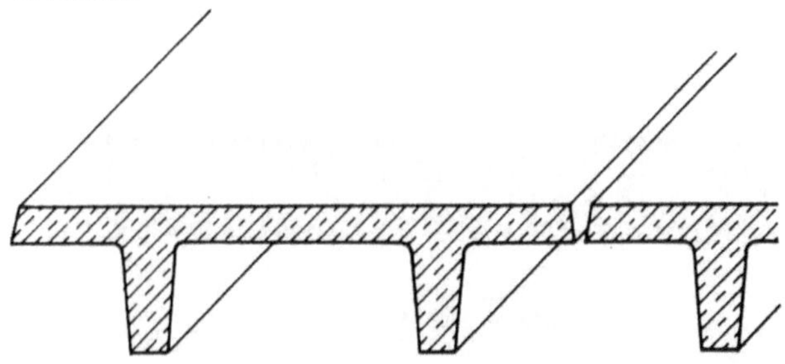

STAHLBETONRIPPENDECKEN
MIT FÜLLKÖRPERN
(EBENE UNTERSICHTEN)

FÜLLKÖRPER AUS BIMS-
BAUSTOFFEN

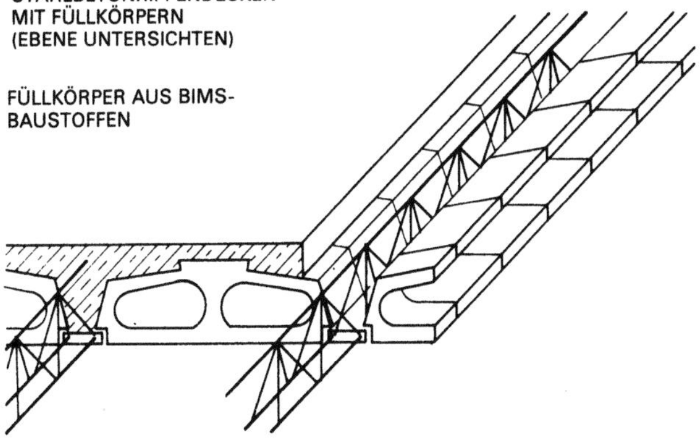

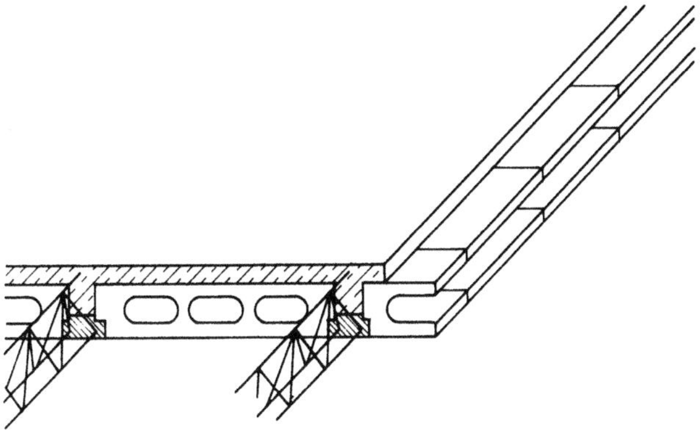

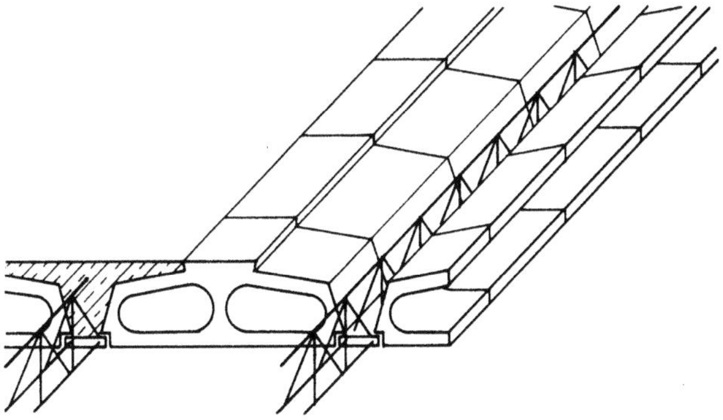

FÜLLKÖRPER AUS ZIEGEL

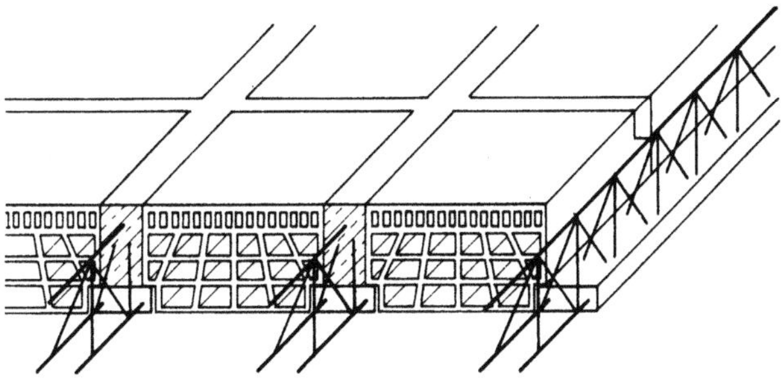

FÜLLKÖRPER AUS BETON

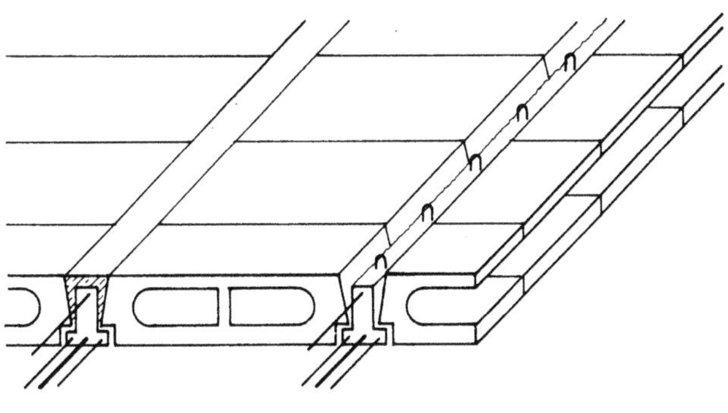

Stahlträgerdecken

Trotz des höheren Stahlverbrauches gegenüber Stahlbetonrippen- und Plattenbalkendecken kommen Stahlträgerdecken für bestimmte Bauaufgaben und Anforderungen, z. B. des Industriebaues, auch außerhalb des Stahlskelettbaues zur Anwendung. Sie eignen sich vor allem für große, durchgehende Geschoßflächen gleichartiger Zweckbestimmung, bei denen alle Träger in gleichen Abständen liegen können oder wenigstens innerhalb der einzelnen Bundfelder nicht wechseln. Im Industriebau sind Stahlträgerdecken überall dort erwünscht, wo die Werkvorgänge manchmal bauliche Änderungen erfordern. Man kann an die Träger ohne Schwierigkeit alle möglichen Lasten, Leitungen, Transmissionen usw. anhängen, man kann sie nötigenfalls nachträglich verstärken oder auswechseln und auch nach Abbruch wieder an anderer Stelle verwenden. Träger, die mehrere Felder überspannen, können ohne Einschränkung in ihrer Durchlaufwirkung ausgenutzt werden. Kürzere Träger kann man durch voll wirksame Kontaktanschlüsse zu Durchlaufträgern ausbilden. Stahlträgerdecken sind für hohe Nutzlasten verwendbar und auch für rollende Lasten, z. B. für befahrbare Hofkellerdecken, geeignet.

Die Nachteile der Stahlträgerdecken sind in der Hauptsache der hohe Stahlverbrauch und die Korrosionsgefahr. Als homogen vollwandige Walzprofile lassen die Träger, sowohl auf den Stabquerschnitt als auch auf die Stablänge bezogen, keine restlose Ausnutzung des teuren Stahls zu. Über Naßräumen, z. B. Waschküchen, und besonders bei Ställen (Ammoniakdämpfe) reicht eine Ummantelung allein nicht aus, die Träger müssen vor dem Einbau einen Bitumenanstrich erhalten. Bei Verwendung von Schlackenbeton ist darauf zu achten, daß die Schlacken keinen Schwefel enthalten. Der Stahl darf auch nicht mit magnesitgebundenen Fußböden in Berührung kommen. Werden die Trägerfelder mit Bimsbeton ausgefacht, so ist wegen dessen Feuchtigkeitsdurchlässigkeit ein Rostschutz der Träger notwendig, wozu schon ein Anstrich mit Zementschlämme genügen kann. In allen Mauerbauten dürfen die Stahlträger nur oberhalb der Feuchtigkeitssperrschichten in die Wände einbinden. Die Träger werden nach Listen genau abgelängt geliefert. Sie sind in Regellängen von 4 bis 15 m im Handel.

Um Stahl zu sparen, ohne auf die baulichen Vorteile von fertigen Deckenträgern verzichten zu müssen, wurde in den letzten Jahren eine ganze Reihe von Stahl-Leichtträgern entwickelt. Sie werden teils aus warmgewalztem Bandstahl durch kalte Formgebung hergestellt, teils aus rundem und kantigem Stabstahl zusammengeschweißt. Die meisten Stahl-Leichtträger können nicht als sofort voll belastbare Deckenträger dienen, sondern sind vielmehr als vorgefertigte starre Stahlbetonbewehrung anzusprechen. Sie brauchen meistens eine zusätzliche Unterstützung während der Bauzeit und erhalten ihre volle Tragfähigkeit erst im Zusammenwirken mit abgebundenem Beton. Die Verwendung von Stahl-Leichtträgern ist dann zu empfehlen, wenn sie eine wirtschaftliche Deckenkonstruktion als solche mit Vollwandprofilen ergeben.

GEWÖLBTE KAPPE ZWISCHEN STAHLTRÄGERN AUS
VOLLSTEINEN GEMAUERT

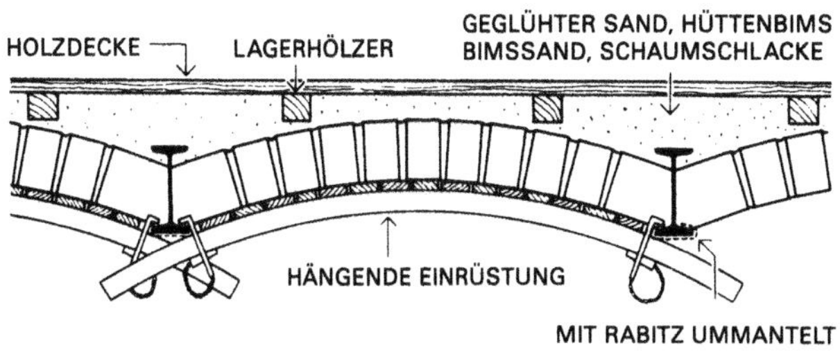

VERANKERUNG DER GEWÖLBE-ENDFELDER NACH DIN 1053

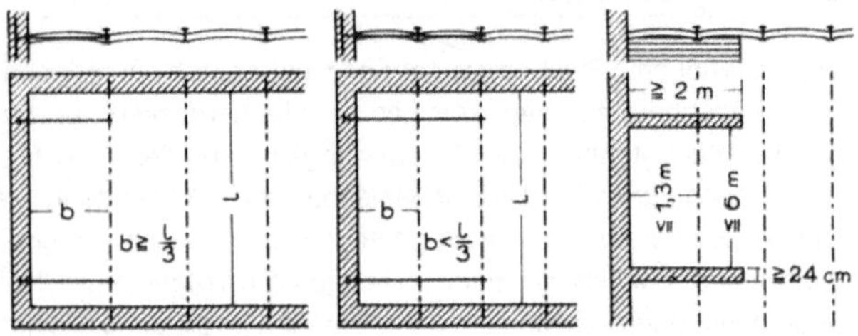

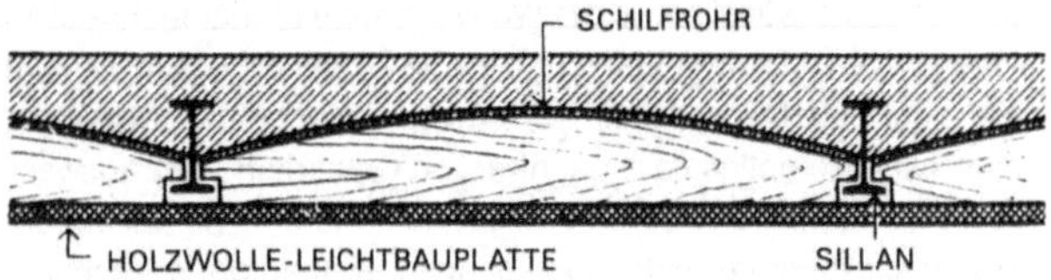

Gewölbte Leichtbetonkappen auf verlorener Schilfrohrschalung mit bogenförmig geschnittenen Querrippen aus frischem Holz, die zur Befestigung des Putzträgers dienen. Nach dem Eintrocknen des Holzes entsteht eine im Sinne des Schallschutzes zweischalige Decke. Diese günstige Wirkung wird erhöht, wenn die Bogenbretter auf Sillan-Filzstückchen an den Stahlträgern auflagern.

GEWÖLBTE KAPPE AUS SCHWERBETON ZWISCHEN STAHLTRÄGERN

SCHEITRECHTE SCHWERBETONKAPPE MIT GESTELZTEN AUFLAGERN

SCHEITRECHTE SCHWERBETONKAPPE, AUSFACHUNG IN VOLLER TRÄGERHÖHE

DURCHLAUFENDE STAHLBETONPLATTE ZWISCHEN STAHLTRÄGERN

DURCHLAUFENDE STAHLBETONPLATTE ÜBER STAHLTRÄGERN

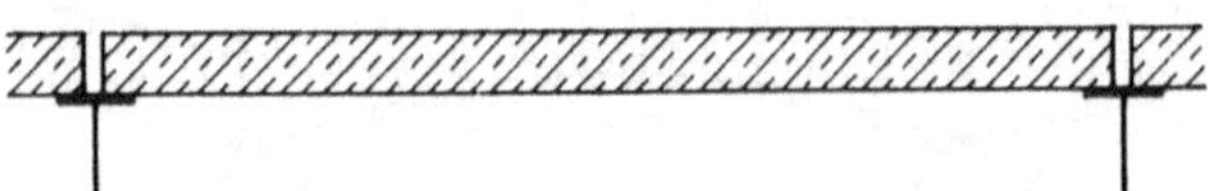

AUFGELEGTE FERTIGTEILPLATTEN, GGF. MIT VERBUNDANKER IN VERGUSSFUGE

Unbewehrte Ausfachungen

In ihrer alten Form stellen die Stahlträgerdecken eine Weiterentwicklung der Stichkappengewölbe dar. Die Stahlträger sind an die Stelle der Gurtbögen getreten und haben deren Aufgaben als Gewölbewiderlager übernommen. Da sie in kleineren Abständen als die raumbehindernden Gurtbögen angeordnet werden können, ist es möglich, mit flacherem Stich und dünneren Schalen zu wölben und dadurch die Bauhöhe und das Eigengewicht der Decken zu verringern. Außerdem kann man mit hängender Einrüstung arbeiten.
Mit der Erfindung des Betons wurde das zeitraubende Mauern der Kappengewölbe überflüssig. Gewölbte oder scheitrechte Betonkappen, zwischen Stahlträgern auf hängender Einrüstung gestampft, waren die am einfachsten und schnellsten herzustellenden Ortbetondecken.
Um die Trägerfelder ohne Schalung ausfachen zu können, wurden vorgefertigte Bauteile entwickelt, die bei möglichst trockener Bauweise eine ebene Untersicht bilden, welche unmittelbar verputzt werden kann.

Bewehrte Ausfachungen

Für bewehrte Ausfachungen der Stahlträgerfelder gelten die Grundsätze und Bestimmungen des Stahlbetonbaues. Sie sind überall dort notwendig, wo die Trägerabstände so groß sind, daß unbewehrte Ausfachungen für diese Stützweiten nicht mehr ausreichen. Anfangs wurden sie aus Voll- oder Lochziegeln mit bewehrten Mörtelfugen, später als Stahlsteindecken und Stahlbetondecken ausgeführt.
Nach DIN 1045 sollen die Endauflager der Stahlbetonplatten auf Mauerwerk mindestens gleich der Plattendicke in Feldmitte, mindestens aber 7 cm sein. Dieser Wert darf bei Platten, die mit oder ohne Stelzung auf Stahlträgern aufliegen, unterschritten werden. Jedoch sind kleinere Auflagerbreiten als bei Stahlträgern I 160 im allgemeinen unzulässig. Eine Ausnahme bilden Decken zwischen Stahlträgern I 14, wenn die Verkehrslast höchstens 2,75 kN/m² (275 kg/m²), die Stützweite der Platten nicht mehr als 1,80 m beträgt und die Träger beiderseits belastet oder derart gestützt oder verankert sind, daß sie weder seitlich ausweichen noch sich verdrehen können.
Für die Bemessung durchlaufender Stahlbetonplatten zwischen Stahlträgern dürfen die Momente nach den Regeln für frei drehbar gelagerte Durchlaufträger ermittelt werden, wenn die Oberkanten der Platten mindestens 4 cm über den Trägeroberkanten liegen.
In Industriebauten, in welchen keine feuerschützende Ummantelung des Stahltragwerks verlangt wird, läßt man die Decken gern in voller Höhe über den Stahlträgern durchlaufen. Hierdurch ergibt sich die einfachste Schalungsarbeit, der Zustand der Stahlbauteile bleibt ständig kontrollierbar, und man kann an den Trägern jederzeit Hilfskonstruktionen befestigen.

Verbundträgerkonstruktionen

Bei den bisher dargestellten Stahlträgerdecken ist die Deckenausfachung lediglich auf Überbrückung der Feldweite und gegebenenfalls auf Korrosionsschutz der Stahlteile bemessen. Abgesehen von der Erhöhung des Trägereigengewichtes durch den Betonmantel oder eine Aufstellung ist von Nachteil, daß in der Zugzone die Stahlspannung auf die zulässige Durchbiegung bzw. Rissefreiheit des Betons beschränkt werden muß. Eine Ausnutzung der hochwertigen Stähle ist damit nicht möglich.
Bei Stahlverbundträgerdecken wird dagegen der Betonquerschnitt auch in Spannrichtung der Träger zur Lastaufnahme mitherangezogen. Das erlaubt die sparsamste Bemessung der Deckenträger, was vor allem bei höherer Deckenbelastung und größeren Spannweiten entscheidend zu Buche schlägt. Die Decken wirken als

VERBUNDTRÄGER-DECKEN

VERBUND IM STAHLBETONBAU:
ZUSAMMENWIRKEN VON PLATTE UND TRÄGER,
VERGRÖSSERUNG DER WIRKSAMEN BALKENHÖHE

STAHLTRÄGERDECKE OHNE VERBUND:
ALLEINWIRKUNG DES TRÄGERS

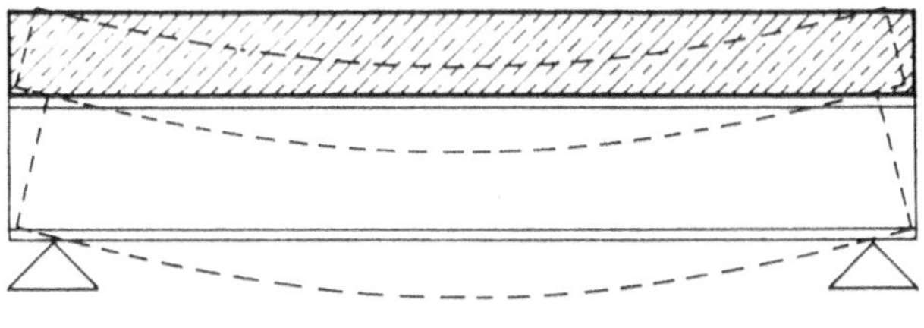

STAHLTRÄGER-VERBUNDDECKE

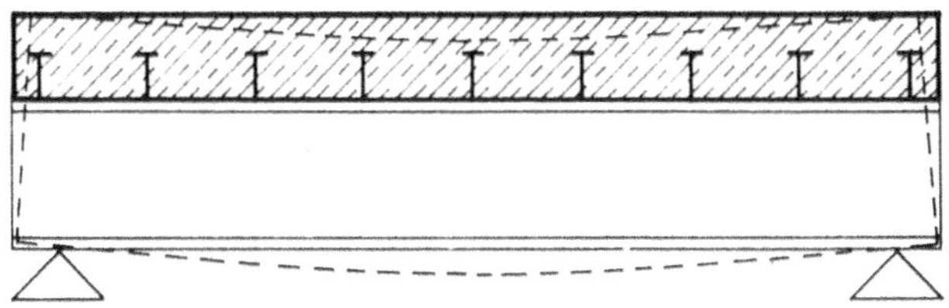

Plattenbalkendecken, deren Zugzone im Stahlträger und deren Druckzone im Betonquerschnitt zu liegen kommt. Dazu sind der Stahl- und der Betonquerschnitt durch Verbundanker untereinander zu koppeln. Zu DIN 18806 „Verbundkonstruktionen" wurden einige erprobte Verbundkonstruktionen zusammengestellt. Man unterscheidet starre Dübel und elastische Verbundanker (Bügelbewehrung).

Die Verbundmittel werden entsprechend den auftretenden Schubspannungen im Deckenquerschnitt angeordnet. Zum Trägerauflager hin sind sie daher dichter zu setzen. Zu bevorzugen sind kleinflächige, dichtgesetzte starre Dübel gegenüber großflächigeren in größeren Abständen. Bolzendübel und Flachstahlanker haben im Zuge einer Mechanisierung der Verbundträgerfertigung die ursprüngliche Verbundbewehrung zurückgedrängt. Bei Bolzenschweißverfahren läuft der ganze Schweißvorgang vom Zünden des Lichtbogens über die Regelung der Schweißzeit bis zum Eintauchen des Bolzens in das flache Schmelzbad automatisch ab. Heute kommt die Verbundbauweise nicht nur bei Ortbetondecken, sondern auch bei Fertigteildecken, die sich dem Bauablauf des Stahlskelettbaues besser einordnen, zur Anwendung. Beim System Krupp wird der Verbund durch HV-Schraubverbindungen oder durch Verbundanker in den Vergußfugen gewährleistet. Das System Rüter verwendet Fachwerkträger, deren Obergurt erst bauseits in Form der Stahlbetondeckenelemente montiert wird. Beim System Rheinstahl sind dagegen die Obergurte kompletter Fachwerkträger in die Deckenelemente einbetoniert.

Die Anwendung des Verbundprinzips auf einem vollständig vom Beton ummantelten Walzprofilträger eröffnet zusätzliche Möglichkeiten, die unterschiedlichen, sich jedoch ergänzenden Eigenschaften von Stahl und Beton zu nutzen. Durch eine Vorspannung und Überwölbung des ummantelten Trägers können Verformung und Rißbildung unter Gebrauchslast so weit reduziert werden, daß einer Ausnutzung höherer zulässiger Stahlspannungen (St-52) nichts entgegensteht. Das besondere Merkmal solcher Träger ist die Erzeugung ihrer Vorspannung durch elastische Trägerverbiegung (Preflexion): Ein Walzträger wird werkseitig überwölbt, unter späterer Gesamtbelastung erhält sein Untergurt einen Betonmantel incl. Verbundanker und -bewehrung. Nach Erhärten des Betons und Entlastung des Trägers steht der Untergurt unter einer Druckspannung, welche unter Gebrauchslast eine Verformung über das Maß der Verbiegung und jegliche Rissebildung ausschließt.

Der Verbundträger des Systems Preflex kommt als Fertigelement, d. h. als Walzträger mit betonummanteltem Untergurt – gegebenenfalls Verbundanker auch am Obergurt – zur Baustelle. Er eignet sich gleichermaßen für die Verwendung im Gefüge eines Stahlbetonbaues wie eines Stahlbaues. Sein spezielles Einsatzgebiet ist dort, wo bei großen Spannweiten und großen Lasten ein Minimum an Deckenkonstruktionshöhe eingehalten werden soll.

VERTEILUNG DER ZUG- UND DRUCKSPANNUNGEN

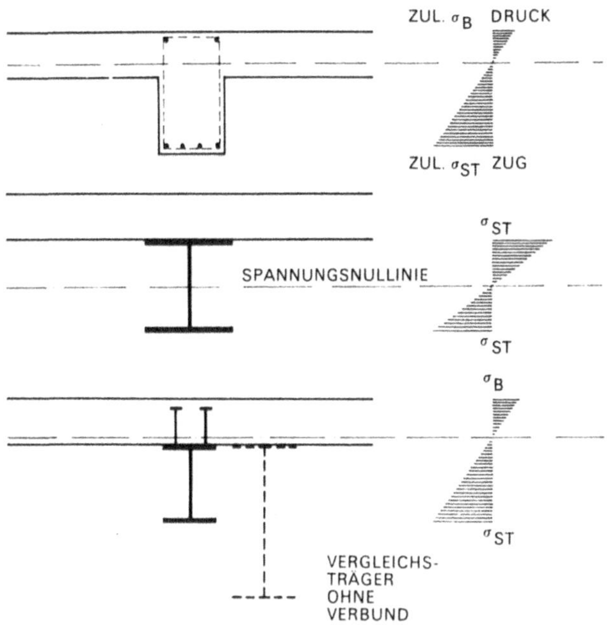

VERBUNDTRÄGERDECKE IM MONTAGEBAU
SYSTEM KRUPP

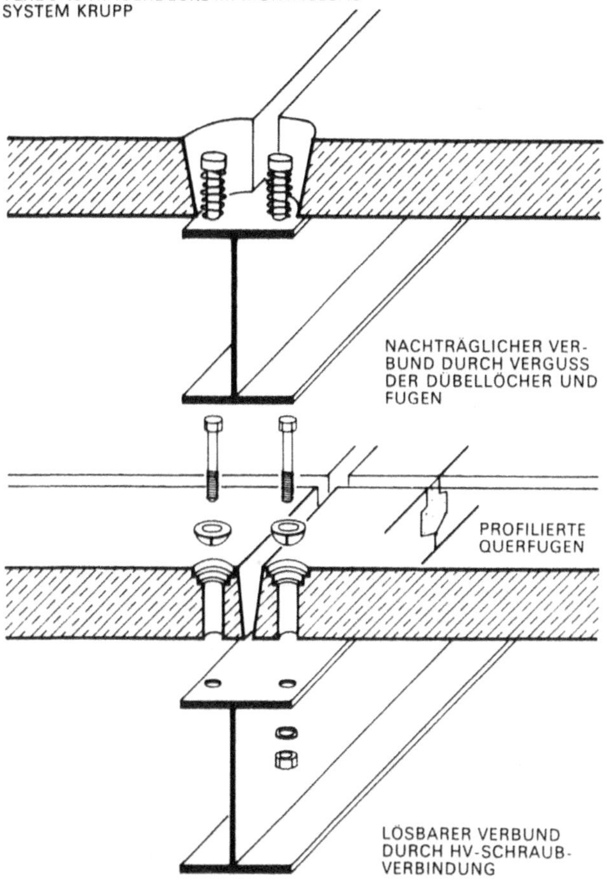

SYSTEM RHEINSTAHL

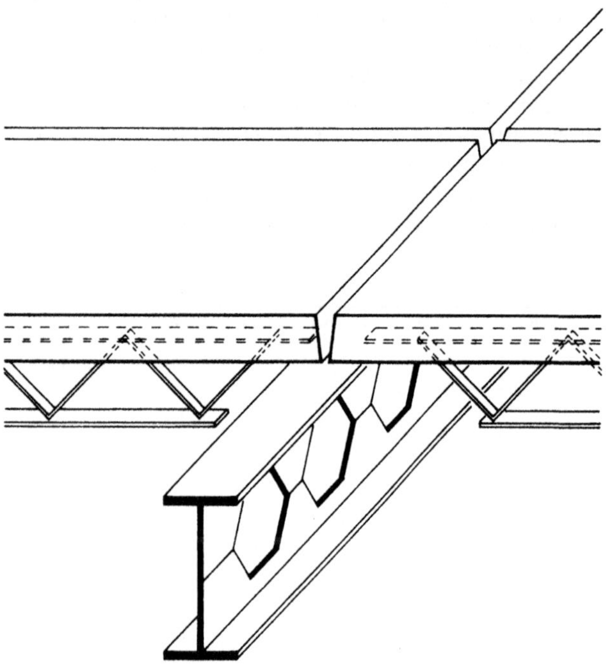

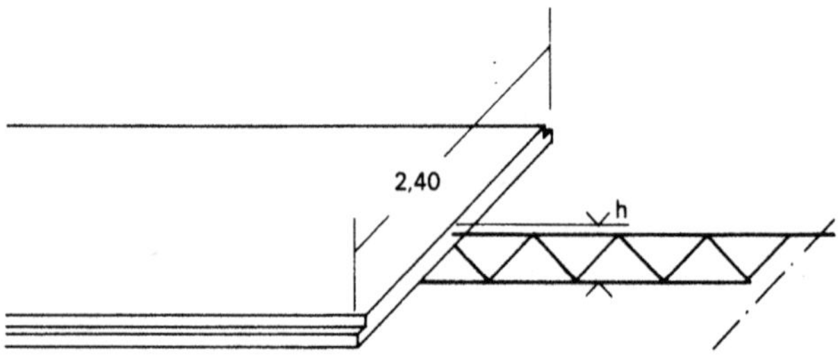

VERKEHRS-LAST p	STÜTZ-WEITE L	BAU-HÖHE h
5 kN/m^2 (500 kp/m^2)	7,20–12,0 m	35–55 cm
10 kN/m^2 (1000 kp/m^2)	7,20–12,0 m	45–85 cm

SYSTEM RÜTER

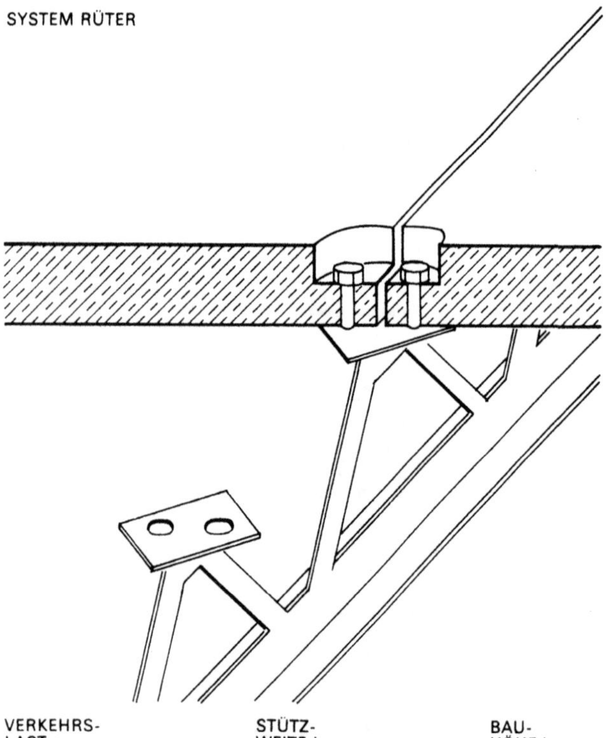

VERKEHRS-LAST p	STÜTZ-WEITE L	BAU-HÖHE h
5 kN/m^2 (500 kp/m^2)	6,0–15,0 m	45–60 cm
10 kN/m^2 (1000 kp/m^2)	6,0–15,0 m	70–90 cm

DOPPELVERBUND-TRÄGER
SYSTEM - PREFLEX

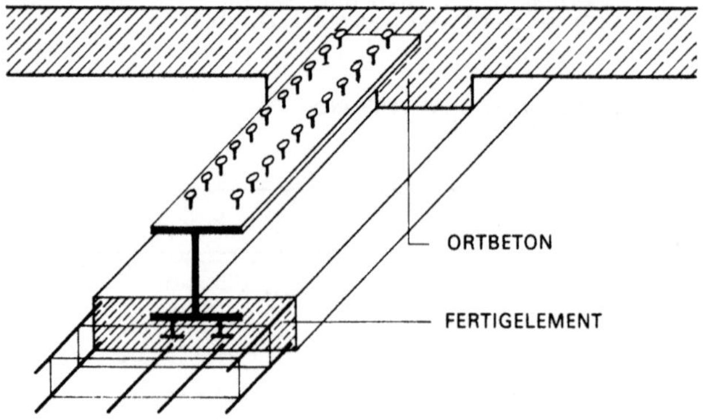

DER WIRTSCHAFTLICHE EINSATZ VON PREFLEX-TRÄGERN

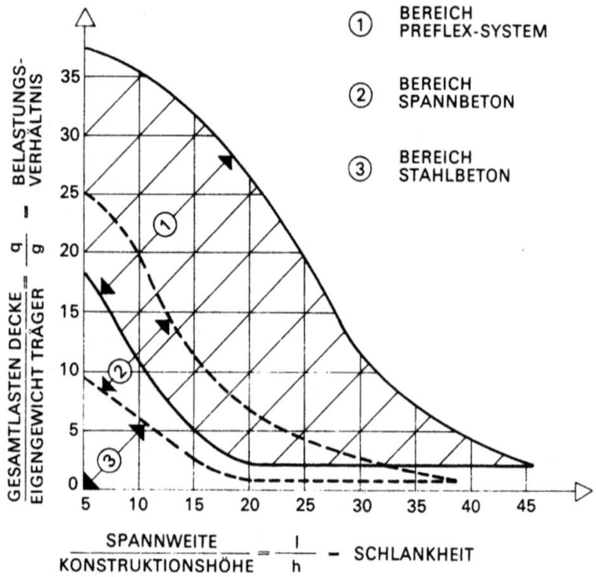

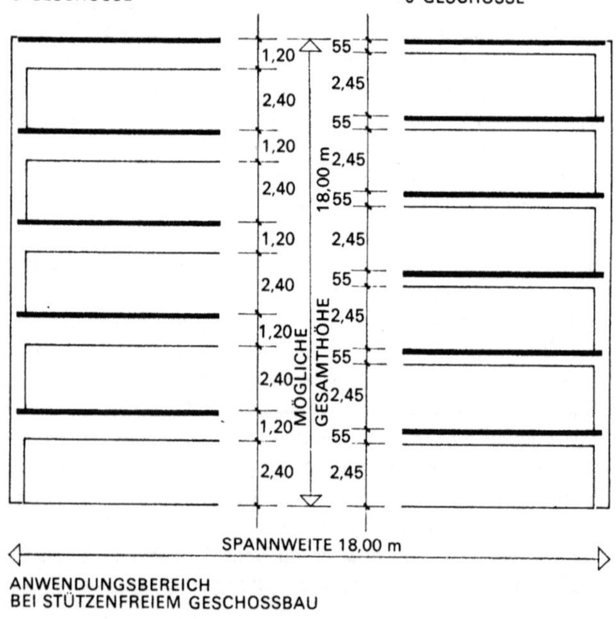

ANWENDUNGSBEREICH
BEI STÜTZENFREIEM GESCHOSSBAU

Stahlzellendecken

Die konventionelle Herstellung aussteifender, örtlich hergestellter Stahlbetonplatten bringt für den Montageablauf eines Stahlskelettbaues unerwünschte Verzögerungen. Nachträglich sind, vom Einbringen bis zur Wiederverwendung der Schalung je Geschoß, annähernd 10 Arbeitsgänge erforderlich, um in das fertig montierte Stahlskelett die Decken einzuziehen. Bei den sogenannten Stahlzellendecken bilden kaltverformte, trapezförmig profilierte und bandverzinkte Stahlblechtafeln zugleich:

- verlorene Schalung
- tragfähige Arbeitsbühne und Queraussteifung
- Bewehrungszone einer zu beliebigem Zeitpunkt zu betonierenden Decke.

Die Stahlblechprofilierung bietet Hohlräume im Deckenquerschnitt, die sich ohne wesentlichen zusätzlichen Aufwand bauseits zu Installationskanälen ergänzen lassen. Selbst als Luftkanäle wurden die Deckenhohlräume bereits verwendet.

Die Vorteile solcher Decken sind außerdem: geringes Eigengewicht, niedrige Bauhöhen, zügige Montage von Hand, sofortige Belastbarkeit und Vereinfachung der Deckenabhängung und des späteren Ausbaues, auch ist eine Scheibenwirkung zur Aufnahme und Ableitung von Windlasten durch Montageverbindungen zu erbringen. Die schubfeste Verbindung der Profiltafeln mit ihrer Unterkonstruktion durch elektrische Punktverschweißung und Bolzenschweißverfahren ergibt im Sinne der Verbunddecken die günstigste Deckengesamthöhe.

Die Scheibenwirkung der Decke ist bereits während des Montagezustandes gegeben, wenn die Profiltafeln an den seitlichen Überlappungsstößen durch Stanzverbindungen oder dergleichen kraftschlüssig verbunden werden. Unter diesen Voraussetzungen ist die Verlegerichtung für die Scheibenwirkung unerheblich. Damit kann der mindestens 5 cm dicke Aufbeton der Güte >B 15 rechnerisch bei der Bestimmung der Tragfähigkeit wie der Scheibenwirkung vernachlässigt werden. Er darf deshalb auch durch Querkanäle <60 cm Breite für Installationen unterbrochen oder geschwächt sein. Dieser Aufbeton erfüllt jedoch die Aufgaben der Querverteilung, des Korrosionsschutzes wie des Brandschutzes (F 90). Der Brandschutz der Unterseite ist durch entsprechende Unterdecke oder Spritzbeschichtung zu gewährleisten.

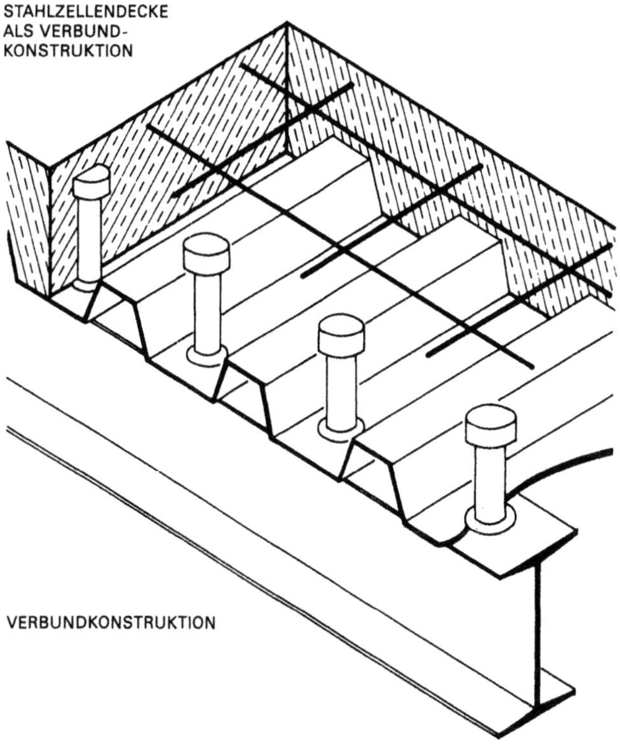

Ein Bodenaufbau ohne den Aufbeton, unmittelbar auf den Stahlzellenelementen verlegt, besitzt keine ausreichende Querverteilung. Das bedeutet, daß Einzel- und Streckenlasten nur auf die Decke einwirken dürfen, wenn zumindest ein entsprechender Lastverteilungsstreifen durch Betonunterfüllung angeordnet wird. Außerdem ist für alle oberseitig verbleibenden Hohlräume dann ein zusätzlicher Korrosionsschutz der Stahldecke gefordert. Stahlzellendecken dürfen nicht nur auf Unterkonstruktionen aus Stahl, sondern auch aus Stahlbeton und Holz verlegt werden. Es sind lediglich unterschiedliche Befestigungsmöglichkeiten gegeben. Die maximale Stützweite beträgt jeweils 4 m. Eingebaut werden Stahlzellendecken nur von Firmen, deren Eignung entsprechend DIN 4115 nachgewiesen ist und die vom Zulassungsinhaber des jeweiligen Deckentyps dazu autorisiert worden sind. (Siehe auch Kapitel „Stahlskelettbau".)

Treppen

Die Treppen stellen die begehbare Verbindung zwischen verschiedenen Geschoßebenen her.
Das Wort „Treppe" (trappen) ist niederdeutschen Ursprungs. Im heutigen Sinne wird es seit dem 17. Jahrhundert gebraucht. „Stiege" (steigen, Steg) ist oberdeutschen Ursprungs und ist auch in Österreich und der Schweiz gebräuchlich. „Stufe" (Staffel) stammt aus dem Altdeutschen. Die Treppen werden meistens nach ihrer Lage, ihrem Ziel oder ihrer Bedeutung und ihrer Form bezeichnet, z. B. Geschoßtreppe, Kellertreppe, Außentreppe, Freitreppe, Bodentreppe, Haupttreppe, Nebentreppe, ein- oder mehrläufige Treppe, gewendelte oder Wendeltreppe etc. Die meisten notwendigen Treppen sind aus feuerpolizeilichen Gründen in einem eigenen Raum, dem Treppenhaus, untergebracht. In diesem Falle müssen sie auch feuersicher ausgebildet sein. An Materialien zum Treppenbau stehen zur Verfügung: Holz, Naturstein, Kunststein, Beton, Stahlbeton und Eisen.
Das Mittelalter hat die Treppen nur sachlich, oft sogar stiefmütterlich behandelt. Erst in der Renaissance rückten sie in dem italienischen aristokratischen Palastbau sozusagen in das Zentrum des neuen Bauorganismus vor. Vasari verlangt: „Vogliono le scale in ogni sua parte avere del magnifico attesoche molti veggiono le scale e non il rimanente della casa." Sinngemäß übersetzt: „Machen wir aus der Treppe das Prächtigste, weil die meisten Menschen die Treppen und nicht das übrige des Hauses im Gedächtnis bewahren." Diese Auffassung führte schließlich zu den höchsten Leistungen des Barock. Bequem zu begehen waren übrigens diese schönen Treppen meistens nicht. Sie hatten durchweg bei niedrigen Stufenhöhen zu breite Auftritte. Aber darauf kam es den Bauherren und ihren Architekten nicht an. Die Treppen wurden langsam beschritten (Zeremoniell), so daß der Steigende Ruhe und Gelegenheit hatte, die prächtige Architektur zu bewundern bzw. sich vom Volk bewundern zu lassen.
Die Einstellung unserer Zeit ist wesentlich anders. Das allgemeine Lebenstempo verlangt, daß eine Treppe rasch und sicher mit möglichst geringem Kraftaufwand begangen werden kann. Beim Treppensteigen muß das ganze Körpergewicht nach oben gestemmt werden. Umgerechnet auf eine Stunde würde dieser Kraftaufwand bei raschem Steigen einem Verbrauch von ~ 1000 Watt (860 kcal/k) entsprechen. Beim Abwärtsgehen befindet sich der Körper im labilen Gleichgewicht. Die meisten Unfälle passieren deshalb auf Treppen und im Gebirge beim Abstieg. Auch Rampen sind beim Abwärtsgehen nicht körpergerecht.
Bei starken Verkehrsanforderungen ersparen Aufzüge und Rolltreppen das Treppensteigen. Aus Sicherheitsgründen müssen aber in einem Gebäude außerdem stets normale Treppen vorhanden sein. Aufzüge und Rolltreppen sind also nur verkehrserleichternde Zugaben.
Heute vermeiden wir einen unbegründeten Aufwand an Treppen, achten jedoch darauf, daß sie gehsicher und dem Verkehr gewachsen sind.

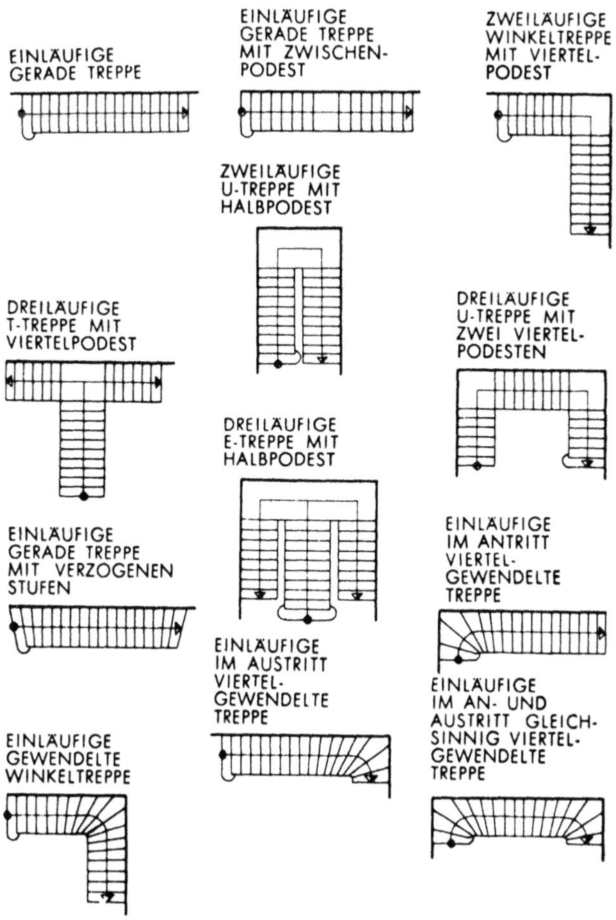

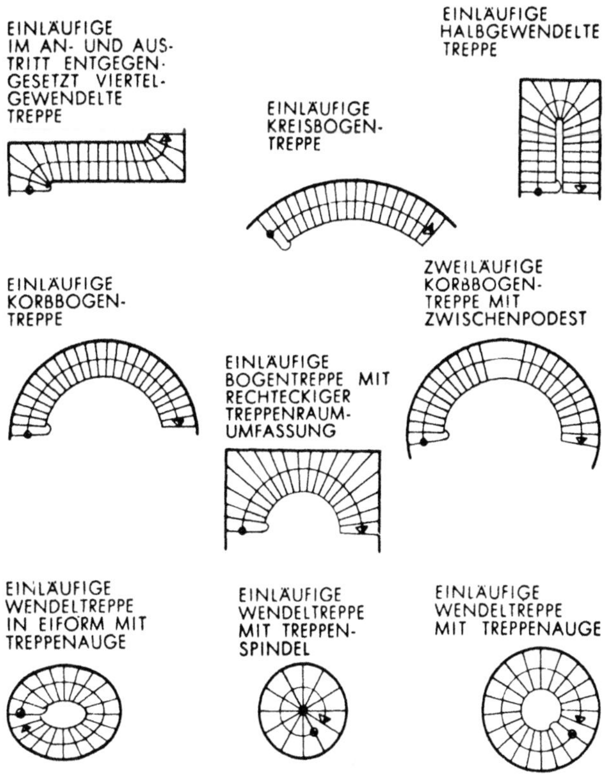

Die verschiedenen Treppen-Grundrißformen sind in DIN 18064 genormt.

Grundformen der Treppen

Die Form und Gestalt, die wir einer Treppe geben, hängt vorwiegend von der Größe und Bedeutung des Gebäudes, dem verfügbaren Raum und schließlich vom Material und der gewählten Konstruktion ab. Die Breite der Treppenläufe wird in den meisten Fällen durch DIN- oder bauaufsichtliche Vorschriften bestimmt. Je knapper die Raumverhältnisse sind, desto schwieriger wird es, eine sicher und bequem zu begehende Treppe einzubauen. In solchen Fällen, also besonders beim Bau von Kleinhäusern, wird die Treppe geradezu zum Schlüssel des Grundrisses. Je raumsparender eine Treppe ist, desto teurer wird im allgemeinen ihre Herstellung, so daß man sich manchmal erst nach einem sorgfältigen Vergleich zwischen Raumersparnis und Herstellungskosten zu einer bestimmten Treppenkonstruktion entscheiden kann. Gerade Treppen durchschneiden als Schrägen den Raum und fallen deshalb stark ins Auge. Wenn auch die Auffassungen der Renaissance und des Barock für uns nur noch eine sehr bedingte Gültigkeit besitzen und wir uns einen derartigen Luxus an Raumaufwand für die Treppen nicht mehr leisten können, so sind wir doch stets bestrebt, die günstigsten Raumverhältnisse für sie zu entwickeln. Neue Baustoffe und neue Konstruktionen erlauben uns heute, diesen Gebilden oft eine Leichtigkeit und Eleganz zu geben, die den alten Bauweisen versagt waren. Die Grundformen der Treppen sind jedoch nach wie vor die gleichen geblieben.

Die Erscheinung einer Treppe wird wesentlich durch ihre Grundrißform bestimmt. Man unterscheidet:

Treppen mit geraden Stufen; Treppen mit geraden und keilförmigen Stufen; Treppen mit nur keilförmigen Stufen.

Treppenlauf

Für die Links- oder Rechtsbezeichnung einer Treppe ist die Lage der Freiwange beim Hinaufgehen maßgebend. Wenn man beim Hinaufgehen den Geländerhandlauf mit der rechten Hand faßt, bezeichnet man die Treppe als Rechtstreppe. Faßt man ihn mit der linken Hand, so spricht man von einer Linkstreppe.

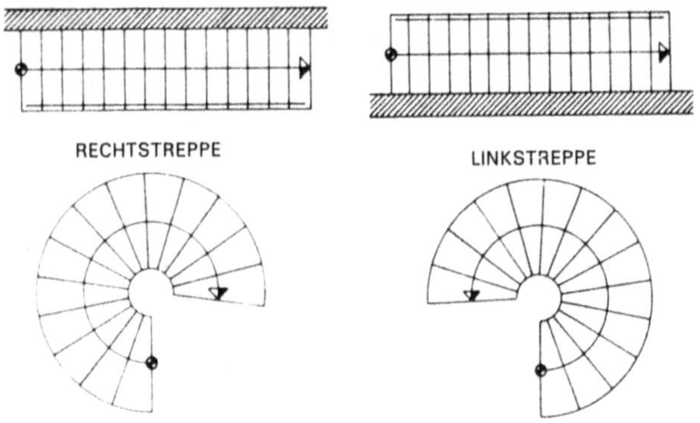

Für die Links-Rechtsbezeichnung gerundeter Treppen gilt die Drehrichtung der Treppe. Dreht sich die Treppe rechts herum (im Uhrzeigersinn), dann bezeichnet man sie als „Rechtstreppe", dreht sie sich nach links (im Gegenuhrzeigersinn), dann spricht man von einer „Linkstreppe".

Treppenlaufbreiten

Wenn beim Entwurf eines Grundrisses entschieden ist, ob eine ein- oder mehrläufige Treppe angeordnet wird, ist zunächst, der zu erwartenden Benützung der Treppe entsprechend, die nutzbare Laufbreite und damit auch die Treppenhausbreite festzulegen. Nach der Musterbauordnung bezeichnet man als nutzbare Laufbreite das Maß von der Innenkante des Handlaufes bis zur Putzoberfläche der Treppenhauswand oder zwischen den Handläufen.

Als Mindestmaße werden verlangt:

1. In Einfamilienhäusern, auch mit Einliegerwohnungen 0,80 m
2. In Wohngebäuden bis zu 2 Vollgeschossen 0,90 m
3. In Wohngebäuden mit mehr als 2 Vollgeschossen sowie Treppen in anderen Gebäuden 1,00 m
4. Kellergeschoßtreppen, Dachraumtreppen und Nottreppen 0,80 m

Bei Treppen, auf deren Benutzung mehr als 125 Personen angewiesen sind, können größere Laufbreiten verlangt werden. Treppenbreiten in Schulhäusern, Krankenhäusern, öffentlichen Versammlungsräumen, Theatern, Kinos und dgl. sind nicht genormt. Die Laufbreiten richten sich hier nach der Anzahl der Personen, die aneinander vorbei müssen, oder auch nach der gewünschten Entleerungszeit. Die Bestimmungen über die Anlage derartiger Treppen sind in den einzelnen Bauordnungen verschieden. Zweckmäßigerweise verhandelt man darüber schon bei der Bearbeitung des Vorentwurfes mit der zuständigen Bauordnungsbehörde.

In der bayerischen Bauordnung wird z. B. in Schulhäusern eine Mindestlaufbreite von 1,50 m gefordert. Wenn eine Treppe von mehr als 250 Schülern benutzt wird, muß die Laufbreite > 1,80 m sein. Treppen über 1,50 m Breite sollen auf beiden Seiten einen Handlauf erhalten. Bei Laufbreiten über 2,50 m ist der Treppenlauf durch einen mittleren Handlauf zu teilen. Der Handlauf der Freiwange ist so zu gestalten, daß ein Herabrutschen darauf unmöglich ist. Die Konstruktion der Treppe muß feuerbeständig sein.

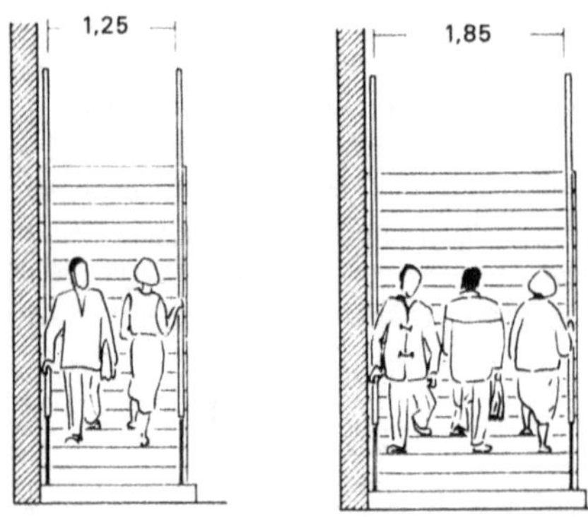

Die Laufbreite für Treppen, auf denen sich zwei Menschen begegnen und ungehindert aneinander vorbeigehen können, ist mit mindestens 1,25 m, für drei Menschen mit mindestens 1,85 m anzunehmen.

Die nutzbare Laufbreite ist das Maß zwischen Wandputzoberfläche und Handlaufinnenkante bzw. zwischen den Handläufen.

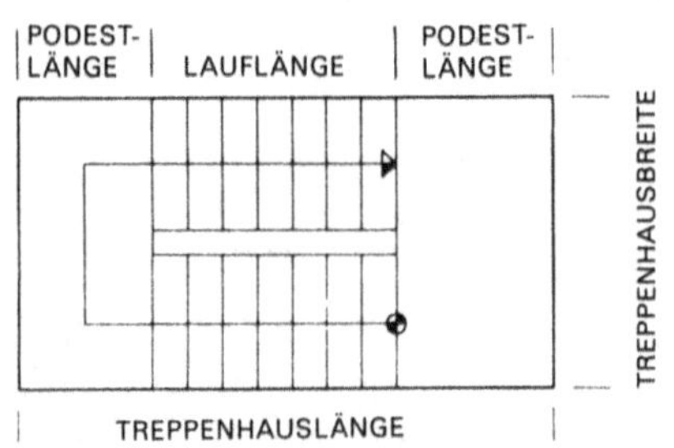

Die erforderliche Treppenhauslänge ergibt sich aus der Anzahl und Breite der Auftritte und den Podestlängen. Beim Entwurf einer Treppe ist ferner darauf zu achten, daß die lichte Durchgangshöhe (Kopfhöhe) bei Einfamilien- und Kleinhäusern mindestens 2,00 m, bei Geschoßwohnhäusern usw. mindestens 2,20 m und bei gewerblichen und öffentlichen Bauten 2,40 m beträgt. Als Durchgangshöhe bezeichnet man den Abstand von Vorderkante Trittstufe bis Unterseite des darüberliegenden Treppenlaufes bzw. der darüberliegenden Decke, lotrecht gemessen.

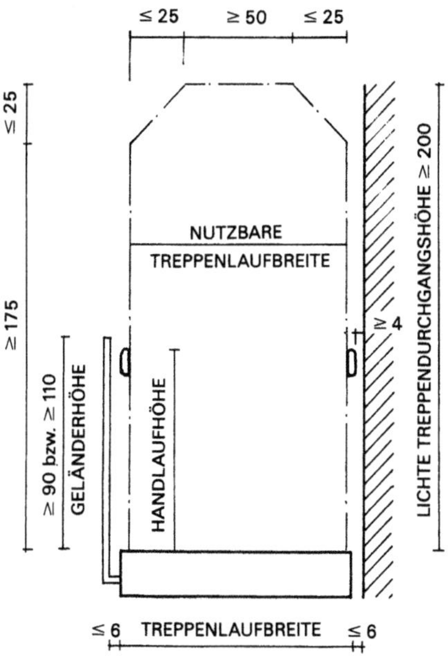

Tabelle 1 Maßliche Anforderungen DIN 18 065

Gebäudeart	Treppenart		Nutzbare Treppen laufbreite mindestens	Steigung s 2)	Auftritt a 3)
Wohngebäude mit nicht mehr als zwei Wohnungen 1)	Baurechtlich notwendige Treppen	Treppen, die zu Aufenthaltsräumen führen	80	17 ± 3	28^{+9}_{-5}
		Kellertreppen und Bodentreppen, die nicht zu Aufenthaltsräumen führen	80	≤ 21	≥ 21
	Baurechtlich nicht notwendige (zusätzliche) Treppen, siehe DIN 18 064/11.79, Abschnitt 2.5		50	≤ 21	≥ 21
Baurechtlich nicht notwendige (zusätzliche) Treppen innerhalb geschlossener Wohnungen			50	keine Festlegungen	
Sonstige Gebäude	Baurechtlich notwendige Treppen		100	17^{+2}_{-3}	28^{+9}_{-2}
	Baurechtlich nicht notwendige (zusätzliche) Treppen, siehe DIN 18064/11.79, Abschnitt 2.5		50	≤ 21	≥ 21

1) schließt auch Maisonetten-Wohnungen in Gebäuden mit mehr als zwei Wohnungen ein.
2) aber nicht < 14 cm
3) aber nicht > 37 cm
Festlegung des Steigungsverhältnisses s/a siehe Abschnitt 3.2.
Unterschiede zu einzelnen Landesbauordnungen sind möglich.

Steigungsverhältnisse

Ob eine Treppe bequem und sicher zu begehen ist, hängt von ihrem Steigungsverhältnis, der Beziehung der Stufenhöhe zur Auftrittsbreite ab. Als Grundlage zur Ermittlung dieses Verhältnisses dient die durchschnittliche Schrittlänge eines erwachsenen Menschen, die auf ebenem Boden bei langsamem Schreiten mit 60–65 cm angenommen wird. Von den Schrittmaßen der Kinder und besonders großer Erwachsener wird dabei abgesehen. Auf steigendem Gelände verkürzt sich die Schrittlänge, und zwar stets um das doppelte Maß der zu überwindenden Steigung. Während ein steigendes Gelände oder eine Rampe bis etwa 15° Neigung noch verhältnismäßig bequem zu begehen sind und sich die Schrittlänge individuell der Neigung anpaßt, erfordern steilere Neigungen Stufen, um dem Fuß – besonders beim Hinabgehen – die nötige Trittsicherheit zu geben.

Bei einer angenommenen Steigungshöhe der Stufen von 17 cm wird sich also die Schrittlänge von 63 cm um den doppelten Betrag der Stufenhöhe, also um 2 × 17 cm = 34 cm verkürzen, so daß sie nur noch 63–34 cm = 29 cm in der senkrechten Projektion beträgt. Dieses Maß stellt nun die Auftrittsbreite der Stufe dar.

Allgemein gefaßt beträgt also die verkürzte Schrittlänge oder der gesuchte Auftritt zu einer angenommenen oder gegebenen Stufenhöhe:

Auftr. = 63 cm – 2 × Stg.

oder umgeformt: 2 × Stg. + Auftr. = 63 cm

2 S + A = 63 cm

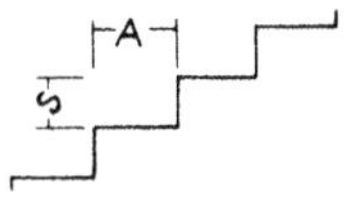

Nach dieser Schrittmaßregel werden seit langem die Steigungsverhältnisse der Treppen bestimmt.

Für flache Steigungen ergeben sich also große und für steile Steigungen kleine Auftrittsmaße.

z. B. S = 14 cm
A = (63 cm – 2 × 14 cm) = 35 cm

oder: S = 20 cm
A = (63 – 2 × 20 cm) = 23 cm

Nach einer von der Unfallversicherung angestellten Untersuchung (Geisenhöner) hängen die Unfälle beim Begehen der Treppen, die sich vorwiegend beim Abwärtssteigen ereignen, mehr von der Auftrittsbreite als von der Stufenhöhe ab. Bei Auftrittsbreiten über 32 cm bleibt man beim Abwärtsgehen leicht mit dem Absatz an der Stufenkante hängen. Bei solchen unter 26 cm kann der Fuß nicht mehr voll aufsetzen.

Aus Untersuchungen des Kaiser-Wilhelm-Instituts in Dortmund (Dr. G. Lehmann und Dr. Döll) an vielen Steigungsverhältnissen und an über 1000 Personen hat sich ergeben, daß das überhaupt günstigste Steigungsverhältnis, welches mit dem geringsten Kräfteaufwand zu bewältigen ist, 17/29 cm beträgt.

Je weiter sich die Steigungsverhältnisse, die man mit der Regel 2S + A = 63 cm errechnet, von dem idealen Steigungsverhältnis 17/29 cm entfernen, um so geringer ist die Verkehrssicherheit der Treppe.

Es zeigt sich also, daß die Schrittmaßregel begrenzt anwendbar ist. Sie ist dann am Platze, wenn zu einem gegebenen Neigungswinkel einer Treppe die günstigsten Stufenmaße gesucht werden.

In allen anderen Fällen sollte man, wenn vom idealen Steigungsverhältnis abgewichen wird, die sogenannte Bequemlichkeitsregel:

A – S = 12 cm

einhalten.

Das Steigungsverhältnis 17/29 cm entspricht auch dieser Regel:

29 – 17 = 12 cm.

Beim Steigungsverhältnis 18/27 cm erhält man jedoch nach der Bequemlichkeitsregel 27–18 = 9 cm und beim Steigungsverhältnis 16/31 cm ergibt sich 31–16 = 15 cm; also nicht die anzustrebenden 12 cm. Die Steigungsverhältnisse müßten also, um der Bequemlichkeitsregel zu entsprechen, nicht 18/27 cm oder 16/31 cm betragen, wie sie nach der Schrittmaßregel errechnet werden, sondern 18/30 cm (30–18 = 12 cm) bzw. 16/28 cm (28–16 = 12 cm). Es zeigt sich, daß die Schrittmaßregel: 2S + A = 63 cm

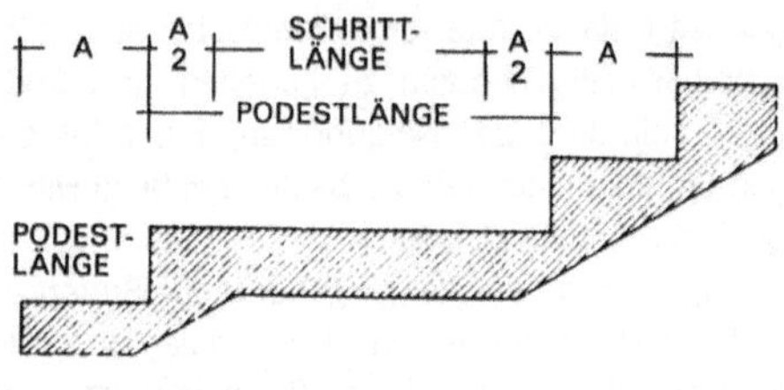

Allgemein ist die Podestlänge in der Lauflinie bei n Schritten innerhalb des Podestes L = A + n (2S + A).

ABWEICHUNGEN DER AUFTRITTSBREITE VOM GÜNSTIGSTEN STEIGUNGSVERHÄLTNIS BEI VERWENDUNG DER SICHERHEITS- UND BEQUEMLICHKEITSREGEL. STEIGUNG = KONSTANT

——— = NORMALE SCHRITTMASSREGEL (N)
- - - - = BEQUEMLICHKEITSREGEL (B)
= SICHERHEITSREGEL (S)

N = 20/23
B = 20/32
S = 20/26

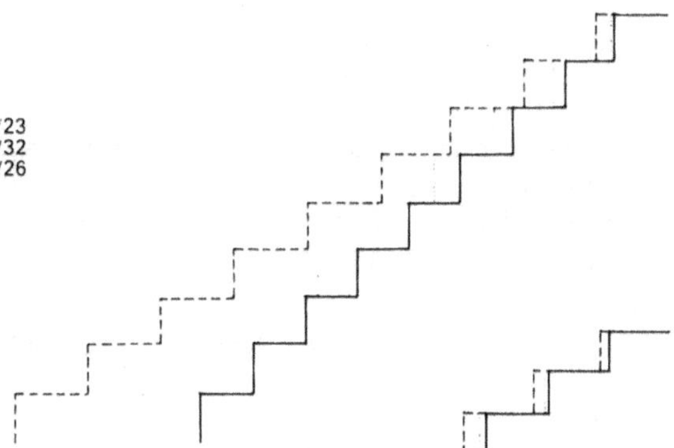

N = 18/27
B = 18/30
S = 18/28

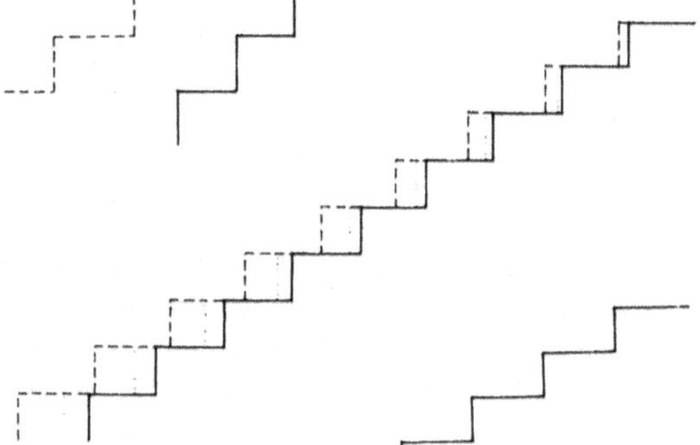

N = $17^{2}/29$
B = $17^{2}/29$
S = $17^{2}/29$

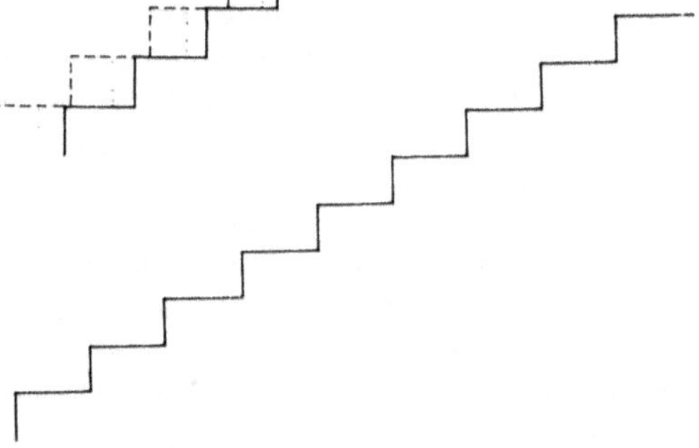

N = 16/31
B = 16/28
S = 16/30

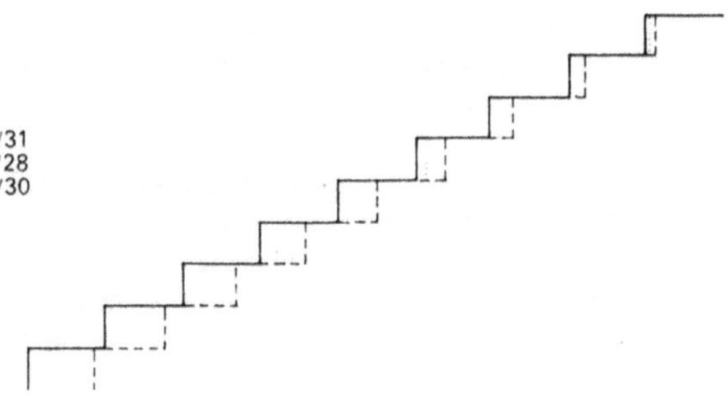

N = 15/33
B = 15/27
S = 15/31

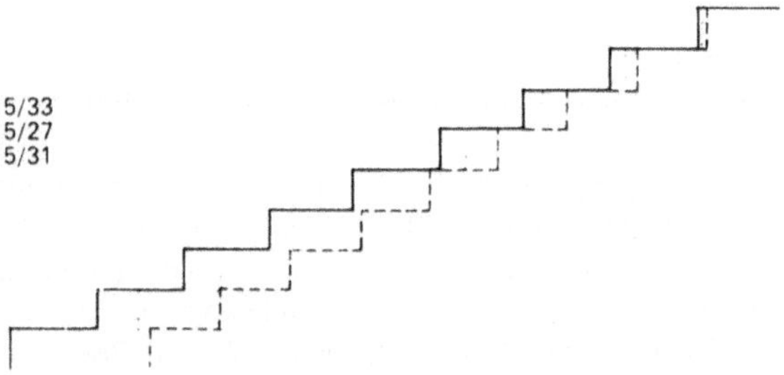

In allen Geschossen, einschließlich Keller- und Bodengeschoß (Dachgeschoß), ist die gleiche Neigung anzustreben.

und die Bequemlichkeitsregel: A − S = 12 cm nur beim idealen Steigungsverhältnis zu gleichen Ergebnissen führen.
Bei Abweichungen vom idealen Steigungsverhältnis 17/29 cm kann man vorteilhaft einen Mittelweg zwischen diesen beiden Regeln einhalten, der sich durch folgende Regel ausdrücken läßt:

$$A + S = 46 \text{ cm}$$

Diese sogenannte Sicherheitsregel garantiert eine gehsichere Treppe.
Soweit nicht bauaufsichtliche Vorschriften oder DIN-Vorschriften die Steigungsverhältnisse regeln, hält man im allgemeinen folgende Steigungen ein:
Gartentreppen, Freitreppen (an Gebäuden), Kurztreppen usw. 14 – 16 cm.
Versammlungsräume, Theater, Schulen usw. 16 – 17 cm,
Mehr- und Einfamilienhäuser 17 – 18 cm,
weniger begangene Treppen in Einfamilienhäusern bis 20 cm, sehr wenig begangene Dach- und Kellertreppen bis 22 cm. Noch steilere Neigungen kann man nur mit Leitertreppen, wie im Schiffsbau, oder durch Leitern mit Sprossen überwinden. Diese Sprossen geben dem Fuß eine gute Trittsicherheit. Der Sprossenabstand ergibt sich aus der Neigung der Leiter, die ungefähr 75° beträgt. Senkrecht stehende Steigleitern, z. B. an Kaminen, Notausstiegen etc., erhalten, da sie über kein Auftrittsmaß mehr verfügen, Sprossenabstände von ≦30 cm.
In DIN 18065, Blatt 1, sind Steigungsverhältnisse und Treppenhauslängen für einläufige Treppen in Einfamilienhäusern und Kleinhäusern bis zu drei Wohnungen und für zweiläufige Treppen in Geschoßwohnhäusern angegeben. Blatt 2 dieser Norm hat die Treppenmaße für gewerbliche und andere Bauten, die nicht reinen Wohnzwecken dienen, wie Theater, Kinos, Saalbauten, Verwaltungsgebäude, Anstalten, Schulen und Kirchen zum Gegenstand. Für den sozialen Wohnungsbau ist die Einhaltung der Maße ebenfalls vorgeschrieben.
Bei gehsicheren Treppen in mehrgeschossigen Gebäuden muß in allen Stockwerken das gleiche Steigungsverhältnis beibehalten werden.
Auch Treppenform und Lauflängen sollen vor allem bei Hochhäusern wegen der Gehsicherheit bei Flucht einheitlich sein. Offene Treppenaugen können bei 3 cm und mehrläufigen Stockwerkstreppen in hohen Bauten Schwindelgefühl hervorrufen, weshalb sie bei Hochhäusern nicht zulässig sind.
Lange Treppenläufe erhalten nach 15–18 Steigungen (Landesbauordnung!) ein Ruhepodest, dessen geringste Länge

$$L = 2\,\frac{A}{2} + 1 \text{ Schrittlänge} = A + 63 \text{ cm beträgt.}$$

Verziehen der Stufen

Durch das Wendeln einer Treppe erhält man einen langsamen, allmählichen Übergang von einer Gehrichtung in die andere. Das festgelegte Steigungsverhältnis bleibt auch in der Wendelung unverändert und wird auf die Lauflinie abgetragen. Die Lauflinie kann bei normalen geradläufigen Treppen mit 55 cm und bei schmalen Treppen und Wendeltreppen mit 35 bis 45 cm von der Handlaufflächenkante angenommen werden. Ist die Lage der Trittstufe auf der Lauflinie angetragen, dann „verzieht" man die Stufen, d. h., man versucht eine Trittstufenform zu finden, die, unter Einhaltung des Auftrittsmaßes auf der Lauflinie, eine gute Wangen- und Handlaufführung gestattet.
Für die zeichnerische Darstellung der Treppe im Maßstab 1:10 wählt man zum Verziehen der Stufen eine der vielen Verziehungsmethoden. In der Praxis spielen diese jedoch keine bedeutende Rolle, da die Erfahrung und das Augenmaß des Treppenbauers

rascher und sicherer zum Ziele führen. Er trägt auf dem Reißboden den gesamten Treppengrundriß in natürlicher Größe auf und legt die Stufen durch Lättchen fest, die in der Wendelung solange verschoben werden, bis ein harmonischer Übergang gefunden ist. Es sind nur einige grundsätzliche Forderungen einzuhalten; das übrige ist reine Gefühlssache. Dem Architekten ist deshalb auch zu empfehlen, bei der Herstellung einer Holztreppe zum Treppenbauer in die Werkstatt zu gehen und mit dem Handwerker zusammen auf dem Reißboden das Verziehen der Stufen durchzuführen, bzw. beim Herstellen von Stahlbetontreppen die Einschalungsarbeiten zu überwachen, um hier noch verbessernd eingreifen zu können.
Schon in der Anlage des Treppengrundrisses achtet man darauf, daß das Treppenauge bzw. das Kropfstück weit genug genommen wird, um mit der Wangen- und Geländerführung keine Schwierigkeiten zu bekommen. (Das gewundene Wangenstück heißt Kropfstück – das gewundene Handlaufstück heißt Krümmling). Durch genügend weite Treppenaugen vermeidet man gleichzeitig ein zu spitzwinkliges Anschneiden der verzogenen Stufen an der Freiwange.
Auf der Lauflinie werden die einzelnen Stufen mit dem errechneten Auftrittsmaß angetragen. Dabei darf keine Stufenkante in der Ecke angeordnet werden, da sonst unsaubere spitzwinklige Eckanschnitte entstehen. Bei Holztreppen würde dies auch zu großen Schwierigkeiten in den Verbindungen der Eckstufe und der aufeinanderstoßenden Wangen führen. Die verzogenen Stufen sollen am Kropfstück bzw. am Treppenauge noch mindestens 12 cm breit sein. Bei Treppen in öffentlichen und gewerblichen Bauten sind mindestens 20 cm vorzusehen. Der größte Auftritt an der Außenwange soll 40 cm nicht überschreiten.
Die einzelnen Verziehungsmethoden setzen stets die Festlegung der zu verziehenden Stufenanzahl voraus. Die richtige Zahl zu wählen bleibt also der Erfahrung des einzelnen überlassen.
Die Berücksichtigung aller angeführten Forderungen, die bei der Konstruktion einer Treppe unbedingt beachtet werden müssen, macht oft mehrere zeichnerische Versuche im Maßstab 1:10 notwendig.
Von der Vielzahl der Verziehungsmethoden werden nur die beiden gebräuchlichsten gezeigt.

Halbkreismethode

Auftrittsmaße auf der Lauflinie, letzte gerade Stufe festlegen, Stufenkante bis zum Punkt „M" verlängern, Halbkreis um Punkt M schlagen (bei Wangentreppen muß der Halbkreis die Innenkante des Kropfstücks, bei wangenlosen Treppen die Außenkante der Stufen berühren), Halbkreis durch Anzahl der zu verziehenden Stufen teilen, Teilpunkte (rechtwinklig zu den Wangen) an die Freiwangen übertragen, diese Punkte an den Freiwangen mit den Teilpunkten auf der Lauflinie verbinden.

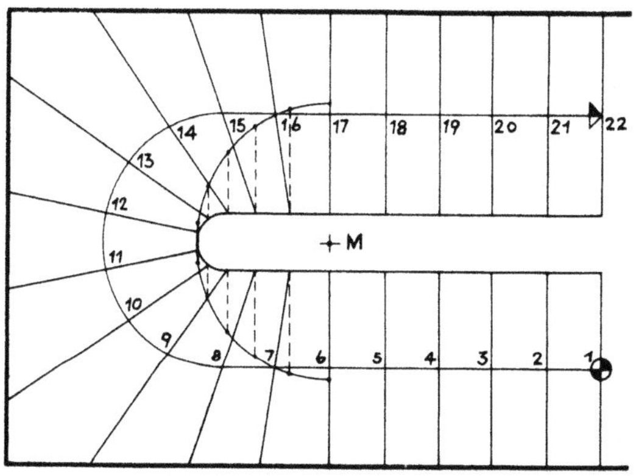

Proportionalteilung

Auftrittsmaße auf der Lauflinie so antragen, daß eine Stufenvorderkante auf die Mittelachse des Kropfstücks fällt; Vorderkante der letzten geraden Stufe und Vorderkante der 11. Stufe bis zur Mittelachse verlängern, den Abstand beider Punkte im Verhältnis 1:2:3:4, der Stufenzahl entsprechend einteilen, Teilpunkte auf der Mittelachse mit denen auf der Lauflinie verbinden.
Die Proportionalteilung verwendet man auch oft, wenn bei geraden Treppenläufen aus räumlichen Gründen nur einige Stufen verzogen werden müssen.

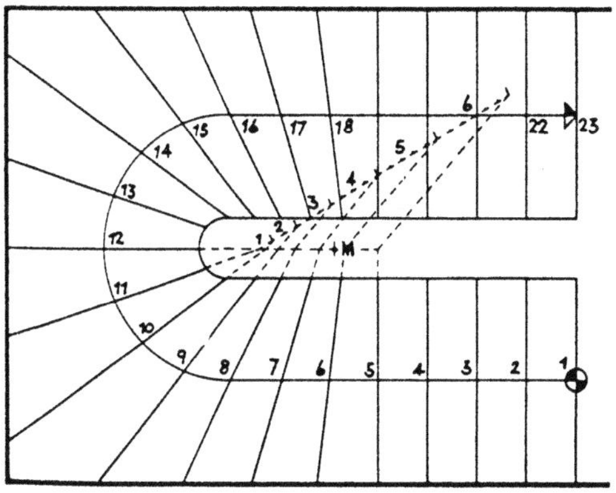

Abrunden der Stufen

Bei geradläufigen Treppen mit Eckpodest in engen Treppenhäusern rundet man einige Stufen des Unter- und Oberlaufes etwas ab. Liegt nämlich die letzte Stufe des Unterlaufes genau unter der ersten Stufe des Oberlaufes, dann wird die Führung des Handlaufes schlecht. Das Einfügen eines Krümmlings und das Abrunden einiger Stufen verringern dieses Übel.
Die beste Führung des Handlaufes erreicht man erst, wenn das Podest soweit vergrößert wird, daß der Abstand der Stufenvorderkanten auch in der Wendung gleich der Auftrittsbreite der übrigen Stufen ist. So erhält der Handlaufkrümmling die gleiche Steigung wie die geraden Handlaufabschnitte.

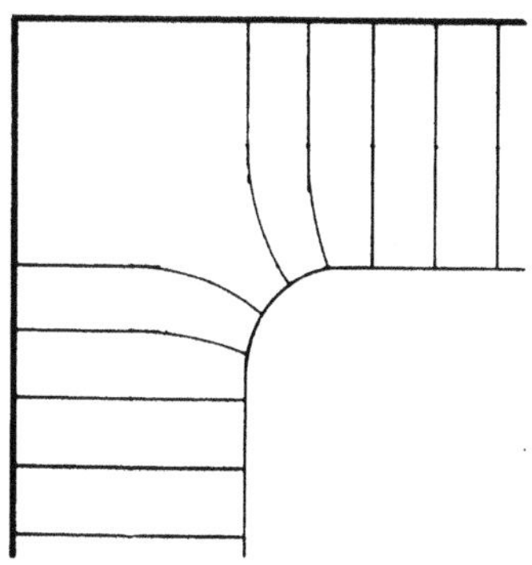

Wendeltreppen

Bei Wendeltreppen mit offener Spindel zieht man die Stufen nach dem Kreismittelpunkt.
Bei Wendeltreppen aus Stein mit voller Spindel werden die Stufenkanten als Tangenten an die Spindelsäule geführt. Um diese aber noch klar erscheinen zu lassen, klinkt man die Stufen an der Spindel aus.

WENDELTREPPE MIT
VOLLER SPINDEL

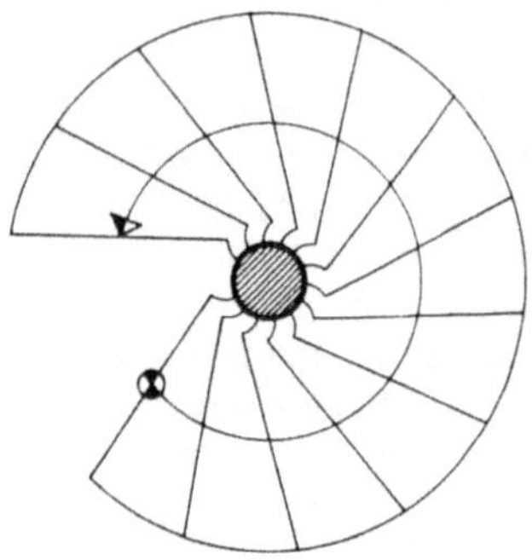

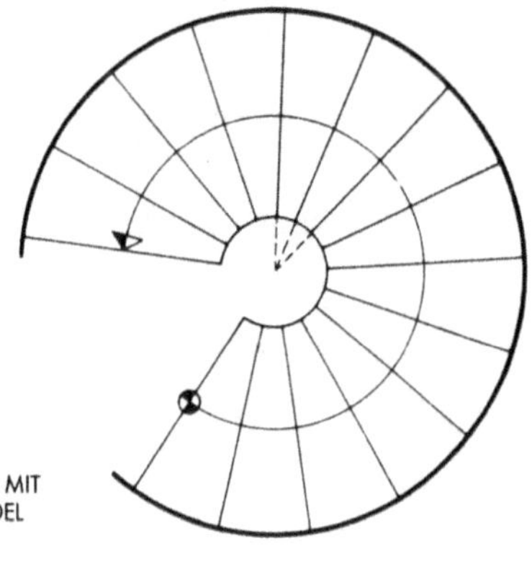

WENDELTREPPE MIT
OFFENER SPINDEL

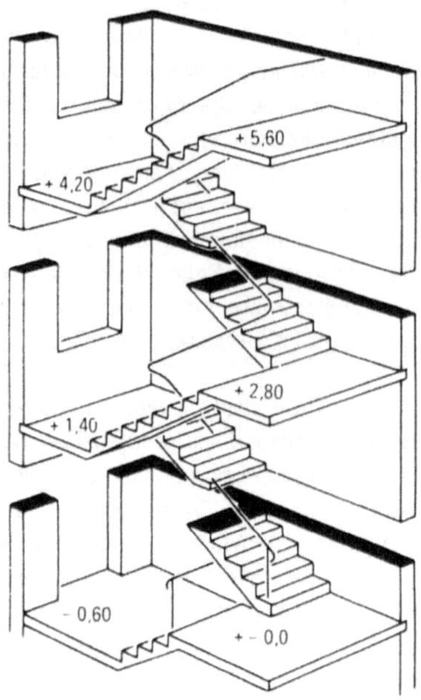

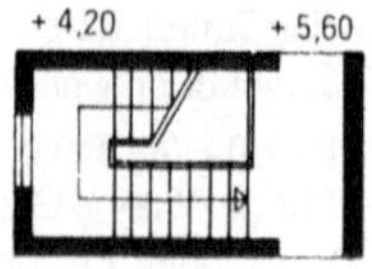

DACHGESCHOSS

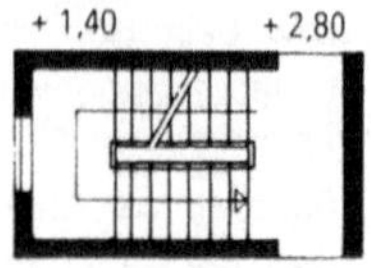

OBERGESCHOSS

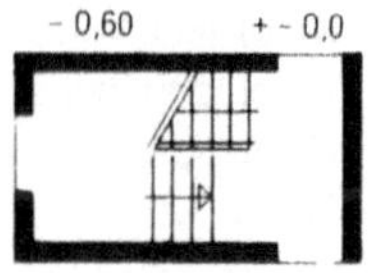

ERDGESCHOSS

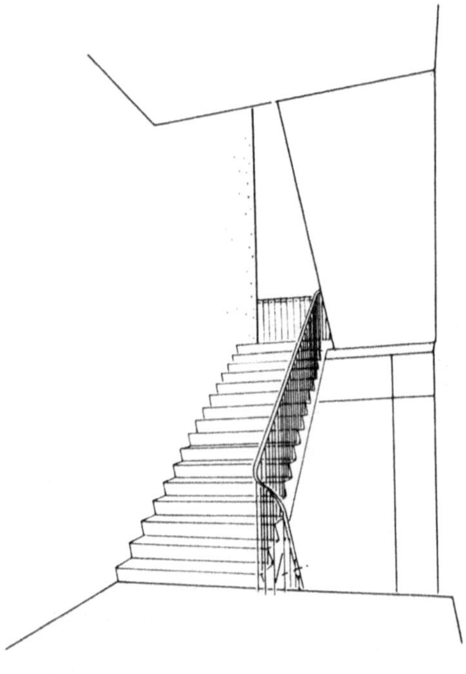

Darstellung der Treppe

Ob eine Treppe nur summarisch mit wenigen Zahlenangaben oder detaillierter mit mehr Maßen versehen gezeichnet wird, hängt vom Maßstab der Darstellung ab. Für die Eingabepläne 1:100 genügen die Angaben, welche die behördliche Planprüfung verlangt, wie Konstruktionsmaterial, Treppenhausmaße, Stockwerkshöhe, Laufbreite, Anzahl der Stufen und Steigungsverhältnis, Geländerhöhe und schließlich noch die Durchgangshöhen. Zur Klarstellung aller dieser die Treppen betreffenden Fragen sind neben den Grundrissen noch Längs- und Querschnitte nötig. Im Maßstab 1:100 läßt sich eine Treppe nur vereinfacht darstellen. Da eine Treppe stets zwei Geschossen angehört und nur die ersten Stufen des Treppenlaufes in dem gezeichneten Geschoß liegen, während die letzten Stufen schon dem darüberliegenden Geschoß zugehören, schneidet man die Treppe etwa in der Mitte der Stockwerkshöhe und kennzeichnet den Schnitt durch eine schräge Linie. In einem Geschoßgrundriß zeigt sich also der Antritt der nach oben führenden und der Austritt der von unten kommenden Treppe. Die Steigungsrichtung wird durch eine Linie mit Pfeil angedeutet, der Antritt durch einen kleinen Kreis vermerkt. Die Numerierung der Stufen geht vom Erdgeschoßfußboden ± 0 aus und beginnt mit 1. Die Stufenzahlen werden hinter die Auftrittskanten geschrieben, die letzte Zahl steht hinter der Podestkante.
In den Werkplänen fügt man den vorstehenden Angaben noch die genauen Podestmaße, Weite des Treppenauges, Größe der gesamten Treppenöffnung sowie weitere notwendige Konstruktionsangaben bei und verweist zur restlosen Klärung aller Fragen auf die Detaillierung 1:10.

Grundriß und Fassade

Die Grundrißbedingungen für Treppen in Einfamilienhäusern weichen so sehr voneinander ab, daß die verschiedenartigsten Treppenformen verwendet werden. Es läßt sich darum auch nicht, wie z. B. bei Mietshäusern, die Frage nach der rationellsten Treppe entscheiden, da stets der gesamte Grundriß, zu dem die Treppe den Schlüssel bildet, mitgewertet werden muß.
Liegen die Treppen an einer Außenwand, so ist Rücksicht auf die Gestaltung der Fassade zu nehmen und darauf zu achten, daß die Fenster nicht unharmonisch zum Treppenlauf liegen. Treppenhausfenster sollen möglichst auf derselben Höhe wie die übrigen Stockwerksfenster angeordnet werden, d. h. also entweder am Antritt oder am Austritt. Zum Treppenlauf selbst gehören keine Fenster, es sei denn, der ganze Lauf liegt hinter einer Glaswand. In großen Einfamilienhäusern, Landhäusern, öffentlichen Gebäuden usw. wird man die Treppen wertvoller gestalten. Am schönsten wirkt eine Treppe, die in einer größeren Halle liegt. Hier kommt die Treppe am besten zur Geltung, wenn sie an einer Innenwand liegt,

GERADLÄUFIGE TREPPE

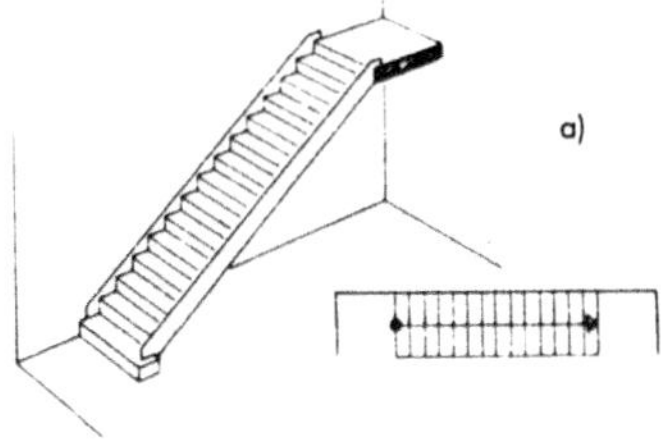

VIERTELGEWENDETE TREPPE

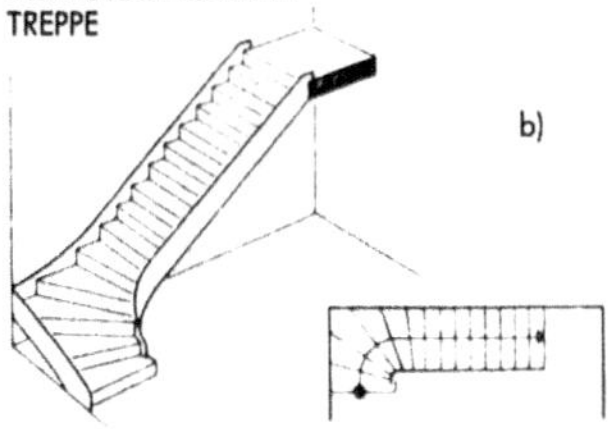

ZWEIMAL VIERTELGEWENDETE TREPPE

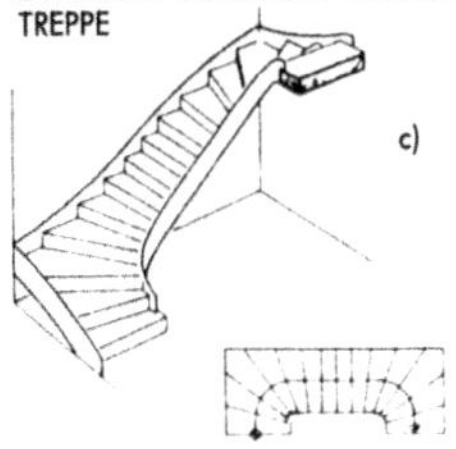

GEWENDELTE TREPPE

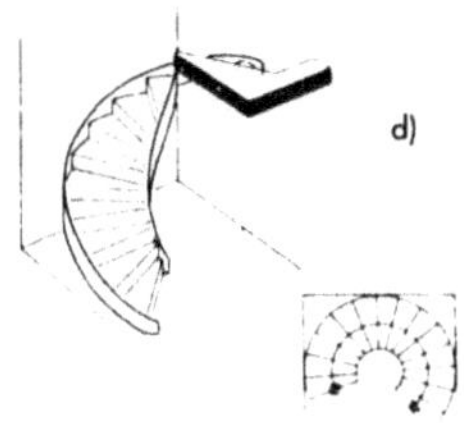

TREPPE AN EINER AUSSENWAND

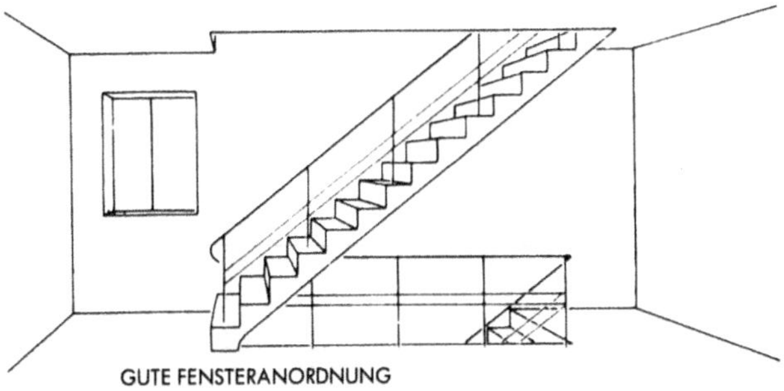

GUTE FENSTERANORDNUNG

TREPPE AN EINER INNENWAND

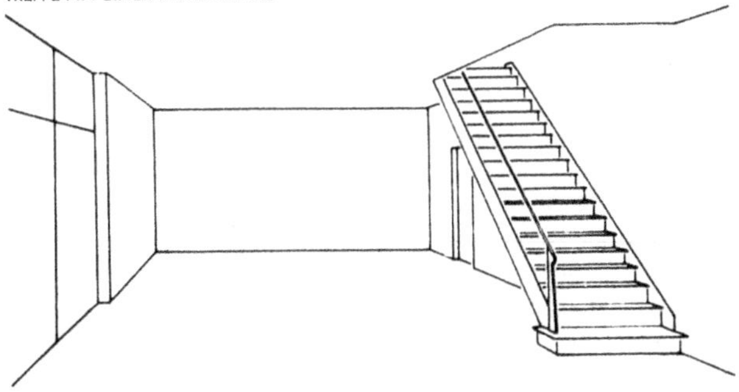

TREPPE AN EINER AUSSENWAND

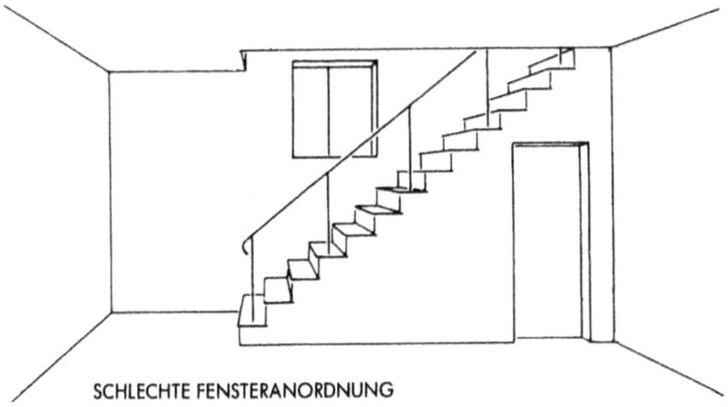

SCHLECHTE FENSTERANORDNUNG

GERADLÄUFIGE TREPPE FREI IM RAUM

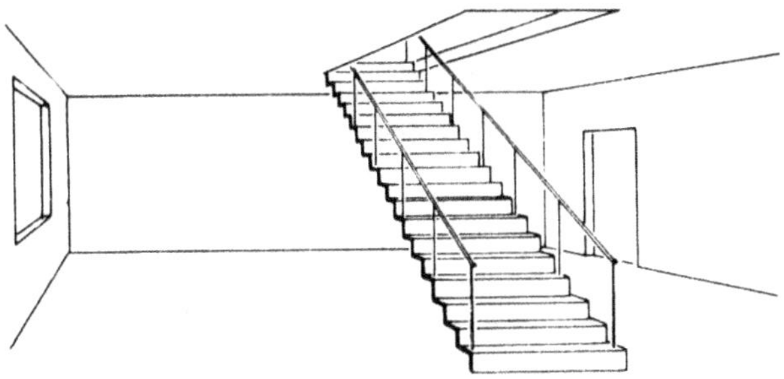

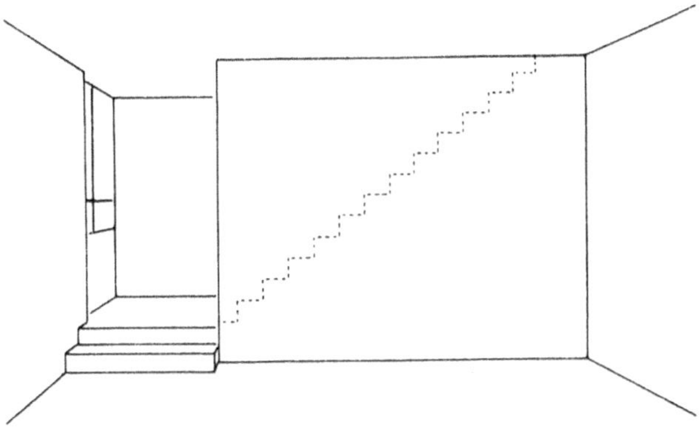

GEWUNDENE TREPPE FREI IM RAUM

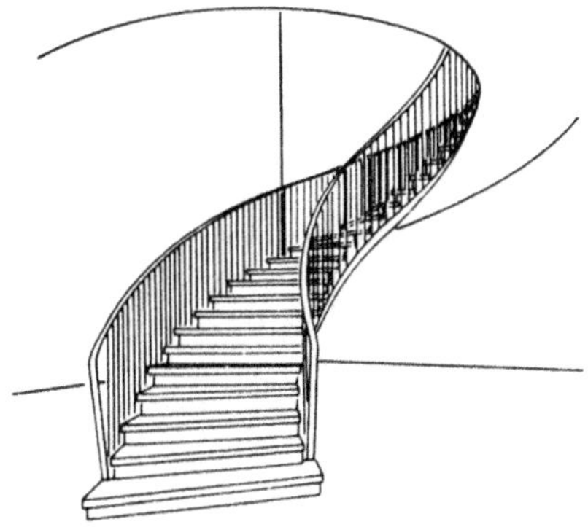

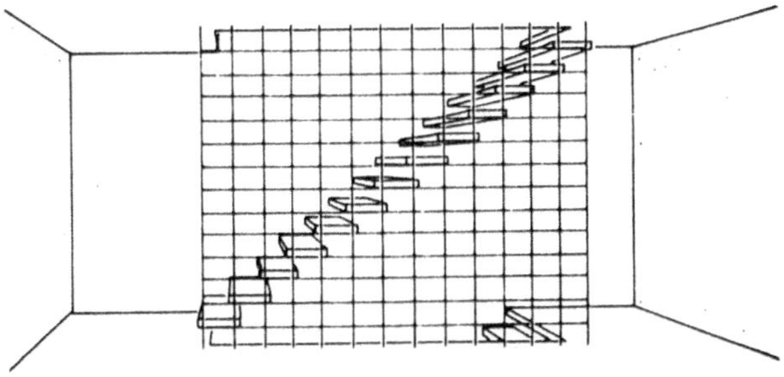

TREPPE AN EINER AUSSENWAND

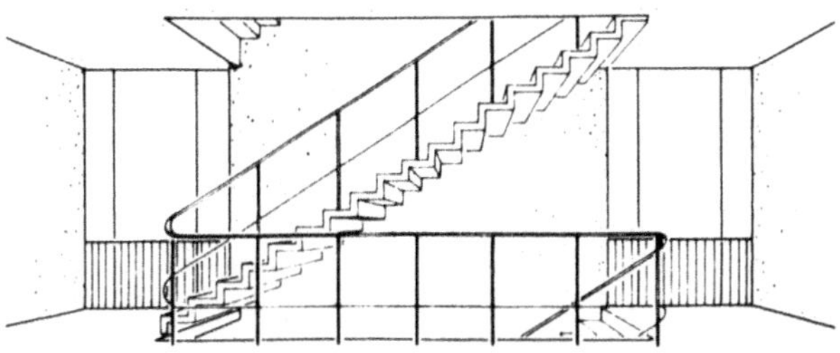

wodurch allerdings die Erschließung der dahinter liegenden Räume erschwert wird, oder wenn sie frei inmitten einer Halle aufsteigt, was jedoch großzügige Raumverhältnisse voraussetzt. Treppen in größeren Hallen liegen am besten an der Längsseite des Raumes, weil an Schmalseiten ihre Diagonale zu aufdringlich den Raum durchschneidet.

Die geringste Freiheit in der Anlage der Treppen hat man bei den üblichen Grundrissen mehrgeschossiger Wohnhausbauten.

Im Laufe der letzten Jahrzehnte hat sich die zweiläufige Podesttreppe als die zweckmäßigste und am meisten raumsparende im Mietshaus durchgesetzt.

Im Einfamilienhausbau überwiegen gerade, ein- oder zweimal gewendelte Treppen, da sie für die in Frage kommenden Grundrisse am meisten raumsparend sind.

Die geradläufige Treppe gilt als die billigste Treppenkonstruktion. Sie erfordert jedoch ein langes Treppenhaus, da zur Lauflänge noch ein An- und ein Austrittspodest kommen, die mindestens so lang sein sollen wie der Treppenlauf breit ist. Besser 1,10 × Laufbreite.

Die am An- oder Austritt 1/4 gewendelte Treppe erfordert, obwohl der Treppenlauf selbst etwas länger ist als bei der geraden Treppe, ein kürzeres Treppenhaus, da ein Podest wegfällt. Noch raumsparender in der Treppenhauslänge ist die zweimal 1/4 gewendelte Treppe. Hier entfällt das An- und Austrittspodest. Durch die beiden Wendelungen steigen jedoch auch die Herstellungskosten.

Am meisten raumsparend sind 1/2 und voll gewendelte Treppen, die beim Bau von kleinen Einfamilienhäusern gern verwendet werden.

Die Treppenhausbreite schwankt in der Regel zwischen 2,20 und 2,40 m. Dieses Maß ergibt sich aus der Breite der Treppenläufe von je 1,00 bis 1,10 m und der Weite des Treppenauges von ~ 20 cm. Die Treppenhauslänge ergibt sich aus der Lauflänge, der Länge des Zwischenpodestes (1,10 bis 1,15 m) und der Länge des Stockwerkpodestes (1,10 bis 1,30 m). Die heute im sozialen Wohnungsbau übliche Geschoßhöhe 2,75 m erfordert in der Regel 14 bis 16 Steigungen. Eine rationelle zweiläufige Treppenkonstruktion setzt gleichlange Treppenläufe voraus. Die Lauflänge entspricht also 6 bzw. 7 Auftrittsbreiten. Die Treppenhauslänge ergibt demnach etwa 4,25 bis 4,50 m. Dieses Maß entspricht der üblichen Wohn- bzw. Schlafraumtiefe.

Da das Treppenhaus nicht die mittlere Tragwand eines Baukörpers durchbrechen soll, ist dieses Maß von 4,25 bis 4,50 m und die Lage des Flures bestimmend für den Abstand der mittleren Tragwand von der Außenwand des Baues. Eine Möglichkeit, das Treppenhaus etwas zu verlängern, ergibt sich nur an der Außenwand des Treppenhauses, die man entweder ganz oder nur bei der Fensterbrüstung auf 1/2 Stein Dicke reduzieren kann. Mit einer 3 cm dicken Dämmplatte wird man dann auf eine Dicke von ~ 15 cm kommen. Je nach Dicke der Außenwand des Baues, die sich meistens zwischen 24 und 36,5 cm bewegt, kann man durch diese Maßnahme 9–22 cm gewinnen, um die das Treppenhaus länger wird. 20–30 cm erreicht man bei vollständiger Verglasung der Treppenhausaußenwand.

Für die Ausnutzung der Podest- und Stufenbreiten sind die einzelnen Treppenkonstruktionen nicht gleich günstig. Die besten Resultate hinsichtlich der Podestbreiten ergeben die eingespannten Treppen mit Podestbalken, wenn das Geländer an den Stufenaußenkanten befestigt wird.

Fast ebenso vorteilhaft sind Holztreppen mit Pfosten oder Kropfstücken.

Etwas ungünstiger in der Raumausnutzung sind Treppen, deren Geländer auf den Stufen sitzen und darum um das gleiche Maß in das Podest eingreifen müssen. Siehe Abschnitt „Knicklinien, Podestplattenstärke und Geländerführung".

Wangentreppen aus Stahlbetonfertigteilen, die hinsichtlich der Versetzung viele Vorteile haben, greifen notwendigerweise etwas tiefer in das Podest ein.

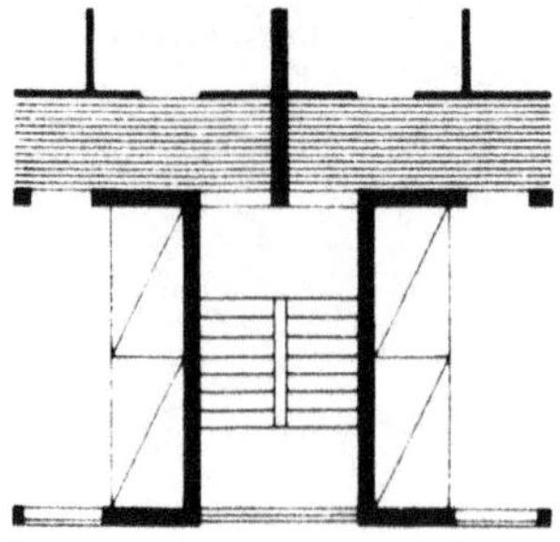
1

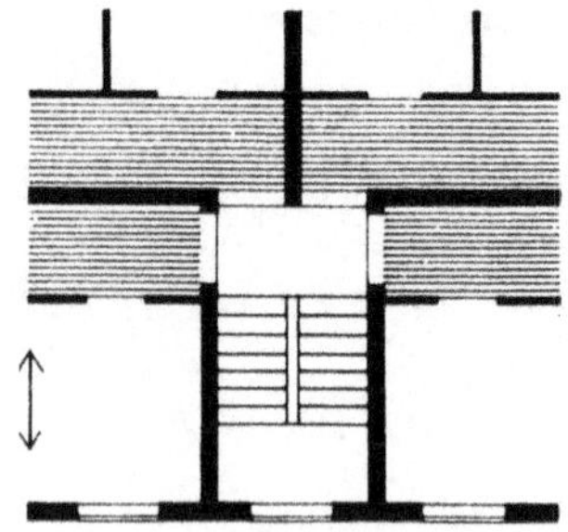
2

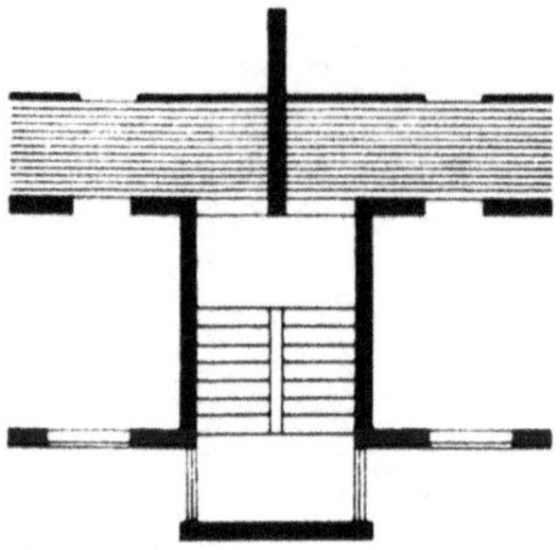
3

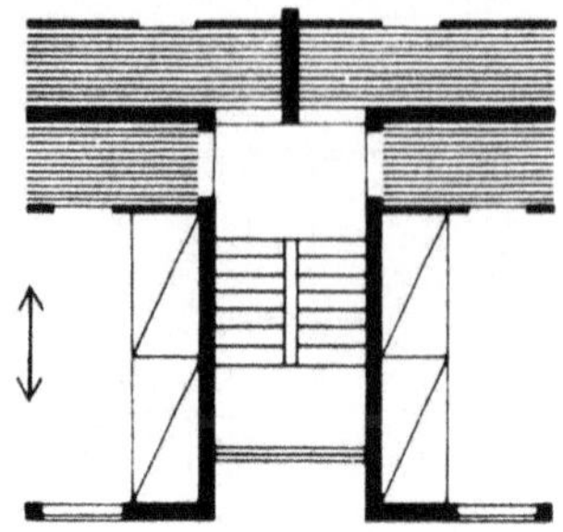
4

Zu 1:
Bei dem am häufigsten ausgeführten Zweispänner-Grundriß liegen zu beiden Seiten des Treppenhauses Wohn- bzw. Schlafräume. Die Raumtiefen sind gleich und bestimmen die Lage der mittleren Tragwand. Flur und Küche bzw. Bad liegen hinter der mittleren Tragwand.

Zu 2:
Dieser Grundriß ist sowohl für Zwei- als auch für Drei- und Vierspänner geeignet. Küche und Bad mit dem dahinter liegenden Flur haben dieselbe Tiefe wie das Treppenhaus und liegen vor der mittleren Tragwand. Bei Zweispännern liegen die Zugänge zu den Wohnungen auf zwei, bei Drei- und Vierspännern auf allen drei Wandseiten des Stockwerkpodestes.

Zu 3:
In diesem Grundrißbeispiel, das sich nur für Zweispänner eignet, liegen nur Küche und Bad vor der mittleren Tragwand. Das längere Treppenhaus schießt also vor und kann von vorne oder auch von der Seite belichtet werden.

Zu 4:
Dieser Grundriß ist für Zwei-, Drei- und Vierspänner geeignet. Da Wohn- bzw. Schlafräume und Flur vor der mittleren Tragwand liegen, erhält man eine große Haustiefe, die für das Treppenhaus nicht erforderlich ist, so daß dieses zurückgesetzt werden kann: Die Podeste kann man entsprechend verbreitern.

Treppenhauswände werden aus Gründen des Wärme-, Schall- und Feuerschutzes und meistens auch aus statischen Gründen mindestens 24 cm dick ausgeführt. Nur in Einfamilienhäusern sind dünnere Wände zulässig, vorausgesetzt, daß sie nicht durch die Treppe belastet werden.

Treppenkonstruktionen

Verkehrslasten: Wohnhaustreppen 3,5 KN m²
Öffentliche Gebäude 5,0 KN m²

Bei den einzelnen Treppenkonstruktionen unterscheidet man unterstützte und freitragende Stufen.

Unterstützte Stufen

Die Unterstützung kann bestehen aus Mauerwerk, Wangen oder Platten.

Beiderseitig durch Mauerwerk unterstützte Stufen werden beim Hochführen der Wände mit eingemauert.

TREPPE VON TREPPENHAUSWAND ZU TREPPENHAUSWAND GESPANNT

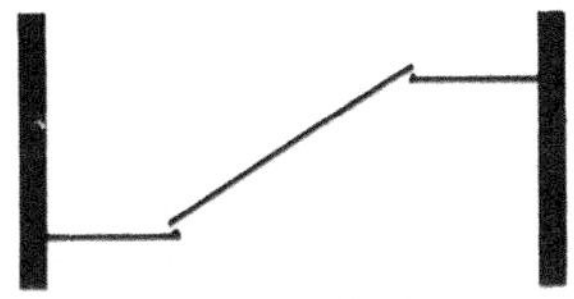

TREPPE VON PODEST ZU PODEST GESPANNT

Die Unterstützung durch Wangen kann sowohl einseitig als auch zweiseitig erfolgen. Die Stufen liegen dabei zwischen den Wangen, wie z. B. bei gestemmten Holztreppen oder Stahlbetonfertigtreppen, oder auf den Wangen, wie z. B. bei aufgesattelten Holztreppen usw.
Die Wangen spannen sich von Podest zu Podest oder von Treppenhauswand zu Treppenhauswand (geknickte Wange).

FREITRAGENDE STUFEN

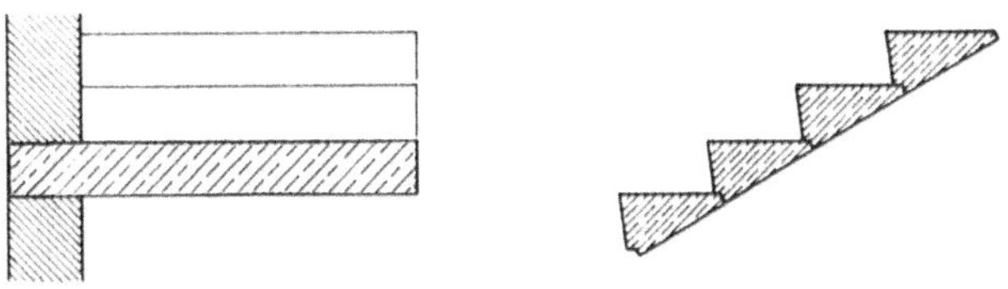

STUFEN EINSEITIG EINGESPANNT

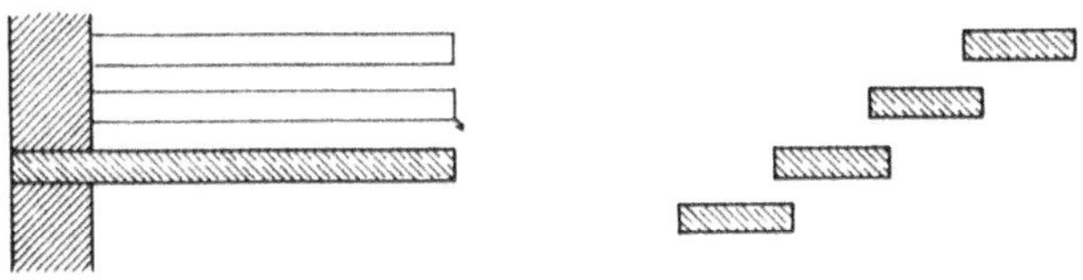

STUFEN EINSEITIG EINGESPANNT

UNTERSTÜTZTE STUFEN

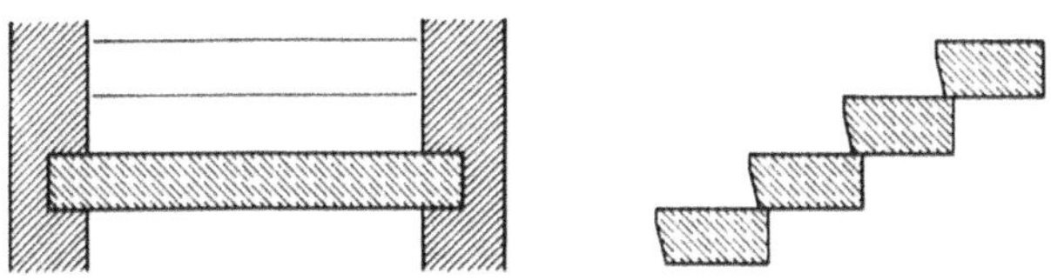

STUFEN BEIDERSEITIG EINGEMAUERT

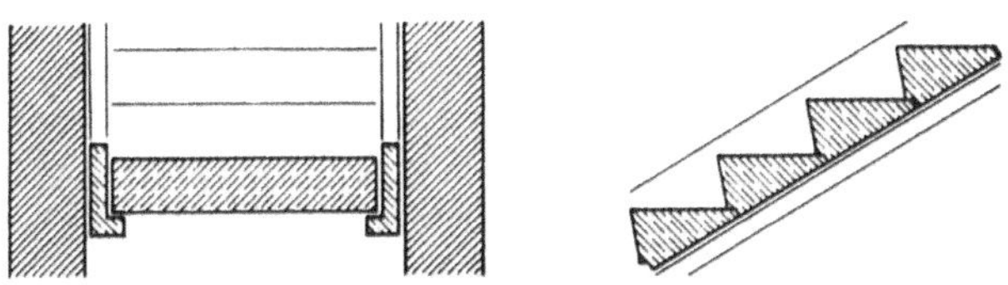

STUFEN BEIDERSEITIG AUF WANGEN AUFGELAGERT

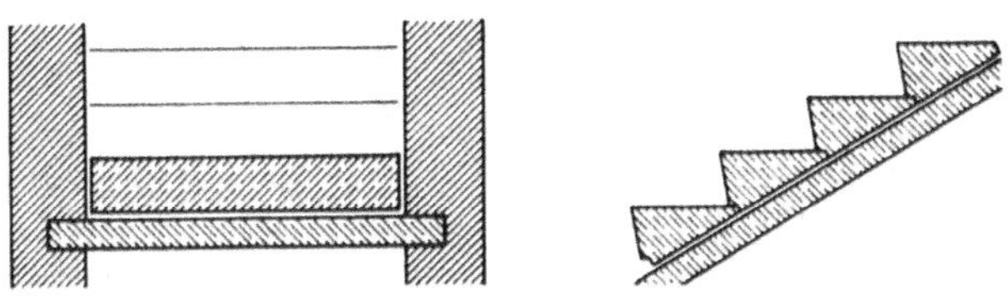

STUFEN AUF STAHLBETONPLATTE AUFGELAGERT

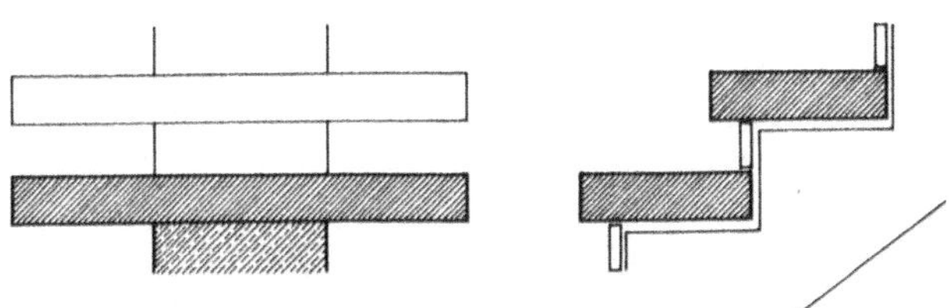

STUFEN AUF STAHLBETONBALKEN AUFGELAGERT

Freitragende Stufen

Freitragende Stufen sind in der Treppenhauswand einseitig eingespannt. Sie benötigen also keine Unterstützung durch Wangen oder Laufplatten.

Treppen aus Holz

Solange die Holzbalkendecken im Wohnhausbau das Feld beherrschten, wurden auch die meisten Geschoßtreppen in Holz ausgeführt. Mit dem Vorrücken der Massivdecken wurden die Holztreppen zurückgedrängt. Heute kommen Holztreppen allenfalls noch in Verbindung mit Holzbalkendecken in Einfamilienhäusern zur Ausführung, während man bei Geschoßwohnbauten fast ausschließlich Massivdecken und -treppen anordnet.
Holztreppen werden meistens vom Zimmermann, in manchen Gegenden auch vom Schreiner gebaut. Als statisch beanspruchter Bauteil gehören sie jedoch in die Hand des Zimmermannes, der den dabei auftretenden Fragen der Festigkeit von Haus aus mehr Verständnis entgegenbringt.
Holztreppen, die auf der Unterseite verputzt sind, gelten als feuerhemmend. Während des Krieges hat sich gezeigt, daß derart geschützte Eichentreppen dem Feuer lange Zeit Widerstand boten, da das Eichenholz nur schwer entflammbar ist.

Blocktreppe

Neben der sogenannten Einbaumtreppe, die aus einem Stamm mit eingehauenen Stufen bestand, zählt die Blocktreppe zu den ältesten, uns bekannten Holztreppenkonstruktionen.
Bei dieser Treppenart sind die dreieckförmigen Tritte, die aus einem Stamm gehauen werden, auf zwei Tragbalken aufgenagelt oder, bei massiven Treppenhäusern, auf einer Seite in die Wand eingemauert und auf der anderen durch einen Tragbalken unterstützt.
Diese Konstruktion besitzt heute praktisch keine Bedeutung mehr.

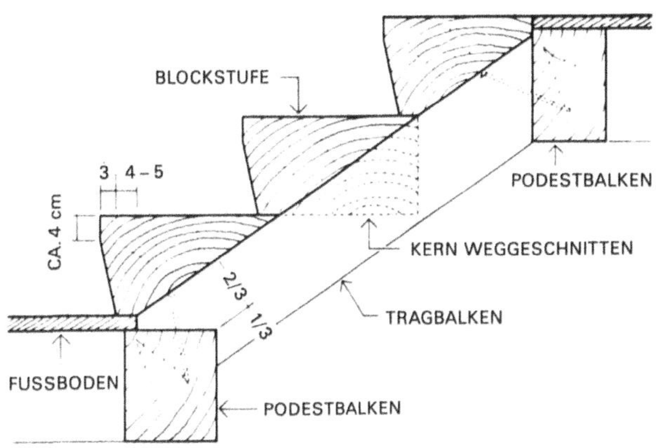

Eingeschobene und halbgestemmte Treppe

Die eingeschobene (eingeschnittene) und die halbgestemmte Treppe sind ebenfalls alte Konstruktionen, die heute nur noch selten ausgeführt werden.

Bei beiden Treppenarten müssen die Trittstufen einen Überstand erhalten, um ein sicheres Begehen zu ermöglichen. Futterbretter sind nicht vorhanden. Um ein Durchsehen durch die Treppe zu vermeiden, kann man die Unterseite verschalen. Die Schalbretter werden dabei auf den schräg geschnittenen Stufenunterkanten aufgenagelt, oder, wegen des Lostretens, besser aufgeschraubt. Da die eingeschobenen und eingestemmten Trittstufen nicht in der Lage sind, den ganzen Treppenlauf zu verspannen und die Lasten zu verteilen, eignen sich diese Treppen, die eigentlich nur verbesserte Leitern darstellen, nur für gerade und nicht für gewendelte Läufe.

Wangen eingestemmt. Durch die Verbindung und Verspannung von Wangen, Tritt- und Setzstufen bildet die ganze Treppe einen zusammenhängenden und zusammenwirkenden Körper. Die bei der Benutzung der Treppe anfallenden Lasten werden deshalb auch nicht wie bei den eingeschobenen oder halbgestemmten Treppen nur von einem Treppenteil aufgenommen, sondern auf die ganze Treppe verteilt.

Das zur Herstellung von Treppen verwendete Holz muß vollkommen trocken sein, um ein Werfen oder Schwinden der einzelnen Treppenteile zu vermeiden. Als Material für die Wangen wird Kiefern-, seltener Eichenholz verwendet.

HALBGESTEMMTE TREPPE

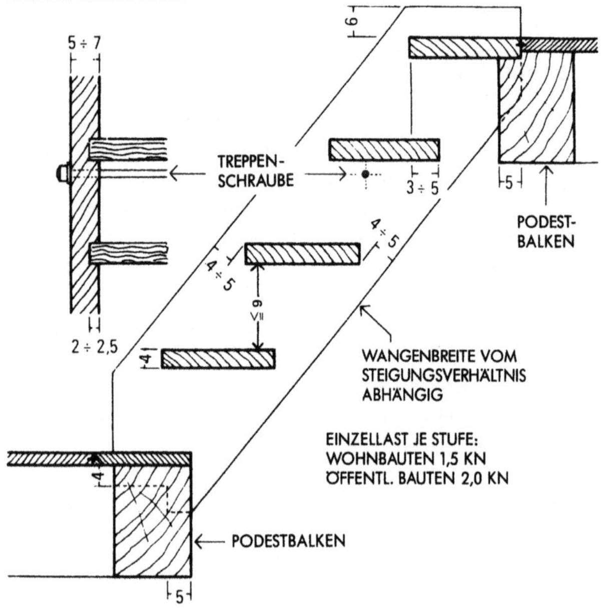

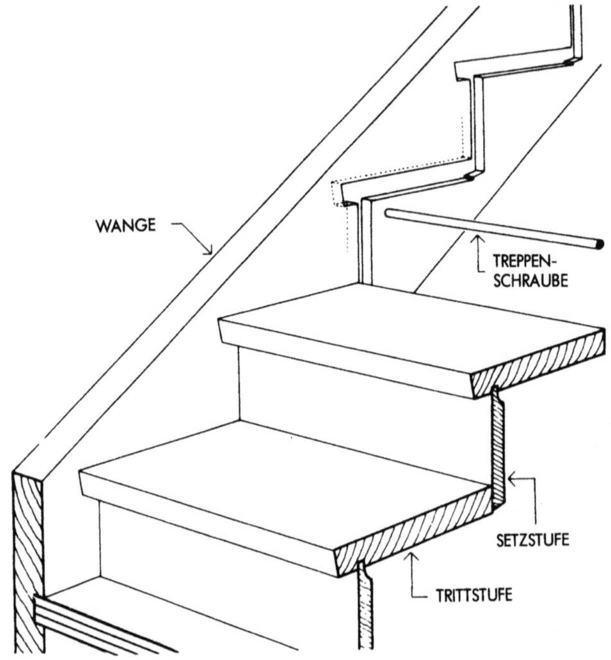

EINGESCHOBENE TREPPE

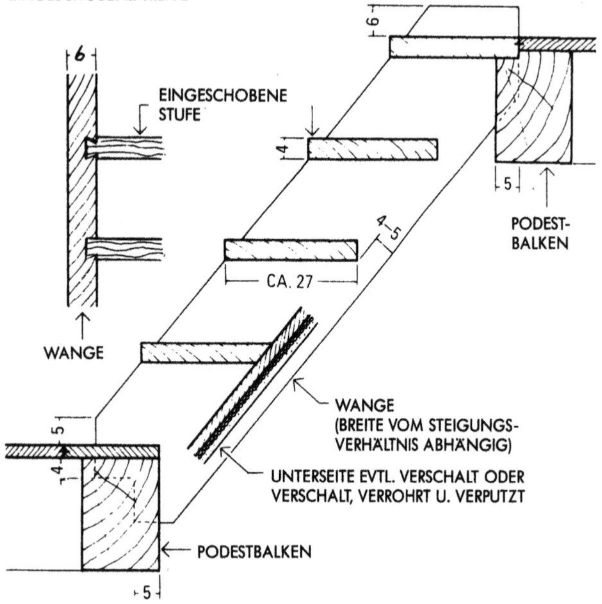

Gestemmte Treppe

Die meisten Holztreppen wurden als gestemmte Treppen ausgeführt, weil sich diese Ausführungsart als die beste erwiesen hat. Bei den gestemmten Treppen sind die Tritt- und Setzstufen in die

Tritt- und Setzstufen

Wegen seiner größeren Abnutzungsbeständigkeit nimmt man für die Trittstufen meistens Buchen- oder Eichenholz, mindestens aber harzreiches Kiefernholz. Das Holz soll trocken und astfrei sein, da Äste bei der Abnutzung der Trittstufen als Höcker stehen bleiben.

Bei der gestemmten Treppe werden die Tritt- und Setzstufen in ihrer vollen Dicke 15–20 mm tief in die Wangen eingelassen.

Die Dicke der Trittstufen nimmt man in der Regel je nach Treppenbreite und Holzart mit 40 bis 60 mm an. Die Vorderkante, die meistens eine Profilierung erhält, steht ~ 40 mm über die Setzstufe vor.

Die Setzstufen dienen der Unterstützung der Trittstufen und verhindern ein Durchsehen durch die Tritte. Ihre Dicke genügt mit 20 mm. Auf den Verband von Tritt- und Setzstufen ist besonders zu achten, um die Trittstufen richtig zu unterstützen und ein Knarren der Treppe beim Begehen zu vermeiden.

Die Setzstufen werden mit ihrer Oberkante entweder in voller Dicke oder besser mit einer Keilfeder in die Trittstufen eingefügt. Alle anderen Verbindungen sind mehr oder weniger schlecht.

Die Oberkante der Setzstufen erhält eine Überhöhung von 1/2% der Setzstufenlänge. Beim Abnageln, das von oben nach unten erfolgt, werden jeweils zwei Trittstufen mit Hilfe von Keilen oder Hebeln auseinandergedrückt und die Setzstufen mit mindestens 5 Nägeln gegen die untere Trittstufe genagelt. Die Nägel sind in versetzter Richtung einzuschlagen. Beim Entfernen der Keile preßt sich die Setzstufe so in die Nut der oberen Trittstufe, daß auch durch Schwinden des Holzes kein Knarren zu befürchten ist.

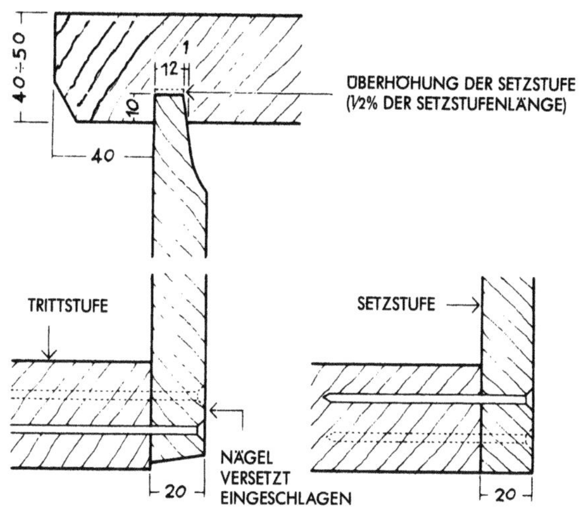

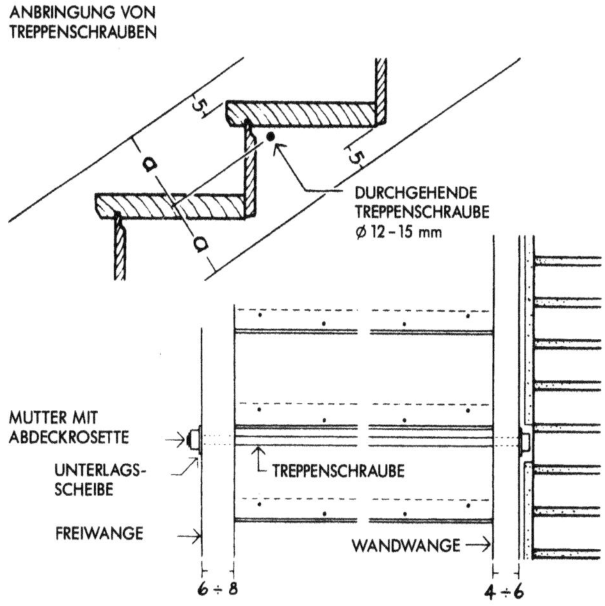

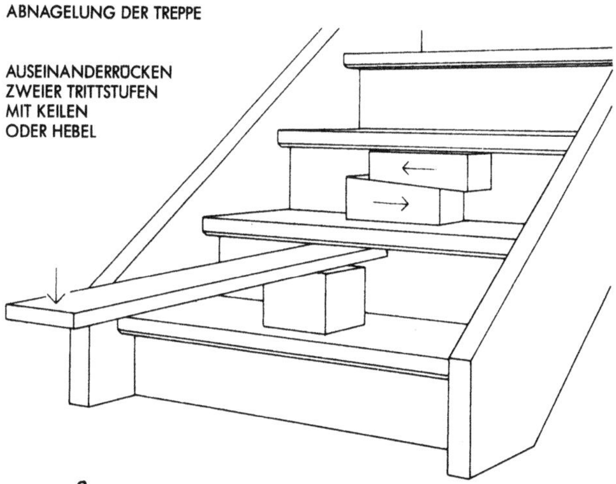

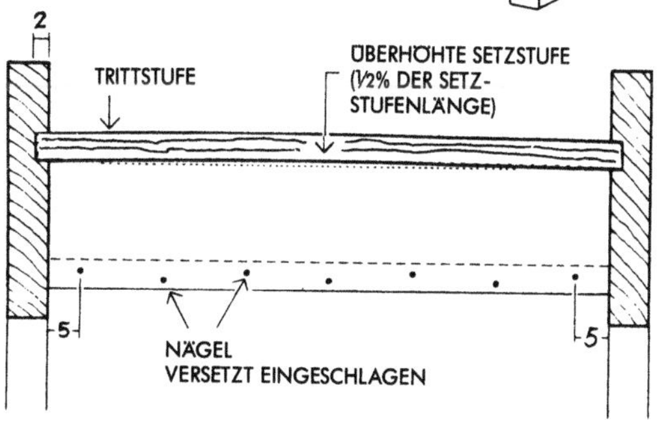

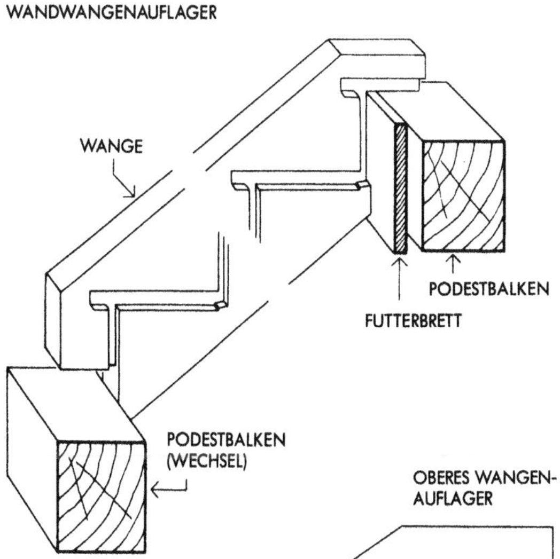

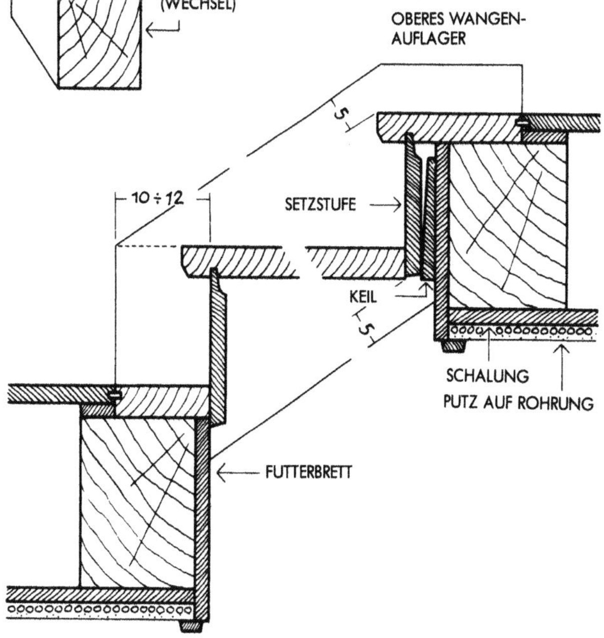

Wangen

Von den beiden Wangen wird die Freiwange stets um ~ 1/5 bis 1/4 stärker als die Wandwange genommen, und zwar aus folgenden Gründen: Die Wandwange, die beim Aufstellen der Treppe zuerst versetzt wird, ruht auf etlichen, im Mauerwerk eingelassenen Bankeisen. Der Freiwange fehlt diese Unterstützung. Sie hat nur zwei Auflager und wird in der Regel noch durch die eingezapften Geländerstäbe geschwächt. Bei normalen Treppen gibt man der Wandwange je nach Lauflänge und Treppenbreite eine Stärke von 4 bis 6 cm, der Freiwange eine solche von 6 bis 8 cm. Die Querschnittshöhe der Wange ergibt sich aus der Lauflänge, dem Steigungsverhältnis und dem gewählten Wangenüberstand über und unter den Stufenkanten. Dieser Überstand (oberes bzw. unteres Wangenbesteck) wird meistens mit 4 bis 5 cm angenommen, gemessen senkrecht zur Wangenober- bzw. -unterkante.

Wand- und Freiwangen werden durch Treppenschrauben, die man unter jedem 3. bis 5. Tritt anordnet, zusammengehalten. Die Schraubenköpfe an der Wandwange dürfen nicht in das Holz eingelassen werden. Wenn sie stören, kann man ein entsprechend

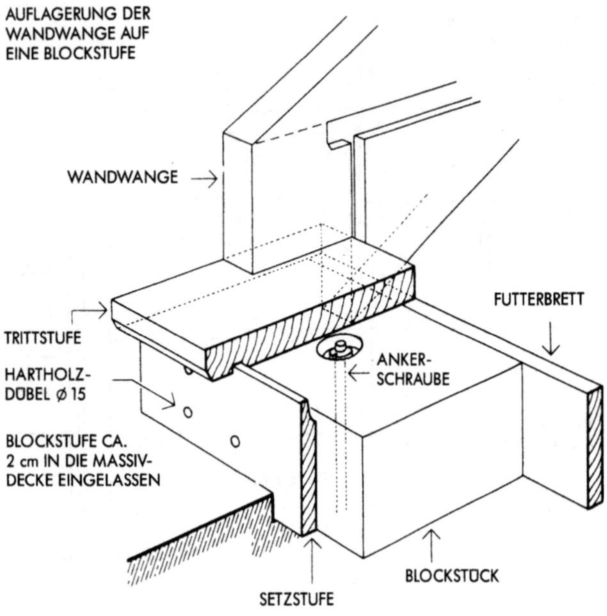

großes Loch aus der Wand schlagen. Die Schraubenköpfe erhalten eine Unterlagsscheibe. Auch die Schraubenmutter auf der Freiwange ist nicht einzulassen. Sie erhält eine Abdeckrosette.

Wandwange

Die Ausbildung des unteren Wandwangen-Auflagers richtet sich nach der Deckenkonstruktion, auf der die Wangen ruhen.
Sitzt die Treppe auf einer Holzbalkendecke über einer Treppenöffnung, so werden die Wangen mit einem sog. Geißfuß auf einem Deckenbalken oder einem Wechsel aufgesetzt. Die Fußleiste läuft gegen die Stirnfläche der Wandwange. Wenn eine Holztreppe jedoch auf einer Massivdecke oder auf einer durchgehenden Holzbalkendecke ohne Treppenöffnung aufsitzt, dann muß man die unterste Stufe als Wangenauflager ausbilden.
Diese sog. Blockstufe ist auf der Decke so zu verankern, daß sie die Druck- und Schubkräfte der Wangen aufnehmen kann. Die Blockstufe darf als Anfangsstufe einige Zentimeter breiter sein als die übrigen Trittstufen, ohne daß darum die Gehsicherheit der Treppe leidet. Die volle Blockstufe wird nicht mehr ausgeführt, da so starke Blöcke immer zum Reißen neigen. Heute versetzt man als Wangenauflager nur Blockstücke, die aus einzelnen Bohlen zusammengeleimt sind und durch die Setzstufe verkleidet werden.
Am oberen Wandwangen-Auflager lehnt sich die Wange an den Deckenbalken oder den Wechsel an. Ein Annageln oder Anschrauben ist hier überflüssig, da sich die ganze Treppe auf das untere Auflager abstützt und bei einem Ausweichen desselben auch nicht durch Nägel oder Schrauben am oberen Auflager gehalten werden kann. Die Wange muß sich oben dicht an den Balken oder Wechsel legen.
Wegen des besseren Aussehens wird die Wandwange jedoch meistens aufgekervt oder aufgeklaut. Die Fußleiste läuft dann gegen die Stirnfläche der Wandwange.

Freiwange und Geländer

Am unteren Freiwangen-Auflager steht der Antrittspfosten, der dem Geländer den notwendigen Halt gibt und seinen Abschluß bildet. Für die Lage des Antrittspfostens ist die notwendige Auflagerfläche der Freiwange auf dem Antritt bzw. Wechsel bestimmend. Die Tiefe dieses Auflagers soll in normalen Fällen mindestens $^1/_4$ der Breite des Wechselbalkens betragen.

Auf Blockstufen wird die Freiwange auf dieselbe Art aufgeklaut. Den Antrittspfosten setzt man dann auf die Blockstufe. Da diese als Anfangsstufe etliche Zentimeter breiter sein darf als die übrigen Trittstufen, wird durch diese Zugabe die Auflagerbildung der Wangen und die Anordnung des Pfostens erleichtert.

ANTRITTSPFOSTEN ALS BOHLE AUSGEFÜHRT

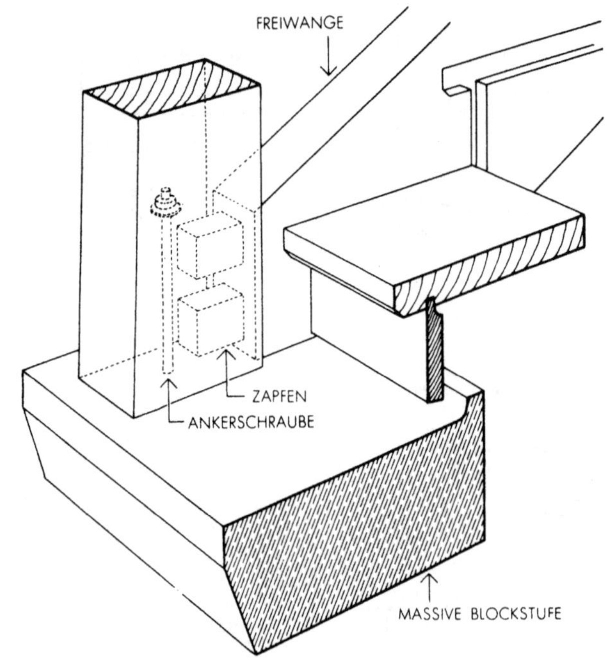

UNTERES FREIWANGENAUFLAGER MIT ANTRITTSPFOSTEN

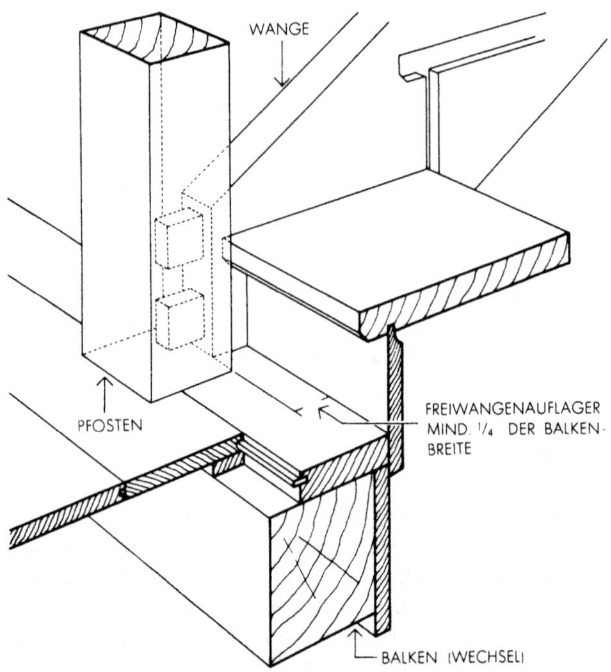

Der Antrittspfosten kann auch als breite Bohle ausgeführt werden, eine Lösung, die man oft wegen ihrer gefälligeren Form vorzieht. Eine richtige Befestigung des Antrittspfostens ist sehr wichtig, da er bei Benutzung der Treppe bzw. des Geländers als Hebel wirkt, durch dessen Einwirkung auch gute Verbindungen in die Brüche gehen können.

ANTRITTSPFOSTEN AUF BLOCKSTUFEN

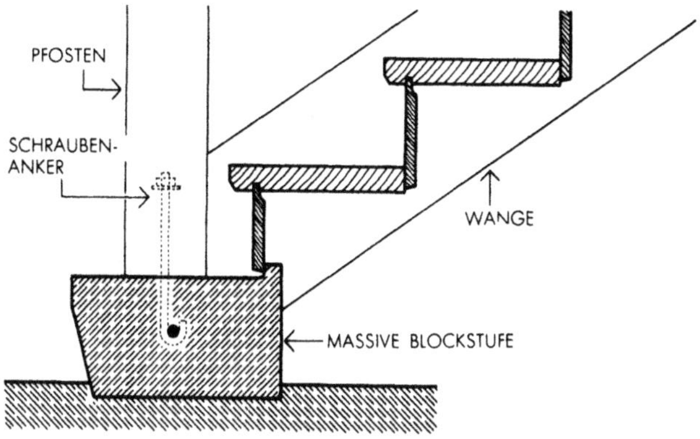

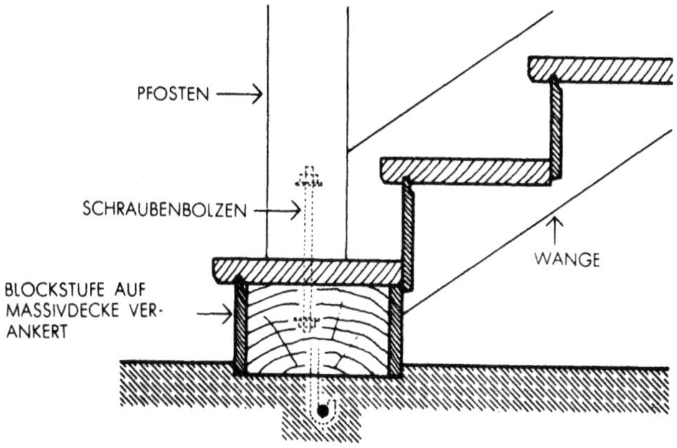

VERBINDUNG VON ANTRITTSPFOSTEN UND FREIWANGE

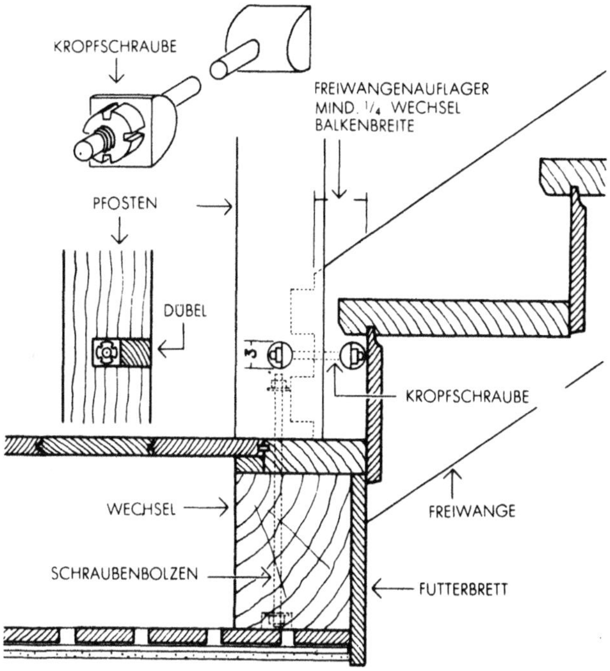

Die Verbindung von Pfosten und Wange geschieht am besten mit stramm passenden Doppelzapfen oder 2 Hartholzdübeln. Eine Kropfschraube, die zwischen den Zapfen bzw. Dübeln sitzt, zieht den Pfosten fest an die Wange. Die zwei Bohrlöcher für die Schraubenmuttern, die auf der Innenseite der Wange liegen, werden mit runden Holzdübeln aus der gleichen Holzart wie Wange und Antrittspfosten mit gleicher Faserrichtung sauber geschlossen. Außer dieser Verbindung mit der Wange wird der Antrittspfosten noch auf seiner Unterlage befestigt. Bei Decken oder Blockstufen aus Stahlbeton hat sich am besten der Schraubenanker mit einem halbkreisförmigen Haken bewährt. Steht der Antrittspfosten auf einer Holzbalkendecke oder einer hölzernen Blockstufe, dann befestigt man ihn durch entsprechend lange Kropfschrauben.

VERBINDUNG VON PFOSTEN UND WANGE DURCH ZAPFEN UND KROPFSCHRAUBE

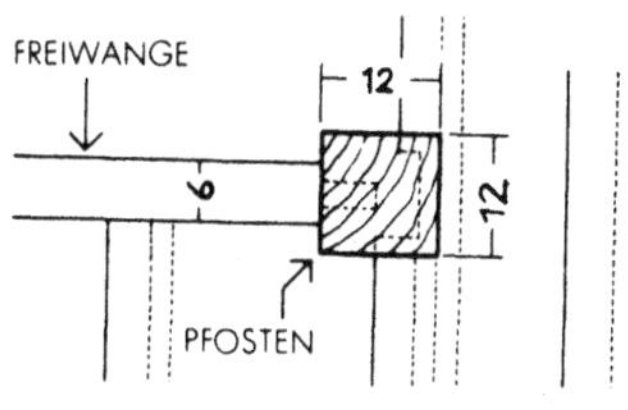

PFOSTEN LEHNT SICH GEGEN PODESTBALKEN (KONSTRUKTIV GUT FORMAL SCHLECHT)

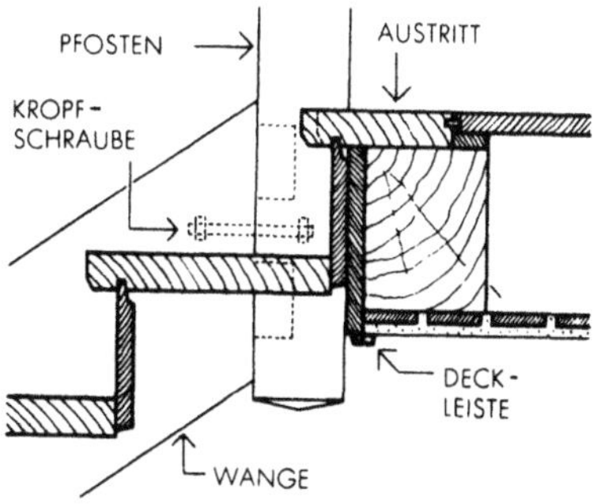

VERBINDUNG VON ANTRITTSPFOSTEN UND FREIWANGE

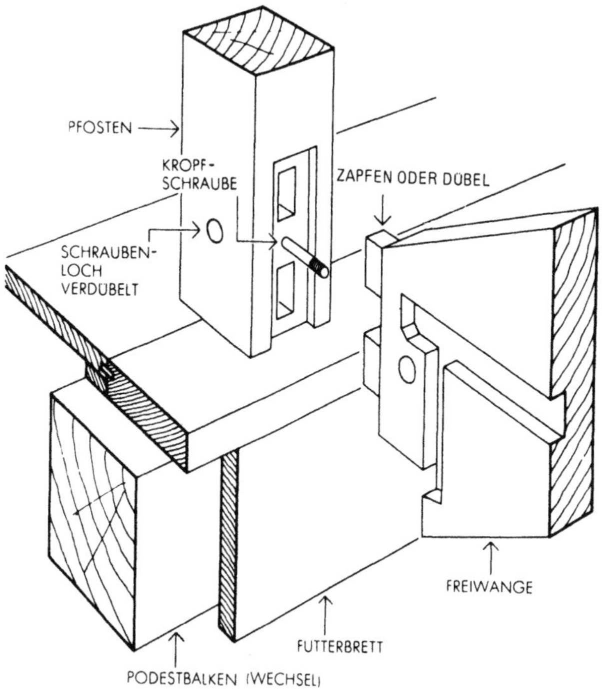

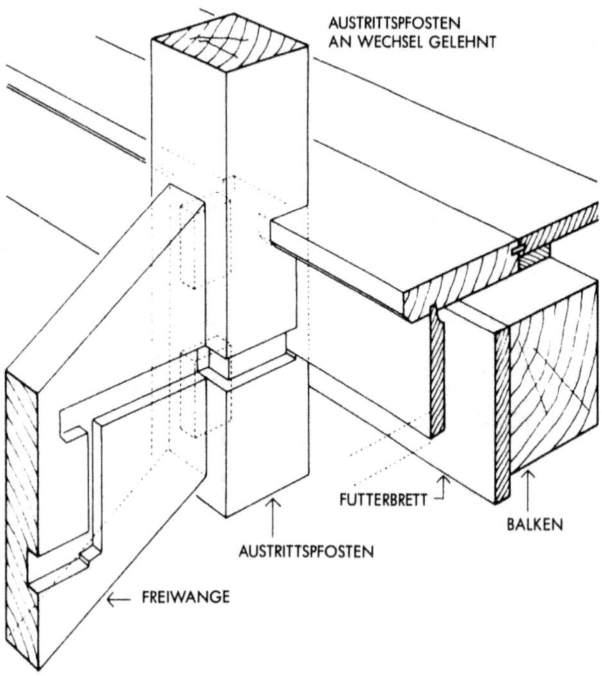

Im Gegensatz zum unteren Auflager, wo sich die Wangen auf den Wechsel oder Deckenbalken abstützen, kann am oberen Auflager der Freiwange nur von einem „Anlehnen" an die Deckenkonstruktion gesprochen werden. Je nach Art der Treppe lehnt sich die Freiwange unmittelbar gegen den Wechsel oder Deckenbalken, was konstruktiv am besten ist, oder gegen ein Kropfstück, das vor der Deckenkonstruktion sitzt.

Bei Podesttreppen wird das Kropfstück vorwiegend aus formalen Gründen angeordnet, obwohl es konstruktiv bessere Lösungen gibt. Unbedingt erforderlich ist ein Kropfstück nur bei gewendelten Treppen.

An allen oberen Freiwangen-Auflagern eines Treppenlaufes, ob an Treppenenden, auf Zwischenpodesten oder auf Stockwerkshöhen, muß das Geländer wie am Treppenanfang durch den Austrittspfosten wieder gehalten werden. Je nach Breite des Treppenauges und der Treppenart kann man hierzu einen Austrittspfosten, eine Bohle oder ein Kropfstück anordnen.

Die im Bild gezeigte Anordnung des Austrittspfostens ist konstruktiv die beste, aber formal schlecht. Der Pfosten wird durch die Freiwange gegen den Wechsel gedrückt und verhindert mit Bestimmtheit ein Wackeln des angeschlossenen Geländers. Das in der Untersicht sichtbare Pfostenende stört jedoch und ist unmöglich bei Holztreppen, die verputzt werden sollen. Aus diesen Gründen wird meistens folgende konstruktiv weniger befriedigende Lösung vorgezogen:

Bei Treppenaugen mit einer Breite bis zu 20 cm können Übergangsbohlen angeordnet werden, an denen sich die Freiwangen totlaufen. Auch hier ist, wie beim Austrittspfosten, die konstruktiv beste Lösung formal nicht befriedigend.

Bei wertvolleren Treppen ordnet man keine Pfosten oder Bohlen, sondern Kropfstücke an, die bis zum Geländer hochgeführt werden, so daß dieses einen festen Halt bekommt. Die Gesamterscheinung wirkt aber um so plumper, je breiter das Treppenauge bzw. das Kropfstück ist.

Alle diese zum Teil teuren Konstruktionen sind, wie gesagt, nur erforderlich, um den in Freiwange und Handlauf eingezapften Geländerstäben (Staketen) einen festen Halt zu geben. Einen anderen Sinn haben Austrittspfosten, Bohlen oder hochgeführte Kropfstücke nicht.

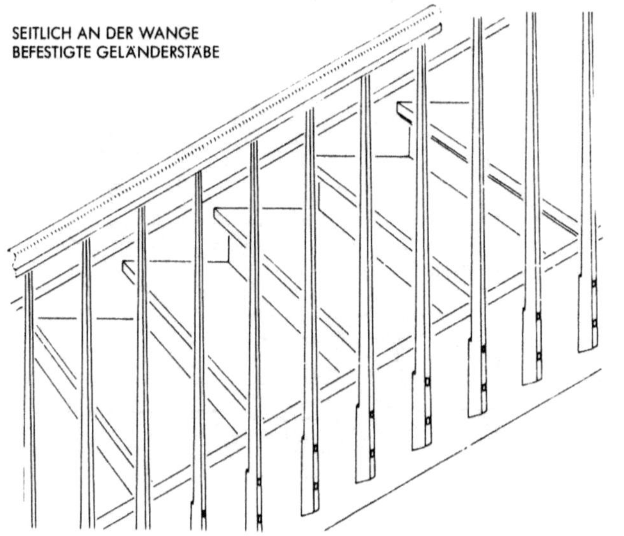

ÜBERGANGSBOHLE

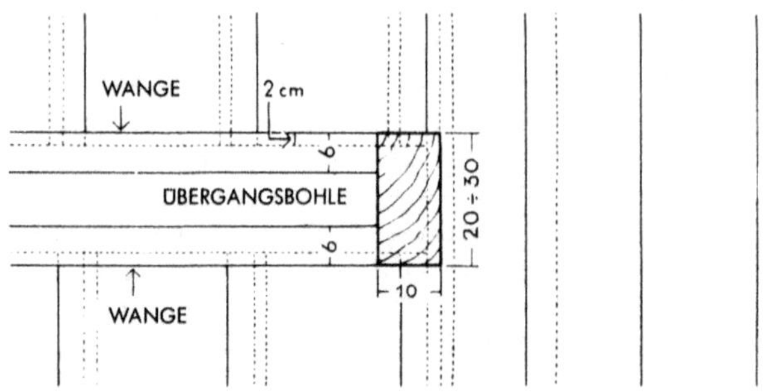

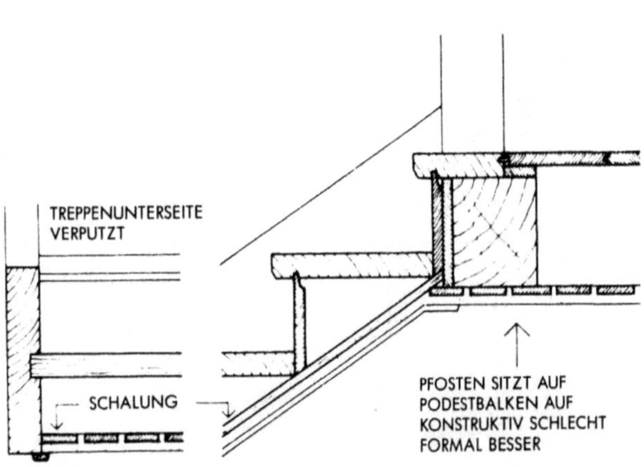

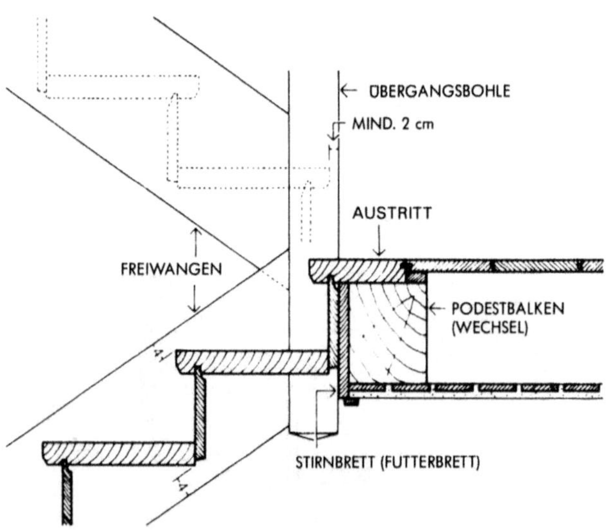

ÜBERGANGSPFOSTEN (BOHLE)

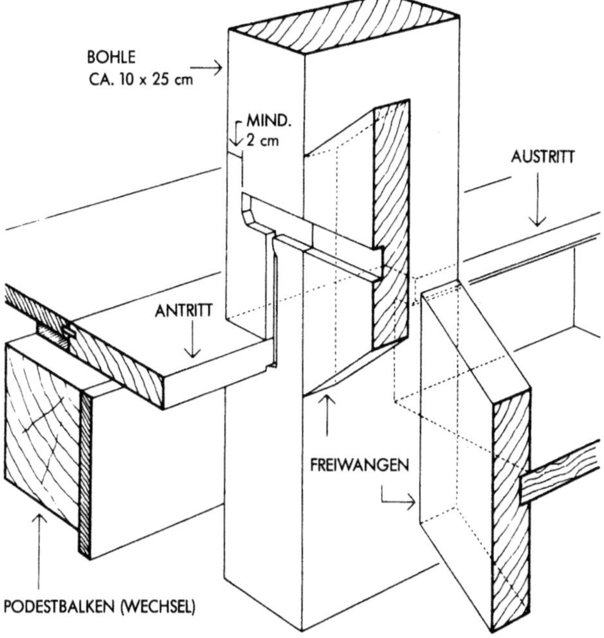

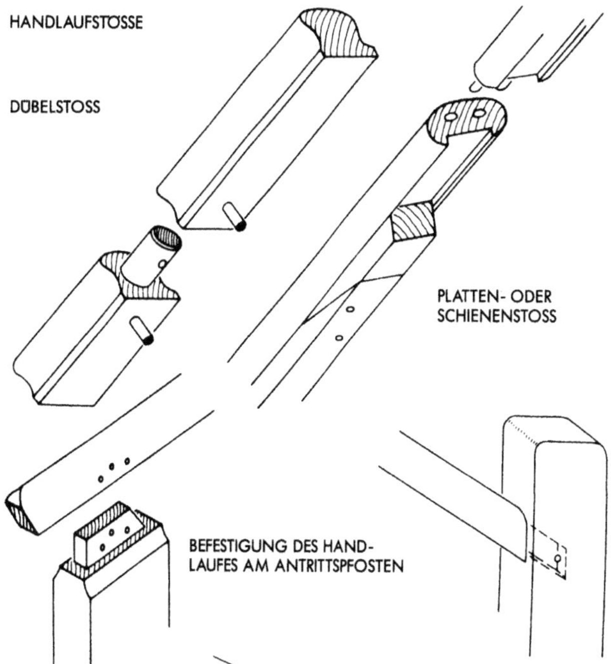

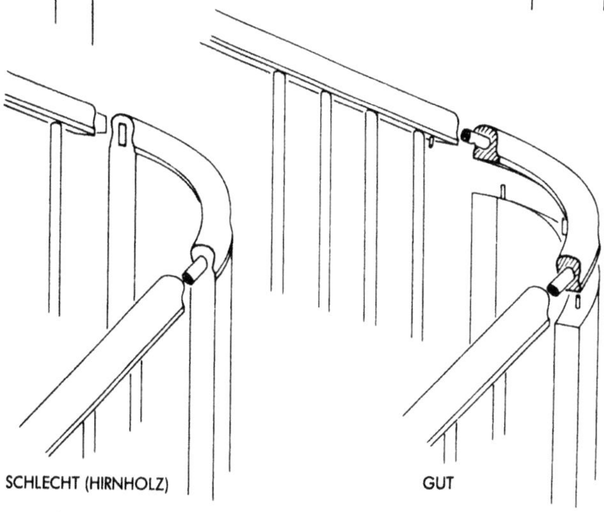

HOCHGEZOGENE KROPFSTÜCKE
MIT EINGEARBEITETEM HANDLAUF MIT AUFGESETZTEM HANDLAUF

Beim Einzapfen der Geländerstäbe bohrt man die Zapfenlöcher in die Freiwange etwas schräg, mit verschiedenen Richtungen, wodurch das Geländer nach dem Aufsetzen des Handlaufes die erforderliche Spannung erhält. Die Stäbe, die rund oder eckig sein können, haben eine Mindestdicke von 24 mm und einen Abstand untereinander von <12 cm. Je schlanker die Geländerstäbe sind, um so enger sollte man den Abstand wählen.

Bei einer stabileren Befestigungsart des Geländers an der Freiwange, wie sie nebenstehend gezeigt wird, kann auf die oben beschriebenen Konstruktionen verzichtet und damit an Herstellungskosten gespart werden.

Die seitliche Befestigung der Geländerstäbe durch zwei Schrauben ist haltbarer als das Einzapfen der Stäbe und hat den Vorteil, daß keine aussteifenden Konstruktionen nötig sind. Ein Antrittspfosten am Treppenanfang und ein Austrittspfosten am Treppenende genügen. Ferner wird bei dieser Befestigungsart die Freiwange nicht durch Bohrlöcher geschwächt, und die nutzbare Laufbreite ist größer, weil der Handlauf nicht über, sondern außerhalb der Freiwange liegt.

Während man das Geländer meistens im gleichen Material wie die Wangen ausführt, nimmt man für die Handläufe nur Hartholz, vorwiegend Buche, für wertvollere Treppen sogar Edelhölzer. Das Profil des Handlaufs kann sehr verschiedenartig gestaltet werden. Bei vielbegangenen Treppen achte man auf eine gute Griffigkeit.

Die Verbindung des Handlaufs mit dem Antritts- und gegebenenfalls dem Podestpfosten richtet sich nach deren Querschnitt. In kräftige quadratische oder runde Pfosten führt man den Handlauf mit einem ca. 8 cm langen, ringsum abgesteckten Zapfen ein und sichert die Verbindung mit 2 Holznägeln.

Hat der Pfosten nur die Breite der Wange, so führt man den Handlauf über ihn weg, zapft ihn auf und sichert die Verbindung mit 3 Holznägeln. Um ein Abreißen des Griffes zu verhindern, werden die Holznägel in verschiedene Höhen gesetzt.

Bei gewundenen Treppen muß der Handlauf meistens gestoßen werden. Die Verbindung erfolgt mit einem längeren Zapfen oder einem kräftigen Dübel und erhält von unten einen oder zwei Holznägel.

Auf durchgehenden Podestkropfstücken setzt man zweckmäßig einen Handlaufkrümmling mit 3 Dübeln auf.

Der beste und dauerhafteste Geländerstoß ist der sog. Platten- oder Schienenstoß. Heute werden Kropfstücke aus dünnen Sperrholzplatten geformt und verleimt.

KREUZVERLEIMUNG

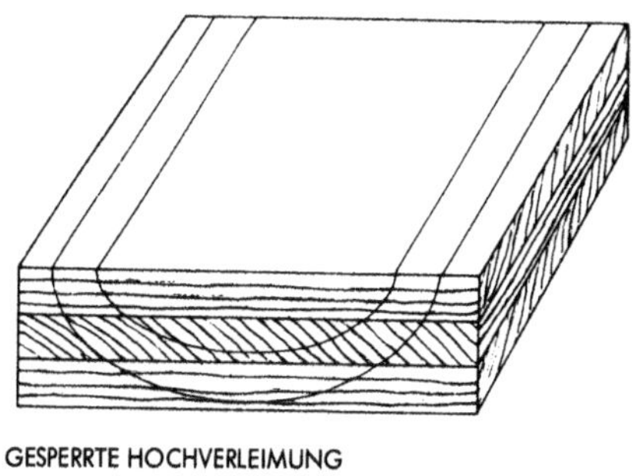

GESPERRTE HOCHVERLEIMUNG

GELEIMTE KROPFSTÜCKE AUS DÜNNEN SPERRHOLZPLATTEN

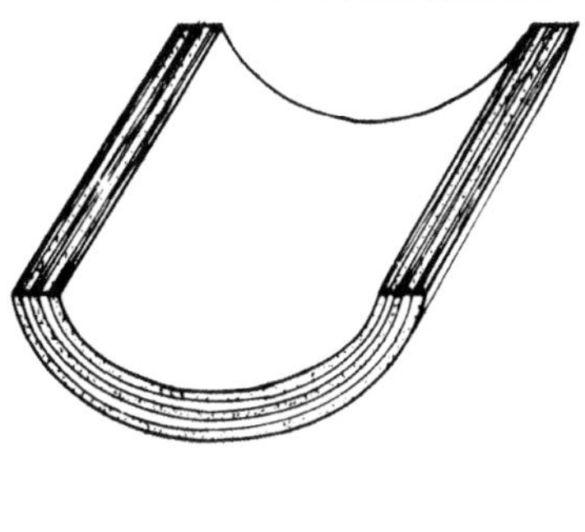

KROPFSTÜCK EINER PODESTTREPPE

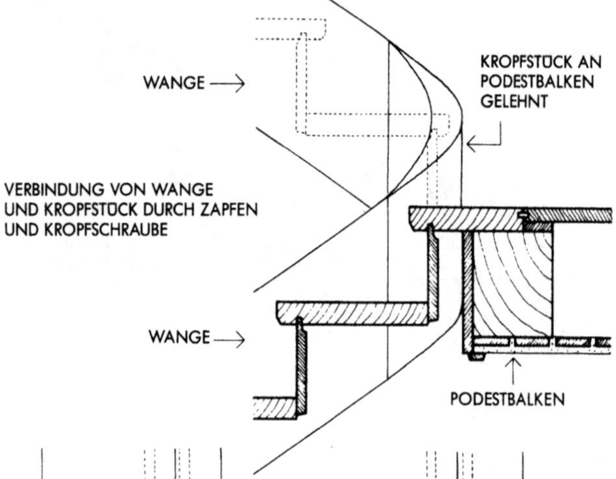

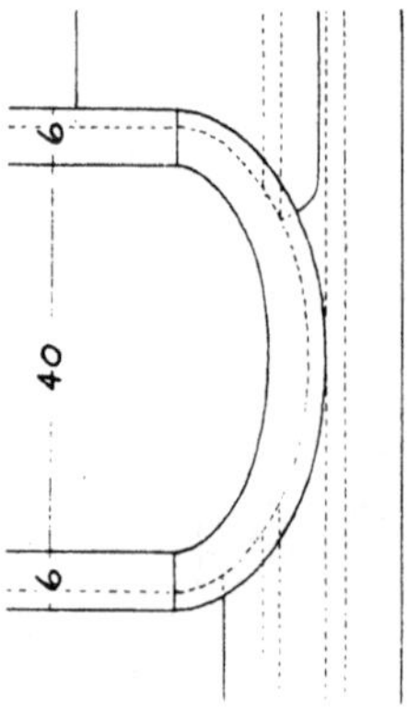

TREPPENAUGE ≧20
KROPFSTÜCK ELLIPSENFÖRMIG

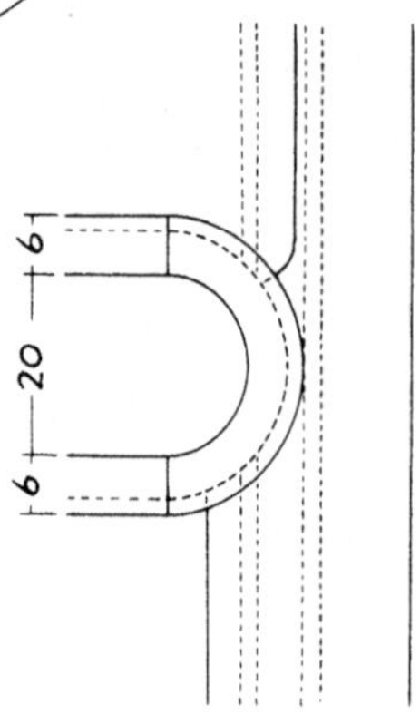

TREPPENAUGE ≧20
KROPFSTÜCK KREISFÖRMIG

ANORDNUNG EINES KROPFSTÜCKES BEI EINER PODESTTREPPE

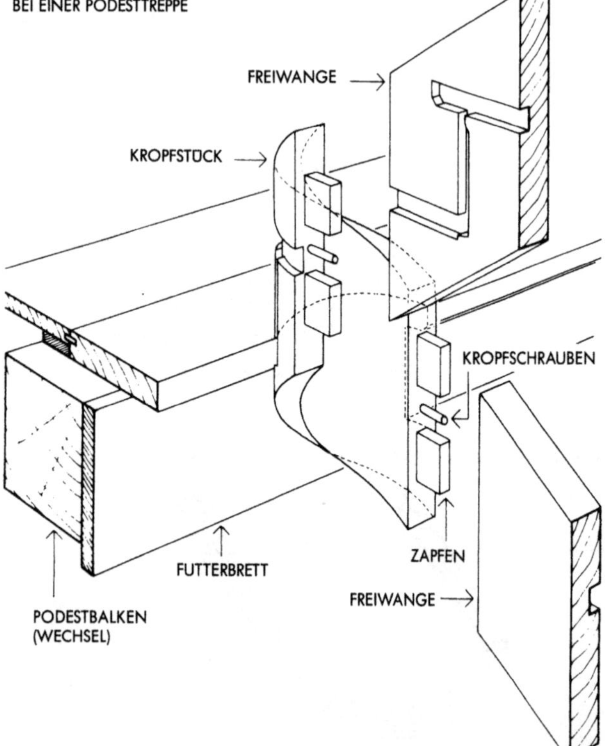

Kropfstücke

Als Kropfstücke bezeichnet man das Verbindungsstück zweier in verschiedener Richtung zusammenstoßender Wangen. Die Verbindung der Wangen mit dem Kropfstück geschieht durch Zapfen oder Dübel und Kropfschraube, wie bei der Verbindung mit den Antrittspfosten bereits besprochen. Die zahlreichen Aussparungen für diese Befestigungen bedeuten allerdings eine Schwächung des Kropfstückes, das deshalb eine Mindestdicke von 6 cm haben sollte. Aus formalen Gründen sind dann auch die anschließenden Freiwangen mit dieser Dicke von 6 cm anzunehmen. Für eine gute Linienführung des Kropfstückes und damit auch des Handlaufkrümmlings ist die Weite des Treppenauges maßgebend. Die Form wird am reinsten, wenn die Steigung an der Außenkante der Freiwange beim Kropfstück und Handlaufkrümmling beibehalten wird. Daraus folgt, daß flache Steigungen weite und steile Steigungen engere Kropfstücke bzw. Krümmlinge erfordern. Da jedoch kleine Abweichungen in der Steigungslinie des Krümmlings kaum bemerkbar sind, unternimmt man in der Praxis meistens keine langen umständlichen Berechnungen, sondern behilft sich mit Erfahrungswerten. Danach sollen das Treppenauge bzw. das Kropfstück und der Krümmling bei den üblichen Steigungen der Wohnhaustreppen mindestens 18 bis 20 cm lichte Weiten haben. Engere Kropfstücke und Krümmlinge wirken verdrückt. Bei lichten Weiten von >30 cm werden Kropfstücke und Krümmlinge aus verleimten Bohlen hergestellt.

Bei der Gestaltung der Wange tritt weiterhin folgendes Problem auf: Nimmt man bei den verzogenen Stufen, die an der Freiwange mit verringerter Auftrittsbreite anschneiden, den Wangenüberstand an den Stufenvorder- und -unterkanten gleich hoch wie bei den geraden Stufen, so ergibt sich durch die stärkere Steigung eine merklich verringerte Wangenbreite, die allmählich in die volle Breite bei den geraden Stufen übergeht. Eine starke Verbreiterung oder Verschmälerung der Wange wirkt aber störend. Es ist darum besser, bei verzogenen Stufen den Wangenüberstand oben und unten so weit zu vergrößern, daß eine allmähliche Änderung der Wangenbreite eintritt. Bei derartigen Aufgaben verläßt man sich vernünftigerweise nicht auf das Detail M. 1:10, sondern korrigiert notfalls noch auf dem Reißboden des Treppenbauers den Riß im natürlichen Maßstab. Manchmal wird es dann noch notwendig, kleine Änderungen an der Verziehung der Stufen vorzunehmen, um die Form der Wange zu verbessern.

Aufgesetzte Treppe

Bei der aufgesetzten (aufgesattelten) Treppe werden die Trittstufen auf die Wangen gesetzt. Auftritt und Steigung sind also aus den Wangen ausgeschnitten, wodurch deren Tragfähigkeit stark vermindert wird.

AUFGESETZTE TREPPE

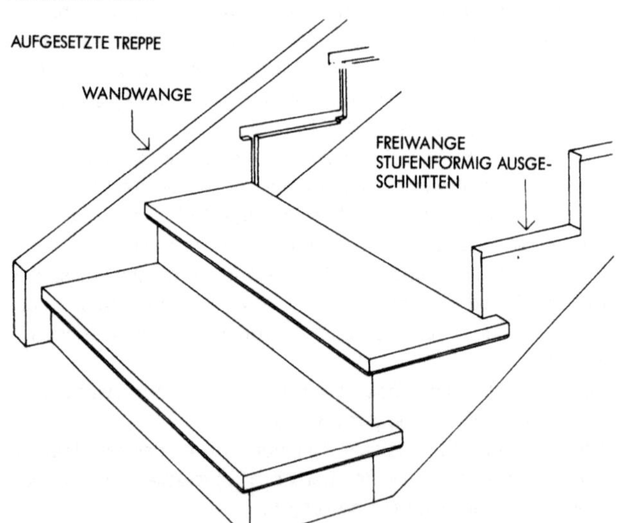

Die auf einer oder beiden Wangen aufgesetzte Treppe ist darum konstruktiv schlecht und unwirtschaftlich. Sie sollte nur bei kurzen Läufen oder dort ausgeführt werden, wo genügend breite Wangen möglich sind oder die Wangen ausreichend unterstützt werden können.

Wendeltreppen aus Holz

Durch die Herstellung der Treppenwangen aus kunstharzverleimten Streifen von dünnen Sperrholzplatten wurde erst die Konstruktion dieser Treppenarten ermöglicht. Als handwerkliche Schmuckstücke erfreuen sie sich einer steigenden Beliebtheit. Man findet sie als Haupttreppen in den Dielen von Einfamilienhäusern und als attraktive Nebentreppen in Verwaltungsbauten, Kaufhäusern etc. Mit Tritt- und Setzstufen sieht man sie fast nie; meistens mit eingeschobenen Trittstufen oder als sogenannte „halbgestemmte" Treppe. Diese Treppen wirken leichter als die mit Setzstufen. Die leichteste und reizvollste Erscheinung entsteht mit aufgesattelten Stufen, die beiderseits über die Wangen vorstehen. Wie die Wangen werden auch die Handläufe und evtl. die Geländerfüllungen aus Sperrholzstreifen über Lattentrommeln von entsprechenden Durchmessern hergestellt. Alle diese Teilstücke werden ringsum furniert. Die Geländer sollte man in ihrer Dimensionierung der Leichtigkeit der Treppenerscheinung anpassen. Für die Trittstufen nimmt man 40–45 mm starke Bohlen, z. B. aus Eschen- oder Eichenholz.

GRUNDRISS

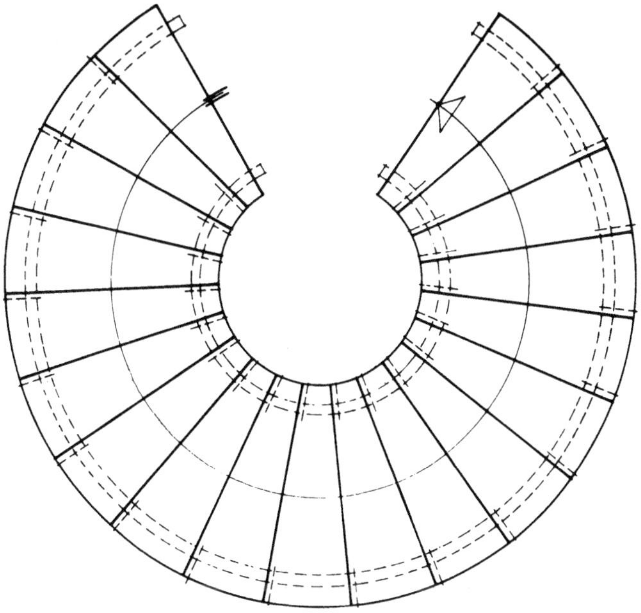

AUSSCHNITT EINER WENDELTREPPE MIT AUFGESATTELTEN TRITTSTUFEN

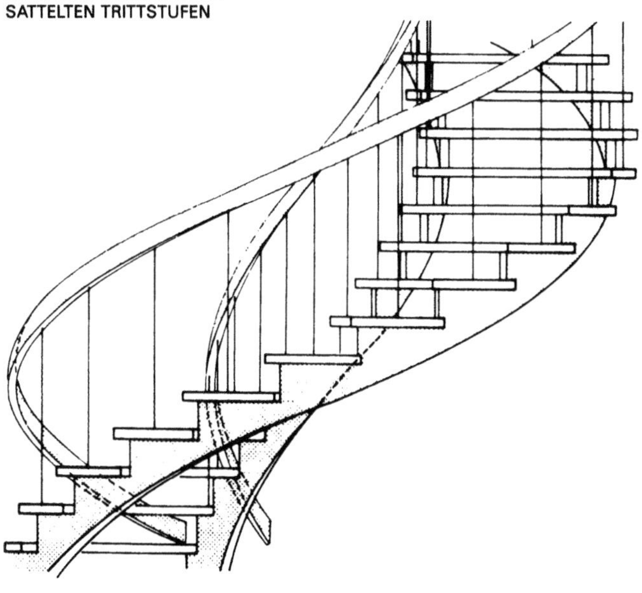

DETAIL

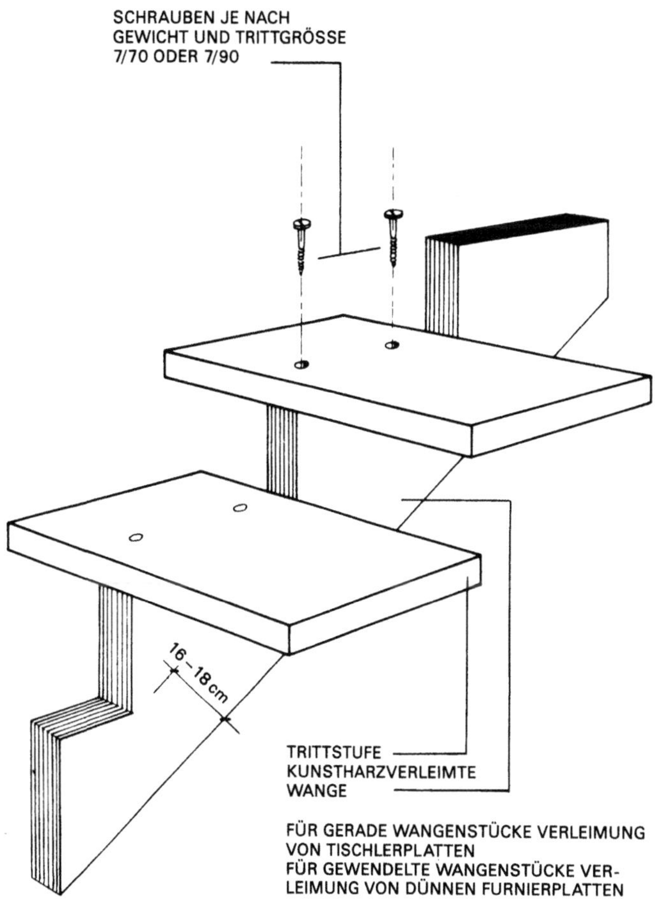

SCHNITT

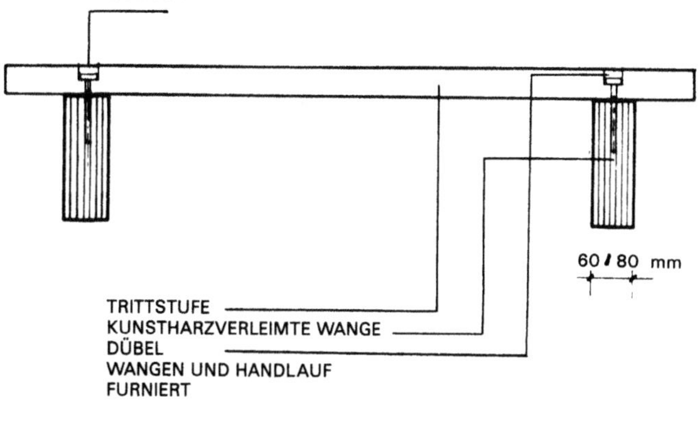

EINBAU EINER HOLZTREPPE
DARGESTELLT IN 7 ARBEITSGÄNGEN
(ENTNOMMEN AUS "DEUTSCHER ZIMMERMEISTER", HEFT 11/1951,
VON O. BERGER, ZIMMERMEISTER)

①

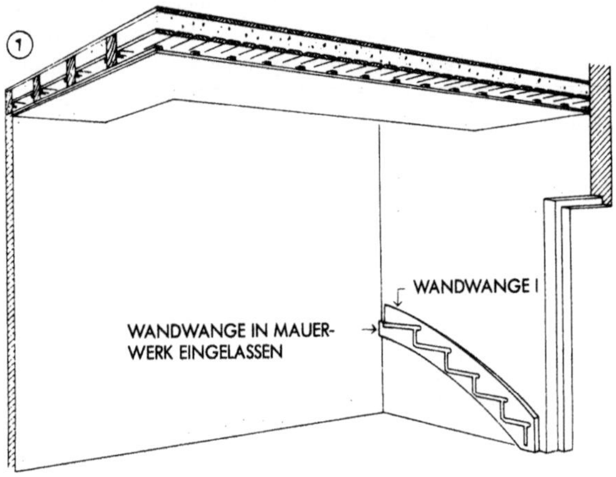

②

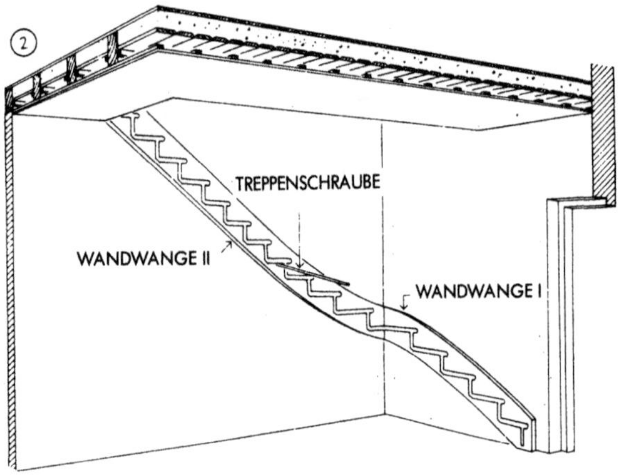

③

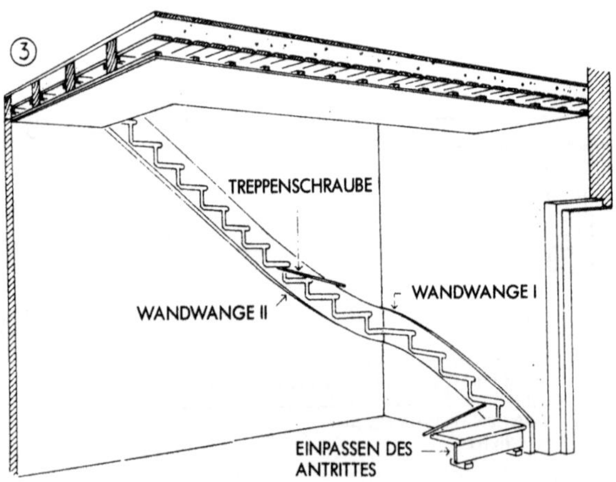

④

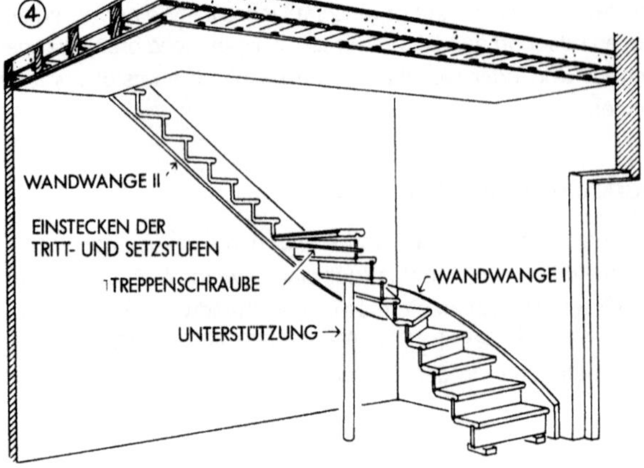

⑤

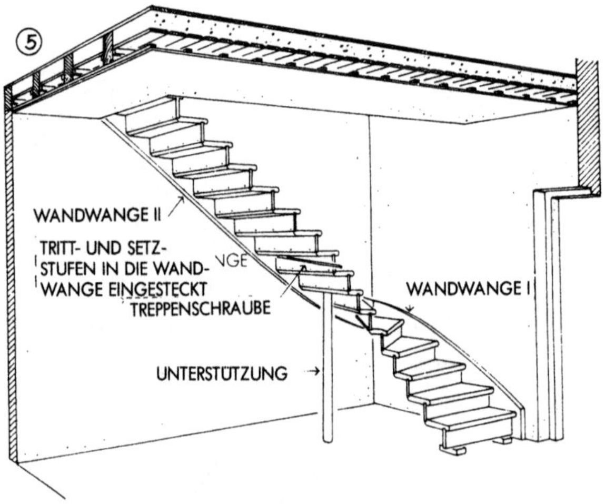

⑥

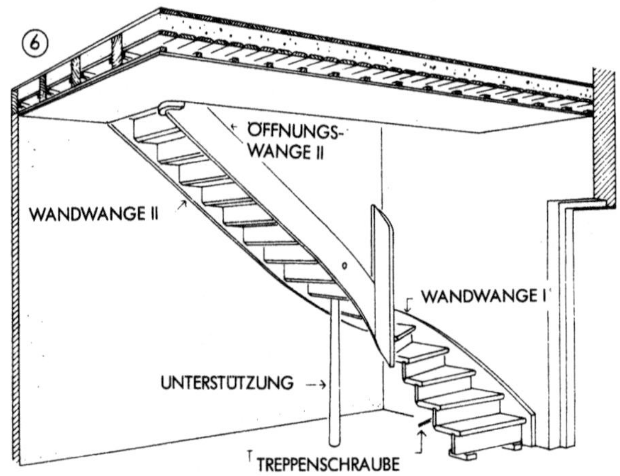

⑦

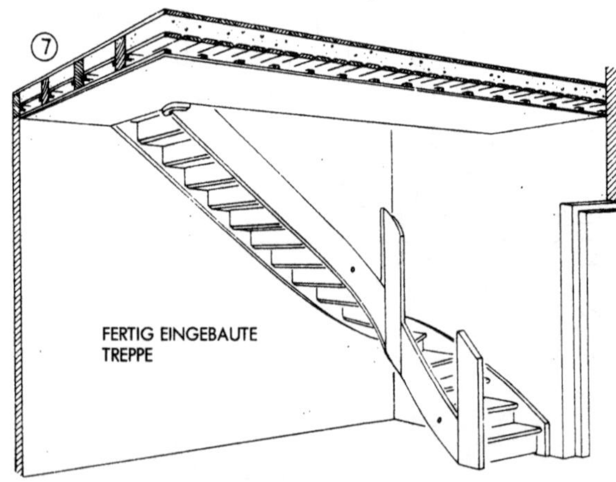

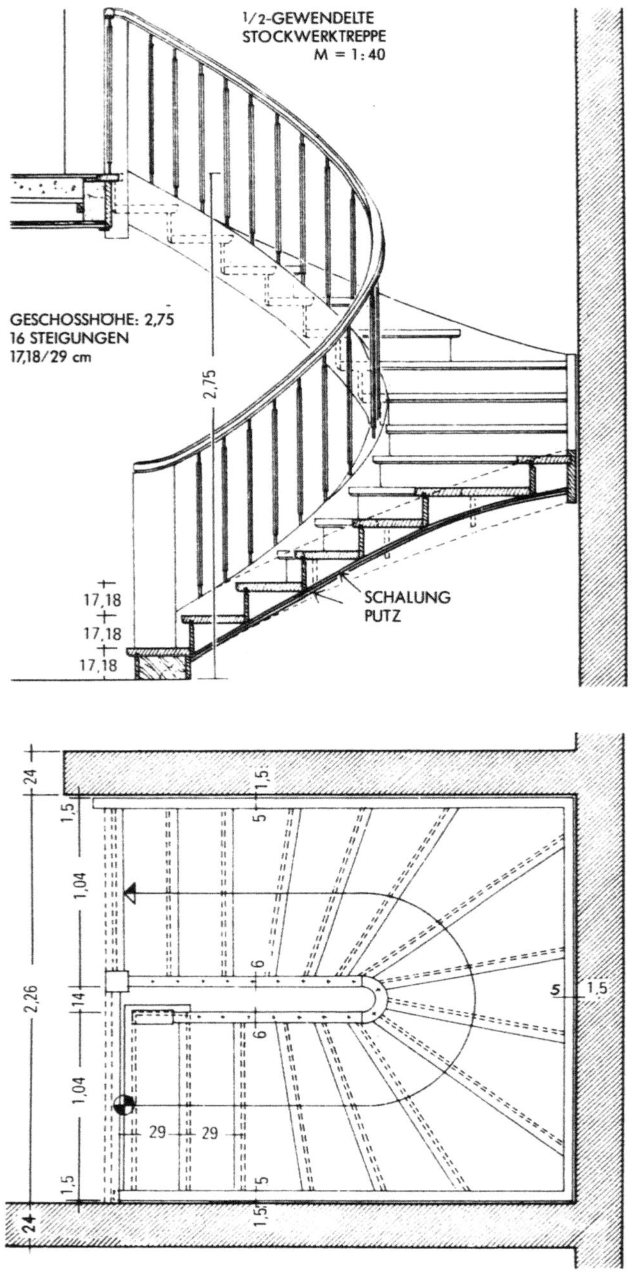
1/2-GEWENDELTE
STOCKWERKTREPPE
M = 1:40
GESCHOSSHÖHE: 2,75
16 STEIGUNGEN
17,18/29 cm
2,75
17,18
17,18
17,18
SCHALUNG
PUTZ
24
1,5
1,04
14
1,04
1,5
24
2,26
1,5
5
6
6
5
1,5
5
1,5
29
29

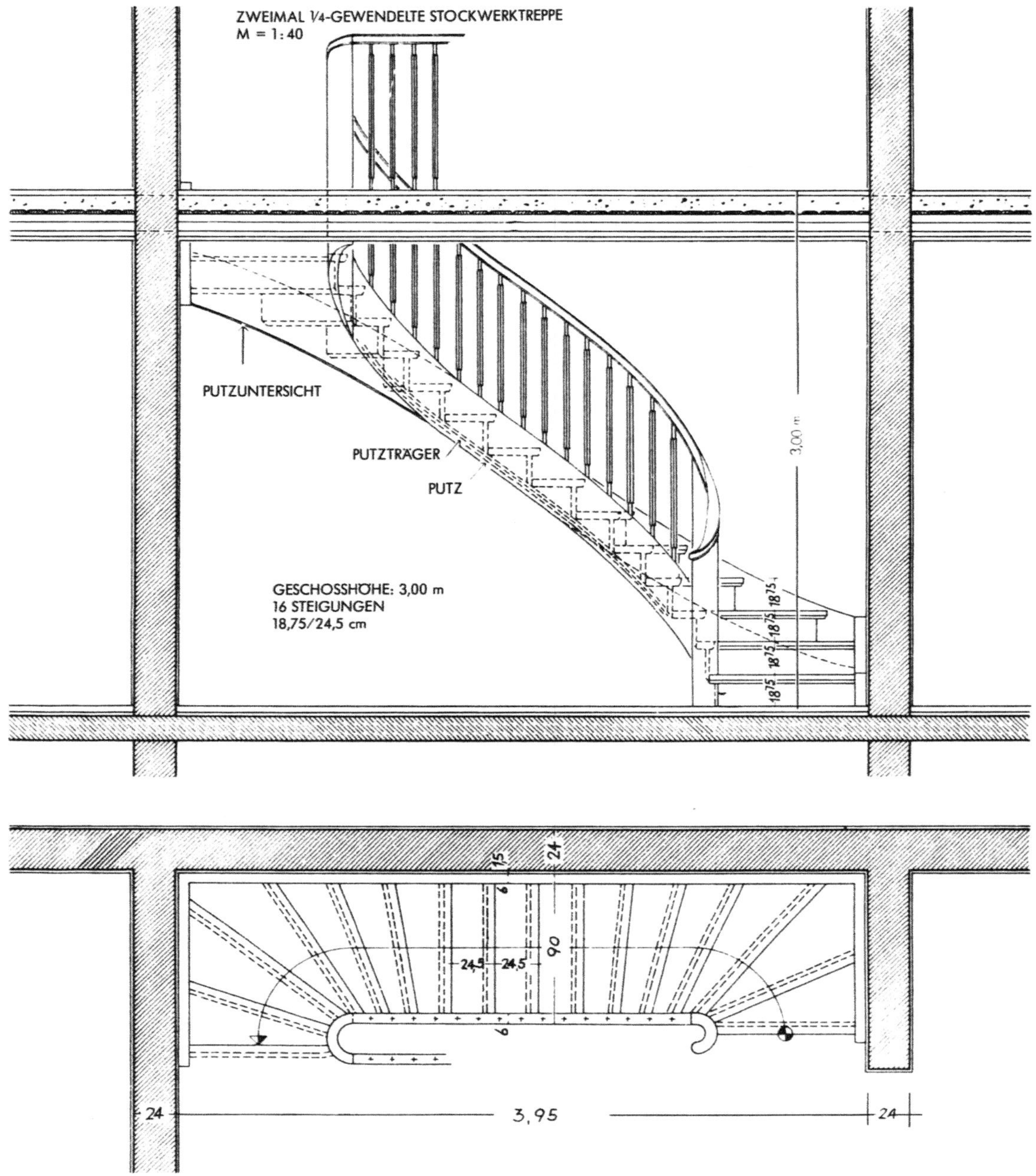
ZWEIMAL 1/4-GEWENDELTE STOCKWERKTREPPE
M = 1:40
PUTZUNTERSICHT
PUTZTRÄGER
PUTZ
3,00 m
GESCHOSSHÖHE: 3,00 m
16 STEIGUNGEN
18,75/24,5 cm
18,75
18,75
18,75
18,75
24
15
6
90
24,5
24,5
6
24
3,95
24

GESCHOSSTREPPE MIT AUFGEHÄNGTEN TRITTSTUFEN AUS HOLZ

M = 1 : 40 UND 1 : 8

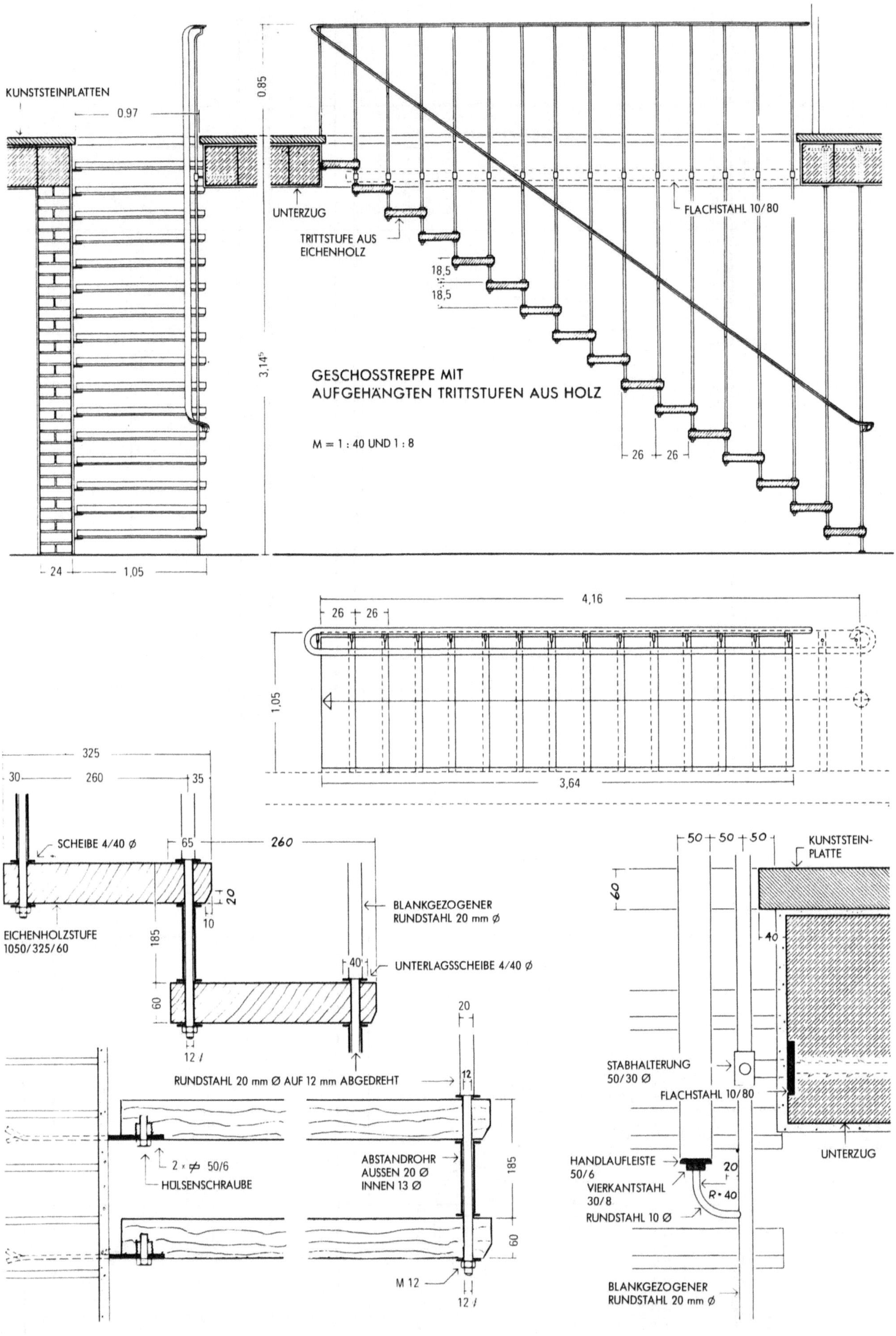

Treppen aus Natur- und Kunststein

In den letzten Jahrzehnten hat der Kunststein aufgrund seines geringeren Preises und der Möglichkeit, ihn überall herzustellen, den Naturstein in erheblichem Umfang verdrängt.

Natursteinstufen

werden heute fast nur noch in der Nähe von Steinbrüchen (Fortfall der z. T. hohen Transportkosten) für Treppen im Freien, seltener im Hausinnern, verwendet. Für Stufen im Freien eignen sich nur wetterbeständige harte Gesteine, wie z. B. manche Sandsteine (Neckar-, Main-, Weser-Standsteine), Granit, Muschelkalk, Travertin und Basalt. Die freitragende Länge der Sandsteine reicht bis 1,20 m, die des Granits bis 1,50 m.

Kunststeinstufen

werden aus Vorsatz- und Hinterbeton hergestellt. Der Vorsatz besteht aus einer Mischung von gemahlenen Gesteinstrümmern, z. B. Muschelkalk, Granit, Travertin, Diabas usw., und Zement als Bindemittel. Das Mischungsverhältnis beträgt bei Kunststeinen, die einer starken Abnutzung ausgesetzt sind, wie Treppenstufen, Podestplatten und Bodenplatten, zweieinhalb bis höchstens drei Teile Zuschlagstoffe und ein Teil Zement. Der Hinterbeton soll wegen der auftretenden Spannungen zwischen Vorsatzmaterial und Beton nicht zu mager gewählt werden. Zu empfehlen ist eine Mischung von 1 : 4 bis höchstens 1 : 5. Die Kunststeinstufen werden in sorgfältig vorbereiteten Holzformen, besser noch in exakten Metallformen, gestampft. Besonders starker Abnutzung ausgesetzte Kunststeine härtet man mit Dampfdruck. Größere Flächen werden mit der Maschine, Profile mit der Hand soweit geschliffen, daß die Zementhaut verschwindet und ebene, glatte Oberflächen entstehen. Kunststeine steinmetzmäßig, z. B. durch Scharrieren, zu bearbeiten, ist sinnwidrig und sollte darum unterbleiben.
Kunststeinstufen haben gegenüber Natursteinstufen folgende Vorteile:
Sie sind in der Regel billiger; sie können bewehrt werden; die Bewehrung erhöht die Bruchsicherheit und ermöglicht größere freitragende Längen; sie erlaubt ferner im Querschnitt eine schwächere Bemessung sowie Aussparungen, die das Gewicht der einzelnen Stufen vermindern und dadurch das Transportieren und Versetzen erleichtern; bei der Herstellung der Steine können schon Löcher für das Einlassen der Geländerstäbe ausgespart werden.
Diese Vorteile erklären am deutlichsten die Zurückdrängung des Natursteins.

Hauseingangstreppen

Bei allen Treppen im Freien ist auf eine sorgfältige Gründung zu achten, damit sich die Stufen nicht vom Bau lösen.
Wenig Stufen setzt man am besten auf eine Kragplatte oder auf Kragarme aus Stahlbeton, die fest mit dem Kellermauerwerk verbunden sein müssen, so daß sich die Stufen nur mit dem ganzen Bau setzen. Weiter ausladende Treppen müssen frostfrei gegründet werden und dürfen nicht etwa auf dem aufgefüllten Boden der Baugrube stehen.
Die Gehsicherheit der Hauseingangstreppen ist im Winter durch Schnee und Eis bedroht. Darum wählt man durchschnittlich geringe Stufenhöhen von 14 bis 16 cm und Auftrittsbreiten von 30 bis 32 cm und gibt den Stufen nach vorn ein geringes Gefälle von etwa 3 mm, um das Wasser ablaufen zu lassen. Bei Treppenläufen parallel zur Hauswand gibt man den Stufen zusätzlich noch ein Gefälle von der Wand weg, um deren Durchfeuchtung zu verhindern. Liegen hinter dem Treppenlauf Wohnräume, dann mauert

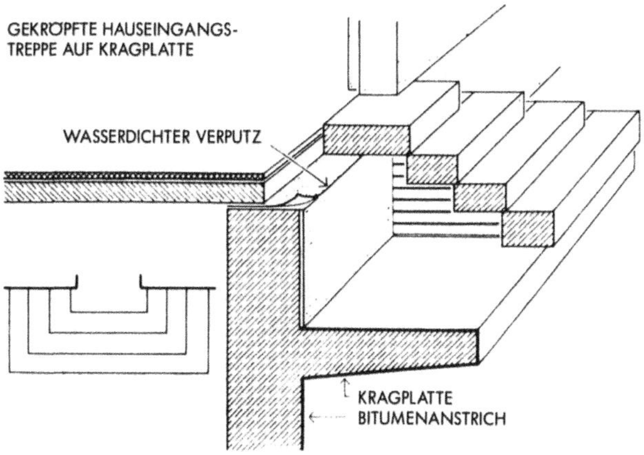

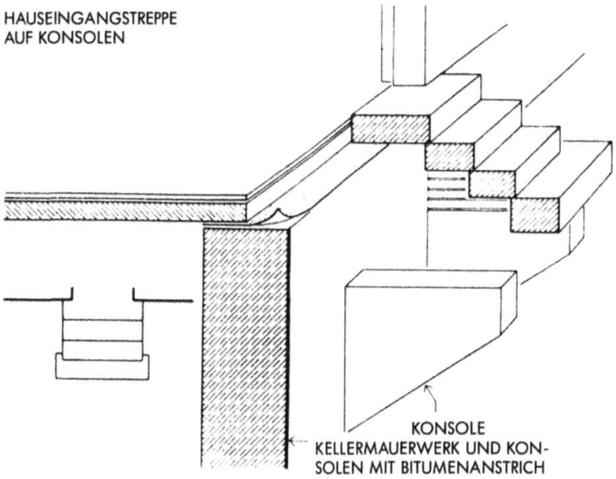

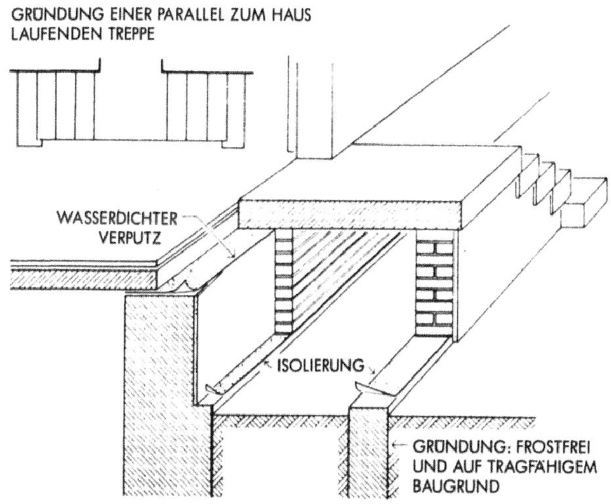

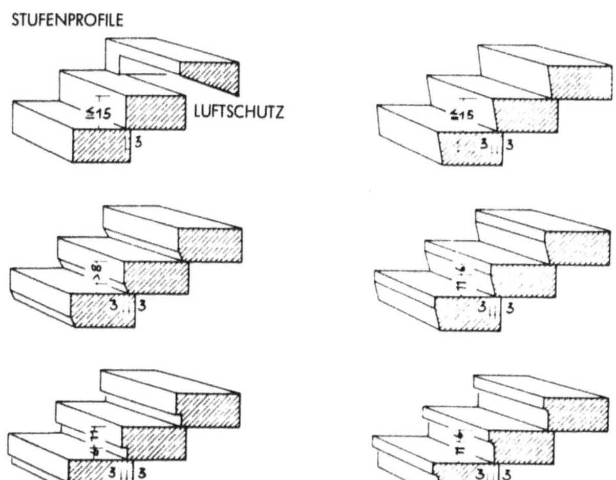

man die Stufen nicht in die Hauswand ein, sondern wählt eine Konstruktion, bei der die Stufen beiderseits unterstützt sind. Die Hauswand erhält eine Abdichtungsschicht.
Stufen bis 15 cm Höhe profiliert man im allgemeinen nicht. Höhere Stufen wirken aber zu plump, so daß eine einfache Profilierung ratsam ist.
Die Art des Geländers bei Treppen im Freien hängt ab von der Treppenkonstruktion, vom Gebäude und seiner Gestaltung und der gewünschten Wirkung.
Zu Freitreppen gehören massive Brüstungen oder Metallgeländer. Die kräftig zu wählenden Haltestäbe sind mit ≈8 bis 10 cm Randabstand von den Stufenkanten, auf ≧12 cm Tiefe in die Stufen einzubetonieren. Die Mischung soll dabei wegen der Rostgefahr möglichst trocken sein. Die Haltestäbe erhalten ferner eine Abdeckrosette oder Platte.

Hinterkante stärker gehalten als Kunststeinstufen, so daß die Treppenuntersicht nicht glatt ist, sondern Absätze zeigt (halb verschalt).

TREPPE MIT BEWEHRTEN PLATTENSTUFEN

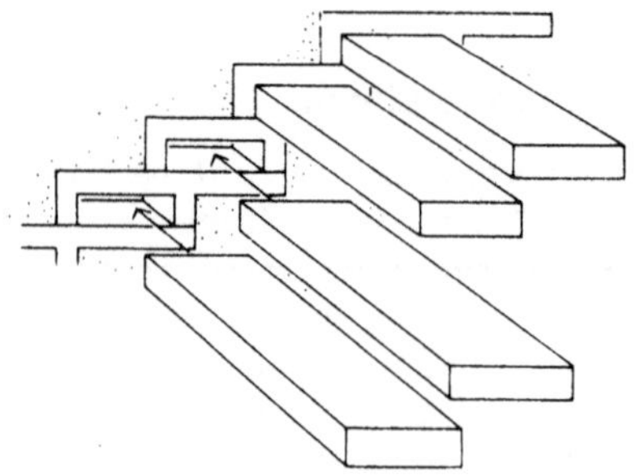

Freitragende Treppen

Freitragende Treppen, besonders solche aus bewehrtem Kunststein, sind wegen ihres leichten, gefälligen Aussehens beliebt. Sie eignen sich hauptsächlich für geradläufige Treppen. Das Einmauern der einzelnen Stufen ist jedoch umständlich und zeitraubend, weil die Stufenhöhen fast nie mit den Schichthöhen des Mauerwerks zusammentreffen, so daß stets viel Schrotarbeit an den Mauersteinen notwendig wird und die Mauerarbeit dementsprechend einen unsauberen, wenig Vertrauen erweckenden Eindruck macht. Zur Unterstützung und Fixierung der Stufenenden ist zudem ein genau passendes, standsicheres Gerüst notwendig, das erst entfernt werden darf, wenn die Auflast aufgebracht ist, das Mauerwerk gut abgebunden hat und die Fugen der Stufen vergossen sind.
Bei freitragenden Treppen bildet jede Stufe einen Kragarm, der am Auflager fest im Mauerwerk eingespannt ist. Die freitragenden Längen sind für Sandsteinstufen auf 1,20 m, für Granit- und armierte Kunststeinstufen auf 1,50 m beschränkt.
Jede Stufe stützt sich auf die darunterliegende ab; sie gibt also einen Teil der anfallenden Lasten in der Schrägrichtung der Treppe ab. Die einzelnen Stufen werden ferner auf Torsion beansprucht, da sie jeweils nur mit ihrer Vorderkante auf der darunterliegenden Stufe aufsitzen, ihre Hinterkante aber freiliegt und sogar durch die darüberliegenden Stufen belastet wird.
Natursteinstufen für freitragende Treppen haben einen rechteckigen, Kunststeinstufen meistens einen keilförmigen Querschnitt. Rechteckige Kunststeinstufen verwendet man nur, wenn die Treppenuntersicht nicht zu sehen ist oder über Kellerabgängen, wo auf die Treppenuntersicht kein besonderer Wert gelegt wird. Um keilförmige Stufen besser einmauern zu können, gibt man dem Wandauflager einen rechteckigen Querschnitt. Die Stufenkanten am Treppenauge können eine wasserabweisende Aufkantung erhalten, damit beim Treppenputzen kein Wasser seitlich abläuft. Natursteinstufen für freitragende Treppen können auch wie die Kunststeinstufen rechteckigen oder keilförmigen Querschnitt haben. Keilförmige Natursteinstufen werden jedoch an ihrer

HALBVERSCHALTE TREPPE

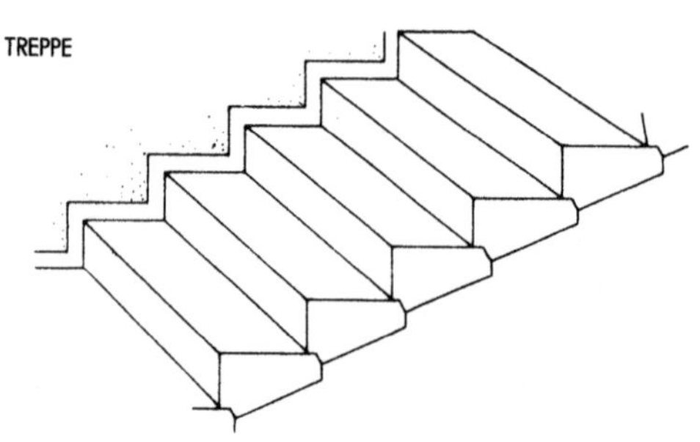

Die Kunst- und Natursteinstufen werden mit einem leichten Gefälle (<5 mm) nach vorn versetzt.
Die Dicke der Treppenhauswand und die Einbundtiefe der Stufen müssen mindestens 24 cm betragen.
Die Stufen der Geschoßtreppen erhalten zur Verbreiterung der Auftrittsfläche und, damit sie ein besseres Aussehen bekommen, ein Profil mit einem Vorsprung des Auftritts von 3 bis 4 cm.
Ein Sockel aus Steinplatten oder ein angetragener Kunststeinsockel schützt die Wand vor Beschmutzung. Wegen der einheitlichen Erscheinung verwendet man dabei häufig das gleiche Vorsatzmaterial wie bei den Stufen.
Zur gleichmäßigen Druckübertragung müssen Kunststeinstufen auf einer 3 bis 4 mm dicken, gleichmäßigen Fuge aus Kalk-Zementmörtel aufsitzen. Für Granittreppen wird reiner Zementmörtel verwendet.
Freitragende Steintreppen mit Putzuntersicht haben den Nachteil, daß bei nasser Reinigung leicht Wasser durch die Fugen läuft und zu Flecken auf dem Putz führt.
Bei der Durchbildung der Treppenläufe ist vor allem auf konstruktiv einwandfreie und formal gute Podestanschlüsse zu achten. Die schönste Lösung ergibt sich, wenn die Untersichten des ankommenden und abgehenden Treppenlaufes und des Podestes eine gemeinsame Bruchkante haben.
Podestbalken, die stärker sind als die Podestplatte und die in der Podestuntersicht als Balken erscheinen, sehen schwerfällig aus; man sollte sie darum, wo es geht, vermeiden. Bei den normalen Treppenhausbreiten für zweiläufige Kunststeintreppen von 2,25 bis 2,50 m kann man den Podestbalken aus Kunststein so bewehren oder durch Stahlträger unterstützen, daß seine Höhe die Deckenstärke nicht überschreitet. Nötigenfalls läßt sich die Podestplatte auf einem eigenen Träger auflagern.
Treppen in Einfamilien- und Kleinhäusern mit geringer Ausladung, die nur dem Personenverkehr dienen, können auch aus einzelnen, je nach Material mehr oder weniger dünnen, bewehrten Kunststeinplatten ausgeführt werden. Solche durchsichtigen Treppen wirken sehr luftig und leicht und nehmen dem Treppenhaus nicht so viel von seiner optischen Weite wie volle Stufen. Das Einmauern der einzelnen Platten, das noch schwieriger und zeitraubender als bei der normalen freitragenden Treppe mit keilförmigen Stufen ist, kann vereinfacht werden, wenn man beim Hochführen der Treppenhauswand entsprechende Formsteine mit einmauert, die gleichzeitig den Sockel des Treppenlaufes bilden. Man kann die Platten nach Beendigung der Rohbauarbeiten in die Formsteine einstecken und die Fugen mit möglichst trockenem Feinbeton ausdrücken.
Auch als Außentreppe kann eine solche durchsichtige Treppe am Platze sein, wenn es architektonisch vorteilhaft erscheint.

PODESTTREPPE AUS
EINGESPANNTEN STUFEN

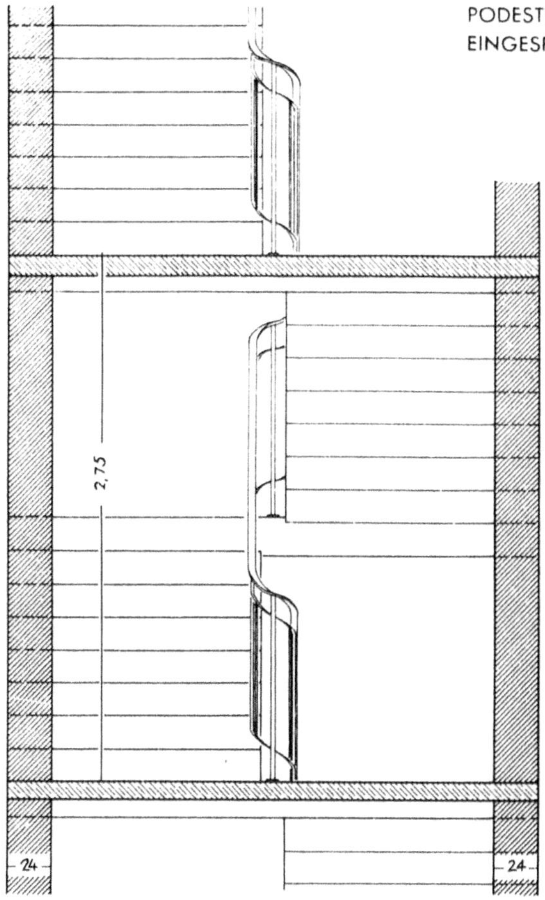

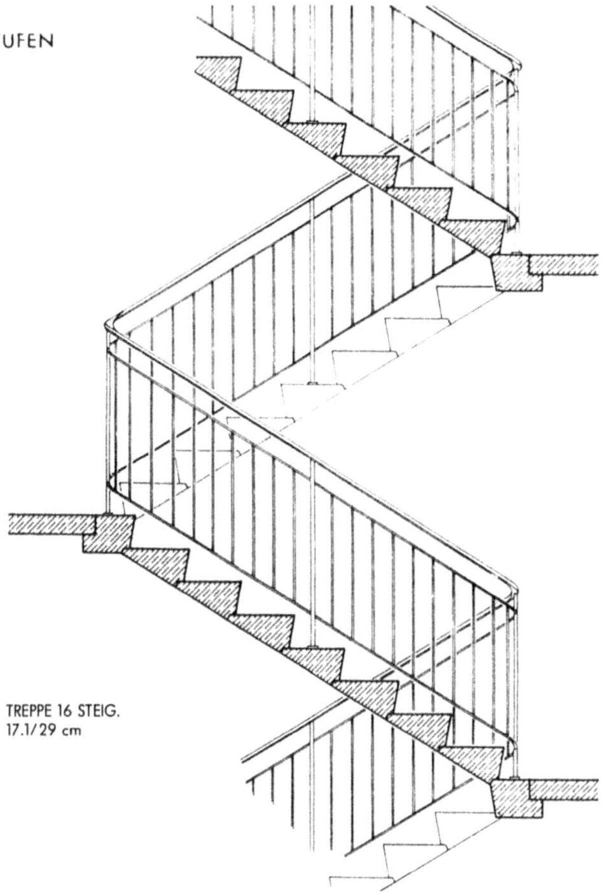

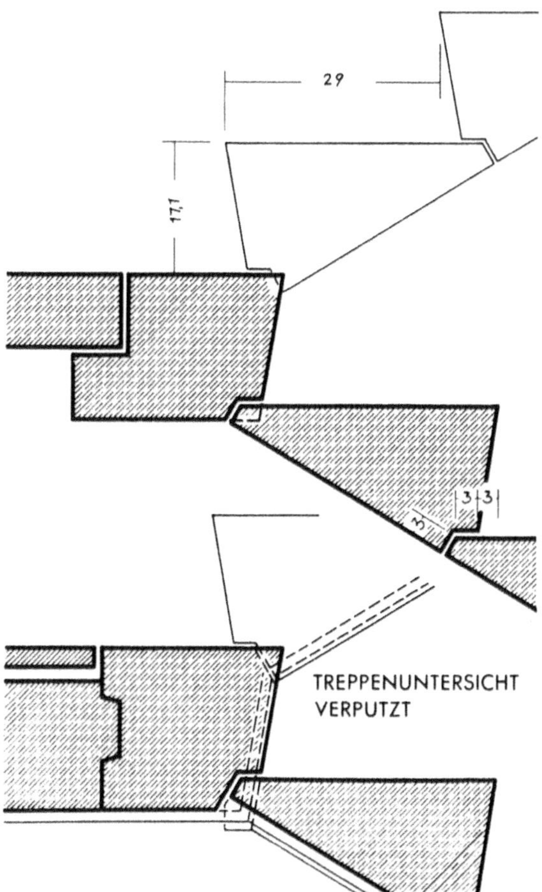

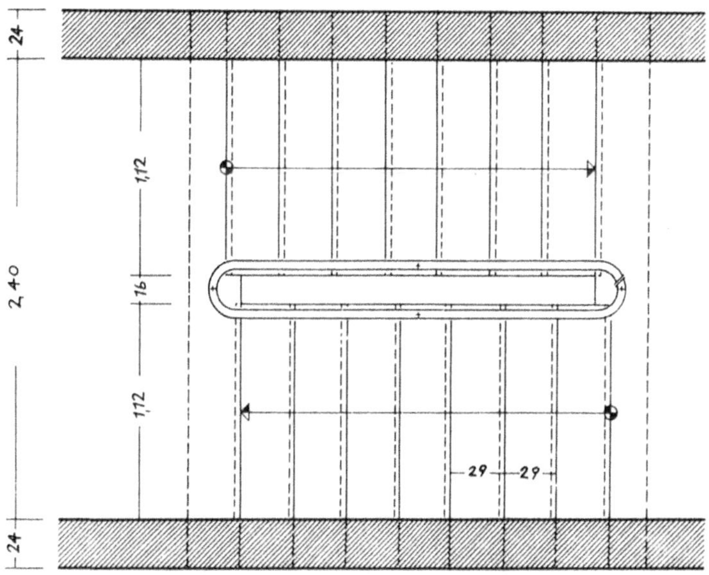

VARIANTE

Wendeltreppen

Wendeltreppen aus Kunststein kann man ausführen:
mit eingemauerten Stufen und offener Spindel,
mit eingemauerten Stufen und voller Spindel und
mit hohler ausgegossener Spindel.
Die Untersicht kann halb oder ganz verschalt sein.
Wendeltreppen mit eingemauerten Stufen und offener Spindel sind freitragende Treppen. Die keilförmigen Einzelstufen verlangen wie alle freitragenden Stufen eine Mindesteinspanntiefe von 24 cm. Die Treppenuntersicht ist glatt (verschalt).

Die Stufen von Wendeltreppen mit voller Spindel müssen mindestens 11,5 cm in das Mauerwerk einbinden. Die Spindel ist an den Stufen angearbeitet, die Treppenuntersicht meistens halb verschalt.
Bei Wendeltreppen mit hohler Spindel wird Stufe auf Stufe gesetzt und dann der Hohlraum in der Spindel armiert und mit Beton ausgegossen. Arbeitsmäßig am einfachsten ist es, die Einzelstufen auf ein im Boden gut verankertes Stahlrohr aufzustecken, das zuletzt mit Beton ausgegossen und am oberen Ende in der Decke verankert wird.

WENDELTREPPE MIT OFFENER SPINDEL
M = 1 : 40

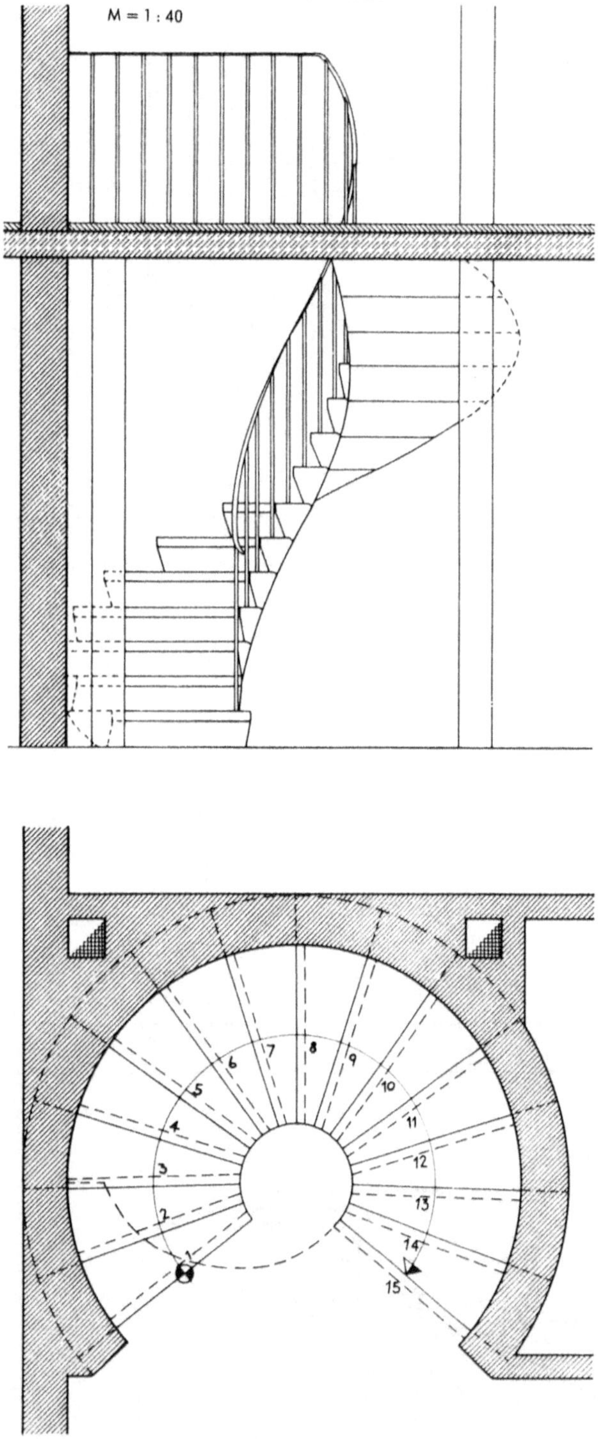

WENDELTREPPE MIT VOLLER SPINDEL
M = 1 : 40

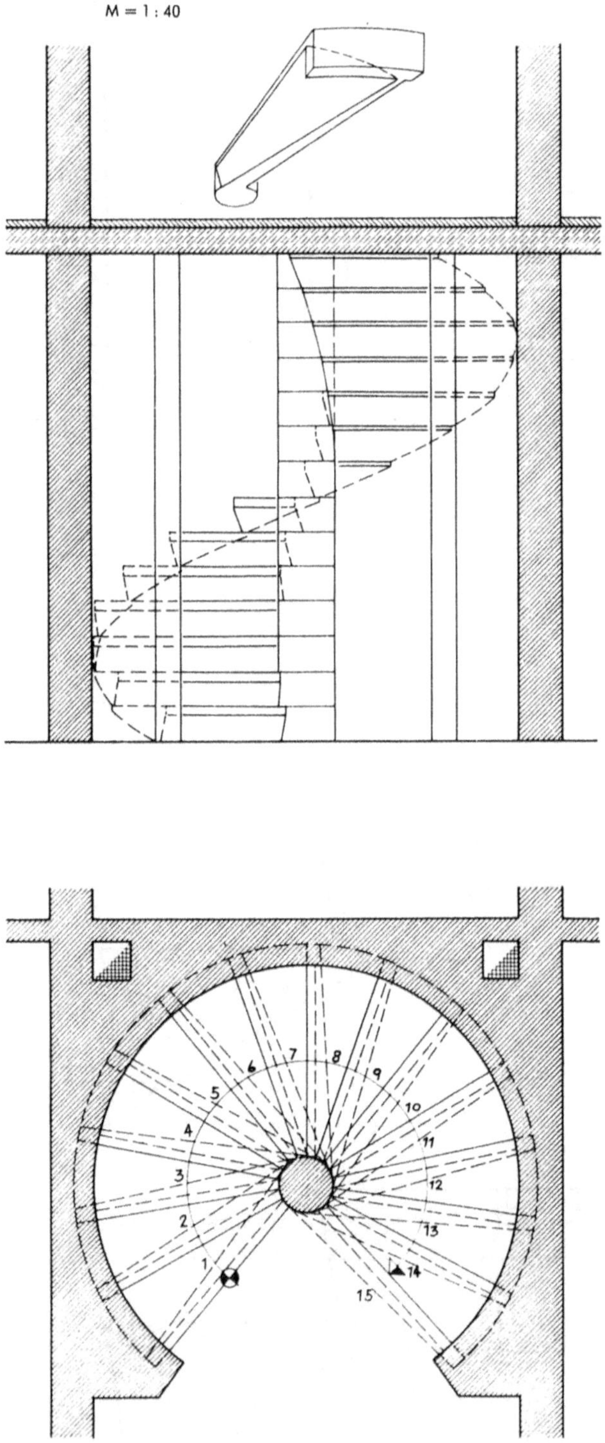

Treppen aus Stampfbeton

Treppen aus Stampfbeton kommen nur für untergeordnete Zwecke, z. B. als Kellerabgangstreppen vom Hof aus, in Betracht. Sie werden meistens an Ort und Stelle auf fester Unterlage, die durch eine Stückung, Kies- oder Magerbetonschicht gebildet werden kann (im Mischungsverhältnis 1 : 8), betoniert. Die Stampfbetonstufen erhalten einen ≈ 2 cm dicken Zementestrich (im Mischungsverhältnis 1 : 3) als trittfeste Oberfläche und als Ausgleich der mehr oder minder ungenau ausfallenden Stufen.

Die Stufen kann man aber auch einzeln auf dem Lagerplatz betonieren und dann an der Baustelle versetzen. Sie werden meistens ohne Profil mit rechteckigem Querschnitt im Mischungsverhältnis von 1 : 8 bis 1 : 6 und mit einem Zementüberzug im Mischungsverhältnis von 1 : 2,5 bis 1 : 3 hergestellt. Ihre Stützweite beträgt < 1,00 m.

KELLERTREPPE AUS STAMPFBETON

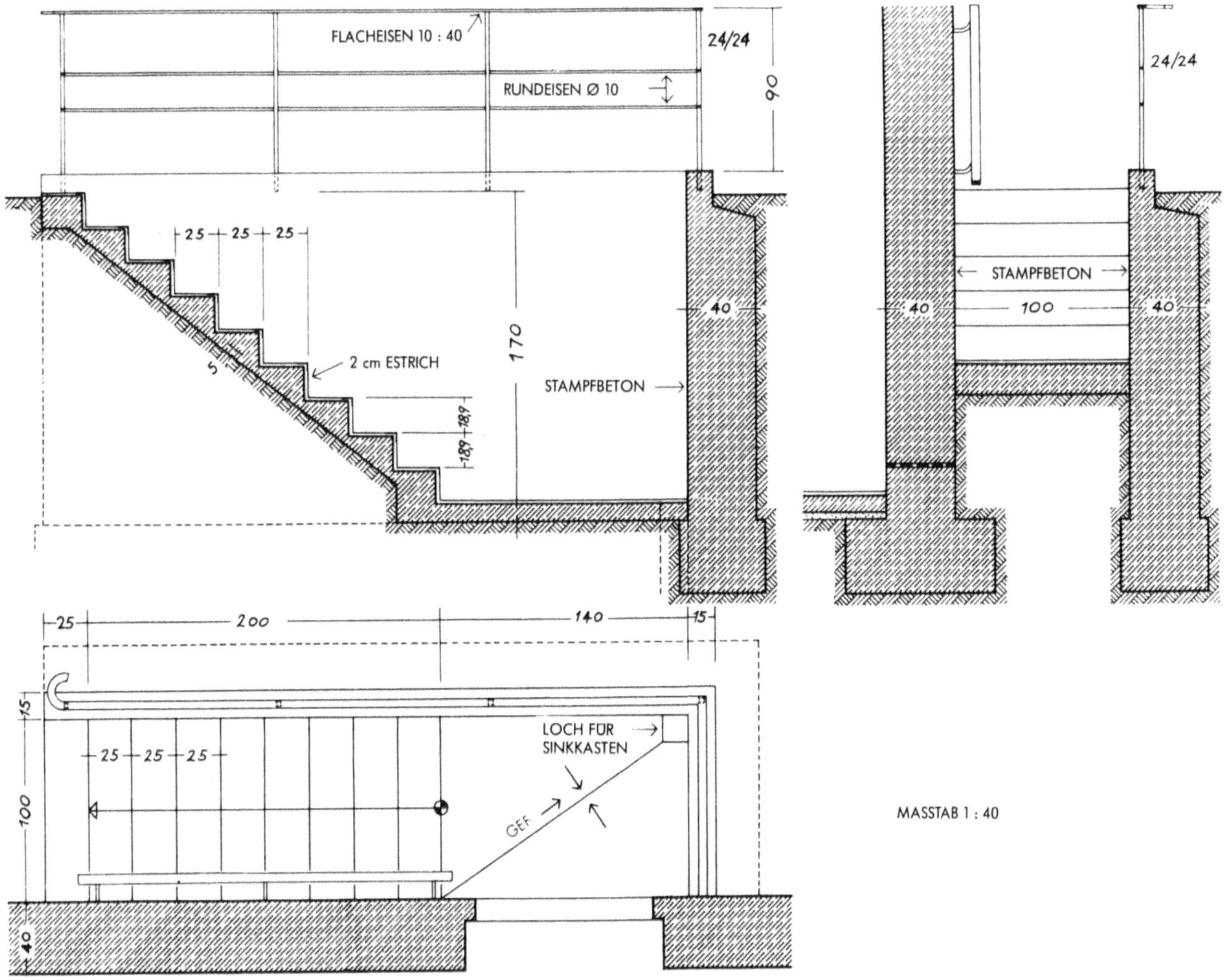

KELLERTREPPE AUS STAMPFBETONSTUFEN

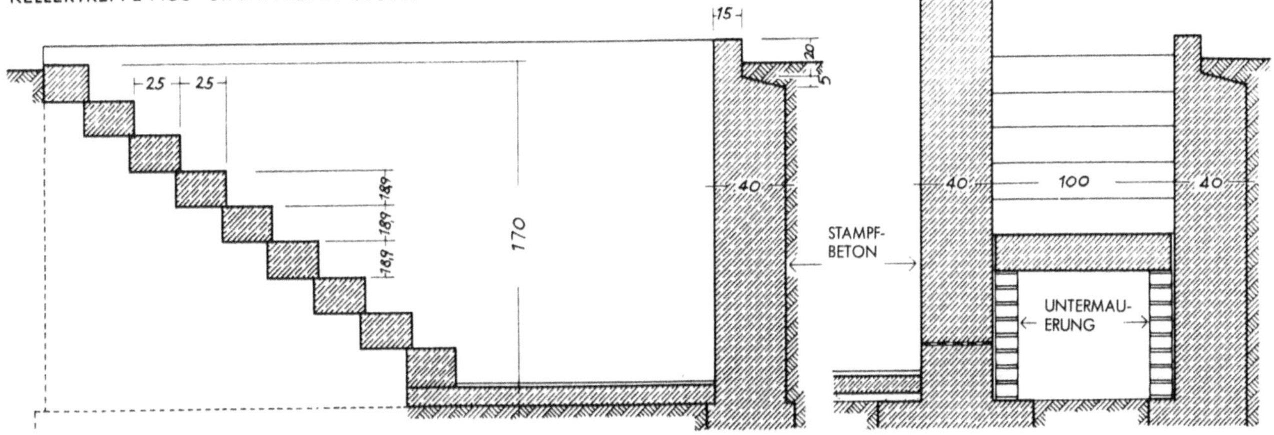

VORGEFERTIGTE WENDELTREPPE MIT STAHLSPINDEL UND KUNSTSTEINSTUFEN

ANSICHT

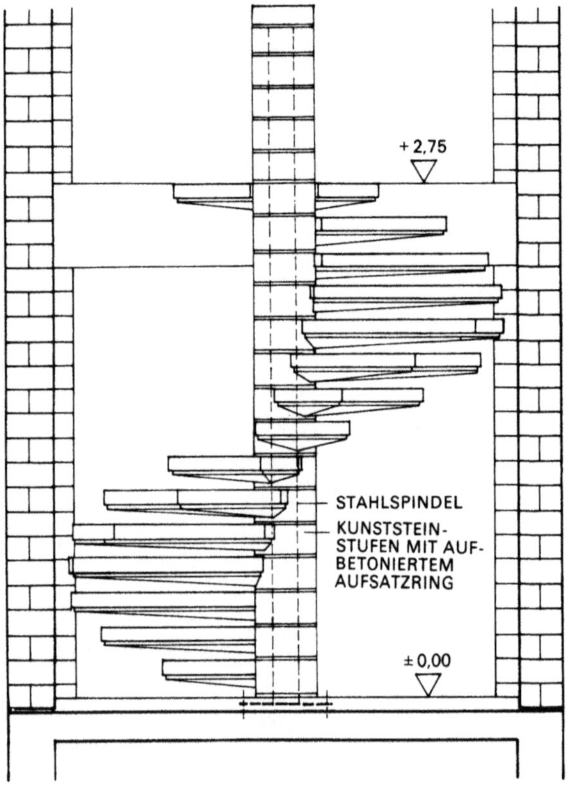

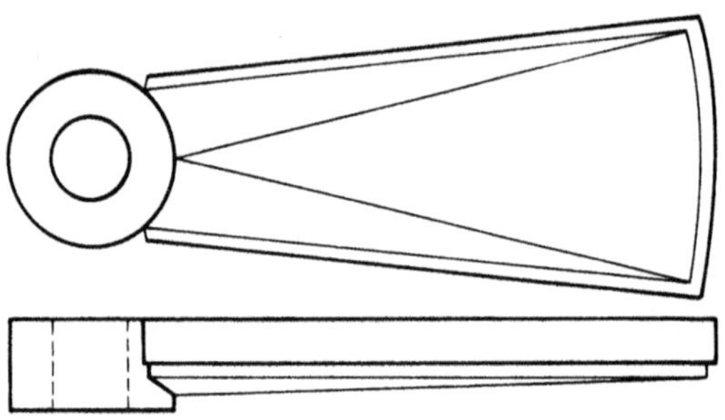

GRUNDRISS

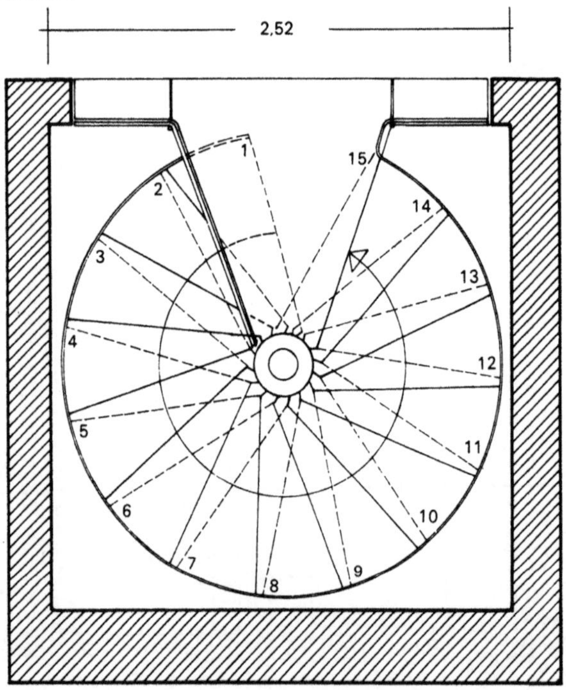

Treppen aus Stahlbeton

Stahlbetontreppen werden heute wegen ihrer Zweckmäßigkeit, Feuersicherheit, leichten Formbarkeit und wegen der Einfachheit in der Herstellung vorzugsweise beim Bau von Geschoßwohnhäusern, öffentlichen und repräsentativen Gebäuden ausgeführt.
Stahlbetontreppen bestehen aus einer Laufplatte mit aufbetonierten oder aufgesetzten Stufen oder aus Stahlbetonfertigteilen.
Laufplattentreppen können längs- und quergespannt sein. Siehe auch Kapitel Schallschutz, Abschnitt „Treppen".

Längsgespannte Laufplatten

Sie sind entweder von Podest zu Podest oder mit geknickter Laufplatte von Tragwand zu Tragwand gespannt. Man kann längsgespannte Laufplatten sowohl für die Konstruktion geradläufiger Treppen als auch für gerundete oder frei im Raum liegende Treppen verwenden.
Sonderfall: Eine Ausnahme bildet die gefaltete Laufplatte.
Bei einläufigen Treppen erhält man allerdings durch die großen Spannweiten dicke Laufplatten. Die Laufplattendicke läßt sich durch Einfügung eines unterstützten oder aufgehängten Zwischenpodestes vermindern.

Quergespannte Laufplatten

Sie liegen entweder zwischen zwei Wangenträgern oder binden in die Treppenhauswand ein und sind nur durch einen Wangenträger unterstützt oder sind freitragend ausgebildet und binden kragarmartig in die Wand ein. Quergespannte Laufplatten sind wegen der geringeren Stützweiten in der Regel dünner als längsgespannte. Die Wangenträger können aus Stahlbetonbalken, deren Bewehrung teilweise in die Podestplatte eingreift, oder aus Stahlprofilen bestehen. Sie können oben oder unten mit der Laufplatte bündig oder seitlich derselben wie die Wange bei Holztreppen liegen.

Podestanschlüsse

Wie bei der freitragenden Treppe ist immer die formal beste Lösung, der unmittelbare Übergang der Treppenläufe in die Podestplatte, anzustreben. Hohe Podestbalken sollte man möglichst vermeiden.
Bei normalen Treppenhausbreiten für zweiläufige Podesttreppen kann man die Podestplatte so bewehren (z. B. dreiseitige Auflagerung mit Randverstärkung), daß man eine glatte Untersicht erhält.
Ist bei großen Treppenhausbreiten oder aus anderen Gründen ein Podestbalken erforderlich, der nur einige Zentimeter dicker ist als die Podestplatte, dann ist zu überlegen, ob man nicht, um eine ebene Untersicht zu erhalten, die Dicke der Podestplatte der unbedingt erforderlichen Höhe des Podestbalkens angleicht.
Wird bei großen Treppenhausbreiten oder durch große Lasten von langen Treppenläufen der Podestbalken sehr hoch, so daß ein Angleichen der Podestplattendicke zu unwirtschaftlich wäre, dann setzt man den Podestbalken am besten von der gemeinsamen Bruchkante der Treppenläufe ab.
Liegen wie üblich die Setzstufen zweier Läufe am Podest senkrecht übereinander, dann wird die Geländerführung meistens so gelöst, daß das Geländer innerhalb des Treppenauges steigt. Ist bei schmalen Treppenaugen die Abwicklung des Handlaufes kürzer als eine Auftrittsbreite, dann verläuft der Handlauf im Treppenhaus steiler als in den geraden Läufen. Je schmäler das Treppenauge ist, um so steiler der Handlauf und um so mehr weicht seine Steigung im Treppenauge von der in den Treppenläufen ab. Eine solche Handlaufführung wirkt aber unschön. Um eine gute Führung des Handlaufes und der Wangen zu erreichen, muß daher das Treppenauge genügend breit angenommen werden.

Manchmal verzichtet man, um an Laufbreite zu gewinnen, auf die Ausbildung eines Treppenauges und legt die Wange senkrecht übereinander – eine Maßnahme, die dem Wesen des Stahlbetons entgegenkommt.

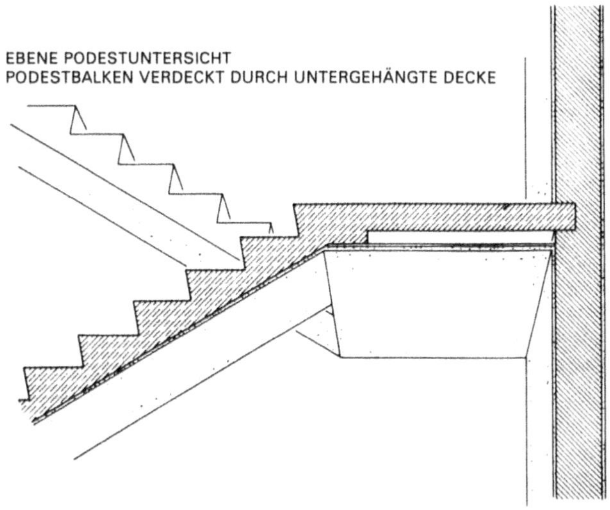

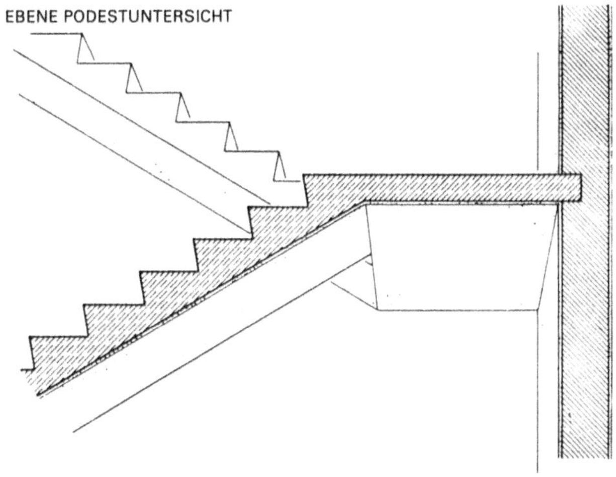

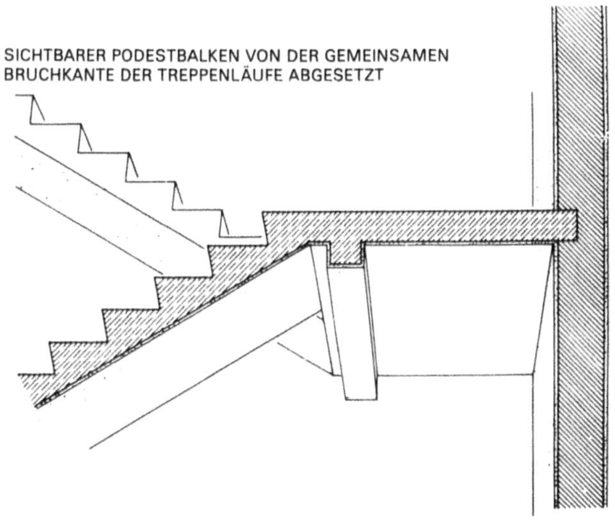

Treppen aus Stahlbetonfertigteilen

Um zeitraubende und kostspielige Schalungs- und Versetzarbeiten zu vermeiden, setzt man Treppen heute oft aus Stahlbetonfertigteilen zusammen. Für diese Montagetreppen eignet sich wegen der mäßigen Lauflänge und der beschränkten Podestbalkenlänge die zweiläufige Podesttreppe, wie sie fast immer im mehrgeschossigen Wohnhausbau verwendet wird. Die Fertigtreppen sind allerdings nur wirtschaftlich, wenn entweder DIN-Stockwerkmaße eingehalten werden, so daß keine Sonderanfertigungen notwendig sind, oder bei großen Bauvorhaben.

Treppenbeläge, besonders in vielbegangenen Treppenhäusern (Mietwohnungen), müssen so ausgebildet sein, daß sie ohne Reparaturen über viele Jahrzehnte hinweg intakt bleiben.

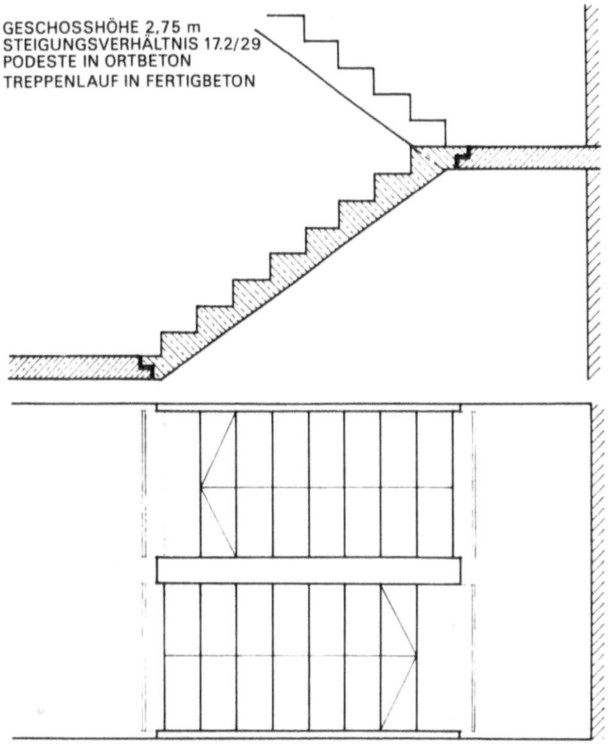

VORGEFERTIGTE TREPPE DER FA. HOLZMANN AG

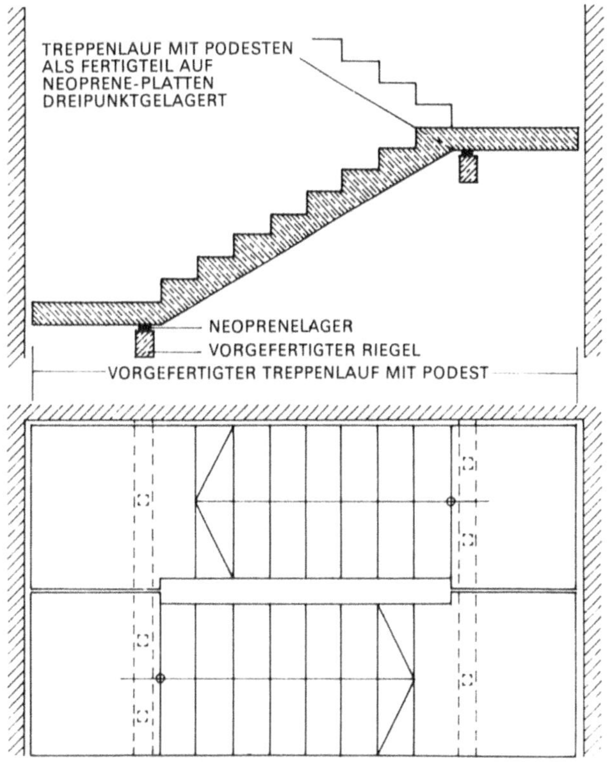

Keine Berührung der Läufe und Podeste mit den Treppenhauswänden. Daher Vermeidung jeder Schallübertragung.

STAHLBETONTREPPE MIT AUFGELEGTEN STUFENPLATTEN

M = 1 : 40

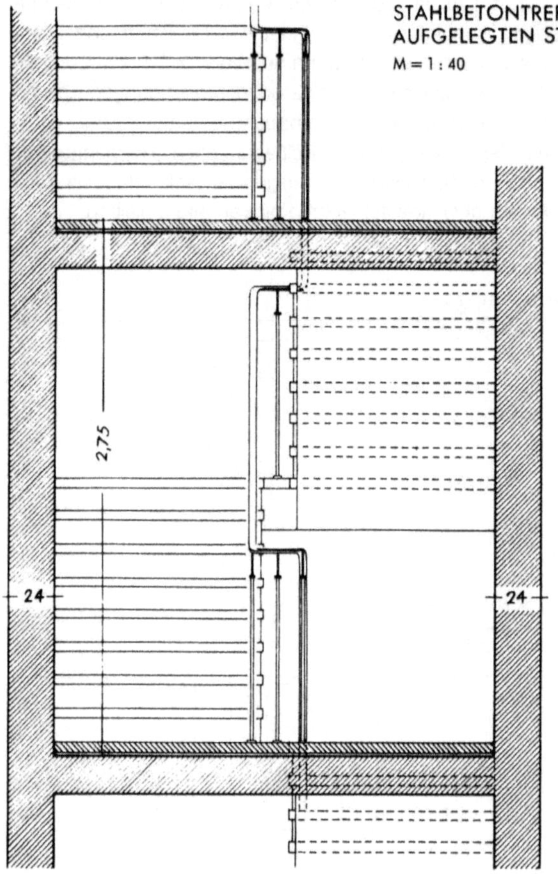

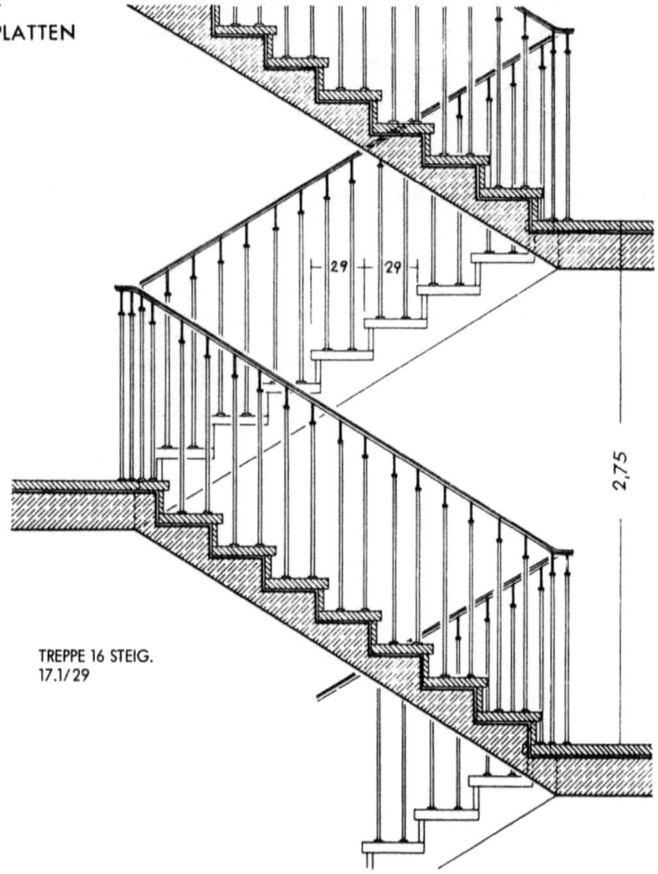

TREPPE 16 STEIG.
17.1/29

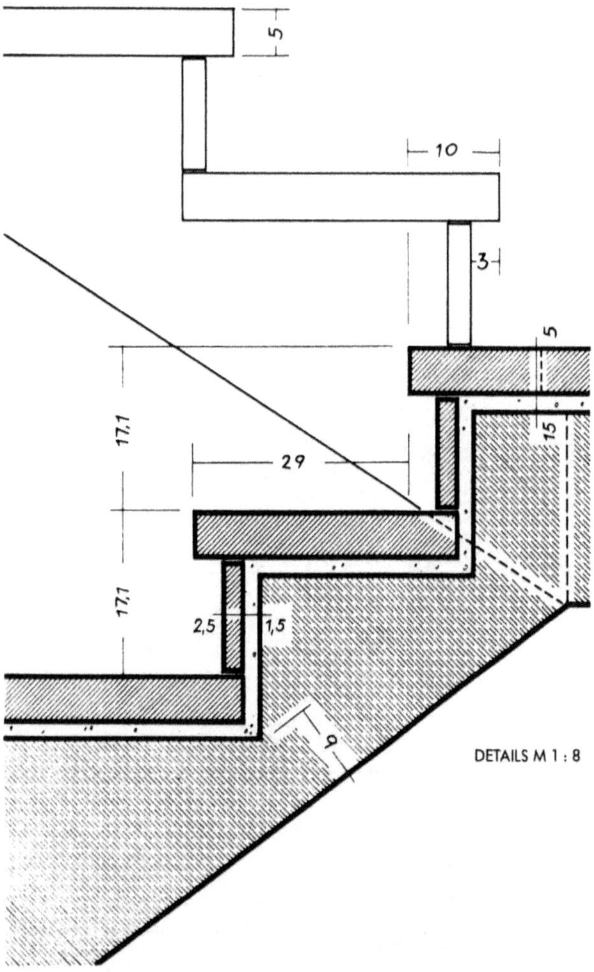

DETAILS M 1 : 8

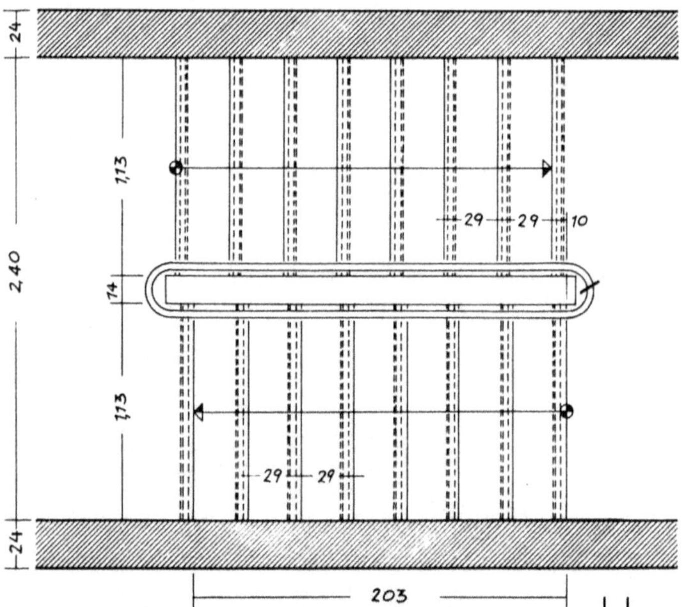

VARIANTE: ABGESCHRÄGTE AUFTRITTPLATTE

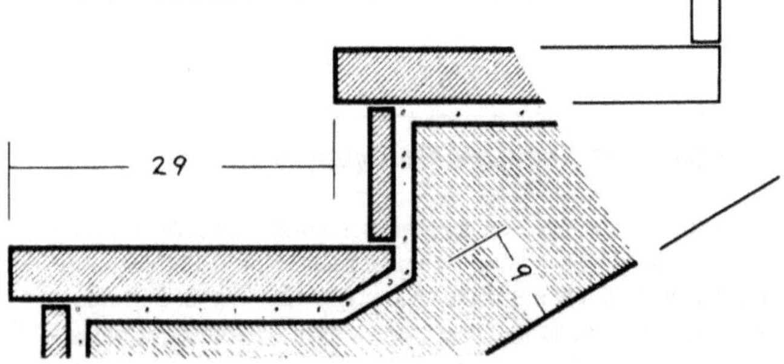

Knicklinien, Podestplattenstärke und Geländerführung

Die Lauflänge geradläufiger Treppen bemißt sich nach der Anzahl der Steigungen und dem Maß der Auftrittsbreite. Da der Podest den letzten Auftritt bildet, ist die Anzahl der Auftritte stets um einen geringer als die Zahl der Steigungen. Will man bei Stahlbetontreppen eine klare Podestuntersicht erzielen, so müssen die Knicklinien der Treppenlauf- und Podestplatten durchgehen.
Senkrecht über diesen Knicklinien treffen sich auch die Oberkanten des ankommenden und des aufsteigenden Handlaufes. Der Abstand der Knicklinien ergibt sich also, wenn man zur Lauflänge noch 2 halbe Auftritte bzw. 1 ganzen Auftritt hinzuzählt.
Innerhalb des Abstands der Knicklinien kann man die Vorderkanten der Stufen an den Podesten entweder übereinanderlegen (größte Podestlänge) oder gegeneinander verschieben. Alle diese Maßnahmen haben ihre Konsequenzen sowohl für die Stärke der Podestplatte als auch für die Höhe des Geländers an der Knicklinie.

Fall 1. Liegt die Vorderkante der Stufe des aufsteigenden Laufes über der Knicklinie, so liegt die O. K. des Handlaufes 90 cm (= Geländerhöhe) + 1 Stufenhöhe hoch. Das Geländer ist damit am Treppenauge sehr hoch, aber die Stärke der Podestplatte ist aus dem gleichen Grunde am geringsten.

Fall 2. Liegen die Vorderkanten der beiden Läufe übereinander, so beträgt die Geländerhöhe in der Knicklinie 90 cm + 1/2 Stufenhöhe. Die Podestplatte ist um 1/2 Stufenhöhe stärker als bei Fall 1.

Fall 3. Liegt die letzte Steigung des ankommenden Laufes am Podest in der Knicklinie, so wird das Geländer am Podest mit 90 cm am niedrigsten, aber die Podestplatte (ggf. Podestbalken) um eine ganze Stufenhöhe stärker als im Fall 1.
Meistens wird der Fall 2 ausgeführt. Bei engen Treppen- und Podestverhältnissen wirkt das hohe Geländer am Treppenauge wie im Fall 1 beengend. Man wird dann eher dem Fall 3 den Vorzug geben.

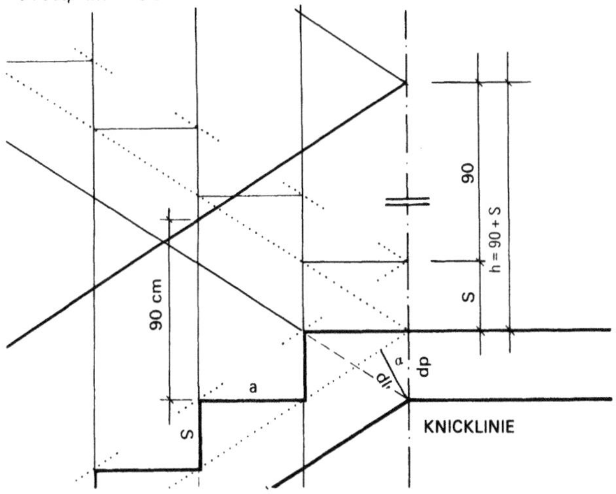

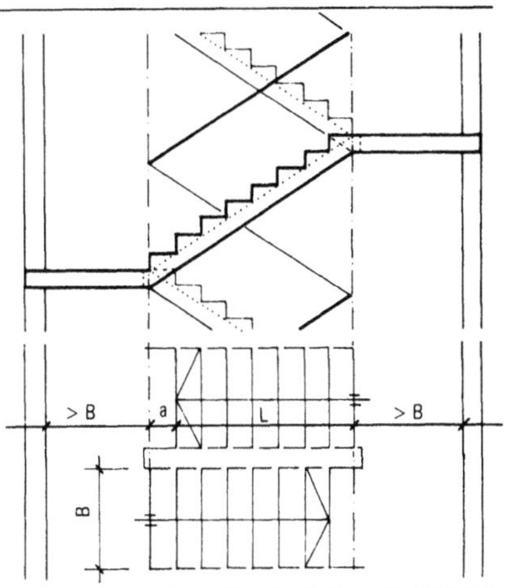

STUFENVORDERKANTE IN KNICKLINIE

LAUFLÄNGE = ANZAHL DER STUFEN - AUSTRITTSSTUFE x AUFTRITTSBREITE

FALL 1

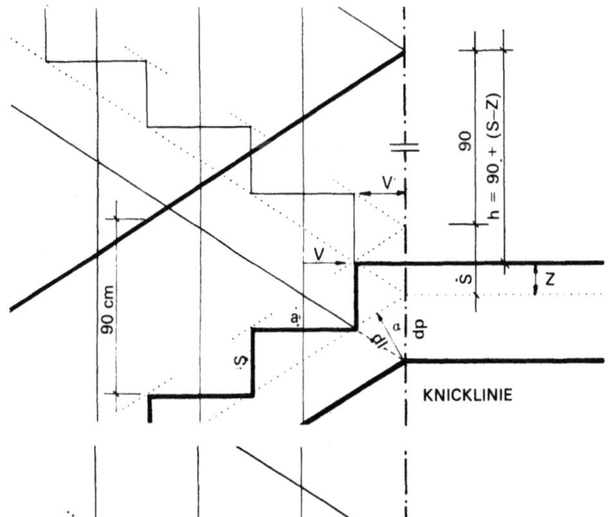

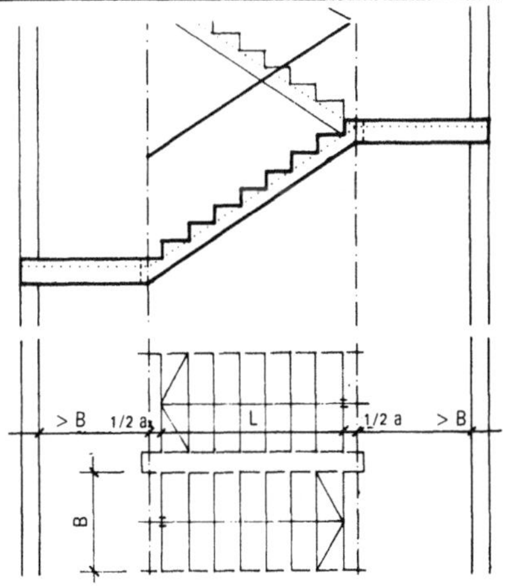

STUFENVORDERKANTE UM BETRAG V = 1/2 a AUS KNICKLINIE GERÜCKT

LAUFLÄNGE = ANZAHL DER STUFEN -2 x 1/2 a

FALL 2

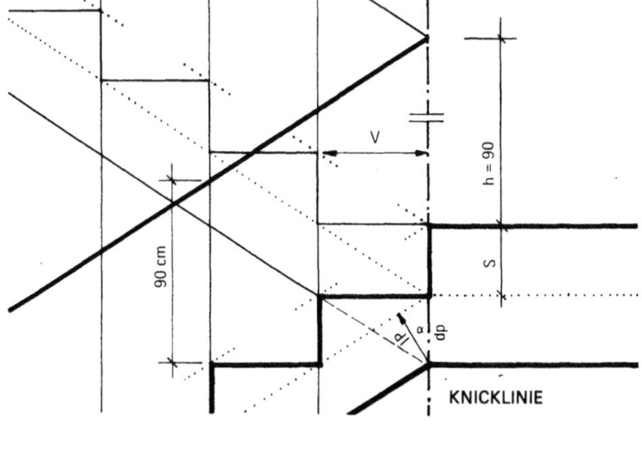

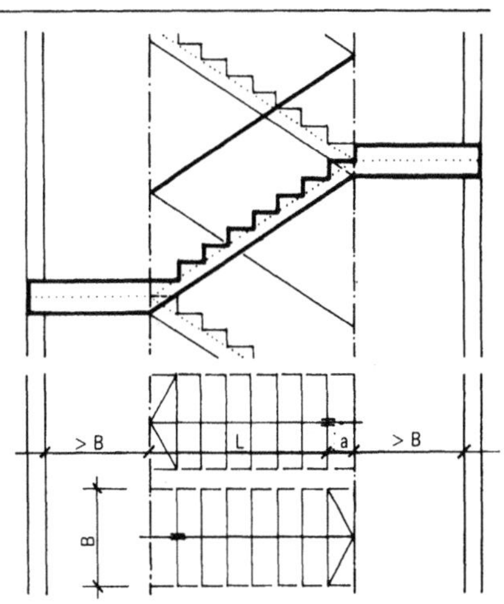

STUFENVORDERKANTE UM DEN BETRAG V = a AUS DER KNICKLINIE GERÜCKT

LAUFLÄNGE = ANZAHL DER STUFEN - AUSTRITTSSTUFE x AUFTRITTSBREITE

FALL 3

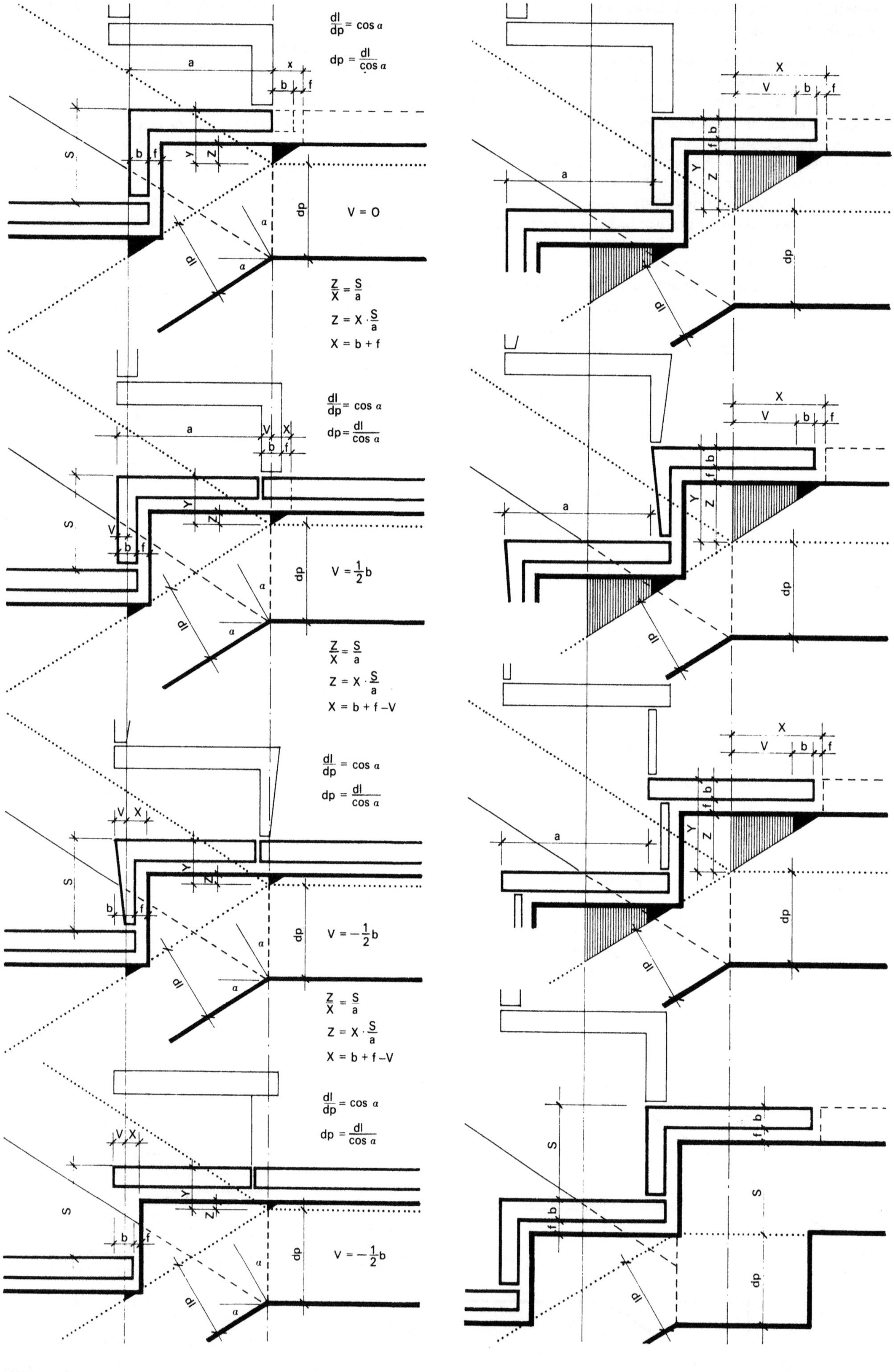

dl/dp = cos α
dp = dl/cos α
V = O
Z/X = S/a
Z = X · S/a
X = b + f
dl/dp = cos α
dp = dl/cos α
V = 1/2 b
Z/X = S/a
Z = X · S/a
X = b + f –V
dl/dp = cos α
dp = dl/cos α
V = –1/2 b
Z/X = S/a
Z = X · S/a
X = b + f –V
dl/dp = cos α
dp = dl/cos α
V = –1/2 b

Treppen aus Stahl

Stahltreppen werden oft im Industriebau, aber auch im Geschäftshaus- und Wohnungsbau ein- und mehrgeschossig ausgeführt. Als Fertigteiltreppen haben sie gegenüber anderen Treppenkonstruktionen den Vorteil, daß sie ohne große Schwierigkeiten und ohne Materialeinbußen abmontiert und an anderer Stelle wieder aufgebaut werden können. Dies erklärt auch ihre Bevorzugung im Industriebau, wo oft durch einen Wechsel in der Produktion Veränderungen und Umbauten erforderlich werden.
Nach den Baumaterialien lassen sich Stahltreppen in drei Gruppen gliedern:

- reine Stahlkonstruktionen. Tragende Konstruktion aus Profilstahl oder Blechen, Tritte aus Blechen oder Rosten. Verwendung im Industriebau;
- reine Stahlkonstruktionen. Tragende Konstruktion aus Profilstahl oder Blech. Tritte aus Stahlblech, belegt mit Kunststoff, Teppich usw. Verwendung im Wohn- und Geschäftshausbau;
- Mischkonstruktionen. Tragende Konstruktion aus Stahl, Tritte aus Holz, Beton, Naturstein, Glas. Verwendung im Wohnungsbau.

Bei Industrietreppen verzichtet man meistens auf die Anordnung von Setzstufen. Die Tritte können aus Riffelblech, Warzenblech, Tränenblech oder aus Rosten verschiedener Ausführung (z. B. Gitterroste, Schweißpreßroste) bestehen. Sie werden auf Winkel aufgelegt, die an den Wangen befestigt werden. Blechwangen und Blechstufen erhalten zur Verbesserung der Quersteifigkeit umgebogene Stahlwinkel. Bei längeren Treppenläufen werden oft unterseitig eingebaute Diagonalverbände nötig.
Wertvollere Stahltreppen erhalten Tritt- und Setzstufen und einen Belag aus PVC, Gummi, Holz, Kunststeinplatten usw.
Stahltreppen hatten oft keine schöne Untersicht und wurden deshalb auch, soweit sie beim Bau von Wohn- und Geschäftshäusern Anwendung fanden, unterseitig, z. B. mit Putz auf Streckmetall, verkleidet. Heute sind sie meist unverkleidet und werden als architektonisches Element verwendet. Werden Stahltreppen in Flucht- und Rettungswegen eingebaut, müssen sie unterseitig eine feuerhemmende Verkleidung erhalten und mit einem entsprechenden Sonderanstrich versehen werden (bis F 30 zugelassen).

Wendeltreppen

Wendel- und Spindeltreppen aus Stahl mit Blech- oder Holztritten wirken besonders leicht und elegant. Handwerklich gefertigte Exemplare werden heute nur selten eingebaut, da von einigen Treppenherstellern fertige „Baukastentreppen" in verschiedenen Formen und Materialien angeboten werden.
Baukastentreppen sind in den wenigsten Fällen gut gestaltet, weshalb man auf eine intensive Sichtung des Angebotes angewiesen ist. Im Zweifelsfall ist immer eine speziell geplante und handwerklich hergestellte Treppe zu verwenden – die Mehrkosten sind im allgemeinen vertretbar, allerdings wird eine umfangreiche Detailplanung erforderlich.
Ein Beispiel für eine gut gestaltete Spindeltreppe aus Stahl zeigt das nebenstehende Bild. Hier ist auch die Untersicht der Treppe außerordentlich gut gelöst.
Bei diesen Fertigteiltreppen handelt es sich meistens um Spindeltreppen mit tragender Stahlkonstruktion und Tritten aus Stahl, Holz, Beton oder Kunststein. Die Stufenelemente werden an einem zentralen Standrohr befestigt, entweder durch Überschieben und Arretieren, Anschweißen, Verschrauben oder durch eine zentrale Verspannung mittels einer Ankerschraube in der Spindel. Die Anpassung an verschiedene Geschoßhöhen kann bei elementierten Spindeltreppen durch Einlegen von Distanzscheiben zwischen die Spindelteile erreicht werden.
Bei einigen Konstruktionen wird auch das Geländer zur Stabilisierung herangezogen, um ein Federn der auskragenden Trittstufen zu verhindern. Die Lasten einer Trittstufe werden mittels Distanzbolzen an den Stufenenden auf die darunter- und darüberliegenden Auftritte verteilt, wobei die Verlängerung der Bolzen den Geländerstab bildet.
Eine weitere Möglichkeit der zusätzlichen Stabilisierung kann eine außen durchlaufende Stahlblechwange bilden, die zudem ein seitliches Abgleiten der Füße verhindert.

Beispiel für eine gut gestaltete Wendeltreppe aus Stahl. Modell QUICKSTEP®, Herst.: Spreng & Partner. Entwurf: Prof. Thomas Herzog, München

INDUSTRIETREPPE

M = 1 : 40

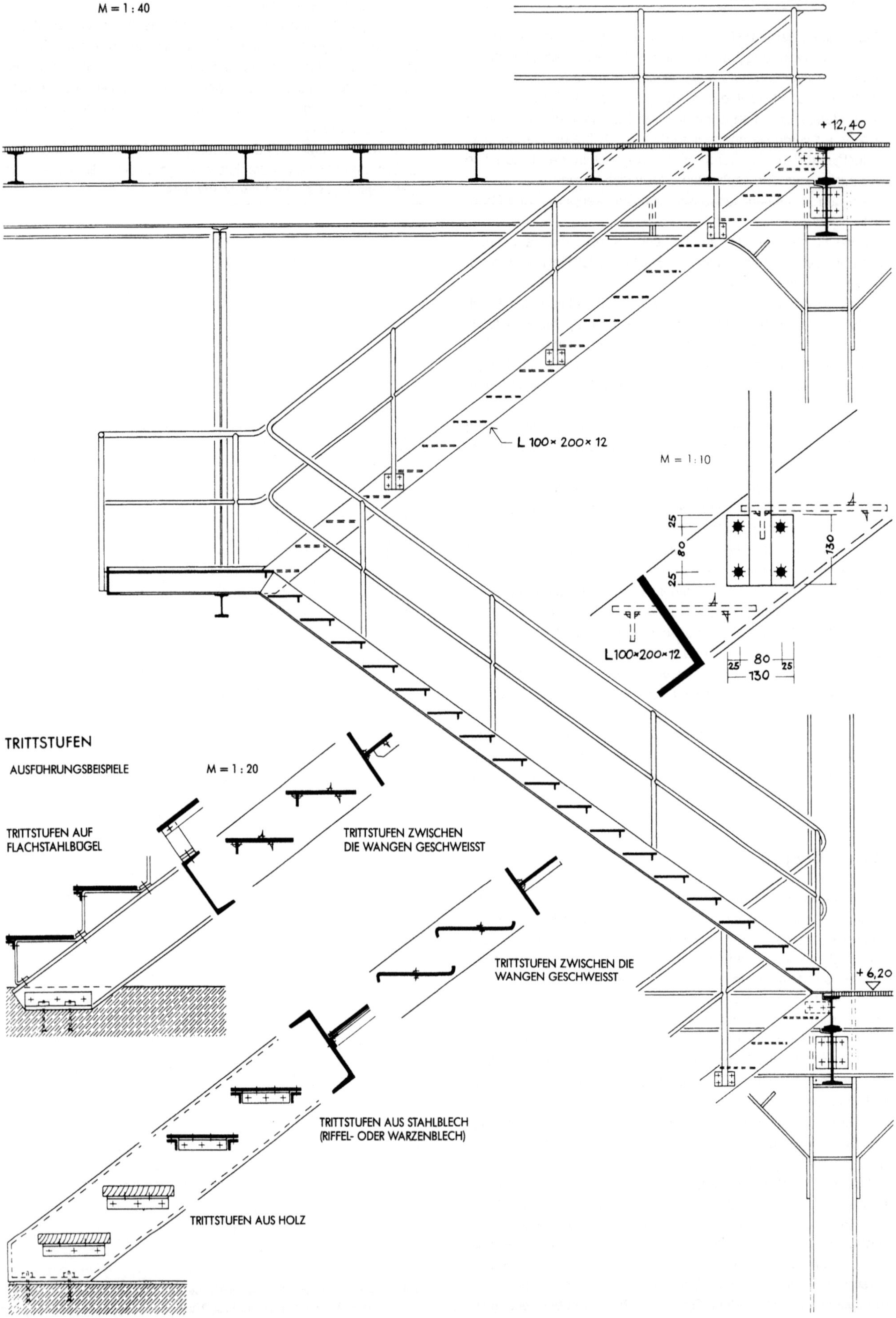

Treppengeländer

Treppengeländer kann man als Stabgeländer in Holz oder Metall oder als massive Brüstung in Ziegeln, Beton oder Naturstein ausführen.

Alle Treppengeländer werden durch den ständigen Gebrauch sowohl in Quer- als auch in Längsrichtung stark beansprucht und müssen dementsprechend kräftig ausgeführt werden.

Als Geländerhöhe bezeichnet man das senkrechte Maß von Vorderkante Trittstufe bis Oberkante Handlauf. Sie wird in der Regel mit 90 cm angenommen. Bei schmalen Treppenläufen wirkt aber ein so hohes Geländer einengend und unschön. Es empfiehlt sich daher, in solchen Fällen und besonders in Einfamilienhäusern die Geländerhöhe auf 85 cm zu ermäßigen, soweit dem nicht bauaufsichtliche Vorschriften entgegenstehen. Horizontale Abschlußgeländer sollten aber wegen des Sicherheitsgefühls immer eine Mindesthöhe von 90 cm erhalten. Bei Treppenhöhen ab 12,0 m werden die Geländerhöhen auf 1,10 m gesteigert. Die Gestaltung des Geländers richtet sich nach Art und Zweck des Gebäudes bzw. der Treppe.

Stabgeländer

Massivtreppen erhalten gewöhnlich Geländer aus Metall, vorzugsweise aus Vierkant- oder Rundstahl.

Senkrechte Füllstäbe eignen sich wegen ihres vorteilhaften Aussehens und wegen ihrer ruhigen Wirkung besonders für wertvoller gestaltete Treppen. Bei unregelmäßig verzogenen Treppenläufen ist ihre Anordnung ratsam, da schrägliegende Stäbe unschöne Überschneidungen ergeben. Auch bei Treppen in Schulen, Wohnhäusern und dgl. bevorzugt man senkrechte Füllstäbe, da sie ein Besteigen des Geländers erschweren.

Die Füllstäbe können auf den Stufen, auf den Wangen, seitlich am Treppenlauf oder auf einem unteren Längsstab angeordnet werden.

Füllstäbe auf den Stufen verengen die Laufbreite. Jede Stufe erhält zwei Stäbe, damit der aus Sicherheitsgründen zulässige Abstand von ~ 12 cm nicht überschritten wird. Die Löcher in den Stufen, in welche die Stäbe eingesteckt werden, müssen mindestens 5 cm vom Rand entfernt sein, damit der Stein durch die Beanspruchung des Geländers nicht ausbricht. Bei längeren Treppenläufen kann man durch paarweise engere und weitere Anordnung der Stäbe einen großzügigeren Rhythmus erzielen.

Steht das Geländer auf den Wangen, so ist der Stababstand nicht von den Stufen abhängig. Die Stäbe enden meistens auf einem Untergurt, der auf den Wangen liegt. Nur die notwendigen Haltestäbe werden in die Wangen eingelassen.

Die seitliche Befestigung der Füllstäbe am Treppenlauf oder auf einem neben dem Treppenlauf liegenden Untergurt gestattet die Ausnützung der vollen Treppenbreite. Füllstäbe parallel zum Handlauf betonen die Führung des Treppenlaufes bzw. des Handlaufes und sind deshalb für unregelmäßig verzogene Treppenläufe und für unregelmäßig geführte Handläufe ungeeignet. Die Füllstäbe, aus Rund- oder Vierkanteisen, werden durch Haltestäbe gesteckt oder seitlich an diesen befestigt. Der Abstand der Haltestäbe beträgt 1,00 bis 1,50 m. Aus Sicherheitsgründen sind mindestens zwei Füllstäbe erforderlich.

Anstelle der Füllstäbe können auch Füllungen aus Kröpfgittern, volle oder perforierte Bleche, Glas usw. angeordnet werden. Solche Füllungen eignen sich jedoch nur für gerade oder regelmäßig verzogene Treppenläufe.

Die Abmessungen der Halte- und Füllstäbe richten sich nach der Beanspruchung der Treppe. Für die üblichen Treppen im Wohnungsbau genügen meistens Haltestäbe mit 20/20 mm oder 24/24 mm bzw. senkrechte Füllstäbe mit ∅ 12 bis 16 mm. Für Treppen, auf welchen häufig mit einem Gedränge zu rechnen ist, z. B. in Warenhäusern, Lichtspielhäusern, Theatern, Versammlungsräumen usw., führt man die Geländer widerstandsfähiger aus. Treppengeländer im Industriebau werden wegen ihrer starken Beanspruchung meistens aus Rohren hergestellt.

Die horizontale Belastbarkeit von Treppengeländern in Wohnhäusern muß 50 kg/lfdm betragen; in öffentlichen Gebäuden und Industrieanlagen jedoch 100 kg/lfdm.

Holzhandläufe

Bei Stahlbetontreppen führt man die Handläufe meistens aus Hartholzbohlen von ~45–50 mm Stärke und einer Höhe von ~10–16 cm aus. Sie werden an 3 oder mehr Haltestäben – je nach Lauflänge –, die im Treppenauge durch die Geschosse laufen, befestigt.

In einfachen Fällen enden die Handläufe über der Knicklinie in gleicher Höhe (s. Zeichnung). Man erspart sich die Ausführung eines früher üblichen Krümmlings, der viel handwerkliche Arbeit erforderte.

Bei wertvolleren Bauten werden an seiner Stelle rechteckige Verbindungen der beiden Handläufe ausgeführt, die einfach herzustellen sind (s. Zeichnung).

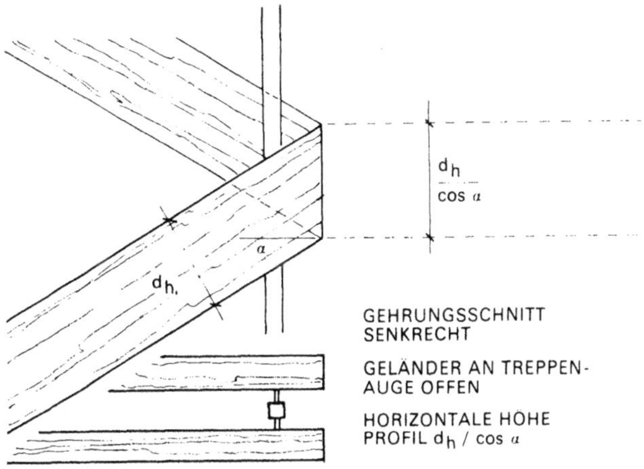

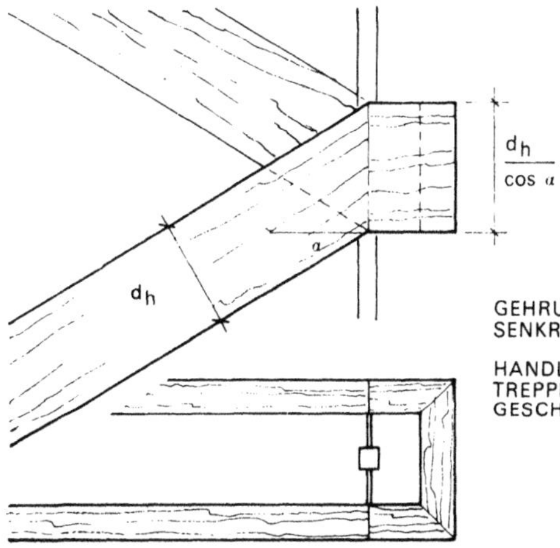

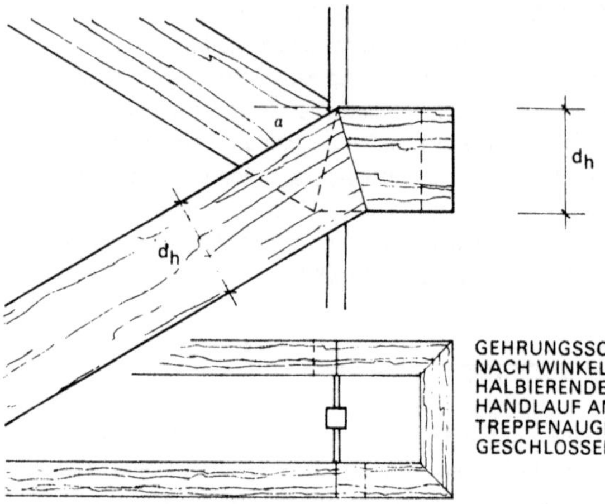

GEHRUNGSSCHNITT NACH WINKELHALBIERENDER HANDLAUF AN TREPPENAUGE GESCHLOSSEN

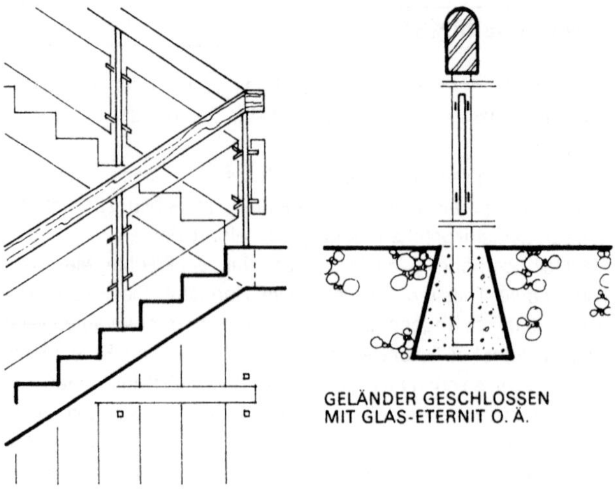

GELÄNDER GESCHLOSSEN MIT GLAS-ETERNIT O. Ä.

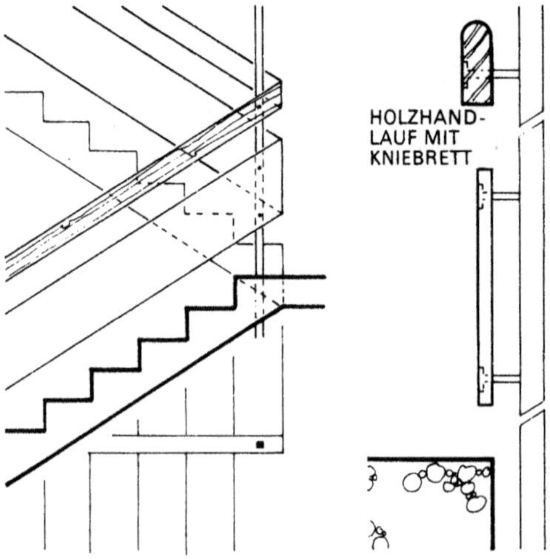

HOLZHANDLAUF MIT KNIEBRETT

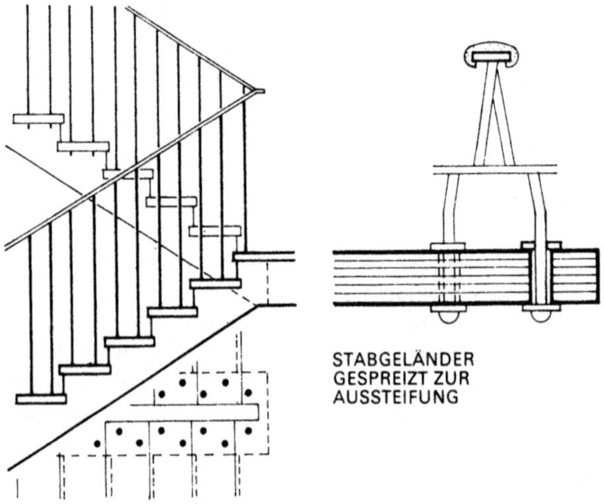

STABGELÄNDER GESPREIZT ZUR AUSSTEIFUNG

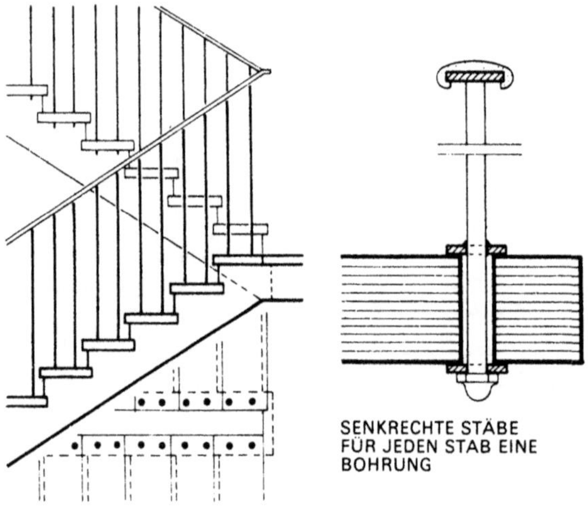

SENKRECHTE STÄBE FÜR JEDEN STAB EINE BOHRUNG

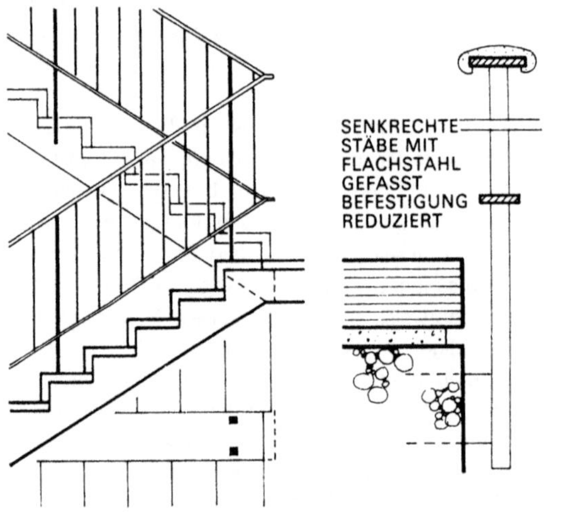

SENKRECHTE STÄBE MIT FLACHSTAHL GEFASST BEFESTIGUNG REDUZIERT

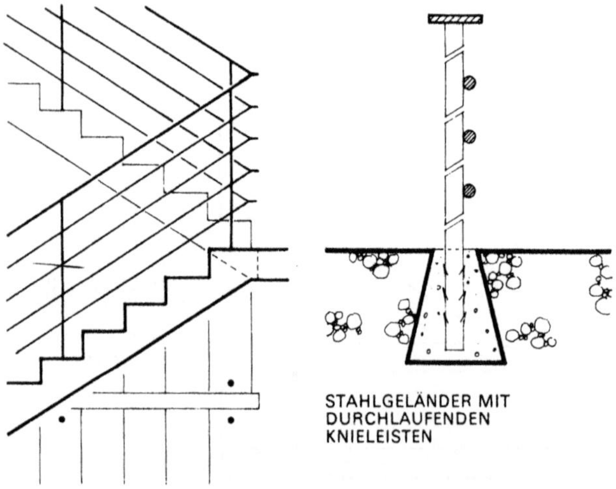

STAHLGELÄNDER MIT DURCHLAUFENDEN KNIELEISTEN

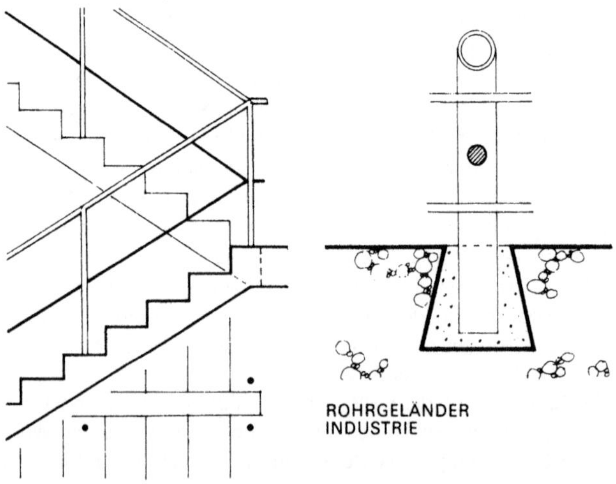

ROHRGELÄNDER INDUSTRIE

Balkone und Loggien

Der Begriff „Balkon" geht zurück auf das althochdeutsche „balcho" = Balken (italienisch „balcone", französisch „balcon"). Im Deutschen wurde das Wort seit dem 18. Jahrhundert im heutigen Sinne gebraucht für nicht überdachte Austritte an oberen Geschossen. Im Barock diente der Balkon meistens Repräsentationszwecken bzw. der Überdachung eines Portals oder Hauseingangs. Heute dienen Balkone an Wohnbauten und Industriebauten ausschließlich der praktischen Nutzung.
Die Loggia hat ihren sprachlichen Ursprung ebenfalls im Althochdeutschen: laubia = Laube.
In der italienischen Renaissance verstand man unter loggia einen überdeckten freien Raum auf Säulen, meistens überwölbt, z. B. Loggia dei lanzi in Florenz.
Heute versteht man darunter einen überdeckten und seitlich teilweise oder ganz geschlossenen Sitzplatz vor Wohn- oder Hotelzimmern. Er gehört zu jeder Mietwohnung als Erweiterung des Wohnraumes für die wärmere Jahreszeit.
Neben „Balkon" und „Loggia" gibt es noch andere zeitlich und räumlich begrenzte Bezeichnungen, wie

- Söller – flaches Dach, Terrasse,
  Ursprung griechisch: Heliokon = Gebäudeteil,
  den die Sonne bescheint,
  lateinisch: solarium,
  deutsche Form seit dem 16. Jahrhundert = Söller.
- Altan – stammt aus dem italienischen „altana",
  bedeutet ursprünglich einen offenen, meist überdachten Sommerwohnraum,
  seit dem 15. Jahrhundert bis heute in Schwaben, Bayern und Österreich gebräuchlich.

Balkonarten und ihre Nutzung

Im Mehrgeschoßbau bilden Balkone häufig einen Ersatz für den Garten oder den Wirtschaftshof. In der Architektur sind sie ein besonderes Gestaltungsmittel, das beim Einfamilienhaus als Einzelmotiv, im Mehrfamilienhaus in rhythmischer Reihung auftritt. Im Wohnungsbau können sie als Einzelbalkone oder Balkonband ausgebildet werden. Balkone vor Küchen sind eine zusätzliche Wirtschaftsfläche zum Abstellen von Geräten oder zum Aufbewahren von Lebensmitteln im Winter. Die Balkonumfassung sollte in diesem Fall geschlossen sein.
Vor Schlafräumen dienen Balkone hauptsächlich dem Lüften von Kleidern und Bettwäsche. Hier ist es zweckmäßig, die Balkonumfassung offenzuhalten, um eine gute Durchlüftung zu gewährleisten.
Bei Balkonen vor Küchen und Schlafräumen sind Lage und Himmelsrichtung nicht von Bedeutung.
Anders sieht es jedoch bei Balkonen vor Wohnräumen aus. Diese dienen vornehmlich der Erholung und Entspannung. Sie sollen deshalb besonnt sein.
Die Balkonumfassung kann hier aufgelockert sein, muß jedoch noch einen gewissen Sichtschutz bieten.

Die Ausmaße eines Balkons richten sich nach der Nutzung und der statischen Wirtschaftlichkeit. Jedoch sollten in der Tiefe 1,00 m und in der Breite 2,00 m nicht unterschritten werden, da sonst eine zweckmäßige Nutzung nicht mehr möglich ist. Für Balkone vor Wohnräumen ist eine Tiefe von $\geqq$ 1,50 m anzustreben.
Im Industriebau werden oft umlaufende Balkone gebaut. Sie haben eine große Bedeutung als Fluchtwege für explosionsgefährdete Räume. In manchen Fällen können sie aufgrund dieser Funktion die Anzahl der notwendigen Treppenhäuser vermindern.
In Bauten mit festverglasten Fenstern dienen sie als Umgänge zur leichten Fassaden- und Fensterpflege sowie dem Sonnenschutz.
Den Balkonen konstruktiv verwandt sind Loggien. Sie sind jedoch nur nach einer Seite offen. Durch die Fortführung der Seitenwände in den Außenraum entsteht eine optische Erweiterung des Wohnraumes. Dadurch, daß der Wohnraum gegenüber der Fassade etwas zurückgesetzt wird, ist hier auch ein guter Sonnenschutz gegeben.

Die konstruktive Ausbildung der Balkone

Längswandgefüge

In einem Gebäude mit Längswandgefüge und Ortbetondecken ist die Ausbildung eines Balkons relativ einfach. Er wird als Kragplatte in das Deckenfeld eingespannt, wodurch allerdings eine Wärmebrücke entsteht.
Die Auskragung darf nicht zu groß sein, da sonst an der Oberfläche leicht Haarrisse entstehen, und das bedeutet Rostgefahr für die Bewehrung. Der Beton muß wasserdicht sein oder einen wasserdichten Belag erhalten. Anstelle des Belages ist auch eine Kunstharzbeschichtung möglich.
Wichtig und mit besonderer Sorgfalt zu behandeln ist der Übergang vom Balkon zum Innenraum. Hier muß eine wasserdichte Betonschwelle das Eindringen von Regenwasser in den Fußboden verhindern.
An der Unterseite der Platte ist eine Wassernase vorzusehen.
Eine Ausbildung der Balkone in Fertigteilen ist bei einem Gebäude mit Längswandgefüge nicht ratsam.

Querwandgefüge

Da im Querwandgefüge die Decken parallel zur Fassade gespannt sind, ist es hier nicht angebracht, die Balkonplatten mit der Decke zu verbinden. Am einfachsten ist es, die Platte auf Kragarme aus den Querwänden zu legen, was gleichzeitig den bauphysikalischen Vorteil einer Trennung zwischen Balkonplatte und Decke bietet. Diese Konstruktion ist bestens für die Verwendung von Fertigteilen geeignet.

BALKONE

GRUNDRISS

SCHNITTE

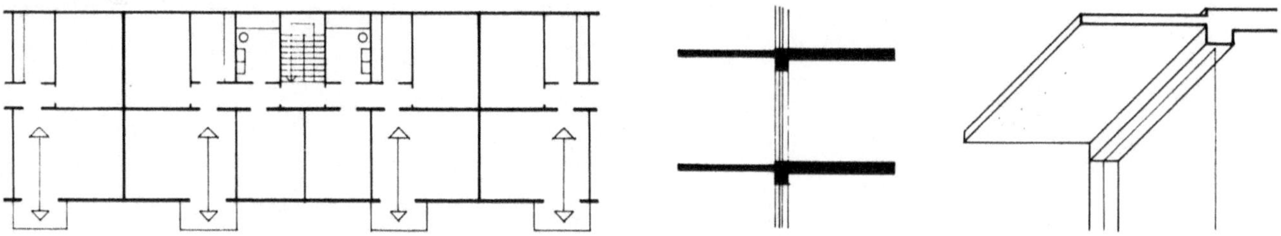

EINZELBALKONE IM LÄNGSWANDBAU AUSKRAGEND

LOGGIEN

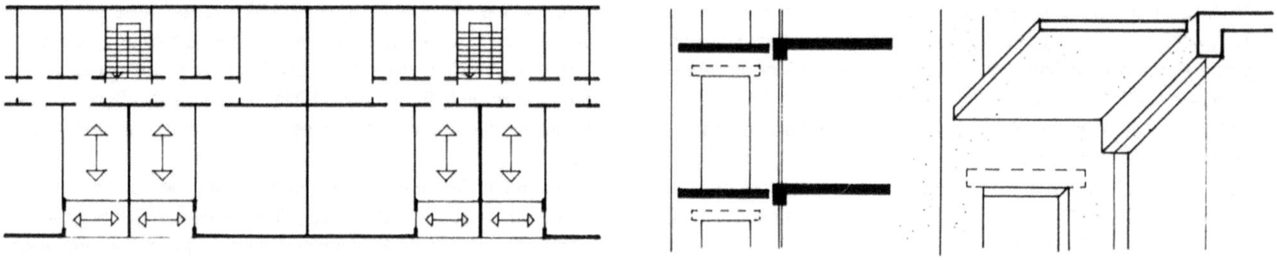

LOGGIEN IM LÄNGSWANDBAU VON DER DECKE GETRENNT. QUER ZUR DECKENSPANNRICHTUNG GELAGERT

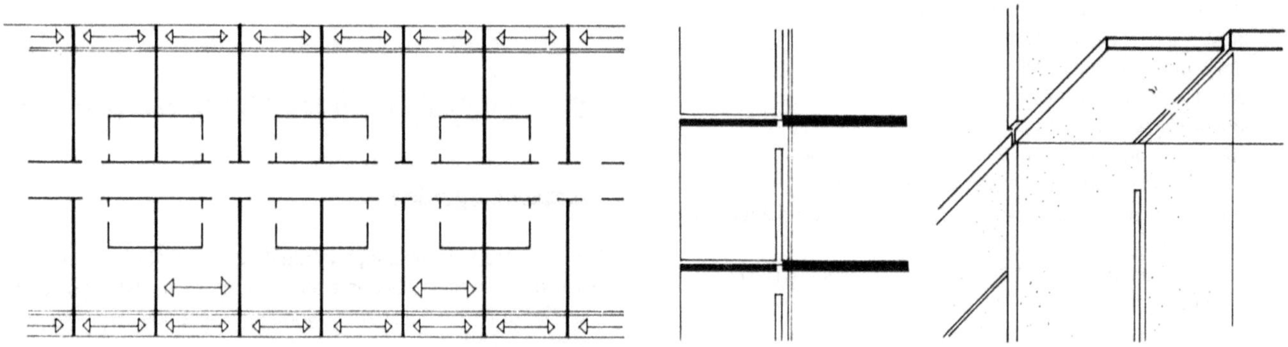

LOGGIEN IM QUERWANDBAU, GLEICHE SPANNRICHTUNG WIE DECKE, JEDOCH MIT TRENNFUGE

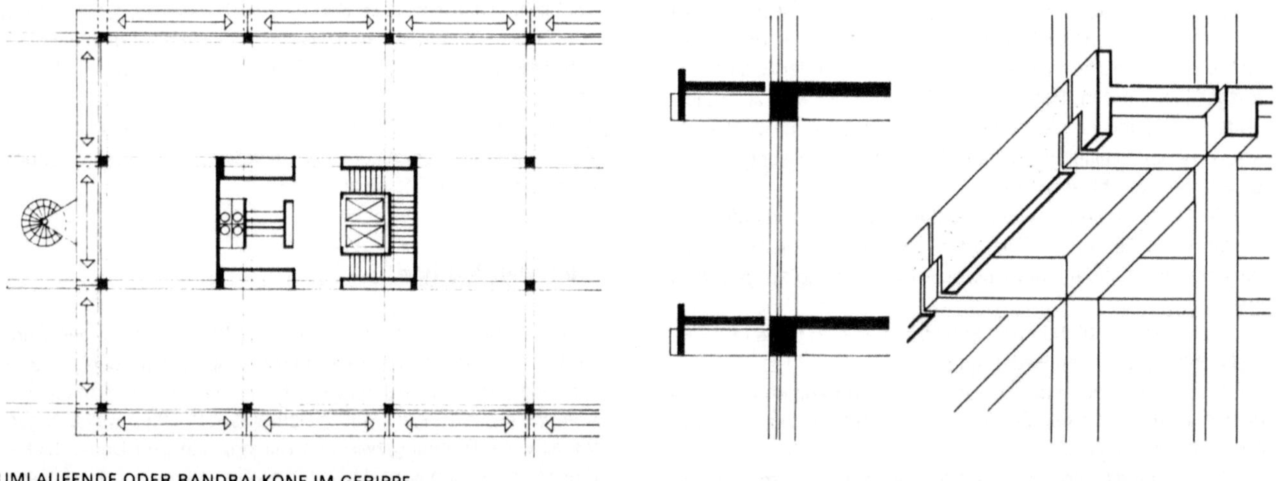

UMLAUFENDE ODER BANDBALKONE IM GERIPPE- UND SCHOTTENBAU AUF KONSOLEN GELAGERT

Wandanschluß und Schwellenhöhe

Die Wandanschlüsse der Balkonplatten müssen wegen des Spritzwassers eine Höhe von etwa 15 cm aufweisen. Bei Fenstertüren ist eine solche Schwellenhöhe oft lästig und auch unnötig. In günstigen Fällen kommt man mit einer Höhe von 5–6 cm aus. Da Fenstertüren heute durchweg als Hebe- oder Schiebetüren auf Leichtmetallschienen oder ganz in Leichtmetall ausgeführt werden, ist auch an diesem empfindlichen Punkt der Schwelle mit größerer Dichtigkeit als bei den alten Konstruktionen zu rechnen. Die Leichtmetallschwelle muß man an der aufgekanteten Balkonplatte durch eine dauerelastische Kunststoffuge dichten. Die zu erwartende Regenmenge auf der Balkonplatte wird von folgenden Umständen beeinflußt:

Größe und Tiefe der Balkonplatte oder -tasse, Himmelsrichtung, Balkon frei oder überdacht, geschlossene oder offene Brüstung, Entwässerung nach vorne oder den Seiten, durchgehend oder über Rohrstutzen.

Je ungünstiger die aufgezählten Umstände sind, um so höher muß man die Schwelle machen. Bei Balkontassen muß die Schwelle an der Wand grundsätzlich höher als an der Balkonvorderkante sein.

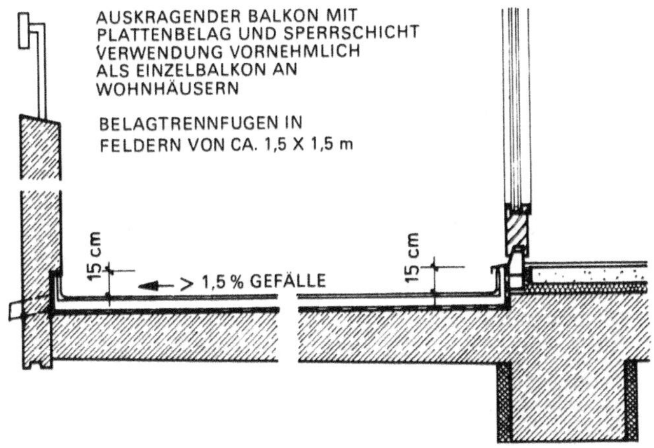

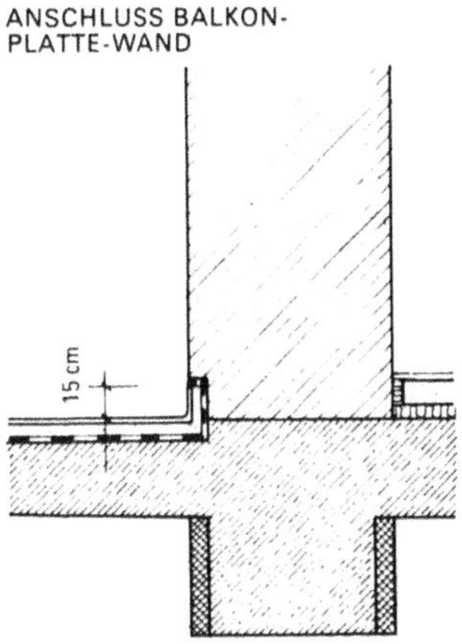

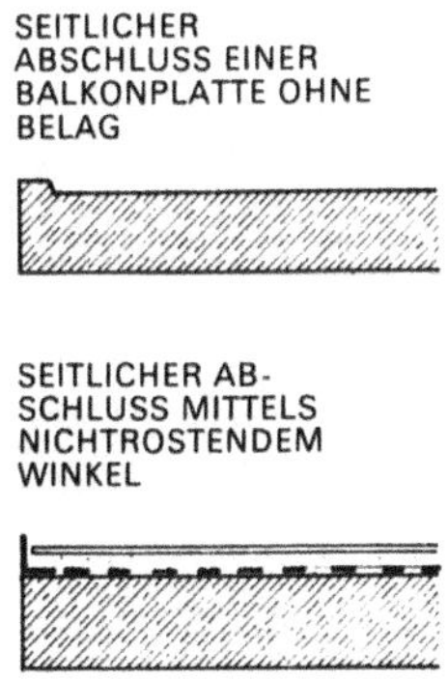

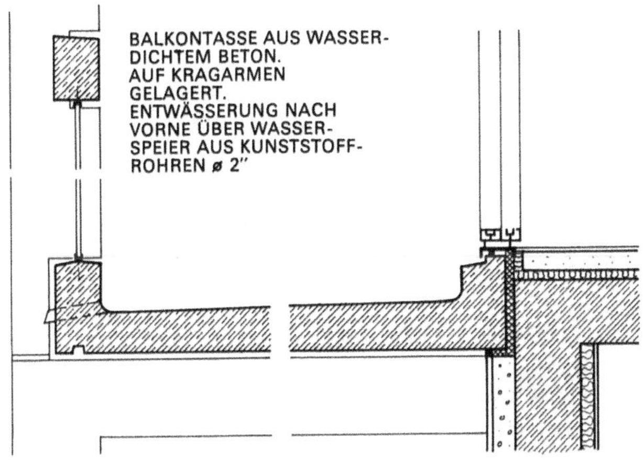

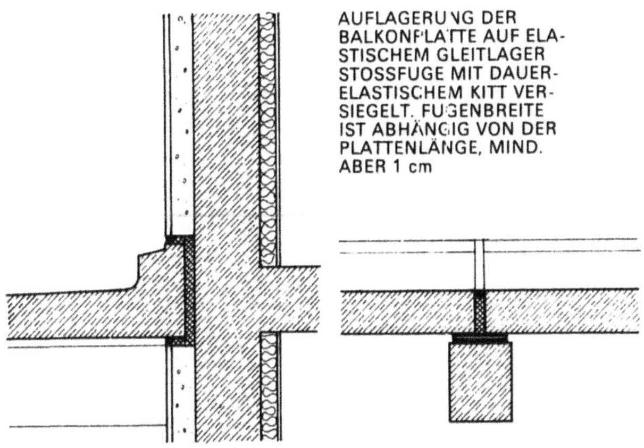

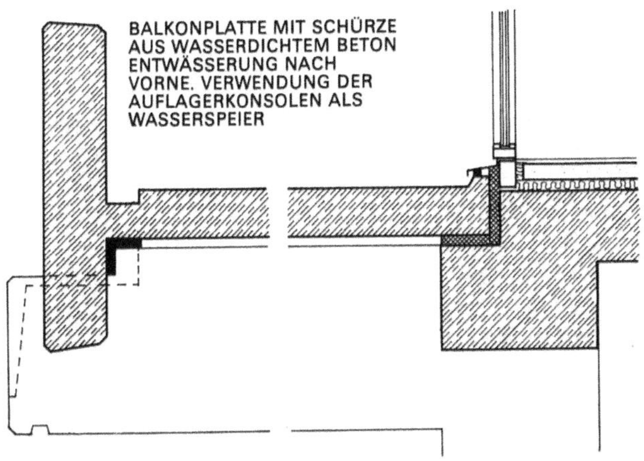

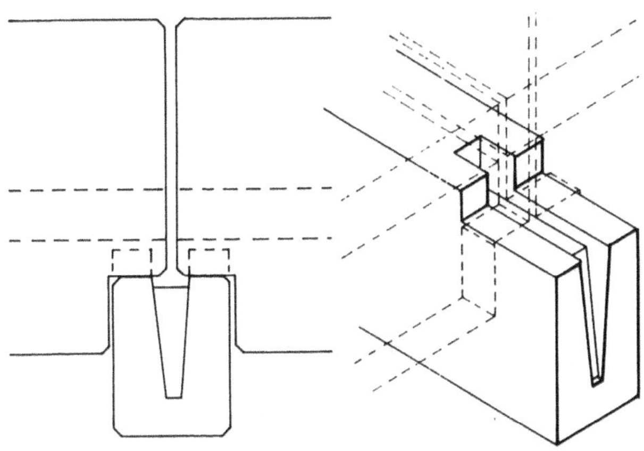

ANSICHT DER KONSOLE ISOMETRIE DER KONSOLE

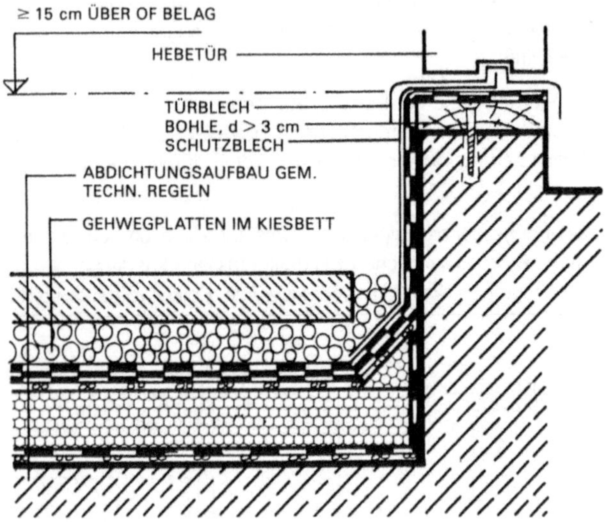

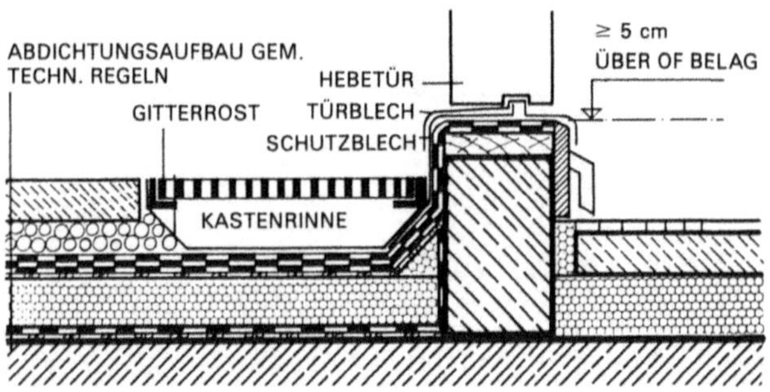

Skelettbau

Bei der Verwendung von Stahlbeton-Balkonplatten kann man wie im Querwandgefüge die Platten auf Kragarme aus den Stützen legen. Der Einsatz von Fertigteilen ermöglicht die Ausbildung der Platten in Tassenform mit einem wasserdichten Beton. Die Oberfläche wird dabei so eben und dicht, daß kein weiterer Belag notwendig ist. Balkone leichterer Art, z. B. Gitterroste oder Blech, können mittels einer Stahlkonstruktion vor die Fassade gehängt oder gestellt werden.

Loggien

Bei Längswandtypen ist es statisch am einfachsten, Loggien als selbständige Bauteile vor die Außenwand zu stellen. Die Loggienwände bzw. -decken verankert man mit der Außenwand oder der Geschoßdecke. Diese Konstruktionsart ist bei Ortbeton- und Fertigteildecken möglich.
Soll die Loggia innerhalb des Baukörpers liegen, so wird die Lösung komplizierter, weil man dann Unterzüge, Stützen oder tragende Querwandteile benötigt. Auch diese Lösung ist sowohl bei Ortbetondecken als auch bei Fertigteildecken möglich. Reine Querwandsysteme eignen sich für Konstruktion und Ausführung der Loggien am besten. Sie können dabei parallel zur Decke gespannt werden, was den Einbau eines Dämmstreifens in die Decke ermöglicht.

Bauphysikalische Anforderungen

Jeder Bauteil, der vom Innenraum in den Außenraum greift, unterliegt besonderen Beanspruchungen durch Feuchtigkeits-, Wärme- und Wärmeänderungseinwirkungen.

Die aus den Geschoßdecken nach außen laufenden Kragplatten für Balkone und Loggien wirken besonders nachteilig als Wärmebrükken. Bekannte Auswirkungen sind die Schwärze- oder gar Schimmelbildung an der inneren Auflagerkante, die sich auch auf die anschließenden Decken- und Wandflächen ausdehnen.
Abhilfe kann durch sorgfältig ausgeführte Dämmaßnahmen geschaffen werden. Damit wird nicht nur die Wärmebrückenwirkung erheblich vermindert und damit die Schwärzebildung zuverlässig verhindert, sondern die Dehnungen der auskragenden Plattenfläche infolge Wärmeänderungen werden deutlich kleiner, so daß sich keine nennenswerten Zwängungen am Übergang Kragplatte zu Deckenplatte mehr ergeben.
Gedämmte, schwimmende Balkon-Bodenbeläge mit Platten im Mörtelbett und Estrich sind nicht zu empfehlen, da in der Belagsschicht durch fehlende Wärmeableitung (Wärmestau) Spannungen und Risse entstehen können. Ein Belag im Kiesbett oder Roste sind deshalb vorzuziehen.
Wird die Kragplatte nicht gedämmt, sollte man wegen der Dehnungen alle 5 m eine Fuge anordnen, die gegen Wassereindringen sorgfältig ausgebildet werden muß. Heute werden dafür meist elastische Dichtungsmassen verwendet. Es muß dabei aber berücksichtigt werden, daß alle derartigen Werkstoffe insbesondere unter der Einwirkung der Sonnenstrahlung altern. Die Fugenabdichtungen sind deshalb so zu planen, daß die Dichtungsmasse ausgetauscht werden kann.
Zur Bestimmung der Fugenbreite gibt es eine Faustregel, die aus der möglichen Dehnungsbeanspruchung der Dichtungsmasse und dem Dehnungsverhalten des Stahlbetons abgeleitet ist:

$$\text{Fugenbreite in mm} = \frac{3 \times \text{Länge des Bauteils in m}}{1000}$$

Bei einer Bauteillänge von 5 m ist demnach eine Fugenbreite von 15 mm notwendig.
In wichtigen Fällen sollte dies jedoch richtig berechnet werden. Außerdem erfordert jede Dehnungsfuge eine Mindestbreite für die handwerksgerechte Ausführung.

Wohnräume über bzw. unter Loggien

Befinden sich über bzw. unter Loggien Wohnräume, so sind hier zusätzliche Dämm- und Dichtungsmaßnahmen zu treffen. Die Probleme sind die gleichen wie bei einer Dachterrasse. Die Ausbildung der Deckenplatte in wasserdichtem Beton allein genügt hier nicht mehr. Die Platte muß eine entsprechende Wärmedämmung, Dampfdruckausgleichsschicht sowie Dichtungsbahnen und einen strapazierbaren Belag erhalten.

Balkonentwässerung

Grundsätzlich entwässert man Balkone und Laufgänge von der Fassade weg nach außen. Nur sehr tiefe Balkone benötigen zur Abführung des Regenwassers Rinnen und Regenrohre. Wetterseite wichtig!
Beispiele:
Entwässerungsrohrstutzen aus Kunststoff ∅ > 1,5 bis 2″ in 2 bis 3 m Abstand leiten bei geschlossenen Brüstungen oder aufgekanteten Balkontassen das Wasser von der Fassade weg. Geschlossene Brüstungen sind vorteilhafter zur Abhaltung eines großen Teils des Regens. In diesen Fällen genügt die Entwässerung über Rohrstutzen selbst bei Hochhäusern. Eine Rinne oder seitliche Regenableitung ist jedoch erforderlich, falls ein Balkon z. B. über dem Hauseingang liegt, was ja auch für jedes Vordach gilt.

Balkonbrüstungen und -geländer

Diese dienen wie die Fensterbrüstungen der Sicherheit. Ihre Höhe ist darum im allgemeinen gleich der der Fensterbrüstungen >90 cm. Bei Hochhäusern, also über 22 m Standhöhe, muß sie wegen des mit der Höhe oft steigenden Schwindelgefühls >1,20 m betragen. Für die Höhe und Ausbildung der Brüstung oder des Geländers gibt es bis jetzt nur Vorschriften in den verschiedenen Landesbauordnungen, die genau eingehalten werden müssen. Besonders streng sind die von Nordrhein-Westfalen, die beispielsweise 1,10 m Geländerhöhe bereits bei einer Standhöhe ab 12 m vorschreiben und den größten lichten Stababstand oder die Brüstungsöffnung auf 12 cm beschränken.

Vermeiden sollte man im mehrgeschossigen Wohnungsbau eine horizontale Gliederung des Geländers, die Kinder zum Hochklettern anreizt.

Trotz der einengenden Vorschriften sind der Gestaltungsfreude des Architekten noch viele Möglichkeiten offen. Zu beachten sind neben der erwünschten Erscheinung auch der erforderliche handwerklich technische Aufwand, die Zahl der Arbeitsgänge sowie die Herstellungs- und Instandhaltungskosten. Besonders bei großen Bauvorhaben wird man diese Gesichtspunkte berücksichtigen müssen.

Von den Geländern und Brüstungen der Wohnbalkone zu unterscheiden sind Fluchtbalkone und Umgänge bei Industrie- und Bürobauten zur Fassadenpflege. Ihre Geländer können luftiger und weiter sein. Sie erfordern im allgemeinen, da sie nur von Erwachsenen benutzt werden, außer dem Handlauf lediglich eine untere Leiste als Schutz vor dem Ausgleiten der Füße. Aber auch bei diesen Geländern sind die jeweiligen Bauordnungen und ihre Vorschriften zu beachten.

Ausführung heute meist in Stahl und handelsüblichen Walzprofilen oder Rohren. Massive Brüstungen können in Ortbeton oder als Fertigteil in Winkelform hergestellt werden. Die offenen Seiten können z. B. durch Stabgeländer (wegen der Durchlüftung vorteilhaft bei Schlafräumen) oder durch Asbestzement- oder Drahtglasflächen (bei Küchen) geschlossen werden. Solche Geländer befestigt man an der Wand und an der massiven Brüstung.

Mit Ortbeton sind auch U-förmige Balkone, also mit massiven Seitenteilen, ausführbar. Die Vorderseite kann ein Gitter oder leichte eingesetzte Brüstungstafeln erhalten.

Bei Hochhäusern wird die Brüstung meistens nicht bis zur vollen Höhe von 1,20 m genommen, sondern noch ein Stahlgeländer mit eventuell 1 Füllstab aufgesetzt. Bei Fertigteil-Balkonen werden sie gleich bei der Herstellung eingesetzt. Anstelle der massiven Brüstung kann auch eine undurchsichtige Verkleidung (Asbestzement, Kunststoff, Well- oder Spundwandprofil oder Drahtglas) ausgeführt werden. Diese Geländer verlangen immer eine Rahmenkonstruktion aus Stahl. Das Füllmaterial (auch Glas) muß einer Horizontalbelastung von >50 kg/lfdm genügen. Zu überlegen ist, ob die Brüstungsfüllung mit Abstand (ca. 10 cm) über der Balkonplatte beginnt.

Vorteil: Für die Balkonentwässerung und unvermeidlich, wenn der Balkon, wie früher üblich, einen Plattenbelag erhält.

Nachteil: Einsicht auf Balkon und Zugerscheinung bei der Benutzung.

Besser: Brüstungsverkleidung wird ganz oder teilweise über die Stirnseite der Balkonplatte heruntergezogen.

Konstruktion und Befestigung des Geländers

Eine Befestigung der Stäbe auf der Balkonplattenoberseite ist bei Plattenbelägen auf Isolierschicht sehr kompliziert, handwerklich aufwendig und daher teuer. Am einfachsten ist die Befestigung an der Balkonplattenvorderseite. Hier können beim Betonieren (bei Ortbeton und Fertigteil) Stahlplatten eingelegt werden zum späteren Anschweißen der Geländerstäbe.

Es ist immer ratsam, Befestigungsmöglichkeiten für Geländer schon von vornherein vorzusehen, um eine mögliche Beschädigung des Betons zu vermeiden.

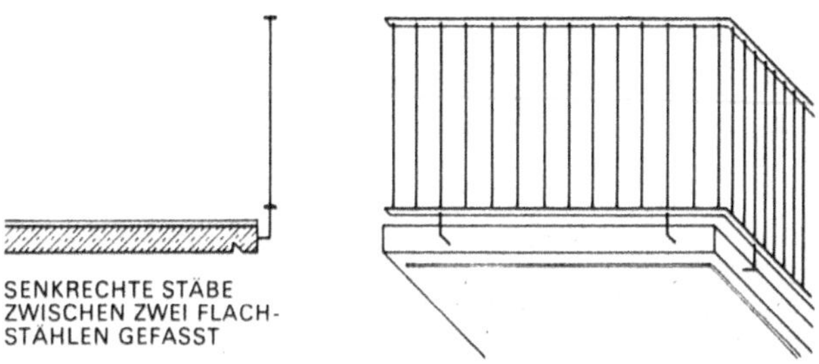

SENKRECHTE STÄBE ZWISCHEN ZWEI FLACHSTÄHLEN GEFASST

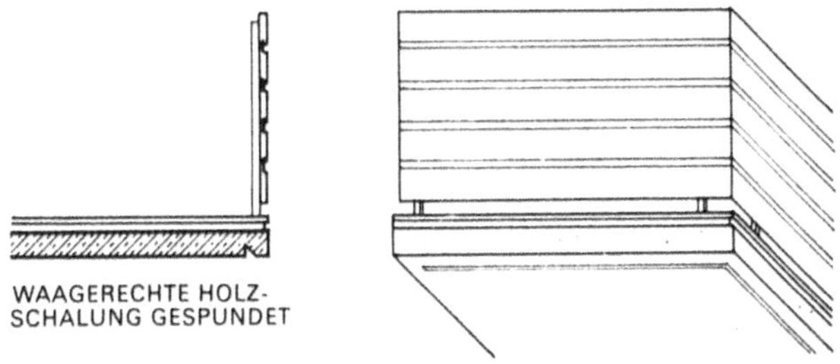

WAAGERECHTE HOLZSCHALUNG GESPUNDET

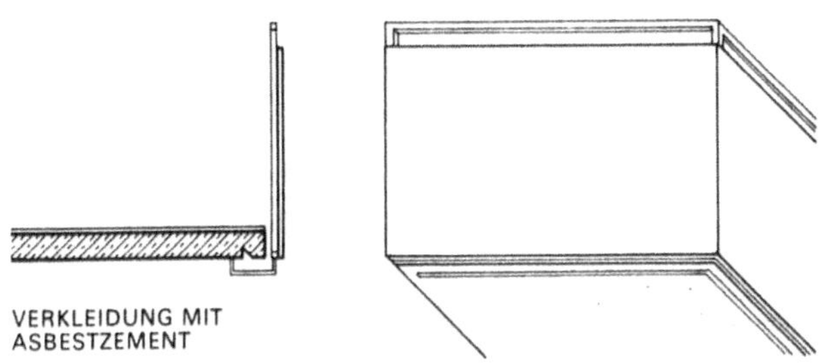

VERKLEIDUNG MIT ASBESTZEMENT

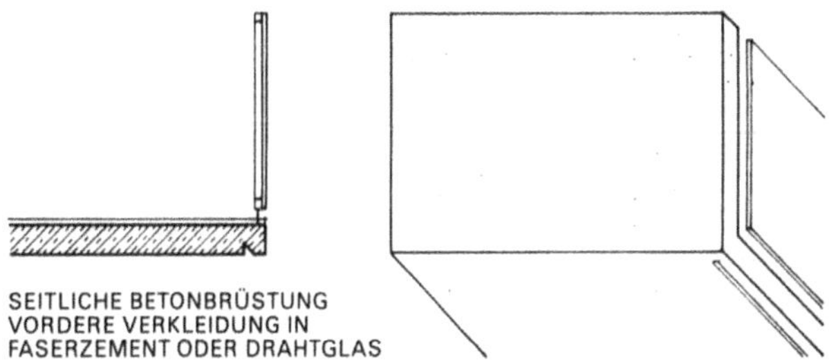

SEITLICHE BETONBRÜSTUNG VORDERE VERKLEIDUNG IN FASERZEMENT ODER DRAHTGLAS

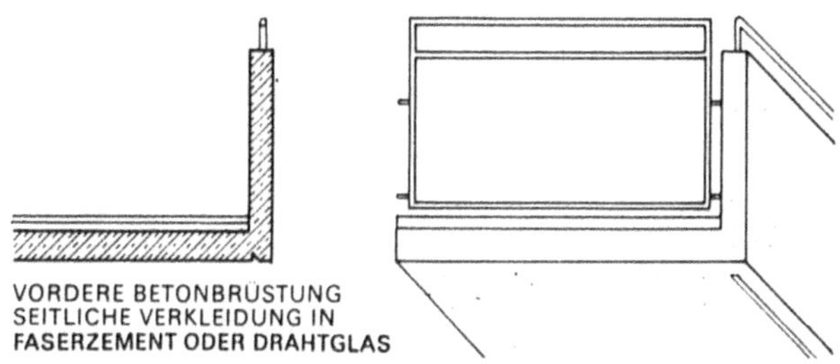

VORDERE BETONBRÜSTUNG SEITLICHE VERKLEIDUNG IN FASERZEMENT ODER DRAHTGLAS

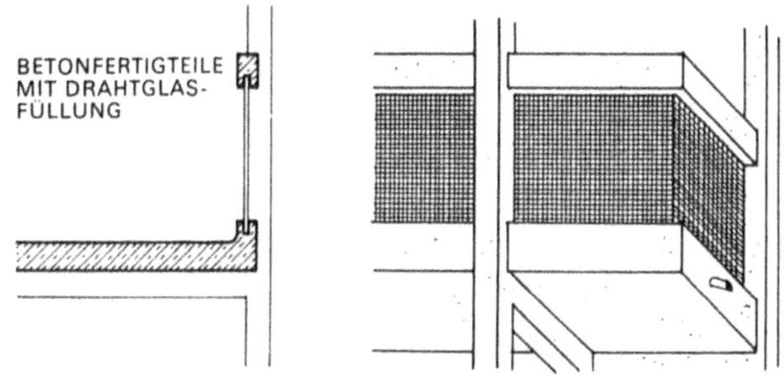

BETONFERTIGTEILE MIT DRAHTGLASFÜLLUNG

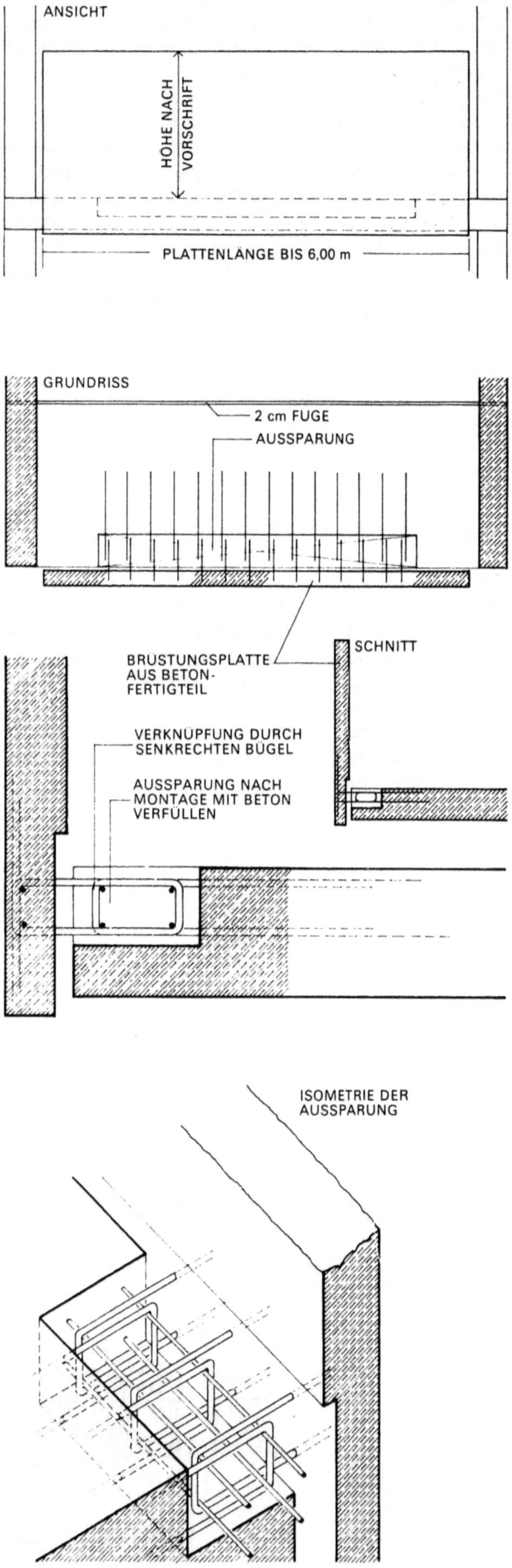
ANSICHT
HÖHE NACH VORSCHRIFT
PLATTENLÄNGE BIS 6,00 m
GRUNDRISS
2 cm FUGE
AUSSPARUNG
BRÜSTUNGSPLATTE AUS BETON-FERTIGTEIL
SCHNITT
VERKNÜPFUNG DURCH SENKRECHTEN BÜGEL
AUSSPARUNG NACH MONTAGE MIT BETON VERFÜLLEN
ISOMETRIE DER AUSSPARUNG

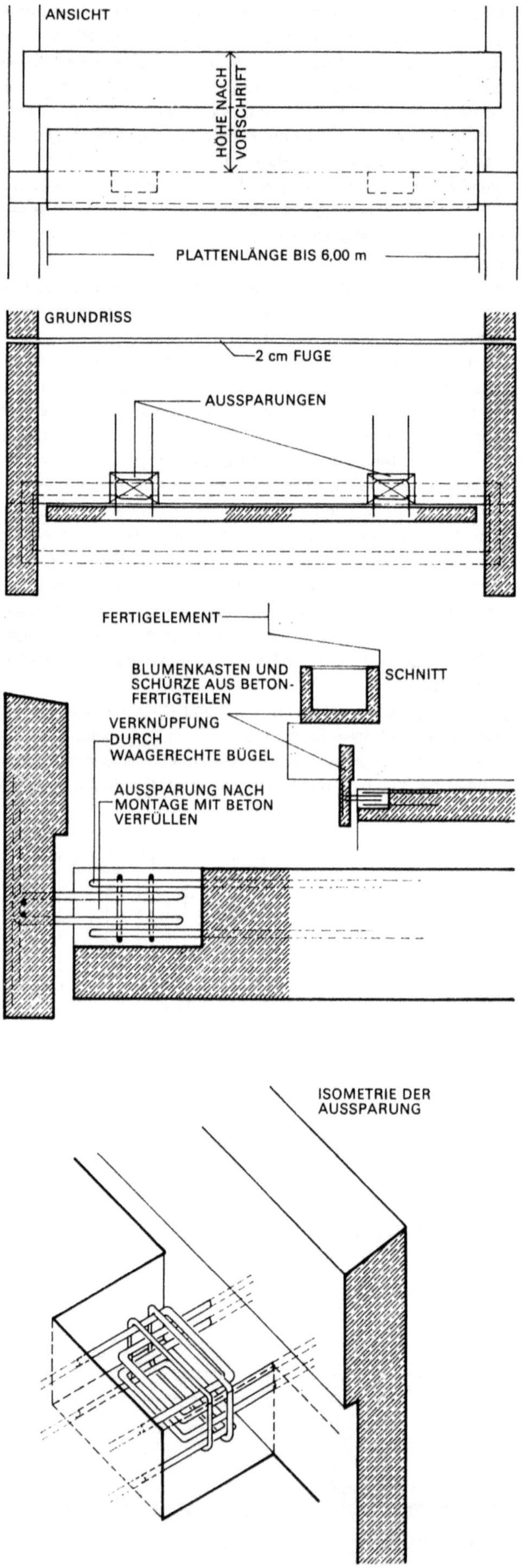
ANSICHT
HÖHE NACH VORSCHRIFT
PLATTENLÄNGE BIS 6,00 m
GRUNDRISS
2 cm FUGE
AUSSPARUNGEN
FERTIGELEMENT
BLUMENKASTEN UND SCHÜRZE AUS BETON-FERTIGTEILEN
SCHNITT
VERKNÜPFUNG DURCH WAAGERECHTE BÜGEL
AUSSPARUNG NACH MONTAGE MIT BETON VERFÜLLEN
ISOMETRIE DER AUSSPARUNG

Baugefüge

Die konstruktive Erläuterung eines Bauwerkes erfordert nicht nur die Betrachtung einzelner Bauteile, ihrer Aufgaben, ihrer Herstellung und Baustoffe, sondern insbesondere auch ihr Zusammenwirken im Gefüge des Ganzen. Hiervon hängt die Standfestigkeit des Bauwerkes ab.
Wir unterscheiden Wandbauten und Skelettbauten. Als Wandbau wird ein Baugefüge aus Wänden und Decken bezeichnet, welches ggf. durch Unterzüge und Stürze ergänzt werden muß, um größere Öffnungen in tragenden Wänden überspannen zu können. Im Gefüge eines Skelettbaues sind diese tragenden Wände durch eine Reihung von Stützen und Unterzügen ersetzt, doch sind zur Vereinfachung der Gebäudeaussteifung neben steifen Deckenscheiben in der Regel auch einzelne aussteifende Wandscheiben notwendig bzw. erwünscht.

Wandbau

Die Erläuterung des Gefüges der Wandbauten erfordert die gleichzeitige Betrachtung von Wänden und Decken, soweit sie als tragende und aussteifende Scheiben zusammenwirken.
Bevor der Einfluß verschiedener Herstellungsweisen und Wandbaustoffe erörtert wird, betrachten wir zunächst noch einmal die Bauteile Wände und Decken bezüglich ihrer statischen Wirksamkeit innerhalb des Baugefüges.

Statischer Aufbau

Wände

Als vertikale Stütztragwerke können Wände aus Baustoffen ohne nennenswerte Zugfestigkeit bestehen. Jedoch nicht nur der innere Aufbau des Materials, seine Dichte und Druckfestigkeit, sondern auch die äußeren Abmessungen der Wand, die kraftschlüssige Verbindung von Teilelementen und mit anderen Bauteilen beeinflussen Tragfähigkeit, Standfestigkeit und Steifigkeit.
Eine Wand wird statisch gesehen als stehende Scheibe oder Platte beansprucht. Unter vertikaler Belastung will sie ausknicken. Bei horizontalem Kraftangriff (Wind) sucht sie auszuweichen, und zwar je nach ihrem Halt und ihrer Steifigkeit zu kippen, sich durchzubiegen oder auszuknicken. Sowohl Kipp- als auch Knickgefährdung wachsen mit zunehmender Schlankheit h/d eines Wandabschnittes. Bei ausgesteiften Wänden spielt auch die Länge des Wandabschnittes eine Rolle: Abstand aussteifender Bauteile, eine etwaige Einspannung und die Kraftschlüssigkeit der Anschlußverbindungen.

Freistehende Wände

Die Aufnahme der Windlasten erlaubt bei geringer Wanddicke nur niedrige Wände. Hohe Wände müssen entsprechend dick und schwer sein, wenn sie ohne Aussteifung stehen bleiben sollen. Deshalb wurden z. B. auch die nicht ausgesteiften Wände der frühchristlichen Basiliken als Schwergewichtsmauern in erheblicher Dicke ausgeführt.

Die freistehende, nicht ausgesteifte und nicht eingespannte Wand wird durch ihr Eigengewicht auf Druck, durch Horizontallasten und Wind zusätzlich auf Biegezug und Biegedruck beansprucht. Daraus resultiert in der Wandsohle ein außermittig wirkender Druck. Für eine Schlankheit h/d > 10 ist die zulässige Druckspannung eines Materials daher auf die zulässige Kantenspannung abzumindern – für Mauerwerk nach DIN 1053 Tab. 6.
Entscheidender für die Standsicherheit der freistehenden Wand ist in der Regel jedoch ihre Kippsicherheit. Diese ist gegeben, solange das Standmoment das 1,5fache des Kippmomentes nicht unterschreitet. Aus der Beziehung zwischen der Wanddicke, ihrem Berechnungsgewicht und der Höhe der Windlast resultiert als höchstzulässige Wandhöhe

$$h^{\square} \leqq \frac{d^2 \cdot \gamma}{1{,}5\ w}\ \text{(m)}$$

h = zulässige Wandhöhe über der Sohlfuge (m)
d = Wanddicke (m)
γ = Berechnungsgewicht (kg/m³)
w = Windlast MN/m² (kN/m²) (ehem. kp/m²)
aus w = c . q, je nach Gestaltbeiwert
c = 1,2 bei ebenen Flächen,
c = 0,7 bei zylindrischen Flächen,
q = Staudruck je nach

Höhe über Gelände (m)	Staudruck q (kN/m²)	Windlast $w \approx c \cdot q$
0–8	0,5	0,6 (bei q = 1,2)
> 8–20	0,8	0,96
> 20–1000	1,1	1,32
> 100	1,1	1,32
> 100	1,3	1,56

Daraus ergeben sich für freistehende, nicht ausgesteifte Mauerwerkswände beispielsweise als

Richtwerte zulässiger Wandhöhen (m)				
Berechnungsgewicht	Wanddicke (m)			
	0,365	0,30	0,24	0,175
1800	2,65	1,80	1,15	0,60
1500	2,20	1,50	0,95	0,50
1200	1,75	1,20	0,75	0,40

Bei nicht ausgesteiften Dreiecksgiebeln von Satteldächern beträgt wegen des niedrigeren Schwerpunktes und kleineren Kippmomentes die höchstzulässige Giebelhöhe

$$h^{\Delta} \leqq 1{,}5\ h^{\square} \leqq \frac{d^2 \cdot \gamma}{w}$$

Dies gilt es insbesondere bei unversteiften Giebeln aus Leicht- bzw. Gasbetonsteinen mit Berechnungsgewichten unter 800 kg/m³ im Rohbauzustand zu beachten, um Sturmschäden zu verhüten. Für Ziegelmauerwerk mit etwa doppeltem Rechnungsgewicht liegen auch die zulässigen Giebelhöhen doppelt so hoch. Schließlich

sind obige Richtwerte auch für die Einschätzung der Standsicherheit bei Abbrucharbeiten und in Ruinen unerläßlich.
Wird eine freistehende Wand durch Pfeiler ausgesteift, so sind größere Wandhöhen wirtschaftlicher zu erreichen. Die zulässige Höhe solcher zusammengesetzter Querschnitte kann hier anteilig aus Höhe und Breite von Pfeiler- bzw. Wandabschnitt interpoliert werden:

$$h_{\text{zul. GESAMT}} \leqq h_{\text{zul. PFEILER}} \cdot \frac{b_{\text{PFEILER}}}{b_{\text{GESAMT}}} + h_{\text{zul. WAND}} \cdot \frac{b_{\text{WAND}}}{b_{\text{GESAMT}}}$$

$$h \leqq \frac{d^2_{\text{PF}} \cdot \gamma}{90} \cdot \frac{b_{\text{PF}}}{b_{\text{PF}} + b_{\text{WA}}} + \frac{d^2_{\text{WA}} \cdot \gamma}{90} \cdot \frac{b_{\text{WA}}}{b_{\text{PF}} + b_{\text{WA}}}$$

STANDFESTIGKEIT UND STEIFIGKEIT VON WÄNDEN

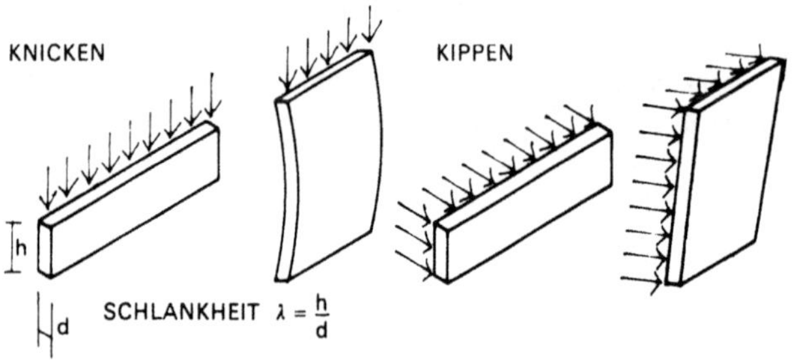

Ausgesteifte Wände

Stellt man zwei Wandscheiben ohne Verbund senkrecht gegeneinander, so kann sich die eine bei Kippgefahr in Richtung zur anstoßenden Wand an diese lehnen. Bei horizontalem Kraftangriff aus anderen Richtungen sowie bei Knickgefahr verhalten sich beide wie freistehende Wände.
Sorgt man jedoch für guten Verbund ihrer zusammenstoßenden Kanten, so steifen sie sich gegenseitig aus, ihre Kipp- und Knicksicherheit erhöhen sich wesentlich. Dieses einfache Wandelement mit einer steifen Kante läßt gegenüber der vollkommen freistehenden Wand bei gleicher Tragfähigkeit und Standsicherheit erheblich geringere Mauerdicken zu und bietet viele Gestaltungsmöglichkeiten.

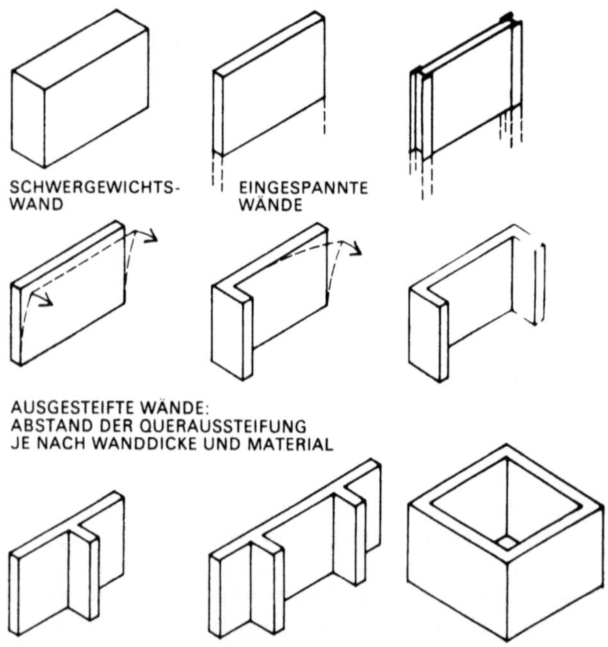

Je mehr Wandscheiben man so zusammenfügt, um so mehr steife Kanten erhält man, schließlich entsteht eine offene Kiste mit vier steifen Kanten. Wenn man diese Wandkiste durch Deckenscheiben schließt, welche mit allen Wänden ebenfalls in gutem Verbund stehen, so sind alle Außenkanten ausgesteift. Je größer nun die Außenflächen der Kiste im Verhältnis zu den Wanddicken sind, um so mehr werden weitere Innenaussteifungen notwendig. Das Verhältnis selbst ist für jedes Wand- oder Deckenmaterial ein anderes. Lange Kisten erfordern viele aussteifende Querwände, bei hohen Kisten müssen aussteifende Decken die Knickhöhe der Wände unterteilen.

Decken

Decken sind horizontale Biegetragewerke und als solche an die Verwendung biegesteifer Bauteile gebunden. Innerhalb des Baugefüges können auf Decken auch Horizontalkräfte, insbesonders Windlasten einwirken. Nicht alle Deckenkonstruktionen erfüllen als Biegetragwerke gleichermaßen auch den Scheibenmechanismus.
Die früher größeren Wandstärken waren letztlich auch erforderlich, weil die alten Holzbalkendecken nicht die Steifigkeit wie unsere heutigen Stahlbetondecken erbrachten. Diese zwei, die moderne Schaltechnik und die Mattenbewehrung erlaubten immer geringere Wandstärken, auch bei extremer Belastung.
Der Tendenz zu immer geringeren Wand- und Deckenquerschnitten steht andererseits der Wunsch nach größeren zusammenhängenden und veränderbaren Räumen gegenüber. Wegen der vergrößerten Deckenspannweiten sind aber größere tragende Querschnitte unvermeidlich. Ihr finanzieller Mehraufwand muß immer auch unter dem Aspekt einer Verbesserung des Schallschutzes gesehen werden.
Die Holzbalkendecke besteht statisch aus einer Schar paralleler Biegestäbe, die ohne gegenseitige kraftschlüssige Verbindung meist als zweifach gestützte Träger auf den Wänden auflagern. Während im Fachwerkbau Wand- und Deckenstäbe infolge der Verstrebungen und der Holzverbindungen, wie Zapfen, Blätter, Kämme, Schwalbenschwänze, Versatzungen usw., ein räumlich ausgesteiftes Baugefüge bilden, ist die Scheibenwirkung eines hölzernen Stabwerkes im Massivbau nur relativ stabil. Sie hängt praktisch von der Ausfachung der Balkenfelder (Zwischendecke) und gegebenenfalls von der Summe der Verbindungen mit einem Holzfußboden ab. Holzbalkendecken können deshalb nur wenig zur Aussteifung des Baugefüges beitragen. Ihre Anwendung setzt voraus, daß die betreffenden Wandscheiben möglichst schon selbst ein stabiles Gefüge bilden und besonders bei leichteren Bauweisen sorgfältig, z. B. durch Stahlbetonringanker, horizontal ausgesteift werden.
Ferner stellen Holzbalkendecken in der üblichen Ausführung eine Schwächung der gemauerten Wandscheiben dar, die etwa $^1/_5$ des tragenden Mauerquerschnittes und manchmal mehr betragen kann. Dies hat zur Folge, daß man, um eine genügende Standsicherheit zu erreichen, die Wände dicker ausführen muß, als es die Wandbaustoffe erfordern würden.
Die Decken aus Stein, Stahl und Beton stellen dagegen als mehr oder weniger flächenstabile Scheiben eine wirksame Horizontalaussteifung des Baugefüges dar. Der Grad des Aussteifungsvermögens entspricht der Reihenfolge der statischen Grundsysteme der Deckenscheibenbildung: Balken-, Plattenbalken- und Plattendecke. Die wirksame Horizontalaussteifung der Massivdecken ermöglicht es, bei gleicher Standsicherheit mit wesentlich dünneren Wänden bzw. weniger druckfesten Wandbaustoffen auszukommen als bei Verwendung von Holzbalkendecken.

Zusammenwirken von Wänden und Decken

Das oben angeführte Beispiel des Kistensystems mit Wand- und Deckenscheiben ist die konstruktive Grundlage des mehrgeschossigen Massivbaues und macht das Bauen mit verhältnismäßig hohen und dünnen Wänden erst möglich. Voraussetzung für das statische Zusammenwirken der vertikalen und horizontalen Scheibenelemente des Hohlprismengefüges unserer Baukörper ist die Verankerung der Wand- und Deckenscheiben. Die sparsamste Bemessung würde sich ergeben, wenn alle Umschließungs- und Trennscheiben genügend flächensteif und untereinander kantensteif verbunden wären. Dieser Zustand ist zwar nur bei raumstabilen Faltwerken, z. B. aus Stahlbeton, vollendet erreichbar, jedoch trägt jede Maßnahme, durch die sich ein Bauwerk diesem Zustand nähert, zu seiner statischen Verbesserung bei.

BEANSPRUCHUNG VON DECKEN

PLATTENWIRKUNG
DURCHBIEGEND

SCHEIBENWIRKUNG
AUSSTEIFEND

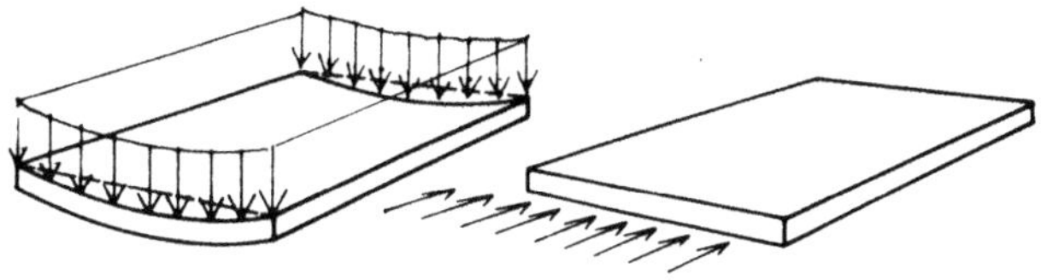

BEANSPRUCHUNG
VON WÄNDEN

PLATTEN-
WIRKUNG

SCHEIBEN-
WIRKUNG

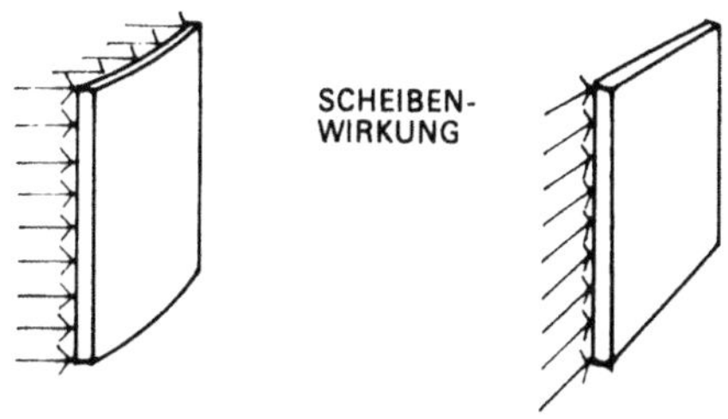

ZUSAMMENWIRKEN VON WÄNDEN UND DECKEN

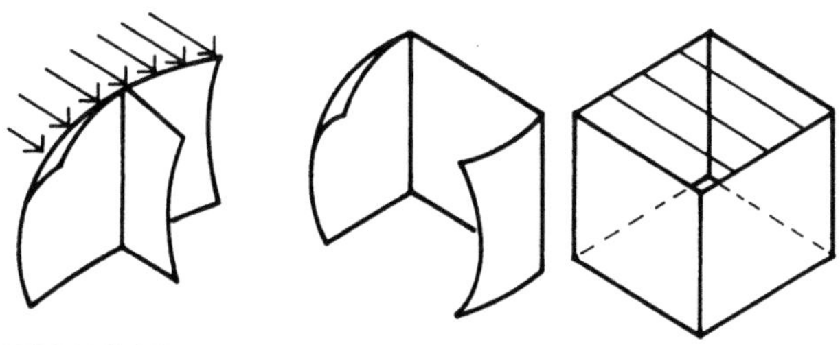

ERDGESCHOSSIG:
AUSREICHENDE WANDSTÄRKE UND GEGENSEITIGE AUSSTEIFUNG DER WÄNDE VORAUSGESETZT, IST SCHEIBENWIRKUNG DER DECKE NICHT NOTWENDIG

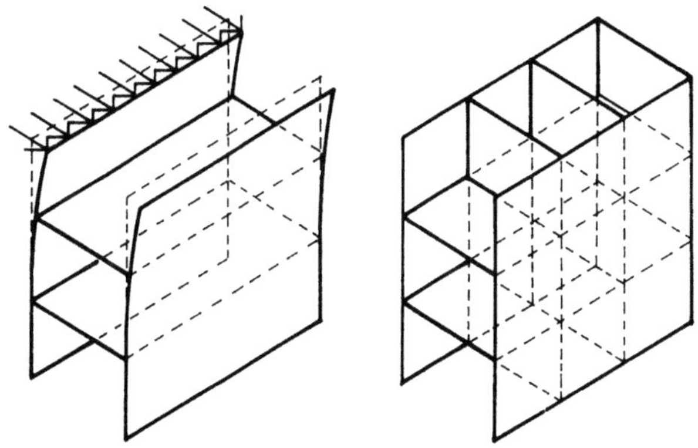

MEHRGESCHOSSIG:
BEI GRÖSSEREN BAUHÖHEN SIND NEBEN STEIFEN DECKEN ZUMINDEST EINZELNE QUERAUSSTEIFENDE WANDSCHEIBEN ERFORDERLICH. BEI DECKEN OHNE AUSSTEIFUNGSVERMÖGEN VERRINGERT SICH DER ABSTAND NOTWENDIGER QUERWÄNDE

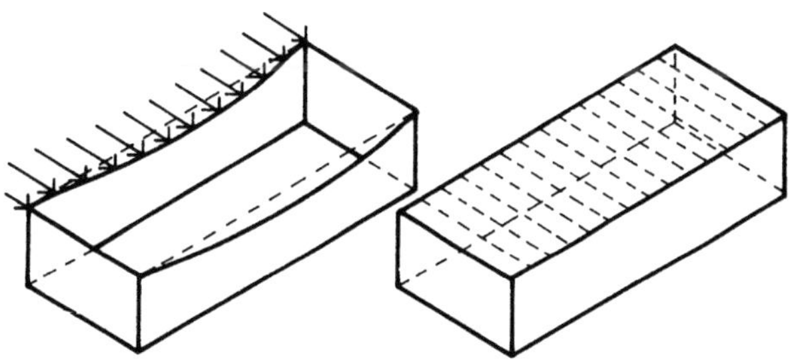

SOLLEN AUF GRÖSSERE WANDLÄNGEN AUSSTEIFENDE QUERWÄNDE VERMIEDEN WERDEN, SIND STEIFE DECKENSCHEIBEN ANZUORDNEN ODER DIE LÄNGSWÄNDE ALS SCHWERGEWICHTSWÄNDE BZW. AUF EINSPANNUNG ZU BEMESSEN

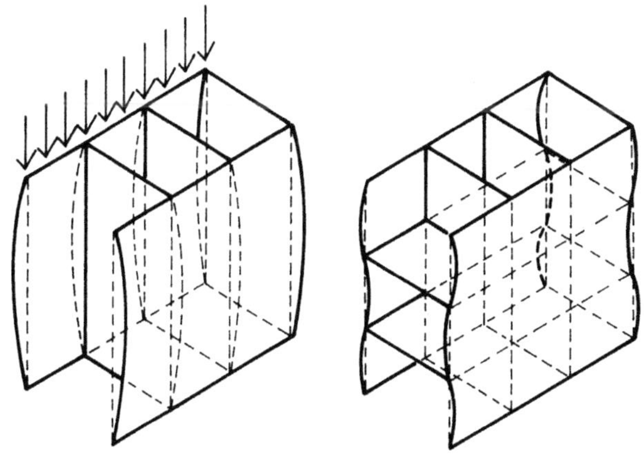

VORAUSSETZUNG FÜR GRÖSSTMÖGLICHE SCHLANKHEIT (= VERHÄLTNIS BAUTEILDICKE ZU FLÄCHE) IST DIE KRAFTSCHLÜSSIGE VERBINDUNG DER WAND- UND DECKENSCHEIBEN

Massivbauten mit tragenden Längswänden

Bei Bauten mit tragenden Längswänden spannen sich Decken und Dachkonstruktionen quer zum Baukörper und setzen ihre Lasten auf den äußeren und inneren Längswänden ab. Diese werden von den nicht tragenden Querwänden und den Geschoßdecken ausgesteift.

Die Abstände der tragenden Längswände entsprechen den üblichen Deckenstützweiten von 4 bis 6 m, woraus sich bei 2 Deckenfeldern eine Gebäudetiefe von etwa 8 bis 12 m ergibt. Bei größeren Gebäudetiefen sind häufig 3 Deckenfelder, also 2 tragende Mittelwände wirtschaftlicher. Im mehrgeschossigen Wohnhausbau herrschte in der Vergangenheit weitgehend das Baugefüge mit tragenden Längsaußenwänden und einer tragenden Mittelwand vor. Für die Grundrißeinteilung bringt dieses Prinzip den Vorteil, daß man bei gleichen Raumtiefen die erforderlichen verschiedenartigen Raumbreiten nach Bedarf wählen und abteilen kann.

Die Bemessung der einzelnen Wandarten richtet sich nach ihren vorwiegenden Aufgaben im Bauorganismus. Von den äußeren Längswänden verlangt man vor allem einen genügenden Wärmeschutz. Außerdem müssen sie ihre Lastanteile aus Dach und Decken sowie ihr Eigengewicht tragen und über die Fundamente in den Baugrund ableiten. Die Lastanteile der inneren Längswände (belastete Mittelwände) sind etwa doppelt so hoch wie die der Außenwände; deshalb soll man hier die Zahl und die Breite der Türöffnungen möglichst beschränken. Von den unbelasteten Querwänden, die im allgemeinen nur der Raumtrennung innerhalb der einzelnen Wohnungen dienen, muß eine genügende Anzahl imstande sein, die Queraussteifung der tragenden Längswände zu übernehmen, während die übrigen als leichte Trennwände genügen. Sind die belasteten Mittelwände oder die unbelasteten Querwände gleichzeitig Wohnungstrenn- oder Treppenhauswände, so haben sie neben ihren statischen Aufgaben auch die entsprechenden Anforderungen an den Schall- und Wärmeschutz zu erfüllen. Als Brandwände müssen sie sich für den Feuerschutz eignen.

HISTORISCHER LÄNGSWANDBAU

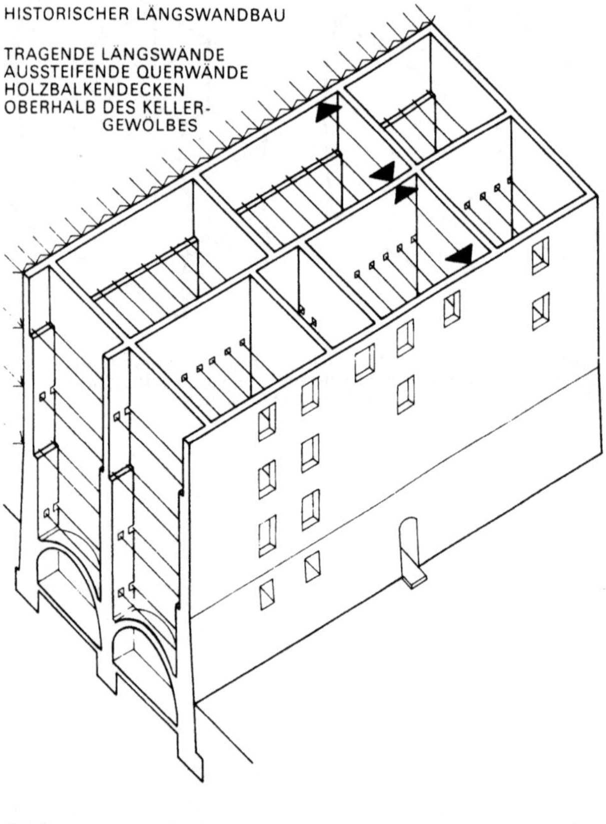

Wegen seiner großen Bedeutung wurde dieses Bauprinzip die Grundlage für die Richtlinien über die erforderlichen Mauerdicken in den Bauordnungen, welche die einzelnen Länder um die Jahrhundertwende herausgaben. Eine Einheitsbauordnung, wie sie vor dem letzten Kriege vorbereitet wurde, hat sich nicht durchgesetzt. Dagegen besitzen wir heute für die Bemessung und Ausführung von Mauerwerk in DIN 1053 und für Stahlbeton in DIN 1045 allgemeinverbindliche Vorschriften, die von den Bauordnungsämtern zugrunde gelegt werden.

LÄNGSWANDBAU

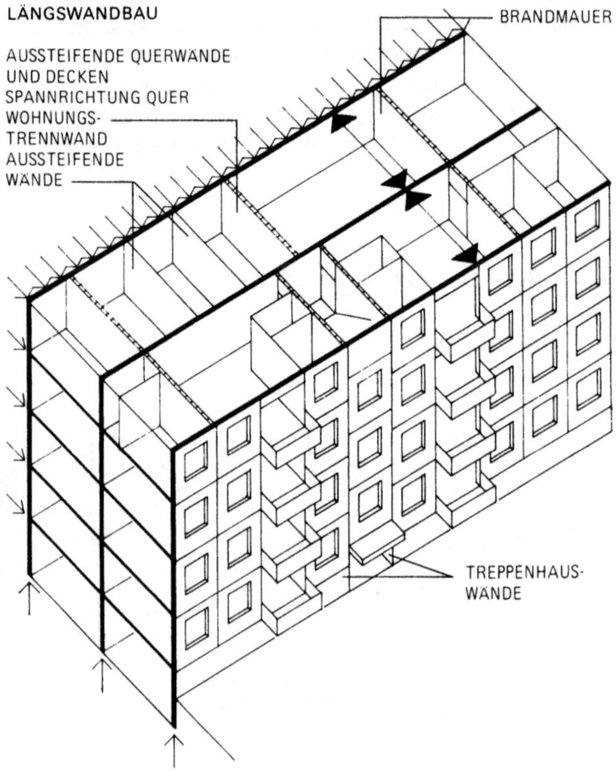

Massivbauten mit tragenden Querwänden

Bei Bauten mit tragenden Querwänden spannen sich Decken und Dachkonstruktion in Längsrichtung des Baukörpers von Querwand zu Querwand. Die Außenlängswände haben keine tragende Funktion. Ihnen bleibt lediglich die Aufgabe, den Raum nach außen abzuschließen und einen ausreichenden Wärmeschutz zu bieten. Das Bauprinzip mit tragenden Querwänden bezeichnet man auch als Schottenbauweise, Lamellenbauweise oder Hamburger Bauweise.

Eine gewisse Vorstufe dieser Baustruktur können wir in den spätmittelalterlichen Häusern erblicken, die bei schmaler Frontbreite nach der Tiefe zu entwickelt waren. Die Häuser standen oft in unmittelbarer Berührung giebelseitig zur Straße, das Gebälk wurde von den Haustrennwänden getragen und lag parallel zur Straße. Die unbelastete Frontmauer erlaubte so große Öffnungen, wie sie in einer deckentragenden Wand nicht möglich gewesen wären. Die alten niederdeutschen Städte zeigen durchweg diese Baustruktur.

In unserer Zeit hat der Wiener Architekt Adolf Loos dieses Bauprinzip erneut aufgegriffen und 1921 sein „Haus mit einer Mauer" zum Patent angemeldet. Loos ging dabei von den schmalen Reihenhäusern aus, bei denen ein Abstand der Brandmauern bis zu 40 m zugelassen wird, während die einzelnen Häuser nur durch 25 cm dicke Mauern zu trennen sind.

Dieser Haustyp wurde seither abgewandelt und weiterentwickelt. Da er eine klare Trennung der tragenden und dämmenden Glieder erlaubt, ist es möglich, für die Tragwände Baustoffe zu verwenden,

die zwar genügend tragfähig und schalldämmend, jedoch nicht genügend wärmedämmend (Naturstein, Beton) oder nicht wetterbeständig sind (Lehm).
In den letzten Jahren hat man das Bauprinzip tragender Querwände auch auf den mehrgeschossigen Wohnungsbau übertragen. Die Schottenbauweise erschwert eine differenzierte Grundrißausbildung; für Bauaufgaben, die in ihrer Organisation eine Reihung vieler gleichartiger Zellen erlauben oder fordern, z. B. Laubengang- und Reihenhäuser, ist sie jedoch besonders gut geeignet.

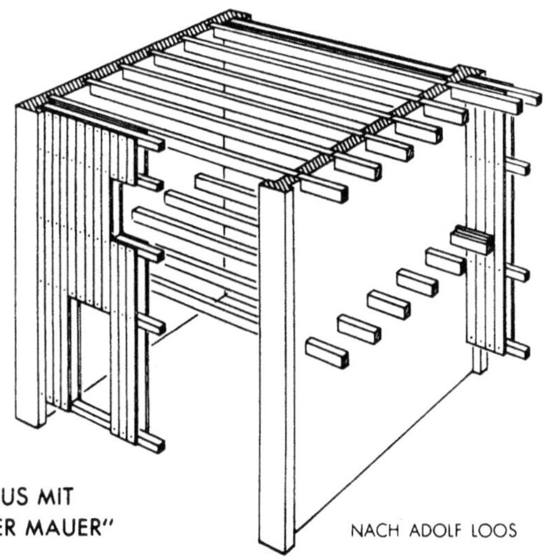

„HAUS MIT EINER MAUER" NACH ADOLF LOOS

Die Wohneinheiten können ein- oder mehrzellig sein. Bei mehrzelligen Wohneinheiten sind die Räume so anzuordnen, daß die zwischen den Zellen liegende tragende Querwand nur wenige und kleine Öffnungen erhält.
Die normale Zellenbreite beträgt etwa 3,5 bis 4,5 m.
Die kleinste Zellenbreite wird bestimmt durch das Lichtmaß einer zweiläufigen Treppe von ≈2,25 m.
Die größte Zellenlichtweite beträgt etwa 6,25 m. Dieses Maß ergibt sich durch die im Wohnungsbau größte, konstruktiv und wirtschaftlich vertretbare Deckenstützweite durchlaufender Massivdecken von ≈6,50 m.
Die Zellentiefe kann beim Querwandtyp frei gewählt werden. Eine breite und sturzlose Fensterausbildung in den nicht tragenden Außenlängswänden ermöglicht auch für tiefe Räume eine ausreichende Belichtung. Liegen die Haupträume auf einer Seite, dann wird eine Zellentiefe von 8 bis 9 m meistens ausreichen. Die Wohnzone kann hierbei mit 5 bis 6 m Tiefe (von Süden im Winter noch durchsonnt) und eine nördlich davon liegende Wirtschaftszone mit ≈3,00 m angenommen werden. Wenn Haupträume auf beiden Seiten liegen sollen und die Nebenräume ins Grundrißinnere verlegt werden, dürfte eine Zellentiefe von ≈11,50 m genügen. An die Zellenenden kann man größere Wohnungen legen, da dort eine Belichtung von 3 Seiten möglich ist.
Um größere Wohnungen zu erhalten, bildet man sehr häufig zweigeschossige Wohneinheiten mit eigener innerer Treppe aus. Der Querwandtyp erlaubt ferner die Anordnung von Loggien ohne konstruktive Zusatzmaßnahmen. Dagegen müssen bei durchlaufenden Balkonen als Auflager auskragende Wandkonsolen vorgesehen werden.
Vergleichende Kostenberechnungen bei den FBW-Versuchsbauten ergaben nicht nur eine wirtschaftliche Gleichwertigkeit der Querwandtypen gegenüber den entsprechenden Längswand-. typen, sondern oft wirtschaftliche Vorteile. Außerdem ergeben sich durch die im Querwandbau möglichen schmalen und tiefen Grundrisse beachtliche Ersparnisse an Erschließungs- und Heizungskosten.

Statik

Decken und Dachkonstruktion spannen sich von Querwand zu Querwand. Die Querwände haben also alle lotrechten Lasten aufzunehmen. Beim Querwandprinzip werden die tragenden Wände meistens weniger durchbrochen als die Tragwände im Längswandprinzip. Bei horizontal angreifenden Lasten (Windlast) unterscheidet man senkrecht und parallel zur Längsfront wirkende Lasten.

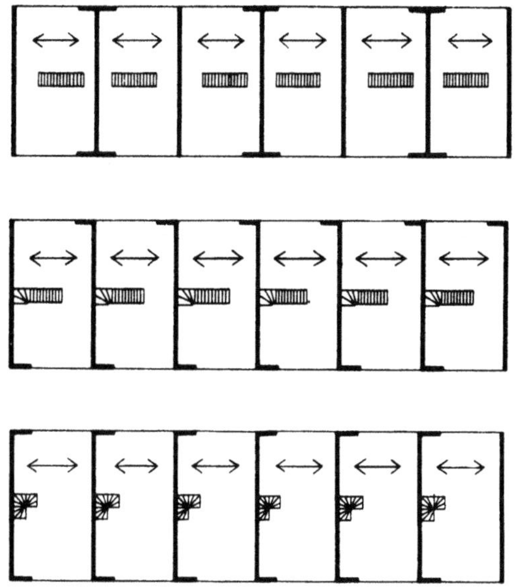

MEHRGESCHOSSIGE QUERWANDBAUTEN

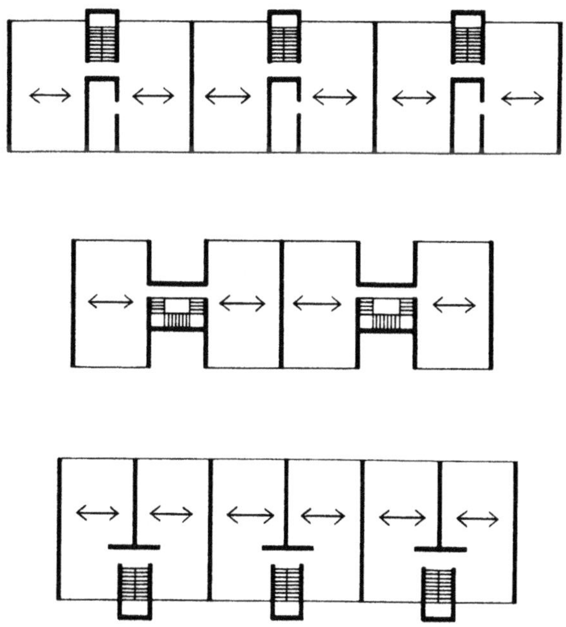

LAUBENGANGHAUS

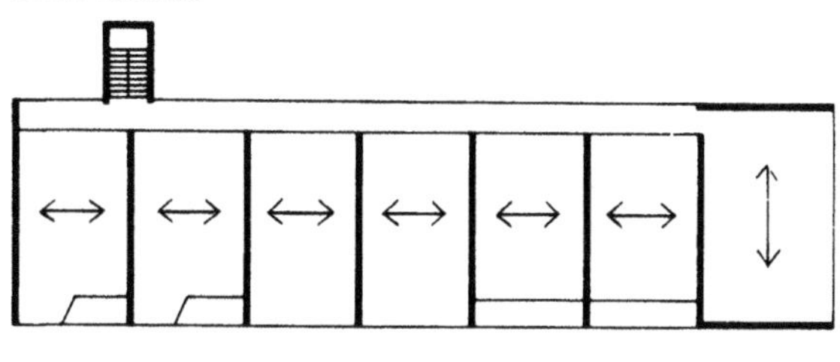

QUERWANDBAU

VERSTEIFUNG DER QUERWÄNDE
DURCH MAUERVORLAGEN
LÄNGSWANDSCHEIBEN
UND DECKEN

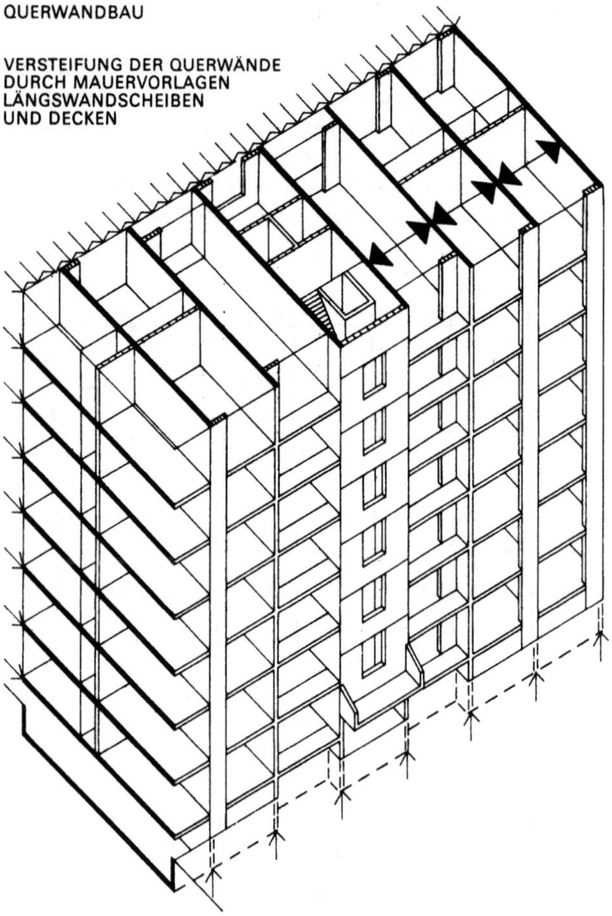

QUERWANDBAU

VERSTEIFUNG DER QUERWÄNDE
DURCH AUSFACHUNG
USW.

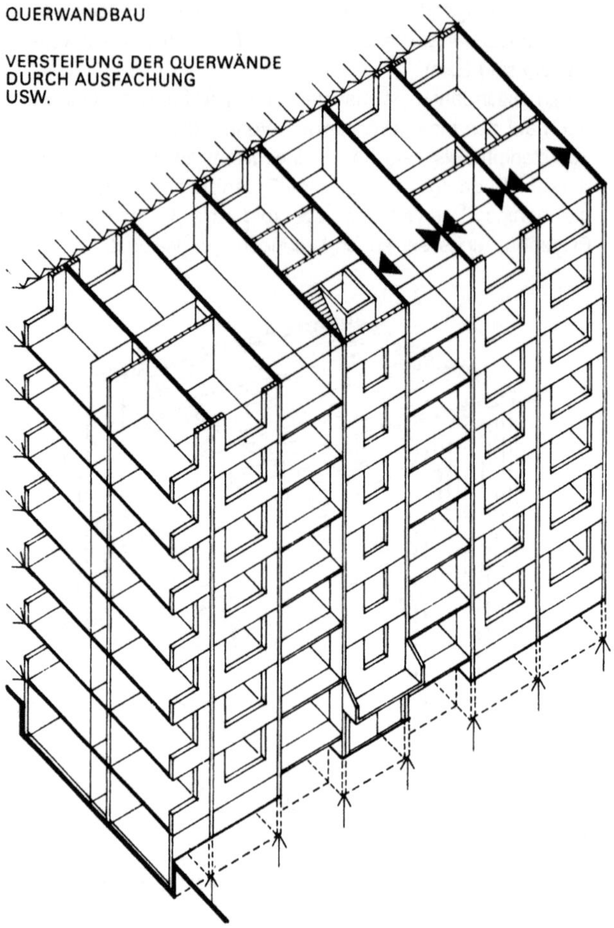

QUERWANDBAU

VERSTEIFUNG DER QUERWÄNDE
DURCH STEIFE BRÜSTUNGEN
(KÜRZERE KNICKLÄNGE)
USW.

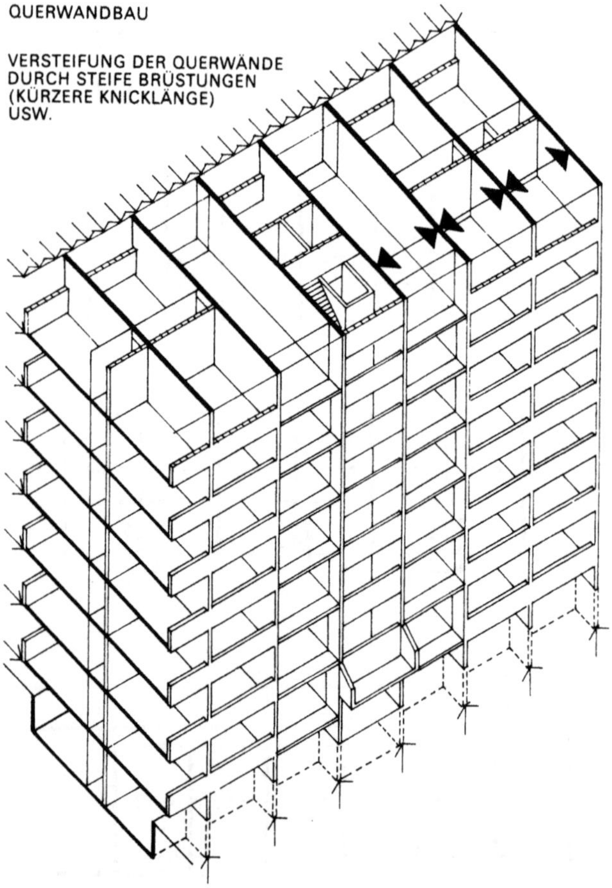

QUERWANDBAU

VERSTEIFUNG DER QUERWÄNDE
DURCH ARMIERUNG

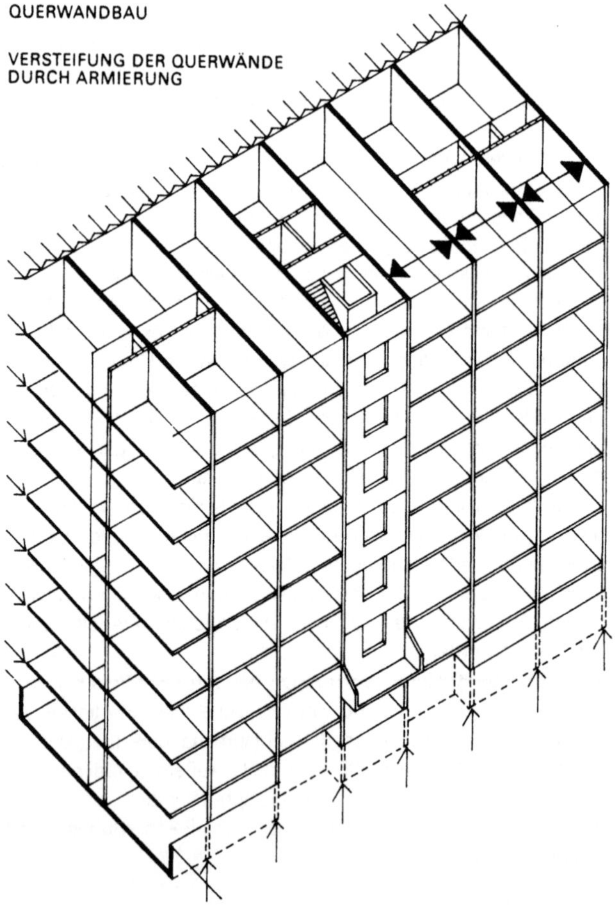

Horizontale Lasten senkrecht zur Längsfront verlangen keinen besonderen statischen Nachweis oder zusätzliche konstruktive Maßnahmen, da der Baukörper in dieser Richtung durch Decken und Querwände genügend ausgesteift ist. Die Außenlängswände müssen jedoch in der Lage sein, Winddruck und Windsog auf die Decken und Querwände zu übertragen. Sie sind also in diesen entsprechend zu lagern und zu verankern. Alle Deckensysteme, die von Querwand zu Querwand gespannt sind, können bei der üblichen Tiefe der Baukörper von 8,50 bis 11,50 m als horizontale Scheibe die horizontalen Windlasten auf die Querwände übertragen. Durchgehende Deckenplatten, Massivdecken mit durchgehendem 5 cm dickem Druckgurt aus Ortbeton oder mit vermörtelter Druckzone sind hierbei wirkungsvoller als Holzbalken- oder Montagedecken.

Die Steifigkeit der Querwandbauten in Längsrichtung ist jeweils statisch nachzuweisen. Bei Baukörpern mit vielen Zellen und wenig Geschossen kann das Gesamtstehvermögen der zahlreichen Querwände ausreichen, um die horizontalen Lasten parallel zur Längsfront, die von den durchlaufenden Decken übertragen werden, aufzunehmen. Längsaussteifende Wandscheiben sind dann nicht erforderlich.

Reicht das Stehvermögen der Querwände jedoch nicht aus, dann muß man zur Aussteifung des Baukörpers starre Längsscheiben, z. B. Treppenhauswände, heranziehen oder andere massive Längswände anordnen. Sie können, wie folgende Abbildungen zeigen, in der Mitte oder am Ende einer Zelle liegen.

Die Geschoßdecken müssen also auch imstande sein, die auf die Giebelmauer gleichmäßig verteilt angreifenden Windlasten auf die Längsaussteifung abzustützen. Dies ist bei jeder massiven Deckenkonstruktion mit durchgehender 5 cm starker Druckplatte gewährleistet, am wirkungsvollsten und zuverlässigsten aber durch am Ort betonierte durchlaufende Deckenplatten.

Wenn alle horizontal angreifenden Lasten durch längsaussteifende massive Wandscheiben aufgenommen werden, dann kann die Bemessung der Querwände, soweit sie nicht, wie z. B. Wohnungstrennwände, höheren Anforderungen des Schallschutzes genügen müssen, nur mehr für die lotrechte Belastung erfolgen.

Konstruktion

Die Querwände müssen so ausgeführt werden, daß sie alle auftretenden lotrechten Lasten aufnehmen können. An den Querwandköpfen erhöhen sich diese Lasten aus Decken und Dachkonstruktion um das Gewicht der Außenlängswände, so daß man die Querwandköpfe häufig tragfähiger ausbilden muß. Hierzu kann bei Mauerwerk u. U. schon die Verwendung druckfesterer Steine genügen. Die Knicksicherheit der Querwandköpfe wird in gemauerten Querwänden durch aussteifende Außenwandscheiben und in betonierten Querwänden durch Stahleinlagen verbessert.

Für höhere Bauten eignet sich am besten Stahlbeton (DIN 1045), dessen Druckfestigkeiten durch Herstellung verschiedener Betongüten variabel sind, wobei die stark beanspruchten Stellen, wie die Querwandköpfe, höher bewehrt werden können.

In der Bemessung der Mauerdicken entsprechen die tragenden Querwände den tragenden mittleren Längswänden des Längswandprinzips. Die Anforderungen werden am ehesten von massiv geschütteten oder massiv gemauerten Querwänden in Verbindung mit am Ort betonierten massiven Deckenplatten erfüllt. Bei den durchlaufenden Stahlbetondecken muß die DIN 1045 „Bestimmungen für Ausführung von Bauwerken aus Stahlbeton" berücksichtigt werden. Dehnungsfugen sind in Abständen von 35 bis 40 m erforderlich.

Die Außenlängswände können gemauert, geschüttet, versetzt oder montiert werden, und zwar in einem Arbeitsgang mit den Querwänden und Decken oder erst nach deren Fertigstellung.

Typischer jedoch ist für die Querwandfassade die Ausbildung von Loggien und raumbreiten Fensterwänden. Von massiven Brüstungen abgesehen, werden in der Regel als Fensterwände leichte Holz- oder Metallfachwerkkonstruktionen bevorzugt. Auch eine „vorgehängte" Fassade vor der Vorderkante von Querwänden und Geschoßdecken ist möglich, jedoch bezüglich des Schallschutzes ungünstiger als die Ausfachung zwischen den tragenden Bauteilen.

Wärmeschutz

Der Heizwärmebedarf von wärmetechnisch einwandfrei ausgeführten Querwandtypen wird im allgemeinen niedriger sein als von gleichgroßen Längswandtypen.

Der Querwandtyp erlaubt es, schmale und tiefe Wohneinheiten zu bauen, wodurch die Abkühlungsflächen klein bleiben und ein sparsames Heizen ermöglicht wird.

Die leichten Außenlängswände kann man unter Verwendung von Dämmstoffen ohne Schwierigkeiten so ausführen, daß sie die Forderungen der DIN 4108 „Wärmeschutz im Hochbau" übertreffen.

Die schweren Querwände im Gebäudeinnern stellen einen Wärmespeicher dar, der nach dem Abstellen der Heizung nur langsam abkühlt. Werden die Querwände und Decken nach außen durchgeführt, dann erfordert die Ausbildung der Stöße zwischen Außenlängswand und Querwänden bzw. Decken besondere Sorgfalt. Der im Winter vom beheizten Raum nach außen gerichtete Wärmestrom stößt in den Außenlängswänden auf einen größeren Widerstand als in den Querwänden und Decken, die aus schlechter wärmedämmenden Baustoffen bestehen. Infolgedessen ergeben sich auf Querwandkopf, Deckenstirn und teils auch auf der Außenlängswand in der Nähe des Wandstoßes niedrigere Temperaturen als auf den übrigen Teilen der Wandoberflächen. Liegt die Oberflächentemperatur der Querwände und Decken unterhalb des Taupunktes der Raumluft, so schlägt sich an diesen Stellen Tauwasser nieder.

Um diese Gefahr zu beheben, muß in Querwandkopf und Deckenstirn das Abfließen der Wärme nach außen durch Dämmplatten so weit wie möglich verhindert werden.

Schallschutz

Die tragenden Querwände ergeben bei hohen Wandgewichten eine gute Luftschalldämmung.

Die durchlaufenden Decken begünstigen wohl die Schallübertragung; Messungen haben jedoch gezeigt, daß bei vorzugsweiser Verwendung schwerer Decken (Stahlbetonplattendecken) und zweischaliger Decken (Stahlbetonrippendecken mit angehängter Putzschale) und schalltechnisch richtig aufgebauten Gehschichten die Schalldämmung bei Querwandbauten im allgemeinen der von Längswandbauten entspricht.

Für die Anordnung geräuschaussendender Installationsleitungen gelten sinngemäß die gleichen Grundsätze wie für Längswandbauten. Solche Leitungen liegen am besten frei ab von wohnungstrennenden Querwänden im Kern der Wirtschaftszone. Andernfalls sollen wenigstens beiderseits der Wohnungstrennwände gleichartige Wirtschaftsräume liegen.

Massivbauten mit tragenden Längs- und Querwänden

Das Baugefüge mit tragenden Längs- und Querwänden erlaubt die Anwendung kreuzweise bewehrter Stahlbetonplatten und Stahlbetonrippendecken. Diese Decken erfordern eine allseitige Auflagerung und setzen deshalb quadratische oder wenigstens annähernd quadratische Raumgrundrisse voraus. Gegenüber den im Längswand- und im Querwandprinzip üblichen Decken mit der Hauptbewehrung in einer Richtung, stellt die kreuzweise bewehrte Decke die wirtschaftlichste Rohdecke dar. Gleichzeitig ermöglicht diese Deckenbauart im Verband mit den tragenden Längs- und Querwänden den höchsten Grad der räumlichen Aussteifung des Hohlprismengefüges unserer Bauten. Die Deckenlasten verteilen sich gleichmäßig über Außen- und Innenwände, wodurch sich auch eine gleichmäßigere Pressung des Baugrundes ergibt als bei Längswand- oder Querwandbauten.

Alle diese Merkmale zeigen, daß man es hier mit einem hoch belastbaren und äußerst wirtschaftlichen Baugefüge zu tun hat. Es ist überall vorteilhaft anzuwenden, wo:

- beispielsweise ein Längswandbau aus statischen Gründen dickere Außenwände erfordern würde, als es wärmetechnisch nötig wäre;
- bei hohen Gebäuden die größeren Windlasten ohnehin schon eine bessere Aussteifung durch dickere Querwände fordern;
- bei Plattenfundamenten eine gleichmäßigere Lastverteilung zu wirtschaftlicheren Plattenabmessungen führt;
- eine größere Knicksicherheit (Beulsicherheit) relativ dünner Wände erreicht werden soll;
- trotz großer Geschoßzahl in allen Geschossen gleich dicke Wände erwünscht sind.

Hierzu siehe auch den Abschnitt „Hochhausbau".

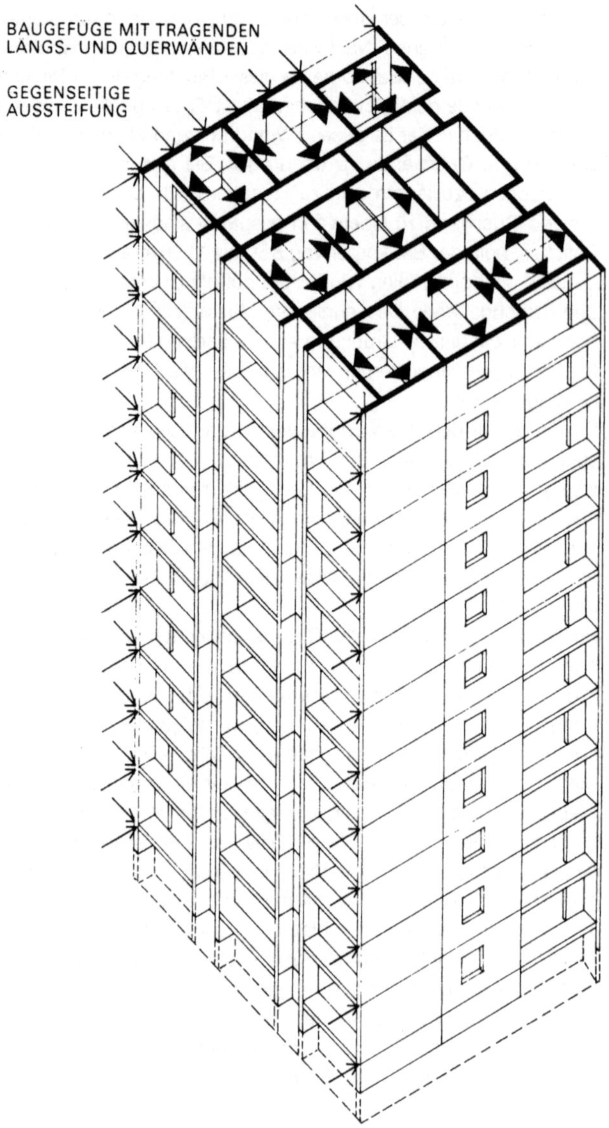

Mauerwerksbau

Der Einfluß der Baustoffe und Herstellungsweisen auf das konstruktive Gefüge wird im folgenden für den Mauerwerksbau, anschließend für den Betonbau und die Montagebauweisen getrennt behandelt. Für die Bemessung und Ausführung von Mauerwerk aus künstlichen und natürlichen Steinen gilt DIN 1053 Teil 1, für Mauerwerk nach Eignungsprüfung (geprüfte Stein-Mörtelkombination) gilt Teil 2.
Aus Teil 2 ergeben sich durch bessere Ausnutzung der Tragreserven des Mauerwerks geringere Wandstärken und größere Freiheiten in der Grundrißgestaltung. Aus DIN 1053 folgen hier die wesentlichen Abschnitte mit einigen ergänzenden Abbildungen und Texten.

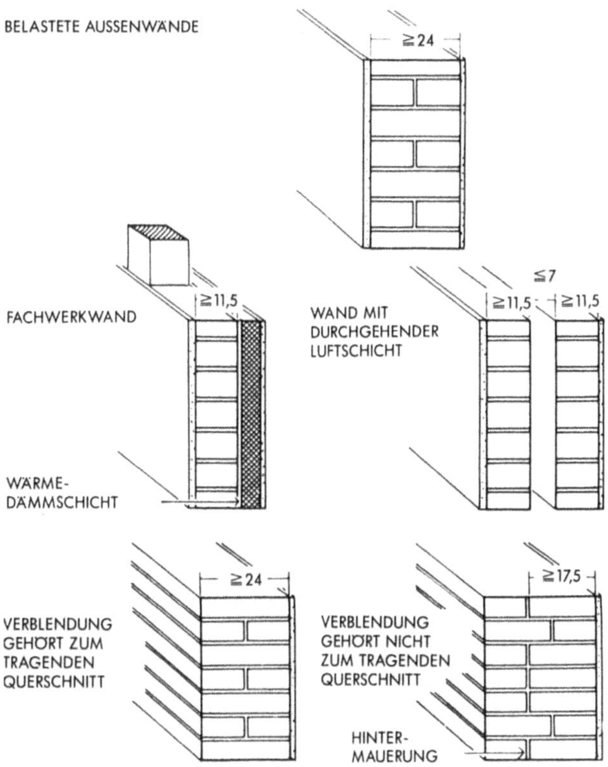

Bautechnische Unterlagen

2.1 Art der bautechnischen Unterlagen
Als bautechnische Unterlagen gelten die wesentlichen Zeichnungen, die statische Berechnung und eine Baubeschreibung sowie etwaige Zulassungs- und Prüfbescheide.

2.2 Zeichnungen
Die Zeichnungen für die Ausführung der baulichen Anlage bzw. Bauteile müssen alle erforderlichen Angaben und Maße enthalten, dabei sind auch anzugeben:
a) Wandaufbau
b) Art, Rohdichte und Druckfestigkeit der zu verwendenden Steine
c) Mörtelgruppe
d) Ringanker
e) Aussparungen und Schlitze
f) gegebenenfalls Verankerung der Wände
g) gegebenenfalls Bewehrung des Mauerwerks
h) gegebenenfalls verschiebliche Auflagerungen.

2.3 Statische Berechnung
Die Standsicherheit der baulichen Anlage und die ausreichende Bemessung ihrer Bauteile sind in der statischen Berechnung übersichtlich und leicht prüfbar nachzuweisen, soweit es erforderlich ist oder in dieser Norm verlangt wird.

2.4 Baubeschreibung
Angaben, die für die Bauausführung oder für die Prüfung der Zeichnungen oder der statischen Berechnung notwendig sind, die aber aus den Unterlagen nach den Abschnitten 2.2 und 2.3 nicht ersichtlich sind, müssen in der Baubeschreibung erläutert sein.

Standsicherheit der Bauwerke und Bauteile

3.1 Allgemeines
Die Standsicherheit gemauerter Bauwerke und Bauteile muß durch aussteifende Wände und Decken oder durch andere Maßnahmen ausreichend gesichert sein.
Als ausreichend aussteifende Decken können nur Decken mit Scheibenwirkung angesehen werden.

3.2 Wandarten, Wanddicken
3.2.1 Allgemeines
Die statisch erforderliche Wanddicke ist nachzuweisen. Hierauf darf verzichtet werden, wenn die gewählte Wanddicke offensichtlich ausreicht. Die in den folgenden Abschnitten festgelegten Mindestwanddicken sind einzuhalten.
Bei der Wahl der Wanddicken sind auch die Funktionen der Wände hinsichtlich des Wärme-, Schall-, Brand- und Feuchtigkeitsschutzes zu beachten. Bei Außenwänden aus nicht frostbeständigen Steinen ist ein Außenputz nach DIN 18550 anzubringen oder ein anderer Wetterschutz vorzusehen.

Tragende Wände

3.2.2.1 Begriff

Tragende Wände sind überwiegend auf Druck beanspruchte, scheibenartige Bauteile zur Aufnahme lotrechter Lasten, z. B. Deckenlasten, sowie waagerechter Lasten, z. B. Windlasten.

Tabelle 2 Bedingungen für die Anwendung von tragenden Innenwänden mit Dicken < 24 cm

DIN 1053 T. 1, Tabelle 2				DIN 1053 Teil 2
1	Wanddicke in cm	17,5	11,5	aus statischen Anforderungen keine Einschränkungen
2	Geschoßhöhe in m	≤ 3,25		
3	Verkehrslast in kp/m^2 (kN/m^2) einschließlich Zuschlag für leichte Trennwände	≤ 275 (2,75)		
4	Anzahl der Vollgeschosse von oben	≤ 4 [1] [2]	≤ 2 [2]	
5	Nur zulässig als Zwischenauflager durchlaufender Decken mit lichten Weiten ≤ 4,50 m, wobei bei zweiachsig gespannten Decken die kleinere lichte Weite maßgebend ist [3]. Zwischen den aussteifenden Querwänden ist nur je eine Öffnung mit einer Breite ≤ 1,25 m zulässig.			Mindestdicke d = 11,5 cm
	1) Einschließlich etwaiger Geschosse mit 11,5 cm dicken Wänden. 2) Werden zweiachsig gespannte, in beiden Achsrichtungen durchlaufende Decken ausgeführt, so dürfen die Werte für die Achsrichtung, für die sich die kleinere Belastung der Wände aus den Decken ergibt, um 2 erhöht werden. 3) Mittig eingeleitete Einzellasten aus der Dachkonstruktion sind zulässig, wenn die Einleitung der Lasten in die Wände nachgewiesen wird. Diese Einzellasten dürfen bei 11,5 cm dicken Wänden nicht größer als 30 kN, bei 17,5 cm dicken Wänden nicht größer als 50 kN sein.			Einhaltung der zulässigen Spannungen

Tabelle 3 Dicken und Abstände aussteifender Wände

nach DIN 1053 Teil 1, Tabelle 3						n. DIN 1053 Teil 2
Dicke der auszusteifenden tragenden Wand cm		Geschoßhöhe m	Aussteifende Wand im 1.–4. Vollgeschoß von oben Dicke cm	im 5. und 6. Vollgeschoß von oben Dicke cm	Abstand m	
≥ 11,5	< 17,5	≤ 3,25	≥ 11,5	≥ 17,5	≤ 4,50	Mindestdicke 11,5 cm oder d/3 der auszusteifenden Wand
≥ 17,5	< 24				≤ 6,00	
≥ 24	< 30	≤ 3,50			≤ 8,00	
≥ 30		≤ 5,00				
Bei mehr als 6 Vollgeschossen darf nicht mit Ersatzschlankheiten gerechnet werden, d.h. Wände sind als 2-seitig gehaltene Wände zu bemessen.						

3.2.2.2 Tragende Außenwände

Die Mindestdicke einschaliger tragender Außenwände beträgt 24 cm. Abweichungen sind zulässig bei eingeschossigen Bauten, die nicht zum dauernden Aufenthalt von Menschen dienen.
Wegen der Mindestdicken bei Vorsatzwänden ohne und mit durchgehenden Luftschichten siehe DIN 1053 Abschnitt 5.2.
Die Mindestbreite von Pfeilern beträgt ohne Anschläge 24 cm. Bei Verwendung von Hohlblocksteinen nach DIN18151 und DIN 18153 muß die Pfeilerbreite mindestens 36,5 cm betragen und im Querschnitt aus einem Stein bestehen.

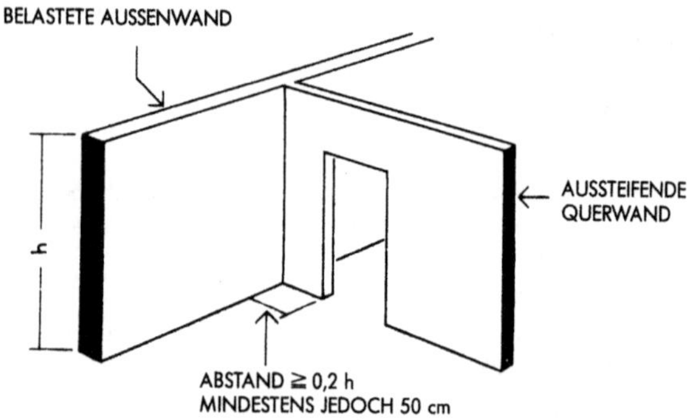

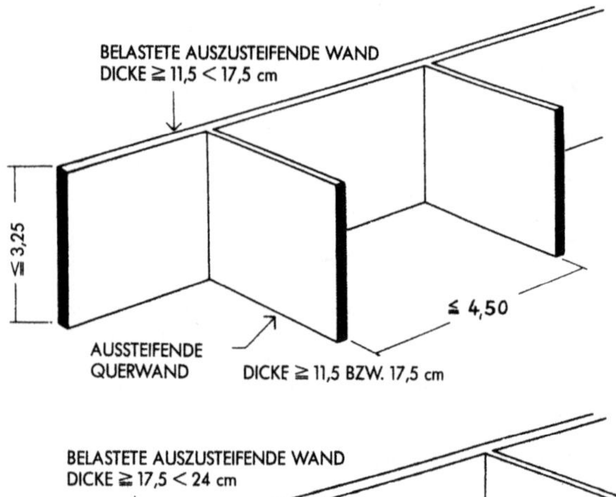

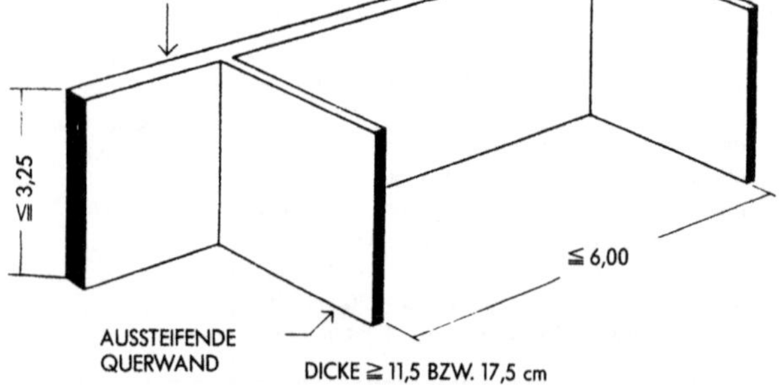

3.2.2.3 Tragende Innenwände

Tragende Innenwände mit Dicken < 24 cm müssen Tabelle 2 entsprechen. Über die Mindestbreite von Pfeilern siehe Abschnitt 3.2.2.2, Absatz 3.

Aussteifende Wände

Aussteifende Wände sind scheibenartige Bauteile zur Knickaussteifung tragender Wände. Als aussteifende Wände können auch tragende Wände verwendet werden.
Aussteifende Wände müssen mindestens eine Länge von 1/5 der Höhe haben. Aussteifende Wände müssen Tabelle 3 entsprechen. Wenn sie mehr als ihr Eigengewicht aus einem Geschoß zu tragen haben, sind sie als tragende Wände zu bemessen.

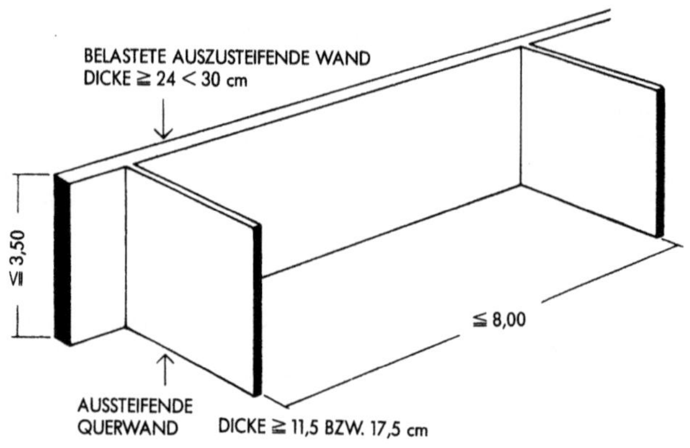

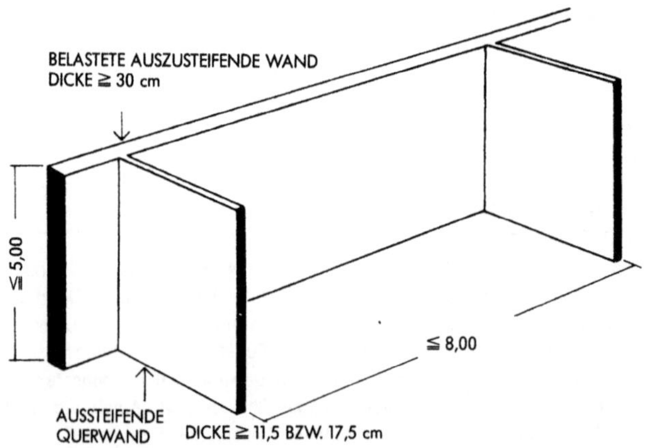

3.3 Aussteifung tragender Wände

3.3.1 Aussteifende Bauteile

Tragende Wände gelten als ausgesteift, wenn sie rechtwinklig zur Wandebene durch aussteifende Wände und Decken unverschieblich gehalten werden.

Ist die aussteifende Wand oder sind die in einer Flucht liegenden aussteifenden Wände durch Öffnungen unterbrochen, muß die Länge des im Bereich der auszusteifenden Wand verbleibenden Teiles mindestens $^1/_5$ der lichten Höhe der Öffnungen betragen.

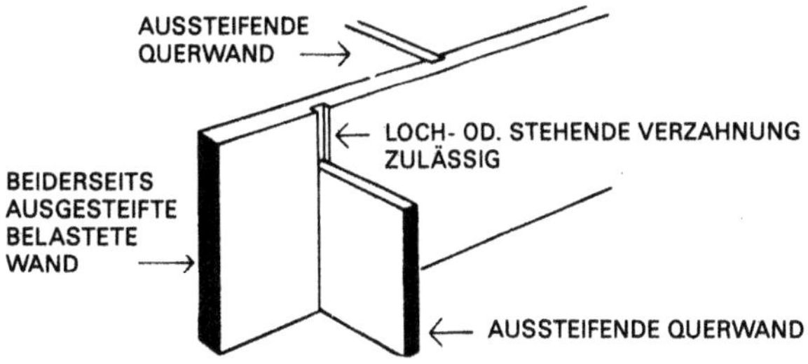

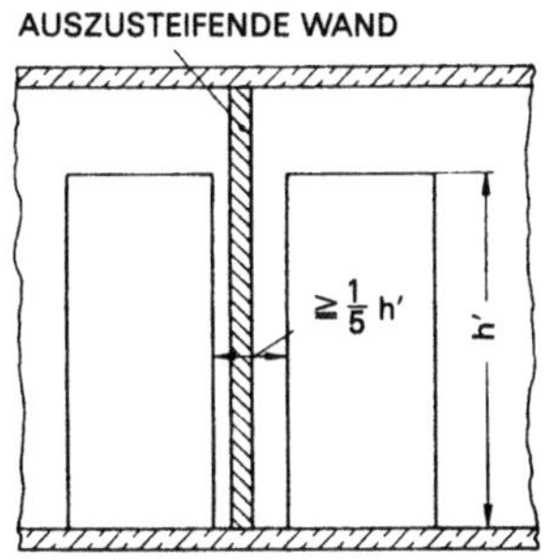

Mindestbreite der aussteifenden Wand

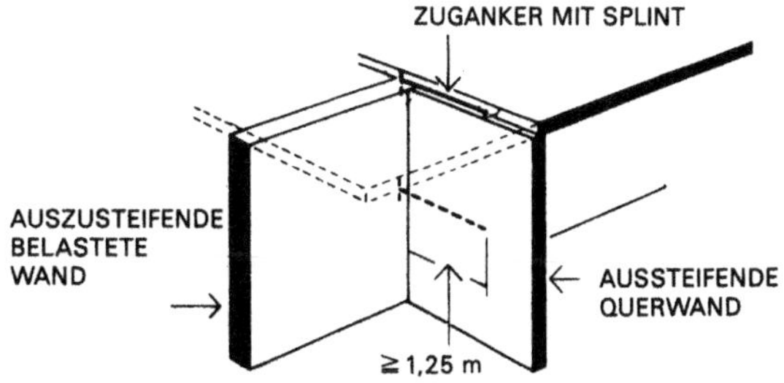

Werden Decken ohne Scheibenwirkung verwendet oder werden aus Gründen der Formänderung der Dachdecke Gleitschichten unter den Deckenauflagern angeordnet, so ist die horizontale Aussteifung der Wände durch Ringbalken oder statisch gleichwertige Maßnahmen sicherzustellen. Die Ringbalken und ihre Anschlüsse an die aussteifenden Wände sind für eine horizontale Belastung von $^1/_{100}$ der senkrechten Belastung der Wände und gegebenenfalls aus Wind zu bemessen. Bei der Bemessung von Ringbalken unter Gleitschichten sind außerdem Zugkräfte zu berücksichtigen, die den verbleibenden Reibungskräften entsprechen.

3.3.2 Verbindung zwischen tragenden und aussteifenden Wänden

Die aussteifenden Wände sollen mit den auszusteifenden tragenden Wänden gleichzeitig hochgeführt und mit ihnen im Verband gemauert werden. Liegende Verzahnung (Abtreppung) gilt als gleichzeitiges Hochführen.

Ist das gleichzeitige Hochführen der tragenden und der aussteifenden Wände besonders schwierig, so sind statisch gleichwertige Maßnahmen zu treffen. Werden tragende Wände von beiden Seiten durch in einer Flucht liegende oder höchstens um die 6fache Dicke der tragenden Wand gegeneinander versetzte Wände gehalten, so erübrigen sich solche Maßnahmen.

Bei Gebäuden mit mehr als 6 Vollgeschossen sind die aussteifenden und auszusteifenden Wände immer gleichzeitig im Verband hochzuführen.

Nichttragende Wände

3.2.4.1 Begriff

Nichttragende Wände sind scheibenartige Bauteile, die überwiegend nur durch ihr Eigengewicht beansprucht werden und auch nicht der Knickaussteifung tragender Wände dienen. Sie müssen aber auf ihre Fläche wirkende Windlasten auf tragende Bauteile, z. B. Wand- oder Deckenscheiben, abtragen.

3.2.4.2 Nichttragende Außenwände

Bei Ausfachungswänden von Fachwerk-, Skelett- und Schottensystemen darf auf einen statischen Nachweis verzichtet werden, wenn

a) die Wände vierseitig gehalten sind (z. B. durch Verzahnung, Versatz oder Anker),

b) die Bedingungen der Tabelle 4 erfüllt sind,

c) Mörtel der Mörtelgruppen IIa oder III verwendet werden.

3.2.4.3 Nichttragende Innenwände

Für nichttragende Innenwände, die nicht durch auf ihre Fläche wirkende Windlasten beansprucht werden, siehe DIN 4103 Leichte Trennwände; Richtlinien für die Ausführung.

Tabelle 4 Zulässige Größtwerte der Ausfachungsfläche von nichttragenden Außenwänden ohne rechnerischen Nachweis

	1	2	3	4	5	6	7
	Wanddicke	Zulässiger Größtwert der Ausfachungsfläche bei einer Höhe über Gelände von					
		0 bis 8 m		8 bis 20 m		20 bis 100 m	
		$\epsilon = 1{,}0$	$\epsilon \geqq 2{,}0$	$\epsilon = 1{,}0$	$\epsilon \geqq 2{,}0$	$\epsilon = 1{,}0$	$\epsilon \geqq 2{,}0$
	cm	m^2	m^2	m^2	m^2	m^2	m^2
1	11,5[4)]	12	8	8	5	6	4
2	17,5	20	14	13	9	9	6
3	$\geqq 24$	36	25	23	16	16	12

4) Bei Verwendung von Steinen der Festigkeitsklasse 15 MN/m^2 und höher dürfen die Werte dieser Zeile um $^1/_3$ vergrößert werden.

Hierbei ist ϵ das Verhältnis der größeren zur kleineren Seite der Ausfachungsfläche. Bei Seitenverhältnissen $1{,}0 < \epsilon < 2{,}0$ dürfen die zulässigen Größtwerte der Ausfachungsflächen gradlinig interpoliert werden.

Anschluß der Wände an die Decken und den Dachstuhl

3.3.3.1 Allgemeines

Umfassungswände müssen an die Decken entweder durch Zuganker oder durch Reibung angeschlossen werden.

3.3.3.2 Anschluß durch Zuganker

Die Zuganker (bei Holzbalkendecken Anker mit Splinten) sind in vollen Wänden oder unter Fensterpfeilern anzubringen. Der Abstand soll im allgemeinen 2 m, darf jedoch im Ausnahmefall 4 m nicht überschreiten. Bei Wänden, die parallel zur Deckenspannrichtung verlaufen, müssen die Maueranker mindestens einen 1 m breiten Deckenstreifen und mindestens zwei Deckenrippen oder zwei Balken, bei Holzbalkendecken drei Balken, erfassen oder in Querrippen eingreifen.
Werden mit den Umfassungswänden verankerte Balken einer Innenwand gestoßen, so sind sie hier zugfest miteinander zu verbinden.
Giebelwände im Dachgeschoß müssen mit dem Dachstuhl durch Anker mit Splinten zugfest verbunden werden, wenn sie nicht durch Querwände oder Pfeilervorlagen ausreichend ausgesteift sind.

3.3.3.3 Anschluß durch Haftung und Reibung

Bei bewehrten Massivdecken sind keine besonderen Zuganker erforderlich, wenn die Haupt- bzw. Querbewehrung mindestens bis zur halben Wanddicke an die Außenseite der Außenwände geführt ist und das vorhandene aufgehende Mauerwerk auf der Massivdecke aufliegt.

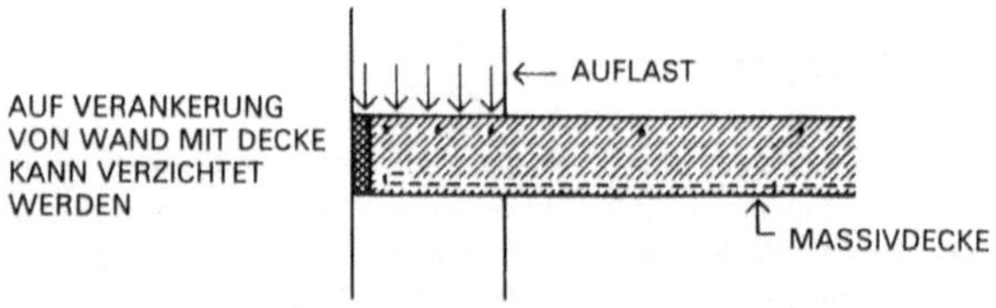

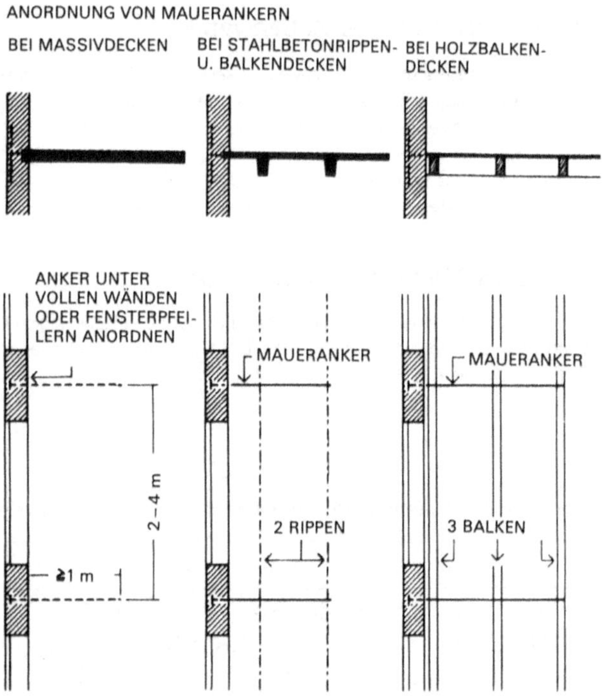

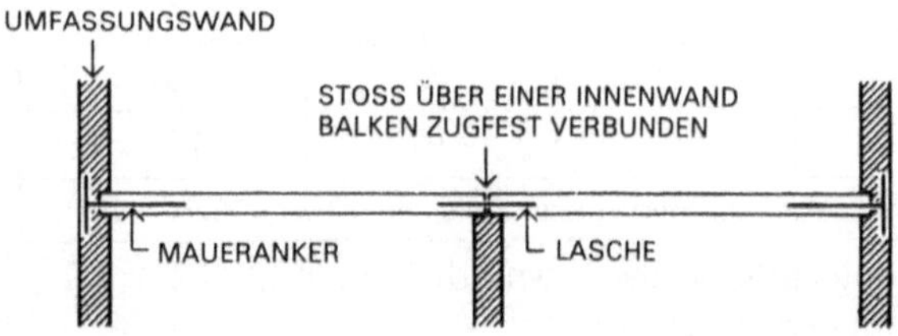

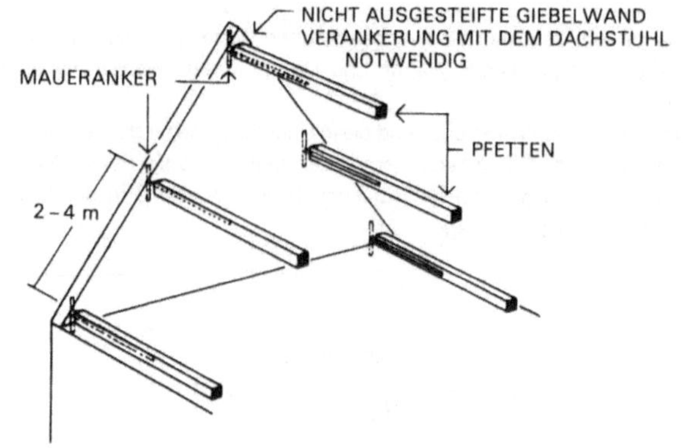

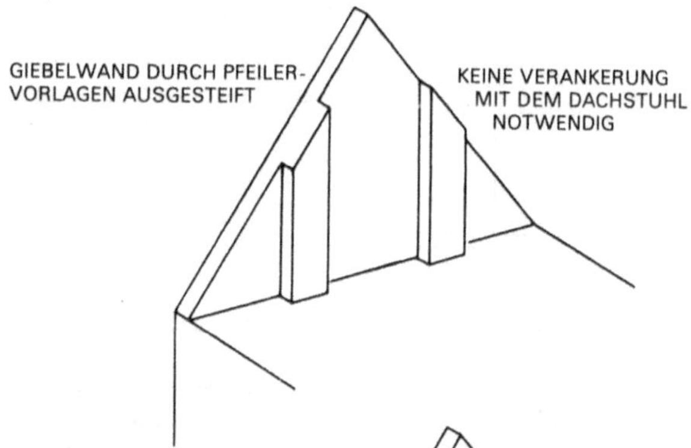

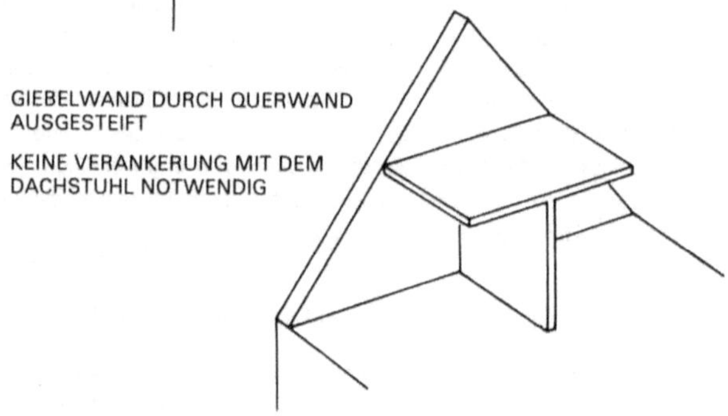

Ringanker

In alle Außenwände und in die Querwände, die als lotrechte Scheiben der Abtragung waagerechter Lasten (z. B. Wind) dienen, sind durchlaufende Ringanker zu legen

a) bei Bauten, die insgesamt mehr als zwei Vollgeschosse haben oder länger als 18 m sind,
b) bei Wänden mit vielen oder besonders großen Öffnungen, besonders dann, wenn die Summe der Öffnungsbreiten 60% der Wandlänge oder bei Fensterbreiten von mehr als 2/3 der Geschoßhöhe 40% der Wandlänge übersteigt,
c) wenn die Baugrundverhältnisse es erfordern.

Die Ringanker sind in jeder Deckenlage oder unmittelbar darunter anzubringen. Sie können mit Massivdecken oder Fensterstürzen aus Stahlbeton vereinigt werden.
In Gebäuden, in denen der Ringanker nicht durchgehend ausgebildet werden kann, ist die Ringankerwirkung auf andere Weise sicherzustellen.
Die Ringanker sind mit zwei durchlaufenden Rundstäben zu bewehren, die unter Gebrauchslast eine Zugkraft von mindestens 30 kN (3 Mp) aufnehmen können (z. B. mindestens zwei Stäbe mit 12 mm Durchmesser aus BSt 220/340). Stöße sind bei Ringankern aus Stahlbeton nach DIN 1045, Ausgabe Januar 1972, Abschnitt 18.4.1, bzw. bei Ringankern aus bewehrtem Mauerwerk nach Abschnitt 5.4.2 auszubilden und möglichst gegeneinander zu versetzen. Auf diese Ringanker dürfen dazu parallel liegende durchlaufende Bewehrungen mit vollem Querschnitt angerechnet werden, wenn sie in Decken oder in Fensterstürzen im Abstand von höchstens 50 cm von der Mittelebene der Wand bzw. der Decke liegen.

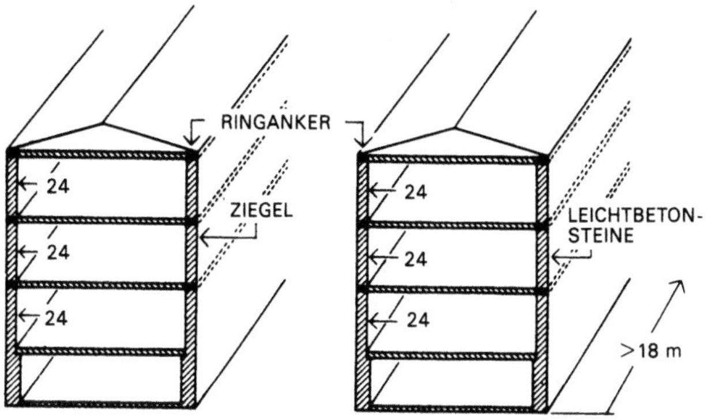

BEI >2 VOLLGESCHOSSEN

BEI >2 VOLLGESCHOSSEN ODER >18 m GEBÄUDELÄNGE

RINGANKER ERFORDERLICH

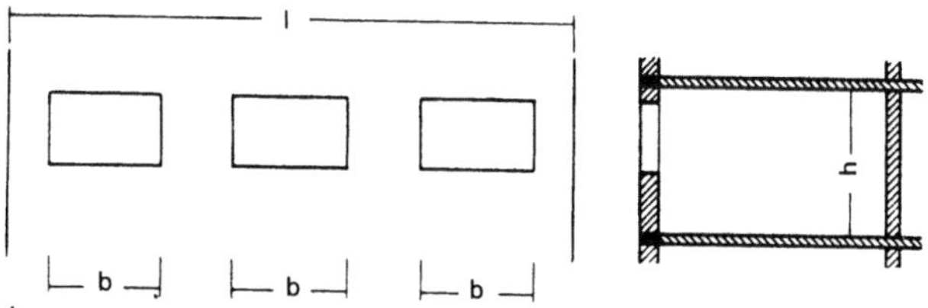

Σb ≧60% VON l RINGANKER ERFORDERLICH

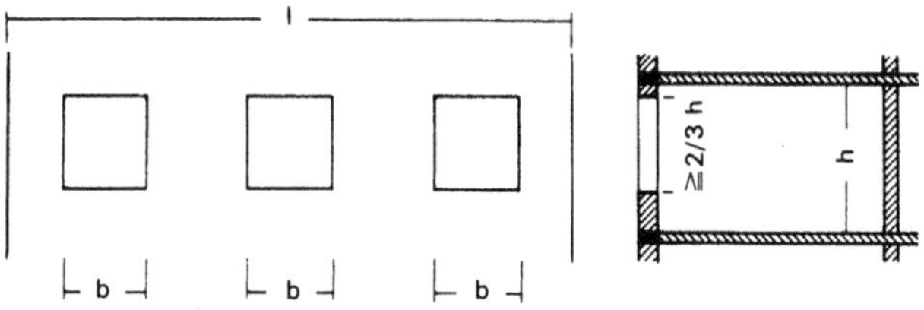

Σb ≧40% VON l UND FENSTERHÖHE ≧2/3 h

RINGANKER ERFORDERLICH

RINGANKER AUS SCHWERBETON IN DECKENHÖHE

UNTER DER DECKE

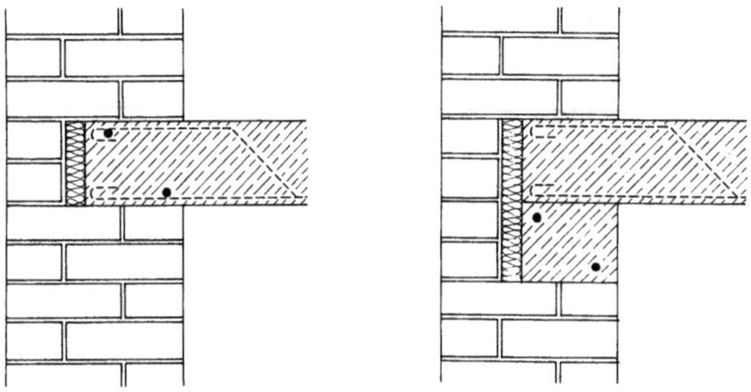

Aussparungen und Schlitze

Sie sind nur dort zulässig, wo die Standfestigkeit des Gebäudes oder Bauteiles nicht beeinträchtigt wird. Die überwiegend benötigten lotrechten Schlitze und Aussparungen liegen meist in dem Bereich, der von den nebenstehenden Tabellen eingegrenzt wird. Sie sind damit ohne statischen Nachweis zulässig. Überschreiten die Querschnitte jedoch die hier genannten Dimensionen, so sind statisch Nachweise zu führen.

In der Werkplanung müssen alle Aussparungen genau festgelegt werden, damit sie mit dem Hochziehen der Wände gleich im Verband mitgemauert werden können. Nachträgliches Stemmen mittels Meißel oder gar Preßlufthammer ist nicht zulässig, da die tragende Struktur der Mauersteine bis tief in die Wand durch Haarrisse zerstört wird. Nachträglich auszuführende Schlitze sind grundsätzlich zu fräsen.

In Schornsteinwangen sind keinerlei Aussparungen zulässig.

Um die Wirkung von aussteifenden Wänden und Mauerscheiben nicht zu beeinträchtigen, müssen gewisse Abstände von den Wandkreuzungspunkten gewahrt werden, d. h., die lotrecht durchgehenden Schlitze sind statisch wie entsprechend hohe Wanddurchbrüche zu behandeln. Zulässige Restwandstärken sind nach DIN 1053 Abschnitt 3.2.3 Tabelle 3 festzulegen.

OHNE NACHWEIS ZULÄSSIGE LOTRECHTE AUSSPARUNGEN UND SCHLITZE IN AUSZUSTEIFENDEN ODER AUSSTEIFENDEN WÄNDEN

Im Verband gemauerte Aussparungen max. Breiten u. Tiefen

gefräste Schlitze max. Breiten u. Tiefen (Maße in cm)

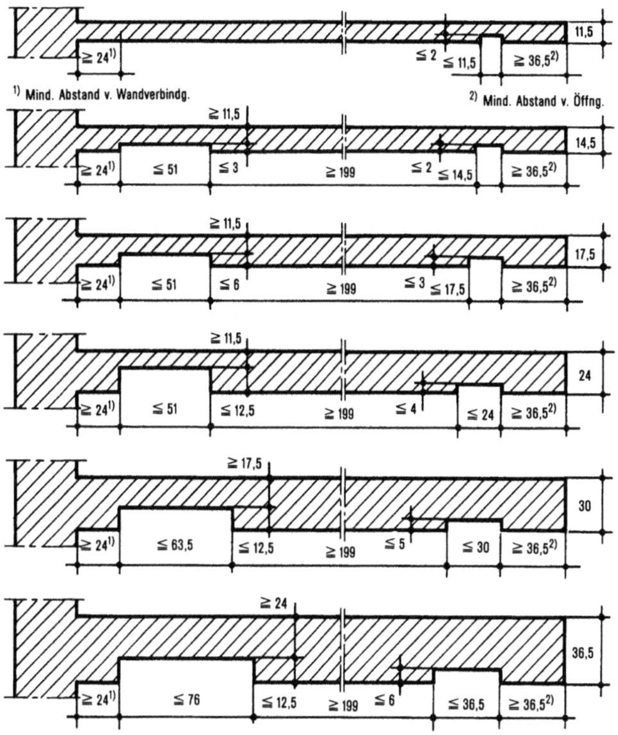

AUS „Merkblatt Vorwandinstallation" 3/83
Zentralverband Sanitär, Heizung, Klima, St. Augustin 1

Waagerechte und schräge Aussparungen sind ohne rechnerischen Nachweis nur unter folgenden Bedingungen erlaubt:

- Wanddicke ≧ 24 cm
- Schlitzhöhe ≦ 6 cm
- Schlitztiefe ≦ 3 cm, bei Zweikammer-Hohlblocksteinen ≦ 1 cm
- Schlitze nur im oberen und unteren Drittel der Wandhöhe
- max. 2 Schlitze in jeder Wand
- gegenseitiger Abstand ≧ 50 cm
- keine Verwendung von Einkammer-Hohlblocksteinen
- bei Mehrkammer-Hohlblocksteinen im Bereich eines Wandhöhendrittels nur Aussparungen auf einer Wandseite.

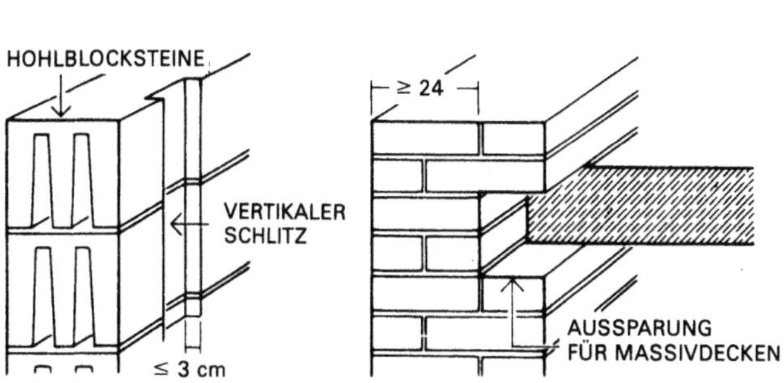

Wie aus den Tabellen ersichtlich, gelten für die zulässigen Aussparungsgrößen nicht nur statische Gesichtspunkte, sondern auch die Anforderungen aus dem Schallschutz (DIN 4109). Es ergibt sich insgesamt eine relativ geringe Anzahl an zulässigen Ausspa-

Allgemeingültige Darstellung
Die Nomogramme der Tafeln gelten für alle handelsüblichen Baustoffe, Stein- und Plattenformate. Die flächenbezogene Masse wurde auf die jeweils akustisch ungünstigste Wandbauart (Mörtelanteil = 0) bezogen.

GEMAUERTE SCHLITZE

ZULÄSSIGE LOTRECHTE AUSSPARUNGSTIEFE NACH DIN 4109 UND DIN 1053 (OHNE STATISCHEN NACHWEIS)

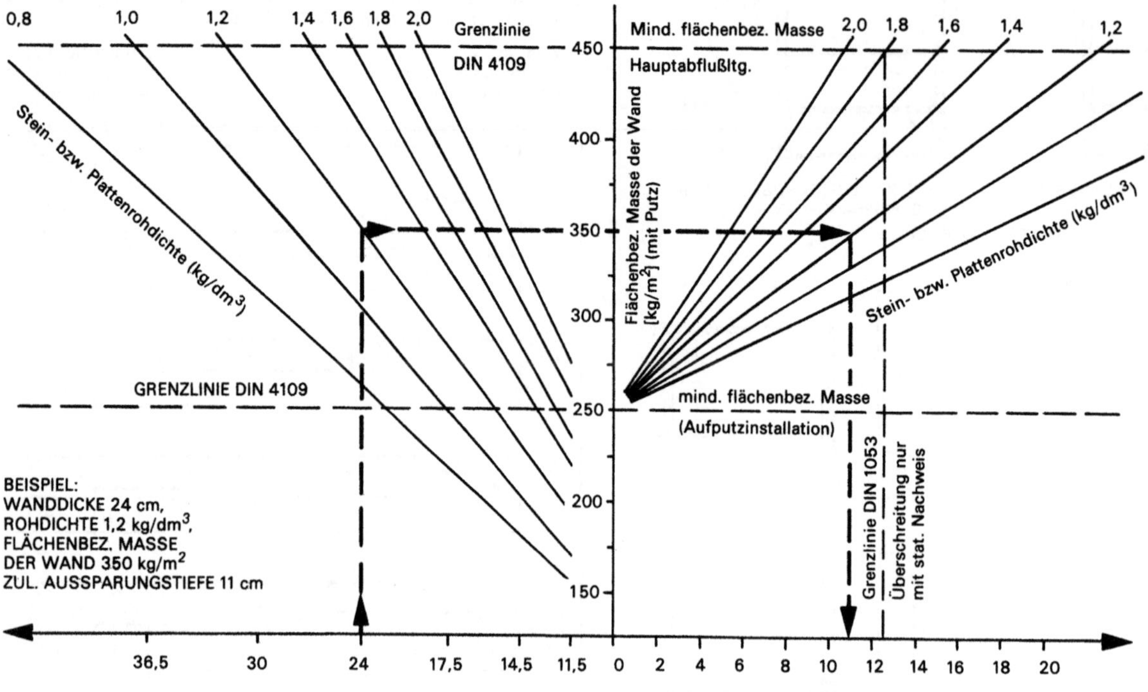

GEFRÄSTE SCHLITZE

ZULÄSSIGE LOTRECHTE SCHLITZTIEFE NACH DIN 4109 und DIN 1053 (OHNE STATISCHEN NACHWEIS)

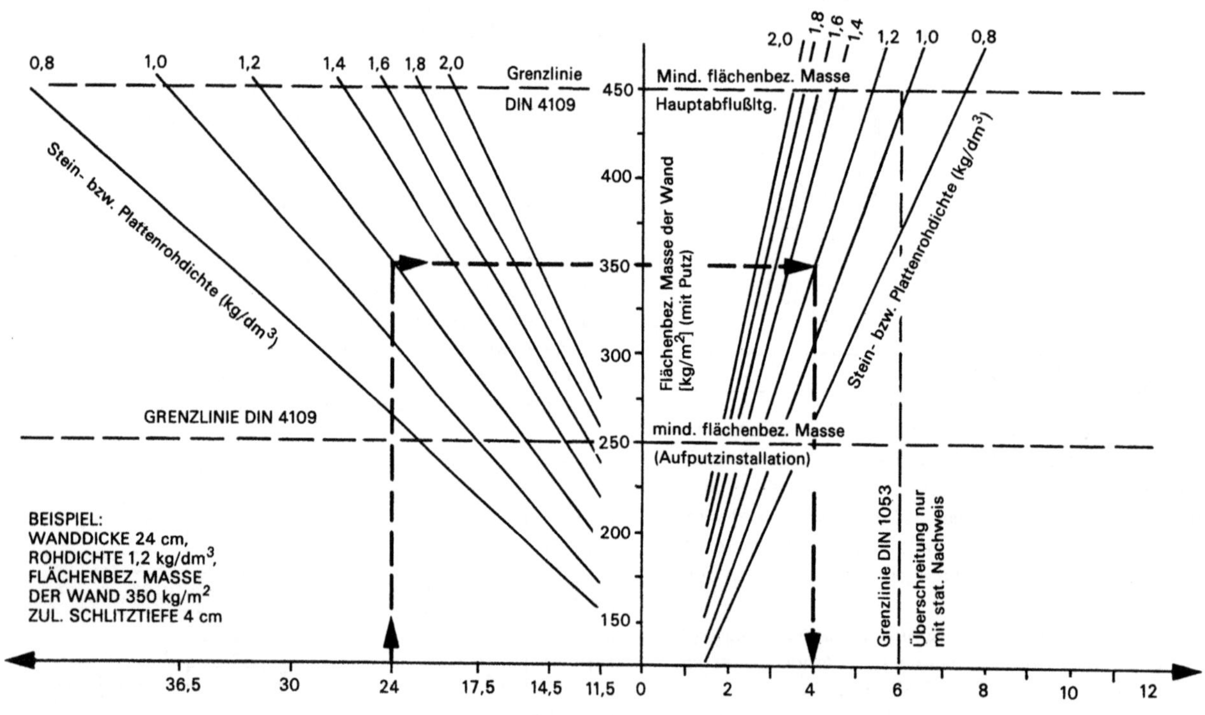

AUS „MERKBLATT VORWANDINSTALLATION" 3/83
ZENTRALVERBAND SANITÄR, HEIZUNG, KLIMA, ST. AUGUSTIN 1

rungsquerschnitten; in der Praxis werden diese Grenzen aus Unkenntnis oft überschritten.
Zusätzliche Empfehlungen für die Anordnung von Schlitzen und Aussparungen:
In Wänden mit Anforderungen aus dem Brandschutz dürfen keine Schwächungen vorhanden sein, die den Brandschutz verringern. Schlitze für Wasserleitungen sollten grundsätzlich nicht in der Außenwand liegen, da die Leitungen trotz sorgfältiger Dämmung in strengen Wintern einfrieren können. Ausnahmen sind hier, z. B. bei 49 cm starkem Ziegelmauerwerk, möglich, da die verbleibende Restwandstärke von 36,5 cm bei Verwendung entsprechender Ziegel noch eine genügende Dämmwirkung aufweist.

7.4.1.2 Auflagermauerwerk unter Decken und Balken

Bei der Ermittlung von Spannungen unter Auflagern von Decken und Balken darf zur Ermittlung der Auflagerpressungen im Bereich der mitwirkenden Auflagerfläche mit gleichmäßiger Spannungsverteilung gerechnet werden. Unter Auflagern von rechtwinklig zur Wand gespannten Balken dürfen die Spannungen im Mauerwerk das 1,5fache der sonst zulässigen Druckspannungen betragen, wenn die Breite des so beanspruchten Streifens höchstens gleich der halben Wanddicke ist.
Für das Auflagermauerwerk unter Balken kann Mauerwerk höherer Steinfestigkeit als im übrigen Mauerwerkskörper erforderlich werden. Für die Ermittlung der erforderlichen Höhe dieses Auflagermauerwerks darf die Lastverteilung unter 60° angenommen werden.
Dies gilt auch, wenn nur eine einseitige Lastverteilung möglich ist, sofern der entstehende Horizontalschub aufgenommen werden kann.

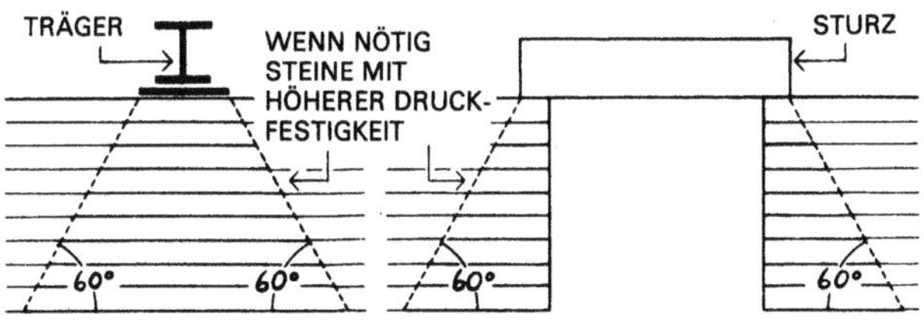

LASTVERTEILUNG UNTER 60°

7.4.2.4 Schlankheit

Als Schlankheit für Mauerwerkskörper mit rechteckigem oder quadratischem Querschnitt wird das Verhältnis *h/d* bezeichnet.
Hierbei bedeutet *h* den Abstand der waagerechten Halterungen.
Bei Mauerwerkskörpern, die an ihrem oberen Ende nicht gegen seitliches Ausweichen gesichert sind, ist *h* die doppelte Höhe des Mauerwerkskörpers.
Bei Tür- und Fensterpfeilern darf bei den in Abschnitt 7.4.2.5 genannten Mauerwerkskörpern die lichte Tür- bzw. Fensterhöhe als *h* angenommen werden, wenn das Sturzmauerwerk und/oder das Brüstungsmauerwerk in voller Wanddicke durchgeführt wird.
Der Wert *d* ist die dem Wert *h* zugeordnete kleinste Querschnittsabmessung des Mauerwerkskörpers; bei zweischaligem Mauerwerk mit oder ohne Luftschicht siehe Abschnitte 5.2.1 a) und 5.2.2 a).

7.4.2.5 Ersatzschlankheit
Für die im folgenden beschriebenen Mauerwerkskörper braucht die Schlankheit nicht nach Abschnitt 7.4.2.4 ermittelt zu werden, wenn die ihnen im folgenden zugeordneten Schlankheiten, Ersatzschlankheiten genannt, verwendet werden:

a) für Wände mit Dicken ≧ 24 cm, die nach Abschnitt 3.3 unter Beachtung von Tabelle 3 ausgesteift sind
Ersatzschlankheit 10;
b) für Innenwände nach Abschnitt 3.2.2.3 mit Dicken von 17,5 und 11,5 cm, die nach Abschnitt 3.3 unter Beachtung von Tabelle 3 ausgesteift sind, und zwar
für 17,5 cm dicke Wände ohne Öffnung bis zu einer Geschoßhöhe von 2,75 Ersatzschlankheit 10,
für alle anderen Wände Ersatzschlankheit 12,

PFEILER UND NICHT AUSGESTEIFTE WÄNDE

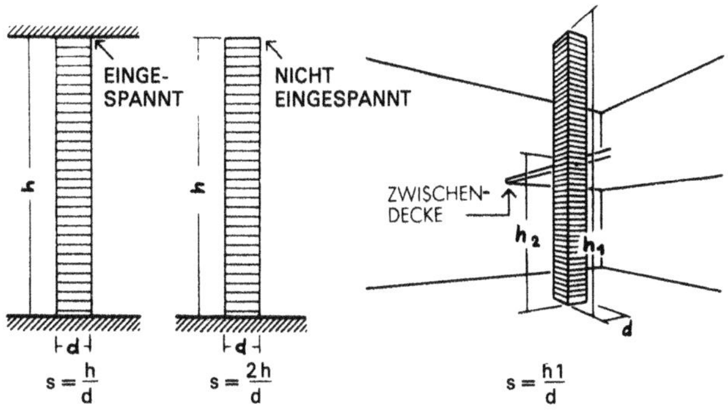

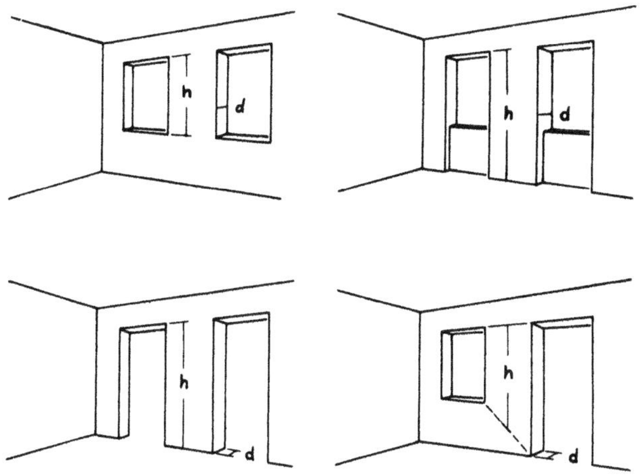

für 17,5 cm dicke Wände ohne Öffnung mit Geschoßhöhen zwischen 2,75 m und 3,25 m darf zwischen den Ersatzschlankheiten 10 und 12 geradlinig interpoliert werden;
c) für Innenschalen zweischaliger Außenwände nach Abschnitt 5.2 mit Dicken von 17,5 und 11,5 cm, die nach Abschnitt 3.3 unter Beachtung von Tabelle 3 ausgesteift sind, und zwar
für 17,5 cm dicke Innenschalen bis zu einer Geschoßhöhe von 2,75 m Ersatzschlankheit 12,
für alle anderen Innenschalen-Ersatzschlankheit 14,
für 17,5 cm dicke Innenschalen mit Geschoßhöhen zwischen 2,75 m und 3,25 m darf zwischen den Ersatzschlankheiten 12 und 14 geradlinig interpoliert werden;
d) für zweischalige Trennwände nach Abschnitt 5.3
Ersatzschlankheit 12.

Die Schlankheiten evtl. vorhandener Tür- und Fensterpfeiler sind gesondert zu berechnen. Mindestens ist jedoch für diese Pfeiler die Ersatzschlankheit der Wand zu berücksichtigen.

Trennfugen

Mit Rücksicht auf Setzungen des Baugrundes und auf das Schwinden der Baustoffe sind in längeren Gebäuden durchgehende Trennfugen anzuordnen. Bei Verwendung von Leichtbetonsteinen soll ihr Abstand 35 m nicht überschreiten.

Sonstige Anforderungen

Wärmeschutz

Wegen der Anforderungen an den Wärmeschutz vgl. DIN 4108. Ergeben sich danach größere Wanddicken als statisch erforderlich, so sind diese maßgebend.

Feuchtigkeitsschutz

Für den Schutz der Bauteile gegen Feuchtigkeit gilt DIN 4117. (Ausführlicher hierüber siehe Kapitel „Feuchtigkeitsschutz")

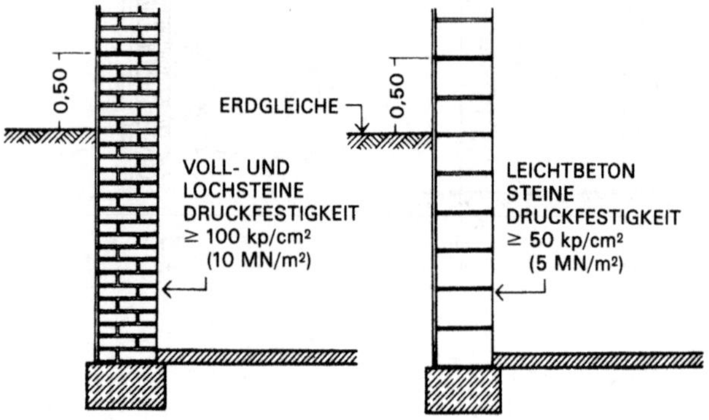

Kellerwände

Für Umfassungswände des Kellergeschosses und des Sockels bis zu 50 cm über Erdgleiche dürfen nur Steine mit Druckfestigkeiten ≧5 MN/m² (50 kp/cm²) verwendet werden. (Siehe auch unter „Kellerwände")

Schallschutz

Für die erforderliche Luftschalldämmung von Wohnungstrennwänden gilt DIN 4109.
Siehe hierzu den Abschnitt „Luftschalldämmung" im Kapitel „Schallschutz".
Allgemein gelten Wände mit einem Flächengewicht von wenigstens 450 kg/m² als ausreichend.
Beiderseits verputzte, 24 cm dicke, vollfugig gemauerte Wände aus Vollziegeln nach DIN 105, Kalksandsteinen nach DIN 106 und Hüttensteinen nach DIN 398 genügen diesen Bedingungen.

Brandschutz

Für den Schutz der Bauteile gegen die Einwirkung von Feuer gilt DIN 4102.
Ausführliches hierüber und insbesondere über Brandwände ist unter „Brandschutz" ausgesagt. Ausführung und Bemessung von Schornsteinen sind im Kapitel „Schornstein und Heizanlage" eingehend beschrieben.

Brandwände

Als Baustoffe für gemauerte Brandwände dürfen alle Steine nach Abschnitt 1.31 verwendet werden. Die Dicke der Brandwände muß ≧24 cm sein. Schornsteine, Luftleitungen, Nischen und dgl. dürfen in Brandwände nur so weit eingreifen, daß diese noch mindestens 24 cm dick bleiben. Stahlträger und Stahlstützen dürfen in Brandwände nur dann eingeführt werden, wenn sie feuerbeständig ummantelt sind. Waagerechte und schräge Schlitze sind unzulässig, sofern nicht die verbleibende Wanddicke ≧24 cm ist (vgl. Abschnitt 3.5, DIN 4102).

Hausschornsteine

Für Mauerwerk von Hausschornsteinen gilt DIN 18160.

Berechnungsgrundlagen

Zu DIN 1053 Blatt 1, S. 14 sind unter 7. die Berechnungsgrundlagen aufgeführt. Sie betreffen:

7.1 Lastannahmen
7.2 Temperatureinflüsse
7.3 Verformungskenngrößen
7.4 Zulässige Beanspruchung von Bauteilen aus künstlichen Steinen
7.5 Zulässige Beanspruchung von Bauteilen aus natürlichen Steinen

Tabelle 10 Grundwerte der zulässigen Druckspannungen (zul. σ_D) in MN/m² von Mauerwerk aus künstlichen Steinen

Steinfestigkeitsklasse (MN/m²)	Mörtelgruppe I	II	IIa	III
2	0,3	0,5	0,6	0,6
4	0,4	0,7	0,8	1,0
6 und 8	0,6	0,9	1,0	1,2
12	0,8	1,2	1,4	1,6
20	1,0	1,6	1,9	2,2
28	–	2,2	2,5	3,0

Für den Architekten sind vor allem wichtig die zulässigen Druckspannungen. In Tabellen 10 und 11 werden sie in Abhängigkeit von folgenden Faktoren angegeben:

a) Steinfestigkeitsklasse
b) Mörtelgruppe
c) Schlankheit bzw. Ersatzschlankheit

In Tabellen 13 und 14 sind die Grundwerte der zulässigen Druckspannungen von folgenden Faktoren abhängig:

a) Mauerwerksart
b) Gesteinsart
c) Mörtelgruppe
d) Schlankheit bzw. Ersatzschlankheit

DIN 1053 schöpft die heutigen statischen und technologischen Möglichkeiten des Mauerwerkbaues aus. Die Verminderung der Wandmassen und damit der Wandgewichte bringt für die Bauten folgende Konsequenzen gegenüber den alten traditionellen Bauweisen.

Vorteile:

1. geringerer Materialverbrauch
2. geringerer Arbeitsaufwand und rascherer Arbeitsfortschritt
3. weniger Bauwasserverbrauch und damit raschere Austrocknung
4. Vergrößerung der Nutzfläche durch verringerte Wandstärken

Nachteile:

1. größere Empfindlichkeit der leichteren Bauten gegen Erschütterungen
2. geringere Wärmespeicherfähigkeit
3. schlechtere Schalldämmung

Tabelle 11 Zul. σ_D in MN/m² von Mauerwerk aus künstlichen Steinen

Schlankheit bzw. Ersatzschlankheit	Grundwerte der zulässigen Druckspannungen nach Tafel 10 in MN/m²														
	0,3	0,4	0,5	0,6	0,7	0,8	0,9	1,0	1,2	1,4	1,6	1,9	2,2	2,5	3,0
10	0,3	0,4	0,5	0,6	0,7	0,8	0,9	1,0	1,2	1,4	1,6	1,9	2,2	2,5	3,0
12			0,3	0,4	0,5	0,6	0,6	0,7	0,8	1,0	1,1	1,3	1,5	1,7	2,0
14				0,3	0,3	0,4	0,4	0,5	0,6	0,7	0,8	0,9	1,0	1,1	1,4
16	Bei Schlankheiten > 14 ist nur mittige Belastung zulässig.					0,3	0,3	0,3	0,4	0,5	0,6	0,6	0,7	0,8	1,0
18									0,3	0,3	0,4	0,4	0,5	0,5	0,7
20													0,3	0,3	0,5

Tabelle 12 Mindestdruckfestigkeiten der Gesteinsarten in MN/m²

Gruppe	Gesteinsarten	MN/m²
A	Kalksteine, Travertin, vulkanische Tuffsteine	20
B	Weiche Sandsteine (mit tonigem Bindemittel) u.dgl.	30
C	Dichte (feste) Kalksteine und Dolomite (einschl. Marmar), Basaltlave u.dgl.	50
D	Quarzitische Sandsteine (mit kieseligem Bindemittel), Grauwacke u.dgl.	80
E	Granit, Syenit, Diorit, Quarzporphyr, Melaphyr, Diabas u.dgl.	120

Tabelle 13 Grundwerte zul. σ_D in MN/m² von Mauerwerk aus natürlichen Steinen

Mauerwerksart		Bruchsteinmauerwerk			Hammerrechtes Schichtenmauerwerk			Unregelmäßiges und regelmäßiges Schichtenmauerwerk			Quadermauerwerk		
Mörtelgruppe		I	II/IIa	III	I	II/IIa	III	I	II/IIa	III	I	II/IIa	III
Gesteinsart nach Tafel 12	A	0,2	0,2	0,3	0,3	0,5	0,6	0,4	0,7	1,0	0,8	1,2	1,6
	B	0,2	0,3	0,5	0,4	0,7	1,0	0,6	0,9	1,2	1,0	1,6	2,2
	C	0,3	0,5	0,6	0,6	0,9	1,2	0,8	1,2	1,6	1,6	2,2	3,0
	D	0,4	0,7	1,0	0,8	1,2	1,6	1,0	1,6	2,2	2,2	3,0	4,0
	E	0,6	0,9	1,2	1,0	1,6	2,2	1,6	2,2	3,0	3,0	4,0	5,0

Tabelle 14 Zul. σ_D in MN/m² von Mauerwerk aus natürlichen Steinen

Schlankheit bzw. Ersatzschlankheit	Grundwerte der zulässigen Druckspannungen nach Tafel 13 in MN/m²							
	0,8	1,0	1,2	1,6	2,2	3,0	4,0	5,0
10[1]	0,8	1,0	1,2	1,6	2,2	3,0	4,0	5,0
12	0,6	0,7	0,8	1,1	1,5	2,2	3,0	4,0
14[1]	0,4	0,5	0,6	0,8	1,0	1,4	2,2	3,0
16	0,3	0,3	0,4	0,6	0,7	1,0	1,4	2,2
18			0,3	0,4	0,5	0,7	1,0	1,4
20					0,3	0,5	0,7	1,0

[1] Bei Schlankheiten > 10 ist nur Quadermauerwerk, bei Schlankheiten > 14 ist nur mittige Belastung und die Ausführung als Quadermauerwerk ohne Stoßfugen zulässig.

Beton als Baustoff, Betonwände und -decken haben sich im Geschoßbau und hier besonders im Wohnungsbau bei größeren Bauvorhaben immer mehr durchgesetzt. Dabei hat die sogenannte Mischbauweise die Vollmontagebauweise überholt.
Unter Mischbauweise versteht man die örtliche Herstellung der tragenden Teile, also der Wände und Decken, unter der zusätzlichen Verwendung vorgefertigter Teile, wie z. B. Treppen, Balkone, vorgehängte Fassaden etc. Dieser Erfolg der Mischbauweisen ist auf die Entwicklung der Schaltechnik, speziell der Großtafelschalungen und Raumschalungen zurückzuführen. Die Schaltechnik, welche auch mit dem Baugefüge in nicht unwesentlicher Wechselbeziehung steht, wird im folgenden noch ausführlicher zu behandeln sein.
Zunächst gilt es jedoch für Bemessung und bauliche Durchbildung tragender aussteifender Bauteile aus Beton und Stahlbeton DIN 1045 und aus Leichtbeton DIN 4232 zu berücksichtigen. Es folgen hier die für das Baugefüge wesentlichen Abschnitte beider Normen, soweit sie nicht bereits den Kapiteln „Wände bzw. Decken" zugeordnet wurden.
Das Gefüge des Wandbaues bzw. die Betonbauweisen schließen ab mit der Behandlung des Montagewandbaues.

Wände aus Beton und Stahlbeton, örtlich hergestellt

Auszug DIN 1045, Abschnitt 25.5

25.5.1 Allgemeine Grundlagen
Wände im Sinne dieses Abschnitts sind überwiegend auf Druck beanspruchte, scheibenartige Bauteile, und zwar

a) tragende Wände zur Aufnahme lotrechter Lasten, z. B. Deckenlasten; auch lotrechte Scheiben zur Abtragung waagerechter Lasten (z. B. Windscheiben) gelten als tragende Wände;
b) aussteifende Wände zur Knickaussteifung tragender Wände, dazu können jedoch auch tragende Wände verwendet werden;
c) nichttragende Wände werden überwiegend nur durch ihr Eigengewicht beansprucht, können aber auch auf ihre Fläche wirkende Windlasten auf tragende Bauteile, z. B. Wand- oder Deckenscheiben, abtragen.

Wände aus Fertigteilen sind in Abschnitt 19, insbesondere in Abschnitt 19.8, geregelt.

25.5.2 Aussteifung tragender Wände
Je nach Anzahl der rechtwinklig zur Wandebene unverschieblich gehaltenen Ränder werden zwei-, drei- und vierseitig gehaltene Wände unterschieden. Als unverschiebliche Halterung können Deckenscheiben und aussteifende Wände und andere ausreichend steife Bauteile angesehen werden. Aussteifende Wände und Bauteile sind mit den tragenden Wänden gleichzeitig hochzuführen oder mit den tragenden Wänden kraftschlüssig zu verbinden (siehe Abschnitt 19.8.3). Aussteifende Wände müssen mindestens eine Länge von 1/5 der Geschoßhöhe haben, sofern nicht für den zusammenwirkenden Querschnitt der ausgesteiften und der aussteifenden Wand ein besonderer Knicknachweis geführt wird.
Haben vierseitig gehaltene Wände Öffnungen, deren lichte Höhe größer als 1/3 der Geschoßhöhe oder deren Gesamtfläche größer als 1/10 der Wandfläche ist, so sind die Wandteile zwischen Öffnung und aussteifender Wand als dreiseitig gehalten und die Wandteile zwischen Öffnungen als zweiseitig gehalten anzusehen.

25.5.3 Mindestwanddicke
25.5.3.1 Allgemeine Anforderungen
Sofern nicht mit Rücksicht auf die Standsicherheit, den Wärme-, Schall- oder Brandschutz dickere Wände erforderlich sind, richtet sich die Wanddicke nach Abschnitt 25.5.3.2 und bei vorgefertigten Wänden nach Abschnitt 19.8.2. Die Mindestdicken von Wänden mit Hohlräumen können in Anlehnung an Abschnitt 25.4 bzw. 25.2.1, Tabelle 31, festgelegt werden.

25.5.3.2 Wände mit vollem Rechteckquerschnitt
Für die Mindestdicke tragender Wände gilt Tabelle 33.
Die Werte der Spalten 4 und 6 gelten auch bei nicht durchlaufenden Decken, wenn nachgewiesen wird, daß die Ausmitten der lotrechten Last kleiner als 1/6 der Wanddicke ist.
Aussteifende Wände müssen mindestens 8 cm dick sein.
Die Mindestdicken der Tabelle 33 gelten auch für Wandteile mit $b<5d$ zwischen oder neben Öffnungen oder für Wandteile mit Einzellasten, auch wenn sie wie bügelbewehrte, stabförmige Druckglieder nach Abschnitt 25.2 ausgebildet werden.
Bei untergeordneten Wänden, z. B. von vorgefertigten, eingeschossigen Einzelgaragen, sind geringere Wanddicken zulässig, soweit besondere Maßnahmen bei der Herstellung, z. B. liegende Fertigung, dieses rechtfertigen.

25.5.4 Annahmen für die Bemessung und den Nachweis der Knicksicherheit
25.5.4.1 Ausmittigkeit des Lastangriffs
Bei Innenwänden, die beidseitig durch Decken belastet werden, aber mit diesen nicht biegesteif verbunden sind, darf die Ausmitte von Deckenlasten bei der Bemessung in der Regel unberücksichtigt bleiben.
Bei Wänden, die einseitig durch Decken belastet werden, ist am Kopfende der Wand eine dreiecksförmige Spannungsverteilung unter der Auflagerfläche der Decke in Rechnung zu stellen, falls nicht durch geeignete Maßnahmen eine zentrische Lasteintragung gewährleistet ist; am Fußende der Wand darf ein Gelenk in der Mitte der Aufstandsflächen angenommen werden.

Tabelle 33 Mindestwanddicken für tragende Wände

	1	2	3	4	5	6
	Festigkeits-Klasse des Betons	Herstellung	Mindestwanddicken für Wände aus unbewehrtem Beton		Stahlbeton	
			Decken über Wänden nicht durchlaufend cm	durchlaufend cm	Decken über Wänden nicht durchlaufend cm	durchlaufend cm
1	bis B 10	Ortbeton	20	14	—	—
2	ab B 15	Ortbeton	14	12	12	10
3		Fertigteil	12	10	10	8

25.5.4.2 Knicklänge
Je nach Art der Aussteifung der Wände ist die Knicklänge h_K in Abhängigkeit von der Geschoßhöhe h_s nach Gleichung (47) in Rechnung zu stellen.

$$h_K = \beta \cdot h_s \quad (43)$$

Für den Beiwert β ist einzusetzen bei:

a) zweiseitig gehaltenen Wänden

$$\beta = 1{,}00 \quad (44)$$

b) dreiseitig gehaltenen Wänden

$$\beta = \frac{1}{1+\left[\frac{h_8}{3b}\right]^2} \geqq 0{,}3 \quad (45)$$

c) vierseitig gehaltenen Wänden

$$\text{für } h_8 \leqq b:\ \beta = \frac{1}{1+\left[\frac{h_8}{b}\right]^2} \quad (46)$$

$$\text{für } h_8 > b:\ \beta = \frac{b}{2h_8} \quad (47)$$

Hierin ist:
b der Abstand des freien Randes von der Mitte der aussteifenden Wand bzw. Mittenabstand der aussteifenden Wände.
Für zweiseitig gehaltene Wände, die oben und unten mit den Decken durch Ortbeton und Bewehrung biegesteif so verbunden sind, daß die Eckmomente voll aufgenommen werden, braucht für $h_s \leqq b$ nur die 0,85fache Knicklänge h_K angesetzt zu werden.

25.5.4.3 Nachweis der Knicksicherheit
Für den Nachweis der Knicksicherheit bewehrter und unbewehrter Wände gelten die Abschnitte 17.4 bzw. 17.9. Weitere Näherungsverfahren siehe DIN 4224. Für Wände mit einer Dicke kleiner als 14 cm ist die zulässige Tragkraft herabzusetzen auf den (d+ 10) 24fachen Wert (d ist in cm einzusetzen).

25.5.5 Bauliche Ausbildung
25.5.5.1 Unbewehrte Wände
Die Ableitung der waagerechten Auflagerkräfte der Deckenscheiben in die Wände ist nachzuweisen.
Wegen der Vermeidung grober Schwindrisse siehe Abschnitt 14.4.1. In die Außen-, Haus- und Wohnungstrennwände sind außerdem etwa in Höhe jeder Geschoß- oder Kellerdecke zwei durchlaufende Rundstäbe von mindestens 12 mm Durchmesser (Ringanker) zu legen. Zwischen zwei Trennfugen des Gebäudes darf diese Bewehrung nicht unterbrochen werden, auch nicht durch Fenster der Treppenhäuser. Stöße sind nach Abschnitt 18.6 auszubilden und möglichst gegeneinander zu versetzen.
Auf diese Ringanker dürfen dazu parallel liegende durchlaufende Bewehrungen angerechnet werden:
a) mit vollem Querschnitt, wenn sie in Decken oder in Fensterstürzen im Abstand von höchstens 50 cm von der Mittelebene der Wand bzw. der Decke liegen;
b) mit halbem Querschnitt, wenn sie mehr als 50 cm, aber höchstens im Abstand von 1,0 m von der Mittelebene der Decke in der Wand liegen, z. B. unter Fensteröffnungen.

Aussparungen, Schlitze, Durchbrüche und Hohlräume sind bei der Bemessung der Wände zu berücksichtigen, mit Ausnahme von lotrechten Schlitzen bei Wandanschlüssen und von lotrechten Aussparungen und Schlitzen, die den nachstehenden Vorschriften für nachträgliches Einstemmen genügen. Das nachträgliche Einstemmen ist nur bei lotrechten Schlitzen bis zu 3 cm Tiefe zulässig, wenn ihre Tiefe höchstens 1/6 der Wanddicke, ihre Breite höchstens gleich der Wanddicke, ihr gegenseitiger Abstand mindestens 2,0 m und die Wand mindestens 12 cm dick ist.

25.5.5.2 Bewehrte Wände
Soweit nachstehend nichts anderes gesagt ist, gilt für bewehrte Wände Abschnitt 25.5.5.1 und für die Längsbewehrung Abschnitt 25.2.2.1.
Belastete Wände mit einer geringeren Bewehrung als 0,5% des statisch erforderlichen Querschnitts gelten nicht als bewehrt und sind daher wie unbewehrte Wände nach Abschnitt 17.9 zu bemessen. Die Bewehrung solcher Wände darf jedoch für die Aufnahme örtlich auftretender Biegemomente, bei vorgefertigten Wänden auch für die Lastfälle Transport und Montage, in Rechnung gestellt werden, ferner zur Aufnahme von Zwangbeanspruchungen, z. B. aus ungleichmäßiger Erwärmung, behinderter Dehnung, durch Schwinden und Kriechen, unterstützender Bauteile.
In bewehrten Wänden müssen die Tragstäbe mindestens 8 mm, bei geschweißten Betonstahlmatten aus BSt 500/550 mindestens 5 mm dick sein. Der Größtabstand dieser Stäbe beträgt 20 cm.
Außerdem ist eine Querbewehrung anzuordnen, deren Querschnitt mindestens 1/5 des Querschnitts der Tragbewehrung betragen muß. Auf jeder Seite sind je Meter Wandhöhe mindestens anzuordnen bei BSt 220/340 drei Stäbe mit Durchmesser $d_e = 7$ mm, bei BSt 420/500 drei Stäbe mit Durchmesser $d_e = 6$ mm und bei BSt 500/550 vier Stäbe mit Durchmesser $d_e = 4$ mm.
Die außenliegenden Bewehrungsstäbe beider Wandseiten sind je m² Wandfläche an mindestens vier versetzt angeordneten Stellen zu verbinden, z. B. durch S-Haken, oder bei dicken Wänden mit Steckbügeln im Innern der Wand zu verankern, wobei die freien Bügelenden die Verankerungslänge $0{,}5 a_0$ nach Abschnitt 18.3.2 haben müssen.
Die nach Abschnitt 13.2 erforderliche Betondeckung darf dabei über den S-Haken oder den Bügeln um 0,5 cm vermindert werden, jedoch 1,0 cm nicht unterschreiten.
S-Haken dürfen bei höchstens 14 mm dicken Tragstäben entfallen, wenn ihre Betondeckung mindestens gleich der zweifachen Dicke dieser Stäbe ist. In diesem Fall und stets bei geschweißten Betonstahlmatten dürfen die Stäbe in Druckrichtung außen liegen.
Eine statisch erforderliche Druckbewehrung von mehr als 1% je Wandseite ist wie bei Stützen nach Abschnitt 25.2.2.2 zu verbügeln.
An freien Rändern sind die Eckstäbe durch Steckbügel zu sichern.

Wände aus Fertigteilen

Auszug aus DIN 1045, Abschnitt 19.8

19.8.1 Allgemeines
Für Wände aus Fertigteilen gelten die Bestimmungen für Wände aus Ortbeton (siehe Abschnitt 25.5), sofern in den folgenden Abschnitten nichts anderes gesagt ist.
Tragende und aussteifende Wände (siehe Abschnitt 25.5) dürfen nur aus geschoßhohen Fertigteilen zusammengesetzt werden, mit Ausnahme von Paßstücken im Bereich von Treppenpodesten. Wird zur Aufnahme senkrechter und waagerechter Lasten ein Zusammenwirken der einzelnen Fertigteile vorausgesetzt, so sind die Beanspruchungen in den Fugen nachzuweisen (siehe auch Abschnitt 19.8.5).
Bei Wänden aus zwei oder mehr nicht raumgroßen Wandtafeln gelten die einzelnen Wandtafeln als 2- oder 3seitig gehalten nach Abschnitt 25.5.2.

19.8.2 Mindestdicken
19.8.2.1 Fertigteilwände mit vollem Rechteckquerschnitt
Für die Mindestdicke tragender Fertigteilwände gilt Abschnitt 25.5.3.2, Tabelle 32.

19.8.2.2 Fertigteilwände mit aufgelöstem Querschnitt oder mit Hohlräumen
Fertigteilwände mit aufgelöstem Querschnitt (z. B. Wände mit lotrechten Hohlräumen) müssen mindestens das gleiche Trägheitsmoment haben wie Vollwände mit der Mindestdicke nach Tabelle 32.
Die kleinste Dicke von Querschnittsteilen solcher Wände muß mindestens gleich 1/10 des lichten Rippen- oder Stegabstandes, mindestens aber 5 cm sein.

19.8.3 Lotrechte Stoßfugen zwischen tragenden und aussteifenden Wänden
Wird die Wand beim Nachweis der Knicksicherheit nach Abschnitt 17.4 als drei- oder vierseitig gehalten angesehen, so müssen die tragenden Wände mit den sie aussteifenden Wänden verbunden sein, z. B. durch Vergußfugen und Bewehrung. Diese Bewehrung soll möglichst in den Drittelpunkten der Wandhöhe angeordnet werden und jeweils 1/100 der senkrechten Last der auszusteifenden tragenden Wand übertragen können. Mindestens sind jedoch in den Drittelpunkten Schlaufen mit Stäben von 8 mm Durchmesser aus BSt 220/340 oder gleichwertige stahlbaumäßige Verbindungen anzuordnen. Anschlüsse, die auf die ganze Wandhöhe verteilt den gleichen Bewehrungsquerschnitt aufweisen, gelten als gleichwertig.
Die Fugenbewehrung ist so auszubilden, daß der Fugenbeton einwandfrei eingebracht und verdichtet werden kann.
Werden tragende Wände von beiden Seiten durch in einer Flucht liegende oder höchstens um die 6fache Dicke der tragenden Wand gegeneinander versetzte Wände gehalten, so darf auf eine Fugenbewehrung zwischen der tragenden Wand und den aussteifenden Wänden verzichtet werden.

19.8.4 Waagerechte Stoßfugen
Steht eine Wand über dem Stoß zweier Deckenplatten, so dürfen bei der Bemessung ohne Berücksichtigung des Knickens nur 50% des tragenden Wandquerschnitts in Rechnung gestellt werden, sofern nicht durch Versuche – unter Beachtung der Auflagerbedingungen – nachgewiesen wird, daß ein höherer Anteil zulässig ist.

19.8.5 Scheibenwirkung von Wänden
Werden mehrere Wandtafeln zu einer für die Steifigkeit des Bauwerks notwendigen Scheibe zusammengefügt, so ist auch die Übertragung der in den lotrechten Fugen auftretenden Schubkräfte nachzuweisen. Dabei ist die Zugkomponente der Schubkraft, die sich bei einer Zerlegung der Schubkraft in eine horizontale Zugkomponente und eine unter 45° gegen die Stoßfuge geneigte Druckkomponente ergibt, stets durch Bewehrung aufzunehmen; diese darf in Höhe der Decken zusammengefaßt werden, wenn die Gesamtbreite der Scheibe mindestens gleich der Geschoßhöhe ist. Bei Schubspannungen, die größer als 0,2 MN/m² (2 kp/cm²) sind, ist auch die Übertragung der Druckkomponente der Schubkraft von einer Wandtafel zur anderen nachzuweisen.
Aussteifende Wandscheiben können bei Gerippebauten auch aus nichttragenden und nichtgeschoßhohen Wandtafeln zusammengefügt werden, wenn Gerippestützen als Randglieder der Scheibe wirken und die Wandscheiben wie eine Deckenscheibe nach Abschnitt 19.7.4 ausgeführt werden.

Bei großer Nachgiebigkeit der Wandscheiben müssen deren Formänderungen bei der Ermittlung der Schnittgrößen berücksichtigt werden. Dieser Nachweis darf entfallen, wenn Gleichung (3) aus Abschnitt 15.8.1 erfüllt ist.

19.8.6 Anschluß der Wandtafeln an Deckenscheiben

Bei *Hochhäusern*[1] sind sämtliche tragenden und aussteifenden Außenwandtafeln an ihrem oberen und unteren Rand mit den anschließenden Deckenscheiben aus Fertigteilen oder Ortbeton durch Bewehrung oder andere Stahlteile zu verbinden. Jede dieser Verbindungen ist für eine rechtwinklig zur Wandebene wirkende Zugkraft von 7 kN (700 kp) je lfd. Meter zugehöriger Wandlänge unter Einhaltung der zulässigen Spannungen zu bemessen und zu verankern. Der waagerechte Abstand dieser Verbindungen darf nicht größer als 2 m, ihr Abstand von den senkrechten Tafelrändern nicht größer als 1 m sein.

Bei Außenwandtafeln, die zwischen ihren aussteifenden Wänden nicht gestoßen sind und deren Länge zwischen diesen Wänden höchstens das Doppelte ihrer Höhe ist, dürfen die Verbindungen am unteren Rand ersetzt werden durch Verbindungen gleicher Gesamtzugkraft, die in der unteren Hälfte der lotrechten Fugen zwischen der Außenwand und ihren aussteifenden Wänden anzuordnen sind.

Am oberen Rand tragender Innenwandtafeln muß mindestens eine Bewehrung von 0,7 cm²/m in den Zwischenraum zwischen den Deckentafeln eingreifen. Diese Bewehrung darf an zwei Punkten vereinigt werden, bei Wandtafeln mit einer Länge bis zu 2,50 m genügt ein Anschlußpunkt etwa in der Wandmitte.

Bei allen anderen Gebäuden ist die Verbindung sämtlicher tragenden und aussteifenden Außenwandtafeln mit den anschließenden Deckenscheiben nur am oberen Rand erforderlich. Die Bewehrung darf durch andere gleichwertige Maßnahmen ersetzt werden.

19.8.7 Metallische Verankerungs- und Verbindungsmittel bei mehrschichtigen Wandtafeln.

Für Verankerungs- und Verbindungsmittel mehrschichtiger Wandtafeln ist nichtrostender Stahl zu verwenden, der ausreichend alkali- und säurebeständig und ausreichend kaltverformbar ist.

Die zulässigen Spannungen betragen 110 MN/m² (1100 kp/cm²)

Für eine etwa erforderliche Schweißbarkeit ist die Eignung dieses Stahles durch das Herstellwerk zu gewährleisten. Dabei sind auch die zu verwendenden Schweißelektroden anzugeben; im übrigen gilt DIN 4099 sinngemäß.

Decken aus Fertigteilen

DIN 1045, Abschnitt 19.7 ist dem Kapital „Decken" zugeordnet.

Wände aus Leichtbeton

Auszug aus DIN 4232, Abschnitt 7/8

(1) Diese Norm gilt für tragende, aus Ortbeton hergestellte, nicht bewehrte Wände aus Leichtbeton der Festigkeitsklassen LB 2 bis LB 8 mit haufwerksporigem Gefüge, nicht aber für vorgefertigte Wände.

(2) Leichtbetonwände im Sinne dieser Norm dürfen nur bei vorwiegend ruhenden Lasten (siehe DIN 1055 Blatt 3, Ausgabe Juni 1971, Abschnitt 1.4) verwendet werden und nur zu Bauteilen, die in durchfeuchtetem Zustand keiner Frosteinwirkung ausgesetzt sind (siehe auch Abschnitt 7.10).

(3) Bauwerke mit mehr als 3 Vollgeschossen bedürfen im Einzelfall der Zustimmung der zuständigen obersten Baubehörde oder der von ihr beauftragten Behörde, sofern nicht eine allgemeine bauaufsichtliche Zulassung erteilt ist.

7 Bauliche Durchbildung

7.1 Entwurf

(1) Bei mehrgeschossigen Bauten sind Ringanker (siehe Abschnitt 7.8) oder durchgehende Stahlbetondecken in jedem Geschoß anzuordnen. Der Untersuchung des Baugrundes und der richtigen Ausbildung der Gründung ist bei dieser Bauart besondere Sorgfalt zu widmen, da Betonwände wesentlich empfindlicher gegen ungleichmäßige Setzungen des Bauwerks sind als gemauerte Wände.

(2) Wände aus Leichtbeton mit haufwerksporigem Gefüge dürfen nur mit vollem Querschnitt, also nicht zweischalig oder mit Kanälen innerhalb der Wand hergestellt werden.

7.2 Räumliche Steifigkeit

(1) Die Standsicherheit von Gebäuden und Bauteilen, namentlich von belasteten Wänden, muß durch aussteifende Querwände und Decken oder durch andere Maßnahmen, z. B. durch Aussteifung nach Abschnitt 7.5, ausreichend gesichert sein, so daß auch etwa auftretende waagerechte Kräfte, z. B. Windkräfte, sicher in den Baugrund abgeleitet werden.

(2) Für die Aussteifung von Geschoßbauten muß von den aussteifenden Wänden eine ausreichende Anzahl von Außenwand zu Außenwand oder von Außenwand zur belasteten Innenwand durchlaufen, z. B. als Brand-, Treppenhaus- oder Wohnungstrennwand.

(3) Wird bei Gebäuden mit mehr als 3 Vollgeschossen ein rechnerischer Nachweis der Stabilität nach DIN 1045, Abschnitt 15.8 gefordert, so ist der hierfür erforderliche Elastizitätsmodul des Betons bei der Eignungsprüfung nach Abschnitt 5.1 als Mittelwert von 3 Einzelprüfungen zu ermitteln.

7.3 Mindestdicke von Wänden und Pfeilern

Tabelle 4 Mindestdicken in cm

	Wandarten und Bedingungen	*d*
1	Außenwände	25
2	Innenwände, tragend	20
3	Innenwände, aus LB 8, tragend, wenn eine ausreichende Querversteifung durch Zwischenwände gleicher oder höherer Festigkeit vorhanden ist und die Geschoßhöhe (von Oberkante zu Oberkante Rohdecke) nicht größer als 3,5 m ist.	15
4	Aussteifende Innenwände, nicht tragend	12

7.4 Mindestbreite von Tür- und Fensterpfeilern

Tabelle 5 Mindestbreiten in cm

	1	2	3
	Wanddicke	Breite Tür- und Fensterpfeiler	Pfeiler zwischen sehr schmalen und niedrigen Fenstern oder bei Aussteifung nach Abschnitt 7.5
1	< 30	75	50
2	≥ 30	60	40

7.5 Aussteifungen

(1) Je nach Anzahl der rechtwinklig zur Wandebene unverschieblich gehaltenen Ränder (z. B. durch Decken- und Wandscheiben) werden zwei-, drei- und vierseitig gehaltene Wände unterschieden.

(2) Bei dreiseitig gehaltenen Wänden darf der Abstand des freien Randes der tragenden Wand von der Mitte der aussteifenden Wand höchstens gleich der Geschoßhöhe h_s, aber nicht mehr als 4 m betragen.

(3) Bei vierseitig gehaltenen Wänden darf der Mittenabstand der steifenden Querwände höchstens das zweifache der Geschoßhöhe h_s, aber nicht mehr als 8 m betragen.

(4) Haben vierseitig gehaltene Wände Öffnungen, deren lichte Höhe größer als 1/3 der Geschoßhöhe oder deren Gesamtfläche größer als 1/10 der Wandfläche ist, so sind die Wandteile zwischen Öffnungen und aussteifender Wand als dreiseitig gehalten und die Wandteile zwischen Öffnungen als zweiseitig gehalten anzusehen.

(5) Als ausreichend sind Versteifungen anzusehen, wenn sie mit den tragenden Wänden gleichzeitig hochgeführt und mit ihnen kraftschlüssig verbunden werden. Sie dürfen auch beidseitig der ausgesteiften Wand in einer Flucht liegen oder um die 6fache Dicke der ausgesteiften Wand gegeneinander versetzt angeordnet werden.

[1] Auszug aus den „Bauordnungen" der Länder: Hochhäuser sind Gebäude, bei denen der Fußboden mindestens eines Aufenthaltsraumes mehr als 22 m über der festgelegten Geländeoberfläche liegt.

(6) Die Länge aussteifender Wände muß mindestens 1/5 der Geschoßhöhe h_s, jedoch nicht weniger als 0,50 m betragen. Bei aussteifenden Querwänden mit Öffnungen muß die Länge im Bereich dieser Öffnungen mindestens 1/5 ihrer lichten Höhe h_s (siehe Bild 1) betragen. Wegen ihrer Dicke siehe Abschnitt 7.3.

Bild 1. Länge aussteifender Wände

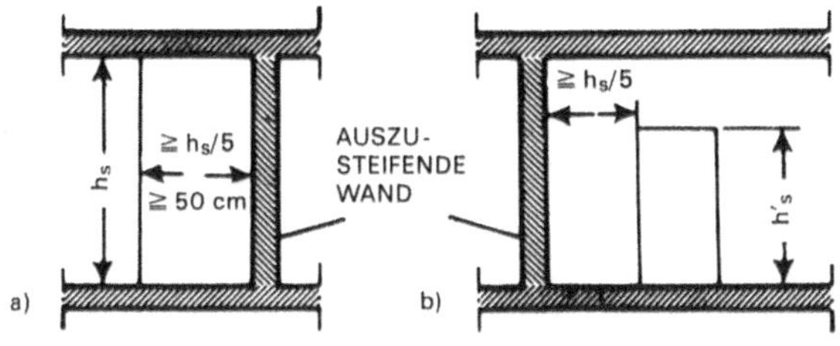

7.6 Querschnittsschwächungen

(1) In tragenden Wänden sind waagerechte und schräge Schlitze bei der Bemessung nach Abschnitt 8.2 zu berücksichtigen. Ist die Tiefe der Schlitze in den Planungsunterlagen nicht festgelegt, so sind 3 cm zur rechnerisch erforderlichen Wanddicke zuzuschlagen.

(2) Schlitze sind möglichst durch Einlegen von Leisten auszusparen.

(3) Das nachträgliche Einstemmen ist nur bei lotrechten Schlitzen zulässig, wenn ihre Tiefe höchstens 1/6 Wanddicke oder 3 cm, ihre Breite höchstens gleich der Wanddicke und ihr gegenseitiger Abstand mindestens 2,0 m beträgt.

(4) In tragenden Wänden, deren Dicke 15 cm beträgt, sind Schlitze jeder Art unzulässig.

7.7 Tür- und Fensterstürze

(1) Stürze über Türen und Fenstern dürfen in Gebäuden mit Deckenlasten bis zu 2,75 kN/m² (275 kp/m²) einschließlich der dazugehörigen Flure für gleichmäßig verteilte Verkehrslast aus Leichtbeton mit porigem Gefüge hergestellt werden, wenn sie gleichzeitig mit der anschließenden Wand betoniert werden und bei Belastung durch eine Decke mindestens 40 cm, sonst mindestens 30 cm hoch sind. Besteht zwischen Sturz- und Massivdecke ein vollkommener Verbund, so wird die Sturzhöhe bis Oberkante Decke, sonst bis Unterkante Decke gemessen.

(2) Stürze über Türen und Fenstern mit einer größten lichten Weite von 1,5 m und bei gleicher Höhe wie im ersten Absatz sind konstruktiv mit 2 Stäben aus Rippenstahl von 14 mm Durchmesser zu bewehren. Beim Verlegen der Bewehrung sind der erste Absatz dieses Abschnittes und Abschnitt 7.9 über die Mindestüberdeckung und das Einschlämmen der Bewehrungsstäbe zu beachten.

(3) In Wänden, die zur Windaussteifung bzw. zur Sicherung der Stabilität in Rechnung gestellt werden, dürfen derartige Stürze außer zur Aufnahme der lotrechten Deckenlasten nur zur Übertragung waagerechter Druckkräfte herangezogen werden.

(4) Wird die Ringbewehrung nach Abschnitt 7.8 mit den Fensterstürzen verbunden, so darf ihr Querschnitt zur Hälfte auf die Bewehrung der Fensterstürze angerechnet werden.

(5) Leichtbeton mit porigem Gefüge ist nicht zulässig für Stürze über Türen und Fenstern mit einer lichten Weite von mehr als 1,5 m und für Stürze, die mit Einzellasten belastet werden.

7.8 Maßnahmen gegen Schwind- und Setzrisse

(1) Zur Vermeidung grober Schwindrisse sind im Abstand von $a = \leqq 35$ m durch das ganze Gebäude gehende Trennfugen mit einer Breite von $a/1200$ anzuordnen. Außerdem sind in die Außen- und Wohnungstrennwände etwa in Höhe jeder Geschoßdecke, auch der Kellerdecke, zwei um den Gebäudeteil umlaufende Bewehrungsstäbe (Ringanker) zu legen. Ihr Durchmesser richtet sich nach Tabelle 6.

Tabelle 6 Durchmesser der Ringanker

	1	2
	Gebäudelänge oder Abstand der Trennfugen m (max)	Durchmesser der Ringanker mm
1	10	12
2	18	14
3	35	16

(2) Kann eine Unterbrechung der Ringanker im Bereich von Treppenhäusern nicht vermieden werden, so sind andere konstruktive Maßnahmen erforderlich.

(3) Stöße der Ringanker sind gegeneinander zu versetzen, wobei die Bewehrungsstäbe aus Rippenstahl sich mindestens um 1,0 m übergreifen müssen. Die Ringanker dürfen mit den Massivdecken oder etwaigen Stahlbetonfensterstürzen vereinigt und in Wänden, die mit der Hauptbewehrung der Massivdecken gleichlaufen, weggelassen werden, wenn diese Decken und ihre Bewehrung auf der ganzen Länge der Umfassungswand oder zwischen den Trennfugen ohne Unterbrechung ihrer Bewehrung durchlaufen und außerdem bis nahe zur Außenkante dieser Wände reichen. Stahlsteindecken und Hohlsteine anderer Decken sind dabei innerhalb der Wände durch Vollbetonstreifen zu ersetzen.

(4) Außerdem empfiehlt es sich, unmittelbar unterhalb der Fenster eine Bewehrung von 2 Stäben aus Rippenstahl mit 10 mm Durchmesser anzuordnen, von denen beiderseits je ein Stab 0,5 m und 1,0 m über die Fensteröffnung hinausragt. Soweit diese Bewehrung zwischen den Trennfugen ohne Unterbrechung durchläuft, darf sie auf die Ringanker angerechnet werden. Jedoch muß in Deckenhöhe mindestens die Hälfte der im ersten Absatz dieses Abschnittes geforderten Bewehrung verbleiben. Diese Maßnahmen vermindern auch Schäden infolge ungleichmäßiger Setzungen.

7.9 Korrosionsschutz der Bewehrung

Bewehrungsstäbe in Leichtbeton mit haufwerksporigem Gefüge müssen unmittelbar vor dem Einbringen des Betons mit dicksämigem Zementleim angestrichen werden und auf der Gebäudeaußenseite oder in Naßräumen eine Betondeckung von mindestens 5 cm erhalten.

7.10 Putz

Bei Außenwänden ist ein Putz nach DIN 18550, Tabelle 2, Zeilen 1 und 2 anzubringen oder ein anderer Schutz gegen Durchfeuchtung vorzusehen.

8 Bemessung

8.1 Beanspruchung der Wände

1. Tragende Wände wirken im wesentlichen in ihrer Ebene lastabtragend. Wände zur Aufnahme der Windkräfte oder zur Sicherung der Stabilität gelten als tragende Wände.

2. Aussteifende Wände werden zur Knickaussteifung tragender Wände herangezogen. Dazu dürfen auch tragende Wände verwendet werden.

3. Nichttragende Wände werden überwiegend durch ihr Eigengewicht beansprucht, können aber auch auf ihre Fläche wirkende Windkräfte auf Wand- oder Deckenscheiben abtragen.

8.2 Rechengrundlagen für den Nachweis der Knicksicherheit

8.2.1 Ausmitte des Lastangriffs

1. Bei Innenwänden, die beidseitig durch Decken belastet werden, darf die Ausmitte von Deckenlasten unberücksichtigt bleiben. Bei Wänden, die einseitig durch Decken belastet werden, ist am Kopfende der Wand eine dreiecksförmige Spannungsverteilung unter der Auflagertiefe der Decke in Rechnung zu stellen. Für die Berechnung darf angenommen werden, daß die Wand am unteren Fußpunkt gelenkig gelagert ist. Das Gelenk ist dabei in der Mitte der Aufstandsfläche der Wand anzunehmen.

2. Die Ableitung der waagerechten Auflagerkräfte der Deckenscheiben ist nachzuweisen.

8.2.2 Knicklänge

1. Es wird zwischen ausgesteiften Wänden und nicht ausgesteiften Wänden oder Pfeilern unterschieden. Die Schlankheit von nicht ausgesteiften Wänden oder Pfeilern darf $h_K/d = 12$ (d = Wanddicke), diejenige ausgesteifter Wände darf $h_K/d = 20$ nicht überschreiten.

2. Bei tragenden Wänden, die nach Abschnitt 7.5 ausgesteift sind, darf bei dreiseitig gehaltenen Rändern die Knicklänge $h_K = 0{,}9\ h_s$, bei vierseitig

Bild 2. Knicklängen

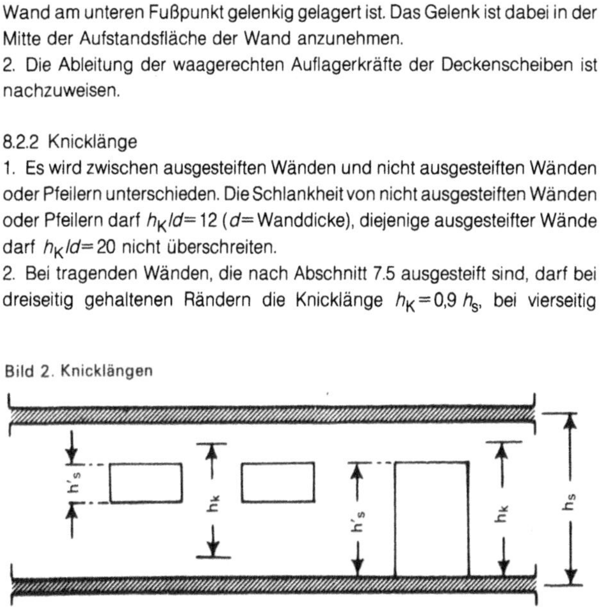

Tabelle 7 Beiwerte r

	1	2
	Wanddicke cm	Beiwert r
1	15 bis < 20	1,0
2	20 bis < 25	0,8
3	≧ 25	0,6

gehaltenen Rändern $h_K = 0{,}8\ h_s$ gesetzt werden. Für nicht ausgesteifte Wände sowie für Tür- und Fensterpfeiler, die nicht durch Stürze oder Brüstungen verbunden sind, gilt $h_K = h_s$.

3. Gehen in vierseitig gehaltenen Wänden bei Fensterpfeilern Brüstung und Sturz oder bei Türpfeilern der Sturz in voller Wanddicke durch, so darf als Knicklänge h_K für diese Pfeiler angenommen werden:

$$h_K = h'_s + r(h_s - H'_s) \geqq 0{,}8\ h_s$$

Dabei ist h_s die Geschoßhöhe, h'_s die lichte Fenster- oder Türhöhe und r ein Beiwert, der von der Wanddicke abhängt:

Zwischenwerte sind geradelinig einzuschalten.

4. Liegen beiderseits eines Pfeilers Öffnungen mit verschiedener lichter Höhe h'_s, so ist der größere Wert von h'_s in Rechnung zu stellen.

8.2.3 Zulässige Druckspannungen

1. Die in Tabelle 8 in Abhängigkeit von h_K/d festgelegten zulässigen Spannungen (Kantenpressungen) dürfen auch im Bereich von Querschnittsschwächungen nicht überschritten werden.

2. Für die Berechnung der Spannungen ist von einer geradlinigen Spannungsverteilung auszugehen. Die Mitwirkung des Betons auf Zug darf nicht in Rechnung gestellt werden.

3. Dabei darf unter Gebrauchslast eine klaffende Fuge höchstens bis zum Schwerpunkt des Gesamtquerschnitts entstehen.

Tabelle 8 Zulässige Druckspannungen

	1	2	3	4	5	6
	Festigkeitsklasse des Leichtbetons	Zulässige Druckspannung in MN/m^2 in Wänden und Pfeilern mit Schlankheiten h_K/d von ≤ 6	10	15	20	unter Balkenauflagern
1	LB 2	0,4	0,3	0,2	0,1	0,5
2	LB 5	1,0	0,7	0,4	0,3	1,2
3	LB 8	1,6	1,1	0,7	0,5	1,9

Schalsysteme

Die Verbreitung der Betonbauweisen läuft mit der Entwicklung der Schaltechnik parallel.
Als plastische Masse kann der Beton in jede Form gebracht werden. Die Formen müssen in sich stabil und widerstandsfähig gegen die dynamischen Beanspruchungen des Baustellenbetriebs wie des Betoniervorganges sein. Sie müssen so lange die Standfestigkeit der Bauteile gewährleisten, bis der Beton ausreichende Festigkeit gewonnen hat. Als Material stand dafür zunächst nur Holz unterschiedlichen Zuschnittes zur Verfügung. Als Handwerker kamen zuerst die Zimmerleute in Frage, deren Beruf neuen Auftrieb erhielt.
Diese traditionelle Schalmethode hat für heutige Bedürfnisse zwei wesentliche Nachteile: hoher Materialverlust und hohe Lohnkosten. Die Fortentwicklung des Betonbaues, d. h. eine Kostensenkung und Leistungssteigerung hatte hier einzusetzen. Anstelle der handwerklich und örtlich hergestellten Schalung trat mehr und mehr eine Vorfertigung der Schalung oder die Tendenz, die Schalform als Bauteil mit weiterer Funktion als nicht wiederverwendbare „verlorene" Schalung im Bauwerk zu belassen. An die Stelle des hohen Zeit- und Lohnaufwandes ist die Kapitalinvestition getreten.

Arbeits- und Materialaufwand

Vom gesamten Lohnaufwand für einen Stahlbetonbau entfallen bei handwerklicher Schalungsherstellung $^2/_3$ auf deren Vorbereitung, Aufbau und Abbau und $^1/_3$ auf Bewehrungs- und Betonierarbeiten.
Man rechnete je qm Schalfläche ~ 1,25 Arbeitsstunden.
Der Materialverlust betrug:

Schalbretter	etwa 25%
Kanthölzer	etwa 15%
Stützhölzer	etwa 10%
Nägel	etwa 0,2 kg/m²

Bei den modernen Großflächen- und Raumschalungen benötigt man dagegen kaum 0,25 Arbeitsstunden je qm. Großflächenschalungen aus Spezialfurnieren erlauben bis zu 100 Einsätze, Metallschalungen 400 Einsätze und mehr. Die Investitionskosten geteilt durch die Anzahl der möglichen Einsätze ergeben den Materialverlust je Einsatz, der abzuschreiben ist.
Das Bestreben, den Arbeitsaufwand und den Materialverlust zu verringern, erbrachte neue Schalmethoden, welche Baukonstruktion, Baugefüge und Bauablauf wesentlich beeinflußten.

Wandschalung

Die Schalung und die sie stützende Konstruktion sind so zu bemessen, daß sie alle vertikalen und horizontalen Kräfte sicher aufnehmen können. Dabei ist auch der Einfluß der Schüttgeschwindigkeit und die Art der Verdichtung des Betons von Bedeutung. Für Wände und Stützen, deren Höhe über 3 m geht, sind besondere Maßnahmen zur Abstimmung der Schüttgeschwindigkeit und Tragfähigkeit der Schalungsteile unter Berücksichtigung der zulässigen Durchbiegung zu ergreifen.
Die handwerkliche Holzschalung wie die neuesten Stahlschalungen bestehen aus denselben Konstruktionselementen:
- Schalhaut
- Versteifung
- Abstützung
- Verspannung

ELEMENTE DER WANDSCHALUNG

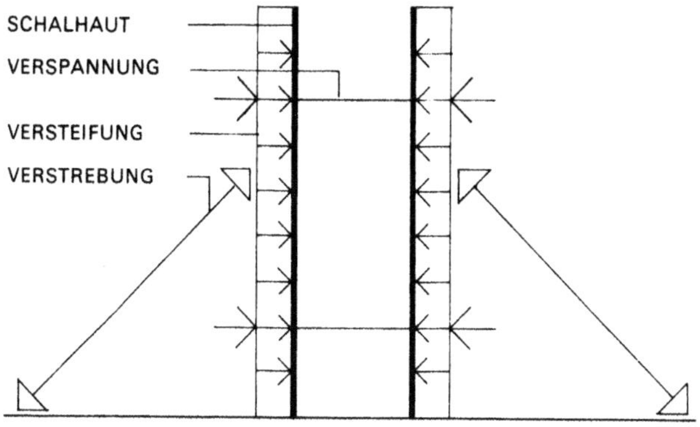

Schalhaut

Um Arbeitslohn und Materialverschnitt zu sparen, verwendete man schon frühzeitig vorgefertigte Schalelemente aus Brettern mit Kanthölzern bzw. Metallkanten. Sie gab es in unterschiedlichen Längen bei 50 cm Breite.
Die Sauberkeit der damit geschalten Oberfläche genügte jedoch allenfalls für Kellergeschosse. Um den sonst notwendigen Putz zu ersparen, brauchte man glatte, zusammenhängende Schalflächen mit möglichst wenig Fugen. Zunächst wurde die Bretterschalung mit dünnem Sperrholzfurnier als Schalhaut konstruiert, welches jedoch nicht die Lebensdauer der Unterkonstruktion besaß. Heute werden wetterfestverleimte, kunststoffbeschichtete Furnier- bzw. Tischlerplatten nach DIN 68705 bis zur Größe von Raumflächen, bei Dicken um ca. 20 mm und mehr verwendet. Sie gestatten 50 bis 100 Einsätze. Ihre Befestigung an der Unterkonstruktion ist mittels Spreizdübeln ohne Durchdringung der Schaloberfläche möglich. Durchdringungen sowie Schadstellen sind vor jedem neuen Einsatz sorgfältig zu verspachteln. Insgesamt zeichnet sich die Schalhaut aus Holzwerkstoffen durch ihre leichte Bearbeitbarkeit und Anpassungsfähigkeit aus.
Widerstandsfähiger, doch auch teurer und schwieriger zu bearbeiten, ist die Schalhaut aus Metall. Die Schalhaut von einigen mm Blechstärke ist hier auf einen Profilrost aufgeschweißt. Wegen der dadurch bedingten hohen Gewichte sind auf den Baustellen nur kleinteiligere Schalelemente im Einsatz. Ihre Stoßfugen müssen so genau aufeinanderpassen, daß keine Grate und damit Nacharbeiten auftreten. Sie erlauben durchschnittlich 400 Einsätze, raumgroße Schaltische in Fertigteilwerken auch mehr.

Versteifung der Schalhaut

Die Beschaffenheit und die Eigenschaften der Schalhaut bestimmen die Durchbildung der Versteifung. Sie muß jegliche Ausbeulung der Schalhaut verhindern und alle beim Betonieren auftretenden Belastungen aufnehmen, um sie auf Verspannung und Abstützung zu übertragen.
Bei Bretterschalungen und kleinteiligen Furniertafeln genügen Kanthölzer in Abständen von ca. 50 cm, bei großen Schalflächen nur räumlich steifere Holzfachwerkträger oder Roste aus Metallprofilen. Die Schalhaut aus dünnen Blechen mit geringer Eigensteifigkeit erfordert eine engere Unterkonstruktion. Die Schalelemente von 1 m Breite sind hier im Abstand von 25 bis 33 cm durch einen Profilrost ausgesteift. Die Dimensionierung einer Versteifung im allgemeinen resultiert aus dem im Betonierzustand auftretenden Lastanfall, ihr Abstand aus der Steifigkeit der Schalhaut.

Verspannung der zwei Schalseiten

Um den Schalungsdruck aufzunehmen, der beim Betonieren entsteht, verspannt man die gegenüberliegenden Schalungen untereinander. Der zulässige Abstand der Verspannungen hängt von der Belastbarkeit der Versteifung ab. Bei Bretterschalungen und besonders bei hohen Wänden verwendet man allgemein Rundstahl von 8 mm Ø und Spannschlösser. Der horizontale und vertikale Abstand richtet sich nach den versteifenden Rahmenhölzern und beträgt durchschnittlich etwa 50 cm. Bei den Großtafelschalungen im Wohnungsbau z. B. ordnet man in der Wand- bzw. Geschoßhöhe nur 2 Verspannungen, und zwar unten im Bereich der späteren Sockelleiste und oben über der betonierten Wand an. Der horizontale Abstand der Verspannungen beträgt gewöhnlich 1,5 m. So hat man später nur wenig Spannlöcher und an nicht sichtbaren Stellen zu verschließen.

Stützen und Streben

Die Stützen und Streben gewährleisten die Standsicherheit der Schalung und leiten die auftretenden Kräfte in vorhandene Bauteile bzw. den Untergrund ab. Im Gebrauch sind Schrägstützen aus Stahl, die zwischen Schalung und Boden verspannt werden, Stahlkonsolen mit Spindeln, Gitterträger und räumliche Fachwerke mit Teleskopspindeln für Großflächen- und Raumschalungen, bei denen höhere Ansprüche an die Verwindungssteifigkeit gestellt werden müssen.

Arbeitsgerüste

Bei den handwerklich hergestellten Schalungen durften die Betonier- und Arbeitsgerüste nicht unmittelbar mit den Versteifungen verbunden werden. Die heute gebräuchlichen Stahlversteifungen und Gitterstützen können jedoch zur Anbringung von Lauf- und Arbeitsgerüsten benutzt werden, was eine wesentliche Vereinfachung des Arbeitsablaufes bedeutet.

Kletterschalung

Aus dem Prinzip der Klettergerüste entwickelte man die Kletterschalung: eine mit dem vertikalen Baufortschritt „umsetzbare" Wandschalung zum Schütten hoher durchlaufender Wände, z. B. an Giebelscheiben oder bei Festpunkten. Die Höhe des Schalelementes entspricht dem Betonierabschnitt bzw. der „Steigungshöhe" eines Kletterschrittes. Umgesetzt wird mit Hilfe von Hebezeugen. Auf einem am Wandabschnitt darunter verankerten Konsolgerüst wird die Schalkonstruktion gelagert und ggf. verstrebt. Auch das Schutzgerüst eventuell mit weiteren abgehängten Bühnen für Nacharbeiten an vorausgegangenen Betonierabschnitten ist mit der Stützkonsole fest verbunden und klettert mit.

Gleitschalung

Gleitschalungen erlauben einen ununterbrochenen Betoniervorgang. Die Voraussetzung ihrer Anwendung sind Wände von gleicher Stärke, die ohne horizontale Unterbrechungen, wie z. B. Geschoßdecken, von unten nach oben durchgehen. Für den Anschluß oder das Einziehen von Geschoßdecken sieht man Aussparungen für Balken- oder Trägerauflager vor. Gleitschalungen sind also vor allem geeignet für die Herstellung hoher, fugenloser Wände, Silos, Kamine, Aufzugsschächte und für die vorauseilende Errichtung von Festpunkten großer Höhe.
Ein etwa 1,20 m hoher Schalungskranz einschließlich Arbeitsbühne und Hängegerüst umgreift die gesamte Ausdehnung eines Betonierabschnittes. Mit Hilfe hydraulischer Hubvorrichtungen zieht sich diese Schalung langsam, doch kontinuierlich an Kletterstangen empor. In Abhängigkeit von Betontechnologie und Witterung werden Steiggeschwindigkeiten bis zu 30 cm/h erreicht, durchschnittlich ~5 m/Tag. Eine Voraussetzung dafür ist die Beschleunigung des Abbindeprozesses durch Verwendung von „Schnellbindern" und ggf. einer Beheizung der Schalung. Die Mindestwanddicke muß > 15 cm sein, damit beim Hubvorgang eine ausreichende Betonlast der Reibung zwischen Beton und Schalung entgegenwirkt. Betonierarbeiten im Gleitschalverfahren werden meist von Spezialfirmen projektiert und ausgeführt.

Deckenschalungen

Die Deckenschalung wird wie später die fertige Decke auf Durchbiegung beansprucht. Sie muß dabei das Gewicht des aufgebrachten Betons und die Last des Arbeitsbetriebes aufnehmen. Die material- und lohnaufwendige Bretterschalung suchte man im Deckenbau von Anfang an zu vereinfachen. Eine Vielzahl von Deckenbausystemen ist auf dem Markt. Heute nach dem allgemeinen Durchbruch der Betonbauweisen werden für die Deckenschalung ebenso großflächige Schalelemente verwendet wie für die Wandschalung.
Für Rippen- und Plattenbalkendecken verwendete man Schalhohlkörper, die gleichzeitig eine ebene Untersicht boten, oder setzte Schalformen ein, welche sich von Rippe zu Rippe spannten. Eine geschlossene Schalfläche erübrigte sich, lediglich unter den Rippen war eine Unterstützung durch Hilfsjoche notwendig.
Eine andere Möglichkeit, die Deckenschalung erheblich zu vereinfachen, war, die Last der Schalung und des Betons auf Stahl- oder Stahlbetonträger, die auf den tragenden Wänden ruhten, zu übertragen.

ELEMENTE DER DECKENSCHALUNG

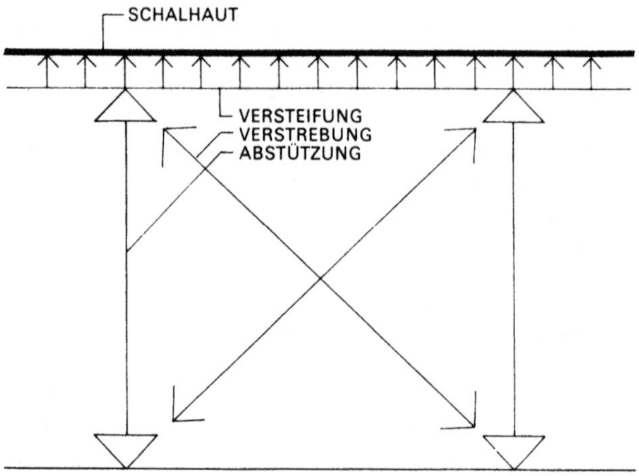

Deckenuntersicht

Alle diese Schalmethoden ergeben eine mehr oder minder rauhe Deckenuntersicht, die bei Wohn- und Büroräumen etc. noch eines Deckenputzes oder einer untergehängten Decke bedurfte; letztere ist zur Unterbringung von Installationsleitungen oder als Schallschluckdecke oft ohnehin erforderlich. In allen Fällen aber, wo untergehängte Decken nicht erforderlich sind, schalt man (von untergeordneten Räumen abgesehen) die Deckenuntersichten, auch Stützen- und Balkenoberflächen so glatt, daß sie höchstens noch einer leichten Spachtelung bzw. eines Anstriches bedürfen. Bei allen Deckenuntersichten ist zu beachten, daß sie vom Fenster her Streiflicht erhalten, das selbst geringe Unebenheiten und Schalplattenstöße störend sichtbar werden läßt. Die neueste Entwicklung führte daher zu raumgroßen Deckenschalungen, sogenannten „Schaltischen".

Deckenschaltische

Sie bestehen wie die großflächige Wandschalung aus einem Holz- oder Stahlrost, der die Schalhaut trägt und versteift. Gleichzeitig ist dadurch ein Arbeitsgerüst geschaffen. Die raum- bzw. auch bauwerkstiefe, fugenlose Schalfläche ruht auf einer verwindungs-

DECKENSCHALSYSTEME

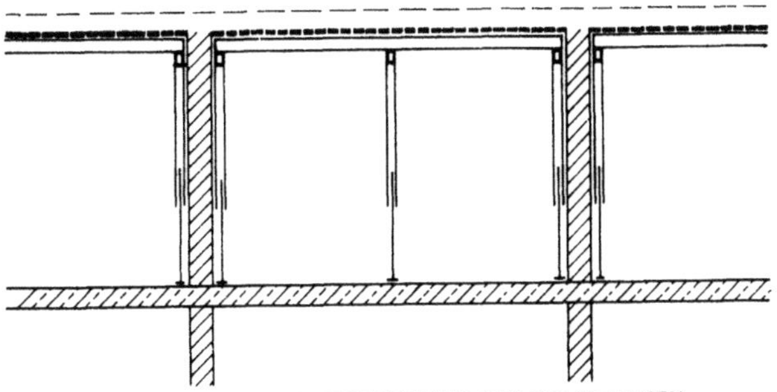

ÖRTLICH HERGESTELLTE BRETTSCHALUNG AUF HOLZRAHMEN.
VERSTELLBARE STAHLROHRSTÜTZEN

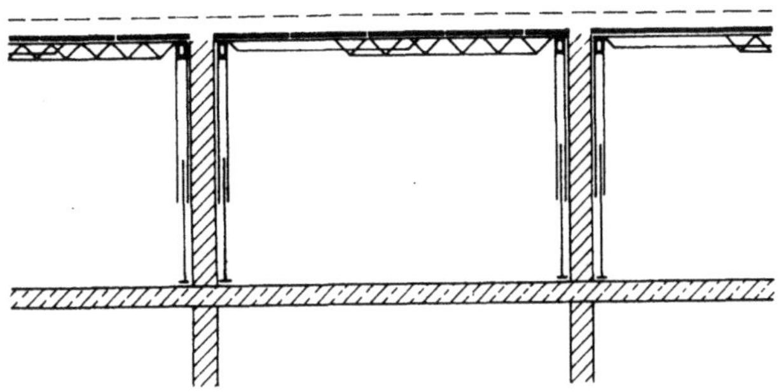

SCHALTAFELN AUF GITTERTRÄGERN VERLEGT

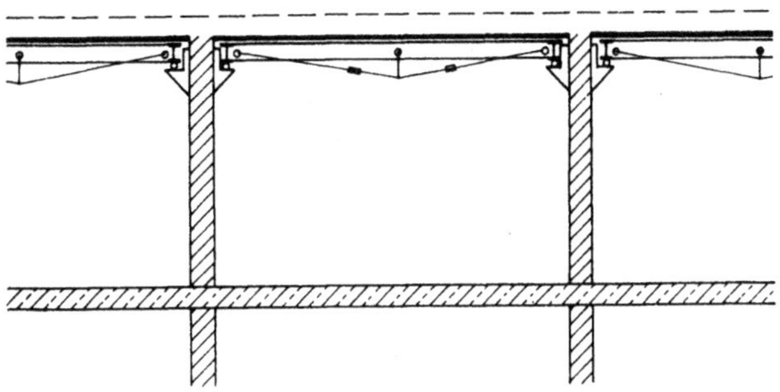

VORGEFERTIGTER SCHALTISCH AUF KONSOLEN
HOLZ- UND METALLSCHALUNG MÖGLICH

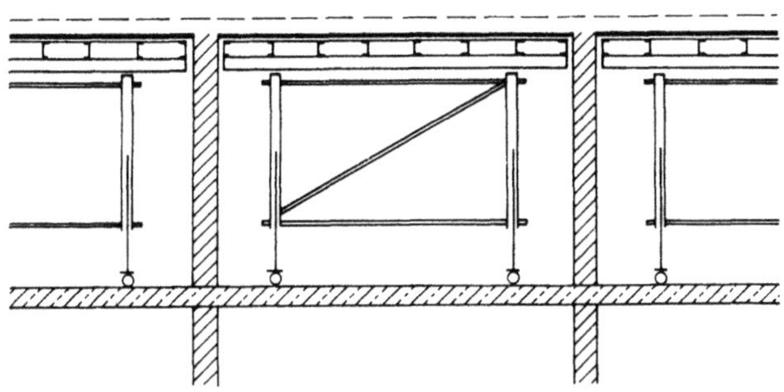

FAHRBARER DECKENSCHALTISCH MIT HOLZ- ODER STAHLSCHALUNG

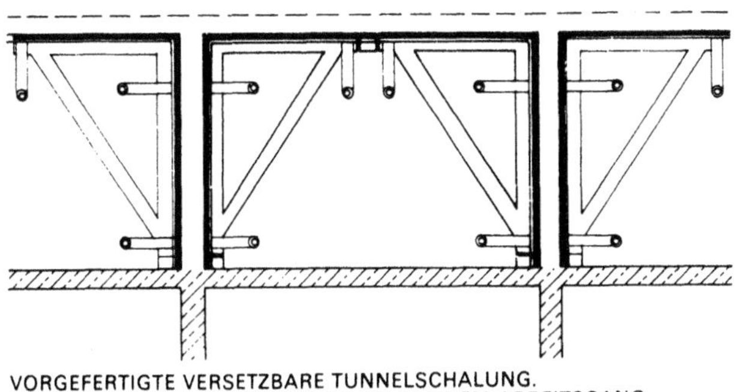

VORGEFERTIGTE VERSETZBARE TUNNELSCHALUNG.
BETONIEREN VON DECKE UND WAND IN EINEM ARBEITSGANG

steif aufgeschlossenen, absenkbaren oder umklappbaren Stützenkonstruktion bzw. auf Wandkonsolen. Beim Ausschalen wird die Schalfläche zunächst abgesenkt, um dann auf Rollen als Tisch bzw. Schublade ausgefahren zu werden.
Da dies nur durch raumbreite Fensteröffnungen erfolgen kann, ist der Einsatz von Deckenschaltischen allein beim Querwandbau, der sogenannten Schottenbauweise, möglich. Im Falle von Massivbrüstungen eignen sich dabei nur Konstruktionen mit Klappstützen bzw. Wandkonsolen, es sei denn, die Brüstungen werden nachträglich ausgeführt.

Raumschalungen

Bereits das getrennte Einschalen und Betonieren von Wänden und Decken mit Großflächenschalung bringt gegenüber den traditionellen Schalmethoden eine erhebliche Beschleunigung des Bauablaufes bei gleichzeitiger Reduzierung des Arbeitsaufwandes. Da für Decken aber längere Schalfristen vorgeschrieben sind als für Wände, die zudem ausgeschalt sein müssen, ehe man einen Deckenschaltisch einfahren kann, wird mit der Vergrößerung der Schalform allein noch nicht der schnellstmögliche Baufortschritt erreicht. Nach DIN 1045 gelten als Ausschalfristen mit steigender Zementgüte für Wände 4 bis 1 Tag, für Decken aber 10 bis 3 Tage. Wie schon bei der Gleitschalung bemerkt, können durch entsprechende Zementgüten und durch eine Beheizung der Schalung diese Ausschalfristen noch weiter verkürzt werden. Eine Hilfsstützung der ausgeschalten Decken ist selbstverständlich notwendig.
So konnte die Großtafelschalung zur Raumschalung weiterentwickelt werden, welche – nach dem Funktionsprinzip wandernder Schalungen des Tunnelbaus – auch als Tunnelschalung bezeichnet wird.
Die Deckenschalung und jeweils die Schalungshälften zweier Wände sind über eine gemeinsame Stützkonstruktion verbunden und abgesteift. Gesamtschalflächen von über 100 qm wurden schon hergestellt. Sie bedürfen entsprechend schwerer Hebezeuge und sind nur bei Großbauvorhaben mit einer hohen Stückzahl gleicher Raumeinheiten rentabel.
Die Schalform der Wände wird durch die Reihung der Raumschalelemente und die gegenseitige Verspannung der benachbarten Schalflächen gebildet.
Nach Aufstellung und Justierung der Schalung werden Wände und Decken an einem Tag gegossen und über Nacht durch eine elt. Widerstandsheizung auf eine konstante Temperatur von 323 K (50 °C) erwärmt. Bis zum Arbeitsbeginn am nächsten Morgen erreicht der Beton eine Festigkeit von 20–22 N/mm² (200–220 kp/cm²). Am nächsten Tag kann somit bereits ausgeschalt werden. Die Schalflächen werden über Teleskopspindeln ringsum vom Beton gelöst und die Raumschalkörper ausgefahren. Nach der Inspektion, ggf. Reparatur von Schadstellen und Reinigung, können sie am gleichen Tag ins nächste Geschoß umgesetzt werden. Ein dritter Tag ist für Einbringen der Bewehrung und evtl. Installationen erforderlich, ehe am vierten Tag mit dem Betonieren der nächste Arbeitstakt beginnen kann. Um den 3-Tage-Rhythmus voll auszuschöpfen, ist die Baustelle mit Raumschalkörpern so zu bestücken, daß der Betonierabschnitt möglichst ein ganzes Geschoß oder ganze Teile davon erfaßt und sich jeweils alle Raumschalkörper im Einsatz befinden. Lediglich um Rhythmusstörungen zu unterbinden, sind Reserve-Elemente bereitzuhalten.

Wirtschaftlichkeit großer Systemschalungen

Den vorgenannten Vorteilen stehen die hohen Anschaffungskosten, die Verzinsung und Amortisation gegenüber, ferner die Bereitstellung schwerer Hebezeuge. Großtafel- und Raumschalungen müssen also je nach den Anschaffungskosten eine Mindestanzahl von Einsätzen an der jeweiligen Baustelle und über

das ganze Jahr haben. So gesehen bringen sie am Ende keine große Senkung der Baukosten, sie bringen aber, was heute ebenso wichtig ist, eine erhebliche Verkürzung der Rohbauherstellung, Einsparung von Arbeitsgängen für Wand- und Deckenputz sowie Installation und damit eine bedeutende Senkung des Arbeitsaufwandes und der Lohnkosten.
Während die Großfirmen der Bauindustrie ihre Großtafelschalungen oft selbst herstellen, haben sich etliche Spezialfirmen ganz der Entwicklung und dem Bau von vorfabrizierten Systemschalungen gewidmet. Sie untersuchen gleichzeitig den rationellsten Einsatz für bestimmte Bauvorhaben, die erforderliche Anzahl von Elementen für das jeweils günstigste Taktverfahren und die hierfür nötige Größe der Mannschaft.
So sind Systemschalungen auch mittleren und kleineren Bauunternehmungen zugänglich. Die Wahl unter den verschiedenen Großsystemen und Fabrikaten hängt nicht nur vom Preis, sondern auch von ihrer Eignung je nach zu erwartender Anzahl der Einsätze ab.
Für den Architekten ist es wichtig, bei großen Bauvorhaben bereits während der Planung mit der bauausführenden Firma, die heute oftmals als Generalunternehmer auftritt, zusammenzuarbeiten und ihre Schalungsmethode zu berücksichtigen.

Einflüsse auf das Baugefüge

Um die Vorteile der Systemschalungen für Wände und Decken möglichst gut auszunutzen, sucht man mit wenigen Schalelementen auszukommen, die an einer Baustelle möglichst oft ohne Änderungen einsetzbar sind. Sie müssen sich leicht auf- und abbauen oder mit Hilfe des Krans versetzen lassen. Am meisten entgegen kommt diesen Forderungen die reine Schottenbauweise. Besonders für das Versetzen der Deckenschaltische und Raumschalungen ist mindestens ein offenes Raumende erforderlich. Mit Hilfe geeigneter Geräte können Großschalelemente bis zu etwa 11 m Länge bzw. Gebäudetiefe versetzt werden.
Bei ringsum geschlossenen innenliegenden Räumen können Wände und Decken nicht mehr gleichzeitig und im Schalrhythmus der übrigen Bauteile hergestellt werden. Sie sind ggf. vorauszuziehen, da sie sonst Verzögerungen im Bauablauf bedingen, welche die Vorzüge der Systemschalung nicht wirksam werden lassen. Am besten geeignet für die Schalung innenliegender Räume sind verlorene Schalungen, insbesondere großflächige Schalelemente aus 4–6 cm dicken Stahlbetonschalen. Als Alternative für hochinstallierte Installationszellen bietet sich schließlich auch das Versetzen komplett vorgefertigter Raumeinheiten an, die Raumzellenbauweise.
Den Bedingungen der Großtafelschalungen kommt man weiter entgegen, wenn man keine Türstürze ausbildet, sondern die Türen bis zur Decke durchgehen läßt. So vereinfacht man den Schalvorgang und kann an den Türöffnungen, d. h. an allen offenen Wandenden, die unvermeidlichen Maßtoleranzen aufnehmen.
Für den Entwurf bzw. die Konstruktion eines Baues ist noch wichtig, daß vom Fundament aus für alle Geschosse die gleiche Wandstärke vorgesehen wird, so daß die einzelnen Schalelemente unverändert für jedes Geschoß passen. Mit Hilfe veränderter Betongüten trägt man den unterschiedlichen Belastungsverhältnissen Rechnung. Zu beachten ist ferner, daß die Planung bis ins letzte Detail reichen muß, vor allem was die Installation angeht, und daß Änderungen während der Bauzeit und später mit sehr hohen Kosten verbunden sind. Auch deshalb ist schon bei der Planung die enge Zusammenarbeit zwischen Architekt, Statiker, den Projektingenieuren für die Installations- und Ausbaugewerke sowie dem Bau- oder Generalunternehmer bzw. seinen Spezialisten für Organisation und Rationalisierung des Bauablaufes (Taktverfahren) zwingend geboten.

Schalform und Montagebau

Dem Bemühen, großformatige Schalformen mit größter Maßgenauigkeit und vielhundertfacher Verwendbarkeit zu schaffen, bei denen sich der Schalkostenanteil auf die Bauteilfläche bezogen auf ein Minimum reduziert, sind jedoch Grenzen gesetzt. Solche Elemente könnten letztlich so groß und schwer, kompliziert und anfällig werden, daß sie sich für den Baustelleneinsatz nicht mehr eignen. Die technisch vollendetsten Schalformen findet man deshalb in Fertigteilwerken, ggf. in Feldfabriken. Hier kann man auch die Bereitung des Betons und den Betoniervorgang am weitesten mechanisieren und unabhängig von der Witterung arbeiten.
Diesen Vorteilen stehen jedoch die höheren Zins- und Amortisationskosten eines Fertigteilwerkes sowie die Kosten für Transport und Montage der Fertigteile gegenüber. Während bei Ortbetonbauweisen der Montageaufwand für die Schalung sinkt, je größer die Schalelemente und der Betonierabschnitt sind, werden bei Montagebauweisen die Elementgrößen durch Transportbindungen eingeschränkt.
Welches Bauverfahren am vorteilhaftesten ist, Ortbetonbau oder Montage von Betonfertigteilen, kann bei einer gegebenen Aufgabe nur durch einen genauen Kosten- und Bauzeitvergleich entschieden werden. Zur Zeit stellen Mischbauweisen, die Verbindung von Ortbeton in rationeller Schalung und vorgefertigten Bauteilen, meistens die technisch und finanziell günstigste Lösung dar. Nur bei sehr umfangreichen Bauaufgaben, die sich über Jahre erstrecken und eine sehr hohe Zahl gleicher Elemente aufweisen, sind reine Montagebauweisen wirtschaftlicher.

Montage-Wandbau

Unter Montagebau verstehen wir die Vorfertigung sämtlicher Bauglieder und Bauteile in einem oder mehreren Fertigteilwerken und ihr Versetzen und Zusammenfügen ohne nachträgliche An- oder Einpaßarbeiten an der Baustelle mit mechanischen Hilfsmitteln wie Hebezeugen, Kränen etc. Er ist, vom Fugenverguß abgesehen, auch eine trockene Bauweise.
Der Montagebau zeigt seine hauptsächlichste Verbreitung auf ganz bestimmten Gebieten. Diese sind zur Zeit: Wohnungsbau, Schulbau, Krankenhausbau und im Industriebau der Hallen- und Geschoßbau. Hier sind die bestmöglichen Lösungen der anstehenden Aufgaben bekannt und akzeptiert, ihre Anzahl eingegrenzt und die Vorteile der reinen Montagebauweisen erwiesen: Realisierung großer typisierter Bauvorhaben in kürzerer Bauzeit.
Seit man das Bauen als vorüberlegte konstruktive Tätigkeit kennt, ist es ein Zusammenfügen von mehr oder minder exakt vorbereiteten oder zubereiteten Einzelteilen. Die Herstellungsstoffe waren zunächst natürlichen Ursprungs und handwerklich bearbeitet. Schon die Rundhölzer, die, sich überkreuzend und mit Baststrikken verbunden, die Erdgruben überdeckten, mußten von Ästen befreit und abgelängt werden. Die Lehmsteine, als Lehmmasse in vorbereitete Kästen gestrichen und dann getrocknet, stellen das erste nach einem rationellen Verfahren in Mengen hergestellte und maßlich ziemlich exakte Fertigteil dar.
Die ägyptischen Tempel um 3000 v. Chr., in vollkommenster Art aber die griechischen Marmortempel, wurden ausschließlich aus vorgefertigten, handwerklich exakt bearbeiteten und zum Teil sehr schweren Einzelteilen aufgerichtet oder montiert, noch dazu ohne jeglichen Fugenverguß. Die Verwendung von Fertigteilen stellt also mitnichten eine neue Erfindung oder Bauidee dar.
Der Unterschied der heutigen Fertigteile gegenüber den alten handwerklich bearbeiteten besteht zunächst in den exakteren Maßen und zum Teil bedeutenderen Größen. Sie bedürfen keinerlei späterer Anpassungs- oder Einpaßarbeiten mehr und sind wie normierte Maschinenteile austauschbar. Der Hauptunterschied aber liegt in der mechanisierten, maschinenmäßigen Herstellung und in der Bevorzugung synthetischer Materialien wie z. B. den verschiedenen Beton- und Kunststeinarten, Kunststoffen und Metallen. Die natürlichen Baustoffe, wie z. B. Holz und Stein, müssen durch „Abarbeiten" auf die gewünschten Maße und Formen gebracht werden. Es gibt Abfälle und Späne; das Material kann nur unvollkommen ausgenützt werden. Die modernen synthetischen Baustoffe werden in der gewünschten Qualität, Druckfestigkeit, Biegezugfestigkeit, in Gewicht, Farbe, Oberflächenstruktur etc. entwickelt und hergestellt und ohne nennenswerte Abfallverluste mechanisch, d. h. mit Hilfe von Maschinen gegossen, gepreßt oder geschnitten. Sie werden in mehr oder minder großen Massen oder Serien industriell produziert, wobei der Anteil der Handarbeit immer weiter zurückgeht. Dafür ist aber eine hohe Kapitalinvestition erforderlich und ein qualitativ hoher Arbeitseinsatz für die Herstellung der Formen und Maschinen. Wegen der Vorbereitungs- und Entwicklungskosten für ein Produkt braucht eine Serie eine Mindestauflage, soll das Produkt nicht zu teuer werden.
Bei Großobjekten kann eine Serie unabhängig von der Elementgröße bereits durch den Umfang der Bauaufgabe gegeben sein. Bei kleineren Bauaufgaben erbringen nur kleinere Elemente und wenige Typen höhere Stückzahlen, womit sich allerdings die Montagekosten erhöhen.
Die erforderliche und gewünschte Serie hat eine vielfältige Verwendbarkeit zur Voraussetzung, die am besten gegeben und gesichert ist, wenn bestimmte Maße eingehalten werden. Deshalb bedarf es verbindlicher Normen. Je größer der Wirtschaftsraum ist, für den solche Normen Gültigkeit haben, um so größer sind die Produktions- und Absatzchancen.
Zwischen den traditionellen Bauweisen, die innerhalb der Grenzen, die ihnen gezogen sind, auch eine Fortentwicklung aufweisen, man denke an die Entwicklung der Beton-Schaltechnik, und die mit Erfolg bestrebt sind, auch manche Fertigteile zu verwenden, wie z. B. Kaminformsteine, Treppenelemente, Außenwandteile und Stützen, Decken- oder Balkonelemente etc. und den reinen Montageweisen gibt es also fließende Übergänge.
Die Mischformen aus örtlicher Bauherstellung mit Verwendung von Fertigteilen nehmen zur Zeit im Baugeschehen noch den größeren Raum ein. Wo nur die Baukosten entscheiden und nicht die Herstellungszeit, sind Mischbauweisen in der Rohbauherstellung meistens im Vorteil.
Es hat sich als Illusion erwiesen, durch reine Montagebauweisen die Baukosten bedeutend senken zu können. Ihr Vordringen erfährt ihren Antrieb hauptsächlich durch den steigenden Mangel an Bauarbeitern, besonders an gelernten, durch steigende Lohnkosten, das wachsende Bauvolumen und die mögliche Verkürzung der Bauzeit.

Baugefüge, Elementgrößen, Fertigungsmethoden

Wie immer, wenn größere technische Wandlungen im Gange sind, spielen sich mehrere Möglichkeiten in den Vordergrund; speziell dort, wo ein Massenbedarf an gleichartigen Elementen besteht wie beispielsweise im Wohnungsbau. Es entstehen die Fragen: Welches Konstruktionssystem ist das geeignetste und wirtschaftlichste? Der Skelettbau, der frei verfügbare Geschoßflächen ergibt, aber zur Erzielung der notwendigen Wärme- und Schalldämmung preiswerte, leichte Schichtwände für die Außenhaut und die Raumtrennung verlangt, oder die Plattenbauweisen mit raumgroßen Wand- und Deckenplatten, die gleichzeitig tragen, dämmen und die Räume aufteilen, aber keine späteren Grundrißänderungen zulassen? Was ist günstiger, Häuser und Bauteile in der Fabrik zu fertigen und auf der Baustelle die Teile nur zu montieren oder sozusagen die Fabrik an die Baustelle zu bringen? Ferner: Ist es sinnvoll, für flache und für hohe Bauten die gleichen Elemente zu verwenden? Oder was ist vorteilhafter: die Verwendung kleinerer oder raumgroßer Elemente? Etliche zur Zeit übliche Lösungen dieser und ähnlicher Fragen werden im folgenden dargestellt.
Die Probleme haben sich wenigstens soweit geklärt, daß man sagen kann, für kleine Baustellen und dort, wo es sich nur um ein- bis dreigeschossige Bauten handelt, ist es günstiger mit vorgefertigten, allseitig verwendbaren Wand- und Deckenteilen zu arbeiten, die mit leichteren Hebezeugen, zur Not sogar noch von Hand, versetzt werden können (z. B. Gasbetonplatten und Fertigdekken). Diese Elemente werden im allgemeinen auf ein Gewicht von ~ 150 kg begrenzt. In der Grundriß- und Außengestaltung wird die Freiheit gegenüber den traditionellen Bauweisen nur wenig eingeschränkt. Für Großbaustellen und für mehr- und vielgeschossige Bauten haben sich die Wandbauweisen als am wirtschaftlichsten erwiesen, da für den an sich erwünschteren Skelettbau noch die preisgünstigen, leichten Schichtwände (Sandwich-Wände) fehlen. Sehen wir von den Mantelbetonbauweisen ab, die sozusagen zwischen den traditionellen und den neuen Montagebauweisen stehen, so ist noch nicht entschieden, was sich auf die Dauer als wirtschaftlicher erweisen wird: die Fabrik an der Baustelle oder die stationäre Fabrik, in der man raumgroße Wand- und Deckenelemente herstellt, die dann an der Baustelle mit schweren Hebezeugen versetzt werden.
Werden die Teile an der Baustelle vorgefertigt, so sind keine hohen Investitionen erforderlich, man braucht keine sehr großen Serien

und behält auch in der Gestaltung der Bauglieder noch eine größere Freiheit. Außerdem fällt der schwierige Transport der sperrigen, schweren und leicht zu beschädigenden Fertigteile fort; dafür muß man die Nachteile einer geringeren Rationalisierung, also eines höheren Lohn- und Zeitaufwandes, einer geringeren Maßgenauigkeit und geringeren Sicherheit in der Erreichung der erforderlichen Materialqualitäten in Kauf nehmen. Auch bleibt man noch mehr oder minder von der Witterung und den Jahreszeiten abhängig.
In der Fabrik kann nahezu die gesamte Baufertigung, also Rohbau und Ausbau mit sämtlichen Handwerkssparten, in eine Hand gelegt werden. Man wird auch unabhängig vom Wetter. Durch die mögliche Rationalisierung und Automatisierung wird der Lohnanteil, der bei den traditionellen Bauweisen etwa 45% der Baukosten beträgt, gesenkt, und man kann mehr ungelernte Arbeitskräfte verwenden. Die Maßgenauigkeit wird gesteigert, und die erforderlichen Qualitäten werden durch die verbesserten Kontrollmöglichkeiten mit Sicherheit erreicht. Die Errichtung einer Wohnhausfabrik erfordert jedoch hohe Kapitalinvestitionen.
Um bei der Anwendung von Montagebauweisen alle darin enthaltenen Vorteile zu realisieren, muß man schon bei der Planung auf alle Eigenarten und Möglichkeiten des jeweiligen Baustoffes und Bauverfahrens eingehen.

Klein- oder Großtafelbauweise

Die Planung des aus Fertigteilen montierten Bauwerks muß sich an den Gegebenheiten der Elementherstellung orientieren. Es ist ein Unterschied, ob man einen Grundriß aus verschiedenen, auf dem Markt angebotenen, maßlich koordinierten, vorfabrizierten Bauteilen entwickelt (offenes System) oder aus dem Bausatz eines bestimmten Herstellers (geschlossenes System). Solche Elemente lassen sich in der Regel nicht mit denen eines anderen Herstellers gemeinsam verwenden, es sei denn, daß Abmessungen und Anschlußdetails aufeinander abgestimmt sind. Während für offene Systeme Kleintafelbauweisen mit großer Stückzahl gleicher Elemente typisch sind, finden wir das geschlossene System vor allem bei den Großtafelbauweisen. Ein gewisser Trend zum offenen System zeichnet sich mit der Kooperation verschiedener Firmen und der Abstimmung auf eine allgemein anerkannte Maßordnung jedoch ab.
Die „Kleintafelbauweisen" verwenden zur Elementenherstellung Fertigungstische oder Gruppenschalungen, bei welchen zumindest eine Dimension der Elemente nur unter Schwierigkeiten abgeändert werden kann. Es sollte deshalb ein Raster wenigstens in einer Richtung eingehalten sein, auf welchem die Elementstöße von Decken und einer Wandrichtung liegen. Öffnungen entstehen durch Lücken in der Reihung der Elemente.

Der Ausbaugrad kann nur gering sein:
Die Elektro-Installation kann bei einer Vielzahl von Elementstößen nur nachträglich in Aussparungen oder in den Elementfugen, nicht in den Elementen selbst geführt werden. Lüftungsschächte und Sanitärinstallationen lassen sich in Spezialelementen zusammenfassen und auf einen Raster beziehen. Abgesehen vom Fugenraster sind den Kleintafelbauweisen nur wenige konstruktive Bindungen auferlegt.
Da bei Elementbreiten bis ca. 3 m eine Transportbeschränkung noch nicht gegeben ist, wird die Länge und Dicke von Deckenelementen durch die erwünschten Raumabmessungen und die erforderlichen Spannweiten bestimmt. Kleintafelbauweisen ergeben eine größere Grundrißvariabilität, sind aber wegen des höheren Fugenanteils nur für geringere statische Beanspruchung des Gefüges geeignet.

SYSTEME
DES MONTAGEWANDBAUES

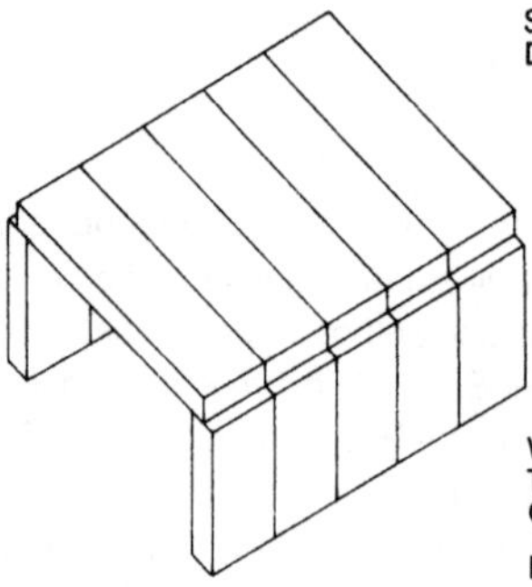

WAND- UND DECKEN-
TEILELEMENTE
GEWICHTE BIS ca. 2 t

KLEINTAFELBAUWEISEN

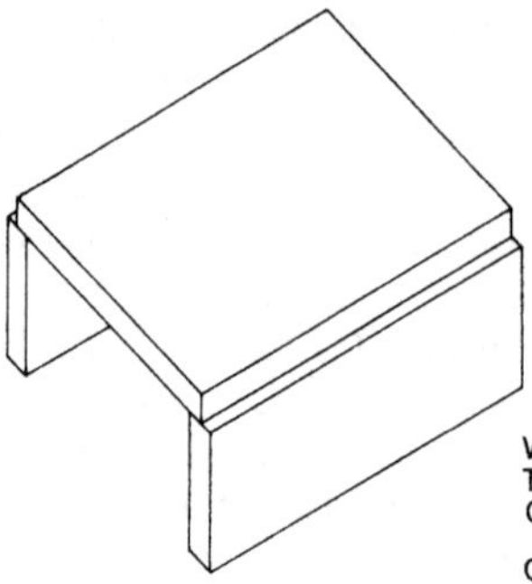

WAND- UND DECKENGROSSE
TAFELELEMENTE
GEWICHTE BIS ca. 10 t

GROSSTAFELBAUWEISEN

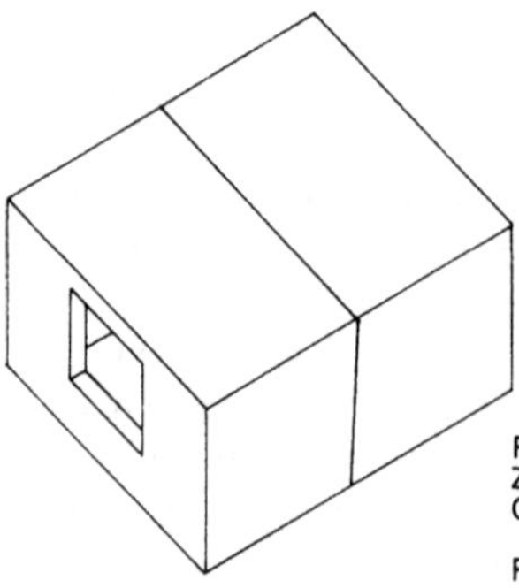

RAUMGROSSE
ZELLENELEMENTE
GEWICHTE BIS ÜBER 20 t

RAUMZELLENBAUWEISEN

Bei den „Großtafelbauweisen" liegen die Elementstöße ausschließlich in den Raumecken. Für diese Art des Montagebaues ist eine Rasterbindung des Grundrisses nicht erforderlich. Wohl ist es notwendig, einen vorgegebenen Grundriß auf die einzelnen Herstellersysteme abzustimmen, doch sind hier die Fertigungsformen auf Länge und Breite der Großtafelelemente einstellbar. Für die Wandtafeln und die Decken als Größtelemente gelten jedoch Transportbedingungen, welche Gewicht und Abmessungen beschränken. Um die Anzahl unterschiedlicher Elemente klein zu halten, sind Wiederholungen von Raum- und Plattengrößen wünschenswert. Die Variabilität eines Grundrisses liegt dann in der Anzahl der Räume je Wohnung und nicht in differenzierten Raumgrößen.
Der Ausbaugrad kann höher sein als bei Kleintafelbauweisen. Die Elektroinstallation und die Ausbauelemente wie Fußboden-, Wand- und Deckenbeschichtung oder die sanitären Einrichtungen lassen sich werkseitig ausführen, so daß Montage- und Gesamtbauzeit wesentlich reduziert werden können.
Eine Weiterentwicklung in dieser Richtung bedeuten die „Raumzellenbauweisen". Sie erlauben, Ausbau und Ausstattung vollständig in der Fabrik vorzunehmen. Bei geschlossenen Raumzellen ist die Variabilität noch weiter eingeschränkt als beim Großtafelbau, da durch Transportbedingungen die Raumbreite auf < 3 m begrenzt ist. Anpassungsfähiger in der Grundrißplanung sind zweiseitig offene Raumzellen. Hier können Räume über die Elementstöße greifen. Das erhöht wohl den Montageaufwand, erlaubt jedoch unterschiedliche Raumabmessungen für Wohnnutzung wie auch für Verwaltungs- und Schulbau.

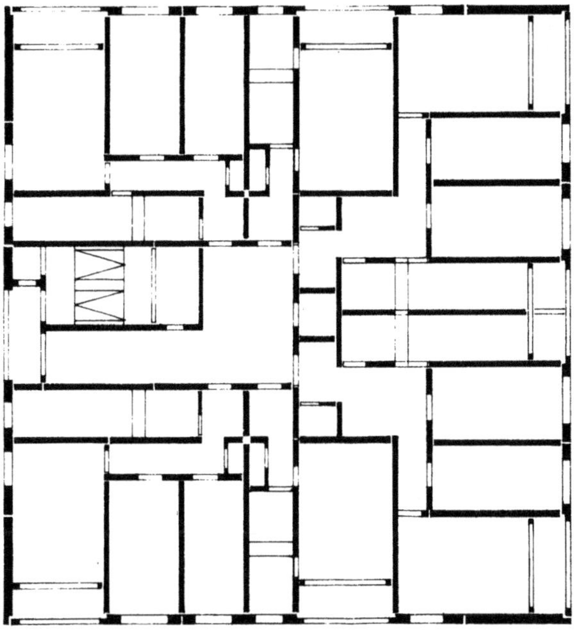

GROSSTAFELBAUWEISE: GERINGE ANZAHL UNTERSCHIEDLICHER ELEMENTE, WIEDERHOLT VERWENDET, RASTERUNG NICHT NOTWENDIG

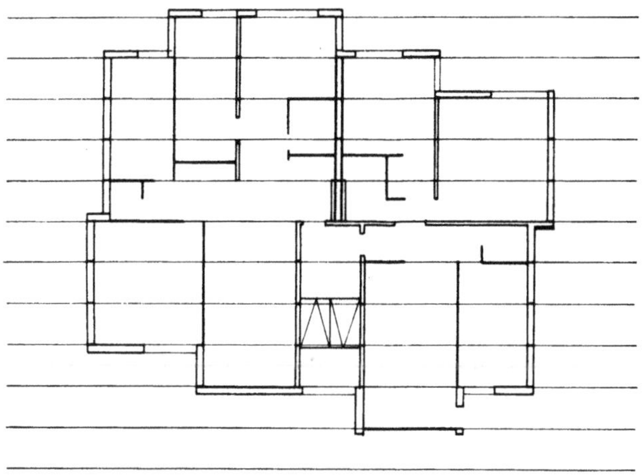

KLEINTAFELBAUWEISE: GRÖSSERE PLANERISCHE FREIHEIT BEI GERINGFÜGIG DIFFERENZIERBAREN GRUNDELEMENTEN (HOHE STÜCKZAHL – AUSBAU)

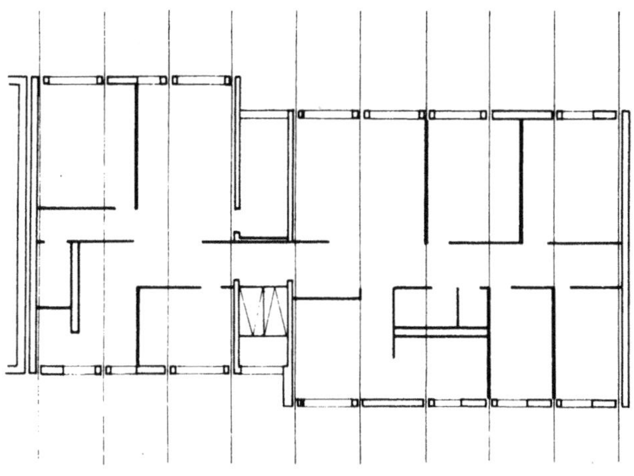

RAUMZELLENBAUWEISE OFFEN: AUSBAU UND RAUMGRÖSSE ÜBERGREIFEN TRAGWERKSEINHEITEN

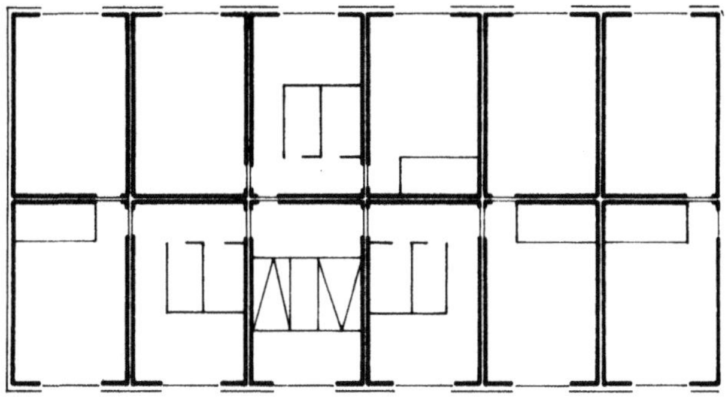

GESCHLOSSENE RAUMZELLEN: RAUMGROSSE AUSBAU- UND TRAGWERKSEINHEIT
WEITESTGEHENDE VORFERTIGUNG

Maßordnung

Ohne irgendeine Ordnung der Abmessungen von Fertigteilen ist ein rationelleres Arbeiten durch Montagebauweisen nicht möglich. Die Serienfertigung verlangt nach wenigen Element-Typen und wenigen Elementgrößen. Sie sollten ohne Paßelemente und Anpaßarbeiten ein Höchstmaß an Kombinationsmöglichkeiten in sich vereinen. Abmessungen und Passung von Elementen, Fertigungs- und Einbautoleranzen sind durch eine Maßordnung zu koordinieren.

Seit den fünfziger Jahren wurde in Deutschland nach oktametrischem Maßsystem gebaut, d. h. nach Grundmaßen, die durch Teilung von 1 bzw. 10 m entstehen. Auf ihm basiert die „Maßordnung im Hochbau" DIN 4172, siehe Kapitel „Maßordnung des Mauerwerkbaus", im Jahre 1955 erstmals erschienen. Mit der baulichen Entwicklung der letzten Nachkriegszeit blickt sie auf eine längere Erprobungs- und Bewährungszeit zurück. Unter Anwendung der DIN 4172 wurden Millionen von Wohnungen erstellt. Ihre Raum-, Öffnungs- und Bauteilabmessungen leiten sich unter Berücksichtigung der Fugen aus Vielfachen und Bruchteilen des Achtelmetermaßes 12,5 cm ab. Darauf waren bereits 1952 die Steinformate der DIN 105 umgestellt worden: 12,5 cm = Breitenmaß des Steins 11,5 cm + Fuge 1 cm, was entsprechend der Spannweite der Hand auch für den Arbeitsvorgang und für die Abmessungen größerer Steinformate vorteilhaft war. Als zu Beginn der sechziger Jahre jedoch andere Baustoffe und Bauweisen vorrückten, wurde vom damaligen Wohnungs- und Städtebauminister bereits 1963 die Anwendung einer Maßordnung auf Basis des Grundmoduls M = 100 mm empfohlen.

Diese Maßordnung ist von der ISO = International Organization for Standardization bzw. der IMG = International Modular-Group unter weltweiter, auch deutscher Beteiligung erarbeitet worden. Sie beruht auf einem duo-dezimalen System, dem eine bessere Teilbarkeit eigen ist als dem oktametrischen. Während es für die Großmaße wohl belanglos ist, ob man 2,40 oder 2,50, ob man 7,20 oder 7,50 schreibt, ist für Teil- und Grundmaße eine möglichst weitgehende Unterteilbarkeit ohne Bruchteile von Millimetern für ein industrialisiertes Bauen vorteilhaft. Die kleinsten Teilmaße müssen volle Millimeter bleiben, da automatische Fertigungseinrichtungen sinnvoll nur auf mm-Abstufung einzurichten sind. An- oder Aufrundungen auf volle Millimeter führten bei vielfacher Addierung von Elementen zu viel zu großen Toleranzen und sind damit für industrialisierte Bauweisen ungeeignet.

Vergleich zur Teilbarkeit des Moduls 6 M

Stückzahl	Teilmaße Modul 500 mm	Teilmaße Modul 600 mm	Teilmaße Modul 625 mm
1	500	600	
2	250	300	
3		200	
4	125	150	
5	100	120	125
6		100	
8		75	
10	50	60	
12		50	
15		40	
20	25	30	
24		25	
25	20	24	25
30		20	
40		15	
50	10	12	
60		10	
75		8	
100	5	6	
120		5	
125	4		5
150		4	
200		3	
250	2		
300		2	
500	1		
600		1	
625			1

Im Vergleich mit den oktametrischen Multimoduln 500 oder 625 mm (mit den Primfaktoren 2 und 5) ist der duo-dezimale Multimodul 6 M = 600 mm (mit den Primfaktoren 2 und 3) mehr als doppelt so oft in ganze Millimeter teilbar (insgesamt 23mal gegenüber11- bzw. 4mal). Im Zuge der Weiterentwicklung des elementierten Bauens und einer industrialisierten Fertigung der Bauelemente wird es auch aus konstruktiven, wirtschaftlichen und marktpolitischen Überlegungen geboten sein, nicht nur die Bauplanung, sondern auch die Entwicklung von Serienelementen des Ausbaus und der Ausstattung mit dieser neuen internationalen Maßordnung abzustimmen. Für einen Übergangszeitraum wird sicher das Nebeneinander von alten und neuen Maßsystemen und eine wechselseitige Anpassung der Systeme unumgänglich sein; man vergleiche z. B. nur die gegenwärtig unterschiedlichen Elementbreiten der Gasbeton-Industrie: 50 und 62,5 cm neben 60 cm.

Modulordnung – Maßkoordinierung

Mit der DIN 18000 „Maßkoordinierung im Bauwesen" finden die Arbeitsergebnisse und Empfehlungen der ISO und IMG auch in die deutschen Normen Eingang. Dieser liegen daher als Maßeinheit der Grundmodul M = 100 mm und seine Reihung nach der „Internationalen Modulordnung" (IMO) zugrunde. Zu berücksichtigen ist, daß die Modulordnung eine Maßkoordination zunächst nur theoretisch gewährleistet. Daraus sind für die Werkplanung und praktische Ausführung die wirklichen Bauteilabmessungen abzuleiten unter Berücksichtigung von Fugenbreiten, Fertigungs- und Einbautoleranzen. Die verschiedenen Maß- und Ordnungsbegriffe sind zu definieren:

- Koordinierungsmaße: Maße, die für die Koordination von Bauelementen, für ihre Lage innerhalb des Baugefüges und ihren Anschluß untereinander bestimmend sind.
- Baurichtmaße (Normmaße): Maße von Bauteilen einschließlich der Fugenanteile gegenüber Anschlußelementen, gemessen von Fugenmitte zu Fugenmitte. Sie sind ganzzahlige Vielfache des Grundmoduls M (Groß- oder Multimoduln) bzw. ganzzahlige Teile von M (Submoduln).
- Konstruktionsmaße (Nennmaße): Theoretische Sollmaße von Bauteilen ohne Berücksichtigung von Fugenanteilen und Toleranzen. Sie sind keine Normmaße.
- Istmaße: Gemessene Elementmaße, die noch um die zulässigen Toleranzen von den Konstruktionsmaßen abweichen dürfen.
- Vorzugsmaße: Maße, die für bestimmte Gruppen von Bauteilen aus allen nach der Modulordnung möglichen Maßen zwecks Einschränkung der Sortimentsvielfalt ausgewählt sind.
- Rastermaße: Abstand der Linien oder Ebenen eines zwei- oder dreidimensionalen Koordinationssystems auf der Basis von Baurichtmaßen.
- Primärstruktur: Ordnungssystem des Tragwerkes.
- Sekundärstruktur: Ordnungssystem aller raumbildenden Ausbauelemente, die mit dem Tragwerk koordiniert werden müssen. Eine Trennung der Raster von Primär- und Sekundärstruktur (Versatz statt Überlagerung) erhöht die gegenseitige Unabhängigkeit, vermeidet Paßelemente und gibt damit größere Freiheit im Ausbau.
- Tertiärstruktur: Sämtliche Installationselemente und der technische Ausbau sowohl innerhalb als auch zwischen den tragenden und raumbildenden Elementen, wofür ebenfalls koordinierte modulare Abmessungen von Vorteil sind, vgl. Einbauleuchten.

Aus Gründen der Sortimentsbeschränkung, zugleich aber auch zur Vergrößerung der Austausch- und Paßmöglichkeiten ist nach der Modularordnung zugleich eine bestimmte Ordnung in der Modulreihung, d. h. der Maßsprünge empfohlen. Sie lautet für waagerechte Abmessungen

3 M – 6 M – 12 M – (15 M) – 30 M – 60 M.

Die internationale Einigung auf den Grundmodul M und seine Reihung beinhaltete nicht zuletzt den Kompromiß einer Annäherung zwischen den konkurrierenden metrischen und nicht metrischen Maßsystemen. Gewiß nicht zufällig läßt sich daher über den Umweg des Grundmoduls „Dezimeter" folgende Beziehung zu den angelsächsischen Fuß- und Zoll-Einheiten herleiten:

4″	(inch – Zoll)	= 101,6 mm	~ 1 M
12″ = 1′	(foot – Fuß)	= 304,8 mm	~ 3 M
24″ = 2′	(foot – Fuß)	= 609,6 mm	~ 6 M
36″ = 3′	= 1 yd (yard)	= 914,4 mm	~ 9 M

Auch die Comecon-Staaten haben den Grundmodul M = 100 mm und seine Reihung ihrer Normung zugrunde gelegt. Die in dieser Modulordnung vorkommenden verschieden großen Multimoduln sind als Teilgruppen jeweils für bestimmte Typen von Bauteilen und Bauwerken vorgesehen. So sind 3 M und 6 M besonders für den Wohnungsbau, 30 M und 60 M für den Industriebau empfohlen.

Für die waagrechten Abmessungen gelten die Regeln:

- daß in einer zu verwendenden Reihung von Großmoduln aus Gründen der Austauschbarkeit der einzelne Großmodul ein ganzes Vielfaches des nächstkleineren sein soll,
- daß je größer die Abmessungen eines Bauteiles sind, um so größer auch die Maßsprünge zwischen aufeinanderfolgenden Elementen einer Reihe sein dürfen.

Nach dem Vorschlag der ISO sollen natürlich auch alle Rohbaumaße den Moduln entsprechen. Zum Beispiel Rohbaumaße für eine Türöffnung 3 × 3 M = 90 cm. Davon gehen die Zargenmaße ab, so daß eine lichte Durchgangsöffnung von ca. 80 cm verbleibt.

KOORDINATION VON AUSBAU- UND RASTERMASSEN IM RASTERSYSTEM

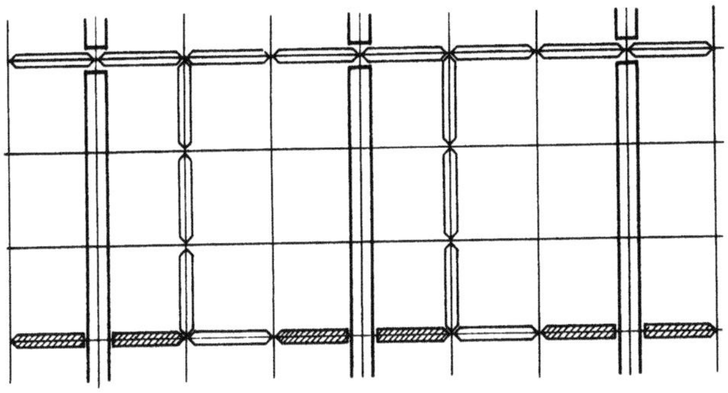

ÜBERLAGERT: NICHTMODULARE ABMESSUNGEN IM ACHSRASTER BEDINGEN PASS-STÜCKE

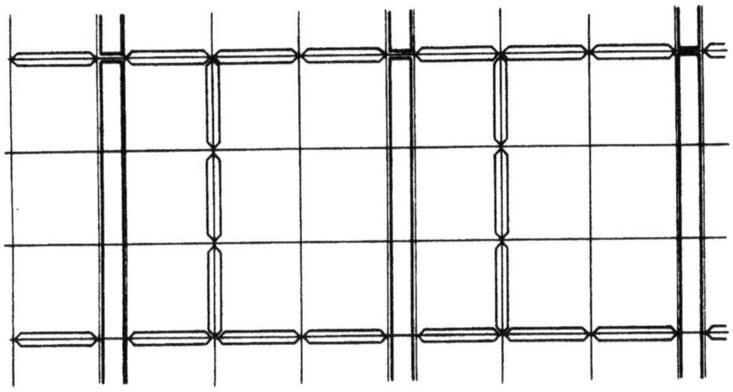

ZWISCHENGESCHALTET: NEUTRALE ZONEN IM ACHSRASTER VERMEIDEN PASSELEMENTE

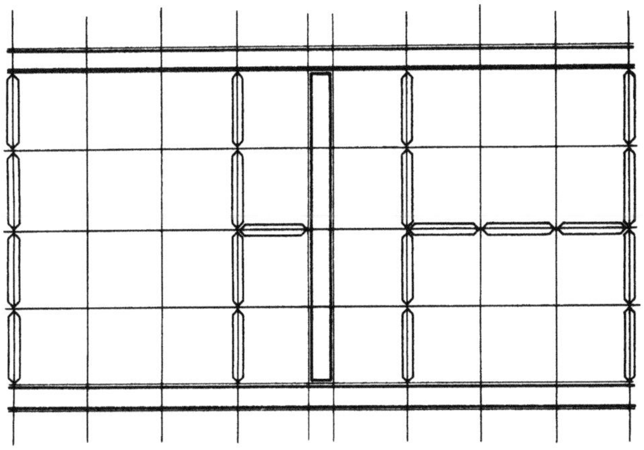

AUSBAURASTER INNERHALB DES TRAGWERKRASTERS

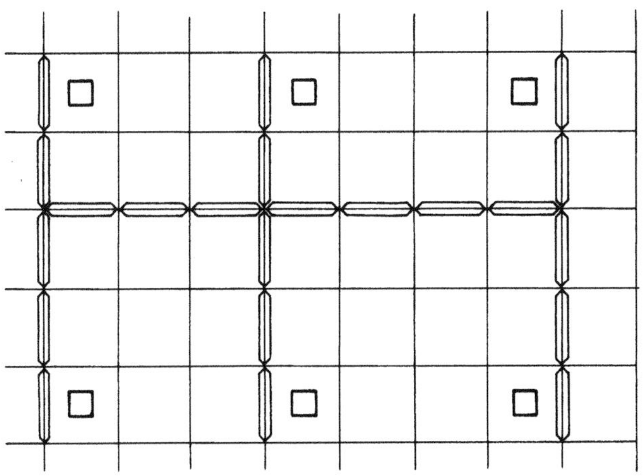

AUSBAU- UND TRAGWERKRASTER MIT GEGENSEITIGEM VERSATZ

ELEMENTSTÖSSE IN BEZIEHUNG VON ACHS- UND BAURASTER

PASS-STÜCKE

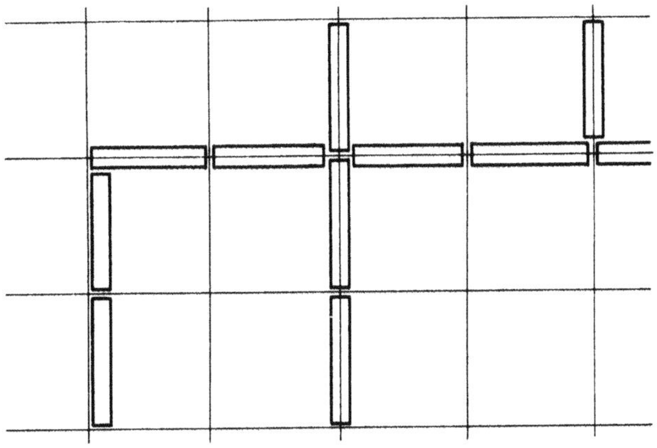

IDEALANSCHLUSS MIT DECKENBLENDEN

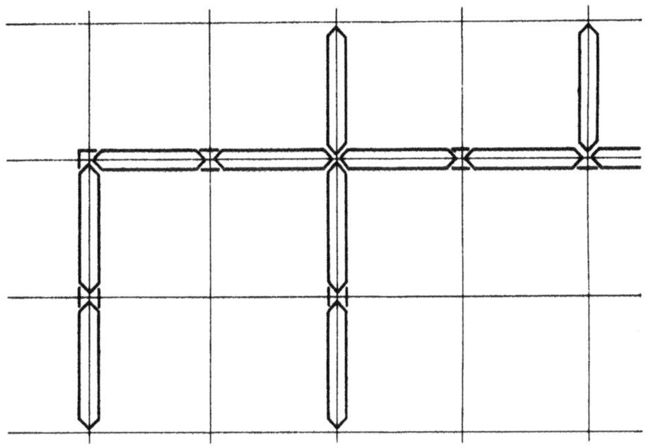

TAFELELEMENTE MIT STOSSBLENDEN

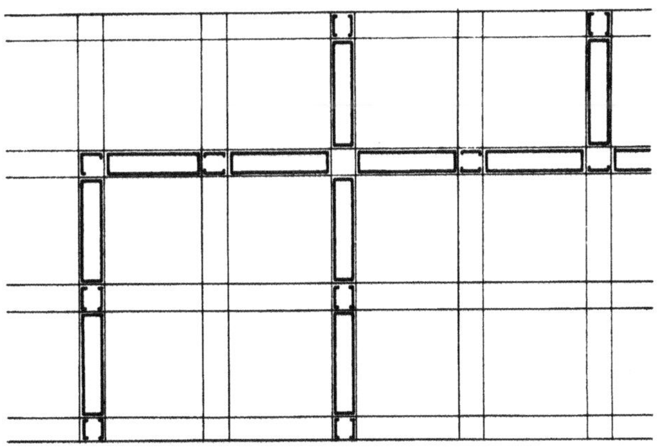

PFOSTENELEMENT MIT FÜLLTAFELN

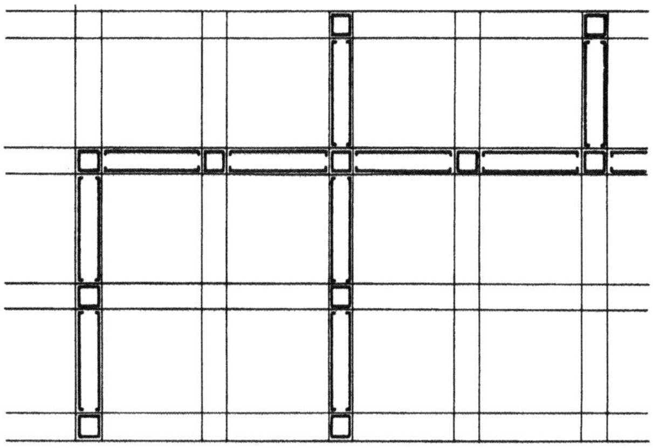

Ebenso soll mit den Fensteröffnungen verfahren werden. Die Reihe würde also lauten: 60 – 90 – 120 – 150 – 180 cm etc. Die „Ist"-Maße der Bauteile entsprechen damit nicht den genauen Modulmaßen, sondern weichen um die Fugenstärken und Toleranzen ab.

Auch die Geschoßhöhen sind andere als in unseren DIN-Normen. Nach den ISO-Vorschlägen gibt es – im Wohnungsbau – keine Großmoduln, sondern nur Maßsprünge von je 1 M = 100 mm. Die Geschoßhöhen sollen 26 M – 27 M – 28 M oder 30 M betragen. Im Industriebau werden Steigerungen um je 6 M vorgeschlagen.

Zwischen Wohnungsbau und Industriebau (vorzugsweise Hallenbau) gibt es sowohl nach den Anforderungen wie den Bau- und Raumgrößen und Raumbedürfnissen eine ganze Reihe wichtiger Gebäudearten wie z. B. Schulbauten, Bürobauten, Institute etc.; hierfür wurden bisher noch keine Normen erarbeitet.

Keine Maßordnung gibt es bisher für den sogenannten Submodularbereich. Hierzu zählen vor allem die Dimensionen der Konstruktionsglieder, der Stützen- und Balkenquerschnitte, der Rippen- und Plattendecken, Bauplatten, Estrichstärken etc. Hier kann selbst 1 Zoll ein zu grober Maßstab sein. Was Gesamtdeckenstärken und Geschoßhöhen angeht, so ist kaum auszumachen, ob man besser die Gesamtgeschoßhöhe oder die lichte Geschoßhöhe der Norm zugrunde legt (in den derzeitigen Normen die Geschoßhöhen). Nimmt man die Geschoßhöhen, so lassen sich die Treppen und alle Installationsleitungen, alle Steig- und Falleitungen normieren sowie die Montagehöhe der Installationskörper, der Elt-Schalter etc. Variabel ist dann die verbleibende Raumhöhe, die Raumlichte, die von der Konstruktionsstärke des Deckenaufbaues abhängt (Dicke der Tragdecke, der Isolierschicht, des Estrichs und der Gehschicht, evtl. untergehängte Decke). Von Vorteil wäre eine vorgegebene lichte Raumhöhe für den Einbau der Zwischenwände, Plattenaufteilungen für die Türmaße und die Fenster.

Mit diesen Überlegungen stößt man an die Grenzen einer restlosen Normung. Ihre Vorteile für die Planung und Konstruktion, für die Produktion von Baustoffen und Baugliedern und die Bauausführung sind längst erwiesen. Ob und wann es zu Welt-Baunormen kommen wird, steht dahin. Sicher ist, daß sie in absehbarer Zeit jedoch keine wirtschaftlichen und technischen Vorteile bringen könnten. Im Bereich des internationalen Handels wären solche Normen allein für den Rohbau auch bei Montagebauweisen ohne Vorteil, denn schwere Bauteile lohnen nur den Transport über 100–200 km. Auch hat jede Produktionsserie in ihrer Stückzahl je nach Fertigungsgrad ein gewisses Optimum. Eine Vergrößerung der Serie darüber hinaus bringt keine wirtschaftlichen Vorteile mehr, weder für den Produzenten noch für den Konsumenten. Daher kommt es auch, daß z. B. auf dem am höchsten rationalisierten technischen Gebiet, dem des Autobaues, die Vielfalt der Einzelteile eher größer als kleiner geworden ist und kein Teil eines „Opels" in den eines „Ford" paßt.

Schließlich ist noch zu bedenken, daß die schematische Verwendung größerer Normenteile vielleicht finanzielle Vorteile bei der Erstellung des Rohbaues bringen könnte, die Kubatur des Baues aber vergrößert, die Kosten des Ausbaues, des Bau-Betriebes (Heizung – Beleuchtung) und der Baupflege sich erhöhen würden. Wenn wir nicht auf der grünen Wiese bauen, die eine vollständig freie Dimensionierung eines Baues erlaubt, müssen wir uns nach den vorgegebenen Maßen eines Bauplatzes richten, was ein 100%iges Einhalten einer vorgegebenen Maßordnung ohne Anschlußprobleme nicht zuläßt. Daraus ergibt sich die Konsequenz: Einhaltung der Normen soweit als möglich und zusätzliche Paßarbeiten oder Sonderelemente soweit als nötig.

Bedeutung von Fertigungs- und Einbautoleranzen

Bei den traditionellen Bauweisen lassen sich die Maße der Längen, Breiten, Höhen der Wandpfeiler, Fenster und Türöffnungen nur mit einer gewissen Schwankungsbreite, den sogenannten Toleranzmaßen, einhalten: Der Maurer nimmt die Stärke der Stoßfugen nach dem Augenmaß, die Stockwerkshöhen mindern sich durch Zusammendrücken des Mörtels der Lagerfugen etc. Glaubt man, 100 gleiche Fenster- oder Türöffnungen zu haben, so werden sich, wenn sie ohne zusätzliche kostensteigernde Gewände, Zargen oder Lehren gemauert sind, solche Maßdifferenzen ergeben, daß man z. B. nicht 100 gleiche Fenster setzen kann, sondern mit zwei oder drei Fenstergrößen wird arbeiten müssen, d. h., der Fensterlieferant hat es nicht mit einer einheitlichen großen Serie zu tun, sondern mit zwei oder drei kleineren. Zudem muß jede Öffnung am Bau gemessen, im Plan festgehalten, müssen die Fenster für ihren Einbau positioniert werden. Anpaßarbeiten werden trotzdem nicht ausbleiben. Die Maßabweichungen bei den traditionellen Bauverfahren verlaufen bei großen Mengen entsprechend der Gaußschen Häufigkeitskurve.

HÄUFIGKEITSVERTEILUNG VON MESSWERTEN
(GAUSSSCHE HÄUFIGKEITSKURVE)

DIE ZULÄSSIGE MASSABWEICHUNG BETRÄGT ±3a
GRÖSSERE MASSABWEICHUNGEN FALLEN UNTER AUSSCHUSS

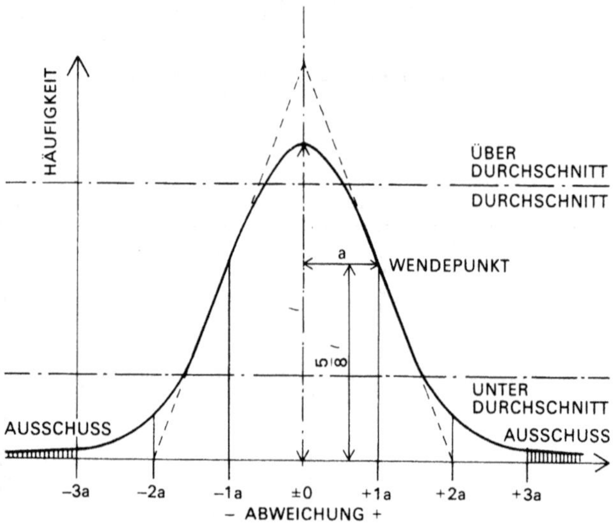

Bei einem industrialisierten Bauen ist umzudenken: Daumen und Augenmaß sind unzulängliche Maßstäbe. Toleranzabweichungen in Zentimetern werden auf der Baustelle von mm-Toleranzen oder bei Serienfertigung in der Fabrik sogar von 1/10 mm abgelöst werden. Es sind daher auch präzisere Methoden der Bauteileinmessung und -montage unumgänglich. So kann eine einzige Elementgröße verwendet, können die Einbautoleranzen an Stößen optisch unmerklich durch die Verbindungsfugen ausgeglichen werden.

Grundsätzlich gilt, daß die Maßabweichungen sich um so mehr häufen, je kleiner die verwendeten Einzelteile sind und je größer ihre Anzahl ist. Umgekehrt können Maßabweichungen prozentual in um so engeren Grenzen gehalten werden, je größer ein Bauteil ist und je weniger der Fertigungsprozeß von manuellem Einsatz abhängt.

Bei den Spitzenleistungen raumgroßer, in Stahlschalungen gefertigter Elemente konnten die Maßabweichungen auf ± 1 mm Herstellungstoleranz reduziert werden. Umgekehrt wachsen aber die unvermeidlichen Toleranzen bei der Montage mit der Größe eines Bauteiles.

MAXIMALE OBERFLÄCHENTEMPERATURSPANNEN

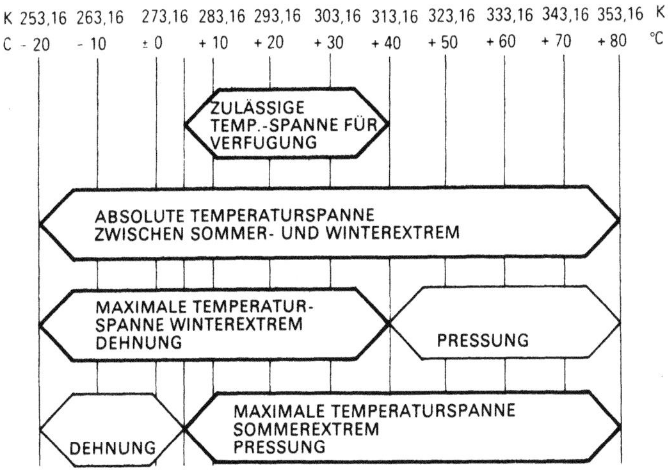

DIE VERNACHLÄSSIGUNG DER GÜNSTIGEREN DIFFERENZ IN DER NÄHERUNGSBERECHNUNG IST SICHERHEITSZUSCHLAG

FUGENSYSTEME

OFFEN ABGEDECKT ABGEDICHTET

HORIZONTALFUGEN

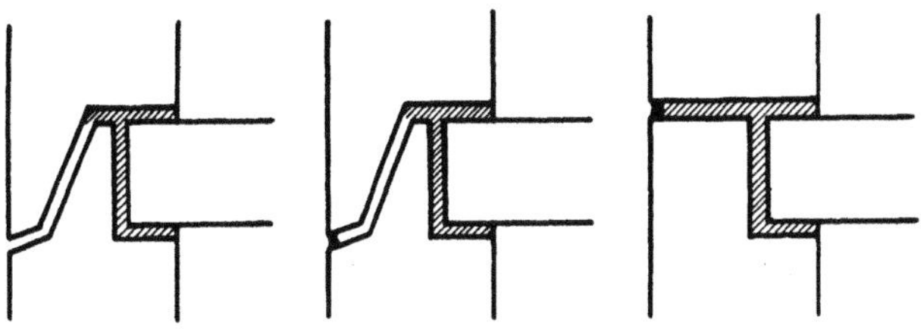

VERTIKALFUGEN

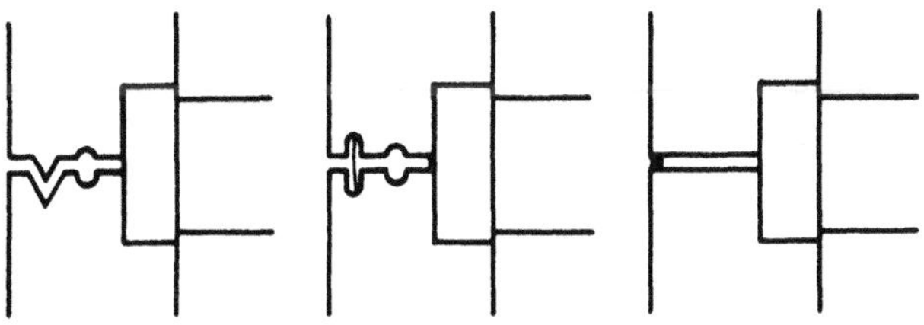

QUERSCHNITTE AUSZUBILDENDER FUGEN

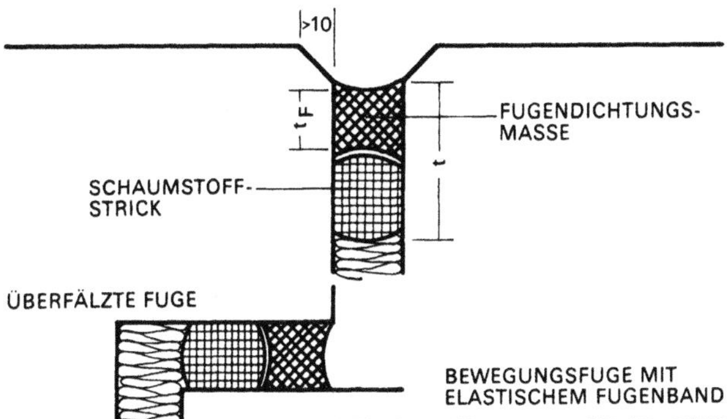

Montagefugen

Die Fugen entstehen durch die konstruktive Aufteilung von Bauten und Bauteilen in Einzelelemente, ferner auch durch das Zusammenfügen von Bauteilen verschiedenartiger Materialien.

Gegenüber dem großen Fugenanteil beim Mauerwerksbau sinkt bei zunehmender Größe von Fertigteilen der prozentuale Fugenanteil. Die effektiven Fugenbreiten und -stärken werden nicht nur durch die Elementgröße, durch Herstellungs- und Einbautoleranzen bestimmt, sondern sind auch eine Frage statischer, bauphysikalischer und montagebedingter Erfordernisse. Eine vermörtelte Fuge allein kann alle diese Aufgaben nicht mehr gleichzeitig erfüllen. Die Fugen und ihre Füllungen spezialisieren sich.

Im Vergleich zu den heutigen Montagebauweisen zeigte der alte Ziegelbau mit seinen zahllosen Fugen keine nennenswerten Längen- und Höhenänderungen selbst bei großen Maßen und Temperaturschwankungen.

Je größer aber ein Bauteil ist und je weniger Fugen er aufweist, desto mehr wirkt sich das durch die Temperaturschwankungen bedingte Wachsen und Schwinden in Länge, Breite und Höhe auf seine Fugen aus. Das betrifft in der Hauptsache die Außenwand, während die Innenwände nur unter geringen Temperaturschwankungen stehen. Soweit Außenwände aus Fertigteilen eine geringere Stärke haben als die traditionell gemauerten und verputzten (Gesamtstärke 34 cm), ist die übliche durchgehende Mörtelfuge von ca. 10 mm nicht mehr zu gebrauchen, da der Mörtel einen höheren Wärmedurchgang als das Mauerwerk besitzt. Es würde sich das Fugennetz auf der Raumseite abzeichnen.

Mit den verschiedenen Montagebauweisen entstand für die unterschiedlichen Beanspruchungen und Einbauverhältnisse eine ganze Reihe von Lösungen für die Fugenausbildung, wobei Vertikal- und Horizontalfugen stets aufeinander abzustimmen sind. Den Fugen kommt schließlich nicht nur eine technische und wirtschaftliche Bedeutung, sondern auch eine ästhetische, gliedernde für das Erscheinungsbild zu.

Statisch-konstruktive Verbindung

Horizontalfugen zwischen tragenden Bauteilen haben die Aufgabe, Druckkräfte aus Eigengewicht und den darüberliegenden Bauteilen oder Geschossen und den Nutzlasten zu übertragen. Die Beanspruchung der Fugen wächst bei tragenden Wänden, also mit der steigenden Anzahl der darüberliegenden Geschosse und kann beim Hochhausbau der Geschoßanzahl Grenzen setzen. Die Druckfestigkeit der Fugen läßt sich nicht in gleichem Maße steigern wie z. B. die des Betons. Die Stärke einer Horizontalfuge (Lagerfuge) hängt ab von der Größe und Maßhaltigkeit des zu versetzenden Bauteils sowie von der Art seiner Versetzung.

Werden die Bauteile von oben in ein vorbereitetes Mörtelbett versetzt, so kann man nur bei maßgenau geschliffenen Gasbetonplatten und einem Kunststoff-Klebemörtel die Fugenstärken auf wenige mm reduzieren. Bei den meisten weniger exakten Fertigteilen wird man mit Fugenstärken von > 1 cm rechnen müssen unter Verwendung eines Normalmörtels.

Raumgroße Wandelemente lassen sich nicht mehr auf ein vorbereitetes Mörtelbett versetzen. Sie werden zunächst unterkeilt oder besser auf Schrauben einreguliert und in ihrer genauen Lage und Stellung justiert. Weil also die Lagerfugen erst hinterher gefüllt, d. h. unterstopft werden können, müssen sie eine größere Stärke erhalten. Man rechnet darum mit > 2 cm Fugenstärke, um die gesamte Querschnittsfläche einer Wand voll, exakt und dicht unterstopfen zu können.

Für den Verguß kraftübertragender Fugen verwendet man verschiedene Mörtelarten:

1. für die Fugen von ca. 1–3 mm
   Kunststoffklebemörtel
2. für die Fugen von ca. 3–7 mm
   Kalk- und Zementmörtel mit Feinsand und ggf. Kunststoffzusätzen, die Geschmeidigkeit und Dichtigkeit verbessern.
3. für die Fugen von ca. 7–15 mm
   normale Mörtelarten
4. für die Fugen von ca. 20–30 mm
   Feinbeton mit vorbestimmten Siebkurven für Kies und Sand.

Die Hersteller von Fertigteilen geben für das Versetzen der Teile meist genaue Vorschriften über die Mörtelzusammensetzung und die Mischungsverhältnisse an, die auf Erfahrung beruhen und genau zu beachten sind.
Von Bedeutung für die Beurteilung einer Mörtelfuge ist die Abnahme der Druckfestigkeit mit zunehmender Fugenstärke. Sie beträgt beispielsweise bei Zementmörtel:

Fugenstärke: 10 mm ~ Druckfestigkeit:	30 MN/m² (300 kp/cm²)
Fugenstärke: 15 mm ~ Druckfestigkeit:	25 MN/m² (250 kp/cm²)
Fugenstärke: 20 mm ~ Druckfestigkeit:	20 MN/m² (200 kp/cm²)
Fugenstärke: 25 mm ~ Druckfestigkeit:	15 MN/m² (150 kp/cm²)

Die Vertikalfuge hat im Gegensatz zur Horizontalfuge in erster Linie eine abdichtende Funktion. Die Ausbildung kraftschlüssiger Vertikalfugen ist komplizierter, weil hier gleichzeitig Druck-, Zug- und Scherspannungen auftreten können. Wenn Vertikalfugen statisch beansprucht werden, z. B. im Schachtelgefüge des Großtafelbaues, sind gleichsam vernähte Fugen mit einer Schlaufen- und Längsbewehrung anzuordnen, ggf. die Fugenränder zu profilieren. Der Verbund lediglich durch Verguß einer Hohlfuge oder die Ausbildung der Plattenkanten mit Nut und Feder wirken allenfalls stabilisierend auf die Nachbarelemente, nicht auf das Gefüge als Ganzes.

Fugen an Außenwandelementen

Die statisch nicht wirksame Fugenfüllung und die Fugenabdichtung haben die Aufgabe, über die Stöße von Teilelementen hinweg die Geschlossenheit eines Bauteiles bzw. einer Fassade, ihre Dämmwirkung und Dichtigkeit zu sichern.
Die Fugen an der Außenwand werden durch den Wechsel der Temperatur- und Feuchtigkeitsverhältnisse, durch Winddruck und Sonneneinstrahlung beansprucht. Damit solche periodisch auftretenden Bewegungen nicht zu Spannungen und unkontrollierten Rissen führen, sollten Außenwandelemente mit der inneren Tragkonstruktion, aber auch untereinander nicht in starrer Verbindung stehen.

Bemessung von abgedichteten Außenwandfugen

Zahlreiche, sich teilweise überlagernde Faktoren beeinflussen das Ausmaß der Bewegungen zwischen Fassadenelementen, also die erforderliche Fugenbreite:
- Größe der anschließenden Bauteile bzw. sich daraus ergebende Fugenabstände,
- Material der Bauteile und seine Wärmeausdehnungskoeffizienten,
- zu erwartende Temperaturschwankungen,
- Witterungsverhältnisse zum Montagezeitpunkt,
- Feuchtigkeitsverhalten der Baustoffe (Schwinden und Quellen),
- Herstellungstoleranzen der Fertigteile,
- Einbautoleranzen,
- Dehnbarkeit, Rückstellelastizität und Haftfestigkeit der Dichtungsmaterialien,
- Einhaltung konstruktiv sinnvoller Fugenbreiten zwischen >10 mm und <25–30 mm.

Am wichtigsten für die Bemessung der Fugenbreite sind die möglichen Längenänderungen, denen die zu verbindenden Bauteile zwischen extremer sommerlicher Aufheizung und winterlicher Auskühlung ausgesetzt sind. Ihre Dehnung verengt die Fugen und setzt die Füllung unter Druck, ihr Schwinden erweitert sie, wodurch das Dichtungsmaterial und insbesondere seine Haftung an den Fugenflanken auf Zug beansprucht wird. Um ein Aufreißen bzw. Abreißen der Fugenmasse zu verhindern, sind im allgemeinen thermische Bewegungen von maximal 20% der Fugenbreite zulässig, d. h., die erforderliche Mindest-Fugenbreite muß das 5fache der auf die Fugen wirkenden Temperaturbewegungen betragen. Bei dem erstrebten Normalfall, daß die Bauelemente mittig verankert sind und ihre Enden sich nach beiden Seiten gleichmäßig bewegen, läßt sich die notwendige Mindest-Fugenbreite einer elastischen Fugenabdichtung aus folgenden Werten ermitteln:

Thermische Materialbewegung

(Reversible Dehnung und Schrumpfung)

Baustoffe:	(mm/m K):
Beton mit Kies	0,009–0,012
Beton mit Blähbeton	0,007–0,009
Beton mit Ziegelsplitt	0,006
Gasbeton	0,006–0,008
Zementmörtel	0,010
Kalkzementmörtel	0,009
Kalkmörtel	0,008
Kalksandsteine	0,005–0,008
Ziegel	0,005
Sandstein	0,012
Granit	0,008
Kalkstein	0,007
Klinker/Baukeramik	0,005–0,008
Asbestzement	0,010
Glas	0,004–0,005
Eisen	0,011
Stahl	0,010–0,014
Kupfer	0,017
Aluminium	0,024
Zink	0,017–0,028
Blei	0,029
Eiche/längs zur Faser	0,003
quer zur Faser	0,028
Tanne/längs zur Faser	0,004
quer zur Faser	0,058
Fichte/längs zur Faser	0,005
quer zur Faser	0,034
Buche/längs zur Faser	0,006
Glasfaser-Polyester	0,035–0,045
Acryl-Glas	0,070–0,080
Polystyrol	0,060–0,100
Polyaethylen	0,115–0,230
Polyvinylchlorid hart	0,070–0,090

Feuchtigkeitsbedingte Materialbewegung

(Die Wärmebewegung überlagerndes Schwinden und Quellen)

Baustoffe:	(mm/m K):
Beton B 35	0,12–0,14
B 25	0,14–0,16
B 15	0,16–0,18
Gasbeton	0,05–0,07
Zementmörtel	0,20
Kalkzementmörtel	0,35
Kalksandsteine	0,04
Ziegel	0,06
Sandstein	0,30–0,60
Granit	0,10–0,15
Kalkstein	0,09–0,16
Glas	0
Bauholz/Radial zur Faser	> 10
Tangential	> 20
Längs	> 1

Höchsttemperaturen verschiedener Fassadenoberflächen

(Süd- bis Westseiten im Sommer)

Fassadenmaterial:	Maximale Oberflächentemperatur °C (K):
weiße Keramik weiße Klinker weißes Mauerwerk	+ 40 (313)
helle Beton- und Putzflächen	+ 50 (323)
rote Vormauersteinfassade	+ 65 (338)
schwarze Keramik schwarze Klinker	+ 80 (353)

Berechnung der Längenänderung eines Bauteiles:

Δ = $a \times \Delta t \times L$ darin sind

Δi = temperaturbedingte Schwankungsbreite der Fuge (mm)

α = linearer thermischer Ausdehnungskoeffizient der Bauteile (mm/m K)
siehe Tabelle auf Vorseite

Δt = Temperaturdifferenz zwischen den extremen Oberflächentemperaturen der Bauteile
Aufheizung unter Sonneneinstrahlung im Sommer (siehe Tabelle) und Abkühlung auf Außenlufttemperatur im Winter (–15 bis –30 °C bzw. 258 bis 243 K)

L = Feldlänge bzw. Fugenabstand bei unterschiedlichen Elementen anteilig

$$\Delta t = \frac{L_1}{2} + \frac{L_2}{2} \text{ (m)}$$

Beispiel: Für eine Fuge zwischen zwei 4 m langen Betonelementen bei 353 K (80 °C) möglichem Temperaturunterschied errechnet sich die Schwankungsbreite

$$\Delta l = 0{,}011 \times 80 \times (2 + 2) = 3{,}5 \text{ mm}$$

Daraus resultiert die erforderliche Mindestfugenbreite
b minimum = $5 \times \Delta l = 5 \times 3{,}5 = 17{,}5$ mm aufgerundet 20 mm

Eine Bemessung der Fugenbreite nach diesen Überschlagsformeln gewährleistet, daß auch alle übrigen Einflußfaktoren mit ausreichender Sicherheit abgedeckt werden.
Zu weiterer Vereinfachung wurden für dauerelastische Dichtungsmassen in DIN 18540 „Abdichtung von Außenwandfugen im Hochbau mit Fugendichtmassen" die Fugenbreiten in Abhängigkeit vom Fugenabstand (bezogen auf eine Montagetemperatur von 283 °K (+ 10 °C) wie folgt festgelegt:

Fugenabstand in m Fertigteillänge	bis 2 m		2–4	4–6	6–8
mindestens erforderliche Fugenbreite b (mm)	10	15	20	25	30
Dicke der Fugendichtungsmasse t_F mm zulässige Abweichung	8 ± 1,6	10 ± 2	15 ± 3	15 ± 3	20 ± 4
Tiefe des Fugenraumes mm	30		40	50	60

Verarbeitung dauerelastischer Dichtungsmassen

Brauchbare Kunststoff-Fugenfüllmassen müssen folgende Eigenschaften aufweisen: hohes Dehnvermögen, große Rückstellelastizität und starke Haftung am Untergrund. Sie müssen widerstandsfähig sein gegen die Einwirkung von Sauerstoff, UV-Licht, Atmosphärilien und Wasser, Sonnenhitze und Frost. Schließlich muß man mit einer langen, über viele Jahre reichenden Haltbarkeit rechnen können.
Nach den bisherigen Erfahrungen erfüllen vor allem Produkte aus Polysulfitkautschuk, bekannt unter dem Namen „Thiokol", diese Forderungen. Mit Polysulfitkautschuk hat man die längsten Erfahrungen. Er ist ein niedermolekularer Kunstkautschuk, der durch Oxydation in den großmolekularen Zustand überführbar ist. Die Füllmasse wird an der Baustelle aus 2 Komponenten, der Stammkomponente und dem Härter vor der Verarbeitung so intensiv zusammengemischt, bis eine einheitliche Farbe entsteht. Der Härter leitet die Vulkanisation ein, d. h. die Überführung der Masse aus dem plastischen in den elastischen Zustand. Je nach dem Mischungsverhältnis ergeben sich weichere oder härtere Fugenmassen mit mehr elastischen oder mehr plastischen Eigenschaften, mit kürzerer oder längerer Erhärtungszeit. Diese kann je nach der Einstellung des Materials 24–48 Stunden betragen.
Nur bei fester Haftung an den Fugenflanken können die Fugenmassen eine Dehnung von 20% im Einbauzustand schadlos aufnehmen.
Bei den Bewegungen verhält sich die dauerelastische Fugenmasse wie Gummi, das an beiden Enden, also den Fugenflanken, festgehalten wird. Da die Längenänderungen der Beton-Vorsatzschalen aber nicht immer symmetrisch vor sich gehen – eine Plattenkante kann z. B. aus nicht erkennbaren Gründen festgehalten sein –, so wird in einem solchen Fall die ganze thermische Längenänderung nur nach einer Seite erfolgen. Dabei könnte die zulässige Dehnung, d. h. die Spannung der Fugenfüllmasse, überschritten werden. Um dieser Möglichkeit vorzubeugen, besitzen die dauerelastischen Füllmassen eine zusätzliche, begrenzte Plastizität, welche bei höheren Beanspruchungen die Spannungen in der Fugenfüllmasse abbaut.
Der Beton der Fugenränder muß trocken, griffig und fest sein, die Haftflächen von Verschmutzungen, Staub, Fett, ölhaltigen und bituminösen Belägen oder Flecken mit der Stahlbürste gereinigt werden, meist unter Verwendung eines geeigneten oder vorgeschriebenen Reinigungsmittels. Ist eine Fuge zu eng oder ungleich

weit, ist sie auf eine genügende Weite zu verbreitern. Schadstellen an den Fugenflanken werden mit Epoxidharzmörtel ausgebessert. Die Arbeitsgänge beim Verfugen gehen dann in folgender Reihenfolge vor sich:

- Abkleben der Fugenränder mit Klebeband,
- Voranstrich der Fugenhaftflächen mit dem zur jeweiligen Fugenfüllung gehörigen Mittel,
- Blindfüllung der Fugen mit einer Schaumstoff-Rundschnur, an der die Fugenfüllung nicht haftet. Die Fugenfüllmasse darf nur an den Fugenflanken, niemals noch an einer dritten Stelle haften, was die Dehnung verhindern und zum Bruch der Fugenfüllung führen könnte. Die Rundschnur muß genau in der Tiefe liegen, die die Fugenstärke erfordert. Zu diesem Zwecke wird sie in kleineren Abständen mit Schaumstoffstücken hinterfüttert.
- Einspritzen der Fugenmasse mit der Spritzpistole. Die Düsenspitze wird hierfür entsprechend der Fugenbreite abgeschnitten. Nach dem Einbringen der Fugenmasse muß diese sofort mit dem angefeuchteten Konkavspachtel geglättet werden, denn die Hautbildung beginnt bereits nach wenigen Minuten.

Nach dem Glätten der Fugenfüllung entfernt man sofort die Klebebänder.
Die Fugenmasse darf nur bei Temperaturen von 278 bis < 313 K (5° bis < 40 °C) eingebracht werden.

Die Haltbarkeit von Thiokolfugen beträgt 20 und mehr Jahre. Man sollte sie aber alle 4–5 Jahre gründlich überprüfen und ggf. ausbessern.

Offene und hinterlüftete Fugen

Bevor man über die dauerelastischen Fugenfüllmassen verfügte, mußte man mit anderen konstruktiven Maßnahmen für die Regen- und Winddichtheit bei den Beton-Außenwandfertigteilen sorgen. Für die Horizontalfugen war die Lösung einfach: Man ließ sie mit < 2 cm Stärke offen. Die darüberliegende griff um ein bestimmtes Maß über die Oberkante der unteren. Bei einer Stufenhöhe von > 15 cm konnte man bis zur Hochhausgrenze kommen, der Sicherheit halber sah man aber meistens noch eine zusätzliche Dichtung vor. Schwieriger ist der Verschluß der Vertikalfuge. Die Tatsache, daß hierfür eine ganze Reihe von Lösungen vorgeschlagen wurde, weist auf die Schwierigkeit des Problems hin. Man braucht zunächst eine in der Fuge liegende hinterlüftete Regensperre. Die Hinterlüftung sorgt für den Druckausgleich zwischen der Außenluft und der Luft hinter der Regensperre. Das wenige, evtl. trotzdem eingedrungene Regenwasser kann in den freien Fugenraum nach unten über die Schwelle wieder abfließen. Auf der Rückseite des Hohlraumes, vor der Wärmedämmschicht, liegt noch eine sogenannte Windsperre, ein Streifen Folie oder Bitumenpappe. Bei der Ausführung der Betonvorsatzschalen liegt die Schwierigkeit in der Gestaltung der Fugenflanke. Um ein Dichtungsband einzuschieben, was immer nach Fertigstellung einer Geschoßdecke von oben her geschieht, müssen die Flanken der Außenschale wenigstens 2 U-Profile erhalten. Derartige Vorrichtungen komplizieren die Herstellung der Fertigteile und verursachen häufig Ausbesserungs- und Nacharbeiten.
Nach der Bewährung der dauerelastischen Fugenmassen, die den Fassadenschutz an der besten Stelle, nämlich an der Fassadenoberfläche, ermöglichen, haben die offenen und hinterlüfteten Fugen an Bedeutung verloren.
Bei der Ausbildung der Horizontalfugen hat man aber das Prinzip des Stufenversatzes oder Schrägung allgemein als zusätzliche Sicherung beibehalten. Damit wird erreicht, daß evtl. eindringendes Wasser wieder nach außen ablaufen muß.

Montagebau mit Gasbeton-Fertigteilen

Der bereits unter den Steinmaterialien behandelte Gasbeton eignet sich auch für größere bewehrte Bauelemente. Man kann bei einem Berechnungsgewicht (einschl. Bewehrung und Fugenverguß) von 720 kg/m³ für GB 3,3 und 840 kg/m³ für GB 4,4 mit Hilfe leichter Transport- und Hebevorrichtungen kleinere Elemente notfalls sogar noch von Hand versetzen. Die Fertigungstoleranzen von ±3 mm auf Länge und Breite und die Wärmeleitzahlen zwischen $\lambda = 0{,}17$ bis $\lambda = 0{,}22$ sind ein wenig ungünstiger als beim arbeitsintensiven Planstein-Mauerwerk. Mit den Sonderformaten raumgroßer Wandelemente sind darüber hinaus völlig fugenlose Wandflächen, d. h. zumindest ohne von innen sichtbare Fugen zu erstellen. Infolge des durch Dampfhärtung zu beschleunigenden Abbindeprozesses ist das Nachschwinden auch der Großelemente mit ca. 0,15 mm/m unwesentlich. Die Wärmedehnung liegt mit maximal 0,8 mm/m etwas unter der des Betons. Neben einer guten Wärmedämmung und Feuerbeständigkeit
feuerhemmend F 30 bei ≧7,5 cm
feuerbeständig F 90 bei ≧10 cm
hochfeuerbeständig F 180 bei ≧15 cm Dicke jeweils unverputzt weisen Gasbetonelemente wegen ihres geringen Gewichts und hoher Biegesteifigkeit eine ungenügende Schalldämmung auf. Ihr ist durch konstruktive Maßnahmen an betroffenen Bauteilen zu begegnen.
Bei Außenwänden aus Gasbeton ist zu beachten, daß sie zwar eine geringe Luftausgleichsfeuchte von nur 3–5 Vol. % aufweisen, aber nur einen geringen Diffusionswiderstandsfaktor von $\mu = 3–6$ gegen den Durchgang von Wasserdampf besitzen. Bäder sollten darum „innen" liegen, Küchen mit einem Dunstabzug versehen und gut zu lüften sein. Bei unvermeidlich höherer Luftfeuchtigkeit hinter Außenwänden (z. B. in der Textilindustrie) ist es notwendig, raumseitig einen dampfbremsenden Anstrich vorzusehen. Fassaden werden lediglich wasserabweisend, jedoch keinesfalls dampfsperrend gestrichen oder gespachtelt, sofern nicht werkseitig beschichtete Elemente Verwendung finden oder bei extremen Feuchtebedingungen innen und außen eine hinterlüftete Wandverkleidung günstiger ist. Die gute Bearbeitbarkeit des Materials ist von Vorteil, seine ungeschützte Oberfläche besitzt aber nur eine geringe Widerstandsfähigkeit gegen mechanische Beanspruchung.
Für tragende und nichttragende Wände, für Geschoß- und für Dachdecken liefert die Bauindustrie (Hebel, Ytong, Siporex) Fertigbauteile unterschiedlicher Abmessungen und Belastbarkeiten. Wegen der sonstigen Beanspruchung aller Bauteile innerhalb des Baugefüges seien diese darüber hinaus bezüglich ihrer Anforderungen im einzelnen näher betrachtet.

Tragende und nichttragende Außenwände

Stehende Wandplatten

Die Ausbildung von Außenwänden kann unter Verwendung von geschoßhohen Wandplatten erfolgen, und zwar von Platten durchweg in der Länge von 2,50–3,00 m. Der Vorteil dieser Wandelemente ist, daß die einzelne Platte bei ihrem durchschnittlichen Gewicht von ~ 150 kg von Hand mit Spezialfahrzeugen an den Verwendungsort gefahren und versetzt werden kann. Vorteilhafter und für größere Baustellen rationeller ist aber das Versetzen mit Hilfe von leichten Hebezeugen.
Bei der guten Wärmedämmung dieser tragenden Platten genügt schon eine Wandstärke von 17 cm zur Gewährleistung des vorschriftsmäßigen Wärmeschutzes. Auf der Wetterseite muß

die Wandstärke jedoch >17,5 cm betragen. Trotz dieser geringen Stärken weisen solche dünnen Wände, nachdem sie durch Fugenverguß der Platten verbunden sind, eine erhebliche Steifigkeit auf.

Horizontale Wandplatten

Anstelle dieser wandhohen Platten können für tragende und nichttragende Außenwände auch horizontal geschichtete Platten versetzt werden. Dabei ist aber zu beachten, daß bei allen tragenden Wänden, die aus horizontalen Steinschichten bestehen, die Mindeststärke zur Zeit 24 cm betragen muß. Derartige Elemente können in Längen bis zu 5,50 m bzw. 6,00 m und Höhen bis zu 1,50 m oder Teilen dieser Maße geliefert und versetzt werden; so können sich allerdings Gewichte bis zu 1,5 t ergeben, die leistungsfähigere Hebezeuge zum Transport und zum Versetzen erfordern. Soweit es geht, bevorzugt man die vom jeweiligen Lieferwerk festgesetzten Regellängen. Ansonsten wählt man Maße, die durch 25 cm teilbar sind. Die Verwendung dieser Elemente hat den Vorteil, daß das Errichten der Wände noch rascher als mit senkrechten Platten vonstatten gehen kann. Sie eignen sich auch vorzüglich als Verkleidung oder Ausfachung von Montagebauten mit tragendem Skelett aus Stahl oder Stahlbeton-Fertigteilen.

Fenster und Türstürze

Dem Sinn der Plattenbauweise entspricht es, daß man auch die notwendigen Stürze als genau bemessene und armierte Fertigteile vom Lieferwerk bezieht, um an der Baustelle alle Handwerksarbeit zu vermeiden.

Treppenhauswände

In Mehrfamilienhäusern müssen die Treppenhauswände eine Schalldämmung aufweisen, die nach DIN 4109 bei Gasbeton, beispielsweise GB 3,3 des Raumgewichts 720 kg/m³, von einer Massivwand nur erreicht würde mit einer Wanddicke von mindestens 42,5 cm und beidseitigem Putz. Da die Luftschalldämmung bei homogenen Wänden vom Gewicht abhängt, steht dem Vorteil der guten Wärmedämmung der Nachteil einer schlechten Schalldämmung gegenüber, was für Wohnungstrenn- und Treppenhauswände große Wanddicken bei Massivwänden zur Folge hat.

Gasbeton-Fertigteil-Katalog

Güteklasse	GB 3,3	GB 4,4
Rohdichte (kg/m^3) max. (b. 378 K getrocknet)	550	650
Rechnungsgew. einschl. Bewehrung und Fugenverguß nach DIN 4223 kg/m^3	720	840
bzw. Mauerwerk mit u. ohne Fuge	650	780
Wärmeleitzahl (W/m K) nach DIN 52 612 λ_R (Λ_{tr} + 30 % Feuchtigkeitszuschlag)	0,17	0,20
Wärmeleitzahl (W/m K) λ DIN nach DIN 4108 und Zulassung λ DIN	0,20	0,28
Druckfestigkeit MN/m^2 im Mittel	3,5	5,0
Wärmeausdehnungskoeffizient 7 X 10^{-6} m/m°		
Schwindmaß ca. 0,14 mm/m		

Nur durch mehrschaligen Wandaufbau sind hier befriedigende Ergebnisse zu erzielen.

Bei der geringen Druckfestigkeit des Gasbetons ist darauf zu achten, daß bei Geschoßbauten, besonders bei dreigeschossigen Häusern, leicht statische Schwierigkeiten im Bereich des Treppenauflagers und der Wohnungseingangstüren auftreten, die zur Heranziehung druckfesterer Materialien, zu Klinker- oder Stahlbetonstützen, führen können. Derartige Mischkonstruktionen sollte man jedoch nach Möglichkeit vermeiden.

Gasbeton-Fertigteil-Katalog

Abmessungen cm lang bzw. hoch	breit	dick	Gewicht kg/m^2 GB 3,3 (35)	GB 4,4 (50)	Wärme-durchlaß-widerst. 1/00 (m²K/W) GB 3,3 (35)	GB 4,4 (50)	Wärme Durchg.-Zahl *k* (W/m² K) GB 3,3 (35)	GB 4,4 (50)
Wandelemente geschoßhoch – tragend								
300	50	12,5	81	98	0,61	0,48	1,29	1,54
	60	15,0	98	117	0,74	0,58	1,10	1,35
	62,5	17,5	114	137	0,86	0,67	0,97	1,20
		20,0	130	156	0,98	0,77	0,87	1,08
		22,5	146	176	1,11	0,86	0,79	0,97
		25,0	163	195	1,23	0,96	0,72	0,89
		30,0	196	235	1,48	1,14	0,66	0,82
Wandelemente geschoßhoch – nichttragend								
300	50	7,5	49	59	0,37	0,28	1,87	2,23
	60	10,0	65	78	0,49	0,38	1,53	1,82
	62,5	12,5	81	98	0,61	0,48	1,29	1,54
		15,0	98	117	0,74	0,58	1,10	1,35
		17,5	114	137	0,86	0,67	0,97	1,20
		20,0	130	156	0,98	0,77	0,87	1,08
		22,5	146	176	1,11	0,86	0,79	0,97
		25,0	163	195	1,23	0,96	0,53	0,89
Wandelemente horizontal – vertikal – nichttragend								
300	50	7,5	54	63	0,37	0,28	1,87	2,23
400	60	10,0	72	84	0,49	0,38	1,53	1,82
500	62,5	12,5	90	105	0,61	0,48	1,29	1,54
600	120	15,0	108	126	0,74	0,58	1,10	1,35
600	150	17,5	126	147	0,86	0,67	0,97	1,20
600	180	20,0	144	168	0,98	0,77	0,87	1,08
600		22,5	162	189	1,11	0,86	0,79	0,97
600		25,0	180	210	1,23	0,96	0,53	0,89
Wandelemente raumgroß – nichttragend								
600	300	15,0	110		0,74		1,10	
		17,5	128		0,86		0,97	
		20,0	146		0,98		0,87	
		22,5	164		1,11		0,79	
		25,0	182		1,23		0,72	
		30,0	220		1,48		0,66	
Decken- und Dachelemente								
250	50	7,5	54	63	0,33	0,28	2,05	2,23
350	60	10,0	72	84	0,43	0,38	1,68	1,82
400	62,5	12,5	90	105	0,54	0,48	1,43	1,54
500		15,0	108	126	0,65	0,58	1,23	1,35
550		17,5	126	147	0,76	0,67	1,09	1,20
600		20,0	144	168	0,86	0,77	0,97	1,08
600		22,5	162	189	0,97	0,86	0,88	0,97
600		25,0	180	210	1,08	0,96	0,80	0,89

Abweichungen je nach Fabrikat

Wohnungstrennwände

Wohnungstrennwände müssen wie die Treppenhauswände die Mindestansprüche an die Luftschalldämmung nach DIN 4109 erfüllen. Es gilt also auch hier das zuvor für die Treppenhauswände Gesagte. Die doppelschaligen Wände mit Luftspalt eignen sich wegen ihres symmetrischen Aufbaues insbesondere für die Anwendung in Reihenhäusern als Trennwände zwischen den Einzelhäusern. Auf welcher Seite bei Wohnungstrennwänden Vorsatzschalen angeordnet werden, ist für die Schalldämmung gleichgültig. Doch sind gegebenenfalls bereits bei der Grundrißgestaltung die einseitigen Wandvorsatzschalen zu berücksichtigen, um einheitliche Raumabmessungen im fertigen Bau zu erhalten.

Raumtrennwände

Für Raumtrennwände, an die keine besonderen Anforderungen wegen der Schalldämmung gestellt werden, nimmt man mindestens 7,5 cm starke, besser aber 10 cm starke Gasbetonplatten aus GB 3,3.

Brandwände

Gasbeton weist eine erhebliche Brandsicherheit auf, die schon bei einer Wandstärke von 17,5 cm den Erfordernissen Rechnung tragen würde. Wegen der mangelhaften Schalldämmung ist aber bei nebeneinanderliegenden Bauten eine Doppelwand aus zwei mindestens 17,5 cm dicken Gasbeton-Schalen mit 2 bis 3 cm Zwischenraum oder eine Vorsatzschale vor einer 20 cm dicken Gasbetonwand notwendig.

Decken

Auch Geschoß- und Dachdecken können aus Gasbetonplatten bis zu einer Länge von 5,00 m hergestellt werden. Besonders für Keller- und Dachdecken, die einen erhöhten Wärmeschutz aufweisen müssen, liegt es daher nahe, hierfür solche bewehrten Gasbetonplatten aus GB 4,4 zu benützen. Bei zwei- und dreigeschossigen Bauten ergeben als Geschoßdecken Stahlbetonplattendecken aus Ortbeton das stabilste Baugefüge, doch widersprechen diese Decken dem Ziel des möglichst trockenen Bauens.

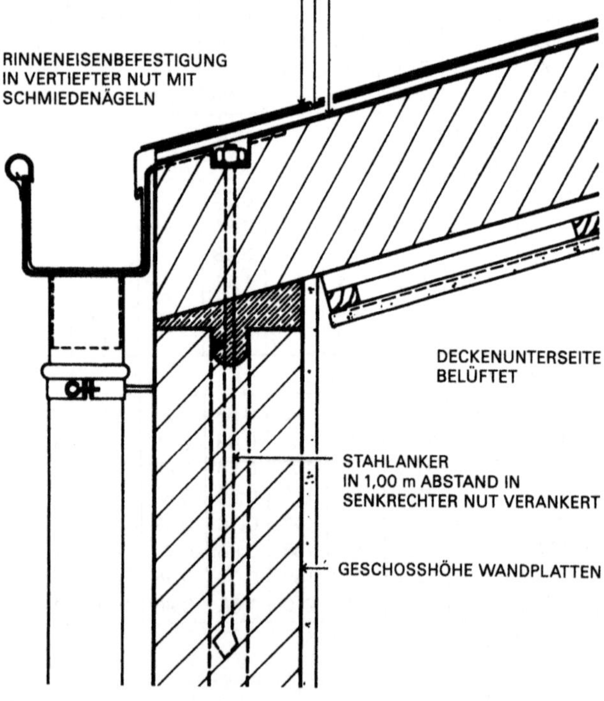

Das Gefüge jedes Geschosses ist durch einen umlaufenden Stahlbetonringanker zu sichern. Dieser muß bei mehrgeschossigen Bauten aus zwei Rundeisen Ø 12 mm bestehen. Bei Ortbetondecken kann er innerhalb der Decke liegen. Zur Vermeidung eines Wärmedurchganges ordnet man vor der Deckenstirn mindestens 5 cm starke Gasbetonplatten an.
Werden Fertigteilrippendecken oder Platten verlegt, so muß der Ringanker unterhalb des Deckenauflagers liegen. Bei erdgeschossigen Bauten genügt die Bewehrung des Ringankers mit einem Rundeisen Ø 12 mm, das in der oberen Nut der Platten einbetoniert wird.

Baugefüge

Wenn man Bauten nur mit Gasbetonplatten errichten will, so ist je nach der gestellten Aufgabe reiflich zu überlegen, welches System des Baugefüges das geeignetste ist. Handelt es sich um ebenerdige Häuser, so treten keine nennenswerten Lasten auf, und man kann sowohl das Prinzip der tragenden Außenwände als auch eine Schottenbauweise mit tragenden Querwänden wählen. Bei zweigeschossigen Häusern, besonders aber bei dreigeschossigen, wird man bei tragenden Längswänden sowohl in der äußeren Gestaltung als auch in der möglichen Größe der Fensteröffnungen eingeschränkt. Man ist durch die Breite der Wandelemente von je 50 oder 60 bzw. 62,5 cm von vornherein an ein solches Rastermaß gebunden, kann also bei rationeller Verwendung des Materials nur Fenster von 1,00 m, 1,50 m, 2,00 m usw. bilden. Falls der Bau verputzt werden soll, können schmalere Paßstücke bis zu 20 cm Mindestbreite zu einer größeren Freiheit in der Außengestaltung verhelfen.
Es ist zu berücksichtigen, daß mit zunehmenden Breitenmaßen der Fenster auch die Sturzhöhe und der Auflagerdruck der Stürze rasch wächst. Bei den üblichen lichten Geschoßhöhen von 2,50 m wird die Oberkante der Wandöffnungen bei 50 cm Sturzhöhe auf 2,00 m heruntergedrückt, was sich im Raumeindruck, besonders bei Fenstern, unliebsam bemerkbar macht. Bei Sonderanfertigung können bei schmaleren Öffnungen auch Sturzhöhen von 24 bzw. 32 cm von dem Herstellerwerk geliefert werden.
Diesen Beschränkungen kann man entgehen, wenn man die Schottenbauweise wählt. Tragende Querwände werden auf die ganze Haustiefe meistens nur durch eine oder zwei Türbreiten durchbrochen. Die Fensterwand aber hat lediglich sich selbst zu tragen und gestattet deshalb erheblich größere Öffnungen. Ebenso ist die Ausbildung von Loggien leicht möglich, während die Ausbildung von auskragenden Balkonen bei tragenden Längswänden Schwierigkeiten macht und sich Wärmebrücken kaum vermeiden lassen. Selbstverständlich muß schon beim Entwurf auf die Maße der Platten Rücksicht genommen werden, d. h., man entwickelt den Grundriß, z. B. bei stehenden Wandplatten, auf einem Raster von 50 oder 60 bzw. 62,5 cm. Da dieser Modul für manche Zwecke oder Bedürfnisse zu grob ist, wird man nie ganz ohne Paßstücke auskommen. Es ist aber erfahrungsgemäß möglich, die Anzahl der Sonderplatten auf 4 bis 5% zu beschränken. Die Lieferwerke sind auch durchweg bereit, diese geringe Anzahl ohne Preisaufschlag mitzuliefern.
Als Bauten, die nur mit Gasbetonplatten als tragenden Elementen errichtet werden, eignen sich also vorwiegend ein- und zweigeschossige Wohn- und Bürohäuser, wegen der mäßigen Schalldämmung aber am besten ein- und zweigeschossige Einfamilienhäuser. Der Ausbau aller nur mit Gasbeton-Einzelplatten errichteten Bauten muß jedoch wie bei den traditionellen Bauweisen auf handwerklicher Basis vor sich gehen. Die Installationen müssen also in der herkömmlichen Weise verlegt und die Fenster und Türen am Bau eingesetzt werden usw. Eine Vorfertigung der Küchen- und Badinstallation ist bei einer größeren Serie allerdings möglich.

TRAGSYSTEME IM MONTAGEBAU
MIT GASBETON-FERTIGTEILEN

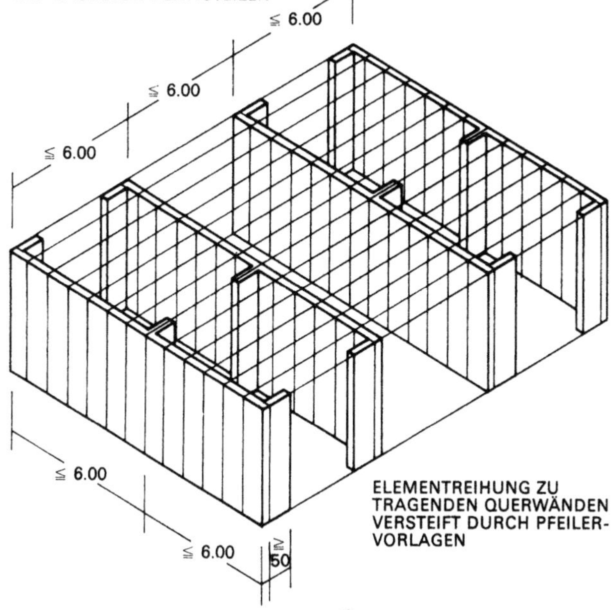

ELEMENTREIHUNG ZU
TRAGENDEN QUERWÄNDEN
VERSTEIFT DURCH PFEILER-
VORLAGEN

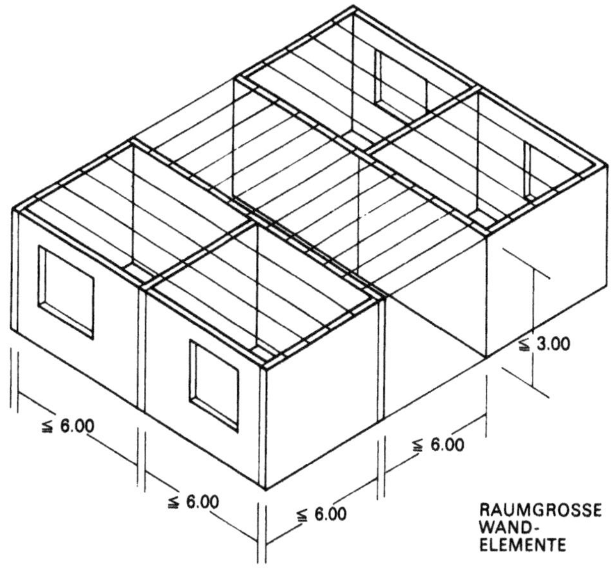

RAUMGROSSE
WAND-
ELEMENTE

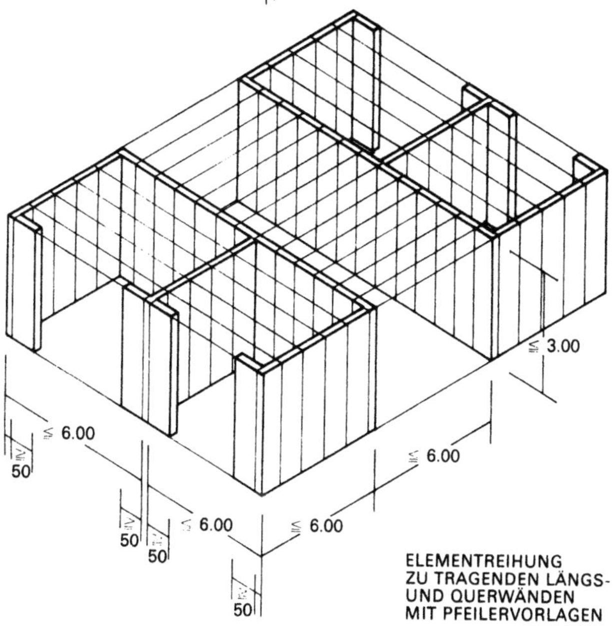

ELEMENTREIHUNG
ZU TRAGENDEN LÄNGS-
UND QUERWÄNDEN
MIT PFEILERVORLAGEN

ELEMENTSTÖSSE IM RASTERNETZ

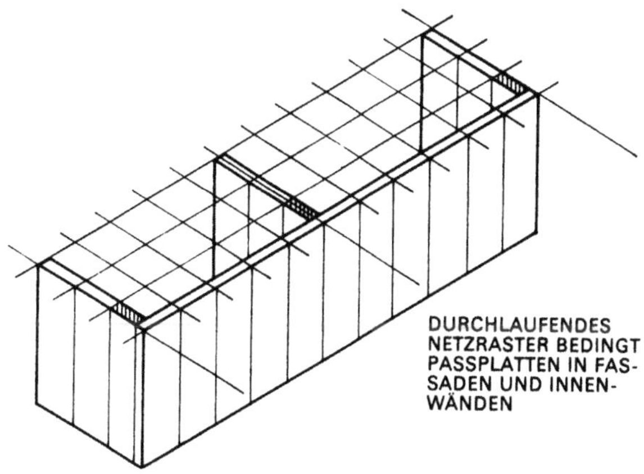

DURCHLAUFENDES
NETZRASTER BEDINGT
PASSPLATTEN IN FAS-
SADEN UND INNEN-
WÄNDEN

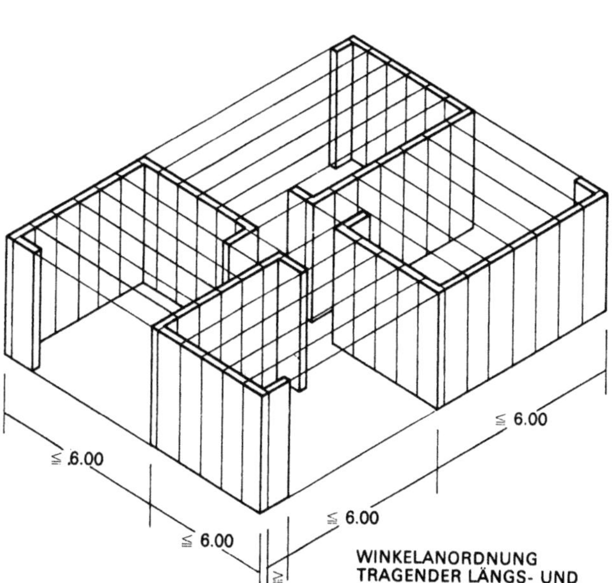

WINKELANORDNUNG
TRAGENDER LÄNGS- UND
QUERWÄNDE, MAUERENDEN
MIT PFEILERVORLAGE

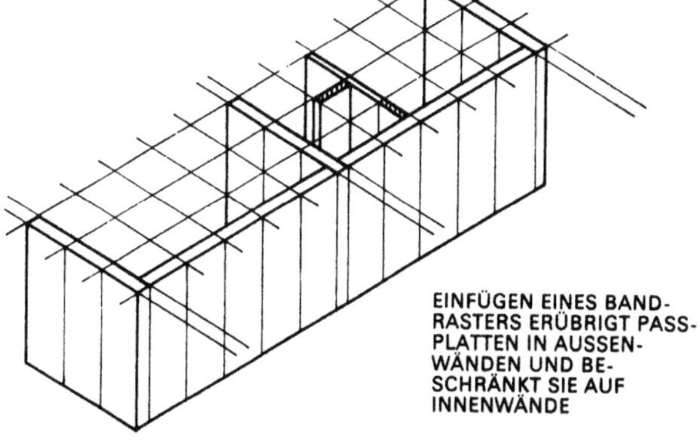

EINFÜGEN EINES BAND-
RASTERS ERÜBRIGT PASS-
PLATTEN IN AUSSEN-
WÄNDEN UND BE-
SCHRÄNKT SIE AUF
INNENWÄNDE

Bauausführung

Der Bauausführung geht die vom Lieferwerk nach dem Entwurf des Architekten gefertigte Plattenliste voraus. Will man rationell und rasch bauen, so ist es notwendig, die verschiedenartigen Platten so am Bau zu lagern, daß sie ohne große Wege rasch versetzt werden können. Die Empfindlichkeit des Materials zwingt auch zu einer sorgfältigen Stapelung. Die Platten müssen während der Lagerung durch Planen vor Regen geschützt werden, um das bautrockene Versetzen sicherzustellen.

Ecken und Kanten werden vor dem Versetzen mit einem Mörtel, und zwar 1 Raumteil Mörtel und 3 Raumteile Sand (Größtkorn 1 mm), ausgebessert. Werden die Platten nicht verputzt, so nimmt man, um z. B. die helle Farbe des Siporex-Gasbetons zu erzielen, folgende Mörtelmischung:

1 Raumteil Portlandzement PZ 275 bzw. 375
2 Raumteile Dyckerhoff-Weiß-Zement
3 Raumteile Feinsand (Körnung 0–1 mm)
6 Raumteile Siporex-Mehl (Körnung 0–2 mm)

Vor dem Versetzen werden die Plattenkanten mit einem Spezialhobel an der Außenseite (evtl. auch an der Innenseite) so gebrochen, daß sich später die Plattenfugen klar abzeichnen und der Bau auch äußerlich als aus Einzelplatten zusammengesetzt erkennbar ist, was sich in der Erscheinung der Bauten als Gliederung vorteilhaft auswirkt.

Das Versetzen der Platten beginnt jeweils von der Ecke aus. Die geschoßhohen Wandplatten werden an einer Richtbohle aufgestellt und mit den Nachbarplatten durch Aufsetzen sogenannter Holzreiter so lange verklammert, bis die Nuten ausgegossen und erhärtet sind.

Das Breitenmaß der stehenden Platten liegt etwa 2 bis 3 mm unter dem Sollmaß, um kleine Unebenheiten ausgleichen zu können. Die Platten müssen dicht nebeneinander stehen, damit beim Vergießen der Fugen kein Mörtel durch die Stoßfugen quillt, was eine Wärmebrücke zur Folge hätte.

Die Wandecken werden durch drei Bauklammern in den Viertelpunkten gesichert, wobei die Klammern 2 cm tief eingelassen und mit Zementmörtel wieder verdeckt werden müssen.

Beim Vergießen wirken die Hohlräume der Unterseite und der Längsseite der Platten zusammen wie kommunizierende Röhren, so daß der dünnflüssige Kalkzementmörtel (Mischungsverhältnis 1 : 2 : 9) sowohl die horizontalen als auch die vertikalen Fugen ohne Luftblasen ausfüllt und der Wand die nötige Verspannung gibt. Das Vergießen selbst geht so vor sich, daß zunächst die Nuten etwa bis zu einem Drittel der Höhe mit einem ziemlich dünnflüssigen Mörtel gefüllt werden. Der Mörtel, der daraufhin bis ca. 8 cm unter den oberen Rand der stehenden Platte gefüllt wird, soll plastisch bis flüssig sein. Die oberen mörtelfreien 8 cm hohen Fugenabschnitte werden beim Betonieren des Ringankers gefüllt, so daß hierdurch eine Verspannung zwischen Ringanker und Wand eintritt. Zur Verbesserung dieser Verbindung legt man vorteilhaft noch kurze Rundeisen in die Nuten, die in den Anker bzw. in die Decke abzubiegen sind.

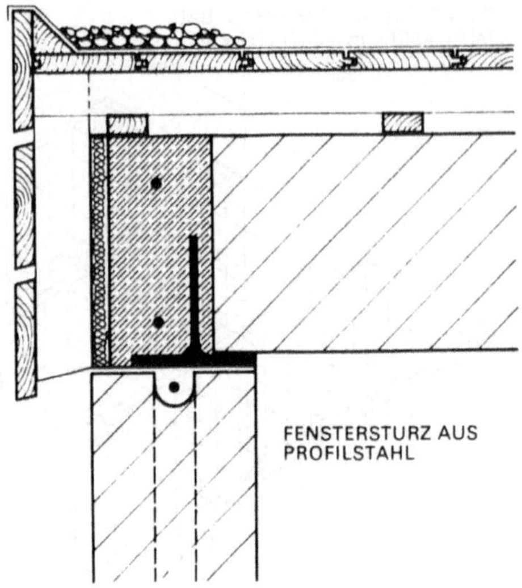

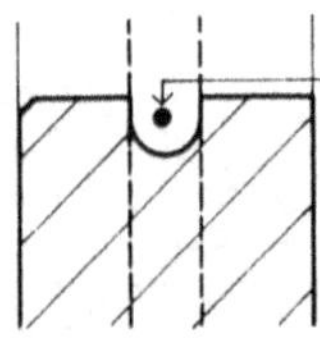

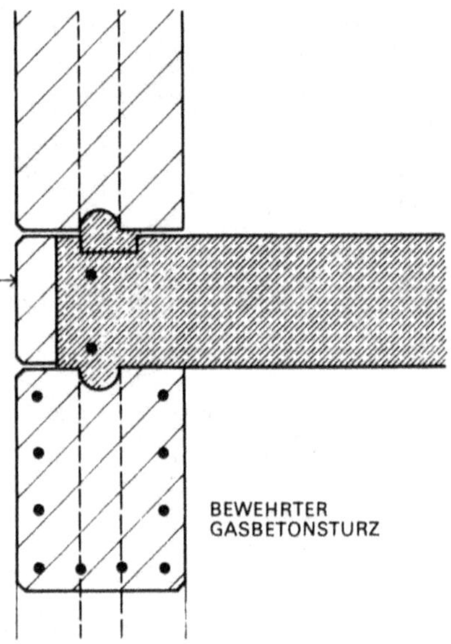

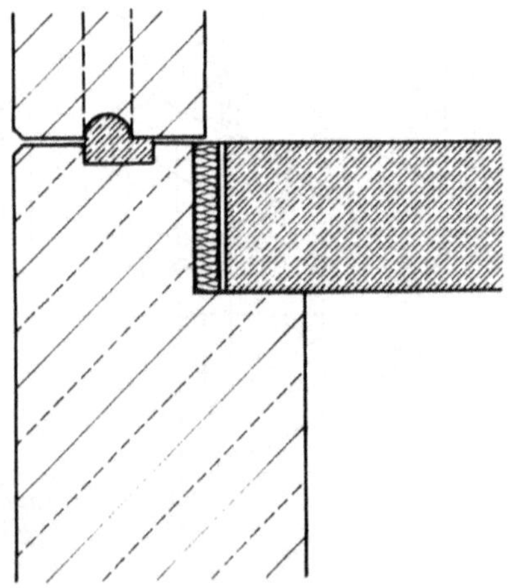

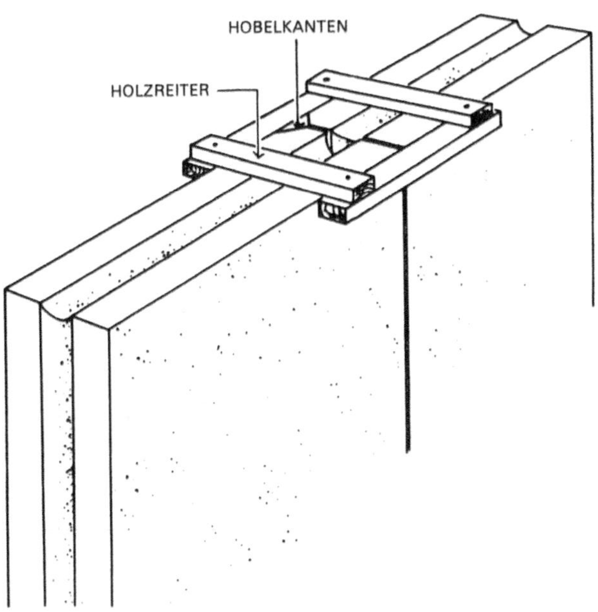

STAHLBETONRINGANKER BEI MEHRGESCHOSSIGEN BAUTEN MIT GASBETONDECKENPLATTE UND BEI DACHNEIGUNG ≧30°

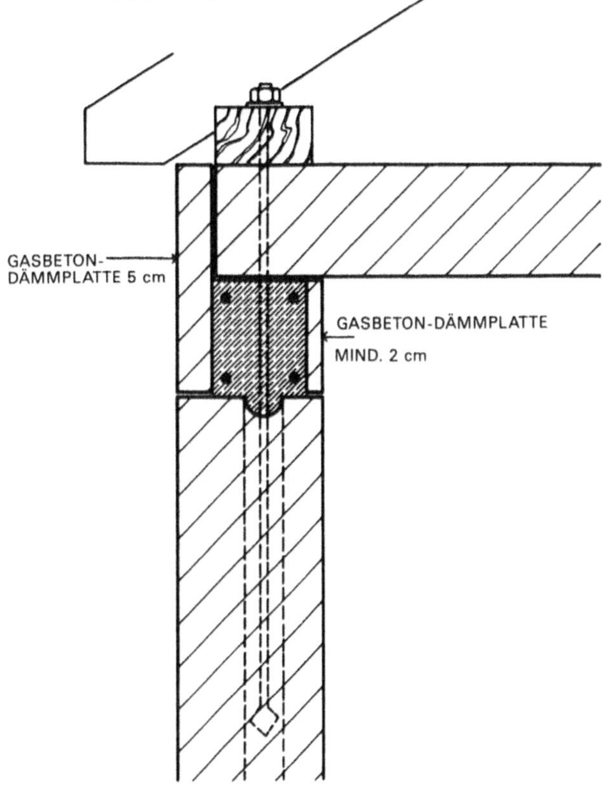

VERBINDUNG EINER TRAGENDEN INNENWAND AUS GESCHOSSHOHEN WANDPLATTEN MIT DER AUSSENWAND

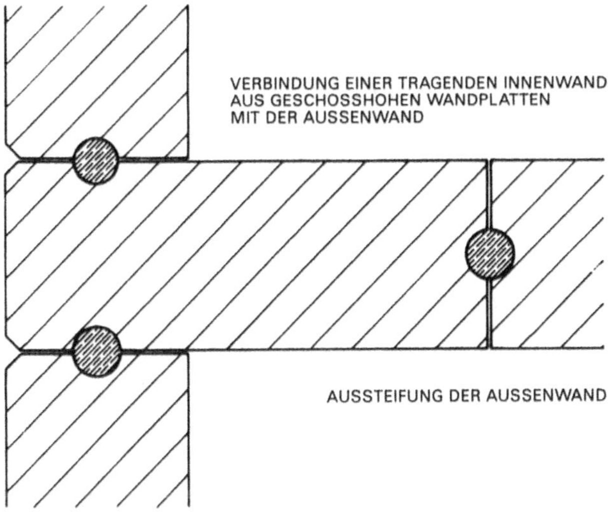

AUSSTEIFUNG DER AUSSENWAND

STEHENDE WANDELEMENTE

HORIZONTALFUGE

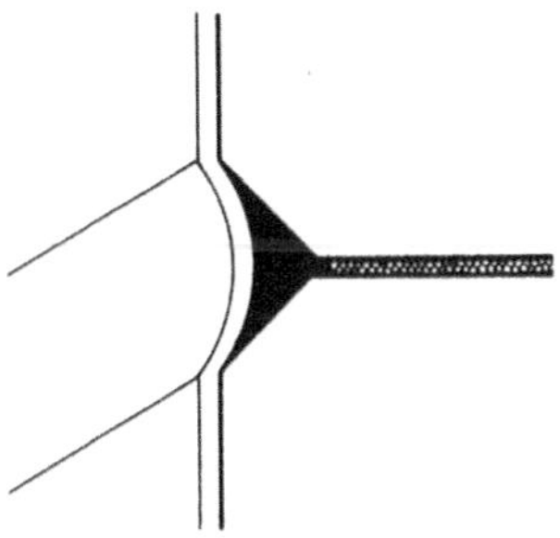

VERTIKALFUGEN

ANSCHLUSS DER NICHTTRAGENDEN INNENWAND AUS GESCHOSSHOHEN WANDPLATTEN ALS AUSSTEIFENDE QUERWAND

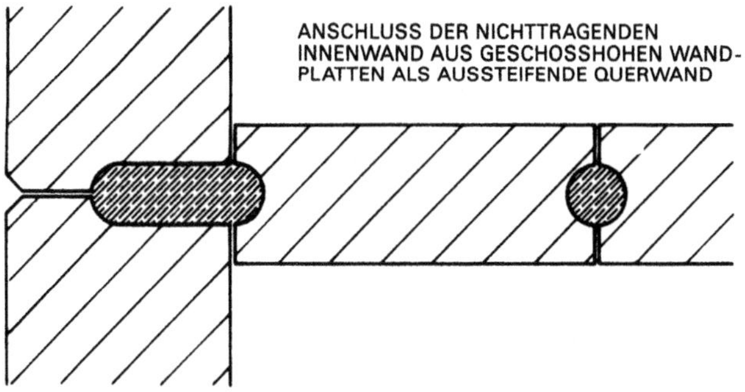

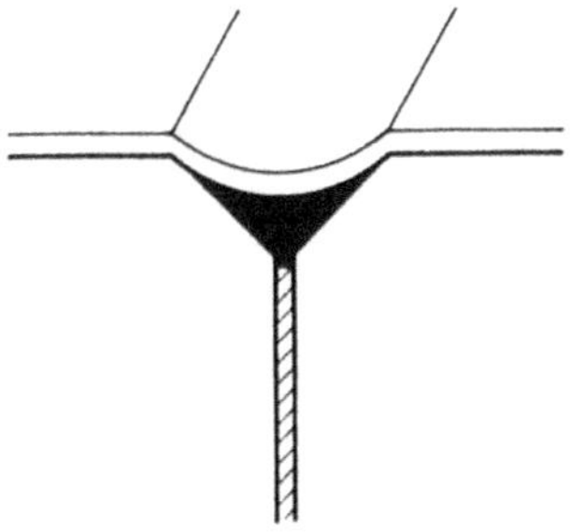

ECKAUSBILDUNG DER AUSSENWAND

BAUKLAMMER IN 70 – 80 cm ABSTAND VERTIEFT EINSCHLAGEN UND VERMÖRTELN

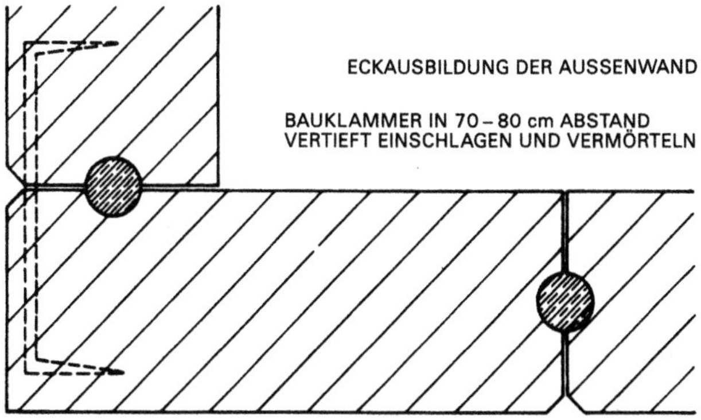

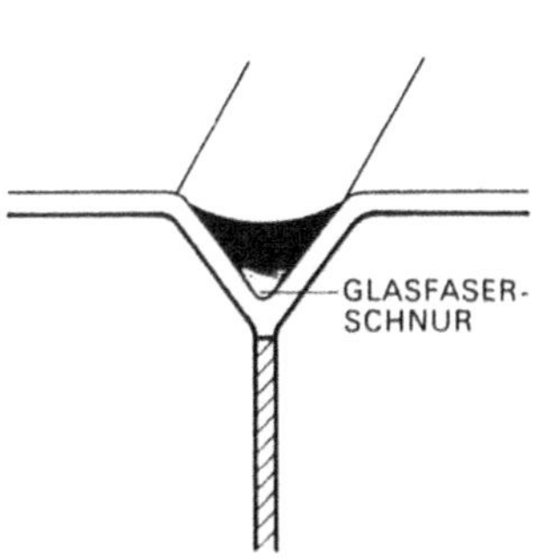

LIEGENDE WANDELEMENTE

HORIZONTALFUGEN

VERTIKALFUGEN

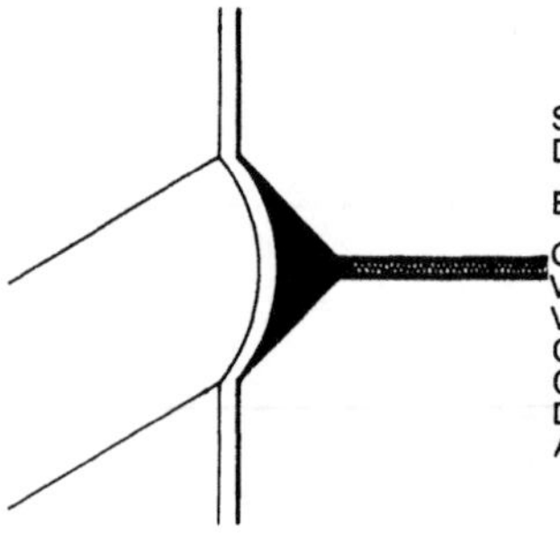

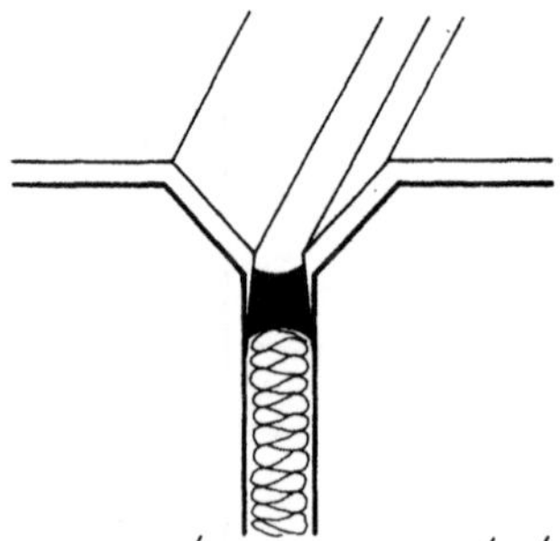

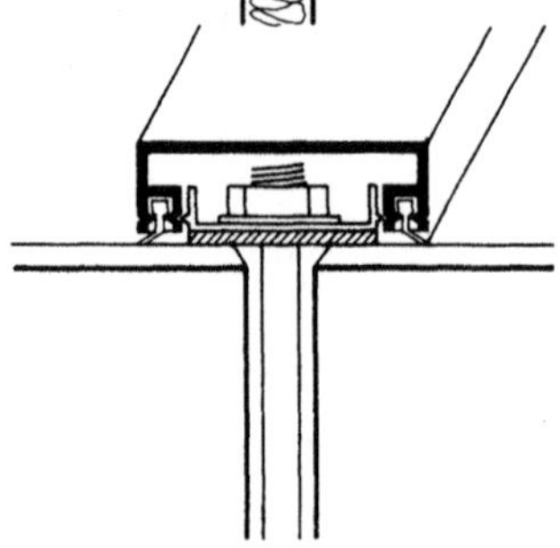

RAUMGROSSE WANDELEMENTE

HORIZONTALFUGE

VERTIKALFUGE

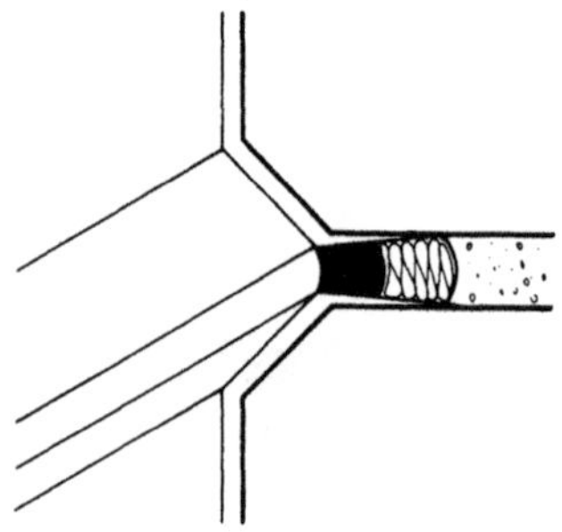

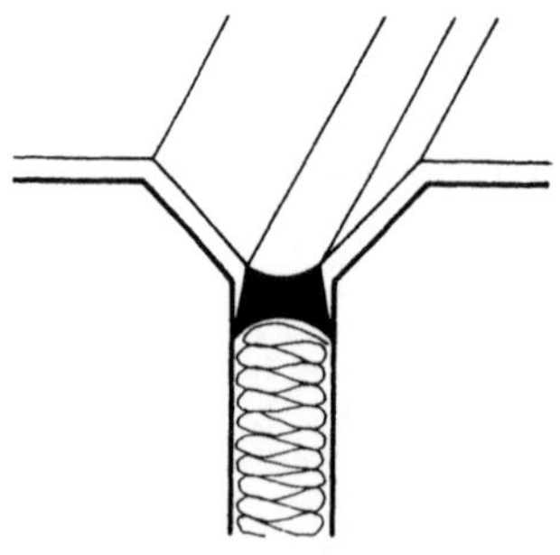

Montagebau mit Stahlbeton-Großtafeln

An Festigkeit und Widerstandsfähigkeit ist der Stahlbeton dem Gasbeton um ein Vielfaches überlegen. Es liegt daher nahe, dieses leistungsfähige Material zur Herstellung möglichst großer, transportierbarer Bauteile zu verwenden.

Die Großtafel-Bauweisen arbeiten darum vorwiegend mit raumgroßen Wand- und Deckenplatten und den übrigen Bauelementen wie Treppen usw. Manche der Verfahren sind patentiert und geschützt.

Die Entwicklung der Großtafel-Bauweisen ging nach dem Zweiten Weltkrieg von Frankreich aus, wo der Staat diese Bestrebungen unterstützte. Es waren vor allem die Verfahren der Firmen „Camus" und „Coignet", die führend wurden. Daneben entstanden auch im Norden solche Bauweisen, wovon die dänische von „Larsen & Nielsen" bei uns am bekanntesten ist. Auch eine Reihe deutscher Firmen, meist Großfirmen, haben eigene Systeme entwickelt, das statische Prinzip ist aber durchweg dasselbe. Die Unterschiede liegen im Detail und meistens in der verschiedenartigen Ausbildung der Fugen.

Die Anwendung von Großtafel-Bauweisen ist von einer ganzen Reihe von Voraussetzungen abhängig und erfordert von dem planenden Architekten eine erhebliche Umstellung in seinem konstruktiven Denken und seinen gestalterischen Zielen.

Wenn man auf die Eigenart dieser Produktionsweise eingeht, muß man bestrebt sein, die Anzahl der Plattenformen und Bauteile zur Herstellung einer Wohnung möglichst gering zu halten, denn die Wirtschaftlichkeit der Großtafel-Bauweisen hängt entscheidend hiervon ab. Als Maximum können je nach dem Verfahren 0,4 bis 0,5 Platten je qm Wohnfläche gelten. Um dieses Ziel zu erreichen, muß man auch tunlichst symmetrische Grundriß- und Plattenformen vermeiden. Symmetrisch angeordnete Platten machen doppelte Herstellungsformen nötig, wenn die Platten nicht in sich symmetrisch mit ihren Anordnungen und Durchbrüchen gestaltet, also auch kongruent sind. Möglichst viele kongruente Platten und Bauteile müssen darum das Ziel der Entwurfsarbeit des Architekten sein. Es ist aber möglich, mit einer beschränkten Anzahl von Plattenformen, wie sie z. B. für eine Zweizimmerwohnung nötig sind, auch Drei-, Vier- und Fünfzimmerwohnungen und Appartements herzustellen.

Dem Sinne dieser Tafelbauweisen widerspricht es auch, etwa das Erdgeschoß anders, d. h. beispielsweise großzügiger für den Einbau von Läden oder umfangreichen Eingangshallen gestalten zu wollen. Derartige Räume bringt man besser und billiger in niedrigen Bauten oder Anbauten unter. Noch ein Umstand beeinflußt die Grundrißbildung: die Eigenart des Plattenmaterials, d. h. die Dichte des Schwerbetons. Es sollen darum auch hier Bäder im Hausinnern liegen und Küchen einen Dunstabzug, möglichst über dem Herde, erhalten. Selbst für Wohnräume ist ein häufigerer Luftwechsel geboten als bei den „atmenden Wänden" der traditionellen Bauweisen. Zu diesem Zwecke sind ausreichend Schieber oder Klappen an den Fenstern, Schlitze an den Innentüren und Lüftungskanäle vorzusehen.

Die Bauweise mit Schwerbetonplatten B 30 eignet sich vorwiegend für Geschoß- und Wohnhochhäuser, denn die für die Wärmespeicherung und Schalldämmung erwünschten und vorhandenen Wand- und Deckengewichte von >300 kg/m² ergeben Platten von einer Tragfähigkeit, die für 15 Geschosse ausreichen. Erst wenn man darüber hinausgeht, müssen in den unteren Geschossen stärkere Platten verwendet werden. In Frankreich, wo die Stahlbetonvorschriften weniger streng sind als bei uns, hat man schon Hochhäuser von 22 Geschossen errichtet (Paris).

Die untere Grenze der Wirtschaftlichkeit dürfte bei diesem druckfesten Material bei 4 Wohngeschossen liegen. Die Bauzeiten und der Arbeitsaufwand an der Baustelle werden gegenüber den handwerklichen Bauweisen zum Teil bis zur Hälfte verkürzt. Vier- bis fünfgeschossige Häuser beispielsweise lassen sich in 4 Monaten bezugsfertig errichten. Die Vorbereitungszeit für Planung, Durchbildung und Herstellung der Formen für ein neues Produktionsprogramm nimmt etwa 1/2 bis 3/4 Jahr in Anspruch.

Bauteile

In der Fabrik kann man alle Bauteile exakter, d. h. mit geringeren Toleranzmaßen, als sie bei den traditionellen Bauweisen möglich sind, herstellen. Besonders exakte Details weist die dänische Großtafel-Bauweise Larsen & Nielsen auf. Die Franzosen stehen auf dem Standpunkt, daß es wirtschaftlicher sei, die Genauigkeit der Bauteile in der Herstellung nicht so weit zu steigern, da bei den unvermeidlichen Nachbesserungen am Bau sich die gewünschte Exaktheit billiger erzielen ließe.
Im Werk werden die einzelnen Bauteile weiter vervollständigt, es wird also sozusagen auch der Ausbau in die Fabrik verlegt. So hat man beispielsweise schon die Deckenplatten mit fertigen Fußböden und eingebauten Deckenheizungsleitungen auf die Baustelle gebracht oder die Außenwandplatten mit eingebauten Fenstern und einer äußeren Steinzeugplättchenverkleidung und die Innenwandplatten mit Türzargen und Elt-Leitungen versehen. Ferner werden die Installationszellen und Böden für Küchen und Bäder in der Fabrik hergestellt; ebenso versetzt man Treppenläufe, Balkone und Brüstungen usw. als fertige Bauteile. Somit bleibt praktisch die gesamte Bauherstellung in einer Hand, wodurch die intensivste Kontrolle gewährleistet ist und als Folge davon die geforderte Qualität und Genauigkeit aller Bauteile und Maßnahmen mit Sicherheit erreicht wird. Bei der Verwendung so großer Bauteile spielt die Ausbildung der Fugen, speziell der Außenfugen, eine entscheidende Rolle, und es geht nicht ohne komplizierte Maßnahmen und Konstruktionen.
Maßgebend für die Größe der einzelnen Elemente sind die entstehenden Gewichte und maximalen Transportabmessungen. Mit großen schweren Hebezeugen geht man heute allgemein an Gewichte bis 70 MN (7 Mp) (Stahlbetonfertigteile im Industriebau sind oftmals noch erheblich schwerer).
Die Tafeln werden paarweise leicht gegeneinander geneigt auf Spezialfahrzeugen transportiert. Die Gesamthöhe des Fahrzeuges mit den Platten wird nun dadurch begrenzt, daß es beim Transport von der Fabrik zur Baustelle Unterführungen passieren muß, die damit maßgebend für die maximale Breite oder Höhe einer Tafel werden. Meistens fertigt man darum die Deckenplatten nur bis zu einer Breite von ca. 3,75 m, während ihre Länge durch die Länge der Transportfahrzeuge mit etwa 6,50 m begrenzt ist. Vorteilhaft sind auf jeden Fall gleiche Deckenspannweiten. Kleinliche Raumdifferenzierungen, wie sie im traditionellen Wohnungsbau üblich sind, vermehren die erforderlichen Formen, erschweren die Produktion und bringen bei verminderter Wohnfläche meistens keine oder keine nennenswerte Verbilligung. Man muß bestrebt sein, nur mit großen Tafeln auszukommen, weil das Versetzen einer kleinen Tafel ebensoviel Zeit und Kranarbeit erfordert wie das einer großen.
Es ist hier nicht der Platz, die Vielzahl von über 50 Systemen, die zusammen mit den Lizenznehmern in über 100 Firmen zur Anwendung kommen, im einzelnen zu erläutern. Sie unterscheiden sich häufig nur durch Details der Fugenausbildung und des Elementaufbaues, insbesondere der Außenwände. Zu typischer Unterscheidung werden hier darum nur zwei ausländische Systeme betrachtet, die die Entwicklung des Montagebaues auch in Deutschland von Anfang an am nachhaltigsten beeinflußt haben: die Bauweisen nach „Camus" sowie nach „Larsen & Nielsen". Darüber hinaus gibt es noch Mischbauweisen, z. B. das schwedi-

TRAGWERKSYSTEME BEI GROSSTAFELBAUWEISEN

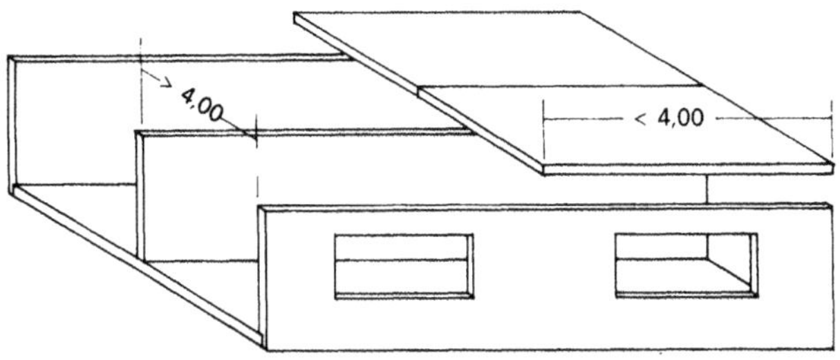

LÄNGSWANDTYP: WANDABSTAND BELIEBIG, JEDOCH ELEMENTBREITE DER DECKE DURCH TRANSPORTBINDUNG AUF < 4,00 m BEGRENZT

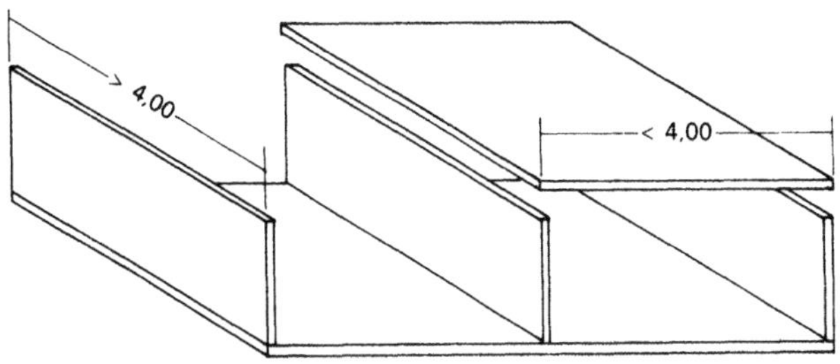

QUERWANDTYP MIT GERINGEM WANDABSTAND ERLAUBT RAUMGROSSE DECKENELEMENTE

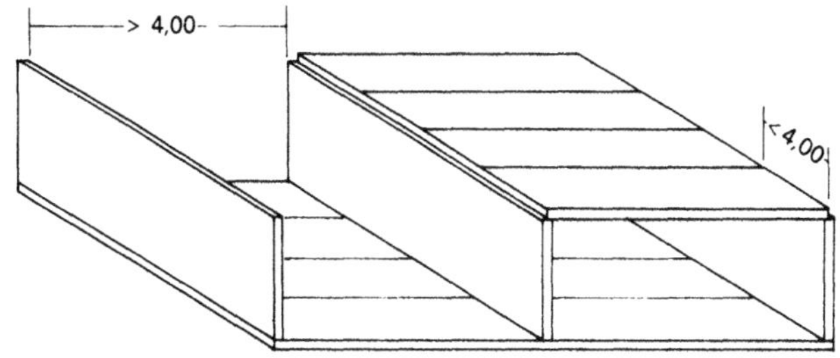

QUERWANDTYP MIT GROSSEM WANDABSTAND BEI UNTERTEILUNG DER DECKENELEMENTE MÖGLICH

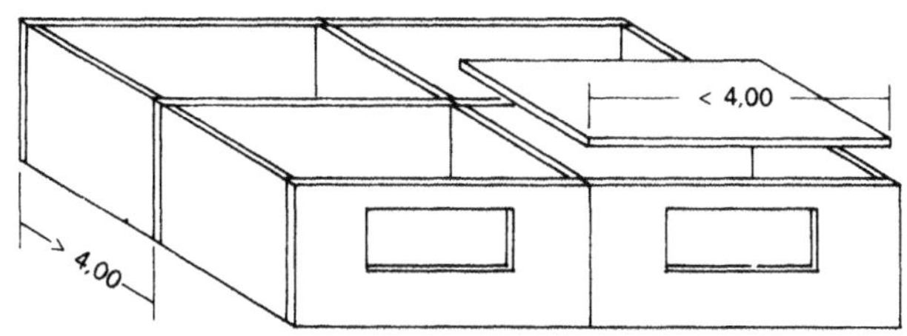

LÄNGS- UND QUERWANDTYP: TRANSPORTBINDUNG RAUMGROSSER DECKENELEMENTE ERFORDERT IN JEWEILS EINER RAUMRICHTUNG ABMESSUNGEN < 4,00 m

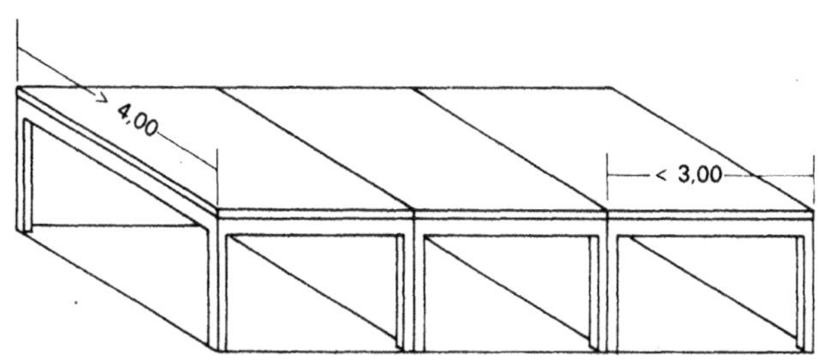

IN BEIDEN WANDRICHTUNGEN GRÖSSERE FLEXIBILITÄT NUR DURCH OFFENE RAUMZELLENBAUWEISEN MIT EINEM STÜTZENTRAGWERK UND WÄNDEN ALS NICHTTRAGENDE AUSFACHUNG

sche „Allbetonsystem". Bei ihnen wird das Gefüge der tragenden Wände und Decken mit den neuen, mechanisierten Schalmethoden an der Baustelle örtlich gegossen, während der Variabilität im Ausbau und in der Fassadengestaltung durch eine Palette verschiedenartiger Raumtrenn- und Außenwand-Fertigelemente besser genügt werden kann.

Baugefüge und Bauausführung

Als Baugefüge ist das mit allseitig aufliegenden Deckenplatten statisch am vorteilhaftesten, danach erst die Schottenbauweise. Mit allseitig (in Ausnahmefällen dreiseitig) aufliegenden Deckenplatten arbeiten die französischen Firmen, z. B. Camus und Coignet, während das dänische Verfahren Larsen & Nielsen mit der Schottenbauweise, also nichttragenden Außenwänden, arbeitet, wodurch man eine größere Freiheit in der Außengestaltung erhält.

Bauweise „Camus"

Den Zulassungsantrag der Bauweise „Camus" für Deutschland hat Prof. von Halász bearbeitet.
Er charakterisiert das Verfahren wie folgt:
„Die Großplattenbauweise ‚Camus' ist eine Tafelbauweise, dadurch gekennzeichnet, daß vorgefertigte, raumgroße Tafeln (raumgroße Deckenplatten und raumhohe Wandtafeln) zu ein- und vielstöckigen Bauten (Tafelbauten) zusammengesetzt werden. Dabei können Teile des Ausbaus (wie Fußböden, Wandverkleidungen, Heizungsrohre, Installationsanschlüsse usw.) in die Vorfertigung einbezogen werden. Der kraftschlüssige Zusammenschluß der Tafeln erfolgt möglichst in den Raumkanten, so daß in den Wand- und Deckenflächen im allgemeinen keine im Innenraum sichtbaren Fugen entstehen. In den Tafelstößen ist ein Hohlraum gebildet, in den Bewehrung eingreift und der mit Ortbeton gefüllt wird.
Das Bauwerk ist in statischem Sinne kein Skelettbau, sondern ein Tafelbau, dessen Tafeln als Scheiben (Wandscheiben) und Platten (Deckenplatten) statisch wirksam sind.
Tafelbauten können grundsätzlich als prismatische Faltwerke mit den Methoden der Elastizitätstheorie berechnet werden. Da jedoch die Bauart ‚Camus' für Wohnbauten und Bauten ähnlicher Art, d. h. Bauten aus allseits geschlossenen, höchstens gelegentlich einseitig, offenen, rechtwinkeligen Raumzellen angewendet wird, können die Bauten dieser Bauart als Faltwerke aus Rechteckscheiben mit unverschieblichen Kanten berechnet werden. In den Vertikalfugen sind im wesentlichen Schub-, in den Horizontalfugen Schub-, Druck- (und bei sehr hohen Bauten auch Zug)-spannungen zu übertragen.
Die Druckspannungen werden in der Horizontalfuge aus dem Stahlbetonkern der oberen Scheibe in den Stahlbetonkern der unteren Scheibe durch eine Mörtelfuge übertragen. Da bei der Regelausführung die Mörtelfuge 11 cm breit ist, bleibt die Druckbeanspruchung selbst bei Hochhäusern weit unter dem zulässigen Betrag. Sie ist jedoch in jedem einzelnen Fall nachzuweisen.
Bei der Montage werden die Wandscheiben zunächst auf zuvor einnivellierte Hartbrandsteine gesetzt und dann satt untermörtelt. Hierbei wird die seit Jahrzehnten geübte und bewährte Technik der Untermörtelung von Maschinen angewandt."

Montagebau „Larsen & Nielsen"

Dieses System arbeitet nach der Schottenbauweise, also mit Deckenplatten, die in der Längsrichtung gespannt werden. Die Querversteifung wird von den Schottenwänden gewährleistet, während die Längskräfte von einer etwa in der Mitte des Gebäudes verlaufenden Längswand oder von Längswandabschnitten aufgenommen werden.

Die Schotten- und Längswände sind 15 bis 18 cm dick und bestehen aus B 30. Sie sind unbewehrt. Eine geringe Bewehrung erhalten die Platten mit Türöffnungen im Hinblick auf den Transport und die Montage.
Die Außenwände sind 18 cm stark, nichttragend und nach dem Prinzip der Sandwich-Wände aufgebaut, und zwar

4,5 cm Sichtbeton
5,0 cm Polystyrol
8,0 cm Stahlbeton

Damit wird eine Wärmedämmung von k = 0,80 W/m² K (0,69 kcal/m²h°) erreicht. Die beiden Betonschichten werden mit Steckeisen aus galvanisiertem oder rostfreiem Stahl verbunden. In die Fassadenelemente werden die fertigen Fensterrahmen und die Fenster, mit Scheiben versehen, eingebaut, ehe sie das Werk verlassen.

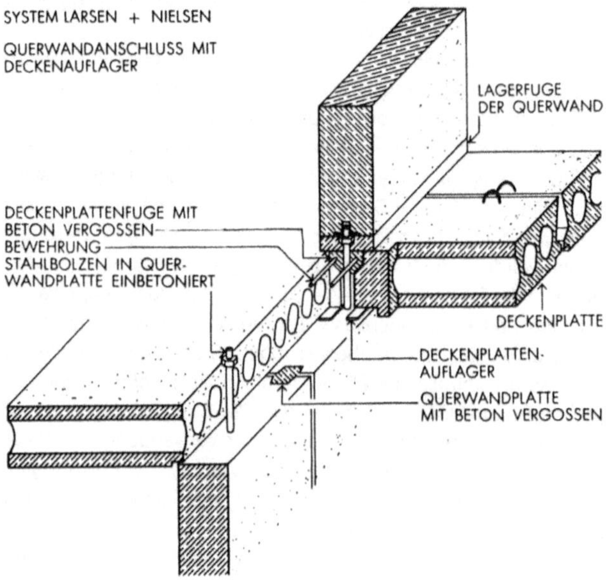

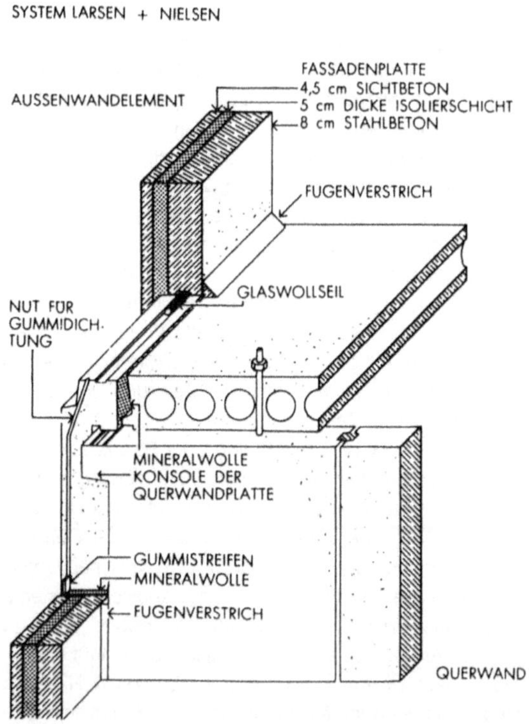

ELEMENT–STÖSSE UND FUGEN

SYSTEM CAMUS

VERTIKALSCHNITT

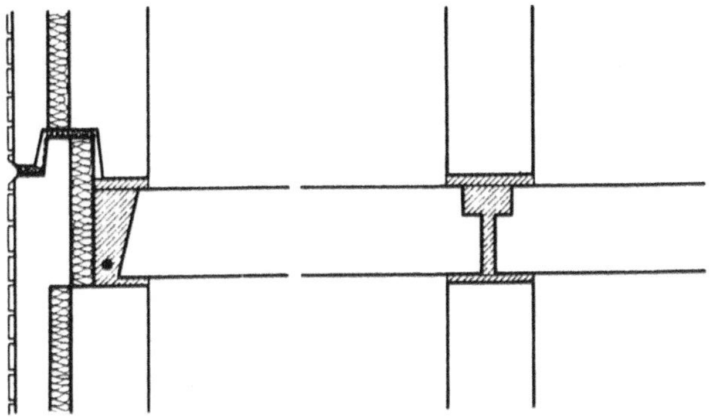

HORIZONTALSCHNITT

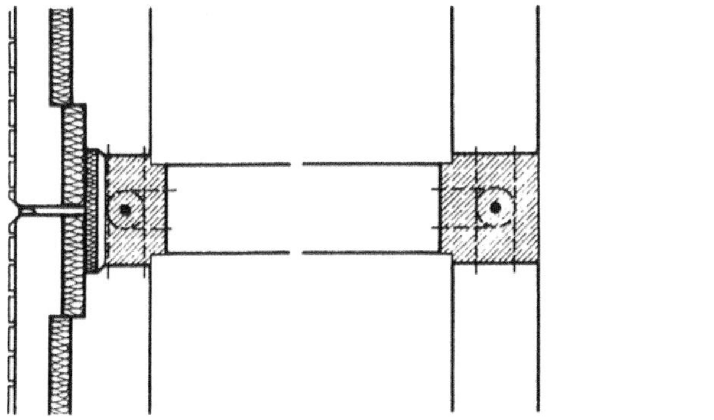

SYSTEM COIGNET

VERTIKALSCHNITT

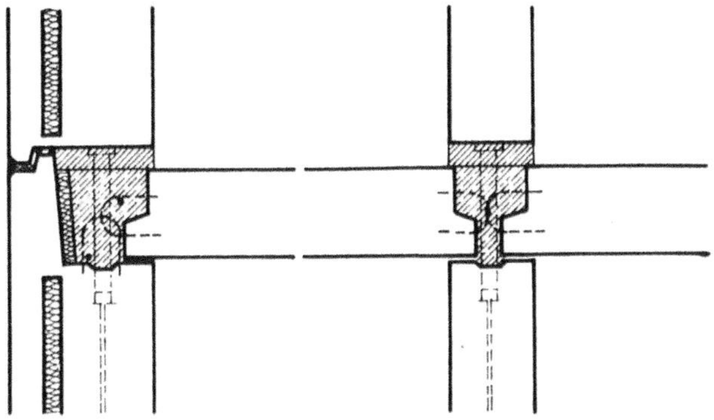

HORIZONTALSCHNITT

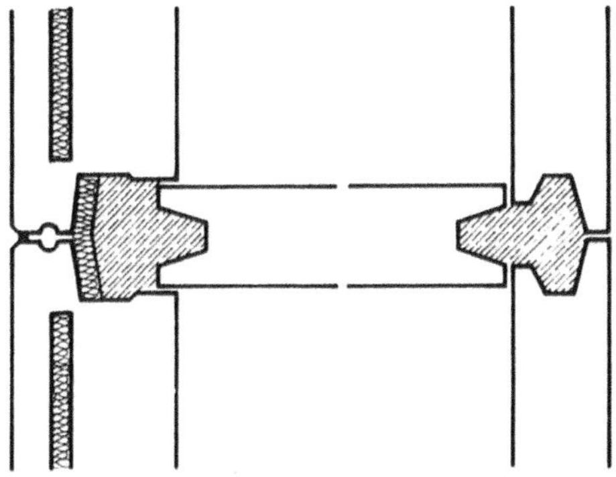

SYSTEM LARSEN U. NIELSEN

VERTIKALSCHNITT

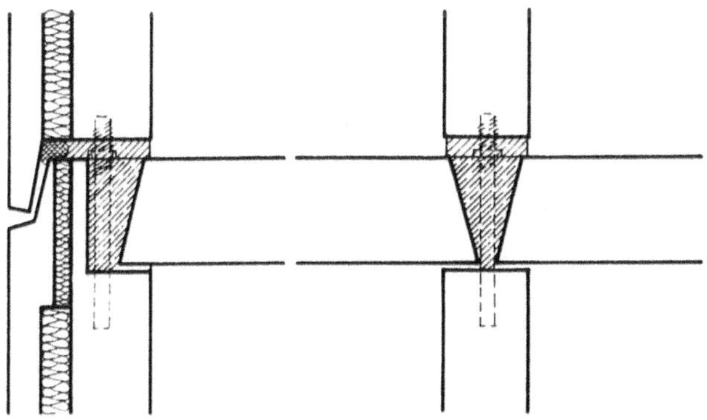

·HORIZONTALSCHNITT

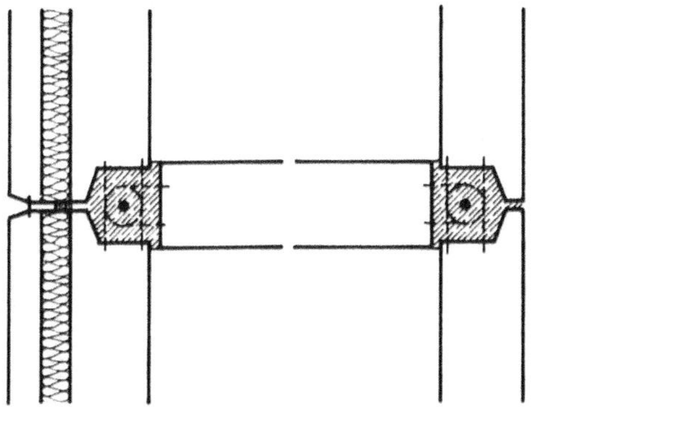

SYSTEM ESTIOT

VERTIKALSCHNITT

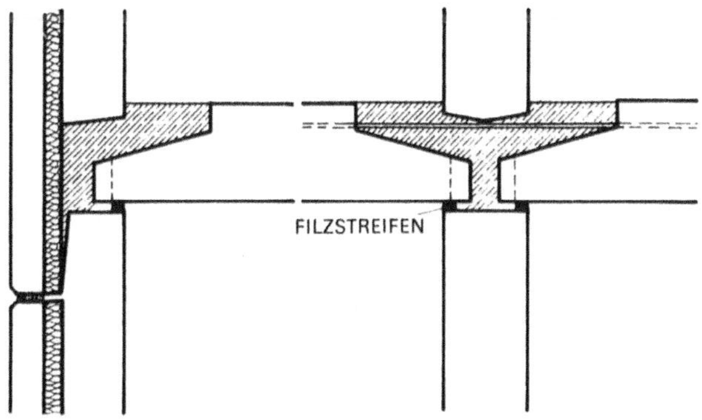

HORIZONTALSCHNITT

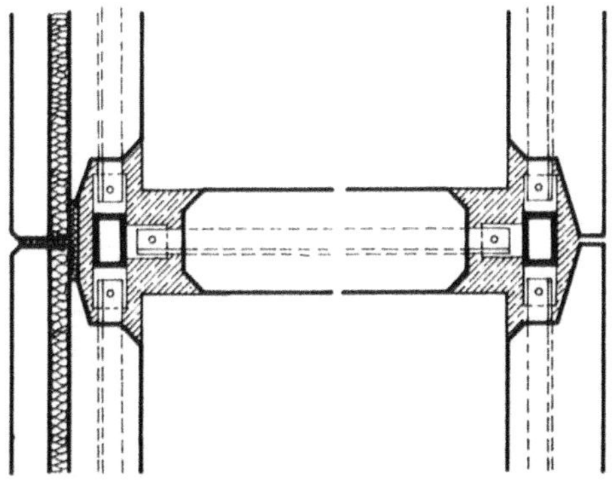

Die Fassadenplatten werden an Konsolen der tragenden Querwandplatten aufgehängt.
Die Deckenplatten sind als Rohdecke 18 cm dick und mit röhrenförmigen Aussparungen versehen und bestehen ebenfalls aus B 35. Die maximale Spannweite beträgt 5,50 m. Die leichten Raumtrennwände sind 6 cm stark und bestehen aus gipsgebundenen, raumhohen Platten, die trocken auf dem fertigen Fußboden versetzt werden.
Die Treppen, die mit Terrazzo oder Plastic-PVC-Belag fertig aus dem Werk kommen, liegen auf Podestplatten auf, die ihrerseits auf Knaggen der tragenden Wände liegen. Eine Zwischenschicht von Neoprene sorgt für die Trittschallisolierung der Wohnungstreppen. In die Wände werden im Werk bereits die Leerrohre für die Elektroinstallation verlegt, so daß am Bau nur mehr die Drähte eingezogen werden müssen. Für die Installation sind die entsprechenden Durchgangsrohre bereits im Werk einbetoniert. Sämtliche Rohrleitungen liegen frei vor der Wand. Die Wände und Fußböden sind schon mit Plattenbelägen versehen. Bei den leichten und schweren Raumtrennwänden und den Schottenwänden werden die notwendigen Türzargen schon im Werk verlegt.
Die Dachausbildung läßt verschiedene Möglichkeiten zu. Man kann das Dach als sog. horizontales Warmdach oder als zweischaliges Dach, evtl. auch als geneigtes Ziegeldach ausbilden.
Die größte Breite der geschoßhohen Wandelemente beträgt 3,50 m und das Gewicht bis 3,5 t. Die zusammenzustoßenden Enden der Schottenelemente bilden Röhren, die mit Beton vergossen werden.
Die Deckenplatten, die horizontal transportiert werden, dürfen zum Transport ohne besondere polizeiliche Genehmigung nur die Breite eines Lastwagens, also $<2{,}50$ m haben.
Die Einzelteile werden an der Baustelle durch gleisgebundene Turmdrehkräne versetzt. Für die durchschnittlichen Wohnungsgrößen braucht man 35 bis 42 Platten. Man rechnet mit der Montage von 2 Wohnungen am Tag.

Skelettbau

Im Gefüge des Wandbaues sind die Freiheit der Grundrißgestaltung und die Bemessung der Raumgrößen durch das statisch notwendige Zusammenwirken der raumbildenden Bauteile relativ eng begrenzt. Die statische Funktion der tragenden und aussteifenden Wände sowie der Decken steht nachträglichen Veränderungen entgegen.
Skelettbauten befreien uns weitgehend von diesen Einschränkungen der Wandbauten und bieten besonders für Gebäude, die veränderbaren Erfordernissen gerecht werden müssen, viele Vorteile.
Ein Skelett von genügender Steifigkeit erlaubt die Bildung von Räumen, die über die gesamte Geschoßfläche durchgehen und deren Ausnutzung nur durch Stützen geringfügig beeinträchtigt wird.
Die freie Geschoßflächenaufteilung erfordert wegen der Wand-, Decken- und Fensteranschlüsse in der Regel ein bestimmtes Ordnungssystem für Tragwerk und Ausbau.
Die nur füllenden Wandteile werden aus leichten, ggf. gut wärme- und schalldämmenden Baustoffen hergestellt. Sie können selbst an Außenwänden nach Bedarf in die Skelettgefache eingefügt, vorgesetzt oder aus ihnen wieder entfernt werden. Fensterflächen werden in der Breite nur durch die schmalen Stützen begrenzt. In der Höhe können sie vom Boden bis zur Decke bzw. bis Sturzunterkante reichen. Bei Kragkonstruktionen ist es sogar möglich, die ganzen Außenwände in Glas aufzulösen.
Das Ordnungsprinzip des Skelettbaues eignet sich besonders gut für die Verwendung von vorfabrizierten Elementen für Rohbau und Ausbau, womit eine wesentliche Beschleunigung des Baufortschrittes zu erzielen ist.
Diese technischen und wirtschaftlichen Eigenschaften der Skelettbauweise machen sie vor allem für den Industriebau geeignet, den sie bei allen Geschoßbauten für Produktions- und Lagerzwecke beherrschen. Aber auch außerhalb der Fabriken treten die Skelettbauweisen bei allen Bauaufgaben mit hohem Lichtbedarf und veränderlichen Grundrissen, wie z. B. bei Büro- und Verwaltungs-, Geschäfts- und Ladenbauten, Sportanlagen usw., immer mehr in den Vordergrund.

Skelettarten

Welche Konstruktionsart für ein Bauwerk zu empfehlen ist, ob Wandbau, Skelettbau oder Mischformen, entscheiden die zu erwartenden Nutzungsmöglichkeiten. Bisweilen sind große zusammenhängende Räume oder große Fensterflächen nur in einzelnen Ebenen oder Gebäudeteilen gefordert, z. B. für Garagen, Läden, Schalterhallen, Werkstätten usw. In solchen Fällen kann es wirtschaftlich sein, Wandbau und Skelettbau miteinander zu verbinden. Die Mischformen beginnen mit Wandbauten, bei denen einzelne Wandscheiben durch Stützenreihen mit Deckenträgern ersetzt werden.
Reine Skelettbauten sind selten, da die üblichen Gebäudefunktionen und Bauvorschriften zumindest innerhalb von Festpunkten mit Treppenhäusern und Nebenräumen einzelne Wände erfordern. Es ist zudem wirtschaftlicher, diese und die Decken zur Aussteifung des Bauwerkes heranzuziehen, als die Standfestigkeit des Skeletts allein durch steife Stabanschlüsse und Diagonalverbände zu sichern.
Welches Material für die Tragkonstruktion des Skelettbaues gewählt wird, hängt neben wirtschaftlichen, praktischen und formalen Überlegungen auch von den Anforderungen ab, welche die Gebäudenutzung an die Konstruktion stellt.

Statischer Aufbau

Die Struktur des Skelettbaues ist bei allen Baustoffen grundsätzlich gleich. Ein Skelett besteht aus Stützen und Hauptträgern, welche die Funktion der deckentragenden Wände übernehmen. Stützen und Träger bilden das Tragwerk. Ihre Verbindungen heißen Knoten. Sie können sowohl gelenkig als auch steif als sogenannte Gelenk- bzw. Rahmenknoten ausgebildet sein. Die von den Trägern aufgenommenen Deckennutzlasten und die Eigengewichte von Decken und Trägern setzen sich geschoßweise an den Stützenknoten ab und werden über Stützen und Stützenfüße in die Fundamente und den Baugrund abgeleitet. Größere Gewichte, beispielsweise von Wänden, die zur Trägerspannrichtung parallel oder quer verlaufen, sind über die Deckenkonstruktion bzw. über Nebenträger auf die Hauptträger zu übertragen.

Tragwerksysteme

Die Standfestigkeit eines Skelettes bedarf zusätzlicher Maßnahmen. Sie ist nur zu gewährleisten durch ausreichende räumliche Aussteifung in mindestens drei zueinander senkrechten Ebenen: durch Scheiben oder Diagonalverbände in Wand- und Deckenebenen, durch eingespannte Stützen und Träger mit Durchlaufwirkung sowie durch steife Knoten.
Auch die Verbindungen stabförmiger Bauteile wie Stützen und Träger sind ohne besondere Maßnahmen und unabhängig vom Baumaterial statisch immer als mehr oder weniger elastische Gelenke zu betrachten. Die Ausbildung steifer Knoten bedeutet nicht nur höheren konstruktiven Aufwand bzw. stärkere Dimensionierung einzelner Bauteile, sondern mit wachsender „statischer Unbestimmtheit" auch eine Komplizierung der Berechnung.

Trägersysteme auf Pendelstützen

Wenn Stützen und Träger an ihren Enden unverschieblich, doch in gewissem Maße drehbar und elastisch verbunden sind, sprechen wir von Pendelstützen bzw. von Gelenkknoten.
Die Verbindung ist in der Lage, die in einem Stabe auftretenden Normal- und Querkräfte, nicht aber Biegemomente, in andere Stäbe zu übertragen. Will man Stützen in ihren äußeren Abmessungen möglichst schlank halten, so darf man sie nicht mit Steifknoten in ein Rahmensystem zwängen, sondern nur als Pendelstützen gelenkig anschließen.
In der Praxis des Hochbaues jedoch werden Gelenkknoten konstruktiv nicht als vollkommene Gelenke ausgebildet. Im Stahlbau faßt man den Anschluß eines Trägers an eine Stütze mittels geschraubter Stegwinkel noch als Gelenk auf. Auch im Stahlbetonbau gilt der fugenlos geschüttete Träger- und Stützenanschluß mit einfacher Stützen- und Trägerbewehrung (ohne zusätzliche Knotenbewehrung) als Gelenk. Durch diese Annahme kann die statische Berechnung wesentlich vereinfacht werden. Die tatsächlich vorhandene geringe Einspannung an derartigen Gelenkknoten des Stahl- und Stahlbetonbaues erhöht die Sicherheit der Konstruktion.
Außenseitige Pendelstützen müssen zusätzlich die anteilig auf sie entfallenden horizontalen Windlasten aufnehmen und an ihren Kopf- und Fußgelenken absetzen können. Hierbei werden sie außer auf Druck auch als zweifach gestützte Biegeträger beansprucht.
Zur Aufnahme der horizontal angreifenden Windkräfte während der Bauzeit und nach Fertigstellung des Gebäudes sowie zur Ableitung der Windkräfte in den Baugrund muß das Skelett in Längs- und Querrichtung genügend ausgesteift sein.

In ihrem statischen Aufbau folgen die Skelette mehrgeschossiger Gebäude ähnlich wie die Skelette der Hallenbauten dem Prinzip der räumlich ausgesteiften Tragwerke. Nach ihrer Struktur unterscheidet man Vollwandscheiben (Wandscheiben, Deckenscheiben) und Stabwerkscheiben (Fachwerkverbände, Rahmen). Im Aufbau der Skelette unterscheidet man solche mit Gelenkknoten und solche mit Steifknoten.
Die Hauptträger können in Querrichtung, in Längsrichtung oder in Quer- und Längsrichtung gespannt sein. Die Windkräfte werden von den als starre Scheiben auszubildenden, in Längs- und Querrichtung gespannten Decken auf quer- und längsaussteifende Wandscheiben oder Fachwerkverbände übertragen und über deren Fundamente in den Baugrund abgeleitet. Als Längsaussteifung genügen evtl. schon Längsunterzüge oder Fensterbrüstungen, wenn sie entsprechend ausgebildet werden. Unter diesen Voraussetzungen ist es nicht notwendig, Skelette, Stützen und selbst Hauptträger durch Steifknoten zu verbinden. Da das Skelett (Stützen und Hauptträger) nur zur Aufnahme senkrecht wirkender Lasten ausgebildet werden muß, genügt es, die Stützen als Pendelstützen und die Hauptträger als Durchlaufträger aufzufassen, was die statische Berechnung vereinfacht. Dieses Gefüge eignet sich gut für Stahlskelettbauten, da es verhältnismäßig einfache Stabanschlüsse ermöglicht.
Scheiben und Verbände zur Quer- und Längsaussteifung sind am wirksamsten in den Außenkanten eines Gebäudes.

WANDBAUWEISEN

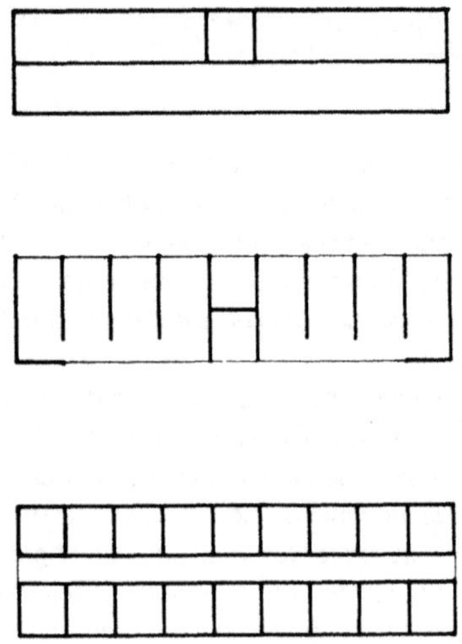

MISCHBAUWEISEN

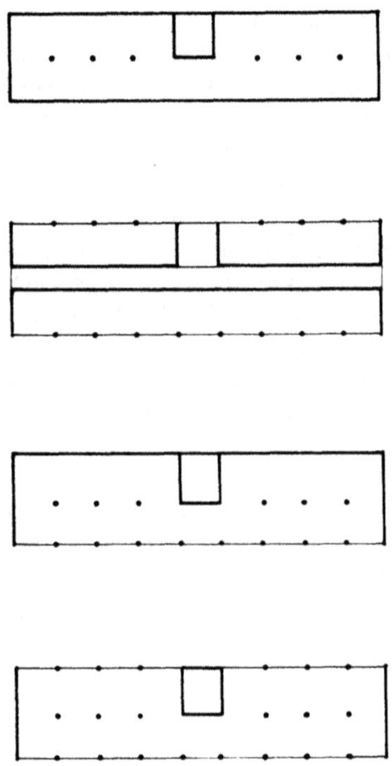

SKELETTBAUWEISEN

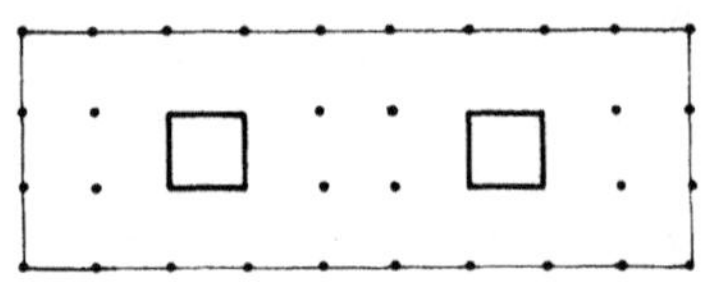

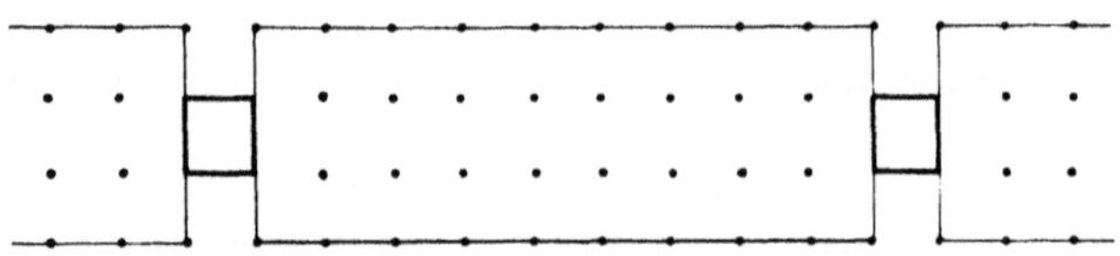

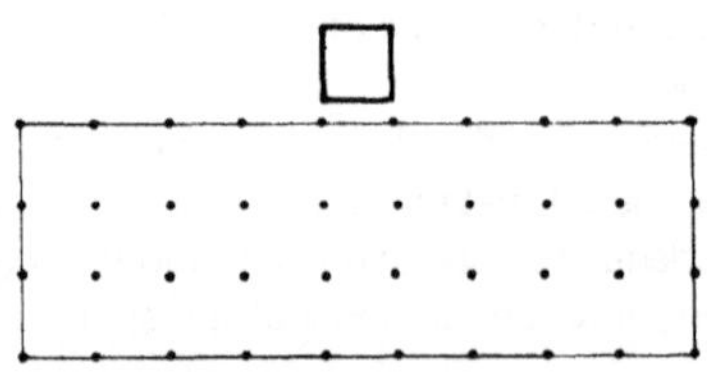

UNTERZUG MIT GELENKIG ANGESCHLOSSENEN STÜTZEN (PENDELSTÜTZEN)

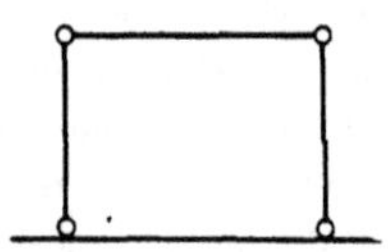

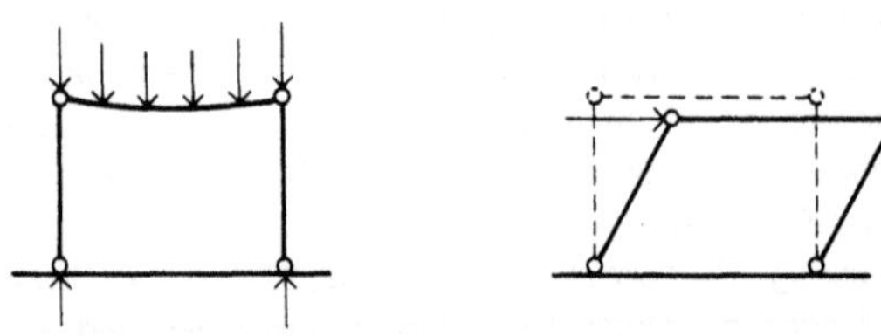

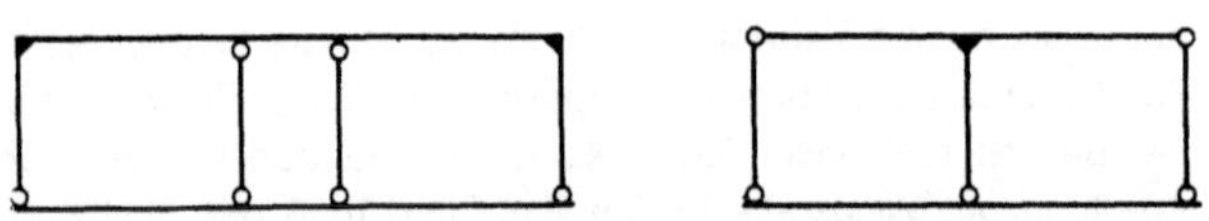

PENDELSTÜTZEN IM GEBÄUDEINNERN

AUSSENSEITIGE PENDELSTÜTZEN

TRÄGERSYSTEM
AUSSTEIFUNG DURCH WINDSCHEIBEN

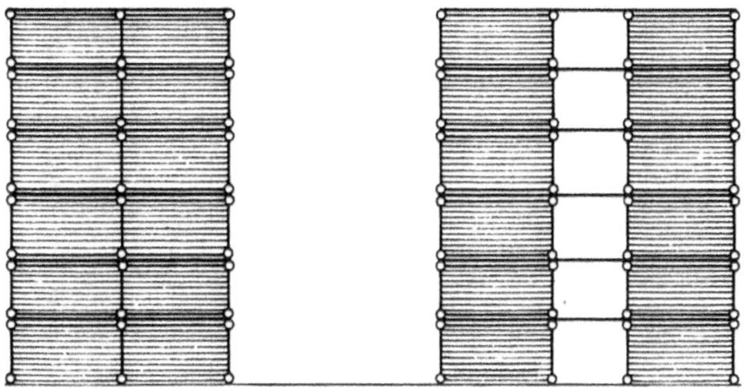

AUSFACHUNGEN

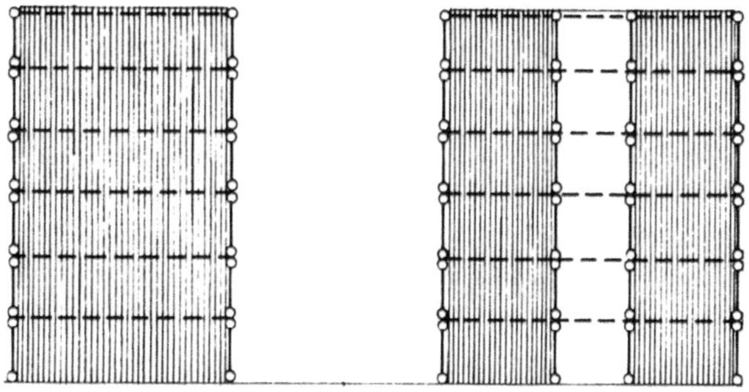

WANDSCHEIBEN

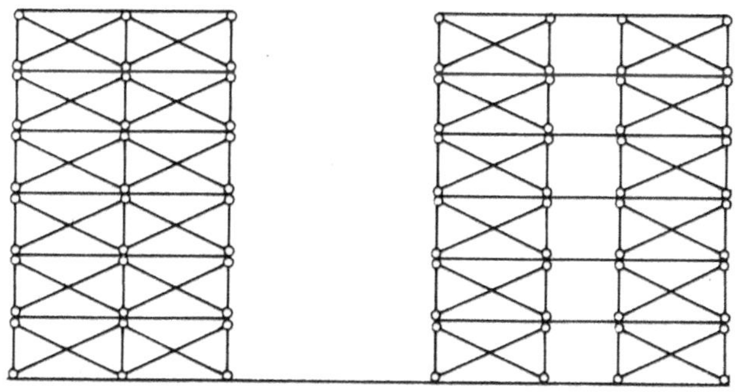

VERBÄNDE

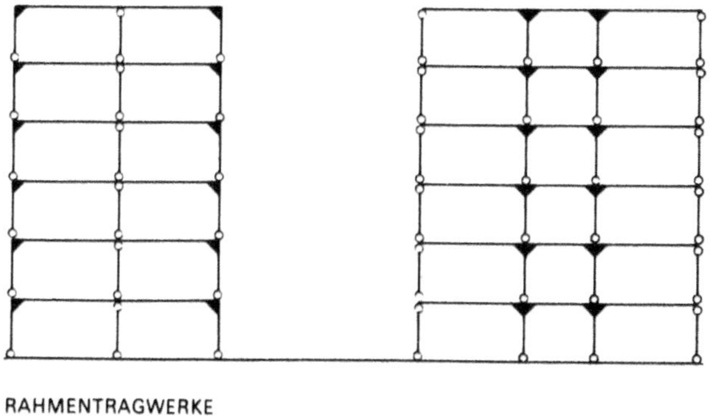

RAHMENTRAGWERKE

HAUPTTRÄGER IN LÄNGSRICHTUNG

FESTPUNKT ALS
LÄNGSAUSSTEIFUNG INNEN

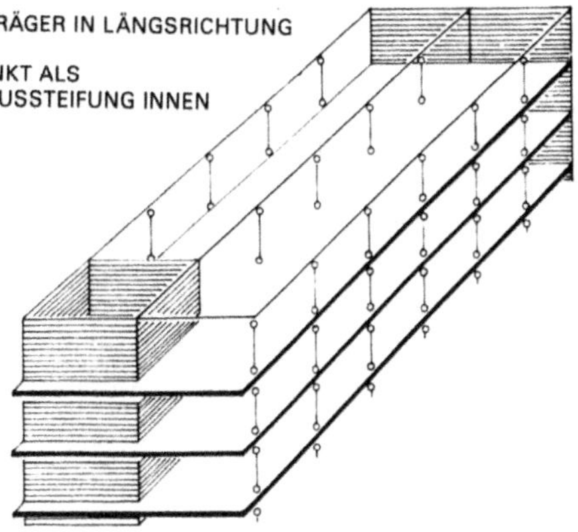

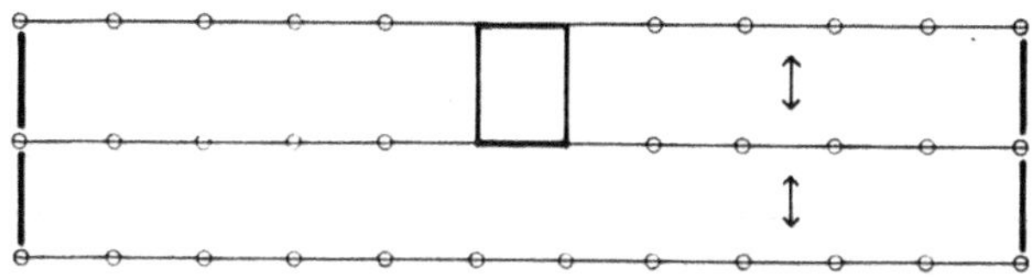

HAUPTTRÄGER IN QUERRICHTUNG

FENSTERBRÜSTUNG ALS
ZUSÄTZLICHE LÄNGSAUSSTEIFUNG

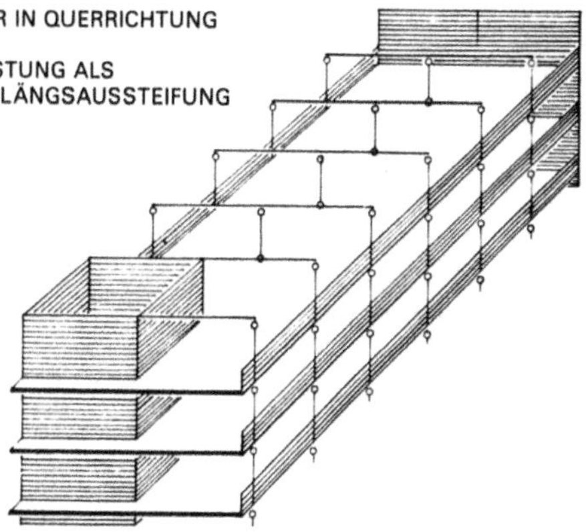

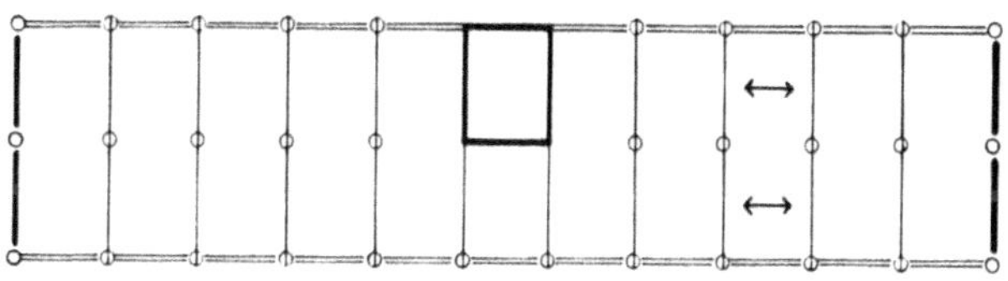

HAUPTTRÄGER IN LÄNGS- UND
QUERRICHTUNG

FESTPUNKT ALS
LÄNGSAUSSTEIFUNG AUSSEN

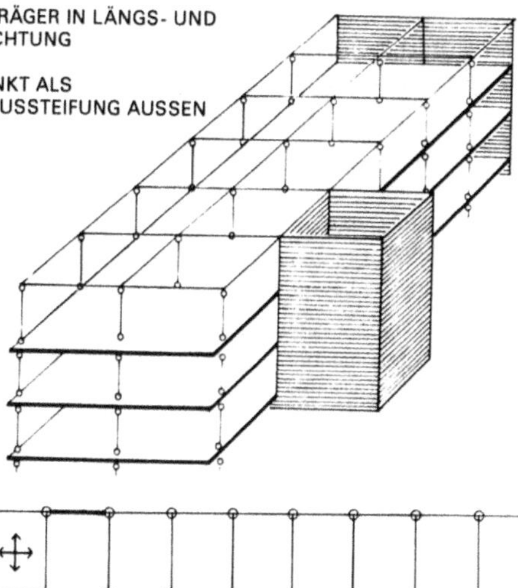

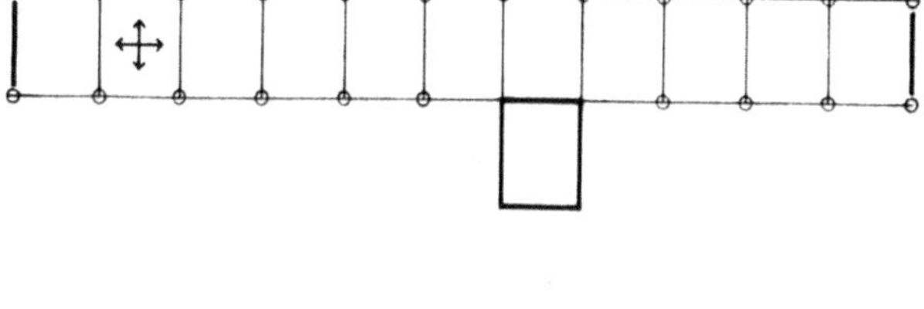

Rahmensysteme

Stützen und Hauptträger bilden hier Rahmentragwerke mit steifen Knoten. In der Statik werden die steif verbundenen Stützen als Stiele, die Träger als Riegel bezeichnet. Beim Steifknoten ist durch geeignete Maßnahmen die freie Drehbarkeit der Stabenden im Knoten aufgehoben, so daß die Stabenden bei Belastung der Stäbe ihre gegenseitigen Winkel im Knoten beibehalten und sich nur die Stäbe verformen. Der Steifknoten überträgt außer Normal- und Querkräften auch Biegemomente von Stab zu Stab.

Werden sämtliche Knoten eines Rahmens steif ausgebildet, so entsteht ein Vollsteifrahmen. Ein mehrstieliges Rahmensystem kann außer den Steifknoten auch noch Gelenkknoten aufweisen (trotzdem standsicher).

Bei vertikaler Belastung eines Steifrahmens überträgt sich die Biegung des Riegels zum Teil auf die steif angeschlossenen Stiele, so daß diese außer durch Druckkräfte auch noch durch Biegemomente beansprucht werden; die Biegebeanspruchung des Riegels wird hierbei verringert. Ein solcher Steifrahmen ist nicht nur zur Aufnahme und Ableitung vertikaler, sondern auch horizontaler Kräfte (Wind) geeignet. Stellt man mehrere Steifrahmen übereinander, so entsteht ein Stockwerksrahmen, der ein mehrfach statisch unbestimmtes System bildet.

Statisch unbestimmt nennt man Tragsysteme, in welchen mehr unbekannte Größen als Gleichgewichtsbedingungen enthalten sind. Ihre Schnittgrößen lassen sich nur umständlich über alle möglichen Lastfälle ermitteln, was mit elektronischer Rechenhilfe heute nicht mehr den Aufwand wie früher erfordert.

In statisch unbestimmten Systemen verteilen sich die auftretenden Kräfte auf das gesamte Baugefüge. Wird ein Glied überbeansprucht, so kann eine Umlagerung der Kräfte auf weniger beanspruchte Teile erfolgen.

Steife Rahmentragwerke setzen gute Gründungsverhältnisse voraus, da bei Senkung einzelner Fundamentkörper unvorhergesehene Spannungen in einzelnen Traggliedern auftreten, die das Gefüge gefährden können. Sehr empfindlich sind Stahlbetonskelette, elastischer und darum weniger gefährdet solche aus Stahl. Bei schlechtem Baugrund bevorzugt man aus diesen Gründen einfache, statisch bestimmt oder verhältnismäßig elastische Tragwerke, z. B. solche aus Stahl.

Die Verbindung von Stützenfuß und Gründungskörper bildet man bei mehrgeschossigen Skelettbauten im allgemeinen gelenkig aus, nur in Ausnahmefällen spannt man die Stützenfüße in die Fundamentkörper ein.

Welches statische System, ob Querrahmen, Längsrahmen oder Quer- und Längsrahmen, man in einem gegebenen Falle wählt, und ob die Rahmen mit Gelenk- oder Steifknoten ausgebildet werden, hängt in hohem Maße von der Möglichkeit der Windlastableitung ab. Längsrahmen steifen das Skelett in Längsrichtung aus; Querrahmen steifen das Skelett in Querrichtung aus. Alle Rahmen müssen auch quer zu ihrer Ebene durch starre Scheiben (Wände, Verbände oder Rahmen) ausgesteift werden.

Querrahmen werden im Hochbau meistens mit zwei bis vier Stielen, Längsrahmen mit mehr Stielen ausgeführt. Es ist nicht notwendig, jede Verbindung von Stielen und Riegeln eines Rahmens biegesteif auszubilden.

Skelett mit Längsrahmen

Die parallel zur Rahmenebene angreifenden Windkräfte werden durch eine genügende Anzahl steifer Längsrahmen in den Baugrund abgeleitet. Die Steifrahmen kann man durch Wandscheiben ersetzen.

Die senkrecht zur Rahmenebene angreifenden Windkräfte werden durch die Decken auf queraussteifende Wandscheiben oder

RAHMENSYSTEME

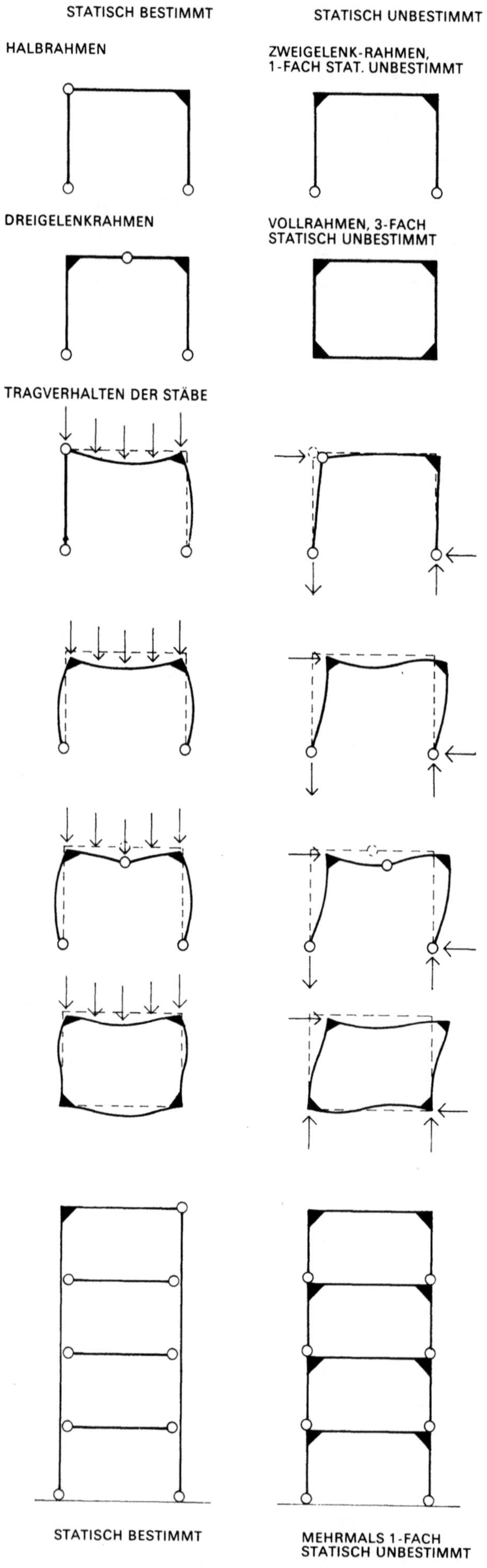

Fachwerkverbände und über die Fundamente in den Baugrund abgeleitet. Die Decken sind als steife Scheiben auszubilden und erhalten eine Randbewehrung. Stehen zur Ableitung dieser Windkräfte nur die Giebelwände zur Verfügung, so wirken die massiven Deckenscheiben als horizontal liegende Träger auf zwei Stützen mit einer Stützweite gleich der Gebäudelänge und einer Höhe gleich der Gebäudetiefe. Sind noch weitere versteifende Querwände (z. B. Treppenhauswände) vorhanden, so wirken die Deckenscheiben als durchlaufende Balken auf mehreren Stützen. Die queraussteifenden Wandscheiben werden zur Aufnahme der horizontal wirkenden Auflagerkräfte entsprechend bemessen bzw. ausgebildet.

Skelett mit Querrahmen

Die parallel zur Rahmenebene angreifenden Windkräfte werden durch eine genügende Anzahl aussteifender Querrahmen in den Baugrund abgeleitet. Die Querrahmen können durch Wandscheiben ersetzt werden, wie dies meistens am Giebel und an Treppenhäusern geschieht.
Die senkrecht zur Rahmenebene angreifenden Windkräfte werden durch die Decken auf längsaussteifende Wandscheiben oder Fachwerkverbände und über die Fundamente in den Baugrund abgeleitet. Die Decken sind als starre Scheiben auszubilden.
Bei Stahlbetonskeletten von mäßiger Höhe und verhältnismäßig großer Längsausdehnung erfordert die Herstellung der Längssteifigkeit wegen des monolithischen Baugefüges in den meisten Fällen keine besonderen Maßnahmen. Bei Stahlskeletten genügt in diesem Falle durchweg das Ausmauern der Endfelder in den Längswänden, wenn nicht schon betonierte oder gemauerte Brüstungen hierzu ausreichen. Während der Bauzeit sorgen fachwerkartige Montageverbände für die Standsicherheit des Stahlskelettes.
Nach DIN 4114, Stabilitätsfälle im Stahlbau, ist jedoch zu beachten, daß bei Stützen in ausgemauerten Wänden von mehrgeschossigen Stahlskelettbauten die Querstützung durch die Ausmauerung bei der Bestimmung der wirksamen Knicklänge nicht berücksichtigt werden darf. Stützen müssen somit mindestens je Geschoßhöhe knicksicher ausgebildet sein. Bei eingeschossigen Bauten dürfen Wände dann zur Knicksicherung der Stützen herangezogen werden, wenn sie bei Mauerwerk mehr als einen halben Stein, bei Stahlbeton mehr als 10 cm dick sind.
Mit zunehmender Gebäudehöhe und abnehmender Gebäudelänge gewinnt jedoch die Längsversteifung an Bedeutung.

Skelett mit Längs- und Querrahmen

Durch eine mehrachsige biegesteife Verbindung von Stäben untereinander werden zusätzliche Widerstandsmechanismen aktiviert. Alle vertikal und horizontal angreifenden Kräfte werden von den Quer- und Längsrahmen, die sich gegenseitig aussteifen, in den Baugrund abgeleitet. Dieser reine Skelettbau bedarf keiner weiteren Aussteifung durch Wandscheiben oder Verbände. Die Decken können kreuzweise bewehrt werden.

RAHMENSYSTEME
AUSSTEIFUNG DER TRAGWERKSELEMENTE

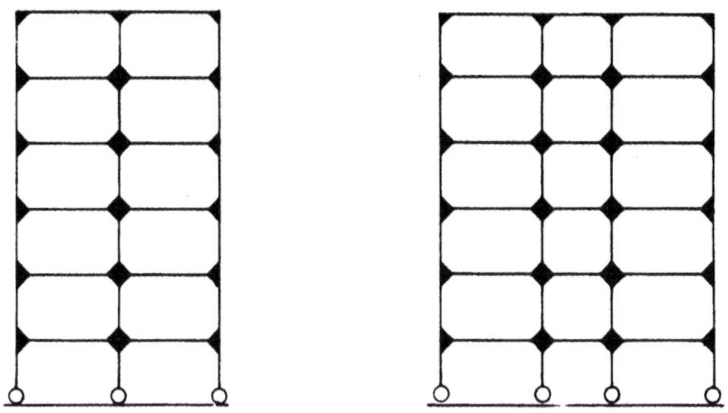

VOLLSTEIFRAHMEN, ALLE TEILE BIEGEFEST MITEINANDER VERBUNDEN, HOHE STATISCHE UNBESTIMMTHEIT

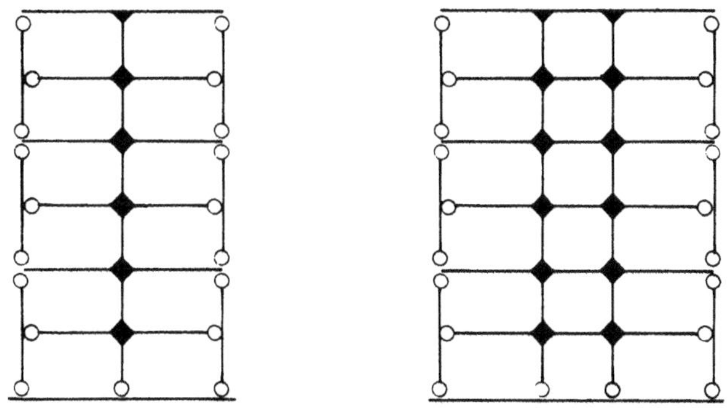

BEI GANZEN GLASWÄNDEN ZWECKMÄSSIG, WENN VON EINER SEITE VIEL LICHT EINGELASSEN WERDEN SOLL. STÜTZEN DIESER SEITE ALS PENDELSTÜTZEN, ÜBRIGE STÜTZEN MIT DEN RIEGELN FEST VERBUNDEN

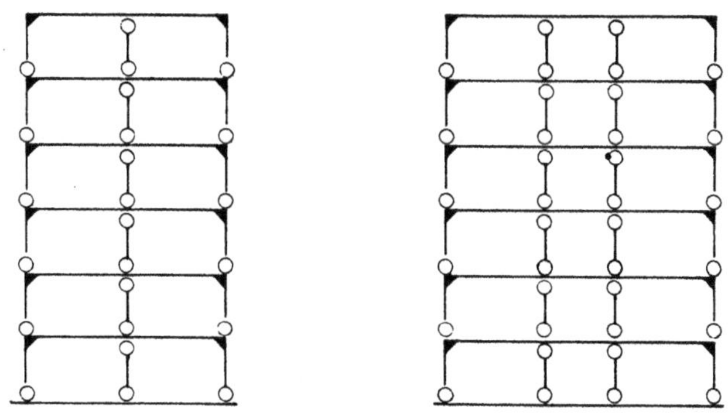

BIEGEFESTE VERBINDUNG DER RIEGEL AN AUSSENSTÜTZEN. BESONDERS BEI HOHEN GEBÄUDEN ZU EMPFEHLEN; KANN AUCH BEI DURCHGEHENDEN RÄUMEN ERWÜNSCHT SEIN, WENN INNENSTÜTZEN GERINGE ABMESSUNGEN ERHALTEN SOLLEN

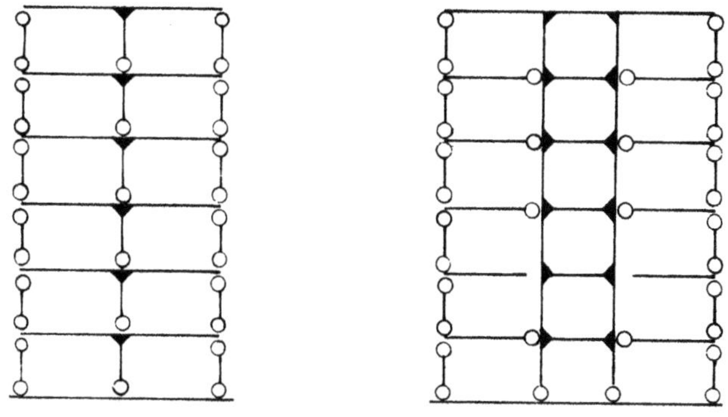

INNEN STEIFRAHMEN, AUSSEN PENDELSTÜTZEN, DIE DECKE EVTL. AUS FERTIGBETONTEILEN

Konstruktive Durchbildung

Neben den statischen Anforderungen wirkt auf die konstruktive Durchbildung eines Skelettbaues eine Vielzahl weiterer Faktoren ein. Voran stehen die Veränderbarkeit und Anpassungsfähigkeit an neue Erfordernisse späterer Nutzung. Rohbau und Ausbau sind im Skelettbau scharf gegeneinander abgegrenzt. So spricht man auch vom Tragwerk als der Primärstruktur oder dem Primärsystem, vom Ausbau als der Sekundärstruktur oder dem Sekundärsystem, die zu koordinieren Aufgabe der Planung ist. Hinzu kommt eine Vielzahl von Gewerken der Haustechnik, welche in diese Planung einzubeziehen sind, das sogenannte Tertiärsystem.

Stützenabstände

Die Stützenabstände werden durch den Verwendungszweck eines Gebäudes unter Berücksichtigung der Wirtschaftlichkeit bestimmt. Gleiche oder annähernd gleiche Stützenabstände in Längs- und Querrichtung sind am wirtschaftlichsten, da sie die Verwendung kreuzweise bewehrter Decken gestatten. Jedes Gebäude erfordert zur Ableitung seiner Gesamtlasten einen bestimmten Gesamt-Stützenquerschnitt. Wählt man für die Unterzüge geringe Stützenweiten – also viele Stützen –, so erfordern diese zu ihrer Herstellung einen größeren Arbeitsaufwand, als eine geringere Stützenanzahl bei größeren Stützweiten verursachen würde. Mit zunehmender Stützweite wachsen aber die Momente der Unterzüge im Quadrat, wodurch sich rasch wachsende Baukosten ergeben. Das optimale Verhältnis der Kostenanteile für Stützen, Unterzüge und Decken liegt für Stahlbeton bei Stützweiten von 5 bis 6 m. Für Stahlkonstruktionen sind Stützweiten zwischen 5 und 7,50 m wirtschaftlich am günstigsten. Größere Stützenabstände werden nicht wesentlich unwirtschaftlicher, wenn die Bauhöhen der Unterzüge nicht eingeschränkt werden. Mit Verbundkonstruktionen sind bei geringerer Bauhöhe auch Stützweiten von 8–10 m möglich. Vielfach sind aber für die Wahl der Stützweiten noch andere Gesichtspunkte maßgebend.
In Bürobauten sollten die Stützenabstände ein ganzes Vielfaches des Einrichtungsmoduls, z. B. 4 × 1,80 m = 7,20 m, sein. Auch muß der Abstand der Stützenreihen sinnvolle Raumtiefen und Flurbreiten ergeben. In Großraumbüros, Produktionsbauten, Warenhäusern oder dergleichen sprechen oft betriebliche Gesichtspunkte für Spannweiten über 10 m, auch wenn sich damit höhere Konstruktionskosten ergeben. Darüber hinaus sind der Stützenabstand und die Deckenhöhe im Zusammenhang mit dem Platzbedarf für die Gebäudeinstallation zu bedenken.

Gebäudetiefen

Dreistielige Querrahmen bzw. drei Längsrahmen nebeneinander ergeben bei Stützenabständen von 6 bis 7 m Gebäudetiefen von 12 bis 14 m. Wird bei dieser Bautiefe ein Mittelflur in der Gebäudeachse gefordert, dann verschiebt man die Innenstützenreihe um die halbe Flurbreite. Sind ungleich tiefe Raumfluchten beidseits des Flures möglich, so kann unter Beibehaltung gleicher Stützenreihen der Flur auch asymmetrisch zur Mittelstützenreihe gelegt sein.
Vierstielige Querrahmen bzw. vier Längsrahmen nebeneinander ergeben für Bauten mit einem Mittelflur und wirtschaftlichen Stützenabständen eine Gebäudetiefe von 15 bis 17 m. Für Bauten mit drei weitgespannten Feldern (z. B. Produktions- und Lagerbauten) ist es statisch am besten und damit am wirtschaftlichsten, das Mittelfeld 10 bis 15% größer zu wählen als die Außenfelder. Man erreicht damit wirtschaftliche Gebäudetiefen von 18 bis 24 m.

Größere Gebäudetiefen als Folge der Nutzungserfordernisse bringen zusätzliche Probleme der Gebäudeinstallation, der Licht- und Klimatechnik sowie des Brandschutzes, der Fluchtwege und der Treppenhausabstände.

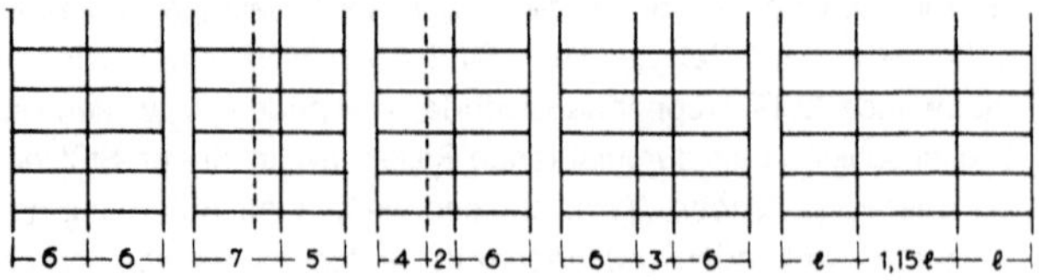

Die mögliche Ausdehnung eines Skelettbaues ist mehr als die eines Wandbaues durch bauaufsichtliche Vorschriften eingeschränkt. Besonders bei großen zusammenhängenden Geschoßflächen sind oft die Forderungen des Brandschutzes und die Fluchtwegbestimmungen „maßgebend".

Gebäude- und Geschoßhöhe

Die Gebäudehöhe hat wegen der Windbelastung entscheidenden Einfluß auf die Bemessung der aussteifenden Bauteile und Bauglieder. Bei extremen Verhältnissen im Hochhausbau können diese die Gebäudenutzung wesentlich beeinträchtigen. Windscheiben sind so anzuordnen, daß sie die Nutzflächen möglichst nicht unterteilen; in der Regel innerhalb der Festpunkte, bei Hochhäusern manchmal innerhalb der Außenwandkonstruktion, wo sich die statisch wirksamsten Abmessungen ergeben. Die Geschoßhöhen sind statisch gesehen nur für die Knicklänge der Stützen von Bedeutung. Wegen der Unterzüge erreicht bei abgehängten Decken die gesamte Deckenkonstruktion im Skelettbau einen größeren Anteil an der Geschoßhöhe als im Gefüge des Wandbaues.
Die Mindesthöhe der Raumlichte ergibt sich aus den Erfordernissen der Gebäudenutzung bzw. aus den Vorschriften der Landesbauordnungen; welche beispielsweise für gewerblich genutzte Räume eine lichte Raumhöhe von ≧ 3,00 m (Bayern ≧ 2,80 m) fordern. Bei großflächigen, künstlich beleuchteten und klimatisierten Gebäuden muß daher einschließlich des technisch bedingten Installationsraumes für die Klimatisierung von 0,80 bis 1,00 m mit etwa 4 m Geschoßhöhe gerechnet werden. Für ausschließliche Seitenlichtausleuchtung mit Tageslicht gilt dagegen nach DIN 5034, daß die Differenz zwischen Höhe der Arbeitsfläche und Fensterunterkante mindestens die Hälfte des Abstandes vom Fenster betragen soll.

Gebäudefugen

Alle Bauteile müssen in ihren Abmessungen so gewählt werden, daß die bei Temperaturschwankungen entstehenden horizontalen Bewegungen keine Schäden am Bauwerk verursachen. Großflächige Bauteile sind aus diesem Grunde durch Fugen in entsprechende Einzelflächen zu unterteilen. Fugen sind ferner erforderlich, um vertikale Bewegungen oder Erschütterungen einzelner Bauteile, die durch Setzungen bzw. Maschinen hervorgerufen werden, aufzunehmen.
In der Regel sind Bewegungsfugen notwendig, wenn die Gebäudelänge 30 m (in Ausnahmefällen 50 m) überschreitet und wenn Bauteile von verschiedener Bauweise, Gründungs-, Konstruktions- und Benützungsart, Höhe und Belastung und Beanspruchung und von verschiedenem Alter aneinanderstoßen. Alle Bewegungsfugen, besonders solche in Gebäuden mit Brandgefahr, sind so auszubilden, daß sie die im Brandfalle durch große Hitze entstehenden starken Bewegungen zulassen.

DEHNUNGSFUGEN IN TRAGSKELETTEN MIT LÄNGSLAUFENDEN HAUPTTRÄGERN

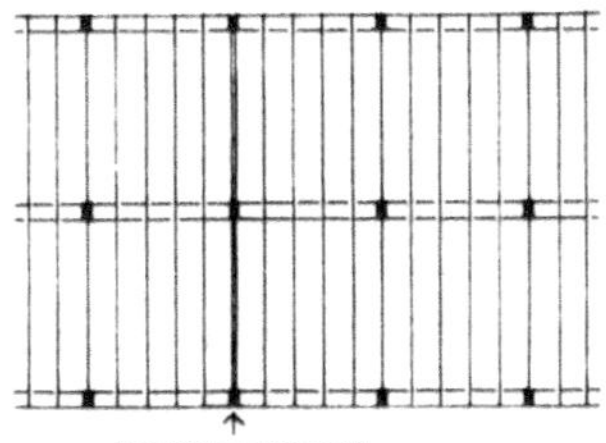

SCHNITT DURCH DIE DECKE (ZWEITEILIGE DECKENRIPPEN)

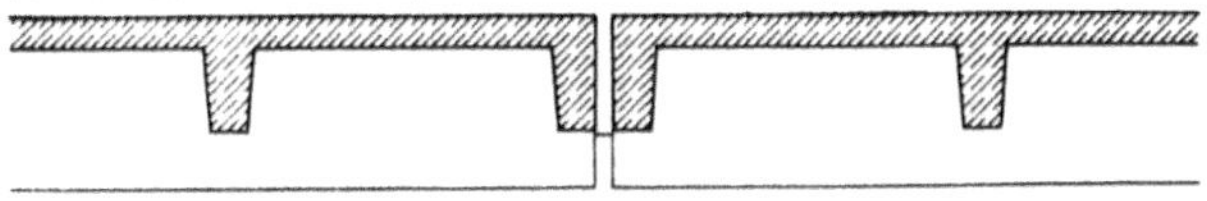

SCHNITT DURCH DIE STÜTZE

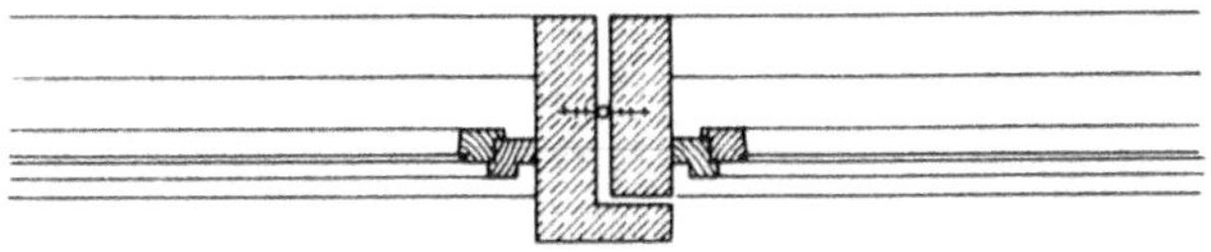

VARIANTE

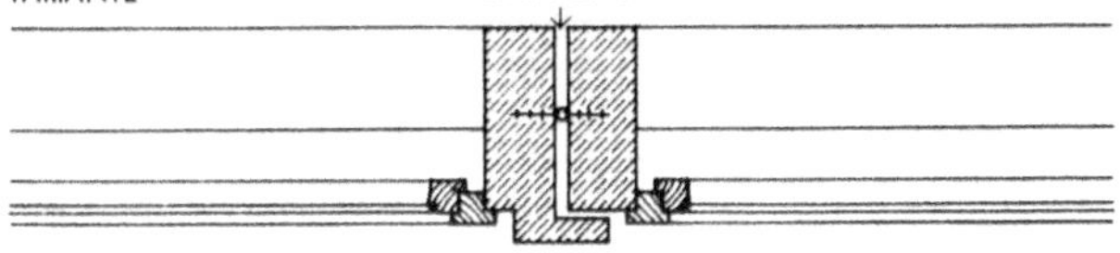

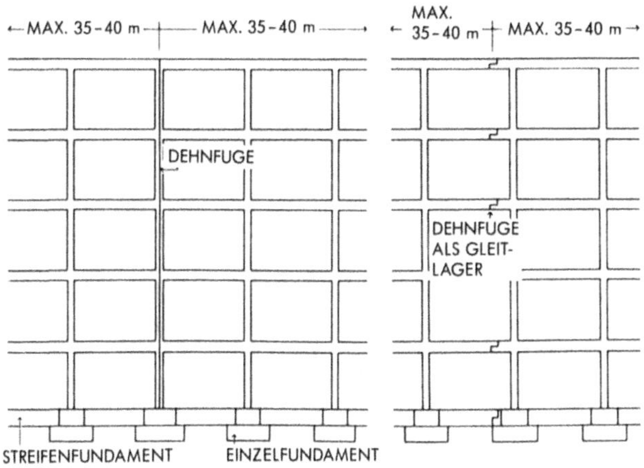

DEHNUNGSFUGEN BEI ZURÜCKSPRINGENDEN BAUTEILEN

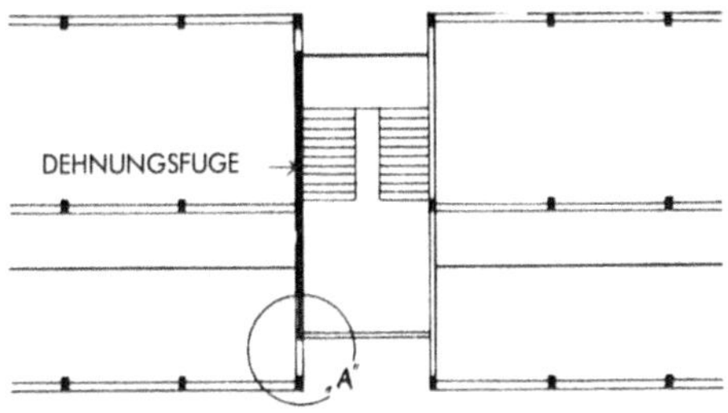

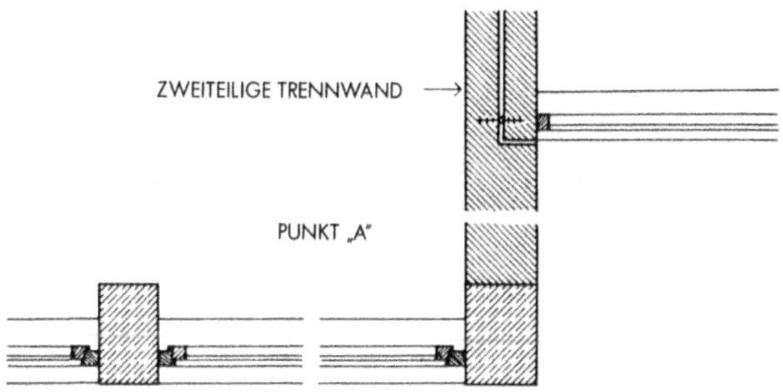

DEHNUNGSFUGEN IN TRAGSKELETTEN MIT QUERLAUFENDEN HAUPTTRÄGERN

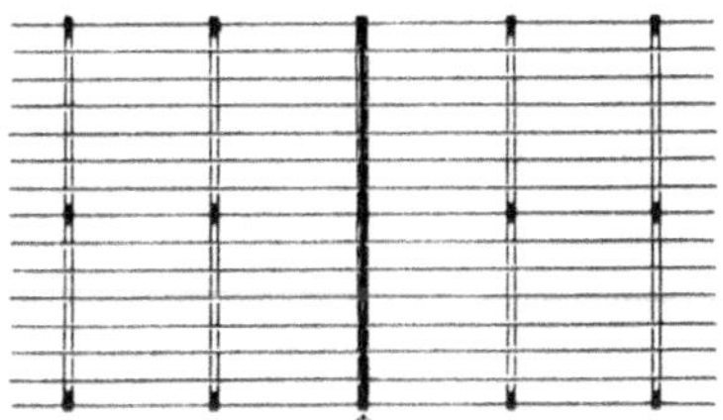

SCHNITT DURCH DIE DECKE (ZWEITEILIGE HAUPTTRÄGER)

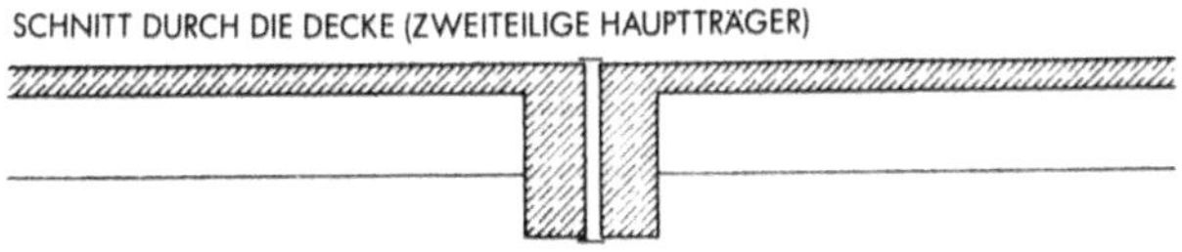

AUFLAGERUNG DES UNTERZUGES AUF KONSOLEN

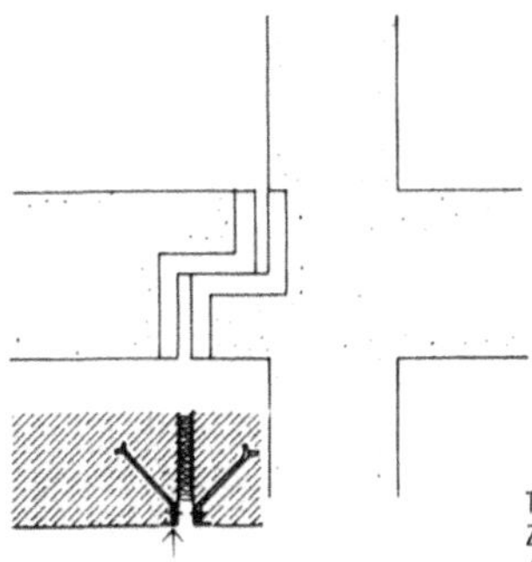

DEHNUNGSFUGE IN EINER TRENNWAND

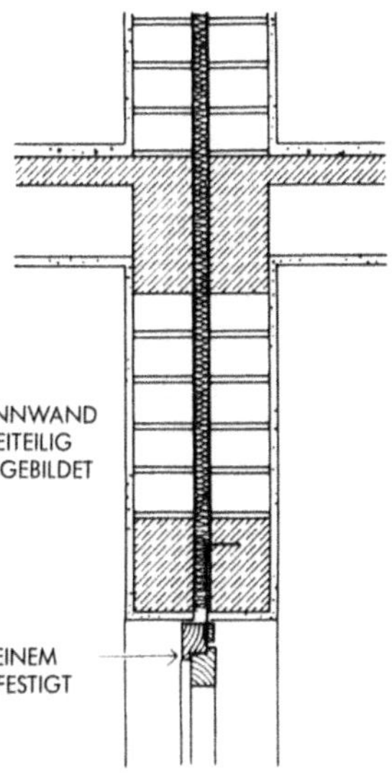

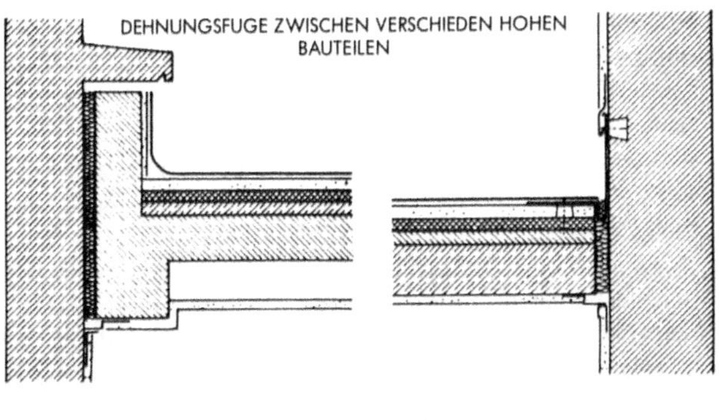

LÄNGSLAUFENDE UNTERZÜGE

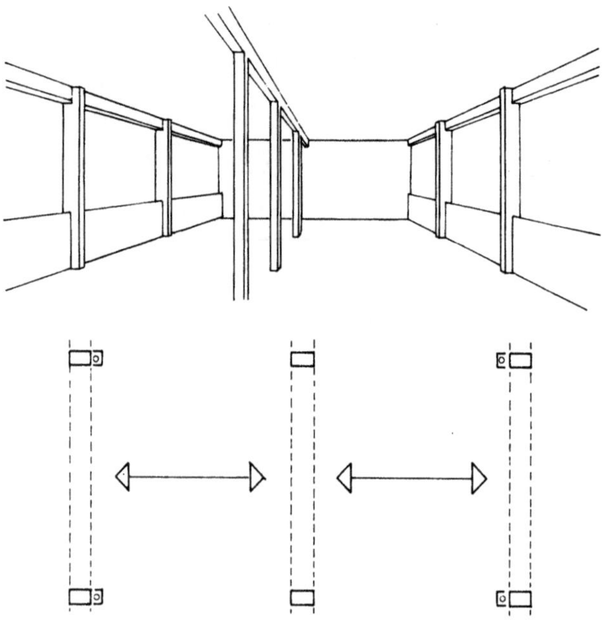

ÜBERZUG

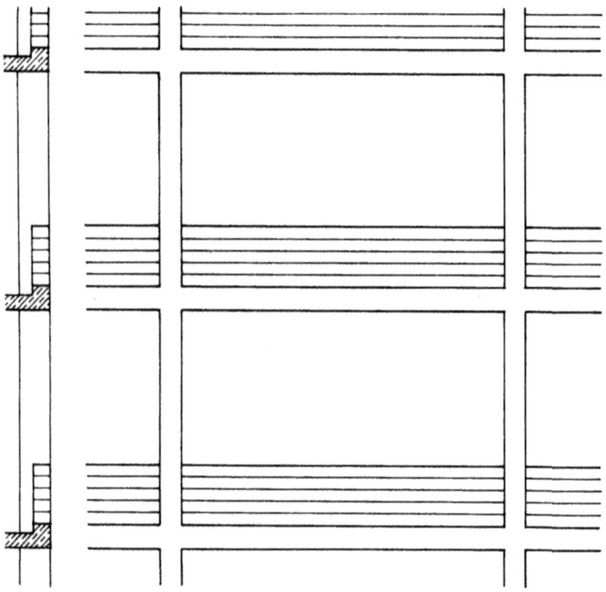

UNTERZUG

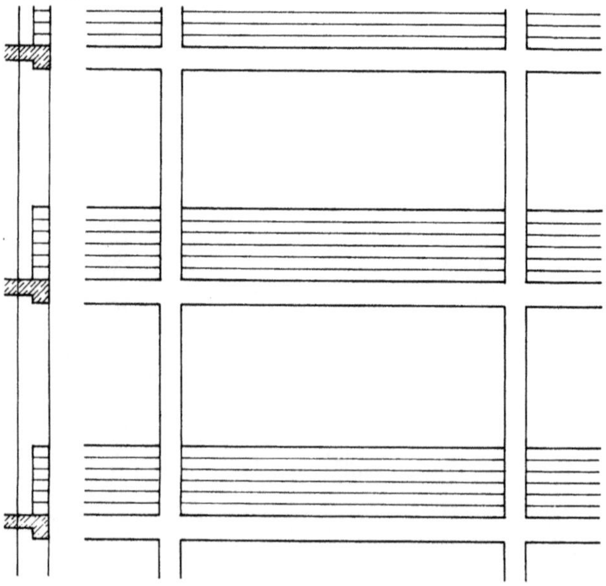

Setzungsfugen müssen durch das ganze Gebäude (Dach, Wände, Decken, einschließlich Wand- und Deckenputz, und Fundament) gehen. Dehnungsfugen können dagegen auf dem Fundament endigen.

Alle Gebäudeabschnitte zwischen den Bauwerksfugen müssen in sich standsicher sein. Ihre Aussteifung ist sinnvoll mit den Brandschutz- bzw. Fluchtwegerfordernissen abzustimmen. Da für jeden Punkt einer Geschoßfläche in mindestens 25 m Entfernung ein Treppenhaus erreichbar sein muß, entspricht der Abstand zweier Treppenhäuser mit 50 m etwa dem äußersten Abstand zweier Bauwerksfugen.

Als Breite für die Bauwerksfugen muß bei den auftretenden Temperaturdifferenzen je 10 m Fugenabstand mit einer Fugenbreite von 1 cm gerechnet werden. In den Sommermonaten kann dieses Maß entsprechend den höheren Außentemperaturen und der größtmöglichen Bauwerksausdehnung jedoch auch verringert werden. Bei Dachterrassen und an der Außenwand sind darüber hinaus Bauteilfugen je nach Material alle 2 bis 10 m vorzusehen.

Richtung der Unterzüge

Die Spannrichtung der Unterzüge ist wie die übrige Deckenkonstruktion abhängig von Ausbau und Installationsführung. In der Regel werden die Hauptträger als Unterzüge ausgebildet. Sollen sie unsichtbar bleiben, muß eine Unterdecke angeordnet werden. Im Sonderfall können die Decken jedoch auch unterzuglos oder bei Außenwänden die Deckenträger als Überzüge innerhalb der Brüstungen ausgeführt werden.

Längslaufende Unterzüge

Sie ergeben zwischen den Längsträgern oder -rahmen durchlaufende Deckenfelder, die gewöhnlich bis zu 6 bis 7 m Spannweite als Plattendecken, bei hohen Nutzlasten oder größeren Spannweiten als Rippen- oder Plattenbalkendecken ausgebildet werden. Ordnet man die Rippen- oder Plattenbalken den äußeren und inneren Tragstützen und ggf. den Zwischenstützen zu und nimmt man die Hinterkante aller Außenstützen bündig, so erhält man Geschoßflächen von großer Flexibilität. Zwischenwände lassen sich bei Vermeidung von Schallbrücken an Boden, Deckenplatten oder Rippenunterkante und Hinterkante der Fensterstützen anschließen. Sie erhalten gleiche Maße, was besonders bei Montagewänden wichtig ist. Wie man die Flurwände setzt – ob zwischen, vor oder hinter die Innenstützen –, hängt von den jeweiligen Erfordernissen, auch von der Führung etwaiger Installationsleitungen ab. Diese Art des Skelettes eignet sich besonders für Büro- und Verwaltungsbauten sowie für alle Nutzungen, die eine veränderbare Raumeinteilung erwarten lassen.

Installationen, insbesondere Klimakanäle, laufen im Deckenraum parallel zu den Unterzügen verdeckt durch eine abgehängte Decke, in die Zuluft- und Abluftöffnungen sowie Beleuchtungskörper integriert werden können. Die zugehörigen großformatigen Steigschächte und Deckendurchbrüche sind an Giebelscheiben oder Festpunkten, kleinere Deckendurchbrüche hinter allen Stützen möglich.

Problematisch ist bei Installationen im Deckenraum jedoch die Schallnebenwegübertragung wegen des schwierig abzudichtenden Deckenanschlusses von Trennwänden. Nur durch eine schalldämmende, nicht nur schallschluckende Ausführung der Unterdecke ist dem wirksam zu begegnen.

QUERLAUFENDE UNTERZÜGE

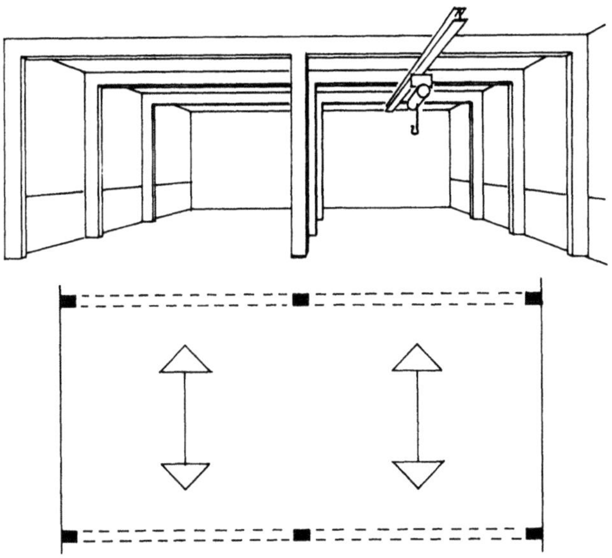

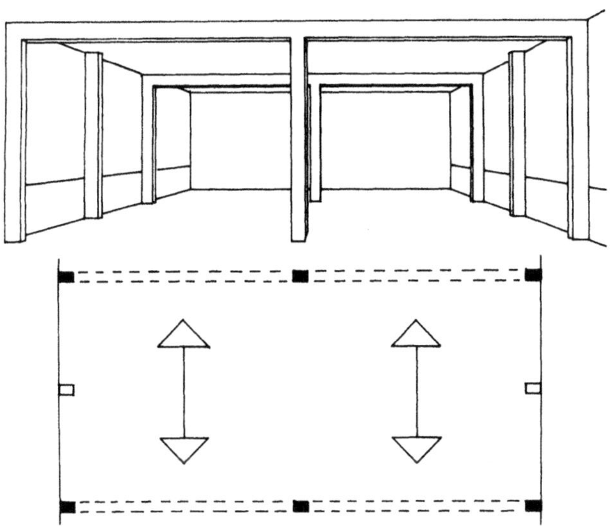

LÄNGS- UND QUERLAUFENDE UNTERZÜGE

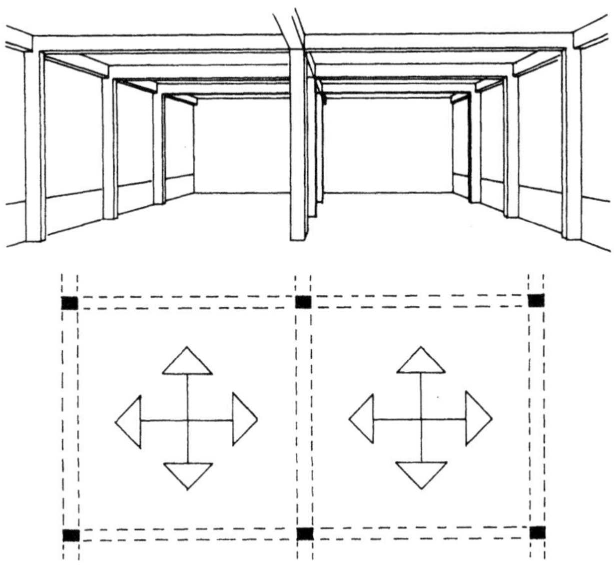

Querlaufende Unterzüge

Sie bieten für manche Bauaufgaben Vorteile. Bei Produktionsbauten z. B. kann man in der Längsrichtung laufende Kranbahnen an den Unterzügen befestigen, Apparate aufhängen etc. Auch für Werkstätten mit hohem Lichtbedarf eignen sich diese Skelette, da die Fenster ohne konstruktive Zusatzmaßnahmen bis zur Decke hochgeführt werden können.
Für die Verlegung von längslaufenden Installationsleitungen sind querlaufende Unterzüge ungünstig. Nur in beschränktem Umfang sind Aussparungen in den Unterzügen statisch zulässig. Werden jedoch bei großen Stützweiten und Nutzlasten die Unterzugshöhen ohnehin beträchtlicher, so sind auch Durchbrüche größeren Querschnittes durchaus möglich. Die günstigsten Verhältnisse schaffen hier Fachwerkträger aus Stahl.

Kreuzweise verlaufende Unterzüge

Sie eignen sich besonders für Bauten mit größeren Stützenabständen und hohen Nutzlasten. Die Stützenabstände müssen allerdings nach beiden Richtungen gleich oder wenigstens annähernd gleich sein. Die Decken werden als kreuzweise bewehrte Plattendecken oder als Kassettendecken ausgebildet.
Dadurch ergibt sich zwar eine geringere Konstruktionshöhe, aber alle Installationsleitungen müssen unterhalb der Unterzüge geführt werden. Auch Steigleitungen, von dünnen Elektrokabeln etwa abgesehen, hinter den bzw. seitlich der Stützen verbieten sich hier, da jeweils Unterzüge durchstoßen werden müßten.

Auskragende Unterzüge

Werden bei gegebener Gebäudetiefe die Außenstützen eines Tragwerks mit querlaufenden Hauptträgern hinter die Außenwand gerückt, dann verringert sich die Stützweite der Hauptträger, und die entstehenden Kragarme entlasten die Innenfelder, so daß die Hauptträger schwächer bemessen werden können.

BIEGEVERHALTEN VON UNTERZÜGEN

EINZELTRÄGER

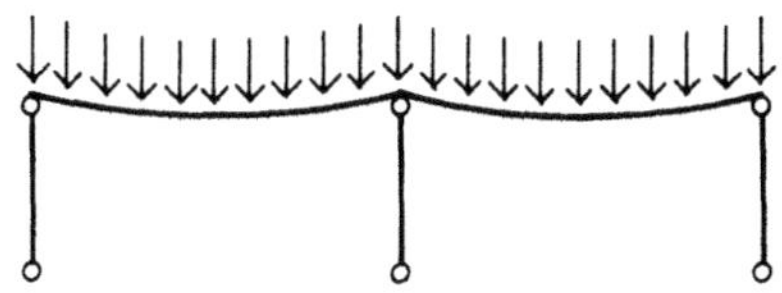

DURCHLAUFTRÄGER

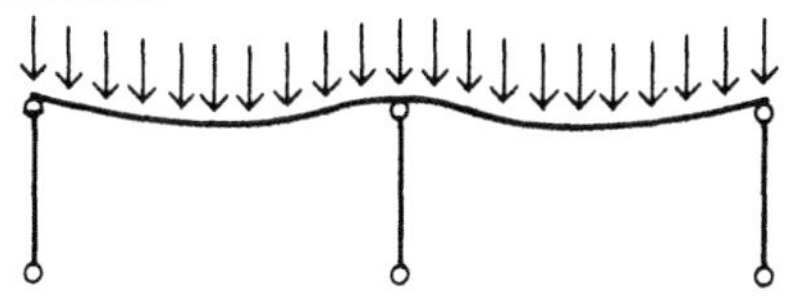

KRAGTRÄGER

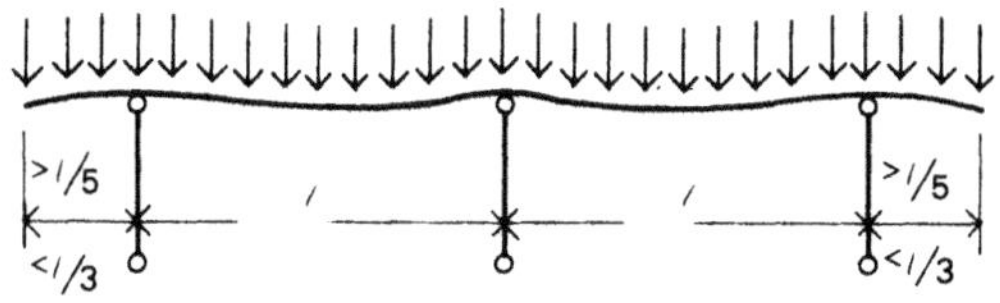

Weiter kostenmindernd wirkt sich, wenigstens bei Stahlskeletten, der Wegfall des Wetterschutzes der Außenwandstützen aus. Skelette mit Auskragungen können in bestimmten Fällen noch weitere Vorteile bringen: Die durch Zurücksetzen der Außenstützen entstehenden durchlaufenden Fensterbänder ergeben die besten Lichtverhältnisse für Betriebe mit höchstem Tageslichtbedarf. Auch bei Bauten von ungewöhnlicher Tiefe sind durchlaufende Fensterbänder erwünscht, um die Räume noch genügend auszulichten. Bei engen Straßen mit schlechten Verkehrsverhältnissen ist das Auskragen des Obergeschosses oft der einzige Ausweg, um die öffentlichen Interessen mit den geschäftlichen der Anlieger in Einklang zu bringen. Das Zurückschieben der Stützenfundamente hinter die Straßenfront erleichtert weiterhin die Bauausführung an verkehrsreichen Straßen. Ebenso ist es angebracht, an bestehende Nachbargebäude mit Kragarmen anzuschließen, um die ersten Stützen ungehindert gründen zu können und um Tiefensetzungen zu vermeiden.

Skelette mit Auskragungen sind nur dann zweckmäßig, wenn hinter den Fensterbändern durchgehende Räume liegen und wenn die freistehenden Außenstützen die Raumausnützung nicht behindern. Man findet sie deshalb bei Produktionsbauten, Warenhäusern und Geschäftshäusern.

Durch den Fortfall der Außenwandstützen entsteht eine neue charakteristische Erscheinung: die nur horizontal gegliederte Fassade mit durchlaufenden Fensterbändern. Bei der Konstruktion der Fenster ist zu berücksichtigen, daß Kragkonstruktionen bei ungleicher Belastung der einzelnen Deckenfelder stets etwas elastisch sind und daß bei durchlaufenden Stahlfenstern auch mit Längenänderungen zu rechnen ist. Die Fenster müssen darum nach beiden Richtungen genügend Bewegungsfreiheit haben, um Verklemmungen und Scheibenbrüche zu vermeiden.

Häufig kragen Unterzüge auch über die Außenwand hinaus, um Balkone aufzulagern oder Terrassen auszubilden. Sofern diese Konsolen nicht nur mit den Stützen verbunden sind, kommen hierfür nur querlaufende Unterzüge in Frage.

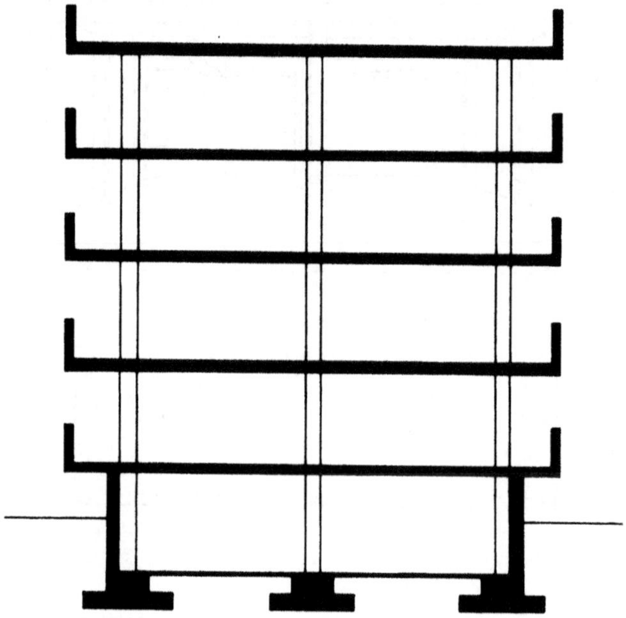

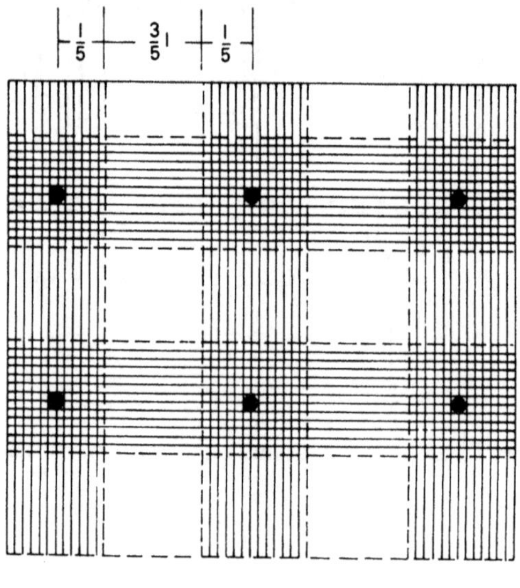

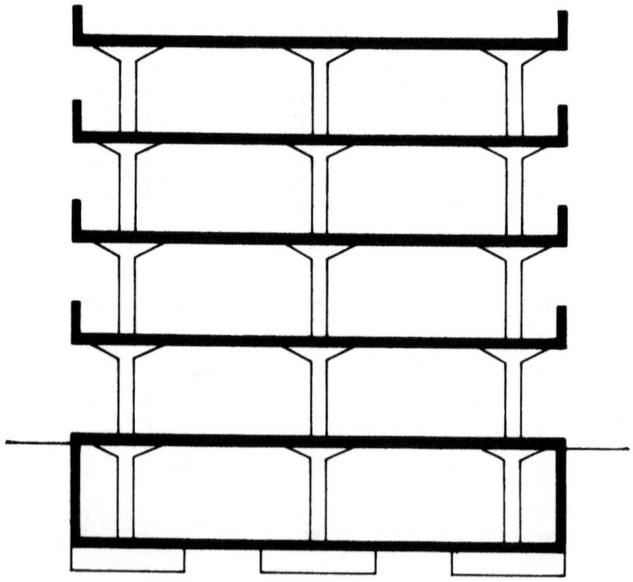

Unterzuglose Decken

In Ausnahmefällen (z. B. bei Labors) kann man bei weit gespannten Rippen- oder Plattenbalkendecken den Stützenabstand so weit verringern, daß die Höhe der Unterzüge gleich der Höhe der Deckenrippen oder Plattenbalken ist.

Unterzuglose Decken mit größerer Stützweite sind die Pilzdecken. Die kreuzweise bewehrten Deckenplatten, welche über Stützenköpfe auskragen, erfordern quadratische oder nahezu quadratische Deckenfelder, d. h. gleiche Stützenabstände in Längs- und Querrichtung.

Die Decken können mit oder ohne Stützenkopfverstärkung ausgeführt und mit den Stützen steif oder gelenkig verbunden sein. Die Mindestdicke der Deckenplatte beträgt 15 cm, siehe DIN 1045. Neben Ortbetonkonstruktionen sind auch Fertigteildecken möglich mit Massiv- oder Hohlplatten am Stützenkopf, Rippenprofilen zwischen diesen und einer kreuzweise gespannten Kassette in Feldmitte.

Mit der unterzuglosen Decke ergibt sich inkl. abgehängter Installation und Unterdecke das Minimum an Konstruktionshöhe, Vertikalschächte und größere Deckendurchbrüche sind entsprechend dem statischen System der Decke nicht an den Stützen, sondern nur in Feldmitte möglich.

Baustruktur und technische Gebäudeausrüstung

Die Leistungen für jedes zu planende bzw. zu errichtende Gebäude lassen sich in drei Gruppen definieren:

- Struktur – Konstruktion, Fundierung, Tragwerk, Aussteifung (sogenanntes Primärsystem);
- Innenausbau – nichttragende, raumabschließende Elemente, Wand, Boden, Decke (sogenanntes Sekundärsystem);
- Technische Gebäudeausrüstung – Energieversorgung, Entsorgung, Elektro, Heizung, Lüftung, Sanitär (sogenanntes Tertiärsystem)

Bis zum Beginn des Industriezeitalters gab es außer einer geringen Kücheninstallation keine eigentliche technische Gebäudeausrüstung. Recht langsam hielt die „Hausinstallation" Einzug – Gaslicht, Elektrizität, Sanitärinstallation, Wasser, Heizung, Abwasser. Mit der Hausversorgung wurde auch zunehmend die „Infrastruktur" in der Straße erforderlich: Kanal, Versorgungstrassen etc.
Mit dem Entstehen neuer Bauformen mit neuen Inhalten werden auch hochdifferenzierte Ver- und Entsorgungssysteme die Regel – so in Industrie- und Gewerbebauten, mit ihren total technisch zu versorgenden Systemen, wie Industrie- und Verwaltungsbauten mit ihren Lüftungs- und Klimaanlagen, hohen Beleuchtungsstärken oder Labor- und Forschungsbauten, bei denen der Anteil der „Technikkosten" wesentlich höher liegt als die Kosten für Roh- und Ausbau – bis zu ca. 60% der Herstellungskosten.
Wurden früher Installationen in vorgegebene Konstruktionen und Baustrukturen nachträglich eingesetzt (Aussparungen und Wechsel in Decke und Wand), so benötigt man bei den hochdifferenzierten Installationssystemen heute „integrierte Gebäudestrukturen", d. h., bei der Entwicklung der Gebäudekonzeption muß dessen Konstruktion mit der erforderlichen technischen Gebäudeinstallation integriert aufeinander abgestimmt werden: die Rohre für Ent- und Versorgung sowie für die lufttechnischen Anlagen liegen in der Konstruktion, nicht darauf. Es werden vertikale und horizontale Trassen benötigt, die einfache Leitungsführungen ermöglichen und bequem in Montage und Wartung sind – Zugänglichkeit ist erforderlich, da die Lebensdauer der Installation immer weit geringer ist als die des Baugefüges, so daß Änderungen oder Neuinstallationen immer möglich sein müssen.
In den Laboratorien unserer Zeit, in denen an Zukunftsentwicklungen gearbeitet wird, muß die technische Gebäudeausrüstung äußerst flexibel und an die immer neuartigen Forschungsvorhaben anzupassen sein – ohne daß benachbarte Funktions- und Forschungsbereiche in Mitleidenschaft gezogen werden (z. B. bei Langzeitversuchen und Tests).
Gebäudekonstruktion und Installation müssen also in hohem Maße miteinander integriert entwickelt werden, eine Leistung, die der Architekt nur in Zusammenarbeit mit Ingenieur und Konstrukteur leisten kann, die aber von ihm hohe Kenntnis der Möglichkeiten verlangt. Desintegriert entwickelte Strukturen und -systeme, also Konstruktion + Installation, haben unter Umständen größere Gebäudehöhen zur Folge, da sich die Höhe von Konstruktionsgliedern (z. B. Unterzüge) und Installationen (Rohrtrassen) addieren. Da lichte Flurhöhen nicht unter 2,40 m sein sollten und Arbeitsräume be- und entlüftet – nicht unter 2,80 m (natürlich belüftet 3,00 m), entstehen mitunter bei mangelhafter Entflechtung der Systeme enorme Geschoßhöhen, damit Baukosten und zu beheizende Bauvolumen.
Zuweilen kann ein Gebäude mit wirtschaftlichem Deckensystem, das jedoch nur eine sehr unwirtschaftliche Rohrtrassenmontage zuläßt, im ganzen gesehen unwirtschaftlich sein gegenüber einem integriert entwickelten System, bei dem das Tragwerk des Gebäudes etwas teurer ausgelegt ist, sich dafür jedoch das Installationssystem wesentlich einfacher montieren läßt und besser zugänglich bleibt.
Die technische Gebäudeausrüstung macht bei Wohnbauten bis zu 25%, bei Verwaltungsbauten mit Klimaanlage bis zu 40% und bei hochausgebauten Forschungsbauten bis zu 55–60% aus.
Das Bauvolumen eines Bürohauses mit natürlicher Fensterlüftung kann im Gegensatz zu einem solchen mit Vollklimaanlage wesentlich geringer sein, denn es benötigt keine hohen Deckensysteme zur Unterbringung von Luftführungskanälen und keine vertikalen Schächte, die zu zentralen Klimaanlagen führen.
Die heutigen bautechnischen Anlagen können den Grundriß und die konstruktive Durchbildung eines Baues und seine äußere Erscheinung erheblich beeinflussen. Der Architekt kann keinen baureifen Entwurf mehr erstellen, ohne ihre Erfordernisse zu berücksichtigen, ebenso keinen Ausführungsplan, der nicht alle von den Spezialingenieuren erarbeiteten Vorkehrungen wie Schächte, Decken- und andere Durchbrüche, Leitungen, Apparate etc. bis zur letzten Steckdose enthält. Besonders bei Montagebauten muß die gesamte Installation bis ins letzte vorbedacht und gelöst sein, da spätere Änderungen und Erweiterungen kaum möglich sind.
Im Verhältnis zur Lebensdauer eines Rohbaues, die fast unbegrenzt ist, wie alte Ruinen beweisen, sind die Installationsanlagen kurzlebig und veralten bei dem raschen technischen Fortschritt schnell, sie sind darüber hinaus fast laufend pflegebedürftig oder müssen Erneuerungen erfahren. Man soll alle Leitungen deshalb so führen, daß sie möglichst unabhängig von der Konstruktion des Rohbaues und leicht zugängig und auswechselbar sind.

Führung der Leitungen

Während bei den üblichen Massivbauten die Vertikalleitungen häufig in ausgesparten Mauerwerksschlitzen der tragenden Wände untergebracht werden können, müssen bei Skelettbauten die Installationsleitungen außerhalb der tragenden Querschnitte der Konstruktionsglieder liegen. Je größer die Querschnitte der unterzubringenden Installationsleitungen sind, desto stärker beeinflussen sie die Durchbildung von Grundriß und Querschnitt eines Tragwerks, zumal die Grundfläche außerhalb der Stützen in der Regel von senkrechten Leitungen frei zu halten ist. Diese Forderungen haben zu der allgemeinen und rationellen Lösung geführt, möglichst alle senkrechten Leitungen innerhalb der Festpunkte (Treppen, Aufzüge, WC-Anlagen) in eigenen, leicht zugänglichen Schächten unterzubringen. Manchmal werden speziell für Klimaanlagen auch die Giebel-Endfelder beansprucht.
Die Grundfläche der Installationsschächte hängt von der Anzahl und den Querschnitten der Leitungen und der Anzahl der Geschosse ab. Die erforderliche Fläche wächst also mit zunehmender Gebäudehöhe. Vergrößern die erforderlichen Steigschächte die Grundrißfläche, so steigern besonders die horizontal unter der Decke verlaufenden Kanäle von Klimaanlagen die Geschoßhöhen. Man muß mit ca. 80–100 cm zusätzlicher Konstruktionshöhe rechnen. Die Baukosten steigen dabei nicht im gleichen Maße wie das Volumen, sondern nur um etwa $^1/_{10}$ des vermehrten umbauten Raumes.
Abgesehen von Entwässerungsleitungen kann man alle Installationen für die Wasser- und Energieversorgung, also für Heizung, Lüftung und Klimatisierung sowie die Medien in Labors sowohl vertikal als auch horizontal führen. Was zweckmäßiger und wirtschaftlicher ist, muß im Einzelfall geprüft werden. Allgemein kann man sagen, daß horizontale Verteilungsleitungen dann vorteilhaft sind, wenn der Abstand der Anschluß- oder Abnahmestellen geringer ist als die Geschoßhöhe.

Betrachten wir nun die verschiedenen Installations-Gewerke und ihre unterzubringenden Leitungen so zeigt sich, daß ihr Einfluß auf die Durchbildung des Tragwerks sehr unterschiedlich ist.

Stark- und Schwachstromleitungen

Die Elektroinstallation ist über das ganze Bauwerk verteilt. Ein Fehlen von feststehenden Wänden als Installationsträger erfordert im Skelettbau entsprechende Leitungsstraßen in den Decken bzw. im Deckenraum, um in Montagewänden erforderliche Leitungen einzuführen. Anschlüsse werden an Elementstößen oder Türzargen vorgesehen. Auch vor horizontalen Verteilerkanälen an der Fensterbrüstung können Trennwände installiert werden.
Bei Großraumbüros braucht man zusätzlich Bodenleitungen und Anschlüsse. In hochinstallierten Maschinen- und Computerräumen ist ggf. ein tragfähiger, evtl. bekriechbarer Doppelboden anzuordnen.
Die Querschnitte der elektrischen Leitungen beeinflussen ein Tragwerk kaum. Ihre flexiblen Leerrohre lassen sich jederzeit in den tragenden Querschnitt einbetonieren. Bei Sichtbetondecken werden sie bisweilen auf der darüberliegenden Deckenoberseite mit Bohrungen zur Deckenunterseite verlegt.

Heizleitungen

Allgemein hat sich heute die zentralversorgte Warmwasserheizung mit Pumpumwälzung und Einrohrsystem durchgesetzt. Als sogenannte Grundlastheizung ist sie meist auch bei vollklimatisierten Gebäuden zu finden. Ob sie durch eine Zentrale im Keller-, Zwischen- oder Dachgeschoß, geschoßweise oder durch Fernwärme betrieben wird, ist ebenso wie das Problem der Leitungsführung für eine Pumpenheizung unerheblich.
Die schwerkraftbetriebenen Zweirohrsysteme, Etagen- und Luftheizungen haben dagegen nur noch untergeordnete Bedeutung. Die heute meist öl- und gasbefeuerten Warmwasserheizungen müssen wegen des temperaturgesteuerten intermittierenden Brennerbetriebes ohnehin als Pumpenheizungen ausgeführt werden. Dies machte nicht nur die größere Freiheit in der Leitungsführung, sondern überhaupt die Einrohrheizung möglich: Die Heizkörper sind an Ringleitungen hintereinander geschaltet, die zugleich Vor- und Rücklaufleitung bilden. Der Rücklauf eines Heizkörpers ist der Vorlauf des nächsten. Durch Ventile und Kurzschlußverbindungen hat die Einstellung des Einzelheizkörpers keinen wesentlichen Einfluß auf die nachfolgenden.
Mit Rücksicht auf unauffällige Leitungsführung geht man bei Einrohrheizungen über Rohrdurchmesser von 15 bis 22 mm und zur Vermeidung von Strömungsgeräuschen nicht über Umwälzgeschwindigkeiten von 0,9 m/s hinaus. Wirtschaftlich ist dabei nur die Anordnung von 8 bis 10, maximal 15 Heizkörpern hintereinander. Wird eine größere Leistung erforderlich, so ist die Anlage in Zonen zu unterteilen, d h. durch weitere an die Verteilung angeschlossene Ringsysteme.
Es sind senkrechte und waagrechte Systeme zu unterscheiden. Bei der senkrechten Anordnung wird in der Regel die obere Verteilung gewählt. Von dieser zweigen Fallstränge ab, an welche pro Geschoß maximal 2 Heizkörper mit Zu- und Ablauf anschließen. Bei Zentrale im Keller ist damit neben einem einzigen Steigstrang mindestens jede zweite Achse ein Fallstrang notwendig. Die geschoßweise Abkühlung der Wassertemperatur bedingt unterschiedliche, aber zumeist innerhalb der Geschosse sich entsprechende Heizkörper. Bei waagrechter Anordnung reiten die Heizkörper geschoßweise auf einer Horizontalverteilung zwischen je einem Steig- und Fallstrang. Dies erlaubt u. U. die Verlegung der Heizleitungen innerhalb der Fußbodenkonstruktion und damit geringstmöglichen Eingriff in die Tragkonstruktion. Wegen der Zuordnung der Heizflächen haben die verschiedenen Heizkörpersysteme jedoch wesentlichen Einfluß auf die Ausbildung der Brüstung und Stützen.

ANORDNUNG VON HEIZLEITUNGEN BEI SKELETTBAUTEN

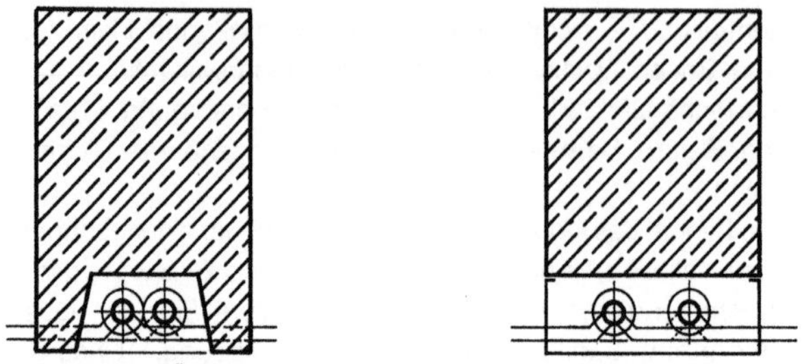

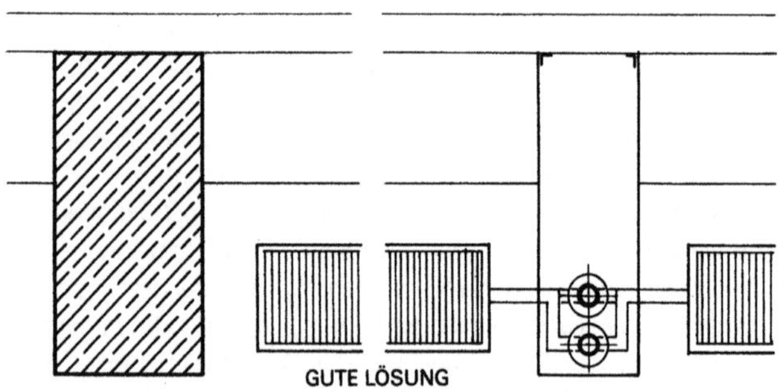

TRENNUNG VON KONSTRUKTION UND LEITUNGSFÜHRUNG
HEIZLEITUNGEN IN NICHTTRAGENDER „INSTALLATIONSSTÜTZE"

Lüftungs- und Klimakanäle

Die natürliche Entlüftung innenliegender Räume verlangt Entlüftungsschächte, die möglichst senkrecht über Dach zu führen sind. Zuluft muß zumindest über Türschlitze nachströmen können. Jedem Raum bzw. Geschoß einen eigenen Entlüftungsschacht zuzuordnen, ergibt mit wachsender Geschoßzahl immer größere Batteriequerschnitte. Platzsparender sind darum Sammelschachtanlagen mit Haupt- und Nebenschächten, über welche zugleich Frischluft nachgeführt werden kann. Davon zu unterscheiden sind mechanische, d. h. mit Absaugeeinrichtung versehene Lüftungsanlagen, die auch bei horizontaler Leitungsführung funktionieren. Einzelne Ventilatoren kann man unmittelbar über die Steigkanäle auf das Dach setzen. Sind mehrere Geräte benötigt oder viele Leitungen über Dach zu verziehen, so ist ein begehbarer Dachraum als Maschinenraum unumgänglich.
Entlüftungs- oder Klimaanlagen sind immer erforderlich, wo Fensterlüftung nicht möglich, nicht ausreichend oder nicht ratsam ist, wie in Großräumen, Küchen, Labors usw. Besonders hohe Anforderungen an die Einhaltung eines bestimmten Luftzustandes (Temperatur, Feuchtigkeit und Sauberkeit) stellen manche Produktions- und Betriebsräume wie z. B. EDV-Anlagen. Sie benötigen ein eigenes Klimasystem, in welches keine anderen Raumgruppen einbezogen werden dürfen. Es sind getrennte Klimazentralen und Kanalysteme erforderlich wie etwa auch für Operationssäle im Krankenhaus.
Es sind Niederdruck- und Hochdruckanlagen zu unterscheiden. Hochdruckanlagen benötigen geringere Querschnitte. Manchmal

ist es möglich, über Deckenhohlräume als Überdruckkammern die Zuluft einzublasen, während die Abluft im gleichen Deckenhohlraum über Beleuchtungskörper und Kanäle abgesaugt wird. So kann an Konstruktionshöhe gespart werden.
Die Klimakanäle sind so zu führen, daß möglichst wenige Überkreuzungen stattfinden. Kreuzungen größerer Kanalquerschnitte vermehren die Geschoßhöhe.
Die Klimazentrale sollte möglichst zentral über, unter oder zwischen den Nutzflächen angeordnet sein, um kurze Kanallängen zu erhalten. Je nach Größe und System sind die Reichweiten der Anlagen begrenzt und ggf. mehrere Klimageschosse erforderlich (vgl. Kap. Hochhausbau).

Wasser- und Abwasserleitungen

Während sich die Elektroversorgung und die wasserführenden Leitungsnetze von Heizung und Feuerlöscheinrichtungen über alle Geschoßflächen eines Bauwerkes verteilen, konzentriert sich die Wasserver- und -entsorgung in der Regel nur auf bestimmte Bereiche und Nebenräume. Sie bleibt daher auch im Skelettbau allgemein auf die Zone der Festpunkte beschränkt, wo ihre Unterbringung in Schächten, Kanälen und in tiefer abgehängten Decken keine besonderen Schwierigkeiten bereitet. Im Labor- und Institutbau dagegen gilt dies nicht. Hier müssen insbesondere die Entwässerungsleitungen auf die Stützen bezogen werden, weil nicht an jeder beliebigen Stelle eines Grundrisses senkrechte Fallleitungen möglich sind und ein horizontales Verziehen innerhalb der Deckenkonstruktion begrenzt ist.
Während die unter Druck stehenden Versorgungsleitungen beliebig geführt werden können und nur Durchbrüche von ca. 10 cm Ø genügen, erfordern Entwässerungsleitungen immer ein Gefälle und Durchbrüche von >20 cm Ø, u. U. mit Höhenversatz. Bei unmittelbarem Anschluß an Wände, Schächte oder Stützen können Abläufe ohne Deckendurchbruch mit den Falleitungen verbunden werden, bei freistehenden Einrichtungen aber nur über einen Deckendurchbruch.
Leitungen und Deckendurchbrüche werden an Stützen seitlich bzw. quer zur Trägerspannrichtung angeordnet. Installationsschlitze in Stützen (z. B. H-Stützen) sind nur bei entsprechender Vergrößerung des Stützenquerschnittes, größere Deckendurchbrüche nur in Spannrichtung von Decken (einfache Auswechslung) möglich.
Gegen die Schallübertragung durch Installationen, Deckendurchbrüche und Schächte empfiehlt sich eine körperschallisolierte Befestigung von Leitungen und Armaturen, das Verfüllen aller Schächte mit schallschluckendem Material und ihre dichte schalldämmende Verkleidung. Die Anschlüsse und Sperrventile sollten wenn irgend möglich im jeweiligen Geschoß zugänglich sein, um bei Störungen die Nutzung angrenzender Geschosse nicht mitzubeeinträchtigen.

Sonstige Medienleitungen

Darunter sind alle Leitungen zu verstehen, die zur technischen Versorgung wissenschaftlicher Institute, Labors und Produktionsanlagen erforderlich sind. Ob sie horizontal oder vertikal geführt werden, ist im Einzelfall zu untersuchen. Ein Kriterium sind die Leitungslängen, die sich je nach horizontaler bzw. vertikaler Reihung zwischen zwei Zapfstellen ergeben. Entscheidend ist auch, ob anzuschließende Einrichtungen freistehend sind oder etwa an Fensterbrüstungen oder die Tragkonstruktion anschließen dürfen.
Bei vertikaler Medienversorgung wird die horizontale Verteilung allgemein unter der Decke des darunterliegenden Geschosses vorgesehen. Bei horizontaler Leitungsführung in den Geschossen (an Brüstungen oder Decken) sind die Steigstränge in begehbaren Schächten an den Festpunkten, Treppenhaus- oder Giebelwänden zusammengefaßt.
Gerade die Führung des Leitungsbündels der Medienleitungen greift häufig bestimmend in die konstruktive Durchbildung eines Skelettbaues ein.

Transportsysteme

Aufzüge für Lasten-, Akten- und Personentransport sind ebenso wie durchgehende Treppenhausschächte schon aus Gründen des Feuerschutzes dem Massivbereich des Festpunktes zuzuordnen. Bei Rohrpostanlagen ist zwar nur mit Fahrrohrdurchmessern zwischen 55 und 250 mm zu rechnen, doch bleibt ihre Verlegung, insbesondere außerhalb von Festpunkten wegen der erforderlichen Biegeradien von 600 bis 2500 mm sowie wegen der erforderlichen Schallisolierung, problematisch.
Die Festpunkte können ebenso wie die vertikalen Schächte zur Aufnahme der Luft- und Klimakanäle zur Aussteifung des tragenden Skelettes herangezogen werden, so daß sich mitunter eingespannte Stützensysteme erübrigen. Bei günstiger Anordnung der Festpunkte ergibt sich infolgedessen für die Konstruktion des Gebäudes eine entsprechend gute Wirtschaftlichkeit.

Beispiele für Leitungsführungen

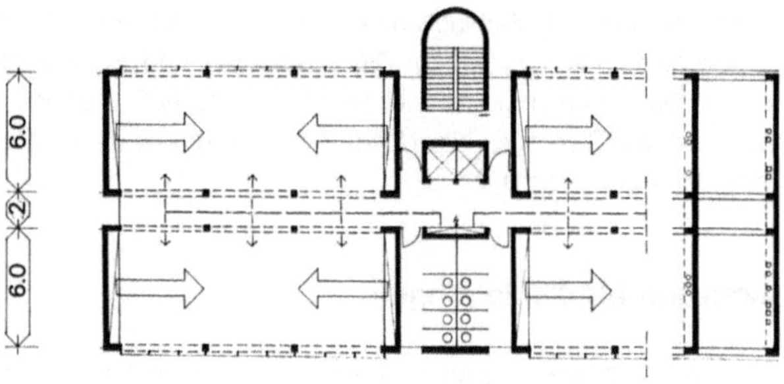

Längsunterzüge, quergespannte Massivplatte l ~ 6 m
Abgehängte Unterdecken
Gebäudetyp für mittlere technische Ausstattung wie Klima, Lüftung, Heizung, Elektro, z. B. Verwaltungsgebäude
Vertikale Versorgung am zentralen Festpunkt und in das Gebäude aussteifenden Schächten. Versorgungsleitungen mit geringem Querschnitt (z. B. Elektro) werden an der Flurdecke geführt. Querverteilung über Regelaussparungen in den Längsunterzügen.
Veränderungen in der Haustechnik führen zu Störungen des Betriebes.

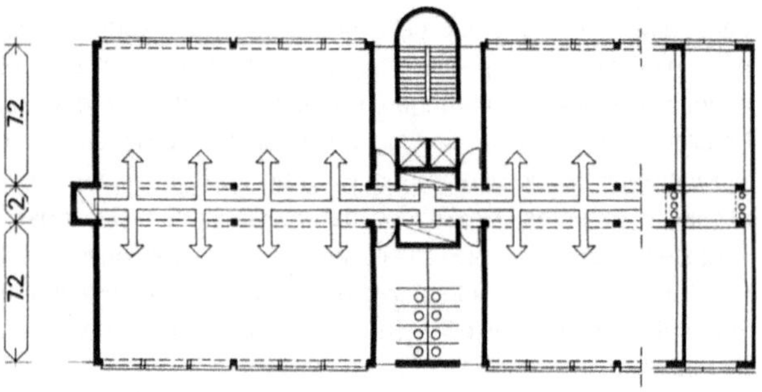

Längsunterzüge, quergespannte Rippendecken l > 6 m
Abgehängte Unterdecke oder frei montierte Installation
Gebäudetyp für mittlere technische Ausstattung wie Klima, Lüftung, Heizung; z. B. Verwaltungsgebäude
Vertikale Versorgung im zentralen Festpunkt und eventuell in Schacht am Flurende. Gesamte Leitungsführung in der niedrigeren Flurzone in Gebäudelängsrichtung. Querverteilung durch Zwischenräume der Rippendecke über Längsunterzug. Grundlastheizung und Elektroverteilung können über Steigleitungen in Fassaden-Blindstützen versorgt werden.
Veränderungen der Haustechnik führen nur zu Störungen im Flur und im Festpunkt.

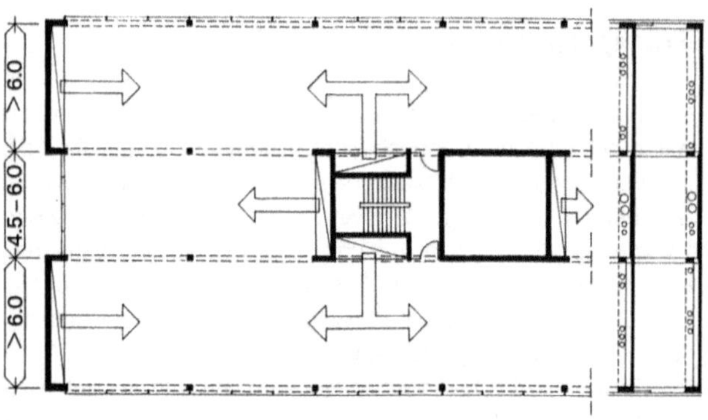

Längsunterzüge, quergespannte Rippendecken l > 6 m, bei l < 6 m Massivplatte. Mittelfeld Massivplatte
Abgehängte Unterdecke
Gebäudetyp für mittlere technische Ausstattung wie Klima, Lüftung, Heizung; z. B. Verwaltungsgebäude
Vertikale Versorgung in Schächten um den zentralen Festpunkt und am Gebäudeende. Leitungsführung unter der Decke parallel zu den Längsunterzügen. Querverteilung durch Zwischenräume der Rippendecke über Längsunterzug.
Große Gesamtstärke der Decken durch Fußbodenaufbau, Deckenplatte, Rippen, Deckenhohlraum für Installation und abgehängte Decke.
Veränderungen der Haustechnik führen zu Störungen des Betriebes.

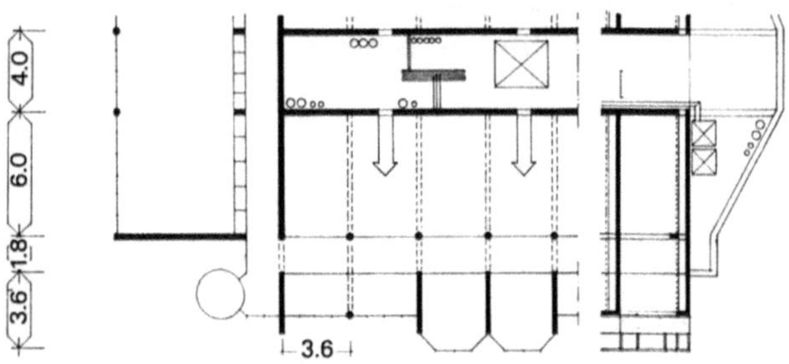

Querunterzüge, längsgespannte Massivplatte. Oder: Pilzstützen mit deckenintegriertem Kopf und Massivplatte
Abgehängte Unterdecke
Gebäudetyp für höchste technische Anforderungen ohne standardisierte Einrichtungen, Laborgebäude
Zentral im Gebäude liegender Schacht, der mit Dachzentrale und Keller kommuniziert (ein Brandabschnitt), nimmt alle Versorgungs- und Entsorgungsleitungen auf.
Innenliegende Laborzone klimatisiert, Flur als Puffer zur Fassade, damit Einsparungen bei Klimatisierung. Laborleiterzimmer liegen nicht in hochinstallierter Zone.
Veränderungen in der Haustechnik werden über Laufstege in der Schachtzone ausgeführt und führen zu keiner Störung des Betriebes.

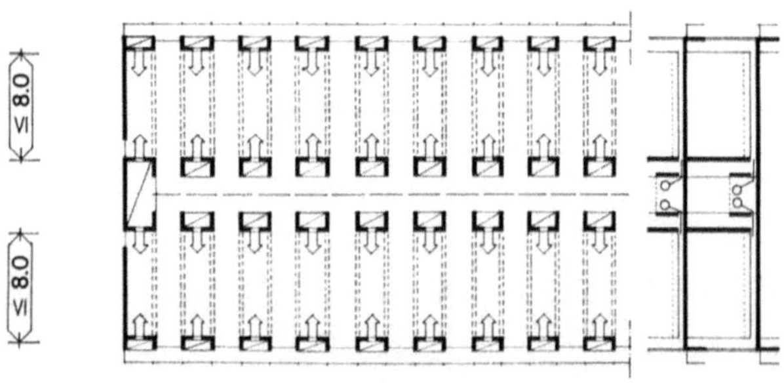

Querunterzüge, längsgespannte Massivplatte
Abgehängte Unterdecke
Gebäudetyp für höchste technische Ausstattung wie Klima, Lüftung, Heizung, Versorgungsleitungen (Gas, Wasser, Druckluft, Kühlwasser usw.); z. B. Laborgebäude
Vertikale Versorgung über Schächte in der Fassade und im Flurbereich. Luftversorgung über Flurbereich. Schächte: gleichzeitig tragende und aussteifende Funktion. Relativ teure Konstruktion mit viel Materialaufwand
Veränderungen in der Haustechnik führen nicht zu Störungen des Betriebes.

BEISPIEL BETONSKELETTBAU MIT LÄNGSUNTERZÜGEN

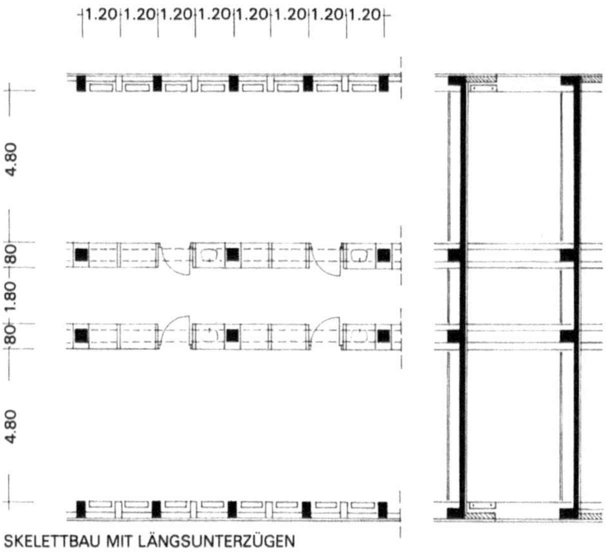

SKELETTBAU MIT LÄNGSUNTERZÜGEN

Skelettbau mit normaler technischer Gebäudeausrüstung

Konstruktion mit Längsunterzügen und aufliegenden Rippendekken

Die Steigleitungen werden beim Festpunkt geführt und geschoßweise in den Fluren verteilt (Lüftung, Klima, Wasser, Elektro). Die Leitungsanbindung vom Flurbereich zu den Nutzflächen erfolgt über die Rippendecken-Zwischenräume über den Längsunterzügen. Die schmalen Abschottungen in der flurseitigen Schrankzone ermöglichen die Führung der Elektroversorgung und den Anschluß der flexiblen Trennwände, die dort gleich elektrisch angeschlossen werden können. Wo keine Trennwand eingebaut ist, werden auf den Verschlußdeckeln dieser Kabelschächte Schalter und Steckdosen (Breite 8 cm) angeordnet, die je nach Nutzung verschieden installiert werden können.

Die Heizungs-Steigleitungen sowie die Anschlüsse der Heizkörper liegen in nichttragenden Installationsstützen hinter der Fassade.

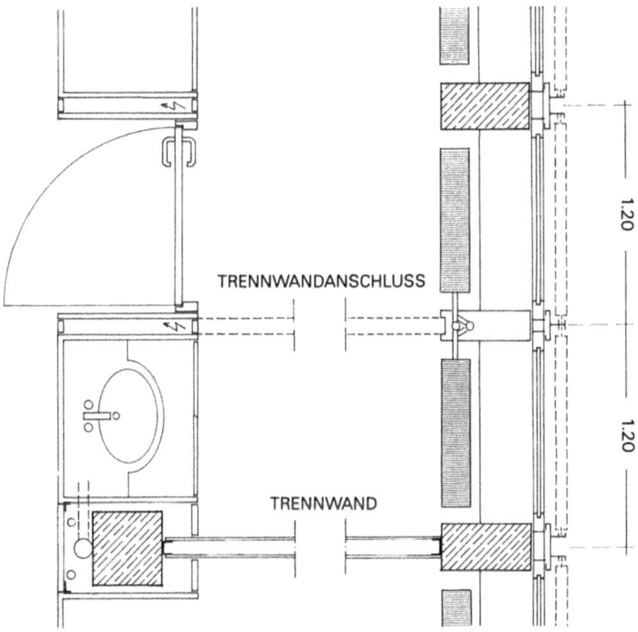

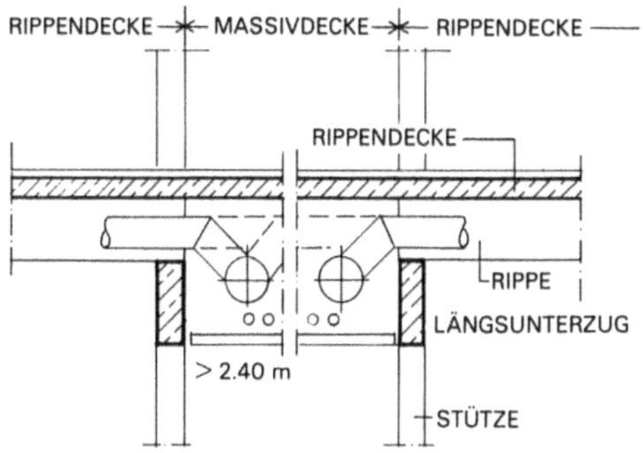

QUERSCHNITT

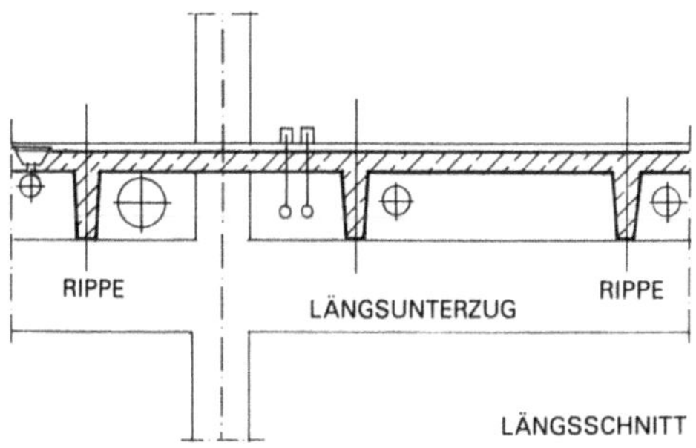

LÄNGSSCHNITT

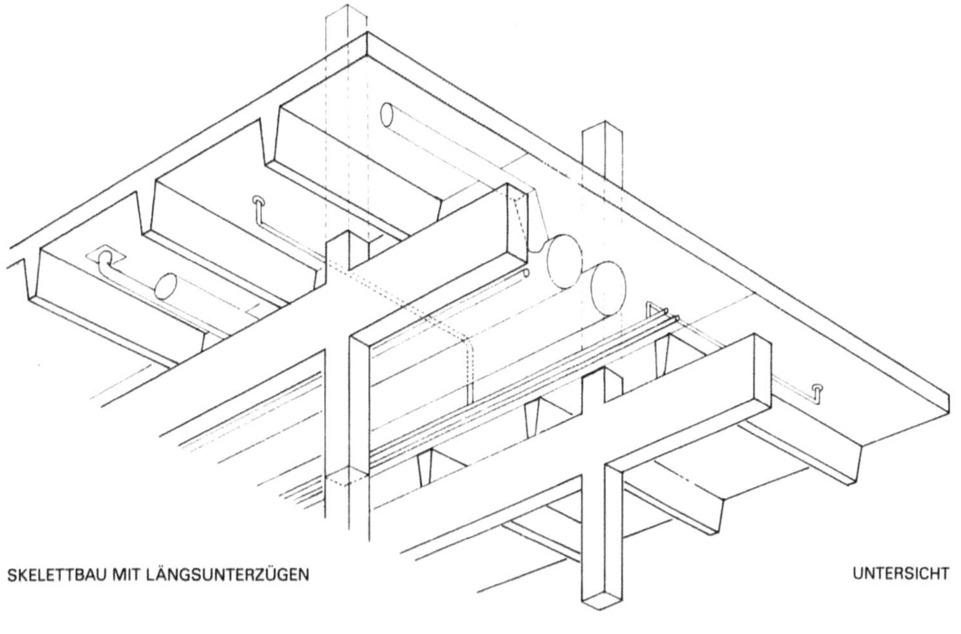

SKELETTBAU MIT LÄNGSUNTERZÜGEN

UNTERSICHT

BEISPIEL BETONSKELETTBAU MIT QUERUNTERZÜGEN

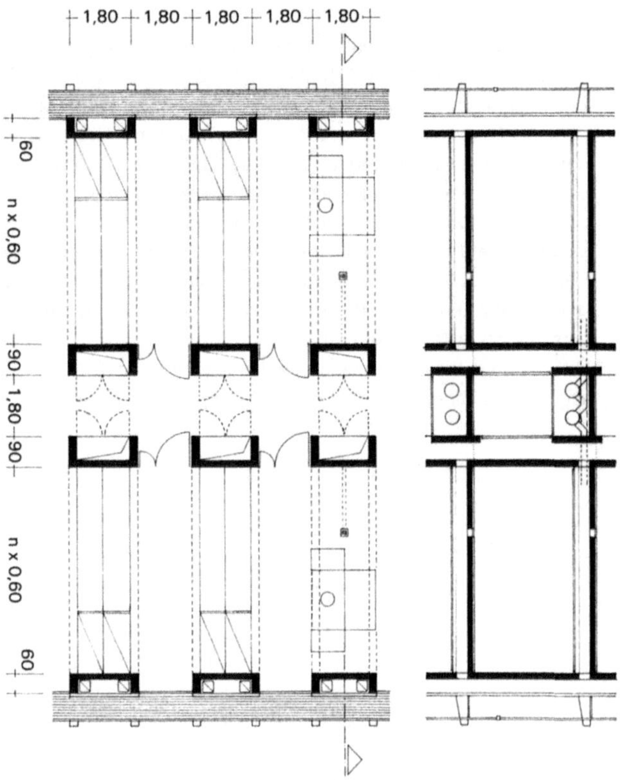

Labor mit Medienversorgung über vertikale Steigschächte im Gebäudeinnern und in der Fassade. Die Schächte sind tragende und aussteifende Konstruktion. In jedem Geschoß, an jeder Stelle können Installationsveränderungen vorgenommen werden (dgl. Wartungen), ohne daß Labors daneben, darunter oder darüber in Mitleidenschaft gezogen würden – bei den heutigen Forschungsvorhaben eine unerläßliche Forderung.

Konstruktion, Medien und Haustechnik, Laboreinrichtung und Funktionen stehen in einem absolut integrierten Verhältnis zueinander. Die gesamte Maßkoordination ist aus den Standardelementen (Labormöbel und Einrichtungen) entwickelt, alle Teile sind industriell gefertigt, auch die Konstruktion ist weitgehend vorgefertigt. Die Materialien des Innenausbaus müssen von Projekt zu Projekt gemäß den örtlichen Vorschriften und Auflagen neu definiert werden (nicht brennbar, schwer entflammbar etc.).

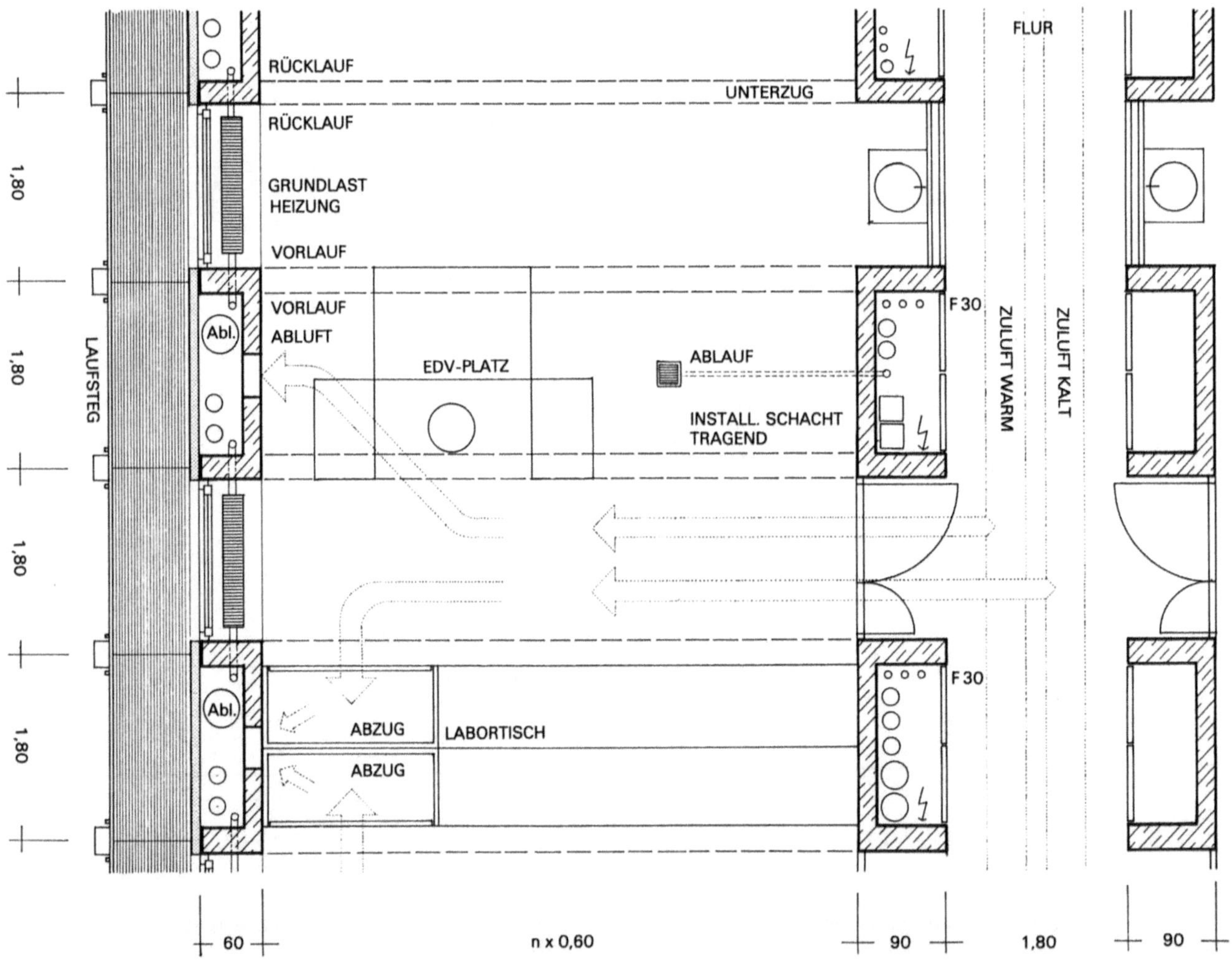

Außenwandausbildung

Die Durchbildung des Tragwerks an der Außenwand hängt zunächst von der künftigen Aufteilung der Geschoßflächen ab. Bei Großräumen läßt man am einfachsten die Fenster von Tragstütze zu Tragstütze durchgehen. Je nach dem Lichtbedarf bildet man einen Unterzug oder einen Überzug als Fensterbrüstung aus. Auch Mischlösungen sind möglich.

Soll die Geschoßfläche in Einzelräume – meistens verschiedener Größe – aufgeteilt werden, so ordnet man je nach Bedarf Zwischenstützen an. Deren Hinterkante soll mit der der Tragstütze in einer Flucht liegen, um Zwischenwände (Montagewände) leicht versetzen und auswechseln zu können. Solche Zwischenstützen können bei längslaufenden Unterzügen tragend oder nichttragend sein. Sind sie tragend, was die Unterzugshöhe vermindert, so muß man sie bis ins Erdgeschoß durchgehen lassen. Wenn das Erdgeschoß von ihnen freigehalten werden soll, muß je nach der darüberliegenden Geschoßzahl ein hoher Unter- bzw. Überzug die Lasten abfangen und auf die Hauptstützen umlenken.

Meistens werden die Zwischenstützen jedoch nichttragend ausgebildet und als Installationsstützen benützt. Bei querlaufenden Unterzügen ist das immer der Fall.

Die Durchbildung der Fensterbrüstungen wird sowohl von den Bedürfnissen und Forderungen der Installationen als auch von den Absichten der äußeren Gestaltung bestimmt.

Zur Ausfachung der äußeren Skelettgefache verwendet man möglichst leichte und wärmedämmende Baustoffe, wie z. B. Leichtbetonsteine und Lochziegel. Leichtbetonsteine müssen ausreichend lange gelagert haben, um die Bildung von Rissen zwischen den verschiedenen Baustoffen zu vermeiden. Ausfachungen, die zur Längs- oder Quersteifigkeit eines Gebäudes beitragen sollen, führt man in Beton oder Ziegelmauerwerk aus. Sie erhalten je nach dem Wärmeschutz der verwendeten Baustoffe nötigenfalls zusätzliche Wärmedämmschichten.

Für die Verkleidung eines Skelettbaues gibt es viele Möglichkeiten. Sie kann aus Naturstein, Werkstein, Keramik- oder Asbestzementplatten ebenso wie aus Metall-, Holz-, Glas- und Kunststoffelementen ausgeführt werden. Immer müssen dabei die bauphysikalischen Anforderungen an den Wandaufbau erfüllt sein. Auch das Arbeiten der Verkleidung gegenüber der Unterkonstruktion (stärkere Ausdehnung und Kontraktion sowie Windbelastung) ist zu berücksichtigen. Plattenverkleidungen müssen in Dehnfugenabschnitte horizontal und vertikal unterteilt werden, Materialien unterschiedlicher Ausdehnungskoeffizienten durch offene oder dauerelastische Fugen voneinander getrennt sein. Dies gilt vor allem für Fensteranschlüsse und großflächige Vorhangfassaden unterschiedlicher Materialien. Nie darf eine Drucksummierung über die ganze Fassade stattfinden.

Die größte Freiheit in der Fassadengestaltung und die schlankesten Fassadenglieder erlaubt die Vorhangfassade. Doch erfordern hier im Vergleich zur Ausfachung die Anforderungen des Schall- wie des Brandschutzes zusätzlichen Aufwand.

Geht man von den konstruktiven Grundlagen des Tragwerkes aus, so ergeben sich für die Fassadenausbildung ebenfalls verschiedene Gestaltungsmöglichkeiten. Die Fluchten von Stützen und Randträgern bzw. Brüstungen können bündig liegen oder gegeneinander versetzt sein.

Bei längslaufenden Hauptträgern, die mit der Vorderkante der Stützen bündig sitzen, entstehen Gefache. Die Ausfachungen können vor oder hinter die Stützenflucht oder bündig mit dieser gesetzt werden. Zurückgesetzte Ausfachungen lassen das Skelett plastisch erscheinen, erfordern jedoch eine Abdeckung des Haupt-

AUSSENWANDAUSBILDUNGEN IM SKELETTBAU

HAUPTSTÜTZEN DURCH ZURÜCKSETZEN DER FASSADE BETONT

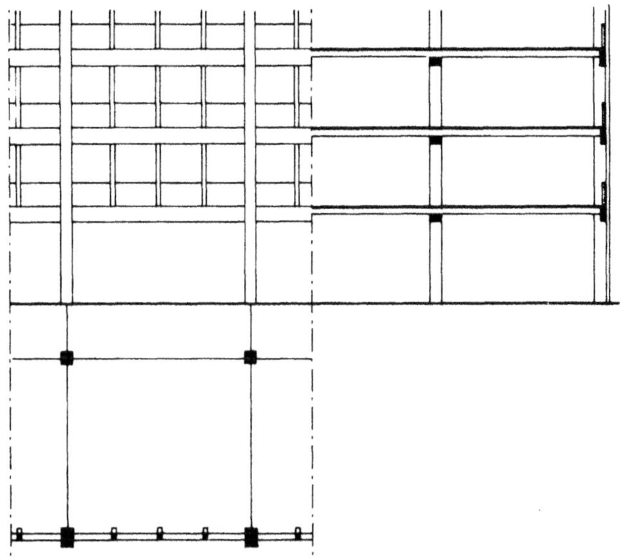

BETONUNG DER UNTERZÜGE, KLEINE STÜTZENABSTÄNDE UND -DIMENSIONEN, GERINGE UNTERZUGSHÖHE

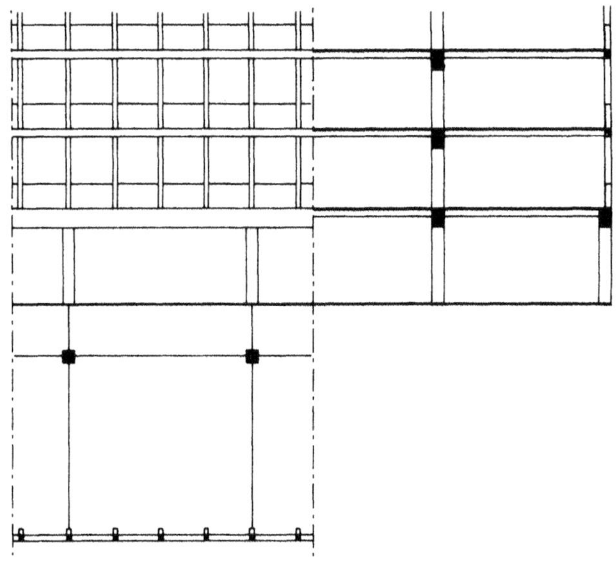

AUSKRAGENDE GESCHOSSE LEICHTE VORGEHÄNGTE FASSADE

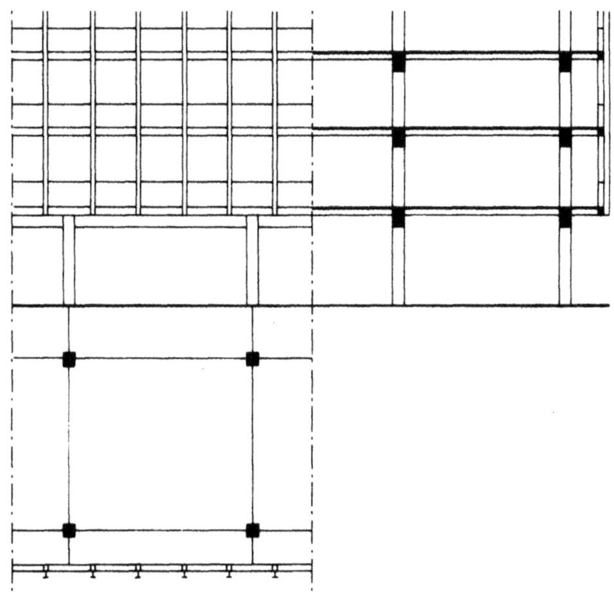

trägers mit Asbestzementstreifen oder Blech, da sonst bei Regenfällen der abgelagerte Schmutz über den Hauptträger gespült wird und häßliche Streifen hinterläßt. Durch das Zurücksetzen muß ferner mit Spritzwasser an den Ausfachungen gerechnet werden. Besser ist es, die Ausfachung bündig mit der Vorderkante des Skelettes anzuordnen und sie eventuell durch eine ringsum laufende Nut abzusetzen. Die Schmutzstreifen auf dem Skelett und die wenig schönen Abdeckungen werden dadurch vermieden. Bildet man längslaufende Hauptträger als Überzüge aus, dann verlieren die Fensterbrüstungen in der äußeren Erscheinung an Höhe.

Wird eine Horizontalgliederung der Fassade vorgezogen, so läßt man die Verkleidungen der Fensterbrüstungen vor den Stützen durchlaufen.

Bei querlaufenden Hauptträgern führt man die Decken meistens nicht bis Vorderkante der Stützen durch, sondern setzt sie etwas zurück, so daß in der äußeren Erscheinung die Stützen vorstehen. Die Ausfachungen werden dann häufig mit der Vorderkante bündig auf die Decken gesetzt. Ausfachung und Decken erhalten eine gemeinsame Verkleidung.

Außer diesen grundsätzlichen Beispielen gibt es viele Möglichkeiten, Fassaden zu gliedern und zu gestalten, z. B. durch Balkone, Loggien und Sonnenschutzeinrichtungen. Nie sollten jedoch formale Überlegungen im Vordergrund stehen, sondern immer zunächst die funktionalen wie Gebäudenutzung, die Probleme des Bautenschutzes, die Gebäudeunterhaltungs- und -reinigungsmöglichkeiten.

Fassadenkonstruktionen

Fassaden von Skelettbauten lassen sich in zwei Hauptgruppen ordnen: nicht hinterlüftete (Warmfassaden) und hinterlüftete Fassaden (Kaltfassaden). Diese Unterscheidung bezieht sich hauptsächlich auf die nicht durchsichtigen Fassadenteile, wie Brüstungen, Stützenverkleidungen und Dachschrägen, da die Fenster wegen der fehlenden Durchlüftung des Scheibenzwischenraumes immer zu den Warmfassaden gezählt werden müssen. Die stehende Gasschicht zwischen Innen- und Außenscheibe übernimmt hier wärmedämmende Funktionen.

Bei der nicht hinterlüfteten Fassade grenzen alle Schichten des Aufbaues aus Innenschale, Dämmung und Außenhaut direkt aneinander. Um zu verhindern, daß vom Raum her Wasserdampf an die Dämmung gelangt und dort kondensiert, muß auf der Innenseite der Wärmedämmung grundsätzlich eine Dampfsperre eingebaut werden. Diese kann nur dann entfallen, wenn die Innenschale der Fassadenelemente aus einem dampfdichten Material, wie z. B. Blech oder Glas, besteht.

Nicht hinterlüftete Fassadenkonstruktionen werden angewendet, wenn als tragendes Rohbauskelett lediglich Stützen, Geschoßdecken und eventuell noch ein Randträger als Unter- oder Überzug zur Verfügung stehen; dies trifft auf manche Betonskelette und vor allem auf Stahlbauten zu. In diesen Fällen wird die raumabschließende Außenhaut ausschließlich durch eine Fassade gebildet. Die Fassadenkonstruktion besteht aus einem Sprossenwerk aus Aluminium oder Stahl, das die auf der Fassadenfläche anfallenden Lasten und Windkräfte aus den Rohbau abträgt. Die Sprossen werden meistens vertikal geschoßweise befestigt, damit die Fassade an jedem Geschoß eine Bewegungsfuge erhält. Konstruktionen mit horizontal liegenden Sprossen sind selten, hier ergeben sich die Bewegungsfugen entsprechend dem Gebäuderaster vor den Stützen.

Der statische Querschnitt dieser Profile kann als Rippe nach innen oder als Gestaltungselement nach außen angeordnet werden. Die Füllungen aus feststehenden Verglasungen, zu öffnenden Fenstern oder geschlossenen Wandteilen, meist zweischalige Paneele, sind in das Sprossenwerk eingesetzt. Alle Bauteile der Fassade müssen so konstruiert sein, daß sie die Anforderungen der Wärmeschutzverordnung erfüllen.

Hinterlüftete Fassaden werden dann angewandt, wenn das Rohbautragwerk große Außenflächen aufweist. Dabei kann es sich um massive Brüstungen, Längsunterzüge, Stützen, breite Pfeiler oder geschlossene Wandflächen handeln, die nach dem Befestigen der Fassadenunterkonstruktion aus Metallprofilen eine Wärmedämmung mit innenseitiger Dampfsperre erhalten. Die Wetterschutzschale aus Blech, Glas oder Stein wird so an der Unterkonstruktion befestigt, daß zur Wärmedämmung ein genügend großer Abstand für die Hinterlüftung bleibt.

Hinterlüftete Fassaden können mit horizontalen oder vertikalen Fensterbändern oder als Lochfassade gestaltet werden. Die Fenster sind wasser-, wind- und schalldicht an die Rohbaukonstruktion anzuschließen, was durch Blechzargen und elastische Folien erfolgt. Beim Anschluß der Fenster an die Außenhaut der Fassade darf die Hinterlüftung nicht unterbrochen werden; die Luft muß an der Oberseite der Brüstungen ausströmen und an der Fensteroberkante einströmen können.

Spezifische Vor- oder Nachteile der beiden Fassadensysteme sind nicht erkennbar. Ihre Anwendung richtet sich ausschließlich nach der Rohbaukonstruktion, die ihrerseits wieder der wirtschaftlichsten Lösung folgt, abhängig von Form und Größe des Gebäudes.

Der von den Brandschutzbehörden oft geforderte Feuerüberschlagsweg von Geschoß zu Geschoß ist bei einer hinterlüfteten Fassade kein Problem, weil hier Betondecke mit Unterzug und Betonbrüstung die erforderliche Höhe von $\geqq 1$ m aufweisen, während bei der nicht hinterlüfteten Fassade eine entsprechend aufwendige Paneelkonstruktion mit einem dichten Anschluß an die Deckenstirn gefunden werden muß.

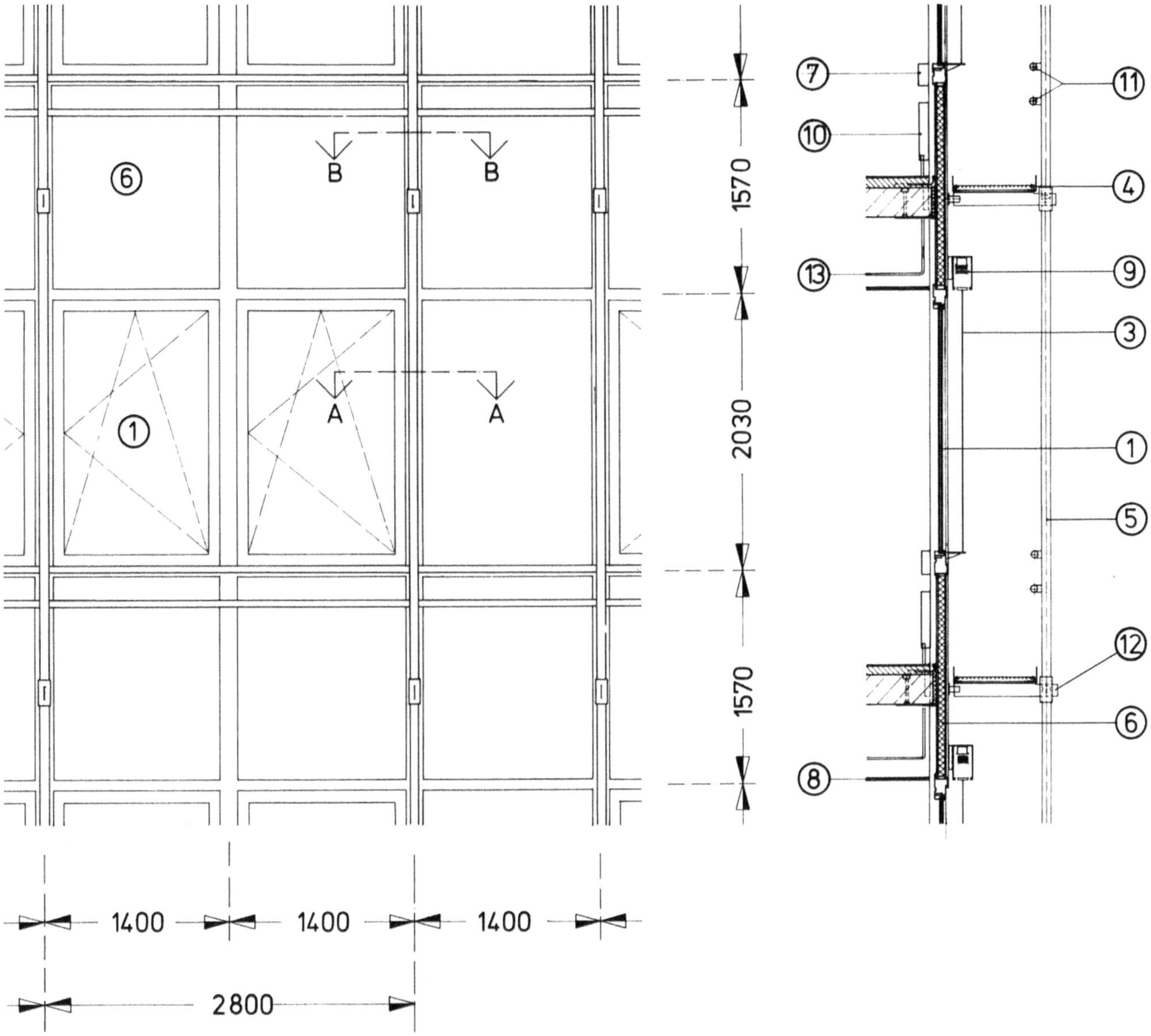

Ansicht und Höhenschnitt M 1:50

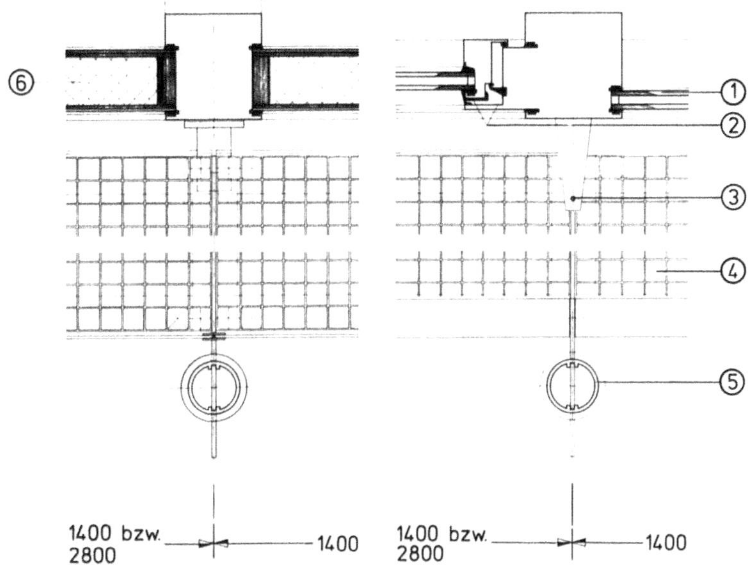

Querschnitt M 1:10

Legende

1 2fach-Isolierglas
2 Chloroprene
3 Spannseil für Raffstoreslamellen-Führung
4 Stahlgitterrost
5 Alu-Lisenenrohr ⌀ 70 mm
6 Alu-Glasal-Paneel
7 Kabelkanal
8 Abhängdecke bauseits
9 Alu-Storeskasten für 80-mm-Raffstores-Sonnenschutz
10 Heizkörper bauseits
11 Alu-Handlaufrohre ⌀ 50 mm
12 Kragarm
13 Heizleitung bauseits

Bürogebäude Fa. L. Monheim, Aachen.
Fassadenkonstruktion: Josef Gartner, Gundelfingen

NICHT DURCHLÜFTETE FASSADE,
DURCHGEHENDE VERGLASUNG

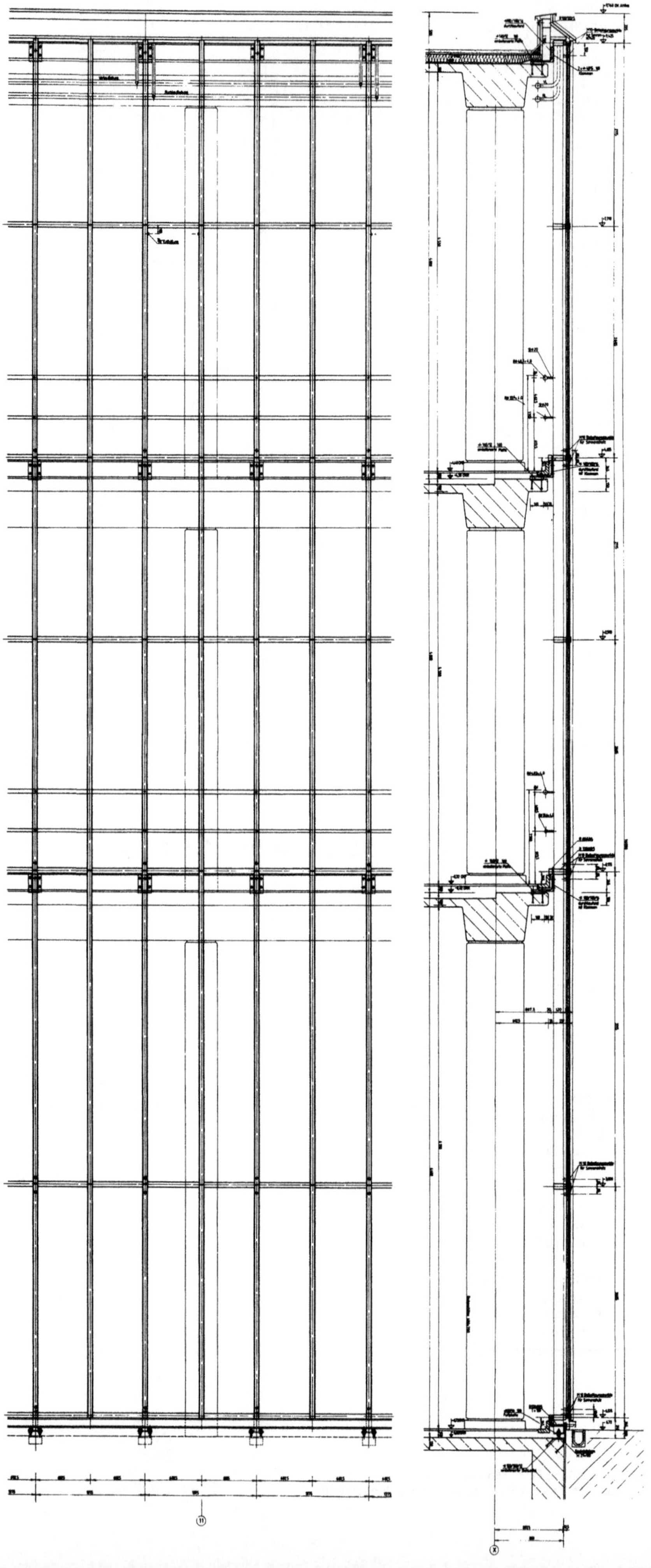

Ansicht und Höhenschnitt

Eingangsbauwerk Süd Münchner Messegelände.
Fassadenkonstruktion: Fa. Josef Gartner, Gundelfingen

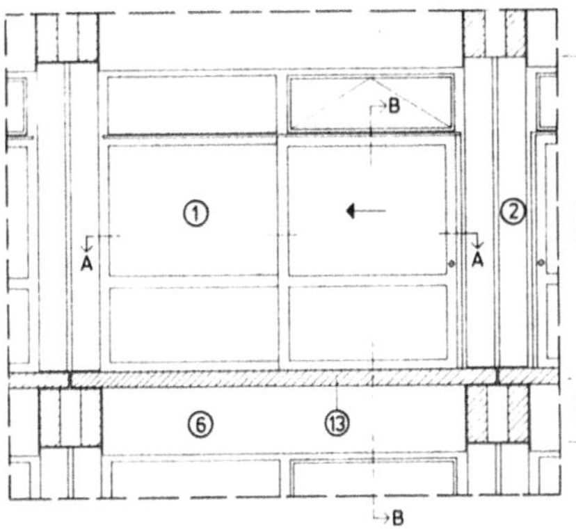

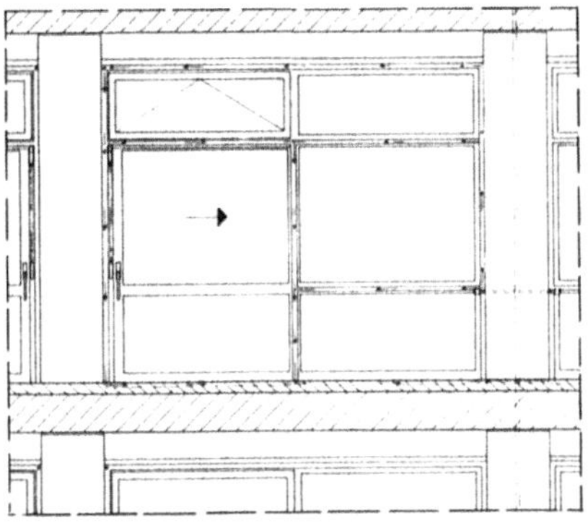

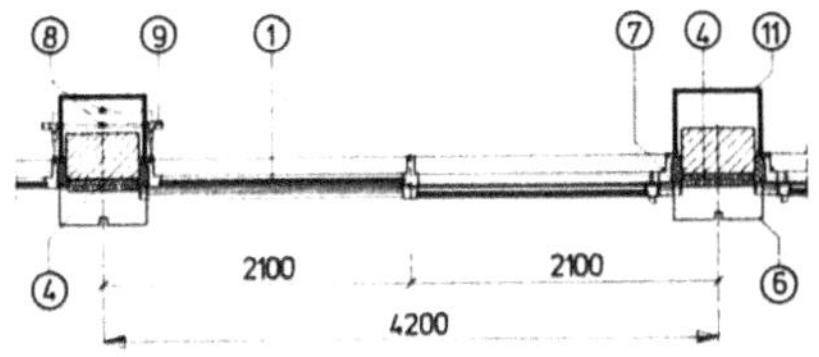

Ansicht und Querschnitt M 1:100

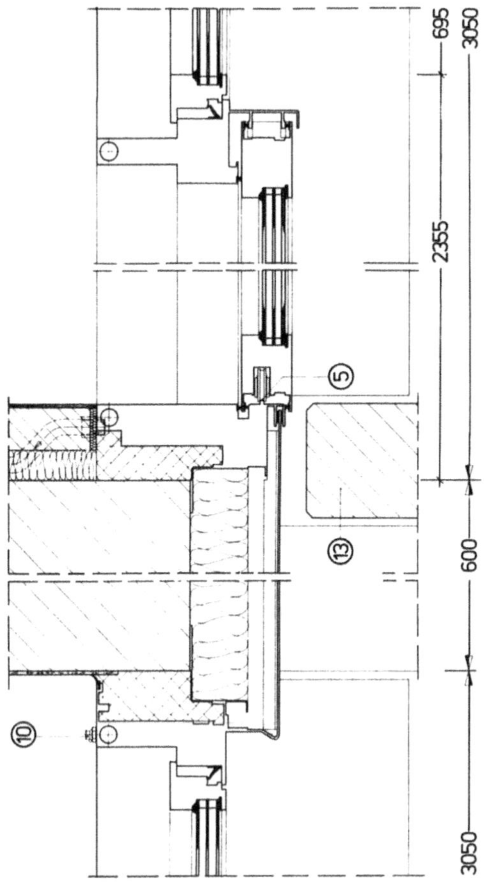

Legende

1 3fach-Isolierglas
2 Chloroprene
3 Bürstendichtung
4 Isolierung bauseits
5 Führungsschiene für Schiebetür
6 3-mm-Aluminiumblechverkleidung
7 Betätigungskurbel für Oberlichtöffner
8 Vor- und Rücklaufleitung für WW-Heizung bauseits
9 Thermostatventil
10 Entwässerungsventil
11 Verkleidung bauseits
12 Wasserführende Hohlkammer
13 Balkonplatte bauseits
14 Betätigungsgriff für Schiebeflügel

Querschnitt M 1:10

Höhenschnitt M 1:10

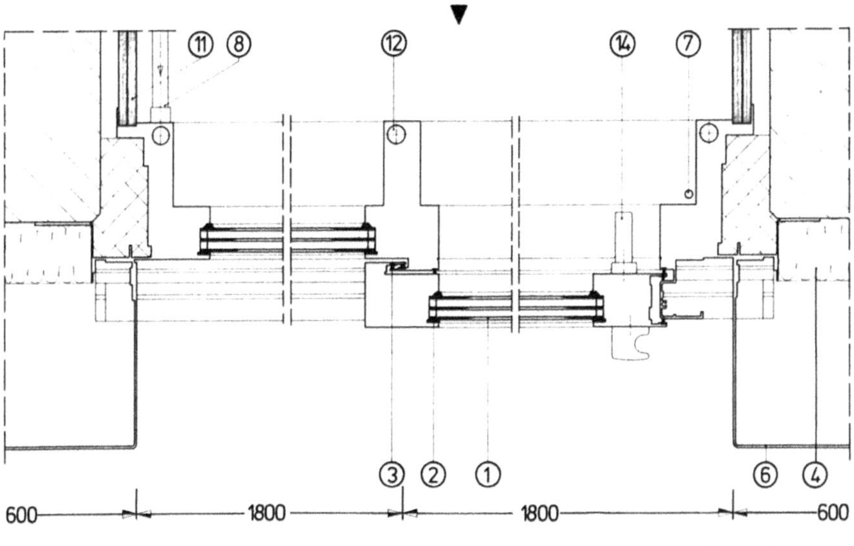

Unfallklinik Murnau. Fassadenkonstruktion: Fa. Josef Gartner, Gundelfingen

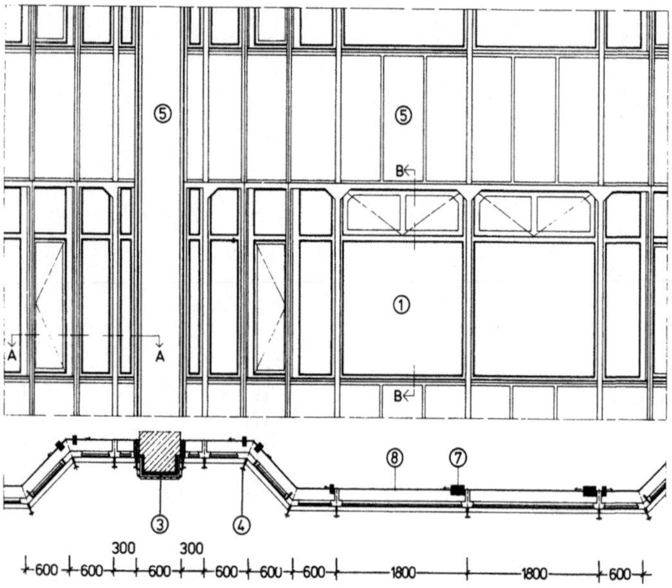

Ansicht und Querschnitt M 1:100

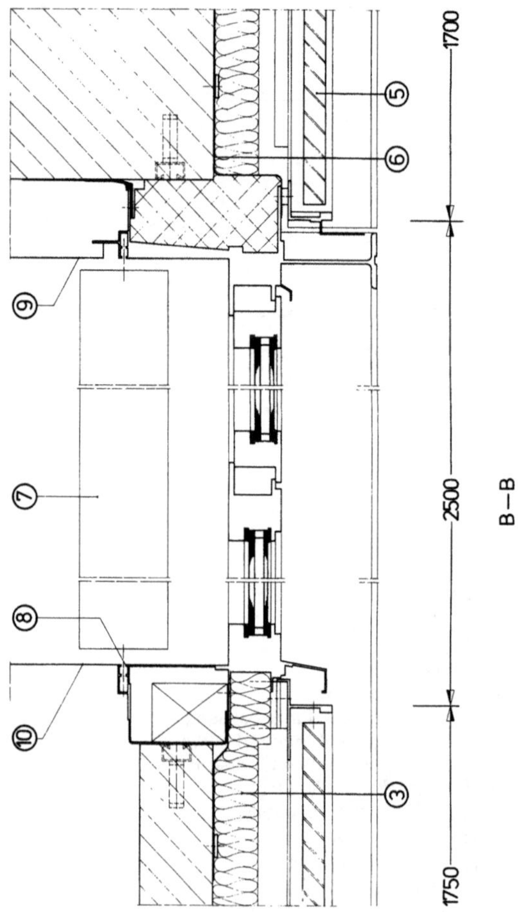

Höhenschnitt M 1:10

Legende

1 2fach-Isolierglas
2 Chloroprene
3 Wärmedämmung
4 Aluminium-Lisenenprofil
5 Natursteinverkleidung bauseits
6 Dampf-Dichtungsbahn
7 Vertiso-Blendschutz
8 Führungsschiene für Vertiso-Blendschutzlamellen
9 Abhängdecke bauseits
10 Konvektorverkleidung bauseits

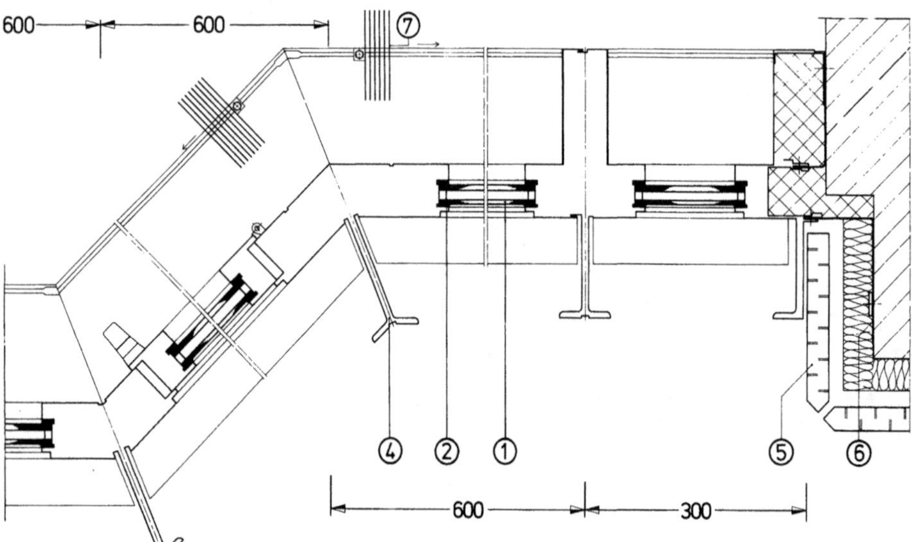

A—A

Querschnitt M 1:10

Bayerische Landesbank, München. Fassadenkonstruktion: Fa. Josef Gartner, Gundelfingen

Stahlbetonskelettbau

Während historisch gesehen der Skelettbau aus dem Holzfachwerkbau abzuleiten ist, trat in der Entwicklung des modernen Skelettbaues das Stahlbetonskelett erst allmählich neben das aus Walzprofilen montierte Stahlskelett. Heute werden die meisten Skelettbauten, selbst Hochhäuser, aus wirtschaftlichen Überlegungen in Stahlbetonskeletten ausgeführt. Stahlbetonkonstruktionen gelten als feuersicher und sind bei entsprechender Betondeckung der Bewehrung ohne weitere Ummantelung in die höchsten Feuerwiderstandsklassen einzuordnen. Ein dichter Beton mit geeigneter Kornzusammensetzung (viel Quarzanteil) besitzt bei Verwendung kalkarmer Zemente außerdem gegen Atmosphärilien und aggressive Wässer auch bei ungeschützter Oberfläche eine hohe Widerstandskraft.

Durch den Verbund mit Stahl eignet sich der Beton auch für die schlanken stabförmigen Bauglieder des Skelettbaues. Gemäß den Materialeigenschaften muß der Beton dabei die auftretenden Druckspannungen und der Stahl die Zugspannungen aufnehmen, wodurch die Führung der Stahleinlagen in den Tragwerken bestimmt wird.

Die Bemessung der einzelnen Tragwerksglieder erfolgt nach ihrer Beanspruchung im Baugefüge und nach der Güte der verwendeten Baustoffe, deren genaue Kenntnis eine große Gestaltungsfreiheit erlaubt. Die Bewehrung und Ausbildung der Tragwerke im einzelnen sind in DIN 1045 ausführlich behandelt.

Konstruktive Durchbildung

Bei Einzelbauwerken durchschnittlicher Größe ist die örtliche Herstellung (Ortbeton) durch die Weiterentwicklung der Schaltechnik bedingt, nach wie vor die wirtschaftlichste Ausführungsart. Häufig werden aus statischen oder praktischen Erwägungen Ortbetonbauweisen mit Fertigbauteilen kombiniert. Der reine Montageskelettbau aus Stahlbetonfertigteilen lohnt sich erst bei Großbauvorhaben mit hohen Stückzahlen gleicher Bauelemente.

Ortbetonskelette stellen eine monolithische Konstruktion dar. Die einzelnen Glieder sind mehr oder weniger biegesteif miteinander verbunden und gehören zusammenwirkend gleichzeitig mehreren Elementen an (vgl. die Durchlaufwirkung von Unterzügen und Deckenplatten, von Stützen und Unterzügen!). Hierdurch verringern sich die Konstruktionshöhen, was auch wirtschaftlich von Vorteil ist.

Diesen Vorzügen des Ortbetonskelettes stehen einige Nachteile gegenüber. Sowohl Qualität und Tragfähigkeit der Einzelteile wie des gesamten Skelettes als auch die genaue Einhaltung der Maße hängen von der Sorgfalt der Arbeit an der Baustelle ab. Die Einschalung eines Skelettes verlangt einen hohen Lohn- und Zeitaufwand. Die tragenden Bauglieder dürfen zudem erst nach ausreichender Erhärtung des Betons ausgeschalt bzw. belastet werden. Dies gilt auch für mittragende Vergußfugen zwischen Stahlbetonfertigteilen.

Nachträgliche Veränderungen oder Verstärkungen an den Tragwerken, wie sie im Industriebau häufig notwendig werden (späterer Einbau von Kranbahnen, Verstärkung der Deckenunterzüge zum Anhängen oder Heben von Lasten usw.), lassen sich nur schwer oder gar nicht durchführen. Umständlich ist schon das spätere Anbringen von Leitungen, Transmissionen etc. Auch die Erweiterung eines Stahlbetonbaues ist schwierig, wenn nicht durch Anordnung von Bewegungsfugen, Fundamenten für Doppelstützen usw. Vorsorge getroffen wurde. Der Abbruch eines Gebäudes verlangt einen hohen Arbeitsaufwand und ergibt keinerlei wiederverwendbare Bauteile.

Im Industriebau eignen sich darum Stahlbetonskelette vorzugsweise für Bauten mit festem, unveränderlichem Standort und eindeutiger Verwendung ohne wesentliche spätere Veränderungen, wie z. B. Lagerhäuser, Laboratorien und Bürohäuser, und nur bedingt für reine Produktionsbauten. Bei Produktionsbauten werden zweckmäßig die Nutzlasten höher als zunächst notwendig angenommen, um evtl. spätere Verstärkungen überflüssig zu machen. Zum nachträglichen Einbau von Laufschienen, Transmissionen, Leitungen etc. sieht man an den Stützen, mindestens aber an den Unterzügen Ankerschienen vor, die bei der Herstellung des Skelettes einbetoniert werden.

Stützen

Säulen, Stützen und Rahmenstiele leiten die von den Hauptträgern aufgenommenen Deckennutzlasten und die Eigengewichte der Decken und Hauptträger über die Fundamente in den Baugrund ab.

DIN 1045 unterscheidet zwischen stabförmigen Druckgliedern (Stützen) mit $b \leqq 5d$ und Wänden mit $b \leqq 5d$, wobei $b = d$ ist.

Tabelle 31 Mindestdicken bügelbewerter, stabförmiger Druckglieder

	Querschnittsform	stehend hergestellte Druckglieder aus Ortbeton cm	Fertigteile und liegend hergestellte Druckglieder cm
1	Vollquerschnitt, Dicke	≥ 20	≥ 14
2	Aufgelöster Querschnitt. z.B. I, T- und L-förmig (Flansch- und Stegdicke)	≥ 14	≥ 7
3	Hohlquerschnitt (Wanddicke)	≥ 10	≥ 5

Tabelle 8 Mindestmaße der Betondeckung, bezogen auf die Umweltbedingungen, in cm

Umweltbedingungen	Ortbeton und Fertigteile < B15		≥ B25		werkmäßig hergestellte Fertigteile ≥ B350
	allgemein	Flächentragwerke	allgemein	Flächentragwerke	
Bauteile in geschlossenen Räumen, z.B. in Wohnungen (einschl. Küche, Bad und Waschküche), Büroräumen, Schulen, Krankenhäusern, Verkaufsstätten – soweit nicht im folgenden etwas anderes gesagt ist. Bauteile, die ständig unter Wasser verbleiben oder ständig trocken sind. Daher mit einer wasserdichten Dachhaut für die Seite, auf der die Dachhaut liegt.	2,0	1,5	1,5	1,0	1,0
Bauteile im Freien und Bauteile, zu denen die Außenluft ständig Zugang hat, z.B. in offenen Hallen und auch in verschließbaren Garagen.	2,5	2,0	2,0	1,5	1,5
Bauteile in geschlossenen Räumen mit oft auftretender sehr hoher Luftfeuchtigkeit bei normaler Raumtemperatur, z.B. in gewerblichen Küchen, Bädern, Wäschereien, in Feuchträumen von Hallenbändern und in Viehställen. Bauteile, die wechselnder Durchfeuchtung ausgesetzt sind, z.B. durch häufige starke Tauwasserbildung oder in der Wasserwechselzone und Bauteile die „schwachem" chemischen Angriff nach DIN 4030 ausgesetzt sind.	3,0	2,5	2,5	2,0	2,0
Bauteile, die besonders korrosionsfördernden Einflüssen ausgesetzt sind, z.B. durch ständige Einwirkung angreifender Gase oder Tausalze oder „starkem" chemischem Angriff nach DIN 4030 (s. auch DIN 1045, Abschnitt 13.3).	4,0	3,5	3,5	3,0	3,0

Unterzüge und Decken

Für die Berechnung und Ausführung der Deckenkonstruktionen gelten in DIN 1045 die Abschnitte „Platten und plattenartige Bauteile", „Balken, Plattenbalken und Rippendecken" sowie punktförmig gestützte Platten (Pilzdecken), welche bereits im Kapitel „Decken" berücksichtigt sind.

Die Stützenabstände, d. h. Spannweite und Zuordnung von Decken und Unterzügen, bestimmen die Gesamtkonstruktionshöhe. Eine Vergrößerung des Stützenabstandes in der Deckenspannrichtung hat immer auch eine größere Belastung und Konstruktionshöhe für den Deckenbalken zur Folge. Durch eine Verbundwirkung in der gemeinsamen Druckzone (im Montagebau durch eine mittragende Vergußfuge) sucht man den Balkenquerschnitt zu verringern.

Einachsig gespannte Plattendecken ergeben zusammen mit den Unterzügen ein Maximum an Masse wie an Konstruktionshöhe. Kreuzweise gespannte Decken auf Unterzügen in beiden Richtungen reduzieren beide. Rippen- und Hohlkörperdecken erlauben größere Spannweiten bei vermindertem Eigengewicht.

Bei Rippendecken ist es möglich, mit dem Balkenquerschnitt innerhalb der Deckenkonstruktionshöhe zu bleiben, wenn die Spannweite der Balken wesentlich unter der der Decke bleibt.

Ein Minimum an Gesamthöhe erfordern unterzuglose Pilzdecken auf quadratischem Stützenraster. Die Durchlaufwirkung einer Ortbetonplatte mit Hohlkörpern in Feldmitte kann mit Montagedecken nicht ganz erreicht werden, doch lassen sich mit Kopfplattenstützen und liegenden Hauptträgern oder feldgroßen Kassettenelementen ebenfalls geringe Konstruktionshöhen erzielen.

Montage-Skelettbau

Die Vielzahl gleicher Elemente eines auf einem Stützenraster aufgebauten Skelettbaues läßt eine Montagebauweise in Stahlbeton günstig erscheinen. Zugleich muß aber die Problematik der Vielzahl von Montagefugen und des Stoßes mehrerer Elemente in der Enge eines Knotenpunktes gesehen werden.

Zeitliche und wirtschaftliche Vorteile wird ein Montagesystem dann bieten können, wenn Konstruktionssystem, Vorfertigung, Transport und Montagevorgang in ihren wechselseitigen Einflüssen bereits in der Planung bedacht werden. Nur so ist ein Minimum an Aufwand, Material, Zeit und Kosten zu erreichen. Eine wesentliche Voraussetzung für eine wirtschaftliche Skelettkonstruktion ist, daß das Tragwerksystem keine biegesteifen Knoten erfordert, sondern nur einfache Gelenkverbindungen (Pendelstützen), und Wand- und Deckenscheiben die notwendige Stabilität des Bauwerks erbringen.

Materialersparnisse durch Rahmen-Durchlaufwirkung oder ausgefeilte Querschnittsformen erzielen zu wollen, lohnt sich meistens nicht. Einfache Querschnitte, möglichst wenige Elementtypen, die Herstellung abweichender Positionen in gleicher veränderbarer Schalform sind Forderungen, die sich aus der Vorfertigung der Elemente ergeben.

Ein wesentliches Unterscheidungsmerkmal der Montagesysteme gegenüber der Ortbetonbauweise ist die Ausbildung der Stützenstöße, der Unterzug- und der Deckenanschlüsse.

Montagestützen

Ungestoßene Stützen sind bei Vorhandensein schwerer Hebezeuge bis ~ 30 m Höhe möglich. Eine Aussteifung des Skelettes allein durch Einspannung in Köcherfundamenten kann bis etwa 12 m Bauwerkshöhe genügen, wenn auf aussteifende Wandscheiben verzichtet werden muß. Mehrseitige oder umlaufende Stützenkonsolen schaffen die Auflager für die Deckenbalken. Die Stützenquerschnitte und die Ausbildung der Auflager sollen wegen einheitlicher Deckenbauteile an Stützenfuß und Stützenkopf bei Innen- und bei Außenstützen gleich gehalten werden.

Stützenstöße bringen einen höheren Zeit- und Arbeitsaufwand für Einjustierung, Halterung und Stoßverbindung. Durch Schraub-, Muffenstoß oder Verschweißung der Bewehrungseisen und örtlichen Fugenverguß läßt sich jedoch auch hier eine steife Verbindung herstellen. Bei Pendelstützen genügt statisch ein Dorn oder eine Stell-Schraube zur Zentrierung und Höhenjustierung ohne eine Verbindung der Bewehrungseisen. Stützenkopf und Stützenfuß müssen achsial und unmittelbar gestoßen sein. Die Höhe der Verguß- bzw. Toleranzzone ist nicht entscheidend, doch dürfen keine Balken- oder Deckenelemente zwischengeschaltet werden.

Deckenanschlüsse

Sowohl die Auflager von Balken als auch von Deckenelementen werden in der Regel als Konsolsysteme ausgebildet. Man ist bemüht, die Konsolquerschnitte in die Konstruktionshöhe einzubeziehen. Das Aufstelzen von Deckenrippen über Unterzügen erleichtert die Installationsführung und erlaubt die einfachsten Balkenquerschnitte, bedingt jedoch eine größere Konstruktionshöhe. Umgekehrte U- und T-Profile der Balken können den Verbund der Deckenbauteile und die Scheibenwirkung verbessern und zugleich die Konsolen am Stützenanschluß kaschieren.

Über einem quadratischen Stützenraster sind auch bei Montagerippen die geringsten Deckenkonstruktionen möglich. Kreuzweise gespannte Deckentafeln (Hohlplatten oder Kassetten) ergeben das mögliche Minimum an Masse, doch lasten die Stützen und Deckenelemente dann die Hebezeuge ungleich aus. Dem begegnet man durch Stützen mit Kopfplatten und Decken – Teilelementen, deren Querschnitte auf den zu übertragenden Lastanteil bemessen sind.

Veränderbarkeit

Das Problem der äußeren und der inneren Veränderbarkeit, das z. B. im Industrie- oder Hochschulbau immer wieder auftritt, stellt sich auch im Skelettbau aus Stahlbetonfertigteilen. Es können wie im Stahlbau lösbare Verbindungen ausgebildet werden. Man entwickelte auch Verbundsysteme mit stabförmigen Tragwerksteilen aus Stahl und Deckenelementen aus Stahlbeton, doch bieten reine Stahlbetonsysteme die Vorteile der Feuersicherheit und einer ausbaufertigen Oberfläche ohne zusätzliche Maßnahmen.

Die allseitige Veränderbarkeit eines Skelettes verlangt konstruktiv zunächst eine weitgehende Unabhängigkeit der Felder voneinander, die Unterscheidung eines Konstruktions- und eines Ausbaurasters und möglichst sogar ihren gegenseitigen Versatz als Achsbzw. Bandrastersystem. Ungeachtet manch ungewöhnlicher Konsequenz wurde aus diesen Forderungen in den sechziger Jahren z. B. das „Marburger System" entwickelt. Es basiert auf der Addition von dreidimensional veränderbaren Tischelementen und bedingt je nach Lage im Grundriß mehrteilige Bündelstützen, durch welche das Bandraster hindurch stößt.

Bei anderen Universitätsbauten wurden dagegen Konstruktions- und Ausbauraster gegeneinander versetzt und einteilige Stützen mit überkragenden Kopfplatten verwendet. Die Erweiterbarkeit ist hier durch einen umlaufenden Konsolrand an den Deckenelementen gegeben. Auf dem Markt sind verschiedene kosten- und bauzeit-senkende „Baukastensysteme".

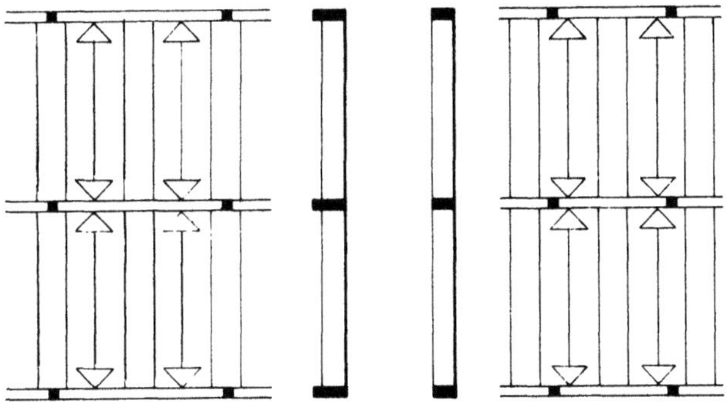

LÄNGSLAUFENDE UNTERZÜGE UND QUERGESPANNTE DECKEN:
BEI VERGRÖSSERUNG DER TRÄGERSPANNWEITE NUR GRÖSSERE TRÄGERHÖHE

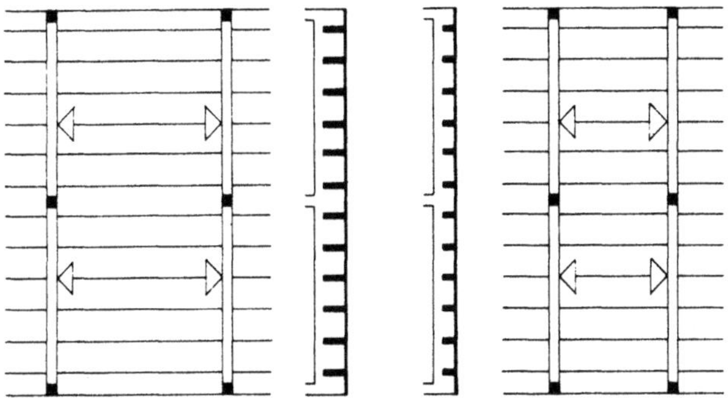

QUERLAUFENDE UNTERZÜGE UND LÄNGSGESPANNTE DECKEN:
BEI VERGRÖSSERUNG DER DECKENSPANNWEITE GRÖSSERE DECKEN- UND TRÄGERHÖHE

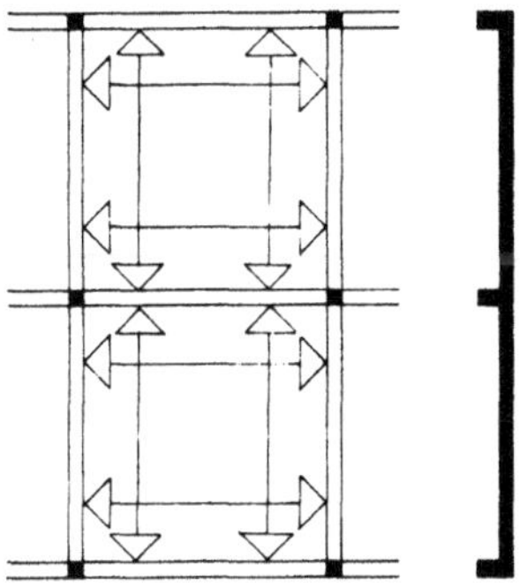

LÄNGS- UND QUERLAUFENDE UNTERZÜGE DECKEN KREUZWEISE GESPANNT

KONSTRUKTIONSHÖHEN IN ABHÄNGIGKEIT VON SPANNWEITEN DER DECKEN UND UNTERZÜGE

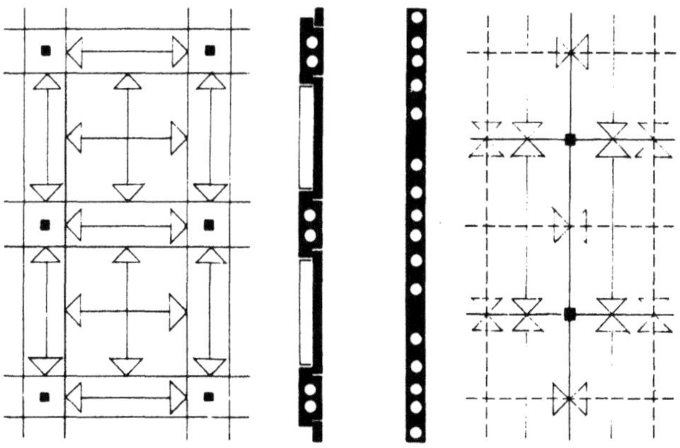

UNTERZUGLOSE DECKE PILZKONSTRUKTIONEN ALS MONTAGEDECKE

ALS ORTBETONDECKE

STÜTZENSTÖSSE IM MONTAGE-SKELETTBAU

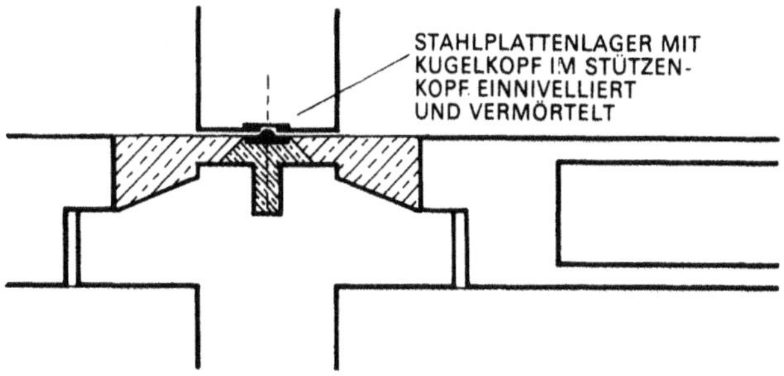

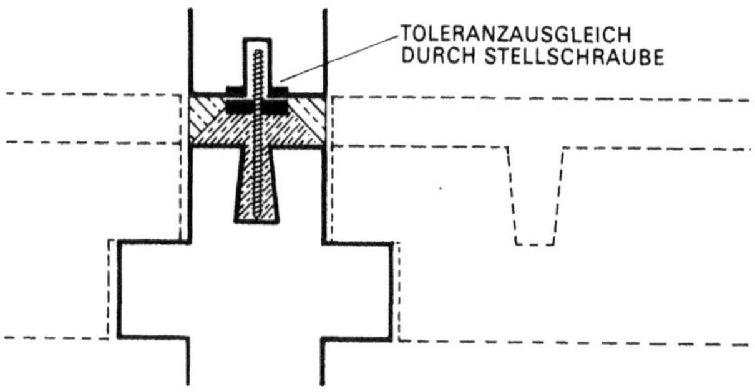

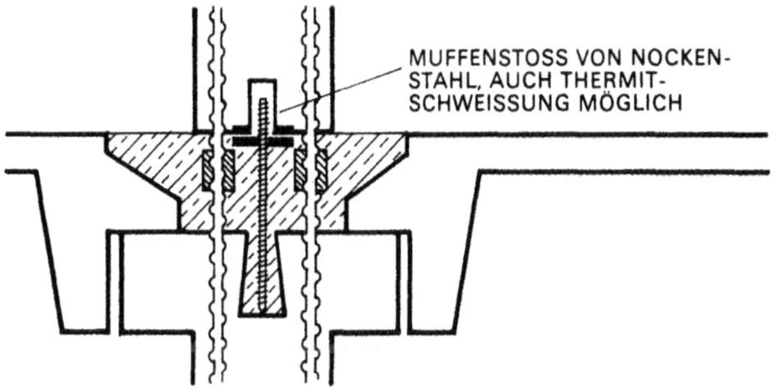

GRÜNDUNG IM KÖCHERFUNDAMENT

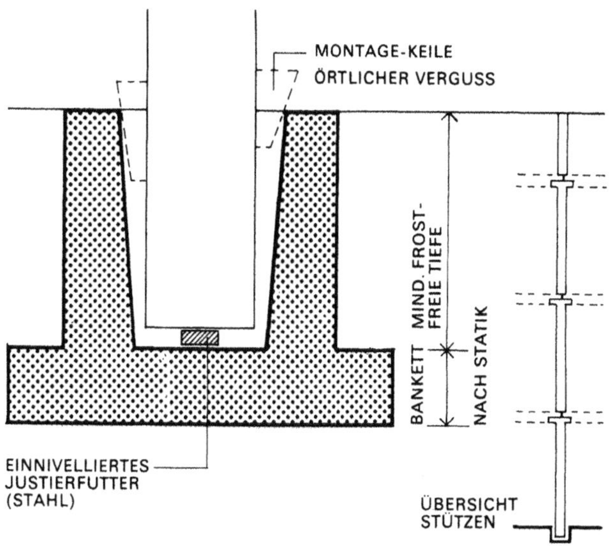

VERBINDUNGEN IM MONTAGE-SKELETTBAU

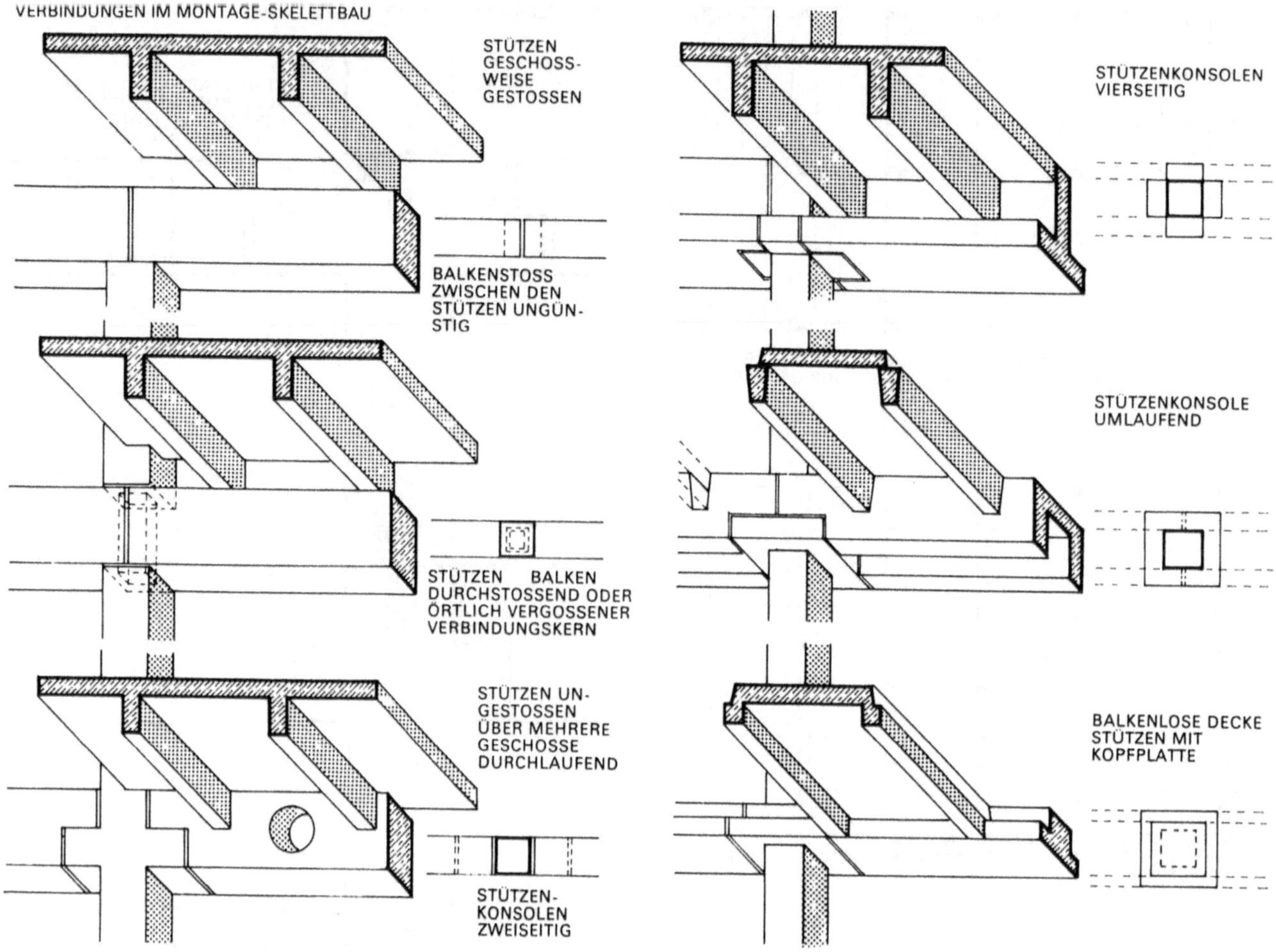

BINDER-AUFLAGER

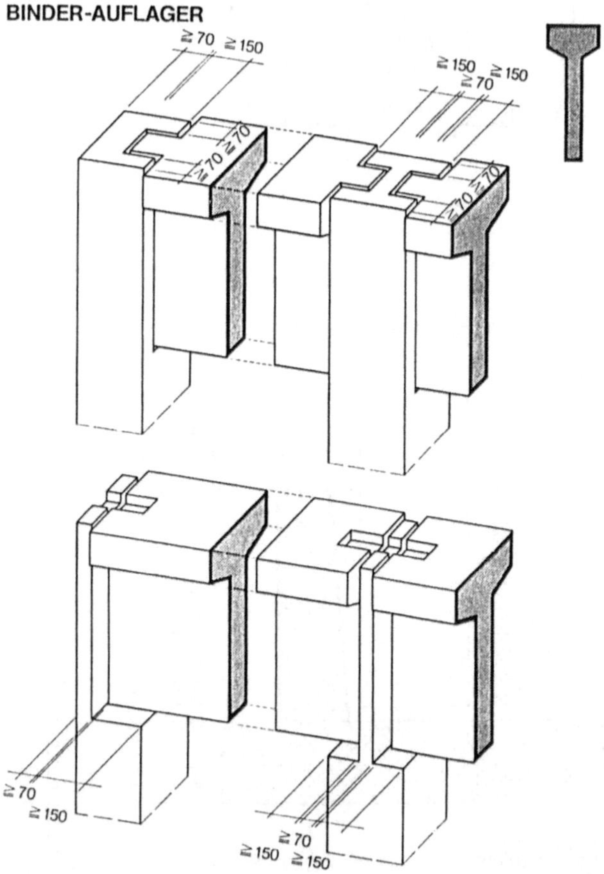

Verbindungen der Bauteile nach statisch-konstruktiven Erfordernissen

DECKENPLATTEN-AUFLAGER TT-Profil

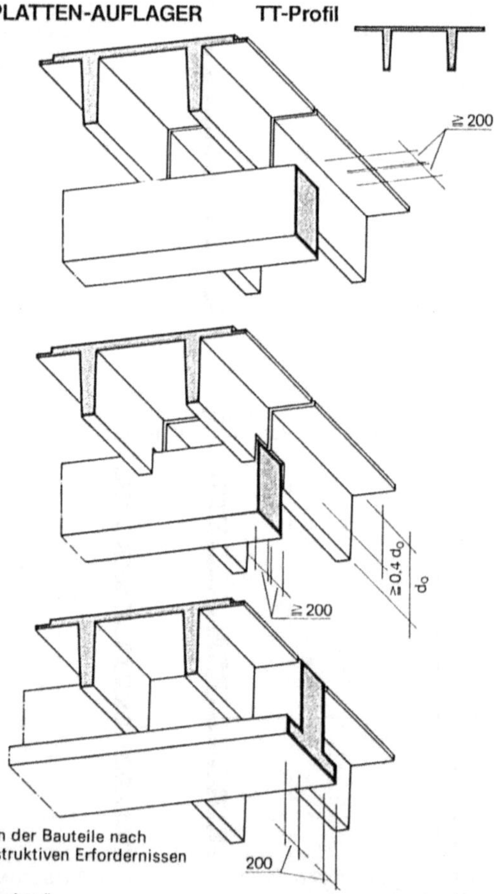

Verbindungen der Bauteile nach statisch-konstruktiven Erfordernissen

Aus „Beton-Fertigteile im Industrie-Hallenbau", Fachvereinigung Betonfertigteilebau e.V., Bonn

BINDER-AUFLAGER I-Profil

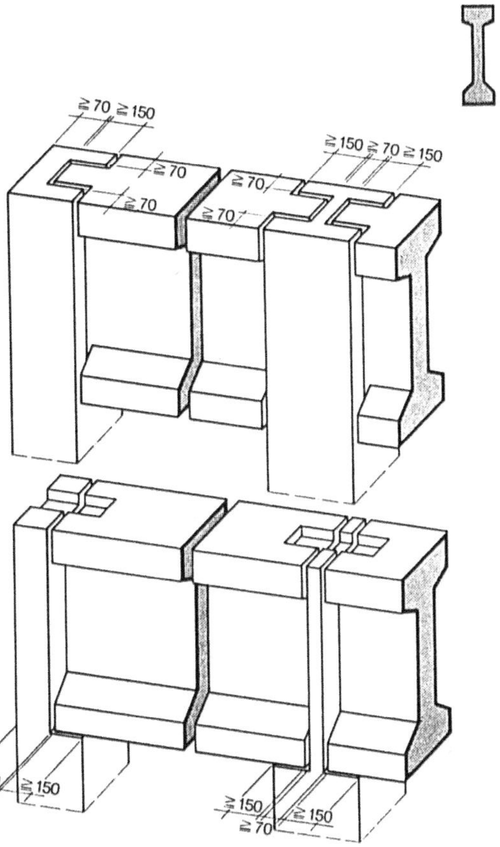

Verbindungen der Bauteile nach
statisch-konstruktiven Erfordernissen

Aus „Beton-Fertigteile im Industrie-Hallenbau",
Fachvereinigung Betonfertigteilebau e.V., Bonn

UNTERZUG-AUFLAGER ⊥-Profil

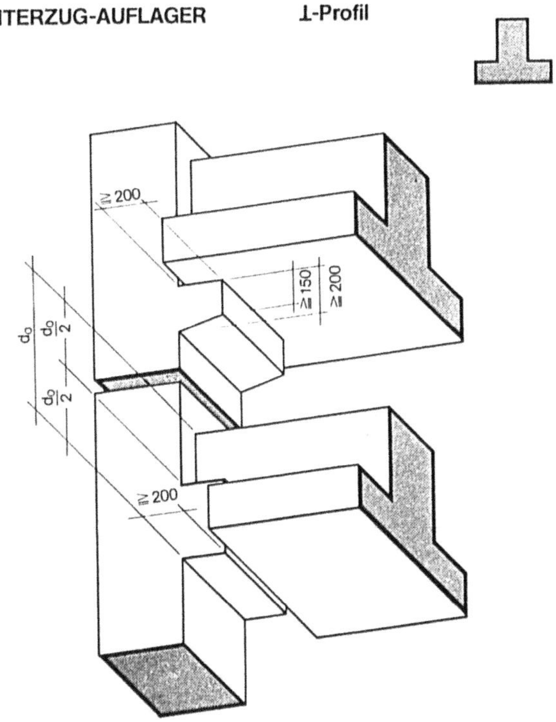

Verbindungen der Bauteile nach
statisch-konstruktiven Erfordernissen

Aus „Beton-Fertigteile im Industrie-Hallenbau",
Fachvereinigung Betonfertigteilebau e.V., Bonn

VERÄNDERBARKEIT
VON SYSTEMEN DES MONTAGE-SKELETTBAUES

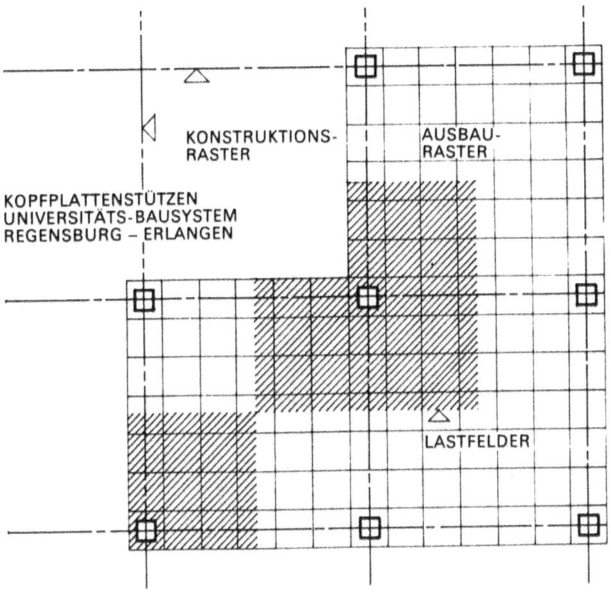

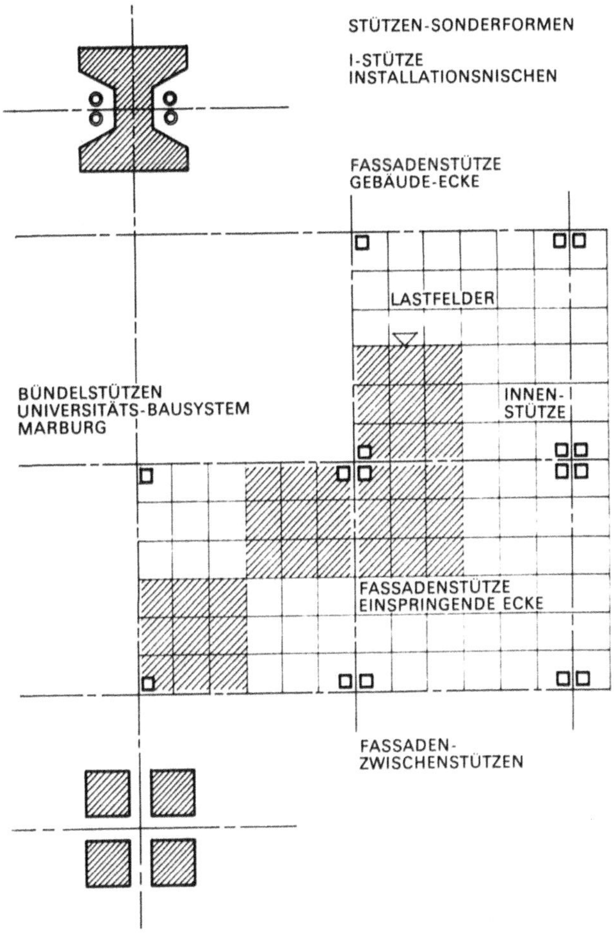

5K-C
Tragwerk (2-) 0100

(E) Allgemeine Merkmale
Die Primärstruktur besteht aus Stützen und großformatigen Deckenelementen, die unmittelbar auf Stützen-Konsolen aufgelegt werden. Unterzüge sind nicht erforderlich. Die Hauptteile der Tragwerkstruktur sind Stützen (22.1) 0100, Deckenelemente (23.1) 0100 und Dachdeckenelemente (27.2) 0100.

(F) Maßkoordinierung, Dimensionen
Grundmodul M = 100 mm
Großmodul 3 M = 300 mm
Stützenachsabstände quer zur Spannrichtung 2,10 – 2,40 – 2,70 – 3,00 – 3,30 – 3,60 m. Stützenachsabstände in Spannrichtung n × 300 mm.

(K) Festigkeit, Statik, Stabilität,
Durchlaufende Stützen, zu Scheiben zusammengefaßte Deckenelemente, Ableitung der Horizontalkräfte über wenige aussteifende Fertigteilwände (22.1) 0100. Raumtrennwände (32.1) bis zu einem Flächengewicht von 1,5 kN/m² (150 kp/m²) an jeder beliebigen Stelle des Grundrisses (Ausbaumodul 300 – 600 – 1200 mm).

(R) Feuer
Feuerschutz entsprechend den Anforderungen der DIN 4102.

(U) Verbindungstechnik
Zwischen den Deckenelementen bleibt ein Zwischenraum von Stützenbreite, der durch einen 300 mm breiten Ortbetonstreifen geschlossen wird. In diesem Ortbetonstreifen können Aussparungen für die vertikale Installation angeordnet werden.
Montageablauf: Aufstellen der Stützen, geschoßweise oder gebäudehohe Montage der aussteifenden Wandelemente, Decken- und Dachelemente mit Vergußstreifen. Die vorgehängten Fassadenelemente können im Zuge der Tragwerkmontage oder auch nachträglich montiert werden.

Tragwerksystem (2-) 0100

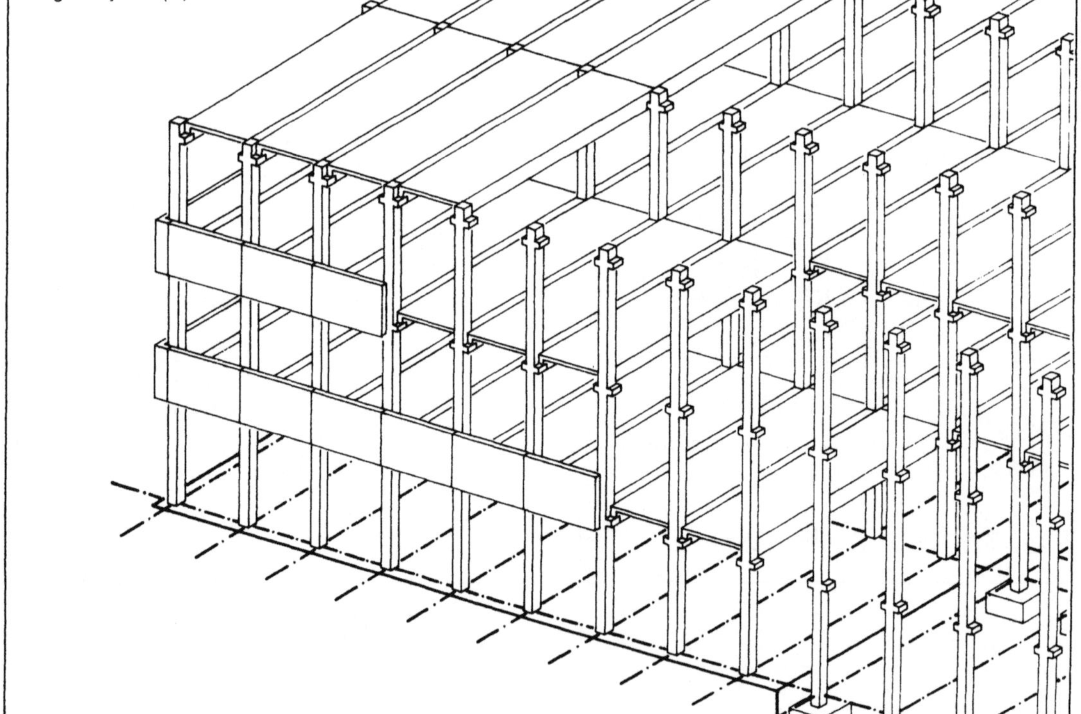

Stütze (22.1) 0100

(E) Allgemeine Merkmale
Tragendes, senkrechtes Element der Tragwerkstruktur (2-) 0100 mit Konsolen zur Auflagerung der Deckenelemente (23.2) 0100. Verwendung im Tragwerksystem (2-) 0100.

(F) Maßkoordinierung, Dimensionen
Modulare Anordnung im Grundriß entsprechend dem gewählten Tragwerkraster. Der Regelquerschnitt beträgt 30/30 cm. Je nach den Gegebenheiten des Projekts in Längen von ein, zwei, drei und vier Geschoßhöhen gefertigt.

(G) Form, Oberfläche, Erscheinungsbild
Glatte Sichtbetonflächen anstrichfähig mit abgefasten Kanten.

(U) Verbindungstechnik
Verbindungstechnische Abstimmung mit:
Fundamenten (16)
Außenwandelementen (21.6) 0100
Deckenelementen (23.2) 0100
Dachträgern (27.1)
Abgehängten Decken (35)
Fußbodenfinish (43)

Stützen (22.1) 0100 — 0303

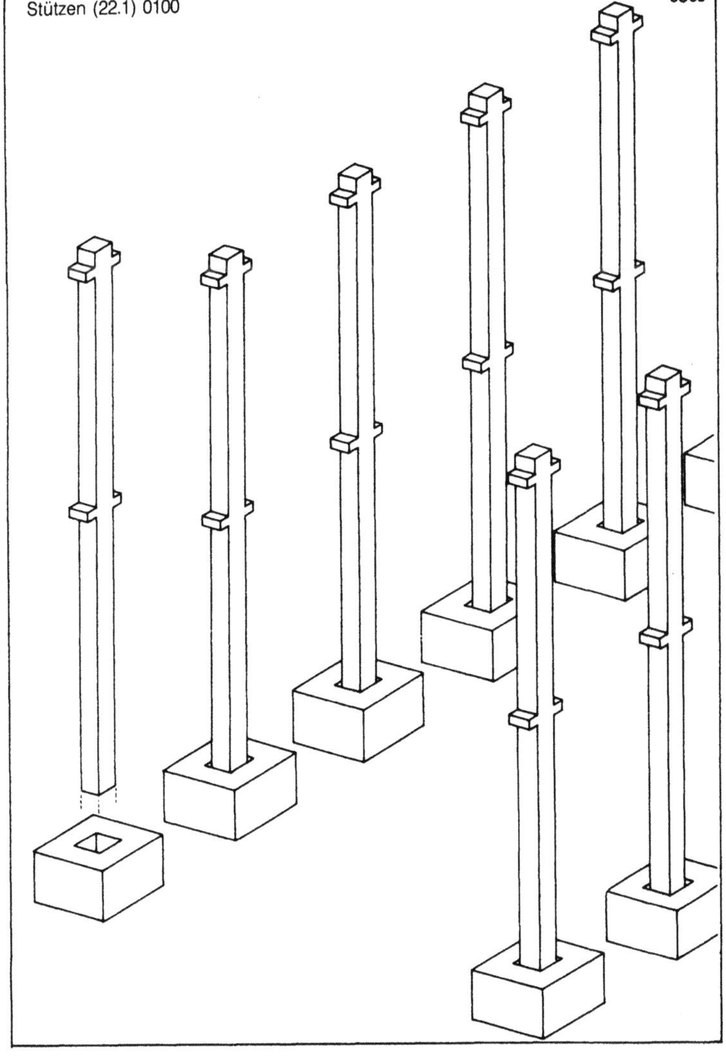

Abmessungen (Beispiel) — 0362

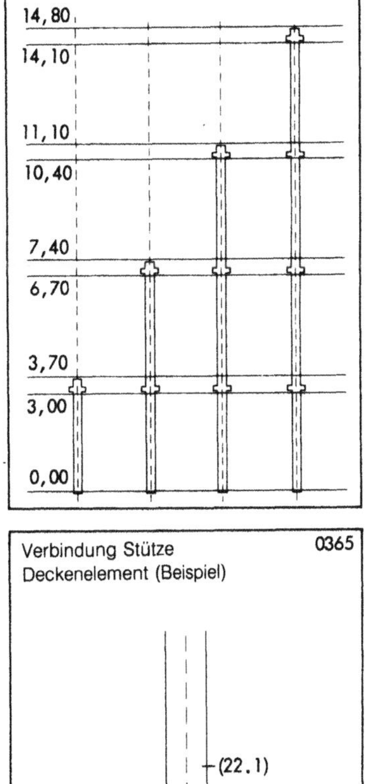

Verbindung Stütze Deckenelement (Beispiel) — 0365

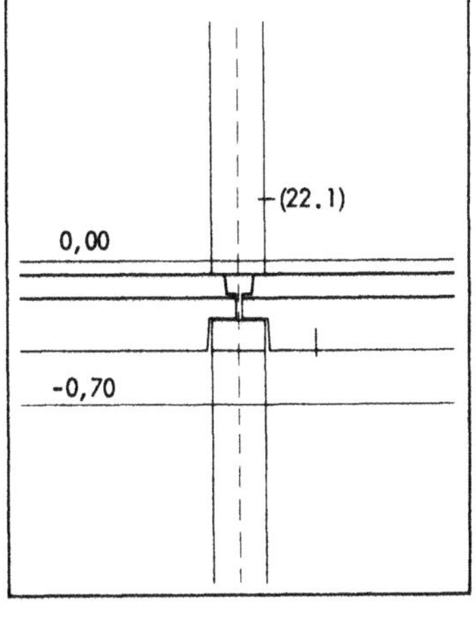

Deckenelement (23.2) 0100

(E) Allgemeine Merkmale
Trogförmig ausgebildetes Stahlbeton- oder Spannbetonfertigteil. Verwendung im Tragwerksystem (2-) 0100

(F) Maßkoordinierung, Dimensionen
Die modulare Koordination ist bestimmt durch das Stützensystem (22.1) 0100. Modulare Längen: n × 30 cm bis etwa 12,00 m. Stützenabstände 2,10 m, 2,40 m, 2,70 m, 3,00 m, 3,30 m und 3,60 m. Höhen: 40 cm, 50 cm und 60 cm. Deckenspiegel: 0,12 m.

(K) Festigkeit, Statik, Stabilität,
Verkehrslast 500 oder 750 kp/m² (5,0 oder 7,5 kN/m²) einschließlich Trennwandzuschlag 150 kp/m² (1,5 kN/m²) Lastannahme für Estrich, Fußboden und abgehängte Decke zusammen 170 kp/m² (1,7 kN/m²)

(T) Herstellung, Transport
Herstellung in stationären Werken.

(U) Verbindungstechnik
Die einzelnen Deckenelemente werden auf Konsolen der Stützen (22.1) 0100 aufgelegt und durch Schlaufen, Ringanker und Verguß zu einer Scheibe verbunden. Die Deckenplatten können Öffnungen erhalten für die Durchführung von Installationen. Auch nachträgliches Bohren bis zu einem Durchmesser von 200 mm ist möglich.

Deckenelement (23.2) 0100
Anordnung im Tragwerksystem (2-) 0100 0304

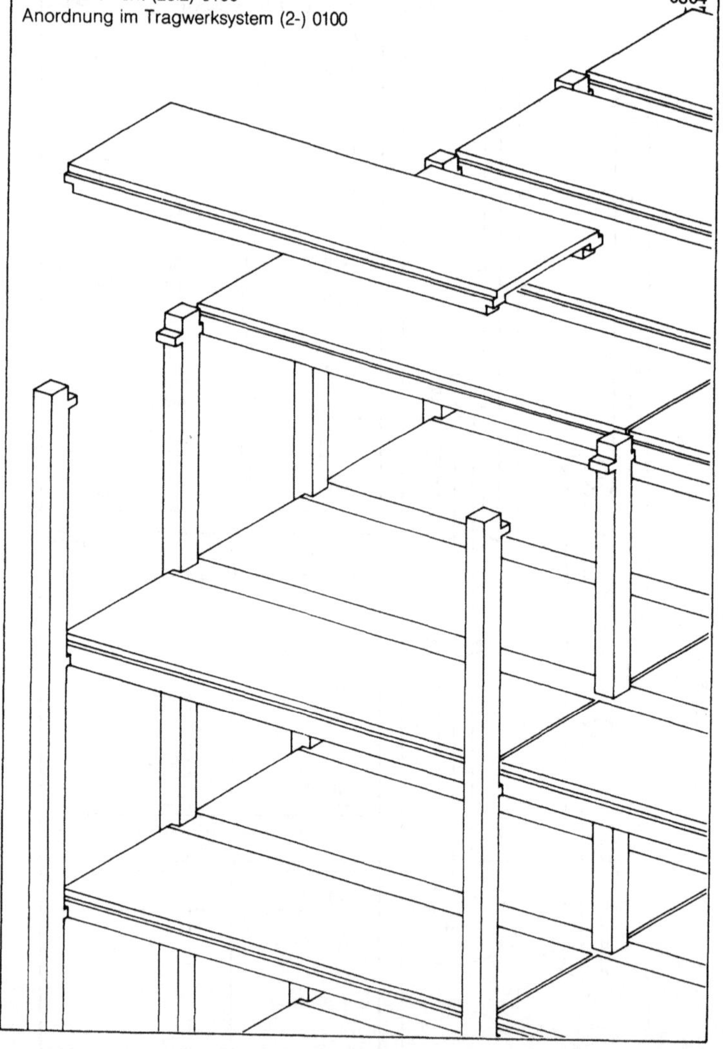

Abmessungen 0436

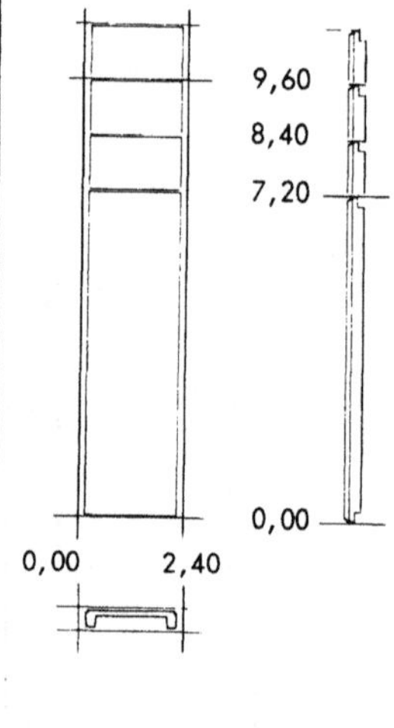

Verbindung Deckenelement
Stütze 0366

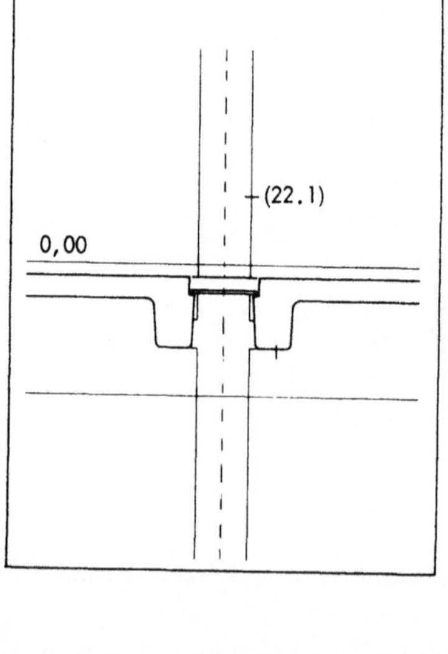

5K-F

Großraster-Tragwerk (2-) 0500

(E) Allgemeine Merkmale
Gerichtetes Skelettsystem aus großformatigen Stahlbeton- und Spannbeton-Fertigteilen für die Herstellung architektonisch weitgehend neutraler, mehrgeschossiger Tragwerkstrukturen. Hauptteile der Primärstruktur:
Fertigteilstützen (22.1) 0500
Deckenträger (23.1) 0500
Deckenelemente (23.2) 0500

(F) Maßkoordinierung, Dimensionen
Das Tragwerksystem (2-) 0500 ist nach dem Dezimetersystem koordiniert. Die Stützenachsen im Großraster sind mit dem Tragwerkraster identisch. Bevorzugt werden quadratische Raster mit 7,20 m, 7,80 m oder 8,40 m Seitenlänge. Rechteckige Raster und Achsabstände von 9,60 m, 10,80 m und 12,00 m sind ebenfalls möglich. Für die Koordinierung der senkrechten Abmessungen ist der Grundmodul M = 100 mm anzuwenden. Bevorzugte lichte Raumhöhe 3,00 m. Bauhöhe der Deckenkonstruktion je nach Ausbauanforderung, jedoch mindestens 0,60 m für die Unterzüge.

(G) Form, Oberfläche, Erscheinungsbild
Der Einfluß der Tragwerkstruktur auf architektonische Gestaltung ist weitgehend neutral. Es werden lediglich Geschoßplattformen geschaffen. Die Gestaltung des inneren oder äußeren Erscheinungsbildes wird weitgehend durch die Auswahl der raumabschließenden und raumbildenden senkrechten Sekundärelemente bestimmt. die oberflächenfertigen Betonteile bedürfen keiner Nachbehandlung, die Baufeuchtigkeit ist auf ein Minimum reduziert.

(K) Festigkeit, Statik, Stabilität
Das aus Fertigteilen zusammengesetzte Skelett trägt die vertikalen Lasten ab. Horizontale Lasten werden über die als Scheibe wirkende Geschoßdecke auf vertikale Kerne oder Scheiben (Festpunkte) übertragen. Bei Gebäuden bis zu zwei Geschossen ist Aussteifung allein durch Stützen möglich.

(M) Schall, Akustik
Die Materialaddition Deckenspiegel des Deckenelements und Verbundestrich ergibt eine 160 mm starke Betonplatte, die den Forderungen der DIN 4109 in bezug auf das Schallschutzmaß entspricht.

(R) Feuer
Alle Teile der Tragwerkstruktur entsprechen den Feuerschutz-Anforderungen der DIN 4102 (F 90).

(T) Herstellung, Transport
Die Herstellung der Fertigteile erfolgt in stationären Werken der HOCHTIEF AG FERTIGTEILBAU. Infolge der günstigen Lage der Werke und der transportgerechten Form und Dimensionierung der Fertigteile kann in der gesamten Bundesrepublik nach diesem Hochtief Bausystem gebaut werden.

(U) Verbindungstechnik
Die Montage kann geschoßweise oder rasterfeldweise gebäudehoch erfolgen. Während der Montage können die Ausbauarbeiten beginnen, da keine Lehrgerüste vorhanden sind. Die Bauzeiten sind erheblich kürzer als bei konventionellen Bauweisen und unabhängig von Witterungseinflüssen.

Tragwerksystem (2-) 0500

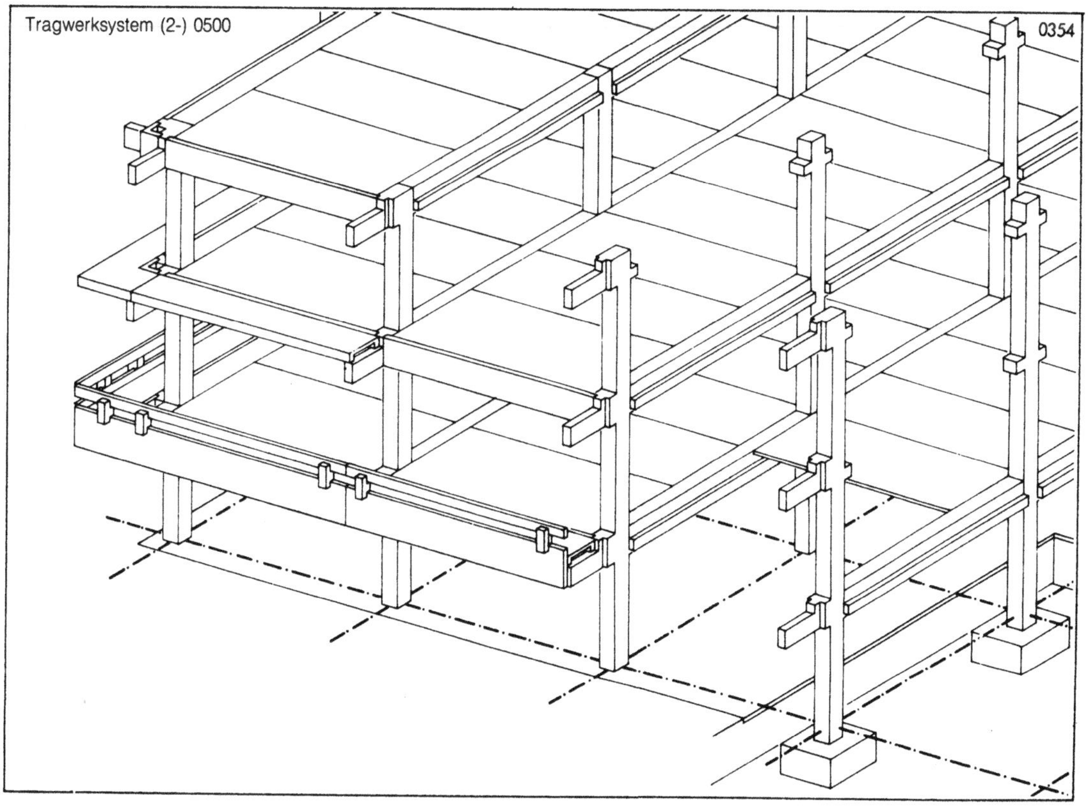

Stütze (22.1) 0500

(E) Allgemeine Merkmale
Tragendes, senkrechtes Element der Tragwerkstruktur (2-) 0500 mit Konsolen zur Auflagerung der Deckenträger (23.1) 0500.

(F) Maßkoordinierung, Dimensionen
Modulare Anordnung im Grundriß entsprechend dem gewählten Tragwerkraster. Der Regelquerschnitt beträgt 50/50 cm. Je nach Geschoßzahl, Nutzlast und Spannweite können auch Querschnitte von 40/40 cm, 60/60 cm oder 70/70 cm zur Verwendung gelangen.

(G) Form, Oberfläche, Erscheinungsbild
Glatte Sichtbetonflächen mit abgefasten Kanten.

(R) Feuer
Feuerwiderstandsklasse F 90 (feuerbeständig)

(T) Herstellung, Transport
Herstellung in stationären Fertigteilwerken unter Verwendung von B 45 oder B 55.

(U) Verbindungstechnik
Verbindungstechnische Abstimmung mit:
Fundamenten (16)
Deckenträgern (23.1) 0500
Dachträgern (27.1)
Abgehängten Decken (35)
Fußbodenfinish (43)
Anschlußprobleme in bezug auf Außenwände, Fenster, Innenwände und Türen treten nicht auf, wenn grundsätzlich eine Trennung zwischen Tragwerkraster und Ausbauraster beachtet wird.

Stützen (22.1) 0500
Räumliche Anordnung im Großraster 0272

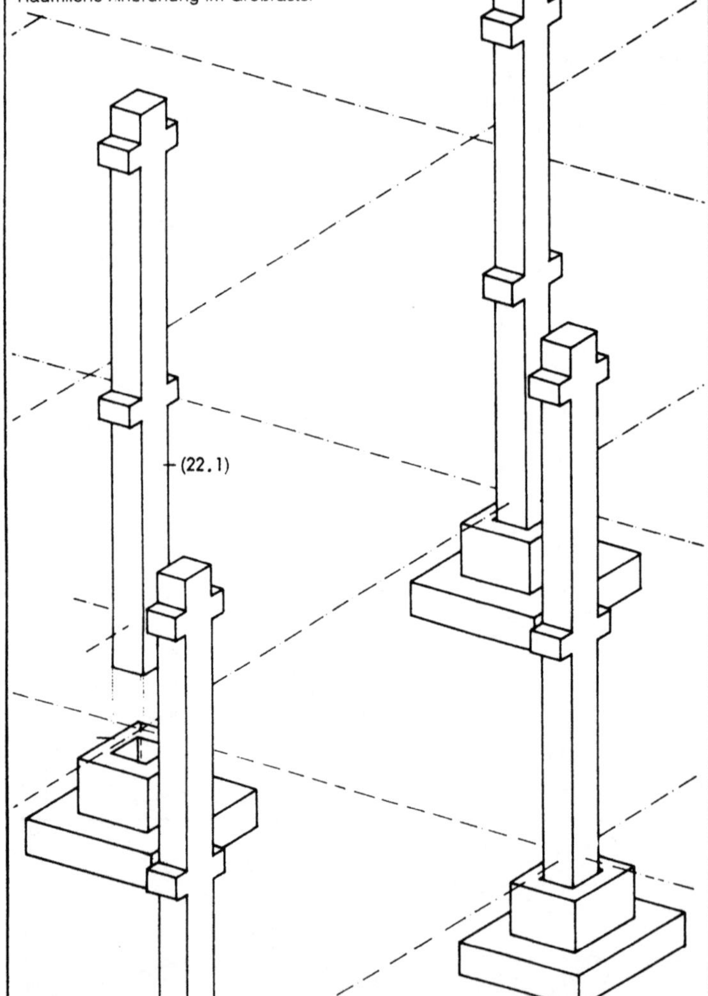

Abmessungen (Beispiel) 0305

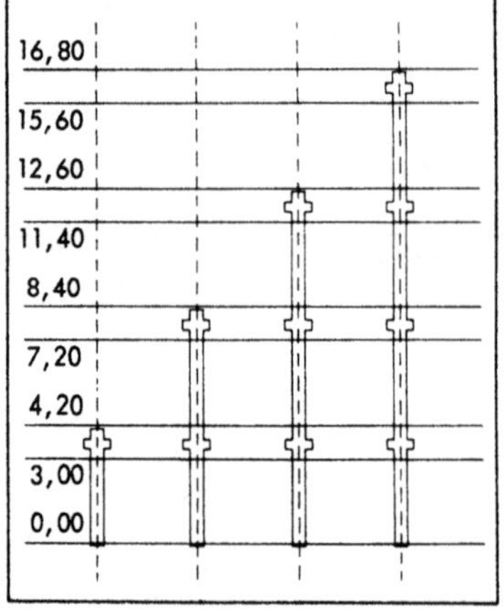

Verbindung Stütze, Deckenträger, Deckenelement (Beispiel) 0358

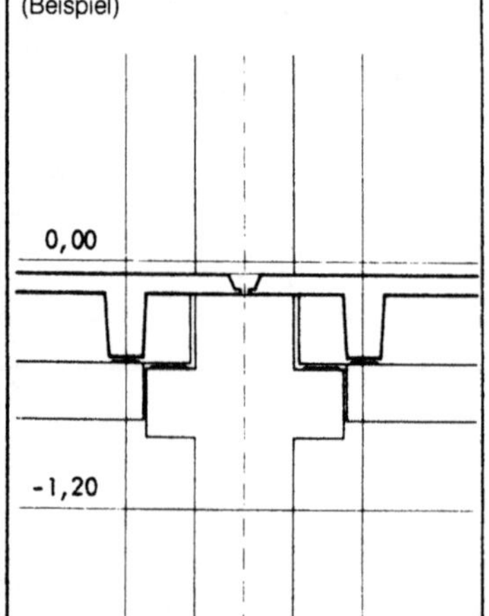

Deckenelement (23.2) 0500

(E) Allgemeine Merkmale
Stahlbeton- oder Spannbetonfertigteil aus zwei Plattenbalken, die zusammen ein Deckenfertigteil von TT-förmigem Querschnitt bilden.

(F) Maßkoordinierung, Dimensionen
Ermittlung der Höhenabmessungen h (cm)

L (m)	Verkehrslast kN/m² 5	7,5	10
7,20	50	50	50
7,80	50	50	50
8,60	50	50	60
9,00	50	60	60
9,60	60	60	60
10,20	60	60	60
10,80	60	60	70
11,40	70	70	70
12,00	70	70	70

Die modulare Koordination ist bestimmt durch das Deckenträger-Stützen-System (23.1) 0500 und (22.1) 0500.

(G) Form, Oberfläche, Erscheinungsbild
Oberfläche der Platte abgezogen oder abgerieben, Untersicht in Sichtbeton (Stahlschalungen), Verkleidung durch abgehängte Decke möglich.

(K) Festigkeit, Statik, Stabilität
Verkehrslast 500 kp/m², 750 kp/m² oder 1000 kp/m² (5,0, 7,5 oder 10,0 kN/m²) einschließlich Trennwandzuschlag 150 kp/m² (1,5 kN/m²). Lastannahme für Estrich, Fußboden und abgehängte Decke zusammen 170 kp/m² (1,7 kN/m²).

(M) Schall, Akustik
Erhöhten Schallschutzforderungen wird durch entsprechende Ausbildung des Fußbodenfinish entsprochen (43).

(R) Feuer
Feuerwiderstandsklasse F 90 (feuerbeständig).

(T) Herstellung, Transport
Herstellung in Endlosschalung in stationären Werken.

(U) Verbindungstechnik
Die einzelnen Deckenelemente werden auf Deckenträger (23.1) aufgelegt und durch Schlaufen, Ringanker und Verguß zu einer Scheibe verbunden. Die Deckenplatten können Öffnungen erhalten für Lichtkuppeln oder die Durchführung von Installationen. Auch nachträgliches Bohren bis zu einem Durchmesser von 200 mm ist möglich.

(Y) Kosten, Wirtschaftlichkeit
Für die Herstellung von Fertigteildecken bietet die Konstruktion ein Optimum an Wirtschaftlichkeit im Verhältnis zur Belastbarkeit.

Deckenelement (23.2) 0500
Anordnung im Tragwerksystem (2-) 0500 0324

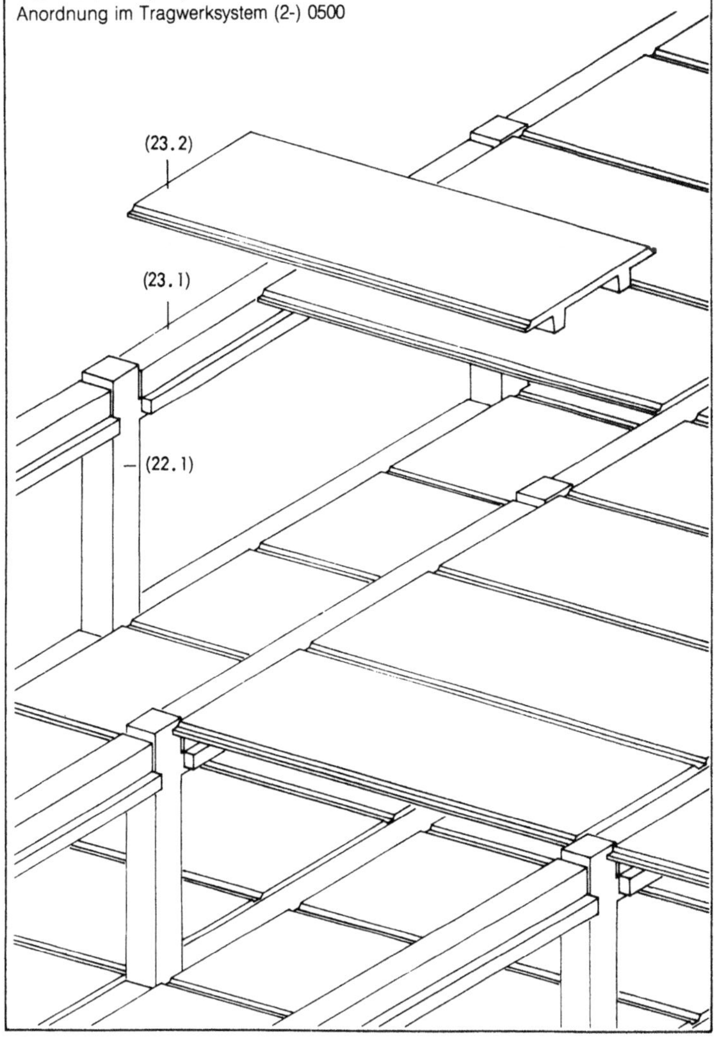

Abmessungen 0359
(Beispiel)

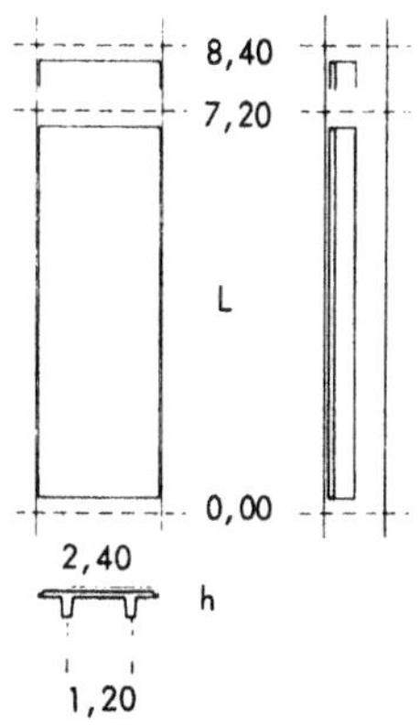

Deckenelement,
Deckenträger, Stütze
(Beispiel)

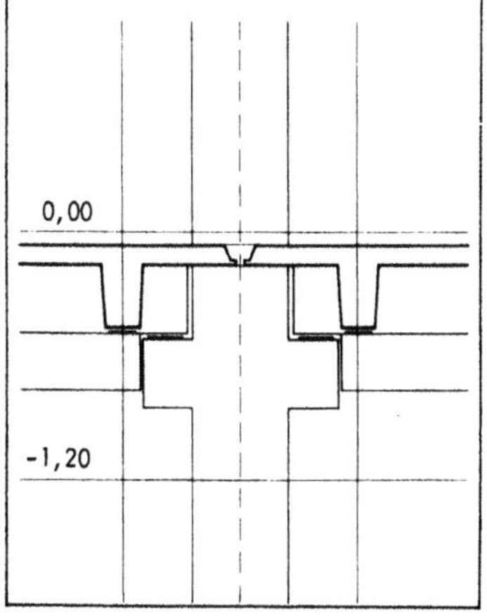

Deckenträger (23.1) 0500

(E) Allgemeine Merkmale
Tragendes, waagerecht angeordnetes Element der Tragwerkstruktur (2-) 0500 zur Auflagerung von Deckenelementen (23.2) 0500. Die Deckenträger werden vorwiegend in Gebäudelängsrichtung angeordnet, die Deckenplatten sind in Querrichtung gespannt. Daraus ergibt sich die Konstruktionsstruktur eines gerichteten Stahlbeton-Skelett-Systems. Bei entsprechenden Voraussetzungen der Gebäudestruktur können die Deckenträger jedoch auch in der Querrichtung angeordnet werden. Zu dieser Entscheidung muß die Richtung der Klimakanäle berücksichtigt werden, deren Hauptträger zweckmäßigerweise parallel zu den Deckenträgern laufen. Für die Randzone des Gebäudes wird ein Randdeckenträger benötigt.

(F) Maßkoordinierung, Dimensionen
Die Deckenträger liegen zwischen den Stützen, ihre Länge ist deshalb stets kleiner als das Rastermaß und abhängig vom gewählten Stützenquerschnitt. Die Druckgurtbreite entspricht dem jeweiligen Stützenquerschnitt (22.1) 0500. Die Höhe ergibt sich aus der Größe und der Belastung des Rasterfeldes.
Ermittlung der Querschnittsabmessungen

b/d (cm)

L (m)	Verkehrslast bis einschließlich 10 kN/m²
7,20	50/80
7,80	50/90
8,40	50/90
9,00	60/100
9,60	60/100

(G) Form, Oberfläche, Erscheinungsbild
Oberflächen Sichtbeton (Stahlschalung).

(K) Festigkeit, Statik, Stabilität
Einfeldträger

(R) Feuer
Feuerwiderstandsklasse F 90 (feuerbeständig).

(T) Herstellung, Transport
Herstellung in stationären Werken.

(U) Verbindungstechnik
Die Deckenträger werden durch Schlaufen und Verguß mit den Deckenplatten zu einer horizontal wirkenden Scheibe verbunden.

Deckenträger (23.1) 0500
Anordnung im Tragwerksystem (2-) 0500 — 0355

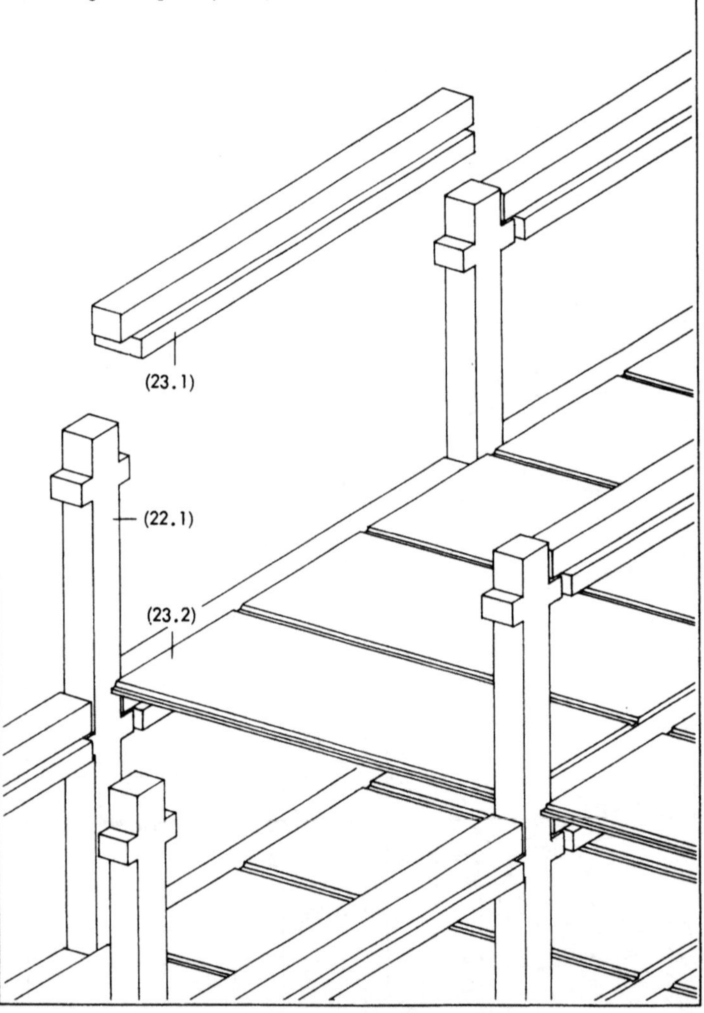

Abmessungen (Beispiel) — 0361

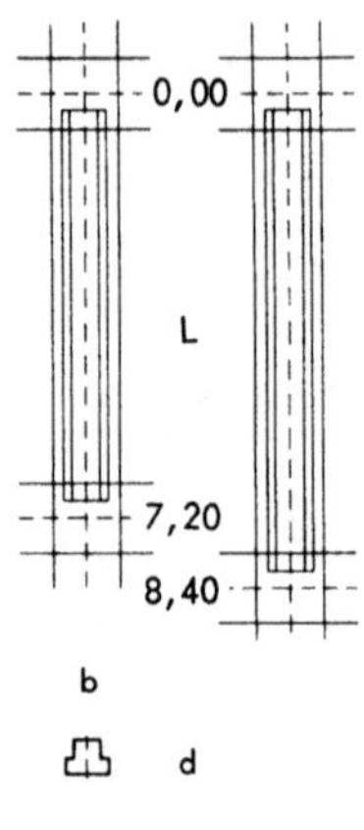

Verbindung Deckenträger, Deckenelement, Stütze (Beispiel) — 0360

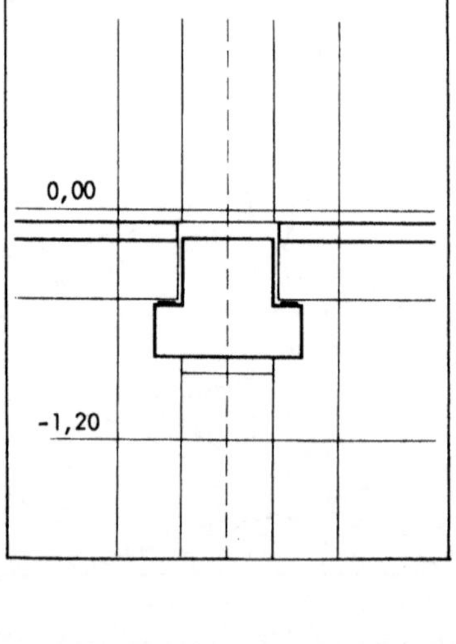

STAHLBETONSKELETTBAU

Außengang (27.7) 0500
Anordnung im Tragwerksystem (2-) 0500 — 0350

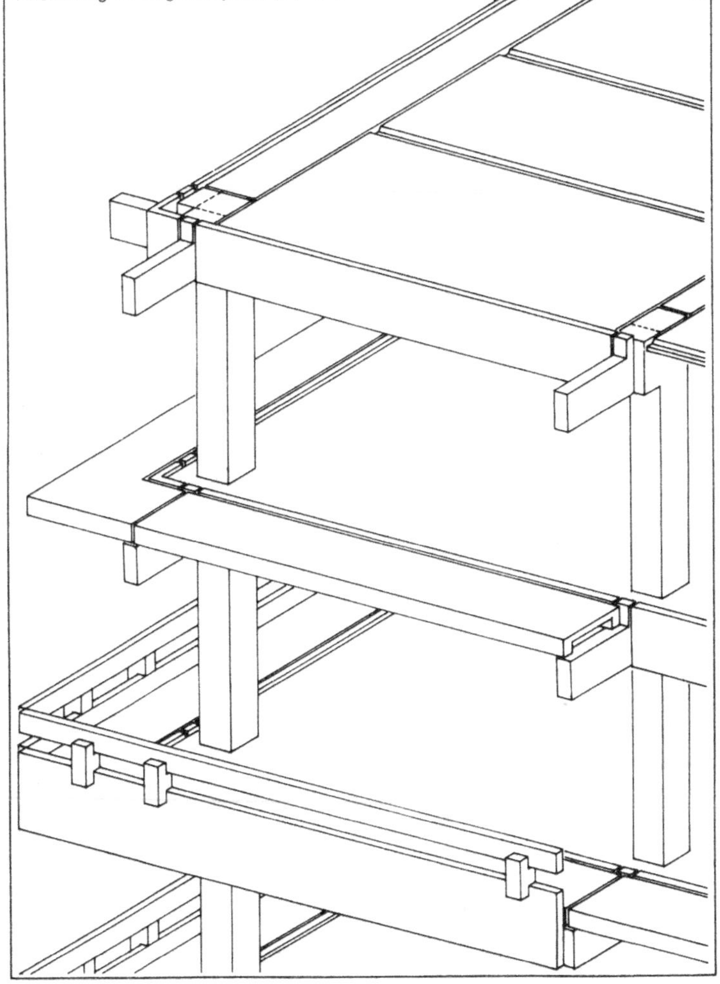

Ansicht — 0351

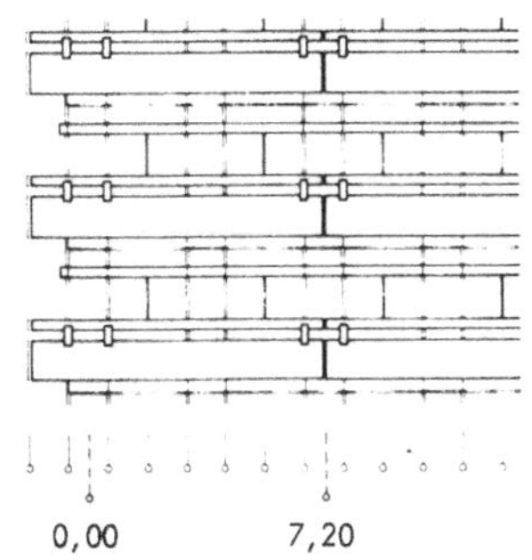

Verbindung Außengang
Stütze, Deckenträger — 0451

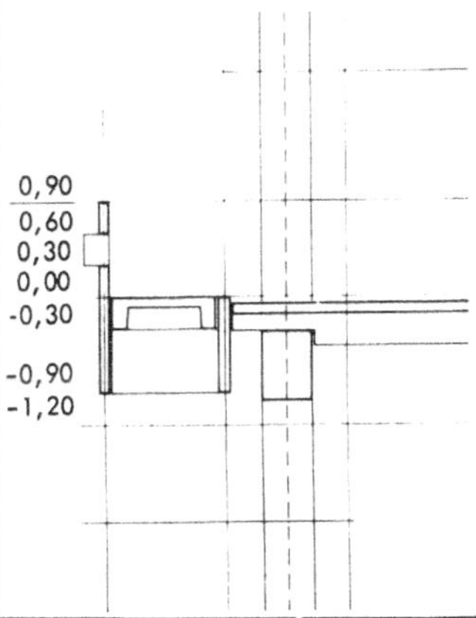

Beton-Fertigteilsysteme für Dachtragwerke s. Kapitel „Dachtragwerke aus Stahlbeton"

Stahlskelettbau

Der Stahlskelettbau ist eine Montagebauweise, die sich durch folgende Eigenschaften auszeichnet:

- Gebäude mit Stahltragwerken haben eine sehr kurze Bauzeit, da z. B. während der witterungsunabhängigen, werkstattseitigen Vorfertigung der Bauteile bereits die Aushubarbeiten durchgeführt und die Fundamente vorbereitet werden können. Nach zügigem Aufbau des Stahlskeletts kann sofort das Dach eingedeckt werden, so daß alle Ausbauarbeiten im gedeckten Raum stattfinden können.
- Die witterungsunabhängige Montage garantiert präzise Terminplanung und frühere Nutzung (wichtig bei Industriebau).
- Stahltragwerke gestatten jederzeit nachträgliche Verstärkungen der tragenden Teile, wie sie bei Umbauten und Aufstockungen nötig werden können, z. B. Verstärkung der Stützen zum Einbau von Kranbahnen oder Verstärkungen der Unterzüge zum Aufhängen von Laufschienen, Leitungen usw.
- Bei Fundamentsenkungen erlauben Stahlskelette das Heben und Richten ganzer Gebäudeteile (Bergsenkungsgebiet).
- Die große Belastbarkeit der Stahlprofile erlaubt geringe statische Querschnitte bei Stützen und Trägern. Dies führt zu reduzierten Geschoßhöhen und Fassadenflächen (reduziertes Bauvolumen).
- Geringe Stützenquerschnitte und Wegfall tragender Wände reduzieren den Konstruktionsflächenanteil.
- Stahltragwerke sind besonders wirtschaftlich bei großen Spannweiten.
- Maßhaltige Konstruktion erlaubt problemlose Ausbauarbeiten.
- Mehrgeschossige Stahlbauten sind leichter als vergleichbare Massivbauten, was zu Einsparungen bei der Gründung führen kann.
- Abtragen und Wiedererrichten eines Stahlbaues an anderer Stelle sind möglich.
- Stahlbauten bieten große Gestaltungsfreiheit und filigranes Erscheinungsbild durch die geringen statischen Querschnitte.

Nachteilig bei Stahlbauten sind die Korrosionsgefahr und die geringe Formbeständigkeit bzw. abnehmende Tragfähigkeit im Brandfall. Beiden Gefahren kann man durch eine Beschichtung (bis F 30) oder feuerbeständige Ummantelung begegnen. Einen besseren Brandschutz bietet jedoch der Verbundbau (Stahl/Beton). Bei Produktionsbauten ist eine feuerbeständige Ummantelung oft unnötig.
Wird keine Feuersicherheit gefordert, so erhält das Stahlskelett gegen die Korrosionsgefahr einen Schutzanstrich, der je nach Korrosionsbelastung einer gewissen Unterhaltung bedarf.

Baustahl

Der Baustahl ist nach seinen Festigkeitseigenschaften auf Druck, Biegung, Zug, Abscherung und Torsion unser leistungsfähigster Baustoff. Man unterscheidet die Baustähle nach Mindestzugfestigkeit und Gütegruppe. Die Gütegruppe, je nach Analyse, Erschmelzungs- und Vergießungsart, kennzeichnet die Eignung des Werkstoffes für verschiedene Anforderungen auf Grund der baulichen Durchbildung und der Herstellungsbedingungen. Man verwendet im Stahlbau für tragende Bauteile nur folgende Baustahlsorten nach DIN 17100:

ST 37 Sammelbezeichnung für die Stähle St 37, St 37-2 und St 37-3 mit einer Mindestzugfestigkeit von 370 N/mm²

St 52-3 mit einer Mindestzugfestigkeit von 520 N/mm²

Der Baustahl wird allgemein in genormten, statisch und konstruktiv aufeinander abgestimmten Profilreihen verwendet. Diese sogenannten warmgewalzten Profile sind je nach Querschnitt in Formstähle, Stabstähle und Hohlprofile einzuteilen.
Daneben werden für zusammengesetzte Vollwandträger und als Knotenbleche von Fachwerkträgern Grobbleche (>4,75 mm) sowie für untergeordnete Konstruktionen auch dünnere Bleche sowie eine Vielzahl warmgewalzter oder kaltverformter Sonderprofile geliefert.
Die zu verwendenden Profile und Abmessungen sind durch Kurzzeichen und Maße in mm, ggf. auch durch DIN-Nummer und Werkstoffangaben genau zu bezeichnen.
Die Verbindung der einzelnen Konstruktionsglieder wird im Stahlbau hergestellt durch Schweißung oder Verschraubung. Bei letzterer unterscheidet man rohe Schrauben, Paßschrauben und hochfeste Schrauben. Neuerdings wird auch das Metallkleben in kleinerem Umfang eingeführt. Eine Kombination verschiedener Verbindungsmittel ist nur in dem durch DIN 18800 und DIN 18801 gestatteten Umfang möglich, d. h., es dürfen wohl Niete und Paßschrauben oder hochfeste Schrauben und Schweißung miteinander kombiniert werden, jedoch nicht Niete oder Paßschrauben mit rohen Schrauben.

Formstahl

Schmale Doppel-T-Träger

DIN 1025 T1

IPE
Mittelbreite Doppel-T-Träger mit parallelen Flanschflächen
DIN 1025 T5
EURONORM 19–57

IPEo IPEv
Mittelbreite Doppel-T-Träger mit dicken Flanschen und Stegen

Nicht genormt

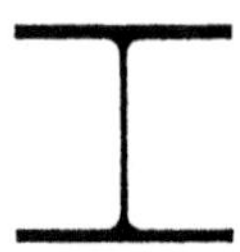

IPBL = HE-A
Breite Doppel-T-Träger mit parallelen Flanschflächen, leichte Ausführung
DIN 1025 T3
EURONORM 53–62 (HE-A)

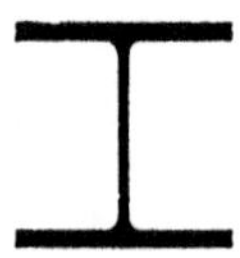

IPB = HE-B
Breite Doppel-T-Träger mit parallelen Flanschflächen
DIN 1025 T2
EURONORM 53–62 (HE-B)

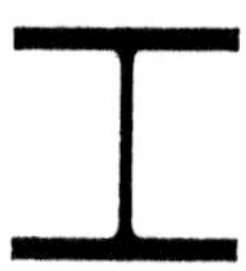

IPBv = HE-M
Breiter Doppel-T-Träger mit parallelen Flanschflächen, verstärkte Ausführung
DIN 1025 T4
EURONORM 53–62 (HE-M)

U
Rundkantiger U-Stahl

DIN 1026
EURONORM 24

Z-Stahl
Rundkantiger Z-Stahl

DIN 1027

Die Kurzzeichen setzen sich aus Sinnbild und Buchstaben zusammen. Die Buchstaben bedeuten:
P = parallelflanschig, L = leichte Ausführung, B = breitflanschig, V = verstärkte Ausführung, E = europäisch genormt, S = scharfkantig

Stabstahl

Als Stabstahl bezeichnet man:

L	L	gleichschenklige Winkel DIN 1028, EURONORM 56 teilweise abweichend
L	L	ungleichschenklige Winkel DIN 1029 EURONORM 57
T	T	T-Stahl DIN 1024
□	■	Vierkant-(Quadrat-)Stahl DIN 1014 EURONORM 59
∅	●	Rundstahl DIN 1013 EURONORM 60
▭	▬	Flachstahl (unter 150 mm breit und 5–60 mm dick) DIN 1017
▭	▬	Breitflachstahl (über 150 mm breit und ≧4 mm dick) DIN 59200 EURONORM 91

Rohrstahl

○	○	nahtlose oder geschweißte Stahlrohre DIN 2448 bzw. DIN 2458
□	□	Quadratische oder rechteckige Hohlprofile mit unterschiedlichen Wandstärken, rund- oder scharfkantig, nur teilweise genormt (DIN 59410).

Normal- oder Regellängen

Die handelsüblichen Längen betragen:

I -Stahl	8–18 m	T-Stahl	6–12 m
[-Stahl	8–16 m	Flachstahl	3–12 m
⅂ -Stahl	6–12 m	Breitflachstahl	4–12 m
L -Stahl	6–12 m		

Darüber hinaus werden für weitergespannte Vollwandkonstruktionen Walzprofile auch in Sonderlängen und ggf. mit Vorkrümmung hergestellt.

Werkstoffeigenschaften

Die im Stahlbau verwendeten Werkstoffe sind genormt in DIN 17100 – Allgemeine Baustähle. Dieses Normblatt umfaßt alle im Stahlbau verwendeten Güten mit Ausnahme von Rohren und von Stählen für besondere Verwendungszwecke wie z. B. Feinkornstähle. Für Rohre gilt DIN 1629, Teil 1 bis 4.

Die im Handel befindlichen Baustähle werden in drei Gütegruppen hergestellt. Sie unterscheiden sich durch mechanische Eigenschaften, besonders der Sprödbruchunempfindlichkeit und durch eine engere Toleranz in der Analyse.

Gruppe 1 ist für allgemeine Anforderungen bezüglich der Schweißeignung (nicht in DIN 17100),

Gruppe 2 für höhere Anforderungen,

Gruppe 3 für besondere Anforderungen vorgesehen.

Sie werden heute großteils im LD-Verfahren (Linz-Donawitzer-Verfahren – Sauerstoffaufblasverfahren) erschmolzen. Bei diesem Verfahren wird reiner Sauerstoff durch eine Blaslanze in den basisch ausgekleideten Konverter auf das flüssige Roheisen geblasen. Dadurch wird ein größerer Reinheitsgrad des Schmelzbades erreicht.

Daneben gibt es noch das Siemens-Martin-Verfahren, das auch hochwertige Stähle liefert. Thomasstahl, der nur geringeren Ansprüchen genügt, spielt heute eine untergeordnete Rolle.

Beispiele für die Anwendung von Kurzzeichen

Kurzbezeichnung		Bedeutung
zeichnerisch*)	schreibbar	
I PE 240 x 4600 DIN 1025	IPE 240 x 4600 DIN 1025	Mittelbreiter Doppel-T-Träger von 240 mm Höhe und 4600 mm Länge nach DIN 1025
⊔ 200 x 800 DIN 1026	U 200 x 800 DIN 1026	U-Stahl von 200 mm Höhe und 800 mm Länge nach DIN 1026
L 80 x 10 x 60 Lg DIN 1028	L 80 x 10 x 60 Lg DIN 1028	Gleichschenkliger Winkelstahl von 80 mm Schenkelbreite, 10 mm Dicke und 60 mm Länge nach DIN 1028
▭ 80 x 10 x 400 DIN 1017 St 52-3	Fl 80 x 10 x 400 DIN 1017 – St 52-3	Flachstahl von 80 mm Breite, 10 mm Dicke und 400 mm Länge nach DIN 1017 aus St 52-3 nach DIN 17100
Rohr 88,9 x 4 x 500 DIN 2448	Rohr 88,9 x 4 x 500 DIN 2448	Nahtloses Stahlrohr von 88,9 mm Außendurchmesser, 4 mm Wanddicke und 500 mm Länge nach DIN 2448
Bl 8 x 900 x 980 DIN 1543	Bl 8 x 900 x 980 DIN 1543	Stahlblech von 8 mm Dicke, 900 mm Breite und 980 mm Länge nach DIN 1543

*) In zeichnerischen Darstellungen kann die DIN-Nummer wegbleiben, wenn keine Zweifel möglich sind.

Die Werkstoffe des Stahlbaues sind im allgemeinen unlegierte Kohlenstoffstähle. Sie weisen einen Gehalt von:

0,12 bis 0,22% Kohlenstoff,
0,045 bis 0,07% Phosphor,
0,045 bis 0,050% Schwefel

und andere Spuren von Eisenbegleitern in der Schmelzanalyse auf. Phosphor, Schwefel, Sauerstoff und Stickstoff sind unerwünschte Eisenbegleiter. Im allgemeinen erstarrt der Stahl beim Vergießen unruhig und zeigt Blasenbildung. Die Eisenbegleiter reichern sich meist im Innern der Blöcke an, so daß sie nach dem Walzen in Steg- und Flanschmitte und am Übergang vom Steg zum Flansch erscheinen. Derartige Anreicherungen von Phosphor und Schwefel, aber auch von Kohlenstoff, werden als Seigerungen bezeichnet. Durch Beruhigung des Stahls durch Zusatz von sauerstoffaffinen Elementen, insbesondere durch Silizium und Aluminium, werden die Konzentrationsunterschiede verringert, wodurch die beruhigten Stähle alterungsunempfindlicher werden.

Für die Bestellung des Stahles maßgebend sind die „Empfehlungen zur Wahl der Stahlgütegruppen für geschweißte Stahlbauten", herausgegeben vom deutschen Ausschuß für Stahlbau als DAST-Richtlinie 009. Die Empfehlungen basieren weitgehend auf den Arbeiten von Klöppel und Bierett. Sie dienen der Beurteilung von Gefahren, die sich infolge Sprödbruch ergeben können.

In einer Art Klassifizierungsverfahren werden die wichtigsten Einflüsse, vornehmlich bei zugbeanspruchten, geschweißten Bauteilen für die Werkstoffwahl berücksichtigt.

Die bestehende Sprödbruchgefahr hängt im wesentlichen von folgenden Einflußgrößen ab:

Spannungszustand (besonders mehrachsig)
Bedeutung des Bauteils
Temperatur (Kälteeinwirkung)
Werkstoffdicke
Kaltverformung

Die Sprödbruchgefahr wird durch hohe Spannungskonzentration, besonders bei mehrachsigen Zugspannungszuständen, die neben den Beanspruchungen aus Gebrauchslasten durch die fertigungsbedingten Schweißspannungen hervorgerufen wird, erhöht.

Die Bedeutung des Bauteils wird unter Berücksichtigung des Schadensrisikos beurteilt. Bei Bauteilen erster Ordnung ist beim Versagen der Bestand oder Verwendungszweck des Gesamttragwerkes in Frage gestellt.

Die Sprödbruchneigung nimmt, bei sonst gleichen Bedingungen, mit fallender Temperatur zu. Daher müssen für tiefere Temperaturen verschärfte Anforderungen an die Stahlgüte gestellt werden. Besonders bei wachsender Materialdicke ist die Zunahme der Sprödbruchneigung zu beobachten. Ihr wird daher ein entscheidender Einfluß eingeräumt.

Kaltverformung ist nur bei größeren Verformungen im Schweißnahtbereich zu beachten.

Die Klassifizierungsstufen und die Materialdicke entscheiden über die zu verwendenden Gütegruppen.

Korrosionsschutz

Solange die relative Luftfeuchtigkeit unter 65% liegt, tritt beim Stahl keine Gefährdung durch Rost auf. Erst oberhalb dieser Grenze müssen Stahlbauteile einen Korrosionsschutz erhalten. In unseren Breiten ist allerdings aufgrund der hohen Luftfeuchtigkeit und der zudem teilweise aggressiven Atmosphäre ein Korrosionsschutz unverzichtbar. Maßgebend für den Korrosionsschutz ist DIN 55928.

Das Korrodieren von Stahl wird durch die Oxidation des Eisens mit Luftsauerstoff und/oder durch die elektrochemische Potentialwirkung solcher Metalle, die in der Spannungsreihe oberhalb des Eisens stehen (edlere Metalle), hervorgerufen. Hierbei entsteht durch den Kontakt der beiden Metalle miteinander unter Wassereinwirkung (Elektrolyt) ein „galvanisches Element".

Die heute aus wirtschaftlichen Gründen stark beanspruchten Querschnitte, besonders aber die dünnwandigen Leichtkonstruktionen, sind sorgfältig gegen Korrosion zu schützen. Dünnwandige Stahlteile sind gegen Querschnittsschwächungen wesentlich empfindlicher als schwere Konstruktionsglieder. Eine Anpassung der Schutzmaßnahmen an die Einsatzbedingungen der Stahlbauteile empfiehlt sich aus wirtschaftlichen Gründen. So ist in Innenräumen meist keine Behandlung erforderlich. Lediglich aus optischen Gründen wird man eine Grundbeschichtung aufbringen.

Bei Innenräumen mit hohem Feuchtigkeitsanfall (Hallenbad) oder aggressiver Raumluft (z. B. Produktionsbauten) ist ein gründlicher Korrosionsschutz vorzusehen, ebenso wie bei Stahlbauteilen, die im Freien stehen.

Die korrosionsschutzgerechte Gestaltung eines Stahlbauteiles beginnt bereits in der Planung, wobei folgendes zu betrachten ist:

- Die Tragwerksteile sollten aus wenig gegliederten Profilen mit kleiner Oberfläche bestehen. Eingliedrige Profile sind besser als mehrgliedrige, geschweißte besser als geschraubte.
- Die Oberflächen aller Bauteile müssen gut zugänglich sein für die Prüfung und Instandhaltung des Korrosionsschutzes.

UNGÜNSTIG

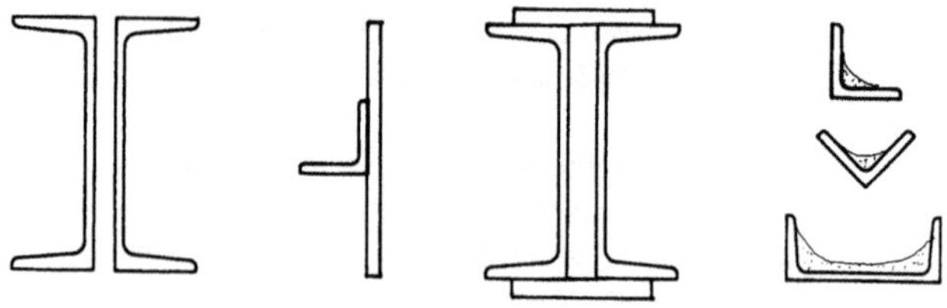

GÜNSTIG

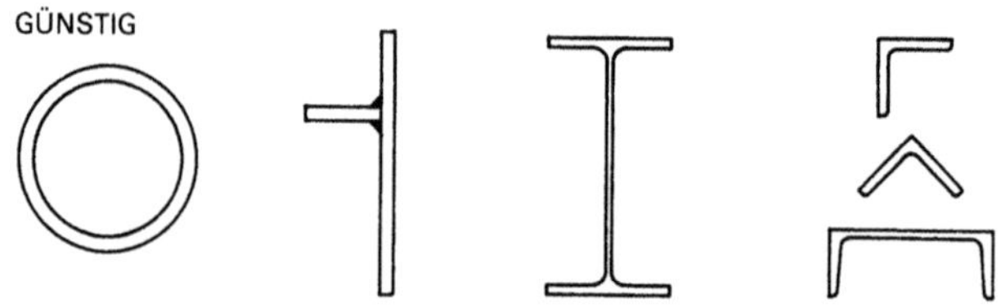

UNGÜNSTIG

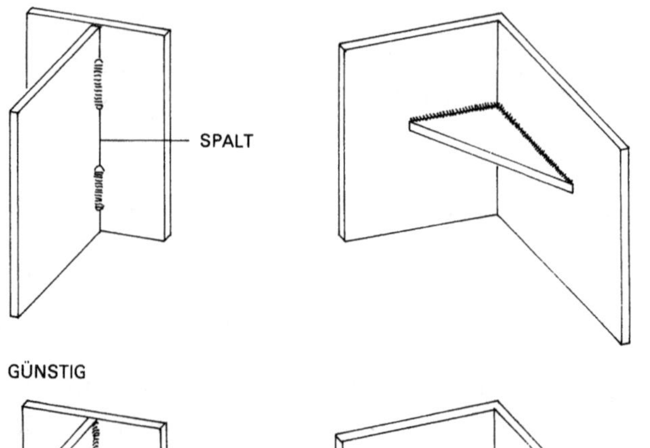

GÜNSTIG

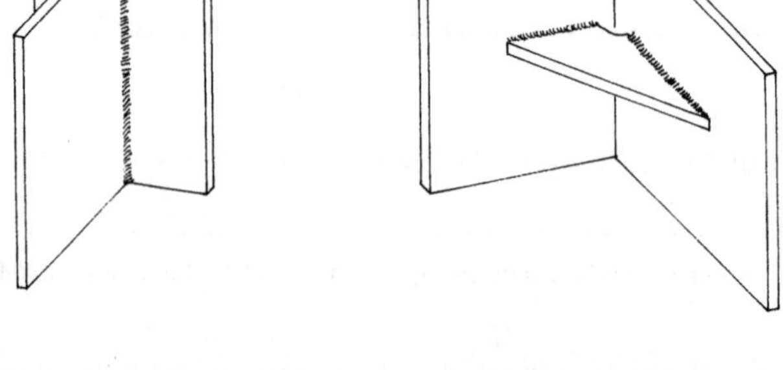

- Wassersäcke und Schmutznester sind durch geneigte Oberflächen und Entwässerungsöffnungen zu vermeiden.
- Preßfugen und Schlitze sind zu verschließen, da keine Kontrollmöglichkeit mehr gegeben ist. Punktschweißungen und unterbrochene Schweißnähte sollten bei hoher Korrosionsgefahr nicht ausgeführt werden.
- Hohlträger müssen entweder ausreichend belüftet und entwässert oder so dicht verschlossen werden, daß weder Luft noch Feuchtigkeit eindringen können.
- Scharfe Schnittkanten müssen gebrochen werden, damit die Schutzschichten um die Kante verlaufen.

Der eigentliche Rostschutz erfolgt vor allem durch Beschichtungen und Feuerverzinkung.

Beschichtungen

Beschichtungen sind Anstriche, Lackierungen oder Kunststoffbeschichtungen, die in 1 bis 4 Lagen aufgetragen werden und aus Grundierungen und Deckbeschichtungen aufgebaut sind.
Die Grundierung dient dabei als Korrosionsverminderer, während die Deckbeschichtung die Grundierung gegen Abnutzung, Lichteinwirkung und Feuchtigkeit schützen soll.
Voraussetzung für die Haltbarkeit der Beschichtungen ist eine gründliche Entrostung. Handentrostung, d. h. Entfernen des lockeren Rostes und der lose sitzenden Walzhaut mit Bürste und Spachtel, genügt bei normaler Atmosphäre allenfalls noch für Grundanstriche auf Bleimennige-Basis, da diese vernarbende Eigenschaften besitzt. Gesteigerte Ansprüche an den Korrosionsschutz erfordern eine Vorbehandlung durch Sandstrahlentrostung. Diese Oberflächenbehandlung wie auch die erste und eventuell zweite Grundierung werden fast immer im Werk ausgeführt; lediglich die farbige Deckbeschichtung wird nach der Montage durch Streichen, Rollen oder Spritzen aufgebracht.
Die Schutzdauer hängt vom Schichtenaufbau und der Schichtstärke ab und beträgt in normaler Atmosphäre 15–25 Jahre, nach deren Ablauf eine neue Deckbeschichtung notwendig wird.
Im Gebäudeinnern ergibt sich praktisch kaum Erhaltungsaufwand.

Feuerverzinkung

Die Feuerverzinkung, bei der die Stahloberfläche durch einen 50–85 µm starken Zinküberzug geschützt wird, kann grundsätzlich bei jeder Stahlkonstruktion angewandt werden, wenn dies technisch oder wirtschaftlich sinnvoll erscheint. Das Hauptanwendungsgebiet sind feingliedrige Konstruktionen, wie Fachwerkträger, Masten und Hallentragwerke, die aufgrund ihrer gegliederten Oberflächen und dünnen Querschnitte besonders korrosionsgefährdet sind. Teile, die nach dem Einbau nicht mehr zugänglich sind, sollten auf jeden Fall feuerverzinkt werden.
Je nach Anwendungsgebiet unterscheidet man 2 Arten der Feuerverzinkung:
- das Bandverzinken, ein kontinuierliches Verfahren, das sich deshalb nur für Bleche und Bandstahl eignet;
- das Stückverzinken, wobei die Stahlbauteile als fertige Einzelbauteile in das flüssige Zink getaucht werden.

Feuerverzinkte Stahlteile erfordern eine verfahrensgerechte Konstruktion, die schon bei der Materialwahl beginnt, da z. B. Si-haltige Baustähle die Haftung des Zinküberzuges herabsetzen. Bei Hohlräumen, Versteifungsrippen, Eckpunkten und Knotenblechen müssen Bohrungen und Aussparungen vorgesehen werden, damit das flüssige Zink ablaufen kann.
Die Länge der Zinkbäder beträgt maximal 12–15,5 m. Die Stahlteile werden vom Werk unbehandelt an die Feuerverzinkerei geliefert und dort von Fett, Rost und Zunder in Beizbädern gereinigt, bis eine metallisch blanke Oberfläche entsteht. Nach anschließendem Flußmittelbad erfolgt das Feuerverzinken im 723 K (450 °C) heißen Zinkbad.
Die Schutzdauer einer Feuerverzinkung von 85 µm Schichtstärke beträgt bei normaler Atmosphäre 20–30 Jahre. Die Kombination der Feuerverzinkung mit einem genau darauf abgestimmten Beschichtungssystem erhöht den Korrosionsschutz etwa um den Faktor 1,8 (Duplex-System).

Nichtrostender (austenitischer) Stahl

Mit Chrom oder Chrom und Nickel „hochlegierte" Stähle sind unter normalen atmosphärischen Bedingungen nichtrostend und schaffen die Voraussetzung, Stahl auch mit blanker, ungeschützter Oberfläche zu verwenden. Der Zusatz hochwertiger und teurer Legierungsanteile bedeutet einen bis zu dreimal so hohen Preis gegenüber unlegierten Baustählen und erklärt, daß nichtrostende Stähle in der Regel nur als Leichtbauprofile, Bleche oder Verbindungsmittel zum Einsatz gelangen.

Verbindungsmittel

Verbindungen dienen zum Zusammenhalt der verschiedenen Glieder eines Bauwerkes und der Übertragung der auftretenden Kräfte von einem in den anderen Bauteil.
Man unterscheidet lösbare und unlösbare Verbindungen. Zu den unlösbaren zählen die Nietung und die Schweißung, zu den lösbaren die Verbindungen durch Schrauben, Gelenkbolzen, Keile und Spannschlösser. Während die unlösbaren vorwiegend in den Werkstätten hergestellt werden, dienen die lösbaren vor allem der Zusammenfügung von Einzelteilen auf der Baustelle.
Auch bezüglich des Kraftflusses und der Spannungsverteilung unterscheiden sich die einzelnen Verbindungssysteme. Niete und Rohschrauben bedingen im Schaft des Verbindungsmittels und in der Lochleibung der zu verbindenden Bauglieder äußerste Spannungskonzentration. Gleichmäßiger ist der Kraftfluß bei der auf Reibung vorgespannten hochfesten HV-Schraubverbindung. Darüber hinaus ist größere Kontinuität im Spannungsverlauf nur durch die unlösbaren linearen Schweißverbindungen zu erlangen. Lediglich im Leichtmetallbau hat sich bisher die Metallklebung bewährt, die als Flächenverbindung unter entsprechenden Voraussetzungen die optimale Kraftübertragung bietet.

Nietverbindungen

Man spricht von Kraftnietung, wenn durch die Verbindung Kräfte übertragen werden, und von Heftnietung, wenn sie nur dem Zusammenhalt der verbundenen Teile dient. Der Vorteil der Nietverbindungen liegt darin, daß sie sich in bezug auf Festigkeit, Elastizität und Dehnbarkeit fast genauso verhalten wie das Material der verbundenen Bauteile und jederzeit auf ihre Zuverlässigkeit leicht nachgeprüft werden können.
Die Herstellung der Nietverbindung erfordert einen hohen Arbeitsaufwand (= Kosten) und ist mit starkem Lärm verbunden, weshalb sie in mancher baulichen Umgebung (Schulen, Krankenhäuser usw.) unerwünscht ist und heute kaum noch ausgeführt wird.
Lediglich für Blechverbindungen werden heute noch Nieten verwendet; allerdings handelt es sich dabei um von einer Seite her einziehbare Blindnieten.

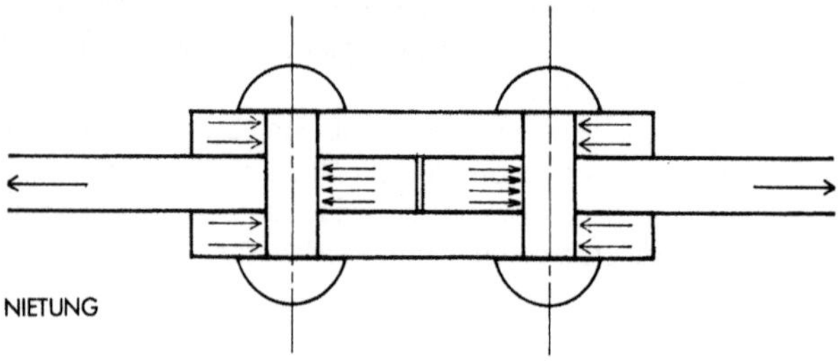

NIETUNG

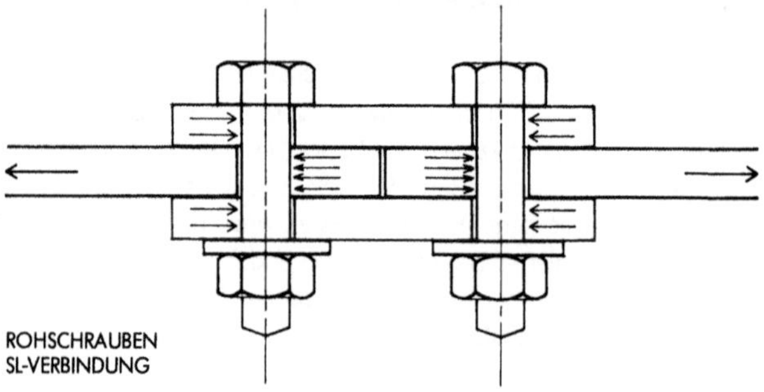

ROHSCHRAUBEN
SL-VERBINDUNG

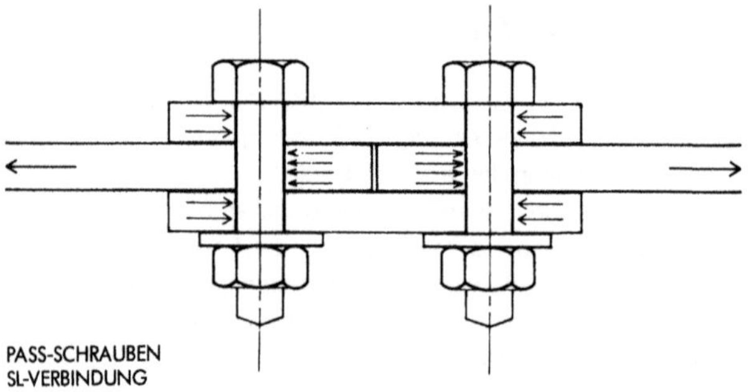

PASS-SCHRAUBEN
SL-VERBINDUNG

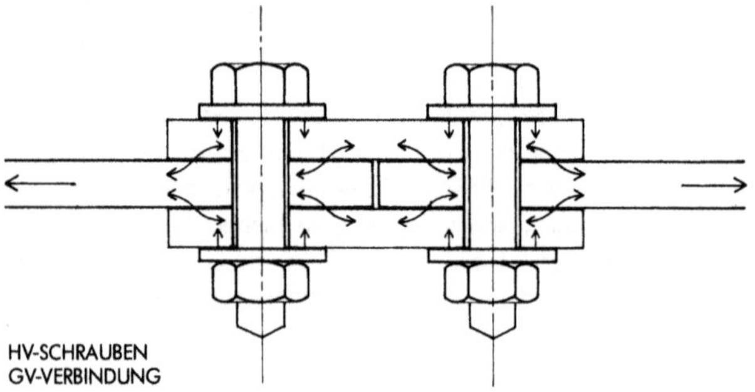

HV-SCHRAUBEN
GV-VERBINDUNG

SCHWEISSUNG

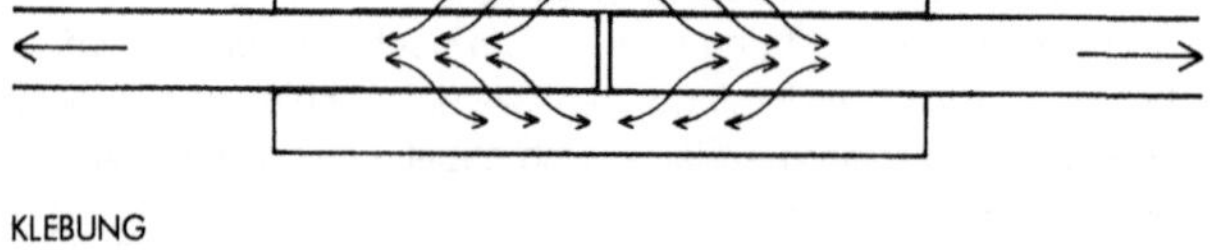

KLEBUNG

Schraubenverbindungen

Die Schraube besteht aus dem Bolzen und der Mutter. Der Bolzen ist am einen Ende mit einem Kopf versehen; in das Schaftende ist ein Gewinde eingeschnitten oder aufgerollt, in dessen Gänge sich die des Muttergewindes passend eindrehen lassen. Ein Schnitt durch die Schraubenachse zeigt, daß die Gewindegänge von Schaft und Mutter als Verzahnung ineinandergreifen, wodurch es möglich ist, die Schraube im Gegensatz zum Niet außer auf Abscheren und Lochleibungsdruck auch durch axiale Zugkräfte zu beanspruchen. Die Vorbereitung der zu verbindenden Teile ist die gleiche wie für die Nietung. Zu ihrer Verbindung wird der Schraubenschaft durch das Bohrloch gesteckt und auf der Gegenseite die Mutter eingezogen. Zum Ansetzen des Schraubenschlüssels müssen Kopf und Mutter sechs- oder vierkantig sein. Bei Beanspruchung auf Abscheren und Lochleibungsdruck darf das Schaftgewinde nicht in das Bohrloch der verbundenen Teile hineinreichen. Um die Mutter trotzdem fest anziehen zu können, ist eine Unterlagscheibe erforderlich, die gleichzeitig das Bauteil beim Anziehen schont und evtl. zur Druckübertragung dient.

Da Schrauben in kaltem Zustand eingebracht werden, darf ihre Klemmlänge größer sein als bei Nieten.

Man unterscheidet rohe Schrauben, Paßschrauben und hochfeste Schrauben.

Rohe, unbearbeitete Schrauben sitzen mit ca. 1 mm Lochspiel im Bohrloch und erfordern damit nicht die sorgfältige Vorarbeit wie Paßschrauben.

Durch das vorhandene Lochspiel tragen diese Schrauben erst, nachdem durch die Belastung ein gewisser Schlupf entstanden ist und der Schraubenschaft an den Lochleibungen anliegt. Dadurch ist die zulässige Belastung geringer als bei Paßschrauben.

Rohe Schrauben zählen zu den Scher-Lochleibungsverbindungen (SL), d. h., für die Bemessung ist der Durchmesser des Schraubenkerns maßgebend.

Paßschrauben sind bearbeitet und haben ein geringes Lochspiel von $\leqq$ 0,3 mm, was eine äußerst präzise Fertigung erfordert. Durch die genaue Passung kann bei der Bemessung die volle Tragkraft der Schraube ausgenutzt werden. Paßschrauben gehören ebenfalls zu den Scher-Lochleibungsverbindungen (SLP, P = Paßschraube).

Hochfeste Schrauben mit der Bezeichnung HV leiten sich ursprünglich von der „hochfest vorgespannten" Schraube mit gleitfester Verbindung ab. Durch die Weiterentwicklung der Verbindungen mit HV-Schrauben der Güte 10.9 werden diese heute im Stahlhochbau bei ca. 90% aller Verbindungen eingesetzt, allerdings auch als nicht vorgespannte Schrauben. Durch die höhere Belastbarkeit des Schraubenmaterials können größere Kräfte eingeleitet werden.

Man unterscheidet 3 unterschiedliche Vorspannungszustände.

1. Ohne Vorspannung, als Scher-Lochleibungsverbindung (SL). Die Kräfte werden senkrecht zur Schraubenachse auf Abscheren und Lochleibungsdruck übertragen. Wenn das Lochspiel zwischen 0,3 und 2,0 mm liegt, handelt es sich um eine reine SL-Verbindung, liegt es unter 0,3 mm, dann spricht man von einer SLP-Verbindung, d. h. einer Paßschraube.
   Gegenüber der Rohschraube und der normalen Paßschraube können hier aufgrund der besseren Materialqualität der HV-Schraube größere zulässige Belastungen übertragen werden, d. h., es sind weniger Schrauben nötig.
2. Mit teilweiser Vorspannung ohne Prüfung der Vorspannung. Auch hier wird wieder zwischen SL- und SLP-Verbindungen unterschieden, nur daß durch die teilweise erfolgte Vorspannung der Schraube ein Teil der Kräfte über die Verbindungsflächen übertragen wird, womit der zulässige Lochleibungsdruck erhöht werden kann.
3. Mit voller Vorspannung und vorgeschriebener Prüfung der Vorspannung als gleitfeste, vorgespannte Verbindung (GV).

ROHE SECHSKANTSCHRAUBE
DIN 7990

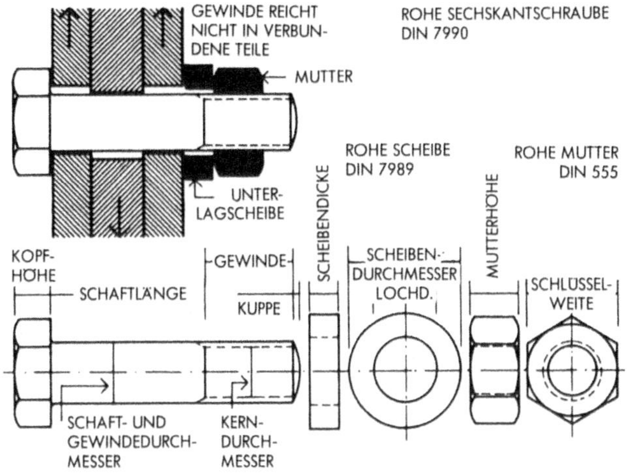

SCHRAUBENANSCHLUSS AN SCHRÄGEN FLANSCHEN

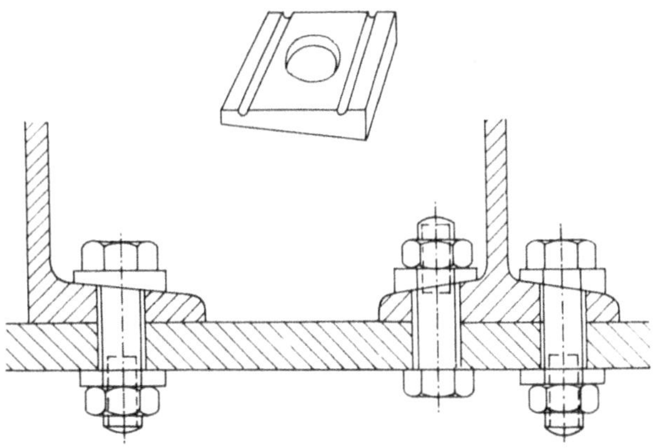

PASS-SCHRAUBE
DIN 7968

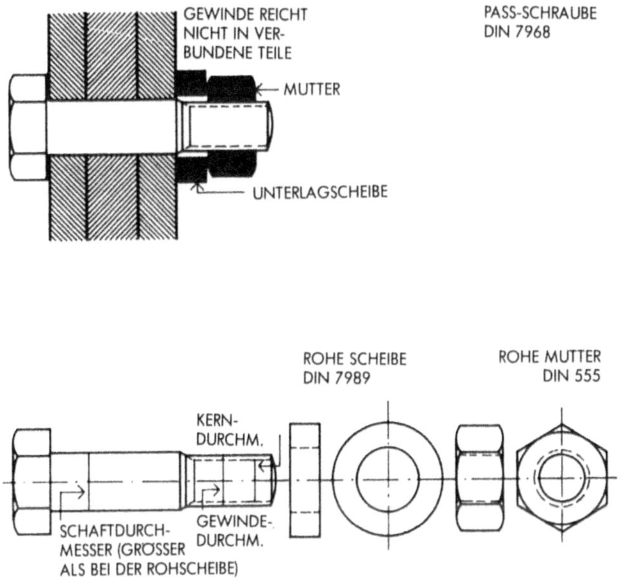

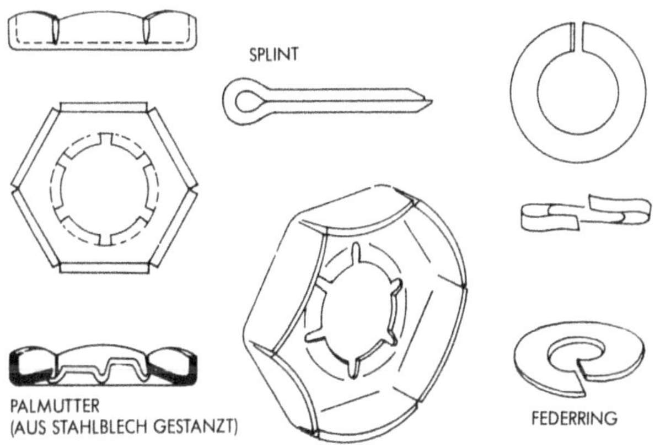

SECHSKANTSCHRAUBE MIT GROSSER SCHLÜSSELWEITE (GV-VERBINDUNG)
DIN 6914

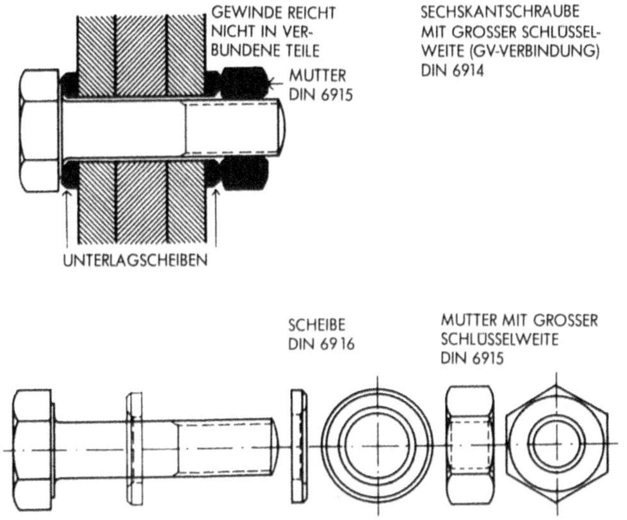

KOPFSCHRAUBE

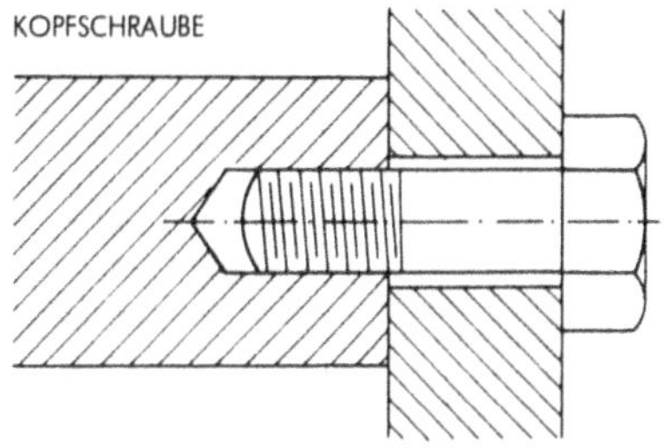

Abmessungen und Sinnbilder für Niete im Stahlbau nach DIN 407 Teil 1, Ausgabe Juli 1959

Rohniet-ϕ d mm		**8**	**10**	**12**	14	**16**	18	**20**	**22**	**24**	**27**	**30**	33	**36**
ϕ des fertig geschlagenen Nietes = Loch-ϕ [1] d_1 mm		**8,4**	**11**	**13**	15	**17**	19	**21**	**23**	**25**	**28**	**31**	34	**37**
Halbrundniete nach DIN 124	Kopfdurchmesser	14	16	19	22	25	28	32	36	40	43	48	53	58
	Kopfhöhe	4,8	6,5	7,5	9	10	11,5	13	14	16	17	19	21	23
Sinnbilder für	beiderseits Halbrundköpfe [2]	8,4			15		19				28	31	34	37

Sinnbilder für			
Senkköpfe: oberer Kopf versenkt	**Halbkreis oben**	**z. B.**	
Senkköpfe: unterer Kopf versenkt	**Halbkreis unten**	**z. B.**	
Senkköpfe: beide Köpfe versenkt	**Kreis**	**z. B.**	
auf Baustelle zu schlagende Niete	**einfaches Fähnchen**	**z. B.**	
auf Baustelle zu bohrende Nietlöcher	**Doppelfähnchen**	**z. B.**	

1) Angabe in der Zeichnung und maßgebend für die Berechnung der Niete und der Querschnittsschwächung.

2) Auf Zeichnungen, auf denen nur Niete **eines** Durchmessers und mit **beiderseitigen** Halbrundköpfen vorkommen, brauchen zur Arbeitserleichterung nur die Achsenkreuze gezeichnet zu werden.

Abmessungen und Sinnbilder für Schrauben M12 bis M30 Maße in mm

	Bezeichnung		M12	M16	M20	M22	M24	M27	M30
DIN 7990/7968	Gewindedurchmesser	d_1	12	16	20	22	24	27	30
	Maß über Eck	e_{min}	20,88	26,17	32,95	35,03	39,55	45,20	50,85
	Kopfhöhe	k	8	10	13	14	15	17	19
	Mutterhöhe	m	10	13	16	18	19	22	24
	Schlüsselweite	s	19	24	30	32	36	41	46
DIN 7990	Klemmlänge	max.	99	125	147	170	168	165	163
	Lochdurchmesser	d_2	13	17	21	23	25	28	31
	Spannungsquerschnitt	mm^2	84,3	157	245	303	353	459	561
	Kernquerschnitt	mm^2	76,3	144	225	282	324	427	519

Sinnbilder für alle Schraubenarten (gesondert zufügen: Paßschraube, hochfeste Schraube) nach DIN 407 Teil 1								
Schrauben mit normalem Durchgangsloch							28	31
Schrauben mit anderen Durchgangslöchern	**Kreis mit Angaben für Lochdurchmesser und Schraube z. B.** 26							
Gewindelöcher	**Doppelkreis mit Maßangabe z. B.** **M 24**							
Schrauben mit versenktem Kopf	**z. B. M 20 oben versenkt**				**M 20 unten versenkt**			
Die Sinnbilder für auf Baustelle einzuziehende Schrauben erhalten ein Fähnchen, für auf Baustelle zu bohrende Schraubenlöcher ein Doppelfähnchen.								

Nach: Stahlbauprofile, 16. Auflage, Verlag Stahleisen

Eigenschaften fertiger Schrauben nach DIN 267 Teil 3 (Ausgabe Oktober 1967) und zugehörige Muttern nach DIN 267 Teil 4 (Ausgabe Oktober 1971)

Festigkeitsklassen der Schrauben bisher	Festigkeitsklassen der Schrauben neu*)	Zugfestigkeit N/mm²	Mindest-Streckgrenze N/mm²	Mindest-Bruchdehnung ($L_0 = 5\,d_0$) %	Festigkeitsklassen der zugehörigen Muttern
4 D	3.6	340 bis 490	200	25	4
	4.6	400 bis 550	240	25	4
5 D	5.6	500 bis 700	300	20	5
5 S	5.8	500 bis 700	400	10	5
8 G	8.8	800 bis 1000	–	12	8
10 K	10.9	1000 bis 1200	–	9	10

*) Die erste Zahl der Festigkeitsklasse gibt 1/10 der Mindest-Zugfestigkeit in kp/mm² an, die zweite Zahl das Zehnfache des Verhältnisses von Mindest-Streckgrenze zu Mindest-Zugfestigkeit an. Multiplikation der beiden Zahlen ergibt die Mindest-Streckgrenze.

Entsprechend dem vorhandenen Lochspiel wird auch hier wieder zwischen GV (0,3–2,0 mm) und GVP ($\leqq$0,3 mm) unterschieden, wobei die zulässige Belastung bei der GVP-Verbindung nochmals erhöht werden kann. Bei den GV-Verbindungen werden die HV-Schrauben durch Anziehen der Mutter, in Ausnahmefällen auch des Kopfes, vorgespannt. Hierdurch können in den Kontaktflächen der verbundenen Teile Kräfte senkrecht zur Schraubenachse durch Reibung übertragen werden. Die Kraftübertragung erfolgt somit bei den GV-Verbindungen grundsätzlich anders als bei den Niet- oder Schrauben-SL-Verbindungen, die auf Abscheren und Lochleibungsdruck beansprucht werden. Lediglich bei der GVP-Verbindung wird die gleitfeste Verbindung mit der Paßschraube kombiniert, so daß durch anteilige Einrechnung einer SLP-Verbindung die Tragkraft nochmals erhöht wird.

Stoß- und Anschlußteile derartiger HV- bzw. GV-Verbindungen müssen nach DIN 18800 T1 vorbereitet werden.

Das elektrische Punktschweißen ist nur für Verbindungen dünner Bleche, wie z. B. bei der Fertigung von Fassadenpaneelen, geeignet.

Die Reibflächen werden im Bereich der Schraubenverbindung durch Flammstrahlen oder Sandstrahlen gereinigt und aufgerauht. Das Aufeinanderliegen von Teilen mit verschieden behandelten Oberflächen ist zulässig. Etwaige lose Zunder- oder Rostteile sind nach dem Flammstrahlen durch leichtes Abbürsten mit einer weichen Stahlbürste zu entfernen. Die sich berührenden Flächen müssen im Augenblick des Zusammenbaues frei von Staub, Farbe oder dgl. sein und auch nach dem Flammstrahlen eben bleiben.

Für die Muttern der HV-Verbindungen ist die Güte 8,8 zu verwenden. Die Unterlagscheiben sollen auf die Härte der Schraube vergütet sein. Die Verbindung wird durch Aufbringen eines Anziehmomentes mittels Drehmomentenschlüssel vorgespannt.

Für die Berechnung der auftretenden Scher- bzw. Lochleibungsspannungen ist bei rohen Schrauben der Schaftdurchmesser maßgebend, bei eingepaßten Schrauben darf wie bei den Nieten der Lochdurchmesser zugrunde gelegt werden. Außerdem sind die zulässigen Scher- und Lochleibungsspannungen für eingepaßte Schrauben höher als für rohe. Axiale Zugkräfte übertragen sich durch die Mutter auf Gewinde und Schaft und können nur von dem nach Gewindeeinschnitt verbliebenen Kernquerschnitt aufgenommen werden, weshalb dieser für die Berechnung maßgebend ist.

Für den Schraubanschluß an schrägen Flanschen der I- und [-Stähle verwendet man Vierkant-Scheiben mit entsprechend konischem Querschnitt.

Bei Bauteilen, die starken Erschütterungen ausgesetzt sind, ist es ratsam, die Schrauben durch Doppelmuttern oder Federringe, Stellringe, Splinte oder Palmuttern zu sichern. Der Abstand der Schrauben untereinander muß so groß sein, daß man einen Schraubenschlüssel bequem ansetzen kann, und soll wenigstens 3d betragen. Rand- und Endabstände und Wurzelmaße sind dieselben wie bei Nieten.

Manchmal muß man das Muttergewinde in einen der zu verbindenden Bauteile einschneiden; derart eingezogene Schrauben nennt man Kopfschrauben.

Außer den genannten verwendet man je nach Zweck viele weitere Arten von Schrauben, die sich alle im Gewindedurchmesser untereinander entsprechen und nur in der Ausbildung von Kopf und Schaft unterscheiden: Steinschrauben, Stehbolzen, Hammerkopfschrauben usw.

Schraubenverbindungen werden im Stahlhochbau angewendet:

1. Wenn axiale Zugkräfte aufzunehmen sind, z. B. bei Ankerschrauben.
2. Wenn die Klemmlänge für eine Nietverbindung zu groß wird.
3. Wenn eine gewisse Beweglichkeit der Verbindungen gefordert ist, z. B. bei manchen Trägeranschlüssen.
4. Bei allen Anschlüssen, die lösbar bleiben sollen, vor allem bei Behelfsbauten, Ausstellungshallen und Bauten, bei welchen mit Veränderungen zu rechnen ist.
5. Beim Zusammenschluß von Materialien, die keine Nietung zulassen, z. B. am Anschluß von Stahlteilen an Gußeisen oder Stahlguß.
6. An unzugänglichen Stellen, wo eine Niet- oder Schweißarbeit erschwert ist.

Im allgemeinen bevorzugt man die Verschraubung für Zusammenfügung der Bauteile auf der Baustelle, da sie sich leichter, schneller und billiger herstellen läßt als eine Montagenietung oder -schweißung. Sie erleichtert außerdem das Ausrichten des Skelettes, da die Schraube beweglicher ist als die übrigen Verbindungsmittel.

Schweißverbindungen

Die Schweißung ist bei ruhender (statischer) Beanspruchung heute der Nietung gleichwertig und wird im Hochbau wegen des geringeren Materialbedarfs und Arbeitsaufwandes vorgezogen. Außerdem ist die geschweißte Verbindung von sichtbar bleibenden Stahlbauteilen in der Erscheinung befriedigender.

Die Verbindung der einzelnen Teile gleichen oder ähnlichen Werkstoffes erfolgt durch Nähte. Zu ihrer Herstellung werden die Teile an der zu verschweißenden Stelle auf Schmelztemperatur erhitzt und der zur Ausfüllung der Naht notwendige Werkstoff vom Schweißdraht zugeschmolzen.

Je nach der Art der Erwärmung unterscheidet man: Gasschmelzschweißung und Lichtbogenschweißung. Bei letzterer, die am meisten ausgeführt wird, benützt man den Schweißdraht als Elektrode.

Bei der Gasschmelzschweißung wird die Wärme durch eine Gasflamme erzeugt. Dieses Verfahren kommt nur noch selten und nur für Reparaturzwecke im Stahlhochbau zur Anwendung.

Die häufigste Verbindung ist das elektrische Lichtbogenschweißen. Durch Abschmelzen der Schweißelektrode (Schweißdraht) wird der Schweißstelle zusätzliches Material zugeführt, wobei die Schweißnaht vor dem Luftsauerstoff geschützt werden muß. Dazu werden verschiedene Verfahren verwendet:

- Schweißen von Hand mit ummantelten Elektroden. Durch Abschmelzen des Elektrodenmantels wird die Schweißnaht bedeckt und der Zutritt von Luftsauerstoff verhindert.
- Schweißen von Hand mit blanken Elektroden. Schutz der Schweißnaht durch ein Schutzgas (CO_2, Schutzgasschweißen).
- Automatisches Schweißen mit blanken Elektroden. Schutz der Schweißstelle durch Aufstreuen und Schmelzen eines Schweißpulvers (Unterpulverschweißung).

Nach den Vorschriften für geschweißte Stahlhochbauten DIN 18800 und 18801 ist die Wahl des Schweißverfahrens freigestellt, doch ist das gewählte Verfahren in der Bauvorlage anzugeben.

Von den verschiedenen Verfahren hat sich vor allem die Lichtbogenschweißung durchgesetzt, mit welcher man die gleichmäßigsten Ergebnisse erzielt. Die durch plötzliche örtliche Erwärmung des Werkstoffes hervorgerufenen Wärmespannungen (Schrumpfspannungen) sind hierbei von weniger ungünstigem Einfluß auf die Güte der Verbindung als bei anderen Verfahren.

Die Verflüssigung des Stahles an der Nahtstelle geschieht mit Hilfe von Gleich- oder Wechselstrom in Gestalt eines vom einen Pol eines Spannungskreises zum Gegenpol überspringenden Lichtbogens. Hierzu werden Metallelektroden (Schweißdrähte) als 1. Pol verwendet, von denen der Lichtbogen auf den 2., das Werkstück, überspringt. Dabei beginnen sowohl die Elektrode als

auch das Werkstück an der Nahtstelle zu schmelzen, und es entsteht eine glühflüssige Mulde (Einbrand), welche durch das abschmelzende Schweißgut ausgefüllt wird.
Die verwendeten Elektroden sind Stahlstäbe verschiedenartiger Zusammensetzung. Man unterscheidet:
Ummantelte Elektroden (für Gleich- und Wechselstrom, Schweißen in beliebiger Lage und bei hochwertigen Verbindungen. Der Mantel verhindert zu starke Oxydation der Nähte, enthält Stahlveredelungsstoffe, verlangsamt Abkühlung, dies verhindert Porenbildung und ergibt elastische Nähte).
Blanke Füllelektroden auf Trommeln für halbautomatische und automatische Salzschweißverfahren.
In der Ausführung unterscheidet man: waagrecht-, senkrecht- und über Kopf geschweißte Nähte. Letztere sind am schwierigsten herzustellen und nur bei geübten Schweißern mit den anderen gleichwertig. Baustellenschweißungen sollte man grundsätzlich vermeiden.
Die beim Lichtbogenschweißverfahren verwendeten Elektroden müssen dem verwendeten Grundwerkstoff entsprechen. In DIN 1913 sind die Lichtbogenschweißelektroden für Verbindungsschweißung genormt. Hauptsächlich werden bei der Fertigung umhüllte Elektroden verwendet. Diese Umhüllung wird durch Tauchen oder Pressen aufgebracht. Die Umhüllung dient zur Stabilisierung des Lichtbogens, Erzeugung einer gleichmäßigen Oberfläche und Abdeckung des Schmelzbades. Man unterscheidet nach dem Umhüllungscharakter im allgemeinen 5 Grundtypen:

Rutilumhüllt	= R, RR
Sauerumhüllt	= A
Basischumhüllt	= B
Zelluloseumhüllt	= C
Mischtypen	
z. B. Rutilbasisch-umhüllt	= RRB

Für Schweißarbeiten, die ein besonders zähes Verhalten des Schweißgutes erfordern (z. B. Brückenbau), werden meist B-Elektroden verwendet, ansonsten im wesentlichen A- und R-Elektroden. Die Elektroden sind für das Schweißen bestimmter Stahlsorten in 12 Klassen eingeteilt. Bei Verwendung der Elektroden für die verschiedenen Stahlsorten ist DIN 1913 zu beachten. Es ist statthaft, in einer Stumpfnaht verschiedene Elektrodensorten zu verwenden, z. B. B- und R-Elektroden.
Neben dem Handschweißen werden heute auch andere rationelle Schweißverfahren wie Halbautomaten- und Automatenschweißung angewendet. Unter den halbautomatischen Verfahren sind heute insbesondere die Schutzgasschweißverfahren bekannt. Für Stahlleichtbauten werden auch Punktschweißverfahren benutzt.

Sinnbilder für Schweißnähte

In den Werkzeichnungen geschweißter Stahlbauten bedient man sich zur Unterscheidung der einzelnen Nahtformen und -abmessungen vereinfachter Sinnbilder mit Maßangabe. Ihre Form ist in DIN 1912 Teil 1 einheitlich festgelegt. Hieraus sind die wichtigsten in der folgenden Tabelle wiedergegeben.
Oft wird es sich empfehlen, in den Zeichnungen die verschiedenen vorkommenden Nahtformen in größerem Maßstab herauszuzeichnen, zusammenzustellen und in der Zeichnung auf diese Zusammenstellung hinzuweisen (Buchstabe S_1, S_2 ...). Bei den in größerem Maßstab aufgezeichneten Nähten bietet sich auch Gelegenheit anzugeben, in wieviel Lagen die Schweißnaht ausgeführt werden soll und ob verschieden dicke Schweißdrähte zu verwenden sind. Nähte, die erst bei der Montage auf der Baustelle geschweißt werden sollen, sind durch eine Fahne am Sinnbild zu kennzeichnen, entsprechend der Darstellung von Niet- und Schraubenverbindungen, die auf der Baustelle herzustellen sind.

	Benennung	Illustration	Symbol
Grundsymbole	I-Naht		‖
	V-Naht		V
	HV-Naht		|/
	HY-Naht		|Y
	Gegenlage		◡
	Punktnaht		○
	Steilflankennaht		|\/|
	Kehlnaht		◺
Zusatzsymbole	Oberfläche hohl (konkav)		◡
	Oberfläche flach (eben)		—
	Oberfläche gewölbt (konvex)		◠

	Benennung	Illustration	Symbol
Zusammengesetzte Symbole	D(oppel)-V-Naht (X-Naht)	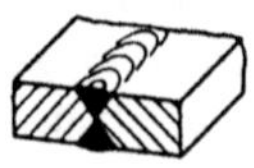	X
	D(oppel)-HV-Naht (K-Naht)		K
	D(oppel)-HY-Naht (K-Stegnaht)		K
	V-Naht mit Gegenlage	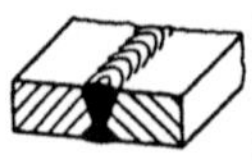	V◡
	Kehlnaht mit hohler Oberfläche (Hohlnaht)		◺(
	Doppel-Kehlnaht		▷

Ergänzungssymbole	ringsum verlaufende Nähte	
	Montagenähte	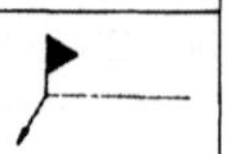

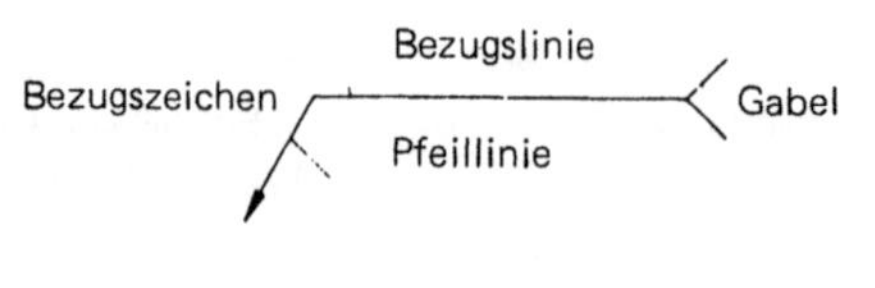

Das Symbol wird mittels eines Bezugszeichens in die Zeichnung eingebracht; Symbol und Bezugszeichen gemeinsam charakterisieren Art und Ort der Schweißnaht. Das Bezugszeichen besteht seinerseits aus Bezugslinie und Pfeillinie. Die Bezugslinie soll waagerecht (parallel) zur Zeichnungshauptachse verlaufen; ist dies nicht möglich, ist sie senkrecht anzuordnen. Die Pfeillinie führt von der Bezugslinie schräg zur Bezugsseite des Stoßes. Zusätzliche Angaben, so z.B. über Verfahren, Zusatzwerkstoffe, Hilfsstoffe etc., werden innerhalb einer am Ende der Bezugslinie hierfür anzubringenden Gabel vermerkt.
Das Symbol steht senkrecht zur Bezugslinie; ist es oberhalb derselben angeordnet, so ist die Naht auf der Bezugsseite zu legen (der Pfeil weist dann auf die Naht); soll die Naht jedoch nicht auf der Bezugsseite, sondern auf deren Gegenseite gelegt werden, so ist das Symbol, gespiegelt an der Bezugslinie, unterhalb derselben anzubringen. Die Norm enthält zahlreiche Beispiele für die Stellung des Symbols.

Beispiel: Kehlnaht auf der Bezugsseite

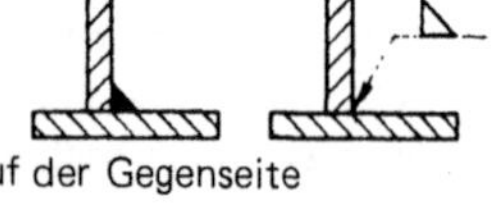

auf der Gegenseite

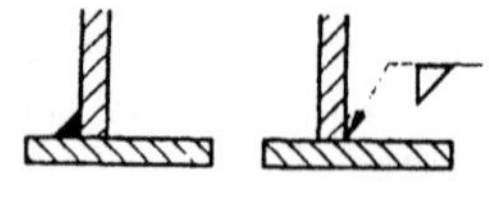

Aus: Stahlbau Profile, 16. Auflage 1985, Verlag Stahleisen mbH, Düsseldorf

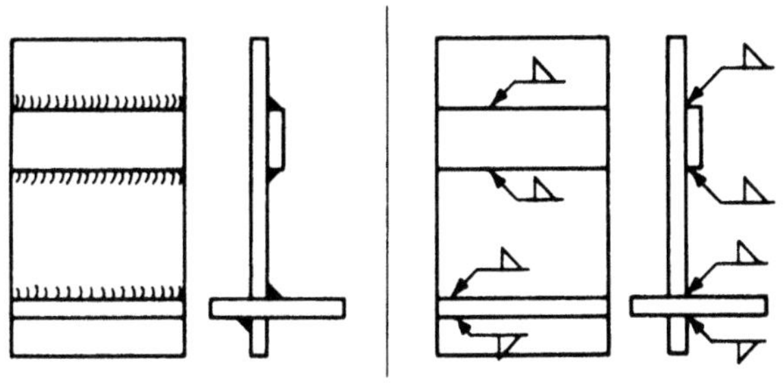

Arten der Schweißnähte

Die jeweils zu wählende Nahtform und -stärke richtet sich nach den zu verbindenden Teilen und den zu übertragenden Kräften. Die Nähte dürfen auf Zug, Druck und Abscheren beansprucht werden. Man unterscheidet zwischen Stumpf- und Kehlnähten. Kehlnähte sind am einfachsten herzustellen und werden daher am häufigsten ausgeführt. Stumpfnähte ergeben jedoch wegen des günstigeren Kraftflusses höhere Festigkeiten als Kehlnähte.

Nahtformen

Grundsätzlich sind bei Automaten- und Handschweißungen die Nahtformen nach der Eigenart der Schweißverfahren und der Schweißdrähte zu wählen. Für die von Hand zu schweißenden Stumpfnähte sollen die Nahtformen nach DIN 1912 Teil 1 und DIN 2559 angewendet werden.

– Stumpfnähte
Bis zu 5 mm Blechdicke erfordern Stumpfnähte keine Vorbereitung der zu verbindenden Teile. Diese werden einfach mit einem Abstand von $^1/_4$ ihrer Dicke stumpf gestoßen und verschweißt (I-Naht).
Bei Dicken über 5 bis 15 mm ist eine Abschrägung der Kanten unter 30 bis 35° erforderlich, es entsteht die V-Naht.
Blechdicken über 15 bis 20 mm werden im allgemeinen durch die U-Naht (die sogenannte Tulpennaht), die X-Naht, die unsymmetrische X-Naht oder die Doppel-U-Naht verbunden.
Die Wurzellage der Stumpfnähte ist im allgemeinen nachzuschweißen, oder es muß, wo ein Schweißen von der Gegenseite ausscheidet, mit geeigneten Mitteln, beispielsweise auf gerillter Kupferschiene, durchgeschweißt werden. Unter günstigen Voraussetzungen sind dann auch Bleche bis zu 12 mm Dicke ohne Vorbereitung des Stoßes, also mit der I-Naht, bei einwandfrei durchgeschweißter Wurzel möglich. Die beste Durchschweißung gewährleistet die von beiden Seiten ausgeführte X-Naht.

– Kehlnähte
Stoßen die Kanten zweier zu verbindender Teile senkrecht oder schiefwinklig aufeinander, so ordnet man Kehlnähte an.

Man unterscheidet drei Arten von Kehlnähten:
1. Die überwölbte (volle) Kehlnaht. Nachteilig ist bei ihr eine starke Kerbwirkung und eine niedrige Dauerfestigkeit sowie der hohe Verbrauch an Schweißdraht, durch den die Tragfähigkeit der Naht nicht einmal erhöht wird. Wichtig ist gerade bei der überwölbten Kehlnaht ein möglichst glatter Übergang der Naht zum Werkstück.
2. Die flache Kehlnaht. Sie vermindert die Nachteile einer überwölbten Kehlnaht.
3. Die hohle (leichte) Kehlnaht. Sie ist elastischer und noch weniger kerbempfindlich. Hier entsteht bei einem guten Übergang zum Werkstück die günstigste Überleitung der Kräfte und die geringste Kerbwirkung. Mit ummantelter Elektrode geschweißt, ist sie die konstruktiv beste aller Kehlnähte.

Nach ihrer Lage zur Kraftrichtung unterscheidet man bei den Kehlnähten Stirn-, Flanken- und Halsnähte.
Eine besondere Abart der Kehlnähte sind die Schlitz- und Lochnähte. Es handelt sich dabei um einen flächenartigen Anschluß, der nur zusätzlich angewendet wird, wenn Kehlnähte allein die Kraft nicht mehr aufnehmen können. die Mindestbreite der Schlitze ist dabei wegen des Einführens der Elektrode mindestens gleich der dreifachen Nahtdicke und der 1,5fachen Blechdicke zu wählen.

Abmessungen der Nähte

Beim Erkalten schrumpft die Schweißnaht und verursacht Verwerfungen der verschweißten Teile. Sind diese am Verwerfen durch bauliche Maßnahmen verhindert, so treten Spannungen auf, die nicht erfaßbar sind. Die Größe solcher Schrumpfspannungen in der Schweißnaht hängt ab von ihrer Dicke und ihrem Flüssigkeitsgrad. Die Naht wird um so mehr schrumpfen, je dicker sie ist. Diese Spannungen kann man durch Unterteilung der Naht in kurze Einzelnähte verringern. Die Unterbrechungsstellen solcher Nähte wirken aber wie Einkerbungen des Materials und geben in dynamisch beanspruchten Bauwerken Anlaß zu verformungslosen Brüchen (Dauerbrüchen). Ferner kann bei unterbrochenen Nähten Wasser in die verbliebenen Schlitze gelangen, weswegen man diese durch schwächere Nähte ausfüllen soll. Es ist also immer konstruktiv besser und außerdem wirtschaftlicher, anstelle von kurzen, dicken Schweißnähten, längere von geringerer Dicke anzuordnen. Die Schweißnahtdicke wählt man darum nicht größer als rechnerisch erforderlich. Sie soll für tragende Kehlnähte nicht größer sein als das 0,7fache der geringsten angeschlossenen Materialdicke, muß jedoch mindestens 3 mm betragen.
Die für die Berechnung maßgebende Länge L von Kehlnähten (ohne Endkrater) darf bei Flankenkehlnähten von Stabanschlüssen nicht kleiner als das 15fache und nicht größer als das 100fache der Nahtdicke sein.

Vor- und Nachteile der Schweißung

Die Schweißung gestattet in der konstruktiven Durchbildung eines Stahlskelettes größere Freiheiten.
Die Querschnitte der Tragglieder werden nicht geschwächt und können bei entsprechender Ausbildung der Stöße voll ausgenützt werden. Die Herstellung vieler Verbindungen, wie z. B. Rahmenekken und sonstige Knotenpunkte, gestaltet sich einfacher. Zur Aussteifung genügen im allgemeinen Bleche. Verstärkungen (auch nachträgliche) einzelner Bauglieder sind leicht auszuführen. Ferner können auch die für Druckglieder besonders geeigneten, röhrenförmigen Querschnitte gut angeschlossen werden.
Durch diese konstruktiven Vereinfachungen ergeben sich noch folgende Vorteile: geringere Anzahl der Einzelelemente, Ersparnis an Baustoff und Verringerung des Gewichtes.
Die Bearbeitung und Montage geschweißter Stahlbauten verursacht keinen störenden Lärm und ist deshalb in jeder baulichen Umgebung möglich.
Bei der Schweißung entstehen jedoch leicht Verformungen oder zusätzliche Spannungen, die man oft nicht beherrscht. An bestehenden belasteten Tragwerken ist Schweißen nur bei ausreichender Abstützung möglich.
Schweißarbeiten sollten aus Gründen der Zuverlässigkeit und Überwachung grundsätzlich in der Werkstatt ausgeführt werden. Bei zu großen Stahlteilen können die Stöße zwischen den einzelnen Abschnitten geschraubt werden (Baustellenstoß)

Konstruktive Durchbildung

Ausführungsbestimmungen für Stahlhochbauten

Auszug aus DIN 1000

2.5 Reinigung und Oberflächenschutz

2.51 Die Berührungsflächen von Stahlbauteilen müssen vor dem Zusammenbau trocken und frei von Schmutz und Rost sein und mit einem Zwischenanstrich (im allgemeinen Eisenoxydrot) versehen werden.
Bei nicht überwiegend ruhend beanspruchten Bauteilen aus hochwertigen Baustählen sollen die Berührungsflächen der zu nietenden Anschlüsse – außer denen der Verbände – keinen Anstrich erhalten.
2.52 Werkstücke und Schweißnähte sind von Schweißperlen und Schlacken zu säubern.
2.53 Wenn das Bauwerk mit einem Grundanstrich geliefert werden soll, so muß dieser auf gereinigtem, entzundertem, entrostetem und trockenem Grund dünn und deckend aufgetragen und nach dem Aufstellen des Bauwerks auf allen von Farbe entblößten oder nicht gedeckten Stellen, mit besonderer Sorgfalt auf den Schweißnähten, ergänzt werden.
Für den Grundanstrich sind nur bewährte Anstrichmittel zu verwenden.
2.54 Flächen der Stahlbauteile, die im Bau eine innige Verbindung mit Mörtel, Beton oder anderen Baustoffen eingehen sollen, dürfen keinen Anstrich erhalten.
2.55 Für Stahlleichtbau und Stahlrohrbau im Hochbau gilt außerdem DIN 4115, Ausgabe 8.50, Abschnitt 4.1.
2.56 Im einzelnen ist DIN 55928, Anstrich von Stahlbauwerken, zu beachten.

2.6 Aufstellung

2.61 Beim Ein- und Ausladen, Transport, Lagern und Aufstellen dürfen die Stahlbauteile nicht überbeansprucht, verbeult oder verbogen werden. Vor allem sind die Bauteile dort, wo Ketten angelegt werden, entsprechend zu schützen.
2.62 Beim Aufstellen von Stahlbauwerken ist größte Sorgfalt darauf zu verwenden, daß die planmäßige Form hergestellt wird. Die richtige Lage des Bauwerks ist durch wiederholtes Messen zu prüfen.
Auch muß die Stabilität und Tragfähigkeit des Stahlbauwerks beim Aufstellen ständig ausreichend gesichert sein. Montageverbände und andere Hilfsvorrichtungen dürfen erst entfernt werden, wenn sie statisch entbehrlich geworden sind.
2.63 Beim Bemessen und Durchbilden von Gerüsten, die die zusammenzubauenden Teile eines Stahlbauwerks vorübergehend unterstützen oder zugänglich machen sollen, ist DIN 4420 (Gerüstordnung) zu beachten.
Beim Ausrüsten ist dafür zu sorgen, daß die einzelnen Teile des Bauwerks sich planmäßig verformen können und dabei nicht überlastet werden.
2.64 Mit dem Vernieten und Verschweißen der Stahlbauteile ist erst dann zu beginnen, wenn sie vollkommen zusammengefügt, durch Dorne und Schrauben gesichert und ausgerichtet sind. Davon darf nur abgewichen werden, wenn andere Maßnahmen die Herstellung der planmäßigen Form sichern.
2.65 Bewegliche Auflagerteile (Lagerwalzen, Stelzen usw.) sind so einzubauen, daß sie bei voller ständiger Last und bei einer Lufttemperatur von 283 K (+10 °C) in Mittelstellung stehen.
2.66 Der Raum zwischen Lagerplatte und massivem Baukörper ist mit Zementmörtel satt zu füllen.
2.67 Für die Abnahme müssen Niete, Schrauben und Schweißnähte gut zugänglich sein. Bei Verbindungen, die bei der Endabnahme nicht mehr zugänglich sind, muß eine Zwischenabnahme stattfinden.
2.68 Niete und Schrauben, die den Anforderungen nicht entsprechen, sind sachgemäß zu entfernen und durch fehlerfreie zu ersetzen.
2.69 Beim Aufstellen geschweißter Stahlbauten sind außerdem die folgenden Grundsätze zu beachten:
2.691 An tragenden Teilen dürfen zur Erleichterung der Aufstellung keine Teile angeschweißt werden, die hierfür nicht in den genehmigten Zeichnungen vorgesehen sind, auch wenn sie nur vorübergehend benutzt und später wieder beseitigt werden sollen. Wo nötig, sind kleine Löcher (möglichst in den Teilen, die nicht hochbeansprucht sind) zu bohren. Diese Löcher dürfen nicht durch Zuschweißen geschlossen werden.
2.692 Schweißen auf der Baustelle ist auf das unbedingt Notwendige zu beschränken.
2.693 Bei der Ausführung von Baustellenstößen geschweißter Träger ist die vorher festgelegte Schweißfolge besonders sorgfältig zu beachten. Die in der Werkstatt hergestellten Halsnähte zur Verbindung von Gurt und Stegblech sollen im allgemeinen bei geschweißten Baustellenstößen etwas vor dem Baustellenstoß enden.
2.694 Größere geschweißte Stahlbauten werden zweckmäßig von der Mitte aus zusammengebaut, damit die einzelnen Teile dem Schrumpfen unbehindert folgen können und somit die Zwängungsspannungen möglichst gering werden.
2.695 Die Prüfung der Schweißarbeiten und die Untersuchung der Schweißnähte während und nach der Fertigung ist von dem zuständigen Schweißfachingenieur oder Schweißfachmann durchzuführen. Die Eignung der Schweißer und die Schweißarbeiten können durch Stichprobenprüfungen an geschweißten Arbeitsstücken oder durch Stichproben mit Prüfstücken nach DIN 50127 (Proben für die Bruchflächenbeurteilung von schmelzgeschweißten Stumpf- und Kehlnähten) überwacht werden. Die Bruchfläche der Schweißnähte dieser Prüfstücke muß ein einwandfreies Gefüge und einen guten Einbrand zeigen. Befriedigen die Stichproben nach DIN 50127 nicht, so kann die Durchführung der ganzen Schweißerprüfung nach DIN 4100 verlangt werden.
2.696 Schweißnähte dürfen vor der Abnahme keinen oder nur einen farblosen Anstrich erhalten.
2.697 Schweißverbindungen werden bei der Abnahme im allgemeinen in der Oberfläche der Schweißnähte und, wenn geboten, nach den besonderen Abnahmebedingungen geprüft, die bei der Erteilung des Auftrags festgelegt sind.
2.698 Schweißnähte, die den Anforderungen nicht entsprechen, sind, soweit dadurch die Sicherheit nicht beeinträchtigt wird, zu entfernen und nach einem Schweißplan, den Statiker, Konstrukteur und Schweißfachingenieur (Schweißfachmann) gemeinsam aufzustellen haben, zu ersetzen. In Fällen, in denen ein nochmaliges Schweißen bedenklich ist, sind andere Verbindungsmittel anzuwenden.

Nachweise der Befähigung zum Schweißen von Stahlhochbauten

Auszug aus DIN 4100, Abschnitt 1.3

4.1 Schweißaufsicht

4.1.1 Der Betrieb muß für die Schweißaufsicht zumindest über einen dem Betrieb ständig angehörenden, auf dem Gebiet des Stahlbaues erfahrenen, von der dafür anerkannten Stelle bestätigten Schweißfachingenieur verfügen. Beim Antrag auf Ausstellung des Befähigungsausweises sind die zur Beurteilung notwendigen Unterlagen, u. a. das Ingenieur- und Schweißfachingenieur-Zeugnis des mit der Schweißaufsicht zu betrauenden Schweißfachingenieurs, vorzulegen. Der mit der Schweißaufsicht zu betrauende Schweißfachingenieur hat der für die Überprüfung des Betriebes zuständigen Stelle in einer formlosen Prüfung nachzuweisen, daß er den in DIN 8563 Blatt 2, Ausgabe Juni 1964, Abschnitt 3.2.1, gestellten Forderungen gerecht wird und die Fähigkeit besitzt, alle seiner Stellung entsprechenden Aufgaben zu erfüllen. Dabei ist auch die Prüfung eines Schweißers nach DIN 8560 durchzuführen.

1. Anwendungsbereich
Diese Norm ist von Betrieben zu beachten, die einen Ausweis über den Kleinen Befähigungsnachweis nach DIN 8563 Blatt 2, Ausgabe Juni 1964, Abschnitt 1.2, zum Schweißen einfacher Bauteile im Stahlbau mit vorwiegend ruhender Belastung erwerben wollen oder besitzen. Für geschweißte Stahlleichtbauten und Stahlrohrbauten sind, soweit diese in den Anwendungsbereich des Stahlbaues mit vorwiegend ruhender Belastung fallen, zusätzliche Festlegungen nach den hierfür maßgeblichen Normblättern zu beachten.
Im Rahmen des Kleinen Befähigungsausweises dürfen folgende geschweißte Bauteile und Konstruktionen, wenn die Einzelteile im tragenden Querschnitt nicht mehr als 16 mm, bei Kopf- und Fußplatten von Stützen nicht mehr als 25 mm dick sind, hergestellt werden.
a) Bauteile und Konstruktionen aus der Stahlsorte St 37

vollwandige Stützen und frei aufliegende vollwandige Träger bis 15 m Stützweite	mit höchstens 500 kp/m² Verkehrslast

Frei aufliegende Dachbinder in Fachwerkkonstruktionen bis 16 m Stützweite, die nur Dachlasten zu tragen haben
Gewächshäuser
Mit der Stahlkonstruktion verbundene Geländer in Gebäuden mit größerer Menschenansammlung und an öffentlichen Verkehrsflächen
Treppen mit Längen über 5 m und mit höchstens 350 kp/m² Verkehrslast
Maste bis 16 m Länge

b) Andere Konstruktionen ähnlicher Art und Größenordnung aus St 37
c) Bauteile aus St 52:
Nicht eingespannte, ungestoßene, nicht zusammengesetzte Stützen mit den dazugehörigen Kopf- und Fußplatten.

Berechnungshinweise

Der Nachweis, daß die in der Konstruktion erreichten Beanspruchungen die zulässigen Spannungen nach DIN 18800T1, DIN 18801 nicht übersteigen (Spannungsnachweis zur Vermeidung statischer Brüche), genügt allein noch nicht.
Es darf auch eine gewisse Durchbiegung, eine elastische Verformung der Teile nicht überschritten werden (Formänderungsnachweis). Diese muß unter einem bestimmten Maß bleiben, das im Stahlbau bei Deckenträgern und Unterzügen mit einer Stützweite über 5 m nicht mehr als 1/300 der Stützweite und bei Kragträgern am Ende höchstens 1/200 der Kraglänge betragen soll, soweit nicht aus konstruktiven Gründen, z. B. Wasserablauf bei Flachdächern, Rissebildung in massiven Bauteilen oder bei Kranbahnträgern kleinere Werte einzuhalten sind. Für die Errechnung der Durchbiegung ist eine Kennziffer des Baustoffes, der sog. Elastizitätsmodul, maßgebend.
Dieser beträgt bei allen Stahlsorten E = 210000 N/m²
(2100000 kp/cm²).
Deshalb kann die Verwendung von hochwertigem Baustahl St 52 trotz der zugelassenen höheren Spannungen oft nicht zu den erhofften Einsparungen führen, weil geringere Querschnitte mit höheren Spannungen bei konstantem Elastizitätsmodul eine Überschreitung der zulässigen Durchbiegung zur Folge hätten.
Zur Verhinderung von Ausweicherscheinungen hat der Stabilitätsnachweis gerade im Stahlbau seine besondere Bedeutung erhalten. Die immer schlanker und dünnwandiger werdenden Teile unterliegen der Gefahr des Knickens, des Kippens und des Beulens, vor allem bei außermittiger Belastung.
Je leichter und dünnwandiger eine Konstruktion wird, desto aufwendiger wird der Stabilitätsnachweis.
Zur Sicherung gegen Abheben oder Umkippen des Tragkörpers ist der Standsicherheitsnachweis wie für Hochbauten allgemein zu führen.
Der Schwingungsnachweis zur Vermeidung von Schwingungen und der Dauerfestigkeitsnachweis zur Vermeidung von Ermüdungsbrüchen kommen im Stahlhochbau seltener vor.

Stahltragwerke

Es sind Vollwand- und Fachwerkkonstruktionen zu unterscheiden. Welches dieser beiden Tragwerke zur Anwendung kommt, ist abhängig von der Stützweite, der Nutzlast und der verfügbaren Konstruktionshöhe. Bei Verwendung von Vollwandträgern ist besonders auf die Durchbiegung zu achten. Die unter der Belastung entstehende Durchbiegung kann sich bei größeren Stützweiten erheblich auf den Innenausbau auswirken. Die zulässige Durchbiegung kann fallweise bis auf l/1000 beschränkt werden.
Fachwerkträger eignen sich infolge ihres relativ geringen Eigengewichtes besonders zum Überspannen sehr großer Stützweiten und ermöglichen eine größere Freiheit in der Installationsführung. Wegen seiner Dehnbarkeit eignet sich der Baustahl besonders gut für statisch unbestimmte Systeme. Wenn für einen vorgesehenen Belastungsfall an einer Einzelstelle der Konstruktion eine Überbeanspruchung (Überschreitung der Streckgrenze) des Materials eintritt, dann erfolgt kein Bruch, sondern eine Dehnung und damit eine Umlagerung der Kräfte auf eine geringer beanspruchte Stelle. Dieses Verhalten des Stahles wird bei der Berechnung nach dem Traglastverfahren planmäßig ausgenutzt.
Die Steifigkeit des Skelettes wird durch starre, senkrecht zueinander stehende Horizontalscheiben (Decken) und Vertikalscheiben (in Längs- und Querrichtung) hergestellt. Starre Deckenscheiben lassen sich bei Verwendung geeigneter Deckenbauweisen ohne Schwierigkeiten ausführen. Vertikalscheiben in Längs- und Querrichtung erhält man durch genügend steife Ausfachung des Skelettes, die Anordnung von Diagonalverbänden oder die Anwendung von Steifrahmen. Ausfachungen und Diagonalverbände sind jedoch nur dort möglich, wo keine Wandöffnungen angeordnet werden müssen, wie z. B. in Brandmauern, Treppenhauswänden, fensterlosen Giebelwänden usw.
Bei der Ausfachung des Skelettes ist zu beachten, daß eine Scheibe erst nach der Ausfachung des Stahlskelettes wirksam wird. Für den Montagezustand sind also in jedem Falle Diagonalverbände (Montageverbände) erforderlich, die der Einfachheit halber nicht mehr demontiert werden, sondern im Bauwerk verbleiben. Dadurch kann man auf die Scheibenwirkung der Ausfachung verzichten und für ihre Herstellung weniger druckfeste, aber dafür leichtere und besser wärmedämmende Baustoffe verwenden.
Da sich bei der Anordnung von Diagonalverbänden meistens ein geringeres Stahlgewicht ergibt als bei der Aussteifung durch teure Rahmen, wird man diese nur dort verwenden, wo sich Diagonalverbände an den statisch erforderlichen Punkten nicht unterbringen lassen. Oft kann man Diagonalverbände nur in Querrichtung des Gebäudes vorsehen, während die Längssteifigkeit durch Rahmen hergestellt werden muß.
Die Durchbildung einer Rahmenecke gehört jedoch zu den schwierigeren Aufgaben im Stahlskelettbau. Die einfachste Ausführung ist die geschraubte Verbindung mit Versteifungen. Man findet sie hauptsächlich im Industriebau. In ästhetisch anspruchsvolleren Bauten sucht man derartige Versteifungen entweder durch die Decken- oder Wandverkleidung zu verbergen oder, wo dies nicht angeht, durch kompliziertere Ausbildungen zu ersetzen.
Man bevorzugt die geschweißte Ausführung. Sie gestattet eine bessere Anpassung an den Kräfteverlauf, erfordert weniger Arbeitszeit und ergibt ein geringeres Gewicht der Konstruktion sowie eine formschönere Lösung. Da Montageverbindungen im Stahlskelettbau in der Regel nicht geschweißt werden, legt man die geschraubten oder genieteten Montagestöße meistens abseits von dem geschweißten Knoten in die Nähe des Momentennullpunktes des betreffenden Riegels.
Der Stahlbedarf, der in hohem Maße von der Konstruktionsart des Skelettes abhängt, schwankt bei fünf- bis zwölfgeschossigen Gebäuden zwischen 15 und 30 kg/m³ umbauten Raumes. Bei amerikanischen Hochhäusern rechnet man mit ca. 40 bis 70 kg/m³.

Deckenausbildung

Decken, die zur Aussteifung des Skelettes herangezogen werden, müssen in sich unverschieblich starre Scheiben bilden. Ist dies nicht der Fall, dann sind zusätzlich horizontale Diagonalverbände anzuordnen.

Zu den Decken, die als starre Scheibe wirken, zählen: Stahlbetonplatten- oder Plattenbalkendecken sowie Stahlbetonrippendekken mit Füllkörpern und Decken mit Stahlbeton-Fertigteilen; wenn sie einen genügend dicken Überbeton haben.

Um die von den Deckenscheiben aufgenommenen Horizontalkräfte in das Stahlskelett übertragen zu können, müssen die Decken starr mit dem Skelett verbunden sein, d. h., die Decken müssen entweder zwischen den Riegeln (Hauptträgern) liegen oder mit diesen sicher verbunden sein.

Decken zwischen den Riegeln sind meistens unwirtschaftlich, da sie nicht durchlaufend bewehrt werden können und deshalb ein großes Eigengewicht erhalten. Dies stellt eine zusätzliche unerwünschte Belastung des Skelettes dar.

Decken über den Riegeln werden entweder von Hauptträger zu Hauptträger oder bei großen Stützenabständen parallel zu den Hauptträgern von Nebenträger zu Nebenträger gespannt. In Bauten, in denen keine feuerhemmende Ummantelung der Stahlteile gefordert wird, legt man die durchlaufende Stahlbetonplatte auf die Träger. Diese Konstruktion erfordert nur eine einfache und sparsame Schalungsarbeit, der Zustand der Stahlteile bleibt überprüfbar, Laufschienen, Transmissionen und dgl. können jederzeit befestigt werden.

Um Nebenträger, die zwischen die Hauptträger gespannt werden, als Durchlaufträger berechnen zu können, schließt man sie mit Hilfe von Zuglaschen, Winkeln und Druckplatten an die Hauptträger an.

Steht eine große Konstruktionshöhe zur Verfügung, so können die Nebenträger als Durchlaufträger über die Hauptträger gelegt werden. Man erhält dadurch wirtschaftliche Trägerquerschnitte und durch den Fortfall der Anschlüsse an die Hauptträger die einfachste Konstruktion.

Eine sparsamere Bemessung der Träger erzielt man durch Verbundkonstruktionen: Der Stahl übernimmt die Zugkräfte, der obenliegende Betonquerschnitt die Druckkräfte. Die konstruktiven Möglichkeiten sind im Kapitel „Decken" ausführlich dargestellt. Sowohl Ortbeton- als auch Montagebauweisen lassen sich als Verbundkonstruktionen im Stahlskelettbau sinnvoll einsetzen.

Die profilierten Trapezbleche der Verbunddecken bilden bei Ortbetondecken nicht nur die verlorene Schalung für einen Betonverguß, sondern gleichzeitig die Zugbewehrung der Dekkenplatte. Außerdem ist über durchgeschweißte Befestigungsanker der Trapezbleche auf den Stahlträgern die wünschenswerte Verbundwirkung in der Trägerspannrichtung mitgegeben.

Die Verbundwirkung bei Druckplatten aus Stahlbetonfertigteilen wird durch HV-Schraubenverbindungen oder Verbundanker in den Vergußfugen sichergestellt.

Die bei extremen Deckenlasten und Spannweiten zwangsläufig großen Konstruktionshöhen lassen sich durch die Doppelverbundwirkung eines vollständig von Beton ummantelten und vorgespannten Stahlträgers auf ein Mindestmaß reduzieren.

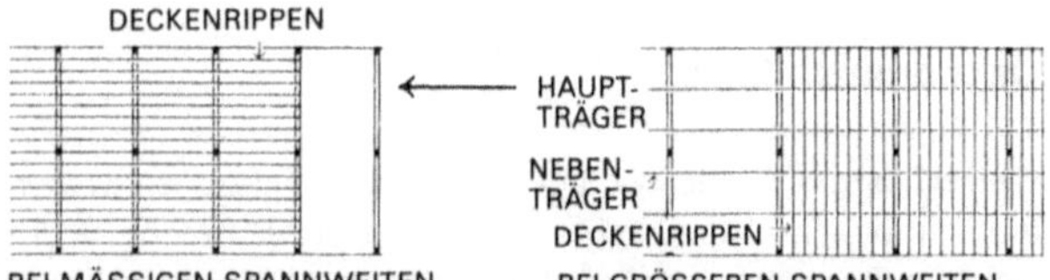

BEI MÄSSIGEN SPANNWEITEN RIPPENDECKE VON HAUPTTRÄGER ZU HAUPTTRÄGER GESPANNT

BEI GRÖSSEREN SPANNWEITEN RIPPENDECKE AUF NEBENTRÄGERN

NEBENTRÄGER ZWISCHEN DEN HAUPTTRÄGERN

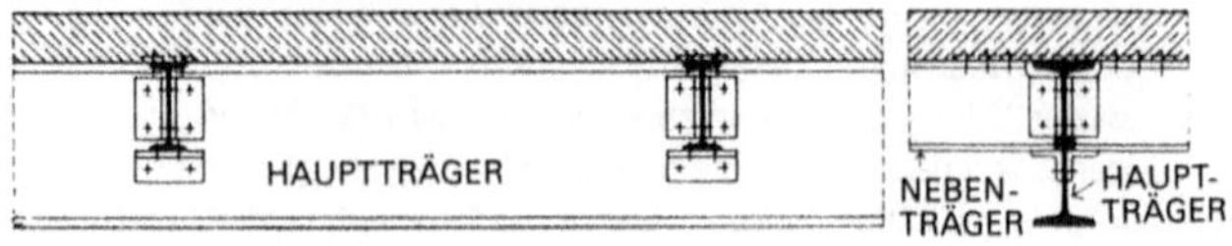

NEBENTRÄGER ÜBER DEN HAUPTTRÄGERN

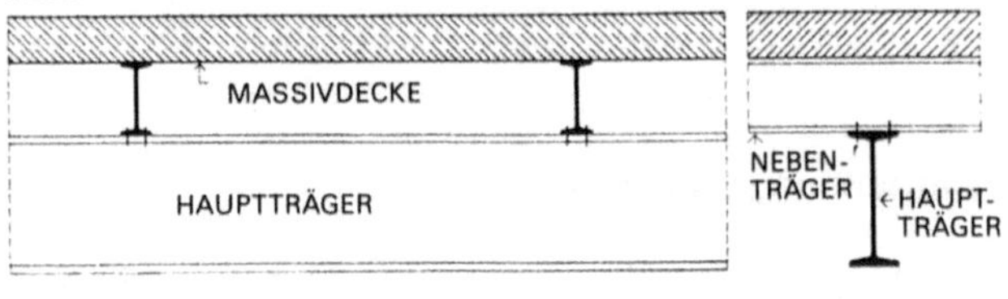

BEISPIELE FÜR DIE AUSBILDUNG VON BAUTEILEN AUS STAHLPROFILEN

EINGESPANNTER STÜTZENFUSS GESCHWEISST

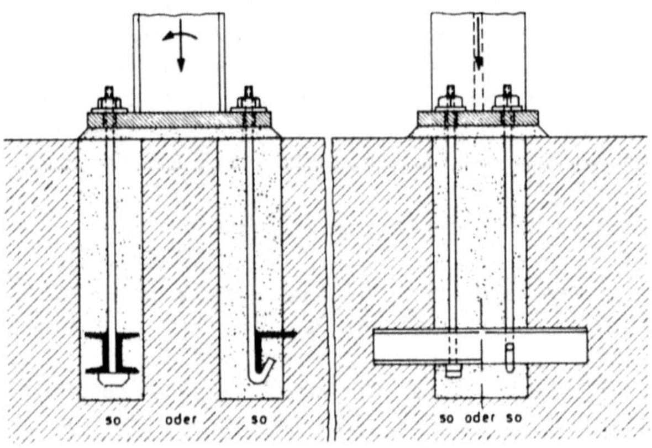

Veraltete Verankerungsarten von Stahlstützen in Beton

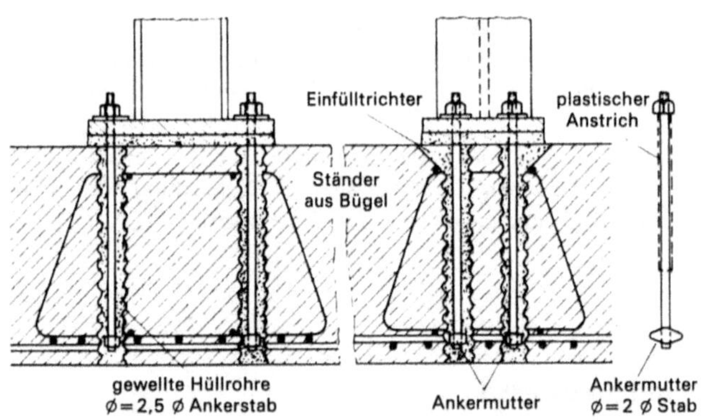

Einfache betongerechte Verankerung von Stahlstützen (Leonhardt)

Beim Betonieren der Stützenfundamente werden im Bereich der Stützenbefestigungen gewellte Hüllrohre eingesetzt. Nach Ausrichten und Unterfütterung der Stahlstütze mit lose im Hüllrohr hängenden Ankerschrauben werden die verbliebenen Hohlräume im Rohr vergossen. Bei abgebundenem Verguß können die Ankerschrauben festgezogen werden. Die Verbindung zwischen Vergußkern und Fundament entsteht durch die durch das Hüllrohr vorgegebene Verzahnung.

EINFACHER GESCHWEISSTER STÜTZENFUSS

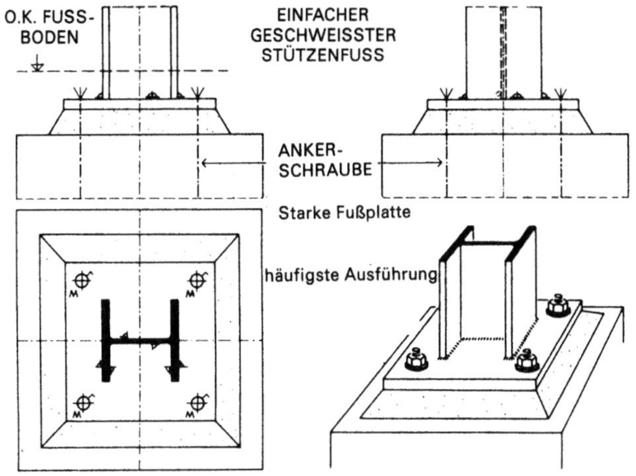

GESCHWEISSTER STÜTZENFUSS

Größere Fußplatte mit Aussteifungen kann dünner gehalten werden.

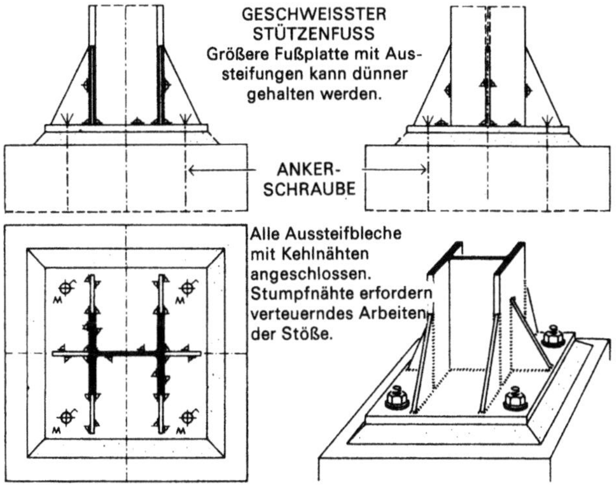

Alle Aussteifbleche mit Kehlnähten angeschlossen. Stumpfnähte erfordern verteuerndes Arbeiten der Stöße.

GESCHWEISSTER FUSS EINER STÜTZE AUS 2 U-PROFILEN

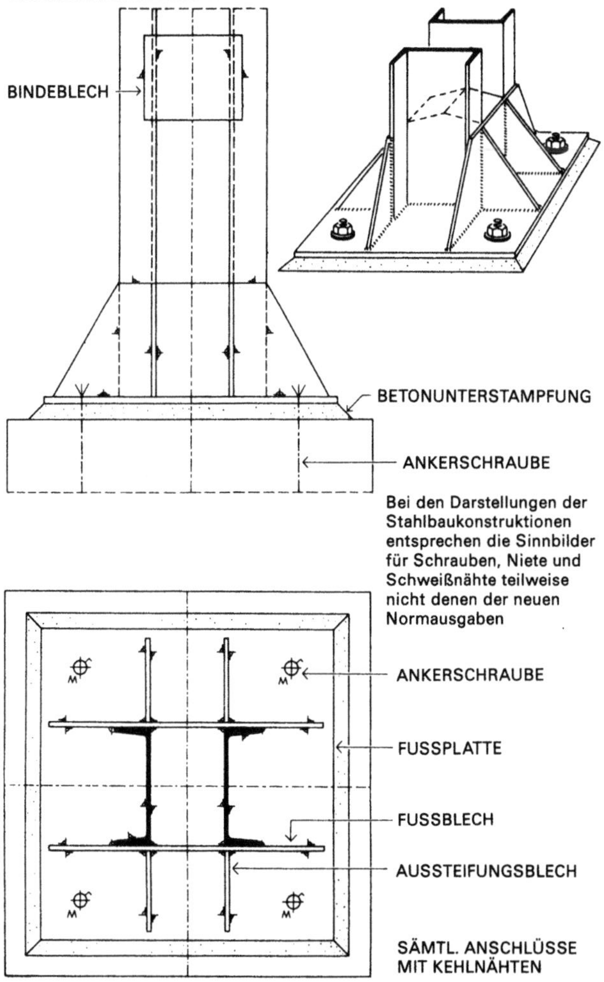

Bei den Darstellungen der Stahlbaukonstruktionen entsprechen die Sinnbilder für Schrauben, Niete und Schweißnähte teilweise nicht denen der neuen Normausgaben

STÜTZEN IM GESCHOSSBAU

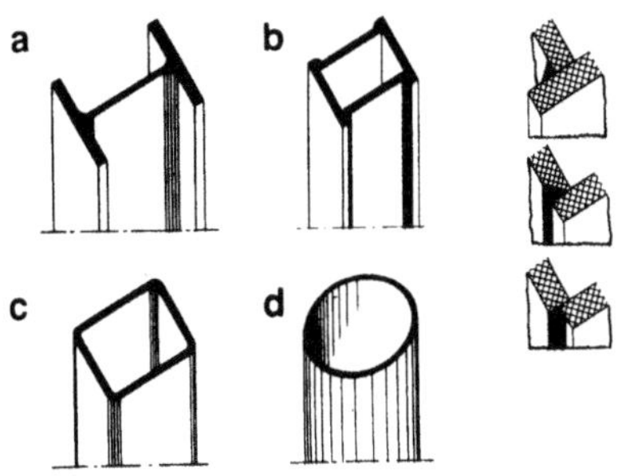

a. Walzprofile der HE-(IPB)-Reihen
b. Kastenförmige Schweißprofile
c. quadratisch gewalzte Hohlprofile
d. Rohre

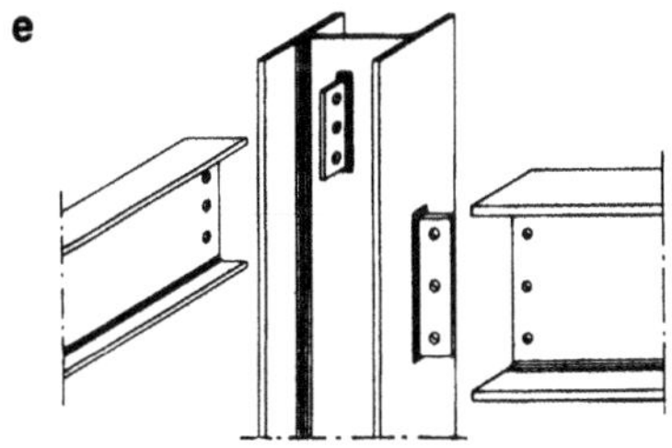

e. angeschweißte Anschlußbleche

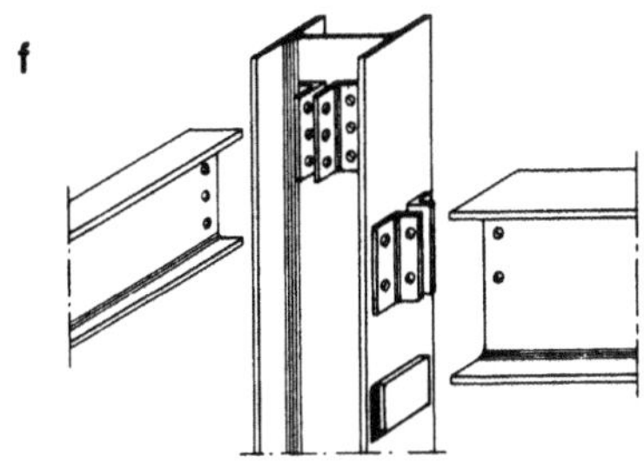

f. Anschlußwinkel mit oder ohne Knagge

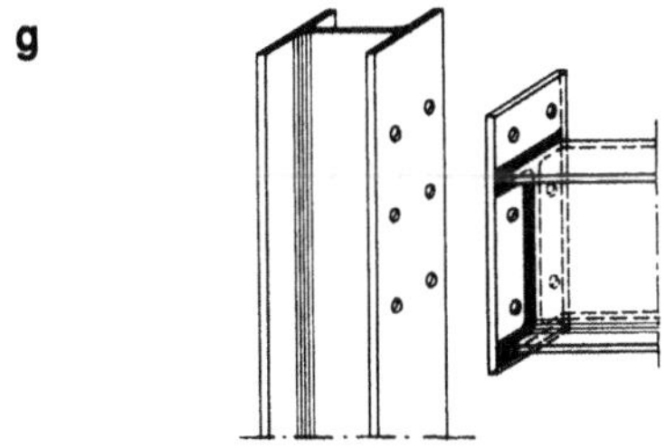

g. Kopfplatten am Träger

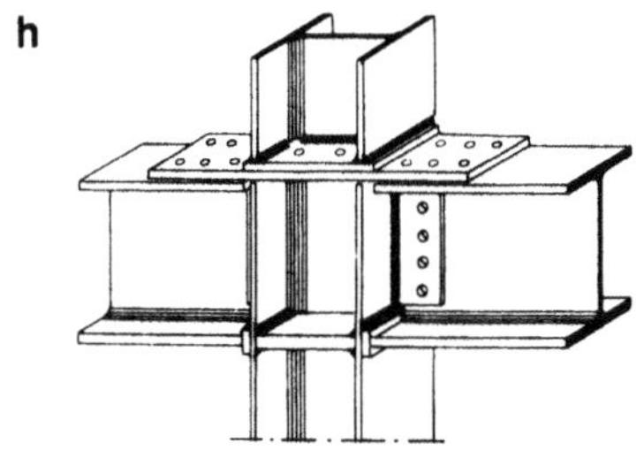

h. Durchbindung des Zug- und Druckgurtes am Träger

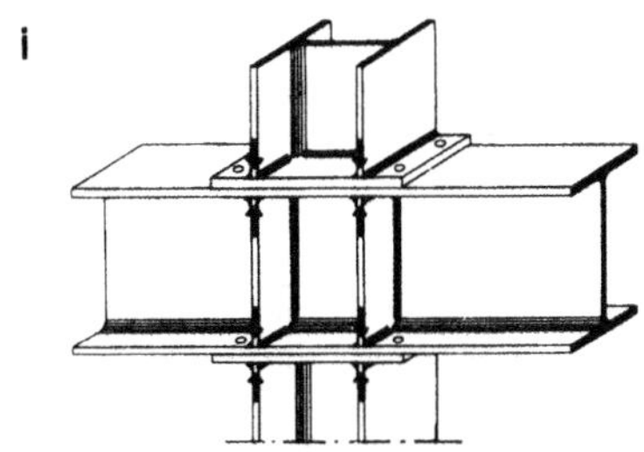

i. Durchlaufen des Trägers

aus: Stahlbau Arbeitshilfe Blatt 20.1, Deutscher Stahlbauverband

STÜTZENSTÖSSE FÜR SPÄTERE AUFSTOCKUNG

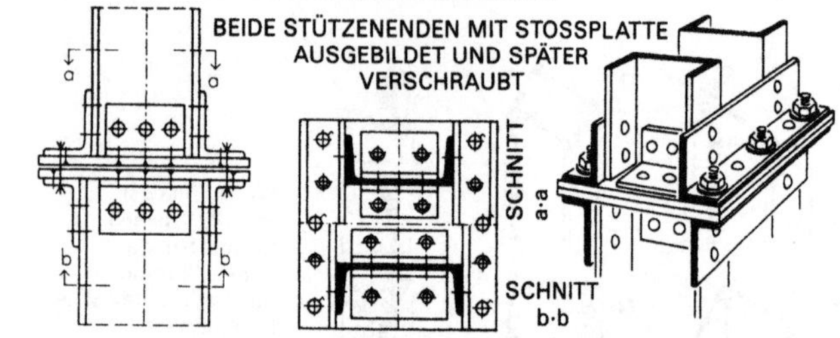

GESCHWEISSTE STÜTZENSTÖSSE

WERKSTATTSTÖSSE

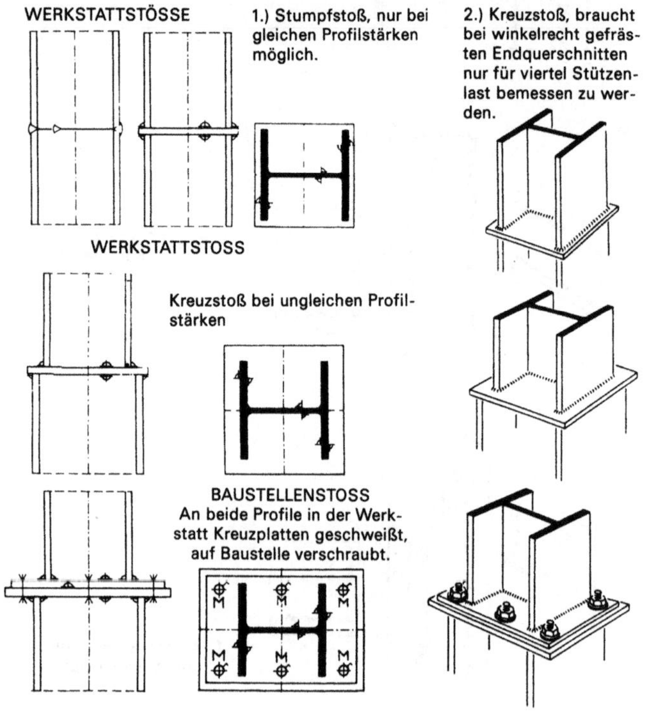

ANSCHLUSS EINES HAUPTTRÄGERS AN EINE MITTELSTÜTZE (GESCHWEISST)

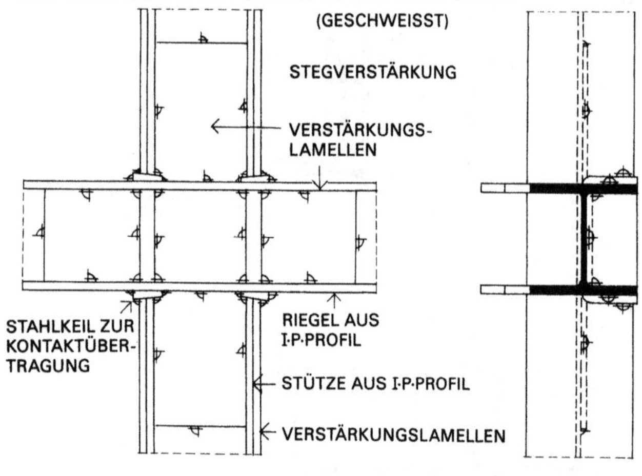

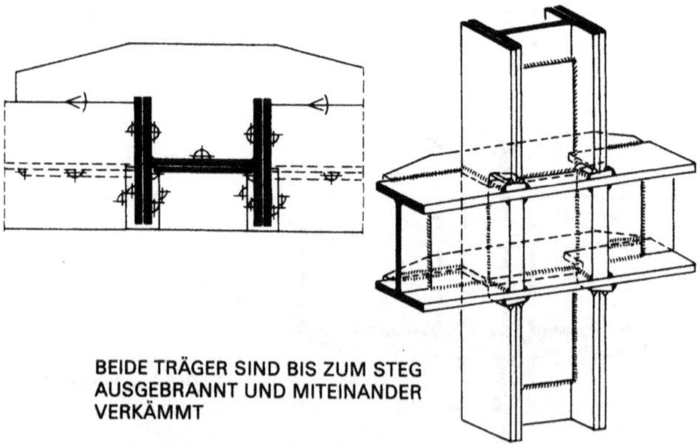

BEIDE TRÄGER SIND BIS ZUM STEG AUSGEBRANNT UND MITEINANDER VERKÄMMT

ANSCHLUSS DER NEBENTRÄGER AN DIE HAUPTTRÄGER ALS TRÄGER AUF ZWEI STÜTZEN (GESCHRAUBT)

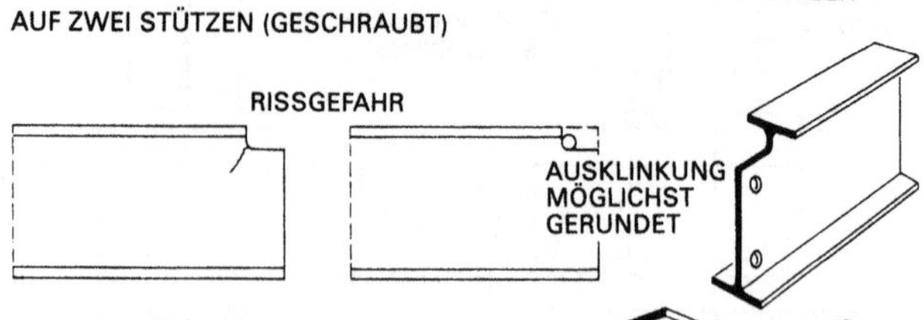

STEGANSCHLUSS

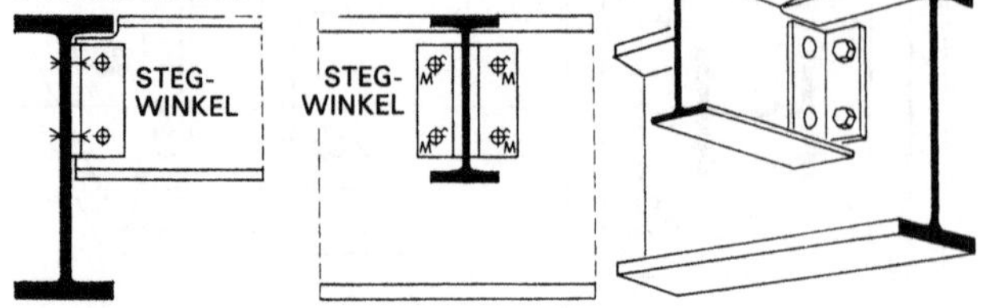

ANSCHLUSS GLEICHHOHER TRÄGER

NEBENTRÄGER OHNE AUSKLINKUNG NUR BIS AN FLANSCHEN DES HAUPTTRÄGERS HERANGEFÜHRT

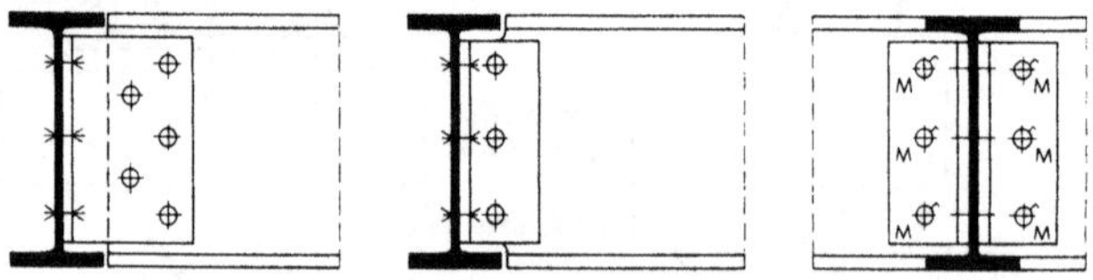

FLANSCHEN DES NEBENTRÄGERS AUSGEKLINKT, STEG BIS AN STEG DES HAUPTTRÄGERS HERANGEFÜHRT, BESSERE VERBINDUNG

STEGANSCHLUSS

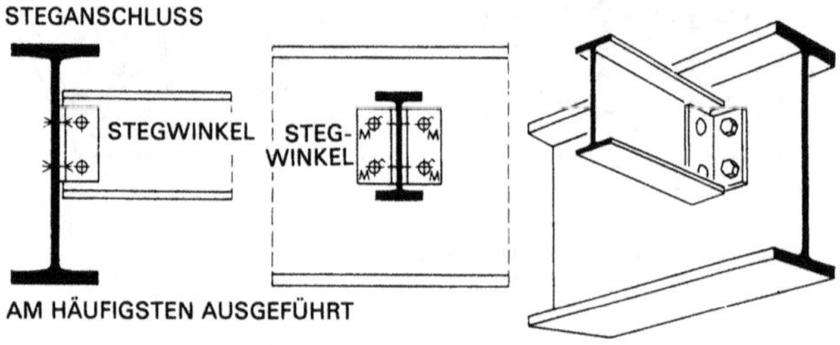

AM HÄUFIGSTEN AUSGEFÜHRT

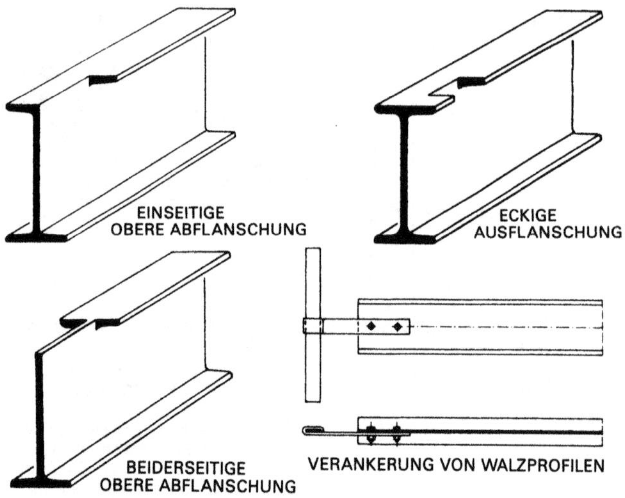

GESCHWEISSTE TRÄGERSTÖSSE

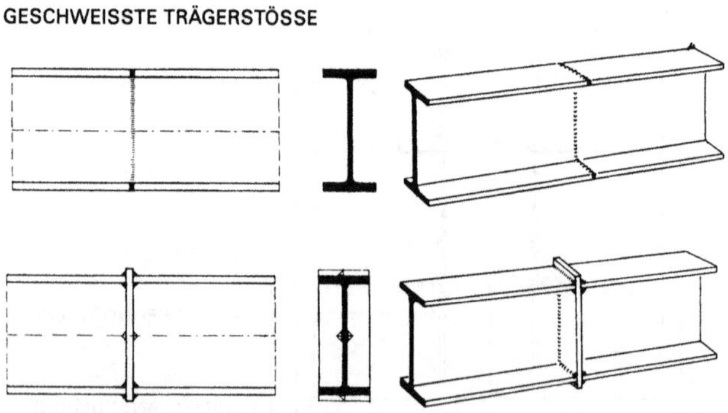

VERBÄNDE IM GESCHOSSBAU

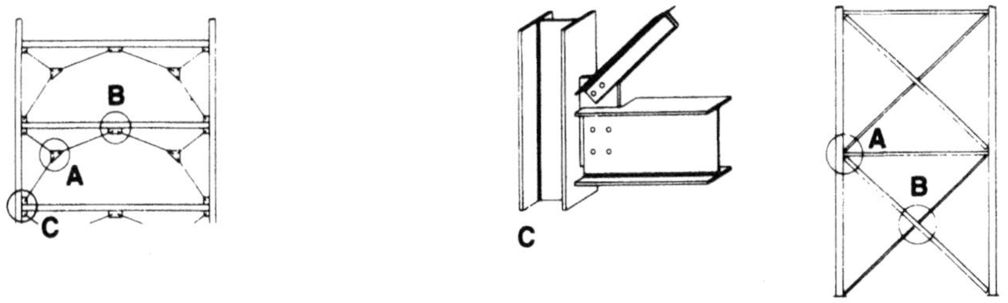

(aus: Stahlbau Arbeitshilfe, Deutscher Stahlbauverband)

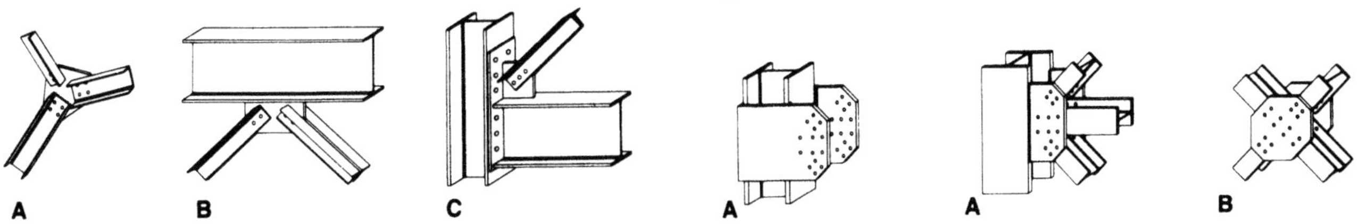

RAHMENECKEN

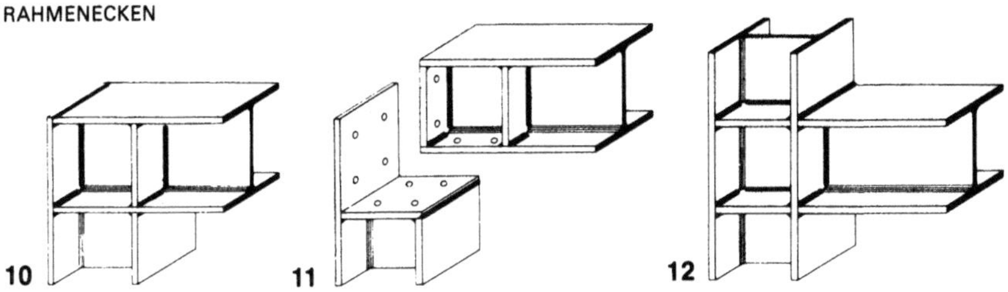

aus: Stahlbau Arbeitshilfe
Deutscher Stahlbauverband

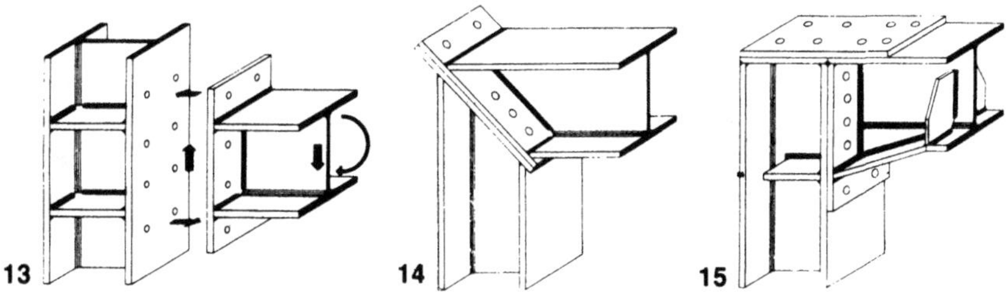

Beispiele für die Ausführung von Rahmenecken

Rahmenecken aus IPB-Profilen:
10. voll geschweißte Verbindung
11. geschraubte Montageverbindung

Rahmenabschluß eines Stockwerkrahmens aus IPB-Profilen:
12. geschweißt
13. Riegelanschluß geschraubt
14. Rahmenecke, Stütze und Träger im Gehrungsschnitt schräg geschnitten. An den Schnittflächen Kopfplatten angeschweißt und durch HV-Schrauben verschraubt. Tabellarisch vorberechnete Rahmen siehe Merkblatt der Beratungsstelle für Stahlverwendung 440 „Entwurfshilfen für Hallenrahmen".
15. Beim Anschluß größerer Eckmomente Erhöhung des Querschnitts des Trägers durch Auftrennen des Steges und Einsetzen eines keilförmigen Bleches. Anschluß durch Kopfplatte und Decklasche. Die Stütze erhält am Anschlußpunkt des Trägeruntergurtes eine Aussteifung.

KONSTRUKTIONSBEISPIEL

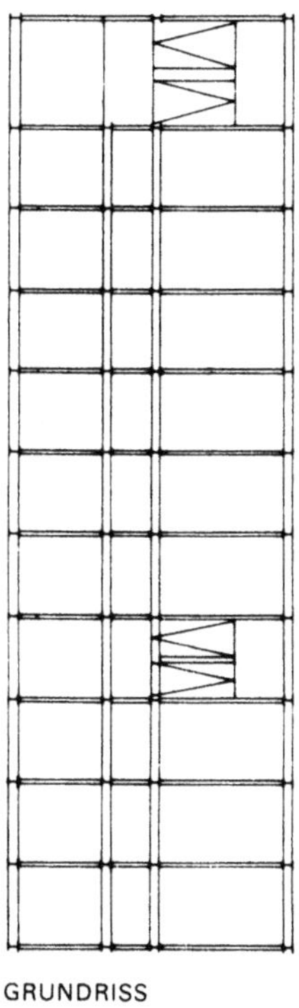

GRUNDRISS

THERESIEN-KRANKENHAUS IN MANNHEIM
STAHLKONSTRUKTION DER FA. GEBR. KNAUER, MANNHEIM
SCHEMAZEICHNUNG

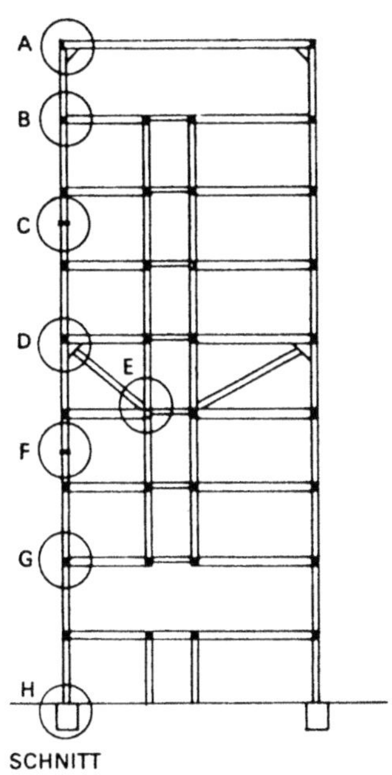

SCHNITT

Auf den folgenden zwei Seiten werden die auf der Schemazeichnung markierten Detailpunkte gezeigt.

GESCHWEISSTE RAHMENECKE

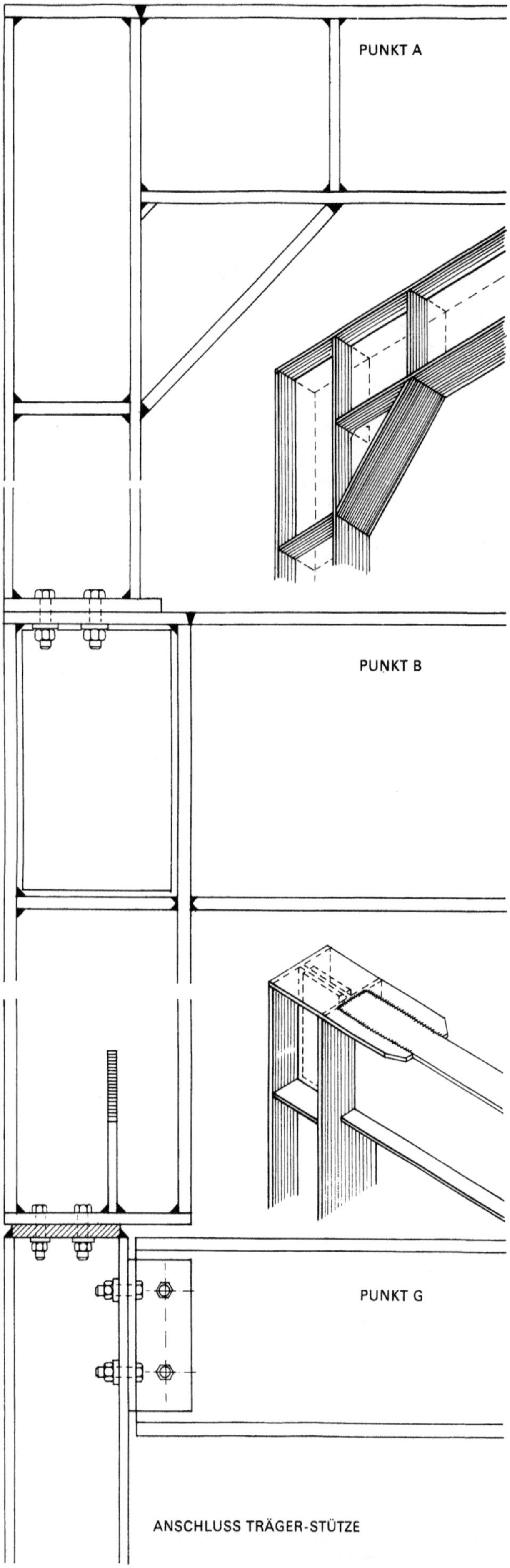

ANSCHLUSS TRÄGER-STÜTZE

STÜTZENSTÖSSE

PUNKT C

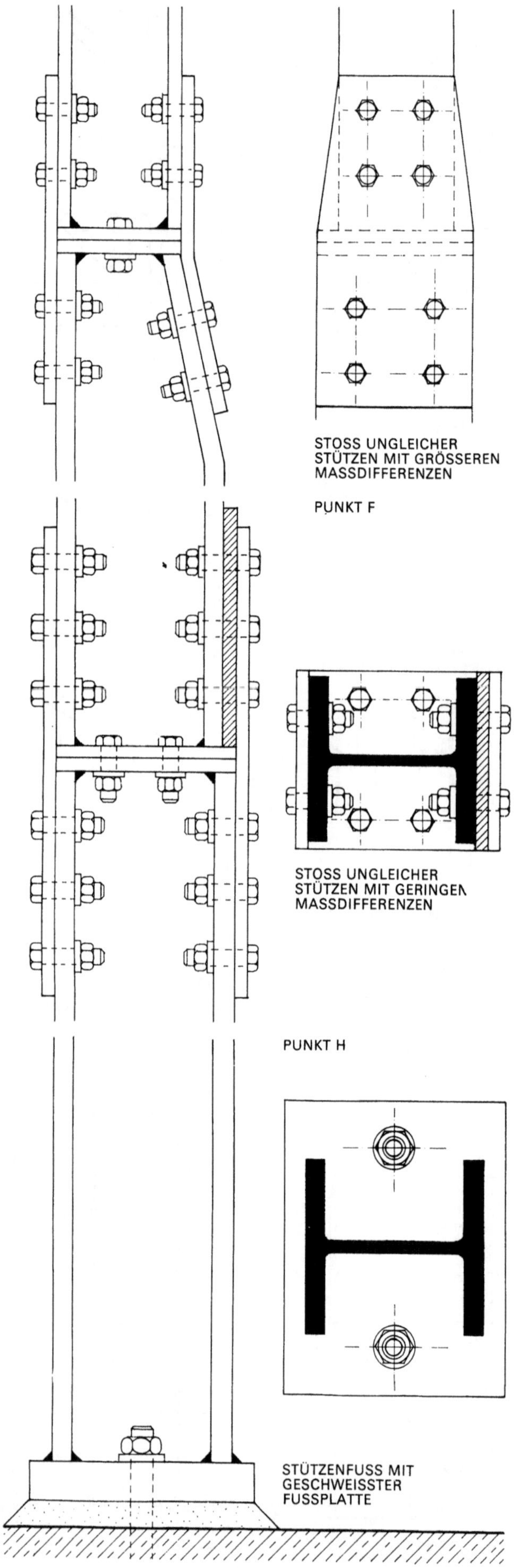

PUNKT D
OBERE AUFHÄNGUNG

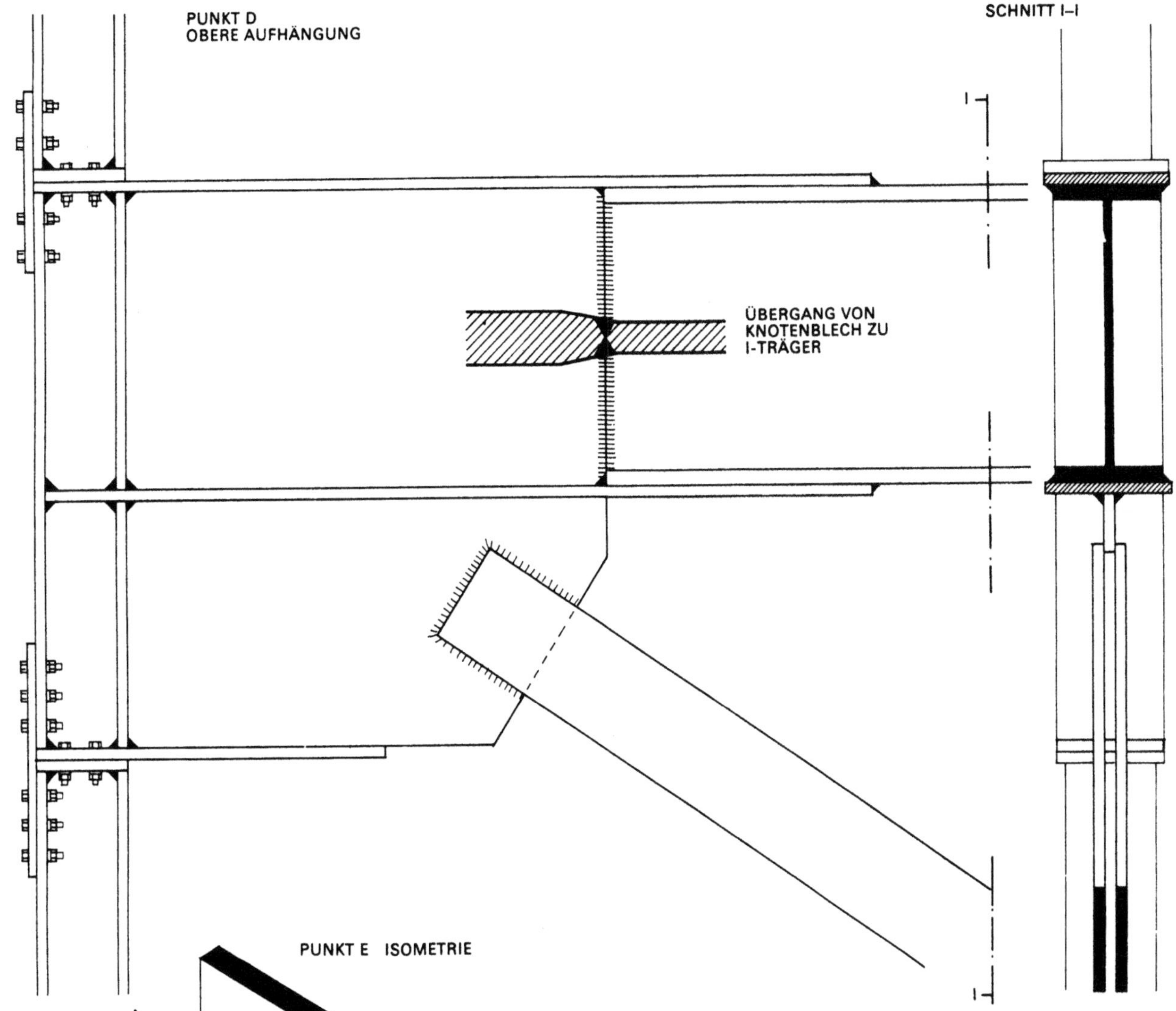

PUNKT E ISOMETRIE

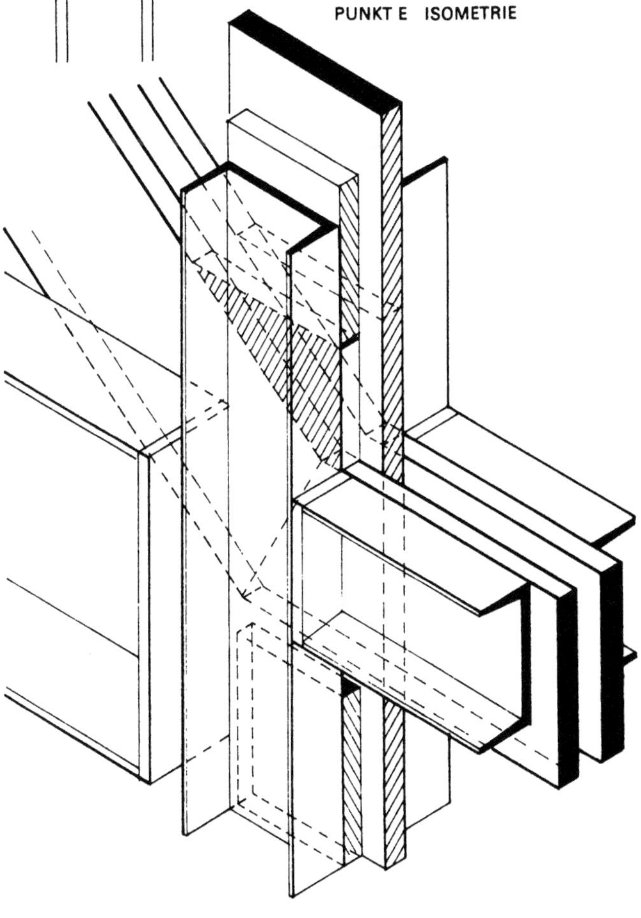

PUNKT E
UNTERE AUFHÄNGUNG

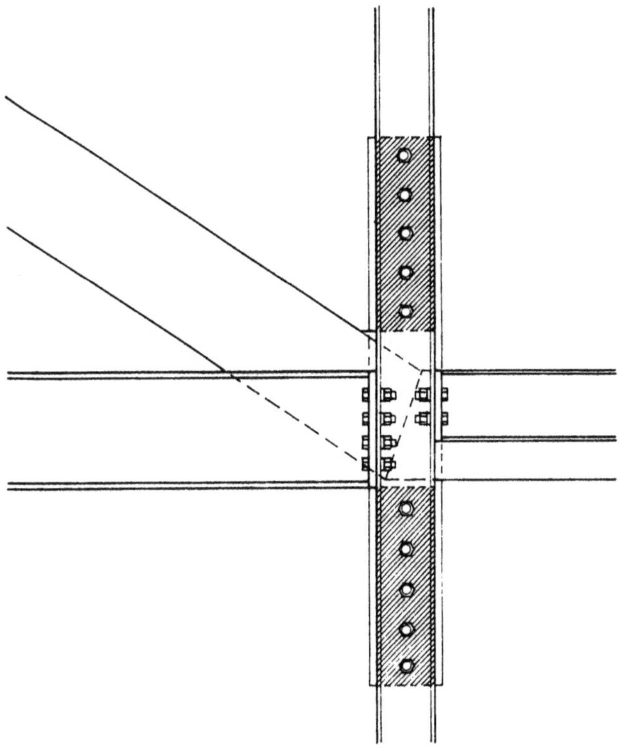

Verbundbauweise

Unter Verbundbauweise versteht man die statische Verbindung von biegesteifen, zugbelasteten Stahlprofilen mit druckbelasteten Betonbauteilen. Das Zusammenwirken beider Materialien wird durch eine schubfeste Verbindung in der Berührungsfuge erreicht. Als Verbindung werden Kopfbolzendübel, Hakenanker oder Blockdübel mit und ohne Schlaufe eingesetzt. Anzahl und Abstände sowie statische Belastbarkeit sind in der Verbundträger-Richtlinie geregelt.

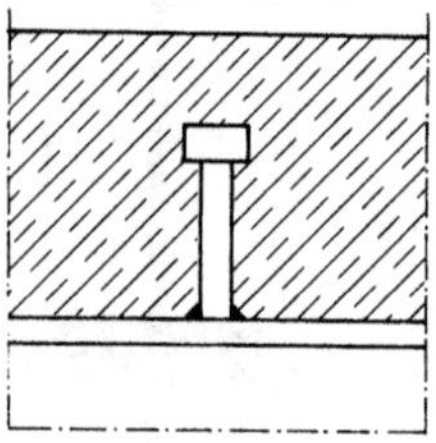

KOPFBOLZENDÜBEL AUFGESCHWEISST

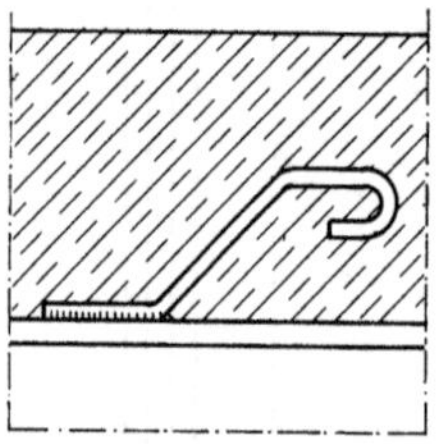

VERBUNDANKER AUFGESCHWEISST

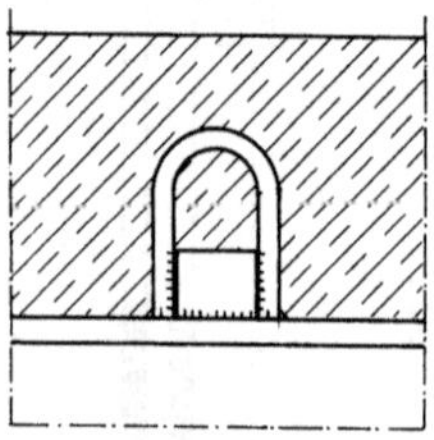

BLOCKDÜBEL MIT SCHLAUFE AUFGESCHWEISST

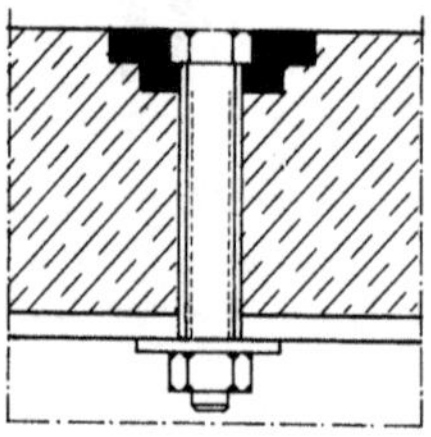

HV-SCHRAUBE MIT DRUCKVERTEILUNGSPLATTE AUS STAHL

REIBUNGSVERBUND BETONFERTIGTEIL / STAHLTRÄGER

Ein Stahlträger in Verbundbauweise kann leichter dimensioniert werden als ein steifer Deckenträger mit separater Deckenplatte ohne Verbund. Dies ergibt den Vorteil einer bis zu 30% geringeren Bauhöhe oder, gegenüber gleicher Bauhöhe mit verstärkten Stahlprofilen, eine Einsparung an Stahl. Weitere Vorteile der Verbundkonstruktionen liegen darin, daß sich durch den billigen Baustoff Beton die Anforderungen des Schall-, Brand- und Korrosionsschutzes (Ummantelung mit Beton) sowie der Wärmespeicherung und der Aussteifung relativ einfach erfüllen lassen.

TRÄGERVERGLEICH

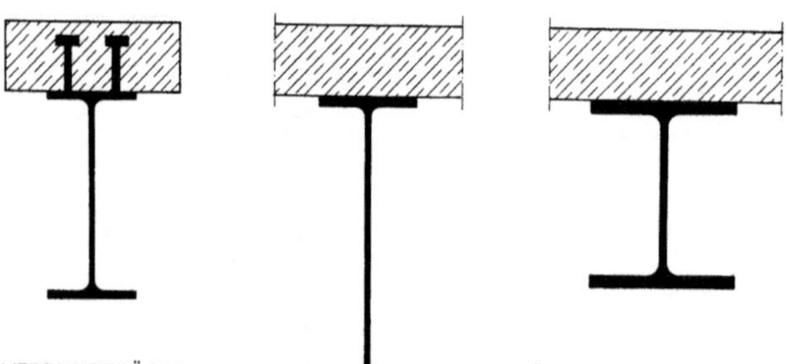

VERBUNDTRÄGER STAHLTRÄGER OHNE VERBUND

Verbundstützen konstruiert man als einbetonierte Walzprofile, zusammengesetzte Walzprofile mit Betonkern oder als betongefüllte Hohlprofile. Die Tragfähigkeit von Stützen mit einbetonierten Walzprofilen liegt um ca. 20% höher als bei ausbetonierten Hohlprofilen. Neben der hohen Belastbarkeit bieten Verbundstützen einen guten Brandschutz. Um F 90 zu erreichen genügt, z. B. bei einem einbetonierten Walzprofil, eine Betonüberdeckung von 5 cm. Wird eine schlaffe Bewehrung mit eingebaut, genügen 3,5 cm.
Hohlprofil-Verbundstützen können so dimensioniert werden, daß eine definierte Feuerwiderstandsdauer ohne äußere Schutzbekleidung erreicht wird, so daß der Stahl sichtbar bleibt. Obwohl statisch keine Bewehrung des Betonkerns nötig ist, wird diese neben einer geringeren Auslastung des Stützquerschnittes des Brandschutzes wegen gefordert. Außerdem sind die Hohlprofile mit Bohrungen zu versehen, damit im Beton enthaltene Feuchtigkeit im Brandfall nicht die Stütze sprengt (Dampf!).

VERBUNDSTÜTZENQUERSCHNITTE

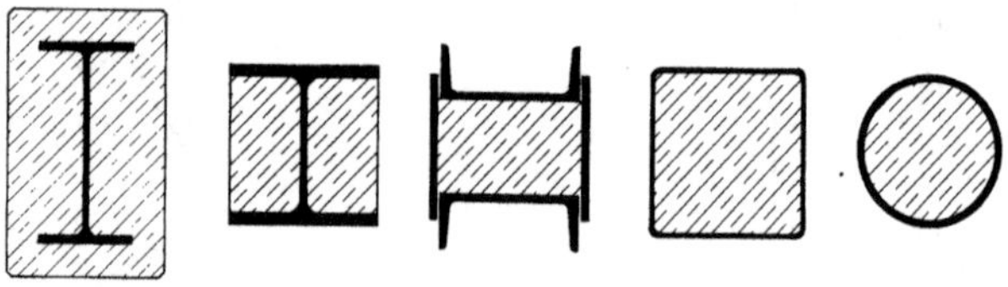

Bei Verbunddecken unterscheidet man folgende Deckenarten:
- Stahlbetonplatten, die im Feld ohne Verbundwirkung tragen und nur im Bereich des Auflagers mit dem Träger im Verbund wirken. Die Decken werden als reine Ortbetonplatten oder als Platten mit vorgefertigter Beton-Unterschale und Aufbeton ausgeführt. Der Verbund wird über entsprechende Verdübelungen hergestellt. Bei Beton-Fertigteildecken dagegen wird durch Verschraubung mit hochfesten, vorgespannten Schrauben zwischen Stahlträger und Beton-Fertigteil lediglich ein Reibungsverbund hergestellt, womit die Konstruktion demontierbar wird, was bei Bauwerken mit begrenzter Nutzungsdauer vorteilhaft sein kann (z. B. provisorisches Parkhaus).
- Ortbetondecken auf Stahlprofilblechen, die auch im Feld durch Verbundwirkung tragen. Das Blech dient als verlorene Schalung und nimmt die Zugkräfte auf; der Verbund zum Beton entsteht durch ins Blech eingewalzte Sicken, Noppen oder durch eine schwalbenschwanzförmige Profilierung des Blechs. Sollen solche Verbunddecken mit einem Stahlunterzug zum Verbundträger kombiniert werden, so müssen die Verbunddübel durch das Profilblech auf den Träger durchgeschweißt werden. Stahlprofilblechdecken im Verbund mit Ortbeton sind besonders wirtschaftlich, wenn die Stützweiten oder Unterzugsabstände kleiner als 4,20 m sind. Bei größeren Spannungsweiten bis 7,20 m ist die Stahlbetonplatte vorteilhafter, aber nicht wirtschaftlicher als die kurzgespannte Profilblech-Verbunddecke.

VERBUNDDECKEN MIT PROFILBLECHEN

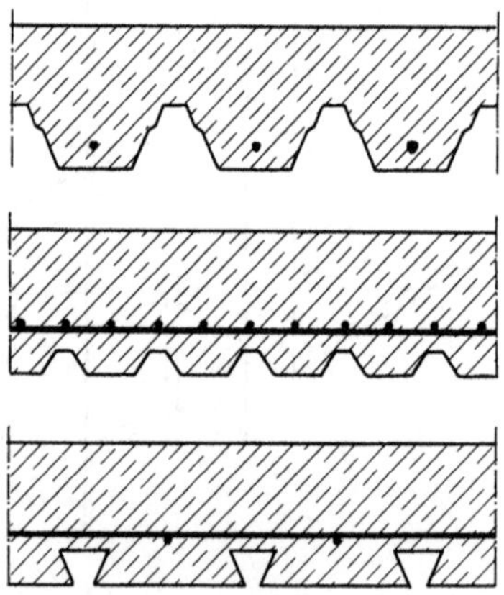

Gußstahl

Der Eisenguß läßt sich in Europa bis ins 7. Jahrhundert v. Chr. zurückverfolgen. Eine größere Verbreitung erfolgte allerdings erst im späten Mittelalter zur Herstellung von Kaminplatten, Kriegsgeräten und Wasserrohren. Als problematisch erwies sich die zur Eisengewinnung notwendige Energie, die damals nur mit entsprechend großen Mengen Holzkohle erzeugt werden konnte. Der Mangel an Holzkohle führte dazu, daß erst 1709, als die Umwandlung der reichlich vorhandenen Steinkohle in Koks in England gelang, eine Massenherstellung von Roheisen ermöglicht wurde.
Das gewonnene Eisen eröffnete neue konstruktive und gestalterische Möglichkeiten: Es hatte eine hohe Druckfestigkeit, war gut gießbar, wenig korrosionsanfällig und eignete sich zur Fertigung von Serienteilen.
Im Bauwesen treten gußeiserne Teile Anfang des 18. Jahrhunderts in Form von Stützen, Fensterrahmen, Gittern und dekorativen Elementen auf.
Das erste Bauwerk aus Gußeisenteilen ist die Ironbridge in Coalbrookdale von 1779; danach fanden Gußkonstruktionen vor allem bei Industrie- und Ausstellungsbauten (Kristallpalast), Gewächshäusern und Brücken Verbreitung. Diese Bauten zeichneten sich vor allem durch ihre leichte, schwerelose und filigrane Konstruktion aus. Die damals verwendeten Legierungen waren wegen ihrer Sprödigkeit nur auf Druck belastbar; deswegen folgte man den Konstruktionsprinzipien der Steinbauten. Die Spannweiten wurden durch Bogentragwerke überbrückt.
Das Ende der Gußeisenkonstruktionen kam mit der Verbreitung der Walzstahlprofile – diese waren zäher und außerdem auf Zug, Druck und Biegung belastbar.

Gußwerkstoffe

Erst mit neuen Erkenntnissen und Weiterentwicklungen durch Maschinen- und Fahrzeugbau stehen heute hochbelastbare Gußwerkstoffe auch im Bauwesen zur Verfügung. Die heute verwendeten „duktilen" Gußwerkstoffe weisen ein mehr oder weniger plastisches Formänderungsvermögen (= Duktilität) auf und sind damit auch für zug- und biegebeanspruchte Konstruktionen anwendbar.

Grauguß
Der einzige heute noch angewandte, nicht duktile Werkstoff ist der Grauguß (GGL). Er besteht aus Gußeisen mit Lamellengraphit und entspricht vom Gefüge etwa dem historischen Gußeisen, ist aber höher belastbar. Obwohl eine Zugbelastung bis ca. 350 N/mm² möglich ist, sollte er vorrangig für druckbeanspruchte oder nicht belastete Bauteile eingesetzt werden.
Das geringe Formänderungsvermögen und die Bruchgefahr entstehen beim Grauguß durch die Kerbwirkung der eingelagerten Lamellengraphit-Plättchen. Eine Biegebeanspruchung ist daher auszuschließen.
Die verschiedenen duktilen Gußwerkstoffe werden in folgende Materialgruppen unterteilt:

Stahlgußlegierungen (GS)
Durch seine hohe Duktilität ist der Stahlguß dem Baustahl vergleichbar, er weist eine hohe Zähigkeit auf, ist auf Biegung und mit über 520 N/mm² auf Zug belastbar.
Mit speziellen Legierungen kann auch eine hohe Korrosionsbeständigkeit erreicht werden.
Ein großer Vorteil ist die gute Verschweißbarkeit mit Baustahl, womit kombinierte Bauteile aus Stahlguß und Walzstahl ermöglicht werden – der tragende Querschnitt kann dabei aus Walzstahl bestehen; die komplizierteren Anschlußteile sind aus Stahlguß.
Der Stahlguß gehört zu den teuersten Gußwerkstoffen.

Gußeisen mit Kugelgraphit (GGG)
Dieses Material zeichnet sich durch sehr gute Vergießbarkeit aus, ist in der Festigkeit dem Baustahl ähnlich und ermöglicht eine wirtschaftliche Herstellung von zug- und biegebeanspruchten Bauteilen auch mit komplizierter Formgebung.
Die Duktilität, die allerdings nicht so hoch ist wie beim Stahlguß (GS), wird durch eine besondere Magnesiumbehandlung der Gußschmelze erreicht. Dabei bilden sich die eingeschlossenen Graphitteilchen kugelförmig aus, was ihre Kerbwirkung stark reduziert, da sie keine „scharfen Kanten" mehr haben, wie Lamellengraphit.
Im Bauwesen wird meistens die Sorte GGG 400 verwendet, die eine ausreichende Verformbarkeit besitzt.

Temperguß
Der Temperguß erhält seine Duktilität durch das „Tempern", eine spezielle Wärmebehandlung, durch die das Graphit aus dem Materialgefüge ausgeschieden wird. Da der Graphitentzug durch Tempern nur bei geringen Wandstärken bis etwa 12 mm erfolgen kann, ist der Temperguß nur für kleine und dünnwandige Bauteile geeignet.
Man unterscheidet zwischen schwarzem (GTS) und weißem Temperguß (GTW), wobei im Bauwesen meistens der letztgenannte verwendet wird.
Der kohlenstoffarme weiße Temperguß ist mit Baustahl schweißbar und kann auch für zug- und biegebeanspruchte Bauteile verwendet werden.

Anwendung von Gußteilen

Das Haupteinsatzgebiet von Gußteilen ist der Stahlbau, wobei zwar komplette Gußkonstruktionen denkbar, aber ungebräuchlich sind und vielmehr durch Mischkonstruktionen aus Gußteilen und Walzstahlerzeugnissen (z. B. Centre Pompidou, Paris) oder aus Seilnetzen, Seilverspannungen und Gußknotenpunkten (z. B. Olympiadach, München) ersetzt werden.
Die wirtschaftliche Anwendung von Gußteilen beschränkt sich auf Anschlußteile für Profile aus Walzstahl, Verbindungsteile, Verzweigungen, Knotenpunkte, Fachwerken, Stützenköpfe und -füße, Seilverspannungsknoten usw.
Dabei muß nicht immer eine Serienfertigung notwendig sein, auch Einzelstücke können wirtschaftlich hergestellt werden, wenn durch ihre komplizierte Form eine Fertigung aus Baustahl wegen zu vieler Einzelteile oder Rundungen zu aufwendig wäre.
Ein zusätzliches Einsatzgebiet für Gußkonstruktionen (auch Alu-Guß) eröffnet der Metallbau, wobei die Anwendung auf Fertigtreppen, Geländer, kleinere Verbindungspunkte und Fassadenbekleidungen beschränkt bleibt.

Vorteile der Gußkonstruktionen

Ihre ästhetische Wirkung in der Architektur erhalten Gußteile dadurch, daß man sie genau dem auftretenden Kräfteverlauf nachformen kann, d. h., wo kleine Kräfte auftreten wird Material eingespart, bei großen Kräften wird der Querschnitt vergrößert, Anschlußpunkte von Stützen können gerundet, wo nötig, können Rippen und Versteifungen angeordnet werden. An allen Stellen eines Bauteiles muß nur so viel Werkstoff in optimaler Querschnittsform angebracht werden wie nötig. Zu beachten ist aber, daß das Gußteil nicht so kompliziert wird, daß es nicht mehr ohne aufwendige, teuere Formen gießbar ist. Deshalb sollte man die Ausbildung der zu gießenden Teile immer mit einer Spezialfirma besprechen.
Ein Beispiel für die gute Werkstoffausnutzung ist der Ausgleich einer Querschnittsschwächung bei einer Aussparung, etwa bei

einer Zugstrebe. Aufgrund der wirkenden Kräfte wird für Walzstahl und Gußstahl jeweils eine bestimmte Querschnittsfläche berechnet. Beim Walzstahl wird man zur Beibehaltung des Querschnitts, abzüglich der Anschlußbohrung, einen größeren Querschnitt wählen, der dann im allgemeinen für die gesamte Strebenlänge genommen wird.
Beim Gußteil dagegen wird man den durch die Aussparung entfallenen Querschnitt um diese herum nur an der geschwächten Stelle anfügen, um den Ausgleich zu schaffen. Durch solche Möglichkeiten der Gußanwendung kann man bei konsequenter Planung zu ehrlichen Konstruktionen gelangen, die jedes Detail ihres Kräfteverlaufs sichtbar machen und eine ästhetische Wirkung entfalten, die mit anderen Baustoffen nicht erreichbar wäre.

A

A Vergleich Profilstahl/Gußstahl am Beispiel Einfeldträger mit Gelenk
Statisch notwendiger Profilquerschnitt

B

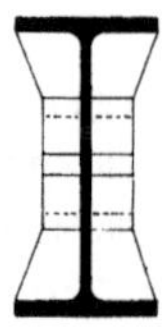

B Durch die Aussparung am gelenkigen Auflager verringert sich der Profilquerschnitt; damit wieder der gleiche Querschnitt vorhanden ist, muß das gesamte Profil um den Differenzbetrag vergrößert werden.

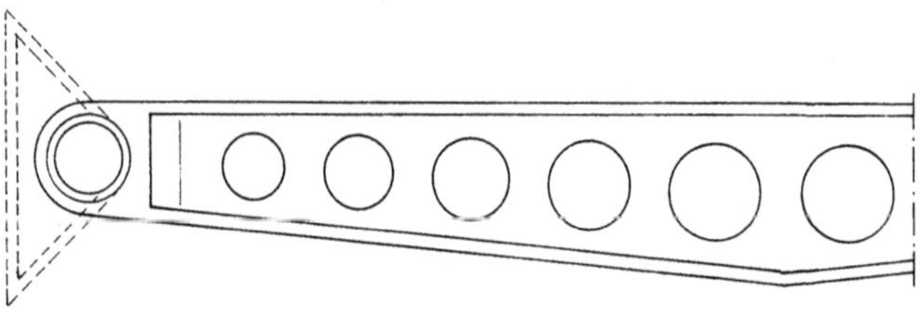

C

C Die Gußkonstruktion führt den statisch notwendigen Materialquerschnitt dem Kräfteverlauf entsprechend um die Aussparung am Auflager herum.

KOMPLIZIERTER
SEILKNOTENPUNKT
AUS STAHLGUSS
OLYMPIASTADION MÜNCHEN

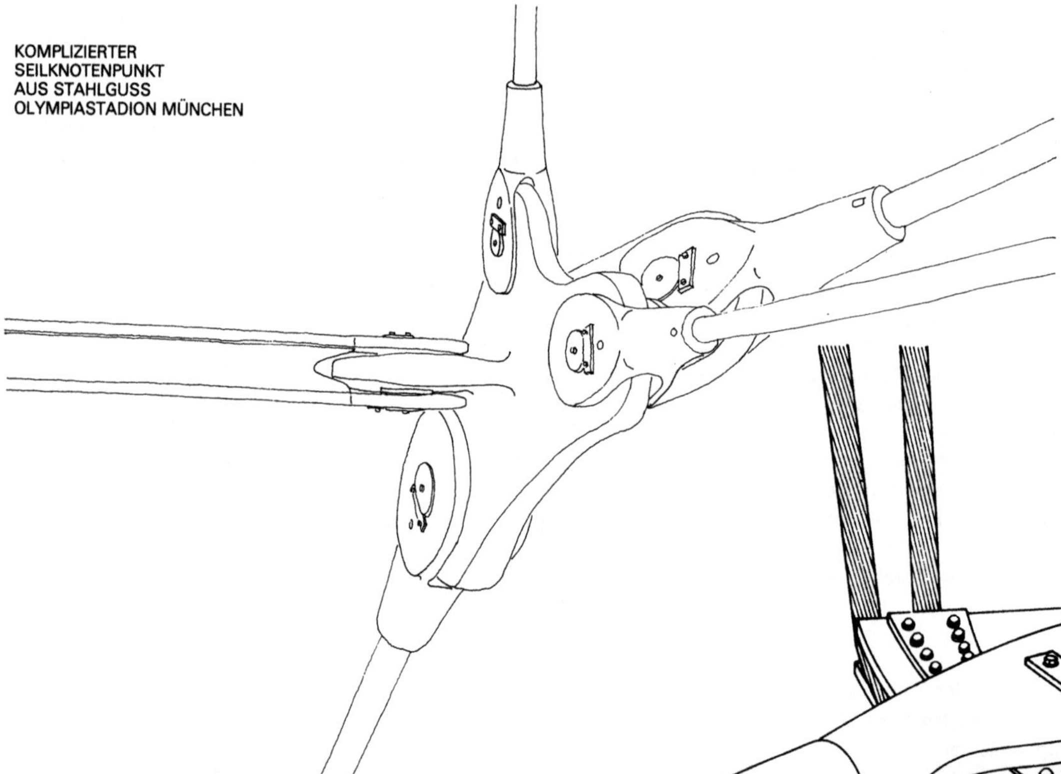

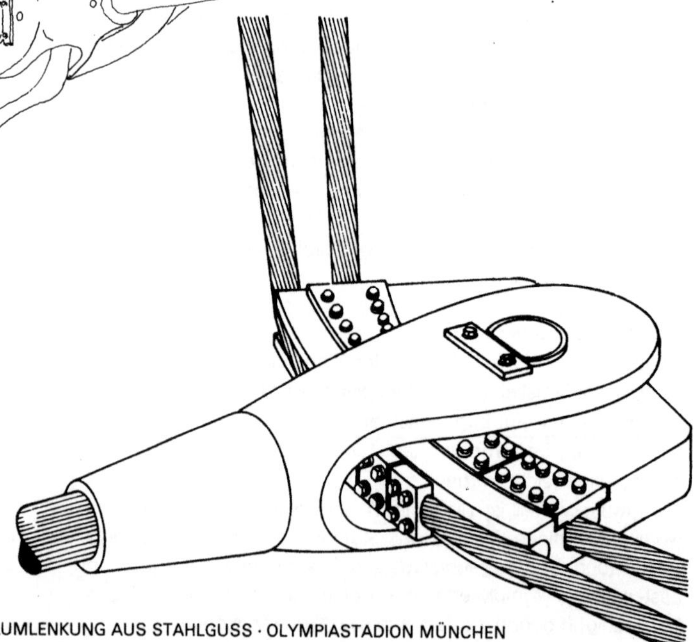

SEILUMLENKUNG AUS STAHLGUSS · OLYMPIASTADION MÜNCHEN

Holzskelettbau

Als Konstruktionsidee gehen die Skelettbauten in der Form des Holz- und Fachwerkbaues bis in die jüngere Steinzeit zurück. Da die Besiedlung ein Kampf mit dem immer wieder vorrückenden Wald war, fehlte es nicht an dem Rohstoff „Holz". Mit den damaligen Steinäxten konnte man schon Bäume von geeigneter Stärke fällen. Neue Versuche haben ergeben, daß man zum Fällen eines 16 cm starken Stammes nur etwa 20 Minuten brauchte. Bronzeäxte gab es im mittleren Europa erst etwa um 800 v. Chr. Mit diesen Werkzeugen ließen sich die Stämme besser und leichter bearbeiten, auch schon einfache Holzverbindungen herstellen, und so entstand dann in dieser Zeit aus geschichteten und an den Enden überblatteten Stämmen die „Blockbauweise". Sie brauchte möglichst gerade Stämme, die vorzugsweise das weiche Nadelholz lieferte, weshalb sie auch im Süden Deutschlands und in der Schweiz vorherrschte. Der Fachwerkbau, der in seiner Hochblüte im Mittelalter und bis ins 17. und 18. Jahrhundert auch den städtischen Wohnungsbau beherrschte, war dagegen meist aus Eichenstämmen gefügt Seine damalige Verbreitung deckt sich ziemlich genau mit den Landschaften reichen Eichenbestandes.

Historischer Fachwerkbau

Die Entwicklung des tragenden und versteifenden Holzskelettes der Fachwerkbauten zeigt konsequente Fortschritte auf Grund jahrhundertelanger konstruktiver und handwerklicher Erfahrung. Einige Beispiele, die sich z. T. nach Ausgrabungen an Überresten rekonstruieren ließen, mögen das erläutern:

1. Steinzeit-Einraumhaus mit eingerammten Pfosten und Flechtwerkwand. Statische Idee der eingespannten Stützen.
2. Fachwerkhaus auf gemauertem Sockel nach Einführung des Stein- und Mörtelbaues durch die Römer. Statische Idee des „Rahmens" durch Einführung der Büge und Überblattungen, ermöglicht durch Metallwerkzeuge.
3. Der Geschoßfachwerkbau
   a) mit über die Geschosse durchgehenden Pfosten
   b) mit einzeln aufgeschlagenen Geschossen
4. Verschiedenartige Quer- und Längsversteifung der Skelette, „aussteifende" Wandscheiben.

Konstruktiv sind bestimmte stammes- und landschaftsgebundene Unterscheidungsmerkmale festzustellen:

Sächsisches Fachwerk

– Jeder Pfosten steht über einer Deckenbalkenlage, hohe Verstrebung nur am Eck- und Bundständer. Verstrebungen werden häufig durch Ausmauerung der Gefache mit Ziegeln ersetzt.

SÄCHSISCHES FACHWERK

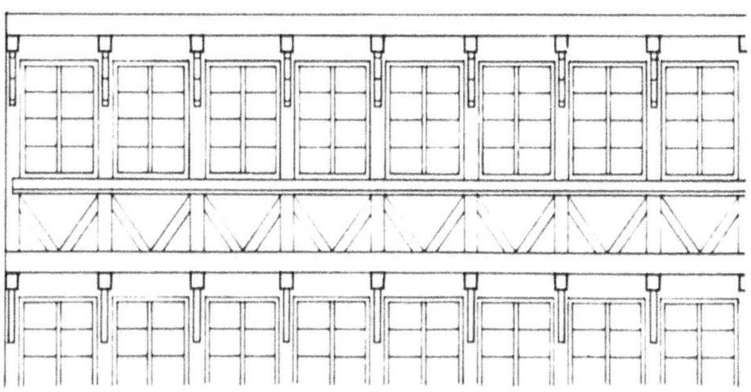

WANDLUNG DES QUERVERBANDES IM HOLZFACHWERKSBAU

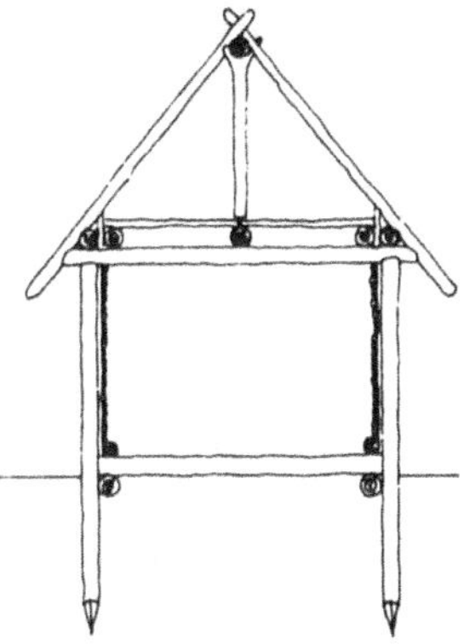

STEINZEIT-EINRAUMHAUS MIT EINGERAMMTEN PFOSTEN UND FLECHTWERKWAND FEDERSEEGEBIET STATISCHE IDEE DER EINGESPANNTEN STÜTZE

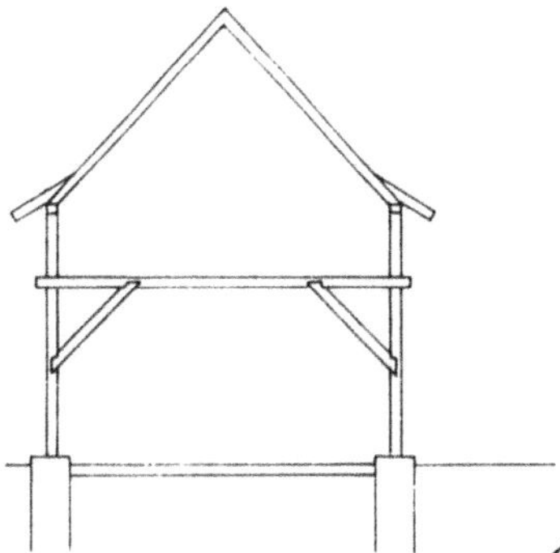

FACHWERKSHAUS AUF GEMAUERTEM SOCKEL NACH EINFÜHRUNG DES STEIN- U. MÖRTELBAUES DURCH DIE RÖMER. STATISCHE IDEE DES »RAHMENS« DURCH EINFÜHRUNG DER BÜGE UND ÜBERBLATTUNGEN, ERMÖGLICHT DURCH METALLWERKZEUGE

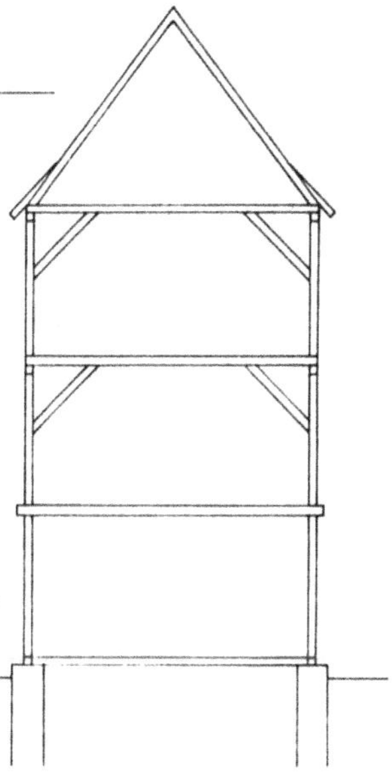

GESCHOSSFACHWERKBAU MIT ÜBER DIE GESCHOSSE DURCHGEHENDE PFOSTEN ODER EINZELAUFGESCHLAGENEN GESCHOSSEN

QUER- UND LÄNGSVERSTEIFUNG DER GEFACHE DURCH AUSSTEIFENDE WANDSCHEIBEN

- Das Dach des Bürgerhauses ist in aller Regel ein Kehlbalkendach.
- Einzelsicherung der Pfosten durch kurze Fußstreben oder Knaggen.
- Weite Auskragungen der Geschosse im Bürgerhaus, um mehr Raum zu gewinnen.

Fränkisches Fachwerk

Meistens stehen nur die verstrebten Bundpfosten über einem zugehörigen Deckenbalken, dem „Bundbalken". Das Deckengebälk liegt eng, die Zwischenpfosten stehen unabhängig von den Deckenbalken auf der Schwelle.

FRÄNKISCHES FACHWERK

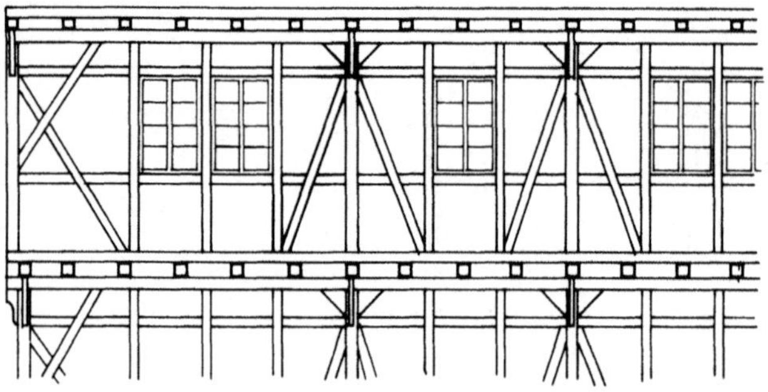

Allemannisches Fachwerk

- Es stehen nur Bundständer im Abstand von 2 bis 4 m.
- Die Ständer tragen wegen ihres weiten Abstandes zwei Rähme übereinander.
- Enge Balkenlage.
- Wandverstrebung erfolgte ausschließlich durch Kopf- und Fußbänder; diese haben nur halbe Wandstärke.
- Die Gefache sind mit Bohlen in halber Wandstärke ausgefüllt.
- Minimaler Zierschmuck.
- Die Schwelle liegt nicht auf der Balkenlage, sondern auf der Dielung (Fußboden), die von außen sichtbar war.

Zwischen diesen 3 grundsätzlichen Fachwerkarten findet man im 17. und 18. Jahrhundert viele Mischformen, besonders in den Randzonen der verschiedenen Volksstämme.

ALEMANNISCHES FACHWERK

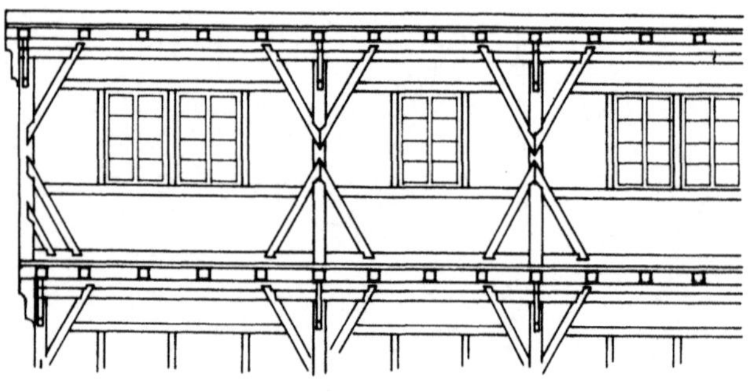

Bei den historischen Fachwerkbauweisen wurden die Holzdimensionen durchweg sehr kräftig genommen. Schnitzereien findet man häufig. Sparsam im Holzverbrauch waren nur die Häuser der ärmeren Bürger.
Die Blockbauweise mit horizontal geschichteten Balken oder gar Rundhölzern wird heute kaum mehr ausgeführt. Dagegen spricht nicht nur der große Holzverbrauch, sondern vor allem das starke Wachsen und Schwinden der Außenwände bei Regen und Sonnenschein. Um die dadurch gefährdete Dichtigkeit der Blockwände zu gewährleisten, sollten diese entsprechende Auflasten erhalten, z. B. durch ein Grasdach, eine Steinplattendeckung oder andere schwere Dachaufbauten.
Problematisch ist auch die Unterbringung von Sanitärinstallationen und Elektroleitungen. Mit einer sehr disziplinierten Planung und guten Handwerkern sind Blockhäuser jedoch durchaus ausführbar.

Moderner Holzskelettbau

Holzskelettbauten sind feuergefährdeter als Massivbauten. Sie dürfen deshalb nicht aneinandergereiht, sondern nur in Abständen, den die Brandschutzämter bestimmen, errichtet werden. Genehmigungen für Reihenhaussiedlungen oder Doppelhäuser in Holzbauweise sind aber durchaus zu erreichen, wenn entsprechende konstruktive Vorkehrungen für den Brandschutz getroffen werden.
Holzskelettbauten sind ohne teure zusätzliche Maßnahmen nur wenig schalldämmend, was auch für die Holzbalkendecken gilt. Stehen mehrgeschossige Holzwände auf Stockwerksschwellen, so werden diese quer zur Faser gedrückt, und die Stockwerkshöhe bleibt nicht exakt erhalten, sie vermindert sich, was für alle Installationsleitungen von Nachteil ist. Darum läßt man heute Pfosten über 2 Geschosse durchlaufen und spannt die Decken von Zangenpaar zu Zangenpaar, welche seitlich an diese Pfosten anschließen.
In holzreichen Gegenden der USA und Kanadas, Norwegens und Schwedens, wo das freistehende Einfamilienhaus noch eine Rolle spielt, hat sich der Holzskelettbau in rationalisierter und konstruktiv modernisierter Form erhalten. Man nimmt dort die kürzere Lebensdauer solcher Bauten als selbstverständlich in Kauf.
Eine Holzwand von 14 cm Stärke hat die Wärmedämmung einer $1^1/2$ Stein starken Ziegelwand bzw. einer 30 cm starken Wand aus Hohlblocksteinen. Problematisch ist allenfalls die geringere Wärmespeicherung, weshalb Mischkonstruktionen mit speichernden Mauerscheiben häufig gebaut werden.
Doch auch in mitteleuropäischen Breiten ist das Holzskelett keineswegs ausgestorben. Eine Reihe von Bauaufgaben, für welche sich ein- bzw. zweigeschossige Bauten eignen, z. B. Kindergärten, Schulen, Ausstellungsbauten und Einfamilienhäuser etc., bieten auch heute ein Einsatzfeld für das Holzskelett. Oftmals ist es als ein Teil der Dachkonstruktion einem massiven Unterbau einfach aufgesetzt. Für die Versteifung des Erdgeschosses in beiden Richtungen sorgen entsprechend angeordnete Wandscheiben. Es sind reizvolle Raumdurchdringungen und Detailausbildungen möglich, und nicht zuletzt ist auf die ästhetische und psychische Wirkung dieses natürlichen Baustoffes mit seinem warmen Farbenspiel und der lebendigen reizvollen Maserung hinzuweisen.
Hat der Holzskelettbau auf dem Gebiete des Wohnbaues schon lange seine dominierende Stelle verloren, so konnte er sich auf dem anspruchsvollen Gebiete des Ingenieurbaues ein neues Feld erobern: durch die Entwicklung neuer Verbindungsmittel für den Zusammenschluß von Stäben und durch die neuartige Leimbauweise. Von Bedeutung wurden auch die verbesserten Feuerschutzmittel und neue Erkenntnisse beim Brandverhalten. Sie ermöglichen die Herstellung weitgespannter Binder, Rahmen und selbst Flächentragwerke.

Fachwerk-Konstruktionen

Die Probleme des zeitgenössischen Holzskelettbaues fand der Verfasser am knappsten und eindringendsten von einem Architekten dargestellt, der auf diesem Gebiet über umfassende Erfahrungen verfügt und in den nachstehenden Abhandlungen im Wortlaut wiedergegeben wird. Entnommen aus Detail-Arbeitskartei, Verfasser: Dipl.-Ing. H. E. Budde.

Die Konstruktion wird stockwerkweise aufgebaut. Einzelteile: Pfette, Strebe, Pfosten, Riegel, Schwelle, Ecksticher, Wandpfette, Gebälk und Sockel. Für den Abstand der einzelnen Pfosten werden 0,80 bis 1,00 m empfohlen. Querschnitte: 8/12, 10/12 oder 10/14 cm. Die Streben sollen so angeordnet sein, daß sie Windkräfte direkt an die Schwellen weiterleiten können.
Die Konstruktion wird bereits auf dem Abbundplatz vollständig zusammengesetzt, dann wieder abgebaut und auf der Baustelle neu montiert. Die meisten Häuser erhalten einen Keller oder eine Betonplatte, ein Punkt- oder Streifenfundament, falls auf die Errichtung eines Kellers verzichtet wird.

HOLZFACHWERK

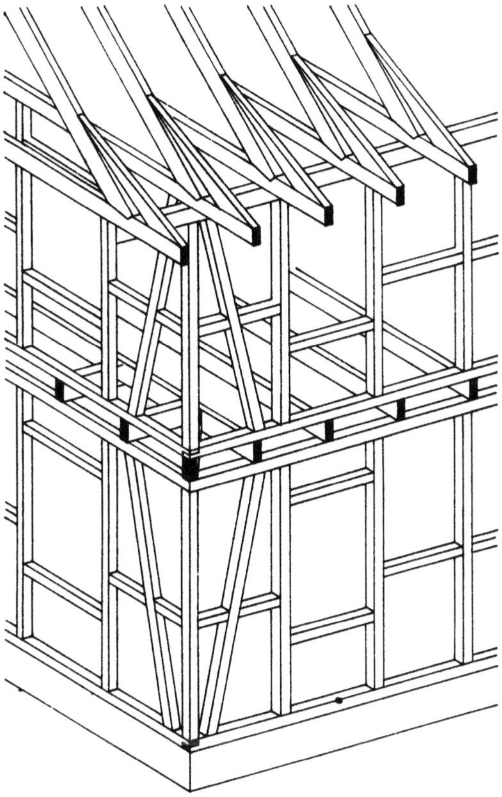

Um das Holz gegen die aufsteigende Mauerfeuchtigkeit zu schützen, wird zwischen Schwelle und Mauerwerk oder Beton eine Isolierpappe verlegt. Wichtig ist ein seitlicher Überstand der Fachwerkkonstruktion. Dadurch wird verhindert, daß sich am Fachwerk herunterlaufendes Wasser zwischen Beton und Fachwerk setzt. Zur Befestigung der Schwelle mit der Betonplatte oder dem Mauerwerk dienen eingegossene Bolzen. Zum Richten werden die Stiele eingesteckt, die Streben eingesetzt und zuletzt das Rähm als Abschlußgeschoß aufgestellt. Die Fachwerkkonstruktion kann ohne Bedenken auf Punktfundamenten errichtet werden, da die Konstruktion in sich starr ist. Man ist heute dazu übergegangen, das Holztragwerk freizustellen. So kann es gut austrocknen und wird ständig von frischer Luft umspült.
Bei mehrgeschossigen Bauten empfiehlt es sich, die Obergeschoßwände dann hervorkragen zu lassen, wenn das Fachwerk bei Satteldächern über dem Giebel hochgezogen wird. So kann das Rähm besonders gut verspannt werden, die sichtbaren Balkenköpfe trocknen besser aus, und die unteren Bauteile erhalten damit einen Witterungsschutz. Außerdem wird damit zugleich das Setzmaß der Riegelwand berücksichtigt.
Eine Riegelwand setzt sich in ihren verschiedenen Konstruktionsteilen ungleichmäßig. Liegende Konstruktionsteile wie Schwellen und Gebälk setzen sich stärker als stehende. Das Setzmaß muß daher bei Anschlüssen an stehende Mauerteile sowie bei inneren und äußeren Wandverkleidungen berücksichtigt werden. Von starren, über mehrere Stockwerke sich aufziehenden Wandverkleidungen wie Schalungen oder Vormauerungen ist daher abzuraten.
Sorgfältig zu überprüfen sind die Querdrücke unter den Pfosten in den liegenden Konstruktionsteilen, insbesondere bei mehrgeschossigen Bauten. Darüber hinaus sind Füllhölzer unter den Pfosten in manchen Fällen sinnvoll.
Zur Ausfachung des Riegelbaues eignen sich Mauerwerk, Asbestzementtafeln oder Leichtbauplatten u. a. Die Ausfachung soll jedoch auf keinen Fall beginnen, ehe der Wassergehalt des Riegelwerkes auf 18 bis 12% gesunken ist. Sonst können sich Fugen bilden. Werden die Felder mit Mauersteinen ausgefacht, müssen an die Ständer Dreikantleisten angenagelt werden. Ihr Profil wird in die Mauersteine eingeschrotet. Zwischen die liegenden Hölzer und die Mauerwerksausfachung wird eine Lage Dachpappe angebracht. Abschließend wird der Außenwandputz aufgetragen; er kann entweder vorstehen oder mit dem Riegelwerk bündig abschließen. Die Wärmedämmung einer mit Mauersteinen ausgefachten Fachwerkwand ist relativ niedriger als bei anderen Außenwänden. Es ist deshalb ratsam, die Wand innen mit Leichtbauplatten, Isolier- oder Verbundplatten zusätzlich zu verkleiden.

ATELIERHAUS IN MODERNER HOLZBAUWEISE (QUERSCHNITT)

ARCHITEKT:
MANFRED ADAMS

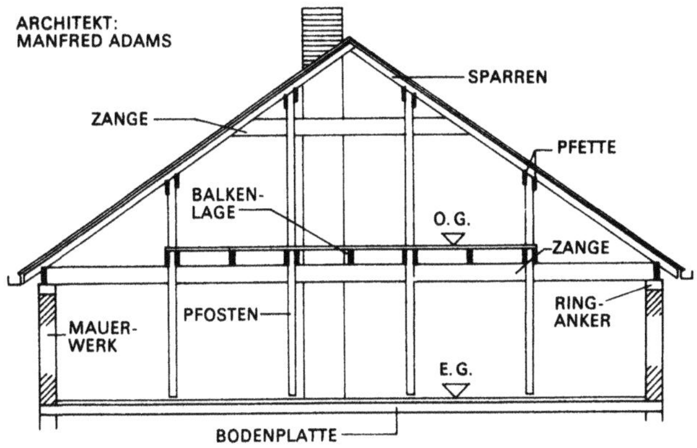

IM ERDGESCHOSS AUSSTEIFENDE WÄNDE

Stützen und Pfosten

Sie werden in den Achsen des gewählten Konstruktionsrasters aufgestellt und nehmen die senkrechten Lasten auf.
Die Befestigung auf dem Rohbau, d. h. auf der Bodenplatte oder Kellerdecke, wird heute fast immer mit Stahlteilen vorgenommen, wobei es sich je nach Konstruktion um Stützenfüße handeln kann, die in Aussparungen des Rohbaues eingesetzt und nach dem Ausrichten vergossen werden. Die Holzstützen werden auf den Stahlteilen verschraubt oder verdübelt, wobei verdeckt eingeschlitzte Befestigungen aus optischen Gründen vorzuziehen sind. Sichtbare Befestigungsteile werden zwar in den meisten Fällen von Wandverkleidungen, Fußbodenaufbauten u. a. verdeckt, bei sichtbarem Holzskelett ist jedoch zu berücksichtigen, daß unschöne Befestigungsdetails mindestens an den Außenecken des Gebäudes sichtbar werden können. Die einfachste Art der Befestigung von Stützfüßen ist ein innenseitig angeschraubter Stahlwinkel, der nach dem Ausrichten in den Rohbau gedübelt wird. Bei diesen modernen Arten der Befestigung steht jeder Pfosten separat auf und überträgt seine Lasten in Faserlängsrichtung direkt auf den Rohbau.
Die bei älteren Holzkonstruktionen ausgeführte Lösung mit einer durchgehenden Fußschwelle mit eingezapften Pfosten wird heute nur selten ausgeführt, obwohl sie den großen Vorteil bietet, daß

ZWEI WOHNHÄUSER IN HERRENALB
ARCHITEKT: KARL HEINZ GÖTZ, KARLSRUHE,
MIT WERNER VON SENGBUSCH,
PETER HERMS, PETER HOFFMANN

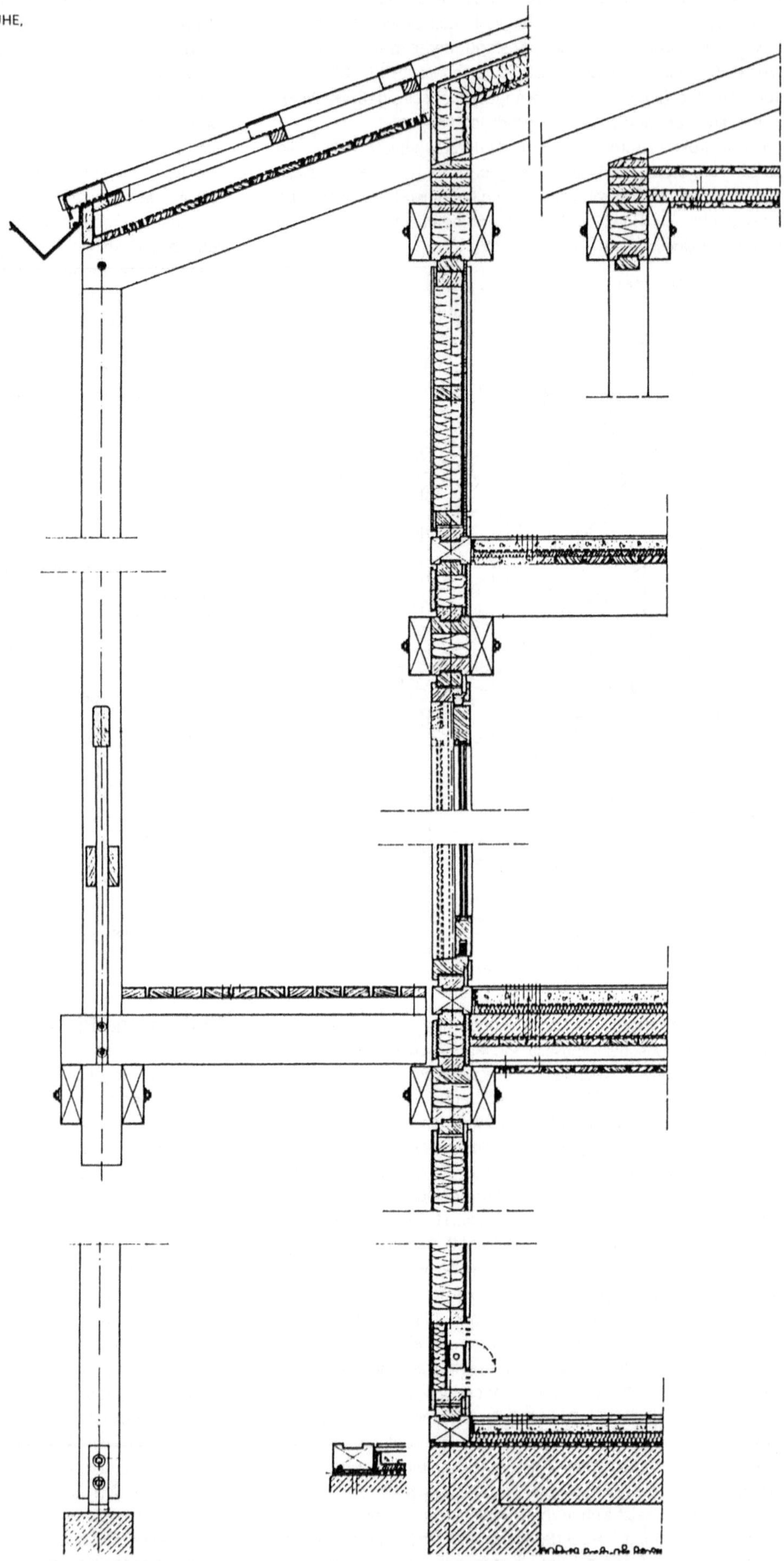

nach dem einfachen Ausrichten der Fußschwelle die gesamte Pfostenstellung fluchtend ist und nicht jeder einzelne Pfosten eingemessen werden muß. Bei den heute verwendeten, relativ weichen Bauholzarten wie Tanne und Fichte, ergeben sich durch den Pfostenfuß auf der längslaufenden Fußschwelle Eindrückungen, da diese quer zur Faserrichtung belastet wird. Eine Fußschwelle sollte also nur bei entsprechend geringen Pfostenlasten eingebaut werden, d. h., es muß sich entweder um ein leichtes Bauwerk handeln oder es wird eine engere Pfostenstellung (Raster) gewählt, um die Belastung auf eine größere Anzahl von Fußpunkten zu verteilen. Eine weitere Alternative wäre die Ausführung der Fußschwelle in Hartholz, was aber aus Kostengründen nicht zu vertreten ist.
Da aus Konstruktionsgründen zum Anschluß der Außenwandbekleidungen und des Bodenaufbaues eine Fußschwelle fast immer erforderlich ist, hilft man sich mit Schwellen, die zwischen die Holzpfosten gesetzt werden. Diese Bauweise bietet den Vorteil, daß sich bei örtlich auftretenden Bau- und Holzschäden die Reparatur und der Austausch auf die betroffenen Holzteile begrenzen lassen, die so einfacher wiederherzustellen sind als durchlaufende Hölzer.

HOLZSTÜTZEN IM AUSSENBEREICH

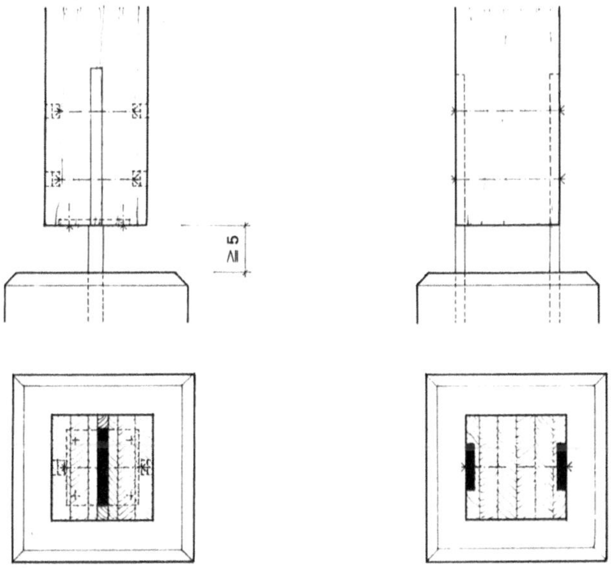

STÜTZFUSSPUNKTE IN AUSSENWÄNDEN

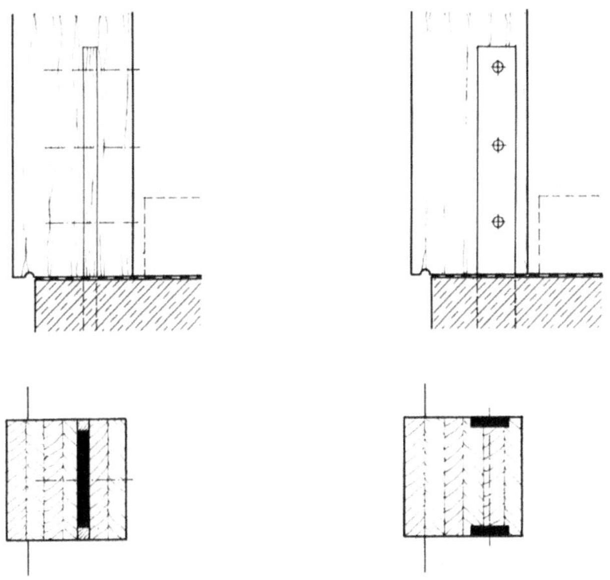

Ständerbau-Konstruktionen

Der Ständerbau ist ebenso wie das Fachwerk ein Holz-Skelettbau. Meist wird er innen und außen vollständig verkleidet. Das Holz ist dann im Gegensatz zum Fachwerk nicht sichtbar.
Ein grundlegender Unterschied zum Fachwerk besteht in dem geringen Setzmaß des Ständerbaus. Die Ständer durchlaufen mehrere Stockwerke, daher ist das Setzmaß lediglich von den liegenden Konstruktionsteilen abhängig, die bis auf ein notwendiges, technisch bedingtes Minimum reduziert werden sollen. Bei vertikalen Installationen und Anschlüssen an stehende Mauerwerksteile braucht das Setzmaß nicht berücksichtigt zu werden. Das geringe Setzmaß des Ständerbaues ermöglicht auch die Anbringung einer starren Wandverkleidung, z. B. mit verputzten Leichtbauplatten. Sie können ohne besondere Maßnahmen über mehrere Stockwerke angebracht werden.
Bohlenartige Querschnitte bilden die Grundlage des Ständerbaues. Ihre Verbindung geschieht in den meisten Fällen durch Nagelung. Häufig werden dabei besonders geformte Bleche in Anspruch genommen. Für jeden Anschluß werden mindestens vier Nägel benötigt. Die einzelnen Ständer werden in einem Abstand von ca. 60 cm aufgestellt. Ihr Querschnitt kann 6/14, 6/16 oder 8/24 cm betragen. Brettartige Streben oder Blindschalungen sorgen im Ständerbau für die Stabilität in horizontaler Richtung. Sie müssen bei größeren Kräften diagonal ausgerichtet werden.

HOLZSTÄNDERWERK

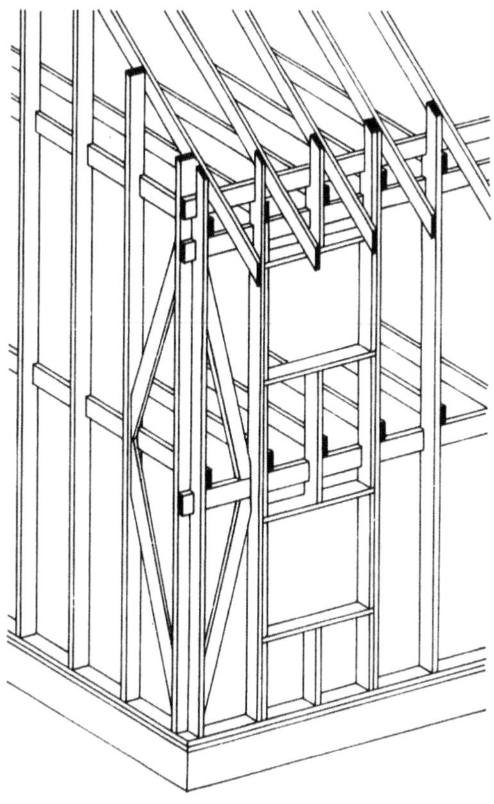

Eine diagonal ausgerichtete Blindschalung sorgt für eine zug- und druckfeste Versteifung. Statisch ist sie vorteilhafter als eine horizontale Blindschalung. Als Blindschalungen dienen besäumte oder gefälzte Bretter oder Nut- und Kamm-Bretter. In sägerauhem Zustand sind die Bretter normalerweise 24 oder 21 mm dick. Die übliche Breite beträgt 120 bis 180 mm. Eine wasserdampfdurchlässige Winddichtung schirmt die Blindschalung von außen her ab. Sie kann z. B. aus gekrepptem Kraftpackpapier bestehen. Die Blindschalung wirkt so gleichzeitig als Wärmedämmschicht.

Während beim Fachwerk die Konstruktion außen sichtbar ist, wird sie beim Ständerbau verschalt. Die einzelnen Fenster oder Fensterwände werden eingelassen. Die Geschoßdecken eines Ständerbaues werden mit Halbhölzern hergestellt. Dazu werden Doppelhölzer links und rechts vom Ständer angesetzt und mit Bolzen, Schrauben oder Nägeln montiert. Dadurch wird eine Ständerbaukonstruktion wesentlich leichter als eine Fachwerkkonstruktion. So läßt sie sich auch besser vorfertigen. Steif wird die Ständerkonstruktion im Gegensatz zum Fachwerk jedoch erst, wenn auch Außenwände und Innenwände eingezogen sind.
Ein weiterer Unterschied besteht in der Ausbildung des Fußpunktes. Auf einem schwellenartigen Gebilde werden die Ständer direkt in Eisenbolzen oder Eisenschuhe gesetzt. Mit Hilfe von Haltekonstruktionen werden die Ständer anschließend aufgestellt und befestigt, anschließend die Tragbohlen für die Geschoßdecken montiert. Bis zur Fertigstellung der Außenschalung müssen Windaussteifungen zusätzlich angebracht werden.

SCHRÄGE VERBRETTERUNG ALS VERSTREBUNG IM HOLZSKELETTBAU

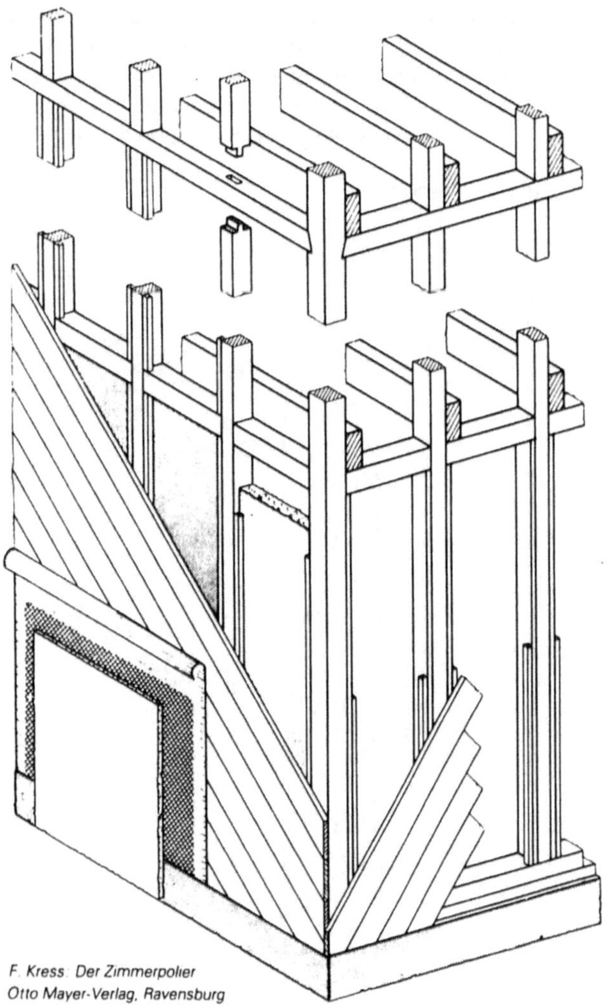

F. Kress: Der Zimmerpolier
Otto Mayer-Verlag, Ravensburg

Konstruktiver Aufbau von Außenwandelementen

Als tragendes Element der Außenwand dient grundsätzlich das Holzskelett, während die Wandbauteile neben Wärmeschutz, Winddichtung und Schallschutz höchstens aussteifende Funktion übernehmen. Man unterscheidet zwei verschiedene Außenwandkonstruktionen:
Die nicht durchlüftete Außenwand, bei der der Zwischenraum von Innen- und Außenschale mit Dämmaterial gefüllt ist. Auf der Raumseite der Dämmung ist auf jeden Fall eine Dampfsperre einzubauen. Solche einfach aufgebauten Paneele können mit der endgültigen Außenhaut vorgefertigt und nach der Befestigung im Holzskelett mit der Innenschale versehen werden. Diese sollte Ständerwerk wie Wandfüllungen überdecken, um mit einer zusätzlich durchgehenden Pappe oder Folie die nötige Winddichtigkeit zu erreichen;

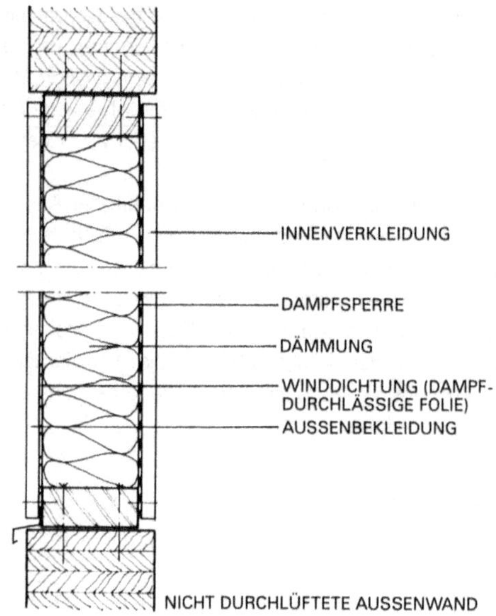

NICHT DURCHLÜFTETE AUSSENWAND

– die durchlüftete Außenwand, bei der die Außenschale nur die Funktion des Wetterschutzes übernimmt. Dahinter ist eine mindestens 2 cm starke Belüftungszone vorzusehen, durch die alle anfallende Feuchtigkeit in der Außenhaut und vor allem aus der Dämmung abgeführt werden kann. Die Zu- und Abluftöffnungen sollten die Größe von ≧2‰ der zu belüftenden Wandfläche haben. Werden Mineralfaser-Dämmfilze eingebaut, so ist darauf zu achten, daß ein Material verwendet wird, das nicht nachträglich über die Nennstärke hinaus aufgeht und den Belüftungsraum verschließt. Sollten durch eine Undichtigkeit in der raumseitig liegenden Dampfsperre geringe Mengen Tauwasser in der Dämmschicht entstehen, so können diese durch die Belüftung nach außen abgeführt werden. Überlegungen, wonach bei hinterlüfteten Außenwandkonstruktionen eine innenseitige Dampfsperre überflüssig wäre, sind in der Praxis mit Vorsicht zu behandeln. Sicherheitshalber sollte die Dampfsperre immer

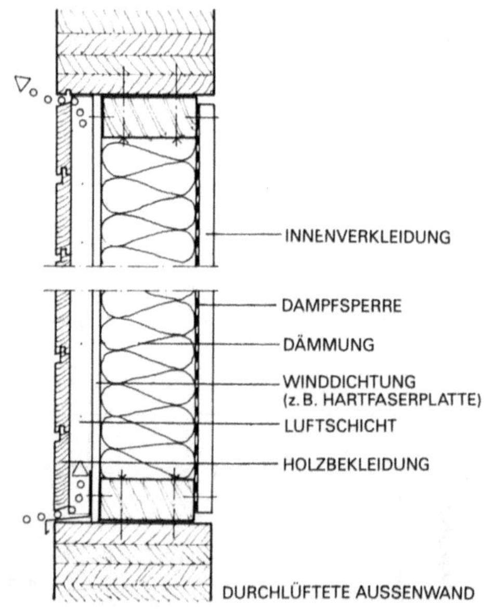

DURCHLÜFTETE AUSSENWAND

vorgesehen werden, denn Tauwasserdurchfeuchtungen in der Dämmung könnten zwar durch die Belüftung abgeführt werden, der Wärmeschutz jedoch wäre während des gesamten Zeitraumes, in dem der Taupunkt auftritt, nicht mehr voll gewährleistet.

Für die Außenwandbekleidungen gibt es zahlreiche Möglichkeiten:
Naturholzschalungen aus Tanne, Fichte, Kiefer, Lärche, Douglasie oder Red Cedar.
Bauplatten aus Holzwerkstoffen wie wetterfestes Fichtensperrholz mit oder ohne zusätzliche Behandlung, zementgebundene Spanplatten, gestrichen oder verputzt, wobei man bei verputzten Plattenverkleidungen die Stöße als Fugen im Putz zeigen sollte, da durch das Arbeiten der statisch weichen Holzkonstruktion in einer die Fugen überdeckenden Putzschicht Risse entstehen können. Gegenteiligen Behauptungen von Putzherstellern ist mit einiger Skepsis zu begegnen.
Als Innenwandverkleidung werden meistens Spanplatten verwendet, da diese schon in der Werkstatt aufgebracht werden können, während z. B. Gipskartonplatten bauseits einzubauen sind, da sie beim Transport zu leicht beschädigt werden.
Weitere Möglichkeiten: zementgebundene Spanplatten mit oder ohne Verputz, Profilholzverschalungen oder Sperrholzplatten.
Massive Ausfachungen des Holzskelettes aus Leichtziegeln oder Gasbeton sind möglich, in bezug auf den Wärmeschutz aber wegen der erforderlichen Materialstärken problematisch.

Außenwandbekleidung in Holz

Bei hölzernen Wandbekleidungen und den Bauteilen der Holzkonstruktionen muß ein Sicherheitsabstand von 30 cm zur Geländeoberkante eingehalten werden, um sie gegen Regen- und Spritzwasser zu schützen. Diese Sockelhöhe kann allerdings bei einem großen Dachüberstand auch geringer gewählt werden.

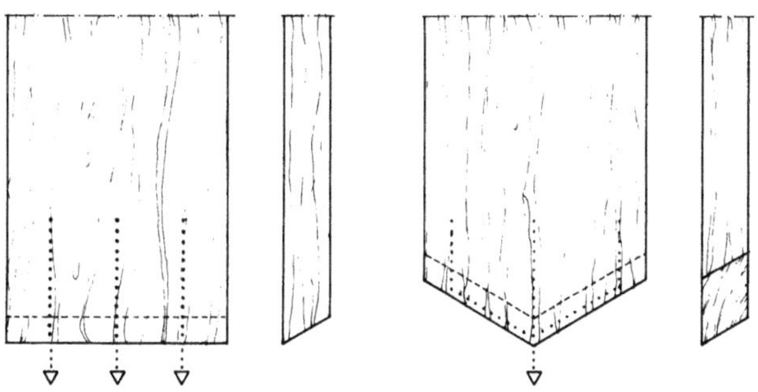

Bei vertikalen Holzbekleidungen kann der Schlagregen am schnellsten nach unten abgeführt werden. Da die Brettlängen nicht über mehrere Stockwerke reichen, wird in jedem Geschoß eine Horizontalfuge eingeführt, wobei die obere Holzbekleidung über die untere vorsteht, damit das Regenwasser abtropfen kann, ohne in die Fuge zu laufen. Um eine schnelle Wasserableitung an den Brettenden zu erreichen, sollte man sie schräg hinterschneiden, um eine Tropfkante zu erhalten. Die bei alten Häusern oft vorkommende Ornamentik der unteren Brettenden hat den gleichen Zweck: Durch ein Zusammenführen des senkrecht ankommenden Wassers in der Mitte des Brettendes wird ein schnelles Abtropfen erreicht.
Bei Holzbauten mit sichtbarem Skelett liegen die Holzbekleidungen oder anderen Füllungen mit diesem in einer Ebene, so daß ablaufendes Regenwasser auf der Oberseite der waagerechten Teile des Skelettes stehen bleiben und zu Fäulnisschäden führen könnte. In diesem Fall muß das Holzskelett oberseitig durch Z-förmige Wetterschenkel, die hinter die Holzbekleidung greifen, geschützt werden. Bei horizontalen Holzbekleidungen, die über mehrere Brettlängen durchgehen, sollten die Längsstöße der Bretter überfälzt werden.
Hinterlüftete Holzbekleidungen werden meistens auf eine Unterkonstruktion aus ungehobelten Latten aufgenagelt oder -geschraubt. Die Querschnitte der Lattung betragen 24/48 mm oder 30/50 mm. Die Abstände der Latten ergeben sich aus der Dicke der Bekleidungsbretter; üblich sind 50–100 cm. Die Materialstärken gehobelter Bretter betragen normalerweise 20–23 mm, sägerauhe Bretter sind 21–24 mm stark. Die Brettbreiten liegen zwischen 100 und 160 mm.
Siehe auch Kapitel „Außenwände, Wandbekleidung aus Holzverschalung".

Oberflächenschutz

Die Art der Oberflächenbehandlung sollte sich nach der gegebenen klimatischen Exposition wie Wetterschutz, Himmelsrichtung, Wärme- und Feuchtigkeitsverhältnisse im Gebäudeinnern, nach der Wärme- und Feuchtigkeitswanderung, der Beanspruchungsart und -stärke und der Verträglichkeit des Anstrichmittels mit einer Holz- oder Holzwerkstoffart richten. Zuerst sind Hirnholzflächen, Kanten und Ecken zu behandeln. Teile, die mit ihren Rückseiten an Mauerwerk grenzen, müssen mit einem Schutzanstrich versehen werden. Holzteile, die anfänglich überdeckt sind, aber später durch Schwinden sichtbar werden können, müssen ebenfalls behandelt werden: die Kämme der Nut- und Kamm-Bretter, gefälzte und übergestülpte Bretter, wie sie bei der Außenverkleidung von Ständerbauten vorkommen, und die gestemmten Rahmenhölzer für eingenutete Füllungen aus Massivholz oder Holzwerkstoffplatten.
Für die äußeren Wandverkleidungen des Ständerbaues, deren Holzstruktur sichtbar bleiben soll, empfehlen sich nichtfilmbildende Oberflächenbehandlungen: farbige Imprägnierbehandlungen oder lasurartige Anstriche mit Pigmentzusatz. Die Verwendung von nichtdeckenden, filmbildenden Anstrichmitteln (Klarlacke) ist zu vermeiden. Hinterlüftete äußere Wandverkleidungen können jedoch mit deckenden filmbildenden Mitteln behandelt werden.
Den besten Holzschutz für Außenbauteile gewährleistet ein genügend großer Dachüberstand; ein nachträglicher chemischer Oberflächenschutz der Holzbauteile kann damit überflüssig werden. Zusätzlich zur Kosteneinsparung und „Entgiftung" des Gebäudes ergeben sich architektonische Reize durch die Verwitterung der Holzteile; an der Wetterseite erhält das Holz eine silbriggraue, an den sonnenbeschienenen Teilen eine rötlich-braune Färbung. Gegenüber den farbig „totgestrichenen" Holzteilen ergeben sich dadurch keine Nachteile bezüglich der Haltbarkeit.

Hochhausbau

Die Hochhäuser des Industriezeitalters hatten neben den neuen Materialien Stahl und später Stahlbeton vor allem Personen- und Lastaufzüge für den Vertikalverkehr zur Voraussetzung. Der erste Personenaufzug wurde 1857 in einem Warenhaus am Broadway eingebaut. Die ersten Hochhäuser entstanden ebenfalls in den USA in den 60er Jahren des 19. Jahrhunderts.
Heute versteht man unter Hochhäusern alle Gebäude, deren oberste Geschoßfläche mehr als 22 m über dem Straßenniveau liegt. Dieses Maß entsprach bei der Erstellung der Hochhausvorschriften der damaligen Steighöhe der Rettungsleitern im Brandfalle (heute 30–32 m). Hochhäuser unterliegen verschärften Bestimmungen der Genehmigungsbehörden.
Die reinen Baukosten steigen mit zunehmender Höhe und Geschoßzahl, denn der senkrechte Transport von Lasten (und Menschen) ist teurer als der horizontale. Oft zwingt aber ein kleiner Bauplatz dazu, die Anzahl der Geschosse zu vermehren oder umgekehrt: Der Anteil der Gelände- und übrigen Nebenkosten sinkt, bezogen auf die Gesamtbaukosten, was die Wirtschaftlichkeit der Hochhausbauten wieder verbessert. Trotzdem bleiben Hochhäuser eine teure Bauform, und zwar auf das Bauvolumen bezogen um so teurer, je höher sie sind, denn mit der Höhe werden nicht nur die Konstruktionen (Statik) teurer, sondern es nimmt auch die erforderliche Fläche für die Verkehrseinrichtungen (Treppen und Aufzüge) und Versorgungsanlagen (Klimaschächte, Müllabwurfsanlagen etc.) zu.
Es sinkt also bei gegebener Grundrißfläche die Nutzfläche mit steigender Geschoßzahl. Hinzu kommen verteuernde Auflagen durch die Vorschriften für Hochhausbauten wie Sicherheitstreppenhaus oder zweites Treppenhaus etc. Schließlich muß man sich noch dessen bewußt sein, daß man bei großen Geschoßzahlen von dem Funktionieren der Verkehrsanlagen abhängig ist. Wenn wir von sportlichen Leistungen absehen, ist Treppensteigen mit ca. 900 kcal/h die wohl anstrengendste Tätigkeit.
Umgekehrt steigen bei Gefahren, wie z. B. Bränden, mit zunehmender Höhe auch die Entleerungszeit und die körperliche Anstrengung bei der Flucht über die Treppenhäuser. Andere Rettungsmöglichkeiten, z. B. über Feuerleitern, gehen zur Zeit nur bis ~ 30 m Höhe. Gerade in Hinsicht der Fluchtsicherheit ist mit weiteren, verteuernden Auflagen der Genehmigungsbehörden zu rechnen.
Brechen bei Hochhäusern vor der Fertigstellung und vor dem Einbau der Löschvorrichtungen Schadenfeuer aus, so vermindern sich die Aussichten auf eine rasche und erfolgreiche Feuerbekämpfung erheblich. Fachleute schätzen die Erfolgsaussichten auf etwa die Hälfte reduziert.
Trotz aller dieser Umstände haben sich die Hochhäuser als Bauform in den sechziger Jahren auch bei uns immer mehr durchgesetzt, und es ist für die Zukunft schon wegen des Bauplatzmangels mit einer weiteren Steigerung – nach Anzahl und Gebäudehöhe – zu rechnen. Hochhäuser helfen der Zersiedlung der Landschaft zu begegnen und die Verdichtung des Stadtkerns zu erhöhen, was allerdings nur über eine Erhöhung der Geschoßflächenzahl möglich ist.
Außer den Bürohochhäusern haben sich vor allem Wohnhochhäuser als beliebte Wohnform durchgesetzt. Zur Zeit werden gewiß mehr Wohnhochhäuser als Bürohochhäuser errichtet. Aber auch für Hotels und als Bettenbauten in Krankenhäusern haben sich Hochhausbauten seit langem bewährt. Selbst als Produktions- und Reparaturwerkstätten leichter, z. B. feinmechanischer Geräte und Artikel sind vielgeschossige Bauten brauchbar und mehrfach ausgeführt worden.
Ehe man an den Entwurf von Hochhäusern gehen kann, muß man die Richtlinien für die Errichtung von Hochhäusern studieren, die nachstehend folgen:

Richtlinien

Die Arbeitsgemeinschaft der für das Bau-, Wohn- und Siedlungswesen zuständigen Minister der Länder der Bundesrepublik und Berlins – ARGEBAU – hat für die Errichtung von Hochhäusern und deren bauaufsichtliche Behandlung Richtlinien ausgearbeitet. Sie liegen den inzwischen unter Berücksichtigung dieser Grundsätze ergänzten oder abgeänderten Bauordnungen der Länder zugrunde und geben einen guten Überblick über die anstehenden Probleme, die in erster Linie mit der Forderung ausreichender Brandschutzvorkehrungen auftreten.
Im folgenden sind diese Richtlinien wiedergegeben.
Bei der Planung sind auch die einzelnen Fassungen der Bundesländer zu berücksichtigen.

Grundsätze für die Errichtung von Hochhäusern

Inhalt

1 Begriffe

Als Hochhaus im Sinne dieser Richtlinien gilt jedes Gebäude, in dem der Fußboden mindestens eines zum dauernden Aufenthalt von Menschen dienenden Raumes mehr als 22 m über Gelände liegt.

2 Allgemeines

Hochhäuser sollen nur gestattet werden, wenn ihre Errichtung städtebaulich begründet ist und sicherheitliche und gesundheitliche Bedenken nicht bestehen. Insbesondere müssen Sicherheit und Leichtigkeit des ruhenden und fließenden Verkehrs, die Sicherheit der Benutzer und eine einwandfreie Gestaltung des Orts-, Straßen- und Landschaftsbildes gewährleistet sein. Die berechtigten Belange der Nachbarn dürfen nicht beeinträchtigt werden.

3 Verfahren

3.1 Bei der Ausweisung von Hochhäusern in rechtsverbindlichen städtebaulichen Plänen sind die Bestimmungen der Ziff. 2 und 4.1 bis 4.5 dieser Richtlinien zu berücksichtigen.

3.2 Bei der Prüfung, ob die Voraussetzungen für Befreiungen gegeben sind, ist ein strenger Maßstab anzulegen. Um Berufungen wirksam entgegentreten zu können, sind die Gründe für die Gewährung der Befreiung aktenkundig zu machen.

4 Bauliche Nutzung der Grundstücke

4.1 Die Geschoßfläche, die sich aus der nach den Bauvorschriften zulässigen baulichen Nutzung des Grundstücks ergibt, darf durch das Hochhaus und andere Bauten auf diesem Grundstück nicht überschritten werden. Die Geschoßfläche ist das Produkt aus der bebaubaren Grundstücksfläche und der Zahl der zulässigen Vollgeschosse.

4.2 Die Flächen für die nach § 2 bzw. § 3 RGaO erforderlichen Einstellplätze oder Garagen müssen auf dem Grundstück selbst in zweckentsprechender Lage vorhanden sein. Sie sind in den Plänen, die der Baugenehmigung zugrunde gelegt werden, auszuweisen.

4.3 Alle mit Fenstern versehenen Außenwände müssen für Feuerwehrfahrzeuge auf entsprechend befestigter Fahrbahn erreichbar sein. Anbauten, Vordächer oder dergleichen sind nur soweit zulässig, als sie den Einsatz von Feuerlösch- und Rettungsgeräten nicht behindern.

4.4 Von der Bebauung freibleibende Grundstücksflächen, die nicht als Verkehrsflächen zwingend erforderlich sind, sind gärtnerisch zu gestalten und zu unterhalten.

4.5 Ausreichende Belichtung, Besonnung und Belüftung müssen für das Hochhaus selbst und für seine Umgebung gewährleistet sein.

Die Seiten eines Hochhauses, die nicht mehr als 16 m lang sind, sollen von vorhandenen oder nach den Bauvorschriften zulässigen gegenüberliegenden Gebäuden einen Abstand halten, der in Geschäftsgebieten mindestens das 0,75fache, in Mischgebieten und Wohngebieten mindestens das Einfache der Traufhöhe des Hochhauses beträgt. Bei mehr als 16 m langen Hochhausseiten vergrößern sich die vorgenannten Abstände in Geschäftsgebieten auf das Einfache, in Mischgebieten und Wohngebieten auf das Zweifache der Traufhöhe des Hochhauses. Ist das gegenüberliegende Gebäude höher als das Hochhaus, so ist die höhere Traufhöhe maßgebend.

5 Tragende Bauteile, Dächer

Tragende Bauteile wie z. B. Wände, Stützen, Decken und Treppen müssen feuerbeständig sein. Dachkonstruktion und Dachschalung müssen aus nicht brennbaren Baustoffen bestehen.

6 Fensterbrüstungen, -stürze, Fenstertüren und Fenster

6.1 Fensterbrüstungen müssen eine Höhe von mindestens 0,90 m haben und feuerbeständig sein.

Fensterstürze müssen feuerbeständig sein und von der Raumdecke mindestens 0,25 m herabreichen. Anstelle der feuerbeständigen Fensterstürze können auch mindestens 0,40 m von der Raumdecke herabreichende und in nicht öffenbaren, nicht brennbaren Rahmen sitzende Verglasungen vorgesehen werden. Diese Verglasungen müssen den Anforderungen einer Prüfung nach DIN 4102, Blatt 3, Abschnitt C II, Ziff. 3, entsprechen. Fensterstürze sind nicht erforderlich, wenn die Fenster wie Fenstertüren angeordnet sind.

Fenstertüren sind nur bei Loggien oder Balkonen bzw. Gesimsen von mindestens 0,60 m Tiefe oder Auskragung zulässig; sie bedürfen keiner Stürze, wenn über ihnen feuerbeständige Bauteile mit mindestens 0,60 m Tiefe oder Auskragung vorhanden sind.

Fenster und Fenstertüren aus brennbaren Baustoffen sollen möglichst nicht verwendet werden.

6.2 Sofern die Fensterflächen nicht gefahrlos vom Innern des Gebäudes oder von Loggien und Balkonen aus gereinigt werden können, sind Vorrichtungen anzubringen, die eine Reinigung von außen durch Fachkräfte ermöglichen. Entsprechendes gilt für andere Außenflächen, die einer regelmäßigen Reinigung bedürfen.

7 Innenwände, Verkleidungen und Einbauten

7.1 Wohnungstrennwände, Treppenhauswände und Wände von allgemein zugänglichen, zu den Treppenhäusern führenden Fluren (notwendige Flure) müssen feuerbeständig sein. Für Verglasungen in solchen Wänden gilt Ziffer 6.1 sinngemäß. Die Anforderungen des Schallschutzes bleiben unberührt.

7.2 In allgemein zugänglichen Fluren und in Treppenhäusern müssen Wand- und Deckenverkleidungen sowie Einbauten aus nicht brennbaren Baustoffen hergestellt werden.

7.3 Sonstige Wand- und Deckenverkleidungen sowie Trennwände müssen ebenfalls aus nicht brennbaren Baustoffen bestehen; Ausnahmen können gewährt werden, wenn wegen der Feuersicherheit keine Bedenken bestehen.

8 Schächte und Kanäle

8.1 Senkrechte Schächte für Aufzüge jeder Art, für Installationsleitungen sowie für Lüftungs- und Klimaanlagen müssen außer ihren Abdeckungen feuerbeständig sein.

8.2 Waagerechte Kanäle für Installationsleitungen sowie für Lüftungs- und Klimaanlagen müssen, wenn sie Brandabschnitte durchbrechen, feuerbeständig hergestellt sein. Bleiben solche Kanäle innerhalb eines Brandabschnittes, so müssen sie aus nicht brennbaren Stoffen bestehen.

8.3 Schächte und Kanäle dürfen innen weder brennbare Auskleidungen noch brennbare Anstriche erhalten.

8.4 In Schächten und Kanälen von Lüftungs- und Klimaanlagen dürfen keine Energieleitungen verlegt werden, in Aufzugsschächten nur solche, die dem Betrieb der Aufzüge dienen.

8.5 Aufzugsschächte dürfen nicht zur Belüftung anderer Räume benutzt werden.

9 Türen

9.1 Treppenhaustüren, die nicht ins Freie führen, müssen mindestens feuerhemmend sein und aus nicht brennbaren Baustoffen bestehen.

9.2 Türen in allgemein zugänglichen, zu den Treppenhäusern führenden Fluren (notwendige Flure) müssen, soweit es sich nicht um Treppenhaustüren nach Ziff. 9.1 handelt, rauchdicht, glatt und vollwandig sein.

Für Verglasungen gilt Ziff. 6.1.

9.3 Verbindungstüren, die von Geschoßtreppen zu Keller- oder Bodentreppen bzw. -räumen führen, müssen feuerbeständig sein.

10 Brandabschnitte

Hochhäuser sollen in Brandabschnitte von etwa 30 m Länge durch feuerbeständige Wände unterteilt werden. Diese Wände dürfen nur in den Fluren Durchbrüche erhalten, die durch mindestens feuerhemmende Türen abgeschlossen werden müssen.

11 Fluchtwege und Treppen

11.1 Von jedem Raum jeden Geschosses müssen Fluchtwege über zwei voneinander unabhängige und möglichst weit voneinander liegende Treppen vorhanden sein. Die eine Treppe muß als notwendige Treppe im Sinne der Bauordnung, die andere kann, wenn es sich nicht um eine notwendige Treppe handelt, bei Hochhäusern bis zu zwölf Geschossen als Nottreppe nach Ziff. 11.5 ausgebildet sein. Anstelle der beiden Treppenhäuser kann auch *ein* Sicherheitstreppenhaus nach Ziff. 11.6 treten.

11.2 Von den zwei Treppenhäusern (Ziff. 11.1) muß eines an einer Außenwand liegen und in jedem Geschoß Fenster ins Freie haben, die geöffnet werden können.

Die Treppenhäuser müssen im obersten Geschoß oder über Dach eine sicher begehbare Verbindung miteinander haben. Eines von ihnen braucht nicht bis ins Erdgeschoß geführt zu werden, wenn sein unterer Ausgang in oder auf einen anderen Bauteil führt, der unterhalb der 22-m-Grenze liegt und mit einem Treppenhaus in Verbindung steht, das unmittelbar ins Freie führt.

11.3 Treppenhäuser sollen in Höhe der 22-m-Grenze und darüber nach jedem vierten Geschoß in rauchdichte Abschnitte geteilt werden. Jeder Abschnitt muß an der höchsten Stelle eine Rauchabzugsvorrichtung haben, die vom Erdgeschoß und dem obersten Podest des darunterliegenden Abschnittes aus betätigt werden kann. Der freie Durchgang jeder Rauchabzugsöffnung muß mindestens 5% der Grundfläche des dazugehörigen Treppenhausabschnittes, mindestens jedoch 0,5 m² betragen.

11.4 Die Laufbreite notwendiger Treppen und ihrer Podeste richtet sich nach der Nutzungsart des Hochhauses, muß aber mindestens 1,25 m betragen. Diese Treppen müssen eine flache (gute) Steigung nach DIN 4174 haben. Die Stufen geschwungener Treppen müssen auch an der schmalsten Stelle noch eine Auftrittsbreite von mindestens 23 cm haben.

11.5 Nottreppen müssen eine Laufbreite von mindestens 0,80 m und dürfen ein Steigungsverhältnis in der Lauflinie bis zu 20/20 cm haben.

11.6 Das Sicherheitstreppenhaus darf nur über eine offene Galerie erreichbar sein, deren Brüstungen mindestens 1,20 m hoch und bis zu einer Höhe von 0,90 m feuerbeständig sein müssen. Seine Umfassungswände dürfen Öffnungen nur ins Freie oder zu der offenen Galerie haben. Im übrigen gelten die Vorschriften nach Ziff. 11.4. Die Unterteilung nach Ziff. 11.3 und 11.7 kann entfallen.

11.7 In Wohnhochhäusern sind Gänge (notwendige Flure), die mit ihren Längsseiten nicht an einer Außenwand liegen, durch feuerhemmende Abschlüsse mit unverschließbaren rauchdichten Türen in Abschnitte von höchstens 15 m zu unterteilen. Jeder Teilabschnitt muß einen unmittelbaren Zugang zu einem Treppenhaus haben und ist von der Kopfseite oder über einen Stichflur durch Fenster ins Freie zu belüften und zu belichten.

11.8 Kellergeschosse müssen mindestens zwei getrennte Ausgänge haben, von denen einer unmittelbar ins Freie führen muß. Bei Anlage eines Tiefkellers,

d. h. von zwei Kellergeschossen untereinander, müssen beide feuerbeständig – ohne innere Verbindung – getrennt sein.
Die Fenster dieser beiden Geschosse dürfen keine gemeinsamen Lichtschächte haben. Je ein Ausgang beider Kellergeschosse kann in ein gemeinsames Kellertreppenhaus führen.

12 Aufzüge

Unbeschadet der Vorschriften der Aufzugsverordnung müssen folgende Forderungen erfüllt werden:

12.1 Hochhäuser müssen mit Aufzügen versehen sein. Diese Aufzüge (einschl. Umlaufaufzüge) müssen aus nichtbrennbaren Baustoffen bestehen. Die Innenflächen des Fahrkorbs können bis zu einer Dicke von 1,5 mm mit mindestens schwer entflammbaren Stoffen ausgekleidet werden. Der Fußboden des Fahrkorbes darf aus Eichenholz bestehen, sofern er an der unteren Seite mit Stahlblech verkleidet und zwischen Holz und Stahlblech eine mindestens 4 mm dicke Asbestschicht eingefügt ist. Aufzüge müssen in besonderen Schächten liegen (vgl. Abschnitt 8). Höchstens 3 Aufzüge dürfen einen gemeinsamen Schacht haben. Der Maschinenraum muß gegen benachbarte Räume feuerbeständig abgetrennt, ausreichend groß und über eine fest eingebaute Treppe zugänglich sein.

12.2 In Wohnhochhäusern muß jede Wohnung von mindestens einem Personenaufzug aus erreichbar sein, in dessen Fahrkorb eine Mindestgrundfläche von 1,0 × 2,1 m verfügbar ist, um auch die Beförderung von belegten Krankentragen und von Lasten zu ermöglichen.
In Wohnhochhäusern sind Umlaufaufzüge nicht zulässig.

12.3 Fahrschachttüren müssen doppelwandig, aus 1 bis 2 mm dickem Stahlblech und verwindungssteif hergestellt sein. Verglasungen müssen aus doppelten Spiegeldrahtglasscheiben von je 8 mm Dicke bestehen und dürfen im Lichtmaß nicht größer als 0,95 × 0,15 m sein. Die Glasscheiben müssen mindestens 25 mm breit gefaßt sein; sie sind oben mit Bohrungen zu versehen und an Stiften aufzuhängen. Das Spiegeldrahtglas muß ausreichend widerstandsfähig gegen Feuereinwirkung nach DIN 4102 sein.
Fahrschachtflügeltüren müssen seitlich und oben in einen Falz von mindestens 25 mm Breite schlagen.

12.4 Aufzüge mit Fahrschachtschiebetüren und Umlaufzüge müssen Vorräume haben, die durch feuerbeständige Wände mit feuerhemmenden Türen abgeschlossen sind. Vorräume sind nicht erforderlich in Treppenhäusern unterhalb der 22-m-Grenze sowie bei Sicherheitstreppenhäusern.

13 Abstellräume

In Wohnhochhäusern müssen Abstellräume in den Wohnungen und in den Keller- oder Dachgeschossen, ferner Waschküchen und Trockenräume – sofern letztere nicht als Sammelanlagen außerhalb des Hochhauses eingerichtet werden – sowie Abstellräume für Fahrräder und Kinderwagen im Kellergeschoß in ausreichender Zahl und Größe vorhanden sein. Als ausreichend sind anzusehen:
Abstellraum innerhalb jeder Wohnung mit einer Grundfläche von etwa 3% der Wohnfläche, jedoch von mindestens 1 m²; Abstellraum im Keller oder Dachgeschoß mit einer Grundfläche von 8 m² je Wohnung.

14 Müllschütten

In Hochhäusern sind Müllschütten mit feuerbeständigen Schachtwänden einzubauen. Sie sind so anzuordnen und auszubilden, daß Gefahren und Belästigungen durch Feuer, Rauch, Staub, Gerüche und Geräusche nicht entstehen können; die einwandfreie Lagerung der Abfallstoffe bis zu ihrer Abfuhr ist sicherzustellen.

15 Heizung, Schornsteine

15.1 Hochhäuser müssen Zentralheizungs- oder Fernheizungsanlagen erhalten. Einzelfeuerstätten für feste und flüssige Brennstoffe dürfen nicht verwendet werden.

15.2 Schornsteine müssen vom Fundament bis zur Mündung durchgehen und von den Decken und Wänden mindestens durch 3 cm breite Fugen getrennt sein, die mit Mineralwolle oder einem gleichwertigen Dämmstoff fest auszustopfen sind.

16 Lüftungs- und Klimaanlagen

16.1 Lüftungs- und Klimaanlagen müssen für jeden Brandabschnitt (Ziff. 10) gesonderte Zu- und Ableitungen erhalten. Sie dürfen nicht mit Schächten und Kanälen anderer Brandabschnitte in unmittelbarer Verbindung stehen.

16.2 Lüftungs- und Klimaanlagen mit mechanischem Antrieb müssen in der Nähe der Ein- und Ausgänge von gut zugänglicher Stelle aus abschaltbar sein.

17 Notstromanlagen

Jedes Hochhaus ist mit einer vom Versorgungsnetz unabhängigen, bei Ausfall des Netzstromes sich automatisch einschaltenden Notstromanlage zur Beleuchtung der notwendigen Flure, Treppenhäuser und Ausgänge und zum Betrieb notwendiger mechanischer Entlüftungsanlagen zu versehen; hierbei sind die Bestimmungen von VDE 0108 sinngemäß anzuwenden. Die Anlage ist mindestens alle zwei Jahre durch einen Sachverständigen zu prüfen und das Prüfzeugnis der unteren Ordnungsbehörde einzureichen.

18 Trafo- und Schaltanlagen

Für Trafo- und Schaltanlagen ist der erforderliche Raum im Innern des Gebäudes vorzusehen und in den Bauvorlagen auszuweisen. Trafo- und Schaltanlagen mit Betriebsspannungen über 1 kV müssen in einem besonderen, nur vom Freien aus zugänglichen Raum liegen, der von anderen Räumen durch feuerbeständige Wände und Decken abgetrennt sein muß. Für die Ausführung von Be- und Entlüftungsschächten und -kanälen von Trafo- und Schaltanlagen gilt Vorstehendes sinngemäß. Die elektrischen Anlagen sind nach den einschlägigen VDE-Vorschriften auszuführen.

19 Blitzschutz

Hochhäuser müssen eine Blitzschutzanlage erhalten, die den vom Ausschuß für Blitzableiterbau (ABB) herausgegebenen Leitsätzen und Grundsätzen für Blitzschutzanlagen entsprechen. Die Anlage ist mindestens alle fünf Jahre durch einen Sachverständigen zu prüfen. Das Prüfzeugnis ist der unteren Ordnungsbehörde einzureichen.

20 Brandbekämpfung

Für Anlage und Ausführung von Feuermelde- und -löscheinrichtungen wie Sprinkleranlagen, nasse oder trockene Steigleitungen, Druckerhöhungsanlagen, Ringwasserleitungen, Hydranten, Schlauchanschlüsse, Handfeuerlöscher u. ä. sind im Benehmen mit der zuständigen Branddirektion bzw. einer geeigneten Feuerschutzdienststelle oder einem Brandsachverständigen von Fall zu Fall besondere Bedingungen und Auflagen zu stellen.

21 Orientierungspläne

An den Ein- und Ausgängen sind an gut sichtbarer Stelle Lageplan und Grundrißpläne anzubringen, in denen die Fluchtwege, die für die Brandbekämpfung erforderlichen Freiflächen, die Feuermelde- und löscheinrichtungen sowie die Bedienungseinrichtungen der technischen Anlagen kenntlich gemacht sind.

22 Sonderbauordnungen

Weitergehende Vorschriften der Sonderbauordnungen bleiben unberührt.

Nutzungsart und Baugefüge

Für die Errichtung von Hochhausbauten gibt es mehrere konstruktive und statische Möglichkeiten. Meistens schränkt der Nutzungszweck die Wahl des Baugefüges und der Baustoffe von vornherein ein.
Für flexibel aufteilbare Büroflächen kommen nur Skelettbauweisen mit möglichst großen Stützenabständen oder gar innenstützenfreie Geschoßrahmen bei geringen Gebäudetiefen in Frage. Die gleichen Überlegungen gelten auch für vielgeschossige Produktions- oder Reparaturwerkstätten.
Für Hotel- und Krankenhausbauten, bei denen man eine feste unveränderliche Raumaufteilung annehmen kann und bei welchem die Raumtrennwände auch eine möglichst gute Schalldämmung aufweisen sollen, liegt eine Schottenbauweise näher, die gleichzeitig den Vorzug der geringeren Baukosten hat.
Dasselbe gilt für Wohnhochhäuser, solange man nicht größere Flexibilität in der Grundrißaufteilung verlangt. Eingeschränkt wird die volle Flexibilität auf jeden Fall durch notwendigerweise vorgegebene Installationswände mit den Steig- und Falleitungen oder ganzen Naßzellen. Veränderbarkeit der Grundrisse durch versetzbare Montagewände bedeutet aber immer gesteigerte Baukosten.

Da versetzbare Wohnungstrennwände wegen der erforderlichen Schalldämmung teuer sind, kommen fast nur vorgegebene Wohnungsgrößen mit allenfalls versetzbaren Raumtrennwänden in Frage. Das Konstruktionsproblem ist dann der Abstand der Schottenwände und die Deckenspannweite.

Standsicherheit

Je nach Gebäudehöhe und Tragwerksform treten im Gefüge eines Hochhausbaues ungleich größere Spannungen auf, als aus der Addition der Geschosse allein gegeben wären. Neben den ohnehin größeren Druckbeanspruchungen der Baustoffe durch die Summe der Vertikallasten aus Eigengewicht und Nutzlast erwachsen mit zunehmender Gebäudehöhe die Hauptprobleme aus den Horizontal- und Torsionskräften der Windbelastung.

Windlast

Die Windlast „w" ist als Funktion der Gebäudehöhe, seiner Fläche und Gestalt sowie der Windangriffsrichtung nach DIN 1055, Teil 4, zu ermitteln.

Windaussteifung

Die größte Steifigkeit erreicht ein Wandbaugefüge mit regelmäßigen linearen Kantenverbindungen gegenüber den Horizontal- und Torsionskräften. Bis zu einer gewissen Höhe bietet die Schwerkraft eines solchen Baukörpers die notwendige Kippsicherheit gegen die Windbelastung.
Die Resultierende aus Vertikal- und Horizontallast im Schwerpunkt des Baukörpers darf höchstens 1/3 der Breite des Querschnittes von der Mittelachse entfernt die Gründungssohle treffen.
Begünstigt wird dies ggf. durch:

- Gewichtsvergrößerungen und Schwerpunktverlagerung nach unten durch Steigung der Masse im unteren Bereich bis in die Fundamente hinein.
- Vergrößerung der Gründungsfläche durch eine Verbreiterung des Keller- und Fundamentkörpers über die Gebäudebreite hinaus.
- Grundrißform, z. B. T- oder Y-Typen. Gegenseitige Abstützung von schlanken Gebäudeteilen durch andersgerichtete.

Während der Wandbau die erforderliche Steifigkeit gegen die Biegemomente aus den Windlasten leicht erbringt, übernehmen

SICH ÜBERLAGERNDE REAKTIONSKRÄFTE IM TRAGWERK GEGEN STAUDRUCK AUS WIND

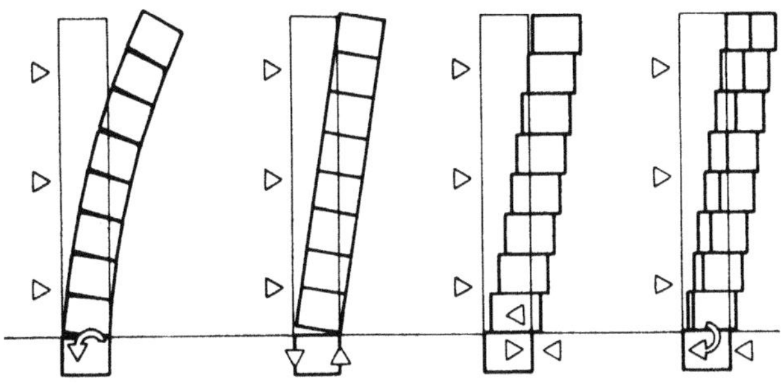

BIEGE-STEIFIGKEIT KIPP-SICHERHEIT SCHER- UND TORSIONS-WIDERSTAND

STABILISIERUNG DURCH ENTSPRECHENDE GRUNDRISS-GESTALTUNG UND FORMENGEBUNG

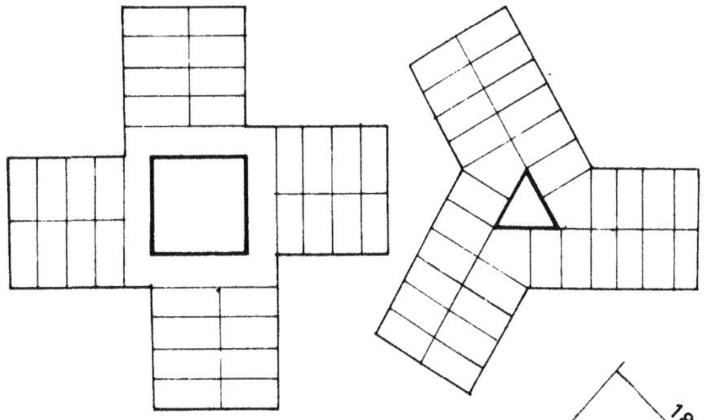

PIRELLI-HOCHHAUS
125 m HÖHE

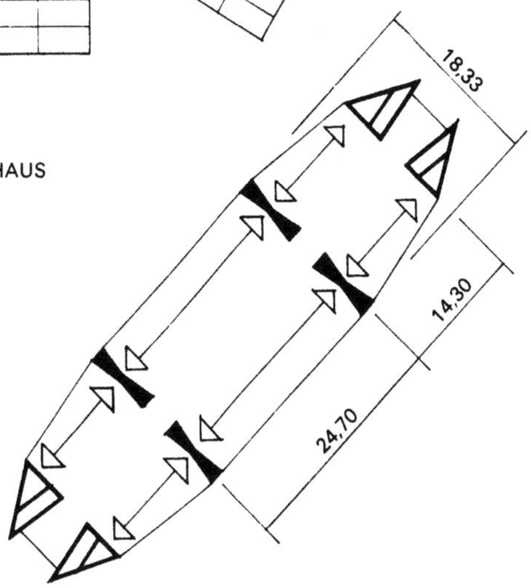

STABILISIERUNG DURCH LÄNGSGESPANNTE DECKEN, BELASTETE UND VORGESPANNTE QUERPFEILERPAARE

im üblichen Skelettbau nur einzelne Wandscheiben diese Aufgabe. Die Anzahl der Wandscheiben, ihre Bemessung und Anordnung hängen ab von der Bauwerkshöhe, der Konstruktionsform, der Grundrißgestaltung und der Materialwahl.

Windscheiben und Festpunkte

Einzelne Windscheiben kann man ab einer bestimmten Schlankheit nicht mehr als Schwergewichtswände ausführen. In Stahlbeton bildet man sie als bewehrte und ggf. vorgespannte Scheiben, im Stahlbau als stehende Fachwerksträger. Um den Biegespannungen entgegenzuwirken und um die Resultierende aus Vertikal- und Horizontallasten möglichst innerhalb der Grundfläche die Gründungssohle treffen zu lassen, sollten Windscheiben auch Deckenlasten abtragen (natürliche Vorspannung). Bei extrem schlanken Baukörpern muß ggf. der Gründungskörper über die Bauwerkstiefe hinaus verbreitert werden.
Als Wand-, Fachwerk- oder Rahmentragwerke müssen Windscheiben in mindestens zwei nicht zueinander parallelen Ebenen angeordnet und durch dritte Ebenen verbunden sein. Am günstigsten ist ihre Zusammenfassung zu Kernelementen, die als Röhrentragwerke im Fundamentkörper eingespannt sind. Sie können als Grundrißfestpunkte für Treppen-, Aufzugs- und Installationsschächte sowie Nebenräume genutzt werden, zwischen denen ohnehin unveränderliche Raumtrennungen gegeben sind.
Die günstigste Form eines zentral liegenden Festpunktes hängt von der Grundrißgestalt ab. Zum Beispiel bei quadratischen Punkthäusern ist ein quadratischer Kern, dessen Kantenlängen von der Gebäudehöhe abhängen, am günstigsten. Bei Scheibenhochhäusern – die Übergänge vom Quadrat zur Scheibe sind fließend – gibt man dem Kern eine angemessene Rechtecksform, wenn man keine zusätzlichen Windscheiben anordnen will.

Bei Bauten, deren Länge über 40 bis 45 m geht, braucht man Trennfugen und ordnet dann je nachdem zusätzliche Windscheiben, Rahmen oder mehrere Kerne an.

Demgegenüber sind an Außenwänden liegende Festpunkte bezüglich der Verkehrsflächen (Fluchtwege), ebenso wie bezüglich der Gebäudeaussteifung, ungünstig. Außerhalb des Baues liegende Festpunkte tragen praktisch zur Versteifung des Gebäudes nicht mehr bei. Man erhält zwar so die größtmögliche Freiheit in der Geschoßflächennutzung, muß sie aber durch verteuernde steife Rahmenskelette erkaufen. Die große Momentbelastung biegesteifer Knoten im Hochhausbau führt zu wesentlich größeren Stützen- und Trägerquerschnitten als bei Pendelstützen und Windscheiben.

Ohne Schäden können Pendelstützen den Bewegungen des Baues von einem Festpunkt aus nach allen Seiten folgen.

Bei einer zentralen Lage des Festpunktes werden die Grundflächen zunächst nur durch die Länge der Fluchtwege beschränkt. In der Praxis beschränkt man die Grundflächen (ohne Dehnfugen) auf <50 m. Bei größerer Grundflächenausdehnung sind Dehnfugen allerdings unumgänglich. Die einzelnen von einander getrennten Bauteile bedürfen einer eigenen Windaussteifung. Generell müssen Geschoßflächen zwischen mehreren biege- und torsionssteifen Festpunkten wegen der auftretenden Zwangsspannungen durch Fugen getrennt werden.

Die Probleme großer Gebäudehöhe und das Bemühen um größtmögliche Flexibilität bei möglichst geringen Konstruktionsquerschnitten führten schließlich beim Stahlbau zu Versuchen, die Windaussteifung als räumliches Fachwerk um das Gebäude herumzulegen. Die periphere Anordnung in oder vor der Außenwand ergibt die größte Schlankheit des Windträgers und damit den geringsten Materialbedarf bei unbeeinträchtigter Flexibilität in der Aufteilung der Geschoßflächen.

Hochhäuser als Wandbauten

Für die normalen Wohnhochhäuser ist das Schachtelgefüge aus möglichst gleichgroßen und etwa quadratischen Räumen mit tragenden Innen- und Außenwänden, Längs- und Querwänden statisch am günstigsten. Die sich gegenseitig aussteifenden Wandscheiben und kreuzweise bewehrten Decken ergeben die geringsten Wand- und Deckenstärken bei höchster räumlicher Steifigkeit des Baukörpers. Es ergibt neben gleichmäßiger Lastverteilung auf Längs- und Querwände auch die wirtschaftlichsten Abmessungen für die Fundamentplatte.
Das Quer- und Längswandprinzip ohne tragende Außenwände ist ebenfalls für den Hochhausbau geeignet. Die Fassade spannt sich von Geschoßdecke zu Geschoßdecke und übernimmt sonst keine statische Funktion, sondern nur den Wetterschutz und den Ausgleich der Temperaturspannungen.
Das Längswandprinzip ist wegen der Windaussteifung und wegen der architektonischen Fassadenprobleme im Hochhausbau nicht empfehlenswert. Die ungleiche statische Belastung der tragenden Außenwand überlagert sich mit den bauphysikalischen Beanspruchungen und schränkt die Öffnungsfreiheit der Fassade wesentlich ein.
Bei allen Wandbauweisen sucht man die Möglichkeiten unterschiedlicher Druckfestigkeit und Belastbarkeit bei gleichen Wandstärken zu nutzen. Durch Vergrößerung des Abstandes tragender Wände auf 6 bis 7 m kann man zu mehr Flexibilität, zu unterschiedlich großen und teilbaren Räumen gelangen. Schließlich tragen die sich daraus ergebenden größeren Decken- und Wandstärken auch zu einer Verbesserung des Schallschutzes bei.
Hotel- und Bettenbauten der Krankenhäuser haben meistens gleiche Raumbreiten und mäßige Deckenspannweiten, ähnlich den normalen Wohnbauten.
Die Flexibilität eines Skelettbaues dagegen ist im Wohnhochhausbau wegen der ohnehin durch die Installationszellen auferlegten Einschränkungen kaum sinnvoll zu nutzen, ganz abgesehen vom Mehraufwand für die Windaussteifung und den ausreichenden Schallschutz.

Mauerwerksbau

Daß sich in den letzten zehn Jahren auch das Ziegel- und Kalksandstein-Mauerwerk auf dem Gebiet des Hochhausbaues – bis zu 16 Stockwerken – noch behaupten konnte, ist ein eindrucksvoller Erfolg der Qualitätssteigerung, der verfeinerten Berechnungsmethoden („Ingenieurmäßiger Mauerwerksbau") und einer sinnvoll, von der Konstruktion her geleiteten Entwurfs- und Ausführungsplanung. Die entscheidenden Forschungen und Versuche gingen von der Schweiz aus. Dort wurden die ersten Wohnhochhäuser in Ziegelmauerwerk errichtet.

Ziegelmauerwerk

In umfangreichen Versuchen an geschoßhohen Pfeilern und Wänden hat man das Verhalten von Backsteinmauerwerk unter schärfsten Bedingungen studiert. Die wesentlichen Ergebnisse dieser Schweizer Versuche waren folgende: Bei zentrischem Druck dehnen sich die Mauersteine und der Mörtel quer zur Normalspannung, d. h. also senkrecht zur Kraftwirkung aus. Wegen der Haft- und Reibungskräfte müssen sich Steine und Mörtel in gleichem Maße querdehnen. Durch die leichtere Dehnbarkeit (Querdehnung) des weichen Mörtels entstehen Zugspannungen senkrecht zur Kraftwirkung in den Steinen, die schließlich die Bindersteine über den Stoßfugen aufspalten. Die Mauersteine werden also nicht durch die Druckkräfte zerstört, sondern zuvor durch die in ihnen auftretenden Zugspannungen aufgespalten. Der Mauerkörper zerlegt sich in mehrere Säulen. Es zeigte sich, daß zu dicke Lager- und Stoßfugen die Querzugspannungen steigern.
Errichtet man einen Mauerkörper jedoch mit zu wenig Fugenmörtel, so wird je nach der größeren oder geringeren Unebenheit der Lagerflächen die Gesamtlast nur über mehrere oder wenigere Punkte verteilt übertragen. Die auf diese Weise ausgelösten Zugspannungen lassen die Steine schneller aufreißen als beim Vorhandensein ausreichender Mörtelfugen.
Ist die Lagerfläche der Steine stark durch Löcher vermindert, so reißen sie entsprechend schneller. Für die Tragfähigkeit abträglich erweisen sich ferner unregelmäßige Querschnittsformen und Verdrehungen, die entweder größere Ausbiegungen, örtliche Exzentrizitäten oder Spannungskonzentrationen ergaben. Bei hohen und dünnen Wänden (1/2-Stein stark) bewegt sich während des Aufmauerns der obere Teil hin und her (Wackeleffekt). Besonders bei stark saugenden Steinen verliert der Mörtel rasch an Plastizität und wird nach den Rändern abgewälzt. Bei zentrischer Belastung ergeben sich hierdurch Spannungskonzentrationen in der Wandmitte, bei exzentrischer Belastung ist mit einer größeren Ausbiegung des Mauerkörpers und einem entsprechenden Abfall der Tragfähigkeit zu rechnen.
Der Wasserentzug läßt sich nicht ohne Nachteil für die Druckfestigkeit des Mauerkörpers durch Annässen der Steine ersetzen. Die Mauersteine dürfen nur wenig Wasser aufnehmen. Ein harter und druckfester Mörtel wird unter der Belastung weniger zusammengepreßt, und seine Querdehnung ist geringer, so daß sich für die Bindersteine auch geringere Zugspannungen ergeben.
Nach *Hart*, „Der Mauerziegel" sind bei der Planung von Hochbauten in reiner Ziegelbauweise von 6 Geschossen aufwärts folgende Gesichtspunkte zu beachten:

- Die Grundrisse sämtlicher Geschosse müssen deckungsgleich sein.
- Der Grundriß soll so geplant sein, daß die tragenden und aussteifenden Wände möglichst quadratische oder annähernd quadratische Räume umschließen, so daß sich Deckenlasten und Windkräfte möglichst gleichmäßig auf das Wandgefüge verteilen.
- Sämtliche Raum- und Mauermaße sowie die Geschoßhöhen sind nach der Maßordnung bzw. nach dem Ziegelformat zu planen. Der regelrechte Verband sollte in Schichtplänen festgelegt werden.
- Sämtliche Aussparungen und Schlitze für Installation müssen eingeplant und hinsichtlich ihres Einflusses auf die Standsicherheit geprüft werden. Nachträgliche Stemmarbeiten sind unzulässig.
- Ein statischer Nachweis ist in jedem Fall erforderlich.

Bei der Bauausführung ist zu beachten:
- Die Druckfestigkeit der Mauerziegel und des Mörtels ist laufend zu überprüfen.
- Die aussteifenden Querwände müssen gleichzeitig mit den belasteten Wänden hochgeführt werden. Die in DIN 1053/2.21 vorgesehenen Erleichterungen sollen nicht in Anspruch genommen werden.
- An die Qualität der handwerklichen Ausführung, vor allem hinsichtlich der Maßgenauigkeit, sind höchste Anforderungen zu stellen.

Kalksandsteinmauerwerk

Als Beispiel für das Kalksandsteinmauerwerk sei ein unverputztes Wohnhochhaus mit Längs- und Querwandgefüge bei 16 Wohn- und 2 Kellergeschossen näher erläutert. Kalksandsteine haben

WOHNHOCHHAUS IN ZÜRICH-SCHWAMMENDINGEN
18 GESCHOSSE
38 cm MAUERDICKE BEI ALLEN GESCHOSSEN

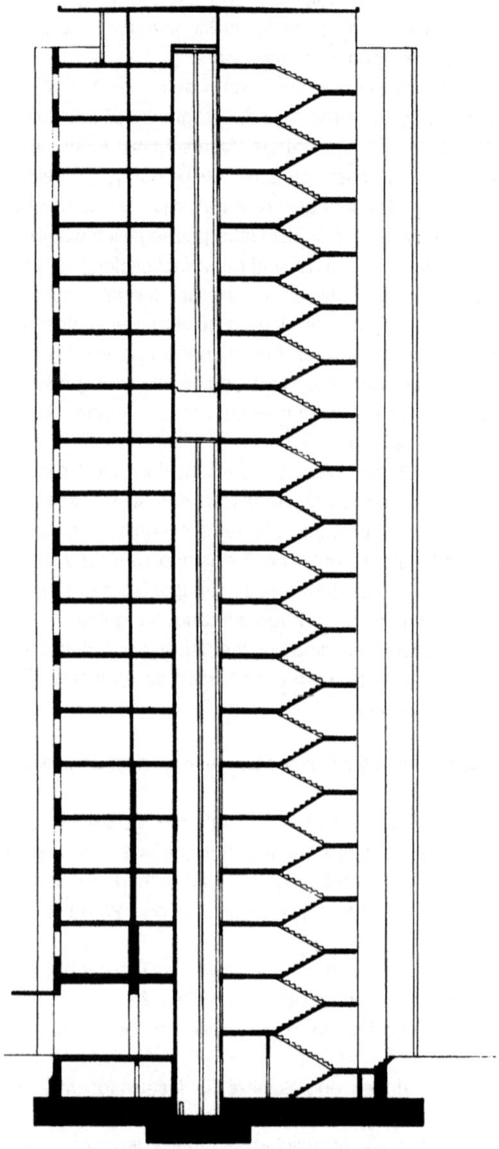

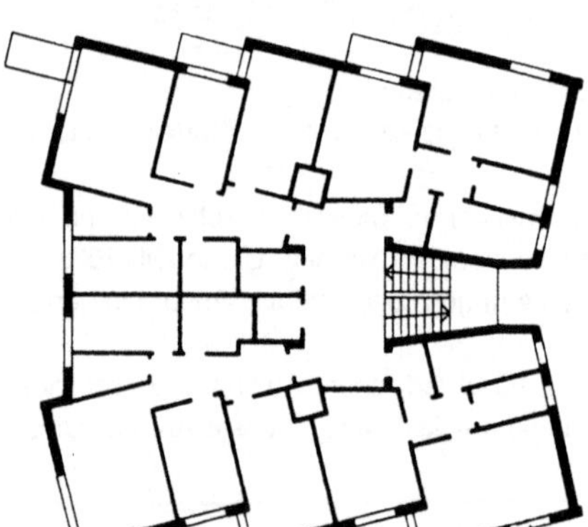

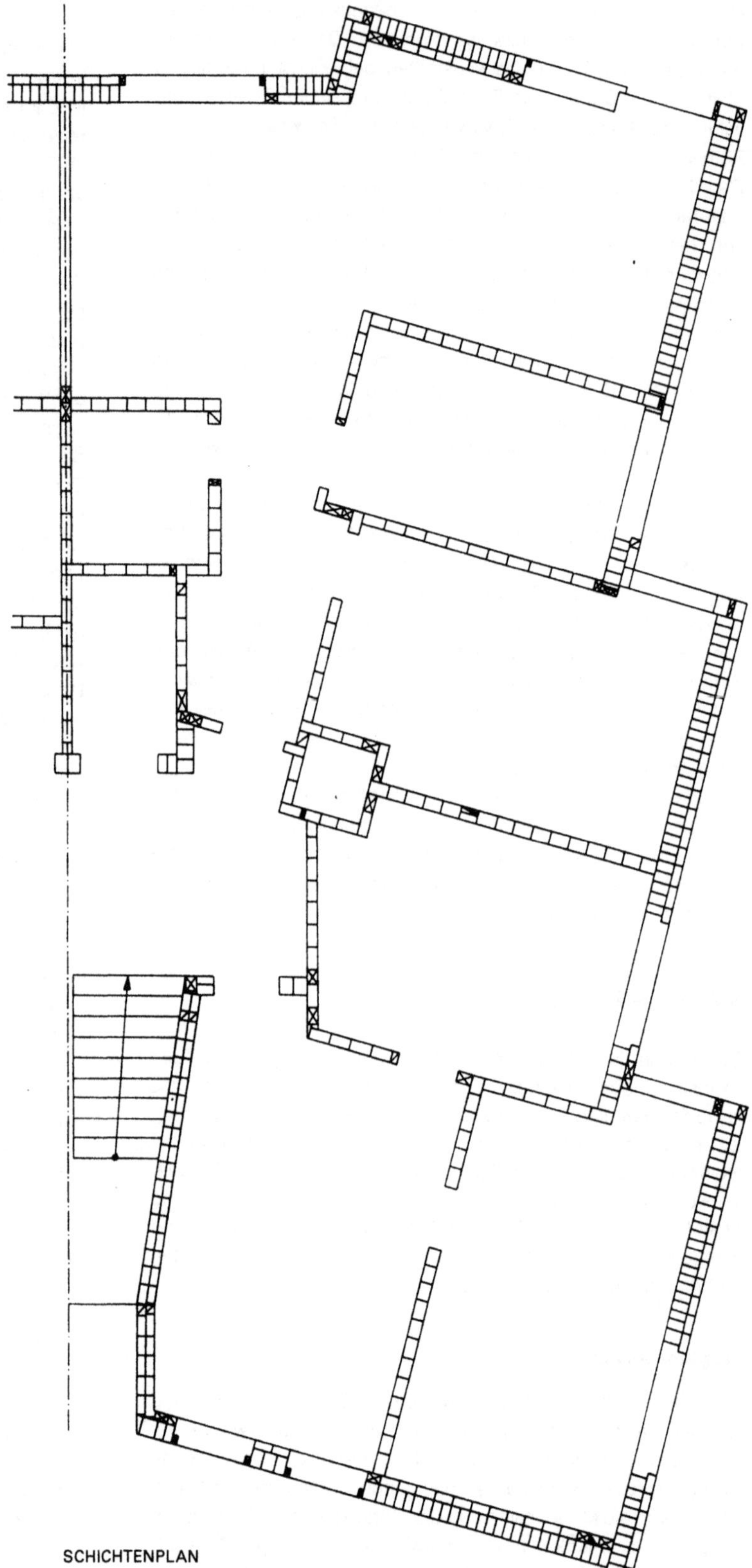

SCHICHTENPLAN

Wohnhochhaus in Ziegelbauweise
Entnommen aus: Der Mauerziegel
von F. Hart u. E. Bogenberger

R. Oldenbourg-Verlag, München

gegenüber den gebrannten Mauerziegeln den Vorteil der genauen Maßhaltigkeit, so daß man schon $^{1}/_{2}$-Stein starke Mauern „2-häuptig" mauern kann, woraus sich neben dem günstigen Preis ihre große Beliebtheit herleitet. Ihre Nachteile liegen in ihrer geringen Wärmedämmung, die wieder eine Folge ihres höheren Gewichtes ist. Wegen der geringeren Wärmedämmung muß man die Außenwandstärken größer als bei den gebrannten Hochlochziegeln nehmen, was wieder den Material- und Arbeitsaufwand und den Brutto-Rauminhalt (umbauten Raum) erhöht. Der höhere Materialaufwand bringt aber gerade im Wohnungsbau wiederum Vorteile. Das höhere Gewicht und die größere Masse von Außen- und Innenwänden bieten einen besseren Schallschutz und eine höhere Wärmespeicherkapazität. Bei aller Rationalisierung im Baubetrieb erforderte dies die Rückkehr zu den starkwandigen Bauten früherer Zeiten, welche – mäßige Fenstergrößen vorausgesetzt – sich insbesondere durch angenehm kühle Räume im Sommer auszeichneten. Daten obigen Demonstrativ-Bauvorhabens

- Außenwandstärke:
  1.–16. Geschoß 50 cm Sichtmauerwerk, vollfugig vergossen.
- Innenwandstärke:
  1.–16. Geschoß 24 cm Mauerwerk, in unteren Geschossen teilweise Beton, wobei jeweils in
  1.–14. Geschoß VKSV (350) 28 und
  15.–16. Geschoß VKSV (250) 20 verwendet wurden
- Mörtelzusammensetzung:
  Bindemittel hochhydraulischer Traßkalk
  Sand Körnung 0–3 mm
- Mischungsverhältnis:
  Mörtelgruppe II 1 : 3
  Mörtelgruppe II 1 : 2,5

Außenwandstärke um 1 cm erhöht zur Verstärkung der äußeren senkrechten Längsfugen gegen eindringenden Regen.
Stoßfugen zwischen äußeren Mörtelbatzen in jeder Schicht mit Gießmörtel gefüllt und gestochert, um ein vollfugiges Mauerwerk zu erzielen.
Die Außenwände erhielten einen zweimaligen „Kiesol F. Imprägnieranstrich".
Beim Hochmauern wurden sämtliche Maßnahmen beachtet, wie sie in der Schweiz entwickelt wurden.
Aufgrund des erheblich höheren Wärmeschutzes wäre dieses einschalige KS-Mauerwerk für Außenwände heute nicht mehr zulässig, bzw. es muß mit einer Dämmschicht versehen werden.
Als Decken wurden – wie bei solchen Bauten erforderlich – kreuzweise bewehrte Platten in Ortbeton verwendet.

Bei vorgenanntem Bauvorhaben dauerten die Rohbauarbeiten 13 Monate, davon die Maurerarbeiten $8^{1}/_{2}$ Monate. Bei einer Baustellenmannschaft von 32 Mann waren 3 gelernte Maurer für das Hauptmauerwerk eingesetzt. Als Nachteil einer Hochhausausführung in Mauerwerk kann man die gegenüber anderen Verfahren längere Bauzeit, längere Austrocknungszeit und absolute Unveränderlichkeit der Geschoßgrundrisse ansehen.

Betonbau

Zu unterscheiden sind unbewehrte und bewehrte Betonwände. Bei gleichen Wandstärken kann man die Betongüte einer zunehmenden Belastung anpassen. In unbewehrtem Ziegelsplittbeton wurden bei einheitlichen Wandstärken von 37,5 cm nach dem Kriege 12- bis 13-geschossige Häuser geschüttet.
Höhere Geschoßzahlen mit kaum halber Wandstärke ermöglichen die Güteabstufungen bei Stahlbeton. Rationalisierte Holz- und Stahl-Schalsysteme haben inzwischen die Mantelbetonbauweisen mit „verlorenen" Schalelementen weitgehend abgelöst. Die Gleitschal- und Schaltischverfahren vereinfachen die Baustellenarbeit so weitgehend, daß besonders bei Einzelbauvorhaben die örtliche Herstellung der Betonwände der Vollmontagebauweise mit Großtafeln wirtschaftlich meistens überlegen ist. Ortbetonwände und -decken stellen einen voll kraftschlüssigen Verbund der Bauteile untereinander her.
Oft bieten Mischsysteme von Montage- und Ortbetonbauweisen Kostenvorteile. Beim System Allbeton (Schweden) z. B. werden alle tragenden und aussteifenden Querwände und Decken in vorgefertigter Schalung geschüttet, während die Außenwand als nicht tragendes mehrschaliges Fertigteil geschoßweise vorgehängt wird. Bei anderen Systemen ist nur noch der aussteifende Gebäudekern örtlich herzustellen, während alle Wände und Decken als Fertigteile versetzt und durch bewehrte Fugen untereinander verbunden werden.
Die Vollmontagebauweisen mit raumgroßen Wand- und Deckenelementen sind bezüglich der Flexibilität das starrste System. Ihr Einsatz lohnt sich nur bei großen Serien. Schon die Transportbedingungen schränken die Tafelgrößen ein. Die transportbedingte größte Breite von Deckentafeln (von ca. 4 m) bestimmt die möglichen Raumbreiten. Die Zerlegung von Wänden und Decken in Teilelemente scheidet für den Hochhausbau aus, da die Verbindung von Elementen hier immer in den Raumkanten liegen sollte.
Mit dem Großtafelbau erreicht man: die geringste Anzahl von Elementen, etwa gleiche Gewichte (bis zu ca. 7 t), große räumliche Steifigkeit der Verbindungen, die kürzeste Bauzeit und weitgehende Witterungsunabhängigkeit auf der Baustelle.

Hochhäuser als Skelettbauten

Im Bereich des Verwaltungsbaues hat sich die Forderung nach frei unterteilbaren Geschoßflächen allgemein durchgesetzt. Die Stützenabstände innerhalb der Nutzflächen sollen wirtschaftliche Deckenspannweiten ergeben. Decken und Unterzüge schlagen bei den gleichbleibenden Belastungen und Abmessungen von unten bis oben mehr zu Buche als Stützenanzahl und Stützenquerschnitte. Bei Betonbauten sind ca. 5 m, bei Stahlbauten ca. 7 m die wirtschaftlich günstigsten Stützweiten. In der Praxis geht man aber bei Stahlbeton häufig auf 6 bis 7,5 m und bei Stahl auf 8 bis 10 m und darüber.

FESTPUNKT AUSSENLIEGEND
FREI NUTZBARE GESCHOSSFLÄCHE

ARCH.: SKIDMORE, OWINGS & MERRILL

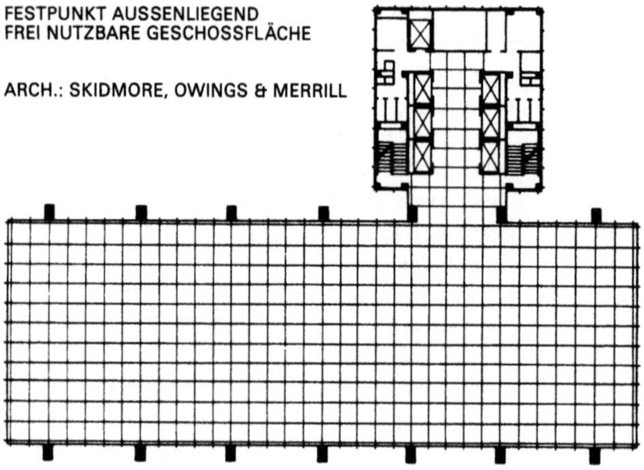

GRUNDRISS NORMALGESCHOSS

DREIBÜNDIGE ANLAGE
NUTZFLÄCHE DURCH FESTPUNKTZONE GETEILT

ARCH.: HENTRICH & PETSCHNIGG

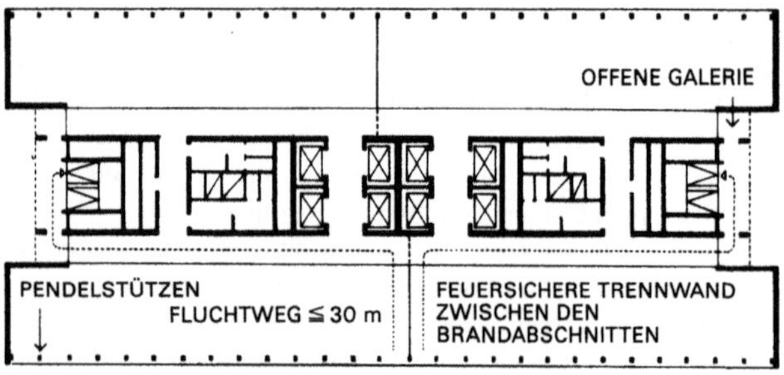

GRUNDRISS NORMALGESCHOSS

FESTPUNKTE ZENTRAL
MIT UMLAUFENDER NUTZFLÄCHE

ARCH.: VERFASSER

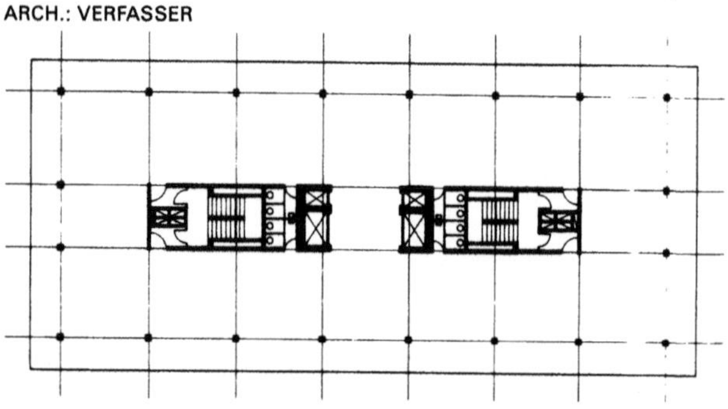

GRUNDRISS NORMALGESCHOSS

Stütz- und Abfangkonstruktionen

Stehende Konstruktionen tragen die Stützenlast über das Fundament bzw. das Kellergeschoß als Lastverteiler in den Baugrund ab. Enge Stützenstellungen in der Fassade, die in Normalgeschossen wegen der Möglichkeit von Wandanschlüssen erwünscht sind, können im Erdgeschoß jedoch stören. Die Abfangung von tragenden Stützen wird mit zunehmender Geschoßzahl und Stützweite schwieriger und ist nur durch einen wachsenden Mehraufwand für hohe Abfangträger zu erkaufen. Bei Hochhausfassaden ist es daher besser, mit einem Stützenwechsel zu arbeiten, d. h., über weitgestellte Tragstützen die Last durch das Erdgeschoß zu führen und in den Obergeschossen mit nichttragenden Zwischenstützen Wandanschlüsse und Installationsführung zu ermöglichen.

Die direkte Lastabtragung durch stehende Konstruktionen erfordert den geringsten Material- und Arbeitsaufwand und stellt damit die wirtschaftlichste Bauweise dar.

Manchmal bieten andere Konstruktionsformen kosten- und bauzeitreduzierende Vorteile, die einen konstruktiven Mehraufwand ausgleichen können, z. B. aufgehängte Konstruktionen.

SKELETT- HOCHHÄUSER
GRUNDFORMEN VERTIKALER LASTENABTRAGUNG

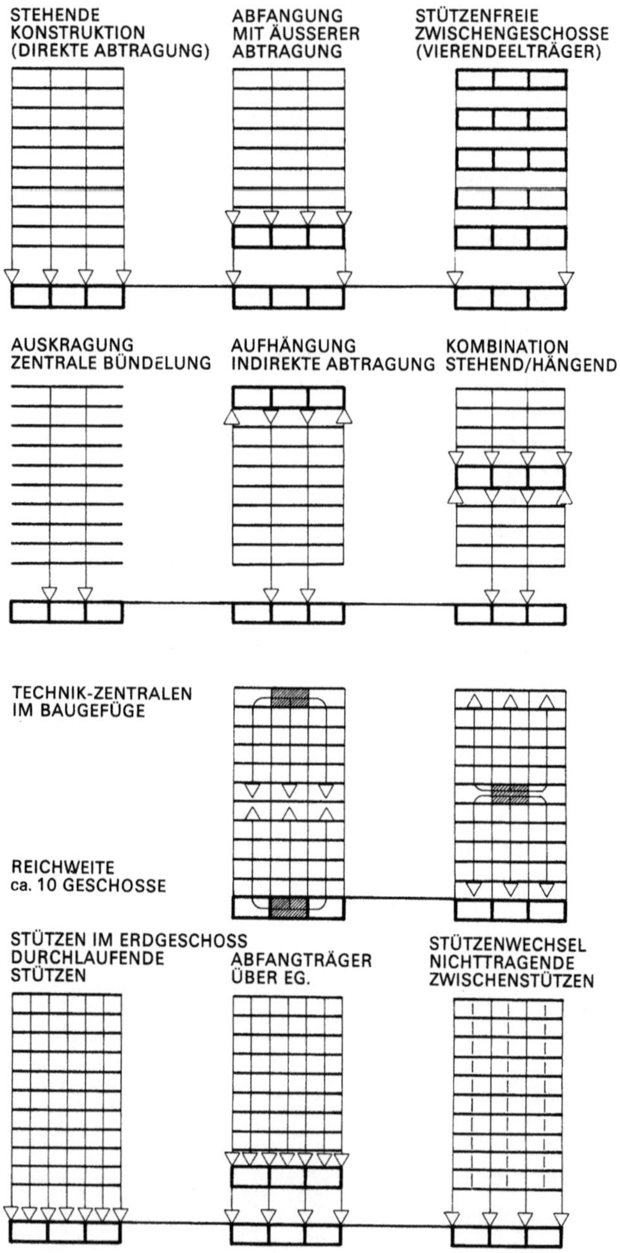

Kragkonstruktionen

Die Geschoßdecken vom Kern her auf die ganze Raumtiefe auskragen zu lassen, ist zwar statisch und technisch möglich. Diese Konstruktion hat aber folgende Nachteile: Die Kragarme brauchen bei ihrem Ansatz am Kern eine beträchtliche Konstruktionshöhe. An den Deckenenden, also an der Außenwand, muß man schon wegen der Möglichkeit verschiedener örtlicher Laststellungen mit einer gewissen Beweglichkeit rechnen, was Schwierigkeiten bei der Fassadenausbildung bringt. Der Mehraufwand aus den Massen der Deckenkonstruktion, der sich in jedem Geschoß wiederholt, macht Kragkonstruktionen zum teuersten Tragprinzip.

Hängekonstruktionen

Hängekonstruktionen machen Tragelemente im Fassadenbereich zwar nicht entbehrlich, befreien jedoch das Erdgeschoß von solchen. Gerade im Hochhausbau ergeben sich gegenüber knickbeanspruchten Pendelstützen durch Hängesäulen wesentlich geringere Querschnitte.

Bereits 1929 wurden Entwürfe für Hängehäuser veröffentlicht. Ihre konstruktiven und evtl. kostensenkenden Vorteile kamen jedoch erst mit der Möglichkeit des Bauens auch „von oben nach unten" zur Geltung. Ein tragender Gebäudekern wird im Gleitschalverfahren vorgezogen (Tagesleistung ca. 1 Geschoß). An auskragenden Trägern oder Trägergeschossen werden die Zugglieder verankert. Für den Bauablauf ergeben sich je nach Herstellungsweise der Geschoßdecken folgende Möglichkeiten:

1. Geschoßweise Abhängung (Ablassen einer Schalebene)
   Herstellung der Decken von oben nach unten in ihrer endgültigen Lage, wobei die Schalebene nach dem Abbinden der obersten Geschoßdecke geschoßweise abzuhängen ist.
2. Geschoßweiser Hub der auf Geländeniveau vorgefertigten Decken
   Herstellen der Geschoßdecken unmittelbar über Geländeniveau. Mit dem geschoßweisen Hub der fertigen Decken und dem Anhängen der darunter folgenden können ohne hohe Transportwege die Schließung der Fassade und der Ausbau parallel einhergehen. Ehe alle Geschosse in ihre endgültige Lage gebracht sind, kann der Ausbau abgeschlossen sein, nur die Anschlüsse an die Versorgungsstränge des Kernbauwerkes sind noch herzustellen.

Als Vorteile des Bauens von oben nach unten, die manchmal beim Hochhausbau zu Buche schlagen, gelten:
Geringe Schalungskosten durch wiederholte Verwendung einer starren senkbaren Schalungsebene,
die Arbeitsebenen sind durch die bereits fertigen darüberliegenden Decken geschützt,
aufwendige Schutzgerüste entfallen,
die Arbeitsebene ist leicht gegen die Witterung abzukapseln, Winterbau ist möglich,
frühzeitige Fassadenmontage und einfache Lotungsvorgänge,
der Ausbau der Geschosse von oben nach unten erfolgt ungestört vom parallelen Ausbau darunter,
die Summe der Transportwege reduziert sich erheblich, da die Geschosse mit allem Ausbau erst allmählich in endgültige Höhenlage gebracht werden.

Sonderverfahren

Während sich die vorgezogene Errichtung von Festpunkten mit Gleit- und Kletterschalsystemen allgemein durchgesetzt hat, seien noch zwei Sonderverfahren, die vereinzelt im Hochhausbau zur Anwendung kommen, kurz dargestellt: das Lift-slab- und das Jack-Block-Verfahren.

SKELETT-HOCHHÄUSER
MÖGLICHKEITEN DES HERSTELLUNGSVORGANGES

NATÜRLICHER BAUVORGANG
VON UNTEN NACH OBEN

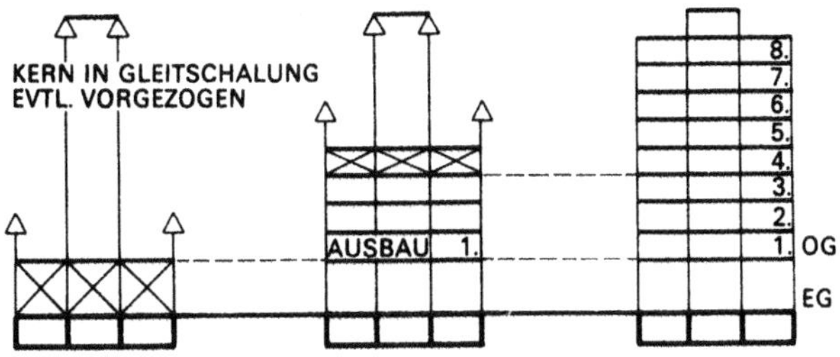

HUBDECKEN-VERFAHREN (LIFT-SLAB)
FERTIGUNG DER ROHDECKEN OHNE SCHALUNG

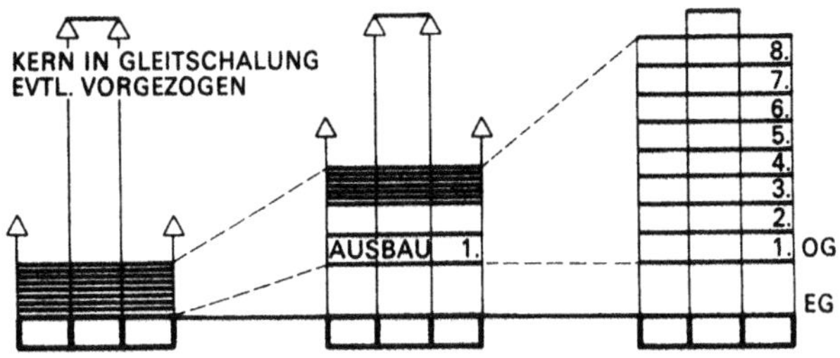

JACKBLOCK-VERFAHREN
HOCHSTEMMEN UNTEN GEFERTIGTER GESCHOSSE

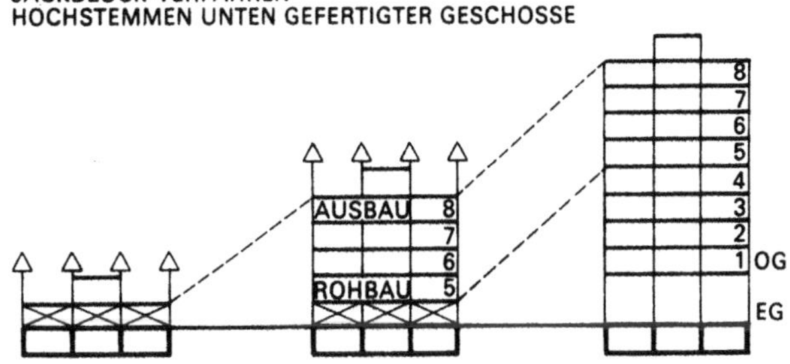

HÄNGEKONSTRUKTION

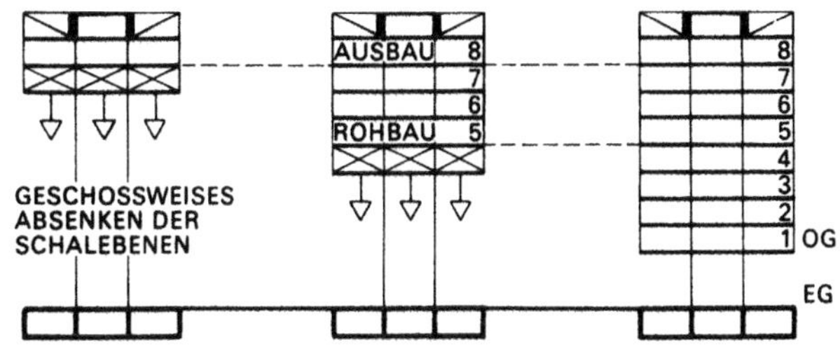

HÄNGEKONSTRUKTION

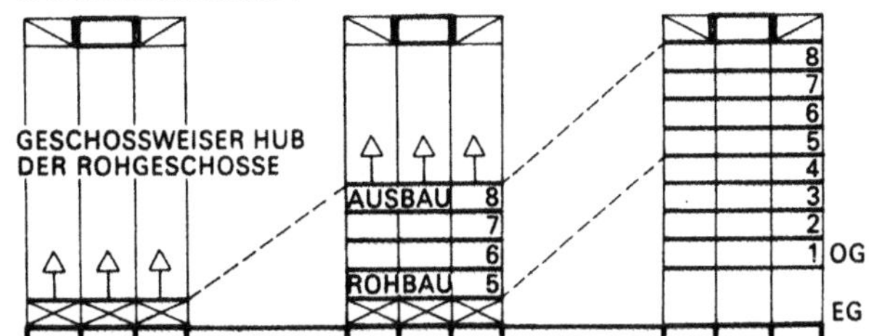

Das Lift-slab-System wurde in USA und Schweden entwickelt. Es handelt sich im Grunde nur um eine besondere Rohdeckenherstellung. Während Kern und Stützen konventionell aus Stahlbeton oder Stahl zu schütten bzw. zu montieren sind, werden sämtliche Decken aus Stahlbeton in einem Stapel auf unterster Geschoßdecke hergestellt. Bis auf die Randschalung ist dabei keine Schalung erforderlich; durch Trennschichten lassen sich die Decken später voneinander lösen.
Sie werden durch hydraulische Hubvorrichtung an Festpunkt und Stützen in ihre endgültige Lage gebracht, indem der Deckenstapel gehoben, die jeweils unterste Decke auf Stahlkonsolen verankert und der Reststapel geparkt wird. Die Stützenmontage und das Umsetzen der Hubeinrichtung können mit entsprechendem Vorlauf dem Hubvorgang parallel laufen.

Die Vorteile sind:
- Fertigung aller Rohdecken auf Geländehöhe
- Zeitersparnis durch Verzicht auf Schalkonstruktionen
- Wirtschaftlichkeit je nach Größe der Differenz zwischen Schalungs- und Hubkosten
- Deckenflächen lassen sich großflächig planen und ohne Schalungsstöße so eben herstellen, daß Deckenputz und Estrich entfallen können.

Die Decken sind entsprechend ihrer Auflagerverhältnisse als ebene Pilzkonstruktionen zu bemessen. Das Verfahren eignet sich gleichermaßen für Stütz- wie für Hängekonstruktionen und erlaubt eine weitere Rationalisierung des Bauablaufs dadurch, daß jeweils nur vollausgebaute Geschosse gehoben werden.
Das Jack-Block-Verfahren beruht auf dem Prinzip, Materialtransporte auf nicht mehr als 3 Geschosse zu begrenzen. In diesem Bereich werden die Geschosse, beginnend mit dem Dachgeschoß, roh- bzw. ausbaufertig erstellt, mit den nachrückenden unteren Geschossen hydraulisch gehoben und das Stützentragwerk jeweils nach unten ergänzt.
Trotz dieser Vorzüge werden diese Bauverfahren nur selten angewendet, da sich die Baukosten durchweg höher als bei den übrigen Konstruktionen stellen. In Einzelfällen, z. B. bei beschränkten Bauplatzverhältnissen, kann sich der Mehraufwand jedoch lohnen.

Hochhausfassaden

Entsprechend dem größeren Windstau mit zunehmender Höhe sind Hochhausfassaden durch Wind, Regen und Hagel besonders beansprucht. Aufschlag und Windstau versprühen das Wasser und treiben es auch aufwärts. Alle Dichtungsmaßnahmen müssen diese Faktoren berücksichtigen. Der einfache Überhang höherliegender Teile über untere bedarf einer höheren Schwelle und Abdichtung.
Auch die Unterhaltung von Hochhausfassaden und die Fensterreinigung muß bei der Fassadenkonstruktion mitbedacht werden. Umlaufende Balkone erfüllen hier zusätzliche Funktionen, indem sie eine Außenbefahranlage oder hohe Gerüstkosten ersparen. Überhaupt kann die Baustellensicherung bei großen Gebäudehöhen und einer Vielzahl von Geschossen Planung und Ausführung der Fassadenkonstruktion beeinflussen.
Massive Betonbrüstungen lassen sich mit entsprechend widerstandsfähiger Oberfläche (Anstrich, Waschbeton oder Keramikverkleidung) bereits im Rohbau einbringen und erlauben, Fenster von innen auch ohne Außengerüst einzusetzen. Bei geschoßhohen Fassadenelementen (3-Schichten-Platten) können die Fenster sogar schon werkseitig eingebaut sein. Nachträglich zu verkleidende Wandflächen im Hochhausbau erfordern zumindest ein Kletter- oder Hängegerüst und ggf. eine Außenbefahranlage zur Vereinfachung nachträglicher Unterhaltung. Typischer für den Hochhausbau sind jedoch leichte Wand- und Fensterkonstruktionen, die sich von Geschoß zu Geschoß spannen (Vorhangwände). Da die Fensterachsbreite im allgemeinen kaum die Hälfte der Geschoßhöhe ausmacht, sind die Pfosten gegenüber den horizontalen Riegeln betont. Die senkrechte Struktur kennzeichnet die Vorhangwand. Sie kann mehrschalig hinterlüftet oder mehrschichtig ausgebildet sein. Die hinterlüftete Konstruktion ist bauphysikalisch richtiger (Sonnenschutz) und erlaubt über die zusätzliche Unterkonstruktion (Massivbrüstung) auch eine bessere Schallisolierung zwischen zwei Geschossen. In jedem Falle ist innerhalb einer Leichtmetallfassade eine ausreichende Beweglichkeit und Dichtigkeit von Elementstößen und -anschlüssen sicherzustellen, um Temperaturspannungen und ihre Begleitgeräusche auf ein Minimum zu reduzieren.

Dächer

Die Dächer haben die Aufgabe, unsere Bauten vor Regen, Schnee und Wind, Hitze und Kälte zu schützen. Je nach ihrer Form und Neigung (Höhe) üben sie einen wesentlichen Einfluß auf die Gesamterscheinung eines Baues aus. Besonders wichtig aber wird ihre Gestaltung, wenn es sich um mehrere benachbarte Gebäude oder um ganze Ortschaften und Städte handelt. In alten Zeiten sorgten die klimatischen Verhältnisse und die einheitlichen Deckungsmaterialien für die gleichartigen Dacherscheinungen ganzer Landschaften. So finden wir die ursprünglich mit Stroh und später mit einfachen Ziegellagen gedeckten Steildächer vorwiegend nördlich der Alpen, während das Alpen- und Alpenvorland die flachgeneigten Schindeldächer zeigte. Mit dem Erlöschen der alten handwerklichen Baukultur im Laufe des 19. Jahrhunderts ging auch die einheitliche Dachgestaltung verloren.
Neue technische Möglichkeiten und Materialien traten neben das handwerkliche Überkommene und brachten zu der heutigen Vielfalt unterschiedlichster Baukörper noch den Wirrwarr von Dachformen, von Dachneigungen und Deckmaterialien. Konstruktiv gemeinsam ist ihnen, daß jedes Deckungsmaterial durch ein Tragwerk gestützt wird, dessen Gestalt primär aus den baulichen Gegebenheiten (Spannweiten, Bautiefen) und den Möglichkeiten des Deckmaterials (Dachneigungen) herzuleiten ist. Wir unterscheiden deshalb zunächst je nach Stützkonstruktion und Spannweiten Dachtragwerke von Hausbauten und Dachtragwerke von Hallenbauten.

MITTELALTER

20. JAHRHUNDERT

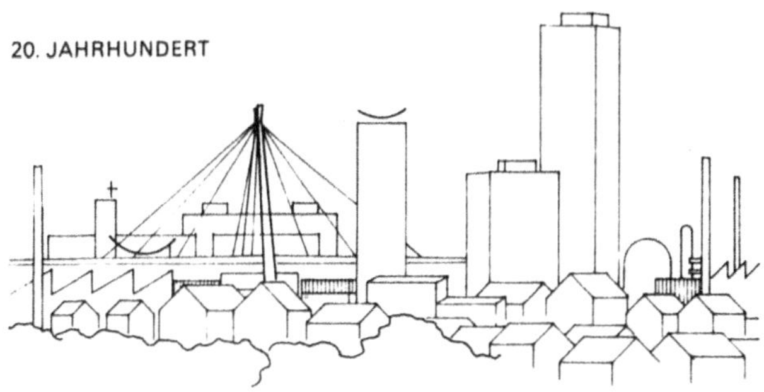

FALTDACH

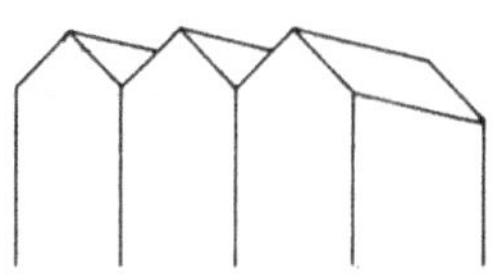

FLACHDACH

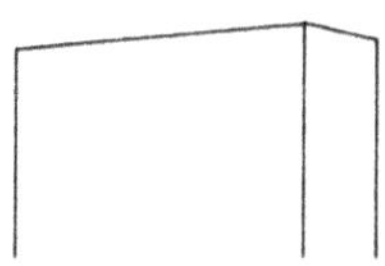

SATTELDACH

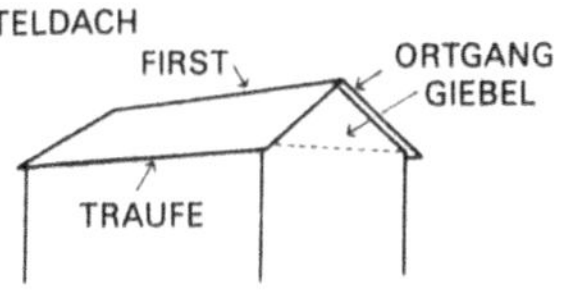

PULTDACH
½ SATTELDACH

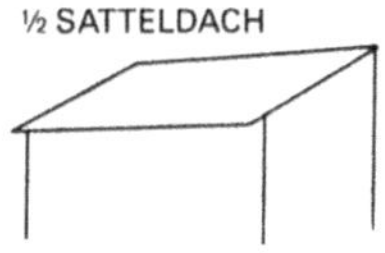

WALMDACH

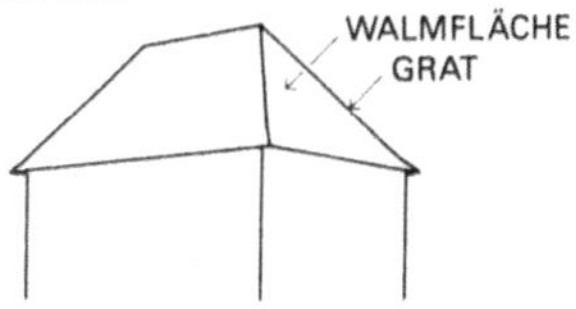

KRÜPPEL- ODER SCHOPFWALM
VERBINDUNG VON WALM- UND SATTELDACH

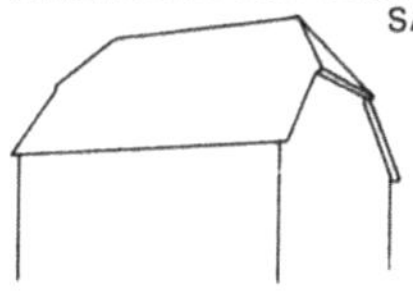

ZELTDACH
SPEZIALFORM DES WALMDACHES

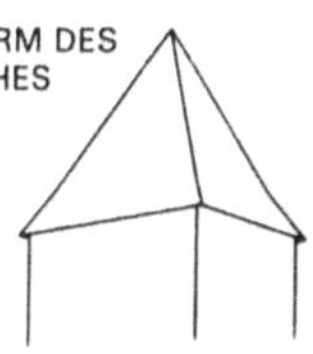

MANSARDDACH
GEKNICKTES WALMDACH

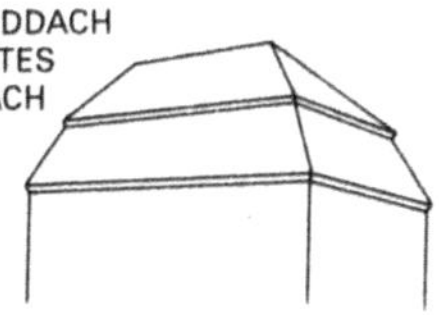

Dachtragwerke der Hausbauten

Die noch immer überwiegenden mehr oder weniger geneigten Dächer über Grundrisse kleinerer Abmessungen, mit oder ohne innere Unterstützung, beruhen auf den überlieferten Regeln des Zimmermanns- und Dachdeckerhandwerks. Durch ein Dachtragwerk, meist aus Holz, wird hier die aus konstruktiven und gestalterischen Absichten resultierende Dachneigung geschaffen, wenn nicht bereits die oberste Geschoßdecke mit entsprechender Neigung dieses Dachtragwerk bilden kann.
Größere Dachtragwerke und die Grundlagen des Ingenieur-Holzbaues sind den „Dachtragwerken der Hallenbauten" zugeordnet, wo neben Dachtragwerken aus Holz auch solche aus Stahl und Beton behandelt werden. Dort finden sich auch einige grundsätzliche Bemerkungen über Eigenschaften und Verarbeitung des Baustoffes Holz, welche für die knapp bemessenen Brettquerschnitte des Ingenieurholzbaues entscheidender sind als für die richtig dimensionierten Vollhölzer der Zimmermannsdachstühle.

Dachformen

Von den dargestellten Dächern sind das Satteldach, das Pultdach, das Faltdach (auch Shed- oder Grabendach) sowie das Flachdach die eigentlichen Grundformen, während den Dächern mit Walm wohl nur noch historisch, städtebaulich oder landschaftsgebunden eine Bedeutung zukommen mag.
Für begehbare Dachräume der üblichen Hausbauten gibt es auch heute noch keine besseren Konstruktionen als die alten Zimmermannsdächer. Sie gehen in primitiver Ausführung bis zur jüngeren Steinzeit zurück, fanden eine weitgehende Ausbildung in der Antike, wurden im Mittelalter durch eine grundlegende neue Konstruktion vermehrt und entwickelten sich langsam bis zum Erlöschen des Barocks weiter. In der Zeit des Klassizismus trat ein Stillstand und danach ein Verfall des Zimmerhandwerks ein. Alle Dachstühle wurden ursprünglich von Handwerkern entwickelt und nach der Erfahrung dimensioniert, wobei die Holzstärken bei dem vorhandenen Waldreichtum und wegen der umständlichen Beschlagung und Zurichtung der Stämme mit dem Beil sehr kräftig gehalten wurden. Als zu Beginn des 19. Jahrhunderts das Holz mancherorts knapp zu werden drohte, besann man sich auf holzsparende Dachstühle, wofür beispielsweise auch Weinbrenner, der von Haus aus gelernter Zimmermann war, schon Vorschläge machte. Die Einführung des Sägegatters in der zweiten Hälfte des 19. Jahrhunderts und vereinheitlichte Querschnitte brachten die ersten wesentlichen Holzeinsparungen. Aber erst in den letzten Jahrzehnten ging man unter dem Druck des schärfsten Holzmangels daran, auch die übrigen Zimmermannsdachstühle einer genauen statischen Untersuchung zu unterwerfen, um die Stabquerschnitte auf die möglichen Mindeststärken zu beschränken. Kleine konstruktive Kniffe und neuzeitliche Holzverbindungsmittel erlauben weiterhin den Ersatz mancher zimmermannsmäßiger Verbindungen, die immer eine Schwächung der Querschnitte bedingen und deshalb häufig deren stärkere Bemessung notwendig machen. So werden die letzten möglichen Holzeinsparungen erreicht und zum Teil auch arbeitsmäßige Erleichterungen erzielt. Die Zeit der erfahrungs- und gefühlsmäßigen Dimensionierung der Zimmermannsdachstühle ist damit vorbei. Da sich die Technik nie zurückentwickelt und nur ein Vorwärtsschreiten kennt, zeigen wir hauptsächlich solche verbesserten sparsamen Konstruktionen und fügen alte handwerksmäßig überholte Verbindungen nur zur Erläuterung und Begründung der neuen bei.

Dachneigungen

Die verschiedenen Neigungen der Dächer werden durch die verwendeten Deckungsmaterialien, die klimatischen Verhältnisse und den Verwendungszweck des Dachraumes bestimmt. Üblicherweise teilt man die Dachneigungen in 3 Klassen ein:

1. Flachdächer: Als solche gelten ebene und geneigte Dächer, die noch als eben empfunden werden (bis zu einer Neigung von höchstens 5°).
2. Mäßig steile Dächer: Zu ihnen rechnet man die Neigungen von über 5° und weniger als 40° Neigung.
3. Steildächer: Als solche bezeichnen wir alle Dächer mit mehr als 40° Neigung.

Dächer unter 25 bis 30° führt man in zimmermannsmäßiger Konstruktion meistens nur dann aus, wenn sie über einem begehbaren Drempelgeschoß liegen. Für Räume, die frei, ohne Zwischenunterstützung zu überspannen sind, wie z. B. Hallen, verwendet man heute durchweg die holzsparenden Ingenieurtragwerke mit meist flacher Dachneigung.

Dachstühle

Die Grundkonzeption der Zimmermannsdächer leitet sich von den alten Deckungsmaterialien der Stroh-, Schindel- oder Ziegeldekkung ab. Alle diese alten Deckungen werden nach dem Prinzip der übereinandergreifenden Schuppen ausgeführt und benötigen darum horizontal laufende Schalung oder Latten als Träger der einzelnen Schuppenreihen. Bei der üblichen Stärke dieser Dachlatten soll bei der Eindeckung noch ein Mann darauf stehen können, weshalb sie in Abständen von $\leqq 80$ cm unterstützt werden müssen; dies geschieht durch Sparren, die deshalb immer von der Traufe zum First laufen. Die Sparren werden je nach ihrer Länge einmal oder mehrmals unterstützt. Aus der Art ihrer Unterstützung entwickelten sich 2 Konstruktionen der Zimmermannsdächer:
1. Pfettendächer, 2. Sparren- und Kehlbalkendächer.

Pfettendächer

Im Gegensatz zu den meisten Ausdrücken des Holzbaues, die germanischen Ursprungs sind, leitet sich der Begriff der „Pfette" aus dem Lateinischen ab. „patena" bedeutet im Spätlateinischen „Firstbaum". Bei den Dachstühlen bezeichnet man seit der mittelalterlichen sprachlichen Umformung alle parallel zum Dachfirst verlaufenden Hölzer, auf denen die Sparren aufliegen, als „Pfetten"; Fuß-, Mittel- und Firstpfetten.
Der einfachste Fall einer Dachstuhlausbildung ergibt sich oft bei schmalen eingebauten Einfamilienhäusern von geringer Bautiefe. Um die Sparren auflegen und befestigen zu können, ordnen wir auf den Längswänden „Fußpfetten" an und legen als oberes Sparrenauflager von Querwand zu Querwand eine freitragende „Firstpfette". Bei der praktischen Ausführung dürfen weder die Fuß- noch die Firstpfetten über die Haustrennwände, die als Brandmauern gelten, hinweggehen. Die Fußpfetten werden unterbrochen und die Enden der Firstpfetten auf Stahlträgerstücke gelegt, die durch die Brandmauern gehen. Durch diese einfachen Maßnahmen entsteht eine Konstruktion, die alle wesentlichen Merkmale eines Pfettendachstuhles zeigt: Die Sparren ruhen als schrägliegende Balken auf unterstützenden Pfetten. Für die Quersteifigkeit des Dachstuhles sorgen die pfettentragenden Wände, den Sparren kommt somit keine statische Bedeutung für die Standfestigkeit des Dachstuhles zu. Die Sparrenlagen der beiden Dachseiten sind voneinander unabhängig. Durch die Zwischenschaltung einer Fußpfette auf dem Deckengebälk ist die Aufteilung der Sparren auch nicht an die des Deckengebälkes gebunden. Bei größeren Abständen der pfettentragenden Querwände müssen die freiliegenden Pfetten (in diesem Fall die Firstpfette) in gewissen Abständen noch durch Pfosten oder Streben unterstützt werden.
Als wirtschaftlich günstige Stützweite der Pfetten gilt ein Maß von 3,5 bis 4,5 m. Auch für die Stützweite der Sparren hat sich das gleiche Maß bewährt. Überschreitungen dieser Stützweiten haben einen rasch wachsenden Holzmehrverbrauch zur Folge, da die Biegemomente mit der zunehmenden Stützweite im Quadrat wachsen. Den Sparrenabstand wählt man zwischen 70 und 80 cm. Eine Vergrößerung dieses Abstandes hat nicht nur eine Erhöhung des Sparrenquerschnittes, sondern auch gleichzeitig eine solche des Dachlattenquerschnittes zur Folge, also eine weitere Steigerung des Holzverbrauches. Ein wirtschaftlicher Dachstuhlbau muß darum innerhalb dieser Grenzen bleiben. Nach der durch Bauwerkstiefe und wirtschaftliche Sparrenlänge gebotenen Anzahl der im Dachquerschnitt zu unterstützenden Pfetten und nach der Art ihrer Unterstützung spricht man von einfach bis dreifach stehenden, abgestrebten oder liegenden Pfettendachstühlen.

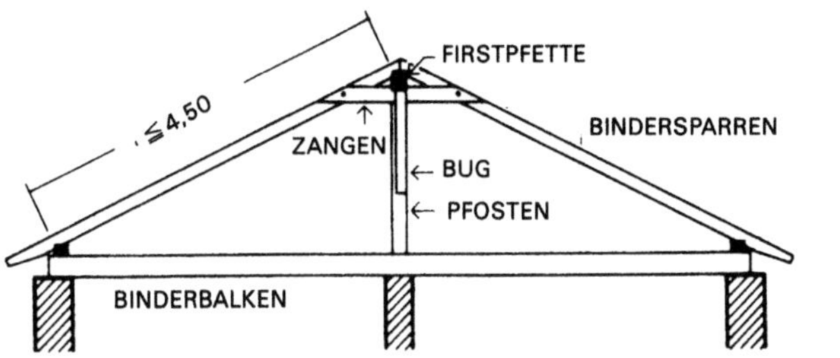

SPARRENLAGE

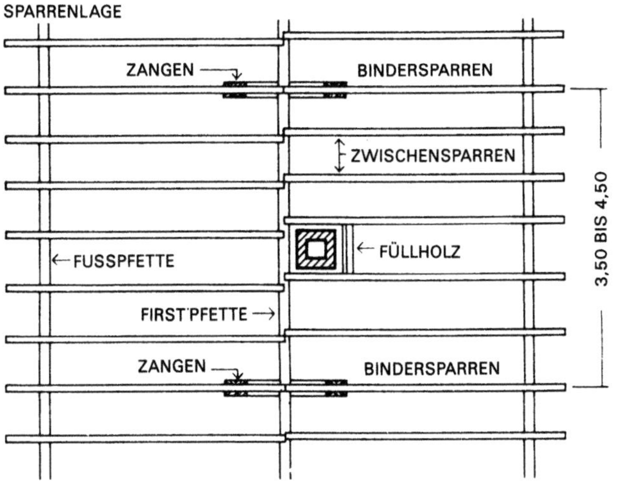

BALKENLAGE

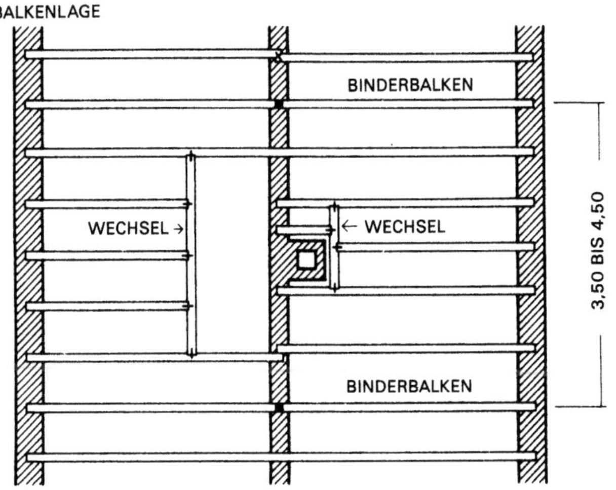

ANZUSETZENDE, ABHEBEND WIRKENDE LASTEN FÜR FLACHE DÄCHER NACH DIN.1055 T4

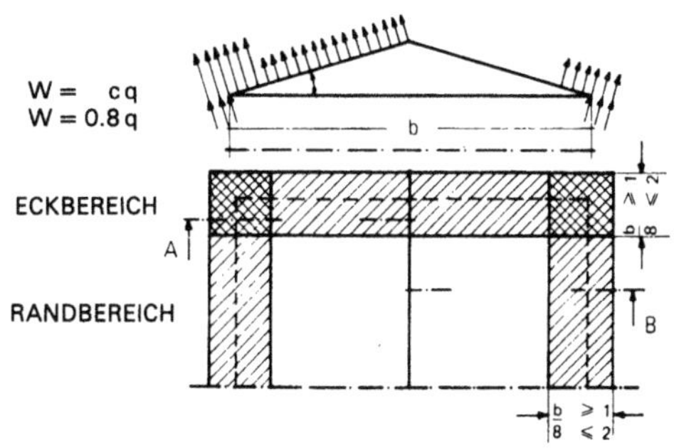

EINSEITIGE SCHNEELAST

EIGENGEWICHT

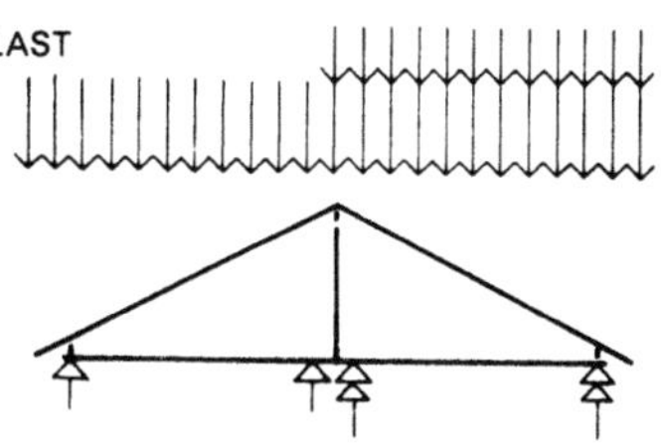

Beanspruchung des Dachstuhles und Bemessung der Dachstuhlteile

Das Tragskelett eines Pfettendachstuhles besteht, statisch gesehen, aus hintereinanderfolgenden, quer über dem Baukörper angeordneten Stühlen und den längs darübergespannten sparrentragenden Pfetten. Es hat alle Lasten (Eigengewicht, Schneelast und Winddruck) über die tragenden Außen- und Innenwände in die Fundamente weiterzuleiten. Der Kraftfluß für die einzelnen Belastungsfälle ist folgender:

Bei gleichmäßig verteilter Vertikalbelastung werden die Sparren nur auf Biegung beansprucht. Ihre vertikalen Auflagerdrücke geben sie einerseits über die Fußpfetten und Balkenauflager unmittelbar auf die Außenwände und ihre Fundamente und andererseits über die Firstpfette, die Pfosten und Deckenbalken auf eine mittlere Tragwand oder über tragende Querwände und deren Fundamente ab. Die Firstpfette wird infolge der vertikalen Belastung durch die Sparren auf Biegung beansprucht. Die Zangen bleiben bei dieser Belastungsart ohne Funktion. Bei einseitiger Schneelast ändert sich das Bild insofern, als nur eine Fußpfette und die Firstpfette erhöhte Lasten weitergeben.

Wird jedoch die Dachkonstruktion durch Windkräfte beansprucht, so treten neue Verhältnisse ein. Ihre Wirkungsweise sei hier zunächst anhand der Windlastannahme (DIN 1055) kurz erläutert. Der Windstrom wird allgemein waagrecht fließend angenommen. Die Windlasten wirken senkrecht zu den getroffenen Flächen. Aus der größten auftretenden Windgeschwindigkeit und der Luftdichte hat man den „Staudruck" ermittelt. Dieser ist für verschiedene Höhen der Gebäude über dem umgebenden Gelände verschieden groß. Die im Windstrom stehenden Baukörper werden je nach ihrer Gesamtgestalt unterschiedlich durch Windlasten beansprucht. Die zum Wind gekehrten Wandflächen und die Dachflächen mit mehr als 40° Neigung erhalten Druck. Windabgewandte Wandflächen und jene, die parallell zur Strömung stehen, sowie Dachflächen mit weniger als 40° Neigung sind teilweise erheblichen Sogkräften ausgesetzt. Bei dem Winde zugekehrten Dachflächen erschien es aber zweckmäßig, erst von 20° abwärts mit Sogwirkung zu rechnen, weil die Windrichtung von der Waagrechten abweichen kann und bei Sturm mitunter stärkere Vertikalböen einfallen.

Die Sogkräfte auf der vom Winde abgewandten Seite bleiben für geschlossene Baukörper bei allen Dachneigungen in der rechnerischen Ermittlung konstant. Sie betragen beispielsweise für Gebäude bis 20 m Höhe über Gelände −0,32 kN/m² Dachfläche. Dies ist jedoch nur ein über die gesamte Dachfläche gemittelter Wert, der keine Auskunft über die örtliche Verschiedenheit der Sogwirkung gibt. Tatsächlich treten bei Schräganströmung eines Baukörpers an den Gebäude- und Dachkanten wie Ortgang und Traufe Sogkräfte auf, welche die rechnerisch gefundenen Mittelwerte örtlich mehrfach übersteigen. Sie treten deshalb nicht besonders augenfällig in Erscheinung, weil die üblichen Ziegeldeckungen genügend schwer sind. Metall-, Papp- und Glasdächer aber haben durchweg geringere Eigengewichte als der Sogwert von −0,32 kN/m² Dachfläche. 1 m² einfaches Teer- oder Bitumpappdach z. B. wiegt ohne Schalung nur 10 kg, ein doppeltes 15 kg. Aus diesen Gründen muß man also Flachdächer gegen Abheben immer sichern und die Dachstühle gut mit dem Mauerwerk verankern.

Diesem Sachverhalt trägt die DIN 1055 im Ergänzungsblatt 4 Rechnung. Dort werden für flache, d. h. unter 35° geneigte Dächer und für Dachüberstände zusätzliche Soglasten vorgeschrieben. Hierbei werden auch detaillierte Angaben über die Befestigung und Verankerung solcher Dachkonstruktionen gemacht. Veranlaßt wurde die Aufstellung dieser Vorschriften offensichtlich durch eine Häufung von Schadensfällen an Flachdächern.

Anzustehende Soglasten für flache Dächer nach DIN 1055 Bl. Nr. 4

Dachneigungswinkel α	Beiwert c nach Bild 1	
	im Eckbereich	im Randbereich
0: – 25°	2,8	1,4
: 30°	1,4	0,7
⩾ 35°	0	0
Beiwerte c für 25° < α < 35° sind geradlinig einzuschalten		

ZUNAHME DES STAUDRUCKES MIT DER GEBÄUDEHÖHE

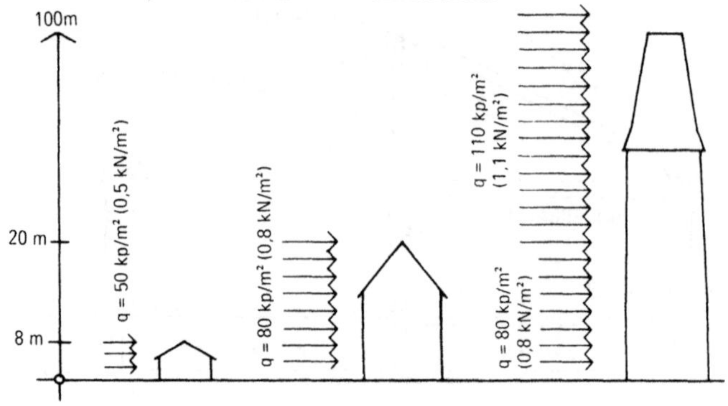

Rechnerisch ermittelt man die jeweiligen Windlasten durch Vervielfachung des Staudruckes mit dem entsprechenden Gestaltbeiwert. Allgemein wird nach dem Regelverfahren gerechnet. Für einige im Normblatt dargestellte einfache Bauformen darf man das Sonderverfahren anwenden. Die Ergebnisse beider Verfahren sind hier für verschiedene Dachneigungen einander gegenübergestellt. Nach dem Regelverfahren erhält man auf der Windanfallseite nur Drucklasten, während nach dem Sonderverfahren für Dachneigungen unter 20° nur Sogkräfte auftreten. Die Sogkräfte auf der windabliegenden Seite sind in beiden Fällen zu berücksichtigen.

Die Wirkung der Windkräfte auf die einzelnen Glieder des einfach stehenden Pfettendachstuhles ist folgende: Die Winddrucklasten wirken senkrecht zur schrägen Dachfläche und beanspruchen die Sparren der Windanfallseite auf Biegung. Die ebenfalls schräg gerichteten Auflagerkräfte der Sparren setzen sich dabei aufgrund der Ausbildung der Auflager (Klaue) sowohl an der Fußpfette als auch an der Firstpfette ab. An der Firstpfette drücken sie unmittelbar über diese teils auf die Pfosten, teils auf die Sparren der windabgewandten Dachseite, so daß jene außer auf Biegung infolge Eigengewicht und Schneelast auch noch durch Längskräfte (Normalkräfte) auf Druck beansprucht werden. (In den Sparren der Windseite können bei steileren Dachneigungen Zugkräfte auftreten.) Besonders die Bindersparren aller nicht abgestrebten stehenden Pfettendachstühle werden infolge der unmittelbaren Zangenverbindung stark durch Längskräfte beansprucht, weshalb sie stets stärker als die Zwischensparren bemessen werden sollten. Der an den Fußpfetten abgesetzte Teil der schräg gerichteten Wind-Auflagerkräfte fließt teils als Horizontalkraft in die Geschoßdecke und die Querwände, teils als Vertikalkraft in die Außenwände. Dabei beanspruchen die Horizontalkräfte die Fußpfetten auf Kippen. Die gute Verbindung der Fußpfetten mit den Deckenbalken oder der Massivdecke ist also die Voraussetzung für die Quersteifigkeit von Pfettendächern.

Die genaue statische Erfassung des geschilderten tatsächlichen Kräfteverlaufs würde viel umständliche Rechenarbeit verursachen. Für den Standsicherheitsnachweis nimmt man deshalb an, daß die Firstpfette (bzw. Mittelpfette) des strebenlosen Pfettendachstuhles keine horizontalen Windteillasten aufnimmt und in die Sparren der windfreien Seiten überträgt, sondern nur wie beim einfachen Pultdach lotrechte Kräfte in den als Pendelstütze wirkenden Pfosten abgibt. Die Sparren betrachtet man als Träger auf zwei Stützen mit einem festen und einem waagrecht verschieblichen Auflager. Als festes Auflager wird die Fußpfette angenommen. Diese Annahme setzt ebenfalls eine feste Verbindung der Fußpfette mit der Geschoßdecke voraus.

Die auftretenden Windsogkräfte machen nur bei leichten Dächern eine Sicherung gegen Abheben notwendig. In den meisten Fällen werden sie von dem Eigengewicht der Dachhaut aufgezehrt.

Bei Winddruck auf den Giebel stützt sich dieser auf den Längsverband des Dachstuhles ab. Der Längsverband wird durch die freiliegenden Pfetten (bei einfach stehendem Stuhl nur durch die Firstpfette), die Binderpfosten und die versteifenden Längsbüge

UNTERSCHIEDLICHE BEANSPRUCHUNG EINES BAUKÖRPERS

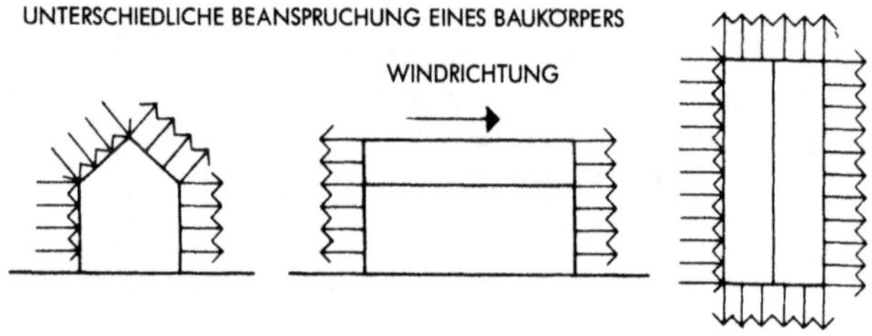

WINDDRUCK AUF VERSCHIEDEN GENEIGTEN DACHFLÄCHEN FÜR GEBÄUDE BIS 20 m HÖHE

DIE PUNKTIERTE KURVE GIBT DIE WERTE DES SONDERVERFAHRENS AN

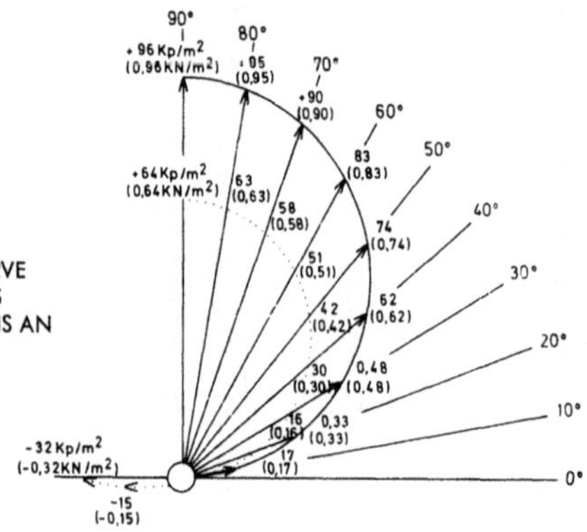

REGELVERFAHREN

SONDERVERFAHREN

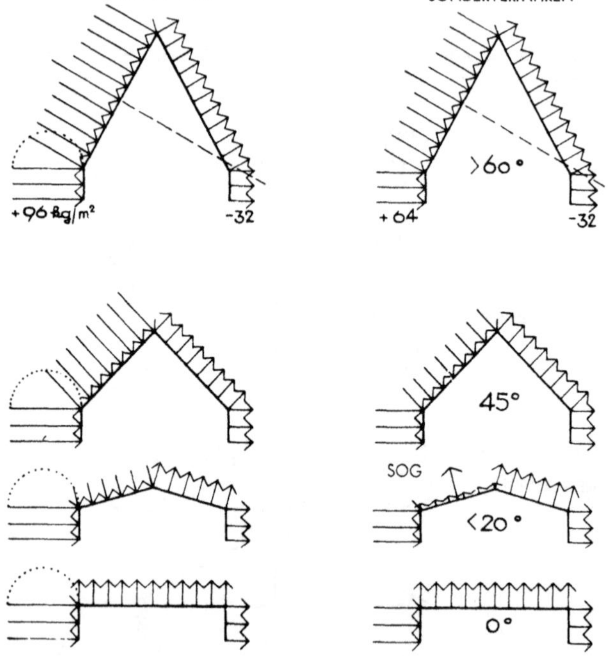

gebildet und stellt ein rahmenartiges Tragwerk dar. Die auf die Pfetten als äußere Kraft wirkende Windlast wird über die Büge und die Pfosten auf die Decke weitergeleitet. Hierbei werden die Pfetten und Pfosten durch Normalkräfte und außerdem auf Biegung beansprucht. Bei gleichmäßig verteilter Belastung werden die Pfetten über den Pfosten infolge der auftretenden Stützmomente in der oberen Querschnittshälfte auf Zug beansprucht und haben bei Windlasten auf den Giebeln Druckkräfte zu übertragen. Deshalb müssen alle Pfettenstöße zug- und druckfest ausgebildet werden.

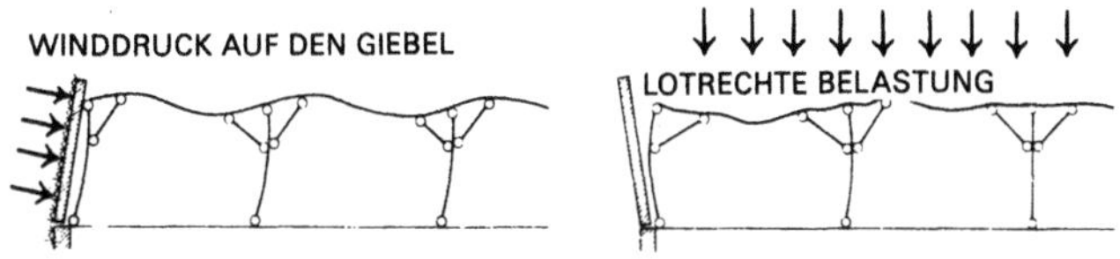

Der Endpfosten des letzten Binderfeldes wird durch den einseitig angeschlossenen Bug zusätzlich auf Biegung beansprucht und muß dementsprechend stärker bemessen werden. Manchmal ersetzt man daher den letzten Bug durch eine auf der Decke stehende Strebe. Wird das letzte Binderfeld am Giebel, was häufig geschieht, zu Wohnzwecken ausgenützt, so stören nicht allein Büge oder Streben, sondern schon die Endpfosten. In diesem Falle legt man das Pfettenende auf die Giebelwand. Da bei Fehlen des letzten Buges die Pfettenstützweite vergrößert wird, muß die Endpfette entsprechend verstärkt werden. Unterbleibt die Pfettenverstärkung, so muß man das letzte Binderfeld entsprechend verkürzen.

Für die Bemessung der Tragglieder eines Dachstuhles sind die auftretenden inneren Kräfte und die zulässigen Beanspruchungen des Holzes und gegebenenfalls praktische Rücksichten maßgebend. Darum können im folgenden nur die ungefähren Grenzen, innerhalb deren sich die Holzstärken meistens bewegen, angegeben werden. Wir betrachten diese Teile gemäß dem Aufbau des Dachstuhles von der Decke aus.

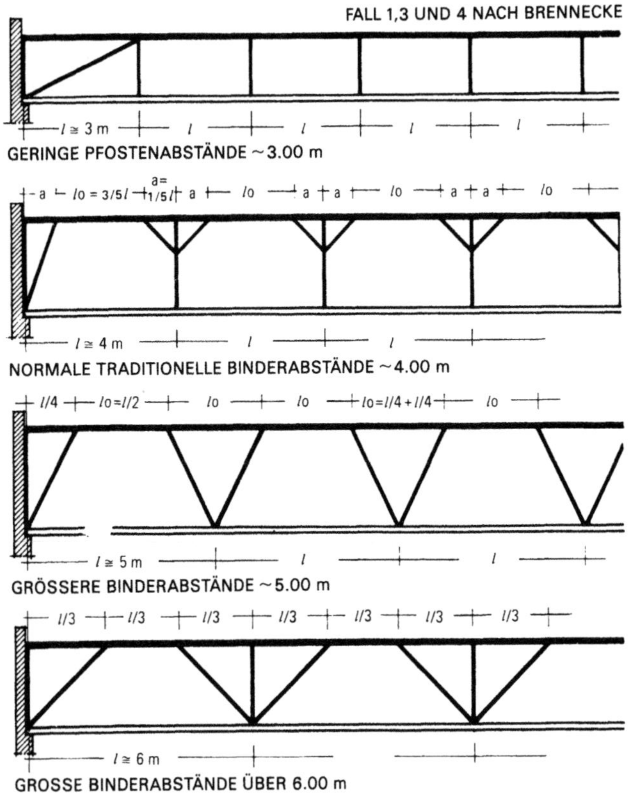

Fußpfetten

Die Fußpfetten, die entweder nur eine geringe Stützweite von etwa 0,8 m, dem üblichen Balkenabstand, haben oder voll auf einer massiven Decke aufliegen, erhalten mit Rücksicht auf ihre Beanspruchung auf Kippen einen liegenden Querschnitt, der meistens mit 12/10 oder 14/12 cm bemessen wird. Zur Sicherung gegen Kippen sollen sie mit jedem Dachbalken verdollt werden. Die Dollen werden maschinell gedreht. Nur hartes und gerade gewachsenes Holz ist hierfür geeignet. Auf Massivdecken oder Mauerwerk

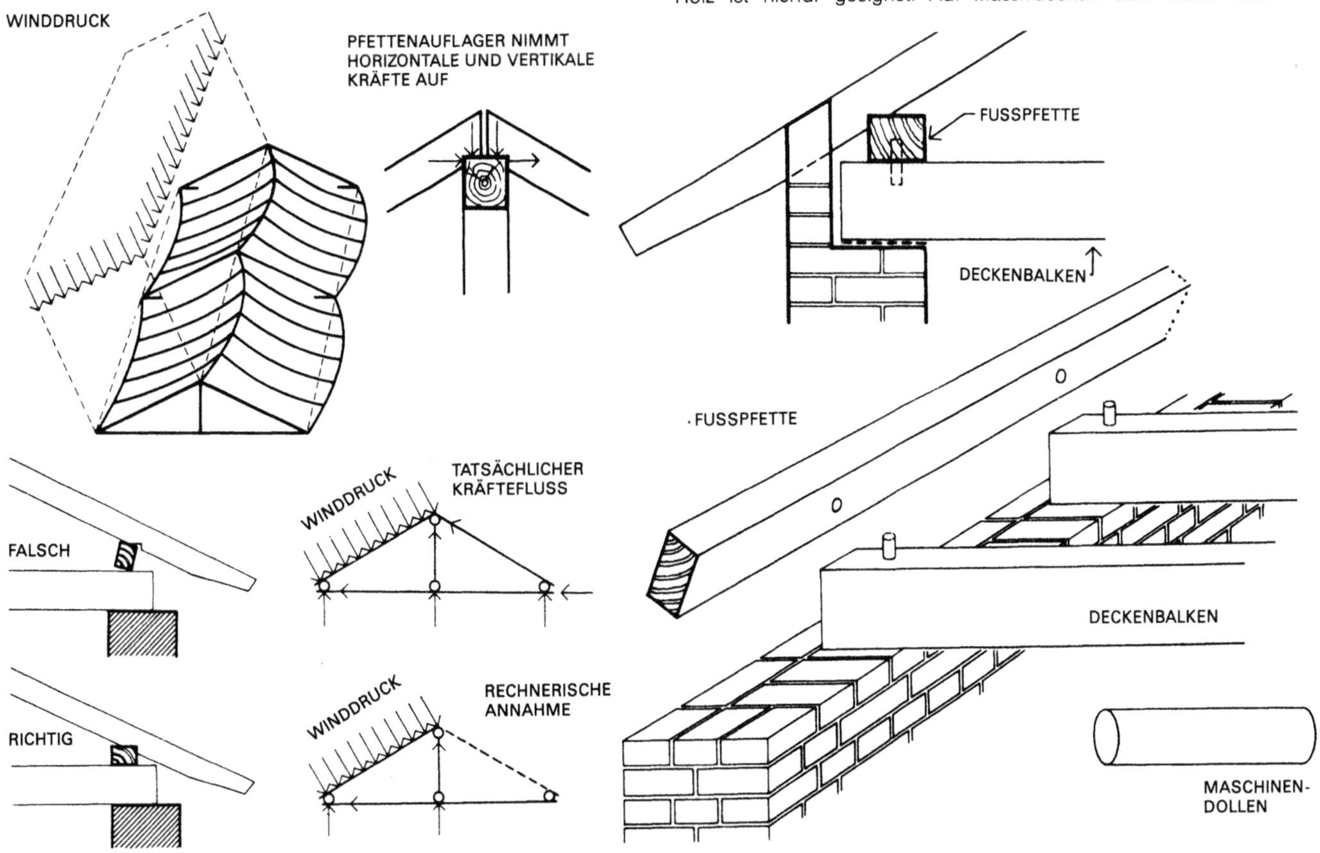

befestigt man die Fußpfetten in Abständen von höchstens 2 m mit Stahlankern. Zum Schutz gegen die Steinfeuchtigkeit ordnet man außer dem Holzschutzanstrich einen Dachpappstreifen als Unterlage an.

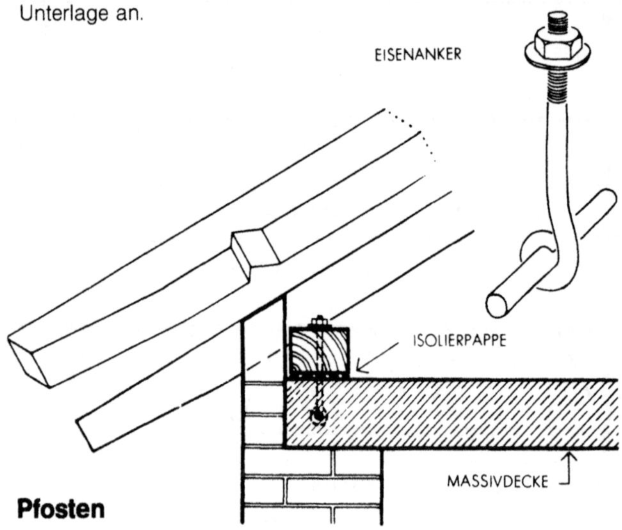

Pfosten

Ein Binderpfosten trägt bei dem einfach stehenden Stuhl die Firstpfette, welche die Dachlast eines halben Binderfeldes auf ihm absetzt. Er selbst wird hierdurch in der Faserrichtung des Holzes gedrückt und wäre auf Knicken nach DIN 1052 zu bemessen. Bei der üblichen Verwendung von Nadelholz der Güteklasse II dürfte dann die zulässige Druckspannung bis zu 8,5 MN/m² (85 kp/cm²) betragen. Für die Bemessung des Pfostens ist jedoch in den meisten Fällen weniger die Knickbeanspruchung entscheidend als vielmehr der im Anschluß von Pfostenkopf und -fuß auftretende Druck rechtwinklig zur Holzfaser, welcher nur 2,0 MN/m² (20 kp/cm²) betragen darf.

Der Pfosten wurde früher mit der Firstpfette und meistens auch mit dem Deckenbalken durch Zapfen verbunden. Der Zapfen vermindert aber die Druckfläche des Hirnholzes auf dem Langholz und erfordert längere Pfosten. Die Zapfenlöcher schwächen den Querschnitt von Pfette und Balken. Eine Verbindung mittels Dollen wäre schon besser. Zweckmäßiger ist es jedoch, den Pfosten stumpf auf 1,5 bis 2 cm Tiefe in den Deckenbalken einzulassen und seine Stellung durch kleine beigenagelte Knaggen oder Brettlaschen so zu sichern, wie man heute im Ingenieurholzbau verfährt; hierdurch wird sein voller Querschnitt wirksam. Auf Massivdecken stellt man ihn nach einem Schutzanstrich des Hirnholzes auf einem Stückchen Dachpappe stumpf auf und befestigt ihn mit einbetonierten Eisenlaschen.

Die Pfostenquerschnitte genügen bei kleineren Dachstühlen durchweg mit 12/12 cm und wachsen bei größeren bis auf etwa 16/16 cm an. Aus baulichen Gründen ist es günstig, Pfosten und Firstpfette gleich breit zu wählen.

Stehen die Pfosten unmittelbar über einer Tragwand, so geben sie ihre Last auf dem kürzesten Wege in das tragende Fundament ab. Kommen sie neben der Tragwand zu stehen, so erzeugen sie in dem Binderdeckenbalken oder dem entsprechenden Streifen einer Massivdecke je nach ihrer Entfernung eine mehr oder minder große zusätzliche Biegebeanspruchung. Eine Verstärkung des Deckenbalkens oder ein stark armierter Massivstreifen in einer Hohlsteindecke ist die notwendige Folge. In beiden Fällen ein Mehraufwand an Material und Arbeit. Der Versuch, bei Holzbalkendecken durch eine übergelegte Schwelle die Last auf mehrere benachbarte Balken zu verteilen, bleibt erfolglos, wenn wie üblich jeder Deckenbalken nur für die Aufnahme seiner normalen Last bemessen ist. Man wähle also den Binderbalken entsprechend breiter, da man ja, was statisch günstiger wäre, ihn wegen der ebenen Deckenuntersicht und des Fußbodens nicht erhöhen kann. Wenn der errechnete Querschnitt zu breit oder nicht handelsüblich ist, kann man zwei oder drei Balken unmittelbar nebeneinander legen und sie durch eine übergelegte Schwelle zusammen belasten. Auch die Verwendung eines Stahlträgers ist denkbar.

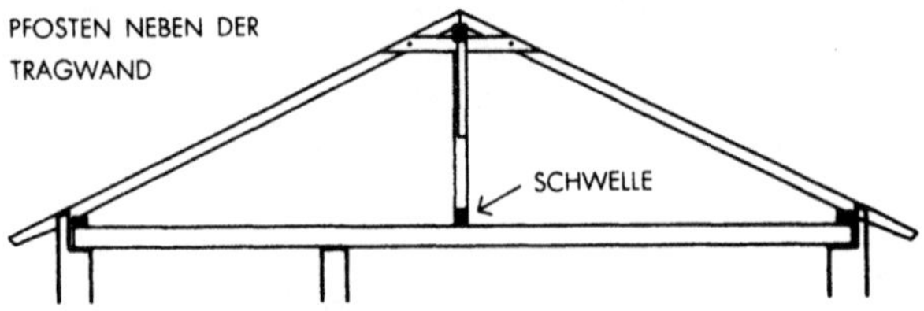

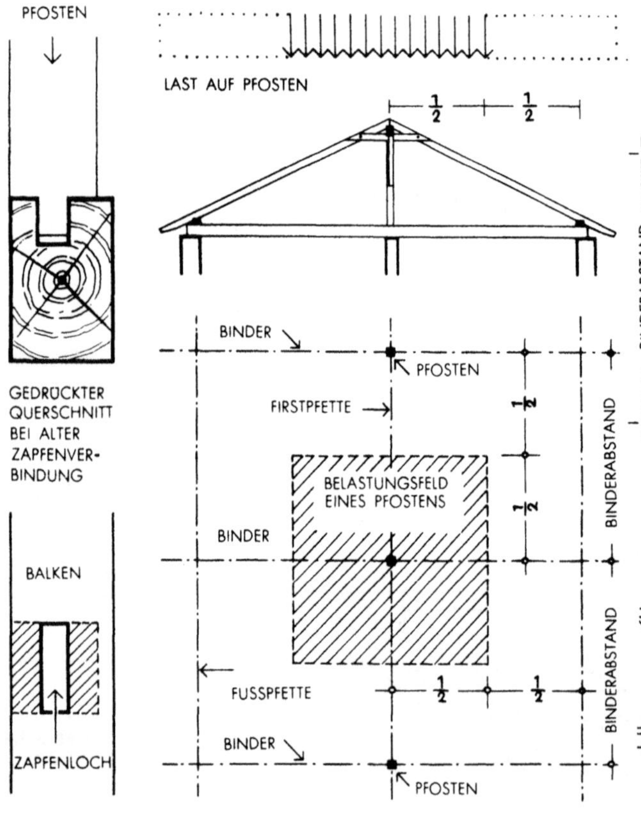

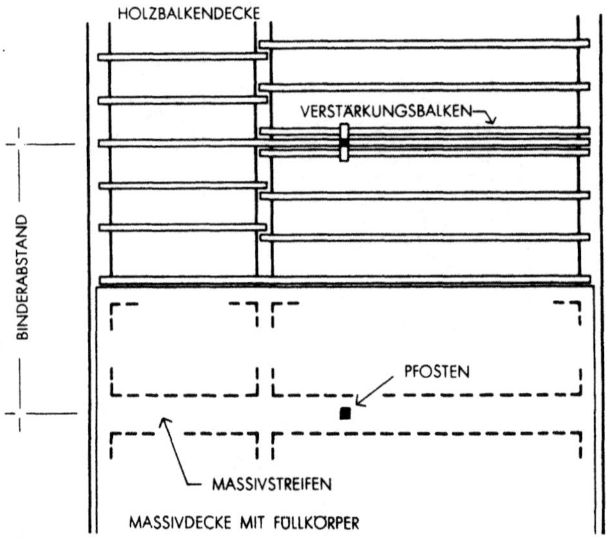

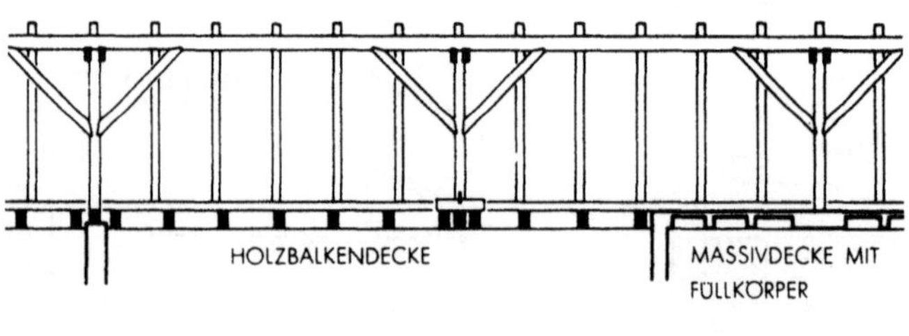

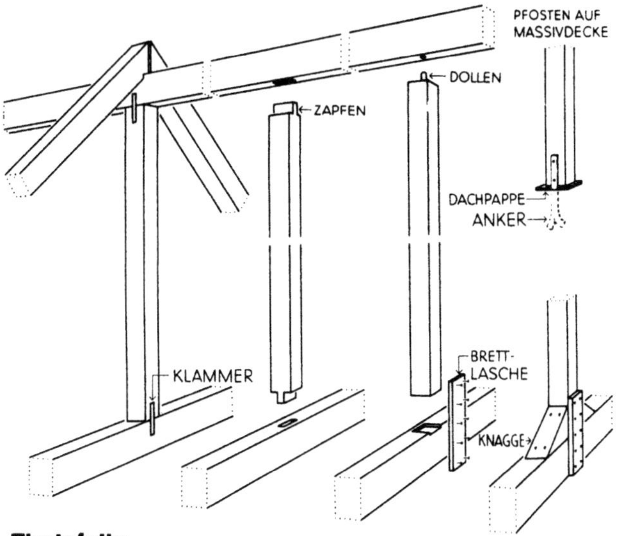

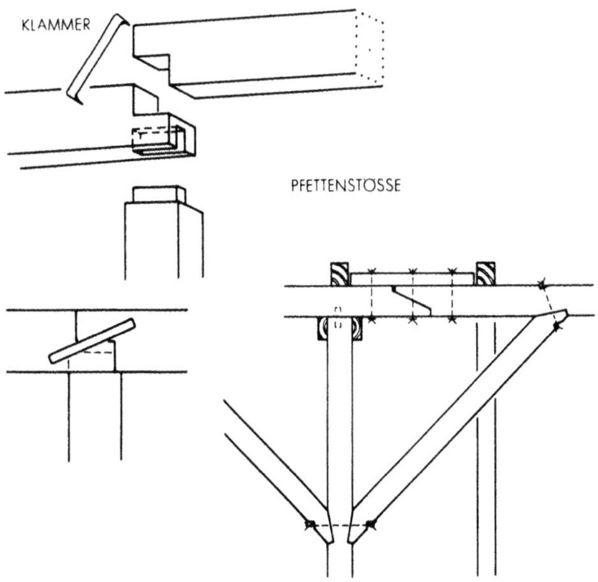

Firstpfette

Von Binder zu Binder gespannt, hat sie beim einfach stehenden Stuhl die Hälfte der Dachlast eines Binderfeldes zu tragen. Da sie vorwiegend auf vertikale Biegung beansprucht wird, erhält sie einen kräftigen stehenden Querschnitt, der je nach den Verhältnissen etwa zwischen 12/16 und 14/22 cm liegt.

Um einen guten Längsverband zu erhalten, läßt man alle freiliegenden Pfetten über wenigstens 2, besser 3 Binderfelder ohne Stoß durchlaufen und steift Pfetten und Pfosten durch Büge (oder Streben) aus. Die Pfette wird so zum Kopfbandbalken und ist, wenn sie durchläuft, als frei drehbar gelagerter Balken auf zwei Stützen zu bemessen, wobei als Stützweite in Bugebene die um die Ausladelänge eines Buges verkürzte Binderentfernung in Rechnung zu stellen ist.

Pfettenstöße sollen druck- und zugfest sein. Der Stoß wird gerne als gerades oder schräges Blatt ausgeführt und unmittelbar neben die Unterstützung gelegt, wodurch sich Binderpfosten und Pfette günstiger anschließen lassen und das Ausrichten des Dachstuhles erleichtert wird. Beim geraden Blatt erscheint das Verschrauben einer kräftigen Zuglasche mit vier Schraubenbolzen, die auch gegen Aufspalten sichern, als günstig. Beim schrägen Blatt besteht keine Aufspaltgefahr; hier genügen drei Schraubenbolzen.

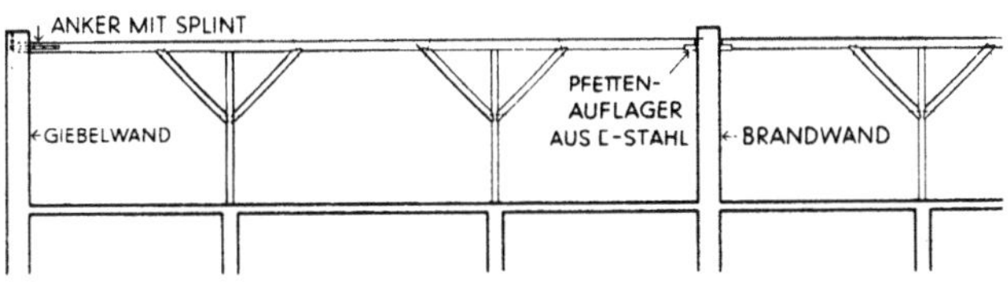

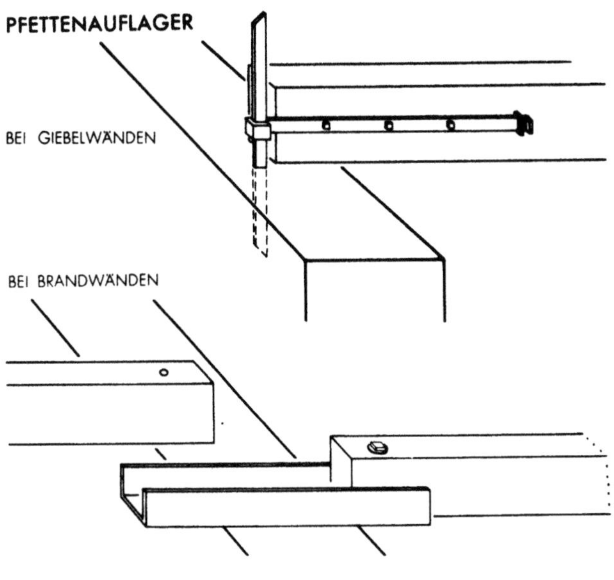

Büge

Die Büge versteifen den Dachverband in der Längsrichtung und verkürzen in ihrer Ebene sowohl die Stützweite der Firstpfette als auch die Knicklänge der Pfosten. Das Querschnittsmaß der Büge genügt im allgemeinen mit 10/10 bis 10/12 cm. Ihre Verbindung mit der Pfette und dem Pfosten erfolgte in alter zimmermannsmäßiger Ausführung mittels Zapfen und Holznagel. Dieser Anschluß verursacht eine beträchtliche Schwächung des Pfostenquerschnittes, die z. B. bei dem schwachen, aber häufig genügenden Querschnitt von 12/12 cm nicht mehr auszuführen ist. Ein geringer Versatz von 2,5 cm Tiefe am Pfosten und der Pfette genügt schon, wenn die Verbindungen durch Schraubenholzbolzen zusammengehalten werden. Bei einer Längsverschiebung der Pfette wird der eine Zug auf Druck, sein Gegenüber auf Zug beansprucht. Während der alte Holznagel, der die Zapfen der Büge sicherte, keine nennenswerte Scherfestigkeit besaß und die Verbindung somit keine Zugkräfte aufnehmen konnte, ergibt die Anordnung von Schraubenbolzen einen wenigstens bedingt zugfesten Anschluß. Verwendet man jedoch wie im ingenieurmäßigen Holznagelbau Brettlaschen, die man beiderseits auf Pfosten und Pfetten mit der nötigen Anzahl Nägel befestigt und durch ein Stegbrett aussteift, so erreicht man eine sowohl druck- als auch zugfeste Verbindung. Diese hat außerdem den Vorzug, den Pfosten- und Pfettenquerschnitt überhaupt nicht zu schwächen.

ALTE BUGVERBINDUNG

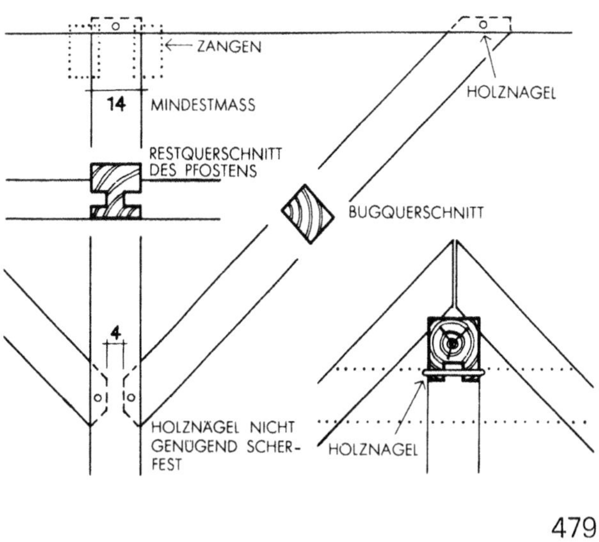

GUTE VERBINDUNG – KEINE HOLZERSPARNIS

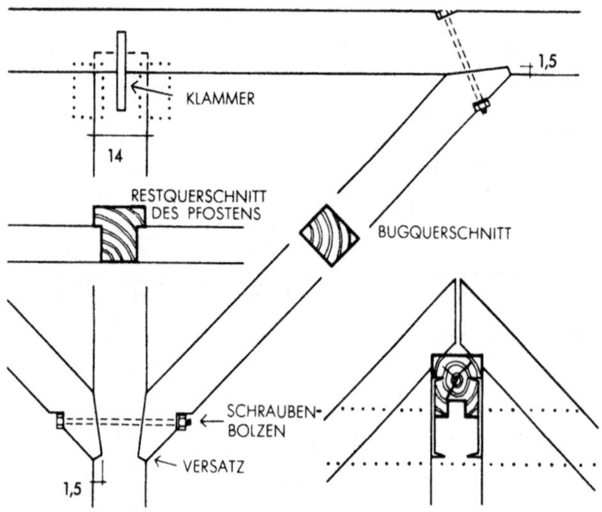

SEHR GUTE VERBINDUNG – HOLZERSPARNIS

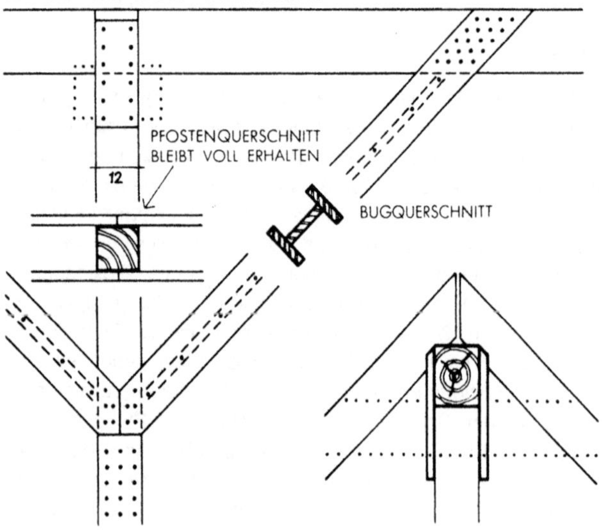

Zangen

Für die kurzen Zangen unter der Firstpfette genügen Bohlen von 4/12 cm. Zu ihrer Verbindung mit den Bindersparren und dem Pfostenkopf benützt man Schraubenbolzen der Mindeststärke M 12. Bevor diese gebräuchlich waren, dienten wie bei den Zapfensicherungen nur Holznägel als Verbindungsmittel. Wegen ihrer mangelhaften Scherfestigkeit wurden sie durch eine schwalbenschwanzförmige Anblattung der Zange an die Sparren entlastet. Um diese Schwächung der Bindersparren auszugleichen, nahm man sie entsprechend stärker. Heute werden immer genügend scherfeste Schraubenbolzen verwendet, welche eine Anblattung überflüssig machen und eine Schwächung der Bindersparren vermeiden.

ALTE ZANGENVERBINDUNG

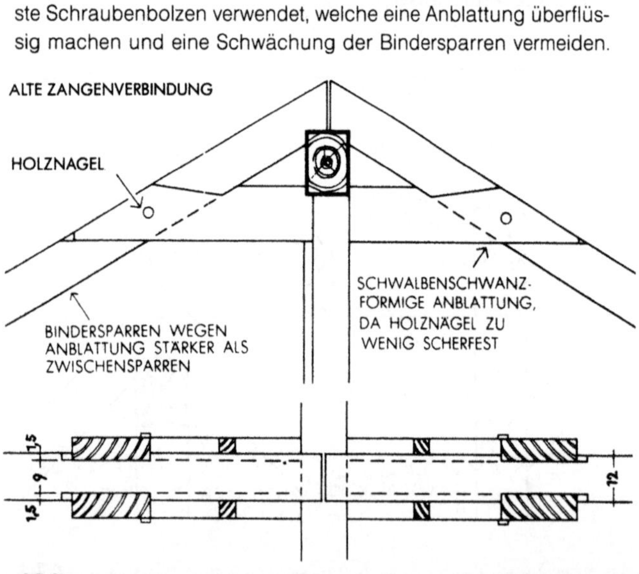

ZANGENVERBINDUNG

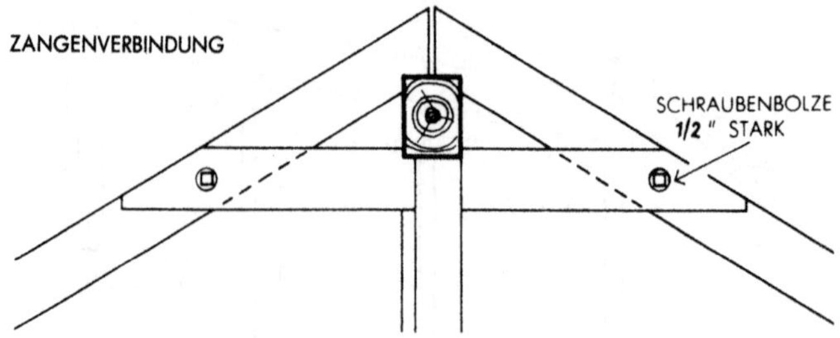

PFOSTENKOPF

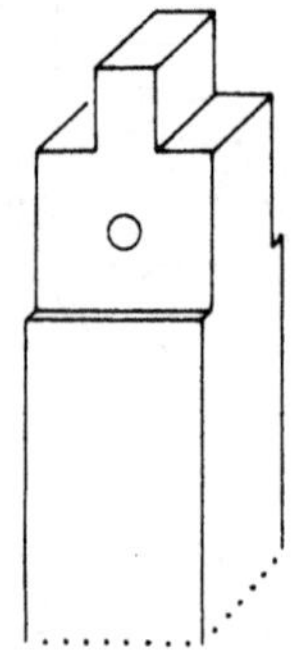

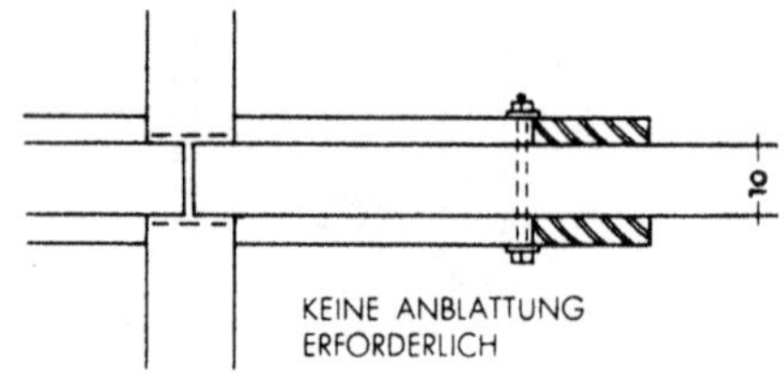

Sparren

Bei den durchschnittlichen Gewichten der einfachen und doppelten Ziegeldeckungen mit ≈70 bis 100 kg/m², wozu noch Schnee- und Windlast kommen, wählte man früher bei normalen Verhältnissen einen Querschnitt von 10/12 cm für die Zwischensparren. Nur bei größeren Stützweiten oder großen Dachstühlen griff man zu dem Maß von 10/14 cm. Das bei beiden Querschnitten gleiche Maß ist also die Breite. Man wählte dieses Maß, um die Dachlatten oder die Schalung nicht nur gut nageln, sondern auch bei den beschränkten Brett- und Lattenlängen auf dem Sparrenrücken gut stoßen zu können. Das ist zweckmäßig, weil die Sparren oft Waldkante aufweisen, so daß nicht immer ihre volle Breite als Auflagerfläche dienen kann. Bei scharfkantig geschnittenen Sparren ist eine Breite von 6 cm gerade noch ausreichend, wenn die Latten schräg gestoßen werden. Voraussetzung ist, daß diese geringe Breite

DACHLATTENSTOSS

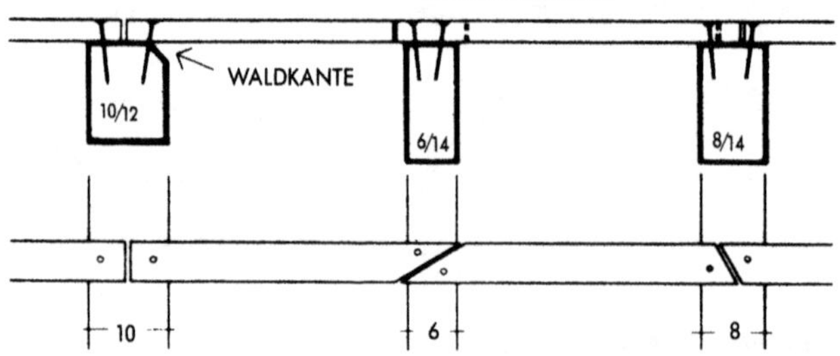

auch statisch genügt. Praktisch hat sie den Nachteil, daß derart schmale Hölzer sich leicht werfen und verziehen, weshalb man die Breite von 8 cm nicht unterschreiten sollte. Zu einer Sparrenbreite von über 8 cm wird man nur in Ausnahmefällen greifen. Die Bemessung der Querschnittshöhe der Sparren ist abhängig vom Gewicht der Dacheindeckung, von Wind- und Schneelast, von ihrer horizontalen Stützweite und ihrer Entfernung untereinander. Die Dachneigung ist insofern von Einfluß, als sich mit ihr auch die Lasten ändern und bei gleicher Sparrenlänge ein flach liegender Sparren eine größere horizontale Stützweite hat als in steilerer Lage, deshalb auch eine größere Querschnittshöhe erfordert. Ähnlich tragen auch die Dachlatten bei gleichem Querschnitt auf flach geneigten Dächern weniger als auf steileren. Bei den üblichen Wohnhaustiefen zwischen 8 bis 11 m und den Dachneigungen bis 40° schwanken die Sparrenquerschnitte durchweg zwischen 8/12 cm und 8/16 cm.

Die Querschnittshöhe beträgt ~ 1/30 der Freilage.

Sparren-Achsabstände und -Querschnitte können bei ausgebauten Dächern auch von Anforderungen des Brandschutzes bestimmt werden. Bei den geforderten Querschnitten können dann möglicherweise größere Sparrenabstände und -längen gewählt werden, womit sich eine, der Konstruktion angepaßte Wirtschaftlichkeit erreichen läßt.

Auf ihren Unterlagen, den Pfetten, ruhen die Sparren nur durch Kerben auf und erhalten zu ihrer Sicherung einen kräftigen langen Zimmermannsnagel. Die Tiefe der Sparrenkerbe soll nur 1/4 der Querschnittshöhe betragen. Das Kerbenmaß wird vom Zimmermann immer von der Sparrenoberkante aus angetragen (Obholz), um auch bei etwas ungleichen Schnittmaßen eine ebene Dachfläche zu erzielen.

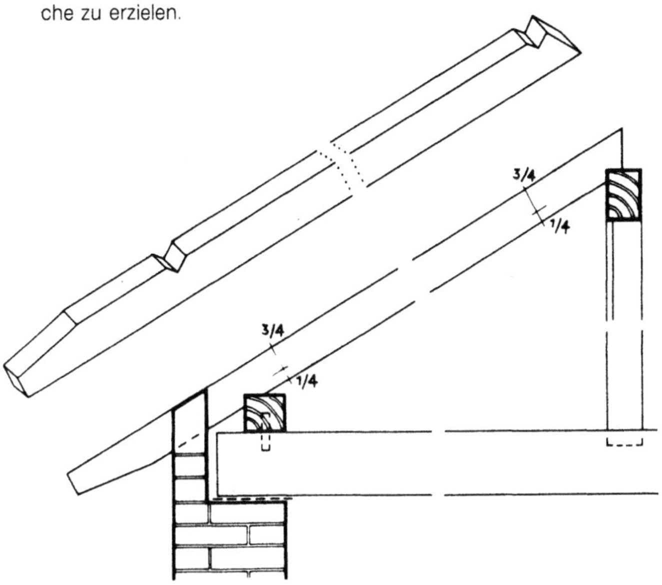

Stehende Pfettendachstühle

Unter Einhaltung der wirtschaftlichen Pfettenspannweiten sind zur Unterstützung beim stehenden Pfettendachstuhl Pfosten (auch Stiele und Stuhlsäulen genannt) so zu stellen, daß die durch sie abzutragende Dachlast von darunterliegenden Wänden und im Ausnahmefall von der Deckenkonstruktion übernommen wird.

Bei großen Pfettenstützweiten kann man anstelle von Pfosten V-Stützen ausführen. Siehe S. 477.

Einfach stehender Pfettendachstuhl

Beträgt die Sparrenlänge ≅ 5,00 m, so genügt die Anordnung einer Firstpfette als oberes Sparrenauflager. Steht im Dachquerschnitt nur ein Pfosten, so spricht man von einem „einfach stehenden Stuhl". Der Pfosten wird sowohl mit der Firstpfette als auch mit dem zugehörigen Deckenbalken verbunden. Auf Massivdecken steht er stumpf auf und wird durch Eisenlaschen gesichert.

Um dem Dachstuhl eine gute Quersteifigkeit gegen seitlichen Windanfall zu geben, ordnet man bei allen Dachstühlen von 30° Neigung und mehr in jeder Pfostenebene stets ein Sparrenpaar an, das unterhalb der Firstpfette durch eine Zange, die auch den Pfostenkopf faßt, zusammengebunden wird. So entsteht ein „Binder", der beim einfach stehenden Stuhl jeweils aus einem durchlaufenden Deckenbalken, dem Pfosten, einem Sparrenpaar (Bindersparren) und der Zange besteht und zwei unverschiebliche Dreiecke bildet. Die Freiheit, die wir zwischen den Bindern in der Aufteilung der Dachbalken- und Sparrenlage haben, ist uns häufig zur Vermeidung konstruktiver Komplikationen sehr erwünscht. Man kann beispielsweise in der Balkenlage leicht Rücksicht auf vorhandene Querwände des letzten Geschosses nehmen oder kann Schornsteine ohne Auswechslung durch die Dachbalken- und Sparrenlage führen. Lassen sich so oftmals Auswechslungen vermeiden, so sind solche aber besonders in der Dachbalkenlage leicht ausführbar, da nur die Binderbalken durchlaufen müssen. Zur Durchführung der Dachgeschoßtreppe beispielsweise sind manchmal derartige größere Auswechslungen nötig.

Einfach stehende Pfettendachstühle sind nur bei flach geneigten Dächern und geringen Haustiefen von ~ 7,0–8,0 m wirtschaftlich und werden darum nur selten ausgeführt.

Zweifach stehender Pfettendachstuhl

Wächst die Stützweite der Sparren erheblich über das Maß von ≅ 4,50 m, so werden deren Querschnitte so unwirtschaftlich, daß man besser anstelle der einen Firstpfette zwei Mittelpfetten anordnet. So entsteht der zweifach stehende Stuhl. Die Oberteile der Sparren wirken als Kragarme. Man beschränkt die überstehende Länge auf < 1/4 der gesamten Sparrenlänge, da sich sonst der Dachfirst leicht senkt, was ein bezeichnender Mangel dieser Konstruktion ist. Werden die Sparrenenden überblattet, so sind die Sparrenlagen der beiden Dachseiten nicht mehr voneinander unabhängig. Zweckmäßig ist es darum, eine Firstlatte durch kleine Zangen in den Bindern zu befestigen. Diese Firstlatte hat die Aufgabe, ein ungleichmäßiges Einsinken des Firstes zu verhindern und zur Längsaussteifung des Dachstuhles beizutragen. Da die überstehenden Sparrenenden als Kragarme sich frei tragen, wird die Firstlatte durch sie nicht belastet und braucht nicht abgestützt zu werden. Durch diese Maßnahme werden die Sparren der beiden Dachseiten wieder voneinander unabhängig.

Zur Verbesserung der Quersteifigkeit vor allem bei Dachneigungen über 30° bildet man in Abständen von ~ 4,00 m Binder aus. In jedem Binder wird eine Zange unter den Mittelpfetten angebracht und mit den Sparren und Pfostenköpfen durch Schraubenbolzen verbunden.

Die Zange soll stets so hoch sitzen, daß noch ein Mensch darunter stehen kann. Die Maße für die Zangenquerschnitte liegen etwa zwischen 4/14 und 6/16 cm. Kommt auf die Zangen ein parallel zu den Pfetten laufendes Kehlgebälk zu liegen, so müssen sie entsprechend kräftiger gehalten werden und mindestens 2 cm tief auf den Pfosten aufsitzen.

Ein längslaufendes Kehlgebälk, das in gleicher Höhe mit den Pfetten liegt, hat bei einem etwaigen Dachgeschoßausbau den Vorzug, daß am Übergang der Dachschrägen in die Decke die Pfetten nicht als störende Kasten erscheinen, wie es bei dem querlaufenden Kehlgebälk, welches auf den Pfetten liegt, der Fall ist. Außerdem kann es der Versteifung des freistehenden Giebelmauerkörpers dienen.

Stehen die Tragwände nicht unter den Pfosten, oder ist nur eine Tragwand vorhanden, dann wird die Deckenbelastung sehr ungünstig. Stehen zwei Tragwände symmetrisch im Querschnitt, jedoch nicht senkrecht unter den Pfetten, so kann man durch schräggestellte Pfosten die Dachlast doch unmittelbar auf die Tragwände leiten. Bei einer mittig sitzenden Tragwand kann man sinngemäß ebenso verfahren, doch wird die Ausnutzung des Dachraumes hierdurch behindert.

Dreifach stehender Pfettendachstuhl

Wenn bei einer größeren Bautiefe der zweifach stehende Stuhl nicht mehr ausreicht, so kann man einen dreifach stehenden ausführen. Die Ableitung seiner Pfostenlasten ist jedoch nur bei Gebäuden mit tragenden Querwänden auf einfache Weise möglich. Bei Bauten mit tragenden Längswänden stehen meistens zwei, wenn nicht gar alle drei Pfosten innerhalb der Deckenfelder, so daß man die Decken für die Lastableitung des Dachtragwerkes zusätzlich bemessen muß. Außerdem erschweren die Pfosten die Ausnutzung des Dachraumes. Deshalb bevorzugt man in solchen Fällen einen Kehlbalkendachstuhl.

2-FACH STEHENDER STUHL

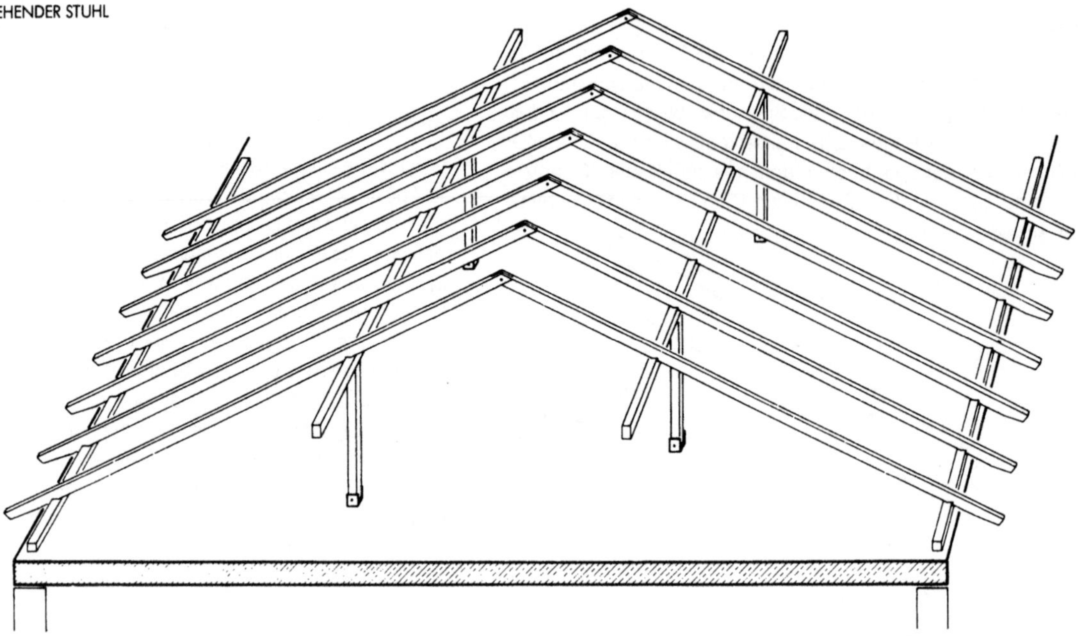

FLACHES PFETTENDACH OHNE BINDER
PFOSTENSTELLUNG VON SPARRENLAGE
UND UNTEREINANDER UNABHÄNGIG

2-FACH STEHENDER STUHL
MIT BINDERN

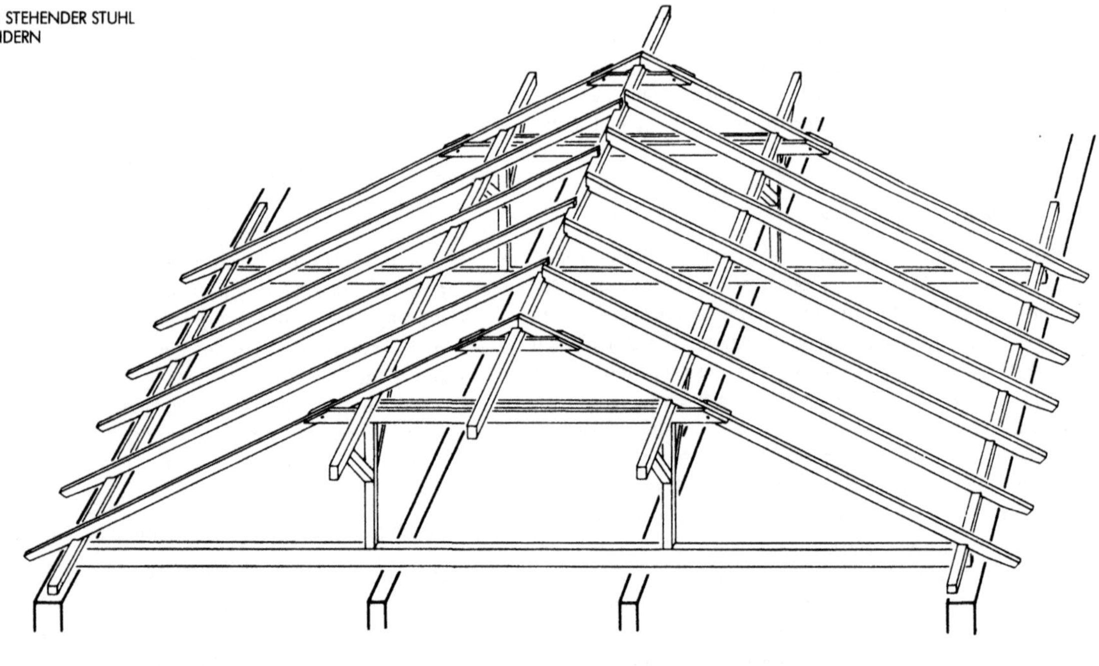

2-FACH STEHENDER STUHL

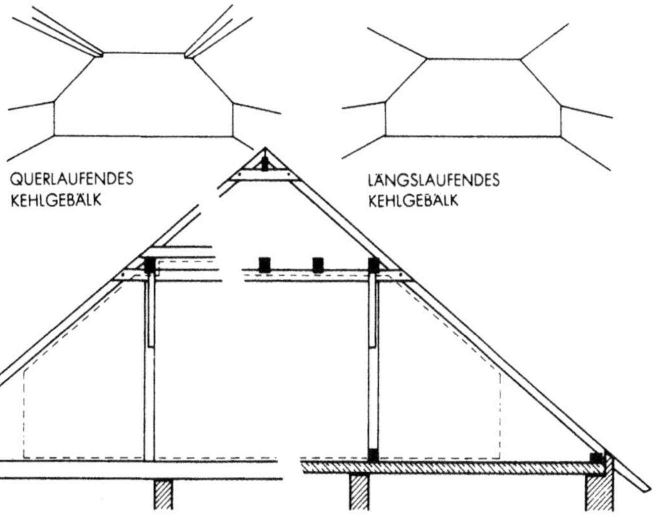

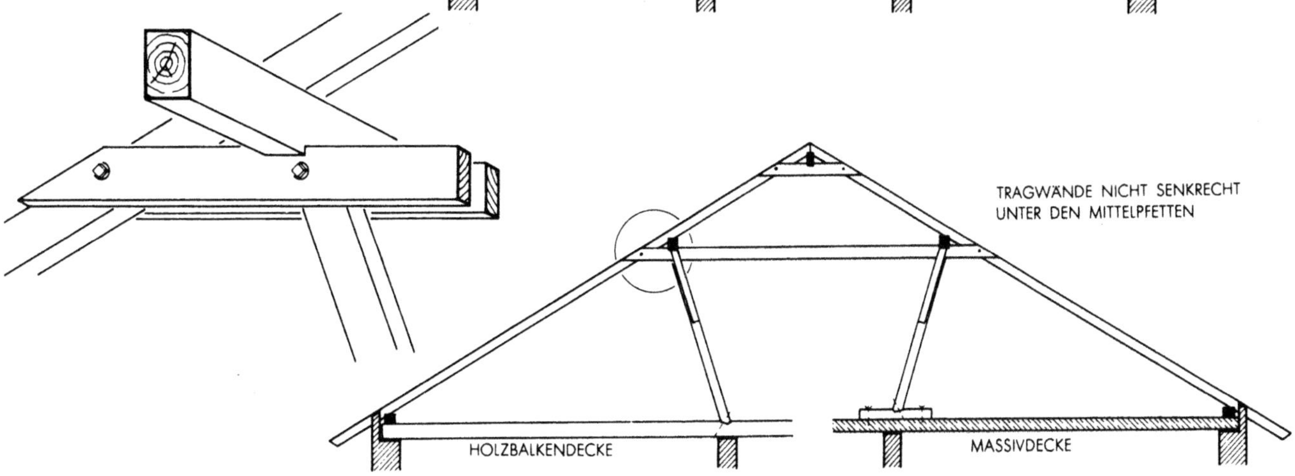

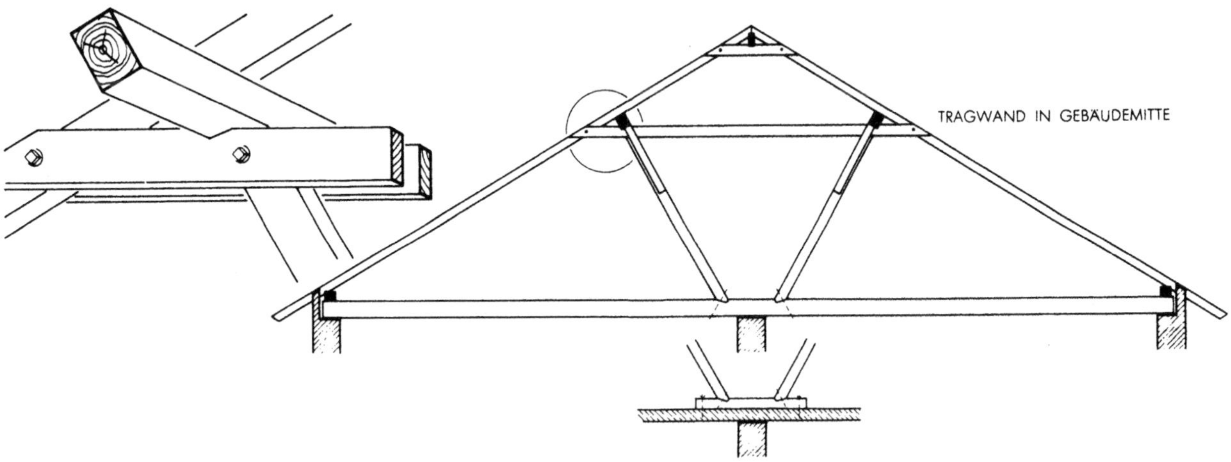

3-FACH STEHENDER STUHL

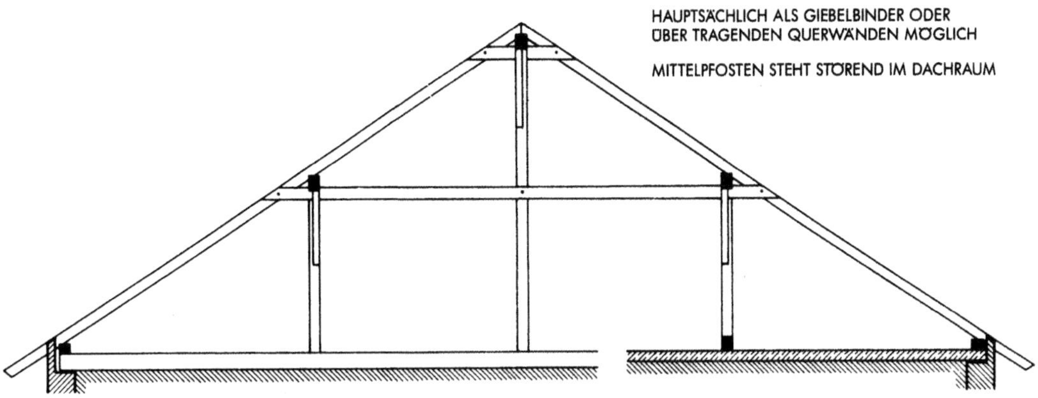

Abgestrebte stehende Pfettendachstühle

Steile Pfettendachstühle von 40° Neigung und mehr setzten sich vor allem im 19. Jahrhundert durch mit dem zunehmenden Ausbau der Dachgeschosse zu Wohnzwecken. Es machte die Pfettenkonstruktion wegen der weitgehenden Unabhängigkeit von Deckenbalkenlage und Sparrenlage und der Sparren untereinander bei den oft erforderlichen Auswechslungen weniger Schwierigkeiten und war anpassungsfähiger als das Sparren- oder Kehlbalkendach. Durch den Rückgang oder das Verschwinden des Dachausbaues gingen auch die steilen Pfettendächer und überhaupt die Steildächer zurück.

Die für Dachneigungen über 40° gebräuchlichen, abgestrebten und liegenden Pfettendachstühle gehören praktisch der Vergangenheit an. Die Streben dienen oft ebensosehr dem leichten und sicheren Aufschlagen des Dachstuhls als der Verbesserung der Quersteifigkeit.

Zur Orientierung zeigen wir nachfolgend etliche historische Beispiele.

Einfach stehender abgestrebter Pfettendachstuhl

Steht der Pfosten nicht über einer Tragwand, so kann man bei dem abgestrebten Dachstuhl den Binderbalken dadurch entlasten, daß man den Pfostenfuß mit einem Schwebezapfen aufsetzt, der nur die Stellung des Pfostens sichert, aber keinen Druck auf den Deckenbalken überträgt. Der Schwebezapfen muß über dem Balken und im Zapfenloch mindestens 2 cm Luft haben. Die Streben haben in diesem Falle neben den horizontalen Lasten der Firstpfette auch deren Vertikallasten abzuleiten.

Die Streben übertragen dann die Vertikalkomponenten ihrer Stabkräfte auf die Außenmauern und die Horizontalkomponenten in die Deckenbalken oder die Massivdecke.

Die Ausbildung des Dachfußes soll dabei so erfolgen, daß der Schnittpunkt der Stabachsen von Streben und Deckenbalken unmittelbar über dem Auflager liegt, um zusätzliche Biegespannungen zu vermeiden. Mit dem Deckenbalken werden die Streben durch Versatz und sichernden Schraubenbolzen verbunden, wobei darauf zu achten ist, daß am Balkenende noch genügend Vorholz gegen Abscheren stehenbleibt. Je flacher die Neigung der Strebe ist, desto stärker ist die Horizontalkomponente ihrer Stabkraft und desto mehr Vorholz muß vorhanden sein. Darum sollte man sie in keinem flacheren Winkel als 30° anwenden. Die Länge des nötigen Vorholzes muß jeweils berechnet werden. Man wählt sie zweckmäßig achtmal größer als die Versatztiefe, jedoch nicht geringer als 20 bis 25 cm, weil die Scherfläche durch etwa auftretende Schwindrisse stark geschwächt werden kann. Ist das notwendige Maß nicht zu erreichen, so kann gegebenenfalls ein hinterer Versatz Abhilfe schaffen. Die Tiefe des Versatzes richtet sich nach dem Druck auf die Versatzstirn und soll bei einer Strebenneigung bis 50° höchstens 1/4 und über 60° höchstens 1/6 der Balkenhöhe betragen. Auf Massivdecken setzt man die Streben mit Versatz auf Schwellenstücke, die man durch einbetonierte Eisenanker mit der Decke verbindet.

Mit dem Pfosten werden die Streben ebenfalls mittels Versatz verbunden und durch einen Schraubenbolzen in ihrer Lage gesichert. Um den Druck der Strebe mit voller Fläche auf den Pfosten übertragen zu können, gibt man beiden die gleiche Querschnittsbreite. Die Querschnittshöhe der Strebe liegt etwa zwischen 16 und 22 cm.

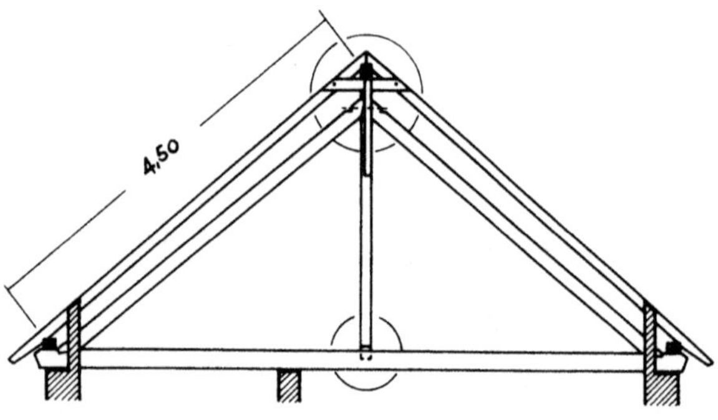

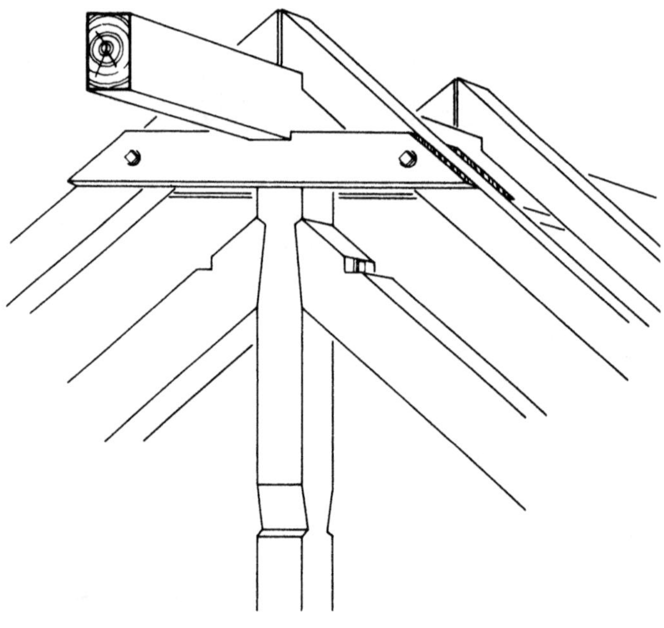

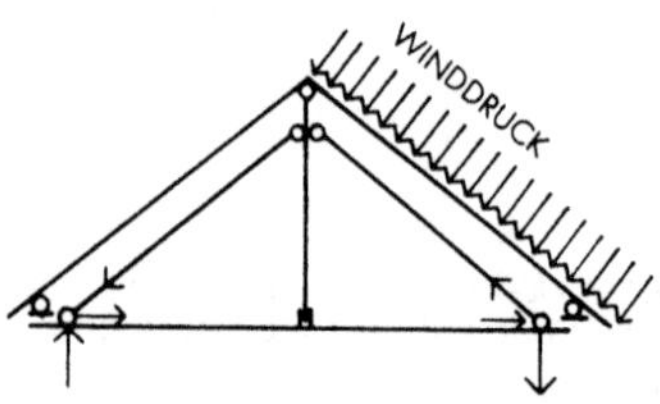

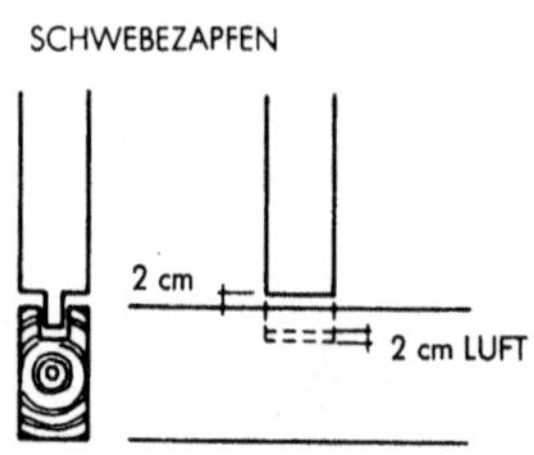

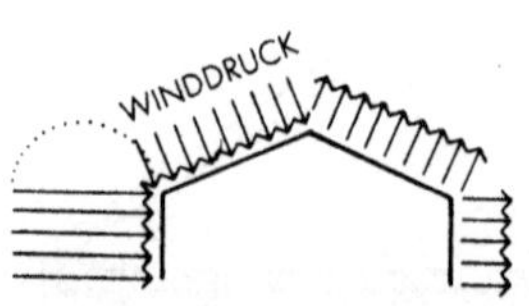

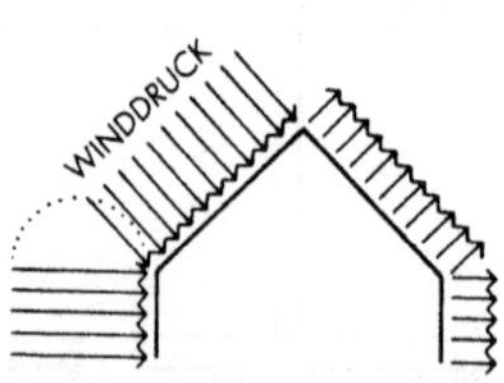

SCHLECHTE ANORDNUNG DES STREBENFUSSES BIEGEMOMENT AM AUFLAGER.

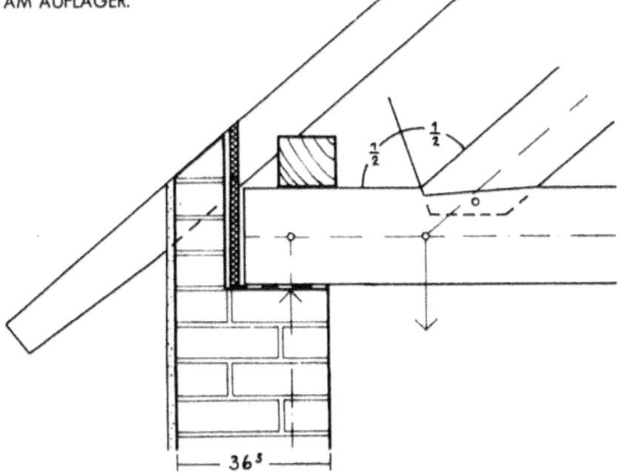

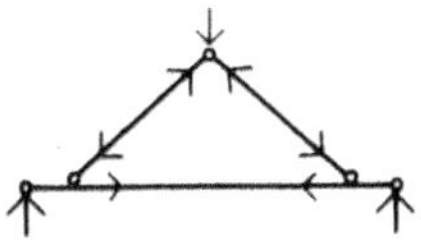

Alte Strebenversatzung mit Zapfen und Holznagel. Balkenquerschnitt zu stark geschwächt, Strebe nicht gegen Verdrehen gesichert.

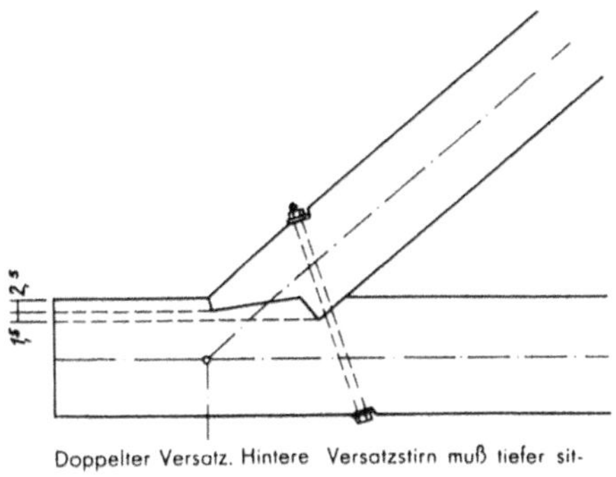

Doppelter Versatz. Hintere Versatzstirn muß tiefer sitzen als vordere und genau passen, andernfalls rasche Zerstörung.

STREBE RICHTIG ANGEORDNET

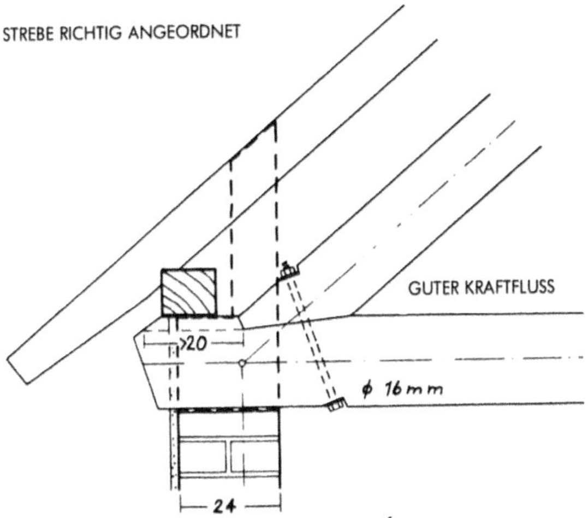

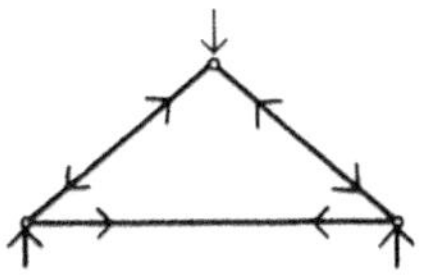

Vorderer Versatz ohne Zapfen. Schraubenbolzen preßt Verbindung zusammen, dient jedoch nicht zur Kraftübertragung. Gesimsbildung ergibt sich aus der richtigen Konstruktion.

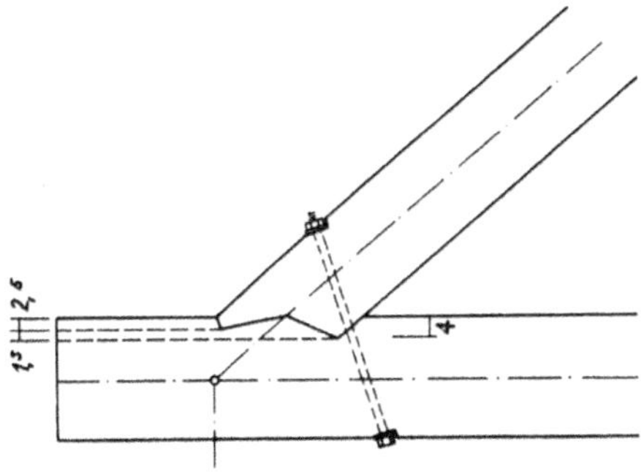

Andere Art des doppelten Versatzes, leichter passend zu arbeiten, bessere Verteilung der Kräfte.

STREBENFUSS BEI KNAPPEM AUFLAGER

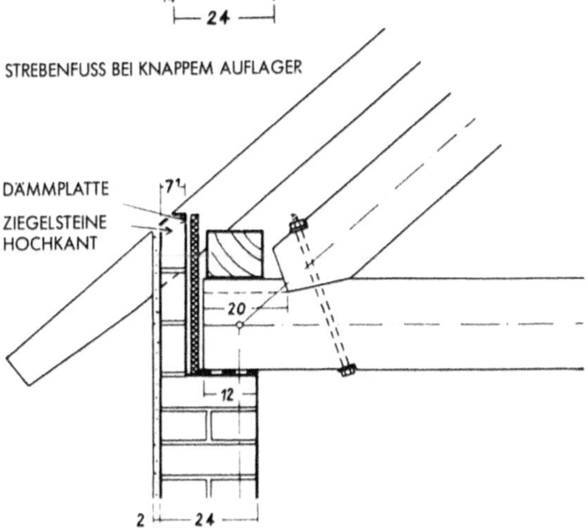

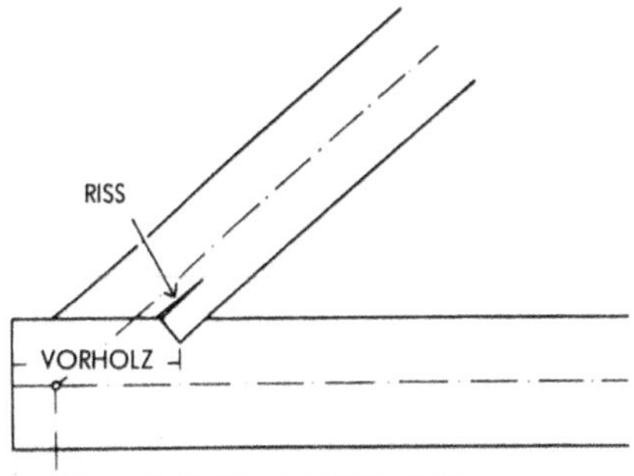

ALTER FERSENVERSATZ, VORDERER ZAHN REISST MEIST AB

STREBENFUSS MIT RÜCKVERSATZ
RISSBILDUNG DURCH FUGE VERMIEDEN

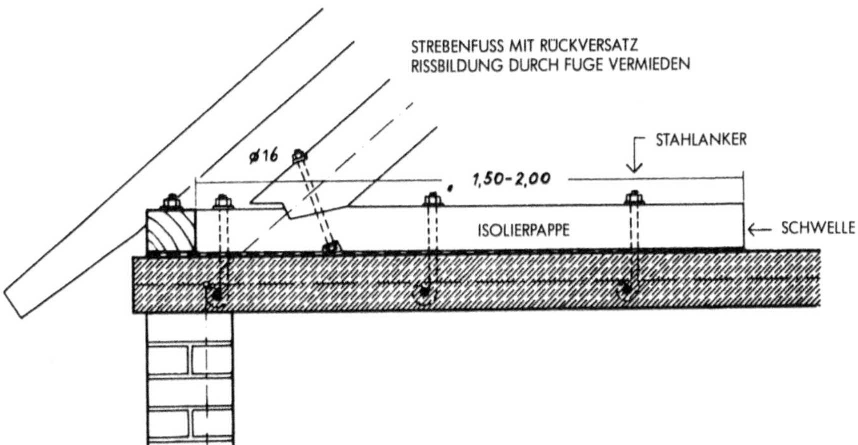

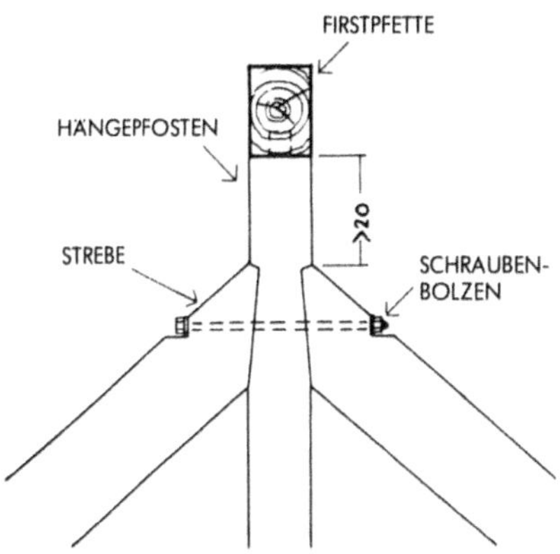

AUSBILDUNG DES STREBENKOPFES

Zweifach stehender abgestrebter Pfettendachstuhl

Im Gegensatz zum einfach stehenden abgestrebten Pfettendachstuhl sind beim zweifach stehenden abgestrebten Pfettendachstuhl Streben und Pfosten an der Ableitung der horizontalen Windteillasten beteiligt. Für diesen Belastungsfall ist das Tragwerk einfach statisch unbestimmt. Lotrechte Lasten aus den Mittelpfetten werden nach wie vor von den Pfosten übertragen.
Dieser früher gebräuchliche Dachstuhl wird nicht mehr ausgeführt. Die Streben werden heute als unnötig betrachtet. Sie leisteten jedoch mindestens dem Zimmermann beim Aufschlagen gute Dienste.

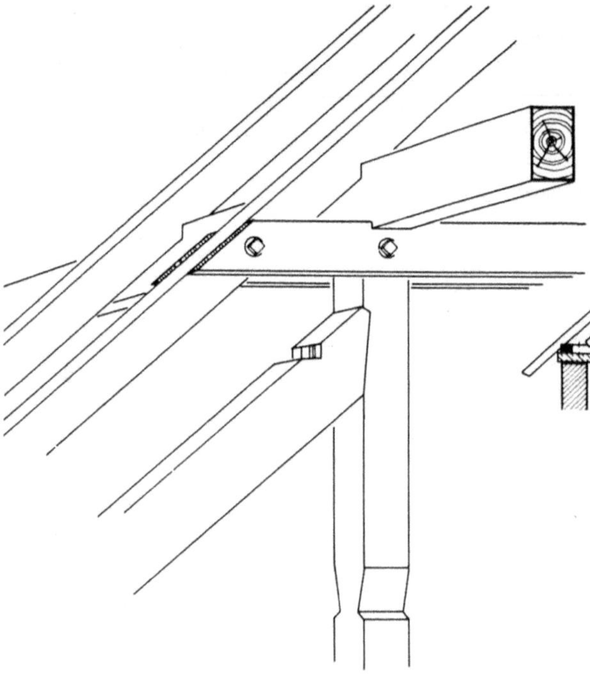

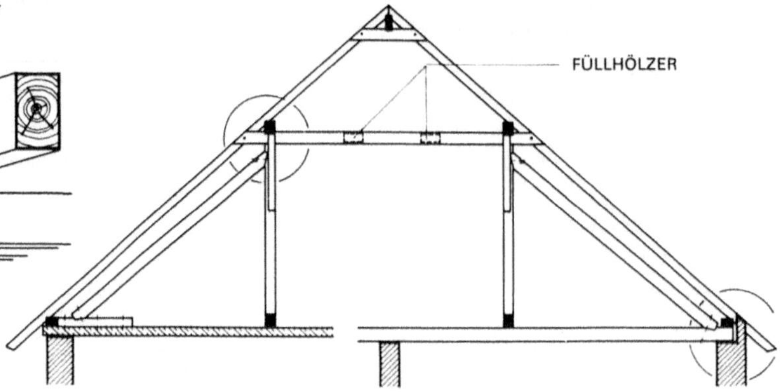

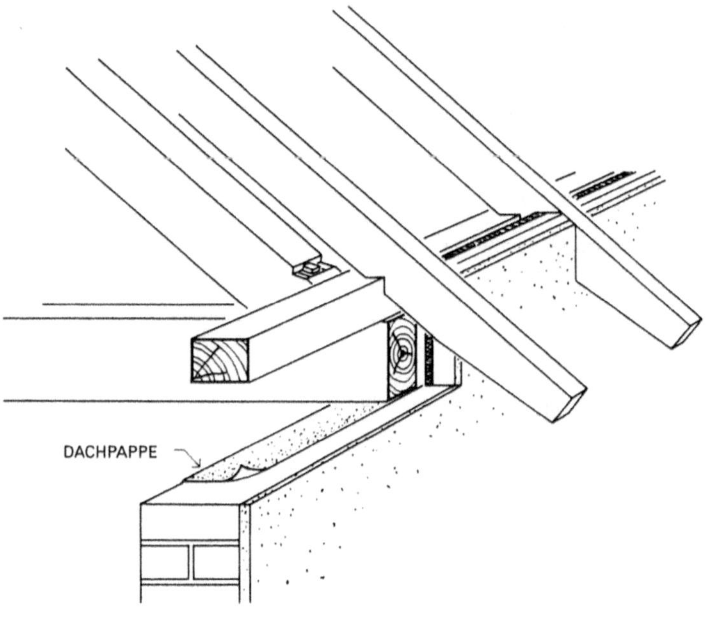

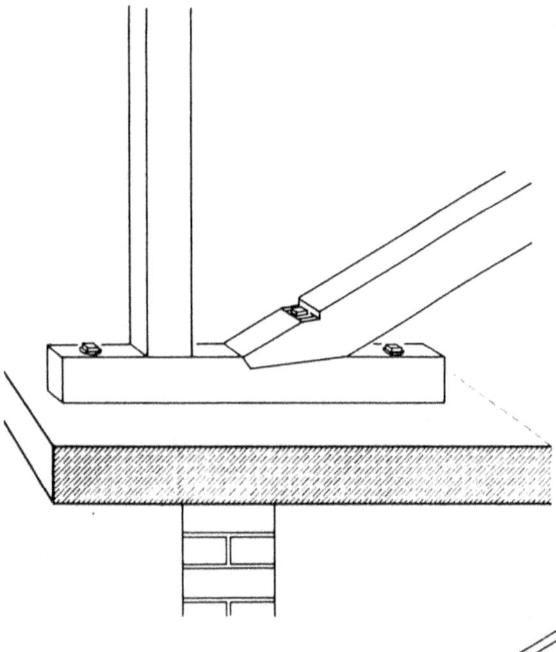

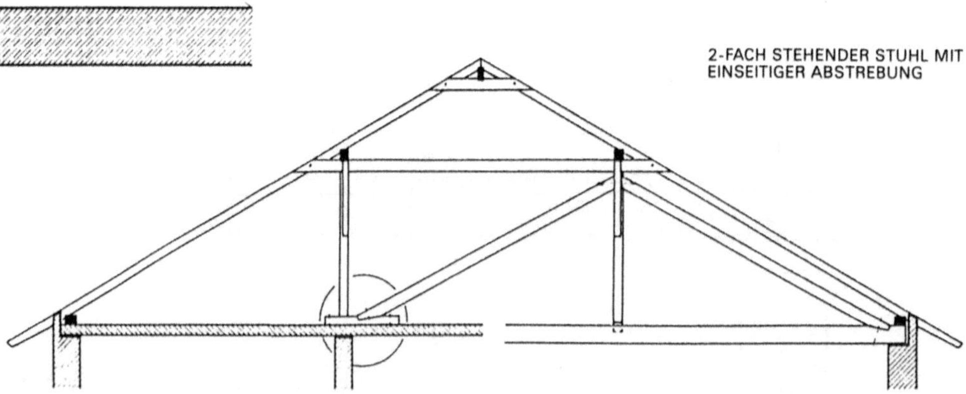

Dreifach stehender abgestrebter Pfettendachstuhl

Wenn man den dreifach stehenden Stuhl abstrebt, so sucht man die Nachteile dieses Dachstuhles, die sich aus seiner Pfostenstellung oder aus der Schwierigkeit seiner Lastableitung ergeben, zu beheben.

Bei zwei längslaufenden Tragwänden liegt es nahe, den Pfosten unter der Firstpfette abzustreben, so daß dieser zum Hängepfosten wird. Auf diese Weise erhält man einen in der Mitte begehbaren Dachraum. Ein Hängepfosten ist von Vorteil, wenn auf die Zangen ein Kehlgebälk aufgelegt werden soll.

Behindert die vorbeschriebene Art der Abstrebung die Verwendung des Dachraumes, so kann man sowohl die Pfosten unter den Mittelpfetten als auch den Pfosten unter der Firstpfette abstreben. Dieser Dachstuhl bildet dann in seinem oberen Teil ein Dreigelenktragwerk, das seine vertikalen und horizontalen Auflagerkräfte jeweils an den beiden unteren durch Pfosten, Streben und Bundbalken gebildeten Dreiecken absetzt. Die Zange wirkt als Zugband des oberen Dreigelenktragwerkes und wird am besten durch Dübel mit den Füßen der oberen Streben verbunden. Bei der Übertragung der horizontalen Windlasten in die unteren Dreiecke hat die Zange aber auch Druckkräfte aufzunehmen und ist deshalb knicksicher auszubilden; dazu können neben Bindehölzern auch Horizontalbüge notwendig werden. Um in den Pfostenköpfen keine zusätzlichen Biegebeanspruchungen zu erzeugen, ordnet man die oberen und unteren Streben in einer Achse an und faßt die Knotenpunkte möglichst nahe unter der Mittelpfette zusammen.

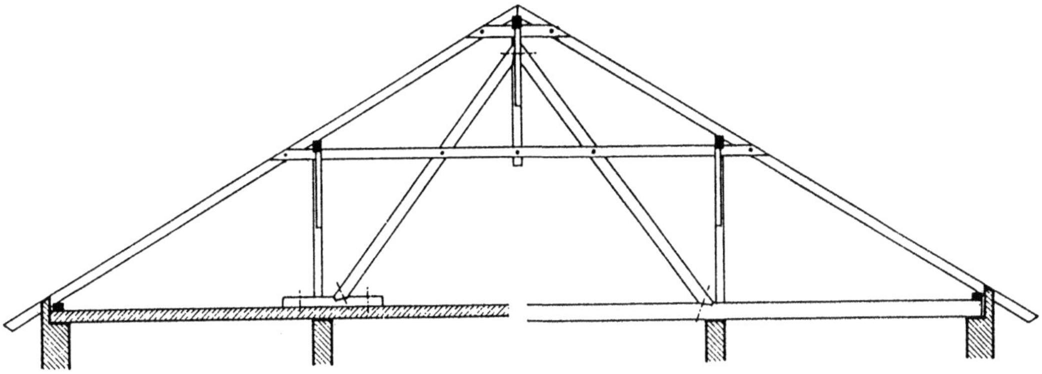

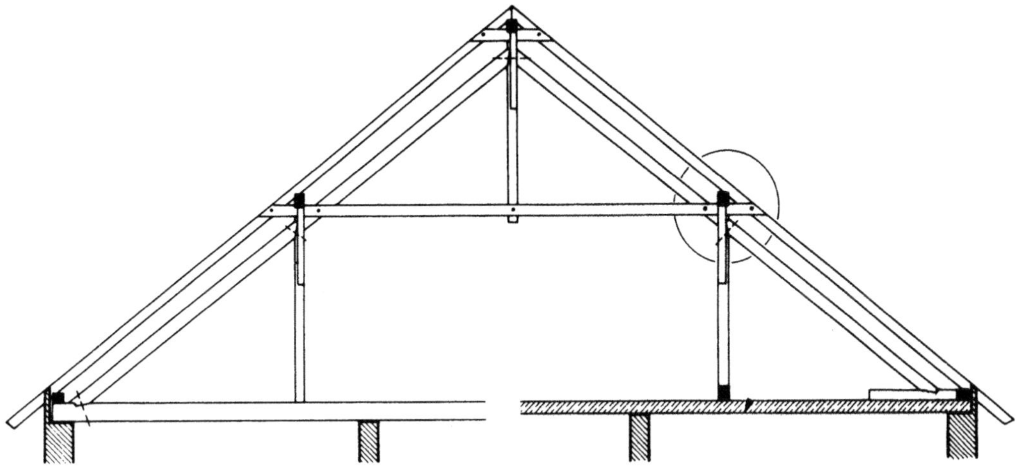

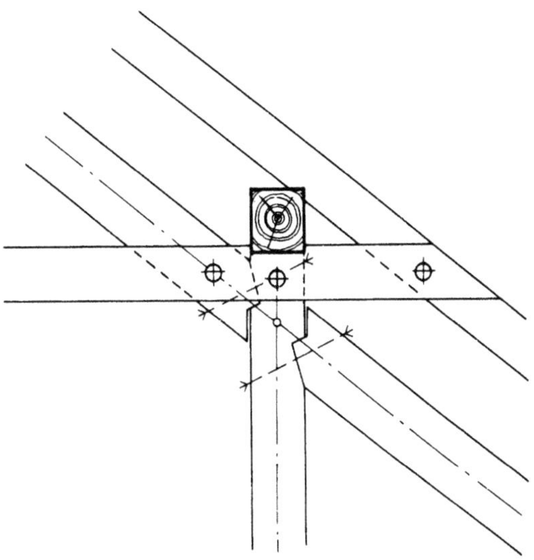

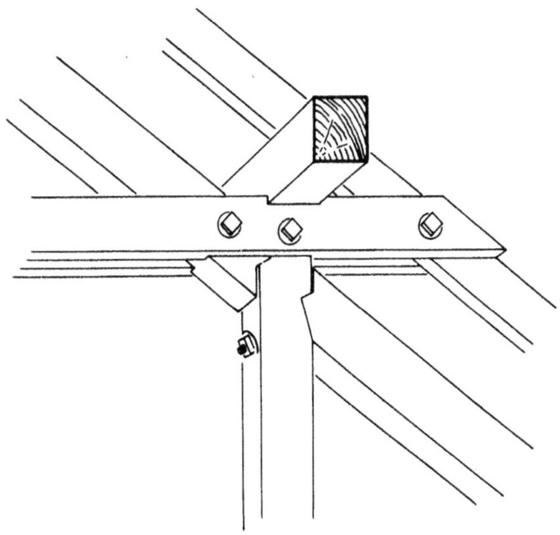

Liegende Pfettendachstühle

Stehen die mittleren Tragwände so ungünstig im Gebäudequerschnitt, daß eine günstige Lastableitung über Pfosten nicht zu erreichen ist, oder stören die Pfosten bei der Ausnutzung des Dachraumes, so kann man bei Dachneigungen über 30° liegende Pfettendachstühle ausführen. Die Lastableitung nur über Streben hat jedoch einen größeren Holzbedarf zur Folge. Außerdem sind liegende Stühle schwieriger aufzuschlagen als stehende.

Im Zeitalter der Stahlbetondecken mit den leicht herstellbaren Widerlagern führt man an ihrer Stelle Sparren- und Kehlbalkendächer aus.

Die Höhe der alten „Zimmermannskunst" zeigen nachstehende Beispiele.

Einfach liegender Pfettendachstuhl

Beim einfach liegenden Pfettendachstuhl ruht die Firstpfette in einer von beiden Strebenköpfen gebildeten Klaue. Die auf die Firstpfette treffenden Dachlasten werden über die Streben mittels Versatz in den Binderbalken und auf die Außenwände übertragen. Auf diese Weise entsteht ein Dreigelenktragwerk, der Binderbalken wirkt neben seinen Aufgaben als Deckenbalken gleichzeitig als Zugband. Im Gegensatz zum stehenden abgestrebten Stuhl haben hier die Streben sowohl horizontale als auch vertikale Lasten abzuleiten. In der statischen Berechnung faßt man die Firstpfette als festes und die Fußpfette als bewegliches Sparrenauflager auf. Der Längsverband wird meistens mittels Schwenkbügen hergestellt. Die beste Längsaussteifung bilden Windrispen. Die früher häufig ausgeführten Schwenkbüge stellten zwar in einer Richtung eine Aussteifung der als Druckstäbe (Knickstäbe) wirkenden Streben dar, aber nur, wenn sie satt mit Versatz und Schraubenbolzen angeschlossen waren. Ihre exakte Ausführung war aber wegen des sehr schwierigen Anreißens fast nie gewährleistet.

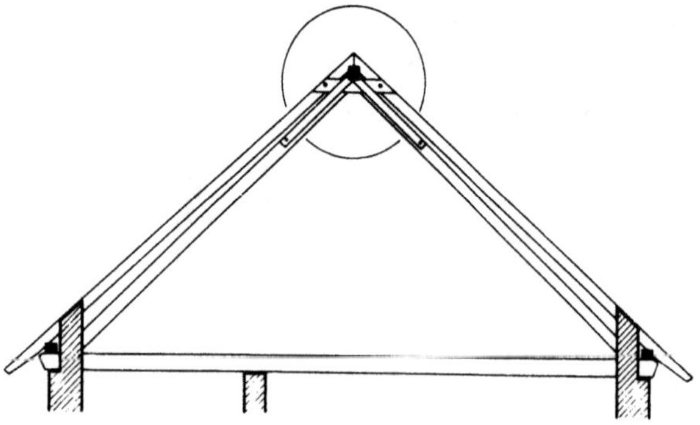

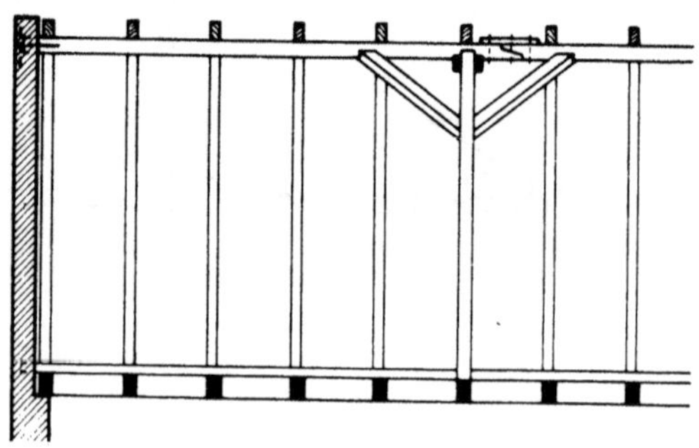

LÄNGSVERBAND DURCH SCHWENKBÜGE MIT KLAUEN

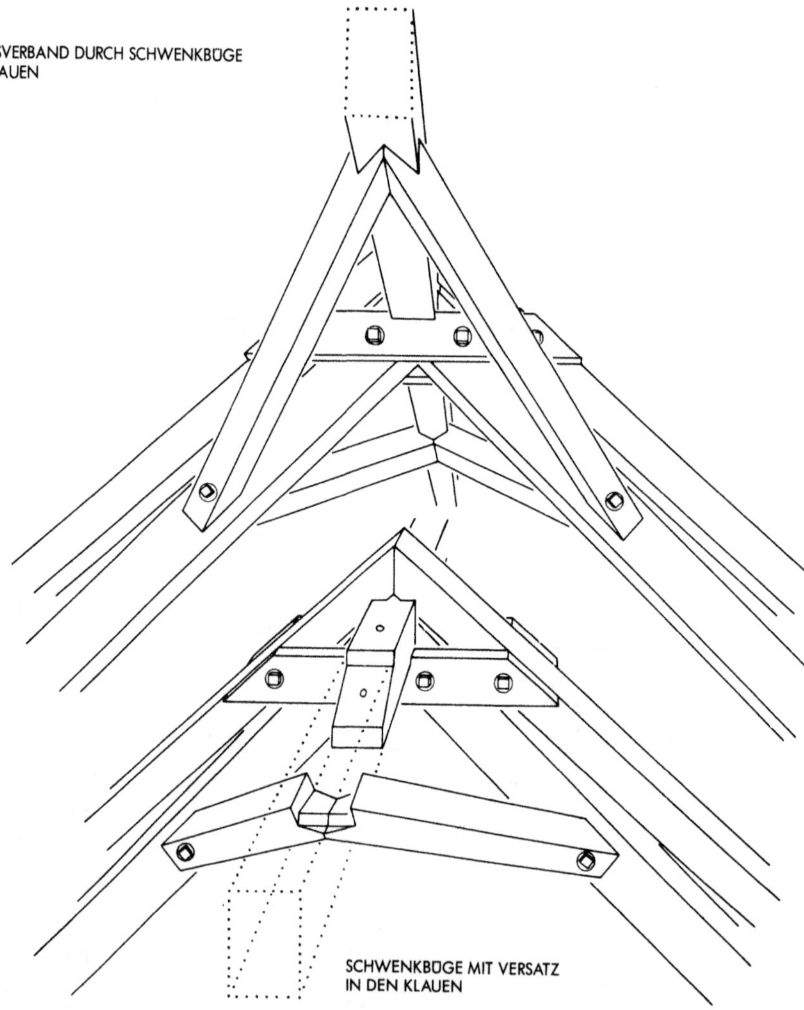

PFETTENSTOSS KURZ NEBEN DEM BINDER ERLEICHTERT DAS AUFSCHLAGEN

SCHWENKBÜGE MIT VERSATZ IN DEN KLAUEN

Zweifach liegender Pfettendachstuhl

Im Querverband bildet dieser Dachstuhl ein doppeltes Sprengwerk, das als 4gelenkiges Tragwerk nur bei symmetrischer Belastung im Gleichgewicht ist. Zu seiner Versteifung fügt man zwischen Streben und Spannriegel Büge ein. Wird anstelle des früher üblichen Spannriegels nur eine Zange angeordnet, dann muß man diese knicksicher ausbilden, da sie im Gegensatz zu den Zangen der stehenden und abgestrebten Stühle in allen Lastfällen Druckkräfte erhält. Zu diesem Zweck ist es vorteilhaft, Zangen und Mittelpfetten durch horizontale Büge zu verbinden, wodurch sich auch die Stützweiten der Mittelpfetten in horizontaler Richtung verringern. Noch besser ist es, besonders bei leichten Konstruktionen, deren Bemessung stark durch die Windlasten beeinflußt wird, durch Verschwertungen der Mittelpfetten einen horizontalen Windverband herzustellen. Dieser Windträger soll möglichst häufig an genügend steifen Querwänden, z. B. Giebel- und Treppenhauswänden, seine horizontalen Auflagerkräfte absetzen können, da dieser Dachstuhl gegen horizontalen Kraftangriff eine verhältnismäßig geringe Aussteifung bietet. Als Längsverband sind auch hier genügend starke Windrispen besser als die wenig wirksamen Schwenkbüge.

Die Mängel in der Quersteifigkeit des vorbeschriebenen Dachstuhles lassen sich durch Vertikalzangen beheben, wenn solche im Dachraum nicht stören. Auf diese Weise bleiben die typischen Merkmale der liegenden Dachstühle, die ihre vertikalen Lasten nur an den Außenwänden absetzen, erhalten. Die Zangen üben auf die Binderbalken nicht nur keinen Druck aus, sondern helfen sie noch tragen. Dieser Dachstuhl bietet den praktischen Vorteil, daß er sich ebenso einfach wie ein stehender abgestrebter Stuhl aufschlagen läßt.

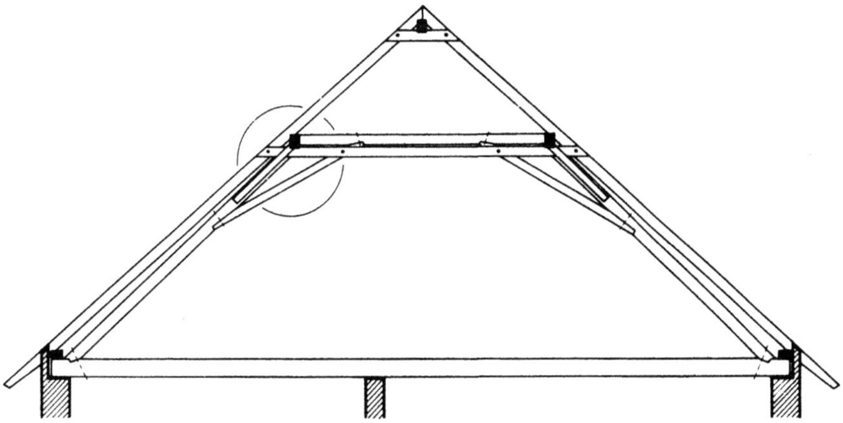

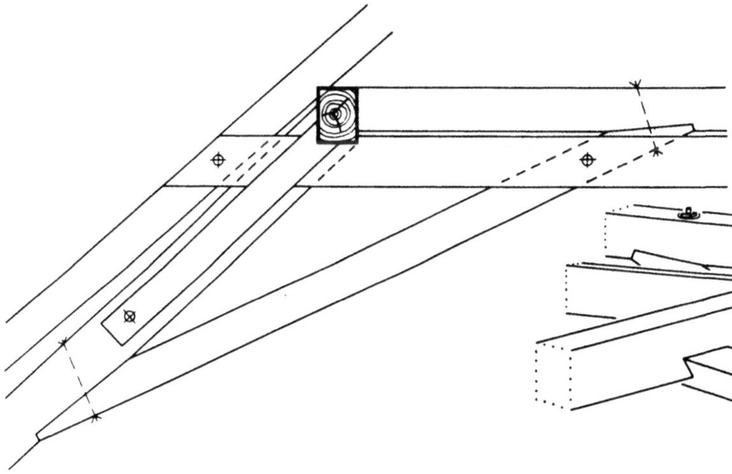

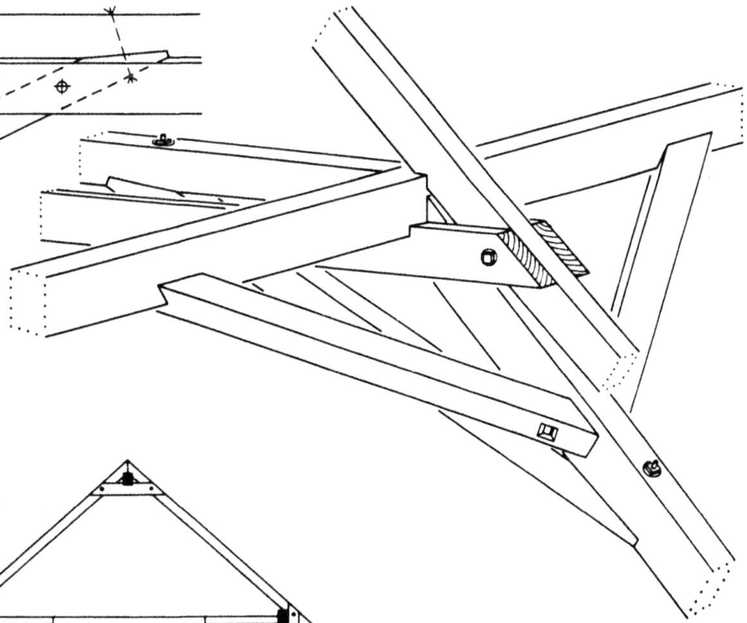

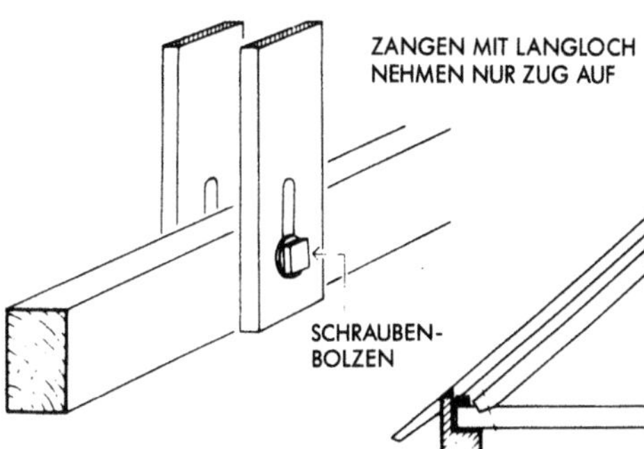

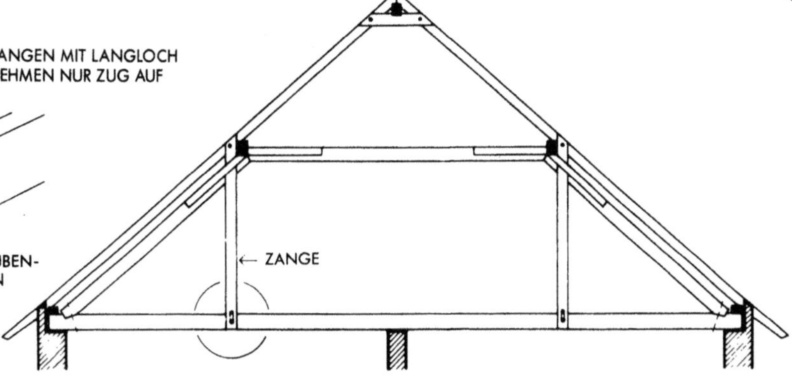

Dreifach liegender Pfettendachstuhl

Im Querverband bildet dieser Dachstuhl ein Dreigelenktragwerk mit horizontal aussteifendem Querriegel, das in seiner Wirksamkeit den Sparrengebinden der Kehlbalkendächer ähnelt. Die Lasten aus den Pfetten greifen in den Knotenpunkten an.

Die konstruktiv einfachste Form des dreifach liegenden Pfettendachstuhles ist die mit durchgehenden einteiligen Streben, die am Binderbalken und am Pfosten unter der Firstpfette mit Versatz anschließen. Die Zangen wirken in allen Lastfällen als Druckriegel und müssen mit Rücksicht auf ihre verhältnismäßig große Knicklänge mittels Horizontalbügen und Bindehölzern ausgesteift und am Pfosten der Firstpfette aufgehängt werden. Die Mittelpfetten ruhen auf den Rücken der Streben und den Zangenenden. Die Schwenkbüge unter den Mittelpfetten und die Büge unter der Firstpfette bilden den üblichen Längsverband und verkürzen die Pfettenstützweiten.

Der vorstehend beschriebene Dachstuhl eignet sich nur für freie Dachräume. Wird der Dachraum jedoch ausgebaut, oder ist aus anderen Gründen ein Kehlgebälk auf den Zangen erforderlich, so hat außer den Zangen auch der untere Strebenteil erheblich größere Lasten aufzunehmen als der obere, er muß deshalb verstärkt werden. Die Verstärkungsstrebe erhält am Fuß einen Versatz und wird durch Dübel und Schraubenbolzen mit Streben und Zangen kraftschlüssig verbunden. Ein Kehlgebälk kann durch Diagonalstäbe mit den Zangen und den Mittelpfetten zu einem Horizontalträger (Windträger) verbunden werden, der bei Auflagerung auf genügend steife Querwände eine sparsame Bemessung des gesamten Dachstuhles erlaubt.

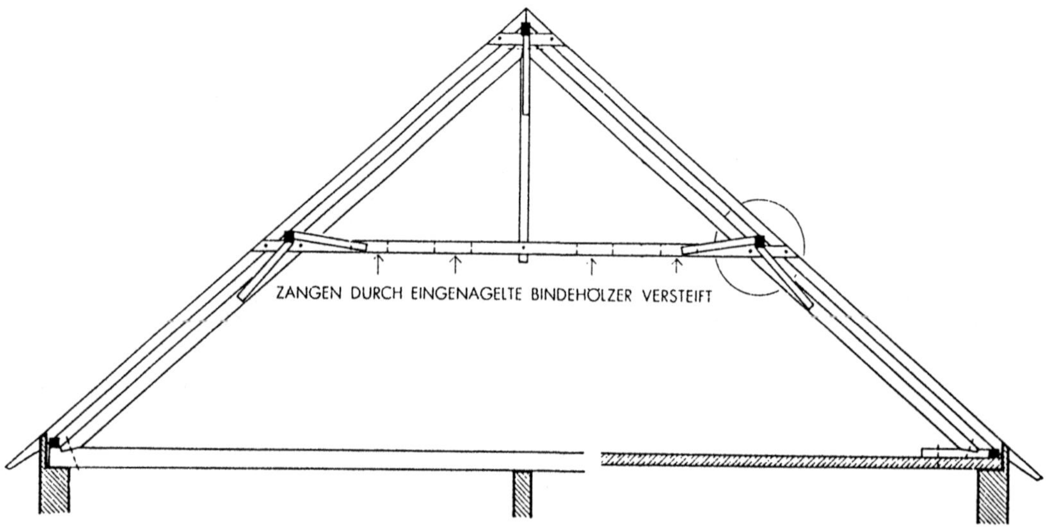

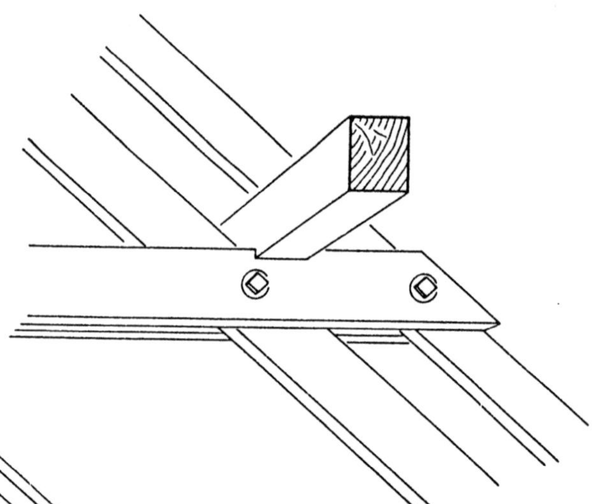

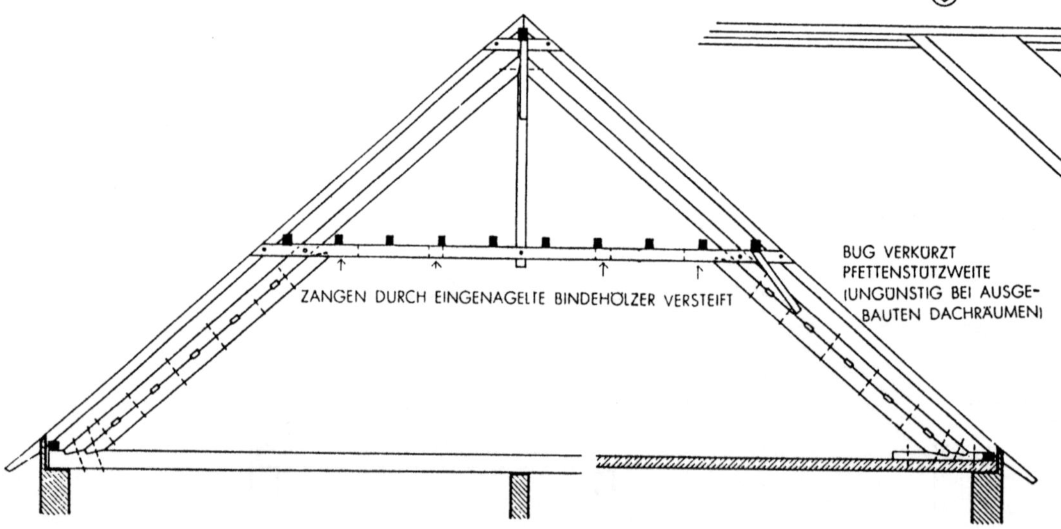

Pfettendachstuhl mit Drempel

Der Dachraum flachgeneigter Pfettendächer ist wegen der langen Dachzwickel nur sehr beschränkt nutzbar. Genügt er den wirtschaftlichen Anforderungen nicht mehr, so ordnet man zu seiner Vergrößerung einen Drempel (Kniestock) an. Diesen wird man, wo es geht, so hoch machen, daß ein Mensch an der Außenwand gerade noch aufrecht stehen kann.

Drempel soll man äußerlich kennzeichnen, da sie die Höhenproportionen eines Hauses entscheidend beeinflussen. Man kann dies erreichen durch einen Wechsel des Materials, wie z. B. die hölzernen Drempel auf den gemauerten Stockwerken der alpenländischen Wohnhäuser, oder durch Anordnung kleinerer Fenster, wie sie z. B. an klassizistischen Bauten zu finden sind.

Häuser ohne äußere Andeutung des Drempels ergeben eine unklare Gliederung des Baukörpers, da der Sturz über den Fenstern des letzten Geschosses zu hoch wird.

Beim Dach mit Drempel bilden Deckenbalken, Pfosten und Sparren keine versteifenden Dreiecke mehr. Die Drempelwand, die durchweg nur in der geringen Dicke von 24 cm ausgeführt wird, kann zur Queraussteifung des Dachstuhles nicht herangezogen werden. Als Längsverband ordnet man wie in den früheren Beispielen Kopfbüge unter der Firstpfette an.

Bei außermittiger Tragwand werden die Lasten der Firstpfette ähnlich wie beim einfach liegenden Pfettendachstuhl mittels Streben auf die Außenwände übertragen. Zangen zwischen Streben und Drempelpfosten sichern wieder die Lage der Firstpfette.

Die Drempelwand kann man als Fachwerk- oder Massivwand ausbilden, von der die Fußpfette getragen wird. Die Queraussteifung der Drempelwand wird von den Bindern oder den Pfosten unter der Fußpfette übernommen. Die Binder der Drempeldächer haben also im Unterschied zu den normalen Dachstühlen (ähnlich wie die Hallentragwerke) auch die Außenwände (Drempelwände) auszusteifen. Pfosten unter der Fußpfette muß man beim Einmauern mit Dachpappe ummanteln, um sie vor Feuchtigkeit, die durch die 1/2-Stein dicke Vormauerung noch dringt, zu schützen.

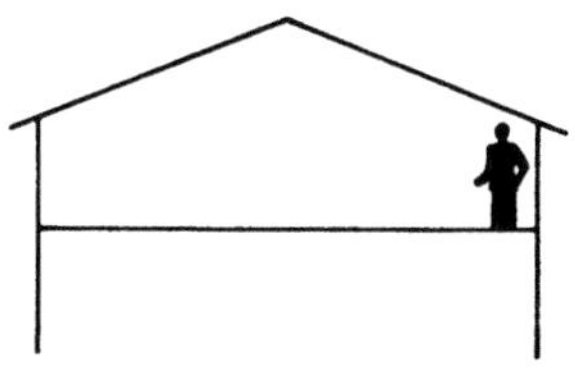

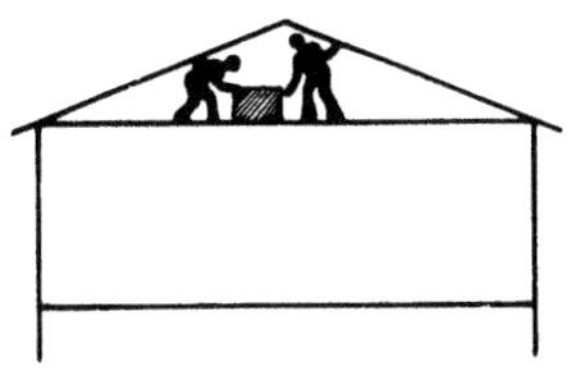

ANSCHLUSSPUNKTE BEIM DACHSTUHL MIT DREMPEL

TRAUFPUNKT

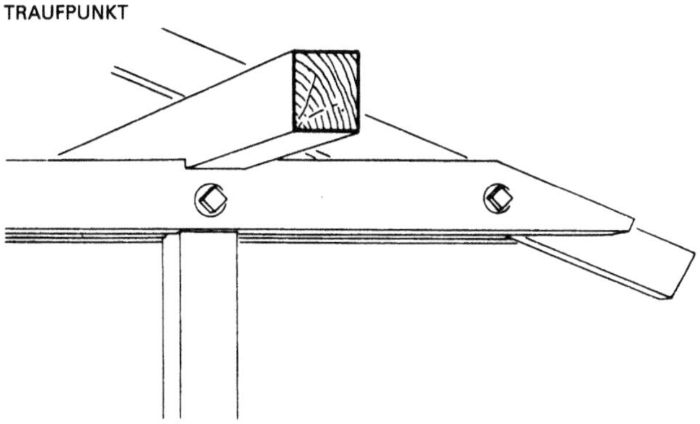

FUSSPUNKT

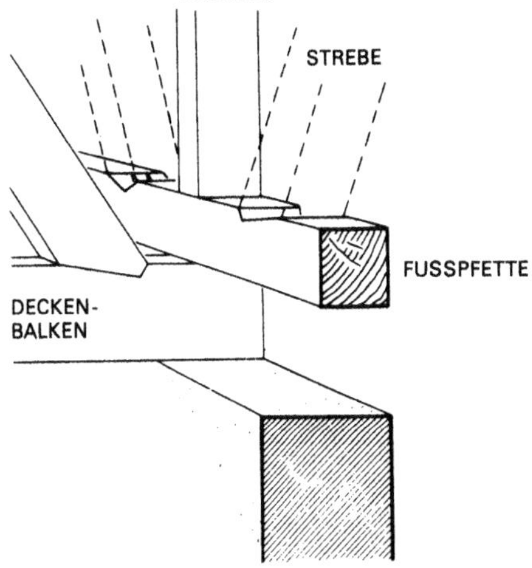

EINFACH STEHENDER DREMPELDACHSTUHL

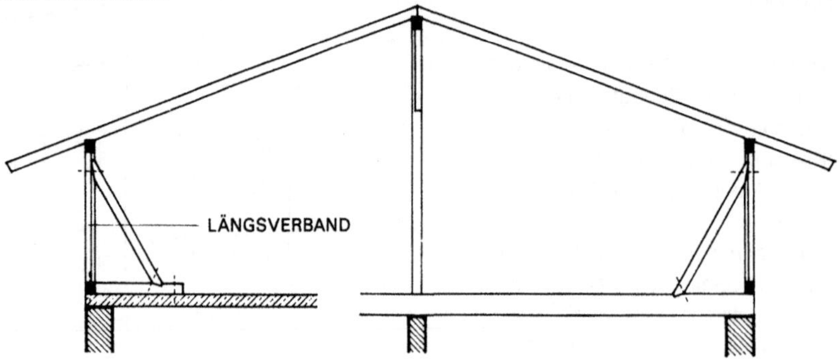

ZWEIFACH STEHENDER DREMPELDACHSTUHL

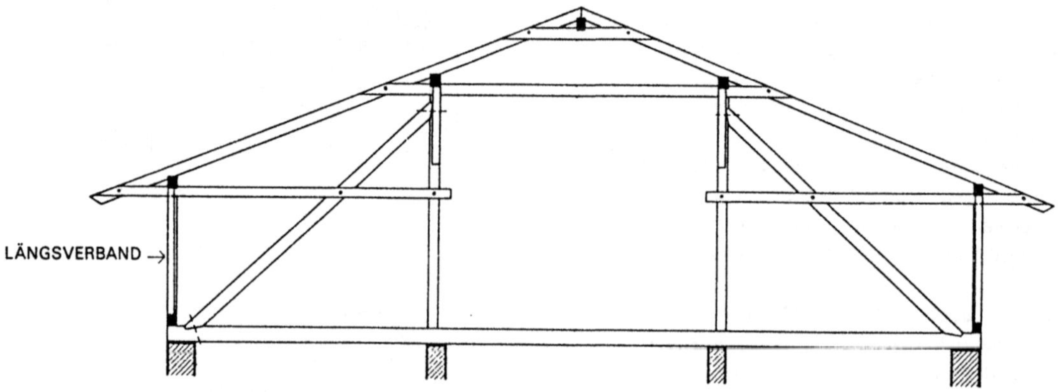

ZWEIFACH LIEGENDER DREMPELDACHSTUHL

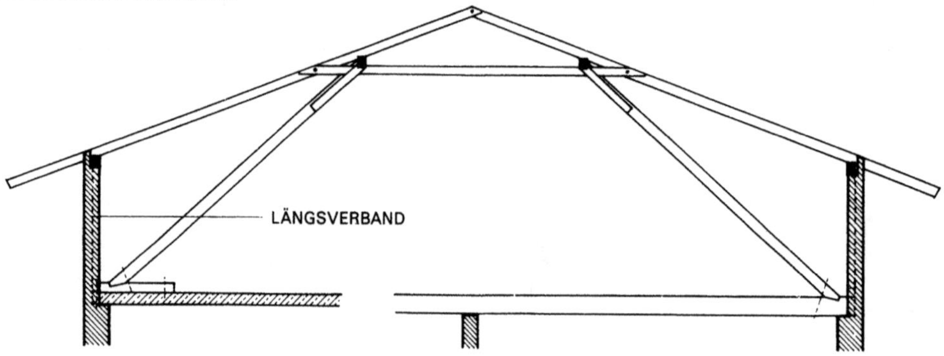

DREIFACH LIEGENDER DREMPELDACHSTUHL

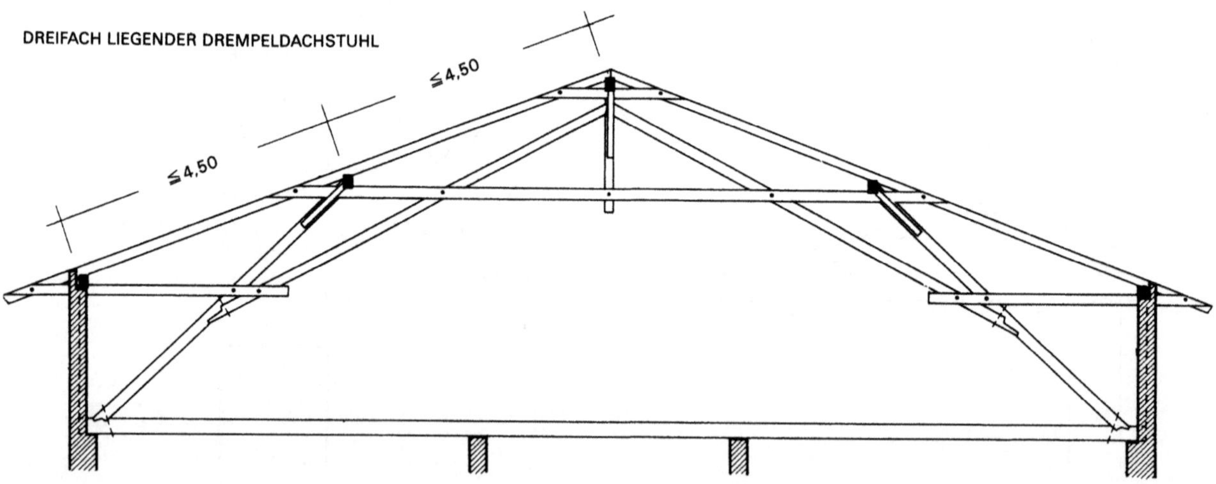

Pfettendachstuhl beim Pultdach

Bei gleicher Bautiefe liegt der First von Pultdächern doppelt so hoch wie der gleichgeneigter Satteldächer. Falls die Firstseite nicht als verbretterte Wand ausgebildet, sondern gemauert wird, entsteht ein Wandkörper, der bei seiner üblichen Dicke und seiner notwendigen Höhe nicht frei stehenbleibt, wenn er nicht in angemessenen Entfernungen durch Querwände genügend ausgesteift wird. In den meisten Fällen fehlen diese aber, und die Firstwand muß sich bei anfallenden Windlasten auf den Dachstuhl abstützen können. Umgekehrt darf aber der Dachstuhl keine Horizontalkräfte auf die freistehende Wand abgeben. Die Herstellung einer ausreichenden Quersteifigkeit ist bei diesen Dächern noch wichtiger als bei gleichgeneigten Satteldächern. Es kommen darum nur abgestrebte, besser aber liegende Pfettenkonstruktionen in Frage. Aus diesen Gründen ist es in allen Fällen, wo hartgedeckte Pultdächer angeordnet werden, vorteilhaft, die Bautiefe zu beschränken und die mögliche Mindestneigung der gewählten Dachdeckung anzunehmen.

Bei Sparrenlängen bis etwa 4,50 m und einer Neigung von etwa 20° genügt es, einen einfach stehenden Pfettendachstuhl auszubilden, wobei man jeweils mit einem Pfosten und dem darüberliegenden Sparren durch Anschluß einer Doppelzange einen Binder bildet. Die Firstwand wird unterhalb der Firstpfette an den Pfosten mit Maurerankern festgehalten. Bei Dachneigungen >30° wird man den Pfosten abstreben.

Wächst die Sparrenlänge über die übliche Stützweite, so braucht man außer der Fuß- und Firstpfette noch eine Mittelpfette, die man durch einen schrägstehenden Pfosten unterstützt. Der Pfosten wird abgestrebt und durch eine Zange mit dem Pfosten unter der Firstpfette verbunden. Erreicht die Sparrenlänge etwa das doppelte Maß der üblichen Stützweite von 4,00–4,50 m, so unterstützt man die Mittelpfette durch einen einfach liegenden Stuhl. Der Pfosten unter der Firstpfette wird mit Doppelzangen unter der Mittelpfette angeschlossen, und die Firstwand wird mit allen Zangen verankert. Da bei diesem Dachstuhl die wirtschaftliche Deckenstützweite durchweg überschritten wird, muß man bei Massivdecken entweder Stützen und Unterzüge oder tragende Innenwände anordnen. Holzbalkendecken hingegen können durch die Ausbildung der Binder als Hängewerke den gesamten Raum frei überspannen.

Der Längsverband der Pultdachstühle wird bei den Satteldächern durch Büge zwischen Pfosten und Pfetten und durch Windrispen unter den Sparren gebildet.

Bei Pultdächern über Drempelgeschossen, deren Längsaußenwände durch Giebelwände, Brandwände, Treppenhauswände und Raumtrennwände genügend ausgesteift sind, kann man die Sparrenlage als flachgeneigte Balkenlage ausbilden. Um das Dach gegen Abheben durch Windsog zu sichern, muß man seine Fußpfetten wenigstens alle 2 m gut in den Wänden verankern. Die Außenwände werden oben am besten mit Stahlbetonringankern abgeglichen. Ferner ist jeder zweite bis dritte Sparren mit den Pfetten zu verschrauben.

Je nach Art der Dachdeckungen können die Sparren in Querrichtung oder als Sparrenpfetten in Längsrichtung des Baukörpers liegen. In offenen Dachräumen, wo aussteifende Innenwände fehlen, muß das Dachtragwerk (ähnlich wie bei Hallen) die Außenwände aussteifen. Zu diesem Zweck muß man die Sparrenlage durch Anordnung von Diagonalverbänden als genügend steifen Horizontalträger ausbilden, der imstande ist, die Windlasten der Außenwände aufzunehmen und auf quer zum Windangriff stehenden Wänden oder Vertikalverbänden abzusetzen. Bei Dächern mit Sparrenpfetten kann man diese als Koppelträger über mehreren Feldern durchlaufend ausbilden und auf diese Weise Holzersparnisse erzielen.

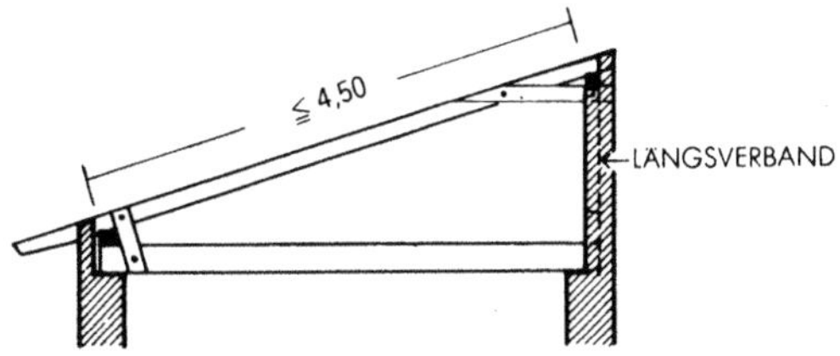

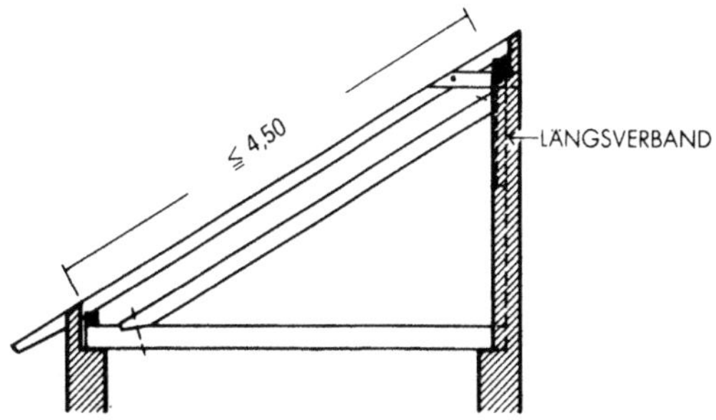

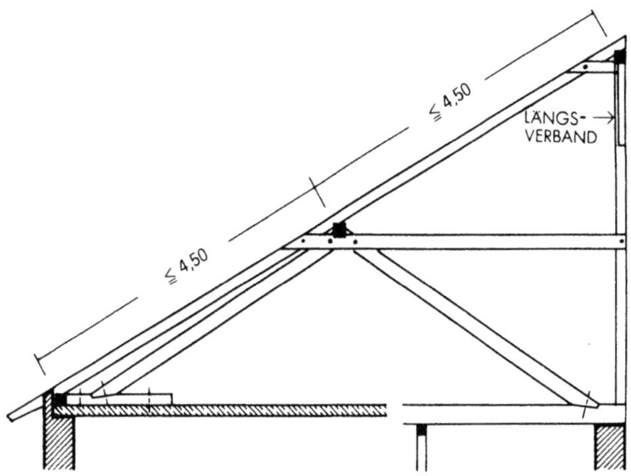

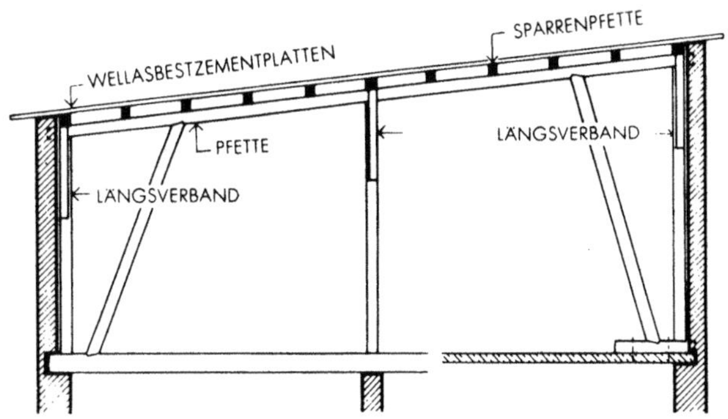

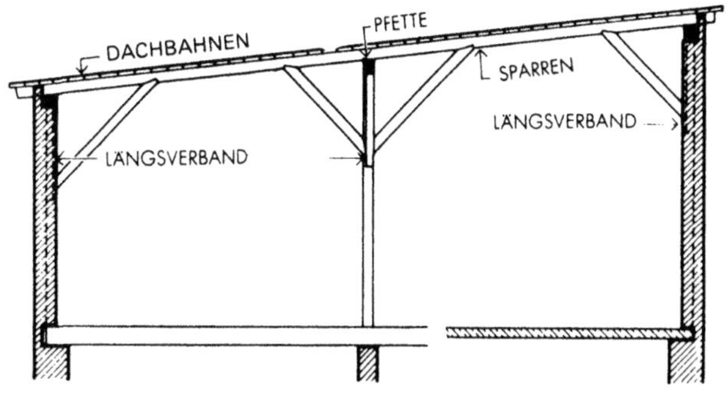

Pfettendachstuhl und Hausgrundriß

Bei alten Fachwerkhäusern nahm die Grundriß- und Fassadengestaltung durchweg Rücksicht auf die Bindereinteilung, so daß die Übertragung der Dachlast auf die tragenden Wände jeweils unmittelbar erfolgte. Diese direkte Lastableitung in die Fundamente ist ein Grundprinzip allen gesunden, einfachen und billigen Bauens. Obwohl bei unseren komplizierten modernen Wohnhausgrundrissen dieses Prinzip nicht mehr uneingeschränkt angewendet werden kann, ist es immer ratsam, schon beim Entwurf an eine gute Ableitung der Dachlasten zu denken. Oft können durch geringe Verschiebungen die Tragwände noch unter Pfosten zu stehen kommen, oder es können mindestens $^1/_2$ Stein dicke durch alle Geschosse gehende Querwände, Wohnungstrennwände oder Treppenhauswände zur unmittelbaren Ableitung der Dachlast benutzt werden. Gegebenenfalls ist es nicht notwendig, daß jeder Binder in einer Ebene durchgeht. Man kann in einzelnen Fällen durch Anordnung von „Halbbindern" erreichen, daß die Pfosten wieder auf tragenden Wänden stehen, ohne die Quersteifigkeit des Dachstuhles zu beeinträchtigen.

Bei der Verteilung der Binder ist darauf zu achten, daß sie nicht über Fensterstürzen liegen. Neben Tragwänden stehende Pfosten und besonders die Strebenfüße liegender Binder verursachen eine erhebliche zusätzliche Belastung der Fensterstürze. Bei stehenden Stühlen ist auch die Lage der Türen in mittleren Tragwänden zu berücksichtigen.

Am besten stehen die Pfosten auf tragenden Querwänden.

Es empfiehlt sich, die Dachkonstruktion schon in der Vorentwurfsphase zu berücksichtigen und genau festzulegen, damit Sparrenköpfe oder auskragende Pfetten in einen Bezug zur Fassaden- bzw. Fensteranordnung gebracht werden können.

Bei Dachkonstruktionen mit innen sichtbaren Sparren kann das soweit gehen, daß man fast das ganze Gebäude auf das Konstruktionsraster des Dachstuhles abstimmt.

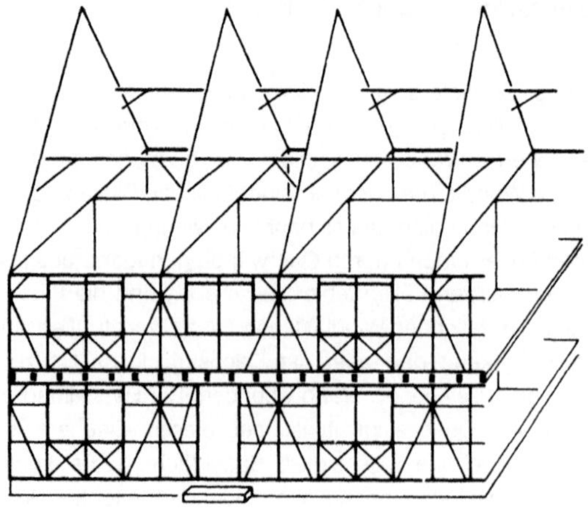

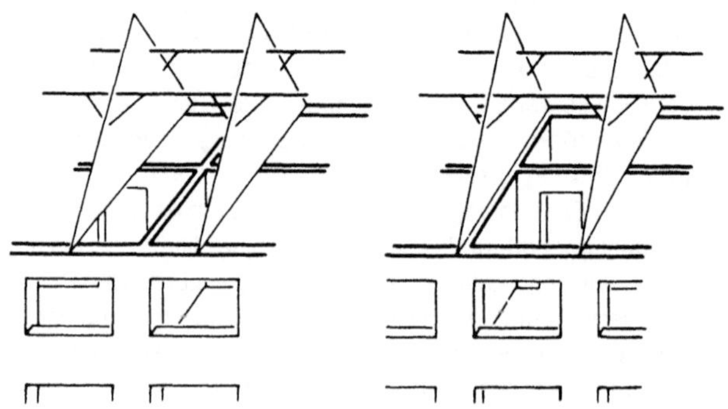

FALSCH RICHTIG

Sparren- und Kehlbalkendächer

Die Sparren- und Kehlbalkendachstühle entstanden im Mittelalter als beste Konstruktionen für steile Dächer (mit mehr als 40° Neigung). Steile Dachneigungen waren in jenen Gegenden nötig, die nur Stroh, Schilfrohr oder einfache Ziegel (welche aber im Mittelalter noch sehr selten waren) für die Dachdeckung verfügbar hatten. Die Gebiete der alten Sparren- und Kehlbalkendächer sind hauptsächlich Nord-, Mittel- und Südwestdeutschland.

Sparrendächer

Steile Dächer müssen wegen des anfallenden hohen Winddruckes eine größere Quersteifigkeit aufweisen als die flach geneigten Pfettendächer. Das Sparrendach zeigt deshalb folgenden Aufbau: Mit jedem Dachbalken, der ohne Unterbrechung oder wenigstens zugfest gestoßen durchlaufen muß, wird ein Sparrenpaar (Gespärr) zu einem unverschieblichen Dreieck verbunden. So entsteht – statisch gesehen – ein Dreigelenktragwerk, in welchem der Dachbalken als Zugband wirkt. Das Sparrendach besteht also aus einer fortlaufenden Reihe von Bindern, die in den üblichen Sparrenabständen aufeinander folgen.

Die Sparren werden, da die unterstützten Pfetten fehlen, nicht nur auf Biegung, sondern auch durch Längskräfte auf Druck und bei sehr steilen Dächern (Wind) evtl. sogar auf Zug beansprucht. Deshalb müssen ihre Querschnitte stärker bemessen werden als bei Pfettendächern. Ihre Lasten geben sie über die Deckenbalken, die sie auf Zug beanspruchen, unmittelbar auf die Außenwände ab. Um bei der Verbindung von Dachbalken und Gespärre noch eine exakte Dachform erzielen zu können, muß die Dachbalkenlage genau horizontal und fluchtrecht verlegt werden. Deshalb ordnete man als Unterlage Mauerlatten an.

Zur Längsversteifung des Dachstuhles nagelt man einfach Windrispen (Bohlen oder Halbrundhölzer) in schräger Richtung unter die Sparren und verbindet sie zug- und druckfest mit einer Mauerlatte und einer Firstlatte. Die Windrispen der beiden Dachseiten kreuzen sich, so daß jedes Gespärre in verschiedener Höhenlage wirksam gehalten wird. Sie sollen gleichzeitig die Sparren gegen Ausknicken in der Dachebene schützen. Wenn man die Windrispen, wie es oft geschieht, nicht an die Mauerlatte anschließt, so wirken sie nur über die Dachlatten und steifen das Dach nur ungenügend aus.

Die Verbindungen der Dachstuhlglieder ergeben sich aus ihrer Beanspruchung. In alter zimmermannsmäßiger Form wurden sie folgendermaßen ausgeführt:

Der Sparrenfuß wurde mit dem Dachbalken durch Versatz und Zapfen und sichernden Holznagel verbunden. Je nach der Dachneigung und dem Dachgewicht muß mehr oder weniger Vorholz vor dem Sparrenfuß stehen bleiben. Auf dieses Vorholz wurde ein Aufschiebling – ein entsprechend zugeschnittenes Bohlenstück – genagelt, um die Deckung über den Dachfuß führen zu können. Die Sparrenenden wurden mit Schere und Zapfen gelenkartig verbunden und ebenfalls mit einem Holznagel gesichert.

Die Vereinfachungen, die man heute beim Bau der Sparrendächer vornimmt, ergeben sich z. T. schon aus den wesentlich schmaleren Sparrenquerschnitten. Um eine Scher- und Zapfenverbindung schneiden zu können, braucht man mindestens 10, besser aber 12 cm breite Sparren. Heute verwendet man für Dächer mit Sparrenlängen von 4,5–6,0 m Bohlen von 8 cm Querschnittsbreite und 14–18 cm Höhe, schneidet sie an den Enden auf Gehrung und nagelt von beiden Seiten Brettstücke auf. Der Sparrenfuß wird ohne Zapfen nur mit Versatz auf den Deckenbalken gesetzt und mit einem kräftigen Zimmermanns-Nagel in seiner Lage gehalten. Auf Massivdecken sichert man den Sitz der Sparrenfüße mit Hilfe einer

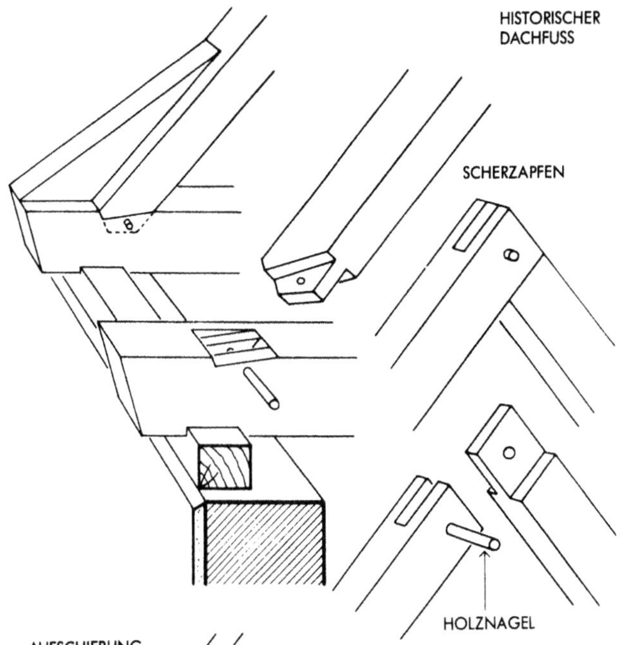

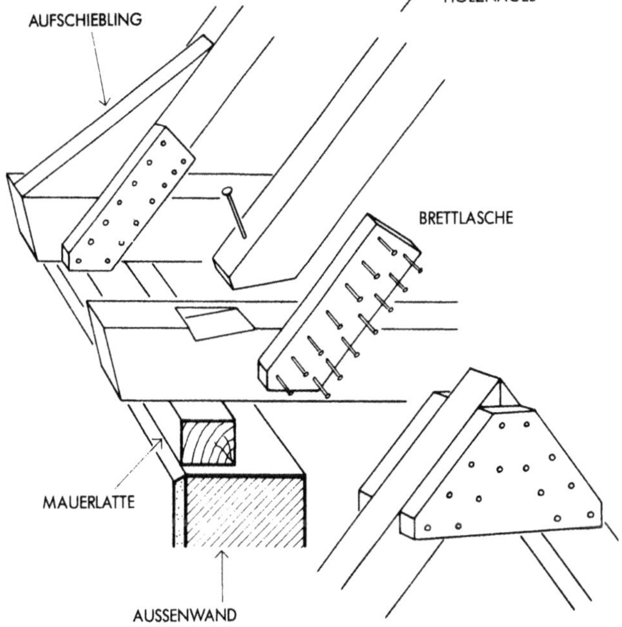

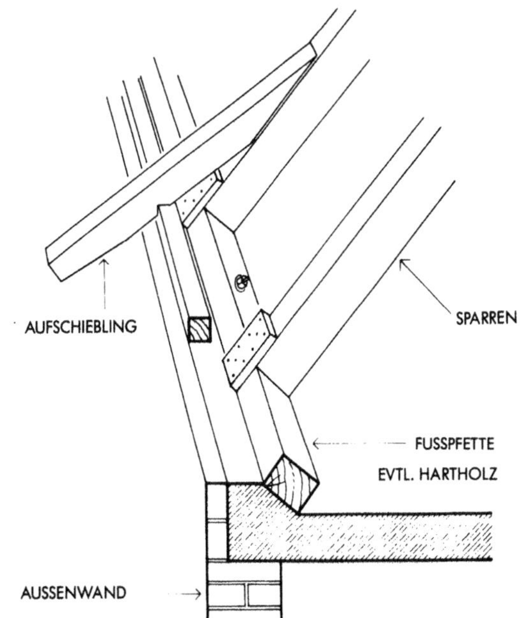

Schwelle, die mit der Decke ausreichend verankert wird. Je nach der gewünschten Dachgesimsausbildung sind mehrere Arten des Anschlusses der Sparrenfüße an die Schwelle üblich.
Da die Sparren- und Kehlbalkendächer ihre Kräfte nur auf die Dachränder abgeben, sind sie bei Ortbetondecken sowohl für das Längswand- als auch für das Querwandgefüge geeignet. Die Formbarkeit der Dachränder zur günstigen Aufnahme des Sparrenfußes gestattet es, mit der Dachneigung bis auf ~25° herunterzugehen, wodurch Sparrendächer bei den durchschnittlichen Gebäudetiefen von 9–10 m meistens den biligsten Dachstuhl ergeben. Zu beachten ist, daß mit sinkender Dachneigung die Anforderung an die sorgfältige Zimmerarbeit zur Erreichung einer exakten Firstlinie steigt. Man sollte sie darum nie ohne Firstbohle oder Firstpfette aufschlagen.

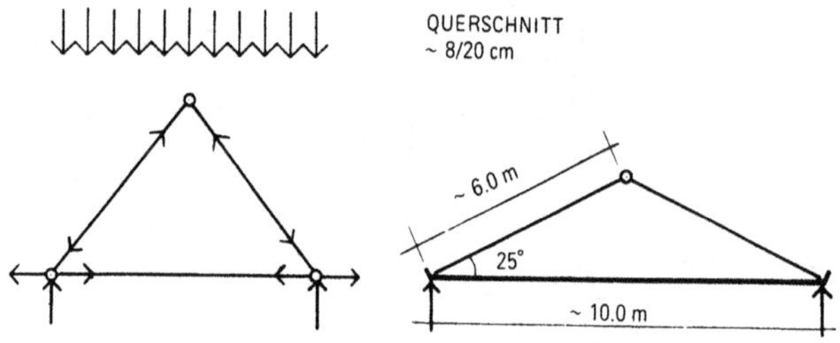

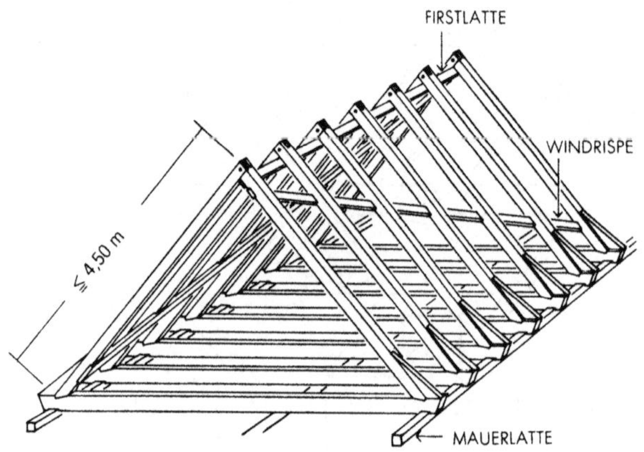

Kehlbalkendächer

Wächst die Sparrenlänge über 6,0 m, was bei steileren Dachneigungen schon bei mäßigen Haustiefen der Fall ist, so muß man die Gespärre durch „Kehlbalken" aussteifen, um unwirtschaftliche Sparrenquerschnitte zu vermeiden. Bei höheren Dächern ergibt sich daraus oft der Vorteil eines weiteren Speichergeschosses, des „Kehlspeichers".
Die Sparren werden durch die Spreizwirkung der Kehlbalken zu Durchlaufträgern auf 3 Stützen. Teilt der Kehlbalken den Sparren in gleiche Hälften, so erhält man den sparsamsten Sparrenquerschnitt. Voraussetzung für diese Anordnung ist natürlich eine genügende Stehhöhe unterhalb des Kehlbalkens.
Der Sparren erhält in den meisten Fällen die größte Beanspruchung am Anschluß des Kehlbalkens. Darum wird die Verbindung von Sparren und Kehlbalken von großer Bedeutung für den Holzaufwand. Der Kehlbalken erhält durch die Sparren nur Druck längs der Faser. Bei Ausnützung des Kehlspeichers wird er zusätzlich auf Biegung beansprucht. Zugspannungen können nur auftreten, wenn der Deckenbalken unterbrochen wird, was z. B. bei einer Auswechslung in der Balkenlage geschehen kann, die darum immer zugfest ausgebildet werden muß, oder wenn der Sparrenfuß auf einer nachgiebigen Kniestockwand aufsitzt.
Die alten Verbindungen von Kehlbalken und Sparren durch Zapfen bei unbelastetem oder durch Versatz und Zapfen oder Anblattung bei belastetem Kehlgebälk waren konstruktiv einwandfrei, hatten aber den Nachteil, den Sparrenquerschnitt zu sehr zu schwächen, der deshalb entsprechend kräftiger gewählt werden mußte.
Heute bildet man höchstens einen kleinen Versatz von 2 cm Tiefe, der genügt, den Kehlbalken mit seiner Nutzlast zu tragen, und sichert die Verbindung durch seitlich beigenagelte Brettlaschen. Der Sparrenquerschnitt muß um die Versatztiefe höher gewählt werden.
Wenn man den Kehlbalken aber auf eine an den Sparren genagelte Brettknagge setzt, wird jede Schwächung gemieden, und der Sparrenquerschnitt kann restlos ausgenutzt werden.

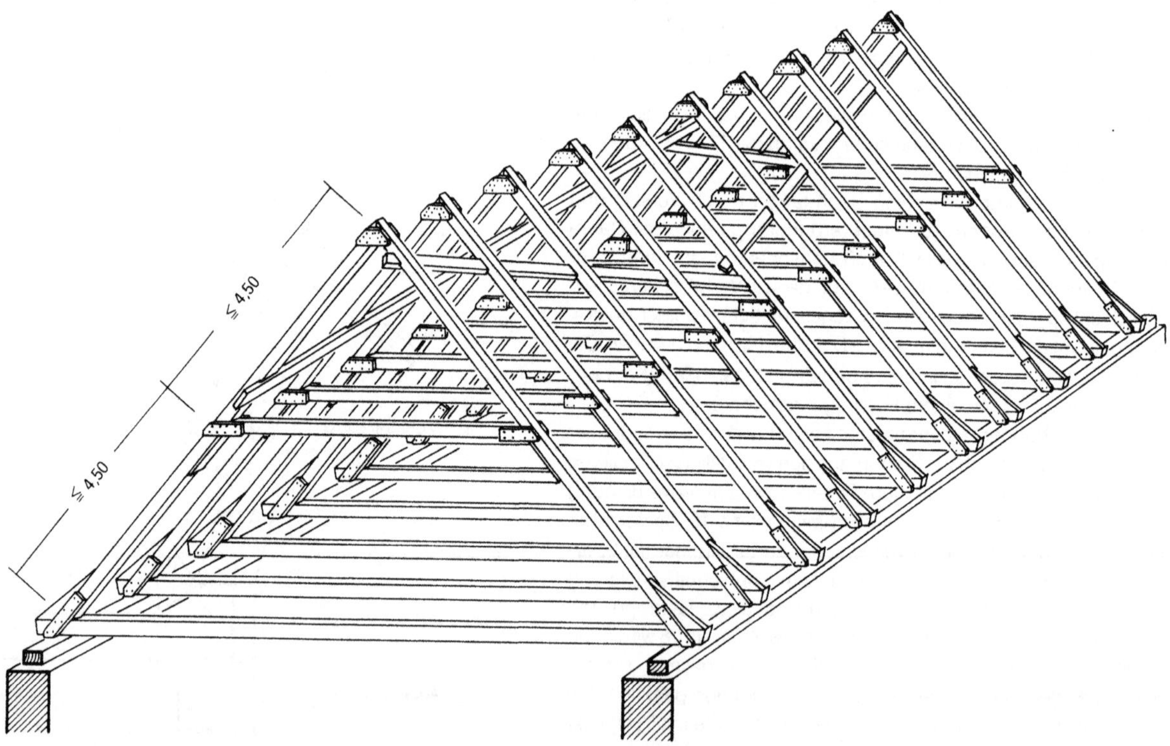

Bei Dächern von ~10 m Spannweite und 40 bis 45° Neigung liegen die Sparrenquerschnitte etwa zwischen 8/16 cm und 10/20 cm und die Querschnitte der Kehlbalken etwa zwischen 6/10 und 10/20 cm. Durch Verwendung von zusammengeleimten oder -genagelten Profilsparrenbalken und Kehlbalken läßt sich der Holzverbrauch noch etwas weiter einschränken, während allerdings der Arbeitsaufwand gegenüber dem Dach aus Kantholz stark anwächst.

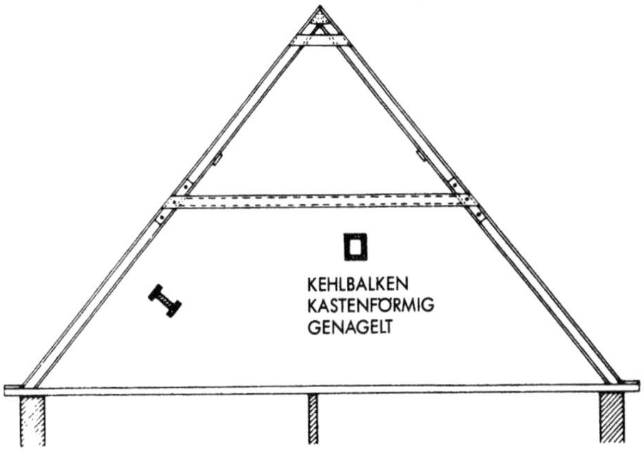

Stehende und liegende Kehlbalkendachstühle

Wächst die Länge der belasteten Kehlbalken über ≈4,50 m, dann unterstützt man sie durch ein Rähm. So entsteht der einfach stehende Kehlbalkendachstuhl, der auch als „Kippstuhl" bezeichnet wird. Für seine Bemessung ist es wichtig, daß er keine Dachlast, sondern nur Last aus dem Kehlgebälk zu übernehmen hat. Raumsparender ist es, wenn man die Kehlbalken mit seitlich angenagelten Brettern am Dachfirst aufhängt.

Der früher gebaute zweifach stehende Stuhl wird heute nicht mehr ausgeführt, weil er den Holzaufwand des Daches steigert. Ein Vorteil dieser Konstruktion lag darin, daß dem Zimmermann das Aufschlagen des Daches erleichtert und die Längs- und Quersteifigkeit des Daches verbessert wurde. Durch die Verkämmung der Kehlbalken mit den Rähmen entsteht eine Art Windträger, der sich auf die durch Pfosten und zugehörigem Gespärre gebildeten Dreiecke horizontal abstützt. Seine Wirksamkeit wurde durch den üblichen Dielenfußboden auf dem Kehlgebälk erhöht. Da man es nicht wie bei den Pfettendächern mit einem Binder zu tun hat, kann man nötigenfalls die Pfosten gegeneinander versetzen, was den Ausbau des Dachraumes erleichtert.

Pfosten und Rähme ergeben im Zusammenwirken mit den Bügen einen guten Längsverband. Dieser ist bei hohen und steilen Dächern besonders dann wichtig, wenn der Gebäudeabschluß durch einen freistehenden Giebelmauerkörper gebildet wird, der in den meisten Fällen nicht imstande ist, den auf ihn entfallenden Winddruck aufzunehmen.

Bei dieser alten Form des Dachstuhls wird der Längsverband durch Pfosten, Rähme und Kopfbänder ähnlich wie beim Pfettendachstuhl gebildet.

Im Gegensatz zu den Pfosten des zweifach stehenden Pfettendachstuhles dienen die Pfosten im Kehlbalkendach nicht der unmittelbaren Ableitung der Vertikallasten. Diese Tatsache findet man häufig bestätigt bei alten Dächern, wo sich Pfosten und Rähme mit der Dachbalkenlage senkten, die Kehlbalken aber in ihrer ursprünglichen Höhenlage verblieben. Bei den unnachgiebigen Massivdecken werden die Pfosten aber immer einen gewissen Lastenanteil übertragen, den sie beim Aufschlagen des Dachstuhles erhielten. Dieser Lastenanteil ist jedoch rechnerisch nicht erfaßbar, was auch für die von den Pfosten übernommenen Windteillasten zutrifft.

Bei Sparrenlängen über 8 m steifte man die Gespärre noch durch einen sog. Hahnenbalken aus. Da sich so große Dächer ohne Stuhl nur schwer aufschlagen lassen, mußte man das Kehlgebälk durch zwei oder drei Rähme mit Pfosten unterstützen.

Störten die Stuhlsäulen bei der Ausnützung des Dachraumes, so bildete man einen liegenden Stuhl aus.

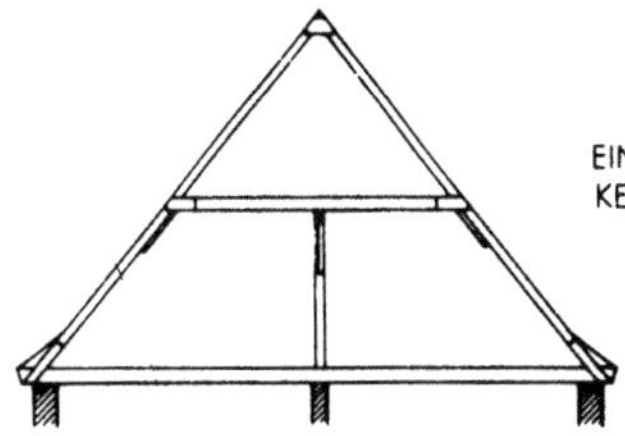

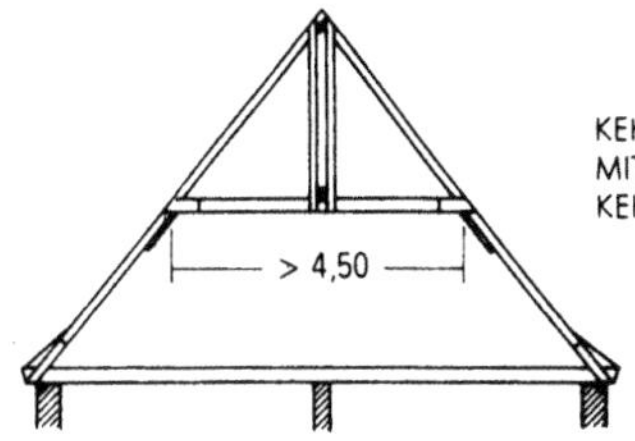

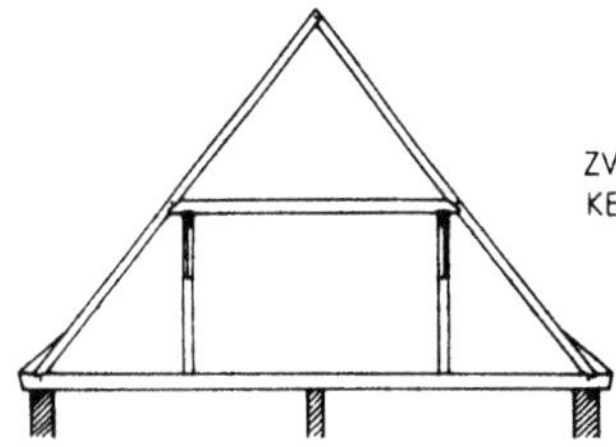

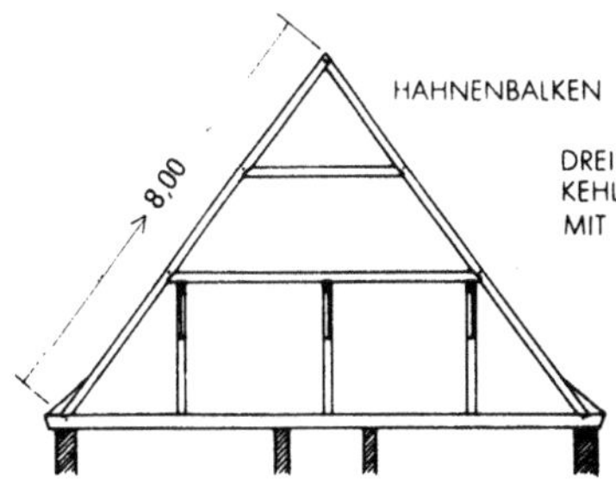

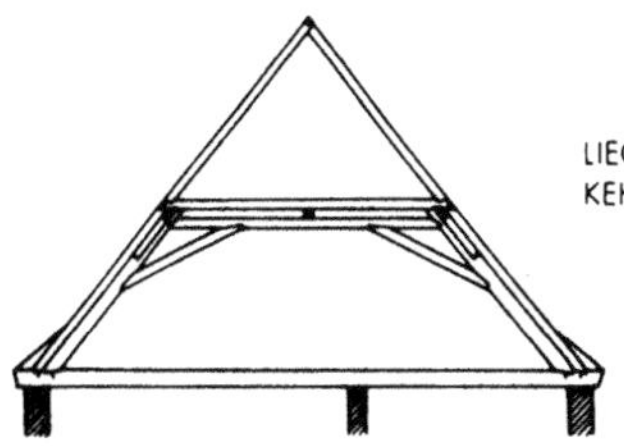

ALTE HANDWERKLICHE HOLZVERBINDUNGEN

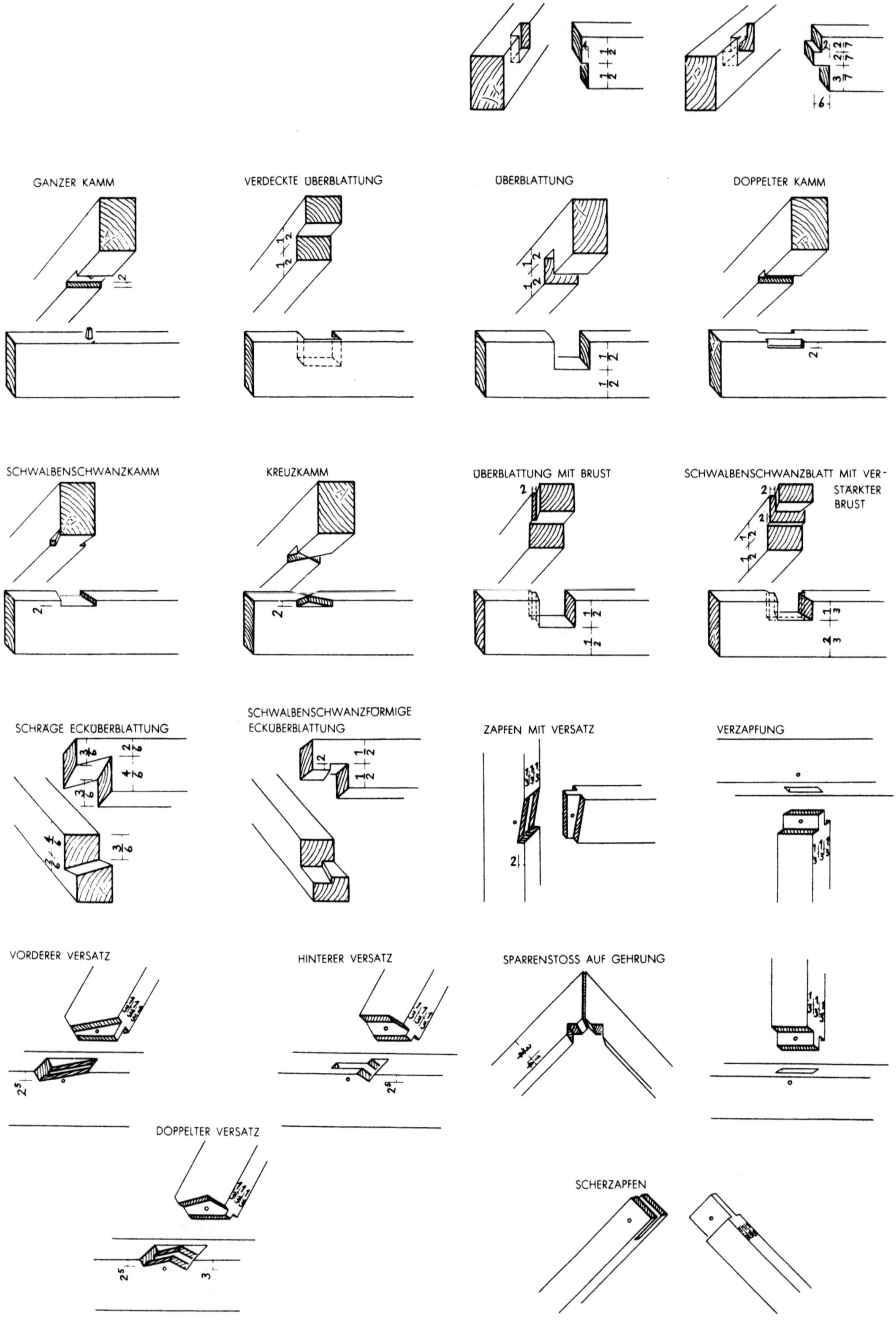

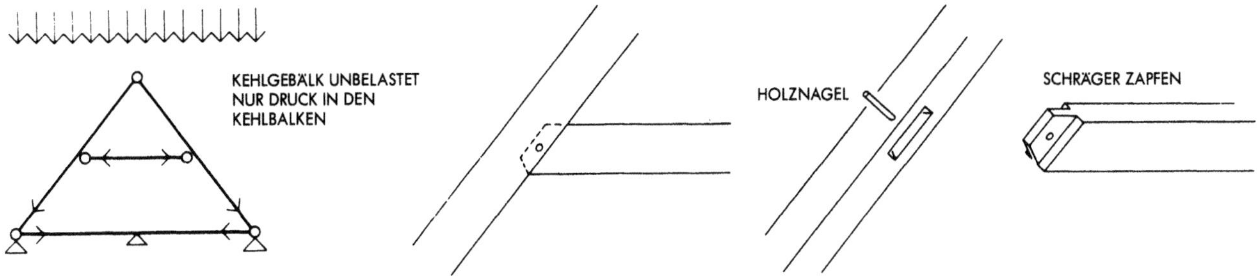
KEHLGEBÄLK UNBELASTET
NUR DRUCK IN DEN
KEHLBALKEN
HOLZNAGEL
SCHRÄGER ZAPFEN

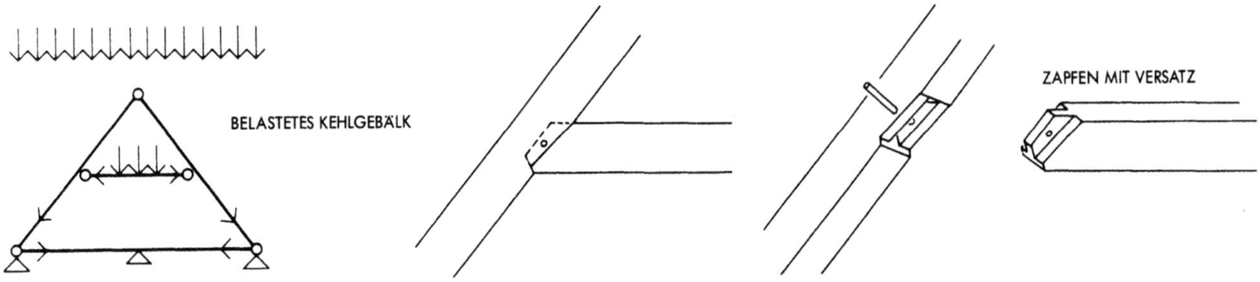
BELASTETES KEHLGEBÄLK
ZAPFEN MIT VERSATZ

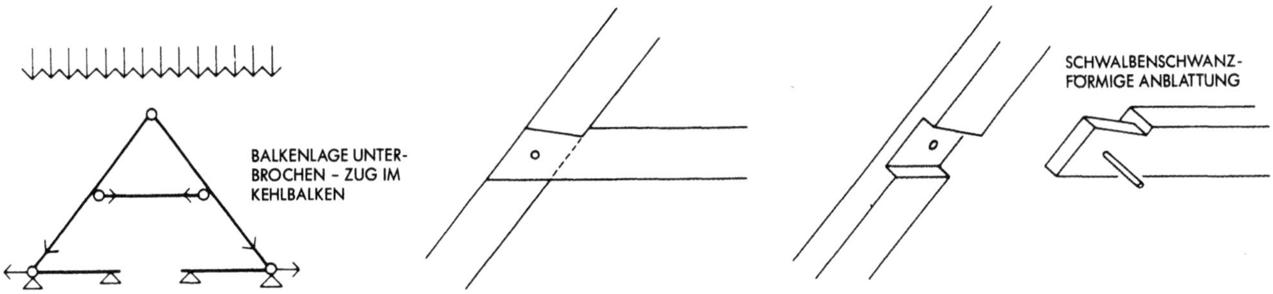
BALKENLAGE UNTER-
BROCHEN – ZUG IM
KEHLBALKEN
SCHWALBENSCHWANZ-
FÖRMIGE ANBLATTUNG

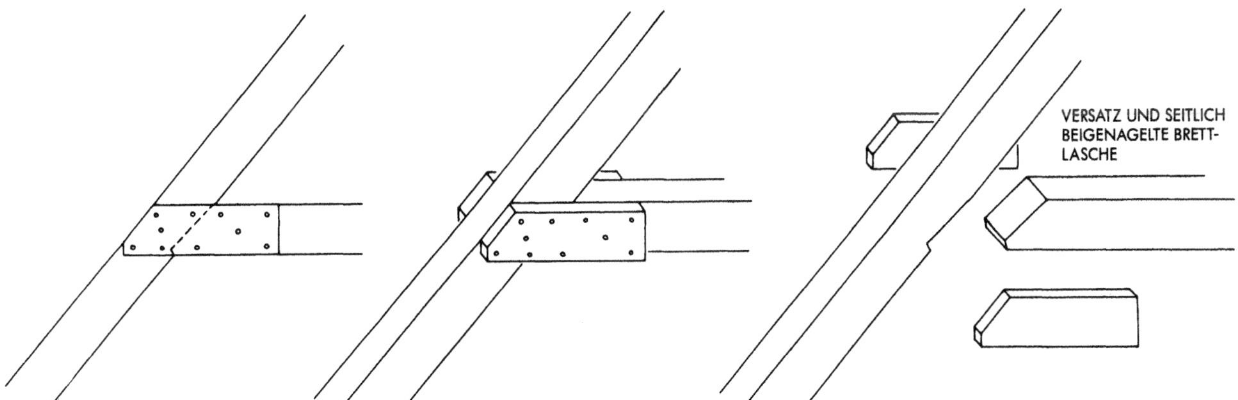
VERSATZ UND SEITLICH
BEIGENAGELTE BRETT-
LASCHE

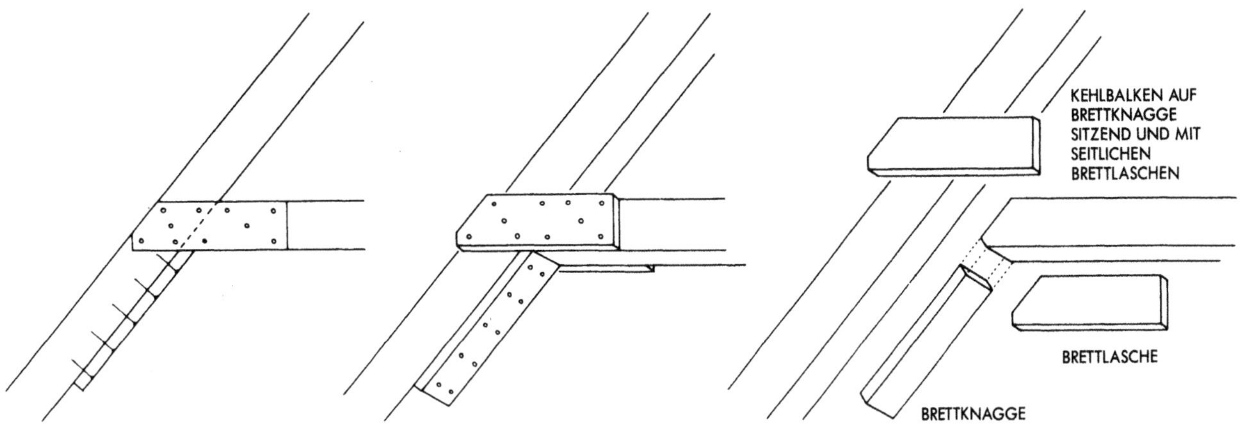
KEHLBALKEN AUF
BRETTKNAGGE
SITZEND UND MIT
SEITLICHEN
BRETTLASCHEN
BRETTLASCHE
BRETTKNAGGE

Windaussteifung

Sind die Kehlbalken wie bisher beschrieben nur an den Sparren angeschlossen, so stellen sie nur für den Fall symmetrischer Belastung eine vollwertige Aussteifung der Gespärre dar. Unter einseitiger Belastung, z. B. bei seitlichem Windanfall oder nur auf einer Dachseite liegendem Schnee, wirken sie nur als elastische Stützung. Sie geben in diesem Falle die aus den belasteten Sparren erhaltenen Auflagerkräfte an die Sparren der unbelasteten Dachseite ab, wodurch jene zusätzliche Biegemomente und Längskräfte erhalten. Das ganze System erleidet eine geringe einseitige Verformung, die wohl nach Aufhören der einseitigen Belastung wieder verschwindet, aber trotzdem in ausgebauten Dachgeschossen zu Putzrissen führen kann.
Um diesen Nachteil zu vermeiden, muß man entweder die Sparren stärker bemessen oder, was holzsparender und darum vorzuziehen ist, die Kehlbalkenlage als waagrechten Windträger ausbilden, der die Windkräfte in die Giebel- und Querwände überträgt und so den Sparren ein in horizontaler Richtung unnachgiebiges Auflager bietet.
Handelt es sich jedoch um eine wärmegedämmte Dachkonstruktion mit Dämmung (12–14 cm) und Durchlüftung (4–6 cm) zwischen den Sparren, so ergibt die dadurch erforderliche konstruktive Sparrenhöhe von mindestens 20 cm in Verbindung mit den Kehlbalken eine hohe Steifigkeit, so daß auf einen waagerechten Windträger unter Umständen verzichtet werden kann.
Statisch unterscheidet man beim Kehlbalkendach zwei Arten der Queraussteifung.

1. FREI VERSCHIEBLICHE KEHLBALKENLAGE

2. VERANKERTE KEHLBALKENLAGE

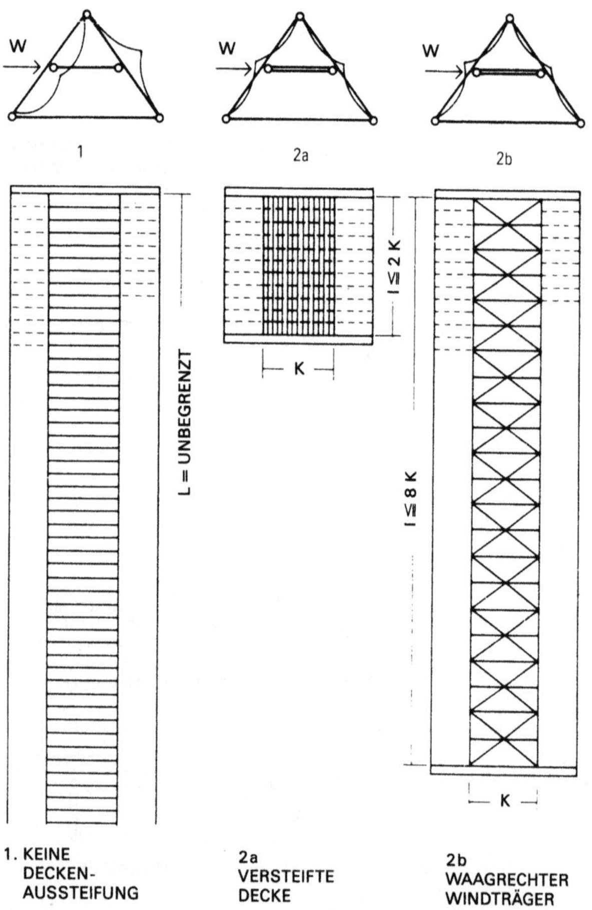

1. KEINE DECKEN-AUSSTEIFUNG

2a VERSTEIFTE DECKE

2b WAAGRECHTER WINDTRÄGER

Zu 1. Offener, nicht ausgebauter Dachraum. Die Kehlbalkenlage ist frei verschieblich (nicht ausgesteift). Bei einseitiger Belastung werden die Sparren auf ihrer ganzen Länge durchgebogen, sie müssen also stärker bemessen werden als bei versteifter Kehlbalkenlage. Jedes Gespärre wirkt als einzelnes Tragwerk, die Länge des Daches ist unbegrenzt.

Zu 2a. Erhält die Kehlbalkenlage wie meistens bei ihrer wirtschaftlichen Ausnützung einen Dielenfußboden, so werden die einzelnen Kehlbalken zu einer verhältnismäßig steifen Deckenscheibe zusammengefaßt. Wird diese Deckenscheibe in den Querwänden durch mehrere Stahlschlaudern verankert, so stellt sie ein in horizontaler Richtung unverschiebliches Sparrenauflager dar. Infolge der starren Stützung wird die Durchbiegung der Sparren geringer als bei frei verschieblicher Kehlbalkenlage. Die Sparren können schwächer bemessen werden. Auf die aussteifende Wirkung der so ausgebildeten Kehlbalkendecke kann jedoch nur so lange sicher gerechnet werden, als die Entfernung der Querwände das Zweifache der Kehlbalkenlänge nicht übersteigt. Bei größeren Entfernungen werden die Randbretter des Fußbodens (besonders an ihren Stößen) zu stark beansprucht. Solche Dachtragwerke sind statisch ähnlich wie die mit verschieblicher Kehlbalkenlage zu behandeln. Die aussteifende Wirkung von Dielenfußböden ist durch die vielen verschieblichen Fugen und Stöße begrenzt. Bessere Ergebnisse lassen sich mit Deckenscheiben aus Spanplatten erzielen.

Zu 2b. Ist der Abstand der Giebel- bzw. Querwände größer als die doppelte Kehlbalkenlänge, dann empfiehlt es sich, das Kehlgebälk durch Längs- und Diagonalstäbe so auszusteifen, daß ein waagrecht liegender Fachwerkträger entsteht, welchen man dann ebenfalls in den Querwänden verankert. Die Querwände dürfen bis zur achtfachen Breite des Windträgers (Kehlbalkenlänge) voneinander entfernt sein; bis zu diesem Abstand kann man mit voll wirksamer Aussteifung des Daches rechnen. Windträger sind in ausgebauten und offenen Dachräumen möglich.
Wird das Dachgeschoß nicht ausgebaut oder der Kehlspeicher nicht ausgenützt, oder wenn wie in landwirtschaftlichen Gebäuden (Scheunen, Schuppen) das Kehlgebälk die Ausnützung des Dachraumes behindert, so ersetzt man den größten Teil der Kehlbalken durch Rähme. Die Kehlbalken werden dann nur noch in Abständen von etwa 3 m angeordnet (Bundgespärre). Auf ihnen ruhen Rähme (auch Seitenpfetten genannt), welche die Aussteifung der Zwischengespärre übernehmen. Da die Rähme gleichzeitig der Längsversteifung des Daches dienen, müssen ihre Stöße zug-druckfest ausgebildet werden.
Diese Vereinfachung liegt insbesondere dann sehr nahe, wenn ohnehin schon ein Windträger eingebaut wird; die Leergespärre können sich dann gegen dessen äußere Längsgurte lehnen.
Die Rähme oder Seitenpfetten liegen meistens schräg auf den Kehlbalken (Riegeln), so daß sie rechtwinklig zur Dachfläche Lasten aufnehmen. Bei steilen Dächern ist es richtiger, die Rähme so in die Kehlbalken einzuwechseln, daß sie nur horizontale Teillasten aufnehmen und auf die Kehlbalken übertragen. Um dabei ein gutes Anlehnen der Zwischensparren zu erreichen, ohne deren Querschnitt zu schwächen, nagelt man an ihre Unterseite entsprechend geformte Knaggen. Zur Stoßverbindung der Rähme genügen aufgenagelte Brettlaschen.
Eine unangenehme Folge der Elastizität des Sparrendaches ist die Verformung und das Einsinken des Firstes, das man häufig bei alten Dächern beobachten kann. Durch Einfügen einer schwachen Firstpfette, welche die Sparrenenden nicht trägt, sondern nur den First versteift, kann diese Erscheinung vermieden werden. Gleichzeitig kann eine solche Firstpfette die Längsaussteifung des gesamten Dachtragwerkes sinnvoll ergänzen, wenn sie durch die schrägen Windrispen mit anderen Längshölzern, insbesondere mit den Mauerlatten, regelrecht verbunden wird.

VERSTEIFTE DECKENSCHEIBE

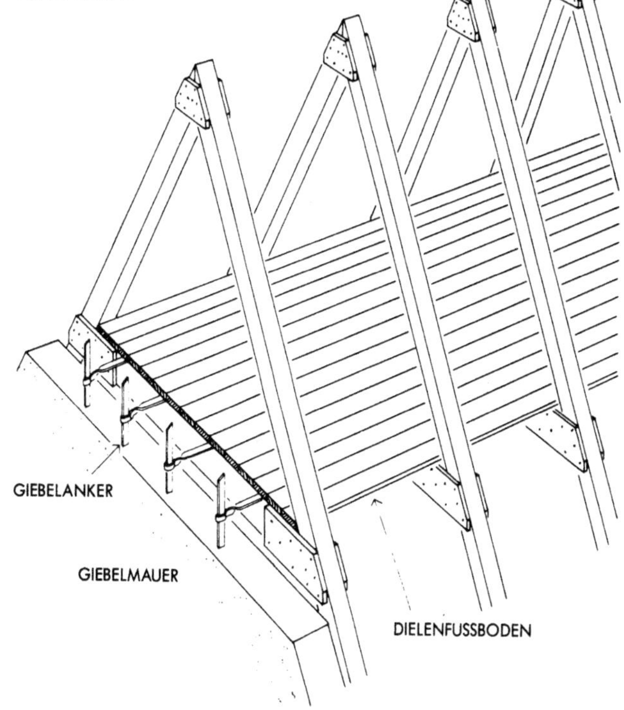

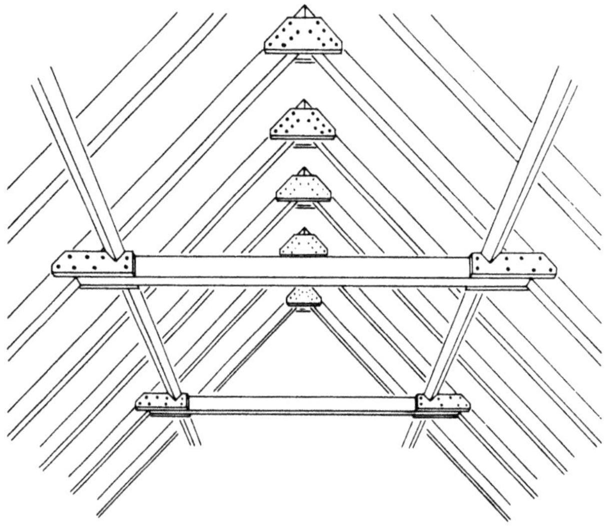

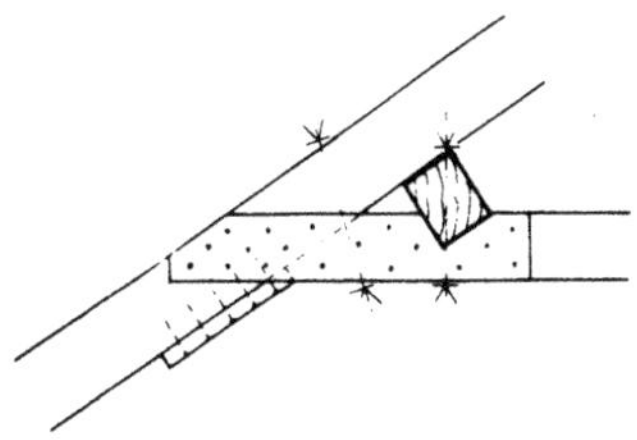

SCHRÄGLIEGENDE RAHM

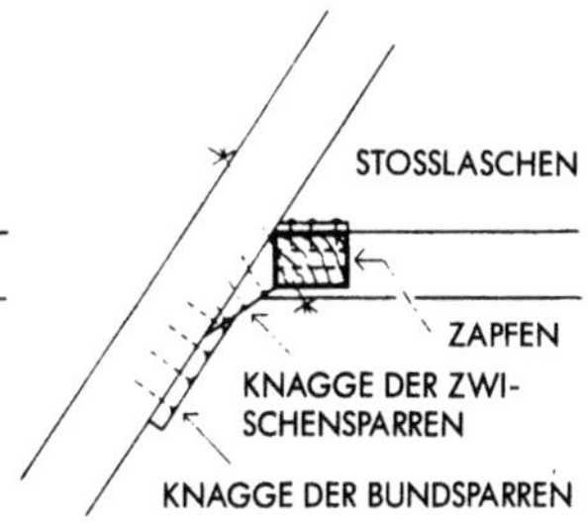

RAHM EINGEWECHSELT

WAAGERECHTER WINDTRÄGER

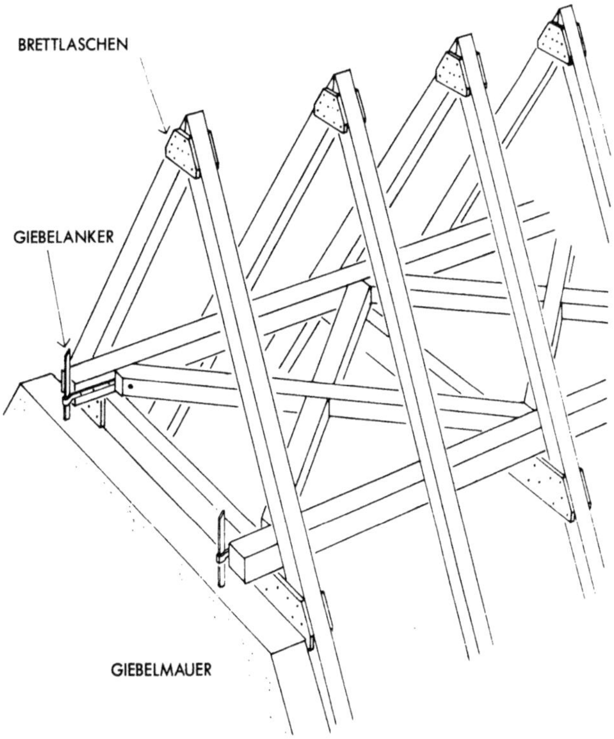

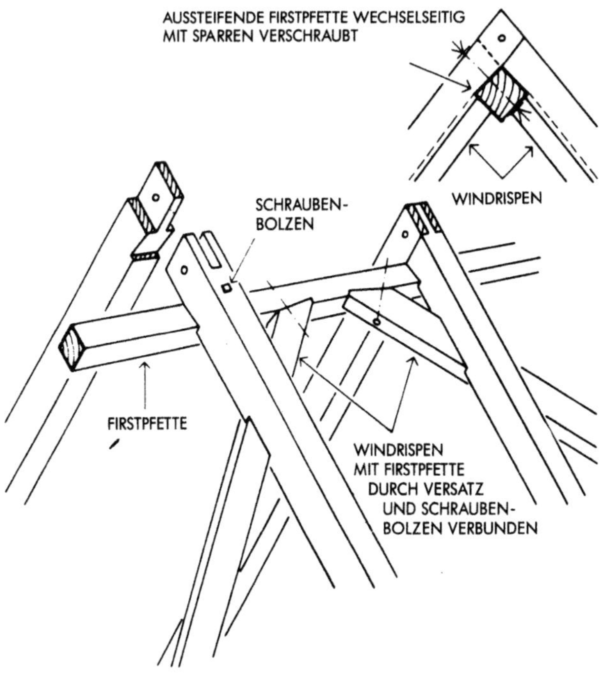

Auswechslungen

Alle Auswechslungen in den Dachbalken-, Kehlbalken- und Sparrenlagen gehen, weil sie den Dachverband unterbrechen, gegen den Sinn der Sparrenkonstruktion, weshalb man sie, soweit es geht, vermeiden sollte. Zur Durchführung der Kamine, der Dachgeschoßtreppe und bei größeren Dachgauben lassen sie sich aber fast nie umgehen. Um Auswechslungen in der Deckenbalkenlage zugfest auszubilden, überblattete man früher die Stichbalken schwalbenschwanzförmig mit den Wechseln zwischen den Deckenbalken. Um die damit verbundene starke Schwächung des Balkenquerschnittes zu vermeiden, verwendet man heute Eisenlaschen mit Schraubenbolzen, die bündig mit der Balkenoberkante eingelassen werden.

Erschwert bei komplizierten Grundrissen die notgedrungen unregelmäßige Dachbalkenlage eine gleichmäßige Aufteilung der Gespärre, so macht man beide voneinander unabhängig. Auf die Deckenbalken wird in Kerben eine verkantete Schwelle gesetzt, in welche man die Sparrenfüße einzapft. Um die Standsicherheit des Daches zu wahren, muß die Schwelle durch Dollen und Nägel gut mit jedem Balken verbunden werden. Mit dieser Konstruktion erhält man gleichzeitig den Vorteil einer leichteren, wenn auch nach wie vor beschränkten Auswechslung in der Dachbalkenlage.

Auswechslungen in der Nähe des Firstes zur Durchführung der Kamine sind unbedenklich und erfordern keine Verstärkung der wechseltragenden Sparren.

Muß die Sparrenlage aber unterhalb des Kehlgebälkes unterbrochen werden, so trifft auf die wechseltragenden Sparren außer der zusätzlichen Dachlast auch noch die halbe Eigen- und Nutzlast der betreffenden Kehlbalkenfelder. Der Wechsel muß kräftig gewählt und der Querschnitt der tragenden Sparren durch seitlich beigenagelte Bohlen entsprechend verstärkt werden.

Außer der besseren Quersteifigkeit bringen uns die Kehlbalkendächer bei normalen Haustiefen gegenüber den Pfettendächern noch folgende Vorteile:

Zunächst entsteht ein stützen- und strebenloser, vollkommen freier Dachraum, der beliebig eingeteilt und ausgenützt werden kann. Ferner entfallen alle Rücksichten, die wir bei der Verteilung der Pfettendachbinder auf die Grundriß- und Fassadenaufteilung nehmen müssen.

Bezieht man den Holzaufwand einer Dachkonstruktion ohne Dachgebälk auf eine Grundflächeneinheit, so steigt er nur wenig mit zunehmender Bautiefe, dagegen erheblich mit zunehmender Dachneigung. Größere Steildächer wählt man deshalb in der Regel nur noch für Gebäude, deren Dachraum ausgenutzt werden soll. Im Wohnungsbau sind heute die teuren und komplizierten ausgebauten Steildachstühle nicht mehr üblich. Es werden meistens nur noch begehbare Dachräume gewünscht, die man in fast allen Fällen mit Dachneigungen von etwa 20–30° erhält.

Für die Überdachung größerer Bautiefen (über 10 m) sind flache Dachbinder stets wirtschaftlicher. Obwohl man durch die Verwendung von Gittersparren auch an steilen Dachstühlen Holzersparnisse erzielt, können diese die hierfür notwendige Mehrarbeit nicht rechtfertigen. Außerdem ist zu bedenken, daß die restlose statische Ausnutzung feingliedriger Tragwerke aus Holz auf Kosten der statischen Sicherheit geht und solche Konstruktionen im Brandfalle sehr schnell zerstört werden. Zudem können pflanzliche und tierische Schädlinge diesen Tragwerken mehr anhaben als den Tragwerken aus stärkeren Hölzern. Ferner sind die Zimmermannsverbindungen an dünnen Hölzern schwieriger herzustellen, und schließlich ergibt sich beim Einschnitt schwacher Querschnitte ein größerer Sägeverlust.

Mit Hilfe statischer Kenntnisse und neuer verbesserter Verbindungen ist es heute möglich, das Konstruktionsprinzip der steilen Kehlbalkendachstühle auch auf Dachstühle bis zu ~25° herunter zu übertragen.

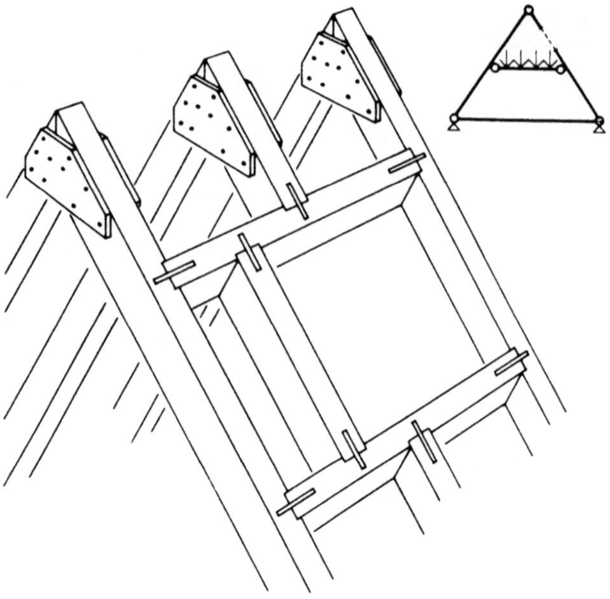

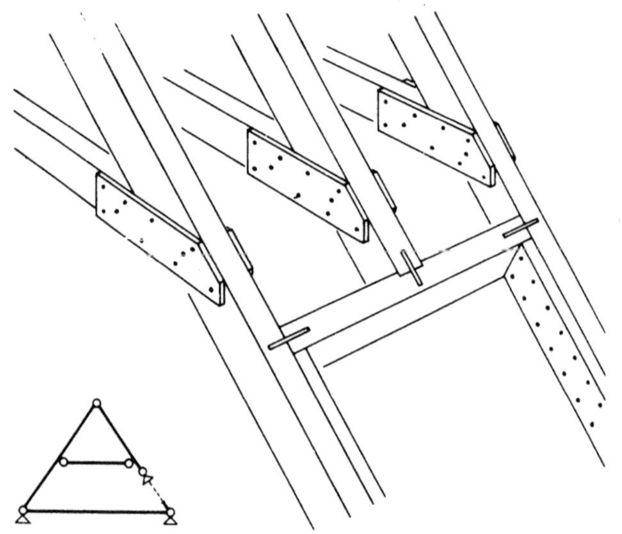

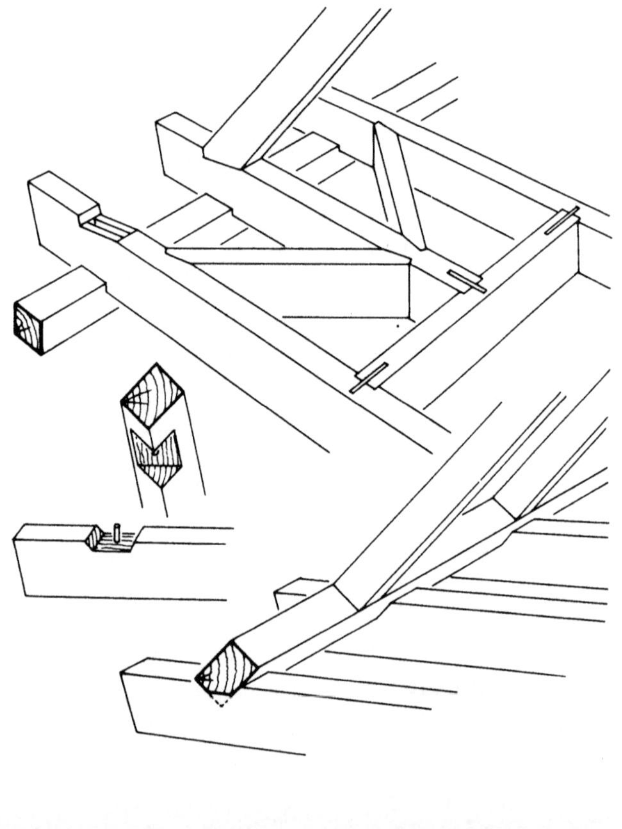

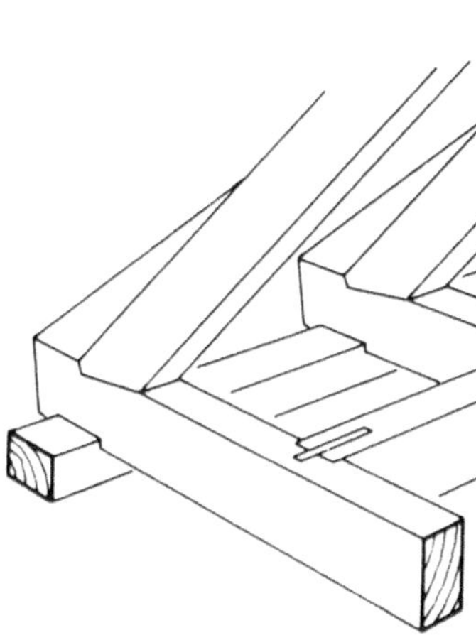

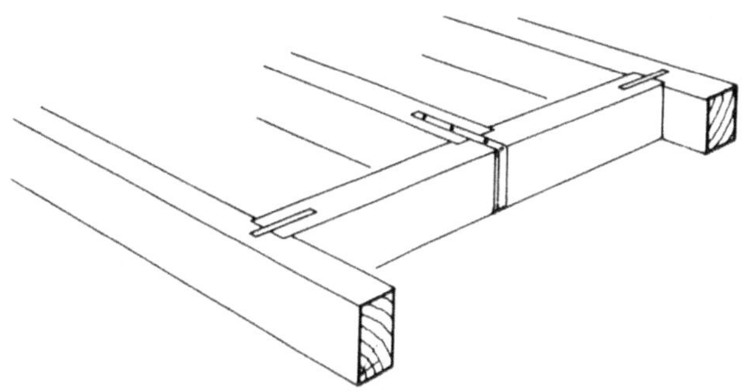

BALKEN- UND SPARRENLAGE
EINES KEHLBALKENDACHES

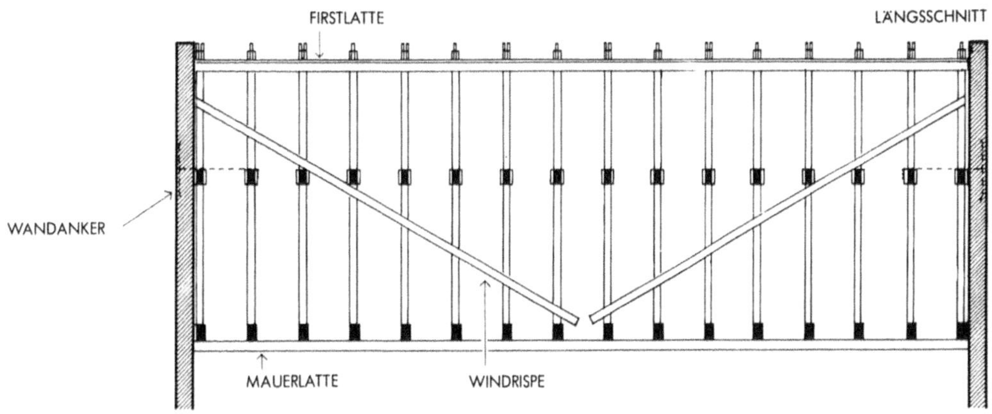

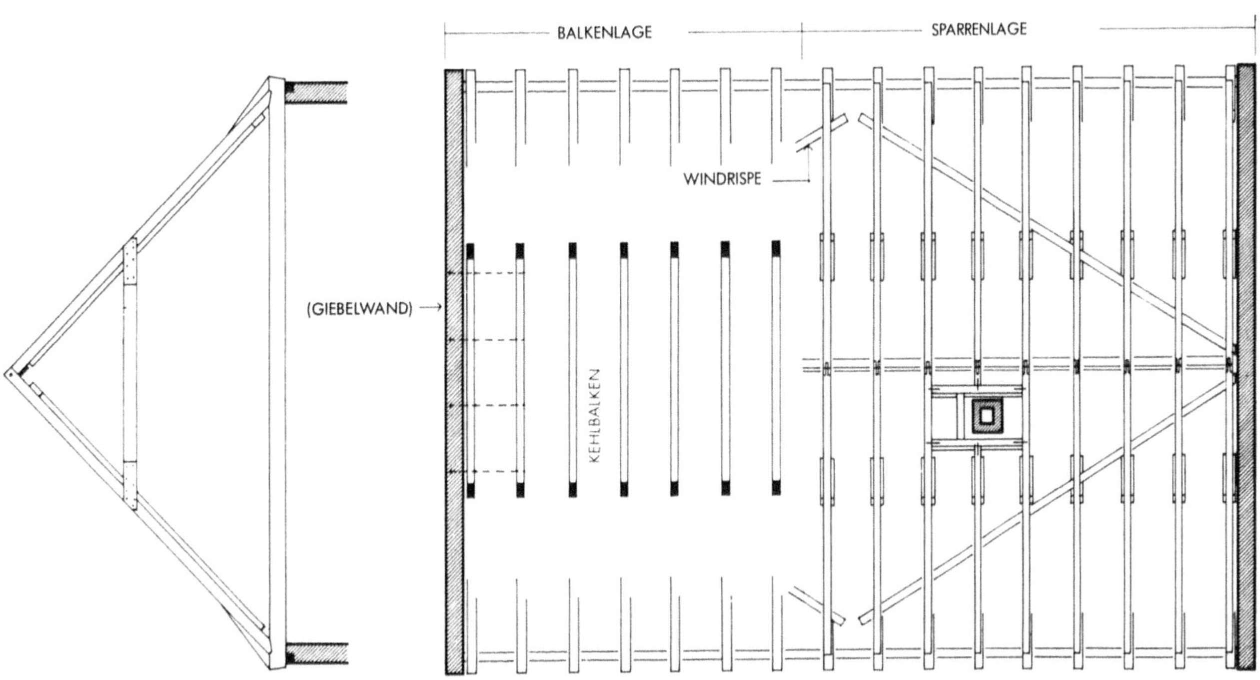

TRAUFPUNKTE

Die Abbildungen dieser Seite teils nach »Deutscher Zimmermeister« Heft 24/1954

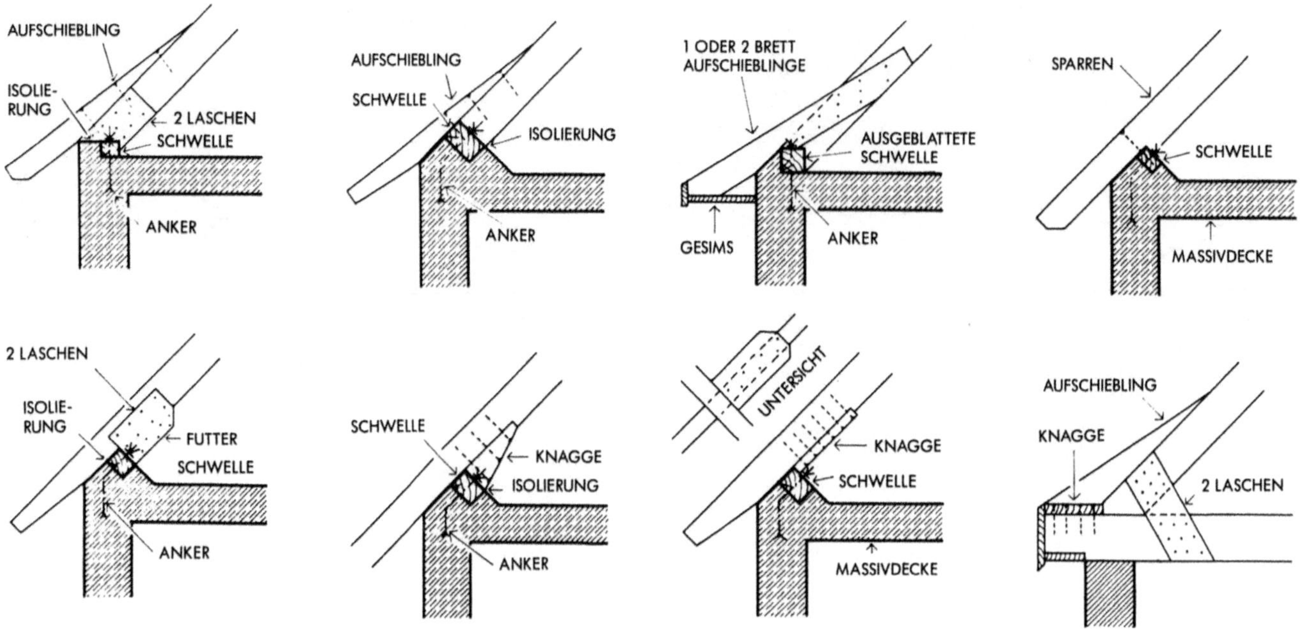

ANSCHLUSS KEHLBALKEN-SPARREN

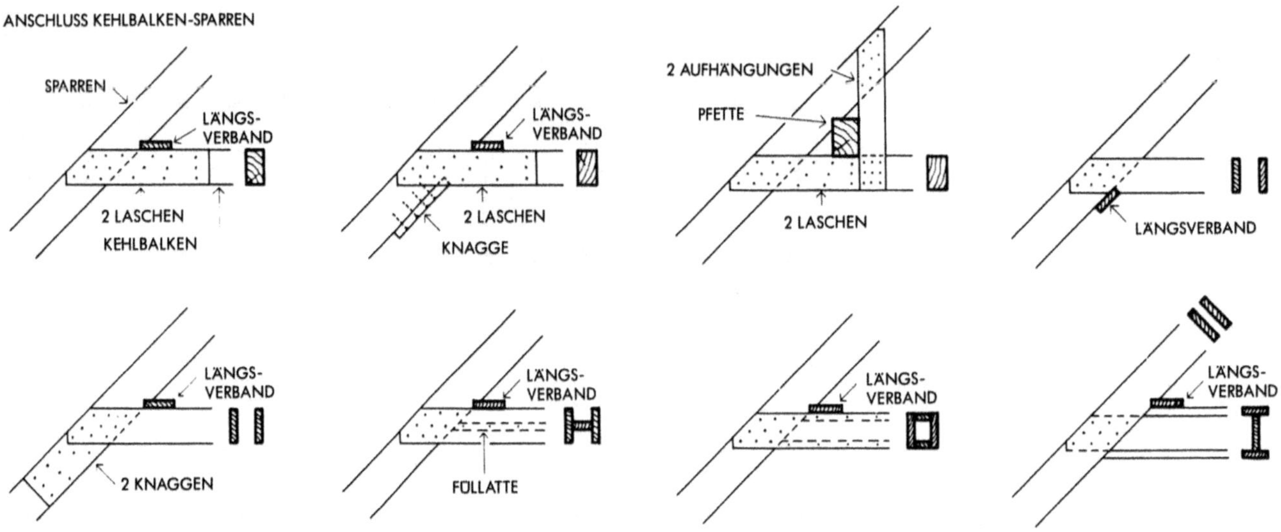

FIRSTPUNKTE

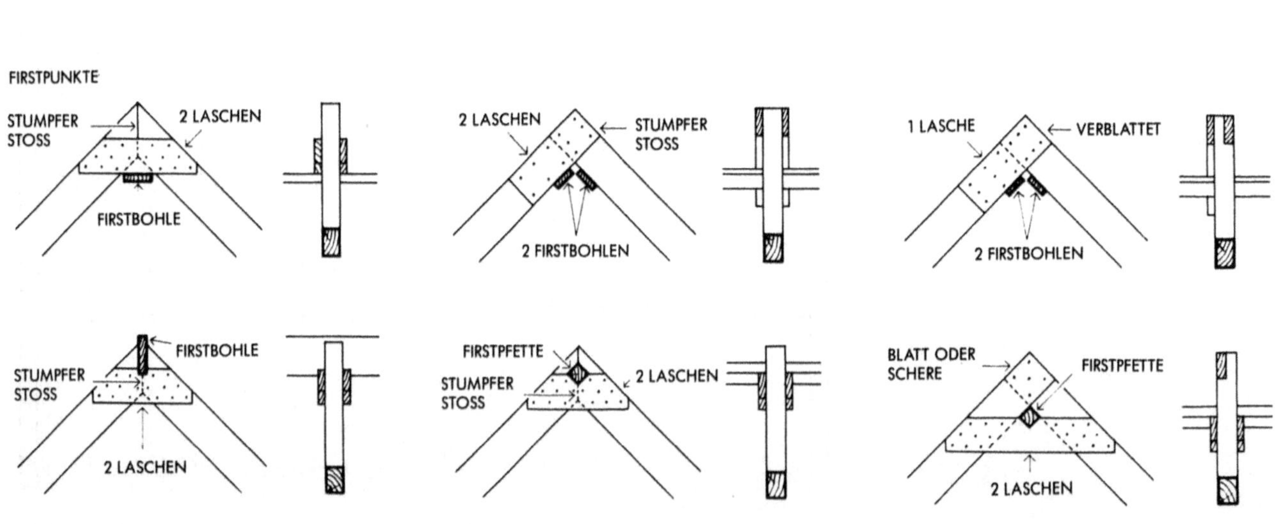

Dächer mit Walm

Als Walmdach bezeichnet man ein an allen Seiten geneigtes Dach. Es betont den Einzelbaukörper, isoliert ihn gleichsam gegen seine Umgebung oder hebt ihn heraus.

Bei benachbarten Dächern wirken also Walmdächer trennend, Satteldächer aber verbindend, weshalb man in solchen Fällen das Satteldach vorziehen sollte.

Obwohl Walme nur aus ästhetischen Gründen angeordnet werden, haben sie doch auch insofern eine konstruktive Bedeutung, als sie die Längssteifigkeit des Daches verbessern. Wenn wir aus dem Sinn des Konstruktiven heraus gestalten wollen, so müssen wir zwischen den Walmen der Pfetten- und der Kehlbalkendächer unterscheiden.

Aus den Sparrengesimsen der Pfettendächer, die auf allen Hausseiten gleichweit überstehen sollen, folgt die gleiche Dachneigung der Längs- und Walmflächen. Im Grundriß zeigen sich deren Schnittkanten als Winkelhalbierende, welche die Länge des verbleibenden Firstes bestimmen. Pfettenwalmdächer eignen sich nur für Baukörper mit ausgesprochenem Längenverhältnis, da zu kurze Firstlinien dem Dachkörper ein schwächliches Aussehen geben.

Bei Walmdächern in Sparren- oder Kehlbalkenkonstruktionen werden die Gesimse durch die vorstehenden Balkenköpfe gebildet. Daher ist es möglich, die Walmflächen steiler als die Neigung des Dachquerschnittes auszubilden, so daß Walmdächer auch über nahezu quadratischen Grundflächen noch befriedigend wirken können.

In seinem Aufbau ist das Walmdach wesentlich komplizierter als das Satteldach; es fordert vom Zimmermann für das Austragen und Zurichten der Gratsparren und Schifter ein großes handwerkliches Können. Die baulichen Schwierigkeiten wachsen mit zunehmender Bautiefe und treten am stärksten bei der Überdekkung weitgespannter Hallen auf.

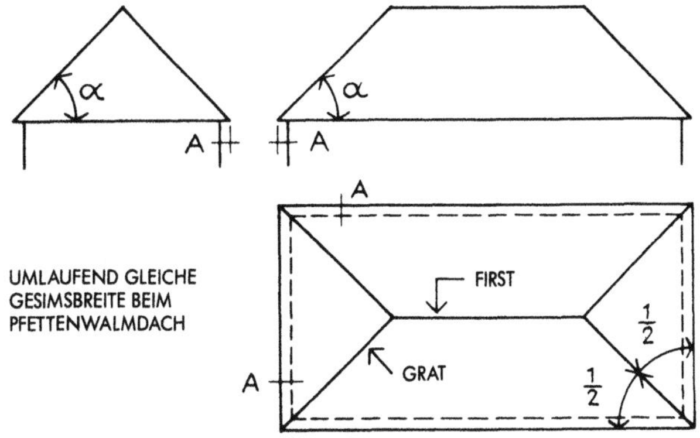

Pfettendächer mit Walm

Die Festlegung der Schnittkanten der Dachflächen bezeichnet man als „Dachausmittelung". Sie geht jeder konstruktiven zeichnerischen Durchbildung eines Walmdaches voraus. Der einfachste Fall, die Errichtung eines Walmdaches über einem Gebäude von mäßiger Tiefe, verlangt grundsätzlich schon dieselben Überlegungen, die auch für größere Dächer gelten.

Nach der Dachausmittelung wählt man den Binder unter Berücksichtigung einer guten Lastableitung. Hinter dem Zusammenschnitt der Gratsparren liegt das „Anfallsgebinde", an welches sich die Gratsparren anlehnen. Es kann ein Zwischengespärre oder ein Binder sein. Zwischen den Anfallsgebinden werden auf die Länge des Daches die noch notwendigen Binder verteilt. Auf dieser Grundlage kann man nun die Deckenbalkenlage oder eine Massivdecke durchbilden.

Die allseitig umlaufende Fußpfette wird an den Längsseiten des Daches wie üblich auf den Deckenbalken aufgedollt. An den

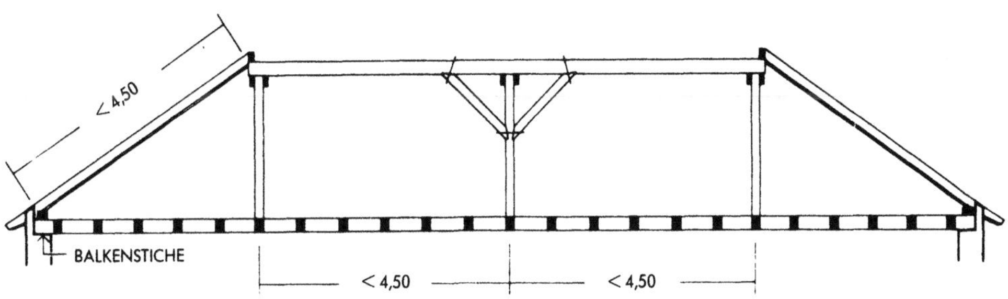

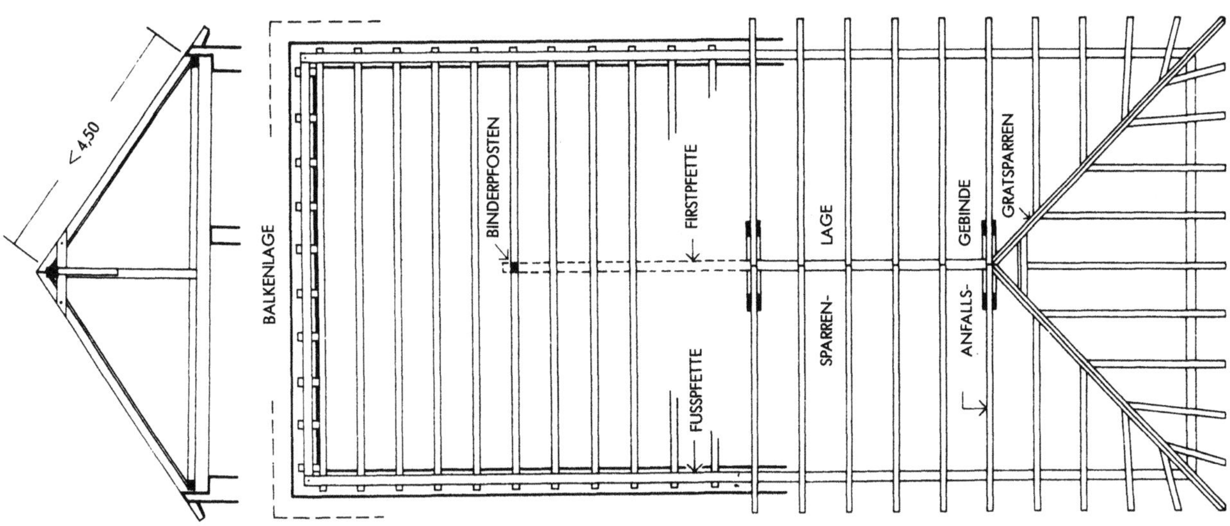

Walmseiten muß sie auf Stichbalken ruhen oder auf der Mauer liegen und mit dieser in Abständen von 1,20 m durch Eisenanker verbunden sein. An den Ecken werden die Fußpfetten überblattet. Auf diese Ecken und auf die Kanten der Firstpfette kommen die Gratsparren mit ihren Klauen zu sitzen. Bei mehrfach stehenden oder liegenden Stühlen sitzen sie ebenso noch auf den Ecken eines Mittelpfettenkranzes auf.
Der Gratsparren dient den kurzen, nur von der Traufe bis zum Grat reichenden Sparren, den Gratschiftern, als oberes Auflager. Die Gratschifter werden nur stumpf an den Gratsparren geschmiegt und genagelt. Sie können deshalb nur horizontale Auflagerkräfte an ihm absetzen, belasten ihn darum nicht, sondern stützen ihn gegenseitig zusammenwirkend ähnlich wie Sprengwerke. Die Bemessung seines Querschnittes richtet sich jedoch weniger nach seiner Belastung als vielmehr nach folgenden Erfordernissen: Einmal sollen sich die Schifter mit voller Schnittfläche an ihn anschmiegen, und zum anderen muß man die Dachlatten beider Dachflächen gut auflegen und festnageln können. Hierzu muß er je nach dem Schnittwinkel der beiden Dachflächen ganz oder wenigstens teilweise abgegratet werden. Die genaue Form des Gratsparrenquerschnittes wird durch „Austragen" auf zeichnerischem Wege ermittelt.
Trifft ein Walmschifter mit den beiden Gratsparren in einem Punkt zusammen, so läßt er sich nicht gut befestigen. Man fügt in diesem Falle einen kleinen Wechsel zwischen die Gratsparren ein, in welchen man den Mittelschifter einzapft.
Will man bei großem Dachüberstand die Abstände der Schifterfüße bis zum Gratsparrenfuß gleich groß einhalten, so muß man wenigstens den letzten Schifter etwas seitwärts abdrehen, damit man ihn noch mit genügend langem Hebelarm am Gratsparren befestigen kann.

Längsverband der Pfettenwalmdächer

Im Gegensatz zu den Satteldächern sind bei Walmdächern aufgrund ihres Aufbaues alle Pfetten dauernd durch Längskräfte beansprucht, also auch dann, wenn keine horizontalen Windkräfte angreifen. Die Walme verbessern die Längssteifigkeit des Dachtragwerkes, wobei jedoch zu beachten ist, daß die Pfetten und Gratsparren nicht unterbrochen werden dürfen. Diese Konsequenz ist schon im Entwurf zu beachten. Die Anordnung der Kamine kann uns in dieser Hinsicht manche Schwierigkeiten bereiten. Sind sie nicht schon in der Grundrißbildung zu beseitigen, so versucht man durch Verschieben der Pfetten oder durch Schleifen der Kamine Abhilfe zu schaffen. Schleifungen werden heute kaum mehr zugelassen und ausgeführt. Genehmigungen sind im Einzelfall mit dem Bezirks-Kaminkehrer auszuhandeln. Die Walmseiten sollten von Schornsteinen immer frei bleiben.
Kamine sitzen auf Walmdächern mit Pfettendachstühlen am besten in der Dachlängsseite hinter dem Anfallsgebinde und gerade soweit neben der Firstpfette, daß diese durchlaufen kann. Eine Dachgaube auf der Walmseite setzt man in die Achse. Nur auf einer großen Walmfläche kann man es wagen, sie etwas aus der Mitte zu rücken.
Für ein gutes Zusammenwirken des Längs- und Querverbandes ist bei den verschiedenen Dachstuhlarten vor allem die jeweils günstigste Stellung der Binder wichtig.
Beim Walmdach mit einfach stehendem Pfettenstuhl sitzen die ersten Binder am besten unter den Anfallspunkten. Dabei erübrigt es sich, an den Pfosten dieser Anfallsbinder Büge anzubringen. Für solche Pfosten stellen die Walme die wirksamste Abstrebung dar. Einseitig an den Pfosten angeschlossene Büge würden zwar in ihrer Ebene die Stützweite der Firstpfette verkürzen, dafür aber die Pfosten zusätzlich auf Biegung beanspruchen und so den Längsverband nur verschlechtern. Für die Aussteifung erfüllen nur zweiseitig angeschlossene Büge ihren Zweck.
Soll das gleiche Dach über einem einfach liegenden Pfettenstuhl aufgeschlagen werden, so sucht man die größere Knicklänge aller Binderstreben durch zweiseitig angeschlossene Büge zu verkürzen. In diesem Falle ist es günstiger, mit den ersten Bindern um die Ausladung der Büge vom Anfallspunkt einzurücken.

EINFACH STEHENDER PFETTENDACHSTUHL

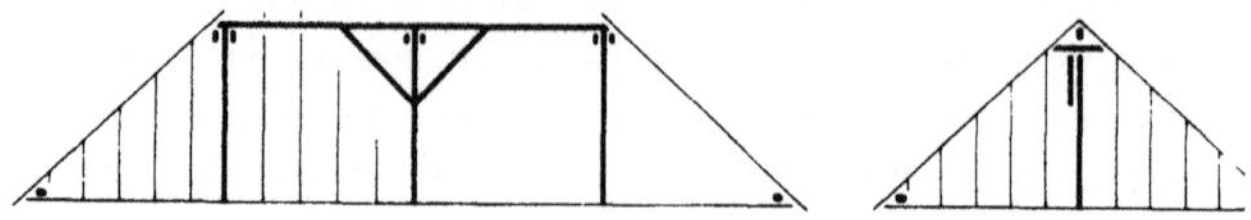

EINFACH LIEGENDER PFETTENDACHSTUHL

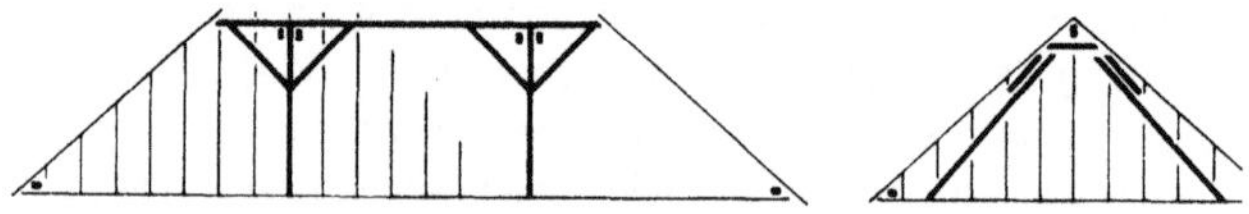

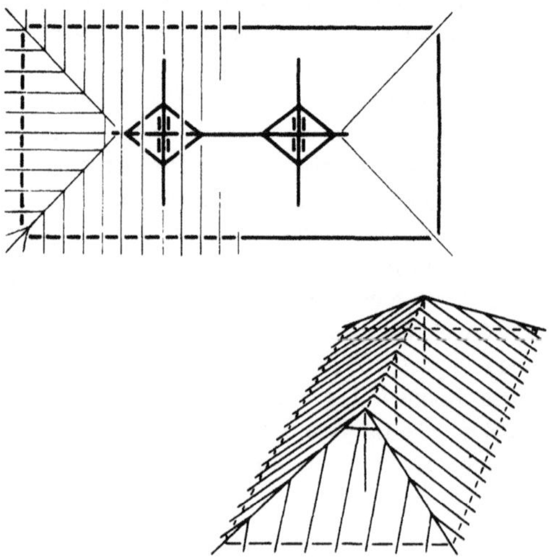

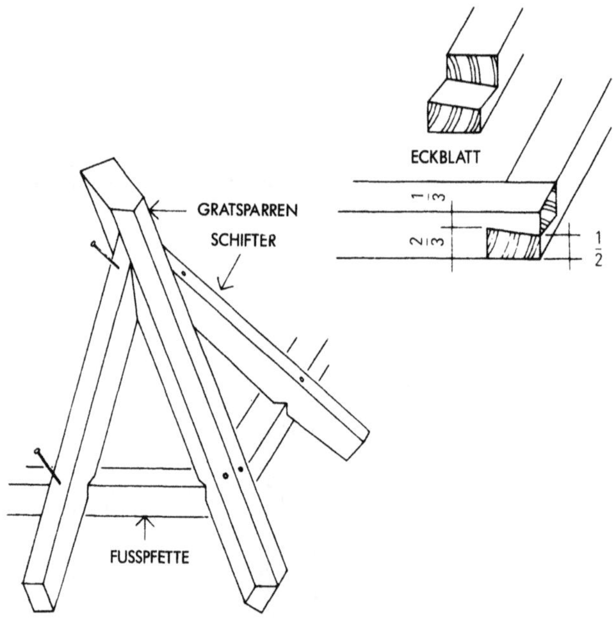

Die am meisten holzsparende Ausbildung des zweifach stehenden Stuhles ergibt sich, wenn die Binder unter den Anfallspunkten der Walme stehen. Die vorkragenden Mittelpfetten tragen die Walmpfetten, ihre Kragarme stützen sich auf den Bügen ab. Die Ecküberblattungen des Mittelpfettenkranzes sind jeweils mit zwei Schraubenbolzen gegen Aufspalten zu sichern.

ZWEIFACH STEHENDER ABGESTREBTER PFETTENDACHSTUHL

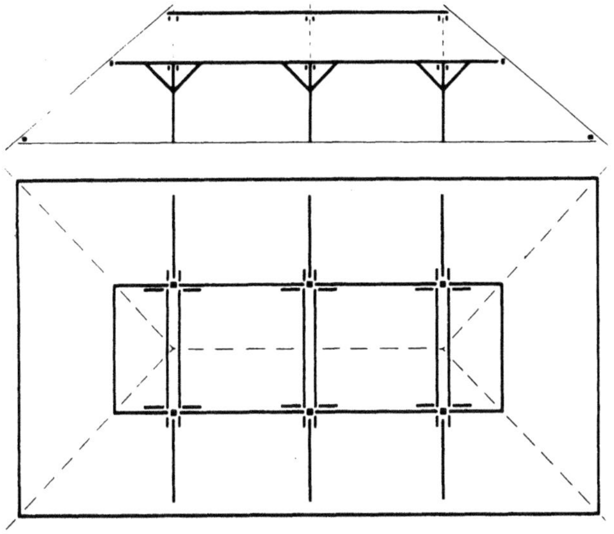

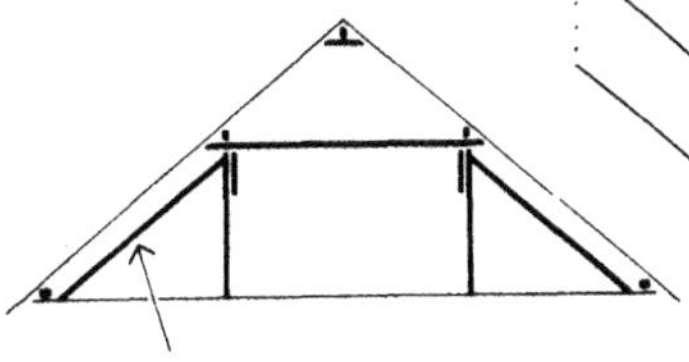

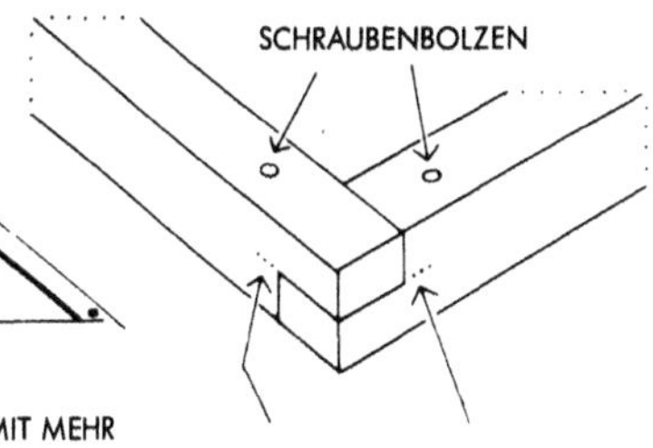

Die alte Ausführung des zweifach liegenden Pfettenwalmstuhles sah zur Eckunterstützung des Mittelpfettenkranzes Gratstreben vor und ging mit der Bindereinteilung von der Walmpfette aus. Zur Versteifung der Gratstreben brachte man Gratklauenbüge an. Diese erfüllten ihren Zweck jedoch nur ungenügend, da sie nur stumpf ohne Versatz angenagelt werden konnten. Besser ist es, auch in diesem Falle Anfallsbinder vorzusehen und auf die Gratstreben mit Gratklauenbügen, die immer sehr schwierig anzubinden sind, zu verzichten. Die Kragarme der Mittelpfetten werden wie beim zweifach stehenden Stuhl von den Bügen der Anfallsbinder unterstützt. Die abstrebende Wirkung der Walme läßt sich so am besten ausnützen. Außerdem spart man auf diese Weise sowohl Holz als auch Arbeit.

ZWEIFACH LIEGENDER PFETTENDACHSTUHL

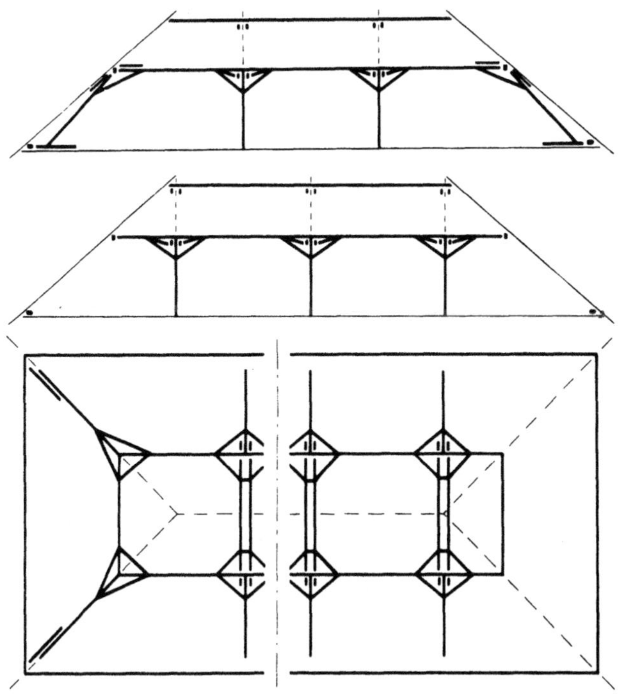

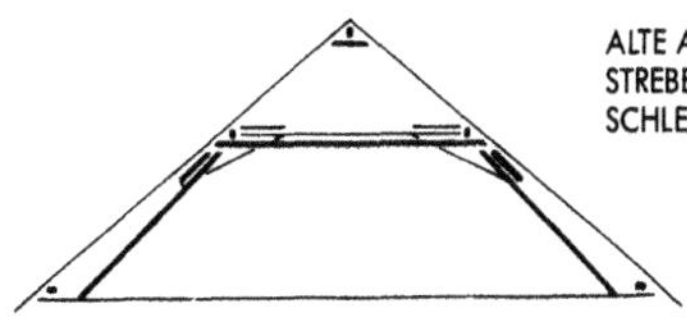

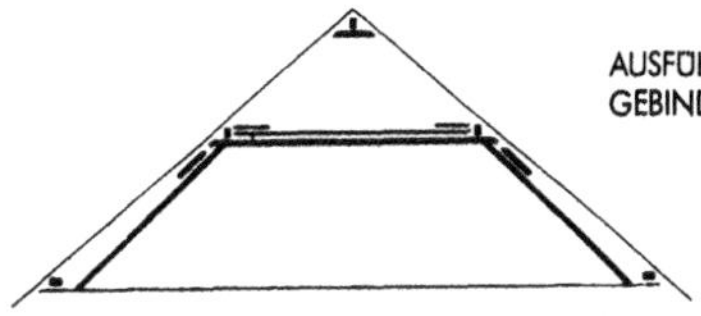

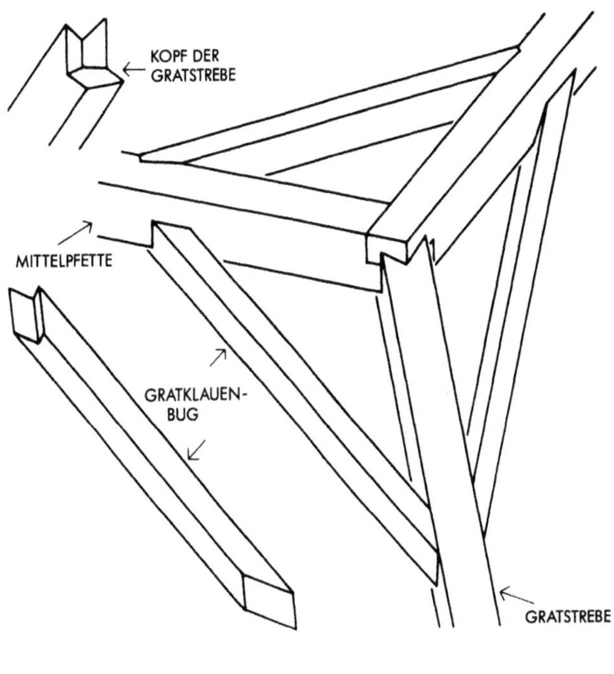

DREIFACH STEHENDER ABGESTREBTER PFETTENDACHSTUHL

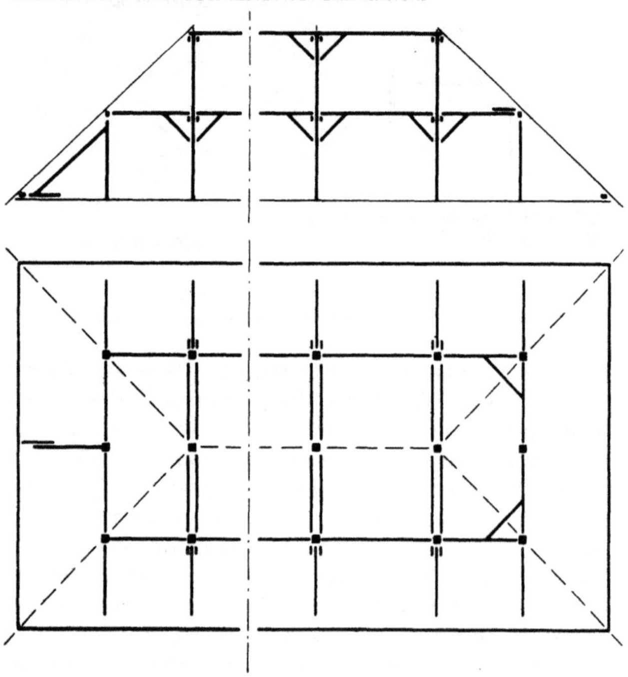

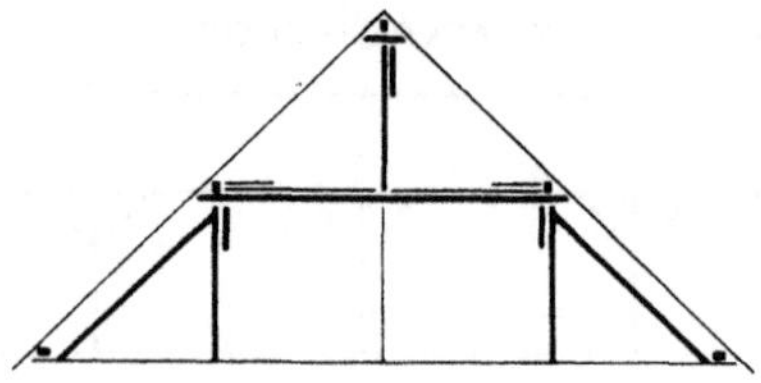

Walmdächer mit dreifach stehendem Pfettendachstuhl erhalten immer Anfallsbinder. Die Stützweite der Mittelpfetten bis zu den Walmpfetten wird so groß, daß sie die Walmpfetten nicht mehr auf Kragarmen tragen können. Unter den Eckpunkten des Mittelpfettenkranzes müssen deshalb Pfosten stehen. Die Walmpfetten werden bei diesem Dachstuhl meistens länger als 4,50 m, und zwar dann, wenn die Stützweite der Sparren von der Mittelpfette bis zur Firstpfette mehr als 2,75 m beträgt. Die Walmpfetten brauchen stützende Mittelpfosten. Büge sind an diesen Pfosten nicht notwendig.

Beträgt die Dachneigung mehr als 35°, so sind die Eckpfosten des Mittelpfettenkranzes genauso wie die übrigen Binderpfosten quer zum Baukörper abzustreben. Vielfach werden die Eckpfosten auch zu den Walmseiten hin abgestrebt. Die Streben unter den Walmflächen müssen dann mit Versatz auf Schwellen sitzen, die über mindestens drei Dachbalken durchlaufen und fest mit diesen verbunden sind. Die Balken unter solchen Fußschwellen haben den Strebenschub auf die Längswände des Gebäudes zu übertragen

DREIFACH LIEGENDER PFETTENDACHSTUHL

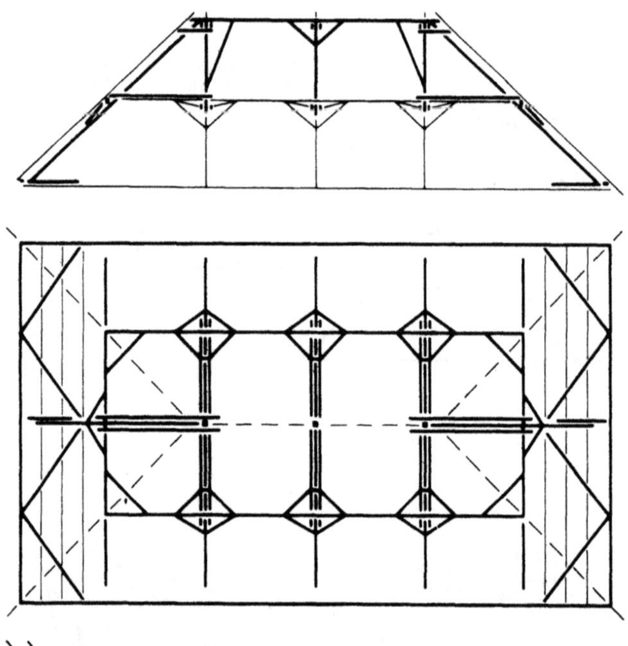

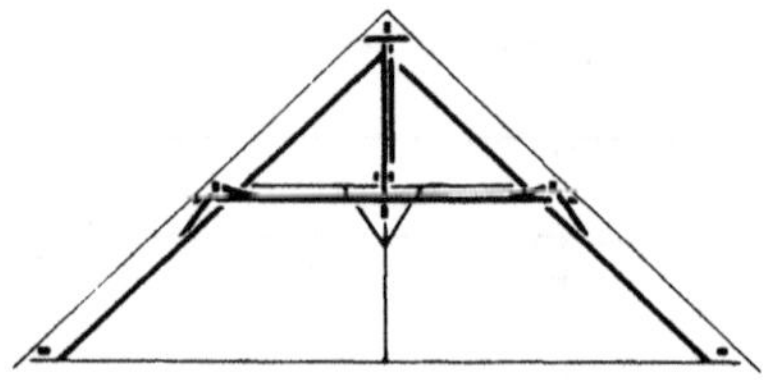

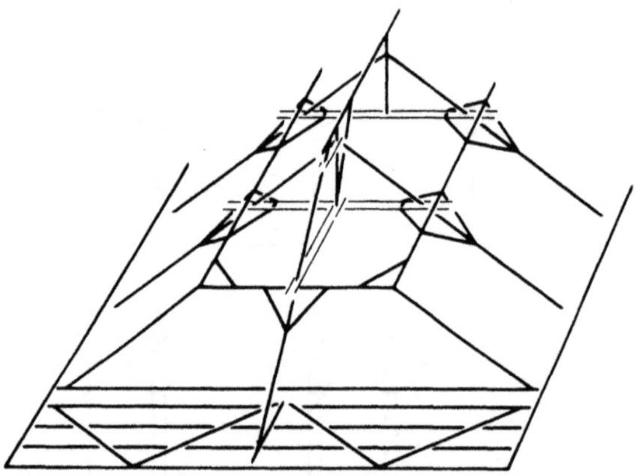

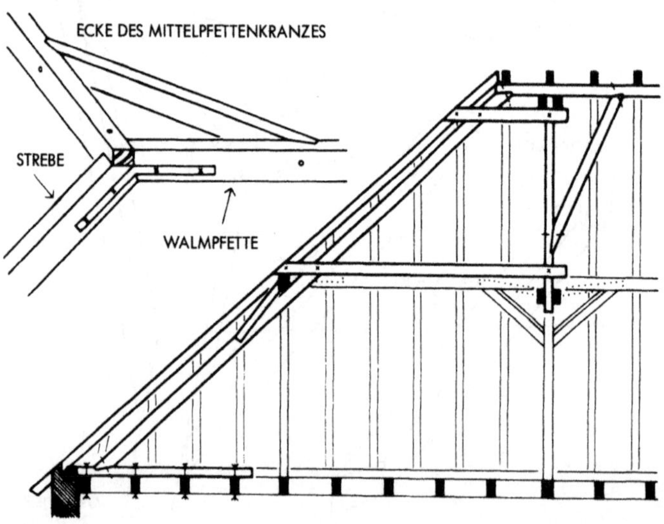

und erhalten deshalb etwa quadratischen Querschnitt. Durch diese Maßnahmen wird zwar die Längssteifigkeit des Dachtragwerkes etwas verbessert, die Walmpfetten jedoch können sich nach wie vor in horizontaler Richtung auf ihre ganze Länge durchbiegen. Es wäre also richtiger, statt der Eckpfosten die Mittelpfosten unter den Walmpfetten abzustreben. Einfacher und wirksamer ist es, auf alle Streben unter den Walmen zu verzichten und die Walmpfetten durch horizontale Büge mit den Längspfetten zu verbinden und so den gesamten Mittelpfettenkranz rahmenartig mit biegesteifen Ecken auszubilden. Liegt ein längslaufendes Kehlgebälk auf den Binderzangen, welches bis zu den Walmpfetten durchgeht, so sind horizontale Aussteifungen der Walmpfetten überflüssig.

Auch beim Walmdach mit dreifach liegendem Pfettenstuhl stützt man die Ecken des Mittelpfettenkranzes und die Walmpfetten nach Möglichkeit wie beim dreifach stehenden Stuhl ab. Muß jedoch das System des liegenden Stuhles im ganzen Dachtragwerk eingehalten werden, so kann man folgende Ausführung wählen: Der Mittelpfettenkranz wird an den Ecken durch Streben unterstützt, die zusammen mit den Walmpfetten doppelte Sprengwerke bilden. Zur mittigen Unterstützung der Walmpfetten werden Streben angeordnet, die man mittels Versatz und Schraubenbolzen an die Firstpfette anschließt. Auf diese Weise entsteht ein Sprengwerk, welches gleichzeitig die Längssteifigkeit des gesamte Dachkörpers verbessert. Die Füße dieser Längsstreben stehen mit Versatz auf Schwellen, die über mindestens drei Balkenfelder durchlaufen und mit diesen fest verbunden sind. Zur Übertragung des Strebenschubes auf die Gebäudelängswände müßten die so angeschlossenen Dachbalken quadratischen Querschnitt haben. Besser und zweckmäßiger ist es aber, sie in der gleichen Stärke wie die übrigen Dachbalken zu wählen und sie dafür durch schräge Bohlen zu einem waagrecht liegenden Fachwerkträger zu verbinden. Das Anfallsgebinde ist ein Zwischengespärre, der erste Binder sitzt etwa eine Sparrenentfernung vom Anfallspunkt zurück, gerade so weit, daß für den Versatz der Längsstrebe noch genügend Vorholz bis zum Hängepfosten des ersten Binders verbleibt. Der mittlere Walmschifter und der Strebenkopf werden mit einer Doppelzange gefaßt und mit dem Hängepfosten verbunden. Die Walmpfette sitzt auf der Längsstrebe (am besten auf einer aufgenagelten Knagge – man braucht dann die Strebe nicht zu schwächen) und wird durch Schwenkbüge eingeschlossen. Eine Doppelzange über der Walmpfette verbindet die Strebe mit dem Fuß des ersten Hängepfostens; diese strebt man zur wirksameren Horizontalaussteifung der Längsstrebe zur Firstpfette hin ab.

Kehlbalkendächer mit Walm

Sind mit Kehlbalkendachstühlen Walmdächer zu bilden, so muß schon die Dachbalkenlage hierauf abgestimmt werden. Die Walmseite erhält zur Aufnahme der „Schifterfüße" Balkenstiche, die durch Zapfen und Eisenklammern mit dem zugehörigen Deckenbalken zu verbinden sind. Für den Fuß des Gratsparrens wird über Eck ein Gratstich angebracht.

Zur mittleren Unterstützung der Gratsparren und Walmschifter legt man die erforderlichen Stiche einfach auf das Kehlgebälk, wo man sie über wenigstens drei Kehlbalken durchlaufen läßt und mit diesen verdollt oder verschraubt.

Beim Kehlbalkenwalmdach kann man, da es kein überstehendes Sparrengesims, sondern ein Balken- oder Kastengesims aufweist, die Walmseiten steiler als das Dachprofil stellen, was besonders der Erscheinung kurzer Baukörper sehr zugute kommt.

Die Gratsparren bilden dann unter sich keinen rechten Winkel mehr wie bei den Pfettenwalmdächern, sondern einen mehr oder minder stumpfen. Wegen des ringsumlaufenden gleichen Gesimsvorsprunges muß darum der Aufschiebling des Gratsparrens aus der Gratlinie auf die Gesimsecke gedreht werden. Der entstandene Knick ist nach der ausgleichenden Eindeckung mit Firstziegeln nicht mehr zu bemerken.

Bei den neuen Konstruktionen mit überstehenden Sparrenenden sind die Walme wie bei der Pfettenkonstruktion zu behandeln.

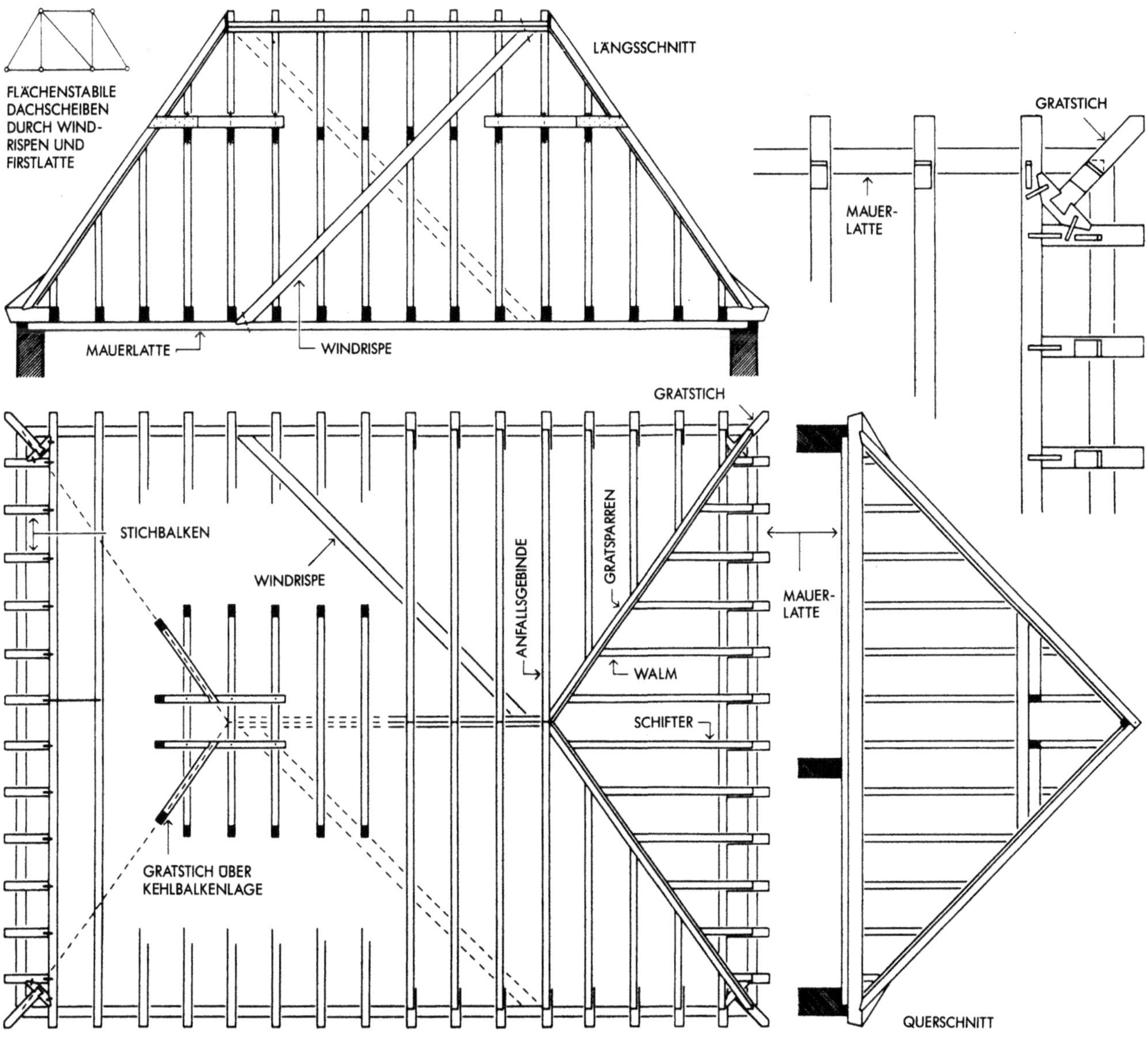

GRATSPARREN DES KEHLBALKENWALMDACHES

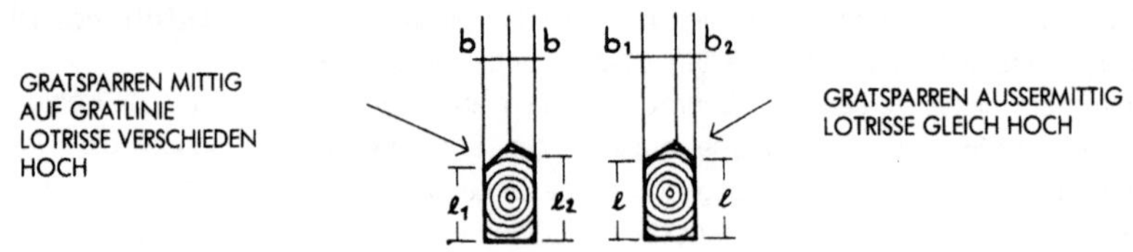

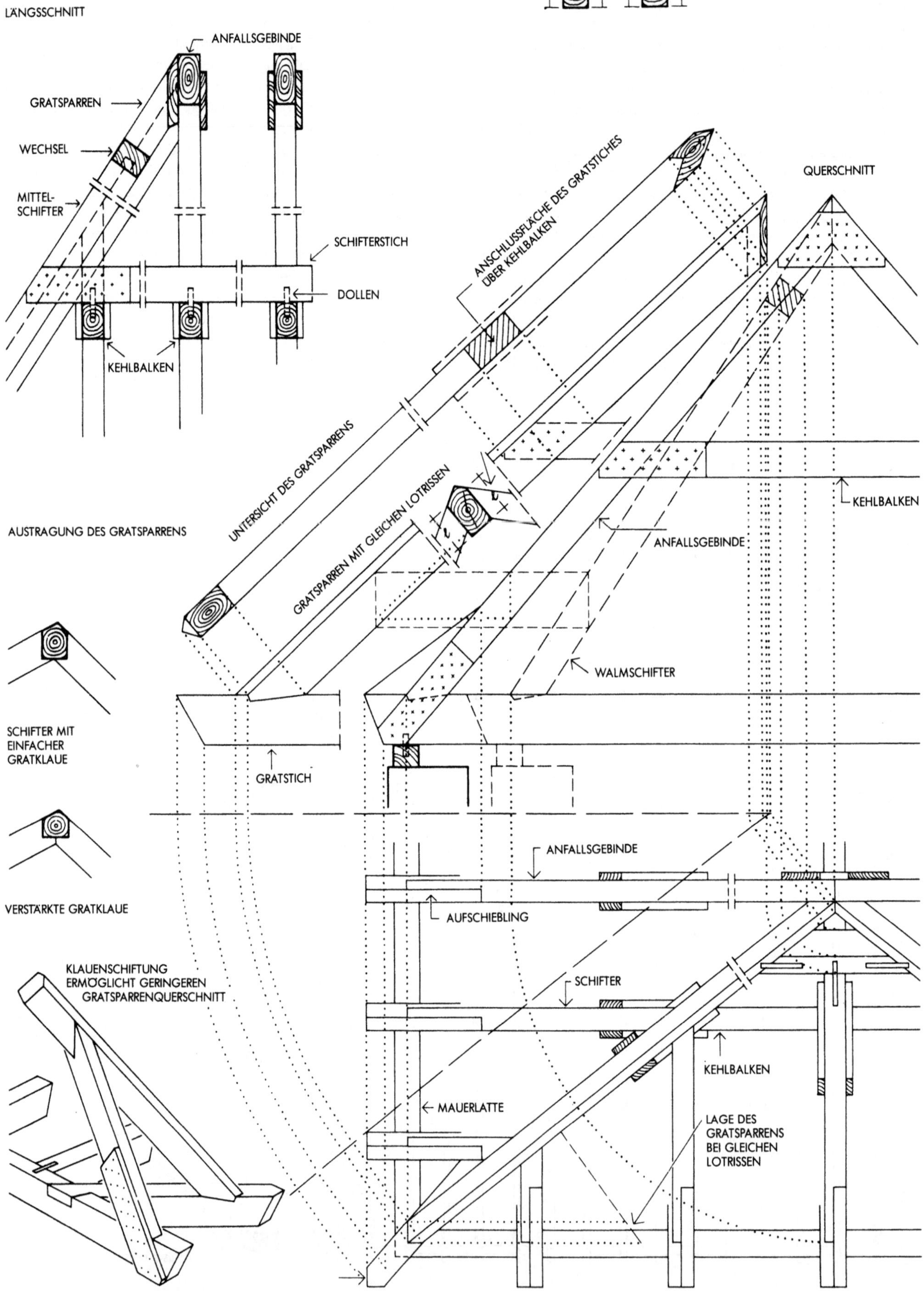

Zusammengesetzte Dächer

Wir bilden unsere Dächer so einfach und klar wie nur möglich aus und vermeiden Dachausbauten und Durchdringungen, soweit es geht. In vielen Fällen, vor allem aber bei Gebäudegruppen mit durchgehender Traufhöhe, ergeben sie sich zwangsläufig.

Beim Durchdringen von Pfettendächern geht man zweckmäßig von einer einheitlichen Dachneigung aus, um einen um die ganze Baugruppe laufenden, gleichen Dachfuß zu erzielen.

Eine derartige Aufgabe läßt sich etwa folgendermaßen lösen: Zuerst wird die Dachausmittelung mit den First-, Walm-, Kehl- und Trauflinien festgelegt. Dann entwirft man unter Berücksichtigung der Lastableitung die verschiedenen notwendig werdenden Binder. Bei der Anordnung der Pfettenstränge achtet man darauf, daß sie in möglichst gleicher Höhenlage durch Haupt- und Nebenbaukörper geführt werden können, um einen guten inneren Zusammenhalt aller tragenden und versteifenden Stuhlteile zu erzielen. Man kann z. B. für einen tiefen Hauptbaukörper einen dreifach stehenden oder liegenden Stuhl vorsehen und dessen Mittelpfetten mit denen des zweifachen Stuhles eines schmäleren Bauteiles verbinden. Oder man schließt die Firstpfette eines kleinen Anbaues an der Mittelpfette eines breiteren Baukörpers an. Die Pfetten können dabei in gleicher Höhe oder übereinander liegen. Ist dies nicht ganz zu erreichen, so hilft man sich durch Zwischenschalten eines Füllstückes, mit welchem die Pfetten verschraubt werden. Auf jeden Fall aber muß ein innerer durchgehender Längsverband der ganzen Dachstuhlanlage geschaffen werden.

Sind die Pfettenstränge verteilt und geordnet, so geht man an die Verteilung der Binder, wobei natürlich die nötigen Auswechslungen für Kamine, Dachgeschoßtreppen, Dachausbauten usw. berücksichtigt werden müssen. Die Binder der einzelnen Baukörper müssen nicht gleichartig ausgebildet sein; d. h., es ist nicht notwendig, sie alle liegend oder alle stehend vorzusehen. Gelegentlich kann sogar eine verschiedenartige Binderausbildung innerhalb desselben Baukörpers zweckmäßig sein.

Sind die Binder verteilt, so kann die Dachbalkenlage fertig ausgearbeitet werden. Ist eine Massivdecke vorgesehen, so wird sinngemäß ebenso verfahren, Verstärkungsstreifen werden angeordnet, evtl. Fertigbetonbalken verteilt usw. Nun kann die Einteilung der Dachsparren erfolgen.

Hat man anstelle der Pfettenkonstruktion eine solche Aufgabe mit Kehlbalkendächern auszuführen, so haben wir durch die andersartige Dachfuß- und Gesimsausbildung die Freiheit, die Dächer der einzelnen Gebäudeteile und die Walme verschieden steil zu machen.

Durch den Schnitt zweier Dächer entstehen Kehlen, die auf zwei Arten ausgebildet werden können. Handelt es sich um den Anschluß kleiner Anbauten, deren Dachraum nicht in seinem ganzen Querschnitt zugängig sein muß, so greift man zur Bohlenschiftung. Auf die Sparrenlage des Hauptdaches, die bis zur Traufe durchläuft, werden Bohlen nach dem Profil des anschneidenden kleineren Daches genagelt. Auf diese Bohlen kommen dann die Schifter des Anbaues zu sitzen.

Soll der anschließende Dachraum aber vollkommen frei zugängig sein, so muß die Kehlsparrenschiftung angewendet werden.

Während die Gratsparren von den Schiftern gestützt werden, werden die Kehlsparren von den Schiftern belastet; deshalb erhalten die Kehlsparren einen entsprechend kräftigeren Querschnitt. Je nach der steileren oder flacheren Neigung der anschneidenden Dachflächen müssen sie mehr oder weniger ausgekehlt werden, oder man ordnet Klauenschifter an. Den Klauenschiftern gibt man den Vorzug, da der tragende Querschnitt des Kehlsparrens durch die Auskehlung geschwächt werden muß. Die Abstützung der Pfetten unter dem Sitz des Kehlsparrens erfolgt durch einen Pfosten oder eine Strebe.

Das obere Ende der Kehlsparren ruht wenn möglich auf einer Firstpfette, auf einem stützenden Sparrenende oder einem gegenüberliegenden Gratsparren.

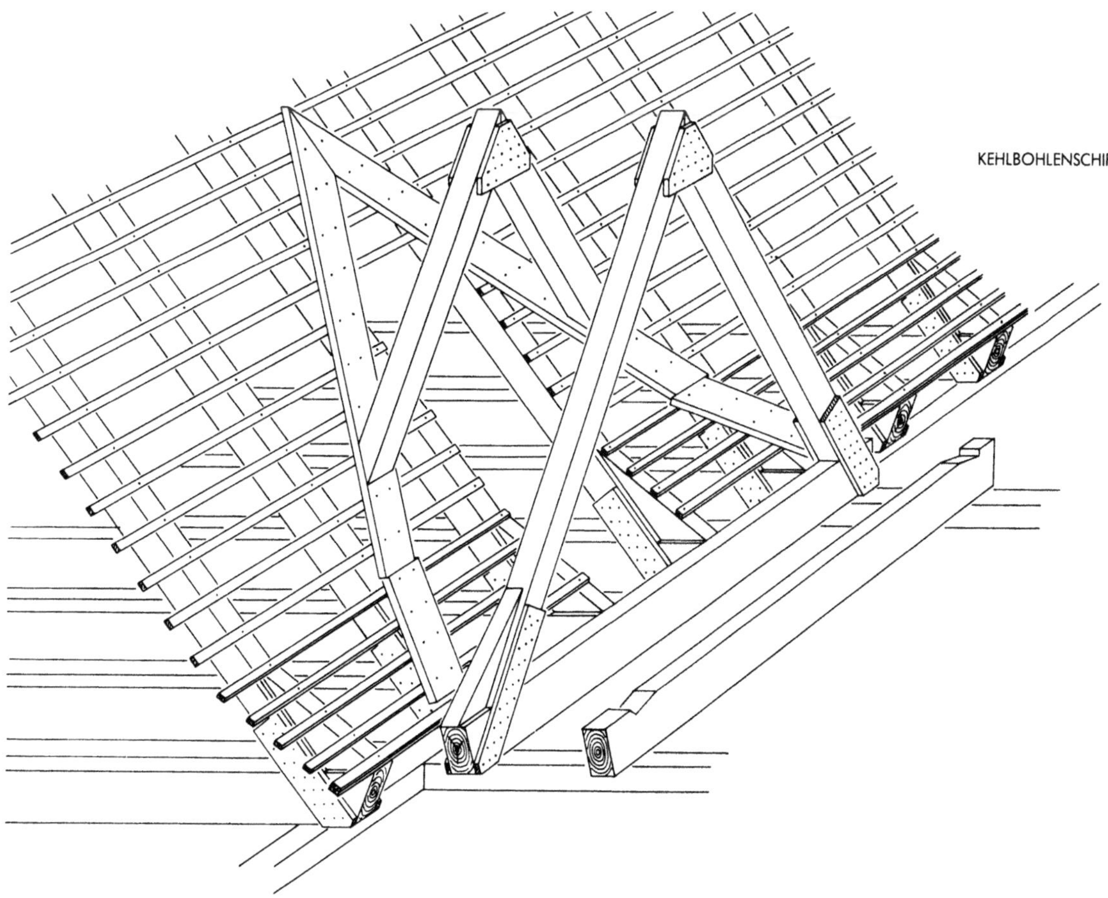

KEHLBOHLENSCHIFTUNG

ZUSAMMENGESETZTE DÄCHER

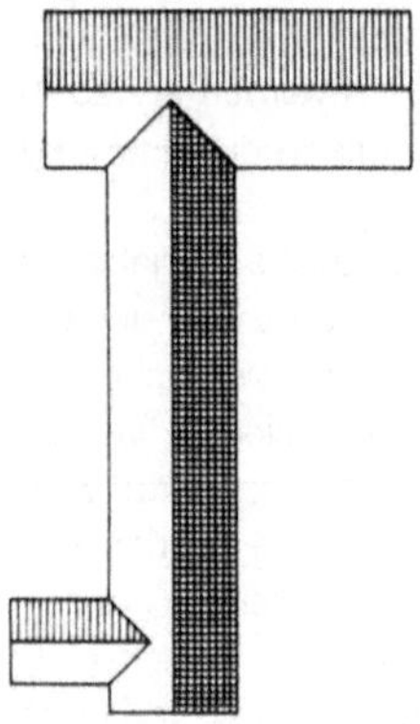

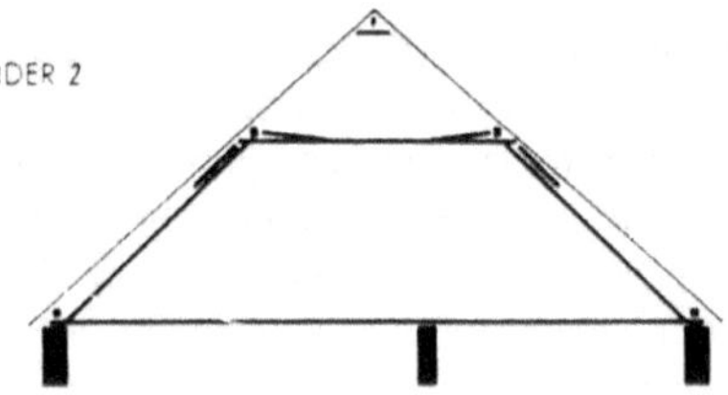

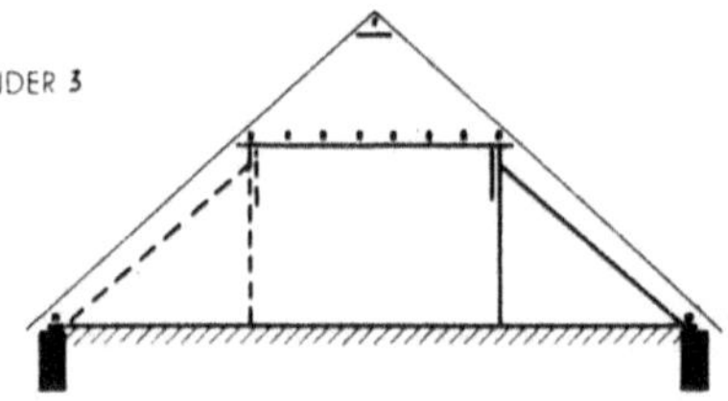

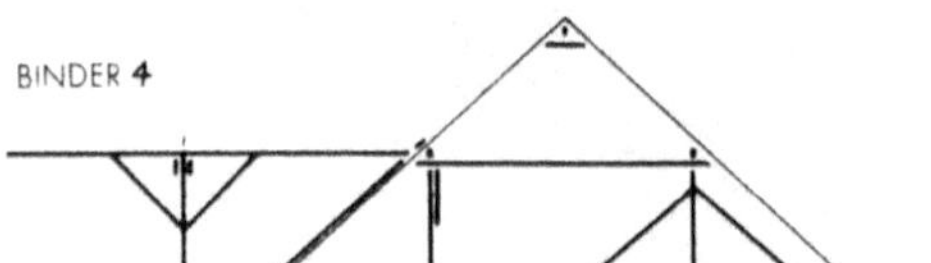

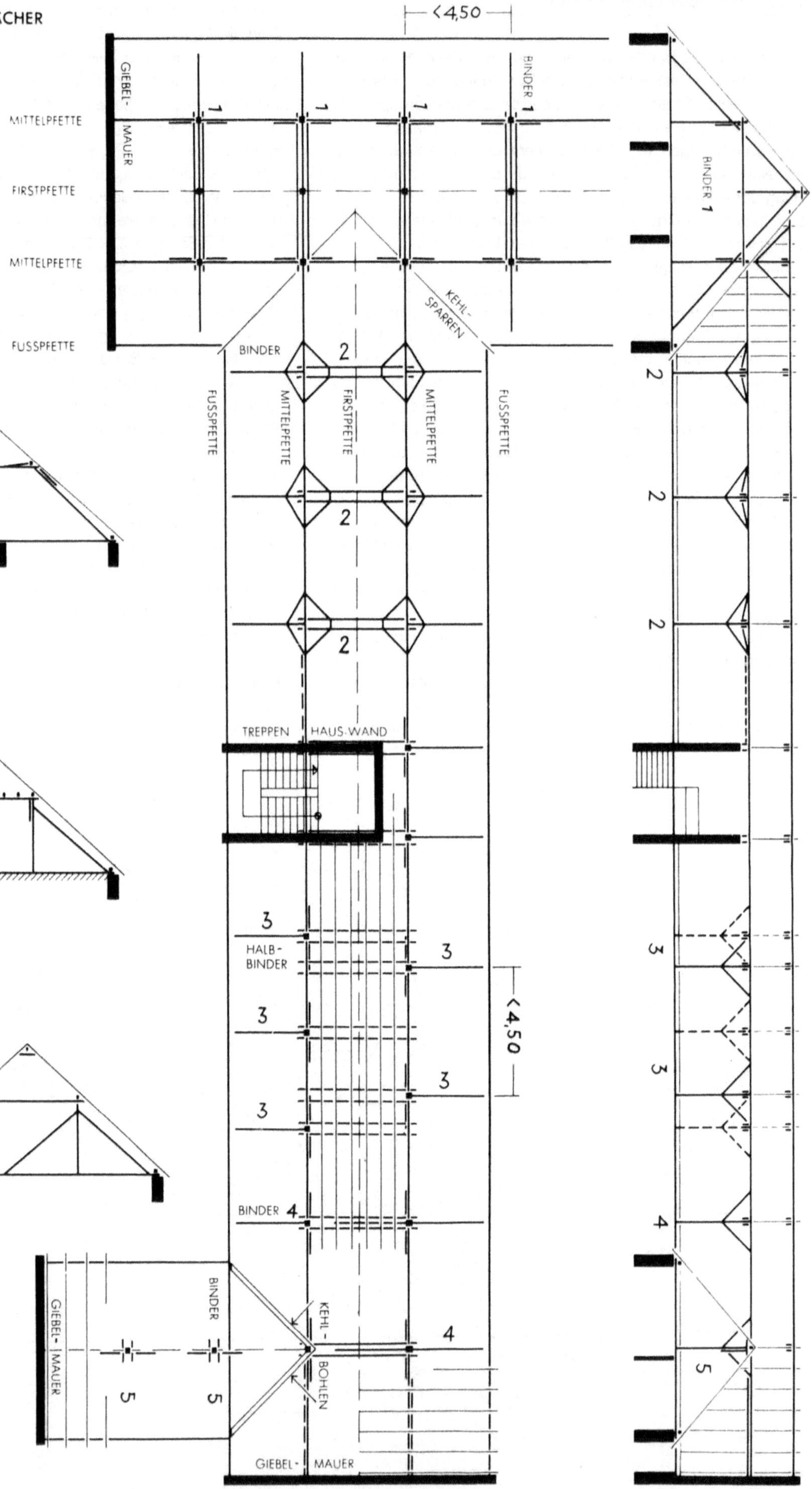

AUSTRAGUNG EINER KEHLBOHLE

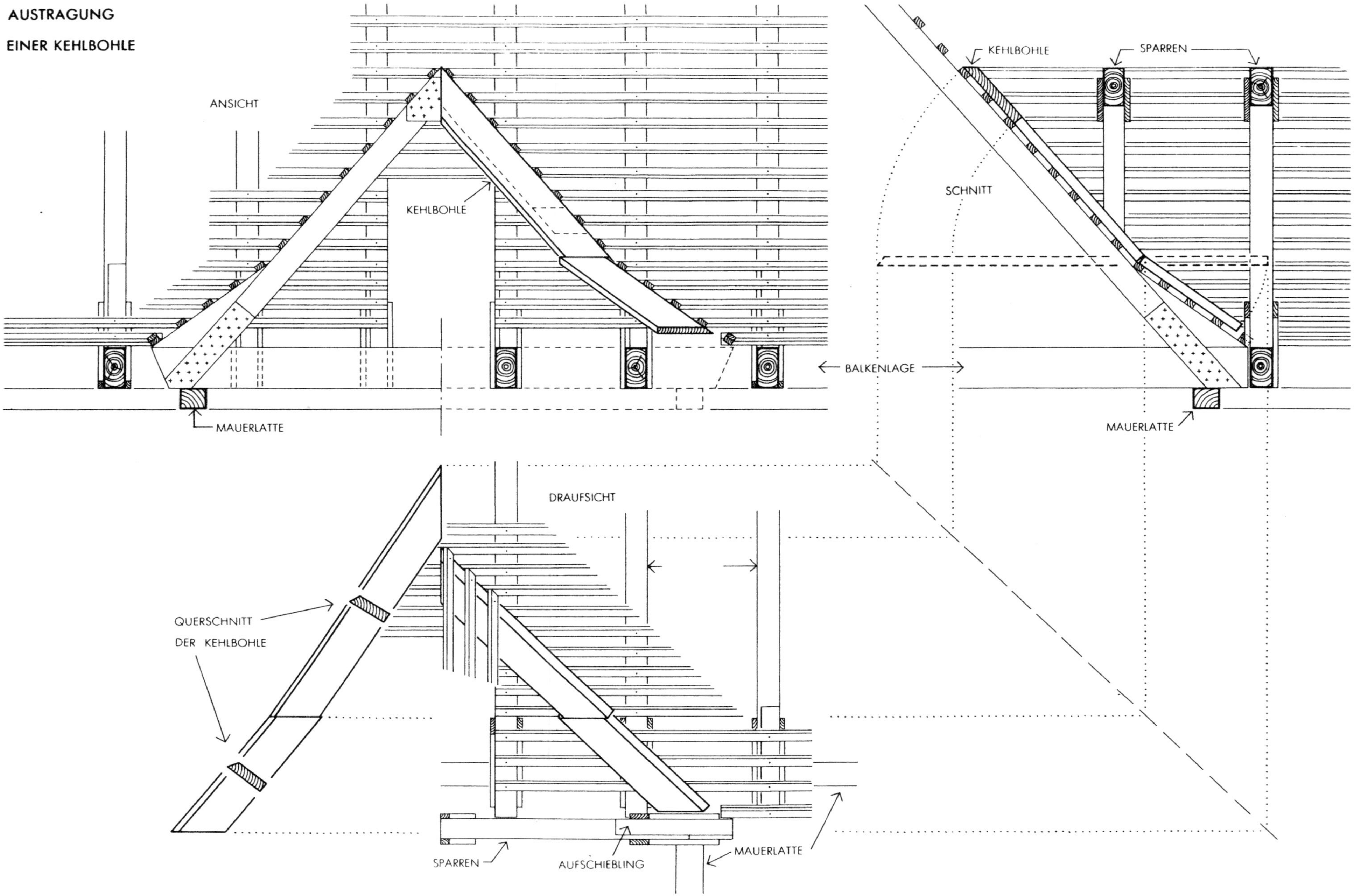

AUSTRAGUNG EINES KEHLSPARRENS
MIT KLAUENSCHIFTERN

BEI DER KLAUENSCHIFTUNG ERHÄLT DER KEHLSPARREN ZWAR KEINE AUSKLINKUNG, BIETET JEDOCH DADURCH DEN DACHLATTEN KEIN SATTES AUFLAGER, DESHALB ZWISCHEN DEN SCHIFTERANSCHNITTEN DREIKANTLEISTEN AUFGENAGELT ZUR BESSEREN AUFLAGE DER DACHLATTEN.

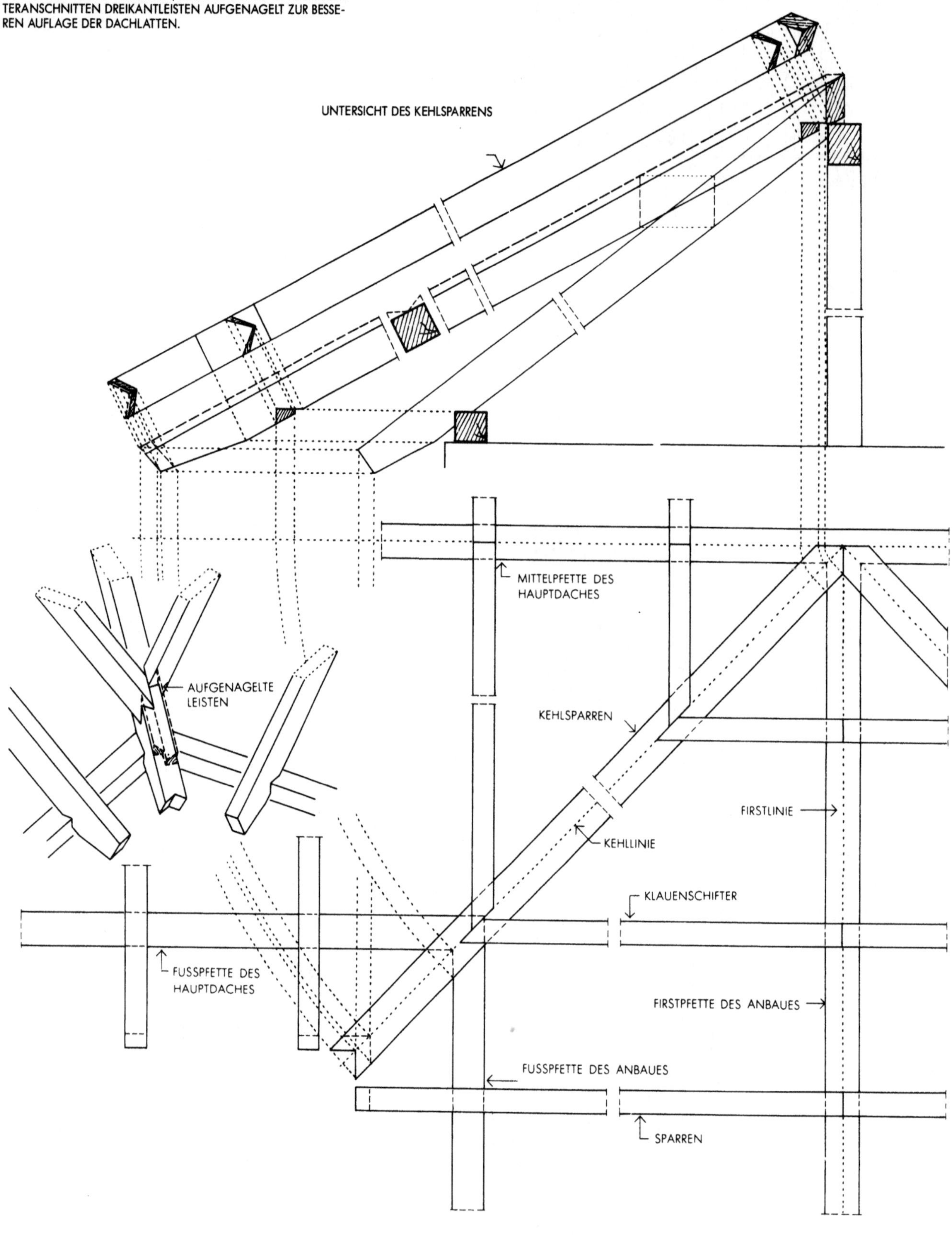

Entwicklungstendenzen bei Dachstühlen für Wohnbauten

Bei den üblichen Haustiefen von 9–10 m wählt man, wenn kein Drempel vorhanden ist, der Dachraum aber wenigstens in der Mittelzone noch begehbar sein soll, Dachneigungen von 22–25°. Für solche Fälle ist das Sparrendach sowohl beim Abbund wie beim Aufschlagen am einfachsten und billigsten.

Wachsen die Haustiefen auf 11 – 12 – 13 m, so werden wegen der großen Sparrenlängen die Pfettendächer (mit Mittelpfetten) wirtschaftlicher.

Neben dem Holzaufwand spielen die Kosten für Abbinden und Aufschlagen eine immer größere Rolle. Während beispielsweise von 1967–1974 die Holzpreise um etwa 60% stiegen, wuchsen in der gleichen Zeit die Lohnkosten um ~120%, damit verschiebt sich das Preisverhältnis von 1 m^3 Bauholz : lfdm Abbundkosten mehr auf die Lohnseite. Dachstühle mit geringen Abbundlängen sind also im Vorteil gegenüber solchen mit größeren. Daneben spielt für den Abbundpreis die schwerere oder leichtere, kompliziertere oder einfachere Arbeit eine Rolle.

Welche Lösung im Einzelfalle die konstruktiv und preislich günstigste ist, kann oft nur durch genaue Kostenvergleiche festgestellt werden. Mitte der siebziger Jahre liegt das Preisverhältnis 1 m^3 : 1 lfdm Abbund ungefähr zwischen dem Faktor 1 : 60 bis 1 : 80.

Entgegen der landläufigen Meinung ist es heute durchaus möglich, mit geringen Mehrkosten einen Dachstuhl in handwerklicher Verbindungstechnik herzustellen, da auch komplizierte Anschlüsse mit entsprechenden Maschinen sehr schnell ausführbar sind. Man sollte deshalb immer versuchen, bei sichtbaren Holzkonstruktionen ohne die unschönen Holzverbinder auszukommen.

Als einzige, ästhetisch befriedigende Lösung lassen sich in den Holzquerschnitt eingeschlitzte und sauber verdübelte Bleche vertreten.

Wird der Dachstuhl in die Raumwirkung mit einbezogen, bleiben also die Holzprofile und ihre Verbindungen sichtbar, so sollten nicht die geringsten Herstellungskosten entscheidend sein, sondern eine auch ästhetisch überzeugende Konstruktion und Erscheinung. Und daran fehlt es den statisch ausgemagerten mit ingenieurmäßigen Hilfsmittelchen wie aufgenagelten Brettlaschen etc. versehenen „verbesserten" Zimmermannsdachstühlen meistens. Im Gegensatz dazu wirken die modernen Ingenieur-Holzkonstruktionen und Binder auch in der Erscheinung viel konsequenter und befriedigender. Sie erschließen zudem optisch und ästhetisch neue Gebiete.

Die derzeit gebräuchlichen Holzverbinder bestehen meist aus feuerverzinktem Stahlblech oder Edelstahl und sind rost- und feuerbeständig. Eine Übersicht der üblichen Verbindungsmittel gibt das untenstehende Bild (Fa. BIERBACH).

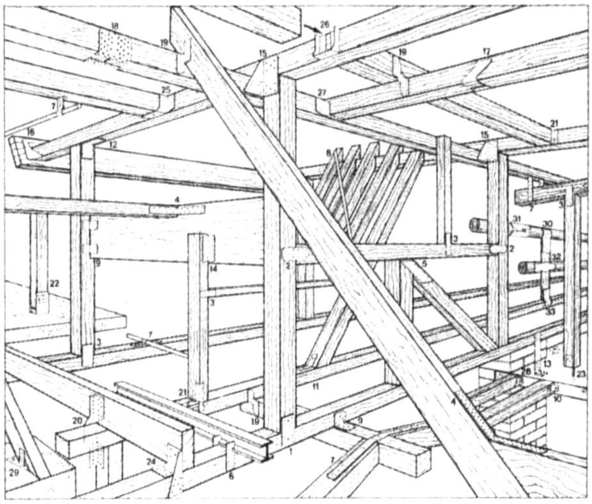

Dachtragwerke von Hallen

Bevor man über Ingenieurbinder im einzelnen spricht, ist es angebracht, sich über ihre Aufgaben innerhalb des Baugefüges Klarheit zu verschaffen. Hierbei ist es gleichgültig, ob sie aus Holz, Stahl oder Stahlbeton ausgeführt werden sollen. Während die Zimmermannsbinder bei relativ geringen Stützweiten auf einem in sich standsicheren Vielraumgefüge ruhen, müssen die Ingenieurkonstruktionen als Dachtragwerke von Hallen nicht nur größere Spannweiten überbrücken, sondern im Einraumgefüge der Hallen auch wesentlich zur Standsicherheit des Ganzen beitragen.

Die Entwicklung des Hallenbaues ist nicht abgeschlossen. Sie hat erst in jüngster Zeit durch die Konstruktion von Stab-, Falt- und Schalentragwerken, von Hängedächern, Seil- und Membrantragwerken neue Impulse erhalten.
Die Betrachtung aller Hallensysteme im einzelnen würde den Rahmen dieser Ausführungen sprengen. Ausführlich sei hier nur der „Normalfall" von Hallen mit Dachtragwerk, Stützen bzw. Außenwänden dargestellt, welche den üblichen, d. h. auch wandelbaren Bedürfnissen der Industrie-, Konsum- und Freizeitgesellschaft genügen. Einleitend werden jedoch die grundsätzlich möglichen Überdachungssysteme des Hallenbaues einander gegenübergestellt.

DACHTRAGSYSTEME
MASSENAKTIVE DACHTRAGSYSTEME: BALKENTRAGWERKE

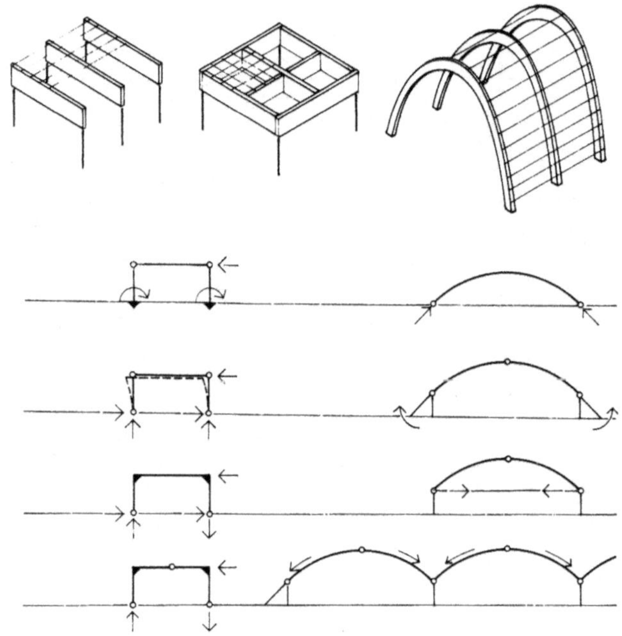

FLÄCHENAKTIVE DACHTRAGWERKE: FALTWERKE

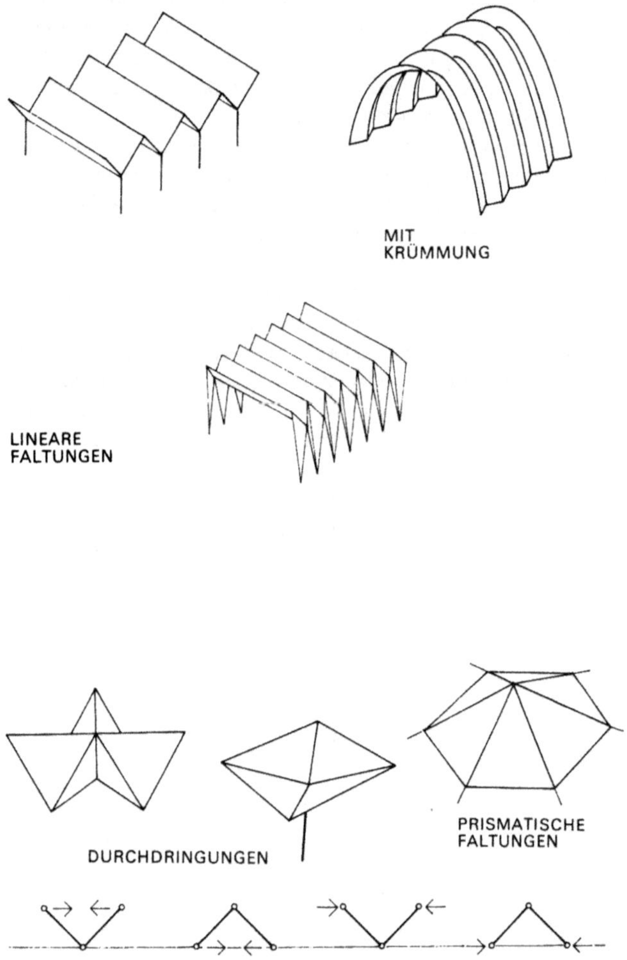

STABILISIERUNG DER FALTUNG DURCH ZUGSEIL ODER WIDERLAGER

VEKTORAKTIVE DACHTRAGSYSTEME: STABTRAGWERKE

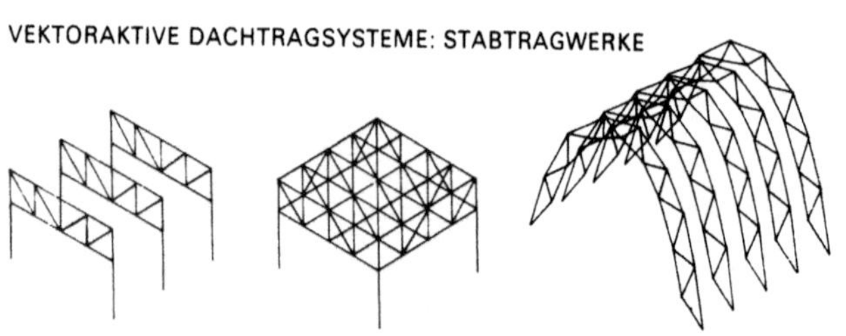

FLÄCHENAKTIVE DACHTRAGSYSTEME: SCHALEN

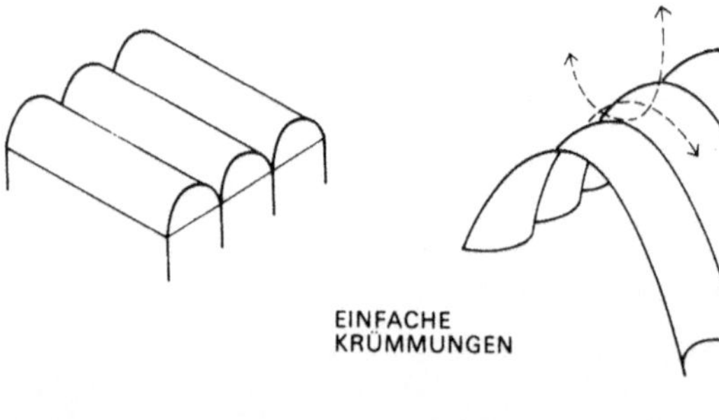

FORMAKTIVE DACHTRAGSYSTEME: ZELT-TRAGWERKE

INNERE UNTERSTÜTZUNG
ABLEITUNG DES SEIL-SYSTEMS: DIE MEMBRAN IST EIN ENGMASCHIGES NETZWERK TRAGENDER MERIDIANSEILE (VERTIKALNÄHTE) UND STABILISIERENDER HORIZONTALER RINGSEILE. WEGEN KRÄFTEKONZENTRATION AN MEMBRANUNTERSTÜTZUNGEN VERBREITERUNG DER HOCHPUNKTLAGER (BUCKELFLÄCHEN)

FLÄCHENAKTIVE DACHTRAGSYSTEME:

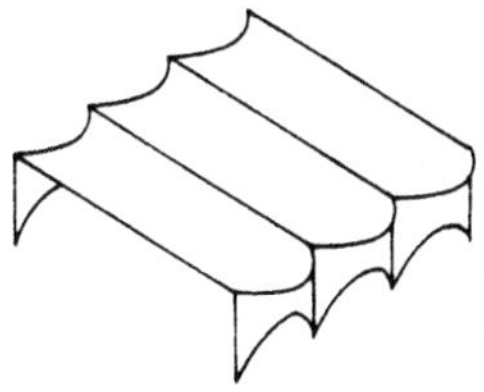

DOPPELTE KRÜMMUNGEN

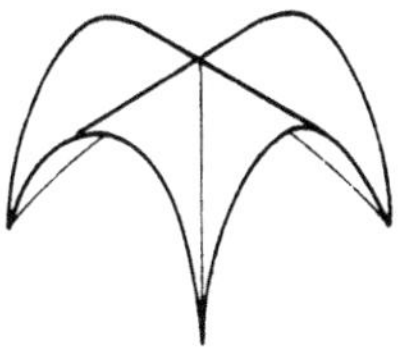

DURCHDRINGUNG

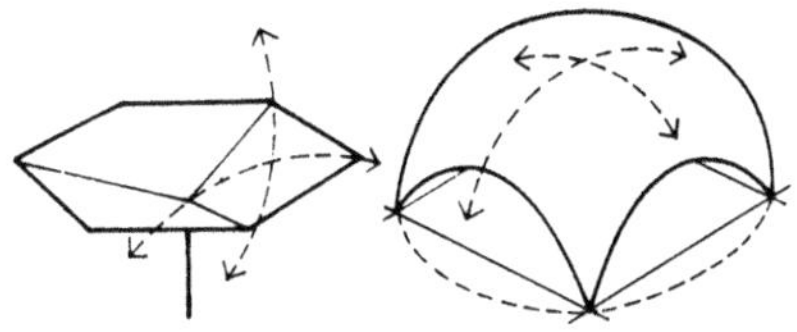

GEGENSINNIGE UND GLEICHSINNIGE KRÜMMUNG

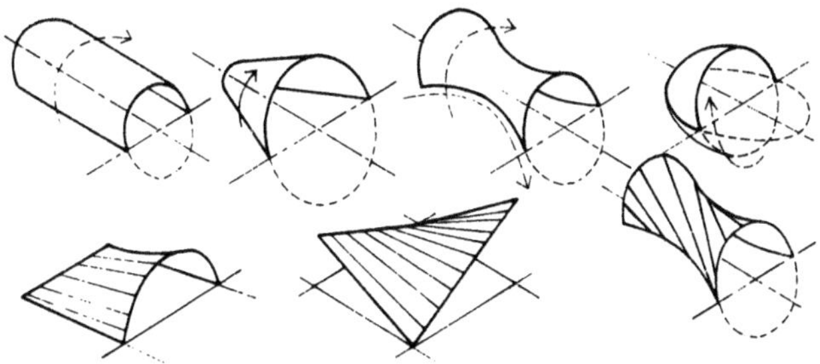

GEOMETRISCHE ABLEITUNGEN

FORMAKTIVE DACHTRAGSYSTEME: SEILTRAGWERKE

STABILISIERUNG DER TRAGSEILE GEGEN WINDSOG, SCHWINGUNGEN UND BEWEGLICHE LASTEN DURCH

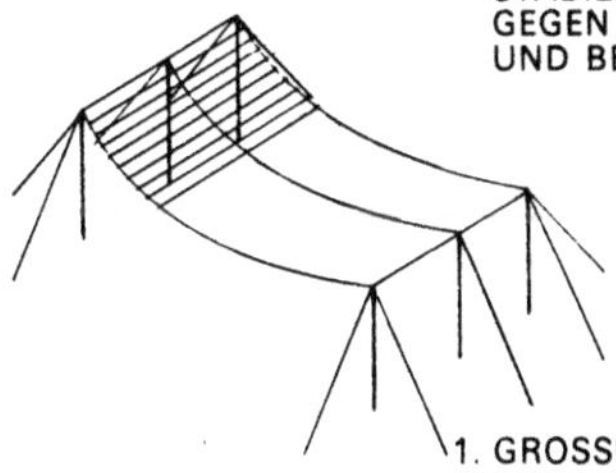

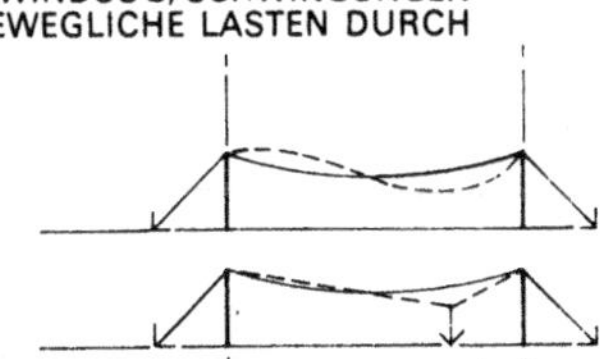

1. GROSSES EIGENGEWICHT DES DACHES
2. VERSTEIFUNG ZU UMGEKEHRTER BOGENRIPPE BZW. SCHALE
3. SEILVERSPANNUNG
GEGENSINNIG GEKRÜMMTES PARALLELSEIL OBERHALB BZW. UNTERHALB DES TRAGSEILES ODER BODENVERANKERTES QUERSEIL

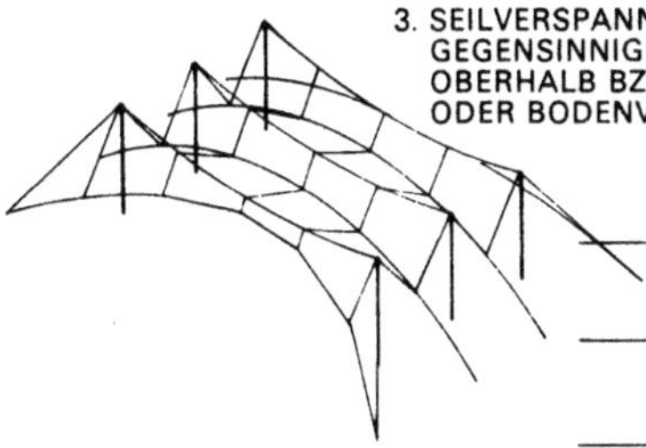

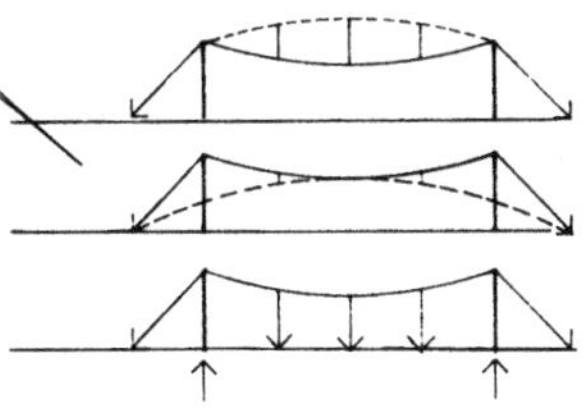

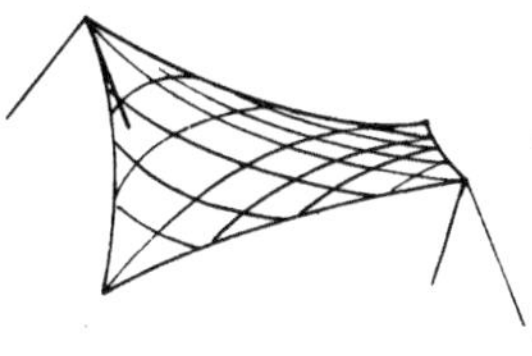

TRAGSEILE
STABILISIERUNGSSEILE

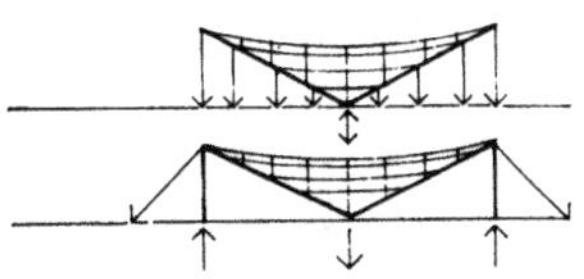

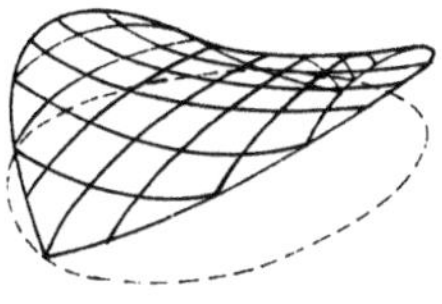

SEILNETZSTABILISIERTE RANDABTRAGUNG RANDSEILE, RANDTRÄGER ODER RANDBOGEN

FORMAKTIVE DACHTRAGSYSTEME: ZELT-TRAGWERKE

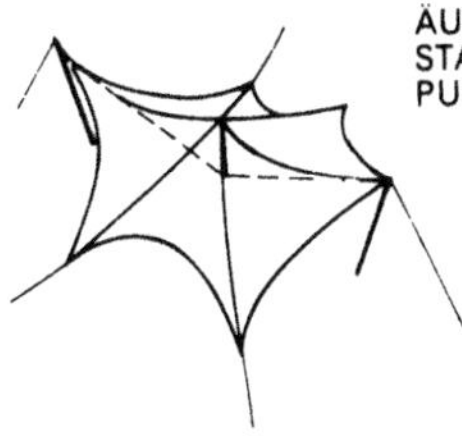

ÄUSSERE UNTERSTÜTZUNGEN STABILISIERENDER WECHSEL VON HOCHPUNKTEN UND ABSPANNPUNKTEN

STÜTZENFREIER INNENRAUM. BEI PERIPHEREN UNTERSTÜTZUNGEN,
DURCH LUFTSTÜTZEN ÜBER ABSPANNSEILEN ZUSÄTZLICH STABILISIERENDE INNERE HOCHPUNKTE MÖGLICH

AUCH DURCH STÜTZBOGEN ODER AUFHÄNGUNG AN ÄUSSEREM SEILSYSTEM STÜTZENFREIER INNENRAUM

FORMAKTIVE DACHTRAGSYSTEME: PNEU-TRAGWERKE

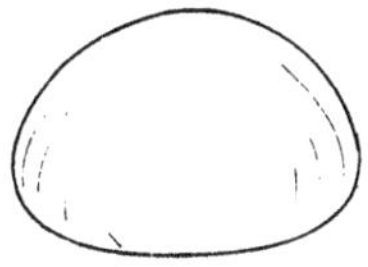

TRAGLUFTHALLE:
DER INNERE ÜBERDRUCK BEWIRKT ÜBERALL GLEICHE MEMBRANSPANNUNG UND STABILISIERT GEGEN DEFORMATION

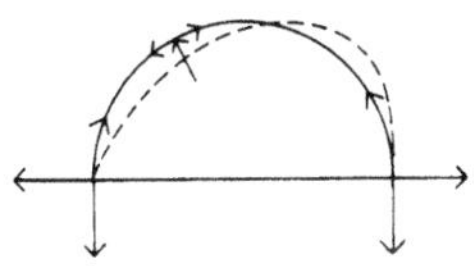

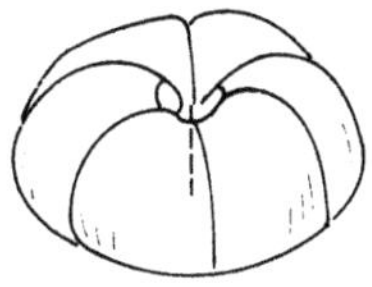

ABSPANNUNGEN:
DURCH INNERE SEILABSPANNUNG ODER ÄUSSERE SEILÜBERSPANNUNG REDUZIERUNG DES VOLUMENS DER MEMBRANSPANNUNG UND DER VERANKERUNGSKRÄFTE

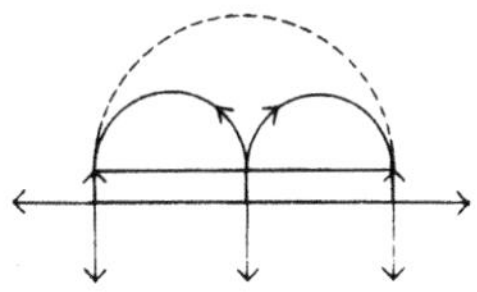

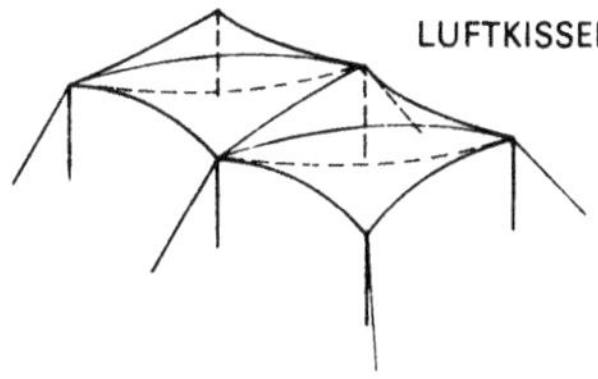

LUFTKISSEN

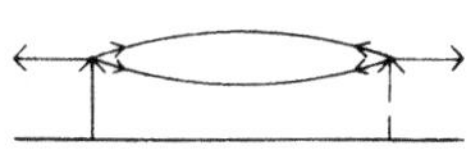

ÜBERDRUCK UND ZUGVERANKERUNG STABILISIEREN EIN »DOPPELMEMBRAN-SYSTEM«, WOBEI ÜBERDECKTER RAUM FREI VON ÜBERDRUCK BLEIBT

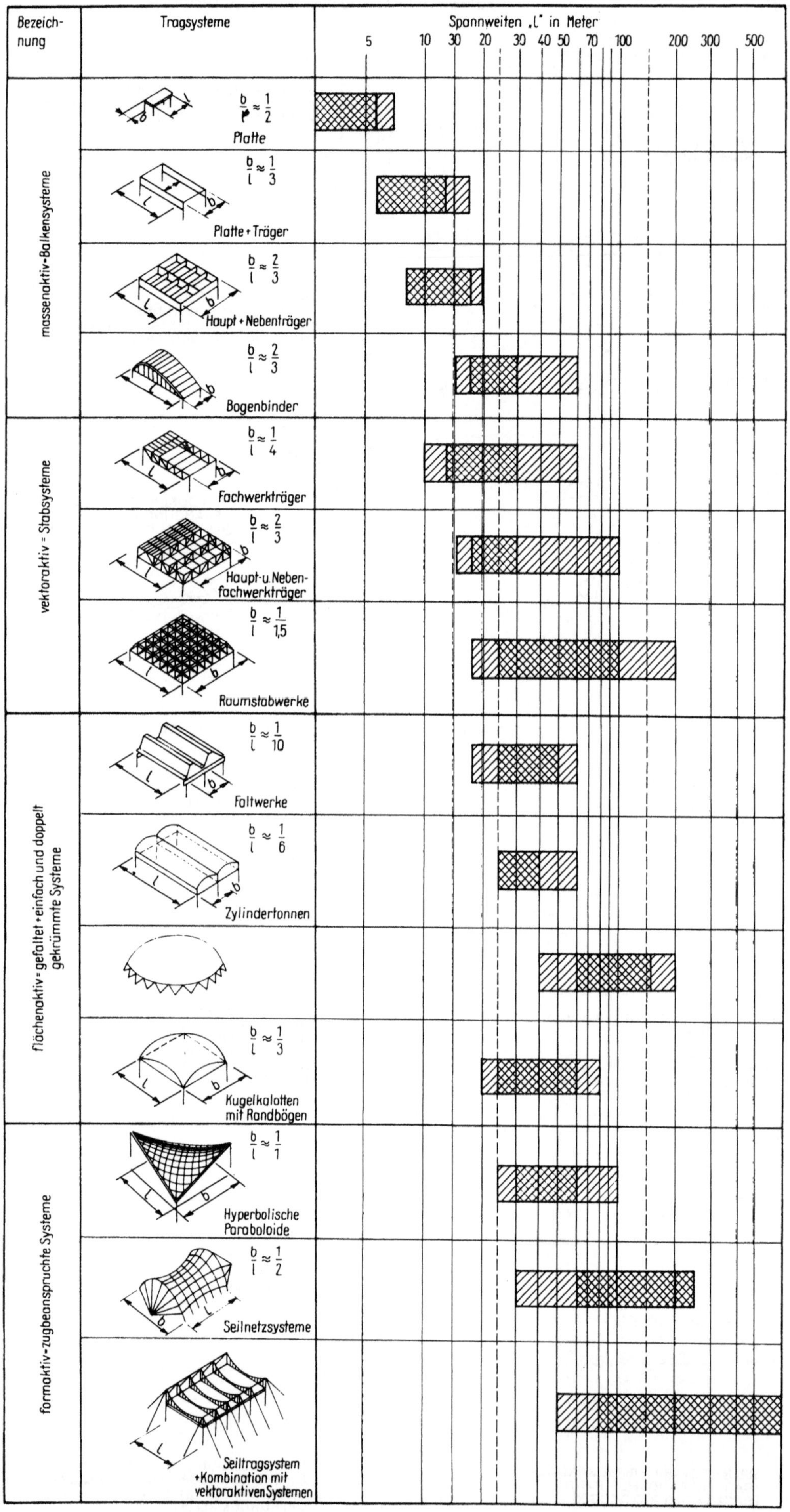

Spannweiten – relative Einsatzbereiche unterschiedlicher Tragsysteme

Aus Metalleichtbauten Band 1, von Büttner/Stenker dva, Deutsche Verlags-Anstalt, Stuttgart

Hallenbaugefüge mit Balken- und Fachwerk-Bindersystemen

Im einfachsten Falle bestehen die Hallen dieses Konstruktionsprinzips nur aus den Außenwänden und dem Dach.

Ursprünglich wurden die Außenwände als freistehende Mauerscheiben ausgeführt, die zur Gewährleistung genügender Standsicherheit sehr dick sein mußten. Erst im Mittelalter wurde das sparsamere System der durch Pfeilervorlagen ausgesteiften Wände entwickelt. Ihm folgten im Verlangen nach besserer Belichtung freistehende Pfeiler, zunächst in schwerer gedrungener Form, später in den Grenzen genügender Aussteifung gegliederte Pfeiler. Die Dachtragwerke wurden gelenkig auf den Mauer- oder Pfeilerwänden aufgelagert.

Heute werden zu nachträglicher Veränderbarkeit und oft allseitiger Erweiterungsmöglichkeit Tragwerk und Raumabschluß möglichst ganz voneinander getrennt. Die Hallen bestehen aus Stützenreihen unter dem Dachtragwerk, raumunterteilenden und raumabschließenden Wänden und der Dachschale. Nur Schalendachtragwerke können Raumabschluß- und Tragkonstruktion gleichzeitig erfüllen.

Das Haupttragwerk muß alle auftretenden Lasten aufnehmen und über seine Fundamente in den Baugrund ableiten. Zu diesen Lasten gehören: das Eigengewicht des Tragwerkes, das Gewicht der Dachhaut und deren Unterkonstruktion, Schneelasten, Windlasten auf Dach und Außenwände, häufig auch das Eigengewicht der Wände oder von Wandteilen sowie die von Hebezeugen, Maschinen und Einrichtungen ausgeübten lot- und waagerechten Kräfte.

Der Aufbau der Tragwerke folgt dem Prinzip der räumlich ausgesteiften Scheibenwerke. Nach ihren Aufgaben im Bauwerk unterscheidet man Wandscheiben, Dachscheiben (auch Deckenscheiben) und Binderscheiben. Die einzelnen Scheiben können vollwandig sein oder gegliederte Struktur haben, so daß man von Vollwandscheiben und Stabwerkscheiben spricht. Vollwandscheiben können aus Mauerwerk, Beton, Stahlbeton, Holz und Stahl bestehen. Bei Stabwerkscheiben unterscheidet man solche mit Gelenkknoten, sogenannte Fachwerkscheiben, und solche mit Steifknoten, sogenannte Rahmen. Sie werden aus Holz, Stahl oder Stahlbeton hergestellt.

Die mehr oder weniger geneigt liegenden Dachscheiben und die darauf entfallenden Lasten werden von den lotrecht stehenden Binderscheiben getragen, die die Hallenräume meistens in gleichweit voneinander entfernten Querschnittsebenen überspannen. Diese Hauptelemente des Tragwerkes werden durch die Längswandscheiben oder Teile derselben und durch den Längsverband des Dachtragwerkes ausgesteift. Ein solches Tragwerk zeigt einen klaren Aufbau aus ebenen Trägern, die rechtwinkelig zueinander verlaufen. Es läßt sich verhältnismäßig leicht zusammenfügen und wieder lösen und kann sowohl in Längsrichtung durch Fortsetzung der Bundfelder als auch in Querrichtung durch Seitenschiffe geringerer oder größerer Höhe erweitert werden, so daß es sich besonders für die Hallen der Industrie eignet, wo häufig mit baulichen Änderungen gerechnet werden muß. Für den Nachweis ihrer Standsicherheit und zu ihrer Bemessung ist es üblich, die einzelnen Scheiben in ihren Ebenen zu untersuchen, um den Spannungs- und Verschiebungszustand der Tragwerke auf verhältnismäßig einfache Weise beschreiben zu können. Jedoch bleibt das räumliche Zusammenwirken aller beteiligten Scheiben von übergeordneter Bedeutung, wenngleich auch die statische Berechnung der Tragwerke nach der Theorie der mehrdimensionalen Systeme auf besondere Bauaufgaben wie Faltwerke (raumsteif verbundene Vollwandscheiben z. B. aus Stahlbeton), Pyramiden-, Tonnen- und Kuppelflechtwerke und Fachwerkpolyeder (raumsteif verbundene Stabwerkscheiben) beschränkt wird.

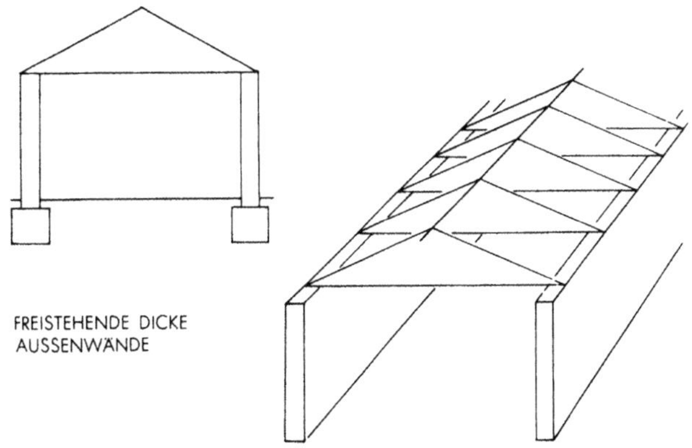

FREISTEHENDE DICKE AUSSENWÄNDE

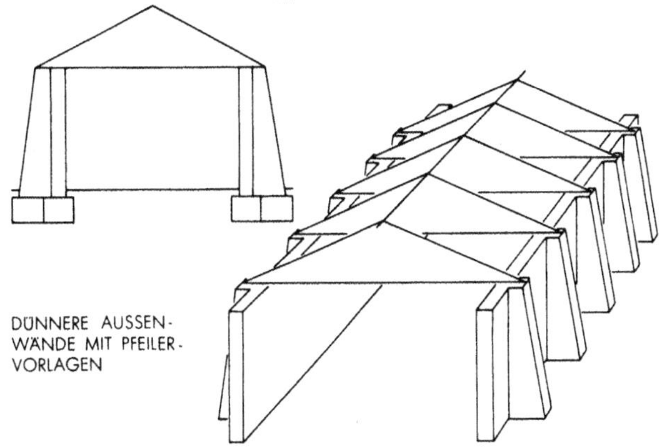

DÜNNERE AUSSENWÄNDE MIT PFEILERVORLAGEN

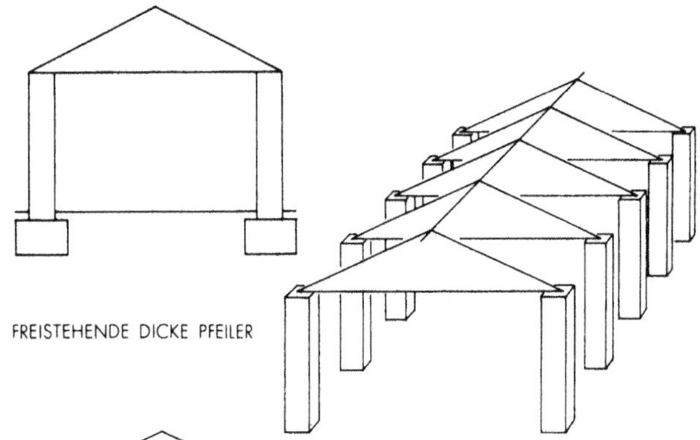

FREISTEHENDE DICKE PFEILER

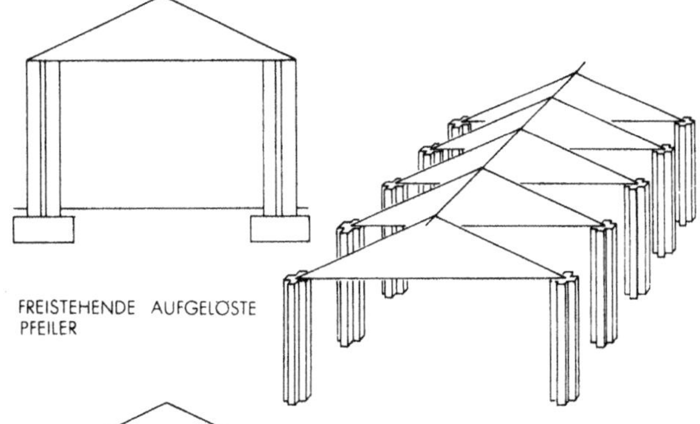

FREISTEHENDE AUFGELÖSTE PFEILER

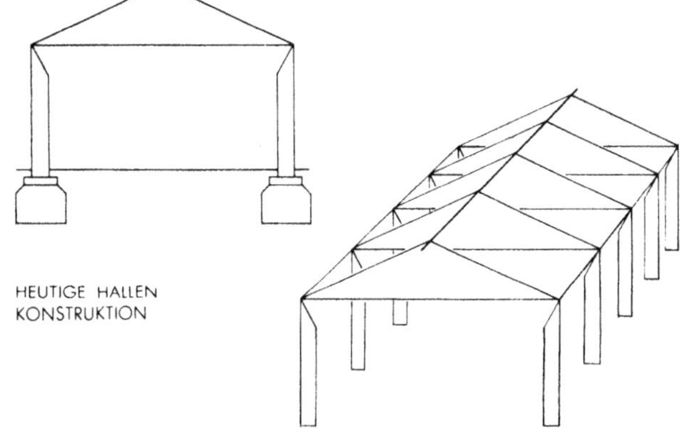

HEUTIGE HALLEN KONSTRUKTION

Binder auf Pendelstützen

Dieses Tragwerk ist ein statisch bestimmtes System und erhält seine Stabilität ausschließlich durch das räumliche Zusammenwirken gelenkig verbundener Stäbe bzw. Scheiben. Die Pendelstützen nehmen aus den Binderscheiben nur vertikale Drucklasten auf, alle horizontal und schräg angreifenden Kräfte werden teils in die Stützenfundamente, teils durch einen Horizontalträger auf quer stehende Scheiben übertragen und von diesen in den Baugrund abgeleitet. Oft genügt es, die Giebelwände als Querscheiben auszubilden, bei längeren Hallen muß man nötigenfalls zwischen den Giebeln weitere queraussteifende Rahmen, Fachwerk- oder Vollwandscheiben einfügen. Der Horizontalträger liegt bei steiler geneigten Hallendächern (Dreieckbindern) meistens als Fachwerkscheibe in der Ebene der Binderuntergurte und nimmt bei verhältnismäßig großen Abständen der Querscheiben gewöhnlich die gesamte Gebäudetiefe als wirksame Trägerhöhe ein. Kleinere Abstände der Queraussteifungen, also kleinere Stützweiten der Horizontalträger, lassen auch geringere Trägerhöhen zu. Bei den meist sehr flach geneigten Hallendächern mit Balkenbindern ordnet man solche horizontal aussteifende Träger gerne in der Binderobergurtebene an. Dadurch kann man Binderobergurte und Pfetten bzw. Sparren zu Fachwerkscheiben vereinigen, kann die Binderobergurte gut gegen Ausknicken sichern, und der Verband stört nicht im Hallenraum. Somit entfällt auch die Gefahr seiner späteren Unterbrechung durch betriebliche Maßnahmen. Wird eine steife Dachhaut (z. B. Stahlbeton) verwendet, so kann diese bei entsprechender Ausbildung die Aufgaben der Horizontalaussteifung übernehmen.

Auf die Hallengiebel wirkende Horizontallasten werden ebenfalls durch Träger aufgenommen, welche die Giebel horizontal unterstützen und ihre Auflagerkräfte über die Längswandscheiben in den Baugrund abgeben. Diese in Hallenlängsrichtung aussteifenden Träger können mit den in Hallenquerrichtung aussteifenden vereinigt, also auch in Binderunter- oder Binderobergurtebene angeordnet werden. Höhere Hallen können zusätzliche Horizontalaussteifungen erfordern. Zur Aufnahme der in die Hallenlängswände eingelegten waagrechten und schrägen Kräfte genügt es meist schon, wenn man die Endfelder als Fachwerk- oder Vollwandscheiben ausbildet. In diesem Falle kann man den sogenannten Windträger und die Wandverbände als einen räumlichen Träger auffassen, der seine horizontal gerichteten Auflagerkräfte unmittelbar an den Fundamenten absetzt. Seine Gurte werden durch die Unter- bzw. Obergurte des ersten und des zweiten Binders, seine Pfosten von den Pfetten des ersten Bundfeldes gebildet, so daß nur seine Streben besonders einzufügen sind. Bei Hallen mit hölzernem Tragwerk werden häufig Binderscheiben und Pfetten mit Bügen (Kopfbändern) verbunden, welche die Pfettenstützweiten verkürzen und den Längsverband verbessern helfen. Sie sind besonders bei Bogenbindern mit geteiltem Obergurt notwendig, um den unteren Obergurtstab gegen Ausknicken aus der Binderebene zu sichern.

Dieses Tragwerk mit Binderscheiben auf Pendelstützen und aussteifenden Horizontal- und Vertikalscheiben ist vor allem für den Holzbau und den einfachen Stahlbau geeignet. Es baut sich durchweg aus Zug und Druckstäben auf, ist statisch klar übersehbar und kann mit einfachen Stabanschlüssen (Gelenkknoten) hergestellt werden. Infolgedessen ist es relativ wenig empfindlich gegen ungleichmäßige Setzungen des Baugrundes und kommt mit geringeren Stützenquerschnitten und kleineren Feldfundamenten aus als eingespannte Konstruktionen; nur die Fundamente der quer- und längsaussteifenden Vertikalscheiben (vor allem Eckfundamente) erhalten größere Abmessungen und müssen zur Aufnahme von Horizontalkomponenten der Auflagerkräfte als Widerlager ausgebildet werden. Man muß bei diesem Tragwerk

MÖGLICHE BINDERFORMEN

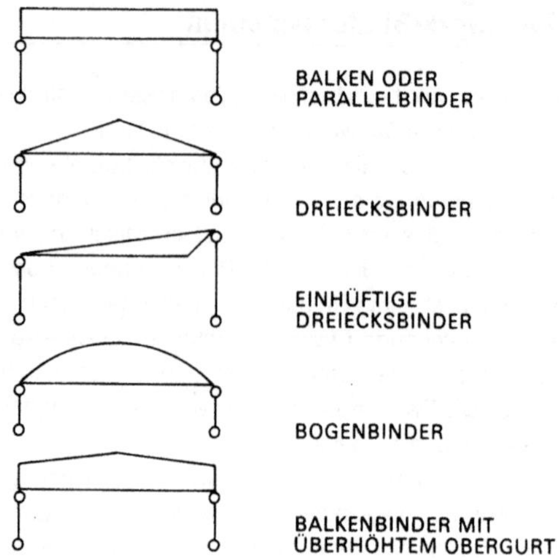

LÄNGSAUSSTEIFENDE VERTIKALSCHEIBE

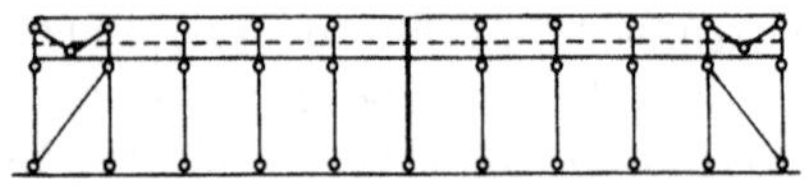

LÄNGS- UND QUERAUSSTEIFENDE HORIZONTALSCHEIBE

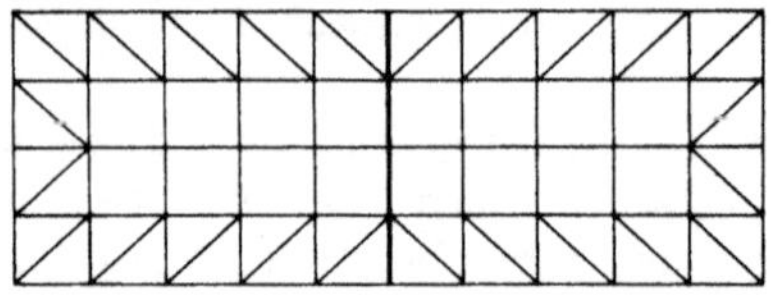

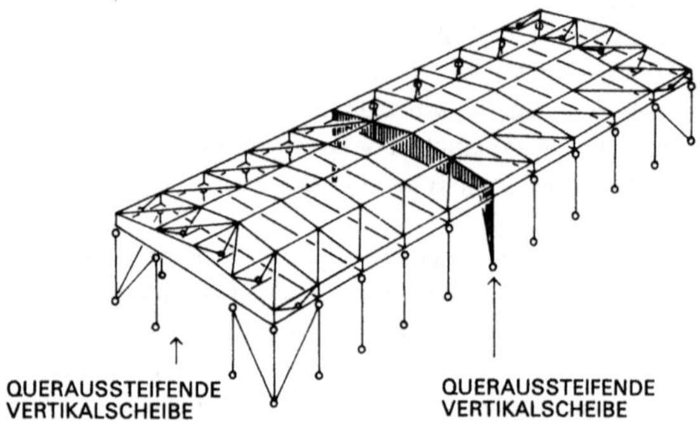

MÖGLICHE QUERAUSSTEIFENDE VERTIKALSCHEIBEN

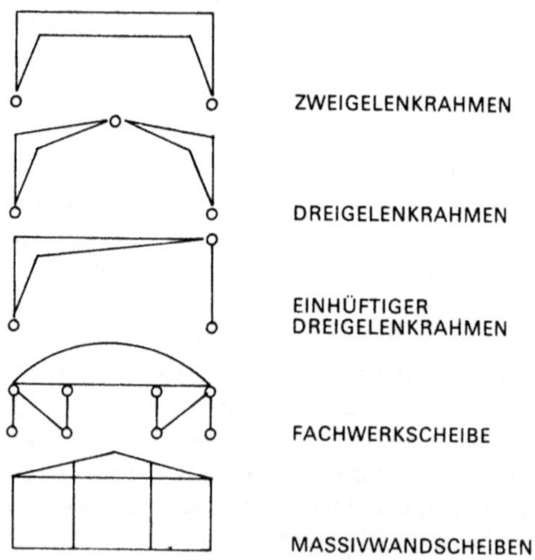

allerdings mit größerer Verformung rechnen als bei Rahmenkonstruktionen und kann es deshalb nur mit leichten Kranbahnen belasten.

Binder auf eingespannten Stützen

Bei diesem Tragwerk wirken in Gebäuderichtung die Stützen ähnlich wie die Mauerscheiben der historischen Vorbilder des Hallenbaues. Sie sind selbst so genügend standsicher, daß sie neben den Vertikallasten auch alle Horizontallasten aufnehmen und in den Baugrund ableiten können. Die Binderscheiben lagern als zweifach gestützte Träger gelenkig auf den Stützenköpfen. Je ein Stützenpaar und eine Binderscheibe bilden einen Zweigelenkrahmen mit am Fuß eingespannten Stützen. Um die in Gebäudelängsrichtung angreifenden Windlasten und waagrechten Bremskräfte aus Kranbahnen und dgl. aufnehmen zu können, unterstützt man die Giebel horizontal durch Träger, die ihre Auflagerkräfte entweder über in Hallenlängsrichtung eingespannte Stützen oder über steife Wandverbände in den Baugrund abgeben. Zur Sicherung der gelenkig gelagerten Binderscheiben gegen Umkippen beim Aufstellen des Tragwerkes und zur knicksicheren Aussteifung ihrer Obergurte erhält das Dachtragwerk einen Längsverband. Zu diesem Zweck faßt man am Anfang und Ende der Halle je ein Binderpaar durch Streben zu einem stabilen Raumtragwerk zusammen, das beliebig gerichtete, auch in den Untergurtknotenpunkten angreifende Kräfte aufnehmen kann. Nach diesen Raumtragwerken kann man die übrigen Binder in den Obergurten durch die Pfetten und in den Untergurten mit Zugstäben eindeutig festlegen. Bei längeren Hallen fügt man zwischen den Giebeln weitere Raumtragwerke dieser Art ein. Die horizontal gerichteten Auflagerkräfte des Längsverbandes werden über Längswandscheiben oder eingespannte Stützen in den Baugrund übertragen.
Dieses Tragwerk läßt sich leicht aufstellen, erfordert aber guten Baugrund und teure Fundamente, die beim Abbruch verlorengehen. Die Übertragung der Einspannmomente in den Baugrund bringt die Gefahr ungleichmäßiger Setzungen mit sich. Außerdem ergeben sich durch die Einspannung stärkere Stützenquerschnitte.

Rahmen

Bei Rahmen sind Stützen und Balken bzw. Binderscheiben nicht mehr streng in ihren Aufgabenbereichen voneinander getrennt, sondern sind infolge ihrer gegenseitigen biegesteifen Verbindung als Rahmenstiele und Rahmenriegel gleichermaßen zur Aufnahme von Normal- und Querkräften geeignet. Räumliche Rahmen werden zur statischen Untersuchung in ihren einzelnen Ebenen betrachtet.
Hallenrahmen wurden anfangs als Fachwerkkonstruktionen ausgeführt, heute baut man vorwiegend Vollwandrahmen, die zwar mehr Material erfordern, dafür aber weniger Stabanschlüsse benötigen, deshalb auch weniger zum Durchhängen neigen und außerdem ästhetisch befriedigender wirken. Für den Bau von Rahmentragwerken eignet sich besonders Stahlbeton, der sich von Natur aus zur Ausbildung von Steifknoten anbietet. Auch im Stahlbau sind Steifknoten gut ausführbar, im Holzbau dagegen sucht man allgemein mit gelenkigen Stabanschlüssen auszukommen. Eine Ausnahme bilden die verleimten Holztragwerke, die der Ausbildung biegesteifer Knoten voll gerecht werden; sie erfordern aber große Erfahrung in der Leimtechnik und dürfen nur von eigens hierfür eingerichteten und zugelassenen Fachfirmen ausgeführt werden.

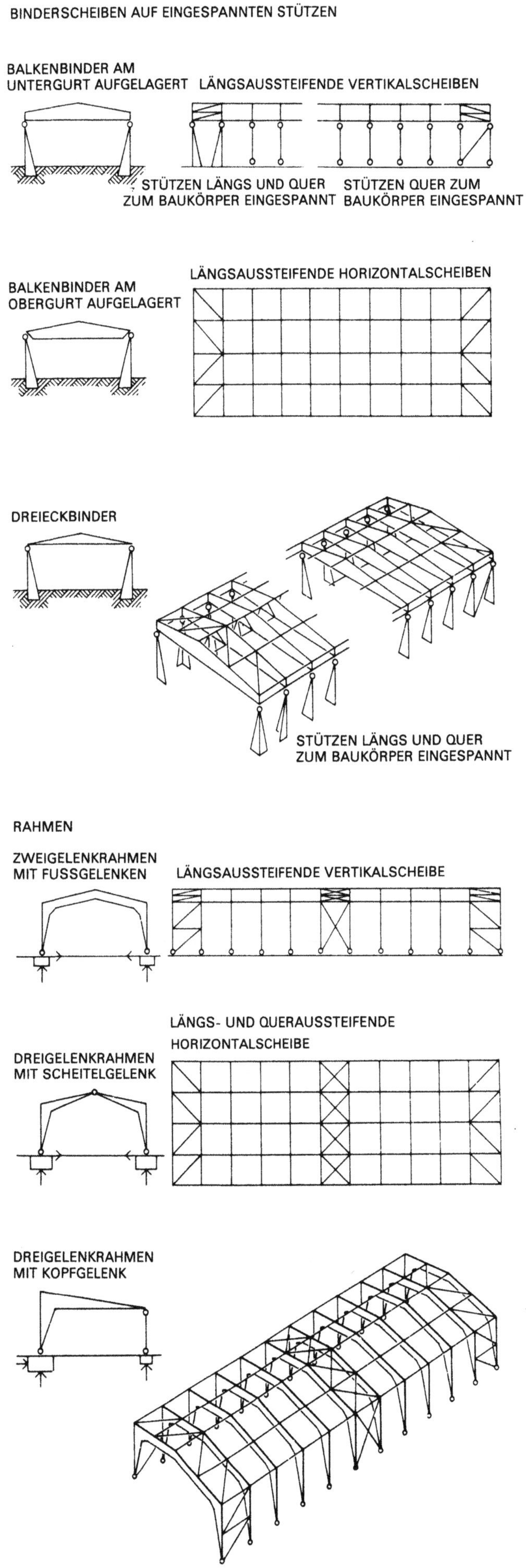

Das Tragwerk einer solchen Halle besteht aus einer Anzahl von Querrahmen, die, in Pfettenstützweite voneinander entfernt, den Hallenraum überspannen. Sie sind imstande, neben allen Vertikallasten auch alle quer zum Hallenkörper angreifenden horizontal und schräg gerichteten Kräfte aufzunehmen und unmittelbar über ihre Fundamente in den Baugrund abzugeben. Ihre hierbei entstehenden Auflagerkräfte haben teils vertikale, teils horizontale Richtung, so daß entweder ihre Fundamente gegen seitliches Verschieben bemessen und ausgebildet werden müssen oder aber die Horizontalkomponenten ihrer Auflagerkräfte durch Zugbänder zwischen den Rahmenfüßen aufzunehmen sind. Zur Längsaussteifung des Tragwerkes faßt man jeweils ein Querrahmenpaar an den Hallenenden (bei längeren Hallen auch mehrere) mittels Streben oder Längsrahmen zu stabilen Raumtragwerken zusammen, nach denen man dann die übrigen Querrahmen durch die Pfetten festlegen kann.

Bogentragwerke

Das statische Gefüge von Hallen mit Bogentragwerken entspricht genau dem Gefüge von Hallen mit Rahmentragwerken.
Statisch wesentlich günstiger als beim Rahmen mit steifem Gelenk am Knick von Stiel und Riegel ist jedoch der Kräfteverlauf innerhalb des einzelnen Bogenbinders. Die optimale Krümmung des Bogens folgt der Stützlinie für gleichmäßig verteilte Last und bedeutet in Umkehrung des hängenden Seiles den geringstmöglichen Binderquerschnitt im Verhältnis zur Spannweite. Den Biegespannungen aus Vertikal- oder Horizontallasten und auch aus Wärmedehnungen kann sich der Bogenbinder gut anpassen. Der zweiteilige, leicht transportierbare Dreigelenkbogen ist die ideale Tragwerksform für weitgespannte lamellenverleimte Vollwandbinder aus Holz. Zur Aufnahme des beträchtlichen Horizontalschubes eignen sich Widerlager, Zugseile unter dem Hallenboden oder die Gegenlasten bei mehrschiffigen Hallenkonstruktionen.

Konstruktive Gesichtspunkte

Welche der beschriebenen Tragwerksformen sich für eine bestimmte Halle am besten eignet, ist von Fall zu Fall abzuwägen. Die Wahl richtet sich nach dem vorhandenen Baugrund, den verfügbaren Baustoffen und der erforderlichen Größe einer Halle, nach den in ihr stattfindenden Betriebsvorgängen, den Abmessungen und der Art der Werkstücke, Maschinen, Apparate, Einrichtungen, Fahr- und Hebezeuge sowie nach den notwendigen Öffnungen für den Arbeitsfluß, nach Belichtung und Lüftung. Im allgemeinen ist man heute bestrebt, Hallentragwerke zu bauen, bei denen alle Abschnitte möglichst unabhängig voneinander genügend standsicher sind, so daß man bei betrieblichen und baulichen Änderungen gewisse Freiheiten behält. Hierfür haben sich vor allem Zweigelenkrahmen mit Fußgelenken als brauchbar erwiesen. Tragwerke mit Binderscheiben auf eingespannten Stützen (Zweigelenkrahmen mit Kopfgelenken) kommen obiger Forderung auch sehr nahe, jedoch nimmt man von dieser Ausführung wegen der damit verbundenen Gefahr ungleichmäßiger Stützensenkung gerne Abstand und wendet sie vorwiegend dort an, wo aus betrieblichen Gründen Stützen und Binder aus verschiedenen Baustoffen bestehen müssen.
In bezug auf die Einrichtung von Industriehallen unterscheidet man zwei Gruppen:

1. Hallen, deren Einrichtung wegen häufigen Wechsels des Produktionsvorganges vom Hallentragwerk unabhängig bleiben muß, und solche, die keiner Einrichtung bedürfen (z. B. Lagerhallen).
2. Hallen, deren Tragwerk auch zur Aufnahme der Einrichtung dienen muß.

Hallen mit Kranausrüstung

Bei Hallen mit Kranausrüstung werden Stützweite und Höhe sowie die Querschnittsbemessung des Tragwerkes weitgehend durch die Abmessungen und die Tragkraft der Krane festgelegt. Überwiegend sind heute flurgesteuerte und korbgesteuerte Dreimotoren-Laufkrane in Gebrauch. Sie laufen mittels Kranschienen auf Fahrbahnträgern, die auf Stützen oder Wänden, meist aber auf Konsolen an Stützen auflagern, und gestatten eine bessere Lastableitung als Hängekrane, die die Binderscheiben oder Rahmenriegel belasten, oder als Konsolkrane, deren horizontal gerichtete Raddrücke starke Konstruktionen erfordern. Nach den Richtmaßen des Verbandes für Hebezeuge werden flurgesteuerte Laufkrane in den Spur- bzw. Stützweiten von 8750, 11250, 13750, 16250, 18750 und 21250 mm und innerhalb jeder dieser Stützweiten mit einer Tragkraft von 3, 5, 8, 10, 12,5, 16 und 20 t hergestellt. Für korbgesteuerte Laufkrane betragen die Stützweiten 7950, 10450, 12950, 15450, 17950, 20450, 22950, 25450 und 27950 mm und die jeweilige Tragkraft 3, 5, 8, 10, 12,5, 16, 20, 32, 50, 80 und 100 t.
Die Stützweite einer solchen mit Laufkran ausgerüsteten Halle errechnet sich aus der Kranstützweite plus dem beiderseitigen Überstand des Kranträgers über die Kranschienen zuzüglich eines beiderseitigen Spielraumes zwischen dem Kranträger und den Hallenstützen oder -rahmenstielen und der Maße bis zu den Stützen- bzw. Rahmenstielachsen. Der seitliche Überstand des Kranträgers über die Kranschienen hängt ab von der Laufradgröße, analog von der Tragkraft und Stützweite des Krans und beträgt für flurgesteuerte Laufkrane 250 bis 300 mm und für korbgesteuerte Laufkrane 250 bis 400 mm. Der Spielraum zwischen Kranträgern und Stützen reicht bei flurgesteuerten Laufkranen mit beidseitig 100 mm aus, bei korbgesteuerten Laufkranen muß er auf einer Seite mindestens 400 mm groß sein, damit ein Laufsteg als Fluchtweg für den Kranbahnführer angebracht werden kann. Die lichte Hallenhöhe muß so bemessen sein, daß oberhalb des Kranträgers wenigstens 1800 mm für den Kranbahnführer frei bleiben und unterhalb des Kranträgers alle im jeweiligen Betrieb vorkommenden Lasten und Werkstücke ungehindert über Menschen, Maschinen und Fahrzeuge hinweggehoben werden können. Die Kranträger selbst sind zwischen 1000 und 2700 mm hoch. In größeren Betrieben sind manchmal zwei Krane übereinander notwendig, wobei man häufig unten einen flurgesteuerten und oben einen korbgesteuerten Kran einbaut, um an Hallenhöhe zu sparen.

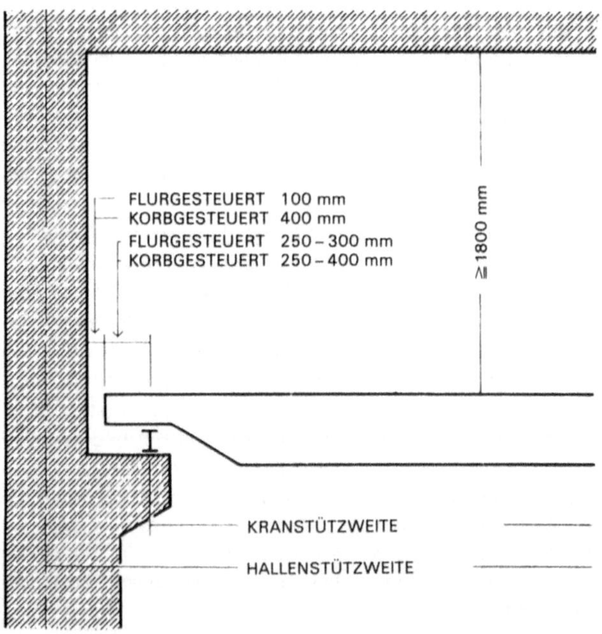

Die Radlasten der Krane werden mittels Kranschienen über Fahrbahnträger auf das Hallentragwerk übertragen und durch dieses in den Baugrund abgeleitet. Die Fahrbahnträger für Laufkrane werden dabei nicht nur vertikal, sondern auch horizontal beansprucht durch die Bremskräfte des Krans und der Laufkatze. Für ihre Bemessung gelten die Berechnungsgrundlagen der DIN 4132 und 4212. Lagern die Fahrbahnträger auf Konsolen an den Hallenstützen bzw. -rahmen, so werden diese durch außermittigen Kraftangriff beansprucht. Die hierbei an den Stützenköpfen und -füßen auftretenden Horizontalkräfte muß das Tragwerk aufnehmen. Bei dem Tragwerk mit Binderscheiben auf Pendelstützen wird die obere Horizontalkraft von den Stützenköpfen an den horizontal aussteifenden Träger abgegeben.

Wind- und Montagebelastungen

Hallen mit einer offenen Wand sind nach DIN 1055 Teil 4 für den Winddruck von innen zu bemessen, der besonders bei Holzbauten oft größer ist als das Eigengewicht des gesamten Dachtragwerkes. Die Binderscheiben sind für diesen ungünstigen Belastungsfall ausreichend gegen Abheben zu sichern und ihre Stäbe und Knoten für Stabkräfte mit umgekehrten Vorzeichen auszubilden; z. B. sind die Binderuntergurte gegen Knicken auszusteifen.
Schon beim Aufstellen des Haupttragwerkes muß man zur Aufnahme der Windkräfte geeignete Vorkehrungen treffen. In den meisten Fällen ist es angebracht, nicht nur den üblichen Längsverband anzuordnen, sondern abschnittsweise noch zusätzliche Montageverbände einzubauen, um ein gefahrloses und sicheres Aufstellen zu ermöglichen. Dies ist besonders bei Holztragwerken wichtig, deren Stäbe dem Wind große Angriffsflächen bieten.
Das Aufstellen des Daches geht folgendermaßen vor sich: An einem Mast werden die Binder etwas schräg zur Querachse der Halle hochgezogen, dann in ihre Richtung eingeschwenkt und auf die Lager versetzt. Beim Anseilen und Hochziehen ist darauf zu achten, daß die Netzstäbe keine umgekehrten Spannungen erleiden, was zu schweren Beschädigungen eines Binders führen kann, wenn z. B. Druckstäbe von ihren Sitzen losgerissen werden oder Zugstäbe ausknicken. Ist ein Binder versetzt, so werden Längsverband, Pfetten und Büge eingebaut. Erst wenn das ganze Tragwerk steht und ausgerichtet ist, werden die Sparren aufgenagelt.

Formen von Fachwerkbindern

In vollwandig-homogenen Biegeträgern läßt sich der Baustoff nur in den Randfasern ausnützen. Bei geringen Spannweiten, wo Eigengewicht und Nutzlast der Tragwerke noch in einem guten Verhältnis zueinander stehen, nimmt man den hierdurch bedingten erhöhten Materialverbrauch zugunsten des geringen Arbeitsaufwandes gern in Kauf. Weitgespannte Vollwandträger erfordern jedoch ein Eigengewicht, welches ein Vielfaches der Nutzlast beträgt, so daß man in solchen Fällen immer danach strebt, einen geringeren Baustoffaufwand gegen einen höheren Arbeitsaufwand einzutauschen. Man baut deshalb die Träger- und Binderscheiben mit kräftigen Ober- und Untergurten und bildet die Wände entweder als dünne Vollwandstege aus oder löst sie ganz in Fachwerkstäbe auf.

Statisch bestimmte und unbestimmte Systeme

Die Stäbe werden so zusammengefügt, daß sich ihre Schwerlinien in den Knotenpunkten schneiden. In der statischen Berechnung nimmt man an, daß sie dort durch reibungslose Gelenke miteinander verbunden seien. Das gelenkig verbundene Stabwerk ist stabil, wenn die einzelnen Gefache unverschiebliche Dreiecke bilden und so als eine Kette starrer Scheiben wirken. Für die ersten 3 Knotenpunkte braucht man 3 Stäbe, für jeden weiteren Knotenpunkt sind je 2 Stäbe notwendig. Die Stabanzahl des innerlich statisch bestimmten Fachwerkes muß stets 3 Stäbe weniger als die doppelte Anzahl seiner Knoten betragen, bei k Knotenpunkten ist demnach die erforderliche Stabanzahl
$s = 3 + (k-3) \times 2 = 2k-3$.

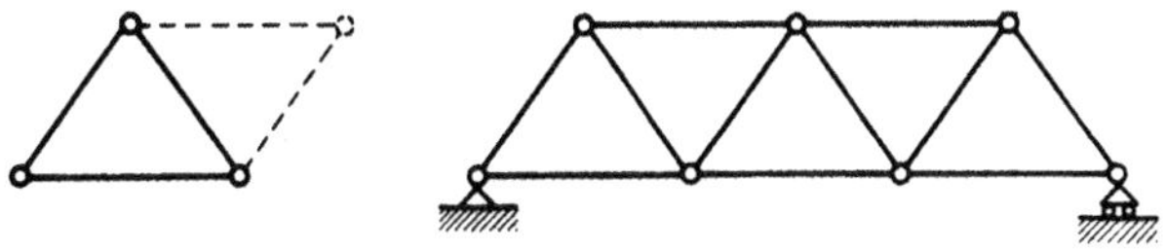

Ein Gelenkfachwerk mit $s > 2k-3$ ist entsprechend der Anzahl seiner überzähligen Stäbe innerlich mehrfach statisch unbestimmt, d. h. wohl tragfähig, doch ist dies rechnerisch schwer zu erfassen, es sei denn, man setzt die überzähligen Stäbe als schlaffe Zugstäbe ein, welche bei Druck ausknicken und in der Rechnung vernachlässigt werden können.
Ein unvollständiges Gelenkfachwerk mit $s > 2k-3$ ist dagegen wegen der Verschiebbarkeit von Vierecken labil und nicht tragfähig. Beim sogenannten Rahmen- oder Vierendeelträger – gänzlich ohne Diagonalstreben – sind deshalb alle Riegel und Stiele steif sowie biegefest untereinander verbunden. Entsprechend der Anzahl n seiner Gefache ist solch ein Träger dann 3·n-fach statisch unbestimmt.
Die äußeren Kräfte (Auflasten und Auflagerung) sollten beim Fachwerkträger zweckmäßigerweise in den Knotenpunkten angreifen. Das bringt den Vorteil wirtschaftlichster Stababmessungen, da in den einzelnen Stäben im allgemeinen nur gleichmäßig über die Stabquerschnitte verteilte Druck- und Zugspannungen auftreten, die den Kräftefluß im Tragwerk einwandfrei verfolgen lassen. Äußerlich statisch bestimmt, d. h. statisch bestimmt gelagert, ist der Fachwerkträger wie alle Träger, wenn er ein festes und ein bewegliches Lager erhält, wenn nicht mehr als 3 Auflagergrößen unbekannt sind, welche die folgenden drei statischen Gleichgewichtsbedingungen erfüllen:
$V = 0$ Summe aller Vertikalkräfte
$H = 0$ Summe aller Horizontalkräfte
$M = 0$ Summe aller Momente der Einzelkräfte

Balkenbinder

Für flach geneigte Dächer baut man die Binderscheiben als Balkenbinder oder als Dreieckbinder. Beim Balkenbinder wirken Ober- und Untergurt nur mittelbar über die Wandglieder zusammen, beim Dreieckbinder sind Ober- und Untergurt unmittelbar miteinander verbunden.

BALKENBINDER MIT GLEICHLAUFENDEN GURTEN (GLEICHLAUFTRÄGER)

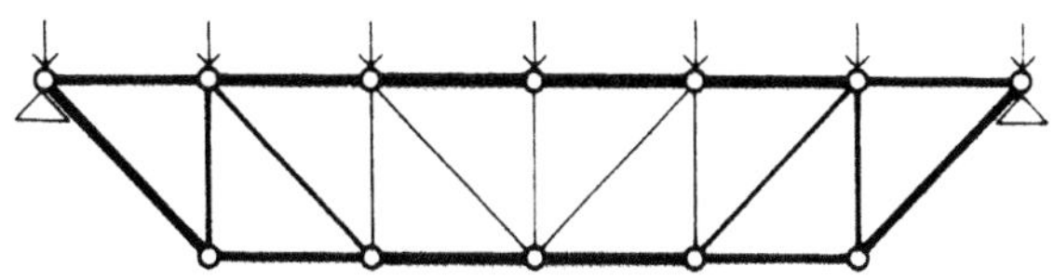

LANGE ZUGSTÄBE UND KURZE DRUCKPFOSTEN

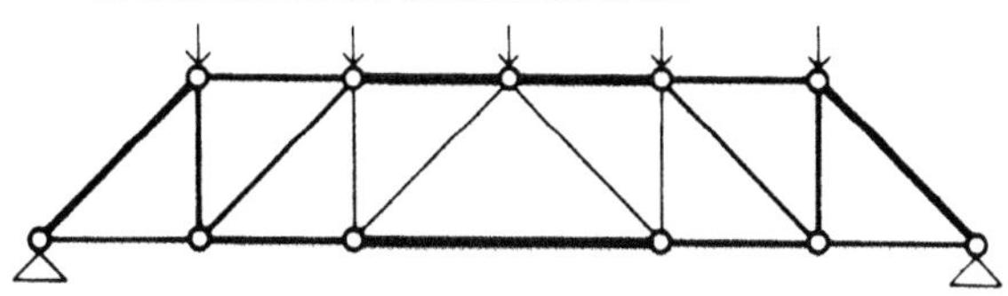

LANGE DRUCKSTÄBE UND KURZE ZUGPFOSTEN

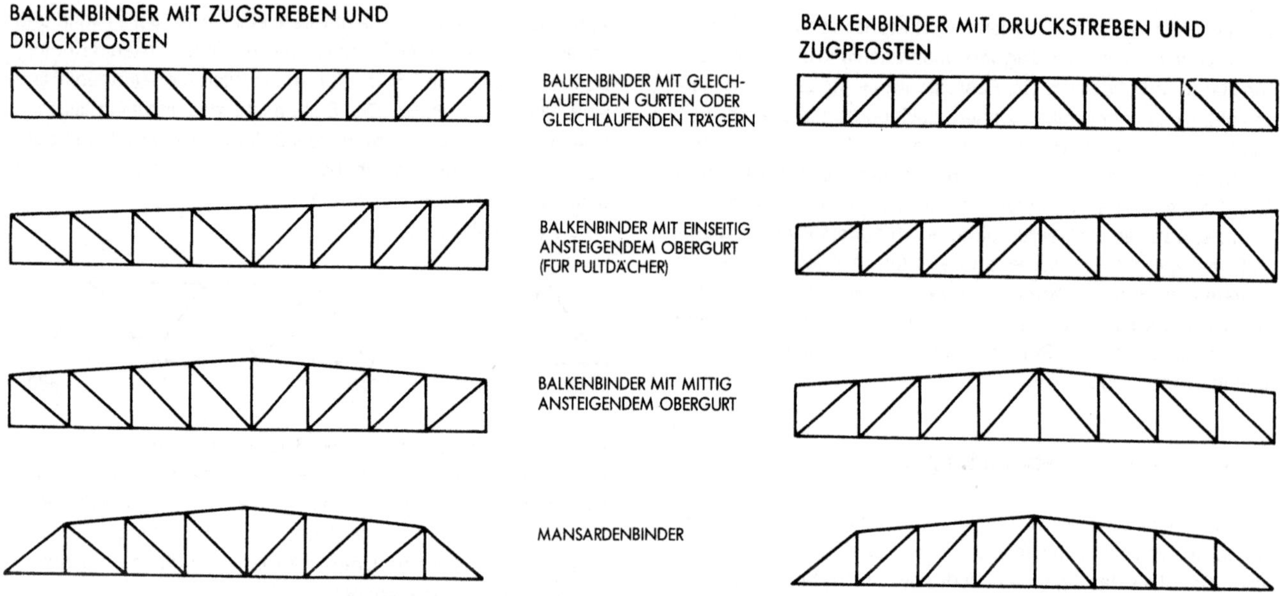

Innerhalb dieser beiden Hauptgruppen lassen sich die Systeme je nach der Führung bzw. Beanspruchung ihrer Füllstäbe weiter untergliedern. Das reine Strebenfachwerk, in welchem Zug- und Druckstreben miteinander abwechseln, bietet den Vorteil größerer Steifigkeit, da die Vertikalkräfte auf kürzestem Weg zu den Auflagern geleitet werden. Bei großen Konstruktionshöhen wirken sich jedoch seine langen Knickstäbe nachteilig aus. Kurze filigrane Knickstäbe erhält man mit dem gemischten Pfosten- und Strebenfachwerk, und zwar bei Balkenbindern dann, wenn die Streben (Diagonalstäbe) zu den Auflagern hin ansteigen. Bei umgekehrter Anordnung würden die längeren Streben gedrückt und die kürzeren Pfosten (Vertikalstäbe) gezogen. Die größten Gurtspannkräfte treten in Bindermitte auf, die Wandspannkräfte sind dort am kleinsten und wachsen zu den Auflagern hin an. (Beim Gleichlaufträger werden sie aus den Querkräften errechnet; die Stabkräfte der übrigen Systeme ermittelt man meist zeichnerisch auf einfache Weise nach dem Cremona-Verfahren.) Man unterscheidet die Balkenbinder nach der Führung ihrer Gurte in:
Gleichlaufträger (Balkenbinder mit parallelen Gurten),
Balkenbinder mit einseitig ansteigendem Obergurt (für Pultdächer),
Balkenbinder mit mittig ansteigendem Obergurt.
Günstige Bindernetzhöhen liegen für Gleichlaufträger zwischen $^1/_8$ bis $^1/_{12}$ und für Balkenbinder mit geneigtem Obergurt zwischen $^1/_6$ und $^1/_8$ ihrer Stützweiten.
Alle Stäbe außerhalb der beiden Auflagerstreben dieser zweifach gestützten Biegeträger sind an der Aufnahme der inneren Kräfte unbeteiligt. Sie werden unzulänglicherweise als Blindstäbe gezeichnet, sind aber für die mittelbare Übertragung von äußeren Kräften wie Auflagerkräften und Knotenpunktlasten sowie zur Queraussteifung der Binderscheiben und zur Anbringung von Windverbänden für das gesamte Dachtragwerk unentbehrlich. Ihre Lage und ihre notwendigen Abmessungen sind bei gleichen Fachwerksystemen je nach Auflagerung der Binder verschieden. Unter Umständen kann auch die Wahl und die Ausbildung eines Fachwerksystemes von der Art der Trägerauflagerung abhängen. Beispielsweise muß man Fachwerkpfetten in den meisten Fällen mit dem Obergurt auf den Dachbindern auflagern, wofür sich gezogene Auflagerstreben besser eignen als gedrückte. Auflager-Druckstreben sind typisch für eine Auflagerung auf dem Untergurt. Im Stahlbau ist es statisch gesehen günstiger, die gedrückten Stäbe wegen ihrer Schlankheit möglichst kurz zu halten, d. h. sie als Pfosten und Obergurtstäbe anzuordnen, während die längeren Schrägstäbe die Zugkräfte aufnehmen. Im Holzbau dagegen verfährt man oft umgekehrt, da die Knickgefahr bei den größeren Querschnitten und Trägheitsmomenten geringer ist und sich im Holzbau Druckstäbe leichter anschließen lassen.
Für die Bemessung und Ausführung aller Balkenbinder ist es schließlich wesentlich, zu wissen, daß bei einseitiger Belastung in Bindermitte Wandglieder mit wechselnden Druck- oder Zugspannungen auftreten können, weshalb alle Füllstäbe auch unter einseitig veränderliche Belastungen zu untersuchen und ggf. druck- und zugfest auszubilden sind.

Dreieckbinder

Bei den Dreieckbindern verhalten sich die Wandspannkräfte umgekehrt wie beim Balkenbinder. Steigen die Diagonalstäbe zu den Auflagern hin an, so erhalten sie Druckkräfte, während in den Vertikalstäben Zug auftritt. Zu den Auflagern hin abfallende Diagonalen sind Zugstreben, die Vertikalstäbe werden in diesem Falle gedrückt. Die Wandspannkräfte sind in Bindermitte am größten und nehmen zu den Auflagern hin ab. Der Obergurt ist zwar ebenso wie beim Balkenbinder nach wie vor Druckgurt, und der Untergurt erhält Zug, jedoch treten die größten Gurtspannkräfte nicht in der Bindermitte, sondern über den Auflagern auf und sind sehr von der Dachneigung abhängig. Als günstige Bindernetzhöhe hat sich etwa $^1/_6$ bis $^1/_8$ der Stützweite erwiesen. Für die Ausbildung der Knotenpunkte bietet der Dreieckbinder den Vorteil, daß auch bei veränderlicher Belastung keine Wandstäbe mit wechselnden Spannkräften auftreten.
Gebaut werden hauptsächlich symmetrische Dreiecke; jedoch auch einhüftige, z. B. für Pultdächer und Sägedächer, sind im Gebrauch.

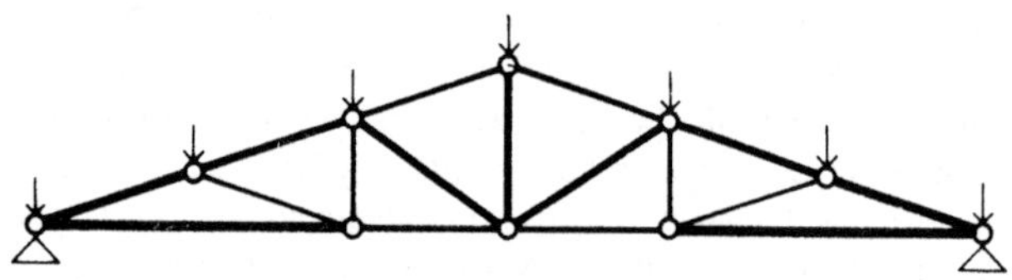

DREIECKBINDER MIT DRUCKSTREBEN UND ZUGPFOSTEN

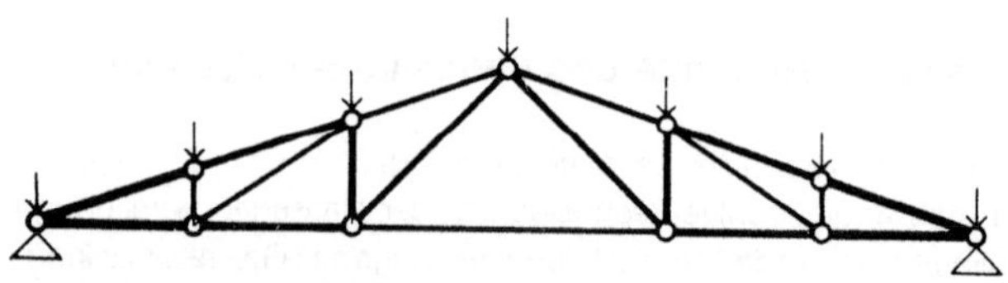

DREIECKBINDER MIT ZUGSTREBEN UND DRUCKPFOSTEN

Bogenbinder

Die statisch günstigste Grundform besitzt der parabelförmige Bogenbinder, dessen Obergurt genau dem Verlauf der Stützlinie für gleichmäßig verteilte Last folgt. Die horizontalen Schubkräfte des Obergurtes werden vom Untergurt aufgenommen. Die Wandglieder bleiben bei gleichmäßig verteilter Last theoretisch spannungslos. Nur im Falle einseitiger oder streckenweiser Belastung erhalten sie geringe, jedoch wechselnde Stabkräfte, weshalb sie stets zug- und druckfest an die Gurte angeschlossen werden müssen. Neben dieser ausgleichenden Wirkung haben die Wandglieder hauptsächlich die Aufgabe, den Obergurt gegen Ausknicken in der Binderebene zu schützen.

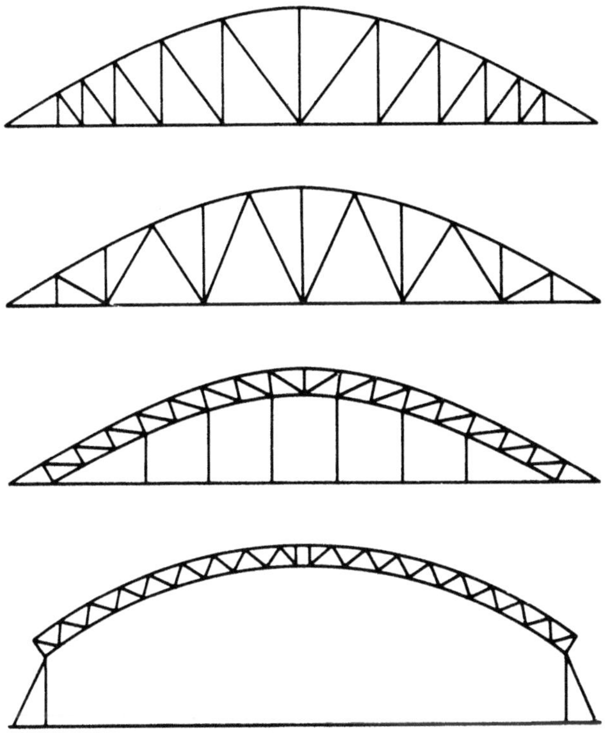

Die gekrümmten Gurte von Parabelbindern werden im Holzbau heute lamellenverleimt. Solch ein zusammengesetzter Querschnitt und die statisch günstigere Stützbogenform erbringen eine so hohe Steifigkeit, daß sich eine Fachwerkkonstruktion auch bei großen Spannweiten erübrigt.
Die Zugspannungen des Untergurtes übernimmt lediglich eine stählerne Zugstange, die mehrmals am Gurtbogen aufzuhängen ist. Wenn die Gurtkräfte unmittelbar im Widerlager abgeleitet werden oder bei mehrschiffigen Hallen sich die Bogenbinder gegenseitig stützen, ist das untere Zugband sogar ganz entbehrlich. Am wirtschaftlichsten und transportgünstigsten ist der Bogen als Dreigelenkbinder.

Bindertragwerke und Dachdeckung

Die Abmessungen und Abstände der Binder sowie die Wahl der Binderform richten sich neben anderen baulichen Forderungen wie Oberlichtaufbauten usw. vor allem nach der Art der beabsichtigten Dacheindeckung.
Günstige Abmessungen ergeben sich, wenn man die Dachneigung geringer als 19°30′ wählen kann, wobei nach DIN 1055 Teil 4 und Beiblatt der Winddruck gleich Null wird und nur Windsogkräfte (–0,4 q) am Dach auftreten. Dies wirkt sich nicht nur für die Binder, sondern auch für die Sparren und Pfetten vorteilhaft aus, deren rechnerische Durchbiegung nicht mehr als $^1/_{200}$ ihrer Stützweite betragen darf und die als Einzeltragglieder mit dem 1,25fachen Winddruck zu belasten wären. Die Windsogkräfte machen bei leichten Dachdeckungen eine genügende Sicherung gegen Abheben notwendig.
Von den Ziegeldeckungen sind für solche flach geneigten Dächer nur die Flachdachpfannen brauchbar, welche sich bis zu einer Mindestneigung von 15° regensicher versetzen lassen. Statisch wären für diese Neigung Dreieckbinder gerade noch geeignet.
Das hohe Eigengewicht der Ziegeldeckung führte jedoch zu so starken Abmessungen des Dachtragwerkes, daß man heute leichteren Schuppen-, Tafel- oder Bahnendeckungen den Vorrang gibt. Letztere gestatten zugleich auch geringere Dachneigungen und die Verwendung von statisch günstigeren Balkenbindern mit mittig ansteigendem Obergurt oder aus leicht überhöhten Parallelträgern.

Deckung auf Holzschalung

Der Abstand von Pfetten und Sparren bzw. von Bindern bei unmittelbarer Unterstützung der Dachschale richtet sich nach deren Tragfähigkeit. Bei 24 mm Holzstärke beträgt er für gespundete Schalung 1,50 m, für stumpf gestoßene um 96 cm, weil die lastverteilende Wirkung der Spundung fehlt. Eine 32 mm starke Spundschalung gestattet Spannweiten bis zu 2,50 m, wenn in Feldmitte ein lastverteilendes Querbrett untergenagelt wird. Zur Vermeidung von Schwundfugen sollten Schalbretter nicht breiter als 12 bis 14 cm gewählt werden.
Eine bessere Ausnutzung der Werkstoffeigenschaften und eine bessere Lastverteilung als Bretterschalungen brachten stäbchenbzw. schichtholzverleimte Furnierplatten (nach DIN 68705, Teil 3) oder kunstharzgebundene Holzspanplatten (nach DIN 68761, Teil 3). So können beispielsweise mit nur 12 mm Wideflex-Sperrholzplatten bei 83 cm Sparrenabstand bereits begehbare Dachflächen hergestellt werden. Die doppelschaligen Hohlkörperelemente aus solchen Platten sind bei 25 cm Konstruktionshöhe und einem Eigengewicht von 150 kg/m² schon bis zu 10 m Spannweite und 4 m Auskragung ausgeführt worden.
Wichtig für den Bestand aller hölzernen Dachschalen ist eine ausreichende Belüftung der Dachkonstruktion zur Vermeidung von Kondensfeuchtigkeit. Dies gilt für die raumzugewandte Unterseite ebenso wie für die Hohlräume jener letztgenannten Doppelschalelemente und die Oberseite unter der feuchtigkeitsisolierenden Dachdeckung.

Pfetten- und Binderabstände

Dachschalen aus großformatigen Plattenelementen werden je nach Spannweite und Tragfähigkeit entweder parallel zum Binder zwischen Sparrenpfetten verlegt oder unmittelbar von Binder zu Binder gespannt.
Allgemein kann man sagen, daß die Wirtschaftlichkeit der Binder mit wachsenden Abständen wächst, zwischen ihnen gespannte Dachschalen bzw. Pfetten aber unwirtschaftlicher werden. Umgekehrt verringern sich die Kosten für einen wachsenden Pfettenabstand, während sich die Dachschale verteuert.
Sparrenpfetten sind bis zu den üblichen Binderabständen von 4 bis 5 m noch wirtschaftlich. Sie bilden gewissermaßen eine Sparrenlage, welche keine gesonderten Tragpfetten erfordert, beanspruchen aber dafür oft die Binderobergurte zusätzlich auf Biegung. Einfachheitshalber verlegt man die Sparrenpfetten senkrecht zum Obergurt und hält sie mit Hilfe kleiner Knaggen in ihrer Lage. Bei dieser Anordnung werden sie auf schiefe Biegung beansprucht.

Die hierdurch notwendige größere Querschnittsbemessung kann man vermeiden, wenn man die in der Dachfläche wirkende Seitenkraft durch entsprechende Befestigung der Schalung auf die Firstpfette überträgt und deren Querschnitt zur Aufnahme dieser zusätzlichen Beanspruchung genügend verstärkt.

Die günstigsten Abmessungen der Sparrenpfetten erzielt man, wenn man sie als gekoppelte Durchlaufpfetten ausbildet. Die einzelnen Pfetten greifen in diesem Falle gegenseitig mit beiderseitigen Kragarmen in die Nachbarfelder über. Sie liegen von Binderfeld zu Binderfeld versetzt nebeneinander und werden jeweils in einer Entfernung von $^1/_{10}$ ihrer Stützweite seitlich der Binder durch Dübel mit Bolzen oder durch Nagelgruppen miteinander verbunden. Die Anschlußfläche reicht aus, wenn die Länge der einzelnen Pfettenhölzer je $1^1/_4$ ihrer Stützweite beträgt. Diese Bauart der Durchlaufpfetten hat den Vorteil, daß über den Stützen, wo die größten Biegemomente auftreten, der doppelte Holzquerschnitt vorhanden ist, während für die kleineren Feldmomente der einfache Querschnitt genügt.

Das Gegenstück zu Konstruktionen mit Sparrenpfetten ist das in den üblichen Sparrenabständen von 0,80 bis 1,50 m gestellte Bindergespärre, das sich aufgrund seiner geringen Lastanteile aus einfachen Brettern herstellen läßt. Bei nicht begehbaren Kaltdachkonstruktionen, die sich nicht frei spannen, sondern auf ein Wand- und Deckengefüge abstützen können, sind solche leichten Brettergespärre oft wirtschaftlicher als Vollsparrenkonstruktionen. Sie können aus Vorschnittbrettern mit den modernen Nagelblechen des Ingenieurholzbaus leicht zusammengefügt werden.

Das kostengünstigste Verhältnis zwischen Binder- und Pfettenabstand bzw. der Spannweite der Dachschale ist jeweils von Fall zu Fall zu ermitteln. Es ist nicht nur eine Frage des Lohn- und Materialaufwandes für Binder, Pfetten und Dachschalen unter dem Gesichtspunkt der Tragfähigkeit, sondern auch eine Frage nach den bauphysikalischen Anforderungen an die Dachkonstruktionen, die möglichst gleichzeitig miterfüllt werden müssen.

Dachtragwerke aus Holz

Im Laufe des 18. Jahrhunderts erreichte der Holzbau mit seinen Hänge- und Sprengwerken erstaunliche Spannweiten. So wurde z. B. in den Jahren 1777/78 von den Schweizer Zimmermeistern Gebr. Grubenmann eine Brücke von 116 m freier Länge bei Wettingen über die Limmat geschlagen. Im Jahre 1819 baute der französische Architekt Betancourt einen Hängewerkdachstuhl von 44,60 m Spannweite über die Moskauer Reithalle.

Alle derartigen großen Zimmermanns-Konstruktionen waren wie die durchschnittlichen Dachstühle ohne wissenschaftliche Hilfsmittel nur aufgrund jahrehundertealter statischer und handwerklicher, überlieferter und vervollkommneter Erkenntnisse und Erfahrungen entstanden. Sie zeigten, kurz gefaßt, folgende Eigenarten: Die Tragsysteme bestanden aus mehreren übereinandergelagerten Sprengwerken, die über Spannriegel und Streben ihre Lasten unmittelbar in Zugbalken, auf die Widerlager oder bei Mischkonstruktionen teils in Zugbalken, teils auf Widerlager weiterleiteten. Diese Systeme waren statisch vielfach unbestimmt und der Kraftfluß deshalb nicht genau erfaßbar. Selbst mit unseren Hilfsmitteln wäre eine exakte Bemessung der Stabquerschnitte nicht möglich. Zu diesen grundsätzlichen Mängeln jener Tragwerke kamen noch etliche technische. Alle Balken wurden mit dem Beil beschlagen und waren darum in der Form und in den Maßen etwas ungenau. Die zimmermannsmäßigen Verbindungen zeigten als Handwerksarbeit dieselben Mängel, weshalb sie keine gleichmäßige Kraftübertragung gewährleisteten. Sie schwächten zudem empfindlich die Stabquerschnitte und machten deren Überbemessung notwendig.

Auf dieser handwerklichen Stufe mit statischen Systemen, die einen hohen Material- und Arbeitsaufwand erforderten, war der Holzbau stehengeblieben, als ein neuer Baustoff, der Formstahl, aufkam. Mit kühnen, weitgespannten, leicht und zierlich wirkenden Brücken und Dachbindern verdrängte er auf diesen Gebieten

REITSCHULE IN MOSKAU
ARCH. BETANCOURT
NACH FRIEDRICH HESS
„KONSTRUKTION UND FORM IM BAUEN"

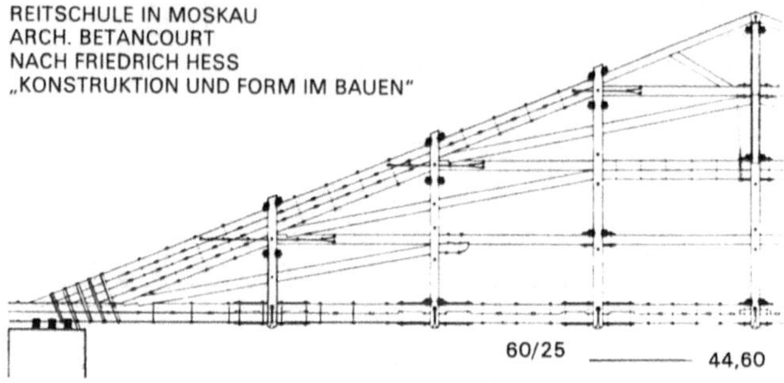

das Holz. Sehen wir von der höheren Zug- und Druckfestigkeit des Stahles ab, so gründete sich sein Siegeszug vor allem auf die Erkenntnisse der fortgeschrittenen wissenschaftlichen Statik und die industrielle Herstellung zweckmäßiger Handelsprofile. Man entwickelte Fachwerksysteme, deren Kräftefluß sich leicht und exakt verfolgen ließ, so daß die Bemessung der einzelnen Stabquerschnitte genau den auftretenden Kräften angepaßt und jeweils die zulässige Beanspruchung des Materials voll ausgenützt werden konnte. Die Gurte und die Füllstäbe wurden zweiteilig ausgeführt und mit Hilfe von Nieten so an Knotenblechen angeschlossen, daß die Kraftachsen der Stäbe sich zentrisch in Knotenpunkten schnitten. Damit wurde es möglich, sowohl Zug- als auch Druckstäbe gleichwertig anzuschließen und in beliebiger Anzahl zusammenzuführen.

Gegenüber diesem rationell entwickelten Stahlbau, der jedes kg Stahl und jede Arbeitsstunde bewußt ausnützte, waren die alten Holzkonstruktionen wirtschaftlich auch dort unterlegen, wo sie die geforderten Spannweiten technisch ebenfalls überwinden konnten. Erst als sich die Ingenieure des Holzbaues annahmen und auf ihn die statischen und technischen Errungenschaften des Stahlbaues übertrugen, wurde er wirtschaftlich wieder wettbewerbsfähig, und so standen nur noch die verschiedenen Eigenschaften der beiden Baustoffe einander gegenüber.

Um die Leistungsfähigkeit des Holzes genau zu erfassen und es in größter Wirtschaftlichkeit verwenden zu können, wurde es nun in seinen Eigenschaften und Verhaltensweisen unter den verschiedensten Bedingungen und Beanspruchungen erforscht. Besonders die steigende Holzknappheit der Nachkriegsjahre drängte zu einer restlosen Ausnutzung seiner Festigkeitseigenschaften. Die Forschungen werden immer noch weiter fortgesetzt, haben aber doch für die hauptsächlichen Beanspruchungen zu festen Ergebnissen geführt, die vorwiegend in DIN 1052 niedergelegt sind und die Grundlagen für die Bemessung und Ausführung der Holzbauwerke bilden.

Eigenschaften des Holzes

Holz ist der letzte natürliche – sogar organische – Baustoff, der heute noch und wieder in steigendem Maße am Bau verwendet wird, und zwar nicht nur für den Ausbau. Am Bauäußeren findet man gelegentlich noch Fachwerkkonstruktionen und häufig

Bretterverkleidungen von Außenwänden. Für geneigte Dächer ist das Holz nach wie vor „das Material" geblieben. Durch neuartige Verbindungsmittel wurden Ingenieurbinder für weitgespannte Hallen möglich, die Leimbauweise wurde geschaffen und neuerdings die Schalenbauweisen und Flächentragwerke. Von allem gefällten Holz, das für manche Länder ein wichtiger Ausfuhrartikel ist, wird die Hälfte für Bauzwecke verwendet.
Die meist verwendeten Bauhölzer stellen die Nadelhölzer Tannen, Fichten und Föhren dar. Die ersten Nadelhölzer entstanden im Mesozoikum, in der „Permzeit", in der „Jurazeit" (der Hauptzeit der Saurier) wurden sie zu den beherrschenden Pflanzen. Die Laubhölzer entstanden später in der Kreidezeit mit den Säugetieren.
Neben den Nadelhölzern spielen für konstruktive Zwecke Laubhölzer wie Buche und Eiche (Harthölzer) außer der Verwendung im Holz-Treppenbau nur noch als Unterlagshölzer und Klötze eine bescheidene Rolle. Durch schnellere und billigere Verkehrswege ist auch die Nachfrage nach tropischen Hölzern gestiegen, die vor allem im Innenausbau Verwendung finden.

Aufbau des Holzes

Die Stämme der Laubhölzer bestehen (anatomisch) aus Leit-, Stütz- und Speicherzellen. Anders ist es bei Nadelhölzern. Sie haben nur eine Zellart, welche gleichzeitig leitet, stützt und speichert. Daraus resultiert die hohe Elastizität des Holzes.
Der Markzylinder ist der erste Trieb des Baumes und ist bei älteren Stämmen meist ausgetrocknet.
Das Kernholz mit den verhärteten Zellen ist dunkel und fest und arbeitet wenig.
Das Splintholz, welches die jüngsten Jahresringe umfaßt, ist der äußere hellere Teil. Er dient vorzugsweise der Leitung des Wassers. Die älteren Jahresringe werden allmählich mit Harz oder Thyllen verstopft.
Bei den „Jahresringen" unterscheidet man das „weitlumige" Frühholz, das hauptsächlich saugend und leitend wirkt, während beim „englumigen" Spätholz die Tragwirkung dominiert.

QUERSCHNITT DURCH EINEN KERNHOLZ-BAUMSTAMM

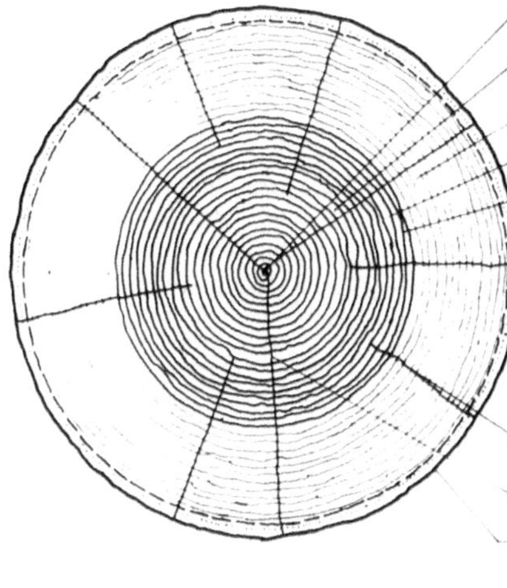

Das „Kambium" oder die Zuwachsschicht bildet nach innen neues Holz (Holzfaserzellen) und nach außen Bastzellen.
Die Bastschicht liegt als Schutzhülle zwischen der Rinde und dem Kambium.
Die primären und sekundären „Markstrahlen" sind Speicherzellen und erscheinen im Querschnitt strahlenförmig, im Radialschnitt als „Spiegel".
Die Rinde (Borke) schützt den Baum gegen äußere Einflüsse.

Nach dem Holzaufbau unterscheidet man:
- Kernholzbäume mit einem dunklen harten Kern und weichen hellen Splint, wie z. B. Eiche, Kiefer, Nußbaum, Ebenholz und Apfelbaum.
- Reifholzbäume mit durchgehend gleicher Farbe, die jedoch im Innern härter sind, wie z. B. Fichte, Tanne, Rotbuche, Feldahorn, Linde und Birnbaum.
- Splintholzbäume mit durchgehend gleicher Farbe und Härte, wie Birke, Weißbuche, Berg- und Spitzahorn, Aspel und Erle.

KERNHOLZ REIFHOLZ SPLINTHOLZ

Die chemische Zusammensetzung fast aller Hölzer besteht aus

Kohlenstoff	50%
Wasserstoff	6%
Sauerstoff	42%

Der Rest ist vorwiegend Stickstoff.

Als organischer Baustoff kann Holz selbstverständlich auch Fehler aufweisen.
Zunächst soll es gerade gewachsen sein, weil es sonst ungleich schwindet und sich verwirft.
Drehwüchsiges Holz wird beim Trocknungsprozeß windschief und ist deshalb für Bauzwecke unbrauchbar.
Auch Äste setzen die Festigkeit herab. Die üblichen Schwindrisse beeinträchtigen die Festigkeitseigenschaften dagegen kaum. Alle anderen Rissearten wie Kernrisse, Schälrisse etc. machen das Holz für konstruktive Zwecke unbrauchbar.

Schwinden und Quellen

Frisch gefälltes Holz hat etwa 60% Holzfeuchte. Die Holzfeuchte bezieht sich immer auf das vollkommen wasserfreie Holz (Darrgewicht).
Der Fasersättigungspunkt ist bei 30% erreicht, d. h., das tropfbare Wasser in den Zellräumen ist verdunstet, die Zellwände sind voll durchquollen, weiteres Absinken der Feuchtigkeit führt zum Schwinden.
Lufttrockenes Holz für Außenarbeiten soll etwa 15–18% Feuchtigkeit enthalten (Gleichgewichtsfeuchte). Für beheizte Räume soll das zu verarbeitende Holz zwischen 9 und 12% aufweisen.
Ausgedörrtes Holz ist rissig und spröde und für technische Zwecke unbrauchbar.
Die physikalischen Eigenschaften des Holzes sind fast alle „anisotrop", d. h. in verschiedenen Richtungen im Baumstamm unterschiedlich. Daher kommen das verschiedenartige Quellen und Schwinden und Verwerfen des Schnittholzes, je nachdem wie der Stamm aufgeschnitten wird. Es schwindet oder quillt nur quer zur Faser, während die Längenänderung praktisch keine Rolle spielt. Tangential geschnitten schwindet es bis zu 10%, radial geschnitten nur halb so stark. Parallel zur Stammachse geschnitten etwa 0,5%.
Die Druckfestigkeit quer zur Faser ist nur etwa halb so groß wie in der Faserrichtung. Sie steigt mit zunehmendem Trocknungsgrad und sinkt mit zunehmendem Feuchtigkeitsgehalt. Wichtig ist auch das Verhältnis vom Spätholzanteil an der Jahresringbreite. Mit der

SCHWINDEN DES SCHNITTHOLZES JE NACH HERKUNFT IM STAMMQUERSCHNITT

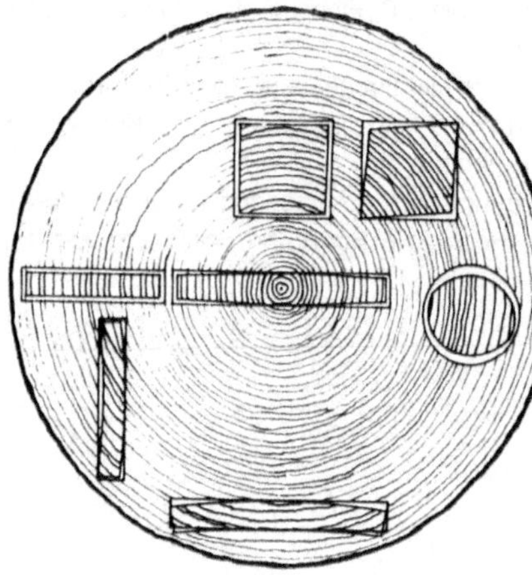

Rohdichte wächst also auch die Härte des Holzes. Man unterscheidet: Weichhölzer, mittelharte und Harthölzer. Die zunehmende Härte macht sich auch im zunehmenden Gewicht bemerkbar.

Holzkrankheiten

Sie entstehen in erster Linie durch Zersetzen der Holzfaser unter Einfluß von Feuchtigkeit, die sowohl an stehendem als auch an gefälltem bzw. an verarbeitetem Holz durch Pilze hervorgerufen werden. Zu den häufigsten Krankheiten am stehenden Holz gehören Weiß- und Ringfäule und die Überständigkeit. Eine der verbreitetsten am verarbeiteten Holz ist der Hausschwamm. Er greift nur solches Holz an, welches nicht genügend trocken und so eingebaut ist, daß Luft und Licht nicht herankommen. Die Schwammbildung erfolgt durch Sporen, die bei günstigen Bedingungen ein spinnwebartiges Gebilde, das Myzel, bilden. Daraus entstehen die fleischigen Fruchtkörper, welche das Holz vollkommen zersetzen. Wird dieser Schwamm nicht rechtzeitig bekämpft, so breitet er sich rasch aus und zerstört das Holz.
Zur Verhütung der Schwammbildung ist es notwendig, die Wände gegen Feuchtigkeit zu sperren und das Holz so einzubauen, daß es von Luft umspült werden kann. Befallenes Holz muß ganz entfernt, die Fugen benachbarten Mauerwerks ausgekratzt oder besser ausgebrannt und das neu einzubauende Holz imprägniert werden.
Die Blaufäule greift nur Kiefernholz an, welches sich in einem feuchten Zustand befindet. Der Pilz zersetzt nicht die Holzfasern, sondern greift nur den Zellinhalt (Protoplasma) an und färbt es blau.
Zu den häufigsten Holzschädlingen gehören der Klopfkäfer oder Totenuhr, der Hausbock, die Fichtenwespe und der Eichenbock. Befallene Holzteile werden von diesen von innen heraus ausgehöhlt, so daß der wirkliche Schaden von außen meist nicht zu erkennen ist.

Holzschutz

Den „Holzschutz im Hochbau" behandelt die DIN 68800. Die „Gütebedingungen für Holzschutzarbeiten im Hochbau" (DIN 52175) wurden von der Arbeitsgemeinschaft Holzschutz – Güteschutz wie folgt aufgestellt:
- Technische Vorschriften für die Durchführung von Arbeiten zum Schutz des Holzes vor Zerstörung durch Insekten (vorbeugend und bekämpfend)
- Technische Richtlinien für Bekämpfungsmaßnahmen gegen holzzerstörende Pilze
- Technische Richtlinien für den chemischen Holzschutz gegen Feuer

Feuchtigkeitsschutz

Der größte Feind des Holzes ist das Wasser. Holzkonstruktionen unter dem Einfluß von Feuchtigkeit, Temperaturwechsel und mangelhaftem Luftzutritt sind durch Fäulnis, pflanzliche und tierische Schädlinge gefährdet. Bei geschlossenen Bauten kann ein Eindringen der Feuchtigkeit weitgehend vermieden werden, so daß ein Feuchtigkeitsgehalt von <20% gehalten werden kann.
Zunächst sollte versucht werden, nur lufttrockenes Holz einzubauen. Ist das nicht möglich, so muß dafür gesorgt werden, daß alle Hölzer auch nach dem Einbau noch weiterhin austrocknen können, d. h., daß sie möglichst allseitig von Luft umspült werden bzw. nirgends luftdicht abgeschlossen sein dürfen.
Die Berührung mit feuchten bzw. hygroskopischen Baustoffen ist unbedingt zu vermeiden; zwischen Holz und Mauerwerk oder Beton ist eine Sperrschicht (Isolierpappe) einzulegen. (DIN 4117 „Abdichten von Holzbauten gegen Erdfeuchtigkeit".) Dies gilt besonders für Deckenbalken und Stützen in Erdnähe, um sie vor aufsteigender Feuchtigkeit zu schützen. Bei Balkenköpfen in Außenmauern sind Wärmedämmplatten zur Vermeidung von Kondenswasser anzuordnen.
Bei Holzbalkendecken ist außerdem für eine ständige Durchlüftung zu sorgen. Holzkonstruktionen, die der Witterung ausgesetzt sind, sind so auszubilden, daß Wasser ablaufen und nicht in die Holzverbindungen eindringen kann. Im allgemeinen reichen konstruktive Vorkehrungen nicht aus, um einen auf die Dauer wirksamen Schutz der Holzteile zu erzielen. Die heute beim Einbau meistens nur mangelhaft trockenen Bauhölzer machen einen zusätzlichen chemischen Schutz erforderlich. Insbesondere bei Außenbauteilen ist gegen die wechselnden Einflüsse der Witterung eine Imprägnierung durch Oberflächenbehandlung oder besser durch Tränkung des Schnittholzes erforderlich.

Insektenschutz

Beim Holzwurmbefall sind Holzschutzmittel mit anfänglich abgespaltenen Atmungsgiften („Gasphase") besonders wirksam, da die Gase, mit einer Spritzflasche mehrmals im Abstand von einigen Tagen in die Fluglöcher gespritzt, tief in die Fraßgänge eindringen. Abschließend werden die Löcher mit Wachs gedichtet.
Beim Hausbockbefall muß das gesamte Bauholz chemisch behandelt werden. Von den befallenen Stücken sind zuvor die zerstörten Teile abzutrennen und sofort zu verbrennen. Ist ein „Abbeilen" aus statischen Gründen nicht mehr zulässig, so müssen diese Bauteile ersetzt werden. Nach dem Ausbürsten der angeschnittenen Fraßgänge auf dem abgebeilten Holz ist die chemische Schutzbehandlung einschließlich der neu eingebauten Hölzer durchzuführen.
Für die Sanierung von insektenbefallenem Holz kann auch ein Heißluft- oder Durchgasungsverfahren mit anschließender chemischer Behandlung angewendet werden.

Schutz vor holzzerstörenden Pilzen

In erster Linie muß die Ursache des Pilzbefalles, die Befeuchtung, beseitigt werden. Anschließend werden sämtliche Pilz- und Schwammgebilde vernichtet. Befallene Holzteile sind ein ausreichendes Stück über den offensichtlichen Befall hinaus zu entfernen. Soll wieder Holz eingebaut werden, so ist zuerst für eine vollkommene Austrocknung der Bauteile zu sorgen. Kann die Baufeuchtigkeit in hinreichend kurzer Zeit nicht beseitigt werden, so muß neu einzubauendes Holz im Kesseldruck- oder Trog-Tränkverfahren oder mit Pasten, Binden und Bohrlochbehandlungen chemisch geschützt werden. Ist dagegen eine schnelle

Austrocknung sichergestellt, so kann die Anwendung von Tauch-, Sprüh- und Anstrichverfahren genügen.

Schutz gegen Feuer

Der vorbeugend bauliche Holzschutz gegen Feuer ist in den Bauordnungen und in der DIN 4102 „Brandverhalten von Baustoffen und Bauteilen" geregelt. Dies betrifft vor allem die Abstände der Holzteile von Schornsteinen, Feuerstätten und Verkleidungen aus Blech, Asbestpappe, Putz etc. Holzkonstruktionen können auch durch chemische Mittel schwer entflammbar gemacht werden. Diese Behandlung ist bei Neubauten erst unter Dach durchzuführen. Holzteile, die nach der chemischen Feuerschutzbehandlung unvorhergesehen Niederschlägen ausgesetzt worden sind, müssen nochmals behandelt werden.
Als Flammenschutz werden heute hauptsächlich Anstriche mit Schaumbildnern auf Kunstharzbasis ausgeführt. Soll gleichzeitig noch eine Schutzbehandlung gegen Insekten oder Pilze durchgeführt werden, so muß der Flammenschutzanstrich die letzte und oberste Schicht bilden. Die Schutzmittel werden durch mehrmaliges Streichen oder Sprühen aufgebracht.

Güteklassen des Bauholzes

Die Gütebedingungen für das Bauholz sind in der DIN 4074 geregelt. Sie gilt im Zusammenhang mit der DIN 1052 (Holzbauwerke, Berechnung und Ausführung) sowie der DIN 1074 (Holzbrücken, Berechnung und Ausführung). Weitere Gütebestimmungen für nicht konstruktiv tragendes Holz enthält die DIN 68365 (Holz für Tischlerarbeiten).
Das Bauholz wird in 3 Güteklassen eingeteilt, wobei folgende Punkte berücksichtigt werden:
- die Tragfähigkeit
- die zulässigen Holzfehler
- die Maßhaltigkeit des Querschnitts
- die Jahresringbreiten
- die Anzahl der Äste und ihr Durchmesser im Verhältnis zur Holzbreite
- die Faserabweichung

Holzarten und ihre Verwendung

Nadelholz

- Fichte ist leicht, weich und sehr tragfähig, es läßt sich gut beizen und färben, aber schlecht polieren.
  Gewicht ca. 450 kg/m³.
  Verwendung: gutes Bauholz, Schnittholz, billige Fenster.
- Tanne ähnelt dem Fichtenholz, ist aber harzärmer und etwas kurzfaseriger, kann also nicht so stark auf Biegung beansprucht werden.
  Gewicht ca. 400–450 kg/m³
  Verwendung: gutes Bauholz.
- Kiefer (Föhre) ist dunkler, härter, dichter und harzreicher als Fichte und Tanne und weniger elastisch. Der Harzgehalt macht das Holz dauerhaft bei Nässe und Witterungswechsel.
  Gewicht ca. 450–520 kg/m³
  Verwendung: Fenster, Türen, Treppenwangen, Bekleidungen und im Möbelbau.
  Nachteil: Das ungestrichene Holz wird leicht „blau".

Laubholz

- Rotbuche ist sehr hart, fest und kurzfaserig, leicht spaltbar, stark arbeitend, dauerhaft nur im Trockenen, im Witterungswechsel unbrauchbar.
  Gewicht ca. 650–720 kg/m³.

SCHNITTKLASSEN FÜR BAUHOLZ NACH DIN 4074

VOLLHOLZ | HALBHOLZ | VIERTEL- OD. KREUZHOLZ

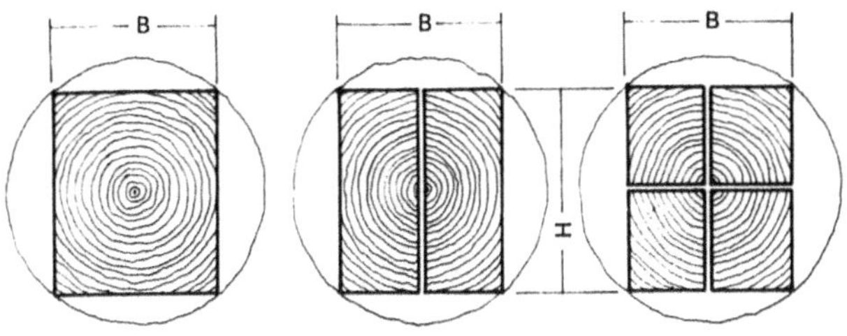

SCHNITTKLASSE S: SCHARFKANTIGES BAUHOLZ
(BAUMKANTE NICHT ZULÄSSIG)

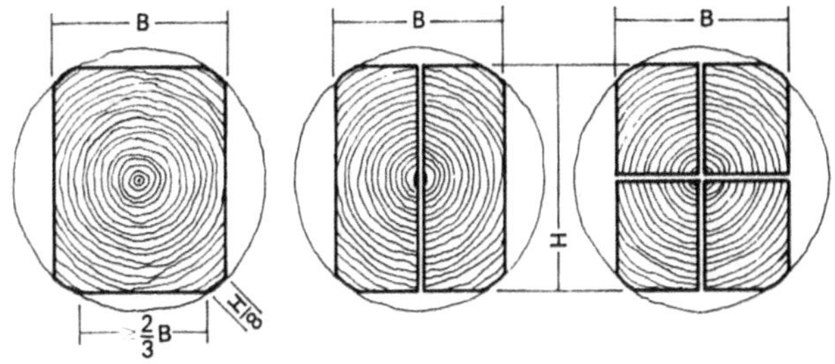

SCHNITTKLASSE A: VOLLKANTIGES BAUHOLZ
IN JEDEM QUERSCHNITT MUSS MINDESTENS ⅔ JEDER QUERSCHNITTSSEITE VON BAUMKANTE FREI SEIN. SCHRÄG GEMESSEN DARF DIE BAUMKANTE NICHT MEHR ALS ⅛ H DER GRÖSSTEN QUERSCHNITTSABMESSUNG (HÖHE) BETRAGEN.
ENTSPRICHT GÜTEKLASSE I

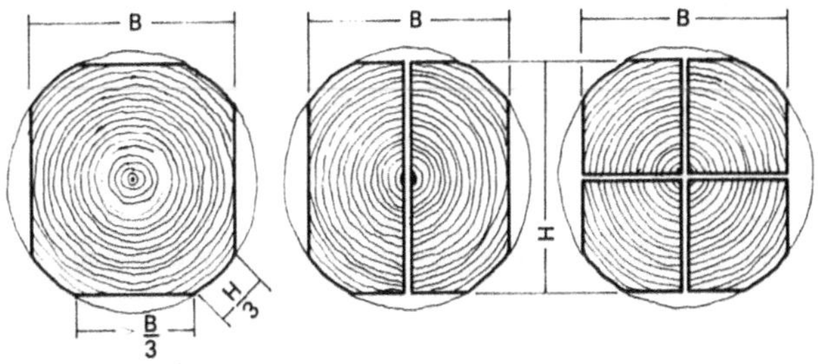

SCHNITTKLASSE B: FEHLKANTIGES BAUHOLZ
IN JEDEM QUERSCHNITT MUSS MINDESTENS ⅓ JEDER QUERSCHNITTSSEITE VON BAUMKANTE FREI SEIN. SCHRÄG GEMESSEN DARF DIE BAUMKANTE HÖCHSTENS ⅓ H DER GRÖSSTEN QUERSCHNITTSABMESSUNG (HÖHE) BETRAGEN.
ENTSPRICHT GÜTEKLASSE II

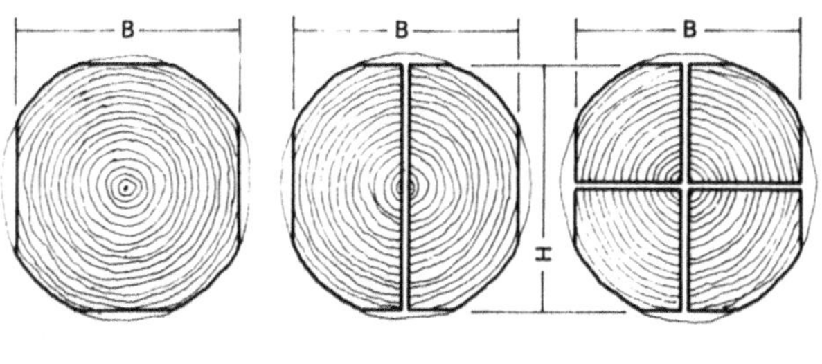

SCHNITTKLASSE C: SÄGEGESTREIFTES BAUHOLZ
DER QUERSCHNITT MUSS AN ALLEN VIER SEITEN DURCHLAUFEND VON DER SÄGE GESTREIFT SEIN.
ENTSPRICHT GÜTEKLASSE III

Verwendung: gedämpft als Parkettfußböden, Treppenstufen, Möbel. Buche ist kein Bauholz und findet nur als Dübel bei Großbindern Verwendung.
- Eiche ist sehr hart, sehr fest, schwer, zäh, dauerhaft, wetterbeständig und unter Wasser von unbegrenzter Dauer. Es schwindet und arbeitet wenig, läßt sich gut beizen und färben, aber schlecht polieren. Der Splint ist fast immer unbrauchbar. Eichenholz ist wenig elastisch und besitzt einen starken Gerbsäuregehalt. Gewicht ca. 670–700 kg/m³
Verwendung: Schwellen, Treppenstufen, Tore, Parkettfußböden und Möbel.

Verbindungen im Ingenieurholzbau

Das technische Hauptproblem, das der moderne Holzbau auf seinem Entwicklungswege zu lösen hatte, war die einwandfreie Kraftübertragung in den Knotenpunkten. Von den alten zimmermannsmäßigen Holzverbindungen wurde nur der einfache Versatz als geeignet übernommen; alle anderen mußten wegfallen, weil sie die Stabquerschnitte zu sehr schwächen. Es ist für den Ingenieurholzbau kennzeichnend, daß alle Stäbe ohne handwerkliche Bearbeitung mit stumpfen Enden angeschlossen werden. Reine Druckstäbe setzt man heute ohne Zapfen einfach stumpf auf die Gurte und sichert sie durch kleine beigenagelte Knaggen. Der schwierige Anschluß der Zugstäbe rief eine Reihe von Erfindungen neuartiger Verbindungsmittel hervor, welche die Entwicklung und Vervollkommnung der Knotenpunkte begleiten. An ihnen läßt sich sozusagen die Geschichte des modernen Holzbaues ablesen.
Er setzte schon in der 2. Hälfte des 19. Jahrhunderts in Amerika ein, wo man zuerst im Brückenbau hölzerne Gitterträger, sog. „Howesche Träger" verwendete, die in ihrer verbesserten Form auch heute noch brauchbar sind.
In Europa begann die Entwicklung ebenfalls noch am Ende des 19. Jahrhunderts, erhielt aber erst während und nach dem Ersten Weltkrieg durch die eingetretene Stahlknappheit einen mächtigen Auftrieb. Zu jener Zeit entstanden viele patentierte Dübel- und Knotenausbildungen. Die Patentträger waren durchweg große Holzbauunternehmen, in deren Händen der technische Fortschritt des Holzbaues lag. Firmennamen wie Christoph & Unmack, Kübler, Meltzer, Tuchscherer u. a. begleiten diesen Weg. Doch wurde allmählich unter der Beteiligung führender Statiker die Entwicklung auf eine breitere Basis gestellt, so daß heute die meisten und wirtschaftlichsten Bindersysteme von allen leistungsfähigen Firmen, z. T. sogar von einfachen Zimmereibetrieben gebaut werden können. Hinzu kommt, daß inzwischen viele Patente erloschen und die brauchbarsten modernen Verbindungsmittel im freien Handel erhältlich sind.

HOWESCHER TRÄGER

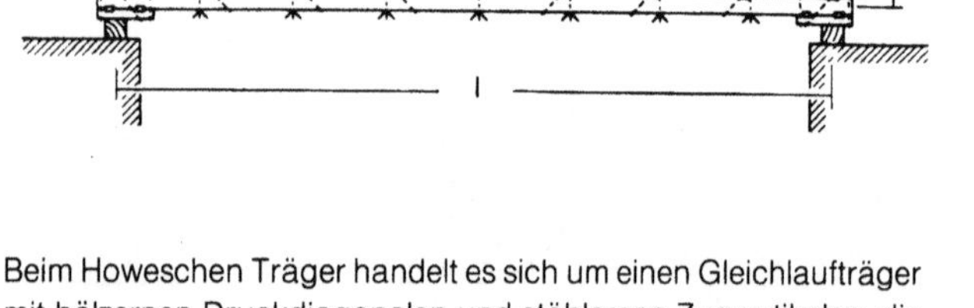

Beim Howeschen Träger handelt es sich um einen Gleichlaufträger mit hölzernen Druckdiagonalen und stählernen Zugvertikalen, die mit den Gurten verschraubt sind. Der Träger hat den Vorteil, daß sich während der Belastung eingetretene Verformungen durch Anziehen der Schraubenmuttern wieder ausgleichen lassen. Seine Bauart nutzt die damaligen Anschlußmöglichkeiten von Versatz und Schraube vorbildlich aus.
In der Weiterentwicklung bevorzugte man jedoch die günstigeren Systeme mit kurzen Druckpfosten von geringerer Knicklänge und mit längeren Zugstreben. Eine weitere wichtige Aufgabe stellte der schwierige Anschluß der Wechselstäbe dar. Es galt, Verbindungsmittel zu finden, die es erlaubten, alle Stäbe zug- und druckfest anzuschließen. Zur Ausbildung zentrischer Knotenpunkte hat man vom Stahlbau die Teilung der Gurte und der Füllstäbe übernehmen können. Man versuchte auch, die Stäbe analog der im Stahlbau so bequemen Knotenbleche zu verbinden; mit diesen waren wegen des natürlichen Ableitens und der größeren Elastizität des Holzes zunächst keine auf Dauer tragfähigen Stabanschlüsse herzustellen. Die Verbindung der Stäbe mit durchgesteckten Schraubenbolzen allein ist nur geringen Belastungen gewachsen. Infolge der zu verbindenden Holzstärken erhalten die Bolzen im Verhältnis zu ihrem Durchmesser eine zu große Länge. Sie werden daher vorwiegend auf Biegung beansprucht und tragen erst dann, wenn sie verbogen sind. Dazu kommen der etwas lose Sitz in den vorgebohrten Löchern und die geringe Festigkeit des Holzes gegen den auftretenden Lochleibungsdruck. Die Bolzenverbindung weist deshalb eine unerwünscht große Nachgiebigkeit auf. Leistungsfähiger als Tragelement sind Rohrstücke von größerem Durchmesser, die man auch als „Rohrdübel" bezeichnet. Sie verbiegen sich nicht so leicht wie Bolzen und bieten dem Holz eine größere Lochleibungsdruckfläche. Ihre Wirksamkeit hängt aber wieder vom scharf passenden Sitz in den vorgebohrten Löchern ab.
Wirksamer und dabei weniger querschnittschwächend sind jedoch solche Dübel, die nur teilweise in die Holzquerschnitte eingreifen, während der seitliche Zusammenhalt der Stabverbindung nur von dünnen durchgehenden Schraubenbolzen übernommen wird.

BOLZENVERBINDUNG NACH DER BELASTUNG

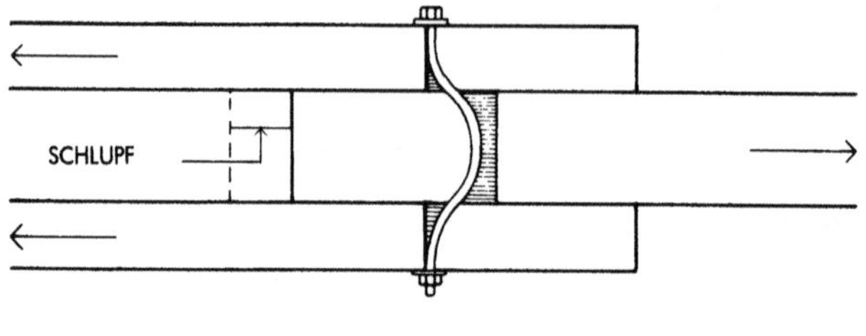

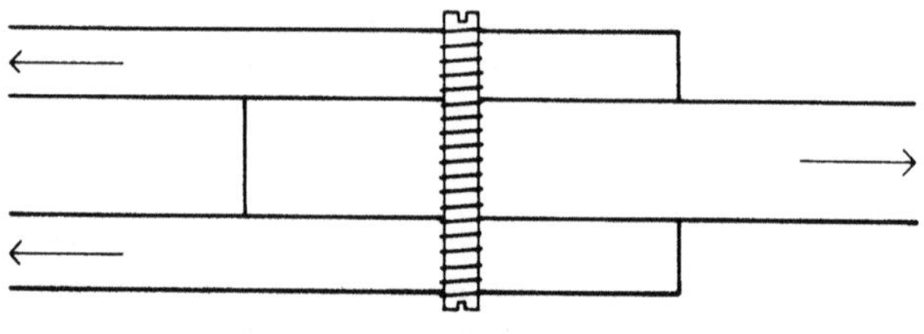

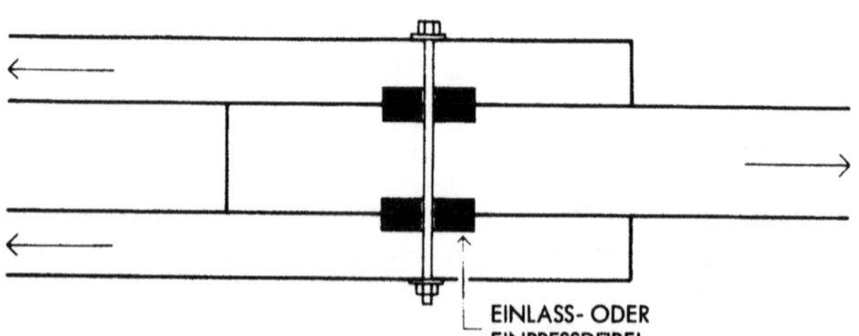

Dübelverbindungen

Die Dübel werden bei der Kraftübertragung vorwiegend auf Druck und Abscheren und je nach ihrer höheren oder flacheren Form auch mehr oder minder auf Kippen beansprucht. Sie allein übertragen die Anschlußkraft, während die Heftbolzen an der Kraftübertragung nur insofern geringen Anteil haben, als sie das Kippen der Dübel verhindern müssen.

Man unterscheidet Einlaßdübel, welche in passend im Holz vorbereitete Vertiefungen eingelassen werden, und Einpreßdübel, die man ohne vorbereitende Bearbeitung in das Holz eintreibt; ferner gibt es Dübel, die teils eingelassen und teils eingepreßt werden müssen. Nähere Vorschriften zur Berechnung und Ausführung von Dübelverbindungen sind in DIN 1052, Blatt 1, Abschnitt 11.1 enthalten.

Die älteste und auch heute noch brauchbare Form ist der übliche Zimmermannsdübel. Er muß, um eine volle Kraftübertragung zu gewährleisten, stets so zwischen die Hölzer eingelassen werden, daß seine Fasern mit ihnen parallel laufen, d. h., er darf nur als „Langholzdübel" verwendet werden und muß aus Hartholz, Buche oder Eiche, bestehen. Als höchstzulässige Leibungsspannung bzw. Scherfestigkeit gelten zur Berechnung unabhängig vom Verhältnis Dübellänge l_d zur Einschnittiefe t_d

$l_d:t_d \geq 5$	8,5 MN/m² = N/mm² (85 kp/cm²)
$l_d:t_d < 5$	4,0 MN/m²) = N/mm² (40 kp/cm²)

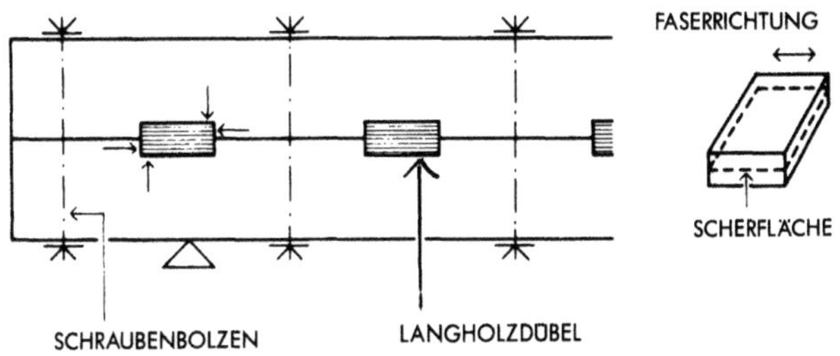

Muß man mehrere Dübel anordnen, so ist ein scharf passender Sitz nur schwer zu erreichen. In solchen Fällen greift man besser zu den neuen Dübelformen, die sich leichter mit der erforderlichen Genauigkeit versetzen lassen.

Die neuzeitlichen Holzbinder mit ihren nach der Kraftübertragung errechneten sparsamen Stabquerschnitten verlangen sehr präzise ausgeführte Stabverbindungen und einen scharf passenden Sitz aller Verbindungsmittel, so daß die immer etwas ungenaue Handarbeit durch die exakte Maschinenarbeit ersetzt werden muß. Dieser Notwendigkeit trugen die neu entwickelten Einlaßdübel Rechnung, die alle eine kreisrunde Grundform aufweisen, deren Negativ mit Hilfe des Fräskopfes auf 1/10 mm genau aus den Stäben geschnitten werden kann. Die Tragkraft der Dübel ist von ihrer Druckfläche, also vom Durchmesser und der Einschnittiefe, sowie von der Lage zur Faserrichtung abhängig. Sie werden jeweils in mehreren Größen von unterschiedlicher Tragfähigkeit hergestellt.

Ein genaues Verzeichnis über Form, Abmessungen, Tragfähigkeit und Anordnung der als zuverlässig anerkannten Dübelarten sowie der jeweils zugehörigen Bolzendurchmesser ist in DIN 1052 zu finden. Als Grundlage für die zulässige Belastung von Dübeln, welche in dieser Norm nicht berücksichtigt werden, sind Bruchlast-Versuche in anerkannten Prüfanstalten durchzuführen.

Einlaßdübel

Scheibendübel

Die Firma Kübler stellte den ersten runden und scheibenförmigen Einlaßdübel aus Holz her. Um sie scharf passend in das Holz einpressen zu können, gab man ihnen einen doppelkegeligen Querschnitt. Ein mittig durch den Dübel geführter Schraubenbolzen sichert den festen Sitz.

Die gleiche Dübelart gibt es auch in Temperguß. Diese Dübel dienen dazu, Kräfte von Holzstäben auf Stahllaschen zu übertragen. Sie sind im Durchmesser kleiner, aber im Querschnitt höher als die hölzernen Dübelscheiben. Die damit verbundene größere Kippgefahr wird durch Verwendung stärkerer Bolzen und durch den Anschluß der Stahllaschen herabgemindert.

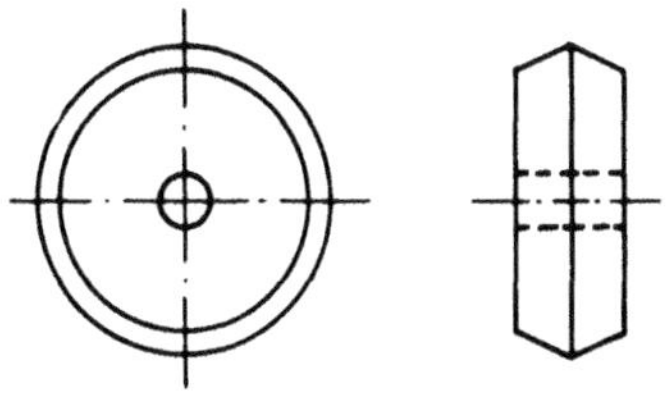

HARTHOLZRUNDDÜBEL
DER FIRMA KÜBLER
DIN 1052

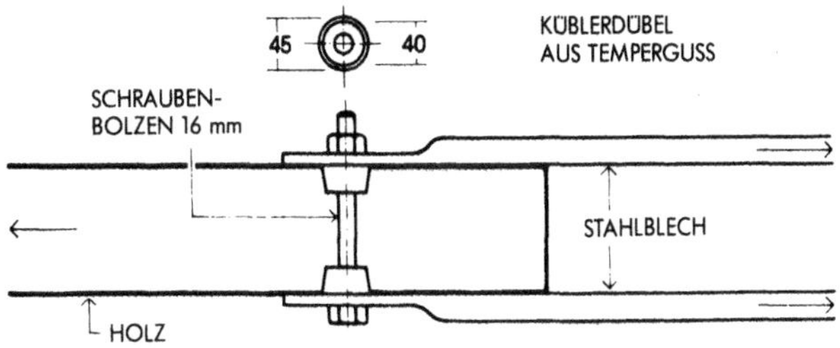

KÜBLERDÜBEL
AUS TEMPERGUSS

Ringdübel

Gegenüber den starren Scheibendübeln haben Ringdübel den Vorzug einer gewissen Elastizität, so daß sie sich jeweils den natürlichen Formänderungen der Dübelnut, die durch das Arbeiten des Holzes entstehen, anpassen können und stets ein gleichmäßiger Druck auf die Nutwandung und den Holzkern gewährleistet ist. Das gilt besonders für die geschlitzte Form der Ringdübel, wie sie u. a. die Firma Tuchscherer herstellt.

Ringdübel gibt es in Größen von 10–30 cm ∅ und 2–6 cm Breite und einer Wandstärke von 0,4–1,2 cm. Sie werden aus Flußstahl hergestellt.

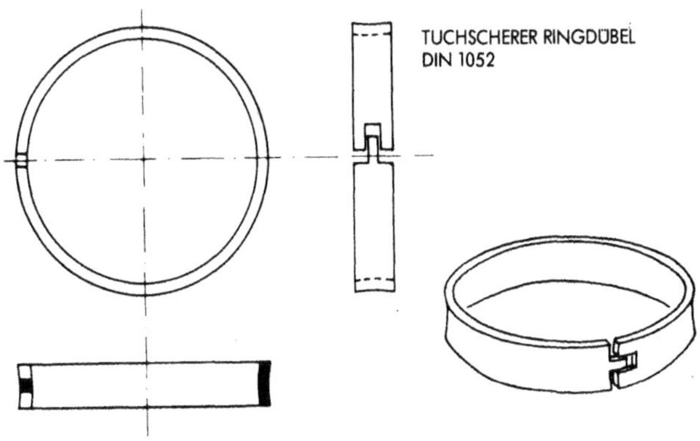

TUCHSCHERER RINGDÜBEL
DIN 1052

BEIER-RINGDÜBEL
NACH DIN 1052

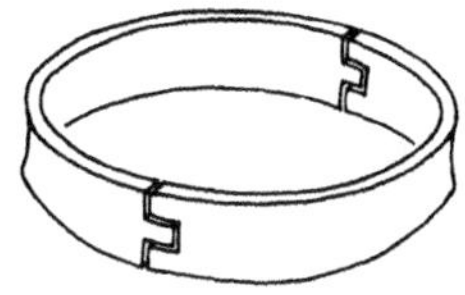

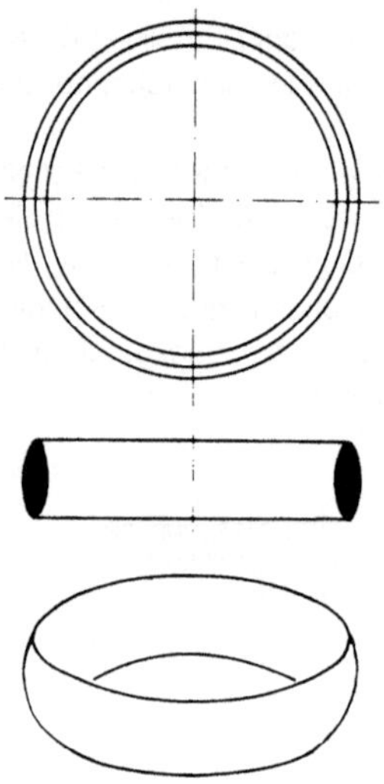

RINGKEILDÜBEL
BAUART APPEL
NACH DIN 1052

RIPPENDÜBEL BAUART APPEL
NACH DIN 1052

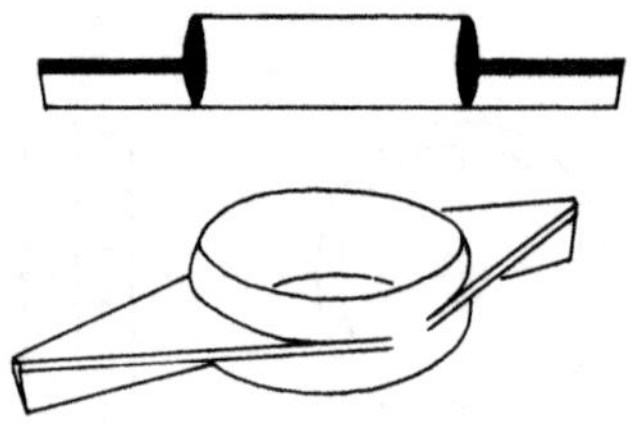

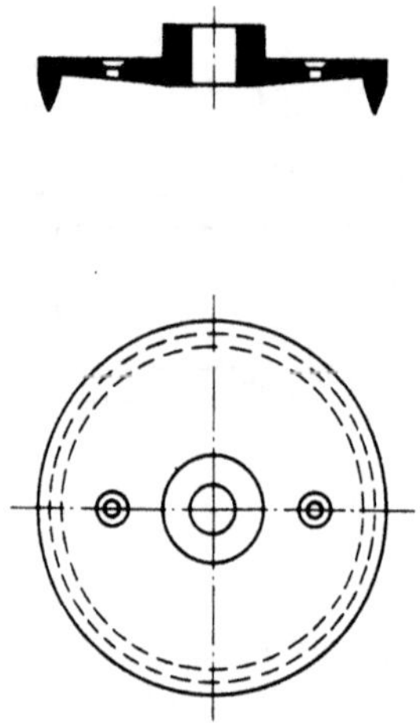

EINSEITIGER RINGKEILDÜBEL SYSTEM APPEL

Tellerdübel

Bezeichnung von Ringdübeln mit T-förmigem Querschnitt, entwikkelt von der Firma Christoph & Unmack. Der Steg hindert durch sein festes Aufliegen auf den Holzflächen den Dübel am Verkanten, welcher Gefahr die reinen Ringdübel leicht unterliegen. Deshalb ergeben sich auch bei hohen Belastungen nur sehr geringe Verschiebungen.

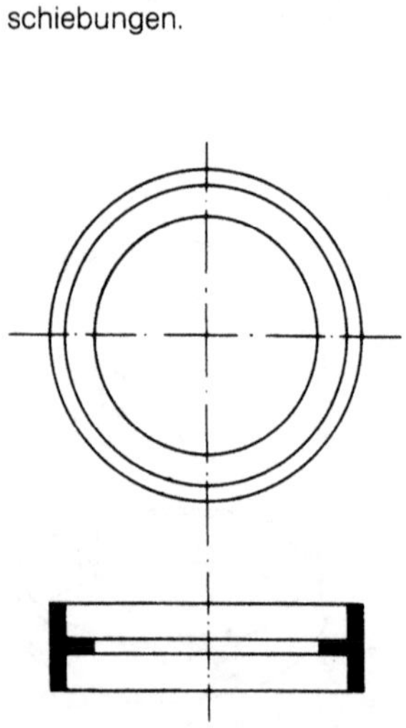

TELLERDÜBEL NACH DIN 1052

AUS TEMPERGUSS

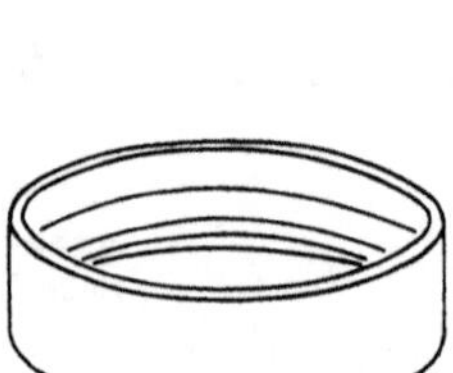

Stufendübel

Die Belastungsfähigkeit des Holzes ist je nach der Richtung des Kraftangriffes verschieden. Sie ist am höchsten, wenn der Kraftangriff durch den Dübel parallel zur Faser erfolgt (z. B. Zugstoß) und sinkt auf ca. 75%, wenn er unter 45° schräg und auf 60%, wenn er senkrecht zur Faser stattfindet. Diesen Eigenschaften des Holzes tragen z. B. die stufenförmigen Tellerdübel der Firma Christoph & Unmack Rechnung. Der größere Ring kommt in den quer oder schräg zur Faser beanspruchten Gurt und der kleinere in den parallel zur Faser beanspruchten Füllstab zu liegen. So können bei Übertragung großer Kräfte sonst notwendige Überdimensionierungen der Stäbe vermieden werden.

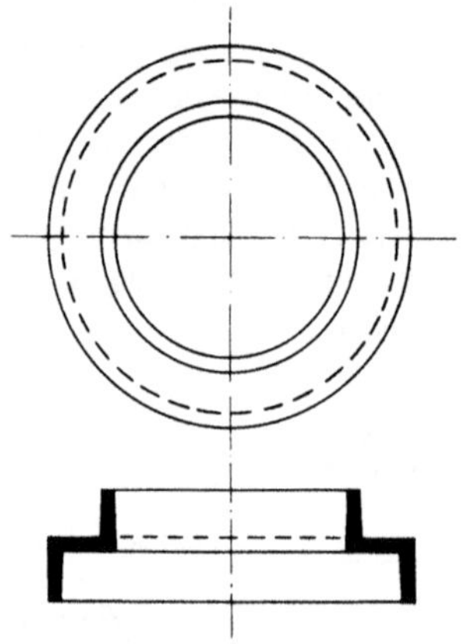

STUFENDÜBEL DER FIRMA CHRISTOPH
UND UNMACK AG NESKY, OBERLAUSITZ
AUS TEMPERGUSS

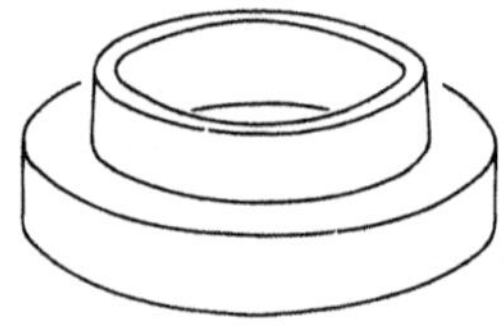

Einpreßdübel

Verlangen die Einlaßdübel noch eine sorgfältige Vorarbeit durch das Ausfräsen der Dübellöcher oder Nuten, so fällt bei der Verwendung von Einpreßdübeln auch diese fort. Sie sind also arbeitssparend und werden deshalb heute fast ausschließlich verwendet. Alle Einpreßdübel dürfen nur zur Verbindung von Nadelhölzern verwendet werden und müssen, wenn sie aus Stahlblech hergestellt sind, einen schützenden Überzug oder Anstrich erhalten. Bei Bauten, welche besonders schädigenden Einwirkungen von Dämpfen oder Gasen ausgesetzt sind, dürfen Einpreßdübel nur mit Materialstärken $\geqq 4$ mm Verwendung finden. Sie bestehen aus Ringen oder Platten mit Zähnen oder Dornen.

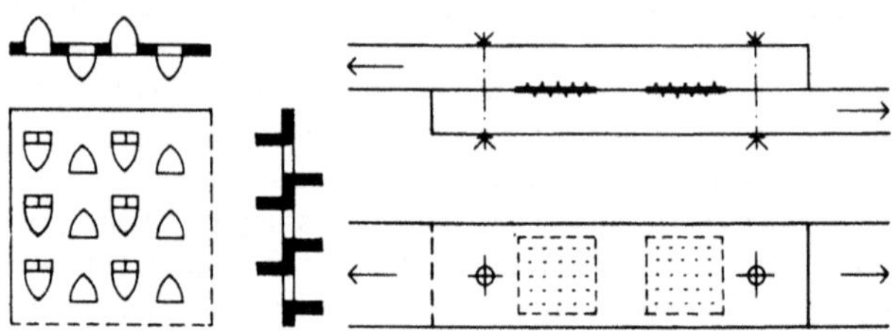

Die älteste Art, die schon im Jahre 1891 patentiert wurde, war ein Zackenblech. Es diente der Entlastung der Schraubenbolzen bei Zugstößen. Die Einpreßdübel werden durch Schraubspindeln, hydraulische Pressen oder unmittelbar durch die Bolzenverschraubung zwischen den zu verbindenden Hölzern eingepreßt. Die Bolzen dürfen jedoch nur so weit angezogen werden, daß die Unterlegscheiben nicht mehr als 1 mm tief eindringen.

Krallenplatten

1920 wurden die Bulldogplatten in Deutschland patentiert. Es sind quadratische oder runde Platten mit aufgebogenen Zacken an den Rändern. Die Zacken stehen in einem Winkel von 100° zur Platte, so daß sie sich gegen das Schwinden des Holzes sperren.

BULLDOG-HOLZVERBINDER DER FIRMA HEINRICH WILHELMI IN BREMEN NACH DIN 1052

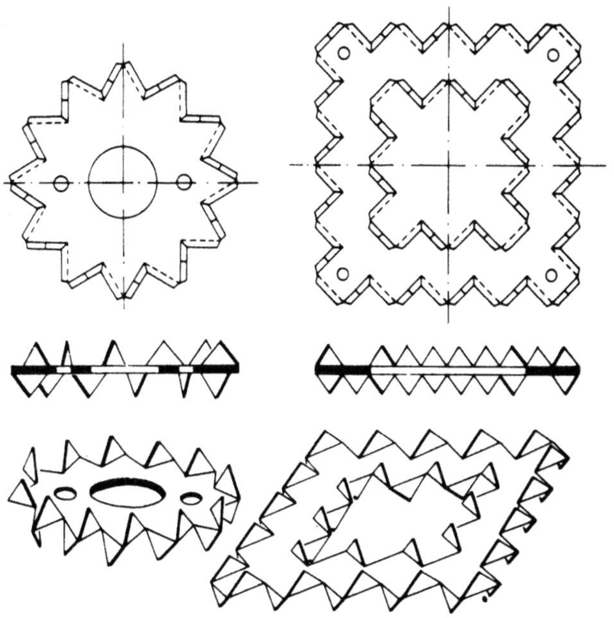

Zahnringdübel

Eine norwegische Erfindung ist der Alligator-Zahnringdübel. Die Zähne sind zur Erhöhung der Tragkraft etwas nach außen gewölbt. Falls ein Dübel zur Kraftübertragung nicht genügt, lassen sich auch zwei verschieden große konzentrisch ineinander versetzen. Der innere darf dann aber nur mit 4/5 seiner Tragkraft angesetzt werden.

„ALLIGATOR" ZAHNRINGDÜBEL DER FIRMA A.W. NEUGEBAUER, HAMBURG 11 NACH DIN 1052

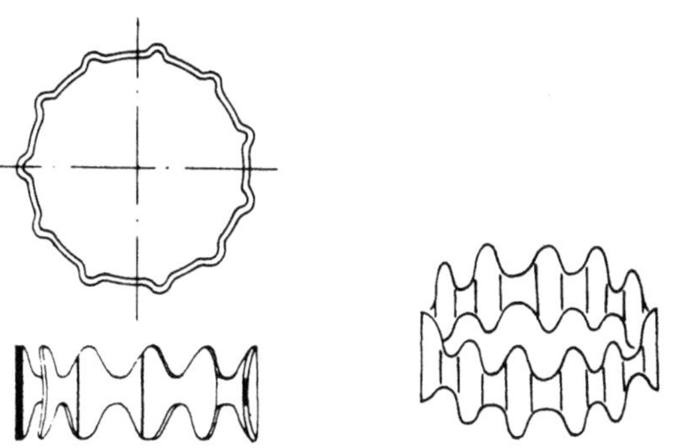

Die von der Maschinenfabrik Wilhelm Pfrommer in Karlsruhe hergestellte Krallenplatte wurde von Prof. E. Gaber entwickelt. In die 90/90 mm große und 1,5 mm dicke Stahlplatte sind 9 Löcher so eingepreßt, daß auf beiden Plattenseiten je Loch ein Krallenpaar herausgebogen wurde. Die etwas gewölbte Form verleiht den Krallen eine große Biegesteifigkeit.

„PFROMMER"-KRALLENPLATTE NACH DIN 1052

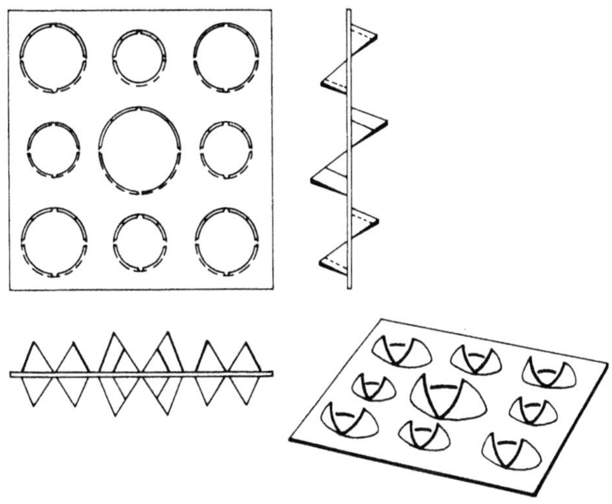

Einlaß- und Einpreßdübel

Die Dübel der folgenden Systeme sind sowohl Einlaß- als auch Einpreßdübel: Ihr ring- oder scheibenförmiger Querschnitt ist vorzufräsen, während der überstehende Dorn- oder Krallenbesatz eingepreßt wird.

Krallenringdübel

Der Geka-Dübel der Firma Karl Georg ist eine Tempergußscheibe von 3–4 mm Stärke mit ein- oder zweiseitig angegossenen Runddornen. Er wirkt ähnlich wie eine Nagelgruppe.

„GEKA"-HOLZVERBINDER NACH DIN 1052

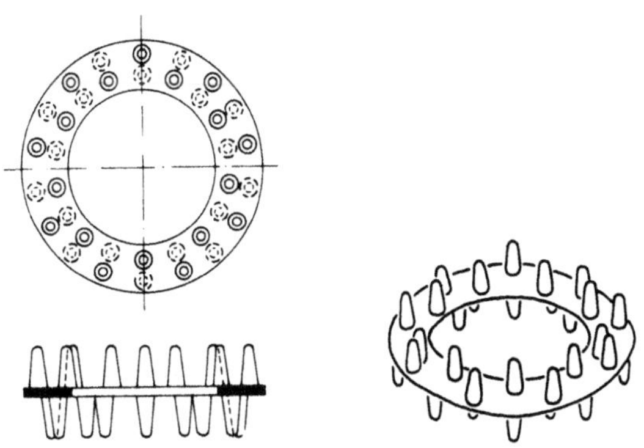

Wenn der Geka-Verbinder heute am meisten verwendet wird, so deshalb, weil er von allen Dübeln am leichtesten einzubringen ist. Während die anderen Einpreßdübel noch einen erheblichen Kraftaufwand zum Einpressen erfordern, kann der Geka-Verbinder mit einem schweren Hammer eingetrieben werden, bis die Scheibe aufliegt, ohne daß die Spitzen der Dorne störenden Schaden erleiden. Bei Tannen- und Fichtenholz preßt sich die Scheibe durch das Anziehen des Schraubenbolzens in das Holz ein. Bei härterem Kiefernholz, das aber nur selten verwendet wird, ist allerdings ein Vorfräsen in Scheibenstärke nötig.
Im Gegensatz zum flachliegenden Geka-Dübel handelt es sich beim System Freers & Nilson um einen Dübelring mit stehendem Querschnitt. Auf halbe Steghöhe dieses Ringes ist hier jeweils eine kreisförmige Nut vorzufräsen, in welche die überstehenden Zähne dann durch den Verbindungsdruck tiefer eingepreßt werden.

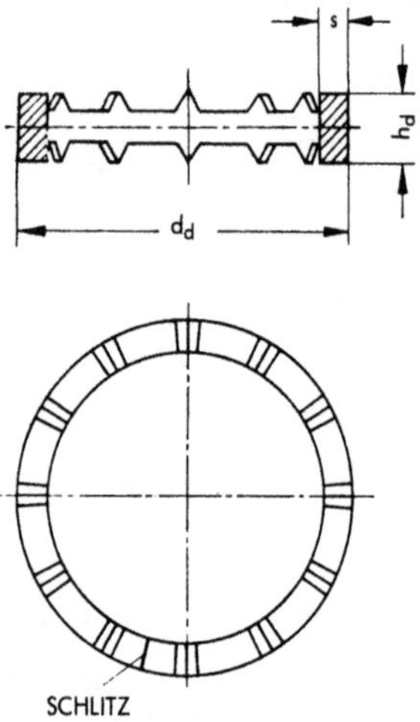

KRALLENRINGDÜBEL SYSTEM FREERS & NILSON

Krallenscheibe

Eine von der Siemens-Bauunion entwickelte vielseitig verwendbare Verbindung von Einlaß- und Einpreßdübel, ebenfalls aus Temperguß. Der Dübel besteht aus zwei Einzelscheiben, die eine mit, die andere ohne Nabe. Die Nabe der einen paßt mit 0,5 mm Spielraum in die mittlere Öffnung der anderen Scheibe. Zur Verbindung zweier Holzstäbe wird in jeden Stab zunächst das Scheibenprofil abzüglich der Höhe des vorspringenden Krallenkranzes eingefräst. Anschließend schlägt oder preßt man unter Verwendung eines hohlen Aufsatzstückes die Zähne so tief ein, bis die Scheiben mit den Hölzern bündig liegen. Fügt man nun die Stäbe zusammen, so steckt sich die vorstehende Nabe in die Gegenscheibe und stellt so eine schubfeste Verbindung her. Ein durch Stäbe und Scheiben geführter Heftbolzen sichert den Knoten. Diese zweiteilige gelenkige Dübelverbindung hat den Vorteil, daß sie sich beim Schwinden des Holzes jederzeit etwas lüften kann, ohne sich dabei wesentlich zu lockern.

KRALLENDÜBEL DER FIRMA SIEMENS BAUUNION GMBH BERLIN-SIEMENSSTADT NACH DIN 1052

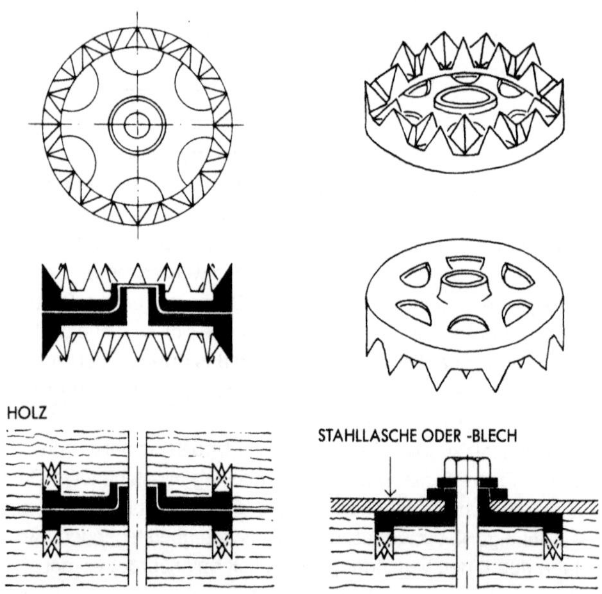

Die Siemens-Bauunion verwendet Krallenscheiben mit Außendurchmessern von 55 und 80 mm. Die Naben beider Scheibengrößen passen jedoch zusammen, so daß es möglich ist, für Stabanschlüsse mit unterschiedlich zur Holzfaser gerichtetem Kraftangriff eine große und eine kleine Scheibe zu einem Dübel zu vereinigen. Besonders gut eignet sich die Krallenscheibe zur Kraftübertragung von Holzstäben auf stählerne Laschen oder gar Knotenbleche. Die Siemens-Bauunion hat sich einen gelenkartigen Knotenpunkt patentieren lassen, bei welchem eine Teilung der Gurte oder der Wandstäbe nicht notwendig ist.

Bolzenverbindungen

Unter die Bestimmungen für Bolzenverbindungen (11.2 DIN 1052) fallen alle rechtwinklig zur Scherfläche die Holzquerschnitte durchdringenden und überwiegend auf Biegung beanspruchten Verbindungsmittel, welche das Holz, insbesondere auf Lochleibungsdruck, beanspruchen. Hierzu gehören Schraubenbolzen mit Kopf und Mutter, Rohrbolzen und Stabdübel.
Schraubenbolzen dürfen wegen der Nachgiebigkeit der Verbindung in Bauteilen, die Steifigkeit und Formbeständigkeit erfordern, ohne besondere Maßnahmen (z. B. Dübel) zur Kraftübertragung nicht herangezogen werden (vgl. DIN 1052, Teil 1, Seite 17, 11.2.2). Reibung, welche zwischen den Hölzern durch Klemmwirkung der Bolzen entsteht, kann nicht in Ansatz gebracht werden, da sie nicht konstant wirkt. Stabdübel dagegen sind nach DIN 1052 bei allen Bauten und Bauteilen anwendbar.
Gleichwohl sind bei Haftbolzen Scheiben nach DIN 436 oder DIN 440 für Dübel- und tragende Bolzenverbindungen verstärkte Scheiben nach Tabelle 11, DIN 1052, auf der Kopf- und auf der Mutterseite anzuordnen.

Tabelle 11 Maße der Scheiben für Dübelverbindungen und tragende Bolzenverbindungen

Bolzendurchmesser	M 12	M 16	M 20	M 22	M 24
Dicke der Scheibe mm	6	6	8	8	8
Außendurchmesser bei runder Scheibe mm	58	68	80	92	105
Seitenlänge bei quadratischer Scheibe mm	50	60	70	80	95

Tragende Verbindungen müssen aus mindestens 2 Bolzen ≧ 12 mm ∅ oder 4 Stabdübeln 8 mm ∅ bestehen. Bolzenlöcher sind so passend zu bohren, daß ein Spiel von 1 mm nicht überschritten wird, während Stabdübel in bis zu 0,5 mm kleinere Bohrlöcher eingetrieben werden. Für die Mindestabstände von Bolzen und Stabdübeln gilt Tabelle 12, DIN 1052, und nachstehende Zeichnungen.

Tabelle 12

Abstand	bei Bolzen	bei Stabdübeln
untereinander	$7 \cdot d_b'$ mindestens aber 10 cm	$5 \cdot d_{st}$
vom beanspr. Rand		$6 \cdot d_{st}$

Die zulässige Belastung eines Bolzens oder Stabdübels beträgt unabhängig von der Güteklasse des Holzes bei Lastangriff in Faserrichtung

zul N $= \text{zul}\sigma_L \times a \times d \leqq A \times d^2$ (kp) (N/kN) worin

zul σ_L = zulässige mittlere Lochleibungsspannung des Holzes nach Tabelle 13, DIN 1052 (kp/cm²) (MN/m² = N/mm²)

a = kleinste Holzdicke (cm)

$d_{b,st}$ = Bolzen- oder Stabdübel – ∅ (cm)

A = Festwert nach Tabelle 13, DIN 1052 (kp) bzw. (N/kN)

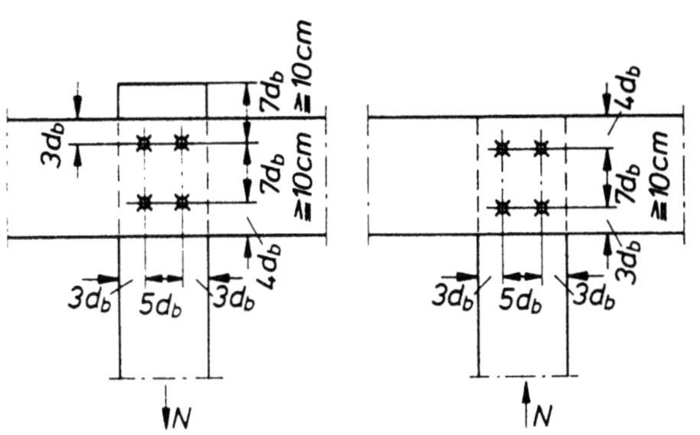

a) und b) Mindestabstände bei tragenden Bolzen

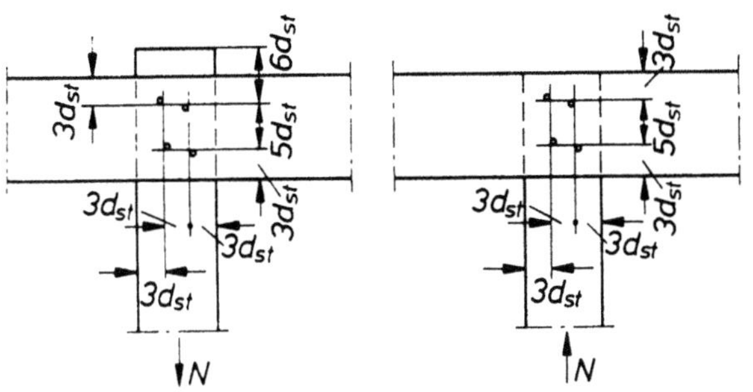

c) und d) Mindestabstände bei Stabdübeln
Mindestabstände bei tragenden Bolzen und Stabdübeln

Bei mehrschnittigen Verbindungen ist die zulässige Gesamtlast aus der Summe der zulässigen Belastungen aller in gleicher Richtung beanspruchten Hölzer zu bestimmen. Ein Kraftangriff rechtwinklig zur Faser reduziert diese zulässigen Werte um 1/4, während bei schrägem Kraftangriff die Zwischenwerte geradlinig zu interpolieren sind. Bei Verwendung von Stahllaschen (mindestens 5 mm dick) anstelle der Seitenhölzer darf die zulässige Belastung der Vollholzteile dagegen um 1/4 erhöht werden.

Nagelverbindungen

Der Nagel hat als Verbindungsmittel für Hölzer eine Vergangenheit, die bis ins Altertum zurückreicht. Im modernen Sinne für die Konstruktion von Bretterdachstühlen verwendete ihn als erster schon im 16. Jahrhundert der französische Architekt Philipp de l'Orme, der durch weite kühne Konstruktionen, z. B. einen Entwurf zur Überdekkung einer Reithalle von großer Spannweite, berühmt wurde. Aber erst nach dem Ersten Weltkrieg ging man daran, die Tragfähigkeit der Nägel und der genagelten Verbindungen genau zu erforschen und erkannte den Wert und die Leistungsfähigkeit dieses alten Verbindungsmittels auch für weitgespannte Binderkonstruktionen. Nachdem die Nagelbauweise im Ausland, besonders in Amerika, schon ihre Brauchbarkeit vielfach erwiesen hatte, wurde sie bei uns verspätet im Jahr 1933 zugelassen. Vorher war die Verwendung von Nägeln an tragenden Bauteilen verboten. Abschnitt 11.3 der DIN 1052, Teil 1, beinhaltet die Bestimmungen über Berechnung und Ausführung genagelter Holztragwerke.

Der Nagelbauweise eigentümlich ist die Möglichkeit, auch Hölzer kleiner Querschnitte und Längen noch zu weitgespannten Konstruktionen verarbeiten zu können. Aus dem Mangel an vollwertigem massivem Kantholz, dessen Tragfähigkeit bei höherem Eigengewicht und höherem Preis letztlich von der unzulänglichen Kraftschlüssigkeit einiger Verbindungen abhängt, ist die beherrschende Stellung der leichten Holzbauweisen herzuleiten, seien sie nun genagelt oder geleimt. Der lohnintensive Holznagelbau hat durch die Entwicklung der Nagelblechverbindungen, welche eine weitgehende maschinelle Herstellung ermöglichten, einen neuen wirtschaftlichen Auftrieb erhalten.

Nagelkraft und Abmessungen

Eine gute Nagelung verteilt die Kräfte punktweise, doch möglichst gleichmäßig auf die Fläche und Tiefe des Anschlußquerschnittes. Dies kommt der Wirkung einer Leimverbindung nahe, doch behält die Nagelverbindung soviel Elastizität, daß ihre Nebenspannungen dieser gegenüber geringer bleiben. Deshalb dürfen Nagel- und Leimverbindungen innerhalb eines Anschlusses nicht nebeneinander verwendet werden: Eine Leimverbindung ist starr und ließe erst nach ihrer Zerstörung die Nägel zum Tragen kommen. Bei

Tabelle 13 Werte für zul σ_L und A in MN/m² = N/mm² (kp/cm²) zur Berechnung der zulässigen Belastung in N/kN (kp) von Bolzen- und Stabdübel-Verbindungen nach obenstehender Gleichung

	Holzart	Bolzen zul σ_L	A kp (kN)	Stabdübel zul σ_L	Kp A (kN)
einschnittig 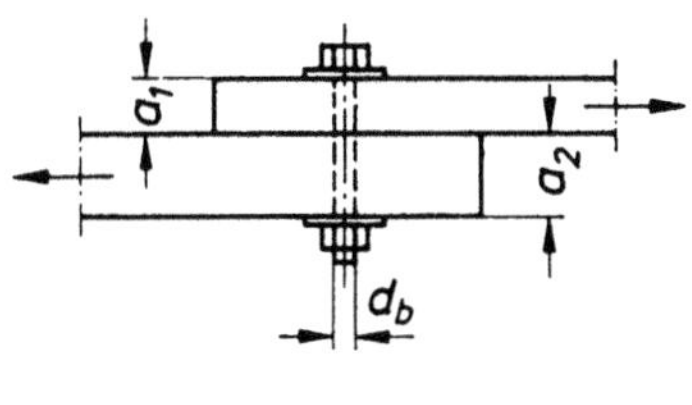	NH	40 (4,0)	170 (1,7)	40 (4,0)	230 (2,3)
	EI, BU	50 (5,0)	200 (2,0)	50 (5,0)	270 (2,7)
zweischnittig 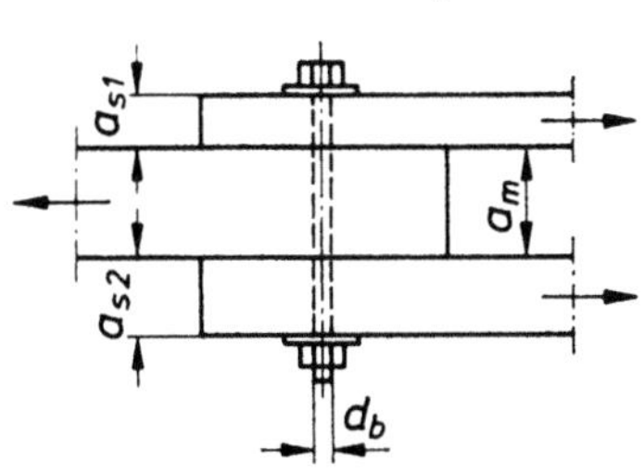			Mittelholz		
	NH	85 (8,5)	380 (3,8)	85 (8,5)	510 (5,1)
	EI, BU	100 (10,0)	450 (4,5)	100 (10,0)	600 (6,0)
			Seitenholz		
	NH	55 (5,5)	260 (2,6)	55 (5,5)	330 (3,3)
	EI, BU	65 (6,5)	300 (3,0)	65 (6,5)	390 (3,9)

NH = Nadelhölzer (europäische); EI, BU = Eiche, Buche

wenigeren, aber dickeren Nägeln ähnelt der Anschluß einer Bolzenverbindung, bei welcher die Verschieblichkeit bzw. Elastizität gefährliche Ausmaße annehmen kann. Dies erklärt, daß eine Verbindung mit vielen dünnen Nägeln tragfähiger ist als eine mit wenigeren dicken. Wird eine genagelte Verbindung unter ruhender Last überbeansprucht, so verbiegen sich die Nägel, ohne zu brechen. Die Tragfähigkeit geht schließlich dadurch völlig verloren, da sich die Nagelschäfte und Köpfe immer weiter in die Holzfasern einfressen und sich die Stäbe gegenseitig verschieben.

Tragende Nagelverbindungen nach DIN 1052 müssen aus $\geqq 4$ Nägeln bestehen, wobei jedoch Nägel im Hirnholz nicht als tragend in Rechnung gestellt werden dürfen. Die Tragfähigkeit der Nägel rechtwinklig zur Schaftrichtung errechnet sich bei Nadelholz ohne Rücksicht auf dessen Faserverlauf je Scherfläche des Einzelnagels (mit einem Schaftdurchmesser d_n in cm) nach:

$$N_1 = \frac{500\, d_n^2}{1 + d_n} \text{(N); (kp)}$$

Mehrschnittige Nägel, welche mehrere Hölzer durchdringen (wobei m = Anzahl der Schnitte zwischen den Hölzern), tragen

$N_m = N_1 \cdot m$ (N) (kp).

Wegen der Sogbelastung von Dachkonstruktionen muß beachtet werden, daß die Tragfähigkeit einer Nagelung auf Herausziehen in Schaftrichtung infolge geringer Reibung viel niedriger ist als die Belastung auf Abscheren. Die zulässige Belastbarkeit auf Zug wächst mit dem Durchmesser und der Haftlänge (Einschlagtiefe) nach DIN 1052 von ca. 30 N/cm (3 kp/cm) bei Schalungsnägeln mit ∅ 3,1 mm bis 110 N/cm (11 kp/cm) bei Schalungsnägeln mit ∅ 8 mm.

Als Nägel werden ausschließlich runde Drahtstifte nach DIN 1151 mit Spitze und geriffeltem Senkkopf aus kaltgerecktem Thomas-Stahl verwendet. Sie besitzen eine hohe Bruchfestigkeit von 650–850 MN/m² (6500–8500 kp/cm²) bei einer Streckgrenze von 90–95%. Nägel werden nicht nach Stückzahl, sondern nach Gewicht in Paketen zu 1 kg oder – bei höheren Gewichten – in Kisten gehandelt.

Ausgehend von den üblichen Nagelproportionen kann man 1 kg

Nägel mit ca. $\frac{160}{d^2 \cdot l}$ Stück

das Stück mit ca. $\frac{0{,}16}{d^2 l}$ g rechnen, wobei d und l in cm eingesetzt werden.

Die Nagelbezeichnungen sind so festgelegt, daß der Nageldurchmesser in 1/10 mm, die Nagellänge jedoch in mm angegeben wird. So wird z. B. ein Nagel von 3,4 mm Durchmesser und 90 mm Länge mit 34 × 90 bezeichnet. Die gebräuchlichsten Nagelgrößen, die ausgerechneten zugehörigen Mindestholzdicken, Einschlagtiefen und zulässigen Belastungen je Nagelscherfläche sind in Tabelle 14, DIN 1052/1, zusammengestellt.

Für die Länge der Nägel ist auch maßgebend, ob sie ein-, zwei- oder mehrschnittig verwendet werden. Es gibt nur für einzelne der gebräuchlichen Nageldurchmesser mehrere Nagellängen. Verbindet z. B. ein Nagel drei Holzstäbe, von welchen der mittlere entgegengesetzte Kraftrichtung hat, so erhält man eine zweischnittige Nagelung. Die Tragkraft des Nagels wird hierbei verdoppelt. Trotzdem ist es meist zweckmäßiger, mit kürzeren und dünneren einschnittigen Nägeln zu arbeiten, und zwar aus folgenden Gründen: Der Nagel drängt die Holzfasern zur Seite und beansprucht das Holz auf Spalten und das um so mehr, je dicker der eingeschlagene Nagel und je dünner das Brett ist. Es gehört also zu jeder Holzdicke eine entsprechende Nageldicke. Bei Verbindungen von Hölzern verschiedener Dicke muß man die Nägel für das dünnste Holz passend wählen.

Aber auch die Beschaffenheit des Holzes spielt eine Rolle. Bretter mit weichen weiten Jahrringen oder feuchtes Holz neigen weniger zum Reißen als härteres, spröderes und trockenes. Für letzteres sind also dünnere Nägel vorzuziehen. Etwas ästiges Holz erweist sich bei sachgemäßer Nagelung nicht ungünstiger als astfreies. Nötigenfalls müssen die Nagellöcher vorgebohrt werden. Die Zugfestigkeit eines Stabes wird aber durch viele Äste herabgemindert. Für stark beanspruchte Stäbe wählt man deshalb möglichst astfreies Holz.

Holzdicke und Einschlagtiefe

Wegen der Spaltgefahr für das Holz ist in Abhängigkeit vom Schaftdurchmesser d_n des Nagels zunächst eine

Mindestholzdicke $a = d_n\,(3 + 8\,d_n) \geqq 2{,}4$ cm

vorgeschrieben. Bei Verbindungen von zugelassenen Furnierplatten mit Kanthölzern wählt man für

Plattendicken $d \leqq 8$ mm Nägel $d_{n'} \leqq 3{,}8$ mm,
Plattendicken $d > 8$ mm Nägel $d_{n'} \leqq 4{,}2$ mm.

Die Tragfähigkeit einer Scherfläche kann nur als voll wirksam angesehen werden, wenn die Nagelspitze auch eine ausreichende Einschlagtiefe s aufweist.

Für mehrschnittige beidseitige Nagelung gilt bei:

$s \geqq 8\,d_n$	die volle Tragkraft N,
$s \geqq 4\,d_n$	die im Verhältnis $s/8\,d_n$ abgeminderte Tragkraft N,
$s < 4\,d_n$	Tragkraft N = 0, die letzte Scherfläche kann nicht mehr in Rechnung gestellt werden.

Für einschnittige Nagelung gelten als betreffende Grenzwerte Einschlagtiefen von s $\geqq 12\,d_n$ bis $6\,d_n$.

In vorgebohrten Hölzern (Bohrlochdurchmesser ca. $0{,}85\,d_n$ und Bohrtiefe $\geqq$ Einschlagtiefe s) darf mit einer Tragkraft von 1,25 N und die Holzdicke a bei Nägeln $\geqq 4{,}2$ mm auf $6\,d_n$ reduziert werden.

Bei Stahlblech-Nagelverbindungen mit Knotenblechdicken $t \geqq 2$ mm, durch welche die Nagellöcher bereits mit Nageldurchmesser auf Nagellänge vorgebohrt werden, kann ebenfalls mit der 1,25fachen Tragkraft N je Scherfläche gerechnet werden. Als Einschlagtiefe ist hier jedoch $s \geqq 15\,d_n$ anzusetzen. Bezüglich der Knotenbleche muß ausreichende Tragfähigkeit, insbesondere Beulsicherheit, gesondert nachgewiesen und ein dauerhafter Korrosionsschutz gewährleistet sein.

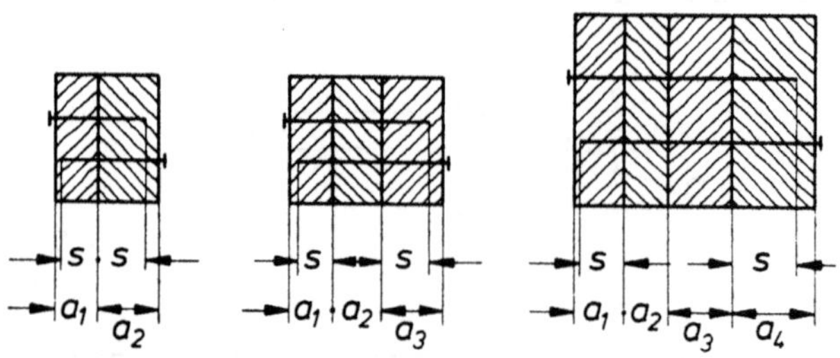

a) einschnittig b) zweischnittig c) dreischnittig
Holzdicken und Einschlagtiefen bei Nagelverbindungen

Nagelabstände

Gleichfalls um das Spalten des Holzes zu verhindern und um jedem Nagel seine volle Anschlußwirkung zu sichern, sind bei tragenden Nagelverbindungen nach DIN 1052 Mindestabstände für die Nägel untereinander und vom Rand der Holzquerschnitte vorgeschrieben.

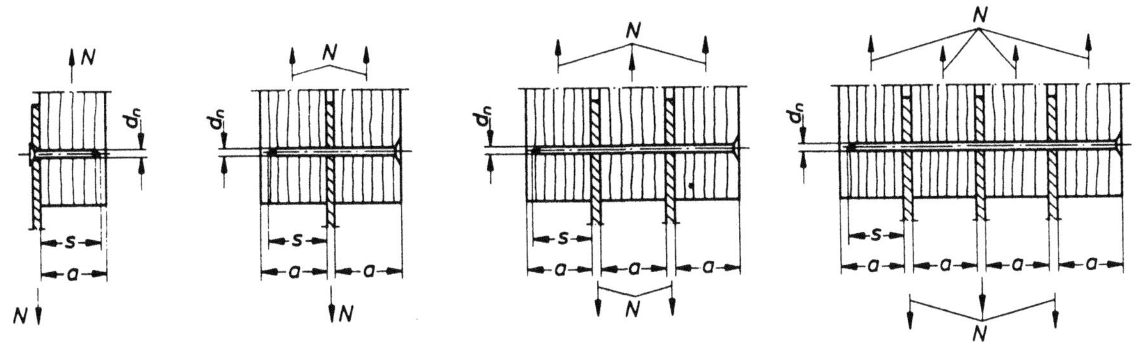

a) einschnittig b) zweischnittig c) vierschnittig d) sechsschnittig

Holzdicken und Einschlagtiefen bei Stahlblech-Holzverbindungen

Tabelle 15 Nagelabstände

		Nagelabstände parallel der Kraftrichtung mindestens	
		nicht vorgebohrt	vorgebohrt
untereinander	∥ der Faserrichtung	$10 \cdot d_n$ $12 \cdot d_n$ 1)	$5 \cdot d_n$
	⊥ zur Faserrichtung	$5 \cdot d_n$	$5 \cdot d_n$
vom beanspruchten Rand	∥ der Faserrichtung	$15 \cdot d_n$	$10 \cdot d_n$
	⊥ zur Faserrichtung	$7 \cdot d_n$ $10 \cdot d_n$ 1)	$5 \cdot d_n$
vom unbeanspruchten Rand	∥ der Faserrichtung	$7 \cdot d_n$ $10 \cdot d_n$ 1)	$5 \cdot d_n$
	⊥ zur Faserrichtung	$5 \cdot d_n$	$3 \cdot d_n$

1) bei $d_n > 4{,}2$ mm

Ausgangsmaß ist wiederum der Nageldurchmesser d_n. Da als Mindestabstand in Kraftrichtung $\geqq 10d_n$, quer dazu $\geqq 5d_n$ einzuhalten sind, beträgt die Mindestanschlußfläche eines Nagels $\geqq 50d_n^2$. Rechnet man die Tragkraft N_1 einer Nagelscherfläche auf diese Anschlußfläche um, so zeigt sich am Beispiel, daß die Anschlußkraft dünnerer Nägel in MN/m² (kp/cm²) gemessen größer ist als die dickerer Nägel.

Trotz eines rasch steigenden Stahlverbrauches bei Zunahme des Nageldurchmessers sinkt die zulässige Anschlußkraft infolge der Berücksichtigung der Spaltgefahr im zulässigen Nagelabstand. Sind die Nagellöcher vorgebohrt, so können die Mindestabstände nach Tabelle 15 teilweise auch reduziert werden. Ebenso genügen bei Stahlblechen und Furnierplatten Randabstände mit $2{,}5d_n$ und Nagelabstände mit $5d_n$, wenn sie nicht von Vollholzanschlüssen abhängen.

Ausgehend von den Mindestnagelabständen bei nicht vorgehobelten Nagellöchern kann man die auf der Anschlußfläche mögliche Stückzahl der Nägel, deren Summe die auftretende Stabkraft ($P = n \cdot N$) aufzunehmen hat, wie folgt ermitteln:

Mögliche Summe der Nägel je Anschluß
$$n = r \cdot s$$

mögliche Anzahl der Reihen
$$r = \frac{b - 5d_n}{5d_n}$$

mögliche Anzahl Nägel je Reihe bei einem belasteten Rand
$$= \frac{l - 15d_n - 7d_n}{10d_n} + 1$$

mögliche Anzahl Nägel je Reihe bei zwei belasteten Rändern
$$s = \frac{l - 15d_n - 15d_n}{10d_n} + 1$$

b = erforderliche Brettbreite
l = erforderliche Holzlänge je Reihe

Die Anwendung dieser Mindestmaße erfordert, daß alle Nägel in Reihe gegeneinander versetzt (nicht axial hintereinander) geschlagen werden. Bestimmte Mindestabstände in Kraftrichtung sind auch bei sich übergreifender Nagelung einzuhalten. Sie hängen von der Einschlagtiefe und der Dicke des gemeinsam getroffenen Holzquerschnittes ab.

Bezüglich der Tragfähigkeit eines Nagelanschlusses muß bei der Nagelanordnung noch berücksichtigt werden, daß bei $\geqq 10$ Nägeln in einer Reihe die Tragkraft des Einzelnagels um 10%, bei $\geqq 20$ Nägeln um 20% abzumindern ist, da mit gleichmäßigem Zusammenwirken aller Nägel nicht mehr voll gerechnet werden kann.

MINDESTABSTÄNDE DER NÄGEL

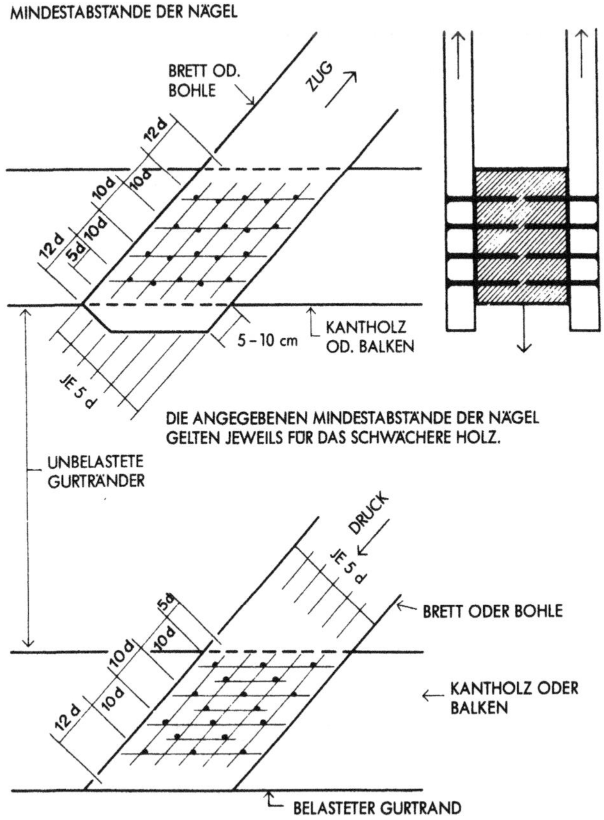

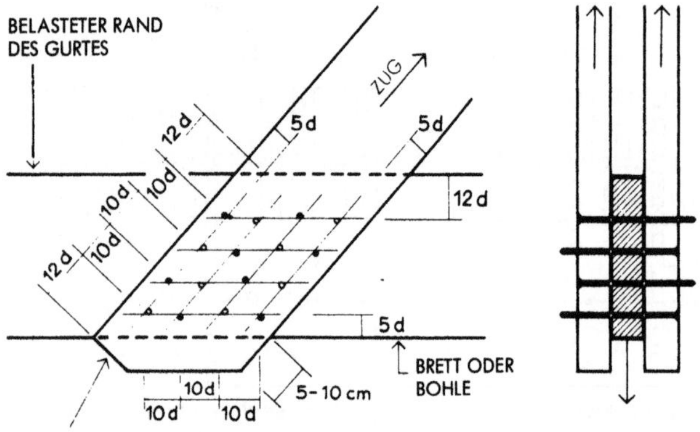

BEI ANSCHLÜSSEN GLEICH STARKER HÖLZER MÜSSEN DIE MINDESTABSTÄNDE IN BEIDEN STABRICHTUNGEN EINGEHALTEN WERDEN.

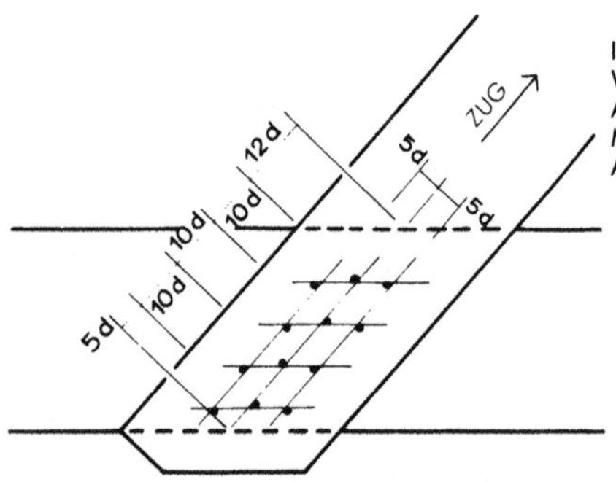

IST REICHLICH PLATZ FÜR NÄGEL VORHANDEN, DANN IST DIESE ANORDNUNG FALSCH. GLEICHMÄSSIGE VERTEILUNG ÜBER DIE ANSCHLUSSFLÄCHE IST BESSER.

a)
$a_m \geqq (s + 8\, d_n)$

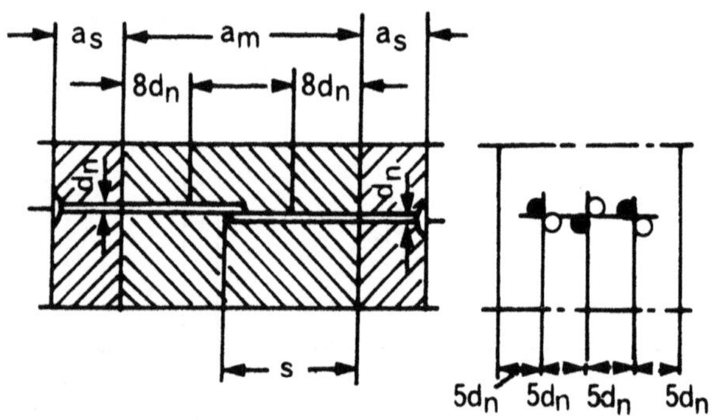

b)
$a_m \leqq s$

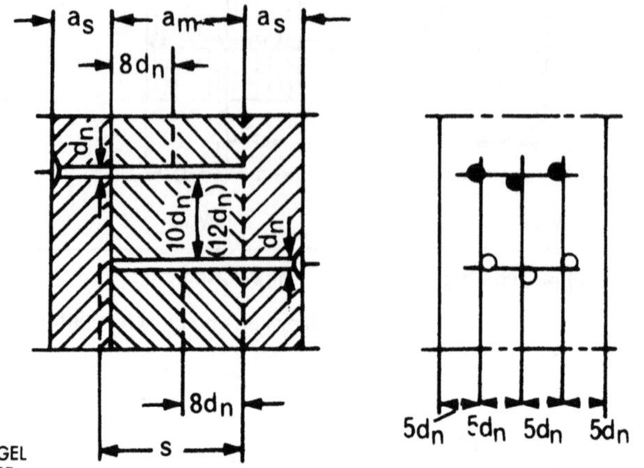

c)
$s < a_m < (s + 8\, d_n)$

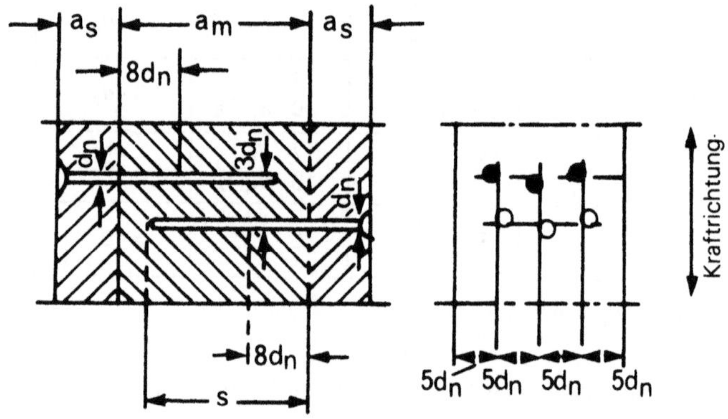

Bild 23. Abstände bei übergreifenden Nägeln

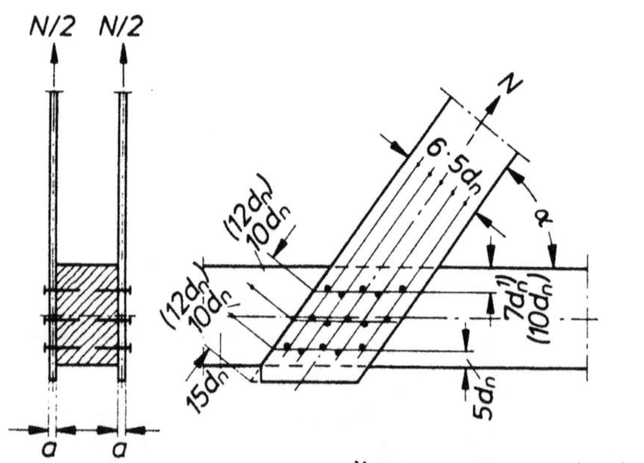

a) einschnittige Nagelung [1]) bei $\alpha < 30°: 5\, d_n\ (7\, d_n)$

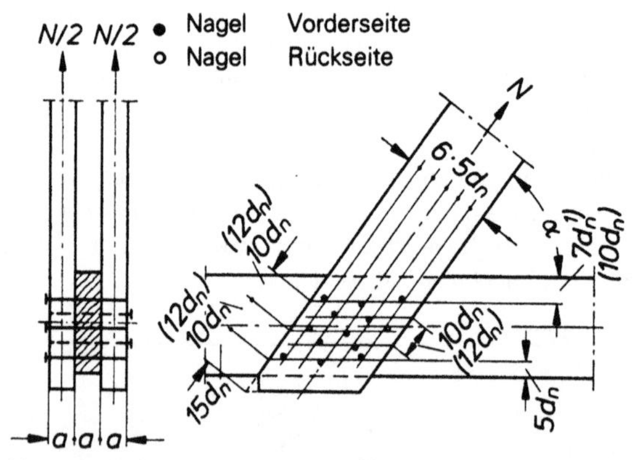

b) zweischnittige Nagelung [1]) bei $\alpha < 30°: 5\, d_n\ (7\, d_n)$

Mindestnagelabstände nicht vorgebohrter Nagelungen

Als Höchstmaß der Nagelabstände sowohl bei tragenden Nägeln als auch bei nichttragenden Heftnägeln, welche nur das Zusammenwirken von Einzelquerschnitten sowie Ausknicken und Verziehen verhindern sollen, gelten nach DIN 1052 in Kraftrichtung $\leqq 40 d_n$ und senkrecht zur Kraftrichtung $\leqq 20 d_n$.

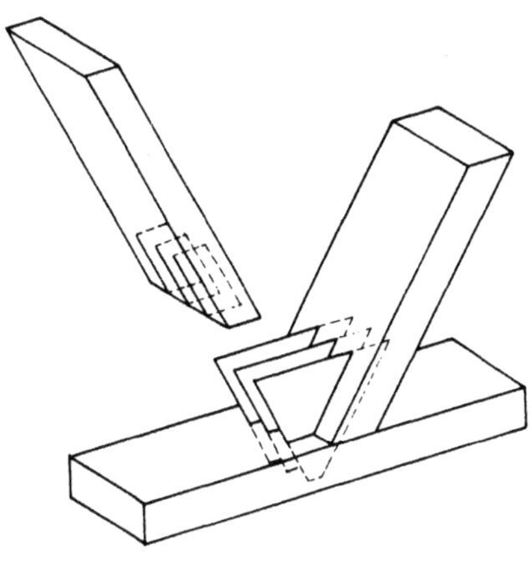

Ausführung und Sonderbauweisen

Ist ein Binder entworfen und sind die Stabquerschnitte, Anschlußflächen und Querschnitte der verschiedenen Knotenpunkte aufgrund der statischen Untersuchung festgelegt, so geht die Nagelung der wichtigen mehrfach wiederkehrenden Knotenpunkte folgendermaßen vor sich: Auf Schablonen aus dünnem Sperrholz wird die Verteilung der Nägel durch Bohrlöcher festgelegt und auf die entsprechenden Knotenpunkte übertragen. Bei der Ausführung der Nagelung hat der Handwerker noch genügend Spielraum, um darauf zu achten, daß nicht mehrere Nägel hintereinander in dieselbe Faser zu sitzen kommen. Die Nägel werden so weit eingetrieben, daß der geriffelte Senkkopf mit dem Finger gerade noch zu fühlen ist. Bei stärkeren durchgehenden Nägeln verzichtet man meistens auf das Umschlagen der Nagelspitzen (obwohl die Tragfähigkeit dadurch etwas gehoben würde), weil dabei leicht die Fasern beschädigt werden.
Sonderbauweisen versuchen heute, über die DIN 1052 hinaus, durch eine höhere Tragkraft der Nagelverbindung eine Materialersparnis zu erzielen und dazu das arbeitsintensive Verteilen und Schlagen der Nagelgruppen von Hand durch eine maschinelle Fertigung zu ersetzen.

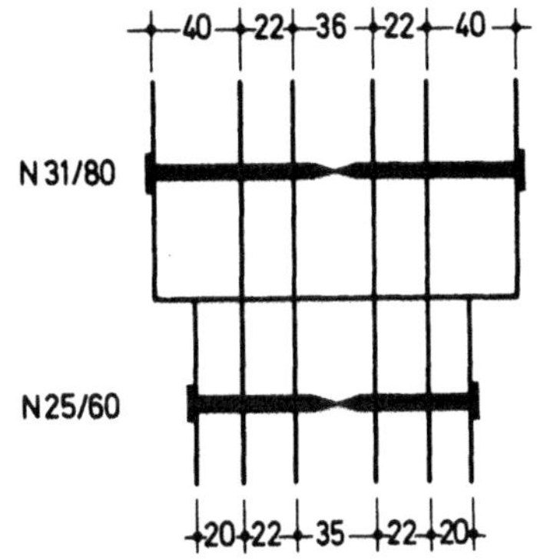

BLECHE + NÄGEL 1:5

Greimbau-System

Die Greim-Bauweise beruht auf einem von W. Greim und H. Brunotte entwickelten Verbindungssystem, bei dem die Stabkräfte an den Knotenpunkten über Nägel und Stahlbleche übertragen werden. Das System ermöglicht den druck- und zugfesten Anschluß von beliebig vielen Holzstäben zentrisch an einem Punkt und in der Ebene und ist daher für alle Holz-Stabwerkkonstruktionen geeignet.
Laschen, Knaggen und andere herkömmliche Verbindungsmittel werden vermieden. Die Verringerung des Holzbedarfs und des damit verbundenen Arbeitsaufwandes garantiert eine wirtschaftliche Herstellung. Das zu verwendende Nadelholz soll im halbtrokkenen Zustand mindestens der Güteklasse II nach DIN 4074, Teil 1, entsprechen. An den Anschlußstellen sollen die Hölzer scharfkantig sein. Um die Rißbildung durch Austrocknung in Grenzen zu halten, sind die Querschnittsabmessungen möglichst klein zu wählen. Die Knotenbleche sind aus St 37-2 nach DIN 1623, Teil 2, herzustellen. Sie müssen sendzimir-verzinkt sein. Die Knotenbleche der Greimbau-Konstruktionen, die ständig der Witterung oder hohem Wasserdampfgehalt in Räumen ausgesetzt sind, sollten zusätzlich mit einem gut haftenden Kunststoffüberzug versehen werden. Die Bleche haben eine Dicke von 1,0–1,75 mm. Es können bis zu 6 Knotenbleche angeordnet werden, wobei ein genau vorgeschriebener Abstand eingehalten werden muß (DIN 1052, Teil 1, Abschnitt 11,3.13/14/15). Beim Durchtreiben der Nägel fransen die Bleche aus und verkrallen sich dübelartig im Holz, was zu einer sehr innigen, schubfesten Verbindung zwischen Holz, Stahl und Nägeln führt.
Die Vernagelung erfolgt nach DIN 1052, Blatt 1, Abschnitt 11.3.12, mit Nägeln von 2,5–4,2 mm Durchmesser. Bei entsprechender Nagellänge kann eine sechsschnittige Verbindung hergestellt werden, d. h., daß es möglich ist, mit jedem Nagel bis zu drei

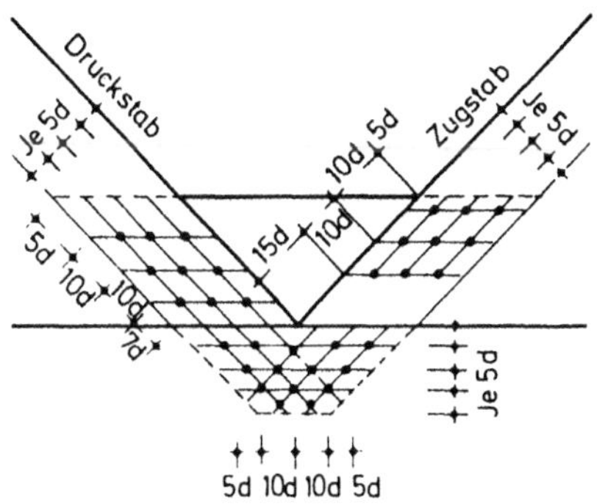

NAGELABSTÄNDE NACH DIN 1052 $d \leqq 4{,}2$ mm

Knotenbleche zu durchtreiben, wobei an jedem Blech eine zweischnittige Verbindung entsteht.
Es ist immer von beiden Seiten zu nageln, Ausnahmen bilden jedoch Wind- und Knickverbände.
Bei der Greim-Bauweise unterscheidet man grundsätzlich zwei Konstruktionsarten.
- Bei Fachwerken, deren Stäbe aus mehreren Lagen von Brettern bestehen, werden die Knotenbleche zwischen die Lagen gelegt und insgesamt durchnagelt. Der Vorteil besteht darin, daß die Qualität jeder Lamelle vor dem Zusammenbau geprüft werden kann.
- Bei Fachwerk-Konstruktionen mit Vollstäben werden die Enden zur Aufnahme der Knotenbleche mit Spezialsägeblättern (maximal 2 mm dick) geschlitzt.

Gang-Nail-System

Das Gang-Nail-System ist eine amerikanische Entwicklung der fünfziger Jahre, die mit Nagelplatten arbeitet. Die galvanisch verzinkten Stahlbleche haben aufgebogene nagelförmige Aufstanzungen. Von beiden Seiten übergreifen sie die stumpfgestoßenen Fachwerkstäbe. Die Tragkraft eines solchen zweimal einschnittigen Knotens ist durch die Knotenblechdicke und die Anzahl der Nagelzungen je Blechgröße bestimmt. Das System wird ebenfalls in Lizenz vergeben und eignet sich insbesondere für eine vollmechanisierte Fertigung leichter hölzerner Bretterbinder.

Tragfähigkeit der Gang-Nail-Platten

Nagelplatte	für Holzdicke	**zul *N* je Nagel in kp (N)**
GN 14	≧ 50 mm	$\frac{40}{2 \cdot \sin\alpha + \cos\alpha} \geqq 20\ (200)$
GN 18	≧ 40 mm	$\frac{80}{2 \cdot \sin\alpha + \cos\alpha} \geqq 9\ (90)$
GN 20	≧ 30 mm	$\frac{7{,}5}{1{,}5 \cdot \sin\alpha + \cos\alpha} \geqq 5\ (50)$

Genauere Angaben siehe Zulassungsbescheid

Holzleimbau

Schon vor der Jahrhundertwende hatte der Weimarer Zimmermeister Hetzer die Idee, handelsübliche Schnittbretter zu großen Massivquerschnitten zusammenzuleimen und diese dann als tragende Konstruktion einzusetzen. Er schuf mit seinen damaligen Arbeiten die Grundlagen für die Herstellung von Holzleimelementen. Erst die Holzknappheit nach dem Zweiten Weltkrieg verhalf dem Holzleimbau zu seiner heutigen Bedeutung. Aus dem Bestreben, mit wenig Holz ein Optimum an Tragfähigkeit zu erzielen, entstanden durch die Verleimung von Brettern, Balken, Rahmen und fachwerkähnliche Tragwerke.
Heute hat sich der Holzleimbau, bedingt durch die Verwendung widerstandsfähiger Kunstharzleime und die Entwicklung rationeller Fertigungsmethoden, in Bereichen des Bauwesens durchgesetzt, die noch vor wenigen Jahren fast ausschließlich dem Stahl bzw. dem Stahlbeton vorbehalten waren.
Zur Herstellung von Leimkonstruktionen sind besondere Leimbaugenehmigungen erforderlich, die in Abständen von 3 Jahren erneuert werden müssen.

A. Für die Ausführung aller geleimten Holzbauteile anerkannt.
B. Für die Ausführung einfacher geleimter Holzbauteile anerkannt.
C. Anerkennung nur zum Leimen von Dreieck-Streben-Bindern.

Entwurfsgrundlagen

Für den Entwurf und die Bemessung geleimter Holzbauteile sind hinsichtlich der Sicherheit, der Qualität des Materials und der Bauausführung folgende Normen maßgebend:

- DIN 1055 Lastannahmen für Bauten
- DIN 1052 Holzbauwerke (Berechnung und Ausführung)
- DIN 4074 Bauholz für Holzbauteile
- DIN 68140 Keilzinkenverbindung von Holz

Holz-Qualität

Für Leimverbindungen dürfen nur trockene Hölzer ausgesuchter Güte (Fichte, Kiefer mit 2–15% Feuchtigkeit) verwendet werden. In Hochtemperatur-Trockenanlagen werden sie auf künstlichem Wege getrocknet. Der Endfeuchtigkeitsgehalt der Einzelteile richtet sich hauptsächlich nach dem zu erwartenden Feuchtigkeitsgehalt des Bauteils im eingebauten Zustand. So wird das

HERSTELLUNGSVERFAHREN VON HOLZLEIMBINDERN

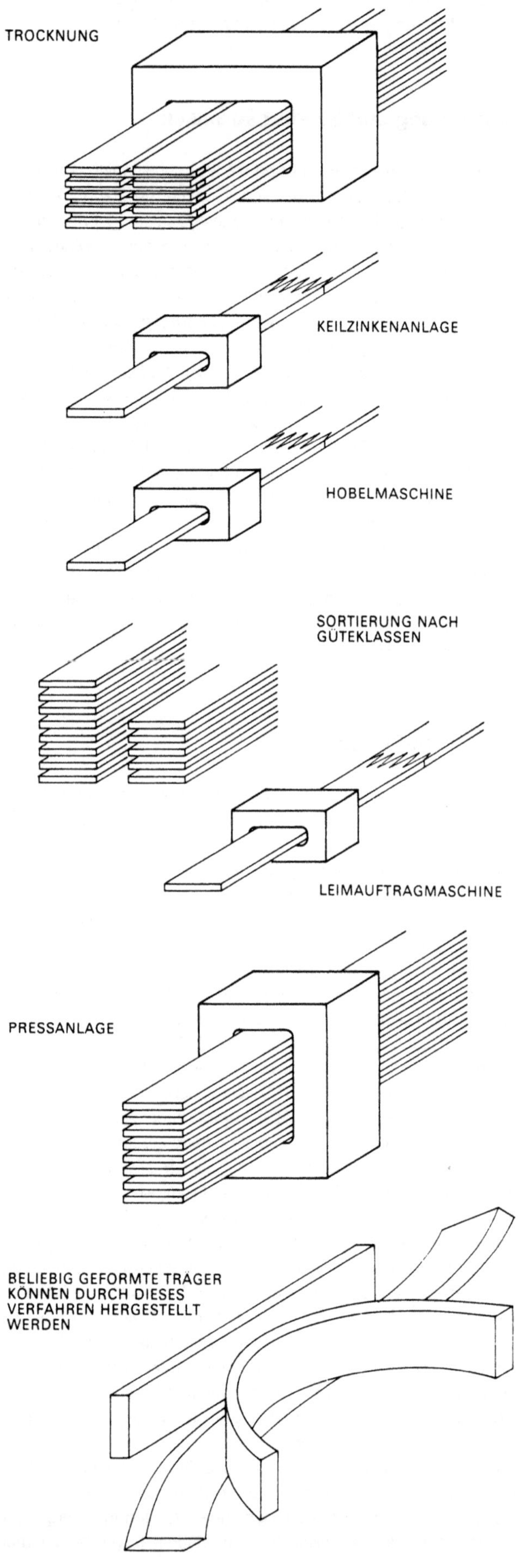

spätere Auftreten von Rissen durch Klimaschwankungen verhindert. Der Feuchtigkeitsgehalt muß mit elektrischen Messern nachgewiesen werden. Trockenes, für den Holzleimbau geeignetes Holz ist mit einem Brennstempel gekennzeichnet. Die Hitze des Trocknungsprozesses (353–373 K bzw. 80–100 °C) vernichtet tierische Schädlinge, während pflanzliche Holzzerstörer (Pilze, Schwämme) durch die relativ niedrige Holzfeuchtigkeit unter 18 °C (291 K) nicht gedeihen.
Die Güte von Holzleimkonstruktionen hängt auch von der Homogenität des Materials ab; das bedeutet, daß größere Äste nicht zulässig sind und aus den Brettern ausgeschnitten werden müssen.

Leimarten

Maßgebend bei der Verwendung von Leimen ist in erster Linie die Beständigkeit in feuchter Luft. Für tragende Bauteile müssen sie die Prüfung nach DIN 68141 (Holzverbindungen, Prüfung von Leimverbindungen für tragende Holzbauteile) bestanden haben.
Für Bauteile, die nicht der Witterung ausgesetzt sind, genügt die Verwendung von Kasein-Leimen und Kunstharz-Leimen. Für Bauteile, die kurzfristig oder nicht oft mit Nässe und Feuchtigkeit in Berührung kommen, dürfen Kunstharzleime auf der Basis Harnstoff- Formaldehyd oder Resorcin-Formaldehyd gebraucht werden. Für Bauteile, die ständig der Nässe oder auch sehr feuchtwarmen Klimabedingungen ausgesetzt sind, verwendet man nur Kunstharzleime auf der Basis Resorcin-Formaldehyd. Bei der Verwendung aller Leime sind die Herstelleranweisungen strengstens zu beachten. Zur Überwachung der Eigenschaften der verwendeten Leime sind vor jedem Bauvorhaben Probeleimungen durchzuführen.
Je nach Leimtemperatur unterscheiden wir die Kaltleimung bis etwa 303 K (30 °C) und die Warmleimung von etwa 323–353 K (50–80 °C). Bei der Heißleimung zwischen 353 und 403 K (80 und 130 °C) lassen sich die Erhärtungs- bzw. Preßzeiten von 20 bis auf 2 Stunden vermindern. Die Scherfestigkeit der Leimfugen sämtlicher im Holzbau verwendeten Leime liegt höher als die der benachbarten Holzfasern. Die zulässigen Scherspannungen von Leimfugen sind nach DIN 1052, Teil 1, Tabelle 6, gleich den zulässigen Scherspannungen des verleimten Holzes zu behandeln. Quer zur Holzfaser wirkende Zugspannungen sind nach Möglichkeit zu vermeiden.

Herstellung von Holzleimbindern

Die speziell für den Holzleimbau ausgesuchten, sägerauhen Bretter werden in Hochtemperatur-Trockenanlagen auf einen niedrigen Feuchtigkeitsgehalt zwischen 2% und 15% heruntergetrocknet.
Die getrockneten, durch die Entfernung der Äste verschieden langen Bretter werden durch eine Keilzinkenanlage geschickt und an ihren Enden miteinander verbunden. Damit wird das Brett zur „Lamelle" von unbegrenzter Länge.
Die Lamellen durchlaufen im darauffolgenden Produktionsabschnitt eine Hobelmaschine.
Sie werden in 2 Güteklassen sortiert, um für eine möglichst gleichmäßige Qualität des verleimten Holzes zu sorgen. In einer Leimauftragmaschine wird anschließend an beiden Seiten genau dosierter Leim aufgebracht.
Die Lamellen werden auf- oder aneinandergeschichtet und in Spezialpressen zu einem Element von beliebiger Länge geformt.
Länge, Form und Querschnitt der verleimten Bauteile können den statischen Anforderungen angepaßt werden. Für gerade Träger bis zu einer Querschnittsbreite von 20 cm genügt in jeder Schicht eine Lamelle. Liegen bei größeren Querschnitten die Lamellen nebeneinander, so müssen die Stoßfugen versetzt angeordnet werden. Beliebig gebogene Träger sind nach gleichem Verfahren hergestellt, wobei die Lamellendicke immer in einem bestimmten Verhältnis zum Biegeradius gewählt wird. (Siehe DIN 1052, Teil 1.)

Fachwerk-Trägerkonstruktionen

Fachwerk-Dachtragwerke stellen einen technischen Fortschritt gegenüber den alten Stütz- oder Hängewerken dar. Sie leiten über größere Gebäudetiefen stützenfrei die Dachlasten unmittelbar über die Außenwände ab, so daß bei Veränderung der Raumaufteilung Dachlasten nicht berücksichtigt werden müssen.
Dachtragwerke bestehen aus einer Addition von unveränderlichen, aus Fachwerkstäben gebildeten Dreiecken. Die Knotenpunkte werden nach Methoden des Ingenieurholzbaus ausgebildet. Die diagonalen Stäbe sind meistens als Zugstäbe, die kürzeren, vertikalen Pfosten als Druckstäbe angeordnet.

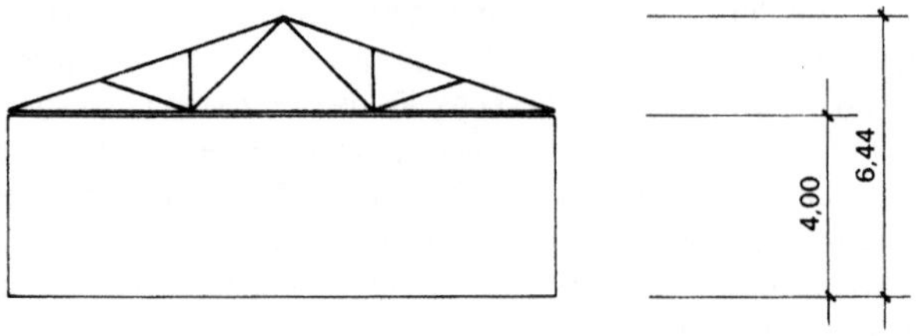

Dreieckbinder

Dreieckbinder eignen sich besonders für Dächer von begrenzter Spannweite, die eine Hartdeckung, wie beispielsweise Wellasbestzementtafeln, Schiefer oder Ziegel, erhalten sollen. Bei den hierfür notwendigen Dachneigungen sind (von hohen Gebäuden abgesehen) die Dachflächen dem Beschauer noch sichtbar. Man sollte deshalb bei allen Dauerbauten wenn möglich kein Pappdach verwenden.
Bei Dreieckbindern entstehen bei größeren Spannweiten in den spitz zulaufenden Auflagern hohe Gurtspannungen, wodurch sie eine ziemlich große Elastizität erhalten.
Dreieckbinder baut man in Stützweiten bis 25 m und mit Dachneigungen von 25 bis $33^1/_3\% = 14°2'$ bis $18°26'$. Eine Neigung von 25% sieht man meist nur für Binder mit mäßiger Spannweite bis etwa 15 m vor, bei größeren sollte man ohne zwingende Gründe nicht unter $33^1/_3\%$ gehen.

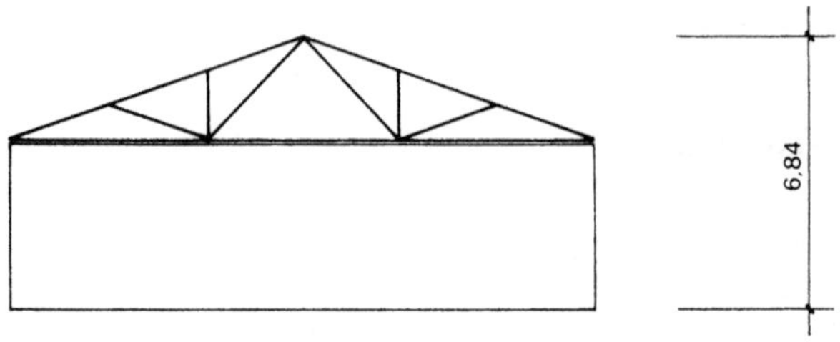

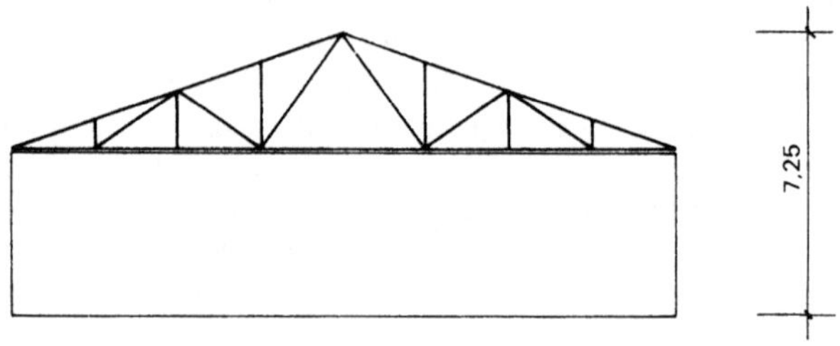

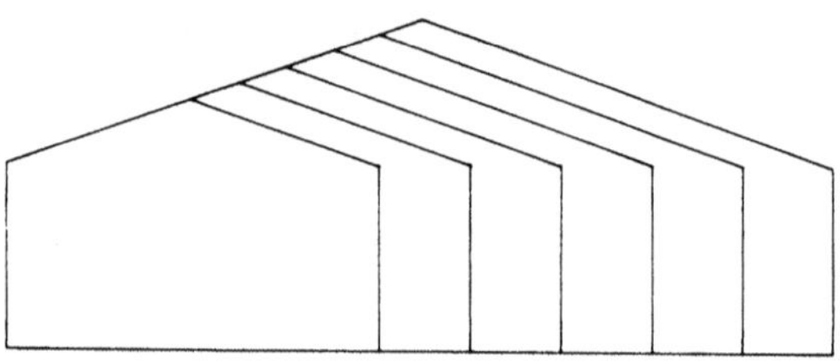

KONSTRUKTIONSHOHE	1,62	2,03	2,44	2,84	3,25	3,62
SPANNWEITE	10,00	12,50	15,00	17,50	20,00	22,50

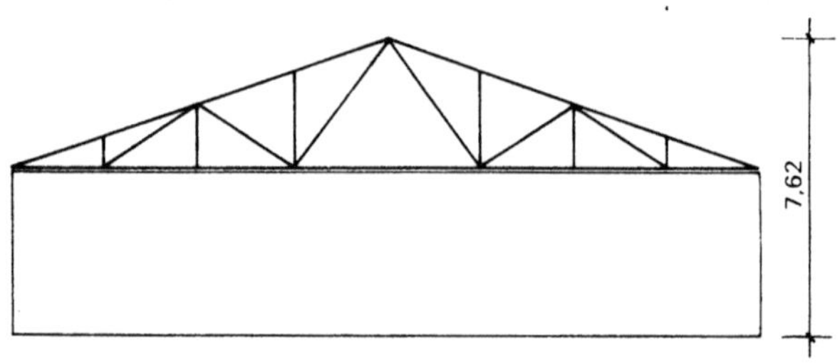

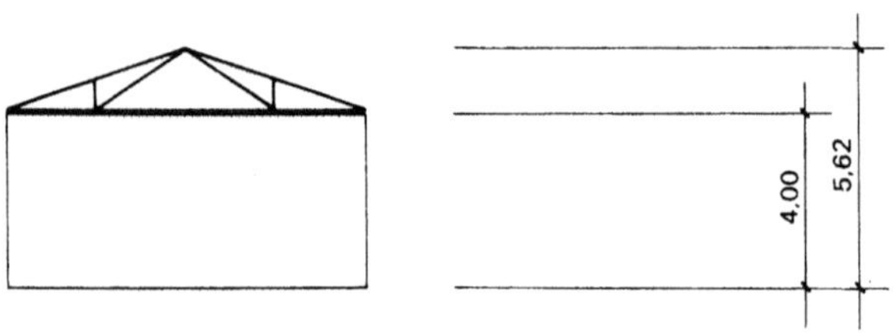

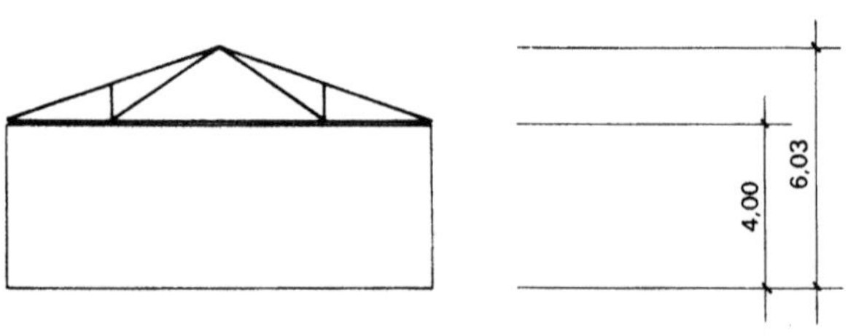

Einteilige Gurte

Alle Pfosten stehen stumpf auf, und die zweiteiligen Zugdiagonalen werden entweder als Kanthölzer mit Dübeln oder in der Nagelbauweise als Bohlen oder Bretter seitlich an die Gurte angeschlossen. Die größten Gurtspannkräfte treten an den Auflagern auf.
Da Holzbinder infolge ihrer Elastizität mit der Zeit etwas durchhängen, teilt man den Untergurt und hebt ihn um etwa $^1/_{200}$ der Stützweite in der Mitte an. Zulässige Durchbiegungen bzw. Überhöhungen nach DIN 1052, Teil 1, Abschnitt 10.
Die Stoßstelle wird durch Holzlaschen und Dübel oder Nagelung wieder zugfest gemacht.
Die Binder werden stets so aufgelagert, daß die Schnittpunkte der Ober- und Untergurtachsen genau auf die Mauer-, Pfeiler- oder Stützenmitte zu liegen kommen. Zur Druckverteilung benützt man entweder eine kräftige Mauerlatte, oder man legt eine Hartholzscheibe von genügender Größe unter die Binderauflager. Die Binderfüße dürfen nicht eingemauert werden, sondern müssen zugänglich und kontrollierbar bleiben.

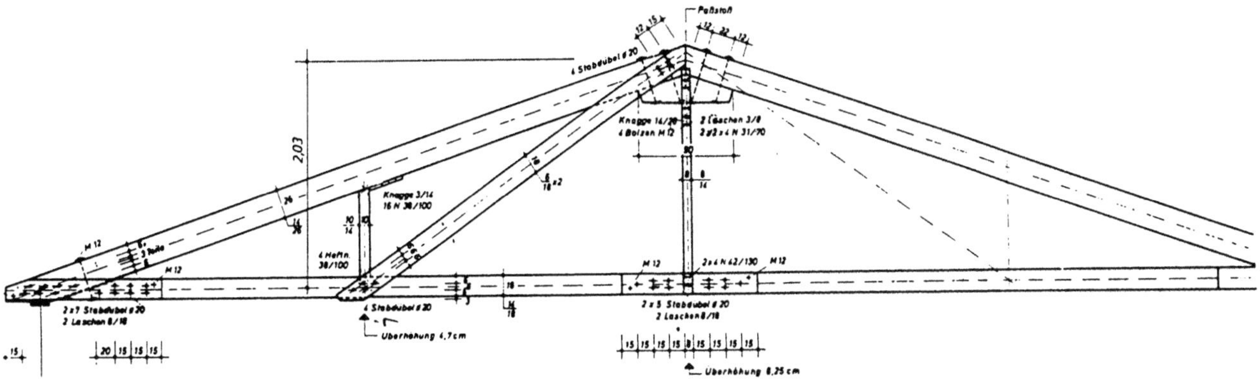

BINDERSPANNWEITE
L = 20,00 m

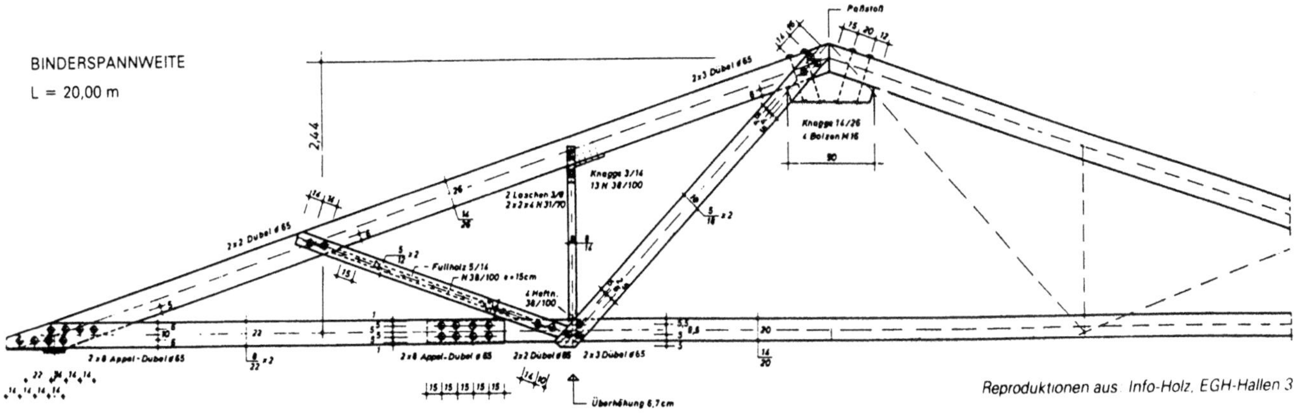

Reproduktionen aus Info-Holz, EGH-Hallen 3

Mehrteilige Gurte

Wenn die vollen Gurtquerschnitte schwer zu beschaffen sind, kann man die Gurte auch zweiteilig oder bei Verwendung von Bohlen oder Brettern auch drei- und vierteilig ausführen. Die Abbundlänge und die aufzuwendende Arbeit werden hierdurch allerdings erhöht, aber die Materialbeschaffung wird manchmal erleichtert.

Bei den Bindern mit geteilten Gurten liegen zweckmäßig alle Wandstäbe, auch die gedrückten, zwischen den Gurten, und zwar so, daß die Kräfte, die in den Knotenpunkten miteinander im Gleichgewicht stehen sollen, innerhalb der Stabanschlüsse keine Umwege machen müssen. So sollen die lotrechten Seitenkräfte der Diagonalen unmittelbar in die Vertikalstäbe und ihre waagerechten Seitenkräfte unmittelbar in den Untergurt fließen können. Während sich bei Fachwerkbindern aus Kanthölzern dieser Konstruktionsgrundsatz aufrechterhalten läßt, muß man jedoch bei reinen Bretterbindern häufig davon abweichen. Hier ist es oft einfacher, alle Wandstäbe in einer Ebene zwischen die Gurte einzufügen, wenngleich dann die Schnittpunkte der Wandstabachsen nicht mehr auf den Gurtachsen liegen und dadurch in den Stäben zusätzlich Biegespannungen auftreten, welche bei ihrer Bemessung zu berücksichtigen sind.

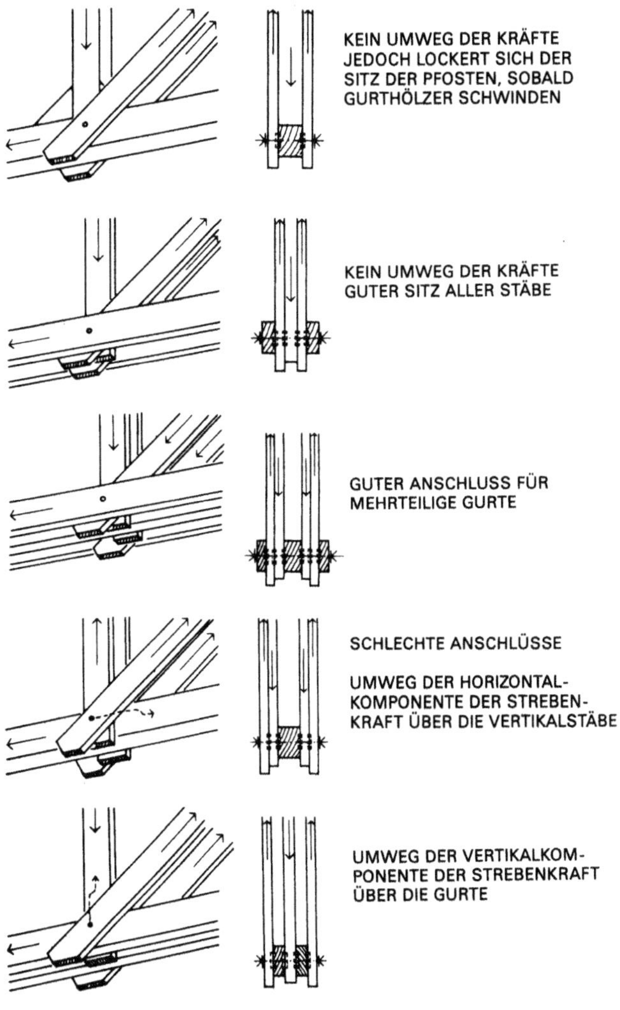

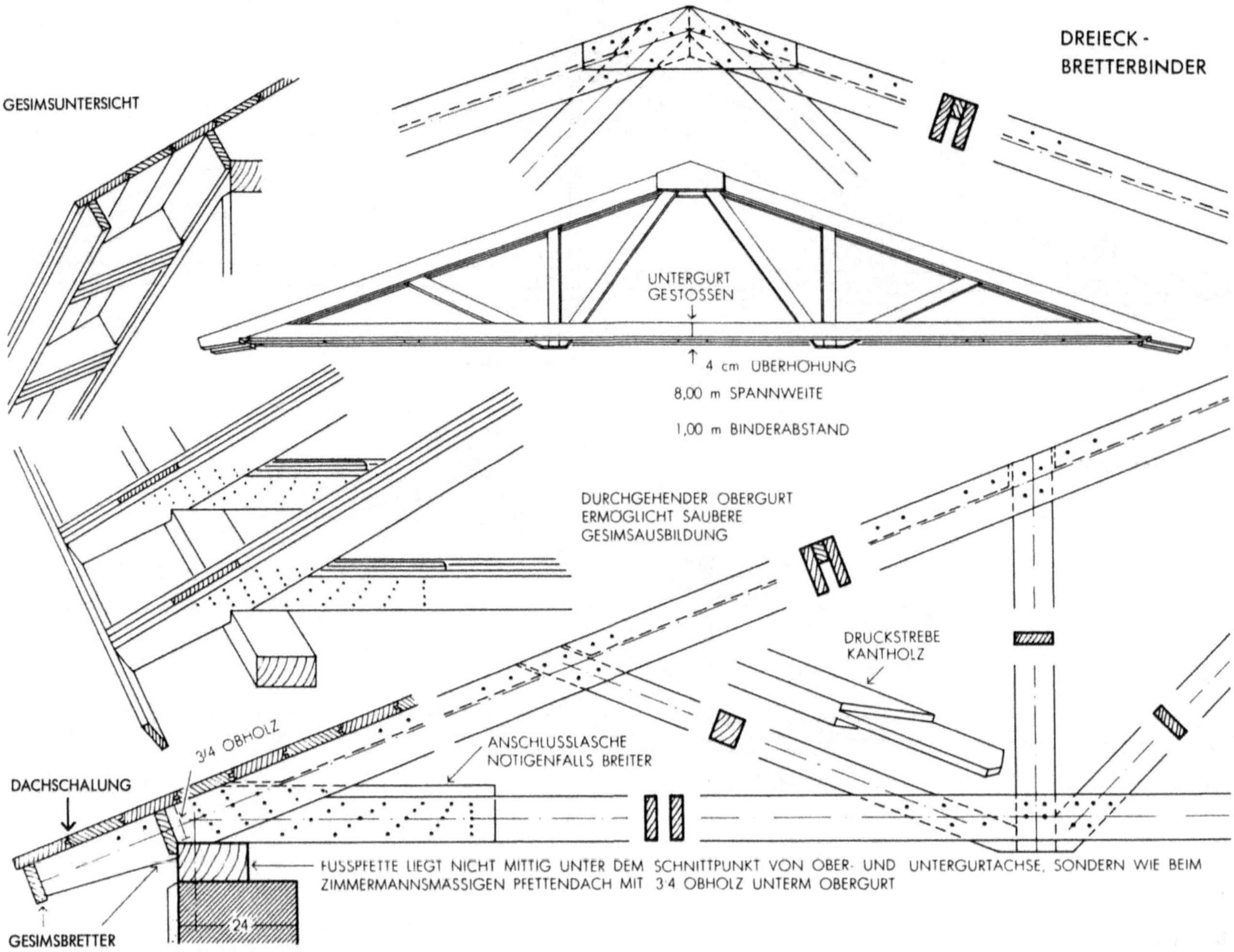

DREIECK - BRETTERBINDER
GESIMSUNTERSICHT
UNTERGURT GESTOSSEN
4 cm ÜBERHÖHUNG
8,00 m SPANNWEITE
1,00 m BINDERABSTAND
DURCHGEHENDER OBERGURT ERMÖGLICHT SAUBERE GESIMSAUSBILDUNG
DRUCKSTREBE KANTHOLZ
3/4 OBHOLZ
ANSCHLUSSLASCHE NÖTIGENFALLS BREITER
DACHSCHALUNG
FUSSPFETTE LIEGT NICHT MITTIG UNTER DEM SCHNITTPUNKT VON OBER- UND UNTERGURTACHSE, SONDERN WIE BEIM ZIMMERMANNSMÄSSIGEN PFETTENDACH MIT 3/4 OBHOLZ UNTERM OBERGURT
24
GESIMSBRETTER

Greim-Bauweise

Mehrere gleichgerichtete, dünne Knotenbleche, welche entweder in Vollholz-Querschnitte eingeschlitzt oder zwischen Einzelbrett-Lamellen eingefügt werden, ermöglichen auch im Holzbau praktisch beliebig viele Stäbe an einen Knoten druck- und zugfest anzuschließen. ≦3 Bleche können ohne Verbohrung zusammen mit den Hölzern durchnagelt werden, wobei jedes Blech als zweischnittige Verbindung rechnet. Die patentierte Bauweise wird in Lizenz vergeben und erlaubt bei gleicher Nagel- und Stabanzahl größere Binderspannweiten bzw. schlankere Holzkonstruktionen und einen geringeren Holzaufwand.

GENAGELTER HOLZBINDER MIT KNOTENBLECHEN (GREIM SYSTEM)

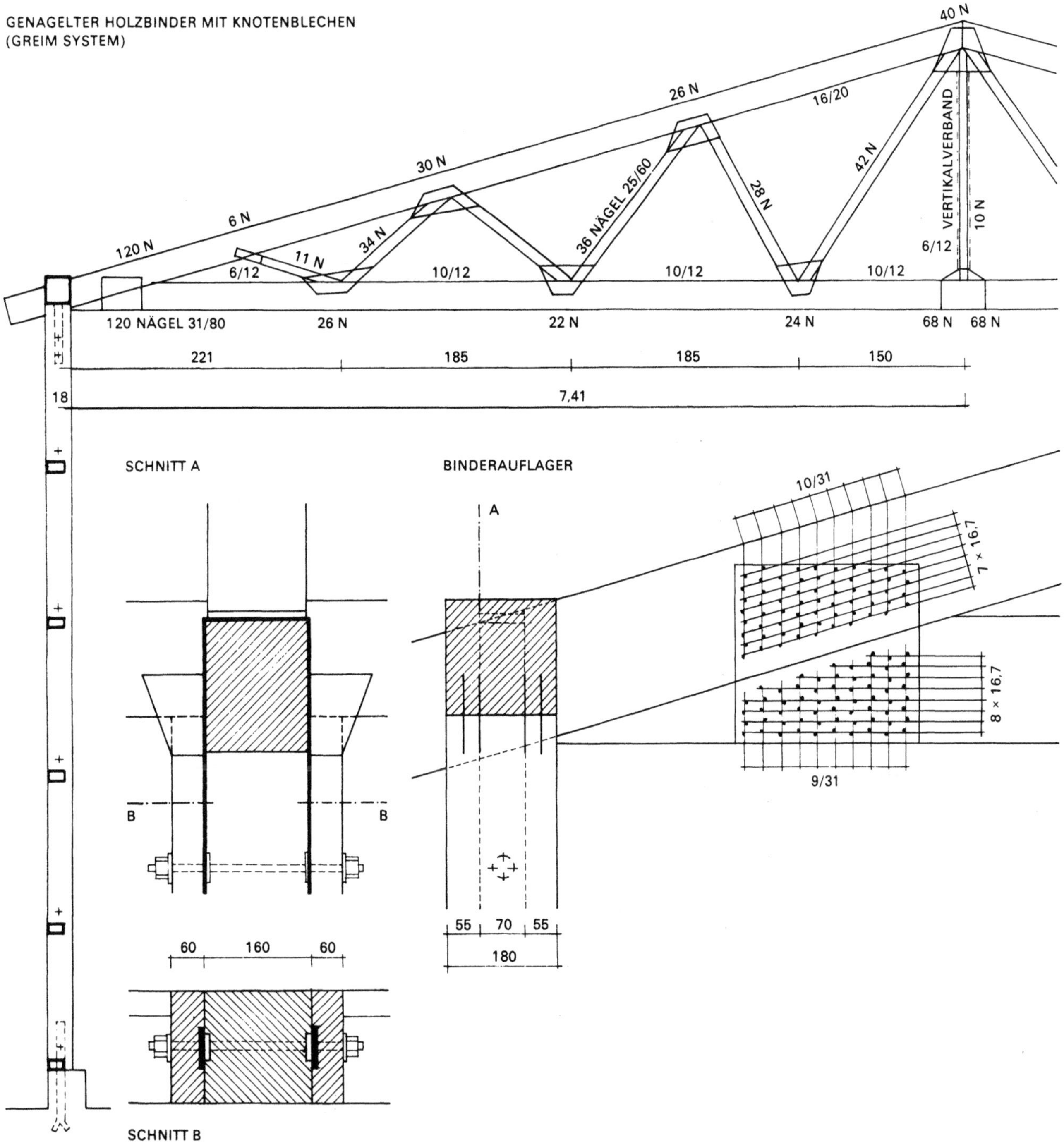

Parallelträger

Parallelträger verwendet man hauptsächlich als Fachwerkpfetten für große Binderabstände, bei welchen volle Pfettenquerschnitte zu unwirtschaftlich werden. In solchen Fällen werden sie meist in die Binder eingebaut und ergeben gleichzeitig einen sehr guten Längsverband des Daches. Ferner können sie als weitgespannte Unterzüge für Balkenlagen und als Torträger bei Hallen gebraucht werden.

Eine Sonderform des Parallelträgers ist der Balkenbinder mit mittig ansteigendem Obergurt, dessen Stabkräfte am Auflager gegenüber dem Dreieckbinder konstruktiv besser zu erfassen sind. Die Obergurte erhalten mit Rücksicht auf das spätere Setzen der Binder eine Neigung von mindestens 8%, die Untergurte eine Überhöhung von mindestens 1%.

Auch bei den Parallelträgern wird das Zugstrebenfachwerk bevorzugt, wobei man als Pfostenabstand etwa die Konstruktionshöhe des Binders wählt, so daß die Schrägen die günstigsten Neigungen von 30 bis höchstens 45° erhalten.

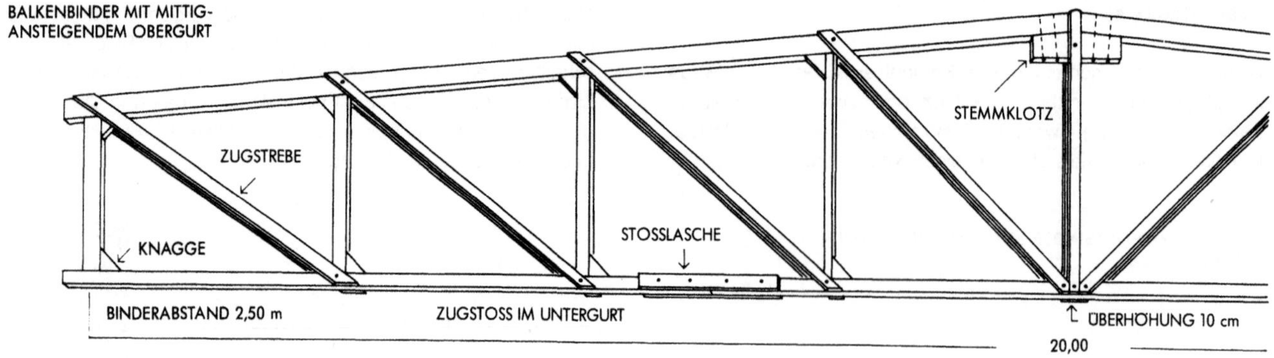

System-Bezeichnung	Stütz-weite l m	Binder-abstand e m	Abmessungen h m	a m
Einfeld-Biegeträger als paralleler Fachwerkträger	10,00	5,00 ... 7,50	1,00	2,50
	12,50	5,00 ... 7,50	1,25	3,13
	15,00	5,00 ... 7,50	1,50	2,50
	17,50	5,00 ... 7,50	1,75	2,92
	20,00	5,00 ... 7,50	2,00	2,50
	22,50	5,00 ... 7,50	2,25	2,25
	25,00	5,00 ... 7,50	2,50	2,50
	27,50	5,00 ... 7,50	2,75	2,29

DACHFUSS AM BALKENBINDER

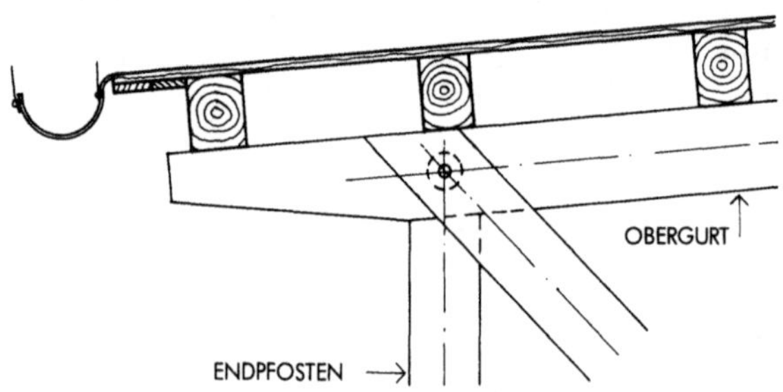

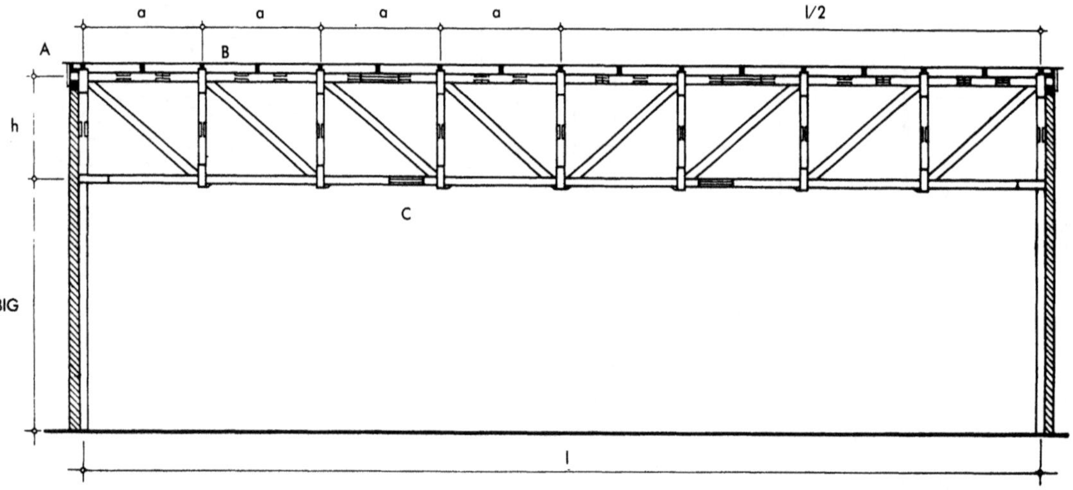

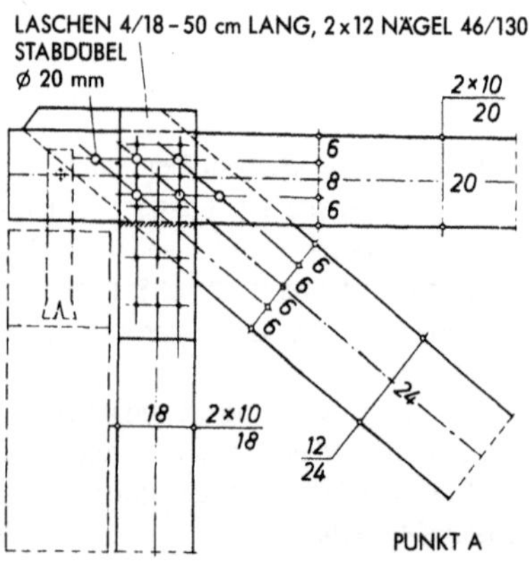

PUNKT A

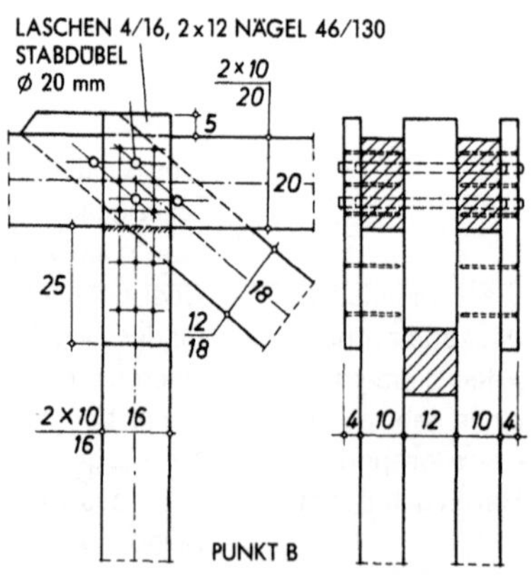

PUNKT B

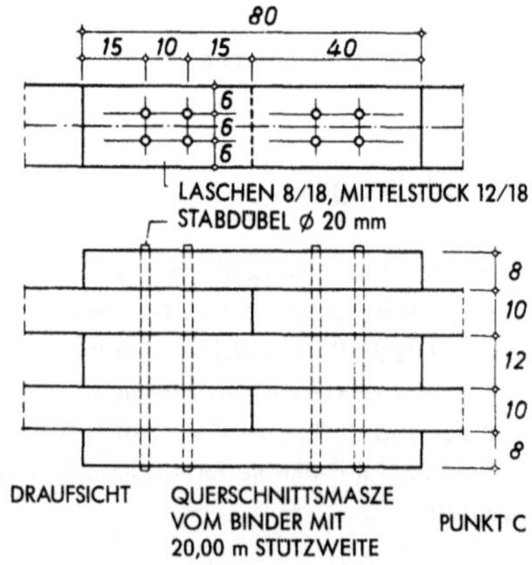

PUNKT C

Trigonit-Gittersteg-Bauweise

Der Trigonit-Träger ist als Parallelträger entwickelt. Er eignet sich daher vor allem für freitragende Dächer und Balkenlagen großer Spannweiten, wo er als Gittersparren oder -balken verwendet wird. Abwalmungen, untergehängte Decken, Dachüberstände und dgl. sind leicht möglich. Für stark beanspruchte Teile wählt man Zwillingsträger. Der Trigonit-Träger hat einen Gittersteg aus Brettstreben, die miteinander durch Keilzinkung verbunden und verleimt sind. Seitlich werden auf diesen verleimten Steg die hochkant gestellten Bretter- oder Bohlengurte aufgenagelt. Die Nagelung erfolgt durch die verleimte, abgesperrte Knotenverbindung der Stegbretter. Damit erhält man einen zentrischen Anschluß der Steg- und Gurtbretter. Die senkrechten Komponenten der Diagonalen werden durch die Verleimung übertragen. Die Nagelung dient der Überleitung der Schubkräfte bzw. Normalkräfte auf die Gurte. Bei einem Zwillingsträger hat das innere Gurtholz die doppelte Stärke der Außengurte.

Zur Aufnahme größerer Querkräfte kann der Träger am Auflager vollwandig verbrettert sein.

Da nur die Stegbretter miteinander verleimt werden, genügt es, nur diese künstlich zu trocknen. Diese kombinierte Leim-Nagel-Bauweise verlangt eine besondere Zulassung und wird nur von laufend überwachten Betrieben ausgeführt.

Dreieck-Streben-Bauweise

Bei der Dreieck-Streben-Bauweise (DSB) wird in flach angeordnete Bohlengurte der in ein Strebenfachwerk aufgelöste Steg eingezapft. Mit zwei oder drei Zapfen greifen die Streben in die Gurte ein. Die Übertragung der Strebenkräfte geschieht hier nur durch Verleimung.

Durch die flach angeordneten Gurte haben DSB-Träger große Seitensteifigkeit. Die Durchbiegung bei Vollast ist wie bei allen geleimten Trägern gering. Zwillingsträger mit doppeltem Strebensteg werden für Teile größerer Belastung hergestellt. Die Gurte lassen sich durch Keilzinkung stoßen, so daß die Trägerlänge praktisch unbegrenzt ist.

Mit solchen Trägern kann man weitgespannte Dachstühle mit oder ohne Kehlbalken, mit Grat und Kehle sowie Produktions- und Lagerhallen freitragend und mit geringer Konstruktionshöhe ausführen. Auch als Gitterstützen finden sie Verwendung.

Dreieck-Streben-Träger werden auf eigens dafür geschaffenen Maschinen mit einer Paßgenauigkeit von ca. 0,1 mm gefertigt. Für die Verleimung verwendet man hochwertige Resorcin-Formaldehyd-Leime.

Nur Firmen, die über die notwendige Einrichtung verfügen und deren Fertigung wie bei allen Sonder-Leimbauweisen ständig überwacht wird, dürfen diese Träger herstellen.

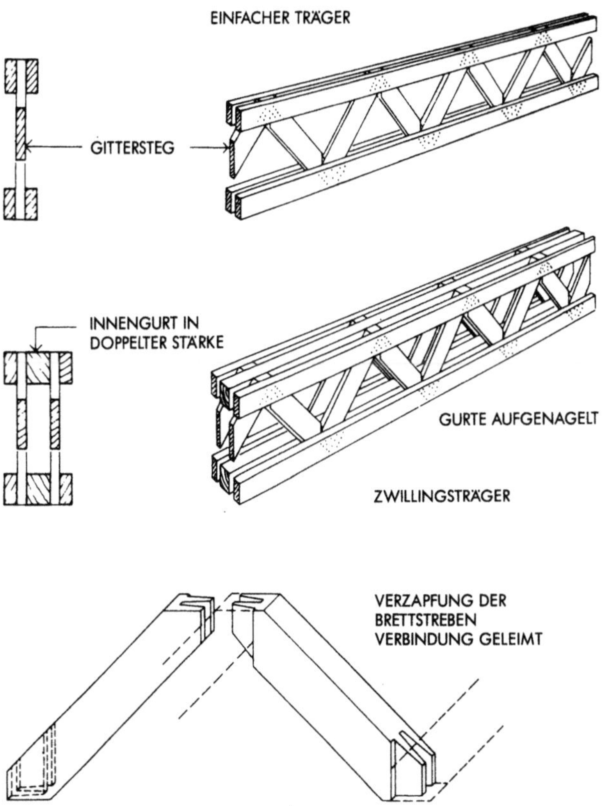

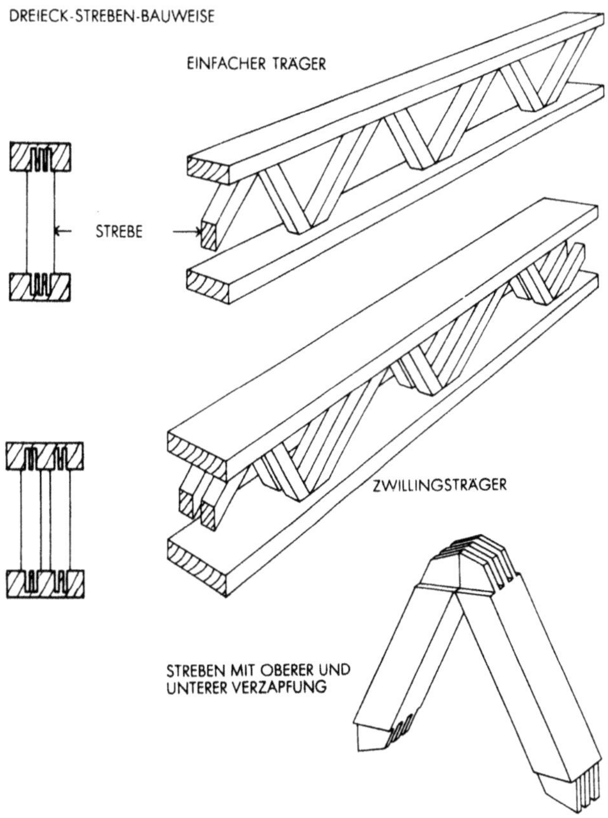

Vollwand-Trägerkonstruktionen

Ähnlich wie im Stahlhochbau werden im Ingenieurholzbau außer Fachwerkbindern auch zusammengesetzte oder verleimte Vollwandbinder verwendet. Der Baustoff- und Arbeitsaufwand für zusammengesetzte Vollwandtragwerke liegen höher als bei Fachwerkkonstruktionen. Wenn trotzdem vollwandige Holzbinder ausgeführt werden, so hauptsächlich wegen ihrer ruhigen Erscheinung, der Ersparnis an Konstruktionshöhe, die je nach der gewählten Bauart 25–50% gegenüber Fachwerkkonstruktionen beträgt. Außerdem ist das Brandverhalten eines geschlossenen Querschnittes günstiger. Wegen der größeren Steifigkeit der Vollwandträger genügt beim Abbinden eine Überhöhung von etwa $1/200$ bis $1/300$ der Stützweite. Die Stützweiten liegen zwischen 6 m und 15 m; die wirtschaftlichste Trägerhöhe liegt bei $1/10$–$1/12$ der Stützweite.
Ein wesentlicher Unterschied zwischen genagelten Vollwand- und genagelten Fachwerkbindern besteht darin, daß sich bei den genagelten Vollwandbindern die Nagelung nicht in Knotenpunkten zusammendrückt, sondern sich auf die ganze Fläche verteilt. Beim Zusammensetzen von Vollwandbindern verwendet man für die Kanthölzer und Bretter Hölzer der Güteklassen I und II. Berechnungs- und Bemessungsvorschriften für Vollwandträger sind in DIN 1052, Teil 1, Abschnitt 5.7 und 8 enthalten. Die Festlegungen über Nagelverbindungen für Binderkonstruktionen findet man in DIN 1052, Teil 1, Abschnitt 11.3.
Wir unterscheiden genagelte und verleimte Vollwandkonstruktionen. Sie werden als Hohlträger, T-Träger und in Leim auch als massive Rechteckquerschnitte ausgeführt.

Hohlträger

Unter der Voraussetzung gleichmäßig verteilter symmetrischer Belastung sieht ein Hohlträger wie folgt aus: Zwischen den einteiligen Gurten sitzen Druckpfosten gleicher Breite. Die Bretter werden auf beiden Trägerseiten so aufgenagelt, daß sie von Bindermitte aus zu den Auflagern ansteigen und so als flächenhafte Zugdiagonalen wirken.
Eine großflächige Verblendung der Hohlträger mit Sperrholz- oder Spanplatten anstelle der Verbretterung erhöht Tragfähigkeit, Steifigkeit und vor allem die Wirtschaftlichkeit.

HOHLTRÄGER MIT BEIDSEITIG AUFGENAGELTEN BRETTERN

UNVERBRETTERT

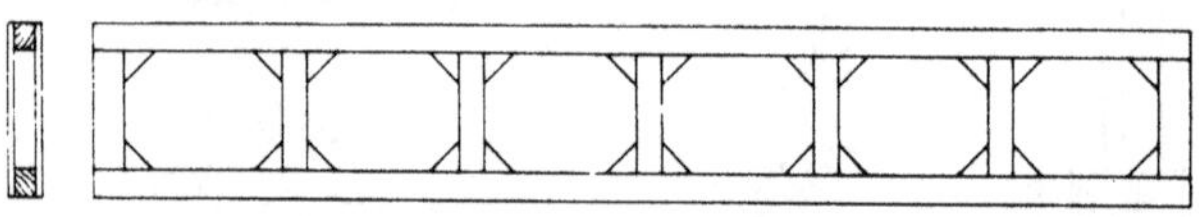

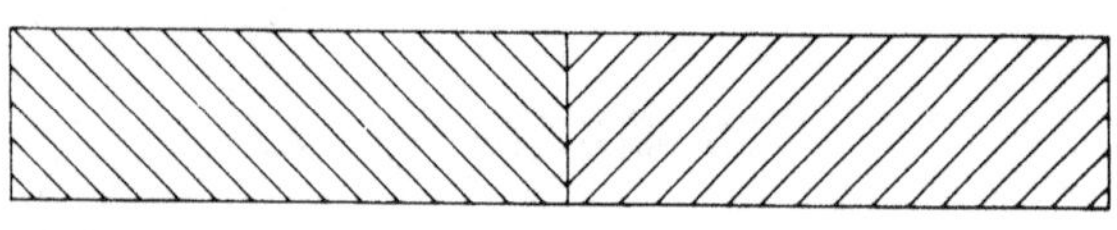

VERBRETTERT

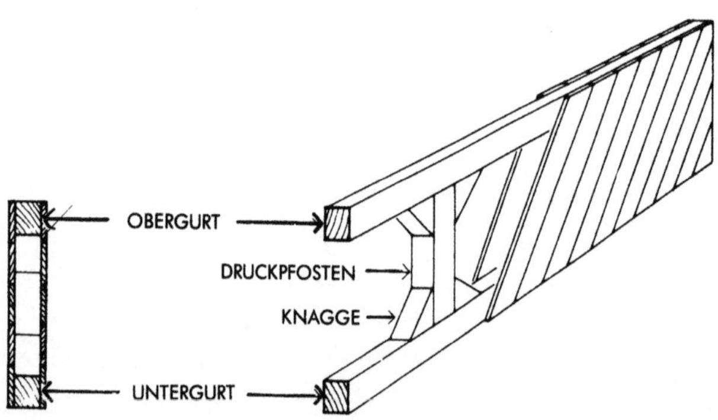

I-Träger

Wie der Hohlquerschnitt bietet auch der I-Querschnitt die Möglichkeit, die Tragfähigkeit der Holzwerkstoffe besser zu nutzen, als es der Vollquerschnitt vermag. Bereits die Verleimung der aus einem Vollstamm zu schneidenden Bohlen zu einem I-Querschnitt bringt bei gleicher Tragfähigkeit und Spannweite 40% Holzersparnis gegenüber einem Rechteckzuschnitt aus dem Vollstamm.

Brettersteg-Bauweise

Fügt man zwei gekreuzte Brettlagen zu einer Stegwand zusammen und besäumt diese mit zweiteiligen Gurten, so erhält man einen I-Träger. Genagelt wirkt er ebenfalls als ein engmaschiges Strebenfach. Normalkräfte infolge Biegung werden auch hier nur von den Gurten übernommen, der Steg bleibt unbeteiligt (DIN 1052, Teil 1, Abschnitt 5.5.1). Die Stegbretter werden an ihren Kreuzungsstellen miteinander vernagelt, so daß die Zugbretter die Druckbretter gegen Ausknicken sichern. Vertikalstäbe sind besonders bei niedrigen Trägern nicht unbedingt erforderlich, jedoch zur Verteilung von Einzellasten auf der ganzen Steghöhe und als Aussteifungshölzer erwünscht.

I-TRÄGER MIT KREUZWEISER VERBREITERUNG
NIEDRIGE I-TRÄGER OHNE AUSSTEIFUNGEN MÖGLICH

STEG

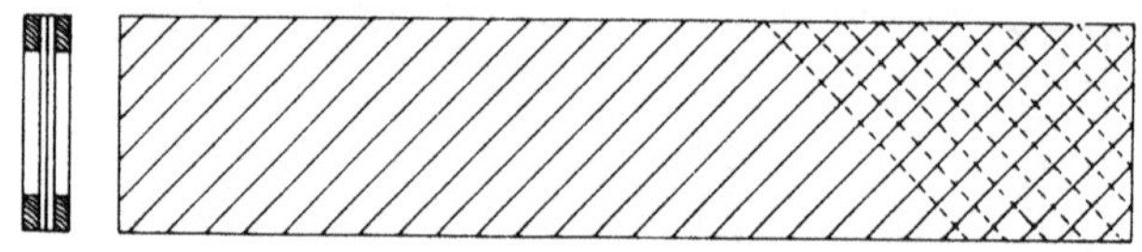

STEG MIT ZWEITEILIGEN GURTEN

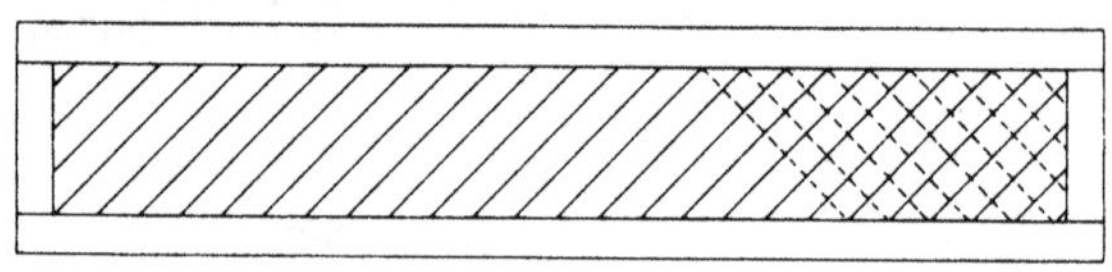

Wird ein I-Träger mit kreuzweise verbrettertem Steg verleimt ausgeführt, so darf man annehmen, daß aufgrund der eingetretenen Verbesserung der Holzgüte auch der Steg einen Teil der infolge Biegung wirkenden Normalspannung übernimmt. Diese Lösung nähert sich den Trägern mit solchen Plattenstegen, die sich an der Aufnahme der Biegespannungen beteiligen. Jedoch darf man hier bei der Ermittlung des Trägheitsmomentes höchstens den halben Stegquerschnitt mit in Ansatz bringen, weil die Normalkräfte das Stegholz nur unter 45° schräg zur Faser beanspruchen können.

HOHER STEGTRÄGER MIT STEGAUSSTEIFUNGEN

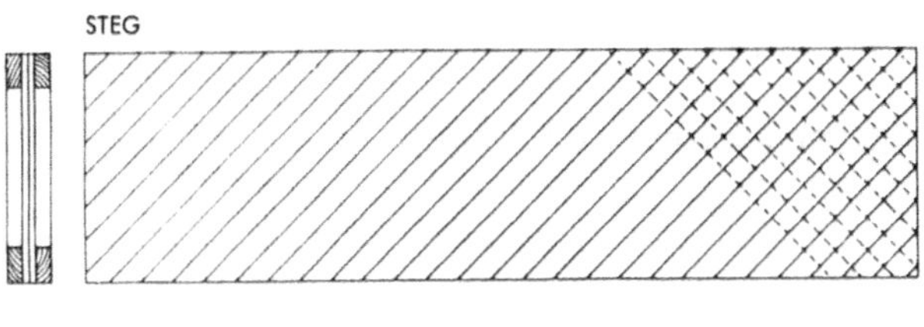

STEG MIT ZWEITEILIGEN GURTEN UND AUSSTEIFUNGEN

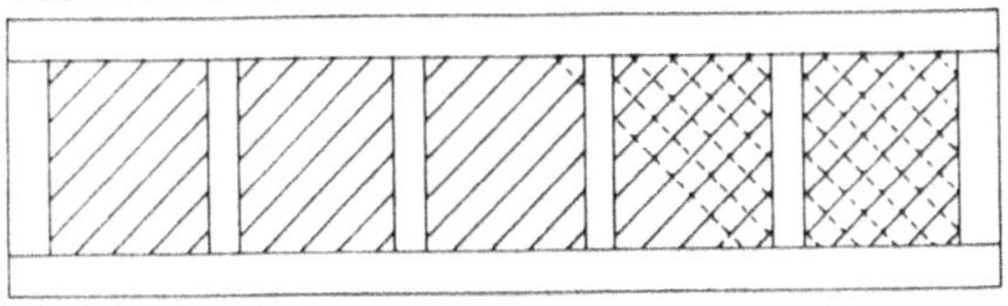

Plattensteg-Bauweise

Vollwandträger mit Stegen aus Sperrholz-, Furnier- oder Spanplatten dürfen nur von zugelassenen Fachfirmen angefertigt werden. Sie besitzen trotz geringstem Holzaufwand eine sehr große Steifigkeit, die eine Verminderung ihrer Konstruktionshöhe bis auf etwa $^{1}/_{18}$ der Stützweite zuläßt. Die statische Berechnung ist hier sinngemäß die gleiche wie bei zusammengesetzten Stahlblechträgern. Die Stege bestehen aus Sperrplatten oder homogenen Preßplatten aus Holzfaserstoff. Sie werden durch vertikale Versteifungsrippen gegen Ausbeulen gesichert und beteiligen sich entsprechend dem Verhältnis ihres Elastizitätsmoduls zu dem der Gurthölzer an der Tragwirkung. Der Abstand der Steifrippen richtet sich neben der Beulsicherheit auch nach der Lage der Dachpfetten oder anderen einzuleitenden Einzellasten. Die Stegplatten werden meist mit Schäftung (schräger Anschnitt) gestoßen, und die Stoßfugen werden durch aufgeleimte Plattenstücke überdeckt und gesichert. Für die Trägergurte verwendet man bis 15 m Stützweite noch Vollhölzer, darüber hinaus ist es vorteilhafter, die Gurte aus einzelnen Brettlamellen zu verleimen. Man unterscheidet vertikal und horizontal verleimte Gurtlamellen; beide sind stets mit Splintseite gegen Splintseite und Kernseite gegen Kernseite anzuordnen, um ungünstige Schwindwirkungen zu verringern. In jedem Falle sind obere und untere Decklamellen zu empfehlen, welche Gurte und Stege gegen Fehlleimung schützen.

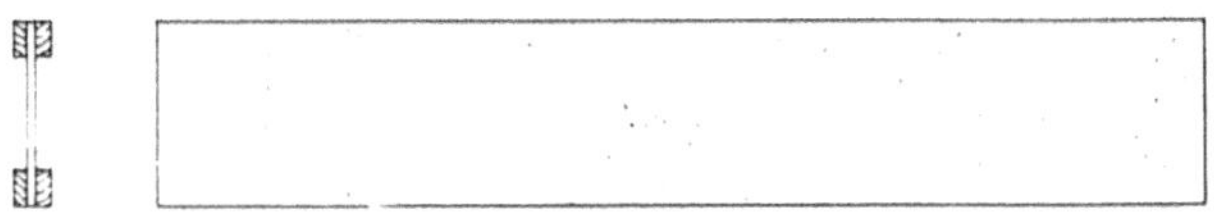

PLATTENSTEG

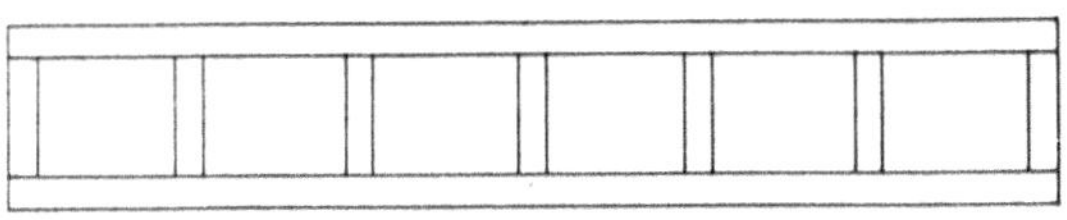

PLATTENSTEG MIT ZWEITEILIGEN GURTEN UND AUSSTEIFUNGEN

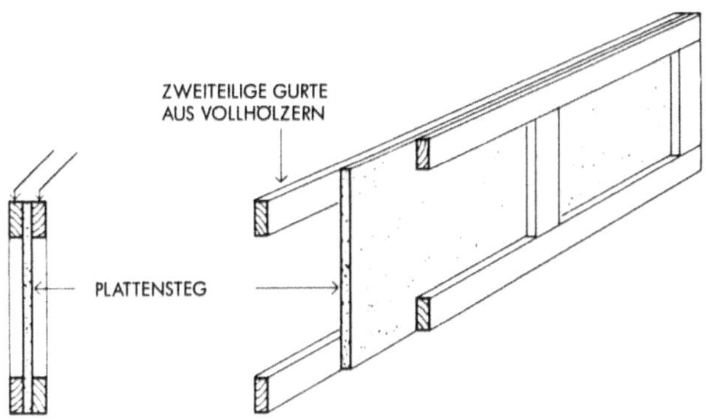

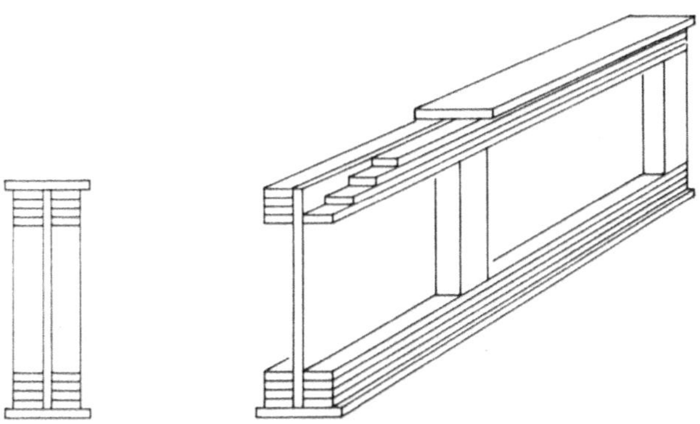

Wellsteg-Bauweise

Aus dem bewährten I-Träger mit Sperrholzsteg entwickelte man den Wellsteg-Träger. Flach angeordnete Bretter- oder Bohlengurte haben eine wellenförmige, konische Ausnutung, in die der 4–6 mm starke Sperrholzsteg geleimt wird. Die Wellen dieses dünnen Stegs verhindern ein Ausbeulen und verleihen dem Träger große Formbeständigkeit. Dadurch kann gegenüber gleichwertigen Plattenstegträgern mit ebenem Sperrholzsteg ein wesentlich geringeres Eigengewicht des Trägers erreicht werden.

Der Anwendungsbereich der Wellsteg-Träger liegt in üblichen Zimmermanns-Konstruktionen, z. B. Pultdächer bis 15 m frei gespannt, Dreigelenkkonstruktionen bis 25 m frei gespannt sowie bei freitragenden und Kehlbalkenkonstruktionen. Infolge der großwelligen Profilierung verwendet man die Wellsteg-Träger gerne dort, wo dem Aussehen der Konstruktion nur untergeordnete Bedeutung beigemessen wird.

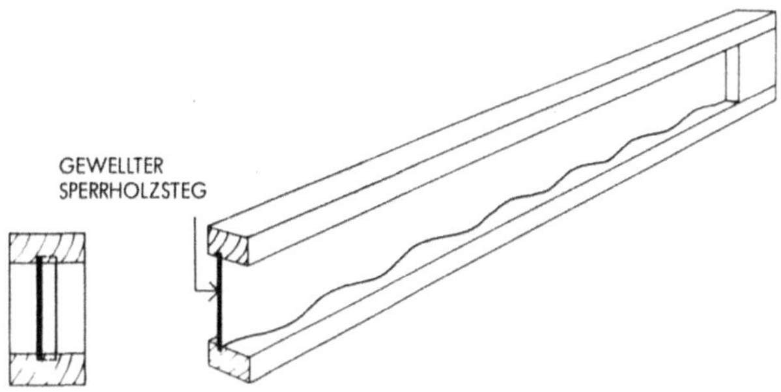

Kämpfsteg-Bauweise

Die Kämpfsteg-Bauweise ist eine Weiterentwicklung der Hetzer-Bauweise und der statisch günstigen I-Form mit Sperrholzsteg. Der Kämpfstegträger besteht aus einem Steg, der in der Regel aus zwei oder drei Lagen Brettern verleimt wird. Die Stegbretter haben gegeneinander einen Neigungswinkel von ca. 10°. Diese Stege werden auf Spezialmaschinen und -pressen bis zu einer Breite von 1,20 m und 5,00 m Länge hergestellt.

Seitlich werden an den Steg die Gurte in ebenfalls mehreren Bretterlagen geleimt; die einzelnen Gurtlamellen sollen nicht stärker als 3 cm sein.

Der Steg kann bei Kämpfstegträgern zur Ermittlung des Trägheits- und Widerstandsmomentes voll in Rechnung gestellt werden. Er wird somit zur Aufnahme von Biegekräften herangezogen. Wäh-

KÄMPFSTEG-TRÄGER

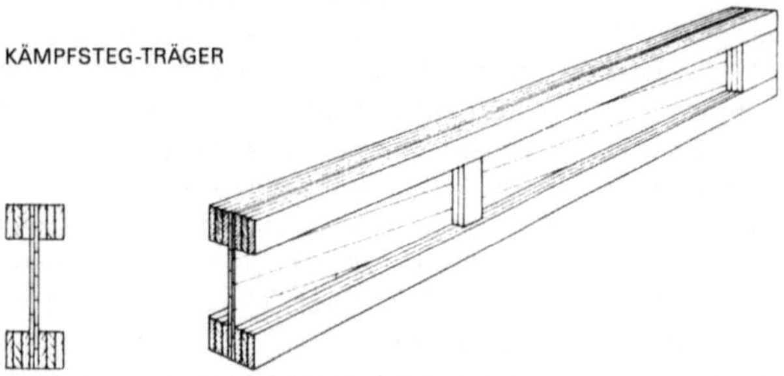

rend beim Hetzer-Träger die größte zulässige Scherspannung mit 0,9 MN/m² (9 kp/cm²) begrenzt ist, kann der Steg bei Kämpfstegträgern mit 1,8 MN/m² (18 kp/cm²) auf Abscheren beansprucht werden. Durch die statisch vorteilhafte I-Form und die höhere zulässige Scherspannung ergeben sich günstige Querschnittsabmessungen.

Diese Trägerart wird in der Regel als Gleichlaufträger, aber auch als konisch anlaufender Binderteil ausgebildet. Die größte Neigung der Gurte zueinander soll 15° nicht überschreiten. So lassen sich auch Zwei- und Dreigelenkrahmen noch statisch günstig ausführen, wobei die Trägerhöhe dem Momentverlauf angepaßt werden kann.

Nur wenige zugelassene und besonders eingerichtete Betriebe dürfen Tragelemente in Kämpfsteg-Bauweise herstellen.

Brettschicht-Vollwandträger

Eine besondere Stellung nehmen die in der Bauart nach O. Hetzer verleimten Vollwandtragwerke ein. Sie werden aus 18 bis 20 mm dicken, horizontal verleimten Brettern in Rechteck- und I-Querschnitten hergestellt. Meistens zieht man voll verleimte Rechteckquerschnitte wegen ihrer klareren Erscheinung den I-Querschnitten vor.

Die Lamellenbinder benötigen zwar einen großen Aufwand an Maschinenarbeit, man kann sie aber relativ einfach und zudem aus beliebig langen Brettern herstellen. Dabei ist es möglich, viele Bretter geringerer Güte zu verarbeiten und nur in den voll beanspruchten Trägerbereichen Hölzer der höheren Güteklassen anzuordnen. Die Brettpakete werden durch Nägel und Schraubenzwingen gepreßt. In dieser Bauweise lassen sich auch gekrümmte Bauteile ohne Schwierigkeiten ausführen, so daß sie sich besonders für Bogen und Rahmen gut eignet. Die größten bisher auf diese Art überspannten Stützweiten liegen bei 65 m.

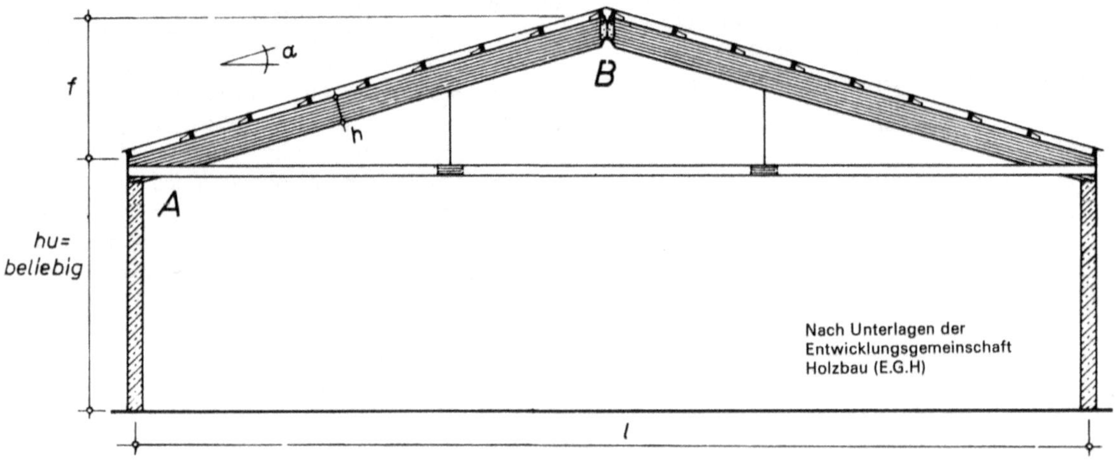

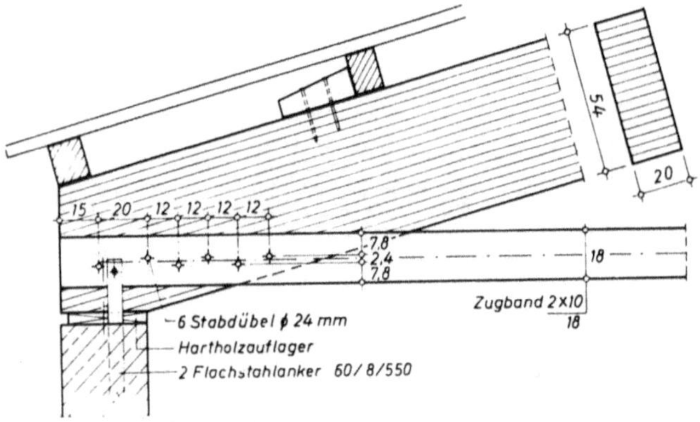

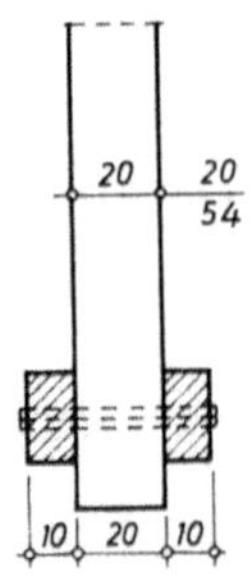

Punkt A

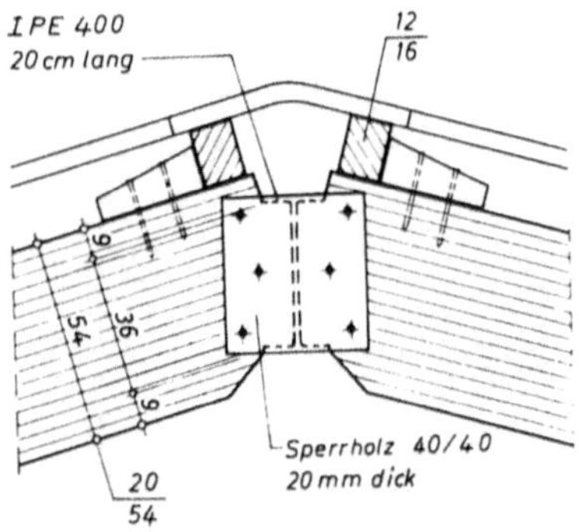

Punkt B

Querschnittsmaße vom Binder mit 20,00 m Stützweite

System-Bezeichnung	Stützweite *l* m	Binderabstand *e* m	Konstruktionshöhe *h* m	Dachneigung α e	Systemhöhe *f* m
Dreigelenkstabzug mit Zugband aus Brettschichtholz	17,50	5,00 ... 7,50	0,45	15°	2,35
	20,00	5,00 ... 7,50	0,52	15°	2,68
	22,50	5,00 ... 7,50	0,58	15°	3,02
	25,00	5,00 ... 7,50	0,65	15°	3,35
	27,50	5,00 ... 7,50	0,71	15°	3,69
	30,00	5,00 ... 7,50	0,78	15°	4,01
	35,00	5,00 ... 7,50	0,91	15°	4,69
	40,00	5,00 ... 7,50	1,03	15°	5,36

Stützenkonstruktionen

Je nach ihren Aufgaben im Baugefüge der Hallen werden die Stützen nur auf Druck, häufig aber auf Druck und Biegung beansprucht. Sie müssen deshalb meistens sowohl knicksicher als auch für die Aufnahme von Biegemomenten ausgebildet und bemessen werden. Man verwendet je nach den baulichen Gegebenheiten und Anforderungen Holz, Stahl oder Stahlbeton und sucht hierbei möglichst mit einteiligen Querschnitten auszukommen.

Fachwerkstützen haben, insbesondere bei großer Stützenhöhe und Einspannung, ihre Berechtigung zur Abtragung der auf die Außenwandflächen einwirkenden Windkräfte.

Für die Dimensionierung der Stützen je nach Material wurden von der Entwicklungsgemeinschaft Holzbau (EGH) Übersichtstabellen geschaffen. Die Stützenabmessungen richten sich nach der Binderstützweite, dem Binderabstand, der Traufhöhe und der offenen bzw. geschlossenen Bauweise des Gebäudes.

Für die üblichen Belastungen und einem Binderabstand von 6,25 m sind nachstehende Tabellen angeführt.

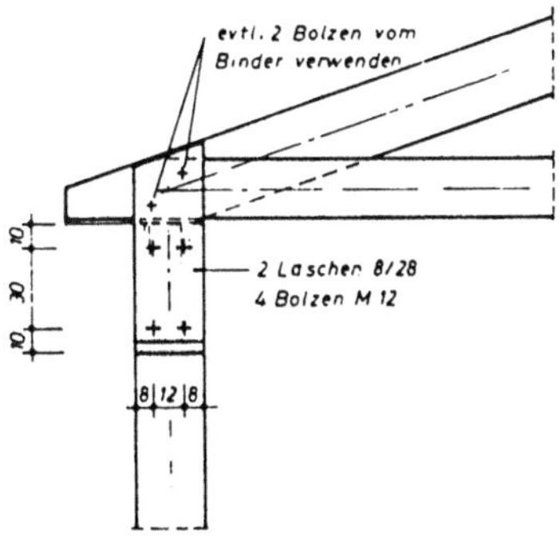

Anschluß mit Holzlaschen

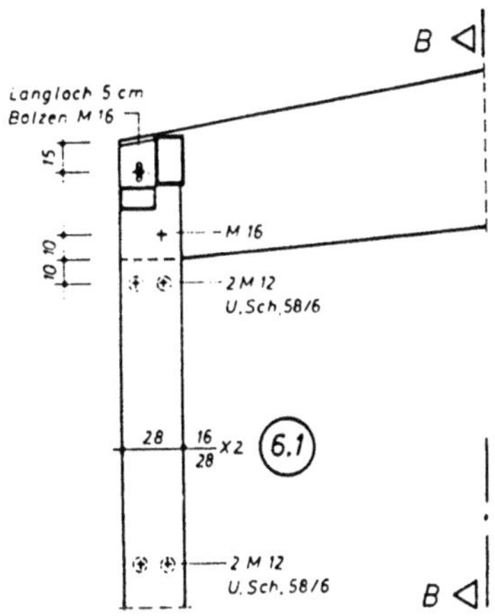

Binder – lamellenverleimt

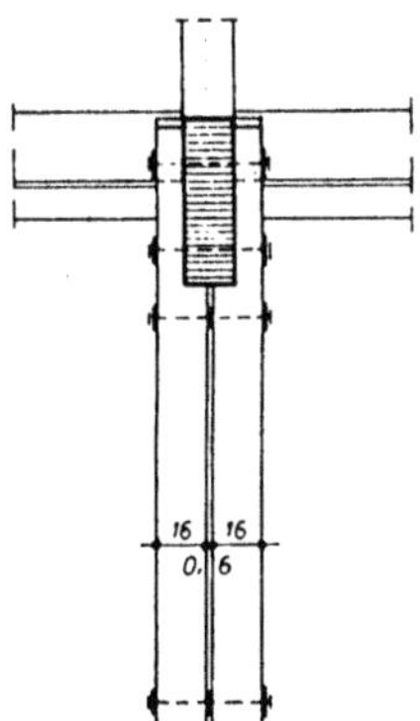

B – B

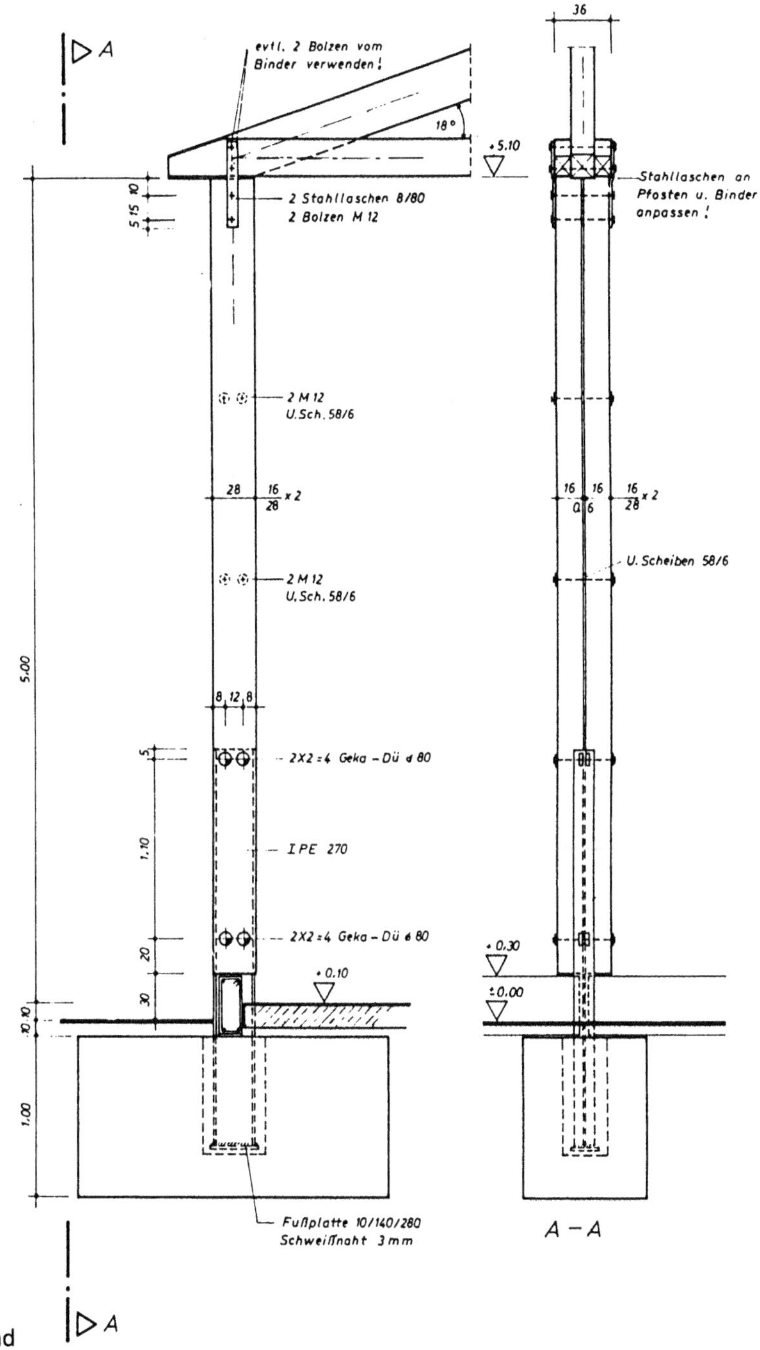

A – A

Stützen-Abmessungen *b/d* bei 6,25 m Binderabstand

Gebäude	Traufhöhe m	Stützweite der Binder in m 10,00	12,50	15,00	17,50	20,00	22,50	25,00
geschlossen	4,00	2 X 12/22	2 X 12/24	2 X 12/24	2 X 14/24	2 X 16/24	2 X 16/24	2 X 16/24
	5,00	2 X 14/26	2 X 14/28	2 X 14/28	2 X 16/28	2 X 18/28	2 X 18/28	2 X 18/28
	6,00	2 X 14/30	2 X 16/30	2 X 18/30	2 X 18/30	2 X 18/32	2 X 18/32	2 X 18/32
offen	4,00	2 X 16/22	2 X 16/22	2 X 16/24	2 X 16/24	2 X 16/26	2 X 16/28	2 X 18/28
	5,00	2 X 16/26	2 X 16/28	2 X 16/28	2 X 16/30	2 X 16/30	2 X 18/30	2 X 18/32
	6,00	2 X 16/30	2 X 18/30	2 X 18/32				

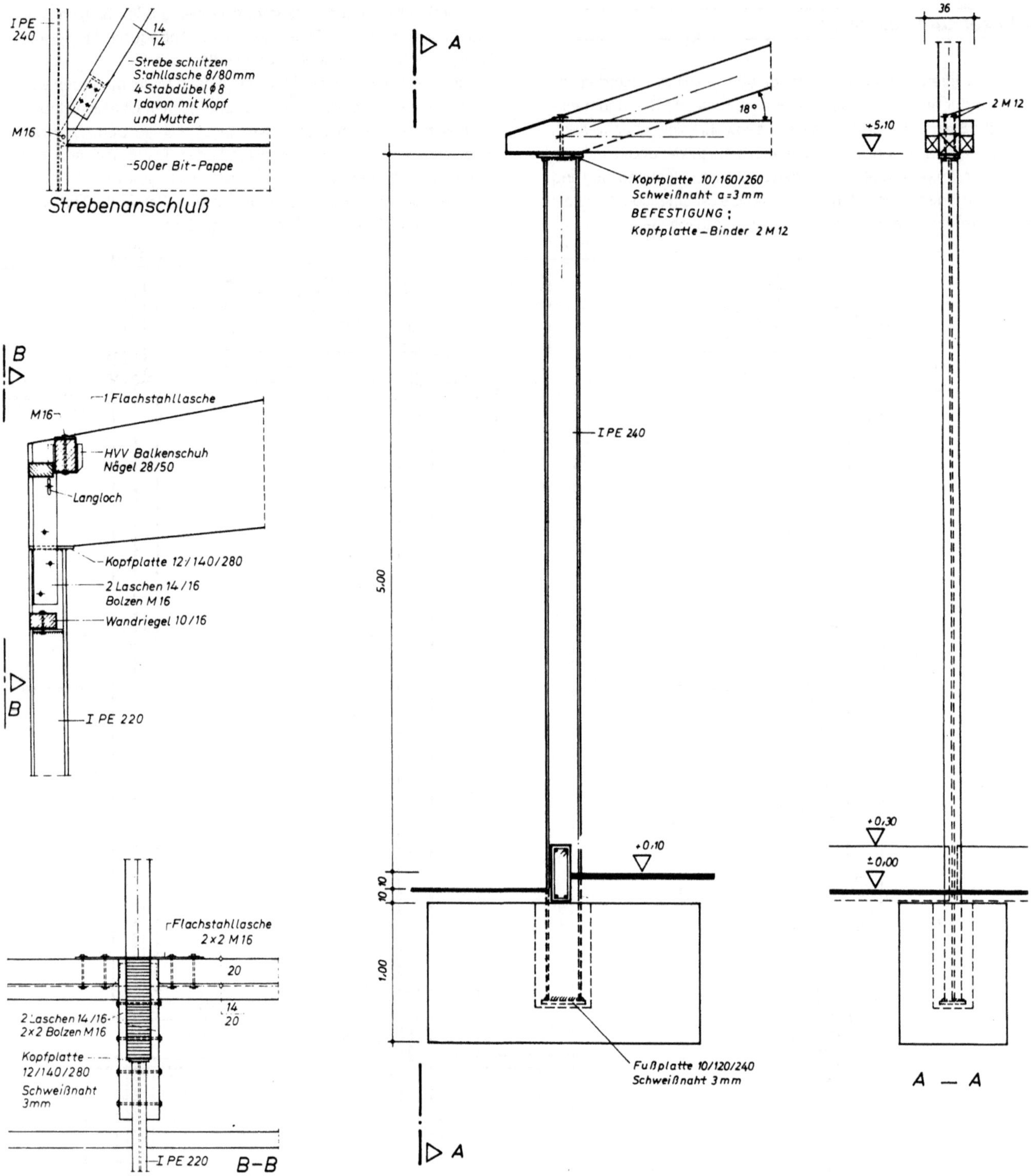

Stützen-Profile bei 6,25 m Binderabstand

Gebäude	Traufhöhe m	Stützweite der Binder in m 10,00	12,50	15,00	17,50	20,00	22,50	25,00
geschlossen	4,00	IPE 200	IPE 220	IPE 220	IPE 220	IPE 220	IPE 240	IPE 240
	5,00	IPE 240	IPE 240	IPE 240	IPE 240	IPE 270	IPE 270	IPE 270
	6,00	IPE 240	IPE 270	IPE 270	IPE 270	IPE 300	IPE 300	IPE 300
offen	4,00	IPE 220	IPE 220	IPE 220	IPE 220	IPE 240	IPE 240	IPE 240
	5,00	IPE 240	IPE 240	IPE 240	IPE 270	IPE 270	IPE 270	IPE 270
	6,00	IPE 270	IPE 270	IPE 270	IPE 300	IPE 300	IPE 300	IPE 330

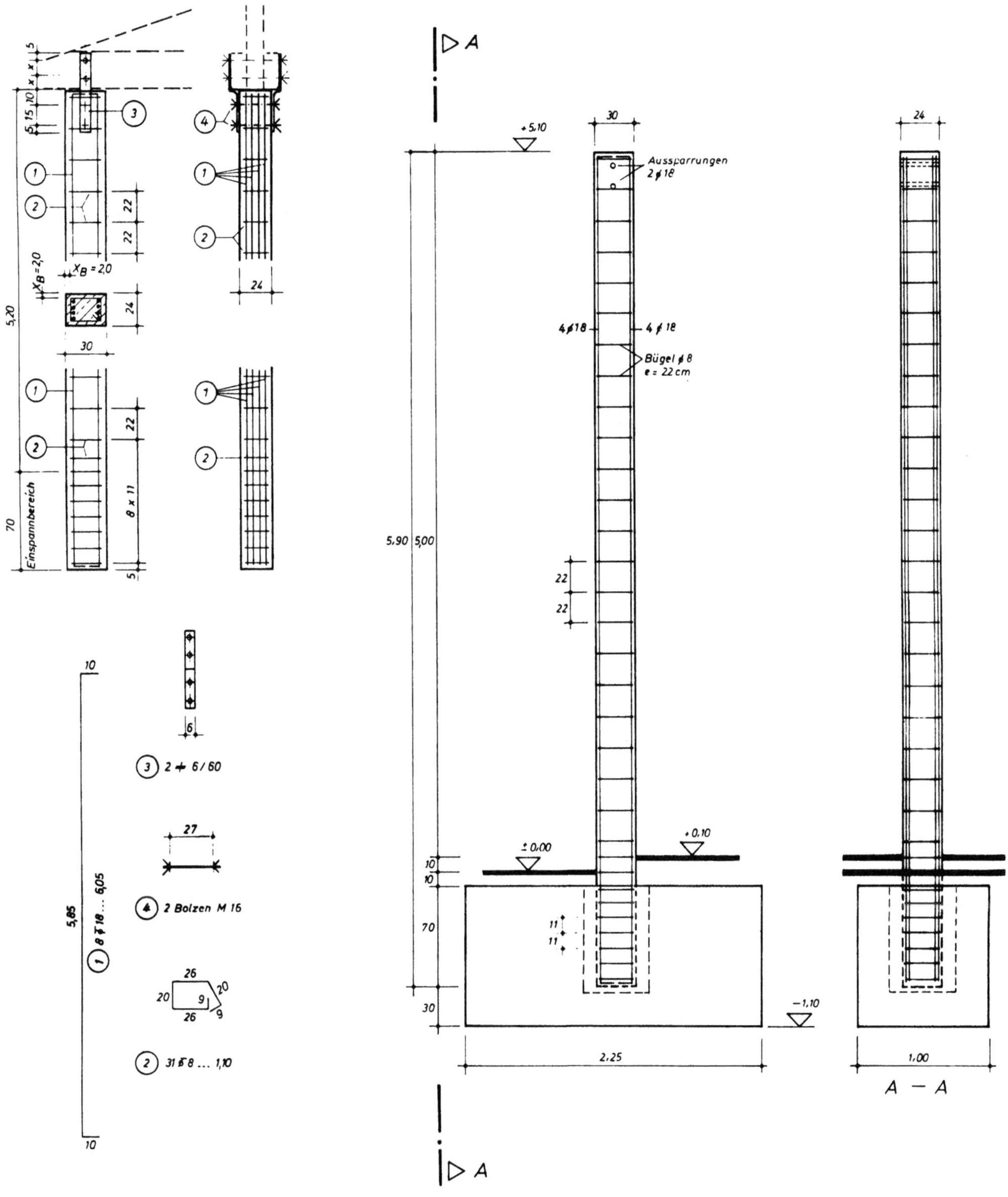

Stützen-Abmessungen *b/d* bei 6,25 m Binderabstand

Gebäude	Traufhöhe m	Stützweite der Binder in m 10,00	12,50	15,00	17,50	20,00	22,50	25,00
geschlossen	4,00	24/24	24/24	24/24	24/24	24/24	24/24	24/24
	5,00	24/30	24/30	24/30	24/30	24/30	24/30	24/30
	6,00	30/30	30/30	30/30	30/30	30/30	30/30	30/30
offen	4,00	24/24	24/24	24/24	24/24	24/24	24/24	24/24
	5,00	24/30	24/30	24/30	24/30	24/30	24/30	24/30
	6,00	30/30	30/30	30/30	30/30	30/30	30/30	30/30

Rahmenkonstruktionen

Hölzerne Rahmentragwerke werden häufig beim Bau von Hallen und Scheunen verwendet. Dachbinder und Stützen sind bei den Rahmenkonstruktionen zu einem geschlossenen System vereinigt. Die anfallenden Windbelastungen auf die Außenwände werden auf die Rahmen übertragen.
Man unterscheidet statisch:
Zwei- und Dreigelenkrahmen,
konstruktiv:
Fachwerk- und Vollwandrahmen.

Fachwerkrahmen

Für die konstruktive Ausbildung der Fachwerkrahmen gelten die gleichen Grundsätze wie für Fachwerkbinder. Sie können also mit einteiligen und mehrteiligen Gurten ausgeführt und ihre Stäbe sowohl mit Bolzen und Dübeln als auch mit Nägeln angeschlossen werden. Im Gegensatz zu den Binderscheiben erhalten bei Rahmen die unteren – hier inneren – Gurtstäbe oft Druckkräfte und müssen sorgfältig gegen Ausknicken aus der Rahmenebene gesichert werden, während die äußeren Gurtstäbe vielfach Zugkräfte (besonders im Bereich der Rahmenecken) aufzunehmen haben. Bei der Ausbildung der Knotenpunkte muß berücksichtigt werden, daß die Wandstäbe häufig Spannkräfte mit wechselnden Vorzeichen erhalten. Solche Stäbe sind entsprechend auf Zug und Druck anzuschließen und knicksicher auszubilden. Man ist bestrebt, äußerlich statisch bestimmt gelagerte Rahmen, also Dreigelenkrahmen, zu bauen, aber auch Zweigelenkrahmen (einfach statisch unbestimmt) werden oft ausgeführt. Die üblichen Stützweiten der Rahmen liegen zwischen 10 und 35 m. Je mehr sich die Rahmenachse der Stützlinie nähert, desto geringere Abmessungen können die Stäbe erhalten. Die Rahmenfüße setzen schräg gerichtete Auflagerkräfte ab. Man muß sie deshalb auf den Gründungskörpern entsprechend auflagern bzw. bei weniger gutem Baugrund die Horizontalkomponenten der Auflagerkräfte durch Zugbänder aufnehmen.

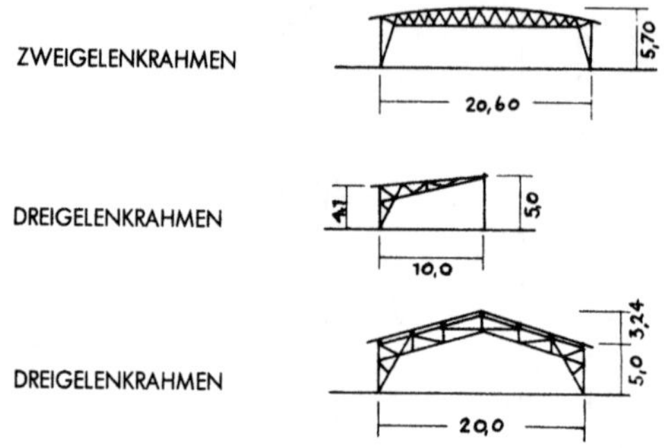

Die nachstehenden Zeichnungen zeigen einen Zweigelenk- und Dreigelenk-Fachwerkrahmen. Sie wurden einschließlich der Konstruktionstabellen aus den Unterlagen der Entwicklungsgemeinschaft Holzbau (EGH) übernommen.

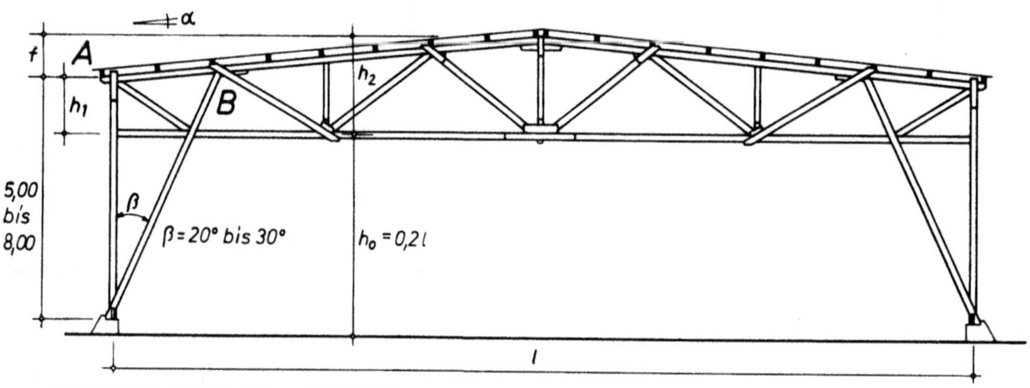

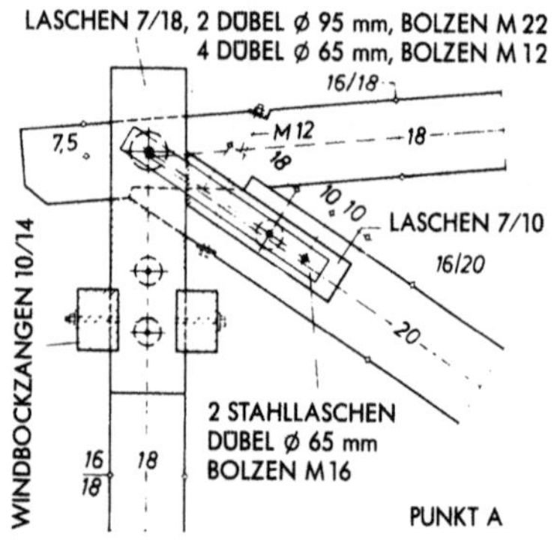

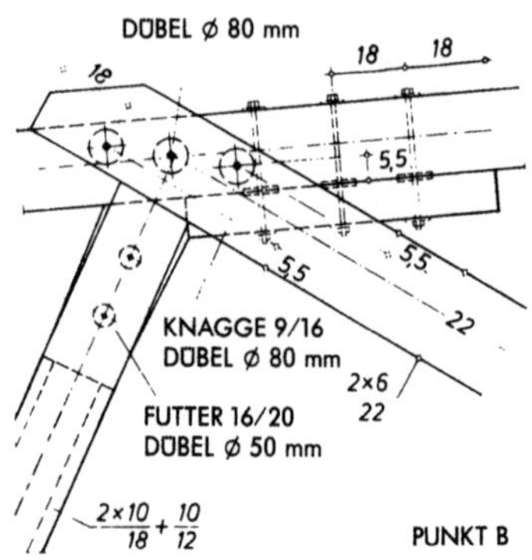

System-Bezeichnung	Stützweite *l* m	Binderabstand *e* m	Dachneigung α	Abmessungen h_1 m	h_2 m
Zweigelenkrahmen aus Kantholz-Fachwerk	17,50	5,00 ... 7,50	5,5°	1,00	1,85
	20,00	5,00 ... 7,50	5,5°	1,15	2,10
	22,50	5,00 ... 7,50	5,5°	1,30	2,35
	25,00	5,00 ... 7,50	5,5°	1,45	2,65
	27,50	5,00 ... 7,50	5,5°	1,60	2,90
	30,00	5,00 ... 7,50	5,5°	1,75	3,15
	35,00	5,00 ... 7,50	5,5°	2,00	3,70

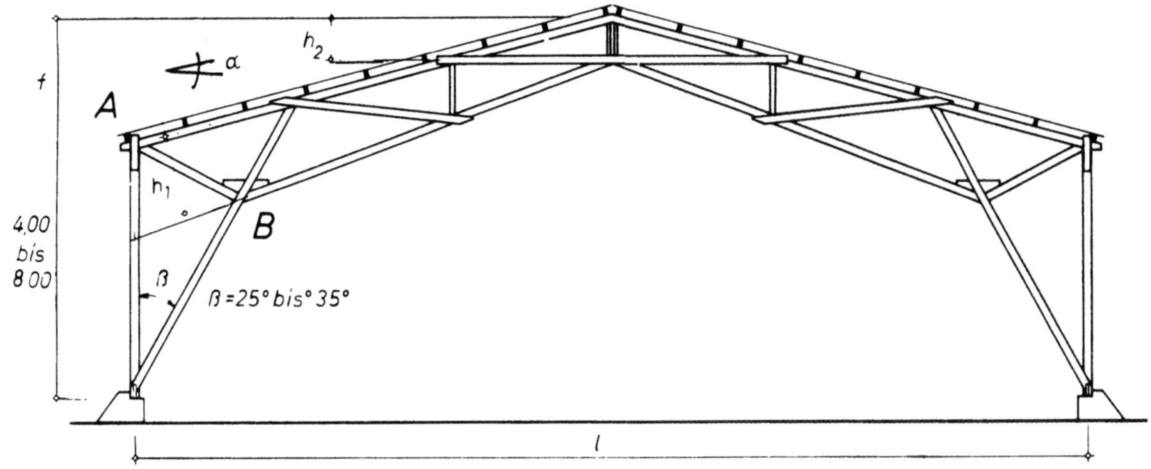

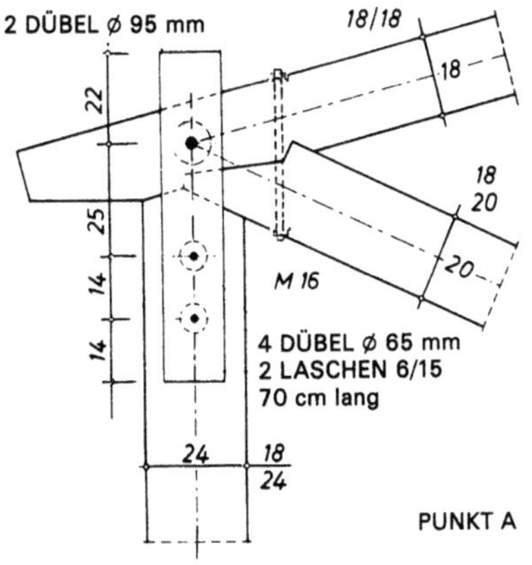

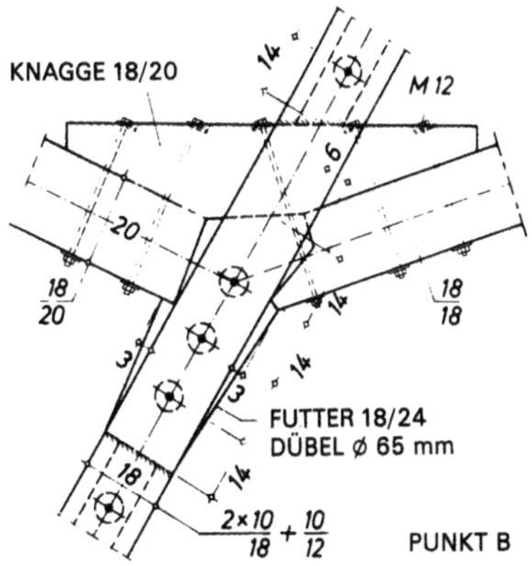

System-Bezeichnung	Stützweite l m	Binderabstand e m	Dachneigung α	Abmessungen h_1 m	h_2 m
Dreigelenkrahmen aus Kantholz	15,00	5,00 ... 7,50	14°	1,05 ... 1,20	0,60
	17,50	5,00 ... 7,50	14°	1,25 ... 1,40	0,70
	20,00	5,00 ... 7,50	14°	1,40 ... 1,60	0,80
	22,50	5,00 ... 7,50	14°	1,55 ... 1,80	0,90
	25,00	5,00 ... 7,50	14°	1,75 ... 2,00	1,00
	27,50	5,00 ... 7,50	14°	1,90 ... 2,20	1,10
	30,00	5,00 ... 7,50	14°	2,10 ... 2,40	1,20

Rahmen mit Hohl- und I-Profil

Ebenso wie bei Vollwandträgern bestehen die Gurte der Vollwandrahmen aus Vollhölzern oder Brettlamellen und die Stege aus Brettern oder aus Sperrholz-, Homogenholz- oder Lamellenplatten. Die Dicke der Stege richtet sich nach den zulässigen Schubspannungen und der erforderlichen Beulsicherheit. Große Sorgfalt erfordert die Ausbildung der Rahmenecken. Diese müssen zur Deckung des Zuggurtstoßes oft mit zusätzlichen Knotenplatten verstärkt werden. Anfänglich hat man hierfür Stahl verwendet, es hat sich aber gezeigt, daß man auch mit Holzplatten aus sternverleimten Buchenfurnieren oder aus kreuzweise verleimten Brettlamellen oder Homogen-Hartplatten genügend steife Rahmenecken ausbilden kann. Zur weiteren Verstärkung kann man im Zuggurtstoß (Außengurt) dreieckige Federplatten in die Gurte einnuten und einleimen, deren Faserrichtung senkrecht zur Eckdiagonalen verläuft.

Außerdem läßt sich die Tragkraft scharf geknickter Rahmenecken durch Hartholzknaggen erhöhen, die man in den durch die Innengurte gebildeten Ecken (Druckecken) einfügt.
Um die Bauteile des Haupttragskelettes gut transportieren zu können, sind oft Baustellenstöße notwendig. Diese legt man zweckmäßig in den Rahmenriegel und dort in den Bereich der Momentennullpunkte bzw. kleiner Momente. Die Stöße werden bei Rahmen mit Brettersteg, die man vorwiegend mit Hohlquerschnitten ausführt, durch die Schalung verdeckt. Bei Rahmen mit Plattenstegen, die meistens I-Querschnitte erhalten und deren Gurte und Stöße sichtbar bleiben, stößt man die Gurte mit Doppelkeillaschen. Diese bieten ausreichende Anschlußflächen für Leim und Bolzen, ohne störend in Erscheinung zu treten.
Die anschließenden Zeichnungen zeigen einen Zweigelenkrahmen mit zweiteiligen Gurten und einem Doppelsteg sowie einen Dreigelenkrahmen mit Vollwandriegel.

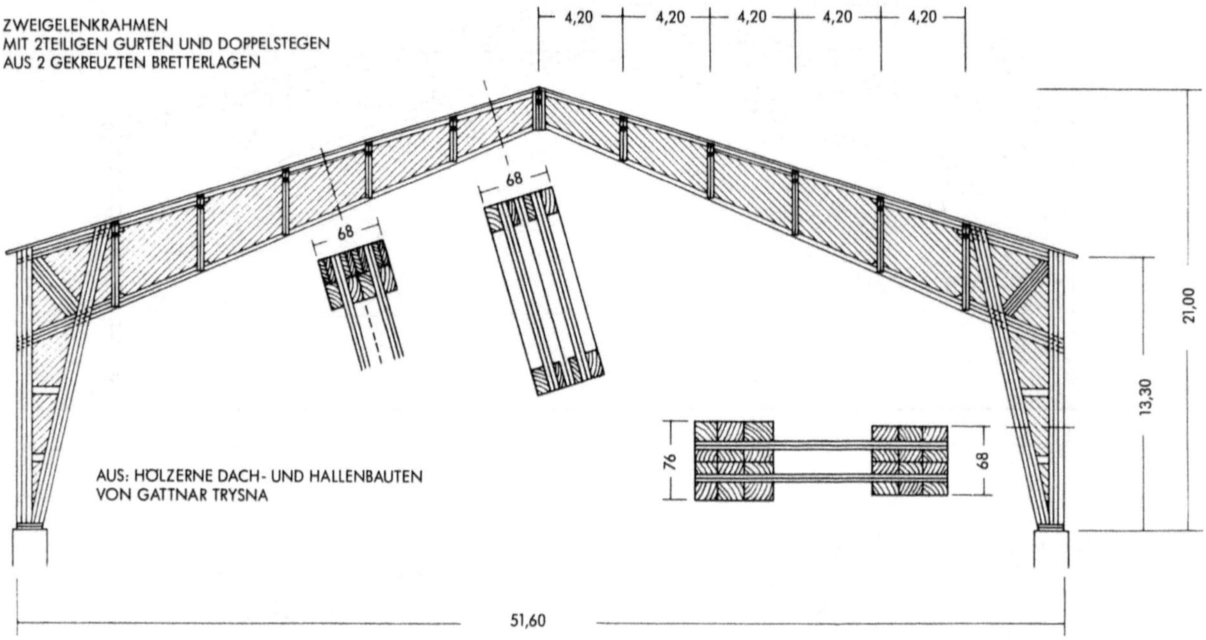

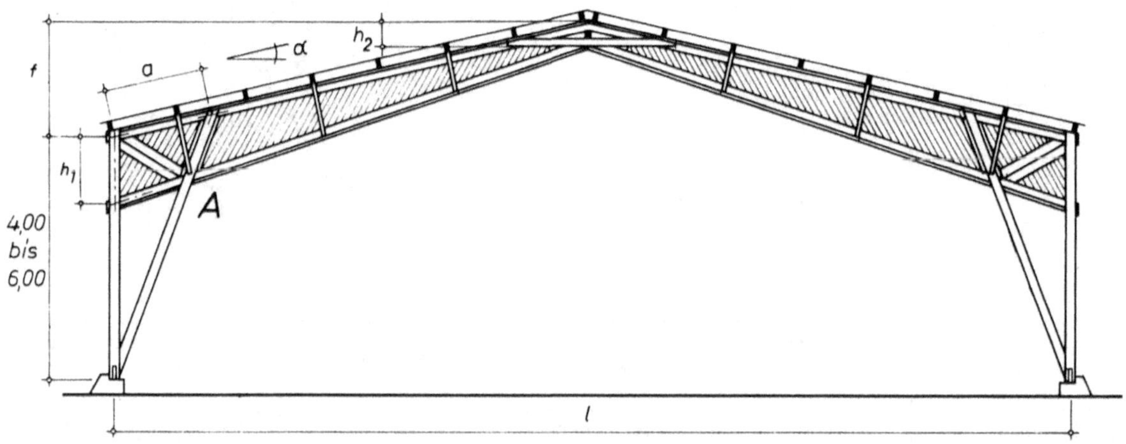

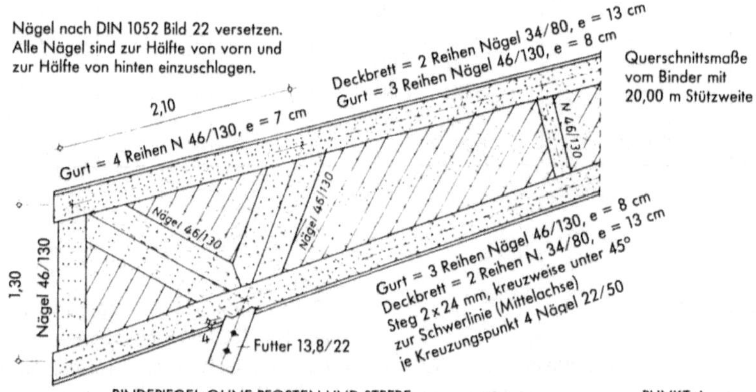

BINDERIEGEL OHNE PFOSTEN UND STREBE

PUNKT A

System-Bezeichnung	Stützweite *l* m	Binderabstand *e* m	Dachneigung α	Abmessungen h_1 m	h_2 m	*a* m
Dreigelenkrahmen-Vollwandriefel mit gekreuzten Bretterstegen	10,00	5,00	14°	0,70 ... 0,75	0,30	1,00
	12,50	5,00	14°	0,85 ... 0,90	0,35	1,25
	15,00	5,00	14°	1,00 ... 1,05	0,40	1,50
	17,50	5,00	14°	1,15 ... 1,25	0,45	1,75
	20,00	5,00	14°	1,30 ... 1,40	0,50	2,00
	22,50	5,00	14°	1,45 ... 1,60	0,55	2,25
	25,00	5,00	14°	1,60 ... 1,75	0,60	2,50

Brettschichtverleimte Rahmen

Die Möglichkeit der Verleimung von geraden und gebogenen Holzlamellen zu einem praktisch homogenen Querschnitt mit größter Schubfestigkeit prädestiniert die Leimbauweise geradezu für die Ausbildung steifer Knoten und damit für Rahmentragwerke. Da Holz nicht korrodiert und bei materialgerechtem Einbau hohe Luftfeuchtigkeiten wie auch Einflüsse aus Kondens- oder Niederschlagswasser schadlos erträgt, ist es auch für die Verwendung von Bauteilen, die der Witterung oder extrem feuchtem Raumklima (z. B. Hallenbäder) ausgesetzt sind, bestens geeignet. Beim Entwurf gekrümmter Bauteile aus Brettschichtholz ist darauf zu achten, daß der Biegeradius nicht kleiner als r = 200 d wird, wobei d die Lamellendicke darstellt. Ein großer Radius für die Ausrundung in der Ecke beschränkt jedoch den freien Hallenraum, kleinere Radien verlangen dünnere Lamellen, die aber mehr Material- und Arbeitsaufwand erfordern.
Um einen zu großen Biegeradius zu vermeiden, gibt es zwei Möglichkeiten:

- das Andübeln des Rahmenstieles an den Riegel,
- die Keilzinkenverbindung von Rahmenstiel und Riegel direkt oder an ein an der Ecke eingesetztes Mittelstück.

Bei der „Dübelkonstruktion" besteht der Stiel meist aus zwei verleimten Stegplatten. Die außen bündig eingesetzten Kanthölzer geben dem Rahmenstiel einen Kastenquerschnitt, dienen jedoch nur zur Steifigkeit und können statisch nicht beansprucht werden. Diese Konstruktionsart hat aber den wesentlichen Vorteil, daß Binderriegel und Binderstiel einzeln an die Baustelle transportiert werden können.
Bei den Keilzinkenverbindungen an den Rahmenecken werden oft Mittelstücke eingesetzt, um eine bessere Kraftumlenkung zu erreichen. Der Riegel kann ebenfalls als Kastenquerschnitt ausgebildet sein, wobei die Seiten aus verleimten Stegplatten, die Gurte aus einzelnen Lamellen bestehen.
Die nachfolgenden Zeichnungen zeigen brettschichtverleimte Dreigelenkrahmen mit Keilzinken und Dübelverbindungen an der Rahmenecke.

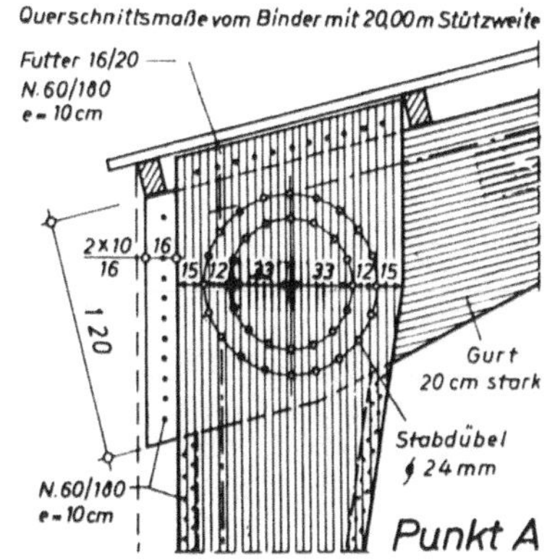

Entnommen aus den Unterlagen der Entwicklungsgemeinschaft Holzbau (E.G.H.)

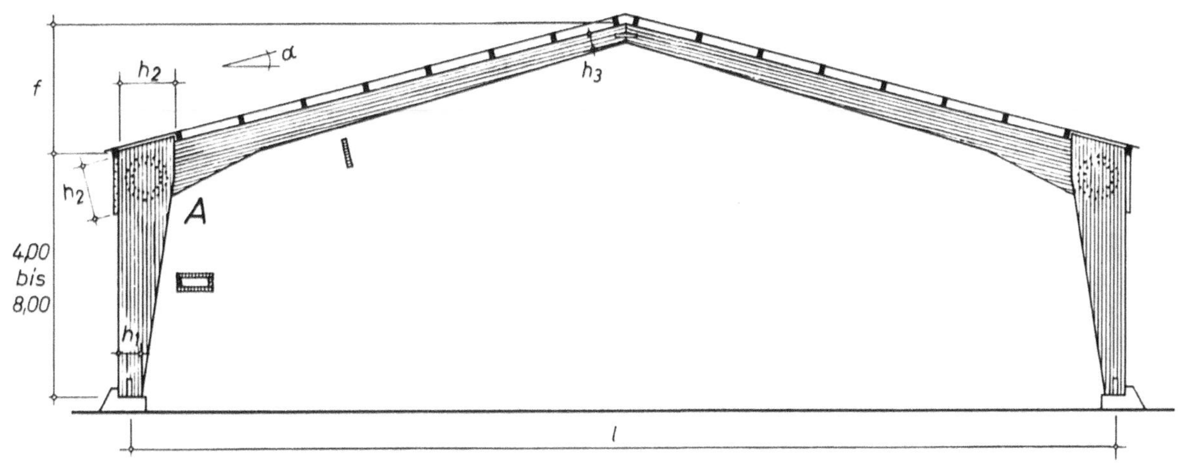

System-Bezeichnung	Stützweite l m	Binderabstand e m	Dachneigung α	Abmessungen h_1 m	h_2 m	h_3 m
Dreigelenkrahmen aus Brettschichtholz mit verdübelter Rahmenecke	15,00	5,00 ... 7,50	14°	0,40	0,90 ... 1,35	0,25
	17,50	5,00 ... 7,50	14°	0,45	1,00 ... 1,45	0,30
	20,00	5,00 ... 7,50	14°	0,50	1,10 ... 1,55	0,35
	22,50	5,00 ... 7,50	14°	0,55	1,20 ... 1,65	0,40
	25,00	5,00 ... 7,50	14°	0,60	1,30 ... 1,75	0,45
	27,50	5,00 ... 7,50	14°	0,65	1,35 ... 1,85	0,50

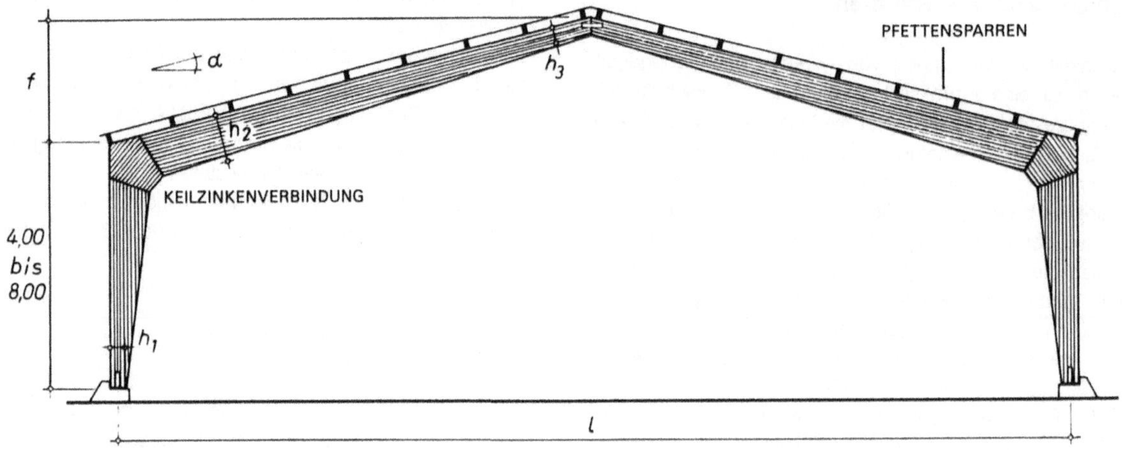

System-Bezeichnung	Stützweite l m	Binderabstand e m	Dachneigung α	Abmessungen h_1 m	h_2 m	h_3 m
Dreigelenkrahmen aus Brettschichtholz mit keilgezinkter Rahmenecke	15,00	5,00 ... 7,50	14°	0,30	0,70 ... 0,82	0,25
	17,50	5,00 ... 7,50	14°	0,35	0,78 ... 0,90	0,30
	20,00	5,00 ... 7,50	14°	0,40	0,85 ... 1,00	0,35
	22,50	5,00 ... 7,50	14°	0,45	0,93 ... 1,10	0,40
	25,00	5,00 ... 7,50	14°	0,50	1,00 ... 1,20	0,45

Bogenkonstruktionen

Bogentragwerke eignen sich besonders für große Spannweiten. Durch die statisch besonders günstige Form wurden schon Spannweiten über 100 m erreicht. Die optimale Krümmung des Bogens folgt dabei genau der Stützlinie für gleichmäßig verteilte Last und ergibt als Umkehrung des hängenden Seiles den geringstmöglichen Binderquerschnitt im Verhältnis zur Spannweite. Am leichtesten transportierbar ist der Dreigelenkbogen.

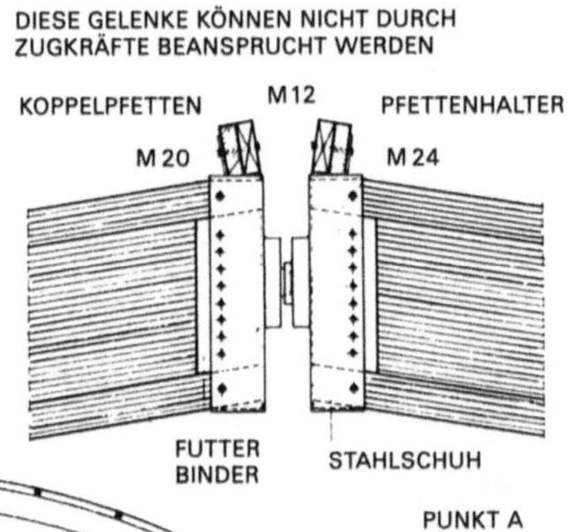

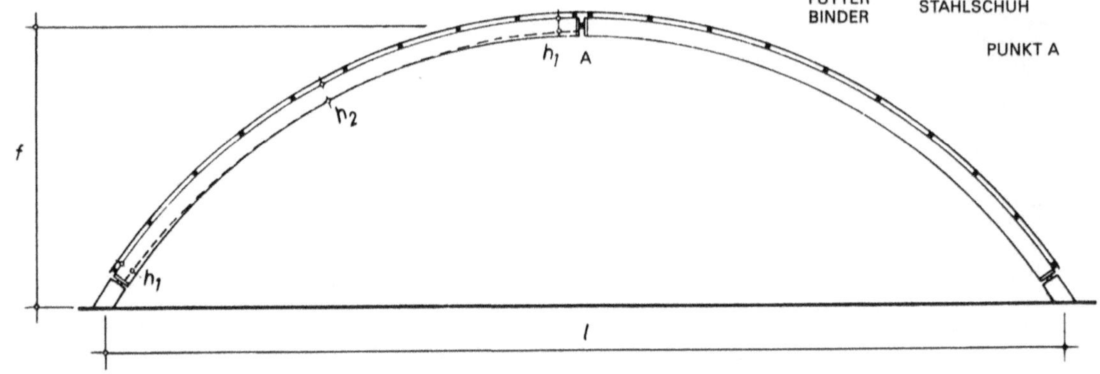

System-Bezeichnung	Stütz-weite l = m	Binder-abstand e = m
Dreigelenkbogen aus Brettschichtholz	25,00	5,00 ... 7,50
	30,00	5,00 ... 7,50
	35,00	5,00 ... 7,50
	40,00	3,50 ... 15,00
	45,00	3,50 ... 15,00
	50,00	3,50 ... 15,00
	60,00	3,50 ... 15,00
	80,00	3,50 ... 15,00
	100,00	3,50 ... 15,00

Abmessungen h_1 m	h_2 m	f m
0,25	0,50	6,25
0,30	0,60	7,50
0,35	0,70	8,75
0,40	0,80	10,00
0,45	0,90	11,25
0,50	1,00	12,50
0,60	1,20	15,00
1,60	1,60	20,00
1,00	2,00	25,00

Dachtragwerke aus Stahl

Ob man für Hallenbauten hölzerne oder stählerne Dachtragwerke wählt, hängt ab von der Zweckbestimmung der betreffenden Bauten und der Wirtschaftlichkeit der Konstruktion.
Stahl mit seiner höheren Zug- und Druckfestigkeit ermöglicht die Herstellung leichter und zierlich wirkender Dachbinder. Ihr Kräftefluß läßt sich leicht und genau verfolgen, so daß die Bemessung der einzelnen Stabquerschnitte genau den auftretenden Kräften angepaßt und jeweils die zulässige Beanspruchung des Materials voll ausgenutzt werden kann. Gurte und Füllstäbe werden durch Schrauben oder Schweißen so angeschlossen, daß die Kraftachsen der Stäbe sich zentrisch in den Knotenpunkten schneiden. Dadurch ist es möglich, sowohl Zug- als auch Druckstäbe gleichartig anzuschließen und in beliebiger Anzahl zusammenzuführen.
Diesen zahlreichen Vorteilen des Stahls stehen jedoch einige Nachteile gegenüber. Stahl ist teurer als Holz, gegen chemische Einwirkungen, besonders gegen Säuren, ist er nicht so widerstandsfähig, weshalb er z. B. in vielen chemischen Betrieben als Baustoff für Dächer ausscheidet. Ferner ist Stahl ein besserer Wärmeleiter als Holz und Stahlbeton. Da unter Brandeinwirkung die Festigkeit des Materials rasch abnimmt, sind, abgesehen von Industriebauten geringerer Brandbelastung, zusätzliche Brandschutz- und Brandverhütungsmaßnahmen erforderlich. Weitere Einzelheiten über Eigenschaften und Verarbeitung des Werkstoffes siehe im Kapitel „Stahlskelettbau".
Auch bei den Dachtragwerken aus Stahl sind Fachwerk- und Vollwandkonstruktionen zu unterscheiden. Im folgenden sind die baulichen Ausbildungen der beiden Systeme näher erläutert und einige Beispiele von Hallenbausystemen zeichnerisch dargestellt.

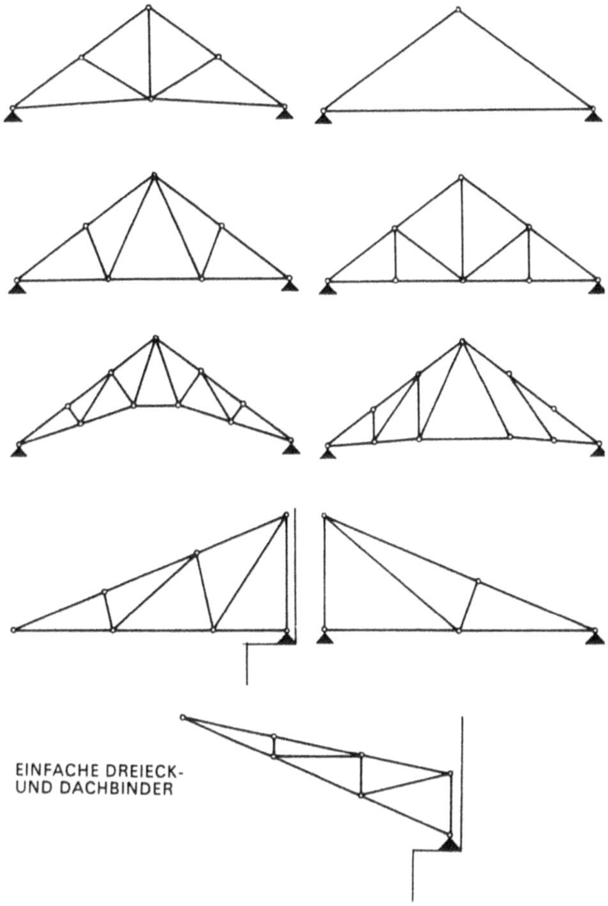

EINFACHE DREIECK- UND DACHBINDER

Fachwerkkonstruktionen

Während in einem Vollwandträger, der als gewalztes oder geschweißtes Tragwerk auftreten kann, eine volle Ausnutzung der zulässigen Beanspruchung nur an zwei Stellen, nämlich an den Außenkanten von Ober- und Untergurt möglich ist, bietet der Fachwerkträger den Vorteil, daß jeder einzelne Stab über seine ganze Querschnittsfläche mit der zulässigen Beanspruchung ausgenutzt werden kann. Diese Möglichkeit wird allerdings dadurch etwas geschmälert, daß die durch Druck beanspruchten Stäbe auch auf Knicksicherheit bemessen werden müssen und daß bei den durch Zug beanspruchten Stäben – falls es sich um eine Nietkonstruktion handelt – dem Nietabzug Rechnung getragen werden muß.
Stählerne Fachwerkbinder werden meistens geschweißt und geschraubt bzw. nur geschweißt ausgeführt. Verbindungsarten von Fachwerkbindern sind in Kapitel „Stahlskelettbau" näher behandelt.

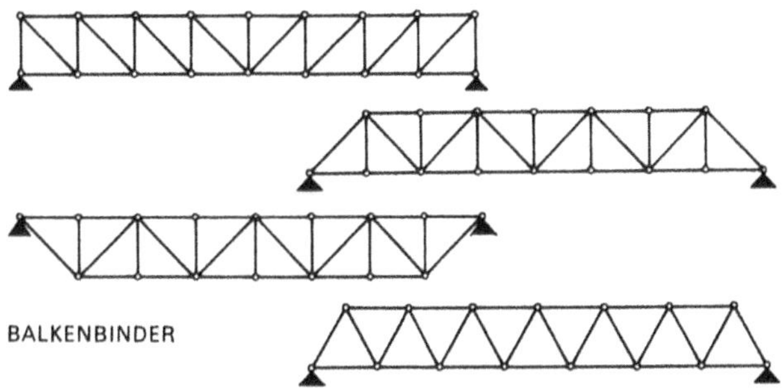

BALKENBINDER

Geschraubte Fachwerkbinder

Bei geschraubten Fachwerkbindern verwendet man für den Ober- und Untergurt gerne zweiteilige, symmetrische Querschnitte; für die Füllstäbe vorwiegend einteilige (d. h. Doppelwinkel bzw. Winkel), die bei Bedarf durch Einlegen eines Steges oder durch Aufsetzen einer Lamelle verstärkt werden können.
Der Abstand der Profile richtet sich nach der Dicke der Knotenbleche und der Größe der Profile. Er ist so zu wählen, daß diese bei der Bauunterhaltung einwandfrei zu streichen sind.

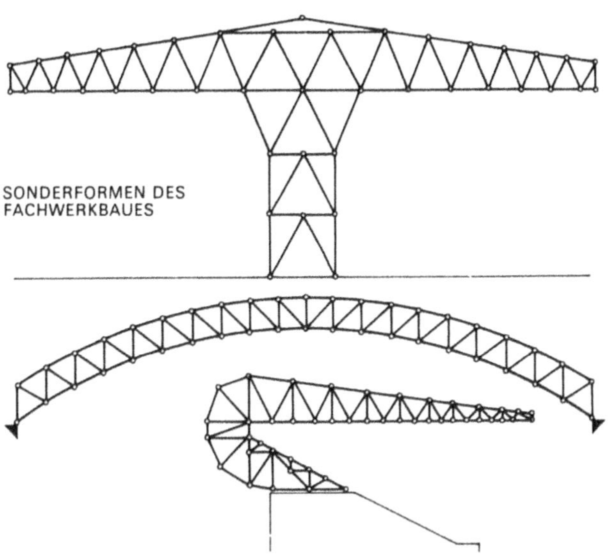

SONDERFORMEN DES FACHWERKBAUES

QUERSCHNITTE GESCHRAUBTER BINDERSTÄBE

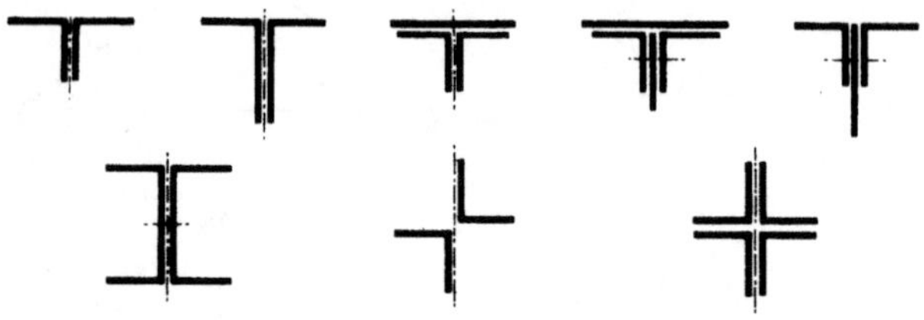

Ungleichschenklige Profile liegen in der Regel mit ihrem langen Schenkel am Knotenblech. Im ganzen Binder ist möglichst nur ein Schraubendurchmesser zu verwenden. Fachwerkstäbe sind mit mindestens 2 Schrauben anzuschließen. Stoßverbindungen durchlaufender Gurtstäbe zwischen den Knotenpunkten sollen vermieden werden.

Bei Obergurten ordnet man die Doppelwinkel so an, daß die abstehenden Schenkel zur besseren Pfettenauflagerung nach oben zu liegen kommen.

Für Gurtstäbe müssen mindestens L 50 × 50 × 5 (bei ungleichschenkligen Winkeln 30 × 60 × 5) verwendet werden.

Diese Forderung ergibt sich aus dem Mindestdurchmesser der Schrauben (M 10) und dem dazugehörigen Mindestrandabstand. Nur bei sehr leichten Bindern sind Schenkellängen ab 35 mm zulässig. Bei Gurtstäben, die über mehrere Felder durchlaufen, wählt man für die ganze Stablänge nur ein Profil, das nach der größten Stabkraft bzw. nach der größten Knicklänge bemessen werden muß. Es kann auch wirtschaftlich sein, ein kleines Profil durchlaufen zu lassen und es in den Feldern mit größeren Stabkräften durch Stege oder Lamellen zu verstärken.

Bei Untergurten legt man die abstehenden Schenkel der Profile nach unten. Um die Anschlußlänge der Gurte zu verkürzen und dadurch an Knotenblech zu sparen, ordnet man hauptsächlich bei Zugstäben oft Beiwinkel an. Diese sind mit den Hauptwinkeln starr zu verbinden (d. h. Anschluß durch HV-Schrauben), damit die Schrauben am Knotenblech in beiden Winkeln gleichmäßig zur Wirkung kommen. Um bei Doppelwinkeln den Abstand der einzelnen Profile zu wahren und um Einzelstäbe zu einem Stab zu verbinden, werden Futterringe oder Futterflacheisen bei Zugstäben in Abständen von etwa 1,50 bis 2,00 m je nach Steifigkeit der Einzelstäbe angeordnet. Für den Einsatz von Bindeblechen bei Druckstäben ist die DIN 4114 maßgebend.

Da Füllstäbe meistens geringere Stabkräfte erhalten als Gurtstäbe, können sie leichter ausgebildet werden. An den Knotenpunkten sind die Füllstäbe möglichst winkelrecht zur Längsachse abzuschneiden. Der Abstand zwischen Füll- und Gurtstäben bzw. zwischen den einzelnen Gurtstäben ist mit 5 mm anzunehmen. Die Stablängen sind auf 5-mm-Maße (5, 10, 15, 20 mm usw.) abzurunden.

Die übliche Form des Knotenbleches ist die Rechteckform. Ist diese nicht einzuhalten, dann wählt man die Bleche so, daß zwei Seiten parallel sind und daß wenig Abfall entsteht. Die im Stahlhochbau üblichen Dicken liegen zwischen 8 und 14 mm. Die Abmessungen der Knotenbleche ergeben sich aus dem Mindestrandabstand der Schrauben. Für die Abmessungen der Bleche sind runde Zahlen zu wählen. Alle Ecken der Knotenbleche müssen durch Profilstäbe verdeckt sein oder mit Kanten zusammenfallen. Einspringende Ecken sind zu vermeiden, da in den Kerben Spannungsüberschreitungen auftreten.

ANORDNUNG VON BINDEBLECHEN

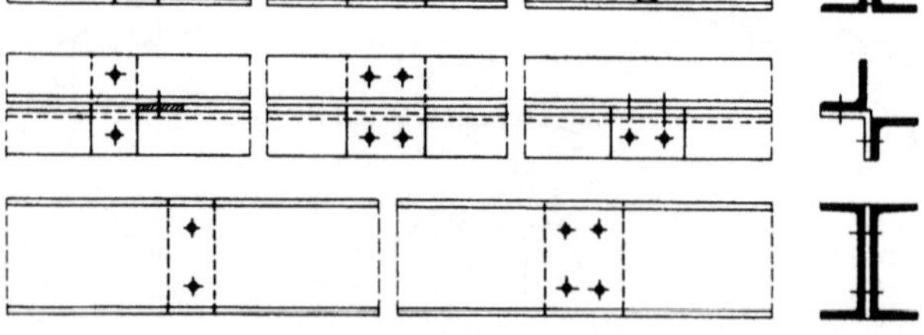

ANORDNUNG VON BEIWINKELN

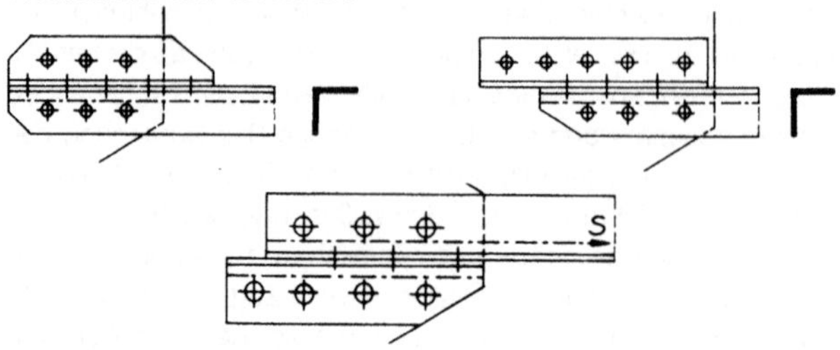

ANORDNUNG VON KNOTENBLECHEN

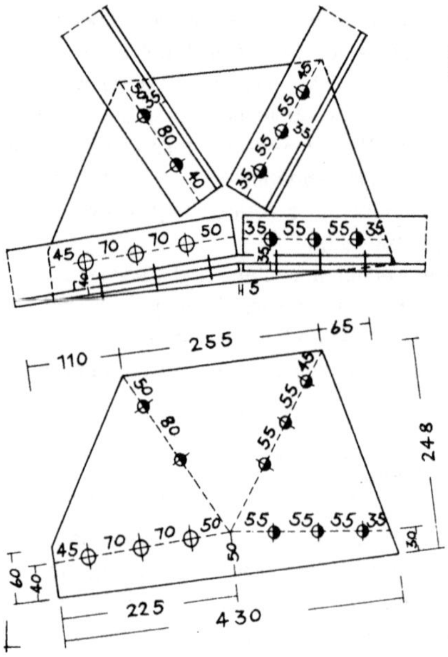

KNOTENBLECHE AUS EINEM BREITFLACHSTAHL

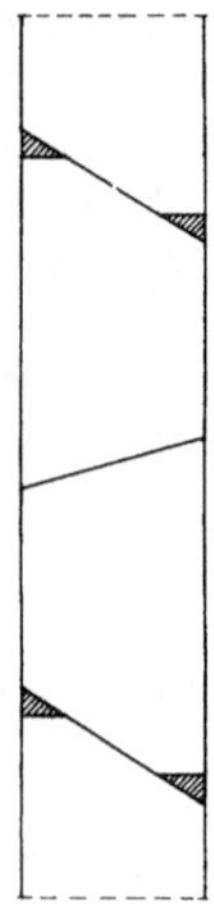

Geschweißte Fachwerkbinder

Für die Gurtstäbe geschweißter Fachwerkbinder verwendet man meistens halbierte I- oder IP-Profile, für Füllstäbe hochstegige I-Profile oder zweiteilige Querschnitte (⅃L oder ⊣⊢).

PROFILE FÜR FACHWERKSTÄBE

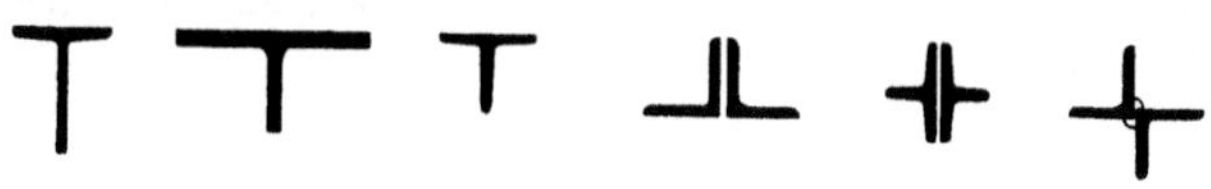

Für geschweißte Stahlhochbauten gilt DIN 18800.

Geschweißte Konstruktionen haben u. a. folgende Vorteile: Kürzere Anlaufzeit bis zur Aufnahme der Werkstattarbeit, 15 bis 20% Gewichtsersparnis, Kostenersparnis, vorausgesetzt, daß entsprechende Werkstätten vorhanden sind, billigere Unterhaltung (10% geringere Anstrichfläche als genietete Binder), befriedigendere formale Gestaltung. Über die Schweißung selbst siehe Kapitel „Stahlskelettbau".

Knotenbleche erübrigen sich meistens, da die Füllstäbe unmittelbar am Gurtsteg auf- oder angeschweißt werden.

GESCHWEISSTE KNOTENPUNKTE

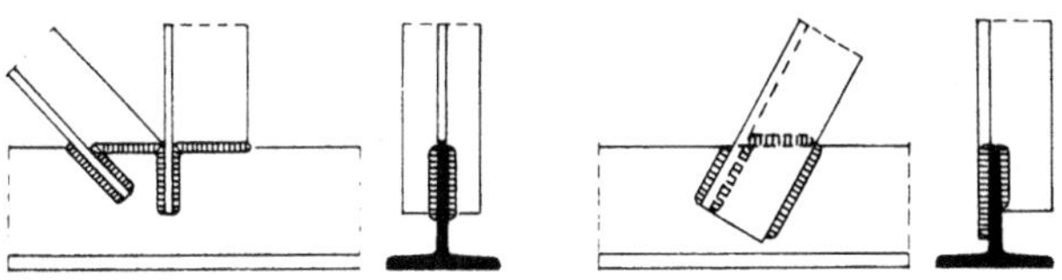

Pfettenausbildung

Die Pfetten werden meistens in Stahl, seltener in Holz ausgeführt. Holzpfetten verwendet man nur bei Binderabständen bis 4,00 m und bei flachen Dächern, wenn die Schalungsbretter unmittelbar auf die Pfetten genagelt werden sollen (Sparrenpfetten). Stahlpfetten werden als Walzträgerpfetten oder Fachwerkpfetten ausgeführt. Bei Stützweiten über 10 m werden aus wirtschaftlichen Gründen meistens Fachwerkpfetten angeordnet. Walzträgerpfetten bildet man aus als Durchlaufträger mit oder ohne Gelenk oder als Durchlaufträger mit Kopfstreben und Fachwerkpfetten als Balken auf zwei Stützen und ausnahmsweise auch als durchgehendes Tragwerk.
Bei Gelenkpfetten ist wegen der Symmetrie der Gelenkanordnung eine ungerade Felderzahl von Vorteil. Für die Ausbildung und Lage der Gelenke und die Abmessungen der Gelenkpfetten gilt die Norm DIN 18800.
Kopfstreben werden im allgemeinen nur bei lotrecht stehenden Pfetten angeordnet. Die Pfetten sind über den Bindern gestoßen und nur mit einer Steglasche verbunden. Fachwerkpfetten werden in der Regel als Gleichlaufträger ausgebildet und in lotrechter Ebene angeordnet. Eine gute Auflagerung wird erreicht, wenn man den Obergurt der Pfetten auf den Binderobergurt auflegt.
Die Pfetten können senkrecht zur Grundrißebene oder senkrecht zur Dachfläche gelegt werden und müssen gut gegen Umkippen und Abgleiten gesichert sein. Der gegenseitige Abstand der Pfetten richtet sich nach der freitragenden Länge der Sparren und der Dachdeckung und beträgt meistens 2,00 bis 4,00 m.
Der mit zunehmender Dachneigung größer werdende Dachschub wird in die verstärkte Firstpfette oder in eine besonders ausgebildete Traufpfette übertragen oder durch Zugstangen unmittelbar zu den Firstknotenpunkten geführt. Die erforderlichen längs- und queraussteifenden Diagonalverbände bestehen aus Winkel- oder Flachstählen, die meistens nicht berechnet, sondern nach Ermessen gewählt werden. Als Querschnitte verwendet man ∟45 × 45 × 5 bis ∟60 × 60 × 6 oder Flachstähle 50 × 6 bis 60 × 8. Die Diagonalverbände werden in den Endfeldern oder in jedem dritten bis fünften Feld angeordnet. Bei Gelenkpfetten dürfen die Verbände nur in gelenklosen Feldern liegen. Die Stähle der Diagonalverbände werden meistens mit Knotenblechen an den Bindergurt bzw. an die Pfetten angeschlossen.

PFETTENBEFESTIGUNG
FIRSTPUNKT

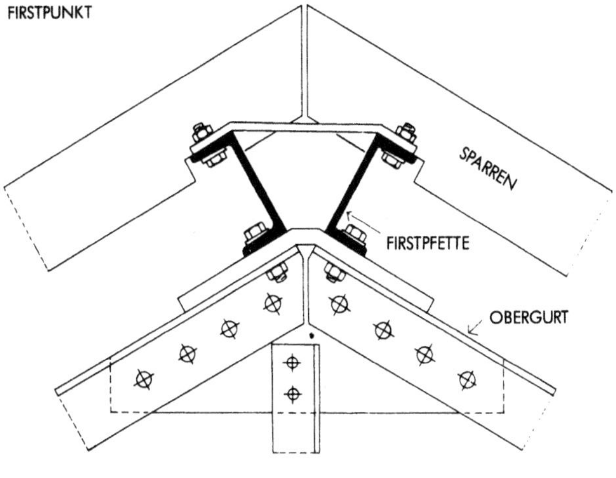

PFETTENBEFESTIGUNG
SENKRECHT ZUR DACHEBENE

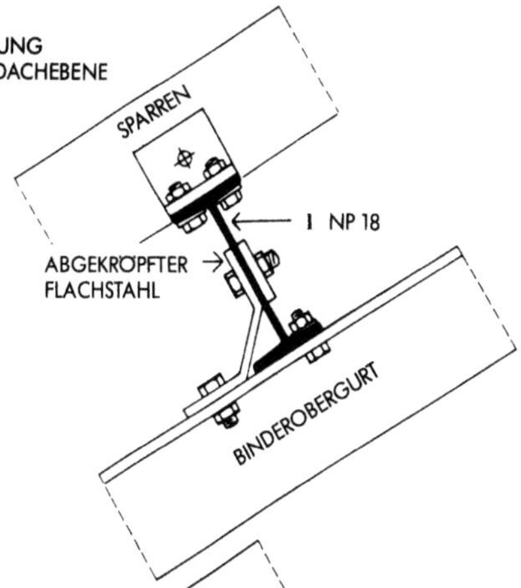

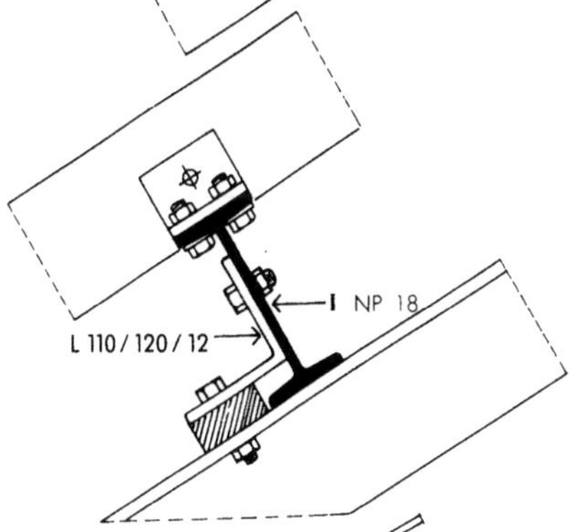

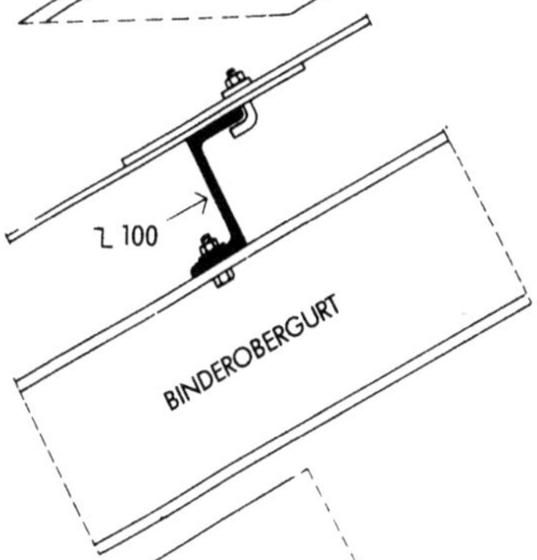

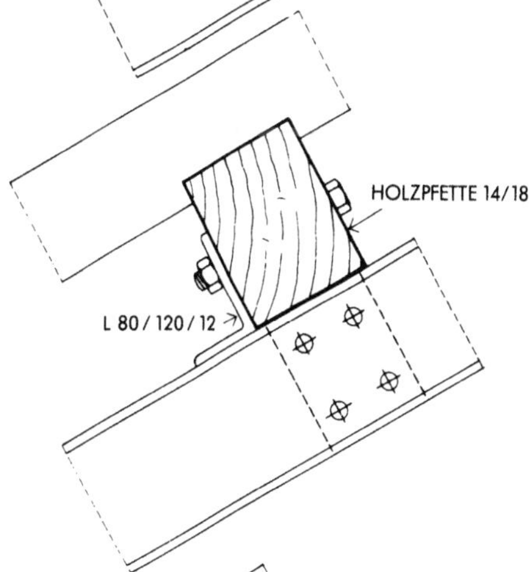

PFETTENBEFESTIGUNG
SENKRECHT
ZUR GRUNDRISSEBENE

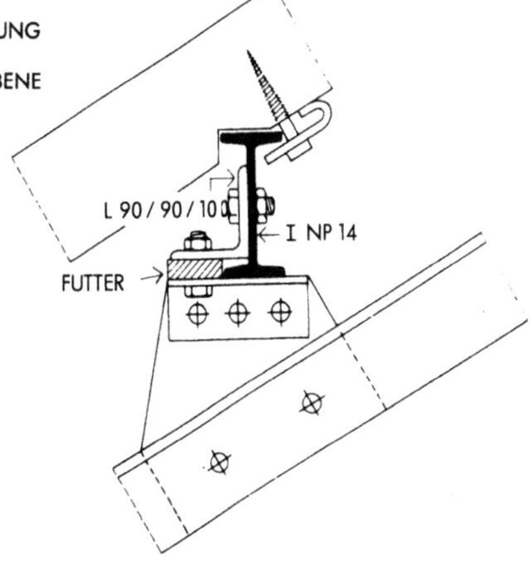

DACHKONSTRUKTION EINER SHEDHALLE MIT 25/10 m STÜTZWEITE

QUERGESPANNTER HAUPTTRÄGER: VOLLWAND-BLECHTRÄGER
LÄNGSGESPANNTER NEBENTRÄGER: SHEDBINDER MIT R-TRÄGER

MASSE IN mm

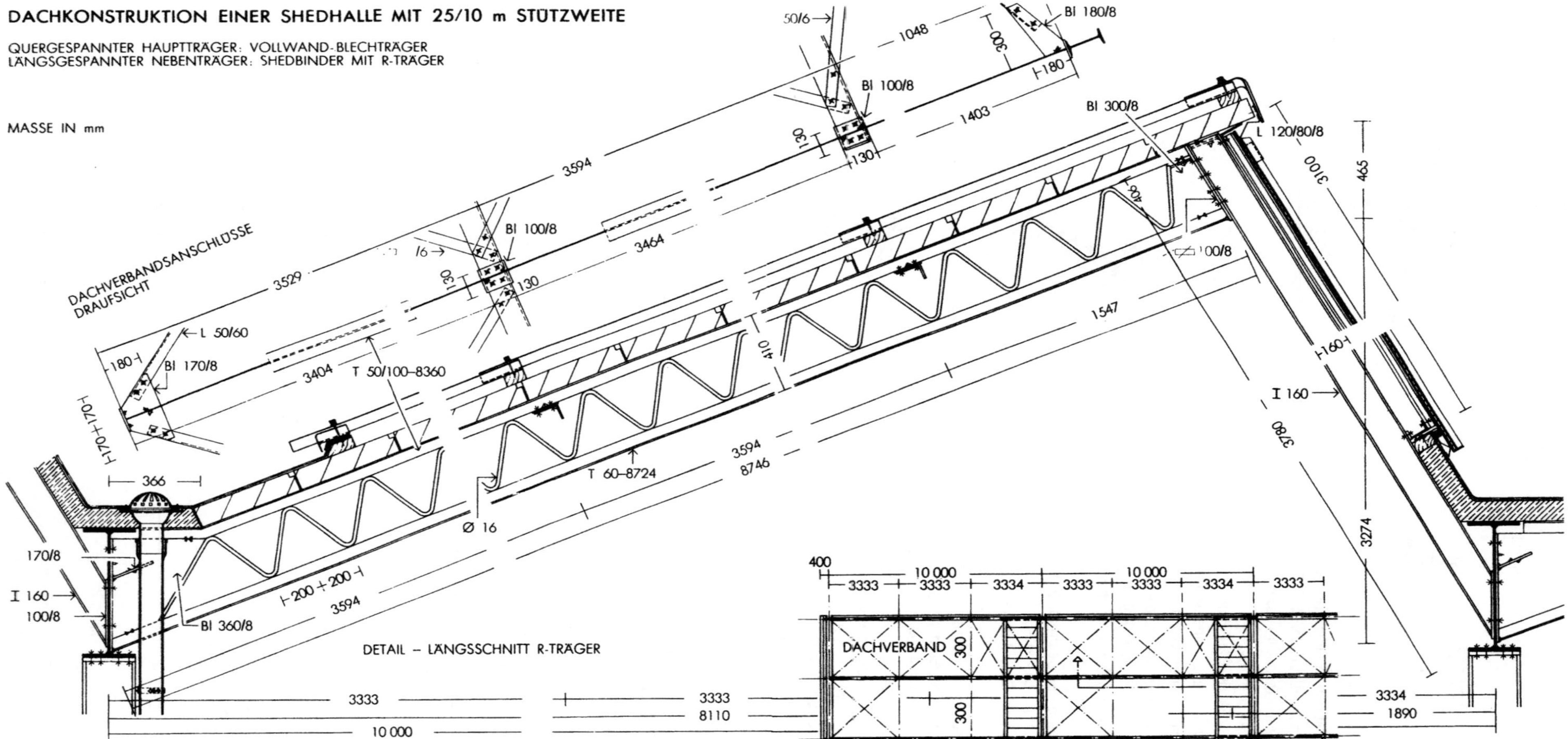

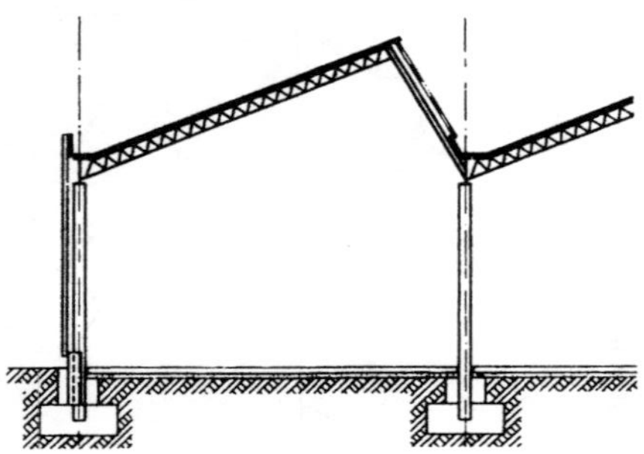

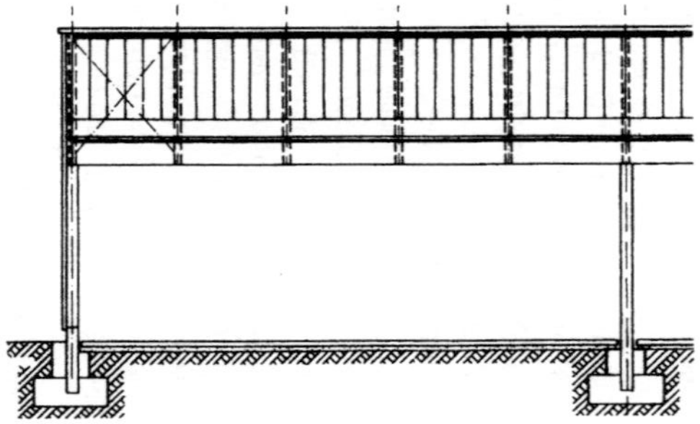

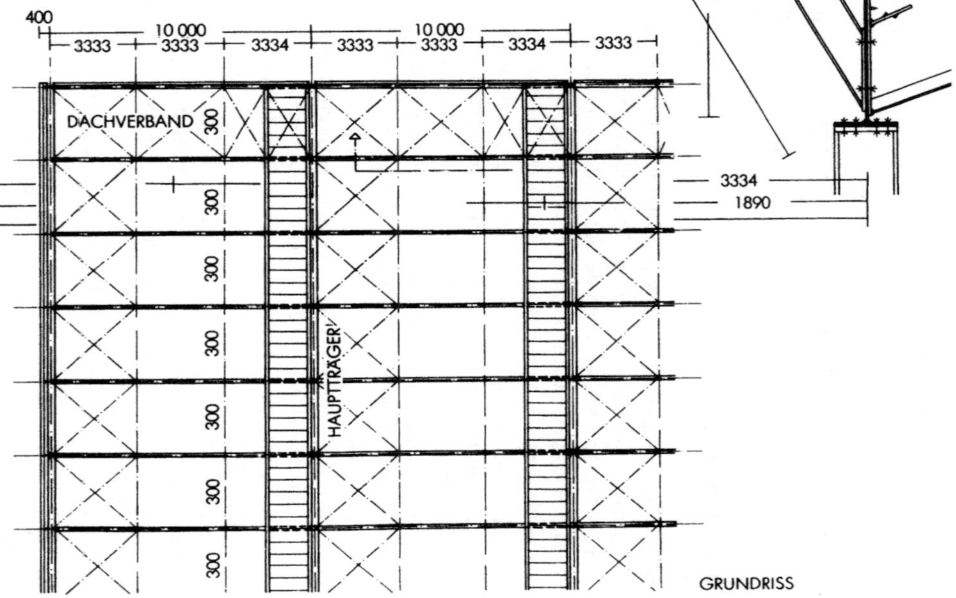

DACHKONSTRUKTION EINER SHEDHALLE MIT 25/25 m STÜTZWEITE („STAHLBAU-SCHÄFER" LUDWIGSHAFEN)
LÄNGSGESPANNTER HAUPTTRÄGER: FACHWERKBINDER
QUERGESPANNTER NEBENTRÄGER: FACHWERK-RINNENTRÄGER IN DER SHEDSCHRÄGE UNTERHALB DES OBERLICHTES

MASSE IN mm

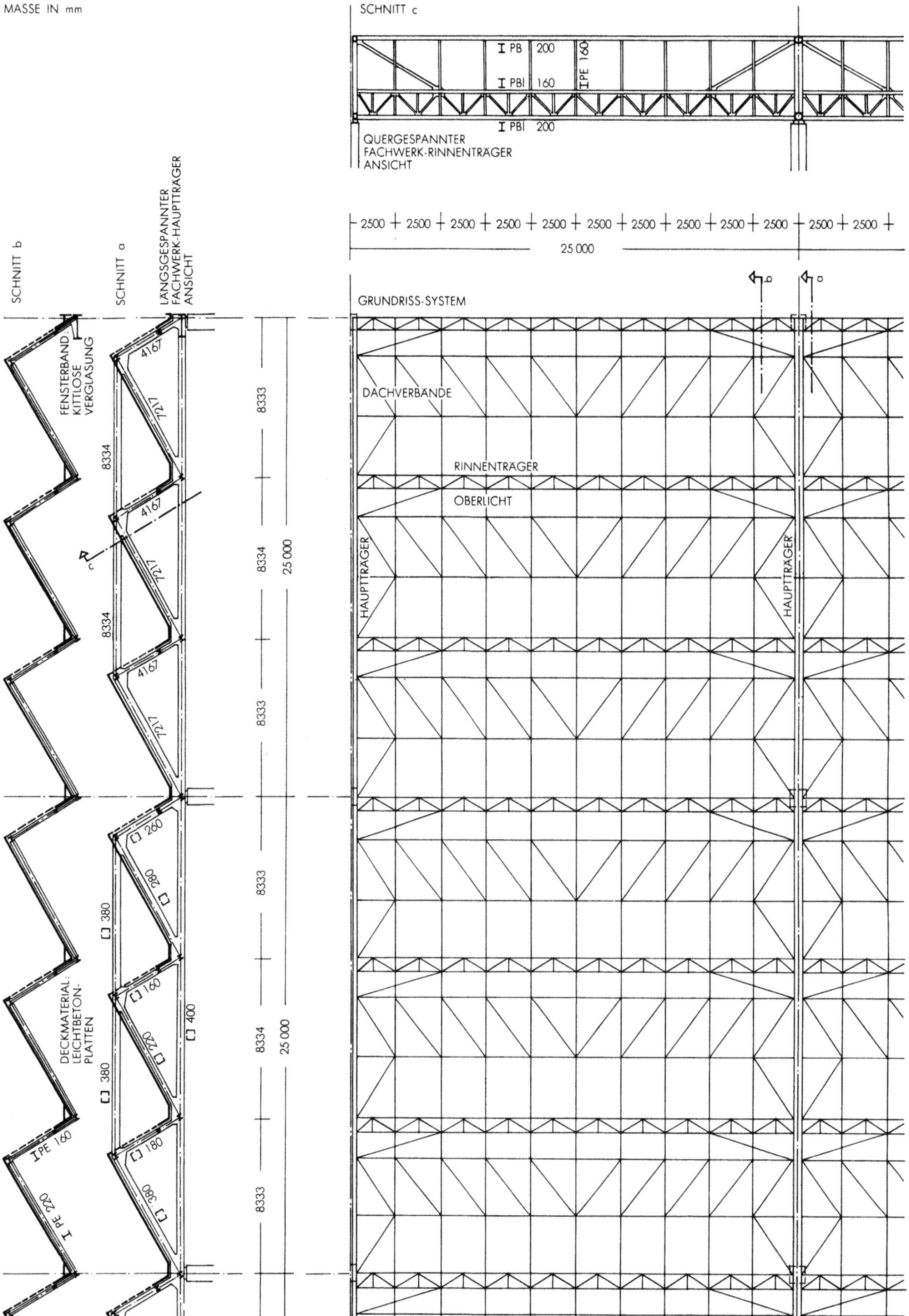

LÄNGS- UND QUERAUSSTEIFENDE DIAGONALVERBÄNDE

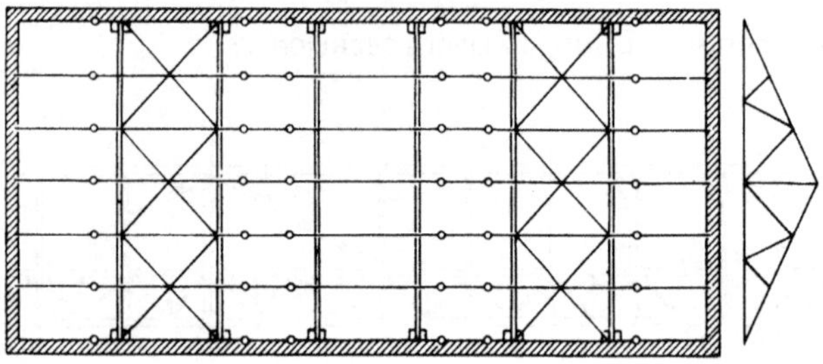

GERBERPFETTENGELENK NACH DIN 1009

MIT FLACHSTAHLLASCHEN

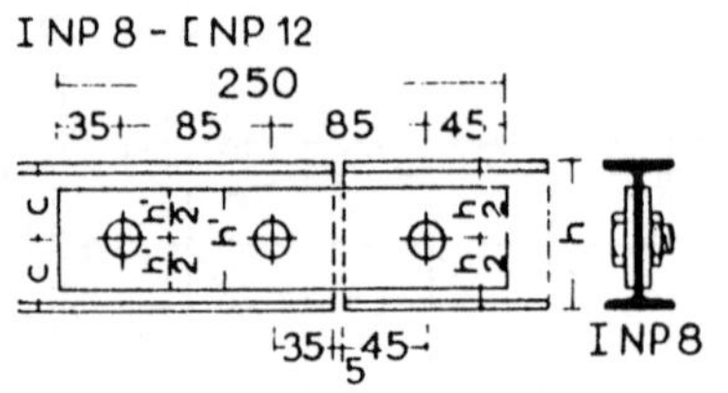

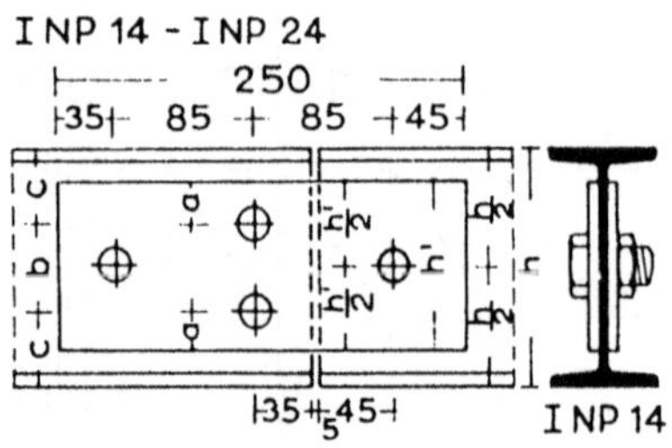

MIT WINKELSTAHLLASCHEN

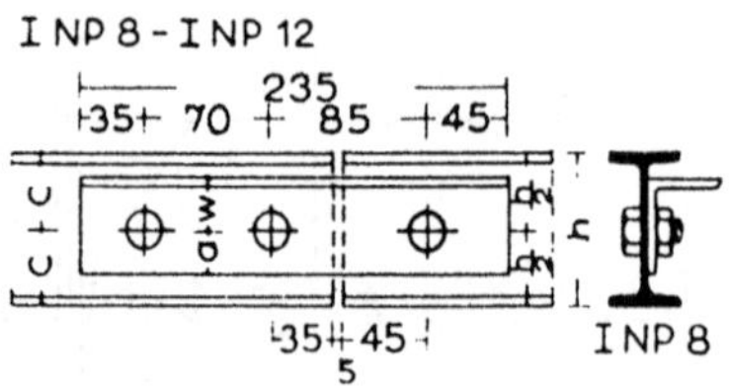

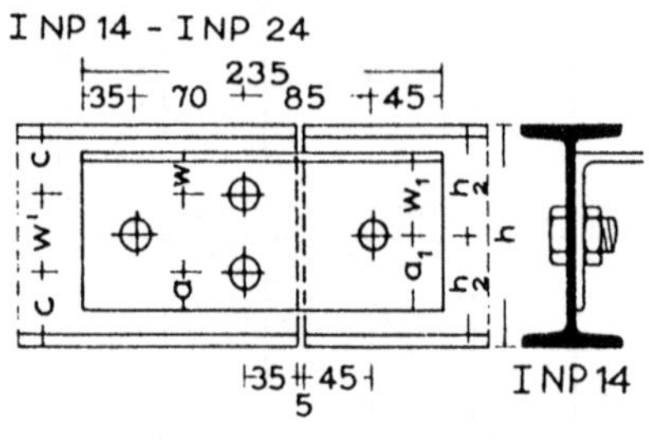

FACHWERKPFETTEN

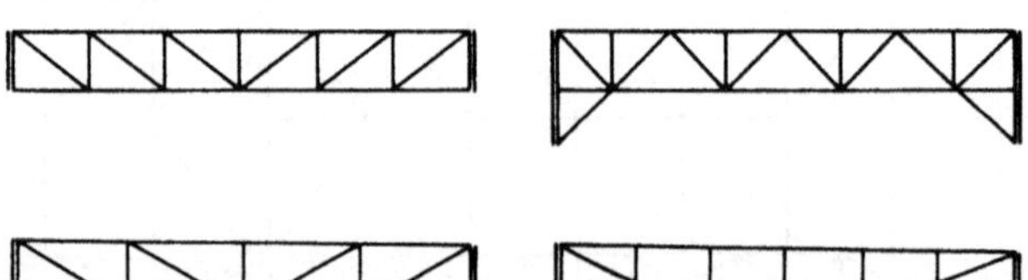

Raumfachwerke

Im Gegensatz zu den ebenen Fachwerken werden bei den räumlichen Fachwerksystemen die Lasten nicht nur in der durch die Hauptträger vorgegebene Richtung abgetragen, sondern über eine Vielzahl von Stäben und Stabverbindungen in mehrere Richtungen verteilt. Die Systeme sind hochgradig statisch unbestimmt, was erklärt, weshalb sie erst parallel zur Entwicklung der elektronischen Rechenhilfen eine größere Verbreitung gefunden haben.

TRAGMECHANISMUS DES RÄUMLICHEN TRAGWERKS NACH HEINRICH ENGEL, TRAGSYSTEME:

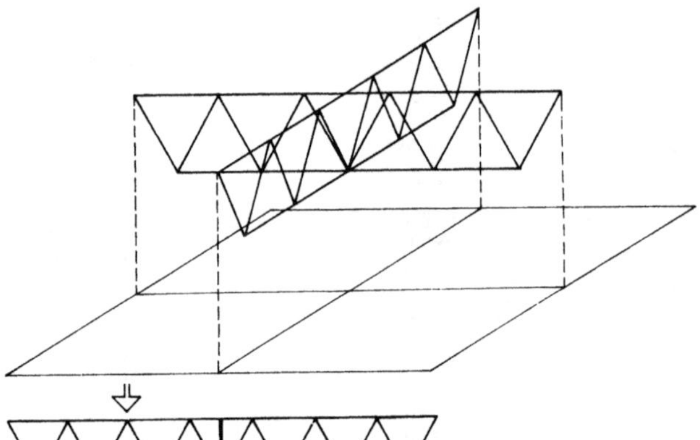

BETEILIGUNG EINES NICHT DIREKT BELASTETEN PARALLELTRÄGERS AM WIDERSTAND

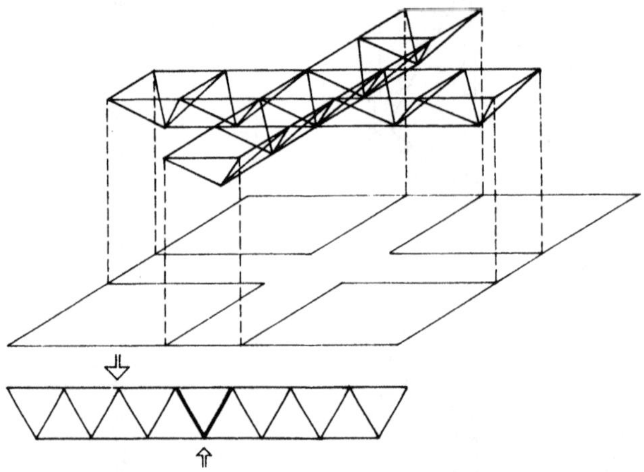

ERHÖHUNG DER WIRKSAMKEIT DURCH BETEILIGUNG MEHRERER, GGF. VEREINIGTER PARALLELTRÄGER

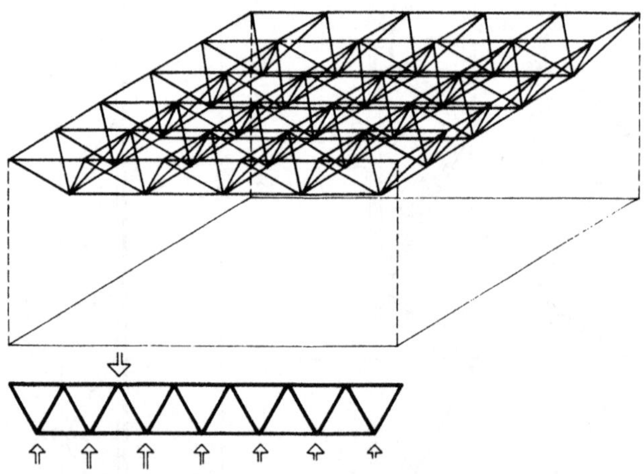

OPTIMALE WIRKSAMKEIT DURCH KONTINUIERLICHE KRAFTÜBERTRAGUNG NICHT MEHR NUR VON TRÄGER ZU TRÄGER, SONDERN VON STAB ZU STAB ÜBER DIE GESAMTE RÄUMLICHE AUSDEHNUNG

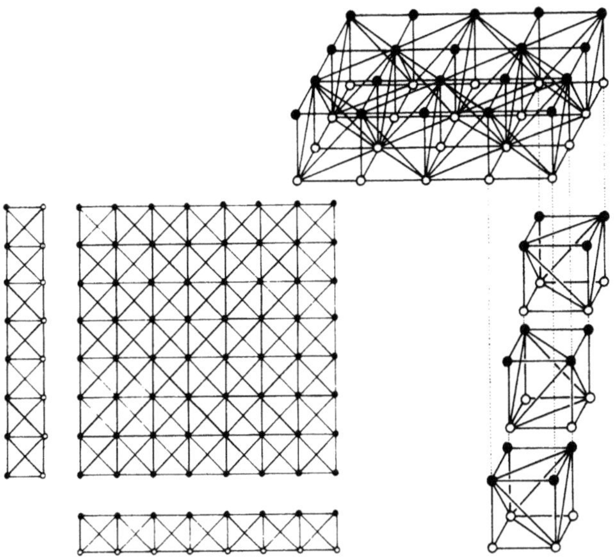

TRAGWERKSYSTEM AUS WÜRFELN ZUSAMMENGESETZT

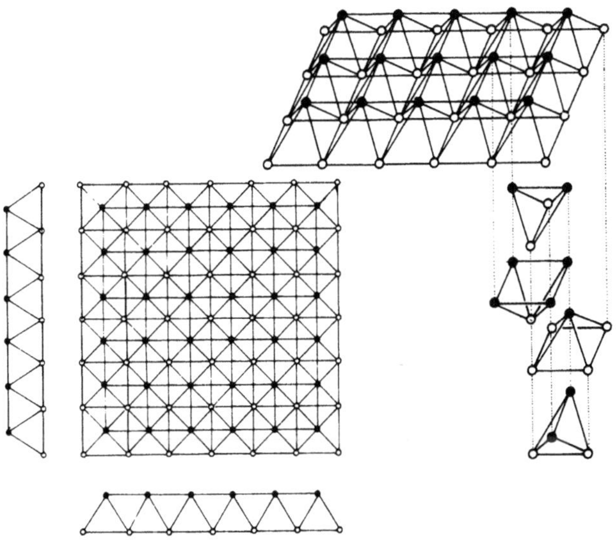

TRAGWERKSYSTEM ZUSAMMENGESETZT AUS
½ OKTAEDER + TETRAEDER

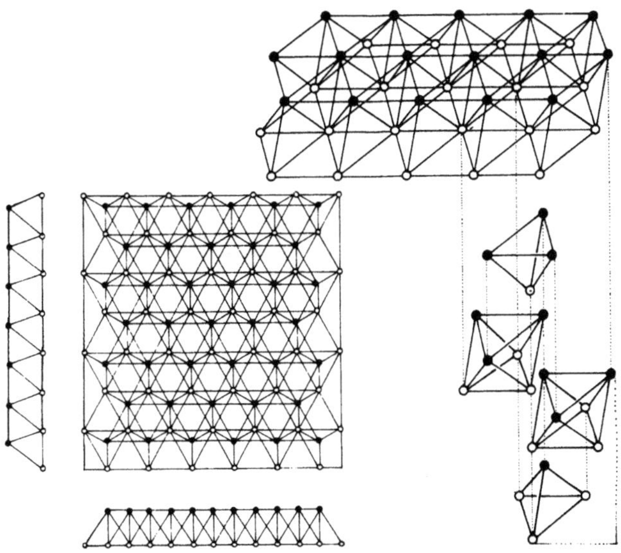

TRAGWERKSYSTEM ZUSAMMENGESETZT AUS
OKTAEDER + TETRAEDER

Entsprechend den Strukturgesetzen der Natur werden hier mit einem Minimum an Werkstoffaufwand durch räumlich regelmäßig einander zugeordnete Hohlstäbe größere Spannweiten überbrückt. Die erforderlichen Stablängen und -querschnitte sind nicht nur von Spannweite und Konstruktionshöhe des Systems abhängig, sondern vor allem von dem Ort und dem Gefüge der geometrischen Grundkörper, aus denen sich das „Raumgitter" zusammensetzt. Neben den statisch optimalen Verhältnissen sind durch Elementierung der Stablängen und der Knotenausbildung günstigste Montagebedingungen und die Voraussetzung für eine industrialisierte Fertigung als Baukastensystem gegeben.

Aufbau der Raumfachwerke

Von allen Systemen am weitesten entwickelt ist die von Mengeringhausen bereits aus den dreißiger Jahren stammende „MERO"-Bauweise. Seine Formulierung der Baugesetze und der Kompositionslehre für regelmäßige Raumfachwerke ermöglichte es, einen „Katalog von Raumfachwerken" aufzustellen. Die Raumfachwerke basieren auf der Geometrie des Würfels und seiner regelmäßigen Teilkörper, den sogenannten Cubus-Segmenten. Die drei wichtigsten Systeme sind Raumpackungen

- aus Würfeln:
  Die Diagonalen in den 6 Flächen des Würfels bilden einen Tetraeder. Bei der Vereinigung solcher Würfel fallen die Stäbe und Knoten je einer Fläche zusammen.
- aus halben Oktaedern und Tetraedern:
  Durch die Kombination entsteht ein dreiseitiges Prisma mit abgewalmten Enden, das durch symmetrisch angeordnete Prismen ergänzt wird,
- aus vollständigen Oktaedern und Tetraedern.

Je nach geometrischem Grundelement liegt ihnen ein Quadrat-, Diagonal- oder Dreiecksraster zugrunde, doch ist der Grundriß eines Tragwerks nicht unbedingt an ein solches Raster gebunden.

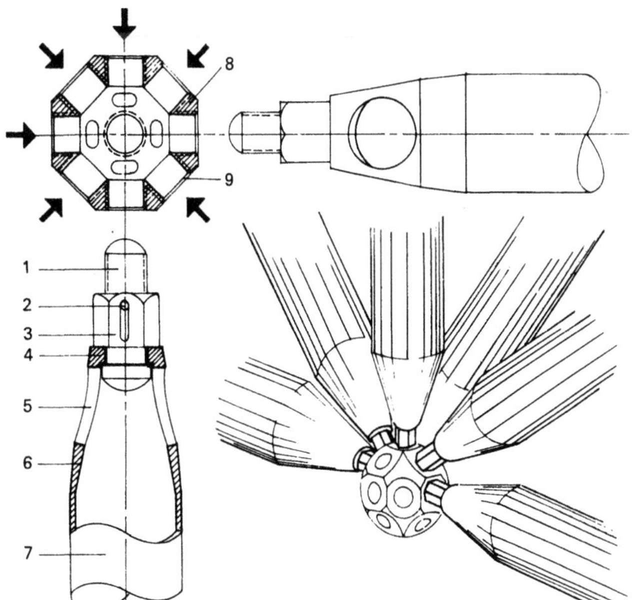

1 GEWINDEBOLZEN
2 MITNEHMERSTIFT
3 SCHLÜSSELMUFFE
4 LAGERÖFFNUNG
5 MONTAGEÖFFNUNG
6 KONISCHER ROHRKOPF
7 STABELEMENT
8 KNOTENWAND
9 BOHRUNG MIT INNENGEWINDE

Stabverbindungen im Raumfachwerk

Von den vielen Verbindungsmethoden im Raumfachwerkbau ist die von Mengeringhausen entwickelte Schraubenverbindung von Kugelkopf und Stäben die einfachste.
Der Kugelkopf mit (in der Regel 18) gleich großen Gewindeanschlüssen hat mathematisch betrachtet die Form eines Polyeders.
Die Achsen der Gewindebohrungen schneiden sich genau im Mittelpunkt des Knotenstücks.
Die Stäbe bestehen aus Hohl-Profilen, besitzen jedoch an den Enden aufgeschweißte Kegel mit Gewindebolzen und eine zur Betätigung der Gewindebolzen dienende, mit einem Kerbstift angeschlossene Schlüsselmuffe.
Weitere Verbindungsmöglichkeiten anderer Systeme sind:
Rohrverbindungen,
Steckverbindungen,
geschweißte Verbindungen.

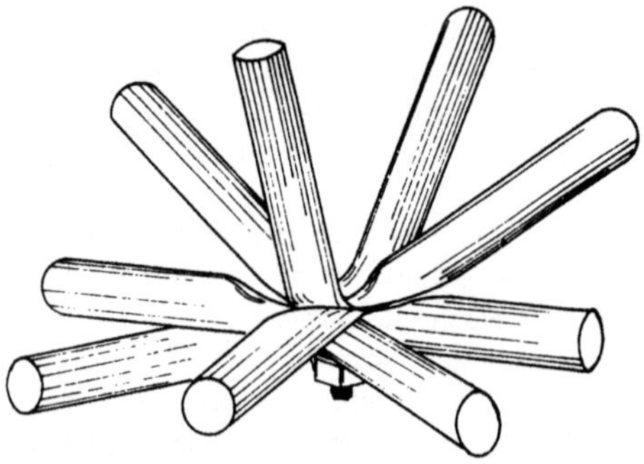

BEISPIEL EINER ROHRPRESSVERBINDUNG

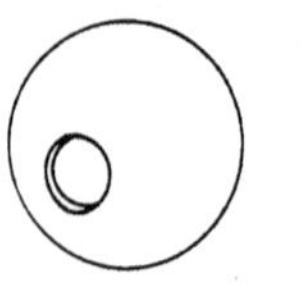

HOHLKUGEL

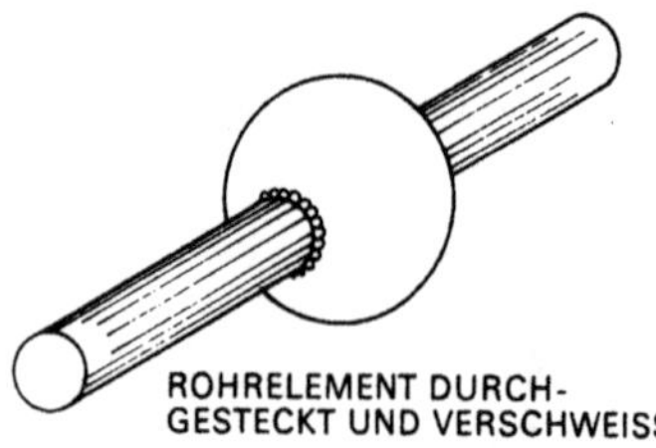

ROHRELEMENT DURCHGESTECKT UND VERSCHWEISST

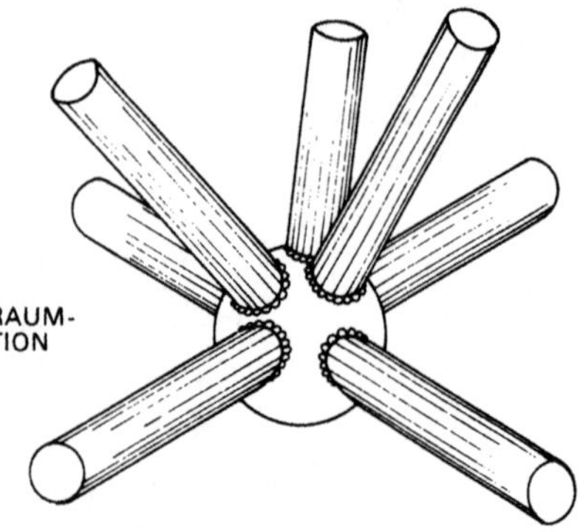

GESCHWEISSTE RAUMSTABKONSTRUKTION

ANSCHLUSS WEITERER STABELEMENTE

Auflagerung der Raumfachwerke

Ebene Raumfachwerke können eine Vielzahl verschiedener Stützungsarten aufweisen, da im Prinzip jeder Knotenpunkt abgestützt werden kann.
Möglichkeiten der Stützung sind:

1. Ober- oder Untergurtstützung,
2. Vierpunktstützung im Eckbereich,
3. Vierpunktstützung im eingezogenen Eckbereich,
4. ein- oder mehrstäbige Stützung,
5. zweiseitige Parallelstützung,
6. Umfangstützung.

Die wirtschaftlichste Auflagerung von Raumfachwerk-Platten wird erzielt, wenn man sie am Rande so auflagert, daß jeder Randknotenpunkt unterstützt ist. Für viele Anwendungsgebiete jedoch, z. B. in Industrie-, Gewerbe- und Messewesen, sind häufig möglichst wenige Stützen erwünscht. Typisierte Dacheinheiten wurden deshalb auch mit Eckabstützung oder als Krag- und Durchlaufkonstruktionen über Traggerippen entwickelt.

AUFLAGERMÖGLICHKEITEN

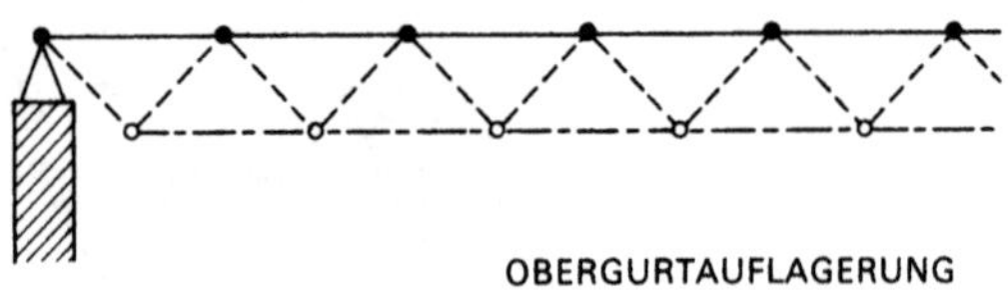

OBERGURTAUFLAGERUNG

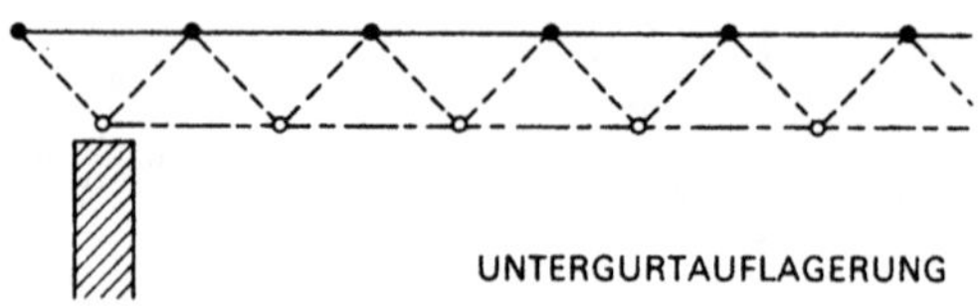

UNTERGURTAUFLAGERUNG

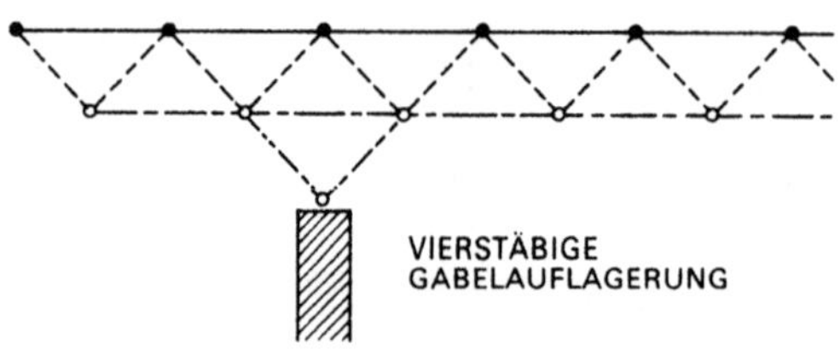

VIERSTÄBIGE GABELAUFLAGERUNG

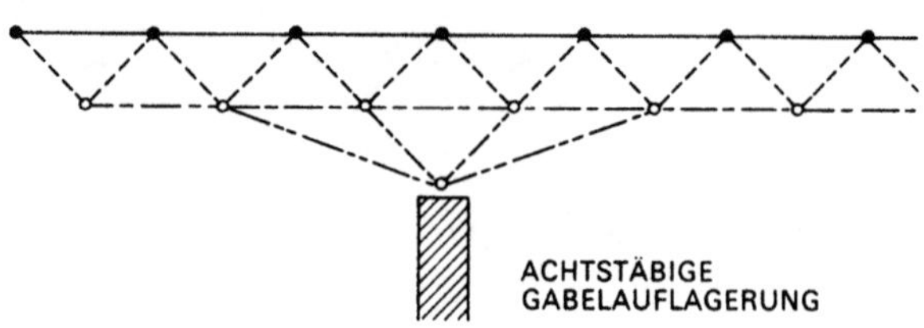

ACHTSTÄBIGE GABELAUFLAGERUNG

Vollwandkonstruktionen

Vollwandige Dachtragwerke in geschraubter oder geschweißter Form sind in ihrer Erscheinung ruhiger als Fachwerkkonstruktionen, haben in der Regel eine geringere Oberfläche, wodurch die Unterhaltungskosten sinken, und geringere Trägerhöhen. Ein Nachteil der Vollwandkonstruktionen ist der größere Stahlbedarf.

Walzträger

Im Jahre 1849 wurde auf der Pariser Industrieausstellung erstmals ein stählerner Walzträger mit I-Querschnitt und schmalen geneigten Flanschen gezeigt. Heute verfügen wir über ein reichhaltiges Sortiment von Profilstählen in Querschnittshöhen von 100–1000 mm, welche als Dachträger im Hallenbau unmittelbare Verwendung finden. In DIN 1025 sind die verschiedenen Profile mit ihren Kennzeichen, ihren Abmessungen und statischen Kenndaten zusammengestellt, siehe auch im Abschnitt „Stahlskelettbau". Diese Profilarten unterscheiden sich durch verschieden große Widerstandsmomente, bezogen auf ihre Querschnittsfläche, d. h. ihren Stahlbedarf. Dem Nachteil ihres relativ hohen Eigengewichtes und einer großen Durchbiegung ist durch Vorspannung, d. h. werkseitige Überwölbung soweit entgegenzuwirken, daß auch bei großen IPB-Profilen Spannweiten bis zur 30fachen Trägerhöhe möglich sind.

WIDERSTANDSMOMENTE DER GENORMTEN WALZTRÄGER, AUFGETRAGEN ÜBER IHRER QUERSCHNITTSFLÄCHE

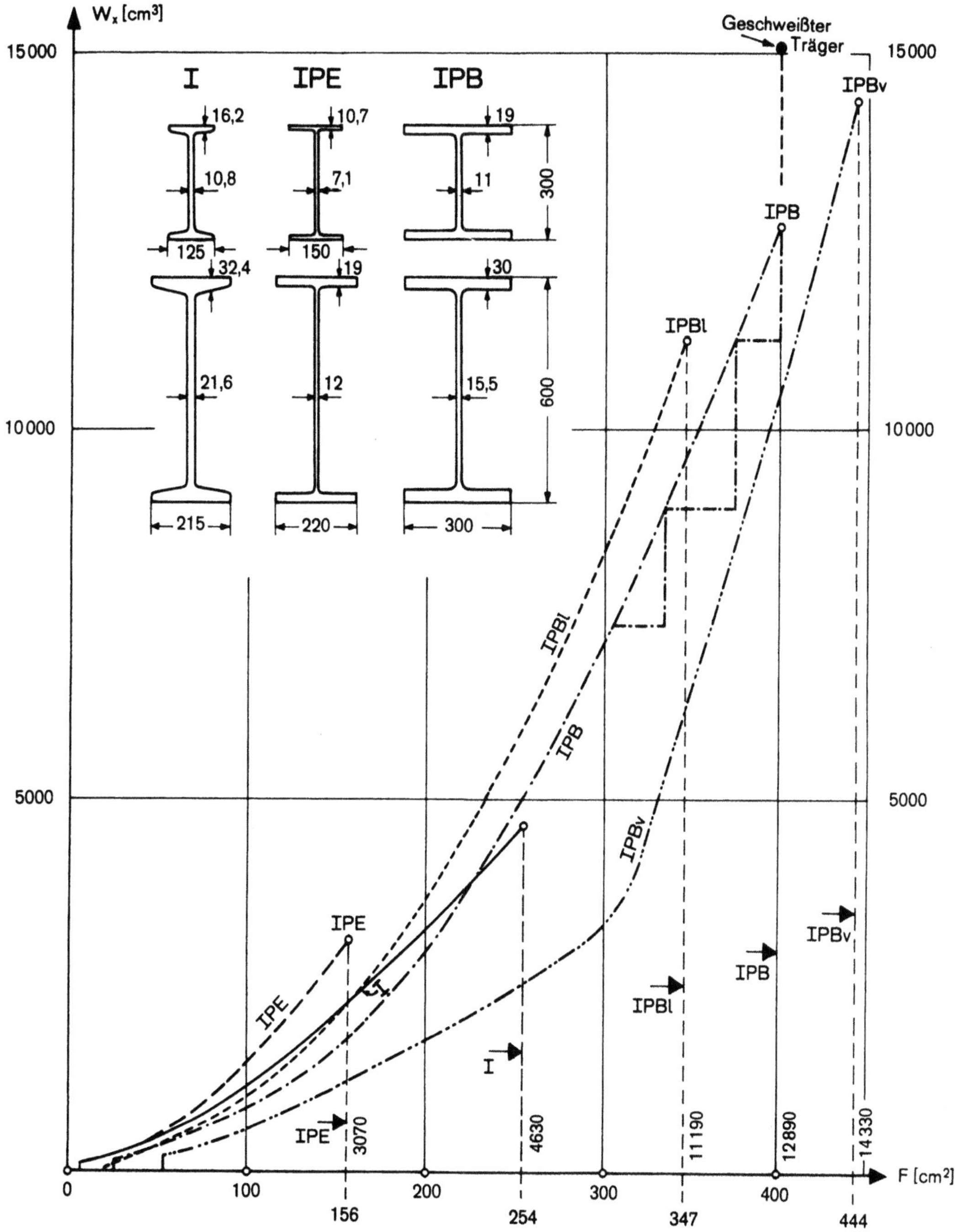

Wabenträger

Um günstigere Verhältnisse zwischen Belastbarkeit und Stahlbedarf zu erlangen, werden Stege bisweilen ausgespart, um das Eigengewicht bei unverändertem Widerstandsmoment zu verringern. Eine Sonderform sind die Wabenträger. Sie werden gefertigt durch sägezahnartiges Auftrennen und Wiederverschweißen der Hälften unter Versatz eines halben Feldes. Dadurch kann das Widerstandsmoment Wx von Walzträgern um 35 bis 50% erhöht werden. Durch eine zusätzliche Aufstelzung der Trägerhälften mit Zwischenblechen ist das Widerstandsmoment sogar um ein Vielfaches zu vergrößern, bei kleineren Profilen über 200%, bei größten Profilen noch annähernd 100%, je nach Steghöhe. Der größeren Beulgefährdung der Profile ist durch konstruktive Maßnahmen zu begegnen.
Der Herstellungsaufwand solcher Wabenprofile ist bei automatischer Fertigung durch die Stahlersparnis mehr als auszugleichen, doch immer in Relation zu den Stahlpreisen zu sehen. Über die wirtschaftlichen Aspekte hinaus können jedoch auch konstruktive

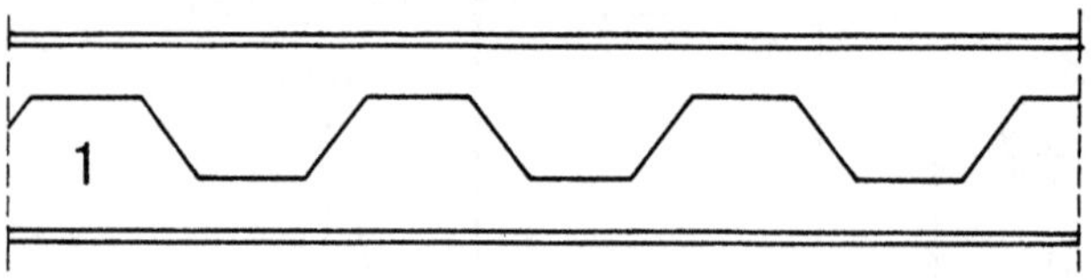

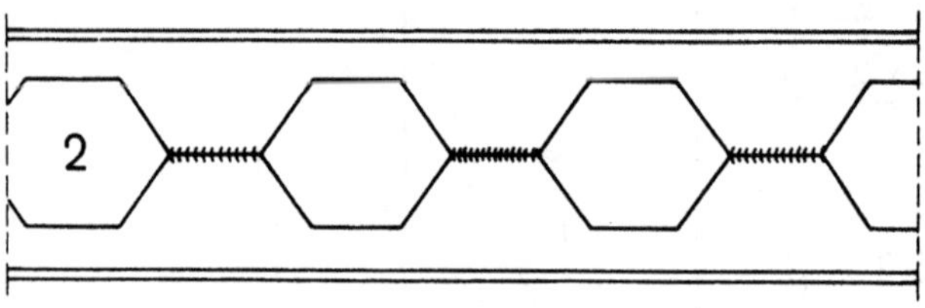

3

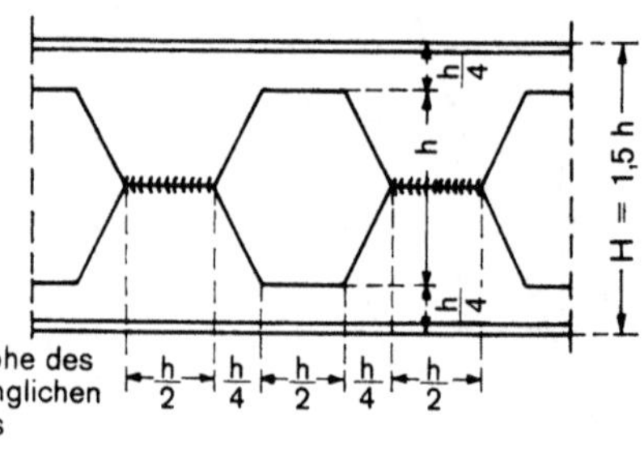

h = Höhe des ursprünglichen Trägers

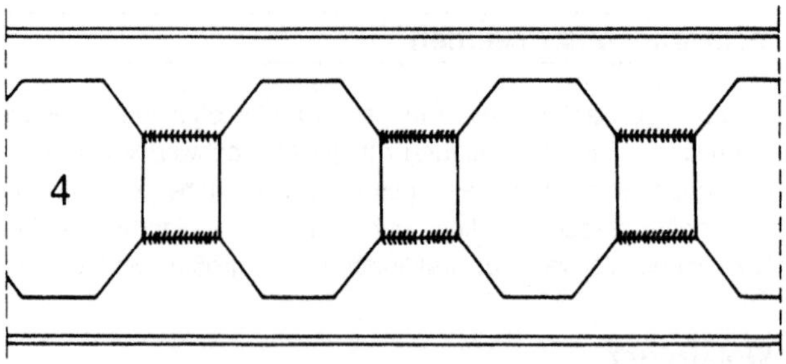

Gesichtspunkte wie Verringerung des Eigengewichtes einer Dachkonstruktion oder eine Installationsführung innerhalb der Konstruktionshöhe die Verwendung von Wabenträgern empfehlen.

Vergleich IPB 600 mit Wabenträger

Profil	IPB 600	Wabenträger	Wabenträger mit 200 mm Zwischenblechen
kg/m	212	212	220
Wx cm³	5700	7750	10 000
Steigerung von Wx	–	36 %	75 %

Sonderformen

Über die Profilhöhen von Walzträgern hinaus lassen sich auch aus Stahlblechen entsprechender Dicken I-Träger und Hohlträger für entsprechende Erfordernisse zusammenschweißen. Die nötige Beulsicherheit ist durch Versteifungen zu erbringen.
Hohlkastenprofile bieten das günstigste Verhältnis zwischen Tragfähigkeit und Stahlbedarf aller Vollwandkonstruktionen. Darüber hinaus sind sie in der Lage, als Shedrinnen und Luftkanäle weitere Funktionen zu erfüllen.
Auch für Falt- und Schalenkonstruktionen sind Stahlbleche geeignet. Optimale Wirtschaftlichkeit zeichnet die allein auf Zug beanspruchte Kegelschale aus, die sich allerdings nur für die Sonderform runder Hallengrundrisse eignet. Gegen dynamische Schwingungen der zwischen umlaufende Stütz- und Widerlager gespannten Stahlhaut muß durch Vorspannung oder entsprechende Auflast gesorgt werden.

Dachtragwerke aus Stahlbeton

Die weitgespannten Dachtragwerke aus Stahlbeton des italienischen Ingenieurs L. Nervi und eine Vielzahl nur mit der Eierschalendicke vergleichbarer Schalenbauwerke zählen zu den großen Bauleistungen unseres Jahrhunderts.

Im Vergleich mit Holz und Stahl zeichnet sich Stahlbeton je nach der Dicke der Betondecke und seiner Bewehrung durch eine größere Sicherheit gegen Feuerangriff und gegen Witterungseinflüsse aus. Dies erübrigt zusätzliche Ummantelungsmaßnahmen und bedeutet geringere Unterhaltungskosten. Von Nachteil ist sein höheres Gewicht, doch läßt sich durch entsprechende konstruktive Durchbildung, durch entsprechende Formgebung, Bewehrungsführung und ggf. Vorspannung die Masse des tragenden Querschnitts erheblich reduzieren. Damit ist Stahlbeton auch für weitgespannte Dachtragwerke mit Spannweiten bis über 100 m ein geeigneter Baustoff.

Wegen dieser Materialeigenschaften haben sich heute im Hallenbau, insbesondere im Montagebau, die balken- und stabförmigen Bauteile aus Stahlbeton allgemein durchgesetzt, doch sind Platten, Schalen und Faltwerke, d. h. raumabschließende räumlich tragende Bauteile ihr typischer Einsatzbereich. Material- und formgerecht sind Massiv- und Vollwandkonstruktionen, doch können zur Verringerung des Eigengewichts auch profilierte Querschnitte und Hohlkörper als Fachwerkkonstruktionen ausgebildet werden.

Spannbeton

Über größeren Spannweiten lassen sich biegebeanspruchte Stahlbeton-Dachtragwerke erst durch Verringerung des Eigengewichtes und Erhöhung der Eigenspannung anwenden. Durch die sog. Vorspannung wird der Beton unter Druck gesetzt, um seine mangelnde Zugfestigkeit auszugleichen und einer Rissebildung zu begegnen. Dadurch läßt sich die Homogenität des Betons soweit verbessern, daß Zugspannungen ohne Rißbildung aufgenommen und durch Überwölbung eine Durchbiegung im Belastungszustand ausgeschlossen werden kann. Das erlaubt gegenüber schlaff bewehrten Stahlbetonbauteilen die volle Ausnutzung hochwertiger Betonstähle, was eine Verringerung des Betonquerschnittes und damit des Eigengewichtes ermöglicht.

Neben der Stahlbeton-Norm DIN 1045 gilt für Bemessung und Ausführung von Spannbeton-Bauteilen DIN 4227. Spannbeton läßt sich nach verschiedenen Methoden herstellen, wobei zu unterscheiden sind:

Grad der Vorspannung,
- volle Vorspannung (im Beton keinerlei Zugspannung unter Gebrauchslast)
- beschränkte Vorspannung (Zugspannung unter Gebrauchslast begrenzt)

Art der Verankerung,
- Haftverankerung
- Endverankerung

Art der Verbundwirkung,
- Vorspannen mit Verbund
- Vorspannen mit nachträglichem Verbund
- Vorspannen ohne Verbund

Zeitpunkt des Spannens
- Spannen der Bewehrung vor dem Betonieren bzw. Erhärten des Betons zwischen festen Punkten (Spannbett), wodurch die Verbundwirkung erst mit dem Erhärten des Betons entsteht.
- Spannen nach dem Erhärten des Betons, wobei die Bewehrung zunächst lose in Spannkanälen (Hüllrohren) geführt und nach dem Spannen Zementmörtel eingepreßt wird.
- Nachspannen ist nur möglich, wenn Spannglieder außerhalb oder ohne Verbund mit dem Betonquerschnitt liegen.

Zur Erzeugung der hohen Spanndrücke werden hydraulische Spannpressen verwendet, welche z. B. für Verankerungskräfte von 40 kN–750 kN (4–75 Mp) mit einem Betriebsdruck von 24–49 MN/m² (240–490 kp/cm²), Spezialpressen sogar mit über 50 MN/m² (500 kp/cm²) arbeiten. Je nach Spannverfahren und Unternehmen werden Vorspannkräfte bis zu 250 MN (2,5 Mp) erreicht. Die Spannglieder bestehen entweder aus Einzelstählen, Einzelbündeln oder Großbündeln. Die erforderliche Spannkraft je Spannglied bestimmt die Anzahl der Einzelquerschnitte, welche durch den Anker zu einem Bündel zusammengefaßt werden. Einzelstäbe werden durch Schraub-Muffenverbindung zusammengesetzt, Einzelbündel aus Spanndrähten, die in Rollen jeder erforderlichen Länge geliefert werden. Der verwendete Spannstahl ist bei Bündeln meist kaltgezogener Stahl mit Bruchfestigkeiten von 15000 bis 18000 kp/cm² bzw. 1500–1800 MN/m², bei Einzelstählen Sigma-Stahl der Güten 60/90 bis 80/105 im ∅ von 8 bis 31 mm. Da ein Teil der Vorspannung beim späteren Schwinden und Kriechen des Betons wieder verloren geht, müssen die Spannstähle erheblich über die effektive Endspannung vorgespannt werden, was die hohe Anforderung an die Stahlfestigkeit erklärt. Eine Schwindung von 0,5 bis 1,5 mm/m (bei guter Austrocknung) bedeutet für den gespannten Stahl einen Spannungsverlust von 100 bis 300 MN/m² (1000–3000 kp/cm²).

Binderkonstruktionen

Dachtragwerke als Stahlbetonbinder haben sich erst mit der Spannbetontechnologie endgültig durchgesetzt. Während man zunächst zur Eigengewichtsminderung auch Stahlbetonbinder als Fachwerkkonstruktionen ausbildete, ist man heute wegen ihres höheren Schalaufwandes und ihrer größeren Konstruktionshöhe davon abgekommen, wenngleich in Ostblockstaaten Fachwerkbinder auch aus Stahlbeton durchaus noch üblich sind. Gleiches gilt für Rahmenkonstruktionen, die wohl materialgerecht sind, jedoch als Winkelelemente bei größeren Abmessungen Transportschwierigkeiten bereiten; lediglich in kleineren Abmessungen, z. B. als Winkelelemente für Shedhallen, sind sie üblich.

Wegen der Schwierigkeit, steife Montageverbindungen herzustellen, herrscht im Hallenbau mit Stahlbetonfertigteilen das statische Prinzip eingespannter Stützen mit gelenkig gelagerten Trägern vor. Pendelstützen mit Aussteifung durch Wandscheiben sind selten. Auch ungleiche Gründungsverhältnisse sprechen bei den Baukastensystemen für Gelenkverbindungen und für statisch bestimmte Konstruktionen. Bindersysteme mit geneigter Dachfläche und außenliegender Entwässerung sind bei einschiffigen Hallen bis ca. 25 m Hallentiefe möglich. Darüber hinaus und bei mehrschiffigen Hallen ist die Dachfläche als Wanne mit Entwässerung über Innenstützen auszubilden. Eine statisch bedingte Überhöhung ist zur Vermeidung von Wassersäcken voll ausreichend.

Binderformen

Typisch für den Stahlbeton-Dachbinder-I-Querschnitt, der mit dünnen Stegen, kräftigen Gurten und Vollquerschnitt am Auflager den Spannungsverhältnissen innerhalb eines Balkens etwa entspricht wie das Walzprofil im Stahlbau. Während der massive rechteckige Balkenquerschnitt mit schlaffer Bewehrung nur bei Spannweiten zwischen 5 und 10 m wirtschaftlich einzusetzen ist, steht bei Spannweiten zwischen 10 und 30 m der Spannbetonbinder mit I-Querschnitt heute gleichwertig neben den geschweißten

Dachtragwerke aus Stahlbeton			
Statisches System		Übl. Spann-weite (L) in m	Höhen der Bauteile
	Träger auf zwei Stützen Einfeldträger	5–15	
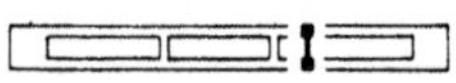	Träger auf zwei Stützen Einfeldträger	12–50	
	Satteldachf. Biegeträger hohlwandig	12–50	
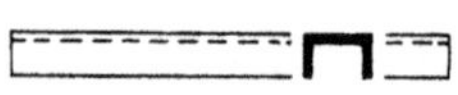	Plattentragwerk Kassettenplatten Trogplatten	9–12	h ~ 50–60
	Rippenplatten als „T"- und „TT"-Platten	15–35	h ~ 50–90
	Plattentragwerk aus Hohl-balkenelementen	20–35	h ~ 50–100
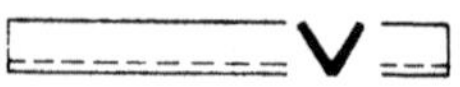	V-Faltwerke	bis 24	h ~ 60–100
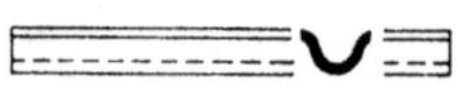	Wellschalen ohne Randträger	bis 20	h ~ 60–90
	HP-Schalen mit und ohne Vorspannung	bis 25	h ~ 40–60

Dachtragwerke aus Stahlbeton			
Statisches System		Übl. Spann-weite (L) in m	Höhen der Bauteile
	Halbbahnen aus 2 Teilen i.d. Rahmenecke zus. gespannt	20–40	
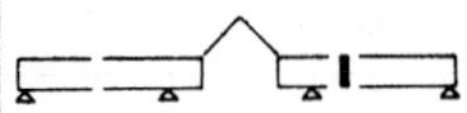	Auskragende Träger mit erhöhtem Mittelstück	12–20	
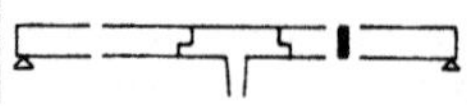	Träger mit auskragendem Mittelstück u. frei aufliegenden Bindern	25–40	
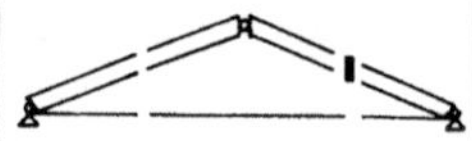	Dreigelenkrahmen mit Zugband	20–40	
	Shedkonstruktion aus linearen Teilen	6–12	
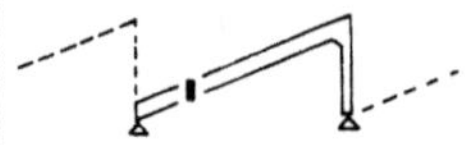	Rinnenträger mit aufgesetzter Shedkonstruktion	5–10	
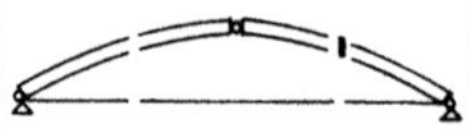	Dreigelenkbogen mit Zugband	20–50	h ≅ L/10–L/12
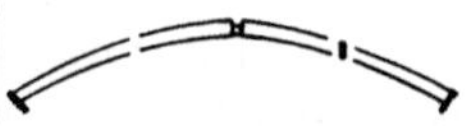	Dreigelenkbogen mit Widerlager	20–50	h ≅ L/6
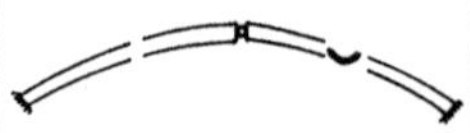	Bogen aus Schalenelementen	bis 100	

Stahl- bzw. den geleimten Holzkonstruktionen. Die wirtschaftlichste Spannweite einer Vielzahl von Normhallen liegt dabei um 15 m, der Binderabstand je nach Konstruktion der Dachschale bei 5 bis 15 m. Bogenbinder sind wegen der ausschließlichen Druckbeanspruchung besonders werkstoffgerecht und erlauben Spannweiten bis 50 m. Sie können jedoch selbst als zweiteilige Dreigelenkbogen wegen der Transportbeanspruchung und der Abmessungen problematisch sein.

Pfetten und Dachplatten

Je nach Ausbildung der Dachdecke, nach Material und Spannweite der raumabschließenden Dachelemente ist die Anordnung von Pfetten sinnvoll oder nicht. Auch Binderspannweite und Binderabstand stehen mit der Dachschale in einer Wechselbeziehung.
Gasbeton-Dachplatten, unmittelbar von Binder zu Binder gespannt, erfordern Binderabstände von 3,00 bis 6,00 m, je nach Materialstärke bzw. erwünschter Wärmedämmung.
Trapezblech-Dachdecken müssen durch Pfetten unterstützt werden. Pfettenabstände von ca. 2,50 m bezogen auf Trapezblech- und Pfettenprofile aus Stahl sind bei Pfettenspannweiten um 7,50 m wirtschaftlich optimal, vorgespannte Stahlbetonpfetten darüber hinaus bis ca. 12,00 m.

Bei Well-Asbestzement-Deckung, welche je nach Profilhöhe und Plattenlänge im Abstand von 0,90 bis 1,45 m einer Stützung bedarf, wählt man eine Holz- oder Stahlunterkonstruktion. Dachtragelemente mit Rippen aus Stahl- oder Spannbeton erlauben größere Stützweiten und erübrigen eine Pfettenunterkonstruktion. So kann der Binderabstand größer als die Spannrichtung der Hauptträger gewählt werden. Bei Auflagerung solcher Dachelemente auf Stützenkonsolen kann man bei entsprechend engem Stützenabstand sogar auf Hauptträger ganz verzichten.
Verschiedene Hallenbausysteme arbeiten mit U-Trogelementen, mit T- oder TT-Elementen, deren wirtschaftlicher Einsatzbereich zwischen 15 und 30 m liegt. Pfetten und Dachschale aus einem Guß bilden hier einen gemeinsam tragenden Querschnitt, eine Fertigteil-Rippendecke. Die überhohen, dünnschaligen Elemente sind jedoch empfindlich gegen ungleichmäßige Belastungen, verbieten größere Durchbrüche in den Stegen (nicht in den Druckplatten, z. B. für Lichtkuppeln) und sind an den Flanken der Stöße nur schwierig zu verbinden. Am günstigsten sind die Trogelemente mit Randrippen, bei denen sich am Stoß eine Doppelrippe mit besseren Verbundmöglichkeiten ergibt. Zusätzliche Deckenbelastungen und Durchbrüche sind bei solchen vorgespannten Serienelementen nicht zulässig. Darüber hinaus muß der Aufbau der Dachdeckung gewährleisten, daß eventuelle Bewegungen der Unterkonstruktion gedämpft und ohne Schaden an der Dachhaut überbrückt werden.

Parallelbinder

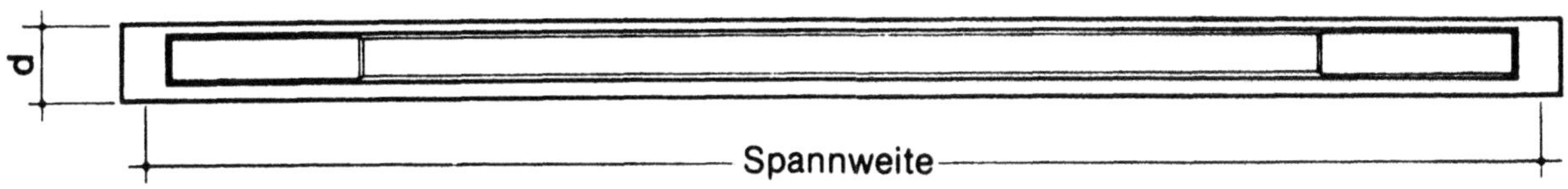

Mindestabmessungen für Feuerwiderstandsklasse F 30

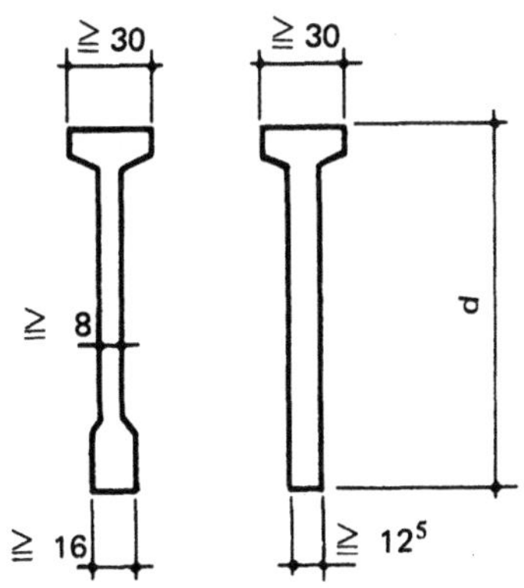

Mindesabmessungen für Feuerwiderstandsklasse F 90

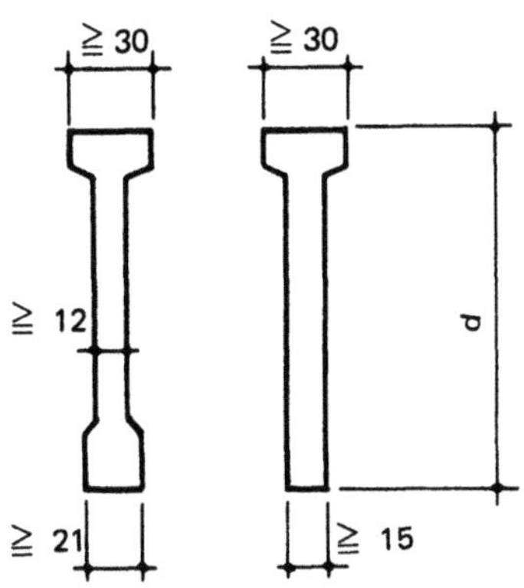

Binderhöhen d

Spannweiten	Belastungen: Leichtbeton Gasbeton – Binderabstände 5,0	7,5	10,0	Belastungen: Trapezblech Eternit – Binderabstände 5,0	7,5	10,0
10,0	55	65	77	57	55	65
12,5	65	77	92	57	65	77
15,0	77	92	107	65	77	92
17,5	92	107	127	77	92	107
	107	127	147	92	107	127
22,5	127	147	167	107	127	147
25,0	147	167	187	127	147	167
27,5	167	187	207	127	167	187
30,0	187	207	232	147	187	207

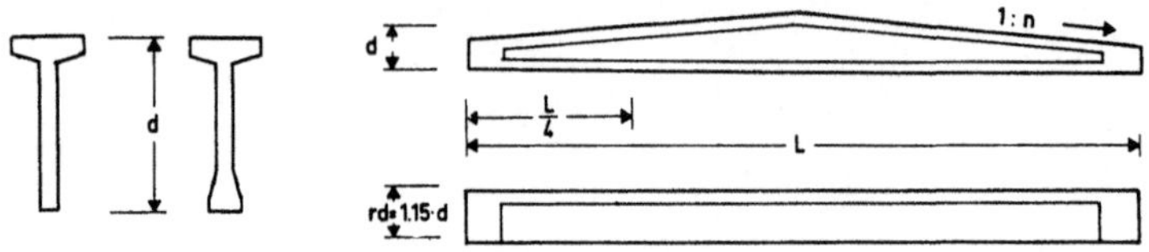

Dachbinder

Dachbelastung	Binderabstand a (m)	Binderhöhe d (cm) bei einer Spannweite L (m) von 10	12,5	15	17,5	20	22,5	25
Gasbeton d = 15–20 cm 2 Lagen Dachbahnen 3 cm Kies Schnee 75 kp/m² (0,75 kN/m²)	4	50	65	80	95	110	125	145
	5	60	75	90	110	125	140	155
	6	70	85	100	115	130	145	160
Gasbeton d = 12,5 cm 2 Lagen Dachbahnen 3 cm Kies Dachpfetten Schnee 75 kp/m² (0,75 kN/m²)	5	55	70	85	100	120	135	150
	7,5	70	85	105	120	140	155	175
	10	80	100	120	140	155	175	190
Asbestzement Welldachplatten Isolierung Pfetten Schnee 75 kp/m² (0,75 kN/m²)	5	50	65	85	100	115	125	140
	7,5	65	80	95	110	125	140	150
	10	75	90	105	120	135	150	165

T-Pfetten

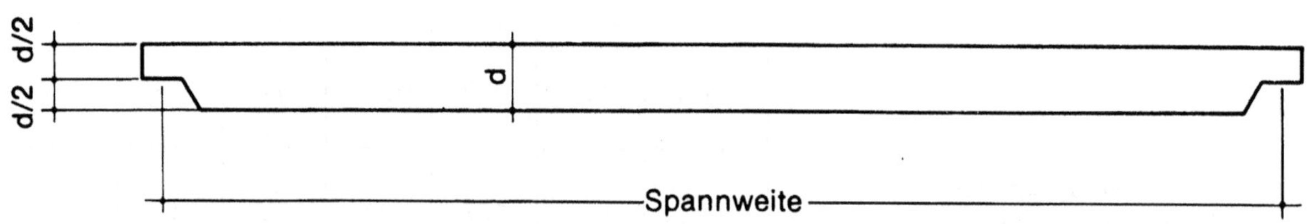

Mindestabmessungen für Feuerwiderstandsklassen

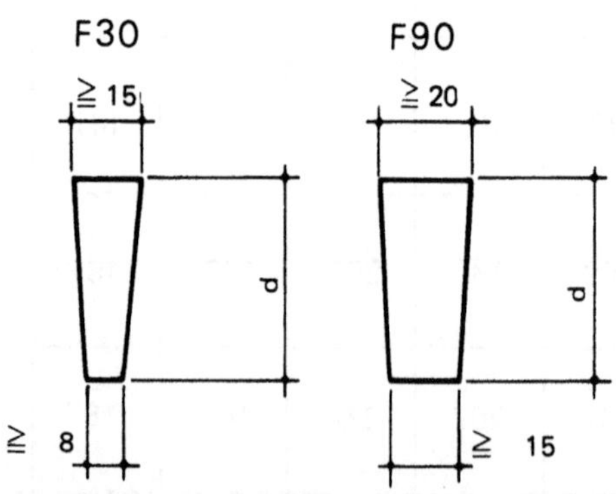

Pfettenhöhen d

	Belastungen: Leichtbeton Gasbeton	Belastungen: Trapezblech Eternit
7,50	38–40 cm	30–40 cm
10,00	40–50 cm	40–50 cm

Dachpfetten

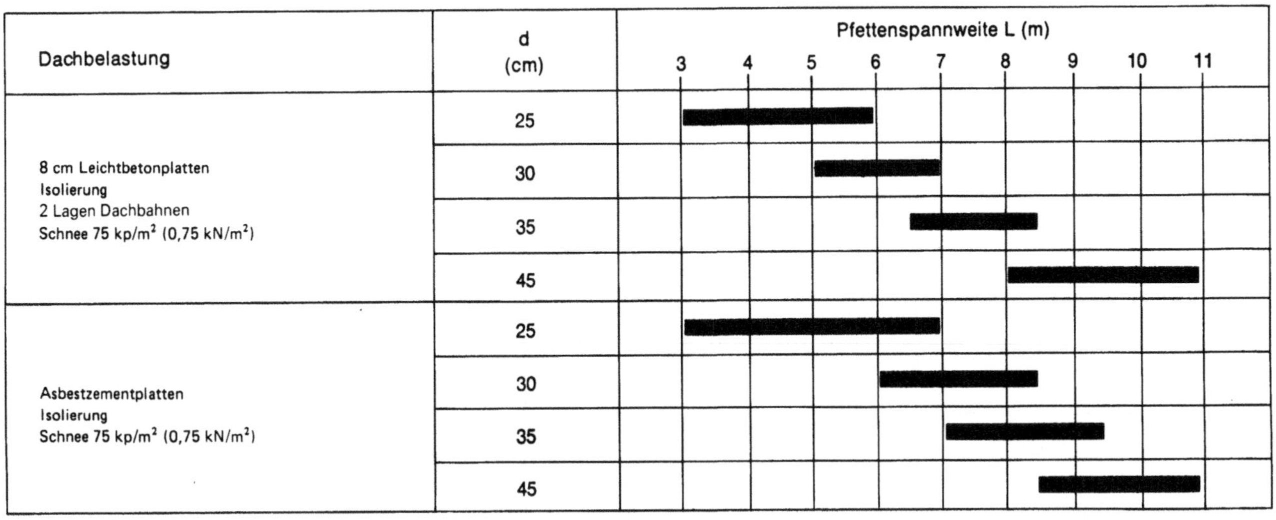

Trapezpfetten

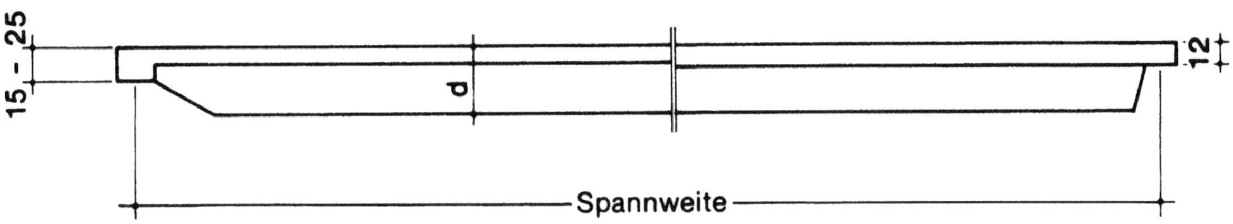

Mindestabmessungen für Feuerwiderstandsklassen	Pfettenhöhen d		
	Spann-weiten	Belastungen	
		Leichtbeton Gasbeton	Trapezblech Eternit
F30 F90 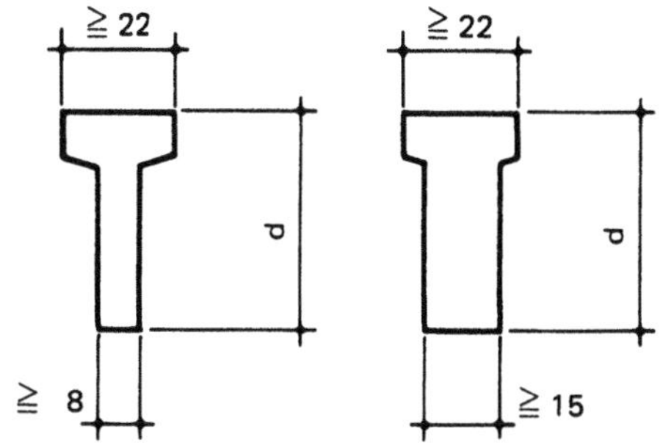	7,50	40–45 cm	40–45 cm
	10,00	43–62,5 cm	43–62,5 cm

Deckenelemente für Geschoß- und Dachdecken

Verkehrslast p (kp/m²) (MN/m²)	Spannweite L (m) 2,5	5,0	7,5	10,0	12,5
350 (3,5)	d = 10 cm	d = 18 cm			
500 (5,0)	10	18			
750 (7,5)	10	18	d = 35 cm	d = 50 cm	
1000 (10,0)	12				
1500 (15,0)	15				d = 60 cm
	Vollplatte	Plattenbalkenelemente			

Deckenunterzüge

Verkehrslast p (kp/m²) (MN/m²)	L = 5,0 m Abstand a = (m) 5,0	7,5	10,0	L = 7,5 m Abstand a = (m) 5,0	7,5	10,0	L = 10,0 m Abstand a = (m) 5,0	7,5	10,0
350 (3,5)	d=45 cm	55	65	55	65	75	65	75	75
500 (5,0)	50	60	70	60	70	80	70	80	90
750 (7,5)	55	65	75	65	75	85	75	85	95
1000 (10,0)	60	70	80	70	80	90	80	90	100
1500 (15,0)	70	80	90	80	90	100	90	100	110

Hallen-Tragwerk (2-) 0800
HP-Schalenkonstruktion

(E) Allgemeine Merkmale
Überdeckung großer Hallenflächen bei statisch optimaler Ausnutzung des Betonquerschnitts und der Möglichkeit optimaler Ausleuchtung des Halleninneren durch Shedanordnung. Das Tragwerk besteht aus Stützen, Auflagerriegeln und HP-Schalenelementen. Es ist möglich, die Schalen dicht aneinander zu verlegen oder durch Anordnung von Zwischenbauteilen – Leichtbeton, Oberlichtbänder, Lichtkuppeln – zu ergänzen.

(F) Maßkoordinierung, Dimensionen
Modularordnung nach ISO-Empfehlung (Internationale Normenorganisation) und der DIN 18000.
Grundmodul M = 10 cm
Großmodul 3 M = 30 cm
Bevorzugte Tragwerkraster 3,00 m, bevorzugte Stützenachsabstände 6,00 m.
Bis zum Vorliegen einer verbindlichen Maß- und Modularordnung können auch die Maßreihen der DIN 4172 (oktametrisches System) angewendet werden. Tragwerkraster in diesem Fall 5,00 m oder 7,50 m. Konstruktionshöhe des Daches mindestens 1,25 m.

(K) Festigkeit, Statik, Stabilität
Die Schalenfläche als Rotationshyperboloid ist statisch optimal. Sie erreicht einen Spannungszustand, in dem die Tragwirkung fast ausschließlich durch Normal- und Schubkräfte in der Ebene der Schalenfläche erreicht wird.
Maximalspannweite 24,00 m bei 2,70 m breiten Schalen und 3,00 m Verlegeraster.

(T) Herstellung, Transport
Herstellung in stationären Fertigteilwerken der HOCHTIEF AG FERTIGTEILBAU.
Transport durch LKW.

(U) Verbindungstechnik
Verlegung der HP-Schalen auf Auflagerriegeln, die als Unterzug oder als Überzug ausgebildet sein können. Bei Verwendung von Attikariegeln kann die Schalenkonstruktion verdeckt werden.

(Y) Kosten, Wirtschaftlichkeit
Die Konstruktion bietet optimale Ausnutzung des Materials in Relation zu einem weiten Anwendungsbereich.

Hallen-Tragwerk (2-) 0800 0783

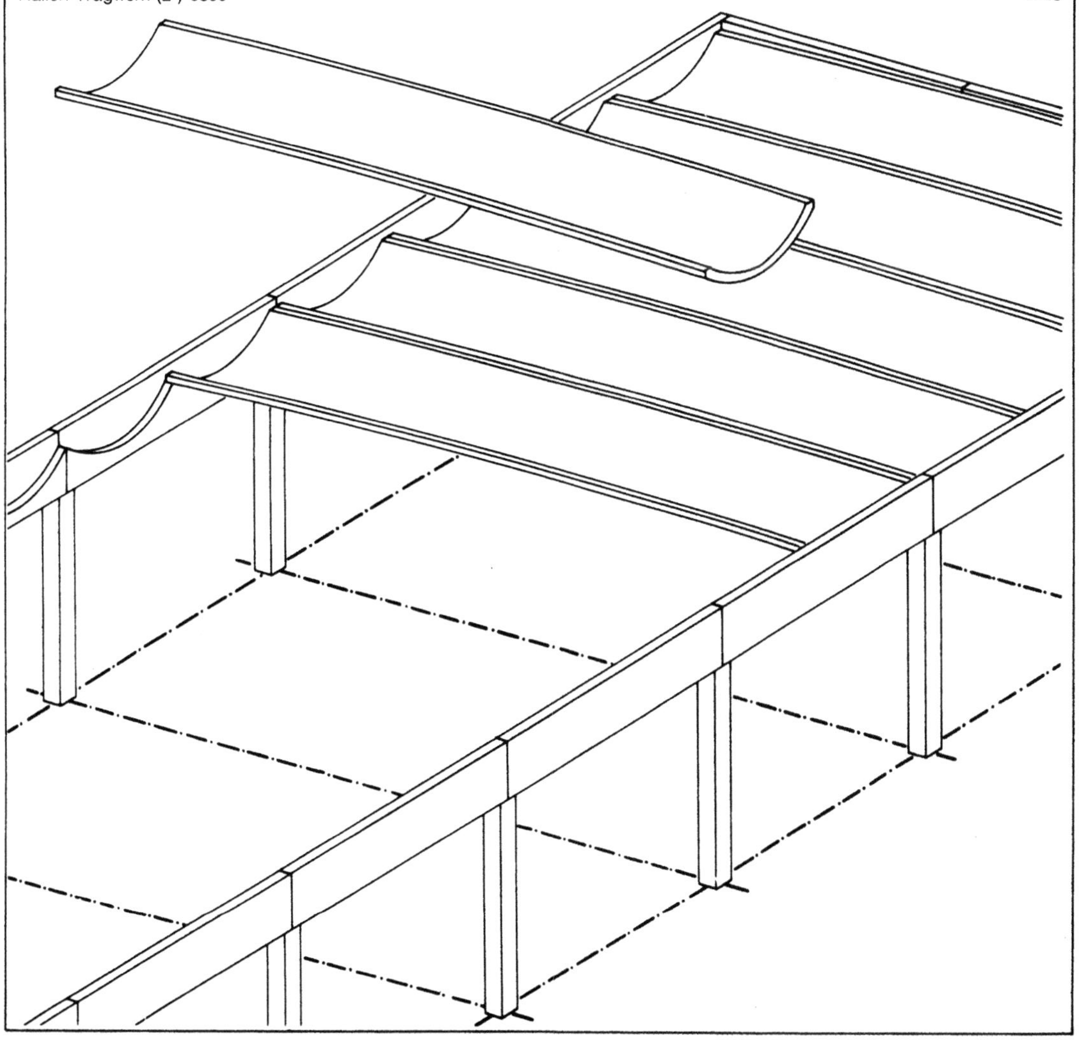

Hallen-Tragwerk (2-) 0501

(E) Allgemeine Merkmale
Gerichtetes Hallen-Tragwerk aus großformatigen Stahlbeton- und Spannbeton-Fertigteilen für die Herstellung von Hallenstrukturen.
Hauptteile der Primärstruktur:
Fertigteilstützen (22.1) 0501
Deckenträger (23.1) 0501
Deckenelemente (23.2) 0501

(F) Maßkoordinierung, Dimensionen
Modularordnung nach ISO (Internationale Normenorganisation) und der DIN 18000.

Grundmodul M = 10 cm
Großmodul 3 M = 30 cm
Bevorzugter Tragwerkraster (Binderabstand)
3,00 m, 3,60 m, 6,00 m und 7,20 m.
Bis zum Vorliegen einer verbindlichen Maß- und Modulordnung können auch die Maßreihen der DIN 4172 (oktametrisches System) angewendet werden. Tragwerkraster in diesem Fall 5,00 m oder 7,50 m.

(G) Form, Oberfläche, Erscheinungsbild
Die oberflächenfertigen Betonteile bedürfen keiner Nachbehandlung, die Baufeuchtigkeit ist auf ein Minimum reduziert.

(K) Festigkeit, Statik, Stabilität
Biegefest eingespannte Stützen mit gelenkig aufgelegten Deckenträgern und vorgespannten Deckenelementen.

(R) Feuer
Alle Teile der Tragwerkstruktur entsprechen den Feuerschutz-Anforderungen der DIN 4102 (F 90).

(T) Herstellung, Transport
Die Herstellung der Fertigteile erfolgt in stationären Werken der HOCHTIEF AG FERTIGTEILBAU. Infolge der günstigen Lage der Werke und der transportgerechten Form und Dimensionierung der Fertigteile kann in der gesamten Bundesrepublik nach diesem Hochtief Bausystem gebaut werden. Für die Substruktur wird eine den örtlichen Gegebenheiten angepaßte Ortbetonkonstruktion gewählt.

(U) Verbindungstechnik
Während der Montage können die Ausbauarbeiten beginnen, da keine Lehrgerüste vorhanden sind. Die Bauzeiten sind erheblich kürzer als bei konventionellen Bauweisen und unabhängig von Witterungseinflüssen.

Hallen-Tragwerk (2-) 0501 — 0591

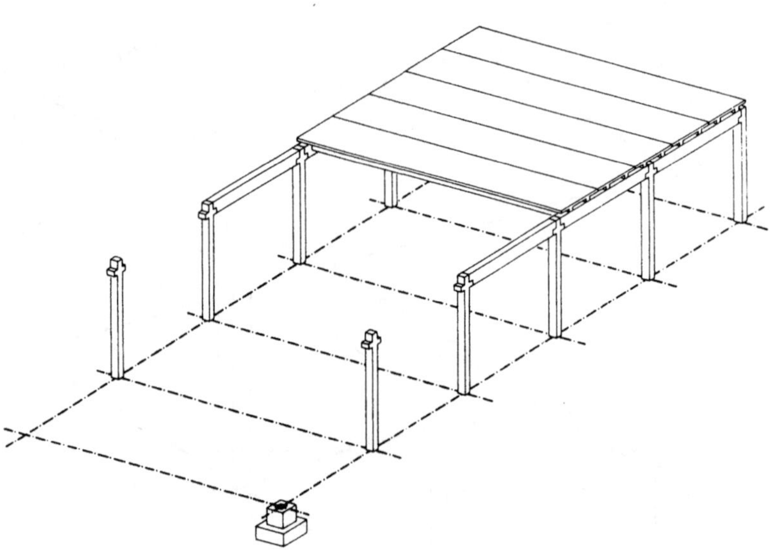

Hallen-Tragwerk (2-) 0701

Planung: GHRS Architekten-Ingenieure
7980 Ravensburg, Uhlandstraße 13

(E) Allgemeine Merkmale
Die Primärstruktur besteht aus Stützen und Spannbetonbindern. Es sind ein- und mehrschiffige Hallen, Hallen mit niedrigem Nebentrakt sowie unterkellerte Hallen ausführbar. Die Dachfläche wird aus großformatigen Dachelementen gebildet (Spannbetonhohlplatten, Stegdielen, Leichtbetonelemente oder Profilblechelemente nach Wahl).

(F) Maßkoordination, Dimensionen
Modularordnung nach ISO (Internationale Normenorganisation) und der DIN 18000.

Grundmodul M = 10 cm
Großmodul 3 M = 30 cm
Bevorzugter Tragwerkraster (Binderabstand)
3,00 m, 3,60 m, 6,00 m und 7,20 m.
Ausbauraster 6 M oder 12 M.

(K) Festigkeit, Statik, Stabilität
Biegefest eingespannte Stützen mit gelenkig aufgelegten Spannbetonbindern.

(R) Feuer
Feuerschutz entsprechend den Anforderungen der DIN 4102.

(T) Herstellung, Transport
Herstellung der Binder durch HOCHTIEF AG FERTIGTEILBAU im langen Spannbett, Parallelbinder bevorzugt, Transport durch LKW (Tieflader). Für die Substruktur wird eine an örtliche Gegebenheiten angepaßte Ortbetonkonstruktion gewählt.

Hallen-Tragwerk (2-) 0701 0601

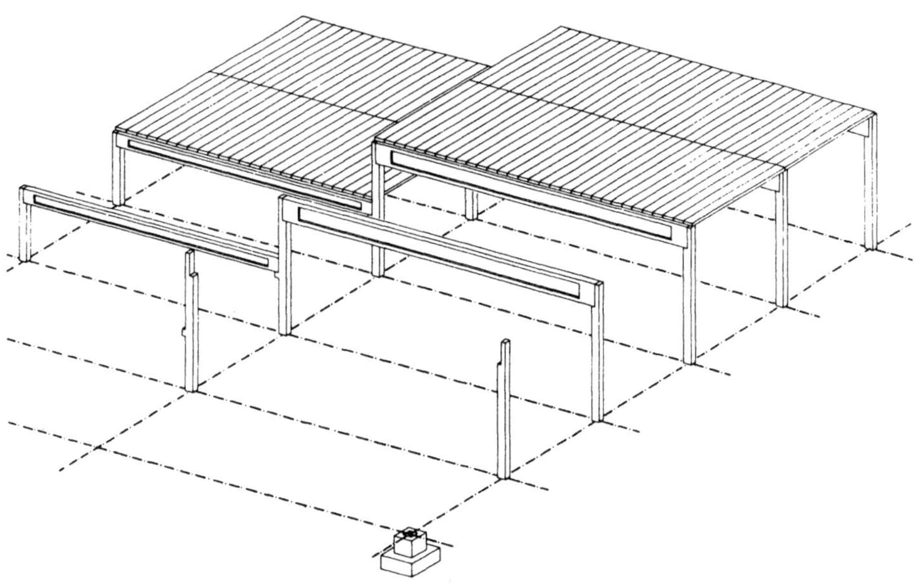

Hallen-Tragwerk (2-) 0101

(E) Allgemeine Merkmale
Die Primärstruktur besteht aus Stützen und großformatigen Decken- und Dachelementen, schlaff bewehrt oder vorgespannt, die unmittelbar auf Stützenkonsolen aufgelegt werden. Unterzüge sind im Normalfall nicht erforderlich.
Die Hauptteile der Tragwerkstruktur sind Stützen (22.1) 0100, Deckenelemente (23.1) 0100, Dachdeckenelemente (27.2) 0100.

(F) Maßkoordination, Dimensionien
Modularordnung nach ISO (Internationale Normenorganisation) und der DIN 18000.

Grundmodul M = 10 cm
Großmodul 3 M = 30 cm
Bevorzugter Tragwerkraster (Stützenachsabstand) 2,40 m, 3,00 m und 3,60 m.
Ausbauraster 3 M, 6 M oder 12 M.

(K) Festigkeit, Statik, Stabilität
Biegefest eingespannte Stützen, zu Scheiben zusammengefaßte Deckenelemente.

(R) Feuer
Feuerschutz entsprechend den Anforderungen der DIN 4102.

(T) Herstellung, Transport
Die Herstellung der Fertigteile erfolgt in stationären Werken der HOCHTIEF AG FERTIGTEILBAU.
Infolge der günstigen Lage der Werke und der transportgerechten Form und Dimensionierung der Fertigteile kann in der gesamten Bundesrepublik nach diesem Hochtief Bausystem gebaut werden.

(U) Verbindungstechnik
Zwischen den Deckenelementen bleibt ein Zwischenraum von Stützbreite, der durch einen 300 mm breiten Ortbetonstreifen geschlossen wird. In diesem Ortbetonstreifen können Aussparungen für die vertikale Installation angeordnet werden. Montageablauf: Aufstellen der Stützen, Verlegen der Decken- und Dachelemente mit Vergußstreifen. Die vorgehängten Fassadenelemente können im Zuge der Tragwerkmontage oder auch nachträglich montiert werden.

Hallen-Tragwerk (2-) 0101 0600

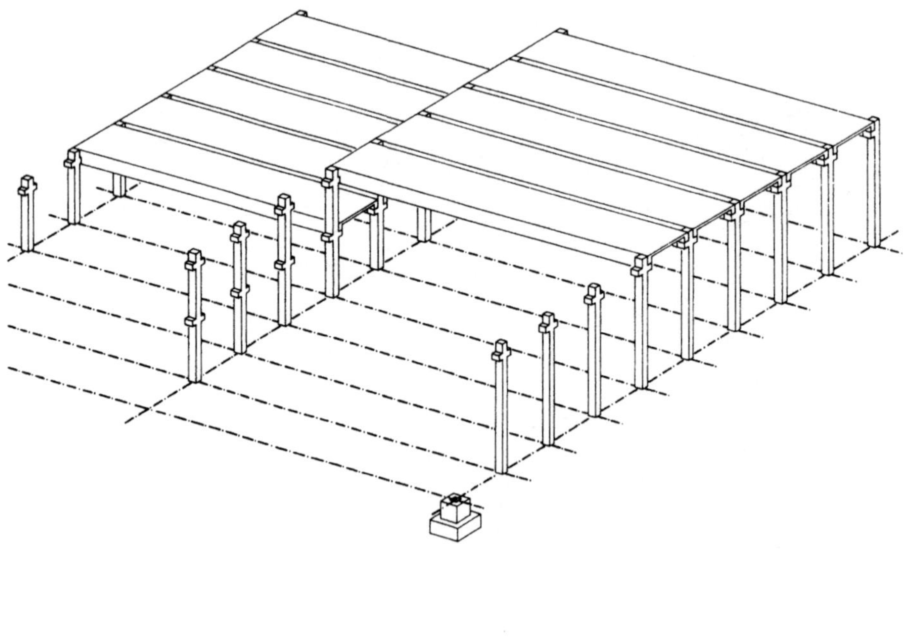

Stütze (22.1) 0101
Hallen-Tragwerk

(E) Allgemeine Merkmale
Tragendes, senkrechtes Element der Tragwerkstruktur (2-) 0101 mit Konsolen zur Auflagerung der Deckenelemente (23.2) 0101. Verwendung im Hallen-Tragwerksystem (2-) 0101.

(F) Maßkoordinierung, Dimensionen
Modulare Anordnung im Grundriß entsprechend dem gewählten Tragwerkraster. Stützenquerschnitte für Stützenabstand 3,00 m: Tabelle 0685.

(G) Form, Oberfläche, Erscheinungsbild
Glatte Sichtbetonflächen anstrichfähig mit abgefasten Kanten.

(U) Verbindungstechnik
Verbindungstechnische Abstimmung mit Fundamenten (16),
Außenwandelementen (21.6) 0101,
Deckenelementen (23.2) 0101,
Dachelementen (27.2) 0101.

Stütze (22.1) 0101 **0689**
Anordnung im Tragwerksystem (2-) 0101

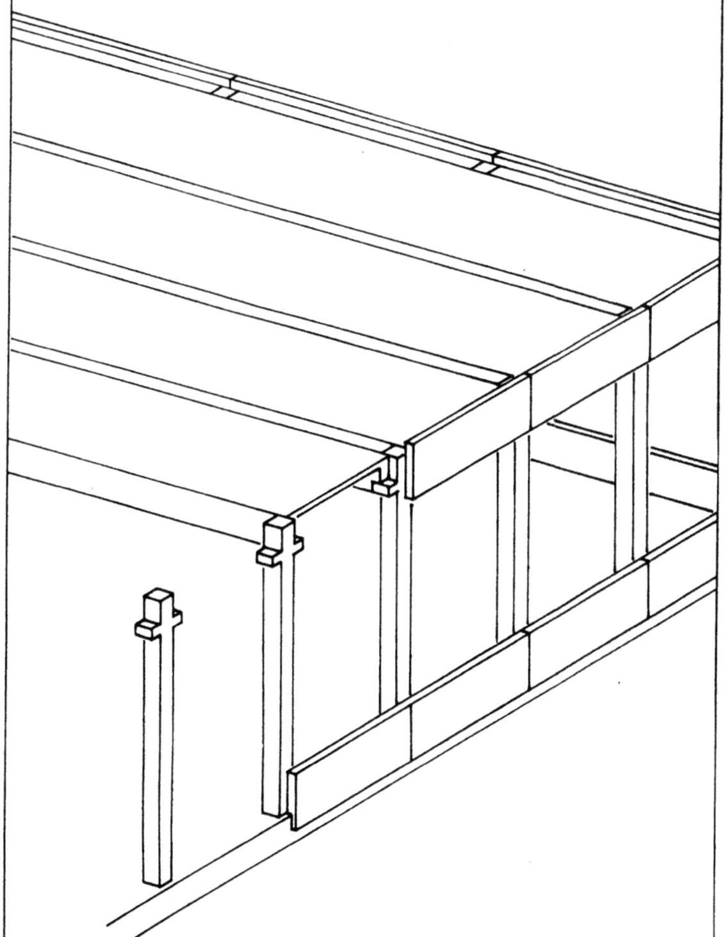

Ermittlung des Stützenquerschnitts **0685**
für Stützenabstand 3,00 m

Spannweite L	Hallenhöhe 6,00	8,00
< 12,00	30/30	30/30
< 15,00	30/30	30/30
< 18,00	30/30	30/40
< 21,00	30/40	30/45

Verbindung Stütze **0688**
Deckenelement

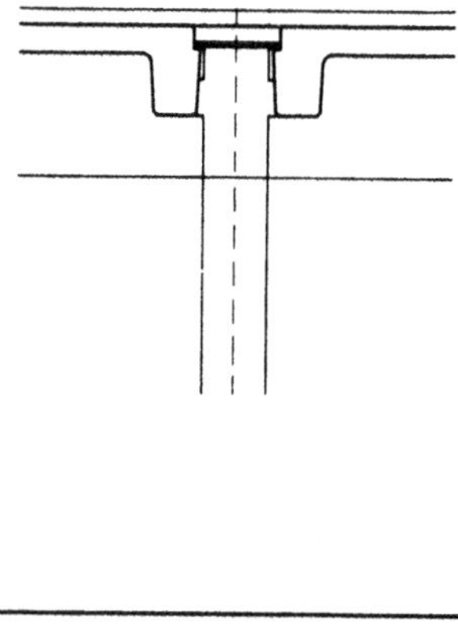

Dachbinder (27.1) 0701

(E) Allgemeine Merkmale
Tragendes, waagerecht angeordnetes Spannbetonfertigteil des Hallen-Tragwerks (2-) 0701. Gelenkige Auflagerung auf Stützen (22.1) 0701.

(F) Maßkoordinierung, Dimensionen
Ermittlung der Binderhöhe h (bei Verwendung von Gasbetondachplatten): 0686.

(G) Form, Oberfläche, Erscheinungsbild
Querschnitt in TT-Form. Oberfläche Sichtbeton (Stahlschalung).

(K) Festigkeit, Statik, Stabilität
Frei aufliegender Vollwandbinder auf eingespannten Stützen.

(R) Feuer
Feuerwiderstandsklasse F 90 (feuerbeständig).

(T) Herstellung, Transport
Herstellung in stationären Werken der HOCHTIEF AG FERTIGTEILBAU im langen Spannbett, Straßentransport, Einbau mit Autokran.

Dachbinder (27.1) 0701 — 0695
Anordnung im Tragwerksystem (2-) 0701

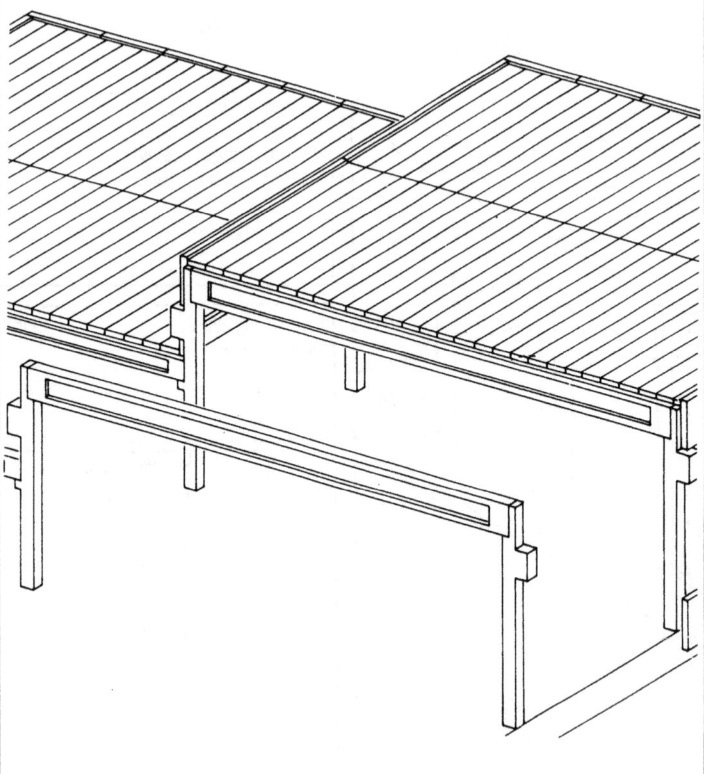

Ermittlung der Binderhöhe h bei Verwendung von Gasbetondachplatten — 0686

Spannweite	Binderabstand 3,00	3,60	5,00	6,00	7,20	7,50
10,00	0,50	0,50	0,70	0,70	0,80	0,80
12,00	0,50	0,70	0,70	0,80	0,80	0,80
15,00	0,80	0,80	0,90	0,90	1,00	1,10
18,00	1,00	1,10	1,10	1,20	1,20	1,20
21,00	1,10	1,20	1,20	1,30	1,30	1,40
24,00	1,40	1,50	1,60	1,60	1,70	1,70
25,00	1,50	1,50	1,60	1,70	1,70	1,70

Stütze (22.1) 0501

(E) Allgemeine Merkmale
Tragendes senkrechtes Betonfertigteil für Hallen-Tragwerke. Ausführung für Tragwerk (2-) 0501 mit Konsolen zur Auflagerung von Dachdeckenträgern.

(F) Maßkoordinierung, Dimensionen
Anordnung in den Rasterschnittpunkten des Tragwerkrasters. Ermittlung des Stützenquerschnitts für Stützenabstand 6,00 m: Tabelle 0684.

(G) Form, Oberfläche, Erscheinungsbild
Glatte Sichtbetonflächen anstrichfähig, mit abgefasten Kanten.

(K) Festigkeit, Statik, Stabilität
Die Stützen werden nach Möglichkeit in Hülsenfundamente eingespannt. Damit wird die Aussteifung des Gebäudes gewährleistet.

(R) Feuer
Feuerwiderstandsklasse F 90 (feuerbeständig).

(T) Herstellung, Transport
Herstellung in stationären Werken der HOCHTIEF AG FERTIGTEILBAU unter Verwendung von B 45 oder B 55.

Stütze (22.1) 0501 **0753**
Anordnung im Tragwerksystem (2-) 0501

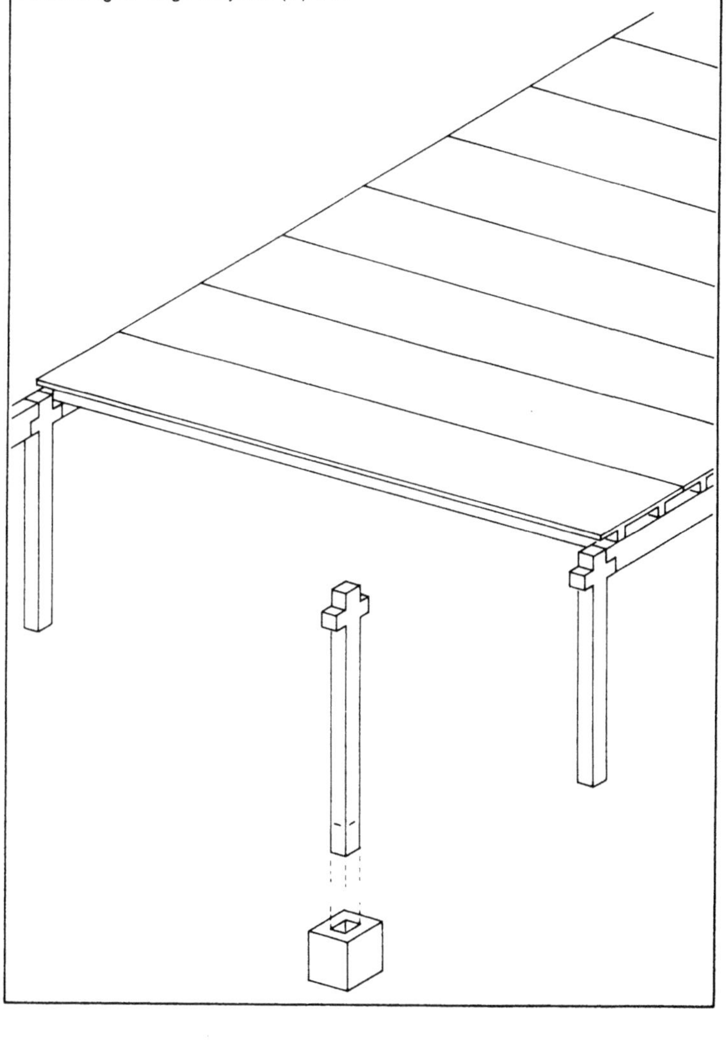

Ermittlung des Stützenquerschnitts **0684**
für Stützenabstand 6,00 m

Spannweite L	Hallenhöhe 6,00	8,00	10,00	12,00
<12,00	40/40	40/40	50/50	50/50
<15,00	40/40	40/40	50/50	50/50
<18,00	40/40	40/40	50/50	50/50
<21,00	40/40	40/40	50/50	50/60
<24,00	40/40	40/50	50/60	50/60
<27,00	40/40	40/50	50/60	50/60

Stütze (22.1) 0701

(E) Allgemeine Merkmale
Tragendes, senkrechtes Betonfertigteil für Hallen-Tragwerke. Ausführung für Tragwerk (2-) 0701 zur Auflagerung von Hallenbindern (27.1) 0701.

(F) Maßkoordinierung, Dimensionen
Anordnung in den Rasterschnittpunkten des Tragwerkrasters. Ermittlung des Stützenquerschnitts für Stützenabstand 6,00 m: Tabelle 0684.

(G) Form, Oberfläche, Erscheinungsbild
Glatte Sichtbetonflächen anstrichfähig, mit abgefasten Kanten.

(K) Festigkeit, Statik, Stabilität
Die Stützen werden nach Möglichkeit in Hülsenfundamente eingespannt. Damit wird die Aussteifung des Gebäudes gewährleistet.

(R) Feuer
Feuerwiderstandsklasse F 90 (feuerbeständig).

(T) Herstellung, Transport
Herstellung in stationären Werken der HOCHTIEF AG FERTIGTEILBAU unter Verwendung von B 45 oder B 55.

Stütze (22.1) 0701
Anordnung im Tragwerksystem (2-) 0701 **0688**

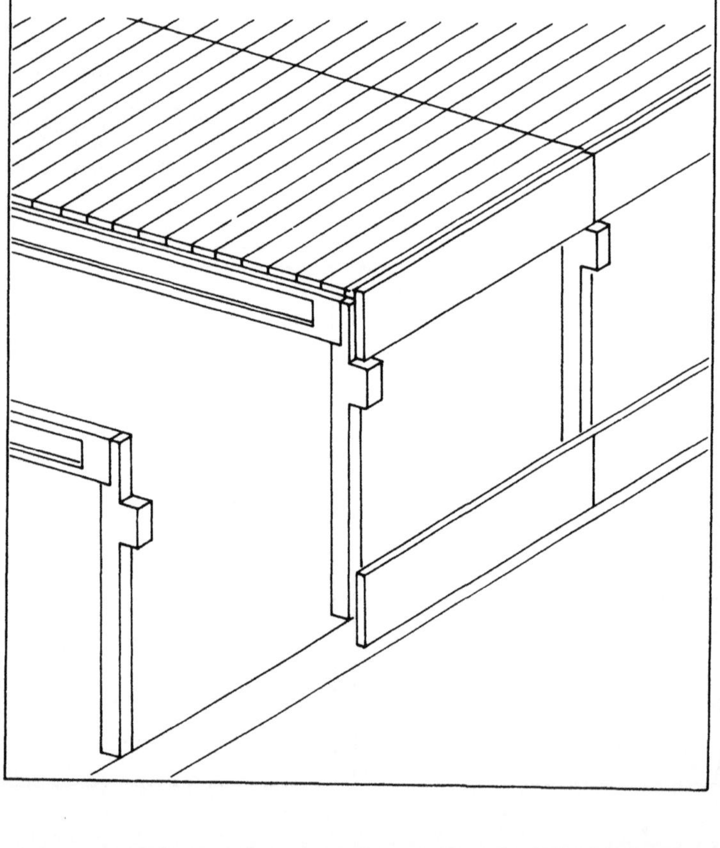

Ermittlung des Stützenquerschnitts für Stützenabstand 6,00 m **0684**

Spannweite L	Hallenhöhe 6,00	8,00	10,00	12,00
<12,00	40/40	40/40	50/50	50/50
<15,00	40/40	40/40	50/50	50/50
<18,00	40/40	40/40	50/50	50/50
<21,00	40/40	40/40	50/50	50/60
<24,00	40/40	40/50	50/60	50/60
<27,00	40/40	40/50	50/60	50/60

Dachdeckenelement (27.2) 0501

(E) Allgemeine Merkmale
Stahlbeton- oder Spannbetonfertigteil aus zwei Plattenbalken, die zusammen ein Deckenfertigteil von TT-förmigem Querschnitt bilden. Verwendung als Dachdecke im Tragwerksystem (2-) 0501.

(F) Maßkoordinierung, Dimensionen
Die modulare Koordination ist bestimmt durch das Stützensystem (22.1) 0501. Modulare Längen n × 30 cm. Maximal 15,00 m schlaff bewehrt, 21,00 m vorgespannt. Bevorzugte Stützenabstände 4,80 m, 6,00 m und 7,20 m. Höhen 0,50 m, 0,60 m und 0,70 m. Deckenspiegel 0,10 m.

(K) Festigkeit, Statik, Stabilität
Schneelast 75 kp/m² (0,75 kN/m²). Eigengewicht 305–5,40 kp/m²). Dachaufbau und Unterdecke 150 kp/m² (1,5 kN/m²).

(R) Feuer
Feuerwiderstandsklasse F 90 (feuerbeständig).

(T) Herstellung, Transport
Herstellung in Endlosschalung in stationären Werken.

(U) Verbindungstechnik
Die einzelnen Dachdeckenelemente werden auf Deckenträger (23.1) aufgelegt und durch Schlaufen, Ringanker und Verguß zu einer Scheibe verbunden. Die Dachdeckenelemente können Öffnungen erhalten für Lichtkuppeln (max. 0,90 m breit) oder die Durchführung von Installationen. Auch nachträgliches Bohren bis zu einem Durchmesser von 200 mm ist möglich.

Dachdeckenelement (27.2) 0501 — 0752
Anordnung im Tragwerksystem (2-) 0501

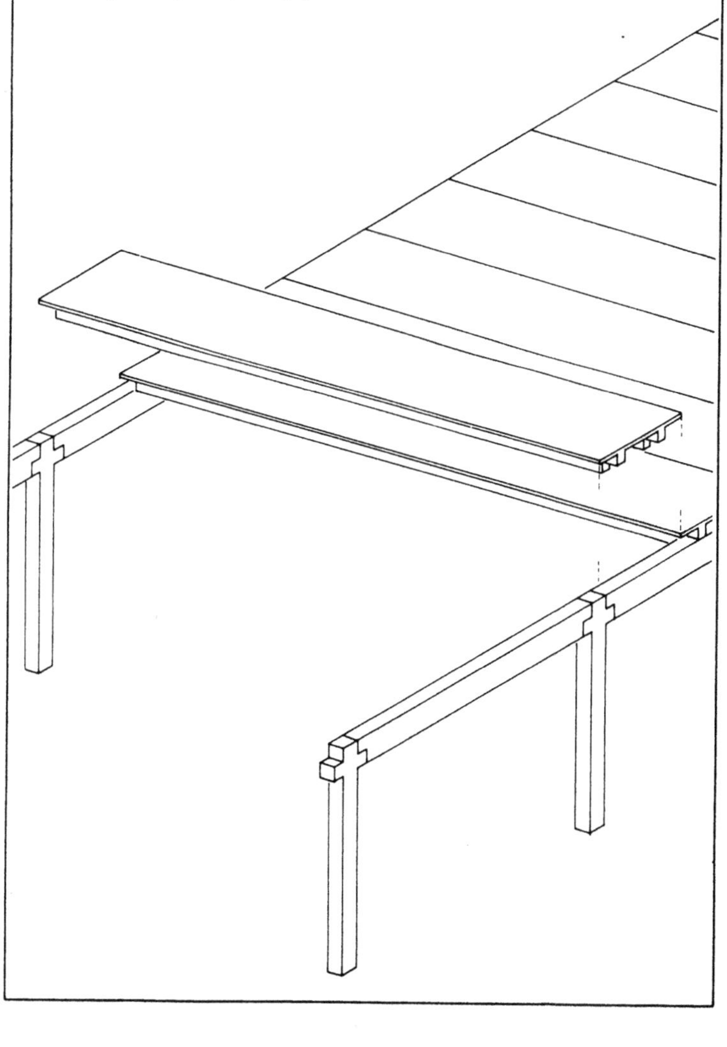

Draufsicht — 0692
Schnitte

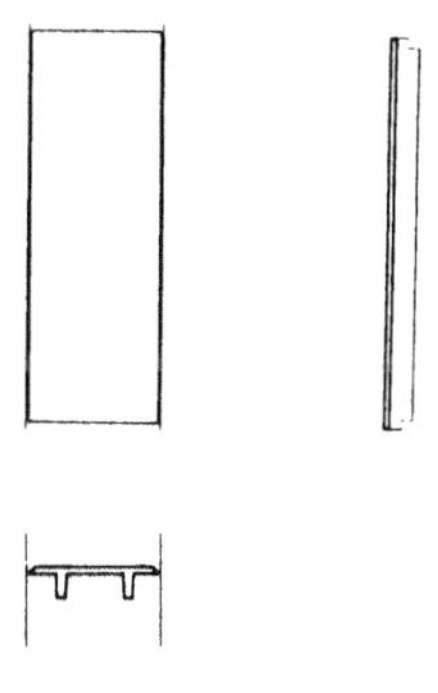

Verbindung Dachdeckenelemente 0693

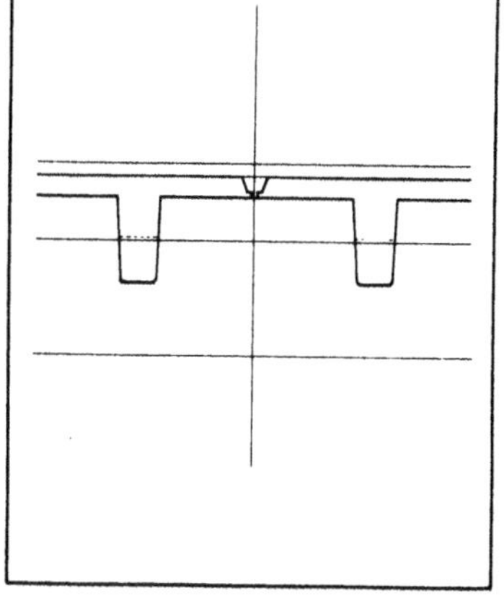

Gasbeton-Dachelemente (27.2) 0711

(E) Allgemeine Merkmale
Bewehrte Gasbeton-Dachplatten nach DIN 4223 für die Herstellung ebener oder schwach geneigter Dachflächen in Verbindung mit Hallen-Tragwerk (2-) 0701.

(F) Maßkoordinierung, Dimensionen

Länge	Dicke	Gewicht	kcal/m² h	W/m°K
250	7,5	54	1,45	1,68
320	10,0	72	1,17	1,36
425	12,5	90	0,98	1,14
500	15,0	108	0,84	0,97
550	17,5	126	0,74	0,86
600	20,0	144	0,66	0,77

(G) Form, Oberfläche, Erscheinungsbild
Plattenuntersicht kann bei normalen Temperaturverhältnissen, besonders im Industriebau, unbehandelt bleiben. Dachdeckung in einfachster Ausführung mit Glasvlies-Lochbahn und zwei Lagen Glasvliesbahn.

(J) Wärme, Kälte
Wärmeleitzahl ca.0,20 kcal/m² h°C bzw. (0,23 W/m² °K).
Die Platten sind temperatur- und frostbeständig.

(K) Festigkeit, Statik, Stabilität
Die Dachplatten werden ausreichend zug-, druck- und schubfest untereinander und mit dem Tragwerk verbunden. Die Dachfläche kann als aussteifende Scheibe anstelle von Wind- und Knickverbänden in Rechnung gestellt werden, wenn die Forderungen der Zulassung eingehalten werden.

(R) Feuer
Platten ab 10 cm Dicke mit einer Betondeckung >3 cm gelten nach DIN 4102 als feuerbeständig.

(U) Verbindungstechnik
Fuge zwischen den Platten als einseitige Nut oder keilförmig ausgespart.

Verankerung auf Stahlbetonteilen durch einbetonierte Haltebügel.

Gasbeton-Dachelemente (27.2) 0711 0750

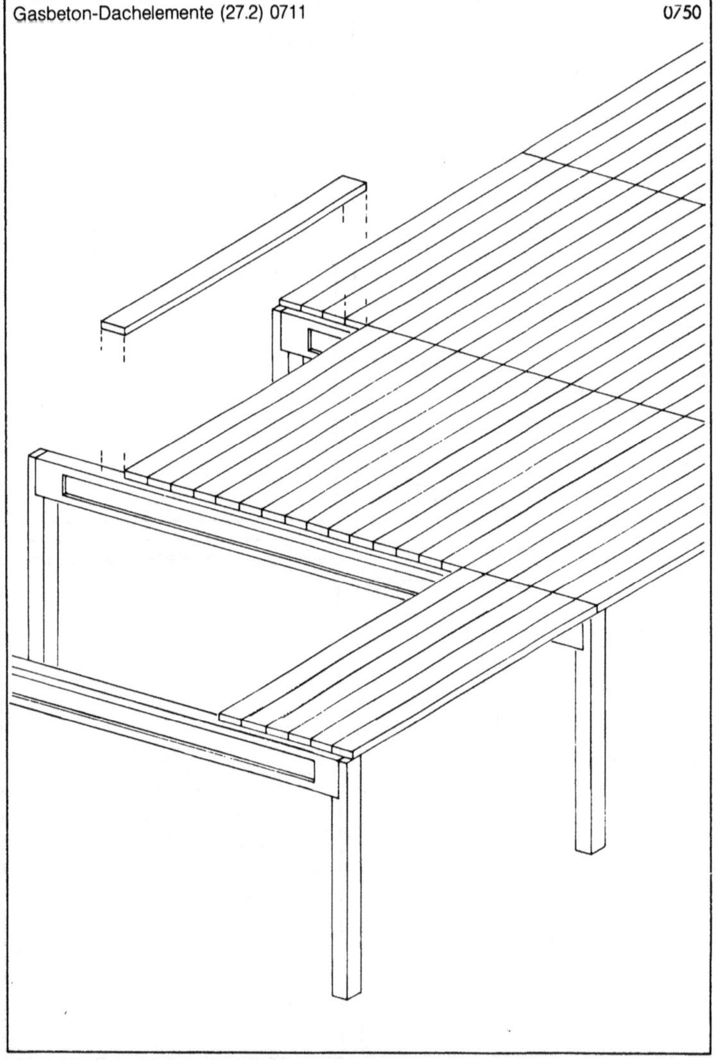

Dachdeckenträger (27.1) 0501

(E) Allgemeine Merkmale
Tragendes, waagerecht angeordnetes Element der Tragwerkstruktur (2-) 0501 zur Auflagerung von Deckenelementen (23.2) 0501. Die Deckenträger werden vorwiegend in Gebäudelängsrichtung angeordnet, die Deckenelemente sind in Querrichtung gespannt. Daraus ergibt sich die Konstruktionsstruktur eines gerichteten Stahlbeton-Skelett-Systems für Hallenbauten.

(F) Maßkoordinierung, Dimensionen
Die Deckenträger liegen zwischen den Stützen, ihre Länge ist deshalb stets kleiner als das Rastermaß und abhängig vom gewählten Stützenquerschnitt. Die Druckgurtbreite entspricht dem jeweiligen Stützenquerschnitt (22.1) 0501. Die Höhe ergibt sich aus der Spannweite des Deckenträgers und der Spannweite des Deckenelementes.

(G) Form, Oberfläche, Erscheinungsbild
Oberflächen Sichtbeton (Stahlschalung).

(K) Festigkeit, Statik, Stabilität
Einfeldträger.

(R) Feuer
Feuerwiderstandsklasse F 90 (feuerbeständig).

(T) Herstellung, Transport
Herstellung in stationären Werken.

Dachdeckenträger (27.1) 0501 — 0751

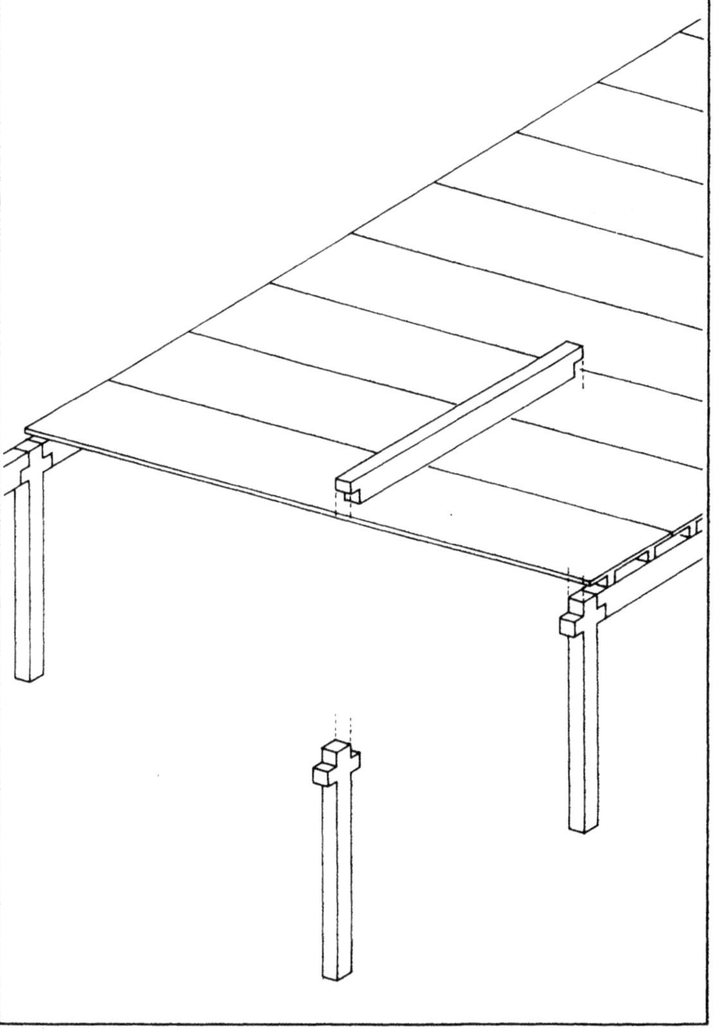

Dachdeckenelement (27.2) 0101

(E) Allgemeine Merkmale
Tragförmig ausgebildetes Stahlbeton- oder Spannbetonfertigteil. Verwendung als Dachdecke im Tragwerksystem (2-) 0101.

(F) Maßkoordinierung, Dimensionen
Die modulare Koordination ist bestimmt durch das Stützensystem (22.1) 0101. Modulare Längen n × 30 cm. Maximal 15,00 m schlaff bewehrt, 21,00 m vorgespannt. Stützenabstände 2,10 m, 2,40 m, 2,70 m, 3,00 m, 3,30 m und 3,60 m. Höhen 0,40 m, 0,50 m und 0,60 m. Deckenspiegel 0,1 m.

(K) Festigkeit, Statik, Stabilität
Schneelast 75 kp/m² (0,75 kN/m²). Eigengewicht 305–540 kp/m² (3,05–5,40 kN/m²). Dachaufbau und Unterdecke 150 kp/m² (1,50 kN/m²).

(T) Herstellung, Transport
Herstellung in stationären Werken der HOCHTIEF AG FERTIGTEILBAU.

(U) Verbindungstechnik
Die einzelnen Dachelemente werden auf Konsolen der Stützen (22.1) 0101 aufgelegt und durch Schlaufen, Ringanker und Verguß zu einer Scheibe verbunden. Die Elemente können Öffnungen erhalten für die Durchführung von Installationen und für den Einbau von Lichtkuppeln. Auch nachträgliches Bohren bis zu einem Durchmesser von 200 mm ist möglich.

Dachdeckenelement (27.2) 0101
Anordnung im Tragwerksystem (2-) 0101
0697

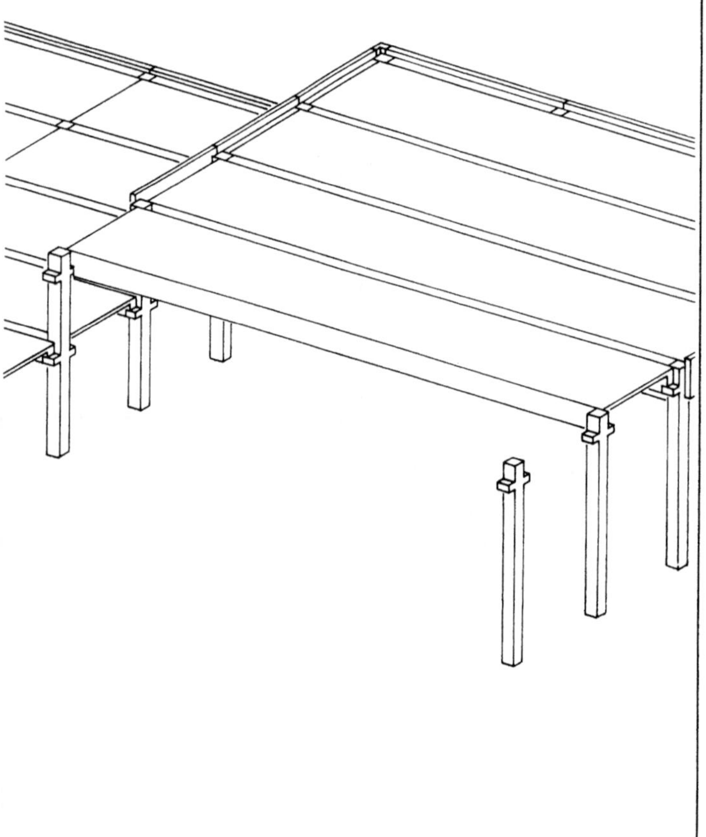

Draufsicht
Schnitte
0692

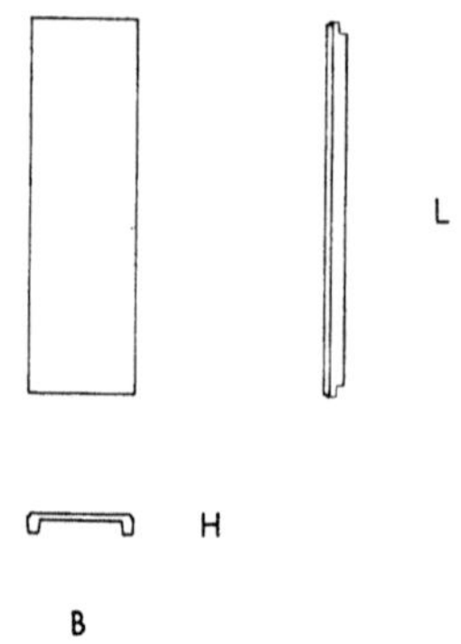

Verbindung Stütze Dachdeckenelement
0696

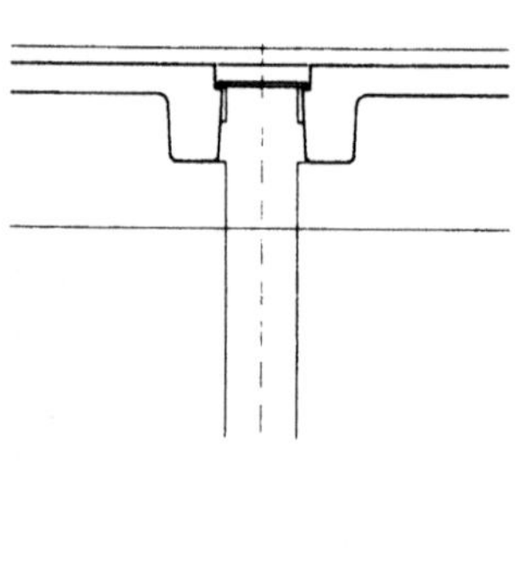

Shedhallenkonstruktion

Die Shedkonstruktionen basieren auf einem Grundrißstützenraster von 7,50 × 15,00 (12,50 m; 10,00 m). Die Konstruktion besteht aus den Hauptstützen, auf diesen ruhen die Hauptträger.
Die Shedböcke mit einem Achsabstand von 2,50 m sind von Hauptträger zu Hauptträger gespannt. Die Bimsbetonstegdielen oder Gasbetondachplatten ruhen auf den Shedböcken.
Diese Dachplatten sind kraftschlüssig mit den Obergurten der Shedböcke verbunden und in den Längsfugen der Dachplatten durchgehend armiert. An der senkrecht stehenden Stütze des Shedbockes sind rahmenförmige Stahlbetonfensterelemente zur Aufnahme der Verglasung montiert. Die Giebelscheiben am Ende des Sheds werden durch entsprechende Formstücke gebildet. Unterhalb dieser Giebelscheiben werden wieder normale Außenwandelemente als Vorhangwände versetzt. Entsprechende Lüftungsflügel können in den rahmenförmigen Fensterelementen nach Bedarf eingebaut werden.

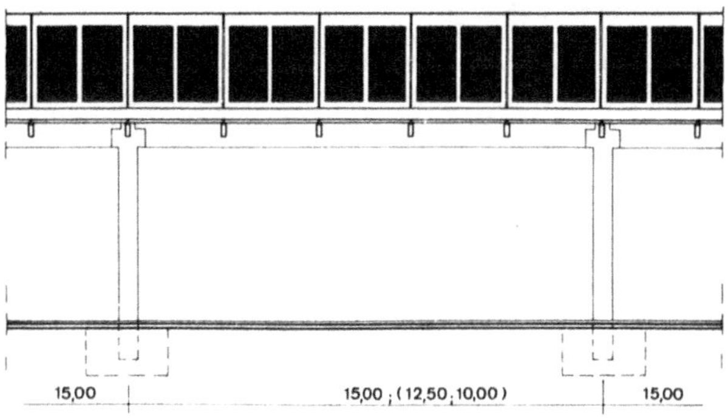

Querschnitt mit Ansicht des Shedfensters

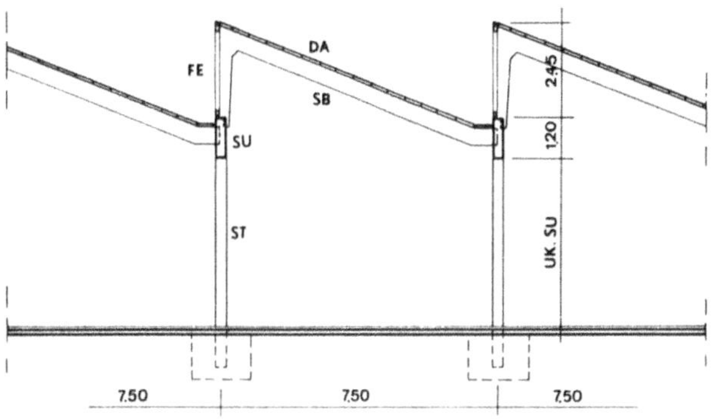

Längsschnitt der Shedhalle

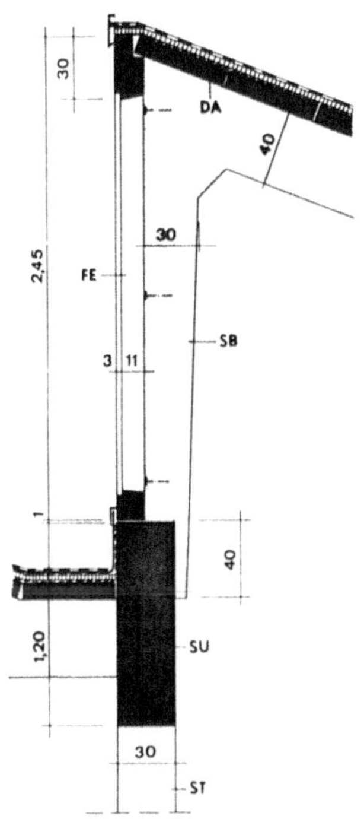

Detailschnitt durch den Hauptträger, Shedbock, Fenster und Dachplatten

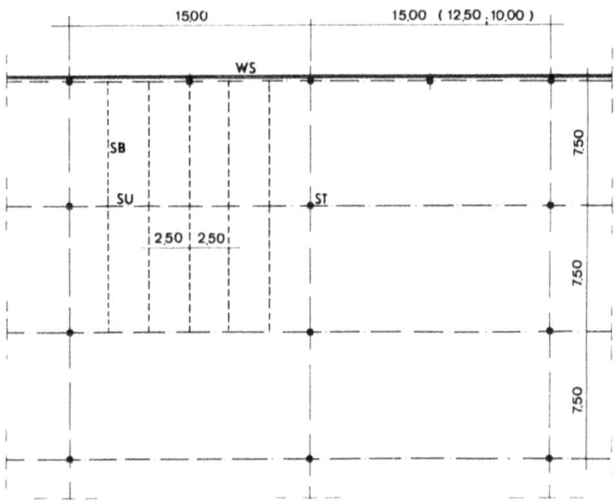

Grundriß der Shedhalle

Faltwerke und Schalen

Stahlbeton als weitgehend homogenes und „isotropes", d. h. in allen Richtungen gleich festes und elastisches Material ist ein idealer Baustoff für raumabschließende und weitgespannte Flächentragwerke. Ihre möglichen Erscheinungsformen als Schalen oder Faltwerke sind theoretisch unbegrenzt. Entscheidend ist nur, daß Form und Auflagerbedingungen so aufeinander abgestimmt werden, daß in den Flächen möglichst nur Normal- und Schubkräfte, allenfalls tangential Zug- und Druckspannungen auftreten. Das erlaubt dünnwandige Querschnitte, deren Mindestdicke weniger durch die Statik als durch die erforderliche Betondeckung bedingt ist. Da Falt- und Schalenkonstruktionen nicht ohne weiteres in der Lage sind, punktförmige und veränderliche Lasten aufzunehmen, eignen sie sich vorzugsweise für Dachtragwerke und Raumhülle von Hallen ohne weitere Tragfunktionen.
Bei allen statischen Vorzügen und heutigen Berechnungsmöglichkeiten werden letztlich der Herstellungsprozeß und die Baustellenausstattung entscheidend für die Wirtschaftlichkeit dieser Tragwerkformen.
Um den hohen Arbeits- und Materialaufwand von Schal- und Gerüstkonstruktionen zu mindern, wurde schon eine ganze Reihe von Möglichkeiten der Vorfertigung und Montage aus Teilelementen entwickelt, wofür hier einige Beispiele folgen. Zuvor ist jedoch der Abschnitt der DIN 1045, betreffend die Bemessung und Ausführung von Schalen und Faltwerken, wiedergegeben:

24 Schalen und Faltwerke

24.1 Begriffe und Grundlagen der Berechnung
Schalen sind einfache oder doppelt gekrümmte Flächentragwerke geringer Dicke mit oder ohne Randaussteifung. Faltwerke sind räumliche Flächentragwerke, die aus ebenen, kraftschlüssig miteinander verbundenen Scheiben bestehen. Für die Ermittlung der Verformungsgrößen und Schnittgrößen ist elastisches Tragverhalten zugrunde zu legen.

24.2 Vereinfachungen bei den Belastungsannahmen
24.2.1 Schneelast
Auf Dächern darf Vollbelastung mit Schnee nach DIN 1055, Blatt 5, im allgemeinen mit der gleichen Verteilung wie die ständige Last in Rechnung gestellt werden. Falls erforderlich, sind außerdem die Bildung von Schneesäkken und einseitige Schneebelastung zu berücksichtigen.
24.2.2 Windlast
Bei Schalen ist die Windverteilung durch Modellversuche im Windkanal zu ermitteln, falls keine ausreichenden Erfahrungen vorliegen. Soweit die Windlast die Wirkung des Eigengewichtes erhöht, darf sie als verhältnisgleicher Zuschlag zur ständigen Last angesetzt werden.

24.3 Beuluntersuchungen
Schalen und Faltwerke sind, sofern die Beulsicherheit nicht offensichtlich ist, unter Berücksichtigung der elastischen Formänderungen infolge von Lasten auf Beulen zu untersuchen. Die Formänderungen infolge von Kriechen und Schwinden, die Verminderung der Steifigkeit beim Übergang von Zustand I in Zustand II und Ausführungsungenauigkeiten, insbesondere ungewollte Abweichungen von der planmäßigen Krümmung und von der planmäßigen Bewehrungslage, sind abzuschätzen. Bei Schalen mit nur einem mittig angeordneten Bewehrungsnetz ist die Verminderung der Steifigkeit beim Übergang von Zustand I in Zustand II besonders groß.
Die Beulsicherheit darf nicht kleiner als 5 sein. Ist die näherungsweise Erfassung aller vorgenannten Einflüsse bei der Übertragung der am isotropen Baustoff – theoretisch oder durch Modellversuche – gefundenen Ergebnisse auf den anisotropen Stahlbeton nicht ausreichend gesichert oder bestehen größere Unsicherheiten hinsichtlich der möglichen Beulformen, muß die Beulsicherheit um ein entsprechendes Maß größer als 5 gewählt werden.

24.4 Bemessung
Für die Betondruckspannungen und die Stahlzugspannungen gilt Abschnitt 23.2, wobei ggf. eine weitergehende Begrenzung der Stahlspannungen zweckmäßig sein kann.
Die Bemessung der Schalen und Faltwerke auf Biegung (z. B. im Bereich der Randstörungsmomente) ist nach Abschnitt 17.2 durchzuführen.
Die Zugspannungen im Beton, die sich für Gebrauchslast unter Annahme voller Mitwirkung des Betons in der Zugzone aus den in der Mittelfläche von Schalen und Faltwerken wirkenden Längskräften und Schubkräften rechnerisch ergeben, sind zu ermitteln.
Die in der Schalenmittelfläche wirkenden Hauptzugspannungen sind sinnvoll zu begrenzen, um Spannungsumlagerungen und Verformungen durch den Übergang zum Zustand I in Zustand II klein zu halten; sie sind durch Bewehrung aufzunehmen. Diese ist – insbesondere bei größeren Zugbeanspruchungen – möglichst in Richtung der Hauptlängskräfte zu führen (Trajektorienbewehrung). Dabei darf die Bewehrung auch dann noch als Trajektorienbewehrung gelten und als solche bemessen werden, wenn ihre Richtung um einen Winkel $\alpha \leqq 10°$ von der Richtung der Hauptlängskräfte abweicht. Bei größeren Abweichungen ($\alpha > 10°$) ist die Bewehrung entsprechend zu verstärken, Abweichungen von $\alpha > 25°$ sind möglichst zu vermeiden, sofern nicht die Zugspannungen des Betons geringer als 0,35 sind oder in beiden Hauptspannungsrichtungen nahezu gleich große Zugspannungen auftreten.

24.5 Bauliche Durchbildung
Auf die planmäßige Form und Lage der Schalung ist besonders zu achten. Bei Schalen über 6 cm Dicke ist die Bewehrung unter Berücksichtigung von Tabelle 30 gleichmäßig auf je ein Bewehrungsnetz jener Leibungsseite aufzuteilen. Eine zusätzliche Trajektorienbewehrung nach Abschnitt 24.4 ist möglichst symmetrisch zur Schalenmittelfläche anzuordnen. Bei einer Schalendicke $d \leqq 6$ cm darf die gesamte Bewehrung in einem mittig angeordneten Bewehrungsnetz zusammengefaßt werden.
Wird auf beiden Seiten eine Netzbewehrung angeordnet, so darf bei den innenliegenden Stäben der Höchstabstand nach Tabelle 30, Zeile 1 und 2, um 50% vergrößert werden.

Bei nichtgeripptem Betonstahl darf auf Haken verzichtet werden, wenn Stäbe mit höchstens 8 mm Durchmesser verwendet und die Verankerungs- und Übergreifungslängen nach den Abschnitten 18.3.2 und 18.4.1.2 eingehalten werden.

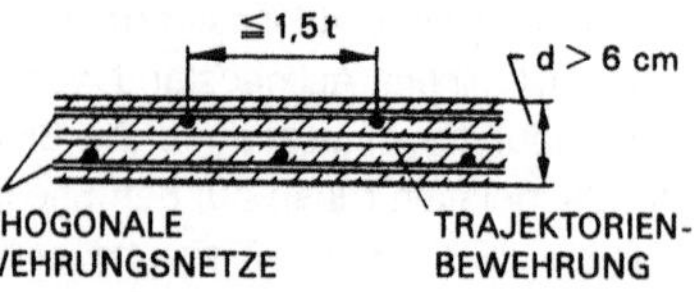

BEWEHRUNGSABSTÄNDE

Tabelle 30 Mindestbewehrung von Schalen und Faltwerken

	Betondicke cm	Art der Bewehrung	Durchmesser in mm min.	Abstand t der außenliegenden Stäbe in cm max.
1	Schalen und Faltwerke $d > 6$	im allgemeinen	5	20
2		bei Betonstahlmatten	4	20
3	Schalen und Faltwerke $d \leqslant 6$	im allgemeinen	5	15
4		bei Betonstahlmatten	4	15

V-ELEMENT-SHED ZÜBLIN

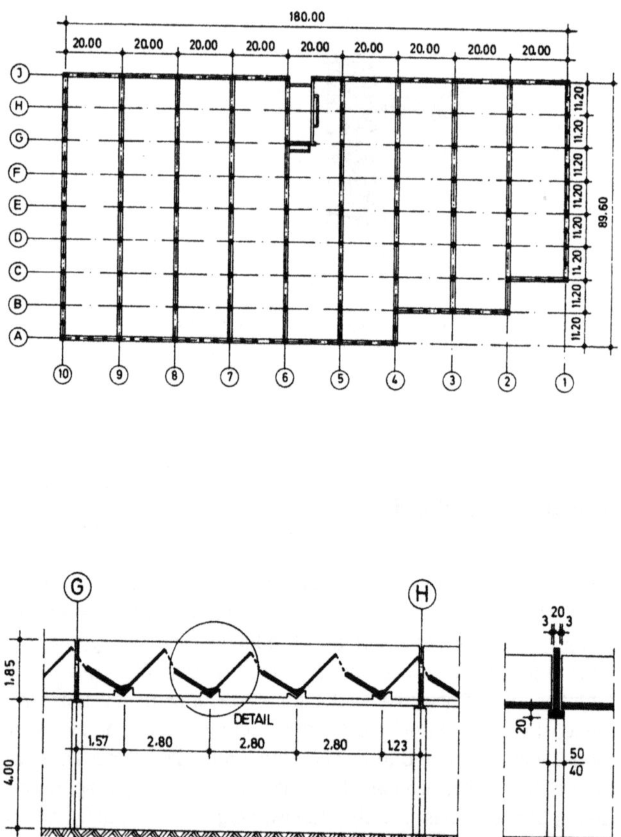

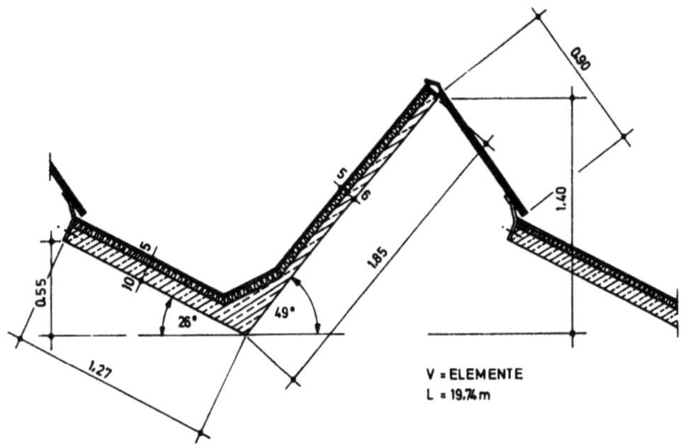

Konstruktionsbeispiele
Blatt 9

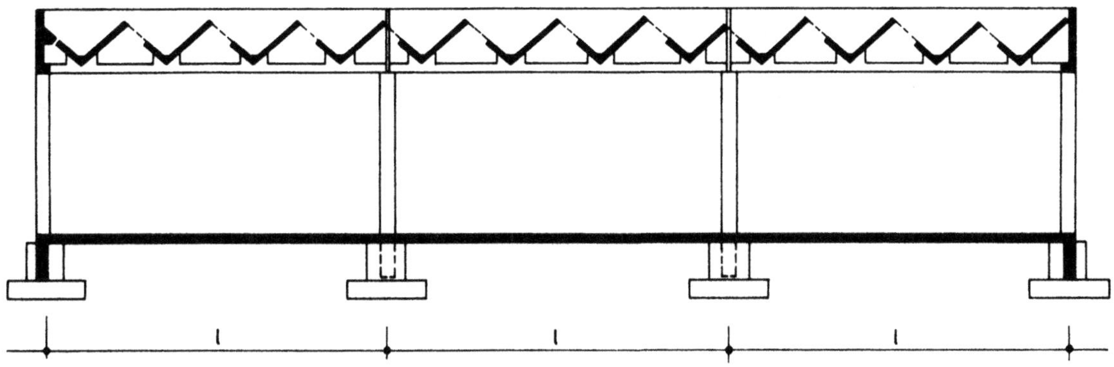

QUERSCHNITT

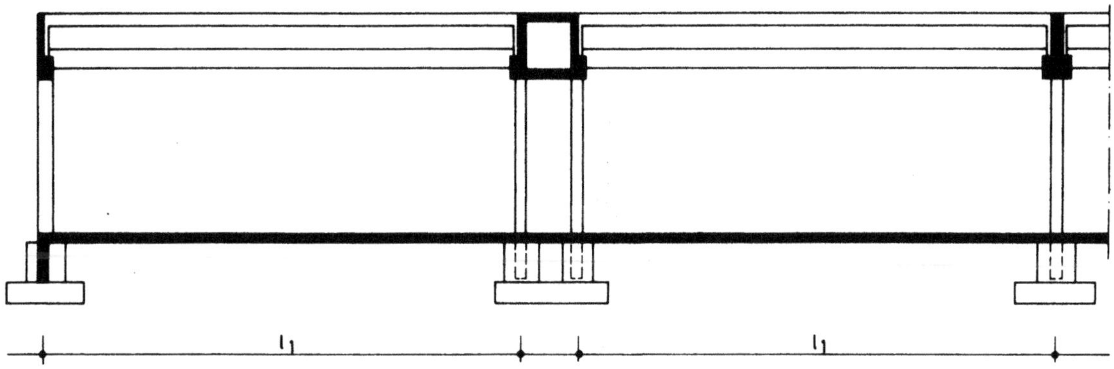

LÄNGSSCHNITT

Typenelemente für ein Raster: $l = 11{,}2\,m$, $l_1 = 16{,}8\,m$

Querschnitt	Fertigteil	Kurzbezeichnung
	V-Element-Shed	ShV 280-16,8
	Träger m. T-Querschnitt (Flansch unten) als Auflagertr. f. V-Element-Shed	TShV 20/50-185-11,2

Querschnitt	Fertigteil	Kurzbezeichnung
	Träger m. L-Querschnitt als Auflagerträger für V-Element-Shed	TLShV 15/40-185-5,6
	Stütze	S 50-50-6,50
	Stütze	S 40-40-6,50

Vorzugsmaße (m)						
Trägerspannweite l	5,6	8,4	11,2	14,0	16,8	19,6
Shedspannweite l_1	12,0	14,4	16,8	18,0	19,2	21,6

MEHRSCHIFFIGE SHEDHALLE MIT V-ELEMENTEN

Faltkonstruktionen

Für die Bemessung von Fertigteilen sind im Hallenbau die Transportbedingungen von besonderer Bedeutung. Als Ganzes gefertigte Faltträger bis 3,00 m Breite erlauben als Grenzwert Spannweiten bis ca. 20 m. Bei größeren Breiten und Spannweiten werden Falten deshalb einzeln oder paarweise als Scheiben gefertigt, transportiert und erst örtlich an den Faltstößen verknüpft und vergossen. Die notwendige Bauhöhe der Falten ist abhängig von Stützweite, Faltbreite, den Auflager- und Randbedingungen. Beim Faltwerk auf 2 Stützen beträgt die Bauhöhe 1/15 bis 1/30 Stützweite, je nachdem ob die Falten aneinander anschließen oder, wie z. B. bei Shedhallen, auf Distanz gesetzt sind. Solche als Biegebalken beanspruchten Faltträger werden meist vorgespannt, um die Längsbewehrung im unteren Bereich und in der Faltenkehle klein zu halten. Außerdem werden dadurch Risse und stärkere Durchbiegungen vermieden. Die Vorspannung mit sofortigem Verbund im Spannbett kommt bei großformatigen Fertigteilen aus einem Stück zur Anwendung, die nachträgliche Vorspannung nur in Verbindungsfugen von Faltwerken aus Fertigteilen. Ein besonderer Vorteil des Faltwerks liegt in seiner „Ziehharmonika"-Elastizität, welche Temperatur, Schwind- und Kriechspannungen ohne Anordnung von Dehnfugen auszugleichen vermag. Wegen des Kräfteflusses in durchlaufenden Faltwerken bedürfen Endfalten einer Stützung durch Zugglieder, Druckglieder oder steife Widerlager. Optimal ist das Verhältnis Bauhöhe zu Stützweite bei Bogenfaltwerken. Beispielsweise überspannen die Faltbögen der Paketumschlagshalle München mit einer Konstruktionshöhe von 2,75 m annähernd 150 m – bei einer Scheitelhöhe von 27,30 m. Sie bilden jeweils einen polygonen Zweigelenkbogen, geformt nach der idealen Eigengewichtsstützlinie des Normalbogens, und bestehen aus je 70 geraden, bis auf die Auflagerelemente gleichen und gegeneinander geneigten Fertigteilen von ca. 4,50 m Länge und 3,50 m Breite mit örtlich vergossenen Quer-, Grat- und Kehlverbindungen.

QUERSCHNITT EINES NORMALBOGENS

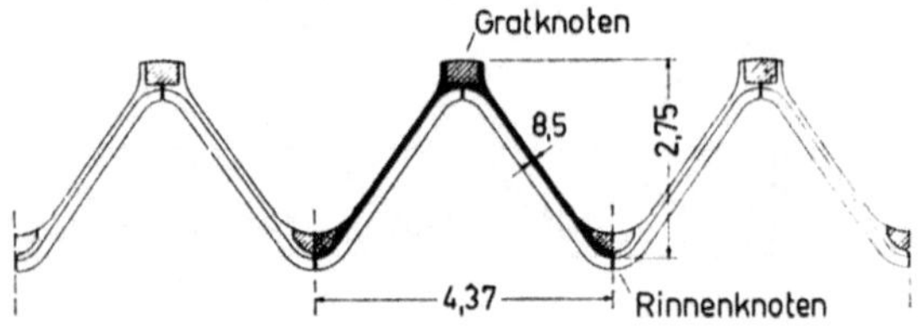

Während die Konstruktionshöhe hier ca. 1/50 der Stützweite beträgt, ist das entsprechende Verhältnis für die Konstruktionsstärke bei 8,5 cm Elementdicke und ca. 30 cm Rippenverguß weniger als 1/500. Trotz dieser Dünnschaligkeit erlaubten das ausgeprägte Rinnenprofil des Faltwerks und die Verwendung wasserdichten Betons den Verzicht auf eine zusätzliche Dachhaut.

LÄNGS- UND QUERSCHNITT DURCH DAS GESAMTE BOGENTRAGWERK

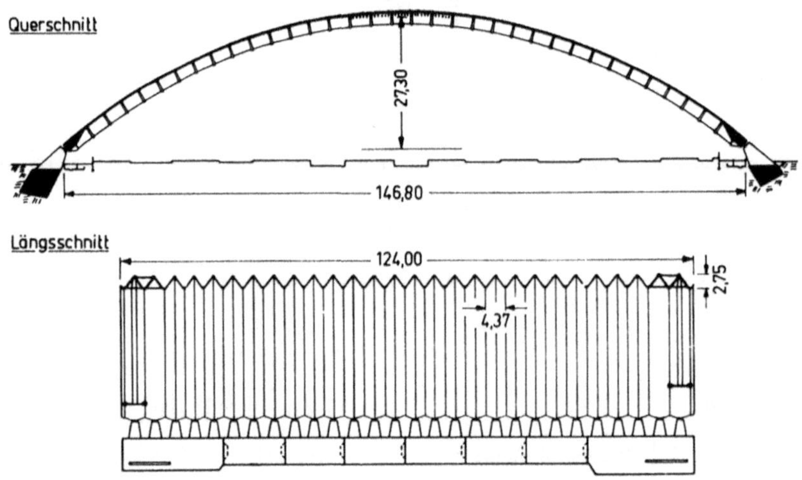

VERBINDUNG DER EINZELNEN FERTIGTEILE DURCH ORTBETON ZU EINEM MONOLITHISCH WIRKENDEN BOGENTRAGWERK UND BEWEHRUNGSSCHEMA DES ORTBETONS

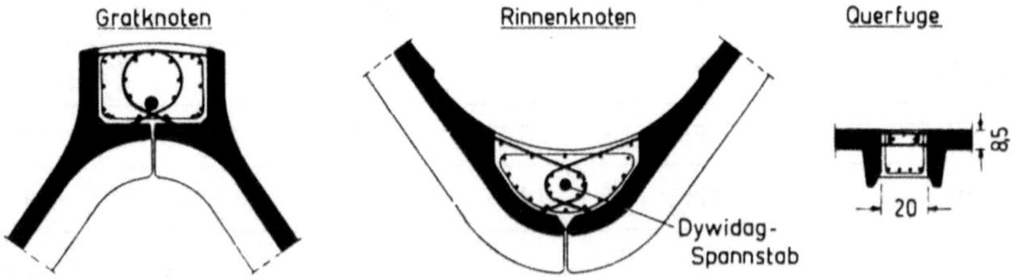

Reproduktionen aus Konstruktion und Bau der Paketumschlaghalle in München, von Dipl.-Ing. H. Bomhard, München

Schalenkonstruktionen

Wir unterscheiden Schalen einfacher und doppelter Krümmung. Bei einfach gekrümmten Schalen, z. B. der Tonnenschale, bildet der eine Hauptschnitt eine Kurve, der andere eine Gerade – die Erzeugende –, bei doppelt gekrümmten Schalen bilden beide Hauptschnitte eine Kurve. Zu unterscheiden sind hier zwei Gruppen: solche mit gleichgerichteten und solche mit gegensinnigen Krümmungen, siehe zeichnerische Übersichten Seite 516. Schalenkonstruktionen können je nach Krümmungsverhältnissen und Auflagerbedingungen mit oder ohne Randverstärkung ausgebildet sein.

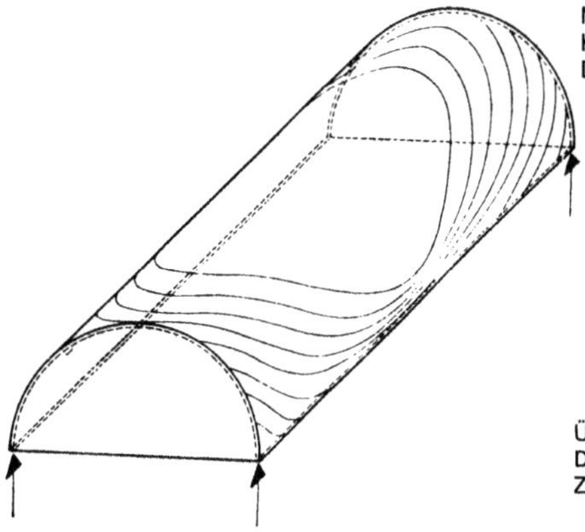

NACH F. HART
KUNST UND TECHNIK
DER WÖLBUNG

ÜBERGANG VON
DER TONNENSCHALE
ZUM PLATTENBALKEN

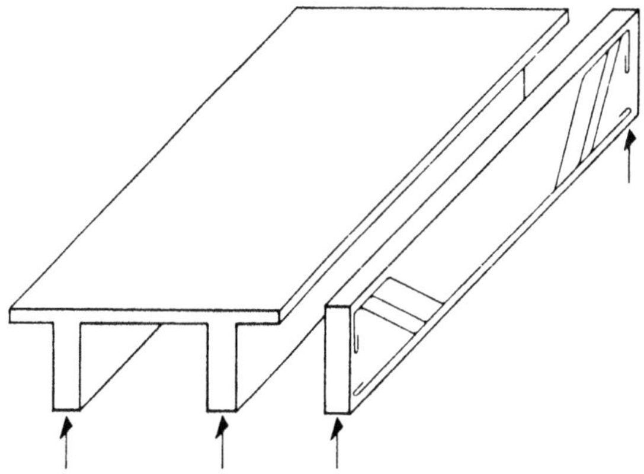

Einfach gekrümmte Schalen

Im Gegensatz zum Tonnengewölbe bedarf die Tonnenschale keiner durchlaufenden Längsunterstützung. Sie wirkt gleichsam als gekrümmter Balken und überträgt Lasten insbesondere auch in Längsrichtung. Voraussetzung dafür ist die Endaussteifung durch Scheiben oder auch Bogenbinder mit und auch ohne Zugband. Wie Balken und Plattenbalken kann auch die Tonnenschale über diese Auflager- und Aussteifungsebene hinaus auskragen oder als Durchlaufträger weiterlaufen. Bei Bogenweiten von 10 bis 15 m lassen sich bei Schalenstärken von 6 bis 8 cm bis zu 40 m überspannen, bei einer Vorspannung entsprechend dem Spannungsverlauf (Trajektorien) noch erheblich mehr.
Um zugleich günstigere Lichtverhältnisse in ausgedehnten Hallen zu erzeugen, begegnet uns die Tonnenschale häufig in abgewandelter Form als Shedschale, wobei Spannweiten bis zu 30 m, bei Vorspannung bis zu 40 m möglich sind. Die asymmetrischen Auflagerverhältnisse machen einen Randträger unumgänglich, der zugleich als Entwässerungsrinne wie der Randabstützung der Nachbarschale dient. Oft wird auch ein eigener Rinnenträger ausgebildet, um die Shedschale aus kleinteiligeren quergespannten Schalenelementen montieren zu können.

Den Übergang zu den doppelt gekrümmten Schalen bilden die zusammengesetzten, sich durchdringenden Schalen, entsprechend den Kloster- und Kreuzgewölben. Hier wirken entsprechend verstärkte Grate und Kehlen als lastabtragende Binder. Auch die lichttechnischen Verhältnisse der Tonnenschale werden dadurch verbessert.

SHEDHALLE MIT TT-SHEDPLATTEN

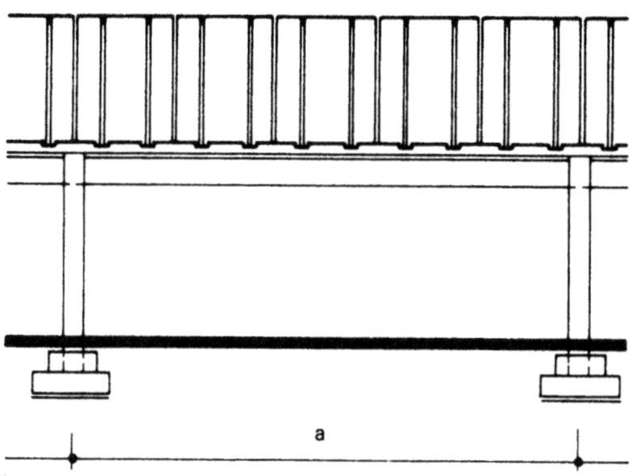

LÄNGSSCHNITT

TYPENELEMENTE
FÜR EIN RASTER:

l = 7,50 m, a = 12,50 m

QUERSCHNITT	FERTIGTEIL	KURZBEZEICHNUNG
	TT-SHEDPLATTEN	ShTT 250-60-6,2/7,5
	FENSTERSPROSSE MIT RECHTECKQUERSCHNITT	SPTT 10-20-3,45
	TRÄGER M. T-QUERSCHNITT ALS AUFLAGERTRÄGER FÜR TT-SHEDPLATTEN	TShTT 50/16-120-12,5
	STÜTZE MIT DOPPELGABEL	S 50-50-5,0 2G 18-20-9,0

VORZUGSMASSE (m)				
SHEDSPANNWEITE l	7,5			
TRÄGERSPANNWEITE a	10,0	12,5	15,0	17,5

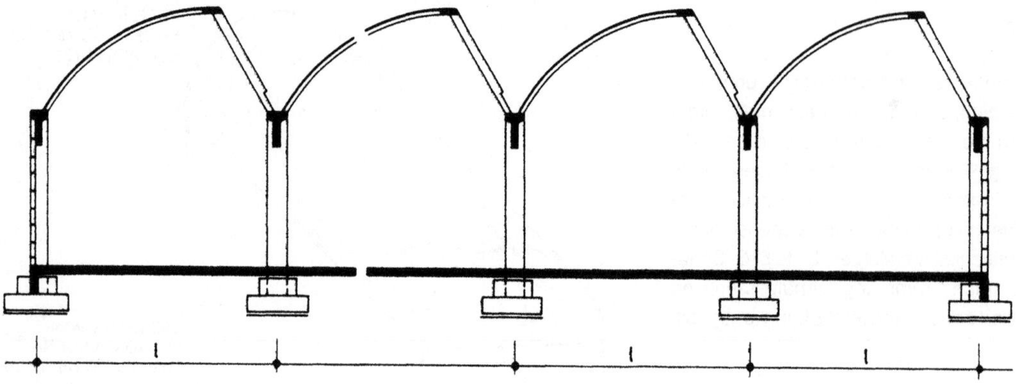

QUERSCHNITT

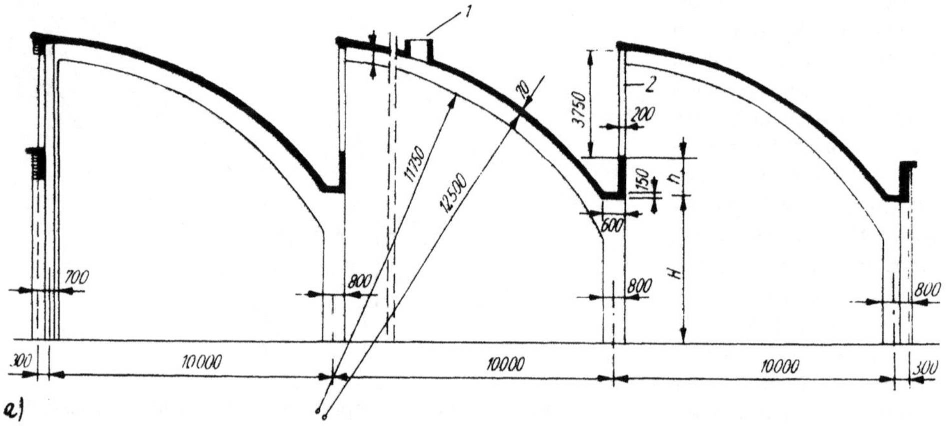

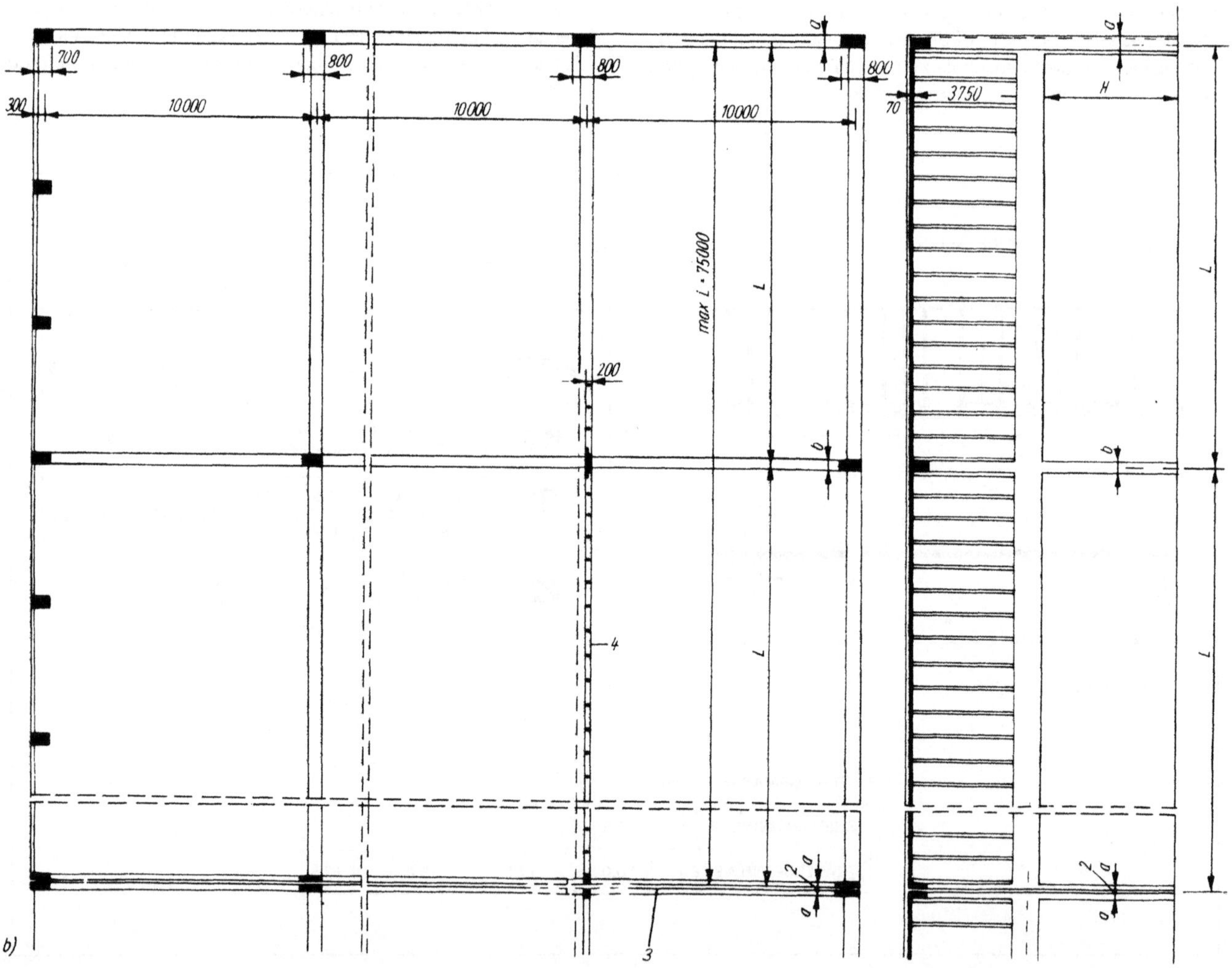

Doppelt gekrümmte Schalen

Für eine Vielzahl möglicher Schalenformen und -kombinationen stehen hier die Kuppelschalen als Beispiel für gleichsinnige Krümmungen, die Sattelschalen für gegensinnige Krümmungen.

Kuppelschalen

Die Idealform der Rotationsschale mit gleichgerichteten Krümmungen ist die Kuppelschale. In ihr treten keine Biegemomente, sondern nur Meridian- und Ringspannungen auf. Während die Meridianspannungen immer nur Druckkräfte sind, die über den Scheitel von Auflagerrand zu Auflagerrand verlaufen, treten die Ringspannungen im oberen Bereich als Druckkräfte, im unteren Bereich als Zugkräfte auf. Die Höhenlage der spannungsfreien Null-Linie ist von der Krümmung der Meridiane abhängig. Die Kuppelschale ist in ihrer geometrischen Idealform als Halbkugel analog zur Tonnenschale völlig geschlossen und unbelichtet, ihre Dünnwandigkeit tritt nicht in Erscheinung. Den normalen funktionellen Anforderungen des Hallenbaus genügt sie erst, wenn ihr unterer Rand aufgelöst, ihre Last auf einzelne Punkte abgetragen wird. Das verursacht Randstörungen, welche das eigentliche Problem der Kuppelschalen darstellen, da jetzt Biegespannungen auftreten, zu deren Überleitung Randglieder ausgebildet werden müssen.

Die einfachste und verbreitetste Lösung des Belichtungs- und Auflagerproblems ist, daß als Kuppel nur die flache Kalotte oberhalb der Null-Linie einer entsprechenden Großkuppel verwendet wird, in welcher nur Druckkräfte auftreten. Ein Beispiel hierfür ist die Jahrhunderthalle der Farbwerke Hoechst, welche bei einer Regelschalendicke von 13 cm und 60 cm auf Auflagerrand eine Spannweite von 87 m mit 25 m Scheitelhöhe aufweist. Sie ist Ausschnitt einer Kugelschale von 100 m Ø.

Nicht weniger interessant ist der augeschiedene Alternativvorschlag der ausführenden Dyckerhoff & Widmann KG. Er basiert auf einem Dreiecksraster vorgefertigter Stahlbeton-Knoten und Dreiecksplatten mit örtlich herzustellenden Verbindungsrippen zwischen Knoten und Plattenstößen.

Die Bündelung der Auflagerkräfte auf wenige Punkte erfordert schwere Widerlager oder die Anordnung von Zugbändern. Wird jedoch der Rand einer flachen Kuppelschale als biege- und zugfester Ring ausgebildet, so übt er nur vertikale Auflagerkräfte aus. Das Auflager kann als einfache Stützkonstruktion ausgebildet werden, die lediglich die Horizontalkräfte aus der Windbeanspruchung aufnehmen muß.

Als Sonderform ist hier die Buckel-Schale des Schweizer Ingenieurs Isler zu erwähnen, eine aus den Formbedingungen der Seifenhaut abgeleitete und in statischer Hinsicht ideale Membrane, vergleichbar einer flachen Klostergewölbeschale. Eine Kuppelkalotte mit runder Lichtöffnung und Lichtkuppel (d < 5 m) geht in einen geraden und horizontalen vorgespannten Randzugbalken über. Die Konstruktion ist hinsichtlich Materialverbrauch, Tragwirkung und Fertigungsprozeß ebenso optimal wie hinsichtlich ihrer Anpassungsfähigkeit an quadratische oder rechteckige Grundrißraster. Die Elemente sind nach allen Seiten addierbar und setzen an der Eckunterstützung nur vertikale Lasten ab.

Die Herstellung auf wiederverwendbaren fahrbaren Schalgerüsten und die Bewehrung durch einfache nur am Rande doppelte Mattenverlegung macht die Isler-Schale als elementierte Ortbetonkonstruktion bis 20 m Spannweite äußerst wirtschaftlich.

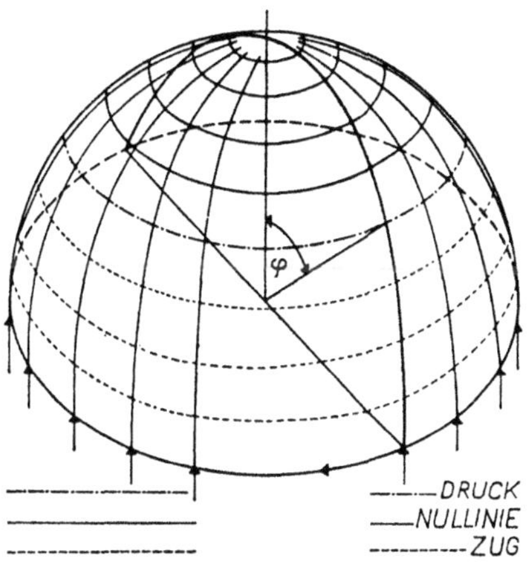

SCHEMA EINER HALBKREISFÖRMIGEN KUPPELSCHALE

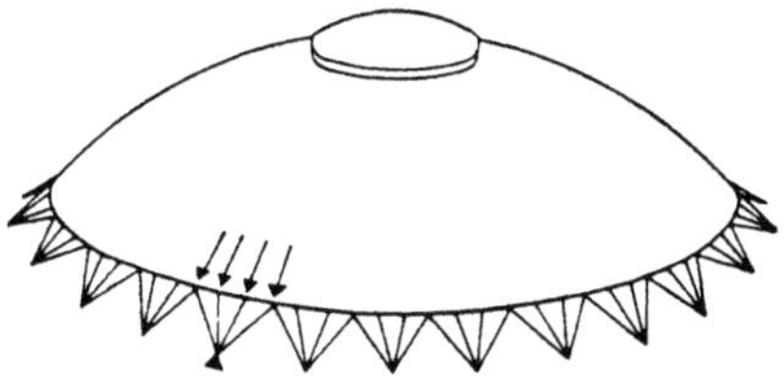

FLACHE KUPPELSCHALE, ABLEITUNG DER RANDKRÄFTE AUF SCHRÄGEN STÜTZEN. PALAZZO DELLO SPORT, ROM

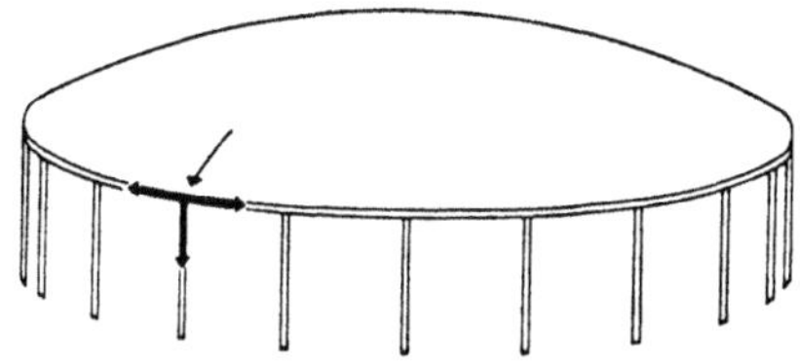

FLACHE KUPPELSCHALE MIT VORGESPANNTEM RAND. VERSAMMLUNGSHALLE IN TOKIO VON KENZO TANGE

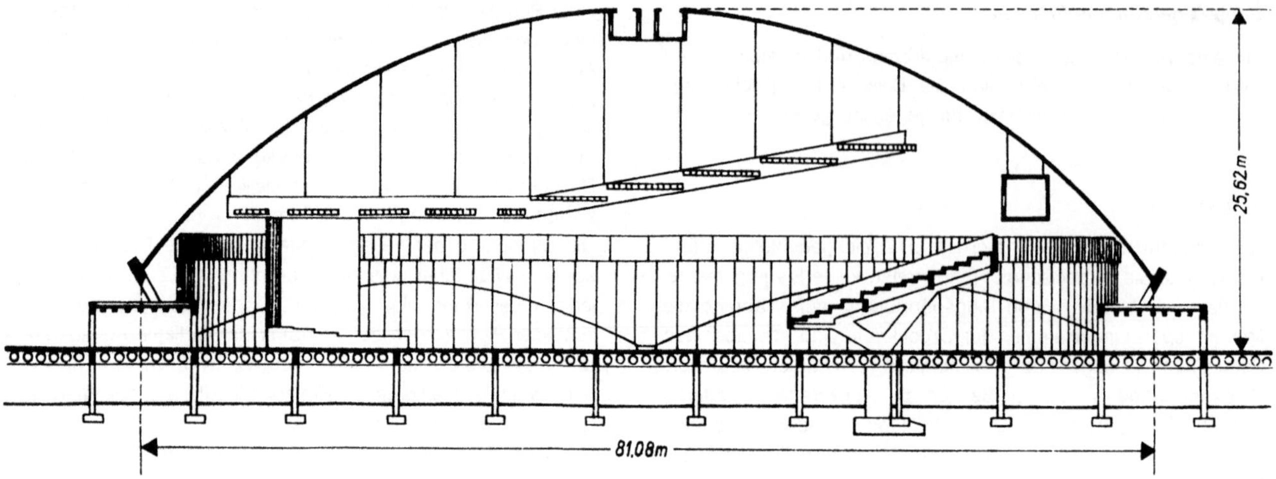

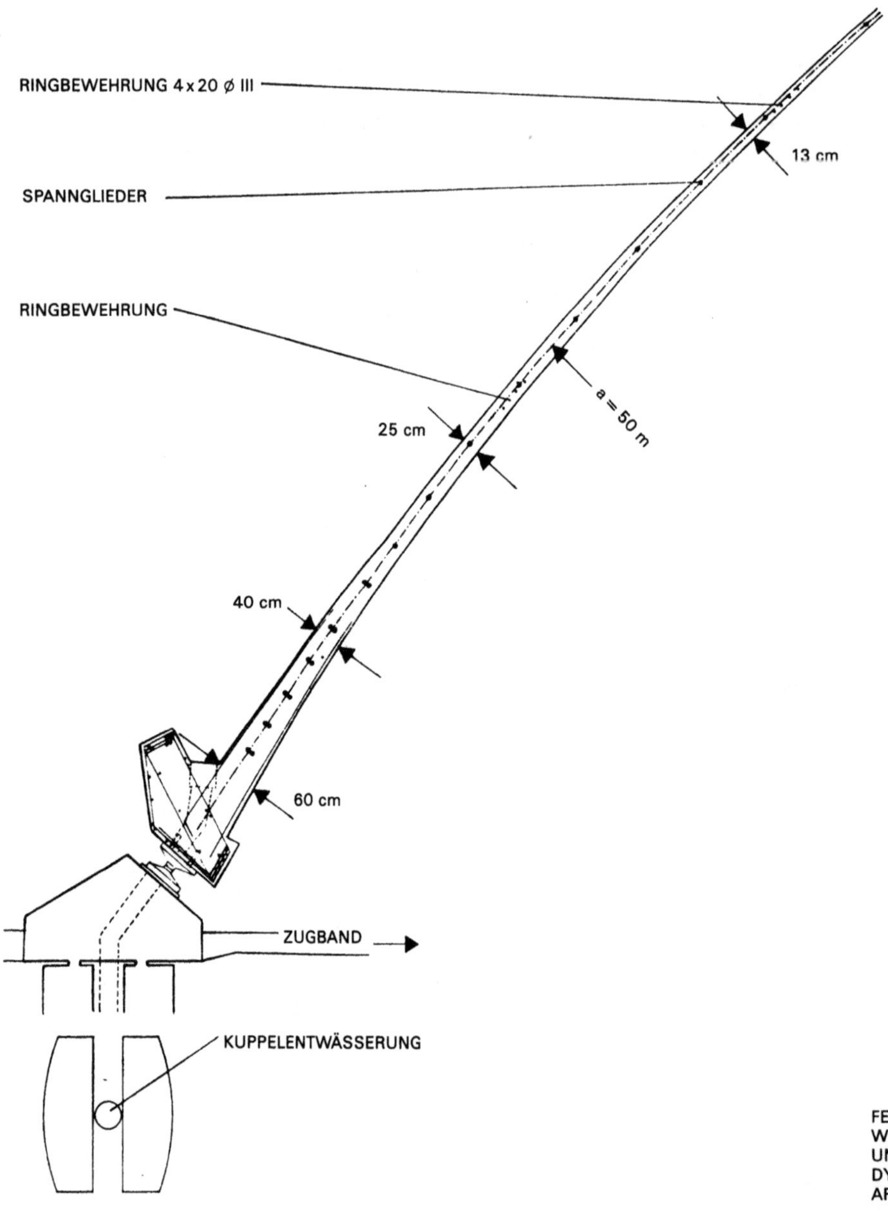

NACH F. HART
KUNST UND TECHNIK
DER WÖLBUNG

FESTHALLE DER FARB-
WERKE HÖCHST KONSTRUKTION
UND AUSFÜHRUNG
DYCKERHOFF UND WIDMANN KG.
ARCHITEKT: F. W. KRÄMER

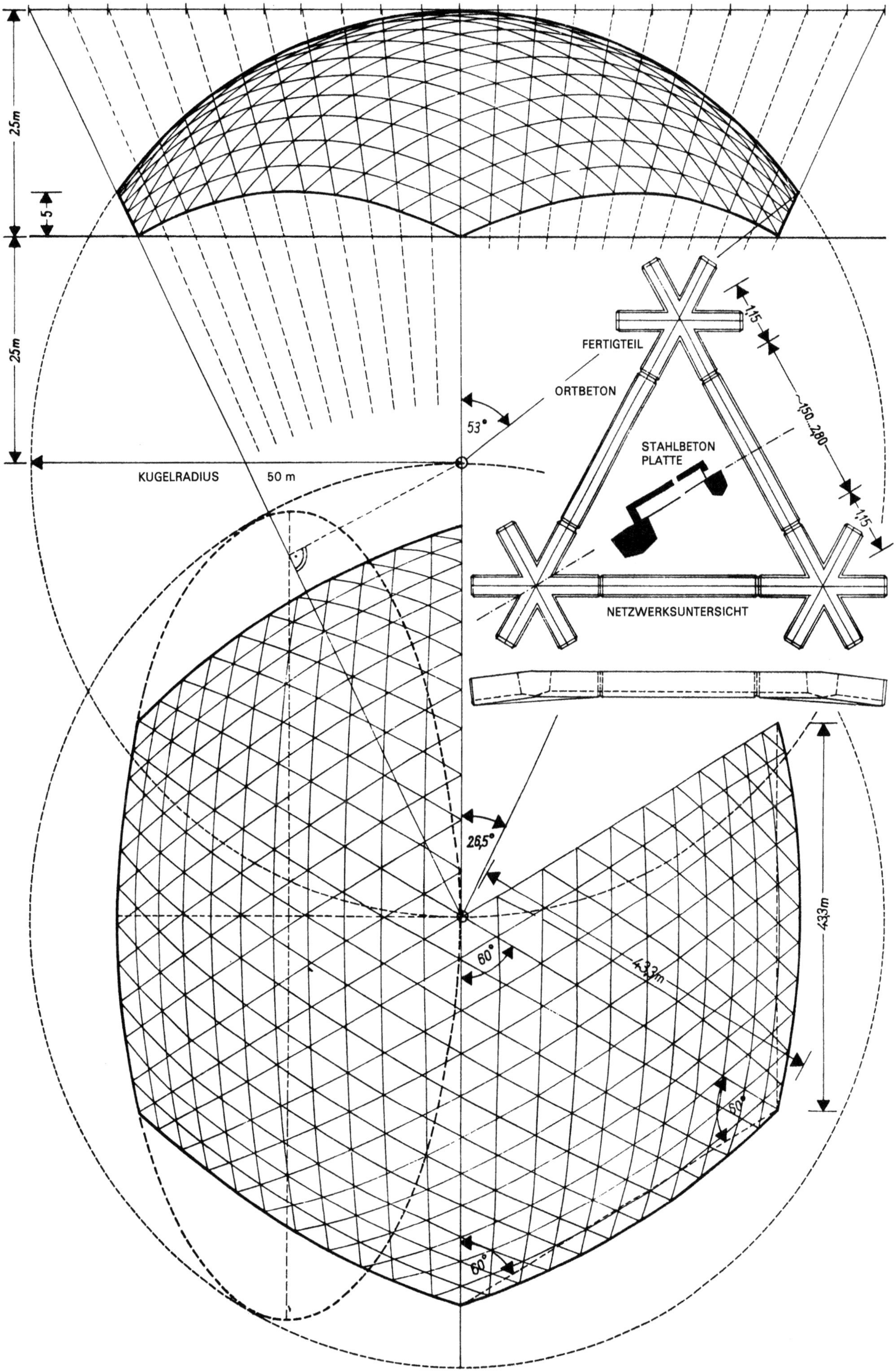
25m
5
25m
KUGELRADIUS
50 m
53°
FERTIGTEIL
ORTBETON
STAHLBETON
PLATTE
1,15
~150...280
1,15
NETZWERKSUNTERSICHT
26,5°
60°
4,33m
4,33m
50°
60°

Sattelschalen

Unter dieser Bezeichnung lassen sich die doppelt gekrümmten Schalen mit gegensinnigen Hauptschnittkurven am anschaulichsten zusammenfassen.
Geometrische Grundformen sind das

- einschalige Rotationshyperboloid, ihm liegen die vielfach verwendeten Hyperboloid-Schalen, die sogenannten HP-Schalen zugrunde,
- hyperbolische Paraboloid, auch Hyparschale genannt.

Beide Grundformen sind geometrisch auch sogenannte Regelflächen, d. h. ihre Sattelflächen werden von zwei Scharen gerader Erzeugender gebildet, die sich im Sattelpunkt kreuzen. Das erklärt, daß trotz ihrer starken Krümmung eine Bewehrung mit geraden Stäben und eine Vorspannung im Spannbett möglich ist. Zugleich haben sie gegenüber anderen doppelt gekrümmten Schalen den Vorteil, daß sich ihre Schalung aus schmalen geraden Elementen leicht formen läßt. Auch für erhebliche Spannweiten können sie ohne Randglieder ausgeführt werden, was ihre Dünnschaligkeit voll zum Ausdruck bringt.
Nicht nur ihre einfachen geometrischen Grundformen, sondern eine Vielzahl von Spielarten zusammengesetzter, sich durchdringender und gegenseitig versteifender Sattelschalen wurden schon ausgeführt. Der Mexikaner Felix Candela war ihr entscheidender Wegbereiter.
Wir beschränken uns hier auf zwei anwendungstechnische interessante Dachkonstruktionen: eine Shedkonstruktion mit vorgefertigten doppelt gekrümmten HP-Schalen und das weitgespannte Hängedach einer Mehrzweckhalle, das unter Verwendung von Fertigteilen ohne wesentlichen Schalungsaufwand errichtet wurde.

NACH F. HART
KUNST UND TECHNIK
DER WÖLBUNG.

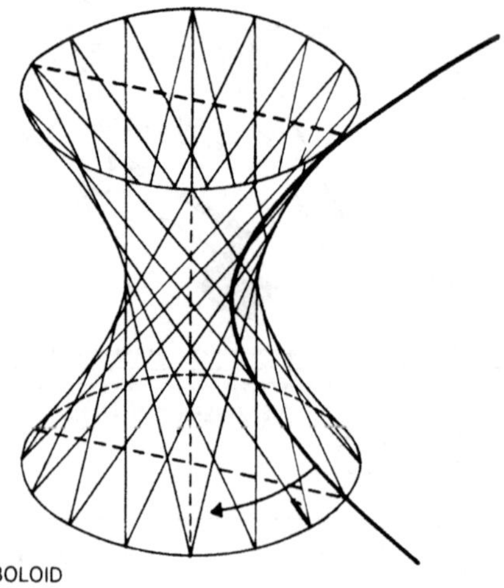

EINSCHALIGES HYPERBOLOID

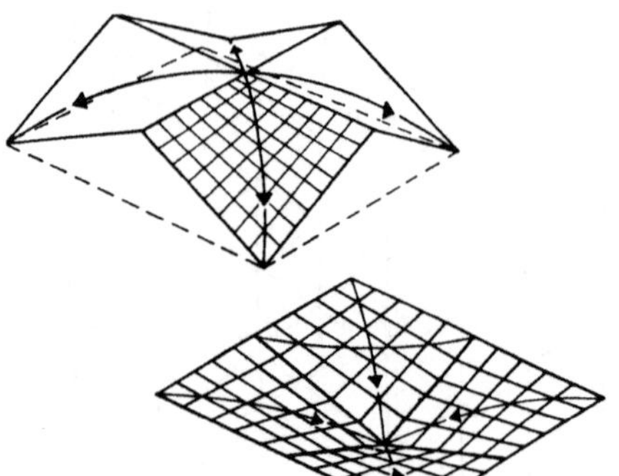

ZUSAMMENGESETZTE HYPARSCHALEN

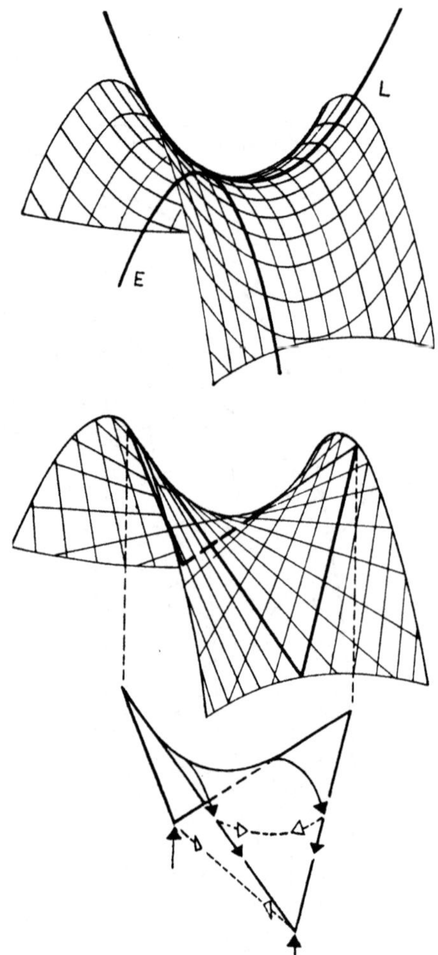

HYPERBOLISCHES PARABOLOID (HYPARSCHALE) ALS TRANSLATIONS- UND REGELFLÄCHE

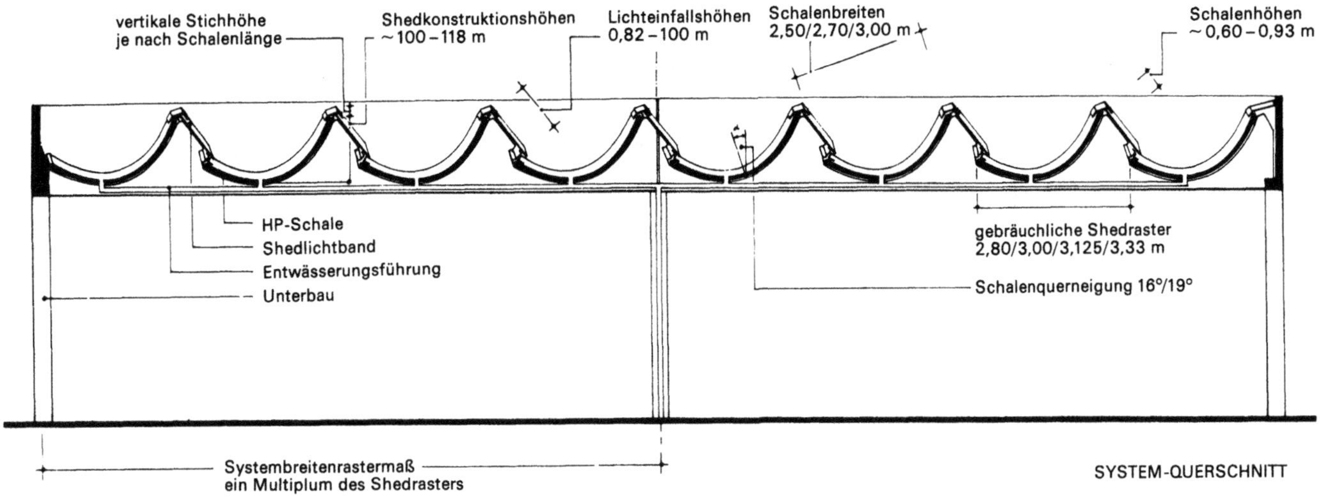

SYSTEM-QUERSCHNITT

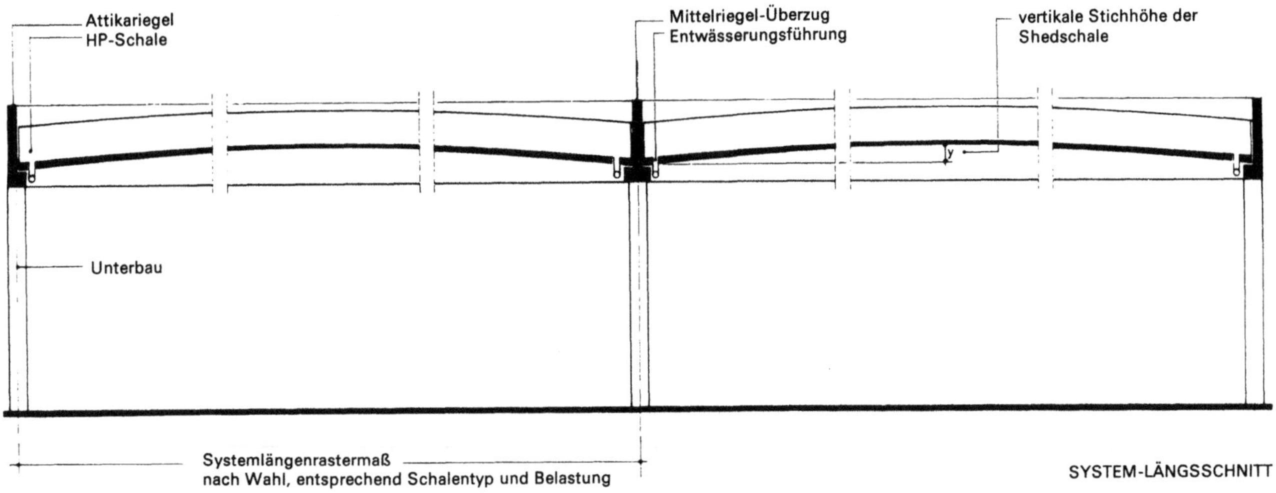

SYSTEM-LÄNGSSCHNITT

GEGENÜBERSTELLUNG VON SHEDKONSTRUKTIONEN

Geforderte lichte Hallenhöhe in Längs- und Querrichtung der Hallenschiffe mind. 4,50 m, Ausführung beider Hallensysteme als Stahlbetonkonstruktion

allgemein gebräuchliches Raster des Sägezahn-Shedsystems: 7,5/20.00 m

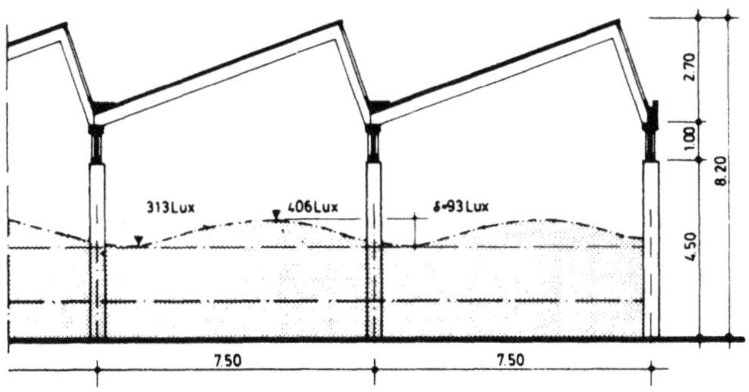

Sägezahn-Shedsystem

allgemein gebräuchliches Raster des HP-Einschalen-Systems: 12,50/20,00 mm

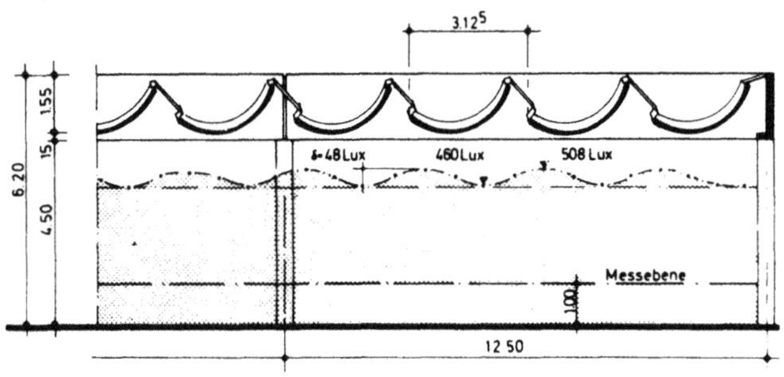

HP-Einschalenshed-System

Entnommen aus den Unterlagen Normko-Systembau Essen

NORMKO-SYSTEMBAU, ESSEN

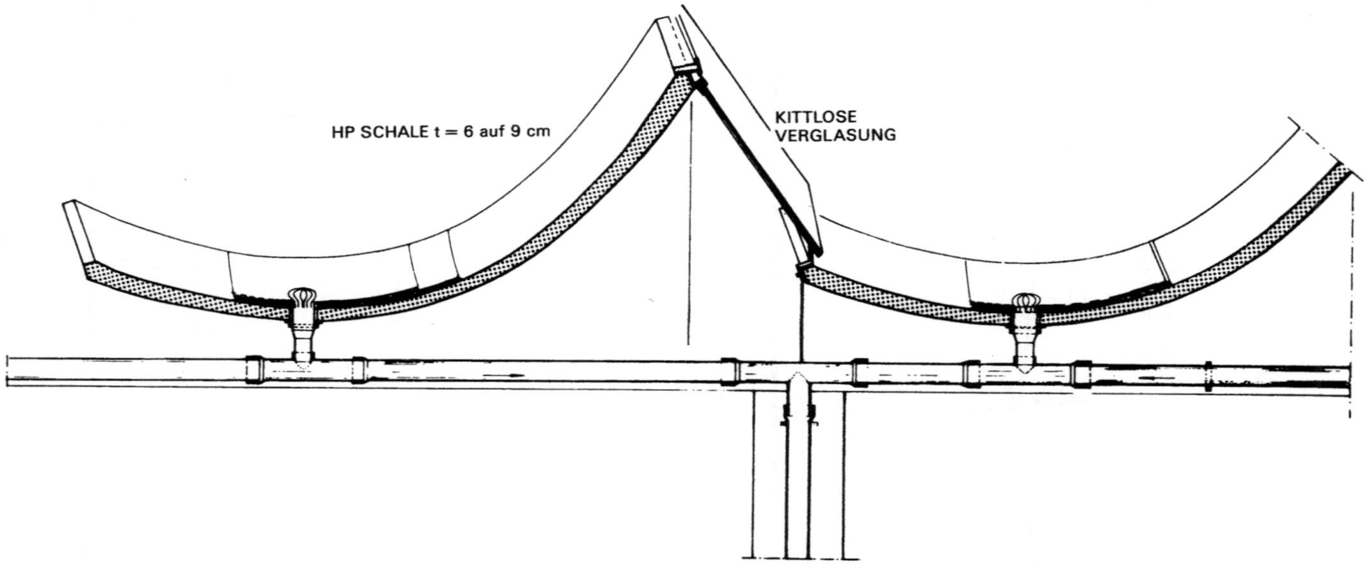

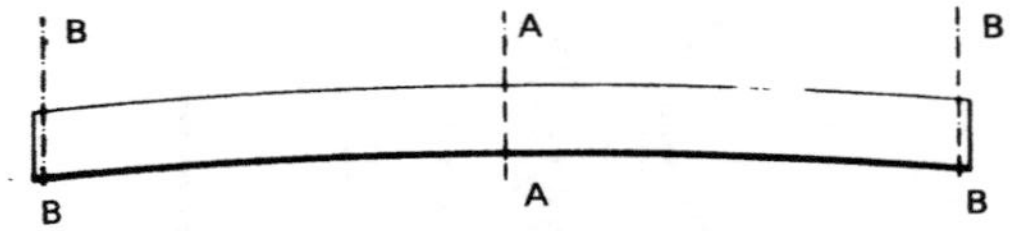

LÄNGSSCHNITT DURCH DIE HP-SCHALE

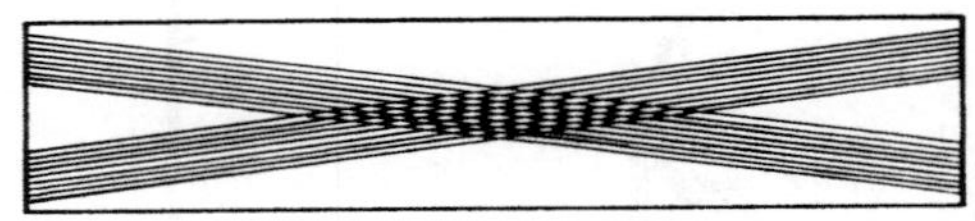

LAGE DER SPANNDRÄHTE IN DER HP-SCHALE

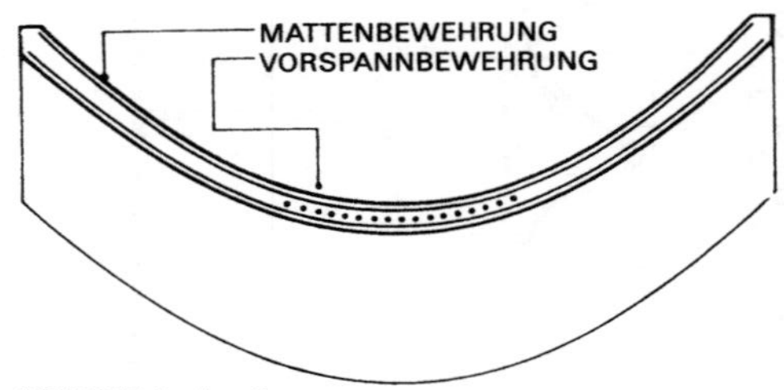

SCHNITT A – A **A**

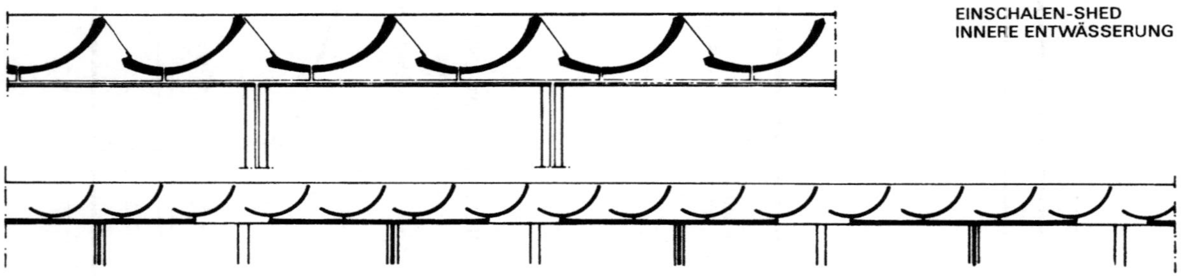

EINSCHALEN-SHED
INNERE ENTWÄSSERUNG

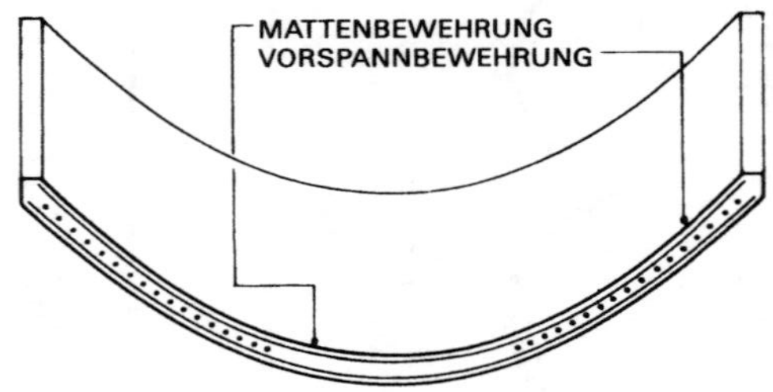

SCHNITT B – B

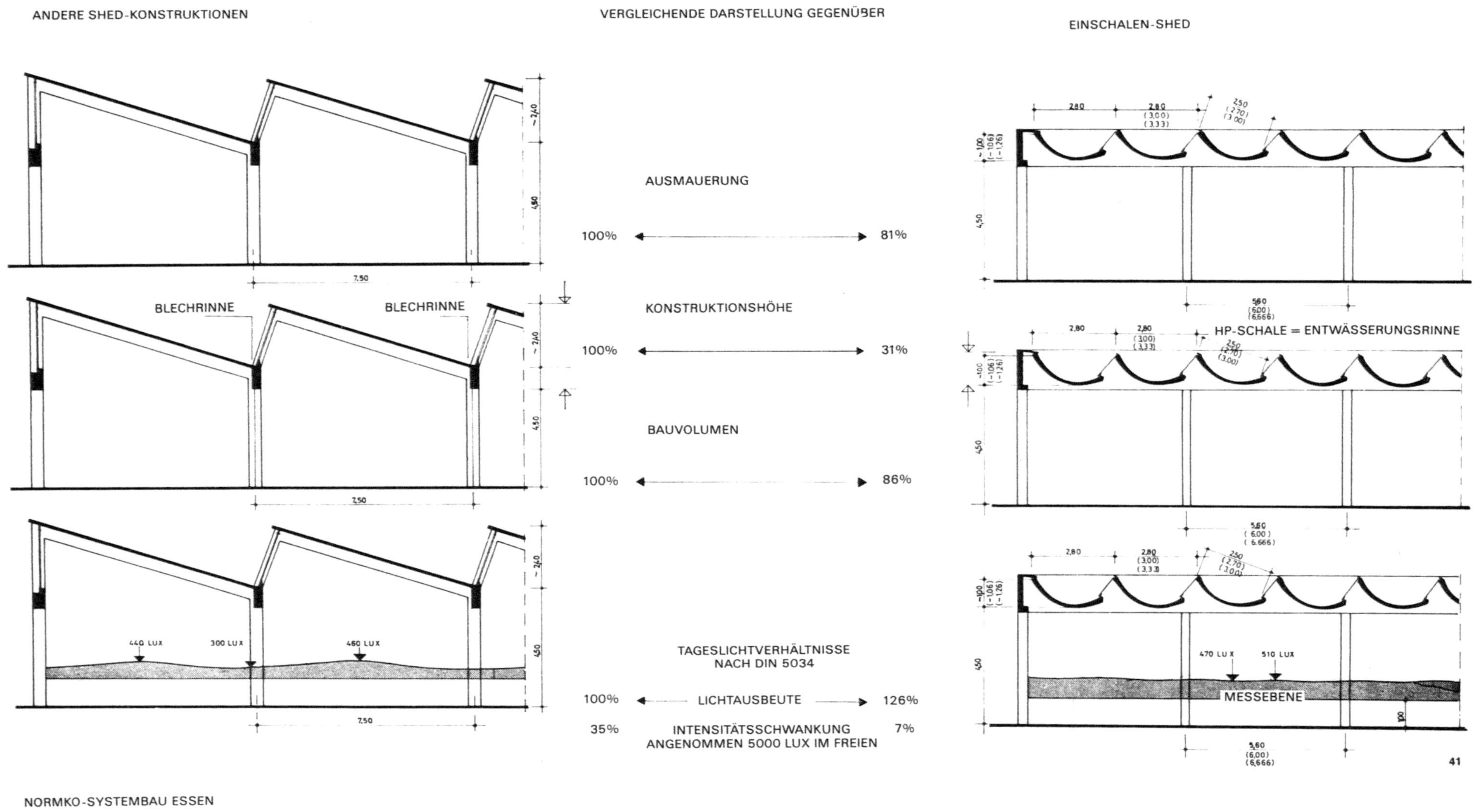
ANDERE SHED-KONSTRUKTIONEN
VERGLEICHENDE DARSTELLUNG GEGENÜBER
EINSCHALEN-SHED
BLECHRINNE
BLECHRINNE
AUSMAUERUNG
100%
81%
KONSTRUKTIONSHÖHE
100%
31%
BAUVOLUMEN
100%
86%
TAGESLICHTVERHÄLTNISSE
NACH DIN 5034
100%
LICHTAUSBEUTE
126%
35%
INTENSITÄTSSCHWANKUNG
ANGENOMMEN 5000 LUX IM FREIEN
7%
HP-SCHALE = ENTWÄSSERUNGSRINNE
440 LUX
300 LUX
460 LUX
470 LUX
510 LUX
MESSEBENE
7,50
~ 2,40
4,50
2,80
2,50 (2,70) (3,00)
5,60 (6,00) (6,666)
NORMKO-SYSTEMBAU ESSEN

SHED-VERGLASUNG
MIT DOPPELTER VERGLASUNG, BEI OBERER ISOLIERUNG

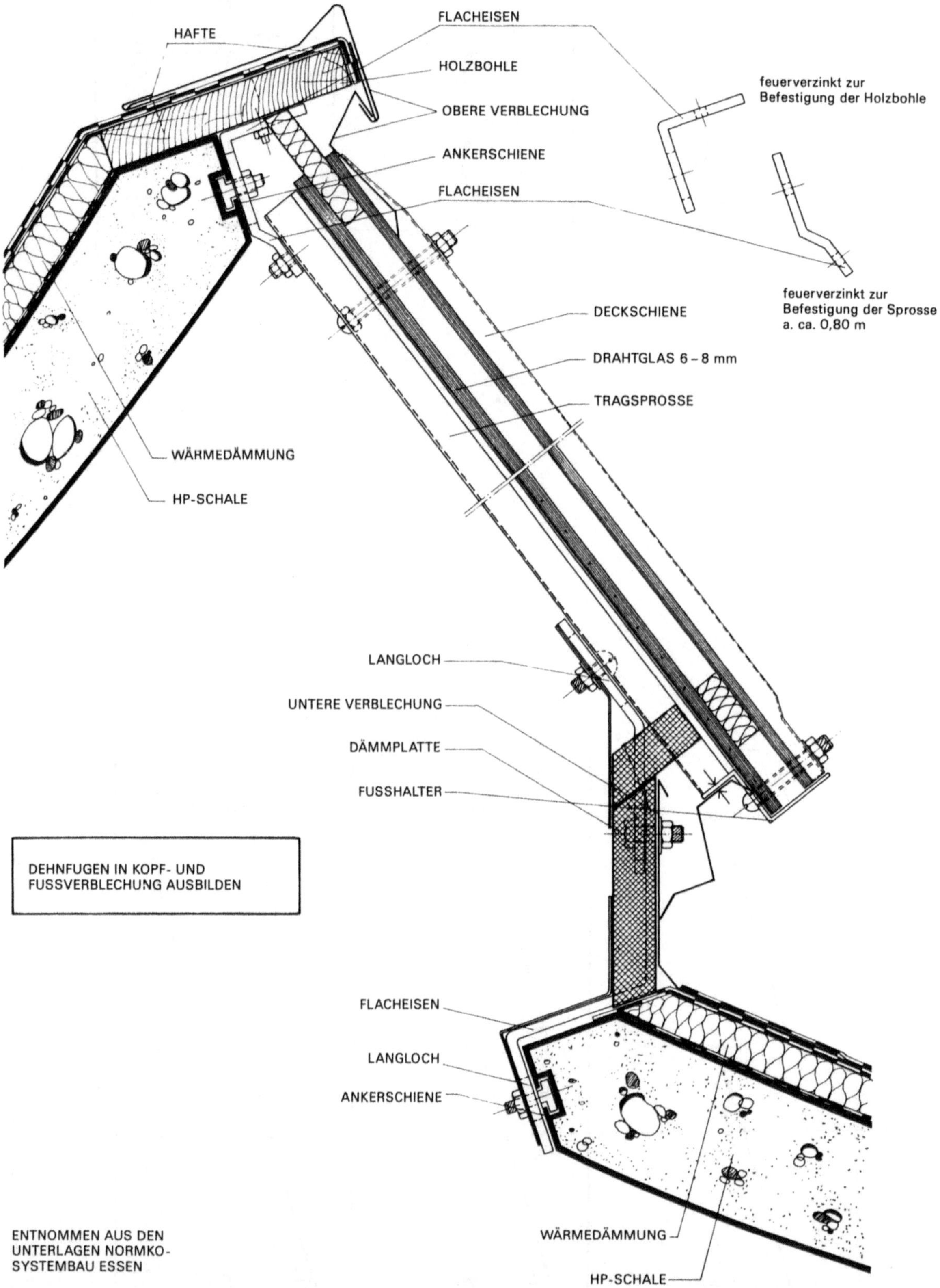

DEHNFUGEN IN KOPF- UND FUSSVERBLECHUNG AUSBILDEN

ENTNOMMEN AUS DEN UNTERLAGEN NORMKO-SYSTEMBAU ESSEN

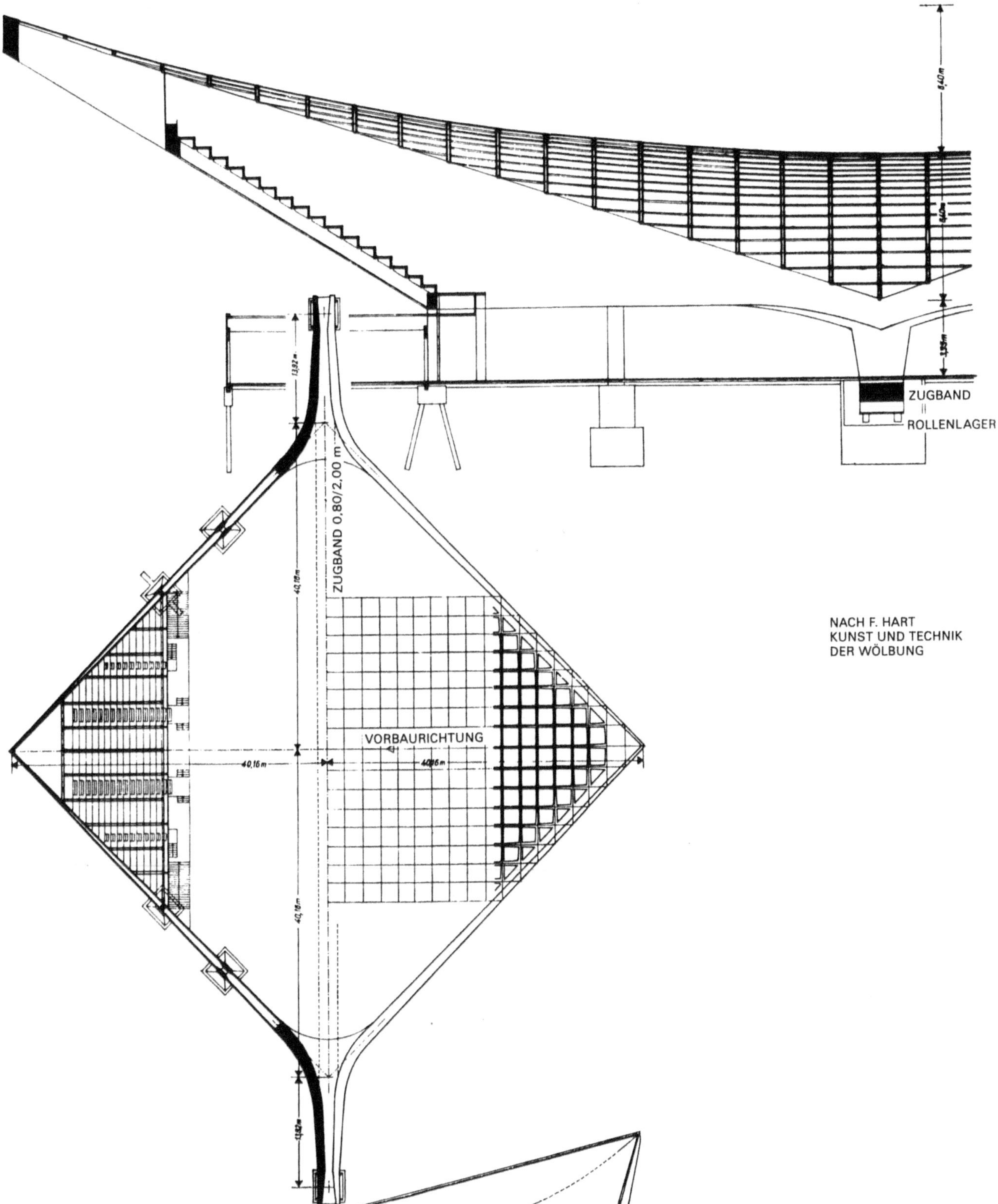

NACH F. HART
KUNST UND TECHNIK
DER WÖLBUNG

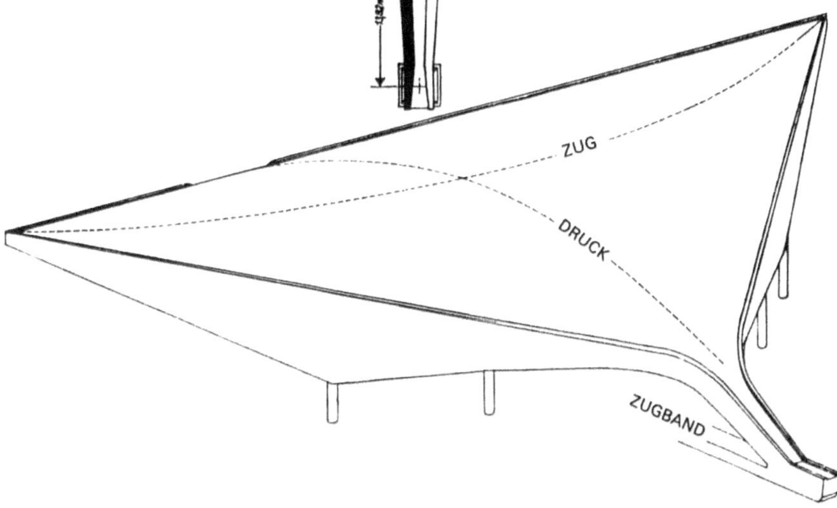

MEHRZWECKHALLE
LUDWIGSHAFEN A. RHEIN
KONSTRUKTION UND AUS-
FÜHRUNG
DYCKERHOFF U. WIDMANN KG.
ARCHITEKT: ROLAND RAINER

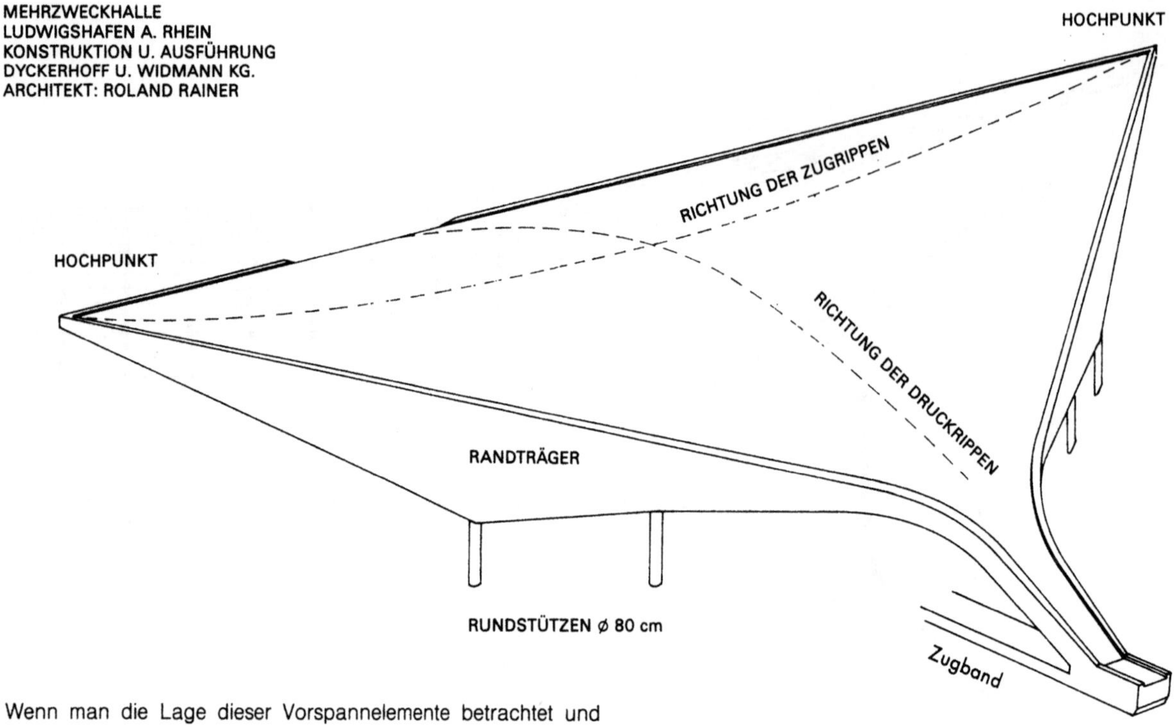

Wenn man die Lage dieser Vorspannelemente betrachtet und dabei an das Bild des zu einer Schale ausgewalzten Balkens denkt, stellt man fest, daß die Vorspannelemente in jedem Querschnitt gerade dann die optimale Lage einnehmen, wenn die Form der Schale entsprechend dem oben formulierten Kriterium gewählt wurde.

In der Mitte der Stützweite, d. h. dort, wo die Biegemomente im Balken am größten und die Querkräfte am kleinsten sind, nehmen die Spannstähle die tiefstmögliche Lage ein. Der Schwerpunkt der Vorspannung wandert dann entsprechend der Abnahme der Balkenbiegemomente und dem Wachsen der Querkräfte im Balken langsam nach oben. In den unterstützten Querschnitten, d. h. dort, wo die Biegemomente = 0 sind und die größten Querkräfte herrschen, greift die Vorspannung im Schwerpunkt des Querschnittes an.

Die so beschriebene HP-Schale erreicht unter Verzicht auf jegliche Art von Randbalken, Binderscheiben oder Verstärkungen einen Spannungszustand, in dem die Tragwirkung fast ausschließlich Normal- und Schubkräfte in der Ebene der Schalenfläche erreicht und Biegemomente in der Schale so klein gehalten werden, daß sie mit Leichtigkeit von der sehr dünnen Schale aufgenommen werden können.

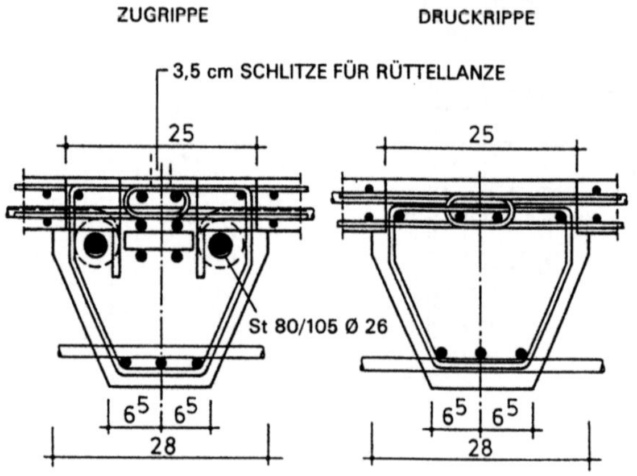

KONSTRUKTIVES SYSTEM DER HYPAR-SCHALE ZUG- UND DRUCKRIPPE

Geneigtes Dach

Dächer lassen sich in zwei Hauptgruppen untergliedern – das geneigte Dach und das Flachdach. Den Übergang zwischen beiden bildet das sogenannte flachgeneigte Dach.
Das geneigte Dach ist die traditionelle Dachform, deren weltweite Anwendung sich daraus erklärt, daß seine konstruktive Ausbildung leichter zu beherrschen ist als beim Flachdach. Einerseits ergibt sich durch die geneigte Form die statisch immer günstige Dreiecksform für das Dachtragwerk, andererseits werden an die Dachdeckungen nicht die hohen Dichtungsanforderungen der Flachdächer gestellt, da das Wasser durch die Dachneigung immer abfließt. Das Regenwasser wird über die schuppenförmige Dachdeckung abgeleitet und läuft von einer „Schuppe" auf die andere bis zur Traufe, wo es abgeführt wird. Jedes einzelne Deckungselement ist in sich dicht, die Fugen dazwischen jedoch nicht.
Die Horizontalfugen erhalten ihre Dichtigkeit dadurch, daß die einzelnen Deckungselemente sich in einer spezifischen Dachneigung überlagern, die Unterkante des oberen muß jeweils über der Oberkante des unteren liegen.
Für die Dichtung der Vertikalfugen gibt es zwei Prinzipien:
Einerseits das Unterlegen der Fuge mit Holzspleißen wie z. B. bei der Biberschwanz-Spleißdeckung, andererseits das Ausbilden der Deckelemente als „Rinne" mit Überdecken der Vertikalfugen wie bei Mönch-Nonnen-Ziegel.
Bei modernen Dachziegeln wird die Dichtigkeit von Horizontal- und Vertikalfugen durch ausgeklügelte Wasserführungen in speziellen Falzsystemen erreicht.
Ein großer Vorteil des geneigten Daches mit Schuppenabdeckung besteht darin, daß sich die meist kleinformatigen Elemente bei Beschädigung leicht in Eigenleistung auswechseln lassen. Auch ist bei einer Beschädigung nicht mit großen Wassereinbrüchen zu rechnen, sondern meist nur mit Tropfwasser. Schadhafte Stellen lassen sich zumindest bei nicht ausgebauten geneigten Dächern sehr leicht auffinden und oft schon von der Dachunterseite reparieren.
Ein weiterer Vorteil des geneigten Daches besteht darin, daß es einerseits den einfachsten physikalischen Gesetzen für Wasserabführung folgt und andererseits der vielfach nutzbare Dachraum umsonst abfällt.

Bauphysikalische Prinzipien

Unabhängig von der Dachform unterscheidet man zwei bauphysikalische Varianten; das durchlüftete Dach (Kaltdach) und das nicht durchlüftete Dach (Warmdach).

Geneigtes Dach durchlüftet, nicht ausgebaut

Bei nicht ausgebauten Dächern stellt der Dachraum praktisch die „Lüftungsschicht" dar. Das vorhandene Luftvolumen ist einem dauernden Luftaustausch unterworfen – entweder durch die Fugen der Schuppendeckung über den Winddruck oder -sog, bzw. geregelt durch Giebelfenster oder Lüftungsgauben. Mit dem ständigen Luftaustausch wird der von den darunterliegenden Geschossen in den Dachraum eindringende Wasserdampf abgeführt und kann so speziell im Winter keine Schäden an Bauteilen verursachen (Kondenswasser/Frost). Das Luftvolumen des Dachraumes bietet folgende bauphysikalische Vorteile:

- Es wirkt als Pufferzone zwischen innen und außen und dämpft damit die auftretenden Temperaturspitzen der Außenluft zu den bewohnten Räumen ab.
- Eindringende, größere Mengen Wasserdampf können aufgenommen, gespeichert und abgeführt werden.
- Durch Undichtigkeiten in der Dachdeckung eindringendes Wasser wird durch Verdunstung von der Luft aufgenommen und nach außen abgeführt.
- An der Unterseite der Dachdeckung entstehendes Kondenswasser wird, insoweit es nicht durch die Porösität der Deckung (Ziegel) gespeichert werden kann, aufgenommen und nach außen abgeführt. Dieser Fall der Kondensatbildung kommt beispielsweise im Sommer vor, wenn im Dachraum die warme und damit dampfgesättigte Luft des Tages ansteht und ein plötzlicher Gewitterschauer die Dachdeckung abkühlt – die Folge ist das Kondensieren der Luft des im Dachraum enthaltenen Wasserdampfes auf der Unterseite der Deckung.
- Die Holzbauteile des Dachstuhles nehmen durch kurzzeitig auftretende Nässe keinen Schaden, wenn sie ausreichend luftumspült werden.

Die Wärmedämmung beim nicht ausgebauten Dach liegt sinnvollerweise auf oder in der letzten Geschoßdecke und ist durch einen entsprechenden Bodenaufbau aus Lagerhölzern mit Dielen oder einem schwimmenden Estrich begehbar zu machen.
Die Wärmedämmung muß auf jeden Fall eine raumseitig angeordnete Dampfsperre erhalten, damit die in heutigen Wohnungen entstehenden Wasserdampfmengen nicht in der Dämmung kondensieren können, diese durchnässen und sie funktionslos machen.
Bei alten Gebäuden ist diese Dampfsperre weder vorhanden oder nötig, da die obere Geschoßdecke meist nur eine sehr geringe Dämmwirkung hat, d. h. es kommt aufgrund des geringen Temperaturgefälles nicht zu einer Kondensation. Der Wasserdampf dringt frei durch die Decke und wird durch den Dachraum nach außen geführt. Probleme entstehen erst bei Einbau von Bädern und Zentralheizungen in Verbindung mit neuen Fenstern. Es ergibt sich eine erhöhte Wasserdampfbildung verbunden mit größeren dampfgesättigten Warmluftvolumina, was im Zusammenhang mit der geringeren Dauerlüftung durch neue, dichte Fenster zu Kondensat- und Schimmelbildung an der oberen Geschoßdecke innerhalb des Dachraumes führen kann.

Geneigtes Dach, belüftet, ausgebaut

Für das ausgebaute Dach gelten die gleichen bauphysikalischen Zusammenhänge wie für die nichtausgebauten Varianten. Die Problematik liegt darin, daß die Funktionen des Dachraumes mit seinem großen Luftvolumen von einer kleinen Belüftungsschicht von in der Regel 4 bis 6 cm Stärke erfüllt werden müssen, was zwangsläufig zu Problemen führen kann, die aber mit heutigen Technologien und Kenntnissen (sofern vorhanden) lösbar sind.

- An Traufe und First müssen in der Dachdeckung Lüftungsöffnungen vorgesehen werden, die wiederum kein Wasser eindringen lassen dürfen. Sie können aus speziellen Lüftungselementen bestehen, wie z. B. aus gekanteten Blechteilen, Holzgittern oder auch speziellen Lüfterziegeln.
- Die Belüftungsschicht muß von der Traufe bis zum First durchgängig sein und einen bestimmten Querschnitt aufweisen, um eine ausreichende Durchströmung zu gewährleisten. Vorsicht ist hier bei Wärmedämmungen aus minderwertiger Mineralwolle geboten, diese können um bis zu 30% ihrer Dicke „aufgehen" und die Lüftungsschicht verstopfen.

Dachneigungsgruppe		Belüftung	Entlüftung
Dachneigungsgruppe I	ca. 20 cm	insgesamt	5 ‰
Dachneigungsgruppe II und III	ca. 10 cm	2‰	2,5‰
Dachneigungsgruppe IV	ca. 5 cm	2‰	2,5‰

- Bei ungenügender Durchlüftung wird eindringendes Wasser oder Kondenswasser an der Unterseite der Deckung nicht schnell genug abgeführt – es kann zu Fäulnisbildung in Holzbauteilen kommen.

- Die Pufferung von Temperaturspitzen muß in der Dämmung erfolgen – die dünne Durchlüftungsschicht ist dazu nicht in der Lage. Durch die Konvektion wird ein Teil der Temperatur aus der Deckung nach außen abgeführt, bis die Außentemperatur (= Temperatur der Luftschicht) etwa derjenigen der Dachdekkung entspricht.
- Durch den direkt unter der Dachdeckung angeordneten gedämmten Dachaufbau ohne Möglichkeit der Wärmeabführung entstehen in der Deckung größere Temperaturdifferenzen übers Jahr durch witterungsbedingtes Abkühlen und Aufheizen. Die Deckungsmaterialien müssen damit höheren Anforderungen genügen als die des nicht ausgebauten Daches, dessen Dachraum im Winter wärmer und im Sommer kühler als die Außentemperatur ist. Dieser Umstand kann beispielsweise dazu führen, daß bei nachträglich ausgebauten Dächern Teile der Deckung durch Frost zerstört werden.
- Eine raumseitige Dampfsperre unter der Wärmedämmung ist grundsätzlich vorzusehen, um möglichst wenig Wasserdampf in den bauphysikalisch komplizierten Dachaufbau eindringen zu lassen. Es besteht vielfach die irrige Meinung, bei Anordnung einer Belüftungsschicht könne auf die Dampfsperre verzichtet werden, da der Wasserdampf abgeführt würde. Es geht aber nicht nur um das Abführen des Wasserdampfes, sondern auch um die Gefahr einer Durchfeuchtung der Wärmedämmung durch kondensierenden Wasserdampf, vor allem im Winter. Das in der Dämmschicht anfallende Kondensat tropft dann entweder aus dem Dach in den Raum oder richtet Schäden im Dachraum oder in der Dachkonstruktion an. Die Wärmedämmung wird bei Durchfeuchtung außerdem schwerer und kann abrutschen. Ihre Funktion würde ausgerechnet im Winter erheblich vermindert sein, zudem auch die Dachdurchlüftung im Winter nicht so optimal funktioniert wie im Sommer, weil sich wegen fehlender Temperaturunterschiede zuwenig Konvektion entwickelt und durch Schnee und Eis die Zu- und Abluftöffnungen beeinträchtigt sein können.
  Auch der Einsatz hydrophober Dämmungen (Typ KD = Kerndämmung) verhindert dieses Problem nicht, es würde nur gemindert, weil das Kondensat aus der wasserabweisenden Dämmung schneller herauslaufen würde.

Dachüberstand

Ist der Dachraum durchlüftet, so daß seine Temperatur etwa der der Außentemperatur entspricht, so kann der Dachüberstand nach Belieben groß oder klein gewählt werden.
Die Funktionen der atmenden Steildächer werden durch den Ausbau des Dachgeschosses gestört. Das Dach weist in diesem Falle verschiedenartige Wärmestände der ausgebauten und nicht

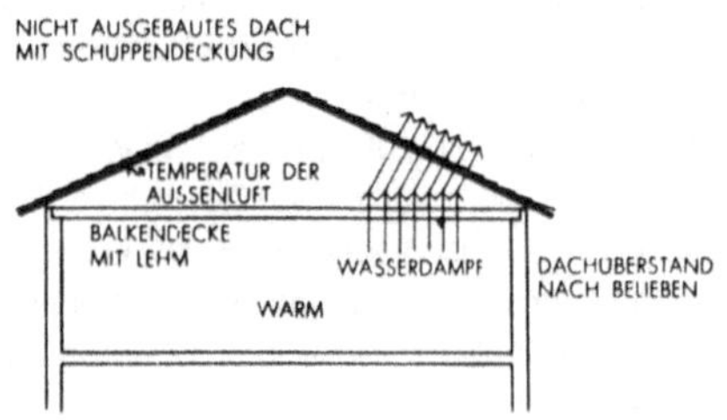

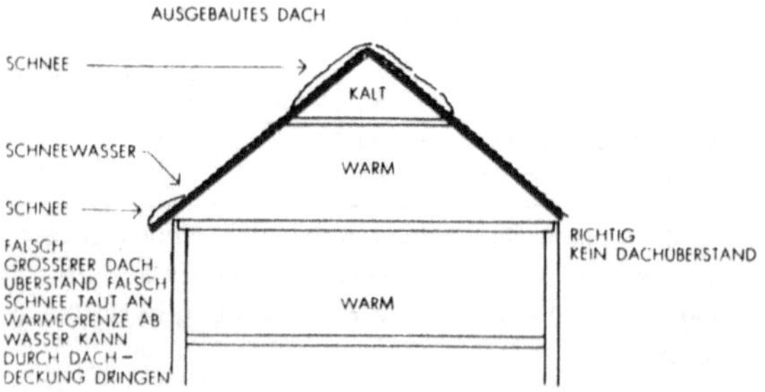

ausgebauten Teile auf. Die Hauptgefahr tritt am Dachfuß auf, besonders am Übergang der warmen in die kalte Zone. Vor dem Eindringen von Schmelzwasser kann man sich nur durch Unterlegen einer Pappschicht schützen, die das Wasser wieder nach außen ableitet. Bei beheizten Dachräumen muß man daher den Dachüberstand wegen der Vereisungsgefahr klein halten.

Dachaufbau

Die geneigten Dächer werden entsprechend ihrer Nutzung in drei Gruppen gegliedert:
- das nicht ausgebaute Dach mit kaltem durchlüftetem Dachraum
- das nicht ausgebaute Dach mit kaltem Dachraum und einer zusätzlichen Unterspannung der Dachdeckung (Unterspannbahn)
- das ausgebaute, wärmegedämmte Dach mit Unterspannbahn.

Nicht ausgebaute Dächer

Nicht ausgebaute Dachräume werden heute nur noch dort vorgesehen, wo z. B. eine zu flache Dachneigung keine Nutzung des Dachraumes zuläßt oder eine Nutzung nicht erwünscht oder vorgesehen ist. Der Dachraum bleibt dann „kalt" und wird von kleinen Fensteröffnungen in den Giebelwänden oder von Öffnungen an den Traufen durchlüftet. Das bedeutet, daß die Wärmedämmung des Gebäudes im Boden des Dachraumes, der letzten Geschoßdekke, erfolgen muß, wobei an der Unterseite der Dämmung eine Dampfsperre vorzusehen ist. Die Oberseite der Dämmung kann offen bleiben; lediglich bei begehbaren Dachräumen müssen Laufbohlen oder ein Bretterboden auf Lagerhölzern eingebaut werden. Das Einbringen eines Estrichs mit Dämmung ist aus wirtschaftlichen Gründen nur dann zu empfehlen, wenn der Dachraum später entsprechend ausgebaut werden soll. Die Dachschräge beim nicht ausgebauten Dach kann ungedämmt bleiben. Ein unterseitig offener Dachaufbau ohne Unterspannbahnen und Dämmung in den Dachschrägen hat neben der baulichen Material- und Kosteneinsparung noch den großen Vorteil, daß die Dichtheit der Dachfläche vom Dachraum her geprüft werden kann, und ein Ersetzen von defekten Ziegeln ebenfalls von innen her in Eigenleistung möglich ist.

Nicht ausgebautes Dach mit Unterspannbahn

In schneereichen und windigen Lagen wird gegen das Eindringen von Flugschnee und Staub oft eine Unterspannbahn eingebaut. Diese Kunststoffbahnen sind einerseits dampfdurchlässig, andererseits aber auch dicht gegen eindringendes Wasser. Sie haben die Aufgabe, die durch die Fugen der Dachdeckung eindringenden Stäube, Flugschnee oder Wassertropfen vom Dachraum fernzuhalten und abzuleiten. Sie sind daher unbedingt an die Traufe oder besser sogar mittels eines Einlaufbleches an die Dachrinne anzuschließen, was leider oft bei der Ausführung mißachtet wird.
Wird der traufseitige Anschluß nicht ordnungsgemäß nach außen in die Dachrinne geführt, sammeln sich Schmutz und Feuchtigkeit am Dachfuß, wodurch erhebliche Bauschäden verursacht werden können.
Seitens der Bauüberwachung ist sicherzustellen, daß die Unterspannbahn nicht während der Dacharbeiten verletzt wird, da sonst ein ordnungsgemäßer Dachaufbau nicht gewährleistet ist. Soll der unbeheizte Dachraum als sauberer Abstellraum dienen, empfiehlt sich eine Verkleidung auf der Sparrenunterseite, beispielsweise aus wetterfesten Furnier- oder Spanplatten oder aus verputzten Holzwolle-Leichtbauplatten. Eine solche Verkleidung bietet vor allem einen mechanischen Schutz für die darüberliegende Unterspannbahn.
Das Eindringen von Flugschnee und Staub wird oft überschätzt, die modernen Dachziegel bilden aufgrund ihrer ausgeklügelten Falz-

systeme eine relativ dichte Dachdeckung und auch bei älteren Systemen wie dem Bibelschwanz sind bei entsprechender Dachneigung keine größeren Probleme zu erwarten. Da aber die Bauherren oft den „klinisch sauberen" Dachraum fordern, empfiehlt sich der Einbau einer Unterspannbahn schon deshalb, weil sie sich später nur mit großem Aufwand nachrüsten läßt.

Ausgebaute Dächer

Bedingt durch die Baulandverknappung, die hohen Baukosten und die an sich vernünftige Einstellung, gebautes Volumen auch zu nutzen, wird heute vor allem bei Wohngebäuden der Dachraum in den meisten Fällen ausgebaut und als beheizter, vollwertiger Wohnraum genutzt. Auch wenn das Dach erst später ausgebaut werden soll, empfiehlt es sich, gleich in der Dachschräge selbst und nicht auf der letzten Geschoßdecke zu dämmen. Der Dachaufbau sollte mit Wärmedämmung und raumseitiger Dampfsperre fertiggestellt werden, so daß beim späteren Ausbau nur noch die Innenverkleidung eingebaut werden muß. Ausgebaute Dächer müssen nach den Richtlinien des Dachdeckerhandwerks grundsätzlich mit Unterspannbahn ausgeführt werden, damit die Wärmedämmung nicht durch Flugschnee oder Verschmutzung vermindert wird. Das Wichtigste bei der Konstruktion ausgebauter Dächer ist die Durchlüftungsschicht oberhalb der Dämmschicht. Die Funktion dieser Durchlüftung ist es, anfallenden Wasserdampf oder Feuchtigkeit aus der Wärmedämmung nach außen abzuführen. Damit ein entsprechender Zug entsteht, werden an der Traufe Einströmöffnungen und am First Entlüftungshauben oder Lüfterziegel vorgesehen, wo die Luft wieder ausströmen kann. In den meisten Fällen verläuft die Durchlüftung senkrecht zur Firstlinie zwischen den Sparren; nur bei Dachkonstruktionen mit längslaufenden Sparrenpfetten oder Sonderkonstruktionen, wie dem Grasdach, wird eine Querlüftung von den Ortgängen her vorgesehen, der Querschnitt richtet sich nach der Dachlänge.

Dach-neigungs-gruppe	Höhe Luftraum cm	Belüftungs-querschnitt in ‰ der Dachgrundfläche	Entlüftungs-querschnitt in ‰ der Dachgrundfläche
I	ca. 20	insgesamt	5 ‰
II u. III	ca. 10	2 ‰	2.5 ‰
IV	ca. 5	2 ‰	2.5 ‰

Bei den gebräuchlichen Dachaufbauten muß die Stärke der Lüftungsschicht mindestens 4 cm betragen, was zusammen mit der notwendigen Wärmedämmung von 12–14 cm eine Sparrenhöhe von mindestens 16–18 cm ergibt. Da manche der oft verwendeten Mineralwolle-Dämmungen nachträglich „aufgehen" und den Lüftungsquerschnitt einengen oder gar völlig verschließen, muß die Luftschicht von Anfang an entsprechend größer gewählt werden, d. h., man erhält eine Sparrenhöhe von etwa 20 cm, wenn nicht eine der ebenfalls erhältlichen formstabilen Mineralwolledämmungen gewählt wird. Diese Sparrenquerschnitte, die sich nochmals um etwa 2–3 cm erhöhen, wenn die raumseitige Schalung zwischen den Sparren sitzt, sollte man dann möglichst auch statisch berücksichtigen, indem man die Abstände oder Stützweiten der Sparren vergrößert und damit einige Sparren oder ein Pfettenpaar einspart.

Bei ausgebauten Dächern wird oft ein wasserdichtes Unterdach oder eine Vordeckung auf einer Schalung eingebaut; in schneereichen Gegenden wird es als Sicherheit oft vorgesehen; zwingend notwendig ist es bei flachen Dachneigungen, bzw. wenn die vom Dachziegelhersteller empfohlenen Regeldachneigungen unterschritten werden.

Das Unterdach besteht aus einer auf den Sparren befestigten Rauhschalung und einer zweifachen Lage Glasvlies-Bitumenbahn V 13, die untere Lage genagelt, die obere vollflächig geklebt. Es gilt als wasserführende Schicht, d. h., die Dachbahn muß an der Traufe in die Rinne geleitet werden.

Die Belüftung von 4 cm zwischen Wärmedämmung und Schalung muß hier besonders sorgfältig eingehalten werden, weil die Entlüftung bei einem „Aufgehen" der Wärmedämmung völlig gesperrt wäre.

Wird anstelle eines Unterdaches auf Holzschalung eine billigere Unterspannbahn eingebaut, so ist darauf zu achten, daß, wie beim Unterdach, eine ausreichende Durchlüftung gewährleistet ist; in der Mitte eines Sparrenfeldes, wo die Bahn durchhängt, darf sie nicht auf der Dämmung aufliegen.

Die Belüftungsschicht muß von den Einströmöffnungen bis zum Luftaustritt durchgehen. Das bereitet vor allem bei Dachfenstern, Gaupen und Kaminen Probleme. Hier sollte man das „gesperrte" Lüftungsfeld auf jeden Fall an die daneben liegenden, durchgehenden Lüftungsfelder anschließen, was durch oberseitige Ausnehmungen in den Sparren geschehen kann. Um den Schalungsbrettern noch ein minimales Auflager auf den Sparren zu geben, sollten die Ausnehmungen nicht länger als 10 cm sein.

FÜHRUNG DER DURCHLÜFTUNG UM EINEN KAMINKOPF

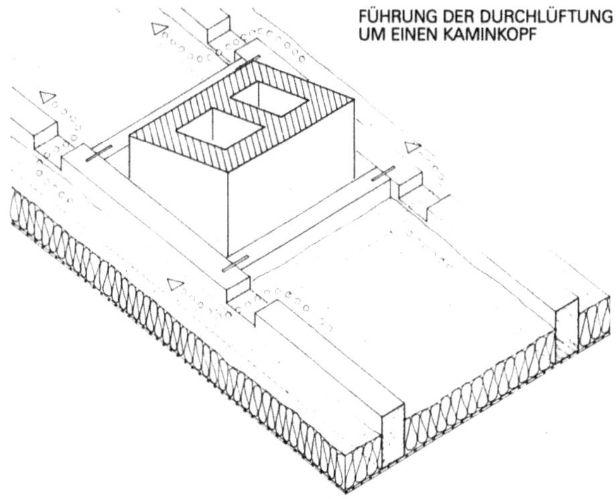

Das Unterdach muß nicht nur bis in die Dachrinne, sondern auch an den Ortgängen nach außen geführt werden. Das bedeutet, daß beim Einbau eines Unterdaches Details mit aufgemörtelten Ortgangziegeln nicht möglich sind.

Für die Innenverkleidung des Dachaufbaus gibt es unterschiedliche Möglichkeiten. Es kann sich um Verkleidungen aus Massivholzbrettern, Sperrholzplatten, Gipskartonplatten oder Spanplatten handeln.

Der Einbau kann zwischen den Sparren oder darunter als durchgehende Verkleidung in verschiedenen Ausführungen erfolgen. Zu beachten ist das Problem der Winddichtung, die auch dazu dient, ein „Ausrieseln" der Wärmedämmung zu verhindern, falls es sich bei dieser um Mineralwolle handelt.

Bei Anordnung der Verkleidung zwischen den Sparren muß die Winddichtung hinter der Verkleidung ebenfalls zwischen die Sparren eingebaut werden, weil sie an jedem Sparrenanschluß unterbrochen wird, ist auf eine besonders sorgfältige Ausführung zu achten; andernfalls ist ihr Nutzen fraglich. Im allgemeinen verwendet man dazu dünne Sperrholz- oder Hartfaserplatten.

Bei einer durchgehenden Innenverkleidung ohne sichtbare Sparren ist die Winddichtung unproblematisch, da sie ebenfalls ohne Unterbrechung in einer Ebene verlegt werden kann. Als Material können ebenfalls Holzwerkstoffe, Folien oder sogar Packpapier verwendet werden.

Sind sichtbare Sparren und eine zuverlässige Winddichtung gefordert, kann man eine durchgehende Verkleidung mit imitierten Sparren einbauen, hinter der die Winddichtung verlegt ist, oder man legt den Dachaufbau über die Sparren auf eine gehobelte Schalung mit darüberliegender Winddichtung.

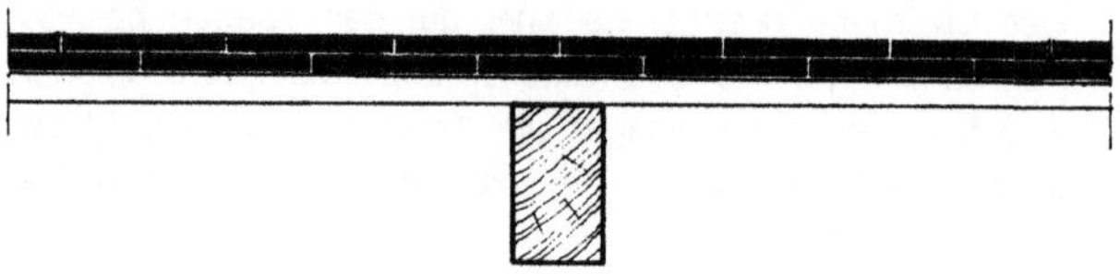

DACHZIEGEL
DACHLATTUNG
SPARREN

Nicht ausgebautes Dach, durchlüfteter Dachraum.

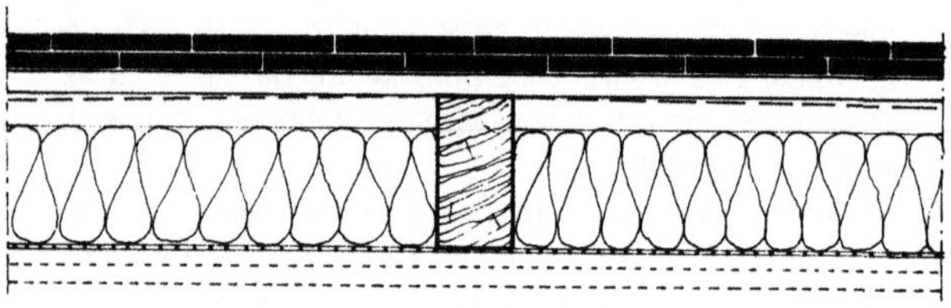

DACHZIEGEL
DACHLATTUNG
UNTERSPANNBAHN
DURCHLÜFTUNG
WÄRMEDÄMMUNG
DAMPFSPERRE
WINDDICHTUNG UND INNENVERKLEIDUNG NACHTRÄGLICH

Nicht ausgebautes Dach, Dämmung in der Dachschräge für späteren Ausbau

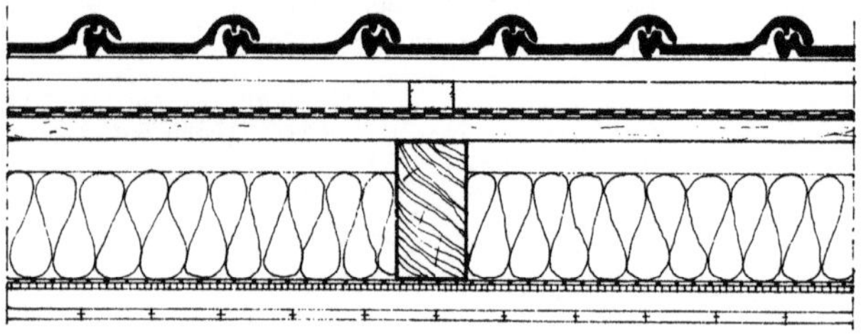

DACHZIEGEL
DACHLATTUNG
KONTERLATTUNG
UNTERDACH, 2-LAGIG
RAUHSCHALUNG
DURCHLÜFTUNG
WÄRMEDÄMMUNG
DAMPFSPERRE
WINDDICHTUNG
LATTUNG
INNENVERKLEIDUNG

Ausgebautes Dach mit Unterdach

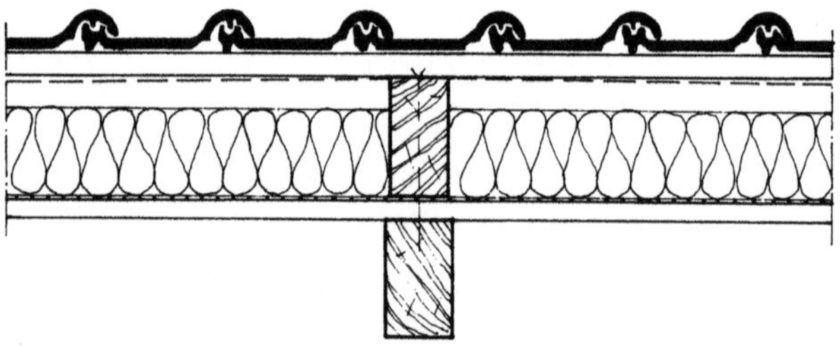

DACHZIEGEL
DACHLATTUNG AUF KONTERSPARREN
UNTERSPANNBAHN
DURCHLÜFTUNG
WÄRMEDÄMMUNG
DAMPFSPERRE UND WINDDICHTUNG
DACHSCHALUNG RAUMSEITIG GEHOBELT
SPARREN

Ausgebautes Dach, Wärmedämmung über dem voll sichtbaren Dachtragwerk, z. B. bei alten Dachstühlen, die sichtbar bleiben sollen

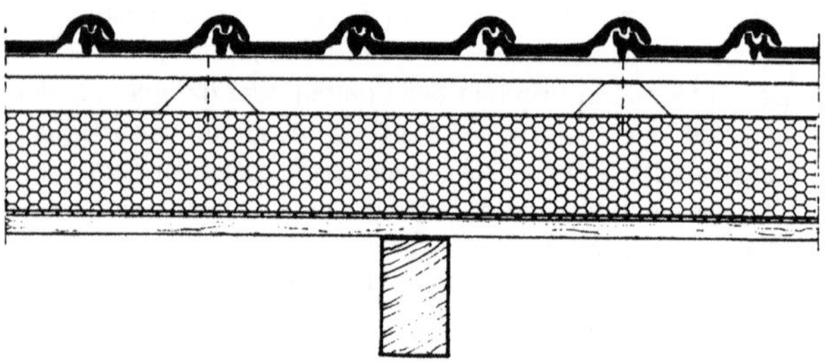

DACHZIEGEL
DACHLATTUNG
HARTSCHAUMDIELEN
DAMPFSPERRE
DACHSCHALUNG RAUMSEITIG GEHOBELT
SPARREN

Ausgebautes Dach, Wärmedämmung aus Hartschaumdielen mit fertig eingebauter Dachlattung, Dachtragwerk voll sichtbar

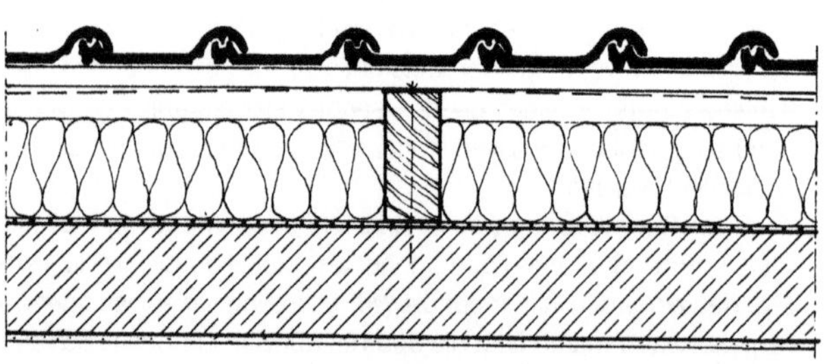

DACHZIEGEL
DACHLATTUNG AUF KONTERSPARREN
UNTERSPANNBAHN
DURCHLÜFTUNG
WÄRMEDÄMMUNG
DAMPFSPERRE
STAHLBETONPLATTE
PUTZ

Ausgebautes Dach mit schräger Stahlbetonplatte („Sargdeckel") aus Anforderungen des Brandschutzes

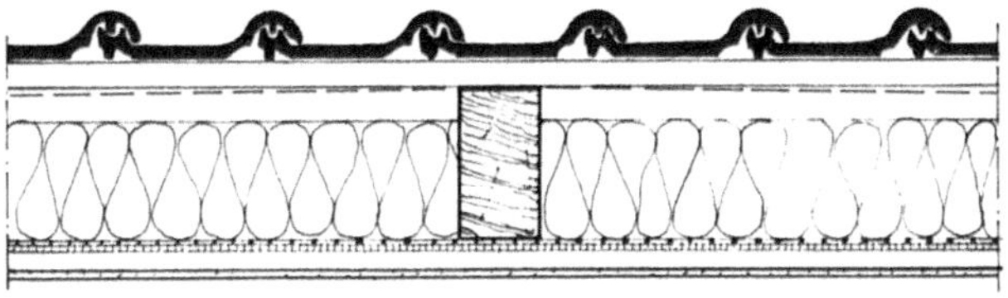

Durchgehende Innenverkleidung mit Sparrenimitationen. Dampfsperre und Winddichtung gehen durch.

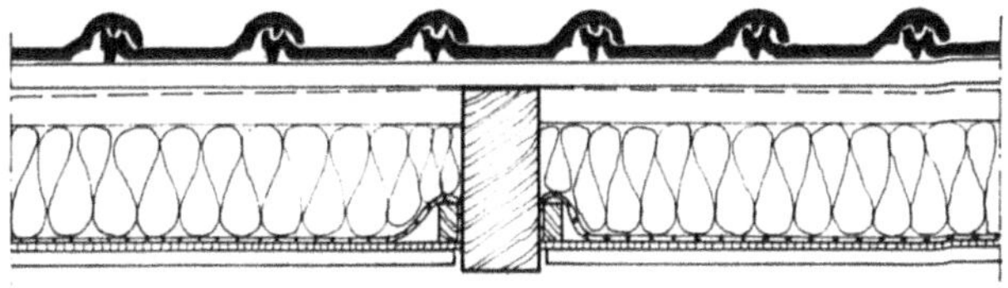

Innenverkleidung aus Platten oder Brettern zwischen den Sparren, Dampfsperre und Winddichtung aus Sperrholz durch die Sparren unterbrochen

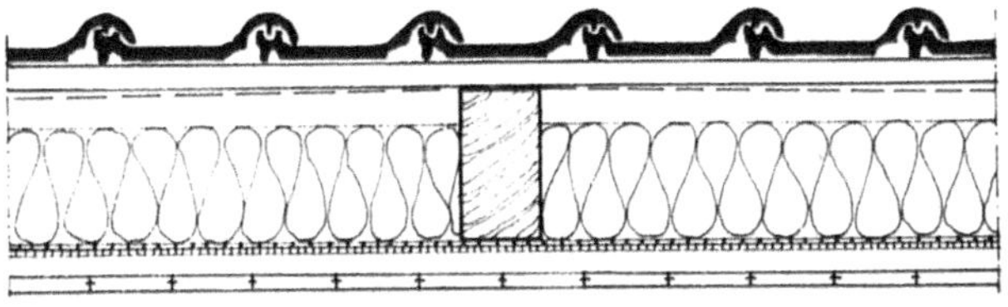

Innenverkleidung aus Brettern auf Konterlattung. Dampfsperre und Winddichtung gehen durch.

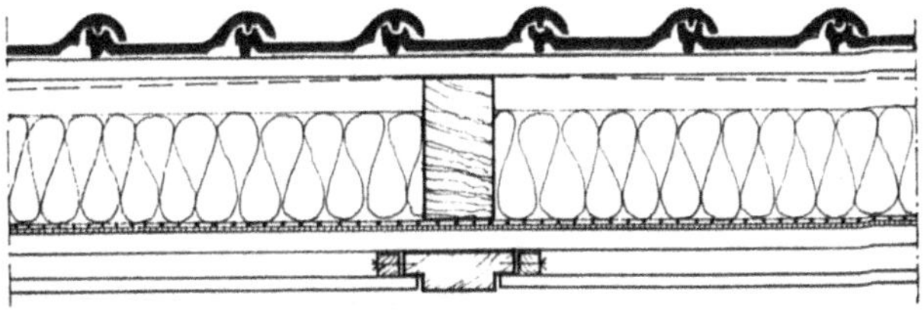

Durchgehende Innenverkleidung aus Platten auf Konterlattung. Dampfsperre und Winddichtung gehen durch.

Bei alten, nachträglich ausgebauten Dächern ergeben sich manchmal Schäden in Form von aufgefrorenen Dachziegeln. Als Schadensursache können z. B. eine undichte Dampfsperre oder, vor allem bei alten, weniger hart gebrannten Ziegeln folgende Zusammenhänge ermittelt werden: Beim kalten, belüfteten Dachraum sind die alten Dachziegel unterseitig gut belüftet und durch die meist fehlende Wärmedämmung alter Gebäude auch keinen zu großen Minustemperaturen ausgesetzt, weil der Dachraum dann wärmer als die Außenluft ist. Wird ein Dach mit alter Deckung nachträglich gedämmt, so muß die Dachdeckung die vollen Temperaturschwankungen der Außenluft mitmachen, auch die extremen Minustemperaturen, denen sich das alte Ziegelmaterial dann oft nicht gewachsen zeigt.

Unterspannbahnen

Der Einbau von Unterspannbahnen ist erforderlich bei gedämmten Dächern mit schuppenförmigen Dachdeckungsmaterialien, nicht aber z. B. bei Metalldächern oder solchen mit einer weitgehend dichten, in Bahnen verlegten Dachdeckung.

Unterspannbahnen werden mit leichtem Durchhang und mit mindestens 10 cm Stoßüberdeckung parallel zur Traufe auf den Sparren angebracht.

Die Lüftung eines Raumes zwischen Unterspannbahn und Dachdeckung erfolgt durch eine mindestens 24 mm dicke Konterlattung auf den Sparren über der Unterspannbahn.

Bei sehr flachgeneigten Dächern und einer Sparrenlänge von mehr als 6 m sollte die Lattung ca. 50 mm hoch sein.

Die Unterspannbahn muß etwa 5 cm unterhalb des Firstscheitelpunktes enden, um die Firstentlüftung sicherzustellen. Aus dem gleichen Grund darf sie auch nicht auf der Wärmedämmung aufliegen. An der Traufe sind die Unterspannbahnen so zu befestigen, daß darauf ablaufendes Wasser nach außen oder in die Dachrinne geleitet wird – außerdem muß durch eine sorgfältige Verlegung sichergestellt sein, daß sich keine Wassersäcke bilden können. An Dachfenstern, Gaupen, Schornsteinen und anderen aufgehenden Bauteilen sowie an Dachverschnitten wie Kehlen und Graten sind die Bahnen sorgfältig anzuschließen. Bei besonderen klimatischen Verhältnissen oder besonderen konstruktiven Gegebenheiten (z. B. Unterschreitung der Mindestdachneigung eines Deckungsmaterials) kann die Unterspannbahn als zusätzlicher Schutz ggf. nicht ausreichen.

Vordeckung

Eine Vordeckung wird aus einer Lage Bitumenbahn auf einer Schalung hergestellt und erfüllt prinzipiell die gleichen Aufgaben wie die Unterspannbahn. Sie ist durch eine Schalung mechanisch sehr stabil und vor mechanischen Beschädigungen geschützt, durch ihren Aufbau aber auch teurer als eine Unterspannbahn. Die Bitumen-Dachbahnen müssen mit mindestens 8 cm Stoßüberlappung parallel zur Traufe verlegt werden. Für die Belüftungsquerschnitte und die Anschlüsse gelten die gleichen Regelungen wie bei der Unterspannbahn.

Unterdach

Unterdächer bilden eine dichte Dachhaut unterhalb der Dachdeckung, die neben optischen Funktionen den mechanischen Schutz sowie UV-Schutz gewährleistet. Das Unterdach an sich ist dicht, gilt als wasserführende Schicht und ist als solche auch gezielt an die Dachentwässerung anzuschließen. Notwendig wird der Einbau von Unterdächern, beispielsweise in Gegenden mit sehr rauhem Klima oder auch dann, wenn die eigentliche Dachdeckung ihre Funktion nicht ausreichend erfüllen kann, oder weil die Mindestdachneigung des jeweiligen Deckmaterials unterschritten wurde.

Unterdächer werden aus zwei Lagen Bitumen-Dachbahnen oder einer Lage Bitumen-Schweißbahn oder einer Lage hochpolymerer Dachbahn ausgeführt. Die Unterkonstruktion muß biegesteif sein und besteht im allgemeinen aus einer Schalung aus Holz oder Holzwerkstoffen, Massivdecken oder Stahlbetonfertigteilen.

Auf nagelbarer Unterlage wird die erste Lage genagelt, die zweite vollflächig aufgeklebt. Die Naht- und Stoßüberdeckung muß 8 cm betragen. Bei einlagiger Deckung ist verdeckt zu nageln innerhalb der Nahtüberdeckungen, die Nähte sind besonders sorgfältig dicht zu schließen. An aufgehenden Bauteilen, Dachrändern, Kaminen, Gaupen und Fenstern ist das Unterdach dicht anzuschließen und mechanisch zu befestigen.

Die parallel zu First und Traufe laufende Dachlattung der Eindekkung darf *nicht* direkt auf dem Unterdach aufliegen, da sie so den Wasserabfluß im Unterdach behindern würde. Deswegen ist der Einbau einer Konterlattung erforderlich, um die Dachlattung mit Deckung vom Unterdach abzuheben. Die Konterlattung besteht aus trapezförmigen Leisten, die unterhalb des Unterdaches liegen, damit die Durchstoßpunkte der Dachlattenverschraubungen aus der wasserführenden Schicht herausgehoben werden. Oft wird die Konterlattung auch auf dem fertigen Unterdach befestigt. Die Konterlatten liegen dann allerdings mit ihren Verschraubungen in der wasserführenden Schicht.

Die Stärke der Konterlattung beträgt mindestens 3 cm, bei Sparrenlängen über 6 m mindestens 5 cm. Die Stärke der Konterlattung ist grundsätzlich in Abhängigkeit von Sparrenlänge und Dachneigung zu erhöhen.

Dachdeckung

Die Dachdeckung, die das Dachgerüst wie eine Haut (Dachhaut) überspannt, soll die überdeckten Räume vor Witterungseinflüssen wie Regen, Schnee, Wind, Kälte und Hitze schützen und Sicherheit gegen Feuerübertragung (Funkenflug) bieten. Eine gute Dachdekkung muß also regendicht, wetterfest und widerstandsfähig gegen Flugfeuer und strahlende Wärme sein, soll ein möglichst geringes Gewicht und eine lange Lebensdauer haben. Auch in formaler Hinsicht muß die Deckung befriedigen. Bei der Wahl des Deckungsmaterials ist deshalb nicht nur dessen Zweckmäßigkeit, sondern auch die Art und Neigung des Daches und dessen Einfügung in die Nachbarschaft oder in die Landschaft zu berücksichtigen.
Für alle Deckmaterialien gilt grundsätzlich folgendes: Je wasserdurchlässiger das Deckmaterial ist, und je mehr Fugen bei seiner Verlegung entstehen, um so schneller muß das Wasser abfließen können, d. h., um so steiler muß die Dachfläche sein. Je nach Dichtigkeit der Deckung spricht man von ableitenden oder abdichtenden Dachdeckungen. Die Dachdeckung besteht aus einzelnen Deckelementen (z. B. Ziegeln, Schiefer, Welltafeln, Blechtafeln usw.) und erfordert je nach Anzahl und Dichtigkeit der Fugen ein mehr oder weniger starkes Gefälle. Das Wasser wird von Deckelement zu Deckelement an die Traufe geleitet. Die Dachdeckungen sind luftdurchlässig, die Gefahr der Tauwasserbildung an der Unterseite der Deckung und die Fäulnisgefahr von hölzernen Unterkonstruktionen ist daher gering.
Die Dachabdichtung ist eine fugenlose, wasserdichte Dachhaut. Auf der Unterseite der Dachabdichtung schlägt sich leicht Tauwasser nieder. Für hölzerne Unterkonstruktionen besteht deshalb Fäulnisgefahr. Die Tauwasserbildung muß bei Dachabdichtungen durch geeignete Maßnahmen verhindert werden.
Zur Eindeckung schiefwinkliger Dachflächen sind nur Biberschwanz-, Schiefer-, Metall- und Dachbahnendeckung geeignet. Alle anderen Deckungsarten erfordern viel Schrotarbeit und ergeben schwierige Anschlüsse.
Man unterscheidet 4 Dachneigungsgruppen:

Dachneigungsgruppe	I	≦30°	(≤5,2%)
	II	>30°≦50°	(>5,2%≦8,8%)
	III	>50°≦20°	(>8,8%≦36%)
	IV	>20°	(>36%)

Dachneigungen bis 5° = Dachdichtung
über 5° = Dachdeckung

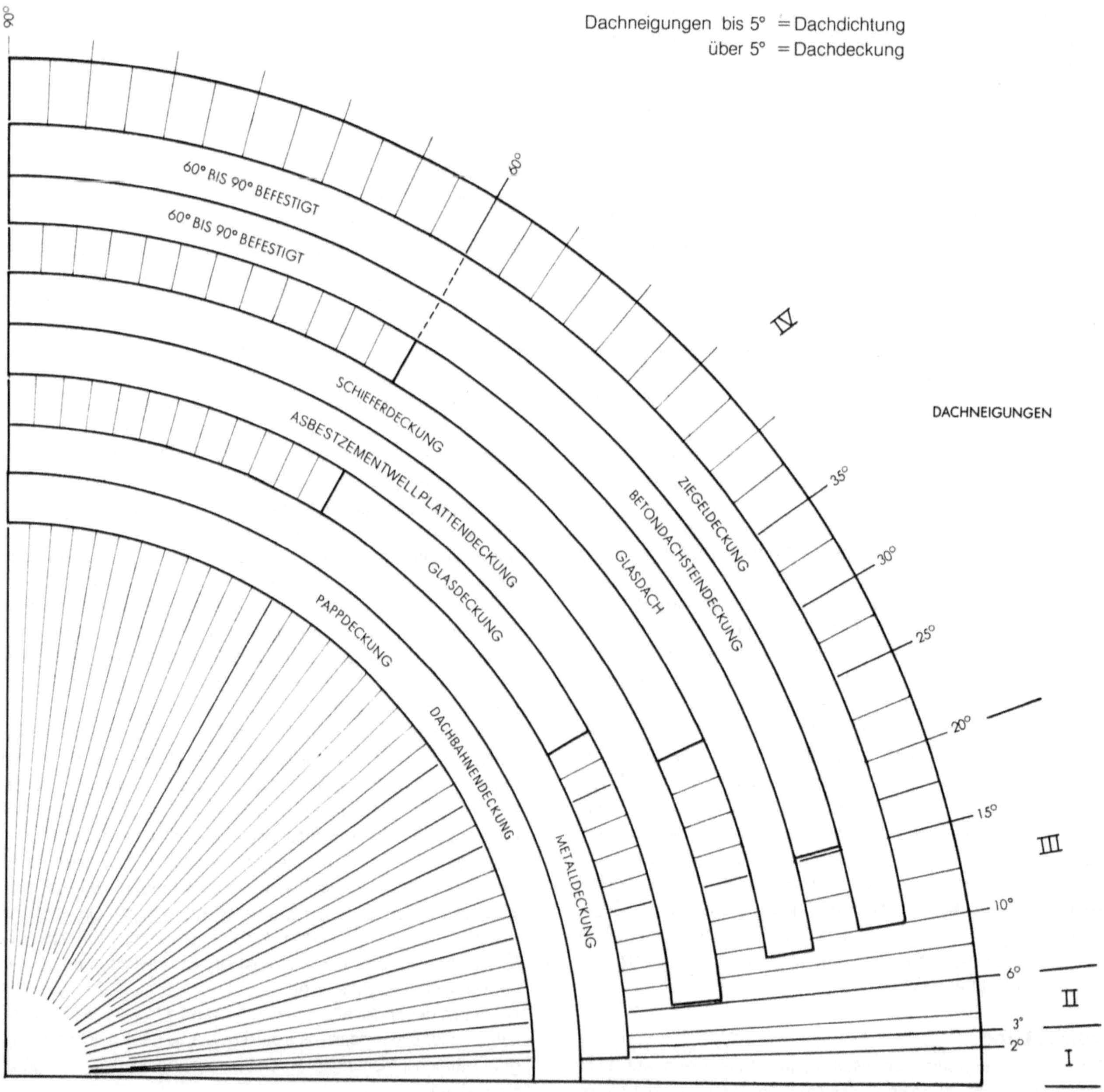

Ziegeldeckung

Die Ziegeldeckung ist eine Dachdeckung, die je nach der Ziegelart und Konstruktion für Dachneigungen von ≧ 18° aufwärts verwendet werden kann. Geringere Dachneigungen sind nicht zulässig, da die Dachdeckung, die selbst weder luft- noch wasserdicht ist, nur dann eine Regensicherheit bietet, wenn das Wasser ungehindert und schnell von Ziegel zu Ziegel bis zur Traufe ablaufen kann. Bei geringeren Dachneigungen sind zusätzliche Maßnahmen erforderlich wie z. B. der Einbau eines Unterdaches. Mindest- und Grenzdachneigungen einzelner Dachziegelmodelle sind den jeweiligen Herstellerunterlagen zu entnehmen. Die mit Feuchtigkeit gesättigte Luft, die in jedem Gebäude anfällt und in den Dachraum aufsteigt, wird durch die luftdurchlässige Dachdeckung nach außen abgegeben. Deshalb ist auch bei der Ziegeldeckung die Fäulnisgefahr von Holzkonstruktionen äußerst gering.

Dachneigungen

Um eine regensichere Dachdeckung zu erhalten, müssen die Mindestdachneigungen der gewählten Ziegel- und Deckungsart eingehalten werden.

Bei Flachdachpfannen verschiedener Fabrikate sind auch Dachneigungen bis 10° zulässig, wenn ein dichtes Unterdach angeordnet wird. Die Deckung ist dann nur noch als Schutzschicht oder Verkleidung für die darunterliegende Dachbahnendeckung anzusehen, die für die Dichtigkeit des Daches verantwortlich ist.

Die Neigungsregeln sind besonders bei den Traufschichten zu beachten, da diese am stärksten vom Wasser überrieselt werden. Deshalb dürfen auch bei Aufschieblingen am Dachfuß oder bei Schleppgaupen die angegebenen Mindestdachneigungen nicht unterschritten werden. Maßgebend für das Messen einer Dachneigung ist die Schräglage des Sparrens bzw. des Aufschieblings. Die Dachziegel liegen naturgemäß etwas flacher. Ihre Neigung ist abhängig teils von der Dicke der Ziegel, teils vom Maß der Überdeckung.

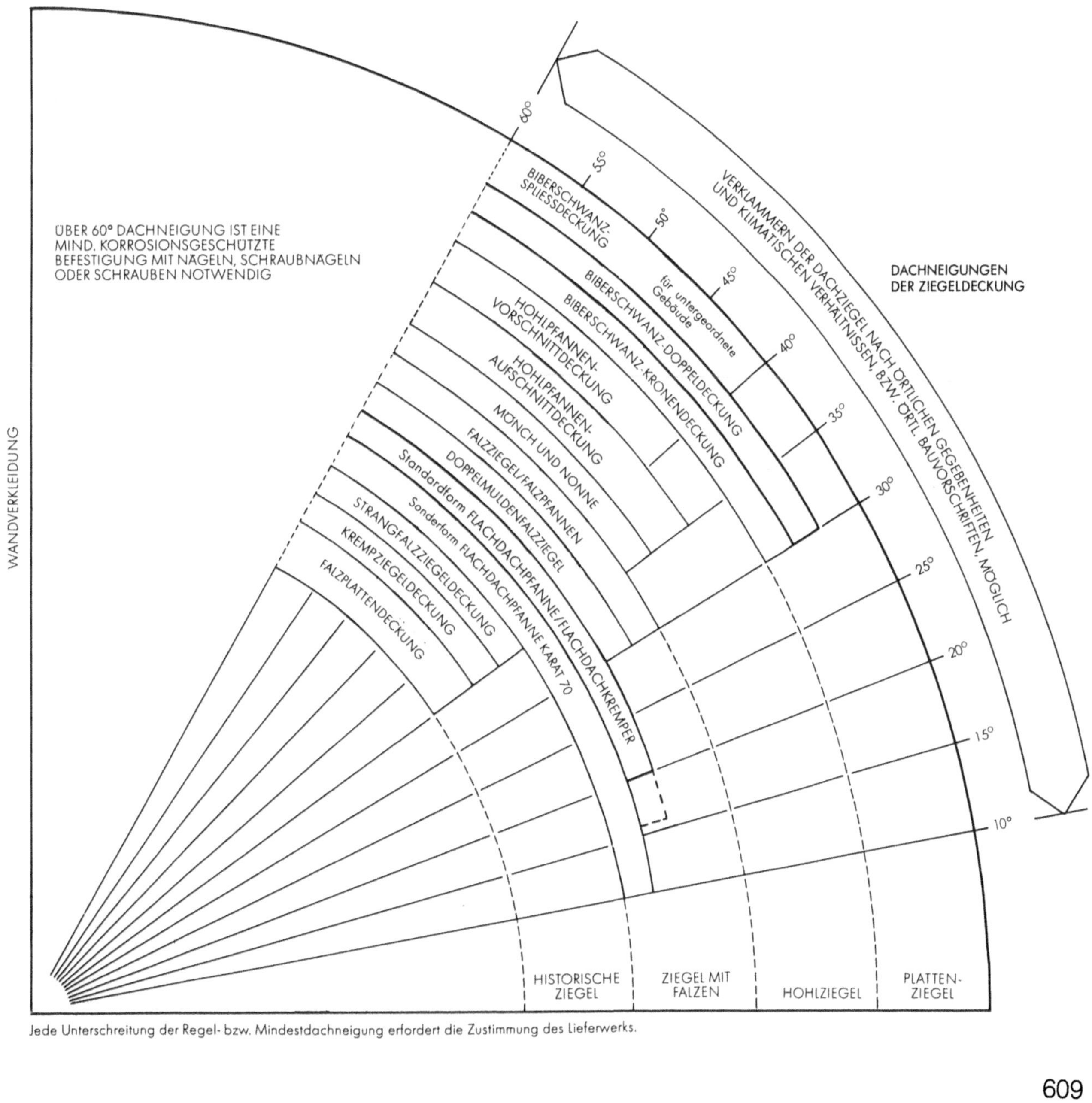

Jede Unterschreitung der Regel- bzw. Mindestdachneigung erfordert die Zustimmung des Lieferwerks.

Tabelle für die Umrechnung der Grade der Dachneigung in Prozente

Winkel in Grad	≙ Prozent	Winkel in Grad	≙ Prozent	Winkel in Grad	≙ Prozent
1	1,8	31	60,0	61	180,4
2	3,4	32	62,4	62	188,1
3	5,2	33	64,9	63	196,3
4	7,0	34	67,4	64	205,0
5	8,8	35	70,0	65	214,5
6	10,5	36	72,6	66	224,6
7	12,3	37	75,4	67	235,6
8	14,1	38	78,0	68	247,5
9	15,8	39	80,9	69	260,5
10	17,6	40	83,9	70	274,7
11	19,4	41	86,9	71	290,4
12	21,2	42	90,0	72	307,8
13	23,0	43	93,0	73	327,1
14	24,9	44	96,5	74	348,7
15	26,8	45	100,0	75	373,2
16	28,7	46	103,5	76	401,1
17	30,5	47	107,2	77	433,1
18	32,5	48	111,0	78	470,5
19	34,4	49	115,0	79	514,5
20	36,4	50	119,2	80	567,1
21	38,4	51	123,5	81	631,4
22	40,4	52	128,0	82	711,5
23	42,4	53	132,7	83	814,4
24	44,5	54	137,6	84	951,4
25	46,6	55	143,0	85	1143
26	48,7	56	148,3	86	1430
27	50,9	57	154,0	87	1908
28	53,1	58	160,0	88	2864
29	55,4	59	166,4	89	5729
30	57,7	60	173,2	90	∞

Eindeckunterlage

Dachlatten müssen mindestens drei scharfgeschnittene volle Kanten haben, damit die Latten voll auf den Sparren lagern und die Ziegelnasen überall scharf hinter die obere, nach dem First zeigende Lattenkante greifen können. Wenn die obere, nach der Traufe zeigende vierte Kante stellenweise baumkantig ist, so wird die Güte der Lattung dadurch nicht beeinträchtigt. Doch darf diese Baumkante, schräg gemessen, nicht breiter sein als die Lattendicke. Der Querschnitt der Dachlatten richtet sich nach den Sparrenentfernungen und dem Gewicht der Deckung. Wenn sich ein Mann in die Mitte des Sparrenfeldes auf die genagelten Dachlatten stellt, sollen sich diese nicht durchbiegen.

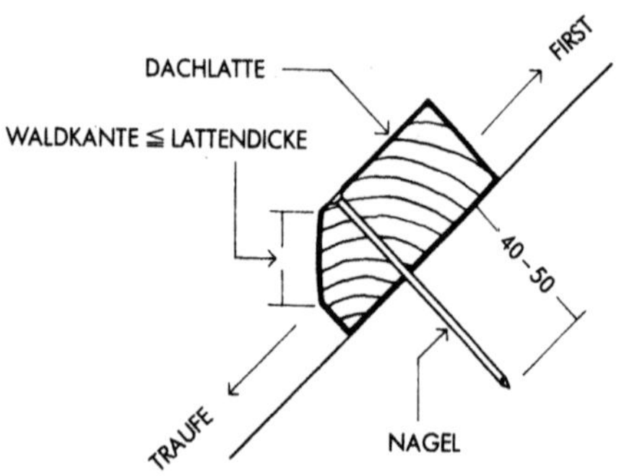

Die üblichen Querschnitte sind 24 × 48 mm, 30 × 50 mm und 40 × 60 mm.
Die Dachlatten werden mit breitköpfigen Drahtstiften so auf jeden Sparren genagelt, daß die Stifte in der traufseitigen Hälfte der Latte sitzen. Bei Dachneigungen über 50° wird außerdem vor jedes Lattenende dicht unterhalb der Latte noch ein Stift in den Sparren geschlagen, der bis Lattenoberfläche hervorsteht. Ein Aussplittern der Lattenenden wird dadurch vermieden. Die Drahtstifte müssen 2,5 mal so lang sein, wie die Stärke der zu befestigenden Latte.
Bei der Biberschwanzziegel- und Hohlpfannendeckung muß die Sparrenlänge nicht mit der üblichen Lattenweite der zur Verwendung kommenden Ziegel übereinstimmen. Eine Differenz kann durch größere Überdeckungsmaße der einzelnen Ziegelreihen ausgeglichen werden. Bei allen Ziegelarten mit Kopffälzen muß aber die Sparrenlänge ein Vielfaches der Lattenweiten der verwendeten Ziegel sein. Bei solchen Deckungen sollte der Architekt den Zimmermann, ehe dieser mit seinen Arbeiten beginnt, veranlassen, sich mit dem Dachdecker zu verständigen.

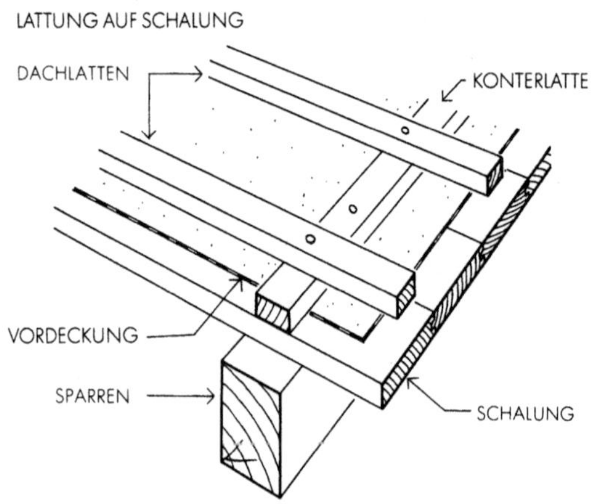

Die Beschaffenheit der Ziegeldeckung wird ganz wesentlich von der Lattung beeinflußt. Deshalb muß beim Aufbringen der Latten die größte Sorgfalt angewendet werden. Der Arbeitsgang ist bei den einzelnen Ziegelarten verschieden. Die Lattung wird entweder unmittelbar auf die Sparren oder auf Holzschalung aufgebracht.
Bei der Lattung auf Schalung befestigt man zuerst Konterlatten in Sparrenrichtung und nagelt die Dachlatten parallel zur Traufe darüber. Die Luft kann so ungehindert zwischen Deckung und Schalung zirkulieren und eingedrungenes Wasser problemlos abfließen .

Lattenweite und Überdeckung

Unter Lattenweite versteht man die Entfernung von Oberkante bis Oberkante Dachlatte.
Bei allen Ziegeln mit Kopf- und Seitenfalzen ist die Lattenweite durch die Form der Ziegel gegeben.
Für alle anderen Ziegelarten richtet sich die Lattenweite nach der Ziegellänge und der geforderten Mindestüberdeckung.
Es gilt die Regel: Lattenweite = Ziegellänge – Ziegelüberdeckung.
Die Ziegelüberdeckung ist wiederum von der Dachneigung abhängig. Je flacher das Dach, um so größer die Überdeckung!

Dachziegel

Überreste aus der Zeit der alten Ägypter beweisen, daß schon damals die Technik der Tonaufbereitung und des -brennens bekannt war. Eine hohe Vollendung erreichte der Ziegel bei den Römern, die dieses haltbare Deckungsmaterial in unser Land brachten. Auch heute noch ist bei uns der gebrannte Tonziegel ein weit verbreitetes Deckmaterial.
Dachziegel sind aus Lehm, Ton oder tonigen Massen – zum Teil mit Zusatz von geeigneten Magerungsmitteln – geformte und gebrannte plattenartige Baustoffe. Sie müssen gut geformt und ohne Risse sein. Für die Eigenschaften und die Abmessungen der Dachziegel gilt DIN 456.
Bei Dachziegeln, die ohne Mörtel eingedeckt werden (Süddeutschland), darf die größte Abweichung einer Ecke gegenüber der Ziegelebene 4 mm nicht überschreiten. Werden Dachziegel in Mörtel verlegt (Norddeutschland), so darf die Abweichung 6 mm betragen. Bei nicht ebenflächigen Dachziegeln mit Falzen dürfen diese Abweichungen bis 6 mm (ohne Mörtel) oder bis 8 mm (mit Mörtel) betragen.
Bei engobierten Dachziegeln muß die Beschichtung gleichmäßig aufgetragen und fest und wetterbeständig mit der Tonmasse verbunden sein. Haarrisse sind zulässig.
Dachziegel müssen wasserundurchlässig (Prüfverfahren in DIN 456) und frostbeständig sein. Viele Dachziegel sind jedoch in der ersten Zeit wasserdurchlässig; diese Wasserdurchlässigkeit hört durch Schmutzverstopfung der Poren bei sonst einwandfreier Deckung nach verhältnismäßig kurzer Zeit auf. Die Ursache solcher Durchlässigkeit ist begründet in der Porosität des Ziegelscherbens. Derartige Ziegel sind aber trotzdem als wasserundurchlässig zu bezeichnen.
Im allgemeinen werden die Dachziegel naturfarbig geliefert. Spiegelnde Glasuren und unverändert grellrote Farbtöne sind unschön und sollten nicht ausgeführt werden.
Die Dachziegel werden nach Form, Klang und Optik in zwei Qualitäten sortiert.
Die DIN 456 „Dachziegel“ unterscheidet nur zwischen Sortierung I und Sorte II. Schlechtere Qualitäten werden heute nicht mehr hergestellt, selbst Sorte II wird nur noch in wenigen Ziegelwerken produziert.
Die Sortierungen I und II unterscheiden sich in den zulässigen Werten für fertigungstechnisch bedingte Verkrümmung oder Flügeligkeit (unebene Ecken).
Die Maße der einzelnen Ziegel oder die mittleren Deckmaße dürfen um $\pm 2\%$ von den Herstellerangaben abweichen. Innerhalb einer Lieferung für ein Gebäude dürfen die Maßabweichungen bei Sorte I nur $\pm 1\%$ und bei Sorte II $\pm 2\%$ betragen. Man kann davon ausgehen, daß die Forderungen der DIN 456 von den meisten Herstellern erfüllt werden, da die Werksnormen meist geringere Fertigungstoleranzen zulassen als die DIN.
Die Naturfarben der Dachziegel sind: ziegelrot, rotbraun, braun und gelbrot. Durch Engoben können fast alle gewünschten Farben hergestellt werden.
Da die Ziegel in ihren verschiedenen Formen, Deckungsarten und Farben den Dachflächen ein sehr verschiedenartiges Aussehen verleihen können, also in der Erscheinung eines Baues stark mitsprechen, ist bei ihrer Auswahl stets Rücksicht auf die bauliche Nachbarschaft zu nehmen. In alten Zeiten waren die Dächer ganzer Ortschaften und Landesteile einheitlich gedeckt, was neben den gleichartigen Dachneigungen zu einer geschlossenen Wirkung wesentlich beigetragen hat.
Die Dachziegelmodelle werden nach ihrem Fertigungsverfahren in zwei Hauptgruppen eingeteilt:

1. Preßdachziegel
Die komplizierten modernen Dachziegelformen mit ihren aufwendigen Falzsystemen oder konischen Formen lassen sich nur im Preßverfahren herstellen. Vom jeweiligen Ziegel existieren Negativformen, die mit Ton gefüllt und anschließend gepreßt werden. Nach diesem Verfahren lassen sich auch einfachere Ziegelformen herstellen, deren Form eigentlich eine Fertigung nach dem Strangverfahren erfordern würde.
Beispiele: Falzziegel, Flachdachpfanne, Mönch und Nonne.

2. Strangdachziegel
Die einfache parallele Form der Strangdachziegel ermöglicht eine Strangpreß-Fertigung, bei der der Ton durch eine Profilmatrize gedrückt und der entstandene Profilstrang in einzelne Ziegel geschnitten wird. Dieses Verfahren ist das gleiche wie es bei der Fertigung von Mauerziegeln verwendet wird.
Beispiele: Biberschwanz, Hohlpfanne, Strangfalzziegel.
Zu diesen Dachziegelarten kommen noch Anschlußziegel und Formziegel wie: Firstziegel, Gratziegel, Glocken, Formkehlziegel, Entlüftungsziegel usw.

Biberschwanzziegel

In Mittel- und Süddeutschland war die Biberschwanzdeckung bis etwa zum Ende des vergangenen Jahrhunderts vorherrschend. In der Form der Doppeldeckung ist sie ebenso regen- wie sturmsicher, aber von hohem Gewicht (0,75 kN/m²), was sich auch auf die Bemessung des Dachstuhles auswirkt. Darum verdrängte im sparsameren 20. Jahrhundert die leichtere, billigere einfache Deckung mit den verschiedenen Falzziegelarten (0,55 kN/m²) die maßstäblich zierlichere und schönere Biberschwanzdeckung mehr und mehr. Wie alle Plattendeckungen eignet sich auch die Biberschwanzdeckung für schiefwinklige Bauten.
Der Biberschwanz ist die einfachste Dachziegelform. Die Normung erfolgt nach DIN 456. Er besteht aus einer ebenen Platte mit einer Nase am oberen und einer Abrundung am unteren Ende.
Nach DIN 456 unterscheidet man: schmale und breite Biberschwanzziegel. Andere Formen, z. B. mit Spitze, Halbrund- oder Geradeschnitt, können auf Bestellung geliefert werden. Am oberen Ende können beim Biberschwanzziegel auf Wunsch zwei Löcher vorgesehen werden, um sie an steilen Dachflächen nageln zu können.
Die früher in Norddeutschland übliche Vermörtelung der Biberschwänze darf nur noch mit Genehmigung des Ziegelherstellers ausgeführt werden und ist an bestimmte konstruktive Voraussetzungen gebunden.
Die vermörtelte, starre Ziegelfläche kann durch die Bewegungen des Dachstuhls reißen oder Spannungen erhalten, was zum Bruch von Dachplatten oder Herausfallen der Vermörtelung führt.
Halbe und Dreiviertel-Biberschwänze werden am Anfang oder Ende einer Ziegelreihe benötigt, sofern im Verband gedeckt wird. Traufziegel werden als unterste Ziegelreihe verlegt und verbessern den Traufabschluß. Firstabschlußziegel bilden die oberste Reihe bei Biberschwanzdeckungen.
Walmanfänger (einseitig geschlossen) werden als Anfängerziegel bei der Eindeckung von Grat und First verwendet,
Walmkappen zum Abdecken des Anschlusses zweier Grate an den First.

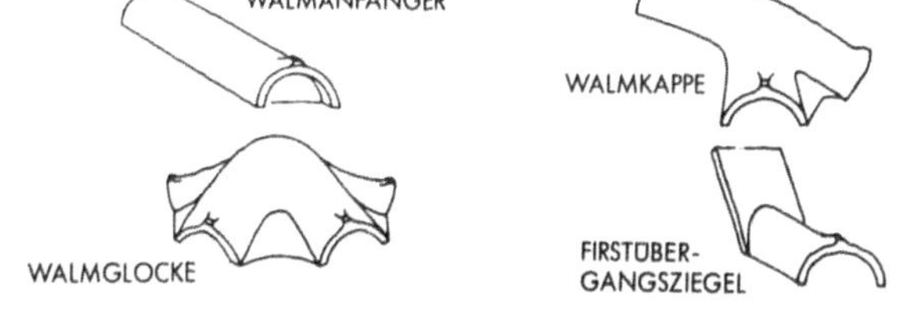

DIE GEBRÄUCHLICHSTEN DACHZIEGELARTEN

	ZIEGELART	FORM	ABMESSUNGEN LÄNGE	ABMESSUNGEN BREITE	ABMESSUNGEN DICKE	MINDEST-DACHNEIGUNG	GEWICHT PRO m^2 SCHRÄGE DACHFLÄCHE DIN 1055	STÜCKZ. PRO m^2	BEMERKUNG
PLATTENZIEGEL	BIBERSCHWANZZIEGEL 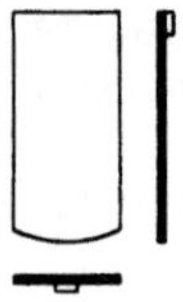	**SCHMALFORMAT**	**375**	**155**	**12**	JE NACH DECKUNGS-ART 30 ÷ 40°	JE NACH DECKUNGS-ART CA. 0,6 – 0,75 KN/m^2	JE NACH DECKUNGS-ART UND DACHNEIG. 26 ÷ 40	EINDECKUNG SIEHE SEITE 611
		BREITFORMAT	**380**	**180**	**12**				
		BAYR. FORMAT	420	180					
		KLEINFORMAT	280	140					
		KLEINFORMAT	220	100					
HOHLZIEGEL	HOHLPFANNE 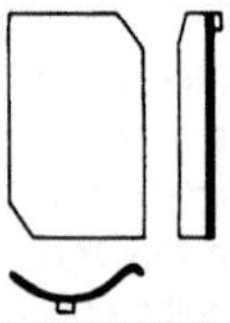	GROSSFORMAT	400	**235**		35°	0,45 KN/m^2	CA. 20	FERTIGUNG ALS PRESSDACHZIEGEL EINDECKUNG SIEHE SEITE 621
		NORMALFORMAT	360	230	12				
		KLEINFORMAT	280	170					
	MÖNCH UND NONNE 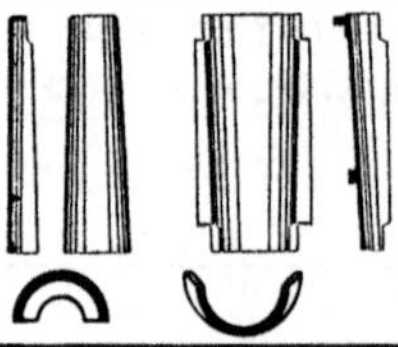	MÖNCH	420	140		35°	0,9 KN/m^2	CA. 16	FERTIGUNG ALS PRESSDACHZIEGEL EINDECKUNG SIEHE SEITE 622
		NONNE	420	200				CA. 16	
ZIEGEL MIT FALZEN	FALZZIEGEL 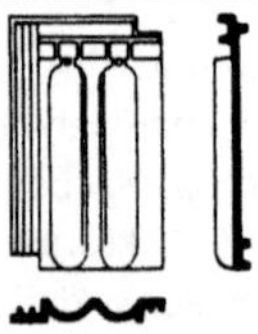		405	245		30°	0,55 KN/m^2	15	FERTIGUNG ALS PRESSDACHZIEGEL
	FALZPFANNE 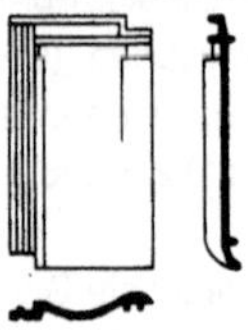		410	240		30°	0,55 KN/m^2	15	FERTIGUNG ALS PRESSDACHZIEGEL EINDECKUNG SIEHE SEITE 624
	FLACHDACH-PFANNE 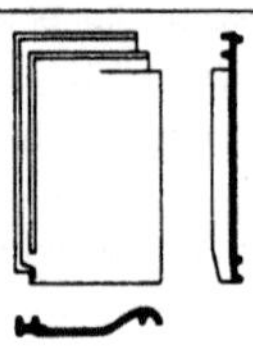		400	245		20°	0,55 KN/m^2	15	EINDECKUNG U. SONDERFORMAT SIEHE SEITE 624
KOMBINIERTE ZIEGEL AUS PLATTEN-HOHL- UND FALZZIEGELN	KREMPZIEGEL 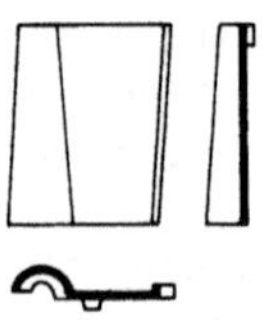		330	260		35°	0,45 KN/m^2	CA. 22	FERTIGUNG ALS PRESSDACHZIEGEL EINDECKUNG SIEHE SEITE 632
	STRANGFALZ-ZIEGEL 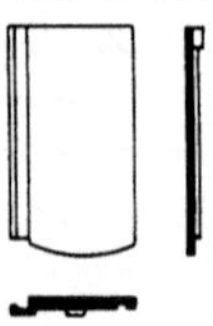	**NORMALFORMAT**	**400**	**205**		35°	0,6 KN/m^2	CA. 22	FERTIGUNG ALS STRANGDACHZIEGEL EINDECKUNG SIEHE SEITE 631
		GROSSFORMAT	**420**	**225**					
		SÜDDEUTSCHE FORM	**380**	**210**					
	FALZPLATTE 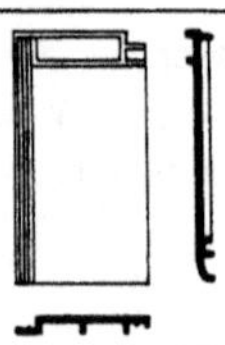		420	230		35°	0,55 KN/m^2	15	FERTIGUNG ALS PRESSDACHZIEGEL

Neben diesen Dachziegelformen gibt es noch mehrere von nur örtlicher Bedeutung.

Walmglocken zum Abdecken mehrerer zusammenstoßender Grate (Zeltdach) und
Firstübergangsziegel zur einwandfreien Eindeckung des Überganges vom Gaupenfirst zum Hauptdach.
Außerdem gibt es noch Kehlziegel, Schwenkziegel, Turmziegel, einseitig hochgebogene und nach außen oder innen gebogene Biberschwänze; ferner Ziegel mit historischen Formen, die nur auf besondere Bestellung gefertigt werden. Außer den genormten Dachziegeln sind noch andere groß- und kleinflächige Biberschwänze im Handel.
Die Maße der First- und Gratziegel sind nicht genormt. Sie werden im allgemeinen mit 40, 31 und 25 cm Länge geliefert.
Biberschwänze können gedeckt werden als:
- Spließdeckung
- Doppeldeckung
- Kronendeckung.

Die Lattung wird in folgenden Arbeitsgängen aufgebracht: Die unterste Latte, die das Traufgebinde zu tragen hat, ist so zu befestigen, daß die Ziegel der untersten Schicht das Wasser glatt in die Regenrinne ableiten. Dann wird die oberste Latte, die das Firstgebinde zu tragen hat, so angenagelt, daß zwischen den Ziegelnasen der Firstgebinde beider Dachflächen nur ein kleiner Zwischenraum bleibt. Zur Kontrolle legt man nochmals an verschiedenen Stellen der Traufe und des Firstes Ziegel auf, um die richtige Lage der Latten zu überprüfen. Die Entfernung von Oberkante unterster bis Oberkante oberster Latte wird dann gemessen und durch die Mindestlattenweite der entsprechenden Deckungs- und Ziegelart geteilt. Geht nun diese Entfernung mit der Lattenweite nicht auf, dann rundet man die Anzahl der Deckgebinde auf und verteilt den Überschuß entweder gleichmäßig auf alle oder besser nur auf die untersten Ziegelreihen, die am stärksten vom Wasser berieselt werden. Bei der Biberschwanzdeckung kann man also die Dachfläche durch die Wahl eines größeren Überdeckungsmaßes für jede Sparrenlänge immer gleichmäßig einteilen.
Ist die endgültige Lattenweite zwischen der obersten und der untersten Latte bekannt, dann wird sie auf zwei nebeneinander gelegten Maßlatten aufgetragen. Diese heftet man an zwei voneinander entfernt liegende Sparren seitlich so an, daß die Maßeinteilung von oben sichtbar ist und der unterste Strich der Maßlatte mit der Oberkante der bereits aufgenagelten Trauflatte zusammenfällt. Nun werden die einzelnen Maße mittels Schnur und Kreide auf die dazwischenliegenden Sparren übertragen. Ist die Lattung durchgeführt, dann überzeugt man sich von den immer etwas verschiedenen Breiten der Biberschwanzziegel. Zur festgestellten Durchschnittsbreite der Biber zählt man eine 3 mm breite Fuge dazu und erhält so die Deckbreite. Damit alle Längsfugen senkrecht zur Traufe laufen, legt man sich auf der Dachfläche mehrere Hilfslinien an. Zunächst wird am Giebel 5 cm außerhalb des Mauerwerks eine Schnur gespannt, die den Anfang der Deckung anzeigt. Dann berechnet man die Deckbreite für 5 Ziegelreihen, mißt diese Entfernung an First und Traufe von der Schnur am Giebel aus ab und verbindet die Punkte durch Schnurschlag. Diese Schnurschläge werden auf jeder Dachseite mehrmals wiederholt und ergeben eine Kontrolle beim Decken.
Bei der Breiteneinteilung ist zu berücksichtigen, daß der Anschluß am anderen Giebel oder an etwa vorhandene Dachaufbauten mit einem ganzen oder halben Ziegel erfolgen soll. Biberschwanzziegel werden mit geringem Seitenabstand verlegt, damit bei Setzungen und Bewegungen des Dachstuhles Pressungen der einzelnen Ziegel vermieden werden. Mit dem Decken wird an der rechten Gebäudekante begonnen. Alle halben Ziegel am Ortgang oder an Anschlüssen erhalten einen wasserabweisenden Schnitt oder werden durch $1^1/_2$ breite Ziegel ersetzt.
Die Klammerung der Ziegel gegen Sturmgefahr erfolgt fortlaufend beim Decken.

Spließdeckung

Die einfache, am Ziegelmaterial sparende Spließdeckung wurde in früheren Zeiten, als die Dachziegel wegen der Handanfertigung noch sehr teuer waren, oft ausgeführt. Sie ist nur für Gebäude von untergeordneter Bedeutung und Nutzung tauglich, da sie nach heutigen Anforderungen nicht mehr als regensicher gilt. Bei dieser Deckungsart lagert jede Ziegelreihe auf einer Latte. Die Längsfugen werden durch untergelegte Spließe aus gespaltenem Föhrenholz, Kupfer-, Zinkblech- oder Kunststoffstreifen von mindestens 28 cm Länge gedichtet. Die Holzspließe müssen jedoch ab und zu ersetzt werden, da sie unter Einwirkung der Witterung gerne reißen. Deshalb hält man auf alten Dachböden, die mit dieser Deckung versehen sind, immer ein Bündel Ersatzspließe bereit. Die Spließdecoung ist

BIBERSCHWANZ-SPLIESSDECKUNG

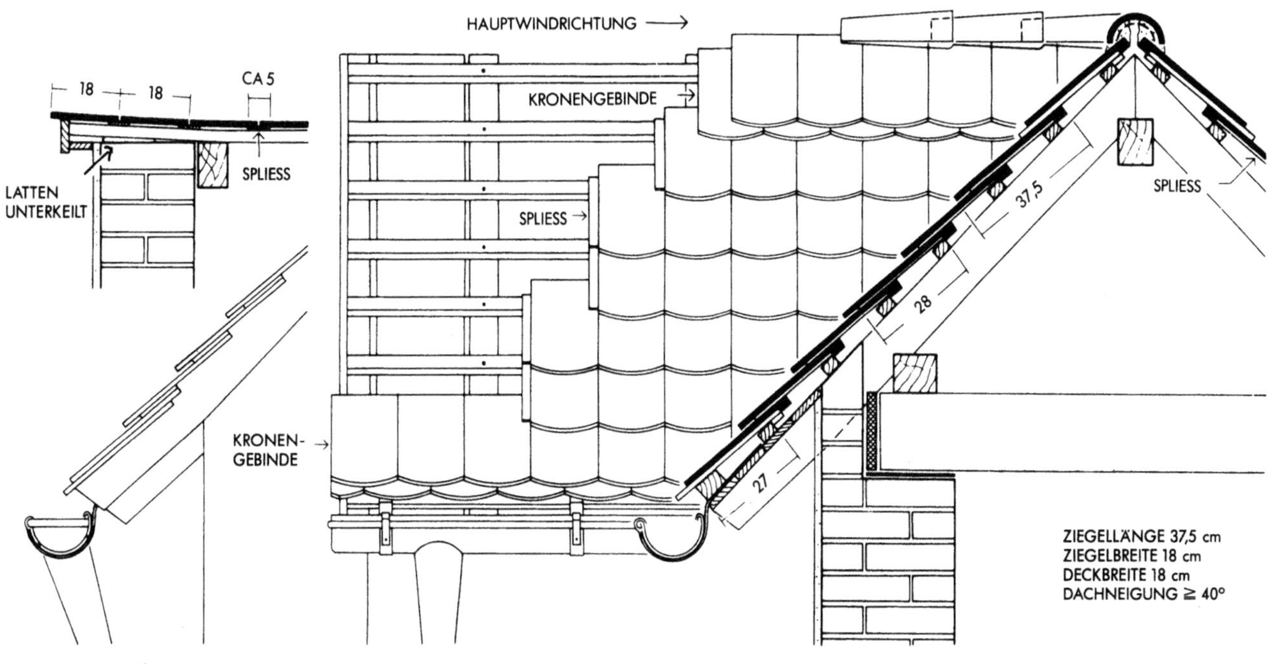

trotz geringer Herstellungskosten unwirtschaftlich, da sie ständige Unterhaltung erfordert. Diese kann allerdings durch den Einbau von Kunststoff-Formspließen auf ein Minimum reduziert werden. In ihrer Regen- und Sturmsicherheit wird die Spließdeckung von der Doppel- und Kronendeckung übertroffen.

Bei der Spließdeckung richtet sich das Maß der Überdeckung wie bei allen Dachziegeln ohne Kopffälze nach der Dachneigung. Bei einer Neigung von 45° muß sie beim Spließdach 16 cm betragen. Die Lattenentfernung ist also: Ziegellänge minus 16 cm. Die Überdeckung kann bei Dachneigung über 45° wegen des rascheren Wasserablaufes ermäßigt, muß aber bei Neigungen unter 45° (Mindestneigung 40°) erhöht werden. Man rechnet für jeden Grad Neigung mit etwa 2% größerer oder geringerer Überdeckung.

Beispiel: Dachneigung 40°. Notwendige Überdeckung
16 cm + (5 × 2% von 16 cm) = 16 cm + 1,6 cm = 17,6 cm.
Lattenentfernung = ganze Ziegellänge – 17,6 cm.

Beispiel: Dachneigung 50°. Notwendige Überdeckung
16 cm – (5 × 2% von 16 cm) = 16 cm – 1,6 cm = 14,4 cm.
Lattenentfernung = ganze Ziegellänge – 14,4 cm.

Mindestüberdeckung Spließdeckung

Dachneigung	<40°	40°–45°	45°–50°	50°–55°	>55°
Mindestüberdeckung mm	170	160	150	140	130
Stück/m² ca.	38	37	36	35	34

Maximale Lattenweite = Ziegellänge – Mindestüberdeckung

Geht die Sparrenlänge mit der Lattenaufteilung nicht ganz auf, so können die Lattenabstände in der Nähe des Firstes, wo der geringste Wasseranfall ist, etwas weiter genommen, kann das Maß der Ziegelüberdeckung also ermäßigt werden.

Um das Regenwasser möglichst von den Fugen und Spließen fernzuhalten, verlegt man die Biberschwänze nicht im Verband, sondern in vertikalen Reihen, so daß die Längsfugen in einer Linie liegen. Das bringt den Vorteil, daß die Tropfstelle des Dachziegels über der Mitte des darunterliegenden Ziegels liegt, während das Wasser bei Biberschwänzen, die im Verband verlegt sind, unmittelbar auf die Längsfuge tropfen würde. Mit dem Eindecken des Daches wird allgemein an der rechten Dachkante begonnen. Nach je 10 Ziegelreihen soll die Verlegerichtung der Biberschwänze nach einem Schnurschlag überprüft werden. Für die Ausbildung von Traufe, First und Ortgang gelten im wesentlichen dieselben Regeln wie bei der Doppeldeckung.

Doppeldeckung

In Süddeutschland wird der Biberschwanzziegel meistens zur Doppeldeckung verwendet, die eine zierliche Zeichnung der Dachfläche ergibt. Hier werden die Dachziegel so im Verband verlegt (Längsfugen um 1/2 Ziegelbreite versetzt), daß jede dritte Ziegelreihe noch mit der jeweils erforderlichen Mindestüberdeckung über die erste Reihe reicht. Die Ziegel der zweiten Reihe liegen über bzw. unter den Längsfugen der ersten und dritten Reihe. Die unterste Ziegelreihe, das sogenannte Traufgebinde, und die oberste, das Firstgebinde, erhalten zwei Schichten, eine Lager- und eine Deckschicht. Als Lagerschicht des Traufgebindes verwendet man Traufziegel, als Deckschicht des Firstgebindes Firstschlußziegel. Werden anstatt der Sonderformate Normalbiberschwänze verwendet, so erhält man ein Kronengebinde.

Die Höhenüberdeckung vom 3. auf den 1. Ziegel ist mit folgenden Mindestmaßen herzustellen:

Mindestüberdeckung Doppeldeckung

Dachneigung	<30°	30°–35°	35°–40°	40°–45°	45°–60°	>60°
Mindestüberdeckung mm	90	90	80	70	60	50

$$\text{max. Lattenweite} = \frac{\text{Biberschwanzziegellänge} - \text{Mindestüberdeckung}}{2}$$

In der Regel erfolgt die Deckung vollständig trocken ohne besondere Abdichtungsmaßnahmen oder Vermörtelung. Bei Trockendeckung in sturmreichen Gegenden sind die Biberschwänze durch Sturmklammern zu sichern.

BIBERSCHWANZ-DOPPELDECKUNG

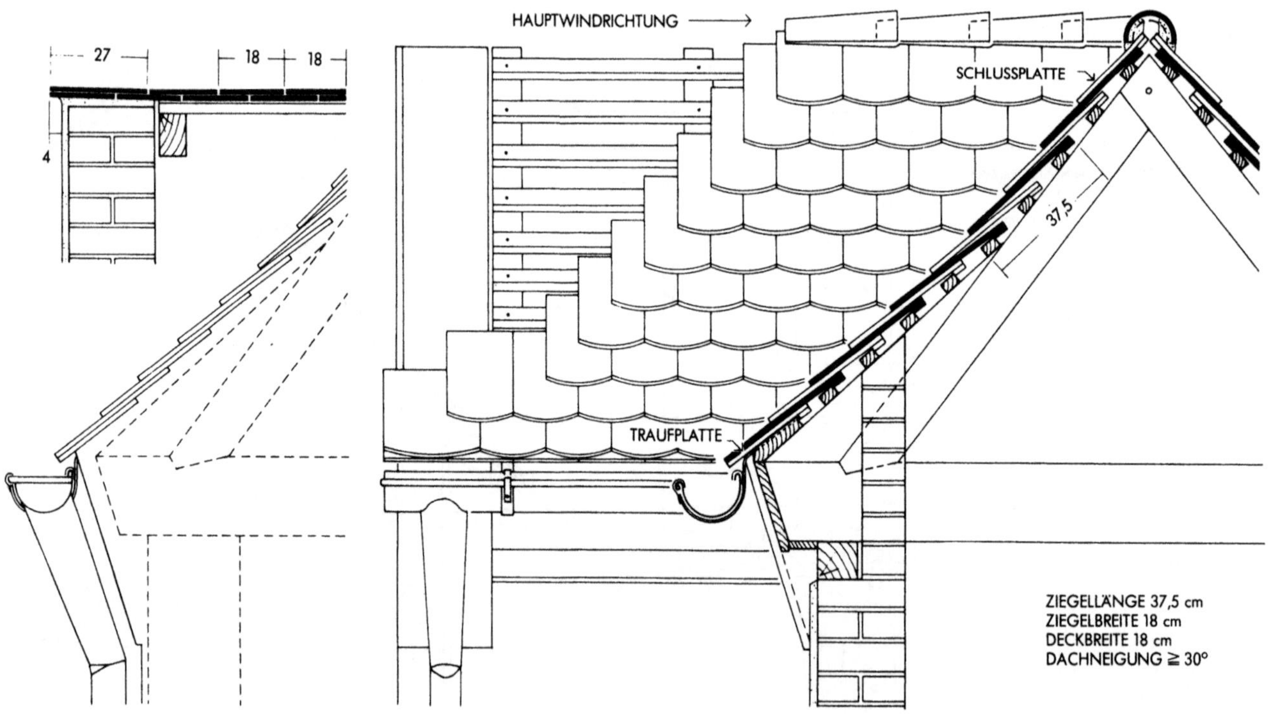

In Norddeutschland wurde die Deckung früher oft in Mörtel mit Längsfugen und Querschlag ausgeführt, heute werden die Ziegel mit speziellen Sturmklammern befestigt.
Für den Deckmörtel wurde Weißkalk oder hydraulischer Kalk im üblichen Mischungsverhältnis genommen. Der Mörtel für den Innenverstrich war etwas fetter und durfte einen geringen Zusatz von Zement erhalten. Traufe, First und Grat werden bei allen Biberschwanzdeckungen im wesentlichen gleichartig ausgeführt. Nichtausgebaute Dachräume müssen mit Giebelfenstern, mindestens aber mit Lüftungsziegeln versehen werden.

BEFESTIGUNG DER BIBERSCHWÄNZE MIT STURMKLAMMERN

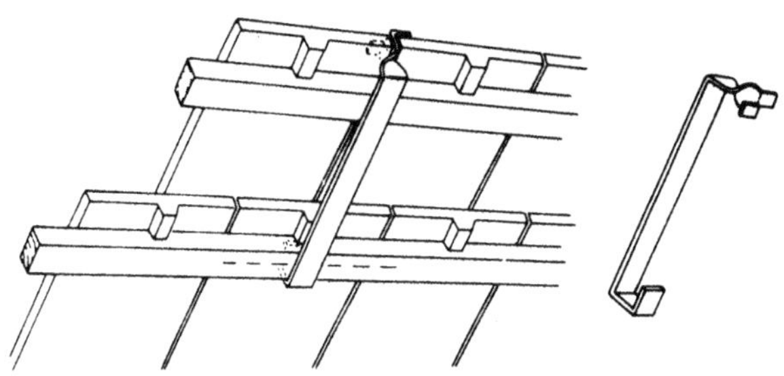

Kronendeckung

Bei der Kronendeckung hängen jeweils zwei Reihen Biberschwänze als Lager- und Deckschicht auf einer Latte. Beide Schichten werden im Verband gedeckt, so daß die Ziegel der Deckschicht die Fugen der Lagerschicht abdecken. Das Kronendach erhält durch die jeweils doppelten Ziegellagen ein kräftiges horizontales Relief. Die Lattenweite des Kronendaches beträgt bei Sparrenneigungen von 45°: Ziegellänge minus 7 cm. Bei flacheren oder steileren Neigungen erhöht bzw. ermäßigt sich die Überdeckung wie bei der Doppeldeckung.
Weil die auf den Kopfkanten der Lagerschicht hängenden Biberschwänze der Deckschicht nicht so sicher sitzen wie auf der scharfen Kante einer Dachlatte, ist die Kronendeckung auch nicht so sturmsicher wie die Doppeldeckung.
In sturmreichen Gegenden befestigt man die Ziegel mit Sturmklammern.

Mindestüberdeckung Kronendeckung

Dachneigung	<30°	30°–35°	35°–40°	40°–45°	45°–60°	>60°
Mindestüberdeckung mm	90	90	80	70	60	50

Maximale Lattenweite = Ziegellänge – Mindestüberdeckung

BIBERSCHWANZ-KRONENDECKUNG

ORTGANG MIT ZAHNLEISTE

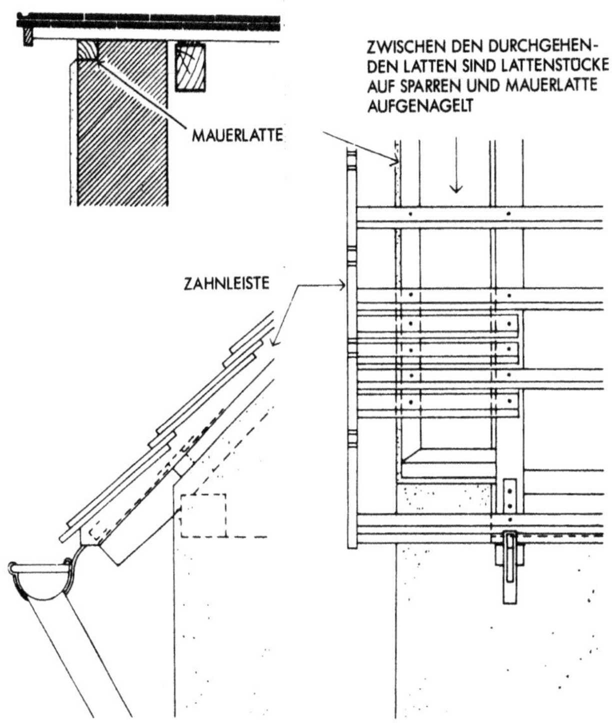

BIBERSCHWANZ-KRONENDECKUNG

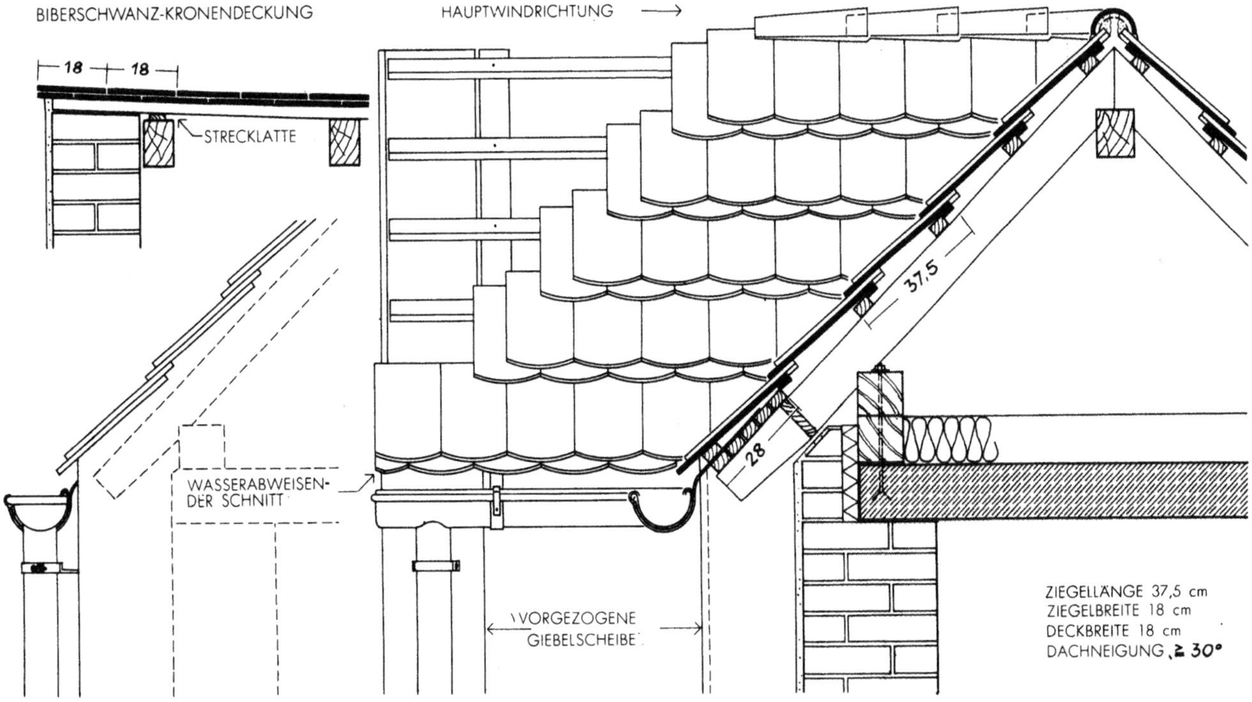

Traufe

Das Traufgebinde wird meistens als Kronengebinde oder unter Verwendung von Traufziegeln ausgeführt. Die unterste Reihe Ziegel muß dieselbe Neigung haben wie alle anderen Ziegel der Dachfläche; deshalb wird sie an der Unterkante auf zwei aufeinander genagelte Dachlatten oder eine entsprechend stark unterfütterte Traufbohle gelegt.

First

Das Firstgebinde wird entweder als Kronengebinde oder mit Firstschlußziegeln ausgeführt. Vor der Eindeckung des Firstes ist es vorteilhaft, die Firstlänge zu messen und auf dem Dachboden die Firstziegel probeweise auf diese Länge bei gleicher Überdeckung gut schließend aufeinander zu legen. Die Überdeckung wird dann auf jedem Firstziegel angezeichnet, so daß diese nach dem Verlegen in gleicher Länge erscheinen. Ein Firstbrett kann angeordnet werden, ist aber nicht unbedingt erforderlich. Die Firstziegel setzt man mit zwei Längsschlägen und einem Querschlag am hinteren Ende des davor liegenden Ziegels hohl auf. Sie sind so dicht wie möglich auf die Ziegel der Dachfläche zu bringen. Der beim Aufsetzen hervorquellende Mörtel wird mit der Kelle abgeschnitten und glatt gezogen. Auf festes und sauberes „Unterziehen" der Firstziegel ist zu achten. Die trockene Firstausbildung ohne Vermörtelung hat die historische Bauweise verdrängt, insbesondere deshalb, weil durch den vermehrten Dachgeschoßausbau mit hinterlüftetem Dachaufbau im First ein Lüftungsaustritt geschaffen werden muß. Man setzt die Firstziegel daher auf gerippte Kunststoff-Formteile, die eine ungehinderte Luftzirkulation ermöglichen.

Grat

Nachdem die Lattung aufgebracht ist, nagelt man auf den Gratsparren ein etwa 12 bis 15 cm breites, hochkant gestelltes Brett oder eine Latte (Gratlatte). Gegen dieses Brett werden die Biberschwänze ausgespitzt. Die Ausspitzer erhalten, soweit erforderlich, einen wasserabweisenden Schnitt, damit das Wasser nicht gegen oder gar unter den Verstrich der Gratziegel geleitet wird. Die Deckung des Grates erfolgt fortlaufend mit der Deckung der Dachfläche. Die Gratziegel sollen wie die Firstziegel vor dem Verlegen, der Gratlänge entsprechend, genau eingeteilt werden. Sie werden wie die Firstziegel hohl aufgesetzt, d. h., der Kalkmörtel soll mit dem Gratbrett nicht in

GRATEINDECKUNG IM BIBERSCHWANZ-DOPPELDACH

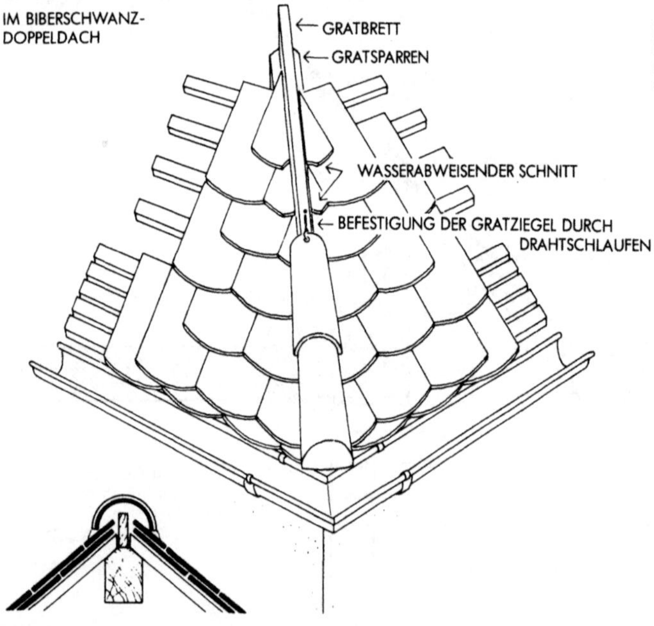

Berührung kommen. Jeden Gratziegel befestigt man am Gratbrett mit verzinktem Bindedraht und einem Nagel. Verstrich genau wie bei den Firstziegeln.
Trockene Gratausbildungen werden ähnlich den Details beim First ausgeführt.

Ortgang

Die Ausbildung des Ortganges richtet sich nach der Deckungsart, dem gewünschten Überstand über das Giebelmauerwerk und nach der Konstruktion der Traufe. Soll die Dachhaut beim Biberschwanzdach nur wenige Zentimeter über das Giebelmauerwerk vorstehen, dann muß sie ein leichtes Gefälle nach innen erhalten. Das Wasser wird dann nicht auf der Giebelseite abtropfen. Das Gefälle erhält man durch entsprechendes Unterkeilen der Latten, die auf das Giebelmauerwerk aufgelegt werden. Läßt man die Latten gegen das Giebelmauerwerk stoßen, dann sind die Biberschwänze, die auf das Mauerwerk zu liegen kommen, mit Gefälle nach innen, in Mörtel zu verlegen oder zu verschrauben. Die Ziegel sollen etwa 3 cm über Außenkante Putz hinausgreifen.
In beiden Fällen wird keine Zahnleiste angeschlagen. Der Außenputz der Giebelwand greift bis unter die überstehenden Biberschwänze. An der Ecke von Traufe und Ortgang muß entweder ein sogenanntes „Giebelohr" vorgesehen oder die Giebelwand als Wange vorgezogen werden.
Bei der im Verband verlegten Doppel- und Kronendeckung verwendet man am Ortgang halbe oder $1^1/_2$ Ziegel. Halbe Ziegel sind zu schroten, daß sie eine Wassernase erhalten, die das Wasser nicht seitlich über die Giebelwand, sondern gegen die Traufe abtropfen läßt. $1^1/_2$ breite Ziegel müssen nicht geschrotet werden und sind sturmsicherer.
Wird am Ortgang ein Dachüberstand von etwa 10 bis 30 cm gewünscht, dann läßt man die Lattung mit Aufkeilung entsprechend weit über das Mauerwerk hinausschießen und nagelt von vorne eine Zahnleiste dagegen, die, der Deckung entsprechend, zahnartig ausgeschnitten ist. Die Biberschwanzziegel greifen etwa 3 cm über die Zahnleisten hinaus.

ORTGANG MIT ZAHNLEISTE

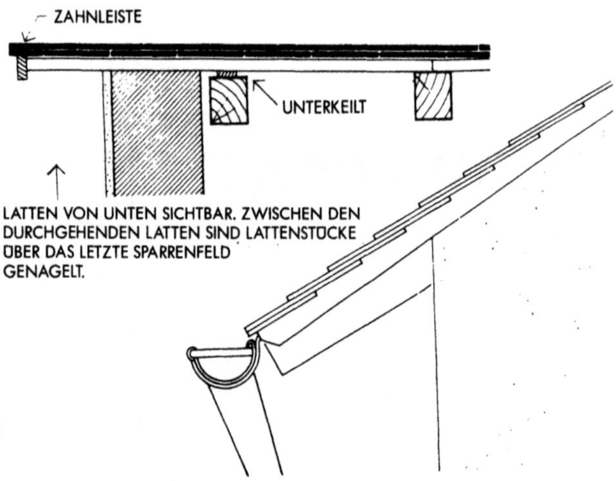

Wandanschlüsse

Bei Wandanschlüssen jeder Art ist zu unterscheiden, ob die Dachfläche mit dem Bauteil, an den sie angeschlossen werden soll, zusammen ein festes Gefüge bildet oder ob jeder Teil für sich eine Senkung oder Lageveränderung erfahren kann.
Beim starren Anschluß greift die Dachhaut in das Mauerwerk ein, bzw. das Mauerwerk überkragt die Deckung. Schon beim Mauern sind deshalb entsprechende Schlitze auszusparen. Am Mauerwerk müssen auf die Dachlatten mindestens 20 cm lange Knaggen

genagelt werden, damit die Deckung ansteigt und das Wasser vom Mauerwerk weggeleitet wird. Wenn die Biberschwänze verlegt sind, werden die Mauerschlitze mit Haarkalkmörtel ausgestrichen.

Der starre Wandanschluß hat nur noch eine historische Bedeutung bei nicht ausgebauten Dachräumen, da durch Bewegungen des Dachstuhls die Einmörtelung brechen und die Anschlußfuge undicht werden kann, was ihn zu wartungsintensiv macht.

STARRER WANDANSCHLUSS

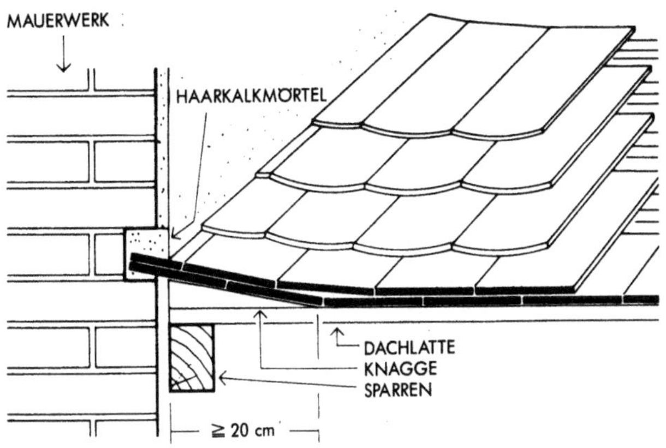

Der bewegliche Anschluß besteht aus: einer Blechaufkantung, die in der Dachhaut befestigt ist und am anschließenden Bauteil mindestens 15 cm über die Dachdeckung lose in die Höhe geführt wird, und einem Deckblech von mindestens 8 cm Breite, das über der unteren Blechaufkantung hängt.

Das Deckblech wird zweimal abgekantet und in einer Mauerfuge mit Mauerhaken befestigt. In der Mauerfuge muß das Deckblech nochmals eine Aufkantung erhalten, damit Wasser nicht ins Mauerwerk eindringen kann.

BEWEGLICHER WANDANSCHLUSS
MIT BLECHVERKLEIDUNG

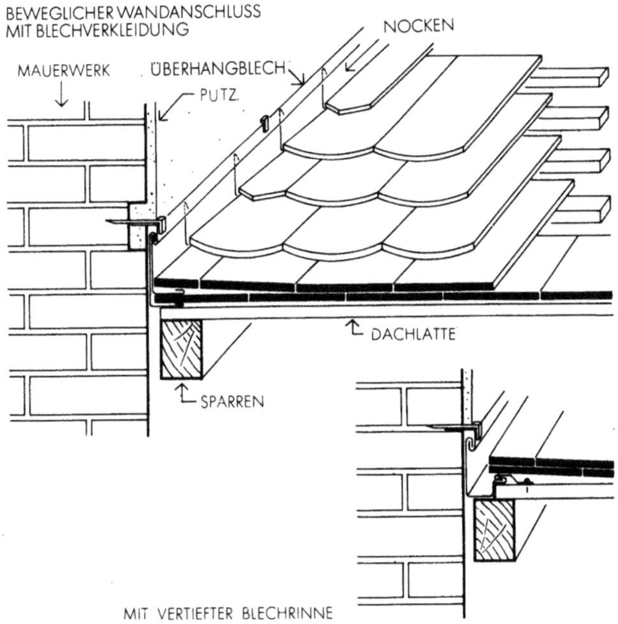

MIT VERTIEFTER BLECHRINNE

Ein beweglicher Anschluß kann auch mit vertiefter Blechrinne ausgeführt werden. Die anzuschließende Dachhaut bleibt so weit von der Mauer entfernt, daß sich die dazwischenliegende Rinne im Bedarfsfalle leicht reinigen läßt.

Mit speziellen Seitenanschlußziegeln lassen sich nach ähnlichem Prinzip bewegliche Anschlüsse herstellen. Solche Spezialziegel werden aber nur von wenigen Herstellern als Sonderanfertigung geliefert.

SEITENANSCHLUSSZIEGEL

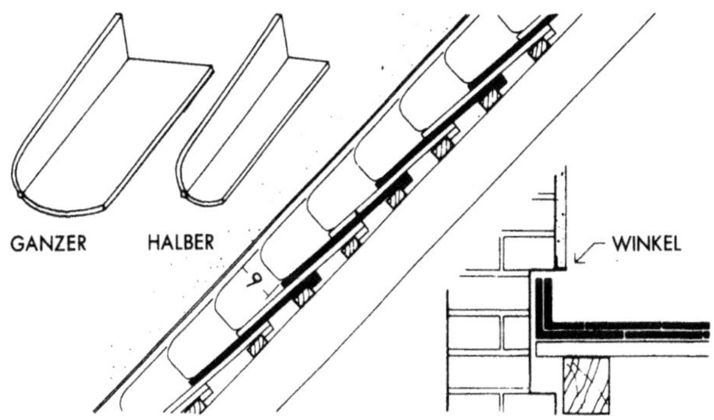

Schornsteineindeckungen

im Biberschwanzdach können als starre oder bewegliche Anschlüsse ausgeführt werden.

Der starre Anschluß setzt voraus, daß die Wangen des Schornsteinkopfes beim Durchgang durch die Dachhaut um $^1/_4$, besser aber um $^1/_2$ Stein verstärkt werden. Unter diesen Mauervorsprung greift dann die Deckung, die an den Seitenflächen zweckmäßig durch Unterkeilen der Lattung etwas angehoben wird. Die Anschlußfuge ist mit Haarkalkmörtel zu dichten. Bei unverputzt bleibenden Schornsteinköpfen wird der Fugenmörtel meistens im Ziegelton gestrichen. Die Kehle hinter dem Schornsteinkopf ist mit Blech einzudecken. Sitzt ein Schornstein von normaler Breite dicht unterhalb des Firstes, dann genügt ein Kehlblech, weil in diesem Falle der Wasserandrang nicht groß ist. Die Blechkehle wird man in ihrer Länge so bemessen, daß das seitlich abtropfende Wasser nicht zu nahe am Schornsteinmauerwerk vorbeiläuft.

Sitzt ein breiter Schornsteinkopf parallel zum First oder weit unterhalb desselben, dann ist ein Blechsattel anzuordnen, da erhebliche Wassermengen von der Dachfläche gegen den Aufbau geleitet werden.

Der bewegliche Anschluß erfordert keine vorspringenden Schornsteinwangen. Die wenig schöne Blechverwahrung ist an allen vier Seiten des Schornsteinkopfes hochgezogen und mit einem ringsumlaufenden Überhangstreifen abgedeckt. Wird der Schornstein verputzt, dann sitzt der Überhangstreifen – unter den Putz greifend – glatt auf dem Mauerwerk. Bleibt der Schornsteinkopf unverputzt, dann greift er in eine parallel zur Dachfläche gespitzte Nut, die dauerelastisch zu versiegeln ist. Die Blechverwahrung wird seitlich und oberhalb des Schornsteins von den Biberschwanzziegeln überdeckt. Unterhalb des Schornsteins liegt sie über den Biberschwanzziegeln. Die halben Ziegel, die seitlich auf der Blechverwahrung zu liegen kommen, erhalten einen wasserabweisenden Schnitt oder werden durch $1^1/_2$ breite Ziegel ersetzt. Blechteile sollten in Ziegelfarbe gestrichen werden.

SCHORNSTEINDECKUNG MIT VERBLECHUNG

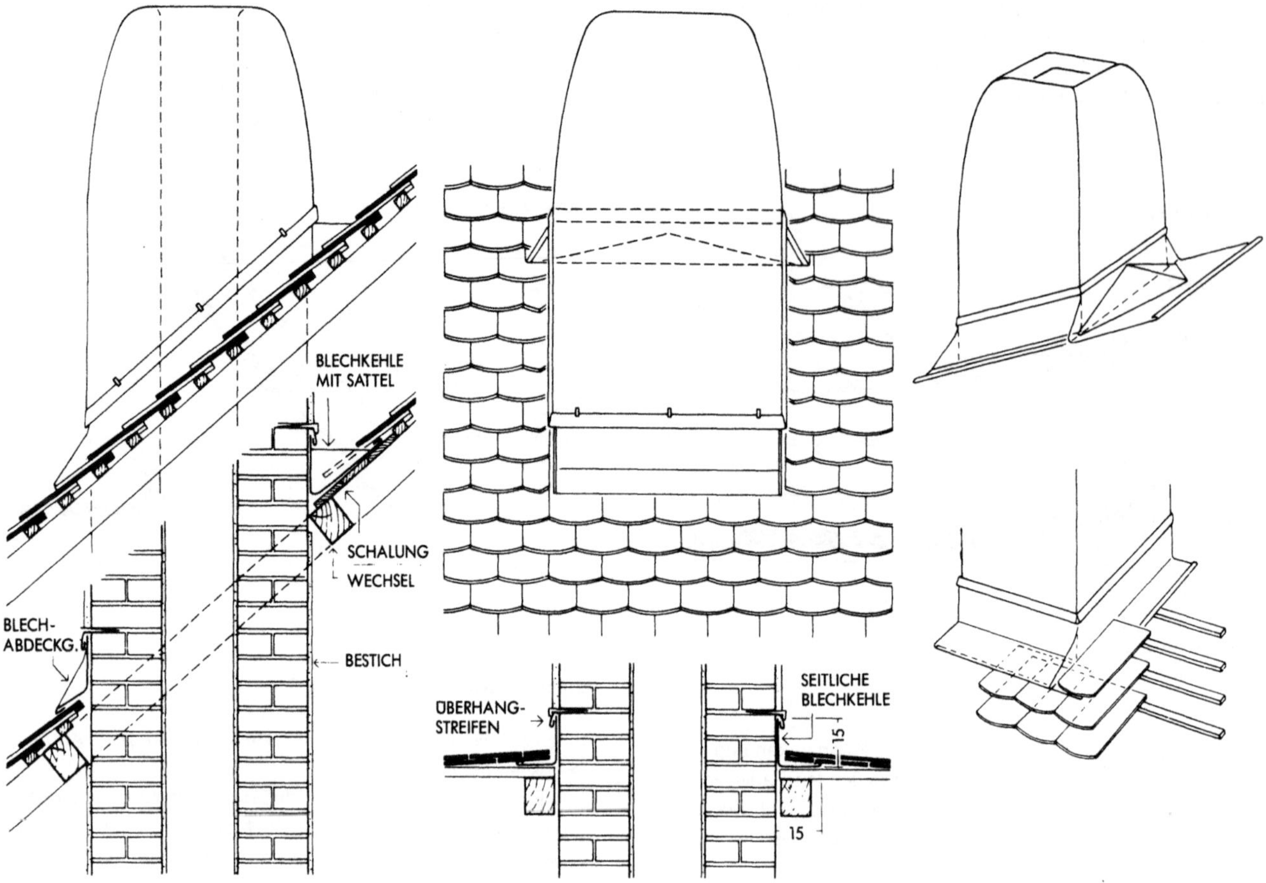

HISTORISCHE SCHORNSTEINEINDECKUNG
MIT HAARKALKMÖRTELFUGE IM STEINDACH

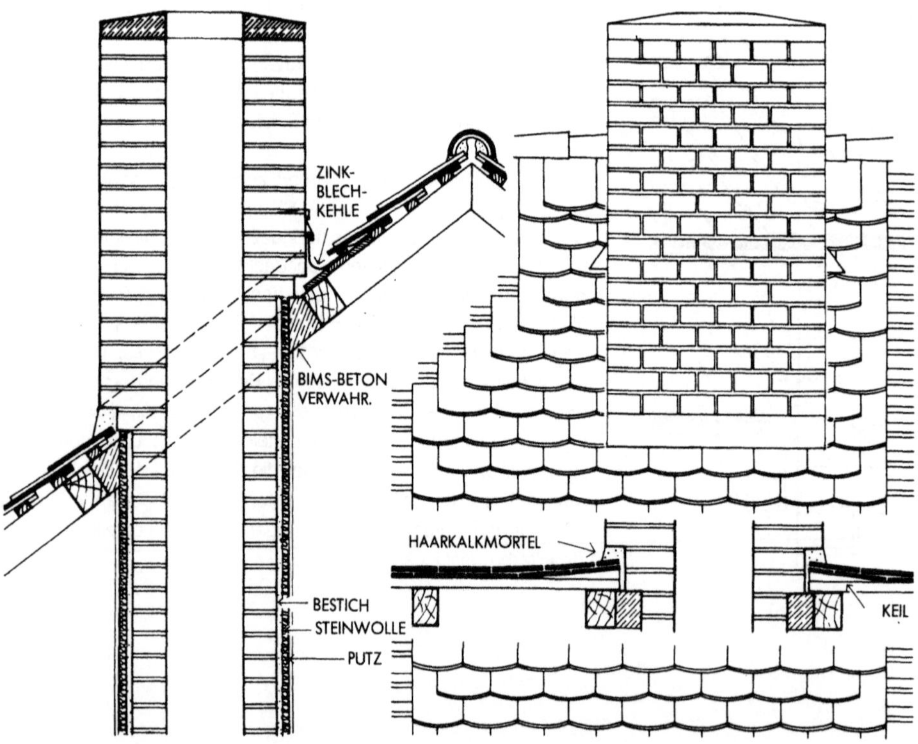

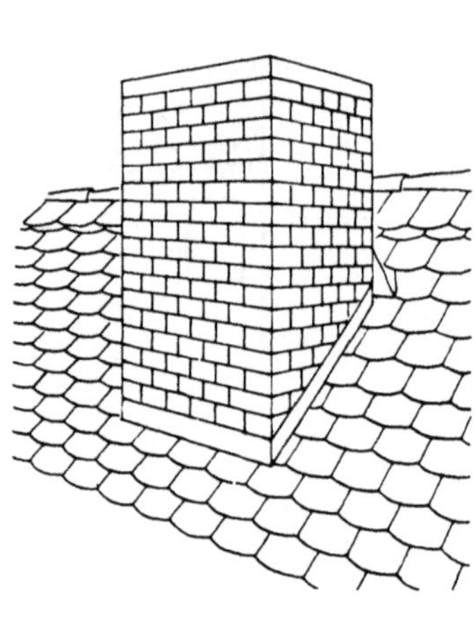

WANGENDICKE NACH DIN
ÜBER DACH UND IN NICHT-
AUSGEBAUTEM DACHRAUM
≧ 24 cm MAUERWERK ODER
GLEICHWERTIG WÄRMEISOLIEREND

Kehlen

Zur Ermittlung der Kehlsparrenlänge, des Kehlneigungswinkels und des wahren Kehlwinkels sind im Dachdeckerhandwerk die unten gezeigten Konstruktionen üblich. Nach den Regeln des Dachdeckerhandwerks dürfen Kehlen, da sie besonders stark mit Wasser überspült werden, nicht flacher als 26° (= 48,8%) ausgeführt werden, um die Regensicherheit zu gewährleisten. Dieser Wert gibt die minimale Kehlsparrenneigung an, diese ist geometrisch aus den Dachverschneidungen zu ermitteln.

Die Kehlbohlen müssen mit einer Verdeckung versehen werden, beispielsweise aus bituminöser Dachbahn.
Bezüglich der Form unterscheidet man:
- gleichhüftige Kehlen, wenn zwei gleichgeneigte Dachflächen zusammenstoßen, und
- ungleichhüftige Kehlen, wenn zwei verschieden geneigte Dachflächen eine Kehle bilden.

ERMITTLUNG DER KEHLSPARRENLÄNGE UND DES KEHLNEIGUNGSWINKELS EINER GLEICHHÜFTIGEN KEHLE

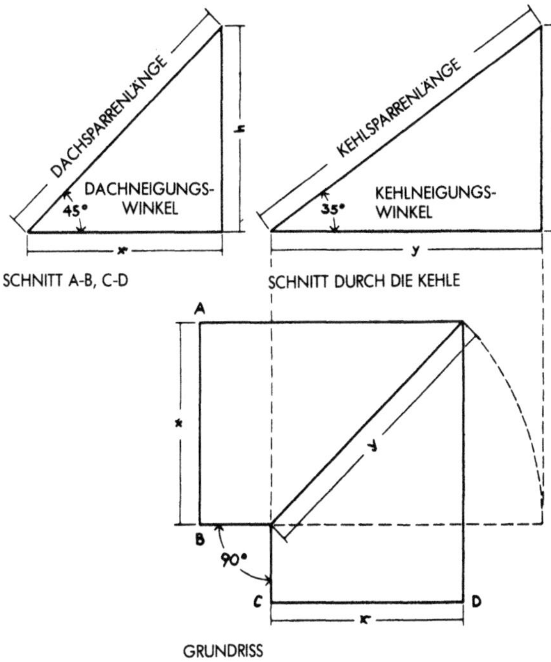

UMKLAPPEN DER DACHFLÄCHEN EINER GLEICHHÜFTIGEN KEHLE ZU EINER EBENE

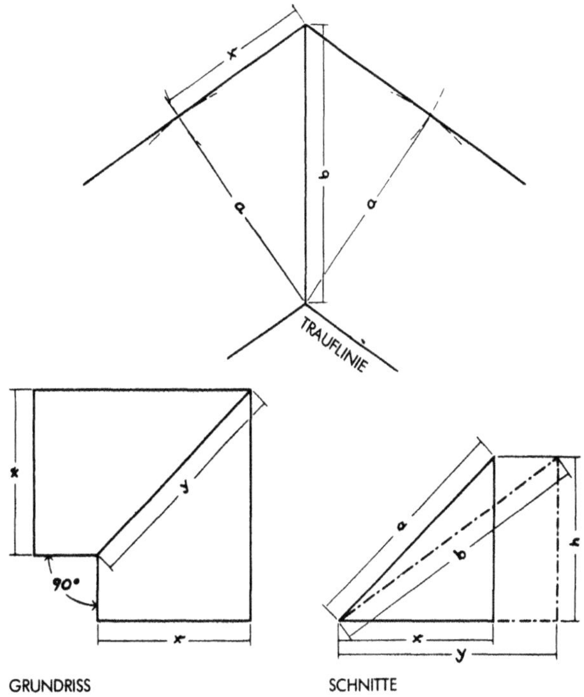

ERMITTLUNG DES WAHREN KEHLWINKELS ÜBER EINER GLEICHHÜFTIGEN KEHLE

DACHNEIGUNG 45°
KEHLSPARRENNEIGUNG 35°

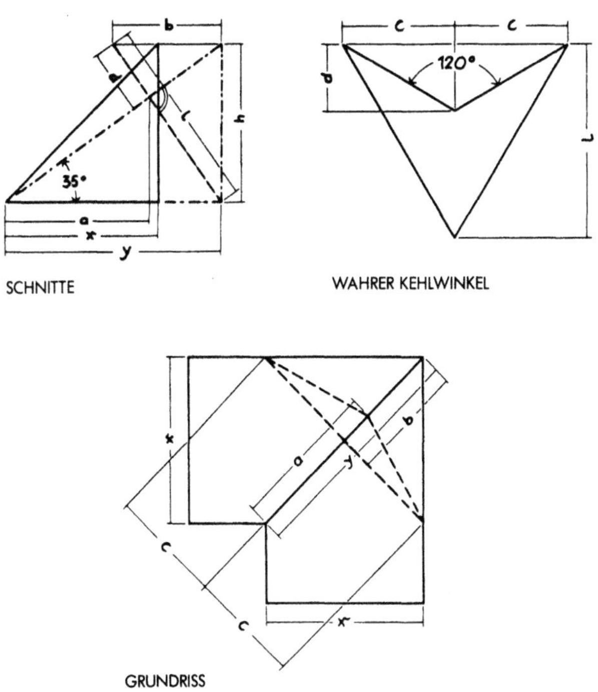

ERMITTLUNG DES WAHREN KEHLWINKELS ÜBER EINER UNGLEICHHÜFTIGEN KEHLE

DACHNEIGUNG 40 UND 50°
KEHLSPARRENNEIGUNG 34°

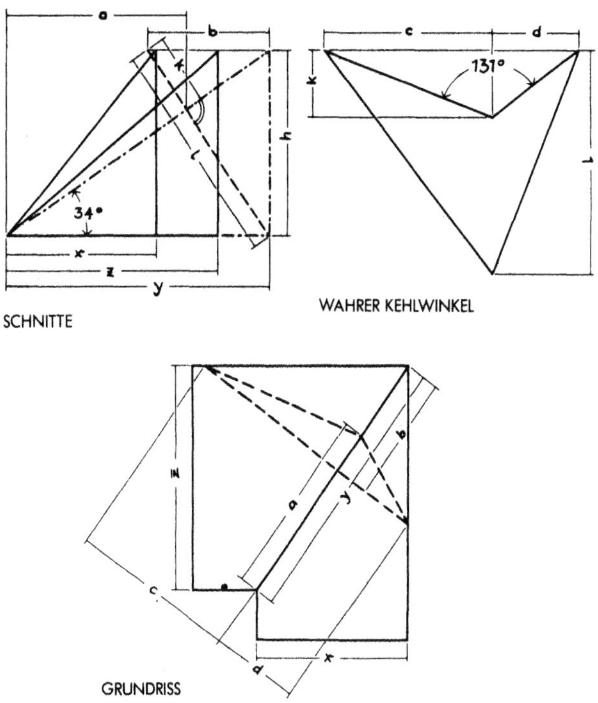

Nur bei Biberschwanzziegel-Deckungen ist es möglich, die Kehlen ohne Zuhilfenahme von Formziegeln oder Blech einzudecken. Im Biberschwanzdach unterscheidet man:

- eingebundene Kehlen,
- unterlegte Kehlen,
- Schwenksteinkehlen.

Die eingebundene Kehle ist wegen ihrer großen Haltbarkeit und ihres reizvollen Aussehens den unterlegten und Schwenksteinkehlen vorzuziehen. Alle Kehlen im Biberschwanzziegeldach werden in Doppeldeckung ausgeführt. Schwenksteinkehlen sind für die Biber-Doppeldeckung heute nicht mehr zulässig, bei der Kronendeckung muß die Ausführung mit langen Sonderziegeln erfolgen.

Eingebundene gleichhüftige Kehlen im Doppeldach sollen mindestens eine Breite von zwei Normalziegeln haben. Der Anfang der Kehle richtet sich nach deren Breite. Das Kehlbrett beginnt über dem Zusammenstoß der Deckschicht des Traufgebindes. Es wird genau über der Mitte des Kehlsparrens befestigt. Seine Breite richtet sich nach der Größe des wahren Kehlwinkels. Bei Dachneigungen von 45° (Kehlwinkel = 120°) genügt noch ein 25 cm breites Kehlbrett. Bei steileren Dächern sind entsprechend breitere Kehlbretter oder mehrere Bretter anzuordnen. Die Kehle muß an

EINTEILUNG DER KEHLSCHICHTEN BEI GLEICHHÜFTIGEN KEHLEN IM DOPPELDACH

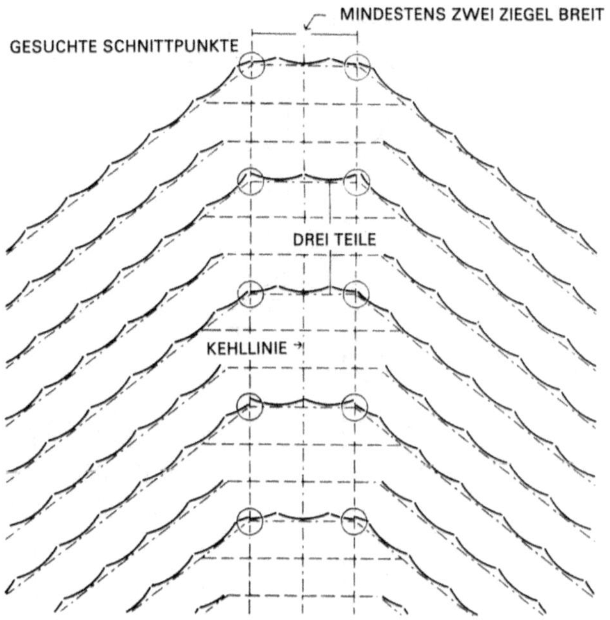

EINGEBUNDENE KEHLE IM DOPPELDACH

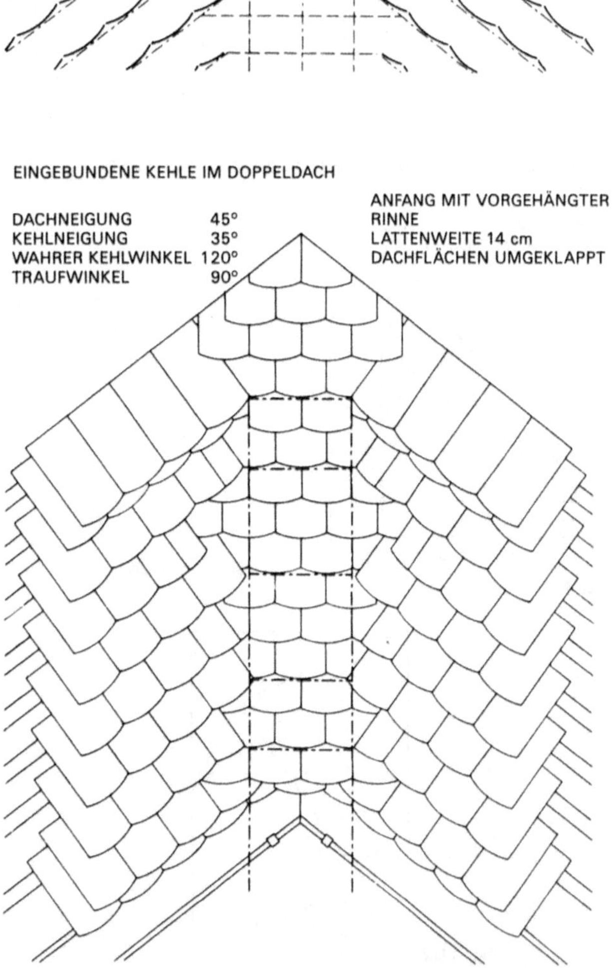

ANFANG EINER GLEICHHÜFTIGEN KEHLE IM DOPPELDACH

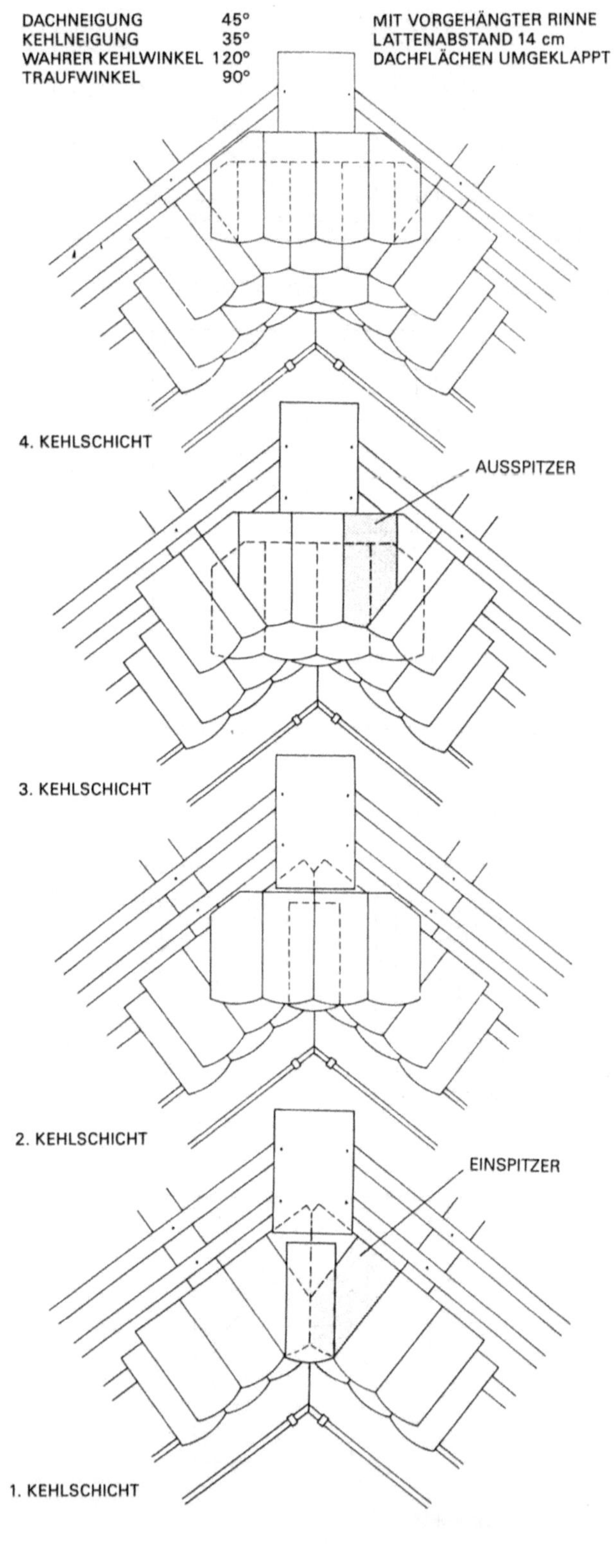

der Traufe so gedeckt werden, daß man sofort in den regelrechten Verband kommt. Bei den Kehlschichten ist zu unterscheiden zwischen Deckschicht und Unterläuferschicht. Die Deckschichten der Dachfläche gehen in den Kehlen durch. Die Unterläuferschichten liegen zwischen den Deckschichten. Sie laufen rechts und links unter die Deckschicht des Daches. Grundsätzlich sollen alle Längsfugen der Kehlziegel mit Ausnahme der sogenannten Ausspitzer (geschrotete Ziegel) parallel mit den Kehlsparren verlaufen.

Hohlpfannen (S-Pfannen)

sind in den verschiedensten Größen im Handel. Die normale Pfanne 36 × 23 cm ist in DIN 456 genormt.
Man unterscheidet: Rechtspfannen, Linkspfannen und Doppelkremper. Letztere werden am Ortgang oder als Verbindung von Rechts- und Linksziegeln verlegt.
Die Abschrägungen der Hohlpfannen links unten und rechts oben werden als Schnitt bezeichnet. Sie können als Kurzschnitt 30 × 35 mm oder Längsschnitt 40 × 70 mm ausgeführt sein. Bei der Deckung mit Hohlpfannen ist die sorgfältige Ausführung der Eindeckunterlage wichtig. Die Sparrenlänge muß ein Vielfaches der Lattenweite sein. Die unterste Latte an der Traufe wird so aufgebracht, daß die Ziegel das Wasser einwandfrei in die Regenrinne ableiten. Die obersten Latten am First sind so zu befestigen, daß die Firstziegel die oberste Ziegelreihe auf beiden Dachflächen noch gut decken. Die Entfernung von Oberkante Trauflatte bis Oberkante Firstlatte wird dann gleichmäßig in die Lattenweiten aufgeteilt. Geht die festgestellte Lattenweite nicht ganz auf, so vergrößert oder verringert man diese um einige Millimeter. Das Auftragen der endgültigen Lattenweite und der Hilfslinien für die genau senkrecht zur Traufe verlaufenden Fugenschnitte geschieht wie bei der Biberschwanzdeckung. In der Breite können Hohlpfannen eng oder weit gedeckt werden. Drei Ziegelreihen nebeneinander bezeichnet man als „Gang"; bei Pfannenbreiten von 23 cm ergeben sich Gangbreiten von 59 und 63 cm. Die Deckung kann also so gezogen oder gedrückt werden, daß an die Ortgänge immer ganze Ziegel zu liegen kommen.
Auch die Anschlüsse an Dachaufbauten, Schornsteine usw. sollen nach Möglichkeit mit ganzen Ziegeln erfolgen. Bei gewissenhafter Einteilung läßt sich dies in den meisten Fällen erreichen.
Hohlpfannen können mit Querschlag und Längsverstrich oder trocken mit Innenverstrich gedeckt werden. Statt Verstrich kann man auch Pappstreifen, Papp- oder Strohdocken verwenden, die unter und zwischen den Ziegeln verlegt werden. An der Traufkante, an First und Anschlüssen, wo ein Innenverstrich unmöglich ist, sind die Ziegel in Kalkmörtel zu verlegen. Unterbleibt die Vermörtelung, so ist es in sturmreichen Gegenden ratsam, wenigstens jeden zweiten und dritten Ziegel mit einer Sturmklammer zu versehen. Beim Decken von Grat, First und Traufe und allen Anschlüssen gelten im wesentlichen die gleichen Regeln wie bei der Flachdachpfannendeckung. Am Ortgang verlegt man Doppelkremper. An der Traufe sind die Hohlräume unter den Ziegeln gut mit Mörtel abzudichten, um das Eindringen von Vögeln und Ungeziefer zu verhindern.
Bei der Deckung mit Hohlpfannen unterscheidet man Vorschnittdeckung und Aufschnittdeckung.

Vorschnittdeckung

Dafür werden Langschnittpfannen verwendet, die an den Schnittecken dreifach übereinander zu liegen kommen. Die Lattenweite soll bei dieser Deckung Ziegellänge minus 7 cm betragen. Die seitliche Überdeckung ergibt sich aus der Form der Pfanne. Die Vorschnittdeckung ist nur anzuwenden bei Sparrenlängen unter 6 m und Dachneigungen ≧40°. Diese Deckungsart hat mehrere Nachteile: Die Fuge, an der die Abschnitte zusammenstoßen, wird nur einfach überdeckt und muß unbedingt mit Mörtel verstrichen werden. Die Schnittfugen sind somit Schwachstellen in der Deckung. Ferner besteht beim Innenverstrich der Nachteil, daß an den Kopffugen der Mörtel nur angestrichen werden kann, weil die Pfannen glatt aufeinander liegen.

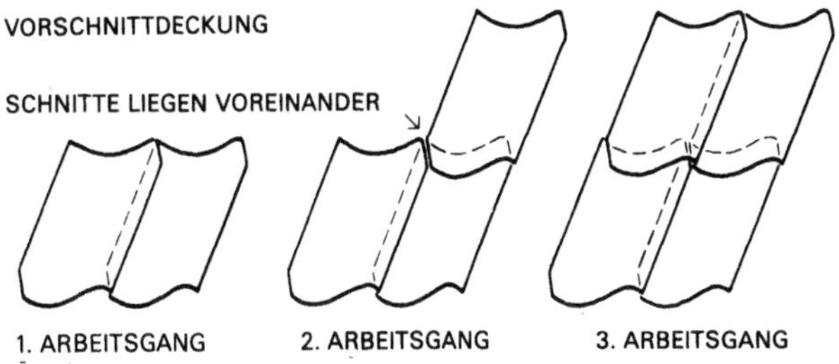

Aufschnittdeckung

Für sie verwendet man Kurzschnittpfannen. An den Schnittecken kommen die Pfannen vierfach übereinander zu liegen. Die Lattenweite soll bei 35–40° Ziegellänge minus 10 cm betragen. Der Aufschnittdeckung ist bei Sparrenlängen über 6 m der Vorzug zu geben. Gegenüber der Vorschnittdeckung bietet die Aufschnittdekkung den Vorteil einer dreifachen Überdeckung der kritischen Fugen am Stoß der Abschnitte. Von großem Vorteil ist ferner, daß die Hohlpfannen nicht wie bei der Vorschnittdeckung glatt aufeinander liegen, sondern daß im Querschlag ein Hohlraum von mindestens einer Ziegeldicke bleibt, in welchem der Mörtel lagerhaft verstrichen werden kann. Durch diesen Hohlraum wirkt die Deckungsart in horizontalen Linien schattenreicher. Wenn auch die Aufschnittdeckung gegenüber der Vorschnittdeckung je m² eine Hohlpfanne mehr erfordert, so ist sie vom wirtschaftlichen Standpunkt aus trotzdem vorzuziehen, da das Verlegen rascher vor sich geht.

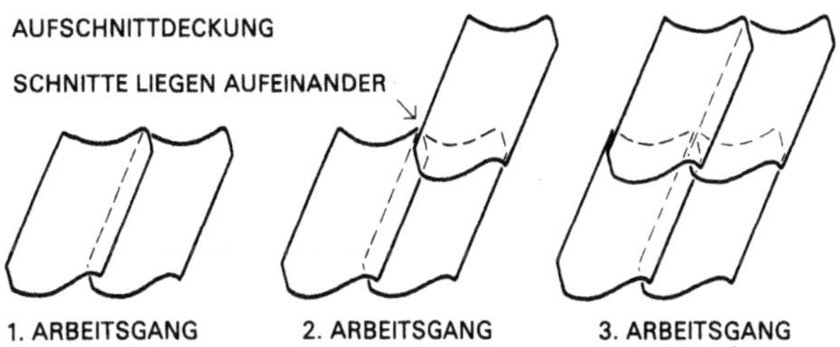

bei Dachneigung Grad (°)	Höhenüberdeckung in mm	
	bei Aufschnittdeckung	bei Vorschnittdeckung
von 35 bis 40	100	nicht zulässig
über 40 bis 45	90	70
über 45	80	70

Wandanschlüsse

Für Wandanschlüsse, Schornsteineindeckungen, Dachfenster, Leiterhaken und Schneefanggitter gelten im wesentlichen dieselben Regeln wie im Biberschwanzziegeldach. Bei Wandanschlüssen und Schornsteineindeckungen wird man den beweglichen Anschluß, die Blechverwahrung, vorziehen, da durch die Hohlpfannen zu große Fugen entstehen.

HOHLPFANNEN-AUFSCHNITT-DECKUNG

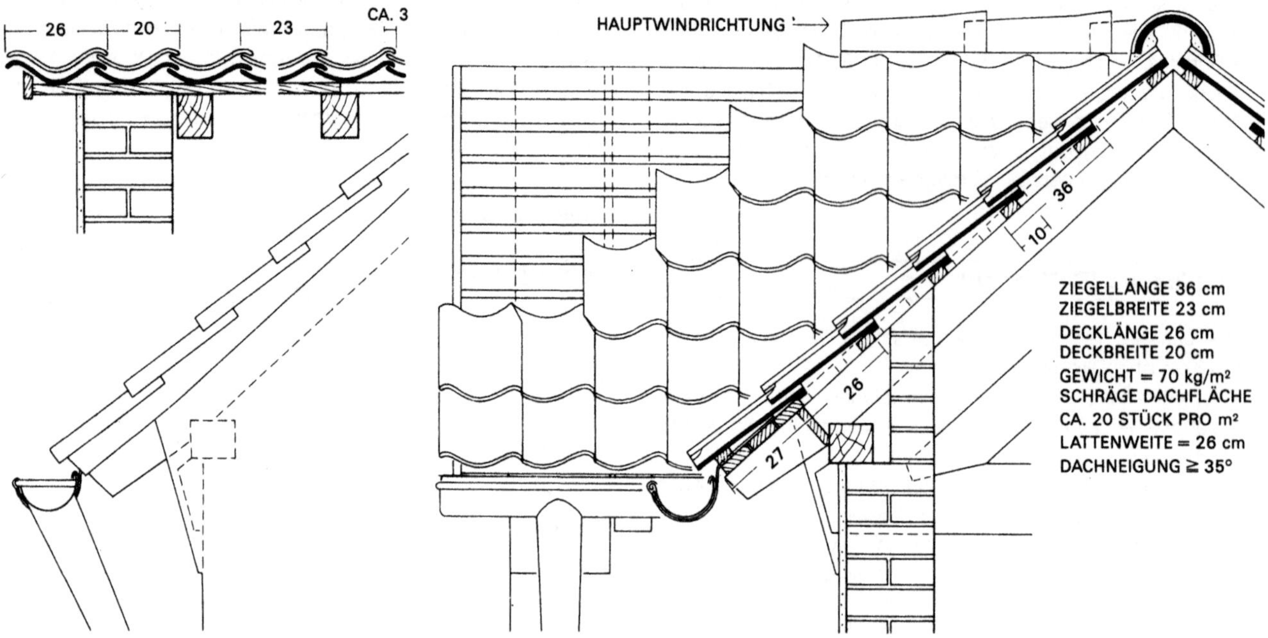

Kehlen

Für die Ermittlung der Kehlsparrenlänge des Kehlneigungswinkels und des wahren Kehlwinkels gelten die Konstruktionen, wie sie bereits im Biberschwanzziegeldach gezeigt wurden. Kehlen im Hohlpfannendach werden in der Regel mit Formziegeln oder Blech eingedeckt.

Die Überdeckung der Ziegel auf das Blech muß 8–10 cm betragen. Größere Überdeckungen sind auch nicht möglich, da sonst der Haltenocken des Ziegels nicht mehr auf der Dachlatte liegt, sondern auf dem Blech und der Ziegel keinen Halt mehr hat.

Formkehlziegel können entweder mit Oberkante Lattung oder auch mit Oberkante Sparren bündig liegen. Im letzteren Falle nagelt man seitlich an die Sparren kurze Lattenstücke und auf diese etwa 15 cm breite Kehlbretter, die so weit über die Kehlziegel überstehen, daß die Dachlatten auf dem Kehlbrett sicher genagelt werden können. Die Kehlziegel selbst befestigt man mit zwei verzinkten Nägeln oder Draht. Die Überdeckung ergibt sich aus der Form der Kehlziegel. Beim Decken der Kehle ist darauf zu sehen, daß das Wasser aus jeder einlaufenden Ziegelreihe einwandfrei in die Kehle abtropft und die abgeschroteten Ziegel sauber in die Schnur zu liegen kommen.

Für die ungleichhüftigen Kehlen besteht bei Verwendung von Formziegeln die Gefahr, daß das von der steileren Dachfläche ablaufende Wasser über die Kehlziegel hinweg in das Dachinnere gelangt. Dies kann durch gut konstruierte Blechkehlen verhindert werden.

Blechkehlen erfordern wie die Formkehlziegel eine Schalung, die bündig mit dem Sparren liegt. Die Schalbretter müssen in die einzelnen Sparrenfelder eingelassen werden. Die Blechrinne muß so breit sein, daß kein Wasser in das Dachinnere laufen kann. Einhüftige Blechkehlen sind an der flacher geneigten Dachfläche breiter zu halten oder entsprechend aufzubiegen, um das von der steileren Dachfläche herabschießende Wasser aufzuhalten.

Unabgedeckte Blechkehlen in einem Pfannendach sollte man vermeiden, da man alle Formziegel, wie z. B. auch die Falzpfannen, Flachdachpfannen usw., nur maschinell sauber schroten kann und eine handgeschrotete Kehle immer einen häßlichen, zerrissenen Eindruck macht. Deshalb verdient die geteilte, verdeckte Kehle den Vorzug. Bei dieser Kehlart wird die Kehle durch ein hochkant stehendes Brett, das in der Mitte des Kehlsparrens befestigt ist, geteilt. In einem Abstand von ~8 cm nagelt man dann parallel zu diesem Brett auf die Schalung, die in die einzelnen Sparrenfelder eingelassen ist, Längslatten; an diese stoßen die Dachlatten aus der Dachfläche. Die so entstandenen Kehlrinnen werden mit Kehlblechen ausgelegt, die etwa 25 cm breit die Schalung überdecken. Die Kehlbleche sind zwischen den Längslatten und dem hochkant gestellten Brett zu versenken und an diesem beiderseits hochzuziehen. Die Kehlbleche werden dann durch Blechstreifen auf dem Brett und der Lattung befestigt, so daß die Schalung frei und luftig liegt. Beim Decken der Dachflächen sind die untersten Ziegel so zu behauen, daß zwischen ihnen und dem Brett ein Zwischenraum von etwa 2 cm bleibt, damit das Wasser ungehindert ablaufen kann, die Kehle sich aber nicht verstopft. Zuletzt werden die Abdeckziegel, meistens Firstziegel, mit zwei Drahtstiften auf dem hochkant gestellten Brett befestigt.

Die geteilte verdeckte Kehle hat folgende Vorteile:

- sie ist durch die Blechrinne einwandfrei gedichtet,
- jede Dachfläche hat ihre eigene Rinne,
- das Wasser der Dachflächen kann nicht über die Kehle hinausschießen,
- die Blechkehle wird durch die Abdeckziegel verdeckt.

Die Eindeckung von Kehlen im Hohlpfannendach mit Biberschwanzziegeln oder Schiefer ist zu vermeiden.

Mönch-Nonnen-Deckung

Die Mönch-Nonnen-Deckung ist eine alte Deckungsart. Sie wird heute bei uns hauptsächlich in der Denkmalspflege ausgeführt, denn Zeitaufwand und Materialverbrauch sind zu groß. Ein weiterer Nachteil ist das große Gewicht der Dachhaut, das einen entsprechend starken Dachstuhl erfordert. Die Mönch-Nonnen-Deckung gilt wegen ihrer vertikalen Linienführung und schattenreichen Wirkung als die schönste Deckungsart. Sie beherrscht sozusagen die ganze Bauerscheinung.

Der Nonnenziegel ist am Kopf breiter als am Fuß, beim Mönchziegel ist es umgekehrt. Der Nonnenziegel besitzt am Kopf zwei Einschnitte, in welche der Mönchziegel einzuhängen ist. Der Kopf des Mönchziegels ist geschlossen.

Die Deckung erfolgt auf Latten. Die Nonnenziegel werden so auf die Lattung gehängt, daß der Mönchziegel den zwischen den zwei Nonnenziegeln entstehenden Zwischenraum überdecken kann. Die Mönchziegel überragen die Fußlinie der Nonnenziegel um einige

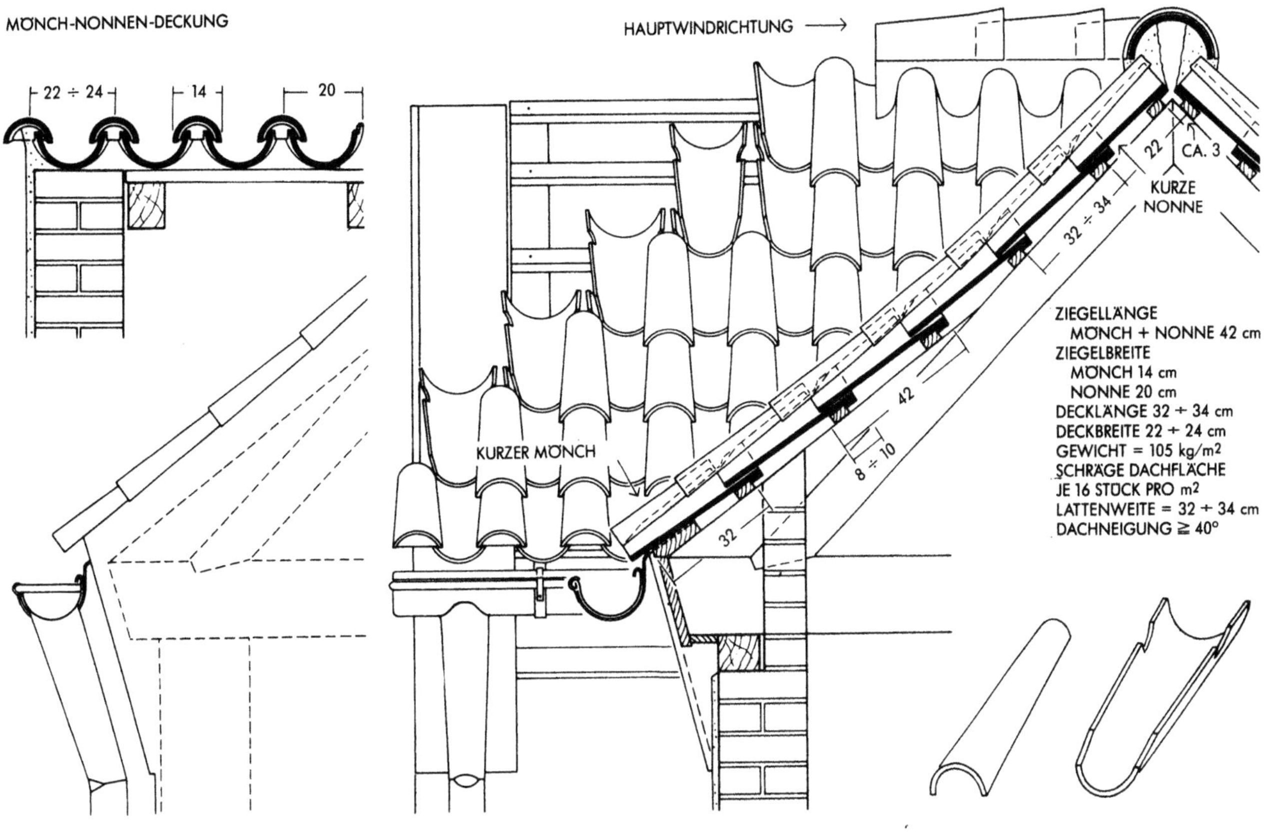

Zentimeter; deshalb muß man in der Traufschicht, um eine gerade Kante zu erhalten, kurze Mönchziegel und am First kurze Nonnenziegel verlegen.
Die Eindeckung selbst erfolgt in Mörtel, oder die Ziegel werden auf Zwischenlatten aufgenagelt und verdrahtet. Der Nonnenziegel erhält oben am Kopf einen Querschlag. Der nächstfolgende Ziegel wird in den Mörtel eingerieben. Hat man einen Gang (drei Nonnenziegel nebeneinander) von Traufe bis First gedeckt, dann werden die Mönchziegel über die Nonnenziegel gelegt. Sie erhalten zwei Längsschläge. Die Mönchziegel dürfen nicht voll in Mörtel gebettet werden, nur der Kopf wird mit Mörtel gefüllt und an die Nonnenziegel gedrückt, so daß der Kopf in die Einschnitte der Nonnenziegel greift.
Die Scheinstellen werden von innen verstrichen. Die Hohlräume, die an der Traufe entstehen, sind beim massiven Gesims auszufüllen. Bei Holzgesimsen ist ein den Formen der Nonnenziegel entsprechend zugeschnittenes Traufbrett anzubringen. Die Lattenweite soll Nonnenziegellänge minus 8 bis 10 cm betragen.
Moderne Mönchziegel haben zusätzliche, seitliche Fälze, die eine höhere Dichtigkeit der Deckung ermöglichen.

Kombinierte Mönch-Nonnen-Ziegel

Der kombinierte Mönch-Nonnen-Ziegel (Klosterpfanne) ist eine Umformung des alten Doppelschalenziegels „Mönch-Nonne". Er hat Kopf- und Seitenfalze und eine Profilierung, die beim fertigen Dach etwa derjenigen der Mönch- und Nonnenziegel entspricht, allerdings mit dem Unterschied, daß die Mönchziegel horizontal in gleicher Höhe mit den Nonnenziegeln durchlaufen. Die Fußlinie ist also nicht mehr zahnartig wie bei der Mönch-Nonnen-Deckung, sondern wellenförmig. Die kombinierten Mönch-Nonnen-Ziegel lassen sich natürlich viel schneller und leichter verlegen. Allerdings ist das große Gewicht der Dachhaut bei dieser modernen Variante noch vorhanden. Diese Ziegel verbinden die Vorteile der Flachdachpfannen mit der profilierten Optik der Mönch-Nonnen-Deckung.

Falzziegel

Bei der Falzziegeldeckung wird die Regensicherheit durch die Seiten- und Kopffalze der einzelnen Ziegel erreicht. Diese Falze können als Einfach- und Doppelfalze ausgeführt sein. Eine wohldurchdachte Konstruktion ist der „Ludowici-Falz". Er macht die Falzziegeldekkung bis zu Dachneigungen von 30° regensicher. Gegenüber anderen Deckungsarten ist das Gewicht der Falzziegeldeckung gering, da durchschnittlich nur 12,5–16 Ziegel je m^2 verlegt werden. Geringe Dachneigung und geringes Gewicht wirken sich natürlich auch auf den Holzverbrauch des Dachstuhls aus. Die Profilierung der Falzziegel verhindert, daß die einzelnen Ziegel als zu große Flächen erscheinen, betont die vertikale Linienführung und verringert gleichzeitig die Bruchgefahr. Sämtliches Wasser wird durch die stark ausgeprägten Mulden auf dem kürzesten Weg zur Traufe geleitet. Das Wasser, das in die Fugen dringt, wird schnell und sicher in den Falzen abgeleitet.
Da die Falzziegel ein schnelles Verlegen ermöglichen, kann diese Deckungsart als sehr wirtschaftlich bezeichnet werden.
Die im Handel befindlichen Falzziegel ermöglichen eine Deckung sowohl im Verband wie auch in Reihen, wobei die Reihendeckung nur für untergeordnete Gebäude geeignet ist.
Bei der Deckung im Verband liegt der Seitenfalz eines Ziegels über der Mitte des darunterliegenden.
Bei der Reihendeckung dagegen liegen die Seitenfalze übereinander, und das Wasser wird von Seitenfalz zu Seitenfalz und nicht in die Mulden des darunterliegenden Ziegels weitergeleitet. Darum ist in bezug auf die Regensicherheit die Deckung im Verband vorzuziehen, der Ortgang liegt dagegen in Reihe.
Bei der Falzziegeldeckung hängt die Lattenweite von dem verwendeten Ziegelformat ab. Die Überdeckung, sowohl seitlich als auch in der Höhe, ergibt sich durch die Falze. Zur Verhütung von Sturmschäden können die Falzziegel mit Bindedraht oder Sturmklammern befestigt werden. Die Anschlüsse der Dachfläche an Dachaufbauten, Schornsteine usw. sind mit Metall abzudichten.

Beim Ausspitzen der Ziegel am Grat halten sich die Ziegel, bei denen die Nase fortfällt, durch das Ineinandergreifen der Kopffalze. Über das Anbringen des Gratbrettes und Verstrich der Gratziegel gilt das bei der Biberschwanzdeckung Gesagte. Die Falzziegeldeckung ist in ihrer Erscheinung lebhaft und etwas unruhig. Die viel ruhiger wirkenden Falzpfannen- und Flachdachpfannendeckungen werden deshalb allgemein bevorzugt.

Falzpfannen/Reformpfannen

gelten als eine verbesserte Ausführung der Falzziegel. Sie ergeben bis zu Dachneigungen von 30° eine regen- und sturmsichere Deckung, die in ihrer Erscheinung ruhiger wirkt als die Falzziegeldeckung. Die Falzpfannen können nicht im Verbund gedeckt werden.

Bei Deckung mit Flachdachpfannen muß die Sparrenlänge mit einem Vielfachen der festgelegten Lattenweite übereinstimmen. Deshalb sollte auch der Zimmermann vor Beginn seiner Arbeit genaue Erfahrungswerte beim Dachdecker einholen. Auch die Länge der Dachfläche von Ortgang zu Ortgang ist auf die Deckenbreiten der verwendeten Ziegel abzustimmen. Da die Maße der einzelnen Ziegel schwanken, verlegt man probeweise 10 Ziegel nebeneinander; einmal sind sie in den Falzen so dicht wie möglich zusammenzudrücken und ein andermal möglichst weit auseinanderzuziehen. Das Mittel der beiden Maße, das sich dabei ergibt, dient als mittleres Deckmaß und ist bestimmend für die Länge der Dachhaut. Die gleiche Probe kann auch für die Länge der Sparren gemacht werden. Man legt z. B. 2 × 12 Ziegel übereinander, drückt sie einmal zusammen, zieht sie einmal auseinander und erhält so das mittlere Deckmaß und damit die erforderliche Sparrenlänge. Derartige Versuche ergeben die genauen Abmessungen von Dach-

FALZPFANNENDECKUNG

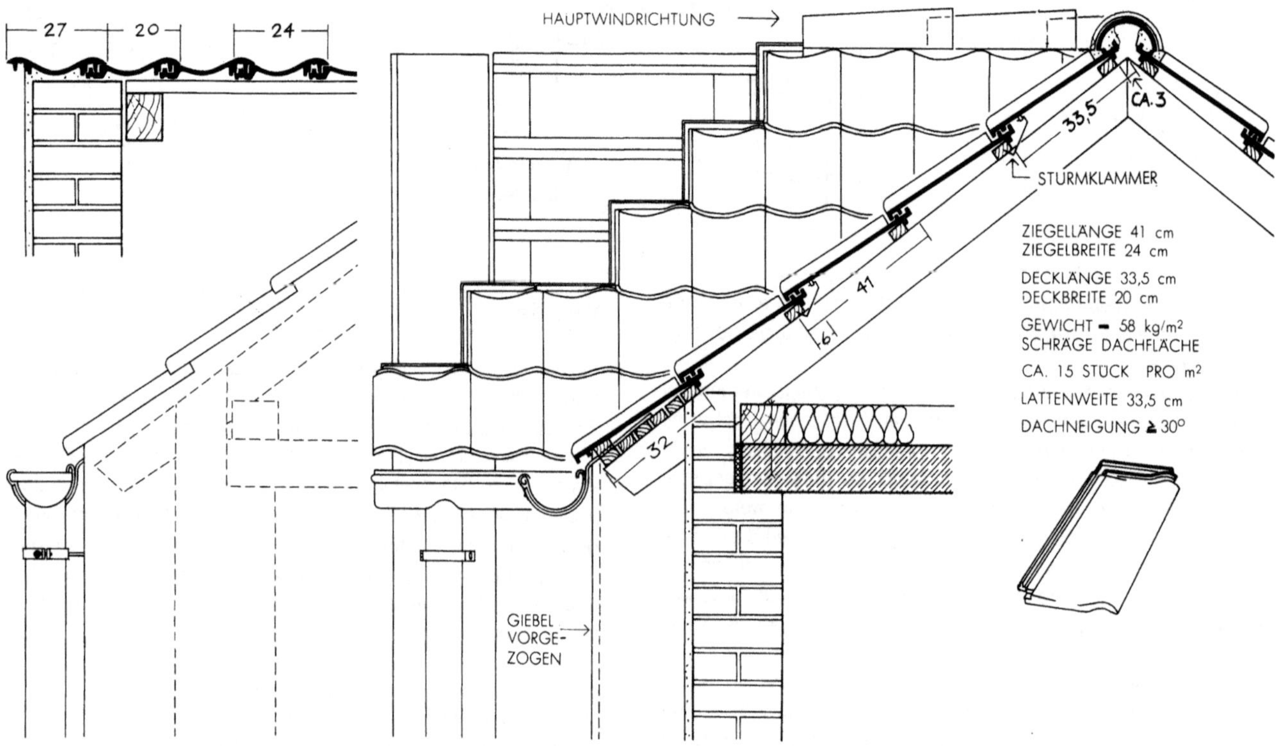

Flachdachpfannen

stellen eine weitere Verbesserung und Sonderform der Falzpfannen dar und lassen sich bis zu 20° Dachneigung eindecken.

Gegenüber den Falzziegeln und den Falzpfannen wurde bei den Flachdachpfannen der äußere Falz so hoch gelegt, daß es dem Wasser fast unmöglich ist, seitlich in das Dachinnere zu gelangen. Wenn trotzdem durch den Wind Wasser in den Innenkanal getrieben werden sollte, so läuft es nicht wie bei den Falzziegeln nach unten ab, sondern wird seitlich immer wieder auf die Oberfläche des gleichen Ziegels abgeleitet. Mit dieser Anordnung wurde gleichzeitig eine vierfache Auflage und eine zweifache Überdeckung der Flachdachpfannen an jeder Ziegelreihe erreicht.

VIER-ZIEGEL-ECKÜBERDECKUNG

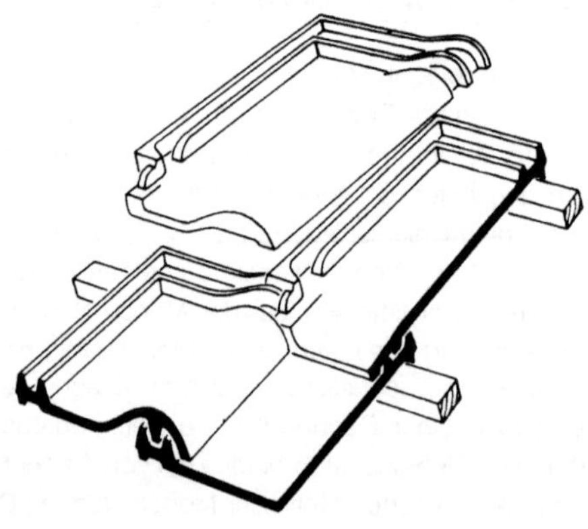

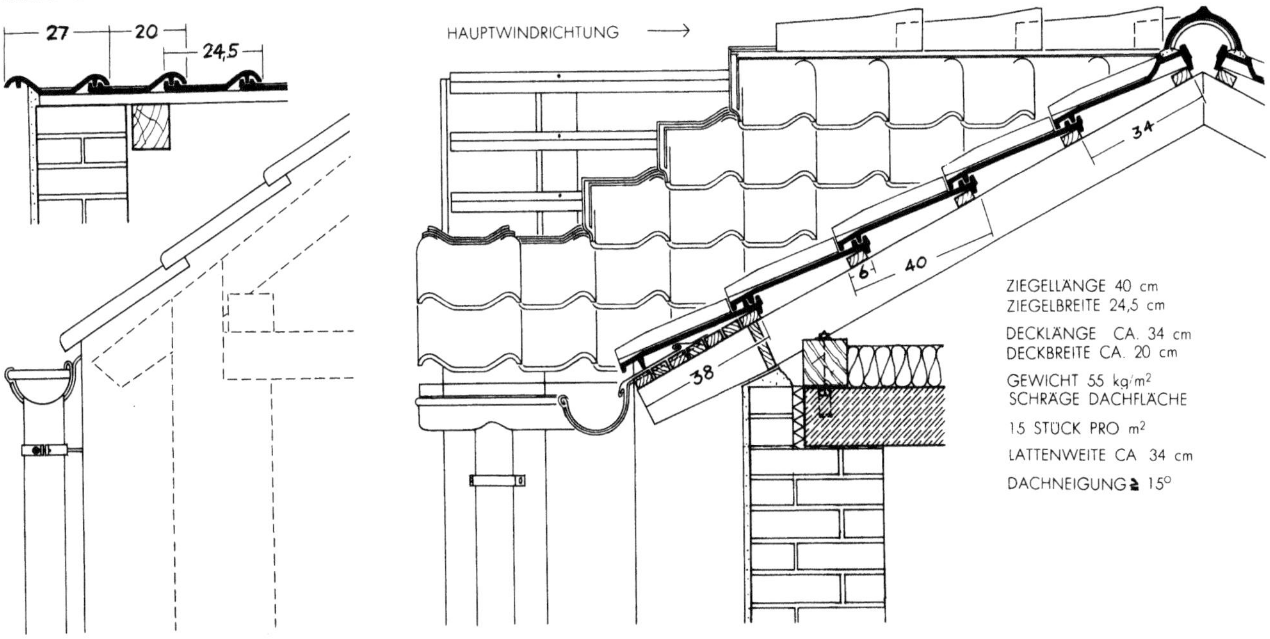

flächen, die einwandfrei ohne geschrotete Ziegel gedeckt werden können. Die Dachlatten werden nach denselben Regeln, wie bei der Biberschwanzdeckung schon beschrieben, auf die Sparren aufgenagelt. Wenn die Lattung aufgebracht ist, verlegt man zuerst die Traufschicht in ganzer Länge. Von der fertig verlegten Traufschicht aus können jetzt die Schnurschläge für die einzelnen, vier Ziegel breiten Arbeitsgänge genau senkrecht zur Traufe festgelegt werden. Die Deckung der Ziegel erfolgt nicht im Verband, sondern in Reihen. Für die Ausführung von Traufe, First, Ortgang und Wandanschlüssen stellt die Ziegelindustrie geeignete Formziegel her.

Firstanschlußziegel bilden eine sichere Aufstellfläche für die Firstziegel und schließen gleichzeitig die Fuge zwischen Dachfläche und Firstziegel. Die verwendeten Firstziegel müssen der Form der Anschlußziegel entsprechen und sollen nicht eingemörtelt, sondern nur von außen her verfugt werden.

Traufziegel haben einen senkrechten, seitlich verfalzten Steg, der sich so auf die Eindeckunterlage an der Traufe abstützt, daß ein Eindringen von Ruß, Schnee, Vögeln usw. unmöglich ist.

Die Verwendung von First- und Traufanschlußziegeln erfordert genaue Einteilung der Lattung, und zwar vom First aus, da hier First- und Firstanschlußziegel zusammenpassen müssen. Geht die Sparrenlänge mit der Lattenweite nicht ganz auf, dann bringt man an der Traufe ein entsprechend breites Traufbrett bzw. -blech an (Notbehelf).

Ortgangziegel sind in mehreren Ausführungen im Handel. Solche mit Lappen umschließen die ganze Kante des Daches dicht und lückenlos. Wenn die Dachfläche eingeteilt und damit die Lage der Ziegel bestimmt ist, wird das Hängebrett von unten gegen die über das Giebelmauerwerk hinausstehenden Dachlatten genagelt, dann werden die Ziegel aufgelegt. Am einfachsten und billigsten ist die Verwendung von Doppelwulstziegeln, die nur an der linken Dachkante verlegt werden. Die Ziegel müssen mindestens 3 cm über Außenkante Putz oder Hängebrett hinausgreifen.

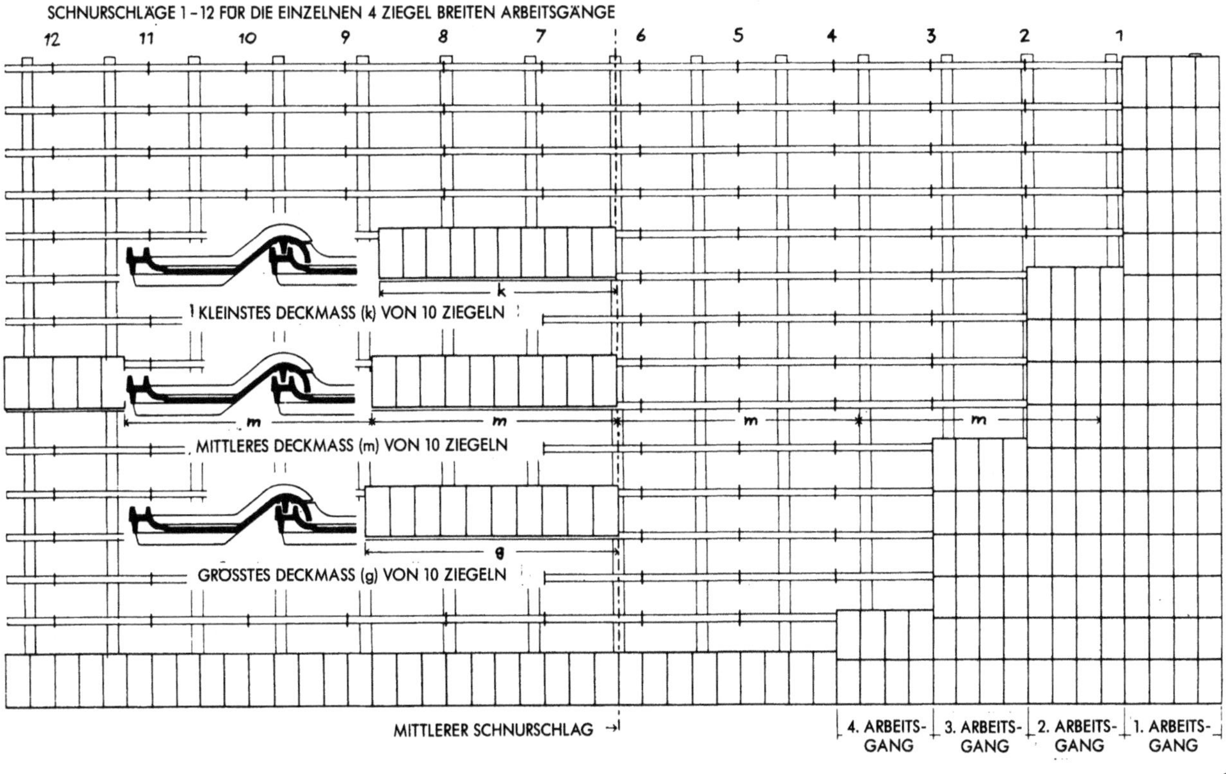

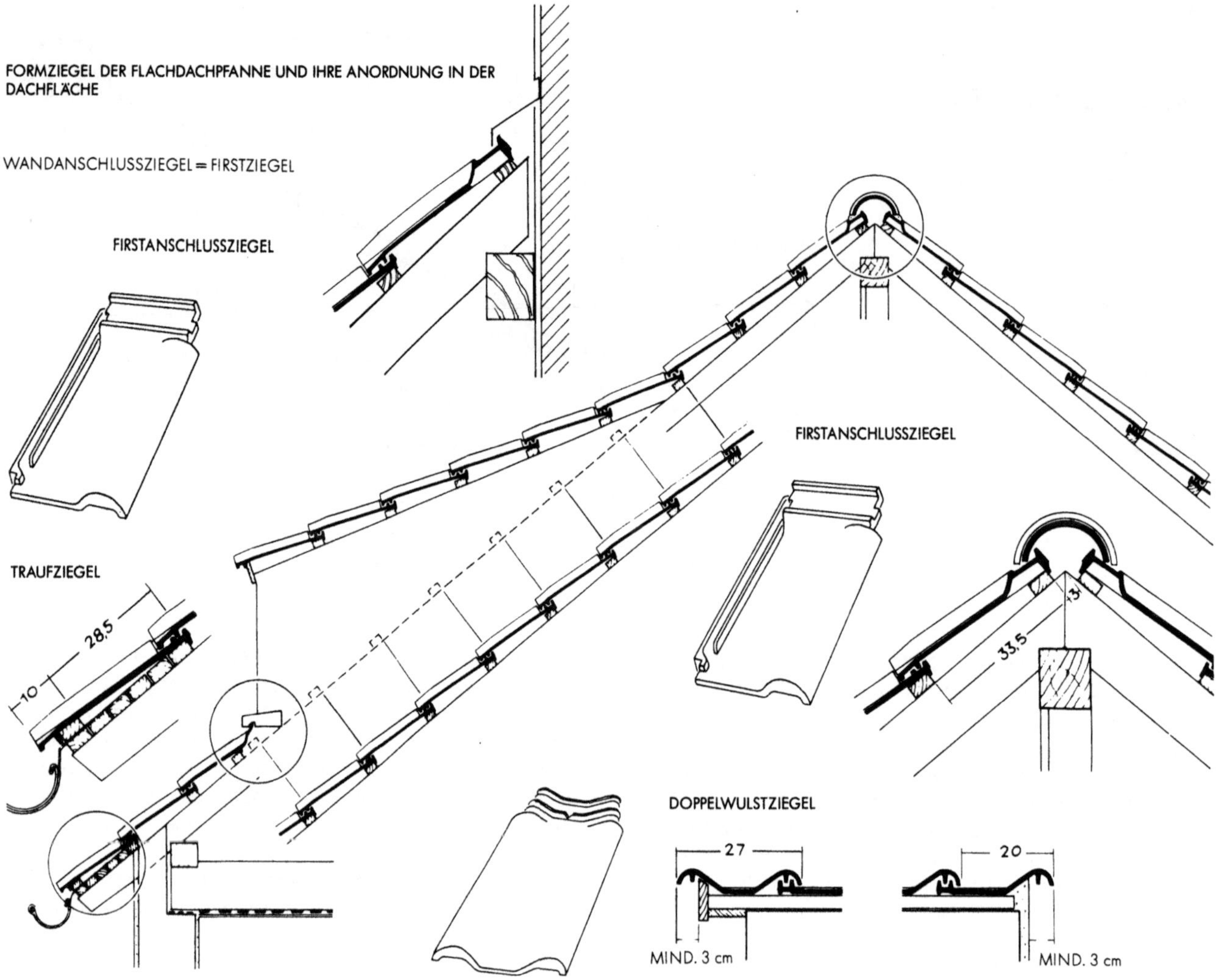
FORMZIEGEL DER FLACHDACHPFANNE UND IHRE ANORDNUNG IN DER DACHFLÄCHE
WANDANSCHLUSSZIEGEL = FIRSTZIEGEL
FIRSTANSCHLUSSZIEGEL
TRAUFZIEGEL
28,5
10
FIRSTANSCHLUSSZIEGEL
33,5
DOPPELWULSTZIEGEL
27
20
MIND. 3 cm
MIND. 3 cm

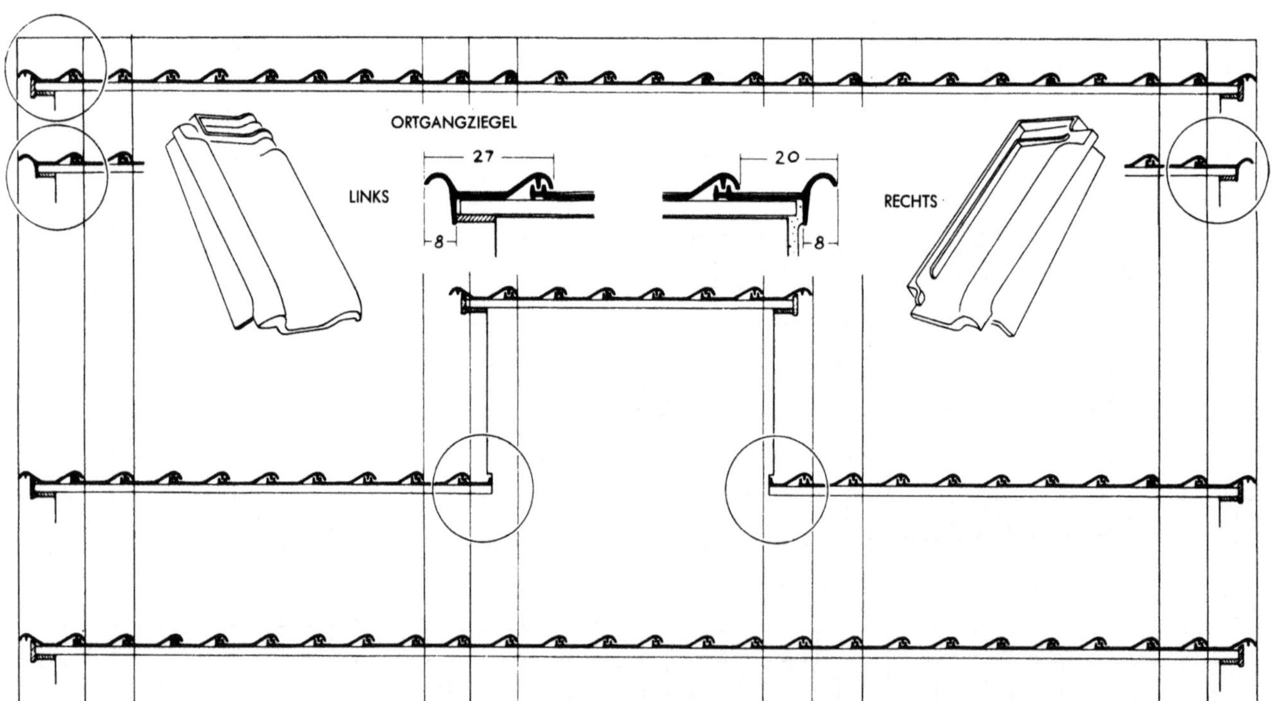
ORTGANGZIEGEL
LINKS
27
8
20
8
RECHTS

Wandanschlüsse

Für Wandanschlüsse und Schornsteineinfassungen gelten im wesentlichen die Regeln wie beim Biberschwanzziegeldach. Auch hier wird man wie beim Hohlpfannendach die Blechverwahrung dem starren Anschluß vorziehen, weil durch die Form der Flachdachpfannen zu große Fugen entstehen.

Als Pultdachanschluß an höhere Wände nimmt man den Firstziegel, der am Kopfende einen höheren Steg hat. Zur Andichtung ist nur ein Streifen aus Walzblei mit einem Blechwinkel nötig, der mittels Putzklammer an der Wandfläche zu befestigen ist.

Für freistehende Pultdächer kann man Pultdachanschlußziegel verwenden, die einen nach unten zeigenden Steg haben. Da sie besonders dem Sturm ausgesetzt sind, werden sie mit Drahtsturmhaken doppelt angehängt oder angebunden.

Auch für das Eindecken von Dachfenstern und das Anbringen von Leiterhaken, Schneefanggittern und Dunstabzügen gibt es spezielle Formenziegel, die eine sichere Detailausbildung ermöglichen.

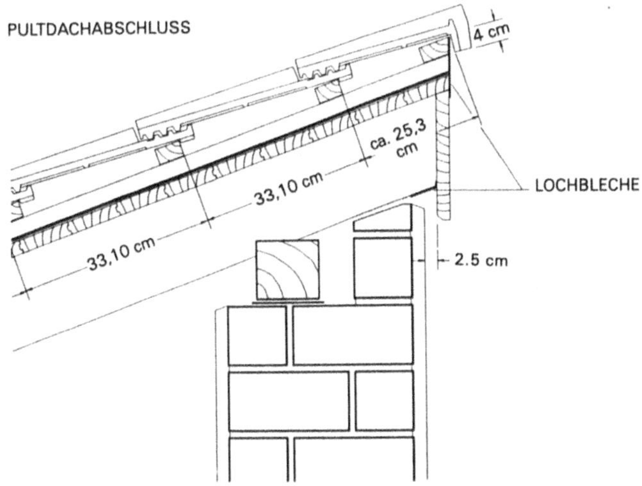

Nach DIN 456, Ziff. 1.5 ist die Ausbildung der Formziegel den Herstellern überlassen und ist nicht genormt. Diese Dachziegel müssen so gestaltet sein, daß sie zusammen mit den genormten Dachziegeln einwandfrei gedeckt werden können.

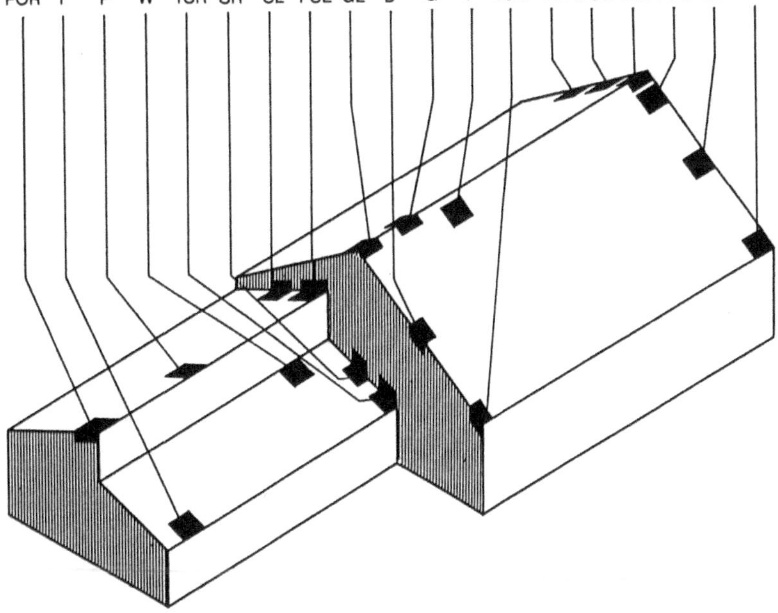

Kantenziegel der Dachlänge (Sparrenlänge):

OL/OR	Ortgangziegel links/rechts
OL/OR mit AP	Ortgangziegel links/rechts mit Abschlußplatten
SL/SR	Seitenanschlußziegel links/rechts
D	Doppelwulstziegel oder Doppelkremper

Kantenziegel der Dachbreite mit Eckzielgeln:

T	Traufziegel
TOL/TOR	Trauf-Ortgang-Eckziegel links/rechts
TSL/TSR	Trauf-Seitenanschluß-Eckziegel links/rechts
F	Firstanschlußziegel
FOL/FOR	Firstanschluß-Ortgang-Eckziegel links/rechts
FSL/FSR	Firstanschluß-Seitenanschluß-E. links/rechts

P	Pultdachziegel
POL/POR	Pultdach-Ortgang-Eckziegel links/rechts
PSL/PSR	Pultdach-Seitenanschluß-Eckziegel links/rechts

W	Wandanschlußziegel
WOL/WOR	Wandanschluß-Ortgang-Eckziegel links/rechts
WSL/WSR	Wandanschluß-Seitenanschluß-E. links/rechts

First-, Grat- und Kehlziegel:

G	First- und Gratziegel
GH	First- und Gratziegel halber
GR	First- und Gratanfänger (rechts)
GL	Firstendstück (links, ohne Falz)
GK	First-Kreuzungen
GG	Grat-Glocken: Firste . . ., Grate . . ., . . .°
K	Kehlziegel mit und ohne Steg

Formziegel im Mittelfeld:

L	Lüftungsziegel mit Tonsieb
FL	Firstanschluß-Lüftungsziegel
DR	Dunstrohrdurchlaßziegel mit Hut
DK	Dunstrohrdurchlaßziegel mit Kappe
SF	Schneefangziegel
A	Antennen-Durchlaßziegel
Glas	Glasziegel

BEISPIEL EINES DACHZIEGELPROGRAMMES FÜR FLACHDACHPFANNEN (ERLUS)

FIRSTANSCHLUSS-SCHIEBEZIEGEL
ORTGANG LINKS

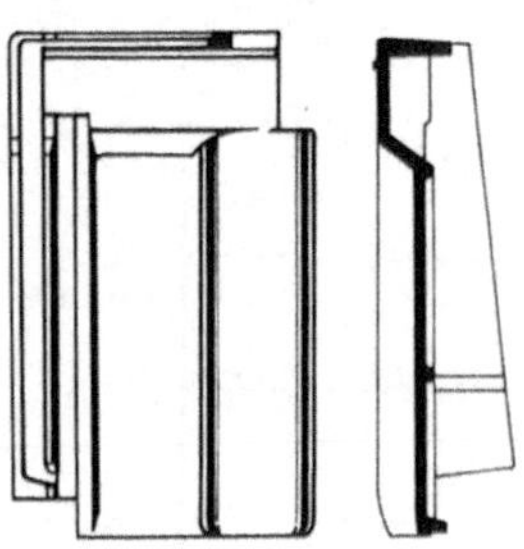

FIRSTANSCHLUSS-SCHIEBEZIEGEL

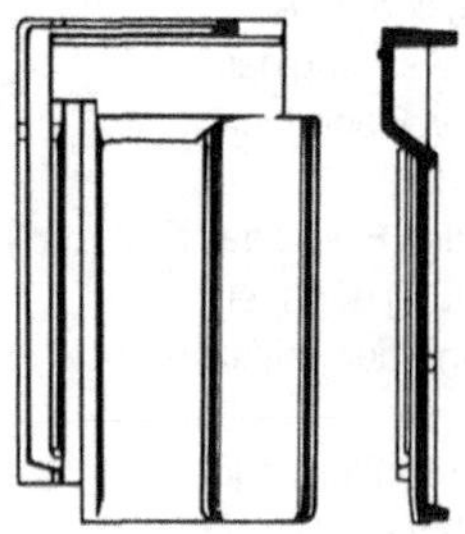

FIRSTANSCHLUSS-SCHIEBEZIEGEL
ORTGANG RECHTS

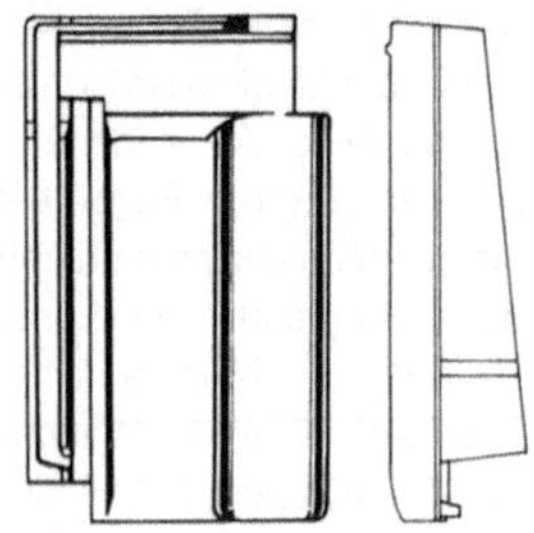

FIRSTANSCHLUSS-ORTGANGPFANNE
LINKS

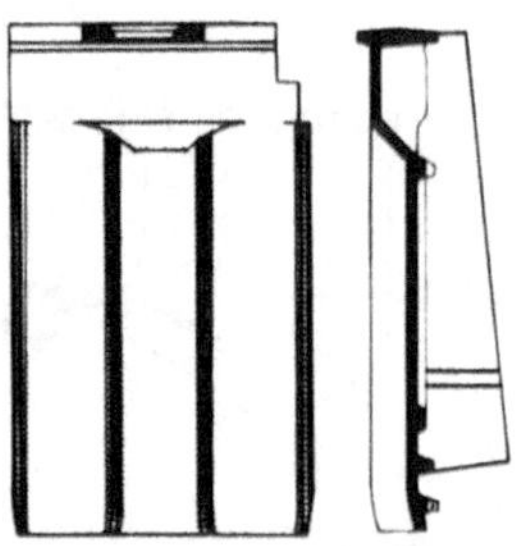

FIRSTANSCHLUSSPFANNE

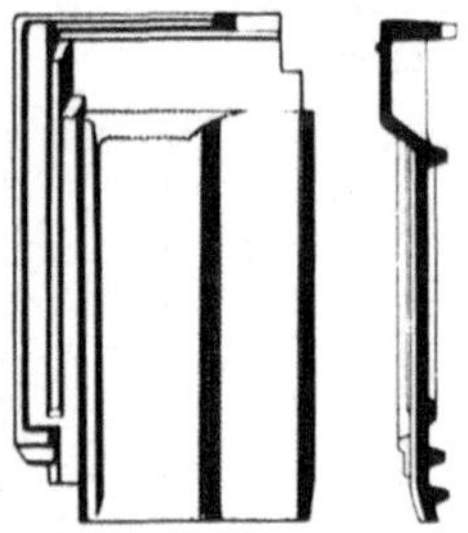

FIRSTANSCHLUSS-ORTGANGPFANNE
RECHTS

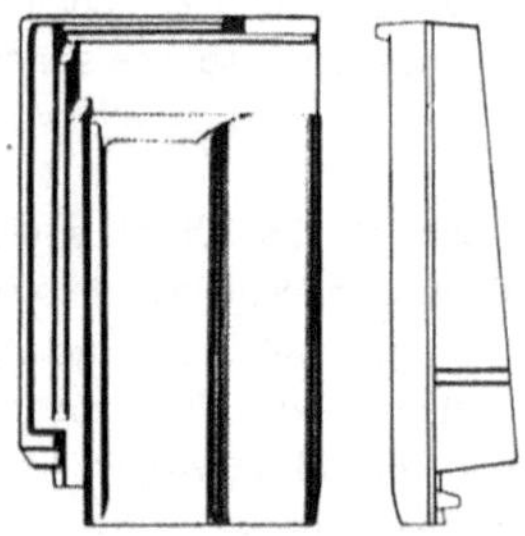

ORTGANGPFANNE LINKS

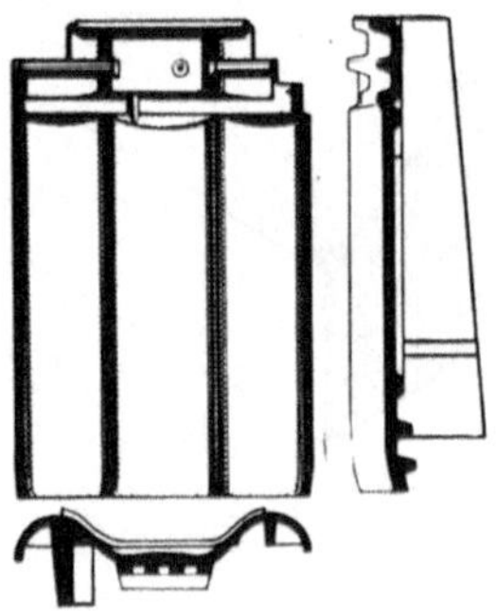

STANDARDPFANNE

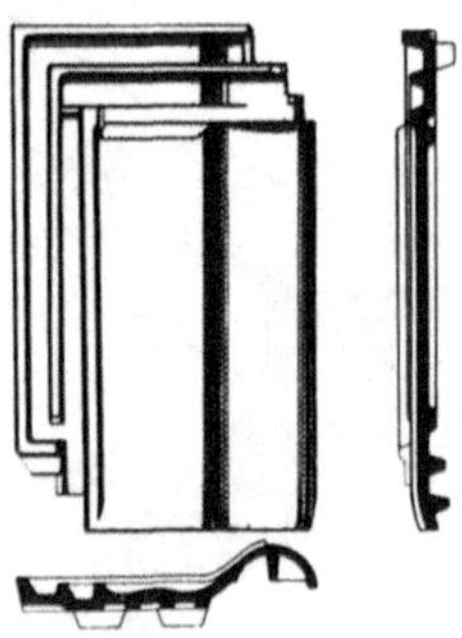

ORTGANGPFANNE RECHTS

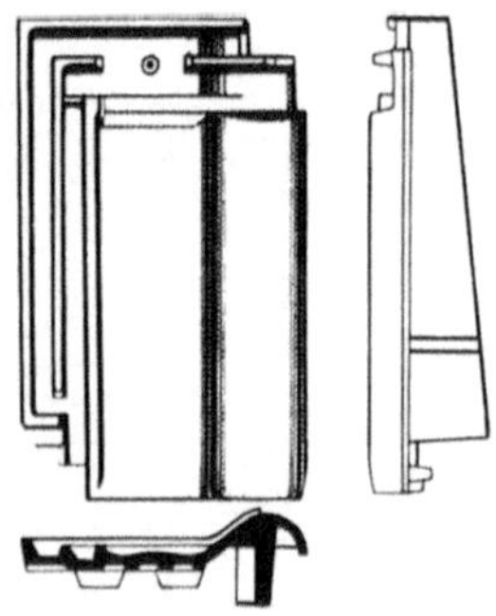

TRAUFORTGANGPFANNE
LINKS

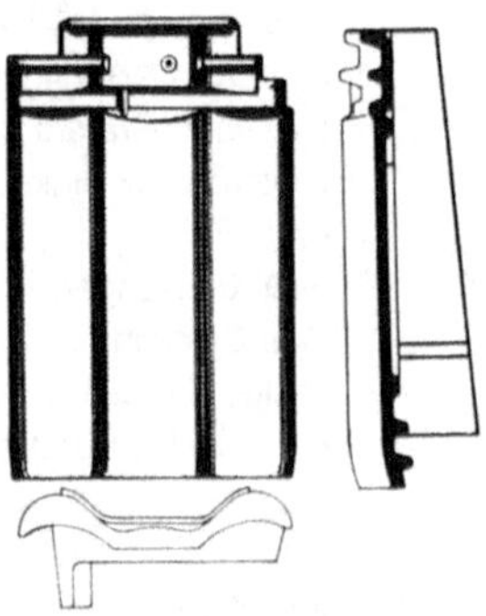

TRAUFPFANNE

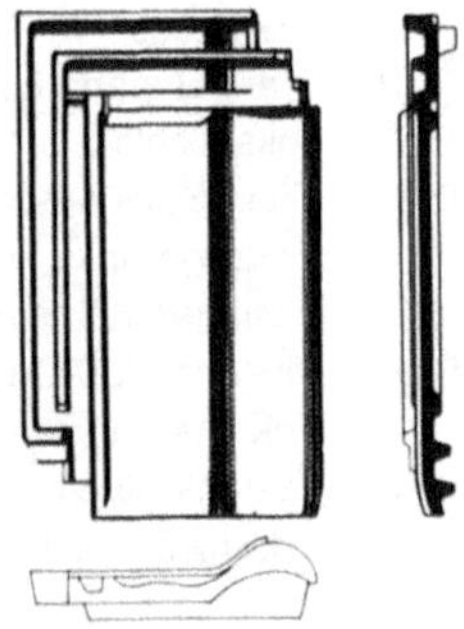

TRAUFORTGANGPFANNE
RECHTS

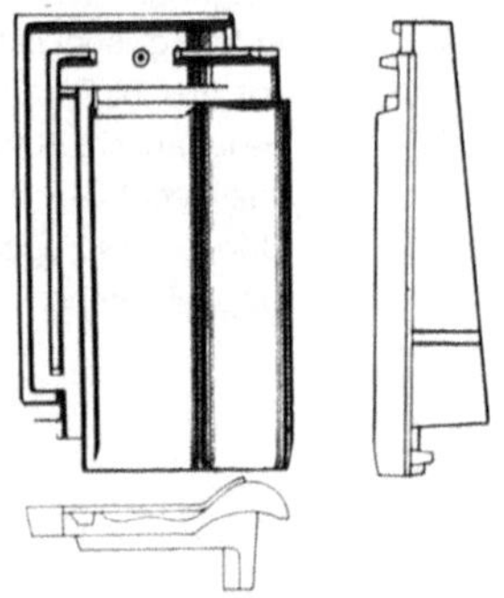

PULT-ORTGANGPFANNE
LINKS

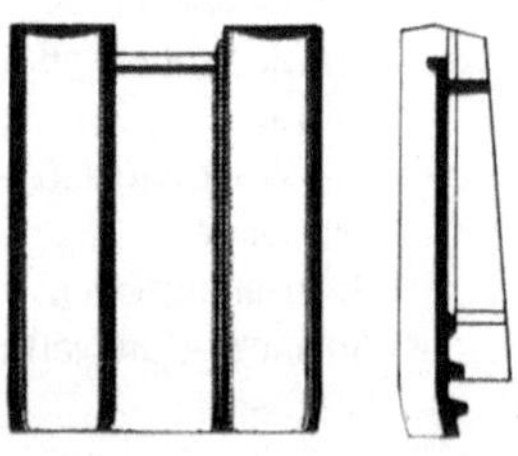

PULTPFANNE

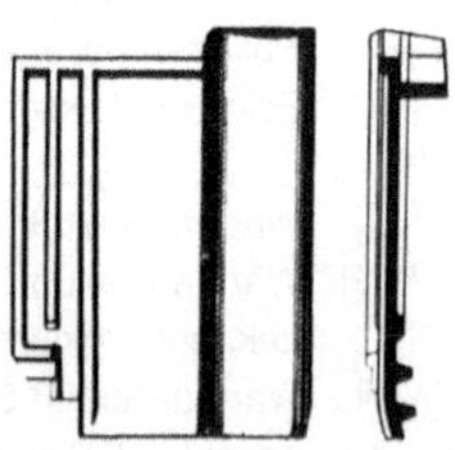

PULTORTGANGPFANNE
RECHTS

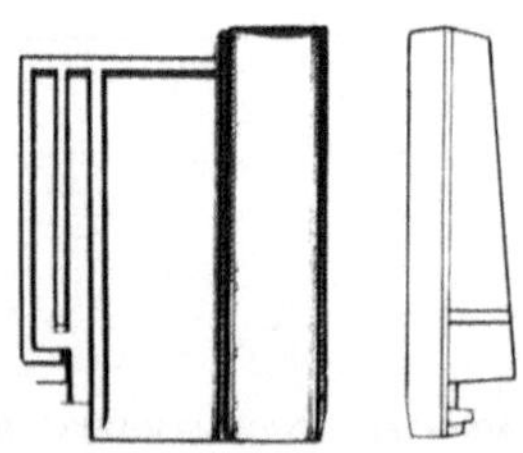

BEISPIEL EINES DACHZIEGELPROGRAMMES FÜR FLACHDACHPFANNEN (ERLUS)

FIRSTANSCHLUSS-LÜFTER-SCHIEBEZIEGEL

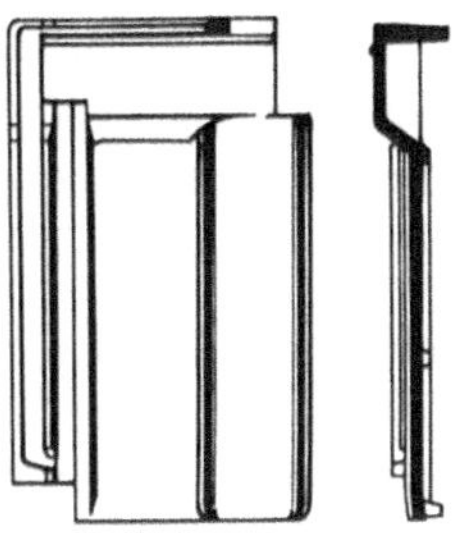

FIRSTANSCHLUSS-DOPPELWULSTPFANNE

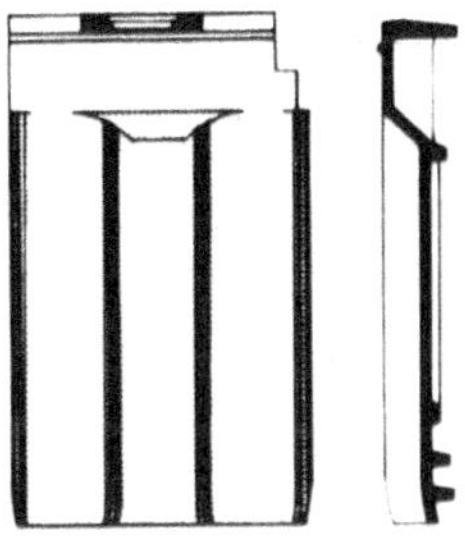

DOPPELWULSTPFANNE

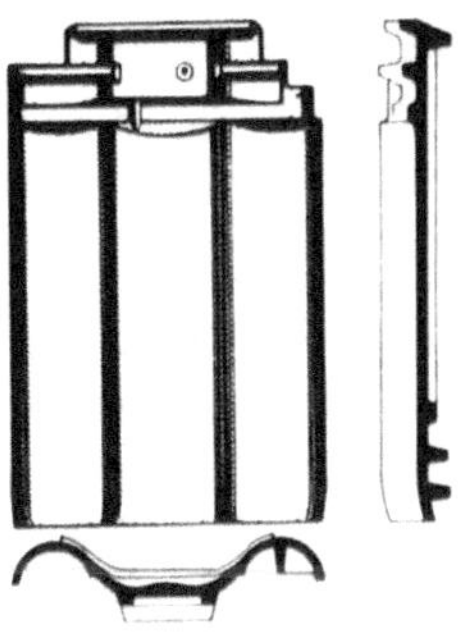

TRAUF-DOPPELWULSTPFANNE

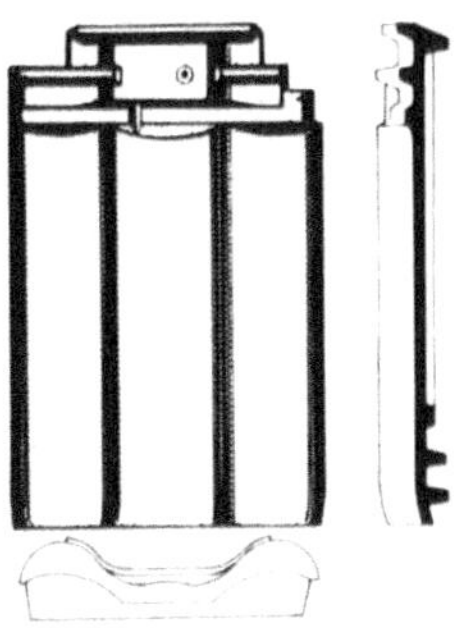

PULT-DOPPELWULSTPFANNE

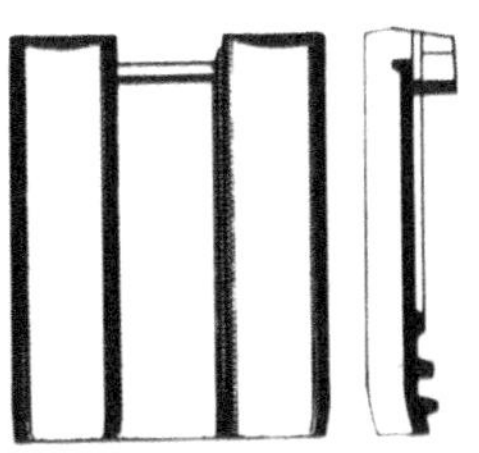

FIRSTZIEGEL NR. 14

FIRSTABSCHLUSSZIEGEL

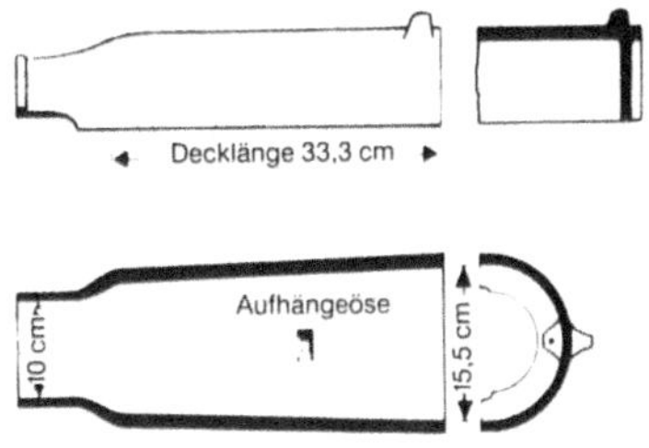

LÜFTUNGSPFANNE

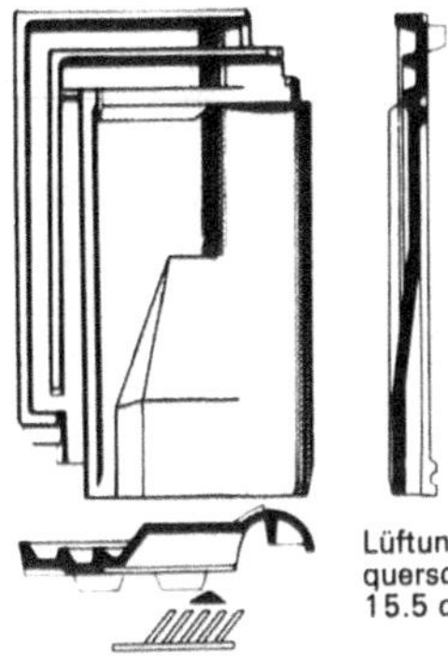

Lüftungs-
querschnitt
15.5 cm²

ERGO-LÜFTER

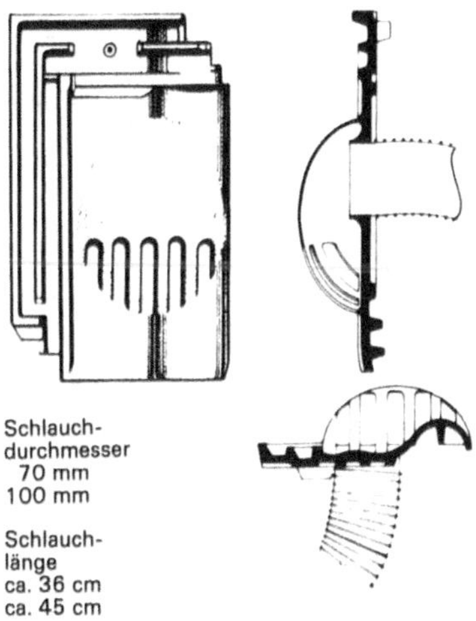

Schlauch-
durchmesser
70 mm
100 mm

Schlauch-
länge
ca. 36 cm
ca. 45 cm

SCHNEEFANGZIEGEL

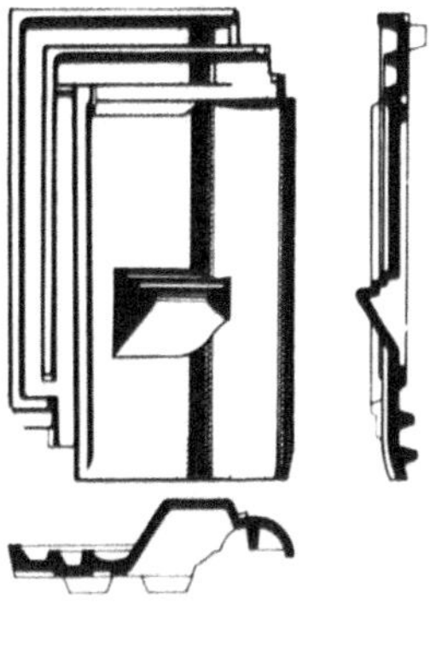

FIRSTZIEGEL NR. 14 a

FIRSTABSCHLUSSZIEGEL

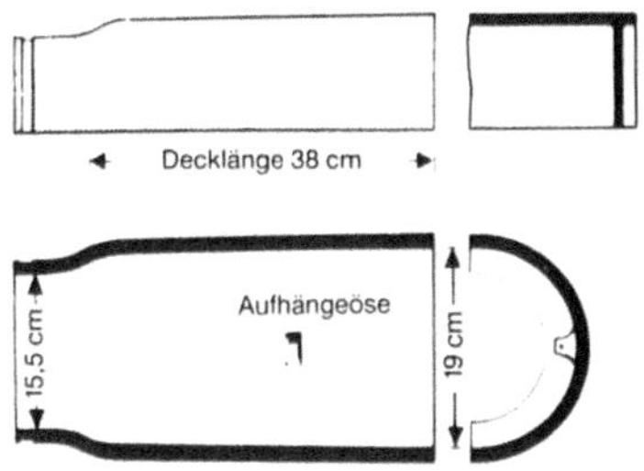

FIRSTZIEGEL NR. 15

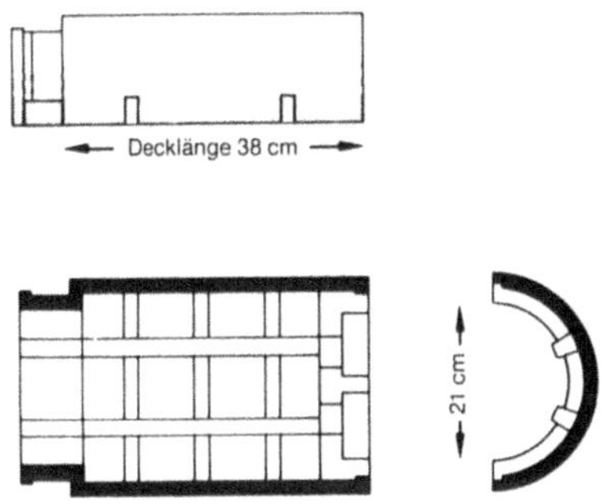

Außerdem sind lieferbar:

Trittsteige
Acryldachpfanne E58
Metalldachpfanne E58
Dunstrohreinfassung, verzinkt, ∅ 70 mm, ∅ 100 mm
First- und Gratlattenhalter
Klammern für First- und Gratziegel Nr. 14
Klammern für First- und Gratziegel Nr. 14 a
Klammern für First- und Gratziegel Nr. 15
Anfang- und Endscheiben für First- und Gratziegel Nr. 15
Entlüfter aus Hart-PVC, ∅ 100 mm
Antennendurchgang aus Hart-PVC
Dachfenster, verzinkt, 48/50 cm, ohne Glas
Sturmklammern (Paket zu je 500 Stück)
ERLUS-First und Gratentlüftungssystem

Kehlen und Grate

werden nach denselben Regeln gedeckt wie die Kehlen im Hohlpfannendach. Die geteilte gedeckte Kehle besteht aus zwei parallel laufenden Blechrinnen, in deren Mitte eine senkrecht befestigte Bohle eine Kehlabdeckung aus Firstziegeln trägt. Diese Kehle hat optisch die gleiche Ausformung wie ein First oder Grat, nur eben als konkave Form. Durch die schlechte Zugänglichkeit der Kehlrinnen unter der Abdeckung ergibt sich jedoch der Nachteil der schlechten Kontrollierbarkeit und Verschmutzung, was speziell bei ausgebauten Dächern zur Durchnässung des Dachaufbaus führen kann, wenn die Rinne überläuft.
Diese ältere Form der Dachkehle wurde früher ausgeführt, weil man nicht die handwerklichen Möglichkeiten hatte, die stark profilierten Dachziegel sauber zu schneiden; sie wurden mit dem Hammer geschrotet und wiesen unregelmäßige Bruchstellen auf, die es abzudecken galt.
Heutzutage ist durch die Vielzahl an verfügbaren Kleinmaschinen die Möglichkeit gegeben, die Dachziegel mit sauberen Kanten zuzuschneiden, weswegen man die Abdeckung der Kehle aus optischer Sicht nicht mehr ausführen muß. Man konstruiert eine offene Rinne, bei der die oben genannten Probleme nicht mehr auftreten.

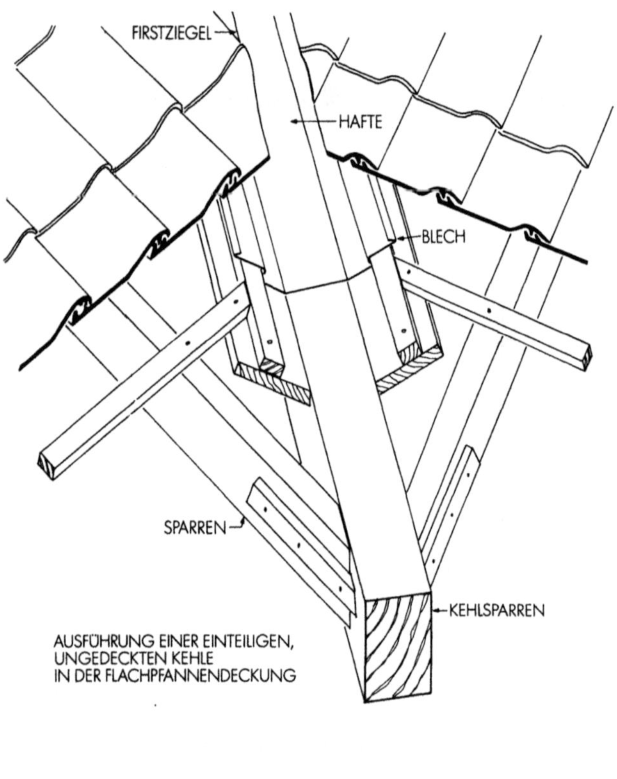

AUSFÜHRUNG EINER EINTEILIGEN, UNGEDECKTEN KEHLE IN DER FLACHPFANNENDECKUNG

Schornstein-Eindeckung

Durchführungen von Schornsteinen im Ziegeldach lassen sich kaum vermeiden und stellen immer potentielle Schwachstellen dar. Aus diesem Grund versucht man schon bei der Grundrißplanung den Schornstein so zu legen, daß er möglichst nahe am Dachfirst austritt, da hier wesentlich weniger Wasser anfällt als z. B. bei einer Position in der Nähe der Traufe. Der optimal angeordnete Schornstein endet genau in der Firstmitte des Daches, d. h., daß alles anfallende Regenwasser vom Kamin fortläuft und somit mögliche Schwachstellen keine Undichtigkeiten ergeben. Bei Dachstühlen mit Mittelpfette muß diese dafür unterbrochen werden, wenn man nicht von vorneherein zwei Pfetten am First anordnet, die am Schornsteinkopf vorbeigehen.
Die Eindichtung des Schornsteinkopfes in die Dachfläche erfolgt fast immer mit Blechen, die in Form von gekanteten Kehlen und Rinnen sowie Überhangstreifen vom Spengler gearbeitet werden. Es gibt auch fertige Systeme aus Blech, die sich entsprechend der jeweiligen Einbausituation anpassen lassen, aber oft architektonischen Ansprüchen nicht genügen können.
Alle Eindeckungen müssen so ausgebildet sein, daß sie keine starre Verbindung zwischen Schornstein und Dachfläche herstellen, damit die thermisch bedingten Bewegungen des Schornsteins nicht übertragen werden und auch keine Verformungen des Daches in den Schornstein eingeleitet werden. Sie sind daher grundsätzlich als „schiebende" Verbindungen vorzusehen.
Bei ausgebauten Dächern ist darauf zu achten, daß die Dampfsperre des Dachaufbaus direkt am Schornstein dicht befestigt wird und daß vor allem die oberseitige Unterspannbahn oder das Unterdach als wasserführende Schicht angeschlossen werden. Sie sind rundum aufzukanten und die Ecken abzudichten, es handelt sich also um eine zweite „Eindeckung" des Schornsteins, die vom Prinzip der Wasserabführung wie die in der Ziegelebene zu behandeln ist.
Die Bauindustrie bietet fertige Schornsteinsysteme an, mit allen Anschlußteilen und auch fertigen Schornsteinköpfen, z. B. aus Beton, die einfach über den eingedeckten Schornstein gestülpt werden. Bei der Wahl solcher Fertigteilsysteme ist grundsätzlich darauf zu achten, daß alle Verblechungen und Anschlüsse zugänglich bleiben, um spätere Wartungs- und Reparaturarbeiten ausführen zu können, ohne den gesamten Schornsteinkopf abheben zu müssen, da dies mit einem unverhältnismäßigen Aufwand verbunden wäre.

SCHORNSTEIN-EINDECKUNG IM FLACHPFANNENDACH

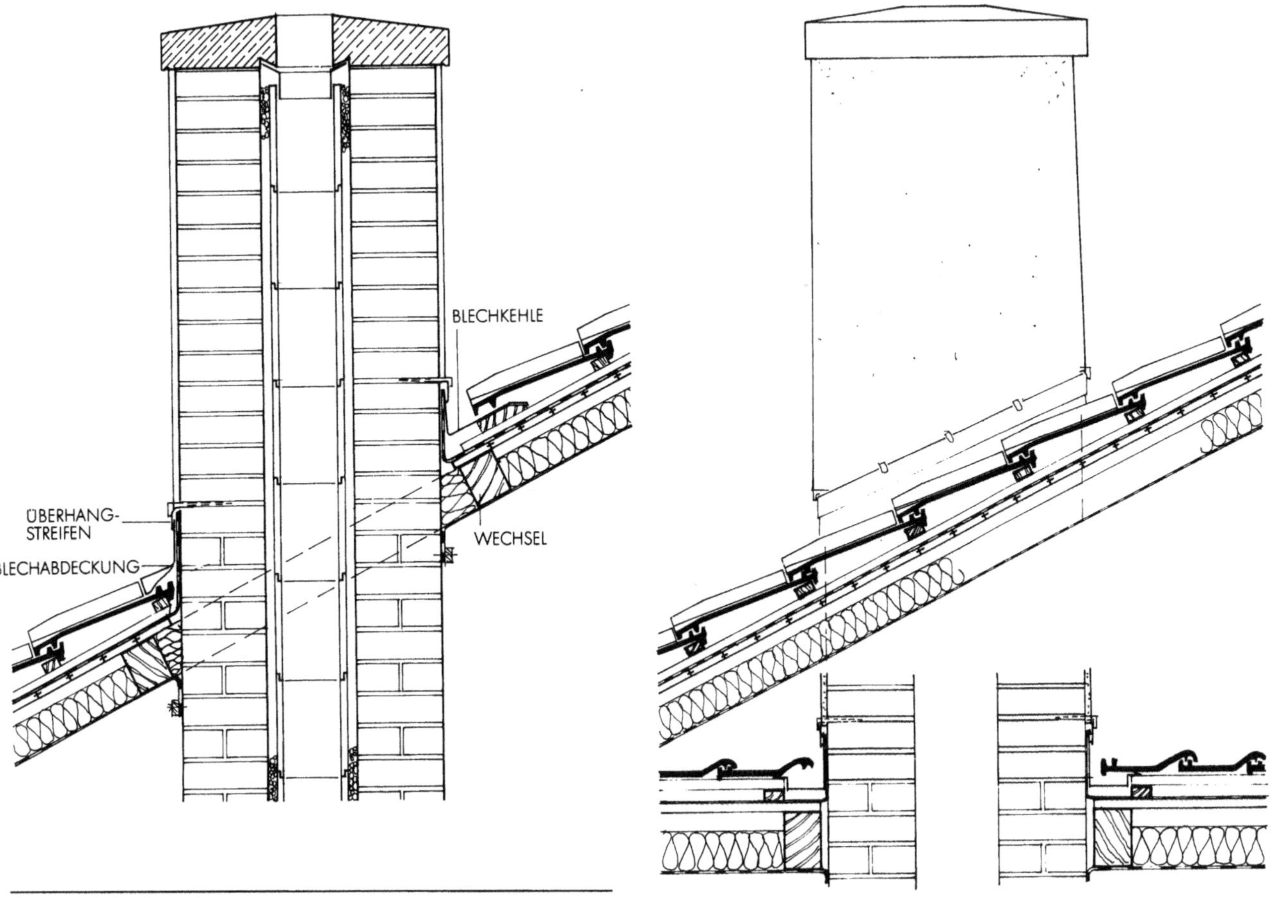

Strangfalzziegel

ähneln in der Form dem Biberschwanz. Der Ziegel hat nur Seitenfalze. Bei Verwendung des in Süddeutschland gebräuchlichen Strangfalzziegels soll die Lattenweite mit „Ziegellänge minus 12 cm“ angenommen werden. Dieser Ziegel ist nur bei steilen Dachflächen zu empfehlen. Er kann auch im Verband eingedeckt werden. Die Deckung erfolgt trocken mit Innenverstrich oder Pappunterlage.

Bei Verwendung des in den neuen Bundesländern früher üblichen Strangfalzziegels beträgt die Lattenweite „Ziegellänge minus 8 cm“. Dieser Ziegel muß im Verband gedeckt werden. Die Deckung erfolgt entweder trocken mit Innenverstrich oder mit Querschlag und Längsfuge oder mit Querschlag und verdeckter Längsfuge.

STRANGFALZZIEGELDECKUNG

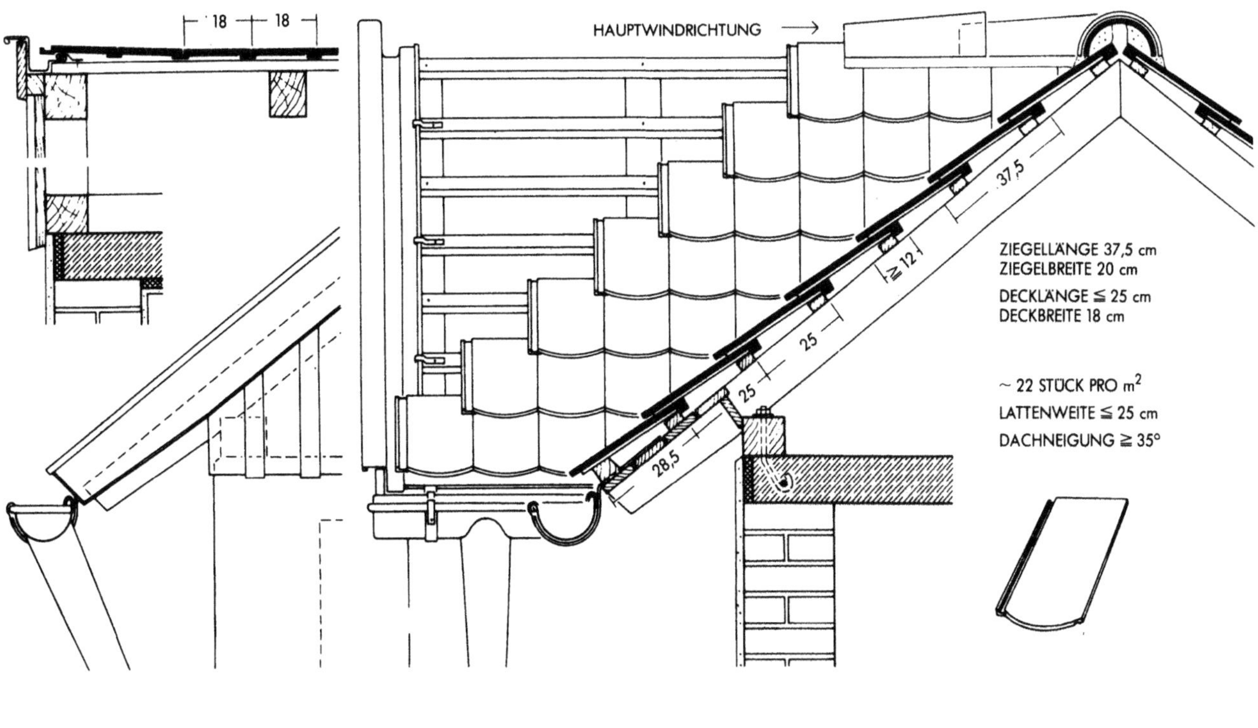

Krempziegel

Die Krempziegeldeckung hat nur eine örtliche und historische Bedeutung. Die Grundform ist eine Platte, die rechts eine hochgezogene Kante und links eine konisch verlaufende Krempe besitzt. Bei der Eindeckung sind die gleichen Richtlinien wie bei der Hohlpfannendeckung zu beachten. Die Krempziegeldeckung weist die gleichen kritischen Stellen auf wie die Vorschnittdeckung. Deshalb ist auch hier ein Verstrich mit Mörtel zu empfehlen. Die Lattenweite soll Ziegellänge minus 8 cm, die Mindestdachneigung 40° betragen. Die Deckung erfolgt entweder trocken mit Innenverstrich oder, wenn solcher nicht möglich, mit Querschlag und Längsfuge. Beide Ziegelarten eignen sich auch zur Doppeldeckung.

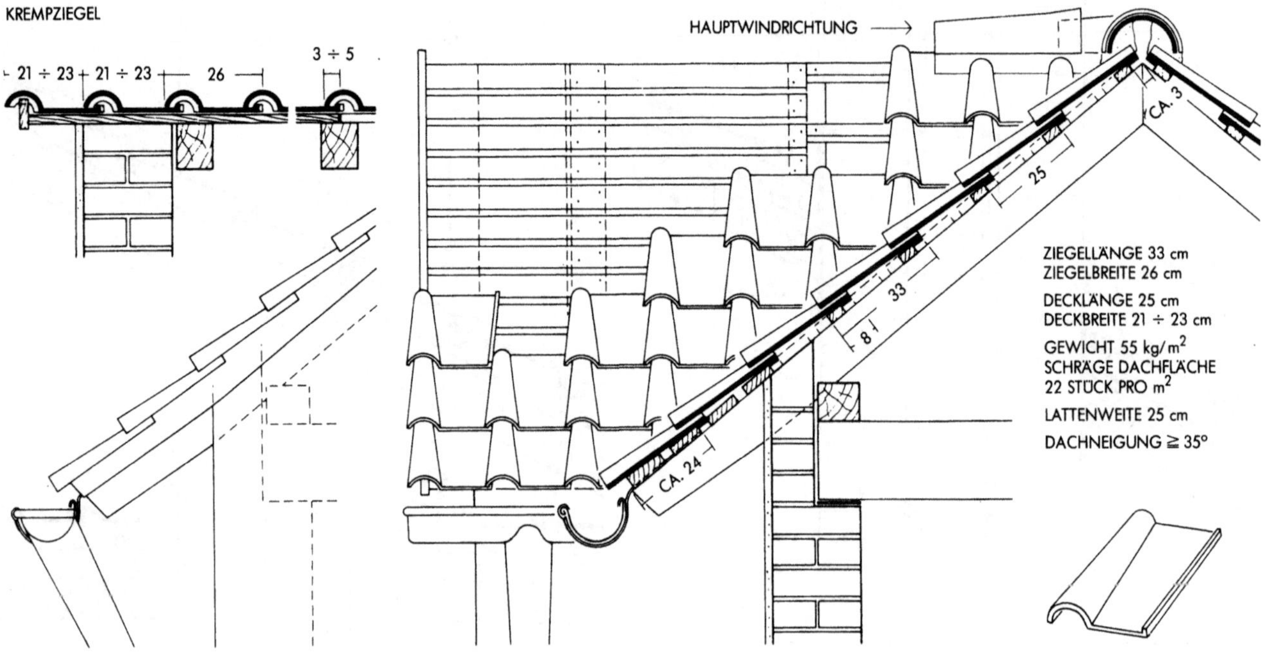

Dachzubehör

Für die Detailausbildung und dem Unterhalt von Dächern liefert die Bauindustrie viele fertige Elemente, die speziell auf die einzelnen Dachziegelarten oder Dachsteine abgestimmt sind. Diese Teile sind den jeweiligen Herstellerunterlagen zu entnehmen, wobei man davon ausgehen kann, daß auch bei unterschiedlicher Bauweise von allen Herstellern eine vergleichbare Qualität gewährleistet wird.

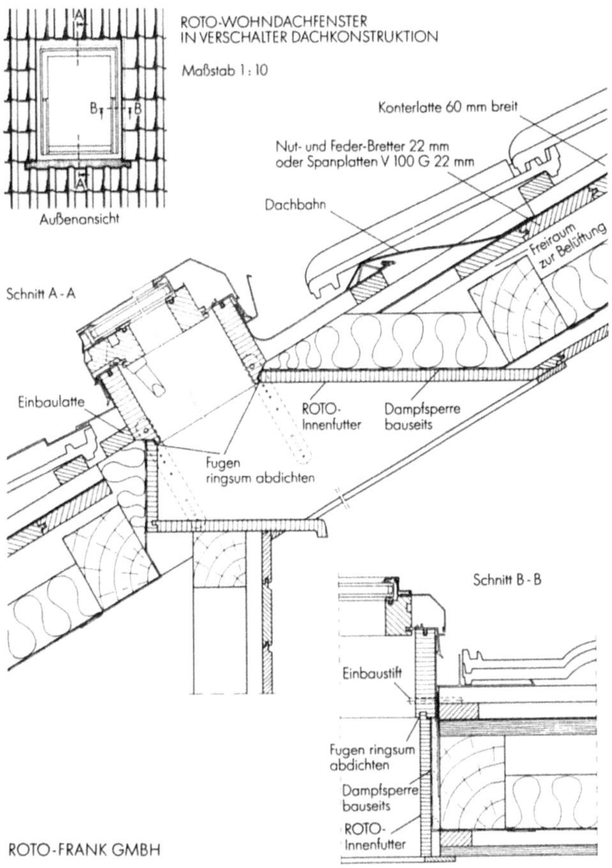

ROTO-FRANK GMBH

Liegende Dachfenster

Die liegenden Dachfenster waren früher ohne größere Bedeutung, es handelte sich meist nur um ungedämmte kleine Luken in nicht ausgebauten Dächern, um eine minimale Dachraumbelichtung oder den Ausstieg für den Schornsteinfeger zu ermöglichen.

Mit dem Aufkommen der Dachausbauten wurden die Dachfenster größer und kamen als wärmegedämmte Bauelemente mit Isoliergläsern auf den Markt. Ihre weite Verbreitung erklärt sich dadurch, daß sie gegenüber Dachgaupen einen erheblichen Preisvorteil haben, weil sie in Standardgrößen in Serie produziert werden können und zudem ihr Einbau in einigen Bundesländern genehmigungsfrei ist. Bei gewissenhafter Planung ihrer Anordnung in die Dachfläche als „fünfte Fassade" durch den Architekten bieten sie einen hohen Nutzwert, ohne der Architektur zu schaden. Werden zu viele Dachfenster ohne Gestaltungskonzept in eine Dachfläche eingesetzt, ergeben sich unruhige und zerrissene Dachflächen. Leider geschieht dies zu oft, da der Einbau dieser Fenster meistens durch Hand- und Heimwerker ohne gestalterische Vorüberlegungen erfolgt.

Der Architekt sollte im übrigen grundsätzlich abwägen, inwieweit für Gestaltung und Funktion (Raumgewinn) nicht doch die Dachgaupe die bessere Lösung bietet.

Die liegenden Dachfenster haben einen der Deckungsart entsprechenden ausgebildeten Aufdeckrahmen, der mit der Dachabdeckung verbunden und eingedeckt wird. Zusätzliche Blei- und Kunststoffolien dienen der Andichtung an die profilierten Dachplatten, an das Unterdach oder die Unterspannbahn. Das Dachfenster wird als Fertigelement in den Dachstuhl gesetzt und mit dem Sparren fest verbunden. Anstelle des Einbaus eines großen Dachfensters mit notwendiger Auswechslung der Sparren ist es sinnvoller, zwei schmalere Fenster vorzusehen, die keine teueren Eingriffe in die Statik des Dachstuhls erfordern und die zudem eine bessere architektonische Wirkung haben. Fensterbretter und Innenfutter werden ebenfalls als vorgefertigte Teile geliefert und mit der innenseitigen Dachverkleidung zusammen eingebaut.

ALTES DACHFENSTER
EINBAUBEISPIEL BIBERSCHWANZDACH

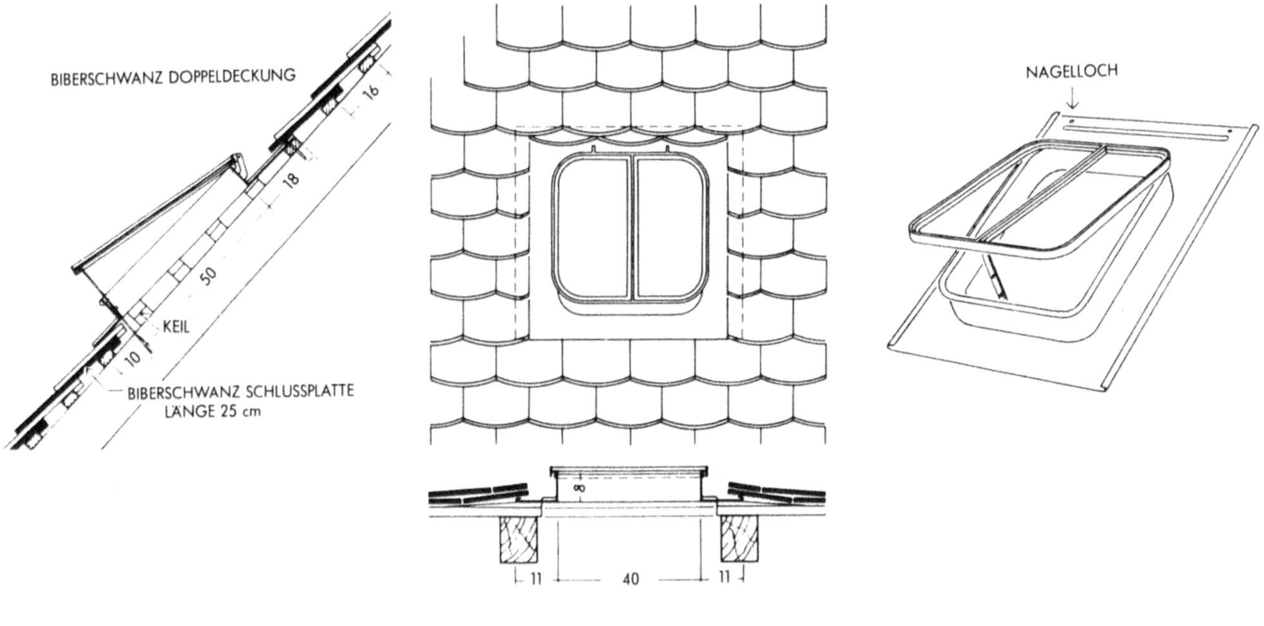

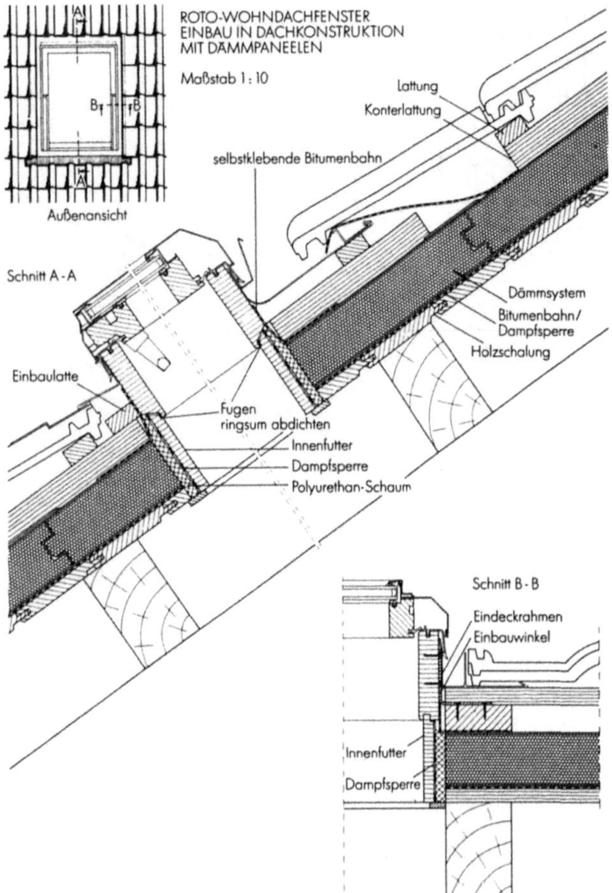

ROTO-FRANK GMBH

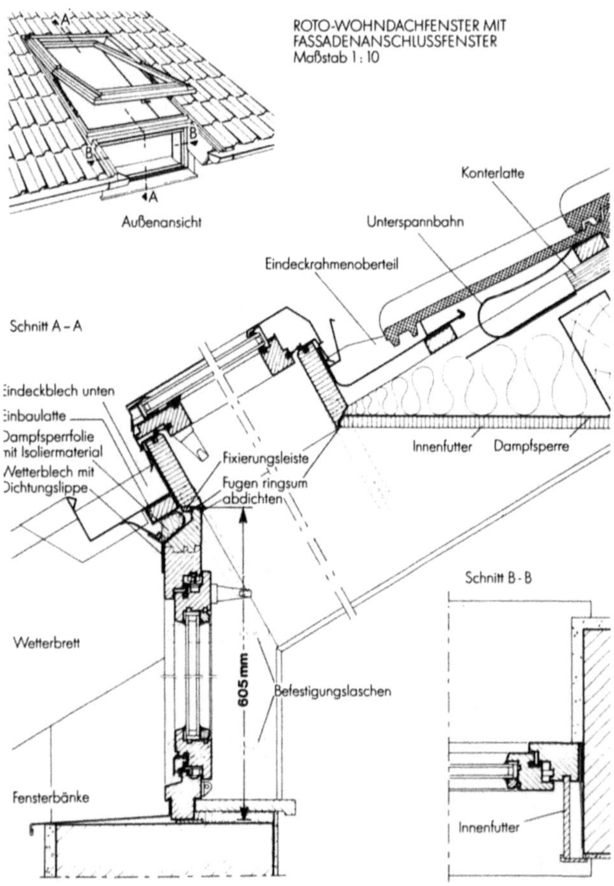

Leiterhaken

sind notwendig, um bei Ausbesserungsarbeiten an jede Stelle des Daches gelangen zu können. Bei Ziegeldächern rechnet man auf 10 m² Dachfläche einen Leiterhaken. Von der Befestigung der Leiterhaken hängt das Leben des Dachdeckers ab, deshalb ist sie auf das sorgfältigste auszuführen.
Die umgekröpften Leiterhaken werden auf die Dachlatten gehängt und angeschraubt. Zur Sicherung wird vor die Dachlatte eine weitere Latte genagelt. Die beiden Latten kann man auch durch ein entsprechendes Brett ersetzen. Damit der Ziegel, der von den Haken belastet wird, nicht bricht, ist ein Setznagel unterzulegen. Die Leiterhaken können auch unmittelbar auf oder seitlich an den Sparren befestigt werden.

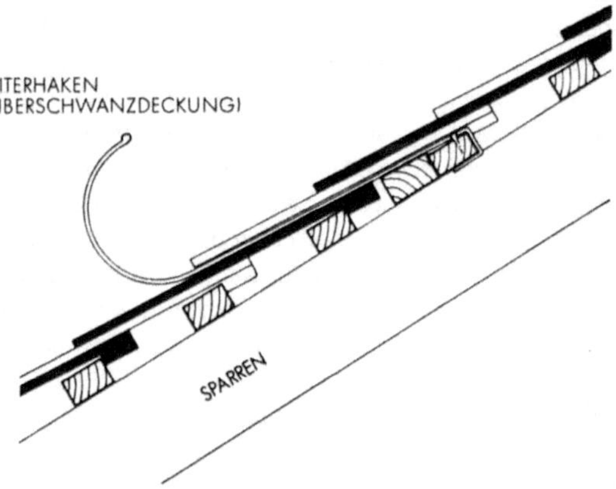

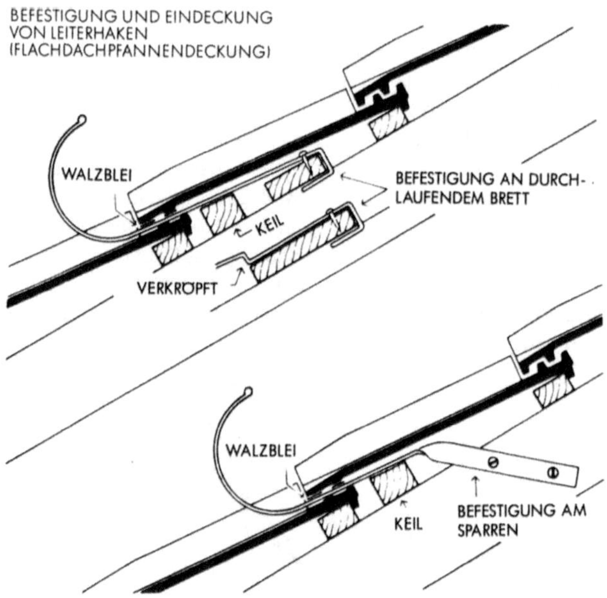

Laufbohlen oder -roste

Sie werden angelegt, wenn z. B. ein Teil des Daches zur Reinigung von anschließenden Oberlichtern oder Kaminen oft begangen wird. Anstelle der hölzernen Bohlen werden heute von den Behörden meist Gitterroste gefordert. Ausbildung und Anforderungen sind regional verschieden. Unter den Flachstahlstützen der Laufroste werden Blechziegel untergelegt, die die auftretenden Lasten beim Begehen der Laufroste aufnehmen können, ohne zu brechen. Sinnvollerweise werden die Blechbiber im Farbton an die Dachfläche angepaßt. Bei vielen Dachziegelprogrammen gibt es auch spezielle Formziegel aus Ton, die architektonisch wesentlich besser in die Dachfläche passen.

ANBRINGUNG VON LAUFROSTEN

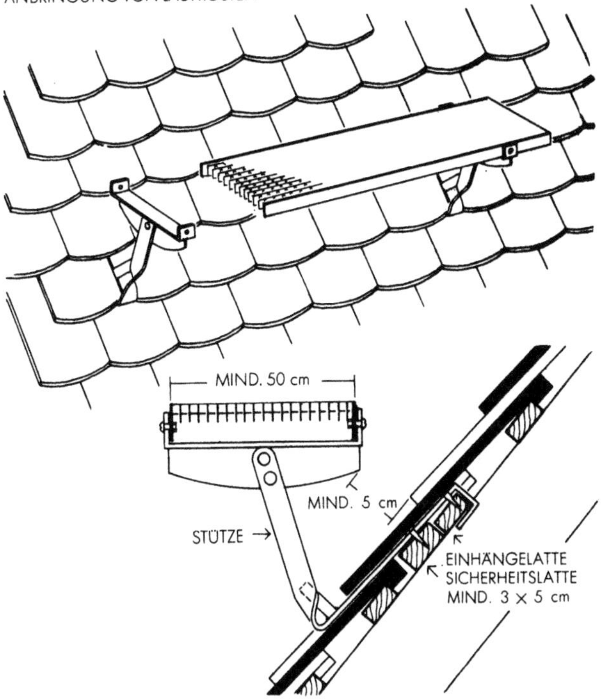

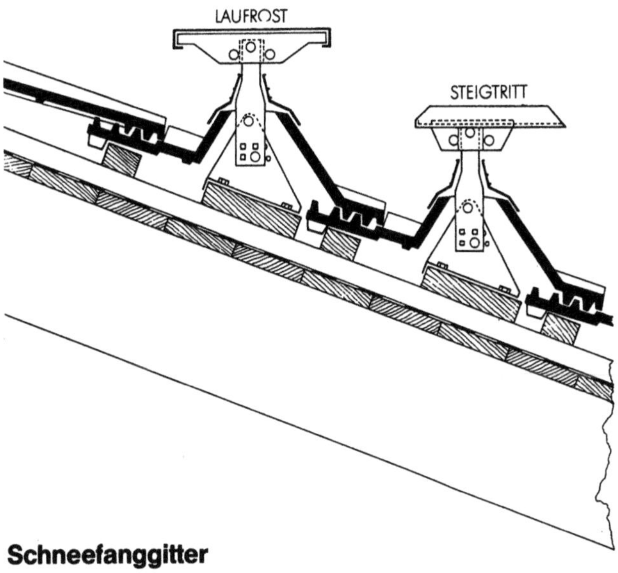

SCHNEEFANGGITTER

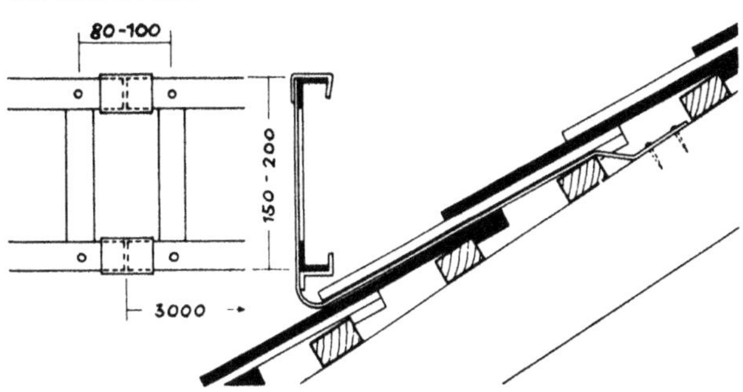

SCHNEEFANGBRETT

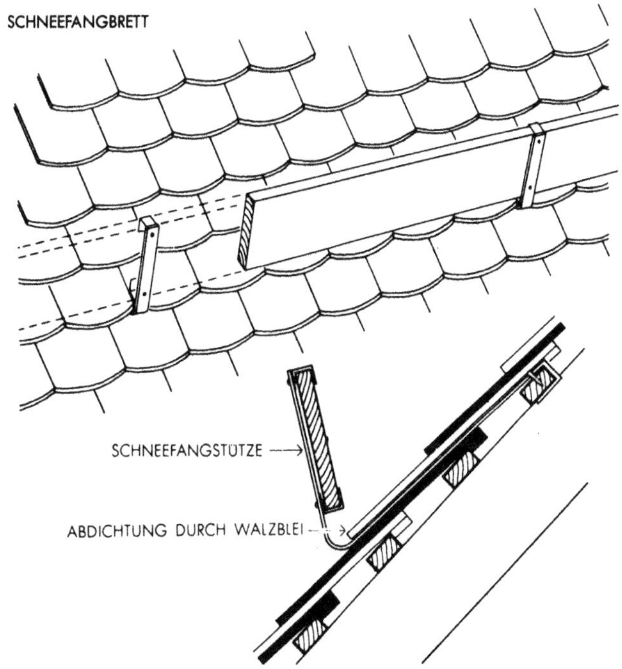

Schneefanggitter

Die Vorschriften über die Anordnung von Schneefanggittern sind in den einzelnen Ländern verschieden. Sie sind überall dort notwendig, wo Personen durch herabfallende Schnee- oder Eismassen gefährdet werden, so z. B. auf der Straßenseite von zwei- und mehrgeschossigen Häusern ohne Vorgärten und auf den Hofseiten. Über Eingängen wird man immer Schneefanggitter vorsehen müssen. Anstelle der handelsüblichen Schneefanggitter kann man auch Bretter oder Rundhölzer anordnen, die sich auf der Dachfläche oft besser ausnehmen.

BEFESTIGUNG UND EINDECKUNG EINER SCHNEEFANGSTÜTZE

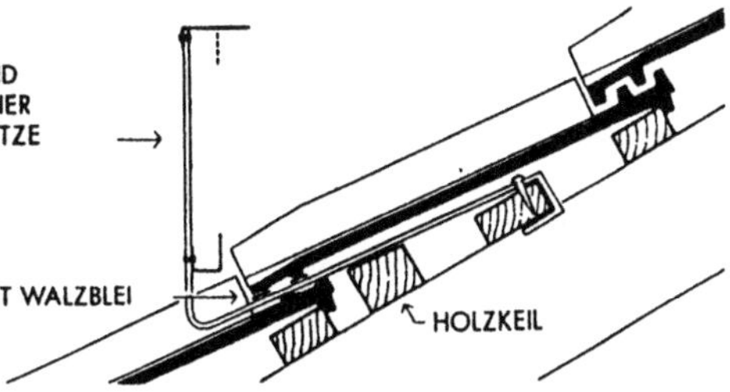

Für die Überdach-Führung der Entlüftung von Abwasserleitungen gibt es fertige Ziegel mit Dunstrohren. Diese sind entweder in verschiedenen Dachneigungswinkeln erhältlich oder mit einer Art „Kugelgelenk" ausgerüstet, welches eine exakte Anpassung an die jeweilige Dachneigung erlaubt.

DUNSTROHRZIEGEL MIT HUT
LICHTE WEITEN 100, 120, 140 mm

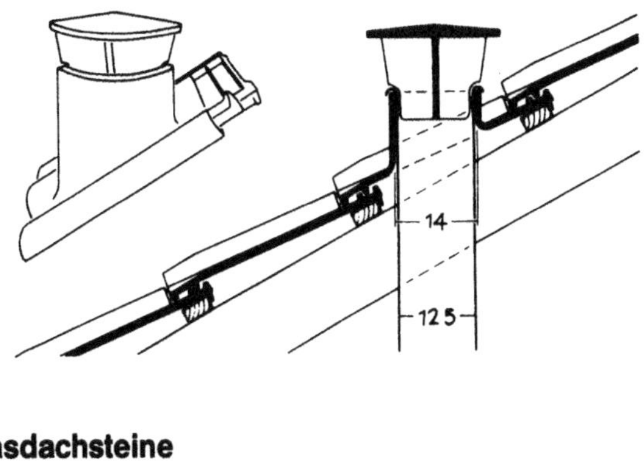

Glasdachsteine

Glasdachsteine sind in allen Dachziegelformen im Handel. Sie werden gleichzeitig mit den Ziegeln verlegt und dienen der Ausleuchtung von Dachbodenräumen oder der zusätzlichen Tageslichtbeleuchtung von Hallen und ähnlichen Bauwerken, die mit Ziegeln eingedeckt sind. Glasdachsteine sind wetterbeständig und bedürfen keiner besonderen Wartung. Bei ihrer Verwendung ist jedoch aus formalen Gründen Vorsicht geboten, da sie die Dachfläche „zerreißen".

Betondachstein-Deckung

Für die Dachsteine gilt die DIN 1115. Sie enthält Anforderungen, Prüfung und Überwachung der Dachsteine.

Formate:

- Großformatige Dachsteine, Deckbreite im Regelfall 300 mm mit einer Länge von 420 mm
- Kleinformatige Dachsteine, Deckbreite im Regelfall 200 mm mit einer Länge von 420 mm

Formen:

- Profilierte (konturierte) Dachsteine mit Mittelwulst oder muldenförmiger Ausbildung.
- Ebene Dachsteine in plattenförmiger Ausbildung.

Für die Deckung sind bei den verschiedenen Fabrikaten die Hersteller-Verarbeitungsvorschriften zu beachten.

Zu den Dachsteinarten gibt es ein ähnlich umfangreiches Programm an Formsteinen und Formteilen wie bei den Dachziegeln, Firststeine, Lüftersteine, First-/Gratlüfterelemente, Ortgangsteine, Dunstrohr- und Antennenaufsätze mit Durchgangspfannen, Schneestop- und Schneefang-Pfannen, Winkel- und Mansardsteine sowie Lichtpfannen und Dachfenster.

Die Dachsteine besitzen eine hohe Tragfähigkeit und sind absolut frostbeständig, so daß sie besonders auch für Deckungen in schneereichen Gebieten mit strengen Wintern geeignet sind.

Die Farben der Dachsteine sind gewöhnlich rot, braun oder anthrazit, wobei sich die ziegelrot durchgefärbten Beton-Dachsteine von naturfarbigen, aus Ton gebrannten Dachziegeln farblich kaum unterscheiden.

Für die technische Ausführung der Dachaufbau-Systeme und des Dachdetails gelten die gleichen Prinzipien wie bei den Dachziegeln.

Zusätzliche Maßnahmen sind bei der Planung und Ausführung vorzusehen, wenn die Regeldachneigung unterschritten wird oder örtliche Gegebenheiten, klimatische Verhältnisse, Dachausbauten, sehr steile oder flache Dachneigungen erhöhte Anforderungen durch Wind, Triebschnee, Feuchtigkeit oder ähnliches an das Dach stellen. Der Eintrieb von Flugschnee durch erforderliche Lüftungsöffnungen ist unvermeidbar.

Unter der Regeldachneigung versteht man die untere Dachneigungsgrenze, bei der sich eine Dachdeckung in der Praxis als ausreichend regensicher erwiesen hat.

Als zusätzliche Maßnahmen gelten in Abhängigkeit vom Werkstoff und von der Deckungsart:

- Verklammerung
- Mörtelverstrich
- Papp- oder Strohdocken
- Unterspannbahnen
- Vordeckung auf Schalung
- Unterdächer
- Wärmedämmsysteme, die zusätzlich die Funktion einer Unterspannbahn oder eines Unterdaches erfüllen.

In sturm- und schneereichen Landschaften oder in Industriegebieten mit viel Staubanfall ist es ratsam, zur Erhöhung der Dichtigkeit und zur Reinhaltung des Dachraumes zusätzliche Maßnahmen zu ergreifen. Das kann durch Dichtung der Dachflächen mit unterseitig angeordnetem Unterdach geschehen oder durch den Einbau einer Unterspannbahn, eine Maßnahme, die sich mehr und mehr durchsetzt. Solche Unterspannbahnen müssen „atmungsaktiv" sein, um wenigstens einen Teil des im Dachraum sich sammelnden Wasserdampfes diffundieren zu lassen. Damit zwischen Unterspannbahn und Dachdeckung ein genügend großer Zwischenraum zur Entlüftung über die Lüftungsziegel entsteht, muß auf die Unterspannbahn, die auf der Sparrenoberkante parallel zur Traufe (Breite meist 1,50 m, Überdeckung 10 cm) verlegt wird, eine Längslatte genagelt werden und darauf erst die Dachlatten für die Deckung. Man rechnet etwa 8 Lüftungsziegel auf 100 m² Dachfläche. Zur Problematik der Unterspannbahnen siehe Kapitel „Dachaufbau". Bei allen Dachneigungen unter 22° schreiben die Lieferfirmen zusätzliche Dichtungsmaßnahmen vor.

Bei Dachneigungen von 16 bis 10° braucht man sogar ein geschlossenes Unterdach, bestehend aus einer zollstarken gespundeten Schalung mit 2 Lagen Bitumendachbahnen, was allein schon als Dachdeckung genügen würde.

Dachneigungsgrenzen

Dachneigung			Zusätzliche Maßnahmen
Frankfurter Pfanne Doppel S, Römer-Pfanne, Taunus-Pfanne, Donau-Pfanne	Tegalit	Biber	
10°	15°	20°	Unterste Dachneigungsgrenze; unter der Voraussetzung, daß keine erhöhten Anforderungen an das Dach gestellt werden.
< 16°	< 19°	< 24°	Unterdach erforderlich.
< 22°	< 25°	< 30°	Mindestens Unterspannbahn erforderlich. Bei erhöhten Anforderungen Unterdach o. ä. erforderlich.
≥ 22°	≥ 25°	≥ 30°	22°/25°/30° ist die Regeldachneigung. Bei erhöhten Anforderungen ist Unterspannbahn, Unterdach o.ä. erforderlich. Bei Tegalit ist grundsätzlich mindestens eine Unterspannbahn vorzusehen.
≥ 60°	≥ 60°	≥ 60°	Zusätzliche Dachsteine je nach Anforderung sichern.
In sturmgefährdeten Lagen oder bei besonderen örtlichen Gegebenheiten sind die Dachsteine auch bei Dachneigungen unter 60°, beispielsweise durch Sturmklammern, zu sichern.			

Erforderliche Deckbreite und Anzahl der Dachsteine pro Reihe

Deckbreite in Meter / Dachsteine pro Reihe																				
Deckbreite in Meter		0,18	0,33	0,48	0,63	0,78	0,93	1,08	1,23	1,38	1,53	1,68	1,83	1,98	2,13	2,28	2,43	2,58	2,73	2,88
Dachsteine pro		1/2	1	1 1/2	2	2 1/2	3	3 1/2	4	4 1/2	5	5 1/2	6	6 1/2	7	7 1/2	8	8 1/2	9	9 1/2
Reihe	3,03	3,18	3,33	3,48	3,63	3,78	3,93	4,08	4,23	4,38	4,53	4,68	4,83	4,98	5,13	5,28	5,43	5,58	5,73	5,88
Frankfurter Pfanne	10	10 1/2	11	11 1/2	12	12 1/2	13	13 1/2	14	14 1/2	15	15 1/2	16	16 1/2	17	17 1/2	18	18 1/2	19	19 1/2
Doppel-S	6,03	6,18	6,33	6,48	6,63	6,78	6,93	7,08	7,23	7,38	7,53	7,68	7,83	7,98	8,13	8,28	8,43	8,58	8,73	8,88
Römer-Pfanne	20	20 1/2	21	21 1/2	22	22 1/2	23	23 1/2	24	24 1/2	25	25 1/2	26	26 1/2	27	27 1/2	28	28 1/2	29	29 1/2
Taunus-Pfanne	9,03	9,18	9,33	9,48	9,63	9,78	9,93	10,08	10,23	10,38	10,53	10,68	10,83	10,98	11,13	11,28	11,43	11,58	11,73	11,88
	30	30 1/2	31	31 1/2	32	32 1/2	33	33 1/2	34	34 1/2	35	35 1/2	36	36 1/2	37	37 1/2	38	38 1/2	39	39 1/2
	12,03	12,18	12,33	12,48	12,63	12,78	12,93	13,08	13,23	13,38	13,53	13,68	13,83	13,98	14,13	14,28	14,43	14,58	14,73	14,88
	40	40 1/2	41	41 1/2	42	42 1/2	43	43 1/2	44	44 1/2	45	45 1/2	46	46 1/2	47	47 1/2	48	48 1/2	49	49 1/2
	15,03	15,18	15,33	15,48	15,63	15,78	15,93	16,08	16,23	16,38	16,53	16,68	16,83	16,98	17,13	17,28	17,43	17,58	17,73	17,88
	50	50 1/2	51	51 1/2	52	52 1/2	53	53 1/2	54	54 1/2	55	55 1/2	56	56 1/2	57	57 1/2	58	58 1/2	59	59 1/2

Quelle: Unterlagen Fa. Braas

Bezeichnung	Abmessungen mm Länge	Abmessungen mm Breite	Regeldach neigung	Deckbreite mm	Überdeckung cm	Bedarf Stck./m² ca.	Gewicht kp/m²	Oberfläche Beschaffenheit	Oberfläche Farbe
Frankfurter Pfanne 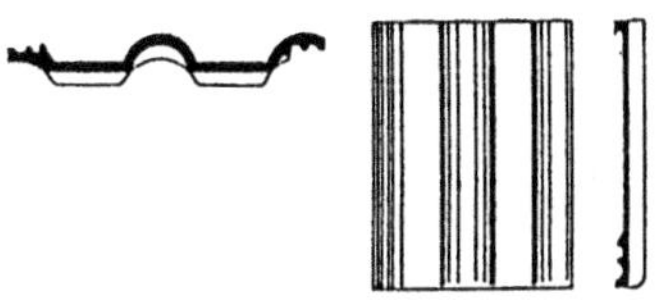	420	330	22°	300	7,5–10,8	10	45	granuliert	rot, rotbraun, dunkelbraun, stahlblau, schieferfarben, altfarben
								glatt	braun, dunkelbraun, granit, rot
Doppel-S 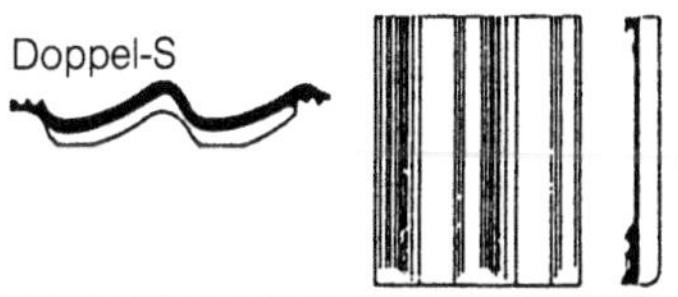	420	332	22°	300	7,5–10,8	10	46	glatt	braun, dunkelbraun, granit, rot
Römer-Pfanne 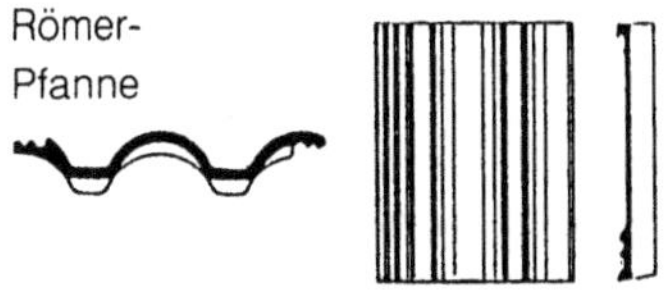	420	333	22°	300	7,5–10,8	10	47	glatt-kunststoffvergütet	granit, rot, kupferfarben, antik
Donau-Pfanne 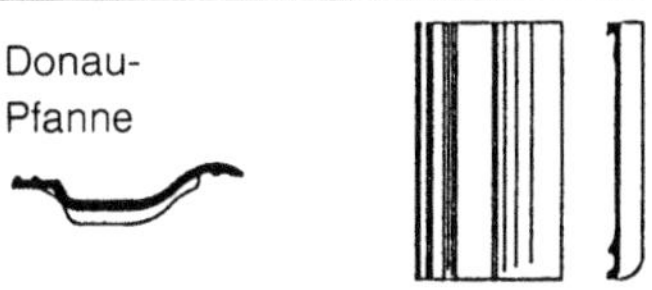	420	245	22°	200	7,5–10,8	15	42	glatt	dunkelbraun, ziegelrot, rot
Tegalit 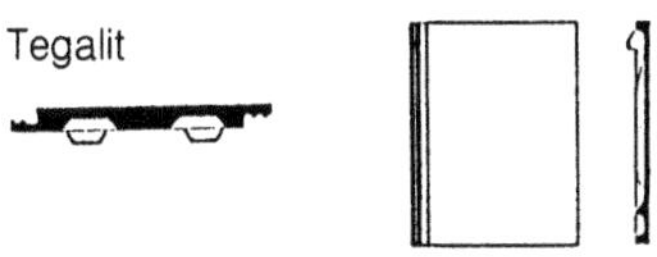	420	334	25°	300	8,0–10,8	10	56	glatt	granit, dunkelbraun, rot
Braas-Biber 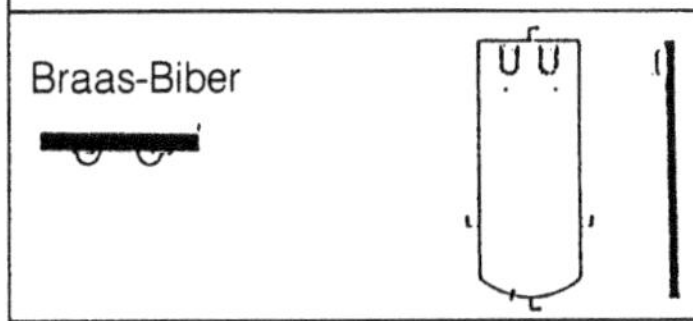	420	168	30°	170	6,0–9,0	35	74	glatt	rot, braun, antik, granit

Quelle: Unterlagen Fa. Braas

BETON-DACHSTEIN-DECKUNG

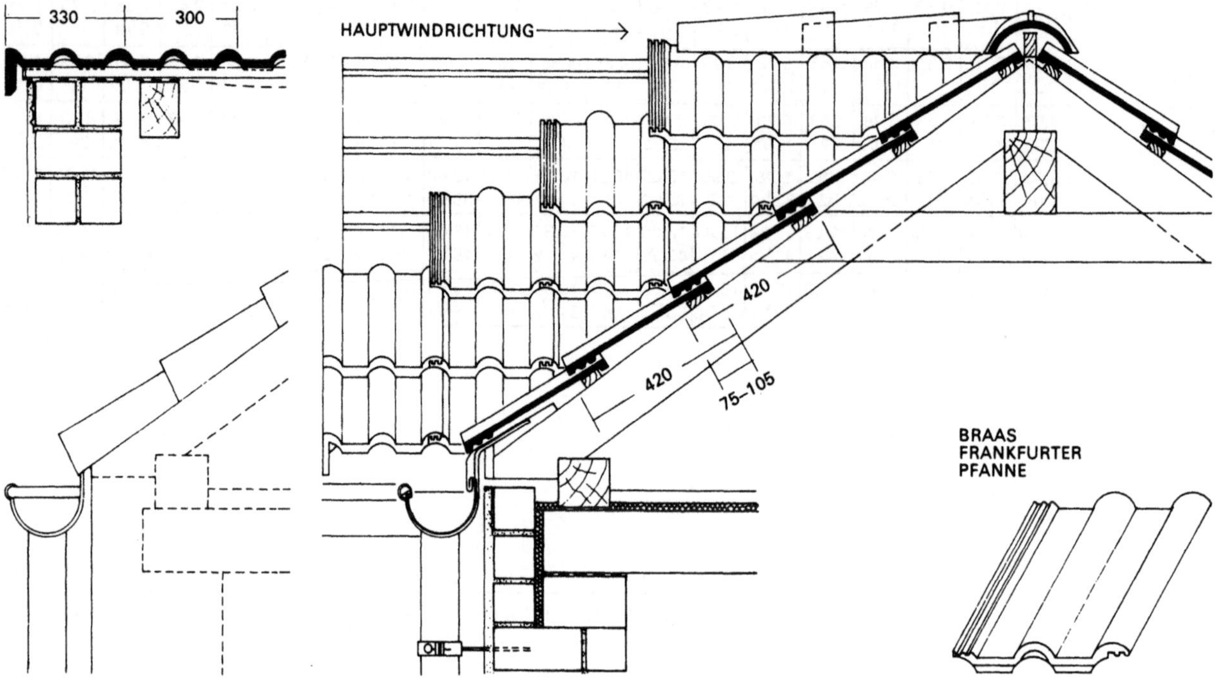

FIRSTGEDÄMMTES DACH MIT UNTERSPANNBAHN

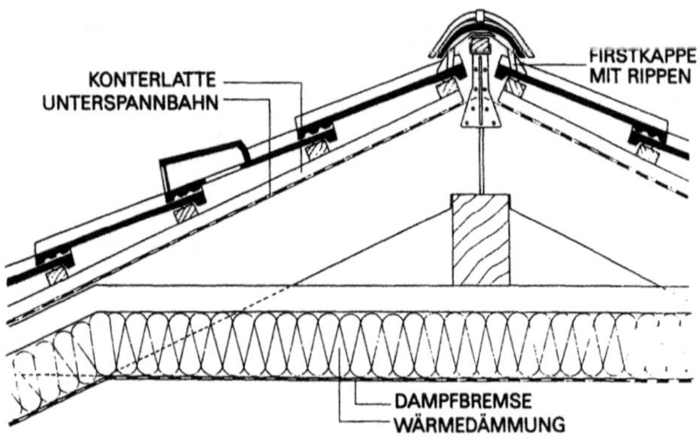

BELÜFTETES DACH

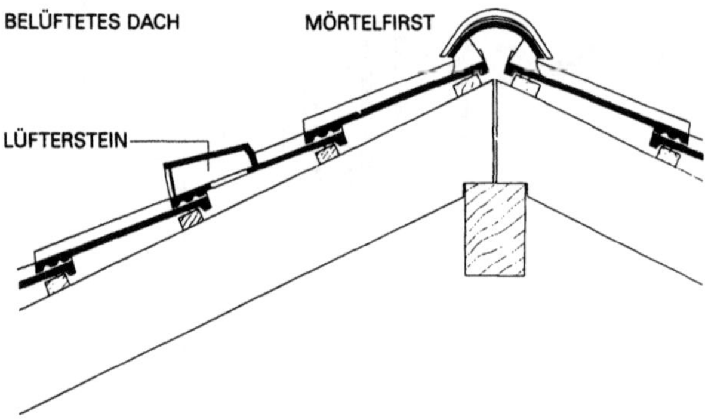

Schieferdeckung

Die hauptsächlichsten deutschen Fundorte für Schiefer liegen im Rheingau, in Thüringen und im Harz.
Die Hauptbestandteile des Schiefers sind Kieselsäure und Tonerde. Er soll frei von schädlichen Beimengungen, vor allem von kohlesaurem Kalk und Schwefelkies, sein, soll eine glatte Oberfläche mit gleichmäßigem Korn aufweisen, beim Anschlagen einen hellen Klang geben und beim Anreißen eine helle Linie zeigen. Die Farbe des Schiefers ist je nach dem Fundort schwarz, blaugrau, grünlich oder rötlich; es gibt auch Brüche mit gebänderten Steinen.
Aus der Eigenart des Materials, seiner Gewinnung und Zurichtung ergeben sich die sehr verschiedenartigen Größen und Formen der Steine, die sie besonders zur Eindeckung komplizierter Dachformen, Dachaufbauten, Turmkuppeln usw. verwendbar machen. Für derartige Aufgaben hat deshalb auch der Schiefer weit über die Gebiete seines Vorkommens hinaus Verbreitung gefunden.
Die Schieferdeckung eignet sich für Dachneigungen über 25°. Geringere Neigungen gefährden die Regensicherheit des Daches. Auch für Aufschieblinge ist die untere Neigungsgrenze einzuhalten, da gerade die Traufgebinde am meisten vom Wasser überrieselt werden und hinter Schneefanggittern Schneemassen längere Zeit lagern, wodurch sich bei Tauwetter Schneewasserstauungen bilden können. Um die Dachschalung vor eindringendem Wasser zu schützen, wird eine einlagige Vordeckung aus Glasvlies-Bitumendachbahn V 13 aufgebracht. Die Nagelung der Steine erfolgt mit feuerverzinkten Nägeln.

Deckungsarten

Die älteste Schieferdeckung ist die sogenannte altdeutsche Deckung. Bis zum 19. Jahrhundert war sie die einzig übliche Deckungsart. In der zweiten Hälfte des vorigen Jahrhunderts wurde jedoch viel englischer Schiefer eingeführt. Die rechteckigen,

ALTE DECKUNG
KEINE DURCHGEHENDE RÜCKENLINIE

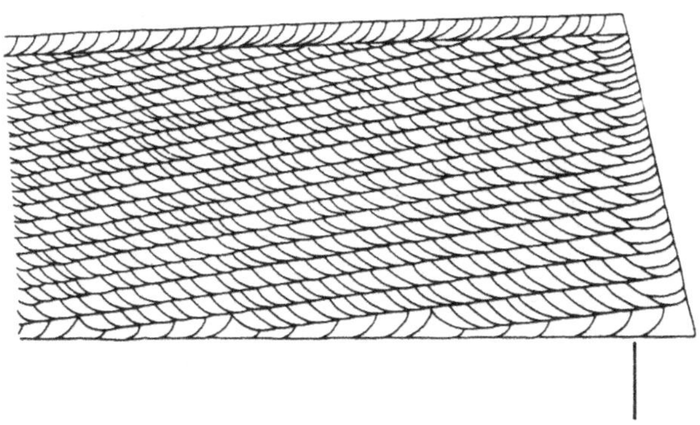

sehr dünnen Platten verlegte man in Doppeldeck ng wie beim Biberschwanz-Ziegeldach. Mit einheimischem Schiefer wurden bald diese Schieferform und die schematisierte Deckung nachgeahmt, da das Schneiden des Schiefers nach der Schablone kein handwerkliches Können erfordert, sondern auch von ungelernten Arbeitern ausgeführt werden kann. Die mit Schablonenschiefer gedeckten Dächer machen einen schematischen und langweiligen Eindruck; der ganze Reiz und die Schönheit der alten Schieferdeckungen sind ausgelöscht. Unser Schiefer kommt normalerweise nicht in so großen Platten vor wie der englische. Daraus ergeben sich bei wirtschaftlicher Ausnutzung des Materials die verschiedenartigen Steingrößen und daraus wieder der Reiz der alten Deckungsarten. Diese erfordern jedoch vom Schieferdecker großes handwerkliches Können und Verständnis, über das heute nur noch wenige Handwerker verfügen. Um die Wiederbelebung der handwerks- und maßstabsgerechten alten Schieferdeckung haben sich Reg.-Baurat Konrad Hildebrand und die Dachdeckerschule Mayen (Eifel) erfolgreich bemüht.

SCHEMATISIERTE DECKUNG
MIT DURCHGEHENDEN GEBINDE- UND RÜCKENLINIEN

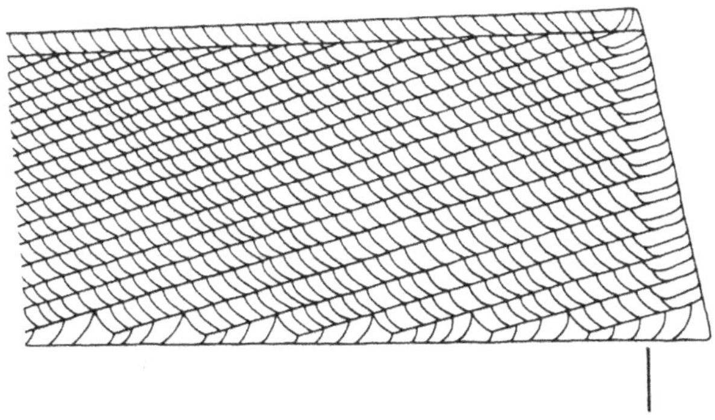

Alte Deckungsart

Da das Schiefermaterial in den Hauptverwendungsgebieten Rhein-Mosel, Harz und Thüringen verschieden ist, hat die alte Deckungsart je nach der Gegend ihre Besonderheiten. Im rheinischen Schiefergebiet ist der Schiefer zart, klein und dünn, die Dächer sind kleinmustrig, feinfühlig und schmiegsam, die Gebindebreiten gering und die Kehlen mosaikartig. Im Harz und in Thüringen ist das Material größer und dicker, deshalb sind auch die Dächer und Kehlen im Maßstab gröber. Die Gebinde selbst sind nicht so fein gegliedert wie die in den Rhein- und Moselgebieten. Obwohl der Bezug von behauenen Schiefersteinen eine Ersparnis an Transportkosten bedeutet, sollte der Schiefer stets roh an den Verarbeitungsort gebracht und dort von dem Meister, der ihn später deckt, behauen werden. Größe und Hieb des Schiefers sind von großer Wichtigkeit für die Erscheinung und für die Regensicherheit des Daches; der Schieferdecker wird das Material, das er weiter bearbeiten muß, immer gewissenhaft behauen, um damit das Dach regensicher eindecken zu können. Er kann durch Überlegung, Sorgfalt und eigene Geschicklichkeit den Schiefer erheblich besser ausnutzen als die Leute in der Grube, die mit dem eigentlichen Vorgang des Deckens nichts zu tun haben. Gerade bei der alten Deckung, bei der die Steine fast nie zu klein sein können, ist eine äußerste Ausnutzung des rohen Steines möglich. Beim Behauen legt man den Stein auf eine Haubrücke, die in einen Balken geschlagen wurde, und schlägt mit der scharfen Seite des Stieles eines Dachdeckerhammers die Steinform aus der Platte heraus. Die untere Seite der Platte zeigt dann erhebliche Kantenabsplitterungen, während die Umrisse des Steines auf der oberen Seite schärfer ausfallen. Die Seite mit den unregelmäßig gesplitterten Steinkanten, die zur Belebung der gedeckten Fläche beitragen, kommt beim Decken nach oben zu liegen. Beim Zuhauen hört der geübte Schieferdecker auch am Klang des Steines, ob seine Verwendung ratsam ist.
Für die behauenen Steine gibt es keine vorgeschriebenen Maße. Die Größe richtet sich nach der Neigung und Größe der zu deckenden Fläche. Bei steilen Dächern oder Wandeindeckungen projizieren sich dem Auge die Steine ganz anders als bei flacher geneigten Deckflächen. Der zur Verwendung kommende Stein muß also in einem guten Verhältnis zur Deckfläche stehen. Bei glatten, größeren Dachflächen ohne Kehlen und Gaupen sind größere Steine noch denkbar. Müssen jedoch Kehlen und Dachhäuschen mit eingedeckt werden, dann wählt man kleinere Steine.

Für die oberflächliche Festlegung der Steingrößen sind im Schiefergewerbe folgende Bezeichnungen üblich:

1/1 Stein = 40/32 bis 50/40 cm
1/2 Stein = 38/30 bis 42/38 cm
1/4 Stein = 32/25 bis 36/28 cm
1/8 Stein = 28/23 bis 30/28 cm
1/12 Stein = 24/21 bis 26/23 cm
1/16 Stein = 22/17 bis 24/19 cm
1/32 Stein = 16/13 bis 20/15 cm

Bei Bestellung des Rohmaterials sind den gewünschten Steingrößen entsprechend diese Bezeichnungen anzugeben, um den Abfall beim Zuhauen möglichst gering zu halten. Die gelieferten Schieferplatten werden dann so behauen, daß es wirtschaftlich am zweckmäßigsten erscheint. Wenn auch die Form der Steine sehr variabel ist, so soll doch ihre Form etwa der folgenden Grundform entsprechen:

RICHTIG | FALSCH

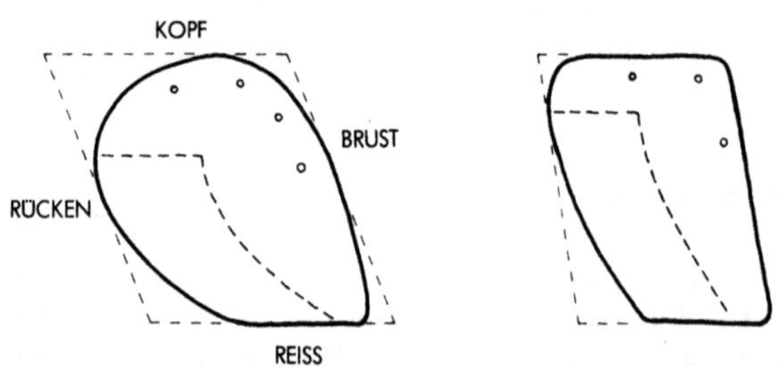

SCHARFER HIEB, SANFTE ÜBERLEITUNG DER RÜCKENLINIE IN REISSLINIE REICHLICHE ÜBERDECKUNG

ZU RECHTECKIG, RÜCKEN GEHT ZU SPITZ IN DAS REISS, RÜCKEN ZU STEIL, ÜBERDECKUNG MÄSSIG

Je gewölbter (schärfer) der Rücken, desto besser. Der scharfe Rücken, der unauffällig in das Reiß einläuft, gibt der Dachhaut eine gewisse Weichheit und läßt die Reißlinie, die später in der Deckung eine Gebindelinie ergibt, nicht zu hart erscheinen.

Wenn es auch kein bestimmtes Maß gibt, so soll beim Zuhauen des Schiefers doch darauf geachtet werden, daß die Höhe des Steines vom Kopf zum Reiß gleich oder größer ist als die Breite von Brust bis Rücken.

Jeder Stein erhält drei bis vier, die Fuß-, First- und Ortsteine vier bis fünf Nagellöcher, die so sitzen müssen, daß sie unter die Überdekkung fallen.

Wenn die Steine zugehauen sind, werden sie entsprechend ihrer Höhe zu sogenannten Gebinden aussortiert. Eine Sortierung nach der Steinbreite soll nicht stattfinden. Durch die verschiedenen Breiten ergibt sich bei annähernd gleicher Überdeckung im Rücken eine reizvolle Unregelmäßigkeit in der Dachfläche.

Nicht nur das Behauen der Steine, sondern auch das Aufbringen der Dachschalung sollte, wie in manchen Gegenden üblich, stets vom Schieferdecker ausgeführt werden, denn er weiß am besten, wie vor allem die kritischen Punkte zu verschalen sind, um eine einwandfreie Deckung aufbringen zu können. Die Bretter dürfen nicht waldkantig und müssen so stark sein, daß sie beim Nageln nicht federn. Bei normalen Sparrenabständen verwendet man durchweg 25 mm dicke Fichtenschalung. Frisch geschnittenes grünes Holz wird beim Nachtrocknen starke Fugen bilden, die sich beim Nageln unangenehm bemerkbar machen. Auf frische Schalung sollte nie sogleich geschiefert werden, weil austrocknende Bretter manchen Schieferstein sprengen. Die Forderung, daß jeder Stein nur auf einem Brett genagelt sein soll, läßt sich wegen der Vordeckung, die die Fugen verdeckt, nicht immer erfüllen. Es ist darum ratsam, nur mäßig breite Schalbretter zu verwenden, da hier das Schwindmaß bzw. die Gefahr des Werfens und Sprengens geringer ist. Um die aufgebrachte Schalung bis zur Deckung mit Schiefer vor Nässe zu schützen, wird eine Lage dünner Teer- oder Bitumendachpappe verlegt. Die einzelnen Bahnen können senkrecht oder parallel zur Traufe verlegt werden. Die Nähte müssen sich dabei mindestens 6 cm überdecken. Für die Nagelung sind Pappnägel zu verwenden. Diese Pappdeckung dient aber nicht der Verbesserung der Regendichtigkeit, sie soll lediglich das Eindringen von Staub und Flugschnee in den Dachraum verhindern. Nach dem Aufnageln der Pappe sollte die Dachschalung einige Wochen der Sonne ausgesetzt werden. Der Schieferdecker hat darauf zu achten, daß sich Dachstuhl und Mauerwerk gründlich gesetzt haben. Überstürzte Termine für die Fertigstellung des Daches wirken sich daher nur ungünstig auf die Haltbarkeit der Schieferdeckung aus.

Vor dem Decken des Daches sind zunächst die Steigungen der Deckgebinde festzulegen. Bei Rechtsdeckung verlaufen die Gebinde von links unten nach rechts oben, bei Linksdeckung von rechts unten nach links oben. Je steiler das Dach, um so spitzer der Winkel zwischen Gebinde und Traufe.

Nach den Schieferdeckerregeln wird die Steigung der Deckgebinde wie folgt ermittelt:

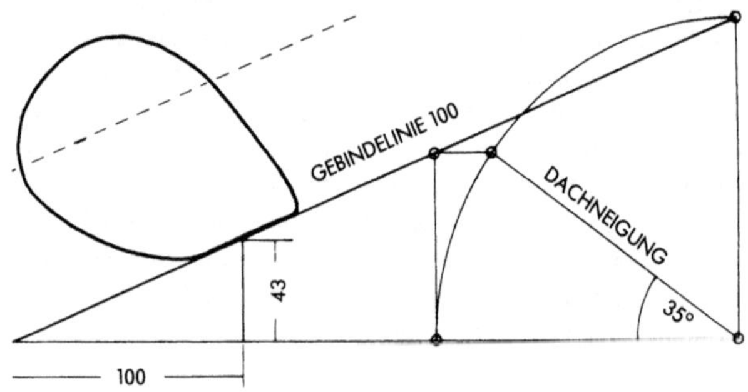

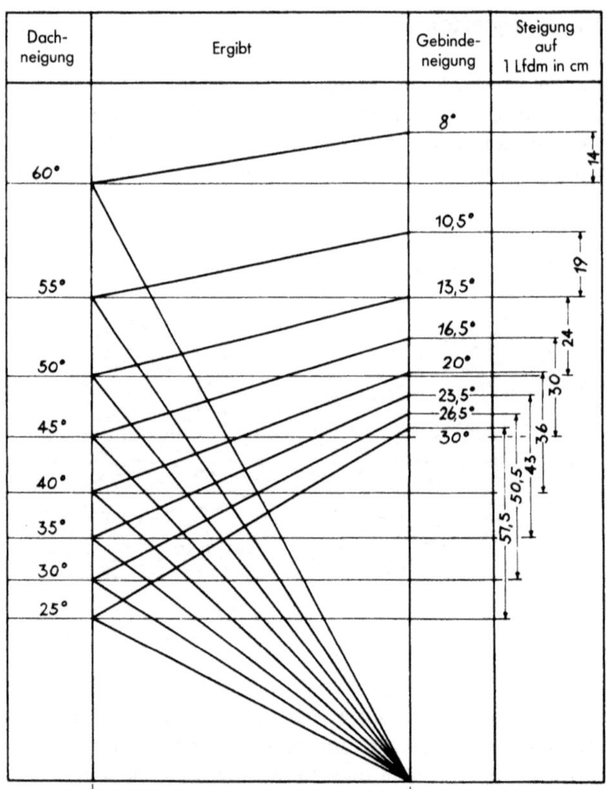

Durch die Steigung der Gebinde wird das Wasser von der Brust der Dachsteine fortgeleitet.

Bei der Rechtsdeckung beginnt man auf der rechten Dachseite an der Traufe mit dem Verlegen des Eckfußsteines. Er wird der Steigung entsprechend zugerichtet und genagelt. Zum Festnageln der Schiefer sollen nur feuerverzinkte Breitkopfstifte verwendet werden. Die Rostsicherheit der Stifte ist für die Lebensdauer der Deckung von gleicher Bedeutung wie die Qualität der Steine. Nach dem Verlegen des Eckfußsteines zieht man mittels Schnurschlag oder Richtlatte von der oberen Kante des Eckfußsteines eine Linie, die mit der Steigungslinie parallel läuft. Diese Linie gibt den oberen Rand der nach links verjüngt zulaufenden Fußsteine an. Sind die Fußsteine entsprechend zugerichtet und genagelt, dann wird die Höhenüberdeckung von der Oberkante der Fußsteine abgeschrieben und durch eine Linie markiert. Sie ist die Fußlinie des untersten Deckgebindes und läuft mit der Steigungslinie parallel. Das Deckgebinde beginnt an der Traufe mit einem Gebindestein, der so anzusetzen ist, daß die Trauflänge in möglichst gleichmäßige Fußlängen aufgeteilt wird. Mit den assortierten größten Decksteinen deckt man dann unter Beachtung der Seitenüberdeckung das erste Deckgebinde. Nunmehr wird die Gebindelinie wieder mittels Schnurschlag oder Richtlatte angezeichnet und nach links über den Gebindestein hinaus verlängert. Dann setzt man links vom Gebindestein einen entsprechend großen Fußstein und verlängert das zweite Fußgebinde so weit, bis der zweite Gebindestein gesetzt werden kann. Sodann wird die Fußlinie des zweiten Deckgebindes markiert, und die Decksteine werden mit der nötigen Seitenüberdekkung genagelt. Die folgenden Deckgebinde sind unter Verwendung immer kleinerer Decksteine genau wie das erste und zweite Deckgebinde zu verlegen. Bei gleichbleibender Höhenüberdeckung werden so die Abstände der Gebinde untereinander zum First hin immer geringer. Alte Dächer zeigen z. B. an der Traufe Gebindebreiten von 12–14 cm und am First solche von 6–8 cm. Die Höhenüberdeckung, die beim Decken zu beachten ist, richtet sich nach der Größe (Höhe) der Decksteine. Sie kann in der Regel mit 1/3 Steinhöhe angenommen werden, d. h., das folgende Gebinde muß mindestens 1/3 der Steinhöhe des vorhergehenden Gebindes überdecken. Die Rückenüberdeckung ist in erster Linie abhängig vom Hieb. Bei einem scharfen Hieb mit stark gekrümmtem Rücken ist die Überdekkung, ganz unabhängig von der Steinbreite, weit größer als bei einem Stein mit weniger scharfem, steilem Hieb.

Um eine abwechslungsreiche, lebendige und nicht schematisch wirkende Dachfläche zu erhalten, sollen die Gebindelinien nicht als scharfe Schnitte erscheinen und durchlaufende Rückenlinien vermieden werden.

Zu hart wirkende Gebindelinien können durch einen unregelmäßigen scharfen Hieb und durchlaufende Rückenlinien, die diagonal mit den Gebindelinien die Dachfläche schachbrettartig aufteilen, durch unregelmäßige Steinbreiten und Übersetzen vermieden werden. Es soll möglichst keine Rückenlinie durchlaufen. Beim Übersetzen folgen auf einen breiten Stein im nächst höheren Gebinde zwei schmale Steine oder – umgekehrt – auf zwei schmale Steine im nächst höheren Gebinde ein breiter.

ANSETZEN DER FUSS- UND DECKGEBINDE

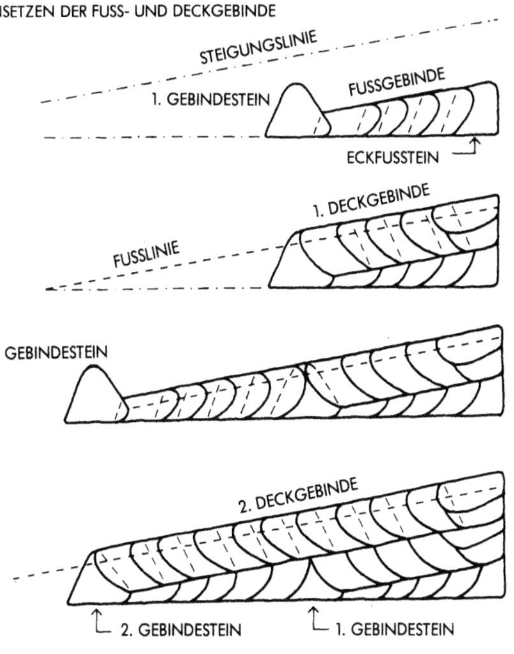

Fußgebinde

laufen der übrigen Deckung entgegen und dürfen nicht kippen. Deshalb erhält das untere Schalbrett an der untersten Kante eine etwa 1,5 cm dicke Lattenauffütterung.

Firstgebinde

werden immer aufgelegt. Sie können rechts und links gedeckt werden und sind in ihrer Breite möglichst zu beschränken. Der Hieb der Firststeine ist dem der Gebindesteine anzupassen. Firststeine sind wie Decksteine unregelmäßig und frei von jedem Schema zu verlegen. Das der Wetterseite zugekehrte Firstgebinde überragt das der anderen Dachfläche um 3 bis 4 cm.

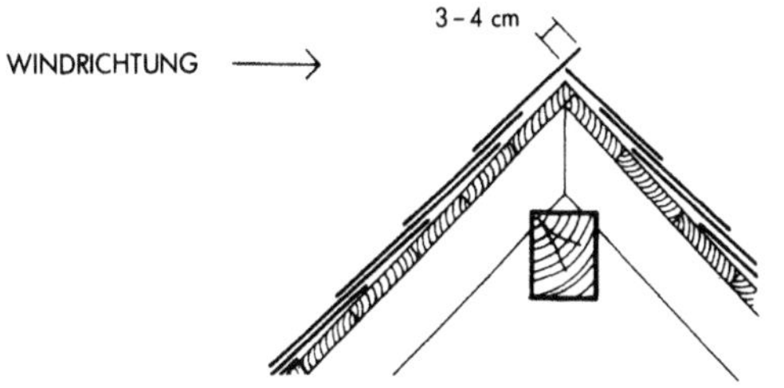

Ortgang und Grat

werden bei der alten Deckung eingebunden. Gewählte Steingrößen und abwechslungsreicher Hieb entscheiden die Wirkung, die nicht schematisch und gekünstelt sein darf. Um das Wasser vom Ortgang weg in die Dachfläche zu leiten, läßt man die Orte noch etwas steiler verlaufen als die Gebindelinien und hebt sie durch eine Unterfütterung an der Kante etwas an.

Schornsteinkopf

Da man früher Schornsteine häufig in Lehmflechtwerk oder Lehmziegelsteinen errichtete, mußten auch sie beschiefert werden. Heute kennt man nur noch Schornsteine aus gebrannten Steinen, deren Beschieferung nicht notwendig ist. Die Abdichtung gegen das Schieferdach ist sorgfältig auszuführen. Das Schornsteinmauerwerk muß übersetzt und die Fuge gut mit Haarkalkmörtel ausgestrichen werden. Dies ist jedoch nur zu empfehlen, wenn der Schornstein in Firstnähe endet, so daß kein starker Wasseranfall aus der Dachfläche entsteht.

Auf jeden Fall zu vermeiden sind unschöne Blechanschlüsse. Ein Hochziehen der Verschieferung ist die sauberste Lösung.

Kehlen

Kehlen im Schieferdach sollen von einer Dachfläche in die andere überfließen, so daß Dach- und Kehlflächen ein Ganzes bilden. Diese Forderung wird von den eingebundenen Kehlen, wie sie schon die alten Meister ausführten, erfüllt. Hieb und Form der Kehlsteine waren hier frei von jedem Schema, und in der Kehle selbst erschienen mehr Gebinde und kleinere Steine als Dachflächen. Dies hatte zur Folge, daß der einzelne Stein mehr in der Fläche untertauchte, wodurch die Kehle ihre Schmiegsamkeit erhielt. Untergelegte Kehlen, wie sie heute oft ausgeführt werden, sind formal nicht befriedigend. Sie zerschneiden die Dachfläche.

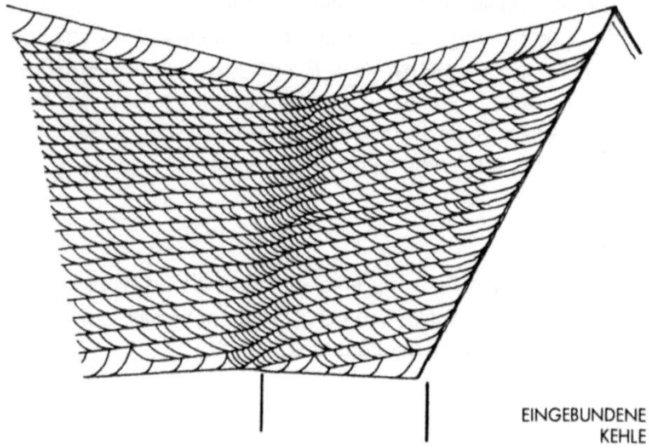

EINGEBUNDENE
KEHLE

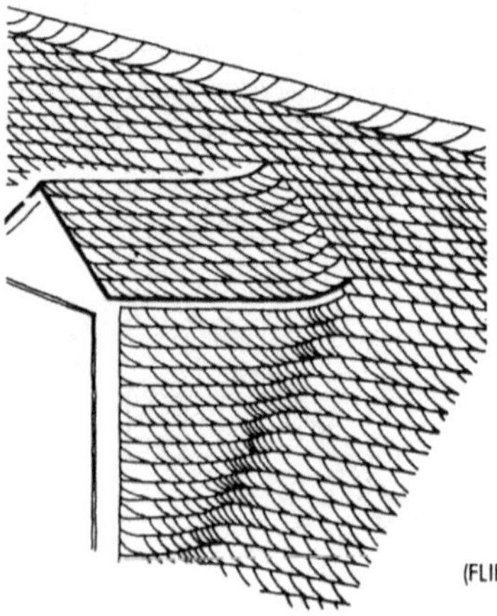

(FLIEHENDE) KEHLE
GUT

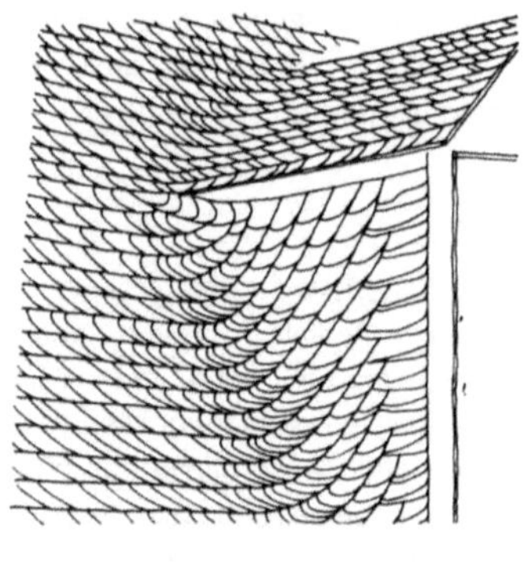

EINGEHEND
GEDECKTE
KEHLE
GUT

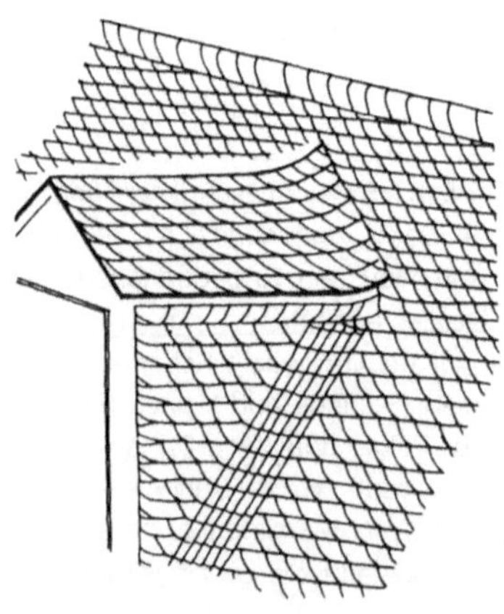

UNTERGELEGTE
KEHLE
SCHLECHT

Doppeldeckung

Als man noch keine Dachpappe kannte, wurde doppelt gedeckt, und zwar am Rhein durch doppelte Rückenüberdeckung und im Harz durch doppelte Gebindeüberdeckung. Der Deckung wurde auch beim Herausfallen eines Steines noch kein schwerer Schaden zugefügt.
Mit dem Aufkommen der Dachpappe wurde die Doppeldeckung vernachlässigt. Die Pappe, die nur das Eindringen von Staub, Flugschnee etc. verhindern sollte, mußte mit zur Regensicherheit beitragen. Man deckte oft so nachlässig, daß beim Herausfallen eines Steines die Dachpappe sichtbar wurde.
Die doppelte Rückenüberdeckung wird nicht mehr ausgeführt. Unter Doppeldeckung versteht man heute nur noch doppelte Gebindeüberdeckung. Sie findet Anwendung bei flachen Dächern, bei denen durch eine einfache Deckung keine Regensicherheit mehr zu erreichen ist.
Das Doppeldach wird wie das Einfachdach gedeckt, nur mit dem Unterschied, daß in der Überdeckung drei Schieferstärken übereinander zu liegen kommen.

Wandbeschieferung

Zwischen einer einwandfreien Wandbeschieferung und der Dachdeckung mit Schiefer besteht kein wesentlicher Unterschied. Die Gebinde laufen horizontal.

Steinplattendeckung

Solnhofer Kalksteinplatten, die für Fußbodenplatten zu dünn sind, verarbeitet man zu Dachplatten. Die kleineren Platten werden ohne Bearbeitung als Legschieferplatten geliefert, die größeren zu sogenannten Zwicktaschen und Unterlagsplatten gehauen. Die Steinplattendeckung wird heute nur noch sehr selten ausgeführt, da sie durch das große Gewicht der Dachhaut, das einen kräftigen Dachstuhl erfordert, unwirtschaftlich ist.

STEINPLATTENDECKUNG

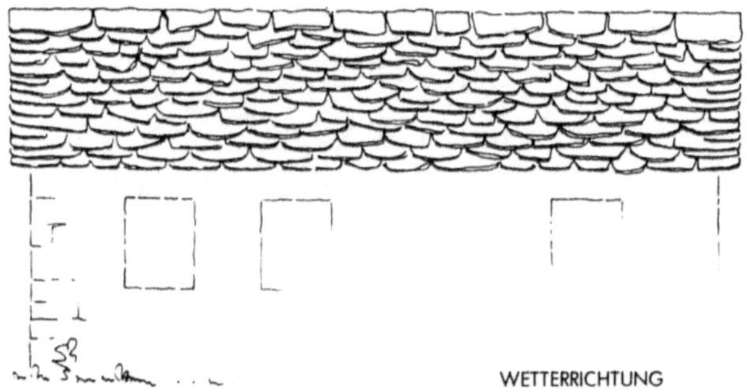

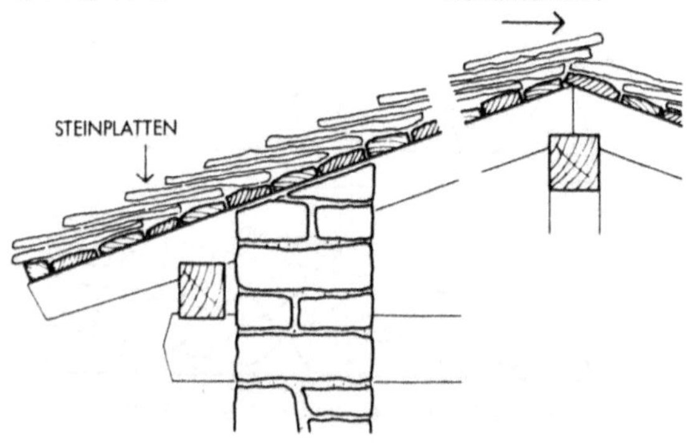

Legschieferdeckung

Bei der äußerst reizvollen, in ihrer Erscheinung sehr schön wirkenden Legschieferdeckung werden die unbearbeiteten Platten ohne jede Befestigung auf Schalung oder Lattung verlegt. Diese Deckungsart ist deshalb nur für Dächer von 30° abwärts geeignet. Auf steileren Dächern würden die Steinplatten abgleiten. Die Regensicherheit erfordert eine große Höhen- und Seitenüberdekkung der Platten.

Zwicktaschendeckung

Zwicktaschen und Unterlagsplatten werden nach der Schablone zugerichtet und wie Biberschwanzziegel in Doppel- oder Kronendeckung verlegt: Ein Nagel, der durch ein gebohrtes Loch gesteckt wird, ersetzt die Nase der Biberschwänze. Die Unterlagsplatten, die mit dem Nagel auf der Lattung hängen, haben am oberen Ende zwei gebrochene Ecken. In die sich beim Decken ergebenden Kerben werden die Zwicktaschen gehängt.

Faserzementplattendeckung

Dachdeckungen können mit verschiedenen Faserzementplattenarten ausgeführt werden. Faserzement besteht aus hochwertiger Mineralfaser und Normzement. Die Mineralfaser hat eine ähnliche Aufgabe wie die Stahleinlagen im Stahlbeton; sie erhöht die Zerreiß-, Zug- und Biegefestigkeit.
Unter den Markennamen „Eternit", „Fulgurit" und „Wanit" werden Dachplatten und Wellplatten mit den zugehörigen Formstücken für Dachdeckungen und Wandbekleidungen hergestellt.
Faserzementplatten sind wetterbeständig, frostbeständig, nicht brennbar, widerstandsfähig gegen chemische Einflüsse und haben eine Wärmeleitzahl $\lambda = 0{,}58$ W/mK. Sie können wie Holz gesägt und gebohrt werden. Platten bis zu einer Dicke von 6,5 mm kann man anritzen und über einer Kante brechen.
Dickere Platten werden geschnitten.
Bei der Bearbeitung der herkömmlichen Asbestzementprodukte müssen die Entstehung von Asbeststaub kleingehalten und die Sicherheitsbestimmungen beachtet werden. Eine bauseitige Bearbeitung ist nicht mehr zulässig, da der Asbeststaub durch die Atemwege in den menschlichen Körper gelangt und dort langfristig größere Gesundheitsschäden verursacht. Deshalb ist die Industrie bemüht, den Asbestanteil durch andere mineralische Fasern zu ersetzen. Diese neuentwickelten Materialien haben sich bereits am Markt durchgesetzt, obwohl sie etwas teurer sind.

Faserzement-Dachplatten

Dachplatten aus Faserzement sind in DIN 274 Teil 3 genormt. Sie sind in zahlreichen Größen und Formen im Handel.
Die Deckung mit ebenen Dachplatten ähnelt der Schieferschablonendeckung und hat wie diese ein schematisches Aussehen.
Die Deckung mit „abgerundeten Quadratplatten" ist eine Imitation der „alten Schieferdeckung".
Die Ausführungsbestimungen über diese Deckungsart sind in der DIN 18338 und in den „Regeln für Deckungen mit Faserzement" des Zentralverbandes des deutschen Dachdeckerhandwerks enthalten.
Da es das Material erlaubt, großformatige Platten herzustellen, die nur verhältnismäßig wenig Fugen in der Dachhaut ergeben, sollte man diese Vorteile auch ausnutzen und die Deckung mit Wellplatten bevorzugen.

Faserzement-Wellplatten

Wellplatten haben sich als leichteste, wetterfeste Dachdeckung, die kaum je Unterhaltungs- und Reparaturarbeiten erfordern, seit Jahrzehnten, besonders im Industriebau, bewährt. Ihre „Naturfarbe" ist ein unansehnliches Grau, das schwärzlich patiniert und häufig von Flechten und Moos überzogen wird. Seit Jahren gibt es sie auch mit vergüteter Oberfläche in dunkelgrauer und rotbrauner Farbe, die sie den Ziegeldächern angleicht. In dieser verbesserten Form und mit abgestufteren Plattenlängen sind die Wellplatten auch in andere Baubereiche vorgedrungen, wo sie sich, z. B. in alte Baubestände, gut einfügen.
Die Lieferfirmen haben aufs sorgfältigste durchgearbeitete Kataloge mit Lösungsvorschlägen für alle Detailprobleme und den erforderlichen Formstücken entwickelt. Der Architekt hat damit fast nur noch eine Auswahl zwischen den angebotenen Teilstükken zu treffen. Doch bleibt für die Hauptpunkte einer Dacherscheinung die Aufteilung der Dachfläche durch Platten- und Wellengröße, die Ausbildung des Dachfußes, des Ortganges und des Firstes noch genügend Gestaltungsfreiheit. Nutzt man diese Möglichkeit, so können sich leichte, elegant wirkende Dächer ergeben, wie beispielsweise viele Einfamilienhäuser, bei denen das geneigte Dach stark mitspricht, bewiesen haben.

Wellplatten aus Asbestzement sind in DIN 274 genormt. Danach gelten folgende Werte und Abmessungen:
Raumgewicht 1500–2000 kg/m³
Wasseraufnahmefähigkeit ≦27%
Biegefestigkeit senkrecht zur Faser: ≦170 MN/m²
Widerstandsmoment:

großwellige Platten	177/51, WX = 85 cm³/m
kleinwellige Platten	130/30, Wx = 42 cm³/m

WELLPLATTEN
PROFIL 5 (177/51)

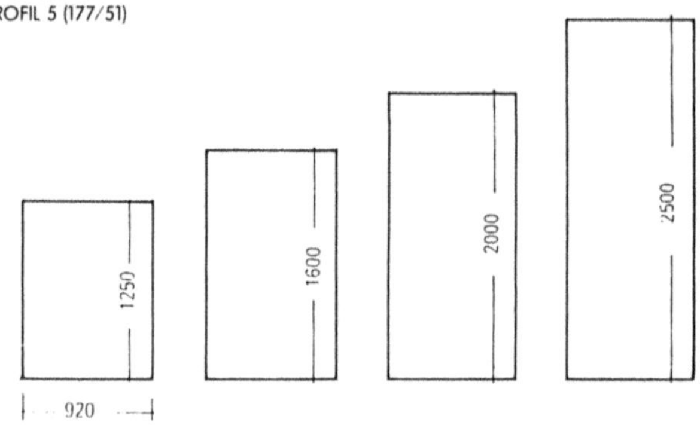

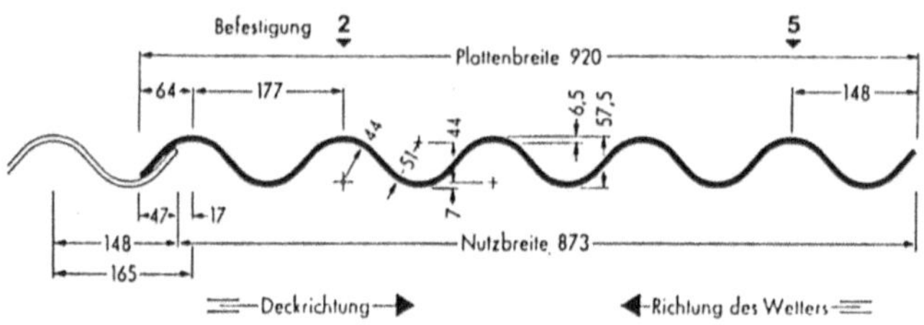

Technische Daten Profil 5 (177/51)	
Wellenbreite	177 mm
Wellenhöhe	51 mm
Plattendicke	6,5 mm
Biegespannung (zul.)	6,5 MN/m²
Widerstandsmoment	85 cm³/m
Materialbedarf bei Mindestdachneigung 7° wie bei 10°. Zusätzliche Einlage von Prestik Dichtungsschnur in den Längsüberdeckungen. Bedarf ca. 1,25 m/m Plattenbreite.	

Mindest-Dachneigung	Höchstabstand Traufe – First
≥ 7° – 8°	10 m
≥ 8° –10°	20 m
≥ 10° –12°	30 m
≥ 12° –75°	über 30 m

WELLPLATTEN
PROFIL 8 (130/30)

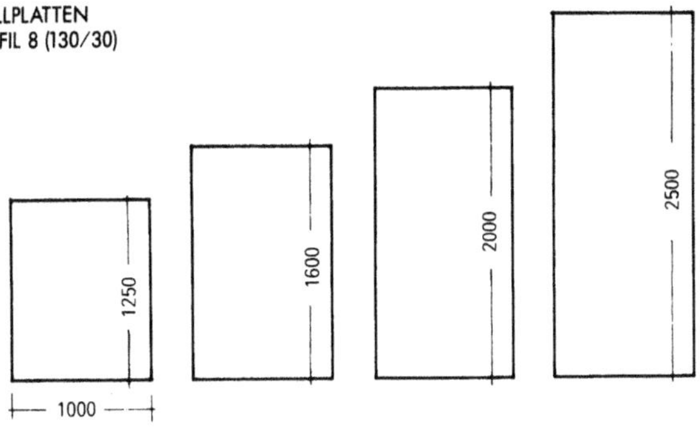

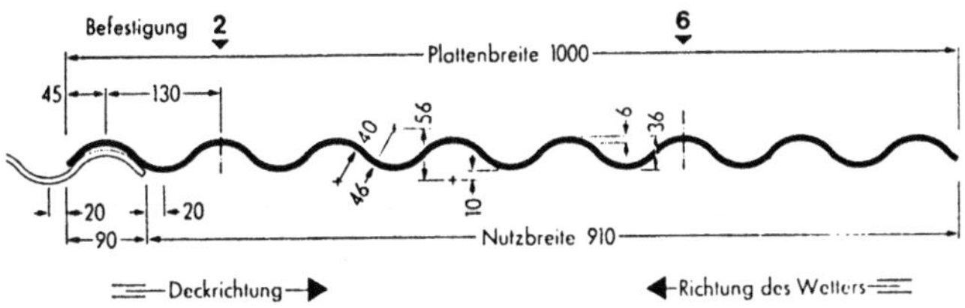

Technische Daten Profil 8 (130/30)	
Wellenbreite	130 mm
Wellenhöhe	30 mm
Plattendicke	6,0 mm
Biegespannung (zul.)	6,5 MN/m²
Widerstandsmoment	42 cm³/m
Materialbedarf bei Mindestdachneigung 7° wie bei 10°. Zusätzliche Einlage von Prestik-Dichtungsschnur in den Längsüberdeckungen. Bedarf ca. 1,25 m/m Plattenbreite.	

Mindest-Dachneigung	Höchstabstand Traufe – First
⩾ 7° – 8°	10 m
⩾ 8° – 10°	20 m
⩾ 10° – 12°	30 m
⩾ 12° – 75°	über 30 m

Überdeckungen

Man unterscheidet:
Längsüberdeckung der Platten parallel zur Traufe und Seitenüberdeckung der Platten senkrecht zur Traufe.
Das Maß der Längsüberdeckung hängt ab von der Dachneigung. Bei Neigungen von 7–20° beträgt die erforderliche Längsüberdeckung 20 cm, bei Dächern von 3–10° muß die Längsüberdekkung zusätzlich durch eine Kunststoffschnur, z. B. Prestik, gedichtet werden. Bei Dachneigungen über 20° genügt eine Überdekkung von 15 cm. In einer Dachfläche sollen die Längsüberdeckungen gleich groß sein. Wenn die Platten- und Formstücke bei Einhaltung der erforderlichen Überdeckungsmaße den Abstand Traufe–First übersteigen, kann man die überschüssige Länge auf die Längsüberdeckungen der einzelnen Platten gleichmäßig verteilen. Werden die Überdeckungsmaße unwirtschaftlich groß, so versucht man es mit anderen Plattenlängen. Besser als eine kürzere Platte am First ist eine längere an der Traufe.
Die Seitenüberdeckung der Platten ist nach den beiden Wellenbreiten vorgeschrieben. Diese Maße sind genau einzuhalten, da kleinere und auch zu große Überdeckungen zu Undichtigkeiten führen.
Wenn die vorgesehene Dachlänge mit den gegebenen Deckbreiten der Platten nicht übereinstimmt, muß das Differenzmaß auf die Dachüberstände an den Giebeln verteilt oder eine Paßtafel innerhalb der Dachfläche eingefügt werden. An den Ortgängen müssen immer ganze Tafeln liegen. Ein Verteilen des Differenzmaßes auf die Seitenüberdeckungen ist nicht zulässig.
Um durch die Längs- und Seitenüberdeckung an den Eckpunkten keine 4fache Überdeckung zu erhalten, werden an 2 Wellplatten die Ecken gestutzt. Dieser Eckenschnitt ist so auszuführen, daß der Stoß einen Spielraum von 5–10 mm erhält.

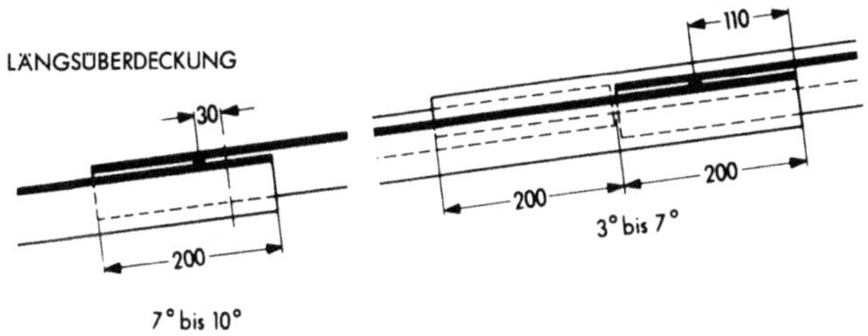

	Dach-neigung	Plattengröße b X h mm mm m²	Gewicht kg/Platte	Längs-überdeckung mm	Plattennutzgröße b X h mm mm m²	Platten-bedarf Stck/m²	Statische Lastannahme kN/m²	max. Pfettenabstand (Neigungsmaß) mm
Profil 5	⩾ 10°	920 X 2500 – 2,30	32,0	200	873 X 2300 – 2,01	0,498	0,20	1150
		920 X 2000 – 1,84	25,5		873 X 1800 – 1,57	0,634		900
		920 X 1600 – 1,47	20,5		873 X 1400 – 1,22	0,820		700
		920 X 1250 – 1,15	16,0		873 X 1050 – 0,92	1,087		1050
	⩾ 20°	920 X 2500 – 2,30	32,0	150	873 X 2350 – 2,05	0,488	0,20	1175
		920 X 2000 – 1,84	25,5		873 X 1850 – 1,62	0,617		925
		920 X 1600 – 1,47	20,5		873 X 1450 – 1,27	0,787		1450
		920 X 1250 – 1,15	16,0		873 X 1100 – 0,96	1,042		1100
Profil 8	⩾ 10°	1000 X 2500 – 2,50	31,5	200	910 X 2300 – 2,09	0,478	0,20	1150
		1000 X 2000 – 2,00	25,2		910 X 1800 – 1,64	0,610		900
		1000 X 1600 – 1,60	20,2		910 X 1400 – 1,27	0,787		700
		1000 X 1250 – 1,25	15,8		910 X 1050 – 0,96	1,042		1050
	⩾ 20°	1000 X 2500 – 2,50	31,5	150	910 X 2350 – 2,14	0,467	0,20	1175
		1000 X 2000 – 2,00	25,2		910 X 1850 – 1,68	0,595		925
		1000 X 1600 – 1,60	20,2		910 X 1450 – 1,32	0,758		725
		1000 X 1250 – 1,25	15,8		910 X 1100 – 1,00	1,000		1100

LÄNGSÜBERDECKUNG

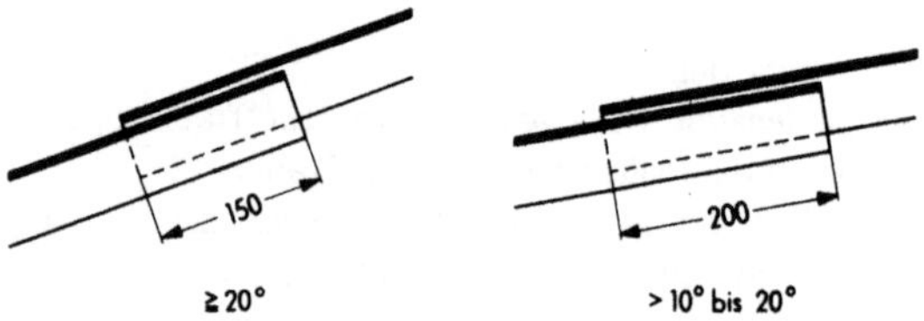

SEITENÜBERDECKUNG

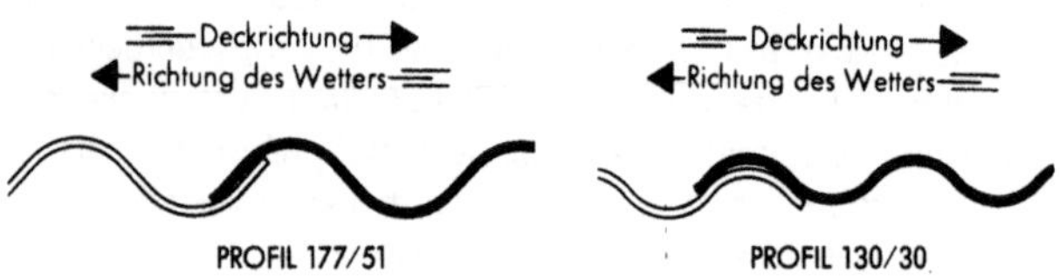

PROFIL 177/51 PROFIL 130/30

FÜR FLACHE DÄCHER

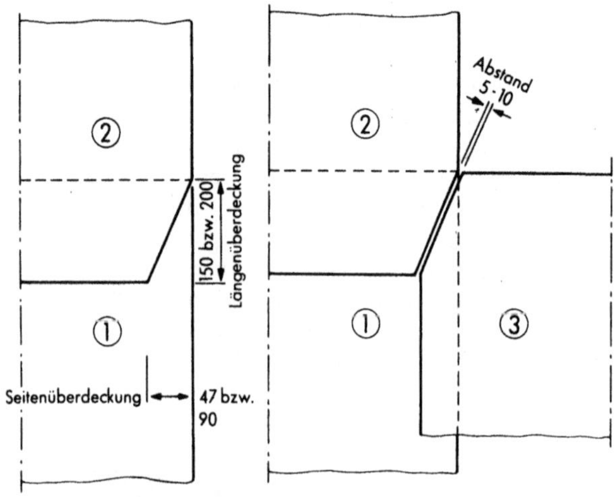

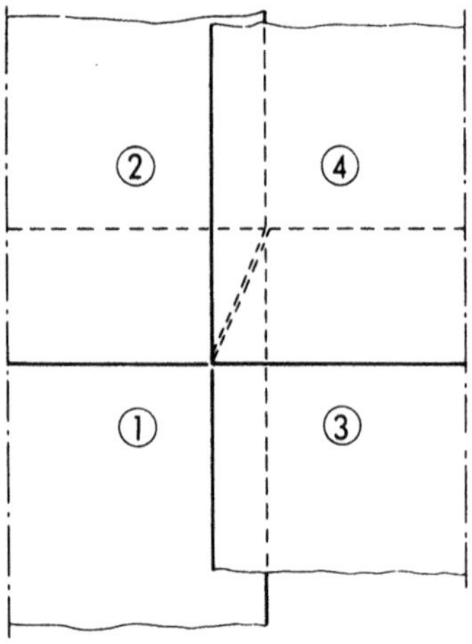

Flachgeneigte Dächer

Abweichend von den Eindeckungen über 7° gibt es Zusatzmaßnahmen, die mit denselben Platten Dachneigungen von 3–6° und 5–7° gestatten.

Dacheindeckung bei Dachneigungen zwischen 3° und 6°

WELLPLATTEN
FÜR FLACHE DÄCHER

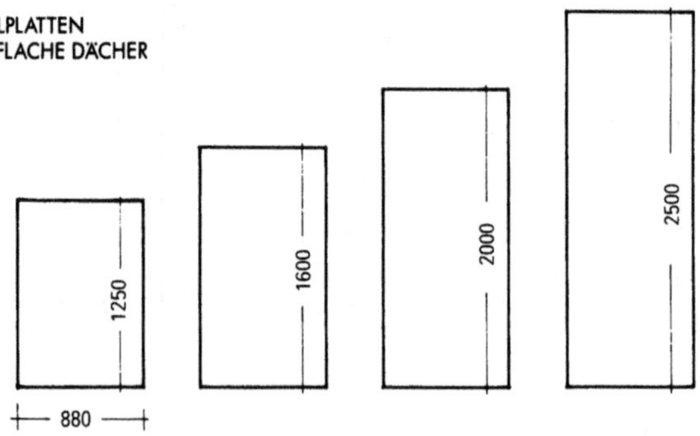

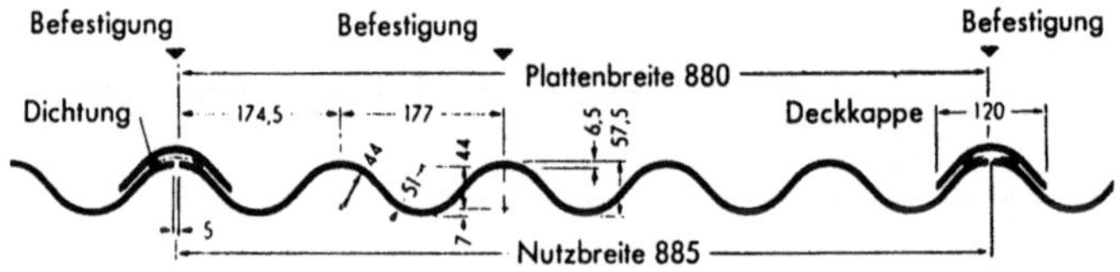

Materialbedarf bei Mindestdachneigung 3°

Längsüberdeckung mit Prestik-Dichtungsschnur Z dichten.
Bedarf: 1,30 m je Plattenbreite.

Unter den Deckkappen Prestik-Doppelschnur verlegen.
Bedarf: Plattenlänge minus 50 mm je Platte.

Mindest-Dachneigung	Höchstabstand Traufe – First
3°	10 m
4°	12 m
5°	15 m
6°	20 m

LÄNGSÜBERDECKUNG

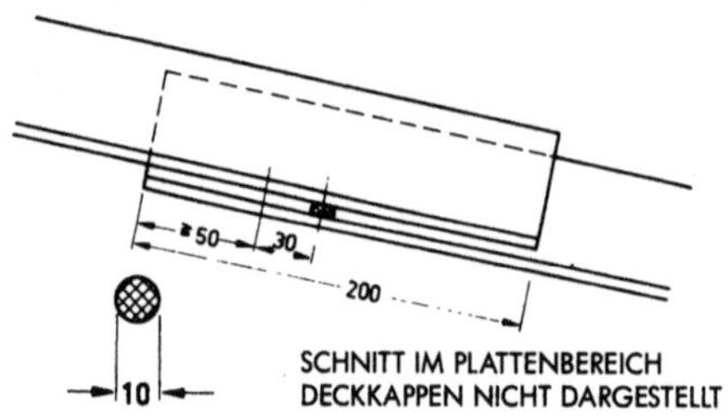

SCHNITT IM PLATTENBEREICH
DECKKAPPEN NICHT DARGESTELLT

SEITENÜBERDECKUNG

PRESTIK-Z-DOPPELSCHNUR

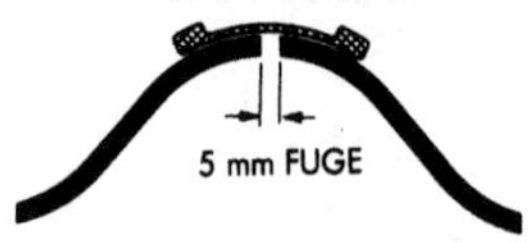

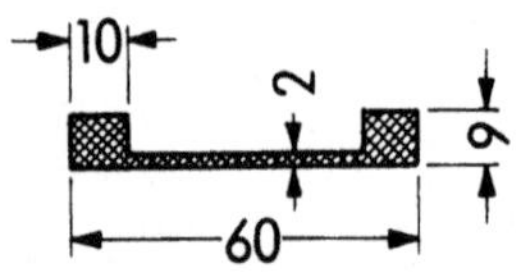

Dachneigung	Längen	Platte Breite	Platte Gewicht	Deckkappe Breite	Deckkappe Gewicht	Längsüberdeckung	Plattennutzgröße b X h	Plattenbedarf	Statische Lastannahme	max. Pfettenabstand (in der Neigung)
	mm	mm	kg/Platte	mm	kg/Kappe	mm	mm mm m^2	Platten/m^2	kN/m^2	mm
> 3° < 6°	2500	880	29,0	120	4,5	200	885 X 2300 = 2,04	0,490	0,20	1150
	2000		23,0		3,5		885 X 1800 = 1,59	0,629		900
	1600		18,5		3,0		885 X 1400 = 1,24	0,806		700
	1250		14,5		2,5		885 X 1050 = 0,93	1,075		1050

Dacheindeckung bei Dachneigungen zwischen 5° und 7°

Die Verlegung erfolgt wie für Dachneigung = 10°, jedoch nur mit den unten aufgeführten Dichtungsmaterialien für die Längs- und Seitenüberdeckung.
Es ist zu beachten, daß auch für die Längsüberdeckung die 10 mm dicke Spezialschnur eingesetzt werden muß.

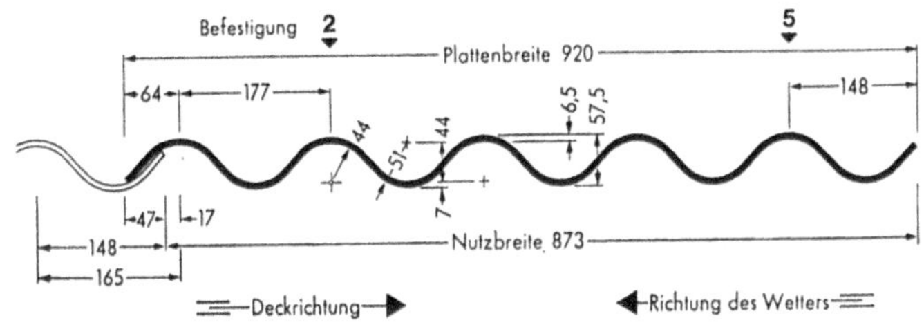

SEITENÜBERDECKUNG

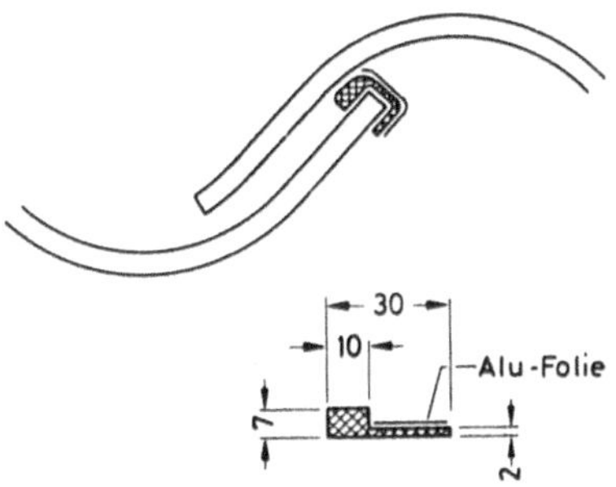

LÄNGSÜBERDECKUNG

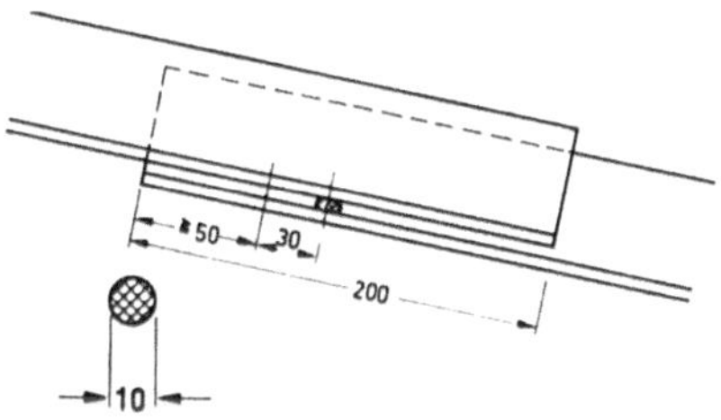

Technische Daten	
Länge	625 mm
Breite	1097 mm
Dicke	5,4 mm
Längsüberdeckung	125 mm
Seitenüberdeckung	47 mm
Nutzbreite	1050 mm
Nutzlänge	500 mm
Nutzfläche	0,525 m^2/pro Platte
Gewicht	7,8 kg/pro Stück

Mindestdachneigung
≧10° ≧18%

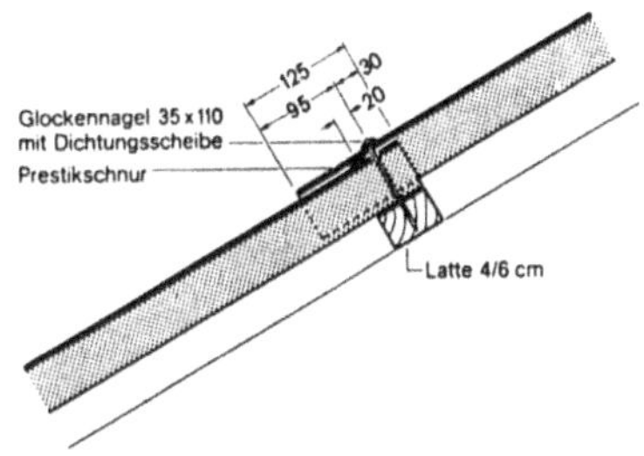

Verlegung und Befestigung

Die Verlegung erfolgt gegen die Hauptwetterrichtung, und zwar bahnweise von der Traufe zum First.
20 mm unter den Bohrlöchern wird die Prestikschnur „Z" verlegt, wobei die beiden Enden der Schnur von den Wellentälern aus schräg nach oben gelegt werden, um den Wasserlauf nicht zu behindern. Nach erfolgter Längsüberdeckung erfolgt die Nagelung durch die gebohrten Löcher auf dem 2. und 5. Wellenberg.

Kurzwellplatten

Die Kurzwellplatten für Dachneigungen von >10° werden mit dem Profil 177/51 fünfwellig und sechswellig hergestellt. Sie werden nur für Dächer über Wohnbauten verwendet und stellen eine Nachahmung der Ziegeldeckung dar.
Bei der Sonderverlegung zwischen 5° und 7° Dachneigung wird die vorgeschriebene Mindestdachneigung unterschritten. Hierfür liegt der Zulassungsbescheid vom 5. 8. 1974 vor.
Die Verlegung erfolgt wie für Dachneigung = 10°, jedoch nur mit den unten aufgeführten Dichtungsmaterialien für die Längs- u. Seitenüberdeckung.
Es ist zu beachten, daß auch für die Längsüberdeckung die 10 mm dicke Spezialschnur eingesetzt werden muß.

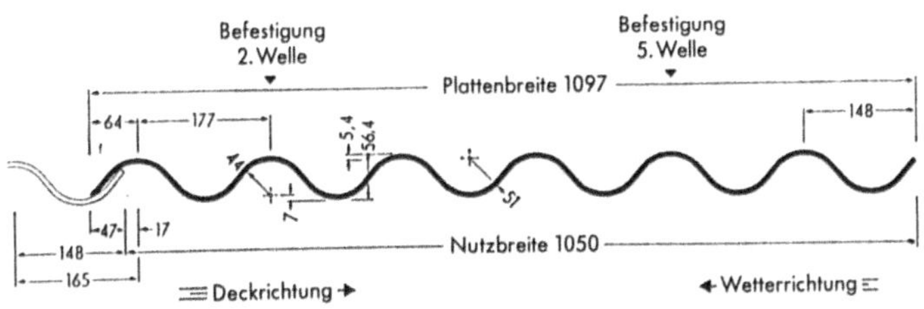

Traufe, Ortgang und First

Hier liegen alle Platten vom Typ O, die aus Gründen der Sturmsicherung mit 3 Glockennägeln auf dem 2., 4. und 6. Wellenberg befestigt werden. Einteilige Wellfirsthauben erhalten insgesamt 6 Glockennägel. Eckenschnitte und Bohrlöcher sind bei den O-Typen bauseits herzustellen.

Lagerung

Im Freien gelagerte Wellplatten sind abzudecken und gegen Nässe und Verschmutzung zu schützen. Dies gilt insbesondere für die Lagerung auf der Baustelle. Zulässige Stapelhöhe 1 m auf ebenem Untergrund.

Plattentypen

Typ L bzw. R
625 mm lang, 1097 mm breit, werkseits mit 2 Eckenschnitten, 2 firstseitigen Bohrungen Ø 10 mm und 2 traufseitigen Bohrungen Ø 5 mm auf dem 2. und 5. Wellenberg (s. Abb. 2 und 3).
Typ O 625 mm lang ohne Eckenschnitte und Bohrungen. Zurichtung auf der Baustelle für Traufe, Ortgang und ggf. First (s. Abb. 4). Für einen Längenausgleich an der Traufe wird der Typ O auch in 830 mm Länge geliefert (s. Abb. 5).

Abb. 2
Typ L

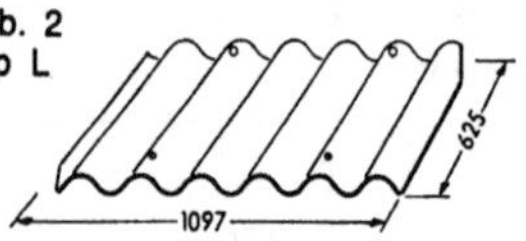

Abb. 3
Typ R

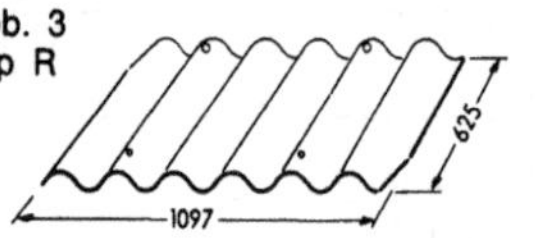

Abb. 4
Typ O

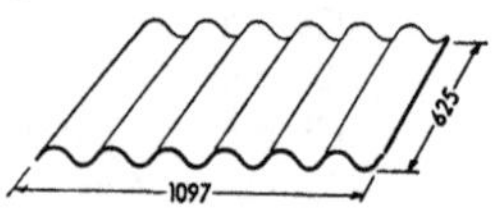

Abb. 5 Ausgleichsplatte
Typ O

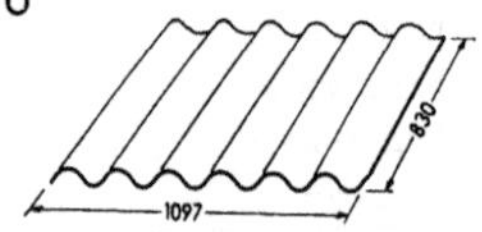

Abb. 6 Dachübersicht

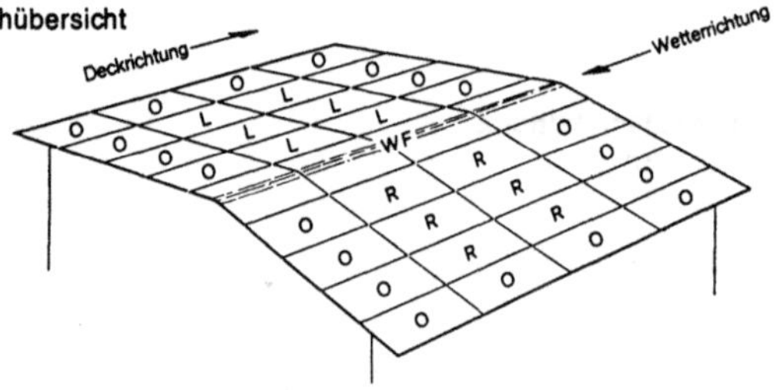

Abb. 7 Querschnitt

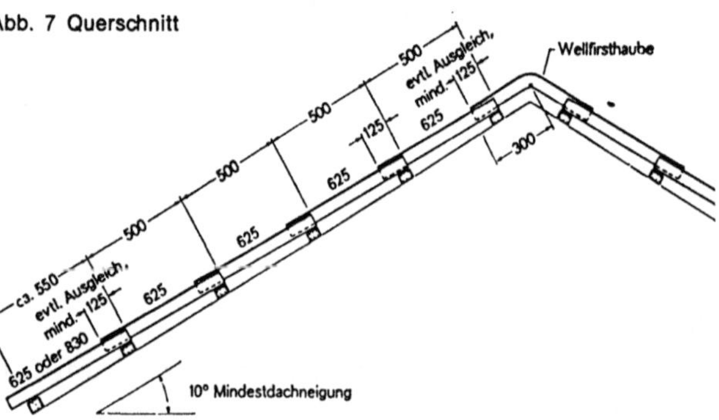

von der Traufe zum First bei Dachneigung bis 7° auf <10 m beschränkt, und darum sollte man die größten Plattenlängen von 2000 und 2500 mm wählen, um die Anzahl der Längsüberdeckungen zu beschränken.

Bei Dachneigungen über 10° hat man eine freiere Wahl in der Bestimmung der Plattenlänge. Größe und Sichtbarkeit der Dachfläche sollten bei der Aufteilung berücksichtigt werden. Am liebsten verlegt der Dachdecker die 1250 mm langen Wellplatten wegen ihres geringeren Gewichtes.

Was die Wahl der Wellenbreiten 177 mm oder 130 mm angeht, so sollte für die Entscheidung die Größe und Sichtbarkeit der Dachfläche entscheidend sein; die großwelligen Platten herrschen vor.

DACHNEIGUNGEN, DACHTIEFEN

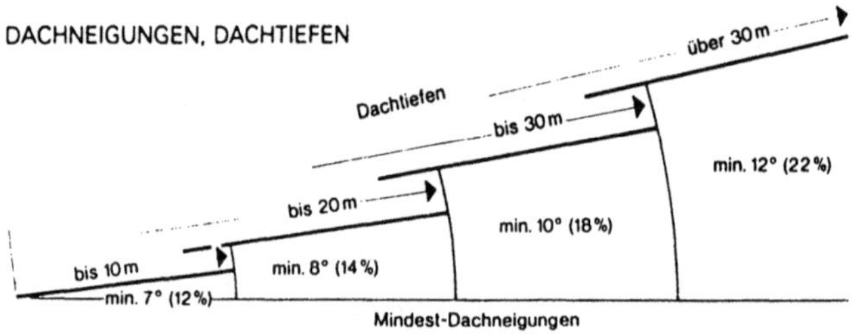

Unterkonstruktion

Das geringe Gewicht der Deckung mit Wellplatten von 20 kg/m² geneigter Dachfläche (Flachdachpfannendeckung 55 kg/m²) gestattet ein Verlegen auf eine leicht gehaltene Unterkonstruktion. Zur sparsamsten Ausführung dieser und wirtschaftlichsten Platteneinteilung fertigen die Herstellerfirmen auf Anforderung Konstruktionspläne (Pfettenpläne) an. Die Unterkonstruktion kann aus Holz oder Stahl sein. Holzpfetten sind mit ihren relativ weichen Kanten für die stoßempfindlichen Wellplatten zu bevorzugen. Sollen die Holzteile feuerunempfindlich sein, so müssen sie mit einem Feuerschutzanstrich nach DIN 4102 imprägniert werden. Die Pfetten müssen gradlinig verlaufen. Die Auflagerbreite für Wellplatten beträgt mindestens 40 mm.

Plattenanordnung und Lattenaufteilung

Die Verlegung erfolgt auf Holzlatten 4 × 6 cm, die im Abstand von 500 mm auf die Sparren aufzubringen sind. Nach Möglichkeit sollte bereits bei der Planung die Sparrenlänge auf eine wirtschaftliche Einteilung abgestimmt werden, die leicht nach der Formel x · 500 + 250 ermittelt werden kann. (x = Anzahl der Lattenabstände.) Gleichzeitig ergibt sich ein üblicher Traufüberstand der Platte von ca. 50 mm. Auch bei der statischen Berechnung der Dachkonstruktion empfiehlt sich die Berücksichtigung des geringen Eigengewichtes der Dachhaut (gemäß DIN 1055 Blatt 1, g = 20 kg/m²). Der Maßausgleich zwischen Traufe und First (s. Abb. 7) kann erfolgen:

a) Durch Vergrößerung der Längsüberdeckung im ersten evtl. auch im zweiten traufseitigen Plattenstoß. (Eckenschnitte und Bohrungen entsprechend anpassen!)
b) Durch Vergrößerung der Längsüberdeckung zwischen der am First liegenden Platte und dem anschließenden Formstück (Wellfirsthaube, Wellpulthaube, Maueranschlußstück oder Normalplatte).
c) Durch Verwendung der 830 mm langen O-Platte an der Traufe.

Gesichtspunkte für die Wahl der Plattengröße und Wellenbreite

Grundsätzlich gilt: je flacher die Dachneigung, desto langsamer fließt das Regenwasser ab. Bei Sturm kann evtl. das Wasser nach aufwärts getrieben werden, so daß man von der vollkommenen Dichtung in der Überdeckung abhängig ist. Darum ist der Abstand

Verlegen der Wellplatten

Für das Verlegen der Wellplatten wird ein 80 cm breiter Laufsteg auf die Pfetten gelegt und gegen Abrutschen gesichert. Mit dem Verlegen der gebohrten und mit dem Eckenschnitt versehenen Platten beginnt man am wetterabgewandten Giebel. Ist die erste Reihe von der Traufe zum Giebel gedeckt, dann verschiebt man den Laufsteg um eine Plattenbreite und verlegt auf lastverteilende, quer zu den Wellen der Platten liegende Arbeitsbretter einen weiteren Laufsteg von 40 cm Breite. So können die Platten der folgenden Reihen von 2 Seiten aus befestigt werden.

Da sich das Bauwerk und damit auch die Dachflächen setzen, sind die Schrauben und Muttern nach gewisser Zeit nachzuziehen.

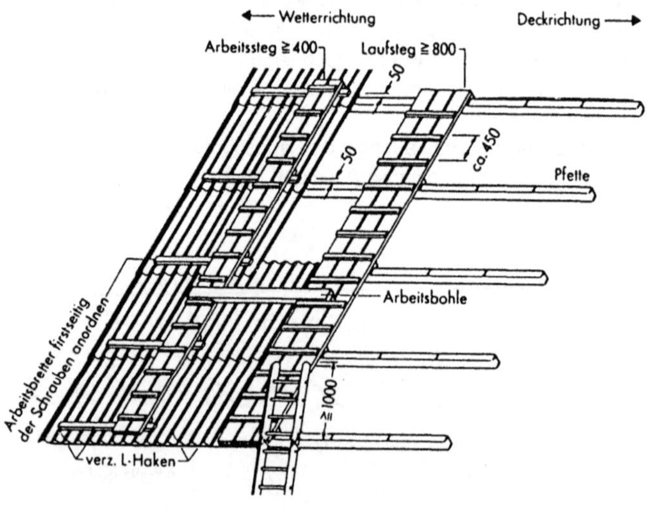

Befestigungsarten

In der Regel steht die untere Wellplatte 50 mm über die Firstseite der Pfette (für Holzschrauben genügt der kleine Korrosionsschutzhut).

Bei Dacheindeckungen an Gebäuden, bei denen mit stärkeren Erschütterungen oder Bewegungen der Unterkonstruktion zu rechnen ist, sind Gelenkhaken zu empfehlen.

Gelenkhaken bestehen aus 2 Teilen, die schlaufenförmig miteinander verbunden sind. Der untere Teil wird an die Holzpfette geschraubt; der obere als Gewindebügel ausgebildet, für Profil 5 (177/51) 90 mm, für Profil 8 (130/30) 70 mm lang. An der Traufe werden die Wellplatten zur Aufnahme des Plattenschubes mit Holzschrauben befestigt.

BEFESTIGUNG MITTELS VERZ. HOLZSCHRAUBEN
AN HOLZPFETTEN

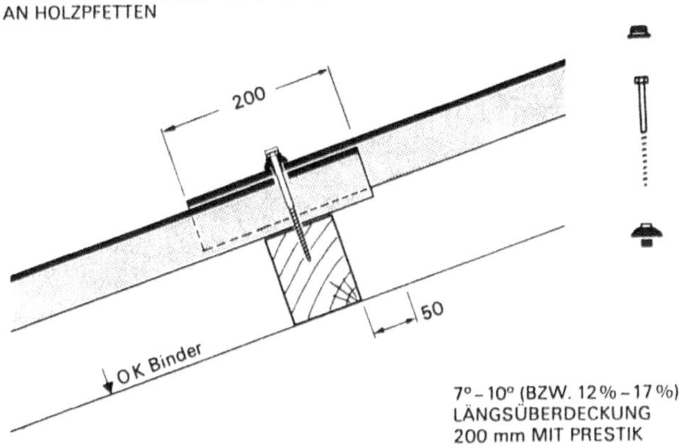

7° – 10° (BZW. 12 % – 17 %)
LÄNGSÜBERDECKUNG
200 mm MIT PRESTIK

BEFESTIGUNG MITTELS GELENKHAKEN
AN HOLZPFETTEN

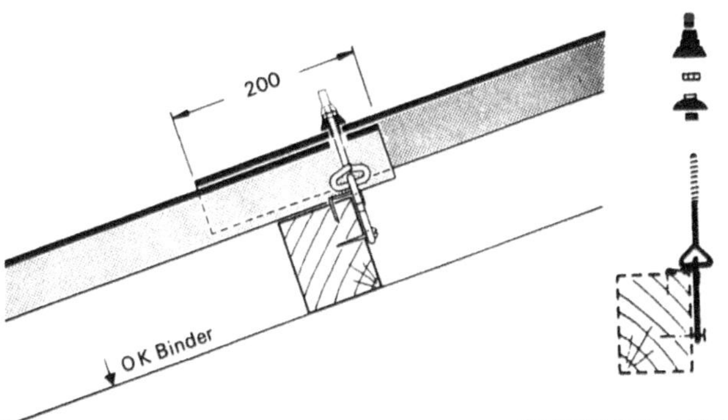

7° – 10° (BZW. 12 % – 17 %)
LÄNGSÜBERDECKUNG
200 mm MIT PRESTIK

Die untere Wellplatte steht 50 mm über die Firstseite der Pfette.
Befestigungsstelle = Firstseite der Pfette.

Bei Befestigung mit Muttern ist der große Korrosionsschutzhut notwendig.

Wellplatten können sowohl auf Holzunterkonstruktionen, Stahlprofilen, Stahlrohren und Stahlbetonpfetten mittels verzinkten Holzschrauben auf den vorgeschriebenen Wellenbergen befestigt werden. Alle über dem Wellenberg vorstehenden Metallteile müssen mit entsprechenden Korrosionsschutzhüten versehen sein.

BEFESTIGUNG MITTELS L-HAKEN
AN STAHLPFETTEN

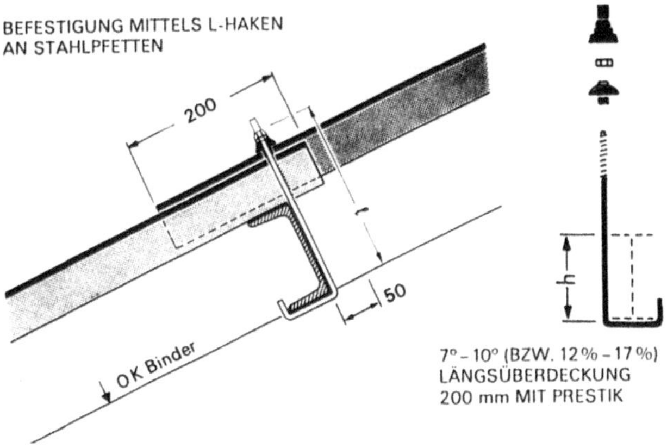

7° – 10° (BZW. 12 % – 17 %)
LÄNGSÜBERDECKUNG
200 mm MIT PRESTIK

BEFESTIGUNG MITTELS GELENKHAKEN
AN STAHLPFETTEN

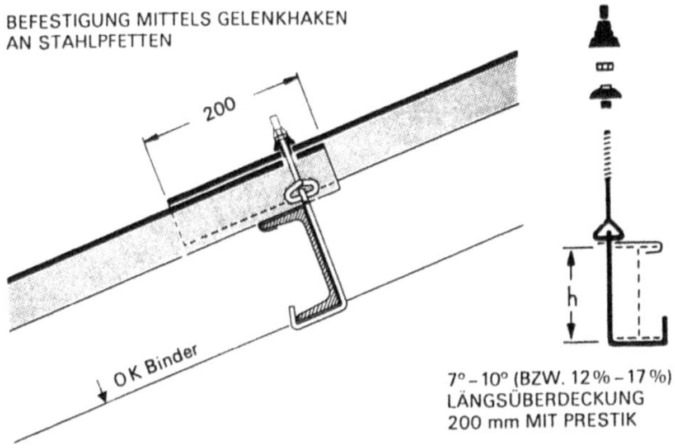

7° – 10° (BZW. 12 % – 17 %)
LÄNGSÜBERDECKUNG
200 mm MIT PRESTIK

BEFESTIGUNG MITTELS L-HAKEN
AN STAHLROHRPFETTEN

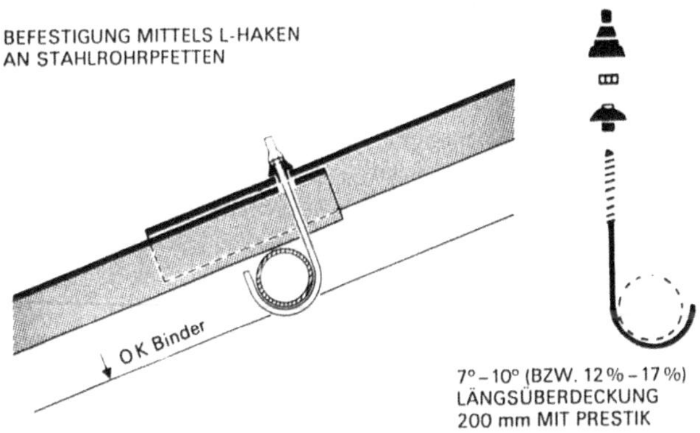

7° – 10° (BZW. 12 % – 17 %)
LÄNGSÜBERDECKUNG
200 mm MIT PRESTIK

Traufe

Bei Wellplattendeckung wirkt die Trauflinie am besten und reizvollsten, wenn die Sinuskurve der Plattenenden voll sichtbar bleibt. Das erreicht man durch vorstehende Gesimse und tiefhängende Rinnen. Kastengesimse, die diese Linie verdecken, widersprechen im Grunde der reizvollen Welle.

Der Abschluß der Welle kann mit Zahnleisten oder Traufstücken ausgeführt werden.

Zahnleisten bilden den einfachsten Traufabschluß, wenn ein schraubbarer Untergrund vorhanden ist. Die gezahnte Seite paßt sich genau den Wellen der Platten an. Die Leisten haben folgende Abmessungen: Nutzbreite 873 und 910 mm, Gesamthöhe 150 mm, Wellenhöhe 51 mm, Dicke etwa 6,5 mm. Sie werden dreimal geschraubt oder mit Drahtstiften genagelt.

Ist kein schraubbarer Untergrund vorhanden, dann sind Trauffußstücke anzuordnen. Diese bestehen aus einem gewellten Schenkel von 150 oder 200 mm Länge und einem ebenen Schenkel von 40 mm Länge. Die Befestigung geschieht gleichzeitig mit den Wellenplatten der Traufreihe. Bei Bestellung der Trauffußstücke ist die Wetterrichtung anzugeben, da der ebene Schenkel mit Muffe ausgebildet ist.

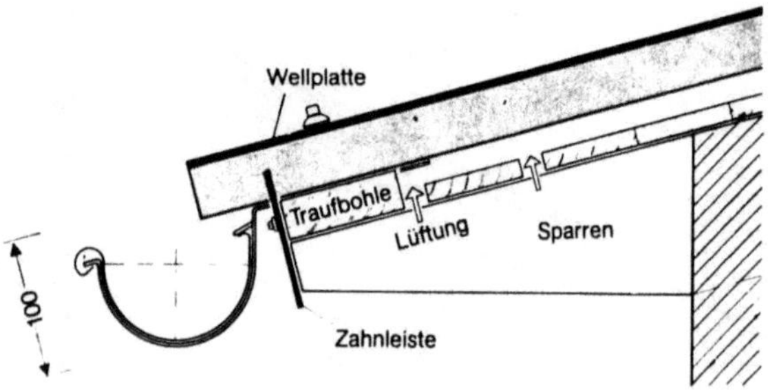

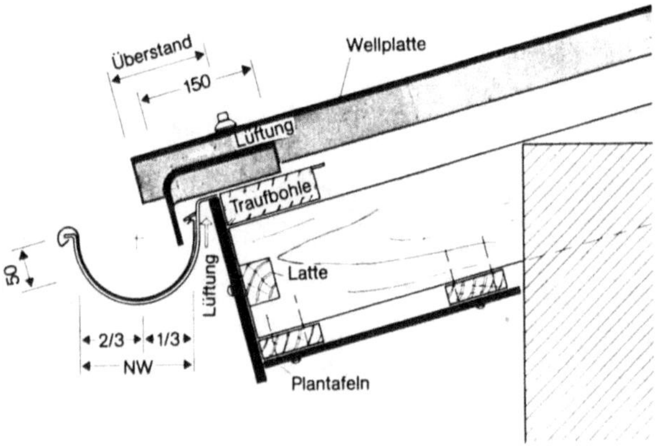

Ortgangausbildung

Dachfuß- und Ortgangausbildungen muß man wie bei Ziegeldächern im Zusammenhang sehen. Es wird eine Reihe von Lösungsmöglichkeiten angeboten. Als eigenständiges Deckmaterial kommen die Wellplatten am besten zur Geltung, wenn der Ortgang ohne Deckprofil bleiben kann und die Sinuskurven am Dachfuß sichtbar sind. Das läßt sich häufig aber nur bei Wohn- und Einfamilienhäusern machen.

1. Seitlicher Wellplattenüberstand max. bei
   Profil 177/51 = 130 mm,
   Profil 130/30 = 90 mm.
   Das letzte Wellental muß voll auf der Unterkonstruktion aufliegen.

2. Dichtungsmöglichkeiten ergeben sich durch
   a) ebene Tafelstreifen,
   b) Giebelwinkel,
   c) Giebelwulstwinkel

3. An Ortgängen unter 35° sind die Wellplatten im Randbereich von 2 m auf der Mittelpfette zusätzlich an zwei weiteren Stellen zu befestigen.

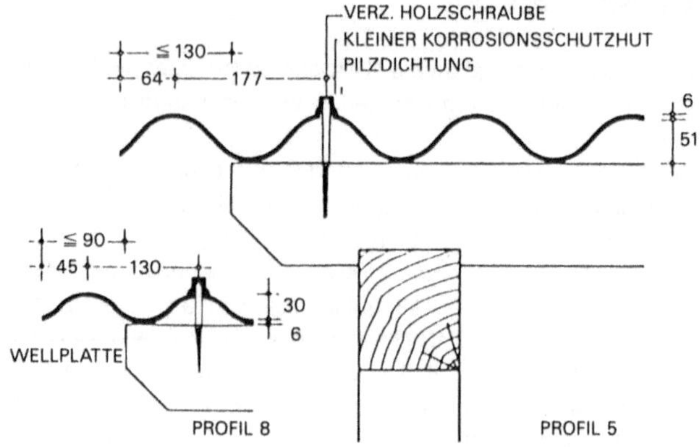

Guter Abschluß bei einfachen offenen Bauten ohne Dichtung für Profil 5 (177/51) und 8 (130/30)

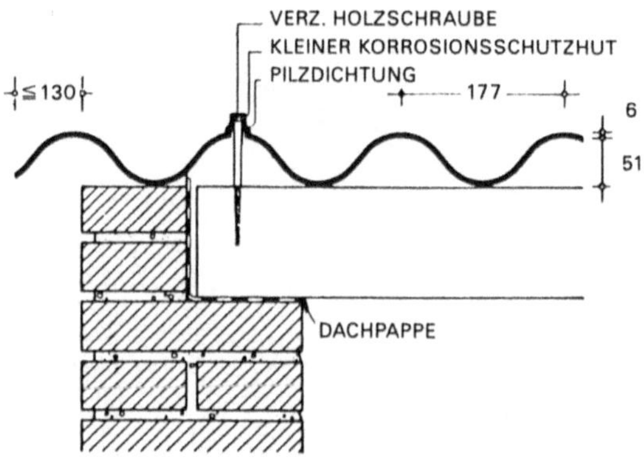

Einfacher Abschluß bei geschlossenen Bauten für Profil 5 (177/51)

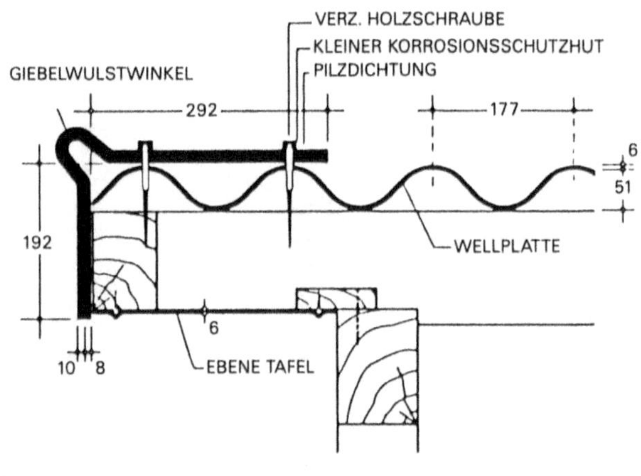

Giebelwulstwinkel. Befestigung wegen der Windbelastung abwechselnd auf dem 1. und 2. Wellenberg

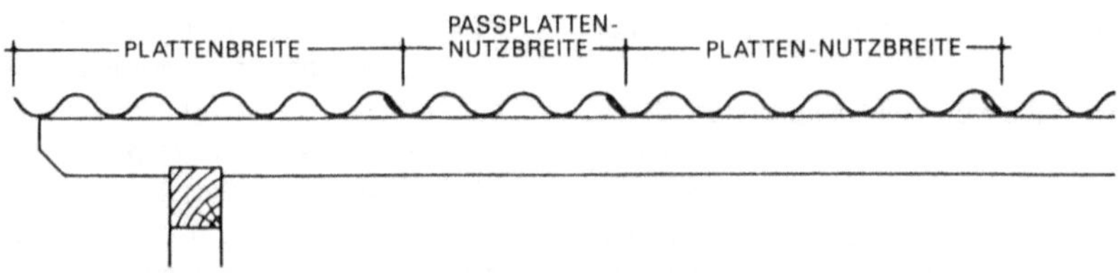

Anordnung der Paßplatte

Firstausbildung

Auch hierfür wird eine Reihe von Formstücken angeboten. Muß der Dachraum nicht über den First entlüftet werden, was z. B. bei freistehenden und nicht geheizten Hallen der Fall ist, so bilden die zweiteiligen Formstücke, die sich für jede Dachneigung verwenden lassen, eine befriedigende Erscheinung. Für die Ausbildung eines Kaltdachfirstes braucht man neben den beiden oder mehreren Formstücken immer eine darübersitzende Kappe. Für schneereiche Gegenden wählt man sicherere, aber kompliziertere Ausbildungen.

FIRSTEINDECKUNG MIT ZWEITEILIGEN FIRSTHAUBEN

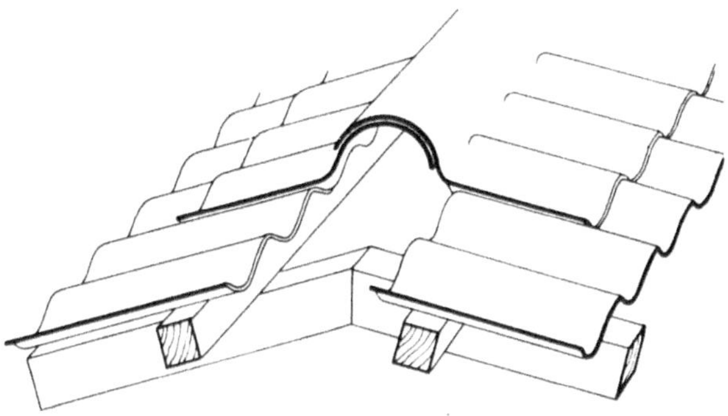

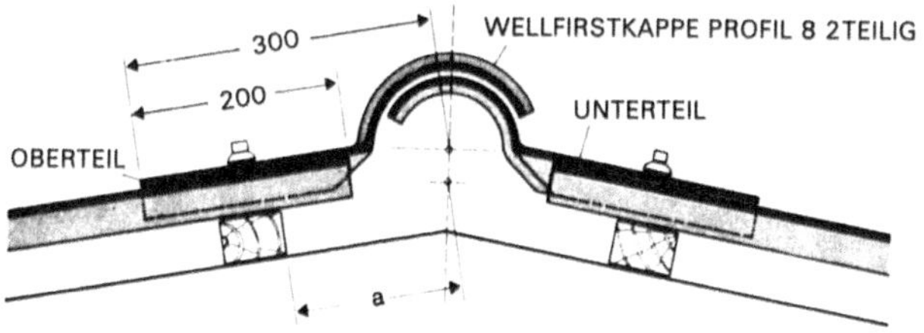

FIRST MIT WELLPULTHAUBE UND GELENKHAKEN-BEFESTIGUNG FÜR PROFIL 5 (177/51)

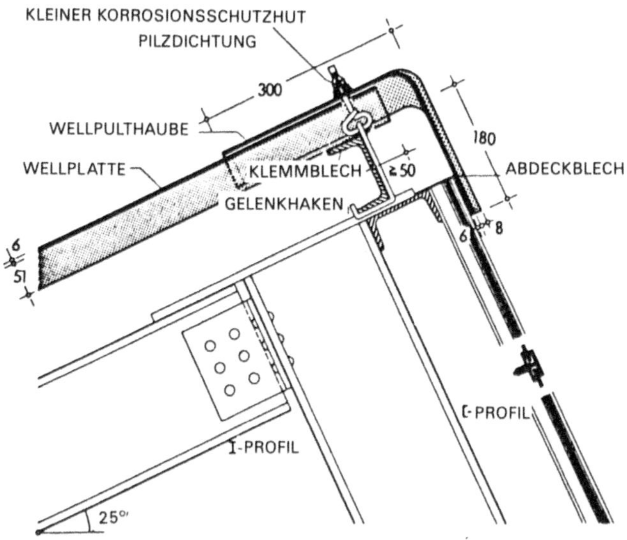

Grat

Grate werden mit Bleilappen gedichtet und mit Gratkappen abgedeckt. Es gibt auch flache Sonderformstücke, die mit Dachdeckermörtel abgedichtet werden.
Die einzelnen Firmen stellen verschiedene Formstücke für die Eindeckung des Dachgrates her.

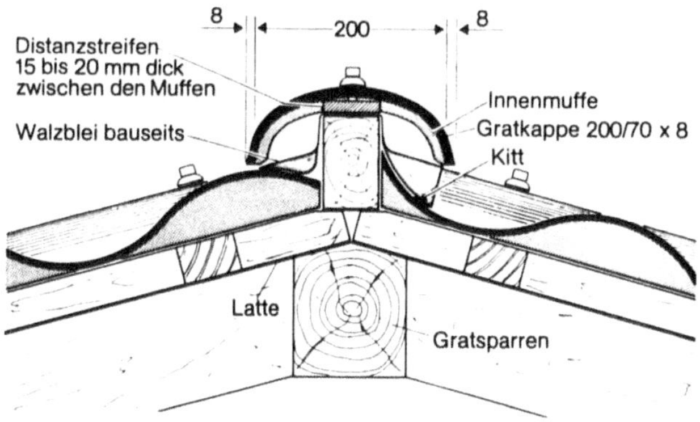

Kehlen

können mit Metall oder Formstücken, wie sie von einzelnen Firmen im Handel sind, eingedeckt werden. Bei flach geneigten Kehlen ergeben sich leicht Undichtigkeiten.
Die bei schiefwinkligen Dachflächen schräg angeschnittenen Platten sind nicht schön. Wellplatten soll man deshalb in der Regel nur für die Eindeckung rechtwinkliger Dächer nehmen.

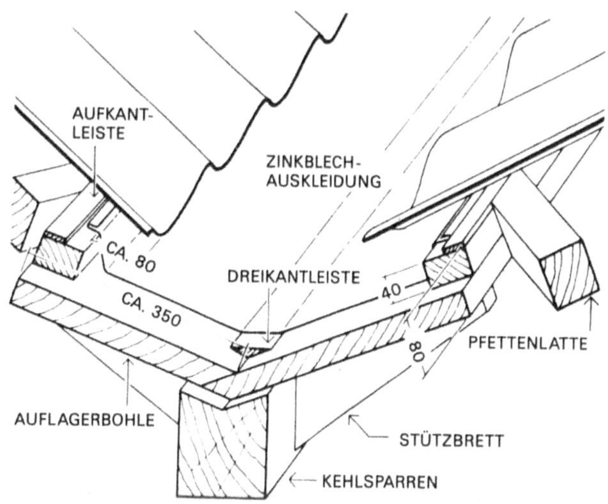

Wandanschlüsse

Wandanschlüsse haben einen gewellten und einen ebenen Schenkel mit Muffen. Die Wetterrichtung ist bei Bestellung anzugeben. Zwischen Mauerwerk und Formstück ist eine Bewegungsfuge von 1–2 cm zu lassen, die mit einer Kappleiste abgedeckt wird. Giebelseitige Wandanschlüsse dichtet man mit Winkelstücken oder Metallstreifen. Starre Anschlüsse sind zu vermeiden.

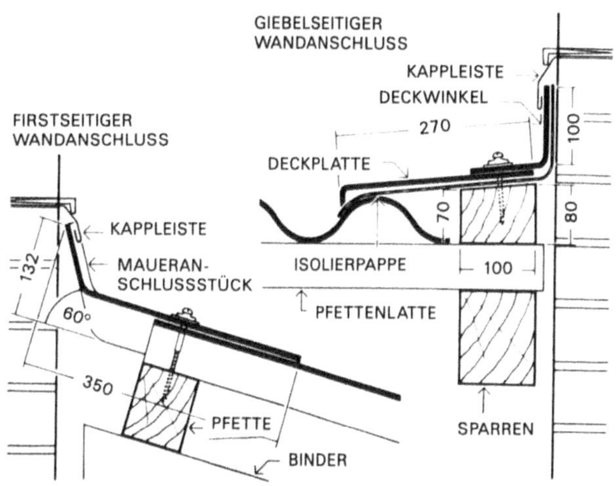

Dachfenster

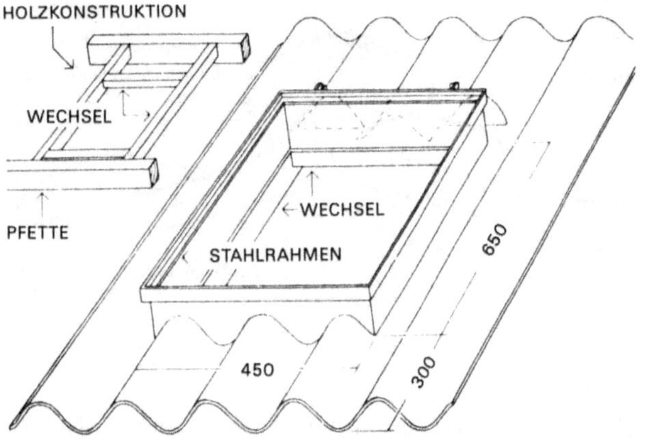

DIE PLATTENGRÖSSE ENTSPRICHT DEN NORMALTAFELN

Dehnungsfuge

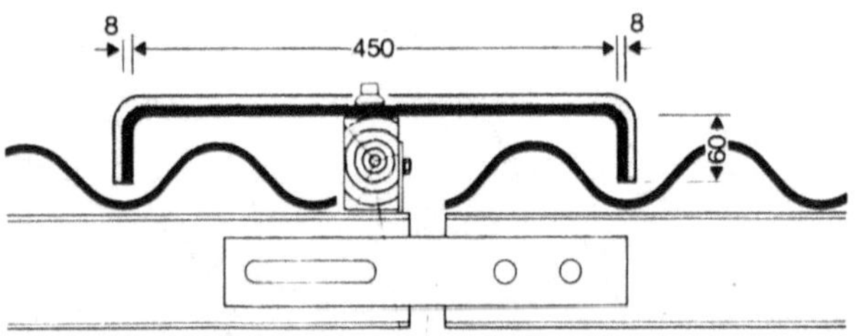

KANTHOLZ 50x80 BAUSEITS DEHNFUGE

Laufstege

Wellplattendächer gelten als nicht begehbar. Um zu Stellen auf dem Dach zu gelangen, die öfter begangen werden, wie z. B. Schornsteine, Ventilatoren etc., muß man zwischen dem Dachaustritt und dem Ziel Laufroste anbringen, die ein sicheres Begehen gewährleisten. Solche Laufstege müssen mindestens 30–50 cm breit sein (regional verschieden).

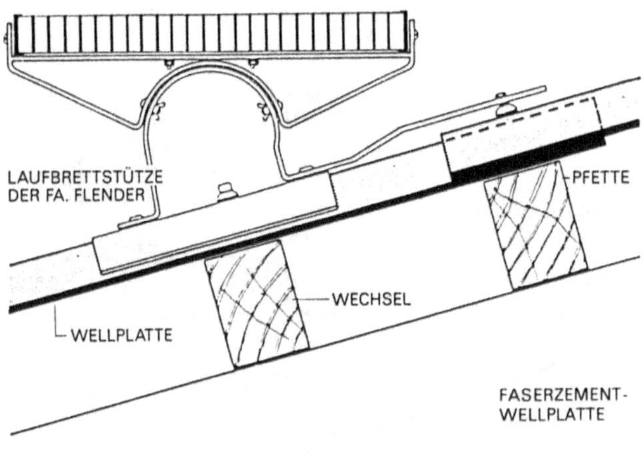

Lichtwellplatten

Lichtwellplatten aus glasfaserverstärktem Polyesterharz, PVC hart oder Plexiglas werden mit den gleichen Wellen- und Plattenabmessungen wie Wellfaserzementplatten hergestellt. Wellplexiglasplatten eignen sich wie die Lichtwellplatten für ein gemeinsames Verlegen mit Wellplatten aus Faserzement. Plexiglas besitzt eine hohe Temperaturunempfindlichkeit, eine große Bruchfestigkeit und ein sehr geringes Gewicht. Die Verschmutzungsgefahr ist unbedeutend, da der Schmutz auf Plexiglas vom Regen leicht abgewaschen wird.

Der höhere Preis wird oft durch die einfache Unterkonstruktion und den schnellen Einbau ausgeglichen.

Durch den Dickenunterschied von Wellplatten (6 bzw. 6,5 mm) gegenüber einschaligen Lichtwellplatten (ca. 1 mm) entstehen bei unsachgemäßer Verlegung weite Fugen an den Längsüberdekkungen. Zur Vermeidung sind die Lichtwellen nicht zwischen die Wellplatten, sondern am oberen Anschluß unter und am unteren Anschluß über die Wellplatten zu legen.

Befestigung:

An den Befestigungsstellen werden bei Überdeckungen Faserzementwellplatte-Lichtwellplatte und bei Mittelpfettenbefestigung Abstandhalter eingesetzt, um ein Einbrechen des durchgeschraubten Wellenberges zu verhindern. Die seitlichen Überdekkungen sind zwischen den Pfetten zu verschrauben, wenn der Pfettenabstand 1 175 mm übersteigt.

Lieferbar sind auch doppelschalige Lichtwellplatten, die aufgrund ihrer Materialstärke genau wie Wellplatten verlegt werden können. Für gedämmte Dachkonstruktionen gibt es doppelschalige, ebene Lichttafeln, die in der Ebene der Wärmedämmung eingebaut werden. Die darüberliegende Dachhaut wird von einer einschaligen Lichtwellplatte gebildet.

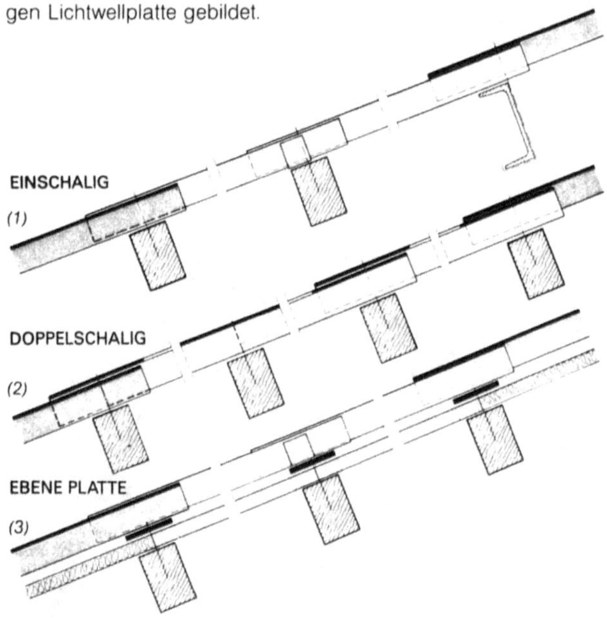

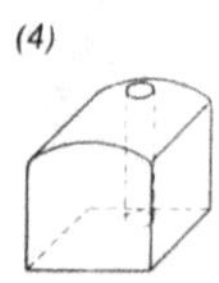

ABSTANDHALTER

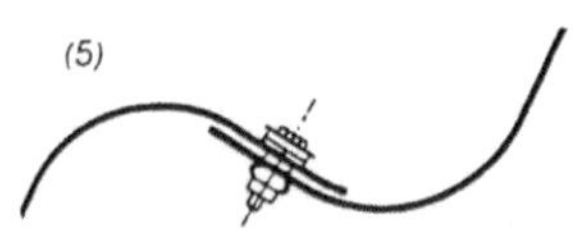

BEFESTIGUNG LAP-LOX

Durchlüftete Dachausführungen (Kaltdach)

Die vergangene Energiekrise hat gezeigt, daß man bei Wellfaserzementdächern in Zukunft das Thema Wärmedämmung, wie bei anderen Dachkonstruktionen auch, eingehender behandeln muß. Bei Industriehallen und ähnlichen Gebäuden wird großteils mit Polystyrolschäumen gedämmt. Diese müssen jedoch schwer entflammbar und eine einwandfreie Belüftung der Kaltzone gewährleisten. Auch im Wohnungsbau werden zunehmend Wellplatten eingesetzt. Gerade hier bei ausgebauten Dachböden muß auf ausreichende Wärme- und Kältedämmung geachtet werden (wenn möglich Mineralwolle nicht unter 100 mm).

Die nachstehenden Abbildungen zeigen verschiedene Dämm-Möglichkeiten, wobei eine optimale Dämmung mit einer Decken-Untersichtsverkleidung erreicht werden kann.

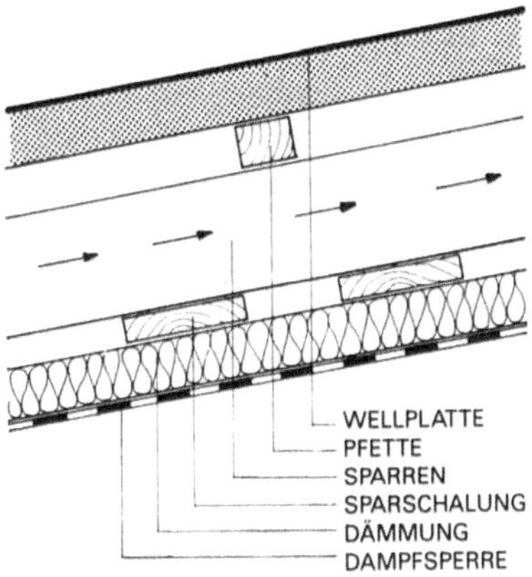

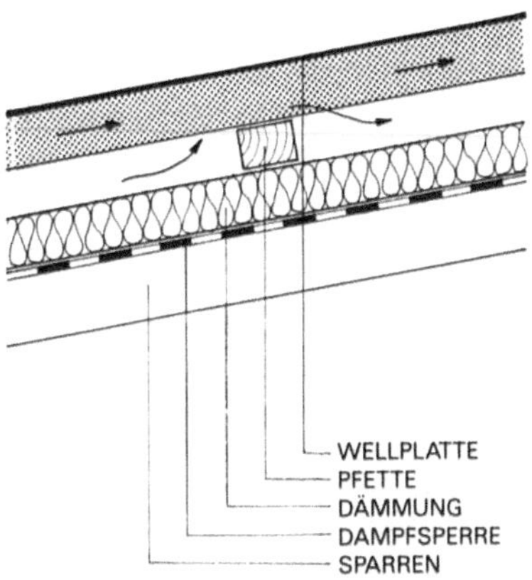

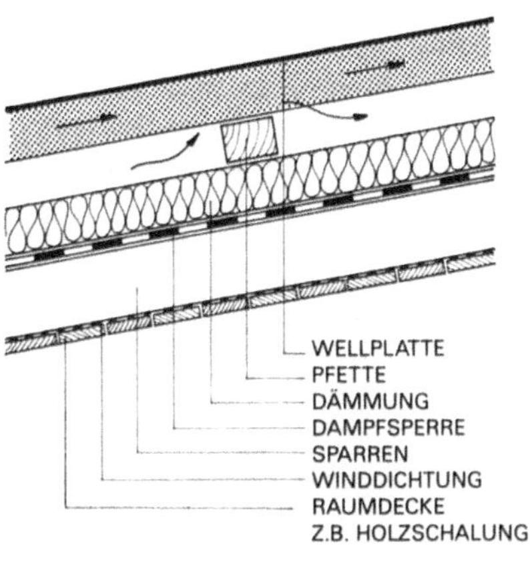

Bei geneigten Dachausbauten sind folgende Punkte besonders zu beachten:

1. bei Leichtkonstruktion zusätzliche Dampfbremsen
2. einwandfreie Belüftung (Kaltdachfirst)
3. Treibschneeabsicherung durch schwer entflammbare Polyäthylen-Unterspannbahnen oder 5 mm starke Faserzementplatten mit hohem Zelluloseanteil.

Wärmedämmungen dürfen nicht direkt an die Unterspannbahn verlegt werden, dazwischen muß eine belüftete Zone zum Abtransport des anfallenden Wasserdampfes verbleiben. An Faserzementplatten können Dämmungen direkt verlegt werden, da sie dampfdurchlässig sind.

BELÜFTUNG AM KALTDACHFIRST

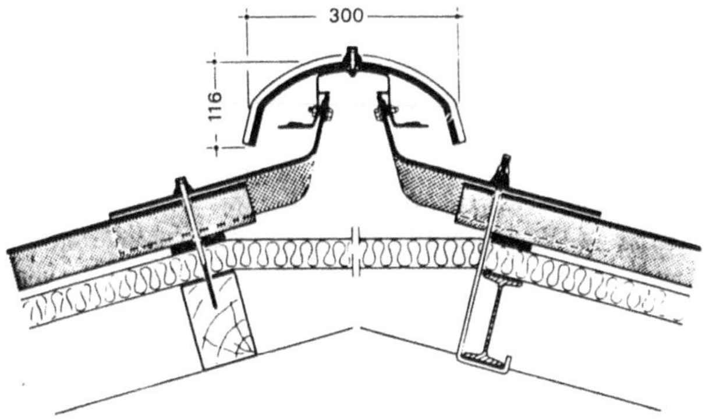

Kaltdachfirst für Profil 5 (177/51) und 8 (130/30)
Entlüftungsquerschnitt für beide Dachseiten ca. 500 cm²/m, mit Maueranschlußstücken, verz. Traverse und Abweisprofilen sowie Firstkappen mit Muffe (1200 mm Baulänge)

Für unmittelbar unter der Wellplatten-Dachhaut angeordnete Wärmedämmschichten eignen sich nur durchgehende Firstentlüftungen.

Firstentlüftungen haben neben der Funktion einer ausreichenden Entlüftung die zusätzlichen Anforderungen im Hinblick auf Treibschnee zu erfüllen. Luftein- und Austrittsöffnungen sind nach DIN 4108 T 3 für die verschiedenen Gebäudeformen zu bemessen:

Dachneigungen $< 10°$
An der oder den Traufen 2‰ der Dachgrundrißfläche.
Freier Lüftungsquerschnitt über der Dämmung $\geqq 5$ cm.

Dachneigungen $> 10°$
An der oder den Traufen 2‰ der zugehörigen geneigten Dachfläche.
Am First 0,5‰ der gesamten geneigten Dachfläche.
Freier Lüftungsquerschnitt über der Dämmung $\geqq 2$ cm

Metalldeckung

Unter Metalldeckung versteht man die Eindeckung von Dachflächen mit Blechen, Profilblechen oder Metallfolien. Blech- und Foliendekkungen eignen sich für leichte Dächer mit geringen Neigungen und für schwierige Formen. Die Blechdeckung zählt zu den ableitenden Dachdeckungen, d. h. die Dachhaut ist nicht vollständig luft- und wasserdicht. Flugschnee, Ruß und Wasser können u. U. in das Dachinnere gelangen. Trotzdem ist von allen ableitenden Deckungsarten die Blechdeckung die dichteste.

Es ist ein Nachteil der Blechdeckung, daß sie die Dachräume gegen Temperaturschwankungen kaum schützt, so daß mit erheblicher Schwitzwaserbildung gerechnet werden muß. Die erhöhten Herstellungskosten werden durch die geringen Unterhaltungskosten und den Altmaterialwert bei Erneuerung der Deckung meistens ausgeglichen.

Als Werkstoff für Metallbedachungen verwendet man: Zinkblech, Kupferblech, Bleiblech, Aluminiumblech, Armcoblech; seltener Stahlblech; ferner Kupfer- und Aluminiumfolien. Die Bleche werden als Tafeln oder Bahnen verarbeitet. Der Temperatur-Längenveränderung wegen darf bei der Bahnendeckung die Länge der Bänder bei Aluminium 7 bis 8 m, bei Kupfer 9 bis 10 m und bei verzinktem Eisenblech 10 bis 12 m nicht überschreiten.

Durchlüftungsquerschnitte

Bei Dächern und Wandbekleidungen

Dachneigung unter 5% (3°)

Dächer mit Innengefälle (innenliegende Rinne) sind in diese Gruppe einzuordnen.

Freier Lüftungsquerschnitt 2 × 1/400 (2 × 2,5 ‰)

Mindesthöhe Belüftungsraum 20 cm

Dachneigung 5% – 36% (3° – 20°)

Freie Zuluftöffnung 1/500 (2,0 ‰)

Freie Abluftöffnung 1/400 (2,5 ‰)

Mindesthöhe Belüftungsraum 10 cm

Dachneigung über 36% (20°)

Freie Zuluftöffnung 1/500 (1,0 ‰)

Freie Abluftöffnung 1/400 (1,25‰)

Mindesthöhe Belüftungsraum 5 cm

Wandbekleidung

Freie Zuluftöffnung 1/1000 (1,0 ‰)

Freie Abluftöffnung 1/800 (1,25‰)

Mindesthöhe Belüftungsraum 2 cm

Zinkblech

ist spröde und nur bei einer Temperatur von 393 bis 413 °K (120 bis 140 °C) plastisch formbar (treiben). Biegen und falzen läßt es sich jedoch in kaltem Zustand bis ca. 10 °C, bei niedrigeren Temperaturen wird es brüchig und läßt sich nicht mehr bearbeiten oder muß vorgewärmt werden. Scharfe Abkantungen parallel zur Walzrichtung führen schon bei normaler Temperatur zum Bruch.

An der Luft überzieht sich Zinkblech mit einer weißlichgrauen Schicht aus kohlensaurem Zinkoxyd, die wasserunlöslich ist und das Metall vor weiteren Oxydationen schützt. Dem Wetter ausgesetzt, verändert es mit der Zeit seine ganze Struktur und wird stark kristallin und brüchig. Während in ländlichen Gegenden das Zinkblech eine Lebensdauer von ~40 Jahren erreicht, sinkt diese in den Städten unter Einwirkung aggressiver Atmosphärilien auf 20 bis 30 Jahre. Aber nicht nur säurehaltige und salzwasserhaltige Luft, sondern auch Schwitzwasser, frischer Kalk-, Zement- und Gipsmörtel wirken zerstörend auf Zinkblech, ebenso wie Niederschlagswasser, welches von regelwidrig ungeschützten bituminösen Dachflächen über das Zinkblech läuft. Probleme könnten diesbezüglich z. B. bei Bitumenschindeldächern auftreten, die über Zinkblechrinnen entwässert werden – eine Kupferrinne wäre in diesem Fall also die richtigere Lösung. Um eine elektrolytische Korrosion auszuschließen, darf Zinkblech nicht mit fremden Metallen zusammen verarbeitet und eingebaut werden. Ohne größere Probleme kann Zink z. B. mit Aluminium, Blei, Edelstahl und feuerverzinktem Stahl kombiniert werden, auf keinen Fall jedoch mit Kupfer oder ungeschütztem Stahl. Festanhaftender Rußansatz in Verbindung mit Regenwasser führt ebenfalls zu elektrolytischer Zersetzung. Die Wärmeausdehnungszahl von Zink liegt mit 0,00003 sehr hoch. Bei 50° Temperaturdifferenz wächst oder schwindet ein Blechstreifen von 1,00 m Länge um 1,47 mm. Unter denselben Umständen beträgt die Längenänderung des Kupfers 0,86 mm und die des Eisens nur 0,61 mm. Die Konstruktionen des Klempners berücksichtigen diese Materialeigenart.

Norm- und gütegerechte Blechdicken

Dachrinnen	ab 0,65 mm	Anschlüsse	ab 0,7 mm
Regenfallrohre	ab 0,6 mm	Vorstöße	ab 0,8 mm
Traufstreifen	ab 0,7 mm	Doppelstehfalzdeckung	0,7 mm
Abdeckungen	ab 0,7 mm	Leistendeckung	0,7 mm
Einfassungen	ab 0,8 mm	Wandbekleidung	ab 0,7 mm

Von den handelsüblichen Tafelgrößen mit
0,65/2,00 m; 0,80/2,00 m; 1,00/2,00 m; 1,00/2,50 m
bevorzugt der Klempner die von 1,00/2,00 m. Alle Zinkbleche müssen mit dem Nummernstempel und der Angabe des Zinkwalzwerkes versehen sein. Lieferbare Oberflächen walzblank oder künstlich vorbewittert.

Kupferblech

ist fast unbegrenzt haltbar, wie uns 900 Jahre alte Dächer beweisen. An der Luft oxydiert Kupfer allmählich und erhält einen Überzug, die sogenannte „Patina" (Grünspan) von zunächst brauner, später blaugrüner Färbung. Heutzutage jedoch oxydiert Kupfer ausschließlich braun, was durch die Luftverschmutzung (saurer Regen usw.) verursacht wird.

Die Berührung mit anderen Metallen, mit Ausnahme von Bronzeteilen und Kupferpanzerteilen, ist zu vermeiden. Kupferbleche nach DIN 1752 werden durch Walzen in Dicken von 0,1 mm (0,890 kg/m^2) bis 5 mm (44,5 kg/m^2) hergestellt. Für Dacheindeckungen verwendet man meistens 0,7 mm dicke Bleche (6,23 kg/m^2). Sie sind in Breiten von 30 bis 100 cm und Längen von 100 bis 300 cm im Handel (vorzugsweise 100 × 200 cm). Kupferbleche sind jedoch meistens zu teuer, um ganze Dachflächen damit eindecken zu können. Zur Beschleunigung der Patinierung wird Kupferblech nach der Verarbeitung manchmal mit Heringslake überstrichen.

Der Preis von Kupferdächern und -bauteilen ist gegenüber anderen am Bau verwendeten Metallen um einiges höher – es ist allerdings zu berücksichtigen, daß es sich bei der Wahl von Kupfer um eine im Prinzip einmalige Investition handelt, die bei richtiger Baukonstruktion keinerlei Wartung benötigt. Gegenüber verzinktem Stahlblech fallen z. B. folgende Faktoren zugunsten des Kupfers ins Gewicht:

- keine Abwitterung, daher keine nachträglichen Anstrich- und Unterhaltungsmaßnahmen,
- bleibender Altmetallwert bei der Wiederverwertung.

Man kann davon ausgehen, daß sich ein Kupferdach oder Kupferbauteile aus diesen Überlegungen heraus bereits bei der Fertigstellung oder kurz danach amortisieren. Aufgrund steigender Lohnkosten dürfte die Verwendung von Kupfer zunehmen.

Bei der Konstruktion von Kupferdächern ist auf eine klar geführte Entwässerung zu achten, in dem Sinne, daß keinerlei Tropfwasser auf darunterliegende Bauteile wie Wände, Fenster oder andere Metallteile gelangt, da die ausgewaschenen Kupferoxyde starke Verfärbungen und Korrosionen an anderen Bauteilen hervorrufen können. Da diese Auswaschungen zudem eine gewisse Giftigkeit aufweisen, sollte Dachwasser von Kupferdeckungen nicht zur Bewässerung von Pflanzen verwendet werden.

Bleiblech

ist sehr schmiegsam. Es wird als Weich- und Hartblech in Dicken von 0,5 mm (5,70 kg/m^2) bis 15 mm (171,00 kg/m^2) hergestellt und ist in Rollen bis 4 m Breite und bis 20 m Länge im Handel (Rollengewicht bis 6000 kg).

Hartbleiblech (Dachdeckerblei) mit einer Dicke von 0,5 mm wird hauptsächlich zur Dichtung geometrisch schwieriger Dachanschlüsse verwendet. Das 0,5 mm dicke Hartbleiblech entspricht etwa einem Weichbleiblech von 1,00 bis 1,25 mm Dicke. Bleibleche sind unempfindlich gegenüber anderen Metallen (elektrolytisch nahezu neutral) und ebenso unempfindlich gegen Witterungseinflüsse. Als Dekkungsmaterial für ganze Dachflächen wird es selten verwendet.

Wegen der leichten Verformbarkeit des Bleibleches müssen bei Deckung von ganzen Dächern wesentlich mehr Befestigungs-Haften, vor allem auch in den horizontalen Stoßfalten vorgesehen werden, als z. B. bei Zink- oder Kupferdeckungen. Sonst kann es zum Ausbeulen der einzelnen Bleitafeln von innen her kommen, wenn im Dachraum oder der Belüftungsschicht durch Windbelastung ein Überdruck entsteht.

Aluminiumblech

Aluminiumbleche werden heute auch zur Dacheindeckung benutzt, da sie sich als korrosionsbeständig erwiesen haben. Dächer, die um die Jahrhundertwende erstmalig mit Leichtmetall gedeckt wurden, lassen bis heute noch keine Abnutzung erkennen.

Bleche kalt gewalzt aus Reinaluminium und Aluminium-Knetlegierungen werden in Dicken von 0,4 mm (1,08 kg/m^2) bis 15 mm (40,5 kg/m^2) hergestellt; Dünnbleche und Folien dieser Materialien sind auch in Stärken von 0,02 mm (0,054 kg/m^2) bis 0,35 mm (0,945 kg/m^2) im Handel.

Bei der Berührung von Aluminium mit Mauerwerk greifen die alkalischen Abbindestoffe von Zement, Mörtel und Beton unter Einwirkung von Feuchtigkeit das Aluminium an. Auch eine Berührung mit unbehandeltem Stahl und Metallen auf Kupfergrundlage muß verhindert werden. Alle Berührungsstellen sind deshalb durch einen Anstrich mit Zinkchromat oder Asphaltbitumen (keine Bleimennige) oder besser durch Unterlegen von Kunststoffolien oder ähnlichen Dichtungsstoffen abzusperren. Eine Berührung mit Aluminiumlegierungen und verzinkten oder cadmierten Stählen ist unbedenklich. Bei rostfreien und phosphatisierten Stählen empfiehlt sich ein einfacher Anstrich.

Feuchtigkeitsaufnahme aus Hölzern ist durch Anstrich des Aluminiums zu verhindern. Auch bei einer Verbindung mit Hölzern, die mit Imprägnierungen behandelt wurden, ist in jedem Falle ein Anstrich oder eine Zwischenlage zu empfehlen, wenn die direkte Verträglichkeit von Imprägnierung und Aluminium nicht gesichert ist.

Stahlblech

in verzinktem, verkupfertem oder verbleitem Zustand besitzt als Dachdeckung nur eine verhältnismäßig geringe Lebensdauer. Beim Falzen wird der Überzug oft beschädigt und dadurch die Rostgefahr vergrößert.

Beim Falzen wird an der Außenkante der Blechtafel die metallische Schutzschicht gedehnt und an der Innenkante gestaucht. Dadurch entstehen feine Haarrisse, von denen eine erhöhte Rostgefahr ausgeht. Durch Verwitterung der metallischen Schutzschicht wird diese auch nach und nach abgetragen und das Stahlblech freigelegt, welches ungehindert rostet. Spätestens zu diesem Zeitpunkt ist ein Anstrich des Daches nötig. Aus diesen Gründen werden Dächer aus verzinktem Stahlblech nur noch in Gegenden mit wenig aggressiver Atmosphäre ausgeführt, wobei ein Metalldach aus reinen Metallblechen bezüglich der Haltbarkeit immer die bessere Wahl darstellt.

Eindeckungsarten

Von den verschiedenen älteren Eindeckungsarten kommen heute nur noch das Falzsystem und das Leistensystem zur Ausführung. Bei allen Metalldeckungen darf nur eine Metallart auf dem Dach verwendet werden, denn wo sich zwei verschiedene Metalle unter Einwirkung von Feuchtigkeit berühren, treten elektrolytische Zerstörungen auf.

Um eine elektrolytische Kontaktkorrosion zu vermeiden, dürfen verschiedene Metalle nicht miteinander kombiniert werden. Unter Einfluß eines Elektrolyten wie z. B. saurer Regen, Baufeuchte, Schwitzwasser o. ä. bildet sich zwischen den verschiedenen Metallen ein elektrisches Element, wodurch die Metalle korrodieren. Kombinationen von unterschiedlichen Metallen können in engen Grenzen vorgenommen werden, ohne daß solche Korrosionserscheinungen auftreten.

Möglicher Zusammenbau von Metallen am Bau

	AL	Pb	Cu	Zn	NRS	St
AL	+	+	−	+	+	+
Pb	+	+	+	+	+	+
Cu	−	+	+	−	+	−
Zn	+	+	−	+	+	+
NRS	+	+	+	+	+	+
St	+	+	−	+	+	+

AL = Aluminium, Pb = Blei, Cu = Kupfer, Kupferlegierungen, Zn = Titanzink, NRS = Nichtrostender Stahl, St = Feuerverzinkter Stahl

Liegen oberhalb von Metalldächern bituminös gedeckte Dachflächen, ist auch dadurch mit Korrosion zu rechnen, daß durch UV-Verwitterung und Bewegung des Bitumens saure Verwitterungsprodukte ausgewaschen werden, die Metallteile angreifen können.

Bleche können auf Holzschalung oder auf Beton verlegt werden. Die Holzschalung darf nicht federn; sie wird meistens in 20 bis 25 mm Dicke mit Nut und Feder verlegt. Bei Dachdecken aus Schwerbeton sind zur Befestigung der Haften schwalbenschwanzförmige, geteerte Holzleisten parallel zur Traufe in Abständen von 50 cm einzulassen. Die Unterlage muß frei von allen Unebenheiten sein, damit das Blech nicht beschädigt wird. Zwischen Unterlage und Blech wird eine Lage ungesandete, teerfreie Bitumendachbahn V 13 eingelegt. Auf Betonunterlage ist die Bahn aufzukleben, auf Holzunterlage zu nageln. Die Dachbahn schützt sowohl das Metall vor Ausscheidungen der Holz- oder Betonunterlage als auch die Unterlage vor dem Schwitzwasser, das sich unter dem Blech bildet. Ferner dämpft sie den vom aufschlagenden Regen verursachten Schall.

Die Dachbahn muß das an der Unterseite entstehende Schwitzwasser zur Traufe ableiten und daher an das Einlaufblech der Dachrinne angeschlossen werden. Aufgrund des flächig aufliegenden Bleches und der damit auftretenden Kapillarkräfte ist die Wasserableitung aber nicht immer gewährleitet, da sich das Wasser in den engen, kapillaren Zwischenräumen hält und korrosiv wirken kann.

Eine Konstruktionsvariante zur Verhinderung dieser Problematik besteht darin, keine geschlossene Schalung auszuführen, sondern eine Lattenschalung mit Fugen dazwischen. Auf dieser folgt dann die Dachhaut aus Blech *ohne* weitere Zwischenlage. Das hat den Vorteil, daß die Luft von unten her das am Blech anfallende Schwitzwasser abführen kann. Voraussetzung für diese Bauweise ist allerdings ein gut durchlüfteter, nicht ausgebauter Dachraum und ein mit dem betreffenden Metall verträglicher Holzschutz der Schalung. Diese Baukonstruktion entspricht allerdings nicht den geltenden technischen Vorschriften und kann daher nur eigenverantwortlich ausgeführt werden.

Falzdeckung

Bei der Falzdeckung werden die einzelnen Blechtafeln mit einfachen, meistens aber mit doppelten Falzen zusammengehalten. Die Falze lassen keine großen Bewegungen der Bleche in Querrichtung zu. Deshalb eignet sich diese Deckungsart hauptsächlich für Kupferblech, das sich z. B. bei 10 m Länge und einem Temperaturunterschied von 100° nur um etwa 17 mm ausdehnt gegenüber Aluminium mit 24 mm und Zink mit 29 mm.

Die Längsfalze, die senkrecht zur Traufe laufen, sind geradlinig und als Doppelfalze auszuführen. Die parallel zur Traufe verlaufenden Querfalze werden nur bei flachen Dächern doppelt gefalzt. Bei steileren Dachneigungen genügt ein einfacher Falz. Die Deckung erfolgt im Verband. Vor dem Verlegen sind zunächst die Falzborde der Bleche mit der Falzzange oder der Biegeschablone hochzukanten. Die Aufkantung an den Längskanten wird so vorgenommen, daß die Stehfalzhöhe in fertigem Zustand etwa 15–30 mm beträgt. Um die Querfalze aufkanten zu können, müssen die Aufkantungen der Längsfalze am oberen und unteren Ende zurückgebogen werden. Die Querfalzseite, die nach oben zu liegen kommt, ist nach oben und die andere Seite, die zur Traufe zeigt, nach unten zu biegen. Heute werden bei Wohnhäusern durchweg Blechbahnen verlegt, so daß die Querfalze entfallen.

Beim Verlegen werden zuerst die Vorstoßbleche an der Traufe, die Bleche am Ortgang und sonstige Verwahrungen angebracht. Mit dem Auflegen der Bleche beginnt man an der Traufe, wo die Tafeln in das Vorstoßblech eingehängt werden.

Dann befestigt man oben an der Querfalzseite 2 Deckhaften und an der Längsfalzseite je Meter 2–3 Stehhaften, die mit einer Hälfte über die Längsaufkantung gebogen werden und so die Tafel festhalten. Die folgende Tafel wird mit ihrem Falz in den der unteren Tafel eingehängt und mit Steh- und Deckhaften befestigt. So folgt Tafel auf Tafel bis zum First.

Eine derartige Reihe von Blechtafeln bezeichnet man als „Schar"

Die nächste Schar beginnt mit einem Reststück oder einer halben Tafel, denn das Falzen zweier Querfälze auf einer Stelle ist unerwünscht, da sonst an einer Stelle 4 Blechtafeln verbunden werden, was wegen der einzelnen Blechstärken und Falze einen regelrechten Blechknoten geben würde. (4 Bleche × einfache Falzung = 8 Blechstärken!). Sind die Bleche der zweiten Schar mit Haften befestigt, dann kann mit dem Falzen begonnen werden. Dabei schlägt man die Kanten zunächst zum einfachen und dann zum Doppelfalz um.

EINDECKSCHEMA

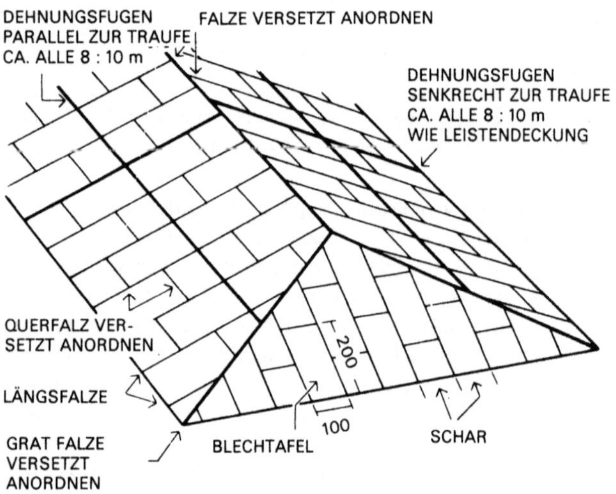

BIEGESCHABLONE

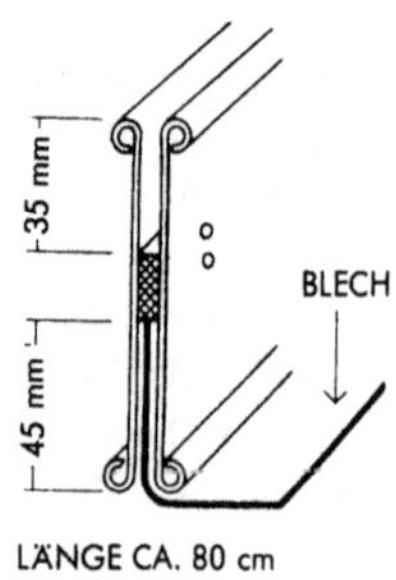

BLECHAUFKANTUNG

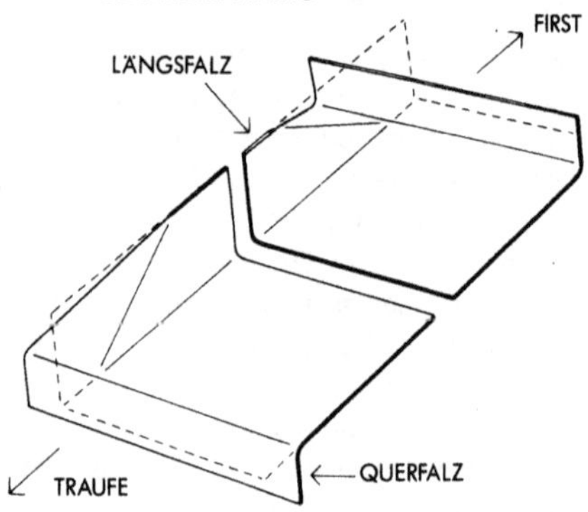

QUERFALZE

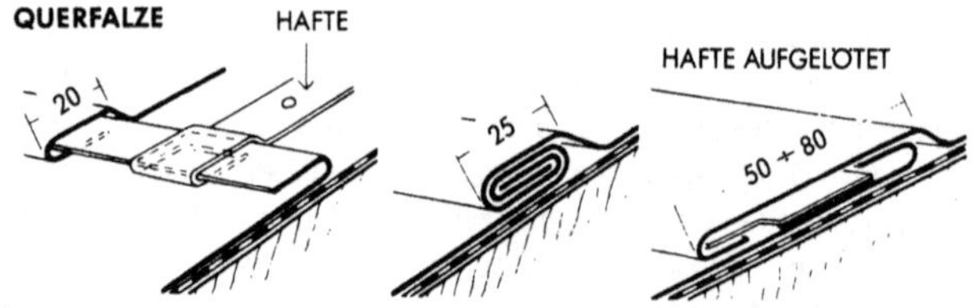

EINFACHER FALZ DOPPELFALZ FALZ FÜR FLACHE NEIGUNGEN (< 15°)

QUERNAHT ALS EINFACHFALZ

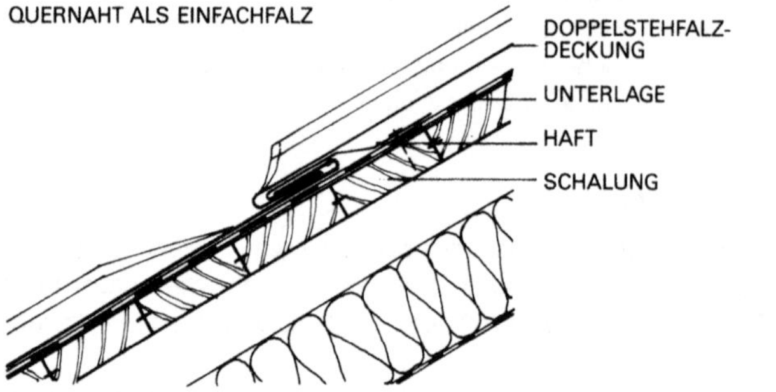

STEHFALZ

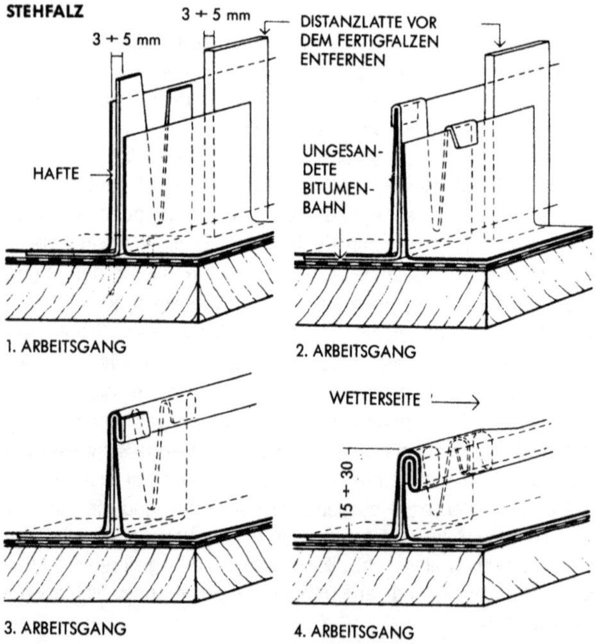

1. ARBEITSGANG 2. ARBEITSGANG 3. ARBEITSGANG 4. ARBEITSGANG

DEHNUNGSFUGEN PARALLEL ZUR TRAUFE

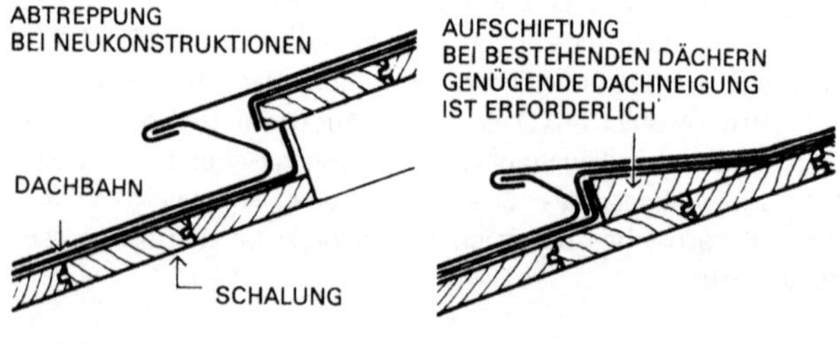

FALZDECKUNG

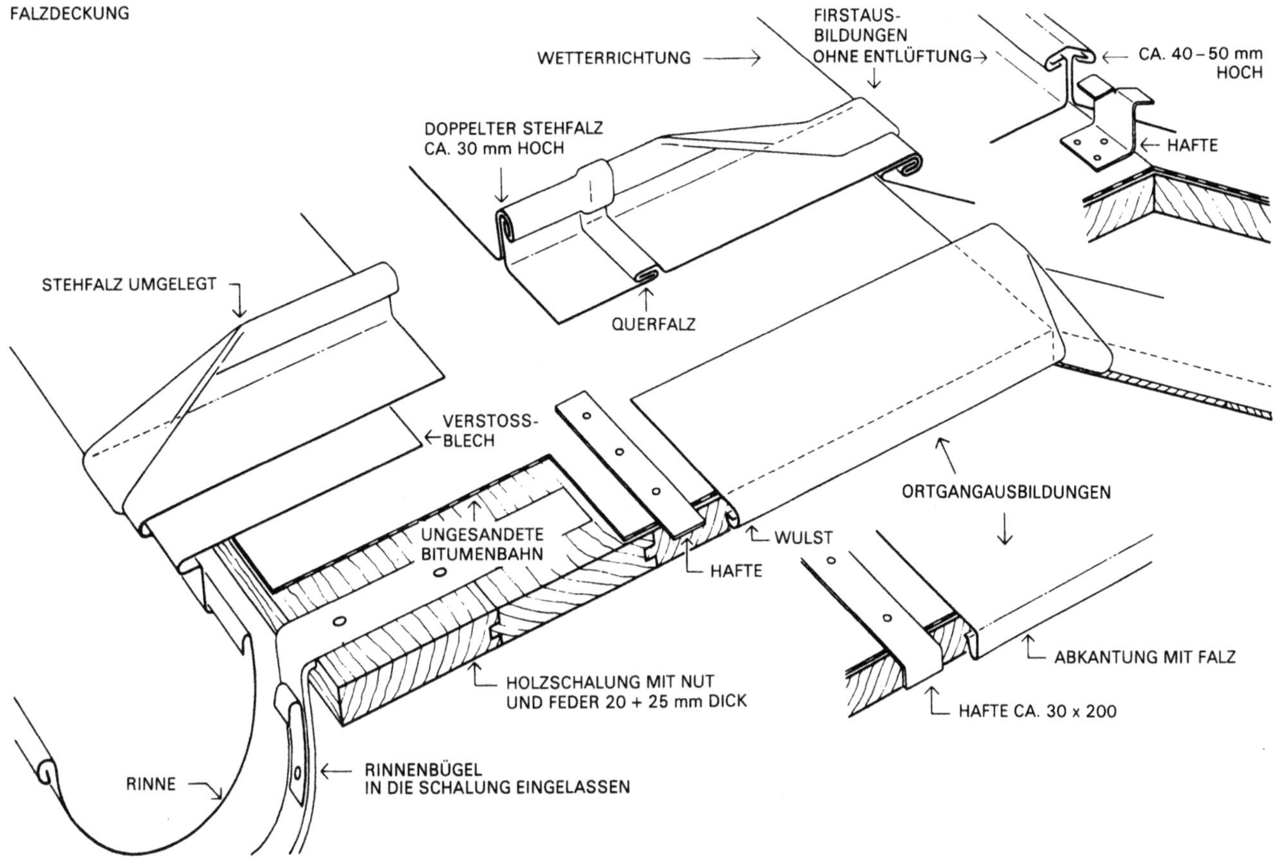

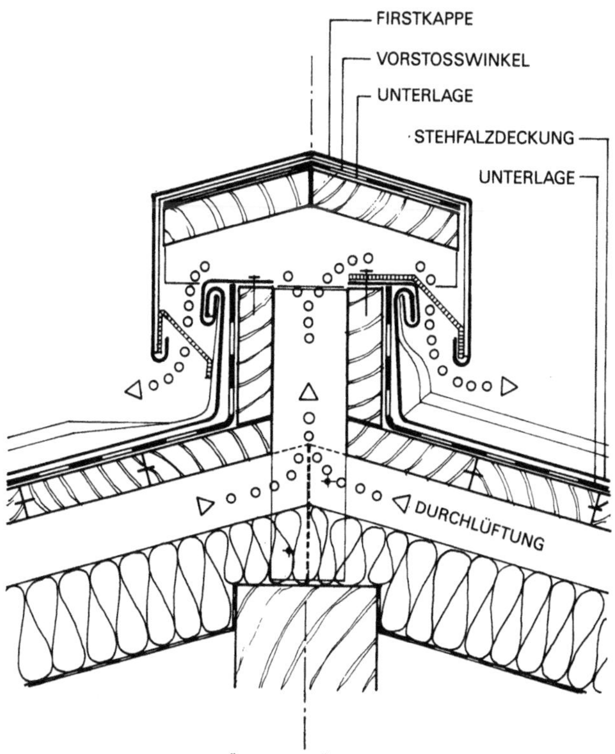

FIRSTLÜFTER GEDÄMMTES DACH

KAMINDURCHFÜHRUNG
VERFALZT

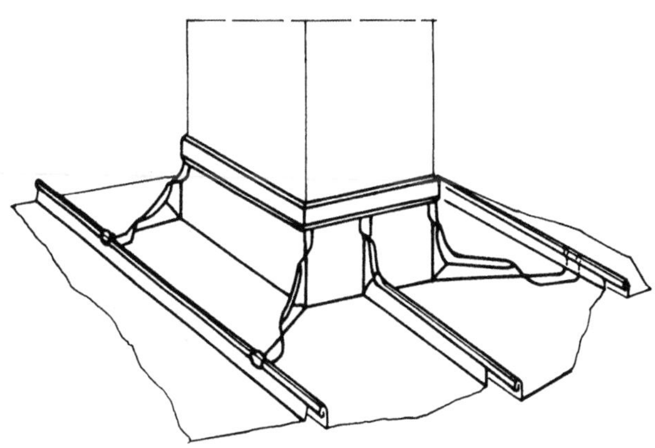

SCHNEEFANG AUFGEKLEMMT

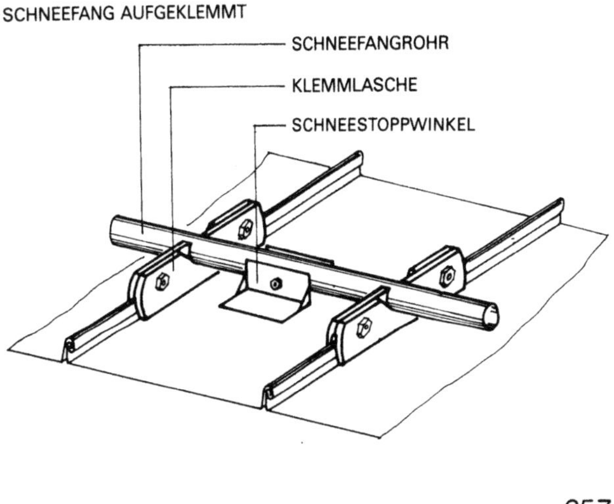

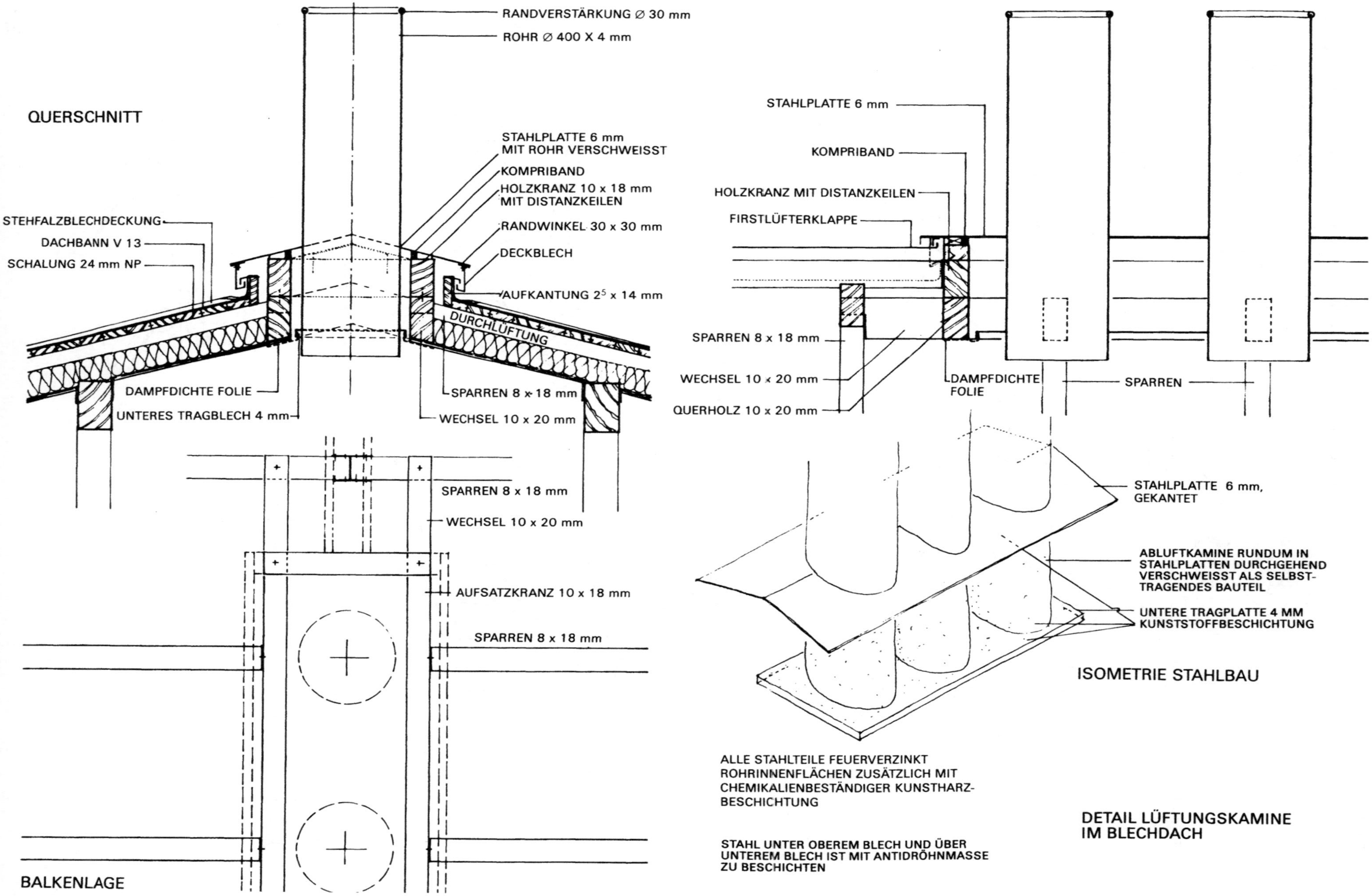

DETAIL LÜFTUNGSKAMINE
IM BLECHDACH

TRAUFABSCHLÜSSE

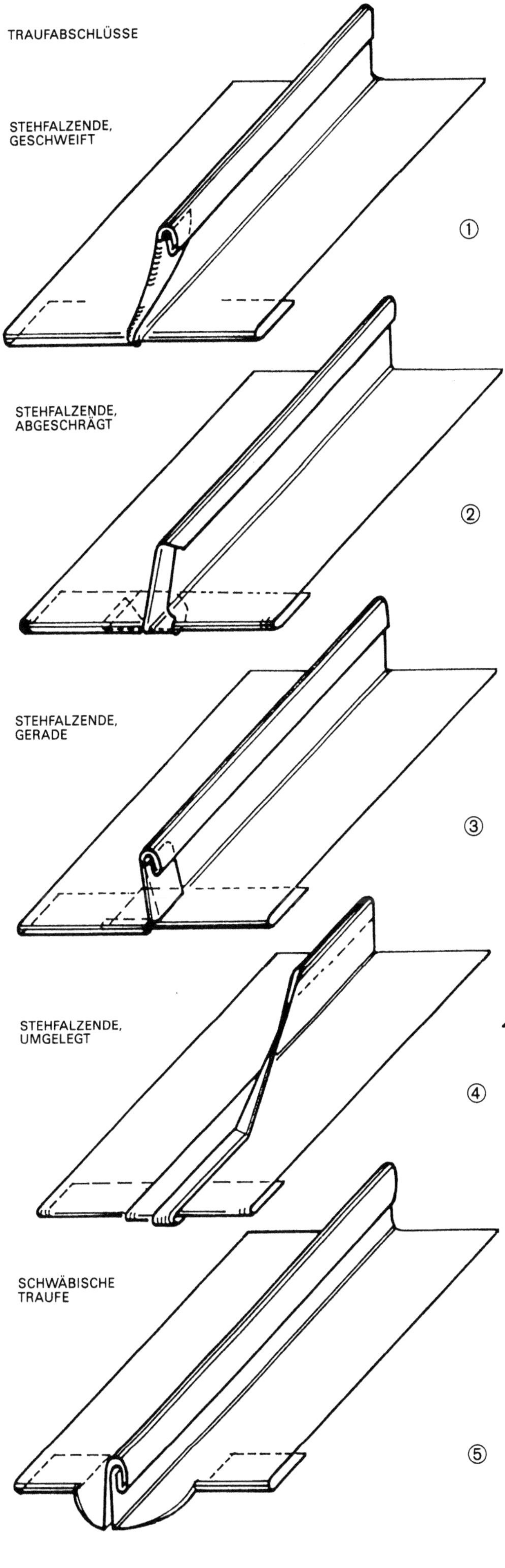

AUFKANTUNG ODER FIRSTANSCHLUSS

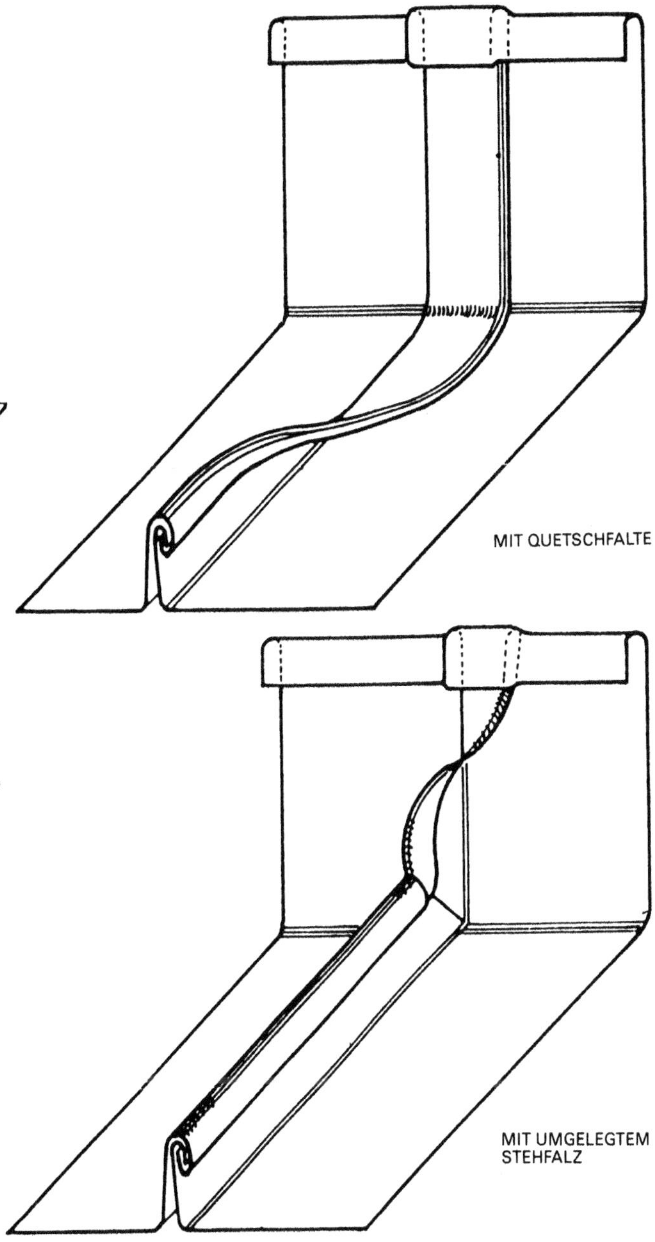

Leistendeckung

Bei ihr liegen zwischen den Blechen senkrecht zur Traufe Holzleisten, die ebenfalls mit Metall abgedeckt werden. Die Bleche können dadurch unabhängig voneinander arbeiten. Für Zinkblechdeckungen ist diese Deckart besonders geeignet. Eine Dachneigung von 15% hat sich für die Leistendeckung als günstig erwiesen.
Die Holzleisten mit trapezförmigem Querschnitt sollen aus gerade gewachsenem Holz sein.
Die Bleche erhalten auf ihren Längsseiten eine Aufkantung von 30 bis 35 mm Breite. Die eine Schmalseite wird auf-, die andere abgebogen. Wenn die Vorstoßbleche und die sonstigen Verwahrungen angebracht sind, werden die Leisten und gleichzeitig auch die Haften mit genügend langen Drahtstiften (Abstand etwa 40 cm) so auf die Schalung genagelt, daß zwischen Leistenen und Aufkantung ein Zwischenraum von $^1/_2$ bis 1 cm für das Arbeiten des Metalls bleibt. An der Traufe erhalten die Leistenden eine Abschrägung, über

die sich eine Kappe legt. Das unterste Deckblech wird in das Vorstoßblech eingehängt und an seinen Längs- und Querseiten mit Haften befestigt. Dann kann man das folgende Deckblech mit seinem nach unten gebogenen Querfalz in den oberen Querfalz des ersten Deckbleches einhängen und befestigen.

Zuletzt muß man noch die Holzleisten abdecken. Die mit Falz versehenen Deckstreifen von meistens 1 m Länge sind so auf die Holzleisten aufzuschieben, daß sie durch die bereits umgebogenen Haften gehalten werden. Die einzelnen Stücke der Deckstreifen nagelt man am oberen Ende auf die Holzleiste. Die Nagelstelle wird vom folgenden Deckstreifen überdeckt.

ABDECKUNG DER LEISTEN

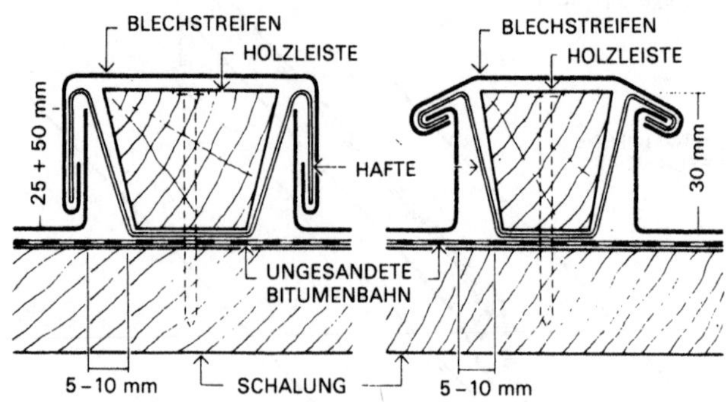

LEISTENDECKUNG

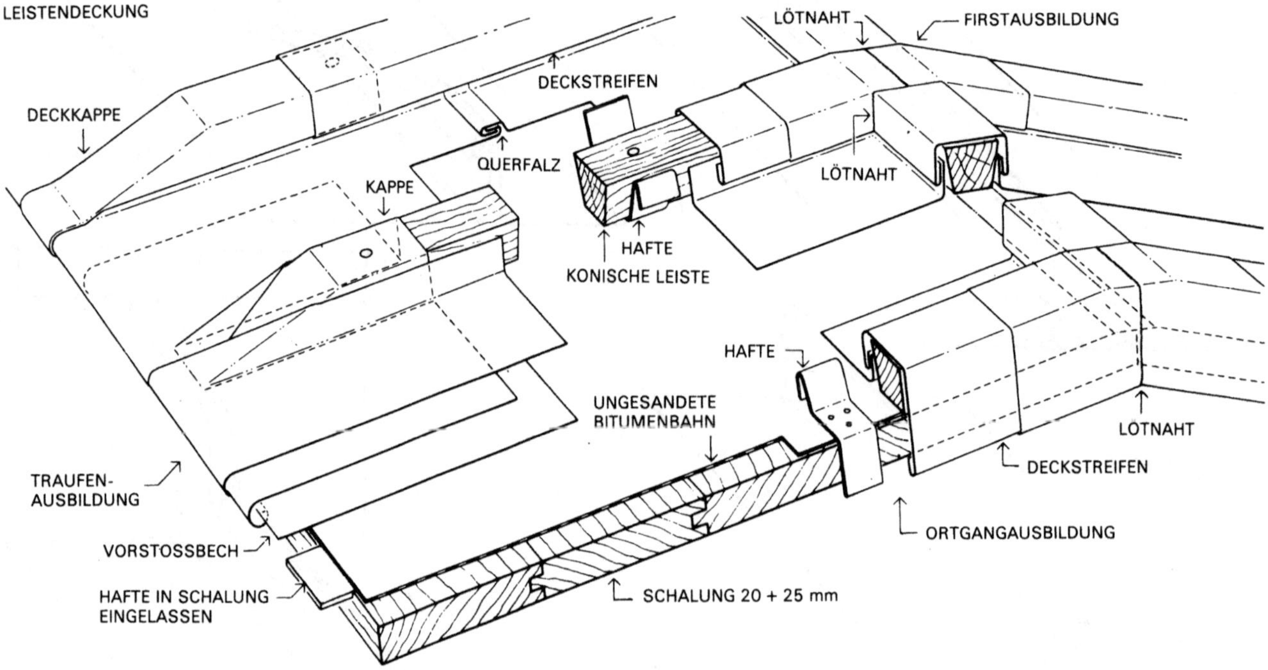

Profilblechdächer

Sie stellen eine moderne Sonderform der Metalldächer dar und sind vor allem im Industriebau weit verbreitet, da sie ein sehr geringes Flächengewicht haben, wodurch sie nur relativ leichte Unterkonstruktionen benötigen.

Die Stabilität der Deckbleche kommt aus deren Profilierung – es kann sich dabei um Trapezprofile oder Spezialprofile handeln, je nach gewähltem System. Bei allen Profilblechdächern sollte man grundsätzlich nur bauaufsichtlich zugelassene Systeme verwenden und außerdem eine umfassende konstruktive Detailplanung vornehmen, da bei einer Detailplanung durch die Hersteller sehr oft bauphysikalische und architektonische Grundsätze mißachtet werden.

Die Standardlängen der Profilblechtafeln betragen im allgemeinen 6 m. Sonderlängen sind ebenfalls lieferbar. Bei großen Dachbreiten, bei denen von Traufe zum First mehrere Blechtafeln erforderlich werden, sind diese überschuppt zu verlegen mit entsprechenden Dichtungsstreifen im Stoßbereich.

PROFILBLECHTYPEN TRAGENDE UNTERSCHALE

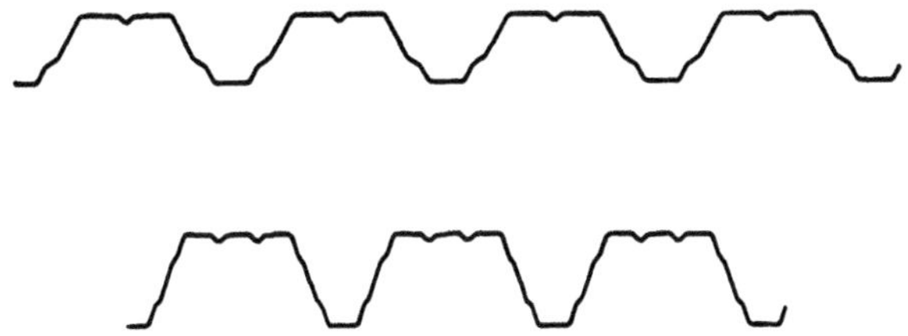

PROFILBLECHTYPEN DACHSCHALE

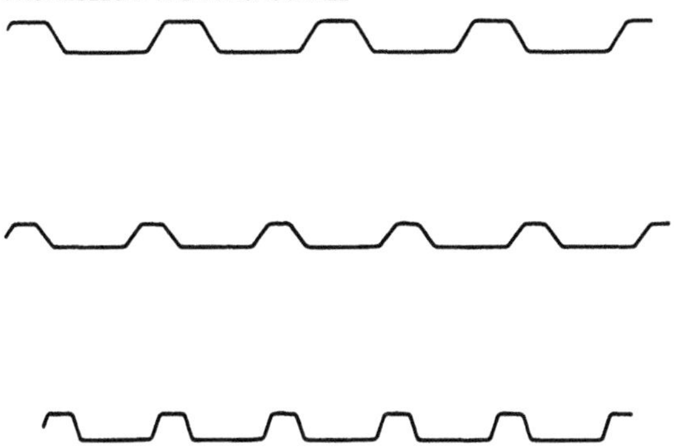

KLEMMPROFIL DACHSCHALE

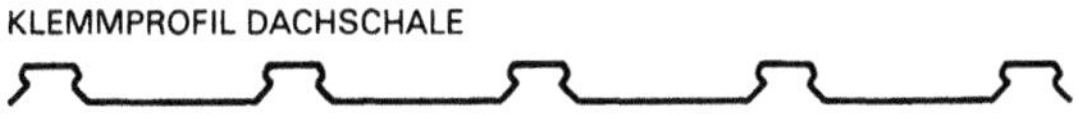

Ein großes gestalterisches und konstruktives Problem stellt sich bei Dachdurchdringungen von Kaminen und Leitungsauslässen. Weil das Regenwasser in der tiefen Sicke im unteren Bereich der Blechprofile geführt wird, muß es um die Aussparung herum auf die daneben und darunterliegenden Dachbereiche geführt werden, also von der unteren Sicke auf die obere. Eine konstruktiv zuverlässige Lösung ergeben an solchen Punkten bei großen Durchführungen nur aufwendige Rinnensysteme, die sehr genau zu planen sind. Bei kleineren Durchführungen werden einfach Deckbleche über die oberen Sicken im Bereich von Durchführung bis zum First aufgeschraubt, die aber optisch äußerst unbefriedigend wirken. Dadurch wird die wasserführende Schicht auf die obere Sicke verlegt, womit sie nach dem Durchbruch auf die untere wechseln kann. Die einzige saubere Lösung liegt darin, alle Rohre im Dachraum so zu legen, daß sie am First oder genau in der Firstmitte herausgeführt werden können, wie es bei allen anderen Dachdeckungen auch sinnvoll ist. Bei dieser Anordnung ergeben sich die einfachsten Verblechungen und auch eine erhöhte konstruktive Sicherheit gegen Wassereinbruch, da alles anfallende Regenwasser vom Durchbruch nach unten abläuft. Das minimale Dachgefälle für Metallprofildächer liegt bei 3° ohne und 5° mit Dachdurchbrüchen.

Bei Metallprofildächern ergeben sich, wie bei den konventionellen Metalldächern auch, spezifische Probleme in der Bildung von Schwitzwasser auf der Blechunterseite. Deshalb müssen solche Dachsysteme immer eine gut funktionierende Durchlüftung haben oder das Wegführen des Kondensats muß durch geeignete Sondermaßnahmen gewährleistet werden.

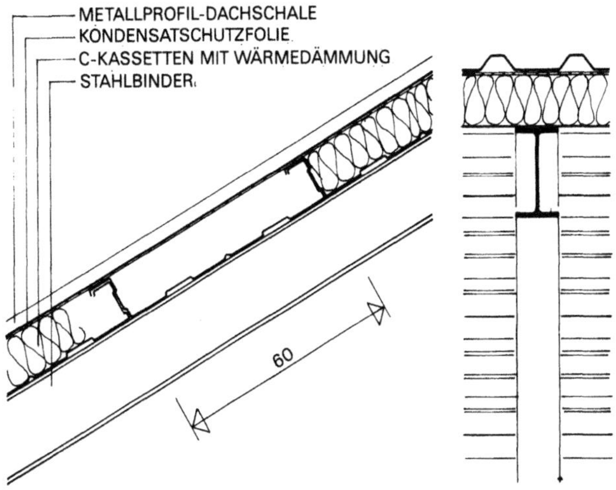

METALLPROFILDACH AUF TRAGENDER SCHALE AUS C-KASSETTEN

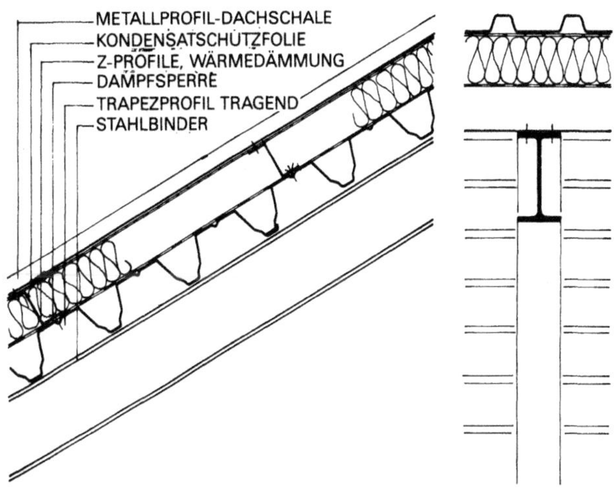

METALLPROFILDACH AUF TRAGENDER TRAPEZPROFILSCHALE PARALLEL ZUR TRAUFE

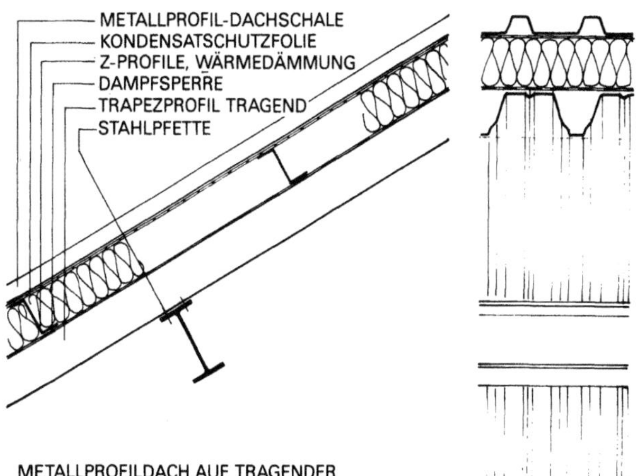

METALLPROFILDACH AUF TRAGENDER TRAPEZPROFILSCHALE SENKRECHT ZUR TRAUFE

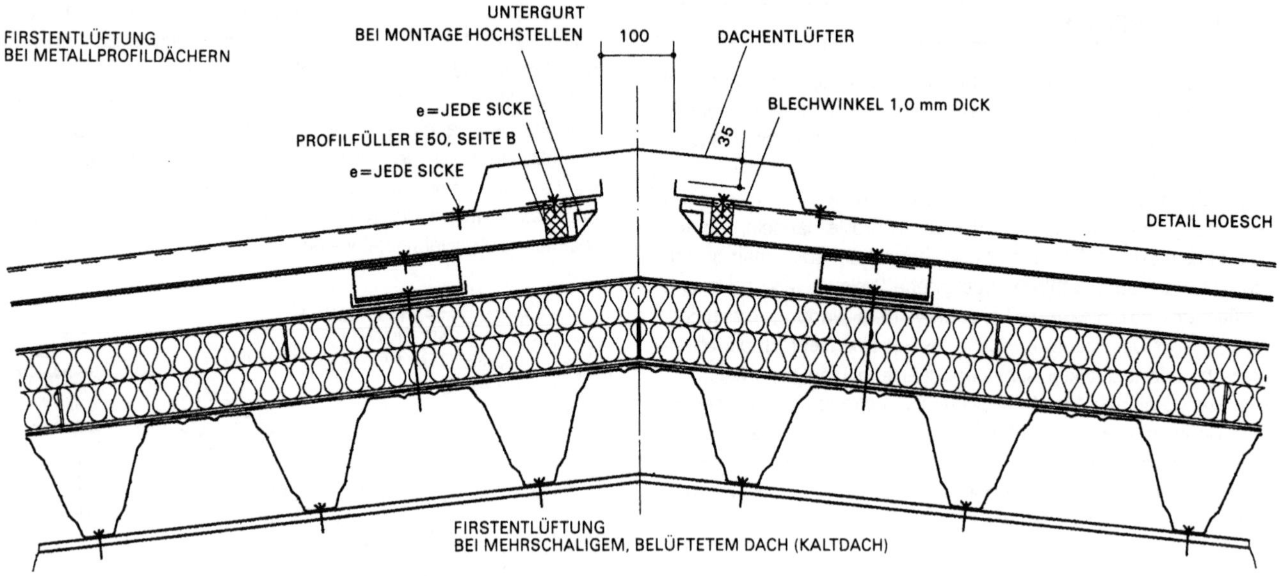

FIRSTENTLÜFTUNG
BEI MEHRSCHALIGEM, BELÜFTETEM DACH (KALTDACH)

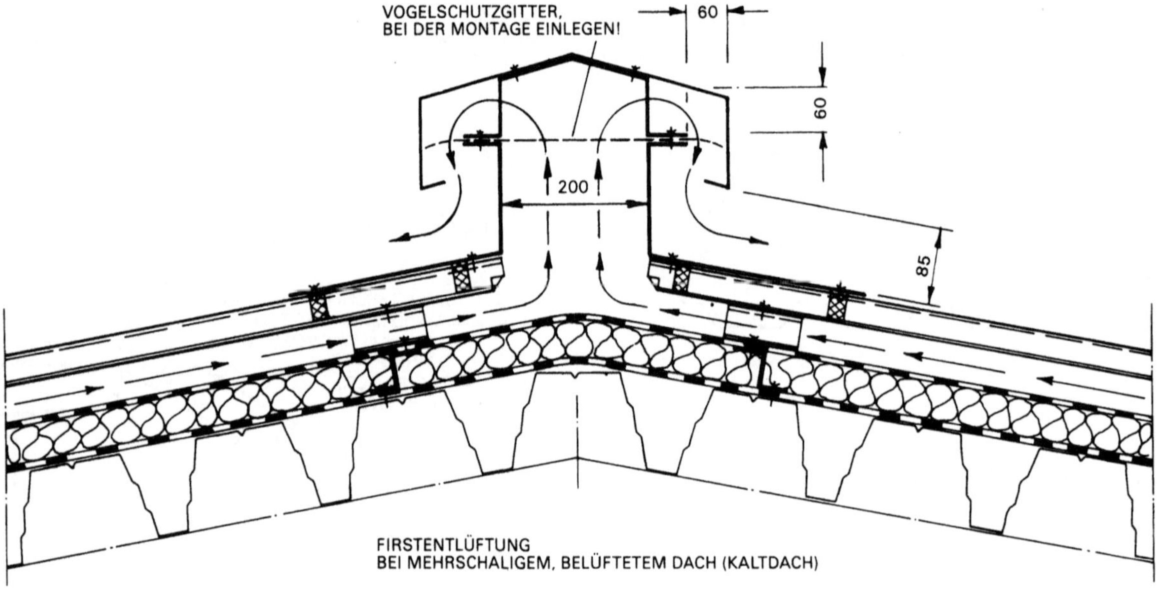

FIRSTENTLÜFTUNG
BEI MEHRSCHALIGEM, BELÜFTETEM DACH (KALTDACH)

Trapezprofildach

Trapezprofildächer sind eine Weiterentwicklung des Wellblechdaches. Bei der Dachhaut aus Trapezprofilen handelt es sich um ausgereifte Systeme, welche auf verschiedensten Unterkonstruktionen wie Stahlkassetten, Trapezprofilen, Betondecken usw. verwendet werden kann. Zum Einsatz kommen meist bandverzinkte Trapezprofile mit Kunststoffolienbeschichtung oder Lackierung.

Die Dachhaut aus Trapezprofilen wird in den meisten Fällen auf parallel zum First laufende Z-Profile, am besten durch die nicht wasserführende obere Sicke verschraubt. Bei Stahlunterkonstruktionen wird unten, d. h. in der wasserführenden Schicht verschraubt, da die Dichtscheiben für einwandfreie Abdichtung sorgen. Anders bei Holzunterkonstruktionen: Hier wird immer oben verschraubt, denn durch die Schrumpfungsprozesse bei Holz kann die Verschraubung „locker" und undicht werden; durch das Herausheben dieser Verschraubungszone aus der wasserführenden Ebene wird ein evtl. Wassereintritt minimiert. Wenn die Möglichkeit einer Verschraubung durch die obere Sicke besteht, sollte diese gewählt werden, weil diese Ausführung immer eine höhere Sicherheit der Abdichtung bietet. Als Verbindungsmittel sollte man grundsätzlich nur Edelstahlschrauben mit Dichtscheiben verwenden, um Korrosion um das Bohrloch weitgehend auszuschließen.

Durch das Aufliegen der Profilbleche auf den Z-Profilen bleibt zur Belüftungsführung nur der Querschnitt der Hochsicke bis Oberkante Z-Profil, im Bereich der aufliegenden Sicke findet keine Zirkulation statt. Mit einer leicht beeinträchtigten Durchlüftungswirkung ist also zu rechnen. Von den Herstellern wird deswegen üblicherweise die Anordnung eines 3 m breiten Streifens einer dampfdurchlässigen Kunststoffolie auf der Wärmedämmung entlang der Traufe empfohlen, sie soll das anfallende Kondensat zur Dachrinne leiten. Die Dachfläche muß je nach gewähltem System nicht immer ganzflächig mit Folie ausgelegt werden, da sich erfahrungsgemäß das Kondensat innerhalb von 3 m Entfernung von den traufseitigen Belüftungsöffnungen am Blech abgesetzt und die strömende Luft weiter oben keinen Wasserdampf mehr enthält, da er bereits im Traufbereich kondensiert ist.

Ein Trapezprofil als Dachhaut wird grundsätzlich in der sogenannten Negativlage (=B-Lage) eingebaut mit den schmalen Sicken nach

PROFILFÜLLER A

PROFILFÜLLER B

oben (außen), weil nur so die Längsrandüberlappung der Profiltafeln die notwendige Regendichtigkeit gewährleistet. Ein filigranes Bild ergibt sich zudem. Die sogenannte Positiv-Lage (A-Lage) mit der breiten Sicke nach außen wird nur bei Wandverkleidungen eingesetzt, wobei auch hier die Negativlage ein ansprechenderes Bild ergibt.
Für die Ausbildung von Anschlußdetails sind spezielle Formteile, Zahnbleche, Firstkappen, Ortgangprofile usw. erhältlich. Um die Profilsicken zu anderen Bauteilen zu schließen, gibt es außerdem spezielle Profilfüller aus Hartschaum.

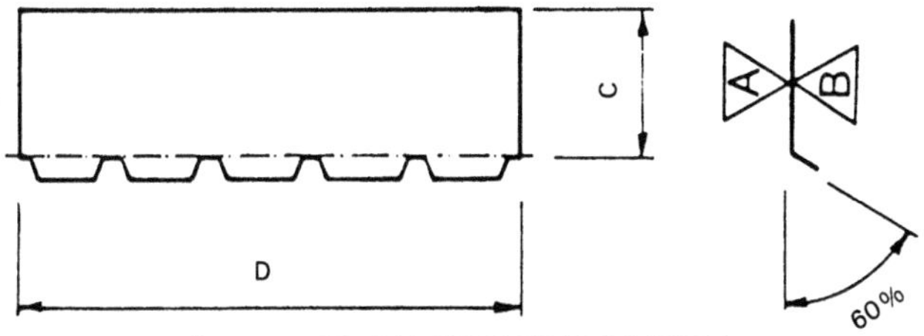

ZAHNBLECH FÜR ANFERTIGUNG VON FIRSTABSCHLÜSSEN

TRAPEZPROFIL-FIRSTKAPPE FÜR NICHTBELÜFTETE DÄCHER AUS GEKNICKTER PROFILTAFEL. GLEICHE SICKENLAGE AUF BEIDEN DACHHÄLFTEN ERFORDERLICH

Als tragende Unterkonstruktion für Metallprofildächer kommen Stahlkonstruktionen, Trapezprofile oder sogenannte C-Kassetten in Frage, die gleichzeitig als Dampfsperre wirken und die Wärmedämmung aufnehmen.

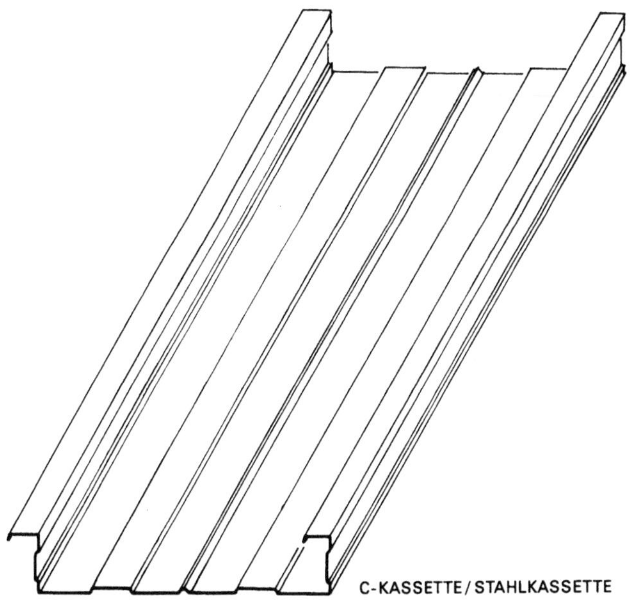
C-KASSETTE / STAHLKASSETTE

Bei tragenden Unterkonstruktionen aus Tapezprofilen ist auf jeden Fall darauf zu achten, daß zwischen Trapezprofil und Wärmedämmung eine Dampfsperre angeordnet wird, weil nicht davon ausgegangen werden kann, daß die Längs- und Querstöße des Trapezprofils dampfdicht sind. Bei gelochten Trapezprofilen, die für den Schallschutz des Innenraumes sinnvoll eingesetzt werden, ist eine Dampfsperre in jedem Fall erforderlich.
Sehr wirtschaftliche, geneigte Dachkonstruktionen lassen sich mit C-förmigen Blechkassetten herstellen, da diese Profile die Wärmedämmung aufnehmen, eine saubere Untersicht aufweisen und zudem gleich die Befestigungsstege für die Dachdeckung beinhalten. Diese Profile sind auch für Wandaufbauten bestens geeignet. C-Kassetten werden in Spannweiten von 3–6 m auf der tragenden Binderkonstruktion befestigt, die Längsstöße sind mit einem dampfdichten Schaumstoffband versehen. Solche Dach- und Wandkonstruktionen sollte man nicht verwenden bei Gebäuden, in denen aus Produktionsprozessen oder anderen betrieblichen Gründen eine starke Luftfeuchte anfällt, weil die Stege der Kassetten als linienförmige Kältebrücken anzusehen sind, an deren Unterseite sich unter besonderen Umständen Schwitzwasser bilden kann.

Klemmdach

Hoesch-Clipdach
Beim Klemmdach handelt es sich um eine aus dem Trapezprofildach weiterentwickelte Variante, bei der die Dachhaut aus speziell geformten Profilblechtafeln auf fabrikmäßig vorgefertigte Klemmprofile der Unterkonstruktion aufgeklemmt wird. Dies bietet neben der schnellen, rationellen Verlegung auch den Vorteil gegenüber den geschraubten Trapezprofildächern, daß die Dachhaut keine Durchstoßpunkte für Befestigungsschrauben aufweist, die immer potentielle Schwachpunkte darstellen. Die Profilblechtafeln sind außerdem in den Klemmleisten verschiebbar verklammert, was einen problemlosen Längenausgleich bei Temperaturveränderungen ermöglicht. Um ein Abgleiten der Bleche in Gefällerichtung zu verhindern, müssen die Tafeln jeweils im Firstbereich mit der Unterkonstruktion verschraubt werden. Die Befestigung liegt dort geschützt unter der Firstabdeckung. Klemmdachprofile werden ohne Querstöße vom First zur Traufe verlegt. Die maximale Lieferlänge beträgt 24 m. Bei Längen über 15 m sind die Längsstöße der Tafeln grundsätzlich mit einem Dichtungsband zu versehen. Die empfohlenen Mindest-Dachneigungen betragen 3° bei Dächern ohne und 5° bei solchen mit Dachdurchbrüchen.
Zwischen Dachunterschale und Wärmedämmung ist grundsätzlich eine Dampfsperre anzuordnen, um Dampfdiffusion in den Dachaufbau zu verhindern, besonders bei einem feuchten Innenraumklima oder einer Klimatisierung des Gebäudes (Luftbefeuchtung).
Im Bereich der Traufe wird auf einer Breite von 1,5 m–3,0 m eine Kondensatschutzfolie über der Wärmedämmung eingebaut, die an die Dachrinne anzuschließen ist. Die Folie muß wasserdicht, aber dampfdurchlässig sein, damit evtl. in die Wärmedämmung eingedrungene Feuchte wieder an die durchströmende Luft abgegeben werden kann. Die Anordnung der Kondensatschutzfolie verhindert eine Durchfeuchtung der Wärmedämmung durch im Traufbereich abtropfendes Kondensat.
Im Regelfall liegen Klemmdächer direkt auf der Wärmedämmung auf, sie werden damit bauphysikalisch zu einem nicht durchlüfteten Warmdach. Die Sicken haben die prinzipielle Funktion von Dampfdruckausgleichskanälen. Da keine Dampfsperre hundertprozentig dicht auszuführen ist, empfiehlt es sich, bei klimatisierten Gebäuden oder solchen mit feuchtem Innenraumklima die Dachoberschale mit einer speziell anzufertigenden Unterkonstruktion anzuheben, um eine ausreichende Luftzirkulation auch unter den Tiefsicken zu gewährleisten. Der Mindestabstand zwischen Dämmung und Dachschale beträgt dann 5 cm. Durch die Konstruktion einer solchen Durchlüftung können auch größere Mengen im Dachaufbau anfallenden Wasserdampfes abgeführt werden.

Durchbrüche

Hier ergibt sich die gleiche Problematik der Anordnung und Ausführung wie bei den Trapezprofildächern. Allerdings gibt es z. B. für Oberlichter und Lichtkuppeln vorgefertigte Aufsatzkränze, die genau in das Profilsystem passen. Die Anordnung von Dachdurch-

DACHDURCHDRINGUNG

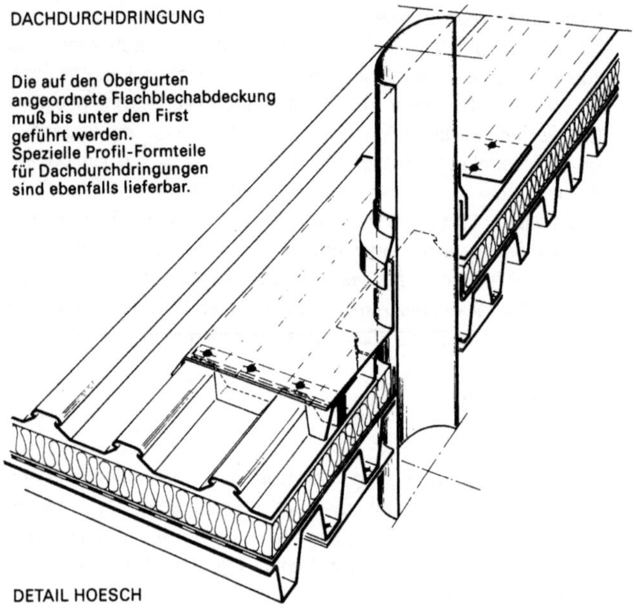

DETAIL HOESCH

brüchen wie Rohren, Kaminen und Oberlichtern kann nur im Firstbereich sinnvoll erfolgen, lediglich für Lichtkuppeln, die auf vorgefertigte Aufsatzkränze passen, ergibt sich eine größere Freiheit der Anordnung auf der Dachfläche.

Dachschalen von Klemm- oder Trapezprofildächern müssen durch geeignete Auflagen beim Begehen für Wartungszwecke geschützt werden, um eine Verformung der Blechstege zu vermeiden. Im Bereich von wartungsintensiven Bauteilen wie Kaminen o. ä. ordnet man deshalb sinnvollerweise Laufstege an.

Konstruktiv aufwendige Lösungen ergeben sich auch bei der Ausbildung von Kehlrinnen im Bereich von Dachverschneidungen, die bei einfachen Dachformen lösbar sind. Für komplizierte Dachformen mit vielen Verschneidungen sind Profilblechdächer nicht geeignet und nur mit einem unverhältnismäßig hohem Planungs- und Detaillierungsaufwand zu realisieren, der dem System eigentlich widerspricht. Komplizierte Dachformen in Metallprofilen führen sich selbst ad absurdum, da sie über weite Bereiche eine Art Unterdach erfordern – die Blechtafeln degenerieren damit prinzipiell zur reinen Verkleidung.

KEHLRINNE PULTDACH
SCHNITT ZUR FALLINIE

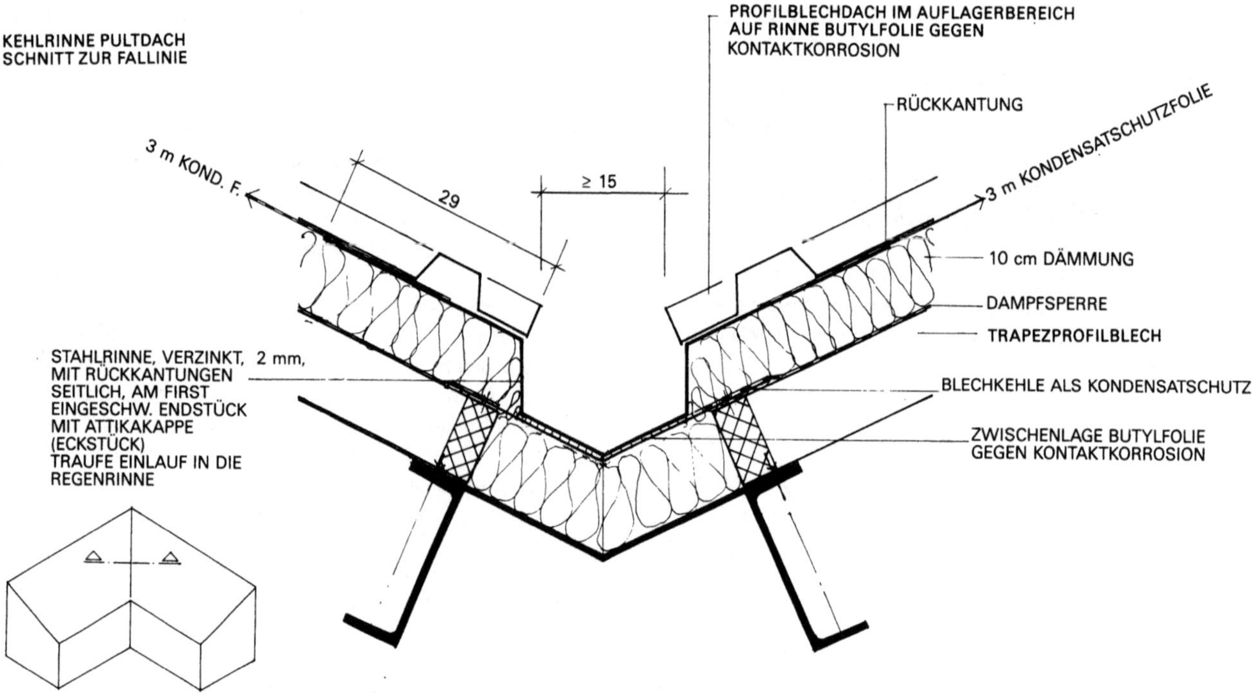

GRABENRINNE
ZWISCHEN SATTELDÄCHERN

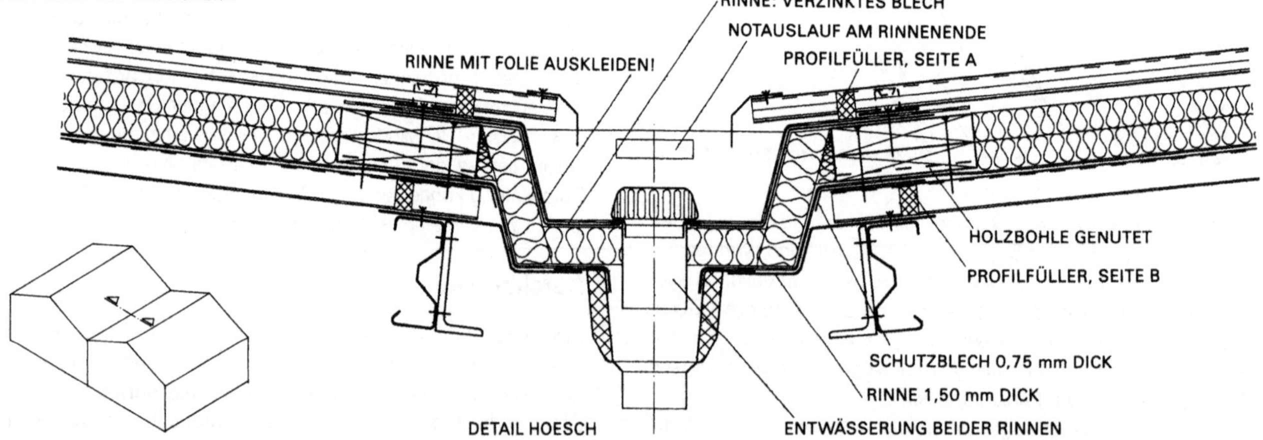

DETAIL HOESCH

CLIPDACHPROFIL
CDO

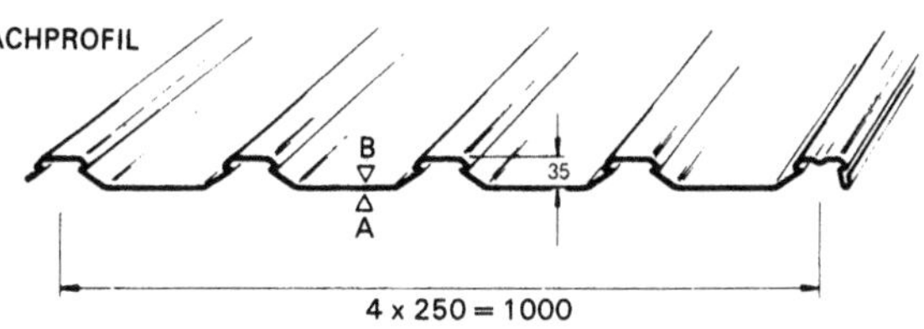

KLEMMLEISTE

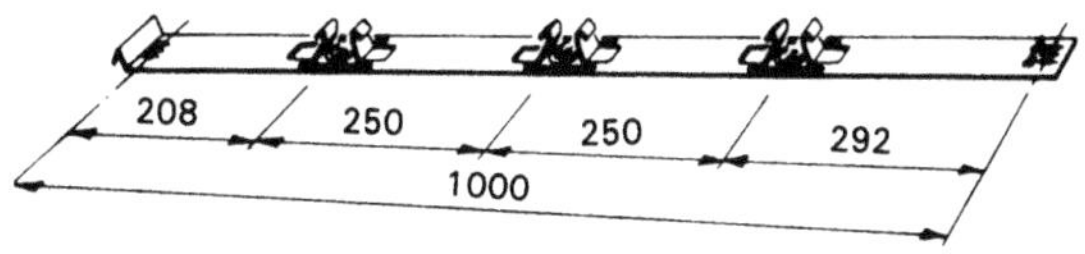

MONTAGEFOLGE
CLIPDACH

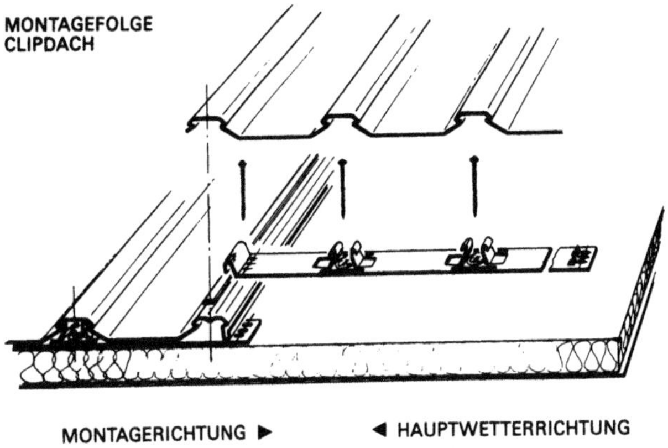

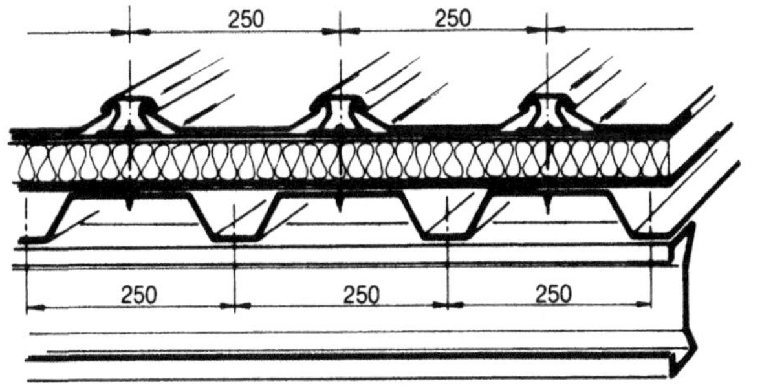

Bei der Verlegung beider Profilschalen vom First zur Traufe muß die untere Profilblechschale das gleiche Sickenraster von 250 mm haben wie das CLIP-DACH

BEISPIEL VERLEGESCHEMA FÜR CLIPLEISTEN
AUF HARTER WÄRMEDÄMMUNG

DETAILS HOESCH

GEBÄUDEHÖHE > 0 ≦ 8 m

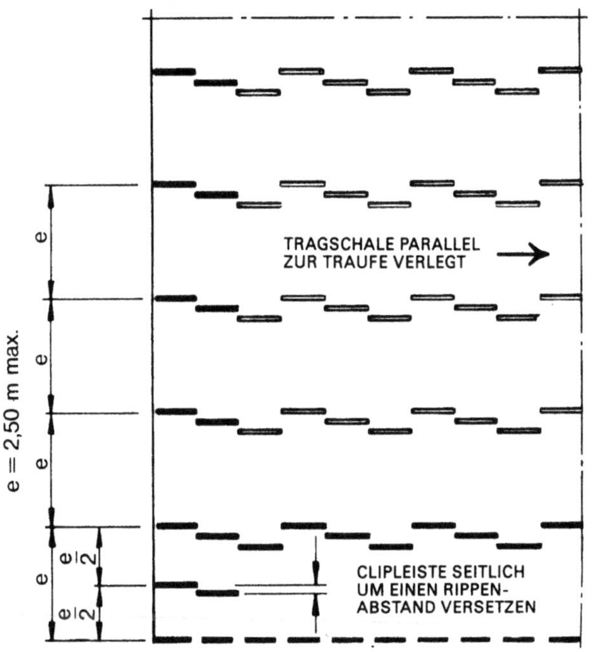

GEBÄUDEHÖHE > 8 ≦ 20 m

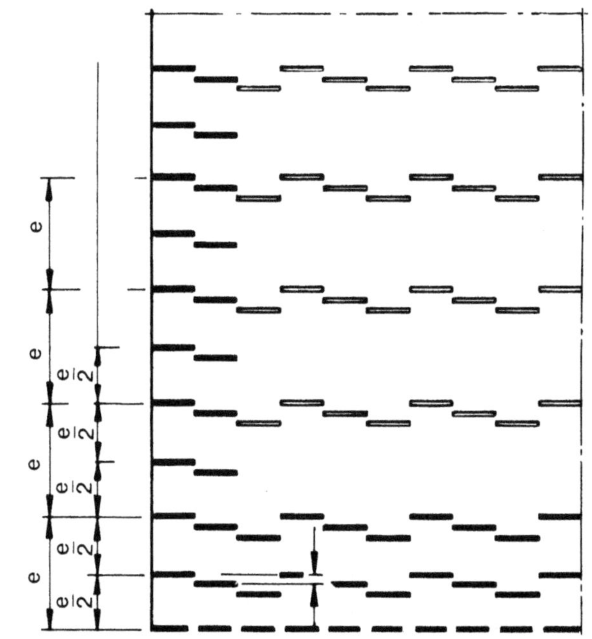

DOPPELT GESCHRAUBT

EINFACH GESCHRAUBT

CLIPLEISTEN AN DER TRAUFE DURCHGEHEND

DACHAUFBAU
CLIPDACH

QUERSCHNITT

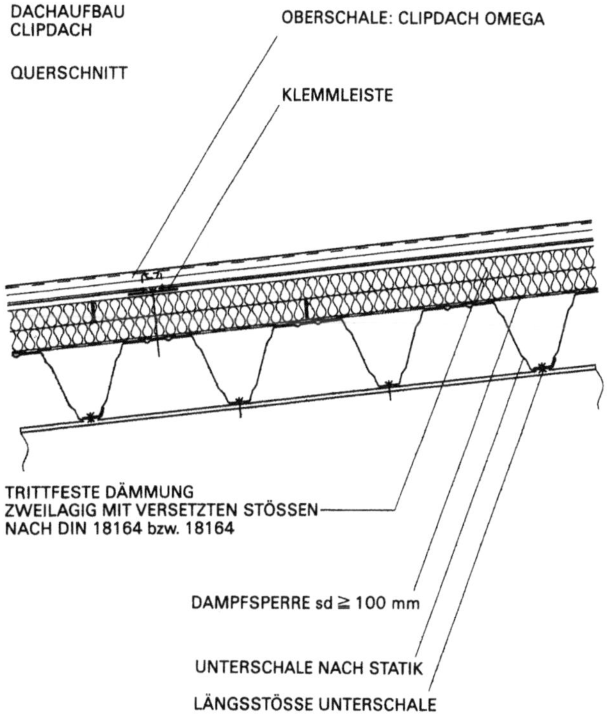

LÄNGSSCHNITT

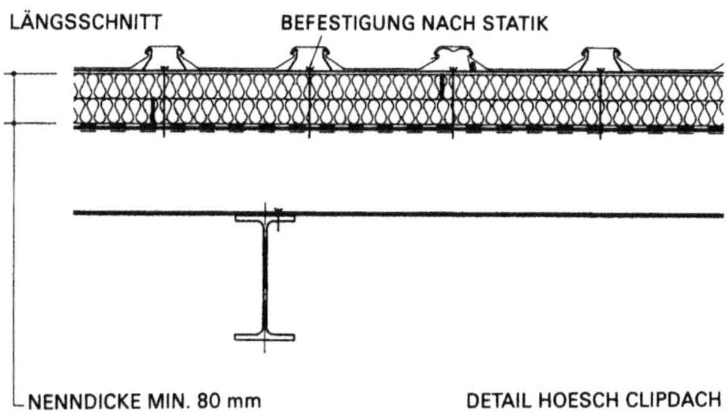

DETAIL HOESCH CLIPDACH

DETAILS HOESCH CLIPDACH

LICHTKUPPELAUFSATZKRANZ

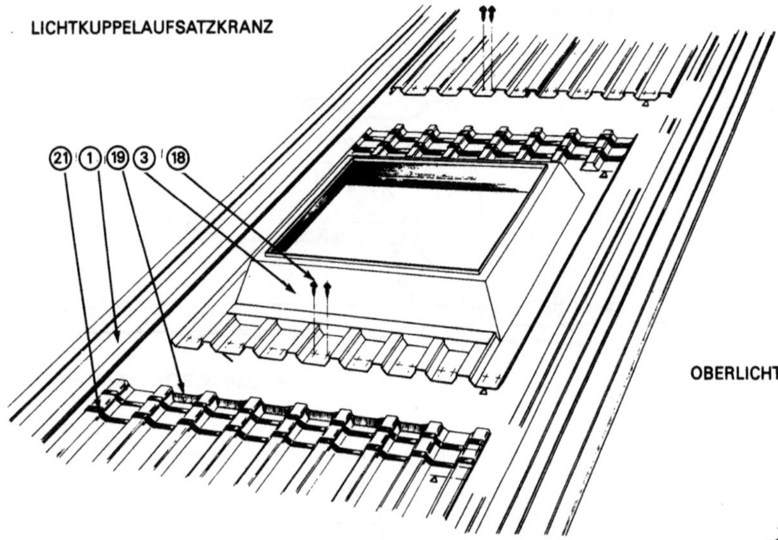

OBERLICHT

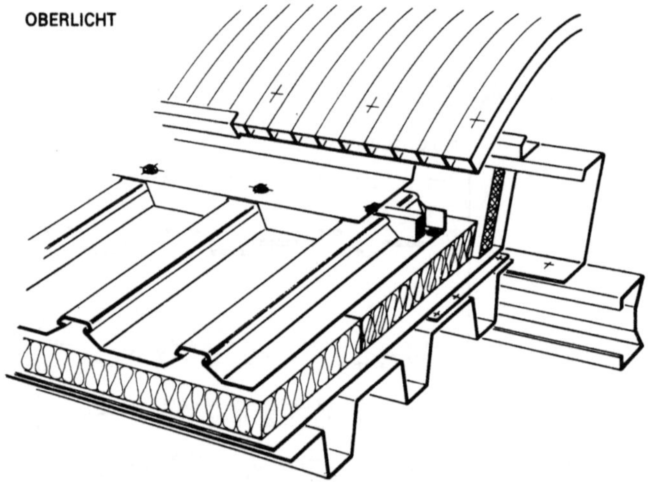

TRAUFE

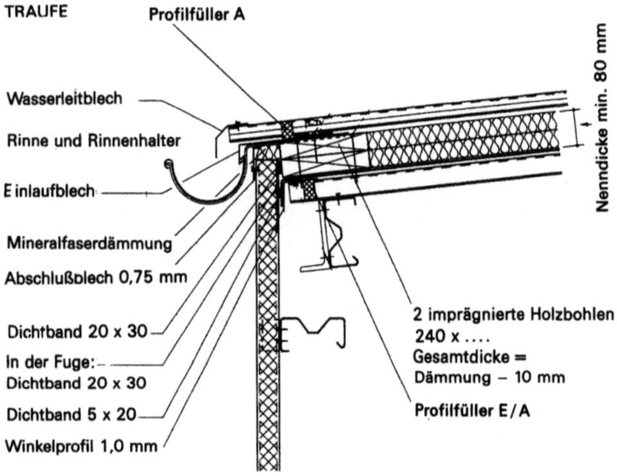

ATTIKA MIT ENTWÄSSERUNG

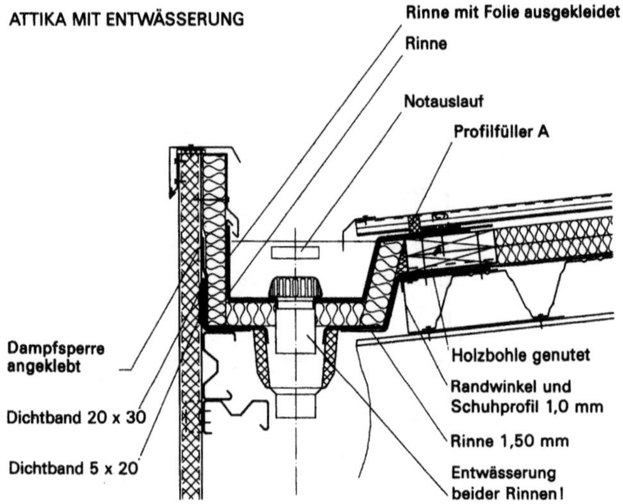

ORTGANG

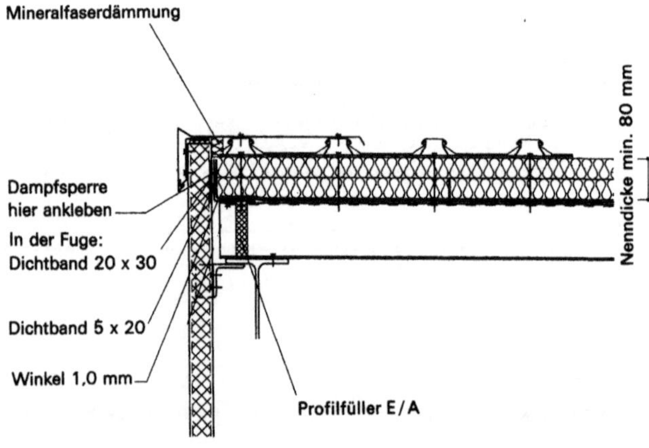

FIRST BEI TRITTFESTER DÄMMUNG

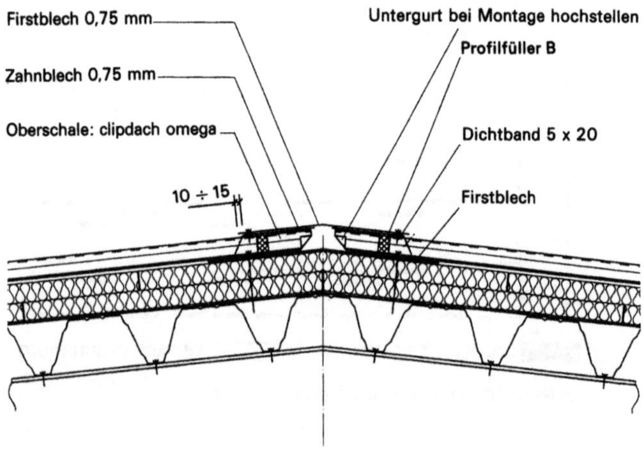

Metalldach aus Verbundbauteilen

Die Verbundbauteile oder Paneele bestehen aus einer inneren und einer äußeren Profilblechtafel, die durch einen Dämmstoffkern aus geschlossenem zelligem Polyurethan-Hartschaum schubsteif verbunden werden. Neben der ausgezeichneten Wärmedämmung des PU-Hartschaumes ist dessen hohe Druckstabilität ausschlaggebend. Solche Verbundbauteile wurden erstmals in den sechziger Jahren am Markt eingeführt. Durch Materialfehler in der Herstellung konnte sich am Bau die obere Blechschale vom Hartschaumkern ablösen. Heute ist die Produktions-Technologie soweit fortgeschritten, daß solche Probleme nicht mehr auftreten.
Die Dachelemente weisen eine spezielle Längsrandgeometrie mit werkseitig eingebrachten Dichtungsbändern auf, die eine für ableitende Dachdeckungen erforderliche Dichtigkeit aufweisen. Problematisch können Querstöße werden. Es gibt zwar auch hierfür Lösungen, doch ist davon abzuraten, da solche Stellen systembedingt schlecht zu dichten sind. Sinnvoll anzuwenden sind Paneeldächer vor allem dort, wo die Decklänge der Dachfläche die maximale Lieferlänge nicht übersteigt, damit das Dach einteilig ohne Querstöße angeführt werden kann.

Hoesch isodach® TL

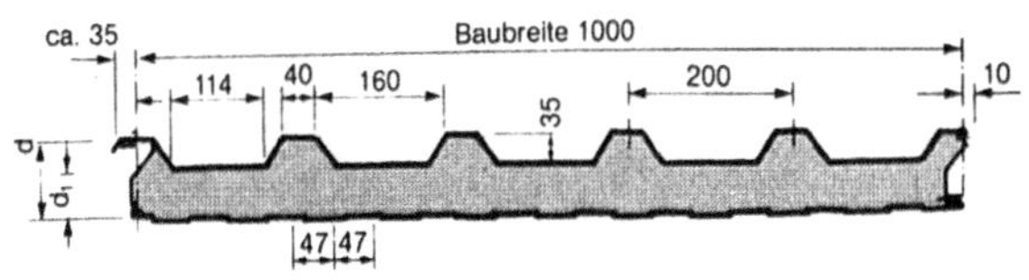

Hoesch isodach® TL	Material-dicke Trapezprofil	Dicke d	Dicke d_1	Gewicht	max. Liefer-länge	Wärme-durchlaß-widerstand $1/\Lambda$	Wärme-durchgangs-koeffizient k
	mm	mm	mm	kg/m²	m	m²K/W	W/(m²K)
isodach® TL 75-0,63 -0,75 -0,88	0,63 0,75 0,88	75	40	13,0 14,2 15,5	16,5	1,86	0,49
isodach® TL 95-0,63 -0,75 -0,88	0,63 0,75 0,88	95	60	13,9 15,1 16,4	16,5	2,69	0,35

MINDEST-DACHNEIGUNG

Bei Dächern ohne Querstoß und ohne Dachdurchbrüche 3° = 5,2 %
bei Dächern mit Querstoß oder mit Dachdurchbrüchen 5° = 8,6 %

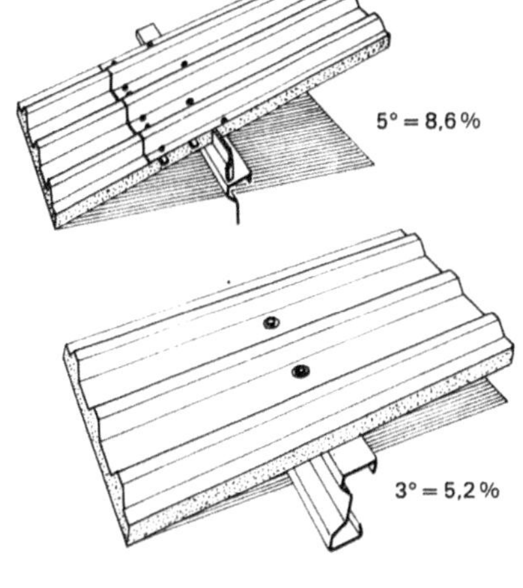

BILDER HOESCH ISODACH

Die serienmäßigen Fugenausbildungen haben keine Dichtigkeit gegen anstehendes Wasser, welches durch die Falzsysteme eindringen kann. Solche Wassereinbrüche können vor allem im Winter auftreten, beispielsweise im Traufbereich oder hinter einem Schneefang, wenn Schnee und Eis auf dem Dach liegen und den Abfluß von Schmelzwasser zur Traufe behindern. Es bilden sich Pfützen aus Schmelzwasser auf dem Dach, das durch die Fugen in den Innenraum gelangen kann. In schneereichen Gegenden empfiehlt sich daher der Einbau einer Rinnenheizung.
Die Dachpaneele sind in unterschiedlichen Stärken und Dämmwerten lieferbar. Die maximale Lieferlänge liegt bei 16,5 m. Die Stahlblechschalen, die äußere trapezprofiliert, die innere linear profiliert, sind bandverzinkt und haben eine Beschichtung aus Kunststoffolie oder einen speziellen Lackaufbau. Für Einsatzzwecke mit besonderen Brandschutzanforderungen sind auch Paneele mit nicht brennbarem Mineralwollekern erhältlich.
Der Hauptvorteil dieses Bausystems ist vor allem darin zu sehen, daß ein einziges Element die Funktionen des Wetterschutzes, Raumabschlusses, Schall- und Wärmeschutzes übernimmt und zudem noch so stabil ausgebildet ist, die Lasten aus Schnee und Wind in die Unterkonstruktion abzutragen.
Richtig angewendet erhält man ein hervorragendes Dachsystem – es muß aber vom Planer gut durchdetailliert werden, vor allem in Hinsicht auf die Anschlüsse zu anderen Bauteilen. Die Standarddetails der Herstellerfirmen sind als Planungshilfe anzusehen, können aber keine Detailplanung durch den Architekten ersetzen.

QUERSTOSS

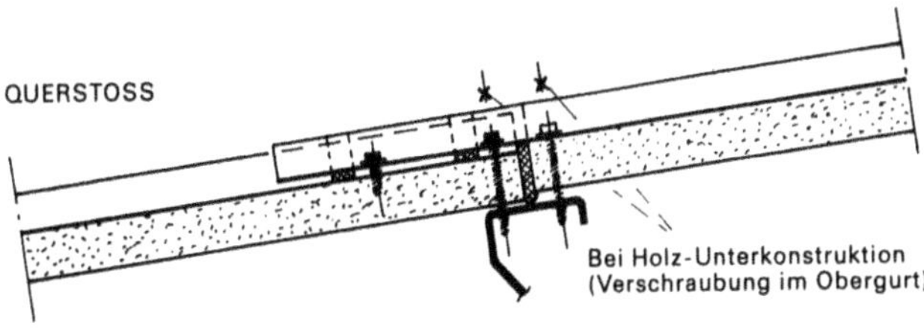

Bei Holz-Unterkonstruktion (Verschraubung im Obergurt)

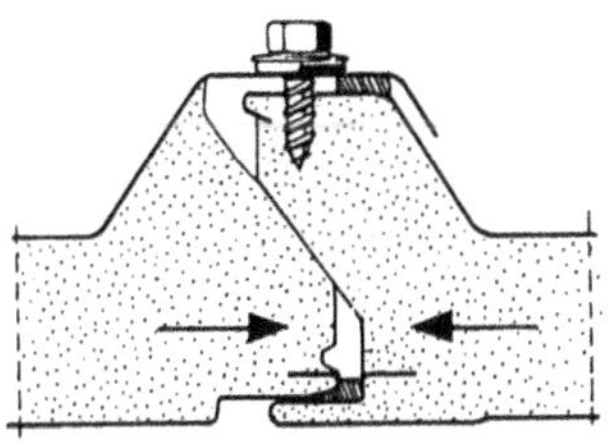

Verbindung der Längsstöße mit Edelstahlschrauben ∅ 6,5 mm und Dichtscheiben mit Gummiunterlage ∅ ≥ 16 mm. Maximaler Schraubenabstand 500 mm. Dichtungsband im Längsstoß werksseitig eingebaut.

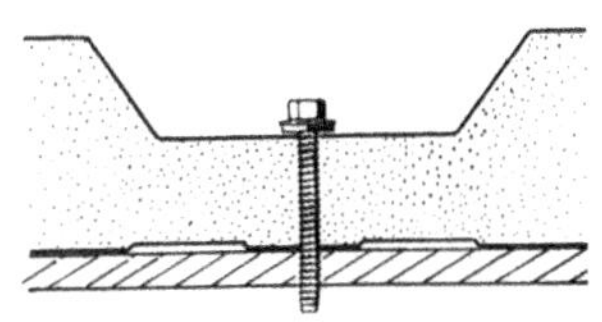

Befestigung mit Edelstahlschraube und Unterlegscheibe mit Dichtung im Untergurtbereich (Tiefsicke). Ungünstige Anordnung, da Schraube in wasserführender Sicke liegt.

Bei Stahl-Unterkonstruktion möglich.

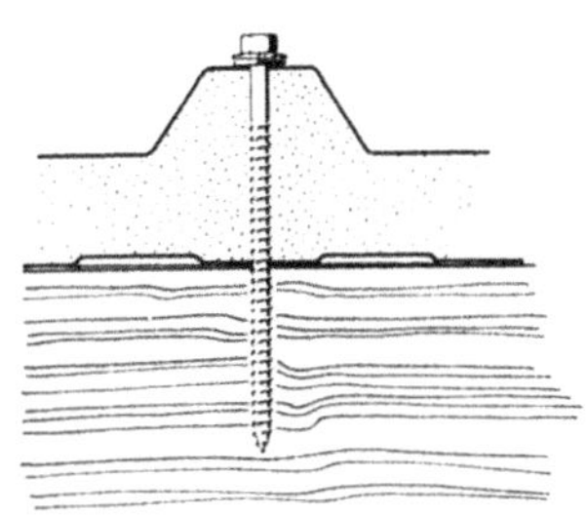

Befestigung mit langer Edelstahlschraube und Unterlegscheibe mit Dichtung im Obergurtbereich (Hochsicke). Günstige Anordnung, da Schraube aus wasserführender Sicke herausgehoben.

Bei Holz-Unterkonstruktion unbedingt erforderlich.

Querstöße sollte man auf Dächer beschränken, deren Abmessungen vom First zur Traufe größer als die maximale Produktionslänge der Hoesch isodach®-Elemente sind (16,5 m).
Dabei werden die traufseitigen Elemente A durch die firstseitigen Elemente B bzw. C um 200 mm überdeckt. Zu diesem Zweck können die firstseitigen Elemente mit einem 200 mm breiten schaumstofffreien Bereich geliefert werden. Wichtig ist, zwischen den Elementen B und C zu unterscheiden und die Hauptwetterrichtung zu berücksichtigen.

Die Montagereihenfolge ist unbedingt einzuhalten. Grundsätzlich wird von der Traufe bis zum First fertig montiert (eine Elementbreite). Dann erst wird die nächste Reihe der Anschlußelemente aufgelegt. Es darf auf keinen Fall die gesamte Fläche parallel zur Traufe fertiggestellt werden.
Darüber hinaus ist unbedingt darauf zu achten, daß dort, wo sich Längsstoß und Querstoß kreuzen, eine **Ausklinkung** ausgeführt wird. Wird diese Anweisung nicht befolgt, ergeben sich unsachgemäße Montageleistungen und damit zusammenhängende Undichtigkeiten am Querstoß.

DETAILS HOESCH ISODACH

QUERSTOSS

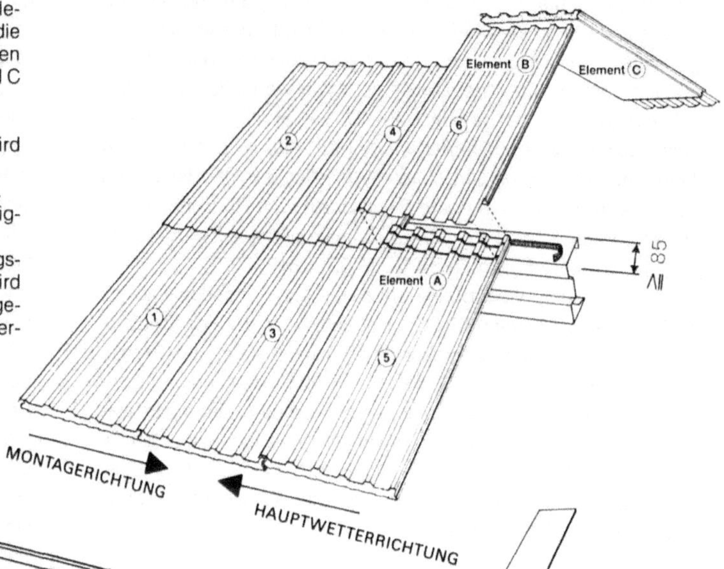

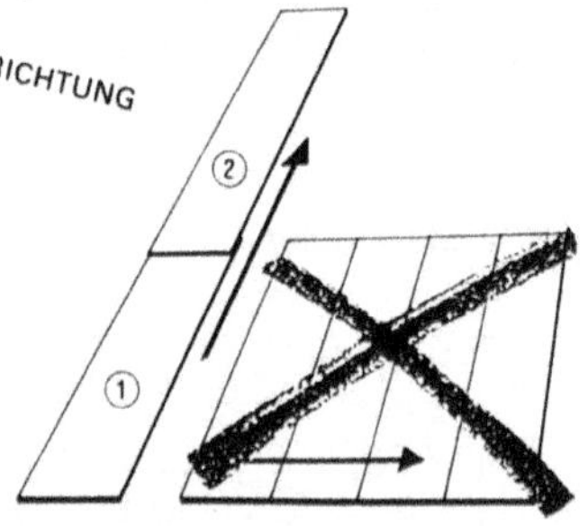

FIRST

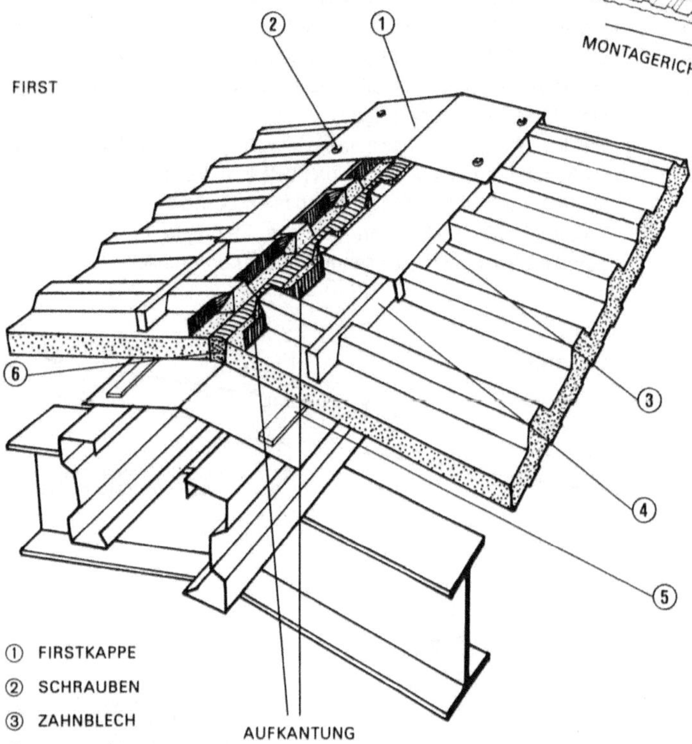

① FIRSTKAPPE
② SCHRAUBEN
③ ZAHNBLECH
④ PROFILFÜLLER
⑤ PVC-DICHTBAND 5 x 20 GESCHLOSSENZEILIG
⑥ PUR ORTSCHAUM

ORTGANG

① Ortgangprofil
② versetzte Befestigung
③ PUR-Montageschaum
④ Randwinkel

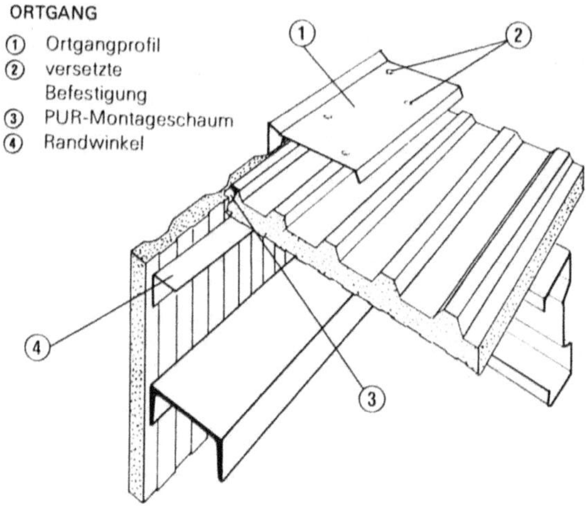

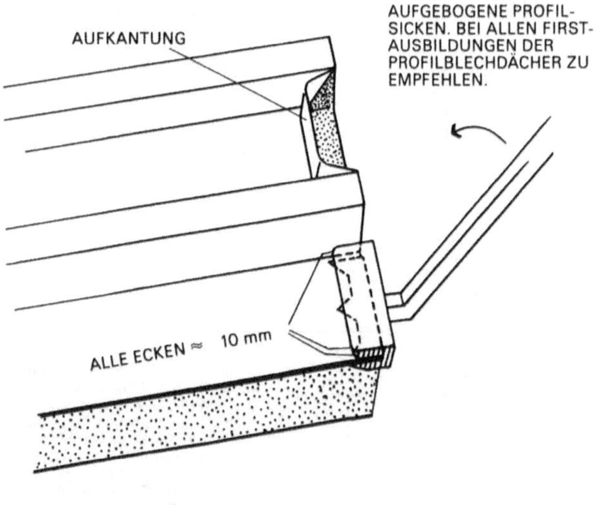

AUFGEBOGENE PROFILSICKEN. BEI ALLEN FIRSTAUSBILDUNGEN DER PROFILBLECHDÄCHER ZU EMPFEHLEN.

TRAUFE

① Wasserleitblech
② Rinneneinlaufblech
③ PVC-Dichtband 5 x 20, geschlossenzellig
④ PU-Dichtband 10 x 25, mit Kunstharztränkung
⑤ Auffütterung
⑥ Rinneneisen

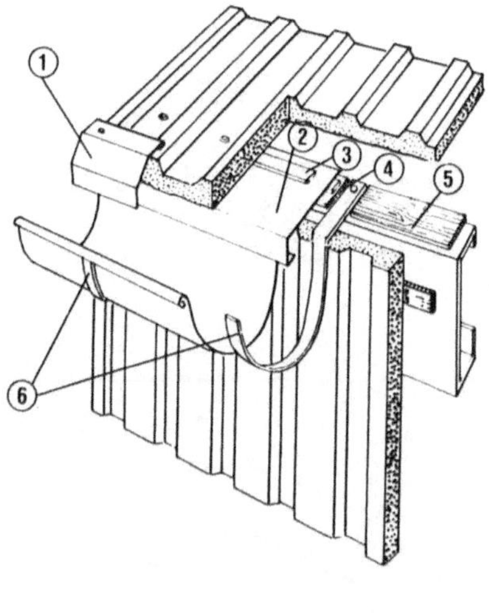

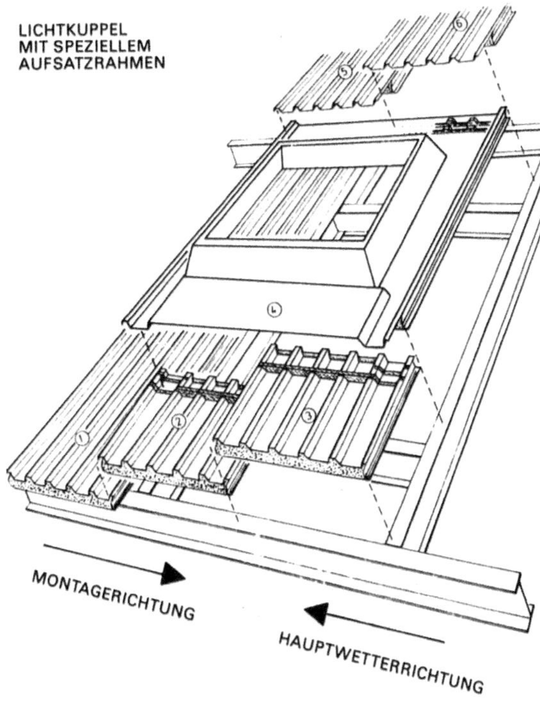

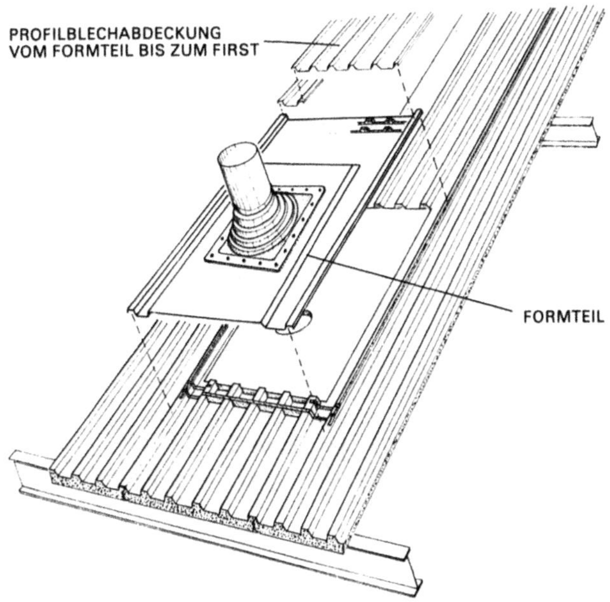

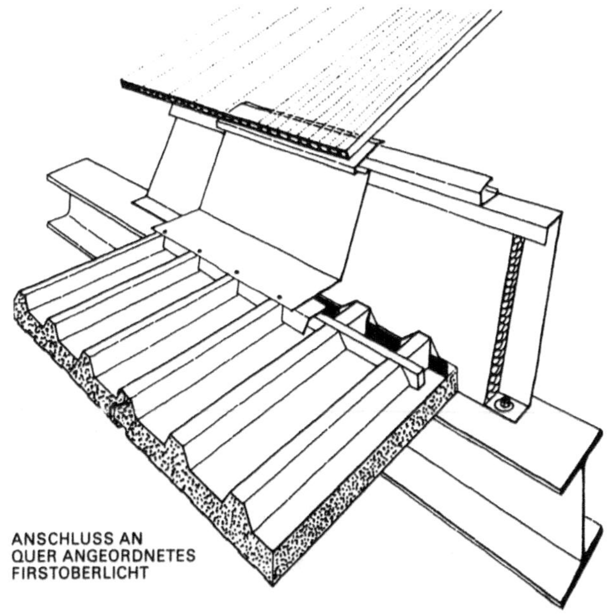

ANSCHLUSS AN
QUER ANGEORDNETES
FIRSTOBERLICHT

Schneefang bei Metalldächern

Da alle Metallprofildächer eine sehr glatte Oberfläche aufweisen, bieten sie dem Schnee keinen Halt, er rutscht ab zur Traufe und verstopft die Dachrinnen durch Eisbildung. Deshalb ist die Anordnung eines Schneefanges grundsätzlich zu empfehlen. Dieser sollte nicht als Gitter mit Befestigungsstützen konstruiert sein, da diese im gewählten Abstand Einzellasten in die Sicken der Bleche einleiten, die diese nur schlecht aufnehmen können. Es besteht auch hier die Gefahr einer Verformung. Wesentlich besser ist eine Verteilung der Schneelasten auf alle Sicken als Linienlast, was sehr einfach und preiswert durch ein gekantetes und gelochtes Blechprofil geschehen kann, das zudem noch einen architektonischen Reiz bietet.
Bei Stehfalzdeckungen verwendet man als Schneefang korrosionsgeschützte Stahlrohre mit ca. 45 mm ∅, die mittels spezieller Klemmbeschläge auf den Fälzen befestigt werden.

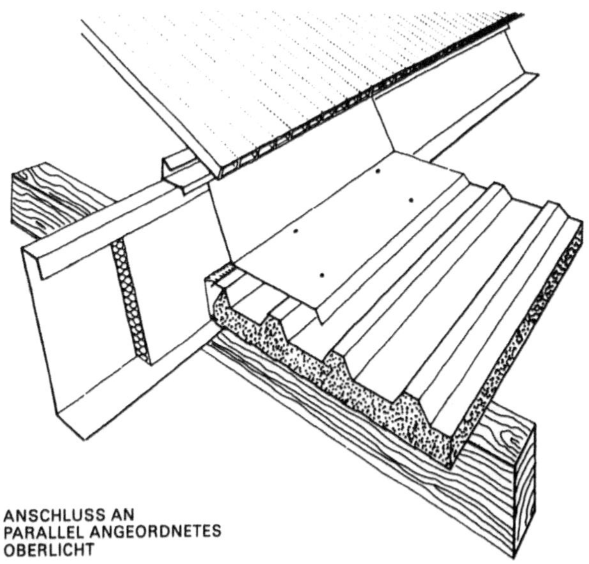

ANSCHLUSS AN
PARALLEL ANGEORDNETES
OBERLICHT

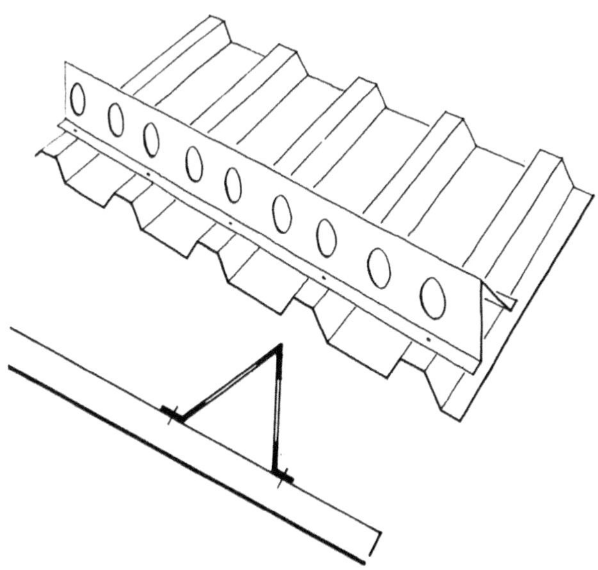

Glasdach

Glasdachkonstruktionen haben sich aus den Gewächshäusern und „Glaspalästen" entwickelt, die Mitte des 19. Jahrhunderts erstmals entstanden. Die damaligen Konstruktionen bestanden in der Regel aus vorgefertigten gußeisenen Gerippen und Sprossen, die Verglasungen wurden schuppenartig in der Sprossenkonstruktion verkittet. Eine vollständige Dichtigkeit nach modernen Maßstäben war selten gegeben, außerdem mußte mit dem Auftreten größerer Schwitzwassermengen gerechnet werden, da ausschließlich Einfachverglasungen eingesetzt wurden.

Moderne Glasdachkonstruktionen werden ausschließlich kittlos mittels mechanischer Klemmleisten und Isolierverglasungen ausgeführt. Diese Glasdächer haben einen weiten Einsatzbereich, oft verwendet werden sie für Wintergärten oder Überdachungen von repräsentativen Lichthöfen von Büro- und Gewerbebauten – sie sind ein wesentliches architektonisches Gestaltungselement.

Die Standardausführung ist die einer Sprossenkonstruktion aus Stahl oder Aluminium mit zwischengesetzten Festverglasungen und Lüftungsflügeln. Als Sonderlösung gibt es aber auch ganze Glasdächer in schuppenförmiger Verglasung, deren sämtliche Einzelscheiben sich mittels einer Kopplungsmechanik zu Lüftungszwekken aufklappen lassen (System Klemt, München).

Bei der Konstruktion der Glasdächer sind folgende Dimensionen zu beachten:

Mindestdachneigungen:

Glasdach ohne Glasquerstoß	≥ 8° = 14%
Glasdach mit Glasquerstoß	≥ 15° = 27%
Glasdach mit Öffnungsflügeln	≥ 15° = 27%
Glasdach mit Schrägsprossen, die nicht senkrecht zur Traufe laufen	≥ 45° = 100%

Glasbreite und Sprossenabstand:

0–30° = 80 cm; 30–45° = 90 cm; 45–60° = 100 cm; 90° = –

Bedingt durch Bautoleranzen und dem Durchmesser der Befestigungsschrauben ist der Glasspalt zwischen den Gläsern über der Sprosse mit 12–16 mm auszusetzen.

Die wirtschaftlichste Scheibenbreite liegt bei 70–90 cm, die maximale Scheibenlänge liegt bei ca. 3,0 m. Längere Dachverglasungen erhalten deswegen Querstöße, an deren Konstruktion im Detail höchste Anforderungen zu stellen sind.

Für die Verglasung werden gewöhnliche Isoliergläser verwendet mit einer äußeren Scheibe aus Floatglas und einer inneren aus Verbundsicherheitsglas. Die Verbundglasscheibe verhindert durch ihre zwischengelegte Folie, daß beim Bruch der oberen oder beider Scheiben die Splitter nach unten in den Raum fallen.

Die Stützweite der Glasdachsprossen richtet sich nach den statischen Voraussetzungen der Gesamtkonstruktion. Die Durchbiegung darf maximal 1/300 der Spannweite betragen, um die Dichtigkeit der Gläser und Dichtungsprofile zu gewährleisten. Als Sprossen können spezielle Aluminiumprofile der Glasdachhersteller verwendet werden wie auch I-Stahlprofilträger oder Vierkantrohre.

Die Sprossen erhalten eine Auflage aus einem speziell geformten Dichtungsband. Darauf werden die Isoliergläser verlegt, es folgt ein weiteres Dichtungsprofil und eine Klemmleiste aus Aluminium oder Edelstahl. Die Deckleiste erhält den erforderlichen Anpreßdruck durch die Verschraubung mit der tragenden Sprosse. Als Schrauben werden Edelstahlgewindebolzen verwendet, die in die Sprosse eingeschraubt oder mit ihr verschweißt werden können als Setzbolzen.

Die Verschraubung der Deckleisten sollte in Edelstahlhutmuttern mit Edelstahl/Gummi Dichtungsscheibe ausgeführt werden und nicht mit dem häufig verwendeten Kunststoff-Rändelmuttern. Diese verspröden durch UV-Einstrahlung, brechen auf und gewährleisten dann nicht mehr den notwendigen Anpreßdruck der Glasleiste, was

Blechdeckleiste

Material	Stahl, Aluminium, Kupfer
Breite	40–60 mm
Höhe	15 mm
Dicke	0,8–1,5 mm

Deckleiste als Klemmprofil

Material	Aluminium
Breite	50 mm
Höhe	25 mm
Dicke	1,5–2,0 mm

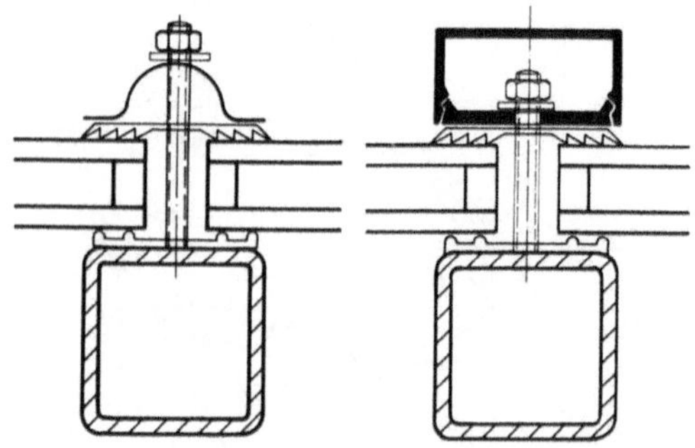

Undichtigkeiten zur Folge hat. Zudem haben die Plastikgewinde keine ausreichende Haltbarkeit, man findet oft genug „tote" Gewinde wegen zu hoher Anschraubkräfte.

Das obere Dichtungsprofil unter der Deckleiste übernimmt die Abdichtung der Längsstöße, die Dichtung von Querstößen ist dagegen etwas aufwendiger. Glasdachkonstruktionen, bei denen der Glasquerstoß mittels Deckleisten oder auch Fensterprofilen ausgeführt ist, sind oft undicht, da sich hinter dem aus der Glasfläche herausragenden Querprofil ein Wassersack bildet – es entsteht Stauwasser, gegen das die Gesamtkonstruktion keine ausreichende Dichtung aufweist.

Die Lösung dieses Details liegt wie oft in der Ausbildung einer Überschuppung, die so ausgeführt wird, daß die Glasoberfläche in einer Ebene durchläuft, mit bündigem Glasstoß oder mit stufenförmig versetzten Isolierglasscheiben. So wird einerseits der ungehinderte Wasserabfluß in der Gefällelinie gewährleistet, andererseits ist der Glasstoß so bündig, daß beim Kreuzungspunkt mit den Längsprofilen und -dichtungen keine Verdickung auftritt, die wiederum deren Dichtigkeit überfordern würde.

QUERSTÖSSE IN GENEIGTER VERGLASUNG ALS ÜBERLAPPUNGSSTOSS AUSGEBILDET

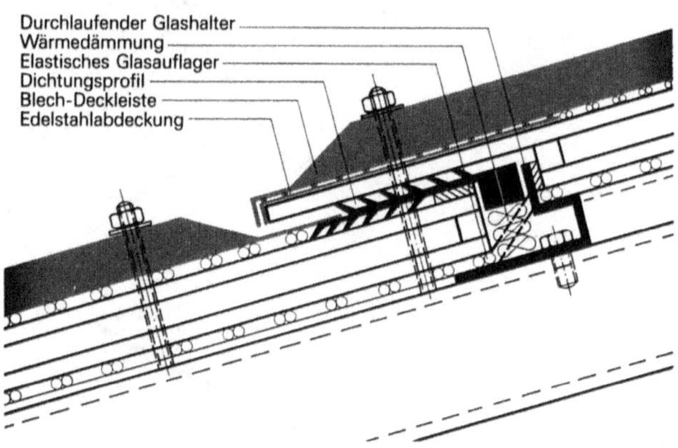

QUERSTÖSSE IN GENEIGTER VERGLASUNG ALS STUMPFSTOSS AUSGEBILDET

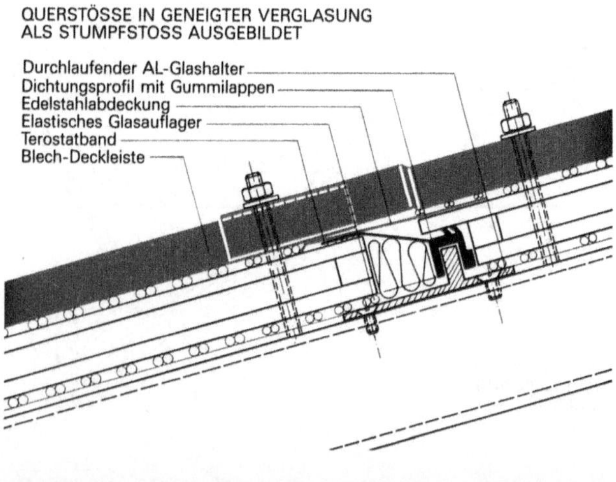

Bei großflächigen Dachverglasungen ist grundsätzlich ein Sonnenschutz vorzusehen, am einfachsten durch die Ausführung der äußeren Scheibe als verspiegeltes Sonnenschutzglas. Da dies manchmal noch nicht ausreicht, ist es empfehlenswert, grundsätzlich einen textilen, außenliegenden Sonnenschutz mitzuplanen, der später nachgerüstet werden kann. Abgesehen vom planerischen Aufwand hält sich auch der spätere finanzielle Aufwand in Grenzen, da lediglich für die Befestigung der Führungsschienen und Wickelrollen einige verlängerte Schraubbolzen für die Glasdeckleisten vorgehalten werden müssen. Auch die elektrische Verkabelung sollte weitgehend vorgerüstet sein, sie kann bei frühzeitiger Planung beispielsweise in den Glassprossen geführt werden. Durch diese wenig aufwendigen baulichen Vorrüstungen ist gewährleistet, daß später ohne Probleme ein elektromechanisch betriebener Sonnenschutz nachgerüstet werden kann.

Ein Problem stellt die Reinigung der Dachverglasungen dar. Während die Außenseite unter Verwendung von Hilfskonstruktionen begehbar gemacht werden kann, ist dies z. B. bei Glasdächern über hohen Hallen nicht möglich. Auch die Einfahrtsmöglichkeit für einen mobilen Hubwagen besteht nicht immer, so daß es erforderlich werden kann, schienengeführte Wartungsstege unter dem Glasdach mit vorzusehen. Bei sattelförmigen Glasdächern sind die Führungsschienen am Dachfuß angeordnet, die eigentliche Bühne besteht aus einem leichten Trägersystem mit Gitterrostauflage und Geländer. Sie läßt sich auch zur Wartung von Beleuchtungskörpern und motorisch betriebenen Öffnungsflügeln im Glasdach verwenden.

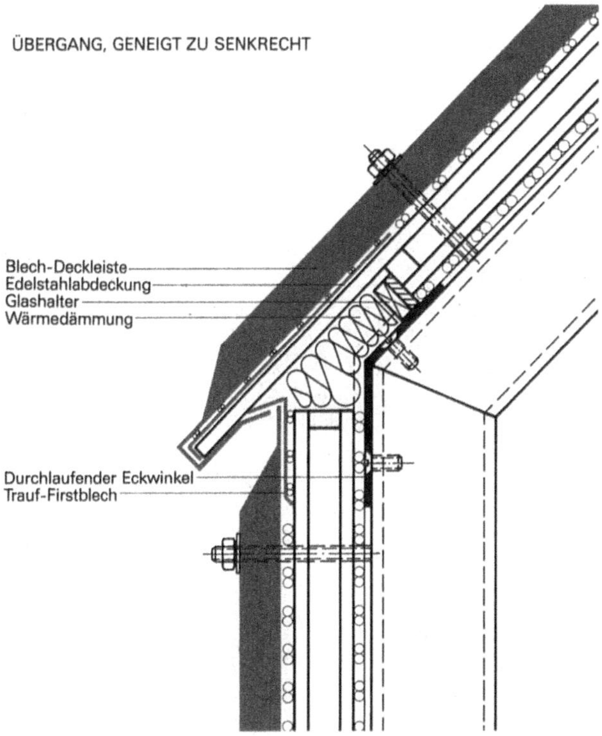

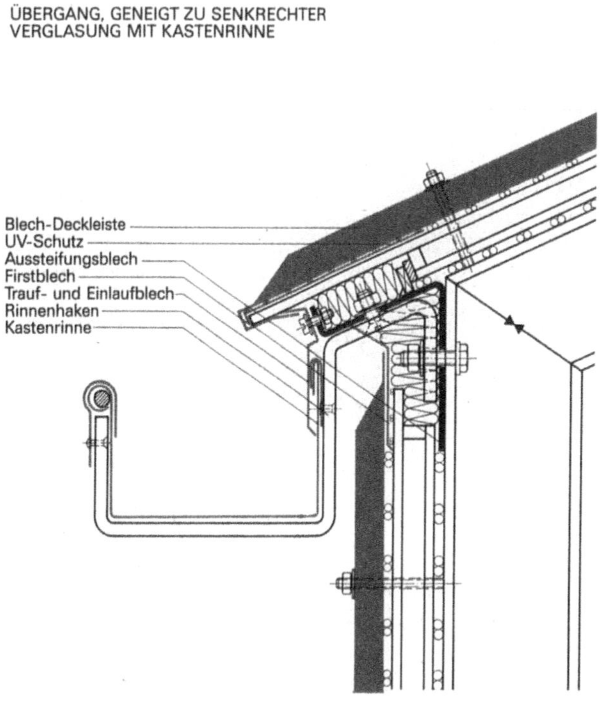

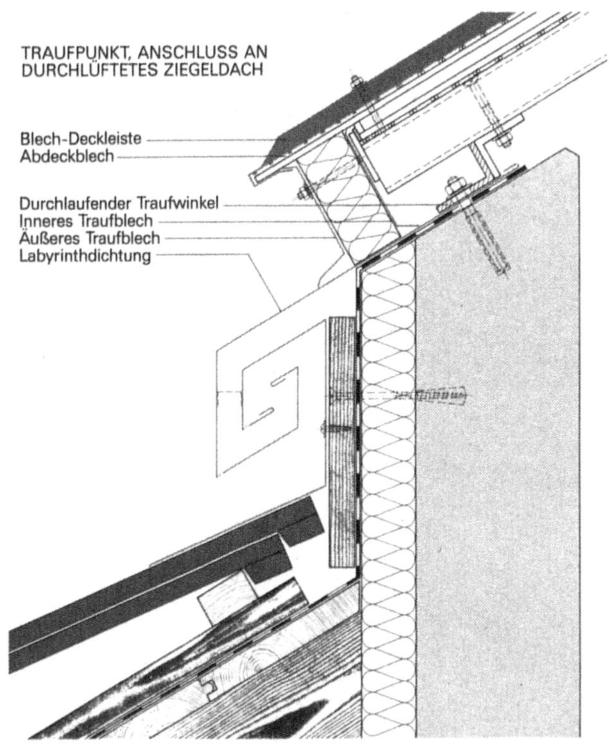

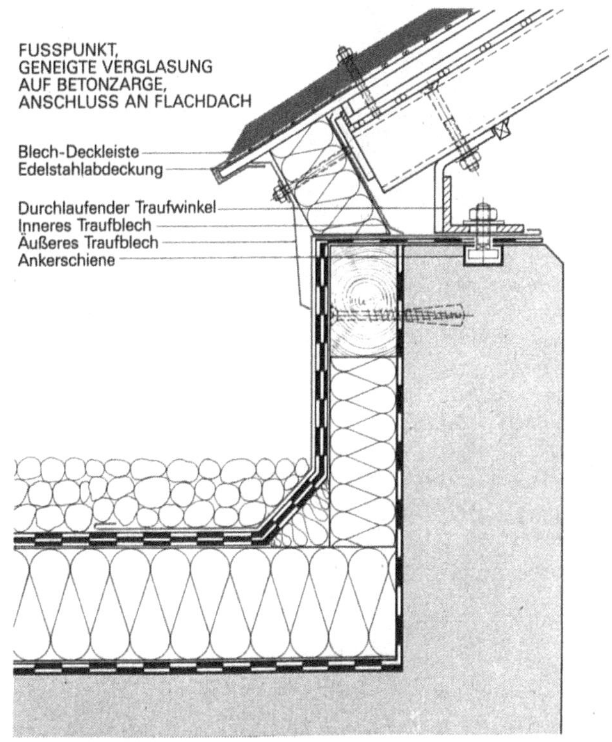

Zeichnungen: Fa. Täumer, München

FIRSTPUNKT, PULTOBERLICHT, ANSCHLUSS AM MAUERWERK

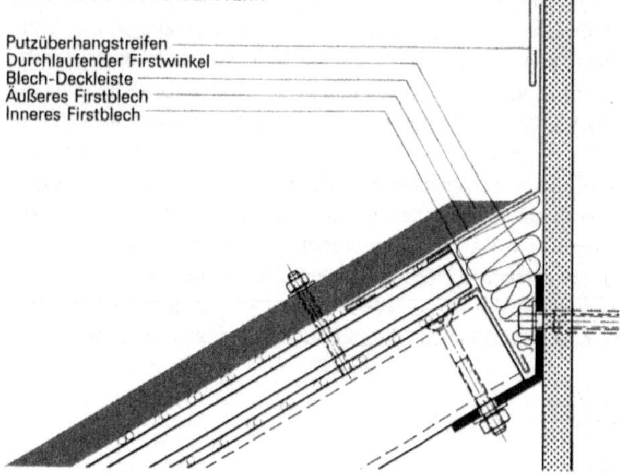

FIRSTPUNKT, PULTDACH, ANSCHLUSS AN AUFSTEIGENDE WAND

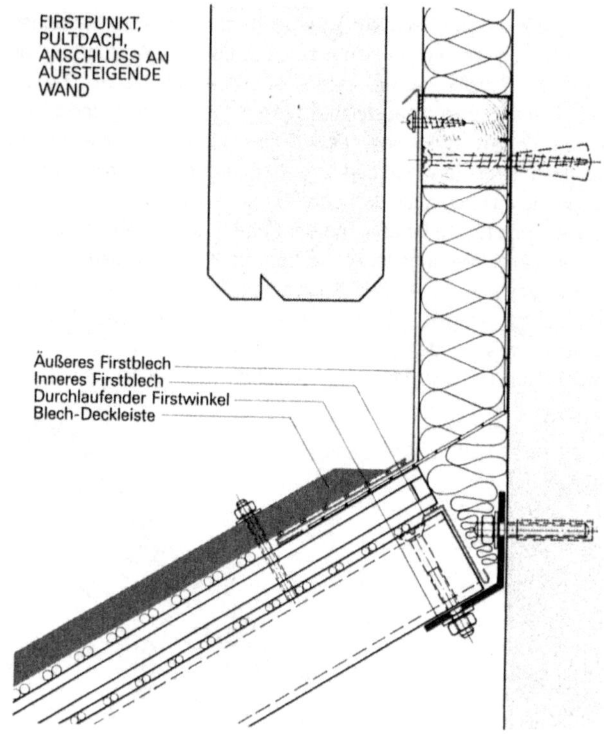

FIRSTPUNKT, SATTELOBERLICHT

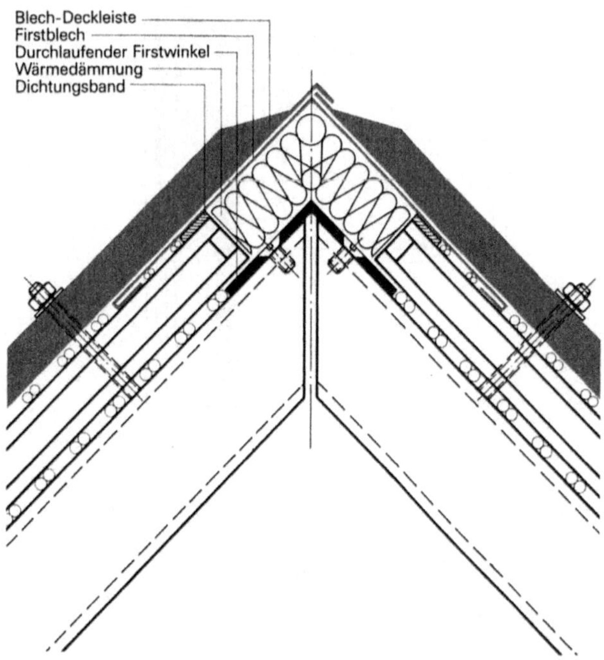

FIRSTPUNKT, PULTOBERLICHT, ANSCHLUSS AN DURCHLÜFTETES ZIEGELDACH

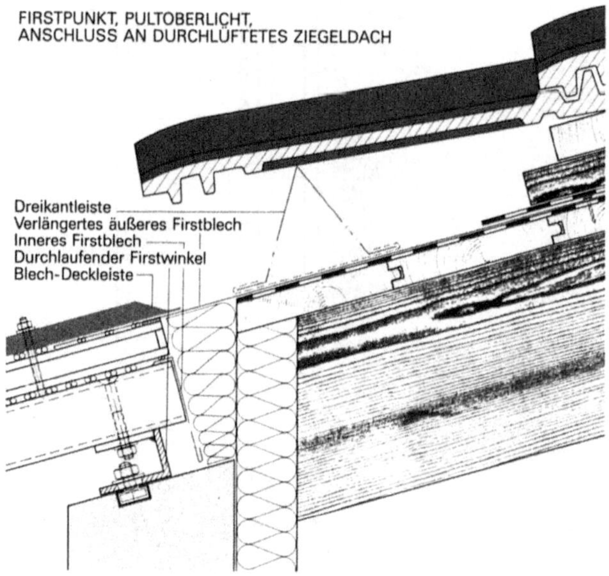

KEHLAUSBILDUNG

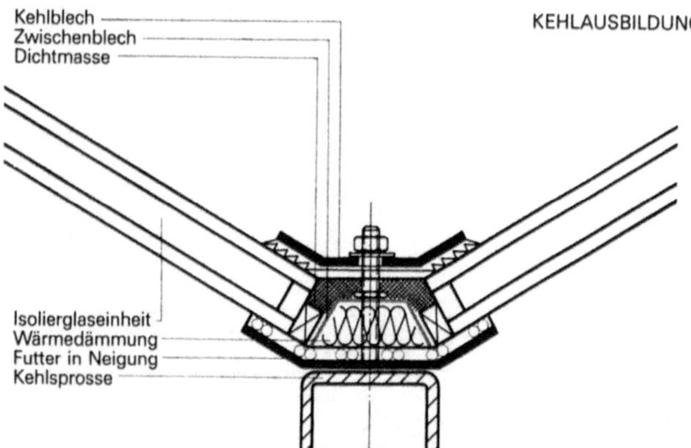

GRATAUSBILDUNG

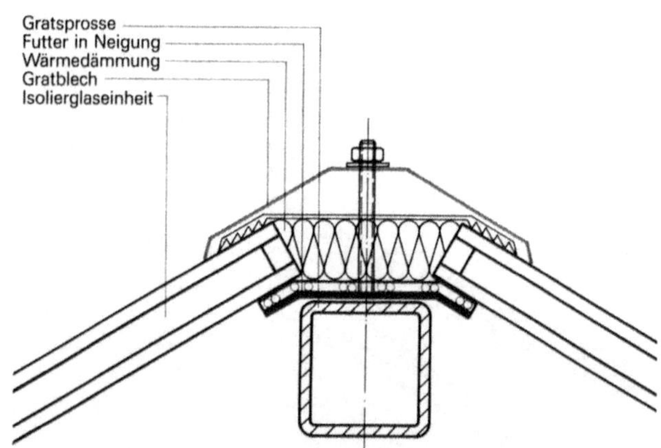

Zeichnungen: Fa. Täumer, München

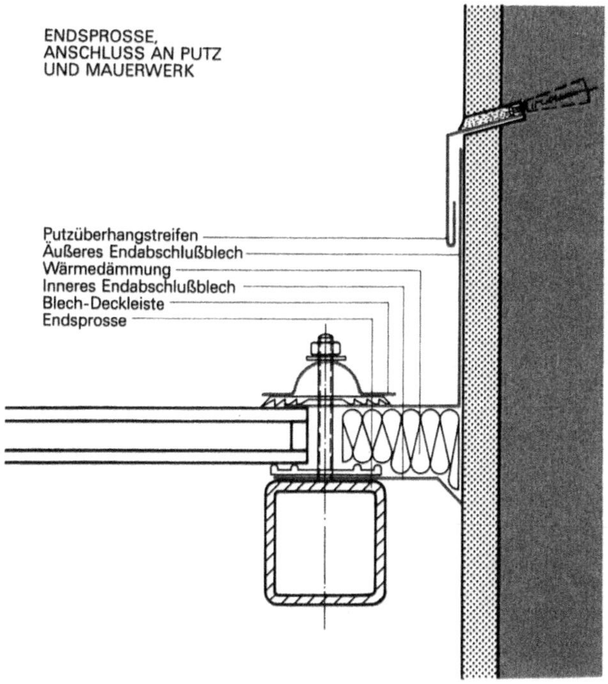

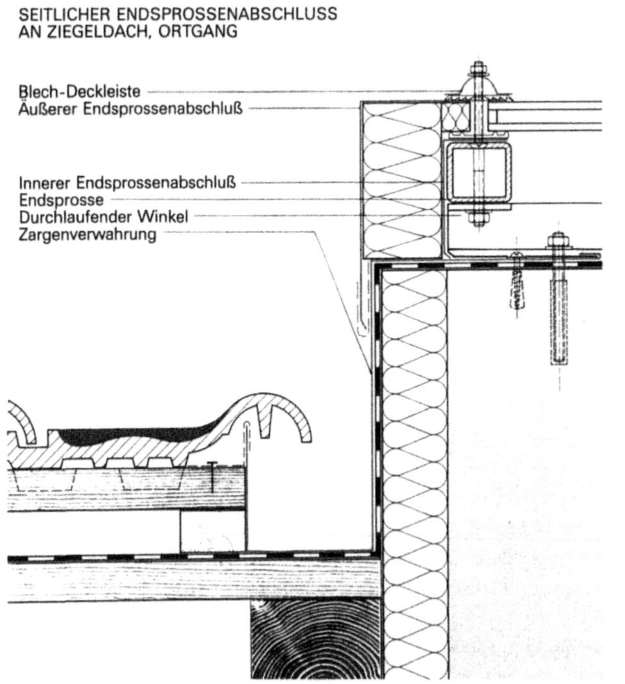

BLECHKLAPPFLÜGEL, WÄRMEGEDÄMMT

BLECHKLAPPFLÜGEL, WÄRMEGEDÄMMT

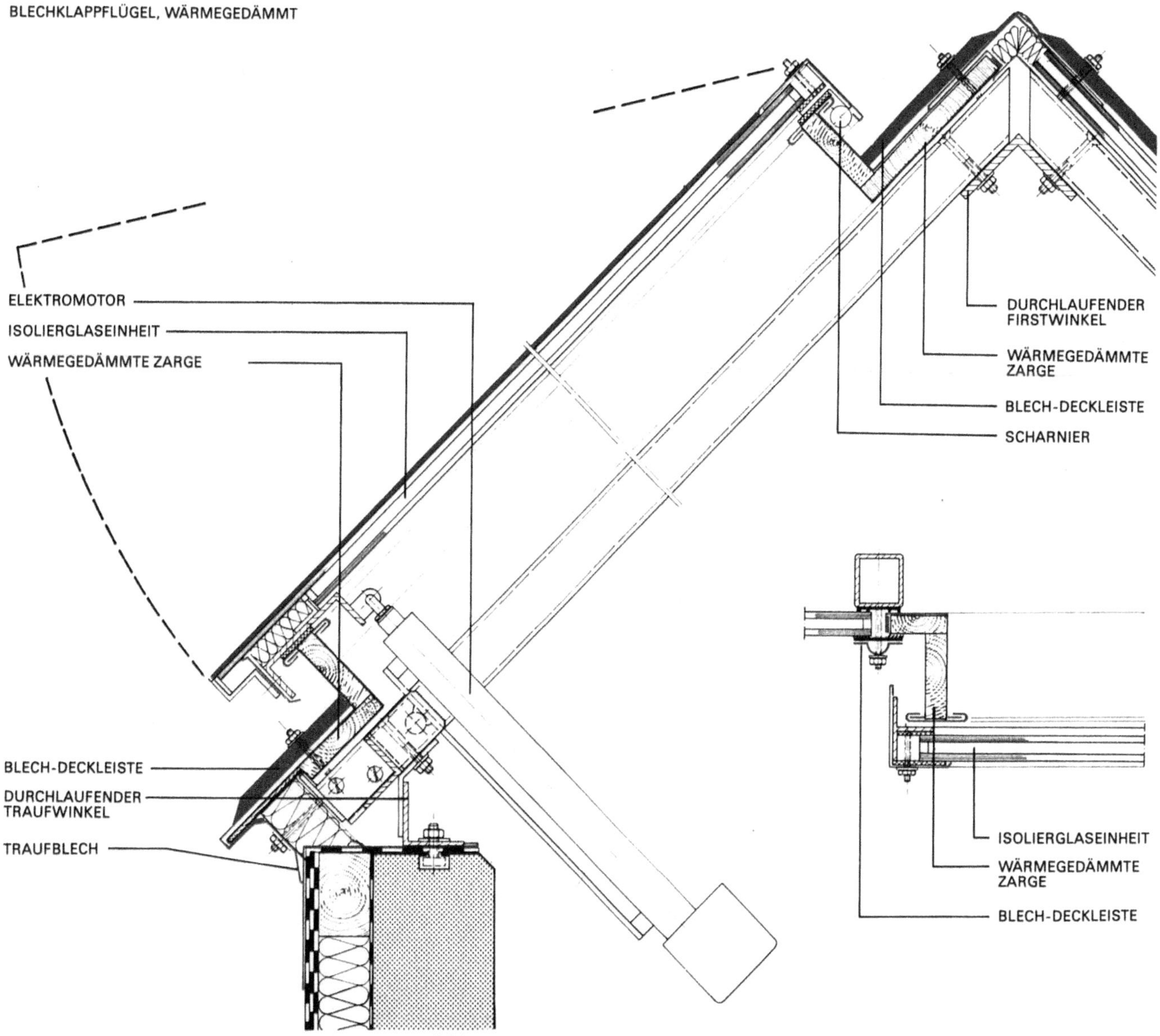

Zeichnungen: Fa. Täumer, München

Dachbahnendeckung auf Holzschalung

Da die Dachbahnendeckung fast nur noch bei freistehenden Dächern oder solchen von ungedämmten Nebengebäuden vorkommt, werden im folgenden nur diese einfachen Konstruktionen behandelt.

Will man eine gedämmte Konstruktion ausführen, so ist zwischen Dachschalung und Dämmung im Bereich der Sparren eine Belüftungszone vorzusehen; die eigentliche Dachabdichtung bleibt die gleiche.

Die Holzschalung soll aus gesunden, trockenen, scharfkantigen und gleich dicken Schalungsbrettern bestehen. Die beste und ebenste Unterlage ergibt eine Schalung mit Nut und Feder, weil die einzelnen Bretter sich nicht verwerfen können. Die Schalungsbretter müssen so stark sein, daß sie sich beim Begehen nicht durchbiegen. Sie sollen >2,5 cm dick und höchstens 12 cm breit sein. Bei einer Dicke von 25 mm dürfen die Sparrenabstände bis 0,80 m betragen. Breite Stoßfugen sind zu vermeiden. Die Stöße der Bretter sollen nicht immer auf demselben Sparren liegen, sondern auf alle Sparren der Dachfläche verteilt sein, da bei durchgehenden Brettstößen Risse in der Decke entstehen können. Größere Astlöcher sind mit Blech- oder Pappstreifen abzudecken. Rinneisen müssen eingelassen werden, um eine vollkommen ebene Deckunterlage zu erhalten. An den Ortgängen verstärkt man die überstehende Schalung durch eine untergelegte Vierkant- oder eine aufgenagelte Dreikantleiste; dadurch wird die Gefahr, daß sich die über die Giebel überstehenden Bretter werfen und so die Deckung beschädigen, beseitigt, und die Nagelung der Dachbahnen wird haltbarer. Eine aufgenagelte Dreikantleiste verhindert das Abtropfen des Regenwassers auf der Giebelseite.

Die Gefahr der Blasenbildung ist bei Dachbahnendeckungen auf Holzschalung geringer als auf Massivdecken. Da die unterste Lage genagelt wird, kann sich der Wasserdampf, der beim Verdunsten von Feuchtigkeit in der Schalung von unten gegen die Abdichtungsschicht drückt, auf eine größere Fläche verteilen und entweichen. Dachbahnen erreichen auf einer leichten Holzschalung die größte Lebensdauer, da der Wärmestau von den Dämmschichten fehlt.

Auf gespundeter Holzschalung wird die Deckung je nach den Dachneigungen wie folgt ausgeführt:

A. Dachneigungen unter 5° erfordern eine >3lagige Abdichtung. Die einzelnen Lagen müssen vollflächig miteinander verklebt werden.
   1. 1 Lage Glasvliesbitumendachbahn V 13
   2. 1 Lage Dachdichtungsbahn mit Gewebeeinlage
   3. 1 Lage Glasvliesbitumendachbahn V 13
   4. Die Deckbahn erhält eine 1–2malige Bitumenspachtelung mit dichter Kieseinlage, Korngröße 4/8 mm oder eine lose Kiesschüttung Korngröße 16/32 mm.

B. Dachneigungen von 5–8°. Bei diesen Neigungen kommt man durchwegs mit 2lagiger Deckung aus.
   1. 1 Lage Glasvliesbitumendachbahn V 13
   2. 1 Lage Dachdichtungsbahn mit Gewebeeinlage und fabrikmäßiger Oberflächenbehandlung (Beschieferung).

C. Dachneigungen über 8°. Von dieser Neigung ab müssen alle Bahnen senkrecht zur Traufe verlegt, aufgenagelt und verklebt werden. Es genügt eine 2lagige Deckung, z. B.
   1 Lage Glasvliesbitumendachbahn V 13
   1 Lage Glasvliesbitumendachbahn V 13

Nagelung der Dachbahnen

Die Nagelung erfolgt 2 cm vom Bahnenrand entfernt mit 10 cm Nagelabstand, die 2. Lage wird mit Heißbitumen geklebt an der Oberseite verdeckt mit 25 cm Abstand geheftet. Bei der Doppel- und mehrlagigen Deckung dürfen Nägel nur an den Trauf- und Giebelkanten sichtbar sein, d. h., daß alle Nagelreihen auf der Dachfläche durch die folgende Dachbahn überdeckt sein müssen. Bei der Nagelung dürfen keine Nägel in Schalungsfugen eingeschlagen werden. Ein regelloses Annageln in Bahnmitte ist zu unterlassen. Die Erhöhung der Sturmsicherheit erreicht man durch diagonale kreuzweise Drahtverspannung über der ersten Lage einer mehrlagigen Deckung. Der Draht wird sowohl an den Nähten als auch in der Mitte der Bahnen mit Nägeln befestigt und muß beim Aufkleben der zweiten Lage vollständig in die Klebemasse eingebettet sein.

DOPPELLAGIGE DECKUNG (SCHEMA)

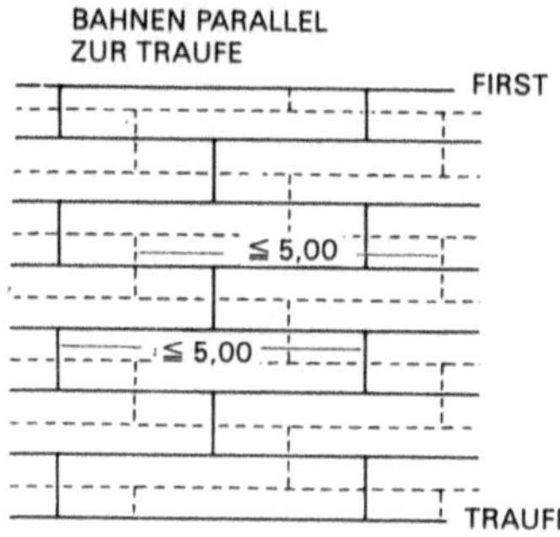

DOPPELLAGIGE DACHBAHNENDECKUNG AUF HOLZSCHALUNG
BAHNENPARALLEL ZUR TRAUFE
MIT VORGEHÄNGTER RINNE DACHNEIGUNG <8°

LÄNGE DER EINZELNEN BAHNEN ≤ 5 m

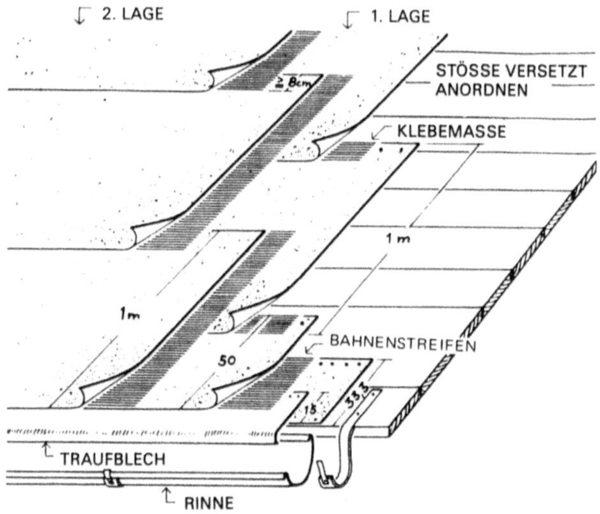

STURMPAPPDACH AUF HOLZSCHALUNG
OHNE RINNE

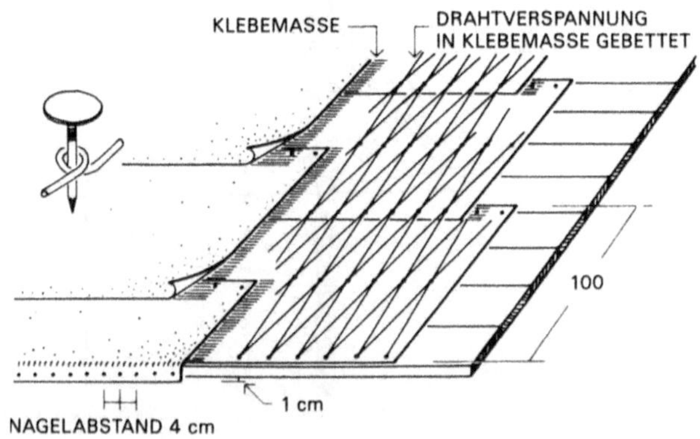

PAPPDACH AUF HOLZSCHALUNG
OHNE RINNE
1. LAGE: NORMALDECKUNG
2. UND 3. LAGE: VERBANDDECKUNG

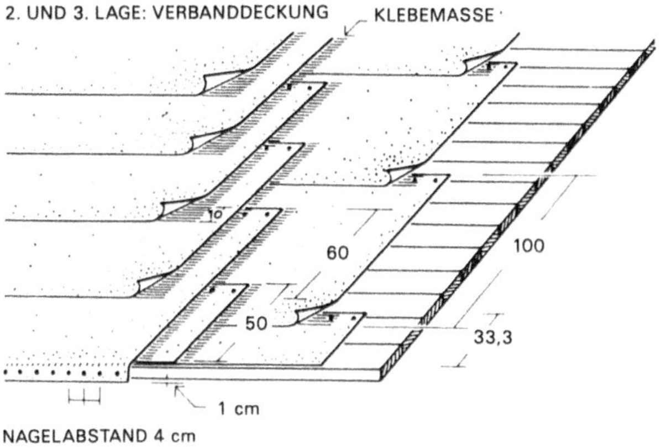

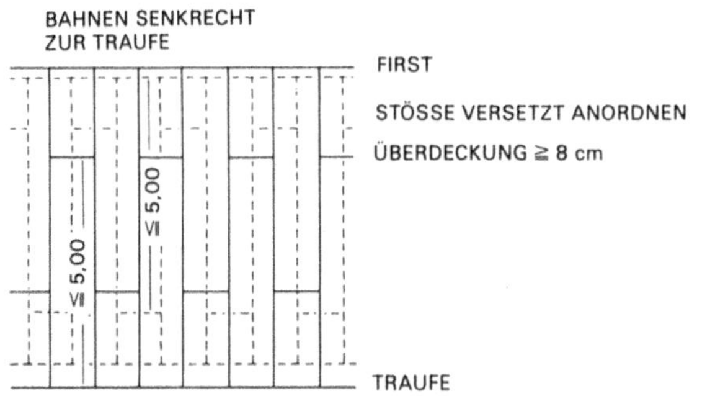

DOPPELLAGIGE BAHNENEINDECKUNG AUF HOLZSCHALUNG
BAHNEN SENKRECHT ZUR TRAUFE
OHNE RINNE
DACHNEIGUNG > 8°

LÄNGE DER EINZELNEN DACHBAHNEN ≦ 5 m

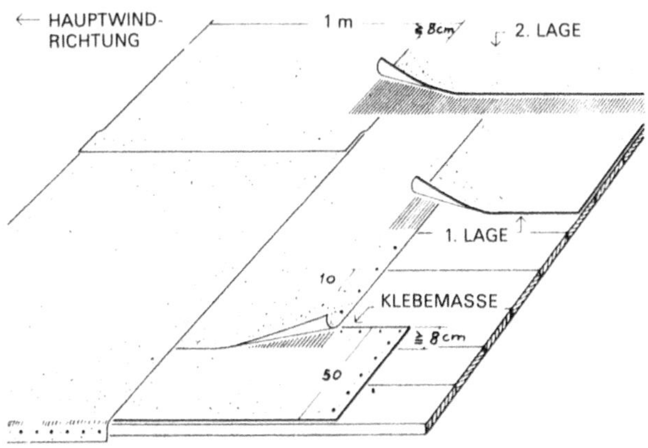

Traufe mit Dachrinne

Die Rinneisen sind in die Holzschalung einzulassen. Das Traufblech kommt zwischen zwei Dachbahnen zu liegen.

TRAUFE MIT VORGEHÄNGTER RINNE
DOPPELLAGIGE DECKUNG (EINLAGIGE ENTSPRECHEND)

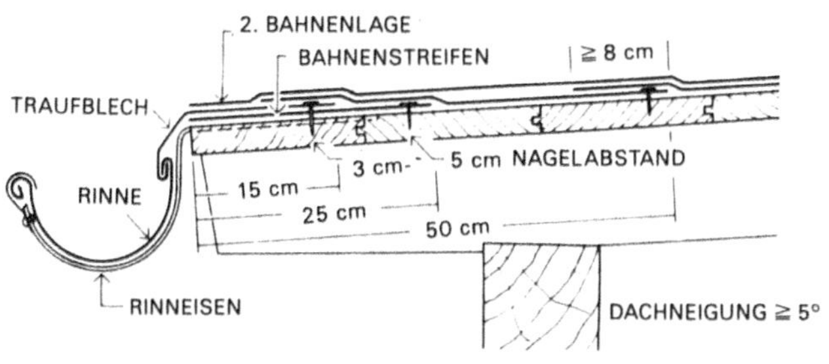

Traufe ohne Dachrinne

Bei mehrlagiger Deckung wird die erste Lage bis Vorderkante Schalung verlegt. Die nächste Lage ist an der Traufkante so nach unten abzubiegen, daß sie noch mindestens 1 cm über die Unterkante der Schalbretter hinausragt und so eine gute Tropfnase bildet. Die Nagelung an der Stirnseite der Schalung erfolgt mit 4 cm Nagelabstand.

TRAUFE MIT EINFACHEM BAHNENABSCHLUSS
DOPPELLAGIGE DECKUNG

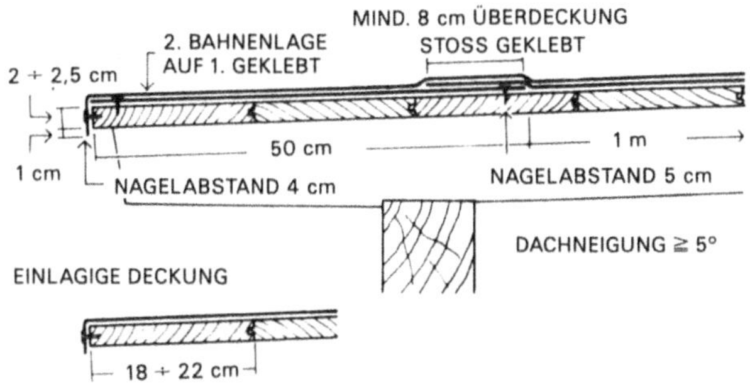

TRAUFE MIT ZINKBLECHABSCHLUSS
DOPPELLAGIGE DECKUNG

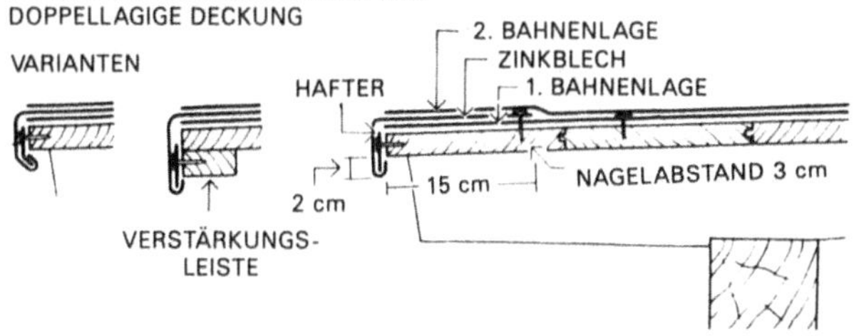

First und Grat

An First und Grat läßt man die Dachbahnen der einen Dachfläche etwa 15–20 cm auf die gegenüberliegende Dachfläche übergreifen. Dabei muß die oberste Bahn auf der Wetterseite liegen. Man kann First und Grat aber auch mit einem 50 cm (1/2 Bahn) breiten Bahnenstreifen abdecken.

EINDECKUNG VON FIRST UND GRAT

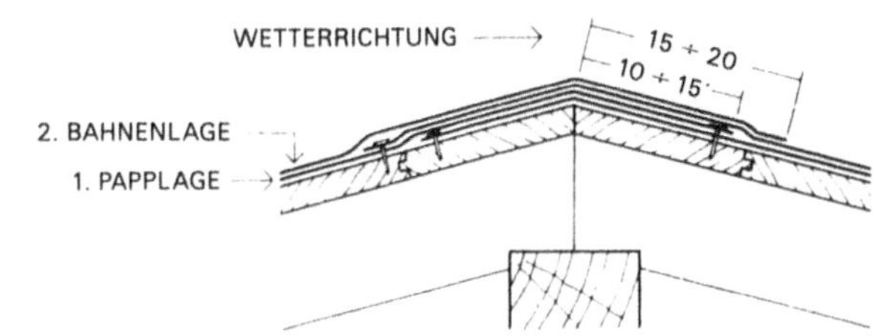

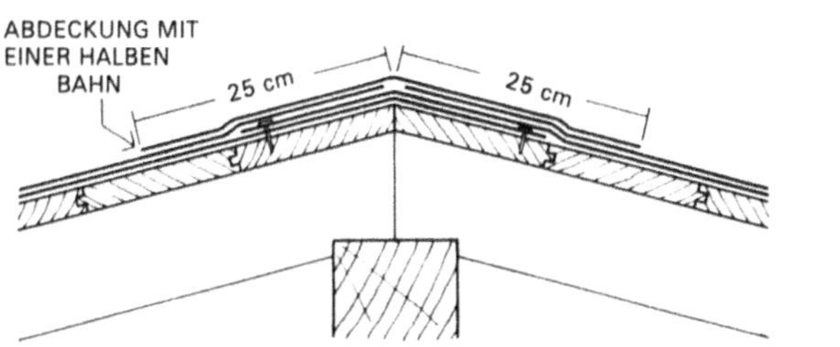

Dachdeckung mit Bitumenschindeln

Bitumendachschindeln wurden Anfang des 20. Jahrhunderts in Amerika entwickelt und sind eine Weiterentwicklung der Deckungen aus Dachbahnen. Sie bieten gegenüber diesen durch die kleinteilige Gliederung der Dachfläche gestalterische Vorteile. Ihr vorrangiger Einsatzbereich liegt bei stark und flachgeneigten Dachformen, auch komplizierte Dachformen lassen sich wegen der guten Biegsamkeit einfach ausführen.

Die Schindeln wurden aus speziellen Bitumenbahnen mit Vlieseinlage gestanzt, die Sichtseite erhält eine Bestreuung auf farbigem Gestein oder eine Beschieferung.

Bitumenschindeldächer werden überwiegend auf einer Holzschalung ausgeführt, wobei die Bretter mindestens 24 mm stark sein müssen, bei Nut-Feder-Brettern genügen 22 mm. Die Breite der Bretter sollte zwischen 80 und 150 mm liegen. Schalungen aus Spanplatten oder Sperrhölzern sind ebenfalls geeignet, weniger dagegen Dachplatten aus Leichtbeton, da sich eine Dampfsperre nicht sinnvoll anordnen läßt (siehe auch Kapitel Dachabdichtung bei Flachdächern, Abschnitt Leichtbetondecke).

Auf die Dachschalung wird als Vordeckung eine Bitumendachbahn parallel zu Traufe und First genagelt, wobei die Stoßüberdeckung mindestens 10 cm betragen muß. Durch Selbstklebepunkte auf der Schindelunterseite verkleben diese im Lauf der Zeit untereinander.

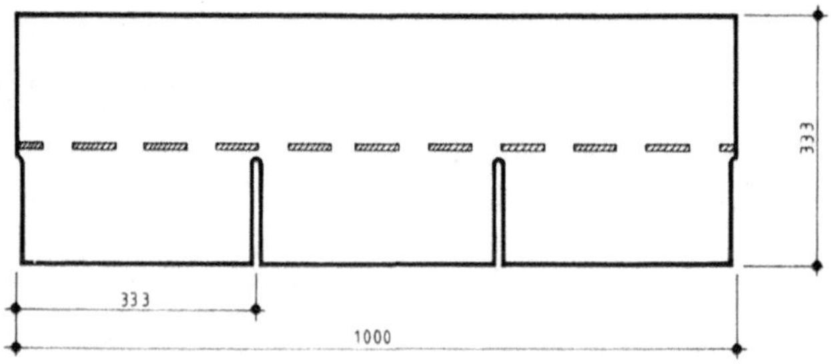

BITUMENSCHINDEL, Maße

WANDANSCHLUSS-KLAPPLEISTE

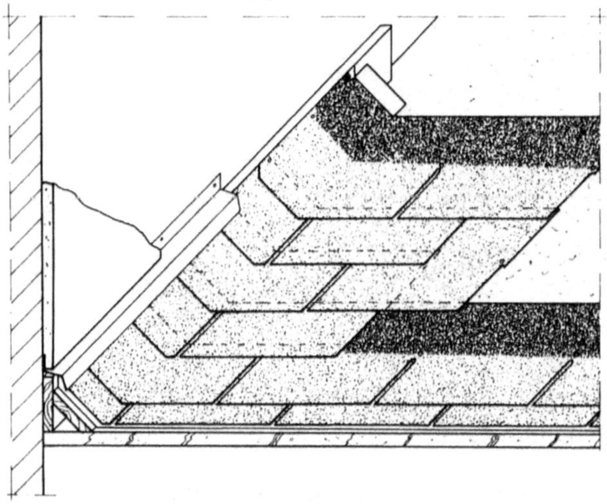

ORTGANGAUSBILDUNG MIT METALLAUFKANTUNG

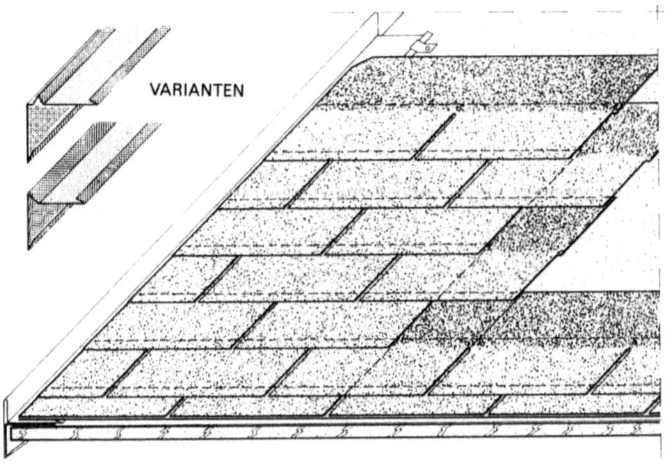

FIRST OHNE ENTLÜFTUNG

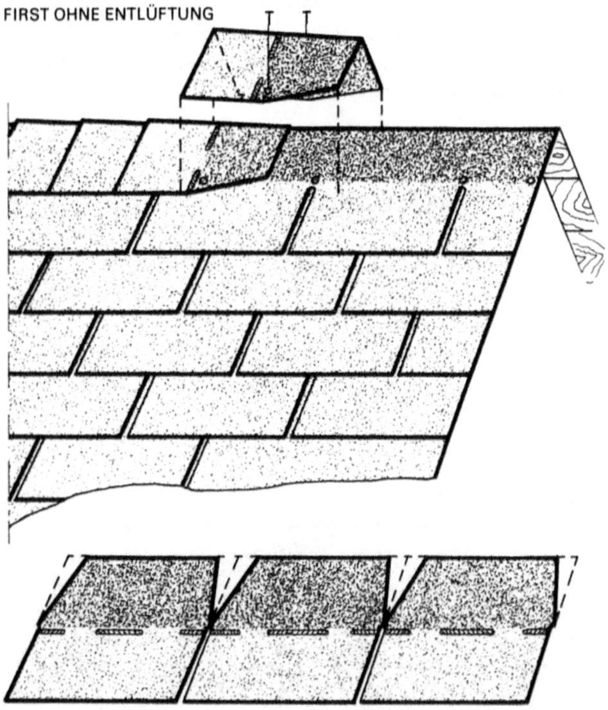

FIRST MIT LÜFTERAUFSATZ

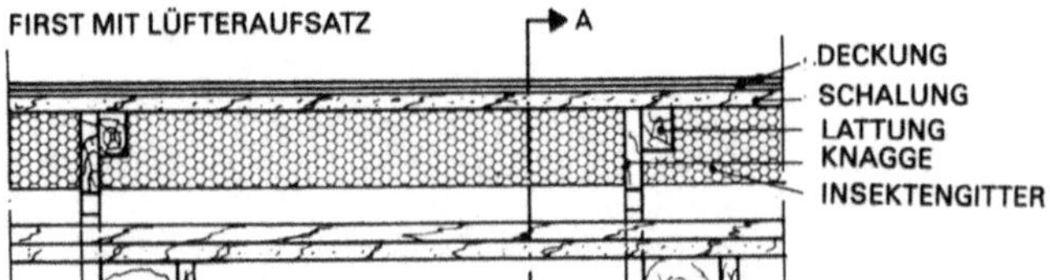

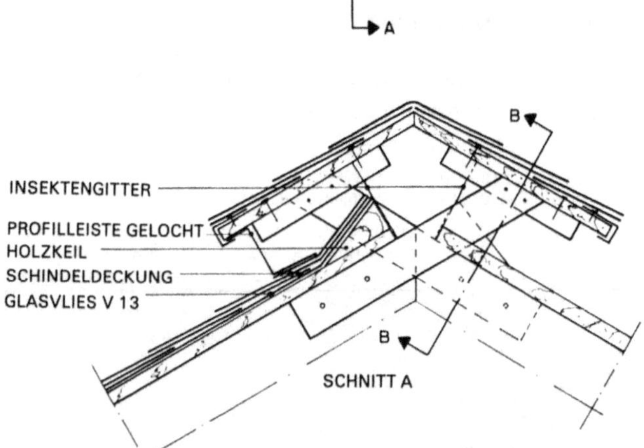

Zeichnungen: Fa. AWA, Bonn

Grasdach

In den skandinavischen Ländern werden geneigte Grasdächer seit etwa 1000 n. Chr. ausgeführt. Das traditionelle skandinavische Grasdach mit 22°–34° Neigung besitzt einen relativ einfachen Aufbau auf einer stabilen Bohlenlage über den Sparren. Die Dachhaut besteht aus einer mehrlagigen Schicht Birkenrinden-Schindeln, die wegen ihres hohen Gerbsäuregehaltes sehr verrottungsfest sind. Sie werden lose verlegt oder mit Holzteer verklebt. Die daraufliegende Vegetationsschicht besteht aus 1–2 Lagen ausgestochener Grassoden, die bei flachen Dachneigungen durch die rauhe Oberfläche der Dachhaut, bei steileren Neigungen durch Sodenbalken an der Traufe gegen Abrutschen gesichert werden. Die positiven Eigenschaften des Grasdaches, wie Wärmespeicherung, Luftverbesserung und Aussehen, lassen es auch heute zeitgemäß erscheinen (siehe auch Kapitel „Bepflanzte Dächer", S. 673).
Die optimale Dachneigung liegt zwischen 18° und 27°, wobei in regenreichen Gebieten die steileren Dächer zu bevorzugen sind, da sie einen guten Wasserablauf gewährleisten. Ab etwa 20° werden Schubsicherungen nötig, um ein Abrutschen der Vegetationsschicht zu verhindern.
Ebenso wie für die historischen Grasdächer ist für die heutigen Aufbauten eine stabile Dachkonstruktion Voraussetzung, da die Flächenlast je nach Aufbau zwischen 0,85 und 3,00 kN/m² betragen kann.
Die Einordnung des Grasdaches in die Dachdeckungsarten erfolgt bei den Dachbahnendeckungen.

Aufbau

Grasdächer lassen sich sowohl auf geneigten Betonplatten als Warmdach als auch auf hölzernen Dachstühlen als Kaltdach (durchlüftet) ausführen. Systeme auf der Basis des Umkehrdaches werden ebenfalls ausgeführt. Maßgeblich für die Planung sind die „Flachdachrichtlinien" des Deutschen Dachdeckerhandwerks, die DIN 18195 „Bauwerksabdichtungen" und die „Grundsätze für Dachbegrünungen" der Forschungsgesellschaft Landschaftsentwicklung-Landschaftsbau e. V.
Die am häufigsten gewählte Konstruktion für geneigte Grasdächer beruht auf dem konventionellen Dachstuhl in Holzkonstruktion als durchlüftetes Dach. Sie soll hier näher beschrieben werden, da sich die Problemstellungen auf die anderen Systeme sinngemäß übertragen lassen.
Auf der gedämmten und durchlüfteten Dachkonstruktion werden entweder eine mindestens 2 cm starke Rauhspundschalung oder entsprechende Furnier- oder Holzwerkstoffplatten aufgenagelt. Danach sind die Aufkantungen an Ortgängen und Traufen herzustellen.
Um die Dachhaut vor mechanischer Beschädigung durch Unebenheiten in der Dachschale zu schützen, wird darunter eine Schutzlage aus Polyesterfilz, Glasvlies oder PE-Folie verlegt. Die Dachhaut selbst besteht aus Bitumen- oder Kunststoffbahnen und muß wie eine Flachabdichtung an aufgehende Bauteile und Durchbrüche angeschlossen werden, so daß eine Wanne entsteht. Über der Dachhaut muß eine für diesen Zweck zugelassene Wurzelschutzbahn verlegt werden, die Beschädigungen der Dachabdichtung durch eindringende Wurzeln verhindert.
Die Bahnen sind untereinander zu verschweißen und müssen, ebenso wie die Dachhaut, an Dachrändern und Durchbrüchen dicht angeschlossen und über die Oberkante der Pflanzschicht hochgezogen werden.
Da die Wurzelschutzbahnen aus Kunststoff sind und mit der Dachhaut chemisch oft nicht verträglich sind, muß dazwischen eine Trennschicht eingebaut werden.
Auf die separate Wurzelschutzschicht kann nur dann verzichtet werden, wenn die Dachhaut selbst diese Eigenschaften aufweist und eine entsprechende Zulassung hat. Bitumendachbahnen, auch solche mit Metallbandeinlage, gelten nicht als durchwurzelungsfest.
Für die Ausbildung der Pflanzschicht gibt es verschiedene Systeme, die eine extensive Begrünung zulassen:
Das vom traditionellen skandinavischen Grasdach abgeleitete ein- oder zweilagige Sodendach, bei dem auf die Dachhaut aus der Wiese ausgestochene 5–7 cm starke Grassoden aufgelegt werden. Bei der zweilagigen Variante wird die untere Sodenlage umgekehrt verlegt, mit der Wurzelseite nach oben, so daß eine stabile, durch Wurzeln zusammengehaltene Schicht entsteht, wenn die obere Lage die untere durchwächst. Die so geschaffene Pflanzschicht dient als Nährstoff- und Wasserspeicher, eine darunterliegende Dränageschicht ist hierbei nicht nötig. Überschüssiges Niederschlagswasser wird bei Sättigung der Pflanzschicht auf der Oberseite zur Traufe hin abgeleitet.
Das Sodendach wird bei begrünten Dächern allerdings weniger ausgeführt. An seine Stelle treten aufwendigere Systeme mit Dränagesystemen, die im Prinzip der bei Flachdächern angewandten Technik entsprechen.
Auf die wurzelgeschützte Dachhaut werden 2–3 cm starke Dränageplatten und darüber ein Filtervlies verlegt. Darauf folgen 10 cm geschüttetes Erdsubstrat und als Deckschicht eine etwa 3 cm starke Lage Rollrasen:
Dieser schützt die geschüttete Substratschicht vor dem Auswaschen und stabilisiert sie, wenn die Durchwurzelung eingetreten ist. Das Erdsubstrat enthält offenporige Zuschlagsstoffe (z. B. Hydroperl, Blähton, Blähschiefer), die als Wasserspeicher wirken und eingedrungene Niederschlagsfeuchtigkeit binden. Ein Überschuß an Niederschlagswasser kann in der Dränageschicht über der Dachhaut oder auf der Oberseite des Grasdaches abfließen und an der Traufe fortgeführt werden.
An die Stelle des Rollrasens tritt auch das sogenannte Naß-Ansaatverfahren. Hierbei wird eine Mischung aus Grassamen und einem Klebstoff auf die geschüttete Substratschicht flächendeckend aufgespritzt. Diese Kleberschicht verhindert während des Durchwachsens der Gräser ein Fortspülen der Substratschicht und verrottet nach einiger Zeit, wenn die gesamte Vegetationsschicht durchwurzelt und damit stabilisiert ist.
Bei der Auswahl der Gräser muß darauf geachtet werden, daß diese trockenheitsverträglich, Vernässung ertragend, frosthart und regenerationsfähig sind. Auch die Einsaat von Wildkräutern oder niedrigen Pflanzen ist empfehlenswert. Diese müssen den gleichen Anforderungen genügen, sollen möglichst zweijährig sein und sich durch Versamung regenerieren können.

Schubsicherung

Die Schubsicherung der Vegetationsschicht ist das Hauptproblem bei geneigten Grasdächern. Ab etwa 20° Dachneigung wird es notwendig, durch konstruktive Maßnahmen ein Abrutschen der Schichten des Dachaufbaus zu verhindern. Das beginnt bereits bei der Dachhaut und der Wurzelschutzbahn, die deswegen firstüberlappend verlegt werden sollten, um im „Gleichgewicht" zu liegen. Bei durchlüfteten Dachkonstruktionen entfällt damit die Möglichkeit der Firstentlüftung, die durch eine Querlüftung der gesamten Dachfläche ersetzt werden muß, indem z. B. auf den Sparren eine stabile Konterlattung in Firstrichtung befestigt wird, die die Schalung und den weiteren Dachaufbau trägt. Der Querschnitt der Belüftungsschicht richtet sich nach der Dachlänge.

Die Schubsicherung der Vegetationsschicht kann entweder durch ebenfalls firstüberlappend eingelegte, verrottungssichere Kunststoff- oder Drahtgewebe oder durch ein nur an den Dachrändern befestigtes Holzlattenraster erfolgen, das nicht imprägniert sein darf und langsam verrotten kann.

Eine andere Möglichkeit bieten auf der Dachschalung befestigte, in Firstrichtung verlaufende Holzschwellen, die aus Halbrundhölzern oder aus Latten mit gerundeten Kanten bestehen sollten, um Beschädigungen der Dachhaut zu vermeiden. Ein Vorteil dieser Bauweise besteht auch darin, daß sich hinter diesen Schwellen auf der Dachhaut ein Wassersack bildet, der seine Feuchtigkeit langsam nach oben an die Pflanzen abgeben kann.

Die Schubsicherung mittels Schwellen ist nur beim durchlüfteten Dach praxisgerecht ausführbar, da hier lediglich die Dachhaut über die Schwellen geführt werden muß, und diese direkt mit der tragenden Konstruktion verbunden werden können. Die Befestigung der Schwellen an der Dachkonstruktion bzw. Dachdecke ist beim nicht durchlüfteten Dach (Warmdach) nur durch die durchgehende Dampfsperre hindurch möglich, die damit unwirksam wird und den Ansatz für spätere Bauschäden bilden kann. Eine Verlegung der Dampfsperre über die Schwellen ist praktisch nicht durchführbar.

Aus diesen Gründen wählt man bei nicht durchlüfteten Dächern besser eine Schubsicherung durch firstüberlappend eingelegte Gewebematten.

Da an der Traufe eines Grasdaches die gesamten Schubkräfte aus der Vegetationsschicht auftreten können, ist hier grundsätzlich eine stabile Schubsicherung durch einen Traufbalken oder eine entsprechend befestigte stabile Bohle vorzusehen.

Die Wasserableitung an der Traufe kann auf zwei Arten geschehen:

- Entweder führt man die Dachhaut (=wasserführende Schicht) unter dem Traufbrett durch, z. B. in eine hölzerne Dachrinne,
- oder die Traufe wird mit einer Aufkantung versehen, in der die Dachhaut hochgezogen und befestigt wird. So entsteht eine Art verdeckte Rinne, in die ein Strang Dränagerohre verlegt wird, der das ankommende Wasser sammelt und nach außen in die Regenrohre ableitet.

Im Traufbereich ist zwischen Dachhaut und Oberkante der Vegetationsschicht ein Dränagestreifen aus Kies einzubauen, der das ankommende Oberflächenwasser nach unten zur wasserführenden Dachhaut leitet. So wird verhindert, daß das Oberflächenwasser über die Traufaufkantungen läuft.

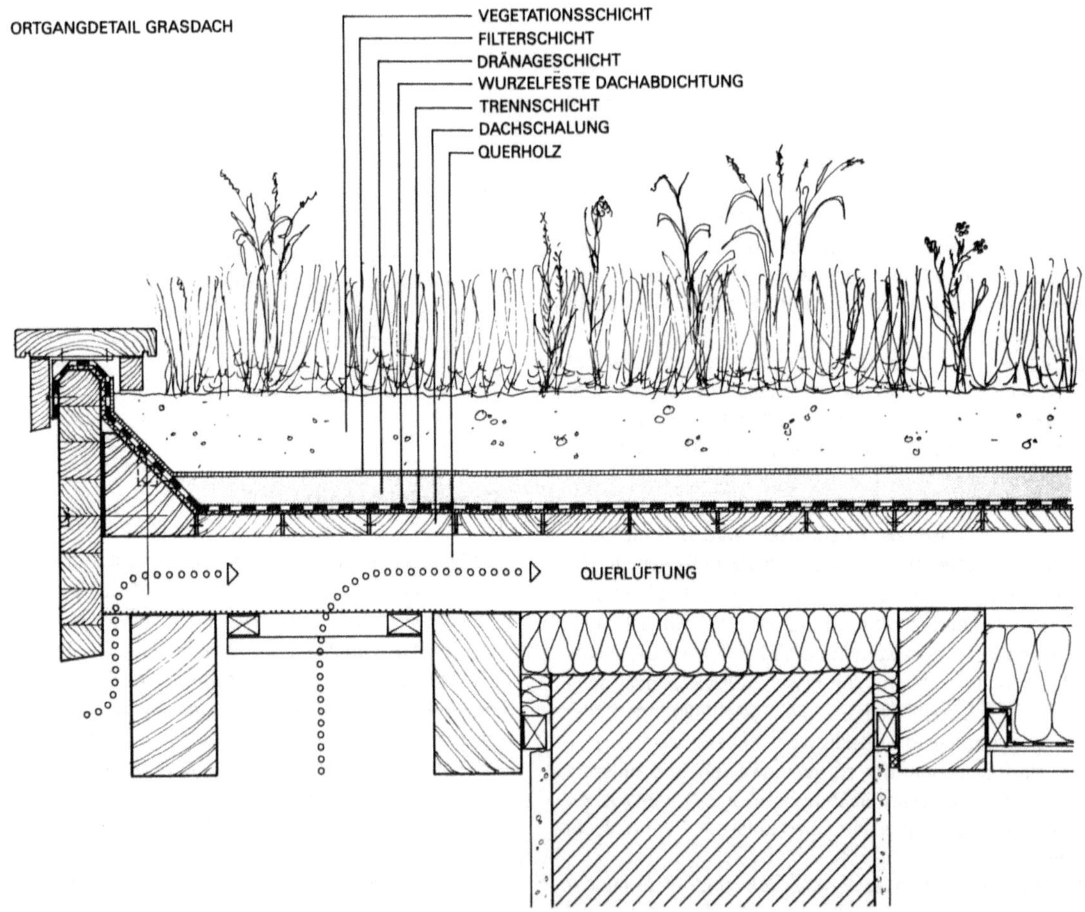

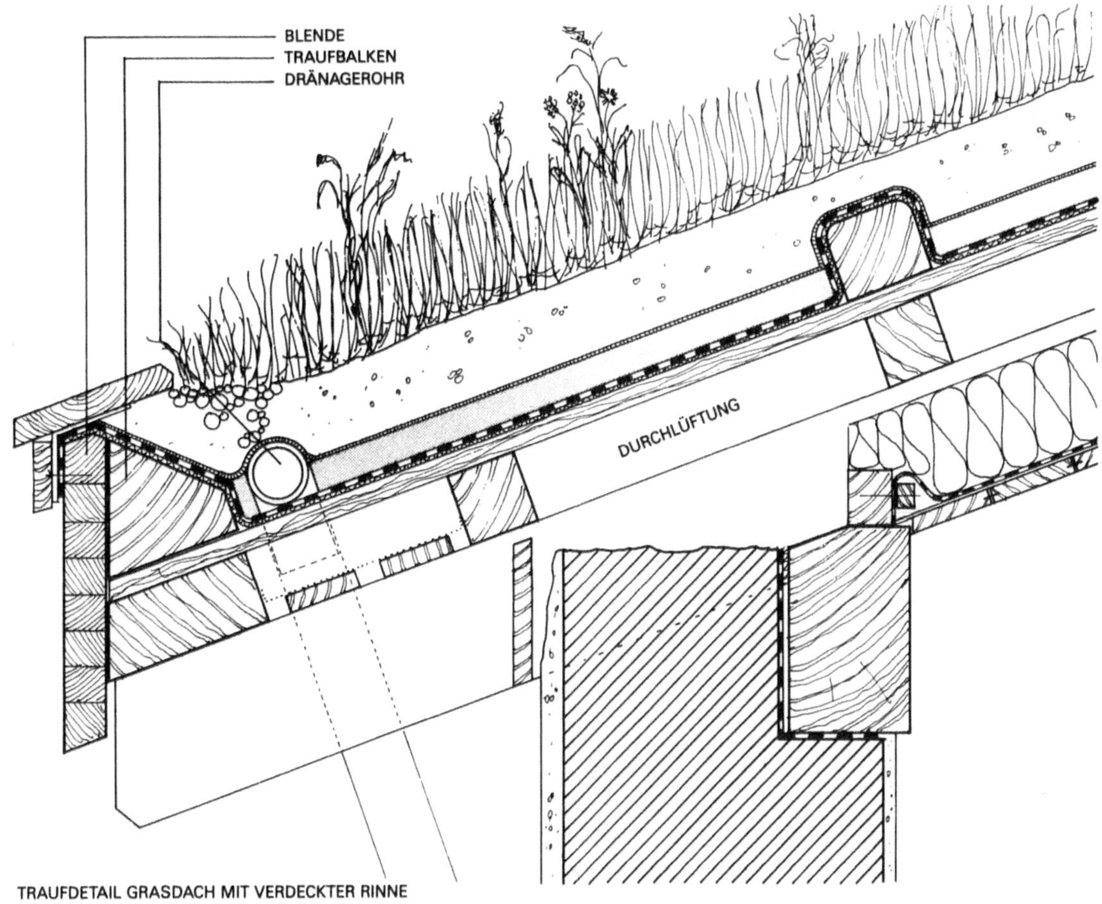

TRAUFDETAIL GRASDACH MIT VERDECKTER RINNE

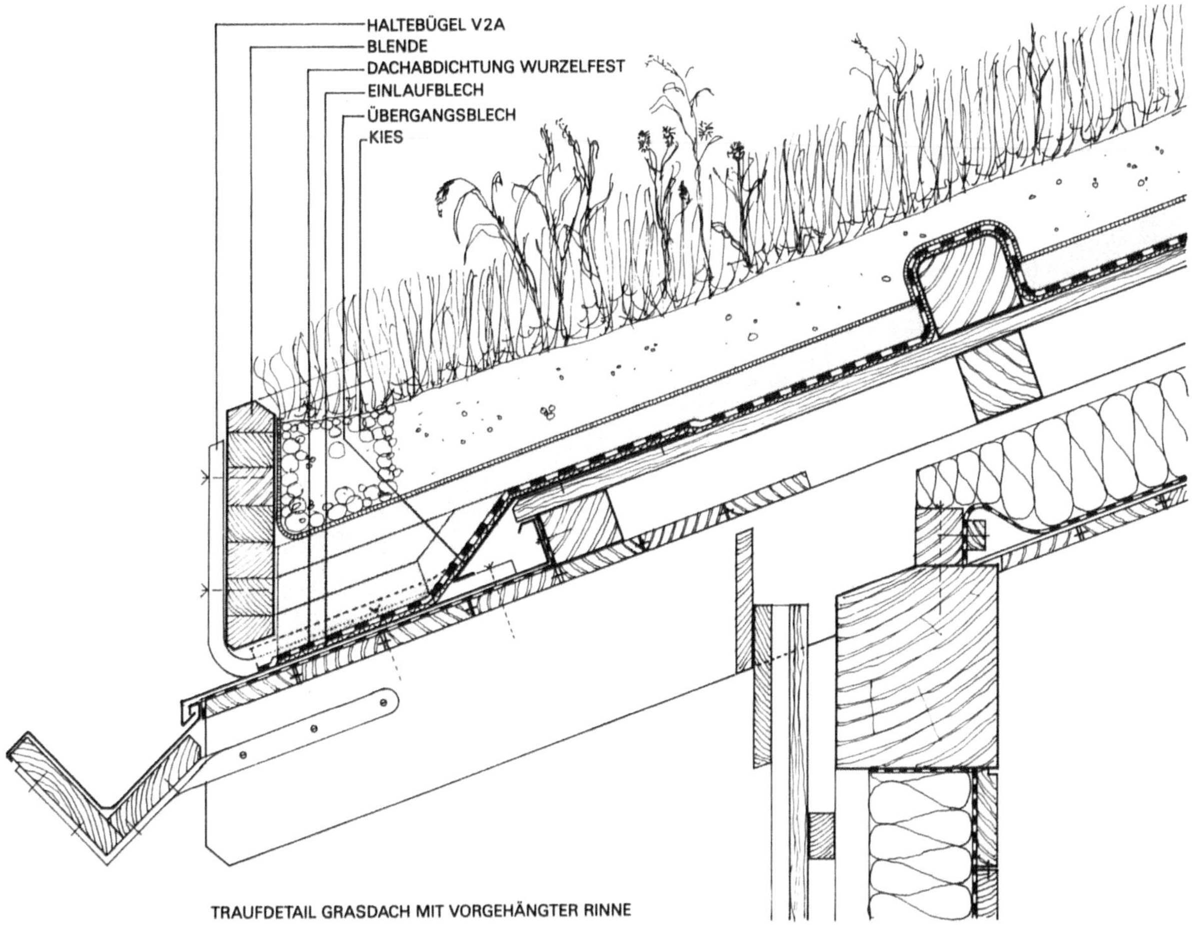

TRAUFDETAIL GRASDACH MIT VORGEHÄNGTER RINNE

Dachabdichtungen bei Flachdächern

Unter dem Begriff „Dachabdichtung" versteht man die hautförmige, d. h. fugenlose Abdichtung von Flachdächern. Die Materialien der Dachhaut gliedern sich in die Gruppen der Bitumenbahnen (2–3lagig) und der Kunststoffbahnen (1lagig).

Die modernen Flachdächer wurden erst durch die Vervollkommnung der Abdichtungswerkstoffe und deren Produktionsverfahren möglich.

Der Bedarf an leichten Dächern entstand im 19. Jahrhundert mit der Ausbreitung der Industrie und den dafür notwendigen weitgespannten Hallenbauwerken. Die zur Stahlproduktion erforderliche Verkokung der Kohle lieferte, als „Abfallprodukt" gleichzeitig den Teer zur Dachflächendichtung. Als Dichtungsträger verwendete man teergetränkte Wollfilzbahnen, die es seit etwa 100 Jahren in Rollenform gibt. Die Abdichtung erfolgte in zwei Lagen auf einer Holzschalung, die untere Lage genagelt, die obere aufgeklebt und mit einem Aufstrich versehen. Wurde dieser alle 2 Jahre erneuert, so konnten diese Dächer Jahrzehnte überdauern.

Eine Sonderform des Teerdaches, das bis zum Ersten Weltkrieg bei Dächern geringerer Spannweite häufig ausgeführt wurde, war das sogenannte „Holzzementdach". Bei einem Gefälle von ca. 2% wurde auf die zweilagige Abdichtung eine etwa 10 cm starke Schüttung aus Sand und Kies aufgebracht. Diese schweren Dächer (ca. 180 kg/m²) erreichten durch ihren guten Oberflächenschutz oft eine Lebensdauer von 50 bis 70 Jahren ohne Pflege.

Seit der Jahrhundertwende wurde der Teer allmählich durch das Bitumen abgelöst, das als natürlicher oder künstlicher Abdünstungsrest von Erdöl entsteht. Diese aus den USA stammenden Bitumendächer waren widerstandsfähiger und brauchten nur in wesentlich größeren Zeitabständen eine Erneuerung der Deckaufstriche.

Bauphysik

Die modernen Flachdächer blicken im Vergleich zu den alten Steildächern erst auf eine kurze Lebenszeit zurück. Kein Wunder, daß auch auf diesem Gebiet wie bei allen technischen Neuerungen viel Lehrgeld bezahlt werden mußte. Durch die Forschungen und Untersuchungen der letzten Jahre sind aber die anstehenden Probleme so weit gelöst, daß heute keine ernsthaften Schäden an Flachdächern mehr zu entstehen brauchen, wenn man bei der Ausführung am Bau die theoretischen Erkenntnisse und praktischen Erfahrungen verwertet und die nötige Sorgfalt walten läßt. Daß die immer noch vorhandenen Probleme den Flachdächern einen schlechten Ruf eingetragen haben, hat seine Ursache in mangelnder Detailplanung und der Beauftragung von inkompetenten Firmen. Oft wird auch ungenügend geschultes Personal bei der Ausführung eingesetzt.

Die meisten Fehler entstehen aus einem falsch verstandenen Sparzwang der Bauherren. Es wird zu oft Billiganbietern der Vorzug gegeben, was sich selbstverständlich in der Qualität niederschlägt. Qualität hat ihren Preis – am Flachdach zu sparen, kommt langfristig wesentlich teurer.

An die Flachdächer werden die verschiedenartigsten Anforderungen gestellt:

Schutz gegen Niederschläge, Vermeidung unnötiger Wärmeverluste aus dem Gebäudeinneren, ausreichende Wärmedämmung zur Vermeidung von Tauwasser, Schutz vor zu starker Sonneneinstrahlung im Sonner und schließlich Vermeidung von großen Längenänderungen an Bauteilen durch Temperaturunterschiede. Weiterhin muß der Dachaufbau so beschaffen sein, daß infolge der Wasserdampfdiffusion, die während der längsten Zeit des Jahres von innen nach außen erfolgt, keine Schäden am Dach auftreten (Blasenbildung usw.).

Der Vorgang dieser Feuchtigkeitswanderung sei nochmals kurz erläutert. Der Wasserdampfdruck im Luftgemisch ist temperaturabhängig und steigt mit zunehmender Temperatur stark an. Er beträgt beispielsweise bei einer normalen Innentemperatur von 293 K (+20 °C) und einer relativen Luftfeuchtigkeit von 60% $2340 \times 0{,}60 = 1404$ Pa = 1404 N/m² (140 kp/m²), bei einer mittleren Außentemperatur im Winterhalbjahr von 273 K (±0 °C) und 80% relativer Luftfeuchte beträgt er $611 \times 0{,}80 = 489$ Pa = 489 N/m² (49 kp/m²). Hieraus ergibt sich eine Partialdruckdifferenz von ungefähr 915 Pa = 915 N/m² (92 kp/m²). Dieser Druckunterschied veranlaßt die Wasserdampfmoleküle, von der warmen Raumluft durch die einzelnen Schichten der Bauteile hindurch zur kalten Außenluft zu diffundieren. Erreicht der Partialdruckvorlauf an irgendeiner Stelle die Sättigungswerte, so bildet sich in diesem Bereich Tauwasser. Durch eine sinnvolle Anordnung der einzelnen Dachschichten hinsichtlich ihres Diffusionswiderstandes kann der Partialdruckverlauf entscheidend beeinflußt werden.

Bei normalen Aufenthaltsräumen mit Innentemperaturen von ≤22 °C und relativen Luftfeuchtigkeiten von ≤65% gelten die normalen Dachaufbauten mit ausreichendem Wärmeschutz als unbedenklich gegenüber Tauwasseranfall.

Lediglich bei speziellen klimatischen Bedingungen oder Nutzungen, wie z. B. Hallenbädern, ist eine wärmetechnische Berechnung der Dachkonstruktion mit Überprüfung der Tauwasserbildung vorzunehmen.

Die Probleme der Flachdächer lernt man am besten verstehen, wenn man die Funktionsweise der alten Steildächer studiert. An den Ziegel-, Stroh- und Schindeldächern traten Schäden, wie sie an Dächern mit Bahnendeckung entstehen können, deshalb nicht auf, weil die Geschoßdecken (meist mit schwerer, gut dämmender Lehmpackung) wasserdampfdurchlässig waren und der belüftete Dachraum und die schuppenförmige Dachdeckung für die Entlüftung und Wegführung des durch die letzte Geschoßdecke diffundierten Wasserdampfes sorgten. Bildete sich etwa durch die eigene Temperatur des Dachraumes (zwischen Zimmertemperatur der Geschosse und Außenluft) oder bei feuchten Neubauten an der Unterseite der Dachdeckung Tauwasser, so wurde es durch die saugfähige Deckung aufgenommen, nach außen abgeleitet oder wieder an die Raumluft abgegeben.

Etwas schwieriger sind die Verhältnisse bei den traditionellen Blech- und Schieferdächern auf Dachbahnenunterlage. Die einfache Papplage ist zwar nicht dampfdicht, aber doch luftdicht, so daß von einer genügenden Durchlüftung des Dachraumes nicht mehr die Rede sein kann. Günstig wirkt aber die etwas wärmedämmende und saugfähige Holzschalung. Trotzdem ist bei solchen Dächern eine Dachraumdurchlüftung durch Giebelfenster oder bei langen oder durch Brandmauern unterteilten Gebäuden durch Dachfenster (Gaupen) notwendig. Durch die Belüftung soll im Dachraum der Temperaturstand der Außenluft entstehen.

In manchen Fällen wird der Dachraum für untergeordnete Zwecke, Abstellräume usw., in der Weise genutzt, daß man etwa vorhandene Gaupenfenster immer geschlossen hält, so daß – besonders im Winter – ein Temperaturstand entsteht, der zwischen der Temperatur der darunterliegenden Wohn- und Arbeitsräume und der Außentem-

peratur liegt. Welche Temperatur der Dachraum jeweils aufweist, läßt sich nicht einfach ermitteln und ergibt sich erst aus einer Wärmebilanz, die von der Wärmedurchlässigkeit und der Flächengröße der wärmeaufnehmenden und -abgebenden Flächen abhängt. Auch bei reichlicher Wärmedämmung der Geschoßdecke wird sich in diesem Falle Tauwasser unter der Dachdecke bilden. Besonders gefährdet sind natürlich Papp- und Blechdächer. Verteilt man die Wärmedämmung etwa zu gleichen Hälften auf die Dach- und die Geschoßdecke, so entsteht die Gefahr einer Tauwasserbildung unter der Geschoßdecke. Erst das rechte Verhältnis zwischen Decken- und Dachdämmung kann die Tauwasserbildung an beiden Bauteilen verhindern. Dieses Verhältnis kann aber nicht der Architekt festlegen, sondern der Spezialist (evtl. eine erfahrene Firma) muß es in umständlichen Berechnungen ermitteln.
Unter Berücksichtigung dieser vielfältigen Beanspruchungen ergeben sich für Flachdächer zwei verschiedene Konstruktionsarten:

1. Das nicht durchlüftete Flachdach („Warmdach")

Der Aufbau des Warmdaches von unten nach oben:

a) Rohdecke, evtl. mit einem Estrich zur Herstellung eines ebenen Untergrundes oder Gefälles,
b) Voranstrich,
c) Druckausgleichs- und Bewegungsschicht,
d) Dampfsperre (Dampfbremse),
e) Wärmedämmschicht,
f) Dachabdichtung,
g) Schutzschicht.

Bei dieser Konstruktion ruhen alle Dachschichten unmittelbar aufeinander. Um zu verhindern, daß der Wasserdampf die Dämmschicht durchfeuchtet, damit deren Wirkung vermindert und schließlich unter die Abdichtung gelangt, was zur zunehmenden Blasenbildung führt, muß als wichtigste Maßnahme eine Dampfsperrschicht unterhalb der Wärmedämmung angeordnet werden. Absolut dichte Dampfsperren sind jedoch, insbesondere wegen der Anschlüsse und Durchdringung der Dachfläche, praktisch nicht zu verwirklichen (Dampfbremsen). Da außerdem in der Rohdecke und in der Wärmedämmschicht eine gewisse „Gleichgewichtsfeuchtigkeit" nicht zu vermeiden sein wird, die – durch etwaige Tauwasserbildung vergrößert – bei Temperaturanstieg verdampft und sich ausdehnt, soll zur Sicherheit gegen Blasenbildung und Lösung der Klebhaftung einzelner Schichten sowohl auf der Rohdecke als auch über der Wärmedämmschicht jeweils eine Bewegungs- und Druckausgleichsschicht mit Außenluftverbindungen vorgesehen werden. Dann ist keine Schicht des Dachaufbaues, die Feuchtigkeit speichern könnte, unmittelbar zwischen dampfdichteren Schichten „eingesperrt".
Diese Konstruktionsart eignet sich für alle Fälle mit durchschnittlicher Innentemperatur von ~293K (20 °C) und mäßigem Feuchtigkeitsanfall von ~60%, wie er in Wohn- und Bürobauten auftritt.

2. Das durchlüftete Flachdach („Kaltdach")

Der Aufbau des Kaltdaches von unten nach oben:

a) Rohdecke,
b) Wärmedämmung,
c) belüfteter Dachraum,
d) obere Schale mit Dachabdichtung.

Bei dieser Dachkonstruktion übernimmt die obere Schale den Schutz gegen Niederschläge und gegen Sonneneinstrahlung. Die untere Schale übernimmt den Wärmeschutz. Der Dachhohlraum wird von der Außenluft durchspült, wozu an den Außenwänden ausreichende Lüftungsöffnungen zu schaffen sind, so daß in dem Dachhohlraum möglichst die Außentemperaturen erreicht werden.
Durch die Belüftungsschicht kann im Dachaufbau anfallender Wasserdampf sehr schnell abgeführt werden, dies darf aber nicht zu dem Schluß führen, daß eine Dampfsperre zwischen Wärmedämmung und Rohdecke nicht erforderlich sei. Man könnte lediglich dann auf sie verzichten, wenn die Rohdecke ausreichend dampfdicht ist, um die Hauptmenge des Wasserdampfes am Eindringen in den Dachaufbau zu verhindern. Diese erforderliche Dampfbremswirkung ist nicht einmal bei Trapezblechdecken gegeben (Stöße!), bei Stahlbetondecken auch nicht, wobei hier zusätzlich noch die Eigenfeuchte abdiffundieren kann.
Beim Verzicht auf eine raumseitig angeordnete Dampfbremse unter der Dämmung kann je nach Lage des Taupunktes in der Wärmedämmung speziell im Winter Kondenswasser auftreten, welches nach unten durchtropft bzw. die Wärmedämmung durchnäßt und deren Funktion stark vermindert. Diese Symptome treten bevorzugt über Naßräumen auf.
Aus diesen Gründen ist auch bei durchlüfteten Dachkonstruktionen grundsätzlich eine durchgehende Dampfsperre unter der Wärmedämmung anzuordnen. Dampfsperren oder Anstriche an der Unterseite der Rohdecke erfüllen diesen Zweck nicht, da sie an den Auflagern der Decke und durch andere Bauteile durchbrochen werden.
Der Hauptvorzug des zweischaligen Daches besteht in seiner Wirkung als „Sonnenschirm", d. h., auch bei langen Hitzeperioden wird sich die Tragdecke nicht als Wärmeakkumulator aufladen und ihre Wärme in den Raum abstrahlen können. Beim Warmdach dagegen ist diese Gefahr auch bei guter Wärmedämmung nicht ganz zu bannen. Die technischen und physikalischen Probleme sind im übrigen beim zweischaligen Dach durchaus nicht einfacher als beim Warmdach. Wegen seiner höheren Gestehungskosten und weil es für kompliziertere Dachformen (z. B. Schalen) nicht verwendet werden kann und außerdem bei der üblichen Ausführung in Holz nicht feuersicher ist, wird das zweischalige Dach seltener ausgeführt.
Seine naturwissenschaftliche Vorbildung befähigt den Architekten zwar, die anstehenden physikalischen Fragen zu verstehen, er sollte sich vorsichtshalber aber stets noch Rat bei einem Spezialisten holen, wenn es schwierigere Fälle des Wärme- und Feuchtigkeitsschutzes zu lösen gilt. Für den fehlerfreien Aufbau und die Haltbarkeit der Dächer entscheidend sind Durchbildung und Konstruktion der einzelnen Schichten. Es erscheint darum zweckmäßig, sich zuerst über Aufbau und Funktion dieser Schichten Klarheit zu verschaffen. Viele Schadensfälle und schlechte Erfahrungen mit Flachdächern in der Nachkriegszeit und neue physikalische wissenschaftliche Erkenntnisse der Bauforschung lassen es geraten erscheinen, sich besonders intensiv mit diesen Konstruktionen zu befassen.
Vor allem sind es die Fragen der Wärmedämmung und der Wasser- und Dampfdichtigkeit (Tauwasserbildung), die es in der Praxis zu beherrschen gilt, da sonst an Dächern und Gebäuden schwere Schäden entstehen können.
Ob man ein nicht durchlüftetes oder durchlüftetes Dach wählt, kann sich auf die Dachausbildung und damit auf die Gebäudeerscheinung auswirken.

Beanspruchungen der Dachabdichtung

- Temperatur
  auf der Dachoberfläche können Temperaturen von −20 °C bis +80 °C auftreten.
- Windlasten
  treten in Form von Sog- und Druck auf, wobei vor allem für den Sog konstruktive Maßnahmen erforderlich werden. Für den Windsog gelten die DIN 1055 T4.

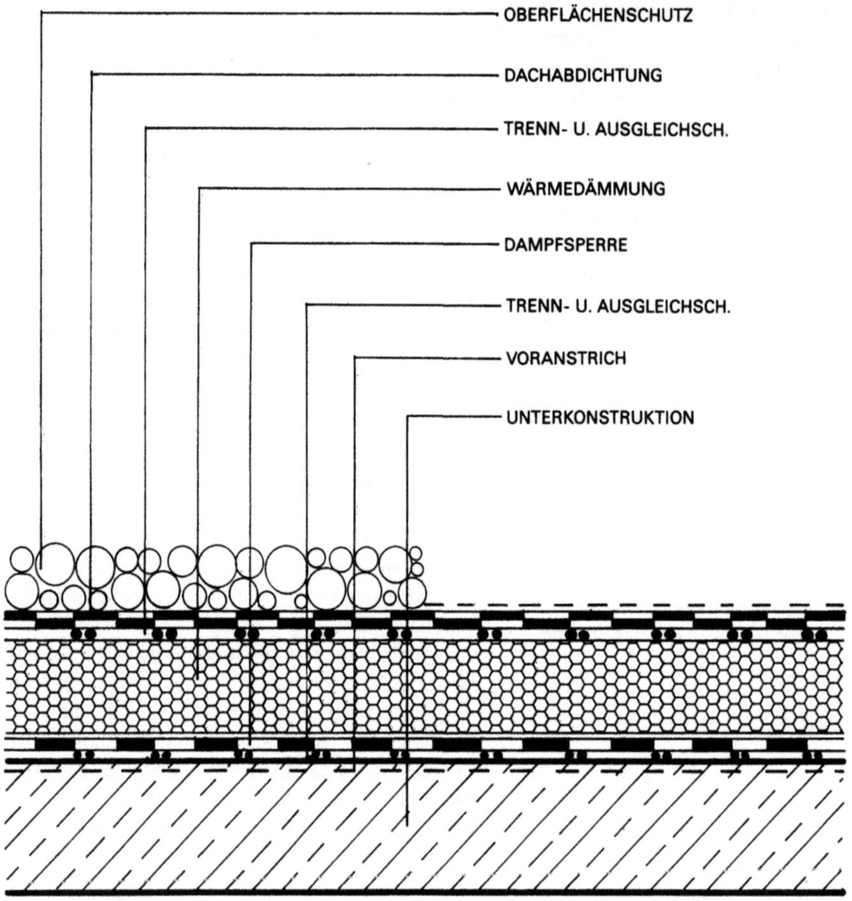

SCHEMATISCHE SCHICHTENFOLGE DES NICHT DURCHLÜFTETEN DACHES

WARMDACH

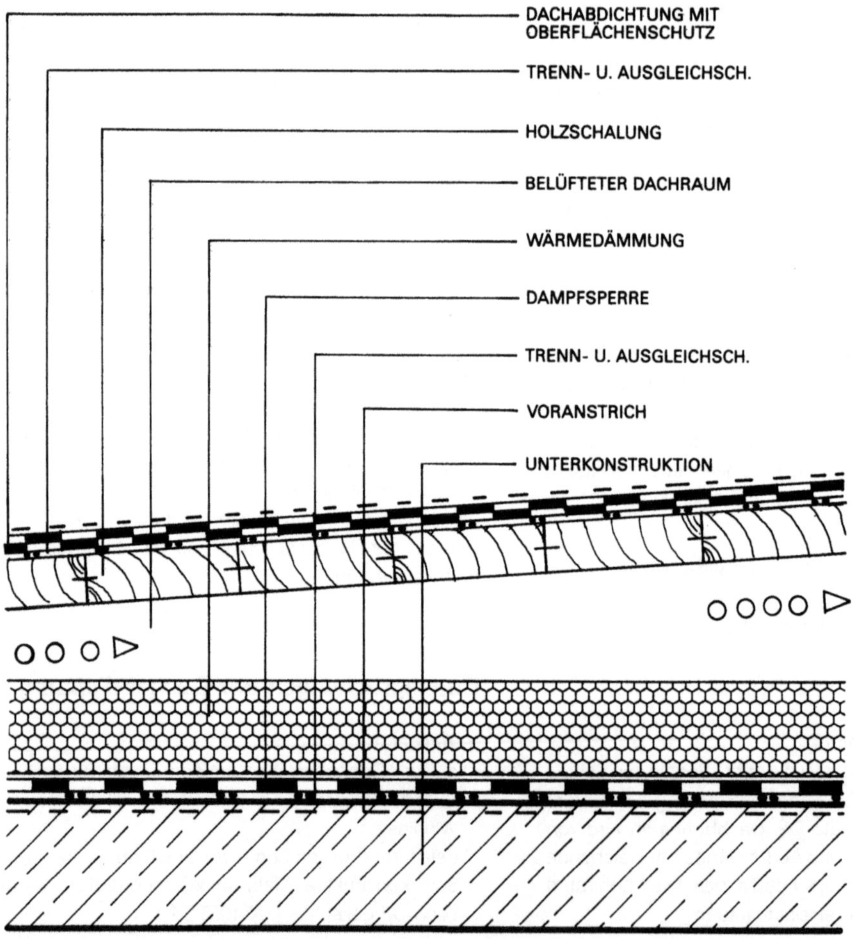

SCHEMATISCHE SCHICHTENFOLGE DES DURCHLÜFTETEN DACHES

KALTDACH

- Mechanische Beanspruchungen durch Bewegungen oder Durchbiegungen der Dachkonstruktion, Auflasten und Begehbarkeit, Setz- und Deckenbewegungen des Bauwerks. Besondere Beanspruchungen können bei leichten Dachkonstruktionen auftreten wie z. B. erhöhte Durchbiegungen, Windsog und Schwingungen.
- Ablagerungen
  Algenbildung, Humus, industrielle Immissionen oder Pflanzenwuchs belasten die Dachhaut durch Krustenbildungen und der damit verbundenen Probleme wie Kontraktionsspannungen oder Durchwurzelung.
- Brandbeanspruchungen
  durch Flugfeuer und strahlende Wärme.

Dachgefälle

Für die konstruktive Ausbildung der Dachgefälle gibt es eine Vielzahl von Möglichkeiten, wobei diese bei genauer Vorausplanung wiederum von Terminen, Witterung und konstruktiven Vorgaben eingeschränkt werden.

Für die konstruktive Gefälleausbildung kommen zwei generelle Lösungen in Frage:
- Verlegen der statisch tragenden Dachdecke im Gefälle
- Gefälleausbildungen in den Schichten des Dachaufbaus oberhalb der ebenen, statisch tragenden Dachdecke.

Bei der Ortbetondecke kann das Gefälle bei gleichbleibendem Deckenquerschnitt durch Schrägstellung der Schalung erreicht werden, man sollte aber aufgrund der Ungenauigkeiten im Betoniervorgang bei dieser Konstruktion keine Gefälle unter 3% ausführen, da kleinere Neigungen nicht ausreichend präzise zu realisieren sind. Zu flache Neigungen könnten zu Pfützenbildung auf dem Dach führen. Kehlen und Grate dieser Gefälleausbildung werden aus konstruktiven und statischen Gründen vorwiegend im Bereich über Stützen, Wänden und Unterzügen liegen, d. h. in „gestützten Bereichen", die sich im Gegensatz zum Deckenfeld nicht durchhängen. Damit nicht, wie oft zu sehen, die Dacheinläufe am höchsten Punkt der Dachfläche sitzen, gilt auch diesbezüglich die Empfehlung, das Gefälle nicht unter 3% zu wählen, da dann auch bei einem Durchhängen oder Setzen von Teilen der Dachdecke ein ausreichendes Gefälle zum Abführen des Regenwassers verbleibt.

Da für die ausführenden Baufirmen bei Ortbetondecken eine ebene Unterschicht schalungstechnisch einfacher auszuführen ist, werden diese Dachdecken dann oft mit wechselnden Querschnitten gemäß dem Gefälleverlauf hergestellt. Vor dem Einbringen des Betons auf die Deckenschalung muß der Gefälleverlauf mit an den Bewehrungsstählen befestigten, markierten Meßstäben fixiert werden, um das geplante Gefälle einhalten zu können. Auch bei dieser Bauweise sollte keine Gefälleneigung unter 3% gewählt werden.

Für andere Dachdecken z. B. auf Fertigteilen, Trapezblechen der anderen industriell gefertigten Materialien gilt aufgrund der gleichbleibenden Querschnitte und des statischen Systems die gleiche Bauweise wie bei schräg verlegten Betondecken, d. h. man verlegt diese Dachdecken in ein konstruktives Dachgefälle. Da solche Bauteile mit den Stoßfugen grundsätzlich oberhalb der Stützlinien liegen, ergibt sich auch hier der Wasserablauf Stützenbereich. Allerdings kann man das Gefälle, falls nötig etwas geringer wählen, da sich mit vorgefertigten Elementen eine höhere Verlegepräzision erreichen läßt.

Ein trichterförmiges Dachgefälle in der tragenden Dachplatte ist allerdings mit Fertigelementen nicht oder nur sehr schwer zu erreichen – die Gefälleausbildung wird sich aus im allgemeinen verschiedenen Satteldachgefällen zusammensetzen.

Aus Gründen der baukonstruktiven Vereinfachung und des geringeren Planungsaufwands sollte man waagerechte, gefällelose Dachdecken vorziehen und das Gefälle im Dachaufbau selbst ausbilden, hier ergeben sich zwar für einzelne Schichten der Wärmedämmung oder den Gefälle-Estrich nicht ganz unerhebliche Kostensteigerungen, die aber im Rahmen einer übergreifenden Kostenbetrachtung durch die vereinfachte Baukonstruktion ausgeglichen werden.

Bei einer gefällelosen Ortbetondecke ist die naheliegendste Gefälleausbildung der Gefälle-Estrich, der jedoch keine wärmedämmende Funktion haben darf, da sonst durch unterschiedliche Stärke der gesamten Wärmedämmung eine Taupunktverlagerung unter die Dampfsperre erfolgt und die Gefahr einer Durchfeuchtung der Unterkonstruktion besteht. Der Gefälle-Estrich wird als Zementestrich mit einem Gefälle von mindestens 2% ausgeführt und sollte „naß in naß" auf die Betondecke aufgebracht werden, um eine gute Verbundhaftung mit dieser einzugehen. Die Mindeststärke beträgt 4 cm. Bei weitgehend ausgetrockneten Decken ist der Gefälle-Estrich nicht empfehlenswert, da er durch den gegenüber der Decke zeitlich versetzten Abbindungs- und Austrocknungsprozeß auf der Deckenfläche abreißen kann, dann hohl liegt oder sogar aufbricht.

Auch terminliche Überlegungen spielen eine entscheidende Rolle bei der Wahl der Gefällekonstruktion: Bei größeren Bauvorhaben wird meist im Frühjahr mit dem Bau begonnen und im Winter soll das Gebäude „dicht" sein, um mit dem Ausbau weiterzuarbeiten.

Das heißt, daß Arbeiten an der Dachabdichtung in die Übergangszeit mit ihrer unsicheren Wetterlage fallen, was bedeuten kann, daß ein frisch aufgebrachter Gefälle-Estrich durch Regen oder Frost erheblich beschädigt werden wird.

Aus diesen Überlegungen heraus wird man Gefälle-Estriche nur in bestimmten Fällen anwenden und ansonsten Lösungen wählen, die sich weitgehend unabhängig von der Witterung verarbeiten lassen.

Die beste Lösung für die Ausbildung des Dachgefälles ist die Gefälledämmung, wie sie von vielen Herstellern in Form von Hartschaumplatten oder Foamglas angeboten wird.

Die einzelnen Platten der Gefälledämmung werden gemäß einem vom Hersteller angefertigten Verlegeplan zugeschnitten, numeriert und eingebaut. Dieses Verfahren gewährleistet eine recht präzise Gefälleausbildung, weswegen die Hersteller auch meist nur Gefälle im Bereich von 1,5% bis maximal 3% anbieten. Manche Firmen bieten auch nur bestimmte Standardgefälle an, weswegen man sich vor der Planung des Dachgefälles beraten lassen sollte.

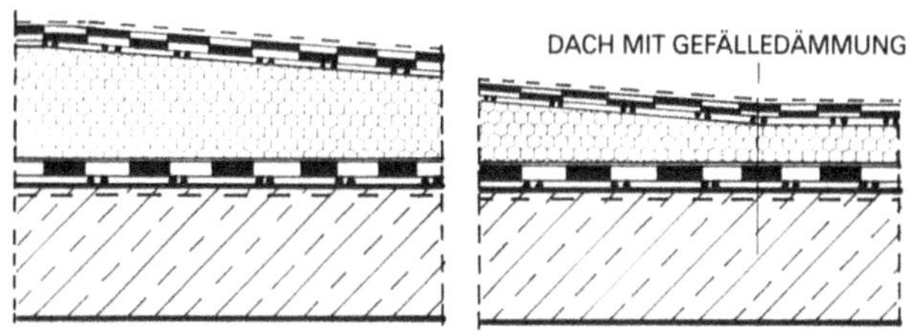

DACH MIT GEFÄLLEDÄMMUNG

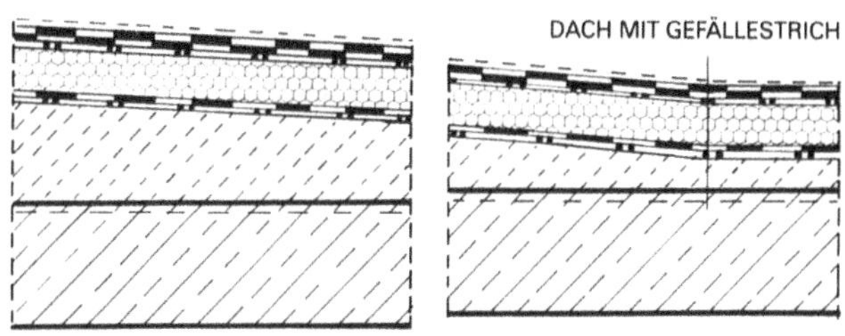

DACH MIT GEFÄLLESTRICH

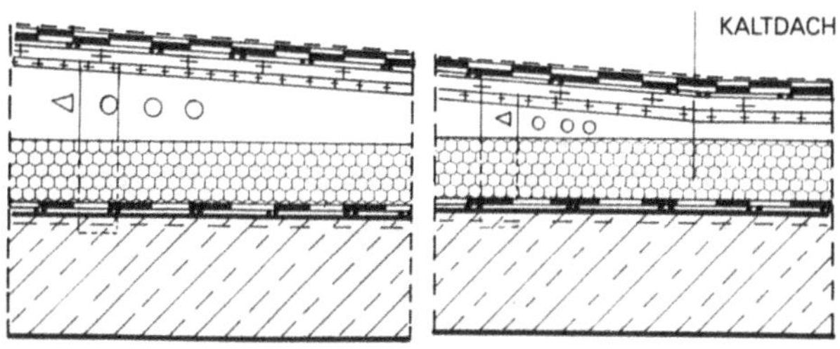

KALTDACH

Die geringen Gefälle ergeben sich auch aus der Überlegung, daß man keine Dämmplatten stärker als 20 cm machen sollte – bei größeren Gefällen als 3% würden sich an den Hochpunkten und Dachrändern übermäßige Stärken ergeben.

Die Mindestdämmstärke sollte an den Tiefpunkten bei 8 cm liegen, auf die dann noch die Stärke des Gefälles bis zum Dachrand aufzuaddieren ist. Bei einem Gefälle von 2% und einer Entfernung von 6 m vom Dacheinlauf bis zum Dachrand ergibt sich bei diesem folgende Gesamtstärke in cm

$$8 + 600 \times \frac{2}{100} = 20\,\text{cm}$$

Aus solchen Berechnungen ergeben sich die gesamten Aufteilungen und Größen der einzelnen Dachgefällebereiche sowie die Anzahl der erforderlichen Dacheinläufe.

Auch das durchlüftete Dach, das Kaltdach ist theoretisch ein Flachdach mit Gefälleausbildung im Dachaufbau. Hier wird das Gefälle durch die aufgeständerte Unterkonstruktion mit der Lüftungsschicht unter der Dachabdichtung gebildet.

Wasserableitung und Dachgefälle

Die heute am häufigsten gebaute Flachdachform ist das sogenannte Wannendach, welches aus mehreren zusammengesetzten Gefällebereichen besteht. Mit dieser Dachform ist entsprechend der Dachflächenaufteilung eine Innenentwässerung zwingend. Das Wannendach mit Innenentwässerung stellt die höchsten Anforderungen an die Sicherheit der Dachabdichtung sowie deren Material- und Ausführungsqualität.

Eine Sonderform des Flachdaches, das gefällelose Null-Grad-Dach sollte man nach Möglichkeit vermeiden und grundsätzlich das vorgeschriebene Mindestgefälle von 1,5% ausführen. Steilere Gefälleausbildungen sind immer vorteilhafter, in der Praxis sollte man auf ca. 3% gehen.

Anordnung der Dacheinläufe

Jede Flachdachfläche muß mindestens 2 Dacheinläufe haben, damit auch ein sicherer Abfluß gewährleistet ist, wenn einer davon verstopft ist.

Bei kleineren Flächen, bei denen 2 vollwertige Gullys wegen der geringen abzuführenden Wassermenge unsinnig wären, genügt es auch, am Dachrand einen Wasserspeier als Überlauf einzubauen – bei auslaufendem Wasser zuerst der Wasserspeier auf den verstopften Dacheinlauf hin.

Wird eine Flachdachfläche in mehrere Trichtergefällebereiche unterteilt, so benötigt nicht jeder Trichter 2 Gullys, wenn das Wasser in einen anderen Dachbereich überlaufen und abfließen kann. Die Forderung mit 2 Dacheinläufen gilt für die Dachflächen, die rundrum von Dachaufkantungen eingerahmt sind.

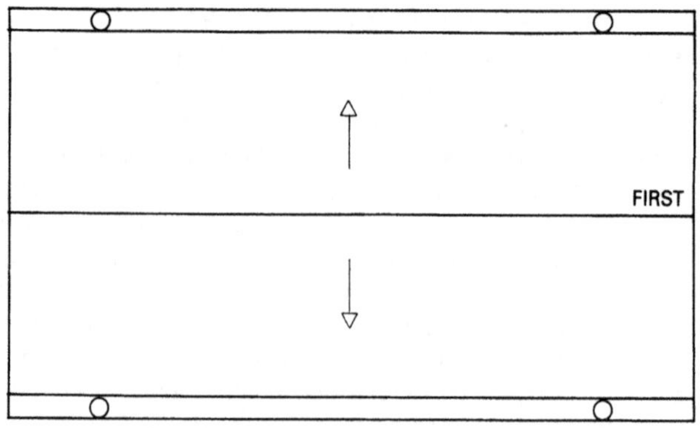

FLACHDACH MIT SATTELGEFÄLLE.
AUSSENENTWÄSSERUNG ÜBER VORGEHÄNGTE ODER VERDECKTE RINNE.
ANWENDUNG Z. B. BEI FLACHGENEIGTEN HALLENDÄCHERN.

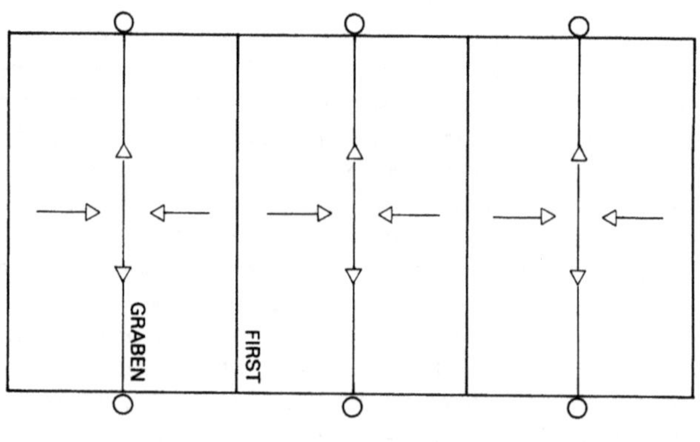

FLACHDACH MIT SATTELDACHGEFÄLLE UND GRABEN.
AUSSENENTWÄSSERUNG ÜBER VORGESETZTE FALLROHRE ALS ARCHITEKTURELEMENT.
DIE DACHGRÄBEN SOLLTEN EINE ÜBERHÖHUNG ERHALTEN, UM EINE GUTE WASSERFÜHRUNG ZUM ABLAUF ZU GEWÄHRLEISTEN.

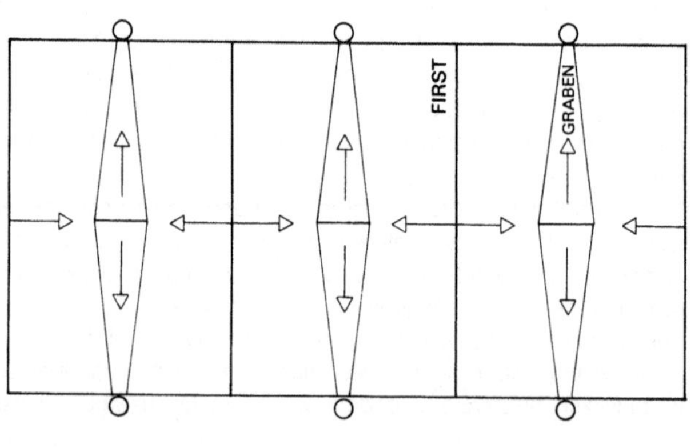

FLACHDACH MIT SATTELDACHGEFÄLLE UND GRABEN.
AUSSENENTWÄSSERUNG ÜBER VORGESETZTE FALLROHRE ALS ARCHITEKTURELEMENT.
DIE DACHGRÄBEN ERHALTEN EIN EIGENES DACHGEFÄLLE, UM EINE OPTIMALE WASSERABFÜHRUNG ZUM ABLAUF ZU GEWÄHRLEISTEN. GEFÄLLEAUSBILDUNG AUFWENDIG, JEDOCH OPTIMALE LÖSUNG. AM EINFACHSTEN MIT GEFÄLLEDÄMMUNG AUSFÜHRBAR. GEFÄLLEAUSBILDUNG IN UNTERKONSTRUKTION ZU AUFWENDIG.

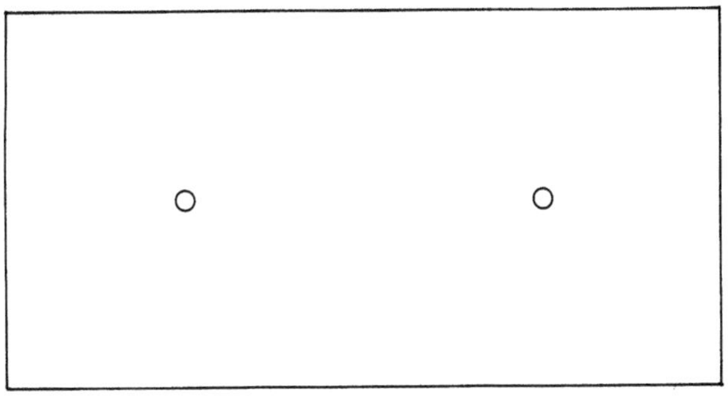

FLACHDACH OHNE GEFÄLLEAUSBILDUNG.
INNENENTWÄSSERUNG.
NICHT EMPFEHLENSWERT.

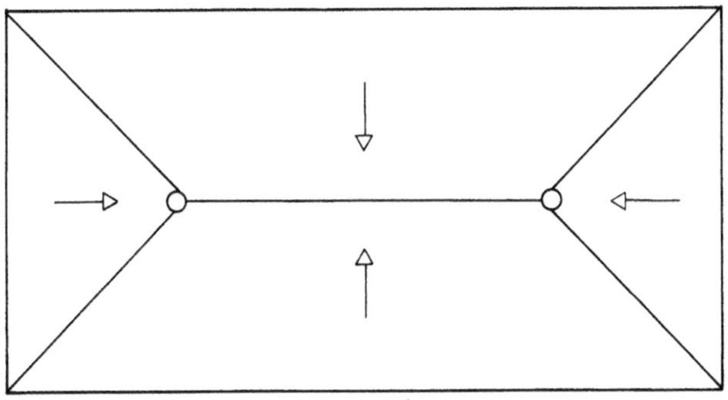

FLACHDACH MIT INNENGEFÄLLE, WANNENAUSBILDUNG.
INNENENTWÄSSERUNG IN DACHGULLYS, DEREN FALLROHRE GEDÄMMT DURCH DEN WARMEN BAUKÖRPER FÜHREN, DADURCH IST DIE VEREISUNGSGEFAHR GERINGER.

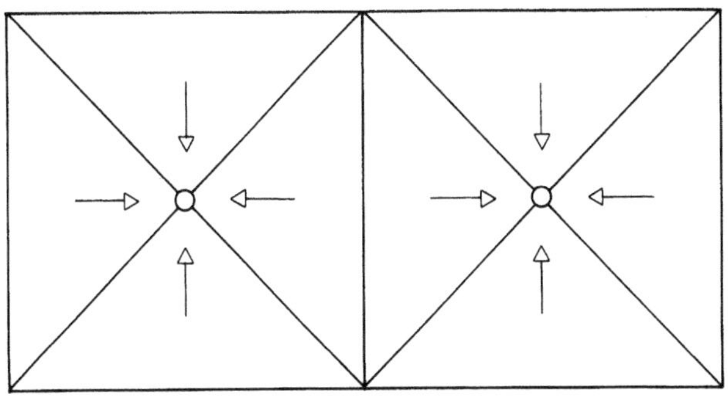

FLACHDACH MIT INNENGEFÄLLE, TRICHTERAUSBILDUNG.
INNENENTWÄSSERUNG IN DACHGULLYS WIE BEIM WANNENDACH.
GEFÄLLEHOCHPUNKTE NIEDRIGER ALS RANDAUFKANTUNGEN, DAMIT BEI VERSTOPFTEM GULLY WASSER IN DEN ZWEITEN GULLY ÜBERLAUFEN KANN.

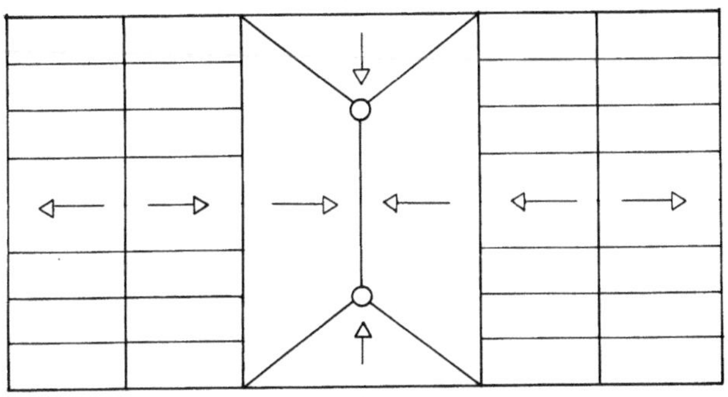

FLACHDACH ZWISCHEN SATTELDÄCHERN.
INNEN- UND AUSSENENTWÄSSERUNG.
BEI ZUSAMMENGESETZTEN DACHFORMEN SOLLTEN DIE FLACHDACHTEILE WIE EINE BEGEHBARE RINNE AUSGEBILDET WERDEN. DETAILS UND ANSCHLUSSHÖHEN SIND DEMENTSPRECHEND AUSZUBILDEN.

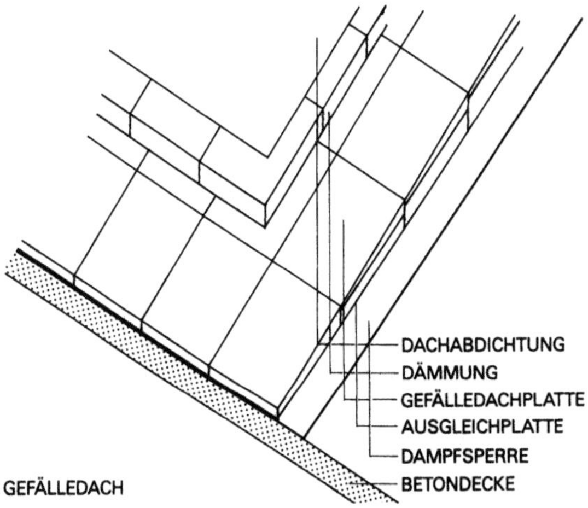

GEFÄLLEDACH

DOPPELLAGIGES VERLEGESCHEMA
EINER GEFÄLLE-WÄRMEDÄMMUNG

Warmdach

(nicht durchlüftetes Flachdach)

Unterkonstruktionen

Die Unterkonstruktion muß so beschaffen sein, daß sie keine schädigenden Einflüsse auf die Schichten des Dachaufbaus ausüben kann wie zum Beispiel durch:

- Spannungs- und Setzrisse
- rauhe oder poröse Oberflächen
- Unebenheiten
- scharfe Kanten
- falsche Lage von Bau- und Dehnungsfugen
- Verschmutzungen
- hohe Feuchtigkeit
- geringe Oberflächenfestigkeit
- unrichtige Höhenlage zu Abläufen und Anschlüssen

Ortbetonplattendecke

Als Dachdecke wählt man am besten eine Stahlbetonplattendecke. Leichtkonstruktionen geringer Masse haben den Nachteil, daß sie sich im Sommer leichter aufheizen. Die schwere Plattendecke braucht zwar das meiste Wasser zu ihrer Herstellung und hat damit auch die längste Austrocknungszeit; sie besitzt nur eine geringe Wärmedämmung, dafür aber ein großes Wärmespeichervermögen und braucht eine starke Wärmedämmung, um sie vor Wärmeverformungen zu schützen. Durch ihr hohes Gewicht hat sie eine große Schwingungsstabilität – Schwingungen können sich auf die Haltbarkeit der Dachdeckungen nachteilig auswirken.
Ihre Masse wirkt sich ferner regulierend auf den Wärmehaushalt der darunterliegenden Räume aus. Besonders bei Bauten mit großen Fensterflächen und nur wenigen und dünnen Innenwänden stellt sie oft den einzigen größeren Wärmespeicher dar, der ausgleichend auf das Raumklima einwirkt: im Winter durch Wärmeabstrahlung bei abgeschalteter Heizung; im Sommer als träger Speicher an dem die aufgewärmte Raumluft sich etwas abkühlt. Diese Eigenschaften lassen sich zusätzlich durch ein zweischaliges Dach oder eine Kiesschüttung ausnützen und positiv beeinflussen.

WARMDACH AUF STAHLBETONDECKE MIT ZWEI DAMPFDRUCKAUSGLEICHSCHICHTEN

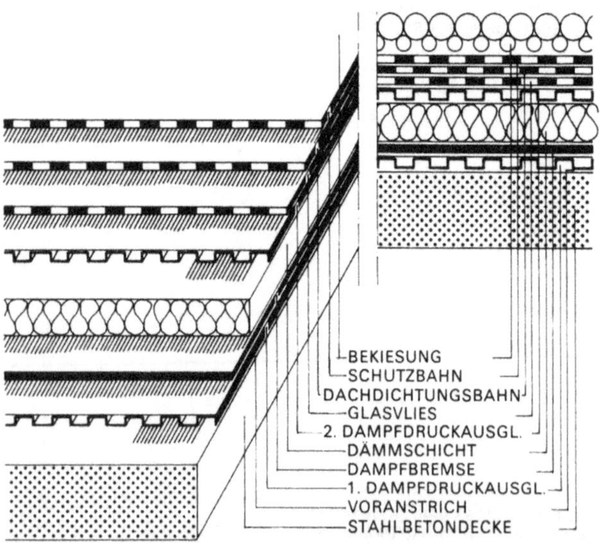

Bei großen Deckenspannweiten kann eine Massivplatte sehr unwirtschaftlich werden, und man ordnet vorteilhafter eine Plattenbalken- oder Stahlbetonrippendecke an. Da die Erscheinung der Rippen in vielen Fällen nicht erwünscht ist, wird man eine Putzdecke, Gipsplatten, Schallschluckplatten usw. unterhängen. Wichtig bei solchen untergehängten Decken ist, daß durch sie keine abgeschlossenen Lufträume entstehen, in welchen sich Tauwasser niederschlagen könnte. Sie dürfen darum nicht unmittelbar an den Wänden anschließen.
Im übrigen sollten Stahlbetonrohdecken, solange die Dämmung noch nicht aufgebracht ist, insbesondere im Sommer nicht unge-

WARMDACH MIT SCHAUMGLASDÄMMUNG

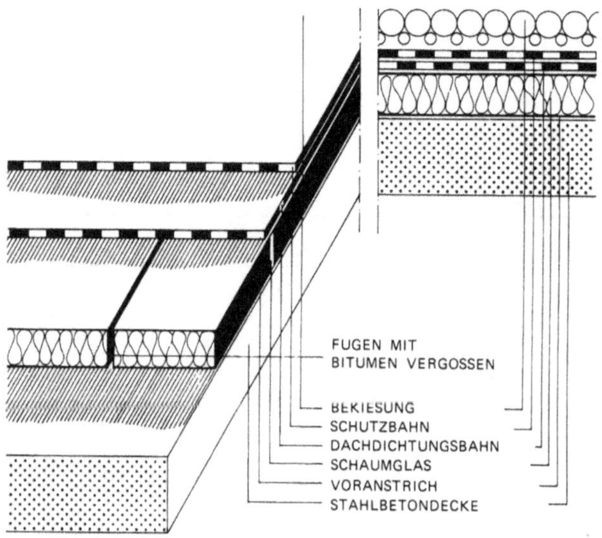

schützt den witterungsbedingten Temperaturschwankungen ausgesetzt sein und darum mit Rohrgewebe oder dgl. abgedeckt werden, um gefährliche Materialspannungen und etwaige Risse zu verhindern.
Je nach Konstruktion der Gebäude, ihrer Größe und Zweckbestimmung sind die notwendigen Dehn- und Arbeitsfugen der Rohdecke und evtl. des ganzen Baues festzulegen.
Bei Skelettbauten kann die Dachdecke nicht nach Belieben in Felder aufgeteilt werden, da bei der Anordnung von Fugen auf die Art des Tragskelettes Rücksicht genommen werden muß. In manchen Fällen muß die Trennung sogar von der Dachdecke bis ins Fundament durchgehen.
Die größten Fugenabstände ergeben sich durch die notwendigen Bauwerksfugen in Abständen von 30 bis < 50 m für den Gesamtbau, für die Dachfläche aber möglichst nur < 25 m. Wo es angängig ist, sucht man auch diese Länge zu vermeiden und unterteilt die Dachdecke in kleinere Felder, wie sie sich z. B. bei der Verwendung von TT Platten ergeben. Trennfugen braucht man auch bei Gebäudeteilen verschiedener Nutzung und Beanspruchung: z. B. zwischen unbeheizten Lagerräumen und danebenliegenden Büroräumen oder bei Sozialbauten zwischen stark erwärmten, auch feuchten Baderäumen und kühleren Umkleideräumen oder zwischen Großküchen und Sälen usw. Die Dachdecken der Skelettbauten, die der Sonneneinwirkung viel stärker als die Stützen und Wände ausgesetzt sind, müssen zur Abwehr schädlicher Spannungen besonders gut gedämmt werden.
Bei Mauerwerksbauten kann man nach dem gegebenen Grundriß die Dachdecke durch Arbeitsfugen in Felder teilen, so daß die

Einzelabschnitte sich entsprechend den auftretenden Temperaturveränderungen bewegen können, oder man spannt die Deckenplatten einseitig ein, so daß der freie Rand sich auf einem Gleitlager bewegen kann. So wird man Rißbildungen in den Wand- und Deckenkanten im Inneren wie auch an den Außenseiten der Bauten vermeiden können.

Bei massiver Deckunterlage ist zu beachten, daß sie vollkommen eben sein muß. Dachdecken mit geringem Gefälle überhöht man in Feldmitte, da die meisten Betondecken etwas durchhängen, wodurch auf der Dachfläche „Wannen" entstehen. Der Unterlagsbeton ist mit einem Brett abzuziehen und rauh abzureiben. An Traufe, Ortgang, Dehnungsfugen usw. sind nach Bedarf Befestigungsteile für Rinneisen, Traufbleche und Blechverwahrungen mit einzubetonieren.

WARMDACH AUF STAHLBETONDECKE MIT LOSE VERLEGTER KUNSTSTOFFFOLIE. DACHRANDBEREICH MECHANISCH BEFESTIGT.

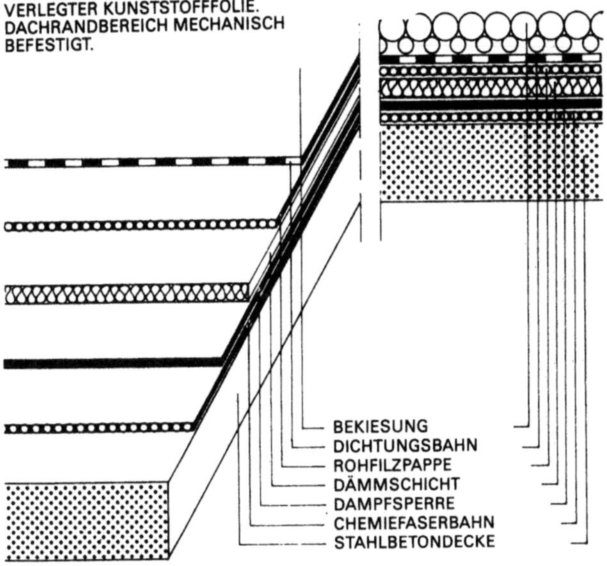

Betonfertigteildecken

Die einzelnen Fertigteilplatten müssen festlegen und eine ebene Oberfläche bilden. Aus Fertigungs- und Bautoleranzen entstandene Höhenunterschiede sind auszugleichen und alle Fugen zu schließen. Am besten verwendet man Betonfertigteile, deren Randfugen mit Beton vergossen werden können, so entsteht eine gute Verbundwirkung der Platten untereinander und das Entstehen von größeren Rissen im Fugenbereich wird weitgehend minimiert. Bei weitgespannten Fertigteilen sollte man vor dem Aufbringen der Dampfsperre über allen Fugen 20 cm breite Trennstreifen z. B. aus unterseitig grob besandetem Glasvlies Bitumendachbahn anheften. So wird sichergestellt, daß die Dampfsperre bzw. der ganze Dachaufbau nicht direkt mit dem rissegefährdeten Bereich verbunden ist und im Falle eine Rißbildung sich die Formänderung über die Breite von 20 cm durch leichte Dehnungen im Dachaufbau abbauen kann.

Hohlsteindecken

Formsteindecken und Hohlsteindecken erfordern wenig Bauwasser und haben darum kurze Austrocknungszeiten. Sie besitzen bei geringem Gewicht eine hohe eigene Wärmedämmung, die man evtl. bei der Bemessung der notwendigen Dämmschicht berücksichtigen muß. Nachteilig ist in diesem Fall, daß die Tauwassergrenze unerwünscht tief heruntergedrückt wird, so daß evtl. Tauwasser in den Hohlsteinen auftreten kann. Die Wärmeverformung durch eine zu geringe Dämmstoffauflage kann außerdem zu Biegespannungen oder Rißbildungen in den tragenden Bauteilen führen. Es ist darum ratsam, den Wärmedämmwert der Decke nicht in Rechnung zu stellen.

WARMDACH AUF HOHLSTEINDECKE

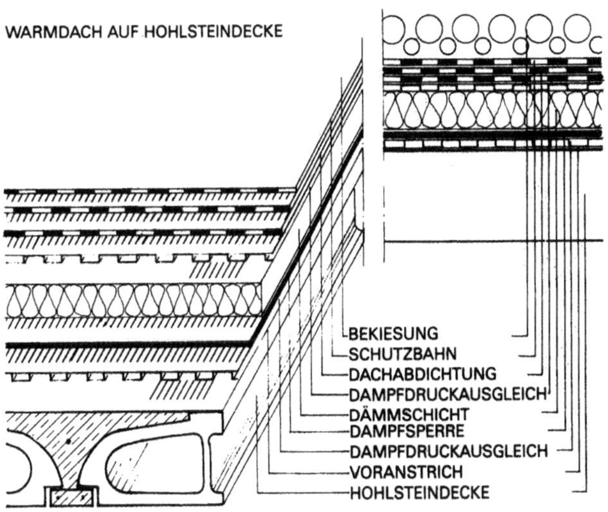

Leichtbetondecke

Dachdecken aus Leichtbeton sind eine im Industriebau oft angewandte Bauweise, die allerdings bei falscher Ausführung mit größeren Bauschäden verbunden sein kann.

Oft werden Leichtbetondielen mit einer Stärke von ca. 20 cm als Dachdecke verlegt und aufgrund ihrer guten Dämmwerte gleich als Wärmedämmung ausgelegt. Dies ist jedoch nur in unbeheizten Gebäuden z. B. Lagerhallen ohne besondere Luftfeuchte so ausführbar, wobei allerdings dann wiederum die Wärmedämmung überflüssig ist.

Verlegt man über beheizten Räumen oder Hallen eine Dachdecke aus Leichtbetondielen und direkt darauf die Dachabdichtung, so werden sich in kürzerer Zeit Blasenbildungen und Ablösungen der Dachhaut zeigen. Dies kommt daher, daß der sehr poröse Leichtbeton wenig Dampfdiffusionswiderstand hat und der in der Innenraumluft vorhandene Wasserdampf fast ungehindert durch die Dachdecke diffundieren kann bis unter die Dachhaut, wo er kondensiert und Durchfeuchtungen verursacht, die die Haftung der Dachbahn auf der Dachdecke stark beeinträchtigt. Es entsteht eine Blasenbildung. Zusätzlich werden durch die Feuchtigkeit die Stahlbewehrungen angegriffen, die verrosten und Abplatzungen der Leichtbetonüberdeckung verursachen. Das alles ist darauf zurückzuführen, daß der Leichtbeton als Dämmung eingesetzt wird ohne unterseitig eine Dampfsperre aufzuweisen. Theoretisch läßt sich ein solcher Dachaufbau recht einfach z. B. durch einen dampfdichten, raumseitigen Anstrich der Dachdecke bauphysikalisch berichtigen – dies scheint jedoch praktisch kaum ausführbar, wenn man die zahlreichen Durchstoßpunkte einer solchen Deckenunterschicht berücksichtigt, wie z. B. Auflagerpunkte, Abhängungen von Leuchten oder Lüftungskanälen oder auch Haarrisse im Bereich der Stoßfugen einzelner Dachplatten.

Für beheizte Räume mit einer Dachkonstruktion auf Leichtbetondecken gibt es also nur eine bauphysikalisch einwandfreie Dachkonstruktion:

- Verwenden der Leichtbetondecke als statisches Element ohne Berücksichtigung der Wärmedämmwerte des Leichtbetons;
- Einbau einer Wärmedämmung mit unterseitiger Dampfsperre;
- darüber normaler Dachaufbau und Dachhaut.

WARMDACH AUF LEICHTBETONDECKE
BAUPHYSIKALISCH KRITISCHER DACHAUFBAU

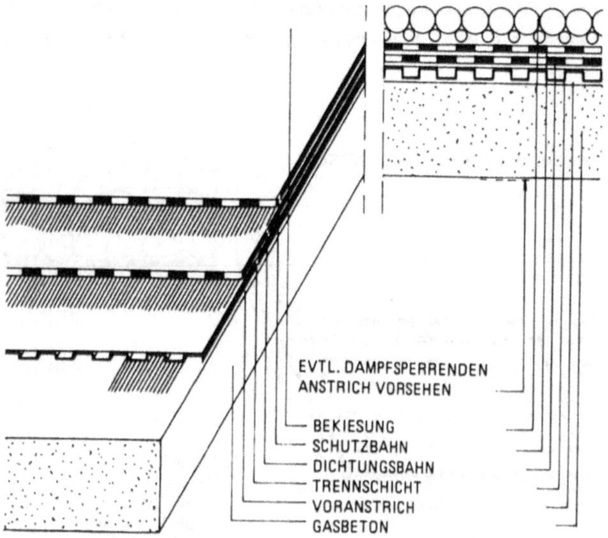

Bei der Planung eines Flachdaches über Leichtbetonplatten sollte man einen guten konstruktiven Verbund der einzelnen Platten untereinander vorsehen, was z. B. durch Verwendung von Platten mit längs- und stirnseitigem Fugenverguß in Ringankersysteme zu erreichen ist. Man erhält dann weitgehend steife Dachscheiben, bei denen die Gefahr einer Rißbildung und deren Übertragung in den Dachaufbau weitestgehend ausgeschlossen ist.

Die gebräuchlichste Stärke der Leichtbetonplatten beträgt je nach statischer Erfordernis zwischen 10 und 20 cm, die Längen liegen im allgemeinen zwischen 4 und 6 Metern.

Der Dachaufbau mit einer Wärmdämmung über die Leichtbetondecke bietet den zusätzlichen Vorteil, daß die weiche Dämmschicht in der Decke auftretende Spannungen oder gar Risse als Zwischenschicht überbrückt und „abfedert", so daß diese nicht die Dachhaut beschädigen können.

WARMDACH AUF LEICHTBETONDECKE
BAUPHYSIKALISCH RICHTIGER DACHAUFBAU

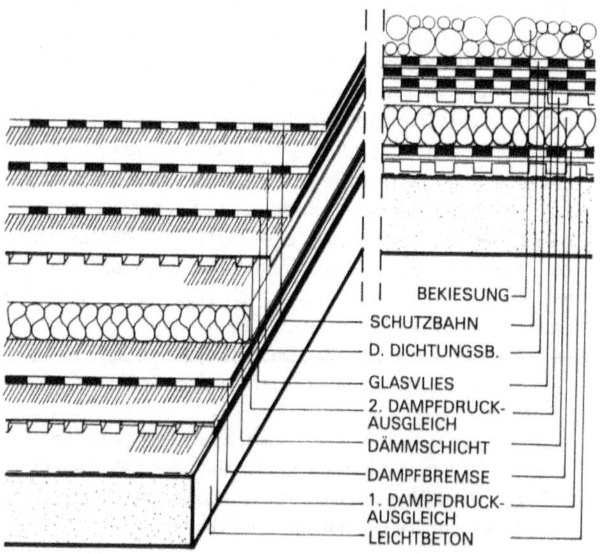

Holzschalungen und Spanplatten

Holzschalungen müssen eben, trocken und ausreichend befestigt sein. Eine ausreichende Belastungsfähigkeit und Trittfestigkeit wird erst ab einer Brettstärke von 24 mm erreicht. Gespundete Schalungen (Nut + Feder) sind vorzuziehen, da die Bretter im Verbund höhere Belastungen aufnehmen können. Bei der Holzschutz-Imprägnierung ist unbedingt darauf zu achten, daß diese bitumenverträglich ist.

Dachflächen mit einer Spanplattenschale lassen sich auch als statisch aussteifende Scheiben verwenden.

Beim regelrechten bituminösen Dachaufbau über einer Holzschale nimmt man als erste Lage sinnvollerweise eine Schweißbahn (z. B. V 60 S 4) die gleichzeitig die Dampfbremse darstellt. Die Bahn wird aufgenagelt, wobei die Nagelreihen und Stöße nachträglich mit Heißbitumen abzustreichen sind.

WARMDACH MIT HOLZSCHALE

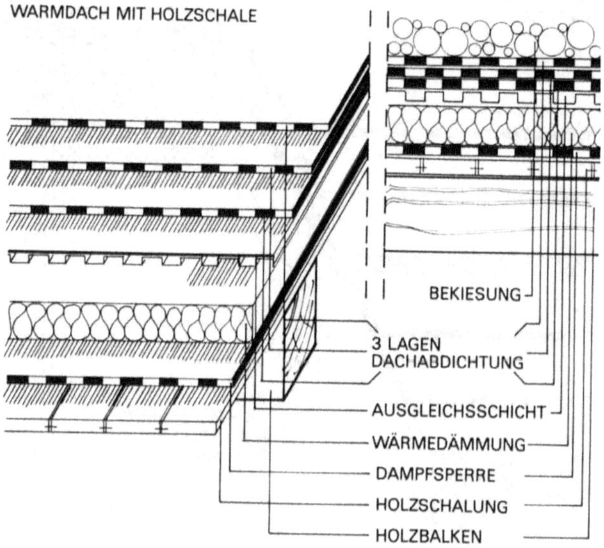

Spanplatten-Dachschalungen dürfen eine Nenndicke von 22 mm nicht unterschreiten und müssen der Qualität V 100 G entsprechen. Da sich Massivholz-Schalungen genauso wie Holzwerkstoffplatten durchbiegen können, soll das Dachgefälle mindestens 2% betragen, um eine Wassersackbildung zu vermeiden. Die Platten sind im Verbund ohne Kreuzfugen zu verlegen und müssen zum Ausgleich der Längenänderungen 2 mm Fugenbreite aufweisen. Die Fugen werden mit Schleppstreifen oder Trennlagen abgedeckt, damit keine Risse in darüberliegendem Dachaufbau entstehen können. Die Kantenlänge der Platten soll 2,5 m nicht überschreiten.

Trapezprofile

Im Industriebau werden wegen der erforderlichen großen Spannweiten und der dadurch erforderlichen leichten Dachkonstruktion viele Dachschalen in Stahltrapezprofilen gefertigt mit einem darüberliegenden Warmdachaufbau. Folgendes ist bei der Planung zu beachten:

- Es dürfen nur bauaufsichtlich zugelassene verzinkte Trapezprofile verwendet werden.
- Die Profilbleche müssen ausreichend befestigt sein und eine ebene Fläche bilden, d. h. sie dürfen an ihrer Oberseite keine Unebenheiten oder Verkantungen an den Stößen aufweisen.
- Die Gesamtfläche ihrer Obergurte muß mindestens 40% der Dachgrundfläche betragen, die Einzelbreite jedes Obergurtes mindestens 50 mm. Da sich Ober- und Untergurt in der Profilbreite unterscheiden, legt man die breitere Seite der Sicke nach oben, um

eine ausreichende Flächenhaftung des Dachaufbaus zu gewährleisten.
- Im Bereich von Durchbrüchen, Anschlüssen oder Dachrändern sind die Profilbleche durch zusätzliche Kantbleche oder Profile so zu versteifen, daß keine schädlichen Einflüsse auf den Dachaufbau einwirken können.
- Die Durchbiegungen in Feldmitte zwischen den Auflagern darf 1/300 nicht überschreiten.
- Bei Dachneigungen unter 2% muß mit Wassersackbildung gerechnet werden.

Da Bleche dampfdicht sind, ist theoretisch keine raumseitige Dampfsperre nötig, weil diese Aufgabe vom Trapezprofil übernommen werden könnten.

Der Praxis wird diese Annahme jedoch nicht gerecht, da die Längs- und Querstöße der Blechtafeln nicht dampfdicht auszuführen sind und die Durchdringungen für die Aufhängung von haustechnischen Bauteilen ein zusätzliches Problem darstellen. Auch an den Dachrandbereichen der Profilblechschale ist es fast nicht möglich, die stirnseitigen Profilwellen dampfdicht zu schließen, trotz werksseitig lieferbarer Profilfüller.

Will man einen bauphysikalisch unbedenklichen Dachaufbau über Trapezprofilen, so ist grundsätzlich zwischen diesen und der Wärmedämmung eine trittfeste Dampfsperre vorzusehen, z. B. eine 4 mm starke Schweißbahn mit Alueinlage oder eine zähe Kunststoffolie. Man kann sogar soweit gehen, die oberseitigen Trapezprofilsicken unter der Dampfsperre durch bewußtes Offenlassen an den Stößen mit dem Raumklima zu belüften, damit evtl. auftretende korrosive Feuchtigkeit in diesen Hohlräumen abgelüftet wird. Wenn ein hermetisches Verschließen nicht machbar ist, ist eine Luftdurchspülung auf jeden Fall besser.

Werden aus Gründen des Schallschutzes gelochte Trapezprofile eingesetzt, ist diese „Belüftung" immer gegeben und der Einbau einer Dampfsperre grundsätzlich erforderlich.

Die Dampfdruckausgleichsschicht des Regeldachaufbaus kann allerdings entfallen, diese Funktion wird von den Sichenhohlräumen des Bleches optimal gewährleistet.

In Trapezblechen über Räumen mit relativ feuchtem Raumklima ist es empfehlenswert, die unteren Blechsicken mit einer Bohrung von einem Durchmesser von 6 cm in Feldmitte zu versehen, um beim Anfall von Tauwasser dessen Ablauf zu gewährleisten. Diese Bohrungen müssen werksseitig gesetzt und entgratet werden. Bei bauseitigen Bohrungen ist eine beidseitige Entgratung nicht gewährleistet – die oberseitigen Grate können Verstopfungen der Abflußlöcher verursachen.

Der Vorteil der Trapezprofildächer liegt in ihrer schnellen Montage, geringen statischen Lasten und dem Fehlen von Baufeuchtigkeit. Durch ihr geringes Gewicht sind solche Dachschalen leicht in Schwingung zu versetzen, was sowohl bei der Wahl der Dämmschichten als auch bei der Ausführung und Befestigung der Dachabdichtung berücksichtigt werden muß.

Ist gegen den Windsog eine mechanische Befestigung der Dachhaut mit Tellerdübeln durch die Dämmung ins Trapezblech erforderlich, so ist zu berücksichtigen, daß diese Dübel- bzw. Schraubenspitzen von unten her sichtbar sind. Dieses Problem tritt bei Kunststoffdachbahnen immer auf, weswegen man bei der Forderung nach einer schönen Dachuntersicht grundsätzlich auf vollflächig verklebte, bituminöse Dachaufbauten zurückgreifen sollte. An Dachdurchdringungen, Oberlichtern, An- und Abschlüssen sind die Probleme mit sichtbaren Verschraubungen nur durch eine erschöpfende Detailplanung zu lösen.

Trapezprofile sind grundsätzlich auf dem Dachtragwerk zu befestigen, meist werden hierzu selbstschneidende Schrauben oder Schußbolzen verwendet.

Bei Dachdurchdringungen auch mit kleineren Durchmessungen sind grundsätzlich Dachbleche zur Stabilisierung aufzubringen.

Mindestdicken von Dämmplatten auf Stahltrapezprofilen

Größte lichte Weite zwischen den Obergurten in mm	Statische Mindestdicke der Wärmedämmung (mm)	
	Polystyrol- und Polyurethan-hartschaum	Mineralfaser
70	40	60
100	50	80
130	60	100
150	80	120

Trapezprofile bieten als Unterkonstruktion keine Feuersicherheit. Bis F 30 sind Brandschutzanstriche möglich – hierbei ist allerdings zu beachten, daß beispielsweise bei einem Stahl-Dachtragwerk dessen Profilflansche oberseitig mit zu beschichten sind, da durch die Sickenhohlräume ein Flammenüberschlag auf die Trägeroberseite möglich ist. Die Problematik besteht darin, daß der nicht wetterfeste Brandanstrich des Tragwerks durch Witterungseinfluß vor Aufbringen des Trapezprofils beschädigt werden kann (Brandwände/Trapezblechdach s. Kap. Brandwände).

WARMDACH AUF TRAPEZPROFILEN MIT LOSE AUFGELEGTER KUNSTSTOFFOLIE

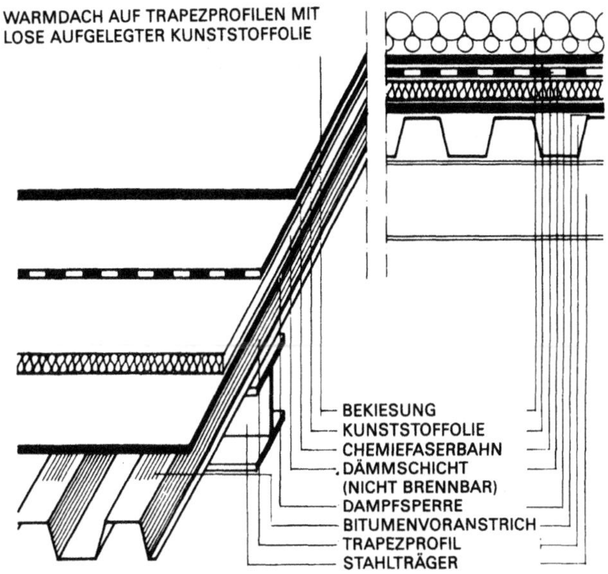

Voranstrich

Vor dem Aufbringen der Deckschichten wird auf die Unterkonstruktion ein Kaltbitumenanstrich aufgebracht. Dieser Voranstrich hat die Aufgabe, eine homogene Haftverbindung zwischen Unterkonstruktion und nachfolgender Heißbitumenschicht zu schaffen somit evtl. vorhandenen Reststaub zu binden. Die Konsistenz des Anstrichmaterials richtet sich nach dem Material der Unterkonstruktion (Blech, Stahlbeton oder Gasbeton). Bei noch feuchten Decken verwendet man eine Bitumenemulsion (Bitumen/Wassergemisch). Der Verbrauch richtet sich nach der Art des Untergrundes und dessen Saugfähigkeit. Im Normalfall gilt ein Wert von etwa 0,3 kg/m^2.

Trenn- und Ausgleichsschicht

In der Regel muß beim Warmdach die Dachdeckung auf eine unvollständig ausgetrocknete Rohdecke aufgebracht werden. Außerdem wird jede Decke eine gewisse „Gleichgewichtsfeuchtigkeit" aufweisen, die abhängig ist von der Temperatur und Feuchtigkeit des darunter befindlichen Raumes. Auch den Wärmedämmstoffen (außer Foamglas) ist eine solche Gleichgewichtsfeuchtigkeit eigen. Diese Feuchtigkeit, oft trotz aller Sperrmaßnahmen durch niedergeschlagenen Wasserdampf verstärkt, wird bei Temperaturanstieg wieder verdampfen und sich irgendwohin auszudehnen suchen (Dampfdruckerhöhung). Um zu verhindern, daß bei diesem Vorgang die Klebehaftung zwischen Unterkonstruktion und Dachaufbau gelöst wird und schließlich Blasen entstehen, ordnet man jeweils über den feuchtigkeitsspeichernden Schichten des Dachaufbaues Druckausgleichsschichten an. Mit diesen Ausgleichsschichten, die sowohl über der Rohdecke als auch über der Wärmedämmung anzuordnen sind, werden innerhalb des Dachaufbaues außenluftverbundene künstliche Hohlräume oder Kanäle geschaffen, durch die der bei Erwärmung entstehende Überdruck an die Außenluft entweichen kann.

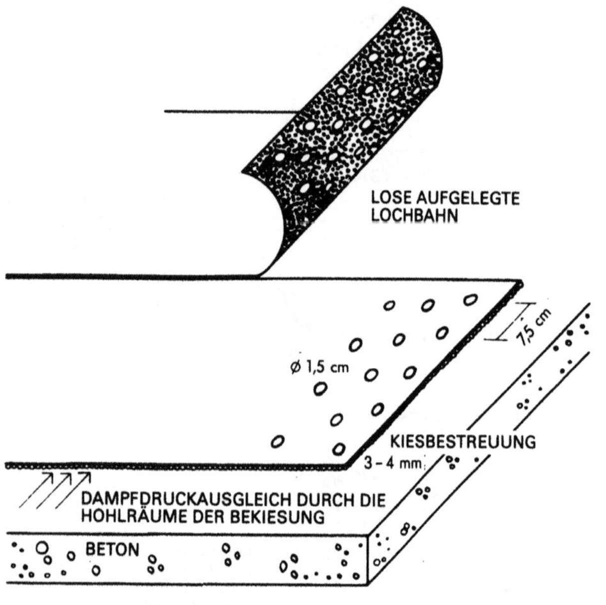

BEWEGUNGS- UND ENTLÜFTUNGSSCHICHT
LOCHVLIESBAHN VL

Man unterscheidet bei Entlüftungsbahnen:

a) solche mit körniger Beschichtung der Unterseite, wie beispielsweise die Lochglasvliesbahnen VL, die lose aufgelegt und durch das durch ihre Lochung durchlaufende Bitumen beim anschließenden Aufkleben der Dampfsperre oder Dachhaut mit verklebt wird. Der Gesamtverbund mit der Lochbahn weist damit eine punktweise Verklebung mit der Unterkonstruktion auf.
b) Entlüftungsbahnen mit gewellter oder gefalzter Unterseite, die streifenförmig aufgeklebt werden
c) Schweißbahnen, die je m² mit 3–4 tellergroßen Flächen aufgeschweißt werden
d) Selbstklebebahnen, die man punktweise oder streifenweise festtritt.

Diese Bahnen sind so zu verlegen, daß die Hohlräume ununterbrochen über die gesamte Dachfläche verlaufen und am Dachrand mit der Außenluft in Verbindung stehen.

Die frühere Annahme, daß die Kanäle dieser Druckausgleichsschichten den diffundierten Wasserdampf vollständig abführen, gilt nach neueren Forschungsergebnissen nur noch in beschränktem Maße, denn der Widerstand in der Horizontalen des Kanalquerschnitts ist für die Moleküle des Wasserdampfes nur bei kleinen Kanallängen geringer als der Widerstand in der Vertikalen durch die Schichten des Dachaufbaues, ausgenommen spezielle Dampfsperren.

Die Druckausgleichsschicht hat deshalb nur einen begrenzten Einfluß auf den Dampfdruckverlauf im Bauteil und kann eine Dampfsperre nicht ersetzen.

Bei Warmdachaufbauten auf Stahlbeton-Massivdecken wird heute oft auf die Dampfausgleichsschicht unter der Dampfsperre verzichtet und diese vollflächig aufgeklebt. Man geht davon aus, daß im Beton vorhandene Feuchtigkeit langfristig nach unten in den Raum entweichen kann. Dieser Dachaufbau kann zwar inzwischen als Stand der Technik gelten, er ist jedoch nicht durch die einschlägigen Normen und Richtlinien bestätigt. Sollten durch den Entfall der Ausgleichsschicht Einsparungen erreicht werden, so ist dem Planer nur zu raten, sich entsprechend abzusichern. Bei Gebäuden mit Klimatisierung ist die Ausgleichsschicht auf jeden Fall einzubauen, da hier durch die Luftbefeuchtung und Kühlung mit komplizierten bauphysikalischen Verhältnissen und daraus resultierenden Bauschäden zu rechnen ist.

Auf der unteren Ausgleichsschicht über der Rohdecke soll diese Dampfsperre „schwimmen", geschützt vor gefährlichen, mechanischen Beschädigungen durch Bewegungen und Risse in der Unterkonstruktion.

Als obere Druckausgleichsschicht zwischen der Wärmedämmung und den Deckschichten sollen wegen des Windsoges nur Bahnen verwendet werden, die eine größere Haftfläche als z. B. die Lochglasvliesbahnen haben. Diese Maßnahme ist insbesondere dann notwendig, wenn die Deckschicht nicht durch die Auflast einer Kiesschüttung, eines Estrichs oder einer Steinplattenauflage beschwert wird.

Dampfsperren

Dampfsperren müssen überall dort vorgesehen werden, wo eingedrungener Wasserdampf nicht frei diffundieren darf. Während die Regenfeuchtigkeit auf der Deckschicht teils abläuft, teils verdunstet, akkumuliert sich von der Raumseite her in die Dachdecke eingedrungener Wasserdampf im Laufe von Jahren, so daß selbst nach langen Zeiten noch Schäden auftreten können. Die meisten Dachschäden der letzten Jahre sind durch Regen während der Deckungsarbeiten, durch Weglassen der Dachentlüftung, durch Lufteinschluß beim Aufbringen der Dachschichten oder Fehlen der Dampfsperren entstanden. Der eingedrungene Wasserdampf oder die Feuchtigkeit kondensieren an der Unterseite der Deckschicht und führen zu Wellen- und Blasenbildung, zur allmählichen Durchfeuchtung und manchmal auch zur Verrottung der Dämmschicht. Deren Wirkung wird hierdurch vermindert, was den Durchfeuchtungsprozeß noch beschleunigt.

Um zu verhindern, daß es zu dieser Feuchtigkeitskondensation kommt, muß gewährleistet sein, daß der Dampfdruck innerhalb des Dachaufbaues immer kleiner ist als der Sättigungsdampfdruck, der jeweils vom Temperaturstand und Feuchtigkeitsgrad in einer Schicht abhängt. Der Dampfdruck muß dort wirksam herabgesetzt werden, wo der Sättigungsdruck des diffundierenden Wasserdampfes noch nicht überschritten ist.

Die Dampfsperre ist deshalb in der Regel unmittelbar unterhalb der Wärmedämmschicht zu verlegen und sollte einen größeren Dampfwiderstand als die Dachhaut besitzen. Über Räumen, in denen mit größerem Feuchtigkeitsanfall zu rechnen ist, muß die Wärmedämmung verstärkt werden. Den Einbau einer zusätzlichen Dampfsperre auf der Unterseite (Raumseite) der Decke zur Verhinderung von Kondensationen sollte man vermeiden. Die Anordnung der Dampfsperre unterhalb der Rohdecke hat den Nachteil, daß Feuchtigkeit in die Decke „eingesperrt“ werden kann, die die Wärmedämmung gefährdet. Außerdem wäre als „Pufferzone“ für den Feuchtigkeitsausgleich des Raumes dann nur noch eine Putzschicht möglich, deren Haftvermögen auf der Dampfsperre wiederum ein Problem ist. Deshalb ist über Räumen mit langfristig hohem Feuchtigkeitsanfall ein doppelschaliger Dachaufbau (Kaltdach) vorzuziehen bzw. in Extremfällen sogar notwendig, wie beispielsweise über Hallenbädern.

Die Wasserdichtigkeit eines Stoffes sagt noch nichts über seine Dampfdichtigkeit aus. So sind einfache Dachbahnen zwar wasser-, nicht aber dampfdicht. Obwohl es einzelne dampfdichte Materialien gibt, wie z. B. Glas, Profile, und annähernd dampfdichte, wie z. B. Kunststoffolien oder mehrfache Bitumenanstriche, so ist doch vor allem an die Fehlerquellen beim Aufbringen und Verkleben der Schichten zu denken. In der Praxis kann eigentlich nur von Dampfbremsen gesprochen werden.

Anstriche eignen sich bedingt als Dampfbremsen, wenn die Art ihrer Bindemittel eine nur geringe Dampfdurchlässigkeit verbürgt, wie z. B. mehrfache Chlorkautschuk-, Bitumen- oder Ölfarbenanstriche. Emulsionsanstriche bieten keinen oder nur einen geringen Diffusionswiderstand.

In einfachen Fällen (mäßige Luftfeuchtigkeit bei mäßigen Raumtemperaturen) kann eine Lage Glasvliesbahn V 13 als Dampfbremse genügen, wenn die beiden Klebeschichten unter und über der Dachbahn >2–3 mm dick und blasenfrei sind. Um dies zu erreichen, darf die heiße Klebemasse nicht wie üblich mit der Bürste aufgestrichen, sondern muß aufgegossen und die Dachbahnen aufgewalzt werden.

In den meisten Fällen und um ganz sicherzugehen, greift man zu den ganz oder doch genügend dampfdichten Materialien, den Kunststoff- oder Metallfolien. An Metallfolien hat sich vor allem Alu von >0,1 mm Dicke bewährt. Der höhere Ausdehnungskoeffizient gegenüber der Betondecke (Rohdecke) bleibt ungefährlich, da es unter der Dämmschicht liegend keinen großen Temperaturschwankungen unterliegt und es zudem in das weichere Bitumen der Dampfsperrbahn eingefügt ist. Sie dürfen nur mit beiderseitiger bituminöser Deckschicht versehen verlegt werden. Der Durchlaßwiderstand von Dampfsperren muß mindestens $\mu \times 9 = 100$ m betragen.

Dämmstoffe

Nach DIN 4108 ist für Dächer über bewohnten Räumen ein Wärmedurchlaßwiderstand ($1/\Lambda$) von 1,1 m² · K/W im Mittel vorgeschrieben. Vorsichtshalber wird man den praktischen Dämmwert 20% niedriger als den theoretischen ansetzen, was z. B. bei Styropor einer Plattenstärke von mindestens 5 cm entspricht. Der vorgenannte Wärmedurchgangswiderstand reicht für die übliche relative Luftfeuchtigkeit von ~65% aus bei 293–295 K (20–22 °C) Raumtemperatur. Bei größerer relativer Luftfeuchtigkeit muß die Dämmung verstärkt werden. Während über dauernd benützten Räumen die Dämmschichten nur auf der Dachdecke oder auf der Außenseite der Wände verlegt werden, ordnet man bei Räumen, die nur in Abständen geheizt werden, wie z. B. bei Sälen und Kirchen, zwei Dämmschichten an: eine über der Tragschicht, um eine starke Erwärmung und Ausdehnung derselben zu vermeiden und eine unter der Tragschicht, um kürzere Anheizzeiten zu erzielen. Die Stärke der Dämmschicht auf der Raumseite darf nur $^1/_4$ bis $^1/_3$ der Dämmschicht auf der Außenseite betragen, da sonst mit einer Tauwasserbildung zwischen der inneren Dämmschicht und den Konstruktionsgliedern zu rechnen ist.

Als Dachdämmstoffe steht eine Reihe von bewährten Materialien zur Verfügung, doch ist nicht jeder Stoff für jede Aufgabe gleich gut geeignet. Vom Ausgangsmaterial her gesehen sind zu unterscheiden: die auf organische Stoffe zurückgehenden und die auf anorganischer Basis aufbauenden Materialien. Der älteste, heute selten verwendete organische Dämmstoff ist expandierter Kork mit einer Rohdichte von 150–250 kg/m³. Dieser Dämmstoff ist baubiologisch sehr positiv zu bewerten, aber auch recht teuer. Auf der Seite der anorganischen Materialien haben sich durchgesetzt: Mineralwolle, die in Matten und in Platten hergestellt wird, und vor allem Platten aus den Kunstschaumstoffen Polystyrol, Polyurethan und Phenolharz, die unter verschiedenen Namen im Handel sind. Aus den USA kommt der trittfeste Dämmstoff Schaumglas unter dem Namen Foamglas. Die natürlichen organischen Stoffe sind bei nichtsachgemäßer Verarbeitung, oder wenn die Dachdeckung nicht einwandfrei instandgehalten wird, fäulnisgefährdet. Für die anorganischen Dämmstoffe und Schaumkunststoffe trifft dies nicht zu. Alle vorgenannten Stoffe haben ähnliche Wärmeleitfähigkeiten (s. Kapitel „Wärmeschutz“).

Nach der Festigkeit der Dämmstoffe unterscheidet man weiche und trittfeste. Die weichen werden durchweg in Mattenform geliefert, z. B. Mineralwolle- und Glaswollematten, die in loser Form oder mit doppelseitig aufgestepptem Asphaltpapier im Handel sind. Steinwolle wird außerdem in festerem, gepreßtem Zustand in Plattenform angeboten, ausschließlich diese Form ist für das Warmdach tauglich, die weichen Matten spielen eine größere Rolle bei der Dämmung des Kaltdaches oder des geneigten Daches.

Als trittfeste Materialien gelten Hartschaumplatten von 20 bis 40 kg/m³, Mineralwolleplatten und Foamglas.

Es dürfen nur solche Dämmstoffe verwendet werden, für die eine bauaufsichtliche Zulassung vorliegt. Sie dürfen nicht leicht entflammbar sein.

Auswahl und Verarbeitung

Für Warmdächer verwendet man Dämmstoffe von genügender Trittfestigkeit, so daß die Dichtungsbahnen unmittelbar aufgeklebt werden können. Es kommen also hierfür in Frage: Mineralwolleplatten, Hartschaumplatten und Schaumglas. Um während der Abdichtungsarbeiten vor überraschenden Regengüssen geschützt zu sein, soll immer nur eine so große Fläche mit Dämmplatten belegt werden, wie am gleichen Tage mit mindestens einer Lage Dachbahnen eingedeckt werden kann. Bereitgehaltene Planen helfen weiterhin, die Dämmplatten vor überraschenden Regengüssen zu schützen.

Da selten genug Zeit bleibt, um die völlige Austrocknung der Rohdecke abzuwarten, was im Sommer wegen der auftretenden Materialspannungen und Gefahr der Rißbildung auch gar nicht ratsam und wegen möglichen Regens außerdem unsicher ist, verlegt man auf die Rohdecke zunächst eine Lage einer Trenn- und Ausgleichsschicht. Da diese eine Dampfdiffusion und Tauwasserniederschlag in der Wärmedämmschicht nicht unterbinden kann, ist auf der Entlüftungsbahn eine Dampfsperre notwendig. Darauf erst wird die Wärmedämmschicht, meist in Form von Platten, mit Bitumen aufgeklebt (siehe Abschnitt Trenn- und Ausgleichsschicht).

Zwischen der Dämmschicht und den Deckschichten muß eine zweite Lage Entlüftungsbahnen verlegt werden. Werden die Dämmschichten bzw. Dämmplatten in nur einer Lage aufgebracht und stumpfgestoßen, so entstehen leicht Wärmebrücken, besonders bei nicht formbeständigen Materialien. Zu bevorzugen sind deshalb Platten, die überfälzt sind, oder man verlegt stumpfgestoßene Platten in zwei Schichten mit versetzten Stößen. Sind durch Transport oder Lagerung Kanten beschädigt oder Ecken abgebrochen, müssen solche Mängel behoben werden.

Ausbesserungen soll man aber nur in der Unterlage vornehmen. Führt man sie in der oberen Lage aus, besteht die Gefahr, daß beim Auftragen der Klebemasse für die Abdichtung der Reparaturstelle mit der Aufstrichbürste teilweise wieder herausgerissen wird, die Abdichtung an dieser Stelle nicht vollflächig aufliegt und eine Blase bildet. Fehlerstellen in der oberen Lage der Dämmschicht sind darum stets satt mit Bitumen auszugießen.

Vergleich der Dämmstoffe

Wie sich die hauptsächlichsten Dämmstoffe nach ihrer Wärmeleitzahl bzw. ihrem Dämmwert und ihrer Dicke bei steigenden Anforderungen verhalten, zeigt untenstehende Tabelle:

Dämmstoff	Wärmeleitfähigkeitsgruppe 020	025	030	035	040	045	050	055	060
Polyurethan-Hartschaum	■	■	■	■					
Polystyrol-Hartschaum		■	■	■	■				
Phenolharz-Hartschaum			■	■	■				
Mineralische und pflanzliche Faserdämmmstoffe				■	■	■	■		
Schaumglas						■	■	■	■
Korkdämmstoffe						■	■	■	
Dicke in mm	**Wärmedämmwert in $m^2 \cdot K/W$**								
20	1,00	0,80	0,67	0,57	0,50	0,44	0,40	0,36	0,33
25	1,25	1,00	0,83	0,71	0,62	0,56	0,50	0,45	0,42
30	1,50	1,20	1,00	0,86	0,75	0,67	0,60	0,55	0,50
40	2,00	1,60	1,33	1,14	1,00	0,89	0,80	0,73	0,67
50	2,50	2,00	1,67	1,43	1,25	1,11	1,00	0,91	0,83
60	3,00	2,40	2,00	1,71	1,50	1,33	1,20	1,09	1,00
70	3,50	2,80	2,33	2,00	1,75	1,56	1,40	1,27	1,17
80	4,00	3,20	2,67	2,29	2,00	1,78	1,60	1,45	1,33
100	5,00	4,00	3,33	2,86	2,50	2,22	2,00	1,82	1,67
120	6,00	4,80	4,00	3,43	3,00	2,67	2,40	2,18	2,00

W = Wärmedämmstoffe, nicht druckbelastet, z. B. in Wänden und belüfteten Dächern
WL = Wärmedämmstoffe, nicht druckbelastet, z. B. für Dämmungen zwischen Sparren- und Balkenlagen
WV = Wärmedämmstoffe, beanspruchbar auf Abreiß- und Schwerbeanspruchung, z. B. für angesetzte Vorsatzschalen ohne Unterkonstruktion
WD = Wärmedämmstoffe, druckbelastet, z. B. unter druckverteilenden Böden (ohne Trittschallanforderung) und in unbelüfteten Dächern unter der Dachhaut
WS = Wärmedämmstoffe, mit erhöhter Belastbarkeit für Sondereinsatzgebiete, z. B. Parkdecks
WDS = Wärmedämmstoffe, z. B. in Wänden und belüfteten Dächern, auch druckbelastbar, unter druckverteilenden Böden oder Anforderungen an die Trittschalldämmung, in unbelüfteten Dächern unter der Dachhaut und Parkdecks
WDH = Wärmedämmstoffe mit erhöhter Druckbelastbarkeit und druckverteilenden Böden, z. B. Parkdecks für LKW, Feuerwehrfahrzeuge

Dämmstoffe, die nicht durch Normen erfaßt werden:
Dämmplatten aus expandierten Mineralien;
Gebundene Schüttungen aus expandierten bitumierten Mineralien

Wärmedämmstoffe für Dächer, Anwendungsbereiche allgemein

	Wärmedämmstoff nach DIN	Material-Kurzzeichen	Mögliche Baustoffklassen	Verwendung im Bauwerk: Nicht druckbelastet, z. B. belüftete Dächer – Typkurzzeichen	Mindestrohdichte in kg/m^3	Druckbelastet: Druckbelastet, z. B. unter druckverteilenden Böden (ohne Trittschallanforderung) und in unbelüfteten Dächern unter der Dachhaut. – Typkurzzeichen	Mindestrohdichte in kg/m^3	Erhöhte Druckbelastbarkeit für Sondereinsatzgebiete, z. B. Parkdecks – Typkurzzeichen	Mindestrohdichte in kg/m^3	Rechenwert der Wärmeleitfähigkeit je nach Herstellerzulassung W/(m · K)
DIN 18161 „Korkerzeugnisse als Dämmstoffe für das Bauwesen"	Backkork	BK	B 1, B 2	WD	80	WD	80	WDS	120	0,045–0,055
	Imprägnierter Kork	IK	B 1, B 2	WD	120	WD	120	WDS	200	0,045–0,055
DIN 18164 „Schaumkunststoffe als Dämmstoffe für das Bauwesen	Phenolharz-hartschaum	PF	B 2	W WD WS	30 35 35	WD	35	WS	35	0,030–0,040
	Polystyrol-Partikelschaum	PS	B 1	W WD WS	15 20 30	WD	20	WS	30	0,025–0,040
	Polystyrol-Extruder-schaum	PS	B 1	W WD WS	25 25 30	WD	25	WS	30	0,035–0,090
	Polyurethan-Hartschaum	PUR	B 1, B 2	W WD WS	30 30 30	WD	30	WS	30	0,020–0,035
DIN 18165 „Faserdämmstoffe für das Bauwesen"		Min	A 1, A 2 B 1, B 2	W WL WD WV	8–500	WD	140	–	–	0,035–0,050
DIN 18174 „Schaumglas als Dämmstoff für das Bauwesen"		SG	A 1, A 2 B 1, B 2	WDS WDH	100–150 100–150	WDS WDH	100–150 100–150	WDS WDH	100–150 100–150	0,045–0,060

Wirtschaftlichkeit der Dämm-Maßnahmen

Wenn die Dämm-Maßnahmen den üblichen Forderungen des Schutzes der darunterliegenden Konstruktion dienen und auch gegen die Wärmeeinstrahlung genügend schützen sollen, so bleibt doch noch zu prüfen, wie sich die Verzinsung des Kostenaufwandes für die Wärmedämmung zu den Wärmeverlusten durch Wärmeabgabe im Winter verhält. Der günstigste Kostenpunkt wird erreicht, wenn die Heizungsaufwendungen für die Wärmeverluste gleich sind dem Zinsendienst für die Kosten der Wärmedämmung. Andernfalls kann es vorkommen, daß durch Einsparung von Isolierstärke die Heizkosten unnötig steigen, oder umgekehrt kann einer unnötig hohen Aufwendung für Isolierung nicht die entsprechende Ersparnis an Heizkosten gegenüberstehen.
Aus Gründen des Umweltschutzes und der Schonung der Rohstoffreserven hat die Senkung von Wärmeverlusten gegenüber dem Kostenaufwand für die Wärmedämmung absoluten Vorrang.

Hartschaumstoffe

Schaumkunststoffe – Hartschaumstoffe – herrschen heute als Wärmedämmschichten auf Dächern vor. Ausgangsmaterial ist in erster Linie Polystyrol (PS) und dann Polyurethan (PUR). Das Material ist überwiegend oder ganz geschlossenzellig. Bei geschlossenen Zellen ist die Wärmedämmung hoch und die Feuchtigkeitsaufnahme gering. Man verwendet bevorzugt die zähharten Typen, die ein genügendes Maß an Rückfederung aufweisen. Die Rohdichte liegt etwa zwischen 20 und $\sim$45 kg/m^3. Die Platten werden entweder aus großen Blöcken geschnitten oder in Formen hergestellt.
Neben dieser Produktionsart gibt es noch ein kontinuierliches, das sogenannte Extrusionsverfahren. Man spricht dann von extrudierten Hartschaumplatten. Bei dieser Herstellungsart wird der Schaumstoff durch eine schlitzförmige Düse zur Platte gepreßt, wodurch die Außenflächen der Platten verdichtet werden. Die Abfolge Verdichtungszone/Hartschaum/Verdichtungszone ergibt eine gewisse Sandwichwirkung, die Platten werden steifer und außerdem die Widerstandsfähigkeit gegen das Eindringen von Feuchtigkeit und Wasserdampf stark erhöht. Bekannte Namen für solche Platten sind z. B. „Styrodur“ und „Roofmate“. Ihre Formbeständigkeit reicht bis 363 K (90 °C). Sie sind normal bis schwer entflammbar. Ihre Maße betragen meistens 50 oder 60 × 125 cm. Wegen der Sicherheit der Klebearbeiten soll eine Dämmplatte nicht größer als 0,7 m^2 sein. Die Stärken: 20, 30, 40, 50, 60 und 80 bis 120 mm. Sie sind ohne und mit Stufenfalz im Handel. Meistens verlegt man sie aber aus Sicherheitsgründen überfälzt. Das Raumgewicht beträgt $\sim$30 kg/m^3. Extrudiertes Material kann durch seine Kantenstabilität zu Durchrissen der Dachhaut führen.
Polyurethan-Dämmplatten mit diffusionsdichten Deckschichten haben von allen Wärmedämmstoffen die geringste Wärmeleitfähigkeit, weshalb man im Rahmen der angebotenen Plattenstärken oft mit einer geringeren Dämmschichtstärke auskommt – oder umgekehrt ausgedrückt: bei gleicher Plattenstärke erhält man einen höheren Dämmwert. Sie haben zu etwa 95% geschlossene Poren bei einer Rohdichte von $\sim$40 kg/m^3. Sie sind mit einem Gas gefüllt, das eine größere Wärmedämmfähigkeit hat als Luft. Um diese zu erhalten, werden sie beiderseits kaschiert.
Polyurethanplatten erfordern eine sorgfältige Verlegung nach Vorschrift des jeweiligen Herstellers – wird z. B. zu heißes Bitumen verwendet, kommt es leicht zu einem Dufschüsseln der einzelnen Platten. Durch das Hochstehen der Ecken ergibt sich dann ein sehr schlechter Untergrund für die Dachhaut.
Von den meisten Herstellern werden auch Gefälledämmungen ausgeschnittener Hartschaumplatten in unterschiedlichen Neigungen hergestellt. (Siehe auch Kapitel „Dachgefälle“)

Kaschierungen

Wenn die Dämmplatten nicht lose verlegt werden, wie etwa beim sogenannten Umkehrdach, verwendet man häufig kaschierte Platten. Schon die einfache Kaschierung mit Bitumenpapier oder Bitumenbahnen bringt folgende Vorteile:

1. Schutz gegen Feuchtigkeitseinwirkung beim Lagern und Verlegen
2. Schutz der schmelzbaren Dämmplatten bei zu heißem Bitumenaufguß
3. Bessere Formstabilität und höhere Trittfestigkeit.

Eine systematisch aufgebaute Kaschierung kann darüber hinaus noch zu einer wesentlichen Vereinfachung und damit Beschleunigung der Deckungsarbeiten beitragen. So gibt es z. B. Dämmplatten, die, mit Stufenfälzen versehen, ringsum dicht verschlossen sind. Die Unterseite besitzt genügend große Rillen, um die Entlüftungsbahn zu ersetzen. Die Platten werden außerdem nicht vollflächig aufgeklebt. Die Unterseite ist mit einer Metallfolie als Dampfsperrschicht versehen, die Plattenkanten mit einem stufenförmigen Kunststoffprofil gedichtet, und eine obere Bahnendichtung (die bei der Anzahl der erforderlichen Deckschichten nicht mitgezählt werden darf) schließt die Platte nach oben ab.
Ein anderes Fabrikat besitzt auf der Unterseite eine Entlüftungsbahn und eine Dampfsperrschicht. Die Kaschierung ist auf der Oberseite nur punktweise aufgeklebt, so daß sie als Entlüftungsbahn wirkt.
So wird ein Teil der Baustellenarbeit in die Fabrik verlegt. Die Arbeiten am Bau werden beschleunigt und sind außerdem wetterunabhängiger.
Es werden auch sogenannte Rollbahnen mit unterseitigen Hartschaumstreifen verwendet. Die Deckbahn gilt bei einer Länge von 5 m und Breite von 1 m als Druckausgleichsschicht. Bei kaschierten Dämmplatten wird die Kontrolle von Fehlstellen und Kältebrücken erschwert, da diese z. B. durch überstehende Kaschierungen verdeckt werden.

Verlegung von Hartschaumplatten

Da Hartschaumplatten bei einer Temperatur von 403–423 K (130–150 °C) schmelzen, aber wegen der notwendigen Haftsicherheit und aus wirtschaftlichen Gründen meistens mit Heißbitumen aufgeklebt werden, ist beim Verlegen besondere Vorsicht geboten. Diese sogenannten Schmelzkleber, wie Normbitumen 25 (1500 g/m^2), geblasenes Bitumen 85/25 (1500 g/m^2) oder Spezialbitumen-Klebemasse mit Zusätzen (2500 g/m^2), haben eine höhere Schmelztemperatur als Hartschaumplatten. Die Platten dürfen deshalb erst in das Bitumenbett gedrückt oder mit Bitumen bestrichen werden, wenn dieses auf $<$353 K (80 °C) abgekühlt ist, sonst würden Formstabilität und Dämmeigenschaft des Materials gemindert. Neuerdings werden auch Kaltkleber (Adhäsionskleber) verwendet. Als obere Druckausgleichsschicht verwendet man auf Hartschaumplatten nur noch Selbstklebebahnen, die durch das Aufkleben der ersten Abdichtung an der Unterseite erwärmt werden, wodurch die Verklebung punkt- oder streifenförmig erfolgt.

Foamglas (Schaumglas)

Das Schaumglas hat alle wünschenswerten Materialeigenschaften, die man von einem Dämmstoff verlangen kann. Es ist anorga-

nisch, seine Wärmeleitfähigkeit liegt allerdings über der von Hartschaum, es ist trittfest, nicht brennbar, formbeständig, es besitzt keine hygroskopische Gleichgewichtsfeuchtigkeit, keine kapillare Saugkraft und ist sogar dampfdicht, so daß es theoretisch jegliche Dampfsperre überflüssig macht; trittschalldämmend ist es aber nicht.
Die Platten kommen in Kunststoffpaketen verpackt in den Handel. Foamglas wird auch als Gefälledämmung geliefert.
Maße: Ihre Nennlängen und Nennbreiten betragen in mm 500 × 500, 500 × 250 und 300 × 450; 600 × 450. Die Nenndicken in mm: 40; 50; 60; 70; 80 bis 130. Die Rohdichte liegt zwischen 100 und 150 kg/m³. Die Druckfestigkeiten betragen ca. 0,50 N/mm². Für befahrbare Decken muß sie 0,70 N/mm² besitzen. Die Wärmeleitfähigkeiten liegen je nach Plattenart bei (W/m · K) 0,045; 0,050; 0,055 und 0,060.
Schaumglasplatten werden im Verband verlegt. Ihre Verlegung ist aus mehreren Gründen nicht ganz einfach: Zunächst muß die Oberfläche der Dachdecke in einem solchen Maße glatt und eben sein, wie es für andere Materialien nicht erforderlich ist. Liegt eine dünne Platte in dem Bitumenbett auch nur um ein geringes Maß hohl, so bricht sie beim Begehen, d. h. bei der Herstellung der Abdichtung. Es scheint darum oft geraten, die Dachdecke mit einem Zementestrich zu versehen, mit dem man die Unebenheiten der Dachdecke ausgleicht. Absolut nötig bei Fertigteildecken. Ferner darf die Klebeschicht nicht mit der Bürste aufgestrichen, sondern die Bitumenmasse muß aufgegossen werden, so daß sie mit Sicherheit dick genug wird, um die Unebenheiten auszugleichen.
An und für sich ist wohl jede einzelne Platte des Schaumglases dampfdicht. Da es aber meistens nur in einer Lage verlegt wird, bilden die Fugen zwischen den Platten mögliche Fehlerquellen. Sie müssen daher mit größter Sorgfalt mit Bitumen ausgegossen werden. Bricht jedoch eine Platte beim Begehen, so wird damit gleichzeitig die Dampfsperre an dieser Stelle zerstört, und es kann wie bei anderen Dämm-Materialien durch die Decke diffundierender Wasserdampf evtl. zur Blasenbildung unter der Abdichtung führen.
In Amerika, dem Ursprungsland des Schaumglases, wird es über bewohnten Räumen meist in zwei Schichten mit versetzten Fugen verlegt, wodurch die vorstehend geschilderten Gefahren ausgeschlossen und sichtbare Wärmebrücken vermieden werden.
Aufgrund der heute erforderlichen Dämmschichtstärken ist eine zweilagige Ausführung der Wärmedämmung immer sinnvoll.

Mineralfaserdämmplatten

Neuerdings erscheinen auf dem Markt auch trittfeste Mineralfaserplatten, teilweise auch mit senkrecht zur Fläche stehenden Mineralfasern. Sie finden der guten Elastizität wegen bevorzugt Verwendung bei den schwingungsintensiven Metallprofildächern. Eine anorganische Oberflächenbeschichtung verhindert das Absinken der Bitumenklebemasse während der Verlegung und bietet außerdem die erforderliche Stabilität für eine mechanische Befestigung. Die Temperaturbeständigkeit, die Unempfindlichkeit gegenüber Heißbitumen und die Gewähr der Nichtbrennbarkeit nach DIN 4102 sind weitere wünschenswerte Materialeigenschaften, die dieser Dämmstoff besitzt.
Da jedoch alle Mineralwolle-Dämmplatten eine gewisse strukturelle Weichheit besitzen, ist es bei Verlegung auf Flachdächern erforderlich, mechanische Befestigungselemente zur Windsogsicherung wie Tellerdübel o. ä. mindestens 30 mm in die Platten einzusenken, damit beim Zusammendrücken der Dämmung durch das Begehen oder durch Auflasten die Befestigungselemente nicht die Dachhaut von unten her beschädigen können.

Klebemassen und Dachaufstrichmittel

Die Verklebung von Dachbahnen auf der Wärmedämmung erfolgt in den meisten Fällen mit Heißbitumen, lieferbar sind auch Kaltklebemassen für spezielle Einsatzbereiche.
Für die Verklebung von Bitumenbahnen auf Dachneigungen > 3% sind Klebemassen mit einem Erweichungspunkt von ≥ 100 °C zu verwenden, für die Verklebung von Elastomer-Bitumenbahnen wird Bitumen 100/25 empfohlen. Die Verarbeitung von Polymerbitumendachbahnen vom Typ PYP muß nach den betreffenden Herstellerrichtlinien vorgenommen werden.

Klebemassen und Deckaufstrichmittel, heiß zu verarbeiten

Stoff	Kurzzeichen	Gehalt an löslichen Bindemitteln Gew.-%	Erweichungspunkt des Bindemittels[1] °C	Verarbeitungstemperatur °C
Bitumen ungefüllt	85/25	≥ 99	80 bis 90	180 bis 190
	100/25	≥ 99	100 bis 108	200 bis 210
	115/15	≥ 99	110 bis 120	220 bis 230

[1] Nach Ring und Kugel, bei gefüllten Massen am extrahierten Bindemittel gemessen.

Von den meisten Herstellern werden auch Gefälledämmungen in unterschiedlichen Neigungen aus Hartschaumplatten hergestellt (siehe Abschnitt „Dachgefälle").

Dachabdichtung mit Bitumenbahnen

Dachabdichtungen aus Bitumenbahnen sind grundsätzlich mehrlagig auszuführen, bei Dachgefällen unter 1,5% dreilagig, bei ≥ 1,5% zweilagig. Die Nahtüberdeckung der Bahnen darf 8 cm nicht unterschreiten. Als Oberlage sind Bahnen mit Polyestervlieseinlage erforderlich oder gleichwertige Materialien. Wird auf einen Oberflächenschutz z. B. in Form einer Bekiesung verzichtet, muß die Oberlage in Polymerbitumenbahnen mit Schiefersplittbestreuung bestehen.
Die einzelnen Schichten der Dachabdichtung sollten immer als Systemaufbau von einem Hersteller gewählt werden, um Unverträglichkeiten der einzelnen Materialien untereinander von vorneherein auszuschließen.
Verträglichkeitsprobleme können beispielsweise zwischen normalen Bitumenbahnen und Elastomerbitumen – oder Plastomerbitumenbahnen entstehen.
Dachabdichtungen aus Bitumenbahnen bieten den Vorteil, daß es sich um seit langem erprobte Dachabdichtungssysteme handelt, die bei richtiger Ausführung eine geringe Schadenshäufigkeit aufweisen. Zudem ist im Normalfall die Verarbeitung wesentlich einfacher als bei Kunststoffbahnen und durch die mindestens zweilagige Ausführung werden Verarbeitungsfehler in einer Lage durch die andere ausgeglichen. Ein wesentlicher Vorteil ist auch die Reparaturmöglichkeit durch einfaches Aufschweißen oder Kleben von neuen Dachbahnen auf die alte Dachabdichtung.

Dachbahnen

Wollfilzbahnen

Wollfilzbahnen haben eine gute Reißfestigkeit, besonders quer zur Bahn. Sie besitzen keine Eigenlängerungen oder Kürzungen bei Temperaturschwankungen, aber durch die Aufnahme von Witterungs- und Luftfeuchtigkeit des Wollfilzes längen sich die Bahnen,

was zu Falten- und Wellenbildung führt. Eine Verwendung von Wollfilzbahnen im Flachdachbereich ist *nicht* mehr zulässig, ihr Einsatzgebiet liegt heute im Bereich von Naßraumabdichtungen oder erdberührten Kellerabdichtungen.
Diese Bitumenbahnen werden heute im Dachbereich nicht mehr angewendet. Lediglich im Bereich von erdberührten Bauelementen und deren Abdichtung gibt es noch Anwendungsbereiche.

Bitumen-Glasvliesbahnen

Der Hauptvorteil der Trägereinlage aus Glasvlies besteht darin, daß dieses Material weder aufquellen noch verrotten kann. Die Reißfestigkeit ist allerdings geringer als bei Bahnen mit Einlagen aus Polyesterfaservlies oder Glaskunststoffvlies.
Glasvliesbahnen zählen zu den preiswertesten Dachbahnen und ihr häufigster Einsatzbereich liegt bei Zwischenlagen und Dampfsperren, seltener bei Oberlagen.
Aufgrund des geringen Bitumenanteiles müssen sie im Heißbitumen verlegt werden, was sehr lohnintensiv ist (z. B. V 13), Bahnen wie V 60 S 4 mit höherem Bitumenanteil können auch im Schweißverfahren aufgebracht werden, wodurch sich eine höhere Materialqualität, verbunden mit geringeren Lohnkosten ergibt. Lochglasvlies-Bitumenbahnen werden ausschließlich als Dampfdruckausgleichsschichten verwendet. Nach dem losen Auflegen auf den Untergrund wird die nächste Lage in Heißbitumen aufgebracht, wobei das Heißbitumen sich durch die Löcher mit dem Untergrund verbindet. Zwischen den verklebten Löchern bleibt die Bahn „lose" und kann den Dampfdruckausgleich gewährleisten.

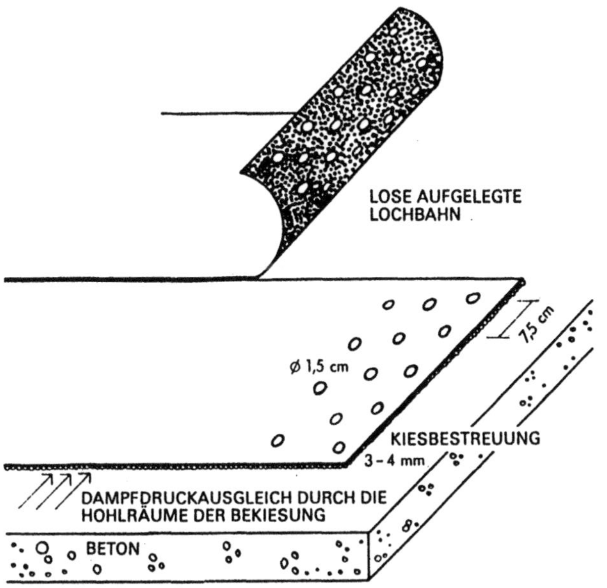

BEWEGUNGS- UND ENTLÜFTUNGSSCHICHT
LOCHVLIESBAHN VL

Bitumen-Dachdichtungsbahnen

Es gibt sie mit Trägereinlagen aus Polyestervlies, Glasgewebe oder Jutegewebe. Als Dampfsperrbahnen gibt es sie auch mit Einlagen aus Aluminium- oder Kupferbändern, die zur besseren Haftung der Bitumenschichten kalottenförmig geprägt sein müssen. Einlagen aus Glasgewebe haben durch ihre stoffartig gewebte Struktur eine hohe Reißfestigkeit. Ebenso wie die Glasvliesbahnen quellen und verrotten sie nicht. Sie sind weicher als diese, deshalb unempfindlich gegen geringe Bewegungen und Risse der Dachkonstruktion (mit Ausnahme von Bewegungsfugen). Bei Zugbelastung, z. B. auf steileren Dächern, tritt eine Längung auf Kosten der Bahnenbreite ein. Deshalb gehören sie nur auf ebene Dächer oder solche mit geringem Gefälle. Da von den Stirnseiten der Bahnen her in das Glasgewebe Wasser eindringen kann, müssen diese mit Heißbitumen sorgfältig geschlossen werden. Wird eine solche Dachbahnenoberfläche ungeschützt der Sonneneinstrahlung ausgesetzt, so hat man schon beobachtet, daß die Bitumenauflage in das Glasgewebe absinkt. Man muß sie deshalb vor direkter Sonneneinstrahlung durch eine Beschieferung, oder besser noch, durch eine >5 cm starke Kiesschüttung schützen.
Bei ähnlichen Eigenschaften wie denen der Glasgewebeträger sind Dichtungsbahnen mit Jutegewebe nicht gegen Verrottung sicher. Ihre Kanten sind daher besonders sorgfältig mit Bitumen zu schützen. Dachdichtungsbahnen werden in Heißbitumen vollflächig verklebt.

Schweißbahnen

Bitumenschweißbahnen gibt es mit Trägereinlagen aus Glasgewebe, Glasvlies. Polyestervlies, Jutegewebe und Metallband. Schweißbahnen zeichnen sich durch erhöhte Bitumenmasse aus, so daß durch Beflammen der Bahnunterseite ausreichend flüssiges Bitumen zur Verfügung steht, um die Bahn vollflächig ohne zusätzlichen Einsatz von Heißbitumen aufzuschweißen. Das lohnintensive Arbeiten mit Heißbitumen entfällt so.
Die Schweißbahnen mit Alubandeinlage als Dampfsperren dürfen nur unter der Wärmeschicht verlegt werden. Sie werden punktförmig – 3 bis 4 tellergroße Flächen je m^2 – auf die Dachdecke aufgeschweißt und dienen somit gleichzeitig als Entlüftungsbahn. Die Nähte werden auf 8 cm Breite verschweißt.
Als Abdichtungsbahnen für eine bituminöse Dachabdichtung braucht man im allgemeinen nur 2 Lagen. Die erste wird punktförmig auf die Wärmedämmschicht geklebt, so daß sie auch für den Dampfdruckausgleich sorgt und darüber folgt vollflächig aufgeschweißt die 2. Lage als Deckschicht. Sie wird unter gleichmäßigem Erhitzen der Unterseite der Dachbahn-Rolle aufgeschweißt, kann aber auch im Gießverfahren geklebt werden. Zum Ende wird noch der übliche Oberflächenschutz aufgebracht, falls die Bahn selbst nicht schon eine Bestreuung aufweist. Falls keine Kiesschüttung vorgesehen wird (>5 cm), kann man auch Kieseinbettmasse mit Perlkies 4/8 mm verwenden. Schweißbahnen sollte man möglichst bei Temperaturen von >283 K (10 °C) verlegen. Bei niedrigeren Temperaturen muß man die Bahnen genügend vorwärmen, da sie sonst zu spröde sind und brechen können.
Einen Sonderfall stellen die bituminösen Wurzelschutzbahnen dar – es handelt sich hier meist um Schweißbahnen mit einer Kupferbandeinlage, die die Wurzelfestigkeit sicherstellen soll. Da Bitumen im Gegensatz zu Kunststoff nicht wurzelfest ist, ergibt sich das Durchwurzelungsproblem vor allem an den Stößen, wo die Pflanzen zwischen den Kupfereinlagen durchwuchern könnten. Es empfiehlt sich deshalb, nur solche Wurzelschutzbahnen zu verwenden, die das Prüfzeichen einer öffentlichen Materialprüfungsanstalt aufweisen.

Polymere Bitumendachbahnen, Elastomerbahnen

Es gibt sie als Dichtungsbahnen zum Aufkleben und Schweißbahnen zum Aufschweißen.
Von den anderen, neuen Bitumenbahnen unterscheiden sie sich vor allem durch die Materialzusammensetzung – es handelt sich um bituminöse Grundmassen, die mit Kunststoffanteilen modifiziert werden, um eine höhere Dehn- und Reißfestigkeit zu erreichen. Sie stellen den qualitativ höchsten Standard der Bitumenbahnen dar und werden mit Trägereinlagen aus Polyesterfaservlies, Glas- und Jutegewebe angeboten. Ihr Einsatzbereich erstreckt sich auf alle Schichten des Dachaufbaus.

Bitumen-Bahnen und Polymerbitumen-Bahnen

Bezeichnung	Kurzzeichen	Trägereinlage	DIN	Mittlere Dicke mm	Verwendung
Glasvlies-Bitumen-Dachbahnen	V 13	Glasvlies 60 g/m²	DIN 52 143		Dampfsperre Unterlage Zwischenlage Oberlage
Lochglasvlies-Bitumen-Bahnen	LV		–		Ausgleichsschicht
Bitumen-Dachdichtungsbahnen	PV 200 DD	Polyestervlies > 200 g/m²	DIN 52 130		Dampfsperre Unterlage Zwischenlage Oberlage
	G 200 DD	Glasgewebe 200 g/m²	DIN 52 130		
	J 300 DD	Jutegewebe 300 g/m²			Unterlage Zwischenlage
Bitumen- Schweißbahnen	PV 200 S 5	Polyestervlies ≥ 200 g/m²	in Anlehnung an DIN 52 131	5	Dampfsperre Unterlage Zwischenlage Oberlage
	G 200 S 5	Glasgewebe 200 g/m²	DIN 52 131		
	G 200 S 4	Glasgewebe 200 g/m²	DIN 52 131	4	
	J 300 S 4	Jutegewebe 300 g/m²	DIN 52 131	4	Unterlage Zwischenlage
	J300 S 5	Jutegewebe 300 g/m²	DIN 52 131	5	
	V 60 S 4	Glasvlies 60 g/m²	DIN 52 131	4	Dampfsperre Unterlage Zwischenlage Oberlage
	AL 0,08 + G 200 S 5	Aluminiumband 0,08 mm u. Glasgewebe 200 g/m²	in Anlehnung an DIN 52 131	5	Dampfsperre
	AL 0,10 + V 60 S 4	Aluminiumband 0,10 mm u. Glasvlies 60 g/m²		4	
	AL 0,10 S 4	Aluminiumband 0,10 mm		4	
Polymer-Bitumen-Dachdichtungsbahnen	PYE-PV 200 DD PYP-PV 200 DD	Polyesterfaservlies ≥ 200 g/m²	DIN 52 132		Dampfsperre Unterlage Zwischenlage Oberlage
	PYE-G 200 DD PYP-G 200 DD	Glasgewebe ≥ 200 G/m²	DIN 52 132		
	PYE-J 300 DD PYP-J 300 DD	Jutegewebe ≥ 300 g/m²	DIN 52 132		
Polymer-Bitumen-Schweißbahnen	PYE-PV 200 S 5 PYP-PV 200 S 5	Polyesterfaservlies ≥ 200 g/m²	DIN 52 133	5	
	PYE-G 200 S 5 PYP-G 200 S 5 PYE-G 200 S 4 PYP-G 200 S 4	Glasgewebe ≥ 200 g/m²	DIN 52 133	5	
	PYE-J 300 S 5 PYP-J 300 S 5 PYE-J 300 S 4 PYP-J 300 S 4	Jutegewebe ≥ 300 g/m²	DIN 52 133	5	
Aluminium-Dampfsperrbahnen glasvliesverstärkt	AL 01 + V 60	Aluminiumband 0,1 mm Glasvlies 60 g/m²	–		Dampfsperre
Aluminium-Dampfsperrbahnen,	AL 01	Aluminiumband 0,01 mm	–		Dampfsperre
Bitumen-Dachbahnen mit Rohfilzeinlage	R 500	Rohfilz 500 g/m²	DIN 52 128		Unterlage Zwischenlage

Befestigungen von Dachbahnen; Ausführungsbeispiele für Gebäudehöhen bis 20 m

		Randbereich	Eckbereich	Restfläche (Innenbereich)
Geschlossene Unterlage z. B. Stahlbeton, Gasbeton	Mit Auflast	Lose verlegt 5 cm Kies oder Betonsteine	5 cm Kies oder Betonsteine und Kleben 10% oder Befestigungs-Element 2 (3) Stck/qm	Lose verlegt 5 cm Kies
	Ohne Auflast	Kleben 33% oder Befestigungs-Element 4 (6) Stck/qm	Kleben 50% lose verlegt und Befestigungs-Element 6 (8) Stck/qm	Klebefläche 10% Befestigungs-Element 2 (3) Stck/qm
Unterlage aus Holz und Holzwerkstoffen mit offenen Fugen	Mit Auflast	Lose verlegt 5 cm Kies und Nageln Reihenabstand 90 cm	Lose verlegt 5 cm Kies oder Betonsteine Nageln Reihenabstand ca. 45 cm	Lose verlegt 5 cm Kies
	Ohne Auflast	Nageln Reihenabstand ca. 45 cm	Nageln Reihenabstand ca. 30 cm	Nageln Reihenabstand ca. 90 cm
Offene Unterlage z. B. Trapezprofilbleche	Mit Auflast	5 cm Kies oder Betonsteine und Kleben auf jedem Obergurt oder Befestigungs-Element 3 (4) Stck/qm	5 cm Kies oder Betonsteine und Kleben auf jedem Obergurt oder lose verlegt und Befestigungs-Element 4 (6) Stck/qm	Lose verlegt 5 cm Kies
	Ohne Auflast	Kleben auf jedem Obergurt und Befestigungs-Element 3 (4) Stck/qm oder lose verlegt und Befestigungs-Element 4 (6) Stck/qm	Kleben auf jedem Obergurt und Befestigungs-Element 4 (5) Stck/qm oder lose verlegt und Befestigungs-Element 6 (8) Stck/qm	Kleben auf jedem Obergurt oder Befestigungs-Element 2 (3) Stck/qm

Für die Ausführung sind die jeweils gültigen Normen, Flachdachrichtlinien und Herstellungsvorschriften maßgebend.
An freien Dachkanten sind zusätzliche Randbefestigungen erforderlich.
Die Werte sind in Küstenregionen mit 1.4 zu multiplizieren.
Die Werte in Klammern gelten für Dachbahnen, bei denen durch Flattern eine erhöhte Belastung der mechanischen Befestigung zu erwarten ist.
Auflasten:
- Kies 16/32, mindestens 5 cm
- Plattenbeläge an Gehrungsplatten 40 × 40 × 4 auf Kies oder einer Schutz- oder Trennlage
- Dachbegrünungen

Befestigung von Dachbahnen am Dachrand

	Gebäudehöhe bis ca. 8 m	Gebäudehöhe ca. 8–20 m	Gebäudehöhe über 20 m
Befestigung durch Nageln auf Holz: verz. Breitkopfstifte 25/25	Doppelreihe versetzt ca. 15 Stck/m	Doppelreihe versetzt ca. 15 Stck/m	
Befestigung mit Metallband:			
– auf Holz mit Schlagschraubnägeln	ca. 6 Stck/m	ca. 10 Stck/m	
– auf Beton mit Schlagnieten	ca. 6 Stck/m	ca. 10 Stck/m	Einzelnachweis
– auf Blechen mit Gewindeform – Schrauben oder Bohrschrauben	ca. 6 Stck/m	ca. 10 Stck/m	

Hochpolymere Dachbahnen, Kunststoffbahnen

Kunststoffbahnen als Dachabdichtungen müssen witterungs- und UV-beständig, wurzelfest und widerstandsfähig gegen Flugfeuer, strahlende Wärme und Industrieabgase sein. Als Grundmaterial dienen neben speziellen Materialien im allgemeinen PVC, PIB und ECB. Die Kunststoffdachfolien haben durchweg eine Stärke von < 1,2 bis 2,5 mm, die Nahtüberdeckung darf 4 cm nicht unterschreiten.

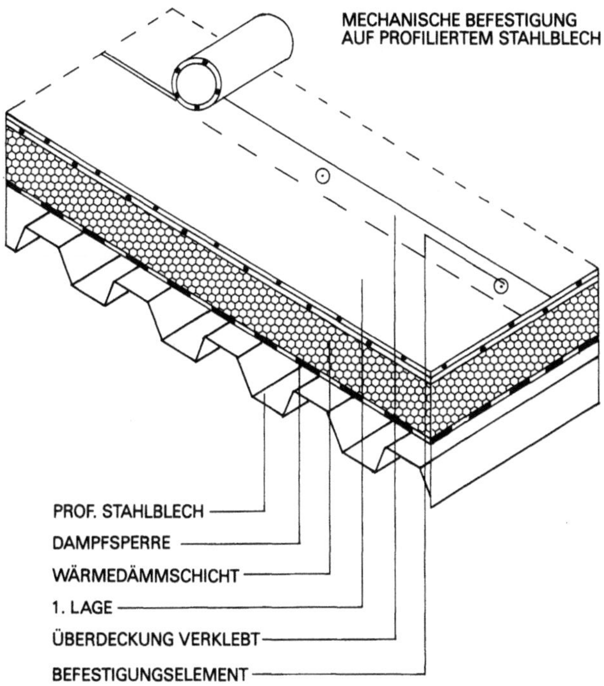

Im Unterschied zu den Dachabdichtungen aus bituminösen Dachbahnen (mind. 2lagig) werden Kunststoffbahnen nur einlagig verlegt, was erhöhte Anforderungen an die Qualität der Verlegung sowie die Ausführung der Nähte stellt. Kunststoffdachbahnen werden grundsätzlich lose verlegt und erhalten eine mechanische Befestigung oder Auflast aus 5 cm Kiesschüttung.
Bei leichten, weitgespannten Hallendächern ist die Kiesschüttung als Auflast unerwünscht, die Bahnen müssen dann nach Herstellervorschrift mit speziellen Tellerdübeln oder Anschraubschienen mechanisch mit der tragenden Dachschale verbunden werden. Die Befestigungselemente müssen soweit angezogen werden, daß sie in der Wärmedämmung versenkt liegen, um beim Begehen nicht die Dachhaut hochdrücken zu können und zu beschädigen. Lose aufgelegte Kunststoffolien müssen zur Sicherung ihrer Lage an den Dachrändern fest eingespannt werden, meistens in spezielle Profile der betreffenden Hersteller.
Die Verlegung der Folienbahnen, die nach der Größe der zu deckenden Dachflächen und den an der Baustelle befindlichen Transport- und Hebezeugen schon in der Werkstatt zu größeren Flächen zusammengeschweißt werden, erfordert Überlegung und fachlich geschultes Personal. Man legt die Längsseite der Bahn entsprechend der Hauptwindrichtung, nachdem man sie am Dachrand befestigt hat, und verlegt nur so viele Wärmedämmplatten, wie an einem Tag mit Sicherheit abgedeckt werden können. Die abgedeckte Fläche muß sofort mit der Kiesschüttung belastet werden. Die einzelnen Nähte werden mit 3–5 cm Überdeckung durch eine Quellschweißung von Hand oder mit Spezialgeräten verbunden. Neuerdings gibt es auch Bahnen mit Selbstkleberändern, die nur aufgewalzt werden. Es gibt auch Bahnen mit einer aufkaschierten Unterschicht aus Kunststoffilz, die das Auflegen einer unterseitigen Schutzlage als weiteren Arbeitsgang ersparen. Die Folie wird nach Fertigstellung der gesamten Dachfläche glattgezogen und an den umlaufenden Dachrändern befestigt. Die Elastizität der Folien nimmt die temperaturbedingte Verkürzung der Bahnen im Winter auf. Die Foliendeckung ist die einzige Dachabdichtung, die auch bei schlechtem Wetter, bei Kälte bis 263 K (–10 °C) durchgeführt werden kann. Nur die Kleberänder müssen dann vorgewärmt werden.
Für konkave Dachformen (z. B. Tonnendächer) eignen sich Kunststoffbahnen nicht, da sie durch ihr Eigengewicht zwischen den mechanischen Befestigungen abrutschen und durch Sackbildung beschädigt werden können. Für solche Dachformen eignen sich vollflächig verklebte Bitumendachbahnen besser, einzelne Hersteller bieten inzwischen aber auch Systeme mit vollflächig verklebten Kunststoffbahnen an.
Für Anschlüsse an Dachdurchdringungen, Attika-An- und -Abschlüsse, Innen- und Außenecken müssen spezielle Formstücke verwendet werden, da Anschlüsse mit Kunststoffolien wesentlich höhere Anforderungen an die Präzision stellen, um dichte Nähte zu erhalten. Bei bituminösen Dachbahnen können solche Anschlüsse mit am Bau gefertigten Bitumenzuschnitten gelöst werden, da die Bitumenbahnen sich nach Erwärmung gut an alle Geometrien anformen lassen und eventuelle Fehlstellen mit flüssigem Bitumen gedichtet werden.
Unterhaltungsarbeiten an Foliendächern sind normalerweise nicht erforderlich. Mechanische Beschädigungen der zähen Dachhaut lassen sich durch Aufschweißen eines Folienstückes beseitigen. Über die Lebensdauer der Foliendeckung läßt sich noch nichts Zuverlässiges sagen, vielleicht muß man nach 20, 30 oder 40 Jahren eine neue Folie auflegen.
In den letzten Jahren hat sich durch die zunehmenden Dachbegrünungen ein zusätzlicher Einsatzbereich für Kunststoffdachbahnen ergeben – der der Wurzelschutzbahnen. Kunststoffbahnen sind grundsätzlich wurzelfest und lassen auch an den Stößen keinerlei Durchwurzelungsmöglichkeit, da sie im Gegensatz zu Bitumenschweißbahnen mit Kupfereinlage homogen im gleichen wurzelabweisenden Material hergestellt werden.
Auch bei bituminösen Gründachaufbauten lassen sich Kunststoffbahnen als Wurzelschutzbahn zusätzlich auf die Dachabdichtung auflegen, es ist jedoch darauf zu achten, daß entweder das Kunststoffmaterial bitumenverträglich ist oder eine Trennlage, beispielsweise aus Polyestervlies, unterlegt wird. Andernfalls kommt es zu Verklebungen und Auflösungserscheinungen der beiden unterschiedlichen Dachbahnen (siehe auch Kapitel „bepflanzte Dächer" und „Grasdach").
Die Verträglichkeit mit Kunststoffbahnen ist auch nicht bei allen Dämmstoffen oder imprägnierten Holzschalungen gegeben – in solchen Fällen ist mit Trennlagen zu arbeiten – es sollten jedoch grundsätzlich nur System-Dachaufbauten der Hersteller verwendet werden, damit die Verträglichkeit der Einzelschichten sichergestellt ist.

Verarbeitung von Kunststoffbahnen

Bei Kunststoffbahnen mit thermoplastischen Eigenschaften erfolgt die Nahtverbindung durch

- Quellschweißungen, wobei das Material mit einem geeigneten Lösungsmittel angelöst wird. Die homogene Verbindung erfolgt durch Zusammendrücken der Naht.
- Warmgasschweißen mit Heißluft. Die Nahtverbindung erfolgt durch Zusammendrücken. Die Verschweißungsbreite darf 2 cm nicht unterschreiten.
- Kleben mit Kontaktklebstoffen. Die Klebenähte werden nach einer gewissen Abtrocknungszeit unter leichtem Druck zusammengefügt, Überdeckungs- und Verklebungsbreite mindestens 5 cm.
- Nahtverbindung mit Dichtungsbändern. Die Nähte der Bahnen sind entweder schon werksseitig mit einem selbstklebenden

- Streifen ausgerüstet oder werden auf der Baustelle mit zweiseitigen Klebebändern zusammengefügt.
- Heißvulkanisieren wird hauptsächlich bei der werksmäßigen Vorfertigung von Planen angewendet. Die Naht weist keinen Wechsel im Materialgefüge auf. Sie hat die gleiche Materialhomogenität wie die Folienfläche. Da lose aufgelegte Kunststoffbahnen durch Windlasten abheben können, sind sie durch Auflast, mechanische Befestigungen oder Verklebungen zu sichern.

Dachabdichtung mit Flüssigkunststoffen

Bedingt durch die großen Fortschritte in der Kunststoffverarbeitung bieten einige Hersteller heute schon flüssige Abdichtungssysteme an, die vor allem für Sanierungen alter Dachflächen angeboten werden. Man unterscheidet Systeme aus sogenannten Flüssigfolien und solche, die als hautbildender Schaum aufgetragen werden und gleichzeitig eine zusätzliche Wärmedämmung bringen. Bei diesen Systemen ist vorrangig die Verträglichkeit mit dem Untergrund zu prüfen. Ihre Schwachpunkte haben diese Systeme in ihrer noch nicht vorliegenden Langzeiterprobung und den meistens sehr schlecht ausgeführten Dachdurchdringungspunkten oder Anschlüssen, die nur „angespritzt" werden. Insgesamt scheinen die Flüssigabdichtungen im Außenbereich nur für untergeordnete Einsatzzwecke tauglich.

Allgemeine Verarbeitungshinweise für Bitumen- und Kunststoffbahnen

Klebearbeiten und Blasenbildung

Die Klebearbeiten beim Aufbringen der Abdichtungsschicht müssen mit äußerster Sorgfalt durchgeführt werden, da sonst schwere Schäden auftreten. Diese können sein: Wellenbildung, Bläschen- oder Blasenbildung.
Die Wellenbildung ist auf die Struktur der Bahneneinlagen zurückzuführen, d. h., sie wird bei Dachbahnen von guter Qualität und bei Dichtungsbahnen mit Glasvlies-, Glasgewebe- oder Jutegewebeeinlagen selten auftreten.
Die Hauptursache für die Bläschenbildung in Bitumendachbahnen ist das Vorhandensein von Wasser (in flüssigem oder dampfförmigem Zustand), das sich in kleinen Luftblasen in der Deckschicht oder in der Einlage der Dachbahn befindet und dem Einfluß wechselnder Temperaturen unterworfen ist.
Die Bläschenbildung kann nur dann verhütet werden, wenn sowohl der Hersteller bei der Wahl geeigneter Rohstoffe als auch der Händler bzw. Lagerhalter bei der Lagerung und der Dachdecker bei der Eindeckung besonders darauf achten, daß die Dachbahnen wenig Feuchtigkeit aufnehmen können.
Der Vorgang der Blasenbildung bei Dachbahnen ist folgender: Die Luft der Feuchtigkeit, die z. B. in den Poren der Dachbahnen, in den Klebenähten oder der Klebemasse eingeschlossen ist, wird durch den Einfluß der Sonnenbestrahlung durch die Dachbahnen hindurch erwärmt. Man hat an der Dachoberfläche schon Temperaturen bis 353 K (80 °C) gemessen. Durch diese Erwärmung dehnt sich die Luft aus, etwa vorhandene Wassertröpfchen verdampfen, und der gebildete Wasserdampf ist ebenfalls bestrebt, sein Volumen zu vergrößern. Wenn die Dachbahnen nun, wie es sich gehört, dicht und undurchlässig sind, entsteht in der eingeschlossenen Luft an einzelnen Stellen ein örtlicher Gasüberdruck, der über 0,5 Atm. betragen kann. Das reicht aus, um die Verbindung von Dachbahn und Klebemasse zu lösen und zu ersten, zunächst kaum sichtbaren Ausbeulungen zu führen. Mit dem Untergang der Sonne oder durch Regen oder allgemeinem Temperaturrückgang kühlen sich zunächst Bahn und Klebemasse ab und werden unnachgiebig und vielleicht starr. Wenn die Abkühlung dann auch die darunter eingeschlossene Luft erreicht hat und diese zur Verminderung ihres Volumens veranlaßt, was durch Kondensation des Wasserdampfes noch verstärkt wird, bleibt der Inhalt des Hohlraumes doch bestehen, weil die starr gewordene Klebemasse und Bahn nicht nachkommen. In dem Hohlraum entsteht dadurch ein Unterdruck, durch den weitere Luft und Feuchtigkeit angesaugt werden, bis der Druckausgleich erfolgt ist. Die in dem Hohlraum vorhandene Menge an Luft und Wasserdampf oder Wasser ist auf diese Weise vergrößert worden.
Bei erneuter Erwärmung beginnt nun das Spiel von vorn und setzt sich jeweils mit vermehrtem Inhalt des Hohlraumes an Luft, Wasserdampf oder Wasser fort. Schließlich entsteht eine Blase, die von einem Male zum anderen anwächst.
Die Wanderung des Wasserdampfes, die in den Wintermonaten mit dem Temperaturgefälle von der Raumseite durch die Dachdecke und Wärmedämmschicht unter die Deckschicht führt, kehrt sich in den Sommermonaten, wenn durch die Sonneneinwirkung die oberen Dachschichten stark erwärmt werden, um, so daß die Dachdecke wieder eine teilweise Austrocknung erfährt. Schäden an der Deckung durch Wasserdampfdiffusion aus den darunterliegenden Räumen treten darum manchmal erst nach Jahren auf.

Dachgefälle und Deckmaterial

Auswahl und Anzahl der Deckschichten hängt von der Dachneigung ab.
Bei ebenen Dächern und solchen mit einem Gefälle unter 5° fehlt der normale Wasserabfluß ganz oder er wird unsicher. Man braucht darum eine verstärkte Abdichtung. Diese muß aus >3 Lagen bestehen, wenn man nicht Bitumen-Schweißbahnen oder eine Kunststoffolie wählt. Man verlegt nur unverrottbare Glasvliesbahnen und Glasgewebebahnen. Auf die obere Dampfdruckausgleichsschicht kommt eine Glasvlies-Bitumendachbahn V 13, darauf eine Dachdichtungsbahn mit Gewebeeinlage.
Als Schutzbahn nimmt man eine Glasvliesbahn V 13. Besser ist aber eine Dichtungsbahn mit Glasgittergewebe oder eine Schweißbahn. Alle Schichten werden vollflächig mit Bitumen im Heißgießverfahren verklebt oder aufgeschweißt.
Bahnendächer über 5° Neigung sind mit mindestens 2 Lagen Dachbahnen, Dichtungsbahnen oder Schweißbahnen zu decken. Bei Dachneigungen zwischen 5 und 8° muß man als oberste Lage eine Bitumen-Glasgewebe-Dachdichtungsbahn anordnen.
Bei steileren Neigungen sind die Bahnen senkrecht zur Traufe zu verlegen und ist auf die Auswahl wärmebeständiger Materialien bei den Dachbahnen und Klebemassen zu achten. Um ein Abrutschen zu vermeiden, sind außerdem mechanische Befestigungen für die Decklagen vorzusehen. Als obere Lage dient eine Glasvlies-Bitumendachbahn V 13, wenn man nicht eine Dichtungs- oder Schweißbahn vorzieht.

Schutz der Deckschichten

Die Haltbarkeit der Deckschicht wird wesentlich von ihrer Oberflächenbehandlung beeinflußt. Liegt, wie fast immer, eine Dämmschicht unmittelbar darunter, so bildet sich ein Wärmestau, der in heißen Sommermonaten den Bitumengehalt der Klebemittel und Deckschicht zur Erweichung bzw. zum Fließen bringen kann.
Im Winter sind Eis und Schnee geeignet, die Lebensdauer der Deckschichten zu verkürzen. Verstärkt werden diese Prozesse durch

eine ungünstige Färbung der Dachoberfläche. So hat man auf schwarzen Dächern – alle Dachflächen werden allmählich durch Staub und Ruß dunkler – unter starker Sonnen- und UV-Einstrahlung schon Oberflächentemperaturen gemessen, die bis zu 20 K höher als die von hellen Dachflächen liegen. Umgekehrt können nachts die Oberflächentemperaturen um 5 K und mehr unter der Lufttemperatur liegen. Ferner ist mit Temperaturstürzen zu rechnen, z. B. Hagel auf Sonnenschein. Auch das Festsetzen und Einfressen von Ruß oder Staubteilchen beeinträchtigen die Lebensdauer der Deckschichten. Die Maßnahmen, die man gegen diese Erscheinungen treffen kann, sind von der Dachneigung abhängig. Bei ebenen oder fast ebenen Dächern bringt man einen heißflüssigen Bitumendeckaufstrich von mindestens 2 kg/m² auf. 2 Deckaufstriche mit je 2 kg/m² sind aber besser. Eine lose, möglichst helle, 5 cm starke Kiesschüttung, Korngröße 16/32 m bildet den besten Schutz gegen vorgenannte Einflüsse. Diesen besten Schutz kann man bei entsprechend hohem Dachrand nur bis zu höchstens 5° aufbringen. Ist dies nicht möglich, so sieht man eine Bekiesung (Kiespressung) vor. Meistens bringt man einen heißflüssigen Bitumendeckaufstrich von ca. 2,0 kg/m² auf und darauf eine Trennlage aus Polyäthylenfolie (PE Folie). Sie verhindert ein Eindringen der Kieselsteine in den Heißanstrich oder die Dachhaut. Bei Dachneigungen über 5° wählt man als obere Lage eine Dachabdichtung, die schon fabrikmäßig bestreut ist.
Die Zugabe von wurzelhemmenden Zusätzen ist unzweckmäßig, – sicherer ist die Verwendung einer wurzelfesten Oberlage. Kiesauflagen bilden nicht nur einen mechanischen Schutz des Daches beim Begehen und gegen sonstige Beschädigungen, sie vermindern auch die Brandgefahr.

Dehnfugen

Dehnfugen müssen von der Dachdeckung so überbrückt werden, daß die einzelnen Deckenteile (evtl. Trennfugen der Bauabschnitte) sich in den vorherzusehenden Maßen gegeneinander oder voneinander bewegen können. Da die üblichen Dach- oder Dichtungsbahnen zu spröde sind, um diesen Zwecken zu genügen, fügt man schlaufenförmig 2–3 Kunststoffbahnenstreifen zwischen sie.

Fugen bei Stahlbeton-Deckenplatten

Verlegt man Stahlbeton-Fertigteilplatten, z. B. TT Platten von 2,50 m Breite, so muß mit deren Dehnen und Schwinden sowie unebenen Kanten benachbarter Platten gerechnet werden. Das trifft besonders für große Spannweiten zu.
Um Schäden am Dachaufbau, vor allem an den Deckschichten zu vermeiden, wird über jeden Fugenstoß (Längs- und Querfugen) ein Schleppstreifen von 20 cm Breite trocken verlegt (V 13 doppelseitig besandet). Die Streifen werden einseitig geheftet. Die Deckung kann so den geringen Plattenbewegungen ohne Schaden folgen.

Umkehrdach

Wie neue, verbesserte Materialeigenschaften der Dämmplatten den Schichtenaufbau des Warmdaches verändern, geradezu revolutionieren können, zeigt die Konstruktion des sogenannten Umkehrdaches.

Extrudierte Polystyrol-Hartschaumplatten, wie z. B. „Styrodur" oder „Roofmate" mit verdichteter Oberfläche und kleineren Hohlräumen, nehmen gegenüber den normalen Hartschaumplatten nahezu kein Wasser auf. Nach 28tägiger Unterwasserlagerung haben sie <0,7 Vol-Prozent Feuchtigkeit aufgenommen. Selbst nach mehrjähriger Bewitterung wiesen solche Platten in der Nähe der Regeneinläufe, wo sie praktisch dauernd unter Wasser lagen, nur einen Feuchtigkeitsgehalt von <1,7 Vol-Prozent auf. Sie sind nicht nur wasser-, sondern auch eisfest. Bis 363 K (90 °C) sind sie temperaturbeständig, bei kurzfristiger Erwärmung sogar bis 425 K (150 °C). Sie sind zudem schwer entflammbar. In den Temperaturbereichen, in denen sie als Dämmschicht beansprucht werden, haben sie kein zu berücksichtigendes Wachs- oder Schwundmaß. Allerdings sind sie wie alle Hartschaumplatten UV-empfindlich, weshalb man sie schon bei der Lagerung auf der Baustelle mit Schutzbahnen abdecken muß.

Mit diesem Material ergibt sich ein völlig veränderter, aber verbesserter und vereinfachter Schichtaufbau.

Als Unterkonstruktion für das Umkehrdach eignen sich vor allem Stahlbetonplattendecken, die meist schon aus Brandschutzgründen >12 cm stark sein müssen. Sie werden in einem geringen Gefälle von 3% zur Sicherung des Wasserablaufes verlegt. Diese Plattendecken wirken sich als temperaturregulierender Wärmespeicher für die Dachdichtung und für das Raumklima vorteilhaft aus. Auf dieser Unterlage kann man z. B. die übliche 3lagige Deckung mit Glasvlies- und Glasgewebebahnen auf einer Druckausgleichs- und Bewegungsschicht aufbringen, die Deckschicht mit Heißbitumen abspachteln und die Dämmplatten lose verlegen. Diese Dachabdichtung bietet den besten Schutz vor mechanischen Schäden bei den nachfolgenden oder späteren Arbeiten auf der Dachfläche.

Da aber die Dachabdichtung unmittelbar auf der harten Dachdecke ruht, deren Oberfläche sorgfältig geglättet sein muß, verlegt man gewöhnlich lose zuerst eine Rohfilzbahn und darauf eine Kunststoffolie. Es gibt auch Kunststoffbahnen, die bereits mit einer Filzunterlage versehen sind, was die Arbeiten noch weiter vereinfacht. Für die Haltbarkeit und Lebensdauer der Abdichtung wirkt sich schon deren geschützte Lage unter der Dämmschicht vorteilhaft aus. Noch wichtiger erscheint aber, daß die Abdichtung – wie beim traditionellen Flachdach die Dampfsperre – im Schichtenaufbau dort untergebracht ist, wo die geringsten Wärmeschwankungen auftreten. Selbst wenn die Raumtemperatur bei Nacht auf ca. 283 K (10 °C) absinkt und auf der Dachfläche 258 K (–15 °C) Frost herrscht, kommt die Abdichtung noch nicht in die Gefrierzone. Zwischen Winter- und Sommertemperatur ist nur eine Spanne von ~20°, was bei keiner anderen Deckungsart zu erreichen ist und erheblich zur Steigerung der Lebensdauer beiträgt.

Die Wärmedämmplatten mit Stufenfalz werden auf der Dichtungsschicht lose verlegt. Die Maße sind gewöhnlich 60 × 125 cm, also 0,75 m^2 groß. Wegen der geringen Feuchtigkeitseinwirkung wählt man 10 mm stärkere Platten als bei der traditionellen Deckung erforderlich wären. Die verlegten Platten müssen sofort mit Kies beschwert werden. Die Kiesschicht, deren geringste Stärke wegen des UV-Schutzes normalerweise 5 cm bei einer Korngröße von 16/32 mm betragen muß, wählt man jeweils mindestens so stark wie die Dämmplattenstärke, um deren Aufschwimmen bei starkem Wasserandrang zu begegnen. Auf den meist begangenen Wegen – etwa vom Dachausstieg zum Schornstein – werden Gehwegplatten verlegt. Auch an den Dachrändern ordnet man sie an, um dem hier verstärkt auftretenden Windsog zu begegnen. Bei den lose aufliegenden, preßgestoßenen Dämmplatten erfolgt der Wasserabfluß sowohl auf deren Oberfläche als auch zwischen der Plattenunterseite und der Dachabdichtung. Der hierdurch hervorgerufene geringe zusätzliche Wärmeabfluß bleibt ohne Bedeutung. Bei der Ausbildung der Dachränder, der Wandanschlüsse und der Regenrohreinläufe ist dies jedoch zu berücksichtigen. Über Langzeiterfahrungen – ein etwas unbestimmter Begriff – verfügt dieser neue Dachaufbau allerdings noch nicht.

Das Hauptanwendungsgebiet des Umkehrdaches liegt in der Verbesserung des Wärmeschutzes bei vorhandenen Flachdächern. Auf die Dachhaut des bestehenden, gedämmten Flachdaches wird die Dämmung des Umkehrdaches aufgelegt; man spricht dann, der beiden Dämmschichten wegen, von einem Duodach.

Bei solchen Dachsanierungen ist vorab die Verträglichkeit des alten Dachaufbaus mit dem neuen zu untersuchen. Gegebenenfalls muß mit Trennschichten gearbeitet werden oder der Dachaufbau anders gewählt werden.

UMKEHRDACH (BZW. DUODACH) NACH RHEINHOLD U. MAHLA
DACHRAND (MIT SCHUTZLAGE)

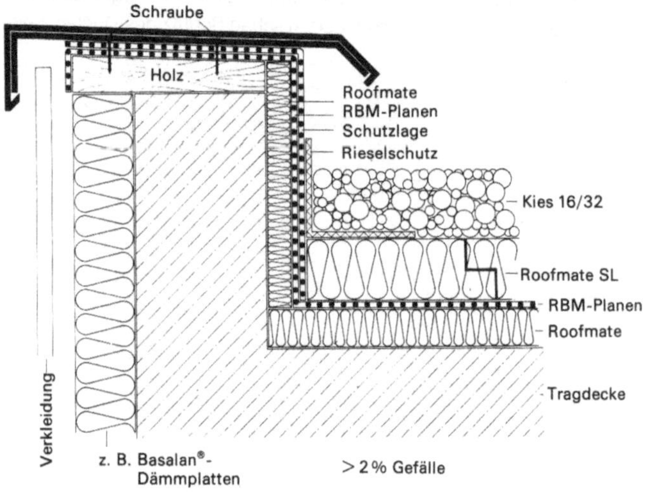

Begehbare oder befahrbare Dächer

Für stark begangene oder befahrene Flachdächer, wie z. B. Dachterrassen, Garagen, öffentlich zugängliche Terrassen, Balkone und dgl., ermäßigt man die Dachneigung auf 1,5–2%. Als Abdichtung für solche Dächer eignen sich nur die Asphaltdichtung und die Dachbahnendeckung mit Massivplattenauflage.

Um eine einwandfreie Abdichtung zu erhalten, müssen schon bei der Planung eines Bauwerkes u. a. folgende bauliche Maßnahmen getroffen werden: Alle Aufbauten und anschließenden Bauteile müssen entweder 3–5 cm tiefe und 15–20 cm hohe Aussparungen oder Abschlußprofile 25–30 cm über OK Rohdecke zum Einbinden der Abdichtungshaut erhalten. Traufpunkte müssen so ausgebildet sein, daß keine Wassersäcke entstehen. Für das Anbringen von Geländern, Fahnenstangen usw. müssen Schuhe und Buchsen in die Unterkonstruktion eingelassen werden nach Möglichkeit so, daß sich keine Durchdringungen der Dachabdichtung ergeben.

Aufgestelzte Plattenbeläge

Auf begehbare Dächer, auf gestelzte Plattenbeläge normal begangener Terrassen und Balkone verlegt man vorrangig Beläge aus Betonplatten auf Stelzlagern oder einer Rieselschicht (Feinkies).
Der Aufbau ist bei beiden Varianten prinzipiell der gleiche, eine Schutzlage in Form einer PE-Folie sollte auf jeden Fall auf der Dachhaut verlegt werden.
Die Plattenfugen bleiben offen, das Wasser fließt auf der Dachhaut unter den Platten zu den Dacheinläufen.
Aus Wartungsgründen und für einen gesicherten Wasserablauf im Winter (Schnee verdeckt Teile der Plattenfugen) dürfen die Dacheinläufe nicht verdeckt unter dem Plattenbelag liegen, sondern müssen mit Aufsatzelementen und Deckel bis Oberkante Belag geführt werden.
Die eigentliche Dachabdichtung wird als normaler Warmdachaufbau ausgeführt, Kaltdächer wären wegen der hohen aufzunehmenden Nutzlasten nicht sinnvoll. Es ist darauf zu achten, daß die Wärmedämmung eine Druckfestigkeit von ≥ 2 MN/m^2 (2 kp/cm^2) aufweist.
Bei der Ausbildung der Dachhaut mit Kunststoffbahnen dürfen diese nicht druckempfindlich sein (kalter Fluß), da sich bei Anwendung von Stelzlagern diese eindrücken können.
Das Gefälle der Dachhaut sollte grundsätzlich 2–3% betragen.
Stelzlager bestehen meist aus Kunststoff-Formteilen, es gibt sie sogar in verstellbarer Ausführung, mit Justiermöglichkeit durch die Plattenfugen. Damit läßt sich der Plattenbelag genau in der Horizontalen verlegen, auch wenn der Dachaufbau selbst im Gefälle liegt.
Die aufgestelzten Plattenbeläge erlauben durch den Hohlraum zwischen Dachhaut und Platte einen guten Wasserabfluß, ein gewisses Rückstauvolumen sowie die Reinigungsmöglichkeit der Dachhaut durch Herausnehmen einzelner Platten.

BEGEHBARES DACH MIT AUFGESTELZTEN PLATTEN

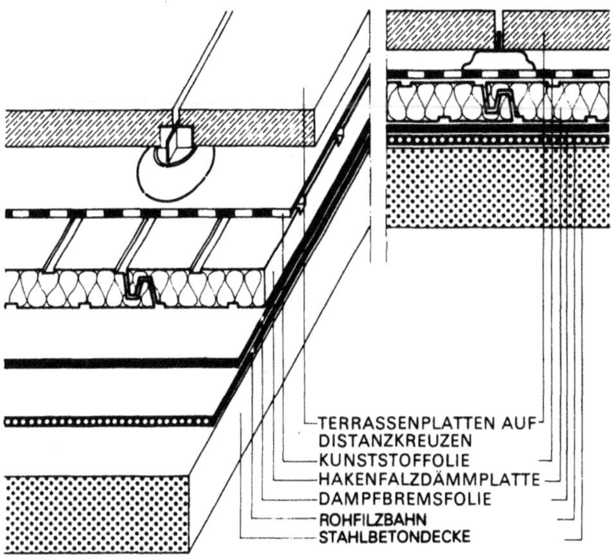

Diese Vorteile sind bei der Verlegung in Riesel durch dessen Volumen nicht vorhanden, die Verlegung ist allerdings weniger aufwendig. Terrassenbeläge in Riesel setzen sich durch Verschmutzung mit der Zeit zu und müssen dann komplett herausgenommen und in neuen Riesel verlegt werden. Je nach lokaler Einbausituation und Detailausbildung kann trotzdem mit einer Standzeit von 15 bis 20 Jahren gerechnet werden. Auch Terrassenbeläge auf Stelzlagern sollten spätestens nach dieser Zeit gereinigt werden – besser ist eine jährliche Reinigung.

Beide Verlegesysteme haben den Nachteil, daß sie nur für normal begangene Zonen im Privatbereich in Frage kommen – bei stärkerer Begehung können die Platten verrutschen und verkanten. Für höhere Beanspruchungen verwendet man daher Beläge mit Schutzbetonplatten oder Asphaltbeläge.
Bei der Planung von Dachterrassenbelägen muß die Konstruktionshöhe gegenüber den angrenzenden Räumen und Bauteilen berücksichtigt werden.

Befahrbare Dächer

In neuester Zeit kommt dem befahrbaren Dach immer mehr Bedeutung zu. In den Großstädten werden die Dächer als zusätzliche Parkfläche ausgebildet. Die Dachhaut unterliegt hier einer sehr großen statischen Beanspruchung aus Druck- und Bremsschubkräften.
Der Dachaufbau bis OK Dichtungsbahn entspricht dem üblichen Warmdachaufbau. Nur die Wärmedämmung muß eine höhere Druckfestigkeit besitzen. Über der Dichtungsbahn ist eine Trennschicht einzufügen. Sie kann z. B. aus 2 Lagen lose verlegter nackter Teerdachbahnen bestehen. Auf die Trennschicht ist noch ein Schutzestrich aufzubringen. Als Druckverteiler dient eine 8–10 cm starke bewehrte Betonplatte. Die Plattenstärke und ihre Bewehrung richten sich nach der Feldgröße bzw. dem Fugenabstand. Man geht nur selten über ~2,5 m hinaus. Sonneneinstrahlung, Wärmestau! Die Betonplatte bekommt eine abriebfeste Oberfläche.

BEFAHRBARES DACH (GEDÄMMT)

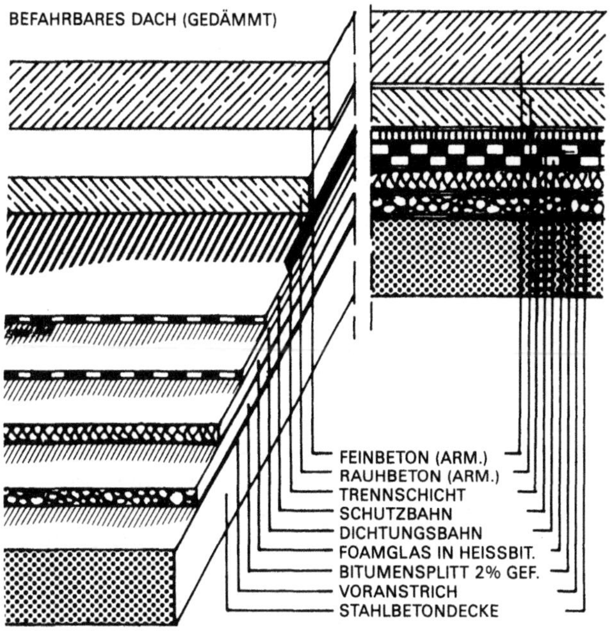

Bepflanzte Dächer

Bepflanzte Dächer werden heute mit zunehmender Tendenz, aber immer noch relativ selten ausgeführt, obwohl die auf dem Markt vorhandene Bautechnik als ausgereift gelten kann und die Angst vor Bauschäden bei richtiger Konstruktion unbegründet ist.
Die Dachbegrünung sollte aus diesem Grund von vornherein mit eingeplant werden, da eine Entscheidung während der Bauzeit zu Kompromissen und vorprogrammierten Bauschäden führen kann, weil sich Dachaufbau und konstruktive Maßnahmen vom üblichen Flachdach mit Kiesschüttung unterscheiden. Die Unterschiede liegen insbesondere im Material der Dachhaut, deren Schutz vor Durchwurzelung und der höheren statischen Belastung des Gebäudes. Zu berücksichtigen sind auch eine gute Zugänglichkeit der Dachfläche, höhere Dachrandanschlüsse, eventuell mit Brüstungen, und Wasserleitungen zur Bewässerung.

Der höhere Aufwand für eine Flachdach-Bepflanzung läßt sich aber durchaus durch deren Vorteile rechtfertigen:

- Ausgleich von Temperaturschwankungen (Amplitudendämpfung) durch große Wärmespeicherungskapazität und Verdunstungsleistung. Die Temperatur eines Kiesdaches bei voller Besonnung kann bis zu 80 °C betragen, eine begrünte Dachfläche erreicht unter gleichen Bedingungen einen Wert von ca. 30 °C.
- Günstige Beeinflussung des Klimas, speziell im innerstädtischen Bereich wünschenswert
- Luftverbesserung, Luftfilterung durch Pflanzen
- Wasserrückhaltung in der Pflanzschicht, dadurch Entlastung und mögliche Einsparung bei der Kanalisation
- Erhöhung der Wärmedämmwirkung des Daches
- Längere Lebensdauer der Dachhaut, da sie geringeren Temperaturschwankungen unterworfen ist als beim normalen Flachdach mit Bekiesung – es erfolgt keine Versprödung durch Ausdunsten der Weichmacher.
- Ausdehnung der öffentlichen und privaten Freiflächen, Schaffung neuer Wohnbereiche und zusätzlicher Freiflächen ohne neuen Bodenverbrauch
- Optische Verbesserung der Dachlandschaften

Nachteile:

- Hohes Gewicht des Dachaufbaus mit teuren Konsequenzen auf die gesamte Gebäudestatik
- Mehrkosten gegenüber dem normalen Flachdach
- Bei bestehenden Gebäuden aus statischen Gründen oft nicht nachrüstbar
- Hoher Planungsaufwand

Grundsätzlich können Flachdächer jeder Art begrünt werden, durchlüftete wie nichtdurchlüftete, Konstruktionen aus Stahlbeton, Trapezprofil, Holz und Stahl.

Bezüglich der Dachneigung bei Begrünungen sind aus vegetationstechnischen Gründen und des Wasserhaushaltes wegen 0°-Dächer anzustreben. Der Abfluß von Niederschlagswasser wird damit verzögert, und das Wasser kann für die Pflanzen verfügbar gehalten werden. Das überschüssige Wasser wird auch im gefällelosen Dach durch das sich einstellende Fließgefälle in der Dränageschicht zu den Dacheinläufen geführt.

Der eigentliche Dachaufbau von der Rohdecke bis zur Dachhaut entspricht prinzipiell den gebräuchlichen Flachdachkonstruktionen, lediglich die Wärmedämmung muß eine der Auflast entsprechende Druckfestigkeit aufweisen. Die Dachhaut muß aus einem geprüften und zugelassenen, durchwurzelungsfesten Material bestehen; es handelt sich dabei fast immer um spezielle Kunststoffbahnen. Bitumenbahnen, auch solche mit Metallbandeinlage, sind ihres Nährstoffgehaltes wegen nicht zulässig, ebenso wie wurzelhemmende Schutzanstriche, die ebenfalls keine dauerhafte Haltbarkeit gewährleisten. Zusätzliche Anforderungen an die Dachhaut ergeben sich aus der Widerstandsfähigkeit gegen Düngemittel und Humussäuren.

Dachabdichtungen bei begrünten Dächern sind nach den Flachdachrichtlinien unter Beachtung der DIN 18195 „Bauwerksabdichtungen" auszuführen. Vor dem Aufbringen des weiteren Aufbaus zur Begrünung sollte die Abdichtung durch Fluten des Daches auf Dichtigkeit geprüft werden.

Zum Schutz der Dachhaut vor mechanischer Beschädigung während der Bauzeit oder der späteren Nutzung der Dachfläche werden oft Schutzestriche aus Beton aufgebracht, die aber völlig ungeeignet sind, da sie erhebliche Bauschäden verursachen können. Beispielsweise kann durch Spannungsrisse und Verkantungen die Dachhaut beschädigt werden. Zudem können durch Kalk-Auswaschungen aus dem Beton die Dacheinläufe versintern und verstopfen. Schutzestriche sollten daher möglichst kleinflächig und nur in hochbeanspruchten Bereichen wie befahrbaren Decken oder solchen mit auftretenden Punktlasten eingebaut werden.

BEPFLANZTES DACH AUF BETONDECKE

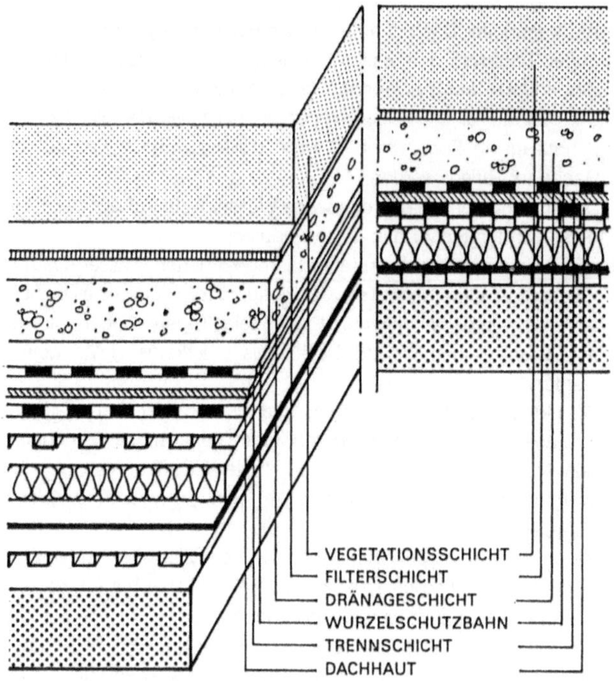

Wenn eine starke mechanische Beanspruchung der Dachabdichtung während der Bauzeit zu erwarten ist, sollten dem Beanspruchungsgrad entsprechende Schutzplatten oder -matten eingesetzt werden, die sowohl bitumenverträglich als auch verrottungsfest sein müssen.

Da die Dachflächen nach Fertigstellung der Abdichtung normalerweise keinen besonderen baulichen Belastungen mehr unterliegen, genügt in den meisten Fällen das Verlegen eines geeigneten Schutzvlieses mit einer Durchdrückkraft von $\geqq$ 1500 N. Dieses Schutzvlies, meist aus Polyesterfilz, ist mit 10 cm Überlappung an den Stößen lose zu verlegen und schützt auch die darüber verlegte Wurzelschutzbahn vor mechanischer Beschädigung durch Unebenheiten einer besandeten oder beschieferten Bitumendachbahn. Da bituminöse Dachabdichtungen und Wurzelschutzbahnen aus Kunststoff chemisch nicht verträglich sind, übernimmt das Schutzvlies zusätzlich die Trennung beider Materialien, so daß eine Weichmacherwanderung verhindert wird.

Obwohl die Entwicklung auf eine wurzelfeste Dachhaut und Einsparung der zusätzlichen Wurzelschutzbahn hinauslaufen wird, ist dies heute noch nicht selbstverständlich, da diese neuen Materialien teilweise noch in der Erprobung stehen und bis auf einzelne Produkte noch keine Zulassung haben.

Allgemein wird die Dachhaut deshalb noch als nicht durchwurzelungsfest angesehen, womit der Einbau einer speziellen Wurzelschutzbahn über der Dachhaut und der Schutzschicht nötig wird. Die Wurzelschutzbahn muß genau wie die Dachhaut als dichte Wanne ausgeführt werden und mit ihren Anschlüssen an aufgehenden Bauteilen und Dachdurchdringungen einwandfrei befestigt werden. Sie ist mindestens bis zur Oberkante der Vegetationsschicht hochzuführen, wobei sie meistens im selben Anschluß wie die Dachabdichtung befestigt wird, d. h. 15 cm über Oberkante Pflanzschicht. Genau wie die Dachhaut ist sie dann mit dieser vor UV-Einstrahlung zu schützen, z. B. durch ein Blechprofil oder einen Streifen Dachbahn.

Die Wurzelschutzbahn muß absolut dicht verschweißt sein und darf an den Nähten keine Hohlstellen aufweisen, da sonst, genau wie bei einer losen Verlegung, eine Durchwurzelung stattfinden würde. Es dürfen außerdem nur Produkte mit einer amtlichen Zulassung verwendet werden. Ein spezieller Schutz der Wurzelschutzbahn vor mechanischer Beschädigung ist nicht notwendig, da der darüberliegende Aufbau mit der Dränageschicht einen ausreichenden Schutz bietet.

Über dem Wurzelschutz muß eine Dränageschicht eingebaut werden, die man in Blähtonschüttungen oder Dränageplatten aus Kunststoff ausführt, da diese Stoffe leichter als eine Kiesschüttung sind.

Die verwendeten Stoffe müssen frostbeständig und chemisch beständig sein und dürfen keine pflanzenschädlichen Stoffe enthalten. Der Gehalt an CaO darf nicht mehr als 120 mg/100 g betragen, um ein Zusetzen der Dacheinläufe durch Kalkhydrat zu verhindern.

Die Stärke der Dränageschicht richtet sich nach den Anforderungen und der Art der geplanten Bepflanzung, d. h., sie ist auch abhängig von der Stärke der Vegetationsschicht.

Die Dränageschicht hat folgende Funktionen zu erfüllen:

- Ableitung des überschüssigen Niederschlagswassers in den Schüttungsporen;
- Wasserspeicherung im offenporigen Gefüge des Materials und Abgabe der Feuchtigkeit nach oben in die Pflanzschicht durch die Kapillarwirkung.

Die wirtschaftlichste Wasserspeicherung in der Dränageschicht ist die Anstau-Bewässerung, bei der durch Einbau von besonderen Dachgullys mit höhenverstellbaren Einläufen das anfallende Niederschlagswasser bis zum gewählten Pegel angestaut wird. Dieser Staupegel sollte nicht höher als 5 cm unter der Oberkante der Dränageschicht liegen. Durch das Aufsteigen der Feuchtigkeit in den Kapillaren der Dränageschicht erfolgt die Bewässerung der Pflanzen, wobei in extremen Trockenperioden der angestaute Wasserspiegel durch eine vollautomatische Bewässerung über eingelegte Wasserleitungen gehalten werden kann.

Mit dem Durchwurzeln der Bepflanzung wird die Wasserableitung in der Dränageschicht verschlechtert, da ein Teil der Hohlräume durch Wurzelwerk ausgefüllt ist. Eine gleichbleibend zuverlässige Entwässerung kann durch zusätzliches Verlegen von Dränagerohren zu den Dacheinläufen gewährleistet werden.

Ein Zusetzen der Dränageschicht durch eingeschwemmte Feinteile aus der Pflanzschicht wird durch eine wasserdurchlässige Filterschicht verhindert. Sie besteht aus verrottungsfesten Filtervliesen aus Kunststoff, die mit Überlappung von Bahn zu Bahn lose verlegt und an den Dachanschlüssen hochgeführt werden müssen.

Die Filterschicht darf den Abfluß von Überschußwasser aus der Vegetationsschicht nicht behindern und den kapillaren Wasseraufstieg aus der Dränageschicht nicht unterbrechen.

Über der Filtermatte folgt die eigentliche Vegetationsschicht, deren Stärke und Zusammensetzung sich nach der Art der geplanten Begrünung richtet.

Die Vegetationsschicht bildet die Grundlage für das Wachstum der Pflanzen, stellt Nährstoffe und Wasser zur Verfügung und dient als Lebensraum für Mikroorganismen, die die Nährstoffe pflanzenverfügbar umwandeln.

Natürliche Böden eignen sich nicht für Dachbegrünungen, da sie zu schwer sind und die umfangreichen Forderungen nicht erfüllen, die an ein Dachgartensubstrat zu stellen sind.

Es handelt sich um spezielle Bodenmischungen mit mineralischen und organischen Zuschlagstoffen, die von lebenden Pflanzen, regenerationsfähigen Pflanzenteilen und Samen frei sein müssen. Zudem sollen Nährstoffe gespeichert und festgehalten werden; der hohe Porenanteil sichert Durchlüftung und Wasserspeicherung.

Für eine extensive Begrünung, die nur aus anspruchsloseren Pflanzen wie Gräsern und Kräuterpflanzen besteht, genügt eine Vegetationsschicht von 5 cm, wodurch der Gesamtaufbau von ca. 10 cm eine relativ geringe Flächenlast von etwa 0,9 kN/m^2 besitzt und damit genauso schwer ist wie eine Kiesschüttung von 5 cm direkt auf der Dachhaut.

Soll eine Intensivbegrünung mit anspruchsvolleren, höheren Pflanzen vorgesehen werden, so muß die Aufbaustärke der Dränage- und Vegetationsschicht erhöht werden, wobei bei einer Vegetationsschicht von 35–40 cm die Pflanzmöglichkeiten denen des Hausgartens entsprechen. Dies bedeutet, daß auch Großsträucher bis ca. 6 m Wuchshöhe gepflanzt werden können. Um das Pflanzen von Bäumen zu ermöglichen, wird die dafür nötige Stärke der Pflanzschicht durch örtliche Anhäufungen erreicht, um nicht die gesamte begrünte Dachfläche mit dem schweren Aufbau (3,7–5,0 kN/m^2) zu belasten. Für Bäume muß ein statischer Nachweis für die auf der Dachdecke entstehende Punktlast geführt werden, ebenso für die Windlast, deren Abtragung die meisten Probleme bereitet. Bei Sträuchern genügt ein Verwurzelungsgewebe, das im unteren Bereich der Vegetationsschicht eingelegt wird. Nach dem Durchwachsen der Wurzeln erhält die Pflanze ihre Standfestigkeit dadurch, daß durch das Gewebe die auftretenden Kräfte auf eine größere Fläche verteilt werden. Es entsteht eine „Einspannung", allerdings erst nach vollständigem Anwachsen der Pflanze.

Ab einer Wuchshöhe von 3 m sollten Gehölze dauerhaft verankert werden. Damit für solche Befestigungen die Dachabdichtung nicht durchstoßen werden muß, legt man in die Vegetationsschicht Betonfundamente, die mittels Seilverspannungen der Pflanze den nötigen Halt geben.

Dacheinläufe dürfen von den Schichten der Dachbegrünung nicht überdeckt werden. Sie müssen vielmehr durch Schächte bis zur Oberfläche des Dachaufbaus freigehalten und mit Deckeln verschlossen werden, damit eine Kontrolle jederzeit möglich ist.

Aufbaustärken von Flachdachbegrünungen

Art der Begrünung		Vegetationsschicht (cm)	Dränageschicht (cm)	Gesamtaufbau (cm)	Flächenlast ca-Werte (kN/m^2)
Flächige Begrünung	Rasen, Wiese	3–5	5–7	12	1,0
	Rasen, niedrige Stauden und Gehölze	8	5–7	15	1,2–1,5
	Stauden, Kleinsträucher	15	7–10	25	2,0–2,5
	Sträucher h ≤ 3 m	25	10–15	35	3,0–3,7
Punktuelle Begrünung	Großsträucher h ≤ 6 m	35	15	50	
	Kleinbäume h ≤ 10 m	65	35	100	> 3,7
	Bäume h ≤ 15 m	100	50	150	

Diese Anhaltswerte können sich je nach verwendetem Begrünungs-System ändern.

Freistehende Stahlbetonkonstruktionen

Massive Decken aus Ortbeton, z. B. Sonnen- und Bahnsteigdächer usw., darf man nicht unmittelbar der Sonnenbestrahlung aussetzen, weil es durch die starken Bewegungen der Decke oder von Konstruktionsteilen zu Rissebildungen oder Verformungen der tragenden Stützen oder Wände kommen kann. So würde z. B. eine Stahlbeton-Dachdecke von 40 m Länge bei 100° Temperaturdifferenz eine Längenänderung von ~4 cm erfahren. Man ordnet darum so viele Bewegungsfugen an, wie die jeweilige Konstruktion gestattet und bringt die Wärmedämmschicht und Deckung, besonders in den Sommermonaten, so bald wie möglich auf. Durch die Dämmung wird in der Betonplatte ein Hitzestau durch direkte Sonnenbestrahlung verhindert.

Die Gesamtkonstruktion muß dann nur etwas höhere Temperaturdifferenzen als die umgebende Luft mitmachen.

Diese Dächer werden meistens ohne oder nur mit geringem Gefälle nach der Dachmitte ausgebildet. Eine Dampfbremse ist bei freistehenden Dächern unnötig. Die Dämmung und Dachabdichtung baut sich wie folgt auf:

1. Dachoberfläche erhält etwa 4 Wochen nach Fertigstellung einen Kaltbitumenvoranstrich
2. Eine punktweise aufgeklebte Entlüftungsbahn sorgt für den Dampfdruckausgleich und macht die Dämmschichten von der Bewegung der Dachdecke unabhängiger
3. Die Bemessung der Dämmschichtstärke muß auch die Länge des Daches bzw. den evtl. Abstand der Dehnfugen berücksichtigen
4. Auf die Dämmschicht kommt z. B. eine Lage „Selbstklebebahn", die gleichzeitig als 2. Entlüftungsbahn und 1. Deckschicht dient
5. Für die 2. und 3. Deckschicht nimmt man 2 Lagen > Glasvliesbahnen V 13
6. Die Oberfläche der Deckschicht erhält eine 1–2malige Abspachtelung mit Heißbitumen 3–4 kg/m² und darauf eine lose Kiesschüttung von 5 cm Stärke mit gewaschenem Kies, Korngröße 16/32 mm. Bei evtl. Dachgefälle von 5° muß man anstelle der Kiesschüttung eine dichte Kiesbestreuung und Einbettung, Korngröße 4/8 mm ausführen oder eine fabrikmäßig aufgebrachte Beschichtung.

DECKENAUFBAU EINER FREISTEHENDEN STAHLBETONKONSTRUKTION

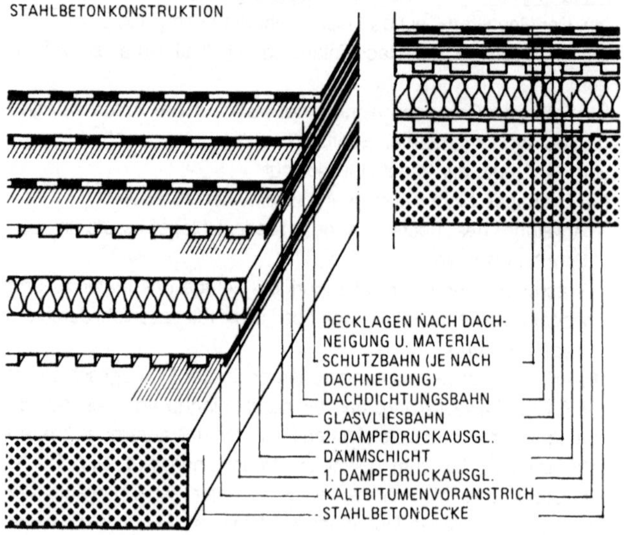

Detailpunkte

Durchbrüche

Alle Punkte, an denen die Dachhaut von einem anderen Material durchdrungen wird, sind Durchbrüche. Es spielt dabei keine Rolle, ob nur die Deckschicht oder auch die Unterkonstruktion durchbrochen wird. Die Abdichtung gegen Feuchtigkeit von außen ist hier das kleinere Problem. Wichtig ist, daß die durchstoßenden Teile einen ausreichend breiten Klebeflansch erhalten. Am besten wird dieser Flansch durch eine satt aufgeklebte Manschette aus Kunststoffolie mit den anderen Dichtungsbahnen verbunden. Lichtkuppeln, mechanische Dachentlüfter oder ähnliche Bauteile, die vor stehendem Wasser geschützt werden müssen, erhalten einen Aufsatzkranz aus Kunststoff oder Holz, dessen Oberkante höher liegen muß als die des Ortgangs. Wärmegedämmte Aufsatzkränze aus Kunststoff sind hier vorzuziehen, da ihr Einbau mit geringerem Arbeitsaufwand verbunden ist.

Bei Dacheinläufen ist darauf zu achten, daß besonders bei ebenen Dächern durch die zusätzliche Materialstärke der Flansche keine überhöhten Ränder entstehen und dadurch der Wasserabfluß behindert wird, weil der Gully höher als die Dachfläche sitzt. Um dies grundsätzlich zu vermeiden, empfiehlt es sich z. B. bei Stahlbetondachdecken die Aussparungen so groß zu wählen (ca. 35 × 35 cm für NW 100), daß der Gully mit Formteilen nachträglich in der richtigen Höhenlage einbetoniert werden kann unter Berücksichtigung aller Bautoleranzen. Bei Flachdächern auf Holzschalung muß diese sinngemäß ausgenommen und unterfüttert werden.

Die oberste Dichtungsbahn sollte bis in den Dacheinlauf geführt werden. Dacheinläufe mit senkrechtem Abgang sind solchen mit waagerechtem Abgang vorzuziehen, da letztere leichter verschlammen können.

Genauso wichtig wie die Abdichtung gegen Feuchtigkeit von außen ist der Einfluß von Raumtemperatur und Dampfdiffusion auf die Bauteile, die die Dachfläche durchdringen. Da sie die Wärmedämmung durchstoßen, ergibt sich an solchen Stellen ein anderes Temperaturgefälle als im normalen Dachaufbau, d. h. es entsteht eine Kältebrücke, an der im Bereich der Wärmedämmung und Unterkonstruktion der aus der Raumluft kommende Wasserdampf kondensieren und abtropfen kann.

Regenrohre, Luftkanäle, Dunstabzüge usw. stehen mit der kalten Außenluft direkt in Verbindung und müssen deshalb im Innenraum komplett mit einer dampfdichten Wärmedämmung ummantelt werden. Anwendbar sind Schalen oder Platten aus Foamglas oder auch als gleichwertige preiswertere Alternative spezielle Schaumstoffe (Polyurethan, Armaflex). Die Dampfdichtigkeit ist unbedingt erforderlich, da andernfalls die Dämmung durchnässen kann.

Mit sämtlichen Durchbrüchen durch die Dachhaut sollte man mindestens 50 cm vom Dachrand bleiben, da sich die komplizierten Anschlüsse, Aufklebungen und Zuschnitte der Dachhaut sonst nicht ausführen lassen bzw. nicht dicht zu bekommen sind.

Im Bereich der Dampfsperre sollte ein Flansch vorhanden sein, auf dem diese satt verklebt werden kann.

Dacheinläufe und Entlüftungsrohre werden aus Kunststoff- oder Gußeisenteilen hergestellt. Bei befahrbaren Dächern darf natürlich nur Gußeisen verwendet werden. Der Rost über dem Einlauf muß eine Last von 150 KN aufnehmen können. Bei begehbaren Terrassen und Balkonen genügen 3 KN. Bei gewerblich genützten Terrassendächern muß man mit 15 KN rechnen.

Dach-An- und -Abschlüsse

Der Flachdachanschluß bildet den Übergang vom Flachdach zu vertikal anschließenden Bauteilen. Da Flachdächer im allgemeinen eine sehr geringe oder gar keine Neigung haben, weshalb das Regenwasser langsam abfließt und der Schnee lange liegen bleibt, ist die Dichtigkeit der Anschlüsse besonders wichtig.

Bei der Detaillierung sollte man auch den Wasserüberlauf der Dachflächen berücksichtigen – verstopfte Gullys sind bei mangelhafter Wartung keine Seltenheit. Einerseits muß man dafür sorgen, daß das Wasser in diesem Fall gezielt über Wasserspeier nach außen geführt werden kann, andererseits ergibt sich eine zusätzliche Sicherheit, wenn man mindestens eine Lage der Dachhaut über die Attika bis zur Unterkante der Gesimsblende herunterzieht, womit überlaufendes Wasser am Eindringen in die Stirnseite des Dachaufbaus gehindert wird.

Wichtig für die Detailausbildung von Flachdachanschlüssen sind auch die prinzipiellen Überlegungen zur Aufteilung und Ausbildung der Dachflächen. Da jedes Flachdach eine Wanne darstellt, sollte planerisch dafür gesorgt werden, daß diese Wanne sowohl von der Unterkonstruktion als auch vom Dachaufbau her in allen Schichten „fertig gebaut" wird – d. h. es ist immer schlecht, einen Flachdachaufbau z. B. an einer aufgehenden Wand direkt zu befestigen – evtl. auch noch über eine Fuge hinweg. Es ergeben sich an solchen Stellen unterschiedliche Bewegungen im Bauwerk, die den Dachanschluß belasten können. Besser ist es, falls konstruktiv möglich, eine Betonaufkantung zu erstellen oder ein Detail aus einem Kehlblech zu entwickeln, um die Flachdachwanne als konstruktiv eigenes Bauteil auszubilden.

Dachrand- und Anschlußdetails sollten prinzipiell auch so ausgebildet werden, daß die Dampfdruckausgleichsschicht unter der Dampfsperre Verbindung zur Außenluft erhält, um eine Entspannung des Dampfdruckes zu ermöglichen. Dies bedingt, daß Ausgleichsschicht und Dampfsperre am besten auf der Unterkonstruktion gerade durchlaufend verlegt werden bis zum Dachrand und dann an den Anschlüssen die Bauteile der Aufkantungen daraufgesetzt werden wie beispielsweise eine Aufkantung aus Massivholz. Verwendet man Aufkantungen aus verzinkten Kehlblechen, so sind diese zuerst zu setzen und die Dampfsperre darauf zu verkleben – auch hier ergibt sich zwischen Rohdecke und Kehlblechunterseite eine Ausgleichsfuge zur Außenluft. Man stellt mit solchen Anschlüssen auch eine hervorragende Vordeckung der Gebäude her, das damit schon weitgehend dicht ist bis zum Aufbringen der restlichen Schichten des Dachaufbaus.

Wenig sinnvoll sind Anschlußdetails, bei denen die unter der Dampfsperre liegende Dampfdruckausgleichsschicht bis unter die mechanische Befestigung der Dachhaut geführt wird – sie wird dort „angeklemmt" und hat keine Verbindung zur Außenluft. Sie gewährleistet lediglich noch eine Verteilung des Dampfdruckes unter der Dampfsperre, nicht aber eine, wenn auch langsame Abgabe nach außen.

Dehnfugenausbildungen sind wegen der durch die Dachhaut aufzunehmenden Bewegungen potentielle Schwachstellen – die Fugenausbildung der Dachhaut wird deswegen erhöht angelegt und aus der wasserführenden Ebene der Dachhaut herausgehoben. Dies ist bei der Planung der Dachgefälle und Gullyanordnungen zu berücksichtigen, da die erhöhten Dehnfugenausbildungen eine Barriere für den Wasserablauf darstellen.

Will man eine weitgehend wartungsfreie Dehnfuge ausbilden, bei der man nicht auf die Qualität und Standfestigkeit der Dachhaut angewiesen ist, empfiehlt sich eine Dehnfugenausbildung mittels zweier gegeneinander gestellten Aufkantungen z. B. aus Kehlblechen mit einer gemeinsamen Dachkappe. Kehlbleche als Aufkantung bieten auch den Vorteil einer gewissen „Dimensionslosigkeit", wodurch sich auch kompliziertere Eckausbildungen und Anschlüsse ausformen lassen.

Die notwendigen Höhen für Aufkantungen betragen 15 cm für aufgehende Bauteile in der Dachfläche, und 10 cm am Dachrand, aus der Überlegung heraus, daß bei Stauwasser dieses bevorzugt über den Dachrand ablaufen kann, bevor es in die Anschlüsse der aufgehenden Bauteile eindringt.

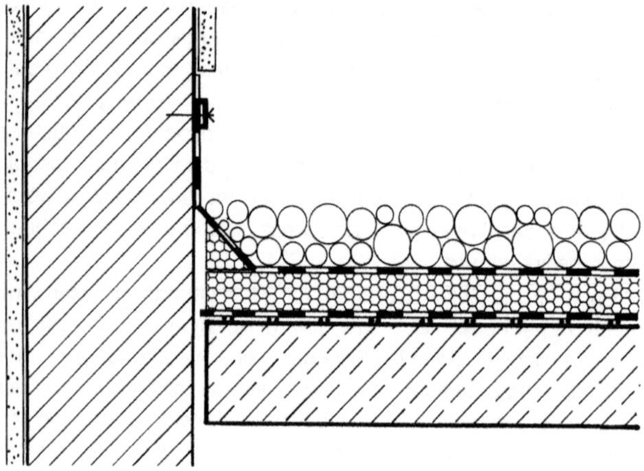

FALSCHE LÖSUNG
Aufgehende Wand und die Decke haben keine statische Verbindung, die aufgehende Dachhaut muß Bewegungen der Decke aufnehmen und kann dadurch abreißen.
Dachhaut läuft über zwei Bauteile mit unterschiedlichem Verhalten.

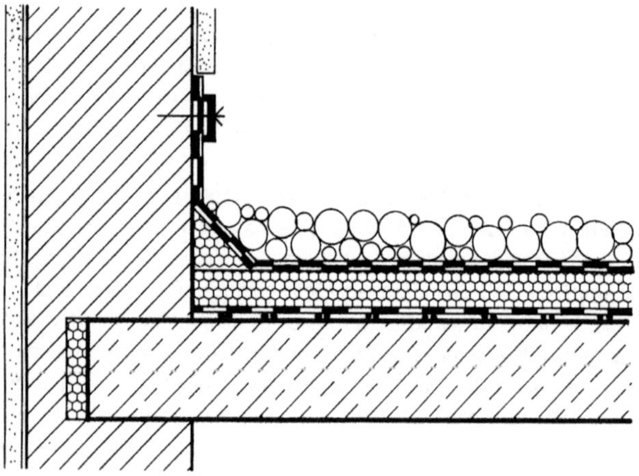

BESSERE, GEBRÄUCHLICHE LÖSUNG
Aufgehende Wand und Decke sind statisch verbunden, die Aufgehende. Dachhaut muß keine Bewegungen aus der Baukonstruktion aufnehmen.
Einziger Nachteil: Es gibt keine komplett ausgebildete „Dachwanne" in der Rohbaukonstruktion.
Dachhaut verläuft über 2 Bauteile mit unterschiedlichem Verhalten.

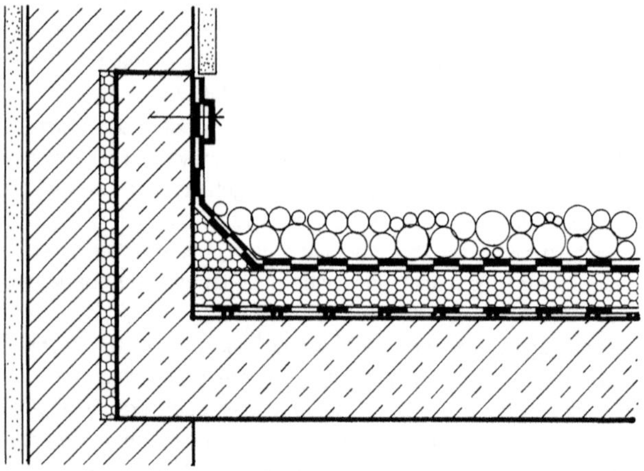

OPTIMALE, AUFWENDIGE LÖSUNG
Aufgehende Wand von Decke statisch verbunden, Ausbildung der Decke als massive Dachwanne. Dadurch liegt der Dachaufbau in einem Bauteil der „Wanne" und muß nur deren Bewegungen mitmachen.
Dachhaut verläuft über ein monolithisches Bauteil.

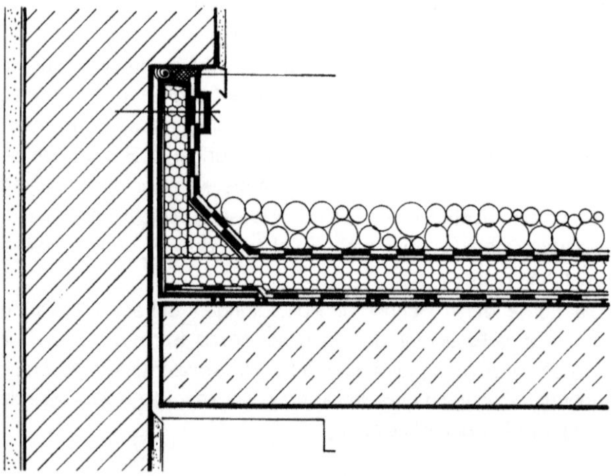

SONDERLÖSUNG
Läßt sich die Fuge zwischen Wand und Decke nicht vermeiden, muß ebenfalls die Wanne konstruktiv fertiggebaut werden, damit die unvermeidliche Fuge mit ihren Bewegungen definiert in Bereichen oberhalb der wasserführenden Ebene zu liegen kommt. Zudem läßt sich die waagerechte Bewegungsfuge in der Wand einfach dichten mittels eines Wetterschenkels oder ähnlichem. Der „Wannenrand" wird mit einem gekanteten, ca. 2,5 mm starken Blech ausgebildet.
Dieses Prinzip empfiehlt sich z. B. bei Anbauten an bestehende Gebäude, wenn die neue Decke nicht in den Bestand eingebunden werden kann.

Bei Dachflächen mit rundum durchgehendem Dachrand ist das sinnvoll, bei Dachflächen mit Verschnitten von Dachrand und Aufkantungen ist es erforderlich, eine gemeinsame Bezugshöhe für alle Dachanschlüsse festzulegen, um geometrisch komplizierte, unschöne und teure Verschneidungen vor allem in den Eckbereichen, zu vermeiden. Dann sind als Dachüberläufe Wasserspeier einzubauen, die bei ca. 10 cm Stauwasserhöhe entwässern.

Wichtig: Die Höhe der Aufkantungen wird ab Oberkante wasserführende Schicht gemessen – bei Dächern ohne schweren Oberflächenschutz gilt dabei Oberfläche Dachhaut, bei bekiesten Dächern Oberfläche Kies und bei Terrassendächern die Oberfläche Plattenbelag. Bei Terrassendächern besteht meistens der Wunsch nach einem annähernd ebenen Austritt von den Terrassentüren zur Terrasse – dies ist nur durch Einbau einer Gitterrostrinne vor der Fassade machbar – es gilt dann die Rinnensohle als wasserführende Schicht.

Werden bei Dachrändern Geländer oder Brüstungen erforderlich, so befestigt man diese sinnvollerweise vor dem Dachrand durch die Fugen der Gesimsblende oder unter dieser, um keine Durchbrüche durch die Dachhaut im sowieso schon aufwendigen Randbereich zu bekommen. Bei Dachüberständen oder Loggien mit Abdichtungen verlegt man die Befestigung sinnvollerweise sogar auf die Unterseite der Kragplatte.

Für alle Anschlüsse auf Flachdächern gilt:
Es dürfen nur normengerechte Materialien zur Verwendung kommen. Ob man bewegliche oder starre Anschlüsse wählt, ist vom Einzelfall abhängig. Bei Verwendung von Anschlüssen aus Blech sind immer bewegliche Anschlüsse auszuführen. Ecken sind als Hohlkehlen auszubilden oder unter 45° abzuschrägen, um ein scharfes Knicken der Dachhaut zu vermeiden. Die Dichtungsbahnen sowie die Druckausgleichsschicht werden an der Wand hochgeführt und gegen Abrutschen mechanisch gesichert. Zu diesem Zweck gibt es Spezialprofile, die entweder beim Betonieren in die Schalung eingelegt oder nachträglich auf die Wand aufgeschraubt werden. Diese Profile müssen je nach Dachaufbau mindestens 15 cm über wasserführender Schicht (OK Kies) liegen. Die hochgezogene Dachhaut ist durch einen Überhangstreifen oder Wetterschenkel vor eindringendem Wasser zu schützen. Die Art der Befestigung der Dachhaut sowie des Überhangstreifens muß eine einwandfreie Entspannung der Druckausgleichschichten gewährleisten.

Die oberste Lage der Dachhaut sollte, wenn möglich, im Bereich des Wandanschlusses nicht der direkten Sonnenbestrahlung ausgesetzt werden, sondern am besten durch zusätzliche Anordnung eines Schutzstreifens aus Dachbahn oder Blech über dem offenliegenden Bereich des Anschlusses.

Die Verbindungen und Befestigungen sind so auszuführen, daß sich die Bauglieder bei Wärmeänderungen ungehindert ausdehnen, zusammenziehen und verschieben können, ohne Undichtigkeiten hervorzurufen. Gegen Abheben und Beschädigungen durch Sturm sind geeignete Maßnahmen zu treffen. Nach DIN 1055 „Lastannahmen für Bauten" sind bei Flachdächern mit einer Neigung unter 35° zusätzlich zu den Windlasten höhere Soglasten entlang aller Dachränder als abhebend wirkende Lasten in Rechnung zu stellen. Bei Dachüberständen muß zusätzlich ein von unten wirkender Winddruck berücksichtigt werden.

Das für einen Flachdachabschluß verwendete Material sollte nach folgenden Gesichtspunkten ausgewählt werden:

- Materialfestigkeit,
- Ausdehnungskoeffizient,
- chemische Beständigkeit,
- Witterungsbeständigkeit,
- Verarbeitungsmöglichkeit,
- Wirtschaftlichkeit.

Für den Dachrand werden meistens handelsübliche Flachdachabschlußprofile aus Aluminium verwendet, die gleichartig die Einklemmung der Dachhaut mit übernehmen.
Diese Teile sind jedoch optisch wenig befriedigend. Dachrandblenden können auch aus Materialien wie Kunststoff, Holz, Trapezblech, Blechkassetten oder imprägniertem Faserzement hergestellt werden.
Der Flachdachabschluß in Betonfertigteilen hat sich nicht durchgesetzt, da er in Herstellung und Montage zu teuer ist. Bei seiner Verwendung muß außerdem das Gebäude im Raster der lieferbaren Gesimssteine geplant werden. Aufwendig sind auch die Spezialteile wie Innen- und Außenecken.

BEISPIELE FÜR FORMTEILE ZU KUNSTSTOFFDACHBAHNEN, ECKDETAIL

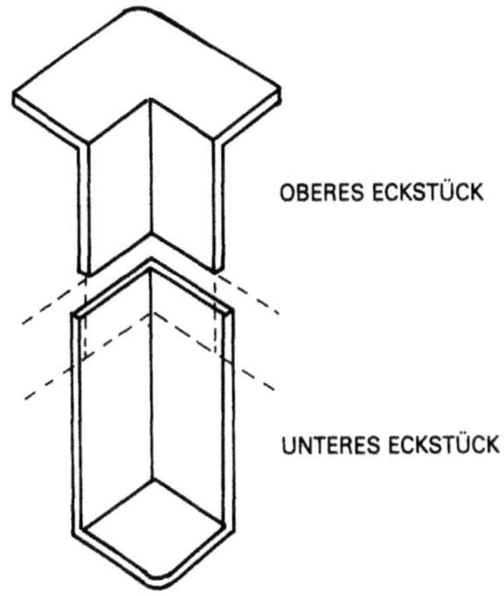

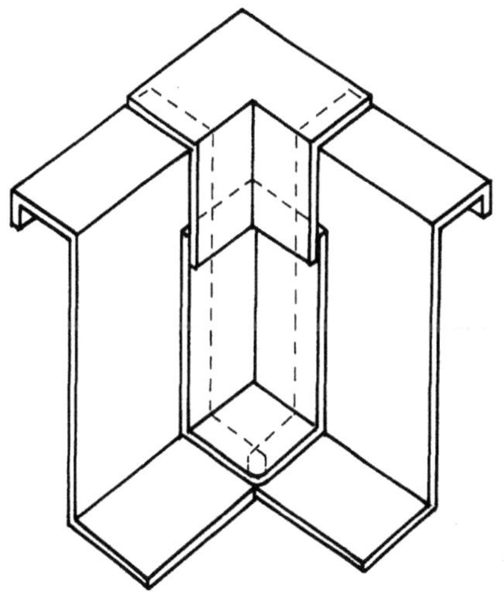

ECKEN AUFGESETZT

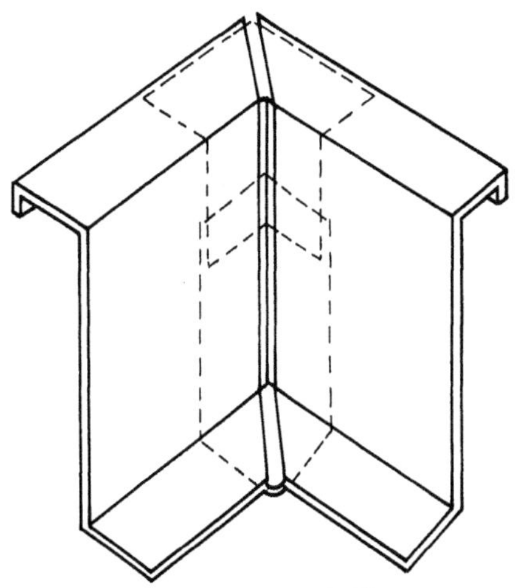

ECKEN VERDECKT

BITUMINÖSE DACHBAHNEN, MEHRLAGIG

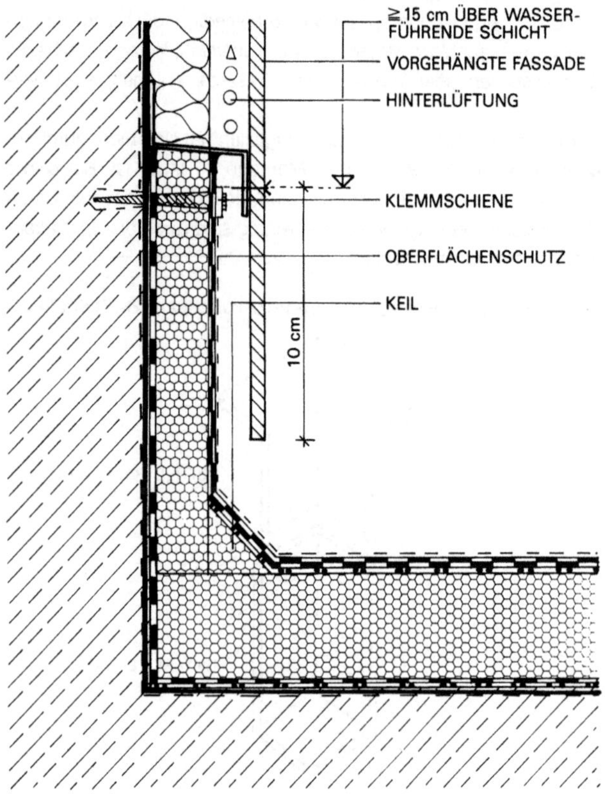

WANDANSCHLUSS MIT VORGEHÄNGTER FASSADE
BITUMENDACHBAHN VOLLFLÄCHIG VERKLEBT

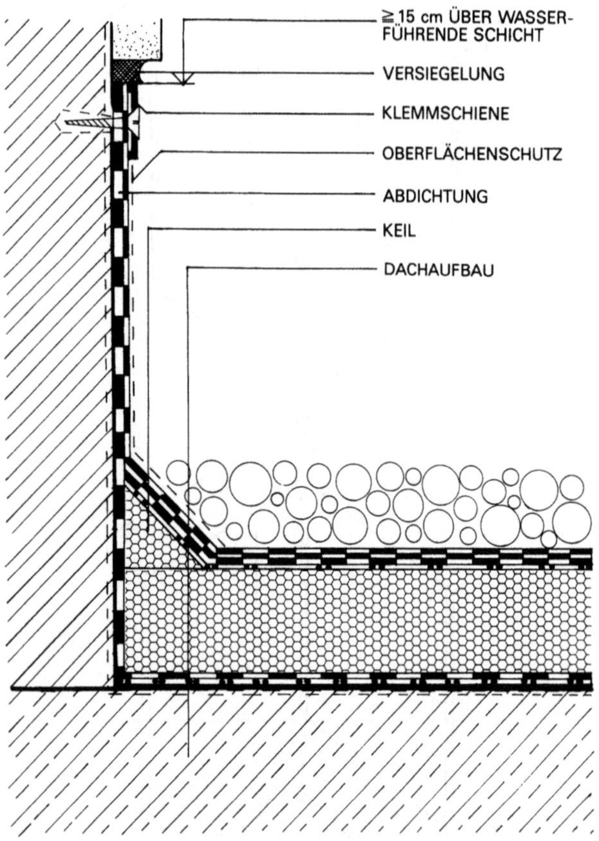

WANDANSCHLUSS AN GEPUTZTE FASSADE
BITUMENDACHBAHN VOLLFLÄCHIG VERKLEBT

KUNSTSTOFFBAHNEN, EINLAGIG

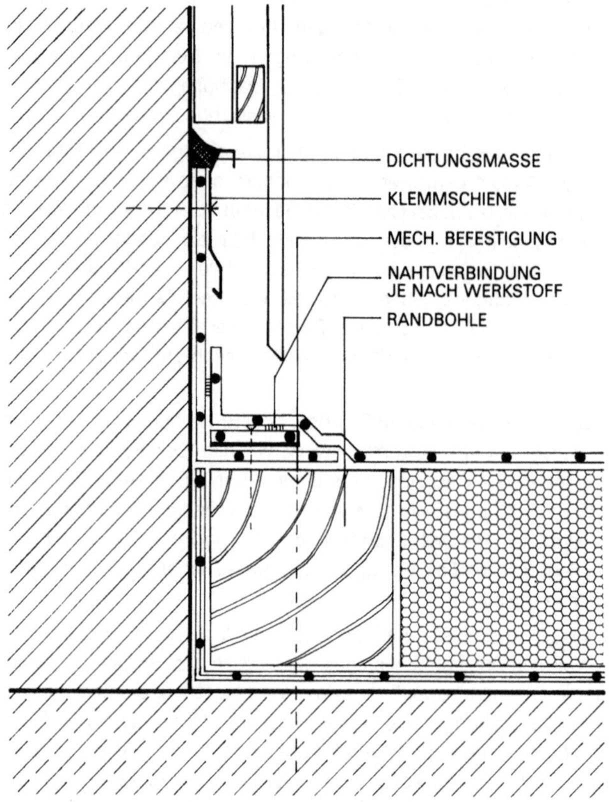

WANDANSCHLUSS MIT VORGEHÄNGTER FASSADE
KUNSTSTOFFBAHN LOSE VERLEGT UND MECHANISCH BEFESTIGT

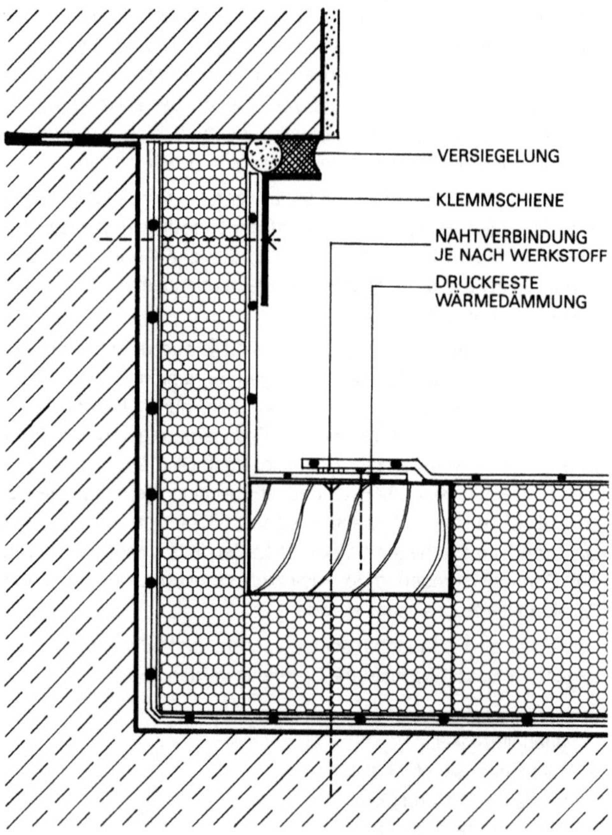

WANDANSCHLUSS UNTERSCHNITTEN AN GEPUTZTE FASSADE
KUNSTSTOFFBAHN LOSE VERLEGT UND MECHANISCH BEFESTIGT

BITUMINÖSE DACHBAHNEN, MEHRLAGIG

KUNSTSTOFFBAHNEN, EINLAGIG

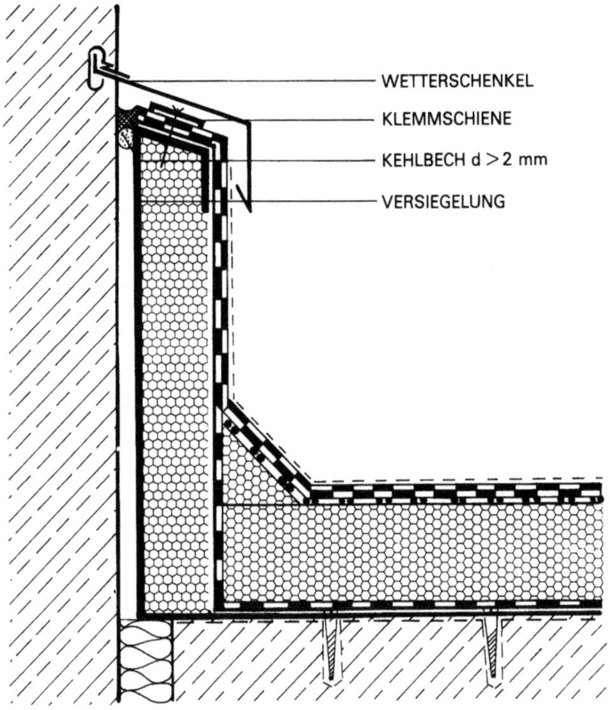

BEWEGLICHER WANDANSCHLUSS MIT KEHLBLECH
BITUMENDACHBAHN VOLLFLÄCHIG AUFGEKLEBT

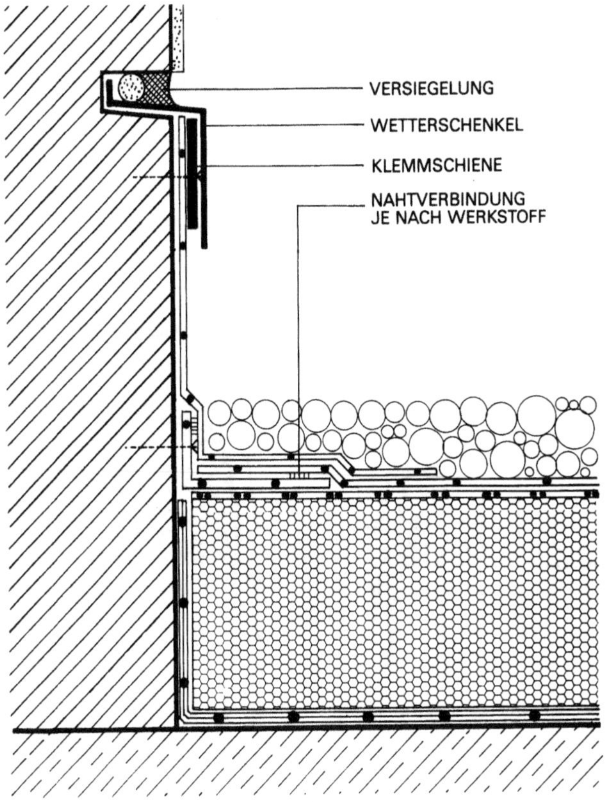

WANDANSCHLUSS AN GEPUTZTE WAND
KUNSTSTOFFBAHN LOSE VERLEGT UND MECHANISCH BEFESTIGT

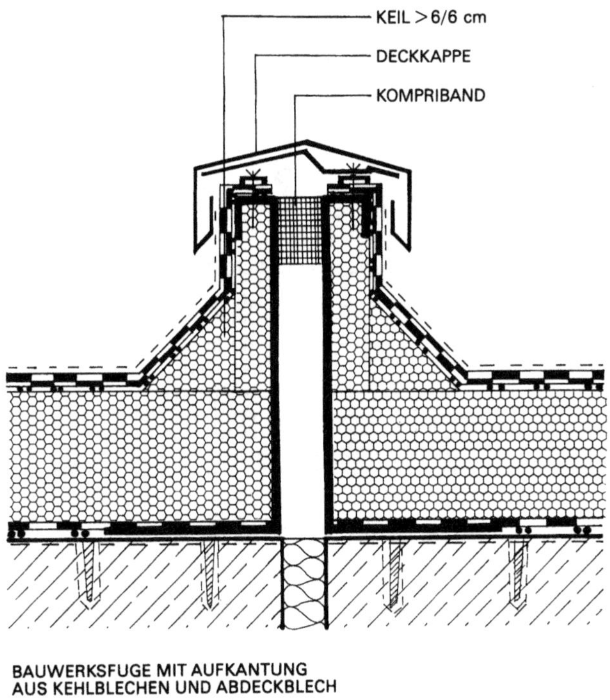

BAUWERKSFUGE MIT AUFKANTUNG
AUS KEHLBLECHEN UND ABDECKBLECH

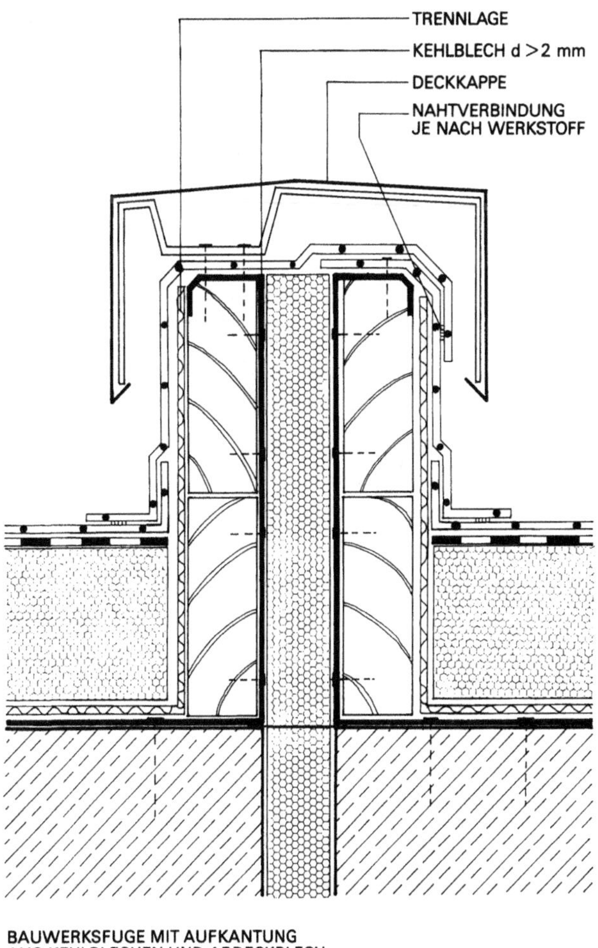

BAUWERKSFUGE MIT AUFKANTUNG
AUS KEHLBLECHEN UND ABDECKBLECH

BITUMINÖSE DACHBAHNEN, MEHRLAGIG

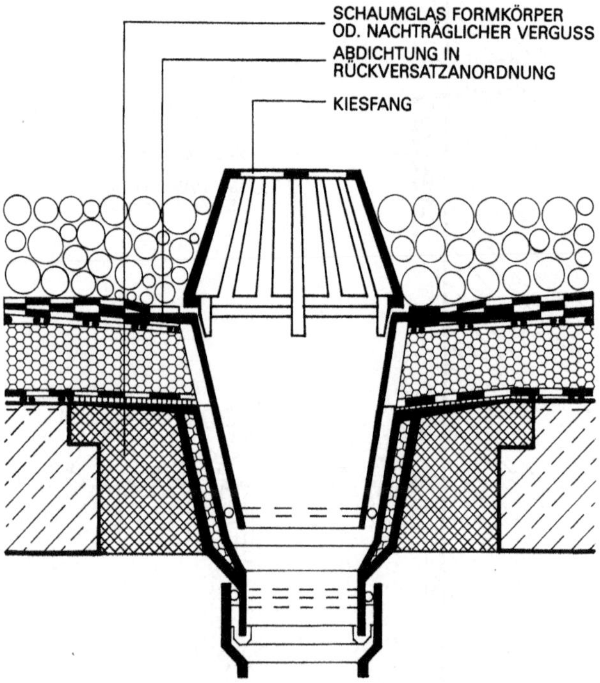

DACHEINLAUF, BITUMENBAHN MIT GULLYELEMENT VERKLEBT

KUNSTSTOFFBAHNEN, EINLAGIG

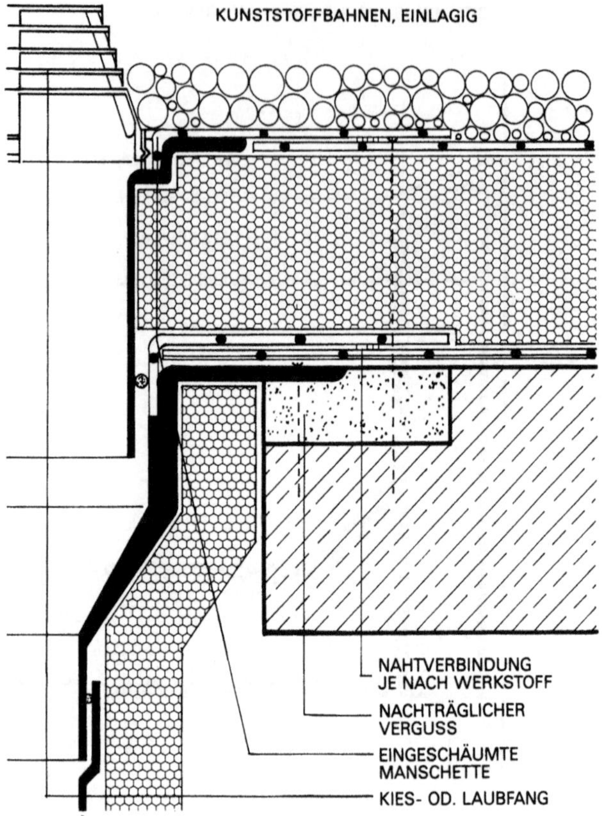

DACHEINLAUF, KUNSTSTOFFBAHN AN FORMTEIL DES GULLYS ANGESCHWEIS

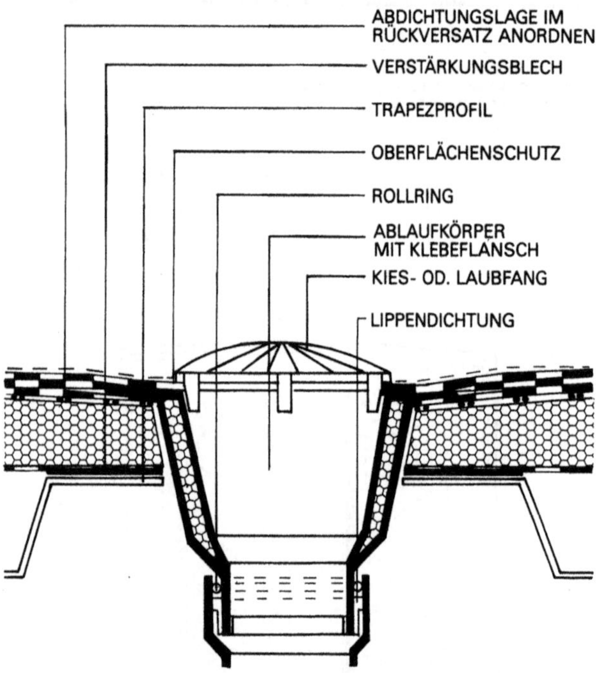

DACHEINLAUF OHNE BEKIESUNG, TRAPEZPROFILDACHDECKE

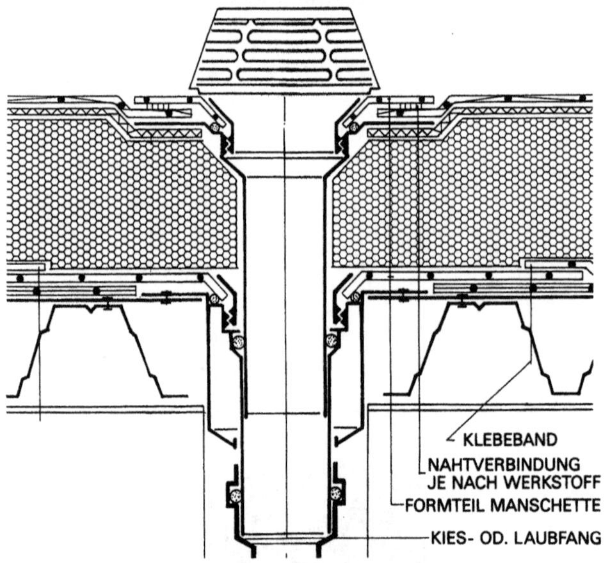

DACHEINLAUF OHNE BEKIESUNG, TRAPEZPROFILDACH

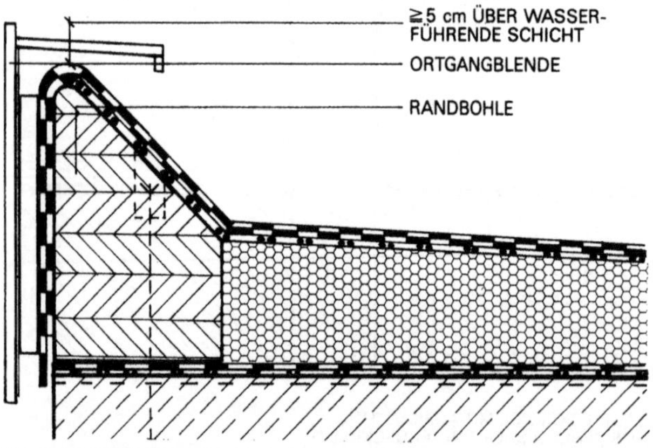

DACHRAND MIT ÜBERGREIFENDER DACHHAUT

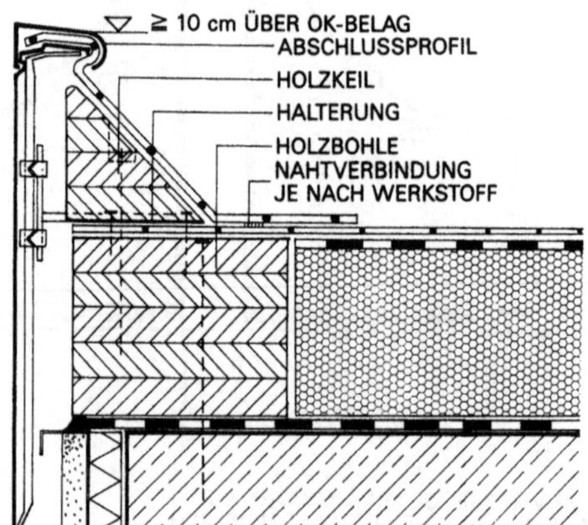

DACHRAND MIT VORGEFERTIGTEM ALUMINIUMPROFIL

BITUMINÖSE DACHBAHNEN, MEHRLAGIG

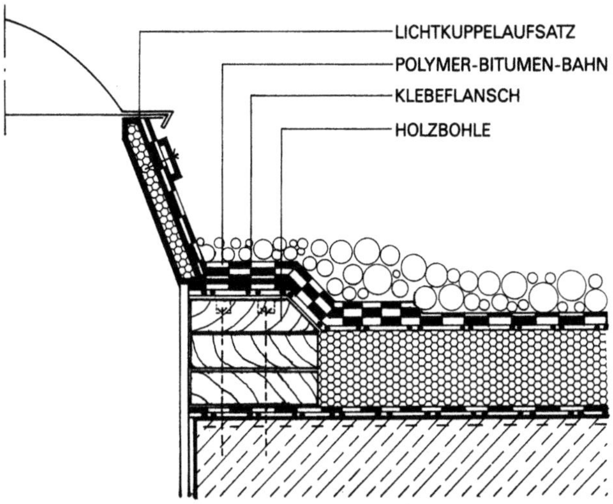

LICHTKUPPELANSCHLUSS MIT AUFSATZKRANZ AUS HOLZ

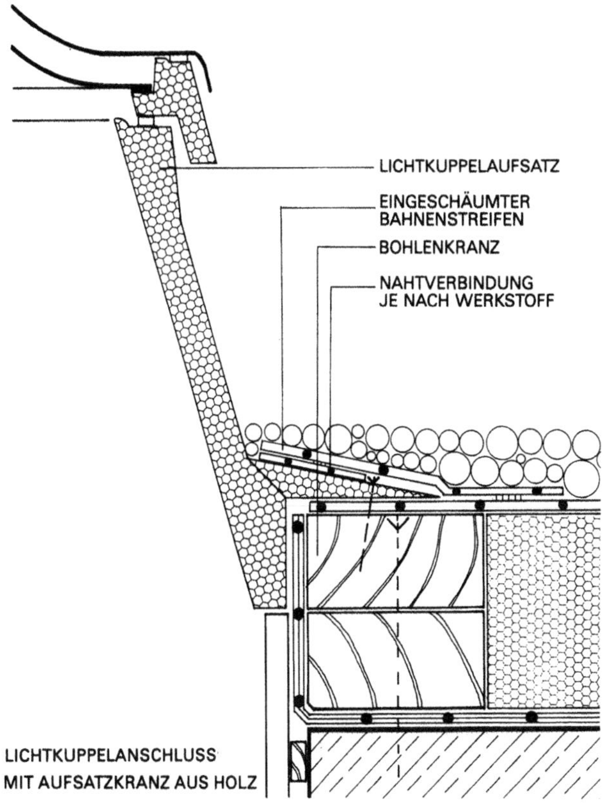

LICHTKUPPELANSCHLUSS
MIT AUFSATZKRANZ AUS HOLZ

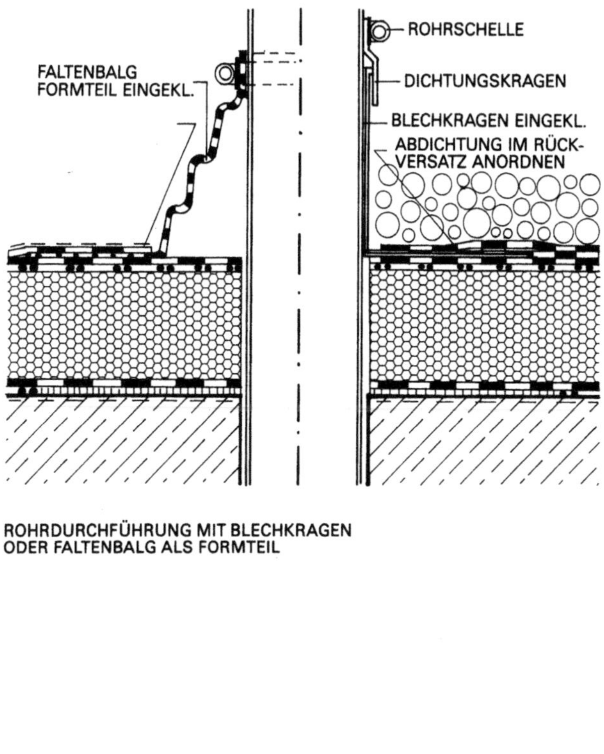

ROHRDURCHFÜHRUNG MIT BLECHKRAGEN
ODER FALTENBALG ALS FORMTEIL

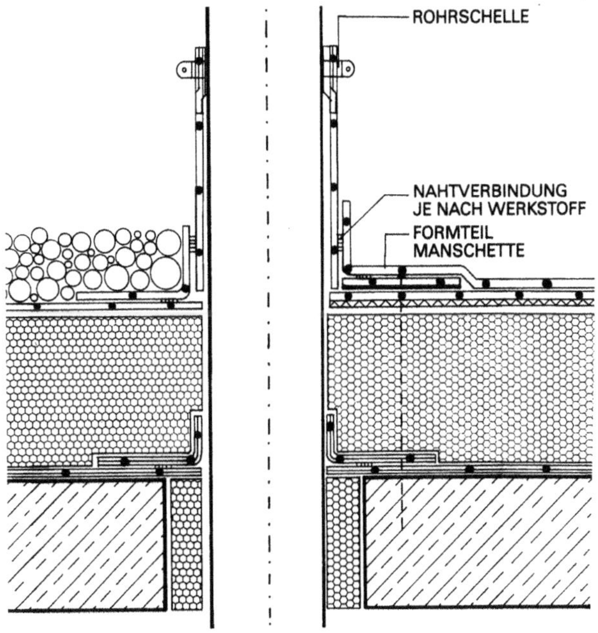

ROHRDURCHFÜHRUNG MIT KUNSTSTOFF-FORMTEIL

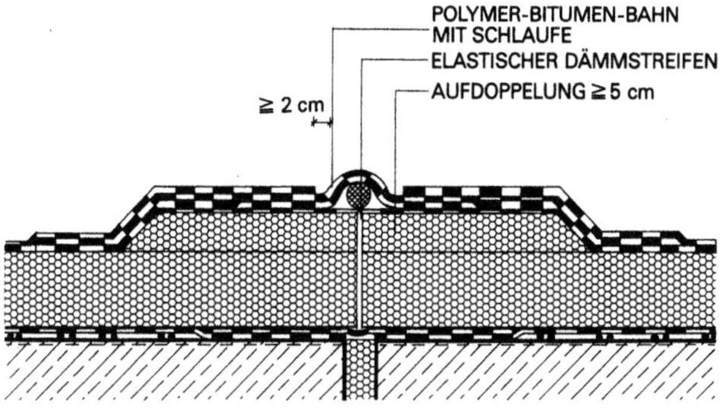

GEBÄUDE-TRENNFUGE DURCH AUFDOPPELUNG
AUS WASSERFÜHRENDER SCHICHT HERAUSGEHOBEN

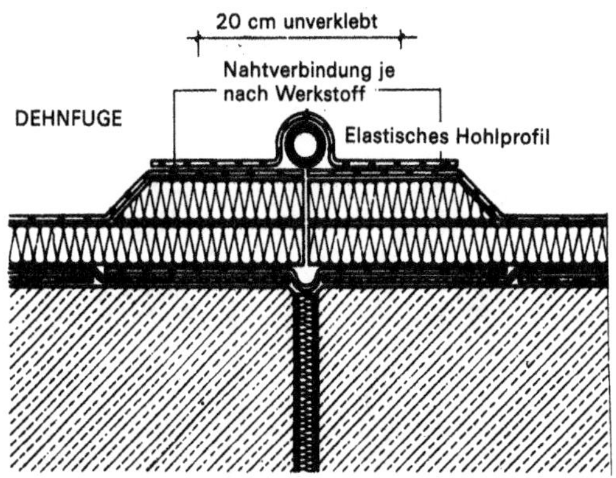

GEBÄUDE-TRENNFUGE DURCH AUFDOPPELUNG
AUS WASSERFÜHRENDER SCHICHT HERAUSGEHOBEN

SPEZIELLE DETAILPUNKTE UND DACHAUFBAUTEN FÜR BITUMINÖSEN DACHAUFBAU

GILT SINNGEMÄSS AUCH FÜR DACHABDICHTUNG MIT KUNSTSTOFFBAHNEN

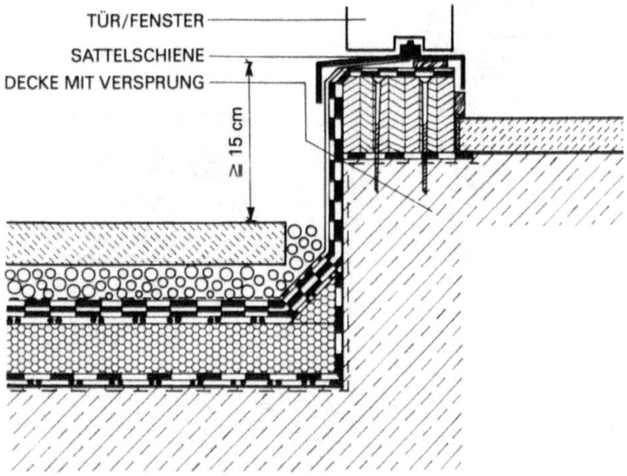

FASSADENANSCHLUSS TERRASSENDACH MIT VERSETZTER BETONDECKE

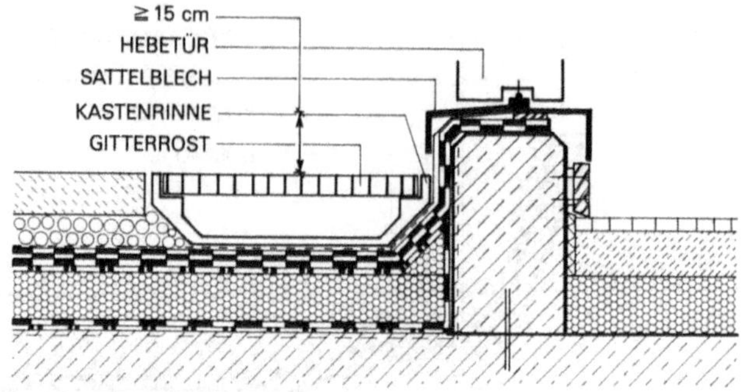

FASSADENANSCHLUSS TERRASSENDACH MIT DURCHGEHENDER BETONDECKE

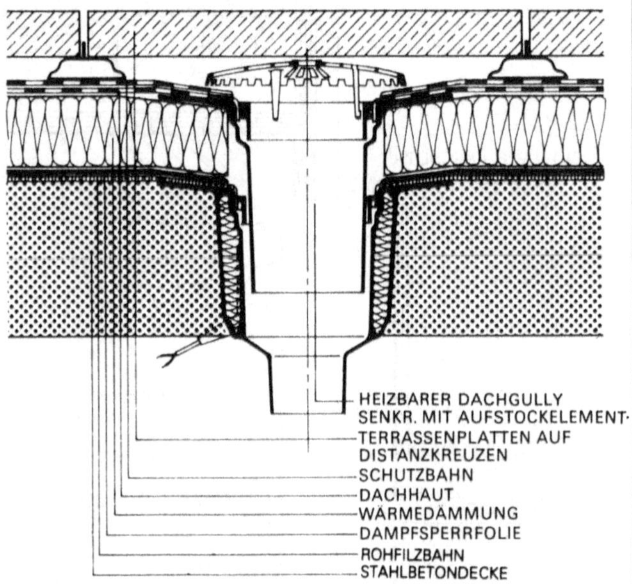

DACHEINLAUF IM TERRASSENDACH MIT STELZLAGERN

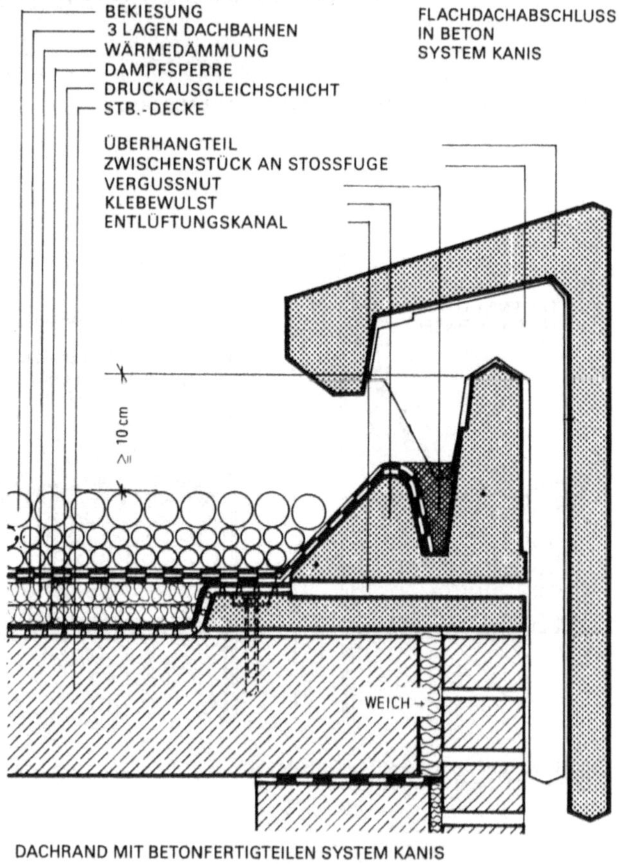

DACHRAND MIT BETONFERTIGTEILEN SYSTEM KANIS

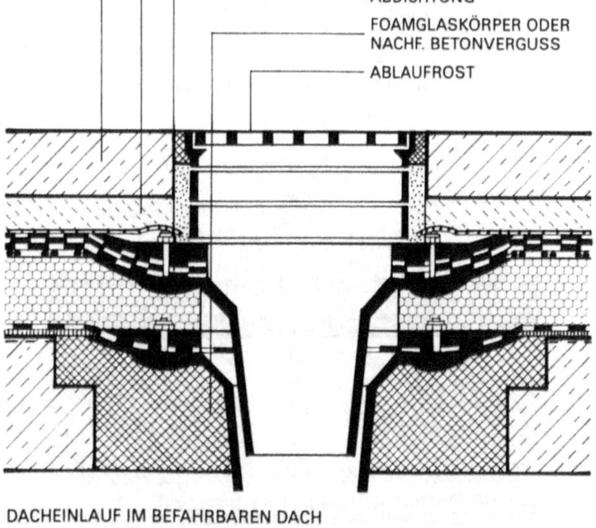

DACHEINLAUF IM BEFAHRBAREN DACH

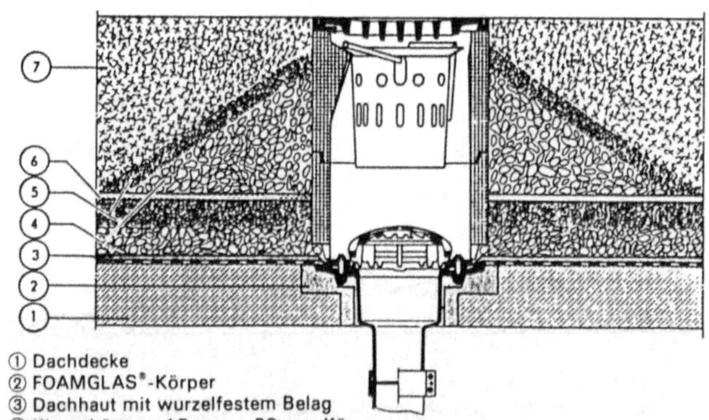

① Dachdecke
② FOAMGLAS®-Körper
③ Dachhaut mit wurzelfestem Belag
④ Kiesschüttung 15 mm – 30 mm Körnung
⑤ Kiesschüttung 3 mm – 7 mm Körnung
⑥ Filterschicht
⑦ Mutterboden

DACHEINLAUF IM BEPFLANZTEN DACH MIT KONTROLLSCHACHT

Kaltdach

(durchlüftetes Flachdach)

Als bei den ersten flachen Warmdächern häufig Schäden auftraten, glaubte man mit dem zweischaligen, durchlüfteten „Kaltdach" alle bauphysikalischen Probleme der Flachdächer gelöst zu haben.
Die oberste Dampfdruckausgleichsschicht des Warmdaches zwischen Dämmung und Dachhaut wird beim Kaltdach im Prinzip „aufgeblasen" zur Belüftungsschicht, die den von der Raumseite diffundierenden Wasserdampf durch natürliche Entlüftung abführt.
Die prinzipielle Schichtenfolge bei Warm- und Kaltdach bleibt also gleich, weswegen auch die Material- und Detailvorgaben die gleichen sind wie beim Warmdach (siehe Kapitel, Dachabdichtungen bei Flachdächern, Bauphysik).
Die physikalische Idee dieses Konstruktionsprinzips ist auf jeden Fall richtig – der Planer liegt hier immer auf der sicheren Seite, da im Dachaufbau auch bei fehlerhafter Dampfbremse keine Schäden auftreten können, weil auftretende Kondensationsfeuchte von der Durchlüftung abgeführt wird. Bei selten auftretender Windstille funktioniert die Durchlüftung nicht, da sie bei Flachdächern ausschließlich durch den Winddruck und -sog ermöglicht wird und nicht durch thermische Luftbewegungen. Erst bei Dachneigungen von > 5° stellt sich eine selbsttätig funktionierende Durchlüftung nach dem „Kamineffekt" ein. Dabei geht man von einer Temperaturdifferenz von 2–3 °C zwischen Außenluft und Belüftungsschicht aus. Als Dachformen mit natürlich funktionierendem Sog kommen nur Pult- und Satteldächer in Betracht.

Auf die Dampfsperre oder Dampfbremse kann beim durchlüfteten Dach keinesfalls verzichtet werden. Geht man davon aus, daß die relative Luftfeuchte in zentralbeheizten Wohnräumen etwa 35–40%, in Küchen und Bädern zeitweise 80–85% beträgt, so ist bei fehlender Dampfsperre damit zu rechnen, daß der durch die Decke diffundierende Wasserdampf in die Wärmedämmung eindringen und kondensieren kann. Dies führt zu einer Durchfeuchtung der Dämmung und evtl. vorhandener Holzbauteile mit entsprechenden Fäulnisschäden. Dieses Kondensatproblem würde vor allem im Winter auftreten, wo eine Durchnässung der Dämmschicht am ungünstigsten ist. Die Durchlüftung kann zwar einen Teil des Kondensates abführen, andererseits kommt von der Raumseite auch neuer Wasserdampf nach. Bei sorgfältiger Ausführung einer Dampfsperre lassen sich diese Probleme ausschließen.
Bei Massivdecken findet man das Kaltdach kaum mehr, seitdem die Probleme des Warmdaches durch verbesserte Materialien als gelöst angesehen werden können und diese Konstruktion billiger als ein Kaltdach ist. Da aber damit zu rechnen ist, daß auch künftig noch Kaltdächer, vorzugsweise bei Holzbalkendecken, gebaut werden, gilt es, möglichst alle Risiken dieser Konstruktion auszuschalten.
Die Überlegungen haben schon beim Lageplan zu beginnen. Kaltdächer funktionieren nur, wenn sie nicht im vollen Windschatten höherer benachbarter Bauten liegen. Die Dachbalken oder Sparren müssen ungefähr parallel zur vorherrschenden Windrichtung liegen. Die Balken- oder Sparrenrichtung darf innerhalb des Grundrisses nicht wechseln; deshalb müssen bei L- und H-förmigen Grundrissen die Sparren parallel über die gesamte Grundrißfläche gehen.

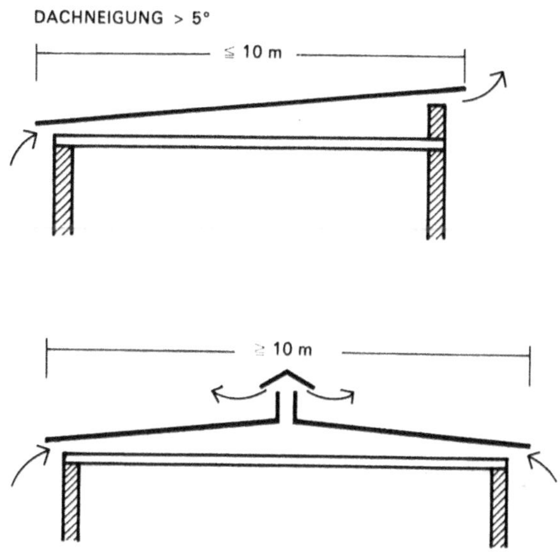

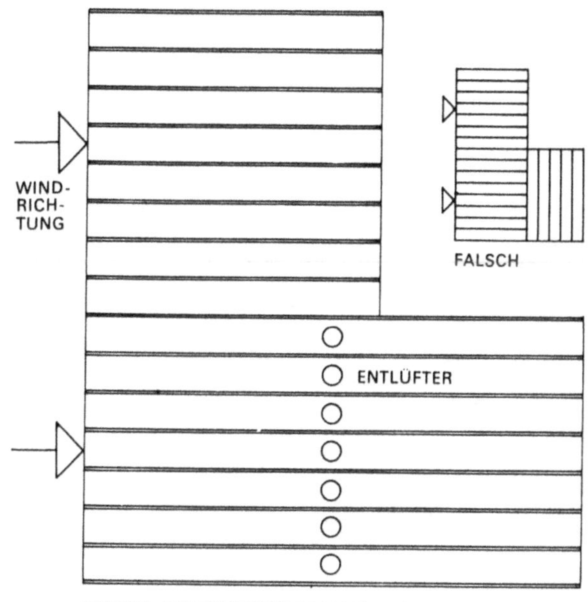

RICHTIG: DURCHGEHENDE BALKENLAGE

Flachdächer, auch durchlüftete, werden meist mit 1,5–3% Gefälle ausgeführt, womit bei Windstille theoretisch kein Abstransport des diffundierten Wasserdampfes möglich ist.
Durch seine Bauweise bietet das durchlüftete Flachdach vor allem Vorteile für Überdachungen von Räumen mit großer Raumluftfeuchte wie beispielsweise über Schwimmhallen, Großküchen, Naßproduktionsräumen und klimatisierten Büros (Luftbefeuchtung!). Die immer vorhandenen Fehlerstellen in der Dampfsperre werden ausgeglichen durch den funktionierenden Abtransport des Kondensates aus der Dämmung durch die Belüftung.
Wegen seiner leichten Oberschale ist das Kaltdach nicht zur Aufnahme von Verkehrslasten geeignet.

Bei Auswechslungen der Sparren, beispielsweise um Kamine, Oberlichter und dergleichen, ist oft der Strömungsquerschnitt eingeengt oder sogar geschlossen. Hier sind entsprechende Verblechungen mit Lüftungsklappen einzubauen, die eine Entlüftung zulassen. Bei Kaminen genügen beispielsweise auch einige Ausnehmungen in den Sparren, die als Überströmöffnungen das gesperrte Belüftungsfeld mit dem durchlüfteten verbinden. Relativ problemlos lassen sich solche Punkte bei Kaltdächern lösen, die beispielsweise mit Fachwerkträgern oder ähnlichem konstruiert sind und eine Längs- wie auch Querlüftung zulassen.

Kaltdach auf Massivdecke

Ein optimales Raumklima ergibt sich bei einer durchlüfteten Dachkonstruktion über einer Stahlbetonmassivdecke. Sie wirkt als Speichermasse und Temperaturausgleich (Amplitudendämpfung), die Wärmedämmung verhindert das Durchdringen der Temperaturspitzen und die Belüftungsschicht transportiert gegebenenfalls den Hitzestau aus der Dachhaut ab. Die Konstruktion des Kaltdaches erfolgt meist in aufgeständerter Holzkonstruktion oder mit leichten Stahlkonstruktionen.

DURCHLÜFTETES DACH MIT AUFGESTÄNDERTER HOLZSCHALUNG

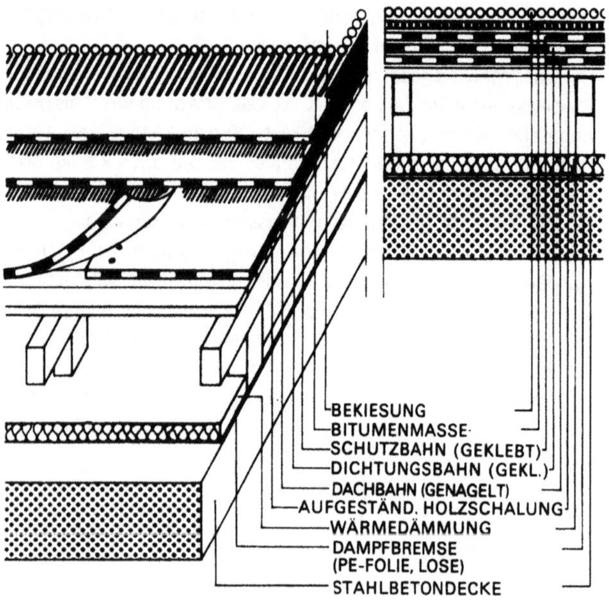

DURCHLÜFTETES DACH MIT AUFGESTÄNDERTER HOLZSCHALUNG

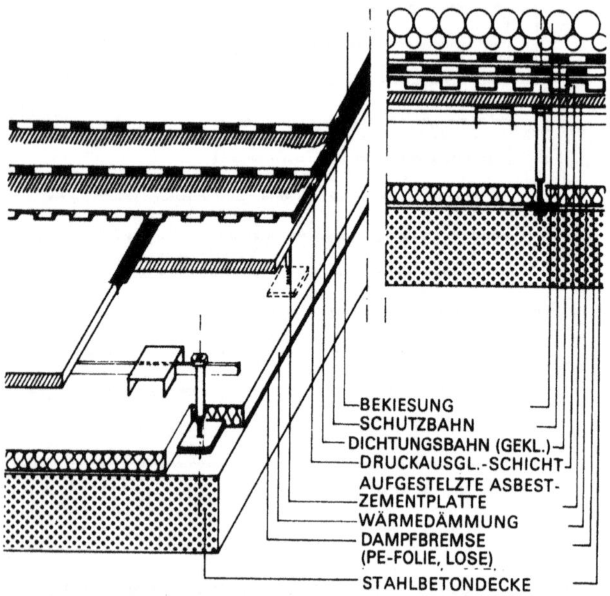

Kaltdach auf Holzbalkendecke

An den Holzbalken selbst können keine Kältebrücken entstehen, da Holz ausreichende Wärmedämmwerte aufweist. In den Feldern zwischen den Balken legt man die Wärmedämmung dicht ein, unterseitig muß eine durchlaufende, dichte Dampfsperre und Winddichtung mit einer Deckenverkleidung eingebaut werden. Falls die Holzkonstruktion sichtbar sein soll gelten bezüglich der Detailausbildung und Deckenverkleidung die gleichen Grundsätze wie sie im Kapitel „Dachaufbau" bei den geneigten Dächern beschrieben wurden.

KALTDACH IN HOLZKONSTRUKTION

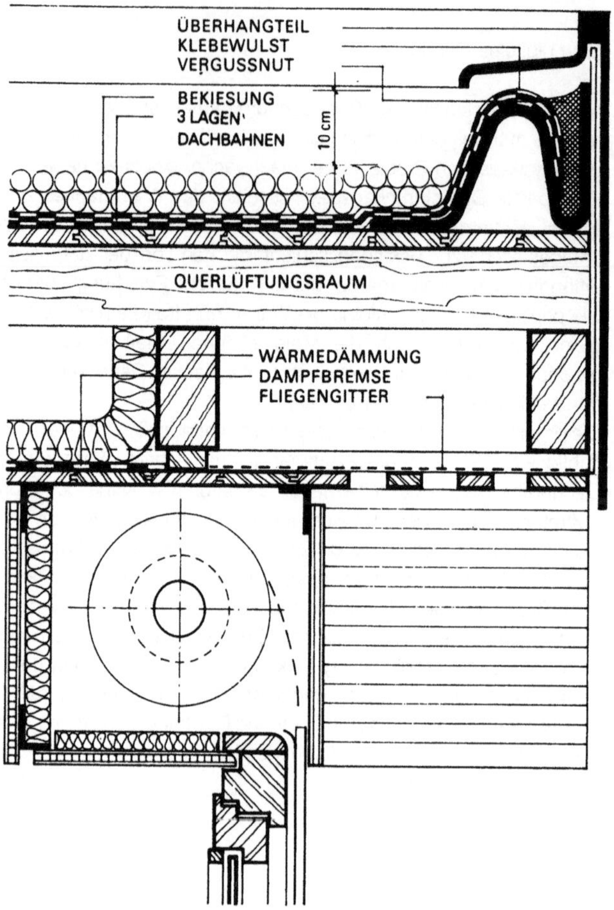

Dampfsperre

Die Dampfsperre beim Kaltdach wird meistens als Kunststoffolie ausgeführt. Bei Aufbau der Aufständerungen für die Dachschale ist darauf zu achten, daß sie nicht beschädigt wird.

Wärmedämmung

Da die Wärmedämmung keine statischen Lasten und Belastungen der Dachhaut bzw. Dachschale aufnehmen muß, kann im Gegensatz zum Warmdach eine relativ weiche, preiswerte Dämmung, beispielsweise aus Mineralwollematten, eingesetzt werden. Diese sind allerdings im Bereich der Lüftungsöffnungen am Dachrand mechanisch zu befestigen, damit sie bei Wind oder Sturm nicht in den Dachhohlraum geblasen werden und die Durchlüftungsschicht verstopfen.

Be- und Entlüftungsraum

Die nachstehend aufgeführten Höhen des durchströmbaren Luftraumes und die Querschnitte der Be- und Entlüftungsöffnungen (in ‰ der Dachgrundfläche) haben sich in der Praxis bewährt. In der DIN 4108 „Wärmeschutz im Hochbau" wurden Mindestanforderungen an die Höhe des Luftraumes aufgenommen, die auf theoretischen Untersuchungen basieren. Es wird deshalb empfohlen, die Höhe des Luftraumes und die Querschnitte der Be- und Entlüftungsöffnungen entsprechend den nachstehenden Angaben zu bemessen.

Dachneigungsgruppe		Belüftung	Entlüftung
Dachneigungsgruppe I	ca. 20 cm	insgesamt	5 ‰
Dachneigungsgruppe II und III	ca. 10 cm	2‰	2,5‰
Dachneigungsgruppe IV	ca. 5 cm	2‰	2,5‰

Die Höhe des Luftraumes soll an keiner Stelle unterschritten werden. Die angegebenen Werte gelten für freie, nicht eingeengte Lüftungsöffnungen. Lüftungswege sollten gerade verlaufen. Ecken, Knicke, Vorsprünge, in den Luftraum hineinragende Balken (Pfetten), rauhe Flächen, Richtungsänderungen u. ä. behindern die Luftströmung und erfordern zusätzliche Maßnahmen, welche die Durchlüftung sicherstellen.
Ist der Lüftungsweg, der Abstand zwischen Zuluft- und Abluftöffnung, länger als 10 m, sind besondere Maßnahmen erforderlich wie z. B. Erhöhung des freien Luftraumes oder eine mechanische Zwangsentlüftung.
Bei Lüftungsschlitzen muß der freie Querschnitt mindestens 2 cm betragen. Bei Dachflächen ohne Gefälle sollen waagerechte Lüftungsschlitze rundum laufend, bei Dachflächen mit über 5° Dachneigung durchgehend an der Traufe und an der Firstkante angeordnet sein.
Kamine ordnet man bei Kaltdächern nach Möglichkeit freistehend außerhalb des Baukörpers an, weil sie innerhalb des Dachhohlraumes die Luftbewegung ganz oder teilweise verhindern. Gegebenenfalls können Lüftungsschlitze um den Kamin eine Entlüftung gewährleisten.

Die Schlitze aus formalen Gründen an der Unterseite des Dachüberstandes anzubringen, ist eine oft gebrauchte, aber nicht die beste Lösung.
Ihr freier Querschnitt muß gegenüber der senkrechten Schlitzanordnung doppelt so groß sein.

Obere Schale

Die obere Schale beim Kaltdach soll möglichst wenig Wärme speichern können und darum leicht sein. So kann einerseits der Wärmestau unter der Deckschicht, andererseits eine Wärmestrahlung nach unten verhindert werden (Sonnenschirm). Als einfachste Ausführung empfiehlt sich diejenige mit Holzsparren und Nut- und Federschalung. Auch für die Bahnendeckung bringt diese Unterkonstruktion Vorteile, da die Bahnen nicht flächig aufgeklebt, sondern genagelt werden, womit jegliche Blasenbildung ausgeschlossen wird. Die Holzschalung hat zudem die erwünschte Eigenschaft, Feuchtigkeit aufnehmen und wieder abgeben zu können, was besonders im Winter bei niedrigen Temperaturständen im Belüftungsraum erforderlich wird.
Anstelle der Bitumenbahnen kann man auch Kunststoffbahnen lose auflegen und mit einer Kieslage von etwa 5 cm Stärke beschweren.
Anstelle der Holzschalung werden manchmal auch Spanplatten oder Asbestzementplatten verlegt.

Dachentwässerung

Sammlung und Ableitung des Regenwassers von den Dächern der Wohnbauten sind erst eine Errungenschaft des 18. und 19. Jahrhunderts. Bei freistehenden Bauten, auch noch bei den giebelseitig zur Straße stehenden Häusern des Mittelalters, begnügte man sich mit einem entsprechenden Dachvorsprung, von dem das Regenwasser in die Traufgasse und dann in die Straßenrinne lief. Die spätere traufseitige Stellung zur Straße und die Kanalisierung der Städte erforderte und ermöglichte dann die Sammlung und Ableitung des Regenwassers in Dachrinnen und Regenabfallrohren.

Der alten Schuppendeckung gemäß gab es zunächst nur eine Ableitung des Regenwassers nach außen (Pult-, Sattel- und Walmdächer). Die Sammlung des Regenwassers in sogenannten Grabenrinnen ist bei allen Schuppendeckungen (auch bei Wellasbest- und Blechdeckungen) selbst heute noch eine etwas riskante Sache, wie z. B. Schäden durch schwere Hagelschläge mit nachfolgenden Wolkenbrüchen bewiesen haben.

Erst die modernen fugenlosen Flächendeckungen ermöglichen die sichere Ausbildung der Graben- und Wannendächer mit Regenabfallrohren, die in der Dachfläche liegen.

Dachrinnen

Außenliegende Dachrinnen, sogenannte Hängerinnen nach DIN 18460, kann man in verschiedenen Materialien herstellen. Etwa ein Jahrhundert lang beherrschten die Rinnen aus Zinkblech das Feld. Für öffentliche Bauten wählte man das praktisch unbeschränkt haltbare Kupferblech. Aluminiumblech (bei Alu-Blechdächern geboten) wählte man selten, weil die Rinnenstücke zusammengenietet werden müssen, was eine zeitraubende Arbeit bedeutet. Neuerdings sind Kunststoffrinnen dabei, den Markt zu erobern.

Da ihre Formen und Querschnitte sich den Blechrinnen anpassen, seien die traditionellen Rinnenkonstruktionen vorangestellt.

Blechrinnen

Man unterscheidet halbrunde Vorhängerinnen und Kastenrinnen. Der Querschnitt und damit die Abwicklung einer Dachrinne richtet sich nach der Grundrißfläche des Daches und nach dem Abstand der Regenrohre. Man rechnet für je 1 m² zu entwässernder Dachgrundfläche mit 0,8 bis 1,0 cm² Rinnenquerschnitt. Bei der Festlegung des Rinnenquerschnitts sollte man in Grenzfällen besser den nächstgrößeren wählen und dabei z. B. auch die freie Lage einer Wetterseite berücksichtigen.

Richtgrößen für Hängerinnen und Regenfallrohre nach DIN 18460 und 18461.

Halbrunde Rinnen

Die Rinne sollte stets so am Dachfuß liegen, daß das Regenwasser sicher von der Dachfläche einlaufen, Schneemassen aber evtl. über den Rinnenrand weggleiten können.

Von dem Zuschnittmaß von 33¹/3 cm, der üblichen Rinne für Wohnbauten, erfordert der vordere Wulst 6 cm, der hintere Falz mit Überstand 3 cm. Für die Rundung (Halbkreis) verbleiben somit 24¹/3 cm, die einen Durchmesser von 15,5 cm und eine Querschnittsfläche von 117 cm² ergeben.

DACHENTWÄSSERUNGSSYSTEME

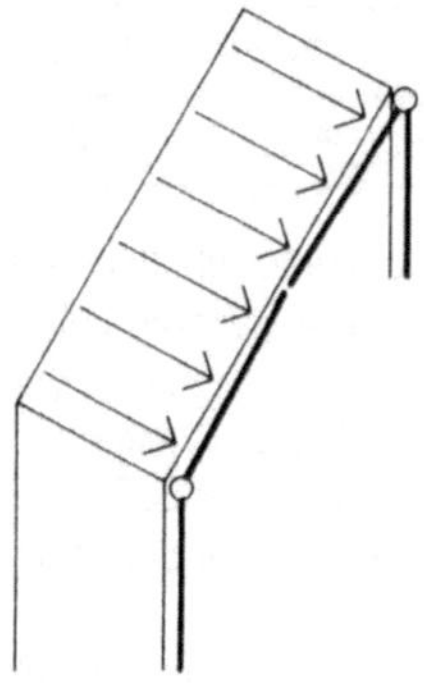
PULTDACH

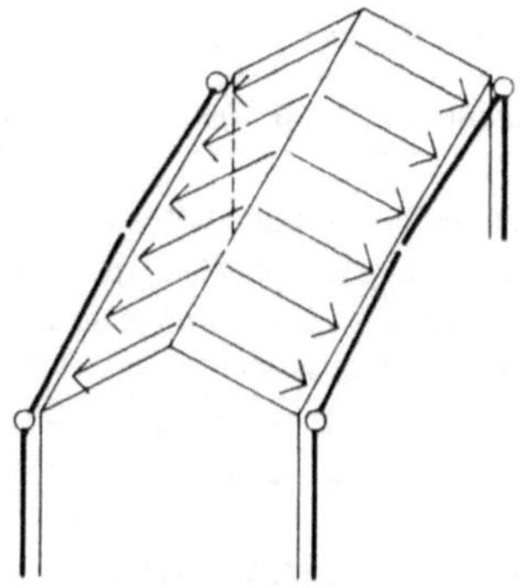
SATTELDACH

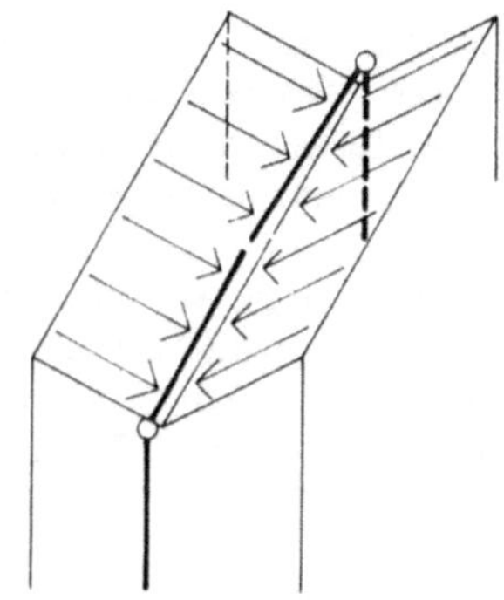
GRABENDACH MIT AUSSENLIEGENDEN FALLROHREN

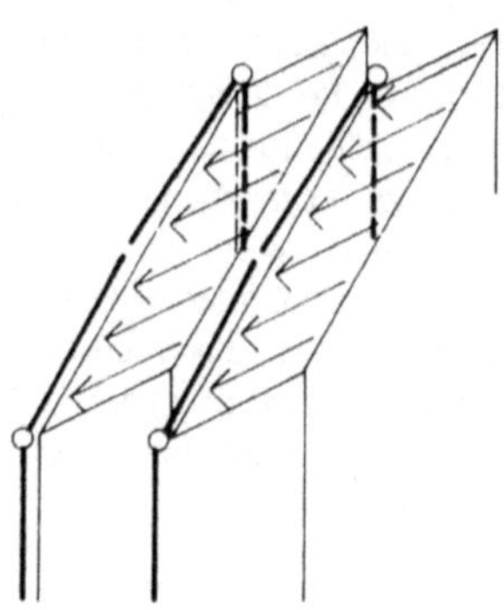
SHEDDACH MIT AUSSENLIEGENDEN FALLROHREN

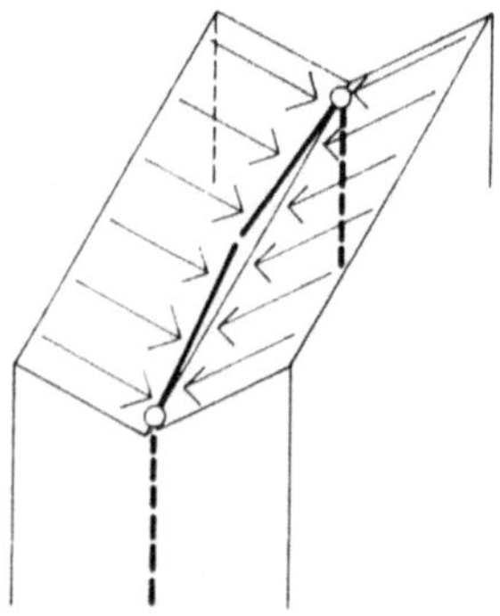
GRABENDACH MIT INNENLIEGENDEN FALLROHREN

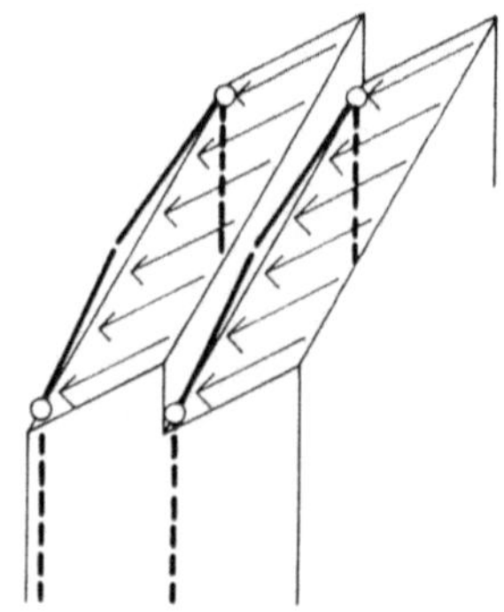
SHEDDACH MIT INNENLIEGENDEN FALLROHREN

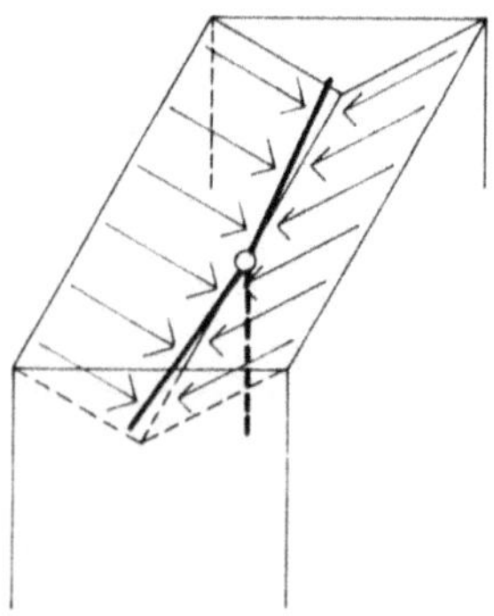
GRABENDACH MIT EINEM INNENLIEGENDEN FALLROHR

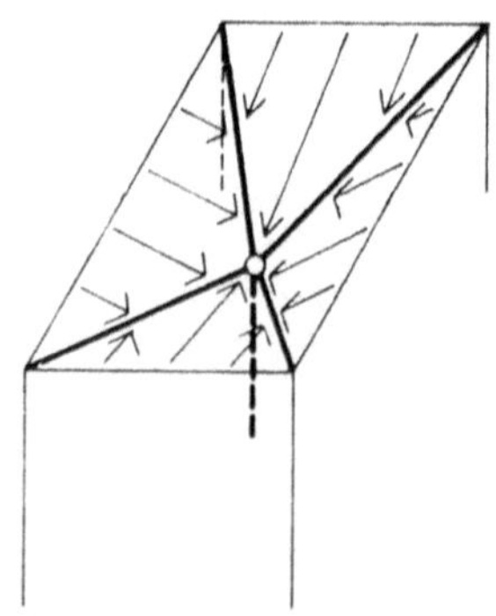
GRABENDACH MIT VIERSEITIGEM GEFÄLLE UND EINEM INNENLIEGENDEN FALLROHR

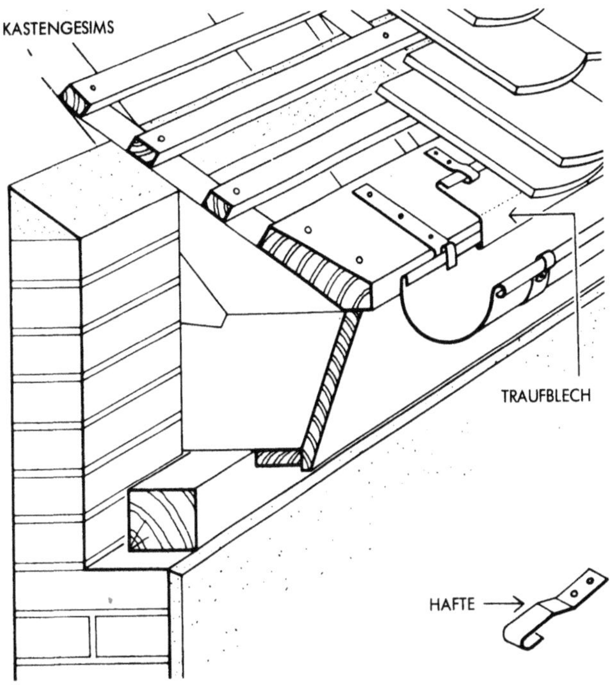

Vorhänge- und Kastenrinnen werden von Rinnenbügeln getragen. Diese sind im Handel erhältlich und bestehen für Zinkrinnen aus feuerverzinktem Bandstahl. Für Vorhängerinnen sind sie 25 bis 30 mm breit, 4 bis 5 mm stark und 40, 44 oder 48 cm lang. Auch die Nägel zur Befestigung der Rinnenbügel müssen feuerverzinkt sein, ebenso die erforderlichen Vorsprungeisen und Haften. Man rechnet auf jeden Sparren einen Rinnenbügel. Sie sitzen demnach in Entfernungen von 70 bis 80 cm. Bei geschlossenen Kastengesimsen werden sie unabhängig von der Sparrenaufteilung auf dem Traufbrett befestigt.

Um dem Blech die notwendige Freiheit zum Arbeiten zu lassen, liegt die Rinne nur lose in den Bügeln und wird durch die Haften frei beweglich gehalten. In der Werkstätte wird die Rinne zu Stücken von 4 bis 5 m zusammengelötet.

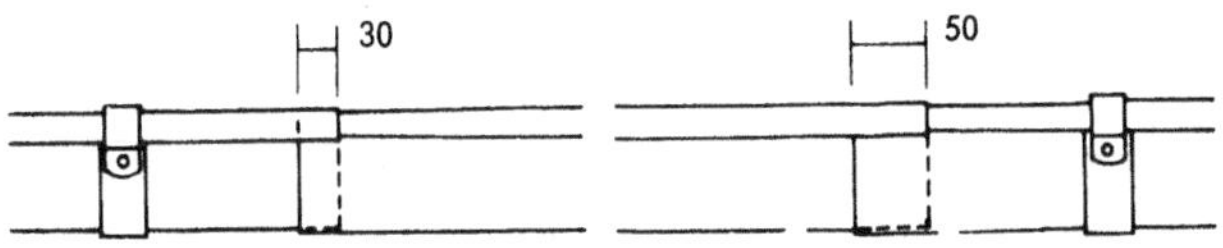

WERKSTATTSTOSS BAUSTELLENSTOSS

Die Verbindung der langen Stücke erfolgt am Bau. Während für die in der Werkstatt geloteten Stöße eine Überdeckung von 3 cm genügt, muß der am Bau unter ungünstigen Arbeitsbedingungen hergestellte Stoß eine Überdeckung von 4 bis 5 cm aufweisen.

Bei langen Rinnen ordnet man zwischen je 2 Regenrohren eine Schiebenaht an.

Diese Schiebenaht herkömmlicher Bauart hat 2 Abschottungen im Rinnenprofil, so daß das Wasser jeweils nur nach links und rechts zum nächsten Regenfallrohr fließt. Will man eine Dehn- oder Schiebefuge in einer durchlaufenden Rinne, kann man auch auf fertige Fugenteile mit Kunststoffeinlagen zurückgreifen. Deren Haltbarkeit ist allerdings nicht ganz so hoch wie bei der alten Konstruktion.

Das Löten der Rinnenstöße erfolgt mit Weichlot (5 Teile Blei und 3 Teile Zinn) mit dem heißen Lötkolben. Die Lötapparate werden heute durchweg mit Gas erhitzt und sind leicht zu handhaben. Das Löten auf Zinkblech erfolgt unmittelbar nach dem Reinigen der Löststelle mit Salzsäure. Der Stoß wird nur einseitig gelötet, da beim zweiseitigen Löten die Gefahr besteht, daß Salzsäure eingeschlossen wird und das Material zersetzt.

Auch Blechrinnen werden heute von der Fabrik in 4–5 m langen Teilen mitsamt den erforderlichen Formstücken geliefert. Auf Kupferblech muß die Lötstelle (in Wasser gelöstes Chlorzink) rein gehalten werden. Kupferrinnen erhalten an den Lötstellen erst einen Überzug aus Zinn. Die Rinnenbügel und die Nägel müssen ebenfalls aus Kupfer bestehen oder wenigstens mit einem Kupfermantel versehen sein.

Regenrinnen aus Aluminiumblech werden mit einer Überdeckung von 3 cm verschränkt genietet. Der Nietabstand beträgt etwa 1,5 cm. An der Nietstelle wird auf die Breite der Überdeckung ein Ölpapier eingelegt.

Über geschlossenen Gesimsen (Kastengesimsen) muß noch ein Traufblech angebracht werden, das bei flachen Dächern 15 bis 20 cm und bei steilen Dächern 10 bis 15 cm auf das Traufbrett hinaufreichen soll. Es wird in Stücken von 1 m Länge in den hinteren Falz der Rinne eingehängt und auf dem Dach zusammengelötet. Wegen der starken Ausdehnung bei Temperaturschwankungen darf das Traufblech nicht unmittelbar auf das Traufbrett genagelt werden. Man befestigt es etwa alle 30 cm mit verzinkten Haften. Zwischen den Fugen der Traufziegel setzt sich Ruß (Kohlenstoff) auf dem Traufblech fest, der es in Verbindung mit Luftfeuchtigkeit oder Kondenswasser elektrolytisch zersetzt. Deshalb sollten alle Traufbleche nach dem Anbringen einen Anstrich mit Bitumen-Kaltstreichmasse erhalten, der den besten Schutz für Zinkblech bietet und dessen Lebensdauer um ca. 10 Jahre erhöht.

SCHIEBENAHT

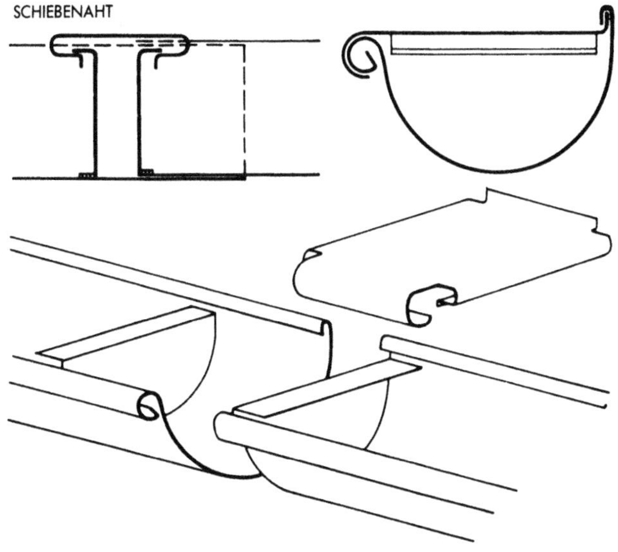

SPARRENGESIMS

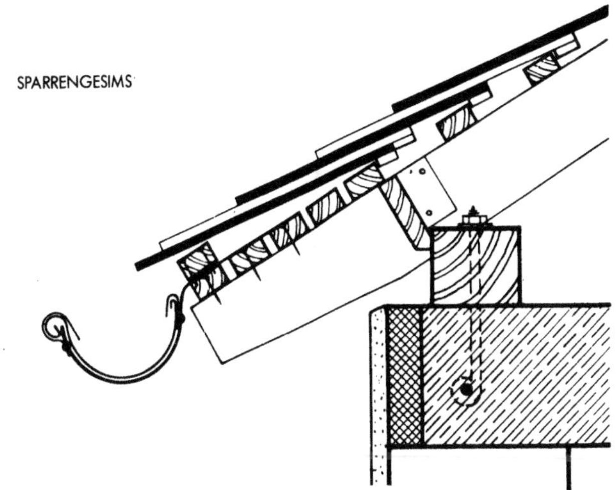

IN SCHNEEREICHEN GEGENDEN HÄNGT MAN DIE RINNE SO TIEF, DASS SIE VON ABRUTSCHENDEN SCHNEEMASSEN NICHT BESCHÄDIGT WERDEN KANN.

DIMENSIONIERUNG VON DACHRINNEN UND REGENFALLROHREN NACH DIN 18460

DACH-GRUND-FLÄCHE m^2	RICHT-GRÖSSE DIN 18460	ZU-SCHNITT mm	TEILIG	DACH-RINNEN d_1 ∅ mm	ZUSCHNITTEILE mm d_2	e_1	f_1	QUER-SCHNITT cm^2	REGEN-FALL-RÖHRE ∅ mm	GERINGSTE BLECHDICKE mm ZN	CU	AL	STZN
443	250	500	4	250	22	9	21	245	150	0,8	0,7	0,8	0,7
243	190	400	5	192	22	9	11	145	120	0,7	0,7	0,8	0,7
150	150	333	6	153	20	9	11	92	100	0,7	0,6	0,7	0,6
83	125	285	7	127	18	7	10	63	80	0,7	0,6	0,7	0,6
83	100	250	8	105	18	7	10	43	80	0,65	0,6	0,7	0,6
37	80	200	10	80	16	5	8	25	60	0,65	0,6	0,7	0,6

ZURICHTEN DER RINNENBÜGEL

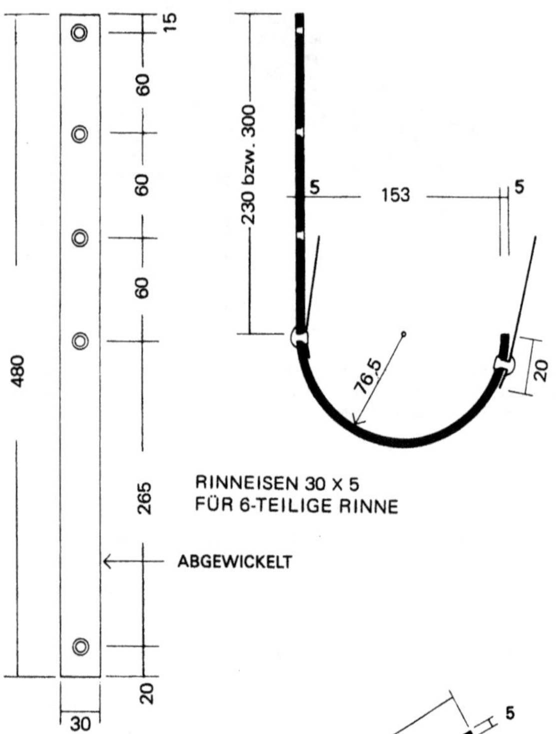

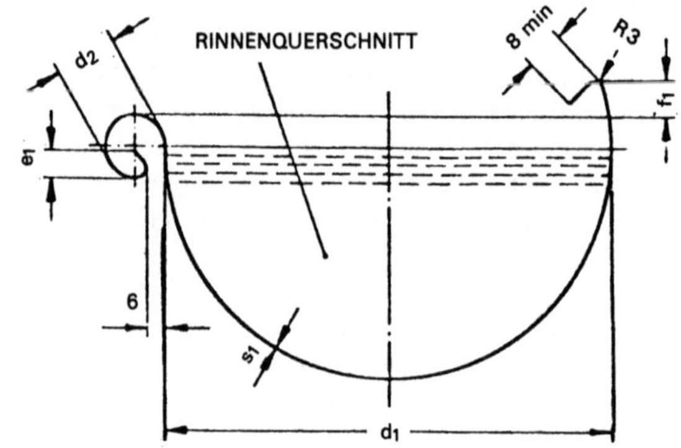

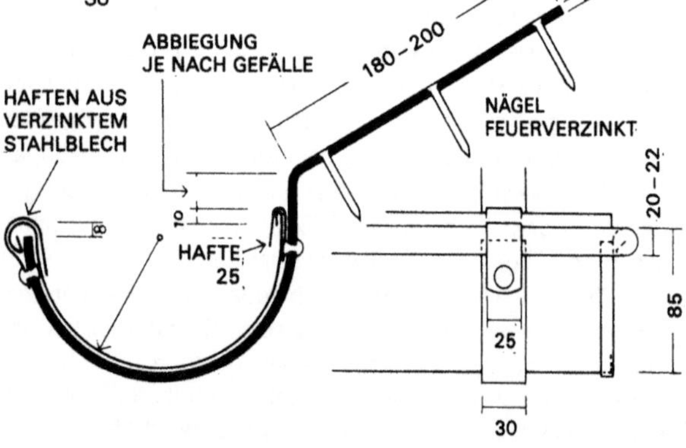

ECKVERSTEIFUNG MIT EINGELÖTETEN ZWICKELN

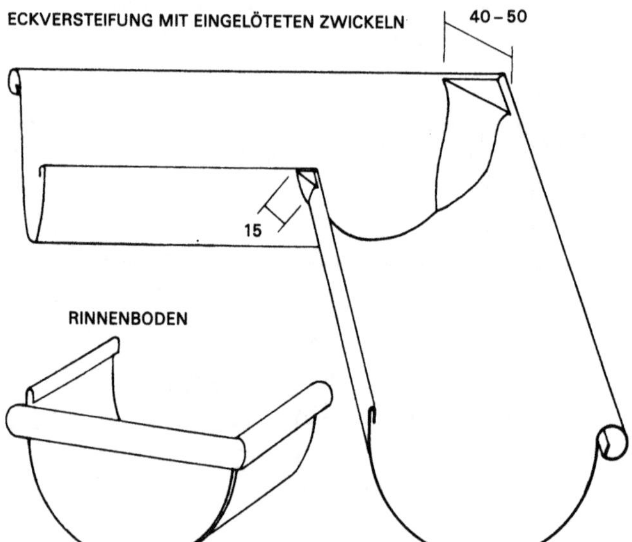

Bei auskragenden Sparrengesimsen sind Traufblech und Traufbrett überflüssig. Der Vorderrand der Rinne hängt 1 cm tiefer als der Falz der Hinterkante, damit etwa überschießendes Regenwasser immer von der Hauswand weg am vorderen Rinnenrand abfließt. Dachrinnen werden nach der Schnur mit einem Gefälle von etwa 3 mm auf 1 m Länge gegen die Regenrohre verlegt. Wenn bei großen Regenrohrabständen ein so starkes Gefälle das Aussehen des Dachfußes beeinträchtigt, kann es – einen genügenden Rinnenquerschnitt und eine sorgfältige Versetzung der Rinnenbügel nach der Schnur vorausgesetzt – noch ermäßigt werden.

Bei Schieferdächern sind Reparaturen an der Rinne sehr schwierig durchzuführen, da die genagelte Deckung sich nicht mehr abnehmen läßt. Es ist darum zweckmäßig, die Rinne unabhängig von der Deckung zu befestigen. Bei Sparrengesimsen kann man die Rinnenbügel abgedreht seitlich an den Sparrenfüßen befestigen oder bei massiven Gesimsen gestützte Rinnen anordnen. Auch bei Ziegeldeckungen, die in Mörtel verlegt sind, empfehlen sich die gleichen Maßnahmen.

GEFÄLLE DER DACHRINNEN

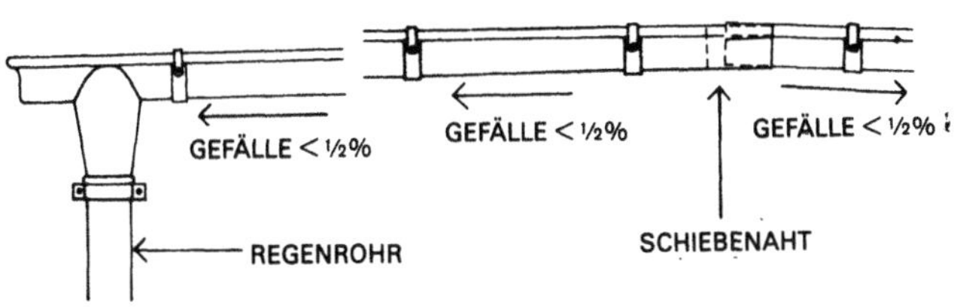

BEFESTIGUNG DER RINNENBÜGEL IM MAUERWERK (GESTÜTZTE RINNE)

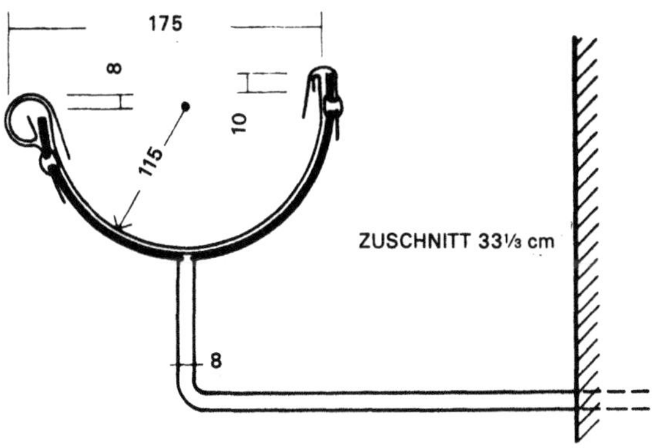

BEFESTIGUNG DER RINNENBÜGEL SEITLICH AN DEN SPARREN

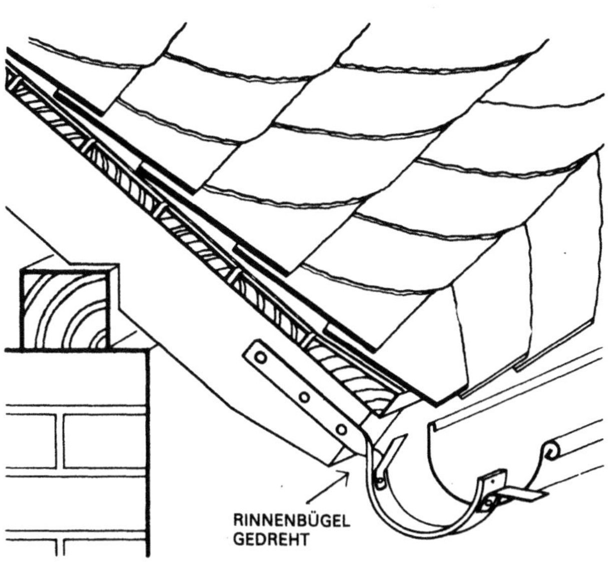

Hängende Kastenrinnen

Sie erfreuen sich in den letzten Jahren größerer Beliebtheit bei den Architekten. Oft werden sie nicht in ihrer konstruktiven Erscheinung gezeigt, sondern mehr oder minder üppig als Gesims verkleidet. In DIN 18461 sind sie nach Zuschnittsbreiten und Querschnitten genormt.

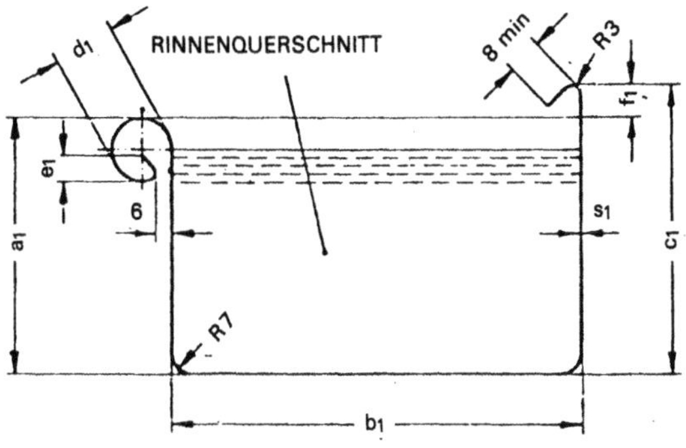

Tabelle 4 Kastenförmige Hängedachrinne, Maße

Zuschnittsbreite Nennmaß nach DIN 18 460		200	250	333	400	500	667
a_1 ± 1		42	55	75	90	110	180
b_1 − 1		70	85	120	150	200	225
c_1 ± 1		50	65	85	100	130	200
d_1 ± 1		16	18	20	22	22	22
e_1 ± 1		5	7	7	9	9	9
f_1 ± 1		8	10	10	11	11	21
s_1 min. bei	Al	0,70	0,70	0,70	0,80	0,80	0,80
	Cu	0,60	0,60	0,60	0,70	0,70	0,70
	St	0 60	0 60	0,60	0,70	0,70	0,70
	Zn	0,65	0,65	0,70	0,70	0,80	0,80
Rinnen-querschnitt cm^2		28	42	90	135	220	400
zugehörige Dachfläche m^2		37	83	150	243	443	–

Aufgesetzte Kastenrinnen

Kastenrinnen fanden bei Monumentalbauten mit Werkstein-Gesimsen, die aus ästhetischen Gründen eine sichtbare Rinne nicht ertragen, vielfach Verwendung. Heute sind sie fast nur noch für die Baupflege von Bedeutung. Sie sollten grundsätzlich aus Zink- oder Kupferblech hergestellt werden, denn bei Verwendung von verzinkten Stahlblechen entstehen durch die engen Biegeradien zwischen Rinnenwänden und -boden auf der Außenseite der Rundung Haarrisse in der Zinkschicht.
An diesen Stellen ist eine allmähliche Durchrostung die Folge.
Um bei Rinnenschäden das Mauerwerk vor Durchfeuchtung zu schützen, erhält das Gesims eine Blechabdeckung mit Dachpappunterlage. Damit das Blech arbeiten kann, wird es nur an der Tropfkante mittels Vorsprungeisen gegen Abheben durch Windstöße gesichert. Eine hintere Befestigung ist nicht erforderlich, da es dort durch die Rinnenbügel gegen das Stirnbrett geklemmt wird. Die Rinnenbügel (Sonderanfertigung) sind am Fuß mit Bleistreifen umwickelt, damit sie nicht mit harten Kanten auf dem Gesimsblech stehen und bei Rinnenschaden das Wasser frei unter ihnen durchfließen kann.
Auf steilen Dächern müssen Kastenrinnen zur Reinigung begehbar sein. Zu diesem Zweck wird unter die Rinne ein Holzrost in die Bügel gelegt. Dieser kann entweder aus Dachlatten bestehen oder aus Brettern, die durch Sägeschnitte gegen Werfen und Verziehen gesichert sind. Der Bretter- oder Lattenrost wird auf Futterhölzer genagelt, die der Klempner schon in der Werkstätte auf die Bügel schraubt. Zur Herstellung des Rinnengefälles schiebt man schwache Holzkeile zwischen Futterholz und Lattenrost. Lattenrostbügel und Keile erhalten einen Schutzanstrich. Vor dem Verlegen der Rinne wird der Holzrost mit Dachpappe abgedeckt.

BEGEHBARE KASTENRINNE

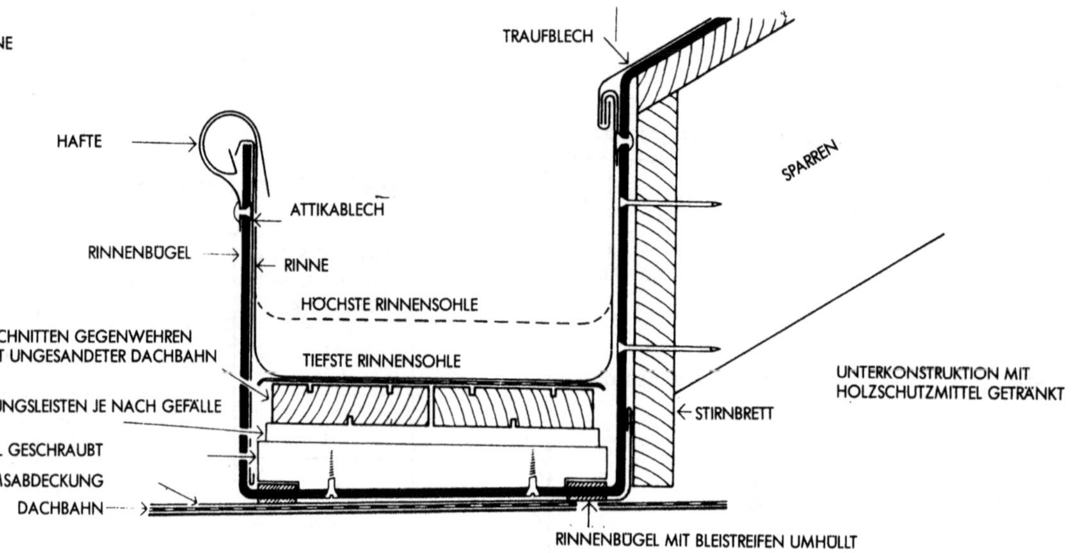

Sheddach-Rinne

Eine Abart der Kastenrinne ist die Sheddach-Rinne. Da Sägedächer immer Schneesäcke bilden, soll die Rinne neben großem Fassungsvermögen auch ein starkes Gefälle erhalten, damit das Wasser rasch abfließt. Nicht nur auf Holzunterkonstruktionen, sondern auch bei Stahlbeton-Sheddächern ist es zweckmäßig, die Rinne aus Blech zu fertigen.
Der Abschlußboden eines Rinnenendes muß am oberen Rande einen Wasserspeier haben, der bei einer Verstopfung des Regenrohres das Wasser nach außen leitet. Die Sheddach-Rinne erhält keinen Wulst, sondern auf beiden Seiten einen breiten Falz. In diesen greifen die Haften ein, mit denen man sie auf der Unterkonstruktion befestigt. Das Gefälle wird wie bei der Kastenrinne durch die hölzerne Unterkonstruktion hergestellt. Diese wird zum Schutze gegen auftretendes Schwitzwasser mit einer Lage unbesandeter Dachpappe abgedeckt. Bei der Sheddach-Rinne verjüngt sich die Rinnensohle bis zur tiefsten Stelle. Infolge dieser konischen Form wird die Rinne bei eckigem Querschnitt leicht beulig und rissig. Ein rundlicher Querschnitt ist darum besser. Für jede Gefällestrecke ist eine Schiebenaht anzuordnen.

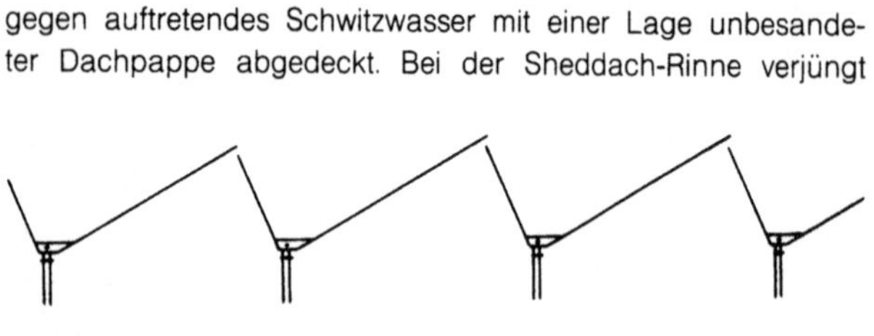

SÄGEDACHRINNE

ALTE ECKIGE FORM

VERBESSERTE RUNDLICHE FORM

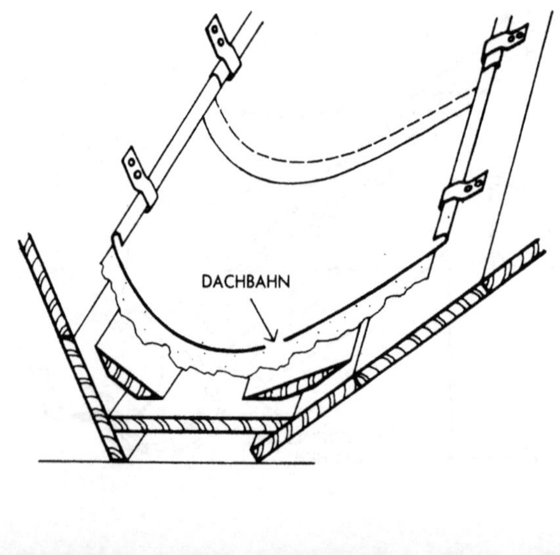

Grabendach-Rinne

Bei unmittelbar benachbarten Sattel- oder gegeneinander geneigten Pultdächern muß man eine Grabenrinne ausführen. Am besten läßt sie sich auf Pappdächern herstellen. Auf massiven Dachdekken bildet man in der Kehle durch Aufbeton das notwendige Gefälle nach beiden Seiten. Auf Pappdächern mit Holzunterlage und bei Ziegeldächern wird eine Rinne aus Blech angeordnet. Da Grabenrinnen immer begehbar sein müssen und deshalb einen entsprechend großen Querschnitt benötigen, verwendet man ein sehr widerstandsfähiges, kräftiges Blech, das nicht zu stark arbeitet. Am besten eignet sich verzinktes Eisenblech von 1,25 mm Stärke. Lange Bauten erfordern eine zusätzliche Innenentwässerung.

Ziegelgedeckte Grabendächer sollten immer eine Pappunterlage erhalten. Die Höhe der Gesamtrinne bis zum Falz muß 50 cm betragen. Dadurch ergeben sich bei flacheren Dachneigungen sehr große Zuschnitte, die häufig eine ganze Tafellänge (2,00 bis 2,50 m) betragen. Die ganze Rinne und die Scharbleche, die in die Fälze eingehängt werden, sind mit Dachpappe zu unterlegen. Die doppelte Papplage des Daches muß mit einem breiten Streifen auf das Scharblech herunterreichen und auch mit der Unterlagspappe der Rinne verklebt werden. Die Rinnenstücke werden durch Kupferniete verbunden und gelötet. Die Nietstellen erhalten einen Anstrich mit Mennige. Die ganze Rinne wird an Ort und Stelle zusammengebaut und versetzt.

Bei Grabendächern mit Pappdeckung auf Holzunterkonstruktionen kann man auf die Scharbleche verzichten und die Papplagen auf die Rinnenränder kleben.

GRABENDACH MIT BEIDERSEITIGER AUSSENENTWÄSSERUNG BEI KURZEN GEBÄUDELÄNGEN

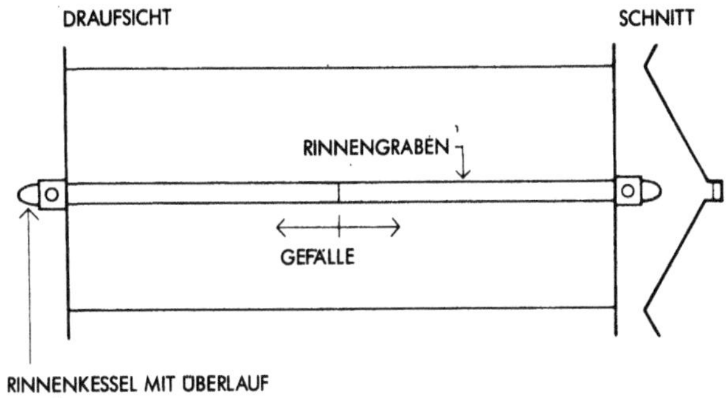

ZUSÄTZLICHE INNENENTWÄSSERUNG BEI LANGEN BAUTEN

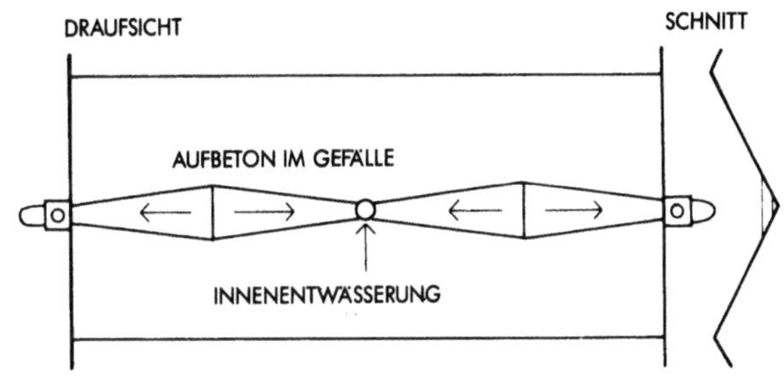

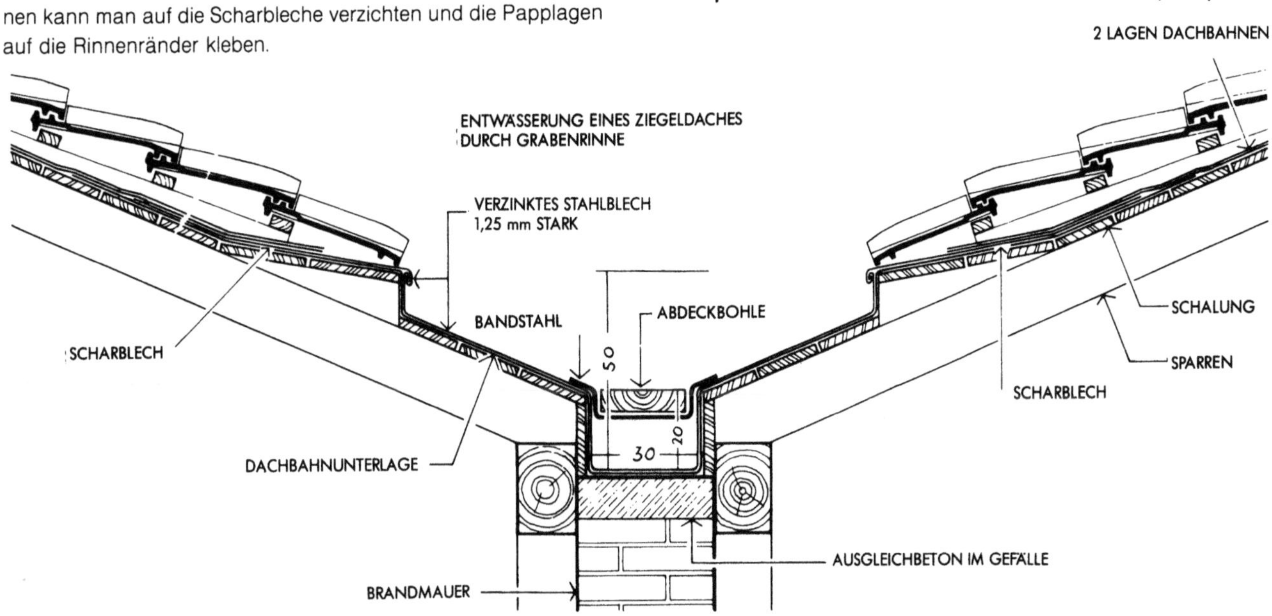

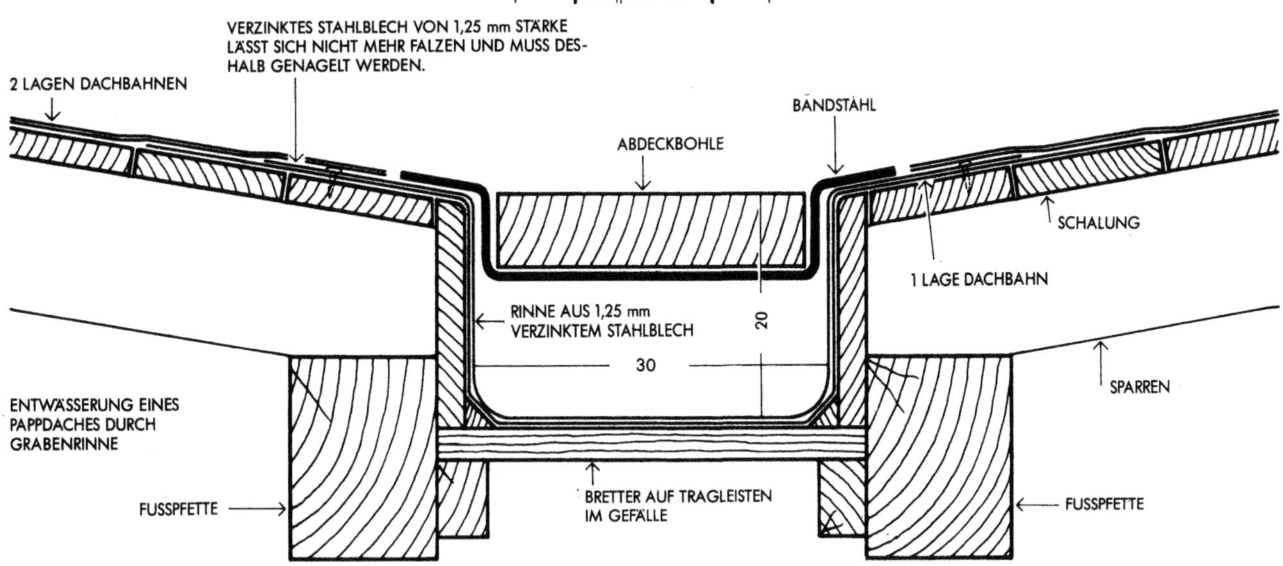

Holzrinnen

Bei untergeordneten Bauten mit Dachbahnendeckung kann man die Dachrinnen in Holz ausführen. Holzrinnen werden aus Brettern in V- oder U-Form zusammengenagelt und mit Dachpappe ausgelegt. Alle Ecken sind durch Dreikantleisten auszurunden. Die Stöße der einzelnen Pappbahnen in der Rinne sind sorgfältig zu dichten, da durch das geringe Gefälle und den großen Wasserandrang leicht Undichtigkeiten entstehen. Massivholzrinnen werden aus Stämmen unter Entnahme des Kernholzes gefräst und können durch stirnseitige Verdübelung zu beliebiger Länge zusammengesetzt werden. Der Rinnenquerschnitt sollte imprägniert oder mit einem Bitumenanstrich versehen werden.

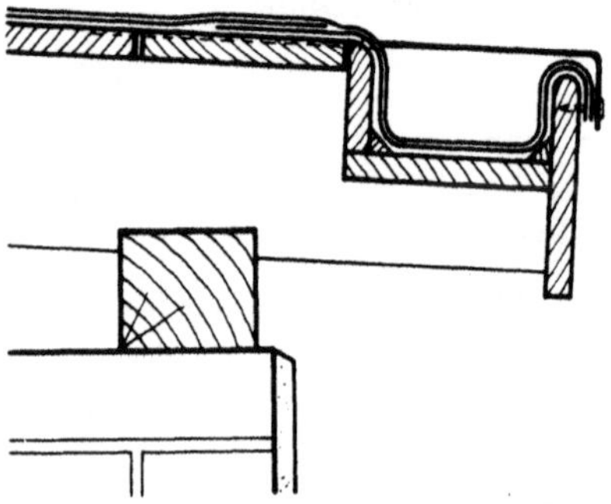

HOLZRINNE
IN ⊔-FORM

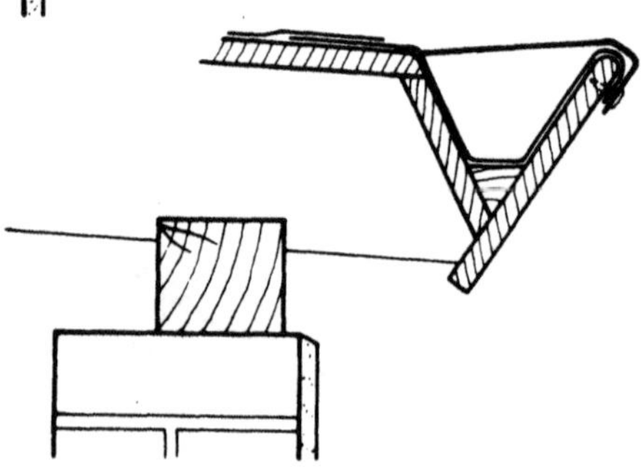

HOLZRINNE
IN V-FORM

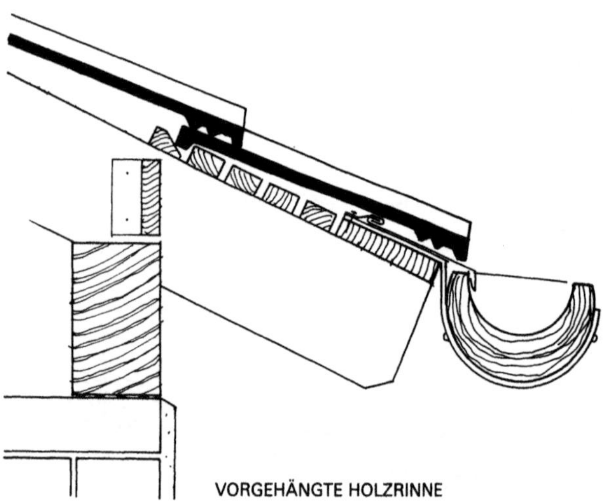

VORGEHÄNGTE HOLZRINNE

Faserzementrinnen

Dachrinnen aus Faserzement (Markennamen: Eternit, Fulgurit, Toschi, Vossit, Elementetrotz) werden als fertige Formstücke geliefert. Die Fabrikationslänge beträgt 2500 mm. Paßstücke werden auf Bestellung geliefert.
Die Tafeln der Traufreihe müssen die Rinne etwa 60 mm überdecken. Die Verbindung der einzelnen Rinnenteile erfolgt durch Muffen, die so anzuordnen sind, daß das Wasser vom Muffenende des einen Rohres zum muffenlosen Ende des anderen läuft. Deshalb muß bei Bestellungen angegeben werden, ob die Muffen links oder rechts sitzen. Die Dichtung der Muffen erfolgt durch eine 5 mm dicke Gummischnur. Beim Verlegen wird zunächst eine 6–7 mm dicke Rolle Spezialkitt in die Muffe eingelegt und das Schwanzende der folgenden Rinne dagegengedrückt. Dabei darf der Kitt nicht herausgedrückt werden. Dann legt man den Klemmbügel um die Verbindungsstelle, drückt die Gummischnur von außen in das offenen Muffenende und zieht die Schraube des Klemmbügels an.
Faserzementrinnen werden heute kaum noch verwendet.

Kunststoffrinnen

In den letzten Jahren haben Dachrinnen und Regenfallrohre aus PVC hart (nach DIN 7748) die traditionellen Rinnen aus Zinkblech mehr und mehr verdrängt, und zwar sowohl bei Neubauten als auch bei Instandhaltungsarbeiten an Altbauten. Das hat zwei Hauptgründe, die zunächst in den Vorzügen des neuen Materials liegen, seiner großen Lebensdauer, damit dem Fortfall der Baupflege, dann in der wesentlichen Vereinfachung der Baustellenarbeit.
Das PVC hart ist chemisch unempfindlich, zäh, schlaghart und besitzt eine so glatte Oberfläche, daß sich kaum Staub absetzt. Es hat ein geringes Gewicht: 1,4 kg/dm³ und läßt sich leicht bearbeiten, d. h. sägen, kleben und schweißen. Innerhalb der bei Bauten üblichen Temperaturen bleibt es unverändert. Eine Versprödung zeigt sich erst bei unter 253 K (–20 °C). Eine Erweichung beginnt bei Temperaturen von ~353 K (80 °C).
Bei der Zusammenfügung der Rinnenteile ist die hohe Wärmeausdehnung des PVC (Polyvinylchlorid) zu beachten. Man muß, z. B. bei Verwendung einer PVC-Hängerinne, mit dem 3fachen Wert der Längenausdehnung einer Zinkrinne rechnen (siehe Tabelle über Längenausdehnungszahlen).

PVC (hart, schlagfest)	0,000080–0,000100 grd^{-1}
Zink	0,000029 grd^{-1}
Aluminium	0,000024 grd^{-1}
Kupfer	0,000016 grd^{-1}
Stahl	0,000012 grd^{-1}

Aus dieser Tatsache resultieren die besonderen Maßnahmen zur Verbindung langer Rinnenstücke.
Um die Maße der Längenänderung in den noch möglichen Grenzen zu halten, sind die Rinnenteile und Regenfallrohre meist in einem hellen Grau gefärbt.
Die näheren Bestimmungen über die Ausführung von Dachrinnen in PVC sind in DIN 18469 enthalten.
Daß der Querschnitt der PVC-Hängerinnen dem der Metallrinnen gleicht, hat seine guten Gründe. Die halbrunde Form ergibt im Verhältnis zur Abwicklung den größten Rinnenquerschnitt und ein ausreichendes Widerstandsmoment für senkrechte Belastung, der runde Wulst der Vorderkante eine gute Versteifung gegen horizontale Belastung (z. B. angelehnte Leitern). Die kunststoffbeschichteten Rinnenhalter nimmt man mit „Abkante", so daß die vordere Feder am Wulst entfällt. Das vereinfacht die Arbeit und verbessert die Erscheinung der Rinne.
Neben den halbrunden Rinnen werden auch sogenannte Kastenrinnen verschiedenen Querschnitts angeboten.
Den Abstand der Rinnenhalter nimmt man mit < 70 cm etwas enger als bei Blechrinnen (< 80 cm).
Neben diesen beiden Hauptteilen bieten einzelne Firmen noch sämtliche evtl. erforderlichen Zusatzteile vorgefertigt an, so daß man von geschlossenen Systemen sprechen kann.

Die besonderen Formteile sind:

1. Verbindungsstücke mit eingelegten Neoprendichtungsschnüren für die 4 m langen Rinnenteile,
2. Rinnenstücke mit Ablaufstutzen,
3. Traufstreifen für Hartdeckung mit zugehörigen Neoprenstreifen zur Dichtung der Längsstöße,
4. ein- und ausspringende Ecken,
5. Rinnenabschlußstücke, sogenannte Rinnenböden.

Bei der Zusammenfügung der Kunststoffrinnenteile wird allerdings das alte Prinzip, daß in der Richtung des Wasserablaufs der obere Teil den unteren überdeckt, verlassen und die Sicherheit ausschließlich der Neoprendichtung überlassen, die also bei der starken Bewegung der Einzelteile sehr leistungsfähig und dauerhaft sein muß.

An der Baustelle ist nur noch Montagearbeit, die allerdings von Fachkräften ausgeführt werden muß, erforderlich. Der Arbeitsablauf, angefangen vom Befestigen und Ausrichten der Rinnenhaken, ist derselbe wie bei Blechrinnen.

TRAUFSTREIFEN

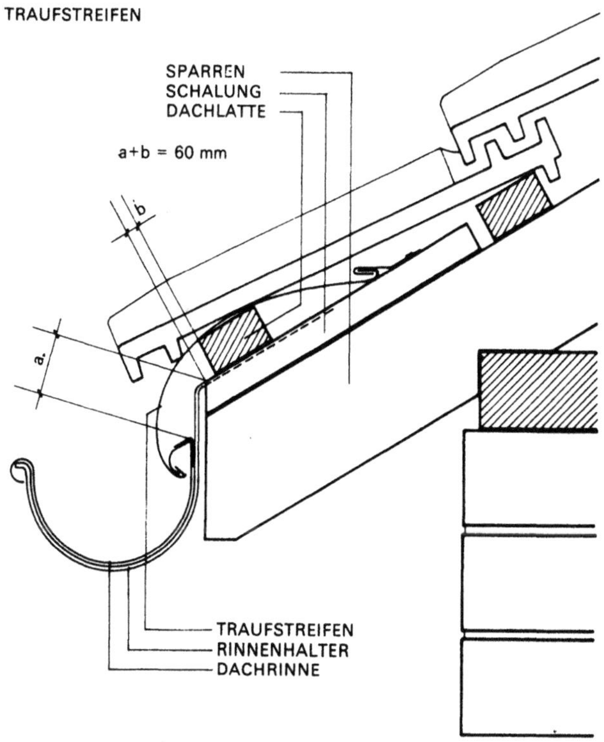

KUNSTSTOFFRINNE

EINLEGEN DER DACHRINNE

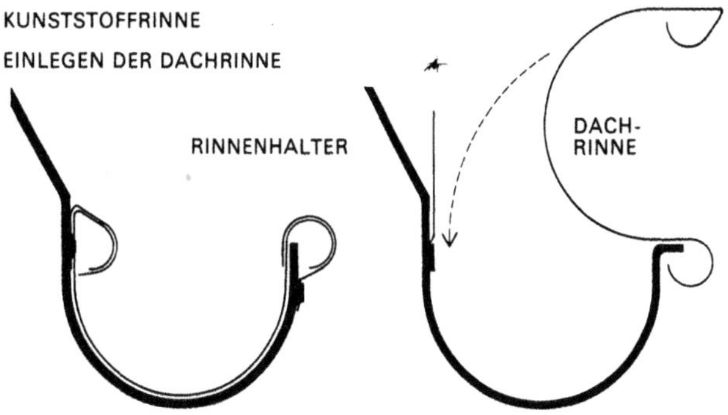

BEIM EINLEGEN DER DACHRINNE IN DEN RINNENHALTER MIT ZWEI FEDERN MÜSSEN DIE ÄUSSEREN ENDEN DER RINNENHALTER UNTER DEN VORDEREN WULST DER DACHRINNE GREIFEN. BEI VERWENDUNG VON RINNENHALTERN MIT VORDERER ABKANTE WIRD DIE DACHRINNE MIT DEM VORDEREN WULST IN HOCHKANTLAGE ÜBER DIE ABKANTE GESTECKT UND EINGESCHWENKT

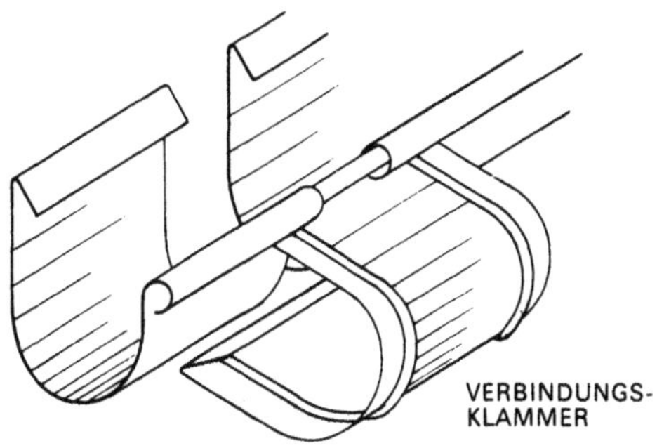

VERBINDUNGSSTELLEN
DIE DACHRINNEN WERDEN MITEINANDER DURCH VERBINDUNGSKLAMMERN VERBUNDEN. DIESE NEHMEN AUCH GLEICHZEITIG DIE DURCH DIE TEMPERATUR AUFTRETENDEN LÄNGENÄNDERUNGEN AUF UND DIENEN SOMIT AUCH ALS SCHIEBENAHT. DAS AUFSETZEN DER VERBINDUNGSKLAMMER BEGINNT MIT DEM EINHÄNGEN DES KLAMMER-WULSTES. DIE VERBINDUNGSKLAMMER WIRD SO WEIT EINGESCHWENKT, BIS IHRE HINTERE ABKANTE GENAU ÜBER DER ABKANTE DER DACHRINNE FEDERND EINSPRINGT. DIE ABDICHTUNG ÜBERNEHMEN EINGEKLEBTE RUNDSCHNURDICHTUNGEN AUS NEOPRENE

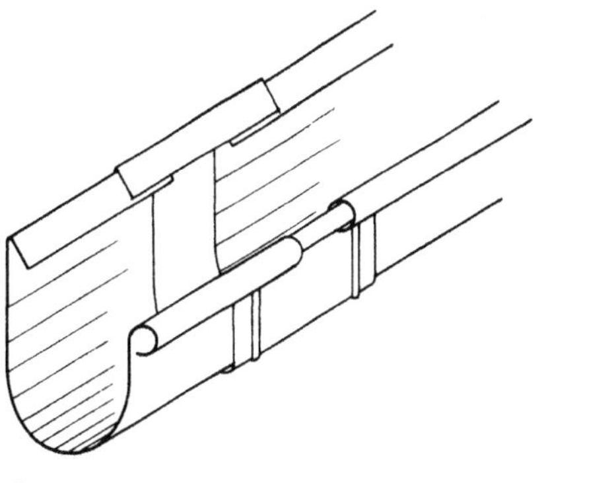

RINNENBODEN
DIE OFFENEN ENDSEITEN DER DACHRINNE VERSCHLIESST DER RINNENBODEN. ER WIRD AUFGESTECKT UND IST DICHT, KANN JEDOCH ZUSÄTZLICH NOCH VERKLEBT WERDEN

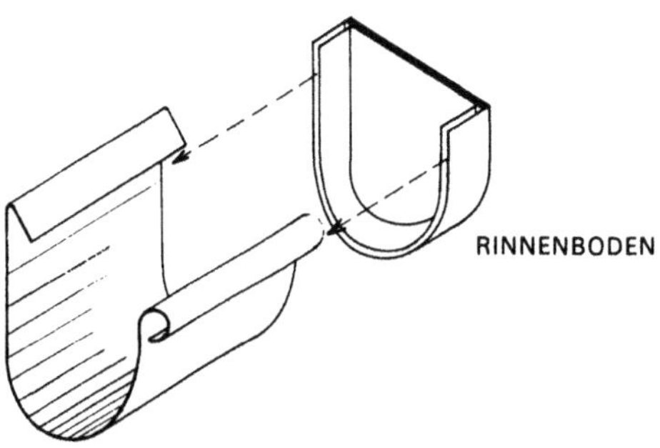

Beispiele: Deutsche Steinzeug- u. Kunststoffwarenfabrik
Mannheim-Friedrichsfeld

FK-Dachrinne FKR

Richtgröße 100, 125, 150, 180 (Maße in mm)

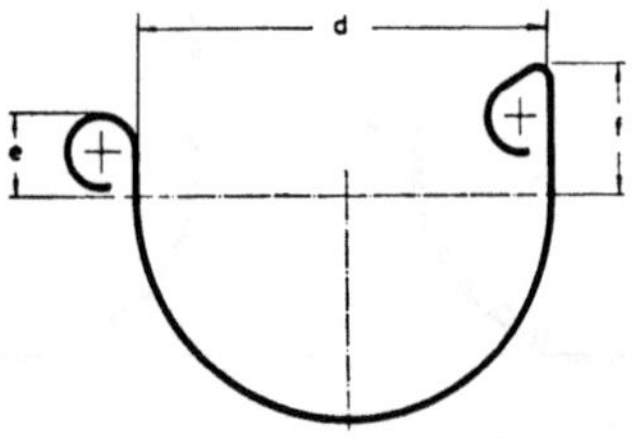

Bezeichnung einer FK-Dachrinne Richtgröße 125
FKR 125
Länge 4000

Richtgröße	*d*	*e*	*f*
100	100	22	28
125	125	20	28
150	150	19	25
180	180	18	28

Werkstoff: PVC hart; Farbe: Grau RAL 7032

FK-Verbindungsklammer FKRV

mit Dehnungsausgleich
Richtgröße 100, 125, 150, 180 (Maße in mm)

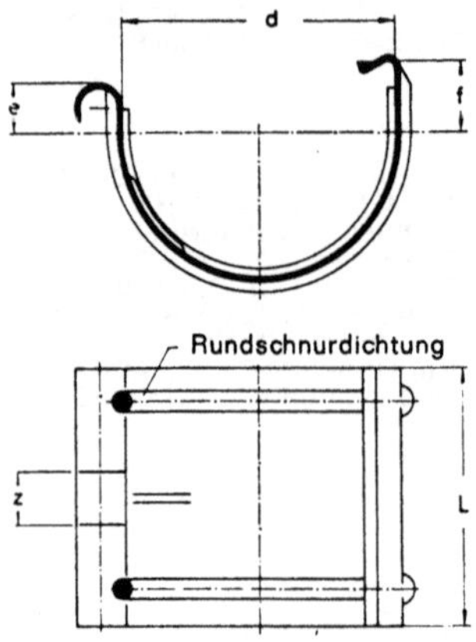

Bezeichnung einer
FK-Verbindungsklammer
Richtgröße 125
FKRV 125

Richtgröße	*d*	*e*	*f*	*L*	*z*
100	103	20,5	28	156	36
125	128	18,5	28	156	36
150	153	17,5	25	156	36
180	184	16	28	170	36

Werkstoff: PVC hart; Farbe: Grau RAL 7032

FK-Aussenwinkel FKRAW

Richtgröße 100, 125, 150, 180 (Maße in mm)

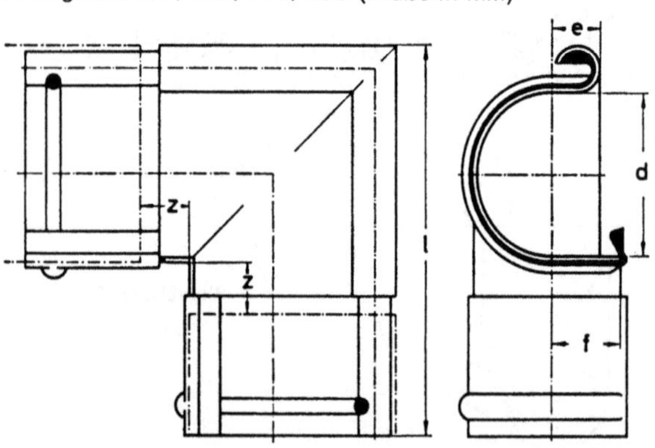

Bezeichnung eines FK-Außenwinkels
Richtgröße 125
FKRAW 125

Richtgröße	*d*	*e*	*f*	*L*	*z*
100	100	22	28	220	45
125	125	20	28	253	45
150	150	19	25	277	45
180	180	18	28	409	135

FK-Innenwinkel FKRIW

Richtgröße 100, 125, 150, 180 (Maße in mm)

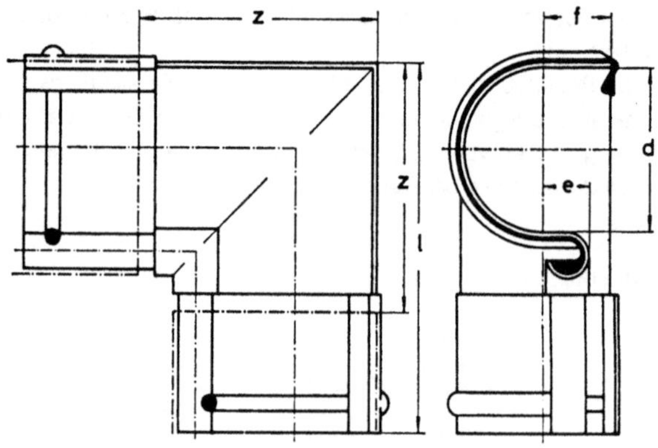

Bezeichnung eines FK-Innenwinkels Richtgröße 125
FKRIW 125

Richtgröße	*d*	*e*	*f*	*L*	*z*
100	100	22	28	207	145
125	125	20	28	235	175
150	150	19	25	260	200
180	180	18	28	387	320
180	180	18	28	387	320

Werkstoff: PVC hart; Farbe: Grau RAL 7032

FK-Rinnenstutzen FKRST

mit FK-Einlauftrichter
Richtgröße 100, 125, 150
(Maße in mm)

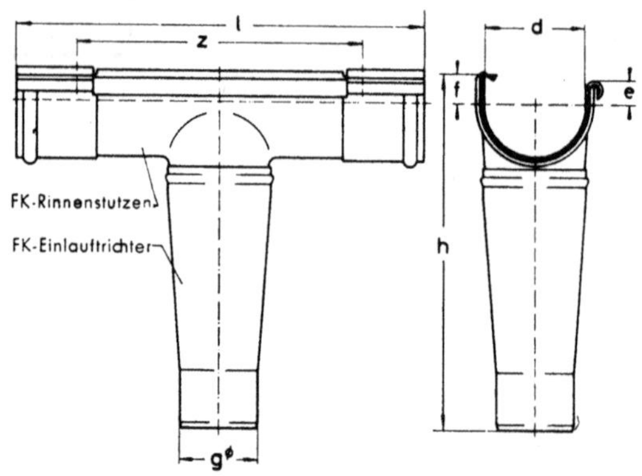

FK-Rinnenstutzen
und FK-Einlauftrichter
werden getrennt verpackt geliefert und durch
Zusammenstecken verbunden

Bezeichnung eines
FK-Rinnenstutzens
Richtgröße 125
FKRST 125

Bezeichnung eines
FK-Einlauftrichters
für Richtgröße 125
FKRET 125

Richtgröße	d	e	f	g ø	h	L	z
100	100	22	28	75	330	393	270
125	125	20	28	75	345	411	290
150	150	19	25	110	370	437	315

Werkstoff: PVC hart; Farbe: Grau RAL 7032

FK-Rinnenstutzen FKRST 45°

mit FK-Einlauftrichter 45° Richtgröße 100, 125, 150 (Maße in mm)

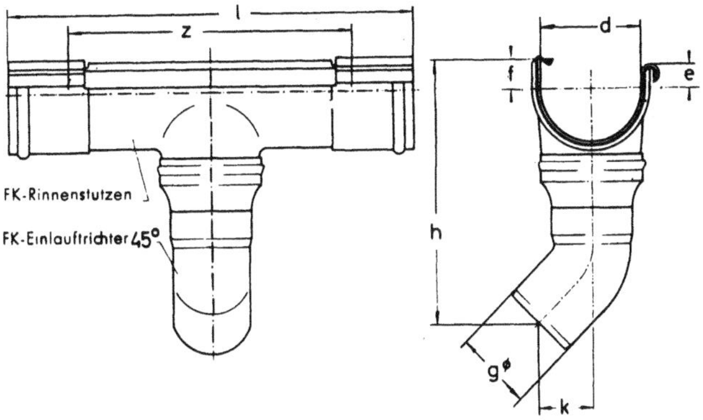

FK-Rinnenstutzen und FK-Einlauftrichter 45° werden getrennt verpackt geliefert und durch Zusammenstecken verbunden

Bezeichnung eines FK-Rinnenstutzens Richtgröße 125
FKRST 125
Bezeichnung eines FK-Einlauftrichters 45° für Richtgröße 125
FKRET 125 / 45°

Richtgröße	d	e	f	g ø	h	k	L	z
100	100	22	28	75	254	55	393	270
125	125	20	28	75	272	55	411	290
150	150	19	25	110	330	75	437	315

Werkstoff: PVC hart; Farbe: Grau RAL 7032

FK-Rinnenstutzen FKRSG 45°

mit glatten Enden Richtgröße 100, 125, 150, 180 (Maße in mm)

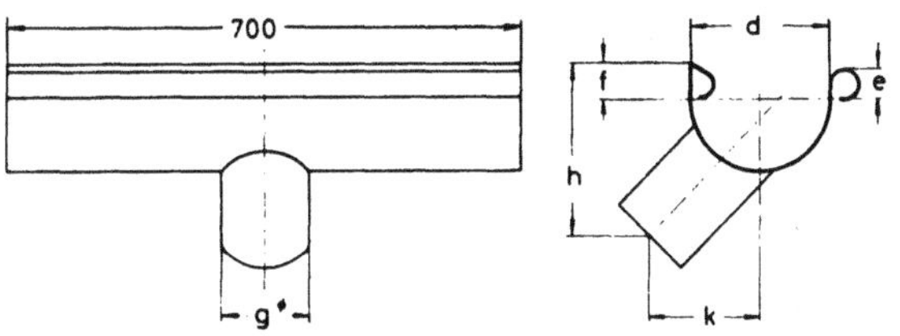

Für Richtgröße 125 Ablauf wahlweise 75 ø u. 110 ø
Für Richtgröße 180 Ablauf wahlweise 110 ø u. 125 ø

Bezeichnung eines FK-Rinnenstutzens 45° Richtgröße 180 mit glatten Enden und Ablauf 125 ø **FKRSG 45° 180/125**

Richtgröße	d	e	f	g ø	h	k
100	100	22	28	75	120	87
125	125	20	28	75	130	94
125	125	20	28	110	141	114
150	150	19	25	110	156	109
180	180	18	28	110	175	112
180	180	18	28	125	170	129

Werkstoff: PVC hart; Farbe: Grau RAL 7032

FK-Rinnenboden FKRBO

für linke und rechte Endseite
Richtgröße 100, 125, 150, 180 (Maße in mm)

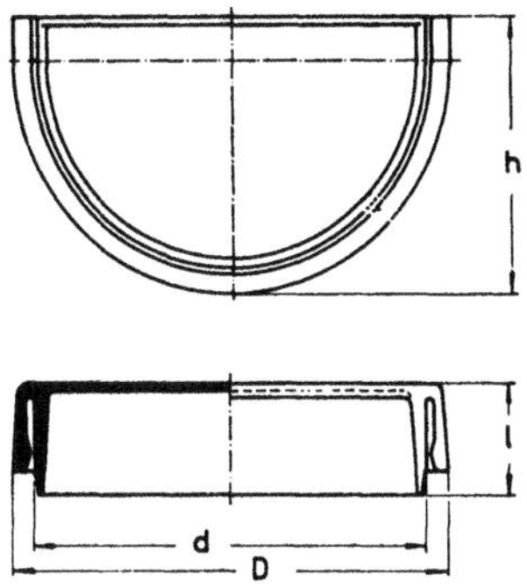

Bezeichnung eines FK-Rinnenbodens Richtgröße 125
FKRBO 125

Richtgröße	d	D	h	l
100	100	110	70	30
125	125	136	78	30
150	150	162	92	30
180	180	192	102	30

Werkstoff: PVC hart; Farbe: Grau RAL 7032

Rinnenhalter FRH 1

mit Abkante und 1 Feder, verzinkt oder kunststoffüberzogen
Richtgröße 100, 125, 150, 180 (Maße in mm)

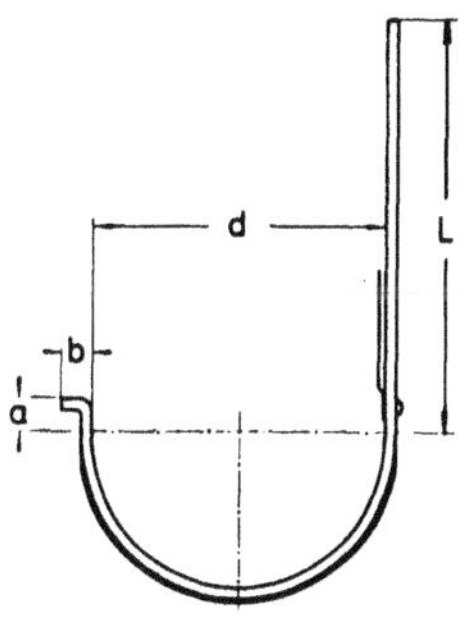

Bezeichnung eines verzinkten Rinnenhalters mit Abkante und 1 Feder, Richtgröße 125
FRH 1 Z 125

Bezeichnung eines kunststoffüberzogenen Rinnenhalters mit Abkante und 1 Feder aus rostfreiem Stahl, Richtgröße 125
FRH 1 K 125

Richtgröße	d	a	b	L	Profilabmessung
100	106	14,5	12	≈ 205	26 × 4
125	131	10,5	16	≈ 205	30 × 4 40 × 4
150	156	9,5	16	≈ 205	30 × 4 40 × 4
180	185	4	18	≈ 205	30 × 4 40 × 4

Werkstoff: Stahl
Farbe des Kunststoffüberzugs: Grau RAL 7032

Regenfallrohre

Die Regenfallrohre leiten das Wasser aus den Rinnen ab. Sie werden, wenn eine Kanalisation vorhanden ist, stets an diese angeschlossen. Um die leichten Blechrohre vor Beschädigungen zu schützen, stellt man auf die Tonrohrleitungen unter der Erde ein gußeisernes Standrohr, an welches das Regenfallrohr angeschlossen wird. Bei Häusern, die unmittelbar am Gehsteig liegen, erhält das Standrohr eine Höhe von 1,80 m. Befindet sich vor dem Gebäude jedoch ein Vorgarten, so kann man die Höhe der Standrohre ermäßigen und sie mit der Sockeloberkante endigen lassen. So wird der störende Eindruck der schwarzen Rohre gemildert. Ist kein Kanal, sondern nur eine Abort- oder Klärgrube vorhanden, so leitet man das Regenwasser in einen eigenen Sickerschacht.
Abstand und Anzahl der Regenfallrohre lassen sich nicht allgemein festlegen und hängen von den baulichen Gegebenheiten ab. Jedes Haus muß seine eigenen Regenfallrohre haben, die nur an die zum Gebäude gehörigen Entwässerungsleitungen angeschlossen werden dürfen. Wird das Regenfallrohr an den Kanal angeschlossen, so kann im Winter die aufsteigende warme Luft aus dem Kanal die Eisbildung am Einlauf der Rinne in das Regenfallrohr verhindern.

Tabelle 1 Bemessung der Regenfalleitung mit kreisförmigem Querschnitt und Zuordnung der halbrunden und kastenförmigen Dachrinnen aus Metall (siehe DIN 18 461)

anzuschließende Dachgrundfläche bei max. Regenspende r = 300 l/(s · ha) m²	Regenwasserabfluß Q_r zul l/s	Regenfalleitung	
		Durchmesser = Nennmaß mm	Querschnitt cm²
37	1,1	60	28
57	1,7	70	38
83	2,5	80	50
150	4,5	100	79
243	7,3	120	113
270	8,1	125	122
443	13,3	150	177

Tabelle 2 Bemessung der Regenfalleitung mit rundem Querschnitt und Zuordnung der halbrunden und kastenförmigen Dachrinnen aus PVC hart (siehe auch DIN 8062)

anzuschließende Dachgrundfläche bei max. Regenspende r = 300 l/(s · ha) m²	Regenwasserabfluß Q_r zul l/s	Regenfalleitung		
		Außendurchmesser mm	Nennmaß mm	Querschnitt cm²
20	0,6	50	50	17
37	1,1	63	63	28
57	1,7	75	70	38
97	2,9	90	90	56
170	5,1	110	100	86
243	7,3	125	125	113
483	14,5	160	150	188

Es ist jedoch darauf zu achten, daß sich keine Dachgauben in der Nähe befinden, da die aufsteigenden Kanalgase eine Geruchsbelästigung darstellen. Außerdem sollte das Regenfallrohr möglichst senkrecht geführt werden, um diesen „Schornsteineffekt" voll ausnutzen zu können.

Regenfallrohre aus Blech

Theoretisch würden für die senkrechte Ableitung des Regenwassers erheblich geringere Rohrquerschnitte genügen, als sie in der Praxis ausgeführt werden. Da man jedoch auch mit der Abführung von angeschwemmtem Laub, Papier und Eisbrocken rechnen muß, wählt man im allgemeinen für 1,5 m² Dachgrundfläche 1 cm² Rohrquerschnitt. Daraus ergeben sich Regenfallrohre, deren Zuschnittsmaß etwa gleich dem der Dachrinnen ist. Erfahrungsgemäß genügen jedoch selbst bei sehr großen Dachgrundflächen und Rinnenquerschnitten, wie z. B. bei Hallenbauten, Rohrweiten von 120 mm bis 125 mm. Bei der Bestimmung eines Regenfallrohrdurchmessers achtet man nicht nur auf das Zuschnittmaß der Rinne, sondern auch auf einen gut passenden Anschluß an das Standrohr (NA.-Rohr). Wegen der gegebenen lichten Weiten der NA.-Rohre von 75 mm, 100 mm und 125 mm überwiegen darum auch die Regenfallrohre mit gleichen oder ein wenig geringeren Durchmessern. Die einzelnen Teile des Regenfallrohres werden ca. 6 cm tief in die darunter sitzenden Stücke eingeschoben und verlötet. Die Überlappung des Rohres beträgt rd. 2 cm und wird ebenfalls gelötet. Diese Lötstelle muß stets von der Wand weg nach außen gekehrt sein, um bei aufgehender Naht die Wand vor Wasserschaden zu schützen. Das Regenfallrohr wird in Abständen von 1,5 m bis 2,00 m von Rohrschellen gehalten, auf denen es mit aufgelöteten Wülsten oder Nasen sitzt.

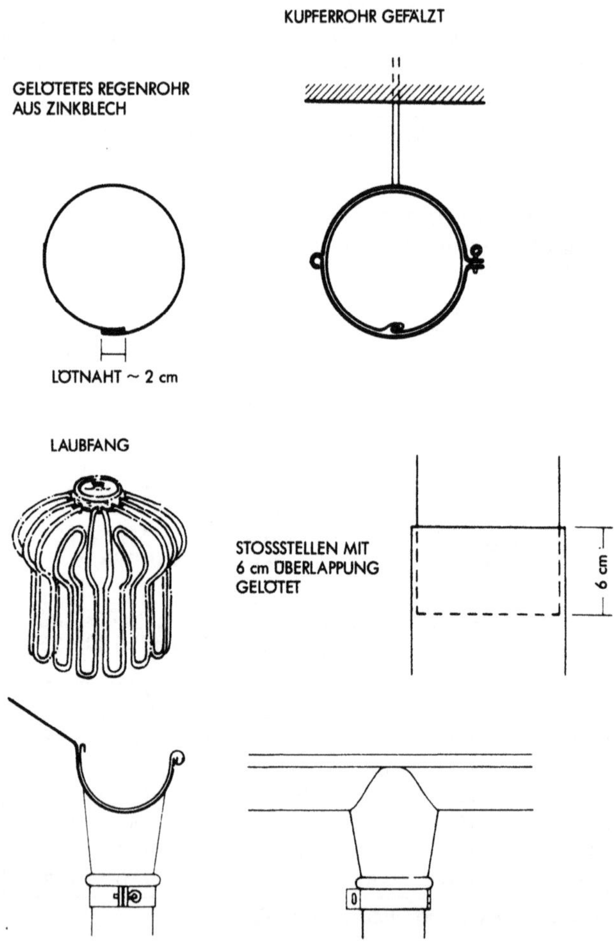

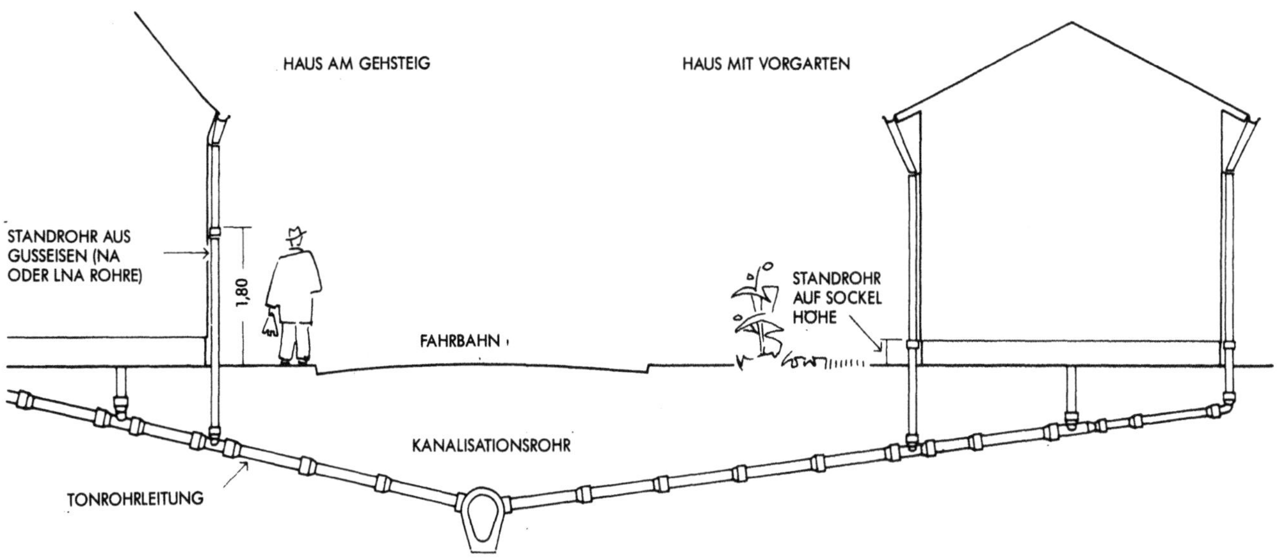

Kupferne Regenfallrohre werden nicht gelötet, sondern gefälzt, ihre Wülste werden mit Messingnieten befestigt. Ein wesentlicher Punkt für die Erscheinung ist der Anschluß des Regenfallrohrs an die Rinne. Um das andringende Wasser gut abzuleiten, soll zwischen Regenfallrohr und Rinne ein konisches, gerades Verbindungsstück, das für das Wasser den kürzesten Weg bildet, angeordnet werden.

Rinnenkessel sind hauptsächlich bei großen Dachflächen nötig und dann, wenn das Wasser von zwei Seiten dem Regenfallrohr zugeführt wird. Stehen in näherer Umgebung von niederen Gebäuden Bäume, so daß Laub auf die Dachfläche fallen kann, ordnet man vorsorglich am Abgang des Regenfallrohres einen Laubfang an.

Runde Verbindungsstücke zwischen Dachrinne und Regenfallrohr werden heute nur noch an Bauten mit sehr großen Gesimsausladungen (historische Bauten) ausgeführt. Sie lassen sich nur aus vielen Einzelteilen herstellen.

Runde Zinkblechschalen am Einlauf sind aus einem Stück nur fabrikmäßig herstellbar. Solche aus Kupferblech kann der Klempner treiben.

Bei Kupferrinnen, die keines Schutzes bedürfen und deren Patina gerade ihren Reiz ausmacht, fällt natürlich jede Behandlung fort. Für Rinnen und Rohre aus Zinkblech benötigt man normalerweise keinen Schutz vor Korrosion mittels Anstrich. In feuchter oder durch Industrieabgase verunreinigter Atmosphäre ist jedoch die Korrosionsgeschwindigkeit des Zinks so groß, daß ein schützender Anstrich aufgebracht werden sollte. Dabei ist für eine sorgfältige Entfettung der Zinkoberfläche zu sorgen (Absäuern mit einer Lösung von 1 Teil Salzsäure und 10 Teilen Wasser) und gegebenenfalls auch ein haftungsvermittelnder Grundanstrich (Wash Primer) erforderlich.

Die Innenseite der Rinnen, die von stehenbleibendem Regenwasser stärker als die Außenseite angegriffen wird, erhält oft einen Bitumenanstrich. Auch Regenfallrohre aus Zinkblech sollten wegen der aufsteigenden Kanalgase einen inneren Anstrich erhalten.

Regenfallrohre aus Faserzement

Regenrohre aus Faserzement werden kaum noch verwendet. Die Verbindung der Rohre erfolgt durch Muffen, die man mit Zementmörtel ausgießt. Auch Rinnenkästen werden in mehreren Größen und Formen geliefert.

Regenfallrohre aus Kunststoff

An die vorhandenen Kunststoffrinnenstutzen werden die Regenfallrohre angeschlossen. Die Verbindung erfolgt durch Steckmuffen. Das Ineinanderschieben dieser Rohre und Formstücke erfolgt mit Hilfe eines Gleitmittels, welches auf die Spitzenden aufgetragen wird. Nach dem Zusammenstecken der Muffen und Spitzenden bis zum Anschlag sind die Rohre 1,5 cm zurückzuschieben, damit die Wärmeausdehnung ungehindert aufgenommen werden kann.

Bei der Außenentwässerung haben die Regenfallrohre und Formstücke glatte Muffen ohne Dichtungsringe. Verläuft dagegen das Regenfallrohr innerhalb des Gebäudes, so müssen die Steckmuffen mit Sicke (eine zur Versteifung eingewalzte, rillenförmige Vertiefung) und einem Dichtungsring ausgebildet sein.

Die Regenfallrohre werden am besten mit kunststoffüberzogenen Rohrschellen am Mauerwerk befestigt. Die Einführung des Regenfallrohres in das Standrohr sollte möglichst so weit über Geländeoberkante liegen, wie mit mechanischen Beschädigungen gerechnet werden muß.

Nähere Bestimmungen über die Ausführungen und Anwendung von Kunststoffregenfallrohren enthalten die einschlägigen Normen.

REGENFALLROHRE

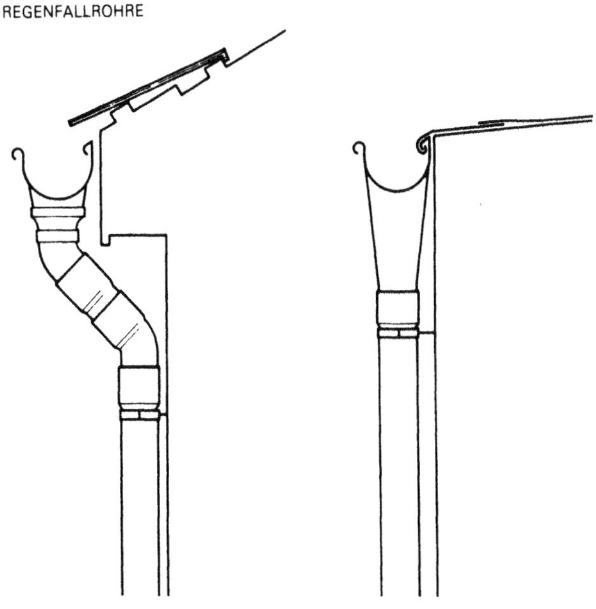

VERZÜGE BEI REGENFALLROHREN

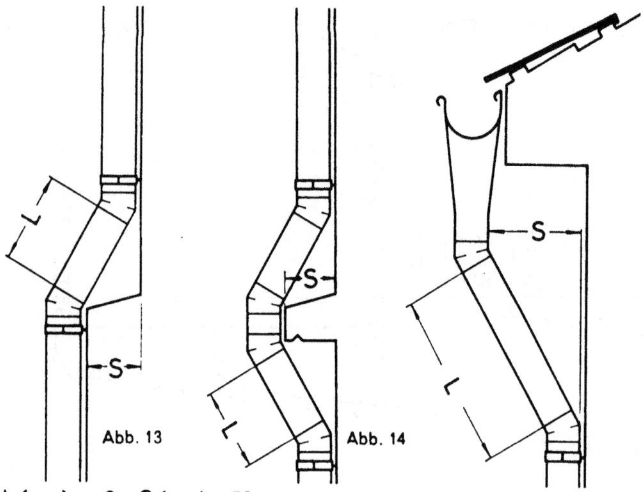

L (mm) = 2 x S (mm) - 50 mm .

FK-Regenfallrohr FKRFI

für Innenentwässerung
mit Gummi-O-Ring, Richtweite 70, 100, 125 (Maße in mm)

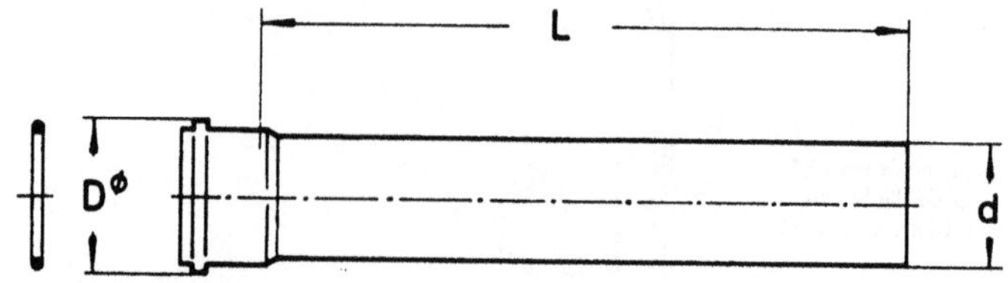

Bezeichnung eines FK-Regenfallrohres für Innenentwässerung,
Richtweite 70, Baulänge 2500
FKRFI 70 × 2500

FK-Regenfallrohr FKRFA

für Außenentwässerung
ohne Gummi-O-Ring Richtweite 70, 100, 125
(Maße in mm)

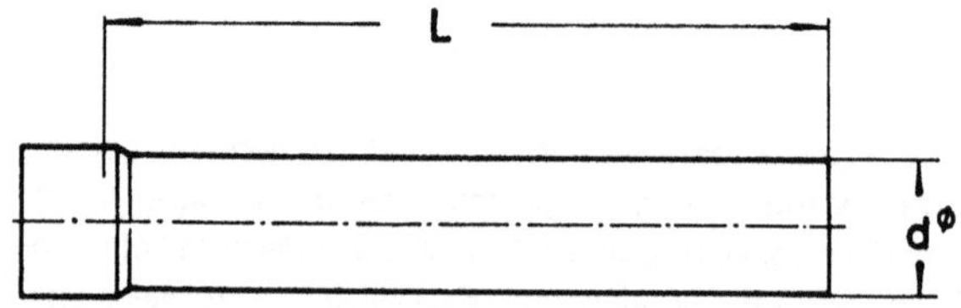

Bezeichnung eines FK-Regenfallrohrs für Außenentwässerung,
Richtweite 70, Baulänge 2500
FKRFA 70 × 2500

Richtweite	für Dachrinne Richtgröße	*d ø*	*L**	kg/Stck.
70	100 und 125	75	500	0,280
			1000	0,540
			2500	1,320
			3200	1,685
100	150 und 180	110	500	0,450
			1000	0,947
			2500	2,302
			3200	2,942
125	180	125	500	0,565
			1000	1,080
			2500	2,630
			3200	3,350

Werkstoff: PVC hart; Farbe: Grau RAL 7032

Richtweite	für Dachrinne Richtgröße	*d ø*	*D ø*	*L**	kg/Stck.
70	100 und 125	75	89,1	500	0,349
				1000	0,670
				2500	1,633
				3000	2,083
100	150 und 180	110	126,7	500	0,640
				1000	1,210
				2500	2,920
				3200	3,872
125	180	125	144,1	500	0,836
				1000	1,571
				2500	3,776
				3200	5,028

Werkstoff: PVC hart; Farbe: Grau RAL 7032

Regenfallrohre in der Fassade

Abstand und Anzahl der Regenfallrohre lassen sich nicht allgemein festlegen und hängen von den baulichen Gegebenheiten ab. Jedes Haus muß seine eigenen Regenrohre haben, die nur an die zum Gebäude gehörigen Entwässerungsleitungen angeschlossen werden dürfen.

Im Gegensatz zu den kräftig gegliederten Fassaden früherer Bauepochen bevorzugen wir heute ruhigere Mauerflächen mit mehr oder minder bündig sitzenden Fenstern. Auf solchen Wänden mit nur schwachem Relief wirken die Regenrohre stark gliedernd. Ihre Anordnung und Verteilung ist darum wohl zu überlegen. Wie dies im guten oder schlechten Sinne geschehen kann, zeigen folgende Beispiele.

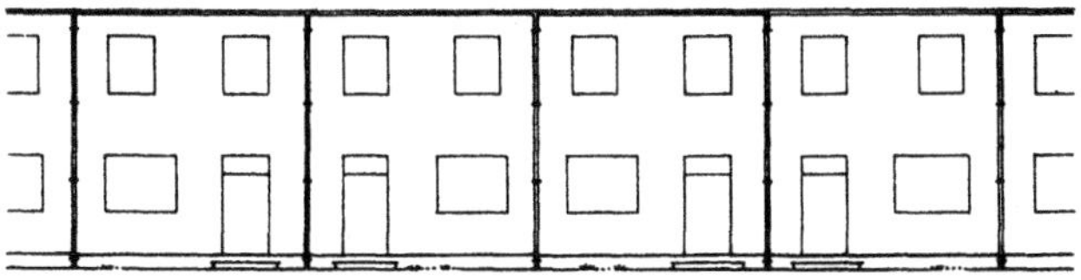

Übliche Regenrohraufteilung

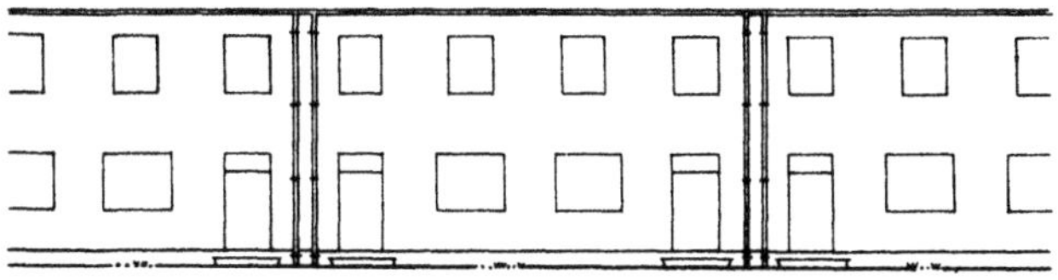

Bei langen Zeilen wirken größere Regenrohrabstände meistens besser

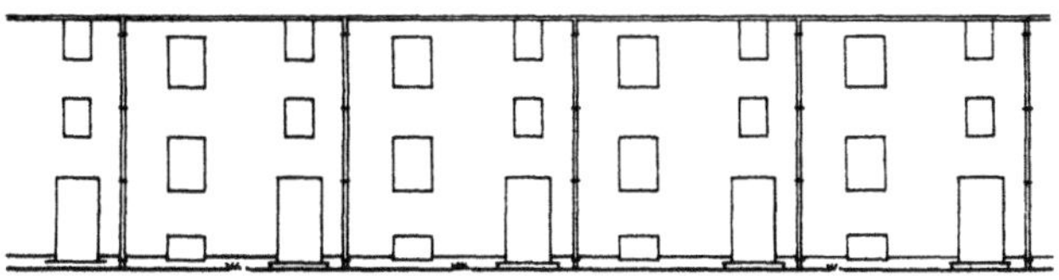

Starke Unruhe durch Betonung der versetzten Fenster

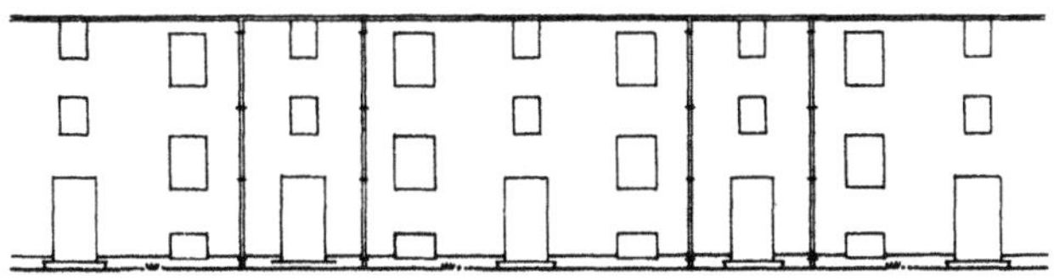

Einwandfreie Lösung

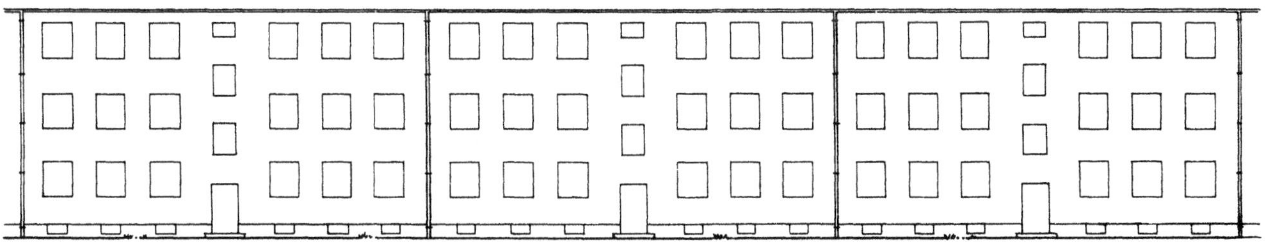

Übliche Regenrohraufteilung bei Wohnhausbauten
Versetzte Treppenhausfenster bringen Unruhe in die Fassade

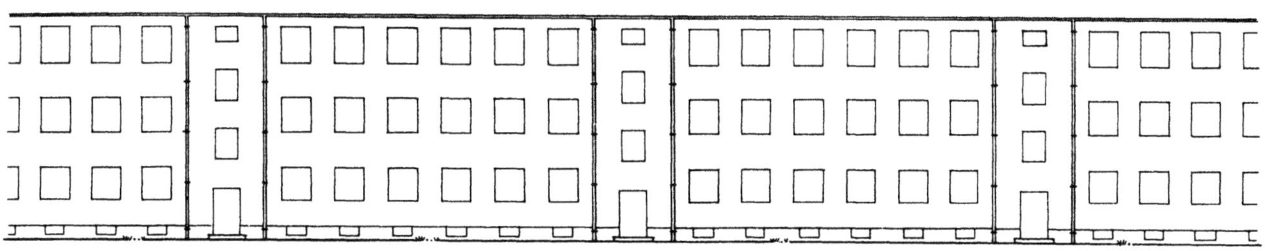

Bessere Lösung

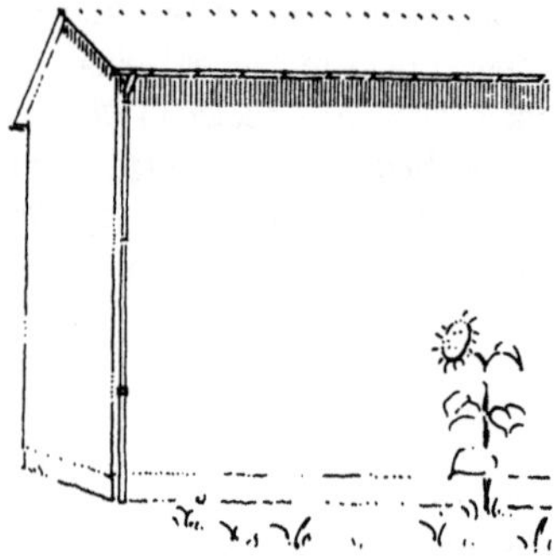

Regenrohr zu nahe an der Ecke. Unklare Gebäudekante.

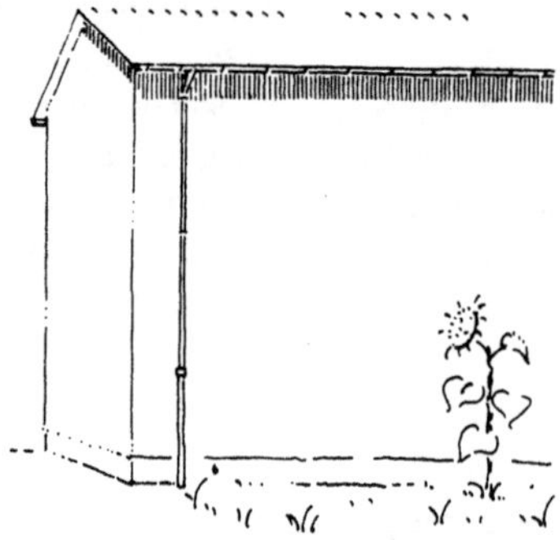

Regenrohr sitzt richtig. Hohes Standrohr stört Erscheinung.

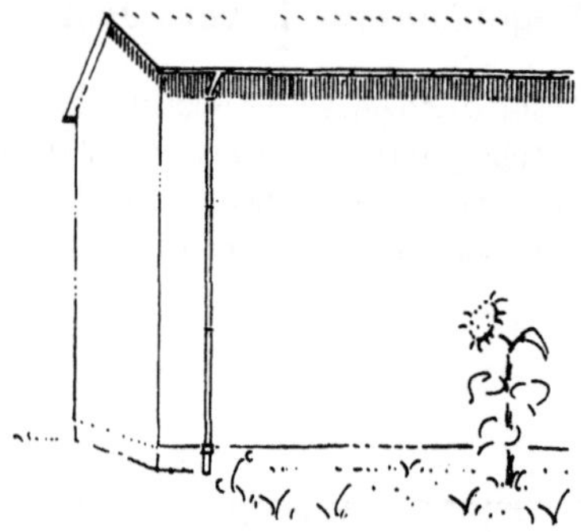

Niedriges Standrohr besser.

Unschöne Teilung der Hauptkörper durch Regenrohr.

besser

Originelle Stellung der Regenrohre.

Regenrohr an freistehenden Stützen schlecht, besser Wasserspeier.

Schornstein und Heizanlage

Zur Deckung unseres Wärmebedarfs in Industrie und Haus müssen wir Energie verschiedener Form in Wärme umwandeln. Die hierzu gegebenen Möglichkeiten haben nach dem heutigen Stande der Technik ein Stadium hoher Vollkommenheit erreicht, können aber leider noch nicht im erforderlichen Umfang ausgeschöpft werden, so daß wir zum überwiegenden Teil nach wie vor zur Gewinnung von Wärme erschöpfliche Bodenschätze verbrennen müssen. Man ist deshalb bestrebt, Verbrennungsanlagen zu bauen, die nicht nur einen einwandfreien und gefahrlosen Verbrennungsvorgang gewährleisten, sondern auch einen hohen Prozentsatz der in den Brennstoffen chemisch gebundenen Wärme für die Nutzung freigeben. Betriebssicherheit und Wirtschaftlichkeit einer Verbrennungsanlage sind abhängig von der Konstruktion und der Bemessung ihrer Einzelglieder: Feuerstätten, Verbindungsstücke und Schornstein.
In der vorindustriellen Zeit kannte man nur Holz als Brennstoff und hatte in den Wohnhäusern nur eine oder wenige Feuerstellen. Heute haben wir eine Reihe von Brennstoffen von verschiedenartigem Aggregatzustand und sehr unterschiedlichem Heizwert. Hinzu kommt eine große Anzahl unterschiedlicher Heizsysteme, zum Teil mit großen Heizleistungen (z. B. Heizkraftwerke), die kein historisches Vorbild haben, weshalb die Erfahrungen im Bau der zugehörigen Schornsteine oft nur wenige Jahrzehnte oder gar wenige Jahre zurückreichen. Eine größere Anzahl von schweren Schäden an neueren, besonders an hohen Schornsteinen mit ihren fatalen Folgen lassen es geraten erscheinen, die Probleme zeitgemäßen Schornsteinbaues besonders gründlich zu erörtern.

Begriff Schornstein

Als Schornsteine bezeichnet man alle Rohre oder Schächte, welche die Verbrennungsgase von Feuerungen aufwärts über die Dächer ins Freie führen. In Wohnhäusern und den übrigen bürgerlichen Bauten werden sie mit wenigen Ausnahmen eingebaut, im Industriebau hingegen allgemein freistehend errichtet. Nach der Art der Verbrennungsgase unterscheidet man Rauchschornsteine und Abgasschornsteine. Rauchschornsteine dienen der Hochführung von Rauchgasen fester und flüssiger Brennstoffe, während in Abgasschornsteinen die Abgase gasförmiger Brennstoffe aufsteigen. Lüftungsschächte und -kanäle sind keine Schornsteine.
Sprachlich geht die Bezeichnung Schornstein auf die mittelhochdeutsche Nebenform „schürstein“ zurück, woraus die Verknüpfung mit der Tätigkeit des Feuer-schürens deutlich wird. Das vielfach gebrauchte Wort Kamin, welches im lateinischen „caminus“ seinen Ursprung hat, ist inzwischen zum übergeordneten Begriff für alle Arten von aufsteigenden Schächten geworden. Man kann damit sowohl den Schornstein oder den Luftschacht als auch eine Felsenspalte im Hochgebirge meinen, insbesondere verstehen wir darunter die offene Feuerstelle an einer Wand mit Rauchmantel und Schornstein darüber. Bei dem für den einzelstehenden Fabrikschornstein bezeichnenden Wort Schlot vermutet man einen Zusammenhang mit dem mittelhochdeutschen „slate“, welches für Schilfrohr gebräuchlich war (in sinngemäßer Anwendung ist z. B. das Wort Zwiebelschlotten noch heute in der Landwirtschaft üblich). Demnach scheint der Ausdruck Schornstein die Zugehörigkeit zur Verbrennungsanlage am stärksten zu betonen und soll daher zum allgemeinen Verständnis beibehalten bleiben.

Verbrennungsvorgang

Die Aufgaben des Schornsteins ergeben sich aus dem Verbrennungsvorgang innerhalb der Heizanlage und den Verbrennungseigenschaften der Brennstoffe.
Eine Verbrennungsanlage kann nur dann wirtschaftlich und sicher arbeiten, wenn Brennstoff, Feuerungsanlage und Schornstein richtig aufeinander abgestimmt sind. Die beste Feuerung kann ihre Vorteile nicht zur Geltung bringen, wenn der Schornstein unzureichend ist, zu groß oder zu klein. Voraussetzung zu richtiger Bemessung und Konstruktion ist die Kenntnis der von der gesamten Anlage zu erfüllenden Anforderungen und Betriebsbedingungen.
Die Wahl des Heizsystems richtet sich nach dem verfügbaren Brennstoff und der erwünschten Betriebsart. Die Größe der Raumheizkörper wird nach ihrer mittleren Wärmeabgabe je m^2 Heizfläche auf den Wärmebedarf der einzelnen Räume bezogen. Diese ist nach DIN 4701 aus dem Wärmeverlust durch die raumumschließenden Bauteile, d. h. nach deren Abmessungen, Wärmedämmvermögen und der Fugendichtigkeit ihrer Öffnungen zu ermitteln.
Je kleiner ein Gebäude ist, oder je höher die Energiekosten liegen, desto genauer sind die wirtschaftlichen Zusammenhänge zwischen Heizung und Wärmedämmung zu bedenken. Der spezifische Wärmebedarf sollte bei Wohngebäuden nicht über 523,3 KJ je Stunde und m^2 Wohnfläche liegen. Ein gegenüber den Mindestforderungen der DIN 4108 verbesserter Wärmeschutz wird trotz höherer Baukosten durch Ersparnisse in Anlage und Betriebskosten der Heizanlage auf Dauer mehr als ausgeglichen.

Brennstoffe

Als Brennstoffe eignen sich nur solche, die sich konstant, also ohne Explosion oder begleitende giftige Gase, verbrennen lassen. Man unterscheidet natürliche Brennstoffe, wie Holz, Braun- und Steinkohle, Erdgas, und aufbereitete, wie z. B. Briketts, Koks, Heizöl und Stadtgas. Man kann die Brennstoffe auch in feste, flüssige und gasförmige einteilen. Es zählen

zu den festen:	Holz, Braunkohle, Steinkohle, in aufbereiteter Form Holzkohle, Briketts und Koks,
zu den flüssigen:	Heizöle S (schwer), L (leicht), EL (extra leicht),
zu den gasförmigen:	Stadtgas und Erdgas, Flüssiggas.

Die wirtschaftliche Beurteilung eines Brennstoffes kann nach folgenden Kriterien erfolgen:
- Heizwert (Energiegehalt) bzw. Brennwert
- Preis
- Umweltverträglichkeit, Abgasverhalten
- Bedienungskosten der Anlage (z. B. Aschebeseitigung, Wartung)
- Mehr- und Minderkosten der Heizanlage für brennstoffspezifische Ausrüstungen (z. B. notwendiger Heizöltank gegenüber Erdgasheizung)
- Platzbedarf der Heizanlage
- Regelungsmöglichkeit
- Abhängigkeiten von der Brennstofflieferung (OPEC, Erdgaslieferanten)

Für neu zu errichtende Heizanlagen ist der Aspekt der Luftreinhaltung absolut vorrangig zu sehen, es werden dafür von behördlicher Seite bereits erhebliche Einschränkungen in der Wahl des Brennstoffs bzw. Vorschriften für die Betriebsart der Heizanlage gemacht.

Am Brennvorgang, also der Reaktion mit dem Sauerstoff, sind bei allen Brennstoffen im wesentlichen nur drei chemische Elemente beteiligt:

bei Heizöl — bei Brenngasen

- Kohlenstoff C – Methan – Schwefelwasserstoffe
- Wasserstoff H – Kohlenwasserstoffe
- Schwefel S – Kohlenoxid – Wasserstoff

Ihre einzelnen Mengenanteile sind je nach Brennstoffart verschieden.

Bei den gasförmigen Brennstoffen Stadtgas und Erdgas bestehen die brennbaren Bestandteile größtenteils aus Kohlenwasserstoffen verschiedener Struktur und aus Wasserstoff. Die eintretenden chemischen Reaktionen sind bei vollkommener Verbrennung folgende:

Der Kohlenstoff verbindet sich mit dem Luftsauerstoff zu Kohlendioxyd $C + O_2 = CO_2$

Der Wasserstoff verbindet sich mit dem Luftsauerstoff zu Wasserdampf $2H_2 + O_2 = 2H_2O$

Der Schwefel verbindet sich mit dem Luftsauerstoff zu Schwefeldioxyd $S + O_2 = SO_2$

Bei unvollkommener Verbrennung des Kohlenstoffes entsteht das giftige Kohlenmonoxyd $2\,C + O_2 = CO$

Das Kohlenmonoxyd kann nachverbrannt werden zu Kohlendioxyd $2\,CO + O_2 = CO_2$

Aus Kohlenwasserstoffen (Entgasungsprodukte) wird bei vollkommener Verbrennung Kohlendioxyd (CO_2) und Wasserdampf (H_2O) gebildet, während bei unvollkommener Verbrennung je nach Voraussetzungen Kohlenmonoxyd (CO), Ruß (C) und freier Wasserstoff (H_2) sowie Teere entstehen können. Das nicht mehr zu CO_2 verbrannte Kohlenmonoxyd bedeutet einen hohen Wärmeverlust, da bei der Vergasung von 1 kg C zu CO $\approx$ 10,46 MJ frei werden, jedoch von 1 kg C zu CO_2 $\approx$ 33,49 MJ.

Eine unvollkommene Verbrennung entsteht durch Mangel an Sauerstoff, seine ungenügende Vermischung mit dem Brennstoff oder infolge zu niedriger Temperaturen im Feuerraum. Aufgrund dieser Gesetzmäßigkeiten lassen sich bei bekannter chemischer Zusammensetzung der brennbaren Bestandteile deren Heizwärme und Sauerstoffbedarf, daraus auch der Luftbedarf und die Menge der Rauchgase ermitteln.

Heizwert, Brennwert

Heizwert ist die Wärmemenge, die bei vollkommener und verlustfreier Verbrennung eines Brennstoffes frei wird.

Man unterscheidet zwischen dem oberen Heizwert (Brennwert) Ho und dem unteren Heizwert Hu. Der Unterschied besteht darin, daß beim oberen Heizwert die Verdampfungswärme des im Abgas enthaltenen Wassers angerechnet wird, beim unteren Heizwert jedoch nicht. Der obere Heizwert ist also um den Anteil dieser Verdampfungswärme höher als der untere Heizwert. Da mit bisherigen rechnerischen Methoden und den zur Verfügung stehenden Feuerungsanlagen dieser Anteil schlecht erfaßbar war, wurde bisher fast ausschließlich mit dem unteren Heizwert gerechnet. Im Zuge der optimalen Energieausnutzung und verfeinerten Berechnungsverfahren sowie Techniken gewinnt die Berücksichtigung des oberen Heizwertes an Bedeutung.

	Stadtgas	Erdgas L	Erdgas H	Heizöl L
oberer Heizwert (Brennwert) H_o kWh/m³ bzw. kWh/l	5,48	9,78	11,46	10,59
unterer Heizwert H_u kWh/m³ bzw. kWh/l	4,87	8,83	10,35	9,96
Verhältnis H_o/H_u	1,13	1,11	1,11	1,06

Oberer Heizwert (Brennwert) H_o und unterer Heizwert H_u bei Gas und Öl

Beim chemisch-physikalischen Vorgang der Verbrennung erfolgt eine Reaktion der brennbaren Komponenten des eingesetzten Brennstoffes mit dem Luftsauerstoff (Oxydation), bei der Wärmeenergie freigesetzt wird.

Die Feuerungsanlage muß eine möglichst vollkommene Verbrennung der Brenngase sicherstellen, damit die im Brennstoff enthaltene Energie vollständig genutzt wird. Bei einer unvollkommenen Verbrennung ist nicht nur die Energieausbeute geringer, sondern auch der Schadstoffanteil im Abgas zu hoch, da unverbrannte Brennstoffbestandteile an die Luft abgegeben werden.

Aufgabe der Feuerungs- und Heizungsanlage ist es, eine möglichst große Menge der erzeugten Wärme zu nutzen und nur soviel Wärme in den Schornstein zu lassen wie für die Sicherstellung von dessen Strömungsverhältnissen erforderlich ist.

Wassergehalt

Der Wassergehalt eines Brennstoffes stammt teils aus der hygroskopischen oder spezifischen Feuchtigkeit, teils aus äußerlicher Feuchtigkeit und beeinträchtigt mit zunehmender Größe ebenfalls Brennbarkeit und Heizwert. Die zur Verdampfung des Wassers erforderliche Wärme muß von den brennbaren Bestandteilen aufgebracht werden. Der entstehende Wasserdampf erhöht den Wasserdampfgehalt des Rauchgasgemisches und damit die Kondensationsgefahr auf dem Rauchgasweg, die als Ausgangspunkt für die meisten Schornsteinschäden gilt. Beispielsweise kann sich das bei der Verbrennung des Schwefels entstehende Schwefeldioxyd im Niederschlagswasser lösen, wodurch sich schweflige Säure bildet, deren Einwirkung die Baustoffe der Feuerung und eines gemauerten Schornsteins allmählich zersetzt. Zerstörungsursache: Umsetzung des in Mörtel und Steinen enthaltenen Kalkes in Gips (kohlensaures Calzium in schwefelsaures Calzium); die damit verbundene Volumenvermehrung bewirkt Absprengung und Zerfall des Materials. Tritt keine Kondensation auf, so gelangen die Gase trocken und somit unschädlich aus dem Schornstein.

Verbrennungsluftbedarf

Der für die Verbrennung nötige Sauerstoff wird durch die Verbrennungsluft zugeführt. Die theoretisch benötigte Luftmenge für eine vollständige Verbrennung ist abhängig vom Zustand der Luft, dem eingesetzten Brennstoff und dessen Aggregatzustand. In der Praxis muß jedoch für die vollständige Verbrennung eine größere Luftmenge zugeführt werden als die theoretisch erforderliche. Das Verhältnis der zugeführten Luftmenge zur theoretisch erforderlichen Luftmenge wird als Luftverhältniszahl λ bezeichnet.

Bei flüssigen Brennstoffen ist die Verbrennung schon durch den besseren Aggregatzustand günstiger, so daß der Luftüberschuß reduziert werden kann.

Gas läßt sich mit dem erforderlichen Sauerstoff bzw. der erforderlichen Luftmenge nahezu theoretisch genau mischen (verwirbeln), so daß bei diesen Feuerungsanlagen ein nur geringer Luftüberschuß aus hygienischen Gründen notwendig wird.
Holz z. B. wird weder in gleichgroßen Stücken geliefert noch läßt es sich so regelmäßig aufschichten, daß die Luftzufuhr im Brennraum gleichmäßig alle Stücke erreicht. Durch Zusammenfallen der Brennstoffschicht wird der Brennvorgang weiter beeinträchtigt. Bei Kohlen und Koks verläuft der Brennvorgang regelmäßiger und rationeller, weil diese Brennstoffe in ziemlich genauen Siebgrößen geliefert werden.

Abgas

Bei einer vollständigen Verbrennung bestehen die Abgase fester, flüssiger und gasförmiger Brennstoffe aus Wasserdampf H_2O), Kohlendioxid (CO_2) und Stickstoff (N_2).
In der Atmosphäre bedeuten die Abgase nicht nur eine Luftverschmutzung, sondern auch eine Verminderung der Sonneneinstrahlung. Nicht nur dem Menschen, Tieren und Pflanzen schaden die Abgase, sondern auch Metallen, Gesteinen und kalkhaltigen Baustoffen, da sie einen Gehalt von schwefliger Säure bzw. auch Schwefelsäure haben.
Die Abgasmenge ändert sich mit dem Luftdruck und der Luftdichte in Abhängigkeit der damit verbundenen Änderungen der Sauerstoffmenge pro m^3 Luft. Mit dem Luftbedarf einer Verbrennung ändert sich also auch immer die Abgasmenge.
Der Aschegehalt eines Brennstoffs vermindert mit zunehmender Größe dessen Brennbarkeit und Heizwert. Saure Ascherückstände werden in Verbindung mit anfallendem Wasser zu Säure und greifen die Bauteile der Feuerung und des Schornsteins an.

Trockengase

Bei vollkommener Verbrennung treten nur Kohlendioxyd und Schwefeldioxyd als Trockengase auf. Die Anwesenheit von Kohlenmonoxyd, Wasserstoff und Kohlenwasserstoffen ist stets in unvollkommener Verbrennung begründet und bedeutet immer Verlust an chemisch gebundener Wärme. Kohlenwasserstoffe in den Rauchgasen bilden außerdem die Ursache von Explosionen und Schornsteinbränden durch Verpechung der Rauchzüge.
Wasserdampf entsteht teils aus der Verbrennung des Wasserstoffes und teils aus der Verdampfung des im Brennstoff enthaltenen Wassers. Sobald die Abgase auf dem Wege durch den Schornstein unter ihren Taupunkt abkühlen, schlägt sich der Wasserdampf als Wasser an den Innenflächen des Schornsteins nieder und führt zu den gefürchteten Schäden. Der Taupunkt ist je nach Zusammensetzung des Rauchgasgemisches, also nach Brennstoffart verschieden.

Er beträgt beispielsweise für die Abgase von

Holz und Torf	ca. 333 K (60 °C)
Heizöl	ca. 323 K (50 °C)
Braunkohlenbriketts	ca. 318 K (45 °C)
Steinkohlen	ca. 313 K (40 °C)
Gas- und Zechenkoks	ca. 291 K (18 °C)

Die in den Abgasen enthaltene Luft entspricht bei gasdichten Schornsteinen dem Luftüberschuß, der mit durch die Feuerung einströmt. Luft, die nach der Verbrennung auf dem Wege durch den Schornstein infolge von Undichtigkeiten oder Gasdurchlässigkeit zu den Rauchgasen eindringt, wird als Falschluft bezeichnet. Ihre Wirkung ist sehr nachteilig. Sie erhöht nicht nur die Menge des Rauchgasgemisches, sondern senkt auch dessen Temperatur und damit die Auftriebskraft.

Wirkungsgrad der Feuerung

Die Konstruktion der Brennkammern für feste Brennstoffe bei Einzelöfen und Heizkesseln wurden in den letzten Jahrzehnten erheblich verbessert. Von Bedeutung ist auch die Größe der Heizanlage und die Art ihres Betriebes, zum Beispiel individuelle Bedienung von Öfen oder kleineren Zentralheizungen gegenüber dem kontrollierten und gesteuerten Betrieb großer Heizanlagen.
In der Praxis rechnet man zu dem theoretischen Luftbedarf etwa folgende Zuschläge:
Bei Einzelöfen, gleich ob sie mit Holz, Öl oder Gas betrieben werden,

einen Luftüberschuß von	ca. 100%
bei kleineren Zentralheizungen, die mit Kohle oder Koks betrieben werden	ca. 50%
bei kleineren Ölheizungen	ca. 40%
bei kleineren Gasheizungen	ca. 20%

Bei großen Heizanlagen, die heute fast ausschließlich mit Öl oder Gas betrieben werden, senkt man zur Verbesserung des Kaminauftriebes den Luftüberschuß auf 20–10%, in Extremfällen sogar auf 5%.
Da sich der Luftbedarf bei den Brennstoffen Koks, Öl und Gas nicht erheblich unterscheidet, kann gegebenenfalls die Umstellung einer Heizanlage von einem festen Brennstoff auf Öl oder Gas vorgenommen werden, ohne die Betriebssicherheit zu gefährden.
Auf den Rohbrennstoff bezogen, ändern sich Heizwert, Sauerstoff und Luftbedarf entsprechend dem Verhältnis der brennbaren Bestandteile. Neben den unbrennbaren mineralischen Bestandteilen und den festen Rückständen bei unvollständiger Verbrennung, welche als Asche oder Schlacken zurückbleiben, fallen beim Verbrennungsvorgang als unbrennbar vor allem Wasser, überschüssiger Sauerstoff (als Luftüberschuß und Brennstoff) und in geringen Mengen Stickstoff an.

Physikalischer Vorgang

Der geregelte Ablauf des Verbrennungsprozesses, die Zufuhr des Sauerstoffes aus der Luft und die Abführung der Rauchgase im Schornstein folgt physikalischen Gesetzen.

Gasströmung

Strömungsgeschwindigkeit und Rauchrohrquerschnitt bestimmen die Gasmenge, welche stündlich durch einen Schornstein abgeführt werden kann. Eine Gasströmung tritt ein, wenn an zwei verschiedenen Stellen unterschiedlicher Druck herrscht, der in seinem Bestreben, sich auszugleichen, eine Gasbewegung verursacht. Dabei hängt die Strömungsgeschwindigkeit von der Größe des Druckunterschiedes ab. Umgekehrt ruft jede Gasströmung einen Druckunterschied hervor, und es ändert sich dieser mit der Strömungsgeschwindigkeit.

Im Schornstein wird die Gasströmung durch den Unterdruck bewirkt, der im Normalfall durch den natürlichen Auftrieb der Rauchgase, gelegentlich auch durch Windeinwirkung und in Ausnahmefällen durch künstliche Gebläse erzeugt wird.

Solange im Schornstein Unterdruck herrscht, sucht die Umgebungsluft infolge ihres höheren Druckes durch alle vorhandenen Öffnungen in den Schornstein einzudringen, um den Druckunterschied auszugleichen.

Nach dem archimedischen Prinzip erfährt die Gassäule im Schornstein einen Auftrieb, der gleich dem Gewicht der verdrängten Luft ist. Da alle Gase die Eigenschaft haben, mit zunehmender Erwärmung oder abnehmendem Druck sich auszudehnen, also spezifisch leichter zu werden, können je nach Temperaturunterschied zwischen Rauchgasen und Außenluft Strömungsvorgänge unterschiedlicher Stärke im Schornstein eintreten. Sind Außenluft und Rauchgase spezifisch gleich schwer, so findet keine Bewegung statt. Haben die Rauchgase eine größere Dichte als die Luft, so sinken sie nach unten und dringen rückwärts durch die angeschlossene Feuerstätte in den Raum. Dieser Zustand kann in der warmen Jahreszeit eintreten, da bei gleicher Temperatur Rauchgase bis zu 10% schwerer sind als Luft.

Der Druckunterschied wächst mit zunehmender Höhe der Gassäule und steigender Größe der spezifischen Gewichtsdifferenz (Temperaturdifferenz) zwischen Außenluft und Gasen. Die wirksame Höhe der Gassäule rechnet man vom Rost der Feuerung bis zur Schornsteineinmündung, wenngleich die Rauchgase auch im Freien noch weiter aufsteigen können.

Strömungsverluste

Der am Fuße der Rauchsäule herrschende Unterdruck läßt sich leider nicht in voller Höhe als dynamischer Druck für die Strömungsgeschwindigkeit auswerten, ein beachtlicher Teil geht durch kraftmindernde und kraftverzehrende Einflüsse als statischer Druck verloren. Nicht nur, daß der gesamte Unterdruck auch bei gleichbleibender Gastemperatur im Schornstein nach oben ohnehin abnimmt, die Rauchgase kühlen während des Hochsteigens auch noch ab, werden also schwerer – daher langsamer – und werden außerdem durch Strömungswiderstände behindert.

Die Höhe des dynamischen Druckes (Geschwindigkeitshöhe) erhält man, wenn man von der effektiven Unterdruckhöhe die Druckverlusthöhen durch die Strömungswiderstände und den Widerstand der Feuerung abzieht. Aufgrund des verbleibenden dynamischen Druckes läßt sich die Strömungsgeschwindigkeit ermitteln, welche zusammen mit dem Querschnitt die effektive Förderleistung des Schornsteins bestimmt.

Durch Vergleich dieser wirklichen Förderleistung mit der scheinbaren Förderleistung, welche theoretisch mit dem gesamten Unterdruck möglich wäre, erhält man den Wirkungsgrad des Schornsteins, der sowohl den wärme- als auch den strömungstechnischen Wert der Anlage kennzeichnet. Er wächst mit der Verminderung der Druckverluste und ist somit von der Konstruktion des Schornsteins abhängig. Unter gleichen Anlage- und Betriebsvoraussetzungen bietet er einen brauchbaren Vergleichsmaßstab für die einzelnen Schornsteinsysteme.

Gasabkühlung

Der Einfluß einer Abkühlung durch Falschluftzutritt kann an bestehenden Anlagen genau festgestellt werden, läßt sich aber im voraus nur schätzungsweise erfassen, da er sehr von der Ausführung abhängt. Dagegen kann man den Temperaturabfall der Rauchgase mit ziemlicher Sicherheit theoretisch bestimmen. Man ermittelt ihn anhand der durchströmenden Gasmenge und deren Eintrittstemperatur aufgrund des Wärmeschutzes, den die Schornsteinwandung bietet. Bei bestimmter Rohrlänge und gleichbleibendem Querschnitt wächst der Temperaturabfall mit abnehmender Gasmenge und steigendem Wärmedurchgang.

Der Wärmedurchgang durch die Schornsteinwandung umfaßt: den Wärmeübergang von den Rauchgasen an die innere Oberfläche der Schornsteinwandung, die Wärmeleitung durch den Wandbaustoff von der Wandinnen- zur Wandaußenfläche und den Wärmeübergang von der Wandaußenfläche an die umgebende Luft.

Der Wärmeübergang vollzieht sich teils als Konvektion (Wärmemitführung) und teils als Strahlung. Da Gase nur bei großer Dichte und hohen Temperaturen (etwa über 673 K [400 °C]) Wärme abstrahlen, kommt für den Wärmeübergang von Rauchgasen an Schornsteinwandungen normalerweise nur der Anteil der Konvektion in Betracht. Dieser ist bei rauher Schornsteininnenfläche größer als bei glatter, ebenso bei ungeordneter Strömung größer als bei geordneter, wie er auch bei aufgezwungener Strömung (Wind, Gebläse) größer wird als bei freier (Auftrieb).

Der Wärmeverlust durch die Schornsteinwand ist nicht an allen Stellen des Schornsteins gleich, wird jedoch übersichtshalber als mittlerer Wärmeverlust auf 1 m Rohrlänge bezogen. Dieser wächst mit der Größe der inneren Oberfläche des Schornsteins und muß aus dem Wärmeinhalt der durchströmenden Gasmenge gedeckt werden. Daraus erhellt, daß bei gleicher Eintrittstemperatur der Rauchgase eine größere Gasmenge aufgrund ihres größeren Wärmeinhaltes einen prozentual kleineren Anteil an Wärme einbüßt als eine kleinere Gasmenge. Der geringere Wärmeinhalt einer kleineren Gasmenge wird durch den eintretenden Wärmeverlust aufgezehrt, so daß nur ein ungenügender Rest für die Unterdruckerzeugung bleibt. Demzufolge sind auch bei zu schwach belasteten oder überbemessenen Schornsteinen, wie sie in Altbauten häufig vorkommen, die Rauchgase schon nach wenigen Metern Steighöhe soweit abgekühlt, daß sie nicht nur den Taupunkt des Gemisches unterschreiten, sondern gelegentlich auch im Schornstein abwärts strömen und in die angrenzenden Räume eindringen können. Wie Vergleiche zeigen, nimmt deshalb in schwach belasteten Schornsteinen der Unterdruck nur in eng begrenztem Bereich mit der Höhe zu. Darüber hinaus schadet sie mehr, als sie nützt. Deshalb sollten alle Schornsteine so bemessen werden, daß der Wärmeinhalt der durchströmenden Gasmenge in günstigem Verhältnis zur Rohrmantelfläche steht. Man sollte daher den Schornsteinquerschnitt nicht größer wählen als ihn die tatsächliche Belastung erfordert. Auch diese Überlegungen sprechen für den runden Schornsteinquerschnitt, dessen Umfang (innere Mantelfläche) um $^1/_5$ geringer ist als der des strömungstechnisch gleichwertigen quadratischen Querschnittes. Rechteckige Querschnitte schneiden noch ungünstiger ab. Ihr Seitenverhältnis darf auch strömungstechnisch bedingt nicht über 1:1,5 hinausgehen.

Eine „alte" Heizanlage kann durch genügend hohe Rauchgastemperaturen den Kamin bis zum Austritt warm halten. Moderne Kesselsysteme haben einen Feuerungs-Wirkungsgrad von über 90% und eine Abgastemperatur von unter 100 °C. Wird eine solche moderne, energiesparende Heizung mit wesentlich niedrigeren Rauchgastemperaturen an einen ungedämmten Kamin angeschlossen, so reicht die Abwärme des Rauchgases nicht mehr bis zum Kaminkopf. Der Taupunkt des Rauchgases wird im Kamin unterschritten und er versottet. Abhilfe schaffen nur nachträgliche Dämmung und der Einsatz eines neuen Kaminzuges, z. B. aus Edelstahl-, Keramik- oder Glasrohren.

Strömungswiderstände

Die Strömungswiderstände haben verschiedene Ursachen und je nach Strömungsart verschiedene Größen. Ob eine Strömung laminar (geordnet) oder turbulent (ungeordnet) verläuft, hängt ab von der Querschnittsart und -abmessung des durchflossenen Rohres, von der mittleren Durchflußgeschwindigkeit und der kinetischen Zähigkeit der Gase. Laminare Strömung kann in schwach belasteten Schornsteinen und in groß bemessenen Kachelöfenzügen eintreten, praktisch kommt in Gaskanälen aber meist turbulente Strömung vor. Der Übergang von laminarer zu turbulenter Strömung findet nach Erreichung der „kritischen Geschwindigkeit" statt. Die Strömungsart ist für den Wärmeübergang von den Rauchgasen an die innere Schornsteinmantelfläche von großer Bedeutung. Nach ihrer Wirkung unterscheidet man die Strömungswiderstände als Einzelwiderstände und Reibungswiderstände.

Einzelwiderstände

sind Querschnittsänderungen des Kanales und plötzlicher Richtungswechsel des Gasstromes. Sie verursachen Strömungswirbel, welche einen Druckverlust hervorrufen. Der Druckverlust durch einen Einzelwiderstand wird als ein Vielfaches der Geschwindigkeitshöhe (dynamische Druckhöhe) ausgedrückt. Die verschiedenen Formwerte sind in nachstehender Liste aufgeführt:

Einzelwiderstände für Luft- und Gaskanäle

Art:	Faktor:
Scharfes rechtwinkliges Knie	1,5
Scharfes rechtwinkliges Knie mit Führungsblechen je nach Art	0,2–0,8
Abgerundeter Bogen (Biegeradius = 2 Rohrdurchmesser)	0,1
Abzweige, T-förmig, Strömung in Querrichtung	3,0
Abzweige, hosenförmig	1,0
Scharfkantige Kanal-Aus- oder -Einmündung bzw. Ansaug- oder Ausblasöffnung	1,0
Luftgitter je nach Verhältnis des freien zum gesamten Gitterquerschnitt	2–16

Da auch der durch Einzelwiderstände bedingte Druckverlust im Quadrat der Strömungsgeschwindigkeit anwächst, ist ihre Verminderung äußerst wichtig. Beispielsweise sollte bei der Schleifung (Knick) von Schornsteinzügen die notwendige Richtungsänderung nicht wie üblich als harter Knick, sondern als abgerundeter Bogen ausgeführt werden. Nach Möglichkeit sollte man geschleifte Schornsteine vermeiden, da sie nur die entsprechende Komponente der vertikal gerichteten Auftriebskraft wirksam werden lassen und außerdem häufig zusätzlicher Stütztragkräfte bedürfen.
Zu den Einzelwiderständen, welche die Auftriebsgeschwindigkeit beeinflussen, sind schließlich auch der Schichtaufbau und die Schütthöhe fester Brennstoffe während des Abbrandes sowie der Widerstand des Feuerrostes zu rechnen.

Reibungswiderstände

Die Reibung der Gase an den Kanalwandungen und innerhalb des Gasstromes behindert die Strömung und hat einen Druckverlust zur Folge. Die Größe der Reibungswiderstände richtet sich nach der Rauhigkeit der Wandungen und der Form des durchflossenen Querschnittes und wächst mit der Rohrlänge.
Im laminaren Strömungsbereich kommt der Rauhigkeit der Wandungen keine Bedeutung zu, die entstehenden Druckverluste bleiben der Strömungsgeschwindigkeit proportional. Bei turbulenter Strömung nehmen die Druckverluste in glatten Rohren im Quadrat der Geschwindigkeit zu. In rauhen Rohren sind die Druckverluste bedeutend größer als in glatten, sie können in Schornsteinen mit Rußansatz etwa auf das Doppelte anwachsen.
Von Bedeutung ist auch die Querschnittsform. Ungünstig sind Rechtecksformen; je flacher, um so schlechter. Am besten sind quadratische und vor allem runde Schornsteinquerschnitte. In ihrer Größe sind quadratische kreisförmigen dann etwa gleichwertig, wenn ihre Seiten dem Durchmesser derselben gleich sind.

Einflüsse der Heizanlage

Erst wenn die erforderliche Nutzwärmeleistung der Feuerstätte und die Brennstoffart (Rauchgasleistung) bekannt sind, können Abgasmenge, Schornsteinhöhe und Querschnitt sowie der Aufbau der Schornsteinwandung aufeinander abgestimmt werden.

Einzelheizung

Befindet sich in jedem zu beheizenden Raum eine Feuerstelle, so bedeutet dies nicht nur höheren Bedienungsaufwand, sondern auch höhere Anlagekosten für die Summe der einzelnen Feuerstätten und ihre Schornsteine sowie einen höheren Grundflächenbedarf. Einzelheizungen weisen gegenüber der Zentralheizung gleicher Leistung auch einen erheblich höheren Abgasausstoß auf. Wenn Einzelfeuerungen dennoch ausgeführt werden müssen, so nur unter folgenden Bedingungen: hohe Wärmeausnutzung, leichte Regelbarkeit, möglichst einfache, abfallfreie Bedienung und gleichmäßige Wärmeabgabe ohne hohe Oberflächentemperaturen. Während der Einzelofen unter diesen Bedingungen immer weitgehender von der Zentralheizung und der Stockwerksheizung verdrängt wurde, konnte sich der offene Kamin als Schmuckform der Heizung auch in Neubauten behaupten. Die Heizwirkung des offenen Kamins beruht fast ausschließlich auf Strahlung, was den äußerst niedrigen Wirkungsgrad von nur 10–30% erklärt. Der Schornstein des offenen Kamins sollte direkt über oder hinter dem Feuerraum des Kamins liegen. Die Heizleistung kann mit 4,64 kW je m^2 (4000 kcal/h je m^2) Raumöffnung angenommen werden. Aus der ermittelten Kaminöffnungsgröße sollte der erforderliche Schornsteinquerschnitt ermittelt werden, er sollte einen Mindestdurchmesser von 20 cm haben.
Eine ungenügende Abstimmung der Größen von Kaminöffnung und Schornsteinquerschnitt kann, insbesondere während des Anheizvorganges, Rauchaustritt zur Raumseite zur Folge haben.
Mit dem Vordringen anderer Heizstoffe neben Holz und Kohlen erwuchs das Problem eines möglichst hohen Wirkungsgrades der Wärmequelle und daraus resultierend, auch höherer Anforderungen an den Schornstein. Man hatte die Verbrennungsvorgänge im Einzelgerät längst nicht in dem Maße beherrscht wie heute. Die Geräte brannten mit einem Wirkungsgrad von 50 bis 60%, und die Abgastemperatur, die – neben dem CO_2-Gehalt der Abgase – ein wesentliches Maß des Wirkungsgrades darstellt, lag sehr hoch.
Neuzeitliche Geräte weisen Wirkungsgrade zwischen 80 und 90% auf, d. h., nur 10 bis 20% der erzeugten Wärme gelangen noch in den Schornstein, wo sie durch Auftrieb den für die Verbrennung

notwendigen Unterdruck zur Zufuhr der Verbrennungsluft und Ableitung der Abgase bewirken. Das erhellt, daß die wirtschaftlicher arbeitenden modernen Öfen auch an den Schornstein höhere Anforderungen stellen als die alten Ausführungen, die durch hohe Abgastemperaturen etwaige Schornsteinmängel verdecken konnten. Einen gewissen Abschluß hat die Entwicklung darin gefunden, daß eine Steigerung des Wirkungsgrades über ca. 85% hinaus Schwierigkeiten in der Abgasleitung hervorruft, weil dann dem Schornstein nicht mehr die Wärmemenge zugeführt wird, die er benötigt, um seiner Aufgabe gerecht werden zu können.

Für die nötige Luftzufuhr genügen bei Zimmeröfen normalerweise schon die Tür- und Fensterritzen. Durch diesen Vorgang wird zugleich die verbrauchte, verräucherte Luft aus dem Raume entfernt und frische, trockene Luft durch den Unterdruck in den Raum gesogen: ein bekannter Vorzug der alten Zimmerofenheizung und ein ebenso bekannter Nachteil der mit Warmwasserheizung versehenen Räume bei ungenügender Fensterlüftung. Problematisch wird die Ofenheizung in Altbauten, deren Fenster erneuert wurden – die modernen Fenstersysteme sind so luftdicht, daß sie die notwendige Frischluftzufuhr und damit Verbrennungsluft nicht mehr in den Raum lassen. Es kann damit zu einer unvollständigen Verbrennung in der Luft kommen und zur Gefährdung von Bewohnern durch verbrauchte Luft, was in Einzelfällen schon zum Erstickungstod führte.

Die Regelung der Luftzufuhr zur Brennkammer, beim Anheizen, Steigerung oder Minderung je nach den Temperatur- oder Witterungserfordernissen erfolgte von Hand durch geringeres oder weiteres Öffnen der Zuluftklappe. Der Brennprozeß kam bei geringer Luftzufuhr nur langsam in Gang und verlief weitgehend konstant. Während der Übergangszeiten (bei kleiner Flamme und bei mäßigen Rauchgastemperaturen) erfolgte dabei eine Abkühlung der Schornsteinwandungen und eine starke Verminderung des Auftriebes.

Einzelheizgeräte werden zur Beheizung mit festen Brennstoffen und mit Gas, Öl und Strom hergestellt. Bei allen Energiequellen außer Strom ist dabei die Fortführung von Abgasen ins Freie erforderlich, wobei zu unterscheiden ist zwischen Öfen für feste, flüssige und gasförmige Brennstoffe.

Bei Einzelöfen mit Ölbetrieb werden vorwiegend sogenannte Vergaserbrenner verwendet. Öle, die ohne Verkokungsrückstände verbrennen, werden in eine eiserne Schale eingeleitet und unter der Einstrahlung der Flamme verdampft und vergast. Im Vergleich zu den Rauchgasen fester Brennstoffe ist der Wasserdampfgehalt bei Verbrauch von Ölen und Gasen sehr hoch und damit auch die Gefahr der Kondenswasserbildung im Schornsteinaufbau besonders zu berücksichtigen.

Zentralheizung

Bei Sammelheizungen wird von einer einzigen Feuerstelle aus (häufig mit mehreren Kesseln) eine größere oder kleinere Anzahl von Räumen mit Wärme versorgt. Diese Wärme wird je nach Größenordnung entweder in einem zentralen Heizraum, z. B. des Kellergeschosses bzw. auf dem Dache oder außerhalb des Gebäudes, erzeugt und über die Wärmeträger (Luft, Wasser, Dampf) den Räumen unmittelbar oder über Heizkörper zugeführt.

Die Mehrraum-Warmluftheizung eines oder zweier Geschosse durch einen einzigen Ofen reduziert den Bedienungsaufwand und bringt für Feuerung und Schornstein eine gleichmäßigere Auslastung als bei mehreren Einzelöfen.

Die Anlage einer Warmwasserheizung als Stockwerksheizung im mehrgeschossigen Wohnungsbau ist insgesamt teurer als eine zentrale Warmwasserversorgung für das Gesamtgebäude. Die horizontale Leitungsführung und die Installation mehrerer Kleinkessel (Thermen) ist aufwendiger als eine zentrale Warmwasserheizung mit primär vertikaler Leitungsführung. Dennoch wird wegen der individuelleren Regelbarkeit der Stockwerksheizung bei kleineren Wohnanlagen bisweilen noch der Vorzug gegeben, zumal sich heute durch zentrale Ölversorgung oder Gasanschluß jegliche Wartung innerhalb der Wohnung erübrigen läßt. Sehr interessant sind Stockwerksheizungen mit Gasthermen für Altbauten. Eine Zentralheizung mit vertikalen Versorgungssträngen erfordert größere Durchbruchsmaßnahmen durch alle Geschosse, während der bauliche Aufwand der Stockwerksheizung auf das jeweilige Geschoß beschränkt bleibt.

In zentralen Heizanlagen wird bei den Kesseln für feste Brennstoffe – wie bei den Zimmeröfen – die zur Ingangsetzung und Inganghaltung des Verbrennungsprozesses nötige Luft (Sauerstoff) durch eine Öffnung der Brennkammer aus dem Raume angesaugt. Für den langsam anlaufenden und konstanten Verbrennungsprozeß fester Brennstoffe ist ein Schornstein mit möglichst guter Wärmedämmung und Wärmespeicherung von Vorteil. Seine Erwärmung steigert sich langsam und gleichmäßig.

Der Brennprozeß bei größeren Öl- und Gasheizungskesseln mit Gebläse verläuft dagegen wesentlich anders als bei festen Brennstoffen. Ein Gebläse drückt vor der Ingangsetzung des Brennprozesses Luft durch den Brennraum in den Schornstein. Erst dann erfolgt mit der Zerstäubung oder Verwirbelung des Brennstoffes mit der Luft die Zündung und damit der schlagartige Beginn des Verbrennungsprozesses. Die Rauchgastemperatur erhöht sich demgemäß sehr schnell. Sie ist im Winter wie im Sommer dieselbe. Bei milder Witterung verläuft der Brennprozeß nur jeweils kürzer und mit längeren Unterbrechungen. Der Auftrieb der Heizgase ist also bei Öl- und Gasfeuerung wegen der höheren Temperaturdifferenz zur Außenluft in den Sommermonaten günstiger als bei festen Brennstoffen. Die Kesseltemperatur wird heute meist automatisch über Thermostate gesteuert. Der Brennprozeß ist nach Erreichung der erforderlichen Kesseltemperatur gestoppt und kommt erst wieder in Gang, wenn diese absinkt. Wir haben es also mit einem sogenannten intermittierenden Brenn- oder Heizprozeß zu tun. Diese Betriebsform der Heizung hat selbstverständlich auch ihre Auswirkung auf die Beanspruchung des Schornsteins.

Bei der Öl- und Gasfeuerung setzt der Brennprozeß plötzlich und mit voller Stärke ein. Die Schornsteinwandungen werden daher von den Rauchgasen, die mit 413–473 K (90–200 °C) in den Schornstein einströmen, sehr schnell erhitzt. Bei den Betriebspausen kühlen die Wandungen rasch wieder ab. Besonders bei Gas, aber auch bei Ölfeuerungen, enthalten die Rauchgase größere Mengen Wasserdampf, der zur Durchfeuchtung der Schornsteinwände führen kann. Bei Ölfeuerung kommt noch hinzu, daß dieses Wasser unverbrannte Kohlenwasserstoffe aufnimmt und sich mit dem Schwefeloxyd bzw. schwefliger Säure verbindet. So kann es zu einer Versottung des Schornsteins kommen.

Normalerweise werden die zentralen Heizanlagen im Untergeschoß untergebracht. Die Brennstoffe, heute meistens Öl oder Gas, liegen in der Nähe.

Grundsätzlich könnte die Heizzentrale jedoch – besonders bei Hochhäusern – in jedem Geschoß angeordnet werden. Mehrfach hat man sie dort schon auf das Dach oder in Zwischengeschosse gelegt. Man spart dabei Platz und Kosten des Schornsteins durch das ganze Haus und vermeidet die Schwierigkeiten eines zu geringen Auftriebs der Rauchgase. Die Lagerung von Öltanks auf dem Dache ist, von den Kosten der Lastabtragung abgesehen, eine etwas riskante Sache, wie sich erwiesen hat. Eine Lagerung des Öls im Untergeschoß und eine Ölpumpe scheinen besser, die Möglichkeit einer Störung ist aber auch hier gegeben.

Bei der Heizung mit Erdgas lassen sich die Schornstein- und Pumpenprobleme gleichermaßen umgehen. Vor allem im Hochhausbau ist es naheliegend und schon vielfach ausgeführt worden, die gesamte Heizanlage gut schallisoliert in einem Dachgeschoß zu installieren. Man spart außer den Kosten für Brennstofftransport und -bevorratung die Einrichtung, den Raumbedarf und die Wartung eines Schornsteines durch alle Geschosse und kommt mit einer Kaminhöhe von wenigen Metern über Brennerniveau aus.

Ausbildung des Schornsteins

Ein funktionssicheres und wirtschaftliches Heizsystem setzt voraus, daß Feuerung und Schornstein sorgfältig aufeinander abgestimmt sind. Die Planung größerer Heizanlagen ist Aufgabe des Heizungsingenieurs. Für die bauliche Ausführung sind dabei die einschlägigen Normen zu beachten. Bei der Einzelofenheizung wurden die Probleme seitens der Bauplanung oft außerordentlich oberflächlich behandelt, was in der weitverbreiteten Faustregel gipfelt: „Ein Schornstein 20/20 zieht immer!"
In den vergangenen Jahren wurde jedoch gerade die Einzelofenheizung weiterentwickelt und in ihrem „Wirkungsgrad" verbessert, so daß mehr Wärme für die eigentliche Raumheizung freigemacht werden und die Schornsteinverluste so gering wie nur möglich gehalten werden konnten. Einen gewissen Abschluß hat diese Entwicklung darin gefunden, daß eine Steigerung des Wirkungsgrades über ca. 85% hinaus Schwierigkeiten in der Abgasleitung hervorruft, weil dann dem Schornstein nicht mehr die Wärme zugeführt wird, die er benötigt, um seiner Aufgabe gerecht werden zu können.
Das Problem des möglichst hohen Wirkungsgrades und der daraus resultierenden Anforderungen an den Schornstein brachte erst das Vordringen anderer Heizstoffe neben den früher üblichen Holz- und Kohlebrennstoffen. Außerdem beherrschte man die Verbrennungsvorgänge, vor allem im Einzelgerät, längst nicht in dem Maße wie heute, wo auch die feinen Maß- und Regelungsmöglichkeiten durch die Elektronik gegeben sind.
Alte Feuerungen brannten mit einem Wirkungsgrad von 50 bis 60%, und die Abgastemperatur, die – neben dem CO_2-Gehalt der Abgase – ein wesentliches Maß des Wirkungsgrades darstellt, lag sehr hoch. Die Gerätenormen schreiben heute z. T. einen Wirkungsgrad von über 70% vor und weisen darauf hin, daß lange Ofenrohre oder Nachschaltheizflächen vermieden werden sollten. Neuzeitliche Geräte weisen Wirkungsgrade zwischen 80 und 90% auf, d. h., nur 10 bis 20% der erzeugten Wärme gelangen noch in den Schornstein, wo sie durch Auftrieb den für die Verbrennung notwendigen Unterdruck zur Zufuhr der Verbrennungsluft und Ableitung der Abgase bewirken. Das erhellt, daß die wirtschaftlicher arbeitenden modernen Feuerungen auch an den Schornstein höhere Anforderungen stellen als die alten Ausführungen, die durch hohe Abgastemperaturen etwaige Schornsteinmängel verdecken konnten, und es zeigt, daß die oben erwähnte Faustregel nicht mehr ausreicht, sondern durch eine genaue rechnerische Dimensionierung ersetzt werden muß.
Einzelgeräte werden zur Beheizung mit festen Brennstoffen und mit Gas, Öl und Strom hergestellt. Bei allen Energiequellen außer Strom ist dabei die Fortführung von Abgasen ins Freie erforderlich, wobei zu unterscheiden ist zwischen Öfen für feste oder flüssige und denen für gasförmige Brennstoffe.

Bemessung

Die Bemessung der Schornsteine beginnt mit der Ermittlung des Wärmebedarfes der einzelnen zu beheizenden Räume. Der Wärmebedarf eines Raumes richtet sich nach seiner Größe und Lage und der für ihn erwünschten Innentemperatur sowie nach der tiefsten Temperatur seiner Umgebung und nach dem Wärmeschutz, den seine Umschließungsflächen bieten. Der Wärmebedarf wird durch die Wärmeverlustberechnung gefunden (DIN 4701) und ergibt die zur Raumbeheizung effektiv erforderliche Nutzwärmeleistung, auf welcher sich insgesamt die Bemessung von Feuerung und Schornstein gründet. Die exakte Berechnung des Wärmebedarfes, wie sie beispielsweise für zentrale Heizanlagen gebraucht wird, ist die Sache des Heizungsingenieurs.
Für den Architekten genügen überschlägige Angaben zum Wärmebedarf von Gebäuden, wie sie in folgender Tabelle enthalten sind.

Wärmebedarf von Gebäuden

Gebäude	Besonderheiten	Flächenbez. Wärmebedarf in W/m²
Altbauten ohne Wärmedämmung	mit großer Geschoßhöhe	150
	mit normaler Geschoßhöhe	120
Gebäude ab ca. Baujahr 1960, teilweise Wärmedämmung und Zweifach-Verglasung	mit großem Fensteranteil	100
	mit normalem Fensteranteil	90
Neubauten mit guter Wärmedämmung und Zweifach-Verglasung	bestehende Gebäude	80

Die Tabelle gibt überschlägliche Anhaltswerte für den flächenbezogenen Wärmebedarf eines Gebäudes an.
Diese Anhaltswerte beziehen sich auf eine Außentemperatur von – 15 °C in nicht windstarken Gegenden. Bei höheren Anforderungen sind die Werte entsprechend nach oben zu korrigieren.
Bei Ein- und Zweifamilienhäusern in freier Lage erhöhen sich die Werte um ca. 10%.
Bei Wohnungen in Mehrfamilienhäusern und in Reihenhäusern (nicht Reihen-Endhaus) verringern sich die Werte um ca. 10%.

Schornsteinhöhe

Die Höhe der Schornsteine ist im allgemeinen schon durch die Gebäudehöhe und die Anordnung des Schornsteins im Grundriß festgelegt.
Die Mindesthöhe beträgt 4 m (offene Kamine 4,50 m), wobei die maximale Höhe das 187,5fache des Schornsteindurchmessers nicht überschreiten darf. Bei festliegender Gebäudehöhe ist es also Aufgabe des Fachingenieurs, nach diesen Vorgaben und den Einflüssen der Feuerungsanlage den Schornstein als Gesamtsystem zu dimensionieren.
Die Mindesthöhe wird durch den Widerstand der Feuerung („Zugbedarf" liegt zwischen 5 und 40 Pa), Brennstoffart und Heizflächenbelastung festgelegt, so daß mitunter auch kleine Kessel höhere Schornsteine brauchen.
In mehrgeschossigen Gebäuden ist die wirksame Schornsteinhöhe für Einzelfeuerungen je nach Stockwerk verschieden. Der verfügbare

Unterdruck ist in den unteren Geschossen meist zu groß, in den oberen gerade ausreichend oder zu gering, während der Wärmebedarf durchweg in allen Geschossen gleich bleibt; deshalb sind Öfen erforderlich, welche in einem möglichst großen Unterdruckbereich betriebssicher und wirtschaftlich arbeiten. Einem zu hohen Unterdruck sucht man durch Verminderung der Rauchgaseintrittstemperatur zu begegnen, sei es durch längere Züge der Feuerungen oder durch längere Rauchanschlußkanäle (Ofenrohre), welche eine starke Gasabkühlung bewirken. Wo nur eine Feuerung an einen Schornstein anschließt (Zentralheizung), kann ein zu hoher Unterdruck durch absichtliche Kaltluftbeimischung mittels selbsttätiger Regelklappen auf das gewünschte Maß herabgesetzt werden.
Reicht der verfügbare Unterdruck nicht aus, so kann eine Erhöhung der Rauchtemperatur Abhilfe schaffen. Oft genügt es schon, wenn der Schornstein voll belastet wird, so daß infolge einer größeren Gasmenge eine größere Wärmemenge für den Auftrieb zur Verfügung steht. Ein einfacher Weg ist zunächst der Anschluß der Öfen ohne oder mit nur kurzen Zügen. Häufig führt auch die Verwendung eines anderen Brennstoffes zum Erfolg. Wirtschaftlicher ist es aber in allen Fällen, den Wärmeschutz der Schornsteinwandungen zu verbessern und eine gute Querschnittsform und -größe zu wählen.
Hausschornsteine „ziehen" am besten, wenn sie senkrecht hochgeführt werden und das Gebäude im First oder dessen Nähe verlassen, weil hier die Abgase aerodynamisch am günstigsten abgeführt werden. Die Anordnung des Schornsteins in Firsthöhe hat noch den Vorteil, daß die Durchführung durch die Dachhaut keinen zu großen Wassereinfall zu verkraften hat, da vom First bis zum Schornsteindurchgang eine sehr kleine, beregnete Fläche bleibt.

WINDEINWIRKUNG AUF DEN SCHORNSTEINZUG

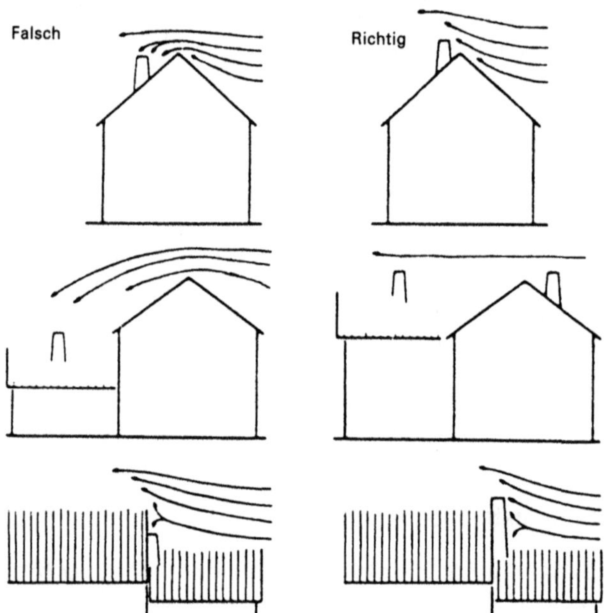

Das Optimum stellt die Kamindurchführung in der Firstmitte dar, zu beachten ist hier lediglich die Dachstuhlkonstruktion, die ggf. auszuwechseln ist. Diese technischen Vorgaben sind bereits bei der Grundrißgestaltung zu berücksichtigen. Schornsteine müssen den First oder unmittelbar benachbarte, höhere Gebäude um 40 cm überragen bei einer Dachneigung von über 20°. Die Dachneigung darunter beträgt erforderliche Höhe einen Meter über Dachfläche, parallel gemessen. Bei Flachdächern gilt ebenfalls eine Höhe von 1 m, sie wird jedoch ab Oberkante Attika am Dachrand gemessen.

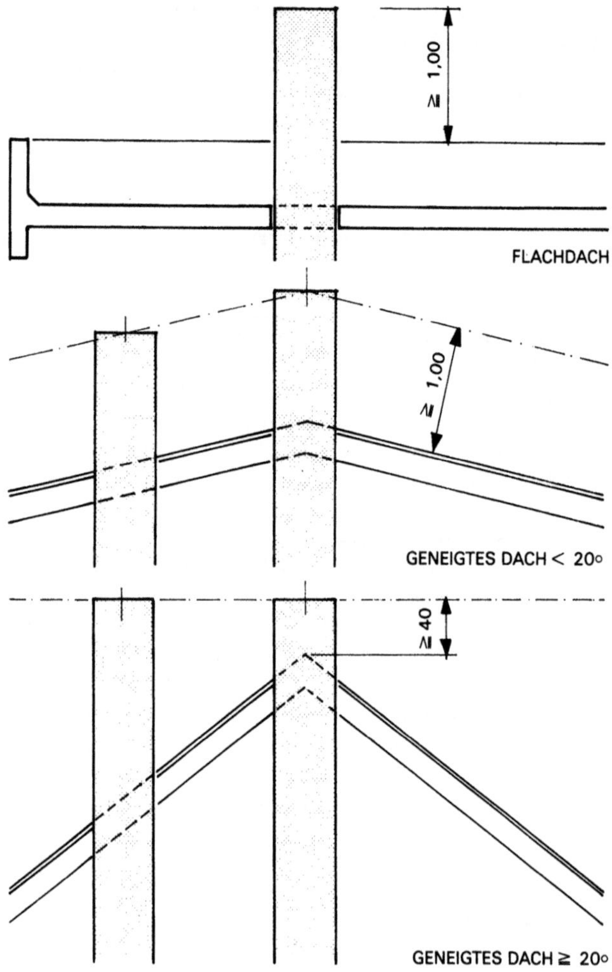

Schornsteinquerschnitt

Liegen Schornsteinhöhe und abzuführende Gasmenge (Wärmeleistung der angeschlossenen Feuerung und Brennstoffart) fest, und ist die Größe der auftretenden Verluste bekannt, so ist es möglich, für einen bestimmten Temperaturbereich der Rauchgase den erforderlichen Schornsteinquerschnitt zu ermitteln.
Die Ermittlung des Schornsteinquerschnitts nach Faustformel ist ungenügend, da wichtige Einflußgrößen nicht in Ansatz kommen.
Es sind zu berücksichtigen:
- Art des Brennstoffs;
- Bauart des Schornsteins;
- wirksame Schornsteinhöhe
- erforderlicher Förderdruck (Zug)
- Abgastemperatur am Ausgang des Wärmeerzeugers
- Nennwärmeleistung des Wärmeerzeugers
- Ausbildung des Übergangs zwischen Wärmeerzeuger und Schornstein.

Von den Herstellern für Formschornsteine gibt es Diagramme, die es dem Architekten erlauben, eine große Größendimensionierung für die Planung vorzunehmen, die genauere Dimensionierung nimmt der Fachingenieur vor.

Schornsteinwandung

Die Schornsteinwandung hat folgende Aufgaben zu erfüllen:
Sie muß ausreichenden Wärmeschutz bieten, damit einerseits die Gase nicht zu sehr abkühlen (was übermäßige Unterdruckverluste und starke andauernde Kondensationsbildung zur Folge hätte) und andererseits die Temperaturen der Außenflächen des Schornsteins so tief bleiben, daß angrenzendes Holzwerk nicht gefährdet ist.

Der Abstand zwischen Außenseite Schornsteinwange und Holz muß ≥5 cm betragen. Sie muß genügend gasdicht sein, um bei Normalbetrieb das Eindringen von Falschluft oder im abnormen Betriebszustand den Austritt von Rauchgasen zu verhindern.
Sie muß chemischen Angriffen der Rauchgase widerstehen. Ihre Innenflächen sollen möglichst glatt sein.
Sie muß sowohl im Normalbetrieb als auch bei auftretenden Rußbränden oder absichtlichem Ausbrennen so raumbeständig sein, daß trotz großer Hitze und raschem Temperaturwechsel die Form und das Gefüge des Schornsteins bewahrt bleiben.
Ihre Standsicherheit muß in jedem Betriebszustand gewährleistet sein.
Sie muß am Bau ohne übertriebene Sorgfalt einwandfrei hergestellt werden können.

Wärmeschutz

Während sich bei Schornsteinen für Großfeuerungen die Forderungen des Wärmeschutzes gut erfüllen lassen, fällt es schwer, bei Schornsteinen für Kleinfeuerungen den Rauchgasen genügenden Wärmeschutz zu bieten.

Die Ursache liegt in der meist zu schwachen Belastung dieser Schornsteine begründet. Die durchströmende Gasmenge ist im Verhältnis zur Innenfläche der Schornsteinwandung so gering, daß sie viel zu rasch abkühlt. Auswege zur Verminderung der Nachteile überbemessener Schornsteinquerschnitte sind:

- Vergrößerung der Gasmengen durch Anschluß mehrerer Feuerungen,
- Erhöhung der Abgastemperatur,
- Erhöhung des Luftüberschusses,
- Zufuhr vorgewärmter Luft.

Die beste Lösung ist jedoch, die zulässigen Mindestquerschnitte der Schornsteine für Kleinfeuerungen im Sinne der vorangegangenen Erläuterungen herabzusetzen. Die Vollbelastung des Querschnittes ist eine Grundforderung des Schornsteinbaues. Erst nach ihrer Erfüllung sind andere Maßnahmen zur Verbesserung des Wärmeschutzes der Schornsteinwandungen am Platze.
Der Mindestwärmeschutz soll nicht nur für die Erzeugung des erforderlichen Unterdruckes ausreichen, sondern soll so bemessen sein, daß keine Kondensate entstehen können. Hierbei handelt es sich fast weniger um die geringen Wasserniederschläge, die sich fast immer während des Anheizens bilden und die auch nicht schädlich sind. Vielmehr geht es um die Verhütung dauernd wiederkehrender Wasserausscheidungen der Rauchgase während des Normalbetriebes der Anlage, die immer an jenen Stellen des Gasweges auftreten, an denen die Schornsteininnenflächen- bzw. die Rauchgastemperaturen unter den Taupunkt des Gasgemisches sinken.
Bei vielen gemauerten Schornsteinen reicht der Wärmeschutz ihrer Wandungen nicht zur Verhütung von Wasserniederschlägen aus, ohne daß jedoch bemerkenswerte Schäden auftreten. In solchen Fällen sorgt die Wasseraufnahmefähigkeit des Mauerziegels für einen Feuchtigkeitsausgleich. Eine feuchtigkeitsdurchlässige Schornsteinwandung nimmt einen Teil des Wassers auf und leitet es mit dem Wärmestrom nach außen, wo es unter normalen Umständen verdunstet. Die Innenflächentemperatur darf dann etwas unter dem Taupunkt des Rauchgasgemisches liegen, ohne daß die Schornsteinwand sichtbar durchnäßt wird. Dieser Zustand befriedigt jedoch nur so lange, wie die entstehende Kondensatmenge den Diffusionseigenschaften der Schornsteinwandung entspricht. Ist der Temperaturunterschied und damit auch die Kondensatmenge größer, so werden die Poren des Wandmaterials überschwemmt, und es tritt eine sichtbare Durchnässung ein. Bei unvollkommener Verbrennung enthalten die Rauchgase außer Wasserdampf auch teerartige Bestandteile, die sich als Pech und Ruß niederschlagen. Diese mischen sich mit dem Wasser (Schmierrußansatz) und bilden eine braune übelriechende Flüssigkeit, welche in das Mauerwerk eindringen und sich in braunen Flecken an der Außenfläche zeigen kann.
Setzt sich diese weniger gefährliche Durchnässung länger fort, so wird sie zu der gefürchteten Schornsteinversottung. Von der Durchnässung begünstigt, dringen aggressive Teere und schweflige Säure in das Mauerwerk ein. Schweflige Säure wird durch Wasser und Schwefeldioxyd gebildet, das hauptsächlich bei der Verbrennung von Kohlen, Briketts und Koks entsteht. Sie zersetzt Mörtel und Steine und greift Eisenteile an.
Durchnäßtes Schornsteinmauerwerk, welches dem Frost ausgesetzt ist, unterliegt auch der Gefahr des Abfrierens. Sehr ungünstig wirkt sich ein zu dichter Außenputz aus, hinter dem sich die durch die Schornsteinwandung diffundierende Feuchtigkeit ansammelt, die bei Frost das Gefüge zersprengt.
Naturgemäß wird zunächst die Mündungszone eines Schornsteins von den genannten Schäden betroffen, da dort infolge der niedrigen Temperaturen der Rauchgase am ehesten deren Taupunkt unterschritten wird. Deshalb ist es notwendig, daß die Schornsteinwandungen im Dachraum und besonders die Schornsteinköpfe über Dach einen besseren Wärmeschutz bieten als in den ohnehin beheizten Wohngeschossen.
Eine feuchtigkeitsundurchlässige Schornsteinwandung (z. B. aus Klinkern, dichtem Beton, Metall- oder glasierten Tonrohren und dgl.) kommt den Forderungen nach größerer Gasdichtheit, glatteren Innenflächen und größerer Beständigkeit gegen chemische Einwirkungen mehr entgegen als feuchtigkeitsdurchlässige Schornsteinwandungen. Sie erfordert jedoch, daß der Schornstein richtig bemessen ist und einen ausreichenden Wärmeschutz durch zusätzliche Dämmschichten (z. B. Mineralwolle) erhält. Bei ungenügendem Wärmeschutz bilden sich in einem feuchtigkeitsundurchlässigen Schornstein Kondensate, die zur Schornsteinsohle abfließen. (Bei Holzfeuerung schlägt sich in einem Schornstein üblicher Bauart bei einer Gastemperatur von 328–338 K [55–65 °C] stündlich etwa 1 kg Wasser nieder.) Zur Beseitigung der Kondensate sind sogenannte Schwitzwassersammelschalen gebräuchlich. Gegen den Anschluß solcher Schornsteine an die Hausentwässerung sprechen die Bildung von schwefliger Säure und Teerdestillaten sowie die Möglichkeit der Entzündung etwa im Schornstein hochsteigender Kanalgase.
Zum Schutze angrenzender brennbarer Stoffe (bes. Holzwerk) soll der Wärmeschutz der Schornsteinwandungen so groß sein, daß die Außenflächentemperaturen nicht über Handwärme, höchstens aber auf 343 K (70 °C) ansteigen. Schornsteine aus vorgefertigten Formstücken und anderen Baustoffen müssen den gleichen Wärmeschutz gewähren wie solche aus Vollziegelmauerwerk, was jeweils durch besondere Prüfungszeugnisse und Zulassungen nachzuweisen ist.

Feuer- und Hitzebeständigkeit

Im Normalbetrieb der Verbrennungsanlagen rechnet man im Wohnhausbau allgemein mit Rauchgaseintrittstemperaturen von etwa 353–473 K (80–200 °C). Bei Rußbränden oder absichtlichem Ausbrennen des Schornsteins durch den Schornsteinfegermeister entstehen jedoch zeitweise Temperaturen von über 1273 K (1000 °C). Die Schornsteinwandung muß deshalb nicht nur unbrennbar sein und im Normalbetrieb genügenden Feuerschutz bieten, sondern sie muß auch bei diesen hohen Temperaturen und raschem Temperaturwechsel so raumbeständig sein, daß das Gefüge und die Form des Schornsteins nicht zerstört werden. Bei alten Schornsteinen aus Vollziegelmauerwerk gelten im allgemeinen 1/2 Stein dicke Schornsteinwangen bis zu einem Querschnitt von weniger als 400 cm^2 noch als ausreichend. Für Feuerungen mit einer Nutzwärmeleistung von 46 kW (40000 kcal/h), (das entspricht etwa 800–900 m^3 beheiztem Brutto-Rauminhalt) und mehr sind 1 Stein dicke Schornsteinwandungen bzw. ein mehrschaliger Aufbau mit Formsteinen erforderlich. Bei Großkesselanlagen für gasreiche Brennstoffe oder bei unterbrochenem Betrieb ist es notwendig, vom Rauchgaseintritt an gerechnet, auf die Höhe etwa eines Geschosses den Schornstein innen mit feuerfesten Steinen auszubauen. Schornsteine aus Formsteinen müssen den gleichen Brandschutz bieten wie diejenige aus Vollziegelmauerwerk. Bei mehrschichtigen Wandungen darf der innere Mantel (Gaskanal) eine dem Baustoff angepaßte Mindestwanddicke nicht unterschreiten, wenn der Schornstein genügend gasdicht, feuer- und hitzebeständig sein soll. Die geforderten Eigenschaften sind jeweils in amtlichen Prüfungen nachzuweisen.

Gasdichtheit

Nur nahtlose Metallschornsteine sind gasdicht, alle nichtmetallenen Schornsteine sind gasdurchlässig. Die Gasdurchlässigkeit der Schornsteinwandung hängt ab von deren Dicke, dem Gefüge des Wandbaustoffes (Porosität) und dem jeweils herrschenden Druckunterschied zwischen der Außenluft und den Gasen. Sie ist demnach im unteren Teil des Schornsteins, wo im Normalbetrieb der größte Unterdruck herrscht, am größten und äußert sich als Anstieg des Luftüberschusses (infolge Falschluftzutritt) in Richtung zur Schornsteinmündung. Im abnormen Betriebszustand (Überdrücke im Schornstein) hat eine zu geringe Gasdichtheit der Schornsteinwandung den Austritt von Rauchgasen in die umliegenden Räume zur Folge.
Vollfugig gemauerte Vollziegelschornsteine sind aufgrund ihrer relativ dicken Wandungen trotz ihrer vielen Fugen in jedem Betriebszustand sehr gasdicht. Die zahlreichen Fugen sind zwar als Strömungswiderstände im Rauchzug unerwünscht, jedoch bewirken sie bei starker thermischer Beanspruchung des Mauerkörpers eine Abfederung der auftretenden Dehnungen, woraus sich die große Widerstandsfähigkeit gegen die Bildung von Rissen erklärt. Die Gasdichtheit gemauerter Schornsteinwandungen kann außerdem durch einen dichten äußeren Verputz (besonders am Schornsteinfuß im Bereich des größten Unterdruckes) erheblich verbessert werden.
Schornsteine aus monolithischen und daher weniger federnden Formstücken sind oft gasdurchlässiger, obwohl das Material meist ein dichteres Gefüge aufweist. Dies ist in den viel dünneren massiven Wandungen, der damit auch geringeren Breite der Lagerfugen und dem häufigen Fehlen eines äußeren Verputzes begründet. Deshalb baut man viele Schornsteine aus vorgefertigten Formsteinen mit rundem oder ausgerundetem Lichtquerschnitt und glatten Innenflächen, um die Vorteile besserer Gasströmung und geringerer Rußablagerung auszunützen; jedoch werden sie zusätzlich mit genügend wärmeschützenden Steinen oder Platten (z. B. Bimsbeton), die dicht verputzt werden, ummantelt.
Bei weniger wärmeschützenden Schornsteinwandungen widerspricht die erwünschte Feuchtigkeitsaufnahmefähigkeit den Forderungen der Gasdichtheit. Besser sind genügend gasdichte Schornsteine mit hohem Wärmeschutz.

Festigkeit

Durch sogenannte „Verpuffungen" kann es zu einer enormen mechanischen Beanspruchung der Schornsteinwandungen kommen. Solche Verpuffungen können entstehen, wenn z. B. durch eine verspätete Zündung noch unverbrannte Brennstoffbestandteile im Kamin explosionsartig verbrennen. Die genaue Ursache eines solchen Vorganges läßt sich hinterher kaum mit Sicherheit feststellen. Schwere Schäden an Hochhauskaminen, die manchmal zum vollständigen Abbruch und Neuaufbau eines Schornsteins führten, sind nur durch die Annahme solcher „Verpuffungen" verständlich. Diese Zündvorgänge innerhalb des Schornsteines lassen sich wohl nie ganz ausschalten. Bei den gemauerten Schornsteinen verteilte sich die dabei auftretende Beanspruchung auf ein elastisches Netz von Fugen. Bei Formschornsteinen von Groß- und Hochleistungskaminen ist wegen möglicher Überlagerung dieser dynamischen Beanspruchung mit den statisch bedingten Spannungen ein Rundquerschnitt des Rauchrohres dem Quadrat vorzuziehen. Die Rauchrohre aus Edelstahl mit wesentlich höherer Dichtigkeit, Druck- und Zugfestigkeit haben hier ihre besondere Berechtigung.
Die keramischen Rauchrohre besitzen bei den Spitzenfabrikaten ca. 3 N/mm^2 (30 kp/cm^2) Druckfestigkeit, die theoretisch kaum je beansprucht werden. Der Sohldruck bei 120 m Höhe beträgt z. B. rechnerisch nur 2,4 N/mm^2 (24 kp/cm^2). Durch die unvermeidlichen Ungenauigkeiten am Bau und die Maßtoleranzen der Formstücke und Ausführung der Fugen wird der theoretische Druck aber bestimmt überschritten. Um das Rauchrohr genau in der Senkrechten zu halten, muß es durch eine flexible Ummantelung abgestützt werden. Zwar dürfen keramische Rauchzugformstücke Brennrisse aufweisen, deren Form, Verlauf und Häufigkeit ist aber in den Zulassungsbescheiden genau festgelegt. Aufgabe des Architekten bzw. des Bauleiters ist es jedoch, die angelieferten Steine genau zu kontrollieren und ihre sorgfältige Versetzung zu beaufsichtigen.

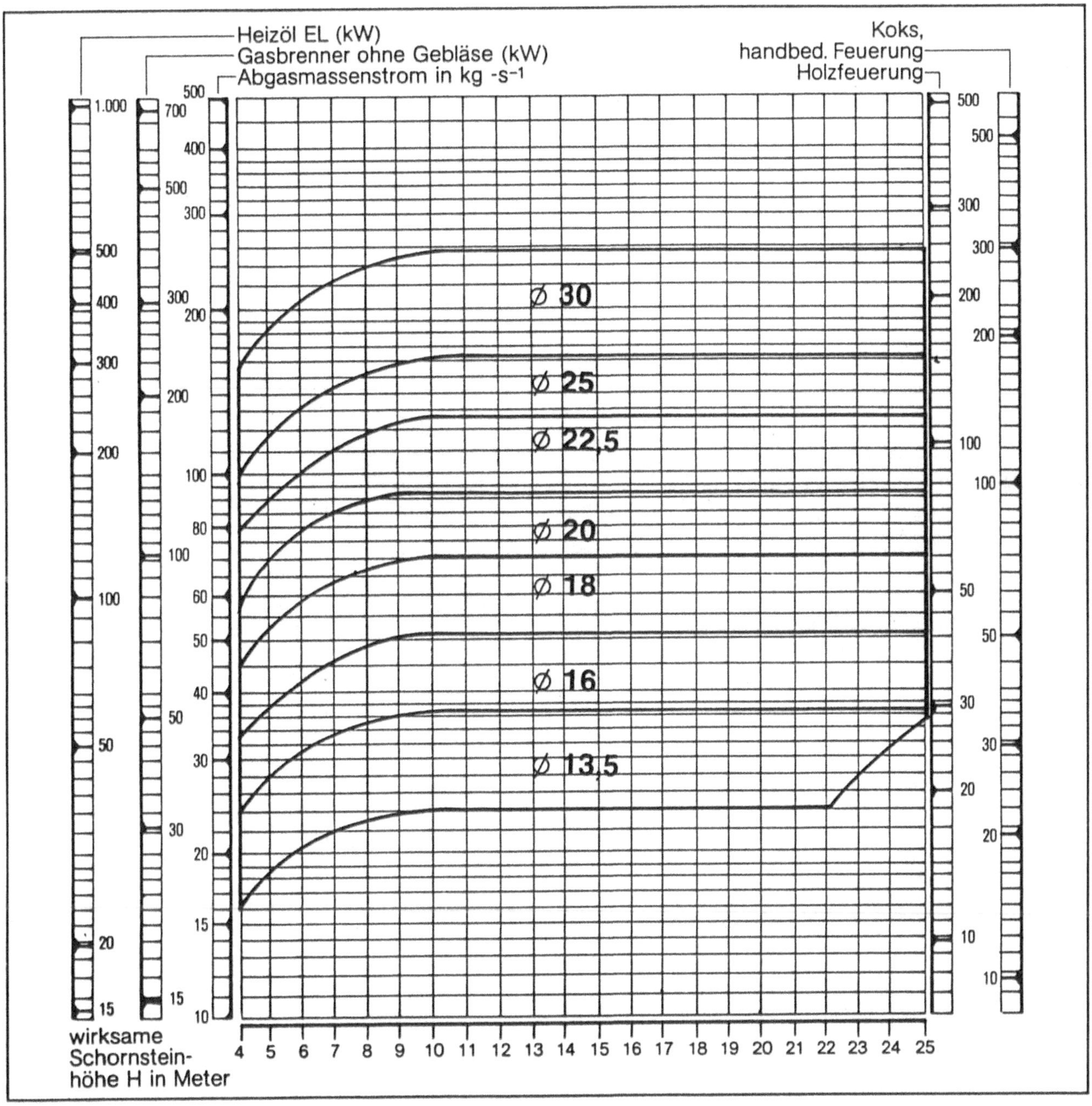

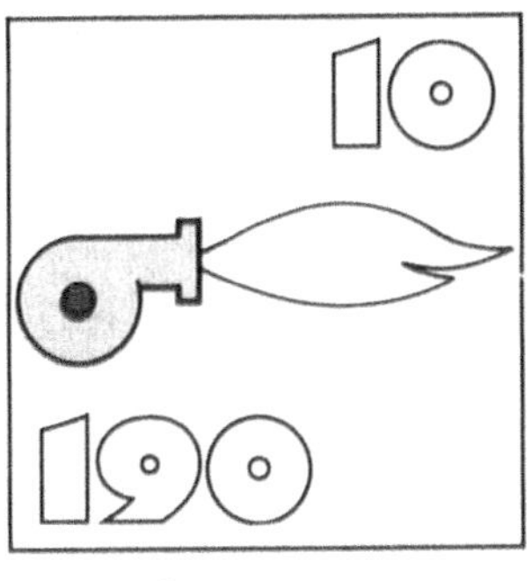

10 N/m^2 Unterdruck
190°C Abgastemperatur

Berechnungen des Schornsteinquerschnittes sind nach DIN 4705 für den jeweiligen Einzelfall anzustellen unter Berücksichtigung aller Randbedingungen. Obenstehende Tabelle kann nur als Anhaltspunkt dienen für eine grobe Vordimensionierung durch den Architekten.

ERLUS Schornstein ohne Hinterlüftung

Ausführungsart I nach DIN 18160 Teil 1

Typ	Bestell-Nr.	Außenmaße L/B cm	Entlüftung cm	Gewicht kg/stgm
Einzügig ohne Entlüftung 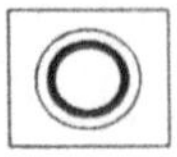	IS 35	60/60	-	337,5
	IS 40	67/67	-	399
Einzügig mit Entlüftung 	ISE 35	77,5/60	14/40	417,5
	ISE 40	86/67	15,5/46	499
Zweizügig ohne Entlüftung 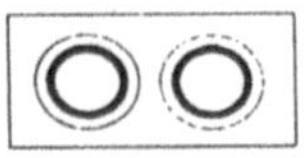	IS 235	113,5/60	-	570
	IS 240	127/67	-	708
Zweizügig mit Entlüftung 	ISE 235	143,5/60	26,5/48	675
	ISE 240	160/67	29/55	843

ERLUS Leistungsschornstein

feuchteunempfindlich, mit Hinterlüftung und Querlüftung, keramischem Innenrohr sowie formstabiler Isolierschale aus hochwertigen Mineralfasern

Typ	Lichte Weite cm	Außenmaße cm	Lüftung cm	Gewicht kg/stgm
Einzügig mit Heizraumentlüftung 	12	32 x 46	9 x 22	101
	13,5	32 x 46	9 x 22	102
	16	35 x 50	10 x 24	123
	18	38 x 53	10 x 24	142
	20	40 x 55	10 x 24	154
	22,5	50 x 66	12 x 30	225
	25	50 x 66	12 x 30	228
	30	55 x 71	12 x 30	333
Zweizügig mit Heizraum-Entlüftung 	2 x 13,5	35 x 81	11 x 25	188
	2 x 16	35 x 81	11 x 25	189
	2 x 18	38 x 87	11 x 27	218
	2 x 20	40 x 92	12 x 30	230
	2 x 22,5	50 x 114	16 x 40	375
	2 x 25	50 x 114	16 x 40	381
	2 x 30	55 x 128,5	20 x 45	543

Typ	Lichte Weite cm	Außenmaße cm	Lüftung cm	Gewicht kg/stgm
Einzügig 	12	32 x 32	-	74
	13,5	32 x 32	-	75
	16	35 x 35	-	93
	18	38 x 38	-	106
	20	40 x 40	-	115
	22,5	50 x 50	-	180
	25	50 x 50	-	183
	30	55 x 55	-	276
Zweizügig 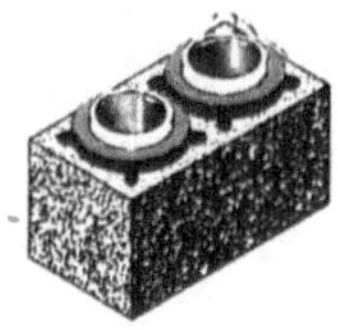	2 x 13,5	35 x 66	-	158
	2 x 16	35 x 66	-	159
	2 x 18	38 x 72	-	191
	2 x 20	40 x 76	-	206
	2 x 22,5	50 x 93,5	-	318
	2 x 25	50 x 93,5	-	324
	2 x 30	55 x 103,5	-	468
Zweizügig kombiniert mit Heizraumentlüftung 	22,5/13,5	50 x 101	12 x 30	314,5
	22,5/16	50 x 101	12 x 30	315
	22,5/18	50 x 101	12 x 30	322
	22,5/20	50 x 101	12 x 30	323,5
	25 /13,5	50 x 101	12 x 30	317,5
	25 /16	50 x 101	12 x 30	318
	25 /18	50 x 101	12 x 30	325
	25 /20	50 x 101	12 x 30	326,5
	25 /22,5	50 x 114	16 x 40	378
Schornstein mit Notkamin und Heizraumentlüftung 	13,5 N = 20	40 x 86	12 x 30	269,5
	16,0 N = 20	40 x 86	12 x 30	270
	18,0 N = 20	40 x 86	12 x 30	277
	20,0 N = 20	40 x 86	12 x 30	278,5
Zweizügig kombiniert 	16/13,5	35 x 66	-	158,5
	18/13,5	38 x 66	-	178
	18/16	38 x 72	-	196
	20/13,5	40 x 76	-	191
	20/16	40 x 76	-	197,5
	20/18	40 x 76	-	204,5
	25/22,5	50 x 93,5	-	321
Zweizügig kombiniert mit Heizraumentlüftung 	16/13,5	35 x 81	11 x 25	188,5
	18/13,5	38 x 81	11 x 27	205
	18/16	38 x 87	11 x 27	220
	20/13,5	40 x 92	12 x 30	215
	20/16	40 x 92	12 x 30	221,5
	20/18	40 x 92	12 x 30	228,5

DETAILS ERLUS

Anordnung und Herstellung der Schornsteine

Die theoretischen Erkenntnisse ergeben für die Herstellung der Schornsteine folgende Gesichtspunkte:

Die Schornsteine sollen möglichst in der Mitte des Gebäudegrundrisses liegen, damit sie allseitig von geheizten Räumen umgeben sind, vom Baugrund aus lotrecht hochführen und im Dachfirst oder in dessen Nähe ausmünden, denn an dieser Stelle ist der Wasseranfall bei Regen noch gering, so daß bei eventuell vorhandenen Undichtigkeiten keine größeren Schäden zu erwarten sind. Schornsteine an Außenwänden (auch an Treppenhauswänden oder noch freistehenden Brandwänden) und freistehende Schornsteine sind möglich, jedoch müssen dann ihre Wandungen einen entsprechend höheren Wärmeschutz bieten. Dies kann durch größere Wanddicken, besser aber durch zusätzliche Wärmedämmschichten erreicht werden. Sind mehrere Schornsteine erforderlich, so faßt man sie zweckmäßigerweise in Gruppen zusammen, damit sie sich gegenseitig mit Auftriebswärme unterstützen. Lage und Gruppierung der Schornsteine müssen einen einfachen Anschluß der Feuerungen gestatten. Zentralheizungen und offene Kamine müssen jeweils eigene Schornsteine haben. Auch ausgesprochene Dauerbrandfeuerungen, z. B. Kachelofen-Mehrraumheizungen, sollen an einen eigenen Schornstein anschließen, um einen ungestörten Betrieb zu gewährleisten.

Die Rauchgase aller Feuerungen sollen auf kürzestem Wege durch Rauchanschlußkanäle (Füchse – Ofenrohre) in die Schornsteine einströmen können. Grundsätzlich sind für die Rauchkanäle in bezug auf Querschnitt, Form, Wärmeschutz, Feuerbeständigkeit, Gasdichtheit und Wärmespeicherfähigkeit die gleichen Gesichtspunkte wie für Schornsteine maßgebend.

Bewegliche Rauchkanäle wie Ofenrohre aus Eisenblech haben entsprechend der Leistung der angeschlossenen Öfen oder Herde kleinere Querschnitte als die betreffenden Schornsteine. Bei einem guten Ofen soll die Temperatur der Rauchgase am Rauchstutzen nicht mehr als 523 K (250 °C) betragen.

Alle Schornsteine sollen im Keller und im Dachraum, nicht aber in den Wohngeschossen entrußt werden können. Die hierzu notwendigen Reinigungsöffnungen müssen feuersichere Doppeltürchen erhalten, die so dicht schließen, daß keine Falschluft angesaugt wird. Allgemein sind eiserne Schornsteinputztürchen gefordert, aber auch speziell gefertigte Reinigungsverschlüsse aus Beton sind brauchbar, besonders wenn sie nach jedem Reinigen mit Lehm gedichtet werden. Die Reinigungsöffnungen sollen mindestens in Eimerhöhe und höchstens 1,50 m über dem angrenzenden Fußboden liegen; auf Holzfußböden (Dachraum) ist ein Bodenblech davorzulegen. In Räumen, in denen feuergefährliche Stoffe gelagert oder verarbeitet werden (z. B. Heu und Stroh in Dachböden) dürfen die Schornsteine keine Reinigungsöffnungen erhalten. Diese Schornsteine sind außerdem mit einer Vorsatzschicht aus hochkant vermauerten Vollsteinen oder mit einem Plattenbelag zu umkleiden. Nötigenfalls müssen solche Schornsteine vom Dach aus gefegt werden, wozu unfallsicher befestigte Laufroste und Steigeisen oder -Leitern anzubringen sind. Bei Gruppenschornsteinen muß jeder Rauchzug seine eigenen Reinigungsöffnungen haben, die man zweckmäßig mit Geschoß- und Wohnungsnummern bezeichnet, auch muß jeder Rauchzug für sich über Dach geführt werden.

Wegen ihres großen Gewichtes, und um sie nicht in den Wohnräumen entrußen zu müssen, gründet man die Schornsteine im allgemeinen auf den Gebäudefundamenten und führt sie unter Einfügung einer Feuchtigkeitssperrschicht durch den Keller und die weiteren Geschosse über Dach. Nur in Ausnahmefällen wird man sie auf eine massive Geschoßdecke stellen. Diese muß dann so beschaffen sein, daß auch im Brandfalle die Standsicherheit des Schornsteines erhalten bleibt.

Um genügende Feuersicherheit zu gewährleisten, muß alles Holzwerk wenigstens 20 cm von der Schornsteinlichte (Innenkante

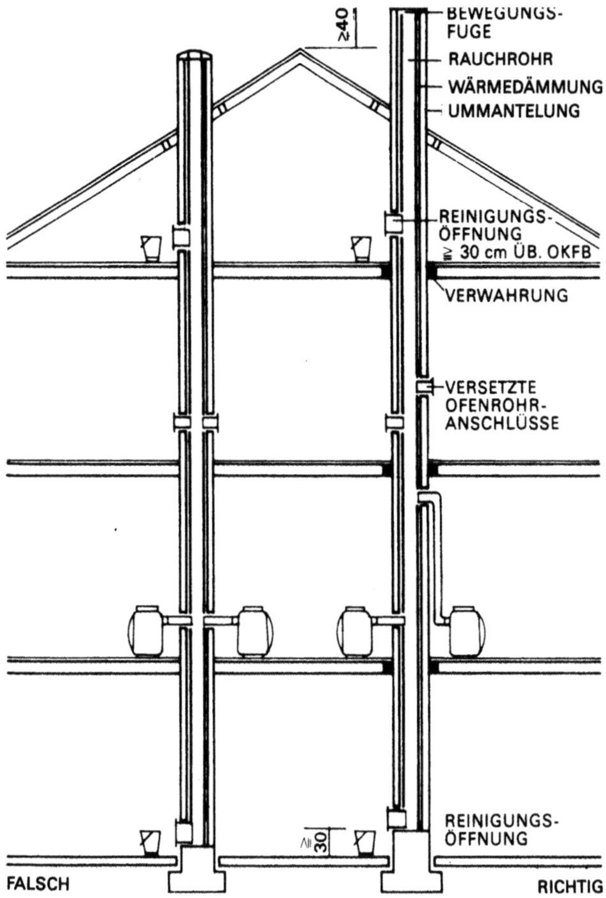

Rauchrohr) entfernt bleiben. Beim Durchtritt der Schornsteine durch eine Holzbalkendecke und die Sparrenlage ist der Zwischenraum durch eine Schornsteinverwahrung zu schließen. Früher wurden hierzu die gemauerten Schornsteinwangen ausgekragt oder Biberschwänze mit deckenden Fugen eingemauert, heute ordnet man einen Betonkranz an. Streng genommen wirken solche Verwahrungen als Kühlrippen, wodurch sich an dieser Stelle bei gemauerten Schornsteinen an den Innenflächen Niederschläge bilden können, die sich besonders am Dachdurchtritt, wo der größte Temperatursprung herrscht, häufig zur Durchnässung auswirken. Sinnvoller ist es, den Zwischenraum bis zum Holzwerk mit Mineralwolle oder ähnlichen unbrennbaren Dämmstoffen auszufüllen. Aus demselben Grunde sollte man auch beim Anschluß von Massivdecken eine Dämmschicht einfügen. In Dach- und Kellerräumen sind die gemauerten Schornsteine wenigstens mit einem einlagigen Verputz (Bestich) zu versehen.

Bei Schornsteinen aus Fertigteilen und Formsteinen empfiehlt sich eine Ummauerung mit einer Wandstärke von 11,5 cm, die im Verband mit den umgebenden Wänden gesetzt wird. Sie hat den Vorteil, daß die thermisch bedingten Längsbewegungen des Schornsteins nicht zu Rissen im Deckenbereich führen, da diese verdeckt sind und außerdem ein gewisser Schallschutz gewährleistet wird.

Da es bei Pfettendächern nachteilig ist, die Firstpfette zu unterbrechen, führt man bei dieser Dachkonstruktion die Schornsteine am besten neben der Pfette durch das Dach. Um die Schornsteine bei den vorherrschenden flachgeneigten und steilen Dächern in der Nähe des Firstes, wo sie am besten ziehen, ausmünden zu lassen, ist es manchmal nötig, sie zu schleifen. Beim Schleifen ist darauf zu achten, daß der lichte Schornsteinquerschnitt an allen Stellen erhalten bleibt und die Neigung des Schornsteins gegen die Waagerechte minimiert wird. Für Schornsteinschleifungen gibt es von den Herstellern spezielle Formteile, die typgeprüft sind und mit amtlichen Zulassungen eingebaut werden können. Üblicherweise sollte man Schleifungen wegen ihres hohen konstruktiven Aufwandes und der damit verbundenen Kosten vermeiden. Werden sie erforderlich, ist unbedingt die Bauart und Zulassung mit dem Bezirkskaminkehrer abzuklären.

Schornsteinsysteme

Die Entwicklung der Schornsteine lief in den letzten Jahrzehnten auf immer komplexere Bausysteme hinaus, bedingt durch die parallel fortschreitende Entwicklung der Feuerungsanlagen, deren Regelungstechnik und der Optimierung des Wirkungsgrades.
Konnte man anfangs noch bei Einzelofenheizung und den ersten Zentralheizungen auf gemauerte Kamine zurückgreifen, so ersetzte man diese Bauweise bald durch einschalige Formsteine, die 33 cm bis 3 m hoch lieferbar sind. Durch die Senkung der Abgastemperaturen, herrührend aus der Verbesserung des Wirkungsgrades der Feuerungen, ergaben sich durch die Gefahr der sauren Kondensatbildung an die Wärmedämmung des Schornsteins und dessen Säurebeständigkeit, Anforderungen, denen einschalige Kamine nicht gerecht werden können.

Abgesehen davon, daß moderne Fertigteilschornsteine weniger hohe Kosten beim Versetzen bedingen als gemauerte Schornsteine, bieten sie auch die Möglichkeiten des mehrschaligen Aufbaus, wobei jede der Schichten spezielle Anforderungen abdeckt.
Bei den Öl- und Gasheizungen bildet sich eine erhebliche Menge Wasserdampf. Bei etwaiger Unterschreitung des Taupunktes schlägt sich dieses Wasser an den Schornsteinwänden nieder. Es nimmt unverbrannte Kohlenwasserstoffe, Schwefel- und schweflige Säure auf, die in die Schornsteinwandungen eindringen und diese angreifen können. So entstehen bei einschaligen Schornsteinen die sogenannten Durchsottungen, die langsam die Schornsteinwände zerstören.
Man unterscheidet folgende Schornsteinsysteme:
- einschaliger Schornstein, gemauert;
- einschaliger Schornstein, aus Fertigteilen;
- mehrschaliger Schornstein;
- feuchtigkeitsunempfindlicher Schornstein.

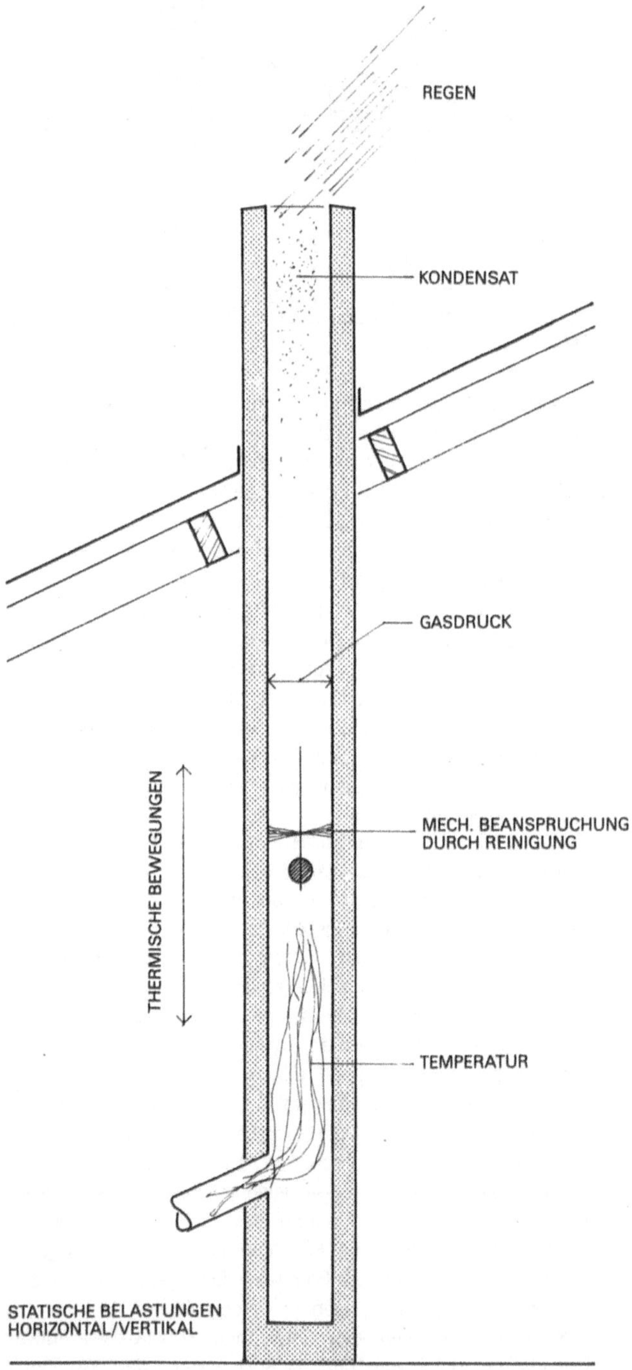

Gemauerte Schornsteine

Gemauerte Schornsteine werden heute nur noch selten ausgeführt. Wangen und Zungen werden aus guten Mauerziegeln mit Kalkzementmörtel vollfugig gemauert und gleichzeitig mit dem Hochmauern innen dünn verputzt, besser aber sauber ausgefugt bzw. verbandelt. Bei der Querschnittswahl achtet man darauf, daß der Steinverband einfach bleibt und besonders für die Zungen keine halben oder Viertelsteine vermauert werden. Diese können sich früher oder später lösen und in den Rauchzügen herabfallen bzw. steckenbleiben und damit zu undichten Zungen und verstopften Rauchgaswegen führen. Nach den Erfahrungen der Kaminfeger haben sich in alten Häusern die nur aus ganzen Steinen bestehenden Schornsteine von 26/26 cm am besten bewährt. Die Außenflächen der Schornsteinwandungen werden wie die Raumwände zweilagig verputzt. Auch in Dachräumen muß man sie verputzen, jedoch genügt hier eine Lage Putz (Bestich), wie er auch auf Brandwänden aufgebracht wird.
In Wänden aus Natursteinmauerwerk, Beton usw. sind die Schornsteine als selbständige Ziegelmauerkörper einzubinden. Auch bei Fachwerkwänden müssen die Schornsteine als eigene Körper, und zwar unter Einhaltung des nötigen Abstandes vom Holzwerk, hochgeführt werden. Baut man Schornsteine nachträglich ein, so muß man sie bei allen Wandarten, auch vor bestehenden Ziegelwänden, als unabhängige Mauerkörper ausbilden.
Im allgemeinen baut man die Hausschornsteine bis 400 cm² mit ½-Stein dicken Wandungen, die für die üblichen Anforderungen ausreichen. Für Feuerstätten mit großem Brennstoffverbrauch, wie z. B. für größere Zentralheizanlagen oder in Bäckereien, Gasthäusern usw., und Querschnitten ab 400 cm² sind 1-Stein dicke Wandungen (24 cm) notwendig. Dabei muß man diese häufig im unteren Drittel mit Schamottesteinen auskleiden.
Schornsteinwandungen darf man nicht zur Auflagerung von Massivdecken, Stahlträgern, Stahlbetonfertigbalken oder Unterzügen benützen. Hierzu sind mindestens 1-Stein dicke Pfeilervorlagen vor der Schornsteinwandung anzuordnen.
Trennwände sollen nicht mittig auf einen Schornstein stoßen, sondern seitlich an ihn anschließen. Kreuzfugen und Stoßfugen sind in den Rauchzügen möglichst zu vermeiden. Keine Viertelsteine (Quartiere) auf der Rauchzugseite vermauern. Schornsteine aus Ziegeln und Kalksandsteinen innen nicht verputzen; jedoch innen bündig und vollfugig mauern; glatte Steinseite nach innen. Schornsteine aus porigen Vollziegeln (Zulassung vorausgesetzt) innen verputzen. Schornsteinwangen dürfen nicht belastet werden.

ALTE HANDWERKLICHE SCHORNSTEINVERBÄNDE

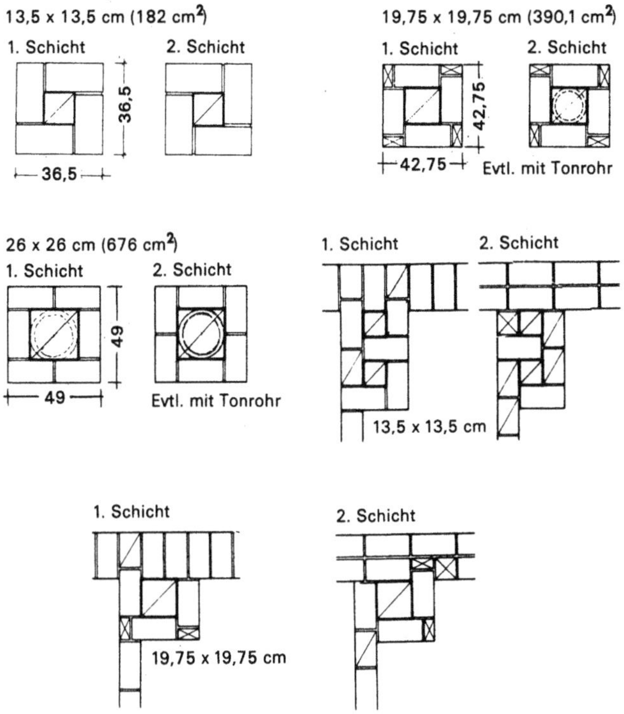

Einschalige Schornsteine aus Formsteinen

Sofern heute noch Schornsteine in einschaliger Bauweise errichtet werden, verwendet man dafür Formstücke aus Leichtbeton. Je nach Einsatzzweck liegen die Höhen der Formstücke bei 33 cm bis 3 m (geschoßhoch), ihre Mindestwandstärke beträgt 10 cm.
Wie die gemauerten Schornsteine, haben die einschaligen Schornsteine an Bedeutung verloren, da sie den Anforderungen der modernen Feuerungsanlagen nicht mehr gerecht werden. Ihr Einsatzbereich beschränkt sich auf die Verwendung als Notkamine. Bei der Durchführung durch kalte Dachräume ist eine wärmedämmende Ummantelung erforderlich, um eine Versottung zu vermeiden. Feuerstätten mit niedrigen Abgastemperaturen dürfen deswegen ebenfalls nicht angeschlossen werden.

EINSCHALIGER SCHORNSTEIN AUS FORMSTEINEN

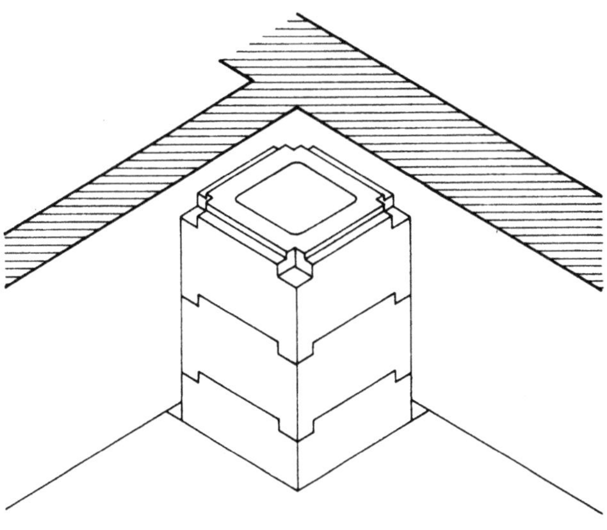

EINSCHALIGER SCHORNSTEIN GESCHOSSHOCH
FORMSTEINE AUS SPEZIALBETON

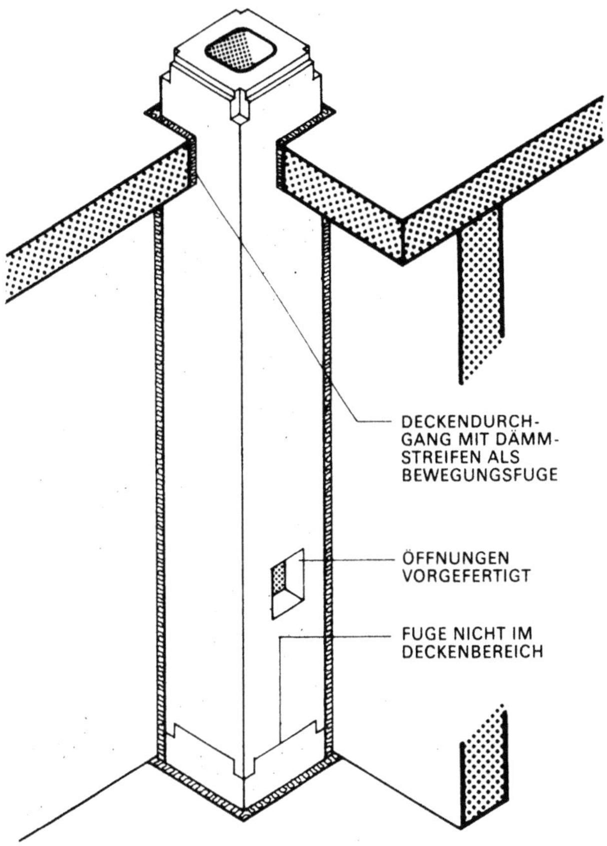

Mehrschalige Schornsteine

Bei den einschaligen Schornsteinen werden alle Anforderungen mehr oder weniger gut von einem einzigen Baustoff erfüllt. Vor allem durch die modernen, effizienten Feuerungsanlagen, mit ihren niedrigen Abgastemperaturen steigt die Gefahr der säurehaltigen Kondensatbildung, was einerseits durch eine Wärmedämmung des Rauchrohres weitgehend verhindert werden kann, und dieses zusätzlich säurebeständig ausgebildet werden muß.
Die Funktionen des Schornsteins werden aufgegliedert in Innenschale (Rauchrohr), Wärmedämmung und Außenmantel.

– Innenschale –
Sie besteht aus feuer- und säurefesten Schamotte- oder Edelstahlrohren und muß eine möglichst glatte Oberfläche haben. Die einzelnen Rohrstücke sind mit Fälzen versehen und werden mit einem speziellen Fugenkitt versetzt.

– Wärmedämmung –
Der Raum zwischen Innenrohr und Mantelstein wird mit einer Wärmedämmung versehen. Diese besteht aus Mineralwoll-Formstücken, die nicht brennbar und formstabil sind, andererseits aber nicht so fest am Rauchrohr anliegen, daß sie dessen Längsbewegung verhindern würden.
Ebenfalls zulässig sind geschnittene Dämmstoffe (z. B. Blähton), die aber mit einem Bindemittel eingebracht werden müssen, damit sich eine formstabile Dämmschicht ergibt, die aber die Bewegungen des Rauchrohres auf keinen Fall behindern darf, womit die Ausführung dieser Bauart äußerst kompliziert wird und man auf eine einwandfreie Ausführung angewiesen ist. Eine lose Schüttung ist nicht zugelassen, da bei einer möglichen Beschädigung des Rauchrohres die Schüttung in dieses hineinrieseln und es verstopfen kann.

– Außenschale –

Die Außenschale dient dem Schornstein als stützende Ummantelung, gewährleistet dessen Standsicherheit und den Brandschutz gegen einen Brandüberschlag von Geschoß zu Geschoß und angrenzende Räume. Die Mantelsteine bestehen im allgemeinen aus Ziegelsplitt, Bims und Blähton.

Rohre und Mantelsteine werden beim Aufbau des Kamins um jeweils eine halbe Höhe gegeneinander versetzt.

Bei der Ausbildung des Schornsteinkopfes ist darauf zu achten, daß das Innenrohr genügend Bewegungsspielraum unter der Schornsteinabdeckung hat. Man rechnet mit je 2 mm auf den steigenden Meter Schornsteinhöhe.

Die zwei- und dreischaligen Schornsteine gibt es in so zahlreichen Querschnitten, daß sie den Größen der Heizungsanlagen, d. h. dem errechneten optimalen Rauchrohrdurchmesser, optimal angepaßt werden können. Die einzelnen Fabrikanten bieten natürlich auch alle erforderlichen Formstücke, sogar für Fuchsanlagen, an.

Bei mehrzügigen Schornsteinen, für die es keine vorgefertigten Mantelsteine gibt, stellt man die Ummantelung aus Ziegelmauerwerk, Bimsplatten, Beton oder Stahlbeton her. Der Raum zwischen den Rohren und der Ummantelung wird gewöhnlich mit wärmedämmendem, zementgebundenem Kieselgur gefüllt, der die Rohre auch in ihrer genauen Lage hält.

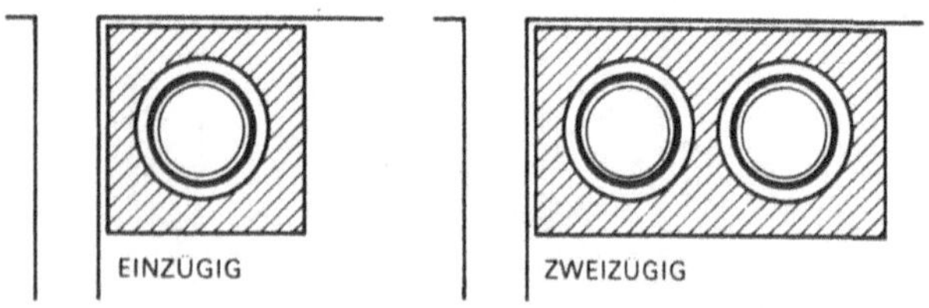

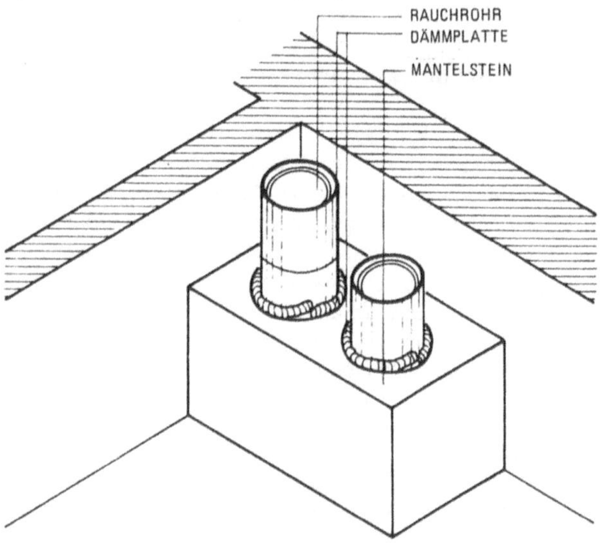

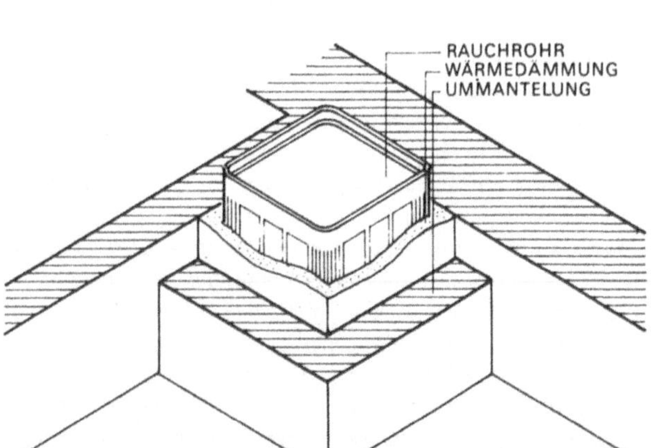

Mehrschaliger, feuchtigkeitsunempfindlicher Schornstein

Durch die schnell fortschreitende technische Optimierung der Feuerungsanlagen bewegen sich die Abgastemperaturen teilweise auf einem so niedrigen Niveau, daß man grundsätzlich von der Kondensatbildung im Rauchrohr ausgehen muß. Da das Kondensat in Verbindung mit den beim Verbrennungsprozeß entstehenden Abgasen Schwefel- oder Salzsäure bildet, muß das Rauchrohr säurefest und der ganze Schornstein feuchtigkeitsunempfindlich sein; es darf also planmäßig Kondensat anfallen.

Man unterscheidet zwei feuchtigkeitsunempfindliche Schornsteinbauarten:

- mehrschaligen, wärmegedämmten Schornstein mit Hinterlüftung;
- mehrschaligen, wärmegedämmten Schornstein mit glasiertem Innenrohr.

Beide Bauweisen treten in der Bautechnik z. B. bei Dächern und Wänden auf und folgen den auch dort gültigen Prinzipien.

Beim hinterlüfteten Schornstein ist das Innenrohr aus einem unglasierten, porösen Schamottenrohr gefertigt, welches anfallende Kondensatfeuchte vorübergehend aufnimmt und bei abgeschalteter Feuerung wieder nach innen abgibt – es wirkt als Feuchtigkeitspuffer.

Da auch gewisse Mengen an Feuchtigkeit durch das Innenrohr in die Wärmedämmung gelangen können, wird durch eine spezielle Ausformung des Mantelsteines eine Hinterlüftung zum Abtransport der Feuchtigkeit sichergestellt. Die Luftzufuhr erfolgt durch Belüftungsöffnungen im untersten Mantelstein, dessen Ausformung auch das Sammeln und Abführen des anfallenden Kondensats ermöglicht. Die optimale Ausführung stellt die hinterlüftete Version mit glasiertem Innenrohr dar, da sie praktisch doppelte Sicherheit bietet. Durch die Glasur wird Feuchtigkeit vom Innenrohrmantel ferngehalten und die Hinterlüfung transportiert nur noch durch die Fugen des Innenrohres durchgedrungene Feuchtigkeit nach außen ab.

Beim feuchtigkeitsunempfindlichen Schornstein mit glasiertem Innenrohr ohne Hinterlüftung dient die innere Glasur quasi als Dampfsperre, man kann also davon ausgehen, daß keinerlei Feuchtigkeit aus dem Kondensatanfall durch das Rauchrohr in die Dämmung gelangen kann. Die einzige Schwachstelle dieser Bauweise sind die Fugen des Rauchrohres, die mit speziellem Fugenmörtel äußerst sorgfältig ausgebildet werden müssen.

Bei feuchtigkeitsunempfindlichen Schornsteinen wird das anfallende Kondensat am Schornsteinsockel gesammelt und mittels eines säurefesten Schlauches in die Kanalisation geleitet. Die Direkteinleitung ist nur bei Gasfeuerungen zulässig, bei Ofenfeuerungen ist ein Neutralisationsgerät vorzuschalten, das die Neutralisation des Kondensates auf mindestens 6,5 pH sicherstellt.

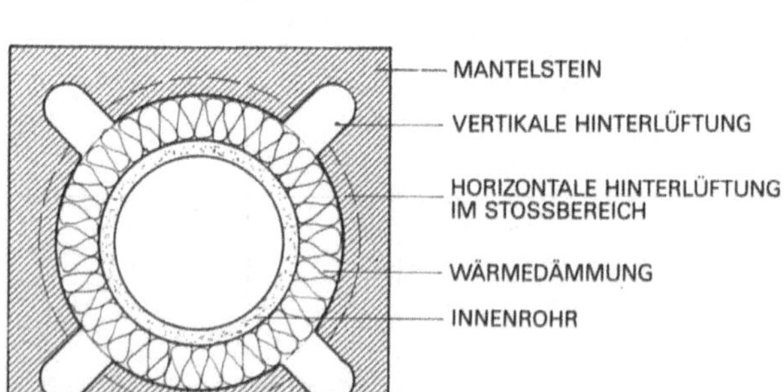

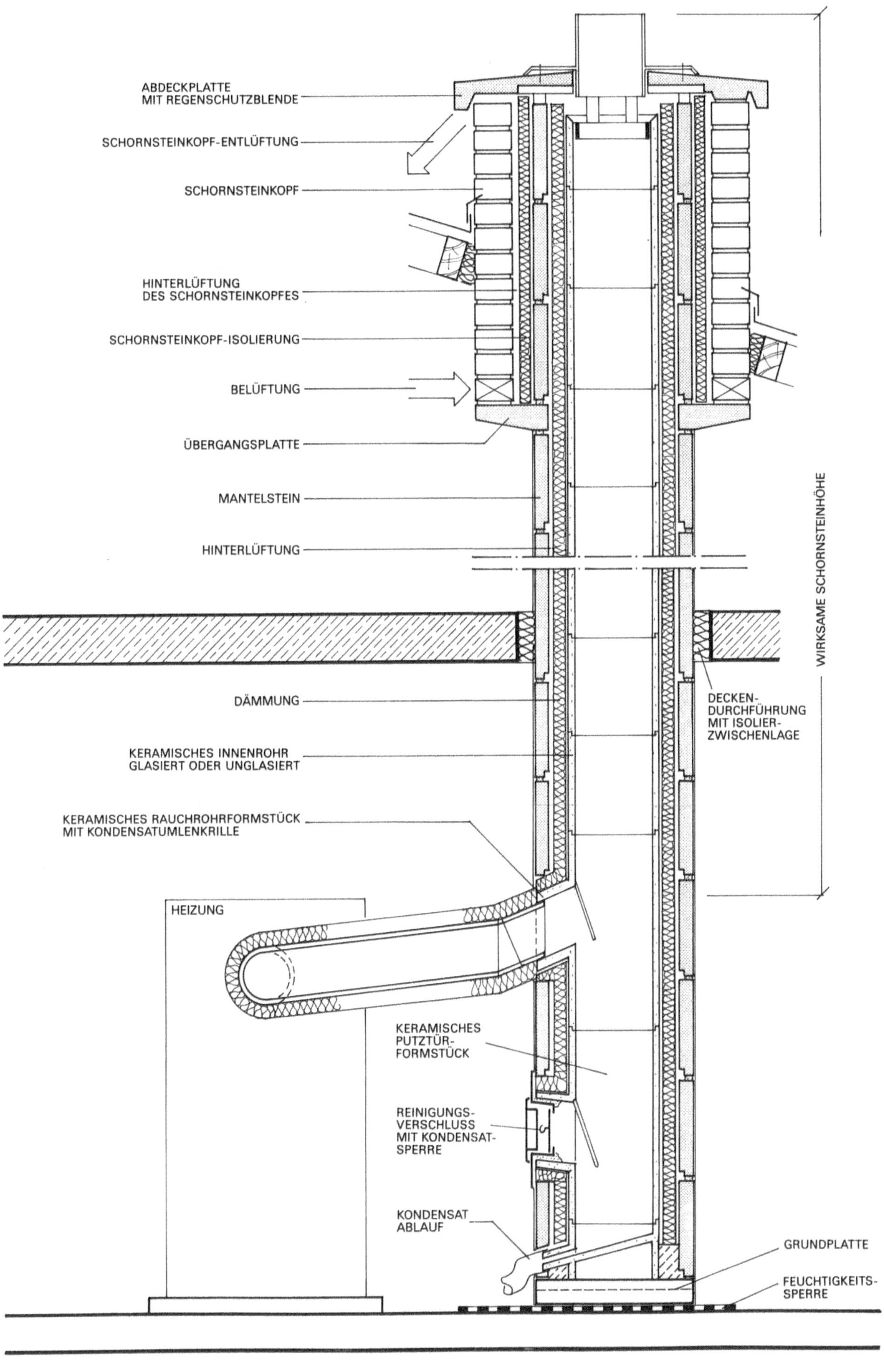

DETAIL ERLUS

Freistehende Schornsteine

Von Industrieschornsteinen abgesehen, werden freistehende Heizkamine heute auch oft bei Wohnhäusern, Schulen und anderen Gebäudearten erstellt. Das bringt manchmal Vorteile für den Grundriß und schafft bei ausgedehnten flachen Bauanlagen eine oft erwünschte architektonische Vertikale.
Im Gegensatz zu den Schornsteinen innerhalb der Gebäude dürfen freistehende Schornsteine mit Überdruck betrieben werden, so daß eine gewisse Freiheit in der Bemessung der Höhe gegeben ist. Zur Erhaltung eines gleichmäßigen Zuges ist ein gut wärmespeichernder Schornstein von Vorteil. Das alte Ziegelmauerwerk eignete sich daher ebenso gut für die Schornsteine wie für Außen- und Innenwände. Der Schornstein moderner Hochleistungsheizanlagen besteht jedoch aus wenigstens zwei Schalen, dem Rauchrohr und dem Mantel, zumindest das eigentliche Rauchrohr mit rundem Querschnitt.

TURMSCHORNSTEIN SYSTEM: KEMMLIT

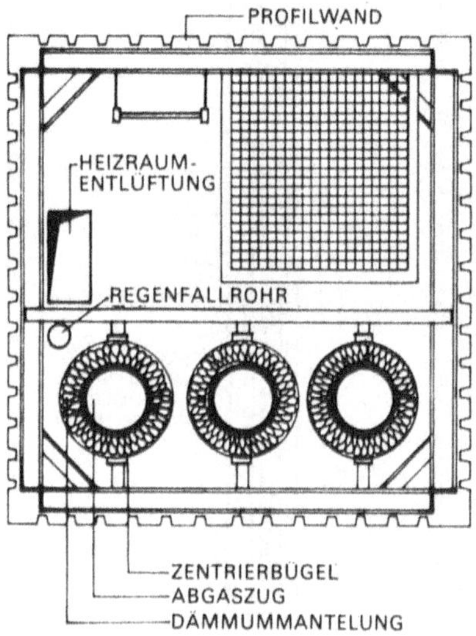

Bei etwaigen Ausbrennungen oder Verpuffungen ist der runde Querschnitt wegen der Vermeidung von Kerbspannungen einem quadratischen überlegen.
Wegen der dauernden Bewegung des Schornsteinrohres (Ausdehnen und Zusammenziehen in der Höhe und im Querschnitt) soll es zwar beweglich sein, aber doch möglichst genau in seiner Lage gehalten werden. Schon geringe Abweichungen von der Senkrechten können eine erhebliche Steigerung des Lagerfugendruckes der dünnschaligen Elemente verursachen.
Die Abmessungen des Mantels als Stützkonstruktion gegen die Windbeanspruchung sind vom Statiker zu bemessen. Die Ausbildung dieses Mantels als Wetterhaut und Wärmeschutz darüber hinaus ist freigestellt. Massivkonstruktionen wie Mauerwerk, Beton oder Betonfertigteile sind ebenso möglich wie Stahlskelette mit leichten Verkleidungen.
Zur Wartung müssen entsprechende Steighilfen, Halteeinrichtungen und Arbeitsbühnen vorgesehen werden. Dem Blitzschutz der im allgemeinen exponierten Schornsteine ist besondere Bedeutung beizumessen.

SCHORNSTEINE AUS METALL
DOPPELWANDIG AUS EDELSTAHL, FORMSTÜCKE
GASDICHT VERSCHRAUBT

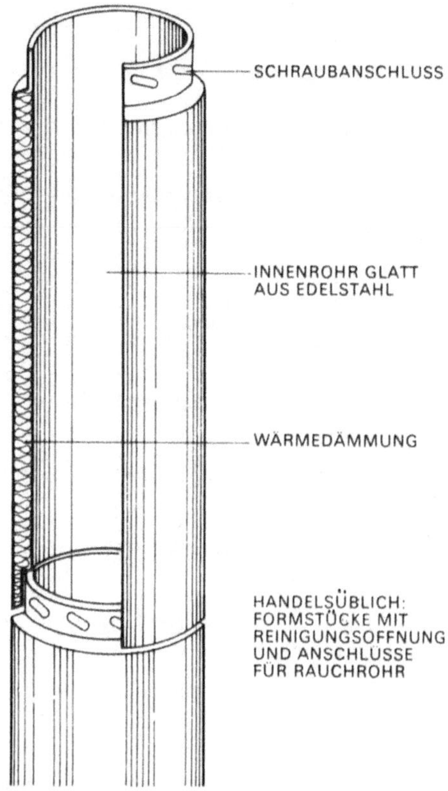

Schornsteinkopf

Mit zunehmender Höhe kühlen die Rauchgase ab. Bei Ölfeuerungen, deren Abgase immer einen gewissen Schwefelgehalt aufweisen, kann der Taupunkt unterschritten werden. Die Kondensationstemperatur ist abhängig vom jeweiligen Schwefelgehalt des Heizöls und vom Luftüberschuß und deshalb nicht eindeutig festzulegen. Die Gefahr der Bildung und des Ausstoßes von Rauchgasen, die schweflige Säure oder Schwefelsäure enthalten, steigt mit zunehmender Schornsteinhöhe.
Gerade für das Material am Schornsteinkopf ist darum zu fordern, daß es säurefest und von nur geringer Wasseraufnahmefähigkeit ist, wie z. B. Schamottematerial oder Edelstahl. Zum Schutz von Gebäude und Umwelt muß der Schornstein eine genügende Höhe über Dach oder Nachbargebäude erhalten. Die Austrittsgeschwindigkeit nimmt mit steigender Kaminhöhe, zunehmender Abkühlung der Rauchgase und steigender Außentemperatur ab. Die Forderungen der Aufsichtsbehörden für die Schornsteinhöhe über Dach und die Austrittsgeschwindigkeit steigen – von der Rücksicht auf die Umgebung ganz abgesehen – notwendigerweise mit zunehmendem Schwefelgehalt und der Gefahr der Umweltverschmutzung.
Kann oder will man den Schornstein und den Rauchgasaustritt nicht beliebig hoch über Dach führen, um die obersten Geschosse vor den schwefligen Gasen zu bewahren, so muß man versuchen, die Austrittsgeschwindigkeit der Rauchgase zu erhöhen. Am einfachsten läßt sich das mit einer Verengung des Rauchrohrendes, einer Düse, erreichen. Dadurch kann allerdings die Gefahr eines Staudrucks im oberen Kaminteil entstehen. Wegen der Möglichkeit einer Staudruckerzeugung lehnen manche Aufsichtsbehörden die Anordnung solcher Düsen ab.
Eine andere Möglichkeit, die Austrittsgeschwindigkeit der Rauchgase zu erhöhen, ist die Anordnung eines Gebläses (Saugzug) am

Schornsteinkopf. Ein solches Gebläse muß mit der intermittierenden Feuerung gekoppelt sein. Von den Kosten abgesehen, ist sein Betrieb, wie bei allen technischen Apparaten, jedoch störanfällig. Am Schornsteinkopf ist auch die Längenausdehnung des Rauchrohres zu beachten. Bei intermittierenden Heizanlagen und der mit steigender Höhe zunehmenden Abkühlung der Rauchgase erreicht diese Ausdehnung aber nie den theoretischen Wert. Erfahrungsgemäß genügt es, wenn man mit 3 mm/stgdm rechnet. Diese Längenänderungen müssen bei der Ausbildung des Kaminkopfes und einer etwaigen Abdeckung aufgenommen werden.
Die Bedeutung von Windrichtung und Schornsteinkopf für den Kaminzug:

– Aufwind unter −10°	– Sog bis ca. 2,5 mm WS
– waagrechter Wind	– Sog bis ca. 1,8 mm WS
– Fallwind unter +12°	– Überdruck (läßt sich durch Kamin-Abdeckung vermeiden)

Kamine innerhalb des Bauwerks, die nicht nahtlos herzustellen sind, müssen immer einen Unterdruck aufweisen, damit niemals Rauchgase in den Bau austreten können.
Bei Überdruck-Ölfeuerung wird die für den Verbrennungsvorgang erforderliche Zugstärke von brennergesteuerten Ventilatoren erzeugt.

Fuchs-Anlagen

Bei größeren Heizanlagen, die durchschnittlich mehrere Kessel besitzen, kann man diese – was zwar das beste wäre – fast nie unmittelbar an den bzw. die Schornsteine anschließen, teils schon wegen des erforderlichen Abstandes der Kessel, meistens aber aus den Zwängen des vorgegebenen Grundrisses.
Die Bezeichnung „Fuchs" geht auf den auffallenden Schwanz des Tieres zurück. Im übertragenen Sinne wird also das Wort Fuchs auf die längere Verbindung eines Rauchrohres vom Heizkessel zum Schornstein angewandt. Der etwaige Überdruck muß so geregelt sein, daß er bis zum Eintritt in den Schornstein auf „null" absinkt. Überdruckkessel wählt man bei beengten Raumverhältnissen. Sie haben den Vorteil einer um etwa 20% kleineren Kesselgrundfläche (wegen der Umleitung der Heizflamme).
Bei der Grundrißgestaltung einer Heizanlage mit Füchsen ist stets danach zu trachten, sie so kurz wie möglich zu halten. Man rechnet als größte Länge 25% der Kaminhöhe vom Eintritt des Fuchses in den Schornstein gemessen. Doch gilt diese Proportion nicht für beliebig große Kaminhöhen. Man geht nur in Ausnahmefällen über Fuchslängen von 8 m hinaus. Fast nie ist ohne eine oder mehrere Umlenkungen auszukommen. Um den Kaminzug nicht zu sehr zu bremsen, vermeidet man scharfe Knicke und sucht die Umlenkungen so schlank wie möglich zu gestalten. Längeren Füchsen gibt man eine Steigung von ca. 10% zum Schornstein und führt sie mit einem Winkel von 45° ein.
Man wählt am besten die Querschnittsform des Schornsteins, aber um etwa 20% größer. Bei quadratischen Kaminen der Kohlen- und Koksheizungen nahm man den Fuchsquerschnitt gleich breit wie den Schornstein, nur etwas höher. Für die heutigen runden Schornsteine nimmt man auch runde Fuchsquerschnitte oder besondere Formsteine.
Wenn die Füchse in der Linienführung einfach, nicht besonders lang sind und auf dem Fußboden, also nicht teilweise oder ganz in der Erde liegen, fertigt man sie am besten aus Stahl. Für längere Füchse mit mehreren Krümmungen nimmt man die von Spezialfirmen angebotenen Schamotteformsteine. Bei den Kohlen- und Koksheizungen waren die Füchse mit Schamottesteinen gemauert und mit einem Schieber für die Regelung des Kaminzuges versehen.
Alle Füchse müssen mindestens am Ende eine Putzöffnung haben. Längere Füchse aus Schamotteformsteinen sollen darüber hinaus in Abständen von <3 m Putzöffnungen erhalten.
Zum Unterschied von Schornsteinen, die in den Gebäuden von einer Jahresdurchschnittstemperatur von ca. 293 K (20 °C) umgeben sind, liegen Füchse teilweise oder ganz in der Erde. Das Erdreich hat aber eine Jahrestemperatur von nur 280 K (7 °C). Eine Abkühlung der Rauchgase schon im Fuchs wirkt sich für den Auftrieb besonders nachteilig aus. Eine verstärkte Wärmedämmung ist darum bei allen Fuchs-Anlagen erforderlich.
Konstruktion und Dimensionierung von größeren und komplizierteren Fuchs-Anlagen verlangen über das technische Wissen hinaus ein hohes Maß an Erfahrung, über das nur Spezialisten verfügen.

Literaturverzeichnis

Akademischer Verein „Hütte" e. V. Berlin: Hütte, des Ingenieurs Taschenbuch. Verlag W. Ernst & Sohn, Berlin-Wilmersdorf.

Arbeitsgemeinschaft der Bitumen-Industrie e. V. Hamburg: Bitumen- und Asphalttaschenbuchverlag. Bauer GmbH, Wiesbaden.

Aufbau-Sonderhefte: Heft 2 und Heft 8. Julius Hoffmann Verlag, Stuttgart.

Ausschuß für Blitzableiterbau e. V.: Blitzschutz- und allgemeine Blitzschutzbestimmungen. VDE-Verlag GmbH.

BAKT Info Technik, Bundesarbeitskreis Trockenbau, Geschäftsstelle Haus des Deutschen Baugewerbes, Bonn.

Basler & Witta: Grundlagen für kraftschlüssige Verbindungen in der Vorfabrikation. Beton-Verlag GmbH, Düsseldorf.

Baumeister: Bauten mit tragenden Flächen. Verlag Georg D. W. Callway, München.

Behringer, A., und Rek, F.: Das Maurerbuch. Otto Maier Verlag, Ravensburg.

Berndt: Die Montagebauarbeiten des Wohnungsbaues in Beton. Bauverlag GmbH, Wiesbaden – Berlin.

Bestimmungen des deutschen Ausschusses für Stahlbeton. Verlag W. Ernst & Sohn, Berlin.

Betschart, A. P.: Neue Großkonstruktionen in der Architektur. Entwicklungsinstitut für Gießerei- und Bautechnik (EGB) Stuttgart.

Braas: Anwendungstechnische Unterlagen.

Brandschutz mit Knauf. Gebr. Knauf, Iphofen.

Büning & Arndt: Tageslicht im Hochbau, Berlin.

Bundesverband der deutschen Ziegelindustrie e. V.: Ziegel-Bautaschenbuch. Verlag Otto Krausskopf, Wiesbaden.

Büttner und Stenker: Metalleichtbauten Band I, ebene Raumstabwerke. Deutsche Verlags-Anstalt, Stuttgart.

Cammerer, J. S.: Wärme- und Kälteschutz in der Industrie. Springer-Verlag Berlin, Göttingen, Heidelberg.

Dachatlas. Verlag Architektur u. Baudetail, München.

Deutscher Verein von Gas- und Wasserfachmännern: TVR Gas-Zentrale für Gasverwendung, Hannover.

Domke, H.: Grundlagen konstruktiver Gestaltung. Bauverlag, Wiesbaden.

Eichler, F.: Bauphysikalische Entwurfslehre Band I, Berechnungsgrundlagen. Verlagsgesellschaft Rudolf Müller, Köln.

Eichler, F.: Das konstruktive Flachdach. VEB-Verlag Technik, Berlin.

Engel, H.: Tragsysteme. Deutsche Verlags-Anstalt, Stuttgart.

Erdmannsdorffer, K.: Die Baugestaltung. Verlag Georg D. W. Callwey, München.

Erdmenger/Haberäcker: Hochbautaschenbuch. Franckh'sche Verlagshandlung, Stuttgart.

Esselborn: Lehrbuch des Hochbaues. Verlag W. Engelmann, Leipzig.

Feuchteschutz mit Knauf. Gebr. Knauf, Iphofen

Finnern, R.: Taschenbuch der Bauwirtschaft. Verlag W. Ernst & Sohn, Berlin.

Fonrobert, F.: Grundzüge des Holzbaues im Hochbau. Verlag W. Ernst & Sohn, Berlin.

Forschungsgemeinschaft Bauen und Wohnen: Schriftenreihe Fortschritt und Forschungen im Bauwesen. Stuttgart.

Frick, Knöll, Neumann: Baukonstruktionslehre. Verlag B. G. Teubner, Stuttgart.

Furrer, W.: Raumakustik und Lärmabwehr. Birkhäuser-Verlag, Basel – Stuttgart.

Garbotz, G.: Baumaschinen und Baubetrieb. Carl Hanser Verlag, München.

Gattner, A., und Trysna, F.: Hölzerne Dach- und Hallenbauten. Verlag W. Ernst & Sohn, Berlin.

Geissenhöner, G.: Unfallverhütung bei der Planung von Gebäuden.

Glasdachbau Täumer. Fa. Täumer, München.

Göesele, K., und Schüle, W.: Schall-Wärme-Feuchtigkeit. Grundlagen, Erfahrungen und praktische Hinweise für den Hochbau. Veröffentlichungen der Forschungsgemeinschaft Bauen und Wohnen (FBW). Bauverlag GmbH, Wiesbaden – Berlin.

Graf, Huber, Krauth: Das kleine Lexikon der Bautechnik. Union Deutsche Verlagsgesellschaft, Stuttgart.

Gretsch: Baukunde für die Praxis Band III. Hoffmann-Verlag.

Grundsätze für Dachbegrünungen, Forschungsgesellschaft Landschaftsentwicklung, Landschaftsbau e. V., Bonn.

Grünzweig & Hartmann AG: Bautechnisches Taschenbuch, Ludwigshafen.

Grützmacher, B.: Grasdach, Callwey Verlag, München.

Haeberlen/Kress: Schalungen im Betonbau. Otto Maier Verlag, Ravensburg.

Hähnle, O.: Baustofflexikon. Deutsche Verlags-Anstalt, Stuttgart.

v. Halasz, R.: Holzbautaschenbuch. Verlag W. Ernst & Sohn, Berlin.

Handbuch der Schornsteintechnik, Gerhard Hausladen. Oldenbourg-Verlag, München – Wien.

Harbers, Guido: Das Holzbaubuch. Verlag G. D. W. Callwey, München.

Hart, F.: Baukonstruktion für Architekten. Julius Hoffmann Verlag, Stuttgart.

Hart, F.: Kunst und Technik der Wölbung. Verlag G. D. W. Callwey, München.

Hart, F.: Konstruktionslehre. Verlag G. D. W. Callwey, München.

Hart, F.: Skelettbauten. Verlag G. D. W. Callwey, München.

Hart, F., und Bogenberger, E.: Der Mauerziegel. Herausgegeben vom Bundesverband der Deutschen Ziegelindustrie, R. Oldenbourg Verlag, München.

Hartmann, M.: Hochbauschäden und -fehler. Franck'sche Verlagshandlung, Stuttgart.

Häusler, W.: Technisches Handbuch des Hausbrandes. Stämpfli & Cie., Bern.

Hebgen, H.: Sicheres Haus, Vieweg Verlag, Wiesbaden.

Hempel, G.: Freigespannte Holzbinder. Bruder-Verlag, Karlsruhe.

Henn, W.: Das flache Dach. Verlag G. D. W. Callwey, München.

Henn, W.: Industriebau. Verlag G. D. W. Callwey, München.

Henn, W.: Fußböden. Verlag G. D. W. Callwey, München.

Henn, W.: Außenwände. Verlag G. D. W. Callwey, München.

Hess, F.: Konstruktion und Form im Bauen. Julius Hoffmann Verlag, Stuttgart.

Hoffmann, K.: Stahltreppen. Julius Hoffmann Verlag, Stuttgart.

Hoffmann, H. G., und Zip, Eckart: Das Ziegeldach. Bundesverband der Deutschen Ziegelindustrie.

Institut für Beton und Stahlbeton der TH Karlsruhe: Mitteilungen, TH Karlsruhe.

Institut für Bauforschung e. V.: Das wärmetechnische Verhalten mehrschichtiger Außenwände. Bauverlag GmbH, Wiesbaden – Berlin.

Institut für Bauplanung und Bautechnik: BASF-Laboratoriumsbauten. Deutscher Bauzentrum-Verlag, Detmold.

Joedicke, J.: Bürobauten. Verlag Gerd Hatje, Stuttgart.

Jung, Paul: Abgasführung. Selbstverlag Remscheid.

Jungbluth: Dachdeckung. Berlin.

Jungnickel, H.: Abdichtungs- und Bedachungstechnik mit Kunststoffbahnen. Verlagsgesellschaft Rudolf Müller, Köln.

Kersten, C.: Der Stahlhochbau. Verlag W. Ernst & Sohn, Berlin.

Kleinlogel, A.: Bewegungsfugen im Beton- und Stahlbetonbau. Verlag W. Ernst & Sohn, Berlin.

Klingsohr, Kurt: Vorbeugender baulicher Brandschutz. Kohlhammer, Deutscher Gemeindeverlag.
Kögler-Scheidig: Baugrund und Bauwerk. Verlag W. Ernst & Sohn, Berlin.
Koncz, T.: Handbuch der Fertigteil-Bauweise. Bauverlag GmbH, Wiesbaden – Berlin.
Krause, C.: Außenwandsysteme. Verlagsgesellschaft Rudolf Müller, Köln.
Kress, F.: Der Treppen- und Geländerbauer. Otto Maier Verlag, Ravensburg.
Kress, F.: Der Zimmerpolier. Otto Maier Verlag, Ravensburg.
Künzel, H.: Gasbeton, Wärme- und Feuchtigkeitsverhalten. Bauverlag GmbH, Wiesbaden – Berlin.
Kupfer im Hochbau, DKI. Deutsches Kupfer-Institut, Berlin.
Kurtze, G.: Physik und Technik der Lärmbekämpfung. Verlag G. Braun, Karlsruhe.
Lampe: Außen- und Innenwände. Rudolf Müller Verlag, Köln.
Lehmann/Stolze: Ingenieurholzbau. Verlag B. G. Teubner, Stuttgart.
Lindner + Trams: Mauerwerk. Verlag A. Metzner, Berlin.
Lueger: Lexikon der Technik. Verlag Rowohlt, Hamburg.

Maier-Leibnitz, H.: Der Industriebau. Verlag J. Springer, Berlin.
Merinsky, J. K.: Hochbau-Raumkonstruktionslehre. Verlag F. Deuticke, Wien.
Meyer-Bohe: Vorfertigungs-Atlas der Systeme. Vulkan-Verlag Dr. W. Classen, Essen.
Meyer-Bohe: Elemente des Bauens. Verlagsanstalt Alexander Koch GmbH.
Meyer-Ottens: Brandschutz im Stahlbau. Stahlbau-VerlagsGmbH, Köln.
Mittag, M.: Baukonstruktionslehre. Verlag C. Bertelsmann, Gütersloh.
Möller, T.: Eternithandbuch, Wandverkleidungen. Eternit Aktiengesellschaft, Berlin.
Moritz: Richtig und falsch. Bauverlag GmbH, Wiesbaden – Berlin.
Müller, H.: Rationalisierung des Stahlbetonbaues durch neue Schalverfahren und deren Optimierung.

Neufert, E.: Bauentwurfslehre. Bertelsmann Fachverlag, Düsseldorf.
Neufert, E.: Bauordnungslehre. Ullstein-Fachverlag, Berlin – Darmstadt.
Neufert, E.: Styropor-Handbuch. Bauverlag GmbH, Wiesbaden – Berlin.
Neufert, E.: Well-Eternit-Handbuch. Bauverlag GmbH, Wiesbaden – Berlin.

Pfefferkorn, W.: Wände im Wohnungsbau. Heft 47 der Schriftenreihe der Forschungsgemeinschaft Bauen und Wohnen, Stuttgart.
Pilny, F.: Risse und Fugen in Bauwerken. Springer-Verlag, Wien – New York.
Piltz, Häring, Schulz: Technologie der Baustoffe. Verlagsgesellschaft mbH, Heidelberg.
Probst, L. R.: Bauschäden der Architektur. Karl Krämer Verlag, Stuttgart.

Rafeiner, F.: Hochhäuser. Bauverlag GmbH, Wiesbaden – Berlin.
Regeln für Deckungen mit Bitumendachschindeln, Zentralverband des deutschen Dachdeckerhandwerks. Helmut Gros Verlag, Berlin.
Reichel, W., Ytong Handbuch. Bauverlag GmbH, Wiesbaden – Berlin.
Rettig, H.: Die Fenster der Kleinwohnung. Herm.-Rinn-Verlag, München.
Rettig, H.: Die Türen der Kleinwohnung. Herm.-Rinn-Verlag, München.
Rick, A. W.: Dachpappen, Straßenbau, Chemie und Technik. Verlagsgesellschaft mbH, Heidelberg.
Rick, A. W.: Das flache Dach. Chemie und Technik. Verlagsgesellschaft mbH, Heidelberg.
Rickenstorf: Tragwerke. Verlag G. B. Teubner.
Rühle, H.: Räumliche Dachtragwerke, Konstruktion und Ausführung. Verlagsgesellschaft Rudolf Müller, Köln.
Ruffert: Schäden an Betonbauwerken. Rudolf Müller Verlag.

Sage, K.: Handbuch der Haustechnik. Bertelsmann Fachverlag.
Sälzer: Schallschutz elementierter Bauteile. Bauverlag.
Schäfer, G.: Deutsche Holzbaukunst. Verlag Wolfgang, Dresden.
Sautter, L.: Wärmeschutz und Feuchtigkeitsschutz im Hochbau. Werner-Verlag, Düsseldorf.
Schallschutz mit Knauf. Gebr. Knauf, Iphofen.
Schaupp, W.: Das Flachdach. Verlag Nürnberger Presse, Baukunst und Werkform, Nürnberg.
Schild: Schwachstellen Flachdächer. Bauverlag, Wiesbaden.
Schild: Bauphysik. Vieweg Verlag.
Schleicher, F.: Taschenbuch für Bauingenieure. Verlag J. Springer, Berlin.
Schleswig-Holstein: Normteile für den Wohnungsbau. Arbeitsgemeinschaft für zeitgemäßes Bauen, Kiel.
Schmiedel, Heywang, Süß: Physik für technische Berufe. Verlag Handwerk und Technik Dr. F. Büchner.
Scholz, W.: Baustoffkenntnis. Werner-Verlag, Düsseldorf.
Schulze, Simmer: Grundbau. Verlag B. G. Teubner, Stuttgart.
Schumacher-Fritz: Das Wesen des neuzeitlichen Backsteinbaues. Verlag G. D. W. Callwey, München.
Schuster, F.: Balkone. Julius-Hoffmann-Verlag, Stuttgart.
Schuster, F.: Treppen. Julius-Hoffmann-Verlag, Stuttgart.
Schuster, F.: Treppen aus Stein, Holz und Eisen. Julius-Hoffmann-Verlag, Stuttgart.
Sebestyén, G.: Die Großtafelbauweise im Wohnungsbau. Werner-Verlag, Düsseldorf.
Siedler-Jobst: Baustofflehre. Bauwelt-Verlag, Berlin.
Siegel, C.: Strukturformen der modernen Architektur. Verlag G. D. W. Callwey, München.
Stahlbauatlas. Verlag Architektur + Baudetail München.
Stegemann, R.: Das große Baustofflexikon. Deutsche Verlags-Anstalt, Stuttgart.
Steinhöfel, O., Holztreppen. Verlag G. D. W. Callwey, München.
Staufenbiel, O., und Otten, H.: So mauert man heute. Bauverlag GmbH, Wiesbaden/Berlin.
Stoy, W.: Der Holzbau. Verlag J. Springer, Berlin.
Striepling-Bültzing: Elemente des Stahlbaues. Verlag W. Ernst & Sohn, Berlin.

Teubner, B. G.: Ingenieurhandbuch: Bauwesen Band III. Verlagsgesellschaft Leipzig.
Tewesz, K.: Stahl und Eisen beim Schweißen. Vulkan-Verlag, Essen.
Torroja, E.: Logik der Form. Verlag G. D. W. Callwey, München.

Verein deutscher Eisenhüttenleute: Stahl im Hochbau. Verlag Stahleisen mbH, Düsseldorf.
Verein deutscher Zementwerke:
Zement-Taschenbuch. Bauverlag GmbH, Wiesbaden.
Völckers, Otto: Bauen mit Glas. Julius-Hoffmann-Verlag, Stuttgart.
Volger, K.: Haustechnik. Verlag B. G. Teubner, Stuttgart.
Voss, H. von: Tafelbauweise. Verlag Berliner Union GmbH, Stuttgart.

Wagner, A., und Großmann, B.: Lehrbuch für Zimmerer. Gebr. Jänecke Verlag, Hannover.
Wandersleb, H., und Schoßberger, H.: Neuer Wohnbau. Otto Maier Verlag, Ravensburg.
Wagner/Rick: Taschenbuch des chemischen Bautenschutzes. Wissenschaftliche Verlagsanstalt mbH, Stuttgart.
Weber, H.: Fassadenschutz, Expert-Verlag, Grafenau.
Weber, H.: Mauerfeuchtigkeit, Expert-Verlag, Grafenau.
Welder, B.: Berechnungsgrundlagen für Bauten. Verlag W. Ernst & Sohn, Berlin.
Wedler, B.: Hölzerne Hausdächer. Werner-Verlag, Düseldorf.
Wendehorst, Muth: Bautechnische Zahlentafeln. Verlag B. G. Teubner, Stuttgart.
Württembergische Landesgewerbeanstalt: Die Rohbauarbeiten. Julius-Hoffmann-Verlag, Stuttgart.

Zentralverband des Dachdeckerhandwerks: Anleitung für die Ausbildung von Dachdeckerlehrlingen. Verlag W. Stiewe, Berlin.
Zink, Titanzink, Verschiedene Informationsbroschüren. Zinkberatung e. V., Düsseldorf.

Weitere Quellen:
Abhandlungen in Fachzeitschriften, Firmenprospekte.

Stichwortverzeichnis

GPSR Compliance

The European Union's (EU) General Product Safety Regulation (GPSR) is a set of rules that requires consumer products to be safe and our obligations to ensure this.

If you have any concerns about our products, you can contact us on ProductSafety@springernature.com

In case Publisher is established outside the EU, the EU authorized representative is:

Springer Nature Customer Service Center GmbH
Europaplatz 3
69115 Heidelberg, Germany

Batch number: 10578433

Printed by Printforce, the Netherlands